Periodic Table of the Elements

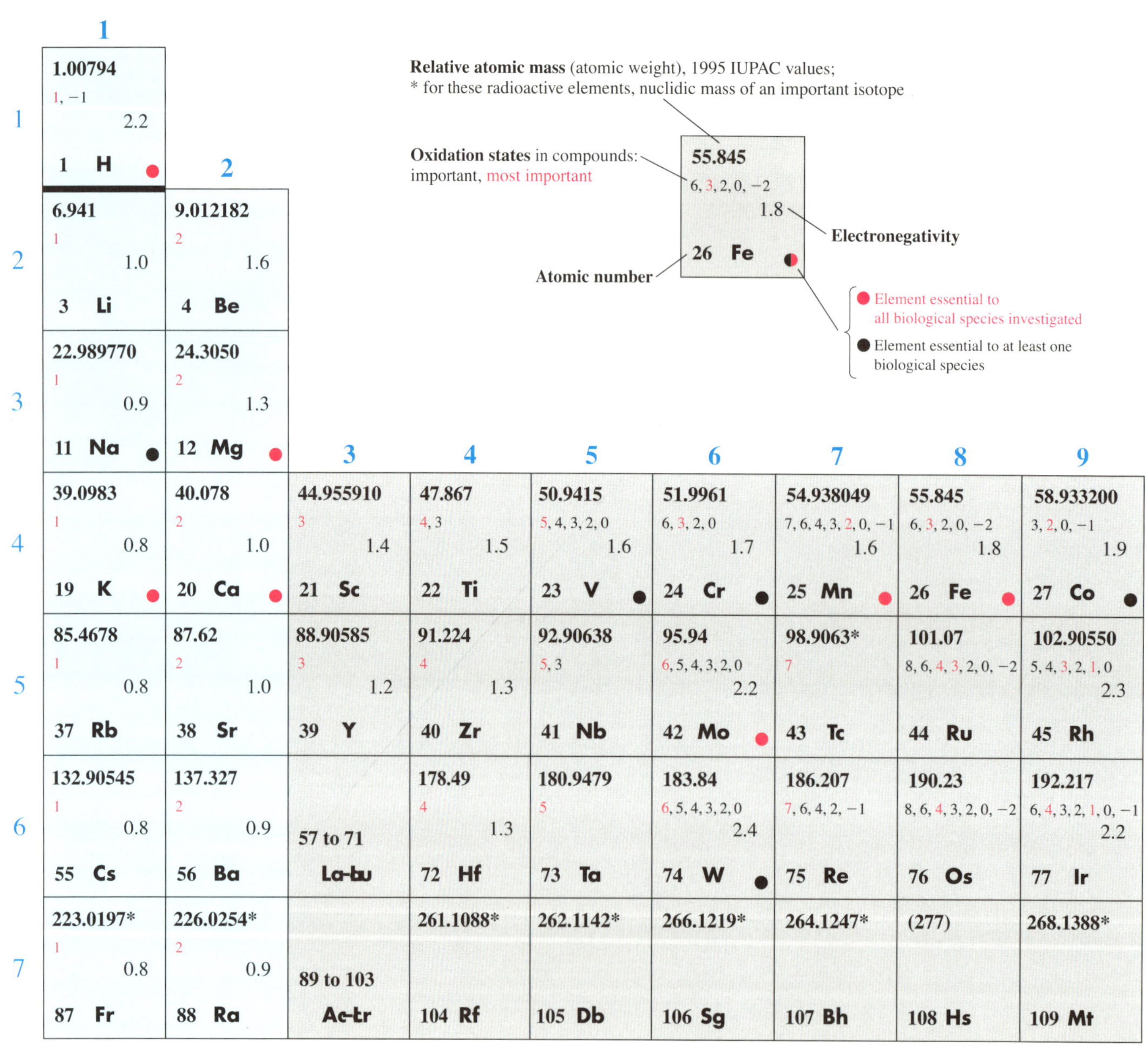

Relative atomic mass (atomic weight), 1995 IUPAC values;
* for these radioactive elements, nuclidic mass of an important isotope

Oxidation states in compounds: important, most important

Electronegativity

Atomic number

● Element essential to all biological species investigated

● Element essential to at least one biological species

Example
55.845 6, 3, 2, 0, −2 1.8 26 Fe ●

Period	1	2	3	4	5	6	7	8	9
1	1.00794 1, −1 2.2 1 H ●								
2	6.941 1 1.0 3 Li	9.012182 2 1.6 4 Be							
3	22.989770 1 0.9 11 Na ●	24.3050 2 1.3 12 Mg ●							
4	39.0983 1 0.8 19 K ●	40.078 2 1.0 20 Ca ●	44.955910 3 1.4 21 Sc	47.867 4, 3 1.5 22 Ti	50.9415 5, 4, 3, 2, 0 1.6 23 V ●	51.9961 6, 3, 2, 0 1.7 24 Cr ●	54.938049 7, 6, 4, 3, 2, 0, −1 1.6 25 Mn ●	55.845 6, 3, 2, 0, −2 1.8 26 Fe ●	58.933200 3, 2, 0, −1 1.9 27 Co ●
5	85.4678 1 0.8 37 Rb	87.62 2 1.0 38 Sr	88.90585 3 1.2 39 Y	91.224 4 1.3 40 Zr	92.90638 5, 3 41 Nb	95.94 6, 5, 4, 3, 2, 0 2.2 42 Mo ●	98.9063* 7 43 Tc	101.07 8, 6, 4, 3, 2, 0, −2 44 Ru	102.90550 5, 4, 3, 2, 1, 0 2.3 45 Rh
6	132.90545 1 0.8 55 Cs	137.327 2 0.9 56 Ba	57 to 71 La–Lu	178.49 4 1.3 72 Hf	180.9479 5 73 Ta	183.84 6, 5, 4, 3, 2, 0 2.4 74 W ●	186.207 7, 6, 4, 2, −1 75 Re	190.23 8, 6, 4, 3, 2, 0, −2 76 Os	192.217 6, 4, 3, 2, 1, 0, −1 2.2 77 Ir
7	223.0197* 1 0.8 87 Fr	226.0254* 2 0.9 88 Ra	89 to 103 Ac–Lr	261.1088* 104 Rf	262.1142* 105 Db	266.1219* 106 Sg	264.1247* 107 Bh	(277) 108 Hs	268.1388* 109 Mt

Lanthanides

138.9055 3 1.1 57 La	140.116 4, 3 1.1 58 Ce	140.90765 4, 3 1.1 59 Pr	144.24 3 1.1 60 Nd	146.9151* 3 1.2 61 Pm	150.36 3, 2 1.2 62 Sm	151.964 3, 2 1.2 63 Eu

Actinides

227.0278* 3 1.2 89 Ac	232.0381 4 1.3 90 Th	231.03588* 5, 4 1.3 91 Pa	238.02891 6, 5, 4, 3 1.4 92 U	237.0482* 6, 5, 4, 3 1.4 93 Np	244.0642* 6, 5, 4, 3 1.3 94 Pu	243.0614* 6, 5, 4, 3 95 Am

s Block elements | *d* Block elements
p Block elements | *f* Block elements

10	11	12	13	14	15	16	17	18
								4.002602 2 **He**
			10.811 3 2.0 5 **B**	12.0107 4, 2, −4 2.6 6 **C**	14.0067 5, 4, 3, 2, −3 3.0 7 **N**	15.9994 −2, −1 3.4 8 **O**	18.9984032 −1 4.0 9 **F**	20.1797 10 **Ne**
			26.981538 3 1.6 13 **Al**	28.0855 4, −4 1.9 14 **Si**	30.973761 5, 3, −3 2.2 15 **P**	32.065 6, 4, 2, −2 2.6 16 **S**	35.453 7, 5, 3, 1, −1 3.2 17 **Cl**	39.948 18 **Ar**
58.6934 3, 2, 0 1.9 28 **Ni**	63.546 2, 1 1.9 29 **Cu**	65.409 2 1.7 30 **Zn**	69.723 3 1.8 31 **Ga**	72.64 4 2.0 32 **Ge**	74.92160 5, 3, −3 2.2 33 **As**	78.96 6, 4, −2 2.6 34 **Se**	79.904 7, 5, 3, 1, −1 3.0 35 **Br**	83.798 2 3.0 36 **Kr**
106.42 4, 2, 0 2.2 46 **Pd**	107.8682 2, 1 1.9 47 **Ag**	112.411 2 1.7 48 **Cd**	114.818 3 1.8 49 **In**	118.710 4, 2 2.0 50 **Sn**	121.760 5, 3, −3 2.1 51 **Sb**	127.60 6, 4, −2 2.1 52 **Te**	126.90447 7, 5, 1, −1 2.7 53 **I**	131.293 8, 6, 4, 2 2.6 54 **Xe**
195.078 4, 2, 0 2.3 78 **Pt**	196.96655 3, 1 2.5 79 **Au**	200.59 2, 1 2.0 80 **Hg**	204.3833 3, 1 2.0 81 **Tl**	207.2 4, 2 2.3 82 **Pb**	208.98038 5, 3 2.0 83 **Bi**	208.9824* 6, 4, 2 2.0 84 **Po**	209.9871* 7, 5, 3, 1, −1 85 **At**	222.0176* 2 86 **Rn**
(281) 110 **Ds**	272.1535* 111 **Rg**	(285) 112 **Cn**	(284) (113) **Uut**	(289) (114) **Uuq**	(288) (115) **Uup**	(292) (116) **Uuh**		(294) (118) **Uuo**

157.25 3 1.2 64 **Gd**	158.92534 4, 3 1.2 65 **Tb**	162.500 3 1.2 66 **Dy**	164.93032 3 1.2 67 **Ho**	167.259 3 1.2 68 **Er**	168.93421 3, 2 1.3 69 **Tm**	173.04 3, 2 70 **Yb**	174.967 3 1.0 71 **Lu**

247.0703* 4, 3 96 **Cm**	247.0703* 4, 3 97 **Bk**	251.0796* 4, 3 98 **Cf**	252.0830* 3 99 **Es**	257.0951* 3 100 **Fm**	258.0984* 3 101 **Md**	259.1010* 3, 2 102 **No**	262.1097* 3 103 **Lr**

ABOUT THE AUTHORS

K. PETER C. VOLLHARDT was born in Madrid, raised in Buenos Aires and Munich, studied at the University of Munich, got his Ph.D. with Professor Peter Garratt at the University College, London, and was a postdoctoral fellow with Professor Bob Bergman (then) at the California Institute of Technology. He moved to Berkeley in 1974 when he began his efforts toward the development of organocobalt reagents in organic synthesis, the preparation of theoretically interesting hydrocarbons, the assembly of novel transition metal arrays with potential in catalysis, and the discovery of a parking space. Among other pleasant experiences, he was a Studienstiftler, Adolf Windaus medalist, Humboldt Senior Scientist, ACS Organometallic Awardee, Otto Bayer Prize Awardee, A. C. Cope Scholar, Japan Society for the Promotion of Science Prize Holder, and recipient of the Medal of the University Aix-Marseille and an Honorary Doctorate from The University of Rome Tor Vergata. He is the current Chief Editor of *Synlett*. Among his more than 320 publications, he treasures especially this textbook in organic chemistry, translated into 13 languages. Peter is married to Marie-José Sat, a French artist, and they have two children, Paloma (b. 1994) and Julien (b. 1997), whose picture you can admire on p. 170.

NEIL E. SCHORE was born in Newark, New Jersey, in 1948. His education took him through the public schools of the Bronx, New York, and Ridgefield, New Jersey, after which he completed a B.A. with honors in chemistry at the University of Pennsylvania in 1969. Moving back to New York, he worked with Professor Nicholas Turro at Columbia University, studying photochemical and photophysical processes of organic compounds for his Ph.D. thesis. He first met Peter Vollhardt when he and Peter were doing postdoctoral work in Professor Robert Bergman's laboratory at Cal Tech in the 1970s. Since joining the U. C. Davis faculty in 1976, he has taught organic chemistry to more than 12,000 nonchemistry majors, winning five teaching awards, publishing over 100 papers in various areas related to organic chemistry, and refereeing several hundred local youth soccer games. Neil is married to Carrie Erickson, a microbiologist at the U.C. Davis School of Veterinary Medicine. They have two children, Michael (b. 1981) and Stefanie (b. 1983), both of whom carried out experiments for this book.

Peter Vollhardt • Neil Schore

Organic Chemistry

Sixth Edition

유기화학

제6판

유기화학교재연구회

자유아카데미

PREFACE

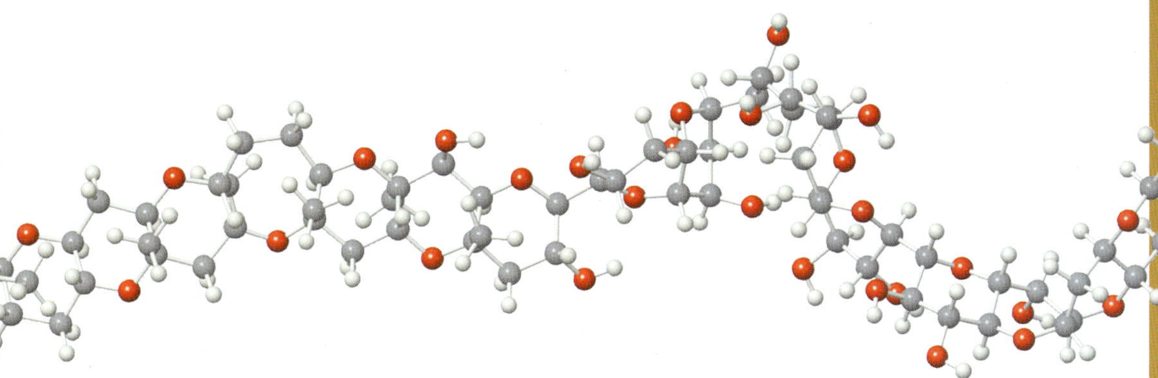

A User's Guide to ORGANIC CHEMISTRY: Structure and Function

In this edition of *Organic Chemistry: Structure and Function,* we maintain our goal of helping students organize all the information presented in the course and fit it into a logical framework for understanding contemporary organic chemistry. This framework emphasizes that the structure of an organic molecule determines how that molecule functions in a chemical reaction. In the sixth edition, we have strengthened the themes of understanding reactivity, mechanisms, and synthetic analysis to apply chemical concepts to realistic situations. We have incorporated new applications of organic chemistry in the life sciences, industrial practices, green chemistry, and environmental monitoring and clean-up. This edition includes more than 100 new or substantially revised problems, including new problems on synthesis and green chemistry, and new "challenging" problems. *Organic Chemistry: Structure and Function* is offered in an online version to give students cost-effective access to all content from the text plus all student media resources. For more information, please visit our Web site at **http://ebooks.bfwpub.com**.

CONNECTING STRUCTURE AND FUNGTION

This textbook emphasizes that the structure of an organic molecule determines how that molecule functions in a chemical reaction. By understanding the connection between structure and function, we can learn to solve practical problems in organic chemistry.

Chapters 1 through 5 lay the foundation for making this connection. In particular, Chapter 1 shows how electronegativity is the basis for polar bond formation, setting the stage for an understanding of polar reactivity. Chapter 2 makes an early connection between acidity and electrophilicity, as well as their respective counterparts, basicity-nucleophilicity. Chapter 3 relates the structure of radicals to their relative stability and reactivity. Chapter 4 illustrates how ring size affects the properties of cyclic systems, and Chapter 5 provides an early introduction to stereochemistry. The structures of haloalkanes and how they determine haloalkane behavior in nucleophilic substitution and elimination reactions are the main topics of Chapters 6 and 7. Subsequent chapters present material on functional-group compounds according to the same scheme introduced for haloalkanes: nomenclature, structure, spectroscopy, preparations, reactions, and biological and other applications. The emphasis on structure and function allows us to discuss the mechanisms of all new important reactions concurrently, rather than scattered throughout the text. We believe this unified presentation of mechanisms benefits students by teaching them how to approach understanding reactions rather than memorizing them.

most of the energy
ized society. We
s lack functional
does combustion
er that alkanes are
undergo several
ocesses, of which
t involve acid-base
radical reactions.
adical reactions in
y signi cant roles
disease processes),
the Earthês ozone
f synthetic fabrics

NASA's X-43A hypersonic research aircraft being dropped from under the wing of a B-52B Stratofortress on June 2, 2001. Most supersonic aircraft produce exhaust gases containing molecules such as nitric oxide (NO), whose radical reactions are destructive to the Earthês stratospheric ozone (O_3) layer. In the 1970s the United States abandoned plans to build a eet of supersonic aircraft (SSTs, or supersonic transports) for just this reason. In contrast, the X-43A is hydrogen fueled, posing no risk to stratospheric ozone, and may represent the rst step toward the development of environmentally acceptable high-speed flight. In 2008, Boeing ew successfully the first manned hydrogen-fuel-cell-powered aircraft, another aviation milestone.

he breaking of a bond, or **bond dissociation.** We examine
discuss the conditions under which it occurs. The majority
genation, a radical reaction in which a hydrogen atom in
. The importance of halogenation lies in the fact that it
oup, turning the alkane into a haloalkane, which is suitable
each of these processes, we shall discuss the **mechanism**
the reaction occurs. We shall see that different alkanes,
same alkane molecule, may react at different rates, and

A carbon radical

nber of mechanisms are needed to describe the very large
emistry. Mechanisms enable us to understand how and why
s are likely to form in them. In this chapter we apply mech-
ffects of halogen-containing chemicals on the stratospheric
brief discussion of alkane combustion and show how that
of thermodynamic information about organic molecules.

UNDERSTANDING AND VISUALIZING REACTION MECHANISMS

The emphasis on structure and function in the early chapters primes the students for building a true understanding of reaction mechanisms, encouraging understanding over memorization.

Because visualizing chemical reactivity can be challenging for many students, we use many different visual cues and models to help students visualize reactions and how they proceed mechanistically.

- ***NEW.*** Improved and expanded coverage of **electron-pushing arrows** in Section 2-2. The use of electron-pushing arrows, introduced in Section 2-2, is reinforced in Section 6-3 and applied extensively in all subsequent chapters.

- **Interlude**: **A Summary of Organic Reaction Mechanisms**, following Chapter 14, summarizes the relatively few types of reaction mechanisms that drive the majority of organic reactions, thereby encouraging understanding over memorization.

Curved arrows show how starting materials convert to products

Bonds consist of electrons. Chemical change is de ned as a process in which bonds are broken and/or formed. Therefore, *when chemistry takes place, electrons move*. Following the basic principles of electrostatics, electrons, being negatively charged, are attracted to sites of electron de ciency, or positive charge. Either highly electronegative or electron-de cient (and, therefore, electron-attracting) atoms, positively charged ions, or the δ^+ atom in a polar covalent bond can be the destination for electron movement. The vast majority of chemical processes we will introduce in this text will involve the movement of one or more pairs of electrons.

A curved arrow (↶) will show the flow of an electron pair from its point of origin, either a lone pair or a covalent bond, to its destination. The electron-pair movement that interconverts resonance forms (Section 1-5) follows these same principles. However, we know that resonance forms do not represent distinct entities. When we use curved arrows to depict the electron movement associated with a chemical reaction, we are describing an *actual structural change,* from the Lewis structures of the starting materials to those of the products. The examples below illustrate the various ways in which curved arrows are employed in this movement. In each case a red color denotes an electron pair that moves.

1. *Dissociation of a polar covalent bond into ions (B more electronegative than A)*

$$A{-}B \longrightarrow A^+ + :B^-$$

Movement of an electron pair converts the A–B covalent bond into a lone pair on atom B

- **Computer-generated ball-and-stick and space-filling models** help students visualize steric factors in many kinds of reactions. Icons in the page margins indicate where model building by students will be especially helpful for visualizing three-dimensional structures and dynamics.

- **Electrostatic potential maps** of many species help students see how electron distributions affect the behavior of species in various interactions.

- **Mechanism icons** in the page margins highlight the locations of important mechanisms.

- **Model-building icons** in the page margins indicate all of the structures that are found on the book's Web site as 3-D and rotatable structures.

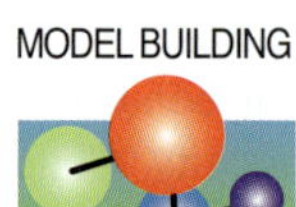

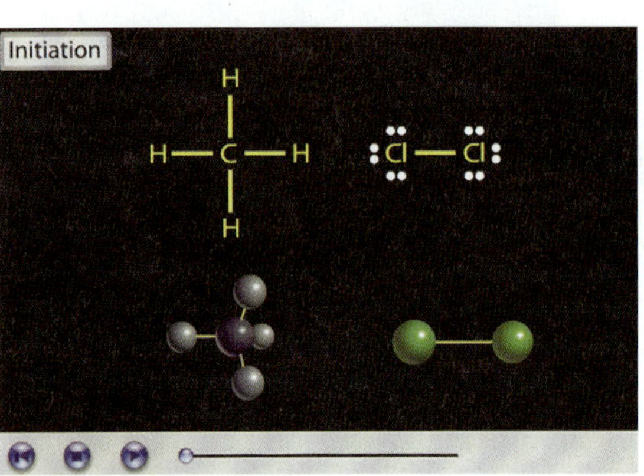

- **Reaction Summary Road Maps,** found at the ends of some chapters, summarize the principal reactions for preparation and applications of each major functional group. The **Preparation maps** indicate the possible origins of a functionality—that is, the precursor functional groups. The **Reaction maps** show what each functional group does. In both maps, reaction arrows are labeled with particular reagents and start from or end at specific reactants or products. The reaction arrows are also labeled with new section numbers indicating where the transformation is discussed in the new edition.

Approximately **50 animated mechanisms** are offered on the W. H. Freeman Web site. All mechanisms are indicated by Media Link icons in the page margins.

STRONGER PEDAGOGY FOR SOLVING PROBLEMS

Exercise 7-4

Working with the Concepts: Stereochemical Consequences of S_N1 Displacement

Gentle warming of (2*R*,4*R*)-2-iodo-4-methylhexane in methanol gives two stereoisomeric methyl ethers. How are they related to each other? Explain mechanistically.

Strategy

The substrate is secondary; therefore, substitution can proceed by either the S_N1 or the S_N2 mechanism. Let's consider the reaction conditions to see which is more likely and what its consequences will be.

Solution

• The reaction takes place in methanol, CH_3OH, a poor nucleophile (disfavoring S_N2) but a very polar, protic solvent, well suited for dissociation of secondary and tertiary haloalkanes into ions (favoring S_N1).

• Dissociation of the excellent leaving group I^- from C2 gives a trigonal planar carbocation. Methanol may attack from either face (compare mechanism steps 1 and 2 in Section 7-2), giving two stereoisomeric oxonium ions. The positively charged oxygen makes the attached hydrogen very acidic; after proton loss, two stereoisomeric ethers result (mechanism step 3 in Section 7-2; see also Figure 7-3). We have here another example of solvolysis (specifically, methanolysis), because the nucleophile is the solvent (methanol).

(**Caution!** When describing the S_N1 mechanism, *avoid the following two very common errors:* (1) Do *not* dissociate CH_3OH to give methoxide (CH_3O^-) and a proton before bonding with the cationic carbon. Methanol is a *weak acid* whose dissociation is thermodynamically not favored. (2) Do *not* dissociate CH_3OH to give a methyl cation and hydroxide ion. Although the presence of the OH functional group in alcohols may remind you of the formulas of inorganic hydroxides, alcohols are *not* sources of hydroxide ion.)

• The two stereoisomeric ether products are diastereomers; 2*S*,3*R* and 2*R*,3*R*. At the reaction site, C2, both *R* and *S* con gurations result from the two possible pathways of methanol attack, *a* and *b*. At C3 a stereocenter where no reaction occurs, the original *R* con guration remains unchanged.

Exercise 7-5

Try It Yourself

Hydrolysis of molecule A (shown in the margin) gives two alcohols. Explain.

• ***NEW.*** **Interlude**: **Solving Problems in Organic Chemistry,** following Chapter 11, examines the different types of problems common in organic chemistry and teaches students how to approach and proceed through each type of problem.

Improved Problem-Solving Approaches

• ***NEW.*** In this edition we have revised all of the in-chapter exercises, called Working with the Concepts. **Each exercise now begins with a Strategy section** that emphasizes the reasoning students need to apply in attacking problems. The Solution arranges the steps logically and carefully, modeling good problem-solving skills.

• ***NEW.*** **Try It Yourself Exercises.** Each in-chapter worked exercise is paired with a Try It Yourself problem that follows up on the concept being taught.

• ***NEW.*** **Caution statements** appear in many of the exercises, alerting students to potential pitfalls and how to avoid them. The exercises chosen for solution are typical homework or test questions, enabling students to acquire a feel for solving complex problems, rather than artificially simplified ones. In response to strong positive feedback on this feature, we have increased substantially the number of these solutions.

[Interlude]

Solving Problems in Organic Chemistry

With approximately one-third of the year's course in organic chemistry behind you, let's take stock of your ability to solve problems, and look to possible remedies for the dif cul- ties you may have encountered. This interlude has the following structure:

Understanding the Question
Types of Problems in Organic Chemistry
A General Approach to Problem Solving: The "WHIP" Strategy
Solving Problems That Ask "What"
- *Nomenclature*
- *Acidity*
- *Energy*
- *Stability*
- *Spectroscopy*

Solving Problems That Ask "How" and/or "Why"
- *What is the product of a reaction?*
- *How does the product form?*
- *What reagent(s) do you need to convert one molecule into a specific other?*

Problem I-7. Which reaction below proceeds faster, (a) or (b)? What is the product? Explain.

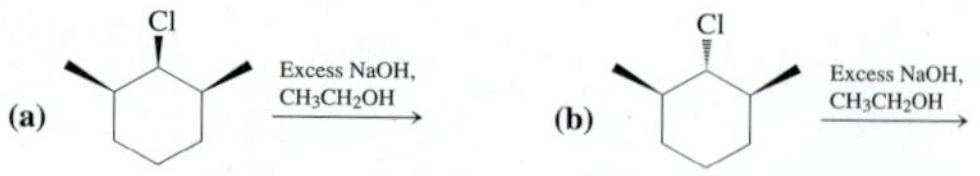

(a) Cl, Excess NaOH, CH_3CH_2OH → (b) Cl, Excess NaOH, CH_3CH_2OH →

*W*hat does the question ask? "*Explain!*" Thereês your cue: This is a *mechanism* problem.

*H*ow to start? As in the preceding example, characterize the substrates: Here they are *secondary* chloroalkanes, with additional steric hindrance on the adjacent carbon. Again, the reagent is a strong nucleophile and base.

*I*nformation: Displacement by S_N2 is unlikely; as in Problem I-6, E2 should be favored (Table 7-4). What next?

*P*roceed, logically: Use the question as a clue to how to proceed. *Why* should these two reactions proceed at different rates? How do the substrates differ? Answer: stereochemically. So, redraw both starting materials in the more instructive cyclohexane chair forms:

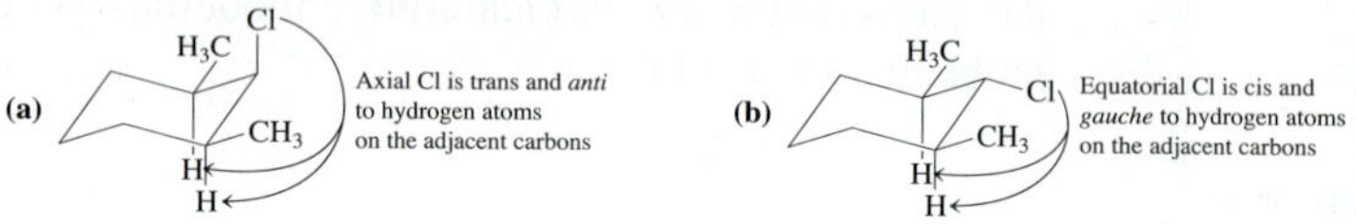

(a) Cl, H_3C, CH_3, H, H — Axial Cl is trans and *anti* to hydrogen atoms on the adjacent carbons

(b) H_3C, Cl, CH_3, H, H — Equatorial Cl is cis and *gauche* to hydrogen atoms on the adjacent carbons

• ***NEW.*** "WHIP" strategy. Beginning in Chapter 3 we introduce a novel and powerful approach to problem solving, the "WHIP" approach. We teach students how to recognize the fundamental types of questions they are likely to encounter, and explain the solution strategy in full detail in a new Interlude section that follows Chapter 11. The "WHIP" strategy encourages students to ask the following questions: **W**HAT does the problem ask? **H**OW to begin? **I**NFORMATION needed? **P**ROCEED logically; do not skip steps! Solutions of several problem types illustrate the strategy.

• **Many more exercises.** We have increased the number of end-of-chapter problems to give tudents more practice solving problems.

\ Wide Variety of Problem Types

Jsers and reviewers of past editions have often cited the end-of-chapter problems as a major trength of the book, both for the range of difficulty levels and the variety of practical applicaions. We highlight those end-of-chapter problems that are more difficult with a special icon.

- The **Chapter Integration Problems** include worked-out, step-by-step solutions to problems involving several concepts from within chapters and from among several chapters. These solutions place particular emphasis on problem analysis, deductive reasoning, and logical conclusions.
- **Team Problems** encourage discussion and collaborative learning among students. They can be assigned as regular homework or as projects for groups of students to work on.
- For students planning careers in medicine or related fields, **Preprofessional Problems** offer a multiple-choice format typical of problems on the MCAT®, GRE, and DAT. **In addition, a selection of actual test passages and questions from past MCAT® exams appears in an appendix.**

REAL CHEMISTRY BY PRACTICING CHEMISTS: An Emphasis on Practical Applications

Every chapter of this text features discussions of biological, medical, and industrial applicaions of organic chemistry, many of them new to this edition. Some of these applications ıre found in the text discussion, others in the exercises and problems, and still others in the Chemical Highlight boxes. Topics range from the chemistry behind the effects on human ıealth of "compounds in the news" (cholesterol, trans fatty acids, grape seed extracts, green ea), to advances in the development of "green," environmentally friendly methods in the chemical industry, new chemically based methods of disease diagnosis and treatment, and ıses of transition metals and enzymes to catalyze reactions in pharmaceutical and medicinal chemistry. A major application of organic chemistry, stressed throughout the text, is the ynthesis of new products and materials. We emphasize the development of good synthetic trategies and the avoidance of pitfalls, illustrating these ideas with many Working with the Concepts and Integration Problems. Many chapters contain specific syntheses of biological ınd medicinal importance.

역자 서문

최근 과학 분야의 화두는 단연 생명과학, 나노과학, 재료과학이고, 그 중심에 화학이 있다. 이런 첨단 과학 분야가 비약적으로 발전하면서 이들 분야에서 유기화학이 차지하는 비중이 더욱 높아지고 있다. 그렇기 때문에 화학 전공자뿐만 아니라 관련 분야의 대학 학부 과정에서도, 이러한 학문 변화의 추세에 적합한 내용과 형태의 유기화학 교재를 필요로 하고 있다.

오늘날 첨단 과학의 이해와 수행 목적에 적합한 교재 중 하나가 P. C. Vollhardt와 N. E. Schore의 "Organic Chemistry" 6판이라고 생각되어 번역하게 되었다. 이 책은 초판에서부터 판수를 거듭하면서 내용이 보다 새롭고 충실하게 편집되었고, 각 장마다 생물학, 의학 및 공업화학 분야에서의 실제 응용 반응을 충실히 다루고 있다. 아울러 새로운 관련 분야의 최근 화제들을 많이 소개함으로써 배우는 학생들에게 큰 도움이 될 것이라고 사료된다.

전문 용어는 대한화학회에서 제정한 화학술어집 개정5판에 따라 번역하였고, 인명이나 지명은 오류를 피하기 위해 원어를 그대로 사용하였다. 한편 사용하는 이들의 편의를 위해 화합물 이름은 우리말 표기와 원어를 함께 표기하였다.

번역 내용은 원서에 충실하게 번역하고자 하였으나, 번역 과정에서 표현 미숙과 인쇄 과정에서 많은 오류가 있을 것이라 생각된다. 독자들의 거침없는 지적과 비판을 바란다.

마지막으로 이 책이 발간되도록 배려해 주신 자유아카데미 출판사 사장님과 편집과 교정에 수고하신 직원 여러분께 감사의 뜻을 표한다.

2011년 2월
역자 대표

차 례

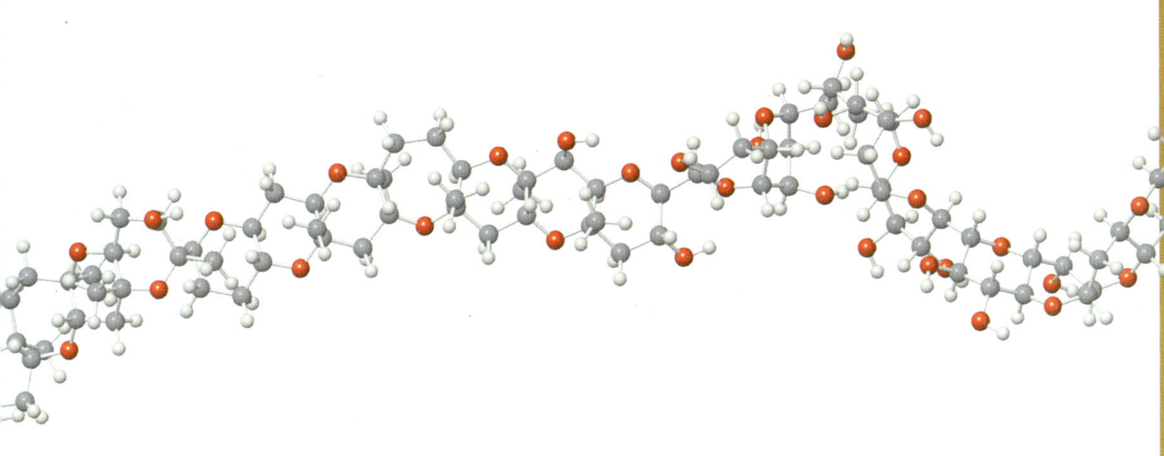

1 유기 분자의 구조와 결합 1

1-1 유기화학의 범주: 개요 2

화학 이야기 1-1 요소(urea): 소변으로부터 산업적 비료로서 Wöhler의 합성까지 4

1-2 Coulomb 힘: 결합에 관한 단순한 견해 5

1-3 이온 결합과 공유 결합: 팔전자 규칙 7

1-4 결합의 전자점 모형: Lewis 구조 13

1-5 공명 구조 18

1-6 원자 오비탈: 핵 주위의 전자에 관한 양자 역학적 기술 23

1-7 분자 오비탈과 공유 결합 28

1-8 혼성 오비탈: 복잡한 분자에서의 결합 31

1-9 유기 분자의 구조와 식 36

통합 문제 39

중요한 개념 42

문제 43

2 구조와 반응성 47

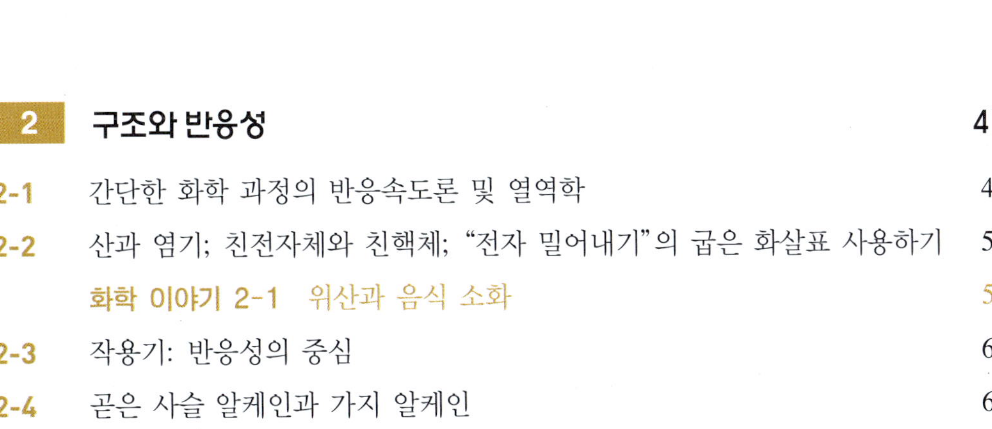

2-1 간단한 화학 과정의 반응속도론 및 열역학 48

2-2 산과 염기; 친전자체와 친핵체; "전자 밀어내기"의 굽은 화살표 사용하기 54

화학 이야기 2-1 위산과 음식 소화 57

2-3 작용기: 반응성의 중심 64

2-4 곧은 사슬 알케인과 가지 알케인 67

2-5 알케인 명명법 68
2-6 알케인의 구조적 및 물리적 특성 74
화학 이야기 2-2 화학적 모방에 의한 "성적 사기" 76
2-7 단일 결합을 축으로 하는 회전: 형태 77
2-8 치환된 에테인의 회전 80
통합 문제 83
중요한 개념 86
문제 87

3 알케인의 반응 91
3-1 알케인 결합의 세기: 라디칼 92
3-2 알킬 라디칼의 구조: 하이퍼콘쥬게이션 95
3-3 석유의 변환: 열분해 96
화학 이야기 3-1 21세기의 지속 가능성과 필요성: "녹색"화학 99
3-4 메테인의 염소화반응: 라디칼 연쇄 메커니즘 100
3-5 메테인의 다른 라디칼 할로젠화반응 105
3-6 고급 알케인의 염소화반응: 상대적 반응성과 선택성 107
3-7 플루오린과 브로민의 라디칼 할로젠화반응에서 선택성 111
3-8 라디칼 할로젠화반응을 이용한 합성 112
화학 이야기 3-2 염소화반응, 클로랄, DDT 114
3-9 합성 염소 화합물과 성층권 오존층 115
3-10 알케인의 연소와 상대적 안정성 117
통합 문제 120
중요한 개념 122
문제 123

4 사이클로알케인 127
4-1 사이클로알케인의 이름과 물리적 성질 128
4-2 사이클로알케인의 고리 변형과 구조 131
4-3 사이클로헥세인: 변형이 없는 사이클로알케인 136
4-4 치환기가 있는 사이클로헥세인 140
4-5 더 큰 사이클로알케인 145
4-6 여러고리 알케인 145

화학 이야기 4-1 사이클로헥세인, 아다만테인, 다이아만도이드: 다이아몬드 "분자" 146

4-7 탄소고리 천연물 148

화학 이야기 4-2 콜레스테롤: 왜 나쁘고 얼마나 나쁜가? 152

통합 문제 153

화학 이야기 4-3 피임제: "필"로부터 RU-486까지 154

중요한 개념 157

문제 158

5 입체이성질체 165

5-1 카이랄 분자 167

화학 이야기 5-1 카이랄 천연물 169

5-2 광학 활성도 171

5-3 절대 배열: R-S 순위결정 규칙 174

5-4 Fischer 투영식 178

화학 이야기 5-2 절대 배열: 역사적 유래 179

5-5 여러 개의 입체중심을 가진 분자: 부분입체이성질체 183

화학 이야기 5-3 타타르산의 이성질체 185

5-6 메조 화합물 187

5-7 화학 반응에서 입체화학 189

화학 이야기 5-4 카이랄 약품: 라세미 혼합물인가 또는 순수한 거울상이성질체인가? 192

화학 이야기 5-5 자연은 왜 "한쪽성"인가? 195

5-8 분할: 거울상이성질체의 분리 198

통합 문제 200

중요한 개념 203

문제 203

6 할로알케인의 성질과 반응 211

6-1 할로알케인의 물리적 성질 211

화학 이야기 6-1 소염제나 천식치료제로 쓰이는 할로젠이 치환된 스테로이드 213

6-2 친핵성 치환반응 214

6-3 극성 작용기를 포함하는 반응 메커니즘: "전자 밀어내기" 화살표 사용 217

6-4 친핵성 치환반응 메커니즘의 보다 상세한 검토: 반응속도론 219
6-5 전방 또는 후방 공격? S_N2 반응의 입체화학 222
6-6 S_N2 반응의 반전 결과 224
6-7 구조와 S_N2 반응의 반응성: 이탈기 227
6-8 구조와 S_N2 반응의 반응성: 친핵체 229
6-9 구조와 S_N2 반응성: 기질 236
화학 이야기 6-2 브로모메테인의 딜레마: 대단히 유용하나 독성이 크다 237
통합 문제 240
중요한 개념 242
문제 242

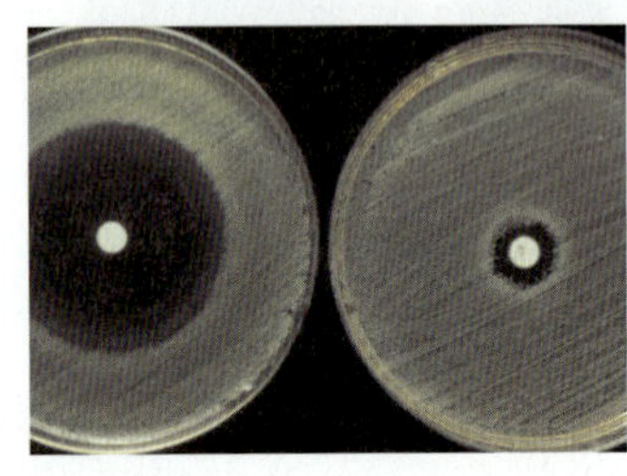

7 할로알케인에서 일어나는 다른 반응 247

7-1 삼차와 이차 할로알케인의 가용매분해반응 247
7-2 일분자 친핵성 치환반응 248
7-3 S_N1 반응에서 입체화학 252
7-4 일분자 치환반응에 대한 용매, 이탈기 및 친핵체의 영향 254
7-5 S_N1 반응에 미치는 알킬기의 영향: 탄소양이온 안정도 256
화학 이야기 7-1 항암제 합성에 있어 비정상적인 입체선택적 S_N1 치환 259
7-6 일분자 제거반응: E1 260
7-7 이분자 제거반응: E2 263
7-8 치환반응과 제거반응 간의 경쟁: 구조가 기능을 결정 266
7-9 할로알케인 반응성의 요약 269
통합 문제 271
새로운 반응식 273
중요한 개념 274
문제 274

8 하이드록시 작용기: 알코올 281

8-1 알코올의 명명법 282
8-2 알코올의 구조적 성질과 물리적 성질 283
8-3 산과 염기로서의 알코올 286
8-4 알코올의 공업용 원료: 일산화 탄소와 에텐 289
8-5 친핵성 치환에 의한 알코올의 합성 290

8-6 알코올의 합성: 알코올과 카보닐 화합물의 산화-환원 관계 291
화학 이야기 8-1 생물학적 산화와 환원 292
화학 이야기 8-2 음주 측정기 296
8-7 유기금속 시약: 알코올 합성을 위한 친핵성 탄소의 원천 298
8-8 알코올 합성에서 유기금속 시약 302
8-9 복잡한 알코올: 합성 전략 입문 303
화학 이야기 8-3 전이 금속 촉매를 이용한 교차 짝지음 반응 304
통합 문제 313
새로운 반응식 316
중요한 개념 320
문제 320

9 알코올의 다른 반응과 에터의 화학 327

9-1 알코올과 염기와의 반응: 알콕사이드의 제조 328
9-2 알코올과 강산과의 반응: 알코올의 치환과 제거반응에서의 알킬옥소늄 이온 329
9-3 탄소양이온 재배열반응 332
9-4 알코올로부터 만들어지는 에스터와 할로알케인의 합성 338
9-5 에터의 명명법 및 물리적 성질 341
9-6 Williamson 에터 합성 344
화학 이야기 9-1 1,2-다이옥사사이클로뷰테인의 화학발광 345
9-7 에터의 합성: 알코올과 무기산 349
9-8 에터의 반응 351
화학 이야기 9-2 합성에서 보호기의 사용 353
9-9 옥사사이클로프로페인의 반응 354
화학 이야기 9-3 가수분해에 의한 옥사사이클로프로페인의 속도론적 분할 356
9-10 알코올과 에터의 황 유사체 359
9-11 알코올과 에터의 생리학적 성질 및 사용 362
화학 이야기 9-4 마늘과 황 365
통합 문제 366
새로운 반응식 369
중요한 개념 371
문제 372

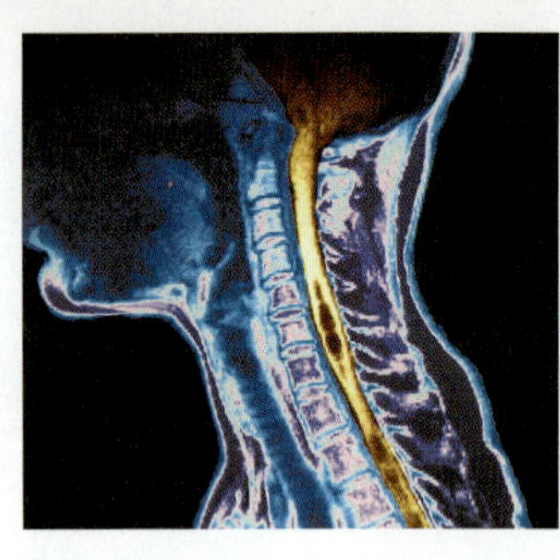

10 핵자기 공명 분광법을 이용한 구조의 결정 381

10-1 물리적 · 화학적 시험 382
10-2 분광학의 정의 382
10-3 수소 핵자기 공명 384
화학 이야기 10-1 NMR 스펙트럼의 기록 387
10-4 분자 구조의 해석에 있어서 NMR 스펙트럼의 응용: 양성자의 화학적 이동값 389
10-5 화학적 동등성에 대한 실험 394
화학 이야기 10-2 의학에서의 자기 공명 영상 398
10-6 적분 399
10-7 스핀-스핀 갈라짐: 동등하지 않은 이웃 수소의 영향 401
10-8 스핀-스핀 갈라짐: 몇 가지 복잡성 408
화학 이야기 10-3 부분입체이성질성 수소의 비동등성 412
10-9 탄소-13 핵자기 공명 416
화학 이야기 10-4 관련된 NMR 스펙트럼: COSY와 HETCOR 422
화학 이야기 10-5 천연물의 구조 결정: 포도씨로부터 얻어지는 항산화제 424
통합 문제 426
중요한 개념 429
문제 430

11 알켄: 적외선 분광법과 질량 분석법 437

11-1 알켄의 명명법 438
11-2 에텐의 구조와 결합: π 결합 441
11-3 알켄의 물리적 성질 444
11-4 알켄의 핵자기 공명 445
화학 이야기 11-1 프로스타글란딘 450
11-5 알켄의 촉매 수소첨가반응: 이중 결합의 상대적인 안정도 451
11-6 할로알케인 및 알킬 설포네이트로부터 알켄의 제조: 이분자 제거반응 453
11-7 알코올의 탈수반응에 의한 알켄의 제조 458
11-8 적외선 분광법 459
11-9 유기 화합물의 분자량 측정: 질량 분석법 464
화학 이야기 11-2 21세기의 보안: 적외선 분광법과 질량 분석법의 응용 466

화학 이야기 11-3 질량 분석기를 이용하여 경기력을 향상시키는 약물을 검출할 수 있다 468
11-10 유기 분자들의 토막내기 방식 469
11-11 불포화도: 분자 구조를 확인하기 위한 보조 방법 474
통합 문제 476
새로운 반응식 478
중요한 개념 479
문제 480
유기화학에서 문제 풀이법 489

12 알켄의 반응 499

12-1 왜 첨가반응이 일어나는가: 열역학적 실현성 499
12-2 촉매 수소첨가반응 501
12-3 π 결합의 친핵성 특성: 할로젠화 수소의 친전자성 첨가반응 504
12-4 친전자성 수화반응에 의한 알코올의 합성: 열역학적 지배 508
12-5 알켄에 대한 할로젠의 친전자성 첨가반응 510
12-6 친전자성 첨가반응의 일반성 513
12-7 옥시수은첨가반응-수은이탈반응: 특수한 친전자성 첨가반응 517
화학 이야기 12-1 곤충매개 질병과의 싸움에서 유충 호르몬 유도체 518
12-8 수소화붕소첨가반응-산화반응: 입체특이성 안티-Markovnikov 수화반응 520
12-9 다이아조메테인, 카벤, 사이클로프로페인의 합성 523
12-10 옥사사이클로프로페인(에폭사이드)의 합성: 과산화카복실산에 의한 에폭시화반응 525
12-11 사산화 오스뮴에 의한 이웃자리 신 다이하이드록시화반응 527
화학 이야기 12-2 항암제 합성: Sharpless의 거울상선택성 옥사사이클로프로페인 반응과 다이하이드록시화반응 528
12-12 산화 분해반응: 가오존분해반응 530
12-13 라디칼 첨가반응: *anti* Markovnikov 생성물 형성 532
12-14 알켄의 이합체화반응, 소중합반응 및 중합반응 534
12-15 중합체의 합성 536
화학 이야기 12-3 유출된 기름 제거에서의 중합체 537
12-16 에텐: 중요한 공급원료 539
화학 이야기 12-4 중간과 큰 고리 합성을 위한 금속-촉매화 알켄 복분해반응 540

12-17	자연에 있는 알켄: 곤충 페로몬	541
	통합 문제	543
	새로운 반응식	545
	중요한 개념	548
	문제	550

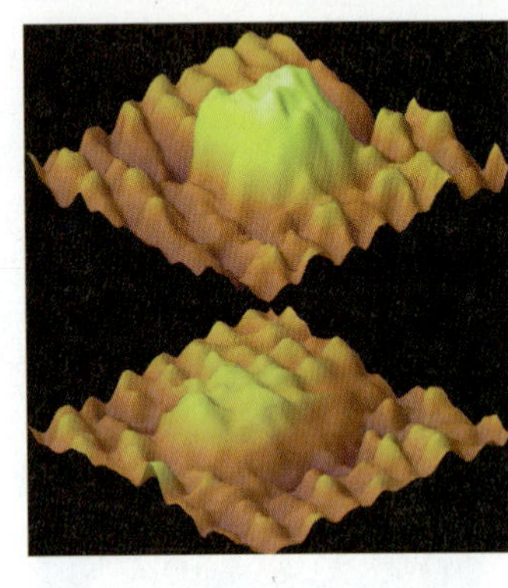

13	**알카인**	**559**
13-1	알카인의 명명법	560
13-2	알카인의 결합과 성질	561
13-3	알카인의 분광학	564
13-4	이중 제거반응에 의한 알카인의 제조	568
13-5	알카인일 음이온으로부터 알카인의 제조	570
13-6	알카인의 환원: 두 π 결합의 상대적 반응성	571
13-7	알카인의 친전자성 첨가반응	575
13-8	삼중 결합에 대한 anti-Markovnikov 첨가반응	578
13-9	알켄일 할로젠화물의 화학	579
13-10	산업용 출발물로서의 에타인	581
	화학 이야기 13-1 금속 촉매 Stille, Suzuki, Sonogshira 짝지음 반응	582
13-11	자연에서 생성되는 생리학적 활성을 가진 알카인	584
	통합 문제	587
	새로운 반응식	588
	중요한 개념	590
	문제	592

14	**비편재화 파이계**	**599**
14-1	이웃한 세 p 오비탈의 겹침: 2-프로페닐(알릴)계 전자의 비편재화	600
14-2	알릴 라디칼 할로젠화	602
14-3	알릴자리 할로젠화물의 친핵성 치환: S_N1과 S_N2	604
14-4	알릴 유기금속 시약: 유용한 세-탄소 친핵체	606
14-5	두 이웃한 이중 결합: 콘쥬게이션 다이엔	607
14-6	콘쥬게이션 다이엔에 대한 친전자성 공격: 속도론적 지배와 열역학적 지배	611
	화학 이야기 14-1 두 이중 결합 간의 면 대 면 상호작용	612

14-7 두 개 이상의 π 결합에서 비편재화: 콘쥬게이션의 확장과 벤젠 616
14-8 콘쥬게이션 다이엔의 독특한 반응: Diels-Alder 고리화첨가 618
화학 이야기 14-2 전도성 폴리엔: 기발한 기능성 물질 620
화학 이야기 14-3 Diels-Alder 반응은 녹색화학(green chemistry) 627
14-9 전자고리화 반응 630
화학 이야기 14-4 전자고리화는 줄지어 일어날 수 있다. 스트렙토마이신 배양에서의 면역억제제 634
14-10 콘쥬게이션 다이엔의 중합: 고무 637
14-11 전자 스펙트럼: 자외선 및 가시광선 분광법 641
화학 이야기 14-5 IR, NMR, MS, UV의 기여 645
통합 문제 646
새로운 반응식 649
중요한 개념 651
문제 651
유기 반응 메커니즘 657

15 벤젠과 방향족성 663

15-1 벤젠 유도체의 명명법 665
15-2 벤젠의 구조와 공명 에너지: 방향족성에 대한 첫 번째 고찰 667
15-3 벤젠의 파이 분자 오비탈 669
15-4 벤젠 고리의 분광학적 특성 671
15-5 여러고리 방향족 탄화수소 677
화학 이야기 15-1 탄소의 동소체: 흑연, 다이아몬드, 풀러렌 678
화학 이야기 15-2 접합 탄화수소에서 인접한 방향족성 고리와 반방향족성 고리 682
15-6 다른 고리형 폴리엔: Hückel 규칙 683
15-7 Hückel 규칙과 전하를 띤 분자들 688
15-8 벤젠 유도체의 합성: 친전자성 방향족 치환반응 690
15-9 벤젠의 할로젠화반응: 촉매의 필요성 692
15-10 벤젠의 나이트로화반응과 설폰화반응 694
15-11 Friedel-Crafts 알킬화반응 697
15-12 Friedel-Crafts 알킬화반응의 제한성 700
15-13 Friedel-Crafts 아실화(알칸오일화반응) 702
통합 문제 706
새로운 반응식 708

중요한 개념 710
문제 711

16 벤젠 유도체에 대한 친전자성 공격 717

16-1 치환기에 의한 벤젠 고리의 활성화와 비활성화 718
16-2 알킬기의 지향성 유도 효과 721
16-3 벤젠 고리와 콘쥬게이션 치환기의 지향성 효과 724
화학 이야기 16-1 폭약 나이트로아렌류: TNT와 피크린산 727
16-4 이치환 벤젠에서의 친전자성 공격 732
16-5 치환된 벤젠류에 대한 합성 전략 735
16-6 다중고리 벤젠류 탄화수소의 반응성 740
16-7 다중고리 방향족 탄화수소와 암 743
통합 문제 746
새로운 반응식 749
중요한 개념 750
문제 750

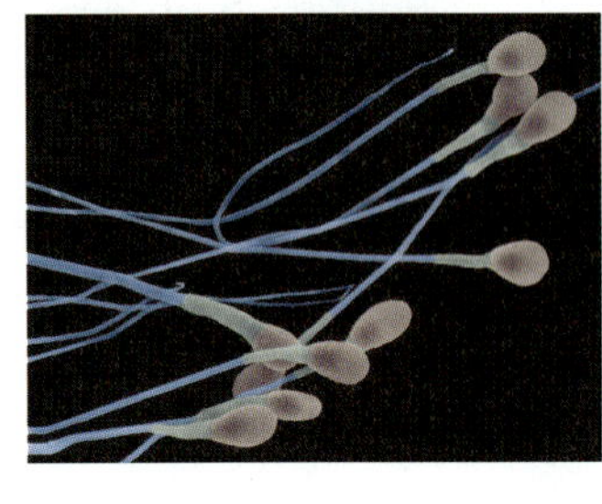

17 알데하이드 및 케톤 759

17-1 알데하이드와 케톤의 명명 760
17-2 카보닐기의 구조 762
17-3 알데하이드와 케톤의 분광학적 성질 763
17-4 알데하이드와 케톤의 제조 769
17-5 카보닐기의 반응성: 첨가반응의 메커니즘 771
17-6 수화물을 생성하는 물의 첨가반응 774
17-7 헤미아세탈과 아세탈을 형성하는 알코올의 첨가반응 775
17-8 보호기로서의 아세탈 778
17-9 암모니아와 그 유도체의 친핵성 첨가반응 781
화학 이야기 17-1 생물학에서의 이민 783
17-10 카보닐기의 탈산소반응 786
17-11 사이아노하이드린을 생성하는 사이안화 수소의 첨가반응 787
17-12 인 일라이드의 첨가반응: Wittig 반응 788
17-13 과산화카복실산에 의한 산화: Baeyer-Villiger 산화반응 791
17-14 산화성을 이용한 알데하이드의 화학적 검사법 792

통합 문제 793
새로운 반응식 795
중요한 개념 799
문제 802

18 엔올, 엔올레이트 및 알돌 축합 809

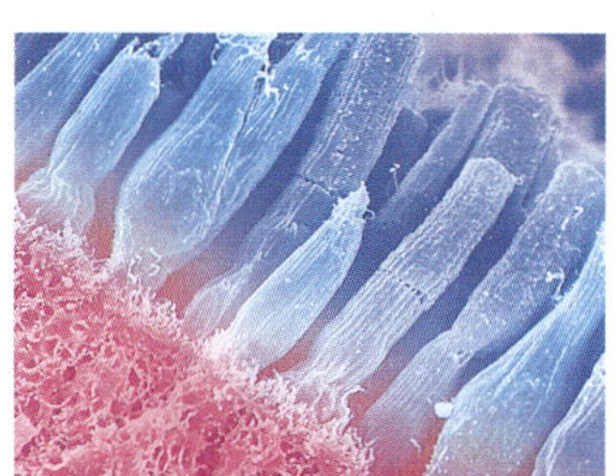

18-1 알데하이드와 케톤의 산도: 엔올 음이온 810
18-2 케토-엔올 평형 811
18-3 알데하이드와 케톤의 할로젠화반응 814
18-4 알데하이드와 케톤의 알킬화반응 816
18-5 카보닐 작용기에 대한 엔올 음이온의 공격: 알돌 축합 819
화학 이야기 18-1 자연에서의 효소 촉매 입체선택성 알돌 축합 822
18-6 교차 알돌 축합 823
화학 이야기 18-2 효소를 이용한 유기 합성: 입체선택성 교차 알돌 축합 823
18-7 분자내 알돌 축합 825
화학 이야기 18-3 자연에서 불포화된 알데하이드의 반응: 시각의 화학 826
18-8 α,β-불포화 알데하이드 및 케톤의 특성 827
18-9 α,β-불포화 알데하이드와 케톤에 대한 콘쥬게이션 첨가반응 829
18-10 유기금속 시약의 1,2-와 1,4-첨가반응 832
18-11 엔올 음이온의 콘쥬게이션 첨가반응: Michael 첨가반응 및 Robinson 고리짓기반응 834
화학 이야기 18-4 Alexander Borodin: 작곡가, 화학자, 그리고 선구적 교육자 835
통합 문제 838
새로운 반응식 840
중요한 개념 843
문제 843

19 카복실산 853

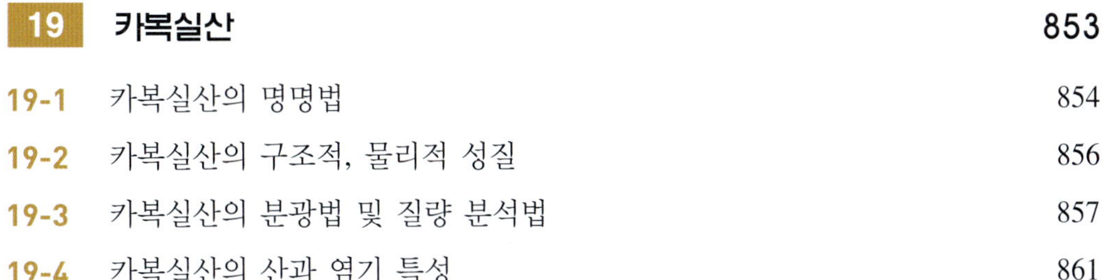

19-1 카복실산의 명명법 854
19-2 카복실산의 구조적, 물리적 성질 856
19-3 카복실산의 분광법 및 질량 분석법 857
19-4 카복실산의 산과 염기 특성 861

19-5	카복실산의 공업적 합성	864
19-6	카복시 작용기를 도입하는 방법	865
19-7	카복시 탄소에서의 치환반응: 첨가-제거반응 메커니즘	868
19-8	카복실산 유도체: 아실 할로젠화물과 무수물	871
19-9	카복실산 유도체: 에스터	874
19-10	카복실산 유도체: 아마이드	878
19-11	수소화 알루미늄 리튬에 의한 카복실산의 환원	880
19-12	카복시기 이웃 탄소에서의 브로민화반응: Hell-Volhard-Zelinsky 반응	880
19-13	카복실산의 생물학적 활성	882
	화학 이야기 19-1 긴 사슬 카복실레이트로부터의 비누	882
	화학 이야기 19-2 트랜스 지방산과 건강	885
	화학 이야기 19-3 생물자원에서 만들어진 플라스틱, 실, 에너지	887
	통합 문제	889
	새로운 반응식	892
	중요한 개념	894
	문제	897

20	**카복실산 유도체**	**907**
20-1	카복실산 유도체의 상대적인 반응성, 구조 및 스펙트럼	908
20-2	아실 할로젠화물의 화학	912
20-3	카복실산 무수물의 화학	916
20-4	에스터의 화학	918
20-5	천연에서 얻어지는 에스터: 왁스, 지방, 기름, 지질	924
	화학 이야기 20-1 석유의 친환경적 대체품: 식물성 오일로부터 얻은 연료	926
20-6	아마이드: 반응성이 가장 낮은 카복실산 유도체	926
	화학 이야기 20-2 병원균과 전쟁: 항생물질의 전쟁	928
20-7	아미데이트와 이들의 할로젠화반응: Hofmann 재배열반응	932
	화학 이야기 20-3 아이소사이안산 메틸, 카바메이트계 살충제 그리고 화학 산업에서의 안전	935
20-8	알케인나이트릴: 특수한 부류의 카복실산 유도체	936
	통합 문제	939
	새로운 반응식	942
	중요한 개념	946
	문제	946

21 아민과 아민의 유도체 953

21-1 아민 화합물의 명명법 954
21-2 아민의 구조와 물리적 성질 955
화학 이야기 21-1 생리 활성을 지닌 아민류와 체중 조절 956
21-3 아민 작용기의 분광법 960
21-4 아민의 산도와 염기도 963
화학 이야기 21-2 추출법에 의하여 유기 화합물로부터 아민 분류 964
21-5 알킬화반응에 의한 아민의 합성 967
21-6 환원성 아민화반응에 의한 아민의 합성 970
21-7 카복실산 아마이드로부터 아민의 합성 973
21-8 사차 암모늄염의 반응: Hofmann 제거반응 973
21-9 Mannich 반응: 이미늄 이온에 의한 엔올의 알킬화반응 975
21-10 아민의 나이트로소화반응 978
화학 이야기 21-3 *N*-나이트로소다이알칸아민과 암 979
화학 이야기 21-4 공업용 아민: 나일론 980
통합 문제 984
새로운 반응식 987
중요한 개념 989
문제 992

22 치환된 벤젠의 화학 999

22-1 페닐메틸 (벤질) 탄소의 반응성: 벤질자리 공명 안정화 1000
22-2 벤질자리 산화와 환원 1004
22-3 페놀의 명명과 성질 1006
22-4 페놀의 제조: 친핵성 방향족 치환반응 1009
화학 이야기 22-1 뉴스 속의 두 가지 페놀: 비스페놀 A와 레스베라트롤 1010
22-5 페놀의 알코올 화학 1021
22-6 페놀의 친전자성 치환반응 1022
화학 이야기 22-2 아스피린: 페닐알카노에이트 화합물의 의약품 1023
22-7 벤젠 고리의 전자고리화반응: Claisen 재배열반응 1028
22-8 페놀의 산화: 벤조퀴논 1031
화학 이야기 22-3 자연계에서의 화학 무기: 폭격수 딱정벌레 1033
22-9 자연에서의 산화-환원 과정 1033

22-10 아렌다이아조늄염 1038
22-11 아렌다이아조늄염의 친전자성 치환반응: 다이아조 짝지음 1041
화학 이야기 22-4 William Perkin과 공업화학과 의약화학의 기원 1042
통합 문제 1044
새로운 반응식 1046
중요한 개념 1050
문제 1051

23 에스터 엔올레이트와 Claisen 축합반응 1059

23-1 β-다이카보닐 화합물: Claisen 축합반응 1060
화학 이야기 23-1 생화학에서 Claisen 축합반응 1064
23-2 합성 중간체로서 β-다이카보닐 화합물 1068
23-3 β-다이카보닐 음이온 화학: Michael 첨가반응 1073
23-4 아실 음이온 대등체: α-하이드록시케톤의 제조 1075
화학 이야기 23-2 싸이아민: 천연, 대사 활성 싸이아졸륨염 1078
통합 문제 1081
새로운 반응식 1084
중요한 개념 1086
문제 1086

24 탄수화물 1093

24-1 탄수화물의 이름과 구조 1093
24-2 당의 형태와 고리형 1098
24-3 간단한 당의 아노머: 글루코스의 변광회전 1103
24-4 당의 다작용기 화학: 카복실산으로의 산화 1104
24-5 당의 산화성 분해 1106
24-6 단당류의 알디톨로의 환원 1107
24-7 아민 유도체와의 카보닐 축합 1108
24-8 에스터와 에터 형성: 글라이코사이드 1109
화학 이야기 24-1 비타민 C의 합성에서 보호기 1111
24-9 당의 단계적인 생성과 분해 1112
화학 이야기 24-2 당의 생화학 1114
24-10 알도스의 상대적 배열: 구조 결정 연습 1116

24-11 자연에 존재하는 복합당: 이당류 1118

화학 이야기 24-3 탄수화물에서 만들어지는 설탕 대체 물질 1120

24-12 자연에 존재하는 복합당과 그 밖의 당 1123

화학 이야기 24-4 시알릭산, "조류독감", 그리고 합리적 약품 설계 1128

통합 문제 1130

새로운 반응식 1132

중요한 개념 1135

문제 1136

25 헤테로고리 1141

25-1 헤테로고리 명명 1143

25-2 방향족성이 아닌 헤테로고리 1144

화학 이야기 25-1 흡연, 니코틴, 암 및 의학화학 1146

25-3 방향족 헤테로사이클로펜타다이엔의 구조와 성질 1148

25-4 방향성 헤테로사이클로펜타다이엔의 반응 1151

25-5 피리딘의 구조와 제조: 아자벤젠 1155

25-6 피리딘의 반응 1160

화학 이야기 25-2 자연에서의 피리디늄염: 니코틴아마이드 아데닌 다이뉴클레오타이드, 다이하이드로피리딘 및 유기촉매 1162

25-7 퀴놀린과 아이소퀴놀린: 벤조피리딘 1163

화학 이야기 25-3 엽산, 비타민 D, 콜레스테롤 및 피부의 색깔 1164

25-8 알칼로이드: 자연에 존재하는 생리 활성인 질소 헤테로고리 1167

화학 이야기 25-4 자연은 항상 푸른 것은 아니다: 자연 살충제 1168

통합 문제 1171

새로운 반응식 1174

중요한 개념 1176

문제 1176

26 아미노산, 펩타이드, 단백질 및 핵산 1185

26-1 아미노산의 구조와 성질 1186

화학 이야기 26-1 생화학과 의학에서 아르지닌과 산화 질소 1190

26-2 아미노산의 합성: 아민의 조합과 카복실산 화학 1191

26-3 순수한 거울상 아미노산의 합성 1194

화학 이야기 26-2 광학적으로 순수한 아미노산의 거울상선택성 합성: 상이동 촉매작용 **1196**

26-4 펩타이드와 단백질: 아미노산 소중합체와 중합체 1196

26-5 일차 구조의 결정: 아미노산 서열 1204

26-6 폴리펩타이드의 합성: 보호기의 응용과 도전 1209

26-7 Merrifield의 고체상 펩타이드 합성 1212

26-8 자연에 존재하는 폴리펩타이드: 단백질 마이오글로빈과 헤모글로빈에 의한 산소 운반 1214

26-9 단백질의 생합성: 핵산 1215

화학 이야기 26-3 의약 개발에 있어 합성 핵산 염기 및 뉴클레오사이드 **1217**

26-10 RNA를 통한 단백질의 합성 1220

26-11 DNA 서열 결정과 합성: 유전자 기술의 초석 1222

화학 이야기 26-4 DNA 지문법 (fingerprinting) **1230**

통합 문제 1234

새로운 반응식 1236

중요한 개념 1238

문제 1239

MCAT® Questions MCAT-1

연습 문제 해답 A-1

찾아 보기 A-59

유기 분자의 구조와 결합

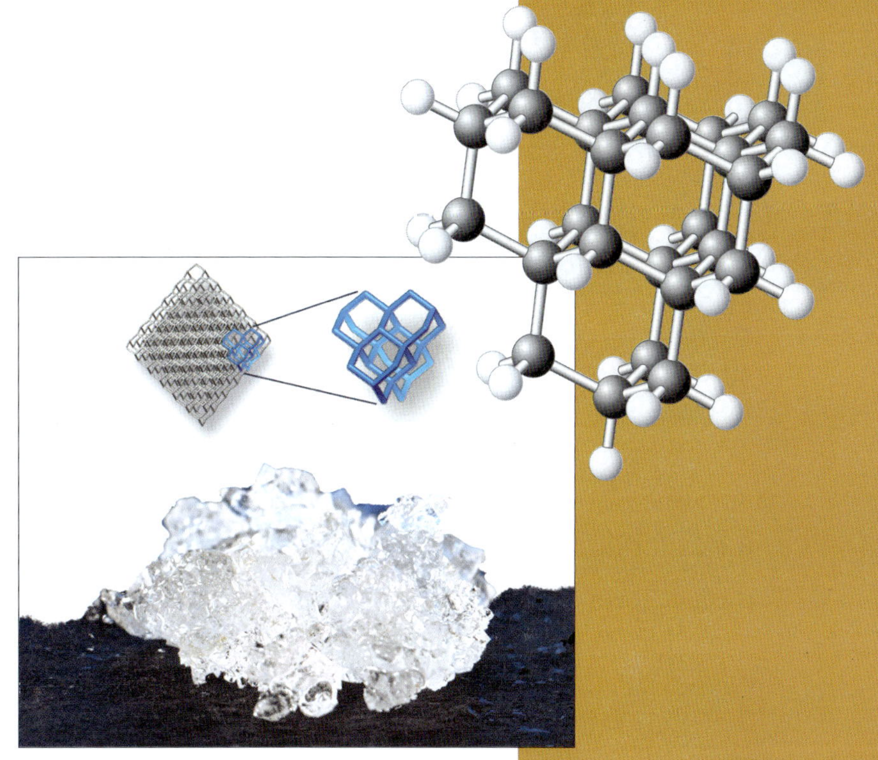

유기화학의 핵심인 정사면체 탄소는 다이아몬드에서 육원자 고리의 격자로 존재한다. 2003년도 **다이아만도이드** (*diamandoid*) 라고 하는 분자의 한 종류가 발견되었다. 다이아만도이도는 다이아몬드의 한 종류로 잘린 부분이 수소 원자로 씌어 있다. 보기로 다이아몬드 격자의 다섯 개 우리로 구성된 펜타만테인(pentamantane) (분자 모형은 오른쪽 위에 있으며 그림은 왼쪽에 있다. © 2004 Chevron U.S.A. Inc. Courtesy of MolecularDiamond Techno-logies, ChevronTexaco Techno-logy Ventures LLC), 그림의 오른쪽 위는 펜타만테인의 수소가 제거된 탄소 골격과 다이아몬드의 격자 위의 겹침을 보여 준다.

화학물질은 인간의 신체를 어떻게 조절하는가? 지난밤 오랫동안 달리기한 다음 아침에 근육통은 왜 생기는가? 밤새도록 공부한 후 두통을 제거하기 위해 먹는 알약은 무엇인가? 자동차의 가스 탱크에 넣는 휘발유는 어떻게 변하는가? 여러분들이 입는 옷은 어떤 분자 조성인가? 면 셔츠와 비단 셔츠 사이에는 어떤 차이가 있는가? 마늘 냄새의 원인은 무엇인가? 이 유기화학 교재로부터 이러한 질문과 당신 스스로 질문하였을 다른 많은 것에 관한 해답을 찾을 것이다.

화학은 분자들의 구조와 그들의 상호작용을 지배하는 규칙을 다루는 학문이다. 그래서 화학은 생물학, 물리학, 및 수학 분야와 밀접하게 연관되어 있다. 그렇다면 유기화학은 무엇인가? 물리화학, 무기화학, 핵화학과 같은 다른 화학의 분야와 어떻게 다른가? 통상적인 정의는 부분적인 해답을 준다. **유기화학은 탄소와 탄소 화합물에 관한 화학이다.** 탄소 화합물을 **유기 분자(organic molecule)** 라 한다

유기 화합물은 생명의 화학적 구조물을 형성한다. 지방, 당, 단백질 및 핵산은 주요 성분이 탄소인 화합물이다. 일상생활에서 당연히 여기고 사용하는 헤아릴 수 없이 많은 화합물도 마찬가지이다. 우리가 입는 거의 모든 의류도 유기 화합물로부터 만들어졌다. 어떤 의류는 면이나 비단 같은 천연 섬유로 되어 있으며, 다른 어떤 것들은 폴리에스터 같은 인공 섬유로 되어 있다. 칫솔, 치약, 비누, 샴푸, 탈취제, 향수 등 이런 모든 것들이 유기 화합물을 포함하고 있으며 가구, 카펫, 조명 장치의 플라스틱 및 요리 기구, 페인트 칠, 음식 등 수많은 품목도 마찬가지이다. 따라서 유기화학 산업은 원유 정제, 가공, 농약, 플라스틱, 의약품, 페인트와 코팅제 등 세상에서 가장 큰 산업에 속한다.

휘발유, 의약품, 농약 및 고분자 같은 유기 화합물들은 우리 삶의 질을 개선해 왔다. 그러나 유기 화학품의 분별 없는 폐기는 환경을 오염시켰으며, 인간에 대한 해와 질병과 더불어 동식물 삶의 악화를 초래하였다. 만일 유용한 분자들을 창출하고—**그리고** 그 분자들의 영향을 조절할 줄 안다면—우리는 그 분자들의 특성에 관한 지식과 거동의 이해가 필요하다. 우리는 유기화학의 원리를 응용할 수 있어야 한다.

이 그림에서 보는 거의 모든 것이 유기 화학물질로부터 만들어진다.

이 장에서는 화학 구조와 결합에 관한 기초적인 지식을 어떻게 유기 분자에 응용하는가를 설명한다. 이 장의 대부분은 일반화학 과정에서 배운 분자 결합, Lewis 구조식과 공명, 원자 및 분자 오비탈과 결합한 원자 주변의 기하학적 구조를 포함한 주제의 복습이다.

1-1 유기화학의 범주: 개요

유기화학의 목표는 분자의 구조를 일어날 수 있는 반응과 연관시키는 것이다. 그 다음에 우리는 발생하는 반응의 각 종류별로 단계를 공부할 수 있으며, 이러한 과정을 응용하여 새로운 분자를 창출하는 것을 배울 수 있다.

따라서 유기 분자를 화학 반응성을 결정하는 구조적 단위와 결합에 따라서 유기 분자를 분류하는 것이 의미가 있게 된다. 이러한 결정 요소는 **작용기(functional group)** 라는 원자의 집단이다. 다양한 작용기들과 그것의 각 반응을 공부하는 것이 이 책의 구조가 된다.

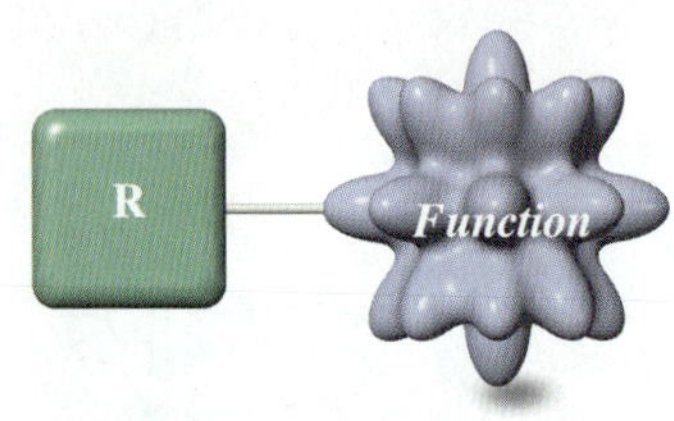

탄소 골격은 구조를 제공한다. 작용기는 반응성을 전달한다.

작용기는 유기 분자의 반응성을 결정한다

단일 결합으로 연결되어 단지 탄소와 수소 원자로 구성된(탄화수소, hydrocarbon) **알케인(alkane)** 부터 먼저 시작한다. 알케인은 작용기가 전혀 없으며, 유기 분자의 기본 골격을 구성한다. 각 화합물의 분류와 더불어 알케인을 명명하는 계통적인 규칙을 제시하고, 알케인의 구조를 설명하고, 물리적 특성을 검토할 것이다(2장). 알케인의 한 예는 에테인(ethane)이다. 에테인의 구조적인 유동성은 열역학과 반응속도론을 재검토하는 출발점이다. 이러한 재검토에는 열, 빛 또는 화학반응물에 의하여 끊어질 수 있는 알케인 결합의 세기에 관한 논의가 뒤따른다. 이러한 과정은 알케인의 염소화반응에서 설명된다(3장).

H_3C-CH_3
Ethane

염소화반응

$$CH_4 + Cl_2 \xrightarrow{\text{에너지}} CH_3-Cl + HCl$$

다음은 고리에 탄소 원자를 포함하는 고리형 알케인(4장)을 공부한다. 이러한 배열은 새로운 특성과 반응성의 변화를 가져다 줄 수 있다. 고리 평면의 같은쪽 또는 반대쪽에 두 개이상의 치환기를 가지는 사이클로알케인(cycloalkane)에서 새로운 이성질현상(isomerism)의 유형을 **입체이성질현상(stereoisomerism)** 에 관한 일반적인 논의의 장을 연다. 입체이성질현상은 연결은 같으나 구성 원자의 공간에서 상대적인 위치가 다른 화합물에 의하여 나타난다(5장).

Cyclohexane ($(CH_2)_6$ ring: H_2C, CH_2 ...)

그 다음에는 할로알케인(haloalkane)을 공부할 것이다. 할로알케인은 작용기, 즉 탄소-할로젠 결합을 포함하는 첫 번째 예의 화합물이 된다. 할로알케인은 두 가지 유형의 반응에 참여한다. 치환반응과 제거반응(6장과 7장). **치환반응(substitution reaction)** 에서는 하나의 할로젠 원자가 다른 원자에 의하여 치환된다. **제거반응(elimination reaction)** 과정에서는 이러한 원자가 분자로부터 제거되어 이중 결합을 형성한다.

치환반응

$$CH_3-Cl + K^+I^- \longrightarrow CH_3-I + K^+Cl^-$$

제거반응

$$\underset{H}{CH_2}-\underset{I}{CH_2} + K^{+}\,{}^{-}OH \longrightarrow H_2C=CH_2 + HOH + K^+I^-$$

할로알케인과 같이 유기 분자의 대부분 부류는 각각 특정 작용기에 의하여 특성을 가진다. 예를 들면, 탄소-탄소의 삼중 결합이 알카인(alkyne)의 작용기가 된다(13장). 가장 작은 알카인은 아세틸렌(acetylene)이며, 용접공의 용접 토치에서 연소하는 화학물질이다. 탄소-산소 이중 결합은 알데하이드(aldehyde)와 케톤(ketone)의 특성이다(17장). 폼알데하이드

$HC\equiv CH$
Acetylene
(알카인)

$H_2C=O$
Formaldehyde
(알데하이드)

$H_3C-\overset{\displaystyle O}{\overset{\|}{C}}-CH_3$
Acetone
(케톤)

H_3C-NH_2
Methyl amine
(아민)

(formaldehyde)와 아세톤(acetone)은 중요한 산업 상품이다. 코 막힘 약(nasal decongestant), 암페타민(amphetamine) 같은 의약품을 포함하여 아민(amine, 21장)은 작용기에 질소를 포함한다. 메틸 아민(CH_3NH_2)은 의약 화합물의 많은 합성의 출발물이다. 이러한 분자의 구조 단위를 확인하는 도구, 특히 다양한 형태의 분광학(10, 11, 14장)을 배울 것이다. 유기화학자는 미지의 화합물 구조를 규명하는 데 여러 분광학적 방법을 사용한다. 이러한 방법 모두는 특정 파장에서의 전자기 복사의 흡수와 이러한 정보와 구조 특성과의 상호관계에 좌우된다.

이후에 우리는 생물과 산업에 특별히 중요한 유기 분자를 볼 것이다. 탄수화물(carbohydrate, 24장)과 아미노산(amino acid, 26장) 같은 이러한 분자의 많은 것들이 다중 작용기를 포함한다. 그러나 유기 분자의 각 부류에서 원리는 똑같이 적용된다. **분자의 구조는 반응이 일어날 가능성을 결정한다.**

합성은 새로운 분자를 만든다

탄소 화합물은 "유기물질"이라고 한다. 그 이유는 원래 오로지 살아 있는 유기체로부터 생산된다고 간주되었기 때문이다. 1828년 Friedrich Wöhler*가 무기염인 사이안산 납을 포유동물의 단백질 대사 과정의 유기 생성물인 요소로 변환하였다(화학 이야기 1-1).

작업 중인 유기 분자 건축자.

Wöhler의 요소 합성

$$\underset{\text{Lead cyanate}}{Pb(OCN)_2} + \underset{\text{물}}{2\,H_2O} + \underset{\text{Ammonia}}{2\,NH_3} \longrightarrow \underset{\text{Urea}}{2\,H_2N\overset{O}{\overset{\|}{C}}NH_2} + \underset{\text{Lead hydroxide}}{Pb(OH)_2}$$

합성(synthesis), 즉 분자의 제조는 유기화학의 매우 중요한 부분이다(8장). Wöhler 시대 이후 간단한 물질인 유기물질과 무기물질 모두로부터 수백만 개의 유기물질이 합성되었다.[†] 이러한 물질은 아주 새로운 화합물이거나 페니실린 항생제 같이 천연에서도 존재한다. 큐베인(cubane) 같은 몇 가지 화합물은 화학자들에게 특이한 종류의 결합과 반응성을 연구할 기회를 부여해 왔다. 인공 감미료 사카린 같은 다른 화합물들은 일상생활의 한 부분이 되어 왔다.

전형적으로 합성의 목표는 보다 간단하고 손쉽게 얻을 수 있는 화합물로부터 복잡한 유기화학물질을 구축하는 것이다. 한 분자를 다른 분자로 변형하기 위하여서는 화학자들은 유기반응을 알아야 한다. 화학자들은 그러한 과정을 지배하는 온도, 압력, 용매 및 분자 구조 같은 물리적 요인들도 알아야 한다. 이러한 지식은 생명계에서의 반응들을 분석하는 데에도 마찬가지로 중요하다.

우리는 각 작용기의 화학을 공부함에 따라서 효율적인 합성의 계획과 자연에서 일어나는 과정을 예측하기 위한 도구를 개발하여야 한다. 그러나 어떻게 하여야 하는가? 그 대답은 Wöhler의 요소 합성의 반응에서 각 단계별로 검토하면 알 수 있다.

Benzylpenicillin Cubane Saccharin

*Friedrich Wöhler 교수(1800~1882), Göttingen 대학교, 독일. 현재 및 이후의 인명 주석에서 다른 장소에서 대부분의 생애를 보냈더라도 과학자의 마지막 활동지만 언급할 것임.

[†]2009년 9월 현재 Chemical Abstracts 사무국(Chemical Abstracts Service)에서는 5천만 개 이상의 화학물질과 6천1백만 개의 유전자 서열을 등록하였다.

화학 이야기 1-1

요소(urea): 소변으로부터 산업적 비료로서 Wöhler의 합성까지

소변 배설은 우리 신체로부터 질소를 배출하는 주요 과정이다. 요소는 콩팥(신장)으로부터 생성되어 방광에 저장되었다가, 부피가 약 200 mL 이상이 되면 방광이 수축하기 시작한다. 인간은 매일 평균 약 1.5 L의 소변을 배설하며, 소변의 중요한 성분은 요소이며 리터당 약 20 g이다. 요석의 유래를 증명하고자 18세기의 초기 화학자(연금술사)는 결정법으로 주성분을 분리하려고 시도하였지만, 같이 존재하는 염화 소듐(sodium chloride)의 공동결정화(cocrystallizatio)에 의하여 방해를 받았다. 영국의 화학자이자 의사인 William Prout가 1817년 순수한 요소를 만든 것으로 인정이 되었다. 요소의 정확한 원소 분석은 CH_4N_2O이다. Prout는, 질병은 분자적인 기원을 가지고 있으며, 그러한 방식으로 이해할 수 있다고 하는, 그 당시 혁신적인 사고에 적극적인 옹호자였다. 이러한 견해는 생명 유기체가 "생명의 원리"에 의하여 지배되며, 화학(또는 물리학)에 의하여 설명할 수 없다는 생기론자들의 견해와 충돌하였다.

이러한 논쟁에 무기화학자로 1828년 사이안산 납(cyanate lead)과 암모니아로부터 사이안산 암모늄(ammonium cyanate, $NH_4^+OCN^-$, 역시 분자식은 CH_4N_2O)을 합성하고자 시도하였지만, Prout가 요소로 확인한 동일한 화합물을 얻은 Wöhler가 등장하였다. 그의 멘토 중 한 사람에게 Wöhler는 "저는 콩팥이나 생명체도 없이 요소를 합성할 수 있습니다"라고 편지를 썼다. 그는 그의 획기적인 논문, "요소의 인공적 합성에 관하여"에서 그의 합성을 "무기물질로부터 유기물질을 인공적으로 생산한 하나의 예로서 획기적인 사실"로 견해를 말하였다. 그는 또한 사이안산 암모늄으로서의 원소 성분과 동일한 화합물이 전혀 다른 화학적 특성을 가지는 것, 즉 이성질 화합물을 인지하는 것에 대한 선례를 발견한 중요성을 암시하였다. Wöhler의 요소 합성은 그 당시의 생기론자(vitalist)들이 단순한 유기 화합물이 실험실에서 합성할 수 있다는 개념를 인정하게 하였다. 이 책에서 보다시피 수십 년에 걸쳐 연속되는 합성은 요소보다 더 복잡한 화합물을 산출하였으며, 그중 몇몇 분자는 스스로 복제력과 다른 생명체 같은 특성을 가져 무생명체와 생명체 간의 경계가 줄어 들고 있다.

신체 내에서의 기능 이외에 요소의 높은 질소 함량은 이상적인 비료가 된다. 요소는 또한 플라스틱과 접착제의 원료이며, 몇 가지 화장실 제품과 소화기의 성분이며, 노면의 얼음을 제거하는 암염의 대체품이기도 하다. 산업적으로 요소는 암모니아와 이산화 탄소(carbon dioxide)로부터 매년 1억톤 정도 생산된다.

밀 성장에 있어서 질소 비료의 효과: 왼쪽에는 시비한 것, 오른쪽은 시비하지 않은 것.

*William Prout 박사(1785 ~ 1850), Royal College of Physicians, London.

반응은 유기화학의 어휘이며, 메커니즘은 유기화학의 문법이다

화학 반응을 소개하였을 때 우리는 먼저 출발 화합물 또는 **반응물**[**reactant**, **기질**(**substrate**)이라고도 함)]과 **생성물**(**product**)을 보여 줄 것이다. 앞서 언급한 염소화반응 과정에서 기질인 메테인(CH_4)과 염소(Cl_2)는 반응을 하여 클로로메테인(CH_3Cl)과 염화 수소(HCl)를 형성한다. 우리는 전체적인 변화를 $CH_4 + Cl_2 \rightarrow CH_3Cl + HCl$이라고 기술한다. 그러나 이러한 간단한 반응조차도 복잡한 연속 단계들을 통하여 진행한다. 반응물은 먼저 한 개 이상의 **관측되지 않는** 물질들—이들을 X라 하자—을 형성한 다음 관찰되는 생성물로 빠르게 변한다. 이러한 반응의 기저에 있는 세부적 사항들이 **반응 메커니즘**(**reaction mechanism**)을 구성한다. 우리의 예에서는 메커니즘을 두 개의 중요 부분으로 구성하고 있다. $CH_4 + Cl_2 \rightarrow X$과 다음의 $X \rightarrow CH_3Cl + HCl$. 각 부분은 전체 반응이 진행할 것인가를 결정하는 데 중요하다.

우리의 염소화반응에서 화학물질들 X는 **반응 중간체**(**reaction intermediate**), 반응물과 생성물 간의 경로를 따라서 형성된 화학종의 보기들이다. 우리는 3장에서 이러한 염소화 과정의 메커니즘과 반응 중간체의 성질을 배울 것이다.

반응 메커니즘을 어떻게 결정할 수 있는가? 이러한 질문에 관하여 엄격한 답은 할 수 없다.

우리가 할 수 있는 모든 것은 출발물과 생성물을 연결하는 연속적인 분자적인 사건과 합치하는(또는 지침이 되는) 상황적인 증거들를 모으는 것이다("가정된 메커니즘"). 이렇게 하기 위하여 우리는 유기 분자들이 결합된 원자의 집단에 지나지 않는다는 사실을 활용한다. 따라서 우리는 결합이 어떻게, 언제, 얼마나 빠르게 삼차원적으로 절단되고, 형성하는가와 기질의 구조 변화가 반응 결과에 얼마나 영향을 주는가를 연구할 수 있다. 따라서 우리는 엄격하게 메커니즘을 증명할 수는 없더라도, 많은(또는 모든) 합리적인 대안을 제거하고 가장 그럴듯한 경로를 제안할 수 있다.

어떻게 보면, 유기화학을 "배우고", "활용"하는 것은 언어를 배우는 것과 매우 유사하다. 여러분은 올바른 단어를 사용할 수 있도록 어휘(즉, 반응)가 필요하다. 그러나 지적으로 대화를 할 수 있기 위하여서는 역시 문법(즉, 메커니즘)도 필요하다. 어느 것 하나 자체만으로도 완벽한 지식과 이해를 제공하지 못하나, 함께 이것들은 의사소통, 합리화 및 예측성 분석의 강력한 도구를 형성한다. 반응과 메커니즘 간의 상호작용을 강조하기 위하여 이 책 전체에 걸쳐 적당한 장소의 여백에 아이콘을 표시하였다.

유기화학의 원리를 공부하기 이전에 결합의 기본적인 원리에 관하여 복습하자. 우리는 이러한 개념이 유기 분자의 화학적 반응성과 물리적 특성을 이해하고, 예측하는데 도움이 된다는 것을 알게 될 것이다.

1-2 Coulomb 힘: 결합에 관한 단순한 견해

원자 간의 결합은 분자를 함께 유지하여 준다. 무엇이 결합을 초래하는가? 두 개의 원자는 에너지 상으로 상호작용이 유리하면, 즉 예를 들어 결합이 형성될 때 에너지(열)가 방출하며, 반대로 결합이 절단되기 위해서는 같은 양의 에너지의 입력이 필요하다.

1. 반대의 전하들은 상호 끌어당긴다(전자들은 양성자로 끌린다).
2. 같은 전하들은 상호 배척한다(전자들은 공간에 퍼진다).

파리의 심장부에서 Coulomb의 법칙에 의하여 전하 분리가 적절하게 전류로 변환되었다.

결합은 동시적인 Coulomb 인력과 전자 교환에 의하여 형성된다

각 원자는 전자적으로 중성인 입자, 즉 중성자와 양전하를 띤 양성자를 포함하는, 한 개의 핵으로 구성되어 있다. 핵을 둘러싸고 있는 음전하를 띤 전자는, 양성자와 같은 수로 되어 전체 전하는 영이 된다. 두 개의 원자가 서로 접근함에 따라 첫 번째 원자의 양전하를 띤 핵이 두 번째 원자의 전자를 끌어당긴다. 유사하게 두 번째의 핵은 첫 번째 원자의 전자를 끌어당긴다. 그 결과로 핵 사이에 위치한 전자들에 의하여 핵들이 끌어 당기게 된다. 이러한 종류의 결합은 **Coulomb*의 법칙(Coulomb's law)**으로 설명된다. 반대의 전하들은 전하 중심 거리 제곱의 역에 비례하는 힘으로 서로 끌어 잡아당긴다.

Coulomb의 법칙

$$인력 = 상수 \times \frac{(+)\,전하 \times (-)\,전하}{거리^2}$$

중성인 원자들을 근접시킴에 따라 이러한 인력은 에너지를 방출하게 한다. 이 에너지를 **결합 세기(bond strength)**라고 한다.

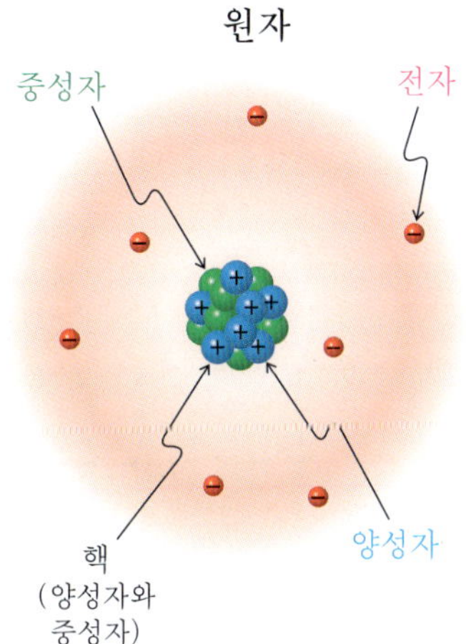

원자들이 어떤 근접 거리에 도달하면 더 이상의 에너지가 방출되지 않는다. 이 점에서 이러

*Charles Augustin de Coulomb 중령(1736 ~ 1806). Paris 대학교의 감사관. 프랑스.

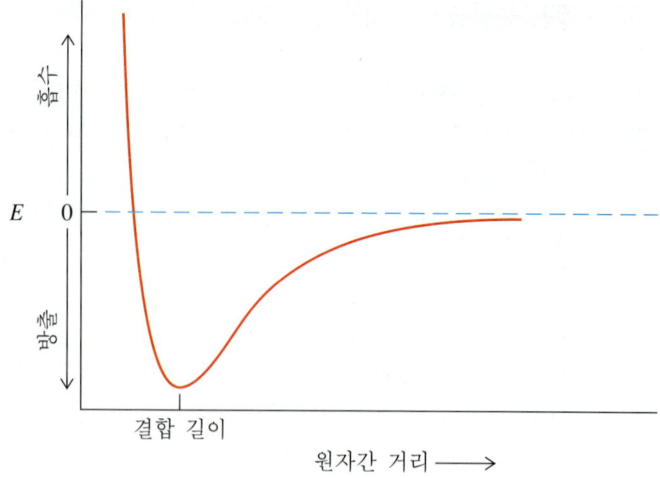

그림 1-1 원자가 접근함에 따른 에너지(E)의 변화. 결합 길이라고 정의되는 거리에서 최대 결합이 얻어진다.

한 두 핵 간의 거리를 **결합 길이**(**bond length**)라 한다(그림 1-1 참조). 이러한 거리보다 더 근접하면 급작스럽게 에너지가 **증가한다**. 왜 그런가? 앞에서 언급한 바와 같이 서로 다른 전하가 끌어 당김과 같이 같은 전하는 밀어낸다. 만일 원자가 너무 근접하면 전자–전자와 핵–핵의 반발이 인력보다 더 커진다. 적당한 결합 길이만큼 두 원자가 떨어져 있으면, 전자는 양 핵 주위에 퍼지고 인력과 반발력이 최대의 결합을 위하여 균형을 이룬다. 두 원자계의 에너지 함량은 가장 안정한 상태에서 최저값이 된다(그림 1-2 참조).

이러한 결합의 종류와 다른 선택은 한 원자로부터 다른 원자로 한 개의 전자를 완전히 이전하는 것으로부터 얻어지는 것이다. 결과는 두 개의 전하를 가지는 **이온**들이다. 하나는 양으로 전하를 띤 **양이온**(*cation*)이며, 다른 하나는 음의 전하를 띤 **음이온**(*anion*)이다(그림 1-3 참조). 다시 결합은, 이번에는 두 개의 이온 간의 Coulomb의 인력에 기인한다.

그림 1-2와 1-3에서 표시한 인력과 반발력의 전하의 Coulomb 결합 모형은, 원자 간의 결합에서 발생하는 상호작용을 매우 단순화한 개념이다. 그럼에도 불구하고 이러한 간단한 모형은 유기 분자의 많은 특성을 설명한다. 앞으로의 절에서는 결합에 관한 보다 복잡한 견해를 검토할 것이다.

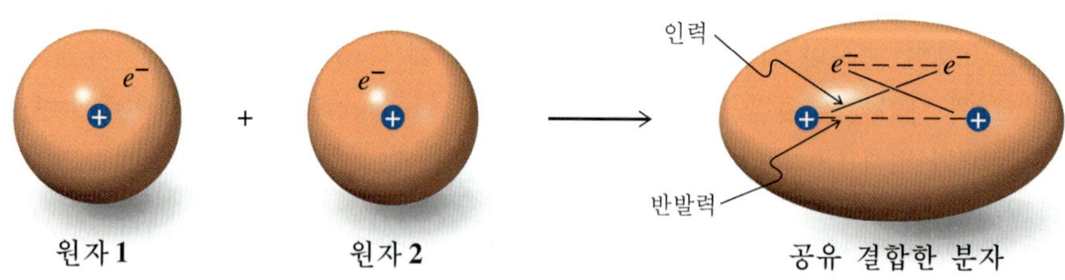

그림 1-2 공유 결합. 두 원자 간의 인력(직선)과 반발력(점선). 커다란 구형은 핵 주위에서 전자를 발견할 수 있는 공간 지역을 표시한다. 작은 동그라미의 플러스 기호는 핵을 표시한다.

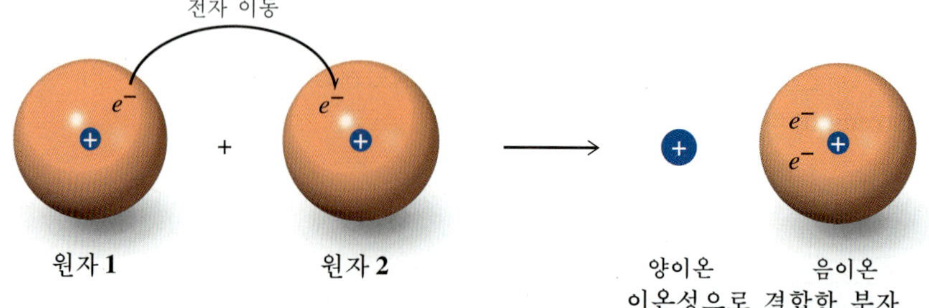

그림 1-3 이온 결합. 전자를 원자 1로부터 원자 2로 완전히 이동하므로 두 개의 이온을 발생하여 상반된 전하가 서로 잡아당기는 다른 하나의 결합 형태.

1-3 이온 결합과 공유 결합: 팔전자 규칙

우리는 지금까지 음전하를 띤 입자와 양전하를 띤 입자 간의 인력이 결합의 기초가 됨을 알았다. 실제 분자에서 이러한 개념은 어떻게 작용하는가? 결합의 두 가지 극단적인 유형은 유기 분자에서 원자 간 상호작용을 설명해 준다.

1. **공유 결합**(**covalent bond**)은 전자를 공유함으로써 형성된다(그림 1-2 참조).
2. 모든 **이온 결합**(**ionic bond**)은 반대 전하를 가지는 두 개 이온 간의 정전기 인력에 기초한다(그림 1-3 참조).

우리는 이러한 극단의 중간에서 많은 원자가 탄소와 결합하는 것을 볼 것이다. 어떤 이온 결합은 공유 결합 성격을 가지고, 몇 가지 공유 결합은 일부 이온성(편극된)을 가진다.

어떠한 요인이 이러한 두 가지 결합 종류를 설명하는가? 이러한 질문에 답하기 위해서는 원자와 그들의 구성으로 돌아가자. 우리는 주기율표를 검토하고, 원자 번호가 증가함에 따라 전자적 구성이 어떻게 변하는가를 검토하기 시작할 것이다.

주기율표는 팔전자 규칙의 근원이 된다

표 1-1에 표시된 주기율표 일부는 유기 분자에서 가장 많이 발견되는 다음 원소들을 포함한다. 탄소(C), 수소(H), 산소(O), 질소(N), 황(S), 염소(Cl), 브로민(Br), 아이오딘(I). 합성에 반드시 필요하고 일상적으로 사용되는 시약들은 리튬(Li), 마그네슘(Mg), 붕소(B), 인(P)을 포함한다(만일 이러한 원소와 친근하지 않다면 표 1-1이나 이 책 앞표지 안쪽의 주기율표 참조).

주기율표 내의 원소는 전자 개수와 같은 핵전하(양성자의 개수)에 따라서 나열한 것이다. 핵전하는 각 나열된 원소에 따라 하나씩 증가한다. 전자들은 각각 정해진 용량을 가지는 에너지 준위, 즉 전자 "껍질"을 차지한다. 예를 들면, 첫 번째 껍질은 두 개의 전자를 수용할 수 있으며, 두 번째는 여덟 개, 세 번째는 18개를 수용할 수 있다. 헬륨은 전자 껍질에 두 개의 전자를 가지며, 나머지 불활성 기체는 여덟 개의 전자[(**팔전자계**(**octet**)라 한다]를 최외각 껍질에 가지게 되어 특별히 안정화된다. 이러한 원소는 매우 작은 반응성을 보여 준다. 모든 다른 원소(탄소를 포함하여 오른쪽 여백 그림 참조)는 바깥 전자 껍질에 팔전자계를 채우지 못한다. **원자들은 바깥 전자 껍질에 팔전자계를 채워 불활성 기체의 전자 배치를 이루는 방법으로 분자를 형성하는 경향이 있다.** 다음 두 개 절에서는 이러한 목적이 성취되는 극단적인 방법인 순수한 이온 결합 또는 순수한 공유 결합 형성에 의한 결합을 기술할 것이다.

탄소 원자

채워진
첫 번째 전자 껍질

$C^{2,4}$

안 채워진
두 번째 전자 껍질:
네 개 원자가전자

연습 문제 1-1

(a) 표시된 결합보다 약한 결합에 관하여 그림 1-1을 다시 그리시오. **(b)** 기억하는 표 1-1의 원소를 쓰시오.

표 1-1 부분적인 주기율표

주기							할로젠	불활성 기체
첫 번째	H^{1}							He^{2}
두 번째	$Li^{2,1}$	$Be^{2,2}$	$B^{2,3}$	$C^{2,4}$	$N^{2,5}$	$O^{2,6}$	$F^{2,7}$	$Ne^{2,8}$
세 번째	$Na^{2,8,1}$	$Mg^{2,8,2}$	$Al^{2,8,3}$	$Si^{2,8,4}$	$P^{2,8,5}$	$S^{2,8,6}$	$Cl^{2,8,7}$	$Ar^{2,8,8}$
네 번째	$K^{2,8,8,1}$						$Br^{2,8,18,7}$	$Kr^{2,8,18,8}$
다섯 번째							$I^{2,8,18,18,7}$	$Xe^{2,8,18,18,8}$

주: 위 첨자는 원자의 각 주 전자 껍질에서의 전자 개수를 표시한다.

순수한 이온 결합에서는 팔전자계가 전자 이동으로 형성된다

소듐(Na)은 반응성 금속으로 반응성 기체 염소와 격렬하게 반응하여 안정한 염화 소듐을 생성한다. 비슷하게 소듐은 플루오린(F), 브로민 또는 아이오딘과 반응하여 각각의 염을 형성한다. 리튬과 포타슘(K) 같은 다른 알칼리 금속은 같은 반응을 일으킨다. 이러한 변환은 두 반응 원소가 주기율표의 왼쪽에 있는 알칼리 금속으로부터, 오른쪽에 있는 할로젠 방향으로 **원자가전자(valence electron)** 라고 하는 **바깥 전자 껍질 전자의 이동**(*transfer of outer shell electron*)하여 불활성 기체의 특성을 이루려고 하기 때문에 일어난다.

염화 소듐의 이온 결합에 대하여 어떻게 이것이 이루어지는가를 살펴보자. 왜 이러한 상호작용이 에너지론적으로 유리한가? 우선 하나의 원자로부터 하나의 전자를 제거하는 데 에너지가 필요하다. 이러한 에너지는 원자의 **이온화 퍼텐셜(ionization potential, IP)**이다. 소듐 기체의 이온화 에너지는 119 kcal mol^{-1}이다.* 역으로 하나의 원자에 전자 자신을 부착할 때 에너지가 방출된다. 염소에 관하여 이러한 에너지는 **전자 친화도(electron affinity, EA)**라 하며, −83 kcal mol^{-1}이 된다. 이러한 두 과정은 소듐으로부터 염소로 하나의 전자 이동을 초래한다. 전체적으로 두 과정은 알짜 에너지 **입력**(*input*) 119 − 83 = 36 kcal mol^{-1}을 필요로 한다.

$$[\mathrm{Na}^{2,8,1}] \xrightarrow{-1\,e} [\mathrm{Na}^{2,8}]^{+} \qquad \mathrm{IP} = 119\ \mathrm{kcal\ mol^{-1}}\ (498\ \mathrm{kJ\ mol^{-1}})$$

소듐 양이온 (네온 전자 배치) — 에너지 입력 필요

$$[\mathrm{Cl}^{2,8,7}] \xrightarrow{+1\,e} [\mathrm{Cl}^{2,8,8}]^{-} \qquad \mathrm{EA} = -83\ \mathrm{kcal\ mol^{-1}}\ (-347\ \mathrm{kJ\ mol^{-1}})$$

염화 음이온 (아르곤 전자 배치) — 에너지 방출

$$\mathrm{Na} + \mathrm{Cl} \longrightarrow \mathrm{Na}^{+} + \mathrm{Cl}^{-} \qquad \text{총} = 119 - 83 = 36\ \mathrm{kcal\ mol^{-1}}\ (151\ \mathrm{kJ\ mol^{-1}})$$

그러면 왜 원자들이 쉽사리 NaCl을 형성하는가? 그 이유는 이온 결합에서 서로를 잡아당기는 정전기 인력 때문이다. 가장 유리한 원자간 거리[기체상에서 약 2.8 Å(angstrom)]에서 이러한 인력은 120 kcal mol^{-1} (502 kJ mol^{-1})의 에너지를 방출한다. 이렇게 방출된 에너지는 소듐과 염소가 반응하기에 충분한 에너지론적으로 매우 유리한 에너지이다[+36 − 12 = −84 kcal mol^{-1} (−351 kJ mol^{-1})].

전자 이동에 의한 이온 결합 형성

$$\mathrm{Na}^{2,8,1} + \mathrm{Cl}^{2,8,7} \longrightarrow [\mathrm{Na}^{2,8}]^{+}\,[\mathrm{Cl}^{2,8,8}]^{-},\ \text{또는 NaCl}\ (-84\ \mathrm{kcal\ mol^{-1}})$$

Na + Cl
소듐 원자 염소 원자
Na^{+} Cl^{-}
Sodium chloride

불활성 기체의 전자 배치를 성취하기 위해서는 두 개 이상의 전자를 줄 수도(또는 받을 수도) 있다. 예를 들면, 마그네슘은 두 개의 원자가전자를 가진다. 적절한 받개에게 주면 네온의 전자 배치를 가지는 해당 이중 전하 양이온을 생성한다. 이러한 방식으로 전형적인 염의 이온 결합이 형성된다.

분자 내에서 어떻게 전하가 (재)분배되는가의 표시는 정전기 퍼텐셜 지도(electrostatic potential map)로 주어진다. 이러한 컴퓨터 생성 지도는 분자의 "전자 구름"의 형태를 보여 줄 뿐만 아니라 색상을 사용하여 전하 중성으로부터의 이탈도 표시해 준다. 과잉의 전자 밀도는, 예를 들면 음전하는 붉은색 명암으로 표시하고, 반대로 감소하는 전자 밀도는 궁극적으로 양전하를 푸른색 명암으로 표시한다. 전하-중성인 지역은 초록색으로 표시한다. $Na^{+}Cl^{-}$를 생성하는 소듐 원자와 염소 원자의 반응은 이러한 방법으로 왼쪽 여백 그림으로 표시하였다. 생성물에서 Na^{+}는 푸른색, Cl^{-}는 붉은색이다.

*이 책에서는 에너지값을 전통적인 단위인 kcal mol^{-1}로 인용을 할 것이다. 여기서 mol은 mole을 의미하고 kilocalorie (kcal)는 1 kg의 물을 1°C 올리는 데 필요한 에너지이다. SI 단위에서 에너지는 joule (kg m^{2} s^{-2})로 표시한다. 변환 인자는 1 kcal = 4184 J = 4.184 kJ (kilojoule)이고, 중요한 장소에서는 이러한 joule값을 괄호 안에 나열할 것이다.

원자가전자를 표시하는 데 보다 편리한 방법은 원자 기호 주위에 점을 찍는 것이다. 이러한 경우 문자는 **핵심부 전자 배치(core electron configuration)** 라고 하는 내부 껍질의 모든 전자를 포함하는 핵을 대표한다.

전자점으로서의 원자가전자

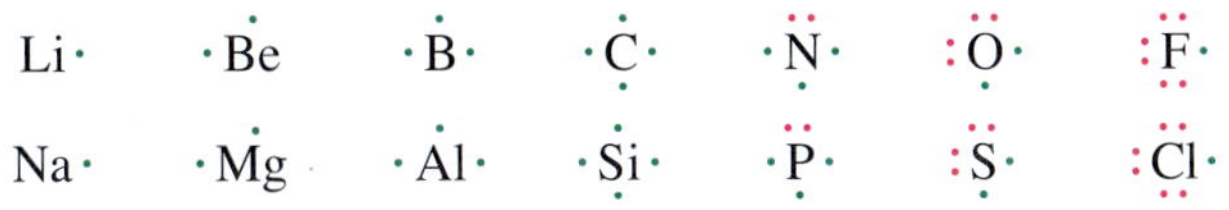

Li·	·Be·	·B·	·C·	·N·	:O·	:F·
Na·	·Mg·	·Al·	·Si·	·P·	:S·	:Cl·

염의 전자점 표시

$$Na\cdot + \cdot\ddot{Cl}: \xrightarrow{1\,e\ \text{이동}} Na^{+}\ :\ddot{Cl}:^{-}$$

$$\cdot Mg\cdot + 2\cdot\ddot{Cl}: \xrightarrow{2\,e\ \text{이동}} Mg^{2+}\ [:\ddot{Cl}:]^{-}_{2}$$

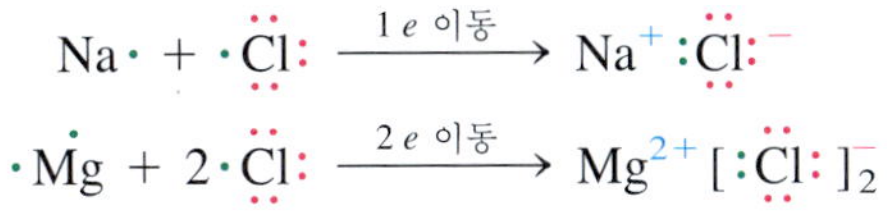

수소 원자는 한 개의 전자를 잃어 알몸의 핵인 **양성자(proton)** 가 되든지 또는 전자를 받아들여 **수소음이온(hydride ion)** [H, 즉 H:]$^-$ 이온을 형성하여 헬륨의 전자 배치를 소유한다. 실제로 리튬, 소듐과 포타슘의 수소화물(Li^+H^-, Na^+H^-, K^+H^-)은 흔히 사용하는 시약이다.

$H\cdot \xrightarrow{-1\,e} [H]^{+}$ (양성자)　알맹이 핵　IP = 314 kcal mol^{-1} (1314 kJ mol^{-1})

$H\cdot \xrightarrow{+1\,e} [H:]^{-}$ (수소음이온)　헬륨 전자 배치　EA = −18 kcal mol^{-1} (−75 kJ mol^{-1})

연습 문제 1-2

이온성의 LiBr, Na_2O, BeF_2, $AlCl_3$, MgS에 관한 전자점 그림을 그리시오.

공유 결합에서는 팔전자 전자 배치를 하기 위하여 전자들을 공유한다

두 개의 동일한 원소 간에 이온 결합은 전자 이동이 통상적으로 매우 불리하기 때문에 형성하기는 어렵다. 예를 들면, H_2 형성에서 H^+H^-는 거의 300 kcal mol^{-1} (1255 kJ mol^{-1})의 에너지 투입이 필요하다. 같은 이유로 할로젠 F_2, Cl_2, Br_2, I_2의 어느 것도 이온 결합을 가지지 않는다. 수소의 높은 IP(이온화 퍼텐셜)도 역시 할로젠화 수소(hydrogen halide)가 이온성을 가지는 것을 막는다. 주기율표의 중앙에 가까운 원소들에 관하여서는 불활성 기체의 전자 배치를 가지기 위하여 충분한 전자를 주거나 받기가 어려운 이유로 이온 결합 형성이 쉽지 않다. 네 개의 전자를 제거하여 헬륨의 전자 구조를 가지거나, 네 개의 전자를 더하여 네온 같은 배치를 가지는 탄소의 경우도 이에 해당된다. 많은 양의 전하를 전개하는 이러한 과정은 에너지적으로 매우 불리하다.

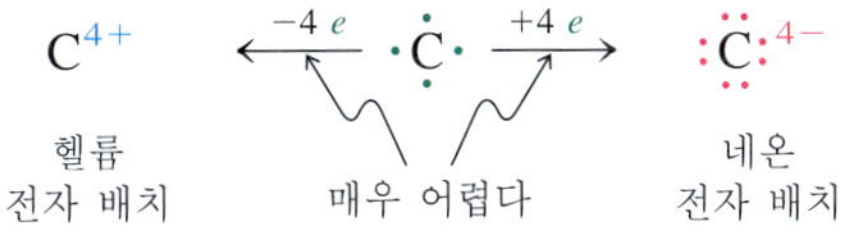

$$C^{4+} \xleftarrow{-4\,e} \cdot\dot{\underset{\cdot}{C}}\cdot \xrightarrow{+4\,e} :\ddot{C}:^{4-}$$

헬륨 전자 배치　　매우 어렵다　　네온 전자 배치

대신에 **공유 결합(covalent bond)** 이 발생한다. 원소들이 전자를 **공유함으로써** 각 원자는 불활성 기체의 전자 배치를 가진다. 그러한 공유의 전형적인 생성물은 H_2와 HCl이다. HCl에서 염소 원자는 원자가전자 한 개를 수소의 원자가전자와 공유함으로써 팔전자 구조를 가진다. 이와 유사하게 염소 분자 Cl_2는 각 구성 원자가 두 개의 전자를 공유함으로써 팔전자계가 되기 때문에 이원자성(diatomic)이다. 이러한 결합은 **공유 단일 결합(covalent single bond)** 이라고 한다.

공유 단일 결합의 전자점 표시 그림

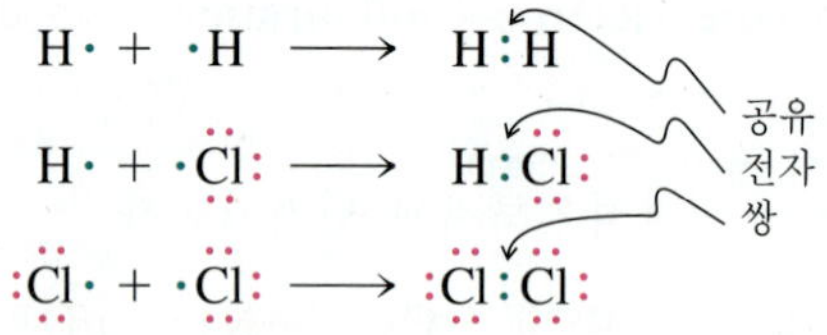

H· + ·H ⟶ H:H

H· + ·Cl: ⟶ H:Cl:

:Cl· + ·Cl: ⟶ :Cl:Cl:

공유 전자쌍

메테인에서 보듯이 탄소는 네 개의 원자가전자를 가지기 때문에, 탄소는 네온의 전자 배치를 가지기 위해서는 네 개의 전자를 공유해야만 한다. 암모니아에서 보듯이 질소는 다섯 개의 원자가전자를 가지고 있으며, 세 개의 원자가전자를 공유해야 한다. 산소는 물의 예에서 보듯이 여섯 개의 원자가전자를 가지고 있어 단지 두 개의 원자가전자를 필요로 한다.

H:C:H (Methane) H:N:H (Ammonia) H:O:H (물)

한 원자가 공유 결합에 필요한 전자쌍을 공급할 수 있다. 이러한 것은 암모니아에 양성자가 첨가되어 NH_4^+를 형성하거나, 물에 양성자가 첨가하여 H_3O^+를 형성하는 경우에 일어난다.

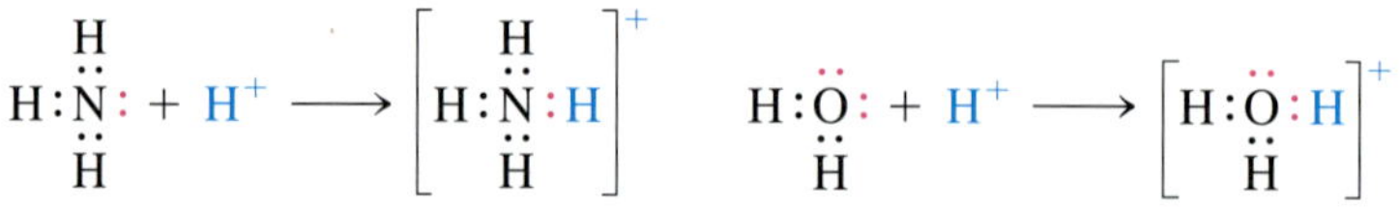

H:N: + H^+ ⟶ [H:N:H]$^+$ (Ammonium 이온)

H:O: + H^+ ⟶ [H:O:H]$^+$ (Hydronium 이온)

2전자(**단일**) 결합과 더불어 원자는 4전자(**이중**)와 6전자(**삼중**) 결합을 형성하므로 불활성 기체 전자 배치를 가진다. 두 개 이상의 전자쌍을 공유하는 원자는 에텐과 에타인에서 볼 수 있다.

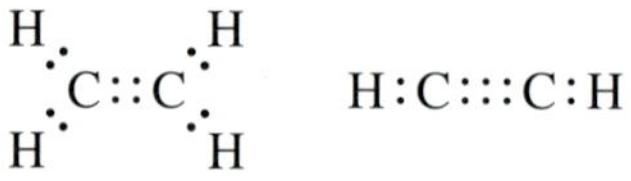

H₂C::CH₂ — Ethene (Ethylene)*

H:C:::C:H — Ethyne (Acetylene)*

위의 그림에서 전자점이 쌍으로 결합된 **Lewis**[†] **구조(Lewis structure)**라고도 한다. 우리는 1-4절에서 그러한 구조를 그리는 일반적인 규칙을 개발할 것이다.

연습 문제 1-3

F_2, CF_4, CH_2Cl_2, PH_3, BrI, HO^-, H_2N^-, H_3C^-에 관하여 전자점 구조식을 그리시오(가능한 경우에는 첫 번째 원소를 분자의 중앙에 놓아라). 모든 원자가 불활성 기체 전자 배치를 가지도록 확인하라.

대부분의 유기 결합에서 전자는 동일하게 공유하지 않는다: 극성 공유 결합

앞서의 두 절에서는 극단적인 방법으로 원자가 결합에 참여함으로써 불활성 기체 전자 배치를 가지는 것을 보여 주었다(즉, 순수한 이온 및 순수한 공유 결합). 현실에서는 대부분의 결

*분자의 이름 표기에서 계통적 명명법(2-5절에서 소개)은 우선적으로 주어진 다음, 괄호 안에 아직도 자주 사용하고 있는 소위 통상명을 표시하였다.

[†]Gilbert N. Lewis 교수(1875 ~ 1946), California 대학교, Berkeley.

표 1-2 선택된 원소의 전기음성도

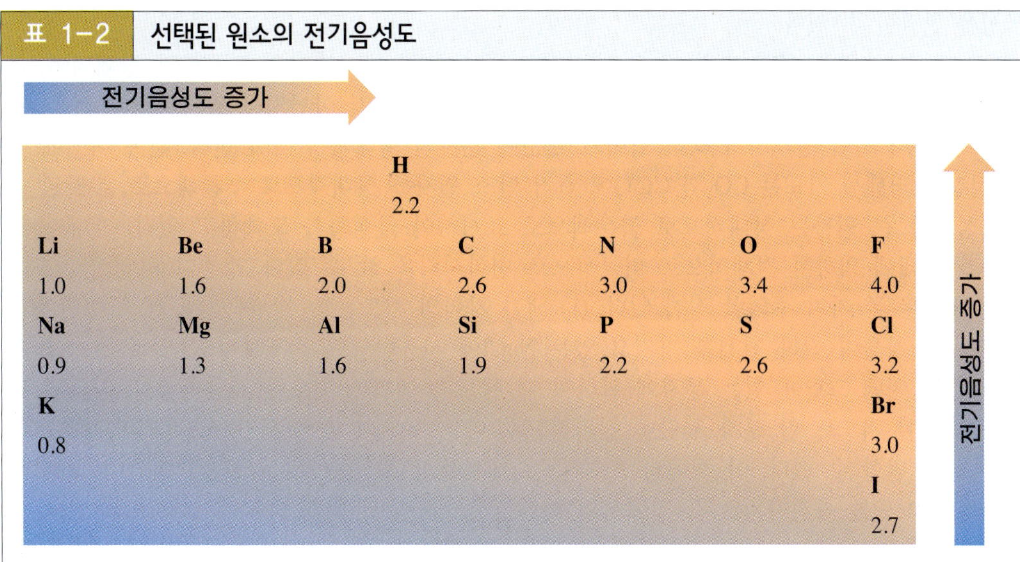

전기음성도 증가 →						
		H 2.2				
Li 1.0	Be 1.6	B 2.0	C 2.6	N 3.0	O 3.4	F 4.0
Na 0.9	Mg 1.3	Al 1.6	Si 1.9	P 2.2	S 2.6	Cl 3.2
K 0.8						Br 3.0
						I 2.7

주: 값들은 L. Pauling에 의하여 확립되고, A. L. Allred에 의하여 경신한 것임(see *Journal of Inorganic and Nuclear Chemistry*, 1961, *17*, 215).

합은 원래 이러한 두 극단의 중간에 있다(즉, **극성 공유 결합**). 따라서 대부분의 염에서 이온 결합은 약간의 공유성 특성을 가진다. 반대로 탄소에 대한 공유 결합은 약간의 이온성, 즉 극성을 가진다. 전자를 공유와 Coulomb 인력 모두 다 결합의 안정성에 기여함을 상기하라(1-2절 참조). 극성 공유 결합은 얼마나 큰 극성을 가지며 극성의 방향은 어떤 것인가?

이러한 질문에 관하여 주기율표를 고려하며, 원소의 양의 핵전하가 왼쪽에서 오른쪽으로 증가하는 것으로부터 답할 수 있다. 주기율표의 왼쪽에 있는 원소들은 그들의 전자가 핵에 의하여 **전기양성(electropositive)**적인 원소, 전자를 주는 또는 "전자를 밀어내는" 원소라고 흔히 부른다. 주기율표 오른쪽에 있는 원소들은 **전기음성(electronegative)**적인 원소, 전자를 받는 또는 "전자를 끌어당긴다"고 한다. 표 1-2는 몇몇 원소의 상대적인 전기음성도를 표시한다. 이러한 척도에서는 그들 중에 플루오린이 가장 전기음성도가 크고, 그 값은 4로 정하고 있다.

표 1-2를 고려하면 가장 이온성이 큰(공유성이 가장 작은) 결합은 양극단에 있는 원소들 간에(예를 들면, 염화 소듐 같은 알칼리 금속염들) 일어난다. 반대로 가장 순수한 공유 결합은 동등한 전기음성도를 가지는 원소들(즉, H_2, N_2, O_2, F_2 등등의 기타 원소들) 간에 또는 탄소-탄소 결합에서 형성된다. 그러나 전기음성도가 다른 원자 간 결합은 대부분 공유 결합으로 존재하여, 그 결과 **편극화(polarization)**가 일어난다. 이러한 결합의 편극화는 결합에서 전자 밀도의 중심이 보다 전기음성도가 큰 원자로 이동한 결과이다. 매우 정성적인 방법(그리스 문자 델타, δ를 사용하여)은 부분적으로 양인 전하를 δ^+로 부분적으로 음인 전하를 δ^-로, 표시하여 전기음성도가 작거나 큰 원소를 표시한다. 전기음성도 차이가 클수록 전하 분리는 더 커진다. 대강의 법칙으로 전기음성도 차이가 0.3에서 2.0이 되면 극성 공유 결합이라고 하며, 이보다 작으면 전형적으로 "순수한" 공유 결합이 되며, 이보다 크면 "순수한" 이온 결합이 된다.

상반된 전하의 분리는 전기적 **쌍극자(dipole)**라고 하며, 화살 꼬리쪽이 십자가 되는 부호로 양전하에서 음전하 방향으로 향하게 한다. 편극화된 결합은 HF, ICl, CH_3F 같이 분자 전체로

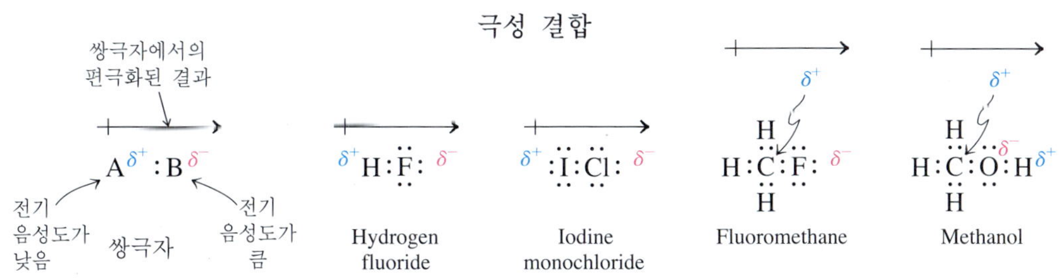

극성 결합이지만 알짜 편극화는 없다

Dipoles cancel

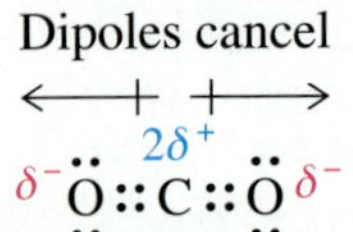

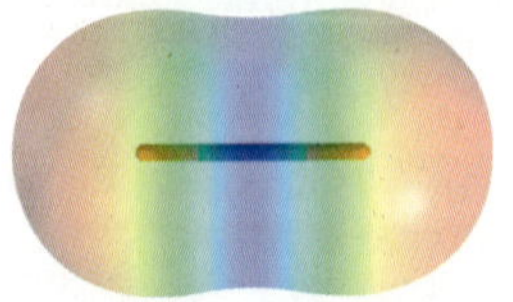

Carbon dioxide

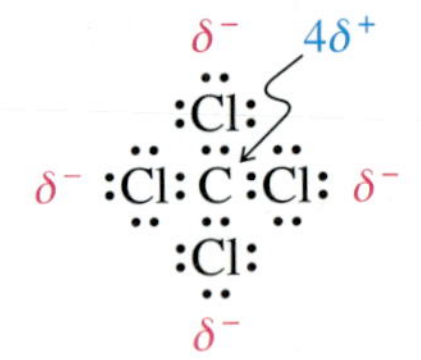

Tetrachloromethane

극성을 전달할 수 있다.

CO_2나 CCl_4 (왼쪽 여백 그림) 같은 대칭적인 구조에서는 각 결합의 편극화가 상쇄되어, 분자가 전체적 알짜 극성이 없게 된다. 하나의 분자가 극성인지 아닌지를 알기 위하여서는, 알짜 극성은 각 결합 쌍극자가 벡터 합이기 때문에 분자의 형태를 알아야 한다. 왼쪽 여백에 있는 정전기 퍼텐셜 지도는 CO_2와 CCl_4에서 각 탄소 원자를 상대적으로 푸른색으로, 부착된 전기음성도가 큰 원자는 상대적으로 붉은색으로 표시하여 극성화를 도해하고 있다. 게다가 각 분자가 형태에 의하여 전체적으로 비극성으로 변화시킴을 알 수 있다. 정전기 퍼텐셜 지도를 보는 데에는 두 가지 주의할 점이 있다. (1) 색깔 차이의 척도는 변할 수 있다. 예를 들면, 8쪽에 있는 원자들이 전하 전체를 가지고 있는 NaCl에 사용하였던 척도보다도, 일부 전하를 가지는 왼쪽 여백 그림에 있는 분자에 관하여 더 감도가 예민한 척도를 사용하였다. 따라서 정전기 퍼텐셜 지도로 한 분자 집단을 전기적으로 다른 부류의 다른 분자 집단과 비교하는 것은 오류를 범할 수 있다. 이 책에서 보여 주는 대부분의 유기 구조는 특별히 언급이 없는 한 상대적인 척도를 가진다. (2) 각 점에서의 퍼텐셜이 계산되는 방식 때문에, 그것은 주위에 있는 모든 핵과 전자의 기여를 포함한다. 그 결과 각 개개의 핵 주위의 공간 지역의 색깔은 균일하지 않다.

원자가전자 반발이 분자의 형태를 조절한다

분자들은 전자 반발(결합 전자와 비결합 전자 모두를 포함하여) 이 최소가 되도록 형태를 택한다. H_2 또는 LiH 같은 이원자종의 분자에서는 단지 하나의 결합 전자쌍이 존재하기 때문에, 두 원자의 가능한 배열은 하나이다. 그러나 플루오린화 베릴륨(beryllium fluoride, BeF_2) 은 삼원자종이다. 이 분자는 굽은 형태 또는 선형 형태일까? **선형 구조(linear structure)** 에서는 결합 및 비결합 전자들이 180°로 서로 가장 멀리 위치하기 때문에 전자 반발이 최소가 된다.* 주기율표의 같은 열(족)에 포함되는 다른 원소들과 더불어 다른 베릴륨의 유도체에서도 역시 선형 형태가 예상된다.

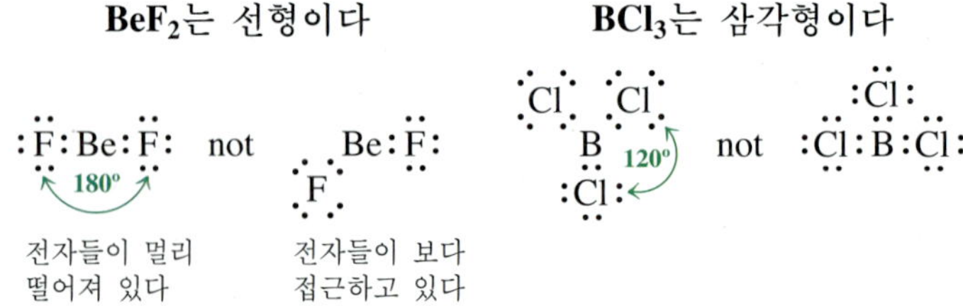

삼염화 붕소(boron trichloride)에서 붕소의 세 개의 원자가전자는 세 개의 염소 원자와 공유 결합 형성을 허용한다. 전자 반발은 **삼각형(trigonal)** 의 배열을 강화한다. 즉, 삼각형의 꼭지에 세 개의 할로젠이 위치하고, 삼각형 중심은 붕소가 차지하며, 염소 원자들의 각 결합(과 비결합) 전자쌍은 서로 120°로 최대한 멀리 떨어져 위치한다. 붕소의 다른 유도체 및 주기율표의 같은 열에 속하는 다른 유사 화합물도 다시 삼각형 구조를 선택할 것을 예상한다.

이러한 원리를 탄소에 적용한다면 메테인은 **사면체(tetrahedral)** 가 된다는 것을 알 수 있다. 사면체의 꼭짓점에 네 개의 수소가 위치하면, 해당 결합 전자쌍의 전자 반발이 최소화된다.

전자 반발을 최소화함으로써 분자 형태를 정하는 이러한 방법을 **원자가 껍질 전자쌍 반발**(*valence shell electron pair repulsion, VSEPR*) 방법이라고 한다. 우리는 흔히 BCl_3와 CH_4 같은 분자를 마치 이들이 평면이고 90°C를 가지는 것 같이, **그림 자체의 편의상 그리는 것에 유의하라.** 이러한 이차원적인 그림과 진짜 삼차원적인 분자 형태(BCl_3의 삼각형과 CH_4의 사면체)를 혼동하지 **마라.**

---

*이 사실은 기체상에서만 진실이다. 상온에서는 BeF_2 확연한 삼원자 구조와 다르게, Be와 F 원자 간에 복잡한 연결 그물로 존재하는 고체이다(이것은 핵반응기에서 사용된다).

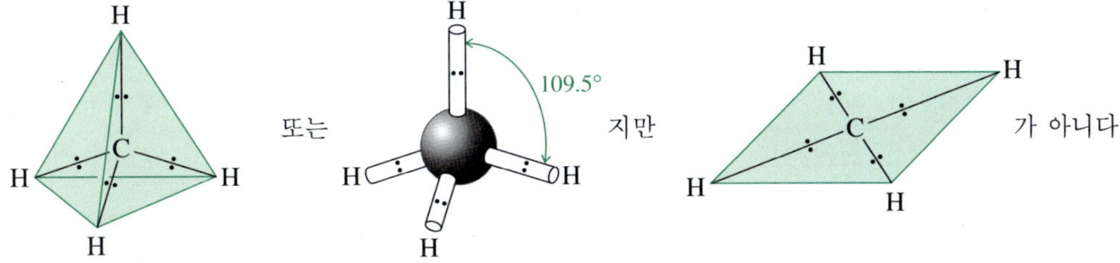

연습 문제 1-4

H_2O, SCO, SO, IBr, CH_4, $CHCl_3$, CH_2Cl_2, CH_3Cl에서의 결합 편극화를, 전하 분리를 표시하는 쌍극자 화살표를 사용하여 표시하시오.

연습 문제 1-5

Ammonia (:NH_3) 는 삼각형이 아니고 피라미드(삼각뿔)로 결합각이 107.3°이다. 물($H_2\ddot{O}$)은 선형이 아니고 굽은 형태이다. 이유는? (**힌트**: 비결합 전자쌍의 효과를 고려하라.)

요약 결합에는 두 가지의 극단적인 유형, 이온 결합과 공유 결합이 있다. 둘 다 Coulomb 힘과 불활성 기체 전자 구조를 가지므로 에너지적으로 유리하다. 대부분의 결합은 이 두 유형의 중간에 해당되는 것으로 기술하는 것이 좋다. 극성 공유 결합(또는 공유성 이온 결합). 결합의 극성은 극성 분자를 초래할 수 있다. 그 결과는 분자의 형태에 좌우되며, 이러한 형태는 전자 반발을 최소화하는 분자의 결합 및 비결합 전자의 배열로 간단한 방법으로 정해진다.

1-4 결합의 전자점 모형: Lewis 구조

Lewis 구조들은 유기 화합물의 기하학적 구조와 극성(따라서 반응성)을 예측하는 데 중요하며, 우리는 Lewis 구조들을 이 책에서 그러한 목적으로 사용할 것이다. 이 절에서 우리는 그러한 구조를 올바르게 쓰고, 원자가전자의 상황을 살펴보는 규칙을 제공한다.

Lewis 구조는 다음의 간단한 규칙으로 그린다

올바른 전자점 구조를 그리는 과정은 다음의 규칙을 준수하면 간단하다.

규칙 1. **분자의 골격(주어진 것이나 또는 원하는)을 그린다.** 예를 들어, 메테인을 고려하자. 이 분자는 한 개의 탄소 원자에 부착된 네 개의 수소 원자를 가진다.

```
  H
H C H        H H C H H
  H
 올바름         틀림
```

규칙 2. **사용할 수 있는 원자가전자의 개수를 헤아린다.** 구성 원자의 모든 원자가전자를 합하라. 전하를 가지는 구조(음이온 또는 양이온)의 경우에는 여분의 전하에 대하여 적절한 개수의 전자를 합하거나 빼도록 특별히 유의하라.

CH_4	4 H	4 × 1 전자 =	4 전자
	1 C	1 × 4 전자 =	4 전자
		전체	8 전자

HBr	1 H	1 × 1 전자 =	1 전자
	1 Br	1 × 7 전자 =	7 전자
		전체	8 전자

H_3O^+	3 H	3 × 1 전자 =	3 전자
	1 O	1 × 6 전자 =	6 전자
	전하	+1 =	−1 전자
		전체	8 전자

NH_2^-	2 H	2 × 1 전자 =	2 전자
	1 N	1 × 5 전자 =	5 전자
	전하	−1 =	+1 전자
		전체	8 전자

규칙 3. [**팔전자 규칙 (octet rule)**] **두 개의 전자를 필요로 하는 수소 이외 모든 원자를 가능한 팔전자계로 둘러 쌓음으로써 두 개의 공유 전자에 의한 모든 공유 결합을 표시한다.** 규칙 2에 의하여 **정확하게** 전자 개수가 사용되었는지 확인하라. 주기율표의 오른쪽에 위치한 원소들은 **고립 전자쌍 (lone electron pair)** 또는 단순히 **고립쌍 (lone pair)** 이라는 결합에 사용하지 않은 원자가전자쌍을 포함할 수 있다.

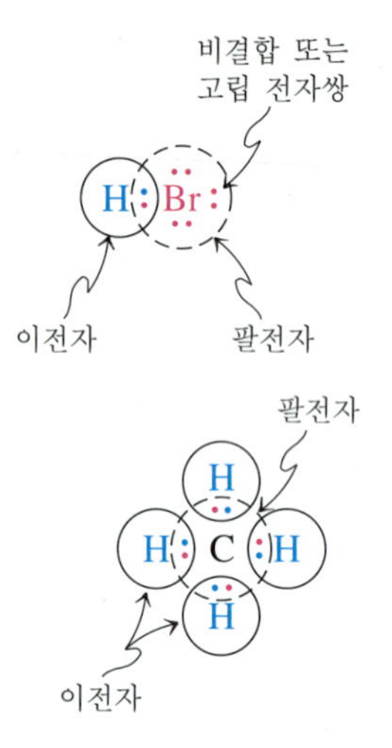

예를 들어, 브로민화 수소 (hydrogen bromide, HBr) 를 고려해 보자. 공유 전자쌍은 수소 원자에게는 두 개의 전자를, 브로민에게는 세 개의 고립 전자쌍을 가지기 때문에 팔전자를 공급한다. 반대로 메테인에서는 네 개의 C—H 결합은 수소들의 요구를 충족하면서, 동시에 탄소에 팔전자를 공급한다. HBr의 올바른 Lewis 구조와 틀린 Lewis 구조는 다음에 표시하였다.

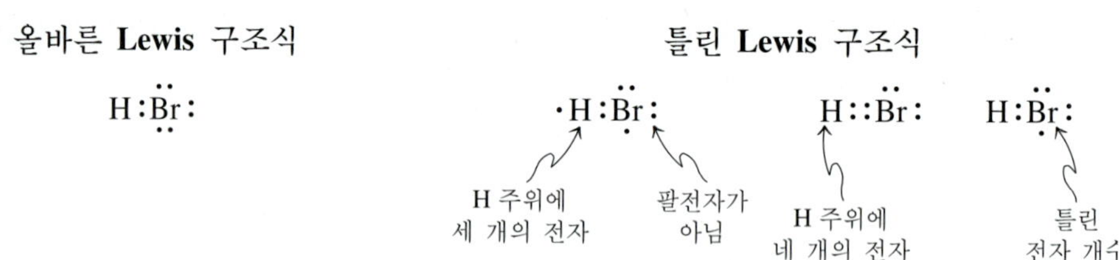

흔히 단일 결합만으로 팔전자 규칙을 만족시키는 데 원자가전자 개수로는 충분하지 않다. 이러한 경우 이중 결합 (두 개의 공유 전자쌍) 과 더 나가 삼중 결합 (세 개의 공유 전자쌍) 이 팔전자를 얻는데 필요하다. 이러한 예는 질소 분자 N_2로 이것은 열 개의 원자가전자를 가진다. 한 개의 N—N 단일 결합은 각 원자에 육전자를 남기고, 한 개의 이중 결합은 단지 하나의 질소에만 팔전자를 공급한다. 두 원자들을 만족시키는 것이 되는 것은 바로 한 개의 삼중 결합을 가지는 분자인 것이다. 분자 내에서 각 원자에게 팔전자 (또는 두전자) 를 부여하는 데 필요한 결합의 전체 개수를 주는 데 유용하고 간단한 방법을 알 수가 있다. 따라서 가능한 전자의 공급을 헤아린 다음 (규칙 2) 전체 "전자 수요"를 합한다. 즉, 각 수소 원자에는 두 개의 전자를, 다른 원소 원자 각각에는 팔전자를 합한다. 그 다음 수요에서 공급을 빼고 2로 나눈다. N_2에는 16개 전자의 수요가 있고, 공급은 10이기 때문에 결합의 수는 3이 된다.

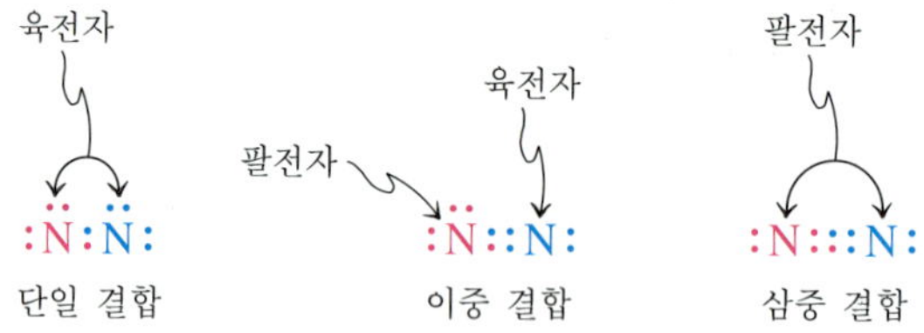

이중 결합과 삼중 결합을 가지는 분자에 관한 더 많은 예는 다음에 표시하였다.

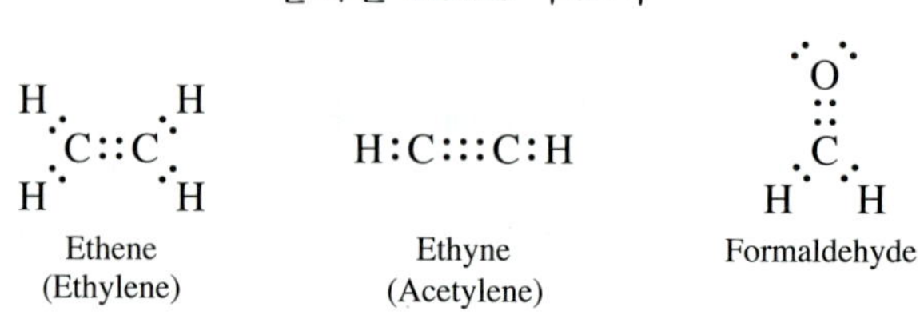

Ethene (Ethylene) Ethyne (Acetylene) Formaldehyde

실제로는 다른 하나의 단순한 순서가 도움이 된다. 첫 번째, 구조식에서 모든 상호간 결합하고 있는 원자를 단일 결합 (즉, 공유 전자쌍) 으로 연결한다. 두 번째, 만일 남는 전자가 있다면 팔전자 개수를 최대한으로 하기 위하여 고립 전자쌍으로 분배한다. 그리고 마지막으로 몇 개의 원자가 팔전자 구조가 되지 않으면, 팔전자 전자 껍질을 완성하는 데 필요한 만큼 고립 전자쌍을 공유 전자쌍으로 바꾸어 준다(또한 통합 문제 1-23과 1-24 참조.).

연습 문제 1-6

다음 분자에 관하여 Lewis 구조식을 쓰시오.
HI, $CH_3CH_2CH_3$, CH_3OH, HSSH, SiO_2 (OSiO), O_2, CS_2 (SCS)

규칙 4. **분자 내의 원자에 [형식(*formal*)] 전하를 배정한다.** 분자 내 한 원자의 원자가전자를 계산할 때 각 고립 전자쌍은 두 개로, 각 결합 전자쌍은 한 개로 계산한다. 이렇게 계산한 원자의 전체 전자수가 자유 비결합 원자에서 헤아린 바깥 전자 껍질 전자 개수와 다르다면 원자는 전하를 가진다.

$$\text{형식 전하} = \begin{pmatrix}\text{자유 중성 원자의}\\ \text{바깥 전자 껍질}\\ \text{전자 개수}\end{pmatrix} - \begin{pmatrix}\text{분자 내 원자의}\\ \text{비공유 전자 개수}\end{pmatrix} - \frac{1}{2}\begin{pmatrix}\text{분자 내 원자의}\\ \text{주위의 전자 개수}\end{pmatrix}$$

또는 간단히

$$\textbf{형식 전하} = \textbf{원자가전자 개수} - \textbf{고립 전자쌍 개수} - \frac{1}{2}\textbf{결합 전자 개수}$$

형식(*formal*)이라는 용어에 관한 이유는 분자 내에서, 전하는 하나의 원자에 편재되어 있지 않고 주위에 다양한 정도로 분배되어 있다는 것이다.

하나의 예로, 하이드로늄 이온에서 어떤 원자가 양전하를 가지고 있는가? 각 수소는 산소에 결합한 공유쌍으로부터 원자가전자를 한 개로 헤아린다. 이 값은 자유 원자의 전자 개수와 동일하기 때문에, 각 수소의(형식) 전하는 영이 된다. 하이드로늄 이온 산소의 전자를 계수하면 2(하이드로늄 이온 고립 전자쌍) + 3(여섯 개의 결합 전자쌍의 반) = 5가 된다. 이러한 값은 자유 원자에서의 최외각 전자 개수보다 하나 부족하여 산소의 전하는 +1이 된다. 그래서 양전하는 산소에 배분된다.

Hydronium 이온

다른 예는 나이트로실 양이온(NO^+)이다. 이 분자는 질소를 산소에 결합하는 삼중 결합에 덧붙여 질소에 고립 전자쌍을 가지고 있다. 이것은 나이트로실 양이온 질소에 다섯 개의 원자가전자를 주면 이 값은 자유 원자의 계수와 동일하다. 따라서 질소는 전하를 가지지 않는다. 동일한 원자가전자(다섯 개)가 산소에서 발견된다. 자유 산소 원자는 중성이 되기 위하여서는 여섯 개의 전자를 필요로 하기에 NO^+의 산소는 +1 전하를 가지게 된다. 다른 예들은 아래에 표시하였다.

Nitrosyl 양이온

Ethenyl (vinyl) 양이온 | Methyl 음이온 | Ammonium 이온 | Methanethiolate 이온 | Protonated formaldehyde

때로 팔전자 규칙은 중성 분자조차도 원자에 전하를 가지게 한다. 그런 경우 Lewis 구조식은 **전하 분리되었다(charge separated)**고 한다. 하나의 예는 일산화 탄소(CO)이다. 질산(HNO_3) 같이 질소-산소 결합을 포함하는 몇 개의 화합물도 역시 이러한 특성을 보여 준다.

전하 분리 **Lewis** 구조식

Carbon monoxide

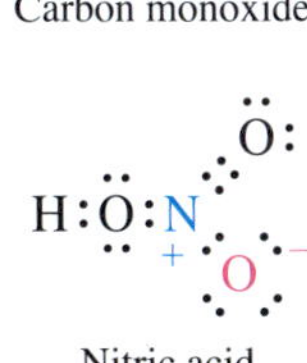
Nitric acid

팔전자 규칙은 항상 유효한 것은 아니다

팔전자 규칙은 엄밀히 2주기의 원소에 관하여서만 효력이 있으며, 만족할 수 있는 충분한 원자가전자의 개수가 있는 경우에만 유효하다. 따라서 세 개의 예외를 고려할 수 있다.

예외 1. "올바른" Lewis 구조의 모든 예는 짝수 개의 전자를 포함하였음을 알았을 것이다. 즉, 모든 전자는 결합 또는 고립 전자쌍으로 분배되었다. 이러한 분배는 일산화 질소(nitrogen oxide, NO) 및 중성 메틸(메틸 라디칼, $\cdot CH_3$ 3-1절 참조) 같은 홀수 개의 전자를 가지는 화학종에서는 불가능하다.

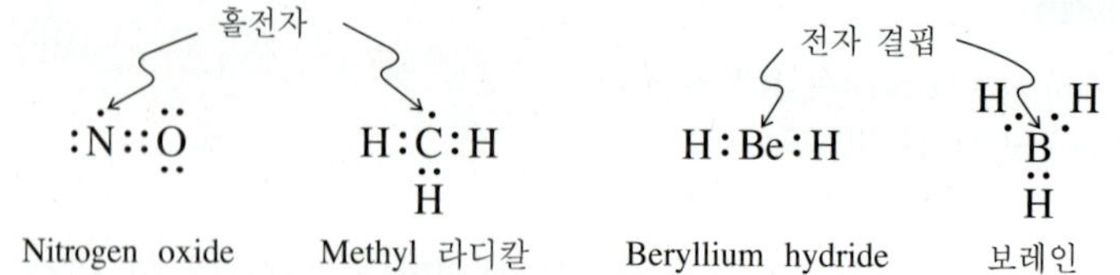

예외 2. 초기 2주기 원소의 몇 가지 화합물 BeH_2 및 BH_3는 원자가전자가 부족하다.

예외 1과 2에 해당되는 화합물들은 팔전자 배치를 가지지 않기 때문에 그것들은 비정상적으로 반응성을 가지며, 반응에서 쉽게 팔전자 구조를 가지도록 변한다. 화합물, 예를 들면 두 분자의 $\cdot CH_3$는 서로 반응하여 자발적으로 에테인($CH_3—CH_3$)을 생성하며, BH_3는 수소음이온(H^-)과 반응하여 수소화붕소 이온(borohydride) BH_4^-을 생성한다.

Ethane

Borohydride

예외 3. 2주기 이후는 간단한 Lewis 모형이 엄격히 적용되지 않는다. 원소들은 여덟 개의 원자가전자보다 많은 전자가 원자 주위를 둘러 쌓으며, 이러한 특징은 **원자가 껍질 확장(valence shell expansion)**이라고 한다. 예를 들면, 인과 황(질소와 산소의 인척)은 각각 3가와 2가이며, 이들의 유도체에 관하여 손쉽게 Lewis 팔전자 구조를 배치할 수 있다. 그러나 그것들은 친숙하게 사용하는 인산과 황산 같이 보다 높은 원자가를 가지는 화합물을 형성하기도 한다. 몇 가지 이러한 원소를 포함하는 팔전자계와 확장 팔전자계 분자의 예를 아래에 표시하였다.

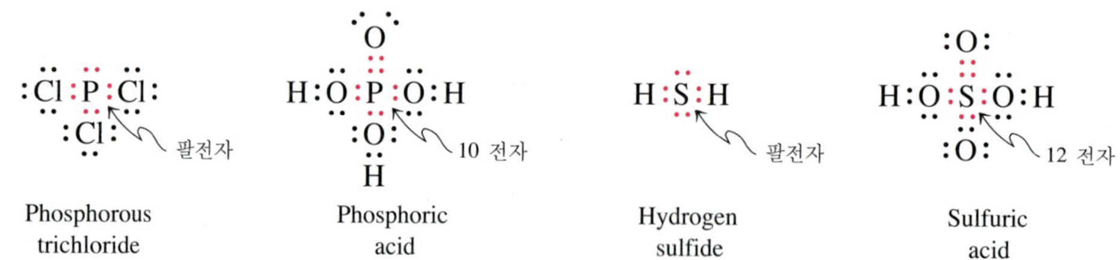

Phosphorous trichloride　Phosphoric acid　Hydrogen sulfide　Sulfuric acid

이러한 팔전자 규칙의 벗어남에 대한 설명은 양자 역학(1-6절 참조)에 의한 원자 구조를 더 자세히 기술함에서 발견할 수 있다. 그러나 앞으로 알게 되겠지만 이러한 경우에서도 Lewis 팔전자 규칙이 유지되는 쌍극자 형태를 만들 수 있다.

공유 결합은 직선으로 표시할 수 있다

전자점 구조는 귀찮을 수 있다. 특히 커다란 분자에서 그렇다. 공유 단일 결합을 하나의 직선으로, 이중 결합은 두선으로, 삼중 결합은 세 개의 선으로 표시하는 것이 보다 간단하다. 고립 전자쌍은 점으로 표시하거나 단순히 생략한다. 그러한 표기법은 전자가 발견되기 훨씬 전에 독일 화학자 August Kekulé*에 의하여 처음 제안되었다. 이러한 유형의 구조는 흔히 **Kekulé 구조(Kekulé structure)** 라 한다.

공유 결합의 직선 표기법

H—C—H (4 H)	:N≡N:	H₂C=CH₂	$H—\overset{+}{O}H_2$	$H_2C=\overset{+}{O}—H$
Methane	Diatomic nitrogen	Ethene	Hydronium 이온	Protonated formaldehyde

연습 문제 1-7

개념 문제: Lewis 구조식 그리기

$HClO_2$(HOClO) 의 Lewis 구조식을 원자에 포함된 전하를 포함하여 그리시오.

전략

Lewis 구조식을 그리는데 있어서 이 절에 주어진 규칙을 하나 하나 따르는 것이 최선이다.

풀이

- **규칙 1**: 구조의 골격은 보인 바와 같이 곁가지가 없이 주어진다.
- **규칙 2**: 원자가전자의 개수를 헤아린다.

$$H = 1,\ 2\ O = 12,\ Cl = 7,\ 전체 = 20$$

- **규칙 3**: 얼마나 많은 결합(공유 전자쌍)이 필요한가? 전자의 공급은 20이다. 전자 수요는 전체 26개의 전자에 대하여 수소에 관하여 두 개, 다른 세 개의 원자에 관한 전자는 $3 \times 8 = 24$이다.
  팔전자 규칙에 따라 모든 원자가전자를 분배하기 위하여, 우리는 우선 모든 원자를 여섯 개 전자를 사용하여 두전자 결합으로 연결한다. H:O:Cl:O 두 번째로 우리는 남아 있는 14개의 전자로 비수소 원자들에 관하여 팔전자계를(임의로) 왼쪽 산소로부터 시작하여 공급한다. 이 과정은 차례로 4, 4, 6전자를 필요로 하여, 결국은 여분의 공유 전자를 필요로 하지 않는 팔전자 구조를 준다.

$$H:\ddot{\underset{..}{O}}:\ddot{\underset{..}{Cl}}:\ddot{\underset{..}{O}}:$$

- **규칙 4**: 우리는 분자의 각 원자 주위의 "유효" 원자가전자 개수와 고립되었을 때 바깥 껍질에서의 전자 개수와 차이에 의하여 형식 전하를 결정한다. HOClO의 수소에 대해서는 원자가전자는 수소 원자와 동일하게 한 개이다. 따라서 수소는 분자 내에서는 중성이다. 주위의 산소에 관해서는 두 개의 값은 동일한 6이다. 염소의 유효 전자는 6이다. 그러나 중성 원자는 7을 필요로 한다. 따라서 Cl은 한 개의 양전하를 가진다. 말단의 산소에 관해서는 전자 개수는 7(분자 내)과 6(중성 원자)이 되어 한 개의 음전하를 준다. 최종 결과는 $H:\ddot{\underset{..}{O}}:\overset{+}{\underset{..}{Cl}}:\overset{-}{\underset{..}{\ddot{O}}}:$이다.

연습 문제 1-8

자습 문제

원자의 전하를 포함하여 다음 분자의 Lewis 구조를 그리시오(흔히 사용하는 식과 다를 수 있는 경우 괄호 안에 원자의 순서가 주어졌다).
SO, F_2O (FOF), BF_3NH_3 (F_3BNH_3), $CH_3OH_2^+$ ($H_3COH_2^+$), $Cl_2C{=}O$, CN^-, C_2^{2-}.

---

*Professor F. August Kekulé von Stradonitz (1829 ~ 1896), Bonn 대학교, 독일.

> **요약** Lewis 구조는 전자점이나 직선으로 결합을 표시한다. 가능하다면 수소는 이전자계로 다른 원자는 팔전자계가 되도록 그린다. 각 원자의 전자를 계수하여 각 원자에 전하를 부여한다.

1-5 공명 구조

유기화학에서는 **여러 개**의 바른 Lewis 구조식을 가지는 분자들을 만날 수 있다.

탄산 이온은 몇 개의 올바른 Lewis 구조를 가진다

탄산 이온을 고려해 보자. 우리의 규칙을 따르면 우리는 모든 원자가 팔전자계로 둘러싸이는 Lewis 구조(A)를 쉽게 그릴 수 있다. 두 개의 음전하가 두 개의 아래쪽 산소에 위치한다. 세 번째 산소는 중심 탄소와 이중 결합으로 연결되어 있으며 두 개의 고립 전자쌍을 가지고 있어 중성이다. 그러나 전하 운반체로 아래의 두 개 산소를 왜 선택하였는가? 그럴 이유는 전혀 없다. 그것은 완전히 임의로 선택한 것이다. 우리는 탄산 이온을 기술하기 위하여 마찬가지로 구조 B나 C를 그릴 수 있었던 것이다. 세 개의 올바른 Lewis 그림을 **공명 구조(resonance form)**라고 한다.

탄산 이온의 공명식

A ⟷ B ⟷ C

붉은색 화살표 는 전자쌍의 이동을 표시한다. "전자 밀어내기"

공명 구조의 각각은 양쪽머리 화살표로 연결되어 있으며, 대괄호의 안에 한 벌을 집어넣는다. 이것들은 붉은 화살표로 표시하였고, 분자 핵의 위치는 **변함 없이 전자쌍만** 이동하여 상호변환이 되는 특성을 가지고 있다. A를 B로, 그 다음 C로 변환하기 위해서는 각 경우 두 개의 전자쌍을 이동해야 함을 유의하라. 이러한 전자의 이동은 굽은 화살표로 표시하며 이러한 과정은 "전자 밀어내기"라고 한다.

굽은 화살표의 사용으로 전자쌍의 이동을 표시하는 것은, 우리가 공명 구조를 그릴 때 전자의 전체 개수를 변하게 하는 흔한 실수를 방지할 유용한 기술이다. 또한 메커니즘을 그릴 때에도, 전자를 계산하는 데에도 역시 유용하다(2-2 및 6-3절 참조).

그러나 진실된 구조는 무엇인가?

Lewis 구조식이 제안하는 바대로 탄산 이온은 하나의 이중 결합으로 하나의 변하지 않은 산소 원자가, 두 개의 음이온을 가지는 산소가 각각 단일 결합으로 탄소 원자에 결합하는 것인가? 또는 달리 말하여 A, B, C가 평형에 있는 이성질체인가? **대답은 아니오이다.** 만일 대답이 맞는다면 이중 결합은 단일 결합보다 보통 짧기 때문에, 탄소-산소 결합 길이가 다를 것이다. 그러나 탄산 이온은 **완벽한 대칭적**(*perfectly symmetrical*)이며, 모든 C—O 결합이 이중 결합과 단일 결합의 중간으로, 동일한 길이로 삼각형 중심 탄소 원자를 포함하고 있다. 음전하는 세 개의 모든 원자에 걸쳐 균일하게 분포되어 있다. 즉, 전자들이 "공간에 퍼져 있어"(1-2절 참조) **비편재되어(delocalized)** 있다고 언급한다. 달리 말한다면, 이 분자의 각 Lewis 구조식 어느 것 하나도 그 자체로 올바른 것이 없다. 그보다 **진짜 구조는 A, B, C의 복합체인 것이다.** 그 결과의 상황은 **공명 혼성체(resonance hybrid)**라고 한다. A, B, C는 동등하기 때문에(즉, 각자 동일한 수의 원자, 결합 및 전자쌍으로 구성되어 있다) 그들은 분자의 진짜 구조에 동등하게 기여하고 있으나, 그 자체로서는 진짜 구조를 대표할 수 없다.

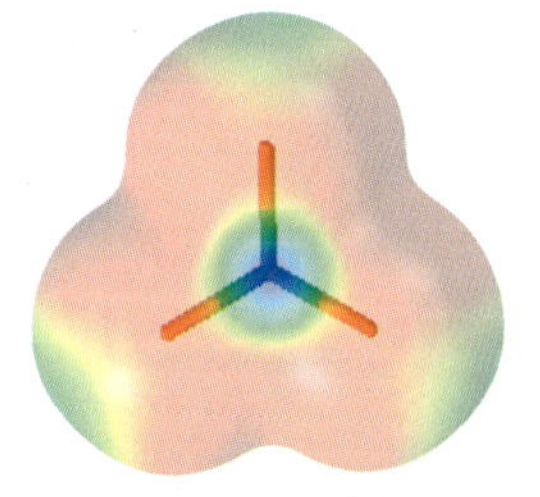

Carbonate 이온

공명 혼합체에서 **carbonate**의 점선 표기법

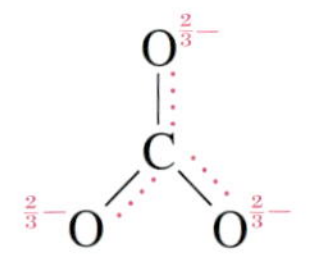

공명은 Coulomb 반발을 최소화하기 때문에 공명 비편재화는 안정화 효과를 준다. 탄산 이

온은 이중으로 음전하를 띤 유기 분자에 대해 기대하는 것보다 상당히 더 안정화되어 있다.

공명이라는 말은 분자가 한 형태에서 다른 형태로 진동하거나 평형을 이루는 것으로도 암시할 수도 있다. 분자는 어느 개별적인 공명 구조와도 **결코** 비슷하지 않다. 이러한 형태는 단지 하나의 구조, 즉 공명 혼성체인 것이다. 보통 화학 평형에서의 물질과 달리 공명 구조들은 각 구조가 실제에 일부 기여하지만, 공명 구조는 실제로 존재하지 않는다. 앞쪽에 보여 주는 정전기 퍼텐셜 지도에서 탄산의 삼각형 대칭성은 확연하게 증명된다.

공명 혼성체 기술하는 데 사용하는 다른 대안적 관행은 결합을 실선과 점선을 혼합으로 표현하는 것이다. 여기서 $\frac{2}{3}-$의 부호는 부분적 전하(음전하의 $\frac{2}{3}$)가 각 산소에 잔존한다는 것을 의미한다(오른쪽 여백 그림 참조). 세 개 모든 탄소-산소 결합의 동등성은 이러한 관습에 의하여 명확하게 표시된다. 팔전자 Lewis 구조의 공명 혼성체의 다른 예들은 아세테이트 이온과 2-프로펜일(알릴) 음이온이다.

아세테이트 이온

또는

아세테이트 이온

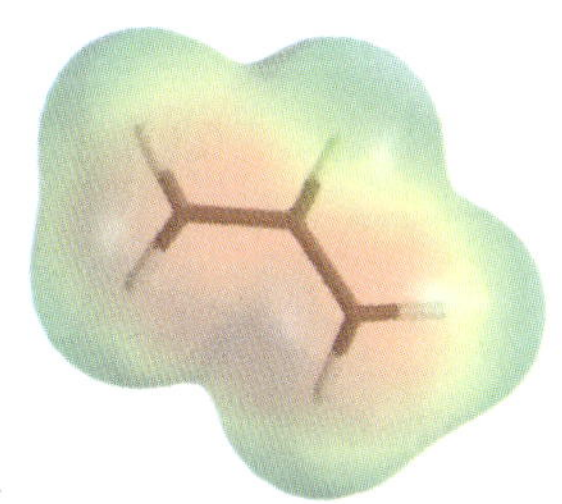
2-Propenyl 음이온

또는

2-Propenyl (allyl) 음이온

공명은 비팔전자계 분자에도 역시 가능하다. 예를 들면, 2-프로펜일(알릴) 양이온은 공명에 의하여 안정된다.

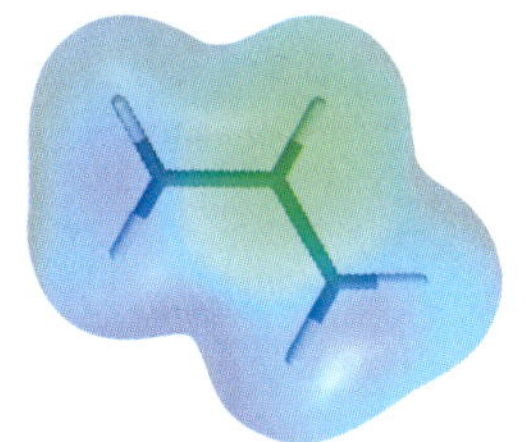
2-Propenyl 양이온

또는

2-Propenyl(allyl) 양이온

Carbonic acid

Acetic acid

공명 구조를 그릴 때 다음을 잊지 마라. (1) 전자쌍을 한 원자로부터 다른 원자로 밀어내면 전하의 이동이 생긴다. (2) 모든 원자의 상대적인 위치는 변하지 않으며, 단지 전자만 이동한다. (3) 동등한 공명 구조는 동등하게 공명 혼성에 기여한다. (4) 공명 구조를 연결하는 화살표는 양쪽머리이다(↔).

반응성을 예측하는 데 공명 구조를 인지하고 그리는 것은 중요하다. 예를 들면, 탄산염과 산의 반응은 세 개의 산소 중 어느 두 산소에서 반응이 일어나 탄산 H_2CO_3(실제로는 CO_2와 H_2O의 평형에 있다) 이 생성된다. 비슷하게 아세트산 이온은 아세트산을 형성하기 위하여 산소 원자 하나에 양성자화된다(오른쪽 여백 그림 참조). 2-프로펜일 음이온은 말단 둘 중의 하나에 양성자화되어 프로펜(propene)을 형성하고, 해당 양이온은 수산화물과 말단 중 하나에서 반응하여 해당 알코올을 형성한다(아래 참조).

$+ H^+ \longrightarrow$ Propene 은 … 과 동일하다.

$+\ HO^- \longrightarrow$ 은 과 동일하다.

2-Propen-1-ol

연습 문제 1-9

(a) 아질산 이온(NO_2^-) 두 개의 공명식을 그리시오. 이 분자의 기하학적 형태를 무엇이라고 말할 수 있는가(선형 또는 굽은형)? (**힌트**: 질소의 고립 전자쌍에 의한 전자 반발 효과를 고려하라.) **(b)** 원자가전자 껍질 팽창은 가능한 공명식의 개수를 증가시킨다. 흔히 어느 공명식이 "가장 좋은" 것인지를 정하기 어렵다. 그런 경우에 사용하는 판단 근거는 Lewis 구조가 상당한 정확도로 결합 길이와 결합 각도를 예측하는가이다. SO_2에 관하여 Lewis 팔전자계 및 원자가 껍질 팽창 공명식을 쓰시오. SO에 관한 Lewis 구조식(연습 문제 1-8)을 고려하면, SO의 실험적 결합 길이가 1.48 Å, SO_2에서의 측정한 S—O 길이가 1.43 Å라 한다. 다양한 구조 중 어느 하나가 "가장 합당"한가?

모든 공명 구조가 모두 동등하지는 않다

위에서 기술한 분자는 모두 동등한 공명 구조식을 가지고 있다. 그러나 동등하지 않은 공명 구조식으로 많은 분자들이 기술된다. 하나의 예는 엔올(enolate) 음이온이다. 두 개의 공명 구조식은 이중 결합과 전하 모두 다 위치가 다르다.

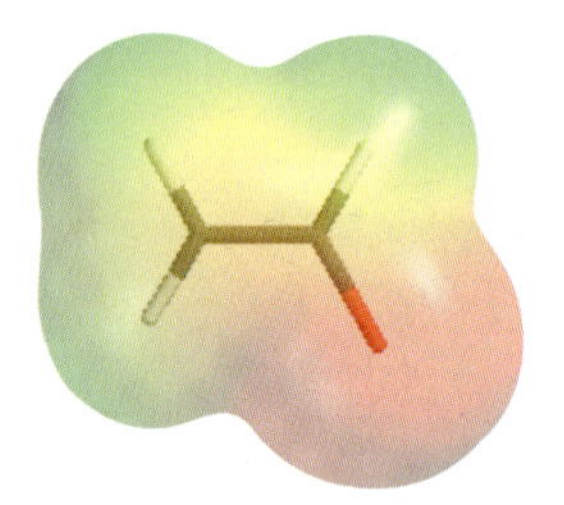

엔올 음이온

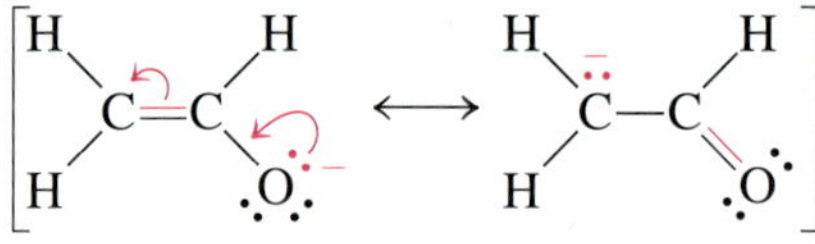

비록 두 공명 구조식이 이온의 진짜 구조의 기여 구조지만, 어떤 것이 다른 것보다 더 많이 기여하는가를 알아야 할 것이다. 질문은 어느 것이 더 많이 기여하는 것인가? 동등하지 않은 공명 구조식을 팔전자를 가지지 않는 원자들을 포함하도록 확장하여 고려하면, 이 질문보다 보편화된다.

Formaldehyde

Sulfuric acid

그러한 확장은 "맞거나" 또는 "틀린" Lewis 구조식의 정의를 완화하여, 광범위하게 **모든** 공명 구조식을 분자의 진면목에 가능한 기여 구조로 간주할 필요가 있다. 그 다음 과업은 어떤 공명 구조식이 가장 중요한가를 인지하는 것이다. 달리 표현하면 어느 것이 **주공명 기여 구조(major resonance contributor)**인가? 여기에 몇 가지 지침이 있다.

$[:N\equiv\overset{+}{O}: \longleftrightarrow :\overset{+}{N}=\ddot{O}]$

주공명 기여 구조 부공명 기여 구조

Nitrosyl 양이온

지침 1. 최대의 팔전자계를 가지는 구조가 가장 중요하다. 엔올 음이온에서 어느 구조 간에 모든 구성 원자는 팔전자계로 둘러싸여 있다. 그러나 나이트로실 양이온(NO^+)을 고려해 보자. 한 공명 구조식은 두 원자 주위에 팔전자계가 있지만, 산소 원자에 양전하를 가진다. 다른 공명 구조식은 질소에 양전하를 가져서 이 원자는 육전자계를 가진다. 팔전자 법칙 때문에 두 번째 구조는 혼성에 덜 기여한다. 따라서 N—O 결합은 이중 결합보다는 삼중 결합에 근접하고, 질소보다는 산소에 양전하를 더 가지게 된다. 비슷하게 폼알데하이드(앞쪽)의 쌍극성 공명식은 탄소 주위에 육전자를 발생시키게 되어 낮은 기여 구조가 된다. 3주기 원소(1-4절 참조)의 원자가 껍질 팽창 가능성은 황산에서 황 주위에 12전자를 가지게 하는 비전하 분리 상황의 공명 구조식을 가지는 것은 가능성이 있지만, 쌍극성 팔전자 구조가 더 좋다.

지침 2. 적절한 전기음성도를 가지는 원자에 전하가 우선적으로 위치해야 한다. 엔올산 이온을 다시 한 번 고려해 보자. 어느 것이 보다 중요한 기여 공명 구조식인가? 지침 2는 음전하는 보다 전기음성인 산소 원자에 머물러야 한다는 것을 먼저 요구한다. 정말로 20쪽 왼쪽 여백에 보여 준 정전기 퍼텐셜 지도는 이러한 기대를 확인해 준다.

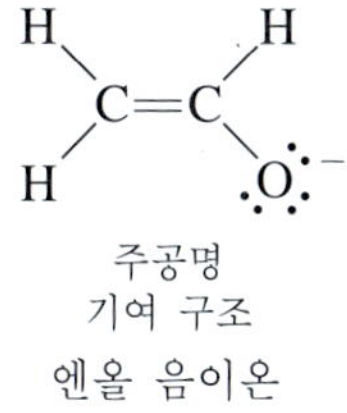

주공명
기여 구조
엔올 음이온

다시 NO^+를 검토하면 지침 2는 혼란스럽게 보인다. NO^+의 보다 주공명 기여 구조는 전기음성도가 큰 산소에 양전하가 위치하게 한다. 이러한 경우 **전기음성도 기준보다 팔전자 규칙이 우위를 가진다.** 즉, 지침 1이 지침 2에 우선한다.

지침 3. 서로 상반되는 전하 분리가 덜 일어나는 구조가 전하 분리가 큰 것보다 중요한 공명 기여 구조이다. 이러한 규칙은 Coulomb 법칙의 단순한 결과이다. 상반되는 전하의 분리는 에너지를 필요로 한다. 따라서 중성인 구조는, 쌍극성의 구조보다 더 좋다. 하나의 예는 아래에 보여 준 폼산이다. 그러나 오른쪽 여백 그림에 있는 정전기 퍼텐셜 지도에서는 소수의 쌍극자 공명 구조식의 영향이 명백하다. 카보닐 산소에서의 전자 밀도는 상대되는 하이드록시 산소보다 전자 밀도가 크다.

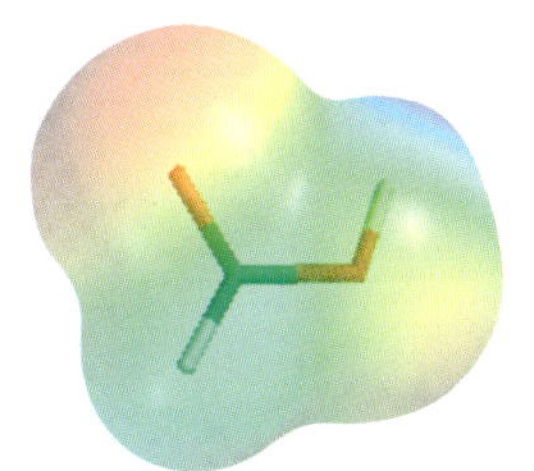

Formic acid

몇몇 경우에서는, 팔전자 Lewis 구조식을 그리기 위해서는 전하 분리가 필요하다. 즉, 지침 1이 지침 3에 우선한다. 하나의 예는 일산화 탄소이다. 다른 예들은 비록 원자가 껍질 팽창이 팽창된 팔전자 구조식을 허용하지만, 인산과 황산이다(1-4절 및 지침 1).

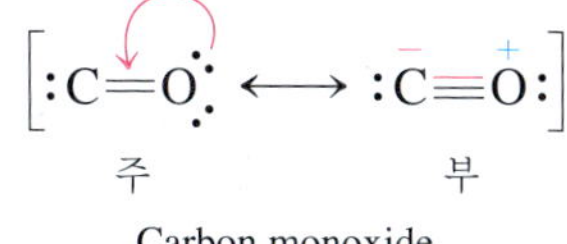

주 부
Carbon monoxide

몇 가지 전하 분리 공명 구조식이 존재하는 경우 가장 유리한 것은, 전하 분리가 구성 원자에서 상대적으로 전기음성도를 수용할 수 있게 전하가 분배되는 공명 구조식이다(지침 2). 예를 들어, 다이아조메테인에서 질소는 전기음성도가 탄소보다 크기 때문에, 두 개의 공명 기여 구조 간에 명확한 선택을 허용한다(오른쪽 여백 그림에 있는 정전기 퍼텐셜 지도).

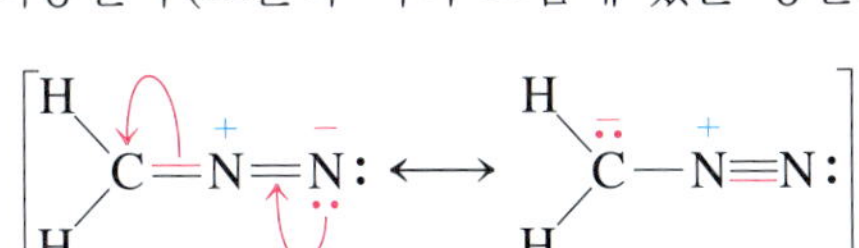

주 부
Diazomethane

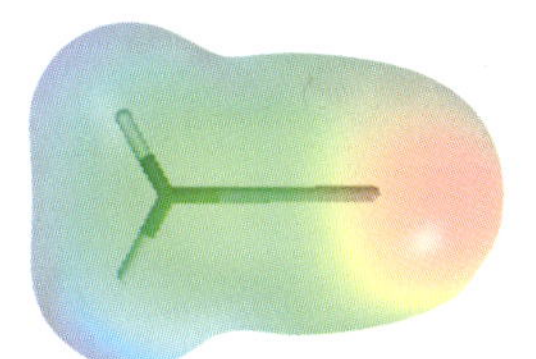

Diazomethane

연습 문제 1-10

개념 문제: 공명 구조식 그리기

Nitrosyl chloride (ONCl)의 두 개 전부가 팔전자인 공명 구조식을 그리시오. 어느 것이 좋은가?

전략

팔전자 구조를 그리기 위해서 우리는 Lewis 구조를 그리는 데 필요한 1-4절의 규칙을 따른다. 일단 이러한 과제가 완결되면 우리는 현재의 절에서부터 절차와 지침을 응용하여 공명 구조식을 노출하고, 그들의 상대적인 기여를 평가할 수 있다.

풀이

- **규칙 1**: 주어진 분자의 골격은 다음과 같다.
- **규칙 2**: 원자가전자 개수를 헤아린다.

N = 5, O = 6, Cl = 7, 전체 = 18

- **규칙 3**: 얼마나 많은 결합(공유 전자쌍)이 필요한가? 전자의 공급은 18이다. 전자 수요는 세 개의 원자로부터 $3 \times 8 = 24$이다. 따라서 우리는 $(24 - 18)/2 = 3$의 결합이 필요하다. 단지 세 개의 원자가 존재하기 때문에 하나의 이중 결합이 필요하다.

  모든 원자가전자를 팔전자 규칙에 의하여 분배하기 위해서 우리는 먼저 네 개의 전자를 사용하여 모든 원자를 두전자 결합으로 연결하면 O:N:Cl. 두 번째로 우리는 이중 결합에 두 개의 전자를 사용하여 왼쪽으로 임의로 첨가하여 O::N:Cl를 만든다. 세 번째로 우리는 남은 12개 전자를(임의로) 왼쪽의 산소로부터 시작하여 모든 원자에 공급한다. 이러한 과정은 차례로 4, 2, 6개 전자를 필요로 하여, 결과적으로 팔전자 구조 $\ddot{\text{O}}$::$\ddot{\text{N}}$:$\ddot{\text{Cl}}$:가 되어 우리는 A라 표시할 것이다.
- **규칙 4**: 우리는 A에서 각 원자 주위의 "유효" 원자가전자와 고립된 원자의 바깥 껍질 계수 차이가 있는지 유의하여 형식 전하를 결정한다. O에 대하여 두 개의 고립 전자쌍과 이중 결합은 원자가전자 계수가 O 원자와 같이 6이 된다. N에 관하여서는 계수가 5, Cl에 관하여서는 계수가 7이 되어, 각 중성에서 보는 계수가 된다. 따라서 A에서는 형식 전하가 없다.
- 우리는 이제 A 공명 구조식에서 전자를 이동하여 공명 구조식들을 제안할 준비가 되었다. 모든 전자를 그렇게 하도록 시도해야 한다. 왼쪽 아래에서 보는 바와 같이 전체 팔전자인 하나의 구조를, 단지 한 종류 전자의 이동으로 구조 B를 얻게 됨을 금새 알게 된다.

$$\left[\ddot{\text{O}}::\ddot{\text{N}}:\ddot{\text{Cl}}: \longleftrightarrow :\ddot{\text{O}}^{-}:\ddot{\text{N}}::\text{Cl}^{+}: \right]$$

A B

Nitrosyl chloride

비교: [$H_2C::C(H):CH_2^{-}$ ⟷ $^{-}H_2C:C(H)::CH_2$]

2-Propenyl (allyl) 음이온

  이러한 이동은 2-propenyl (allyl) 음이온(오른쪽 위에 표시)과 이 절에서 기술한 관련 알릴 공명계의 이동이 비슷하다. 우리는 전하가 중성인 식으로부터 시작하였기 때문에 공명으로의 전자 이동은 전하를 형성한다. 양전하는 전자 이동의 시작점이고, 음전하는 말단에 위치한다.
- ONCl의 두 공명 구조식 중 어느 것이 더 좋은가? 이 절에서 마련한 세 개의 지침을 검토하면 답을 구하는 데 도움이 된다. 지침 3은 전하 분리가 적은 것이 많은 것보다 좋다. 따라서 전하 중성인 A가 전하 분리된 B보다 nitrosyl chloride를 보다 잘 설명한다.

연습 문제 1-11

자습 문제

다음 두 분자에 관한 공명 구조식을 그리시오. 각 경우에 더 유리한 공명 기여 구조를 가리키시오. **(a)** CNO^- **(b)** NO^-

공명 구조식을 확인하는 것이 반응성을 예측하는 데 어느 정도 도움이 되는가? 시약, 생성물의 안정도 및 다른 요인에 반응성이 좌우되기 때문에 답은 간단하지는 않다. 예를 들면, 엔올산 이온은 비록 앞에서 언급한 바대로 음전하가 더 많이 산소에 위치하였지만, 산소 또는 탄소 둘 중 하나에서 양으로 전하를 띤 (편극된) 화학종과 반응을 할 수 있다(18-1절 참조). 하나의 다른 중요한 예는 앞서 폼알데하이드에서 보았듯이, 카보닐 화합물의 경우이다. 비록 비전하 분리 형태가 우세하지만, 열세의 쌍극성 기여 구조가 전자가 풍부한 종은 탄소를 공격하고, 전자가 부족한 종들은 산소를 공격하는 탄소-산소 이중 결합의 반응성 기원이다(17장).

요약 어떤 분자들은 하나의 Lewis 구조로 정확하게 기술할 수 없고, 몇 가지 공명 구조식의 혼성으로 존재한다. 가장 중요한 공명 기여 구조를 알기 위해서는 팔전자 규칙을 고려하고, 최소의 전하 분리가 되게 확인하고, 상대적으로 전기음성도가 큰 원자에 더 많은 음전하와 더 적은 양전하를 가능한 배치한다.

1-6 원자 오비탈: 핵 주위의 전자에 관한 양자 역학적 기술

이전까지 우리는 전자쌍을 구성 원자 주위에 불활성 기체 전자 배치(예; Lewis 팔전자계)를 최대화하기 위하여, 배열하는 면에서 결합을 고려했었다. 이러한 접근법은 분자 내의 전자의 수와 위치를 고려함에 있어서 묘사적이고, 예측적인 도구로서 유용하다. 그러나 이러한 물질을 다루면서 자신에게 물어볼 만한 몇 가지 간단한 질문에 답하지 못한다. 예를 들면, 어떤 Lewis 구조는 왜 "틀리는가" 또는 궁극적으로 왜 불활성 기체들이 상대적으로 안정한가? 어떤 결합은 다른 결합보다 왜 강하고, 어떻게 우리는 설명할 수 있는가? 두 전자 결합에 관하여 무엇이 그렇게 좋은가 그리고 다중 결합은 어떻게 보이는가? 몇 가지 답을 얻기 위하여 우리는 핵 주위에 전자가 어떻게 분배되는가를 좀 더 배우는 것으로 시작한다. 여기서 제시된 간단한 해결책은 1920년대 Heisenberg, Schrödinger 및 Dirac*이 독립적으로 개발한 양자 역학 이론에 기초한다. 이 이론에서는 핵 주위 전자의 운동은 파동 특성을 가지는 방정식과 매우 유사한 방정식 형태로 기술된다. 이러한 방정식의 해답, 소위 **원자 오비탈(atomic orbital)**은 공간의 어떠한 지역에서 전자를 발견할 확률을 기술한다. 이러한 지역의 모양은 전자의 에너지에 좌우된다.

전자는 파동 방정식에 의하여 기술한다

원자의 고전적인 기술(Bohr† 이론)은 핵 주위의 궤도를 따라 전자가 움직인다고 가정하였다. 각 전자의 에너지는 핵에서부터의 전자의 거리와 관계가 있다고 생각하였다. 이러한 견해는 고전 역학을 물리적으로 이해하는 것과 일치되기 때문에 직관적으로 보아 매력적이다. 그러나 그것은 몇 가지 이유로 틀렸다.

첫 번째, 궤도를 움직이는 전자는 전자기 복사 방출을 주게 되어 있다. 이것은 운동하는 어떤 전하에서도 특징으로 나타나는 것이다. 계로부터의 결과인 에너지 손실은 전자가 나선으로 핵에 접근하는 것이 현실과 부합하는 데 완전히 상충이 된다.

두 번째로 Bohr 이론은 전자의 정확한 위치와 운동량을 동시에 정의하기 때문에 Heisenberg의 불확실성 원리에 위배된다.

보다 좋은 모형은 운동 입자의 파동성을 고려함으로써 얻어진다. de Broglie* 관계에 따라 속도 ν로 움직이는 질량 m의 입자는 파장 λ을 가진다.

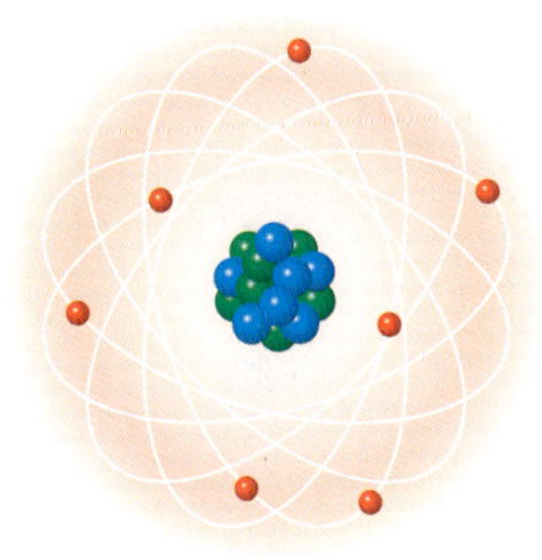

고전적 원자: 핵 주위에서 "궤도" 내에 있는 전자

de Broglie 파장

$$\lambda = \frac{h}{m\nu}$$

여기서 h는 Planck 상수†이다. 결과적으로 궤도를 도는 전자는 파동을 기술하는 고전 역학에서 사용하는 방정식과 동일한 방정식에 의하여 기술할 수 있다(그림 1-4 참조). 이러한 "물질파"는 양과 음의 부호로 교대하는 진폭을 가진다. 부호가 바뀌는 점을 **마디(node)**라고 한다. 위상이 같게 상호작용하는 파동은 그림 1-4B에서 보듯이 서로 보강을 한다. 어긋난 위상에서 상호작용하는 파동들은 작은 파동(그리고 어쩌면 서로 상쇄하기도 한다)을 그림 1-4C에 나타낸 것 같이 만든다.

전자 운동에 관한 이러한 이론을 **양자 역학(quantum mechanics)**이라고 한다. 이 이론에서

*Werner Heisenberg 교수(1901 ~ 1976), Munich 대학교, 독일, 노벨상 1932(물리), Erwin Schrödinger 교수(1887 ~ 1961), Dublin 대학교, 아이랜드, 노벨상 1933(물리), Paul Dirac 교수(1902 ~ 1984), Florida 대학교, Tallahassee, 미국, 노벨상 1933(물리).

†Niels Bohr 교수(1885 ~ 1962), Copenhagen 대학교, 덴마크, 노벨상 1922(물리).

*Louis-Victor de Broglie 왕자(1892 ~ 1987), 노벨상 1929(물리).

†Max K. E. L. Planck 교수(1858 ~ 1947), Berlin 대학교, 독일, 노벨상 1918(물리).

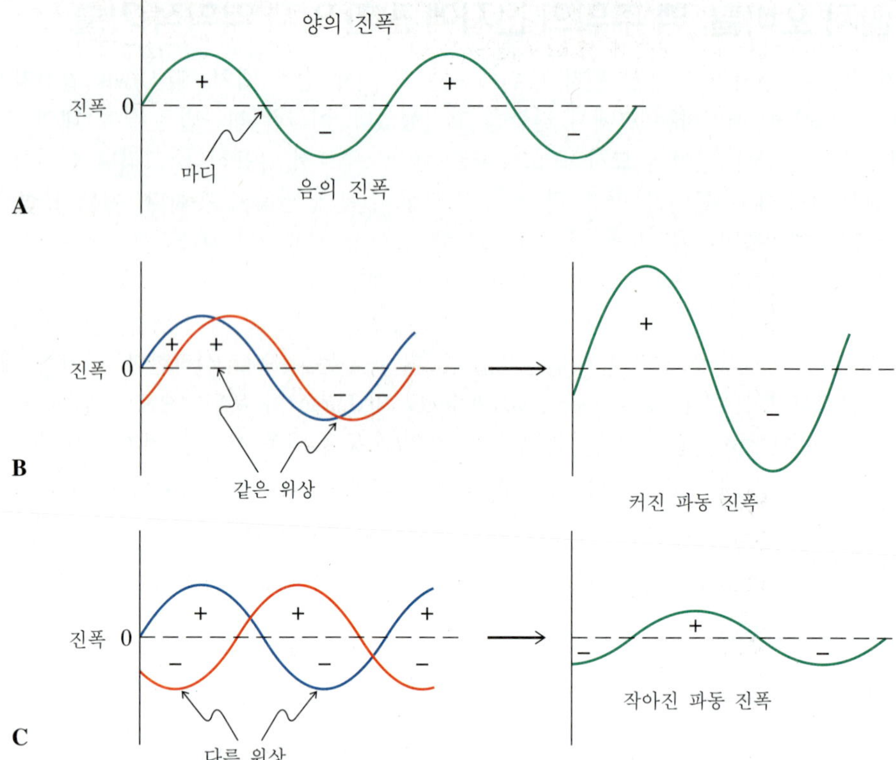

그림 1-4 (A) 파동. 진폭의 부호는 임의로 정하였다. 마디라고 하는 진폭의 영점에서 파동의 부호가 변한다. (B) 같은 부호(같은 위상)의 파동들의 진폭은 서로 강화하여 보다 큰 파동을 생성한다. (C) 다른 파동들은 서로 상쇄하여 작은 파동을 생성한다.

주: 그림 1-4에서의 +와 − 부호는 파동의 진폭을 표시하는 수학적 함수의 기호이며, 전기적 전하와는 관계가 없다.

개발한 방정식들, 즉 **파동 방정식(wave equation)**은 **파동 함수(wave function)**라고 하는 통상 그리스 문자 ψ로 기술하는 일련의 해답들을 가진다. 핵 주위의 그들 값들은 원자의 관찰할 수 있는 어떠한 특성으로 직접적으로 확인할 수 있지 않다. 그러나 **공간 각 점에서 그 값들의 제곱(ψ^2)은 그 점에서 하나의 전자를 발견할 확률을 나타낸다.** 원자의 물질적인 현실은 **특정 에너지**에 관하여서만 답을 얻게 해 준다. 그런 계는 **양자화(quantized)**되어 있다고 한다.

연습 문제 1-12

두 개의 파가 겹쳐서 서로의 진폭을 상쇄하는 그림 1-4와 유사한 그림을 그리시오.

원자 오비탈은 특징적인 형태를 가진다

삼차원적 파동 함수를 도시하면 전형적으로 구 또는 납작하거나 눈물방울 같은 잎사귀 형태의 아령으로 나타난다. 간단하게 하자면 우리는 전자를 발견할 수 있는 공간 지역을 나타내게 원자 오비탈을 예술적 연출로 간주할 수 있다. 마디는 수학적으로 상반되는 부호들을 가지는 파동 함수의 부분을 분리한다. 마디에서의 파동 함수값은 영이다. 따라서 거기에서 전자 밀도

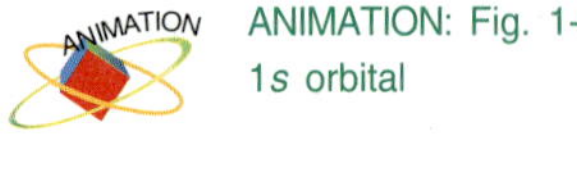

ANIMATION: Fig. 1-5, 1*s* orbital

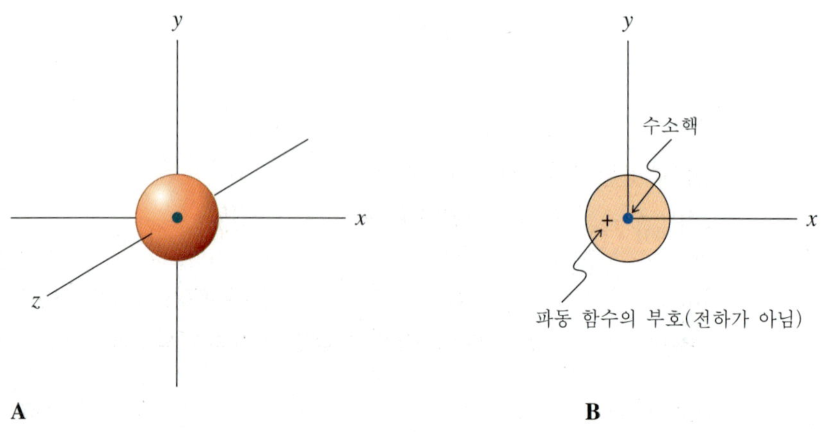

그림 1-5 1*s* 오비탈의 표시. (A) 삼차원적으로 오비탈은 구형 대칭이다. (B) 단순화한 이차원 그림. 플러스 부호는 파동 함수의 부호를 표시한 것이며, 전하가 아니다.

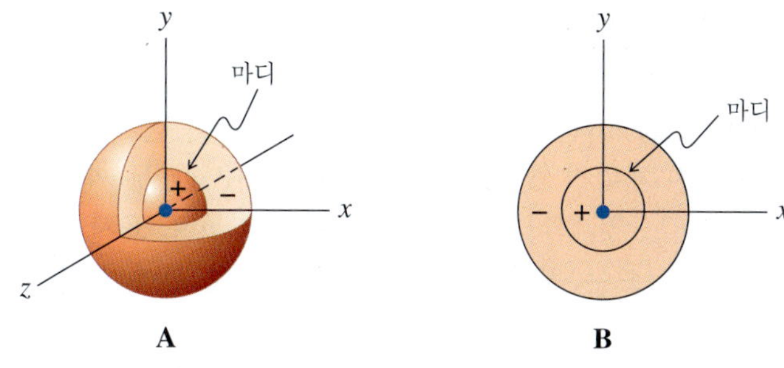

그림 1-6 2s 오비탈의 표시. 2s 오비탈이 1s 오비탈보다 크며, 마디가 존재함을 유의하라. +와 − 부호는 파동 함수의 부호를 표시한다. (A) 절단면을 제거하여 마디를 표시하는 삼차원의 오비탈. (B) 통상적인 오비탈의 이차원 표시.

를 발견할 확률이 영이다. 보다 높은 에너지 파동 함수는 낮은 에너지의 파동 함수보다 더 많은 마디를 가진다.

하나의 전자에 의하여 둘러싸인 하나의 양성자를 가지는 수소 오비탈의 간단한 경우에 관하여 원자 오비탈의 형태에 관하여 고려하자. 파동 방정식의 가장 낮은 에너지 해는 1*s*라고 한다. 숫자 1은 첫 번째(가장 낮은) 에너지 준위를 말한다. 한 오비탈의 표지는 역시 오비탈의 모양과 마디의 개수를 나타낸다. 1*s* 오비탈은 **구형 대칭**(*spherical symmetry*)이고(그림 1-5 참조) 마디가 없다. 이 오비탈은 그림으로 구(그림 1-5A 참조) 또는 단순히 원(그림 1-5B 참조)으로 표시한다.

다음으로 높은 에너지 파동 함수는 2*s* 오비탈로 역시 독특하며, 마찬가지로 구형이다. 2*s* 오비탈은 1*s* 오비탈보다 크다. 보다 높은 에너지 2*s* 전자는 양전하 핵으로부터 평균적으로 더 멀리 떨어져 있다. 덧붙여 2*s* 오비탈은 반대 부호의 파동 함수의 분리하며 영의 전자 밀도를 가지는 구형 표면인 한 개의 마디를 가지고 있다(그림 1-6 참조). 고전적 파동의 경우와 마찬가지로 마디의 어느 한쪽에서의 파동 함수의 부호는 마디에서 바뀌는 한 임의로 정한다. 파동 함수의 부호는 "어디에 전자가 존재하는가"에는 관련이 없다는 점을 기억하라. 앞에서 언급한 바와 같이 오비탈의 어떤 지점에서도 전자 점유 확률은 파동 함수값의 제곱으로 주어진다. 더구나 마디는 전자에게 입자보다는 파동으로 간주하는 현재 기술에서는 어떤 종류의 장애 구성 요소가 되지는 않는다.

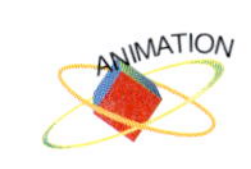

ANIMATION: Fig. 1-7, p_x orbital; p_y orbital; p_z orbital

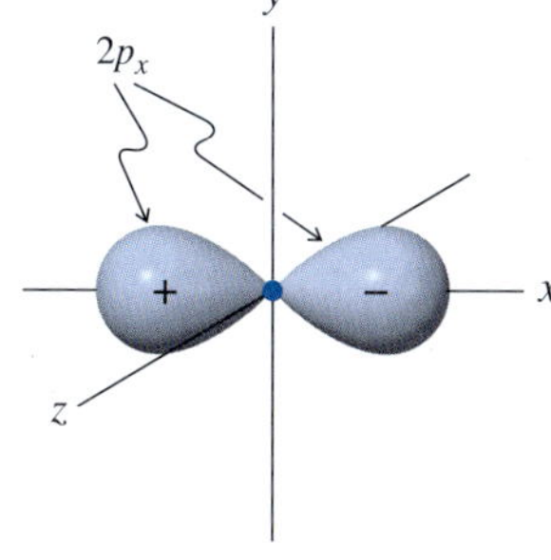

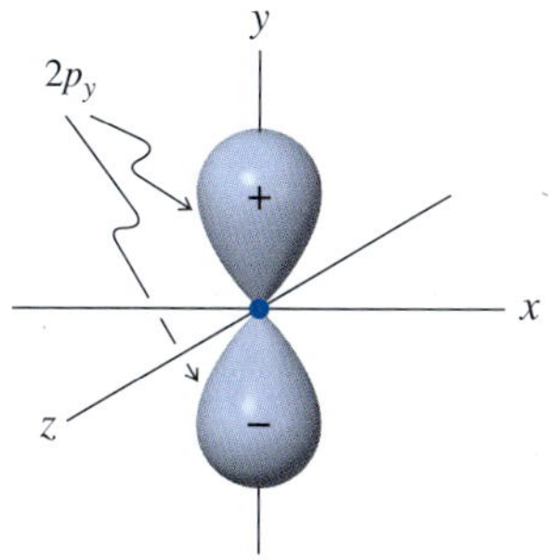

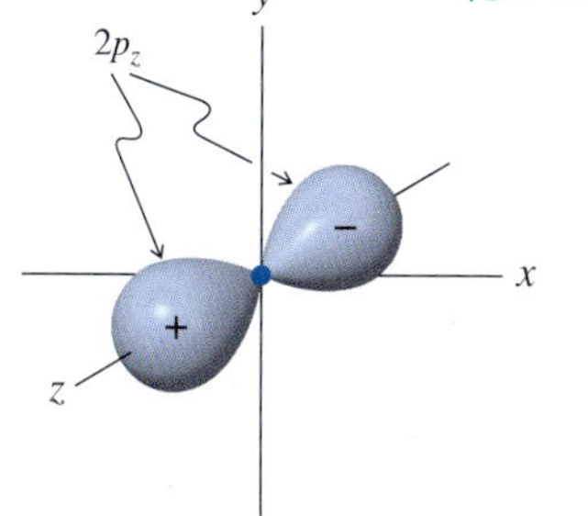

A

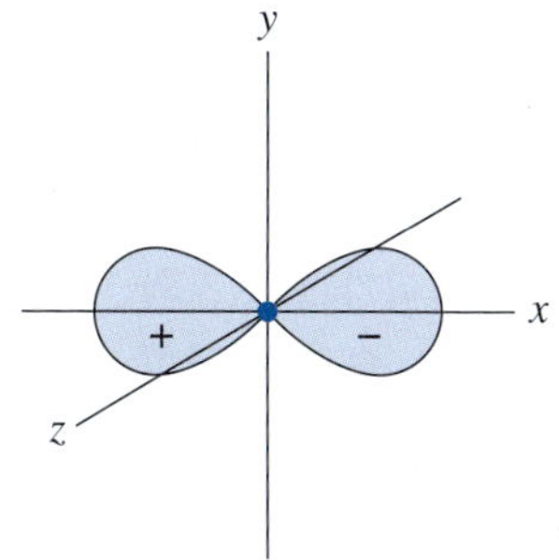

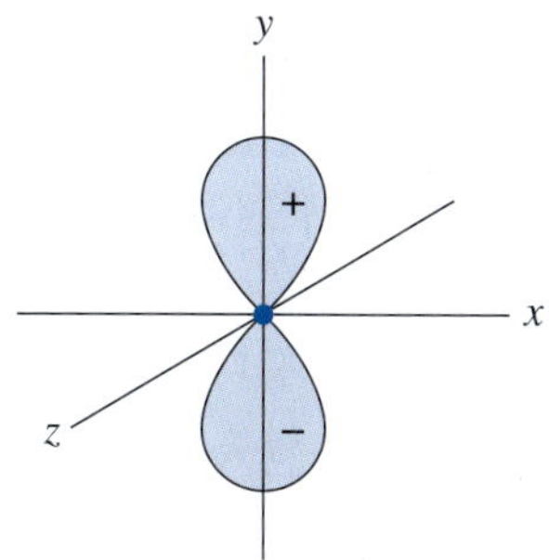

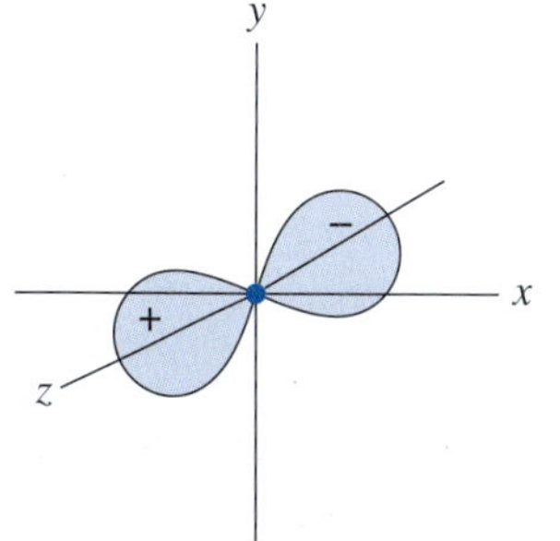

B

그림 1-7 2*p* 오비탈의 표시. (A) 삼차원적 표시, (B) 이차원적 표시. +와 − 기호는 파동 함수에 관한 것이지 전기 전하를 표시하지 않는다는 점을 기억하라. 반대 부호의 로브는 오비탈 축의 수직이 되는 마디 평면으로 분리되어 있다. 예를 들면, p_x 오비탈은 *yz* 평면에 있는 마디에 의하여 분리되어 있다.

전자를 단순히 파동으로 수학적 작업만이 아니라 "눈에 보이게 진짜"로 느끼게 기술하는 것을 1993년 IBM사 연구진이 시범을 보여 주었다. 주사 터널링 현미경(scanning tunneling microscope)이라는 장치를 이용하여 원자 수준으로 사진을 찍어 구리 위에 증착한 원주 형태의 철 원자를 컴퓨터 강화한 사진으로 생성하였다. "양자 울타리"(quantum corral)라고 하는 이러한 영상은 표면 위에 전자가 개별적 철 원자 위로 맴도는 "울타리"를 정의하는 최고점을 만들며 파동으로 운동하는 것을 보여 준다. *[Photograph courtesy of Dr. Donal Eiger IBM, San Jose, California]*

$2s$ 오비탈 다음에는 수소 원자 주위의 전자에 관한 파동 방정식은 세 개의 에너지적으로 동등한 해답인 $2p_x$, $2p_y$, $2p_z$ 오비탈을 가진다. 이러한 유형의 같은 에너지를 가지는 파동 방정식 해를 **축퇴 [degenerate**, *degenus* (라틴어로 종류(genus)가 없음을 의미] 되었다고 한다. 그림 1-7에서 보듯이 p 오비탈은 채워진 숫자 8 또는 아령과 유사한 두 개의 로브(잎)를 가진다. 오비탈 축은 x, y, z축 중 어느 것 하나와 일렬로 되어 p_x, p_y, p_z로 표시한다. 각 오비탈의 상반된 부호를 가지는 두 개의 로브는 원자핵을 통과하며, 오비탈 축에 직각인 마디 평면에 의하여 분리된다.

파동 방정식 해의 세 번째 세트는 $3s$와 $3p$ 원자 오비탈을 준다. 그들은 낮은 에너지의 상대 오비탈과 비슷한 형태이지만, 보다 확산되어 있으며 두 개의 마디를 가진다. 아직 더 높은 에너지 오비탈($3d$, $4s$, $4p$ 등) 은 마디수가 증가하고, 다양한 형태를 가지는 특성을 가지고 있다. 그들은 유기화학에서 그보다 낮은 오비탈보다는 훨씬 중요성이 작다. 대강 다른 원소의 원자 오비탈의 모양과 마디는 수소와 매우 유사하다. 따라서 우리는 헬륨, 리튬 등등의 전자 배치를 기술할 때 s와 p 오비탈들을 사용할 수 있다.

쌓음 원리에 따라 오비탈에 전자를 배치한다

$5s$ 준위까지의 원자 오비탈의 대략적인 상대 에너지는 그림 1-8에 표시하였다. 이러한 도움으로 우리는 주기율표에서 모든 원자의 전자 배치를 할 수 있다. 그렇게 하기 위해서는 원자 오비탈에 전자를 배치하는 세 가지의 규칙을 따라야 한다.

1. 높은 에너지의 오비탈보다 먼저 낮은 에너지의 오비탈을 채운다.
2. **Pauli* 배타 원리 (Pauli exclusion principle)** 에 따라서 세 개 이상의 전자가 한 오비탈을 차지할 수 없다. 더구나 이러한 두 개의 전자는 고유 각운동량의 배향, **스핀 (spin)** 이 달라야 한다. 전자 스핀의 두 개 가능한 방향은 보통 서로 다른 방향을 가리키는 수직 화살표로 표시한다. 서로 반대 스핀의 두 개 전자에 하나의 오비탈이 채워지면 흔히 **짝진 전자 (paired electron)** 라고 한다.
3. p 오비탈과 같이 겹친 오비탈은 모든 전자들이 동일한 스핀을 가지게 각각이 먼저 하나의 전자에 의해 채워진다. 따라서 세 개의 더 많은 전자는 각각 반대의 스핀으로 첫 번째 세트에 첨가한다. 이러한 배정은 **Hund† 규칙 (Hund's rule)** 에 기초한 것이다.

이러한 규칙을 가지면 전자의 배치를 결정하는 것은 쉬워진다. 헬륨은 $1s$ 오비탈에 두 개의 전자를 가지고 있으며, 그것의 전자 구조는 간략하게 $[(1s)^2]$로 표시한다. 리튬 $[(1s)^2(2s)^1]$은 여분의 한 개 전자, 베릴륨 $[(1s)^2(2s)^2]$은 두 개의 여분 전자를 $2s$ 오비탈에 가진다. 붕소 $[(1s)^2(2s)^2(2p)^1]$에서는 세 개의 겹친 $2p$ 오비탈을 채우기 시작한다. 이러한 양상은 탄소와 질소에도 연속되어 다음에는 산소, 플루오린에 반대 스핀의 전자를 첨가하며, 네온에서는 모든 p 준위를 채우게 된다. 원소 중 네 개의 전자 배치를 그림 1-9에 표시하였다. 원자 오비탈의 세트를 완전히 채운 원자는 **닫힌 전자 껍질 배치 (closed shell configuration)** 를 가진다고 한다. 예를 들면, 헬륨, 네온, 아르곤은 이러한 거동을 가진다(그림 1-10 참조). 이와 대조적으로 탄소는 **열린 전자 껍질 배치 (open shell configuration)** 를 가진다.

오비탈 서열에 따라서 하나하나씩 전자를 첨가하는 과정은 그림 1-8에 표시하였으며, **쌓음 원리 (Aufbau principle**, *Aufbau*는 독일어로 쌓음을 의미) 라 한다. 쌓음 원리가 팔전자와 이전자의 안정성에 관한 이론적 근거를 준다는 것은 쉽게 알 수 있다. 이러한 숫자는 닫힌 전자 껍질 배치에 필요한 것이다. 헬륨의 경우, 닫힌 전자 껍질 배치는 $1s$ 오비탈이 반대 스핀을 가지는 두 개의 전자로 채워진 것이다. 네온의 경우 $2s$와 $2p$ 오비탈은 추가 여덟 개 전자로 채

---

*Wolfgang Pauli 교수(1900 ~ 1958), Swiss Federal Institute of Technology (ETH), Zurich, 스위스, 노벨상 1945(물리).

†Friedrich Hund 교수(1896 ~ 1997), Göttingen 대학교, 독일.

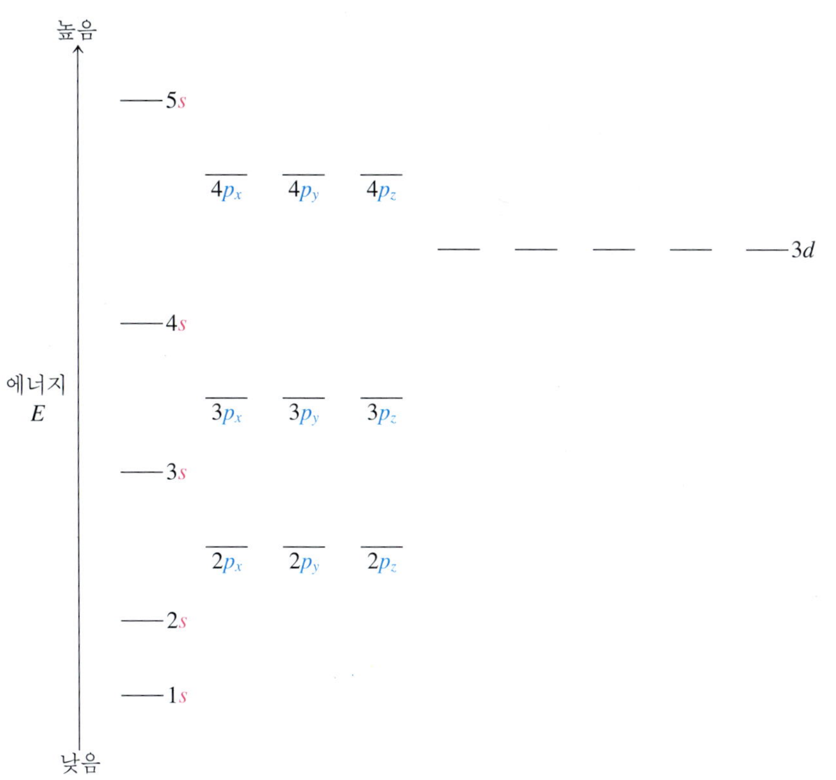

그림 1-8 원자 내에서 채워진 순서로 대강 해당되는 오비탈의 근사적 상대 에너지. 낮은 에너지의 오비탈을 먼저 채우고, 겹치는 오비탈은 Hund 규칙에 따라 채운다.

워졌다. 아르곤의 경우 3s와 3p 준위는 추가 여덟 개 전자를 수용한다(그림 1-10 참조). 3주기 원소의 3d 오비탈은 원자가전자 껍질 확장의 현상에 관한 설명을 제공하고(1-4절 참조), 네온 다음의 원소에 관하여 팔전자 규칙의 엄격한 적용을 완화해 준다.

그림 1-8부터 1-10까지 표시한 상대적인 오비탈 에너지 준위 순서에 대한 실험적 증명 및 정량화는 해당 전자의 이온화 퍼텐셜, 즉 각각의 오비탈로부터 전자를 제거하는 데 필요한 에너지를 측정함으로써 가능하다. 2s 오비탈보다 1s 오비탈의 전자를 제거하는 것이 더 많은 에너지를 필요로 한다. 비슷하게 2s 오비탈에서 한 개의 전자를 방출하는 것이 대응 2p 오비탈 등등 보다 방출하는 것보다 어렵다. 이러한 것은 직관적으로 알 수 있다. 낮은 데부터 높은 데에 위치하는 오비탈로 이동함에 따라 오비탈은 더 확산되고, 관련된 전자는 양전하 핵으로부

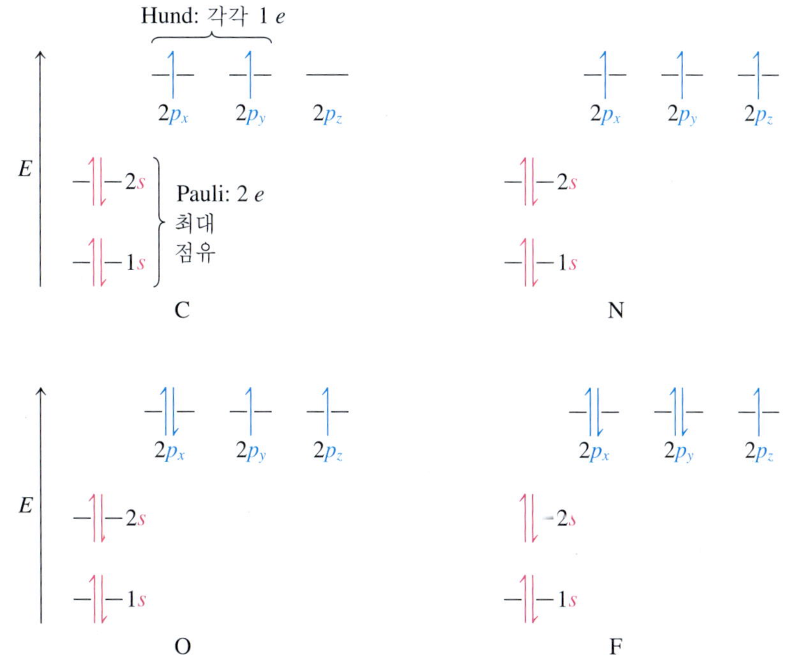

그림 1-9 가장 안정한 전자 배열. 탄소 $(1s)^2(2s)^2(2p)^2$, 질소 $(1s)^2(2s)^2(2p)^3$, 산소 $(1s)^2(2s)^2(2p)^4$, 플루오린 $(1s)^2(2s)^2(2p)^5$. p 오비탈에서 홀전자 스핀들은 Hund 법칙에 따르고, 채워진 1s와 2s 오비탈에서의 짝진 전자 스핀들은 Pauli 배타 원리 및 Hund 규칙을 따른다는 점을 유의하라. p 오비탈의 채우는 순서는 임의로 p_x, p_y 그리고 나서 p_z로 선택한다. 어떠한 다른 순서도 마찬가지로 유효하다.

그림 1-10 불활성 기체 헬륨, 네온, 아르곤의 닫힌 전자 껍질 배치.

터 증가하는 거리에 위치(평균적으로)하게 된다. Coulomb 법칙은 그러한 전자들은 핵에 의하여 더욱더 작게 끌려진다는 것을 말해 준다.

연습 문제 1-13

그림 1-8을 사용하여 황과 인의 전자 배치를 그리시오.

요약 핵 주위 전자의 운동은 파동 방정식으로 기술된다. 방정식의 해인 원자 오비탈은 공간의 지역으로 부호로 표시할 수 있다. 이러한 공간의 각 점은 양, 음 또는 영(마디에서)의 수치로 주어지며, 이것들의 제곱값은 그곳에서 전자를 발견할 확률을 의미한다. 쌓음(축조) 원리는 모든 원자에 관한 전자 배치를 설정할 수 있게 해 준다.

1-7 분자 오비탈과 공유 결합

이제 원자 오비탈의 겹침으로부터 어떻게 공유 결합이 형성되는가를 보도록 하자.

수소 분자의 결합은 1*s* 원자 오비탈의 겹침으로 형성된다

가장 간단한 경우를 검토하자. H_2에서는 두 개의 수소 원자 간에 형성된 결합이다. 수소 분자의 Lewis 구조식에서는 두 수소 원자에 의하여 하나의 전자쌍이 공유되어 각각 헬륨의 전자 배치가 되도록 결합을 만든다. 원자 오비탈을 사용하여 어떻게 H_2를 만드는가? 이 질문에 관한 답은 Pauling*에 의하여 개발되었다. **결합은 같은 위상의 원자 오비탈이 겹쳐져서 만들어진다.** 이것은 무엇을 의미하는가? 파동 방정식의 답이 원자 오비탈임을 상기하라. 파동과 마

*Linus Pauling 교수(1901 ~ 1994), Stanford 대학교, 노벨상 1954년(화학)과 1963년(평화).

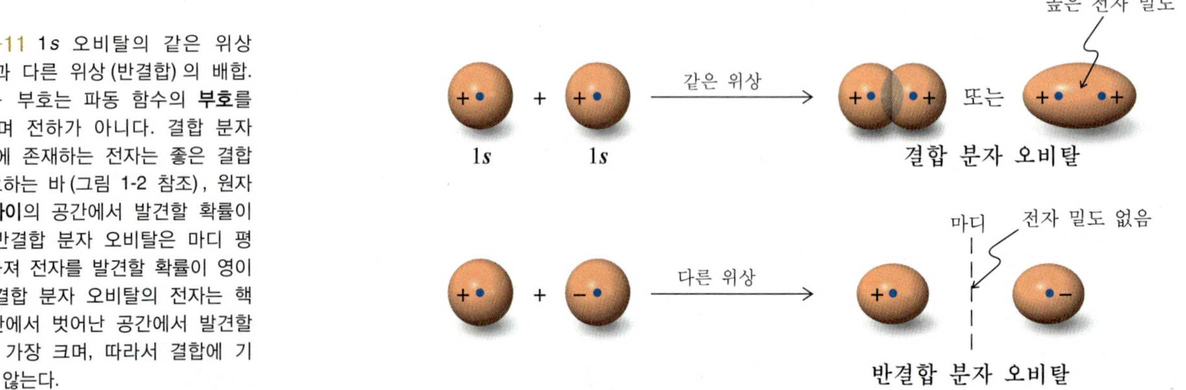

그림 1-11 1*s* 오비탈의 같은 위상(결합)과 다른 위상(반결합)의 배합. +와 − 부호는 파동 함수의 **부호**를 표시하며 전하가 아니다. 결합 분자 오비탈에 존재하는 전자는 좋은 결합에 필요하는 바(그림 1-2 참조), 원자핵들 **사이**의 공간에서 발견할 확률이 높다. 반결합 분자 오비탈은 마디 평면을 가져 전자를 발견할 확률이 영이다. 반결합 분자 오비탈의 전자는 핵간 공간에서 벗어난 공간에서 발견할 확률이 가장 크며, 따라서 결합에 기여하지 않는다.

찬가지로 원자 오비탈은 같은 부호[**같은 위상**(*in phase*)]의 파동 함수 지역이 서로 겹쳐져서 강화되는 방법으로 상호작용을 한다(그림 1-4B 참조). 다른 부호, 즉 **다른 위상**(*out of phase*) 지역 간에 겹치게 되면 결합이 형성되지 않는 방법으로 상호작용을 하게 된다(그림 1-4C 참조).

두 개 1*s* 오비탈의 같은 위상의 겹침은 **결합 분자 오비탈(bonding molecular orbital)**이라 하는 낮은 에너지의 새로운 오비탈을 초래한다(그림 1-11 참조). 결합 짝지음에서 핵간의 공간에서 파동 함수는 강하게 강화된다. 따라서 이 분자 오비탈을 차지하는 전자를 그 지역에서 발견할 확률은 매우 높다. 두 개 원자 간의 결합에 관한 조건. 이러한 도해는 그림 1-2에서 보여 준 것을 상기시켜 준다. 그림 1-11에서 두 개의 1*s* 오비탈이 같은 위상으로 결합을 대표하는 **양**(*positive*)의 부호를 가지는 두 개의 파동 함수를 사용하는 것은 임의적이다. 두 개의 **음**(*negative*)의 부호를 갖는 오비탈 간에 겹쳐도 동일한 결과를 가진다. 다르게 말하면 파동 함수의 부호와 관계하지 않고 같은 부호의 로브끼리 겹쳐져 결합을 만든다는 것이다.

반대로 같은 두 원자 오비탈 간의 다른 위상의 겹침은 불안정한 상호작용을 초래하며 **반결합 분자 오비탈(antibonding molecular orbital)**을 형성한다. 반결합 분자 오비탈에서는 파동 함수의 진폭은 두 원자 간의 공간에서 상쇄하게끔 되어 마디를 형성하게 된다(그림 1-11 참조).

따라서 수소의 두 1*s* 원자 오비탈 간의 상호작용의 알짜 결과로 두 개의 분자 오비탈을 생성하게 된다. 하나는 결합으로 낮은 에너지를 가지고, 다른 나머지 하나는 반결합으로 높은 에너지를 가진다. 이러한 계에서 사용할 수 있는 전자의 전체 개수는 단지 둘이기 때문에 이 전자들은 낮은 에너지 분자 오비탈에 위치하게 되어 두 전자 결합을 형성한다. 그 결과는 전체 에너지의 감소가 되어 H_2가 두 개의 수소 원자보다도 더 안정하게 된다. 이러한 에너지 준위에서의 차이는 H—H 결합의 세기에 해당된다. 이 상호작용은 에너지 도표에서 도식적으로 표시할 수 있다(그림 1-12A 참조).

이제 왜 수소가 H_2로 존재하는 반면에, 헬륨은 일원자성이라는 것을 금방 이해할 수 있다. 전체 네 개를 가지는 He_2와 같이 두 개의 채워져 있는 원자 오비탈의 겹침은 결합과 반결합 오비탈을 가지며, **두 오비탈 모두 다 채워져 있다**(그림 1-12B 참조). 따라서 He—He 결합은

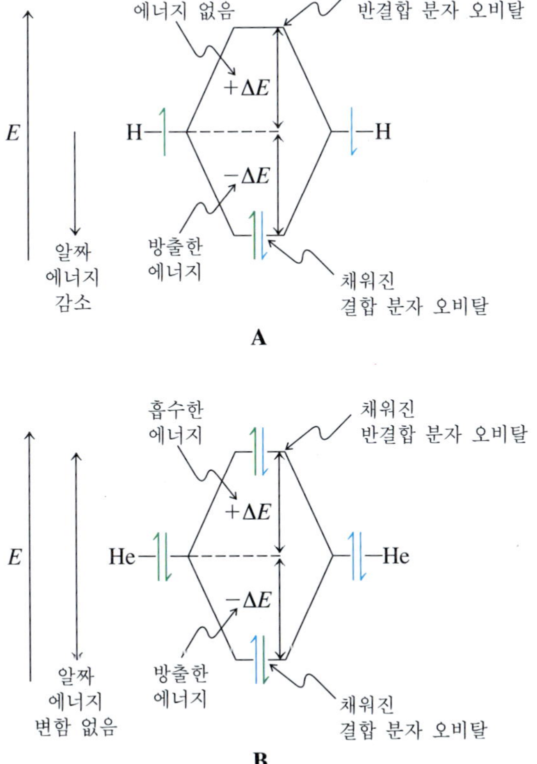

그림 1-12 상호작용에 관한 도해. (A) 두 개의 하나로 채워진 원자 오비탈(H_2와 같이), (B) 두 개의 이중으로 채워진 원자 오비탈(He_2와 같이)의 상호작용은 두 개의 분자 오비탈(MO)(척도대로 그리지 않았음)을 생성한다. H—H 결합 형성은 두 개의 전자를 안정시키기 때문에 유리하다. He—He 결합 형성은 두 개의 전자를 안정시키지만(결합 MO에서), 다른 두 개의 전자를 불안정하게 한다(반결합 MO에서). 따라서 He와 He 간의 결합은 알짜 안정화를 가지지 못한다. 따라서 헬륨은 일원자성이다.

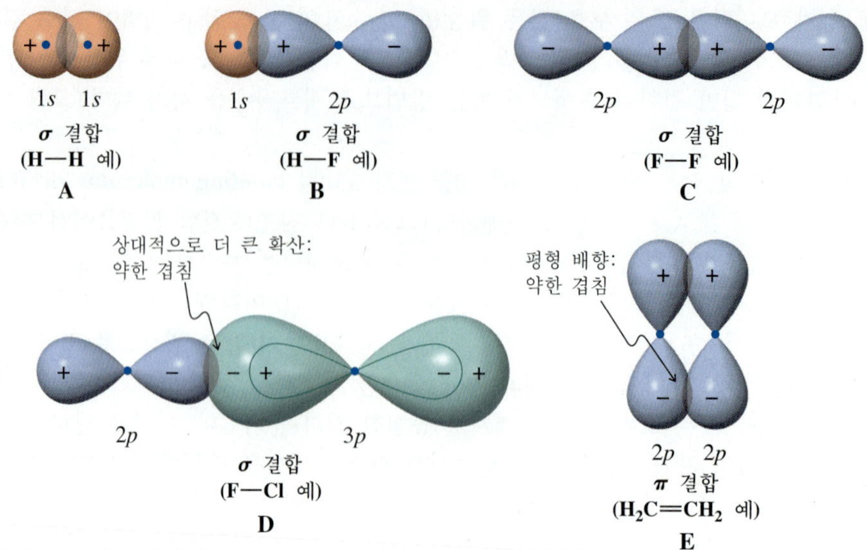

그림 1-13 원자 오비탈 간의 결합. (A) 1s와 1s (예, H_2), (B) 1s와 2p (예, HF), (C) 2p와 2p (예, F_2), (D) 2p와 3p (예, FCl), 핵간 축을 따라 배열, σ 결합 (E) 2p와 2p, 핵간 축에 수직으로 배열, π 결합 (예, $H_2C=CH_2$). 임의로 +와 − 기호를 사용하여 파동 함수의 같은 위상 간의 상호작용을 표시하였음에 유의하라. (D) 에서는 역시 "숫자 8 안의 숫자 8" 아령 형태와 2p 배열보다 3p 배열이 보다 더 확산되어 보임을 유의하라.

전체 에너지를 감소시키지 않는다.

원자 오비탈의 겹침은 시그마(σ)와 파이(π) 결합을 생성한다

원자 오비탈의 겹침에 의한 분자 오비탈의 생성은 수소의 1*s* 오비탈 뿐만 아니라 다른 원자 오비탈에도 적용된다. 일반적으로 어떠한 *n* 원자 오비탈이라도 겹치면 *n* 분자 오비탈을 생성한다. 단순한 이전자 결합의 경우 $n = 2$가 되어 두 개의 결합과 반결합을 형성한다. 결합 에너지 준위에 의하여 감소하고, 반결합 에너지 준위에 의하여 증가한 에너지 양을 **에너지 갈라짐(energy splitting)** 이라 한다. 그것은 만들어진 결합의 세기는 다양한 요인에 좌우된다는 것을 의미한다. 예를 들면, **겹침은 같은 크기와 에너지를 가지는 오비탈 간에 가장 잘 만들어진다**. 따라서 두 개의 1*s* 오비탈은 1*s*와 3*s* 사이보다 훨씬 효율적으로 상호작용한다.

기하학적 요인(*geometric factor*)도 역시 겹치는 정도에 영향을 준다. 이러한 고려는 *p* 오비탈 같이 공간에서의 방향성을 가지는 오비탈이 경우 중요하다. 그러한 오비탈은 두 종류의 결합을 초래한다. 하나는 원자 오비탈이 핵간 축(그림 1-13에서 A, B, C, D 부분)을 따라 배열한 결합이고 다른 하나는 축에 수직인 결합이다(E 부분). 첫 번째 유형은 **시그마(sigma, σ) 결합**이고 두 번째 유형은 **파이(pi, π) 결합**이라고 한다. 모든 탄소-탄소 단일 결합은 σ 유형이다. 그러나 이중 결합과 삼중 결합은 또한 π 성분을 가지고 있다(1-8절 참조).

연습 문제 1-14

개념 문제: 오비탈 갈라짐 도표

He_2^+에서의 결합에 관한 분자 오비탈과 에너지 갈라짐 도표를 만드시오. 이 결합은 유리한가?

전략

헬륨-헬륨 결합에 관한 분자 오비탈을 유도하기 위해서는 우선 겹침에 필요한 적절한 원자 오비탈을 택해야 한다. 주기율표(표 1-1 참조)와 쌓음 원리(그림 1-10 참조)는 우리가 사용할 오비탈이 1*s*임을 말해 준다. 따라서 두 개의 He 원자 간의 결합은 두 개의 H 원자와 같은 방법으로 두 개의 1*s* 원자 오비탈의 겹침에 의하여 만들어진다.

풀이

- 같은 위상의 상호작용은(출발 1*s* 오비탈에 비하여) 낮은 에너지 결합 분자 오비탈을 생성한다. 벗어난 상의 상호작용은 높은 에너지의 반결합 분자 오비탈을 형성한다. 그 결과 에너지 도표는 He_2^+가 단지 세 개의 전자를 가진다는 점을 제외하고는 그림 1-12A와 B와 본질적으로 동일하다.
- 쌓음 원리는 "바닥부터 채우기 시작한다"는 것을 지시한다. 따라서 두(결합) 전자는 낮은 에너지 준위에 들어가고, 하나(반결합)의 전자는 높은 에너지 준위에 들어간다.

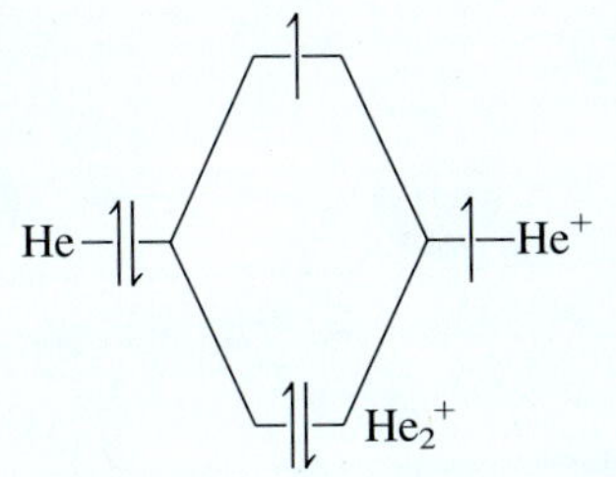

• 알짜 효과는(그림 1-12B의 중성 He_2에 비하여) 유리한 상호작용이다. 정말로 He_2^+는 He와 He^+의 전기적 방전에 의하여 만들 수 있으며, 이러한 결합이 유리하다는 것을 보여 준다.

연습 문제 1-15

자습 문제

분자 오비탈과 에너지 갈라짐 도표를 LiH의 결합에 관하여 만드시오(주: 이 경우 오비탈 에너지의 겹침이 동일하지 않다. **힌트**: 특히 쌓음 원리를 설명하는 1-6절을 참조하라. Li과 H의 전자 배치는 무엇인가? 동등하지 않은 에너지를 가지는 오비탈 간의 에너지 갈라짐은 높은 데 존재하는 준위를 더 올리고, 낮은 준위는 더 낮추게끔 발생한다).

요약 결합을 설명하는 데 긴 여정을 거쳤다. 먼저 우리는 결합을 Coulomb의 힘 관계로 생각하였고, 다음으로 공유 결합성과 공유된 전자쌍으로 생각하여 현재는 양자 역학적으로 묘사하였다. 결합은 원자 오비탈의 겹침의 결과물이다. 두 개의 결합 전자는 결합 분자 오비탈에 위치한다. 두 개의 원래 원자 오비탈에 비하여 안정화되기 때문에, 결합 형성시 에너지가 방출된다. 이러한 에너지의 감소는 결합 세기를 의미한다.

1-8 혼성 오비탈: 복잡한 분자에서의 결합

이제 보다 복잡한 분자에 대하여 결합 도표를 구축하는데 양자 역학을 사용하기로 하자. 선형(BeH_2), 삼각형(BH_3)과 사면체(CH_4) 분자를 만들기 위하여 어떻게 원자 오비탈을 이용할 수 있는가?

수소화 베릴륨(beryllium hydride, BeH_2) 분자를 고려해 보자. 베릴륨은 $1s$ 오비탈에 두 개의 전자를 가지고 $2s$ 오비탈에 두 개의 전자를 가진다. 홀전자 없이는 이러한 배열은 결합을 허용할 수 없는 것으로 보인다. 그러나 하나의 전자를 $2s$ 오비탈에서 $2p$ 오비탈 수준 중 하나로 승격하는 데는 상대적으로 적은 양의 에너지를 필요로 한다(그림 1-14 참조). 이 에너지는 결국 결합 형성에 의하여 쉽게 보상된다. 따라서 $1s^22s^12p$ 전자 배치에서는 결합 겹침에 필요한 하나로 채워진 두 개의 원자 오비탈이 존재한다.

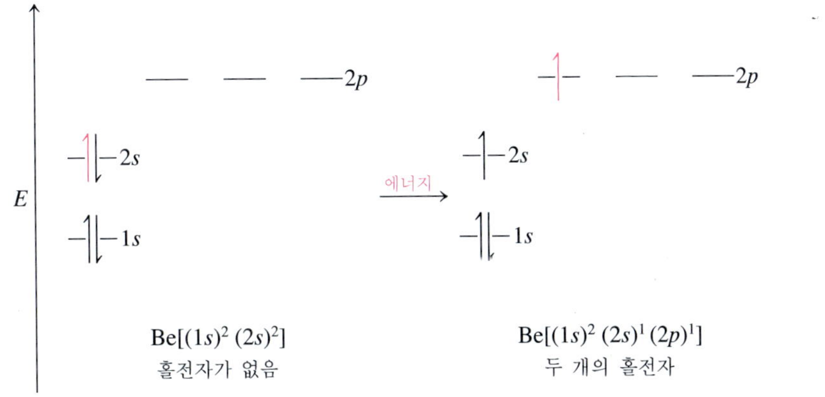

그림 1-14 베릴륨에서 하나의 전자가 승격하여 결합에 두 개의 원자가전자를 사용할 수 있게 해 준다.

그림 1-15 베릴륨에서 2*s*와 2*p* 오비탈을 각각 사용하여 만들 수 있으나 틀린 결합. 2*s* 오비탈의 마디를 표시하지 않았다. 게다가 다른 두 개의 비어 있는 *p* 오비탈과 낮은 에너지의 채워진 1*s* 오비탈도 잘 보이도록 생략하였다. 점은 원자가전자를 의미한다.

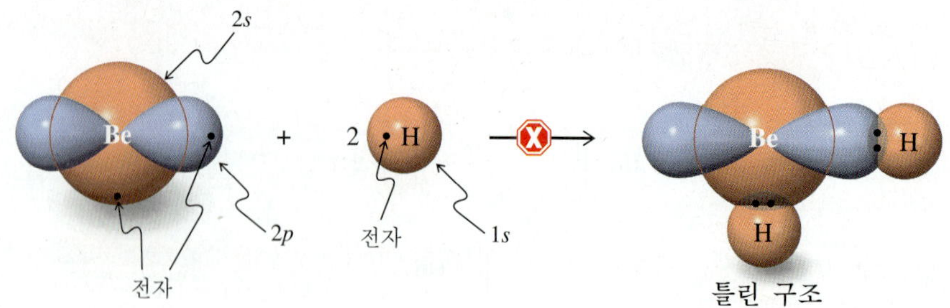

BeH_2에서의 Be 2*s* 오비탈과 하나의 H의 1*s* 오비탈과 Be 2*p* 오비탈과 두 번째 H의 1*s* 오비탈 간의 겹침으로 결합이 생성될 것이라 제안할 수도 있다. 이러한 계획은 동등하지 않은 길이와 아마도 각도를 가지는 두 개의 상이한 결합을 예측한다. 그러나 만일 전자 반발은 BeH_2 같은 화합물들은 **선형** 구조를 가져야만 한다고 예측한다(1-3절 참조). 관련된 화합물에 관한 실험은 이러한 예측을 확신해 주며, 역시 또한 베릴륨의 결합들은 **같은** 길이의 결합임을 보여 준다.*

sp 혼성체는 선형 구조를 생성한다

이러한 기하학적 형태를 오비탈 관점에서 어떻게 설명할 수 있는가? 이러한 의문에 답하기 위하여 **오비탈 혼성화(orbital hybridization)**라는 양자 역학적 접근법을 사용한다. 다른 원자의 원자 오비탈을 섞어 분자 오비탈을 만드는 것과 똑같이 같은 원자의 원자 오비탈을 섞어 새로운 **혼성 오비탈(hybrid orbital)**을 형성한다.

2*s*를 2*p* 파동 함수의 하나와 섞었을 때, 50% *s*와 50% *p* 특성을 가지는 새로운 *sp* 오비탈이라는 두 개의 혼성 오비탈을 얻는다. 이러한 처리는 공간에서의 오비탈 로브를 그림 1-16과 같이 재배열한다. 오비탈의 전면 로브라고 하는 중요 부분은 서로 180° 각도로 벌어져 있다. 반대의 부호를 가지는 중요성이 떨어지는 여분의 뒷면 로브가 두 개(*sp* 혼성 오비탈 각각에 하나씩) 존재한다. 두 개의 남은 *p* 오비탈은 변하지 않은 채 남아 있다.

*이러한 예측은 Be와 H 원자가 복잡한 그물망으로 존재하는 BeH_2 자체에 관하여 시험할 수 없다. 하여튼 BeF_2와 $Be(CH_3)_2$ 모두 다 기체상에서 예측된 구조로 존재하는 개별적 분자이다.

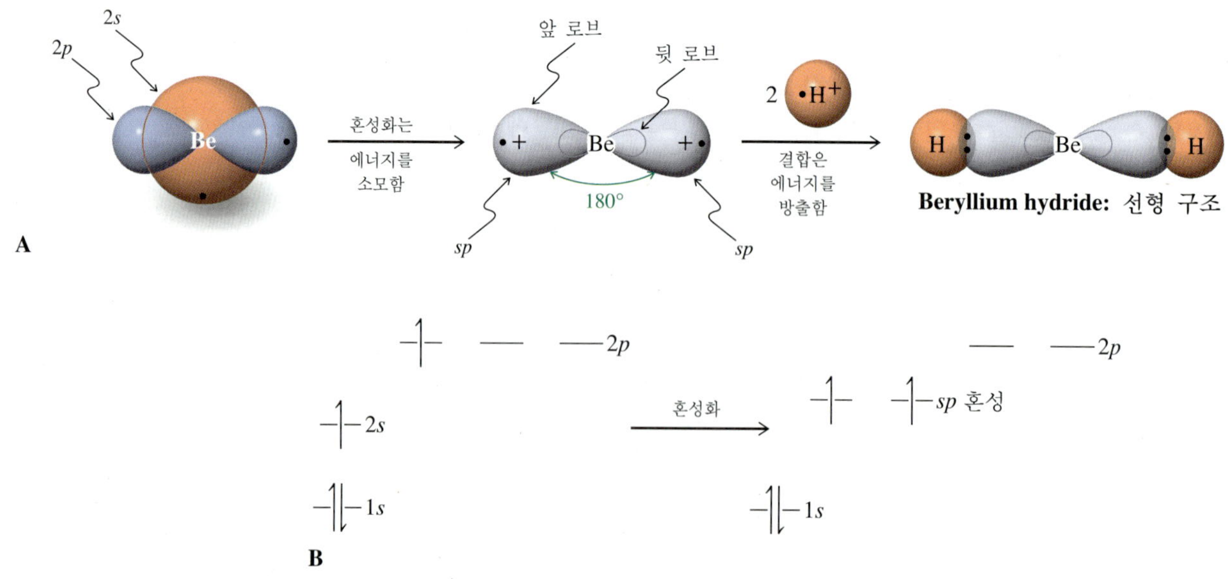

ANIMATION: Fig. 1-16, *sp* hybrids

그림 1-16 베릴륨의 혼성화는 두 개의 *sp* 혼성체를 생성한다. (A) 생성된 결합은 BeH_2가 선형 구조로 존재하게 한다. 다시 남아 있는 *p* 오비탈과 1*s* 오비탈은 명백성을 위하여 생략하였다. 커다란 *sp* 로브의 파동 함수 부호는 작은 로브의 반대이다. (B) 혼성화가 일어남에 에너지는 변한다. 2*s* 오비탈과 하나의 2*p*은 합쳐서 중간 에너지 두 개의 *sp* 혼성체를 만든다. 1*s*와 남아 있는 2*p* 에너지는 변하지 않는다.

BeH_2에서 *sp* 전면 로브는 두 개의 1*s* 오비탈과 겹쳐 결합을 생성한다. 혼성화 구도에서 얻어진 180° 각도는 전자 반발을 최소로 한다. 혼성 오비탈의 특대형인 전면 로브는 역시 비혼성 오비탈의 로브보다 더 잘 겹친다. 결과는 개선된 결합에 의한 에너지 감소이다.

혼성화는 결합에 필요한 전체 오비탈 개수가 변하지 않는다는 점을 유의하라. 베릴륨의 네 개 오비탈 혼성화는 새로운 네 개의 세트를 제공한다. 두 개의 *sp* 혼성 오비탈과 두 개의 본질적으로 변하지 않은 2*p* 오비탈. 우리는 곧 탄소가 삼중 결합을 형성할 때 *sp* 혼성 오비탈을 사용하는 것을 알게 될 것이다.

sp^2 혼성체는 삼각형 구조를 생성한다

이제 주기율표에서 세 개의 원자가전자를 가지는 원소를 고려해 보자. 보레인(BH_3)에서는 어떤 결합 형식이 파생되는가? 붕소에서 2*s* 전자가 2*p* 준위 중 하나로 승격하여 세 개의 결합을 형성하는 데 필요한 세 개의 하나로 채워진 원자 오비탈(한 개의 2*s*, 두 개의 2*p*)을 제공한다. 이러한 원자 오비탈을 혼성하면 원자 오비탈 성분이 67% *p*와 33% *s*인 **세 개**의 새로운 sp^2로 표시되는 혼성 오비탈을 생성한다(그림 1-17 참조). 세 번째 *p* 오비탈은 변하지 않은 채 남아서 오비탈 전체 개수는 동일한 네 개로 남는다.

붕소의 세 개의 sp^2 오비탈의 전면 로브는 수소 원자들의 각 1*s* 오비탈과 겹쳐서 삼각 평면의 BH_3를 형성한다. 다시 혼성화는 전자 반발을 최소화하고 겹침을 개선하여 강한 결합을 만든다. 남아 있는 변하지 않은 *p* 오비탈은 sp^2 혼성 오비탈을 포함하는 평면에 수직을 이룬다. 그것은 비어 있으며, 결합에 의미있을 정도로 참여하지는 않는다.

BH_3 분자는 메틸 양이온 CH_3^+와 **등전자성(isoelectronic)**이다. 즉, 그것들은 같은 수의 전자를 가진다. CH_3^+의 결합은 세 개의 sp^2 혼성 오비탈을 필요로 하며, 곧 탄소가 이중 결합에서 탄소가 sp^2 혼성체를 사용함을 알게 될 것이다.

sp^3 혼성화는 사면체의 탄소 화합물의 형태를 설명한다

우리가 가장 관심이 큰 결합을 가지는 원소인 탄소를 생각해 보자. 그것의 전자 배치는 $(1s)^2(2s)^2(2p)^2$로 두 개의 홀전자쌍이 두 개의 2*p* 오비탈에 남아 있다. 한 개의 전자가 2*s*에서 2*p*로 승격하여 결합을 위한 네 개의 하나로 채워진 오비탈을 초래한다. 우리는 이미 메테인의 네 개 C—H 결합이 공간에서 전자 반발이 최소가 되기 위한 배열은 사면체임을 배웠다(1-3절 참조). 이러한 기하학적 배열을 성취하기 위하여서는 사면체 대칭을 가지는 각각 75% *p*와 25% *s* 특성을 가지고, 한 개 전자가 차지하는 네 개의 동등한 sp^3 오비탈을 만들기 위하여, 탄소의 2*s* 오비탈은 **세 개의 모든** 2*p* 오비탈과 혼성화한다. **네 개**의 수소 1*s* 오비탈의 겹침은 메테인에게 네 개의 동등한 C—H 결합을 제공한다. HCH 결합각은 전형적인 사면체 값인

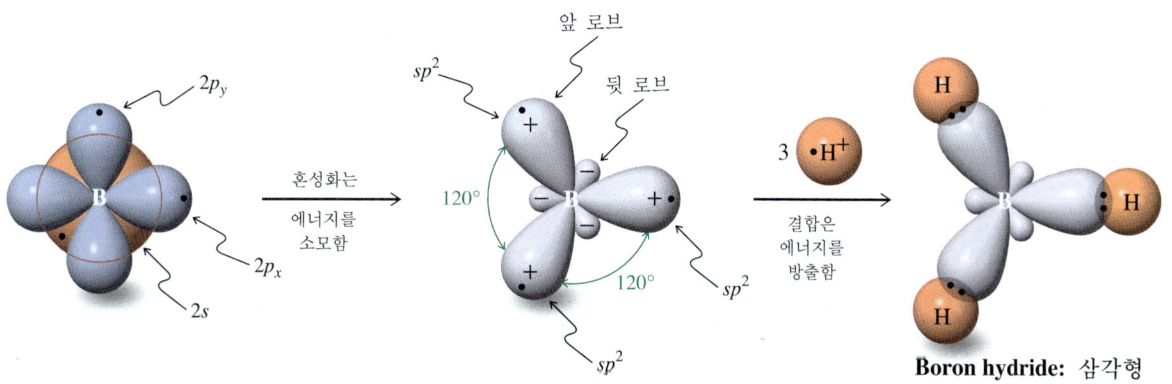

그림 1-17 붕소의 혼성화는 세 개의 sp^2 혼성체를 생성한다. 그 결과의 결합은 BH_3가 삼각형 평면 구조가 되게 한다. 한 부호의 전면 로브가 다른 부호의 후면 로브가 존재한다. 남아 있는 *p* 오비탈은 분자 평면에 수직(쪽면; 한 *pz* 로브는 평면 위, 다른 쪽은 평면 아래)이고 생략되어 있다. 그림 1-16B와 유사하게 혼성화된 붕소의 에너지 도표는 채워져 있는 1*s* 오비탈과 더불어 세 개의 하나로 차 있는 동일한 에너지의 sp^2 준위와 남아 있는 빈 2*p* 준위의 특징을 보여 주고 있다.

ANIMATION: Fig. 1-17, sp^2 hybrids

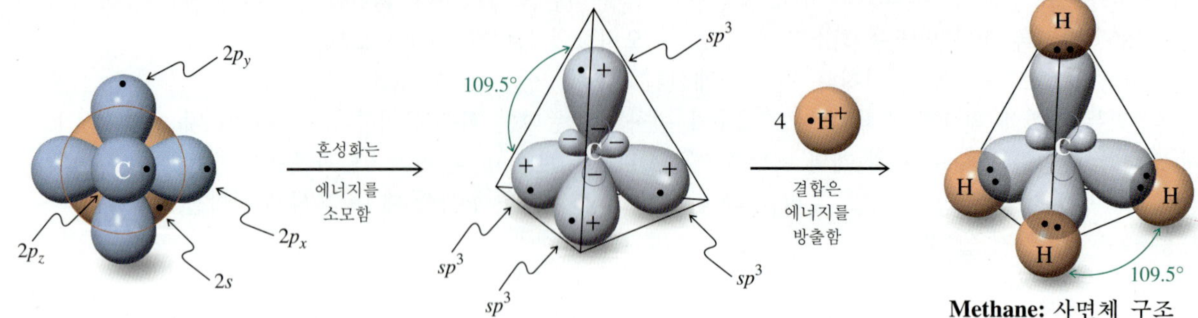

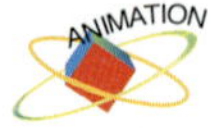
ANIMATION: Fig. 1-18, sp^3 hydribds and methane orbitals

그림 1-18 sp^3 혼성체를 생성하기 위한 탄소의 혼성화. 결과로 생기는 결합은 CH_4와 다른 탄소 화합물들에게 사면체 구조를 제공한다. 전면의 로브의 반대 부호를 가지는 작은 뒷면의 로브를 포함한다. sp^3 혼성화된 탄소는 1*s* 오비탈 이외에 네 개의 하나만 차지한 동등한 에너지의 sp^3를 포함한다.

109.5°이다(그림 1-18 참조).

어떠한 원자와 혼성 오비탈이든 이들의 조합은 겹침으로 결합을 형성한다. 예를 들면, 탄소의 네 개의 sp^3 오비탈은 네 개의 염소 3*p* 오비탈과 조합하여 사염화탄소CCl_4)가 된다. 탄소-탄소 결합은 혼성 오비탈의 겹침으로 생성된다. 에테인($CH_3—CH_3$)에서 이러한 결합은 각각 두 개의 CH_3 단위에서 얻어지는 sp^3 혼성 오비탈 두 개로 구성된다. 메테인과 에테인에서의 어떤 수소 원자든 CH_3와 다른 원자단으로 치환되어 새로운 조합을 만든다.

이상의 모든 분자와 수없이 많은 화합물에서 **탄소는 대략 사면체이다**. 탄소가 유기화학에서 엄청난 다양성을 부여하는 다양한 여분의 치환기를 가지는 원자의 사슬을 만들 수 있는 것이 바로 이러한 탄소의 능력이다.

혼성 오비탈은 고립 전자쌍을 포함할 수 있다: 암모니아와 물

암모니아와 물의 결합은 어떤 종류의 오비탈로 설명하는가?(연습 문제 1-5 참조) 암모니아부터 시작하자. 질소의 전자 배치 $(1s)^2(2s)^2(2p)^3$은 왜 질소가 원자가 3가, 즉 팔전자 형성에 세 개의 원자가전자가 필요한지를 설명한다. 2*s* 준위에 있는 비결합 전자쌍은 사용하지 않고 *p* 오비탈을 겹침에 사용할 수 있다. 그러나 이러한 배열은 전자 반발을 최소화하지 못한다. 최선의 해결책은 sp^3 혼성화이다. 세 개의 sp^3 오비탈이 수소 원자와의 결합에 사용되고 네 번째는 고립 전자쌍을 포함한다. 암모니아의 HNH 결합각(107.3°)은 거의 사면체에 가깝다(그림 1-20 참조). 고립 전자쌍의 효과는 이상적인 사면체의 109.5°값으로부터 NH_3에서 결합각을 감소시킨다. 전자쌍은 공유하지 않았기 때문에 고립 전자쌍은 질소에 상대적으로 근접하고 있다. 그 결과 그것은 수소 결합에서의 전자에 대하여 반발을 증가시켜, 관찰된 결합각 수축을 초래한다.

원리상 물의 결합은 역시 산소에서의 형식적인 sp^3 혼성화에 의하여 설명할 수 있다. 그러나 에너지 비용이 너무 크다(연습 문제 1-17 참조). 그럼에도 불구하고 단순화 한다면 우리는 암모니아의 도식화를 그림 1-20에서 보듯이 HOH 결합각이 104.5°로서 물에 관하여 연장할 수 있다.

ANIMATION: Fig. 1-19, ethane orbitals

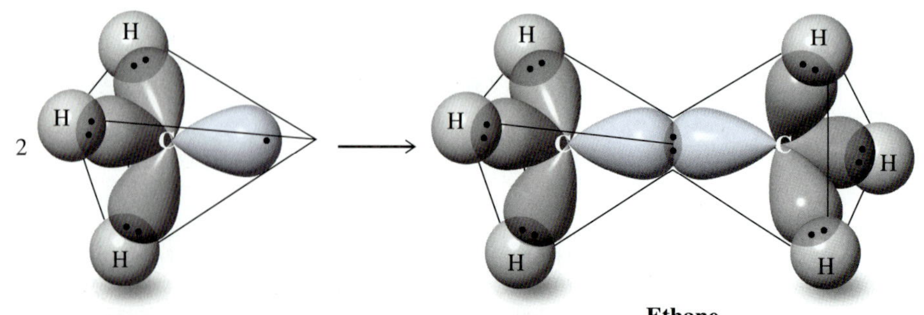

그림 1-19 두 개의 sp^3 오비탈이 겹쳐서 ethane의 탄소-탄소 결합을 형성한다.

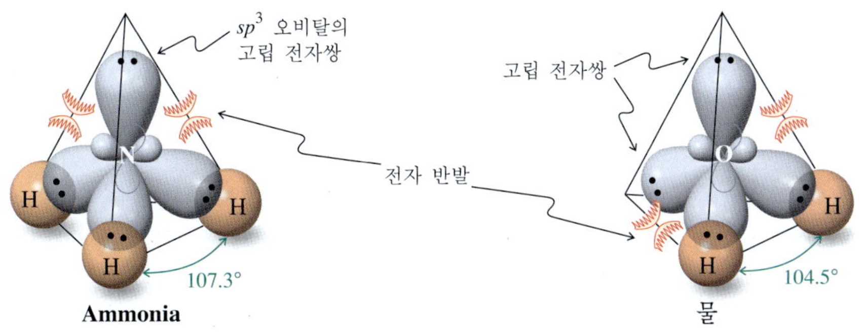

그림 1-20 Ammonia와 물에서의 결합과 전자 반발. 원호는 중앙 핵에 근접하여 증가한 고립 전자쌍에 의한 전자 반발을 의미한다.

파이(π) 결합은 에텐(에틸렌) 과 에타인(아세틸렌) 에 존재한다.

에텐(에틸렌) 같은 알켄에서의 이중 결합과 에타인(아세틸렌) 같은 알카인에서의 삼중 결합은 탄소의 원자 오비탈이 각각 sp^2와 sp 혼성화를 채택할 수 있는 능력의 결과이다. 따라서 에텐의 σ 결합은 전적으로 탄소에 기반한 sp^2 혼성 오비탈로부터 파생한 것이다. C—C 결합에 대한 Csp^2—Csp^2와 네 개의 수소들을 결합하는 Csp^2—$H1_s$(그림 1-21 참조). 붕소에 하나의 빈 p 오비탈을 가지는 BH_3에 대조적으로 에텐 탄소의 각각 하나의 전자가 차지하고 있어 남아 있는 비혼성화의 p 오비탈들은 겹쳐서 하나의 π 오비탈을 형성한다(그림 1-13E를 상기하라). 에타인에서는 Csp 혼성 오비탈로 구성된 결합으로 σ 골격이 만들어진다. 그 배열은 각 탄소에 하나가 차지하는 **두 개의** p 오비탈을 남겨서 두 개의 π 결합 형성을 허용한다(그림 1-21 참조).

연습 문제 1-16

메틸 양이온 CH_3^+과 메틸 음이온 CH_3^-의 혼성화와 결합에 관한 도표를 그리시오.

연습 문제 1-17

개념 문제: 물에서의 오비탈 겹침

비록 물을 하나의 sp^3 혼성화된 산소 원자를 포함하므로 설명이 편하지만, methane의 C와 ammonia의 N와 비교하였을 때 혼성화는 불리하다. 그러한 이유는 $2s$와 p 오비탈 간의 에너지 차이가 매우 크기 때문에, 혼성화하는 에너지 비용이 H 원자들과의 작은 수(네 개 또는 세 개 대신 두 개)의 결합으로 더 이상 감당할 수 없기 때문이다. 그 대신 산소는(본질적으로) 비혼성화된 오비탈을 사용한다. 산소의 $2s$와 p 오비탈 간에 큰 에너지 차이가 있는 이유는? (**힌트**: C로부터 F로 수평으로 진행하면 양의 핵전하가 지속적으로 증가한다. 오비탈 에너지에 관한 이러한 효과는 1-6절 후반을 참조하라.)

이러한 현상이 혼성화 과정에 불리하게 영향을 주는가? 이러한 질문을 숙고하고 물에서의 비혼성화된 O 오비탈과 결합의 그림을 그리시오. 전자 반발의 논점을 이용하여 HOH 결합각이

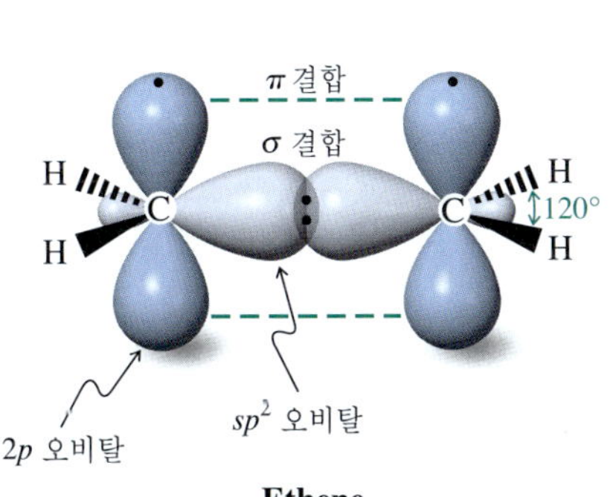

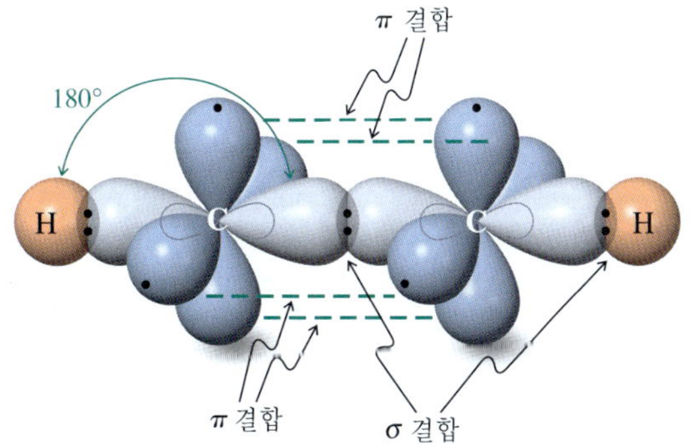

그림 1-21 Ethene (ethylene) 의 이중 결합과 ethyne (acetylene) 의 삼중 결합.

ANIMATION

ANIMATION: Fig. 1-21, ethane and ethyne orbitals

104.5°임을 설명하시오.

전략

혼성화의 기저가 되는 오비탈의 원자내 겹침은 오비탈의 원자간의 겹칩에 의하여 형성되는 결합의 질적민 면을 지배하는 동일한 특징에 의하여 영향을 받는다. 비슷한 크기와 에너지를 가진 오비탈 간의 겹침이 가장 좋다. 또한 결합은 혼성화된 원자를 포함하는 분자에 의하여 부가되는 기하학적 제한에 예속된다(문제 48 참조). 일련의 methane, ammonia, 물 및 hydrogen fluoride로 진행함에 따라 구형 대칭인 2*s* 오비탈은 핵전하가 증가됨에 따라 낮아지는 해당 *p* 오비탈보다 에너지가 점차 더 낮아진다. 이러한 경향을 이해하는 하나의 방편은 각각 오비탈의 전자를 도시하는 것이다. 상대적으로 핵에 근접해 있는 오비탈 전자(2*s*)는 보다 멀리 떨어진 것들(2*p*)보다 더 단단히 잡혀 있다. 주기율표에서 N의 오른쪽으로 갈수록 핵으로부터 2*s* 전자를 핵으로부터 더 멀리 이동시켜, 이러한 에너지 차이는 오비탈의 혼성화를 어렵게 만든다. 따라서 혼성화에 의한 전자 반발의 감소는 Coulomb 에너지의 희생으로 상쇄된다. 그렇더라도 아직도 타당한 겹침 그림을 그릴 수 있다.

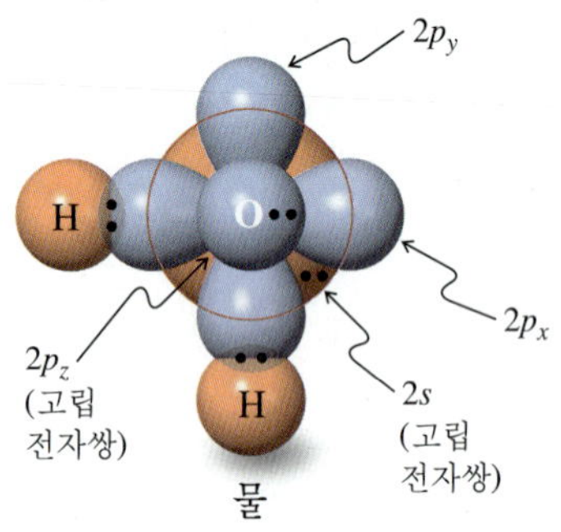

물

풀이

- 산소의 하나가 채워진 *p* 오비탈을 두 개 사용하여 두 개의 각 수소의 1*s* 오비탈과 겹친다(왼쪽 여백 그림). 이러한 도해에서 두 개의 고립 전자쌍은 *p* 오비탈과 2*s* 오비탈 각각에 머문다.
- 그러면 물의 결합 각도는 90°가 아닌가? 그러나 우리가 혼성을 하든지 안하든지 간에 Coulomb의 법칙(전자 반발)은 여전히 작동한다. 따라서 결합 전자의 두 쌍은 결합각을 관찰 값만큼 왜곡시켜 그들 간의 거리를 증가시킨다.

연습 문제 1-18

자습 문제

앞서 연습 문제에서의 물에 대한 그림을 비혼성 오비탈을 사용하는 HF의 결합에 확대하여 설명하시오.

요약 삼원자 및 그 이상의 큰 분자에서의 전자 반발을 최소화하고, 결합을 최대화하기 위하여서는 적절한 형태의 오비탈을 생성하기 위하여 원자 오비탈 혼성화라는 개념을 사용하였다. *s* 오비탈과 *p* 원자 오비탈을 혼합하면 혼성물이 생성된다. 따라서 2*s*와 2*p* 오비탈을 섞으면 두 개의 직선 *sp* 혼성체가 얻어지고, 남아 있는 두 개의 *p* 오비탈은 변함이 없게 된다. 2*s*와 두 개의 *p* 오비탈을 혼합하면 삼각형 분자에 사용되는 세 개의 sp^2 혼성체가 얻어진다. 마지막으로 2*s*와 전체 세 개의 *p* 오비탈을 섞으면 사면체 탄소의 기하학적 구조를 생성하는 네 개의 sp^3 혼성체를 초래한다.

1-9 유기 분자의 구조와 식

결합의 본성을 잘 이해하면 화학자가 유기 분자를 확인하고, 구조를 설명하는 방식을 이해하게 된다. 구조식을 그리는 것을 과소평가하지 마라. 분자를 부주의하게 그리는 것은 문헌과 목전의 관심사인 유기화학 시험에서 많은 실수의 근원이 된다.

한 분자를 확인하기 위해서는 구조를 결정한다

유기화학자들은 분자 구조를 결정할 수 있는 자유자재의 다양한 기술을 가지고 있다. **원소 분석(elemental analysis)**은 **실험식(empirical formula)**을 알려주어 존재하는 원소의 종류와 비율을 간단히 알 수 있게 된다. 그러나 분자식을 결정하고, 구조적으로 다른 대안 간을 구별하는 데 통상 다른 과정들이 필요하다. 예를 들면, 분자식 C_2H_6O는 **두 개**의 알려진 물질에 해당된다. 즉, 에탄올과 메톡시메테인(다이메틸 에터)이다. 우리는 그것들의 물리적 특성—예를 들면 녹는점, 끓는점(bp), 굴절률, 비중 등등—에 기초하여 구별할 수 있다. 따라서 에탄올은 실험실 및 산업체에서 흔히 사용하는 용매이며, 알코올성 음료에 존재하는 액체(끓는점 78.5°C)이다. 이와 대조적으로 메톡시메테인은 냉매로 사용하는 기체(끓는점 −23°C)이다. 그것들의 다른 물리적 및 화학적 특성은 마찬가지로 다르다. 같은 분자식을 가지지만 원자가 함께 연결된 서열[(**연결성(connectivity)**]이 다른 이러한 분자들을 **구조 이성질체(constitutional** 또는 **structural isomer)**라 한다(화학 이야기 1-1 참조).

Ethanol과 Methoxymethane: 두 개의 이성질체

Ethanol
(끓는점 78.5°C)

Methoxymethane
(Dimethyl ether)
(끓는점 −23°C)

연습 문제 1-19

분자식 C_4H_{10}을 가지는 두 개의 구조 이성질체를 모든 원자와 결합을 포함하여 그리시오.

천연에서 발생하는 두 개의 물질에서 구조적 차이에 의한 생물학적인 결과를 설명할 수 있다. 프로스타사이클린 I_2은 순환계 내부의 피가 엉키는 것을 방지하여 준다. 트롬복세인 A_2은 출혈이 일어날 때 방출되어 혈소판의 응집을 유도하여 상처 위에 응고가 일어나게 해 준다. 놀랍게도 이러한 화합물은 구조 이성질체들로(둘 다 분자식 $C_{20}H_{32}O_5$) 상대적으로 약간만 연결이 다르다. 정말로 그것들은 신체 내에서 공통의 출발물로부터 합성된다는 점에서 밀접하게 연관되어 있다(상세한 내용은 19-13절 참조).

한 화합물이 천연에서나 반응에서 분리되면, 화학자는 그것을 특성이 알려진 화합물의 특성과 대조하여 확인하려고 한다. 하여튼 조사 중인 화합물질이 새로운 것으로 가정하자. 이 경우에는 구조적인 규명은 대부분 다양한 형태의 분광학인 다른 방법의 사용을 필요로 한다. 이러한 방법들은 뒤의 다른 장에서 취급하고 응용할 것이다.

Prostacyclin I_2

Thromboxane A_2

구조 결정에 가장 완벽한 방법은 단결정의 X선 회절과 기체의 전자 회절 또는 마이크로파 분광학이다. 이러한 기술들은 우리가 마치 매우 강력하게 확대하여 보듯이 모든 원자의 정확한 위치를 가르쳐 준다. 두 이성질체인 에탄올과 메톡시메테인의 이런 방식으로 대두되는 구조적 세부는, 그림 1-22A와 B에서 공-막대 모형(ball and stick)의 형태로 도시하였다.

탄소 원자 주위의 사면체 결합과 물에서와 유사한 산소에 관한 결합의 굽은 배열에 유의하라. 메톡시메테인 구성 원자의 상대적인 크기의 보다 정확한 도해는 그림 1-22C에 공간채움 모형으로 주어졌다.

MODEL BUILDING

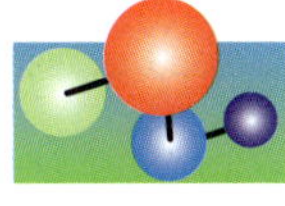

유기 분자의 삼차원적 시각화는 구조와 흔히 반응성을 이해하는 데 필수적이다. 아주 간단한 계에서의 원자의 공간 배열을 시각화하는 것조차도 어렵다는 것을 알게 될 것이다. 좋은 보조 수단은 분자 모형 키트이다. 이러한 키트를 구입하여 유기 구조의 조립을 연습하여야 한다. 이러한 연습을 고취하고, 분자 모형 구축이 도움이 되는 좋은 본보기를 알리기 위하여 이 책의 적절한 장소에 여백의 아이콘을 표시하였다.

연습 문제 1-20

분자식 C_4H_{10}을 가지는 두 개의 이성질체를 조립하기 위해 분자 모형 키트를 사용하시오.

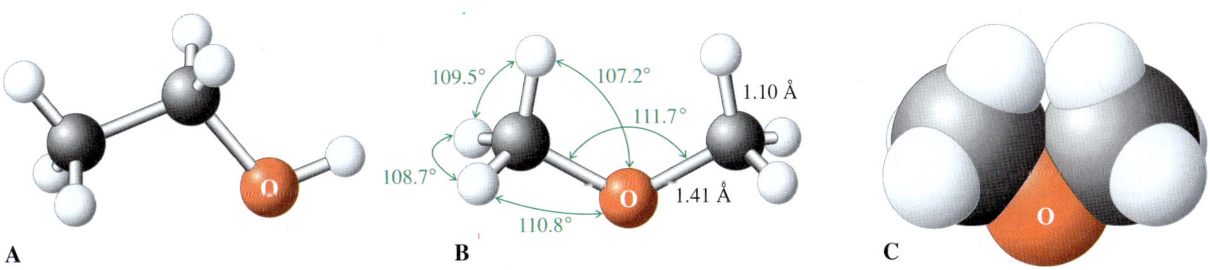

그림 1-22 공-막대 분자 모형으로 표시한 (A) ethanol과 (B) methoxymethane의 삼차원적 표시. 결합 길이는 옹스트롬 단위로, 결합각은 도로 표시하였다. (c) 구성 핵들 주위의 전자 "구름"의 유효 크기를 고려한 methoxymethane의 공간채움 모형.

분자 구조를 표시하기 위하여 몇 가지 유형의 그림이 사용된다

분자 구조의 표시는 1-4절에서 Lewis 구조를 그리는 데 필요한 규칙을 개략하여 먼저 언급하였다. 결합과 비결합 전자가 점으로 표시한다는 것을 배웠다. 고립 전자쌍(존재하는 경우에)을 점으로 다시 첨가한 후 직선의 표기(Kekulé 구조)는 단순화한 것이다. 더 단순화하기 위하여 화학자는 대부분의 단일 결합과 고립 전자쌍을 생략한 **축소 구조식(condensed formula)**을 사용한다. 주요 탄소 사슬은 수평으로 쓰고, 부착된 수소들은 보통 관련된 탄소 원자의 오른쪽에 쓴다. 다른 원자단[주 골격 위의 **치환기들(substituents)**]은 수직선을 연결하여 첨가한다.

모든 표기법 중 가장 경제적인 것은 **결합-선 표기식(bond-line formula)**이다. 그것은 탄소 골격을 지그재그 직선으로 표시하고, 모든 수소 원자는 생략한다. 치환되지 않은 각 말단은 하나의 메틸기, 각 꼭짓점 원자 한 개 그리고 부족한 원자가는 수소와 단일 결합을 하고 있는 것으로 간주한다.

Kekulé	축소 구조식	결합-선 표기식
H—C—C—C—H (각 C에 H 두 개)	$CH_3CH_2CH_3$	
	$CH_3CHCH_2CH_2Br$ (Br 치환)	Br, Br
	$CH_3CCH{=}CH_2$ (C=O)	O
H—C≡C—C—ÖH	$HC{\equiv}CCH_2OH$	OH

연습 문제 1-21

C_4H_{10}의 각 이성질체에 관하여 축소 구조식과 결합-선 식을 그리시오.

그림 1-22는 문제에 주의를 기울여야 한다. 유기 분자의 삼차원적 구조를 어떻게 정확하고 효율적이며, 일반적으로 합의된 규약과 일치되게 그릴 수 있을까? 이러한 문제는 **점선/쐐기선 표기법(hashed wedged/solid wedged line notation)**에 의하여 풀어진다. 주요 탄소 사슬을 표현하기 위하여 지그재그법을 사용하며, 이 사슬은 쪽 **평면내**에 위치한다고 정의한다. 각 꼭짓점(탄소 원자)은 두 개의 여분의 선에 연결된다. 하나는 점선이고, 다른 하나는 쐐기선으로

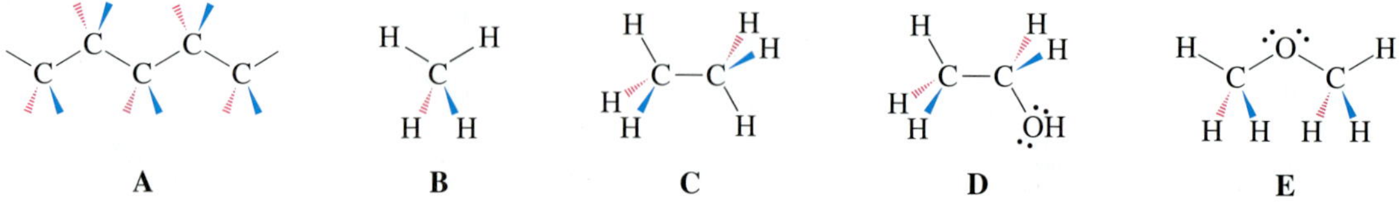

그림 1-23 점선(붉은색)과 쐐기(푸른색) 선 표기법 (A) 탄소 사슬, (B) methane, (C) ethane, (D) ethanol, (E) methoxymethane. 보통 직선으로 연결된 원자는 쪽의 평면에 놓여 있다. 해시선 끝에 위치한 원자단은 평면 아래, 쐐기의 끝에 위치한 원자단은 평면의 위에 놓여 있다.

둘 다 모두 사슬에서 멀리 떨어진 방향을 가리킨다. 이러한 것들은 탄소의 남은 두 결합을 표시한다. 즉, 점선은 쪽 **평면 아래**에 위치한 결합에 해당되고, 쐐기선은 이 **평면 위에** 위치한 것에 해당된다(그림 1-23 참조). 치환기들은 적당한 말단들에 위치한다. 이러한 규약은 모든 크기의 분자들에게, 메테인을 포함하여 적용된다(그림 1-23B ~ E 참조). 간단하게 앞으로는 결합의 두 유형을 “점선”과 “쐐기선”이라 말할 것이다.

연습 문제 1-22

각 C_4H_{10} 이성질체에 대하여 점선식을 그리시오.

요약 원소 분석 및 다양한 형태의 분광학을 포함하는 여러 가지 실험적 기술을 사용하여 유기 구조를 결정한다. 분자 모형은 구조 내의 원자의 공간적 배열을 구상화하는데 유용한 도움이 된다. 축소 표기법과 결합-선 표기법은 분자의 이차원적으로 표현하여 그리는 데 유용한 속기적 방법이다. 이에 반하여 점선-쐐기선 표기식은 삼차원적인 원자와 결합을 보여 주는 방법이다.

요점

우리는 무엇을 배웠으며, 이제 우리는 어디로 가야 하는가?

이 입문 장에서 취급한 많은 자료들은 아마도 다른 문맥으로 화학 입문서 또는 고등학교에서 배워 친밀감이 들 것이다. 이제 분자의 구조와 반응성에 관한 이러한 지식을 다시 요약하는 것이 목적이다. 유기화학의 기본 숙제는 다음과 같다.

1. Coulomb 법칙의 중요성(1-2절). 예를 들면, 원자의 인력에(1-3절) 상대적 전기음성도(표 1-2), 분자 형태에 관한 전자 반발 모형(1-3절), 지배적인 공명 기여자의 선택에 의하여 증명된다.
2. 전자가 퍼지는 경향(비편재화). 공명 구조식(1-5절) 또는 결합 겹침(1-7절)에서 명백하게 드러난다.
3. 쌓음 원리(1-6절)를 가지고 원자가전자 계수(1-3과 1-4절)의 상관 관계와 결합 형성(1-3, 1-4 및 1-7절)에 의하여 얻어지는 불활성 기체의 팔전자 닫힌 껍질 배치에 있는 원소들의 연관된 안정도.
4. 원자 오비탈과 분자 오비탈의 특징적 형태(1-6절)는 핵 주위의 “반응”하는 전자의 위치에 대한 감을 제공한다.
5. 결합에 대한 겹침 모형(1-7절)은 에너지론, 방향 및 반응의 전체 실현 가능성에 관한 판단을 가능하게 해 준다.

이러한 모든 정보를 가지고 우리는 이제 유기 분자의 반응 자리와 더불어 구조 및 역동적인 다양성을 검토할 수 있는 도구를 가지고 있다.

통합 문제

1-23. Sodium borohydride ($Na^+ \, ^-BH_4$)는 알데하이드와 케톤을 알코올로 변환하는 데 사용하는 시약이다(8-6절). 이것은 BH_3를 Na^+H^-로 처리하여 만들 수 있다.

$$BH_3 + Na^+H^- \longrightarrow Na^+\left[\begin{matrix} & H & \\ H & B & H \\ & H & \end{matrix}\right]^-$$

a. $^-BH_4$의 Lewis 구조식을 그리시오.

풀이

1-4절의 규칙을 따른다.

단계 1. 분자 골격(**규칙 1**)은 위 방정식의 대괄호 안에 표시되었다. 붕소 원자에 네 개의 수소 원자가 감싸고 있다.

단계 2. 원자가전자의 개수는 몇 개인가? 해답(**규칙 2**):

4 H = 4 × 1 전자	= 4 전자
1 B	= 3 전자
전하 = −1	= 1 전자
전체	= 8 전자

단계 3. Lewis 구조는 어떤 것인가? 해답(**규칙 3**). 이것은 단순하다. 붕소와 그것의 4결합 수소와의 각 사이마다 두 개의 전자를 놓으면 모든 원자가전자를 우리 마음대로 소모한다.

H
H:B:H
H

단계 4. 전하는 어디에 있는가? 해답(**규칙 4**). 각 수소는 한 개의 원자가전자를 가지기 때문에 중성 원자가 되고 전하는 붕소에 머물러야 한다. 이러한 결론은 붕소 주위의 원자가전자를 계수하여 증명할 수 있다. 네 개의 원자가전자는 붕소 원자에 연관된 개수보다 한 개 더 있다. 따라서 올바른 Lewis 구조는 다음과 같다.

H −
H:B:H
H

b. Borohydride 이온의 형태는 무엇인가?

풀이

답을 구하기 위하여 전자 반발이 단순한 분자의 형태를 제어한다는 것을 기억하여야 한다(1-3절). $^-BH_4$에 관한 최선의 배열은 따라서 CH_4 사면체 배열과 같으며, sp^3 혼성화되어 있다(왼쪽 여백 그림).

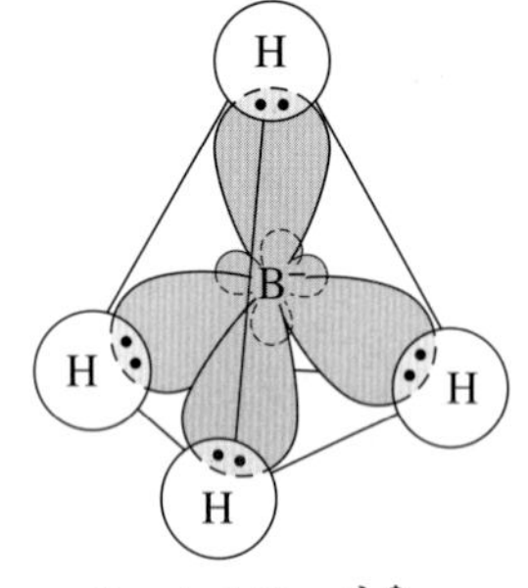

Borohydride 이온

c. BH_3에 H:$^-$가 공격하는 오비탈 그림을 그리시오. 결합 형성을 위한 겹침에 참여하는 오비탈은 어느 것인가?

풀이

이러한 질문에 대한 답에 접근하기 위하여서는 참여한 화학종의 오비탈 그림을 그려보자(1-6절과 1-8절). H:$^-$의 경우 그것은 1*s* 오비탈이 이중으로 채워져 있다. BH_3의 경우 그것은 sp^2 혼성화되어 특성적인 세 개의 결합이 수소와 연결된 삼각형 붕소가 되며, 남아 있는 빈 2*p* 오비탈은 분자 평면에 수직이 된다(그림 1-17).

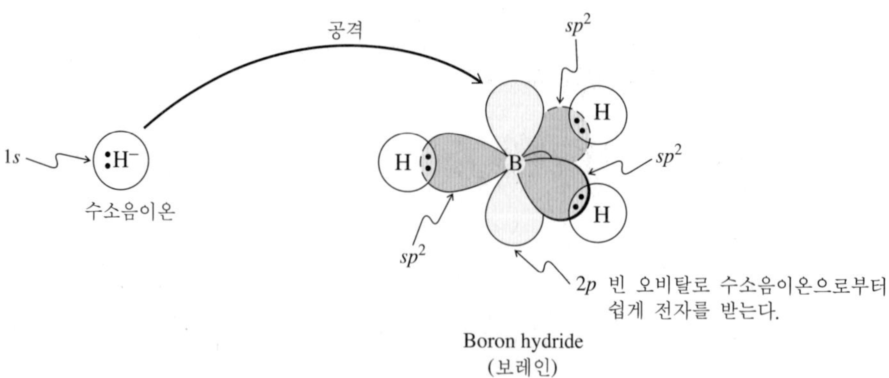

Boron hydride
(보레인)

알카인 단위의 하나의 π 결합과 CH_2기의 이중으로 채워진 *p* 오비탈이 겹쳐짐으로써 두 개의 공명 구조식으로 표시된 바와 같이 전하가 비편재화됨을 확실히 알 수 있다.

1-24. Propyne은 양성자이탈된 매우 강한 염기(즉, 화살표로 표시한 두 개의 양성자를 제거하는 염기)에 의하여 이음이온을 생성할 수 있다.

$$\mathrm{H-C{\equiv}C-\overset{\displaystyle H}{\underset{\displaystyle H}{C}}-H} \xrightarrow[(-2H^+)]{\text{강염기}} [\mathrm{CCCH_2}]^{2-}$$

Propyne　　　　Propyne 이음이온

탄소 세 개 모두 Lewis 팔전자를 가지는 음이온의 두 개 공명식을 만들 수 있다.

a. 양 두 개의 구조를 그리고 어느 것이 더 중요한가를 지적하시오.

풀이

한 번에 하나씩 문제를 분석해 보자.

단계 1. Propyne 이음이온에 주어진 그림에 어떠한 구조적 정보가 담겨있는가? 해답(1-4절, **규칙 1**). 그림은 원자의 연결성을 보여 준다. 세 개 탄소로 구성된 하나의 사슬, 두 개 수소를 가지고 있는 말단 원자 중 하나.

단계 2. 사용할 수 있는 원자가전자가 몇 개인가? 해답(1-4절, **규칙 2**)

2 H	= 2 × 2개 전자	= 2개 전자
3 C	= 3 × 4개 전자	= 12개 전자
전하 = −2		= 2개 전자
전체		= 16개 전자

단계 3. 이 이온으로부터 Lewis 팔전자 구조식을 어떻게 얻는가? 해답(1-4절, **규칙 3**): propyne 이음이온에 관한 구조식에서 주어진 연결성을 이용하면 금방 사용할 수 있는 전자가 여덟 개가 된다.

$$\mathrm{C{:}C{:}\overset{\displaystyle H}{\ddot{C}}{:}H}$$

이제 남아 있는 여덟 개의 전자를 고립 전자쌍 형태로 팔전자를 가지는 최대한의 탄소 주위에 사용한다. 좋은 출발점은 오른쪽에 있다. 왜냐하면 이런 목적에 탄소가 두 개의 전자를 필요로 하기 때문이다. 중앙의 탄소는 두 개의 고립 전자쌍을 필요로 하고 왼쪽의 탄소는 하나의 여분의 전자쌍으로(잠정적으로) 충분하다.

$$\mathrm{{:}C{:}\underset{\cdot\cdot}{\ddot{C}}{:}\overset{\displaystyle H}{\underset{\cdot\cdot}{\ddot{C}}}{:}H}$$

이 구조식은 왼쪽의 탄소가 단지 네 개의 전자만을 가지게 해 준다. 따라서 중앙의 두 고립 전자쌍을 두 공유쌍으로 변경하면 다음의 전자점 구조식을 얻게 된다.

$$\mathrm{{:}C{:::}C{:}\overset{\displaystyle H}{\underset{\cdot\cdot}{\ddot{C}}}{:}H}$$

단계 4. 이제 모든 원자가 이전자 또는 팔전자를 만족시킨다. 그러나 전하에 관하여 여전히 관심을 두어야 한다. 각 원자의 전하는 얼마나 되는가? 해답(1-4절, **규칙 4**). 오른쪽부터 다시 시작하면서 수소들의 전하가 중성임을 금방 알 수 있다. 각각은 공유 전자쌍을 통하여 탄소와 연결되어 있어, 유효 전자 계수가 자유 중성 수소 원자에서의 계수와 동일하게 1이 된다. 한편 탄소 원자는 세 개의 공유 전자쌍과 한 개의 고립 전자쌍을 가지고 있어 유효 전자의 계수는 5가 되는데, 이것은 중성핵에 연관된 숫자보다 한 개 더 많다. 따라서 오른쪽 탄소에 하나의 음전하가 위치하게 된다. 중앙의 탄소핵은 네 개의 공유 전자쌍으로 둘러싸여 있기에 중성이다. 마지막으로 왼쪽에 있는 탄소는 세 개의 공유 전자쌍으로 이웃과 연결되어 있으며, 여분으로 두 개의 전자를 가지고 있어 또 다른 하나의 음전하를 가진다. 그 결과는

$$\mathrm{{:}\overset{-}{C}{:::}C{:}\overset{\displaystyle H}{\underset{\overset{\cdot\cdot}{-}}{\ddot{C}}}{:}H}$$

이다.

단계 5. 이제 공명식에 관한 문제를 언급하자. 하나의 다른 Lewis 팔전자 식을 생성할 수 있게 전자쌍들을 이동할 수 있을까? 해답(1-5절). 할 수 있다. 오른쪽에 있는 탄소의 고립 전자쌍을 공유 위치로 이동하며,

동시에 세 개의 공유 전자쌍 중 하나를 비공유 위치인 왼쪽으로 이동하면 된다.

$$\left[\overset{-}{:C}:::C:\underset{\cdot\cdot}{\overset{H}{\overset{\cdot\cdot}{C}}}:H \longleftrightarrow \overset{2-}{:\underset{\cdot\cdot}{C}}::C::\overset{H}{\overset{\cdot\cdot}{C}}:H \right]$$

이러한 이동의 결과 오른쪽 탄소로부터 음전하가 왼쪽으로 이동하여 결과적으로 이중으로 음전하를 띠게 한다.

단계 6. 두 개의 공명식 중 어느 것이 더 중요한가? 해답(1-5절). 전자 반발이 왼쪽의 구조식이 더 중요한 공명 기여 구조로 만든다.

종착점. 이음이온에 해당되는 반응 도식에서 주어진 정보를 고려하면 첫 번째 공명 구조식을 바로 유도할 수 있다. 따라서 propyne의 결합-선 구조식은 Lewis 구조식을 대표하며, 각각의 말단 탄소로부터 양성자를 제거하는 과정에서 이러한 탄소가 두 개의 고립 전자쌍과 관련 전하를 가지게 한다.

$$H-C\equiv C-\underset{H}{\overset{H}{C}}-H \xrightarrow{-2H^+} \overset{-}{:C}\equiv C-\underset{\cdot\cdot}{\overset{H}{C}}-H$$

이 종착점에서 배워야 할 중요한 교훈은 다음과 같다. 문제에 당면할 때마다 문제에서 명백하거나 암시적으로 주어진 모든 정보에 관하여 완전한 목록을 작성(기록)할 충분한 시간을 가져야 한다.

b. Propyne 이중음이온은 다음 혼성화를 택한다. $[CspCspCsp^2H_2]^{2-}$. 여기서 CH_2 말단은 sp^3 혼성인 메틸 음이온(연습 문제 1-16)과 달리 sp^2 혼성이다. 이러한 혼성에서의 선호도를 설명하기 위하여 이중음이온의 오비탈 그림을 그리시오.

풀이

수소가 없는 ethyne 부분에 간단히 ethene의 반쪽(CH_2기)을 붙여 오비탈 그림을 완성할 수 있다.

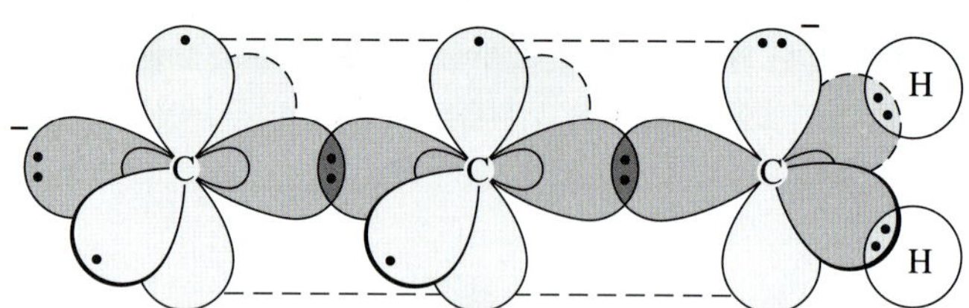

이제 CH_2기의 이중으로 채워진 p 오비탈이 알카인 단위의 π 결합의 하나와 겹치게 된 것을 확실히 알 수 있다. 전하는 두 개의 공명 구조식에 의하여 비편재화된다.

중요한 개념

1. 유기화학은 **탄소**와 탄소 화합물의 화학이다.
2. **Coulomb의 법칙**은 서로 반대의 전기 전하를 가지는 입자 간 인력이 거리에 관련된다는 것이다.
3. 반대 전하를 가지는 이온 간의 Coulomb 인력으로부터 **이온 결합**이 생긴다. 이러한 이온은 전자들이 한 원자에서 다른 원자로 완벽히 이동을 하여 전형적으로 불활성 기체 전자 배치를 가지게 되어 형성된다.
4. **공유 결합**은 두 원자 간의 전자를 공유하여 생긴다. 전자를 공유하여 원자가 불활성 기체 배치를 가진다.
5. **결합 길이**는 두 공유 결합한 원자 간의 평균 길이이다. 결합 형성은 에너지를 방출하고 결합의 해리는 에너지를 필요로 한다.
6. **극성 결합**은 다른 전기음성도(원자가전자를 잡아당기는 척도)를 가지는 원자 간에 형성된다.
7. **분자의 형태**는 전자 반발에 의하여 강하게 영향을 받는다.
8. **Lewis 구조식**은 결합을 원자가전자 점을 사용하여 표시한다. 이러한 구조식은 수소에는 두 개 전자, 다른 원자에게는 팔전자를 주게끔(팔전자 규칙) 그린다. 형식 전하 분리는 최소한으로 하여야 하지만, **팔전자 규칙**에 의하여 강화될 수도 있다.
9. 한 분자를 표시하기 위하여 전자의 위치만 다른 두 개 이상의 Lewis 구조식이 필요한 경우, 이러한 구조식들을 **공명 구조식**이라고 한다. 공명 구조식의 어느 하나도 분자를 정확히 표시할 수 없다. 진정한

표시는 이러한 모든 Lewis 구조들의 평균(**혼성체**)이다. 만일 한 분자의 공명 구조식들이 동등하지 않는다면 Lewis 구조식을 쓰는 법칙과 원자의 전기음성도 요구 조건을 가장 잘 만족하는 공명 구조식이 중요하다.

10. 핵 주위에서 전자의 운동은 **파동 방정식**으로 기술한다. 이러한 방정식의 해는 **원자 오비탈**로 이것은 전자를 발견할 높은 확률을 가지는 공간에서 대강 표시하는 지역이다.
11. *s* **오비탈**은 구형, ***p*** **오비탈**은 서로 끝에서 만나는 눈물방울 또는 "숫자 8의 구형"같이 생겼다. 어느 점에서라도 오비탈의 수학적인 부호는 양, 음수 또는 영(마디)이 될 수 있다. 에너지가 증가함에 따라서 마디의 개수는 증가한다. 각 오비탈은 최대 서로 반대 스핀을 가지는 두 전자가 차지할 수 있다(**Pauli 배타 원리, Hund 규칙**).
12. 낮은 에너지를 가지는 원자 오비탈부터 시작하여 원자 오비탈에 하나하나씩의 전자를 첨가하는 과정을 **쌓음 원리**라 한다.
13. **분자 오비탈**은 결합을 형성하기 위하여 두 개의 원자 오비탈이 겹치면 형성된다. 같은 부호의 원자 오비탈은 겹쳐서 낮은 에너지의 **결합 분자 오비탈**을 형성한다. 반대 부호의 원자 오비탈들은 높은 에너지와 마디를 가지는 **반결합 분자 오비탈**을 형성한다.
14. 핵간 축을 따라 겹쳐서 결합이 형성되면 **σ 결합**이라고 한다. 핵간 축에 수직이 되게 *p* 오비탈이 겹쳐서 형성되는 결합을 **π 결합**이라고 한다.
15. 같은 원자의 오비탈이 섞이면 다른 형태의 새로운 **혼성 오비탈**이 생성된다. 한 개의 s와 한 개의 *p* 오비탈이 섞이면 두 개의 **선형 *sp* 혼성 오비탈**을 만들어, 예를 들면 BeH_2의 결합에 사용된다. 한 개의 *s* 오비탈과 두 개의 *p* 오비탈이 섞이면 세 개의 **삼각형 sp^2 혼성 오비탈**이 생성되어, 예를 들면 BH_3에 사용된다. 하나의 *s* 오비탈과 세 개의 *p* 오비탈은 네 개의 **사면체 sp^3 혼성 오비탈**을 형성하여, 예를 들면 CH_4에 사용된다. 혼성화되지 않은 오비탈은 변하지 않은 채 남아 있다. 혼성 오비탈은 서로 겹칠 수 있다. 에테인과 다른 유기 분자의 다른 탄소 원자 간의 sp^3 오비탈들의 겹침은 새로운 탄소-탄소 결합을 형성한다. NH_3에서와 같이 고립 전자쌍은 역시 혼성 오비탈을 차지할 수 있다.
16. 유기 분자의 구성(즉, 원자 종류의 비율)은 **원소 분석**으로 알 수 있다. **분자식**은 각 종류의 원자수를 제공한다.
17. 같은 분자식을 가지나 원자의 연결 순서가 다른 분자들을 **구조 이성질체**라 한다. 이성질체들은 다른 특성을 가진다.
18. **축소 화학식**과 **결합-선 화학식**은 분자를 간략하게 대표한다. **점선-쐐기선의 그림**은 삼차원적인 분자 구조를 표시한다.

문제

25. 다음 분자에 관하여 Lewis 구조를 그리고, 필요한 경우 전하를 배정하시오. 원자들이 연결된 순서는 괄호 안에 주어졌다.

(a) ClF **(b)** BrCN **(c)** $SOCl_2$ (ClSCl, with O on S)
(d) CH_3NH_2 **(e)** CH_3OCH_3 **(f)** N_2H_2 (HNNH)
(g) CH_2CO **(h)** HN_3 (HNNN) **(i)** N_2O (NNO)

26. 표 1-2 (1-3절)의 전기음성도를 사용하여 문제 25의 몇 가지 구조의 극성 공유 결합을 확인하고 원자들을 적절하게 δ^+와 δ^-로 표시하시오.

27. 다음 화학종 각각에 대하여 Lewis 구조식을 그리시오. 다시 필요한 곳에 전하를 배정하시오.

(a) H^- **(b)** CH_3^- **(c)** CH_3^+
(d) CH_3 **(e)** $CH_3NH_3^+$ **(f)** CH_3O^-
(g) CH_2 **(h)** HC_2^- (HCC) **(i)** H_2O_2 (HOOH)

28. 다음 화학종 각각에 대하여 필요한 곳에 전하를 첨가하고 Lewis 구조를 수정하시오. 모든 결합과 비결합 원자가전자가 표시되었다.

(a) 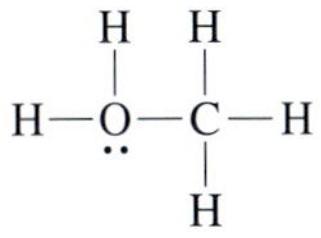 H—Ö—C(H)(H)—H (O에 H, C에 H 두 개) **(b)** H_2C=Ö—H **(c)** H—C̈(H)—H

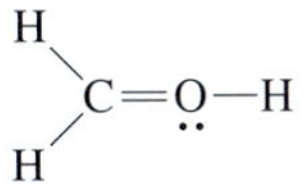

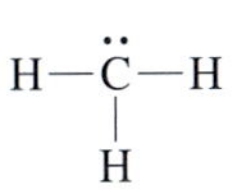

(d) 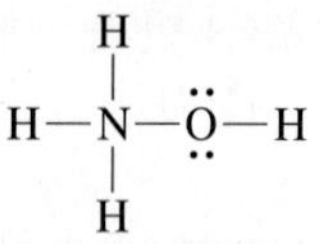 H—N(H)(H)—O—H (e) 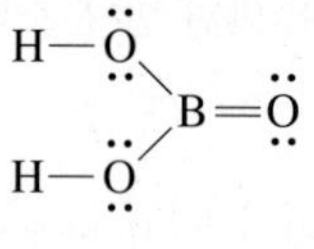 (H—O)(H—O)B=O (f) 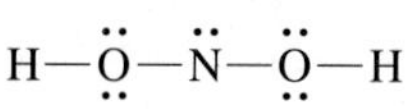 H—O—N—O—H

29. **(a)** Bicarbonate (hydrogen carbonate) 이온 (HCO_3^-) 의 구조는 몇 가지 기여하는 공명 구조식으로 가장 잘 설명이 되며, 그 공명 구조식 두 개는 다음에 표시하였다.

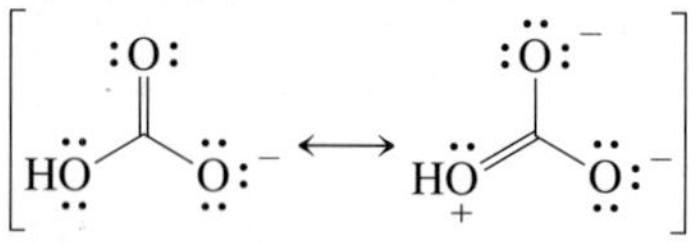

[HO—C(=O)—O$^-$ ⟷ HO^+=C(—O$^-$)—O$^-$]

(i) 하나의 여분 공명 구조식을 그리시오. (ii) 굽은 "전자 밀어내기" 화살표를 사용하여 이러한 Lewis 구조는 전자쌍의 이동으로 서로 변환이 될 수 있는 것을 보이시오. (iii) 1-5절의 판단 기준에 기초하여 답을 설명하면서, 어느 공명 구조식이 bicarbonate 이온의 진짜 구조에 대한 주요 기여 구조가 될 것인지를 결정하시오.

(b) Formaldehyde oxime (H_2CNOH) 에 대한 두 개의 공명 구조식을 그리시오. (a) 문항 (ii) 와 (iii) 의 일부로 굽은 화살표를 공명 구조식 간의 상호변환에 사용하고, 어느 식이 주요 기여자인지 결정하시오.

(c) Formaldehyde oximate 이온 [H_2CNO^-] 에 대하여 (b) 의 연습 문제를 되풀이 하시오.

30. 문제 25와 28에서 몇 가지 화합물은 공명 구조식을 가질 수 있다. 이러한 화합물을 확인하고 각각에 관하여 여분의 Lewis 구조식을 쓰시오. 전자를 밀어내는 화살표를 사용하여 각 화학종에 관한 공명 구조식이 어떻게 서로로부터 유도되었는가를 설명하고, 각 경우에 공명 혼합물의 주요 기여 구조를 표시하시오.

31. 다음 화학종 각각에 관하여 두 개 또는 세 개의 공명 구조식을 그리시오. 각 경우에 관하여 공명 혼성체의 주요 기여 구조를 표시하시오.

(a) OCN^- **(b)** CH_2CHNH^- **(c)** $HCONH_2$ (HC(=O)NH$_2$)

(d) O_3 (OOO) **(e)** $CH_2CHCH_2^-$ **(f)** ClO_2^- (OClO)

(g) $HOCHNH_2^+$ **(h)** CH_3CNO

32. Nitromethane (CH_3NO_2) 과 methyl nitrite (CH_3ONO) 의 Lewis 구조식을 비교하시오. 각 분자에 대하여 적어도 두 개의 공명 구조식을 쓰시오. 공명 구조식을 검토에 기초하여 각 화합물에서 두 개의 NO 결합의 극성과 결합 차수에 관하여 무엇을 말할 수 있을까?

33. 다음 물질에 관하여 Lewis 구조식을 쓰시오. 각 (i) 전자 개수, (ii) 원자의 전하, (iii) 모든 결합의 성질 및 (iv) 기하학적 구조를 비교하시오.

(a) 염소 원자, 염화 이온

(b) 보레인 (BH_3) 과 phosphine (PH_3)

(c) CF_4와 BrF_4^- (C와 Br은 중앙에 위치)

(d) nitrogen dioxide (NO_2) 와 nitrite 이온 (NO_2^-, 질소를 중앙에 위치)

(e) NO_2, SO_2, ClO_2 (N, S, Cl은 중앙에 위치)

34. 분자 오비탈 분석을 이용하여 다음 각 쌍 중 어느 화학종이 원자 간의 결합이 센가를 예측하시오 (**힌트**: 그림 1-12 참조).

(a) H_2 또는 H_2^+ **(b)** He_2 또는 He_2^+ **(c)** O_2 또는 O_2^+ **(d)** N_2 또는 N_2^+

35. 다음의 각 분자에 관하여 지시된 원자의 대강의 기하학적 구조를 예측하시오. 각 기하학적 구조를 설명하는 혼성화를 말하시오.

(a) 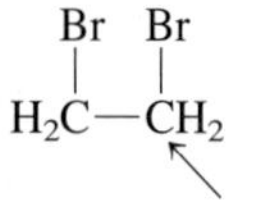 $H_2C(Br)-CH_2(Br)$ (↖ CH_2) **(b)** 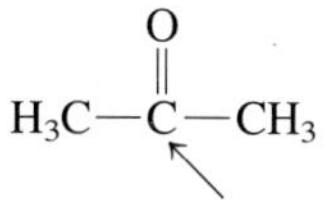 $H_3C-C(=O)-CH_3$ (↖ C) **(c)** $H_3C-O-CH=CH_2$ (↖ CH)

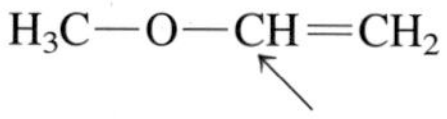

(d) H_3C-NH_2 (arrow to N) **(e)** $HC\equiv C-CH_2-OH$ (arrow to C) **(f)** $H_2C=\overset{+}{N}H_2$ (arrow to N)

36. 문제 35의 각 분자에 관하여 지시된 원자의 부착된 모든 결합을 형성하도록 사용되는 오비탈(원자 *s*, *p*, 혼성 *sp*, sp^2 또는 sp^3)을 설명하시오.

37. 문제 36에서 논의된 결합에 포함된 오비탈을 그리고 겹침을 보이시오.

38. 다음 구조의 각각에서 각 탄소 원자의 혼성화를 설명하시오. 탄소 원자의 기하학적 구조에 기초하여 답을 쓰시오.

(a) CH_3Cl **(b)** CH_3OH **(c)** $CH_3CH_2CH_3$ **(d)** $CH_2=CH_2$

(e) $HC\equiv CH$ **(f)** $H_3C-C(=O)-H$ **(g)** $\left[{}^{-}H_2C-C(=O)-H \longleftrightarrow H_2C=C(-O^{-})-H\right]$

39. 다음의 축소 구조식을 Kekulé (직선) 표기법으로 그리시오(문제 42).

(a) CH_3CN **(b)** $(CH_3)_2CHCH(NH_2)C(=O)OH$ **(c)** $CH_3CH(OH)CH_2CH_3$

(d) $CH_2BrCHBr_2$ **(e)** $CH_3C(=O)CH_2C(=O)OCH_3$ **(f)** $HOCH_2CH_2OCH_2CH_2OH$

40. 다음의 결합-선 구조식을 Kekulé (직선) 구조식으로 변환하시오.

(a) (OH) **(b)** (O, N) **(c)** (Br, Br)

(d) **(e)** (O, CN) **(f)** (S)

41. 다음의 점선-쐐기선 구조식을 축소 구조식으로 변환하시오.

(a) 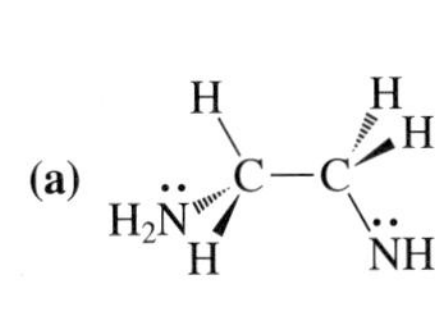

(b) 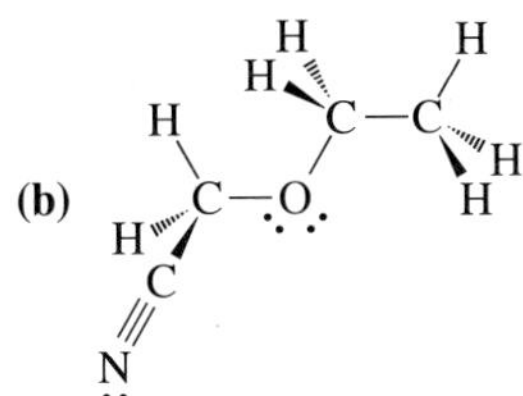

(c) $H-C(Br)_3$ (Br, Br, Br)

42. Kekulé (직선) 구조식을 축소 구조식으로 쓰시오.

(a) $CH_3-\ddot{N}H-CH_3$ **(b)** $CH_3-C(=O)-\ddot{N}H-CH_2-CH_3$ **(c)** $H-\ddot{S}-CH_2-CH_2-CH(\ddot{O}H)-CH_3$

(d) $F_3C-CH_2-\ddot{O}-H$ (F, F, F; H, H) **(e)** $(CH_3)HC=C(CH_3)(CH_3)$ **(f)** $H_2C=CH-C(=O)-CH_3$

43. 문제 39와 42에서 그린 구조식을 결합-선 구조식으로 다시 그리시오.

44. 다음 축소식을 점선-쐐기선 구조식으로 변환하시오.

(a) $CH_3CH(CN)OCH_3$ **(b)** $CHCl_3$ **(c)** $(CH_3)_2NH$ **(d)** $CH_3CH(SH)CH_2CH_3$

45. 다음 각 분자식에 관하여 될 수 있는 한 많은 개수의 구조 이성질체를 쓰이오 **(a)** C_5H_{12}, **(b)** C_3H_8O. 각 이성질체에 관하여 축소 구조식과 결합-선 구조식 둘 다 그리시오.

46. 다음의 구조 이성질체의 쌍에서 각 분자에 관하여 다중 결합, 전하, 고립 전자쌍(만일 존재한다면)을 표시하는 축소 구조식을 쓰시오(**힌트**: 먼저 각 분자에 대하여 적절한 Lewis 구조식을 그려라). 이러한 쌍들 중 어느 하나라도 공명 구조식을 포함하는가?

(a) $HCCCH_3$와 H_2CCCH_2 **(b)** CH_3CN와 CH_3NC **(c)** $CH_3\overset{O}{C}H$와 H_2CCHOH

47. **도전 문제** 원자가 3가의 붕소와 고립 전자쌍 간에 하나의 결합에 관하여 두 개의 공명 구조식을 쓸 수 있다. **(a)** 다음에 관하여 공명 구조식을 쓰시오. (i) $(CH_3)_2BN(CH_3)_2$, (ii) $(CH_3)_2BOCH_3$, (iii) $(CH_3)_2BF$.

(b) 1-5절에서의 지침을 사용하여 공명 구조식의 각 쌍에서 더 중요한 공명 구조식이 어느 것인가를 결정하시오.

(c) N, O, F 사이의 전기음성도 차이가 어떻게 다음 각 경우의 공명 구조식에서의 상대적 중요성에 영향을 주는가? **(d)** (i)에서 질소의 혼성화와 (ii)에서 산소의 혼성화를 예측하시오.

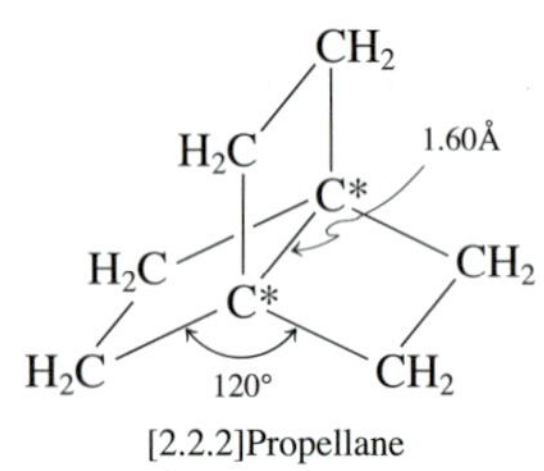

[2.2.2]Propellane

48. **도전 문제** 특이한 분자 [2.2.2]propellane를 왼쪽 여백 그림에 그렸다. 주어진 구조적인 변수를 기초로 하여 별표로 표시한 탄소에 어떤 혼성화가 가장 잘 설명하는가? (형태를 시각화하는 데 모형을 만들어 보는 것이 도움이 된다.) 이 탄소들 간의 결합에 어떤 형태의 혼성 오비탈이 사용되었는가? 이 결합은 보통의 탄소-탄소 단일 결합(보통 길이 1.54 Å) 보다 강할 것인가 또는 약할 것인가를 예측하겠는가?

49. **도전 문제** **(a)** 문제 38에서의 정보를 기초하여 다음 화학종 각각에 관하여 비공유 전자쌍(음전하에 관련된)을 포함하는 오비탈의 혼성화를 말하시오. $CH_3CH_2^-$, $CH_2{=}CH^-$, $HC{\equiv}C^-$.

(b) sp, sp^2, sp^3에서의 전자는 동일한 에너지를 가지지 않는다. $2s$ 오비탈은 $2p$보다 낮은 에너지를 가진다. 혼성 오비탈에서 s 특성이 클수록 에너지는 낮아진다. 따라서 sp^3 ($\frac{1}{4}s$와 $\frac{3}{4}p$ 특성)은 에너지가 가장 높으며, sp ($\frac{1}{2}s$와 $\frac{1}{2}p$ 특성)은 에너지가 가장 낮다. 이러한 정보를 가지고 (a)에서의 세 개의 음이온이 음전하를 수용하는 데 있어서 상대적인 능력을 정하시오.

(c) 산 HA의 세기는 짝염기 A^-가 음전하를 수용하는 능력과 관련되어 있다. 다른 말로 하면, 이온화반응 $HA \rightleftharpoons H^+ + A^-$이 더 안정한 A^-를 선호한다는 것이다. 비록 CH_3CH_3, $CH_2{=}CH_2$와 $HC{\equiv}CH$이 약산이지만 동등하지는 않다. (b)의 답을 기초하여 이것들을 산의 세기에 서열을 매기시오.

50. 양으로 편재된 탄소 원자를 포함하는 몇 가지 물질은 "발암 의심 화학품"(즉, 의심되는 암발생 물질 또는 암 유도 화합물)이라고 표지되어 왔다. 그러한 탄소 원자의 존재는 이러한 분자들의 발암 성질에 원인이 된다고 생각되어 왔다. 발암성 잠재성에 극성화 정도가 비례한다고 가정하면, 발암성 능력에 관하여 다음 화합물의 서열을 배치하시오.

(a) CH_3Cl **(b)** $(CH_3)_4Si$ **(c)** $ClCH_2OCH_2Cl$ **(d)** CH_3OCH_2Cl **(e)** $(CH_3)_3C^+$

(주: 극성화는 발암성에 관련된 여러 요인 중 하나일 뿐이다. 게다가 이 문제에서는 이러한 것 중 어느 하나도 확연한 관련성을 보여 주지 않는다.)

51. 다음 그림에서 보여 주는 어떤 화합물들은 전립선 암의 특징적인 세포 종류에 관하여 강한 생물학적 활성을 보여 준다. 이러한 구조식에서 다음 각 종류의 원자나 결합 위치를 찾아내시오. **(a)** 극성이 매우 큰 공유 단일 결합, **(b)** 극성이 큰 공유 이중 결합, **(c)** 거의 비극성인 공유 결합, **(d)** sp 혼성화된 탄소 원자, **(e)** sp^2 혼성화된 탄소 원자, **(f)** sp^3 혼성화된 탄소 원자, **(g)** 혼성화가 다른 원자 간의 결합, **(h)** 분자 내의 가장 긴 결합, **(i)** 분자 내의 가장 짧은 결합(수소와의 결합은 예외로 함).

구조와 반응성

산과 염기, 극성과 비극성 분자

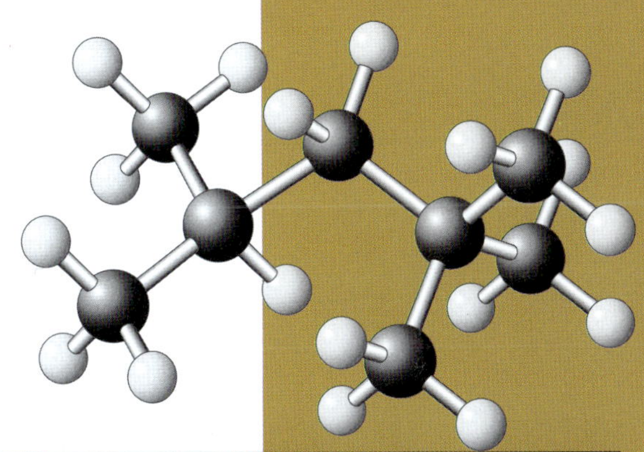

1장에서는 다양한 원소 간의 여러 가지 다른 결합을 포함하는 유기 분자들을 보았다. 우리는 이러한 구조에 근거하여 이런 물질이 어떤 종류의 화학적 반응성을 보여줄지를 예측할 수 있을까? 이 장에서는 소위 작용기라고 부르는 유기 분자 내의 구조적인 원자들의 조합집단이 어떻게 분자의 특성과 예측할 수 있는 행동을 보여 줄 것인가에 관하여 이러한 질문에 답하기 시작할 것이다. 우리는 어떻게 산과 염기의 화학이 많은 작용기, 특히 극성 결합을 포함하는 작용기의 반응을 이해하기 위한 간단한 모형으로 기여하는가를 배울 것이다. 우리는 친전자체와 친핵체의 개념을 통하여 전 강의 과정에서 이러한 유사성을 추구할 것이다.

곁가지가 붙은 알케인 2,2,4-trimethylpentane은 휘발유의 중요한 성분의 하나로 연료의 효율성을 측정하는 "옥테인 값"에 관한 표준이 된다. 위에 있는 자동차 엔진은 그 유명도의 위력을 달성하기 위하여서는 높은 옥테인 값을 가지는 연료를 필요로 한다.

대부분의 유기 분자는 작용기를 가지는 구조적 골격을 포함하고 있다. 이러한 골격은 단일 결합이 연결한 탄소와 수소를 포함하는 상대적으로 비극성인 집단이다. 유기 화합물의 가장 간단한 부류는 알케인(alkane)으로 작용기가 존재하지 않으며, 전체가 탄소와 수소의 단일 결합으로 구성되어 있다. 따라서 알케인은 작용기를 가지는 유기 분자의 골격으로 사용하는 탁월한 모형이다. 알케인은 그 자체로만으로도 유용한 화합물이며, 이 쪽의 상단에 표시된 2,2,4-트라이메틸펜테인(2,2,4-trimethylpentane)은 휘발유에 포함된 하나의 알케인이다. 알케인을 공부함으로써 우리는 작용기를 포함하는 분자의 특성을 보다 잘 이해할 수 있게 된다. 따라서 이 장에서 우리는 알케인 계통의 구성원에 관한 명명법, 물리적 성질 및 구조적 특성을 탐구할 것이다.

C—C

알케인 단일 결합

2-1 간단한 화학 과정의 반응속도론 및 열역학

가장 간단한 화학반응은 두 개의 상이한 화학종 간의 평형으로 기술할 수 있다. 그러한 과정은 두 개의 기본적인 고찰을 적용한다.

1. **화학 열역학 (Chemical thermodynamics)**: 화학반응 중 일어나는 과정에서 생기는 에너지의 변화를 다룬다. 열역학은 반응이 완결되는 **정도** (*extent*) 를 지배 (통제) 한다.
2. **화학반응속도론 (Chemical kinetics)**: 반응물과 생성물의 농도 변화가 반응 속도에 관련된다. 다른 말로는 반응속도론은 반응 완결을 향한 **속도** (*speed*) 를 기술하는 것이다.

이러한 두 개의 원리는 자주 연관이 되지만, 반드시 그럴 필요는 없다. 열역학적으로 매우 유리한 반응은 흔히 유리하지 않은 반응보다 빨리 진행한다. 그 반대로 어떤 반응은 반응 생성물이 상대적으로 덜 안정할지라도 다른 반응보다 빠르다. 가장 안정한 생성물을 생성하는 변환을 **열역학적 지배 (thermodynamic control)** 하에 있다고 말한다. 그 결과는 출발물로부터 생성물까지 겪는 에너지 변화에서 유리한 알짜 변화에 의하여 결정된다. 생성물이 빠르게 형성된 것이면 이러한 반응은 **속도론적 지배 (kinetic control)** 하에 있다고 정의한다. 이러한 생성물은 열역학적으로 가장 안정한 생성물이 아닐 수도 있다. 이러한 설명을 보다 정량적인 입장에서 말하도록 하자.

평형은 화학 변화의 열역학에 의하여 지배된다

모든 화학적 반응은 가역적이고, 반응물과 생성물은 다양한 정도로 상호변환한다. 반응물과 생성물의 농도가 더 이상 변하지 않으면 반응은 **평형 상태 (state of equilibrium)** 에 있다. 많은 경우에 평형은 광범위하게 (즉, 99.9% 이상으로) 생성물 쪽에 놓여 있다. 만일 이러한 것이 발생하면 반응은 **완결 쪽으로 진행하였다**고 한다 (이러한 경우, 역방향을 표시하는 화살표는 보통 생략하고, 실제상 반응은 비가역적이라 간주한다).

평형은 **평형 상수 (equilibrium constant, *K*)** 로 기술된다. 평형 상수를 알기 위하여서는 반응 오른쪽 성분 농도의 산술 곱을 왼쪽 성분의 산술 곱으로 나눈다. 모든 농도는 리터당의 몰수 (mol L^{-1}) 로 표시한다. 큰 값의 K는 반응이 완결 쪽으로 진행함을 의미한다. 즉, 커다란 **추진력 (driving force)** 을 가진다고 말한다.

반응	평형 상수
$A \underset{}{\overset{k}{\rightleftharpoons}} B$	$K = \dfrac{[B]}{[A]}$
$A + B \underset{}{\overset{k}{\rightleftharpoons}} C + D$	$K = \dfrac{[C][D]}{[A][B]}$

만일 반응이 완결되었다면 어떤 양의 에너지가 방출된다. 그러한 평형 상수는 직접적으로 **Gibbs* 표준 자유 에너지 변화 (Gibbs standard free energy change, $\Delta G^{\circ\dagger}$)** 라 하는 열역학적 함수와 직접적으로 관련될 수 있다. 평형에서

$$\Delta G^\circ = -RT \ln K = -2.303\, RT \log K \text{ (kcal mol}^{-1}\text{ 또는 kJ mol}^{-1}\text{ 단위)}$$

R은 기체 상수 (1.986 cal K^{-1} mol^{-1} 또는 8.315 J K^{-1} mol^{-1}) 이며, T는 켈빈* (K) 단위의 절

*Josiah Willard Gibbs 교수 (1839 ~ 1903), Yale 대학교, 미국 Connecticut 주.

†부호 ΔG°는 반응이 평형에 도달한 다음 표준 상태 (즉, 이상적 몰 용액) 에 있는 분자들의 반응에서의 자유 에너지 변화를 의미한다.

*Kelvin과 섭씨 온도에서의 온도 간격은 동일하다. 온도 단위는 Kelvin 경 (Sir Thomson (1824 ~ 1907), Scotland 소재, Glasgow 대학) 과 Anders Celsius [(1701 ~ 1744), 스웨덴, Uppsala 대학] 의 이름을 딴 것이다.

표 2-1	$A \rightleftharpoons B$: $K = [B]/[A]$ 에 관한 평형과 자유 에너지			
	퍼센트		$\Delta G°$	
K	B	A	(25°C에서 kcal mol^{-1})	(25°C에서 kJ mol^{-1})
0.01	0.99	99.0	+2.73	+11.42
0.1	9.1	90.9	+1.36	+5.69
0.33	25	75	+0.65	+2.72
1	50	50	0	0
2	67	33	−0.41	−1.72
3	75	25	−0.65	−2.72
4	80	20	−0.82	−3.43
5	83	17	−0.95	−3.97
10	90.9	9.1	−1.36	−5.69
100	99.0	0.99	−2.73	−11.42
1,000	99.9	0.1	−4.09	−17.11
10,000	99.99	0.01	−5.46	−22.84

(↓ 증가하는 평형 상수; ↑ 더 음의 $\Delta G°$)

대 온도이다. 음의 $\Delta G°$는 에너지 방출을 나타낸다. 방정식은 K값이 큰 것은 유리한 자유 에너지 변화가 큰 것을 의미한다. 상온(25°C, 298 K)에서 앞의 방정식은

$$\Delta G° = -1.36 \log K \text{ (kcal mol}^{-1}\text{)}$$ 이 된다.

이러한 표현은 평형 상수가 10이 된다면 −1.36 kcal mol^{-1}의 $\Delta G°$값을 가지면, 역으로 0.1의 K값은 +1.36 kcal mol^{-1}의 $\Delta G°$값을 가진다는 것을 말한다. 이러한 관계는 로그값이기 때문에 $\Delta G°$값의 변화는 K값에 대하여 지수적인 영향을 미친다. $K = 1$일 때 출발물과 생성물은 동일한 농도로 존재하며, $\Delta G°$값은 영이 된다(표 2-1 참조).

자유 에너지 변화는 계 안에서의 결합 세기와 에너지 분산 정도의 변화와 관련되어 있다

Gibbs 표준 자유 에너지 변화는 두 개의 다른 열역학적 양에 관련되어 있다. 그 두 개는 **엔탈피(enthalpy)** 변화 $\Delta H°$와 **엔트로피(entropy)** 변화 $\Delta S°$이다.

Gibbs 표준 자유 에너지 변화

$$\Delta G° = \Delta H° - T\Delta S°$$

이 식에서 T는 kelvin 단위이며, $\Delta H°$는 kcal mol^{-1} 또는 kJ mol^{-1} 단위이며, 반면에 $\Delta S°$는 cal K^{-1} mol^{-1} 단위[엔트로피 단위 (entropy units , e.u.)라고도 한다] 또는 J K^{-1} mol^{-1} 단위를 사용한다.

한 반응의 **엔탈피 변화(enthalpy change)** $\Delta H°$값은 반응 과정 중 일정한 압력하에서 흡수한 열이나 방출한 열이다. 화학반응에서의 엔탈피 변화는 주로 출발물의 결합 세기와 비교한 생성물의 결합 세기의 차이가 된다. 결합 세기는 결합 해리 에너지 $DH°$에 의하여 정량적으로 기술한다. 반응의 $\Delta H°$값은 절단된 결합의 합산된 $DH°$값에서 형성된 결합의 합산 $DH°$값을 뺀 것이 된다. 3장에서는 결합 해리 에너지와 화학반응에서의 그 값들에 관하여 상세히 검토한다.

한 반응에서의 엔탈피 변화

(끊어진 결합의 $DH°$ 합) − (형성된 결합의 $DH°$ 합) = $\Delta H°$

분해된 결합보다 강한 결합이 생성되었다면 $\Delta H°$값은 음수가 되고, 이 반응은 **발열(exothermic**, 열 방출) 반응이라고 정의한다. 반대로 양의 $\Delta H°$은 **흡열(endothermic**, 열 흡수) 반응의 특징이다. 발열반응 하나의 예는 천연 가스의 주성분인 메테인이 연소되어, 이산화 탄소와 액체 물로 변하는 것이다.

$$CH_4 + 2\,O_2 \longrightarrow CO_2 + 2\,H_2O_{\text{액체}} \qquad \Delta H° = -213\ \text{kcal mol}^{-1}\ (-891\ \text{kJ mol}^{-1})$$

발열반응

$\Delta H°$ = ($CH_4 + 2\,O_2$ 반응에서 모든 결합의 $DH°$의 합) − ($CO_2 + 2\,H_2O$ 반응에서 모든 결합의 $DH°$의 합)

이 반응의 발열성은 생성물에서 매우 강한 결합이 형성되기 때문이다. 많은 탄화수소는 연소 시 많은 에너지를 방출하여 이것들은 가치 있는 연료들이다.

만일 반응의 엔탈피가 결합의 세기에 의하여 강하게 좌우되면 **엔트로피 변화(entropy change)**, $\Delta S°$의 의미는 무엇인가? 엔트로피가 반응의 질서와 관련된 개념이라는 것은 잘 알고 있을 것이다. 무질서도가 증가하면 $S°$값도 관련되어 증가한다. 그러나 "무질서도"의 개념은 쉽게 정량화할 수 없으며, 과학적 상황에 정확한 방법으로 적용할 수도 없다. 그 대신 화학적 목적을 위하여 $\Delta S°$는 에너지 함량 분산의 변화를 기술하기 위하여 사용한다. 따라서 증가하는 계의 성분 중 **에너지 함량의 분산**(*dispersal of energy content*)이 증가함에 따라서 $S°$값도 증가한다. $\Delta G°$에 대한 방정식에서 $T\Delta S°$ 앞의 음의 부호는 양의 $\Delta S°$값은 계의 자유 에너지에 부정적인 기여를 하게 한다. 달리 말하면, 작은 값에서 큰 값으로 에너지가 분산되는 것은 열역학적으로 유리하게 된다.

화학반응에서 에너지 분산은 무엇을 의미하는가? 생성된 생성물 분자의 개수와 다른 반응 분자의 개수가 다른 변환을 고려해 보자. 예를 들면, 1-펜텐은 강하게 가열하면 해리되어 에텐과 프로펜으로 변한다. 이러한 과정은 주로 하나의 C—C 결합이 손실되어 흡열반응이다. 이것은 만일 엔트로피가 없다면 발생하지 않는다. 따라서 두 개의 분자가 분자 하나로부터 생성되었고, 이것은 상대적으로 큰 양수의 $\Delta S°$값에 연관된다. 결합 해리 후 계의 에너지 함량은 많은 수의 입자에 걸쳐서 분산된다. 높은 온도에서 $\Delta G°$에 대한 표현에서 $-T\Delta S°$ 항목은 불리한 엔탈피를 앞질러 이 반응이 쉽게 일어나게 한다.

$$CH_3CH_2CH_2CH{=}CH_2 \longrightarrow CH_2{=}CH_2 + CH_3CH{=}CH_2$$

1-Pentene — Ethene (Ethylene) — Propene

$$\Delta H° = +22.4\ \text{kcal mol}^{-1}\ (+93.7\ \text{kJ mol}^{-1})$$

흡열반응

$\Delta S° = +33.3\ \text{cal K}^{-1}\ \text{mol}^{-1}$ 또는 e.u.(엔트로피 단위, $+139.3\ \text{J K}^{-1}\ \text{mol}^{-1}$)

연습 문제 2-1

앞서 반응에 관한 $\Delta G°$값을 계산하시오. 이 반응은 25°C에서 열역학적으로 쉽게 일어나는가? T를 증가시키면 $\Delta G°$에 대한 효과는 무엇인가? 유리한 반응이 될 수 있는 온도는 얼마인가? (주: $\Delta S°$는 단위가 *cal* $\text{K}^{-1}\ \text{mol}^{-1}$이나, $\Delta H°$ 단위는 *kcal* mol^{-1}이다. 1000의 환산 인자를 잊지 마라!)

반대로 생성물 분자의 개수가 출발물의 분자 개수보다 적을 경우에는 에너지 분산과 엔트로피가 감소한다. 예를 들면, 에텐(ethylene)이 염화 수소와 반응하여 클로로에테인을 생성하면 -15.5 kcal mol^{-1}의 발열반응이 되지만, 엔트로피는 $\Delta G°$에 불리한 기여를 한다. $\Delta S° = -31.3$ e.u.

$$CH_2{=}CH_2 + HCl \longrightarrow CH_3CH_2Cl \qquad \begin{aligned}\Delta H° &= -15.5\ \text{kcal mol}^{-1}\ (-64.9\ \text{kJ mol}^{-1})\\ \Delta S° &= -31.3\ \text{e.u.}\ (-131.0\ \text{J K}^{-1}\ \text{mol}^{-1})\end{aligned}$$

연습 문제 2-2

앞서 반응에 관하여 25°C에서의 $\Delta G°$를 계산하시오. 당신의 생각대로 두 분자가 하나로 합쳐지는 반응이 커다란 음수의 엔트로피 변화를 가지는 이유를 설명하시오.

많은 유기반응에서 엔트로피 변화가 작으며, 흔히 반응이 일어날 것인지 아닐 것인지를 평가하는데 결합 에너지 변화만을 평가를 고려하는 것으로 충분하다. 이러한 경우 우리는 대강 $\Delta G°$는 $\Delta H°$와 동등하게 취급한다. 화학적 방정식의 양변 각각의 분자 개수가 다르거나(앞서의 예), 고리 닫힘이나 고리 열림반응 같이 구조적 변화가 지대한 변환이 예외가 된다.

화학반응의 반응 속도는 활성화 에너지에 의해 좌우된다

평형이 얼마나 빨리 이루어지는가? 화학반응의 열역학적 특징은 그 자체가 반응 속도에 관하여 아무것도 말해 주지 않는다는 것이다. 이전에 언급한 바가 있는 메테인의 연소반응을 고려해 보자. 이 과정은 많은 양 213 kcal mol^{-1}(-891 kJ mol^{-1})의 열에너지를 방출한다. 그러나 상온에서 메테인은 자발적으로 발화하지 않는다는 것을 우리는 알고 있다. 매우 유리한 이 연소 과정이 그렇게 느린 이유는? 해답은 반응의 과정 중 계의 퍼텐셜 에너지가 그림 2-1과 같이 변한다는 것이다. 이러한 그림은 **퍼텐셜 에너지 도표(potential energy diagram)**의 하나의 예이며, 반응 진행의 함수로 퍼텐셜을 도시한 것이다. 반응의 진행은 **반응 좌표(reaction coordinate)**로 측정한다. 반응 좌표는 출발 화합물 구조로부터 생성 화합물 구조로 변하는 전체 변화를 구성하는 결합 해리와 결합 생성의 통합 과정을 기술한다. 에너지는 생성 분자의 에너지 마지막 값으로 감소하기 전에 **전이 상태(transition state, TS)**인 최대점에 도달한다. 전이 상태의 에너지는 반응이 발생하기 위하여 극복할 장애로 볼 수 있다. 출발물로부터 전이 상태에 도달하는데 필요한 에너지를 반응의 **활성화 에너지(activation energy, E_a)**라 한다. 그

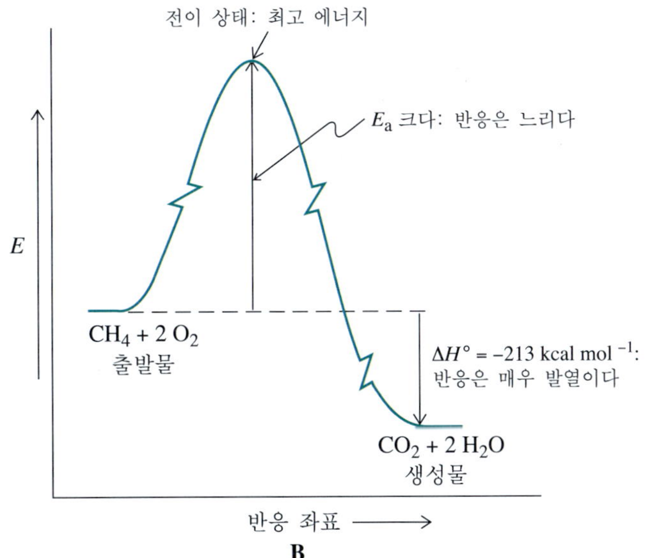

그림 2-1 Methane의 연소반응에 관한 퍼텐셜 에너지 도표(매우 심하게 요약하였음). 커다란 음수의 $\Delta H°$로 표시된 열역학적 유리함에도 불구하고, 과정은 높은 에너지 전이 상태와 커다란 활성 에너지로 인하여 매우 느리다(실제로 과정은 많은 개별적인 결합 해리와 결합 형성 단계를 가지며, 실제 퍼텐셜 에너지 도표는 다중의 최대와 최소값을 가진다).

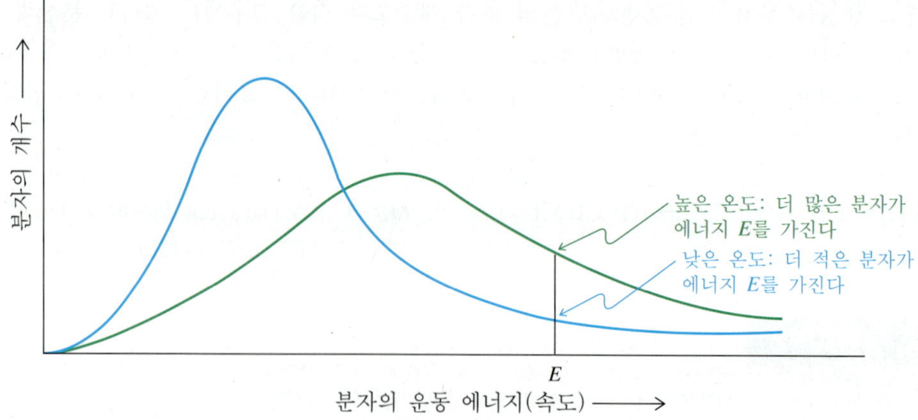

그림 2-2 두 온도에서의 Boltzmann 곡선. 높은 온도(초록색 곡선)에서는 낮은 온도(푸른색 곡선)에서보다 운동 에너지 *E*를 가지는 분자가 더 많다. 보다 높은 운동 에너지를 가지는 분자는 보다 쉽게 활성화 에너지 장애를 극복할 수 있다.

E_a값이 클수록 반응 과정은 더 느려진다. 메테인 연소에 관한 전이 상태는 높은 E_a와 매우 낮은 반응 속도에 해당되는 것으로 에너지가 매우 높다.

어떻게 발열반응이 그렇게 높은 활성화 에너지를 가질 수 있을까? 출발 분자에서의 초기 위치에서 원자들이 이동함에 따라 결합 해리가 시작할 에너지 입력이 필요하다. 전이 상태에서는 결합이 일부 해리한 이전 결합과 불완전하게 형성된 새로운 결합이 존재하여, 결합의 전체 손실이 최대로 도달하고 계의 에너지 크기는 극대에 도달한다. 이 점을 지나서 계속 강화되는 새로운 결합은 원자들이 생성물의 최종이며, 완전히 결합한 위치 에너지에 도달할 때까지 에너지를 방출한다.

충돌은 활성화 에너지 장애를 지나칠 수 있는 에너지를 공급한다

분자들은 어디로부터 반응 장애를 극복할 수 있는 에너지를 얻는가? 분자들은 운동 결과로 **운동 에너지**(*kinetic energy*)를 가지지만, 상온에서의 평균 운동 에너지는 겨우 0.6 kcal mol^{-1} (2.5 kJ mol^{-1})이 되어 많은 활성화 에너지 장애보다 훨씬 모자라다. 충분한 에너지를 얻기 위해서 분자들은 서로 충돌하거나 용기 벽에 충돌하여야 한다. 각 충돌은 분자 간에 에너지를 전달한다.

Boltzmann* 분포 곡선(Boltzmann distribution curve)이라는 도표는 운동 에너지의 분포를 보여 준다. 그림 2-2는 주어진 온도에서 대부분의 분자가 단지 평균 속도를 가짐에도 불구하고, 약간의 분자는 이보다 훨씬 높은 운동 에너지를 가짐을 보여 준다.

Boltzmann 분포 곡선의 형태는 온도에 좌우된다. 높은 온도에서는 평균 운동 에너지가 증가함에 따라 곡선은 납작하고, 보다 높은 에너지를 향하여 이동한다. 이제 더 많은 분자들이 전이 상태가 필요로 하는 것보다 높은 에너지를 가지게 되어 반응 속도가 증가한다. 반대로 낮은 온도에서는 반응 속도가 감소한다.

반응물의 농도는 반응 속도에 영향을 줄 수 있다

시약 A를 시약 B에 첨가하여 생성물 C를 얻는다고 고려하자.

$$A + B \longrightarrow C$$

이러한 유형의 많은 변환에서 반응물 중 하나의 농도 증가는 반응 속도를 증가시킨다. 이러한 경우 전이 상태 구조는 분자 A와 B 모두 다 포함한다. 실험적으로 관찰되는 반응 속도는 다음과 같이 표현된다.

$$\text{반응 속도} = k[A][B] \quad \text{단위는 mol L}^{-1}\,\text{S}^{-1}$$

여기서 비례 상수 k는 **반응 속도 상수(reaction rate constant)**라 한다. 반응 속도 상수는 두

*Ludwig Boltzmann (1844 ~ 1906) 교수, Vienna 대학교, 오스트리아.

반응물 A와 B가 각각 1몰농도일 때의 반응 속도와 같다. 이와 같이 두 분자의 농도에 반응 속도가 좌우되는 반응을 **이차 반응**(**second order reaction**)이라고 한다.

몇몇 과정에서는 아래의 가상적인 반응에서와 같이 단지 한 반응물의 농도에만 반응 속도가 좌우된다.

$$\mathrm{A} \longrightarrow \mathrm{B}$$

$$\text{반응 속도} = k[\mathrm{A}] \quad \text{단위 mol L}^{-1}\,\mathrm{S}^{-1}$$

이러한 유형의 반응을 **일차 반응**(**first order reaction**)이라고 한다.

연습 문제 2-3

개념 문제: 반응 속도식 사용하기

일차 반응 속도 법칙을 따르는 반응, 반응 속도 $= k[\mathrm{A}]$에서 A의 절반이 소모되었을 때의 반응 속도의 감소는 얼마가 되는가? (즉, 출발물의 50% 변환 후) 반응 속도 $= k[\mathrm{A}][\mathrm{B}]$인 이차 반응에 관하여 똑같은 질문에 답하시오.

전략

A의 초기 농도를 $[\mathrm{A}_0]$라 표기하자. 첫 번째 질문은 $k[\mathrm{A}_0]$인 초기 반응 속도를 $[\mathrm{A}]$가 $0.5\,[\mathrm{A}_0]$로 감소되었을 때의 새로운 반응 속도와 비교하는 것이다. 일차 반응 속도 법칙에 새로운 농도를 대입하여 두 개의 반응 속도를 비교하자.

풀이

- 반응 속도 상수 k는 변하지 않아서

  새로운 반응 속도 $= k[\mathrm{A}_{new}] = k(0.5[\mathrm{A}_0]) = 0.5k[\mathrm{A}_0] = 0.5$ (초기 반응 속도) 가 된다.

  반응 속도는 처음 값의 반으로 감소한다.
- 이차 반응 속도 과정에서는 같은 방법을 따른다. A와 B의 초기 농도를 같다고 가정하면 50% 변환 후에는 $[\mathrm{A}_{new}] = 0.5\,[\mathrm{A}_0]$와 $[\mathrm{B}_{new}] = 0.5[\mathrm{B}_0]$가 된다. 반응 속도 법칙에서 $[\mathrm{A}]$와 $[\mathrm{B}]$를 각각 $0.5[\mathrm{A}_0]$와 $0.5\,[\mathrm{B}_0]$로 대입하면,

새로운 반응 속도 $= k[\mathrm{A}_{new}][\mathrm{B}_{new}] = k(0.5[\mathrm{A}_0])(0.5[\mathrm{B}_0]) = 0.25k[\mathrm{A}_0][\mathrm{B}_0] = 0.25$ (초기 반응 속도) 가 된다.

반응 속도는 초기값의 4분의 1로 감소한다.

연습 문제 2-4

자습 문제

다음 식으로 표시되는 반응을 이차 반응 속도 법칙에 따르면 반응 속도 $= k[\mathrm{CH_3Cl}][\mathrm{NaOH}]$가 된다.

$$\mathrm{CH_3Cl} + \mathrm{NaOH} \longrightarrow \mathrm{CH_3OH} + \mathrm{NaCl}$$

이 반응을 출발 농도 $[\mathrm{CH_3Cl}] = 0.2\,\mathrm{M}$와 $[\mathrm{NaOH}] = 1.0\,\mathrm{M}$에서 수행하였을 때 측정된 반응 속도는 $1 \times 10^{-4}\ \mathrm{mol\ L^{-1}\ S^{-1}}$이었다. $\mathrm{CH_3Cl}$이 반 소모된 다음의 반응 속도는 얼마인가? (주: 이 실험에서 출발물들의 초기 농도는 동일하지 **않다**. **힌트**: 이 점에서 소모된 NaOH양과 초기 농도와 비교하여 새로운 농도가 얼마인지를 결정하라.)

Arrhenius 식은 반응 속도에 얼마나 온도가 영향을 주는가를 설명한다

분자는 가열하면 운동 에너지가 증가한다는 것은 분자의 많은 부분이 활성화 에너지 E_a를 극복할 수 있는 충분한 에너지를 가진다는 것이다(그림 2-2 참조). 많은 반응에 적용할 수 있는 대강의 규칙은, 반응 온도를 10°(섭씨) 올리면 반응 속도는 두 배 내지 세 배 증가한다. 스

웨덴 화학자 Arrhenius*는 반응 속도 k가 온도에 좌우됨을 알았다. 그는 그의 측정 데이터가 다음 식을 만족시킴을 발견하였다.

Arrhenius 식

$$k = Ae^{-E_a/RT} = A\left(\frac{1}{e^{E_a/RT}}\right)$$

Arrhenius 식은 다른 활성화 에너지를 가지는 반응의 속도가 온도에 따라 어떻게 변하는가를 설명한다. 이 식에서 R은 기체 상수이고, A는 특정 반응에 특정값을 가지는 인자이다. 활성화 에너지가 커지면 커질수록 반응은 그만큼 느려진다는 것을 쉽사리 알 수 있다. 반대로 온도가 더 높아지면 반응은 더 빨라진다. A 항목은 모든 분자가 활성화 장애를 극복할 수 있는 충분한 에너지를 가진다면, 반응이 가질 수 있는 최대 반응 속도 상수라 상상할 수 있다. 이러한 최대 반응 속도는 매우 높은 온도에서 일어나 E_a/RT가 0의 값과 $e^{-E_a/RT}$에 접근하여, 값이 1에 근접하게 되어 k가 A와 거의 동일하게 된다.

연습 문제 2-5

(a) 25°C에서의 다음 반응 $CH_3CH_2Cl \rightarrow CH_2{=}CH_2 + HCl$의 $\Delta G°$값을 계산하시오(연습 문제 2-2의 역반응).

(b) 동일한 반응을 500°C에서 $\Delta G°$값을 계산하시오(**힌트**: $\Delta G° = \Delta H° - T\Delta S°$를 적용하고, 먼저 섭씨 온도를 kelvin으로 변환하는 것을 잊지 마라).

연습 문제 2-6

연습 문제 2-5에서의 반응에 관하여 $A = 10^{14}$이고, $E_a = 58.4\ \text{kcal mol}^{-1}$이라 한다. Arrhenius 식을 사용하여 이 반응에 관하여 500°C에서의 k값을 계산하시오. $R = 1.986\ \text{cal K}^{-1}\ \text{mol}^{-1}$(**주**: 활성화 에너지는 *kcal* mol^{-1} 단위로 주어졌다. 한편 R은 *cal* $\text{K}^{-1}\ \text{mol}^{-1}$ 단위이다. 환산 인자 1000을 잊지 마라.)

요약 모든 반응은 출발물과 생성물의 농도의 평형에 있다고 기술한다. 평형이 어느 쪽에 놓이는 가는 Gibbs 자유 에너지 변화 $\Delta G°$와 관련되어 있는 평형 상수의 크기에 좌우된다. 열 배로 증가한 평형 상수는 25°C에서 $\Delta G°$에서의 변화 약 $-1.36\ \text{kcal mol}^{-1}$ ($-5.69\ \text{kJ mol}^{-1}$)와 관련되어 있다. 한 반응의 자유 에너지 변화는 엔탈피 변화 $\Delta H°$와 엔트로피 변화 $\Delta S°$로 구성되어 있다. 엔탈피 변화의 기여는 주로 결합 길이의 변화로부터 생긴다. 엔트로피 변화의 기여는 출발물과 생성물의 상대적인 에너지 분산으로부터 발생한다. 이러한 항목들이 평형의 위치를 정의하는 반면에, 성취된 반응 속도는 출발물의 농도, 반응물과 생성물의 활성화 장애 및 온도에 좌우된다. 반응 속도 E_a 및 T 사이의 관계는 Arrhenius 식으로 표시된다.

2-2 산과 염기; 친전자체와 친핵체; "전자 밀어내기"의 굽은 화살표 사용하기

산과 염기의 화학에서 열역학의 기본 응용으로 주의를 돌리자. 이 절은 산과 염기가 상호작용하는 방식과 이러한 과정을 정량화하는 방법을 복습한다. 산과 염기의 관계는 극성 공유 결합을 가지는 유기 분자의 반응성에 관한 모형을 제시한다. 화학반응이 일어날 때 어떻게 전자가

*Svante Arrhenius 교수(1859 ~ 1927), Technical Institute of Stockholm, 스웨덴, 노벨상 1903 (화학), 1905년부터 사망 바로 이전까지 노벨 재단 이사장 역임.

이동하는가를 표시하는 굽은 화살표의 사용을 먼저 소개한다.

굽은 화살표는 출발물이 어떻게 생성물로 변환하는가를 보여 준다

결합들은 전자들로 구성되어 있다. 화학적 변화는 결합이 해리되어 결합이 형성되는 과정 중 하나 또는 두 과정 모두로 정의한다. 따라서 **화학반응이 발생하면 전자가 이동한다**. 정전기학의 기초 원리에 따라 음전하를 가지는 전자는 전자가 부족한, 즉 양전하의 위치로 끌려간다. 전기음성도가 높거나 또는 전자가 부족한 (따라서 전자를 끌어당기는) 원자 또는 극성 공유 결합의 δ^+ 원자는 전자 이동의 종착지가 될 수 있다. 이 책에서 소개할 화학 과정의 많은 대다수가 한 개 이상의 전자쌍의 이동을 포함한다.

굽은 화살표 (↶)는 출발점, 고립 전자쌍 또는 공유 결합으로부터 종착지까지 하나의 전자쌍이 흐르는 것을 표시할 것이다. 공명 구조식을 상호변환하게 하는 전자쌍의 이동(1-5절 참조)도 이와 같은 원리를 따른다. 그러나 우리는 공명 구조식은 뚜렷한 실체를 대표하지 않는다는 것을 알고 있다. 화학반응과 관련된 전자 이동을 표시하기 위하여 굽은 화살표를 사용할 때 우리는 출발물의 Lewis 구조식으로부터 생성물의 Lewis 구조식까지의 **실제 구조 변화**(*actual structural change*)를 기술한다. 다음의 예는 이러한 이동에 굽은 화살표를 어떻게 사용하는가의 다양한 방법을 설명한다

1. 극성 공유 결합의 해리에 의한 이온 형성(B는 A보다 전기음성도가 큼)

$$A{-}B \longrightarrow A^+ + :B^-$$

전자쌍의 이동은 A—B 공유 결합을
원자 B의 고립 전자쌍으로 변환한다

2. 이온으로부터 극성 공유 결합 형성

$$A^+ + :B^- \longrightarrow A{-}B$$

이전 과정의 반대: B의 고립 전자쌍이 A로
이동하여 그들간에 새로운 공유 결합을 형성함

이러한 예들이 보여 주는 바와 같이 전자쌍 이동에 의한 공유 결합의 형성과 끊어짐 모두 해당 원자들의 형식 전하를 변하게 한다. 예 2에서의 화살표의 사용은 원래 원자 B에 있는 전자쌍이 그 원자를 전적으로 떠난다는 것을 의미하지 않는다. 그것은 단지 고립 전자쌍이 공유 전자쌍으로 변환한다는 것을 의미한다.

3. 두 공유 결합의 형성과 해리가 동시에 일어남(다음과 같이 A—B는 극성화됨)

$$X:^- + {}^{\delta^+}A{-}B^{\delta^-} \longrightarrow X{-}A + :B^-$$

두 개의 전자쌍이 이동하여 하나의 결합을 다른 하나의 결합으로 치환한다

4. (a) 전자쌍 주개 또는 (b) 전자쌍 받개의 다중 결합에 관한 첨가 반응

$$\text{(a)}\quad X:^- + {}^{\delta^+}A{=}B^{\delta^-} \longrightarrow X{-}A{-}B:^-$$

$$\text{(b)}\quad A{=}B + Y^+ \longrightarrow {}^+A{-}B{-}Y$$

예 3과 같지만, A와 B 사이의 두 개의 원래 결합 중
단지 하나만 끊어지기 때문에, A는 여전히 B에 결합하고 있다

이러한 것들은 유기화학에서 일어나는 변환 중 가장 흔한 유형이다. 적절한 굽은 화살표의 사용은 **자동적으로 반응 생성물의 올바른 Lewis 구조를 생성한다는 것을 유의하라.** 책을 계속 읽어감에 따라서 각 새로운 반응을 위에 표시한 전자 이동 양식의 하나와 연상하기를 노력하라.

연습 문제 2-7

앞의 범주로부터 다음 각 반응이 어느 것에 속하는가를 확인하시오. 적당한 굽은 화살표를 사용하여 전자의 이동을 표시하고, 생성물의 구조를 쓰시오 (**힌트**: 생략된 고립 전자쌍 모두를 첨가하여 모든 Lewis 구조를 완성하라).
(a) $HO^- + H^+$, **(b)** $H^+ + H_2C{=}CH_2$, **(c)** $(CH_3)_2N^- + HCl$, **(d)** $CH_3O^- + H_2C{=}O$.

산과 염기의 세기는 평형 상수로 결정한다

화살표가 수소가 산으로부터 염기로 움직임을 가리키지 **않는다**는 것을 유의하라. 그 대신 화살표는 염기의 전자쌍이 산으로부터 수소를 "포획"하는 것을 보여 준다.

Brønsted와 Lowry*는 산과 염기를 간단히 정의하였다. **산 (acid)** 은 양성자 주개이고, **염기 (base)** 는 양성자 받개이다. 산도와 염기도는 통상 물에서 측정한다. 산은 물에 양성자를 주어 하이드로늄 이온을 형성하며, 염기는 물에서 양성자를 제거하여 수산화 이온을 형성한다. 예를 들어, 산은 염화 수소이고, 염기는 암모니아이다. 이러한 식에서 **전자쌍의 이동을 표시하기 위하여** 1-5절에서 한 바와 같이 **굽은 화살표를 사용한다**. 각 경우에 염기로부터의 고립 전자쌍은 산성 양성자와 새로운 결합을 형성하고, 산의 나머지 부분에 양성자를 연결하는 전자쌍은 떠나는 짝염기의 고립 전자쌍이 되어 이동한다. 물과 염화 수소의 반응의 경우에서 전자의 흐름은 반응식 아래의 정전기 퍼텐셜 지도에 표시되어 있다. 물의 붉은색 산소는 산의 푸른색 수소에 의하여 양성자화되어 생성물을 푸른색 하이드로늄 이온과 붉은 염화 이온으로 제공한다.

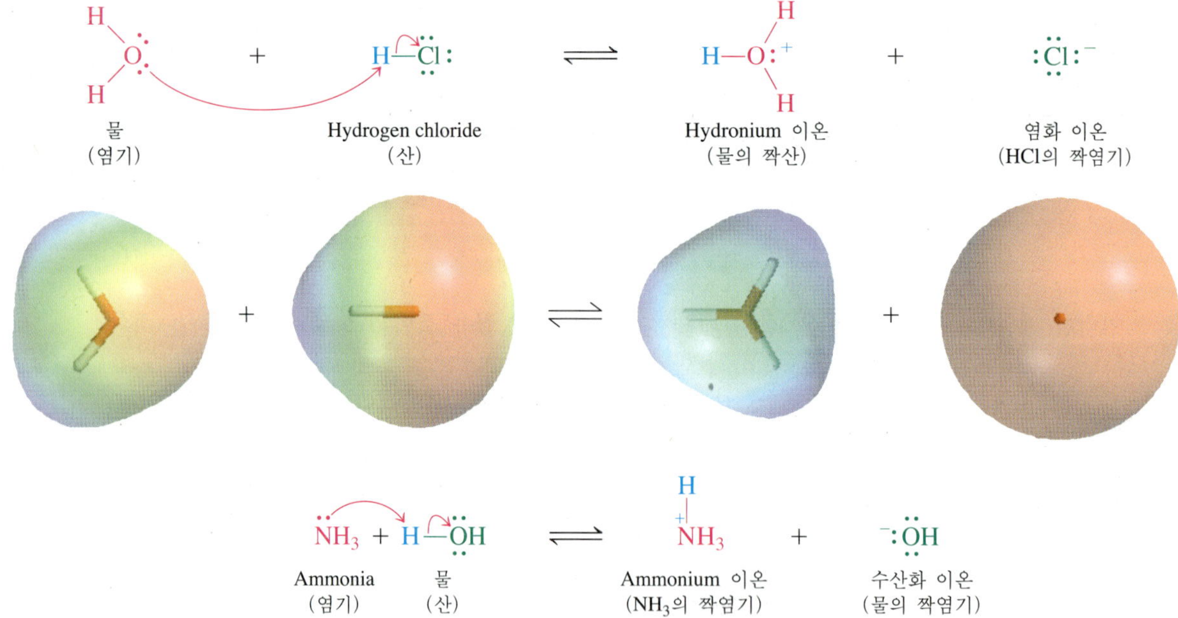

물 자체는 중성이다. 자체해리 (self-dissociation) 에 의하여 동등한 개수의 하이드로늄 이온과 수산화 이온을 형성한다. 이 과정은 물의 자체이온화 (self-ionization) 상수인 평형 상수 K_w로 기술한다. 25°C에서

$$H_2O + H_2O \xrightleftharpoons{K_w} H_3O^+ + OH^- \qquad K_w = [H_3O^+][OH^-] = 10^{-14}\ \text{mol}^2\ \text{L}^{-2}$$

K_w값으로부터 순수한 물의 H_3O^+ 농도는 10^{-7} mol L^{-1}이 된다.

pH는 $[H_3O^+]$의 값에 관한 음수의 대수값으로 정의한다.

---

*Johannes Nicolaus Brønsted 교수 (1879 ~ 1947), Copenhagen 대학교, 덴마크.
Thomas Martin Lowry 교수 (1874 ~ 1936), Cambridge 대학교, 영국.

화학 이야기 2-1

위산과 음식 소화

인간의 위장은 평균적으로 매일 2 L의 0.02 M 염산(hydrochloric acid)을 생산한다. 위산의 pH값은 1.0과 2.5 사이의 범위에 머물고, 음식을 맛보거나, 냄새를 맡거나 또는 쳐다보는 것만으로도 HCl 생산이 증가하여 pH값이 낮아진다. 위산은 음식에 존재하는 단백질의 접힌 형태를 교란시켜 다양한 소화효소가 공격하여 분쇄하도록 단백질을 노출시킨다.

강한 산성 조건으로부터 위장이 어떻게 보호되는가 의아스러울 것이다. 결국 위장의 조직 자체는 단백질 분자로 구성되어 있기 때문이다. 위장의 내벽은 **위점막**(*gastric mucosa*)이라고 하는 세포층으로 피복이 되어 있어, 위점막의 점액 분비는 위벽을 산성의 위산으로부터 격리하여 준다. 위점막 아래의 어떤 세포들은 위에서 언급한 자극에 의하여 활성화되어 히스타민(*histamine*)이라는 신호 분자를 분비한다. 히스타민은 위저부에 위치한 **벽세포**(*parietal cell*)가 위장에 HCl을 분비하게 해 준다. 소위 위산 감소 약물(제산제)이라 하는 것의 활성성분인 *cimetidine*, *famotidin*, 및 *ranitidine*은 히스타민이 벽세포에 도달하는 것을 차단하여 위산을 생산하게 하는 신호를 교란한다. 이러한 생성물들은 **위산과다**(*hyperacidity*), 즉 산이 필요 없이 과량 분비되는 것과 **위궤양**(*peptic ulcer*), 즉 세균 감염으로 점막이 약해져서 보호막이 산 공격에 노출되어 생기는 쓰라림 같은 증상을 치료하는 데 유용하다.

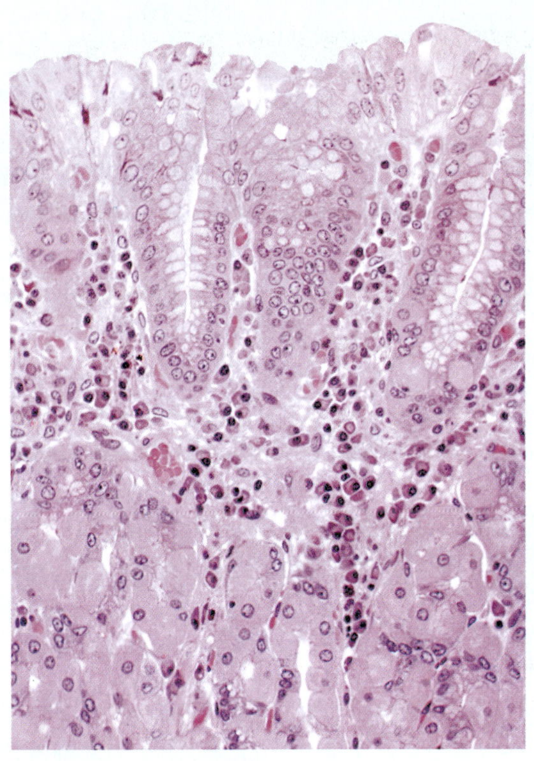

Histamine에 의하여 활성화되어 위저부에 있는 벽세포가 염산을 분비한다.

$$pH = -\log [H_3O^+]$$

따라서 순수한 물에서 pH는 +7이다. 7보다 낮은 pH를 가지는 수용액은 산성이고 7보다 큰 수용액은 염기성이다.

일반적인 산 HA의 산도는 함께 연관된 평형 상수와 더불어 다음의 일반적인 식으로 표시한다.

$$HA + H_2O \overset{K_w}{\rightleftharpoons} H_3O^+ + A^- \qquad K = \frac{[H_3O^+][A^-]}{[HA][H_2O]}$$

묽은 수용액에서 $[H_2O]$는 55 mol L^{-1}로 상수가 되어 이 숫자는 새로운 상수, **산 해리 상수(acid dissociation constant,** K_a)에 통합된다.

$$K_a = K[H_2O] = \frac{[H_3O^+][A^-]}{[HA]} \text{ mol L}^{-1}$$

H_3O^+ 농도와 pH와의 관계와 같이 이러한 측정은 해당 pK_a 정의에 의한 대수 척도로 표현한다.

$$pK_a = -\log K_a{}^*$$

*차원이 없는 평형의 상수 K와 $[H_2O]$ 농도의 곱이 K_a이기 때문에 K_a는 몰농도 단위, 즉 mol L^{-1}가 된다. 그러나 대수 함수는 차원이 없는 숫자에만 적용할 수 있다. 따라서 pK_a는 K_a의 **수치값**(*numerical value*), K_a를 농도 단위로 나눈 값의 대수의 음수로 적절히 정의된다(간단하기 위하여 우리는 연습 문제에서 K_a의 단위를 생략할 것이다).

표 2-2 흔한 화합물의 상대적 산성도(25℃)

산	K_a		pK_a
아이오딘화 수소(Hydrogen iodide, HI, 가장 강한 산)	$\sim 1.0 \times 10^{10}$	↑ 산도 증가	-10.0
브로민화 수소(Hydrogen bomide, HBr)	$\sim 1.0 \times 10^{9}$		-9.0
염화 수소(Hydrogen chloride, HCl)	$\sim 1.0 \times 10^{8}$		-8.0
황산(Sulfuric acid, H_2SO_4)	$\sim 1.0 \times 10^{3}$		-3.0^a
하이드로늄 이온(Hydronium ion, H_3O^-)	50		-1.7
질산(Nitric acid, HNO_3)	25		-1.4
메탄설폰산(Methanesulfonic acid, CH_3SO_3H)	16		-1.2
플루오린화 수소(Hydrogen fluoride, HF)	6.3×10^{-4}		3.2
아세트산(Acetic acid, CH_3COOH)	2.0×10^{-5}		4.7
사이안화 수소(Hydrogen cyanide, HCN)	6.3×10^{-10}		9.2
암모늄 이온(Ammonium ion, NH_4^+)	5.7×10^{-10}		9.3
메탄싸이올(Methanethiol, CH_3SH)	1.0×10^{-10}		10.0
메탄올(Methanol, CH_3OH)	3.2×10^{-16}		15.5
물(Water, H_2O)	2.0×10^{-16}		15.7
암모니아(Ammonia, NH_3)	1.0×10^{-35}		35
메테인(Methane, CH_4, 가장 약한 산)	$\sim 1.0 \times 10^{-50}$		~ 50

주: $K_a = [H_3O^+][A^-]/[HA]\ mol\ L^{-1}$

[a]일차 해리 평형

pK_a는 산이 50% 해리되었을 때의 pH값이다. 1보다 낮은 pK_a값을 가지는 산은 강산, 4보다 높은 pK_a값을 가지면 약산이라고 정의한다. 몇 가지 흔한 산을 표 2-2에 모았으며, 높은 pK_a값을 가지는 화합물과 비교하였다. 황산과 HF 이외의 할로젠화 수소(hydrogen halide)는 매우 강한 산이다. 사이안화 수소, 물, 메탄올, 암모니아, 메테인은 점차 산도가 감소하는 순서로 마지막 두 화합물은 매우 약한 산이 된다.

HA에서 파생된 A^-는 자주 HA의 **짝염기(conjugate base**, 라틴어로 *conjugatus* (married), 같이 연결됨을 의미) 라고 한다. 반대로 HA는 염기 A^-의 **짝산(conjugate acid)** 이다. 짝산–짝염기 쌍으로 연관된 두 물질의 세기는 역으로 관계되어 있다. 강산의 짝염기는 약하고, 마찬가지로 강염기의 짝산은 약하다. 예를 들면, HCl은 H^+와 Cl^- 해리가 매우 쉬운 평형으로 강산이다. 반대 과정에서 Cl^-가 H^+로 합쳐지는 반응은 불리하기 때문에 Cl^-은 약염기로 간주한다.

$$H{-}\ddot{\underset{..}{Cl}}: \rightleftharpoons H^+ + :\ddot{\underset{..}{Cl}}:^-$$

강산 짝염기는 약하다 평형은 오른쪽에 놓인다

반대로 CH_3OH가 해리되어 CH_3O^-와 H^+를 생성하는 것은 불리하다. CH_3OH는 약산이다. 반대로 CH_3O^-와 H^+가 합쳐지는 반응은 유리하다. 따라서 CH_3O^-는 강염기로 간주한다.

$$CH_3\ddot{\underset{..}{O}}{-}H \rightleftharpoons H^+ + CH_3\ddot{\underset{..}{O}}:^-$$

약산 짝염기는 강하다 평형은 왼쪽에 놓인다

이러한 예에서 정방향과 역방향 두 방향으로의 전자쌍 이동을 보여 주기 위하여 굽은 화살표를 사용하였다. 간단하게 우리는 양성자 해리를 표시하기 위하여 H^+ 기호를 사용해 왔다. 현실에서는 용액 내에서 유리 양성자는 존재하지 않고, 항상 존재하는 다른 화학종, 전형적으로 용매의 전자쌍과 회합하고 있다. 이제까지 본 바와 같이 물에서 H^+는 하이드로늄 이온

(H_3O^+)으로 표시한다. 메탄올에서는 메톡소늄 이온(methoxonium ion, $CH_3OH_2^+$)이 될 것이며, 메톡시메테인(그림 1-28)에서 양성자는 $(CH_3)_2OH^+$ 등등이 될 것이다. 나중에 많은 유기 반응이 산 조건하에서 수행이 되고, 해리 양성자에 관하여 몇 개의 잠재적인 수용체가 존재하여 그러한 것들을 모두 표시한다는 것은 거추장스러운 일이 된다. 이러한 경우에 우리는 가장 짧은 표기인 H^+를 사용하는 것을 고수할 것이다.

연습 문제 2-8

다음 각 산의 짝염기에 관한 식을 쓰시오. **(a)** Sulfurous acid (H_2SO_3), **(b)** chloric acid ($HClO_3$), **(c)** hydrogen sulfide (H_2S), **(d)** dimethyloxonium $(CH_3)_2OH^+$), **(e)** hydrogen sulfate (HSO_4^-)

연습 문제 2-9

다음 각 염기에 대한 짝산의 화학식을 쓰시오. **(a)** Dimethylamide [$(CH_3)_2N^-$], **(b)** sulfide (S_2^-), **(c)** ammonia (NH_3), **(d)** acetone [$(CH_3)_2C{=}O$], **(e)** trifluoroethoxide ($CF_3CH_2O^-$).

연습 문제 2-10

Nitrous acid (HNO_2, $pK_a = 3.3$) 또는 phosphorous acid (H_3PO_3, $pK_a = 1.3$) 중 어느 것인 강산인가? 각각의 pK_a값을 계산하시오.

분자의 구조로부터 상대적인 산과 염기의 세기를 평가할 수 있다

구조와 기능 간의 관계는 산-염기 화학에 있어서는 매우 확실하다. 정말로 세 개의 구조적인 특징으로부터 적어도 정성적으로 산 HA의 상대적인 세기(따라서 해당 짝염기의 약한 정도)를 평가할 수 있다.

1. 주기율표에서 한 주기의 왼쪽에서 오른쪽으로 진행함에 따라 증가하는 **전기음성도**. 산성 양성자가 부착한 원자의 전기음성도가 클수록 결합은 더 극성이 되고, 양성자의 산성은 더 커진다. 예를 들면, 다음의 산도 증가 순서 $H_4C < H_3N < H_2O < HF$는 A의 전기음성도(표 1-2 참조) 증가 순서와 같다.

전기음성도 증가 →

H_4C H_3N H_2O HF

산도 증가 →

2. 주기율표에 하나의 열(같은 족)을 내려가면서 A의 **크기**가 증가한다. 할로젠화 수소의 산의 세기는 $HF < HCl < HBr < HI$ 순서로 증가한다. H^+와 A^-로 해리하는 것은 A가 클수록 유리하다. 그 이유는 커다란 바깥 껍질 오비탈과 1*s* 수소 오비탈의 겹침이 불리하여 H—A 결합을 약화시키기 때문이다. 이에 덧붙여 커다란 최외각 전자 껍질 오비탈은 전자가 커다란 부피를 차지하게 만들어, 결과 생성된 음이온에서 전자-전자 반발을 감소시켜 준다.*

---

*할로젠화 수소에 있어서의 산도 순서에 관한 이유를 결합 세기 주장이 흔히 단일한 이유로 주어진다. HF는 가장 강한 결합을 가지고, HI는 가장 약한 결합을 가진다. 하여튼 이러한 상관 관계는 다음 순서에서는 적용이 안 된다. H_4C, H_3N, H_2O, HF 순서에서 가장 약한 CH_4가 역시 **가장 약한** H—A 결합을 가진다. 3장에서 결합이 해리되어 **이온**으로 변하는 과정에서, 결합 세기는 단지 간접적으로 적용할 수 있다는 것을 알게 될 것이다.

A의 크기 증가 →

HF HCl HBr HI

산도 증가 →

3. 몇 개의 원자에 걸쳐 전하가 비편재화되는 A^-에서의 **공명**. 흔히 공명 효과는 A^-에 전기음성적인 원소가 추가되면 된다. 예를 들면, 아세트산은 메탄올보다 더 산성이다. 두 경우에서 O—H 이온으로 해리된다. 메톡사이드, 메탄올의 짝염기는 산소에 편재된 음전하를 가진다. 반대로 아세테이트(아세테이트 음이온) 결합이 이온은 두 개의 공명식을 가지고 전하를 두 번째 산소 원자로 비편재화할 수 있다. 따라서 아세테이트 이온에서는 음전하가 보다 잘 수용되어(1-5절 참조) 아세테이트를 안정화시켜 약한 염기로 만든다.

Acetic acid는 공명에 의하여 안정하기 때문에 acetic acid는 methanol보다 강산이다

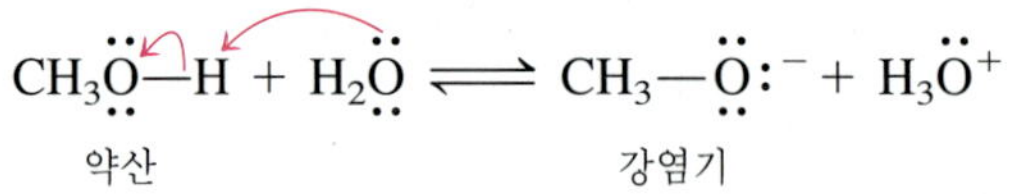

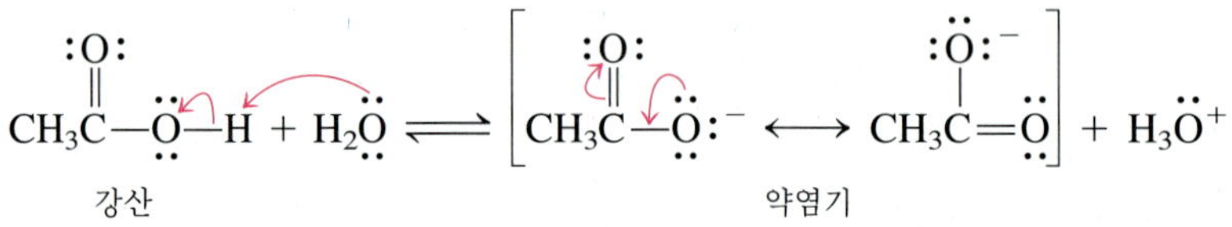

$$CH_3\ddot{O}{-}H + H_2\ddot{O} \rightleftharpoons CH_3{-}\ddot{O}{:}^- + H_3\ddot{O}^+$$

약산 강염기

$$CH_3C(={:}O{:}){-}\ddot{O}{-}H + H_2\ddot{O} \rightleftharpoons \left[CH_3C(={:}O{:}){-}\ddot{O}{:}^- \longleftrightarrow CH_3C({-}\ddot{O}{:}^-){=}\ddot{O}\right] + H_3\ddot{O}^+$$

강산 약염기

공명 효과는 황산에서 더 드러난다. 사용할 수 있는 황의 *d* 오비탈은 원자가전자 껍질 팽창의 Lewis 구조에서 12의 많은 전자가 포함되게 쓸 수 있다(1-4, 1-5절). 이와 달리 황에 하나 또는 두 개의 양전하가 되도록 전하 분리 구조도 사용할 수 있다. 두 표기 방식 모두 다 H_2SO_4의 pK_a값이 낮아야만 한다는 것을 의미한다.

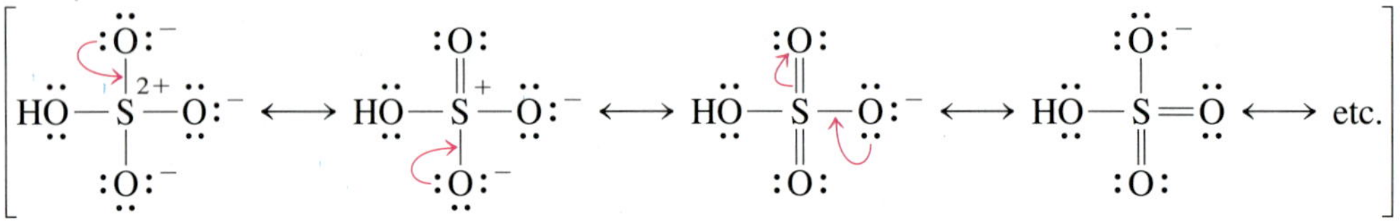

$$\left[H\ddot{O}{-}\overset{2+}{S}({-}\ddot{O}{:}^-)_2{-}\ddot{O}{:}^- \longleftrightarrow H\ddot{O}{-}\overset{+}{S}(={:}O{:})({-}\ddot{O}{:}^-){-}\ddot{O}{:}^- \longleftrightarrow H\ddot{O}{-}S(={:}O{:})_2{-}\ddot{O}{:}^- \longleftrightarrow H\ddot{O}{-}S({-}\ddot{O}{:}^-)(={:}O{:}){=}\ddot{O} \longleftrightarrow \text{etc.}\right]$$

Hydrogen sulfate 이온

일반적으로 HA의 산도는 주기율표의 오른쪽과 아래쪽으로 갈수록 증가한다. 따라서 마찬가지 방식으로 A^-의 염기도는 **감소한다**.

동일한 분자가 한 조건하에서 산으로 작용하고, 다른 조건하에서는 염기로 작용할 수 있다. 이러한 행동의 가장 잘 알려진 예가 물이지만, 다른 물질도 이러한 능력을 마찬가지로 지니고 있다. 예를 들어, 질산은 물의 존재하에서는 산으로 작용하지만, 더 강력한 산성의 H_2SO_4에 대하여서는 염기로 작용한다.

산으로 작용하는 nitric acid

$$O_2N\ddot{O}{-}H + H_2\ddot{O} \rightleftharpoons O_2N\ddot{O}{:}^- + H_3\ddot{O}^+$$

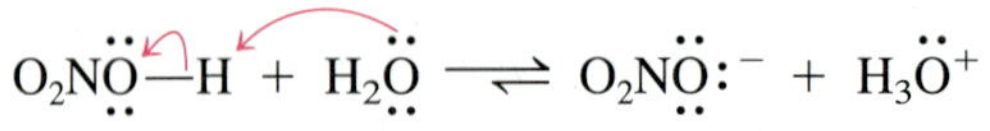

염기로 작용하는 nitric acid

$$HO_3S\ddot{O}{-}H + H\ddot{O}NO_2 \rightleftharpoons HO_3S\ddot{O}{:}^- + H_2\overset{+}{\ddot{O}}NO_2$$

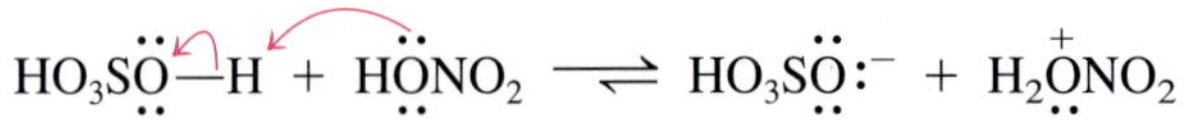

이와 비슷하게 아세트산은 이 절의 앞에서 보인 바와 같이 물에 양성자를 주지만, HBr 같은 강산에 의하여 양성자첨가가 된다.

$$:\ddot{Br}-H + CH_3\overset{\overset{:O:}{\|}}{C}\ddot{O}H \rightleftharpoons :\ddot{Br}:^- + CH_3\overset{\overset{HO:^+}{\|}}{C}\ddot{O}H$$

연습 문제 2-11

앞서 반응식에서 acetic acid의 양성자첨가 자리를 설명하시오(**힌트**: 양성자를 먼저 이 분자의 두 개 산소 중 한 자리에 위치하여 생기는 두 개의 구조 중, 어느 것이 공명에 의하여 더 좋게 안정화되는가를 고려하라.)

연습 문제 2-12

개념 문제: pK_a 결정하기

Benzoic acid ($C_6H_5CO_2H$, 오른쪽 여백 그림 참조)는 25°C의 물에서 다음 해리 반응식에 따라 해리한다.

$$C_6H_5CO_2H \rightleftharpoons C_6H_5CO_2^- + H^+$$

이러한 과정에 관하여 열역학적 변수는 $\Delta H° = -67$ cal mol^{-1}과 $\Delta S° = -19.44$ cal K^{-1}mol^{-1}이다. Benzoic acid의 산 해리 상수 K_a와 pK_a를 계산하시오. $pK_a = 4.7$인 acetic acid와 비교하여 benzoic acid의 세기는 어떤가?

Benzoic acid

전략

산 해리 상수는 평형을 기술하고 직접적으로 $\Delta G°$값과 관련되어 있다. 따라서 산 해리 상수를 계산하기 위하여서는 먼저 25°C (298 K)에서의 $\Delta G°$를 결정해야 한다. 다음에 K_a를 pK_a로 변환할 필요가 있다. 낮은 pK_a는 보다 강산이라는 것을 의미한다.

풀이

$$\Delta G° = \Delta H° - T\Delta S° = -(67 \text{ cal mol}^{-1}) - [(298 \text{ K}) \times (-19.44 \text{ cal K}^{-1} \text{ mol}^{-1})]$$
$$= -(67 \text{ cal mol}^{-1}) + (5793 \text{ cal mol}^{-1}) = +5726 \text{ cal mol}^{-1} = +5.726 \text{ kcal mol}^{-1}$$

- Using $\Delta G° = -1.36 \log K$, we obtain $\log K_a = -4.2$, corresponding to a pK_a of 4.2, and a K_a of $6.4 = 10^{-5}$.
- Benzoic acid에 관하여 결정한 pK_a는 acetic acid에 관한 값(4.7)보다 작기 때문에 benzoic acid는 보다 강산이다.

연습 문제 2-13

자습 문제

Acetic acid ($pK_a = 4.7$)는 물 ($pK_a = 15.7$)에 비교하여 얼마나 강한 산인가?

Lewis 산과 염기는 전자쌍을 공유함으로써 상호작용한다

Lewis는 전자쌍을 공유하는 관점에서 산-염기 상호작용에 관한 일반적 설명을 도입하였다. **Lewis 산(Lewis acid)**은 닫힌 최외각 전자 껍질에서 적어도 두 개의 전자가 부족한 원자를 포함하는 화학종이다. **Lewis 염기(Lewis base)**는 적어도 한 쌍의 고립 전자쌍을 포함한다. 부호 X는 아무 할로젠이나 표시하고, R은 유기 작용기를 표시한다(2-3절 참조).

Lewis 산은 채워지지 않은 원자가전자 껍질을 가진다

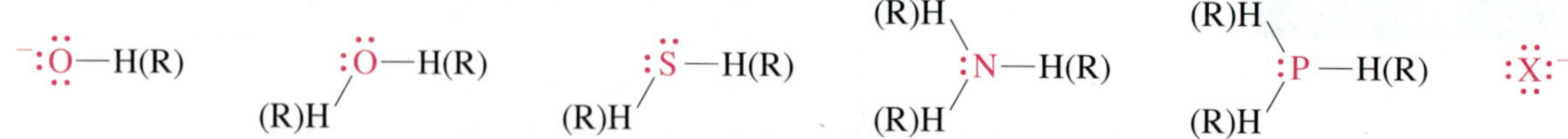

Lewis 염기는 사용할 수 있는 전자쌍을 가진다

$^-$:Ö:—H(R)   (R)H—Ö:—H(R)   (R)H—S̈:—H(R)   (R)H(R)H—N:—H(R)   (R)H(R)H—P:—H(R)   :Ẍ̤:$^-$

Lewis 염기는 Lewis 산과 함께 공유 전자쌍을 공유함으로써 새로운 공유 결합을 형성한다. 따라서 Lewis 염기-Lewis 산 상호작용은 전자쌍이 염기에서 산으로 이동하는 방향을 가리키는 화살표에 의하여 도해된다. 수산기 이온과 양성자 간의 Brønsted 산-염기 반응은 마찬가지로 Lewis 산-염기 과정의 한 예이다.

Lewis 산-염기 반응

$$H^+ + {}^-\text{:}\ddot{O}\text{—}H \longrightarrow H\text{—}\ddot{O}\text{—}H$$

$$AlCl_3 + :N(CH_3)_3 \longrightarrow Cl_3\overset{-}{Al}\text{—}\overset{+}{N}(CH_3)_3$$

$$BF_3 + :O(CH_2CH_3)_2 \longrightarrow F_3\overset{-}{B}\text{—}\overset{+}{O}(CH_2CH_3)_2$$

트라이플루오린화 붕소(boron trifluoride)와 에톡시에테인[ethoxyethane, 다이에틸 에터(diethyl ether)] 간의 반응은 앞쪽에서 보았으며, 또한 정전기 퍼텐셜 지도 형태로 표시한 Lewis 산-염기 반응 생성물을 준다. 전자 밀도가 이동함에 따라서 산소는 점차 양(푸른색)이 되고, 붕소는 점차 음(붉은색)으로 된다.

Brønsted 산 HA의 해리는 Lewis 산 H^+와 Lewis 염기 A^-의 결합의 바로 역이다. 이 해리는 다음과 같이 쓴다.

Brønsted 산의 해리

$$H\text{—}A \longrightarrow H^+ + :A^-$$

친전자체와 친핵체도 역시 전자쌍의 이동을 통하여 상호작용한다

유기화학에서 많은 과정이 산-염기 반응의 특성을 보여 준다. 예를 들면, 수산화 소듐(sodium hydroxide)과 클로로메테인의 수용 혼합물을 가열하면 메탄올과 염화 소듐(sodium chloride)이 생성된다. 이러한 과정은 수산화 이온과 HCl 간의 산-염기 반응과 같이 같은 종류의 두 개의 전자쌍의 이동을 포함하고, 같은 종류의 굽은 "전자 밀어내기" 화살표로 표시할 수 있다.

Sodium hydroxide와 chloromethane의 반응

$$CH_3\ddot{\underset{..}{Cl}}: + Na\ddot{\underset{..}{O}}H \xrightarrow{H_2O,\ \Delta} CH_3\ddot{\underset{..}{O}}H + Na\ddot{\underset{..}{Cl}}:$$

methanol

굽은 화살표 표시법을 사용하는 전자의 흐름

$$H\ddot{\underset{..}{O}}:^- + CH_3-\ddot{\underset{..}{Cl}}: \longrightarrow H\ddot{\underset{..}{O}}-CH_3 + :\ddot{\underset{..}{Cl}}:^-$$

Brønsted 산-염기 반응과 비교하라

$$H\ddot{\underset{..}{O}}:^- + H-\ddot{\underset{..}{Cl}}: \longrightarrow H\ddot{\underset{..}{O}}-H + :\ddot{\underset{..}{Cl}}:^-$$

HCl의 수소 원자와 같이 클로로메테인의 탄소 원자는 극성 결합의 양의 말단에 위치하고 있다(1-3절 참조). 따라서 이 탄소는 비공유 전자쌍을 보유하는 화학종과 반응하는 경향을 보여 준다. 이 탄소는 **친전자성(electrophilic**, 글자 그대로 "전자를 좋아하는", *philos*는 그리스어로 친구를 의미)이라고 한다. 교대로 수산화 이온의 산소와 같이 고립 전자쌍을 가지는 원자는 **친핵성(nucleophilic**, "핵을 좋아하는")이라고 한다. 이러한 반응은 친핵체 자체가 출발물의 원자나 원자단을 치환하는 **친핵성 치환반응(nucleophilic substitution)**의 한 예이다.

정의에 따라 **친핵체**(*nucleophile*)와 **Lewis 염기**(*Lewis base*)라는 용어는 동의어이다. 모든 친핵체는 Lewis 염기이다. 흔히 **수소가 아닌** 친전자성 원자, 전형적으로 탄소를 공격하는 Lewis 염기를 **친핵체**라는 용어로 사용한다. 친핵체는 흔히 Nu라는 약자로 표시하며, 수산화 이온 같이 음전하를 가지거나 물 같이 중성일 수 있다. 그러나 모든 친전자체는 적어도 한 개의 비공유 전자쌍을 포함한다. 모든 Lewis 산은 앞서 보여 준 Lewis 산-염기 반응의 예에서 보여 준 바과 같이 친전자체이다. 하여튼 닫힌 최외각 전자 껍질을 가지고 있는 원자를 가지는 HCl과 CH_3Cl 같은 화학종은 Lewis 산이 아니지만, 그럼에도 극성 결합을 가지는 이유로 친전자체로 행동할 수 있다.

친핵성 치환반응은 탄소-할로젠 결합을 가지는 유기 화합물인 **할로알케인(haloalkane)**의 일반적인 반응이다. 두 개의 다음 반응식은 추가적인 예이다.

$$CH_3\underset{:\ddot{Br}:}{\overset{H}{C}}CH_2CH_3 + :\ddot{\underset{..}{I}}:^- \longrightarrow CH_3\underset{:\underset{..}{I}:}{\overset{H}{C}}CH_2CH_3 + :\ddot{\underset{..}{Br}}:^-$$

$$CH_3CH_2\ddot{\underset{..}{I}}: + :NH_3 \longrightarrow CH_3CH_2\underset{H}{\overset{H}{\overset{+}{N}}}H + :\ddot{\underset{..}{I}}:^-$$

연습 문제 2-14

개념 문제: 굽은 화살표 사용하기

이 절의 이전 예들을 모형으로 사용하여 바로 위에 있는 두 반응의 왼쪽에 굽은 화살표를 첨가하시오.

전략

유기 기질에서 가장 반응할 만한 결합과 그것의 편극화를 확인하라. 다른 반응 화학종을 분류하고, 비슷한 유형의 기질 간의 반응을 책에서 찾아보라.

풀이

- 기질에서의 C — Br 결합은 반응 자리이고, (δ^+)C — Br(δ^-)로 편극되어 있다. 아이오딘화 이온은 Lewis 염기여서 효율적인 친핵체(전자쌍 주개)이다. 따라서 상황은 바로 위에서 수산화 이온과 CH_3Cl 간의 반응이 이 절의 시작에 있는 예 3에서 보는 것과 유사하다.
- 적적한 화살표를 첨가하기 위하여 앞서의 양식을 따른다.

$$:\ddot{\underset{..}{I}}:^- + H-\overset{\overset{CH_2CH_3}{|}}{\underset{\underset{CH_3}{|}}{C}}^{\delta+}-\ddot{\underset{..}{Br}}:^{\delta-} \longrightarrow I-\overset{\overset{CH_2CH_3}{|}}{\underset{\underset{CH_3}{|}}{C}}-H + :\ddot{\underset{..}{Br}}:^-$$

연습 문제 2-15

자습 문제

바로 위의 연습 문제 2-14의 두 번째 반응식에 굽은 화살표를 첨가하시오.

비록 이러한 예에서 할로알케인이 다른 할로젠과 탄소와 수소 원자의 다양한 개수와 배열을 포함하지만, 그것들은 친핵체에 대하여 매우 비슷하게 행동한다. 결론은 할로알케인의 화학적 행동을 지배하는 것은 **탄소-할로젠 결합의 존재**이다. 화학적 반응성을 명령하는 구조적 특징이 C — X 결합이다—**구조는 화학 작용을 결정한다**. C — X 결합은 할로알케인의 **작용기(function group)**, 즉 화학 반응성 중심을 구성한다. 다음 절에서 유기 화합물의 중요한 부류를 소개하고, 그것들의 작용기를 확인하고, 그것들의 반응성을 간단히 예비 검토할 것이다.

요약 Brønsted-Lowry 설에서 산은 양성자 주개이고, 염기는 양성자 받개이다. 산-염기의 상호작용은 평형에 의하여 지배된다. 이것은 산 해리 상수 K_a에 의하여 정량적으로 기술한다. 산에서 한 개의 양성자를 제거하면 산의 짝염기를 생성한다. 염기에 양성자가 결합하면 염기의 짝산을 생성한다. Lewis 염기는 한 개의 전자쌍을 제공하여 Lewis 산과 공유 결합을 형성한다. 이 과정은 염기의 고립 전자쌍으로부터 산으로 향하는 굽은 화살표로 표시한다. 유기화학에서의 친전자체와 친핵체는 산과 염기와 아주 유사하게 상호작용하는 화학종이다. 할로알케인의 탄소-할로젠 결합은 이 화합물의 작용기이다. 이것은 친전자성 탄소 원자를 포함하여 친핵성 치환반응이라고 하는 과정에서 친핵체와 반응한다.

2-3 작용기: 반응성의 중심

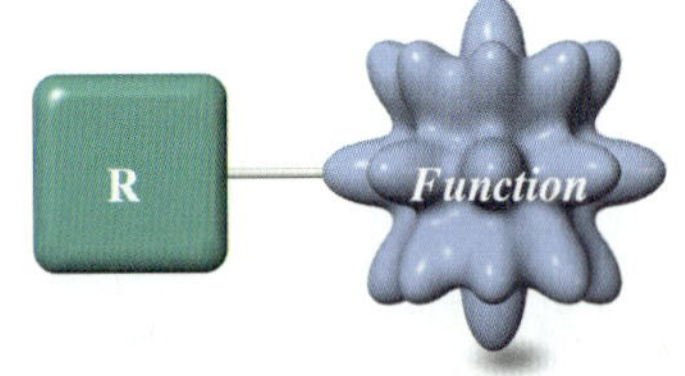

탄소 골격은 구조를 제공한다 작용기는 반응성을 전달한다

많은 유기 분자들이 오로지 수소 원자들만 붙어 있는 단일 결합으로 연결된 탄소의 골격을 주로 포함한다. 그러나 유기 분자들은 또한 이중 결합 탄소 또는 삼중 결합 탄소를 다른 원소와 함께 포함한다. 이러한 원자 또는 원자단은 상당히 높은 화학적 반응성의 자리가 되는 경향이 있어, **작용기** 또는 **작용성(functionality)**이라 한다. 이러한 원자단은 특성을 가지고 **분자 전체의 반응성을 조절한다**.

탄화수소는 수소와 탄소만을 포함하는 분자이다

탄화수소(hydrocarbon)부터 공부를 시작하자. 탄화수소는 일반적인 실험식 C_xH_y을 가진다. 메테인, 에테인, 프로페인 같이 단일 결합만 포함하는 것들을 **알케인(alkane)**이라고 한다. 탄소가 고리를 형성하는 사이클로헥세인 같은 분자를 **사이클로알케인(cycloalkane)**이라고 한다. **알**

케인은 작용기가 없다. 그 결과로 알케인은 상대적으로 비극성이고, 반응성이 없다. 알케인의 특성 및 화학은 이 장과 3장과 4장에서 기술한다.

알케인

CH_4 (Mthane) $CH_3—CH_3$ (Ethane) $CH_3—CH_2—CH_3$ (Propane) $CH_3—CH_2—CH_2—CH_3$ (Butane)

이중 결합과 삼중 결합은 각각 **알켄(alkene)**과 **알카인(alkyne)**의 작용기이다. 이것들의 특성 및 화학은 11장에서 13장까지의 주제이다.

알켄과 알카인

$CH_2{=}CH_2$ Ethene (Ethylene)

$(H)(CH_3)C{=}CH_2$ Propene

$HC{\equiv}CH$ Ethyne (Acetylene)

$CH_3—C{\equiv}CH$ Propyne

사이클로알케인

Cyclopentane

Cyclohexane

특이한 탄화수소인 **벤젠(benzane, C_6H_6)**은 세 개의 이중 결합이 육원자 고리(six memebered ring)를 형성하고 있다. 벤젠과 그 유도체들을 몇 개의 치환된 벤젠이 강한 향기를 가지므로 전통적으로 소위 **방향족(aromatic)**이라고 한다. 방향족 화합물은 또한 **아렌(arene)**이라고도 하며, 이것들을 15장, 16장, 22장, 25장에서 논의할 것이다.

방향족 화합물(Arenes)

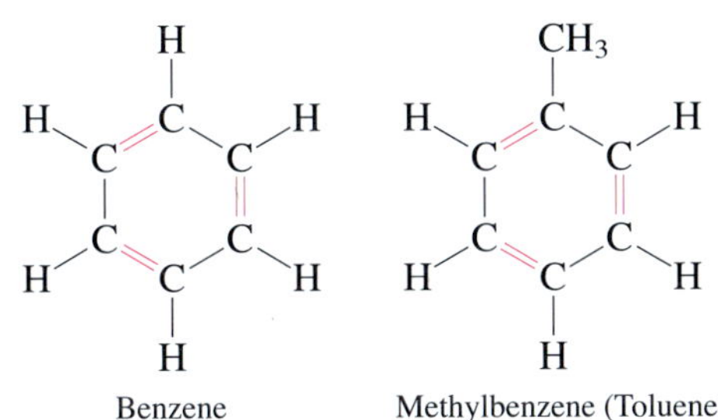

Benzene Methylbenzene (Toluene)

표 2-3 일반적인 작용기

화합물 종류	일반 구조식[a]	작용기	예
알케인 (3, 4장)	R—H	None	$CH_3CH_2CH_2CH_3$ Butane
할로알케인 (6, 7장)	R—X: (X = F, Cl, Br, I)	—X:	$CH_3CH_2—Br$: Bromoethane
알코올 (8, 9장)	R—OH	—OH	$(CH_3)_2C(H)—OH$ 2-Propanol (Isopropyl alcohol)
에터 (9장)	R—O—R′	—O—	$CH_3CH_2—O—CH_3$ Methoxyethane (Ethyl methyl ether)
싸이올 (9장)	R—SH	—SH	$CH_3CH_2—SH$ Ethanethiol
알켄 (11, 12장)	(H)R(H)R C=C R(H)R(H)	>C=C<	$(CH_3)_2C{=}CH_2$ 2-Methylpropene

(계속)

표 2-3 (계속)

화합물 종류	일반 구조식[a]	작용기	예
알카인 (13장)	(H)R—C≡C—R(H)	—C≡C—	$CH_3C\equiv CCH_3$ 2-Butyne
방향족 화합물 (15, 16, 22장)	여섯 개의 C로 된 고리, 각 C에 R(H)	여섯 개의 C로 된 고리	고리: C–CH_3, HC, CH, HC, CH, C–H; Methylbenzene (Toluene)
알데하이드 (17, 18장)	R—C(=Ö:)—H	—C(=Ö:)—H	CH_3CH_2CH(=Ö:) Propanal
케톤 (17, 18장)	R—C(=Ö:)—R′	—C(=Ö:)—	CH_3CH_2C(=Ö:)$CH_2CH_2CH_3$ 3-Hexanone
카복실산 (19, 20장)	R—C(=Ö:)—Ö—H	—C(=Ö:)—ÖH	CH_3CH_2C(=Ö:)ÖH Propanoic acid
무수물 (19, 20장)	R—C(=Ö:)—Ö—C(=Ö:)—R′(H)	—C(=Ö:)—Ö—C(=Ö:)—	CH_3CH_2C(=Ö:)ÖC(=Ö:)CH_2CH_3 Propanoic anhydride
에스터 (19, 20, 23장)	(H)R—C(=Ö:)—Ö—R′	—C(=Ö:)—Ö—	CH_3CH_2C(=Ö:)ÖCH_3 Methyl propanoate (Methyl propionate)
아마이드 (19, 20, 26장)	R—C(=Ö:)—N̈(—R″(H))—R′(H)	—C(=Ö:)—N̈<	$CH_3CH_2CH_2C$(=Ö:)N̈H_2 Butanamide
나이트릴 (20장)	R—C≡N:	—C≡N:	$CH_3C\equiv N$: Ethanenitrile (Acetonitrile)
아민 (21장)	R—N̈(—R″(H))—R′(H)	—N̈<	$(CH_3)_3N$: *N*,*N*-Dimethylmethanamine (Trimethylamine)

[a]글자 R은 알킬기를 표시한다(책 참조). 다른 알킬기는 글자 R에 프라임표를 첨가한다. R′, R″, R‴ 등등.

많은 작용기는 극성 결합을 포함한다

극성 결합은 많은 부류의 분자들의 행동을 결정한다. 극성도는 서로 결합한 원자들의 전기음성도 차이에 기인한다는 것(1-3절 참조)을 상기하라. 탄소-할로젠 극성 결합을 작용기로 포함하는 **할로알케인(haloalkane)**을 이미 소개하였다. 6장과 7장에서는 심도 있게 이들의 화학을 검토할 것이다. 또 다른 작용기는 —O—H로 **알코올(alcohol)**의 특성을 나타내는 **하이드록시(hydroxy)**기이다. **에터(ether)**의 특성적인 작용기 단위는 두 개의 탄소 원자와 결합하는 한개의 산소이다(—C—O—C—). 알코올과 몇 가지 에터의 작용기는 다른 다양한 작용기로 변환할 수 있으며, 따라서 합성 변환에 중요하다. 이러한 화학은 8장과 9장의 주제이다.

할로알케인		알코올		에터	
$CH_3\ddot{Cl}:$	$CH_3CH_2\ddot{Cl}:$	$CH_3\ddot{O}H$	$CH_3CH_2\ddot{O}H$	$CH_3\ddot{O}CH_3$	$CH_3CH_2\ddot{O}CH_2CH_3$
Chloromethane (Methyl chloride)	Chloroethane (Ethyl chloride)	Methanol	Ethanol	Methoxymethane (Dimethyl ether)	Ethoxyethane (Diethyl ether)
	(국소 마취제)	(목정)	(주정)	(냉매)	(흡입 마취제)

카보닐(carbonyl) 작용기 C═O는 **알데하이드(aldehyde)**, **케톤(ketone)** 및 —OH와 결합한 **카복실산(carboxylic acid)**에서 발견된다. 알데하이드와 케톤은 17장과 18장, 카복실산과 유도체들은 19장과 20장에서 논의할 것이다.

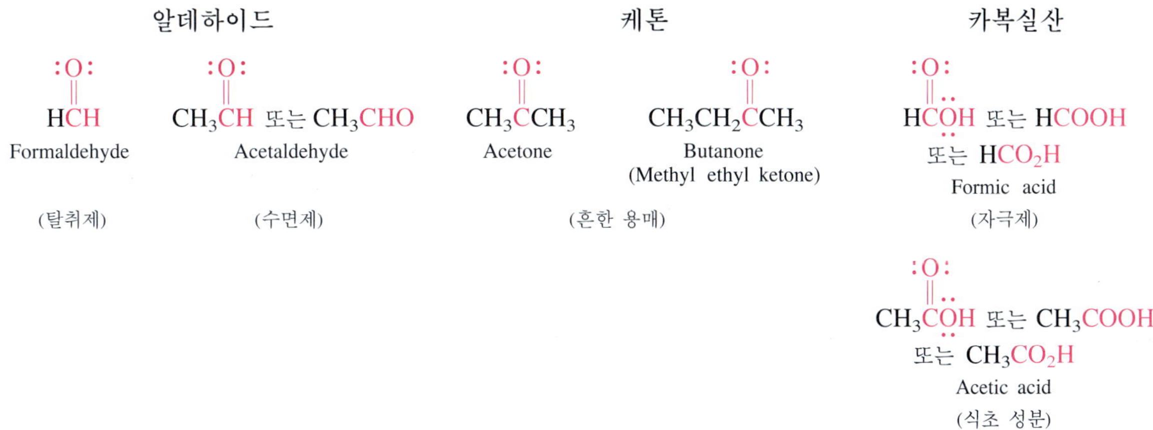

다른 원소들은 더 많은 특성 작용기를 준다. 예를 들면, 알킬 질소 화합물은 **아민(amine)**이다. 알코올의 산소를 황으로 치환하면 **싸이올(thiol)**이 된다.

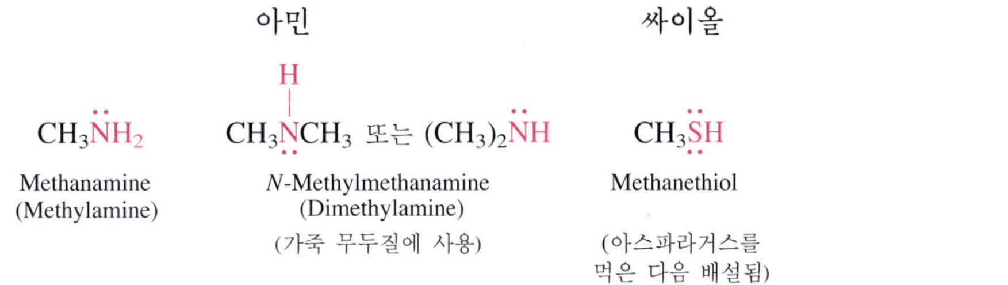

R은 알케인 분자의 일부를 나타낸다

표 2-3에는 흔한 작용기, 이 작용기로부터 생기는 화합물의 종류, 일반적인 구조식과 예를 선택하여 나타냈다. 일반적인 구조식에서 부호 **R**[(라디칼(*radical*) 또는 잔기(*residue*)]을 사용하여 알케인으로부터 한 개의 수소 원자를 제거하여 생기는 **알킬기(alkyl group)**를 표시한다(2-5절 참조). 따라서 할로알케인의 일반적인 화학식은 R—X이며, 여기서 R은 아무 알킬기, X는 아무 할로젠을 의미한다. 알코올도 유사하게 R—O—H로 표시한다. 여러 개의 알킬기를 포함하면 프라임(′) 또는 이중 프라임(″)을 구조에서 다른 원자단을 서로 구별하기 위하여 R에 첨가한다. 따라서 두 개의 알킬기가 같은 에터[**대칭 에터(symemtrical ether)**]에 관한 일반적인 구조식은 R—O—R이고, 서로 다른 두 개의 알킬기를 가지는 에터[**비대칭 에터(unsymmetrical ether)**]의 일반적인 구조식은 R—O—R′로 표시한다.

2-4 곧은 사슬 알케인과 가지 알케인

유기 분자의 작용기는 전형적으로 오직 단일 결합만으로 구성된 탄화수소 골격에 부착되어 있다. 전적으로 단일 결합한 탄소와 수소 원자로 구성되고, 작용기가 결핍된 물질을 **알케인**이라고 한다. 알케인은 구조에 따라서 몇 가지 유형으로 분류한다. **곧은 사슬 알케인(straight chain alkane)**, **가지 알케인(branched alkane)**으로, 탄소 사슬이 한 개 또는 몇 개의 분기점을 포함한다. 그리고 고리형 알케인, 즉 **사이클로알케인**은 4장에서 취급할 것이다.

MODEL BUILDING

곧은 사슬 알케인	가지 알케인	사이클로알케인
$CH_3—CH_2—CH_2—CH_3$	$CH_3—CH(CH_3)—CH_3$ (중심 C에 H)	$CH_2—CH_2$ / $CH_2—CH_2$ (고리)
Butane, C_4H_{10}	2-Methylpropane, C_4H_{10} (Isobutane)	Cyclobutane, C_4H_8

곧은 사슬 알케인은 동족체를 형성한다

곧은 사슬 알케인에서 각 탄소는 두 개의 이웃 탄소와 두 개의 수소 원자에 결합한다. 예외는 두 개의 말단 탄소 핵이며, 이것들은 단지 한 개의 탄소 원자와 세 개의 수소 원자와 결합한다. 곧은 사슬의 알케인 계열은 일반 화학식 $H—(CH_2)_n—H$로 표시할 수 있다. 이러한 계열의 각 소속원은 다음 소속원보다 메틸렌기($—CH_2—$) 하나 첨가로 다르다. 이러한 방식으로 관련된 분자들을 서로 **동족체(homolog)**가 되면(그리스어 *homos*, 같다는 의미) 이러한 계열을 **동족 계열(homologous series)**이라고 한다. 메테인($n = 1$)은 알케인 동족 계열의 첫 번째 소속원이고, 에테인($n = 2$)은 두 번째 그리고 기타 등등이다.

표 2-4

알케인 C_nH_{2n+2}의 가능한 이성질체 개수

n	이성질체
1	1
2	1
3	1
4	2
5	3
6	5
7	9
8	18
9	35
10	75
15	4,347
20	366,319

가지 알케인은 곧은 사슬 알케인의 구조 이성질체이다

가지 알케인은 곧은 사슬계에서 메틸렌(CH_2) 원자단으로부터 하나의 수소를 제거하여, 하나의 알킬기로 치환하여 파생된다. 가지 알케인과 곧은 사슬 모두 다 같은 일반식 C_nH_{2n+2}을 가진다. 가장 작은 가지 알케인은 2-메틸프로페인이다. 이것은 뷰테인(C_4H_{10})과 같은 분자식을 가진다. 따라서 이 두 화합물은 구조 이성질체의 한 쌍을 이룬다(1-9절 참조).

보다 높은 알케인 동족체($n > 4$)에 대해서는 세 개 이상의 이성질체가 가능하다. 다음 아래와 같이 세 개의 펜테인(C_5H_{12})이 존재한다. 다섯 개의 헥세인(C_6H_{14}), 아홉 개의 헵테인(C_7H_{16}) 및 열여덟 개의 옥테인(C_8H_{18})이 존재한다.

Pentane의 이성질체들

Pentane	2-Methylbutane (Isopentane)	2,2-Dimethylpropane (Neopentane)
$CH_3—CH_2—CH_2—CH_2—CH_3$	$CH_3—CH_2—CH(CH_3)—CH_3$	$CH_3—C(CH_3)_2—CH_3$

n개 탄소 원자들이 서로 연결하고, $2n + 2$개 주위의 수소 원자와 연결 가능한 개수는 n의 크기가 증가함에 따라 극적으로 증가한다(표 2-4 참조).

MODEL BUILDING

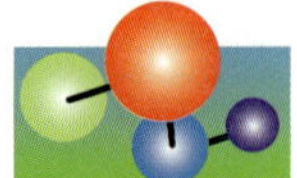

연습 문제 2-16

(a) 다섯 개의 hexane 이성질체의 구조식을 그리시오. **(b)** 2-Methylbutane의 바로 위 및 아래 동족체의 모든 가능한 구조식을 그리시오.

2-5 알케인 명명법

무수히 많은 유기 분자들이 존재할 수 있다는 것은 다양한 방법의 탄소 원자들이 연결되고 치환기들이 결합하는 것으로 설명할 수 있다. 이러한 다양성은 문제를 제기한다. 이러한 모든 화합물을 어떻게 구별하여 체계적으로 명명할 수 있을까? 예를 들면, 모든 C_6H_{14} 이성질체를 명명하여 어느 하나에 대한 정보를(끓는점, 녹는점, 반응 등) 핸드북의 색인으로부터 쉽게 발견하는 것이 가능할 것인가? 전혀 본 적이 없는 화합물을 명명하여 구조식을 그릴 수 있는 방법이 있는가?

이러한 유기 분자의 명명법의 문제는 유기화학의 시초부터 존재하였지만, 초기의 명명법은 체계적인 것과 동떨어졌다. 화합물은 발견자 이름("Nenitzescu 탄화수소"), 지역("sydnone"), 형태("cubane", "basketane") 및 천연의 원천("바닐린")을 따서 명명되어 왔다. 이러한 **관용명(common 또는 trivial name)** 중 많은 것이 아직도 널리 사용된다. 그러나 현재는 알케인 대한 정확한 체계적 명명법이 존재한다. **체계적 명명법(systematic nomenclature)**은 처음 1892년 스위스 제네바에서 열린 화학 연합회에서 도입되었다. 그 후 지속적으로 대부분 IUPAC(국제 순수 및 응용화학 연합회, International Union of Pure and Applied Chemistry)에 의하여 수정되었다. 표 2-5에서 처음 20개의 곧은 사슬 알케인의 체계적 명명법을 나타냈다. 명명법의 어간은 주로 그리스어 어원이며 사슬의 탄소 개수를 표시한다. 예를 들면, 헵타데케인은 그리스어 **헵타**(*hepta*) 7과 **데카**(*deka*) 10으로 구성되어 있다. 처음 네 개의 알케인은 체계적 명명법의 일부로 간주하는 특이한 이름을 가지고 있으나 모두 다 **-세인(-ane)**으로 끝난다. 이러한 이름들을 아는 것이 중요하다. 왜냐하면 모든 유기 분자의 많은 부분을 명명하는 기초 역할을 하기 때문이다. 몇 가지 가지 알케인은 아직도 널리 사용되는 관용명을 가지고 있다. 그것들은 아이소뷰테인, 아이소펜테인 및 네오헥세인 같이 접두사 **아이소-(iso-)** 및 **네오-(neo-)**(오른쪽 여백 그림 참조)를 사용한다.

여기에 있는 것과 같은 가스통에 액체상으로 압력하에서 보관하는 propane은 용접토치, 랜턴 및 휴대용 가스레인지의 흔한 연료이다.

$$CH_3-\underset{H}{\overset{CH_3}{C}}-(CH_2)_n-CH_3$$

아이소알케인
(e.g., n = 1, isopentane)

$$CH_3-\underset{CH_3}{\overset{CH_3}{C}}-(CH_2)_n-H$$

네오알케인
(e.g., n = 2, neohexane)

연습 문제 2-17

Isohexane과 neopentane의 구조를 그리시오.

표 2-5 곧은 사슬 알케인 C_nH_{2n+2}의 이름과 물리적 특성

n	이름	화학식	끓는점 (°C)	어는점 (°C)	20°C에서의 밀도 (g mL^{-1})
1	Methane	CH_4	−161.7	−182.5	0.466 (−164°C에서)
2	Ethane	CH_3CH_3	−88.6	−183.3	0.572 (−100°C에서)
3	Propane	$CH_3CH_2CH_3$	−42.1	−187.7	0.5853 (−45°C에서)
4	Butane	$CH_3CH_2CH_2CH_3$	−0.5	−138.3	0.5787
5	Pentane	$CH_3(CH_2)_3CH_3$	36.1	−129.8	0.6262
6	Hexane	$CH_3(CH_2)_4CH_3$	68.7	−95.3	0.6603
7	Heptane	$CH_3(CH_2)_5CH_3$	98.4	−90.6	0.6837
8	Octane	$CH_3(CH_2)_6CH_3$	125.7	−56.8	0.7026
9	Nonane	$CH_3(CH_2)_7CH_3$	150.8	−53.5	0.7177
10	Decane	$CH_3(CH_2)_8CH_3$	174.0	−29.7	0.7299
11	Undecane	$CH_3(CH_2)_9CH_3$	195.8	−25.6	0.7402
12	Dodecane	$CH_3(CH_2)_{10}CH_3$	216.3	−9.6	0.7487
13	Tridecane	$CH_3(CH_2)_{11}CH_3$	235.4	−5.5	0.7564
14	Tetradecane	$CH_3(CH_2)_{12}CH_3$	253.7	5.9	0.7628
15	Pentadecane	$CH_3(CH_2)_{13}CH_3$	270.6	10	0.7685
16	Hexadecane	$CH_3(CH_2)_{14}CH_3$	287	18.2	0.7733
17	Heptadecane	$CH_3(CH_2)_{15}CH_3$	301.8	22	0.7780
18	Octadecane	$CH_3(CH_2)_{16}CH_3$	316.1	28.2	0.7768
19	Nonadecane	$CH_3(CH_2)_{17}CH_3$	329.7	32.1	0.7855
20	Icosane	$CH_3(CH_2)_{18}CH_3$	343	36.8	0.7886

표 2-6 가지 알킬기들

구조	관용명	사용되는 관용명의 예	체계명	알킬기 유형
$CH_3-\underset{H}{\overset{CH_3}{\overset{\vert}{\underset{\vert}{C}}}}-$	Isopropyl	$CH_3-\underset{H}{\overset{CH_3}{\overset{\vert}{\underset{\vert}{C}}}}-Cl$ (Isopropyl chloride)	1-Methylethyl	이차
$CH_3-\underset{H}{\overset{CH_3}{\overset{\vert}{\underset{\vert}{C}}}}-CH_2-$	Isobutyl	$CH_3-\underset{H}{\overset{CH_3}{\overset{\vert}{\underset{\vert}{C}}}}-CH_3$ (Isobutane)	2-Methylpropyl	일차
$CH_3-CH_2-\underset{H}{\overset{CH_3}{\overset{\vert}{\underset{\vert}{C}}}}-$	*sec*-Butyl	$CH_3-CH_2-\underset{H}{\overset{CH_3}{\overset{\vert}{\underset{\vert}{C}}}}-NH_2$ (*sec*-Butyl amine)	1-Methylpropyl	차차
$CH_3-\underset{CH_3}{\overset{CH_3}{\overset{\vert}{\underset{\vert}{C}}}}-$	*tert*-Butyl	$CH_3-\underset{CH_3}{\overset{CH_3}{\overset{\vert}{\underset{\vert}{C}}}}-Br$ (*tert*-Butyl bromide)	1,1-Dimethylethyl	삼차
$CH_3-\underset{CH_3}{\overset{CH_3}{\overset{\vert}{\underset{\vert}{C}}}}-CH_2-$	Neopentyl	$CH_3-\underset{CH_3}{\overset{CH_3}{\overset{\vert}{\underset{\vert}{C}}}}-CH_2-OH$ (Neopentyl alcohol)	2,2-Dimethylpropyl	일차

알킬기

CH_3-
Methyl

CH_3-CH_2-
Ethyl

$CH_3-CH_2-CH_2-$
Propyl

2-4절에서 언급한 바와 같이 하나의 수소를 알케인으로부터 제거하면 **알킬기(alkyl group)**가 형성된다. 명명법은 메틸, 에틸, 프로필 같이 알케인의 **-ㅔ인(-ane)**을 **-ㄹ(-yl)**로 대치한다. 표 2-6은 관용명을 가지는 몇 개의 가지 알킬기를 보여 준다. 몇 개는 전치사로 이차를 표시하는 *sec*- (또는 *s*와 사차를 표시하는 *tert*- (또는 *t*-) 같은 접두사를 가진다. 이러한 접두사는 유기 분자의 탄소 원자가 sp^3 혼성화된 것을 분류하는 데 사용한다. **일차(primary)** 탄소는 다른 탄소 원자 하나만 직접 연결된 탄소이다. 예를 들면, 알케인 사슬의 끝에 있는 탄소 원자들 모두 다 일차 탄소이다. 그러한 탄소에 연결된 수소는 일차 수소이고, 일차 수소를 제거하여 생긴 알킬기를 역시 일차 알킬기라고 한다. **이차(secondary)** 탄소는 두 개의 다른 탄소 원자에 직접 연결되어 있으며, **삼차(tertiary)** 탄소는 다른 세 개의 탄소에 연결된 탄소이다. 그러한 수소도 유사하게 표지한다. 표 2-6에 표시한 것과 같이 이차 수소를 제거하면 이차 알킬기가 생기고, 삼차 수소를 제거하면 삼차 알킬기가 생성된다. 마지막으로 네 개의 알킬기를 가지고 있는 탄소는 **사차(quaternary)** 탄소라 한다.

일차, 이차, 삼차 탄소와 수소

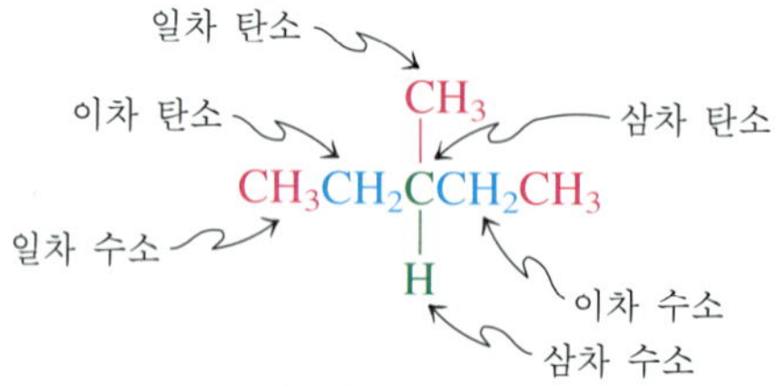

일차 탄소
이차 탄소
삼차 탄소
$CH_3CH_2\underset{H}{\overset{CH_3}{\overset{\vert}{\underset{\vert}{C}}}}CH_2CH_3$
일차 수소
이차 수소
삼차 수소

3-Methylpentane

연습 문제 2-18

2-Methylpentane (isohexane)에서 일차 이차 및 삼차 수소를 표시하시오.

표 2-5의 정보로부터 처음 20개의 곧은 사슬 알케인을 명명할 수 있다. 가지 계를 어떻게

명명할 수 있을까? IUPAC의 규칙은 조심스럽게 규칙을 따르고 서열를 지키면 이러한 문제를 비교적으로 간단한 과제로 만들어 준다.

IUPAC 규칙 1 **분자에서 가장 긴 사슬을 찾아서 명명한다.** 처음에는 이러한 과제가 생각만큼 쉽지는 않다. 축소 구조식에서의 문제는, 복잡한 알케인은 가장 긴 사슬을 확인하는 데 방해가 되는 방식으로 쓸 수 있다는 점이다. 항상 그것이 수평적으로 표시할 수 있다고 가정하지 마라! 다음의 예에서 가장 긴 사슬, 즉 **주사슬(stem chain)**을 명확하게 표시하라. 알케인의 주사슬 분자에게 이름을 부여한다. 주사슬에 연결된 수소 이외의 원자단은 **치환기(substituent)**라 한다.

이 절에서 주사슬은 검은색으로 나타냈다.

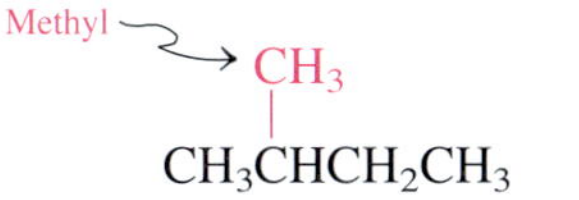

Methyl → CH_3

$CH_3CHCH_2CH_3$

Methyl-substituted butane
(A methylbutane)

CH_3CH_2 $CH_2CH_2CH_2CH_3$ ← Ethyl

$CH_3CHCH_2CH_2CHCH_2CH_3$

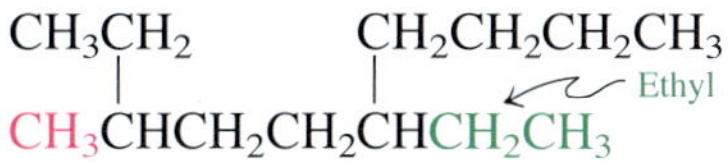

Ethyl- and methyl-substituted decane
(An ethylmethyldecane)

하나의 분자에 같은 길이의 사슬이 두 개 이상이 있는 경우 가장 많은 수의 치환기가 있는 사슬이 기본 주사슬이 된다.

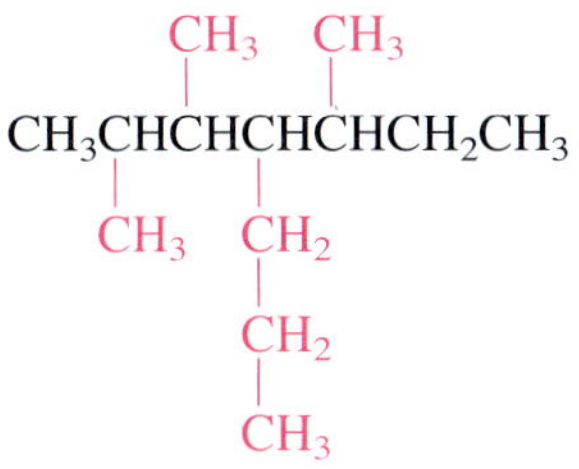

CH_3 CH_3

$CH_3CHCHCHCHCH_2CH_3$

CH_3 CH_2

CH_2

CH_3

4 substituents
Heptane
바른 주사슬

not

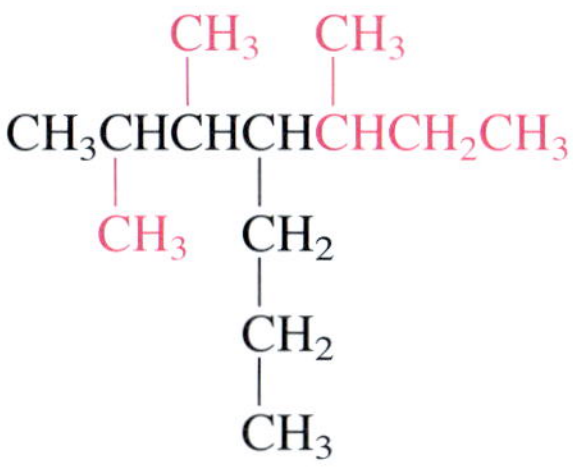

CH_3 CH_3

$CH_3CHCHCHCHCH_2CH_3$

CH_3 CH_2

CH_2

CH_3

3 substituents
Heptane
잘못된 주사슬

여기에 결합-선 표기법을 사용하여 그린 두 개 여분의 예가 있다.

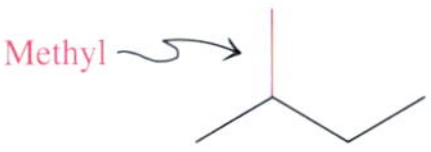

Methyl →

Methylbutane

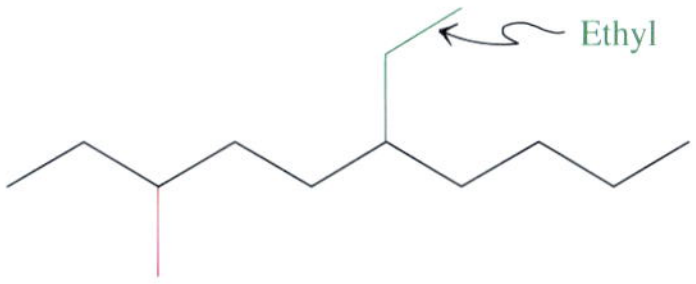

← Ethyl

Ethylmethyldecane

IUPAC 규칙 2 **가장 긴 사슬에 결합한 모든 원자단을 알킬 치환기로 명명한다.** 곧은 사슬 치환기에 관해서는 표 2-5를 사용하여 알킬 명명법을 도출한다. 그러나 치환 사슬이 가지가 붙은 경우에는 어떻게 되는가? 이러한 경우 동일한 IUPAC 규칙을 그렇게 복잡한 치환기에 적용한다. 우선 치환기에서 가장 긴 사슬을 찾는다. 다음 **그것의** 모든 치환기를 명명한다.

IUPAC 규칙 3 **치환기가 가장 가까운 말단부터 시작하여 가장 긴 사슬의 번호를 매긴다.**

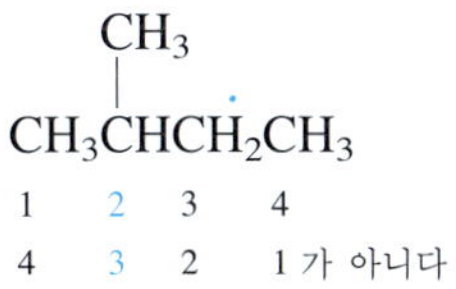

CH_3

$CH_3CHCH_2CH_3$

1 2 3 4
4 3 2 1 가 아니다

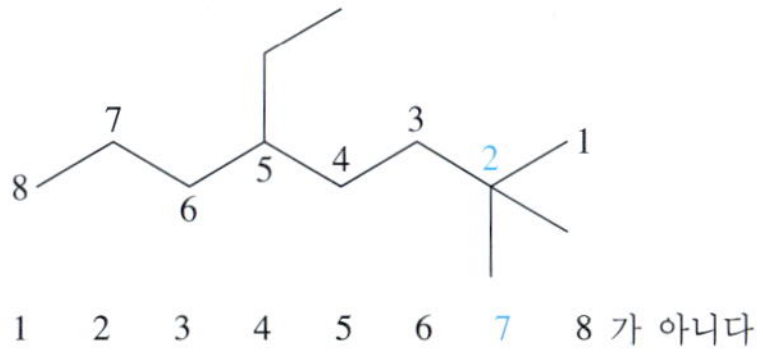

(8 7 6 5 4 3 2 1)

1 2 3 4 5 6 7 8 가 아니다

만일 두 사슬 말단으로부터 두 개의 치환기가 **동일한** 거리에 위치한 경우에는 번호 매김을 결정하기 위하여 알파벳을 사용한다. 알파벳 순서에서 먼저 오는 치환기가 낮은 번호의 탄소에 연결된다.

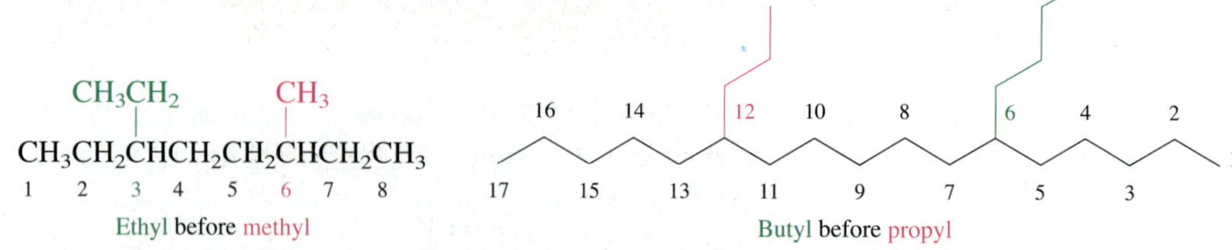

Ethyl before methyl

Butyl before propyl

세 개 이상의 치환기가 있다면 어떻게 되는가? 그런 경우 두 개의 번호 매기는 방식 사이에서 **첫 번째 차이**에서 낮은 번호를 주는 방향으로 번호를 매긴다. 이러한 과정은 **첫 번째 차이점 원리(first point of difference principle)**를 따른다.

CH_3 CH_3 CH_3

$CH_3CH_2CHCH_2CH_2CH_2CH_2CHCH_2CHCH_2CH_3$ (치환기를 갖는 탄소 번호 매김)

1 2 3 4 5 6 7 8 9 10 11 12 ← 3, 8, and 10 (틀리다)

12 11 10 9 8 7 6 5 4 3 2 1 ← 3, 5, and 10 (맞는 5가 8보다 낮다)

3,5,10-Trimethyldodecane

치환기의 번호는 치환기의 주사슬에 부착된 탄소를 C1으로 하여 주사슬로부터 바깥 방향으로 매긴다.

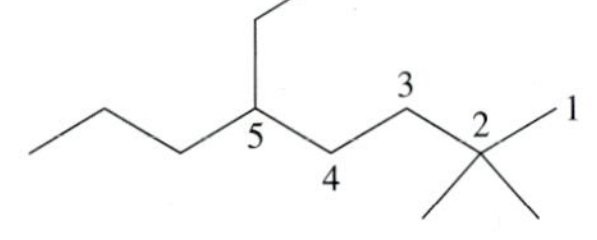

5-Ethyl-2,2-dimethyloctane
("di"를 알파벳 순서에 포함하지 않는다)

5-(1,1-Dimethylethyl)-3-ethyloctane
("di"가 치환기 이름의 일부이므로 알파벳 순서에 포함시킨다)

IUPAC 규칙 4 모든 치환기를 알파벳 순서로 먼저 배열한 다음(각 치환기 앞에 연결된 탄소의 번호와 하이픈으로 연결한다), 주사슬의 이름을 첨가하여 알케인을 명명한다. 두 개 이상의 특정한 한 종류의 치환기를 포함시켜야 한다면 이름 앞에 접두사 다이(di-), 트라이(tri-), 테트라(tetra-), 펜타(penta-) 등등을 붙인다. 주사슬에 부착된 위치는 치환기 이름 이전에 총체적으로 주어지며 쉼표로 분리한다. 이러한 접두사는 복잡한 치환기 이름의 일부가 되는 경우를 제외하고는 *sec*-와 *tert*-와 더불어 알파벳 순서에 포함시키지 않는다.

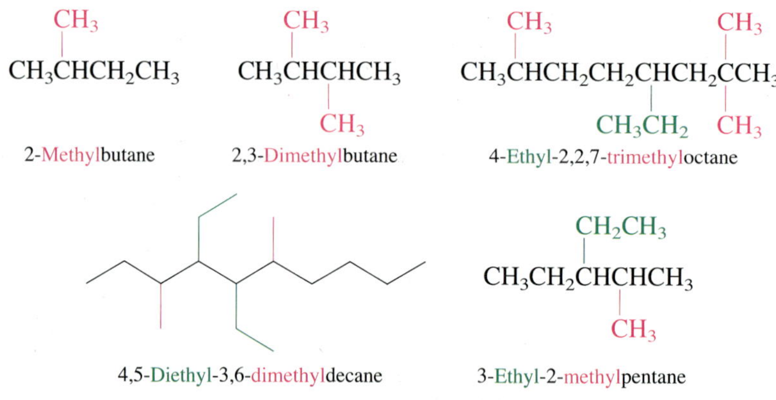

2-Methylbutane　2,3-Dimethylbutane　4-Ethyl-2,2,7-trimethyloctane

4,5-Diethyl-3,6-dimethyldecane　3-Ethyl-2-methylpentane

표 2-6에 흔히 사용하는 관용명은 IUPAC에서 허용한다. 아이스프로필, 아이소뷰틸, *sec*-뷰틸, *tert*-뷰틸 및 네오펜틸. 이러한 다섯 개는 과학자 간의 정상적인 의사교환 도중에 일반적으로 사용한다. 그리고 그들이 의미하는 구조를 알아야 한다. 그럼에도 불구하고 체계적 명명법을 사용하는 것이 바람직하다. 특히 화합물의 정보을 검색할 때 그렇다. 그러한 정보를 포함하는 온라인 데이터베이스는 **체계적인** 명명법을 인식하도록 구축되어 있다. 따라서 입력에 관용명을 사용하면 구하고자 하는 정보의 완전한 세트를 회수할 수 없을 수 있다.

복잡한 치환기의 체계적 이름은 가능한 모호성을 제거하기 위하여 괄호 안에 포함시키도록 한다. 만일 특정의 복잡한 한 개의 치환기가 두 번 이상 존재한다면 괄호 앞에 특정한 접두사 세트를 붙인다. 치환기 2, 3, 4, 5개 등에 관하여 비스(bis), 트리스(tris), 테트라키스(tetrakis), 펜타키스(pentakis) 등등이다. 복잡한 치환기를 가지는 사슬에서 1번으로 매기는 탄소(C1)는 **항상** 주사슬에 직접 연결된 탄소이다.

복잡한 알킬기는 주사슬에 연결된 탄소가 C1이다

첫 번째 치환기가 2번 탄소에 오도록 번호를 매긴다

치환기 수가 가장 많은 가장 긴 사슬을 선택한다

4-(1-Ethylpropyl)-2,3,5-trimethylnonane

$$\begin{array}{c} CH_3 \\ | \\ CH_3CH \\ | \\ CH_3CH_2CH_2CHCH_2CH_2CH_3 \end{array}$$

4-(1-Methylethyl)heptane
(4-Isopropylheptane)

5,8-Bis(1-methylethyl)-dodecane

연습 문제 2-19

앞서의 여덟 개 가지 알케인의 명명법을 쓰고, 이 책을 덮고 그러한 명명법으로부터 구조를 다시 그리시오.

할로알케인을 명명하기 위해서 할로젠을 알케인 골격에 관한 하나의 치환기로 취급한다. 통상 가장 긴 사슬 (주사슬) 에 번호를 매겨 첫 번째 치환기가 말단 중 하나로부터 가장 낮은 번호가 되게 한다. 치환기는 알파벳 순서로 배열하고, 복잡한 부속물은 복잡한 알킬기에 사용하였던 규칙에 따라 명명한다.

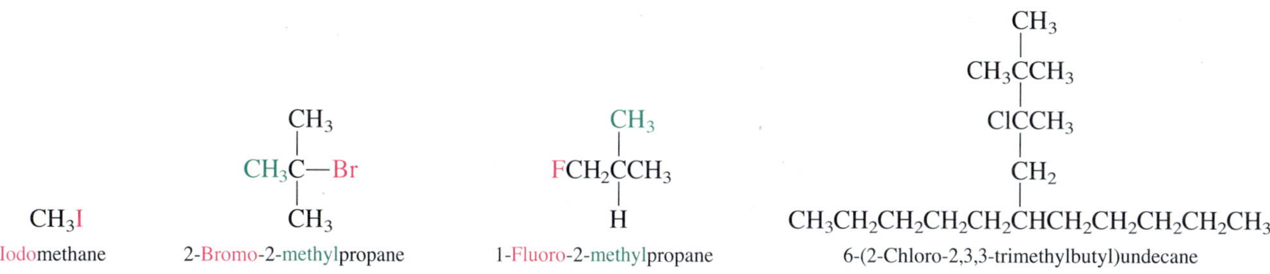

Iodomethane 2-Bromo-2-methylpropane 1-Fluoro-2-methylpropane 6-(2-Chloro-2,3,3-trimethylbutyl)undecane

관용명은 오래된 **할로젠화 알킬** (*alkyl halide*) 이라는 용어를 기초로 한다. 예를 들면, 위의 첫 세 개의 구조는 각각 아이오딘화 메틸 (methyl iodide), 브로민화 *tert*-뷰틸 (*tert*-butyl bromide) 및 플루오린화 아이소뷰틸 (isobutyl fluoride) 이라고 명명한다. 몇 개의 염소화된 용매는 관용명을 사용한다. 예를 들면, 사염화 탄소 (carbon tetrachloride, CCl_4), 클로로폼 (chloroform, $CHCl_3$), 염화 메틸렌 (methylene chloride, CH_2Cl_2) 등이다.

연습 문제 2-20

5-Butyl-3-chloro-2,2,3-trimethyldecane의 구조식을 그리시오.

사이클로알케인 같은 새로운 화합물의 부류가 도입되는 경우 명명법에 대한 더 많은 지시 사항이 주어질 것이다.

요약 가지 알케인을 명명할 때 차례로 네 개의 규칙을 적용하여야 한다. (1) 가장 긴 사슬을 찾는다. (2) 주사슬에 붙은 모든 알킬기의 이름을 찾는다. (3) 사슬에 번호를 매긴다. (4) 치환기 이름을 알파벳 순서로 배열하고, 치환 자리를 표시하는 번호를 앞에다 위치하여 알케인을 명명한다. 할로알케인은 알케인을 명명하는데 적용하는 규칙에 따라 명명하며, 할로젠 치환기는 알킬기와 같이 처리한다.

2-6 알케인의 구조적 및 물리적 특성

모든 알케인의 공통적인 구조적 특징은 탄소 사슬이다. 이러한 사슬은 알케인 뿐만 아니라 역시 그러한 골격을 가지는 다른 어느 유기 분자에 대해서도 물리적 특성에 영향을 준다. 이 절은 그러한 구조의 특성 및 물리적 외양을 취급할 것이다.

알케인은 규칙적인 분자 구조와 특성을 나타낸다

알케인의 구조적 특성은 매우 규칙적이라는 것이다. 탄소 원자는 사면체로 결합각은 109°에 가깝고, 정규 C—H(≈1.10 Å)과 C—C (≈1.54 Å) 결합 길이를 가진다. 알케인 사슬은 결합-선 표기법에서 흔히 지그재그 패턴을 택한다. 삼차원 구조를 표현하기 위하여 점선-쐐기선 표기법(그림 1-23 참조)을 사용할 것이다. 주사슬과 각 말단의 수소는 쪽의 평면에서 그린다(그림 2-4 참조).

연습 문제 2-21

2-Methylbutane과 2,3-dimethylbutane의 지그재그 점선-쐐기선 구조식을 그리시오.

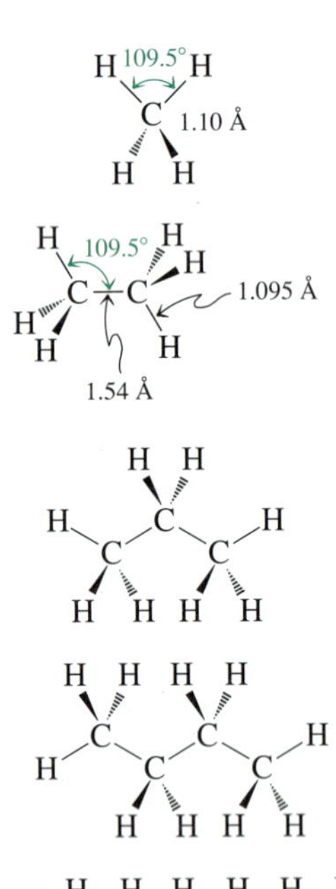

그림 2-4 Methane부터 pentane까지의 점선-쐐기선 구조식. 주사슬의 지그재그 배열과 말단 두 개의 수소에 유의하라.

알케인 구조의 규칙성은 물리적 상수가 예측할 수 있는 경향을 따를 것이라는 것을 말해 준다. 정말로 표 2-5에 표시한 자료를 검토하면 동족 계열을 따라 정규적인 차이로 증가함을 알 수 있다. 예를 들면, 상온에서(25°C), 알케인의 낮은 동족체는 기체 또는 무색 액체이고, 높은 동족체는 왁스형 고체이다. 펜테인부터 펜타데케인까지 각 CH_2 원자단의 증가는 20 ~ 30°C의 끓는점의 증가를 초래한다(그림 2-5 참조).

분자간 인력이 알케인의 물리적 성질을 지배한다

알케인의 물리적 성질은 왜 예측가능인가? 그러한 경향은 **분자간힘(intermolecular force)** 또는 **van der Waals* 힘(van der Waals force)** 때문에 존재한다. 분자 상호 간에는 몇 가지의 인력을 발휘함으로써 그들간 회합하여 조직적인 배열로 고체와 액체로 변환한다. 가장 질서가 있는 결정으로 대부분 고체 물질이 존재한다. 염 같은 **이온** 결합 화합물은 주로 강한 Coulomb

*Johanners D. van der Waals 교수(1837 ~ 1923), Amsterdam 대학교, 네덜란드, 1910년 노벨상(물리).

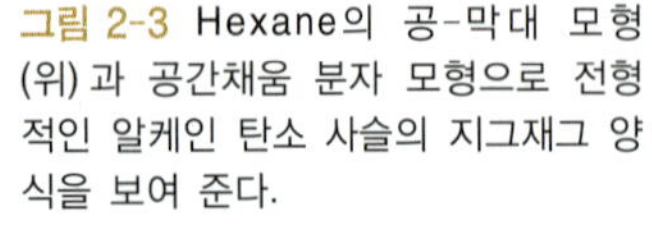

그림 2-3 Hexane의 공-막대 모형(위)과 공간채움 분자 모형으로 전형적인 알케인 탄소 사슬의 지그재그 양식을 보여 준다.

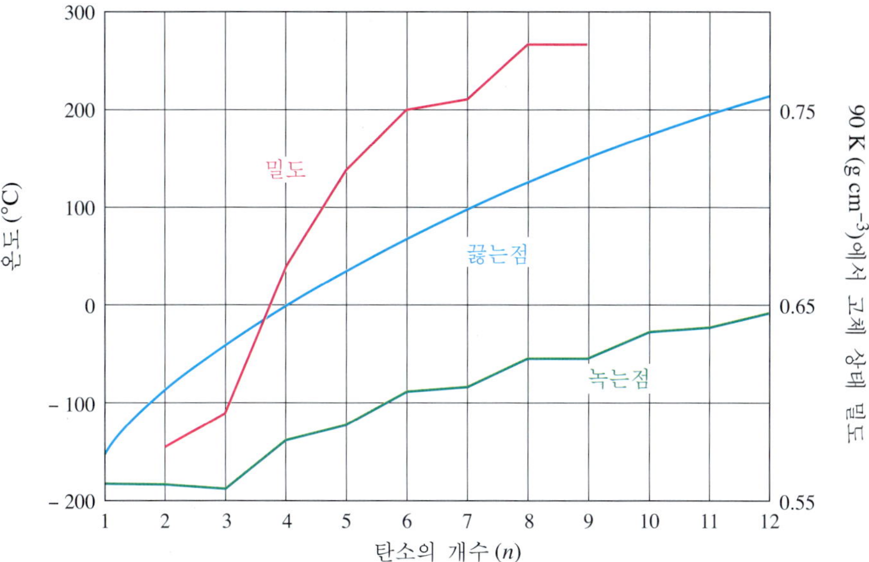

그림 2-5 곧은 사슬 알케인의 물리적 상수. 크기가 증가함에 따라서 London 힘이 증가하기 때문에 이러한 값들은 증가한다. 짝수의 계들은 예상보다 약간 높은 녹는점을 가짐에 유의하라. 이러한 계들은 고체상에서 보다 촘촘히 채워져서 (높은 비중에 유의하라), 분자 간에 보다 센 인력을 허용한다.

힘에 의하여 견고히게 결정 격자에 고정되어 있다. 비이온성이나 **극성**인 분자, 예를 들면 클로로메테인 (CH_3Cl) 은 역시 Coulomb 힘인 약한 쌍극자-쌍극자 상호작용의 인력를 가진다 (1-2 및 6-1절 참조). 마지막으로 **비극성** 알케인은 **전자 상관관계 (electron correlation)** 에서 생긴 **London* 힘 (London force)** 에 의하여 서로 끌어당긴다. 하나의 알케인 분자가 다른 하나의 분자에 접근하면 서로 간의 전자 반발로 전자 이동에 따른 상관관계를 초래한다. 전자의 이동은 일시적으로 한 분자 내에서 결합의 편극화를 초래하고, 다른 분자 결합에서 상호연관된 전자의 움직임은 다른 방향으로 편극화를 유도함으로써 분자 간의 인력을 가져온다. 그림 2-6은 이온성, 쌍극자성 및 London 인력을 비교하는 간단한 그림이다.

London 힘은 매우 약하다. 전하 간 거리 제곱의 역수에 비례하는 Coulomb 힘에 비하여 London 힘은 분자 간 거리의 6제곱 역수에 비례한다. 이러한 힘이 얼마나 가깝게 분자들을

*Fritz London 교수 (1900 ~ 1954), Duke 대학교, North Carolina, 미국. 주: 예전의 참고문헌에서 van der Waals 힘이라는 용어는 현재 우리가 부르는 London 힘을 전적으로 의미하였다. van der Waals 힘은 현재 총체적으로 모든 분자간의 인력을 의미한다.

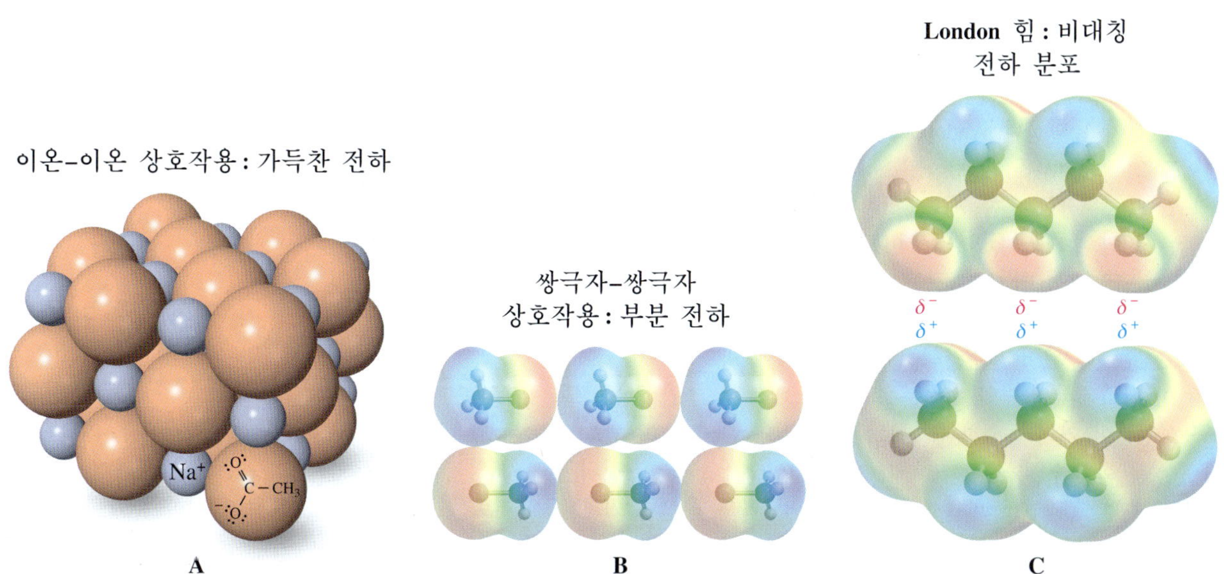

그림 2-6 (A) 이온 결합 화합물의 Coulombic 인력 : 결정성 sodium acetate, acetic acid의 소듐염. (B) 고체 chloromethane의 쌍극자-쌍극자 상호작용. 극성 분자는 선호적 Coulombic 인력이 얻어지도록 배열한다. (C) 결정성 pentane에서의 London 힘. 여기의 단순화된 그림에서 전자 구름은 전체적으로 반대 부호를 가지는 매우 작은 부분적 전하를 생성하도록 서로 상호작용한다. 두 분자에서 전자들이 계속 운동을 상관함에 따라서 전하 배열은 연속적으로 변한다.

파도타기 널은 파라핀으로 왁스를 발라 성능을 향상시킨다.

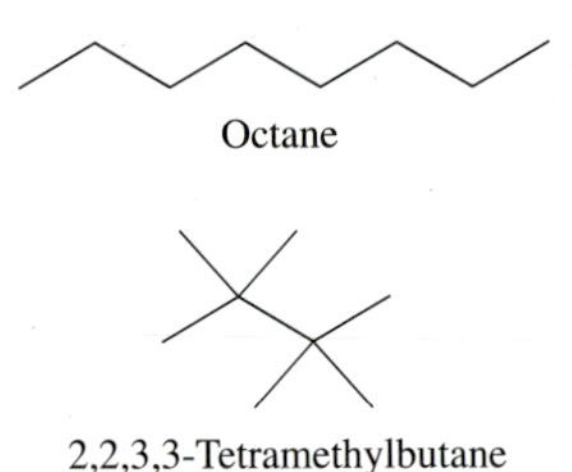

함께 모으는 데에는 역시 한계가 존재한다. 작은 거리에서 핵-핵 및 전자-전자 반발이 이러한 인력보다 커진다.

어떻게 이러한 힘들이 원소와 화합물의 물리적 상수을 설명해 주는가? 답은 고체를 녹이고 액체를 끓이는데 열의 형태로 에너지를 소모한다는 것이다. 예를 들면, 녹이기 위해서는 결정 상태를 유지하는 인력을 극복해야 한다. 아세트산 소듐 같은 이온 결합 화합물에서(그림 2-6A 참조) 화합물이 녹기 위해서는 강한 이온 간의 힘이 다소 높은 온도(324°C)를 요구한다. 알케인에서 분자의 크기가 증가하면 녹는점도 증가한다. 상대적으로 넓은 표면적을 가지는 분진 보다 큰 London 힘을 가지게 된다. 이러한 힘은 아직도 상대적으로 약하며, 큰 분자량 알케인이라도 다소 낮은 녹는점을 가진다. 예를 들어, $C_{20}H_{42}$부터 $C_{40}H_{82}$까지 곧은 사슬의 혼합물은 파라핀 왁스를 형성하여 64°C 이하에서 녹는다.

분자가 액체 상태에서 이와 같은 인력으로부터 탈출하여 기체상으로 돌입하기 위해서는 더 많은 열을 가해야 한다. 액체의 증기압이 대기압과 같아지면 끓기 시작한다. 화합물의 끓는점은 분자간힘이 상대적으로 크면 역시 상당히 높아진다. 이러한 효과는 그림 2-5에서 보듯이 끓는점의 완만한 증가를 가져온다.

가지 알케인은 곧은 사슬 이성질체보다 작은 표면적을 가진다. 그 결과 가지 알케인은 일반적으로 보다 작은 London 힘을 가지게 되어 결정 상태에서 잘 쌓이지 못하게 된다. 약한 인력은 낮은 녹는점과 끓는점을 초래한다. 매우 조밀한 형태의 가지 분자는 예외이다. 예를 들면, 2,2,3,3-테트라메틸뷰테인은 매우 유리하게 결정이 조밀하게 충전되어 +101°C에 녹는다(녹는점 −57°C인 옥테인과 비교). 한편 구형에 가까운 2,2,3,3-테트라메틸뷰테인의 표면보다 더 큰 옥테인은 끓는점에서 확실히 차이를 보여 준다(옥테인의 끓는점 126°C 2,2,3,3-테트라메틸뷰테인의 끓는점 106°). 결정의 충전 차이는 또한 홀수 원자 곧은 사슬 알케인이 짝수 원자의 곧은사슬 알케인보다 상대적으로 약간 낮은 녹는점을 가지는 것을 설명하여 준다(그림 2-5 참조).

화학 이야기 2-2

화학적 모방에 의한 "성적 사기"

꿀벌은 꽃을 수정한다. 우리 모두는 자연의 과정를 지켜보았으며, 매우 권위적으로 들리는 해설자로부터 "본능은 꿀벌이 어떤 꽃을 수정할 것인지를 말한다..." 등등을 듣는다. 본능(instinct), 웃기는 본능(schminstint 조롱조로 말하는 본능). **성**은 꿀벌이 어느 꽃을 수정할 것인가를 말한다. Andrena nigroaenea 종 암컷의 꿀벌은 적어도 21개에서부터 29개의 탄소 원자를 가지는 14개의 알케인과 알켄의 복잡한 혼합물을 생성한다. 이러한 혼합물의 향기는 같은 종의 수컷을 유인한다. 이러한 성 유인물, 즉 **페로몬**(*pheromone*, 12-17절 참조)은 동물 왕국에서는 어디나 존재하며, 전형적으로 종에 따른 특성을 가진다. *Ophrys sphegodes* 종 난초는 수정에 있어서 수컷의 *Andrena* 꿀벌에 의존한다. 놀랍게도 이 난초에서 엽면의 왁스는 *Andrenas* 페로몬 혼합물과 같이 구성성분이 거의 동일하다. 페로몬과 왁스에 존재하는 세 개의 주성분 화합물은 곧은 사슬 알케인 트라이코세인(tricosane, $C_{23}H_{48}$), 펜타코세인(pentacosane, $C_{25}H_{52}$) 및 헵타코세인(heptacosane, $C_{27}H_{56}$)으로 3:3:1 비율로 존재한다. 이러한 것은 "화학적 모방(chemical mimicry)"이라 부르는 것의 한 예이다. 화학적 흉내는 한 생물종이 하나의 화학 물질을 사용하여 다른 종으로부터 원하는, 그러나 정상적일 필요가 없는 반응을 얻는 것을 말한다.

그 난초는 다른 대부분의 식물보다 훨씬 진보적이다. 왜냐하면 그것의 꽃은 모양과 색깔이 이미 그 곤충과 유사하게 생겼으며, 또한 유사페로몬 혼합물을 고농도로 생성하기 때문이다. 따라서 숫꿀벌은 어쩔 수 없이 이 특정의 난초에 유인되어 이러한 현상을 발견자들이 "성적 사기(sexual swindle)"의 한 경우라고 불렀다.

요약 곧은 사슬 알케인은 규칙적인 구조를 가진다. 이것들의 녹는점, 끓는점 및 밀도는 분자량과 표면적이 증가함에 따라 분자 간의 인력이 증가하기 때문에 증가한다.

2-7 단일 결합을 축으로 하는 회전: 형태

분자간힘이 어떻게 분자의 물리적 특성에 영향을 주었는지 고려해 왔었다. 이러한 힘은 분자 **간에** 작용한다. 이 절에서는 분자 **내에** 존재하는 힘(즉, 분자내힘)이 다른 원자들의 기하학적 배열보다 몇 개의 기하학적 배열을 에너지 면에서 더 유리하게 만드는 것을 검토할 것이다. 나중 장에서는 분자 기학학적 형태가 어떻게 화학 반응성에 영향을 주는가를 보여 줄 것이다

회전은 에테인의 형태를 상호변환한다

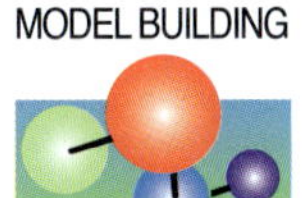

에테인의 분자 모형을 만들면 우리는 두 개의 메틸기가 상호 간에 쉽게 회전함을 알 수 있다. 수소 결합이 서로 지나쳐 회전하는데 필요한 에너지, 즉 **회전 장애**(*barrier to rotation*)는 단지 2.9 kcal mol^{-1} (12.1 kJ mol^{-1})이다. 이러한 값은 매우 낮아서 화학자들은 메틸기가 "자유로 회전한다"고 말한다. 일반적으로 상온에서 **단일 결합을 축으로 하는 회전은 자유 회전**이다.

그림 2-7은 점선-쐐기선 구조식을 사용하여 에테인의 회전 운동을 설명하고 있다(1-9절 참조). 에테인을 그리는데는 두 개의 극값을 가지는 방법이 있다. 엇갈린 형태와 가려진 형태가 두 방법이다. 만일 **엇갈린 형태(staggered conformation)**를 C—C축을 따라서 본다면 첫 번째 탄소의 각 수소 원자는 두 번째 탄소의 두 개의 수소 원자 간에 완벽하게 위치함을 보게 된다. 두 번째 극값은 메틸기 중 하나를 C—C 결합을 축으로 하여 60° 회전하여 처음 형태로부터 얻어진다. 이제 이런 **가려진 형태(eclipsed conformation)**를 C—C축을 따라서 본다면 첫 번째 탄소에 있는 모든 수소 원자들은 두 번째에 있는 모든 수소들과 직접 마주보게 되어, 첫 번째 탄소의 수소들이 두 번째 탄소의 수소들과 겹치게 된다. 더 60° 회전하면 가려진 형태를 하나의 새롭지만, 동일한 엇갈린 배열의 형태로 변환한다. 이러한 두 개의 극값 사이에 메틸기의 회전은 수많은 여분의 위치들을 파생하여 이것들을 총체적으로 **비틀린 형태(skew conformation)**라 한다.

그러한 회전에 의하여 창조된 많은 에테인(그리고 앞으로 볼 치환된 유사체)의 형태를 **형태[conformation**, 또한 **이형태체(conformer)]**라 한다. 형태는 상온에서 매우 빨리 상호변환한다. 이러한 것들의 열역학 및 반응속도론적 성질(행태)을 연구하는 것이 **형태 분석(conformational analysis)**이다.

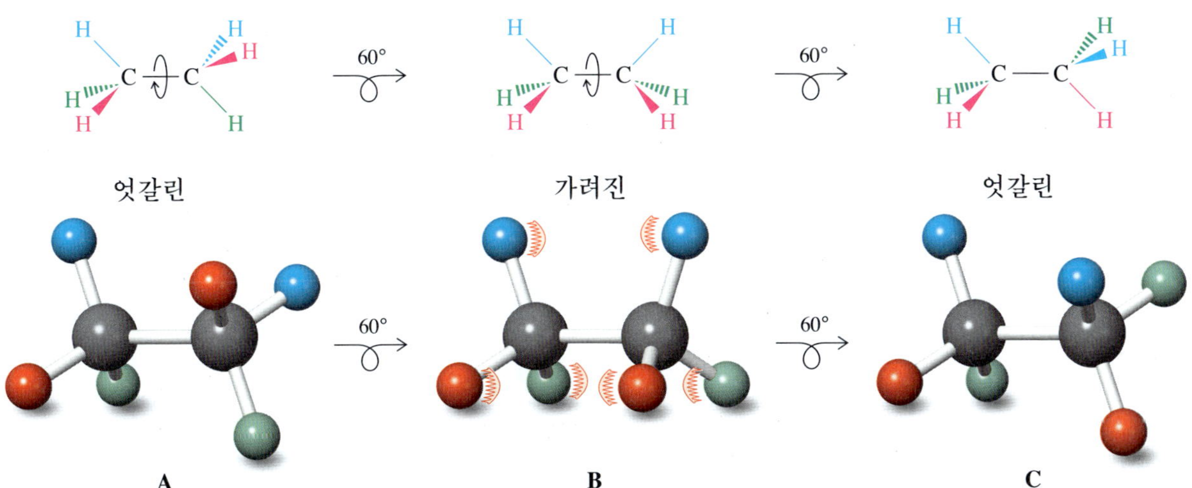

그림 2-7 Ethane에서의 회전: (A와 C) 엇갈린 형태; (B) 가려진 형태. 각 이형태체 간에 사실상 "자유 회전(free rotation)"이 존재한다.

그림 2-8 Ethane의 표시. (A) 옆에서 본 그림. (B) 말단에서 본 그림. 직접 서로 앞뒤로 위치하고 있는 탄소 원자들과 수소의 엇갈린 위치를 보여 준다. (C) (B)에서 보여 주는 시각에서의 ethane의 Newman 투영식. 앞에 위치한 탄소는 세 개의 부착된 수소에 대한 결합의 교차로 표시된다. 남아 있는 세 개의 수소로부터의 결합은 커다란 원주에 연결되어 뒤쪽 탄소를 표시하고 있다.

Newman 투영식 에테인의 형태를 나타낸다

에테인의 형태를 설명하기 위한 점선-쐐기선 구조식의 간단한 대안이 **Newman*** **투영식 (Newman projection)** 이다. 점선-쐐기선 구조식으로부터 분자를 쪽 평면으로부터 우리를 향하게 돌려 C—C축을 따라 봄으로써 Newman 투영식을 얻을 수 있다(그림 2-8A 및 B 참조). 이러한 표기법에서 첫 번째 탄소는 뒤의 탄소를 가리지만, 두 개로부터 나온 결합들은 확실히 볼 수 있다. 앞면의 탄소는 세 개 결합의 연결된 접합점으로 나타나며, 그중 하나는 통상 수직으로 위를 향하게 그린다. 후면의 탄소는 원으로 표시한다(그림 2-8C 참조). 이 탄소에 관한 결합은 원둘레의 바깥쪽 가장자리로 투영된다. 에테인의 극단적인 형태는 이러한 방법으로 쉽게 그린다(그림 2-9 참조). 가려진 형태에서 후면의 세 개의 수소 원자를 잘 보이게 하기 위

*Melvin S. Newman 교수(1908 ~ 1993), Ohio 대학교.

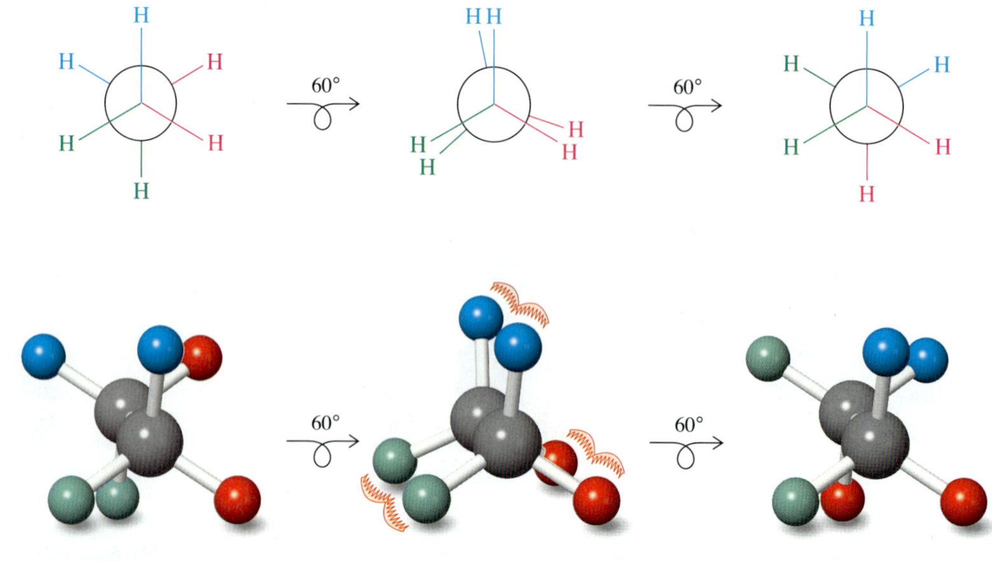

그림 2-9 Ethane 형태의 엇갈린 형태와 가려진 형태에 관한 Newman 투영식과 공-막대 모형. 이러한 표시에 뒤쪽의 탄소는 시계방향으로 60°로 회전한 상태이다.

하여 완벽히 겹치는 위치로부터 약간 벗놓이게 그린다.

에테인의 이형태체들은 다른 퍼텐셜 에너지를 가진다

에테인의 이형태체들은 모두 다 같은 에너지를 가지지는 않는다. 엇갈린 이형태체는 분자의 가장 안전하고, 가장 낮은 상태에 있다. C—C 결합축을 중심으로 한 회전이 발생하면 구조가 엇갈린 기하학적 형태로부터 멀어짐에 따라 퍼텐셜 에너지가 증가하여 비틀린 형태를 통하여 마지막으로 가려진 형태에 도달한다. 가림 지점에서 분자는 가장 에너지가 높으며 엇갈린 형태보다 약 2.9 kcal mol^{-1}이 된다. 엇갈린 형태로부터 가려진 형태까지 결합 회전으로 파생하는 에너지 변화를 **회전 (rotatonal)**, **비틀림 에너지 (torsional energy)** 또는 **비틀림 무리 (torsional strain)** 라 한다.

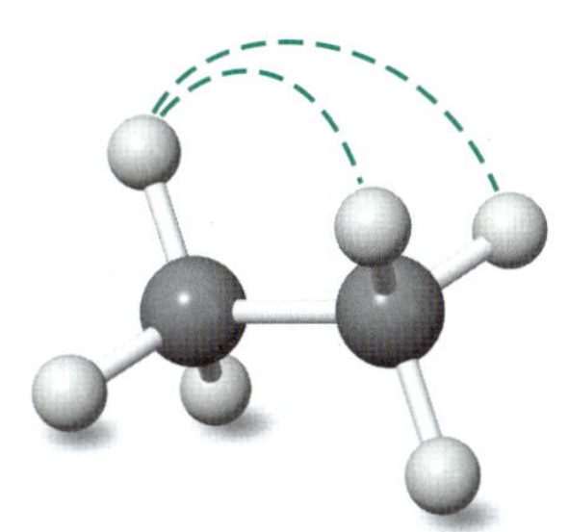

엇갈린 형태: 마주보는 C—H 결합이 최대 거리에 있기 때문에 안정함

에테인의 비틀림 무리의 원인에 관해서는 아직도 논란으로 남아 있다. 가려진 기하학적 형태로 두 개의 C—H 결합쌍을 서로 접근시킴에 따라, 이러한 결합의 전자 간의 반발이 증가한다. 회전은 분자 오비탈의 상호작용에서 약간의 변화를 초래하여 가려진 형태에서 C—C 결합을 약하게 한다. 이러한 효과의 상대적인 중요성이 수십 년간 논쟁의 소재였으며, 가장 최근(2007년)에 발표된 이론적 연구는 회전 에너지의 주 기여는 전자의 반발이라는 것을 주장한다.

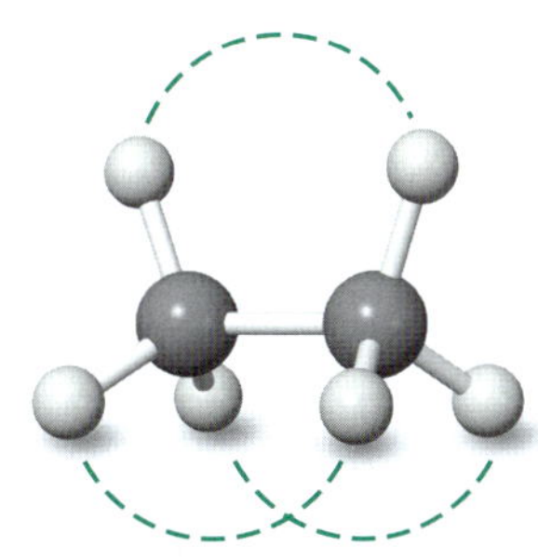

가려진 형태: 마주보는 C—H 결합이 최소 거리(점선)에 있어 불안정하다

퍼텐셜 에너지 도표(2-1절 참조)는 결합 회전에 연관된 에너지 변화를 그리기 위하여 사용할 수 있다. 에테인의 회전에 관한 도표(그림 2-10 참조)에서 x축은 보통 **비틀림 각 (torsional angle)** 이라고 하는 회전각을 표시한다. 그림 2-10은 에테인 분자의 가장 안정한 기하학적 구조의 에너지 최소값을 가지는 엇갈린 형태를 0°로 고정한다.* 가려진 이형태체는 에너지 최대값에서 발생하는 것을 유의하라. 이것의 수명은 극히 짧으며(10^{-12}초 미만), 사실 단지 빨리

*엄밀하게 말하자면, A—B—C—D 원자 사슬에서 회전각(이면각이라고도 한다)은 A, B, C 및 B, C, D를 각각 포함하는 평면 간의 각도로 정의한다. 따라서 그림 2-10과 다음 절에서 연속되는 그림에서 회전각 0°는 가려진 형태의 하나에 해당된다.

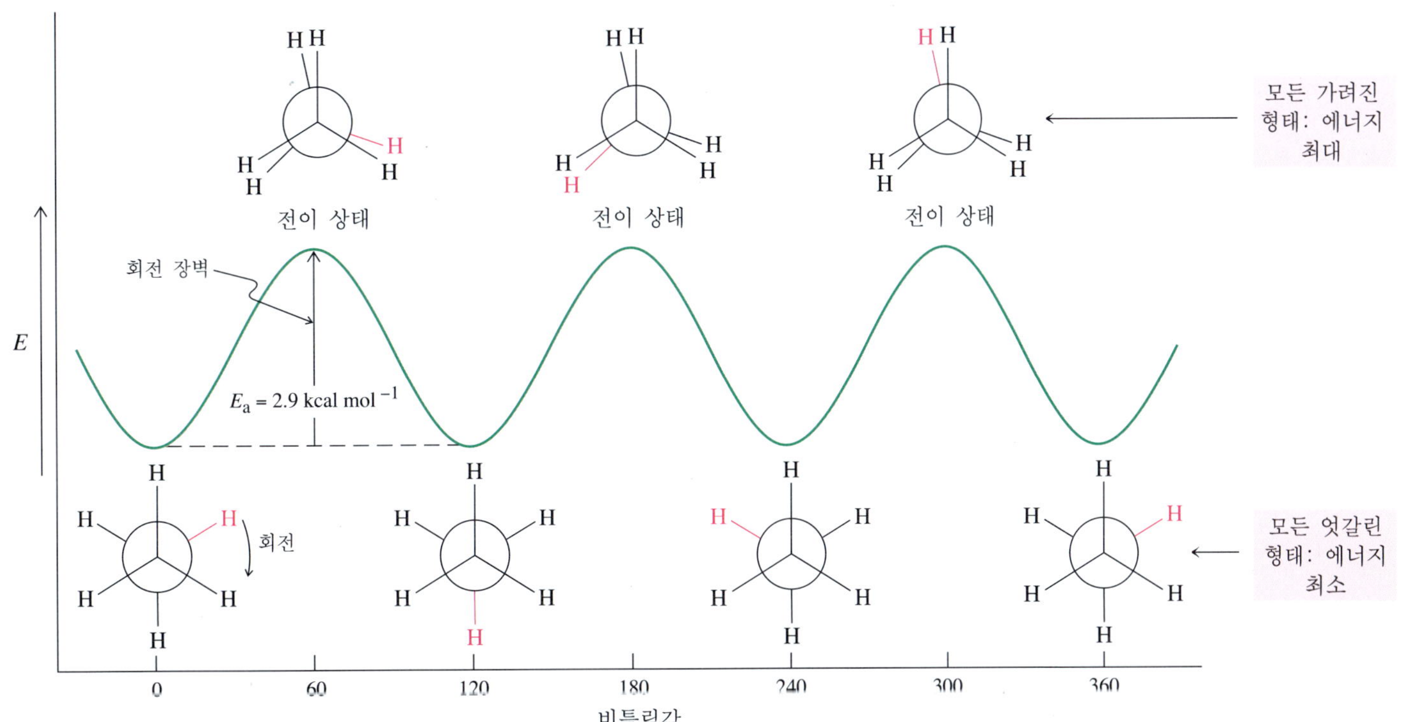

그림 2-10 Ethane에서의 이형태체의 퍼텐셜 에너지 도표. 가려진 형태는 가장 높은 에너지를 가지기 때문에 도표에서 꼭대기에 해당된다. 이러한 최대값은 보다 안정한 엇갈린 형태 간의 전이 상태로 간주할 수 있다. 활성화 에너지(E_a)는 회전 장벽에 해당된다.

평형에 도달하는 엇갈린 배열 사이의 전이 상태에 지나지 않는다. 엇갈린 형태와 가려진 형태 사이의 2.9 kcal mol^{-1} 에너지 차이는 따라서 회전 과정의 활성화 에너지에 해당된다.

알케인 같은 골격을 가지는 모든 유기 분자들은 그러한 회전 상태를 보여 준다. 다음 절에서는 더 복잡한 알케인에서 이러한 원리를 설명할 것이다. 다음 장은 작용기를 가지는 분자의 화학적 반응성이 어떻게 회전 형태 특성에 의해 좌우되는가를 보여 줄 것이다.

요약 분자내힘은 이웃에 결합한 탄소 치환기의 배열을 조절한다. 에테인에서 상대적으로 안정한 엇갈린 형태들은 수소 원자가 가려진 높은 에너지의 전이 상태를 거치는 회전에 의하여 상호 변환한다. 이러한 운동에 관한 에너지 장벽은 매우 작기 때문에, 회전은 상온에서 매우 빠르다. 퍼텐셜 에너지 도표는 C—C 결합을 축으로 하는 회전의 에너지 관계를 편리하게 설명한다.

2-8 치환된 에테인의 회전

에테인에 하나의 치환기를 첨가하면 어떻게 퍼텐셜 에너지 도표가 변할까? 예를 들어, 에테인의 수소 원자 하나가 메틸기로 치환된 것을 제외하고는 에테인의 구조와 유사한 프로페인을 행각해 보자.

MODEL BUILDING

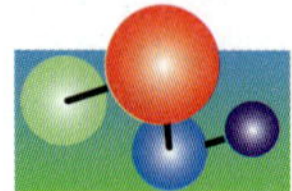

입체 장애는 회전 에너지 장벽을 높여 준다

프로페인에서 C—C 결합을 중심으로 하는 회전에 관한 퍼텐셜 에너지 도표는 그림 2-11에 표시하였다. 프로페인의 Newman 투영식은 에테인의 투영과 치환된 메틸기 차이만 있다. 다시 극단적인 형태는 엇갈린 것과 가려진 것이다. 그러나 이 둘을 분리하는 활성화 장벽은 3.2 kcal mol^{-1} (13.4 kJ mol^{-1}) 이며, 에테인의 값보다 약간 높다. 이러한 에너지 차이는 전이 상태에서 메틸 치환기와 가려지는 수소 간의 바람직하지 않은 장애인, 소위 **입체 장애 (steric hindrance)** 인 현상에 기인한다. 이러한 효과는 두 개의 원자 또는 원자단이 공간의 같은 지역을 차지할 수 없는 사실에 기인한다.

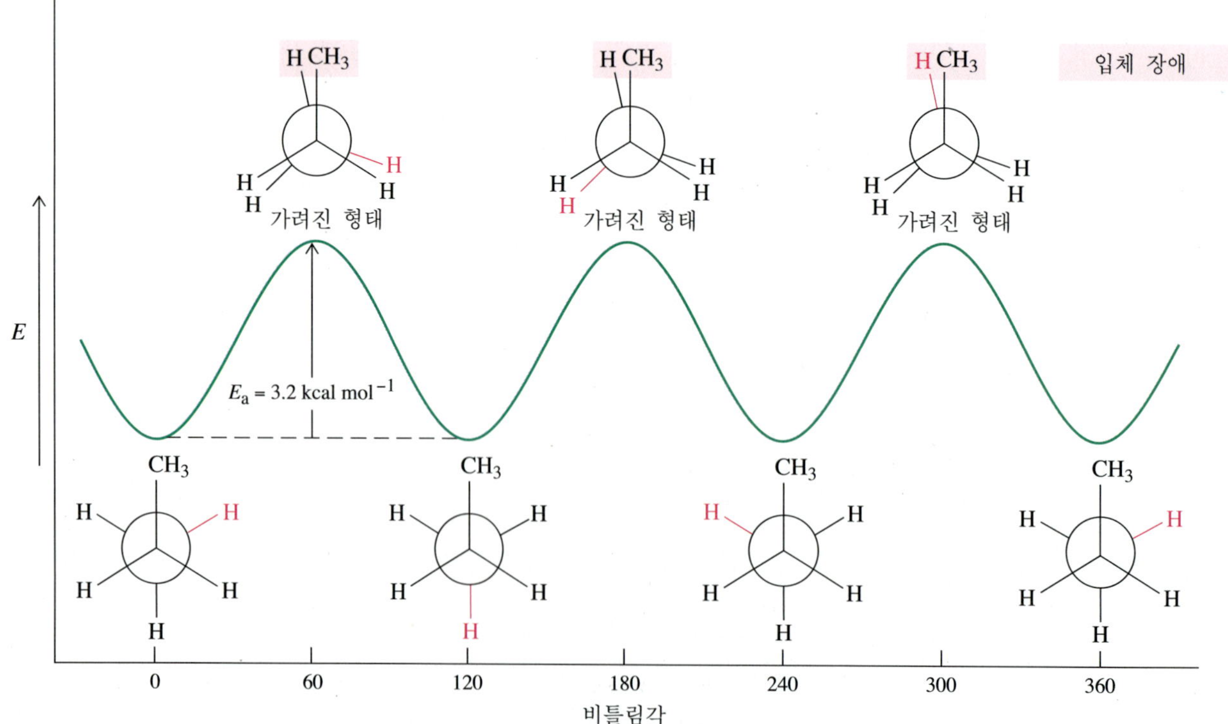

그림 2-11 Propane의 C—C 결합 중 하나를 중심축으로 하는 회전의 퍼텐셜 에너지 도표. 입체 장애는 가려진 형태의 상대적 에너지를 증가한다.

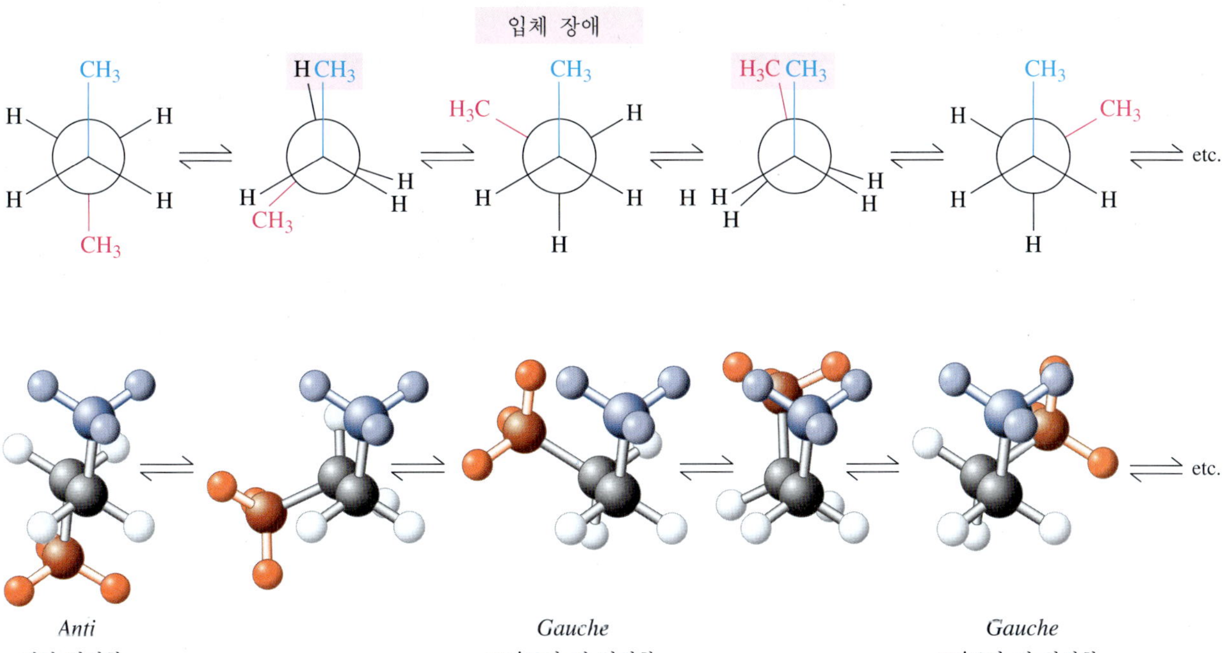

그림 2-12 Butane의 Newman 투영식에서 C2–C3 결합을 따라 후면에 있는 탄소를 시계 방향으로의 회전(위)과 공-막대 모형(아래).

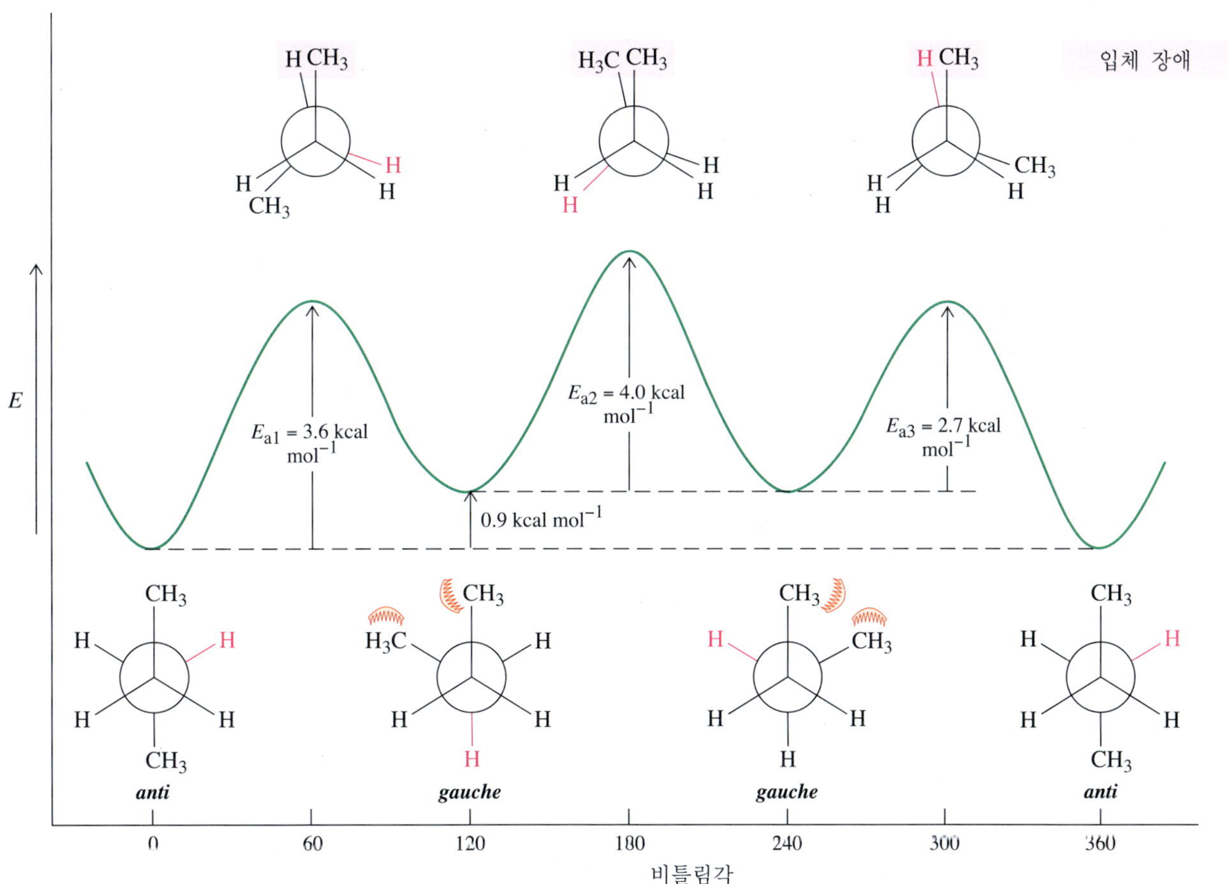

그림 2-13 Butane C2–C3 결합을 축으로 하는 회전의 퍼텐셜 에너지 도표. 세 개의 과정이 존재한다. *anti* → *gauche* 변환(E_{a1} = 3.6 kcal mol^{-1}), *gauche* → *gauche* 변환(E_{a2} = 4.0 kcal mol^{-1}), *gauche* → *anti* 변환(E_{a3} = 2.7 kcal mol^{-1}).

프로페인에서 입체 장애는 실제로 회전에 대한 E_a값보다 더 나쁘다. 메틸 치환은 가려진 형태만이 아니라 엇갈린(최저 에너지 또는 **바닥** 상태) 형태까지도 에너지를 올려 준다. 엇갈린 형태는 작은 장애 때문에 작게 올려 준다. 하여튼 활성화 에너지는 바닥 상태와 전이 상태 간의 에너지 **차이**와 같기 때문에, 전체적인 결과는 E_a에서 단지 작게 증가한다.

두 개 이상의 엇갈린 형태와 가려진 형태가 있을 수 있다. 뷰테인의 형태 분석

MODEL BUILDING

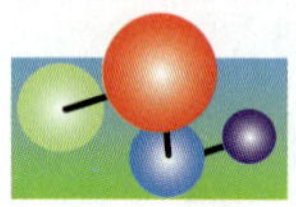

뷰테인의 모형을 만들어 가운데 C—C 결합을 중심으로 하는 회전을 검토하면, 각 두 개 이상의 엇갈린 형태와 가려진 형태가 존재함을 알 수 있다(그림 2-12 참조). 두 개의 메틸기가 서로 될 수 있는 한 멀리 떨어진 엇갈린 이형태체를 고려해 보자. 이러한 배열은 **안티(anti,** 즉 반대 방향)라고 하며, 입체 장애가 최소화되기 때문에 가장 안정하다. Newman 투영식에서 후면 탄소를 어느 방향이든지 회전하면(그림 2-12에서는 시계 방향), 두 개의 CH_3—H 상호작용을 가지는 가려진 형태를 생성한다. 이러한 이형태체는 **안티** 전구체보다 3.6 kcal mol^{-1} (15.1 kJ mol^{-1}) 에너지가 높다. 더 이상 회전하면 **안티** 형태보다 메틸기가 근접한 **새로운** 엇갈린 구조를 제공한다. 이러한 이형태체를 다른 것과 구별하기 위하여 **고우시(gauche,** 프랑스어로 "어색한, 서투른"이라는 의미로 사용함)라 명명한다. 입체 장애의 결과로 고우시 이형태체는 **안티** 이형태체보다 약 0.9 kcal mol^{-1}만큼 에너지가 높다.

더 이상 회전하면(그림 2-12 참조) 두 개의 메틸기가 겹치는 **새로운** 가려진 배열을 초래한다. 이러한 이형태체에서 두 개의 부피가 큰 치환기가 가려지기 때문에 에너지 면에서 가장 안정한 **안티** 구조보다 4.9 kcal mol^{-1} (20.5 kJ mol^{-1}) 높다. 더 이상 회전하면 하나의 다른 **고우시** 이형태체를 생성한다. **고우시** $\rightleftharpoons$ **고우시** 상호변환에 관한 활성화 에너지는 가장 안정한 **안티** 구조보다 4.0 kcal mol^{-1} (16.7 kJ mol^{-1}) 정도 높다. 퍼텐셜 에너지 도표는 회전 에너지론을 요약한다(그림 2-13 참조). 가장 안정한 **안티** 이형태체는 용액 내에 가장 많이 존재한다(25°C에서 72%). 보다 덜 안정한 **고우시** 상대는 낮은 농도(28%)로 존재한다.

그림 2-13에서 두 개의 이형태체 간의 열역학적 안정도 차이(즉, **안티**와 **고우시** 이성질체 간 0.9 kcal mol^{-1})와 첫 번째로부터 두 번째로의 과정에 관한 활성화 에너지(즉 3.6 kcal mol^{-1}, 15.1 kJ mol^{-1})는 역반응에 관한 활성화 장벽을 추정할 수 있게 해 준다. 이 경우 **고우시**로부터 **안티**로의 변환에 대한 E_a값은 $3.6 - 0.9 = 2.7$ kcal mol^{-1} (11.3 kJ mol^{-1})이 된다.

연습 문제 2-22

개념 문제: 형태

2-Methylpentane에서 C3–C4 결합을 중심으로 하는 회전에 관하여 정성적인 퍼텐셜 에너지 도표를 그리시오. 그래프상에 최대 및 최소점에 위치하는 모든 형태에 관한 Newman 투영식을 보이시오. 이 절에서 논의한 다른 분자들에 대해서 유사점과 차이점을 설명하시오.

전략

먼저 대상 분자의 구조와 검토할 결합을 확인하라.

$$CH_3-\underset{\underset{CH_3}{|}}{CH}-CH_2 \overset{\text{C3–C4 결합}}{\downarrow} CH_2-CH_3$$

각각 한 개의 알킬 치환기를 포함하는 두 개의 CH_2기 간에 하나의 결합을 중심으로 하는 회전을 검토하기를 요청하였다. 이러한 상황은 따라서 butane의 C2–C3 결합 중심의 회전과 유사하고(그림 2-12 및 2-13을 참조), Newman 투영식과 퍼텐셜 에너지 도표도 비슷할 것이다.

풀이

- 그림 2-12 및 2-13을 지침으로 하여 다음과 같은 Newman 투영식과 퍼텐셜 에너지 도표를 생성할 수 있다.

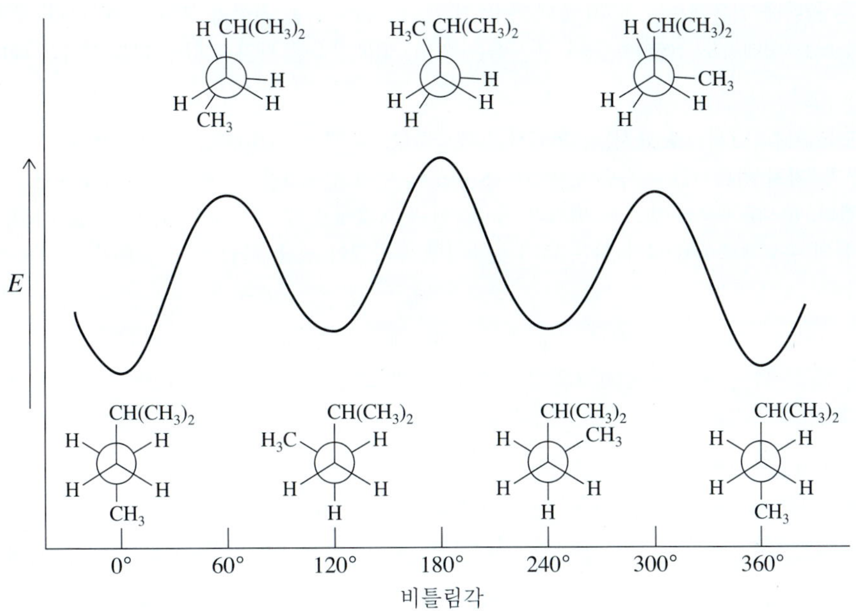

- 알킬기 하나에서의 단 하나의 차이는 CH_3 대신 1-methylethyl (isopropyl) 치환기이다. 이것의 커다란 크기 때문에 모든 그것의 상호작용 에너지는 클 것이며 특히 두 개의 알킬기를 함께 근접시키는 형태에서 클 것이다. 따라서 **안티**와 모든 다른 형태에서의 에너지 차이는 증가할 것이며, 특히 180°에서 가장 클 것이다.

연습 문제 2-23

자습 문제

2,3-Dimethylbutane에서 C2–C3 결합을 축으로 하는 회전에 관한 예상 퍼텐셜 에너지 도표를 그리시오. 각 엇갈린 형태와 가려진 형태의 Newman 투영식을 포함하시오.

요점

산과 염기의 친숙한 화학은 유기 분자 간의 가장 중요한 반응 중 많은 것을 이해하는데 근간을 제공한다. 앞으로의 장에서 우리가 탐구할 화학의 많은 부분은 친전자체와 친핵체가 산과 염기와 유사하게, 상호간 매력적인 화학종이라는 개념을 상세하게 할 것이다. 분자 내에서 극성 자리를 확인함으로써 이러한 분자가 겪을 반응 종류을 이해하고 예측하기도 할 능력을 개발할 것이다.

유기 분자 내의 반응 자리를 작용기라 한다. 작용기는 유기 화합물을 중요한 부류로 분류할 때 사용한다. 6장에서 시작하여 이 책 끝까지 연속하여 어떻게 구조적 특징에서 이들의 특성과 반응성이 생기는지 검토하며, 이러한 화합물의 부류를 하나씩 논의할 것이다.

대부분의 유기 분자는 부착된 작용기를 가진 탄화수소의 골격으로 구성되어 있다. 우리는 작용기가 없는 탄화수소인 알케인의 이름과 구조를 논의함으로써 이런 골격을 공부하기 시작하였다. 분자 운동과 관련된 에너지 변화의 개념을 제시하였다. 이러한 생각은 모든 유형의 분자 행태의 기초가 될 것이고, 자주 이러한 것들에 회귀할 것이다.

통합 문제

2-24. 오른쪽 여백 그림에 있는 알케인을 참고하시오.

a. IUPAC 체계에 따라 이 분자를 명명하시오.

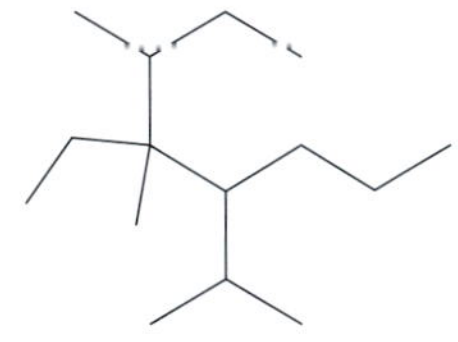

풀이

단계 1. 분자(아래 검은색으로 표시)에서 가장 긴 사슬인 주사슬을 찾아라. 잘못 찾지 마라. 주사슬의 그림은 거의 어느 형태라도 취할 수 있다. 주사슬은 여덟 개의 탄소를 가지고 있어 기본 이름은 **octane**이 된다.

단계 2. 모든 치환기(색깔로 표시)를 확인하고 명명하라. 두 개의 **methyl**기, 하나의 **ethyl**기 및 네 번째의 가지 치환기. 가지 치환기는 주사슬에 연결하는 탄소에 먼저 번호 1을 부여하여(아래 표시에서 이탤릭으로) 명명한다. 주사슬로부터 번호를 매기기 시작하여 번호 2에 도달한다. 따라서 치환기는 ethyl기(초록색으로 표시)의 유도체로 methyl기(붉은색)가 탄소 1에 부착되어 있다. 따라서 이 치환기는 1-methylethyl기라고 한다.

단계 3. 치환기를 가지는 탄소로부터 가장 가까운 말단에서 시작하여 주사슬의 번호를 매긴다. 보여 준 번호 매김은 메틸-치환된 탄소에 번호 3을 준다. 반대 방법으로 번호를 매기면 치환된 탄소는 가장 낮은 번호로 C4가 된다.

단계 4. 치환기들의 이름을 최종 이름에서 알파벳 순서로 배열한다. 그러면 methyl은 methylethyl의 앞에 온다(Dimethyl의 두 개의 methyl기를 의미하는 "다이"는 치환기의 복수 표시자이며, 따라서 이름의 고려할 부분이 아니기에 알파벳 순서에 고려하지 않는다). 명명법을 더 연습하기 위하여서는 문제 35를 참조.

4-Ethyl-3,4-dimethyl-5-(1-methylethyl)octane

b. C6—C7 결합을 축으로 하는 회전을 표시하는 구조식을 그리시오. 그린 구조와 정성적인 퍼텐셜 에너지 도표와 상관을 시키시오.

풀이

단계 1. 문제의 결합을 확인하라. 분자의 대부분을 별로 중요하지 않은 특정 구조로써 단순히 C6에 부착한 크고, 복잡한 치환기로 취급함에 유의하라. 이러한 방정식의 목적을 위하여 이러한 커다란 치환기는 R로 대체할 수 있다. 이 문제에서의 작용은 C6와 C7 사이에서 일어난다.

단계 2. 단계 1은 문제를 단순화한다는 것을 인식하라. C6–C7 결합에 대한 회전은 butane에서 C2–C3 결합의 회전과 매우 유사한 결과를 준다. 단지 다른 차이는 butane의 작은 methyl기 중 하나를 대체한다는 점이다.

단계 3. Butane의 형태를 흉내내어 형태를 그려라(2-8절 참조). 그림 2-13의 에너지 도표와 유사한 에너지 도표에 이 그림들을 겹치게 그려라. 이 도표와 butane에 관한 도표의 유일한 차이는 에너지 최소값에 대한 상대적인 에너지 최대값의 정확한 높이를 모른다는 점이다. 그러나 R 원자단이 하나의 methyl기보다 커서 큰 입체 장애를 초래할 것을 예상할 수 있기 때문에, 최대값이 정성적으로 보다 클 것이라고 예측할 수 있다.

c. 이 알케인으로부터 파생되는 두 개의 알코올을 왼쪽 여백 그림에 표시하였다. 알코올은 —OH기(일차, 이차, 삼차)를 포함하고 있는 탄소 원자의 유형에 기초하여 분류한다. 왼쪽 여백 그림에 있는 알코올의 특징을 말하시오.

알코올 1

풀이

알코올 1에서 다른 하나의 탄소에 직접 연결된 탄소 원자, 즉 일차 탄소에 —OH기가 위치하고 있다. 따라서 알코올 1은 일차 알코올이다. 이와 유사하게 알코올 2에 있는 —OH기는 삼차 탄소(한 탄소 원자가 다른 세 개의 탄소 원자에 부착)에 위치하고 있다. 이것은 삼차 알코올이다.

d. 한 알코올의 —O—H 결합은 물의 —O—H 결합과 비슷한 산성을 가진다. 일차 알코올은 $K_a \approx 10^{-16}$, 삼차 알코올은 $K_a \approx 10^{-18}$이다. 알코올 1과 2의 pK_a값은 대강 얼마인가? 어느 것이 강한 산인가?

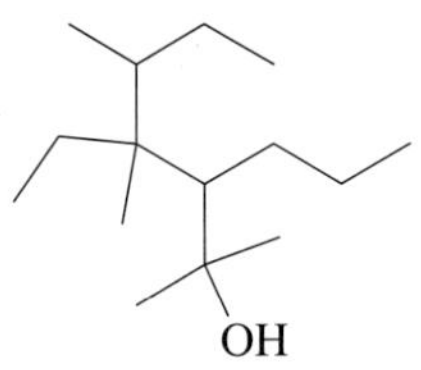

OH
알코올 2

풀이

알코올 1의 pK_a은 대략 16 ($-\log K_a$)이고, 알코올 2에 관한 답은 18이다. 알코올 1은 낮은 pK_a값을 가져 강한 산이다.

e. 다음 평형이 어느 방향으로 위치하는가? 평형 상수 K값과 반응을 왼쪽에서 오른쪽으로 썼을 때의 반응에 연관된 자유 에너지 변화 $\Delta G°$를 계산하시오.

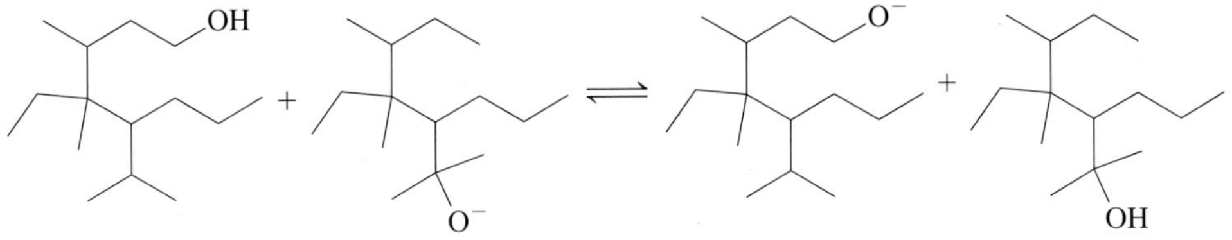

OH + O⁻ ⇌ O⁻ + OH

풀이

강한 산(알코올 1)은 왼쪽에 약한 산은 오른쪽 (알코올 2)에 있다. 짝산과 염기 간의 관계를 회상하라. 강산은 약한 짝염기를 가지며, 약한 염기는 강한 짝산이 된다. 따라서 상대적으로 말하자면 다음과 같이 된다.

알코올 1 (강산)	+	알코올 2의 짝염기 (강염기)	⇌	알코올 1의 짝염기 (약염기)	+	알코올 2 (약산)

평형은 오른쪽, 약산-약염기 쌍 쪽에 놓여 있다. 반응을 왼쪽에서 오른쪽으로 쓴 바 열역학적으로 유리한 반응에 관해서는 $K > 1$과 $\Delta G° < 0$라는 점을 상기하라. 이러한 정보를 **사용하여** K의 크기와 $\Delta G°$의 부호가 올바른지 확인하라. 이 과정에 관한 평형 상수 K는 K_a값의 비율값 $(10^{-16}/10^{-18}) = 10^2$ (10^{-2}이 아님)이 된다. 표 2-1을 참조하여 100의 K값은 -2.73 kcal mol^{-1} ($+2.73$이 아님)의 $\Delta G°$값에 해당된다. 반응을 역방향으로 썼다면 평형은 왼쪽에 놓이게 되고, 올바른 값은 괄호 속에 있는 값들이 된다. 더 많은 산-염기의 연습을 위해서는 문제 27을 참조하라.

2-25. 그림 2-13으로부터의 자료를 이용하여 25°C에서의 **고우시** 및 **안티** butane의 평형 농도를 계산하시오.

풀이

2-1절에서 관련된 방정식이 주어졌다. 특히 25°C에서 Gibbs 자유 에너지와 평형 상수 간의 관계는 단순화하여 $\Delta G° = -1.36 \log K$가 된다. 형태 간의 에너지 차이는 0.9 kcal mol^{-1}이 된다. 이러한 값을 방정식에 치환하면 $K = 0.219 = [gauche]/[anti]$를 얻게 된다. 백분율로의 변환은 다음 식에 의하여 이루어진다. $\%\ gauche = 100\% \times [gauche]/([anti] + [gauche])$. 따라서 $\%\ gauche = 100\% \times (0.219)/(1.0 + 0.219) = 18\%$, 따라서 $\%\ anti = 82\%$가 된다. 이 문제는 82쪽에 해답이 있다. 25°C에서 butane은 28% *gauche*와 72% *anti*로 구성되어 있다. 무엇이 잘못되었는가?

오류는 2-7절과 2-8절에서 주어진 에너지값이 엔탈피값이고, 자유 에너지값이 아니라는 점이고, 자유 에너지 방정식 $\Delta G° = \Delta H° - T\Delta S°$에서 **엔트로피**의 기여를 포함시키지 않은 것이다. 어떻게 이 문제를 교정할 수 있는가? $\Delta S°$를 계산하기 위하여 방정식을 들여다 볼 수 있지만, 보다 직관적인 접근법인 다른 방법을 사용하자. 그림 2-13을 다시 검토하자. Butane 분자가 **안티** 형태에서 360°C 회전하여 **두 개의 고우시 형태**를 거쳐 원래의 **안티** 기하학적 구조로 되돌아 오는 것을 유의하라. 두 고우시 이형태체를 한 개의 **안티** 이형태체와 평형을 이룸에 따라 엔트로피 항목이 발생한다. 따라서 평형에서는 두 개가 아닌 **세 개**의 화학종을 가지게 된다. $\Delta S°$와 $\Delta G°$값을 결정하는 계산을 거치지 않고 이 문제를 푸는 방법이 있을 것인가? 답은 예이고, 매우 어렵지는 않다.

그림 2-13으로 다시 돌아가서 두 개의 고우시형을 A와 B로 서로 구별하여 표시한다. 원래 해답에서 K값을 구하였을 때 설정한 것은 **안티**와 두 개의 **고우시** 형태 중 **하나**, 말하자면 **고우시**$_A$와의 사이에 평형에 관련된 값이다. 물론 **고우시**$_B$에 관한 값은 동일하다. 왜냐하면 두 **고우시** 형태는 에너지가 동일하다. 따라서 $K = [gauche_A]/[anti] = 0.219$, and $K = [gauche_B]/[anti] = 0.219$.

마지막으로 전체 $[gauche] = [gauche_A] + [gauche_B]$가 되어, $\%\ gauche = 100\% \times ([gauche_A] + [gauche_B])$

/([*anti*] + [*gauche*$_A$] + [*gauche*$_B$])가 되어 % *gauche* = 100% × (0.219 + 0.219)/(1.0 + 0.219 + 0.219) = 30%을 얻고, 따라서 % *anti* = 70%가 되어 이 책에서 평형 백분율에 관하여 준 값과 훨씬 잘 맞는다.

b. 100°C에서 butane의 **고우시**와 **안티**의 평형 농도를 계산하시오.

풀이

위에서와 같이 그림 2-13에서 엔탈피 차이로부터 K를 정하여 이 값을 $\Delta G° = -2.303\,RT \log K$ 방정식의 $\Delta G°$에 관한 입력값으로 사용한다. 다음에 전체 평형에서 두 개의 **고우시** 형태의 존재에 관하여 수정을 한다. 온도는 Kelvin을 사용하여 T에 대하여 373 K를 사용하는 것을 잊지 말아야 한다. 문제를 풀면 K = 0.297 = [*gauche*$_A$]/[*anti*] = [*gauche*$_B$]/[*anti*]을 얻게 된다. 따라서 % *gauche* = 100% × (0.297 + 0.297)/(1.0 + 0.297 + 0.297) = 37% 그리고 % *anti* = 63%가 된다.

높은 온도에서는 덜 안정한 형태가 더 많아지게 되는데, 이것은 높은 온도에서는 높은 에너지를 가지는 분자가 더 많아진다는 Boltzmann 분포의 간단한 결과이다(2-1절 참조). 더 많은 형태에 관해서는 문제 42, 44, 50을 참조하라.

중요한 개념

1. 화학반응은 **열역학** 및 **반응속도론적** 변수에 의하여 조절되는 평형으로 설명할 수 있다. **Gibbs 자유 에너지**의 변화 $\Delta G°$는 $\Delta G° = -RT \ln K = -1.36 \log K$ (온도 25°C에서)에 의하여 **평형 상수**와 관련되어 있다. **엔탈피** 변화 $\Delta H°$와 **엔트로피** 변화 $\Delta S°$가 자유 에너지에 기여한다. $\Delta G° = \Delta H° - T\Delta S°$. 엔탈피 변화는 주로 형성되는 결합 세기와 끊어지는 결합 세기의 차이에 기인한다. 전자가 후자보다 크면 반응은 **발열**반응이다. 합친 결합 세기에서 알짜 손실이 있을 때 반응은 **흡열**반응이 된다. 엔트로피의 변화는 생성물에 비교하여 출발물에서의 상대적인 에너지 분산 정도에 의하여 조절된다. 에너지 분산이 커질수록 $\Delta S°$값은 더 큰 양의 수가 된다.

2. 반응 속도는 주로 출발물의 농도, 활성화 에너지 및 온도에 의하여 좌우된다. 이들간의 관계는 **Arrhenius 식**에 의하여 표현한다. 반응 속도 $k = Ae^{-E_a/RT}$.

3. 만일 반응 속도가 단지 하나의 출발물의 농도에 의하여 좌우되면 반응은 **일차** 반응이라고 한다. 만일 반응 속도가 두 개의 시약 농도에 좌우되면 반응은 **이차** 반응이라고 한다.

4. **Brønsted 산**은 양성자 주개이다. **염기**는 양성자 받개이다. 산의 세기는 **산의 해리 상수 K_a**로 측정한다. $pK_a = -\log K_a$. 산과 산의 양성자이탈 형태는 **짝** 관계를 가진다. **Lewis 산**과 **Lewis 염기**는 각각 전자쌍의 받개와 주개이다.

5. 전자 부족 원자는 전자가 풍부한 원자를 공격하며 **친전자체**라 한다. 역으로 전자 풍부 원자는 전자 부족 원자를 공격하며 **친핵체**라 한다. 전하가 음이던지 또는 중성인 친핵체가 친전자체를 공격할 때 친전자체와 새로운 결합을 형성하기 위하여 친핵체는 전자쌍을 공여한다.

6. 유기 분자는 **작용기**가 붙은 탄소 골격으로 구성되어 있다고 간주할 수 있다.

7. **탄화수소**는 탄소와 수소만으로 구성되어 있다. 단일 결합만 가지고 있는 탄화수소는 **알케인**이라고 한다. 알케인은 작용기를 가지고 있지 않다. 알케인은 하나의 연속 사슬 또는 가지 사슬이나 고리로 존재한다. **곧은 사슬**과 **가지 알케인**의 실험식은 C_nH_{2n+2}이다.

8. 사슬에서 메틸렌기(CH_2)의 개수만 다른 분자를 **동족체**라 하며, 동족 계열에 속한다고 한다.

9. 하나의 sp^3 탄소가 단지 다른 하나만의 탄소에 붙어 있으면 **일차** 탄소라 표시한다. **이차** 탄소는 두 개의 다른 탄소, **삼차** 탄소는 세 개의 다른 탄소에 붙어 있다. 그러한 탄소 원자에 붙어 있는 수소 원자를 마찬가지로 일차, 이차 또는 삼차 수소라 한다.

10. 포화 탄화수소를 명명하는 **IUPAC 규칙**은 **(a)** 분자 내의 가장 긴 연속 사슬을 찾아 명명한다. **(b)** 가장 긴 사슬에 붙어 있는 원자단 모두를 알킬 치환기로 명명한다. **(c)** 가장 긴 사슬의 탄소 원자에 번호를 매긴다. **(d)** 모든 치환기를 알파벳 순서로 배열한 다음, 접두사로 열거한 다음 앞에다 위치를 표시하는 번호를 붙여서 알케인을 명명한다.

11. 알케인은 약한 **London 힘**에 의하여 서로 잡아당긴다. 극성 분자는 강한 쌍극자-쌍극자 상호작용에

의하여 서로 잡아당긴다. 그리고 염은 주로 매우 강한 이온성 상호작용을 통하여 서로 잡아당긴다.

12. 탄소-탄소 단일 결합 주위의 회전은 상대적으로 쉬우며 **형태**를 형성한다(이형태체). 이웃 탄소 원자에 붙은 치환기는 **엇갈리거나** **가려질** 수 있다. 가려진 형태는 엇갈린 이형태체 간의 전이 상태이다. 가려진 상태에 도달하는데 필요한 에너지를 회전에 필요한 활성화 에너지라 한다. 두 개의 탄소 모두 알킬기 또는 다른 원자단을 가질 때 여분의 이형태체가 존재할 수 있다. 두 원자단이 가깝게 근접(60°) 하고 있으면 **고우시**이고, 두 원자단이 직접 서로 반대편 (180°) 에 있으면 **안티**이다. 분자들은 **고우시** 형태와 같이 입체 장애가 최소가 되도록 형태를 택한다.

문제

26. 탄화수소 propene ($CH_3-CH=CHz$) 은 브로민과 두 가지 방법으로 반응할 수 있다(12장과 14장 참조).

$$\textbf{(i)}\ CH_3-CH=CH_2 + Br_2 \longrightarrow CH_3-\underset{\substack{|\\Br}}{CH}-\underset{\substack{|\\Br}}{CH_2}$$

(위 생성물에서 Br은 CH와 CH_2 위에 붙어 있음)

$$\textbf{(ii)}\ CH_3-CH=CH_2 + Br_2 \longrightarrow \underset{\substack{|\\Br}}{CH_2}-CH=CH_2 + HBr$$

(a) 오른쪽 여백에 주어진 결합 세기(kcal mol^{-1})를 사용하여 각 반응의 $\Delta H°$값을 계산하시오.

(b) 두 개의 반응 중 하나는 $\Delta S° \approx 0$ cal K^{-1} mol^{-1}이고, 다른 하나는 -35 cal K^{-1} mol^{-1}이다. 어떤 반응이 어떤 $\Delta S°$값을 가지는가? 간단히 답의 이유를 설명하시오.

(c) 각 반응의 $\Delta G°$값을 25°C와 600°C에서 계산하시오. 이러한 반응 둘 다 모두 25°C에서 열역학적으로 유리한가? 600°C에서 유리한가?

결합	평균 세기 (kcal mol^{-1})
C—C	83
C—C	146
C—H	99
Br—Br	46
H—Br	87
C—Br	68

27. (i) 다음 반응식의 각 화학종이 Brønsted 산 또는 염기로 작용하는가 결정하고 표시하시오. (ii) 평형이 왼쪽 또는 오른쪽으로 존재하는지 말하시오. (iii) 가능하면 각 반응식에 관한 K값을 평가하시오(**힌트**: 표 2-2의 자료를 사용하라).

(a) $H_2O + HCN \rightleftharpoons H_3O^+ + CN^-$

(b) $CH_3O^- + NH_3 \rightleftharpoons CH_3OH + NH_2^-$

(c) $HF + CH_3COO^- \rightleftharpoons F^- + CH_3COOH$

(d) $CH_3^- + NH_3 \rightleftharpoons CH_4 + NH_2^-$

(e) $H_3O^+ + Cl^- \rightleftharpoons H_2O + HCl$

(f) $CH_3COOH + CH_3S^- \rightleftharpoons CH_3COO^- + CH_3SH$

28. 문제 27의 각 산-염기 반응에서 전자 이동의 표시를 굽은 화살표로 표시하시오.

29. 다음 각 화학종이 Lewis 산 또는 Lewis 염기인지를 확인하고, 각각에 관한 Lewis 산-염기 반응을 나타내는 반응식을 쓰시오. 굽은 화살표를 사용하여 전자쌍의 이동을 표시하시오. 각 반응의 생성물을 완전하고 올바른 Lewis 구조식으로 확실하게 표시하시오.

(a) CN^- **(b)** CH_3OH **(c)** $(CH_3)_2CH^+$

(d) $MgBr_2$ **(e)** CH_3BH_2 **(f)** CH_3S^-

30. 표 2-3의 각 예에 관하여 모든 극성화 공유 결합을 확인하여 적절한 원자를 부분적인 양 또는 음전하로 표시하시오(탄소-수소 결합은 고려하지 마라).

31. 다음 각 원자들이 친핵체인지 또는 친전자체인지 확인하시오.

(a) 아이오딘화 이온, I^-

(b) 수소 이온, H^+

(c) Methyl 양이온의 탄소, $^+CH_3$

(d) Hydrogen sulfide의 황, H_2S

(e) Aluminum trichloride의 알루미늄, $AlCl_3$

(f) Magnesium oxide의 마그네슘, MgO

32. 다음 그림의 화합물에서 각 작용기를 동그라미를 그린 다음 해당 이름을 쓰시오.

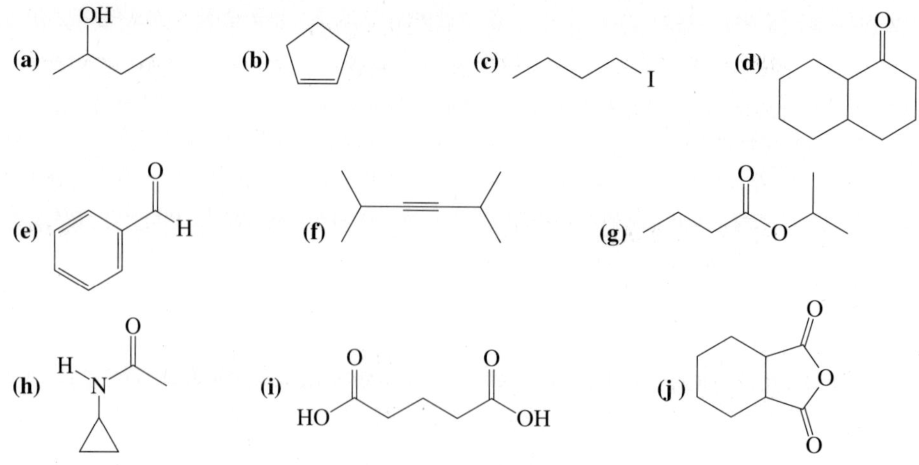

33. 정전기에 기초(Coulomb 인력)하여 다음 유기 분자의 어느 원자가 표시한 시약과 반응할 것인지를 예측하시오. 반응이 일어나지 않을 것이면 "반응 없음"이라고 쓰시오.

(a) Bromoethane과 HO^-의 산소
(b) propanal과 NH_3의 질소
(c) methoxyethane과 H^+
(d) 3-hexanone과 CH_3^-의 탄소
(e) ethanenitrile (acetonitrile) 과 CH_3^+의 탄소
(f) butane과 OH^-

34. 문제 33에서 각 반응에서의 전자 이동을 굽은 화살표로 표시하시오.

35. IUPAC 명명법에 따라 다음 분자들을 명명하시오.

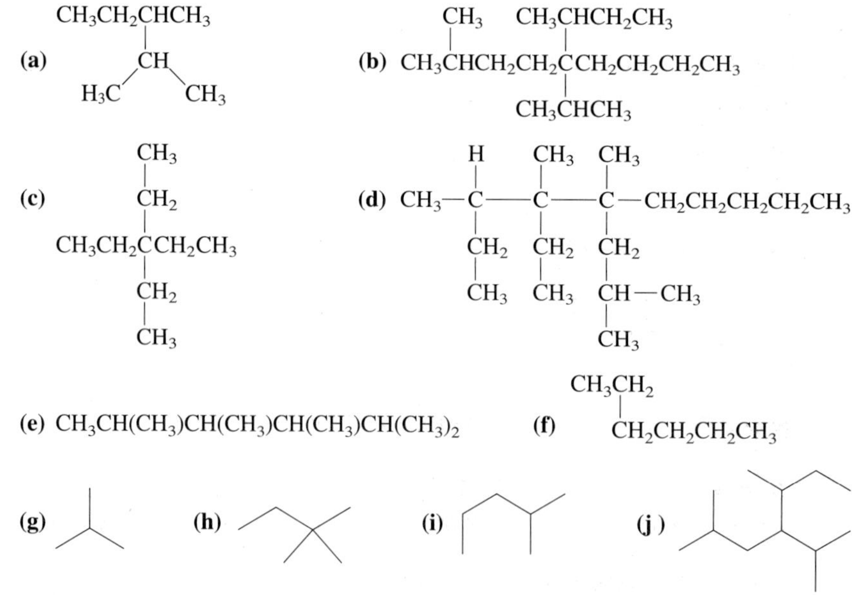

(g) (h) (i) (j)

36. 다음 화합물 이름을 해당 분자 구조식으로 바꾸시오. 그 다음에 주어진 각 분자의 이름이 IUPAC 명명법과 일치하는지 점검하시오. 만일 일치하지 않는다면 올바르게 명명하시오.

(a) 2-methyl-3-propylpentane
(b) 5-(1,1-dimethylpropyl) nonane
(c) 2,3,4-trimethyl-4-butylheptane
(d) 4-*tert*-butyl-5-isopropylhexane
(e) 4-(2-ethylbutyl) decane
(f) 2,4,4-trimethylpentane
(g) 4-*sec*-butylheptane
(h) isoheptane
(i) neoheptane

37. 다음 이름에 해당되는 구조를 그리시오. 체계적인 명명법 규칙과 일치하지 않은 이름을 고치시오.

(a) 4-Chloro-5-methylhexane
(b) 3-Methyl-3-propylpentane
(c) 1,1,1-Trifluoro-2-methylpropane
(d) 4-(3-Bromobutyl) nonane

38. C_7H_{16}의 모든 가능한 이성질체(이성질성 heptane)를 그리고 명명하시오.

39. 다음 각 분자의 일차, 이차, 삼차 탄소 원자와 수소 원자를 확인하시오.

(a) ethane **(b)** pentane

(c) 2-methylbutane **(d)** 3-ethyl-2,2,3,4-tetramethylpentane

40. 다음의 알킬기 각각을 일차, 이차, 삼차로 표시하고 각각의 계통적인 IUPAC 명명법을 쓰시오.

(a) $-CH_2-CH(CH_3)-CH_2-CH_3$ **(b)** $CH_3-CH(CH_3)-CH_2-CH_2-$ **(c)** $CH_3-CH(CH_3)-CH(CH_3)-$

(d) $CH_3-CH_2-CH(CH_2-CH_3)-CH_2-$ **(e)** $CH_3-CH_2-CH(CH_3-CH-)-CH_3$ **(f)** $CH_3-CH_2-C(CH_2-CH_3)(-)-CH_3$

41. 다음 분자를 끓는점이 증가하는 순서로 배열하시오(실제 끓는점을 참조하지 마라).

(a) 3-methylheptane **(b)** octane

(c) 2,4-dimethylhexane **(d)** 2,2,4-trimethylpentane

42. Newman 투영식을 사용하여 다음 분자 각각을 지시한 결합에 관하여 가장 안정한 형태를 그리시오.

(a) 2-methylbutane, C2–C3 결합 **(b)** 2,2-dimethylbutane, C2–C3 결합

(c) 2,2-dimethylpentane, C3–C4 결합 **(d)** 2,2,4-trimethylpentane, C3–C4 결합

43. 그림 2-10, 2-11, 2-13에서의 ethane, propane, butane의 다양한 형태에 관한 에너지 차이에 기초하여 다음을 결정하시오.

(a) 단일 hydrogen-hydrogen 가림 상호작용에 관련된 에너지

(b) 단일 methyl-hydrogen 가림 상호작용에 관련된 에너지

(c) 단일 methyl-methyl 가림 상호작용에 관련된 에너지

(d) 단일 methyl-methyl 가우시 상호작용에 관련된 에너지

44. 상온에서 2-methylbutane은 주로 C2–C3 결합 주위를 회전하는 두 개의 교대 형태로 존재한다. 분자의 90%는 유리한 형태로 존재하고, 10%는 불리한 형태로 존재한다. **(a)** 이 형태 간의 자유 에너지 변화를 계산하시오($\Delta G°$, 유리한 형태–불리한 형태). **(b)** 2-Methylbutane의 C2–C3 결합 주위의 회전에 관한 퍼텐셜 에너지 도표를 그리시오. **(c)** (b)에서의 모든 엇갈린 이형태체와 가려진 이형태체에 관한 Newman 투영식을 그리고, 두 개의 가장 유리한 이형태체를 표시하시오.

45. 다음은 천연에서 발생하는 각 화합물에 관하여 어떤 부류에 화합물이 속하는가를 확인하고, 모든 작용기에 동그라미를 표시하시오.

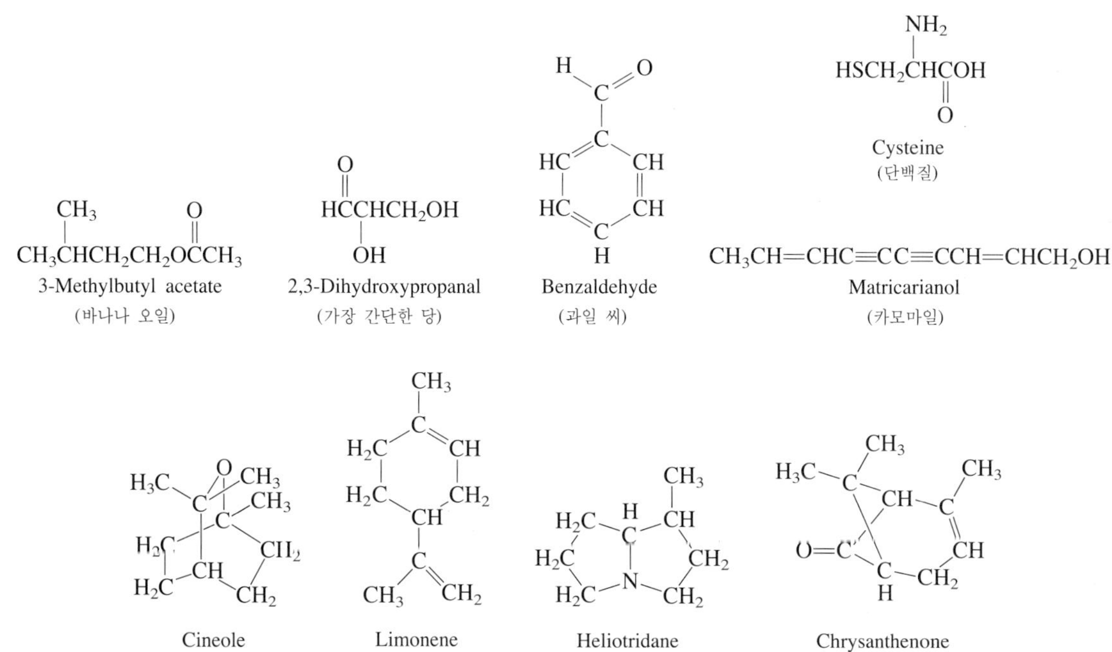

46. 다음의 생물학적으로 중요한 화합물 각각에서 점선으로 표시한 알킬기 모두의 IUPAC 이름을 쓰시오. 각 알킬기가 일차, 이차, 삼차 알킬 치환기인지를 확인하시오.

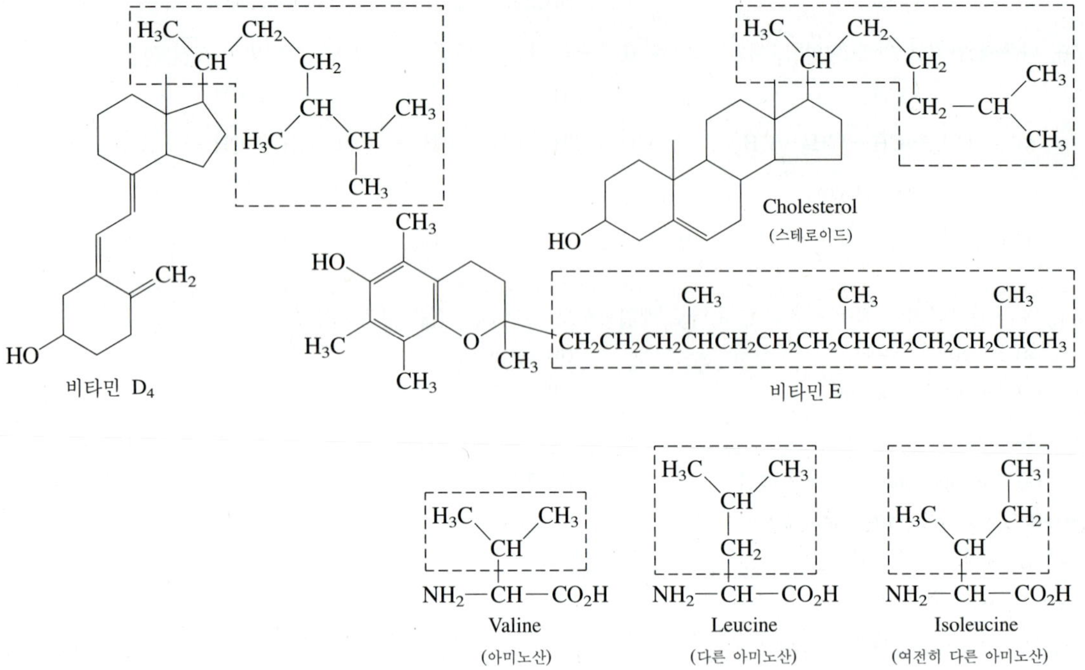

비타민 D_4

Cholesterol
(스테로이드)

비타민 E

Valine
(아미노산)

Leucine
(다른 아미노산)

Isoleucine
(여전히 다른 아미노산)

47. **도전 문제** Arrhenius 식을 사용하여 온도를 섭씨 10, 30, 50도로 올렸을 때 다음에 주어진 활성화 에너지에 관한 k의 영향을 계산하시오. 초기 T값에 관하여 300 K (상온 근사값)를 사용하고, A는 상수라 가정하라.

(a) $E_a = 15\ \text{kcal mol}^{-1}$, **(b)** $E_a = 30\ \text{kcal mol}^{-1}$, **(c)** $E_a = 45\ \text{kcal mol}^{-1}$.

48. **도전 문제** Arrhenius 식은 활성화 에너지의 실험적 측정이 가능하게끔 다시 수식화할 수 있다. 이러한 목적에서 양변에 자연 로그를 취하여 로그 밑이 10이 되게 바꿀 수 있다.

$$\ln k = \ln (Ae^{-E_a/RT}) = \ln A - E_a/RT \text{은 } \log k = \log A - \frac{E_a}{2.3\,RT} \text{이 된다.}$$

반응 속도 상수 k는 여러 온도 T에서 측정하고, $\log k$를 $1/T$에 관하여 그래프를 그리면 직선을 얻는다. 이 직선의 기울기는 무엇을 나타내는가? 절편은 무엇을 나타내는가(즉, $1/T = 0$에서의 $\log k$값)? 어떻게 E_a를 계산하는가?

49. 문제 33의 답을 재검토하시오. 각각을 Lewis 산-염기 과정을 표시하는 완전한 방정식 형태로 다시 쓰시오. 생성물을 표시하고 전자 이동을 표시하는 굽은 화살표를 사용하시오[**힌트**: (b)와 (d)에 관하여서는 출발 유기 분자의 두 번째 공명식을 표시하는 Lewis 구조식으로부터 시작하라].

50. **도전 문제** $\Delta G°$와 K를 관련시키는 방정식은 온도 항목을 포함한다. 문제 44(a)의 답을 참조하여 다음 문제에 대한 답을 계산하시오. 가장 안정한 2-methylbutane으로부터 다음으로 안정한 이형태체로의 형성에 필요한 $\Delta S°$가 $+1.4\ \text{cal K}^{-1}\ \text{mol}^{-1}$라는 것을 알 필요가 있다. **(a)** $\Delta G° = \Delta H° - T\Delta S°$ 방정식으로부터 두 개의 이형태체들 간의 엔탈피 차이($H°$)를 계산하시오. 이 값이 각 이형태체의 **고우시 상호작용**의 개수로부터 계산한 $H°$와 얼마나 일치하는가? **(b)** 온도에 대하여 $\Delta H°$와 $\Delta S°$이 변하지 않는다고 가정하여 다음 세 개의 온도에서 이 두 이형태체 간의 $\Delta G°$를 계산하시오. −250°C, −100°C, +500°C. **(c)** 같은 세 개의 온도에서의 이 두 이형태체에 관한 K를 계산하시오.

알케인의 반응

결합 해리 에너지, 라디칼 할로젠화 반응 및 상대적 반응성

NASA의 X-43A 극초음속 실험용 비행기가 2001년 6월 2일에 B-52B Stratofortress의 날개 아래에서 떨어지는 모습. 대부분의 초음속 비행기는 산화 질소(NO) 같은 분자가 들어 있는 배기 가스를 만들며, 이 분자의 라디칼 반응은 지구의 성층권 오존(O_3) 층을 파괴한다. 1970년대에 미국은 초음속 비행기 편대를 창설하기 위한 계획을 단지 이러한 이유 때문에 포기하였다. 대조적으로 X-43A는 수소를 연료로 사용하기 때문에, 성층권 오존에 아무런 해를 주지 않는다. 이 비행기는 친환경적인 고속 비행의 개발을 향한 첫 단계일 수 있다. 2008년에 Boeing 사는 항공 역사상 또 다른 이정표인 수소연료전지를 동력원으로 사용하는 유인 비행기의 비행을 최초로 성공하였다.

현대 산업 사회를 움직이게 하는 대부분의 에너지는 알케인(alkane)의 연소로부터 나온다. 제2장에서 알케인에는 특별한 작용기가 없다는 점을 배웠다. 그렇다면 연소는 어떠한 과정을 거쳐 일어날까? 이 장에서 알케인은 반응성이 매우 크지는 않지만, 여러 가지 반응에 참여할 수 있다는 점을 알게 될 것이다. 연소가 그 한 예인 이러한 과정에서는 산-염기 화학이 개입하지는 않는다. 대신, 이러한 과정을 **라디칼 반응(radical reaction)**이라고 한다. 이 책에서는 라디칼 반응을 깊게 다루지 않지만, 이 반응은 생화학(노화나 질병의 과정 같은), 환경(지구 오존층의 파괴), 산업(합성 섬유와 플라스틱의 제조)에서 중요한 역할을 담당한다.

라디칼 반응의 첫 시작은 한 결합이 깨지는 과정인 **결합 해리(bond dissociation)**이다. 우리는 이 과정의 에너지 측면을 살펴보고, 이 반응이 일어나는 조건에 대하여 논의할 것이다. 이 장의 대부분은 알케인의 수소 원자 하나가 할로젠으로 치환되는 라디칼 반응인 **할로젠화반응(halogenation)**을 다룬다. 할로젠화반응은 알케인을 더 반응할 수 있는 할로알케인(haloalkane)으로 변환시킴으로써, 이 반응이 반응성 작용기를 도입한다는 점에서 중요하다. 이러한 과정에 대해서 반응이 어떻게 일어나는지 자세히 설명하는 **메커니즘(mechanism)**을 논의할 것이다. 다른 알케인 그리고 같은 알케인 분자의 다른 결합까지도 다른 속도로 반응한다는 사실을 배울 것이며, 또한 그 이유는 무엇인지를 알게 될 것이다.

탄소 라디칼

유기화학에 나오는 수많은 반응들을 설명하기 위해서는 상당히 제한된 수의 메커니즘만 필요하다. 메커니즘은 반응들이 어떻게 그리고 왜 일어나는지 또한 반응에서 무슨 생성물이 생길지를 이해하도록 해 준다. 이 장에서는 할로젠을 포함하는 화학물질이 성층권 오존층에 미치는 영향을 설명하기 위하여 메커니즘 개념을 적용할 것이다. 마지막으로 알케인의 연소에 대하여 짧게 논의하고, 어떻게 이 과정이 유기 분자에 대한 열역학적 정보의 유용한 자료가 될 수 있는지를 볼 것이다.

3-1 알케인 결합의 세기: 라디칼

1-2절에서 결합이 어떻게 생기며, 에너지는 결합 생성 시 방출된다고 배웠다. 예를 들어, 수소 원자 두 개를 결합 거리까지 접근시키면 104 kcal mol^{-1} (435 kJ mol^{-1}) 만큼의 에너지가 방출된다(그림 1-1과 1-12 참조).

$$H\cdot + H\cdot \xrightarrow{\text{결합의 생성}} H{-}H \qquad \Delta H^\circ = -104\ \text{kcal mol}^{-1}\ (-435\ \text{kJ mol}^{-1})$$

방출된 열: 발열

따라서 한 결합을 깨기 위해서는 열이 **필요하다**－이 열은 사실, 결합이 생성되었을 때 방출되었던 열과 같은 양이다. 이러한 에너지를 **결합 해리 에너지(bond dissociation energy)**, DH°라고 하며, **결합 세기(bond strength)**의 정량적 측정값이다.

$$H{-}H \xrightarrow{\text{결합의 분해}} H\cdot + H\cdot \qquad \Delta H^\circ = DH^\circ = 104\ \text{kcal mol}^{-1}\ (435\ \text{kJ mol}^{-1})$$

흡수된 열: 흡열

라디칼은 균일 분해에 의하여 생성된다

우리가 든 예에서, 결합 전자 두 개가 분해되는 원자 또는 분자 조각 둘 사이에 똑같이 나누어지는 방식으로 결합이 깨졌다. 이러한 과정을 **균일 분해(homolytic cleavage** 또는 **bond homolysis)**라고 부른다. 결합 전자 두 개의 분리는 그 결합에서 각 원자 쪽으로 향하는 **미늘이 한 개**(*single-barbed*)인 또는 "낚싯바늘" 모양의 화살표 두 개로 나타낸다.

미늘이 하나인 화살(⌒)은 **단 한 개**(*single*) 만의 전자 이동을 나타낸다.

균일 분해: 결합 전자들이 분리된다

$$A{-}B \longrightarrow A\cdot + \cdot B$$

라디칼

$:\ddot{\underset{\cdot\cdot}{Cl}}\cdot$

염소 원자

Methyl 라디칼 ($\cdot CH_3$)

Ethyl 라디칼 ($H_3C{-}\dot{C}H_2$)

이때 생기는 조각은 H·, Cl·, CH_3·와 CH_3CH_2·처럼 홀전자를 한 개씩 가지고 있다. 이러한 화학종이 두 개 이상의 원자로 이루어져 있을 때, 이들을 **라디칼(radical)**이라고 한다. 홀전자 때문에 라디칼과 자유 원자는 매우 반응성이 크며, 보통 분리할 수 없다. 하지만 라디칼과 자유 원자는 고분자 제조(12장)와 잘 상하는 식품의 부패를 가져오는 지방의 산화(22장) 같은 많은 반응에서, 우리의 눈에 띄지는 않지만 낮은 농도로 존재하는 **중간체**(*intermediate*)이다.

2-2절에서 결합이 깨지는 다른 방법, 즉 결합 전자쌍 전부가 한 원자에만 주어지는 방법을 소개한 바 있다. **불균일 분해(heterolytic cleavage)**라고 하는 이러한 과정에서는 **이온(ion)**들이 생성된다.

불균일 분해: 결합 전자들이 쌍으로 이동한다

$$A{-}B \longrightarrow A^+ + :B^-$$

이온

보통의 미늘이 두 개인 굽은 화살(↷)은 전자 **한 쌍**(*pair*)의 이동을 나타낸다.

균일 분해는 비극성 용매나 기체상에서도 관찰된다. 반면에, 불균일 분해는 이온들을 안정화시킬 수 있는 극성 용매에서 흔히 일어난다. 불균일 분해는 또한 원자 A와 B의 전기음성도와 이들 원자에 연결된 기들이 양전하와 음전하를 각각 안정화시키는 상황에만 국한된다.

해리 에너지 DH°는 균일 분해에만 해당되며, 두 원소 사이에서 생길 수 있는 여러 가지 결합에 대한 특징적인 값이다. 표 3-1에 흔히 볼 수 있는 결합들의 해리 에너지가 나와 있다. DH°값이 더 클수록, 그 결합은 더 강하다. 수소에 연결된 결합들은 H－F와 H－OH에서 볼 수 있듯이 상대적으로 강하다는 점에 주목하기 바란다. 이러한 결합들은 그 DH°값은 크지만, 물에서 쉽게 **불균일** 분해 과정을 거쳐 H^+와 F^- 또는 HO^-로 깨진다. **균일 과정과 불**

표 3-1 기체상에서 여러 가지 A — B 결합의 결합 해리 에너지 [$DH°$, kcal mol^{-1} (kJ mol^{-1})]

	B (A — B에서)						
A (A — B에서)	**—H**	**—F**	**—Cl**	**—Br**	**—I**	**—OH**	**—NH_2**
H—	104 (435)	136 (569)	103 (431)	87 (364)	71 (297)	119 (498)	108 (452)
CH_3—	105 (439)	110 (460)	85 (356)	70 (293)	57 (238)	93 (389)	84 (352)
CH_3CH_2—	101 (423)	111 (464)	84 (352)	70 (293)	56 (234)	94 (393)	85 (356)
$CH_3CH_2CH_2$—	101 (423)	110 (460)	85 (356)	70 (293)	56 (234)	92 (385)	84 (352)
$(CH_3)_2CH$—	98.5 (412)	111 (464)	84 (352)	71 (297)	56 (234)	96 (402)	86 (360)
$(CH_3)_3C$—	96.5 (404)	110 (460)	85 (356)	71 (297)	55 (230)	96 (402)	85 (356)

주: (a) $DH°$ = 과정 A — B → A· + ·B에 대한 $DH° = \Delta H°$. (b) 이 값들은 측정 방법이 개선되고 있기 때문에 계속 수정되고 있다.
(c) A — H 결합에 대하여 관측되는 경향은 극성 A — B 결합의 경우, $DH°$에 대한 쌍극성 기여도 때문에 크게 달라진다.

균일 과정을 혼동하지 말자.

결합은 에너지와 크기가 비슷한 오비탈끼리 겹쳐서 생길 때 가장 강하다(1-7절). 예를 들면, 수소와 할로젠 사이의 결합의 세기는 F > Cl > Br > I의 순서로 감소하며, 그 이유는 결합에 기여하는 할로젠의 p 오비탈이 이 순서대로 더 커지고 더 널리 퍼져 있기 때문이다. 따라서 상대적으로 작은 수소의 1s 오비탈과의 겹침 정도가 감소한다. 비슷한 경향이 할로젠과 탄소 사이의 결합에도 성립한다.

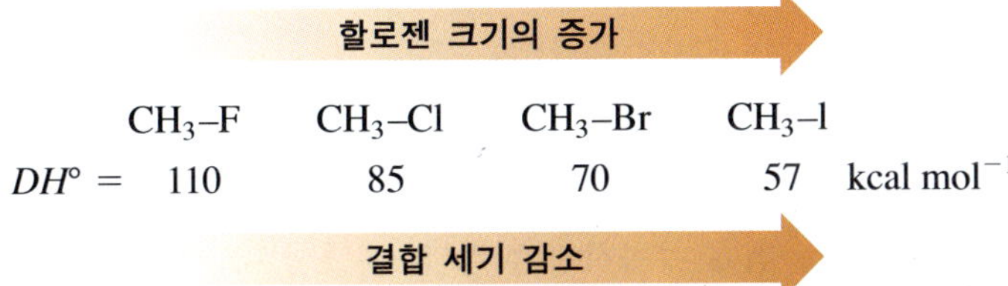

연습 문제 3-1

개념 문제: 결합 세기 이해하기

CH_3 — F, CH_3 — OH와 CH_3 — NH_2의 결합 해리 에너지를 비교하시오. 이 순서대로 겹침에 참여하는 오비탈들이 크기와 에너지가 더 잘 맞지만, 왜 결합들이 더 약해지는가?

전략

무슨 요인이 결합의 세기에 기여할까? 위에 언급한 대로 오비탈의 크기와 에너지는 매우 중요하다. 하지만 쿨롱 기여 때문에 공유 결합이 더 강해질 수 있다. 이 세 개의 결합에서 한 요인이 다른 요인보다 더 중요한지를 알아보기 위하여 각 요인을 별도로 살펴보자.

풀이

- 한 결합에서 두 원자 사이 오비탈의 크기와 에너지가 비슷할수록, 결합 겹침은 더 좋아진다(그림 1-2 주목). 하지만 계열 C, N, O, F에서 오비탈 크기의 감소는 경미하며, 따라서 C — F에서 C — O 그리고 C — N으로 가면서 겹침은 매우 조금씩 변한다.
- N에서 O 그리고 F로 가면서, 핵전하는 증가하기 때문에 핵과 전자들 사이에 더 강한 인력이 생긴다. 이러한 효과는 이 순서대로 전기음성도가 증가한다는 사실로부터 확인된다(표 1-2). 탄소에 연결된 원소의 전기음성도가 증가함에 따라, 공유 결합의 공유 전자쌍에 대한 그 원소의 인력도 커지게 된다. 그러면 결합에서 극성과 전하 분리가 모두 증가하게 되어 결국 탄소에는 부분 양전하(δ^+) 그리고 더 전기음성인 원자에는 부분 음전하(δ^-)가 생기게 된다.
- 이러한 반대 전하 사이의 쿨롱 인력은 공유성 겹침에서 생기는 결합에 더해지게 되어 결국 결합이 더 강해진다. 이 계열의 결합들에서는 N에서 O 그리고 F로 가면서 증가하는 쿨롱 인력이 감소하는 겹침보다 더 크며, 따라서 관찰된 결과가 얻어진다.

표 3-2 몇 가지 알케인의 결합 해리 에너지

화합물	$DH°$ [kcal mol^{-1} (kJ mol^{-1})]	화합물	$DH°$ [kcal mol^{-1} (kJ mol^{-1})]
CH_3—H	105 (439)	CH_3—CH_3	90 (377)
C_2H_5—H	101 (423)	C_2H_5—CH_3	89 (372)
C_3H_7—H	101 (423)	C_2H_5—C_2H_5	88 (368)
$(CH_3)_2CHCH_2$—H	101 (423)	$(CH_3)_2CH$—CH_3	88 (368)
$(CH_3)_2CH$—H	98.5 (412)	$(CH_3)_3C$—CH_3	87 (364)
$(CH_3)_3C$—H	96.5 (404)	$(CH_3)_2CH$—$CH(CH_3)_2$	85.5 (358)
		$(CH_3)_3C$—$C(CH_3)_3$	78.5 (328)

($DH°$ 감소)

주: 표 3-1의 각주를 참조하라.

연습 문제 3-2

자습 문제

C—C (ethane, H_3C—CH_3에서), N—N (hydrazine, H_2N—NH_2에서), O—O (hydrogen peroxide, HO—OH에서) 계열에서 결합 세기는 90에서 60 그리고 50 kcal mol^{-1}로 감소한다. 설명하시오(**힌트**: 인접 원자에 있는 고립 전자쌍들은 서로 반발한다).

라디칼의 안정성은 C—H 결합 세기를 결정한다

알케인에서 C—H와 C—C 결합은 얼마나 강할까? 여러 가지 알케인 결합의 결합 해리 에너지가 표 3-2에 나와 있다. 결합 에너지는 일반적으로 메테인(methane)에서 일차, 이차, 삼차 탄소로 갈수록 작아진다는 점에 주목하기 바란다. 예를 들어, 메테인의 C—H 결합은 강하며 105 kcal mol^{-1}의 큰 $DH°$값을 가지고 있다. 에테인에서는 이 결합 에너지는 $DH°$ = 101 kcal mol^{-1}로서 더 작다. 이 값은 프로페인(propane)의 결합에서도 볼 수 있듯이 일차 C—H 결합의 전형적인 값이다. 이차 C—H 결합은 $DH°$가 98.5 kcal mol^{-1}로서 훨씬 더 약하며, 수소에 결합된 삼차 탄소 원자는 $DH°$가 96.5 kcal mol^{-1}에 불과하다.

알케인에서의 C—H 결합 세기

	CH_3–H	>	$R_{일차}$–H	>	$R_{이차}$–H	>	$R_{삼차}$–H	
$DH°$ =	105		101		98.5		96.5	kcal mol^{-1}

결합 세기 감소 →

비슷한 경향을 C—C 결합 경우에도 볼 수 있다(표 3-2). 극단적인 예는 H_3C—CH_3 ($DH°$ = 90 kcal mol^{-1})과 $(CH_3)_3C$—CH_3 ($DH°$ = 87 kcal mol^{-1})이다.

이러한 결합 해리의 $DH°$값들은 왜 서로 다를까? 생성되는 라디칼은 에너지가 서로 다르다. 다음 절에서 다룰 이유 때문에, 라디칼 안정성은 일차, 이차, 삼차 순으로 **증가**한다. 따라서 이러한 라디칼을 만들기 위해 필요한 에너지는 **감소**한다.

라디칼 안정성

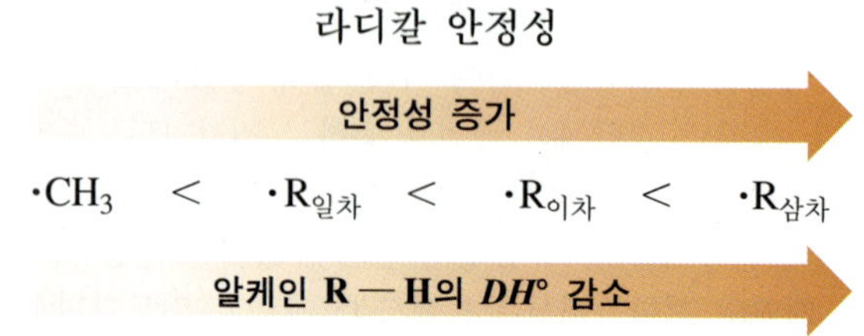

이러한 사실을 그림 3-1의 에너지 도표에서 볼 수 있다. 일차, 이차, 삼차 C—H 결합을

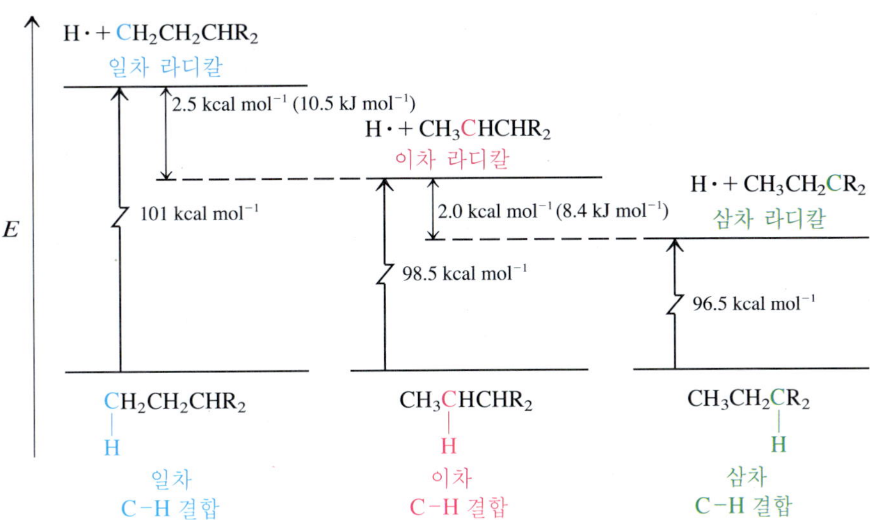

그림 3-1 알케인 $CH_3CH_2CHR_2$에서 라디칼들을 만들 때 필요한 에너지는 다르다. 라디칼의 안정성은 일차, 이차, 삼차 순으로 증가한다.

가지고 있는 한 알케인에서 시작한다(아래에서). 일차 결합 해리는 $DH° = 101$ kcal mol^{-1}만큼 흡열 과정이다. 즉, 일차 라디칼에 도달하기 위해서는 이 양만큼 에너지 면에서 위로 올라가야 한다. 이차 라디칼을 얻을 때에는 에너지가 덜 들어서, 98.5 kcal mol^{-1}만 필요로 한다. 따라서 이차 라디칼은 일차보다 2.5 kcal mol^{-1}만큼 더 안정하다. 삼차 라디칼을 얻기 위해서는 훨씬 더 작은 에너지인 96.5 kcal mol^{-1}만 필요하며, 이 라디칼은 이차보다 2.0 kcal mol^{-1}만큼(또는 일차보다는 4.5 kcal mol^{-1}만큼) 더 안정하다.

연습 문제 3-2

Ethane의 결합과 2,2-dimethylpropane의 결합 중에서 어느 C—C 결합이 먼저 깨지겠는가?

요약 알케인의 결합이 균일 분해되면 라디칼과 자유 원자가 생긴다. 이 과정에 필요한 열을 결합 해리 에너지 *DH°*라고 부른다. 이 값은 깨지는 두 원자 사이의 결합 특성이다. 삼차 라디칼을 만드는 결합 해리 과정은 이차 라디칼을 만드는 경우보다 에너지가 덜 필요하다. 또한 이차 라디칼은 일차 라디칼보다 더 쉽게 생긴다. 메틸 라디칼은 이러한 방법으로 얻기에는 가장 어렵다.

3-2 알킬 라디칼의 구조: 하이퍼콘쥬게이션

알킬 라디칼의 안정성의 순서는 왜 생기는 걸까? 이 질문에 답하기 위해서는 알킬 라디칼 구조를 더 자세히 들여다볼 필요가 있다. 메테인에서 수소 원자 한 개를 제거하면 생기는 메틸 라디칼의 구조를 보자. 분광학적 측정에 의하면 메틸 라디칼 그리고 아마도 다른 알킬 라디칼도 sp^2 혼성화로 가장 잘 설명되는 **거의 평면인** 구조를 취하고 있다(그림 3-2). 짝이 없는 전자는 분자 평면에 수직한 *p* 오비탈을 차지하고 있다.

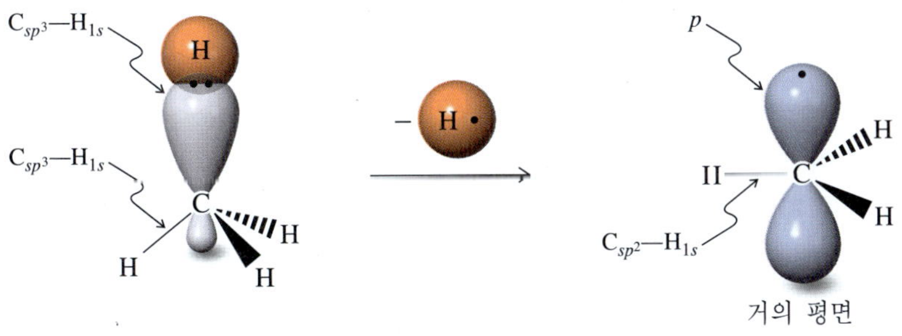

그림 3-2 Methane에서 methyl 라디칼이 생성될 때의 혼성화 변화. 거의 평면인 배열은 BH_3에서의 혼성화를 연상시킨다(그림 1-17).

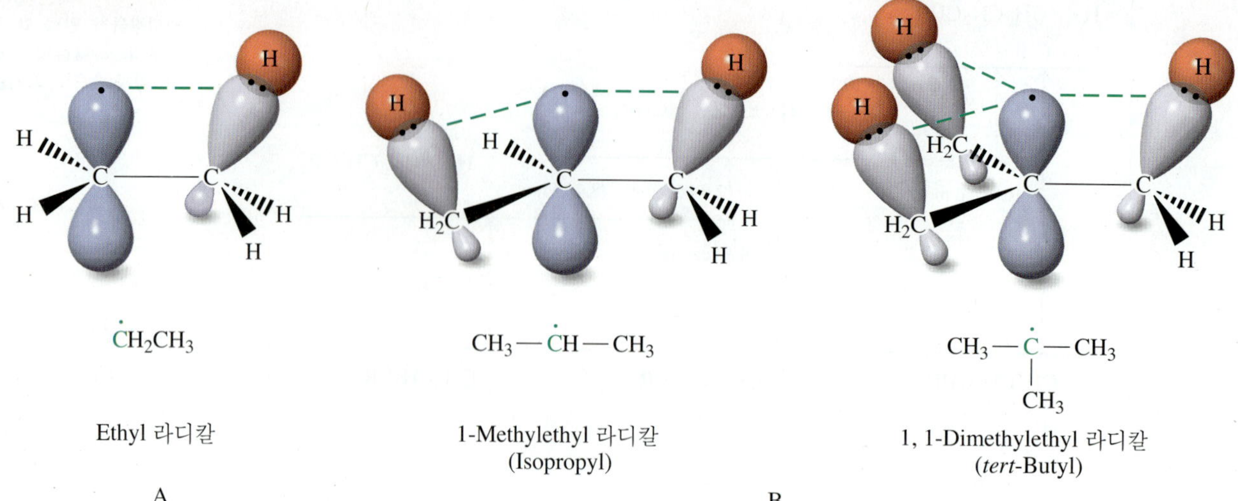

그림 3-3 채워진 sp^3 혼성 전자들이 (A) ethyl과 (B) 1-methylethyl 그리고 1,1-dimethylethyl 라디칼들의 부분적으로 채워진 *p* 오비탈로 전자를 줌으로써 생기는 하이퍼콘쥬게이션(초록색 점선). 이렇게 전자 밀도가 비편재화되면 안정화 효과가 있다.

MODEL BUILDING

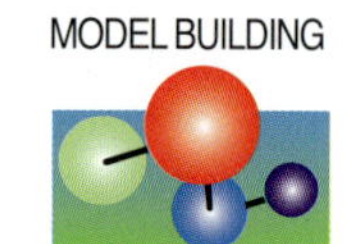

알킬 라디칼의 평면 구조가 그들의 상대적 안정성을 설명하는데 어떻게 도움을 주는지를 살펴보자. 그림 3-3A는 에틸 라디칼에서 CH_3기의 한 C—H 결합이 전자 한 개로 채워진 라디칼의 *p* 오비탈과 나란히 놓여 있어서, *p* 오비탈의 한 개 로브와 겹치고 있는 이형태체가 있다는 것을 보여 주고 있다. 이렇게 배열을 하면 σ 오비탈의 결합 전자쌍이 부분적으로 비어 있는 *p* 오비탈로 비편재되며, 이러한 현상을 **하이퍼콘쥬게이션(hyperconjugation)**이라고 한다. 채워진 오비탈과 전자가 한 개 들어 있는 오비탈 사이의 상호작용은 알짜 안정화 효과가 있다(연습 문제 1-14를 상기할 것). 하이퍼콘쥬게이션과 공명(1-5절) 모두는 전자 비편재화의 방식이다. 이것들은 오비탈의 종류로써 구분한다. 공명은 보통 *p* 오비탈의 π-형태 겹침을 말하며, 하이퍼콘쥬게이션은 σ 결합의 오비탈과 겹침을 의미한다. **라디칼은 하이퍼콘쥬게이션에 의하여 안정화된다.**

라디칼 탄소에 있는 남아 있는 수소를 알킬기로 바꾸면 무슨 일이 생길까? 알킬기를 더 넣을수록 하이퍼콘쥬게이션 상호작용은 더 증가된다(그림 3-3B). 라디칼의 안정성 순서는 이러한 효과로 결정된다. 그림 3-1에서 한 개씩의 하이퍼콘쥬게이션 상호작용으로부터 생기는 안정성의 크기는 상대적으로 작다[2.0−2.5 kcal mol^{-1} (8.4−10.5 kJ mol^{-1})]는 점을 주목하기 바란다. 추후에 공명에 의한 라디칼의 안정성은 상당히 더 크다는 것을 볼 것이다(14장). 이차 및 삼차 라디칼의 상대적 안정성에 대한 또 다른 기여는 알케인의 사면체 구조에서 라디칼의 평면 구조로 기하 구조가 변함에 따라 치환기 사이의 입체 장애가 더 크게 줄어든다는 점에서 찾을 수 있다.

표 3-1에 나와 있는 탄소와 더 전기음성인 원자 사이의 결합 해리 에너지를 대충 흘끗 보아도 하이퍼콘쥬게이션과 라디칼의 안정성만으로는 완전한 설명이 되지 못한다는 것을 알 수 있다. 예를 들면, 탄소와 할로젠 사이의 결합은 모두 탄소가 몇 차인가에 상관없이 거의 같은 $DH°$를 가진다. 이러한 관찰을 설명하기 위하여 몇 가지 설명들이 제안된 바 있다. 극성 효과(polar effect)도 관여할 것이다(표의 각주에 나와 있듯이). 덧붙여, 탄소와 큰 원자들 사이의 긴 결합들은 그 탄소 주위의 원자들 사이의 입체 반발을 감소시키며, 결국 결합 해리 에너지에 대한 탄소의 영향을 감소시킨다.

3-3 석유의 변환: 열분해

알케인은 동물이나 식물성 물질이 물은 있으나 산소는 없는 조건에서, 수백만 년 지속되는 느린 분해 과정에서 천연적으로 생성된다. 더 작은 알케인들−메테인, 에테인, 프로페인과 뷰테인−은 천연 가스에 존재하며, 이 중에서 메테인이 가장 많이 존재하는 성분이다. 많은 액체와 고체 알케인들이 원유로부터 얻어지나, 증류만으로는 가솔린, 등유 및 기타 탄화수소 기반의 연료로서 필요한 저분자량의 탄화수소에 대한 엄청난 수요를 감당하지 못한다. 긴 사슬의 석유 성분을 더 작은 분자로 쪼개기 위해서는 추가로 가열이 필요하다. 이러한 과정은 어떻게 일어날까? 우선 높은 온도에서의 가열이 간단한 알케인에 미치는 효과를 알아보고, 그 다음에는 석유로 옮겨가기로 하자.

높은 온도에서는 결합이 균일 분해된다

알케인을 높은 온도까지 가열하면 C—H 결합과 C—C 결합 모두가 깨지며, 이 과정을 **열분해(pyrolysis)** 라고 한다. 무산소 조건에서 분해로 생긴 라디칼은 서로 결합하여 분자량이 더 크거나 더 작은 알케인을 새롭게 만들 수 있다. 또한 라디칼은 또 다른 라디칼 중심에 인접한 탄소 원자로부터 수소 원자를 떼어내어 알켄을 만들 수 있으며, 이 과정을 **수소 떼기** (*hydrogen abstraction*) 반응이라고 부른다. 사실 알케인과 알켄의 매우 복잡한 혼합물이 열분해에서 생긴다. 하지만 특별한 조건에서 이러한 변환을 잘 조절하면 사슬 길이가 정해진 탄화수소를 주로 얻을 수 있다.

Hexane의 열분해

라디칼 분해의 예

$$\underset{\text{Hexane}}{\overset{1\ \ 2\ \ 3\ \ 4}{CH_3CH_2CH_2CH_2CH_2CH_3}} \begin{cases} \xrightarrow{\text{C1–C2 분해}} CH_3\cdot + \cdot CH_2CH_2CH_2CH_2CH_3 \\ \xrightarrow{\text{C2–C3 분해}} CH_3CH_2\cdot + \cdot CH_2CH_2CH_2CH_3 \\ \xrightarrow{\text{C3–C4 분해}} CH_3CH_2CH_2\cdot + \cdot CH_2CH_2CH_3 \end{cases}$$

라디칼 결합 반응의 예

$$CH_3\cdot\ \cdot CH_2CH_3 \longrightarrow \underset{\text{Propane}}{CH_3CH_2CH_3}$$

$$CH_3CH_2CH_2CH_2CH_2\cdot\ \cdot CH_2CH_2CH_3 \longrightarrow \underset{\text{Octane}}{CH_3CH_2CH_2CH_2CH_2CH_2CH_2CH_3}$$

수소 떼기 반응의 예

$$CH_3CH_2\cdot\ \ CH_3CH(H)\text{—}CH_2\cdot \longrightarrow \underset{\text{Ethane}}{CH_3CH_2H} + \underset{\text{Propene}}{CH_3CH{=}CH_2}$$

$$CH_3CH_2CH_2\cdot\ \ CH_2(H)\text{—}CH_2\cdot \longrightarrow \underset{\text{Propane}}{CH_3CH_2CH_2H} + \underset{\text{Ethene}}{CH_2{=}CH_2}$$

이 예들에서 두 전자가 결합하여 새로운 공유 결합이 생기는 것을 보여 주기 위하여, 미늘이 한 개인 화살표(낚싯바늘)을 어떻게 사용하였는지 눈여겨보기 바란다. 수소 떼기 반응에서는 깨지는 결합의 전자들이 비공유 전자(unshared electron)들과 결합하여 새로운 결합을 만든다.

그러한 과정을 조절하기 위해 흔히 제올라이트(zeolite)라고도 하는 결정형 알루미노규산소듐(sodium aluminosilicate) 같은 특별한 **촉매(catalyst)** 가 필요하다. 예를 들어, 도데케인을 제올라이트 촉매 조건에서 열분해하면 탄소수가 세 개에서 여섯 개인 탄화수소가 주로 존재하는 혼합물이 얻어진다.

$$\text{Dodecane} \xrightarrow{\text{제올라이트, 482°C, 2 min}} \underset{17\%}{C_3} + \underset{31\%}{C_4} + \underset{23\%}{C_5} + \underset{18\%}{C_6} + \underset{11\%}{\text{기타 생성물}}$$

촉매의 기능

제올라이트 촉매의 기능은 무엇일까? 이 촉매는 열분해를 촉진시키기 때문에, 촉매가 없을 때보다 더 낮은 온도에서 열분해가 일어난다. 촉매는 또한 특정한 생성물들이 주로 생기도록 한다. 그러한 향상된 반응 **선택성** (*selectivity*) 은 촉매 반응에서 흔히 볼 수 있는 특징이다. 이러한 일은 어떻게 일어날까?

일반적으로 촉매는 반응을 빠르게 하는 첨가제이다. 촉매는 반응물과 생성물이 서로 변환될 수 있는 새로운 반응 경로를 마련해 주는데, 이 경로는 촉매가 없을 때의 활성화 에너지 E_a보다 더 작은 $E_{촉매}$를 가지고 있다. 그림 3-4에서 비촉매 반응과 촉매 반응 모두를 활성화 장벽이 한 개이면서 한 단계만으로 이루어진 과정으로 간단하게 나타내었다. 앞으로 대부분의 반응은 두 단계 이상의 반응임을 알게 될 것이다. 하지만 단계의 수에 상관없이 촉매 반응에서는 활성화 에너지가 항상 크게 작아진다. 촉매는 반응 중간에 소모되지 않으면서, 반응성이 큰 중간체 생성을 통하여 반응에 적극적으로 개입하며, 끝에 가서는 중간체로부터 촉매가 재생된다. 그러므로 많은 양의 반응물을 반응시키더라도 작은 양의 촉매만 필요하게 된다. 촉매는 **반응속도** (*kinetics*) 를 조절한다. 즉, 평형이 이루어지는 속도를 변화시킨다. 하지만 촉매는 평형의 위치에는 영향을 주지 않는다. 전체 $\Delta H°$, $\Delta S°$ 그리고 따라서 $\Delta G°$은 촉매 반응이나 비촉매 반응이나 똑같다. 촉매는 반응의 전체 **열역학** (*thermodynamics*) 에는 영향을 **주지 않는다**.

많은 유기 반응들은 촉매가 존재할 때만 유용한 속도로 일어난다. 촉매는 산 (양성자) , 염기 (수산화물) , 금속 표면이나 금속 화합물 또는 복잡한 유기 분자일 수 있다. 자연에서는 **효소** (*enzyme*) 가 이러한 기능을 담당한다. 촉매 반응의 속도는 매우 크게 증가한다. 효소 촉매 반응은 비촉매 반응에 비하여 10^{19}배 더 빨리 일어난다고 알려져 있다. 촉매를 사용하면 많은 반응들이 비촉매 반응보다 더 낮은 온도와 더 온화한 반응 조건에서 일어날 수 있다.

석유는 알케인의 중요한 원천이다

알케인을 더 작은 파편으로 깨는 과정을 **크래킹** (또는 **균열**, **cracking**) 이라고도 한다. 이 과정은 원유로부터 가솔린 및 다른 액체 연료를 제조하는 석유정제 산업에서 중요하다.

이 장의 서론에서 언급한 바와 같이, 원유는 수억 년 전에 존재하였던 생명체가 미생물에 의하여 분해되어 생겼다고 믿어진다. 검고 점도가 큰 원유는 주로 수백 개의 탄화수소의 혼합물이며, 특히 곧은 사슬 알케인, 몇몇의 가지친 알케인과 서로 다른 양으로 방향족 탄화수소들이 들어 있다. 증류를 하면 표 3-3에 나와 있듯이 특정한 생성물 분포를 가지는 몇 개의 구획이 얻어진다. 원유의 조성은 그 원산지에 따라 다르다.

수요가 많은 가솔린의 양을 늘리기 위하여, 끓는점이 더 높은 오일을 열분해로 쪼갠다. 원유 증류 과정에서 남은 오일을 크래킹하면 대략 가스 30%, 가솔린 50%, 고분자량 오일 20%와 **코크스** (*cokes*) 라고 부르는 찌꺼기가 생긴다.

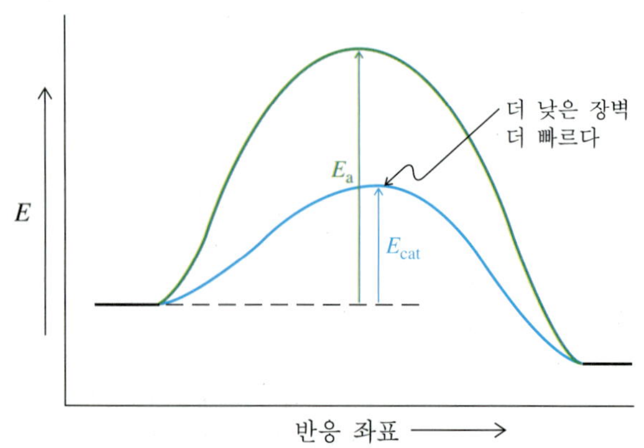

그림 3-4 촉매 반응과 비촉매 반응을 비교하는 퍼텐셜 에너지 도표. 각 반응이 한 단계만으로 이루어진 것으로 그렸지만, 특히 촉매 반응은 다단계 경로를 거쳐 흔히 일어난다.

화학 이야기 3-1

21세기의 지속 가능성과 필요성: "녹색"화학

석유와 천연 가스는 미국을 포함한 세계의 산업화 국가들이 필요로 하는 에너지의 대부분을 공급하고 있다. 2007년에, 미국의 에너지는 가스(23%), 오일(40%), 핵(8%), 수력과 지열(3%) 및 다른 재생 에너지 (4%)에서 유래하였다. **이러한 비율들이 지난 10년 동안에 크게 변하지 않았다**는 점은 유의할 만하다. 유가의 급격한 상승은 미국 경제에 심각한 영향을 준바 있다. 석유는 무수히 많은 화학 공정에서 출발물로 사용되는 알켄 같은 더 간단한 탄화수소로 변환되므로, 대부분의 화학 산업에서 사용하는 원료 물질이기도 하다. 하지만 이러한 석유 의존 경제는 심각한 문제로 시달리고 있다. 즉, 이러한 경제는 에너지 집약적이며, 유독성 물질을 자주 배출해야 하는 어려움을 겪고 있고, 부생성물, 용매 및 무기염의 형태로 폐기물을 발생시킨다. 이러한 경제는 지구의 석유 공급에는 한계가 있기 때문에 미래에는 지속 가능하지도 않다.

Alaska Valdez의 Alyeska 파이프라인 부두. Alaska는 Texas 다음으로 미국에서 원유를 많이 생산한다.

학계와 산업계의 화학자들은 원료 물질의 대안을 찾기 위한 연구를 활발하게 수행함으로써, 이러한 문제를 해결하기 위한 답을 찾고 있다. 메테인처럼 활용도가 낮았던 화석 연료는 연구 중에 있으며, 농산품에서 흔히 유래하는 재생 가능한 출발물도 그렇다. 목재, 곡물, 식물 부위 및 식물성 기름 그리고 탄수화물 같은 농산품은 훨씬 풍부하다. 식물은 성장할 때 광합성을 통하여 CO_2를 흡수하며, 이는 대기 중 CO_2 농도 증가가 지구 기후에 미치는 장기간의 효과에 대한 우려가 나오는 시점에서 바람직한 특징이다. 하지만 이러한 원료를 유용한 생성물로 변환하는 것은 상당한 도전이 요구된다. 이상적으로는, 이러한 변환을 위하여 개발된 과정들은 효율적이고 또한 환경 친화적이어야 한다. 이 말은 무엇을 의미할까?

지난 10년에 걸쳐 **녹색화학**(*green chemistry*)이라는 용어가, 몇몇 환경적 요구 사항들을 만족하는 과정을 의미하는 목적으로 점점 더 많이 사용되고 있다. 이 용어는 환경 보호와 지속 가능한 개발의 목표를 달성하기 위하여 노력하는 화학 분야의 연구를 나타내기 위한 목적으로 미국 환경보호청(EPA)의 Paul T. Anastas 박사에 의하여 1994년에 만들어졌다. 구체적으로 이 용어는 화학제품의 설계, 제조 및 응용 분야에서 위험한 물질의 사용이나 발생을 감소시키거나, 제거하여 오염을 방지하며, 석유에 기반을 둔 화학물질을 천연 자원으로 대체하는 것을 의미한다. 녹색 화학 원리를 소개하면(생략된 형식으로) 다음과 같다.

1. 폐기물을 청소해야 하는 것보다 폐기물이 생기지 않도록 하는 것이 더 낫다.
2. 합성 방법은 모든 출발물이 최종 생성물에 포함되는 것을 최대화하여야 한다("원자 경제").
3. 반응에서는 유효한 기능성을 가지고 있으나, 독성이 거의 없거나 전혀 없는 물질이 사용되거나 얻어져야 한다.
4. 반응을 주위의 온도와 압력에서 수행함으로써 에너지 사용을 최소화하여야 한다.
5. 원료 물질은 재생 가능해야 한다.
6. 촉매 과정은 화학량적 과정보다 우수하다.

석유의 크래킹에 대한 녹색 화학의 접근 방식의 한 예를, 우수한 선택성으로 선형 알케인을 더 높거나 낮은 동족체로 변환시키는 촉매 과정의 최신 발견에서 볼 수 있다. 예를 들면, 150 °C에서 뷰테인을 실리카 위에 입혀진 Ta 촉매 위로 통과시키면, **상호교환**(*metathesis*; "transpose"라는 의미의 그리스어 "methatithenai"가 어원이다) 반응이 일어나서 프로페인과 펜테인이 주로 얻어진다.

$$\underset{\text{Butane}}{H_3C{-}CH_2{-}CH_2{-}CH_3} \xrightarrow[150^\circ C]{\text{Ta on } SiO_2,} \underset{\text{Propane}}{H_3C{-}CH_2{-}CH_3} + \underset{\text{Pentane}}{H_3C{-}CH_2{-}CH_2{-}CH_2{-}CH_3}$$

이 과정은 폐기물을 전혀 방출하지 않고, 원자 경제가 완전하며, 무독성이고, 흔히 쓰이는 크래킹보다 훨씬 더 낮은 온도에서 일어나며 촉매 반응이다. 따라서 녹색 반응의 모든 조건을 만족한다. 이러한 방법들은 21세기 화학 연구의 새로운 패러다임을 이루고 있다.

표 3-3 원유의 전형적인 증류에서 얻어지는 생성물 분포

양 (부피 %)	끓는점 (°C)	탄소 원자수	생성물
1 ~ 2	< 30	$C_1 \sim C_4$	천연 가스, methane, propane, butane, 액체 석유 가스 (LPG)
15 ~ 30	30 ~ 200	$C_4 \sim C_{12}$	석유 에터 ($C_{5,6}$), 리그로인 (C_7), 나프타, 직류가솔린[a]
5 ~ 20	200 ~ 300	$C_{12} \sim C_{15}$	등유, 난방용 기름
10 ~ 40	300 ~ 400	$C_{15} \sim C_{25}$	가스 오일, 디젤 연료, 윤활유, 왁스, 아스팔트
8 ~ 69	> 400 (비휘발성)	$> C_{25}$	찌꺼기 기름, 파라핀 왁스, 아스팔트 (타르)

[a]어떠한 방법으로도 처리되지 않고, 원유에서 곧장 얻어진 가솔린을 말한다.

3-4 메테인의 염소화반응: 라디칼 연쇄 메커니즘

알케인을 열분해시키면 화학 반응이 일어나며 이러한 과정에서는 라디칼 중간체가 생긴다는 것을 보았다. 알케인은 다른 반응에도 참가할까? 이 절에서는 한 알케인 (메테인) 을 한 할로젠 (염소) 에 노출시키는 효과를 살펴볼 것이다. 이 반응에서 생성된 라디칼이 다시 중요한 역할을 하는 **염소화반응 (chlorination)** 이 일어나, 그 결과 클로로메테인과 염화 수소 (hydrogen chloride) 가 얻어진다. 이 반응의 각 단계를 분석하여 반응 메커니즘 (*mechanism*) 을 확립해 보자.

염소는 메테인을 클로로메테인으로 바꾼다

메테인과 염소 기체의 혼합물을 상온에서 어두운 곳에 두면, 아무 반응도 일어나지 않는다. 반응이 일어나려면 혼합물을 300°C 이상의 온도로 가열하거나 (Δ로 나타냄) 또는 자외선으로 쪼여 주어야 한다 ($h\nu$로 나타냄). 처음에 생기는 두 생성물 중의 하나는 메테인의 수소 원자 하나가 제거되고, 염소로 바뀌어서 생기는 클로로메테인이다. 이 과정의 다른 생성물은 염화 수소이다. 치환이 더 진행되면 다이클로로메테인 (methylene chloride), CH_2Cl_2), 트라이클로로메테인 (chloroform, $CHCl_3$), 테트라클로로메테인 (carbon tetrachloride, CCl_4) 이 얻어진다.

이 반응은 왜 일어나야만 할까? 이 반응의 $\Delta H°$를 보자. 메테인의 C—H 결합 한 개 ($DH° = 105$ kcal mol^{-1}) 와 Cl—Cl 결합 한 개 ($DH° = 58$ kcal mol^{-1}) 가 깨지는 반면에, 클로로메테인의 C—Cl 결합 ($DH° = 85$ kcal mol^{-1}) 과 H—Cl 결합 한 개 ($DH° = 103$ kcal mol^{-1}) 가 생긴다는 점에 주목하자. 알짜 결과는 더 강한 결합이 생성되면서 25 kcal mol^{-1}의 열이 방출되는 것이다: 이 반응은 **발열** (*exothermic*, 열을 방출) 반응이다.

$$CH_3\text{—}H + :\ddot{C}l\text{—}\ddot{C}l: \xrightarrow{\Delta \text{ 또는 } h\nu} CH_3\text{—}\ddot{C}l: + H\text{—}\ddot{C}l:$$

결합 해리 에너지 $DH°$ (kcal mol^{-1}): C—H 105, Cl—Cl 58, C—Cl 85, H—Cl 103

Chloromethane

$$\begin{aligned}\Delta H° &= \text{에너지 공급} - \text{에너지 방출}\\ &= \Sigma DH° \text{ (깨지는 결합)} - \Sigma DH° \text{ (생기는 결합)}\\ &= (105 + 58) - (85 + 103)\\ &= -25 \text{ kcal mol}^{-1} \ (-105 \text{ kJ mol}^{-1})\end{aligned}$$

그렇다면 왜 메테인의 염소화반응은 상온에서 일어나지 않을까? 반응이 발열이라는 사실만으로 반드시 이 반응이 빨리 그리고 자발적으로 일어난다는 것을 의미하는 것은 아니다. 화학 반응의 속도는 그 활성화 에너지에 달려 있다는 점을 기억하기 바란다 (2-1절). 이 경우에는 값이 분명히 높은데, 이러한 이유는 무엇일까? 반응이 상온에서 일어나지 않을 때 빛을 왜 쪼여 줄까? 이러한 질문에 답하기 위해서는 이 반응 메커니즘을 조사하여야 한다.

메커니즘은 반응이 일어나기 위해 필요한 실험 조건을 설명한다

메커니즘(mechanism)은 한 반응에서 일어나는 결합들의 모든 변화를 자세히 그리고 단계별로 서술한 것이다(1-1절). 간단한 반응일지라도 몇 개의 분리 단계로 이루어져 있을 수 있다. 메커니즘은 각 단계의 에너지 변화 뿐만 아니라 결합이 깨지고 생기는 순서를 보여 준다. 이러한 정보는 복잡한 분자가 할 수 있는 반응들을 분석하고, 반응이 일어나는데 필요한 실험 조건을 이해하는데 매우 중요하다.

메테인의 염소화반응 메커니즘은 대부분의 라디칼 반응 메커니즘과 비슷하게 개시, 전파, 종결 단계라는 세 단계로 이루어져 있다. 이러한 단계와 이들 단계에 대한 실험적 증거를 더 자세히 살펴보자.

메테인의 염소화반응은 단계별로 연구할 수 있다

실험 관찰. 염소화반응은 앞에서 언급한 대로 CH_4와 Cl_2의 혼합물을 300°C까지 가열하거나 빛을 쪼여 주었을 때 일어난다. 그러한 조건에서는 메테인 그 자체는 완전히 안정하나, Cl_2는 염소 두 원자로 균일 분해를 한다.

해석. 메테인의 염소화반응 메커니즘에서 첫 단계는 열 또는 빛에 의하여 유발되는 Cl—Cl 결합(출발물 중에서 가장 약한 결합이 우연하게도 $DH° = 58\ \text{kcal mol}^{-1}$인 이 결합이다)의 균일 분해이다. 이 과정은 염소화반응을 일으키기 위해서 필요하며, **개시(initiation)** 단계라 한다. 이름이 의미하듯이 개시 단계는 반응성이 큰 화학종(이 경우에는 염소 원자)을 생성시켜 전체 반응에서 다음 단계들이 일어나도록 한다.

개시: Cl—Cl 결합이 균일 분해를 한다

$$:\ddot{\text{Cl}}-\ddot{\text{Cl}}: \xrightarrow{\Delta \text{ 또는 } h\nu} 2\,:\ddot{\text{Cl}}\cdot \qquad \Delta H° = DH°(\text{Cl}_2) = +58\ \text{kcal mol}^{-1}\ (+243\ \text{kJ mol}^{-1})$$

염소 원자

주: 이 그림과 다음에 나오는 그림에서 모든 라디칼과 자유 원자는 초록색이다.

실험 관찰. 무수히 많은 수의 메테인과 염소 분자들이 생성물로 변하도록 하기 위해서는 상당히 작은 수의 개시 과정(예를 들어, 빛의 광자)만 필요하다.

해석. 개시 단계가 일어난 후에 메커니즘의 다음 단계들은 자체적으로 유지 또는 전파된다. 즉, Cl_2가 균일 분해하여 생기는 염소 원자들이 더 추가되지 않더라도 다음 단계들은 여러 번 일어날 수 있다. 두 개의 **전파(propagation)** 단계가 이 요구 조건을 만족한다. 첫 번째 단계에서는 염소 원자 하나가 메테인을 공격하여 수소 원자 하나를 떼어내면, 염화 수소와 메틸 라디칼이 생긴다.

전파 단계 1: $:\ddot{\text{Cl}}\cdot$가 H 원자를 떼어낸다

$$:\ddot{\text{Cl}}\cdot + \text{H}-\text{CH}_3 \longrightarrow :\ddot{\text{Cl}}-\text{H} + \cdot\text{CH}_3 \qquad \Delta H° = DH°(\text{CH}_3\text{–H}) - DH°(\text{H–Cl}) = +2\ \text{kcal mol}^{-1}\ (+8\ \text{kJ mol}^{-1})$$

105 (C—H), 103 (H—Cl) $DH°$ (kcal mol^{-1})

Methyl 라디칼

이 반응의 $\Delta H°$는 양의 값으로서 **흡열**(*endothermic*)이며, 그 평형은 약간 불리하다. 그 활성화 에너지 E_a는 얼마일까? 이 장벽을 넘어갈 충분한 열이 있을까? 이 경우에 답은 "예"이나. 메테인에서 수소가 제거되는 단계의 전이 상태(2-1절)의 오비탈 그림(그림 3-5)은 이 과정을 자세하게 보여 주고 있다. 반응하는 수소는 탄소와 염소 사이에 놓여 있으며, 두 원자에 부분적으로 결합되어 있다. H—Cl 결합은 C—H 결합이 깨진 정도와 비슷한 크기로 생성

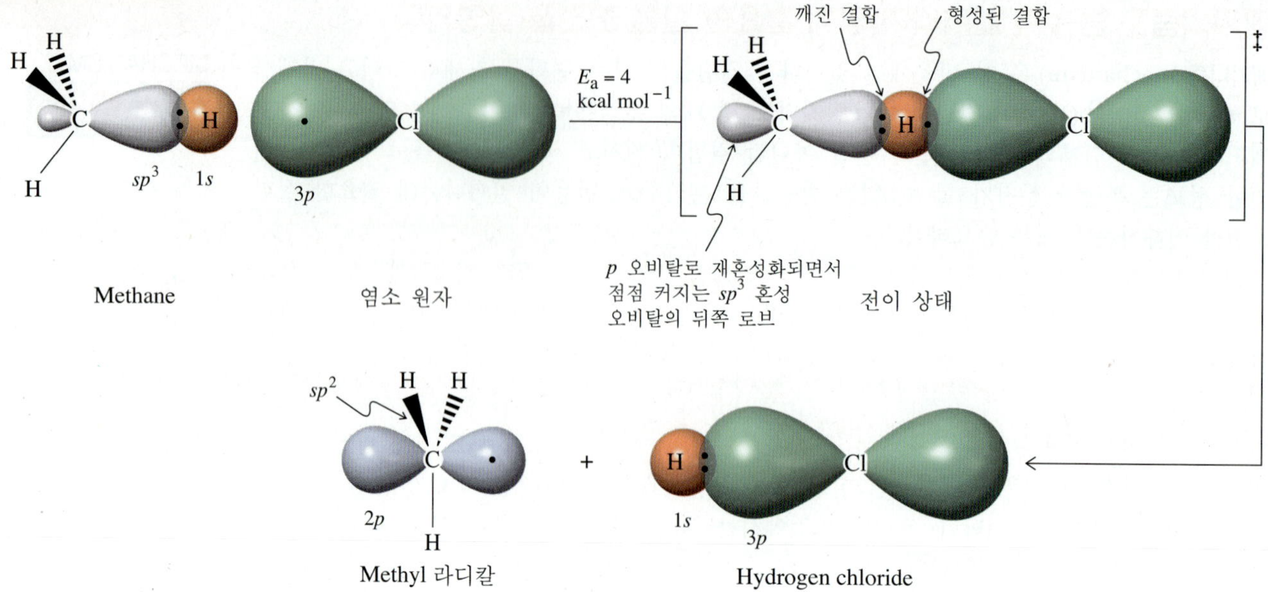

그림 3-5 염소 원자가 수소 원자를 떼어내면서 methyl 라디칼과 hydrogen chloride를 만드는 과정의 개략적인 오비탈 그림. 평면 methyl 라디칼의 탄소의 재혼성화를 주목할 것. 염소에 더 있는 세 개의 비결합 전자쌍은 생략되었다. 오비탈은 크기대로 그리지 않았음. 기호 ‡는 전이 상태를 나타낸다.

된다. 기호 ‡로 표시한 전이 상태는 출발물보다 겨우 약 4 kcal mol^{-1} 위에 위치하고 있다. 이 단계의 퍼텐셜 에너지 그림은 그림 3-6에 나와 있다.

전파 단계 1에서는 염소화반응의 생성물 중에서 HCl이라는 생성물 하나가 생성된다. 유기 생성물인 CH_3Cl은 어떻게 생길까? 클로로메테인은 **두 번째** 전파 단계에서 생긴다. 이 단계에서 메틸 라디칼이 Cl_2 출발 분자로부터 염소 원자 한 개를 떼어내면, 클로로메테인과 **새로운 염소 원자**가 얻어진다. 이 염소는 전파 단계 1에 참여하여 새로운 메테인 분자와 반응한다. 따라서 전파 단계의 순환은 닫혀 있으며, **또 다른 개시 단계가 일어날 필요 없이** 새로운 순환이 시작된다. 전파 단계 2가 얼마나 발열인지를 (−27 kcal mol^{-1}) 주목하기 바란다. 이 에너지는 메테인과 염소와의 반응의 전반적 추진력을 제공한다.

전파 단계 2: ·CH_3이 Cl 원자를 떼어낸다

$$H_3C\cdot + :\ddot{Cl}-\ddot{Cl}: \longrightarrow H_3C-Cl + \cdot\ddot{Cl}: \qquad \Delta H^\circ = DH^\circ(Cl_2) - DH^\circ(CH_3-Cl) = -27\ \text{kcal mol}^{-1}\ (-113\ \text{kJ mol}^{-1})$$

DH° (kcal mol^{-1}): 58 (Cl–Cl), 85 (CH_3–Cl)

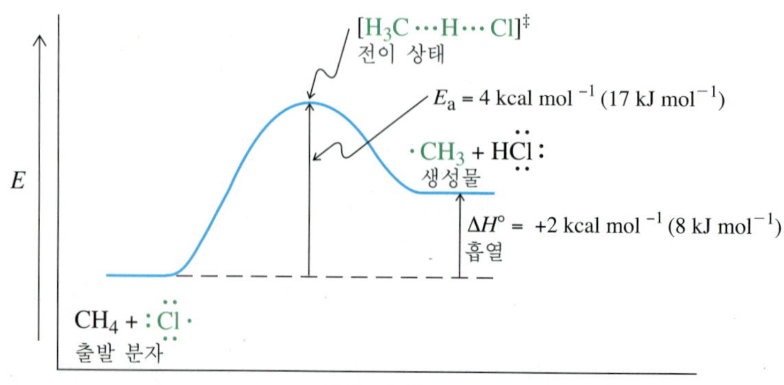

그림 3-6 Methane과 염소 원자 사이 반응의 퍼텐셜 에너지 도표. 전이 상태에서 부분 결합은 점선으로 표시하였다. Methane의 라디칼 연쇄 염소화 반응의 전파 단계 1인 이 과정은 약간 흡열이다.

전파 단계 2가 발열이기 때문에 첫 전파 단계 1에서 불리한 평형이 이어진 반응에서는, 메틸 라디칼 생성물이 빠르게 소진됨으로써 생성물 쪽으로 치우치게 된다.

$$CH_4 + Cl\cdot \rightleftharpoons CH_3\cdot + HCl \xrightarrow{Cl_2} CH_3Cl + Cl\cdot + HCl$$

약간 불리 　　 매우 유리

첫 번째 평형을 "추진한다"

이러한 점은 그림 3-6에서 시작된 반응의 진행을 연장하여 보여 주는 그림 3-7의 퍼텐셜 에너지 도표에서 확인할 수 있다. 전파 단계 1은 활성화 에너지가 더 높아서 단계 2보다 더 느리다. 이 도표는 또한, 이 반응의 전체 $\Delta H°$는 두 전파 단계의 각 $\Delta H°$의 합으로 나타낼 수 있다는 점을 보여 주고 있다($+2 - 27 = -25$ kcal mol^{-1}). 이 점은 두 전파 단계에 대한 반응식을 더해 보면 알 수 있다.

	$\Delta H°$ [kcal mol^{-1} (kJ mol^{-1})]
$:\ddot{Cl}\cdot + CH_4 \longrightarrow CH_3\cdot + H\ddot{Cl}:$	+2 (+8)
$CH_3\cdot + Cl_2 \longrightarrow CH_3\ddot{Cl}: + :\ddot{Cl}\cdot$	−27 (−113)
$CH_4 + Cl_2 \longrightarrow CH_3\ddot{Cl}: + H\ddot{Cl}:$	−25 (−105)

실험 관찰. 작은 양의 **에테인**이 메테인의 염소화반응 생성물 중에서 확인된다.
해석. 라디칼과 자유 원자들은 서로 결합되어 공유 결합을 직접 만들 수 있다. 메테인의 염소화반응에서는 그러한 결합 과정으로서 세 가지가 가능하며, 그중 한 과정인 두 메틸기 사이의 반응에서 에테인이 생긴다. 하지만 반응 혼합물에서 라디칼과 자유 원자들의 농도는 매우 낮기 때문에, 한 라디칼이나 자유 원자가 다른 것을 만나게 되는 확률은 작다. 그러한 일이 생기면 라디칼이나 자유 원자를 만드는 연쇄 반응의 전파가 종결된다. 따라서 이 결합 과정을 **종결(termination)** 단계라고 한다.

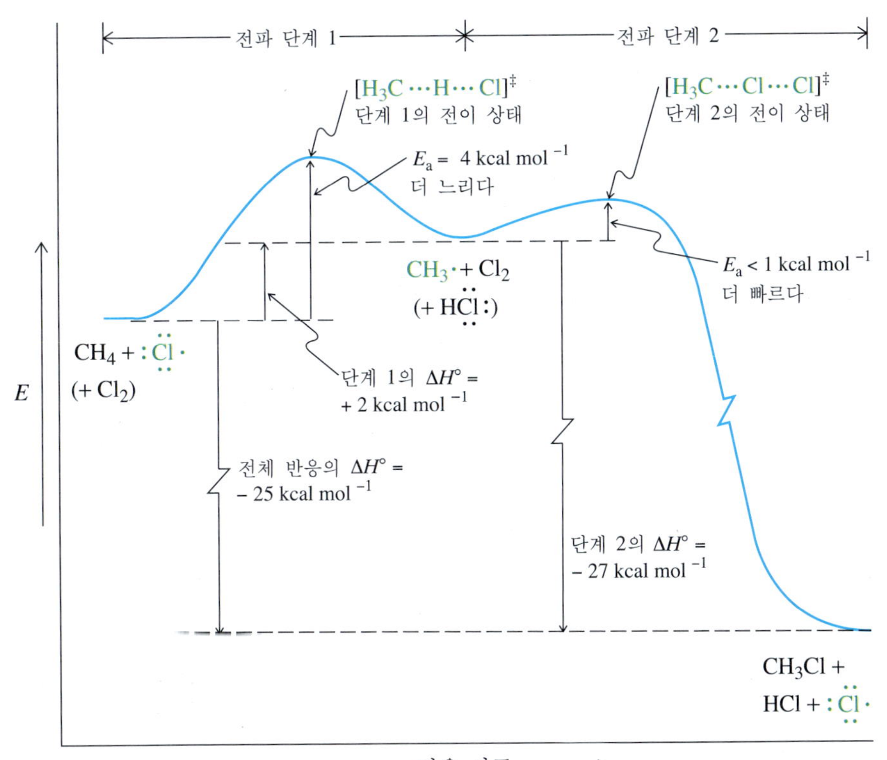

그림 3-7 Methane과 염소로부터 CH_3Cl이 생기는 과정의 완전한 퍼텐셜 에너지 도표. 전파 단계 1은 활성화 에너지가 더 높아서 단계 2보다 더 느리다. 전체 반응 $CH_4 + Cl_2 \rightarrow CH_3Cl + HCl$의 $\Delta H°$는 두 전파 단계의 각 $\Delta H°$의 합인 −25 kcal mol^{-1} (−105 kJ mol^{-1})이다.

연쇄 종결 반응: 라디칼－라디칼 결합

$$:\ddot{Cl}\cdot + \cdot\ddot{Cl}: \longrightarrow Cl-Cl$$
$$:\ddot{Cl}\cdot + \cdot CH_3 \longrightarrow CH_3-\ddot{Cl}:$$
$$CH_3\cdot + \cdot CH_3 \longrightarrow CH_3-CH_3$$

메테인의 염소화반응 메커니즘은 **라디칼 연쇄 메커니즘(radical chain mechanism)** 의 한 예이다.

라디칼 연쇄 메커니즘

개시	전파 단계	연쇄 종결
$X_2 \longrightarrow 2:\ddot{X}\cdot$	$:\ddot{X}\cdot + RH \longrightarrow R\cdot + H\ddot{X}:$	$:\ddot{X}\cdot + :\ddot{X}\cdot \longrightarrow X_2$
	$X_2 + R\cdot \longrightarrow R\ddot{X}: + :\ddot{X}\cdot$	$R\cdot + :\ddot{X}\cdot \longrightarrow RX$
	소모됨 / 재생됨	$R\cdot + R\cdot \longrightarrow R_2$

전파 단계에서 $:\ddot{X}\cdot$ 가 자체적으로 만들어지기 때문에, 반응을 개시하기 위해서는 할로젠 원자 몇 개만 있으면 된다. 첫 번째 전파 단계에서는 할로젠 원자 한 개가 소모되나, 두 번째 단계에서 한 개가 만들어진다. 첫 번째 전파 단계에서는 할로젠 원자 하나가 소비되나, 두 번째 단계에서 다시 생성된다. 이러한 방식으로 **라디칼 사슬**(*radical chain*)은 수천 번의 순환 과정 동안 반응이 일어나도록 만든다.

연습 문제 3-4

개념 문제: 라디칼 연쇄 메커니즘

Chloroethane을 만드는 ethane의 일염소화반응 메커니즘을 자세히 쓰시오. 각 단계의 $\Delta H°$를 계산하시오.

전략

우선 표 3-1과 3-2 그리고 식 $\Delta H° = \Sigma\Delta H°$(깨지는 결합) $- \Sigma\Delta H°$(생기는 결합)을 이용하여 전체 반응식을 쓰고 $\Delta H°$을 구한다. 그 다음에는 전형적인 라디칼 연쇄 메커니즘에 대한 개시, 전파, 종결 단계를 쓴다.

풀이

• 반응식은 다음과 같다.

$$CH_3CH_2-H + :\ddot{Cl}-\ddot{Cl}: \longrightarrow CH_3CH_2-\ddot{Cl}: + H-\ddot{Cl}:$$
$$\Delta H° = 101 + 58 - 84 - 103 = -28 \text{ kcal mol}^{-1}$$

이 반응은 methane의 염소화반응보다 더 발열이며, 주요한 이유는 ethane의 C—H 결합을 깨는 것이 methane의 C—H 결합을 깨는 것보다 에너지가 덜 필요하기 때문이다.

• 개시 단계는 빛에 의하여 유발되는 Cl_2의 분해이다:

개시 단계 $:\ddot{Cl}-\ddot{Cl}: \xrightarrow{h\nu} 2:\ddot{Cl}\cdot \qquad \Delta H° = +58 \text{ kcal mol}^{-1}$

• Methane의 염소화반응의 전파 단계들을 모형으로 사용하면서, ethane에 대한 비슷한 단계를 쓴다. 단계 1에서 염소 원자가 수소 원자 하나를 떼어낸다:

전파 단계 1 $CH_3CH_2-H + \cdot\ddot{Cl}: \longrightarrow CH_3CH_2\cdot + H-\ddot{Cl}:$

$$\Delta H° = 101 - 103 = -2 \text{ kcal mol}^{-1}$$

• 단계 2에서는 단계 1에서 생긴 ethyl 라디칼이 Cl_2로부터 염소 한 개를 떼어낸다.

전파 단계 2 $CH_3CH_2\cdot + :\ddot{Cl}-\ddot{Cl}: \longrightarrow CH_3CH_2-\ddot{Cl}: + \cdot\ddot{Cl}:$

$$\Delta H° = 58 - 84 = -26 \text{ kcal mol}^{-1}$$

두 전파 단계의 $\Delta H°$를 더하면 전체 반응의 $\Delta H°$가 얻어진다는 점에 주목하기 바란다. 이러한 이유는 두 전파 단계에 존재하는 화학종들을 합치면 ethyl 라디칼과 염소 원자들이 모두 상쇄되면서 전체 반응식만 남기 때문이다.

• 마지막으로 종결 단계를 다음과 같이 쓴다.

종결 단계 $:\ddot{Cl}\cdot + \cdot\ddot{Cl}: \longrightarrow Cl_2$ $\Delta H° = -58 \text{ kcal mol}^{-1}$

$CH_3CH_2\cdot + \cdot\ddot{Cl}: \longrightarrow CH_3CH_2\ddot{Cl}:$ $\Delta H° = -84 \text{ kcal mol}^{-1}$

$CH_3CH_2\cdot + \cdot CH_2CH_3 \longrightarrow CH_3CH_2CH_2CH_3$ $\Delta H° = -88 \text{ kcal mol}^{-1}$

메테인의 염소화반응에서 생기는 실제적 문제 중의 하나는 생성물 선택성의 조절이다. 앞에서 언급한 바와 같이 이 반응은 클로로메테인의 생성에서 멈추지 않고, 치환이 더 일어나면서 다이-, 트라이-, 테트라클로로메테인이 생긴다. 이 문제에 대한 실제적인 해결책 중의 하나는 반응에서 메테인을 과량으로 사용하는 것이다. 이러한 조건에서는 한 주어진 순간에 반응성이 큰 중간체인 염소 원자는 생성물인 CH_3Cl보다 더 많은 수의 메테인 분자로 둘러싸여 있게 된다. 그러면, $Cl\cdot$이 CH_3Cl을 만나서 CH_2Cl_2까지 만들 기회가 크게 줄어들며, 생성물 선택성이 실현된다.

연습 문제 3-5

자습 문제

Dichloromethane (CH_2Cl_2)을 만드는 chloromethane의 염소화반응의 전체 반응식과 전파 단계의 메커니즘을 쓰시오(**주:** 메커니즘의 각 단계를 따로 그리고 완전히 써라. 모든 화학종들의 완전한 Lewis 구조와 적당한 화살을 이용한 전자 이동을 그려라).

요약 염소는 메테인을 클로로메테인으로 변환시킨다. 이 반응은 열이나 빛이 작은 수의 염소 분자를 염소 원자로 균일 분해하는 메커니즘을 통하여 진행된다(개시). 염소 원자들은 두(전파) 단계로 구성된 라디칼 연쇄 반응을 일으키고 이 반응을 지속시키며, 두 단계는 (1) 수소가 떼어지면서 메틸 라디칼과 HCl이 생기는 단계 그리고 (2) $CH_3\cdot$이 Cl_2와 반응하여 CH_3Cl로 변하고 $Cl\cdot$이 재생되는 단계이다. 연쇄 반응은 라디칼과 자유 원자들이 여러 가지 방식으로 결합하면 종결된다. 각 단계의 반응열은 깨지는 결합의 세기를 생기는 결합의 세기와 비교하여 구한다.

3-5 메테인의 다른 라디칼 할로젠화반응

아이오딘(I_2)은 그렇지 않으나 플루오린(F_2)과 브로민(Br_2)도 비슷한 라디칼 메커니즘에 의하여, 메테인과 반응하여 상응하는 할로메테인이 얻어진다. X_2 (X = F, Br, I)의 해리 에너지는 Cl_2보다 낮아서 라디칼 연쇄 반응의 개시가 쉽게 이루어질 것이다(표 3-4).

표 3-4

할로젠 원소의 $DH°$ 값

할로젠	$DH°$ [kcal mol^{-1} (kJ mol^{-1})]
F_2	38 (159)
Cl_2	58 (243)
Br_2	46 (159)
I_2	36 (151)

플루오린이 가장 반응성이 크고, 아이오딘이 가장 작다

메테인의 각각 할로젠화반응에서 첫 번째 전파 단계의 엔탈피를 비교해 보자(표 3-5). 플루오린의 경우 이 단계는 $-31 \text{ kcal mol}^{-1}$로서 발열이다. 염소의 경우에는 같은 단계가 약간 흡열이었음을 이미 본바 있다. 브로민의 경우에는 이 단계가 상당히 흡열이며 아이오딘의 경우

표 3-5 Methane의 할로젠화반응에서 전파 단계들의 엔탈피 [kcal mol^{-1} (kJ mol^{-1})]

반응	F	Cl	Br	I
$:\ddot{X}\cdot + CH_4 \longrightarrow \cdot CH_3 + H\ddot{X}:$	−31 (−130)	+2 (+8)	+18 (+75)	+34 (+142)
$\cdot CH_3 + X_2 \longrightarrow CH_3\ddot{X}: + :\ddot{X}\cdot$	−72 (−301)	−27 (−113)	−24 (−100)	−21 (−88)
$CH_4 + X_2 \longrightarrow CH_3\ddot{X}: + H\ddot{X}:$	−103 (−431)	−25 (−105)	−6 (−25)	+13 (+54)

에는 훨씬 더하다. 이러한 경향이 나타나는 이유는 플루오린에서 아이오딘으로 갈수록 할로젠화 수소의 결합 세기가 감소하기 때문이다(표 3-1). 강한 수소-플루오린 결합 때문에 플루오린 원자는 수소를 매우 쉽게 떼어낸다. 플루오린은 염소보다 반응성이 더 크며, 염소는 브로민보다 반응이 더 크고, 가장 반응성이 작은 할로젠 원자가 아이오딘이다.

플루오린과 아이오딘 사이의 차이는 메테인에서 수소를 떼어내는 각 반응에 대한 퍼텐셜 에너지 도표를 비교하면 알 수 있다(그림 3-8). 플루오린의 반응은 심한 발열이기 때문에 활성화 장벽을 거의 무시할 만하다. 더구나 전이 상태에서 플루오린 원자는 옮겨가는 수소 원자로부터 상대적으로 멀리 떨어져 있어서, 전이 상태의 H—CH_3 거리는 CH_4에서보다 약간만 길뿐이다. 왜 그렇게 되어야 할까? H—CH_3 결합은 H—F 결합보다 약 30 kcal mol^{-1} (125 kJ mol^{-1}) 만큼 더 약하다(표 3-1). H 원자가 F· 쪽으로 조금만 움직여도 둘 사이의 결합이 수소와 탄소 사이의 결합을 극복하기에 충분하다. 반응 좌표를 C에서 F로 수소가 이동한 정도의 척도로서 본다면, 전이 상태가 일찍 도달한 셈이고 그 구조는 생성물보다 출발물에 훨씬 더 가까울 것이다. **이른 전이 상태(early transition state)는 종종 빠른 발열 과정의 특징**이다.

수소 떼기 반응에서 X·의 상대 반응성

F· > Cl· > Br· > I·

반응성 감소 →

다른 한편으로는, I·과 CH_4 사이의 반응은 E_a가 매우 높다 [적어도 +34 kcal mol^{-1} (+142 kJ mol^{-1})인 흡열보다는 크다. 표 3-5]. 따라서 H—C 결합이 거의 완전히 깨지고 H—I 결합이 거의 완전히 생길 때까지는 전이 상태에 도달하지 못한다. 이 경우 전이 상태가 반응 경로에서 **늦다**고 말한다. 반응 좌표를 따라서 훨씬 더 가서야 전이 상태에 도달하며, 그 구조는 이 과정의 생성물인 CH_3·와 HI에 훨씬 더 가깝다. **늦은 전이 상태(late transition state)는 흔히 상대적으로 느린 흡열 반응 특징이다**. 이르고 늦은 전이 상태와 관련된 이러한 규칙을 **Hammond* 가정** (*Hammond postulate*)이라고 한다.

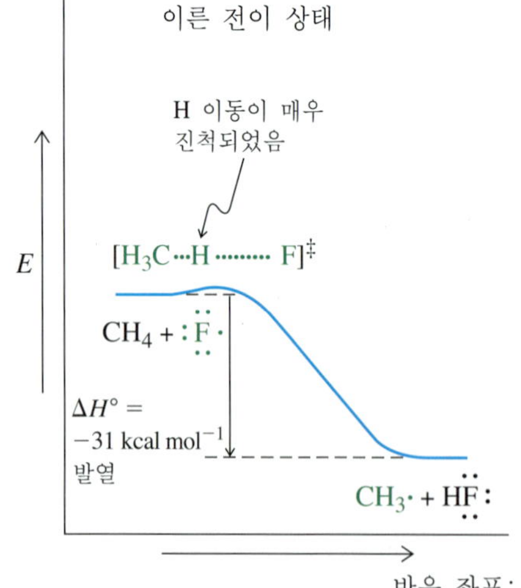

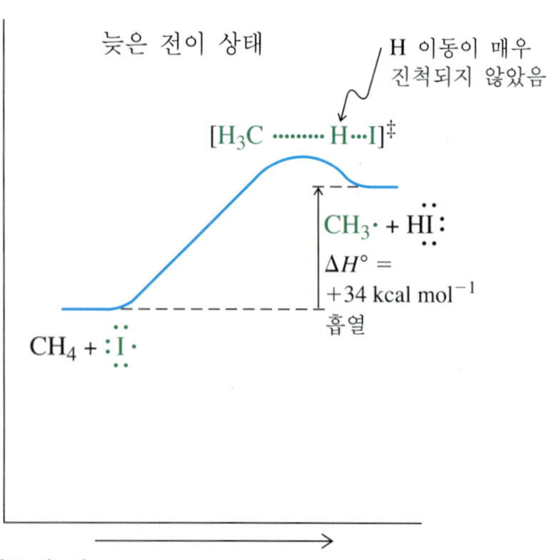

그림 3-8 퍼텐셜 에너지 도표: (왼쪽) 플루오린 원자와 CH_4 사이의 반응은 이른 전이 상태를 가진 발열 과정이다 (오른쪽). 아이오딘 원자와 CH_4 사이의 반응은 늦은 전이 상태를 가진 흡열 과정이다. 따라서 모두 Hammond 가설과 부합된다.

* George S. Hammond 교수(1921-2005), Washington, D. C. 소재 Georgetown 대학교.

두 번째 전파 단계는 발열이다

표 3-5에 나와 있는 각 할로젠화반응의 두 번째 전파 단계를 보기로 하자. 모든 할로젠에 대하여 이 과정은 발열이다. 다시 플루오린의 경우 이 반응이 가장 빠르고 가장 발열이다. 메테인의 플루오린화반응에서 두 단계의 엔탈피를 합치면 103 kcal mol^{-1} (−431 kJ mol^{-1})의 $\Delta H°$가 얻어진다. 클로로메테인의 생성은 덜 발열이며, 브로모메테인은 훨씬 더 적게 발열한다. 후자의 경우, 첫 번째 단계의 흡열성 [$\Delta H° = +18$ kcal mol^{-1} (+75 kJ mol^{-1})]을 두 번째 단계의 엔탈피 [$\Delta H° = -24$ kcal mol^{-1} (−100 kJ mol^{-1})]가 거의 극복하지 못하므로, 전체 반응의 에너지 변화는 겨우 −6 kcal mol^{-1} (−25 kJ mol^{-1})에 불과하다. 마지막으로 아이오딘은 아이오딘화 메틸 (methyl iodide)과 아이오딘화 수소 (hydrogen iodide)를 만들 정도로 메테인과 반응하지 않는다. 첫 번째 단계가 너무 많은 에너지를 소모하기 때문에, 두 번째 단계가 발열이기는 하지만 이 반응을 추진되지 못한다.

연습 문제 3-6

Methane을 염소와 브로민이 같은 몰수로 들어 있는 혼합물과 반응시켰을 때, 염소 원자만 수소 떼기 반응을 하는 것으로 관찰된다. 설명하시오.

요약 플루오린, 염소, 브로민은 메테인과 반응하여 할로메테인을 생성한다. 세 반응 모두 염소화반응에 대하여 기술한바 있는 라디칼 연쇄 메커니즘을 따른다. 이 과정에서 첫 번째 전파 단계는 둘 중에서 항상 느리다. 브로민, 염소, 플루오린의 순으로 갈수록 반응은 더 발열이고, 활성화 에너지는 감소한다. 이러한 경향은 플루오린이 가장 반응성이 크다는 할로젠의 상대적 반응성을 설명한다. 메테인의 아이오딘화 반응은 흡열이며 일어나지 않는다. 매우 큰 발열 반응은 종종 이른 전이 상태의 특징이며, 반대로 흡열 단계는 늦은 전이 상태를 가진다.

3-6 고급 알케인의 염소화반응: 상대적 반응성과 선택성

다른 알케인들의 라디칼 할로젠화반응에서는 무슨 일이 일어날까? 여러 가지 유형의 R—H 결합, 즉 일차, 이차, 삼차 결합은 메테인의 결합과 같은 방식으로 반응할까? 연습 문제 3-4에서 보았듯이 에테인의 일염소화반응은 생성물로서 클로로에테인을 준다.

Ethane 염소화반응

$$CH_3CH_3 + Cl_2 \xrightarrow{\Delta \text{ 또는 } h\nu} \underset{\text{Chloroethane}}{CH_3CH_2Cl} + HCl \qquad \Delta H° = -28 \text{ kcal mol}^{-1} \; (-117 \text{ kJ mol}^{-1})$$

이 반응은 메테인에서 보았던 라디칼 연쇄 메커니즘과 비슷한 메커니즘으로 일어난다. 메테인에서처럼 에테인의 모든 수소 원자는 서로 구별할 수 없다. 그러므로 첫 번째 전파 단계에서 어느 수소가 처음에 떼어지는지에 상관없이, 일염소화 생성물인 클로로에테인 하나만을 관찰할 수 있다.

Ethane의 염소화반응 메커니즘에서 전파 단계

$$CH_3CH_3 + :\ddot{Cl}\cdot \longrightarrow CH_3CH_2\cdot + H\ddot{Cl}: \qquad \Delta H° = -2 \text{ kcal mol}^{-1} \; (-8 \text{ kJ mol}^{-1})$$

$$CH_3CH_2\cdot + Cl_2 \longrightarrow CH_3CH_2\ddot{Cl}: + :\ddot{Cl}\cdot \qquad \Delta H° = -26 \text{ kcal mol}^{-1} \; (-109 \text{ kJ mol}^{-1})$$

다음 동족체인 프로페인에서는 무슨 일이 생길까?

이차 C–H 결합은 일차 결합보다 반응성이 더 크다

$CH_3CH_2CH_3$
Propane

여섯 개의 일차 수소(푸른색)
두 개의 일차 수소(붉은색)

비 3 : 1

프로페인의 수소 원자 여덟 개는 각각 여섯 개의 일차 수소와 두 개의 이차 수소로 이루어진 두 개의 원자단으로 나눌 수 있다. 염소 원자가 일차와 이차 수소를 같은 속도로 떼어낸다고 가정하면, 생성물로서 2-클로로프로페인보다 1-클로로프로페인이 세 배 많이 들어 있는 혼합물을 얻을 것이라고 기대할 수 있다. 이러한 결과를 **통계적 생성물비(statistical product ratio)** 라고 부르는데, 이 결과는 프로페인에서 반응에 참여할 수 있는 수소의 수는 일차 수소가 이차 수소보다 세 배 더 많다는 통계적 사실에서 나오기 때문이다. 다시 말해, 한 염소 원자가 프로페인의 여섯 개의 일차 수소와 충돌할 가능성은 두 개 밖에 없는 이차 수소 원자의 경우보다 세 배 더 많다고 할 수 있다.

하지만 이차 C—H 결합은 일차 결합보다 더 약하다($DH° = 98.5$ 대 $101\ \text{kcal mol}^{-1}$). 따라서 이차 수소를 떼어내는 것은 더 발열이며, 활성화 장벽도 더 낮다(그림 3-9). 그러면 이차 수소가 더 빨리 반응한다고 볼 수 있고, 1-클로로프로페인보다 2-클로로프로페인이 더 많이 나올 것이다. 그렇다면 실제 실험 결과는 어떨까? 25°C에서 1-클로로프로페인 2-클로로프로페인의 실험비는 43:57이다. 이 결과는 통계적 요인과 결합–에너지 요인 모두가 생성물의 비를 결정한다는 점을 보여 주고 있다.

Propane의 염소화반응

$$Cl_2 + CH_3CH_2CH_3 \xrightarrow{h\nu} CH_3CH_2CH_2Cl + CH_3\underset{}{\overset{Cl}{|}}{C}HCH_3 + HCl$$

1-Chloropropane 2-Chloropropane

예상 통계적비	3 : 1
예상 C–H 결합 반응성비	Less : More
실험비 (25°C)	43 : 57

프로페인, 그리고 더 확장하여 일반적인 알케인의 염소화반응에서, **이차와 일차 수소의 상대적 반응성**을 알아두면 좋을 것이다. 이러한 목적을 위해서는 프로페인에서 수소 원자의 수가 통계적으로 생성물비에 미치는 기여도를 뽑아낼 필요가 있다. 다시 말해, 우리가 알기를 원하는 것은 다음과 같다. 일차 수소 **한 개**가 생성물비에서 “43”에 얼마나 큰 기여를 하고, 이차 수소 **한 개**가 “57”에 얼마나 큰 기여를 할까? 답을 알기 위해서는 단순히 이러한 값들을 이것을 주는 수소수로 각각 나누어 주기만 하면 된다. 즉, 43을 6으로 나누면 대략 7이 나오고, 57을 2로 나누면 대략 28이 나온다.

$$\frac{H_{\text{이차}}\text{의 반응성}}{H_{\text{일차}}\text{의 반응성}} = \frac{\text{2-chloropropane의 수득률}/H_{\text{이차}}\text{의 수}}{\text{1-chloropropane의 수득률}/H_{\text{일차}}\text{의 수}} = \frac{57/2}{43/6} \approx \frac{28}{7} = 4$$

따라서 프로페인에서 이차 대 일차 H의 상대적 반응성은 약 $28/7 = 4$이다. 이 경우 염소가

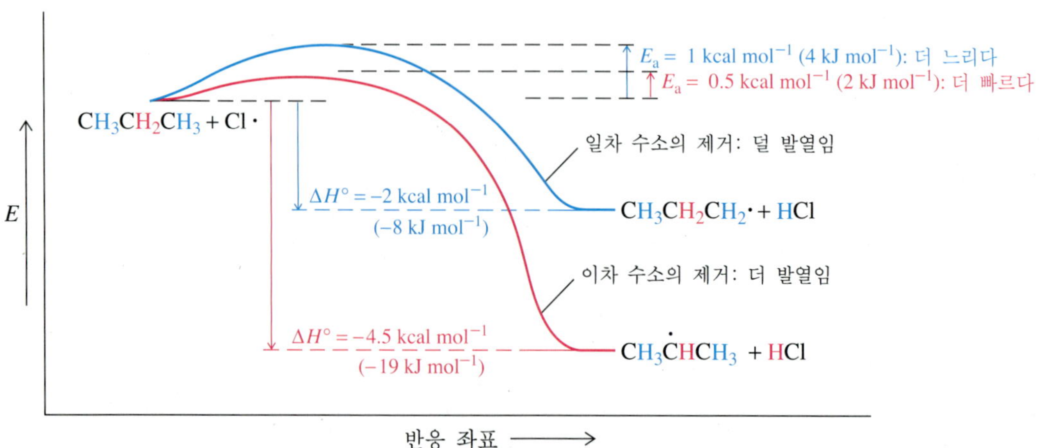

그림 3-9 Propane에서 염소 원자가 수소를 이차 탄소로부터 떼어내는 과정은 일차 탄소로부터의 경우보다 더 발열이고 더 빠르다.

25 °C에서 이차 대 일차 수소를 제거할 때 4:1의 **선택성 (selectivity)** 을 보인다고 말한다.

이러한 분석으로부터 **모든** 라디칼 연쇄 반응에서 **모든** 이차 수소는 모든 일차 수소보다 네 배 반응성이 클 것이라고 예상할 수 있다. 이러한 예상은 맞을까? 불행하게도 맞지 않다. 이차 C—H 결합이 일차 결합보다는 일반적으로 더 빨리 깨지지만, 상대적 반응성은 공격하는 물질인 X·의 성질, 생기는 H—X 결합의 세기 그리고 온도에 매우 크게 의존한다. 예를 들면, 600 °C에서 일어나는 프로페인의 염소화반응에서는, 2-클로로프로페인보다 1-클로로프로페인이 대략 세 배 더 많이 얻어지는 통계적 분포를 보인다. 그렇게 높은 온도에서는, 염소 원자와 프로페인의 아무 수소 사이의 거의 모든 충돌은 충분한 에너지를 가지고 일어나기 때문에, 충돌만 하면 생성물이 얻어지는 것이다. 이 온도에서 염소화반응은 **비선택적 (unselective)** 이라고 말하며, 생성물비는 통계적 요인에 의하여 결정된다.

연습 문제 3-7

Butane의 일염소화반응의 생성물들은 무엇일 것이라고 기대하는가? 이들은 25 °C에서 무슨 비로 얻어지겠는가?

삼차 C-H 결합은 이차 결합보다 반응성이 더 크다

이제 알케인의 염소화반응에서 삼차 수소의 상대적 반응성을 알아보자. 이러한 목적으로 한 개의 삼차 수소와 아홉 개의 일차 수소를 가진 분자인 2-메틸프로페인을 25°C에서의 염소화 조건에 노출시키기로 하자. 이때 얻어지는 두 생성물은 2-클로로-2-메틸프로페인(염화 삼차-뷰틸)과 1-클로로-2-메틸프로페인(염화 아이소뷰틸)으로서 각각 36과 64%의 상대적 수득률로 얻어진다.

$(CH_3)_3CH$
1-Methylpropane
아홉 개의 일차 수소(푸른색)
한 개의 삼차 수소(붉은색)
비 9 : 1

2-Methylpropane의 염소화반응

$$Cl_2 + (CH_3)_3C{-}H \xrightarrow{h\nu} ClCH_2{-}CH(CH_3)_2 + (CH_3)_3C{-}Cl + HCl$$

	1-Chloro-2-methylpropane (Isobutyl chloride)	2-Chloro-2-methylpropane (*tert*-Butyl chloride)
	64%	36%
예상 통계적비	9	1
예상 C–H 결합 반응성비	Less	More
실험비 (25°C)	64	36

일차 수소에 대한 이차 수소의 반응성을 구하기 위하여 위에서 사용하였던 방법을 비슷하게 사용하면, 일차 수소에 대한 삼차 수소의 반응성을 결정할 수 있다. 2-메틸프로페인에서 64% 일차 염소화반응과 36% 삼차 염소화반응의 실험 결과를, 출발물인 알케인에 들어 있는 아홉 개의 일차 수소와 한 개의 삼차 수소 원자의 통계적 존재비와 결부시킨다. 각 생성물의 수득률을 이것의 생성에 기여한 수소의 수로 나누면, 수소 원자 한 개의 반응성을 알 수 있을 것이다.

$$\frac{H_{\text{삼차}}\text{의 반응성}}{H_{\text{일차}}\text{의 반응성}} = \frac{\text{2-chloro-2-methylpropane의 수득률}/H_{\text{삼차}}\text{의 수}}{\text{1-chloro-2-methylpropane의 수득률}/H_{\text{삼차}}\text{의 수}} = \frac{36/1}{64/9} \approx \frac{36}{7} = 5$$

따라서 삼차 수소 원자는 일차 수소보다 약 다섯 배 반응성이 크다. 이 선택성은 다시 높은 온도에서는 감소한다. 하지만 25 °C의 염소화반응에서 여러 가지 C—H 결합의 상대적 반응성은 대략 다음과 같다고 말할 수 있다.

삼차 : 이차 : 일차 = 5 : 4 : 1

R — H의 반응성 증가 (←)

이 결과는 결합 세기를 고려하여 예측되는 상대적 반응성과 정성적으로 매우 잘 일치한다. 삼차 C—H 결합은 이차보다 약하고, 이차는 일차보다 약하다.

연습 문제 3-8

개념 문제: 선택성 자료로부터 생성물비 결정하기

2-Methylbutane의 일염소화반응을 고려하자. 얼마나 많은 다른 생성물들이 생길까? 그들의 수득률을 예측하시오.

전략

첫 번째 단계는 출발물 알케인에서 수소들을 동일하지 않은 원자단으로 나눈 후 각 원자단에 몇 개의 수소가 있는지를 세는 것이다. 이렇게 하면 반응에서 몇 종류의 생성물이 얻어질지를 예측할 수 있다. 각 생성물의 **상대적** 수득률을 계산하기 위해서는 그 생성물을 주는 **출발물 알케인**에 있는 수소의 수를, 수소의 유형(일차, 이차, 삼차)에 대응하는 상대적 반응성으로 곱한다. 절대적 퍼센트 수득률을 얻으려면 각 상대적 수득률을 모든 생성물의 수득률의 합으로 나누고 100으로 곱하여 준다.

풀이

- 2-Methylbutane에는 아홉 개의 일차 수소, 두 개의 이차 수소 그리고 한 개의 삼차 수소가 있다. 하지만, 아홉 개의 일차 수소들 모두가 동등하지는 않다. 즉, 그들 모두를 서로 전혀 구별할 수 없지는 않다. 대신, 일차 수소들을 두 개의 별개 원자단으로 구별할 수 있다. 이러한 원자단들이 서로 다르다는 것을 어떻게 알 수 있을까? 그룹 A에 있는 여섯 개의 수소 중에서 아무거나 염소화하면 1-chloro-2-methylbutane이 얻어지며, 반면에, 그룹 B에 있는 세 개의 수소 중에서 아무거나 염소화하면 1-chloro-3-methylbutane이 얻어진다. 이 생성물들은 서로의 구조 이성질체이며 다른 이름을 가지고 있다—이러한 사실이 독특하고, 동등하지 않은 그룹에 있는 수소를 치환하였기 때문에, 이러한 화합물들이 나온다고 알려주는 실마리이다.

2-Methylbutane의 염소화반응

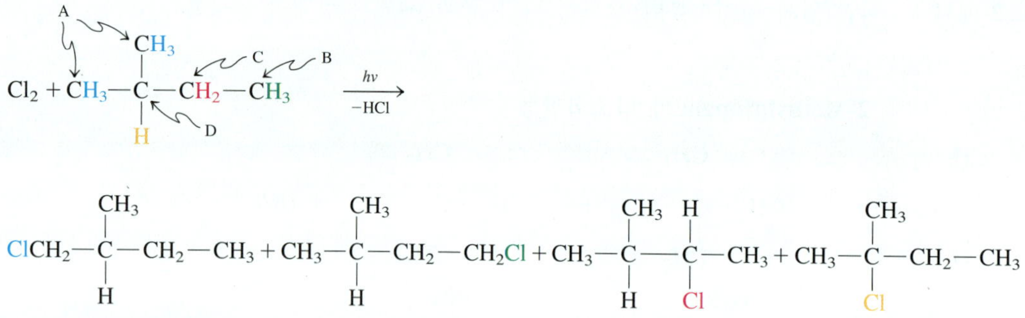

$$Cl_2 + CH_3-\underset{\underset{H}{|}}{\overset{\overset{CH_3}{|}}{C}}-CH_2-CH_3 \xrightarrow[-HCl]{h\nu}$$

(A: CH_3 groups on C2; B: terminal CH_3; C: CH_2; D: tertiary H)

$$ClCH_2-\underset{\underset{H}{|}}{\overset{\overset{CH_3}{|}}{C}}-CH_2-CH_3 + CH_3-\underset{\underset{H}{|}}{\overset{\overset{CH_3}{|}}{C}}-CH_2-CH_2Cl + CH_3-\underset{\underset{H}{|}}{\overset{\overset{CH_3}{|}}{C}}-\underset{\underset{Cl}{|}}{\overset{\overset{H}{|}}{C}}-CH_3 + CH_3-\underset{\underset{Cl}{|}}{\overset{\overset{CH_3}{|}}{C}}-CH_2-CH_3$$

1-Chloro-2-methylbutane (A에서 염소화반응)	1-Chloro-3-methylbutane (B에서 염소화반응)	2-Chloro-3-methylbutane (C에서 염소화반응)	2-Chloro-2-methylbutane (D에서 염소화반응)
일차 탄소에서 치환		이차 탄소에서 치환	삼차 탄소에서 치환

- 위 **전략**에서 기술한 대로 계산하면 다음 표가 얻어진다:

생성물	상대 수득률	절대 수득률
1-Chloro-2-methylbutane (A, six primary)	$6 \times 1 = 6$	$6/22 = 0.27 = 27\%$
1-Chloro-3-methylbutane (B, three primary)	$3 \times 1 = 3$	$3/22 = 0.14 = 14\%$
2-Chloro-3-methylbutane (C, two secondary)	$2 \times 4 = 8$	$8/22 = 0.36 = 36\%$
2-Chloro-2-methylbutane (D, one tertiary)	$1 \times 5 = 5$	$5/22 = 0.23 = 23\%$
Sum of relative yields of all four products	22	

연습 문제 3-9

25°C에서 3-methylpentane의 일염소화반응에서 생길 것이라고 기대되는 생성물의 구조를 그리고, 그 비를 예측하시오(주: **출발물 알케인**에서 각 독특한 원자단의 수소의 수를 확실히 고려할 것).

요약 일차, 이차, 삼차 수소의 상대적 반응성은 그 상대적 C—H 결합 세기에 근거하여 예측된 경향을 따른다. 상대적 반응성 비는 통계적 고려를 함으로써 구할 수 있다. 이 비는 온도에 의존하며, 낮은 온도에서 선택성이 더 크다.

3-7 플루오린과 브로민의 라디칼 할로젠화반응에서 선택성

염소 이외의 다른 할로젠은 얼마나 알케인을 선택적으로 할로젠화할까? 표 3-5와 그림 3-8을 보면 플루오린이 가장 반응성이 큰 할로젠이라는 것을 알 수 있다. 수소 떼기 반응은 심한 발열이며, 활성화 에너지는 무시할 정도로 작다. 반대로 브로민은 같은 단계가 크고, 플러스의 $\Delta H°$와 높은 활성화 장벽을 가지고 있기 때문에 훨씬 반응성이 작다. 이 차이가 알케인의 할로젠화반응에서 선택성에 영향을 주겠는가?

이 질문에 답하기 위해 플루오린과 브로민이 2-메틸프로페인과 반응하는 경우를 보자. 25°C에서 단일 플루오린화반응(single fluorination)은 통계적으로 예측되는 비와 매우 비슷한 비로 가능한 두 생성물을 만든다.

2-Methylpropane의 플루오린화반응

$$F_2 + (CH_3)_3CH \xrightarrow{h\nu} FCH_2{-}\underset{CH_3}{\overset{CH_3}{C}}{-}H \;+\; (CH_3)_3CF \;+\; HF$$

	1-Fluoro-2-methylpropane (Isobutyl fluoride)	2-Fluoro-2-methylpropane (*tert*-Butyl fluoride)
	86%	14%
예상 통계적비	9	1
예상 C–H 결합 반응성비	Less	More
실험비 (25°C)	86	14

플루오린은 따라서 매우 낮은 선택성을 보인다. 왜 그럴까? 두 경쟁하는 반응에 대한 전이 상태가 매우 일찍 이루어지기 때문에, 그들의 에너지와 구조는 출발물과 비슷하거니와 서로와도 비슷하다(그림 3-10).

반대로 **같은 화합물의 브로민화반응은 매우 선택적이어서**, 삼차 브로민화물이 거의 전적으로 생성된다. 브로민에 의한 수소 떼기 반응은 C—H 결합이 깨지고, H—Br 결합이 생성되는 정도가 거의 완전하게 진행된 **늦은** 전이 상태를 가지고 있다. 따라서 각 전이 상태의 구조와 에너지는 상응하는 라디칼 생성물과 비슷하다. 브로민과 일차, 삼차 수소와의 반응 활

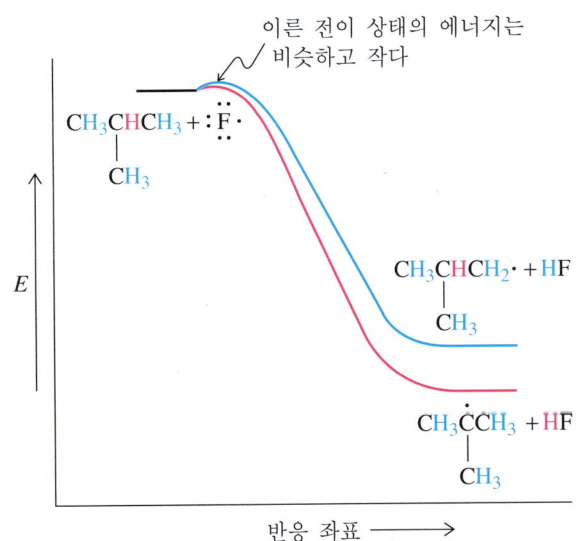

그림 3-10 2-Methylpropane으로부터 플루오린 원자가 일차 또는 삼차 수소를 떼어내는 과정에 대한 퍼텐셜 에너지 도표. 각 이른 전이 상태의 에너지는 거의 같으며, 출발물의 에너지보다 별로 높지 않기 때문에(두 E_a값은 모두 영에 가깝다) 선택성이 거의 없다.

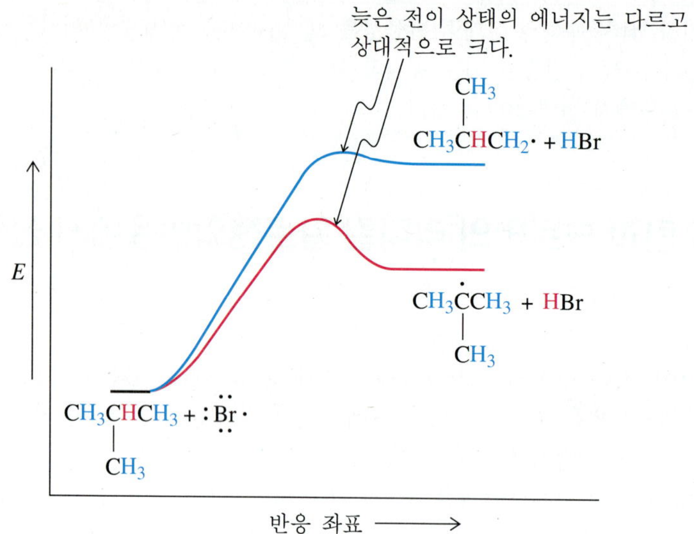

그림 3-11 2-Methylpropane으로부터 브로민 원자가 일차 또는 삼차 수소를 떼어내는 과정에 대한 퍼텐셜 에너지 도표. 두 늦은 전이 상태의 에너지는 다르고, 이는 일차와 삼차 라디칼 사이의 에너지 차이를 나타내며 결국 생성물은 더 큰 선택성으로 얻어진다.

성화 장벽은 거의 일차와 삼차 라디칼 사이의 안정성 차이만큼이나 다를 것이며(그림 3-11), 이 차이 때문에 높은 선택성(1700 : 1 이상)이 관찰된다.

2-Methylpropane의 브로민화반응

$$Br_2 + (CH_3)_3CH \xrightarrow{h\nu} (CH_3)_3CBr + BrCH_2—C(CH_3)_2—H + HBr$$

>99%	<1%
2-Bromo-2-methylpropane (*tert*-Butyl bromide)	1-Bromo-2-methylpropane (Isobutyl bromide)

요약 라디칼 치환 반응에서 반응성이 증가하면 선택성은 감소하게 된다. 반응성이 큰 할로젠인 플루오린과 염소는 반응성이 작은 브로민보다 여러 가지 유형의 C—H 결합을 훨씬 잘 구별하지 못한다(표 3-6).

3-8 라디칼 할로젠화반응을 이용한 합성

할로젠화반응은 작용기가 없는 알케인을 작용기가 있는 알케인으로 변환시킨다. 이 작용기화된 알케인은 다양한 종류의 반응에서 출발물로서(곧 알 수 있듯이) 유용하다. 따라서 반응이 잘 일어나고 사용하기에 저렴한 할로젠화반응을 고안하는 것은 실제적 가치가 있을 것이다. 그렇게 하려면 안전성, 편리성, 선택성, 효율성 및 출발물과 시약의 가격, 즉 녹색 화학의 측면(화학 이야기 3-1 참조)을 고려하여야 한다.

표 3-6 할로젠화반응에서 알케인 C—H 결합의 네 가지 유형의 상대적 반응성

C—H 결합	F· (25°C, 기체)	Cl· (25°C, 기체)	Br· (150°C, 기체)
CH_3—H	0.5	0.004	0.002
RCH_2—H[a]	1	1	1
R_2CH—H	1.2	4	80
R_3C—H	1.4	5	1700

[a]각 할로젠에 대하여 네 종류 알케인 C—H 결합과의 반응성은 일차 C—H 결합의 반응성을 1로 놓고 구한 값이다.

플루오린화반응은 플루오린이 상당히 비싸고 부식성이기 때문에 매력적이지 못하다. 더욱 좋지 않은 점은 그 반응이 종종 조절할 수 없을 정도로 격렬하다는 것이다. 정반대로 라디칼 아이오딘화 반응은 불리한 열역학 때문에 일어나지 않는다.

염소화반응은 특히 산업에서 중요한데, 단순히 염소가 싸기 때문이다[염소는 식염인 염화소듐(sodium chloride)을 전기분해하여 얻는다]. 염소화반응의 결점은 선택성이 낮기 때문에 분리하기가 어려운 이성질체의 혼합물이 얻어진다는 점이다. 이 문제를 벗어나기 위하여 단 한 가지 유형만의 수소를 가지고 있는 알케인을 사용할 수 있으며, 그러면(적어도 처음에는) 한 가지의 생성물만 생긴다. 사이클로펜테인은 그러한 알케인의 예이다. 이를 결합-선 표기법으로 그렸다(1-9절).

염소 생산 공장의 전지실에서 볼 수 있는 sodium chloride 수용액의 전기분해를 위한 일련의 수은 전지. 전해 과정에서 염소 기체는 흑연 양극(양전극)에서 방출되고, 소듐은 수은 음극(음전극)에서 생성된다. 소듐은 수은에 녹아 아말감을 만들며, 이 아말감은 두 번째 전지로 흐르게 되고, 여기에서 물과 반응하여 수소와 sodium hydroxide가 생성된다. 세 개의 생성물 모두(염소, 수소, sodium hydroxide)는 화학 산업에서 널리 쓰인다.

한 가지 유형의 수소만 가지고 있는 분자의 염소화반응

$$\text{Cyclopentane (Large excess)} + Cl_2 \xrightarrow{h\nu} \text{Chlorocyclopentane (92.7\%)} + HCl$$

염소 원자를 두 개 이상 가지고 있는 화합물의 생성을 최소화하기 위하여, 염소는 한계 반응물로 사용한다(3-4절). 그런 경우에도 다중 치환은 반응을 복잡하게 할 수 있다. 염소로 더 많이 치환될수록 생성물은 더 높은 온도에서 끓고 따라서 증류에 의하여 편리하게 분리할 수 있다.

연습 문제 3-10

개념 문제: 합성 유용성을 평가하기

Methylcyclopentane(오른쪽 그림)의 일염소화반응이 합성적으로 유용한 반응이라고 생각하는가?

전략

합성적으로 유용한 반응은 높은 선택성과 좋은 수득률로 하나만의 생성물을 주는 반응이다. 이 반응은 유용할까? 출발물은 12개의 수소 원자를 가지고 있다. 각각의 수소를 염소로 치환하였을 때 얻어지는 생성물을 보자. 이것들은 구조가 모두 같은가 아니면 다른가? 두 개 이상이 생긴다면 그 상대적 양을 예측하여야 한다.

풀이

이 분자의 12개 수소를 세 개의 일차(CH_3기에 있는), 한 개의 삼차(C1에 있는)와 여덟 개의 이차(C2—C5에 있는)로 나눈다. 덧붙여, 여덟 개의 이차 수소를 두 그룹, 즉 C2와 C5에 있는 네 개를 한 그룹으로 그리고 C3과 C4에 있는 네 개를 또 다른 한 그룹으로 나눈다. 그래서 서너 개의 이성질성 생성물이 일염소화반응에서 나와야 할 것이다. 이 반응이 합성에서 그래도 유용할 수 있는 유일한 방법은, 이러한 이성질체 중의 하나가 다른 모든 것보다 더 높은 수득률로 생성되는 경우일 것이다.

CH_3

Methylcyclopentane

삼차 일차 이차

$$\text{Methylcyclopentane} \xrightarrow{Cl_2,\ h\nu} \mathbf{A} + \mathbf{B} + \mathbf{C} + \mathbf{D}$$

A: 1-Cl, 1-CH_3; B: H, CH_2Cl; C: H, CH_3, H, Cl; D: H, CH_3, H, Cl

화학 이야기 3-2

염소화반응, 클로랄, DDT

Cl, Cl, H CCl_3

1,1,1-Trichloro-2,2-bis(4-chloropheny)ethane
(DDT, for "dichlorodiphenyltrichloroethane")

에탄올의 염소화반응에서는 1832년에 처음으로 소개된 트라이클로로아세트알데하이드(trichloroacetaldehyde, CCl_3CHO)가 얻어진다. 이것의 수화된 구조를 **클로랄**(*chloral*)이라고 부르며, "녹아웃 드롭(knockout drops)"이라는 별명을 가진 강력한 수면제이다. 클로랄은 DDT 합성에서 중요한 시약인데, DDT는 1874년에 처음으로 제조되었고, 1939년에 Paul Mueller*에 의하여 강력한 살충제임이 밝혀졌다. 곤충 매개 질병을 막기 위한 DDT의 사용은 미국 과학학술원의 1970년 보고서에서 아마 잘 서술되었다. "DDT만큼 인간이 큰 빚을 지고 있는 화학물질은 몇 개 없다.... 20년도 안 돼서 DDT는 5억 명의 목숨을 말라리아로부터 구했다" DDT는 효과적으로 말라리아 기생충의 주요한 매개체인 **아노펠레스**(*Anopheles*) 모기를 죽인다. 말라리아는 세계적으로 수억 명의 사람들을 감염시키며, 매년 다섯 살 이하의 어린아이들의 목숨을 2백만 명이나 빼앗는다.

포유동물에 대한 독성은 미미하지만, DDT는 생분해되기가 쉽지 않다. 먹이 사슬에서 이것이 쌓이면 조류와 어류가 위험해진다. 특히, DDT는 많은 종에서 알껍질의 올바른 성장을 방해한다. DDT는 1972년에 미국 환경청에 의하여 그 사용이 금지되었다. 하지만 말라리아를 통제하는 놀라운 능력 때문에, 이 병이 주요한 건강 문제인 13개의 나라에서는 DDT를 매우 조절된 방법으로만 아직도 사용하고 있는 중이다.

높은 농도의 환경 오염물질로 손상된 알껍질.

*Paul Mueller 박사 (1899 ~ 1965), 스위스 바젤의 J, R. Geigy 회사, 1948년 노벨 생리학 · 의학상 수상

수소의 염소화반응에 대한 상대적 반응성(삼차 = 5, 이차 = 4, 일차 = 1)을 기억한다면, 위 생성물 전부가 상당한 양으로 생길 것이라는 것은 분명하다. 출발물의 각 그룹에 있는 수소의 수를 수소의 유형에 따른 상대적 반응성으로 곱하여 주면, A, B, C, D에 대한 실제 비는 5(1 × 5) : 3(3 × 1) : 16(4 × 4) : 16(4 × 4)이다. 이 과정은 합성적으로 유용하지 **않을** 것이다!

연습 문제 3-11

자습 문제

2,3-Dimethylbutane의 일염소화반응과 일브로민화반응 중에서 어느 것이 합성적으로 유용한 반응인가?

브로민화반응은 선택적이기 때문에(그리고 브로민은 액체이다) 연구 실험실에서 상당히 작은 규모로 하는 알케인의 할로젠화반응에서 종종 선택된다. 통계적으로 불리한 경우에서도 반응은 더 많이 치환된 탄소에서 일어난다. 흔히 쓰이는 용매는 염소로 치환된 메테인(CCl_4, $CHCl_3$, CH_2Cl_2)이며, 이들은 브로민과는 비교적 반응성이 없다.

요약 브로민은 더 비싸지만, 선택적 라디칼 할로젠화반응에서 가장 많이 쓰인다. 염소화반응에서는 생성물들이 혼합물로서 얻어지는데, 이러한 문제는 한 가지 유형의 수소만 가지고 있는 알케인을 모자라는 염소와 반응시키면 최소화할 수 있다.

3-9 합성 염소 화합물과 성층권 오존층

결합의 균일 분해는 열과 빛으로 일어날 수 있다는 점을 보았다. 그러한 화학적 사건은 자연에서 대규모로 일어날 수 있으며, 환경에 심각한 영향을 줄 수 있다. 이 절에서는 우리의 생활에 큰 영향을 주었고 앞으로도 적어도 50년 동안은 계속 그러할 것인 라디칼 화학의 한 예를 살펴볼 것이다.

오존층은 지구의 표면을 고에너지 자외선으로부터 보호한다

지구의 대기는 서너 개의 독특한 층으로 이루어져 있다. 고도 15 km까지 뻗어 있는 가장 낮은 층은 날씨 현상이 일어나는 대류권이다. 대류권 위로는 성층권이 약 50 km의 높이까지 위로 뻗어 있다. 성층권의 밀도는 너무 낮아 지상의 생물은 살 수 없으나, 성층권에는 **오존층(ozone layer)**이 있고, 이는 생명체가 지구 위에서 생존할 수 있도록 하는 중요한 역할을 수행하고 있다(그림 3-12). 오존(O_3)과 보통의 산소 분자(O_2)는 태양에서 나오는 자외선의 작용으로 상호변환된다.

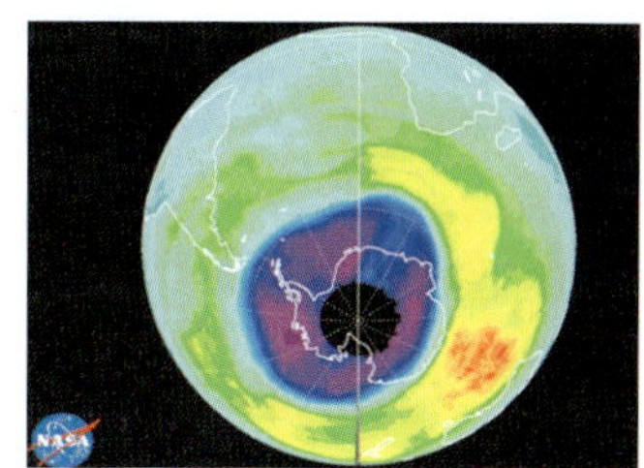

남극 상공의 상층 대기를 색 처리하여 화질이 향상된 모습으로 보여 주는 이 그림은, 오존의 농도가 정상(보라색과 회색 지역)의 35% 아래로 감소한 지역을 보여 주고 있다. 오존 구멍의 크기와 모양은 상당히 변화하였으며, 2003년과 2006년에 3천만 km^2까지 가장 크게 확장하였다. 2008년에 구멍의 크기는 남극 크기의 두 배로서 남아메리카 주민들에게 해를 입힐 정도로 큰 2천 7백만 km이었다.

성층권에서 오존과 산소 분자의 상호변환

$$O_2 \xrightarrow{h\nu} 2\ \cdot\ddot{\underset{..}{O}}\cdot$$

$$O_2 + \cdot\ddot{\underset{..}{O}}\cdot \longrightarrow \underset{\text{오존}}{O_3}$$

$$\underset{\text{오존}}{O_3} \xrightarrow{h\nu} O_2 + \cdot\ddot{\underset{..}{O}}\cdot$$

첫 번째 두 반응에서 고에너지 태양광은 O_2를 산소 원자로 쪼개고, 이 산소 원자는 다른 O_2 분자와 결합하여, 특이하게 톡 쏘는 냄새를 가진 푸른색 기체인 오존을 만든다. 가끔씩 전기 방전이 O_2를 O_3로 변화시키는 고전압 장치 근처에서 오존을 검출할 수 있다. 도시 지역에서는 고온 연소의 생성물인 산화 질소(nitric oxide, NO)가 산화되면 이산화 질소(nitrogen dioxide, NO_2)가 생성된다. 이산화 질소는 그 다음에 햇빛에 의하여 쪼개져서 산소 원자를 방출하며, 이것이 낮은 대기권에서 O_3을 만든다.

지구의 표면 근처에 존재하는 오존은 대기 오염물질로서 호흡기 점막과 눈에 심각한 염증을 일으킨다. 하지만 상층 대기에서는 위에 나온 오존과 산소 분자와의 상호변환에서 세 번째 반응이 일어나며, 이때 오존은 200~300 nm 파장 범위의 자외선을 흡수한다. 생화학 반응에 참여하는 복잡한 구조의 분자들은 이러한 파장의 빛에 노출되면 파괴될 수 있다. 오존은

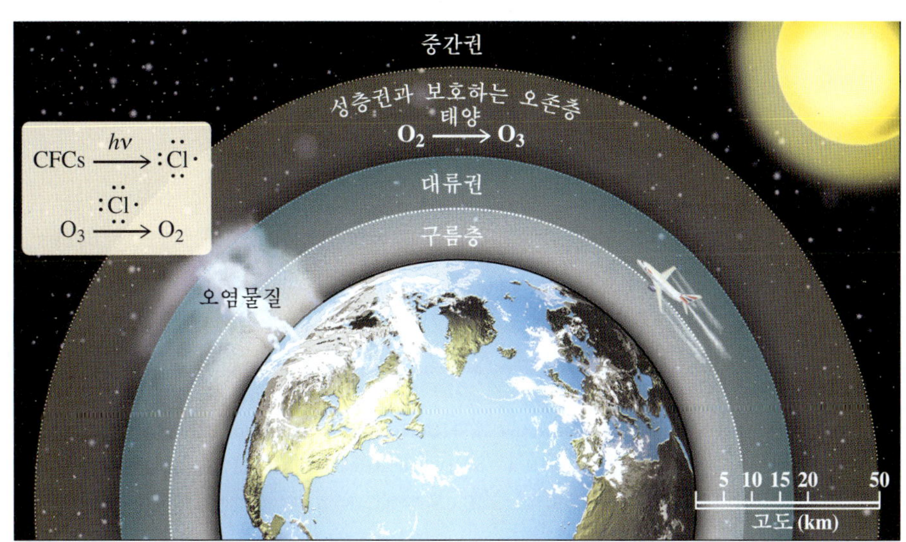

그림 3-12 오존을 파괴하는 화학물질은 지구에서 방출되어 성층권에 도달한다.

이러한 빛의 99%까지를 지구 표면에 도달하지 못하도록 방해하여, 지구의 생명을 손상으로부터 보호하는 자연의 대기 여과장치의 역할을 수행한다.

CFC에 자외선을 쪼여 주면 염소 원자가 방출된다

일반적인 CFCs

$CFCl_3$
CFC-11 (Freon 11)

CF_2Cl_2
CFC-12 (Freon 12)

$CFCl_2CF_2Cl$
CFC-113 (Freon 113)

클로로플루오로탄소(chlorofluorocarbon, CFC) 또는 **프레온(freon)**은 모든 수소 원자들이 플루오린과 염소로 치환된 알케인이다. 일반적으로 클로로플루오로탄소는 열적으로 안정하고, 거의 무취이며, 비독성 기체이다. 수많은 상업적 응용 중에서 냉매로 가장 널리 사용되는데, 이는 이 물질이 기화할 때 많은 양의 열을 흡수하기 때문이다. 압축을 하면 기체상의 CFC가 액화되고, 이것은 냉장고, 냉동고 그리고 공기 조절기의 냉각 코일을 거쳐 흐르게 된다. 이 액체는 코일 외부의 환경으로부터 열을 흡수하여 기화하게 된다. 기체는 다시 압축기에 들어가 다시 액화되며, 이러한 순환이 계속된다.

CFC는 현대 사회에서 가장 효율적이고 최근까지 가장 널리 사용된 합성 유기 화합물이다. 그렇다면 왜 세계의 여러 나라들이 거의 전례가 없는 만장일치로 이 물질을 더 이상 사용하지 않기로 합의하였을까? 이 놀라운 사건의 시작은 화학자인 Johnston, Crutzen, Rowland와 Molina*가 CFC를 포함한 몇 가지 종류의 화합물들이, 지구의 성층권에 있는 오존을 파괴할 수 있는 화학종으로 변환될 수 있는 라디칼 메커니즘의 존재를 지적하였던 1960년대 말과 1970년대 초반으로 거슬러 올라간다(그림 3-12).

CFC 분자에서 약한 C—Cl 결합에 자외선을 쪼여 주면 균일 분해가 일어나서 염소 원자가 나온다.

개시 단계: 프레온 11이 햇빛에 의하여 분해된다

$$F_3C-\ddot{\underset{\cdot\cdot}{Cl}}: \xrightarrow{h\nu} F_3C\cdot + :\ddot{\underset{\cdot\cdot}{Cl}}\cdot$$

염소 원자는 그 다음에 라디칼 연쇄 반응에서 오존과 쉽게 반응한다.

전파 단계: 오존은 라디칼 연쇄 반응에서 파괴된다

$$:\ddot{\underset{\cdot\cdot}{Cl}}\cdot + O_3 \longrightarrow :\ddot{\underset{\cdot\cdot}{Cl}}-\ddot{\underset{\cdot\cdot}{O}}\cdot + O_2$$

$$:\ddot{\underset{\cdot\cdot}{Cl}}-\ddot{\underset{\cdot\cdot}{O}}\cdot + O \longrightarrow O_2 + :\ddot{\underset{\cdot\cdot}{Cl}}\cdot$$

이 두 단계의 알짜 결과는 오존 분자와 산소 원자가 평범한 산소 분자 두 개로 변환되는 것이다. 하지만 이 장에서 검토한 다른 라디칼 연쇄 반응에서처럼 한 전파 단계에서 소모된 반응성 화학종($:\ddot{\underset{\cdot\cdot}{Cl}}\cdot$)은 다음 단계에서 재생된다. 따라서 염소 농도가 작아도 많은 오존 분자를 파괴할 수 있다. 이러한 과정이 실제로 대기에서 일어날까?

성층권 오존은 1978년 이래 약 6%가 감소하였다

대기 조성에 대한 측정을 처음 실시한 이래, 성층권 오존이 심각하게 감소하였다는 점이 관찰되고 있다. 이러한 감소는 계절에 따라 다르며, 겨울이 가장 심각하다. 위도에 따라서도 아주 크게 다르며, 오존층의 가장 큰 감소는 1978년 초기에 남극 대륙 상공에서 관찰된 바 있다. 1987년도의 위성 측정에 의하면 남극 상공의 대기에서 전체 오존의 양은 정상치의 반보다 작았다고 한다. 또한 1995년 이래 매년 남극 상공의 낮은 성층권에서 오존의 85% 이상이 봄철

---

*Harold S. Johnston 교수(1920년 출생), California 대학 Berkeley; Paul Crutzen(1933년 출생), 독일, Mainz 소재, Max Planck Institute, 1995년 노벨 화학상; F. Sherwood Rowland(1927년 출생), California 대학 Irvine, 1995년 노벨 화학상; Mario Molina 교수(1943년 출생), Massachusetts Institute of Technology, 1995년 노벨 화학상.

마다 사라진다. 남극 대륙에서 어떤 지역은 그 위에 오존층이 전혀 없는 경우도 있었다. 2000년 10월에 유럽의 면적보다 2.5배 큰 "오존 구멍"이 남아메리카의 남단까지 북쪽으로 뻗어 있었다. 이러한 발견으로 칠레 정부는 Punta Arenas 시와 Tierra del Fuego의 시민들에게 보호가 안 된 피부를 태양에 7분 정도의 짧은 시간 동안만 노출시켜도 화상을 입을 것이라고 서둘러 경고하였다. 2001년 11월에 북유럽 상공의 오존층이 40% 감소하였다는 것이 관측되었다. 극지방의 극한적 추위에서만 생길 수 있는 성층권 구름의 할로젠 원자들이 오존 구멍을 만드는 것을 가능하게 하는 복잡한 연쇄 반응에 참여하고 있는 것이 밝혀졌다.

북반구의 온대 지역 상공에서 전체 오존의 감소는 현재 6% 정도이다. 역학 조사에 의하면 성층권 오존의 밀도가 1% 감소하면 피부암 발생이 1~3% 증가할 것이라고 한다. 따라서 오존 감소의 원인을 규명하기 위하여 상당한 양의 노력을 쏟은바 있다. CFC가 그 원인일까? 아니면 자연에서 유래하는 대기 중 염소나 다른 물질들이 상당히 기여를 하고 있지는 않을까?

이러한 질문에 대한 답은 1987년에서 1994년에 걸쳐 실시된 체계적 연구에서 얻어졌다. 즉, 앞에 설명한 오존을 파괴하는 연쇄 반응에서 중요한 성분인 일산화 염소(chlorine monoxide, ClO)는 O_3 농도가 가장 낮은 남극 오존 구멍의 지역에서는 정상 수준보다 500배 이상 올라간다. 더군다나 일산화 염소와 적어도 75%의 성층권 염소는 CFC에서 유래한다. 이러한 관련은 성층권에서 플루오린화 수소(hydrogen fluoride, HF) 기체의 상응하는 농도를 관측함으로써 증명되었다. HF나 다른 기체상 플루오린 화합물은 자연에는 전혀 존재하지 않고, 또한 이 지구상이나 지구에서는 어느 곳에서도 자연적 화학 과정으로 만들어지지 않는다. 하지만 대기권에서는 CFC가 탄화수소의 존재하에서 분해되면 HF를 만드는 것으로 알려져 있다. 이러한 관찰은 화산 폭발이나 바닷물의 분무 같은 자연 요소는 CFC에 비해서는 성층권 염소에 크게 기여하지 않고 있다는 점을 보여 준다. 하지만 화산에서 나오는 에어로솔(aerosol)은 성층권 염소 원자가 반응성이 덜한 화합물로 변환되는 화학 반응을 방해하여, 간접적으로 오존층 파괴에 기여하고는 있다.

세계는 CFC 대체물질을 찾고 있다

오존층 파괴 물질에 관한 Montreal 의정서는 1987년에 서명되었고, 1998년까지 CFC의 배출을 50%만큼 줄이기로 하였다. 오존 파괴에 대하여 경고하는 증거가 늘어나자 1990년에 한 번의 수정이 있었으며, 다시 1992년에는 CFC 생산을 단계적으로 감축하는 것보다 차라리 생산을 완전히 중지할 마감 날짜를 미리 정하기로 하였다. 1995년 12월 31일은 산업화 국가에서 거의 모든 CFC의 생산을 중지한 날이다. 한편, 하이드로클로로플루오로탄소(hydrochlorofluorocarbon, HCFC)와 하이드로플루오로탄소(hydrofluorocarbon, HFC)가 상업적 응용에서 CFC를 대체할 물질로 개발되었다. HCFC는 CFC보다 화학적으로 반응성이 커서 더 낮은 대기권에서 분해되기가 훨씬 쉽다. 따라서 더 높은 대기권으로 도달하기에 필요한 시간 동안 남아 있는 것이 줄어들기 때문에, 성층권 오존에 대한 위협이 줄어든다. 현재 HFC-134a가 냉장고와 자동차 공기 조절기의 압축기에서 CFC-12를 대체하고 있다. HCFC-22와 -141b는 발포 단열제의 제조에서 CFC-11을 대체하였다.

하이드로클로로플루오로탄소는 잠재적으로 오존을 파괴할 수 있는 물질이며, 미국에서는 2030년까지 완전한 사용금지를 계획하고 있다. 모든 HCFC를 HFC로 대체하는 연구가 현재 활발하게 진행되고 있다. 가까운 미래에는 이러한 범지구적 노력이 오존층 파괴를 완전히 멈추게 할 것이라고 기대된다. 거의 정상 수준까지의 회복은 21세기 중반까지에는 실현될 것이라 기대된다.

CFC 대체물질

CH_2FCF_3
HFC-134a

$CHClF_2$
HCFC-22

$CHCl_2CF_3$
HCFC-123

CH_3CCl_2F
HCFC-141b

CH_3CClF_2
HCFC-142b

3-10 알케인의 연소와 상대적 안정성

지금까지 이 장에서 배운 것을 복습하여 보자. 한 분자를 균일 분해하는데 필요한 에너지를 결합 세기로 정의하면서 이 장을 시작하였다. 몇 가지 전형적인 값들은 표 3-1과 3-2에 소개되었으며, 하이퍼콘쥬게이션의 크기가 다르다는 점이 주요인인 상대적 라디칼 안정성의 논의를 통하여 설명하였다. 그 다음에 이 정보를 이용하여 라디칼 할로젠화반응 메커니즘을 구성하는 단계들의 $\Delta H°$를 계산하였으며, 이러한 논의를 통하여 반응성과 선택성을 이해할 수 있었다. 분명 결합 해리 에너지를 아는 것은 유기 반응의 열역학적 분석에서 많은 도움이 되며, 이러한 개념은 앞으로 많은 반응에서 탐구할 것이다. 이러한 값들은 실험적으로 어떻게 결정될까?

화학자들은 전체 분자의 상대적 에너지 양이나, 퍼텐셜 에너지 도표에서 에너지 축을 따라 놓인 분자들의 상대적 위치를 먼저 확립함으로써 결합 세기를 결정한다. 이 목적으로 선택된 반응이 완전한 산화인 **연소(combustion)**이다. 이 반응은 거의 모든 유기 분자에서 일어나며, 모든 탄소 원자가 CO_2(기체)로 그리고 모든 수소가 H_2O(액체)로 변한다.

알케인의 연소에서 나오는 두 생성물 모두가 매우 낮은 에너지 양을 가지고 있어서, 이 반응은 발열로서 큰 음의 $\Delta H°$를 가지고 있다.

$$2\,C_nH_{2n+2} + (3n + 1)\,O_2 \longrightarrow 2n\,CO_2 + (2n + 2)\,H_2O + \text{연소열}$$

한 분자를 태울 때 나오는 열을 **연소열(heat of combustion)**, $\Delta H°_{연소}$라고 부른다. 많은 연소열을 자세히 측정하였기 때문에, 알케인(표 3-7)이나 다른 화합물의 상대적 에너지 함량을 비교할 수 있다. 그러한 비교를 하기 위해서 산화되는 화합물의 물리적 상태(기체, 액체, 고체)를 고려하여야 한다. 예를 들어, 액체상과 기체상 에탄올의 연소열 간의 차이는 증발열, $\Delta H°_{증발} = 9.7\ \text{kcal mol}^{-1}$ $(40.6\ \text{kJ mol}^{-1})$에 해당한다.

알케인의 $\Delta H°_{연소}$는 사슬 길이에 따라 증가한다는 점은 놀라운 사실이 아니다. 그 이유는 단순히 동족 계열을 따라서 태울 수 있는 탄소와 수소가 더 많기 때문이다. 역으로 이성질성 알케인은 탄소와 수소수가 같기 때문에 각각의 연소는 똑같이 발열일 것이라고 예측할 수 있을 것이다. 하지만 그렇지는 않다.

에너지 함량이 큰 분자는 에너지 함량이 작은 분자보다 열역학적으로 덜 안정하다.

이성질성 알케인의 연소열을 비교하면 그 값들이 대개 같지 않음을 알 수 있다. 뷰테인과 2-메틸프로페인을 보자. 뷰테인의 연소열은 $\Delta H°_{연소} = -687\ \text{kcal mol}^{-1}$이고, 그 이성질체의 연소열은 $\Delta H°_{연소} = -685.4\ \text{kcal mol}^{-1}$로서 $2\ \text{kcal mol}^{-1}$만큼 작다(표 3-7). 이 사실에서 2-메틸프로페인은 뷰테인보다 더 **작은** 에너지 함량을 가지고 있음을 알 수 있으며, 그 이유는 연소

표 3-7 여러 가지 유기 화합물의 연소열 [kcal mol^{-1} (kJ mol^{-1}), 25°C로 정규화됨]

화합물(상태)	이름	$\Delta H°_{연소}$
CH_4 (기체)	Methane (메테인)	−212.8 (−890.4)
C_2H_6 (기체)	Ethane (에테인)	−372.8 (−1559.8)
$CH_3CH_2CH_3$ (기체)	Propane (프로페인)	−530.6 (−2220.0)
$CH_3(CH_2)_2CH_3$ (기체)	Butane (뷰테인)	−687.4 (−2876.1)
$(CH_3)_3CH$ (기체)	2-Methylpropane (2-메틸프로페인)	−685.4 (−2867.7)
$CH_3(CH_2)_3CH_3$ (기체)	Pentane (펜테인)	−845.2 (−3536.3)
$CH_3(CH_2)_3CH_3$ (액체)	Pentane (펜테인)	−838.8 (−3509.5)
$CH_3(CH_2)_4CH_3$ (기체)	Hexane (헥세인)	−1002.5 (−4194.5)
$CH_3(CH_2)_4CH_3$ (액체)	Hexane (헥세인)	−995.0 (−4163.1)
(육각고리) (액체)	Cyclohexane (사이클로헥세인)	−936.9 (−3920.0)
CH_3CH_2OH (기체)	Ethanol (에탄올)	−336.4 (−1407.5)
CH_3CH_2OH (액체)	Ethanol (에탄올)	−326.7 (−1366.9)
$C_{12}H_{22}O_{11}$ (고체)	Cane sugar (수크로스)	−1348.2 (−5640.9)

주: 연소 생성물은 CO_2(기체)와 H_2O(액체)이다.

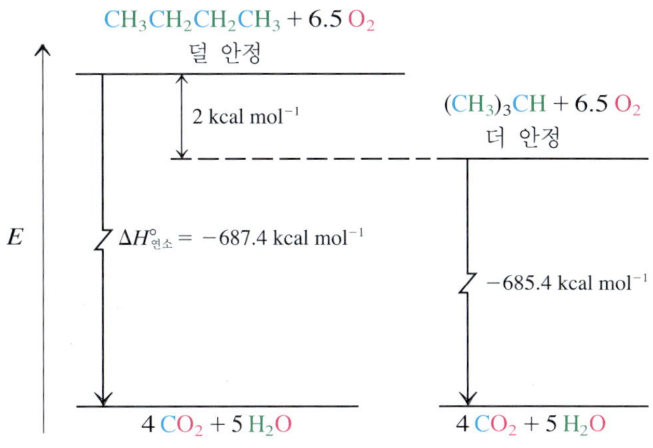

그림 3-13 연소열을 측정하면 알 수 있듯이, butane은 2-methylpropane보다 더 많은 에너지 함량을 가지고 있다. 따라서 butane은 그 이성질체보다 열역학적으로 덜 안정하다.

에서 같은 종류와 같은 수의 생성물은 나오지만 에너지는 덜 나오기 때문이다(표 3-13). 뷰테인을 그 이성질체보다 **열역학적으로 덜 안정**(*thermodynamically less stable*)하다고 말한다. 연습 문제 3-12는 이 에너지 차이의 원인을 밝힌다.

연습 문제 3-12

Butane이 2-methylpropane으로 열적으로 변하는 가상적 반응은 $\Delta H^\circ = -2.0$ kcal mol^{-1}을 가져야 한다. 표 3-2의 결합 분해 자료를 사용하면 어떤 값이 나오는가? (butane에서 methyl-propyl 결합에 대해서 $\Delta H^\circ = 89$ kcal mol^{-1}를 사용할 것).

요약 알케인 및 다른 유기 분자의 연소열을 알면 그들의 에너지 함량, 따라서 상대적 안정성을 정량적으로 추정할 수 있다.

요점

알케인에는 작용기가 없기 때문에, 작용기가 있는 분자가 흔히 하는 여러 가지 종류의 친전자체−친핵체 반응을 하지는 않는다. 사실 알케인은 매우 반응성이 없다. 하지만 적당한 조건에서 균일 분해 과정을 통하여 결합이 깨지면, 전자수가 홀수이기 때문에 반응성이 큰 라디칼이 생긴다. 이 경우에서 한 부류의 화합물 **구조**(*structure*)가 그 **기능**(*function*)을 결정하는 또 다른 예를 볼 수 있다. **전자쌍**이 이동하여 결합이 생기거나 깨지는 보통의 비균일 분해 과정과는 다르게, 균일 분해로 일어나는 반응에서는 공유 결합이 깨져서 전자가 쌍을 이루지 못하여 전자가 **한 개만** 가지고 있는 구조가 만들어지고, 또한 이것들이 결합하여 새로운 결합을 만들기도 한다.

유기화학에서는 극성 작용기의 반응처럼 라디칼 반응을 흔히 접하지는 못한다. 하지만 라디칼은 생물화학, 환경화학 및 공업화학에서 중요한 역할을 담당하고 있다.

알케인의 할로젠화반응은 수소가 할로젠으로 치환되는 라디칼 반응으로서 할로알케인이라는 작용기를 만든다. 할로젠화반응을 공부하면 실험적 관찰로부터 반응 메커니즘에 대한 정보를 얻는 방법, 열역학과 속도론 사이의 관계 그리고 반응성과 선택성의 의미 같이 모든 반응에 공통적인 몇 가지 면에 대하여 알게 된다. 6장에서 9장에 걸쳐 배우겠지만, 할로젠화반응의 생성물인 할로알케인은 다양한 종류의 반응에서의 출발물이다.

다른 종류의 화합물과 성질을 공부하기 전에 구조, 특히 유기 분자의 기하학적 모양에 대하여 더 많이 알 필요가 있다. 4장에서는 고리 화합물에 대하여 배우며, 5장에서는 이성질 현상의 다른 종류를 배운다. 이 장에서 소개한 개념들은 앞으로 나올 장에서 할로알케인과 알코올의 극성 반응을 체계적으로 배우기 시작할 때, 유용한 기본 지식이 될 것이다.

통합 문제

3-13. Iodomethane은 iodide hydrogen과 라디칼 조건($h\nu$)에서 반응하여 methane과 아이오딘으로 변한다. 이 반응의 전체 반응식은

$$CH_3I + HI \xrightarrow{h\nu} CH_4 + I_2$$

a. 개시, 전파와 적어도 하나의 종결 단계를 포함하는 이 반응 메커니즘을 그리시오. 표 3-1과 3-4의 결합 세기 자료를 사용하라.

풀이

단계 1. 가능한 **개시** 단계를 먼저 제안한다. 라디칼 반응의 개시 단계에서는 출발물의 가장 **약한** 결합이 깨진다는 것을 상기하라(예를 들어, 3-4절로부터). 표 3-1과 3-4에 의하면 그것은 CH_3I에서 $DH° = 57$ kcal mol^{-1}인 탄소-아이오딘 결합이다. 따라서

개시 단계

$$H_3C{-}I \xrightarrow{h\nu} H_3C\cdot + :\ddot{\underset{..}{I}}\cdot$$

단계 2. 3-4절에 나와 있는 모형을 따라서 **개시** 단계에서 생긴 화학종 중에 하나가, 전체 반응식에 나와 있는 분자 중의 하나와 반응하는 전파 단계를 제안한다. 이 단계의 생성물 중의 하나가 전체 반응식에서 생성되는 분자가 되고, 다른 것은 두 번째 전파 단계를 일으키는 단계들을 고안하도록 노력한다. 가능한 단계들은

(i) $H_3C\cdot + HI \longrightarrow CH_4 + :\ddot{\underset{..}{I}}\cdot$

(ii) $H_3C\cdot + CH_3I \longrightarrow CH_4 + \cdot CH_2I$

(iii) $:\ddot{\underset{..}{I}}\cdot + HI \longrightarrow I_2 + H\cdot$

(iv) $:\ddot{\underset{..}{I}}\cdot + CH_3I \longrightarrow I_2 + \cdot CH_3$

전파 단계 (i)과 (ii)는 둘 다 HI와 CH_3I로부터 각각 수소 원자 한 개를 제거하여 methyl 라디칼을 methane으로 변환시킨다. 과정 (iii)과 (iv)는 아이오딘 원자가 HI나 CH_3I로부터 아이오딘을 떼어내어 I_2가 생기는 과정이다. 네 개의 전파 단계 모두는 전체 반응식에 있는 출발물의 한 분자를 생성물의 한 분자로 변환시킨다. 올바른 단계를 어떻게 고를까? **각 가상적인 전파 단계의 라디칼 생성물들을 보라. 올바른 단계 두 개는 생성물인 라디칼이 서로의 반응물인 단계이다.** 전파 단계 (i)는 methyl 라디칼을 소모하고 아이오딘 원자를 생성한다. 단계 (iv)는 아이오딘을 소모하고 methyl 라디칼을 생성한다. 따라서 단계 (i)과 (iv)가 전파 순환의 올바른 단계들이다.

전파 단계

$$H_3C\cdot + HI \longrightarrow CH_4 + :\ddot{\underset{..}{I}}\cdot$$
$$:\ddot{\underset{..}{I}}\cdot + CH_3I \longrightarrow I_2 + \cdot CH_3$$

이 답이 맞는지를 보려면, 이 식들의 왼쪽과 오른쪽에 있는 모든 화학종을 더한 것이 전체 반응식의 반응물과 생성물에 부합하는지를 보면 된다. 실제로 그렇다. 라디칼은 식의 양변에서 상쇄되어 올바른 분자들만 남는다.

단계 3. 마지막으로 **라디칼의 어떠한 쌍**이라도 결합하면 단 하나만의 분자가 생기는 단계는 적합한 **종결** 단계이다. 여기에는 세 개가 있다.

$$2\,:\ddot{\underset{..}{I}}\cdot \longrightarrow I_2$$
$$2\,H_3C\cdot \longrightarrow H_3C{-}CH_3 \quad \text{(ethane)}$$
$$H_3C\cdot + :\ddot{\underset{..}{I}}\cdot \longrightarrow CH_3I$$

b. 전체 반응과 메커니즘에 나오는 모든 단계들의 엔탈피 변화 $\Delta H°$를 계산하시오. 필요하면 표 3-1, 3-2와 3-4를 사용하라.

풀이

결합의 해리에서는 에너지의 **공급**(*input*)이 필요하고, 결합의 생성에서는 에너지의 **방출**(*output*)이 일어나

며, $\Delta H° =$ (에너지 투입) − (에너지 방출)이다. 전체 반응에 대하여 다음과 같은 결합 세기값들을 고려해야 한다.

$$\begin{array}{lccccc} & CH_3{-}I & + \; H{-}I & \xrightarrow{h\nu} & CH_3{-}H & + \; I{-}I \\ DH°: & 57 & 71 & & 105 & 36 \end{array}$$

답은 $\Delta H° = (57 + 71) - (105 + 36) = -13$ kcal mol^{-1} (표 3-5도 참조).

메커니즘에 나오는 모든 단계들의 경우에도 같은 원리가 적용된다. 한 가지의 예외만 제외하면 방금 나온 네 개의 같은 $DH°$값들이 우리가 필요한 전부인데, 그 이유는 이들이 메커니즘의 모든 단계들에서 생기거나 깨지는 유일한 네 개의 결합이기 때문이다.

개시 단계: $\Delta H° = DH° (CH_3 - I) = +57$ kcal mol^{-1}
전파 단계 (i): $\Delta H° = DH° (H - I) - DH° (CH_3 - H) = -34$ kcal mol^{-1}
전파 단계 (iv): $\Delta H° = DH° (CH_3 - I) - DH° (I - I) = +21$ kcal mol^{-1}

두 전파 단계의 $\Delta H°$값의 합은 전체 반응의 $\Delta H°$와 같다는 점을 주목하기 바란다. 이 점은 항상 사실이다.

종결 단계: $\Delta H° =$ 생성되는 결합의 $-DH°$; I_2의 경우 -36 kcal mol^{-1}, CH_3I의 경우 -57 kcal mol^{-1}, ethane의 C — C 결합의 경우 -90 kcal mol^{-1}.

3-14. 동일한 몰수의 Cl_2와 Br_2가 methane과 반응하는 연습 문제 3-6에 나온 반응을 보자. 메커니즘 상으로 이 반응을 완전히 분석하고, 기대되는 생성물을 예측하시오.

이 문제에 대한 답을 제시하기 전에, 여러분에게 도움이 될 수 있는 문제풀이 전략인 "WHIP" 해결법을 소개할까 한다. 이 해결법을 11장 뒤에 나와 있는 막간(interlude) 절에서 자세히 다루겠지만, 여기에서는 이것의 특징만을 보여 주기 위하여 소개한다. "WHIP"은 한 문제를 풀기 위한 여러분의 생각을 체계화하는데 취하여 할 네 가지 단계를 의미한다.

문제가 요구하는 것은 무엇인가? (What) − 여러분은 그 질문을 이해하는가?
어떻게 시작하는 것이 좋을까? (How) − 취할 첫 번째 단계는 무엇일까?
필요한 정보는? (Information) − 자료를 찾아 보거나 전에 다룬 주제를 복습할 필요가 있나?
한 단계씩 논리적으로 진행하라. (Proceed) − 어떠한 단계도 빠뜨리지 말 것.

이 전략을 방금 나온 문제에 적용해 보자.

풀이

문제가 요구하는 것은 무엇인가? 두 가지다. 반응 메커니즘을 쓰고 생길 것이라고 기대하는 유기 생성물을 결정하여야 한다.

어떻게 시작하는 것이 좋을까? 전파 단계가 **생성물들의 생성을 서술하기 때문에**, 이것부터 시작하라.

필요한 정보는? 연습 문제 3-6 (그리고 부록 A의 풀이)을 다시 참조 바란다. 문제는 3-4와 3-5절에서 다룬 methane의 라디칼 할로겐화반응과 관련이 있다. 표 3-1과 3-3 그리고 본문의 엔탈피 자료도 유용할 것이다.

한 단계씩 논리적으로 진행하라.

개시

Cl_2와 Br_2 둘 다 열이나 빛의 영향하에서 원자로 해리된다. 그렇다면 염소와 브로민 원자들이 모두 존재할 것이다.

전파 단계 1

염소와 브로민 원자들은 모두 methane과 **반응할 수는** 있지만, 염소의 반응은 $\Delta H° = +2$ kcal mol^{-1}과 $Ea = 4$ kcal mol^{-1}로 일어나며 (3-4절), 브로민의 반응은 $\Delta H° = +18$ kcal mol^{-1}과 $E_a \approx 19 \sim 20$ kcal mol^{-1}로 일어난다 (3-5절). E_a에서의 큰 차이는 염소가 브로민보다 훨씬 더 빨리 methane으로부터 수소를 떼어낼 것이라는 것을 의미한다. 따라서 실제적으로 우리가 고려해야 할 유일한 첫 번째 전파 단계는

$$CH_3{-}H + \cdot\ddot{\underset{..}{Cl}}: \longrightarrow CH_3\cdot + H{-}\ddot{\underset{..}{Cl}}:$$

이것은 CH_3Cl만이 최종 생성물로서 생기는 것을 의미할까? 이 결론에 뛰어들었다면 여러분은 "한 단계씩 논리적으로 진행하라 – 어떠한 단계도 빠뜨리지 **말 것**"에 실패하였다. 여러분은 또한 문제를 잘못 받아드렸다. 왜 그랬을까? 여러분 자신에게 다음 질문을 물어보라. 전파 단계 1에서 최종 생성물이 생기는가? 아니다! 이 단계의 생성물은 CH_3Cl이 아니고 HCl과 methyl 라디칼이다. 이 점에서 최종 생성물에 대한 질문에 답할 준비가 아직 안 되어 있다. 우리는 전파 단계 2를 살펴보아야 한다. 그리고 여기에서 일들이 재미있어진다.

전파 단계 2

전파 단계 1은 methyl 라디칼을 생성한다. 전파 단계 2는 methyl 라디칼과 할로젠 X_2 ($X_2 = Cl_2$ 또는 Br_2)가 반응하여 할로젠 원자와 최종 생성물, CH_3X (X = Cl 또는 Br)를 주는 반응이다. Methyl 라디칼과 이 할로젠의 반응에 대하여 이 장에서 무엇을 배웠는가? 3-4와 3-5절에서 알 수 있듯이

$$CH_3\cdot + :\ddot{Cl}-\ddot{Cl}: \longrightarrow CH_3-\ddot{Cl}: + \cdot\ddot{Cl}: \qquad \Delta H^\circ = -27\ \text{kcal mol}^{-1}, \quad E_a \approx 0\ \text{kcal mol}^{-1}$$

$$CH_3\cdot + :\ddot{Br}-\ddot{Br}: \longrightarrow CH_3-\ddot{Br}: + \cdot\ddot{Br}: \qquad \Delta H^\circ = -24\ \text{kcal mol}^{-1}, \quad E_a \approx 0\ \text{kcal mol}^{-1}$$

조심스럽게 볼 것! Methyl 라디칼은 생기기만 하면, Cl_2나 Br_2 **중에서 하나를** 공격할 선택권을 가지고 있으며, 이 반응은 거의 똑같이 발열이고, 더 중요한 것은 활성화 에너지가 매우 낮기 때문에 **거의 똑같이 빠르다는** 점이다. 이 전파 단계 2에서 CH_3Cl 또는 CH_3Br 중에서 어느 것이 최종 생성물로 생성되는지가 선택된다. Methyl 라디칼이 브로민 또는 염소와 반응하는지에 상관없이 전파 단계는 거의 같은 속도로 일어난다는 것을 알고 있다. 따라서 CH_3Cl이나 CH_3Br은 **거의 같은 양으로** 생긴다는 관찰된 실험 사실에 도달한다.

이 같은 매우 직감에 반하는 결과는 방금 우리가 한 바와 같이 메커니즘을 자세히 분석하지 않으면 예상하기가(또는 실험 사실을 이해하기가) 불가능하였을 것이다. CH_3Cl과 CH_3Br 둘 다 모두 전파 단계 1에서 methane과 염소 원자만의 반응에서 나온 methyl 라디칼에서 유래한 점을 주목하라. 라디칼 반응에 관한 더 많은 연습은 문제 24, 39와 40을 참조하라.

중요한 개념

1. 한 **결합의 균일 분해**의 ΔH°은 **결합 해리 에너지**, DH°로 정의한다. 결합이 균일 분해되면 라디칼 또는 자유 원자가 생긴다.

2. 알케인에서 C—H 결합 세기는 다음 순서로 감소하며,

$$CH_3-H > RCH_2-H > R_2CH-H > R_3C-H$$

Methyl (가장 강함) > 일차 > 이차 > 삼차 (가장 약함)

그 이유는 상응하는 알킬 라디칼 안정성 순서가 다음과 같기 때문이다.

$$CH_3\cdot < RCH_2\cdot < R_2CH\cdot < R_3C\cdot$$

Methyl (안정성 가장 적음) < 일차 < 이차 < 삼차 (안정성 가장 큼)

이 순서는 **하이퍼콘쥬게이션**에 의한 안정성이 증가하는 순서이다.

3. **촉매**는 출발물과 생성물 사이에 평형이 이루어지는 속도를 빠르게 한다.

4. 알케인은 **라디칼 연쇄 메커니즘**에 의하여 할로젠(아이오딘은 예외)과 반응하여 할로알케인을 준다. 이

메커니즘은 할로젠 원자를 만드는 **개시**, 두 개의 **전파 단계** 그리고 여러 가지의 **종결 단계**로 구성된다.

5. 두 전파 단계 중에서 더 느린 첫 번째 단계에서 알케인 사슬에서 수소 한 개가 떼어져서 알킬 라디칼과 HX가 생긴다. 그러므로 **반응성**은 I_2에서 F_2로 갈수록 증가한다. **선택성**은 온도가 증가할 때만이 아니라 I_2에서 F_2로 갈수록 감소한다.

6. **Hammond 가정**은 빠르고 발열인 반응은 전이 상태가 출발물과 비슷한 **이른 전이 상태**의 특징이 있다고 말한다. 다른 한 편으로, 느리고 흡열인 반응은 보통 **늦은**(생성물과 비슷한) **전이 상태**를 가진다.

7. 한 반응의 $\Delta H°$는 반응에 참여하는 결합의 $DH°$로부터 다음과 같이 구할 수 있다.

$$\Delta H° = \Sigma DH°_{\text{깨지는 결합}} - \Sigma DH°_{\text{생기는 결합}}$$

8. 라디칼 할로젠화반응의 $\Delta H°$는 전파 단계의 $\Delta H°$값의 합이다.

9. 할로젠화반응에서 알케인의 여러 가지 C—H 결합의 상대적 반응성은 통계적 기여를 고려하여 예측할 수 있다. 이것은 같은 조건에서는 대략 일정하며 다음 순서를 따른다.

$$CH_4 < \underset{\text{CH}}{\text{일차}} < \underset{\text{CH}}{\text{이차}} < \underset{\text{CH}}{\text{삼차}}$$

CH 결합의 이러한 유형 사이의 반응성 차이는 브로민화반응에서 가장 커서, 이 반응이 라디칼 할로젠화반응 중에서 가장 **선택성**이 크다. 염소화반응은 훨씬 덜 선택적이며, 플루오린화반응은 선택성이 거의 없다.

10. 알케인의 연소 $\Delta H°$를 연소열, $\Delta H°_{\text{연소}}$라고 한다. 이성질체 화합물의 연소열은 이들의 상대적 안정성에 대한 실험적 측정값을 준다.

문제

15. 다음 각각의 화합물에서 일차, 이차, 삼차 수소를 표시하시오.

(a) $CH_3CH_2CH_2CH_3$ **(b)** $CH_3CH_2CH_2CH_2CH_3$ **(c)** (CH₃ 치환 골격 구조) **(d)** (CH₃ 치환 cyclopentane)

16. 알킬 라디칼의 다음 각 조합에서, 각 라디칼을 명명하시오. 각각을 일차, 이차, 삼차로 판정하시오. 가장 안정한 라디칼의 오비탈 그림을 그리고, 하이퍼콘쥬게이션 상호작용을 나타내시오.

(a) $CH_3CH_2\dot{C}HCH_3$와 $CH_3CH_2CH_2CH_2\cdot$

(b) $(CH_3CH_2)_2CHCH_2$와 $(CH_3CH_2)_2\dot{C}CH_3$

(c) $(CH_3)_2CH\dot{C}HCH_3$, $(CH_3)_2\dot{C}CH_2CH_3$와 $(CH_3)_2CHCH_2CH_2\cdot$

17. Propane의 열분해에서 얻어질 수 있을 것이라고 생각되는 생성물을 가능한 많이 쓰시오. 첫 개시 과정에서는 C—C 결합만 깨진다고 가정하라.

18. (a) Butane, (b) 2-methylpropane에 대하여 문제 17에서 제기된 질문에 대한 답을 하시오. 균일 분해로 어느 결합이 가장 잘 깨질 수 있는지를 알기 위하여 표 3-2에 나와 있는 자료를 이용하고, 그 결합이 깨지는 과정을 여러분이 사용할 첫 번째 단계로 사용하라.

19. 다음 반응의 $\Delta H°$값을 구하시오.

(a) $H_2 + F_2 \longrightarrow 2\,HF$

(b) $H_2 + Cl_2 \longrightarrow 2\,HCl$

(c) $H_2 + Br_2 \longrightarrow 2\,HBr$

(d) $H_2 + I_2 \longrightarrow 2\,HI$

(e) $(CH_3)_3CH + F_2 \longrightarrow (CH_3)_3CF + HF$

(f) $(CH_3)_3CH + Cl_2 \longrightarrow (CH_3)_3CCl + HCl$

(g) $(CH_3)_3CH + Br_2 \longrightarrow (CH_3)_3CBr + HBr$

(h) $(CH_3)_3CH + I_2 \longrightarrow (CH_3)_3Cl + HI$

20. 문제 15에 나와 있는 각 화합물에 대하여 일할로젠화반응에서 얼마나 많은 구조 이성질체가 생길지 결정하시오(**힌트**: 각 분자에서 구조적 환경이 다른 수소들을 원자단으로 나누시오).

21. (a) 3-6과 3-7절에 나와 있는 정보를 이용하여, (i) pentane과 (ii) 3-methylpentane의 라디칼 일염소화반응의 생성물을 쓰시오. (b) 각각의 경우에 25°C에서 생기는 일염소화반응의 이성질성 생성물들의 비를

예측하시오. (c) 표 3-1의 결합 세기 자료를 이용하여 3-methylpentane의 C3에서 일어나는 염소화반응에 대한 전파 단계의 $\Delta H°$값을 결정하시오.

22. Methane의 일브로민화반응의 완전한 메커니즘을 쓰시오. 개시, 전파, 종결 단계를 반드시 포함하라.

23. Methane의 일브로민화반응(문제 22)의 두 개의 전파 단계에 대한 퍼텐셜 에너지/반응 좌표 도표를 그리시오.

24. 탄화수소인 benzene (C_6H_6, 구조는 2-3절 참조)의 라디칼 브로민화반응 메커니즘을 쓰시오. 3-4~3-6절에 나와 있듯이, 알케인의 할로젠화반응에서와 비슷한 전파 단계를 사용하라. 각각의 단계와 전체 반응의 $\Delta H°$를 구하시오. 이 반응은 열역학적으로 다른 탄화수소의 브로민화반응과 어떻게 비교되는가? 자료: $DH°$ (C_6H_5-H) = 112 kcal mol^{-1}, $DH°$ (C_6H_5-Br) = 81 kcal mol^{-1}. 연습 문제 3-5의 주의를 염두에 둬라.

25. Benzene의 일브로민화반응(문제 24)의 두 개의 전파 단계에 대한 퍼텐셜 에너지/반응 좌표 도표를 그리시오.

26. 문제 25에서 그린 각 도표에 이른 또는 늦은 전이 상태를 표시하시오.

27. 다음 각 반응의 주 유기 생성물이 있다면 그 구조를 그리시오.

(a) $CH_3CH_3 + I_2 \xrightarrow{\Delta}$

(b) $CH_3CH_2CH_3 + F_2 \longrightarrow$

(c) (methylcyclopentane) $+ Br_2 \xrightarrow{\Delta}$

(d) $CH_3CH(CH_3)-CH_2-C(CH_3)_2CH_3 + Cl_2 \xrightarrow{h\nu}$

(e) $CH_3CH(CH_3)-CH_2-C(CH_3)_2CH_3 + Br_2 \xrightarrow{h\nu}$

28. 문제 27의 각 반응에서 생성물의 비를 구하시오. 25°C에서 F_2와 Cl_2 그리고 150°C (표 3-6)에서 Br_2에 대한 상대적 반응성을 사용하라.

29. 문제 27의 반응 중에서 있다면 어느 것이 주생성물을 적당한 선택성으로 주는가(즉, 유용한 합성법인가)?

30. **(a)** 125°C에서 pentane의 일브로민화반응에서 주 유기 생성물은 무엇인가? **(b)** 이 생성물 분자의 C2—C3 결합을 중심으로 회전하였을 때 나오는 모든 가능한 엇갈린 형태의 Newman 투영식을 그리시오. (c) 이 분자에서 C2—C3 회전에 대한 퍼텐셜 에너지 대 이면각의 그림을 정성적으로 그리시오(주: 브로민 원자는 입체적으로 methyl보다 작다고 간주한다).

31. **(a)** Pentane의 일브로민화반응에서 주 유기 생성물을 주는 전파 단계 두 개의 퍼텐셜 에너지/반응 좌표 도표를 그리시오(문제 30). 이 장의 $DH°$ 자료(표 3-1, 3-2, 3-4)를 적당히 사용하라. **(b)** 전이 상태 위치와 이들이 이른 또는 늦은 전이 상태인지를 나타내시오. **(c)** Pentane과 I_2와의 반응에 대해서 비슷한 그림을 그리시오. 이 그림은 브로민화반응의 경우와 어떻게 다른가?

32. 상온에서 1,2-dibromoethane은 89%의 분자가 **안티** 형태 그리고 11%가 **고우시** 형태를 취한, 평형 혼합물로서 존재한다. 같은 조건에서 butane은 72%가 **안티**, 28%가 **고우시**이다. Br은 CH_3보다 입체적으로 더 작다는 점을 염두에 두고, 이 차이점에 대한 설명을 제안하시오(문제 30을 참조하라). (**힌트**: C—Br 결합의 극성과 이로 인한 정전기적 효과를 고려하라).

33. 각 물질의 연소 반응의 균형 맞춘 반응식을 쓰시오(분자식은 표 3-7에서 나와 있음). **(a)** methane; **(b)** propane; **(c)** cyclohexane; **(d)** ethanol; **(e)** 설탕

34. Propanal ($CH_3CH_2\overset{O}{\overset{\|}{C}}H$)과 acetone ($CH_3\overset{O}{\overset{\|}{C}}CH_3$)은 화학식 C_3H_6O을 가진 이성질체이다. propanal의 연소열은 −434.1 kcal mol^{-1}이고, acetone의 값은 −427.9 kcal mol^{-1}이다. **(a)** 두 화합물의 연소 반응의 균형 맞춘 반응식을 쓰시오. **(b)** Propanal과 acetone 사이의 에너지 차이는 얼마인가? 어느 것이 에너지 함량이 작은가? **(c)** Propanal과 acetone 중에서 어느 것이 열역학적으로 안정한 물질인가? (**힌트**: 그림

3-13에서와 비슷한 도표를 그리시오).

35. Sulfuryl Chloride (SO_2Cl_2, 구조는 오른쪽 여백에 있음)는 원소인 염소 기체 대신에 알케인의 염소화 반응에서 쓰이는 액체 시약이다. Sulfuryl chloride를 사용하는 CH_4의 염소화반응에 대한 메커니즘을 제안하시오(**힌트**: 적당한 곳에서 Cl_2 대신에 SO_2Cl_2를 대체하면서 라디칼 연쇄 반응에 대한 보통의 모형을 따르라.)

:Ö:
‖
:C̈l—S—C̈l:
‖
:Ö:

Sulfuryl chloride
(b.p. 69°C)

36. Arrhenius 식(2-1절)을 사용하여 25 °C에서 methane의 C—H 결합이 염소 원자 그리고 브로민 원자와 함께하는 반응의 속도 상수 k의 비를 예측하시오. 두 반응의 A값은 같다고 가정하고, Br·과 CH_4 사이의 반응에서 $E_a = 19\ \text{kcal mol}^{-1}$을 사용하라.

37. **도전 문제** Propane 같이 유형이 다른 C—H 결합들을 가진 알케인이 같은 몰수의 Br_2와 Cl_2의 혼합물과 반응할 때, 브로민화 생성물 생성의 선택성은 Br_2와만 반응을 시켰을 경우에 비하여 훨씬 낮다(사실, **염소화반응**의 선택성과 매우 비슷하다). 설명하시오.

38. 1-Bromopropane의 브로민화반응은 다음과 같은 결과를 준다.

$$CH_3CH_2CH_2Br \xrightarrow{Br_2,\ 200°C} \underset{90\%}{CH_3CH_2CHBr_2} + \underset{8.5\%}{CH_3CHBrCH_2Br} + \underset{1.5\%}{BrCH_2CH_2CH_2Br}$$

브로민 원자에 대한 세 개의 탄소 원자의 수소들의 반응성을 계산하시오. 이러한 결과를 propane 같은 간단한 알케인에서 얻는 것과 비교하고, 차이가 있다면 설명하시오.

39. Methane의 할로젠화반응에 대한 다른 가상적인 메커니즘은 다음과 같은 전파 단계를 가진다.

(i) $X\cdot + CH_4 \longrightarrow CH_3X + H\cdot$
(ii) $H\cdot + X_2 \longrightarrow HX + X\cdot$

(a) 적당한 표에 나와 있는 $DH°$값을 사용하여 아무 할로젠에 대해서 이 단계의 $\Delta H°$를 구하시오. **(b)** 여러분이 구한 $\Delta H°$값을 인정된 메커니즘의 값(표 3-5)과 비교하시오. 이 다른 대안이 인정된 메커니즘과 성공적으로 경쟁할 수 있다고 보는가?(**힌트**: 활성화 에너지를 고려하라.).

40. **도전 문제** 할로젠화반응에 라디칼 억제제라고 부르는 어떤 물질을 가하면 반응이 거의 완전히 멈추어진다. 한 예는 methane의 염소화반응에서 I_2에 의한 억제이다. 어떻게 이러한 억제가 일어나는지를 설명하시오(**힌트**: 계에 존재하는 여러 가지 화학종들이 I_2와 할 수 있는 반응들의 $\Delta H°$값을 구하고, 이러한 I_2와의 반응의 생성물들이 무슨 반응을 더 할 수 있는지를 검토하라).

41. 전형적인 탄화수소 연료들(예를 들어, 가솔린의 흔한 성분인 2,2,4-trimethylpentane)은 **그램당** 킬로칼로리로 계산하면 매우 비슷한 연소열을 가지고 있다. **(a)** 표 3-7에 나와 있는 몇 가지 전형적인 탄화수소에 대하여 그램당 연소열을 구하시오. **(b)** 에탄올에 대해서 비슷한 계산을 하시오(표 3-7). **(c)** 자동차 연료로서 가소홀(gasohol, 90% 가솔린과 10% 에탄올)의 가능성을 평가할 때, 순수한 에탄올을 연료로 쓰는 자동차는 가솔린으로 달리는 같은 자동차보다 같은 부피의 연료를 사용한 경우, 대략 40% 더 짧은 거리를 간다고 추측된다. 이러한 예상은 (a)와 (b)의 결과와 부합하는가? 일반적으로 탄화수소와 비교하여 산소-함유 분자의 연료로서의 가능성에 대하여 무슨 말을 할 수 있겠는가?

42. 연료 첨가제로서 사용해 왔던 간단한 유기 분자 두 가지는 methanol(CH_3OH)과 2-methoxy-2-methylpropane [*tert*-butyl methyl ether, $(CH_3)_3COCH_3$]이다. 기체상에서 이들 화합물의 $\Delta H°_{연소}$값은 methanol에 대해서는 $-182.6\ \text{kcal mol}^{-1}$, 2-methoxy-2-methylpropane에 대해서는 $-809.7\ \text{kcal mol}^{-1}$이다. **(a)** 각 분자들이 CO_2와 H_2O로 완전히 연소하는 반응의 균형 맞춘 반응식을 쓰시오. **(b)** 표 3-7을 사용하여 이 화합물들의 $\Delta H°_{연소}$값을 분자량이 비슷한 알케인의 값들과 비교하시오.

43. **도전 문제** 그림 3-9는 propane의 일차 및 이차 수소와 Cl·의 반응을 비교하고 있다. **(a)** Br·과 propane의 일차 및 이차 수소와의 반응을 비교하는 비슷한 도표를 그리시오(**힌트**: 우선 표 3-1로부터 필요한 $DH°$값을 얻은 후 일차 및 이차 수소 떼기 반응 모두에 대한 $\Delta H°$을 구하라. 다른 자료: 일차 C—H 결합과 Br· 반응에서의 $E_a = 15\ \text{kcal mol}^{-1}$, 이차 C—H 결합과 Br·의 반응에서의 $E_a = 13\ \text{kcal mol}^{-1}$). **(b)** 이 반응들의 전이 상태 중에서 어느 것이 "이르고", 어느 것이 "늦은" 것이라고 부를 수 있을까? **(c)** 반응 좌표를 따른 전이 상태의 위치로 판단하여 볼 때, 이 반응들은 염소화반응의 대응하

는 전이 상태(그림 3-9)보다 라디칼 성격을 더 많이 가지는가 더 적게 가지는가? (d) (c)에 대한 여러분의 답은 propane과 반응하는 Cl·와 propane과 반응하는 Br· 사이의 선택성 차이와 일치하는가? 설명하시오.

44. Cl·/O_3계에서 전파 단계 두 개는 오존과(오존의 생성에 필요한) 산소 원자를 각각 소모한다(3-9절).

$$\mathrm{Cl} + \mathrm{O_3} \longrightarrow \mathrm{ClO} + \mathrm{O_2}$$
$$\mathrm{ClO} + \mathrm{O} \longrightarrow \mathrm{Cl} + \mathrm{O_2}$$

각 전파 단계의 $\Delta H°$을 계산하시오. 다음 자료를 이용하라. ClO의 $DH° = 64$ kcal mol^{-1}, O_2의 $DH° = 120$ kcal mol^{-1}, O—O_2 결합의 $O_3 = 26$ kcal mol^{-1}. 이러한 단계들을 합쳐 전체 반응식을 쓰고 이 반응의 $\Delta H°$을 계산하시오. 이 과정이 열역학적으로 유리한지에 대하여 언급하시오.

CHAPTER FOUR

사이클로알케인

스테로이드 (*steroid*) 라는 말을 듣거나 읽으면 아마도 두 가지가 즉시 머리에 떠오를 것이다. 근육을 키우기 위하여 불법으로 "스테로이드를 복용"하는 운동선수들과 피임제로 사용되는 약 ("pill") 이다. 그러나 이러한 일반적인 연상 이외에 스테로이드에 대하여 여러분은 무엇을 알고 있는가? 한 스테로이드가 다른 것과 어떻게 다른가? 이것들은 자연에서 어디에서 발견되는가?

천연적으로 존재하는 스테로이드의 한 예는 멕시코 얌의 뿌리 추출물에서 얻어지고, 몇 가지 시판용 스테로이드의 합성 출발물로 사용되는 다이오스게닌 (diosgenin) 이 있다. 가장 인상적인 것은 이 화합물을 이루는 고리의 수이다.

Diosgenin

단일 결합으로 연결된 탄소 원자들이 고리 배열을 이룬 탄화수소를 **고리 알케인 (cyclic alkane)**, **탄소고리 (carbocycle)** [헤테로고리 (heterocycle) 에 대비하여, 25장)] 또는 **사이클로알케인 (cycoalkane)** 이라고 한다. 자연에 존재하는 대부분의 유기 화합물은 고리를 가지고 있다. 수많은 기본적인 생물학적 기능이 고리 화합물의 화학에 달려 있기 때문에, 우리가 지금 알고 있는 생명은 이것들이

멕시코 얌의 뿌리.

스테로이드는 의약으로서 그리고 출산 조절에서, 인간의 복지에 유익한 효과를 주어 왔다. 하지만 경쟁에 노출된 운동선수들이 경기력 향상을 위한 목적으로 스테로이드를 남용하고 있는 문제점은 가끔씩 수면 위로 떠오르고 있다. 따라서 스포츠 세계는 2003년에 약물 검사에서 검출을 피하기 위하여 "설계된" 디자이너 스테로이드인 테트라하이드로제스트리논 (tetrahydrogestrinone) 의 불법적인 사용이 밝혀졌을 때, 큰 충격을 받았다.

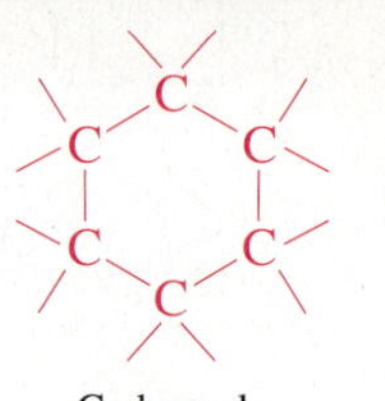
Carbocycle

없었다면 존재할 수 없었을 것이다.

이 장에서는 사이클로알케인의 이름, 물리적 성질, 구조적 특성과 형태적 특징을 다룬다. 고리 구조 때문에 이 부류의 화합물에 속한 일원들은 고리 변형이나 고리횡단 상호작용 같은 새로운 유형의 변형을 가질 수 있다. 이 장의 끝에서는 스테로이드를 포함하여 몇 가지 대표적인 탄소고리 및 유도체들의 생화학적 중요성을 다룰 것이다.

4-1 사이클로알케인의 이름과 물리적 성질

사이클로알케인은 IUPAC 규칙에 따른 고유한 이름을 가지고 있고, 같은 수의 탄소를 가지고 있는 비고리 유사체와는 그 물리적 성질이 일반적으로 다르다. 이들은 또한 고리형 분자에 고유한 이성질현상을 보인다는 것을 보게 될 것이다.

사이클로알케인의 이름은 IUPAC 규칙을 따른다

사이클로알케인의 분자 모형은 곧은 사슬 알케인 모형의 양 끝 탄소에서 수소 원자를 하나씩 떼어낸 후 이 탄소들을 연결하여 결합을 만들면 얻어진다. 사이클로알케인의 실험식은 C_nH_{2n} 또는 $(CH_2)_n$이다. 이 부류에 속한 화합물의 명명법은 간단하다. 접두사 **사이클로-(cyclo-)**를 알케인 이름 앞에 붙이면 된다. 동족 계열의 세 화합물이—가장 작은 사이클로프로페인부터 시작하여—축약식과 결합-선 방식으로 여백에 나와 있다.

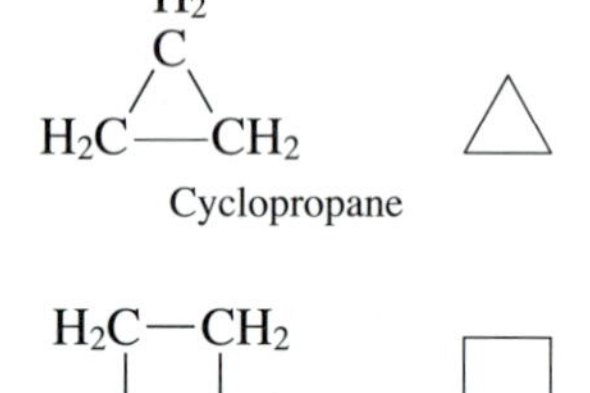
Cyclopropane

Cyclobutane

Cyclohexane

연습 문제 4-1

Cyclopropane부터 cyclododecane까지 분자 모형을 만드시오. 이 계열 내에서 한 고리의 형태적 유연성을 다른 고리 그리고 상응하는 곧은 사슬 알케인과 비교하시오.

치환기가 있는 고리형 알케인을 명명할 때, 치환기가 두 개 이상 고리에 있을 때에만 각각의 고리 탄소에 번호를 매긴다. 일치환된 경우에는 치환기가 있는 탄소를 고리에서 탄소 1로 정의한다. 다중치환된 화합물의 경우에는 번호 매김의 수열이 가능하면 가장 낮도록 정한다. 그러한 수열이 두 개 가능하면 치환기의 알파벳 순서가 우선한다. 사이클로알케인에서 수소 하나를 제거하여 얻어지는 라디칼을 **사이클로알킬 라디칼(cycloalkyl radical)**이라고 한다. 그러므로 치환된 사이클로알케인은 가끔씩 사이클로알킬 유도체로서 명명된다. 일반적으로 작은 단위는 더 큰 단위의 치환기로 간주된다–예를 들면, 메틸사이클로프로페인(사이클로프로필메테인은 아님)과 사이클로뷰틸사이클로헥세인(사이클로헥실사이클로뷰테인은 아님)이다.

이치환된 사이클로알케인은 입체이성질체로 존재한다

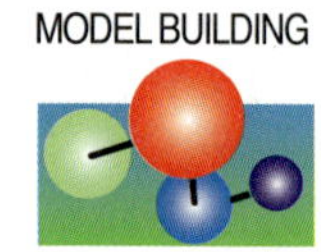
MODEL BUILDING

두 치환기가 다른 탄소에 위치한 이치환된 사이클로알케인의 분자 모형을 살펴보면, **두 개의 이성질체가 가능**함을 알 수 있다. 한 이성질체에서는 두 치환기가 **같은** 면에 위치하며, 다른 이성질체에서는 **반대** 면에 위치한다. 같은 면에 있는 치환기를 **시스(*cis*,** 라틴어로 같은 면에를 의미), 반대 면에 있는 것을 **트랜스(*trans*,** 라틴어로 가로질러를 의미)를 의미라고 부른다.

Methylcyclopropane
(번호 매기지 않음)

1-Ethyl-1-methylcyclobutane
(알파벳 순으로 매김)

1-Chloro-2-methyl-4-propylcyclopentane
(알파벳 순으로 매김: 2-chloro-1-methyl-4-propylcyclopentane 아님)

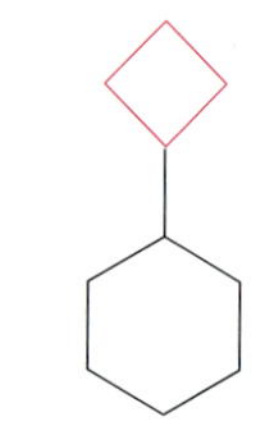
Cyclobutylcyclohexane
(작은 고리는 치환기로 부름)

점선-쐐기선 구조를 이용하여 치환된 사이클로알케인의 삼차원 배치를 나타낸다. 나머지 수소의 위치는 항상 표시하지는 않는다.

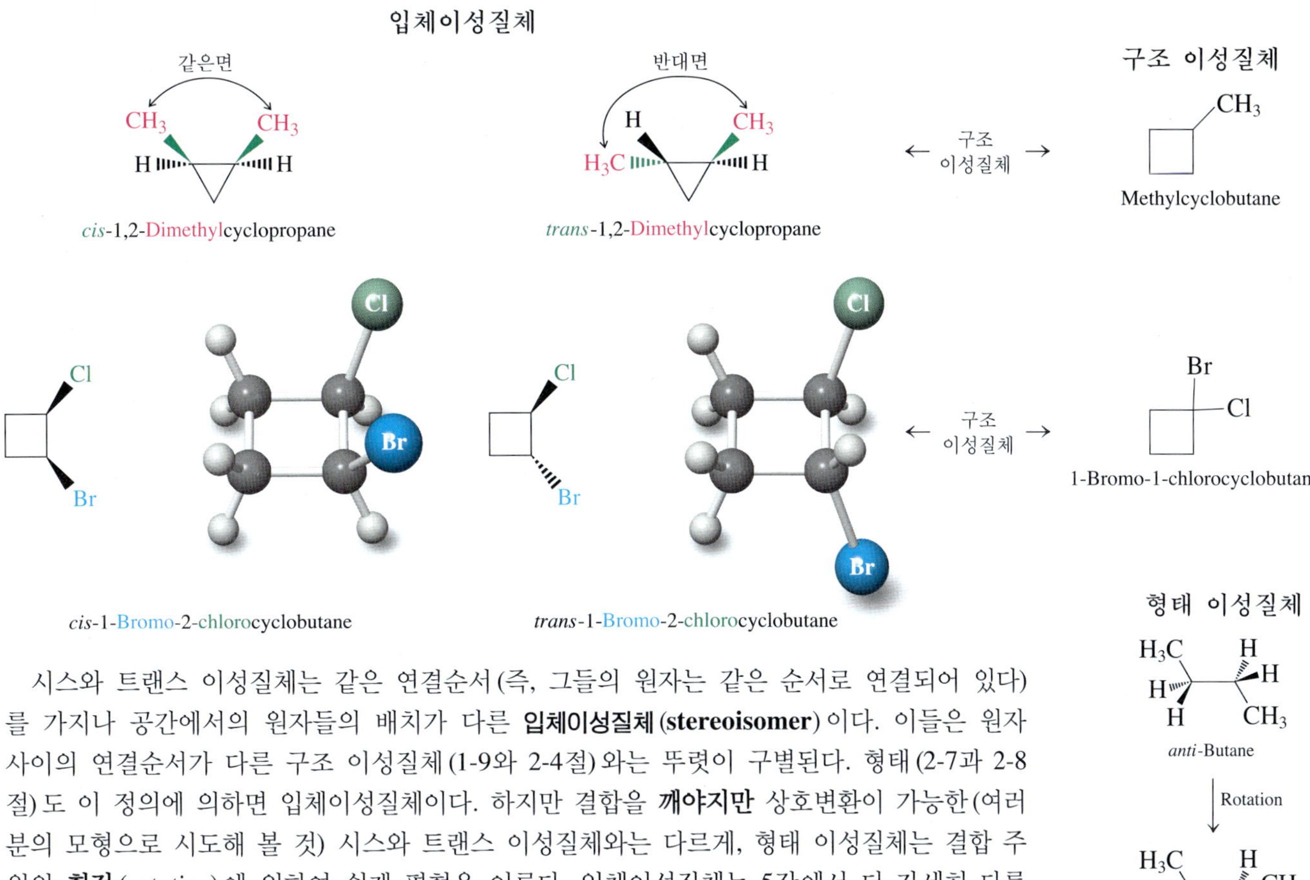

시스와 트랜스 이성질체는 같은 연결순서(즉, 그들의 원자는 같은 순서로 연결되어 있다)를 가지나 공간에서의 원자들의 배치가 다른 **입체이성질체(stereoisomer)**이다. 이들은 원자 사이의 연결순서가 다른 구조 이성질체(1-9와 2-4절)와는 뚜렷이 구별된다. 형태(2-7과 2-8절)도 이 정의에 의하면 입체이성질체이다. 하지만 결합을 **깨야지만** 상호변환이 가능한(여러분의 모형으로 시도해 볼 것) 시스와 트랜스 이성질체와는 다르게, 형태 이성질체는 결합 주위의 **회전**(*rotation*)에 의하여 쉽게 평형을 이룬다. 입체이성질체는 5장에서 더 자세히 다룰 것이다.

구조 및 시스-트랜스 이성질현상이 가능하기 때문에, 치환된 사이클로알케인에서는 다양한 구조적 가능성이 존재한다. 예를 들면, 브로모메틸사이클로헥세인(bromomethylcyclohexane)에는 여덟 개의 이성질체가 존재하며(이 중 세 개를 아래에 그렸다), 이들 모두는 서로 다른 물리적, 화학적 성질을 가지고 있다.

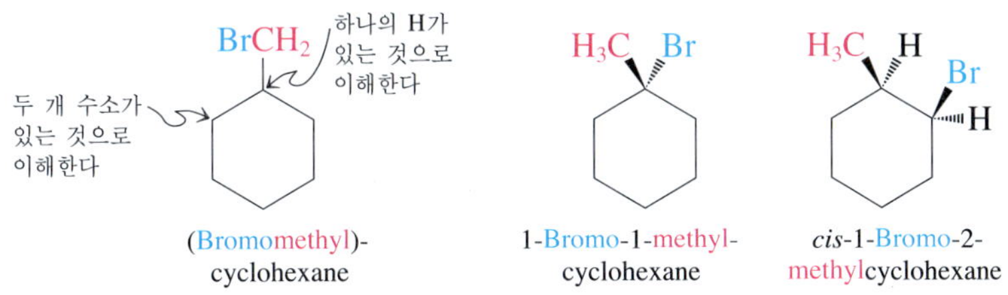

연습 문제 4-2

개념 문제: 사이클로알케인의 명명

IUPAC 규칙에 따라서 다음 사이클로알케인을 명명하시오.

전략

먼저 이 화합물을 곧은 사슬 알케인 아니면 사이클로알케인으로 명명해야 하는지를 결정해야 한다. 그 다음에 2-5절에 나온 IUPAC 규칙을 사이클로알케인을 명명하는 새로운 규칙과 함께 사용하여 올바른 이름을 얻는다.

풀이

- 구조에서 가장 긴 곧은 사슬 부분은 탄소가 두 개인 ethyl이며, 고리에는 탄소가 각각 세 개와 일곱 개 들어 있다. 그러므로 ethyl은 치환기로 명명되어야 한다.
- Cycloheptane은 cyclopropane보다 크다. 이 분자는 치환된 cycloheptane으로 명명한다.
- 7원자 고리에 번호를 매길 때, 예를 들어 1,1,5- 대신에 1,1,4-의 가장 낮은 수열을 사용한다.
- 치환기 이름은 ethyl, 구체적으로 말하여 diethyl, 그리고 cyclopropyl, 구체적으로 말하여 dimethylcyclopropyl이다.
- Cyclopropyl의 두 methyl기의 위치와 입체화학을 명시할 필요가 있다. 위치에 대해서는 부착점을 "1"로 정의한다. 따라서 2,3-dimethylcyclopropyl이라고 명명한다. 입체화학에 대해서는 두 methyl기는 시스이다.
- 치환기의 이름을 알파벳 순서로 배치하여 알케인을 명명한다(IUPAC 규칙 4). 이 점에서 "diethyl"에서 접두사 "di"는 무시하는데, 그 이유는 이것은 다만 "ethyl"이라는 치환기의 수만을 의미하기 때문이다. 대조적으로 "dimethylcyclopropyl"에서 "di"는 복잡한 치환기의 이름에 해당하는 부분이므로, 알파벳 순서에 포함시킨다. 따라서 dimethylcyclopropyl은 diethyl (알파벳 순서에서 "ethyl"로 간주)보다 앞에 나온다. 답은 4-(*cis*-2,3-dimethylcyclopropyl)-1,1-diethylcycloheptane이다.

연습 문제 4-3

자습 문제

연습 문제 4-2 앞에서 이성질성 bromomethylcyclohexane의 세 개의 구조와 이름을 소개한 바 있다. 다른 다섯 개의 이성질체에 대하여도 같은 작업을 하시오.

사이클로알케인의 성질은 곧은 사슬 유사체와는 다르다

표 4-1에 몇 가지 사이클로알케인의 물리적 성질이 나와 있다. 대응하는 곧은 사슬 알케인(표 2-5)과 비교하여 사이클로알케인은 밀도가 높을 뿐만이 아니라 끓는점과 녹는점이 더 높다는 점을 주목하라. 이러한 차이는 주로 상대적으로 더 단단하고 더 대칭적인 고리 구조에서 London 상호작용이 증가하기 때문이다. 탄소수가 짝수인 사이클로알케인을 홀수개의 탄소를

표 4-1 여러 가지 사이클로알케인의 물리적 성질

사이클로알케인	녹는점 (°C)	끓는점 (°C)	20°C에서의 밀도 ($g\,mL^{-1}$)
Cyclopropane (C_3H_6)	−127.6	−32.7	0.617[b]
Cyclobutane (C_4H_8)	−50.0	−12.5	0.720
Cyclopentane (C_5H_{10})	−93.9	49.3	0.7457
Cyclohexane (C_6H_{12})	6.6	80.7	0.7785
Cycloheptane (C_7H_{14})	−12.0	118.5	0.8098
Cyclooctane (C_8H_{16})	14.3	148.5	0.8349
Cyclododecane ($C_{12}H_{24}$)	64	160 (100 torr)	0.861
Cyclopentadecane ($C_{15}H_{30}$)	66	110 (0.1 torr[a])	0.860

[a]승화점. [b]25°C에서.

가지는 더 낮은 것과 비교하면, 녹는점이 번갈아 가면서 크게 변하는 것을 알 수 있다. 이 현상은 두 계열 사이에서 결정 쌓음 힘의 차이 때문이라고 알려져 있다.

> **요약** 사이클로알케인의 이름은 곧은 사슬 알케인의 이름으로부터 간단한 방법으로 유도된다. 덧붙여, 단일 치환기의 위치를 C1로 정의한다. 이치환된 사이클로알케인은 치환기의 상대적 공간에서의 배향에 따라 시스와 트랜스 이성질체를 가진다. 물리적 성질은 곧은 사슬 알케인과 비슷하나, 탄소수가 같은 경우 사이클로알케인의 끓는점, 녹는점, 밀도가 더 높다.

4-2 사이클로알케인의 고리 변형과 구조

MODEL BUILDING

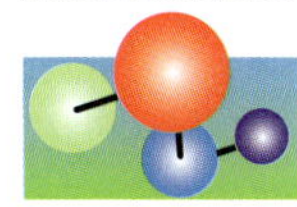

연습 문제 4-1에서 만든 분자 모형을 보면 사이클로프로페인, 사이클로뷰테인, 사이클로펜테인 등과 상응하는 곧은 사슬 알케인 사이에 분명한 차이가 있음을 알 수 있다. 이 계열에서 첫 두 화합물의 눈에 띄는 특징은 결합을 나타내는 플라스틱 관을 깨지 않고 고리를 닫는 것이 얼마나 어려운가 하는 것이다. 이 문제를 **고리 변형(ring strain)** 이라고 한다. 이에 대한 이유는 사면체 탄소 모형에 있다. 예를 들어, 사이클로프로페인(60°)과 사이클로뷰테인(90°)에서 C—C—C 결합각은 성사면체 각도인 109.5°와는 상당히 다르다. 고리의 크기가 커질수록 변형 정도는 감소한다. 따라서 사이클로헥세인은 변형 없이 조립할 수 있다.

이 관찰은 사이클로알케인의 상대적 안정성–예를 들어, 연소열 $\Delta H°_{연소}$로 측정되는–에 대하여 무엇인가를 말하고 있지는 않을까? 변형은 어떻게 구조와 기능에 영향을 줄까? 이 절과 4-3절에서는 이러한 질문에 답하고자 한다.

사이클로알케인의 연소열은 고리 변형의 존재를 나타낸다

3-10절에서 한 분자의 안정성의 한 척도로서 열함량을 소개한바 있다. 알케인의 열함량은 연소열, $\Delta H°_{연소}$를 측정함으로써 추정할 수 있다는 점도 배웠다(표 3-7). 사이클로알케인의 안정성에 관하여 특별한 무엇인가가 있는지를 알아보기 위하여, 이들의 연소열을 비슷한 곧은 사슬 알케인의 연소열과 비교할 수 있을 것이다. 하지만 그렇게 직접 비교하는 것은 사이클로알케인의 실험식인 C_nH_{2n}이 노말 알케인의 실험식 C_nH_{2n+2}와 수소 두 개의 차이가 있기 때문에 결점이 있다. 이 문제를 풀기 위하여 사이클로알케인의 실험식을 $(CH_2)_n$으로 다시 쓸 수 있다는 인식에 근거하여 우회적인 접근 방법을 취한다. 그래서 만약 우리가 "변형이 없는" CH_2 파편이 곧은 사슬 알케인의 $\Delta H°_{연소}$에 대한 기여도의 실험값을 알고 있다면, 사이클로알케인에 대응하는 $\Delta H°_{연소}$는 단순히 이 값의 배수일 것이다. 그렇지 않다면 변형이 있음을 의미할 것이다.

변형이 없는 사이클로알케인의 $\Delta H°_{연소}$는 $\Delta H°_{연소}(CH_2)$의 배수이어야 한다

$$\Delta H°_{연소}(C_nH_{2n}) = n \times \Delta H°_{연소}(CH_2)$$

CH_2의 $\Delta H°_{연소}$값은 어떻게 하면 얻을 수 있을까? 표 3-7로 되돌아가서 곧은 사슬 알케인의 연소 자료를 다시 살펴보자. 동족 계열에서 CH_2 단위가 하나씩 증가할 때마다 $\Delta H°_{연소}$는 거의 같은 양인 약 157 kcal mol^{-1}만큼 증가함을 알 수 있다.

곧은 사슬 알케인의 계열에 대한 $\Delta H°_{연소}$값

$CH_3CH_2CH_3$ (기체)	−530.6	Increment = −156.8	kcal mol^{-1}
$CH_3CH_2CH_2CH_3$ (기체)	−687.4	Increment = −157.8	
$CH_3(CH_2)_3CH_3$ (기체)	845.2	Increment = −157.3	
$CH_3(CH_2)_4CH_3$ (기체)	−1002.5		

많은 수의 알케인에 걸쳐서 평균하면 이 값은 157.4 kcal mol^{-1} (658.6 kJ mol^{-1})에 접근하며,

이 값이 우리에게 필요한 $\Delta H°_{연소}(CH_2)$이다.

이 수치를 알고 나면 사이클로알케인$(CH_2)_n$의 $\Delta H°_{연소}$의 기대값, 즉 $-(n \times 157.4)$을 계산할 수 있다. 예를 들면, $n = 3$인 사이클로프로페인의 경우, 그 $\Delta H°_{연소}$는 -472.2 kcal mol^{-1}이어야 하고, 사이클로뷰테인의 경우 그 $\Delta H°_{연소}$는 -629.6 kcal mol^{-1}이어야 한다(표 4-2, 2열). 하지만 이러한 분자들의 연소열을 실제로 측정해 보면 일반적으로 **더 크게 나온다**(표 4-2, 3열). 그래서 사이클로프로페인의 경우 실험값은 -499.8 kcal mol^{-1}로서, 예상값과 실험값 사이에는 27.6 kcal mol^{-1}만큼의 차이가 난다. 그러므로 사이클로프로페인은 변형이 없는 분자에 대해서 기대되는 것보다 에너지가 더 많다. 이 여분의 에너지는 사이클로프로페인의 한 성질인 **고리 변형**(*ring strain*)에 기인하며, 우리가 만든 모형 때문에 이미 알고 있는 점이다. 이 분자에서 CH_2기 하나당 변형 에너지는 9.2 kcal mol^{-1}이다.

사이클로프로페인의 고리 변형

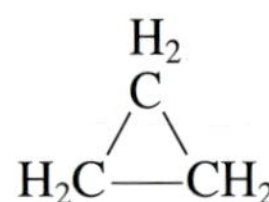

변형이 없는 분자에 대한 계산값:

$\Delta H°_{연소} = -(3 \times 157.4) = -472.2$ kcal mol^{-1}

측정값: $\Delta H°_{연소} = -499.8$ kcal mol^{-1}

변형: $499.8 - 472.2 = 27.6$ kcal mol^{-1}

사이클로뷰테인에 대한 비슷한 계산(표 4-2)도 26.3 kcal mol^{-1}의 고리 변형 또는 CH_2 기당 약 6.6 kcal mol^{-1}의 고리 변형을 나타낸다. 사이클로펜테인에서는 이 효과가 훨씬 더 작아 전체 변형은 6.5 kcal mol^{-1}에 불과하고, 사이클로헥세인은 실제적으로 변형이 없다. 하지만 이 계열에서 올라갈수록 매우 큰 고리(4-5절 참조)에 도달할 때까지 다시 상당한 변형이 관찰된다. 이러한 경향 때문에 유기화학자들은 사이클로알케인을 느슨하게 네 개의 부류로 정의하였다.

1. **작은 고리**(*small ring*)(사이클로프로페인, 사이클로뷰테인)
2. **일반 고리**(*common ring*)(사이클로펜테인, 사이클로헥세인, 사이클로헵테인)
3. **중간 고리**(*medium ring*)(8원자 고리에서 12원자 고리까지)
4. **큰 고리**(*large ring*)(13원자 고리 이상)

사이클로알케인에서 어떤 종류의 효과가 고리 변형에 기여할까? 몇 가지 이러한 화합물의 자세한 구조를 살펴봄으로써 이 질문에 답하고자 한다.

표 4-2 여러 가지 사이클로알케인의 연소열의 계산값과 실험값 (kcal mol^{-1} 단위)

고리 크기 (Cn)	$\Delta H°_{연소}$ (계산값)	$\Delta H°_{연소}$ (계산값)	전체 변형	CH_2기당 변형
3	−472.2 (−1976)	−499.8 (2091)	27.6 (115)	9.2 (38)
4	−629.6 (−2634)	−655.9 (2744)	26.3 (110)	6.6 (28)
5	−787.0 (−3293)	−793.5 (3320)	6.5 (27)	1.3 (5.4)
6	−944.4 (−3951)	−944.5 (3952)	0.1 (0.4)	0.0 (0.0)
7	−1101.8 (−4610)	−1108.2 (4637)	6.4 (27)	0.9 (3.8)
8	−1259.2 (−5268)	−1269.2 (5310)	10.0 (42)	1.3 (5.4)
9	−1416.6 (−5927)	−1429.5 (5981)	12.9 (54)	1.4 (5.9)
10	−1574.0 (−6586)	−1586.0 (6636)	14.0 (59)	1.4 (5.9)
11	−1731.4 (−7244)	−1742.4 (7290)	11.0 (46)	1.1 (4.6)
12	−1888.8 (−7903)	−1891.2 (7913)	2.4 (10)	0.2 (0.8)
14	−2203.6 (−9220)	−2203.6 (9220)	0.0 (0.0)	0.0 (0.0)

주: 계산값은 CH_2기 한 개당 -157.4 kcal mol^{-1}의 값에 근거하여 구하였음.

변형은 작은 사이클로알케인의 구조와 형태에 영향을 미친다

우리가 방금 보았듯이 가장 작은 사이클로알케인인 **사이클로프로페인** (*cyclopropane*)은 메틸렌기 세 개인 구조에 대하여 기대하는 것보다 훨씬 덜 안정하다. 왜 이럴까? 그 이유는 두 가지 요인, 즉 비틀림 변형과 결합각 변형 때문이다.

사이클로프로페인의 구조를 그림 4-1에 나타내었다. 먼저 모든 메틸렌 수소가 에테인의 가려진 형태(2-7절)에서와 매우 비슷하게 가려져 있음을 알 수 있다. **가려진 (eclipsing)** 또는 **비틀림 (torsional)** 변형 때문에 에테인의 가려진 형태의 에너지는 더 안정한 엇갈린 형태보다 더 높다는 것을 알고 있다. 이 효과는 사이클로프로페인에서도 존재한다. 더구나 사이클로프로페인에서 탄소 골격은 반드시 평면이고, 고정되어 있어서, 가려진 변형을 없애 줄 수 있는 결합의 회전은 매우 어렵다.

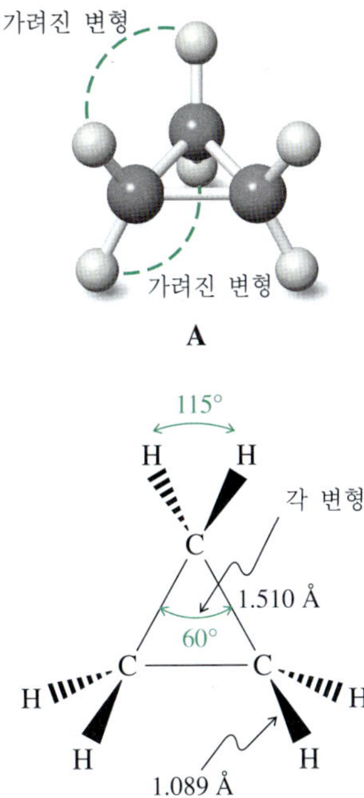

그림 4-1 Cyclopropane: (A) 분자 모형, (B) 결합 길이와 각도.

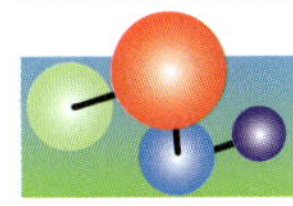

다음으로 사이클로프로페인은 C—C—C 결합각이 60°로서, "정상적" 사면체 결합각인 109.5°로부터 상당히 벗어나 있음을 알 수 있다. 사면체이어야 할 탄소 원자 세 개가 매우 일그러진 각도에서 어떻게 결합을 유지할 수 있을까? 이 문제는 변형이 없는 "열린 사이클로프로페인"인 트라이메틸렌 다이라디칼 $\cdot CH_2CH_2CH_2\cdot$에서의 결합을 닫힌 구조와 비교하고 있는 그림 4-2에 아마 잘 묘사되어 있을 것이다. 트라이메틸렌 다이라디칼의 두 끝은 이미 존재하는 C—C 결합 두 개를 "구부리지" 않고서 고리를 닫기에는 너무 멀리 떨어져 있다는 점을 알 수 있다. 하지만 사이클로프로페인에서 세 개의 C—C 결합 전부가 굽은 형태(오비탈간 각 104°, 그림 4-2B 참조)를 취한다면, 결합을 형성하기에 겹침은 충분하다. 고리가 닫힐 정도로 사면체 탄소를 구부리는데 필요한 에너지를 **결합각 변형 (bond-angle strain)**이라고 부른다. 사이클로프로페인에서 고리 변형은 가려진 변형과 결합각 변형의 조합으로부터 유래한다.

$$\triangle + H_2 \xrightarrow{\text{Pd 촉매}} \underset{\text{Propane}}{CH_3CH_2CH_3} \qquad \Delta H° = -37.6 \text{ kcal mol}^{-1} \ (-157 \text{ kJ mol}^{-1})$$

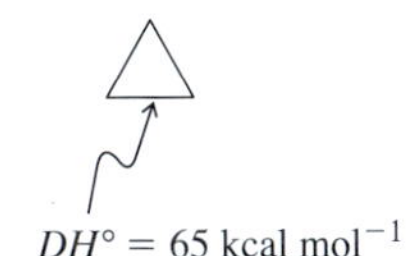

$H_3C—CH_3$

$DH° = 90$ kcal mol^{-1}

연습 문제 4-4

trans-1,2-Dimethylcyclopropane은 *cis*-1,2-dimethylcyclopropane보다 더 안정하다. 그 이유는 무엇인가? 그림을 그려서 답을 설명하시오. 연소에서 어느 이성질체가 더 많은 열을 내는가?

고리가 더 큰 사이클로알케인에 대해서는 어떠한가? **사이클로뷰테인** (*cyclobutane*)의 구조(그림 4-3)를 보면 이 분자는 평면이 아니고, 부러진 각도가 대략 26°인 주름잡힌 (puckered)

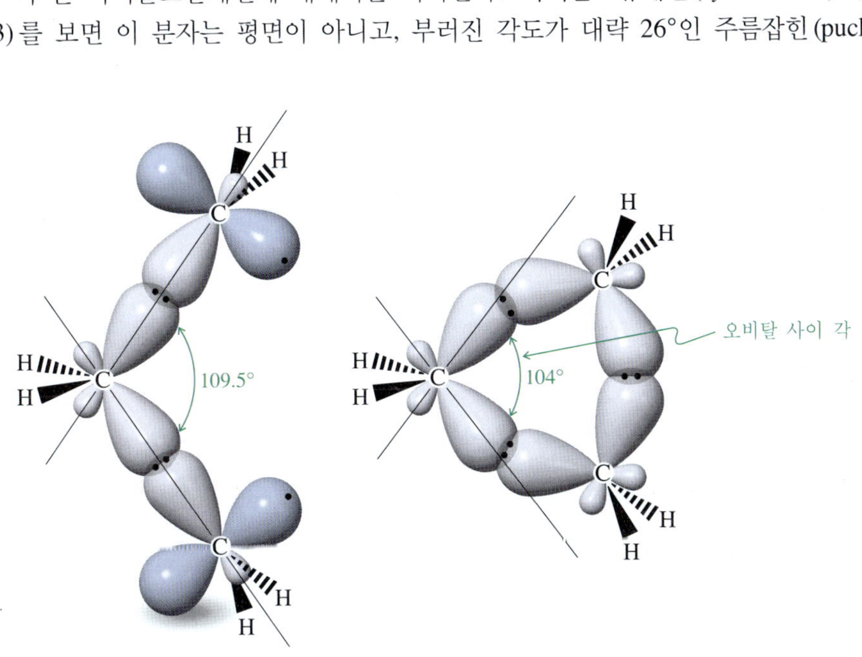

그림 4-2 (A) Trimethylene 다이라디칼과 (B) cyclopropane의 굽은 결합의 오비탈 그림. C—C 결합을 형성하는 혼성 오비탈만 그렸다. Cyclopropane에서 오비탈 사이의 각도는 104°임에 주목하라.

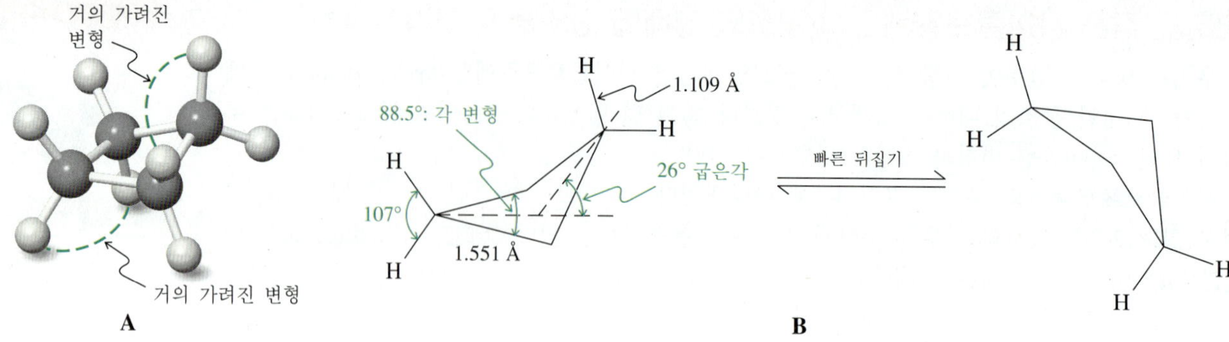

그림 4-3 Cyclobutane: (A) 분자 모형, (B) 결합 길이와 각도. 비평면 분자는 한 형태에서 다른 형태로 빠르게 "뒤집는다".

구조임을 보여 주고 있다. 하지만 비평면 구조인 이 고리는 매우 딱딱하지 않다. 분자는 한 주름잡힌 형태에서 다른 형태로 빠르게 "뒤집는다(flip)". 분자 모형을 만들어 보면, 사원자 고리가 평면 구조에서 비틀어지는 것이 왜 유리한지를 알 수 있다. 이렇게 하면 여덟 개의 가려진 수소가 만드는 변형을 부분적으로 줄일 수 있다. 더구나 이 경우에서도 굽은 결합을 사용해야만 최대 겹침이 가능하지만, 사이클로프로페인에서보다 결합각 변형이 그래도 상당히 줄어든다. 고리가 열릴 때 고리 변형이 방출되고, 굽은 결합은 상대적으로 겹침이 저조하기 때문에, 사이클로뷰테인에서도 C—C 결합 세기는 작다 [약 63 kcal mol^{-1} (264 kJ mol^{-1})]. 사이클로뷰테인은 사이클로프로페인보다는 반응성이 작으나 비슷한 고리 열림 반응을 한다.

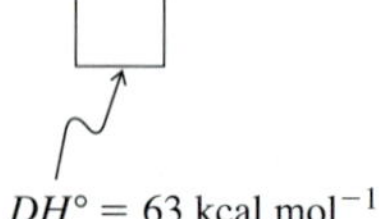

$DH° = 63$ kcal mol^{-1}

$DH° = 88$ kcal mol^{-1}

$$\square + H_2 \xrightarrow{\text{Pd 촉매}} CH_3CH_2CH_2CH_3$$

Butane

사이클로펜테인(*cyclopentane*)은 정오각형에서의 각도가 사면체와 비슷한 108°이므로 평면일 것이라고 기대할 수 있다. 하지만 그러한 평면 구조는 **열** 개의 H—H 가림 상호작용을 가질 것이다. 분자의 구조에 나와 있듯이(그림 4-4) 고리를 오므리면 이 효과가 감소된다. 고리가 주름을 잡으면 가림은 줄어들지만, 또한 결합각 변형이 증가된다. 에너지가 가장 낮은 형태는 계의 에너지가 최소화되도록 하는 절충 구조이다.

사이클로펜테인에는 **봉투(envelope)**와 **반쪽의자(half chair)**라는 두 가지의 주름잡힌 형태가 있다. 이들 사이에 에너지의 차이는 거의 없으며, 빠른 상호변환에 필요한 활성화 장벽이 극히 작아서 모든 탄소와 수소의 위치는 평균화된다(사이클로뷰테인에서처럼). 종합을 하면 사이클로펜테인은 상대적으로 고리 변형이 거의 없으며, C—C 결합 세기 [$\Delta H° = 81$ kcal mol^{-1} (338 kJ mol^{-1})]는 비고리 알케인에서의 값과 비슷하다(표 3-2). 따라서 삼원자- 또는 사원자- 고리의 특이한 반응성을 보이지는 않는다.

$DH° = 81$ kcal mol^{-1}

봉투 형태 반쪽의자 형태

최소한의 가려진 변형

최소한의 가려진 변형

A

각 변형

104.4°

1.113 Å

1.546 Å

106.0°

B

그림 4-4 Cyclopentane: (A) 반쪽의자 형태의 분자 모형, (B) 결합 길이와 각도. 분자는 거의 변형이 없고 유연하다.

연습 문제 4-5

개념 문제: 변형 예측하기

색다르게 보이는 탄화수소인 bicyclo[2.1.0]pentane (A)은 변형을 가진 두고리 알케인(4-6절 참조)인데, 수소와 반응하여 cyclopropane이 생기는 반응의 반응열은 -56 kcal mol^{-1}로 측정되었다. 이 반응은 133쪽에 나와 있는 cyclopropane의 경우(-37.6 kcal mol^{-1})보다 상당히 더 발열이며, 이는 상대적으로 변형이 더 많다는 것을 나타낸다. A의 변형 에너지를 어떻게 예측할 수 있겠는가? (**힌트**: 이 문제에 달려들기 전에 2-1절을 복습하고, 표 3-1, 3-2, 4-2를 참조하는 것이 좋다.)

A + H—H —촉매→ (cyclopentane) $\Delta H° = -56$ kcal mol^{-1}

전략 1

A의 변형을 예측하기 위한 가장 빠른 길은 아마도 표 4-2를 보고서 성분 고리인 cyclopropane (27.6 kcal mol^{-1})과 cyclobutane (26.3 kcal mol^{-1})의 변형을 단순히 더하는 것이다. 그러면 53.9 kcal mol^{-1}이 얻어진다(**주:** 이러한 접근 방식에서는 두 개의 고리가 한 결합을 공유할 때 각자의 변형에 미칠 수도 있는 효과가 무시된다. 이 효과는 cyclobutane의 모형을 만든 후 이것을 A 모형으로 바꿈으로써 확인할 수 있다. 4원자 고리는 완전히 편평해지며, cyclobutane CH_2 다리의 결합각은 cyclopropane에 대응하는 두 수소의 각도보다 상당히 더 비틀려 있다).

전략 2

이 문제에 접근하는 또 다른 방법은 A에서 공유된 결합의 변형을 예측하고, 이 값을 분자 전체의 변형과 같다고 놓는 것이다. 이렇게 하려면 상응하는 결합 세기를 결정하고 이것을 변형이 없다고 볼 수 있는 모형, 예를 들어 2,3-dimethylbutane의 중심 결합의 세기인 $DH° = 85.5$ kcal mol^{-1}(표 3-2)와 비교할 필요가 있다. 이 일을 어떻게 하면 될까? 이 문제에서 주어진 반응열을 사용하고, 한 반응의 엔탈피 변화를 결합 세기에서의 변화와 관련시킨 2-1절에 나온 식을 쓰면 된다.

풀이

- A와 수소와의 반응을 다시 써서 표 3-1과 3-2로부터 구할 수 있는 자료(kcal mol^{-1} 단위)로 관련된 결합을 표시한다.

A (x) + H—H (104) —촉매→ H–(cyclopentane)–H (98.5, 98.5) $\Delta H° = -56$ kcal mol^{-1}

- 2-1절의 식을 적용한다.

$$\Delta H° = \Sigma(\text{결합 분해의 세기}) - \Sigma(\text{결합 생성의 세기})$$
$$-56 = (104 + x) - 197$$
$$x = 37 \text{ kcal mol}^{-1}$$

이것은 참으로 매우 약한 결합이다! 2,3-dimethylbutane의 중심 C—C 결합(85.5 kcal mol^{-1})과 비교하여 A의 변형은 48.5 kcal mol^{-1}이다.

- 이 숫자는 A의 변형을 완전히 반영하고 있을까? (**주:** 생성물인 cyclopentane에는 A의 반응에서 방출되지 않는 6.5 kcal mol^{-1}의 변형을 아직도 가지고 있기 때문에, 아직은 아니다.) 따라서 A의 고리 변형의 합당한 예상값은 $48.5 + 6.5 = 55$ kcal mol^{-1}이며, 이 값은 고리 성분의 고리 변형의 합(53.9 kcal mol^{-1})인 우리의 "빠른 풀이"에 꽤 가깝다. 기쁘게도 이 값은 연소열에 근거한 실험값 57.3 kcal mol^{-1}에도 가까운 값이다.

연습 문제 4-6

자습 문제

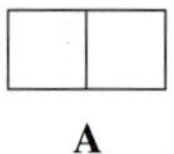

왼쪽 여백에 나와 있는 탄화수소 A의 변형 에너지는 50.7 kcal mol^{-1}이다. 수소와 반응하여 cyclohexane을 주는 반응의 반응열을 예측하시오.

MODEL BUILDING

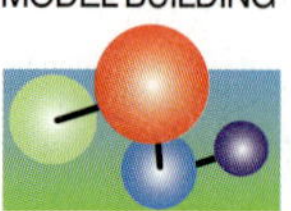
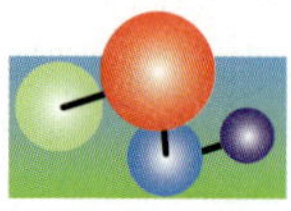
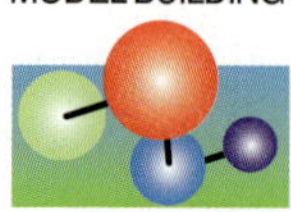

4-3 사이클로헥세인: 변형이 없는 사이클로알케인

사이클로헥세인 고리는 유기화학에서 가장 흔하고 중요한 구조 중의 하나이다. 이것의 치환된 유도체는 많은 천연물(4-7절 참조)에 존재하며, 그 형태적 유동성에 대한 이해는 유기화학의 중요한 국면이다. 표 4-2는 실험 오차 안에서 사이클로헥세인이 결합각 변형이나 가려진 변형이 없다는 점에서 특이하다는 것을 보여 주고 있다. 왜 그럴까?

$DH° = 88$ kcal mol^{-1}

사이클로헥세인의 의자 형태는 변형이 없다

가상적인 평면 사이클로헥세인은 12개의 H—H 가림 상호작용과 6중의 결합각 변형(정육각형은 120° 결합각을 필요로 한다)을 경험할 것이다. 하지만 평면에 있는 탄소 1과 4를 서로 반대 방향으로 움직여서 얻게 되는 사이클로헥세인의 한 형태는 사실상 변형이 없다(그림 4-5). 이러한 구조를(이것이 의자를 닮았기 때문에) 사이클로헥세인의 **의자 형태(chair conformation)**라고 부르며, 이 구조에서는 가림이 전혀 없고, 결합각도 거의 사면체 각도이다. 표 4-2에서 보았듯이 변형이 없는 $(CH_2)_6$ 모형에 근거하여 계산한 사이클로헥세인의 $\Delta H°_{연소}$값(−944.4 kcal mol^{-1})은 실험값(−944.5 kcal mol^{-1})에 매우 흡사하다. 정말로 C—C 결합 세기 $DH° = 88$ kcal mol^{-1} (368 kJ mol^{-1})는 정상이다(표 3-2).

의자

사이클로헥세인의 분자 모형을 보면 이 분자의 형태적 안정성을 알 수 있다. 어떠한 C—C 결합이라도 어느 한 결합을 따라서 이 분자를 보면, 이 결합을 따라서 모든 치환기가 엇갈린 배치를 이루고 있음을 볼 수 있다. 그러한 모습을 Newman 투영식으로 그리면 이러한 배치를 눈으로 볼 수 있다(표 4-6). 변형이 없기 때문에 사이클로헥세인은 곧은 사슬 알케인처럼 비활성(inert)이다.

보트

의자와 보트. cyclohexane에서 이들 모습이 보이는가?

연습 문제 4-7

가장 안정한 형태를 취하고 있는 cyclopropane, cyclobutane과 cyclopentane에서 탄소-탄소 결합의 Newman 투영식을 그리시오. 연습 문제 4-1에서 준비한 모형을 사용하면 도움이 될 것이며 또한 그림 4-6을 참조하라. 각 경우에 C—H 결합 사이의 비틀림각은 대충 얼마인가?

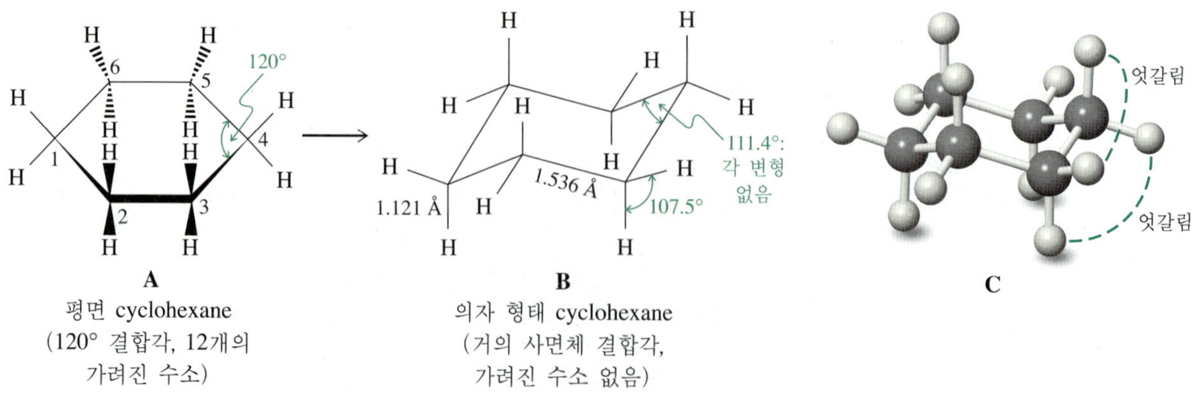

그림 4-5 (A) 가상적인 평면 cyclohexane의 (B) 의자 형태로의 변환. 결합 길이와 각도가 나와 있다. (C) 분자 모형. 의자 형태는 변형이 없다.

그림 4-6 Cyclohexane의 의자 형태에서 어떤 한 C—C 결합을 따라서 본 모습. 치환기 모두가 엇갈린 배열을 하고 있음을 주목하라.

사이클로헥세인은 또한 몇 개의 덜 안정한 형태를 가지고 있다

사이클로헥세인은 덜 안정한 다른 형태를 취할 수도 있다. 하나는 탄소 1과 4가 **같은** 방향으로 평면에서 벗어난 **보트형(boat form)**이다(그림 4-7). 보트형은 의자형보다 6.9 kcal mol^{-1} 만큼 덜 안정하다. 이 차이의 한 가지 이유는 보트의 밑면에 있는 여덟 개의 수소 원자들의 가림 때문이다. 다른 이유는 보트 구조에서 안쪽으로 향한 수소 두 개가 가깝게 접근하여 생기는 입체 장애(2-8절)이다. 이 두 수소 사이의 거리는 1.83 Å로 가깝기 때문에 약 3 kcal mol^{-1} (13 kJ mol^{-1})의 반발 에너지를 유발한다. 이 효과는 고리를 가로지르는 두 원자단의 입체적 밀집으로 발생하는 변형인 **고리횡단 변형(transannular strain)**의 한 예이다(*trans*, 라틴어로 가로질러를 의미, *anulus*, 라틴어로 고리를 의미).

보트형의 사이클로헥세인은 상당히 유연하다. C—C 결합의 한 개를 다른 것에 대하여 비틀면, 고리횡단 상호작용이 부분적으로 제거되면서 이 구조는 약간 안정화된다. 이렇게 하여 얻어지는 새로운 형태를 사이클로헥세인의 **꼬인보트 형태(twist-boat 또는 skew-boat conformation)**라고 부른다(그림 4-8). 이 형태는 보트형에 비하여 약 1.4 kcal mol^{-1}만큼 안정하다. 그림 4-8에 나와 있듯이 두 가지의 꼬인보트 형태가 가능하다. 이들은 빨리 상호전환되며, 이 과정에서 보트 형태는 **전이 상태**(*transition state*)이다(이러한지를 모형으로 검증하라). 따라서 보트 형태의 사이클로헥세인은 정상적으로 분리할 수 있는 물질이 아니며, 꼬인보트 형태는 매우 작은 양으로 존재하고 의자 형태가 주 이형태체이다(그림 4-9). 가장 안정한 의자 형태를 보트 형태로부터 분리하는 활성화 장벽은 10.8 kcal mol^{-1}이다. 그림 4-9에서 묘사된 평형 과정은 사이클로헥세인 고리의 치환기 위치에 관하여 중요한 구조적 결과를 가지고 있음을 알게 될 것이다.

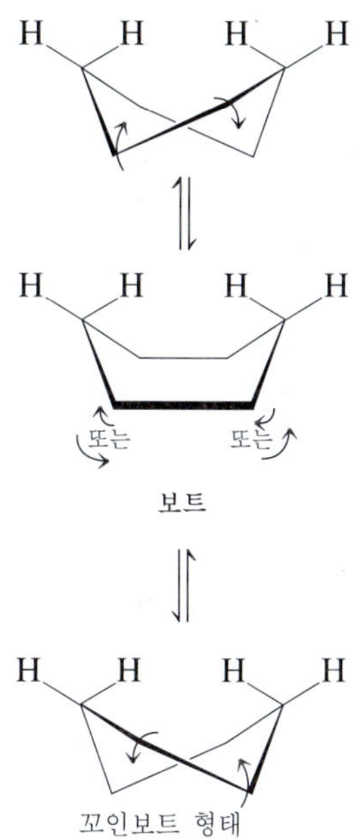

그림 4-8 꼬인보트에서 꼬인보트로의 cyclohexane의 뒤집음은 보트 형태를 거쳐 일어난다.

사이클로헥세인은 축방향과 적도방향의 수소 원자를 가지고 있다

사이클로헥세인의 의자 형태 모형을 보면 이 분자에 두 종류의 수소가 있음을 알 수 있다. 여섯 개의 탄소-수소 결합은 가운데 분자축에 거의 평행함을 알 수 있고(그림 4-10), 따라서 **축**

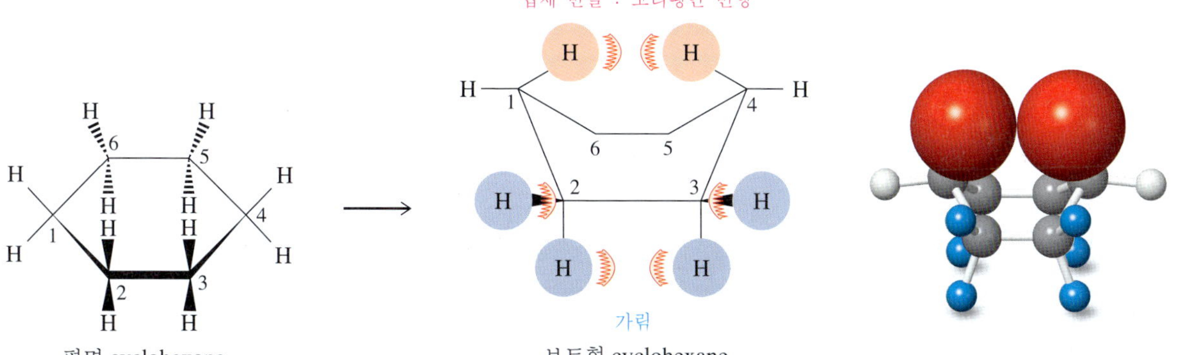

그림 4-7 가상적인 평면 cyclohexane의 보트형으로 변환. 보트형에서 탄소 2, 3, 5, 6의 수소들은 가려져 있어서 비틀림 변형을 준다. 탄소 1과 4의 "안쪽"의 수소들은 고리횡단 상호작용에 의하여 서로 입체적으로 반발한다. 각 수소의 전자 구름의 실제 크기를 반영하는 이들 두 수소의 공간채움 크기가, 오른쪽에 공-막대 모형으로 묘사되어 있다.

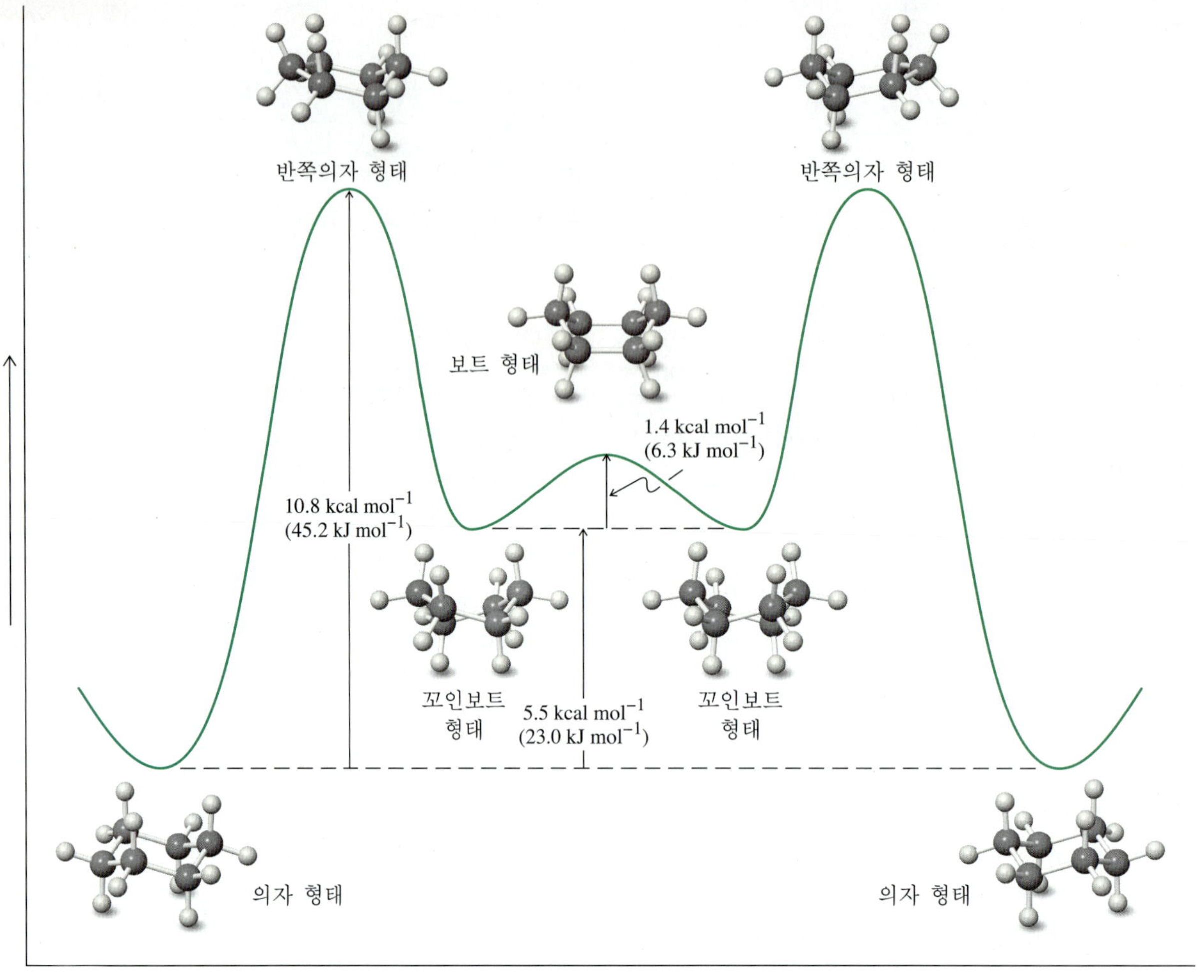

반쪽의자 형태

반쪽의자 형태

보트 형태

1.4 kcal mol^{-1}
(6.3 kJ mol^{-1})

E

10.8 kcal mol^{-1}
(45.2 kJ mol^{-1})

꼬인보트 형태

5.5 kcal mol^{-1}
(23.0 kJ mol^{-1})

꼬인보트 형태

의자 형태

의자 형태

Cyclohexane의 형태 변환에 대한 반응 좌표 ⟶

그림 4-9 꼬인보트형과 보트형을 거쳐 일어나는 cyclohexane의 의자－의자 상호변환의 퍼텐셜 에너지 도표. 왼쪽에서 오른쪽으로 가면서 의자는 10.8 kcal mol^{-1}의 활성화 장벽을 가지면서, 꼬인보트(C—C 결합 중 하나의 비틀림에 의하여)로 변한다. 전이 상태 구조를 반의자라고 한다. 꼬인보트는(그림 4-8에서 처럼) 보트 형태의 전이 상태를 거쳐서(에너지가 1.4 kcal mol^{-1}만큼 더 높음) 다른 꼬인보트로 뒤집히며, 이것은 다시(고리가 뒤집힌) 의자형 cyclohexane으로 다시 되돌아온다. 분자 모형을 이용하여 이러한 변화를 시각화하라.

방향 또는 **수직방향(axial)**이라고 한다. 다른 여섯 개는 거의 이 축에 대하여 수직이고, 적도면에 가깝기 때문에 **적도방향** 또는 **수평방향(equatorial)**이라고 한다.*

사이클로헥세인의 의자 형태를 그릴 수 있으면 6원자 고리의 화학을 배우는데 도움이 된다. 몇 가지 규칙이 유용하다.

의자형 사이클로알케인을 그리는 방법

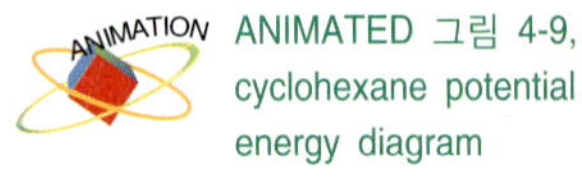

ANIMATED 그림 4-9, cyclohexane potential energy diagram

1. C2와 C3 원자를 C5와 C6 아래 그리고 약간 오른쪽에 놓고, 정점 1은 왼쪽에서 아래쪽으로 향하고, 정점 4는 오른쪽에서 위쪽으로 향하게끔 의자를 그린다. 이상적으로 고리에서 곧장 반대편에 놓인 결합들(즉, 결합 1-6과 3-4, 2-3과 5-6, 1-2와 4-5)은 서로 평행하게 보여야 한다.

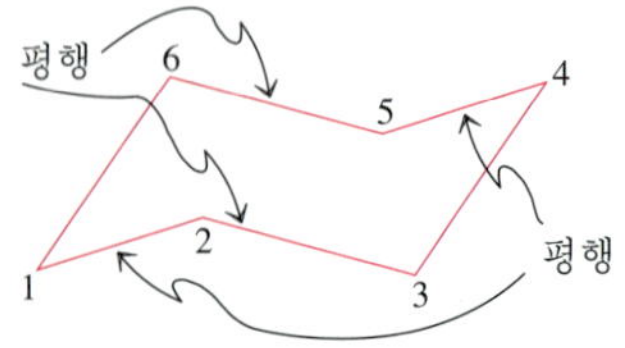

*적도면은 지구의 적도처럼 회전체의 회전축에 수직하고, 극으로부터 같은 거리에 있는 면으로 정의한다.

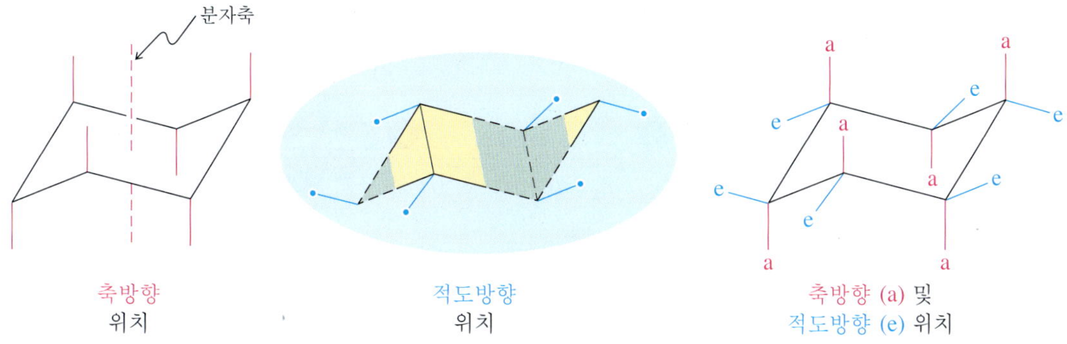

그림 4-10 Cyclohexane의 의자 형태에서 수소들의 축방향과 적도방향 위치. 푸른색으로 칠한 부분은 (푸른색의) 적도방향 수소를 포함하는 적도면을 나타낸다. 노란색과 초록색으로 칠한 부분은 각각 그 평면 위와 아래에 놓여 있다.

2. 축방향 결합은 C1, C3, C5에서는 아래쪽으로 향하고, C2, C4, C6에서는 위쪽으로 향하도록, 모두 수직선으로 첨가한다. 다시 말해, 축방향 결합은 고리 둘레를 번갈아 가면서 위와 아래에 놓인다.

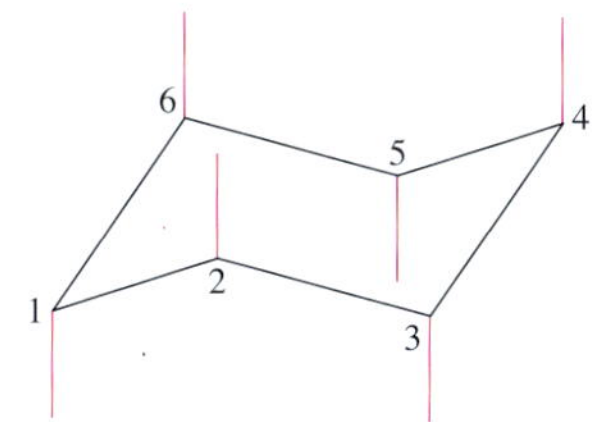

3. C1에서는 위쪽으로 향하도록 하고 C4에서는 아래쪽으로 향하도록 하면서, 수평으로부터 약간의 각도로 C1과 C4에 두 개의 적도방향 결합을 C2와 C3 사이 (또는 C5와 C6 사이) 의 결합에 평행하게 그린다.

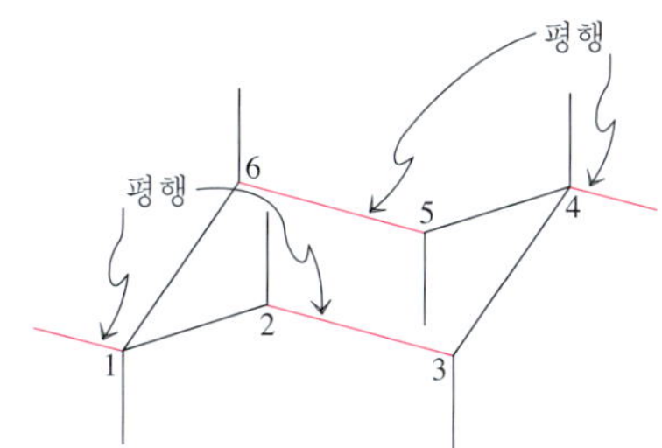

4. 이 규칙은 따르기가 가장 어렵다. 남아 있는 적도방향의 결합을 아래에 나타냈듯이, "한 번 떨어진" C — C 결합에 **평행하도록** C2, C3, C5, C6에 첨가한다.

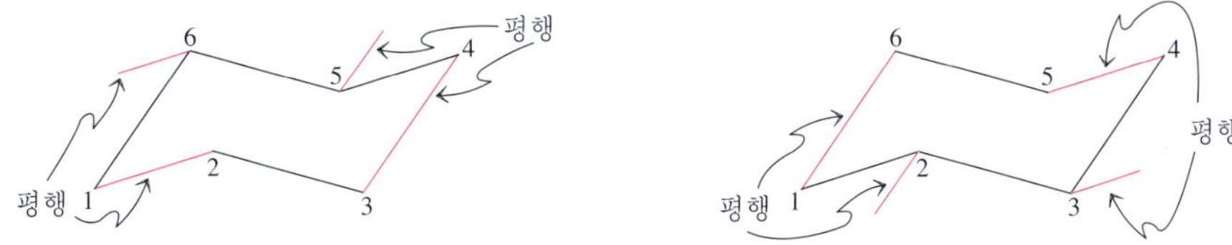

축방향과 적도방향 수소는 형태 뒤집기에 의하여 상호변환된다

의자 사이클로헥세인이 보트형과 평형을 이루도록 하면 축방향과 적도방향 수소에 무슨 일이 생길까? 그림 4-9의 형태 상호변환의 과정을 분자 모형의 도움으로 따라가 보자. 왼쪽의 의자 구조에서 시작하여 가장 왼쪽에 있는 CH_2기 (앞 단락에서 C1) 를 적도면을 통하여 위쪽으로 단순히 "뒤집어" 보트 형태를 만든다. 이제 방금하였던 동작의 역순이 아니라 똑같이 가능한 대안, 즉 반대편 CH_2기 (C4) 를 아래쪽으로 뒤집어서 분자를 다시 의자형으로 돌려놓으면, 축방향과 수평방향 위치들의 원래의 조합이 위치를 서로 교환한 셈이다. 다시 말해 사이클로헥

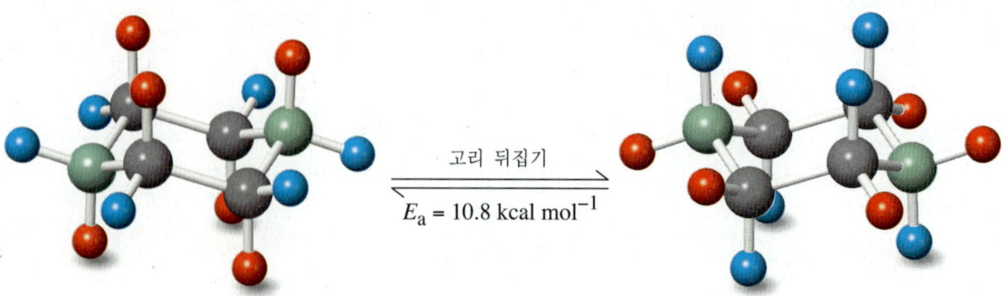

그림 4-11 Cyclohexane에서의 의자-의자 상호변환("고리 뒤집기"). 상온에서 빠르게 일어나는 이 과정에서는 분자 한 끝의 한(초록색) 탄소가 위로 움직이고, 다른 쪽 끝에 있는 탄소(또한 초록색)는 아래로 움직인다. 원래 축방향이 있었던 치환기(왼쪽 구조에서 빨간색) 모두는 적도방향이 되고, 적도 위치에서 시작하는 치환기(푸른색)는 축방향이 된다.

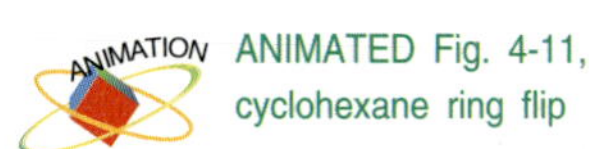
ANIMATED Fig. 4-11, cyclohexane ring flip

세인은 한 의자에서의 축방향 수소가 다른 형태에서 적도방향으로 되고, 반대인 경우도 가능한 의자-의자 상호변환("뒤집기")을 한다(그림 4-11). 이 과정의 활성화 에너지는 10.8 kcal mol^{-1} (그림 4-9)이다. 2-7과 2-8절에서 제안하였듯이 이 값은 작기 때문에 상온에서 두 의자 형태는 빠르게(대략 초당 200,000번) 상호변환한다.

그림 4-11에 나와 있는 두 의자형은 색깔 코드를 제외하고는 동일하다. 이러한 동일성은 치환기를 도입하여 제거할 수 있다. 이제 치환기가 적도방향에 있는 의자는 치환기가 축방향에 있는 형태와는 다르다. 한 가지 배향이 다른 것보다 더 선호되는 것은 사이클로헥세인의 입체화학과 반응성에 큰 영향을 준다. 다음 절에서 그러한 치환의 결과를 설명할 것이다.

요약 사이클로알케인에서 계산된 연소열과 측정된 연소열 사이의 차이는 크게 세 가지 종류의 변형에 기인한다. 결합각(사면체 탄소의 변형), 가려진(비틀림) 그리고 고리횡단(고리를 가로 건너서) 변형이다. 변형 때문에, 작은 사이클로알케인은 화학적으로 반응성이 커서, 고리열림 반응을 한다. 사이클로헥세인은 변형이 없다. 이것은 더 에너지가 높은 형태, 특히 보트와 꼬인 보트 구조도 가지고 있지만, 의자 형태가 가장 에너지가 낮다. 의자-의자 상호변환은 상온에서 빠르다. 이 과정에서는 적도방향과 축방향의 수소 원자들이 자리를 바꾼다.

4-4 치환기가 있는 사이클로헥세인

이제 형태 분석의 지식을 치환기가 있는 사이클로헥세인에 적용하기로 하자. 가장 간단한 알킬사이클로헥세인(alkylcylohexane)인 메틸사이클로헥세인(methylcyclohexane)을 살펴보자.

축방향과 적도방향 메틸사이클로헥세인은 에너지가 다르다

메틸사이클로헥세인에서는 메틸기가 적도방향이나 축방향 위치 중의 하나를 차지할 수 있다.

이 두 형태는 같을까? 분명히 그렇지 않다. 적도방향 이형태체에서는 메틸기가 분자의 나머지로부터 떨어져서 공간으로 뻗어 있다. 반면에, 축방향 이형태체에서는 메틸 치환기가 분자의 같은 면에 있는 다른 축방향 수소 두 개에 가까이 있다. 이 수소까지의 거리는 가깝기 때문에(약 2.7 Å) 고리횡단 변형의 또 다른 예인 입체 반발이 생긴다. 이 효과가 1,3-관계(그림에서 1,3과 1,3′)를 가진 탄소 원자의 축방향 치환기에 기인하기 때문에, **1,3-이축방향 상호작용(1,3-diaxial interaction)**이라고 부른다. 이 상호작용은 뷰테인의 **고우시**(*gauche*) 형태에서 생기는 것과 같다(2-8절). 따라서 축방향 메틸기는 고리 탄소(C3와 C3′) 두 개에 대하여 **고우시** 관계에 있다. 이것이 적도방향에 있으면 같은 탄소들에 대하여 **안티**(*anti*) 관계에 있다.

의자 메틸사이클로헥세인의 두 가지 형태는 평형을 이룬다. **적도방향 이형태체는** 1.7 kcal mol^{-1} (7.1 kJ mol^{-1})만큼 **안정해서** 25°C에서 95:5의 비로 선호된다(2-1절). 의자-의자 상호변환에 필요한 활성화 에너지는 사이클로헥세인에서와 비슷하고 [약 11 kcal mol^{-1} (46 kJ mol^{-1})], 두 이형태체 사이의 평형은 상온에서 빠르게 이루어진다.

적도방향 methyl

축방향 methyl

1,3-이축방향 상호작용이 보다 더 안정

1,3-이축방향 상호작용이 덜 안정

비 = 95:5

MODEL BUILDING

축방향 치환기가 받고 있는 불리한 1,3-이축방향 상호작용은 그 치환기를 가지고 있는 고리의 C — C 결합의 Newman 투영식에서 쉽게 볼 수 있다. 축방향 형태(두 개의 고리 결합에 대하여 **고우시**)에서의 치환기와는 대조적으로, 적도방향 이형태체(두 개의 고리 결합에 대하여 **안티**)의 치환기는 축방향 수소로부터 떨어져 있다(그림 4-12).

연습 문제 4-8

1.7 kcal mol^{-1}의 $\Delta G°$값으로부터 적도방향 대 축방향 methylcyclohexane에 대한 K를 구하시오. 식 $\Delta G°$(kcal mol^{-1} 단위로) = $-1.36 \log K$를 사용하라(**힌트**: $\log K = x$이면, $K = 10^x$). 여러분이 구한 결과는 이 책에 나온 95:5 이형태체비와 얼마나 잘 일치하는가?

많은 일치환된 사이클로헥세인의 축방향과 적도방향 형태의 에너지 차이는 측정되었으며, 몇 가지 결과가 표 4-3에 주어져 있다. 많은 경우에(하지만 전부는 아님) 특히 알킬 치환기의 경우에, 두 형태 사이의 에너지 차이는 치환기의 크기가 커질수록 불리한 1,3-이축방향 상호작용도 같이 증가하기 때문에, 증가한다. 이 효과는 특히(1,1-다이메틸에틸)사이클로헥세인(*tert*-뷰틸사이클로헥세인)에서 뚜렷이 볼 수 있다. 이 경우 에너지 차이는 너무 크기 때문에(약 5 kcal mol^{-1}), 평형에서 축방향 이형태체는 거의 존재하지 않는다(약 0.01%).

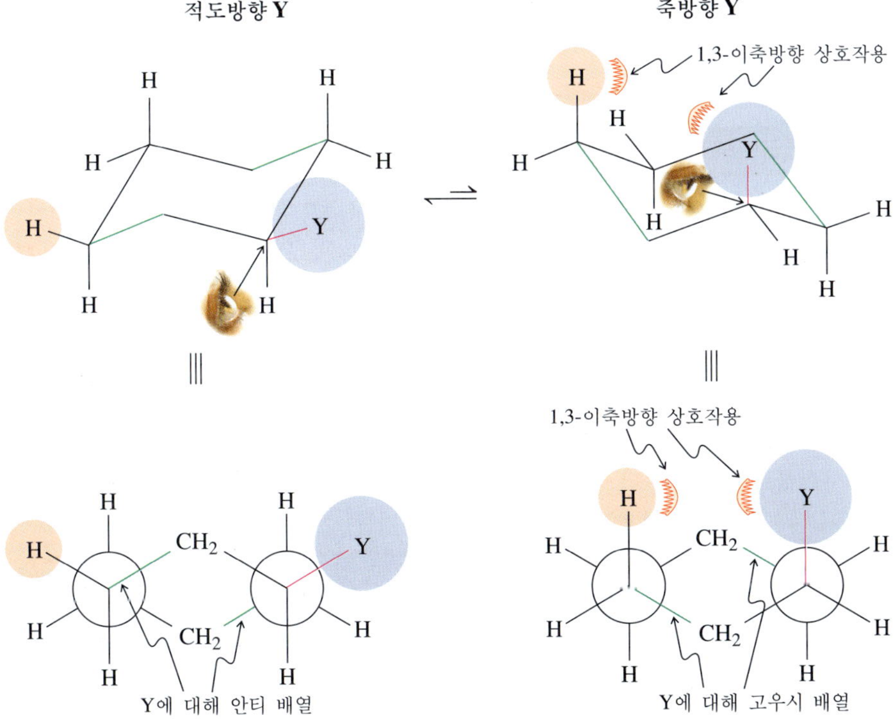

그림 4-12 치환기가 있는 cyclohexane의 Newman 투영식. 치환기 Y가 축방향에 있는 형태는 그림에서는 하나만 보이는, 1,3-이축방향 상호작용 때문에(Newman 투영식을 보려면 "눈"을 보라) 덜 안정하다. 축방향 Y는 초록색으로 칠한 고리의 결합과는 **고우시** 관계이며, 적도방향 Y는 **안티**이다.

표 4-3 표시된 치환기가 적도방향에 있는 사이클로헥세인 이형태체가 치환기가 축방향인 이형태체로 뒤집히는 과정의 자유 에너지 변화

치환기	$\Delta G°$ [kcal mol^{-1} (kJ mol^{-1})]	치환기	$\Delta G°$ [kcal mol^{-1} (kJ mol^{-1})]
H	0 (0)	F	0.25 (1.05)
CH_3	1.70 (7.11)	Cl	0.52 (2.18)
CH_3CH_2	1.75 (7.32)	Br	0.55 (2.30)
$(CH_3)_2CH$	2.20 (9.20)	I	0.46 (1.92)
$(CH_3)_3C$	≈ 5 (21)		
HO—C(=O)	1.41 (5.90)	HO	0.94 (3.93)
CH_3O—C(=O)	1.29 (5.90)	CH_3O	0.75 (3.14)
		H_3N	1.4 (5.9)

(크기 증가 ↓, $\Delta G°$ 증가 ↓)

주: 모든 예에서 더 안정한 이형태체는 치환기가 적도방향에 있다.

연습 문제 4-9

개념 문제: 모형을 만들어 입체 효과를 보기

Cyclohexylcyclohaxane이 적도방향에서 축방향으로 뒤집히는 과정의 $\Delta G°$값은 (1-methylethyl) cyclohexane의 값인 2.20 kcal mol^{-1}과 같다. 이것은 이치에 맞는가? 설명하시오.

전략

형태에 관련된 문제를 풀려고 할 때 좋은 전략은 분자 모형을 만들어 보는 것이다.

풀이

• 분자 모형을 보면 cyclohexylcyclohexane을 두 methyl기가 $(CH_2)_3$ 사슬로 연결된 (1-methylethyl) cyclohexane의 고리 유사체라고 할 수 있다 (4-1절).

• 두 구조는 모두 헐렁헐렁하고 몇 가지 이형태체를 가지고 있으나, cyclohexylcyclohexane에서 더 덩치가 큰 것으로 보이는 cyclohexyl 치환기 (의자)는 (1-methylethyl) 치환기가 겪고 있는 것 이상으로 1,3-이축방향 접촉을 피하기 위하여, cyclohexane 중심부로부터 멀리 회전할 수 있다는 점을 알 수 있을 것이다. 따라서 자유 에너지 변화가 동일한 점은 이치에 맞는다.

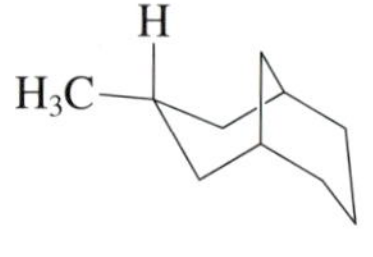

A

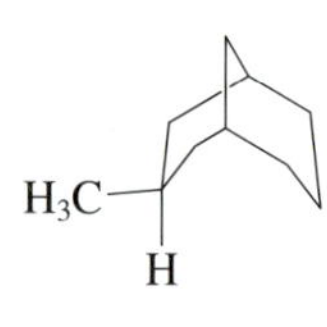

B

연습 문제 4-10

자습 문제

이성질체인 탄화수소 A와 B (왼쪽 여백 그림 참조)는 둘 다 methyl기가 적도방향인 형태를 선호하나, B는 A보다 2.3 kcal mol^{-1}만큼 더 안정하다. 이 차이가 생기는 원인은 무엇인가? (**주:** A와 B는 고리가 뒤집힌 이성질체인가? **힌트**: 모형을 만들어서 methyl기로 치환된 cyclohexane 고리의 형태의 특징을 살펴보라.)

치환기는 적도방향 위치 배열에 경쟁적이다

MODEL BUILDING

더 많이 치환된 사이클로헥세인의 더 안정한 이형태체를 예측하기 위해서는, 가능한 쌍방의 1,3-이축 또는 1,2-고우시 (2-8절) 상호작용 이외에도 치환기를 축방향이나 적도방향으로 배치할 때 생기는 누적 효과를 고려하여야 한다. 많은 경우에는 처음 두 가지 효과는 무시할 수 있고 단순히 표 4-3의 값들을 적용하여 예측한다.

이 점을 설명하기 위하여 다이메틸사이클로헥세인의 몇 가지 이성질체를 보기로 하자. 1,1-다이메틸사이클로헥세인에서 메틸기 하나는 항상 적도방향이고, 나머지 하나는 축방향이다.

두 의자 형태는 같으며, 따라서 그들의 에너지는 같다.

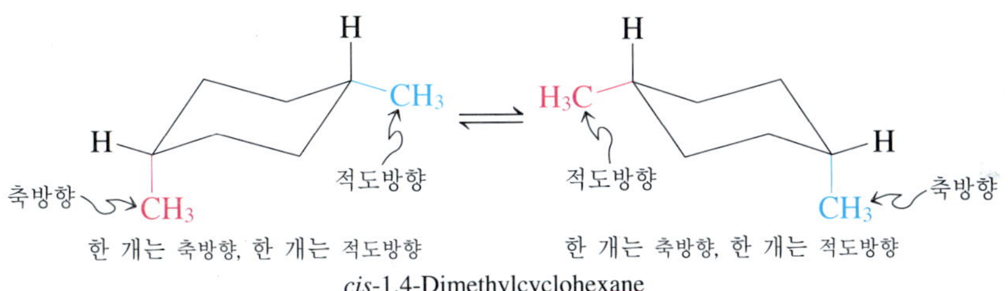

1,1-Dimethylcyclohexane
(안정도와 에너지가 동일한 형태들)

비슷하게 시스-1,4-다이메틸사이클로헥세인에서는 의자 두 개 모두가 한 개의 축방향과 한 개의 적도방향 치환기를 가지고 있으며 에너지는 같다.

cis-1,4-Dimethylcyclohexane

두 methyl기는 모두 아래로 향하고 있다. 이들은 형태와 **상관 없이** 시스(즉, 고리의 같은 면에 있는)이다.

다른 한 편으로, 트랜스 이성질체는 두 개의 다른 의자 형태로 존재할 수 있다. 하나는 축방향 메틸기가 두 개(이축방향)이고 다른 하나는 적도방향 메틸기가 두 개(이적도방향)이다.

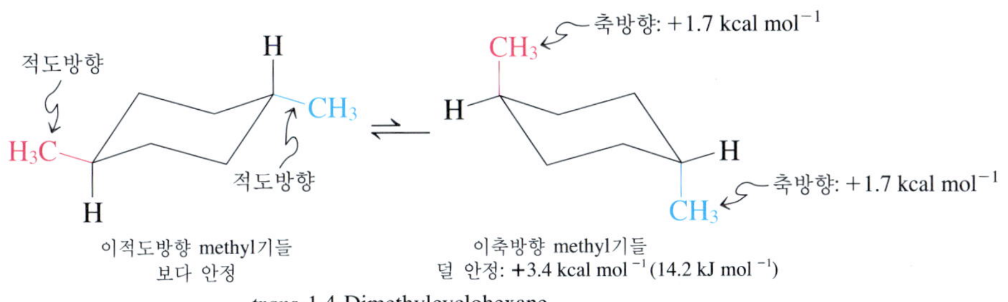

trans-1,4-Dimethylcyclohexane

한 methyl기는 아래로, 다른 것은 위로 향하고 있다. 이들은 형태와 **상관 없이** 트랜스(즉, 고리의 반대 면에 있는)이다.

실험을 해 보면 이적도방향 형태가 이축방향보다 일메틸사이클로헥세인의 $\Delta G°$값의 정확히 두 배인 3.4 kcal mol^{-1}만큼 선호된다. 정말로 표 4-3에 주어지는 자료의 이러한 가산성은 다른 많은 치환된 사이클로헥세인에도 적용된다. 예를 들어 트랜스-1-플루오로-4-메틸사이클로헥세인에 대해서 $\Delta G°$ (이축방향 $\rightleftharpoons$ 이적도방향)는 −1.95 kcal mol^{-1} [−(메틸에 대한 1.70 kcal mol^{-1} 더하기 F에 대한 0.25 kcal mol^{-1})]이다. 반대로 시스-1-플루오로-4-메틸사이클로헥세인의 경우 두 메틸기가 적도방향 위치를 위하여 경쟁하며, 크기가 더 큰 메틸기가 작은 플루오린을 이겨서 $\Delta G°$ = −1.45 kcal mol^{-1} [−(1.70 kcal mol^{-1} 빼기 0.25 kcal mol^{-1})]이다.

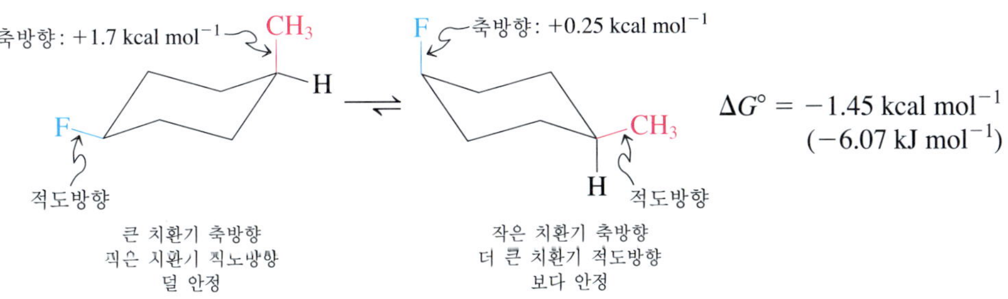

cis-1-Fluoro-4-methylcyclohexane

연습 문제 4-11

다음 두 의자 이형태체 사이의 평형에 대한 $\Delta G°$를 구하시오. **(a)** 1-Ethyl-1-methylcyclohexane, **(b)** *cis*-1-ethyl-4-methylcyclohexane, **(c)** *trans*-1-ethyl-4-methylcyclohexane.

연습 문제 4-12

다음 이성질체의 의자 형태 두 개 모두를 그리시오. **(a)** *cis*-1,2-Dimethylcyclohexane, **(b)** *trans*-1,2-dimethylcyclohexane, **(c)** *cis*-1,3-dimethylcyclohexane, **(d)** *trans*-1,3-dimethylcyclohexane. 이들 이성질체 중에서 어느 것이 항상 축방향과 적도방향 치환기의 수가 같은가? 어느 것이 이축방향과 이적도방향 형태의 평형 혼합물로서 존재하는가?

연습 문제 4-13

개념 문제: Cyclohexane 형태 뒤집기에서 가산성 효과에 대한 교란

표 4-3에 나와 있는 치환기값들은 더해질 수 있어서 치환기가 두 개인 cyclohexane 형태 사이의 평형 위치를 나타내기 위하여 사용될 수 있으나, 관찰된 $\Delta G°$값들은 치환기들 사이에서 추가적으로 생기는 1,3-이축방향 또는 1,2-**고우시** 상호작용 때문에 교란될 수 있다. 예를 들면, *trans*-1,4-dimethylcyclohexane과 비슷하게, 그 이성질체인 *cis*-1,3-dimethylcyclohexane은 이적도방향–이축방향 평형을 이루며, 따라서 3.4 kcal mol^{-1}이라는 같은 $\Delta G°$값을 가져야 한다. 하지만 측정값은 더 크다(5.4 kcal mol^{-1}). 설명하시오(**힌트**: *cis*-1,3-dimethylcyclohexane의 경우 모든 1,3-이축방향 상호작용을 자세히 살펴보고, 이들을 이축방향인 *trans*-1,4-dimethylcyclohexane의 그것과 비교하라).

전략

다시 형태와 관련된 문제를 다루는 좋은 전략은 모형을 만드는 것이다. 우선 *cis*-1,3-dimethylcyclohexane의 모형을 만들고 이적도방향에서 이축방향으로 고리를 뒤집어 보자. 이 경우가 methylcyclohexane이 두 번 뒤집힌 경우와 비교하여 무엇이 다른가?

풀이

- 이적도방향 이형태체에서 methyl기 두 개는 각각 methylcyclohexane에서와 같은 공간 영역에 놓여 있다.
- 이 점은 이축방향 이형태체의 경우에도 사실일까? 답은 "아니다"이다. 축방향의 methylcyclohexane에서 고리 뒤집음에 대한 $\Delta G°$ = 1.7 kcal mol^{-1}은 두 개의 CH_3/H-1,3-이축방향 상호작용 [141쪽에 나와 있는 (1,1-dimethylethyl)cyclohexane의 그림에서처럼 CH_3 하나와 수소 두 개. 또한 그림 4-12를 참조]에 기인한다(하나씩이 0.85 kcal mol^{-1}). *cis*-1,3-dimethylcyclohexane의 경우에 이축방향 형태는 앞에서와 같은 값인 1.7 kcal mol^{-1}만큼의 CH_3/H 상호작용 두 개(CH_3기 두 개와 하나의 H)를 겪는다. 여분의 변형은 **축방향 methyl기 두 개가 가깝기** 때문에 생기며, 이 값은 3.7 kcal mol^{-1}에 해당한다.

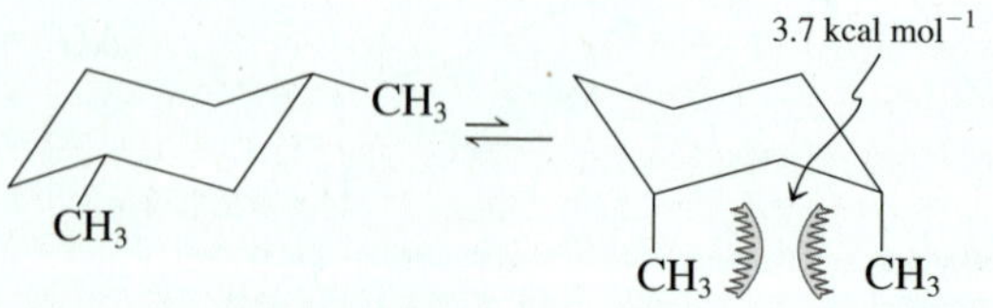

- 그러므로 *cis*-1,3-dimethylcyclohexane의 이축방향 형태는 이적도방향 형태보다 3.4 kcal mol^{-1}보다 더 큰 값만큼 덜 안정하다.

연습 문제 4-14

자습 문제

연습 문제 4-13의 *cis*-1,3-dimethylcyclohexane과 비슷하게 그 이성질체인 *trans*-1,2-dimethylcyclohexane은 이적도방향–이축방향 평형을 이루며, 따라서 트랜스-1,4-dimethylcyclohexane과 같은 $\Delta G°$값, 즉 3.4 kcal mol^{-1}를 가질 것이라고 예상된다. 하지만 측정값은 더 작다(2.5 kcal mol^{-1}). 설명하시오(**힌트**: methyl기 두 개의 인접성을 고려할 것. *gauche-anti* butane을 참조할 것, 2-8절).

요약 사이클로헥세인의 형태 분석은 여러 가지 이형태체의 상대적 안정성과 두 의자 형태 사이의 에너지 차이까지도 예측하게 해준다. 덩치가 큰 치환기, 특히 1,1-dimethylethyl기는 큰 기가 적도방향에 위치하는 방향으로 의자–의자 평형을 이동시킨다.

4-5 더 큰 사이클로알케인

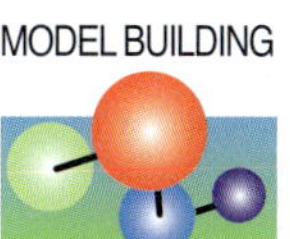

더 큰 사이클로알케인에 대해서도 비슷한 관계가 성립할까? 표 4-2는 사이클로헥세인보다 고리가 더 큰 사이클로알케인 또한 더 많은 변형을 가지고 있음을 보여 주고 있다. 이러한 변형은 결합각 뒤틀림, 수소들의 부분적 가림, 고리횡단 입체 반발의 조합 때문이다. 중간 크기의 고리가 단 하나만의 형태를 취하면서 이러한 변형을 유발하는 상호작용을 모두 없애는 것은 가능하지 않다. 대신에, 에너지가 매우 가까운 몇 가지 구조 사이에서 분자가 평형을 이루는 절충안이 발견된다. 사이클로데케인의 형태 중에서 14 kcal mol^{-1} (59 kJ mol^{-1})의 변형 에너지를 가지고 있는 한 예를 오른쪽 여백에 나타내었다.

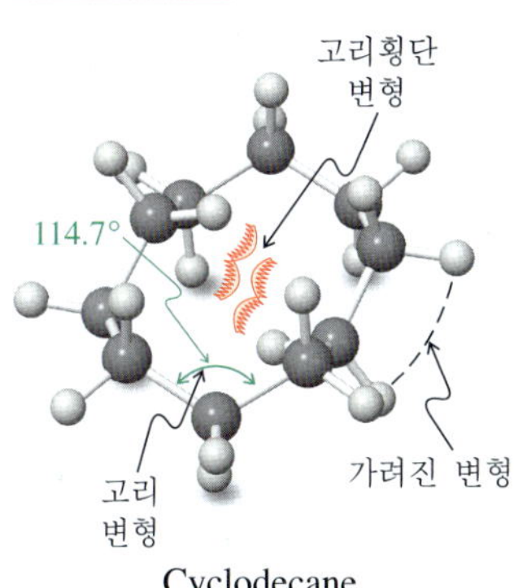

Cyclodecane

거의 변형이 없는 형태는 사이클로테트라데케인 같이 크기가 큰 사이클로알케인의 경우에만 가능하다(표 4-2). 그러한 고리에서 탄소 사슬은 곧은 사슬 알케인과 매우 비슷한 구조, 즉 수소가 엇갈려 있고 모든 배열이 안티인 구조를 택한다(2-6절). 하지만 이러한 구조에서조차도 치환기를 붙이면 다양한 크기의 변형이 흔히 발생한다. 이 책에서 서술되는 대부분의 고리 분자는 변형이 없지는 않다.

4-6 여러고리 알케인

지금까지 논의하였던 사이클로알케인은 고리를 하나만 가지고 있어서 일고리 알케인이라 부를 수 있다. 더 복잡한 구조–두고리, 세고리, 네고리, 그리고 고급 여러고리 탄화수소–에서는 두 개 이상의 고리가 탄소 원자를 공유한다. 여러 가지의 알킬기나 작용기를 가지고 있는 이러한 화합물들은 자연에 많이 존재한다. 다양한 가능한 구조 중에서 몇 가지를 살펴보기로 하자.

여러고리 알케인에는 접합 고리나 다리놓인 고리가 포함된다

여러고리 알케인의 분자 모형은 일고리 알케인의 두 알킬 치환기의 탄소 원자를 연결하면 쉽게 만들 수 있다. 예를 들어, 1,2-다이에틸사이클로헥세인의 메틸기로부터 수소 원자 두 개를 제거하고 남아 있는 CH_2기 두 개를 연결하면, 흔히 데칼린(decalin)이라고 부르는 새로운 분자를 얻을 수 있다. 데칼린에서 사이클로헥세인 두 개는 인접 탄소 원자 두 개를 공유하며 이러한 두 고리는 **접합되었다고**(**fused**) 한다. 이러한 방식으로 생긴 화합물을 **접합 두고리**(**fused bicyclic**)계라 부르며, 공유된 탄소 원자를 **고리접합 탄소**(**ring-fusion carbon**)라 부른다. 고리접합 탄소에 치환된 기를 **고리접합 치환기**(**ring-fusion substituent**)라고 부른다.

CH_3
CH_3
$-2\,H$
고리 접합 탄소
고리 접합 탄소
Decalin

시스-1,3-다이메틸사이클로펜테인의 분자 모형을 같은 방식으로 바꾸면, 다른 탄소 골격을

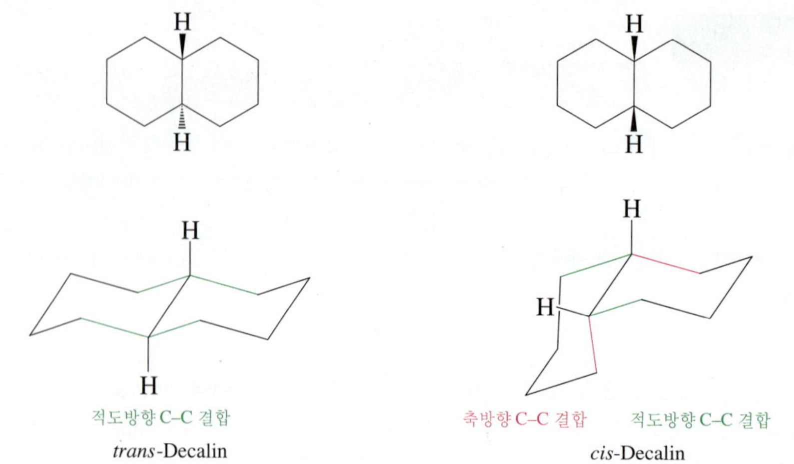

그림 4-13 *Trans*-와 *cis*-decalin의 관습적 그림과 의자 형태. *trans* 이성질체는 고리접합에서 탄소-탄소 결합이 오직 적도방향이나, *cis* 이성질체는 한 고리가 다른 고리에 대해서 적도방향 C—C 결합(초록색) 두 개와 축방향 C—C 결합(붉은색) 두 개를 가지고 있다.

MODEL BUILDING

가진 노보네인(norbornane)을 얻는다. 노보네인은 **다리놓인 두고리(bridged bicyclic)** 계의 한 예이다. 다리놓인 두고리계에서 인접하지 않은 탄소 원자 두 개, 즉 **다리목(bridgehead)** 탄소는 두 고리 모두에 속한다.

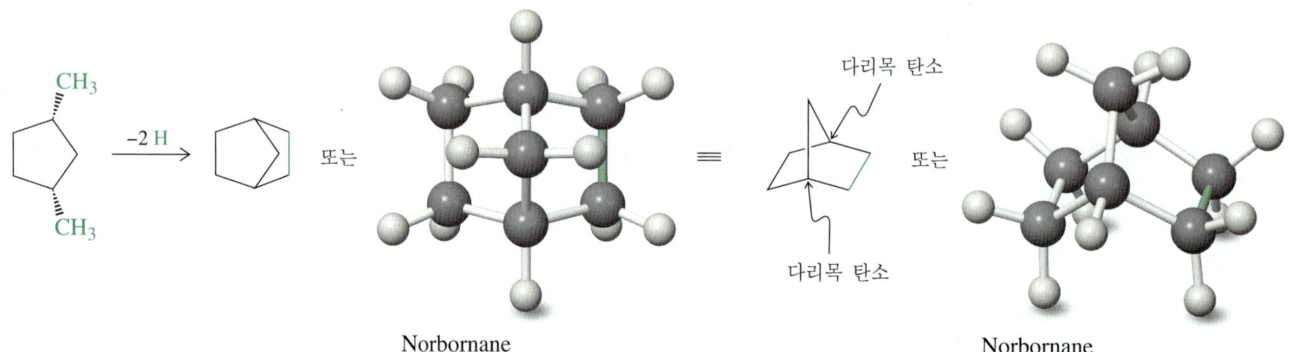

고리 중의 하나를 다른 고리의 치환기로 생각하면 우리는 고리접합에서 입체화학적 관계를 확인할 수 있다. 특히, 두고리계는 시스나 트랜스일 수 있다. 고리접합의 입체화학은 고리접합 치환기를 보면 가장 쉽게 결정할 수 있다. 예를 들어, 트랜스-데칼린의 고리접합 수소는 서로에 대하여 트랜스이며, 시스-데칼린의 그것은 시스 관계를 가지고 있다(그림 4-13).

연습 문제 4-15

cis-와 *trans*-decalin 모두의 분자 모형을 만드시오. 이들의 형태 유동성에 대하여 무슨 말을 할 수 있는가?

화학 이야기 4-1

사이클로헥세인, 아다만테인, 다이아만도이드: 다이아몬드 "분자"

여러고리 탄화수소의 세계를 4-6절에서 잠깐 엿보면, 유기 화학에서 탄소 골격의 다양성의 다른 예들을 볼 수 있다(비고리 알케인의 가능한 이성질체수에 대해서는 표 2-4를 참조). 가능하면 그러한 분자는 트랜스-데칼린의 예에서처럼 사이클로헥세인 고리가 의자 형태로 존재하는 구조를 택한다. 우리는 이 분자를 사이클로헥세인 고리 한 개를 적도방향 위치에서 다른 것과 접합시켜 만들었다. 사이클로헥세인이 전부-의자 형태인 여러고리를 만드는 또 다른 방법은 축방향 위치를 통해서이다. 사이클로헥세인에 세 개의 축방향 CH_2기를 더하면, 전부-의자형의 네고리 우리(cage) 모양의 구조인, 아다만테인(adamantane)(*adamantinos*, 그리스어로 다이아몬드를 의미. 왜 그런지는 계속 읽을 것)이라고 부르는 $C_{10}H_{16}$을 얻게 된다. 모형을 만들어 보면 이 분자의 간단한 대칭성을 확인할 수 있다. 네 면은 모두 동일하다.

H
C
CH_2 CH_2 H_2C CH_2
CH_2 CH_2

Cyclohexane → → → Adamantane

아다만테인은 $C_{10}H_{16}$ 이성질체의 가족 중에서 가장 안정하다. 단단한 생김새 때문에 이 분자는 고체에서 유별나게 잘 쌓이며, 이 점은 270°C의 높은 녹는점에서 반영된다(2-6절 참조). 비교하면 이것의 비고리형 분자인 데케인은 −29.7°C에서 녹는다(표 2-5). 아다만테인은 1933년에 원유에서 발견되었으며, 쉽게 합성할 수 있어서 킬로그램 단위로 살 수 있다.

위에 언급한 표면을 덮는 과정을 아다만테인의 아무 고리나 축방향 세 개에 적용하면, 일곱 개의 의자형의 사이클로헥세인으로 이루어져 있고, 여섯 개의 동일한 면을 가지고 있는 여러고리인 다이아만테인(diamantane)을 얻을 수 있다. 표면을 덮는

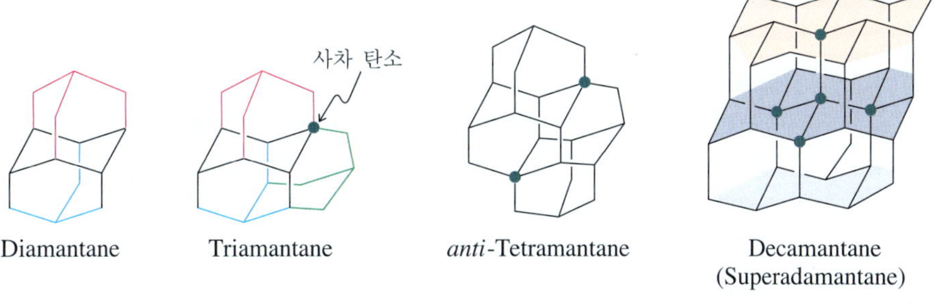

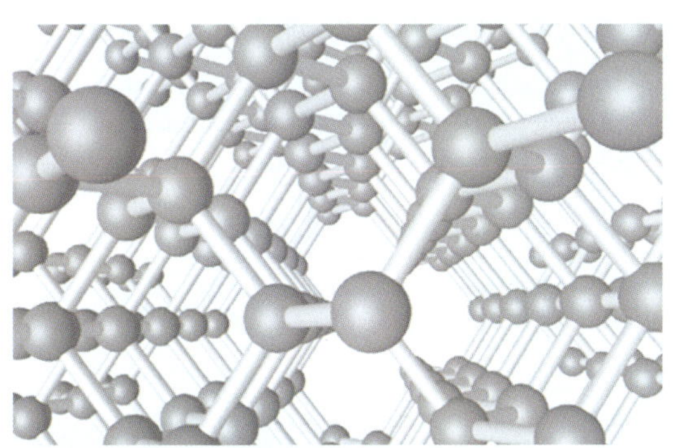
다이아몬드의 탄소 격자 내부.

과정을 계속하면, 이 계열에서 처음으로 사차 탄소 한 개를 가지고 있는 트라이아만테인(triamantane)이 생긴다. 트라이아만테인부터는 이러한 방식으로 세 개의 테트라아만테인(tetramant-ane)을 만들 수 있고, 두 개의 사차 탄소를 가지고 있는, 그중 하나가 위에 나와 있다. 가능한 이성질체의 수는 고급 "올리고아만테인(oligomantane)"의 경우 빠르게 증가한다. 펜타아만테인(pentamantane)에는 7개, 헥사아만테인(hexamantane)에는 24개, 그리고 헵타아만테인(heptamantane)에는 88개의 이성질체가 있다. 데카아만테인(decamantane) $C_{35}H_{36}$은 조밀한 대칭성 때문에 "슈퍼아다만테인(superadamantane)"이라고 부르는 특이한 이성질체이다. 이 분자에서는 한 사차 탄소가 네 개의 다른 사차 탄소로 둘러싸여 있다. 이 구조는 우리가 어떻게 서로 연결된 의자형 사이클로헥세인의 층들(색으로 강조된)의 삼차원적 배열을 만드는 것을 상상할 수 있는지 보여 준다. 그러한 고분자는 알려져 있다. 이것은 다이아몬드라는 탄소의 결정형이다(또한 화학 이야기 15-1을 참조하라)!

금 기념일. 세계에서 가장 큰 다이아몬드.

올리고아만테인은 모든 주변의 탄소들이 수소로 포화된 "마이크로다이아몬드(microdiamond)"를 나타내기 때문에(소위 수소말단 다이아몬드), **다이아만도이드**(*diamandoid*)라는 이름이 붙여졌다. 고급 다이아만도이드는 캘리포니아에 있는 Chevron 연구자들이, 끓는점이 매우 높은 석유 증류액에서 운데카아만테인(undecamantane)까지의 이 계열의 일원들을 확인한 2003년부터 겨우 알려졌다(1장의 시작 부분 참조). 이 분자에 대한 관심은 다이아몬드와의 연관성 그리고 공업적 다이아몬드 생산에서 씨앗 결정으로 행동하는 가능성 때문만이 아니라, 그들의 안정성과 비활성 때문에 유래한다. 따라서 그들은 새로운 의약품, 화상품, 고분자 재료를 위한 생물학적으로 융화성이 좋은 지지체가 될 수 있다.

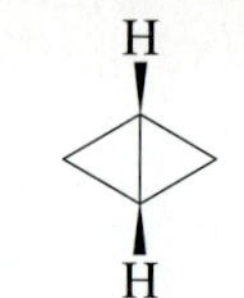

변형 = 66.5 kcal mol^{-1}
Bicyclobutane

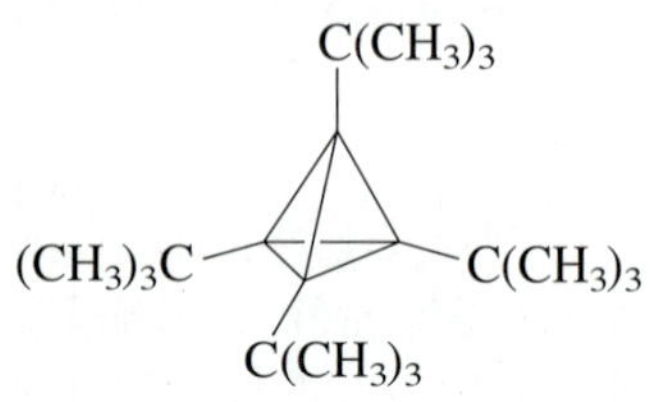

변형 = 129 kcal mol^{-1}
Tetrakis(1,1-dimethylethyl)-tetrahedrane

Tetrahedrane (C_4H_4)

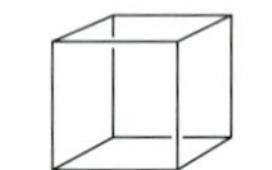
변형 = 166 kcal mol^{-1}
Cubane (C_8H_8)

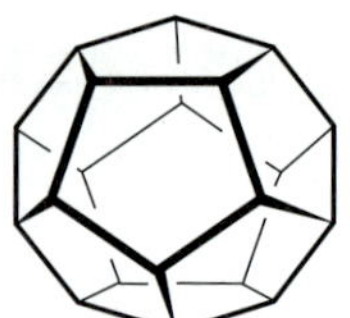
변형 = 61 kcal mol^{-1}
Dodecahedrane ($C_{20}H_{20}$)

탄화수소의 변형에는 한계가 있을까?

탄화수소 결합에서 변형의 한계를 찾는 작업은 이상하게 보이는 많은 분자의 합성으로 이끈 흥미로운 연구 분야이다. 놀라운 것은 한 탄소 원자가 결합각 일그러짐을 상당히 많이 감당할 수 있다는 점이다. 두고리 계열에서 이러한 요점에 맞는 한 경우가 바이사이클로뷰테인인데, 이것의 변형 에너지는 66.5 kcal mol^{-1} (278 kJ mol^{-1}) 로서 이 분자가 존재한다는 사실 자체가 놀랄 만한 일이다. 그래도 이것은 분리하고 저장할 수 있다.

합성 유기화학자들의 주목을 끄는 변형을 가진 화합물들의 한 계열은, 플라톤 입체 (Platonic solids) 와 기하학적으로 동일한 탄소 골격을 가지고 있다. **사면체** [*tetrahedron*, 테트라헤드레인 (tetrahedrane)] , **육면체** [*hexahedron*, 큐베인 (cubane)], 오각형 구조의 **12면체** [*dodecahedron*, 도데카헤드레인 (dodecahedrane)]. 왼쪽 그림 참조). 이러한 다면체에서는 모든 면들이 같은 크기의 고리－즉, 각각 사이클로프로페인, 사이클로뷰테인과 사이클로펜테인으로 이루어져 있다. 육면체인 C_8H_8 탄화수소는 1964년에 처음으로 합성되었으며, 모양이 입방체 (cube) 와 비슷하기 때문에 큐베인이라는 이름을 얻었다. 변형 에너지의 실험값 [166 kcal mol^{-1} (695 kJ mol^{-1})]은 사이클로뷰테인의 전체 변형보다 여섯 배 더 크다. 테트라헤드레인 그 자체는 알려져 있지 않으나, 테트라 (1,1-다이메틸에틸) 유도체는 1978년에 합성되었다. 연소열로부터 측정한 129 kcal mol^{-1} (540 kJ mol^{-1}) 의 변형에도 불구하고, 이 화합물은 안정하며 녹는점은 135°C이다. 도데카헤드레인의 합성은 1982년에 이루어졌다. 그 합성에는 간단한 사이클로펜테인 유도체로부터 시작하여 23번의 합성 단계가 필요하였다. 마지막 단계에서 1.5 mg의 순수한 화합물을 얻었다. 이 양이 작기는 하지만, 이 분자의 완전한 구조 결정에는 충분하였다. 녹는점은 430°C로서 C_{20} 탄화수소치고는 엄청나게 높고, 이는 이 분자의 대칭성을 나타낸다. 비교하면 20개의 탄소를 가진 아이코세인 (icosane) 은 36.8°C (표 2-5) 에서 녹는다. 그 성분인 오원자 고리에 근거하여 추측할 수 있듯이, 도데카헤드레인의 변형은 "다만" 61 kcal mol^{-1} (255 kJ mol^{-1}) 에 불과하고, 이것의 더 낮은 동족 계열보다 훨씬 작다.

요약 두고리 화합물의 탄소 원자들은 접합 구조나 다리놓인 배열로 고리에 의하여 공유된다. 이 탄소들은 특히 다른 탄소 원자와 결합을 이룰 때 많은 크기의 변형을 감당할 수 있다. 이러한 능력 때문에 탄소가 사면체 구조에서 심하게 뒤틀린 분자의 합성이 가능하다.

4.7 탄소고리 천연물

자연에서 만들어지는 다양한 종류의 고리 분자를 잠깐 살펴보기로 하자. **천연물 (natural product)** 은 살아 있는 유기체가 만드는 유기 화합물이다. 이러한 화합물들 중에서 메테인 같은 몇 가지는 매우 간단하고, 다른 것은 구조적으로 매우 복잡하다. 과학자들은 수많은 천연물들을 여러 가지 방식으로 분류하고 있다. 일반적으로 (1) 화학 구조, (2) 생리 활성, (3) 유기체 또는 식물 특이성 (분류학) , (4) 생화학적 원천에 따라 천연물이 분류되는 네 가지 방법을 따르고 있다.

유기 화학자들은 많은 이유 때문에 천연물에 관심을 가지고 있다. 이러한 화합물들 중에서 많은 천연물이 약효가 뛰어난 의약품, 염료나 향료 등 중요한 원료 물질이기도 하다. 동물 분비물에 대한 연구로부터 동물들은 지나간 길에 흔적을 남기고, 육식 동물로부터 자신을 보호하고 그리고 짝을 유인하기 위하여 화학물질을 사용한다는 사실을 알게 되었다. 유기체가 한 화합물을 대사과정을 통하여 분해하거나, 아니면 변환시키는 생화학적 경로에 대한 연구로부터 유기체의 신체 기능 작동에 대한 자세한 정보를 알 수 있게 되었다. 터펜과 스테로이드라는 천연물의 두 가지 종류는 유기화학자로부터 특히 세밀한 관심을 받았다.

터펜은 아이소프렌 단위로부터 식물에서 만들어진다

여러분은 대부분 방금 으깬 식물의 잎이나 오렌지 껍질로부터 나오는 강한 냄새를 맡은 적이 있을 것이다. 이 냄새는 흔히 10, 15, 20개의 탄소 원자를 가지는 **터펜(terpene)**이라 부르는 휘발성 화합물들의 혼합물에서 나오는 것이다. 터펜은 음식의 향신료(정향나무와 박하 추출물), 향수(장미, 라벤더, 백단향), 용매(송진)로 쓰인다.

이러한 미국 인디안 주술사들의 성공은 생리 활성 천연물의 발견과 이용에 달려 있다.

터펜은 각각 다섯 개의 탄소 원자를 가지고 있는 분자 단위가 적어도 두 개 이상 연결되는 방식으로 식물에서 합성된다. 이러한 단위의 구조는 2-메틸-1,3-뷰타다이엔(아이소프렌)과 비슷하기 때문에, 이들을 **아이소프렌 단위(isoprene unit)**라고 한다. 아이소프렌 단위가 구조에 몇 개가 포함되는가에 따라, 터펜을 모노-(mono-C_{10}), 세스퀴-(sesqui-C_{15}), 다이터펜(diterpene-C_{20})으로 분류한다(아이소프렌 단위는 여기에 나와 있는 예에서는 색으로 표시하였다).

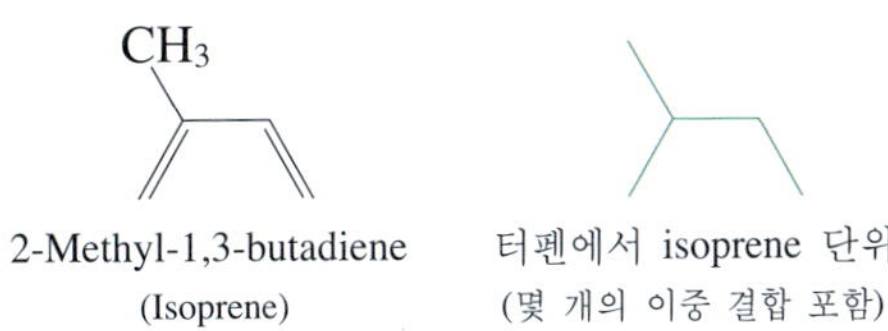

크리산셈산(chrysanthemic acid)은 삼원자 고리를 가지고 있는 단일고리 터펜이다. 이것의 에스터는 제충국의 꽃 머리에서 발견되며, 천연 살충제이다. 사이클로뷰테인은 수컷 목화 바구니가 사용하는 성유인 화합물인 그란디솔(grandisol)에 존재한다.

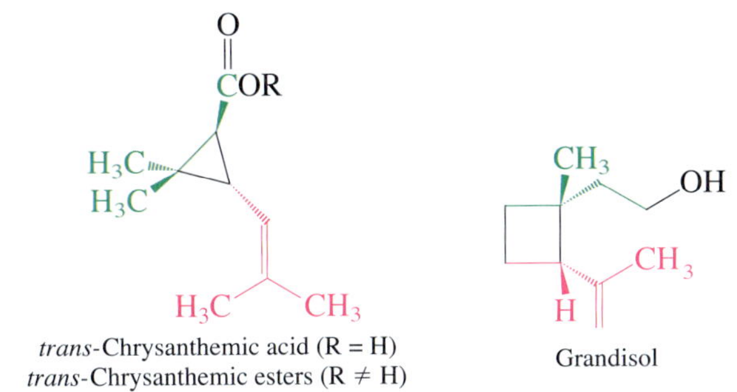

의식에 사용되는 많은 물건들이 냄새가 좋은 백단목(sandal wood)으로 만들어진다. 사진에 나와 있는 흑소는 발리섬 장례식의 초점이다.

멘톨(menthol, 박하 기름)은 치환기가 있는 사이클로헥세인 천연물의 한 예이며, 장뇌(camphor, 장뇌 나무로부터)와 β-카디넨(cadinene, 노간주 나무와 삼목으로부터)은 각각 노보네인 구조와 데칼린 유도체를 가지고 있는 간단한 두고리 터펜이다.

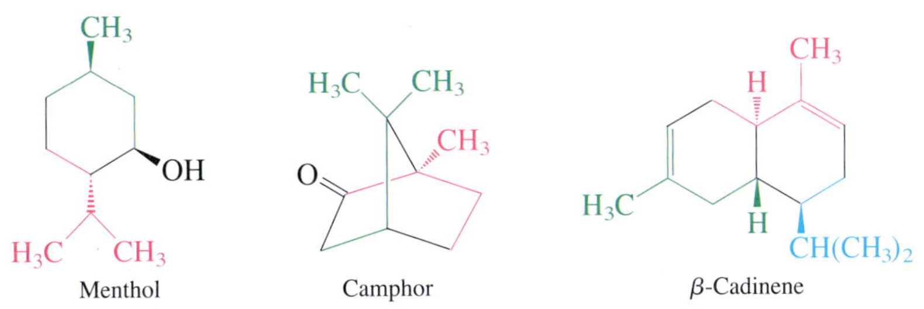

탁솔 [taxol, 팍리탁셀(paclitaxel)]은 항암 효과가 있는 천연물을 찾기 위한 미국 국립암연구소 프로그램의 일환으로, 1962년에 **태평양 주목 나무(Taxus brevifolia)**의 껍질로부터 분리된 복잡하고, 작용기로 치환된 다이터펜이다

탁솔은 35,000 이상의 식물종으로부터 추출된 100,000개 이상의 화합물 중에서 아마도 가장 흥미로운 화합물임이 밝혀졌고, 시장에 나와 있는 가장 효과적인 항암제 중의 하나이다. 환자 한 명을 치료하기 위해서는 대략 여섯 그루의 나무가 희생되어야 했기 때문에, 탁솔을 쉽게 구할 수 있는 물질로부터 높은 수득률로 얻기 위한 연구가 진행되었다. 대부분의 이러한

태평양 주목 나무: Taxol의 공급원.

Taxol

작업은 합성 유기화학자들에 의하여 수행되었으며, 그 결과 1994년에 최초의 두 가지 전합성(total synthesis)이 발표되었다("전"합성은 목표 화합물을 간단하고, 가급적이면 살 수 있으며, 탄소수가 다섯 개 이하의 화합물로부터 만드는 것을 말한다). 덧붙여 화학자들은 비슷한 구조를 가지나 더 풍부하게 존재하는 천연물을 탁솔로 바꾸는 "반합성(semisynthesis)"이라는 방법을 발견하였다. 그 결과, 현재 암 치료에 사용되는 탁솔은 흔한 영국 주목 나무의 잎에서 발견되는 한 화합물로부터 얻으며, 이 재료는 더 흔히 구할 수 있으며 잎을 채취해도 나무가 희생되지 않는다.

연습 문제 4-16

Menthol의 더 안정한 의자 형태를 그리시오.

연습 문제 4-17

곤충이 방어용으로 사용하는(12-17절 참조) 두 가지 terpene의 구조가 왼쪽에 나와 있다. 이것들을 mono-, sesqui-, diterpene으로 분류하시오. 각 구조에서 isoprene 단위의 존재를 확인하시오.

연습 문제 4-18

2-3절을 복습한 후에 4-7절에서 보인 terpene에 존재하는 작용기를 구체적으로 말하시오.

스테로이드는 강력한 생리적 활성을 가진 네고리 천연물이다

스테로이드(steroid)는 자연에 풍부하게 존재하며, 많은 유도체들은 생리적 활성을 가지고 있다. 그들은 흔히 생화학 반응의 조절자인 **호르몬(hormone)** 역할을 한다. 인체에서 다른 기능 이외에도 성 발달과 번식을 조절한다. 이러한 특징 때문에 종종 실험실 합성의 생성물인 많은 스테로이드가 암, 관절염, 알레르기 그리고 출산 조절에 사용된다.

스테로이드에서 세 개의 사이클로헥세인 고리는 하나의 **각이 생기도록(angular)** 접합된다. 고리 접점은 대개 트랜스-데칼린의 경우처럼 트랜스이다. 네 번째 고리는 사이클로펜테인이다. 이것이 더해지면 전형적인 네고리가 생긴다. 네 개의 고리는 A, B, C, D로 나타내며, 탄소는 스테로이드에 고유한 방법으로 번호를 매긴다. 많은 스테로이드는 C10과 C13에 methyl기, C3와 C17에 산소를 가지고 있다. 덧붙여 C17에는 더 긴 곁가지가 붙어 있다. 고리가 트랜스 접합이기 때문에 고리 접점에서 methyl기와 수소 원자가 축방향 위치를 차지하는 가장 변형이 없고, 모두 의자 형태인 구조가 가능하게 된다. 이러한 특징을 다음에서 정상적 인간

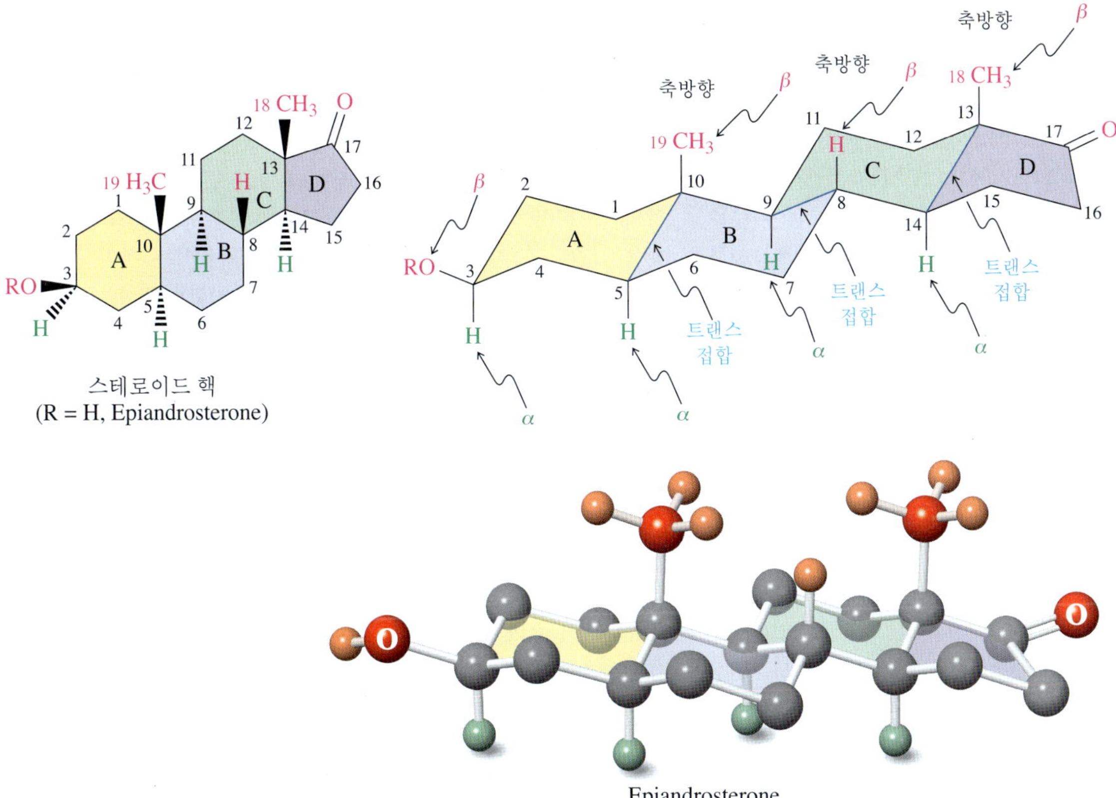

의 소변에서 발견되는 호르몬인 에피안드로스테론(epiandrosterone)에 나타내었다.

그려진 대로 스테로이드 분자의 평면 위쪽으로 붙어 있는 기를 β치환기라고 하며, 아래 방향으로 붙어 있는 것을 α라고 한다. 따라서 에피안드로스테론의 구조는 3β-OH, 5α-H, 10β-CH_3 등을 가지고 있다.

가장 흔한 스테로이드 중에서 콜레스테롤은 거의 모든 인간 및 동물의 조직에 존재한다(화학 이야기 4-2). 담즙산(bile acid)은 간에서 생산되고, 유체의 한 성분으로 십이지장으로 이동하여 지방의 에멀션화, 소화 및 흡수에 도움을 주는 역할을 한다. 콜산(cholic acid)이 그 한 예이다. 류머티즘성 관절염의 치료에 널리 쓰이는 코티손(cortisone)은 부신피질에서 생산되는 부신피질 호르몬의 한 예이다. 이들 호르몬은 단백질과 탄수화물의 대사작용에서 뿐만 아니라 신체 내의 전해질과 물의 균형을 조절하는데 참여한다.

Cholesterol　　Cholic acid　　Cortisone

성호르몬은 세 가지 종류로 나눌 수 있다. (1) 남성 성호르몬 또는 **안드로젠**(*antrogens*), (2) 여성 성호르몬 또는 **에스트로젠**(*estrogen*) 그리고 (3) 임신 호르몬 또는 **프로제스틴**(*progestin*). 테스토스테론(testosterone)은 주요한 남성 성호르몬이다. 고환에서 생산되는 이 호르몬은 남성다움(깊은 목소리, 수염, 체격)의 특징에 관여한다. 합성 테스토스테론 유사체는 의약에서, 예를 들어 근육 위축증이 있는 환자의 근육과 조직의 성장을 촉진하기 위하여 사용된다(신진대사 스테로이드(anabolic steroid, *ana*-, 그리스어로 위쪽으로를 의미)). 불행하게도 이

화학 이야기 4-2

콜레스테롤: 왜 나쁘고 얼마나 나쁜가?

"콜레스테롤이 너무 많아!" 여러분이 좋아하는 달걀 세 개짜리 아침 또는 초콜릿-퍼지 간식을 막 먹으려고 하는 순간에 얼마나 자주 이런 훈계를 들었는가? 이 경고에 대한 이유는 높은 수준의 콜레스테롤은 동맥 경화증과 심장병에 연루되어 왔기 때문이다. 동맥 경화증은 여러분의 혈관을 좁히거나 심지어는 막을 수 있는 플라크(plaque)가 쌓이는 병이다. 심장에서 그러한 일이 생기면 심장 마비를 일으킬 수 있다. 플라크가 깨져서 여러분의 혈류를 통하여 이동하면, 다른 어느 곳에서든지 큰 피해를 줄 수 있다. 예를 들어 뇌에서 혈관이 막히면 뇌졸중으로 이어질 수 있다.

미국 인구의 약 20%는 추천치보다 더 높은 콜레스테롤 수치를 가지고 있다. 보통의 성인은 신체에 약 150 g을 가지고 있으며 이는 좋은 이유, 즉 콜레스테롤이 신체의 활동에 매우 중요하기 때문이다. 이것은 세포막, 특히 신경계, 뇌와 척추 세포막의 중요한 구성성분이다. 또한 코르티손을 포함하여 특히 성 호르몬과 부신피질 호르몬 같은 다른 스테로이드의 생합성에서 중요한 화학적 중간체이다. 우리는 콜레스테롤이 있어야 담즙산을 만들 수 있고, 다시 이 물질은 우리가 먹는 지방의 소화를 돕는 중요한 화학물질이며, 뼈의 생장에서 우리가 칼슘을 이용하는 것을 가능하게 하는 비타민 D를 만들기 위해서도 필요하다.

아마도 "좋은" 그리고 "나쁜" 콜레스테롤에 대한 이야기를 많이 들어 보았을 것이다. 이러한 형용사는 자기 자신을 콜레스테롤에 부착시켜 소위 리포단백질(lipoprotein)을 만드는 단백질과 관련이 있다. 이 리포단백질은 수용성이어서 콜레스테롤이 혈액에서 이동될 수 있도록 한다(단백질의 일반적 구조에 대해서는 26-2절 참조). 이러한 집합체에는 두 가지 종류, 즉 저밀도 리포단백질(low-density lipoprotein, LDL)과 고밀도 리포단백질(high-density lipoprotein, HDL)이 있다. LDL은 콜레스테롤을 간에서 이것이 필요한 곳이면 어디든지 신체의 다른 기관으로 운송한다. HDL은 콜레스테롤 청소기 역할을 하여 이것이 담즙으로 바뀌도록 간으로 운송한다. 이러한 조심스러운 균형이 깨져서 LDL이 너무 많이 존재하게 되면, 남아 있는 것이 앞에 언급한 대로 위험한 플라크의 형태로 쌓이기 때문에 이것은 "나쁜" 것이다. 반대로 HDL이 주위에 충분히 있으면 이것은 "좋은" 것이다.

앞에 나온 경고에도 불구하고, 우리의 음식으로부터는 매우 적은 양의 콜레스테롤이 들어온다. 차라리 우리의 몸, 특히 우리의 간이 하루에 1그램 정도를 만들며, 이 양은 고 콜레스테롤 식단이 제공하는 양보다 네 배나 많은 양이다. 그렇다면 왜 이렇게 큰 난리가 날까? 이것은 우리가 먹는 음식으로부터 얻는 양의 15~20%와 관련이 있다. 콜레스테롤 수치가 중간 정도로 높은 사람은 자기가 먹는 음식에 주의를 기울이는 것이 큰 차이를 가져올 수 있다. 여기에서 지방이 개입한다(또한 20-5절 참조). 지방을 소화하기 위해서는 담즙산이 필요하다. 과량의 지방을 섭취하면 담즙산의 생산이 촉진되고, 그러면 다시 콜레스테롤 합성이 증가하여 결국에는 콜레스테롤의 혈액 수치가 올라간다. 그러므로 균형 잡힌 저지방, 무콜레스테롤 식단이 콜레스테롤 수치의 추천치인 혈액 100 mL당 200 mg의 값을 유지하는데 도움을 준다.

그러한 식단으로는 충분하지 않을 때 의약품이 도와 줄 수 있다. 하이드록시프로필 메틸셀룰로스(hydroxypropyl methylcellulose, HMPC, 셀룰로스의 구조는 24-12절을 참조) 같은 의약품은 위장에서 콜레스테롤과 결합하여 이것이 신체에 흡수되는 것을 방지한다. 역설적으로 HPMC는 치즈 케이크나 디저트 같은 음식을 걸쭉하게 만드는 물질로 사용된다. 다른 종류의 의약품은 간에서의 콜레스테롤 합성을 직접 막는데, 이 약은 지난 10년 동안 굉장한 성공을 거두면서 사용되었다. 예를 들면, 심바스타틴 [Simvastatin (조코 (Zocor)] 과 아토르바스타틴 [Atorvastatin, 리피토(Lipitor)] 들이며, 둘 다 합치면 백만 달러 이상 팔린 "10위권" 처방약이다.

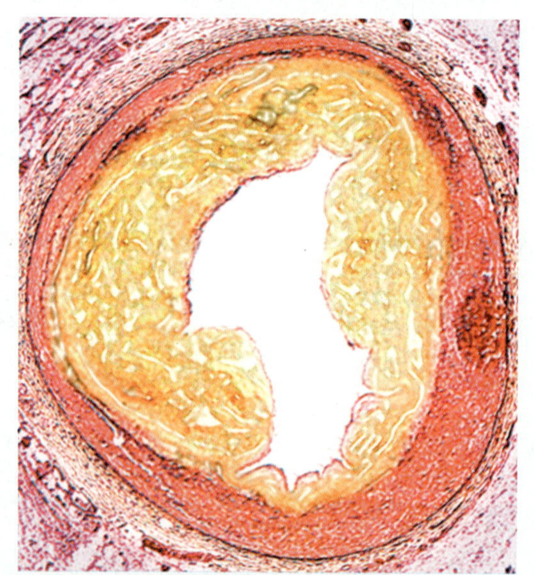

Cholesterol 플라크로 막힌 인간의 관상동맥의 단면(노란색).

러한 스테로이드는 또한 간암, 관상심장병과 불임 같은 건강상의 위험이 큼에도 불구하고, 가장 흔하게는 "바디 빌더"와 운동선수들에 의하여 남용되고 불법적으로 사용된다. 에스트라다이올(estradiol)은 주요한 여성 성호르몬이다. 암소의 난소 4톤을 추출하여 겨우 몇 밀리그램만의 순수한 스테로이드가 최초로 분리되었다. 에스트라디올은 이차 여성 성징의 발현을 일으키고, 생리 주기의 조절에 관여한다. 프로제스틴의 한 예는 수정된 난소가 자궁 내에서 착상을 하도록 도와 주는 프로제스테론(progesterone)이다.

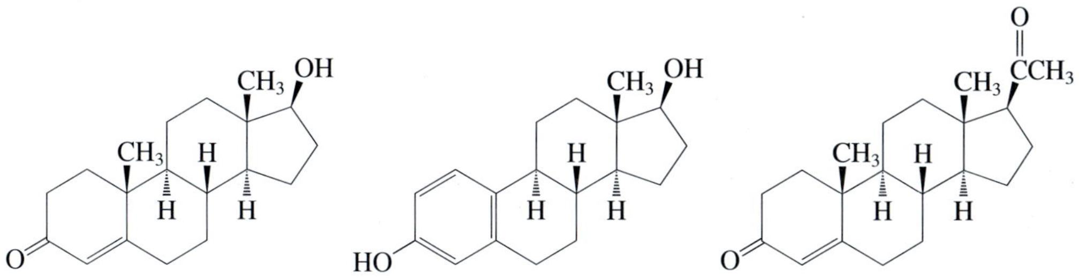

Testosterone Estradiol Progesterone

스테로이드 호르몬의 구조적 유사성은 이들의 다양한 활성을 고려하면 놀랍다. 스테로이드는 여성 생리 주기와 배란의 조절을 위한 피임제로서 작용하는 "필(pill)"의 활성 성분이다. 전 세계적으로 7천만 명이 넘는 여성들이 피임의 주요한 수단으로 "필"을 복용하고 있는 것으로 추정된다(화학 이야기 4-3).

요약 터펜과 스테로이드에서 나타나듯이 천연적으로 존재하는 유기물은 그 구조와 기능이 매우 다양하다. 앞으로 나올 장에서 작용기의 존재와 화학을 설명하기 위하여, 합성 전략 또는 시약의 사용을 보여 주기 위하여, 삼차원 관계를 표현하기 위하여, 그리고 의약적 응용의 예를 보여주기 위하여 천연물을 자주 소개할 것이다. 몇몇 부류의 천연물은 더 폭넓게 논의할 것이다. 지방(19-13 그리고 20-5절), 탄수화물(24장), 알칼로이드(25-8절), 그리고 아미노산과 핵산(26장)

요점

이 장에서 유기 구조와 작용에 대한 우리의 지식을 고리 및 여러고리 구조까지 확장시켰다. 특히 우리는 유기 분자의 행동을 다시 설명하고 예측하는데 삼차원적 개념이 얼마나 많이 중요한지를 보았다. 그들의 구조는 궁극적으로 핵을 둘러싸는 결합 전자들의 공간적 분포와(1-3과 1-6에서 1-9절까지) 메커니즘 관점에서는 C—C 결합의 고유한 형태의 유연성(2-7과 2-8절)에 근거한다.

삼차원성의 한 가지 결과는 입체이성질체, 특히 치환된 사이클로헥세인의 시스와 트랜스 이성질체의 존재이다(4-1절). 입체이성질현상은 더 일반적이고, 그래서 비고리형 분자에서도 볼 수 있음을 5장에서 알 수 있을 것이다. 이러한 개념은 상대적 반응성과 생물학적 효용성 같은 다양한 분야에 영향을 끼친다. 생물학적 응용 분야에서 입체화학은 근본적으로 중요하고, 매우 유용하기 때문에 입체화학은 이 책의 나머지 부분에서 반복되는 주제이다.

통합 문제

4-19. **a.** 1,2,3,4,5,6-Hexachlorocyclohexane은 많은 수의 시스-트랜스 이성질체로서 존재한다. 편평한 cyclohexane 구조와 점선-쐐기선을 이용하여 모든 구조를 그리시오.

풀이

무작위적인 시행착오로 이 문제를 풀기 시작하기 전에 더 체계적인 방법을 고려하자. 모든 염소들이 서로 시스 위치에 있는 가장 간단한 경우부터 시작하고(전부 쐐기선을 이용하여), 그 다음에 점점 치환기를 트랜스 위치(점선)에 더 많이 배치시켜 얻어지는 여러 가지의 조합을 살펴본다. 염소 세 개가 "위"에 있고, 염소 세 개가 "아래"에 있는 단계에서 멈추는데, 그 이유는 "두 개가 위이고 네 개가 아래"인 것은 "네 개가 위이고 두 개가 아래"인 것과 같기 때문이다. "여섯 개가 위"(A)이고, "다섯 개가 위이고 한 개가 아래"(B)인 처음 두 경우는, 각 경우에 오직 한 가지 구조만이 가능하기 때문에 특이하다.

화학 이야기 4-3

피임제: "필"로부터 RU-486까지

월경 주기는 뇌하수체로부터 분비되는 세 가지의 단백질 호르몬에 의하여 조절된다. 여포 자극 호르몬(follicle-stimulating hormone, FSH)은 난자의 성장을 유도하며, 황체 형성 호르몬(luteinizing hormone, LH)은 자궁으로부터의 난소의 방출과 **황체**(corpus luteum) 라고 부르는 난소 조직의 형성을 유도한다. 세 번째 뇌하수체 호르몬 [황체 자극 호르몬(luteotropic hormone), 루티오트로핀(luteotropin) 또는 프로락틴(prolactin) 이라고도 함] 은 황체를 자극하고 그 기능을 유지한다.

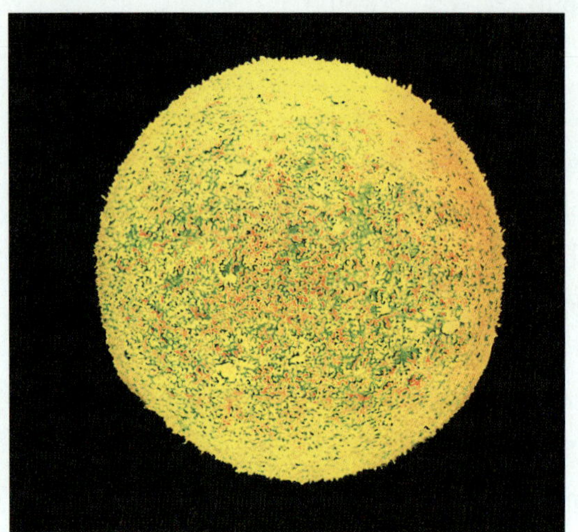

크기가 대략 100 μm인 분열이 일어나기 전의 인간 수정란 [접합자(zygote)].

주기가 시작하고 난자의 성장이 개시되면, 난자 주위의 조직은 점점 더 많은 양의 에스트로젠을 분비한다. 혈류에서 어느 정도 농도의 에스트로젠이 도달하면, FSH의 생산이 중지된다. LH에 반응하여 이 단계에서 난자가 떨어져 나간다. 배란의 시기에 LH는 또한 황체의 생성을 유발하며, 이것은 다시 점점 더 많은 양의 프로제스테론을 분비하기 시작한다. 이 마지막 호르몬은 LH의 생산을 중지시킴으로써 더 이상 배란이 일어나는 것을 억제한다. 난자가 수정되지 않으면, 황체는 퇴화되고, 난자와 **자궁 내막**(*endometrium*)이 밖으로 나온다(월경). 다른 한편으로, 임신이 되면 뇌하수체 호르몬 분비와 새로운 배란을 막기 위하여 에스트로젠과 프로제스테론의 생산이 증가하게 된다.

피임제는 인공적인 강력한 에스트로젠과 프로제스테론 유도체의 혼합물(천연 호르몬보다 더 강력한)로 이루어져 있다. 이 물질들을 월경 주기의 대부분의 시간 동안 먹으면, FSH와 LH 둘다의 생산을 중지시킴으로써 난자의 형성과 배란을 모두 방해한다. 여성 신체는 자기가 임신하였다고 믿게끔 근본적으로 속임을

Norethindrone, R = CH_3
Levonorgestrel, R = CH_3CH_2

A B C D E

이제 "네 개가 위이고 두 개가 아래"인 이성질체를 보자. 염소 두 개를 "아래"로 놓는 경우에는 세 가지 다른 방법이 있다. 육원자 고리를 따라서 할 수 있는 배치는 1,2(C), 1,3(D) 아니면 1,4(E) 외에는 없는데, 그 이유는 1,5와 1,6을 선택하는 것은 각각 1,3과 1,2와 같기 때문이다. 마지막으로 비슷하게 생각을 연장하면 세 개의 염소를 "아래"로 배치하는 것은 오직 세 가지 유일한 방법으로만 할 수 있다는 것을 깨닫게 될 것이다. 1,2,3(F), 1,2,4(G), 그리고 1,3,5(H):

F G H

b. 소위 γ-이성질체는 다음 구조를 가진 살충제(린데인, 감맥세인, 크웰)이다.

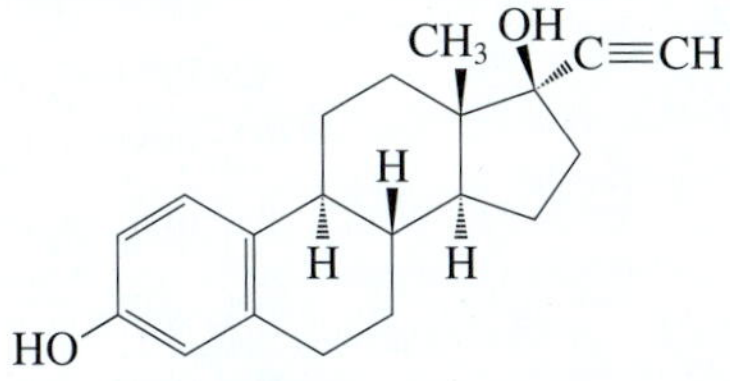

Ethynylestradiol

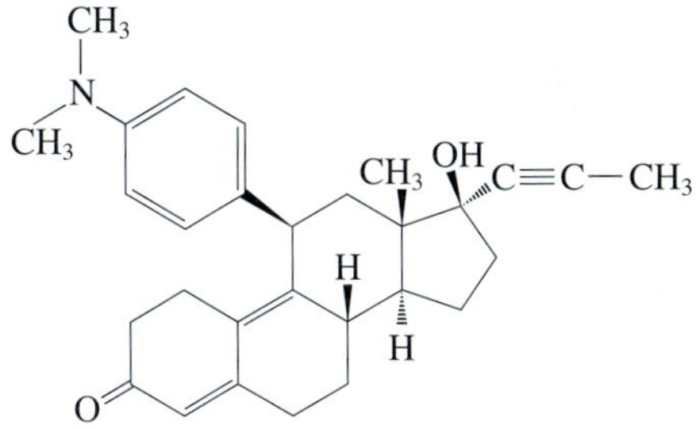

RU-486 (mifepristone)

당하는 것이다. 어떤 상용 피임제는 노에틴드론(norethindrone)과 에타이닐에스트라다이올(ethynylestradiol)의 혼합물이고, 다른 제재는 구조가 약간 변경된 유사체로 이루어져 있다.

프리벤(Preven)이나 플랜 비(Plan B) 같은 성교 후 피임제에는 레보노제스트렐(levonorgestrel) 그리고/또는 에타이닐에스트라다이올(ethynylestradiol)이 들어 있다. RU-486 [마이페프리스톤(mifepristone)]은 여성 자궁의 프로제스테론 수용체와 결합하여 프로제스테론의 활동을 방해하는 86 스테로이드이다. 자궁 수축을 유도하는 프로스타글란딘(prostaglandin, 화학 이야기 11-1)과 함께 RU-486을 복용하면 임신 초기에 유산을 일으킨다. 유럽에서는 1988년부터 판매되었으며, 미국 식품의약청은 2000년에 수많은 토론과 검사를 거쳐 판매를 승인하였다.

여러분들은 이러한 합성 화합물의 C17위치에서 C≡C 삼중 결합의 존재를 알아차렸을 것이다. 이렇게 구조를 바꾸면 약효가 특히 강해진다. 이러한 삼중 결합은 촉매 존재 하에서 수소 첨가("수소로 포화") 반응을 할 수 있다(13-6절). 도펀트(dopant)인 테트라하이드로제스트리논(THG, 이 장의 시작 부분 참조)은 시판약인 제스트리논(gestrinone)을 이렇게 간단하게 변경시켜 만들었을 것이라고 추정된다.

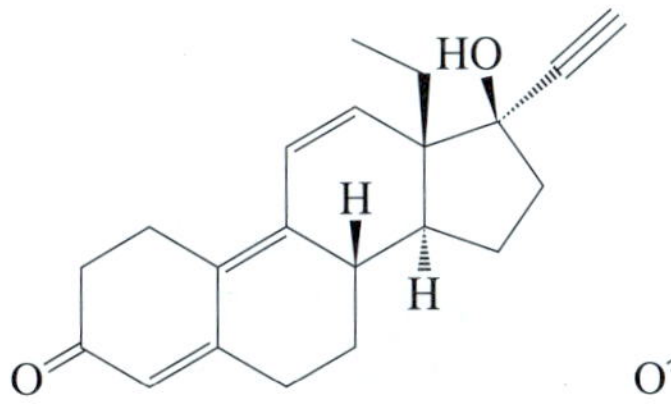

Gestrinone

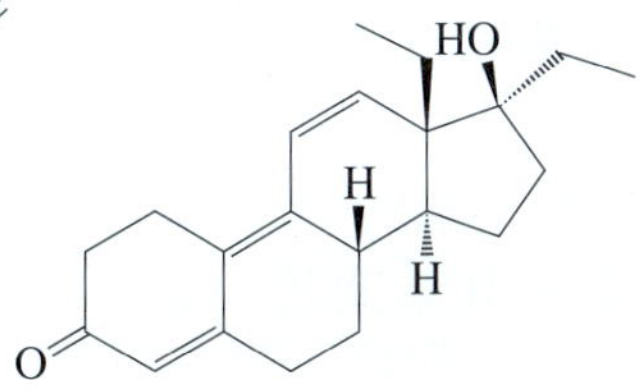

Tetrahydrogestrinone (THG)

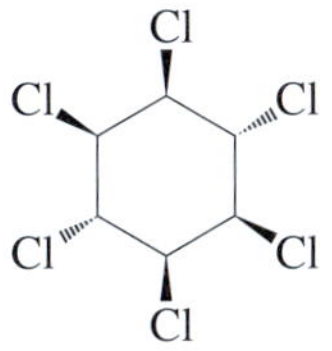

γ-Hexachlorocyclohexane

이 화합물의 두 의자 형태를 그리시오. 어느 것이 더 안정한가?

풀이

γ-이성질체는(a)에서 구조 E에 해당된다는 것을 알아차리기 바란다. 편평한 cyclohexane 구조를 의자형으로 바꾸는데 도움이 필요하면, 그림 4-11을 보고 두 세트의 수소들에서 각 수소들은 서로 번갈아 놓아 있음을 알기 바란다. 고리 둘레를 한 바퀴 돌아보면 아무 세트(즉, 축방향 또는 적도방향 이웃)에 속한 이웃 원자들("1,2"-관계에 있는 것 같이)은 항상 트랜스인 것을 볼 수 있다. 다른 한편으로, 1,3-관계는 항상 시스이고, 1,4-관계는 다시 트랜스이다. 역으로 두 의자 형태 중 어느 한쪽의 점선–쐐기선 구조에서, 두 이웃 치환기(즉, 1,2-관계)가 시스이면 한 치환기는 축방향이고, 다른 것은 적도방향일 것이다. 이들이 트랜스이면 한 의자형에서는 이적도방향이고, 다른 의자형에서는 이축방향일 것이다. 이러한 지정은 1,3-관계에 있는 치환기의 경우에는 엇갈린다. 시스는 의자 이형태체가 이축방향–이적도방향 쌍을 만들고, 트랜스는 축방향–적도방향 또는 적도방향–축방향 쌍을 만든다. 이러한 결과는 표 4-4에 요약되어 있다.

표 4-4 치환된 cyclohexane의 시스-트랜스 입체화학과 두 의자형에서의 적도방향-축방향 위치와의 관계

cis-1,2	축방향-적도방향	적도방향-축방향
trans-1,2	축방향-축방향	적도방향-적도방향
cis-1,3	축방향-축방향	적도방향-적도방향
trans-1,3	축방향-적도방향	적도방향-축방향
cis-1,4	축방향-적도방향	적도방향-축방향
trans-1,4	축방향-축방향	적도방향-적도방향

따라서 γ-hexachlorocyclohexane의 두 의자 형태는 다음과 같이 보일 것이다:

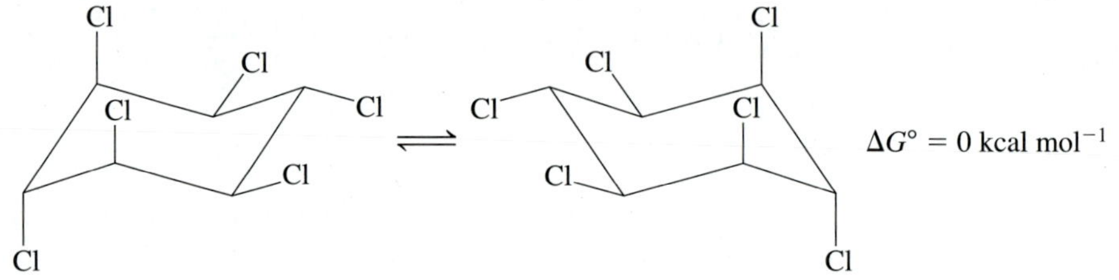

$\Delta G° = 0$ kcal mol^{-1}

어느 구조든지 적도방향 염소 치환기 세 개와 축방향 치환기 세 개를 가지고 있다. 따라서 그들은 에너지가 같다.

c. 어느 이성질체에서 두 cyclohexane 의자형 사이의 에너지 차이가 가장 크리라고 예상되는가? $\Delta G°$값을 추정하시오.

풀이

의자-의자 뒤집힘에 대한 $\Delta G°$ 중에서 가장 큰 것은 치환기가 전부 적도방향인 hexachlorocyclohexane과 전부 축방향인 것 사이의 경우이다. 표 4-4를 응용하고 그림 4-11을 보면 이 관계는 치환기가 전부 트랜스 관계인 이성질체에만 성립한다. 표 4-3을 보면 Cl의 $\Delta G°$ (적도방향-축방향) 은 0.52 kcal mol^{-1}임을 알 수 있고, 그래서 우리의 예의 경우 $\Delta G° = 6 \times 0.52 = 3.12$ kcal mol^{-1}

$\Delta G° = +3.12$ kcal mol^{-1}

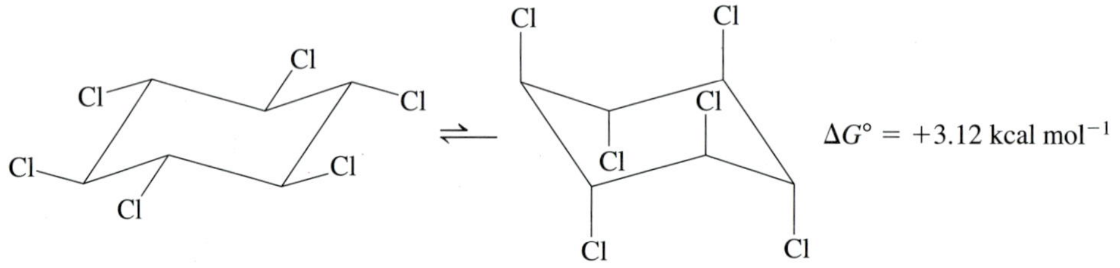

all-*trans*-Hexachlorocyclohexane

이 값은 예상값에 불과하다는 것을 주목하기 바란다. 예를 들어, 이 분석은 치환기가 전부 적도방향인 형태에서 여섯 개의 Cl — Cl 고우시 상호작용을 무시하고 있어서, 두 이형태체 사이의 에너지 차이는 더 작을 것이다. 하지만 이 분석은 또한 전부 축방향인 의자에서 여섯 개의 1,3-이축방향 상호작용을 빠트리고 있어서, 앞의 효과와는 반대로 작용할 것이다. 추가적인 예로서 문제 30-33을 풀어 보기 바란다.

4-20. a. 변형을 가진 네고리 알케인 A는 고리형 알켄 B로 열적으로 이성질화한다고 생각된다. 가능한 메커니즘을 제안하시오.

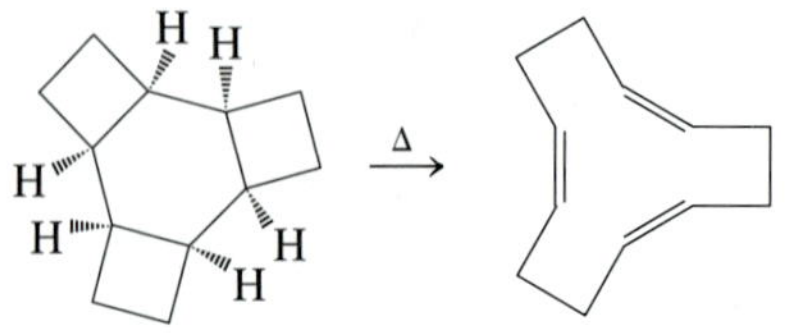

A $\xrightarrow{\Delta}$ B

풀이

메커니즘 문제를 다룰 때에는 이러한 반응을 관찰한 후 비슷한 도전에 직면하고 있는 실험자가 부딪히는 상황에서와 비슷하게, 모든 주어진 정보를 조심스럽게 하나로 융합하는 것이 좋다. 우선, 화합물 A는 변형이 있다고 한다. 왜 그럴까? **답**(4-2와 4-6절): 이것은 사원자 고리를 세 개 가지고 있는 여러고리 알케인이다. 두 번째, A에서 B로의 변환은 이성질화 반응이다. 이 말이 사실인지는 두 화합물이 모두 같은 분자식을 가지고 있다는 점을 확인하면 쉽게 알 수 있다. 세 번째, 이 과정은 "순전히" 열적이다. A를 공격하거나, 이것에 첨가되거나 또는 이것에서 무엇을 떼어낼 수 있는 다른 시약은 없다. 네 번째, 위상학적(연결도) 변화가 일어났는가? **답**: 네고리는 일고리로 풀어진다. 다른 말로서, cyclobutane 고리 세 개가 열리면 cyclododecatriene이 생긴다. 다섯 번째, 정성적인 결합에는 무슨 변화가 일어났는가? **답:** 단일 결합 세 개가 깨지고, 이중 결합 세 개가 생긴다.

이러한 분석 결과를 얻고 나면, 이제 우리는 한 가지 메커니즘을 쓸 수 있다. 열분해로 C—C 결합 세 개를 깰 필요가 있다. 그러면 매우 이상하게 보이는 헥사라디칼이 생긴다. 하지만 더 자세히 보면 여섯 개의 라디칼 전자들이 인접 탄소에 있는 세 개 각각의 전자쌍으로 나누어지면, 세 개의 이중 결합이 생성됨을 알 수 있다. 따라서 이 과정의 가능한 메커니즘은 한 단계만 필요로 한다.

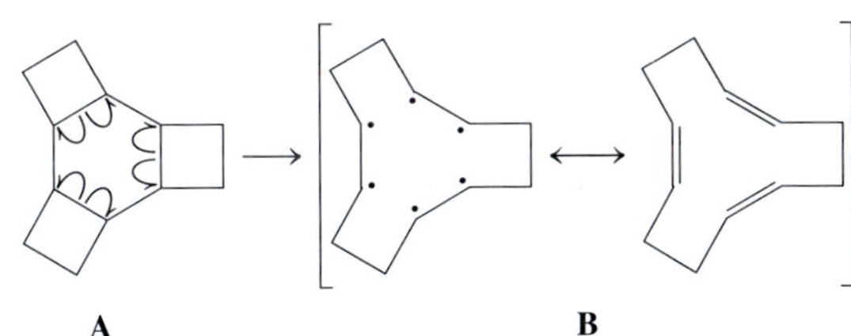

b. 메커니즘에 상관없이 이성질화 반응은 열역학적으로 가능한가? π 결합의 세기에 대해서는 65 kcal mol^{-1}을 사용하여 대략적인 $\Delta H°$를 구하시오(11-2절).

풀이

먼저, 질문에 대하여 분명히 할 점이 있다. 질문은 앞의 (a)에서 나온 것처럼이나 또는 다른 순서로 cyclobutane 결합 세 개를 깨는 것이 속도론적으로 가능한지 아닌지를 묻는 것은 **아니라는** 것이다. 대신에, 문제는 평형 A $\rightleftharpoons$ B가 어느 쪽으로 치우쳐 있는가이다. 정방향이 선호되는가(2-1절)? 우리는 이미 $\Delta H°$ = (결합 분해 세기의 합) − (결합 생성 세기의 합)을 구함으로써, 답에 대한 추정값을 얻는 방법을 배웠다(2-1과 3-4절). 이 식에서 두 번째 항은 쉽다. 195 kcal mol^{-1}의 가치가 있는 π 결합 세 개를 만들고 있다. 깨진 σ 결합 세 개는 어떻게 처리하면 좋을까? 표 3-2에 $C_{이차}-C_{이차}$ 결합의 세기에 대한 값 85.5 kcal mol^{-1}이 나와 있다. 이 경우에 결합은 고리 변형만큼 약해져서(4-2절, 표 4-2), 85.5 − 26.3 = 59.2 kcal mol^{-1}이다. 3으로 곱하면 $\Delta H°$ 식에서 첫 번째 항에 대한 값 177.6 kcal mol^{-1}을 얻을 수 있다. 따라서 $\Delta H°$ (A $\rightleftharpoons$ B) ≈ −17.4 kcal mol^{-1}. 결론: 정말로, 이 반응은 일어나야 한다! 구조 A에 들어 있는 변형이 열분해 반응에 어떠한 영향을 주는지를 주목하기 바란다. 변형이 없으면 이 반응은 흡열일 것이다.

중요한 개념

1. **사이클로알케인** 명명은 곧은 사슬 알케인의 이름에서 유래한다.

2. 1,1-이치환된 사이클로알케인을 제외한 모든 것은 두 이성질체로서 존재한다. 두 치환기가 분자의 같은 면에 있으면 **시스**이고, 반대 면에 있으면 **트랜스**이다. 시스와 트랜스 이성질체는 연결도는 같으나, 공간에서의 원자들의 배열이 다른 화합물인 **입체이성질체**이다.

3. 어떤 사이클로알케인은 **변형을** 가지고 있다. 사면체 탄소 주위의 결합들이 비틀리면, **결합각 변형이** 생긴다. **가려진(비틀림) 변형은** 한 구조가 C—C 결합 주위에서 엇갈린 형태를 취할 수 없을 때 생긴다. 고리를 건너서 있는 원자 사이의 입체 반발은 **고리횡단 변형을** 가져온다.

4. 작은 사이클로알케인의 결합각 변형은 굽은 결합을 형성함으로써 크게 해소된다.

5. 사이클로프로페인(반드시 편평한)보다 더 큰 사이클로알케인의 결합각, 가려진 그리고 다른 변형은 평면 구조로부터 벗어나면 줄어들 수 있다.

6. 작은 사이클로알케인의 고리 변형은 고리가 열리는 반응이 일어나게 한다.

7. 사이클로헥세인이 평면 구조로부터 벗어나면 **의자**, **보트**, 그리고 **꼬인보트** 같은 형태적으로 유동성이 있는 구조를 가져온다. 의자 형태 사이클로헥세인은 변형이 거의 없다.

8. 의자 형태 사이클로헥세인은 **축방향**과 **적도방향**이라는 두 가지의 수소를 가지고 있다. 이들은 형태적 **의자–의자**("**뒤집기**") **상호변환**에 의하여 상온에서 빠르게 상호변환되며, 활성화 에너지는 10.8 kcal mol^{-1} (45.2 kJ mol^{-1}) 이다.

9. 일치환된 사이클로헥세인에서 두 의자 형태 사이의 평형에 관한 $\Delta G°$는 치환기에 의존한다. 축방향 치환기는 **1,3-이축방향 상호작용**의 영향을 받는다.

10. 다중치환된 사이클로헥세인에서 치환기 효과는 종종 **가산성**이며, 가장 덩치가 큰 치환기가 적도방향일 가능성이 가장 크다.

11. 모두 안티 형태를 취하고 고리횡단 상호작용이 없는 사이클로알케인은 완전히 변형이 없다.

12. **두고리계**는 **접합** 또는 **다리놓인** 구조를 가질 수 있다. 접합은 시스나 트랜스이다.

13. 천연물은 구조, 생리적 활성, 분류 및 생화학적 기원에 따라 일반적으로 분류한다. 마지막 부류의 예는 **터펜**이고, 첫 번째 예는 **스테로이드**이다.

14. 터펜은 탄소 다섯 개의 **아이소프렌** 단위로 이루어져 있다.

15. 스테로이드는 각모양을 이룬 세 개의 접합된 사이클로헥세인(A, B, C 고리)이 cyclopentane D 고리에 붙어 있는 구조이다. 베타 치환기는 분자 평면 위에 있고, 알파 치환기는 아래에 있다.

16. 스테로이드의 중요한 부류는 임신 조절 같은 많은 생리적 기능을 가지고 있는 **성호르몬**이다.

문제

21. 분자식 C_5H_{10}을 가지며 고리가 하나인 구조를 가능한 대로 많이 쓰시오. 그들을 명명하시오.

22. 분자식 C_6H_{12}를 가지며 고리가 하나인 구조를 가능한 대로 많이 쓰시오. 그들을 명명하시오.

23. 다음 분자를 IUPAC 명명법에 따라 명명하시오.

(a) I (b) H_3C $CH(CH_3)_2$ (c) Cl Cl

(d) CH_3 (e) Br Br (f) Br Br

24. 다음 각 분자의 구조를 그리시오. 이름이 IUPAC 명명법에 맞지 않는 경우에는 체계명을 쓰시오. **(a)** isobutylcyclopentane, **(b)** cyclopropylcyclobutane, **(c)** cyclohexylethane, **(d)** (1-ethylethyl) cyclohexane, **(e)** (2-chloropropyl) cyclopentane, **(f)** *tert*-butylcycloheptane.

25. 다음 각 분자의 구조를 그리시오. **(a)** *trans*-1-chloro-2-ethylcyclopropane, **(b)** *cis*-1-bromo-2-chlorocyclopentane, **(c)** 2-chloro-1,1-diethylcyclopropane, **(d)** *trans*-2-bromo-3-chloro-1,1-diethylcyclopropane, **(e)** *cis*-1,3-dichloro-2,2-dimethylcyclobutane, **(f)** *cis*-2-chloro-1,1-difluoro-3-methylcyclopentane.

Cl· 의 수소에 따른 반응

사이클로알케인	반응성
Cyclopentane	0.9
Cyclobutane	0.7
Cyclopropane	0.1

주: 사이클로헥세인과의 관계 = 1.0; at 68°C, $h\nu$, CCl_4 solent.

26. 몇 가지 사이클로알케인의 라디칼 염소화반응에 대한 속도론 자료(왼쪽에 나와 있는 표를 참조)는 cyclopropane과 정도는 덜 하지만 cyclobutane의 C—H 결합은 약간 비정상적임을 보여 주고 있다. **(a)** 이들 자료는 cyclopropane C—H 결합의 세기와 cyclopropyl 라디칼의 안정성에 대하여 무엇이라고 말하는가? **(b)** cyclopropyl 라디칼이 안정한 이유를 설명하시오(**힌트**: cyclopropane 그 자체에 대한 라디칼의 결합각 변형을 고려할 것).

27. Cyclohexane의 일브로민화반응의 메커니즘을 개시, 전파 및 종결을 보이면서 쓰시오. 생성물의 가장

안정한 형태를 그리시오.

28. 표 3-2와 4-2의 자료를 사용하여 다음 분자의 C — C 결합에 대한 *DH*°를 예측하시오. **(a)** cyclopropane, **(b)** cyclobutane, **(c)** cyclopentane, **(d)** cyclohexane.

29. 다음 치환된 cyclobutane을 두 상호변환하는 "주름잡힌" 형태로 각각 그리시오(그림 4-3). 두 형태가 에너지가 다른 경우에는 더 안정한 구조를 밝히고, 덜 안정한 형태의 상대적 에너지를 올리는 변형의 종류를 나타내시오(**힌트**: 주름잡힌 cyclobutane은 의자 형태 cyclohexane에서와 비슷한 축방향과 적도방향 위치를 가진다).
(a) Methylcyclobutane
(b) *cis*-1,2-Dimethylcyclobutane
(c) *trans*-1,2-Dimethylcyclobutane
(d) *cis*-1,3-Dimethylcyclobutane
(e) *trans*-1,3-Dimethylcyclobutane
어느 것이 더 안정한가: *cis*- 또는 *trans*-1,2-dimethylcyclobutane, *cis*- 또는 *trans*-1,3-dimethylcyclobutane?

30. 다음 cyclohexane 유도체 각각에 대해서 (i) 그 분자가 시스 또는 트랜스인지 그리고 (ii) 이것이 가장 안정한 형태로 있는지를 나타내시오. (ii)에 대한 답이 "아니다"이면, 고리를 뒤집어서 가장 안정한 형태를 그리시오.

(a) Cl, CH_3 **(b)** OCH_3, NH_2 **(c)** HO, $CH(CH_3)_2$ **(d)** CH_3, O=C–OCH_3
(e) CH_2CH_3, I **(f)** Br, NH_2 **(g)** H_3C, OCH_3
(h) F, HO **(i)** O=C–OH, Br **(j)** Cl, $CH(CH_3)_2$

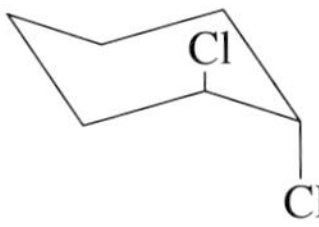

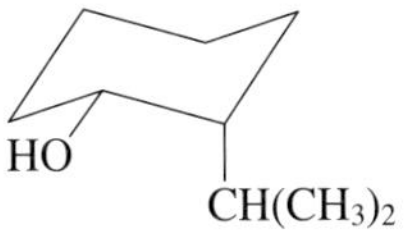

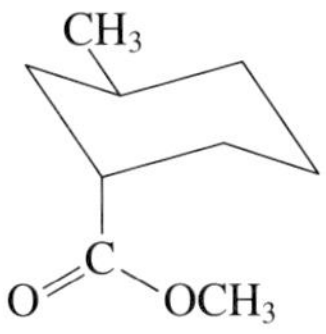

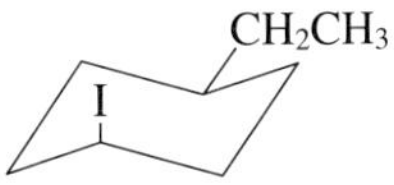

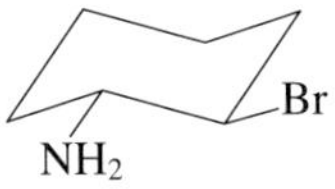

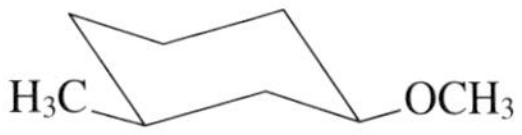

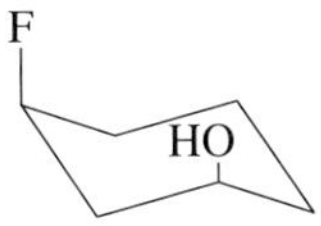

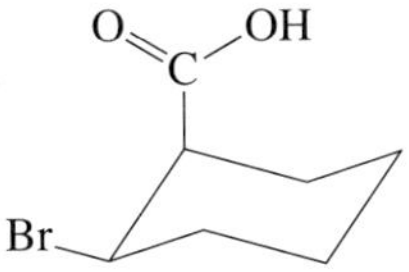

31. 표 4-3의 자료를 이용하여 문제 30에 나와 있는 분자들이 다른 형태로 고리가 뒤집어지는 과정의 $\Delta G°$를 구하시오. 여러분이 구한 값의 부호(즉, 양인지 음인지)가 맞는지를 확인하시오.

32. 다음 치환된 cyclohexane의 각각에 대해서 가장 안정한 형태를 그리시오. 그 다음 각 경우에 고리를 뒤집은 후 에너지가 더 높은 의자 형태의 분자를 다시 그리시오. **(a)** cyclohexanol, **(b)** *trans*-3-methylcyclohexanol(오른쪽 그림 참조), **(c)** *cis*-1-methyl-3-(1-methylethyl)cyclohexane, **(d)** *trans*-1-ethyl-3-methoxycyclohexane(오른쪽 그림 참조), **(e)** *trans*-1-chloro-4-(1,1-dimethylethyl)cyclohexane.

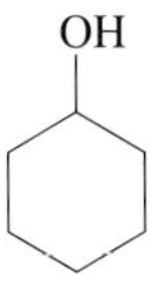

OH

Cyclohexanol

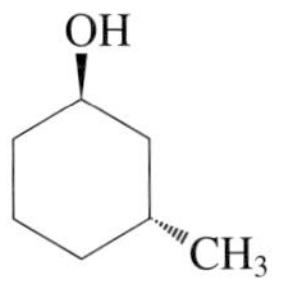

OH, CH_3

trans-3-Methylcyclohexanol

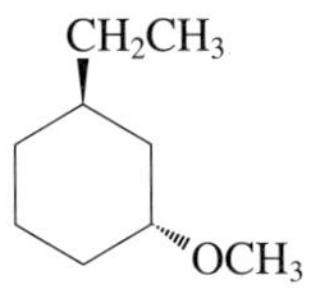

CH_2CH_3, OCH_3

trans-1-Ethyl-3-methoxycyclohexane

33. 문제 32에 나와 있는 각 분자들에 대하여 가장 안정하고, 그 다음으로 안징한 형태 사이의 에너지 차이를 예측하시오. 300 K에서 두 형태의 대략적인 비를 구하시오.

34. Methylcyclohexane의 형태적 상호변환에 대하여, 두 의자 형태를 반응 좌표의 왼쪽과 오른쪽 끝에 배치한 퍼텐셜–에너지 도표(그림 4-9에서와 비슷한)를 그리시오.

35. Cyclohexylcyclohexane의 가능한–의자 형태를 모두 그리시오.

36. Methylcyclohexane의 **보트** 형태 네 가지 중에서 어느 것이 가장 안정한가? 그리고 그 이유는 무엇인가?

37. *Trans*-1,3-bis(1,1-dimethylethyl)cyclohexane의 가장 안정한 형태는 의자가 아니다. 이 분자가 어떤 형태를 가질 것이라고 기대되는가? 설명하시오.

38. Cyclohexane 고리 하나를 cyclopentane 고리 하나와 접합시켜 얻은 두고리 탄화수소를 hexahydroindane

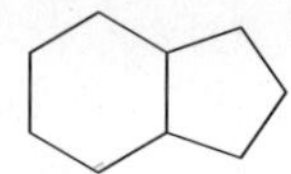

Hexahydroindane

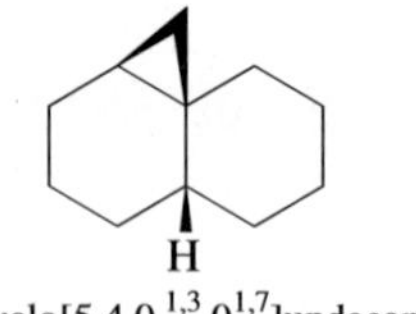

Tricyclo[5.4.0 ^{1,3}.0^{1,7}]undecane

(왼쪽 여백 그림)이라고 한다. *trans*-와 *cis*-decalin의 그림을 참조하여(그림 4-13), 각 고리가 가장 안정한 형태를 취하고 있는 *Trans*-와 *cis*-hexahydroindane의 구조를 그리시오.

39. 그림 4-13에 나와 있는 *cis*-와 *trans*-decalin의 그림을 보면, 어느 것이 더 안정한 이성질체라고 생각하는가? 두 이성질체 사이의 에너지 차이를 예측하시오.

40. 몇 가지 세고리 화합물은 tricyclo[5.4.0^{1,3}.0^{1,7}]undecane(왼쪽 여백 그림)처럼 cyclopropane 고리가 *cis*-decalin 구조에 접합된 구조로서 자연에 존재한다. 여러 나라에서 이러한 구조를 가지는 몇 가지 물질들이 민간 피임약으로 사용된 바 있다. Cyclopropane 고리는 두 cyclohexane 고리의 형태에 무슨 영향을 주는가? *cis*-Decalin 그 자체에서 cyclohexane 고리는(동시에) 의자-의자 상호변환(연습 문제 4-13을 상기할 것)을 할 수 있다. 같은 변환이 tricyclo[5.4.0^{1,3}.0^{1,7}]undecane에서 일어나는가?

41. 천연적으로 존재하는 탄수화물인 글루코스(포도당, 24장)는 아래의 두 이성질체 관계의 고리형으로 존재한다. 이들을 각각 α와 β라고 부르며, 17장에서 소개하는 화학적 과정에 의하여 평형 상태에 있다.

CH_2OH, O, HO, HO, HO, H, OH

α-glucose

CH_2OH, O, HO, HO, HO, OH, H

β-glucose

(a) 두 구조 중에서 어느 것이 더 안정한가?

(b) 평형에서 두 구조는 약 64 : 36의 비로 존재한다. 이 평형비에 대응하는 자유 에너지 차이를 구하시오. 이 값은 표 4-3의 자료와 얼마나 잘 일치하는가?

42. 다음 분자 각각을 monoterpene, sesquiterpene, 또는 diterpene으로 분류하시오(이름은 일반명이다).

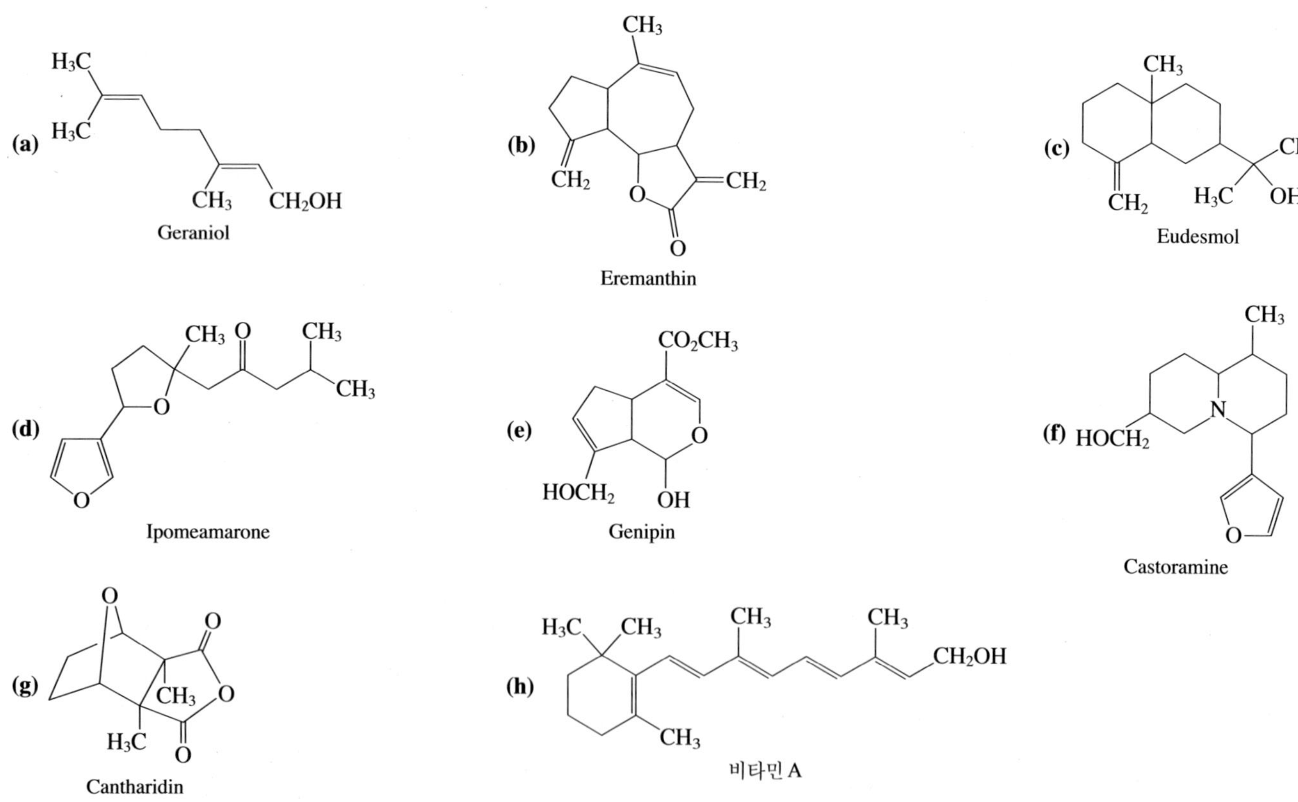

43. 문제 42에 나와 있는 구조에서 작용기에 원을 그리고 이름을 말하시오.

44. 문제 42에 나와 있는 각 천연물에서 2-methyl-1,3-butadiene(isoprene) 단위를 찾으시오.

45. 4-7절에서 나온 스테로이드 중에서 아무 것이나 세 개를 골라, 작용기 모두에 원을 그리고 이름을 말

하시오. 극성 결합이 있으면 부분 양전하와 음전하를 표시하시오(δ^+와 δ^-).

46. 고리 구조가 변형을 가진 천연물의 몇 가지 예가 추가적으로 아래에 나와 있다.

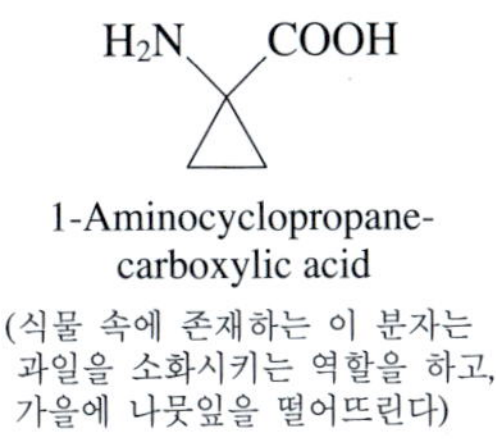

1-Aminocyclopropane-carboxylic acid
(식물 속에 존재하는 이 분자는 과일을 소화시키는 역할을 하고, 가을에 나뭇잎을 떨어뜨린다)

α-Pinene
(시더나무 오일에 존재)

Africanone
(식물잎 오일)

Thymidine dimer
(자외선에 노출되었던 DNA의 성분)

이들 구조에서 터펜이 있으면 터펜을 고르시오. 각 구조에서 2-methyl-1,3-butadiene 단위를 찾고 구조를 monoterpene, sesquiterpene 또는 diterpene으로 분류하시오.

47. **도전 문제** Cyclobutane이 편평하다면 C—C—C 결합각은 정확히 90°일 것이고, 상상하건대 C—C 결합은 순수한 *p* 오비탈을 사용할 것이다. 모든 C—H 결합이 동일하려면 이 분자의 탄소 원자의 혼성은 무엇이 가능할까? 정확히 어디에 각 탄소의 수소가 놓일까? 이러한 가설을 부정하는 cyclobutane의 실제 구조는 무엇일까?

48. 전부 의자 형태의 cyclodecane의 구조를 *trans*-decalin의 그것과 비교하시오. 왜 전부-의자 형태의 cyclodecane은 변형이 매우 크나, *trans*-decalin은 거의 변형이 없는지를 설명하시오.

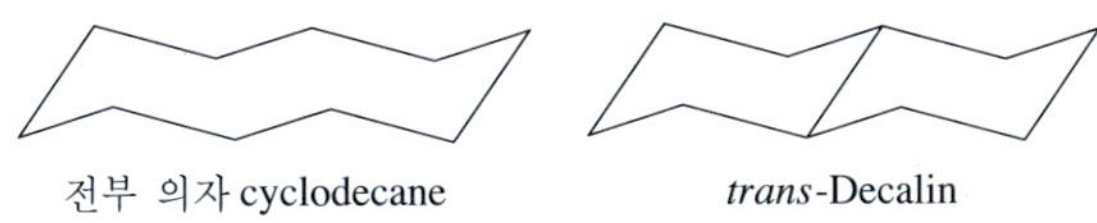

전부 의자 cyclodecane *trans*-Decalin

49. Fusidic acid(푸시드산)는 광범위한 생물학적 활성을 가진 매우 강력한 항생제로서, 스테로이드와 유사한 구조를 가지고 있는 미생물 생성물이다. 그 분자 모양은 매우 특이해서 스테로이드의 생합성의 방법을 연구하는 연구자들에게 중요한 단서를 제공하고 있다.

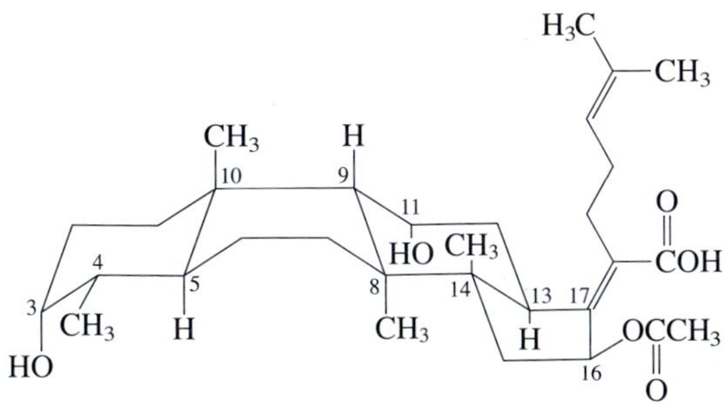

Fusidic acid

(a) Fusidic acid에 있는 모든 고리를 찾고 그들의 형태를 서술하시오.
(b) 분자에서 모든 고리접합을 시스 또는 트랜스로 구별하시오.
(c) 고리에 결합된 모든 기를 α- 또는 β-치환기로 구별하시오.
(d) 이 분자가 전형적인 스테로이드와 구조 및 입체화학에서 어떻게 다른지를 자세히 기술하시오(이 질문에 대한 답변에 도움을 주기 위하여 이 분자 골격의 탄소 원자에 번호를 매겼다).

50. 효소에 의한 알케인의 알코올로의 산화는 부신피질 스테로이드 호르몬을 만드는 반응이 단순화된 것이다. 프로제스테론으로부터의 코티코스테론 생합성에서(4-7절) 그러한 산화가 두 번 연속으로 일어난다(*a*, *b*). 일산소화효소(monooxygenase)가 이 반응에서 복잡한 산소-원자 주개로 작용한다고 생각된다. Cyclohexane에 대하여 적용되는 제안된 메커니즘은 생합성 반응이 다음에 나와 있는 두 단계로 이루어져 있다.

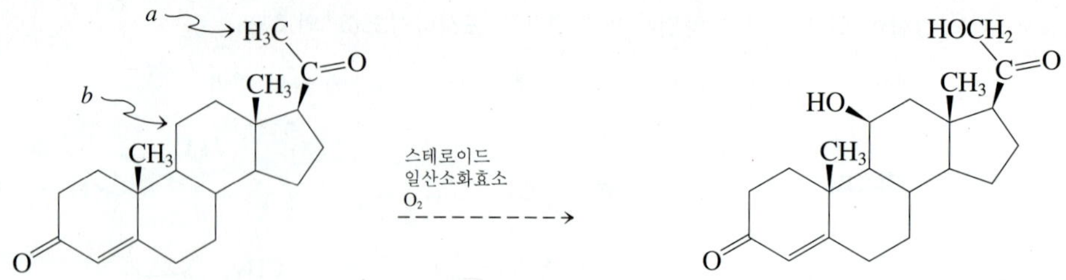

프로제스테론 —(스테로이드 일산소화효소, O_2)→ Corticosterone

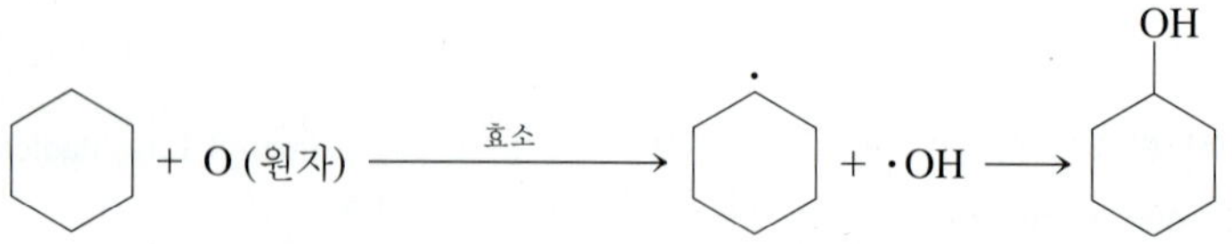

$$\text{Cyclohexane} + \text{O (원자)} \xrightarrow{\text{효소}} \text{cyclohexyl radical} + \cdot\text{OH} \longrightarrow \text{cyclohexanol}$$

각 단계와 전체 cyclohexane 산화 반응의 $\Delta H°$를 구하시오. 다음 $DH°$값을 사용하라. Cyclohexane C—H 결합 98.5 kcal mol^{-1}, O—H 라디칼에서의 결합 102.5 kcal mol^{-1}, cyclohexanol C—O 결합 96 kcal mol^{-1}.

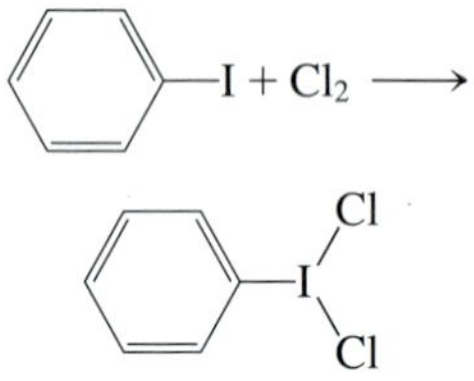

51. **도전 문제** Iodobenzene과 염소의 반응에서 얻어지는 iodobenzene dichloride (이염화 아이오도벤젠)은 알케인 C—H 결합의 염소화반응에 쓰이는 시약이다. Iodobenzene dichloride이 사용되는 염소화반응은 빛에 의하여 개시된다.

$$C_6H_5\text{—I} + Cl_2 \longrightarrow C_6H_5ICl_2$$

Iodobenzene dichloride

(a) Iodobenzene dichloride에 의한 전형적인 알케인 RH의 염소화반응에 대하여 라디칼 사슬 메커니즘을 제안하시오. 여러분이 문제풀이를 시작할 수 있도록, 이 반응의 전체 반응식과 개시 단계가 아래에 나와 있다.

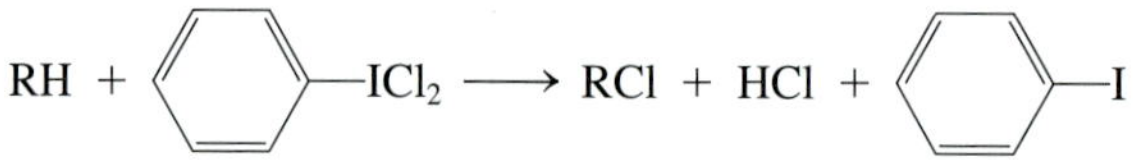

$$RH + C_6H_5\text{—}ICl_2 \longrightarrow RCl + HCl + C_6H_5\text{—I}$$

$$\text{개시:}\quad C_6H_5ICl_2 \xrightarrow{h\nu} C_6H_5\text{—}\dot{I}\text{—Cl} + Cl\cdot$$

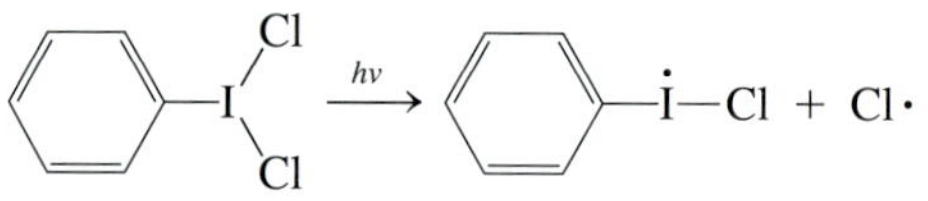

(b) Iodobenzene dichloride에 의한 전형적인 스테로이드의 라디칼 염소화반응은 세 가지의 이성질체인 일염소화반응 생성물을 주로 준다. 반응성(삼차, 이차, 일차)과 입체 효과(C—H 결합을 향한 시약의 접근을 방해하여 C—H 결합이 반응하지 못하도록 만드는)를 모두 고려한 근거를 바탕으로, 스테로이드 분자의 주요한 염소화 장소 세 개를 예측하시오. 모형을 만들거나 4-7절의 스테로이드 핵의 그림을 주의 깊게 분석하라.

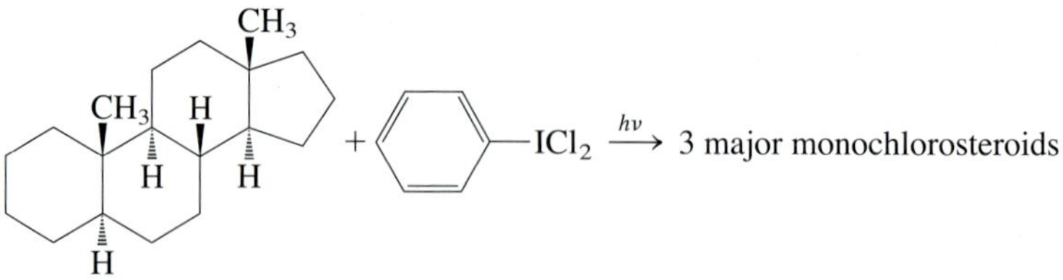

$$\text{Steroid} + C_6H_5\text{—}ICl_2 \xrightarrow{h\nu} \text{3 major monochlorosteroids}$$

52. **도전 문제** 문제 50에서 보듯이 작용기를 스테로이드 핵에 도입하는 효소 반응은 문제 51에 기술된 실험실 염소화반응과는 다르게 매우 선택적이다. 하지만 이 반응을 영리하게 고치면 실험실에서 자연의 선택성을 모방하는 것이 가능해진다. 그러한 예 두 가지를 아래에 소개하였다.

(a) $\xrightarrow{Cl_2,\ h\nu}$

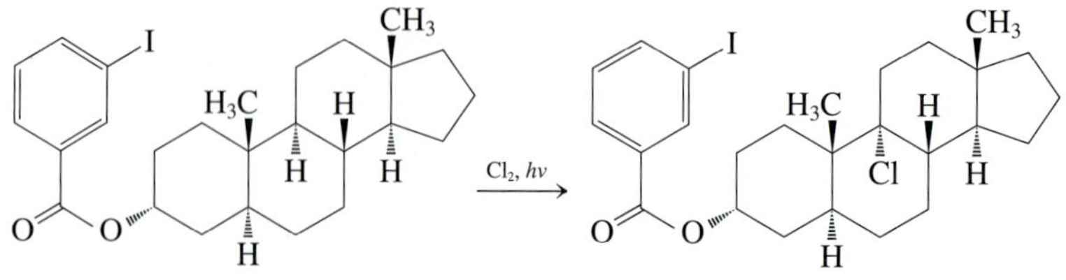

(b)

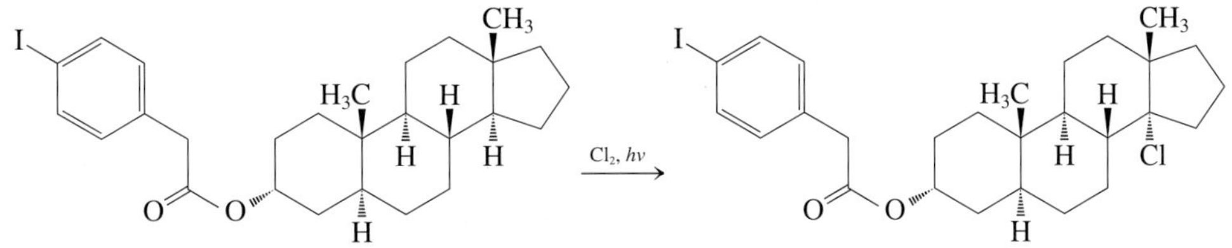

$$\xrightarrow{Cl_2,\ h\nu}$$

이 두 반응의 결과를 합리적으로 설명하시오. 각 아이오도 화합물에 대한 Cl_2 첨가의 생성물 모형을 만들면 각 반응을 분석하는 데 도움이 된다.

입체이성질체

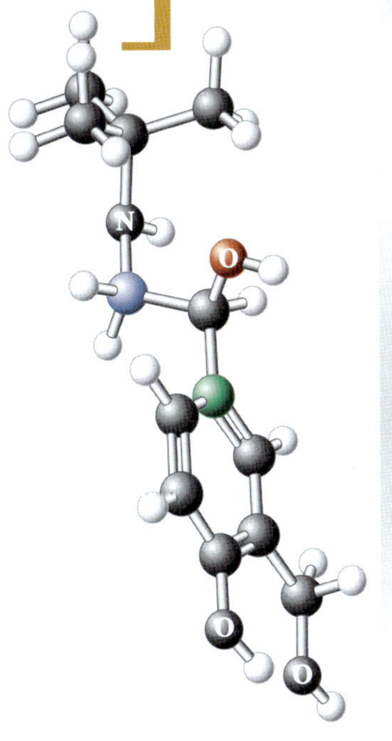

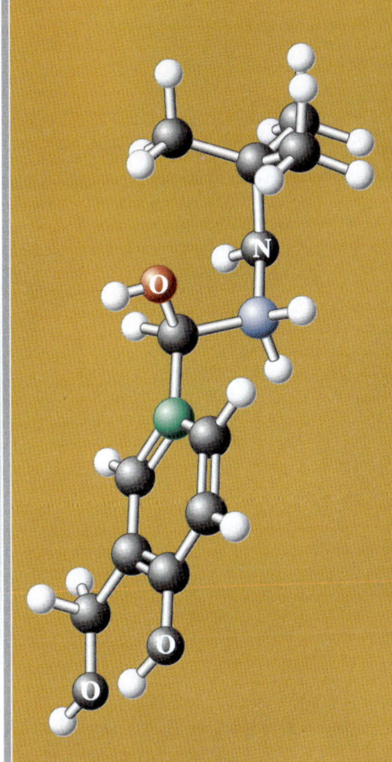

S-(+)-Albuterol *R*-(−)-Albuterol

아침에 일어나서 거울을 볼 때에, "저건 내 모습과 달라!"라고 생각해 본 적은 없는가? 그 생각은 옳다. 왜냐하면 거울에 비친 내 모습은 실상과는 다르기 때문이다. 실상과 거울상은 **서로 포개질 수가 없다**(*nonsuperimposable*). 한 번 거울을 향하여 악수를 청해보라. 여러분이 오른손을 내밀면 거울상은 왼손을 내밀 것이다. 우리는 많은 분자에서 이러한 현상을 볼 수 있다. 즉, 실상과 거울상은 서로 포개질 수 없으며, 따라서 동일하지 않다는 것이다. 이러한 구조들을 어떻게 구별할 수 있을까? 실상과 거울상의 기능은 다를까? 다르다면 어떻게 다를까?

주로 쓰이는 기관지확장제인 알부테롤(albuterol)의 실상과 그것의 거울상의 생리활성은 매우 큰 차이가 난다. *R*-모양의 화합물은 기관지를 확장해 주는 역할을 하지만, 거울상인 *S*-모양은 기관지 확장 효과를 없애고, 오히려 염증을 유발하는 물질로 의심되고 있다.

이들은 분자식이 같기 때문에 이성질체이지만, 지금까지 보아온 다른 이성질체와는 구별된다. 앞 장에서는 두 가지의 이성질현상, 즉 구조 이성질현상과 입체이성질현상(stereoisomerism)에 대하여 언급한 바 있다(그림 5-1 참조). **구조 이성질현상(constitutional isomerism** 또는 structural isomerism)은 분자식은 같지만, 원자의 연결 순서가 다른 화합물들을 말한다(1-9, 2-4절 참조).

구조 이성질체

C_4H_{10}	$CH_3CH_2CH_2CH_3$ Butane	$H_3C-CH(CH_3)-CH_3$ 2-Methylpropane
C_2H_6O	CH_3CH_2OH Ethanol	CH_3OCH_3 Methoxymethane (Dimethyl ether)

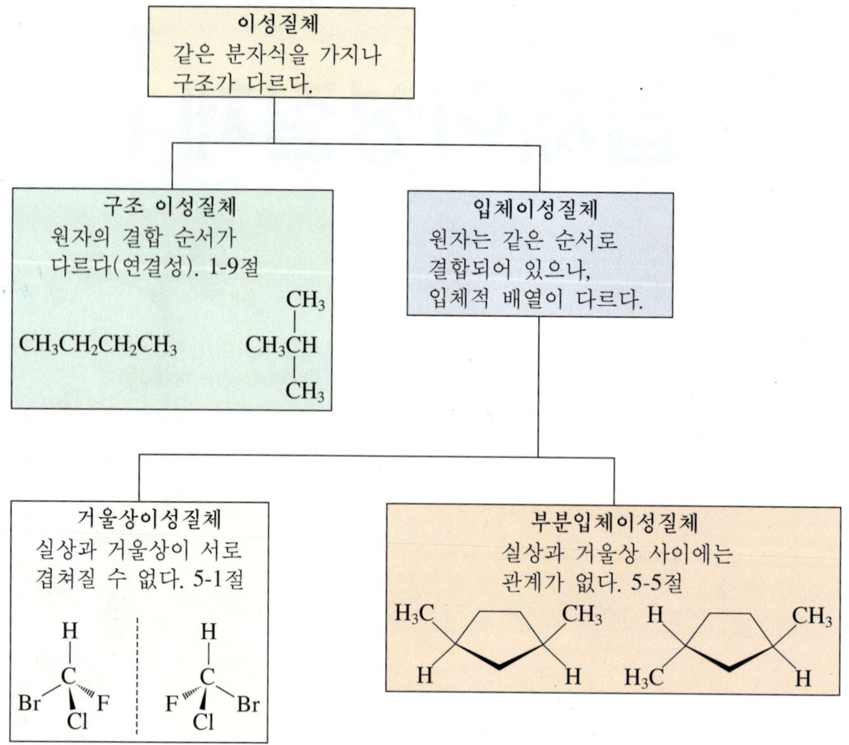

그림 5-1 여러 가지 이성질체들의 상호관계.

Julien과 Paloma Sat-Vollhardt의 실상과 거울상.

입체이성질현상(stereoisomerism)이란 원자가 같은 순서로 연결되어 있지만, 그들의 공간 배열이 다름으로 인해서 발생한다. 입체이성질체의 예로는 비교적 안정하고, 분리할 수 있는 시스-트랜스 이성질체와 빠르게 평형 상태를 이루는(대개는 분리할 수 없는) 형태 이성질체를 들 수 있다(2-5절부터 2-7절, 4-1절 참조).

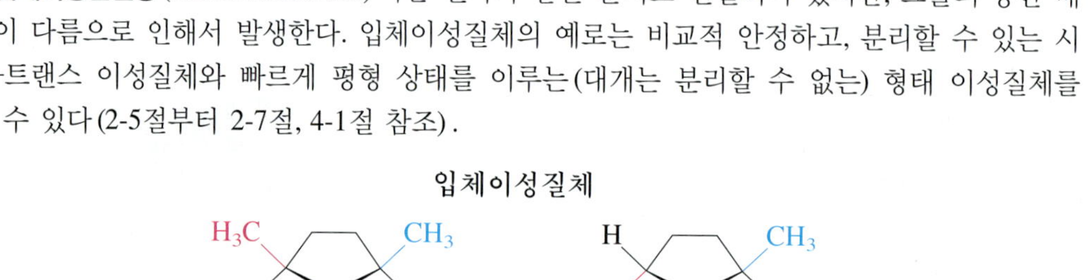

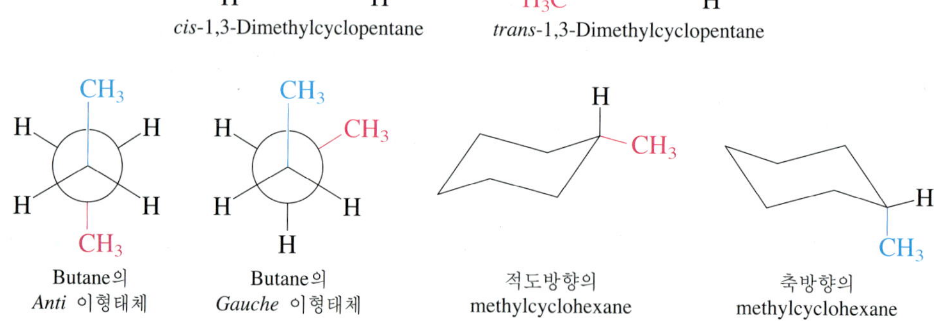

연습 문제 5-1

Cyclopropylcyclopentane과 cyclobutylcyclobutane은 서로 이성질체인가?

연습 문제 5-2

위에 그려진 입체이성질체 이외의 methylcyclohexane의 다른 입체이성질체를 그리시오(**힌트**: 그림 4-8과 같은 분자 모형을 사용하라).

이 장에서는 또 다른 입체이성질현상, 즉 **거울상 입체이성질현상(mirror-image stereoisomerism)**에 대해 소개할 것이다. 어떤 분자의 "손 대칭성"에 기인한 이성질체는 마치 오른손

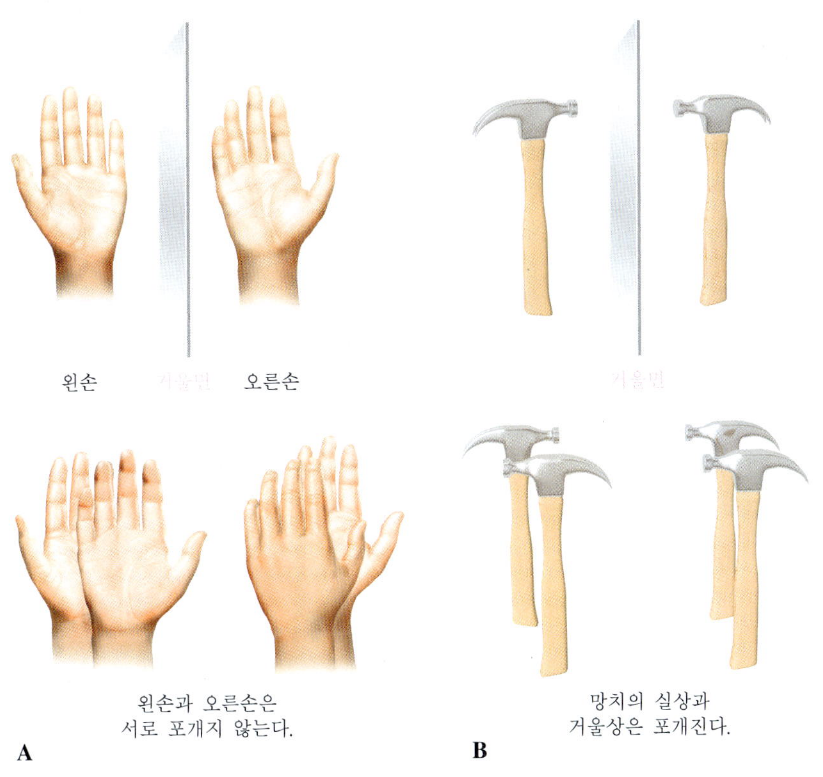

그림 5-2 (A) 거울상 입체이성질현상 관계에 대한 오른손과 왼손 모형. (B) 비카이랄성 망치의 경우 실상과 거울상은 서로 포개질 수 있다.

이 왼손과 포개질 수 없는 것과 같이, 어떤 구조가 그것의 거울상과 포개질 수 없을 때 일어난다(그림 5-2A 참조). 이와 같이 손은 망치처럼 그 실상과 거울상이 서로 포개지는 물질과는 다르다(그림 5-2B 참조). 손 대칭에 기인한 입체적 성질은 자연에서 생물학적으로 유용한 물질들은 "왼쪽" 또는 "오른쪽" 중 한쪽으로만 존재하기 때문에 매우 중요하다. 이 입체이성질체는 친구와 악수할 때 왼손은 왼손으로, 오른손은 오른손으로 악수하는 것처럼, 왼쪽과 오른쪽 화합물이 서로 다른 화학 반응을 일으킨다. 이성질체들의 상호관계는 그림 5-1과 같다.

5-1 카이랄 분자

한 분자가 그것의 거울상과 포개질 수 없는 현상이 어떻게 일어날까? 뷰테인의 라디칼 브로민화반응을 생각해 보자. 이 반응에서는 주로 이차 탄소 중의 하나에 반응이 일어나서 2-브로모뷰테인이 형성된다. 출발물의 분자 모형을 **보면** 이차 탄소의 두 수소 중 하나가 브로민으로 치환되어 한 가지의 2-브로모뷰테인을 만드는 것처럼 보인다(그림 5-3 참조). 그러나 이것이 사실일까?

카이랄 분자는 그것의 거울상과 서로 포개질 수 없다

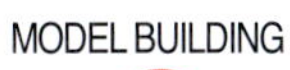

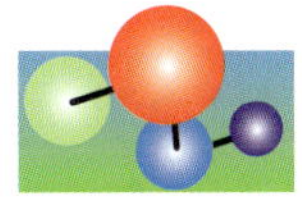

뷰테인의 메틸렌(이차 탄소)에 결합된 두 수소를 각각 브로민으로 치환시켜 생성되는 2-브로모뷰테인들을 자세히 살펴보자. 사실 이 두 구조는 서로 포개질 수 없으며, 따라서 이들은 **서로 다른**(*not identical*) **것이다**(다음 페이지 참조). 이 두 분자는 서로 거울상 관계에 있으며, 한 분자를 다른 분자로 만들려면 결합을 깨야만 가능하다. 거울상과 실상이 서로 포개지지 않는 분자는 **카이랄**(**chiral**)이라고 한다. 이렇게 서로 거울상이며, 포개지지 않는 한 쌍의 분자

H_3C, H, H, C / C, H, H, CH_3 $\xrightarrow[-HBr]{Br_2,\ h\nu}$ H_3C, H, Br, C / C, H, H, CH_3 + H_3C, Br, H, C / C, H, H, CH_3

그림 5-3 Butane에서 이차 수소 중의 하나를 치환시키면 두 개의 입체이성질체의 2-bromobutane이 생성된다.

들을 **거울상이성질체(enantiomer**: *enantios*, 그리스어로 서로 반대를 의미)라고 한다. 뷰테인의 브로민화반응의 예에서는 거울상이성질체의 1 : 1 혼합물이 형성된다.

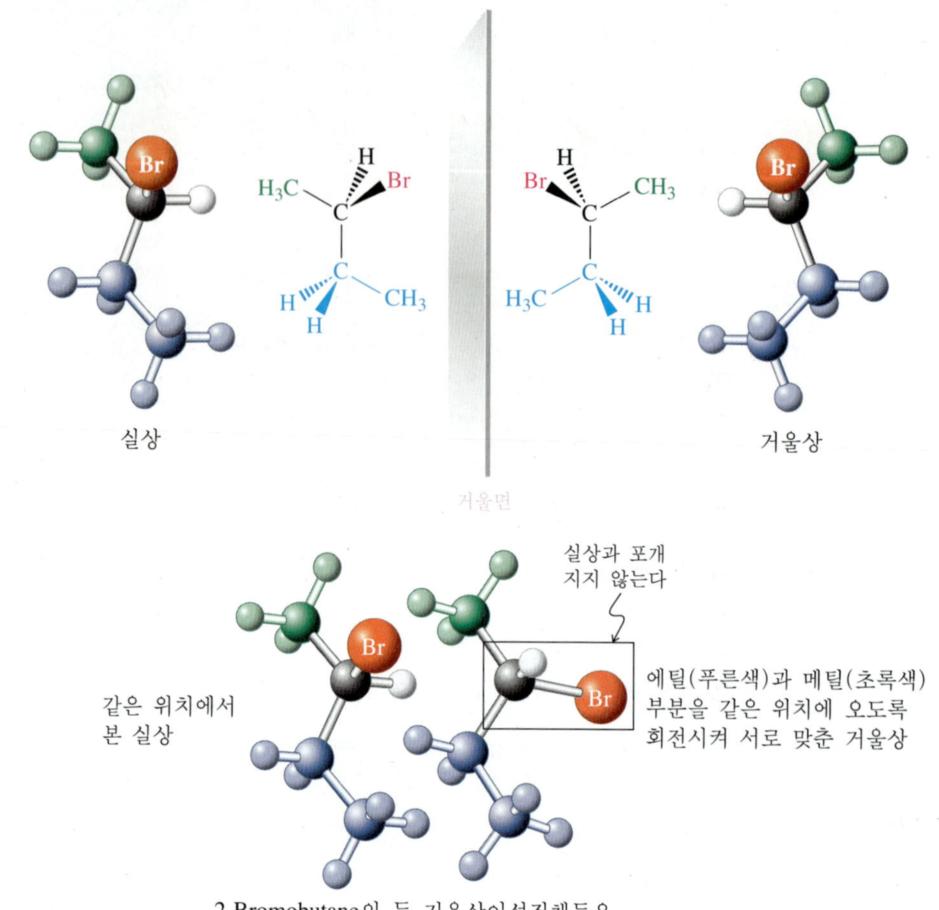

2-Bromobutane의 두 거울상이성질체들은
서로 포개질 수 없다

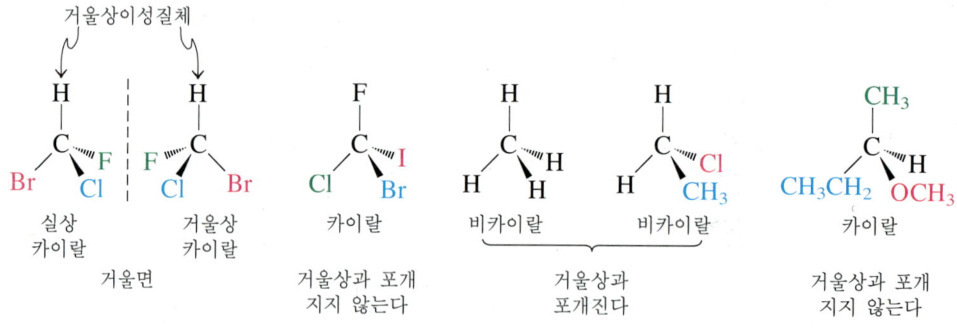

입체중심

A
*C D
B C

A
D C*
C B

실상 거울상

거울면
(C* = 비대칭 탄소에 의한 입체중심)

2-브로모뷰테인과 같은 카이랄 분자와는 달리, 어떤 분자가 자신의 거울상과 포개지면 이것은 **비카이랄성(achiral)**이라고 한다. 카이랄 및 비카이랄 분자의 예는 위의 그림과 같다. 위에 보이는 그림의 처음 두 카이랄 구조는 서로 거울상이성질체이다.

대부분의 카이랄 분자의 예는 네 개의 서로 **다른**(*different*) 치환기가 연결된 원자를 함유하고 있다. 이와 같은 원자를 **비대칭 원자(asymmetric atom**, 예를 들면 비대칭 탄소) 또는 **입체중심(stereocenter)**이라고 한다. 이러한 종류의 중심 원자는 흔히 별표(*)로 표시한다. **한 개의 입체중심을 가지는 분자는 반드시 카이랄 분자이다**(5-6절에서는 한 개 이상의 입체중심을 가지는 분자가 카이랄 분자가 아닐 수도 있다는 것을 연습할 것이다).

연습 문제 5-3

4-7절에서 보여 준 천연물 중 어떤 것이 카이랄 분자이고, 어떤 것이 비카이랄 분자인가? 각각의 경우에서 입체중심은 몇 개인가?

분자의 대칭이 카이랄 구조와 비카이랄 구조를 식별하는 데 도움이 된다

카이랄(*chiral*)이라는 단어의 어원은 그리스어의 "*cheir*"로서, "손" 또는 "손 대칭성"이라는 의미가 있다. 인간의 두 손에는 거울상이성질체에서의 전형적인 관계인 상호 거울상의 관계가

화학 이야기 5-1

카이랄 천연물

이 장의 시작 부분에서 소개된 것과 같이 사람의 신체는 카이랄성을 가진다. 사실상 거시적 자연계에서 손 대칭성은 널리 퍼져 있다. 게다가 대개의 경우 카이랄성을 가지는 실상이 그의 거울상에 비교하여 우세하게 존재한다. 예를 들면, 우리는 대부분이 오른손잡이이고, 심장은 왼쪽에 있으며, 간은 오른쪽에 있다. 메꽃은 좌선형으로 감아 올라가지만, 인동덩굴은 그 반대 방향을 선호한다. 또한 우선형의 달팽이 껍질이 우세하다.

식용달팽이의 껍질 모양: 우선형(왼쪽 그림) 좌선형의 비율은 20,000 : 1이다.

이렇게 한쪽 손 대칭성을 선호하는 경향은 미시적인 분자 세계에서도 존재한다. 사실 거시적인 카이랄성을 야기하는 것은 종종 미시적 카이랄 분자 단위 건축 블록의 존재 때문이다. 이 같이 일부 양쪽이 다 존재하는 분자들도 있지만, 많은 카이랄 유기 화합물들은 자연에서 단 한 가지의 거울상이성질체로 존재한다. 특정한 손 대칭성은 특정한 생물학적인 기능과 연관되어 있는데, 이는 우리 체내의 카이랄 수용체들의 존재로 인해 나타나게 된다(화학 이야기 5-5 참조). 예를 들어, 천연 **알라닌**(**alanine**, 계통명은 2-아미노프로판산)은 한 가지 이성질체로만 발견되는 흔한 아미노산이다. 반면, **락트산**(**lactic acid**, 2-하이드록시프로판산)은 혈액이나 근육에서는 한 가지 이성질체로만 발견되지만, 부패된 우유나 일부 과일 및 식물에서는 두 이성질체의 혼합물로서 존재한다.

H, C*, H_2N, COOH, CH_3
2-Aminopropanoic acid
(Alanine)

H, C*, HO, COOH, CH_3
2-Hydroxypropanoic acid
(Lactic acid)

또 다른 예로는 카르본[2-메틸-5-(1-메틸-에텐일)-2-사이클로헥센온]이 있는데, 이것은 육원자 고리 안에 입체중심을 가지고 있다. 이 탄소 원자는 고리 자체를 둘로 나누어 생각하면 서로 다른 치환기이므로, 네 개의 서로 다른 치환기를 가지는 것으로 간주할 수 있다. 즉, 입체중심으로부터 시계 방향으로 연결된 원자들의 순서가 반시계 방향의 순서와 다르므로, 이 두 치환기는 서로 다른 것이다. 카르본은 자연계에서 각각 특이한 향을 가지는 두 가지 거울상이성질체가 모두 발견된다. 한 거울상이성질체는 캐러웨이의 특이한 향을 나타내는 반면에, 다른 거울상이성질체는 스피어민트향을 나타낸다.

이 책에서는 자연에서 하나의 거울상이성질체로만 존재하는, 자연계에 존재하는 많은 카이랄 분자들의 예들을 보게 될 것이다.

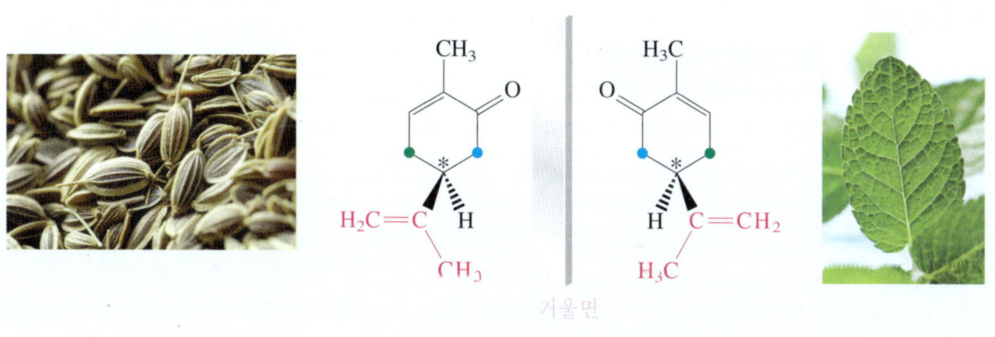

Carvone의 거울상이성질체들

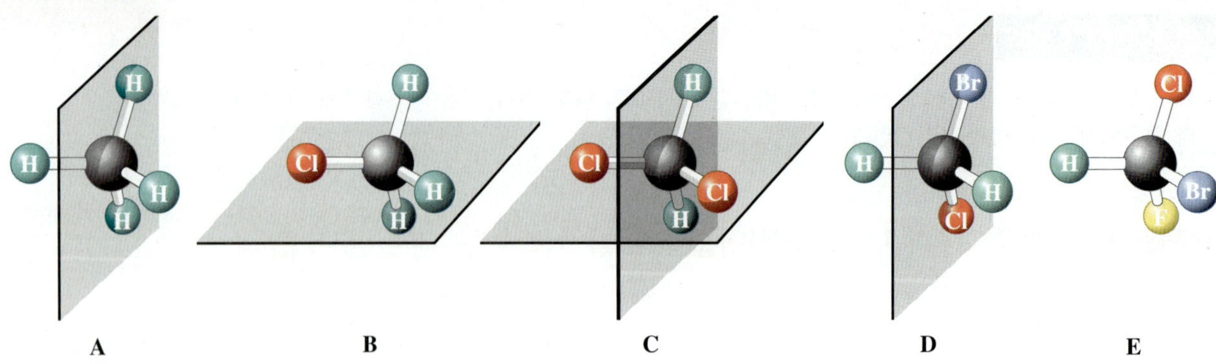

그림 5-4 대칭면의 예. (A) Methane의 여섯 개의 대칭면(사면체의 여섯 개의 꼭짓점에 해당됨) 중 하나만을 보여 주고 있다. (B) Chloromethane의 세 대칭면 중 하나. (C) Dichloromethane은 단 두 개, (D) Bromochloromethane은 한 개 그리고 (E) Bromochlorofluoromethane에서는 없다. 카이랄 분자들은 대칭면을 가질 수 없다.

있다(그림 5-2A 참조). 카이랄성을 가지는 물체의 예로는 구두, 귀, 나사못, 나선형 계단 등을 들 수 있다. 반면에 비카이랄 물질로는 공, 일반적인 물잔, 망치(그림 5-2B 참조), 못 등을 들 수 있다.

나선형 계단과 같은 많은 카이랄 물질들은 입체중심을 가지고 있지 않는데, 실제로 많은 카이랄 분자들에서도 이러한 경우를 볼 수 있다. **카이랄성을 결정하는 유일한 방법은 어떤 물체가 그 거울상과 포개질 수 있는가의 여부에만 달려 있다는 점을 기억하라.** 이 장에서는 입체중심이 존재함으로써 카이랄성을 가지는 분자에 대해서만 다룰 것이다. 그렇다면 어떤 분자가 카이랄인지 아닌지를 어떻게 알 수 있는가? 물론 이것을 항상 쉽게 알 수 있는 것은 아니다. 가장 확실한 방법은 분자와 그의 거울상 분자 모형을 만들어 그들이 포개질 수 있는가를 보는 것이지만, 이 방법은 많은 시간을 필요로 한다. 좀 더 간단한 방법은 그 분자 내에 대칭성이 있는지를 알아보는 것이다.

대부분 유기 분자의 카이랄성은 주로 대칭면의 여부만 조사하면 된다. **대칭면[plane of symmetry, 거울면(mirror plane)]** 이란 분자를 반으로 나누었을 때 한쪽 구조의 거울상이 다른 쪽의 구조와 일치하는 것을 말한다. 예를 들어, 메테인의 경우는 여섯 개, 클로로메테인은 세 개, 다이클로로메테인은 두 개, 브로모클로로메테인은 한 개의 거울상 대칭면이 존재하며, 브로모클로로플루오로메테인의 경우는 거울상 대칭면이 존재하지 않는다(그림 5-4 참조).

MODEL BUILDING

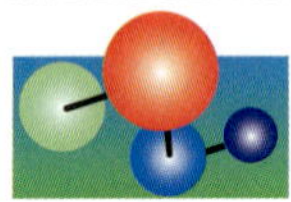

그러면 카이랄, 비카이랄 분자를 구별하는 데에 이러한 것을 어떻게 이용할 수 있는가? **카이랄 분자는 거울상 대칭면을 가질 수 없다.** 예를 들어, 그림 5-4의 처음 네 개 메테인의 유도체에는 거울상 대칭면이 존재하므로 명백히 비카이랄성이다. 이 책에 수록된 대부분의 분자들은 거울상 대칭면의 존재 여부를 알아봄으로써 카이랄성인지 비카이랄성인지 규명할 수 있다.

연습 문제 5-4

다음의 비카이랄 물질들의 모양을 그리고, 각각의 거울상 대칭면을 표시하시오. 공, 물잔, 망치, 의자, 여행용가방, 칫솔.

연습 문제 5-5

Dimethylcyclobutane의 모든 구조를 그리고, 카이랄성이 있는 것을 명시하시오. 비카이랄성인 것에는 거울상 대칭면을 표시하시오.

요약 카이랄 분자는 거울상이성질체라는 두 입체이성질체 중의 하나로 존재한다. 그들은 서로 대칭의 관계, 즉 서로 포개지지 않는 거울상의 관계에 있다. 카이랄 유기 분자들은 비록 입체중심이 존재하지 않더라도 카이랄성을 가지는 것이 있으나, 대부분의 경우에는 입체중심을 가지고 있다. 거울상 대칭면을 가지는 분자는 비카이랄성이다.

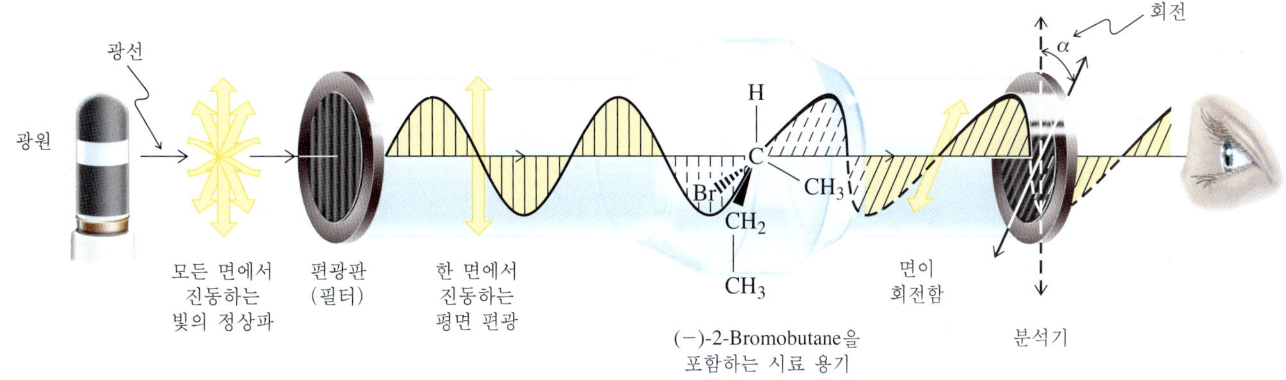

그림 5-5 편광계에 의한 2-bromobutane의 (−) 거울상이성질체의 광회전 측정.

5-2 광학 활성도

카이랄 분자의 첫 번째 예로 2-브로모뷰테인의 두 거울상이성질체들을 살펴보자. 이 거울상이성질체들을 순수하게 분리하여 그들의 끓는점, 녹는점, 밀도와 같은 물리적 성질을 비교해 보면, 이것들을 구별하기는 불가능할 것이다. 이것은 그들 분자의 모든 결합들이 동일하고, 따라서 그들의 에너지 함유량이 같다는 것을 생각해 본다면 당연하다. 하지만 한 거울상이성질체의 시료를 통해 평면 편광(후에 설명할 것임)을 통과시키면, 입사광의 편광면이 한 방향(시계 방향이나 반대 방향)으로 **회전**된다. 다른 거울상이성질체를 이용하여 동일한 실험을 하더라도 편광면의 회전은 정확히 같은 정도로, **그러나 반대 방향으로 일어날 것이다.**

광원을 바라보는 방향에서 볼 때 편광면을 시계 방향으로 회전시키는 거울상이성질체를 **우회전성(dextrorotatory**: *dexter*, 라틴어로 오른쪽을 의미)이라고 하며, 이 화합물은 임의적으로 (+) 거울상이성질체로 표시한다. 결과적으로, 다른 거울상이성질체는 편광면을 시계 반대 방향으로 회전시키며, 이를 **좌회전성(levorotatory**: *laevus*, 라틴어로 왼쪽을 의미)이라 하고, (−) 거울상이성질체로 표시한다. 이러한 빛과의 특별한 상호작용을 **광학 활성도(optical activity)**라고 하며, 거울상이성질체를 종종 **광학 이성질체(optical isomer)**라고도 한다.

2-Bromobutane의 거울상이성질체

물리적 특성이 동일하나:

편광면을 시계 방향으로 회전시킴: 우회전성	편광면을 반시계 방향으로 회전시킴: 좌회전성

편광 회전은 편광계로 측정한다

평면 편광이란 무엇이며, 그것의 회전은 어떻게 측정하는가? 보통 빛은 광선의 진행 방향과 수직인 모든 방향으로 동시에 진동하는 전자기파의 다발로 생각된다. 이러한 빛이 편광판(polarizer)이라고 하는 물질을 통과하게 되면 다발의 진동면 중 한 평면으로 진동하는 빛만 통과시키게 되는데, 이것을 **평면 편광(plane polarized light)**이라고 한다(그림 5-5 참조).

빛이 분자를 통과할 때, 핵 주위의 전자와 그들의 결합들은 빛의 전기장과 상호작용을 하게 된다. 이 평면 편광이 카이랄 분자를 통과하면 빛의 전기장에 대해 분자의 "왼쪽" 절반과 "오른쪽" 절반이 다르게 상호작용하고, 이러한 상호작용을 **광회전(optical rotation)**이라고 한다. 또 이러한 회전을 일으키는 시료는 **광학 활성(optically active)**이 있다고 말한다.

광회전은 **편광계(polarimeter)**를 사용하여 측정된다(그림 5-5 참조). 이 편광계에서 빛은 편광되고, 시료 용기(cell)로 투과되게 된다. 편광의 회절각은 나란히 맞추어 놓은 편광자에 의해서 측정되며, 관측자의 눈에 들어오는 빛이 최대화될 때 측정된다. 측정된 회전의 정도(각도)는 시료의 **관측된 광회전(observed optical rotation)**인 α이다. 이 값은 광학적으로 활성인 분자의 농도와 구조는 물론, 시료 용기의 길이, 빛의 파장, 용매, 온도에 의해 달라진다. 혼돈을 피하기 위해 화학자들은 **고유 광회선도(specific rotation)**인 $[\alpha]$라는 α값의 표준을 사용하기로 하였다. 이 값(용매에 따라 달라진다)은 다음과 같이 정의된다.

고유 광회전도*

$$[\alpha]_{\lambda}^{t^\circ} = \frac{\alpha}{l \cdot c}$$

여기서 $[\alpha]$ = 고유 광회전도
t = °C로 표시된 온도
λ = 입사광의 파장: 소듐(Na) 증기 램프가 사용되며, 노란색 D 방사광의 경우 간단히 D로 표시하고, 파장은 λ = 589 nm이다.
α = 각도로 나타낸 관측된 광회전
l = 데시미터(dm)로 나타낸 시료의 길이: 그 값은 대개 1이다(즉, 10 cm).
c = 농도(용액의 g/mL)

연습 문제 5-6

설탕(자연에서 얻어지는 형태의 sucrose) 0.1 g mL^{-1} 수용액을 10 cm 시료 용기에 넣고 광회전을 측정한 결과 6.65°가 나왔다. $[\alpha]$를 계산하시오. 이 자료가 천연 sucrose의 거울상이성질체의 $[\alpha]$ 값을 의미하는가?

광학적으로 활성이 있는 분자의 고유 광회전도는 녹는점, 끓는점, 밀도와 같은 그 분자 고유의 물리적 상수이다. 고유 광회전도는 네 개가 표 5-1에 수록되었다.

광회전의 정도가 거울상이성질체의 성분비를 표시한다

앞서 언급한 것과 같이 거울상이성질체는 평면 편광을 같은 양만큼 반대 방향으로 회전시킨다. 그러므로 2-브로모뷰테인의 (−)거울상이성질체는 이 평면을 시계 반대 방향으로 23.1° 회전시키며, 그것의 거울상인 (+)-2-브로모뷰테인은 시계 방향으로 23.1° 회전시킨다. (+)와 (−) 거울상이성질체들의 1:1 혼합물은 어떠한 회전도 보여 주지 않으므로 광학적으로 비활성이다. 이러한 혼합물을 **라세미체** 또는 **라세미 혼합물(racemic mixture)**이라고 한다. 어떤 과정에 의해서 한 거울상이성질체가 그것의 거울상과 평형이 된다면, 이를 **라세미화** 또는 **라세미화반응(racemization)**이 일어난다고 말한다. 예를 들어, (+)-알라닌(표 5-1)과 같은 광학적으

*$[\alpha]$값의 단위로 deg cm^2 g^{-1}을 쓴다 [l = 1에 대하여, 10^{-1} deg cm^2 g^{-1}이 됨]. (1 mL = 1 cm^3임을 기억하라). 이와 같은 불편한 단위의 모양 때문에 통상적으로 $[\alpha]$ 값을 단위 없이 사용한다. 더욱이 실질적인 용해도 때문에 어떤 참고 문헌은 농도 c를 g/100 mL로 표시하기도 하고, 이때는 측정된 광회전값에 100을 곱해야 될 경우도 있다.

표 5-1 다양한 카이랄 화합물의 고유 광회전도 $[\alpha]_D^{25°C}$

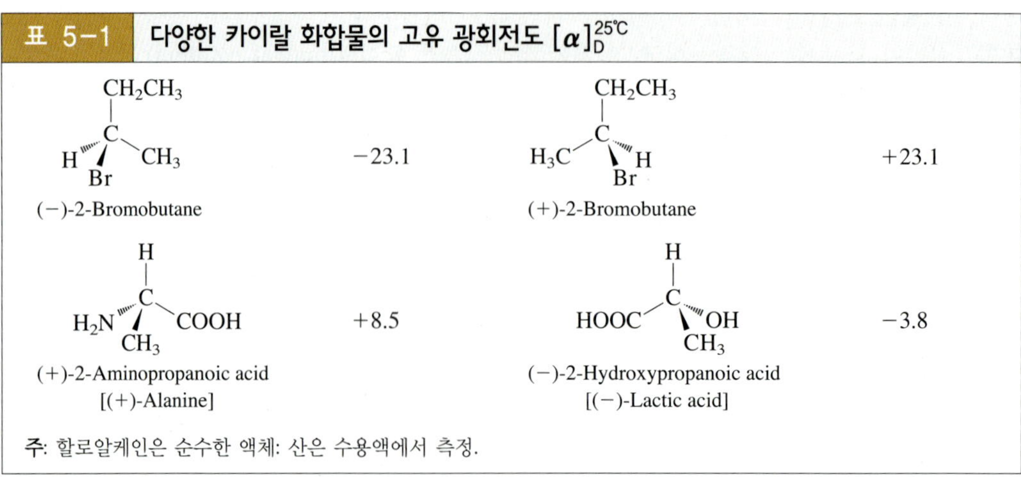

화합물	$[\alpha]_D^{25°C}$	화합물	$[\alpha]_D^{25°C}$
(−)-2-Bromobutane	−23.1	(+)-2-Bromobutane	+23.1
(+)-2-Aminopropanoic acid [(+)-Alanine]	+8.5	(−)-2-Hydroxypropanoic acid [(−)-Lactic acid]	−3.8

주: 할로알케인은 순수한 액체; 산은 수용액에서 측정.

로 활성인 산은 화석이 형성될 때 매우 서서히 라세미화반응이 일어나서 광학 활성도가 감소했음이 밝혀졌다.

카이랄 분자 시료의 광학 활성도는 두 개의 거울상이성질체의 비와 직접적으로 비례한다. 한 개의 거울상이성질체만 존재한다면 그 값은 최대가 될 것이고, 이때 광학적으로 순수하다(optically pure)고 말한다. 두 개의 거울상이성질체가 같은 양으로 존재한다면 이 시료는 라세미 혼합물이며, 광학적으로 활성이 없다(optically inactive). 현실적으로는 한쪽 거울상이성질체가 약간 과량으로 들어 있는 시료를 접할 가능성이 많다. **거울상 초과량(enantiomeric excess, *ee*)**은 과량으로 들어 있는 거울상이성질체의 초과량을 나타낸다.

거울상 초과량(*ee*) = 주성분인 거울상이성질체의 % − 부성분인 거울상이성질체의 %

라세미 혼합물은 두 거울상이성질체의 1 : 1 혼합물이므로 *ee*는 0이 된다. 그러므로 *ee*값은 라세미 혼합물을 제외한 한쪽의 거울상이성질체가 얼마나 존재하는가를 나타내는 값이 된다. *ee*값은 **광학적 순도(optical purity)**로 표현되기도 하는데, 순수한 이성질체의 광회전값 대비 시료의 광회전값의 %로 표현될 수 있다. 단 광회전값에서 예측한 %*ee*는 **실제 %*ee*와 반드시 일치하지 않을 경우도 있음**을 주의해야 한다(역자 주).

광학적 순도와 거울상 초과량

$$\text{거울상 초과량}(ee) = \text{광학적 순도} = \frac{[\alpha]_{\text{혼합물}}}{[\alpha]_{\text{순수한 거울상이성질체}}} \times 100\%$$

연습 문제 5-7

개념 문제: *Ee*와 광학적 순도

한 화석 시료로부터 얻은 (+)-alanine이 $[\alpha] = +4.25$의 값을 나타내었다. 이 시료의 *ee*와 광학적 순도는 무엇인가? 이 시료의 실제 거울상이성질체 비율은 어떠하며, 실제 측정된 광회전도값은 어떻게 유도되었을까?

전략

먼저 순수한 (+)-alanine의 고유 광회전도를 알아내고 앞의 식을 이용한다.

풀이

- 표 5-1에서 순수 (+)-alanine의 고유 광회전도를 찾아라. +8.5.
- 위의 식을 이용하여: 거울상 초과량(*ee*) = 광학적 순도 = (4.25/8.5) × 100% = 50%.
- 이것은 시료의 50%는 순수한 (+)-이성질체이며, 나머지 50%는 라세미 혼합물임을 뜻한다. 라세미 혼합물은 동등한 양의 (+)-와 (−)-이성질체들을 함유하므로, 실제 시료의 혼합 비율은 (+)-alanine 75%, (−)-alanine 25%로 되어 있다.
- 25%의 (−)-alanine은 동등한 양의 (+)-alanine의 광회전을 상쇄시키는 결과를 나타낸다. 따라서 이 혼합물은 75% − 25% = 50%의 광학적으로 순도를 가지며, 관찰된 광회전은 순수한 우회전성 이성질체의 광회전값의 절반이 된다.

연습 문제 5-8

자습 문제

광학적 순도가 75%인 (+)-2-bromobutane의 광회전은 얼마인가? 이 시료에는 (+)와 (−) 이성질체가 각각 몇 %씩 포함되어 있는가? 또한 광학적 순도가 50%, 25%일 경우에 대해서도 계산해 보시오.

요약 두 거울상이성질체는 편광계로 측정이 가능한 광학 활성도, 즉 평면 편광과의 상호작용에 의해 구별이 가능하다. 한 거울상이성질체는 편광을 항상 시계 방향(우회전성)으로 회전시키며, 또 다른 이성질체는 반시계 방향(좌회전성)으로 같은 양만큼 회전시킨다. 고유 광회전도 [α]는 카이랄 분자들만이 가지고 있는 물리적 상수이다. 이 두 거울상이성질체의 상호변환을 라세미화반응이라고 하며, 라세미화는 광학 활성도를 없애 준다.

H
C
HOOC OH CH_3

$[\alpha]_D^{25°C} = -3.8$

(−)-Lactic acid
(좌회전성)

↓ NaOH, H_2O

H
C
$Na^{+\,-}OOC$ OH CH_3

$[\alpha]_D^{25°C} = +13.5$

(−)-Sodium lactate
(우회전성)

5-3 절대 배열: R–S 순위결정 규칙

카이랄 화합물에서 순수한 거울상이성질체의 구조는 어떻게 결정할 수 있을까? 또 그 구조가 결정되면, 그 물질에 이름을 붙여 그것의 거울상인 물질과 구별할 수 있는 명확한 방법은 무엇인가?

X선 회절 분석에 의해서 절대 배열을 결정할 수 있다

실제로, 한 거울상이성질체의 모든 물리적 성질들은 광회전의 부호를 제외하고는 그것의 거울상 화합물과 동일하다. 그렇다면 광회전 방향과 실제 치환기들의 공간적 배치, 즉 **절대 배열(absolute configuration)** 사이에는 관계가 있는가? 또한 [α]값을 측정함으로써 거울상이성질체의 구조를 결정하는 것이 가능한가? 불행히도 이 두 질문의 답은 모두 '아니오'이다. **어떤 특정 거울상이성질체의 구조와 광회전 부호 사이에는 직접적인 관련은 없다.** 예를 들어, 락트산(표 5-1)을 소듐염으로 전환하면, 입체중심의 절대 배열에 변화가 없음에도 불구하고 광회전 부호와 회전 수치가 바뀐다(왼쪽 그림 참조).

만일 회전 부호가 구조에 대한 정도를 말해주지 않는다면, 카이랄 분자가 어떤 거울상이성질체인지 어떻게 알 수 있는가? 또한 다른 예로, 2-브로모뷰테인의 좌회전성 거울상이성질체가 표 5-1에 있는 구조와 같다는 것을 어떻게 알 수 있겠는가? (그리고 우회전성 이성질체는 거울상 구조와 같음을 또 어떻게 알 수 있는가?) 그 질문의 답은 단결정 X선 회절 분석에 의해서만 얻어질 수 있다는 것이다(1-9절과 왼쪽 그림 참조). 이것은 카이랄 화합물은 모두 X선 회절 분석을 통해서 구조를 결정해야 한다는 말은 아니다. 절대 구조는 이미 위의 방법으로 구조가 규명된 분자와의 화학적인 상관관계로 알아낼 수 있다. 예를 들면, X선으로 (−)-락트산의 구조를 알면, 그 산의 (+)-소듐염의 절대 구조도 알 수 있다는 말이다(즉, 동일).

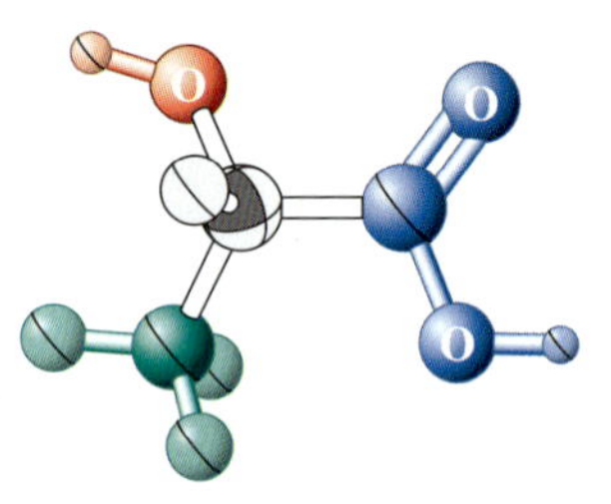

X선 회절 분석법으로 결정된 (+)-lactic acid의 구조.

입체중심은 *R*과 *S*로 표시한다

거울상이성질체를 확실하게 명명하기 위해서는 "왼손", "오른손"과 같은 분자의 손 대칭성을 표시할 수 있는 체계가 필요하다. 이러한 체계는 R. S. Cahn, C. Ingold, V. Prelog* 등 세 화학자에 의하여 개발되었다.

비대칭 탄소 주위의 손 대칭성을 어떻게 표시하는지 살펴보자. 첫 단계는 네 개의 치환기 모두를 순위가 감소하는 순으로 순서를 정하는 것이다. 순위결정 규칙을 간단히 서술할 것이다. 치환기 *a*는 순위가 가장 높고, 치환기 *b*는 두 번째, 치환기 *c*는 세 번째, 그리고 치환기 *d*는 가장 낮은 순위를 가진다. 그 다음(마음 속으로, 종이 위에 또는 분자 모형을 이용하여) 순위가 가장 낮은 치환기를 관찰자로부터 가능한 한 가장 멀리 배치시킨다(그림 5-6 참조). 이 방법을 사용해 보면, 남은 치환기들은 단지 두 가지의 배열만이 가능하게 된다. 만약 *a*에서 *b*를 거쳐 *c*로 가는 진행 방향이 반시계 방향이면 입체중심의 배열은 *S*(*sinister*, 라틴어로 왼쪽을 의미)로 표시한다. 이와는 반대로, 이 진행 방향이 시계 방향이면 입체중심의 배열은 *R*(*rectus*, 라틴어로 오른쪽을 의미)로 표시한다. *R* 또는 *S*는 (*R*)-2-브로모뷰테인, (*S*)-2-브로모뷰

순위의 색깔 지정

$a > b > c > d$

*Robert S. Cahn 박사(1899~1981), 왕립화학연구원 펠로우 London.
Christopher Ingold 교수(1893~1970), London 대학교.
Vladimir Prelog 교수(1906~1998), 스위스 연방기술대학(ETH) Zürich 소재, 1975년 노벨화학상 수상.

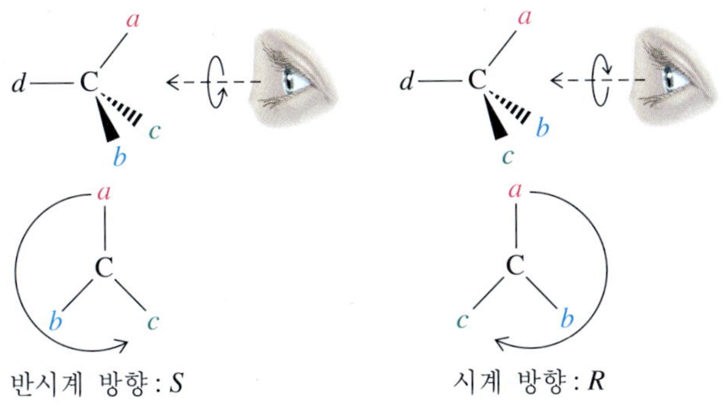

반시계 방향 : S　　　시계 방향 : R

그림 5-6 정사면체 입체중심의 R이나 S 배열을 결정하는 방법. 가장 낮은 순위의 치환기를 관찰자로부터 가장 멀리 위치시킨다. 이 장에서 구조의 그림을 그리는 경우에 있어 컬러로 표시된 것들은, 치환기의 우선순위를 나타낸다. 즉, 붉은색 > 푸른색 > 초록색 > 검정색 순으로 감소한다.

테인과 같이 카이랄 화합물의 이름에 접두어로서 괄호 안에 넣어 표시한다. 라세미 혼합물은 (R,S)-브로모클로로플루오로메테인과 같이 R,S로 표시한다. 평면 편광의 회전방향을 나타내는 부호가 알려진 경우에는 (S)-(+)-2-브로모뷰테인과 (R)-(−)-브로모뷰테인에서와 같이 부호를 첨가해 줄 수도 있다. 그러나 중요한 점은 기호 R이나 S가 α의 부호와 필수적으로 관계있는 것은 **아니라는** 사실이다.

순위결정 규칙으로 치환기의 순위를 부여한다

입체중심의 R,S 명명법을 적용하기 전에, 우리는 먼저 순위결정 규칙을 사용해서 순위를 정해야 한다.

규칙 1. 입체중심에 직접 붙어 있는 원자를 먼저 살펴본다. 치환된 원자의 원자 번호가 높을수록 순위가 높다. 따라서 순위가 가장 낮은 치환기는 수소이다. 동위원소의 경우에는 원자의 질량수가 높은 원자가 높은 순위를 갖는다.

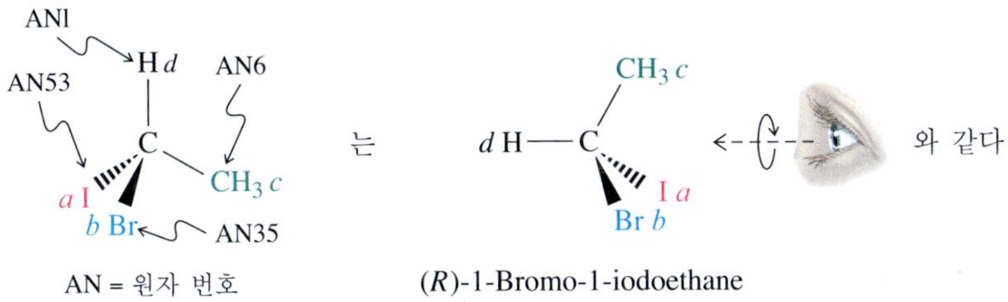

AN = 원자 번호　　는　　(R)-1-Bromo-1-iodoethane　　와 같다

규칙 2. 입체중심에 직접 붙어 있는 두 원자의 순위가 동일한 경우에는 어떠한가? 이러한 경우 두 치환기의 사슬을 따라가면서 우선순위의 구분이 가능한 지점까지 계속한다.

예를 들어, 에틸 치환기는 메틸 치환기보다 우선한다. 그 이유는, 입체중심에 붙어 있는 점에서는 두 치환기 모두 탄소핵을 가져서 순위가 동일하지만, 이 중심에서 멀어지면 메틸기에는 수소들만 있는 반면, 에틸기의 경우에는(우선순위가 높은) 탄소가 있기 때문이다.

주: 치환기는 다루어지고 있는 분자의 입체중심에 매달린 결합(dangling bond)으로 결합된다.

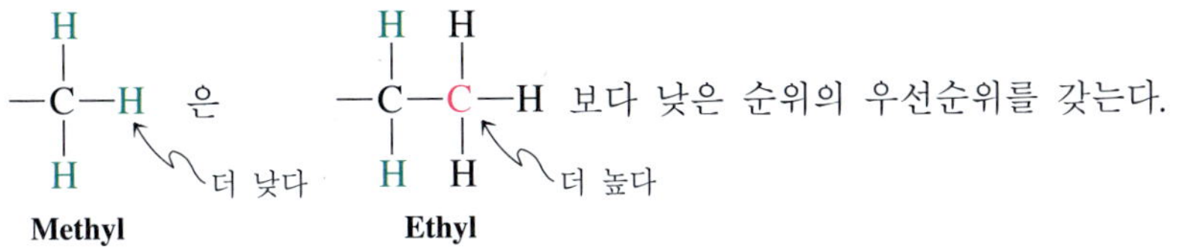

Methyl 은 Ethyl 보다 낮은 순위의 우선순위를 갖는다. (더 낮다 / 더 높다)

그러나 1-메틸에틸기는 에틸기보다 순위가 더 높다. 왜냐하면 에틸기에서는 한 개의 탄소만이 첫 번째 탄소에 붙어 있으나, 1-메틸에틸기에서는 첫 번째 탄소에 두 개의 탄소가 붙어 있기 때문이다. 마찬가지로 2-메틸프로필기는 뷰틸기보다는 순위가 높지만, 1,1-다이메틸에틸기보다는 순위가 낮다.

$-C_4H_9$의 우선순위

$-CH_2CH_2CH_2CH_3$
Butyl은

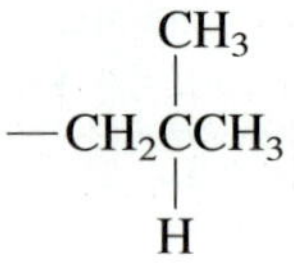

$-CH_2CH(CH_3)CH_3$
2-Methylpropyl
보다 우선순위가 낮으며
2-Methylpropyl은

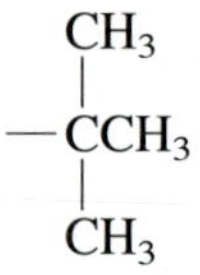

$-C(CH_3)_3$
1,1-Dimethylethyl
(*tert*-butyl)
보다 우선순위가 낮다.

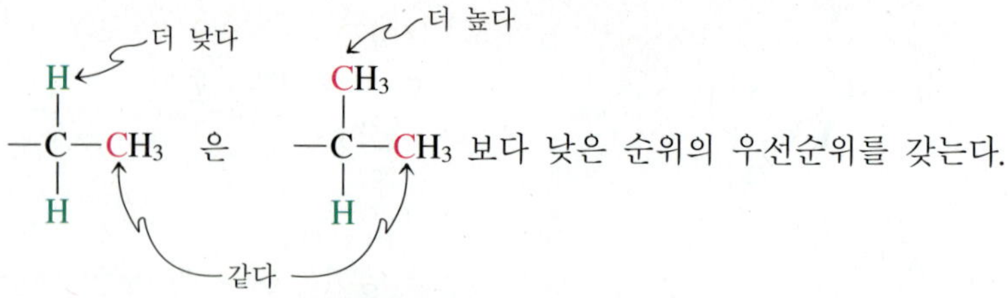

$-CH_2-CH_3$ (H, H) 은 $-CH(CH_3)-CH_3$ (H) 보다 낮은 순위의 우선순위를 갖는다.

(H: 더 낮다; CH_3: 더 높다; 같다)

Ethyl **1-Methylethyl (Isopropyl)**

우선순위는 비슷한 치환기의 사슬을 따라가면서 다른 부분이 나타나는 **첫 번째** 지점에서 결정된다는 것을 명심해야 한다. 이 지점에 다다르면 사슬의 남아 있는 부분은 의미가 없다.

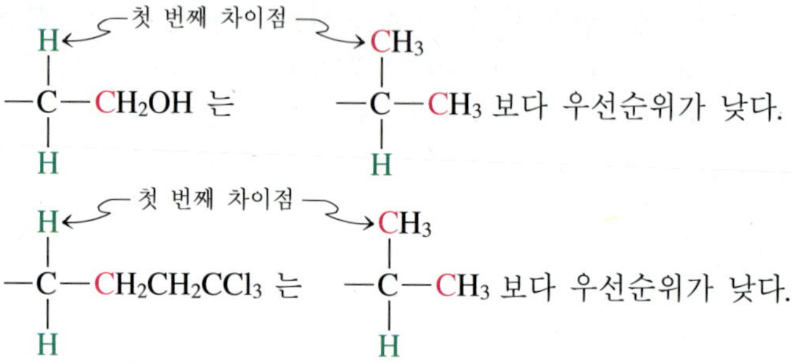

$-CH_2-CH_2OH$ 는 $-CH(CH_3)-CH_3$ 보다 우선순위가 낮다. (첫 번째 차이점: H ↔ CH_3)

$-CH_2-CH_2CH_2CCl_3$ 는 $-CH(CH_3)-CH_3$ 보다 우선순위가 낮다. (첫 번째 차이점: H ↔ CH_3)

치환기의 사슬을 따라가면서 가지가 나타나면 더 높은 순위를 가지는 가지를 선택해야 한다. 두 치환기가 비슷한 가지를 가질 경우, 이들 가지에 있는 원소들에 다른 부분이 나타날 때까지 순위를 전한다.

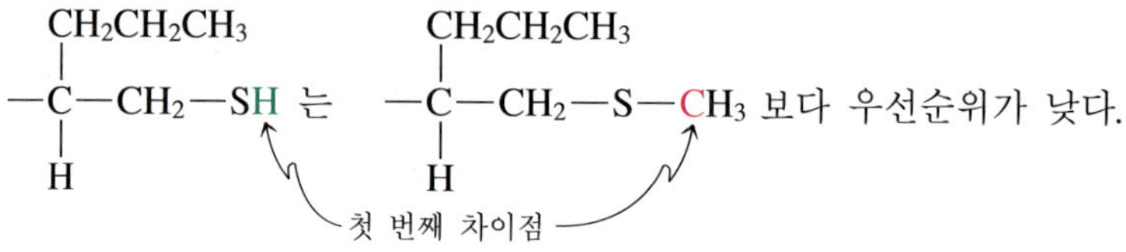

$-CH(CH_2CH_2CH_3)-CH_2-SH$ 는 $-CH(CH_2CH_2CH_3)-CH_2-S-CH_3$ 보다 우선순위가 낮다. (첫 번째 차이점: SH의 H ↔ CH_3)

이 같은 경우의 두 예를 아래에 보여 주고 있다.

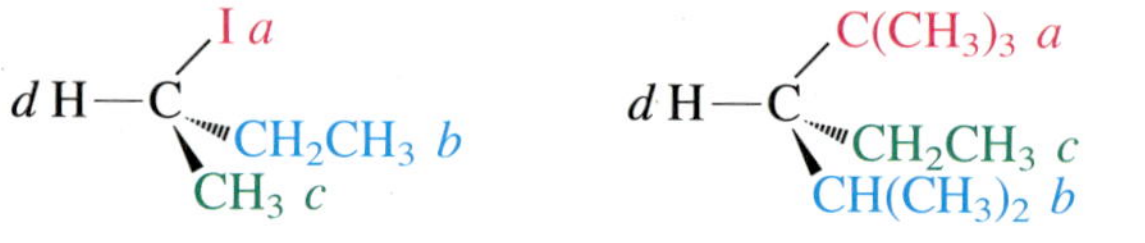

d H—C(I *a*)(CH_2CH_3 *b*)(CH_3 *c*)
(*R*)-2-Iodobutane

d H—C($C(CH_3)_3$ *a*)(CH_2CH_3 *c*)($CH(CH_3)_2$ *b*)
(*S*)-3-Ethyl-2,2,4-trimethylpentane

규칙 3. 이중 결합 또는 삼중 결합은 마치 그들이 단일 결합을 여러 번 한 것처럼 생각하여 원자들이 다중 결합의 상대편 원자들과 여러 개 연결된 것으로 취급한다.

오른쪽에 보이는 붉은색 원자들은 실제로 존재하는 것은 아니다. 다만 왼쪽의 군들과 비교할 때에 상대적인 순위를 비교하는 목적으로 첨가되었다.

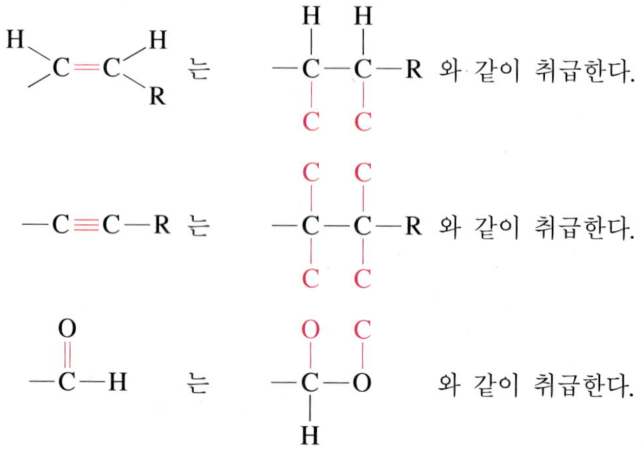

$-CH=CHR$ 는 $-CH(C)-CH(C)-R$ 와 같이 취급한다.

$-C\equiv C-R$ 는 $-C(C)(C)-C(C)(C)-R$ 와 같이 취급한다.

$-CH=O$ 는 $-CH(O)-O(C)$ 와 같이 취급한다.

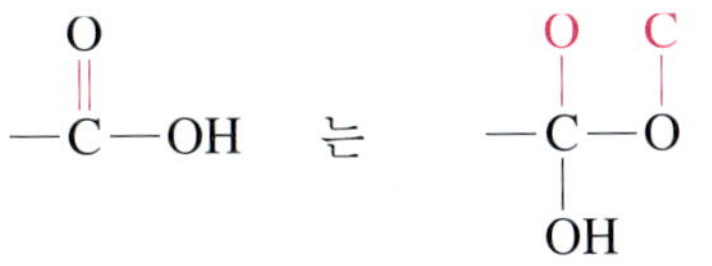

$-\overset{\overset{\Large O}{\|}}{C}-OH$ 는 $-\underset{OH}{\overset{O\quad C}{C}}-O$ 와 같이 취급한다.

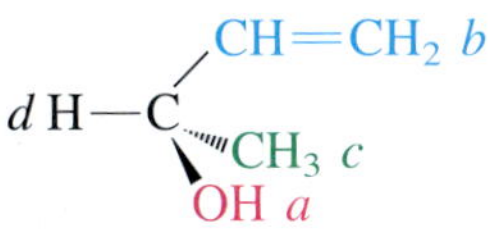

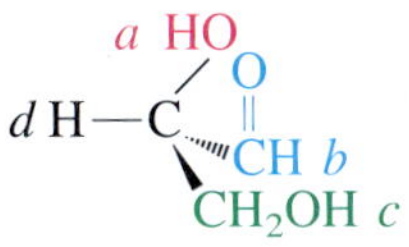

이에 대한 예를 오른쪽에 보여 주고 있고 *S*-와 *R*-알부테롤의 구조는 이 장의 시작 부분에 나와 있다.

d H—C(CH=CH$_2$ b)(CH$_3$ c)(OH a)
R

d H—C(a HO)(CH=O b)(CH$_2$OH c)
R

연습 문제 5-9

다음 치환기들의 구조를 그려보고, 각각에서 순위가 낮아지하는 순서를 나타내시오. **(a)** Methyl, bromomethyl, trichloromethyl, ethyl. **(b)** 2-Methylpropyl (isobutyl), 1-methylethyl (isopropyl), cyclohexyl. **(c)** Butyl, 1-methylpropyl (*sec*-butyl), 2-methylpropyl (isobutyl), 1,1-dimethylethyl (*tert*-butyl). **(d)** Ethyl, 1-chloroethyl, 1-bromoethyl, 2-bromoethyl.

연습 문제 5-10

개념 문제: *R*과 *S*의 부여

표 5-1에 나타난 (−)-2-bromobutane의 절대 순위를 부여하시오.

전략

특정 화합물의 절대 배열을 정하기 위해서는 그 화합물이 우회전성인지 좌회전성인지에 의존해서는 안 된다. 대신 그 화합물의 입체중심에 집중하여 치환기들 중 가장 낮은 순위를 가진 것이 제일 먼 쪽에 위치하도록 분자를 공간적으로 배열한다. 그러므로 첫 번째로 할 일은 각 치환기들의 우선순위를 정하는 것이고, 그 다음에 분자를 공간적으로 배열하는 것이 된다.

풀이

표 5-1에 나타난 대로 아래 A 구조로 표기된 대로 (−)-2-bromobutane을 관찰해 보자.

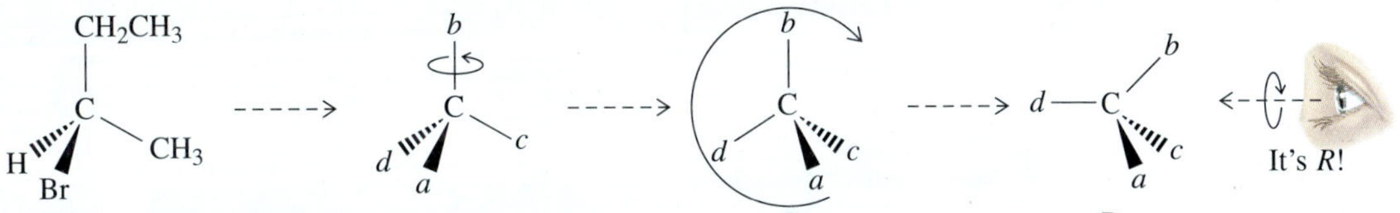

A: C with CH_2CH_3, CH_3, H, Br ----> B: C with b, c, d, a ----> C: C with b, d, a, c ----> D: d—C with b, a, c <-- It's *R*!

- Cahn-Ingold-Prelog 규칙에 의하면 구조 **B**에 나타난 것과 같이, Br은 *a*, CH_2CH_3는 *b*, CH_3는 *c*, H는 *d*로 표시된다.
- 분자를 공간적으로 배열하는 것이 처음에는 어려울 수 있으나, 연습을 통해 쉬워진다. 그림 5-6에 보다 안전한 접근법이 나와 있다. 먼저 정사면체 골격을 움직여서 C-*d* 결합을 지면의 왼쪽에 놓고, 오른쪽에서 그 축을 바라본다고 가정한다. **B** 구조로부터 탄소 결합을 회전시켜 **C** 구조에 이르도록 한다(C-*d* 결합을 지면에 두도록). 그 다음 분자를 시계 방향으로 조금 회전하여 **D** 구조에 이르게 된다. 그림에 나타난 대로 **D** 구조를 오른쪽에서 바라보면 *R* 절대 배열에 도달하게 된다.
- 이러한 과정을 반복하다 보면 분자를 삼차원 공간 배열로 더 잘 놓을 수 있게 되어, *a*, *b*, *c* 치환기들은 자신의 쪽으로 배열되고, *d*는 자신에서 먼 쪽으로 배열되도록 볼 수 있게 된다.

연습 문제 5-11

자습 문제

표 5-1에 있는 나머지 세 분자들에 대해서도 절대 배열을 부여해 보시오.

연습 문제 5-12

다음 화합물들에서 *R* 또는 *S*를 지정하여 하나의 거울상이성질체를 그리시오.
2-Chlorobutane, 2-chloro-2-fluorobutane, (HC≡C)(CH_2=CH)C(Br)(CH_3).

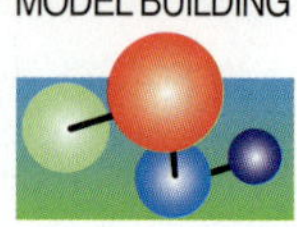

입체이성질체의 입체구조를 정확히 지정하기 위해서는 삼차원적인 "시각" 또는 "입체적인 감각"을 충분히 가져야 한다. 순위결정 규칙을 나타내도록 그려진 구조에서, 순위가 가장 작은 치환기는 중심 탄소 왼쪽의 지면 위에 위치시켰으며, 나머지 치환기는 오른쪽에, 그중 오른쪽-위쪽의 치환기를 지면 위에 위치시켰다. 그러나 이렇게 그리는 것이 점선-쐐기선 구조를 그리는 유일한 방법은 아니며, 다른 그림들도 모두 정확하다. 아래에 있는 (*S*)-2-브로모뷰테인의 구조 그림 몇 가지를 살펴보자. 이들은 동일 분자를 다른 관점에서 본 것일 뿐이다.

(*S*)-2-Bromobutane을 그리는 여섯 가지 방법

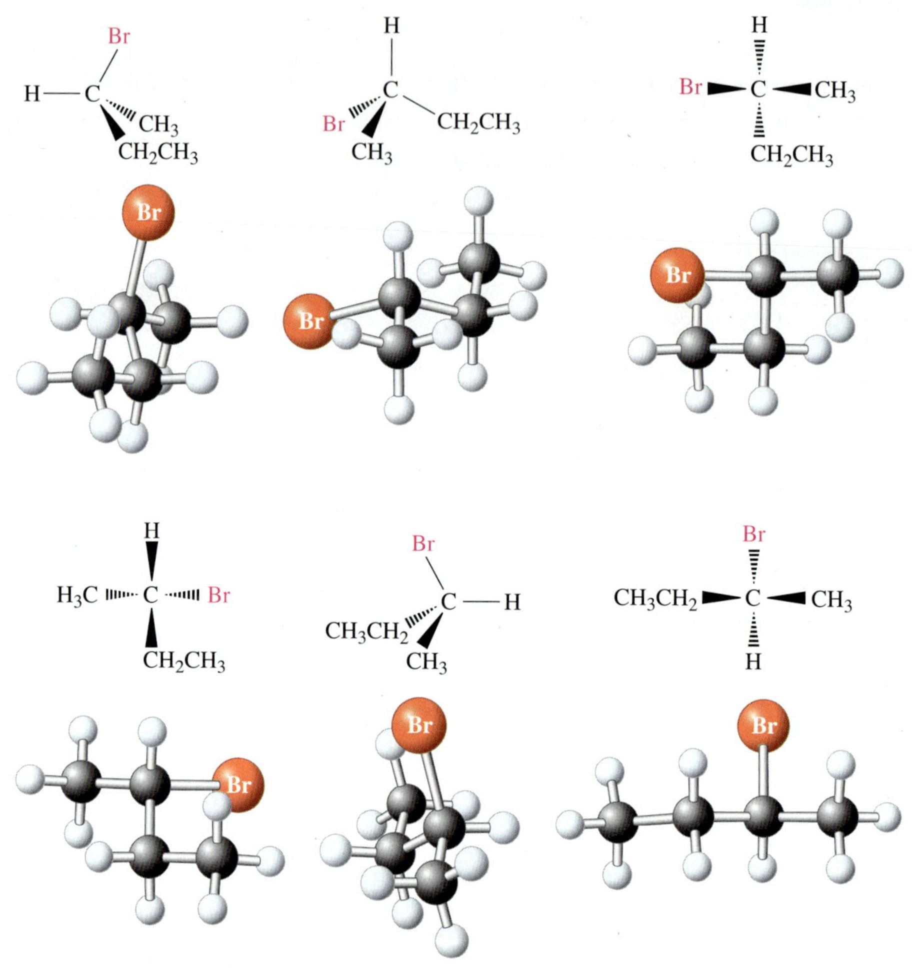

요약 광회전의 부호는 입체이성질체의 절대 배열을 결정하는 데 사용될 수 없다. 그 대신 X선 회절 분석의 특별한 방법(또는 화학적 상관관계)이 사용되어야 한다. 모든 치환기의 순위가 감소하는 순서로 순위를 결정할 수 있도록 하는 순위결정 규칙을 적용함으로써, 카이랄 분자의 절대 배열을 기호 *R*이나 *S*로 표시한다. 우선순위가 가장 낮은 치환기를 뒤쪽에 놓도록 분자를 돌리면, 나머지 치환기들이 시계 방향(*R*)이나 반시계 방향(*S*)으로 배열된다.

Fischer 투영식의 표기 형태

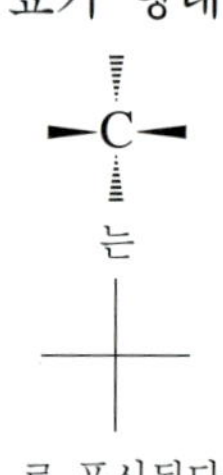

로 표시된다.

5-4 Fischer 투영식

Fisher 투영식(Fisher projection, 화학 이야기 5-2)은 정사면체 탄소 원자들과 그들의 치환기들을 이차원으로 나타내는 한 가지 간단한 방법이다. 이 방법에서는 분자를 십자 형태로 그리고, 중심 탄소가 교차점에 위치하는 것으로 간주한다. 수평으로 그은 선은 교차점으로부터 관찰자를 **향하는**(*toward*) 결합을 의미하고, 수직으로 그은 선은 관찰자로부터 **멀어지는**(*away*) 결합을 나타낸다. 점선-쐐기선으로 그린 구조를 Fischer 투영식으로 바꿀 때에는 이러한 방법

화학 이야기 5-2

절대 배열: 역사적 유래

X선 회절 분석법이 알려지기 전에는 카이랄 화합물의 절대 배열을 알 수 없었다. 놀랍게도 카이랄 분자의 삼차원적 구조를 처음으로 결정한 것은, 약 100여년 전에 당화학자 Emil Fischer*의 **추측**에 의해서였다. 그는 1891년의 논문에서 삼차원 구조를 지정하였는데, 이는 다른 당들에 대비한 포도당(글루코스)의 복잡한 입체화학적 관계를 간단하게 서술하도록 하기 위해서였다. 이 부분은 24장에서 다룰 주제가 된다.

화학적인 상관관계에 의한 그의 선택은 천연에서 얻어지는 2,3-다이하이드록시프로판알(글리세르알데하이드)의 우회전성 거울상이성질체를 임의로 위에 그려진 구조로 정하고, "D-글리세르알데하이드"로 명명한 것이다. 여기서 "D"는 편광면의 회전 방향을 나타낸 것이 아니라, 치환기들의 상대적인 배열을 나타내기 위한 것이었다.

실험실에 있는 Emil Fischer 교수.

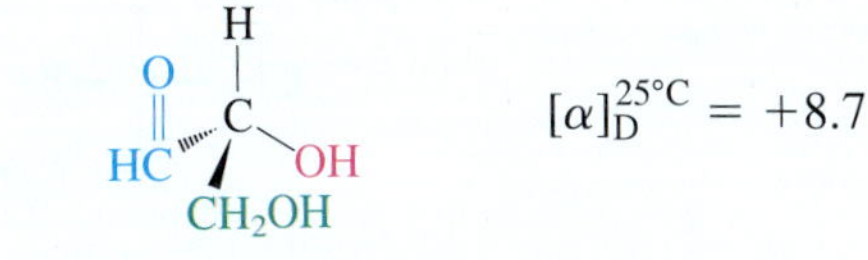

$[\alpha]_D^{25°C} = +8.7$

D-(+)-2,3-Dihydroxypropanal
[D-(+)-Glyceraldehyde]

H, HO, C, O, CH, CH_2OH

$[\alpha]_D^{25°C} = -8.7$

L-(−)-2,3-Dihydroxypropanal
[L-(−)-Glyceraldehyde]

또 다른 입체이성질체는 L-글리세르알데하이드로 불렸다. 입체중심의 배열을 변화시키지 않는 화학 반응에 의해서 D-(+)-글리세르알데하이드로 변환되는 모든 카이랄 화합물들은 D 배열을 가지는 것으로, 또 그것의 거울상인 물질들은 L 배열인 것으로 정해졌다.

D 배열

H, O, HC, C, OH, CH_2OCH_3 H, O, CH_3C, C, OH, CH_3

L 배열

H, CH_3O, C, O, CH, CH_2OH H, HO, C, O, $COCH_3$, CH_2SH

1951년에 네덜란드인 결정학자 Johannes Bijvoet[†]은 (+)-타르산염의 X선 회절에 의해 이들 물질의 절대 배열을 밝혔는데, 이는 Fischer의 당, 그 다음은 글리세르알데하이드의 화학적인 의미를 연관시킨 것이다. Bijvoet가 자신의 논문에서 쓴 표현(축약)과 같이 "결론은 Emil Fischer의 규칙이 실제에 부합하는 것으로 보인다" 정말 행운의 추측이다.

이 D와 L을 사용하는 명명법은 아직도 당(24장)과 아미노산(26장)에서 자주 사용된다.

*Emil Fischer 교수(1852~1919), Berlin 대학교, 독일, 1902년 노벨화학상 수상.

[†]Johannes M. Bijvoet 교수(1892~1980), Utrecht 대학교, 네덜란드.

으로 배열해야 한다.

점선-쐐기선으로 그린 **2-Bromobutane**을 **Fischer** 투영식으로 바꾸는 방법

점선-쐐기선 구조	Fischer 투영식	점선-쐐기선 구조	Fischer 투영식
H; Br–C–CH_2CH_3; CH_3	H; Br–+–CH_2CH_3; CH_3	H; CH_3CH_2–C–Br; CH_3	H; CH_3CH_2–+–Br; CH_3
(*R*)-2-Bromobutane		(*S*)-2-Bromobutane	

MODEL BUILDING

점선-쐐기선으로 표시되는 모든 분자 구조는 Fischer 투영식에서 동일한 입체중심을 가지

고 있는 여러 구조로 바뀔 수 있음을 알아야 한다.

(*R*)-2-Bromobutane의 두 개의 추가 투영식

H / CH_3—C—Br / CH_2CH_3 → H / CH_3—┼—Br / CH_2CH_3 ; CH_3 / H—C—CH_2CH_3 / Br → CH_3 / H—┼—CH_2CH_3 / Br

점선-쐐기선 구조를 Fischer 투영식으로 안전하게 바꾸는 간단한 방법은, 아래와 같이 여러분이 분자 크기로 작아져서 점선-쐐기선 구조의 두 치환기를 잡고 중심 탄소를 바라보면 된다. 아래의 삽화에서 이러한 치환기들은 *a*와 *c*로 임의로 표기되어 있다. 그런 다음 두 치환기를 잡은 채로 책 위에 놓는 것으로 상상해 보면, 나머지 두 치환기는(중심 탄소 뒤쪽에 위치) 평면에서 뒤쪽에 놓이게 되며, 두 손의 좌우 치환기는 수평으로 향하게 되며 쐐기선으로 표시된다. 이 과정에서 뒤쪽에 위치하는 치환기는 점선으로 수직으로 나타낸다(상대적으로 머리와 발과 나란하다).

간단한 생각 훈련: 점선-쐐기선 구조를 Fischer 투영식으로 변환하기

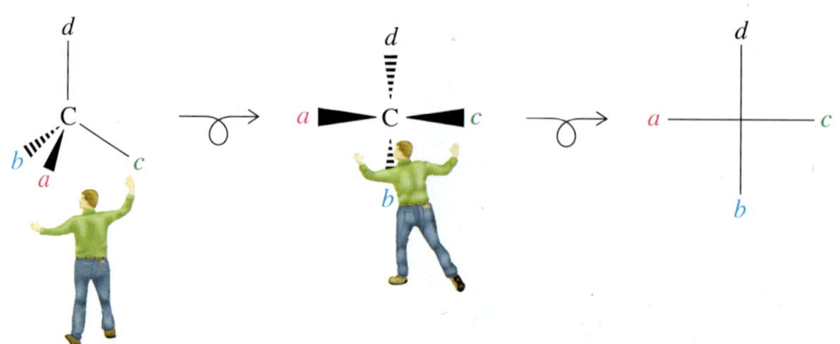

이러한 변환을 할 수 있으면, 하나의 Fischer 투영식에서 다른 형태로 치환기들을 회전과 치환기 변환을 통해 마음대로 바꿀 수 있다. 하지만 다음에 다룰 문제에서와 같이 *R*에서 *S*로 변환하는 데는 세심한 주의가 요구된다.

Fischer 투영식을 회전시키면 절대 배열이 바뀔 수도 바뀌지 않을 수도 있다

Fischer 투영식을 평면 위에서 90°로 회전시키면 어떻게 될까? 원래의 공간 배열과 같을까?

H / Br—┼—CH_2CH_3 / CH_3 —90° 회전→ Br / H_3C—┼—H / CH_2CH_3

R 변화 ***S***

H / CH_3CH_2—┼—Br / CH_3 —180° 회전→ CH_3 / Br—┼—CH_2CH_3 / H

S 유지됨 ***S***

Fischer 투영식의 정의로는 수평 결합선은 평면 위로 향하고, 수직선은 평면 아래로 지향되어 있음을 나타냄으로써, 원래의 공간 배치와는 같지 않음을 알 수 있다. 다시 말하면, 이 회전으로 인하여 상대적 공간 배열이 **바뀐**(*switched*) 거울상이성질체가 만들어졌음을 말해 준다. 한편 180°로 회전하면 본래의 구조와 같아진다. 왜냐하면 수평과 수직선들은 서로 교환되지 않았고, 따라서 같은 거울상이성질체가 되는 것이다.

연습 문제 5-13

연습 문제 5-10과 5-12에 있는 분자들의 Fischer 투영식을 그리시오.

Fischer 투영식에서 치환기들을 교환하면 절대 배열 역시 변한다

점선-쐐기선 구조의 경우에서와 같이 한 거울상이성질체의 Fischer 투영식은 여러 가지가 가능해서 혼동이 일어날 수 있다. 어떻게 두 Fischer 투영식이 같은 거울상이성질체로만 나타내는지, 아니면 두 거울상 물질을 나타내는지를 쉽게 확인할 수 있는가? 한 Fischer 투영식을 다른 것으로 전환할 때 절대 배열의 변화 여부를 알 수 있는 확실한 방법을 알아야 한다. 이 작업은 단순히 치환기의 위치를 교환하면 어떤 거울상이성질체가 그것의 거울상으로 변한다. 이러한 교환을 두 번 하면(각 교환마다 다른 치환기를 선택할 수 있다) 본래의 절대 배열을 얻는다. 아래에서 보인 바와 같이 이 작업으로 같은 분자의 다른 모습을 만들었음을 본다.

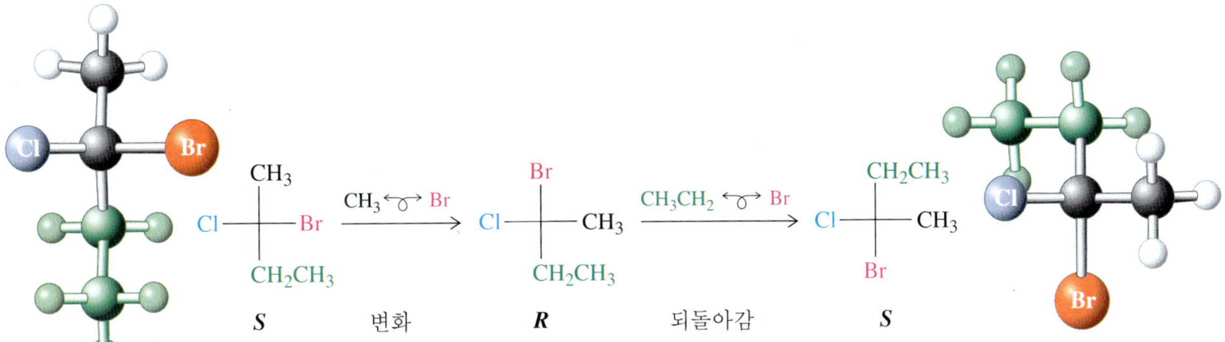

(이중 화살은 두 작용기의 자리 교환을 나타낸다)

지금까지 두 개의 다른 Fischer 투영식이 같은 거울상이성질체를 나타내는 것인지 아닌지를 알 수 있는 간단한 방법을 배웠다. 만약 한 구조로부터 다른 구조로 전환시키는데 짝수 번의 교환을 하였다면, 이 두 구조는 동일한 것이다. 반면에 홀수 번의 교환이 필요하면 두 구조는 서로 거울상이 된다.

예를 들면, 두 Fischer 투영식 A와 B를 생각해 보자. 이들은 같은 배열을 나타내는 것인가? 답은 쉽게 얻을 수 있다. A는 두 번의 치환기 교환에 의해 B로 변환된다. 따라서 A와 B는 동일하다.

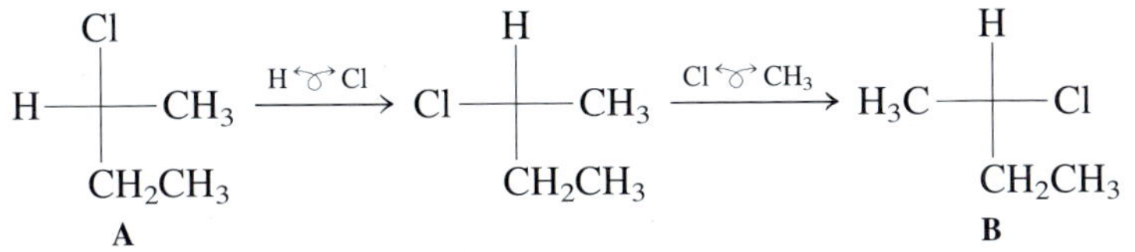

연습 문제 5-14

위에 나타낸 Fischer 투영식 A와 B를 점선-쐐기선 구조로 바꾸어 그리시오. A를 B로 단일 결합에 대해 회전시킴으로써 전환이 가능한가? 만약 그렇다면 그 결합과 회전각을 명시하시오. 필요하면 모형을 만들어 보시오.

Fischer 투영식으로 절대 배열을 알 수 있다

Fischer 투영식을 이용하면 원자들의 삼차원적인 배열들을 보지 않고도 절대 배열을 알아볼 수 있다. 이 목적을 위해서는 아래와 같이 한다.

먼저 대상 분자를 Fischer 투영식으로 그린다.

다음으로는 순위결정 규칙에 따라 모든 치환기들의 순위를 결정한다.

마지막으로 필요하다면 이중 교환을 이용하여 *d*기를 맨 위에 둔다.

*d*기를 맨 위에 두면, *a*, *b*, *c* 순위의 세 치환기가 가질 수 있는 배열은 시계 방향, 반시계 방향 단 두 가지이다. 그러면 혼란의 여지없이 전자는 *R* 배열, 후자는 *S* 배열이다.

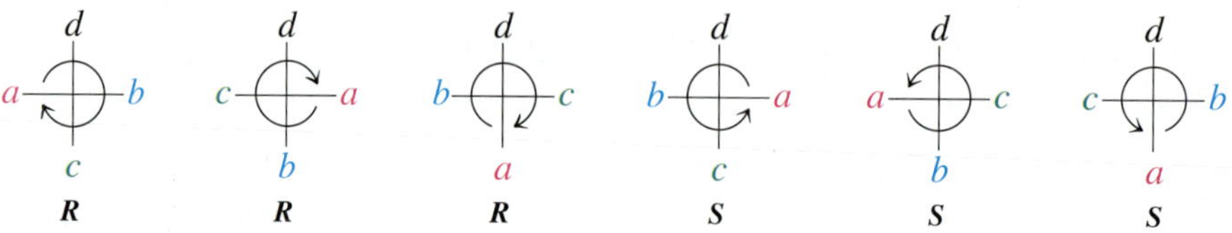

연습 문제 5-15

개념 문제: Fischer 투영식으로 *R*과 *S*를 확인하기

다음 분자의 절대 배열은 무엇인가?

Br (위), H (왼쪽), D (오른쪽), CH_3 (아래)

전략

위 분자인 1-bromo-1-deuterioethane은 네 가지의 각기 다른 치환기가 달린 탄소 원자를 가지기 때문에 카이랄성을 가지는데, 그중에 하나는 수소의 동위원소인 중수소이다. 첫 임무는 우선순위를 정하는 것이고, 두 번째 임무는 가장 낮은 우선순위를 가지는 치환기를 맨 위에 놓아 Fischer 투영식으로 나타내는 것이다.

풀이

- Cahn-Ingold-Prelog 규칙에 의하면 Br은 *a*, CH_3는 *b*, D는 *c*, H는 *d*로 표시된다.
- 간단하게 나타내기 위해서 치환기들을 입체화학적 우선순위 지정자인 *a*, *b*, *c*, *d*로 대체한다.

Br, H, D, CH_3 → *a* (위), *d* (왼쪽), *c* (오른쪽), *b* (아래)

- 그 다음 "이중 교환" 방법(절대 배열을 그대로 유지시킴)을 적용하여 *d*가 맨 위에 오도록 한다. 밑에 있는 접근법에서는 *d*는 *a*와 교환되고, *b*는 *c*와 교환된다. 이 방법으로 나머지 원자들이 시계 방향으로 배열되도록 정해진다.

a (위), *d* (왼쪽), *c* (오른쪽), *b* (아래) *R* → *d* (위), *a* (왼쪽), *b* (오른쪽), *c* (아래) *R*

- 우리는 다른 이중 교환을 할 수도 있었다. 예를 들면, *d*/*a*를 바꾸어보고 나서 *a*/*c*를 바꾸어보라. 또는 *d*/*c*, *a*/*d*로 같이 바꾸어보라. 그러면 항상 같은 결과가 나온다는 것을 확인할 수 있다.

연습 문제 5-16

자습 문제

다음 두 분자의 절대 배열을 정하시오.

연습 문제 5-17

연습 문제 5-15와 5-16의 Fischer 투영식을 점선-쐐기선 구조로 바꾸어 그리고, 5-3절에서 설명한 방법을 사용하여 절대 배열을 정하시오. 가장 낮은 순위의 치환기가 Fischer 투영식의 위쪽에 위치하도록 배치하였을 때 이 치환기는 지면의 위쪽에 있는가, 아래쪽에 있는가? 그렇다면 이것이 앞에서 언급한 Fischer 투영식으로부터 절대 배열을 결정하는 방법이 옳았음을 증명해 줄 수 있다고 보는가?

요약 Fischer 투영식은 카이랄 분자를 그리는 한 가지의 편리한 방법이다. 이 투영식을 평면에서 180° 회전하면 절대 배열이 유지되고, 90° 회전하면 절대 배열이 변한다. 치환기 두 개를 홀수 번만큼 교환하면 절대 배열이 바뀌지만, 짝수 번만큼 교환하면 절대 배열은 원래의 배열을 유지한다. 가장 낮은 순위의 치환기를 위쪽에 위치하도록 배치하면 절대 배열을 쉽게 결정할 수 있다.

5-5 여러 개의 입체중심을 가진 분자: 부분입체이성질체

많은 분자들은 여러 개의 입체중심을 가지고 있다. 각 중심 주위의 배열은 *R*이나 *S*의 배열을 가질 수 있으므로 여러 개의 가능한 구조가 존재하며, 이들은 모두가 서로 이성질체들이 된다.

입체중심이 두 개이면 네 개의 입체이성질체가 존재한다: C3 중심에서 일어나는 2-브로모뷰테인의 염소화반응

5-1절에서는 뷰테인의 라디칼 할로젠화반응에서 어떻게 탄소의 입체중심이 생성되는지를 설

거울면

거울상이성질체

부분입체이성질체

(2*S*,3*S*)-2-Bromo-3-chlorobutane

(2*R*,3*R*)-2-Bromo-3-chlorobutane

(2*S*,3*R*)-2-Bromo-3-chlorobutane

(2*R*,3*S*)-2-Bromo-3-chlorobutane

그림 5-7 2-bromo-3-chlorobutane의 네 가지 입체이성질체. 각 이성질체는 나머지 셋 중의 하나(그것의 거울상)와는 거울상이성질체이며, 나머지 두 이성질체와는 부분입체이성질체이다. 예를 들어, 2*R*,3*R* 이성질체는 2*S*,3*S* 화합물의 거울상이성질체이며, 2*S*,3*R*과 2*R*,3*S* 구조는 서로 부분입체이성질체의 관계에 있다. 거울상이성질체의 두 구조는 각 입체중심이 모두 반대의 배열을 갖는다는 것을 주의하라.

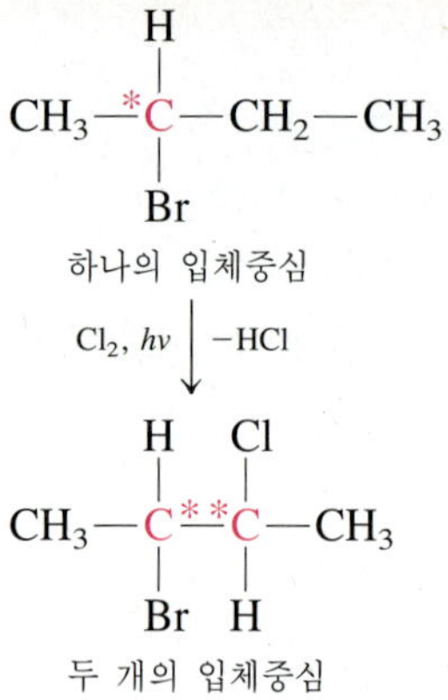

$CH_3-\overset{*}{C}(H)(Br)-CH_2-CH_3$

하나의 입체중심

$\xrightarrow{Cl_2,\ h\nu\ |\ -HCl}$

$CH_3-\overset{*}{C}(H)(Br)-\overset{*}{C}(Cl)(H)-CH_3$

두 개의 입체중심

2-Bromo-3-chlorobutane

명하였다. 이제 2-브로모뷰테인 라세미체의 염소화반응에 의해 (여러 생성물 중) 2-브로모-3-클로로뷰테인이 생성되는 반응에 대해 생각해 보자. 염소 원자를 C3 위치에 도입하면 이 분자 내에 새로운 입체중심이 형성된다. 한 개의 입체중심이 있는 분자에서 사용했던 순위결정 규칙을 이 경우에도 동일하게 적용하면 이 중심은 *R*이나 *S* 배열을 가질 수 있다. 이 반응은 Fischer 투영식을 통하여 쉽게 표현될 수 있다. 이를 위해 세로줄로는 축을 그리고, 가로줄로는 입체중심을 그린다. 2-브로모-3-클로로뷰테인은 몇 개의 입체이성질체가 가능한가? 간단히 경우의 수를 살펴보면 네 개가 있음을 알 수 있다. 각 입체중심은 *R*이나 *S*일 수 있으므로 가능한 조합은 *RR*, *RS*, *SR*, *SS*이다. 각각의 할로젠 치환기가 축으로부터 오른쪽이나 왼쪽에 놓일 수 있음을 인지하여, 전체 네 개의 조합이 가능하기 때문에 네 개의 입체이성질체의 존재를 예상할 수 있다(아래와 그림 5-7 참조).

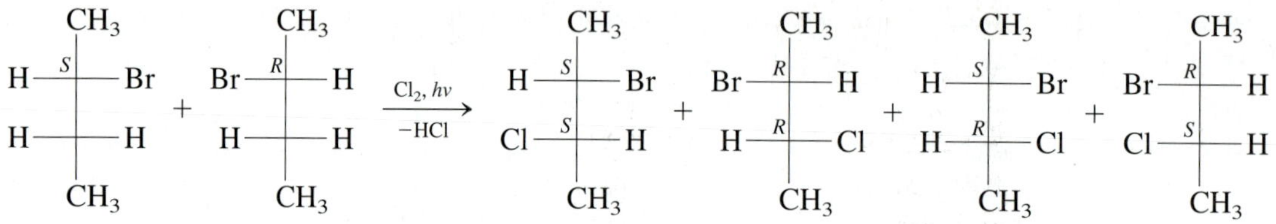

Fischer 투영식에서는 수평으로 그린 결합이 관찰자를 향하고 있으므로, 이 방법으로 나타낸 분자의 구조는 **가려진**(*eclipsed*) 형태인 셈이다. 그러므로 이 방법은 분자를 가장 안정된 형태로 표현하는 **안티**(*anti*) 형태로 표현한 것이 아니다. 이외에는 (2*S*,3*S*)-2-브로모-3-클로로뷰테인에 대한 예시가 나타나 있다(역시 그림 5-7 참조).

(2*S*,3*S*)-2-Bromo-3-chlorobutane: 가려진 **Fischer** 투영식에서 안티 형태로 전환

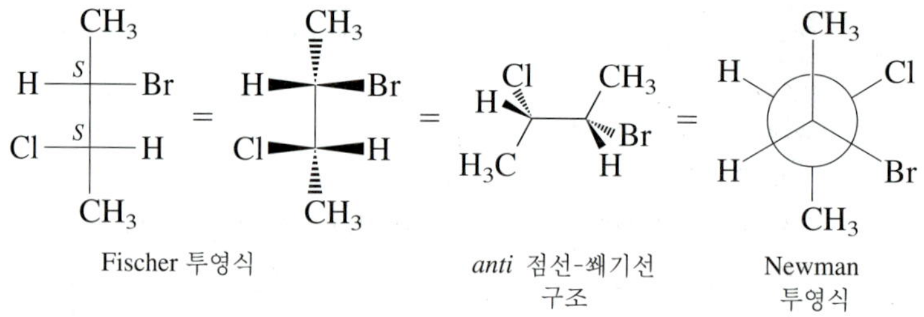

입체화학을 결정하기 위해서는 각각의 입체중심을 별개로 취급하고, 다른 입체중심이 들어 있는 원자단을 단순한 치환기로 간주한다(그림 5-8 참조).

네 가지 입체이성질체의 구조(그림 5-7 참조)를 자세히 살펴보면, 그들은 *R*,*R*/*S*,*S*쌍과 *R*,*S*/*S*,*R*쌍으로 서로 관련이 있는 두 쌍이라는 것을 알 수 있다. 각 쌍의 두 구조는 서로 거울상이며 따라서 거울상이성질체들이다. 그러나 각 쌍의 한 화합물은 다른 쌍의 두 화합물과는

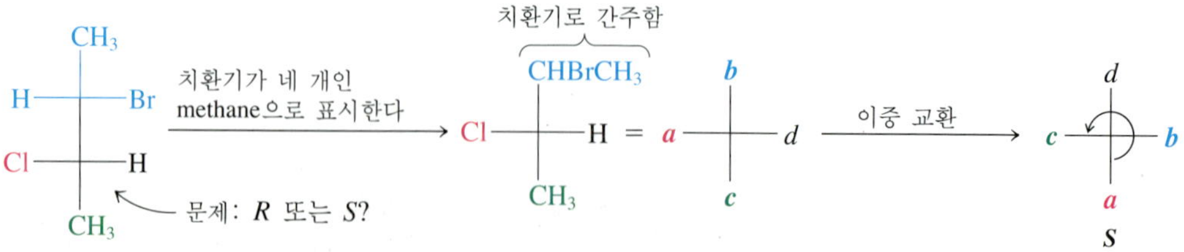

그림 5-8 2-Bromo-3-chlorobutane의 C3에서 절대 배열 결정. 입체중심 C2를 포함하는 원자단은 단지 네 개의 치환기 중 하나로 간주한다. 색깔로 표시된 우선순위는 ($Cl > CHBrCH_3 > CH_3 > H$) 중앙에 보인 바와 같이 순위결정 규칙에 의해 결정된다. 두 번의 교환을 통하여 우선순위가 가장 낮은 수소를 Fischer 투영식의 위쪽에 위치시킴으로써 배열 결정을 용이하게 하였다.

어떤 것과도 거울상이 아니며, 따라서 이들은 서로 거울상이성질체의 관계가 아니다. 서로 거울상의 관계가 아닌 입체이성질체를 **부분입체이성질체 (diastereomer**: *dia*, 그리스어로 가로지르다를 의미) 라고 한다.

연습 문제 5-18

두 아미노산 isoleucine과 alloisoleucine은 그 구조가 아래와 같이 상호 엇갈린 형태로 그려져 있다. 이들을 Fischer 투영식으로 그리시오 [Fischer 투영식은 **가려진 형태** (*eclipsed conformation*)의 분자를 관찰한 것임을 주의하라]. 이 두 화합물은 거울상이성질체인가, 부분입체이성질체인가?

CH_3CH_2, H, H_3C, NH_2, CO_2H, H — Isoleucine

H_3C, H, CH_3CH_2, NH_2, CO_2H, H — Alloisoleucine

화학 이야기 5-3

타타르산의 이성질체

(+)-Tartaric acid (HO, H, HOOC, *R*; *R*, OH, H, COOH)
$[\alpha]_D^{20°C} = +12.0$
m.p. 168–170°C
밀도 (g mL^{-1}) $d = 1.7598$

(−)-Tartaric acid (H, HO, HOOC, *S*; *S*, H, OH, COOH)
$[\alpha]_D^{20°C} = -12.0$
m.p. 168–170°C
$d = 1.7598$

meso-Tartaric acid (HO, H, HOOC, *R*; *S*, H, OH, COOH)
$[\alpha]_D^{20°C} = 0$
m.p. 146–148°C
$d = 1.666$

타타르산 (tartaric acid, 계통명: 2,3-다이하이드록시뷰테인다이산) 은 치환기가 동일하면서 두 개의 입체중심을 가지는, 자연에 존재하는 이가 산이다. 그러므로 이것은 (평면 편광을 반대로 회전시키는 성질만 제외하고는 모든 물리적 성질이 동일한) 한 쌍의 거울상이성질체들과 (이들 카이랄 부분입체이성질체와는 물리적, 화학적 성질이 서로 다른) 비카이랄 메조 화합물로 존재한다.

타타르산의 우회전성 거울상이성질체는 자연계에 널리 분포되어 있다. 이 물질은 많은 과일에 존재하며 (과일산), 그것의 단일 포타슘염은 포도즙을 발효시킬 때 석출된다. 순수한 좌회전성 이성질체와 메조 이성질체는 잘 발견되지 않는다.

타타르산은 라세미체에서 두 카이랄 거울상이성질체로 분리되었기 때문에 역사적으로 대단히 중요하다. 이는 유기 물질 내의 탄소가 정사면체형이라는 사실이 알려지기 훨씬 전인 1848년에 이루어졌다. 1848년까지 자연에서 나오는 타타르산이 우회전성인 것으로 알려졌었는데, 라세미체는 포도로부터 추출되었다 ["라세미체 (racemate)" 또는 "라세미 (racemic)"라는 단어는 사실상 타타르산의 오래된 관용명인 **라셈산 (racemus acid**, *racemus*, 라틴어로 포도송이를 의미) 로부터 유래되었다. 프랑스의 화학자인 Louis Pasteur*는 이 산의 암모니아 소듐염의 결정

Pasteur의 편광계와 tartaric acid의 (+)-와 (−)-형태 결정들

시료를 얻어, 여기에 두 가지 종류의 결정이 혼합되어 있음을 발견하였다. 즉, 한 종류는 다른 것의 거울상이었던 것이다. 다시 말해 결정은 카이랄성이었다.

이 두 종류의 결정을 하나하나 손으로 분리한 후, 각각을 물에 녹인 수용액의 광회전을 측정함으로써 Pasteur는 한 가지 종류의 결정은 (+)-타타르산의 염이며, 다른 것은 좌회전성을 가지는 것의 염임을 발견하였다. 놀랍게도, 이 경우에서 각 분자의 카이랄성이 결정의 카이랄성이라는 거시적인 성질로 나타난 희귀한 현상을 보였다. 그는 이러한 관찰로부터 그 결정을 구성하는 분자가 카이랄성일 것이라고 결론지었다. 이러한 발견과 그 후의 몇몇 결과들로부터 1874년에 van't Hoff와 Le Bel†은, 독립적으로 포화된 탄소가 평면형이나 또 다른 형태가 아닌 정사면체형의 배열을 하고 있을 것이라는 제안을 처음으로 발표하였다 (왜 평면형의 탄소는 입체중심이라는 개념에 적용될 수 없는가?).

*Louis Pasteur 교수 (1822~1895), Sorbonne, Paris.

†Jacobus H. van't Hoff 교수 (1852~1911), Amsterdam 대학교, 1901년 노벨화학상 수상. J. A. Le Bel 박사 (1847~1930), Ph.D., Sorbonne, Paris.

CH_3 / Br—R—H / Cl—S—H / CH_3 + CH_3 / H—S—Br / H—R—Cl / CH_3

2-Bromo-3-chlorobutane

R,S/*S,R*-라세미 혼합물:
끓는점 31–33°C
(16 torr에서 측정)

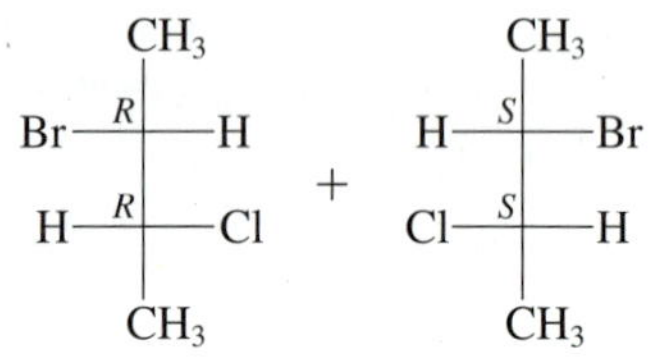

2-Bromo-3-chlorobutane

R,R/*S,S*-라세미 혼합물:
끓는점 38–38.5°C
(16 torr에서 측정)

거울상이성질체와는 달리, 부분입체이성질체는 그들이 서로 거울상이 아니므로 **상이한 물리적, 화학적 성질**(화학 이야기 5-3 참조)을 가지는 다른 분자들이다. 그들의 입체 상호작용과 에너지는 다르다. 이들은 분별 증류 또는 결정화 또는 크로마토그래피로 분리될 수 있다. 그들은 구조 이성질체들처럼 녹는점, 끓는점, 밀도 등이 서로 다르다. 또한 고유 광회전도도 서로 다르다.

연습 문제 5-19

다음 네 분자의 입체화학적 관계(동일, 거울상이성질체, 부분입체이성질체)는 무엇인가? 각 입체중심의 절대 배열을 결정하시오.

1: CH_3 / H—F / H—CH_2CH_3 / CH_3 2: H F / H CH_3 3: H F / H CH_3 4: F H / H CH_3

시스와 트랜스 이성질체는 고리의 부분입체이성질체이다

MODEL BUILDING

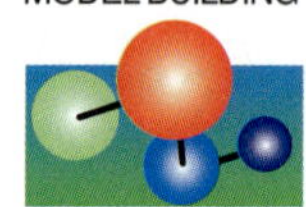

2-브로모-3-클로로뷰테인의 입체이성질체들과 그들의 고리 유사체인 1-브로모-2-클로로사이클로뷰테인의 구조(그림 5-9)를 비교해 보는 것이 유익하다. 두 경우 모두 *R,R*, *S,S*, *R,S*, *S,R*의 네 가지 입체이성질체가 존재한다. 그러나 고리 화합물의 경우, 첫 번째 쌍과 두 번째 쌍의 입체이성질성 관계는 쉽게 알아볼 수 있다. 한 쌍은 시스의 입체화학을, 다른 하나는 트랜스 쌍이다. 실제로, 사이클로알케인에서 시스와 트랜스 이성질체(4-1절 참조)는 부분입체이성질체이다.

입체중심이 세 개 이상일 때에는 더 많은 입체이성질체가 있을 수 있음을 의미한다

입체중심이 세 개인 화합물에서는 어떤 종류의 구조가 가능한가? 이것 역시 여러 가지의 가능한 구조를 열거해 봄으로써 알아볼 수 있다. 세 개의 입체중심을 순서대로 *R*이나 *S*로 표시한다면 다음과 같은 결과가 얻어진다.

RRR *RRS* *RSR* *SRR* *RSS* *SRS* *SSR* *SSS*

전체 여덟 개의 이성질체가 가능하다. 이들을 다시 나누어 보면, 네 개의 부분입체이성질체들의 거울상이성질체 쌍으로 구분할 수 있다.

실상	*RRR*	*RRS*	*RSS*	*SRS*
거울상	*SSS*	*SSR*	*SRR*	*RSR*

거울면

A: H, Br, R, H, R, Cl | Br, S, H, H, S, Cl; Cl, Br, R, H, S, H | Br, S, Cl, H, R, H

B: H, 1, 2, Cl, Br, H; C1: H가 뒤로 오도록 뒤집는다 → 2, ClHC, CH_2, 1, Br H, C1은 *R*이다; C2: 회전 → 1, BrHC, CH_2, 2, Cl H, C2는 *R*이다

그림 5-9 (A) *cis*-와 *trans*-1-Bromo-2-chlorocyclobutane의 부분입체이성질체적 관계. (B) *R,R* 입체이성질체의 입체화학 지정. 색깔은 우선순위를 나타냄을 상기하라. 붉은색 > 푸른색 > 초록색 > 검정색.

일반적으로 **n개의 입체중심을 가지고 있는 화합물의 경우 최대로 가능한 입체이성질체의 수는 2^n개이다.** 그러므로 세 개의 입체중심을 가지는 화합물은 최대 8개, 네 개의 입체중심을 가지면 16개, 다섯 개의 입체중심을 가지면 32개의 입체이성질체를 가질 수 있다. 더 많은 경우에는 가능한 이성질체 구조의 수가 매우 많아진다.

연습 문제 5-20

2-Bromo-3-chloro-4-fluoropentane의 가능한 모든 입체이성질체를 그리시오.

요약 분자 내에 입체중심의 개수가 한 개 이상인 경우 부분입체이성질체가 존재한다. 이들은 서로 거울상의 관계가 아닌 입체이성질체들이다. 거울상이성질체는 가지고 있는 모든 입체중심이 반대의 배열을 하고 있는 반면, 부분입체이성질체들 사이는 그렇지 않다. 분자 중에 n개의 입체중심이 존재하면 최대로 2^n개의 입체이성질체가 가능하다. 고리 화합물에서 시스와 트랜스 이성질체는 부분입체이성질체이다.

5-6 메조 화합물

우리는 2-브로모-3-클로로뷰테인에서 분자가 각각 **다른**(*different*) 할로젠 치환기가 붙어 있는 두 개의 입체중심을 가지고 있음을 배웠다. 만일 두 입체중심들이 같은 치환기를 가지고 있다면 몇 개의 이성질체가 가능할까?

두 입체중심이 같은 치환기를 가지는 경우에는 단지 세 개의 이성질체만 존재한다

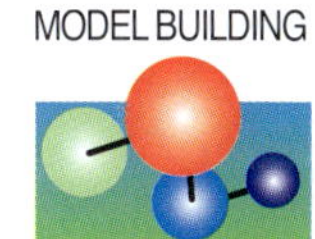

2-브로모뷰테인의 라디칼 브로민화반응에 의해 얻을 수 있는 2,3-다이브로모뷰테인의 예를 생각해 보자. 2-브로모-3-클로로뷰테인의 경우에서와 같이 각 입체중심의 R과 S 배열의 여러 경우를 생각해 보면, 네 개의 구조를 가져야 한다(그림 5-10 참조).

$$CH_3\overset{H}{\underset{Br}{\overset{*}{C}}}CH_2CH_3 \xrightarrow[-HBr]{Br_2,\ h\nu} H_3C-\overset{H}{\underset{Br}{\overset{*}{C}}}-\overset{Br}{\underset{H}{\overset{*}{C}}}-CH_3$$

한 개의 입체중심 두 개의 입체중심

2,3-Dibromobutane

RR과 SS 배열을 가지는 첫 번째 쌍의 이성질체들은 명백하게 한 쌍의 거울상이성질체임

거울면

S,S = 거울상이성질체 = R,R

부분입체이성질체

S,R = 거울상이성질체? = R,S

아니다. 동일하다 (메조).

그림 5-10 2,3-Dibromobutane의 입체이성질체들 사이의 입체화학적 상관관계. 아래 한 쌍은 동일 구조이다(모형을 만들어 보라).

이 고양이의 얼굴은 완전한 메조형으로 보인다.

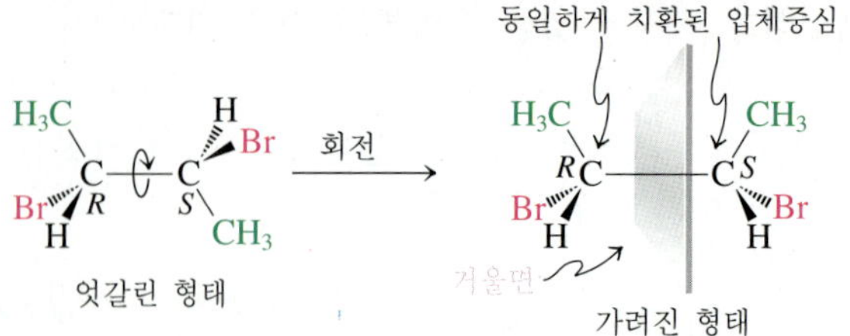

그림 5-11 그림에서 나타낸 것과 같이 가려진 형태로 회전시키면 *meso*-2,3-dibromobutane은 거울면을 가지고 있음을 알 수 있다. 두 개 이상의 입체중심을 가지는 분자가 쉽게 취할 수 있는 형태 중에 거울면을 가지는 것이 있으면, 그 분자는 메조형이며, 비카이랄이다. 메조 화합물은 동일하게 치환된 입체중심을 가지고 있다.

을 알 수 있다. 그러나 (*S*,*R*)의 배열을 가지는 것과 그것의 거울상인 (*R*,*S*)의 배열을 가지는 것을 자세히 살펴보면, 서로 포개질 수 있으므로 동일한 것임을 알 수 있다. 따라서 2,3-다이브로모뷰테인의 *S*,*R* 부분입체이성질체는 비록 두 개의 입체중심을 가지고 있지만 비카이랄이며, 광학적으로도 활성이 없다. 분자의 모형을 만들어 본다면 두 구조가 동일함을 쉽게 확인할 수 있을 것이다.

두 개(앞으로 보게 되겠지만, 그 이상의 경우에도 적용된다)의 입체중심을 가지고 있지만, 그것의 거울상과 포개질 수 있는 화합물을 **메조 화합물**(**meso compound**, *mesos*, 그리스어로 가운데를 의미)이라고 한다. 메조 화합물의 특징은 **분자 내에 그 분자를 나누는 거울면이 존재한다**는 것이다. 즉, 분자 내의 절반이 나머지 절반의 거울상이라는 것이다. 예를 들어, 2,3-다이브로모뷰테인의 2*R* 중심은 3*S* 중심의 거울상이다. 이 배열은 가려진 상태로 그린 점선-쐐기선 구조에서 가장 잘 나타난다(그림 5-11 참조). 에너지적으로 허용될 수 있는 한 분자의 어떠한 형태(2-7절, 2-8절 참조)에서라도 거울면이 존재하면 이 분자는 비카이랄성이다(5-1절 참조). 결과적으로, 2,3-다이브로모뷰테인에는 한 쌍의 거울상이성질체들(반드시 카이랄이다)과 비카이랄성인 메조 부분입체이성질체 등 모두 세 개의 이성질체만이 존재한다.

메조 부분입체이성질체는 분자 내에 세 개 이상의 입체중심이 있는 분자에도 존재할 수 있다. 예를 들어, 2,3,4-트라이브로모펜테인이나 2,3,4,5-테트라브로모헥세인 등이 있다.

MODEL BUILDING

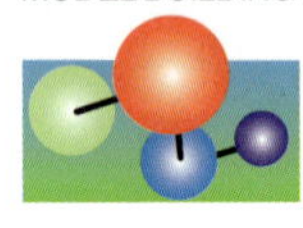

다중 입체중심을 가진 메조 화합물

거울면 거울면 거울면

연습 문제 5-21

2,4-Dibromo-3-chloropentane의 모든 입체이성질체를 그리시오.

고리 화합물도 메조형이 존재할 수 있다

2,3-다이브로모뷰테인과 그것의 고리 유사체인 1,2-다이브로모사이클로뷰테인의 입체화학적인 상태를 비교해 보는 것이 또한 유용하다. 트랜스-1,2-다이브로모사이클로뷰테인은 두 거울상이성질체(*R*,*R*과 *S*,*S*)로 존재하며, 따라서 이들은 광학적으로 활성이 있다. 그러나 시스 이성질체는 거울면이 존재하므로 메조형이고, 비카이랄성이며, 광학적으로 비활성이다(그림 5-12 참조).

카이랄인가 메조인가?

비록 4장에서 네 개 이상의 탄소를 가지는 사이클로알케인의 고리가 평면형이 아니라는 것

거울면

카이랄 부분입체이성질체의 거울상이성질체

trans-1,2-Dibromocyclobutane

내부 거울면

1*S*,2*R*은 1*R*,2*S*와 같다

메조 부분입체이성질체

cis-1,2-Dibromocyclobutane

그림 5-12 1,2-Dibromocyclobutane의 트랜스 이성질체는 카이랄성을 가지나, 시스 이성질체는 메조로서 광학적으로 비활성이다.

을 언급하였으나, 여기서는 거울상 대칭을 나타내기 위해 평면형으로 그렸음에 유의하라. 이는 타당한가? 대개는 가능하다. 왜냐하면 이러한 화합물은 비고리 유사체의 경우와 마찬가지로, 상온에서 다양한 형태로 쉽게 변할 수 있기 때문이다(4-2절에서 4-4절까지, 5-1절 참조). 이들 가능한 형태 중에서 단 한 개라도 거울면을 가지는 형태가 있으면, 어떤 두 치환기가 시스로 치환된 고리 알케인은 비카이랄성일 것이다. 편의상 거울면을 발견하기 위해 보통 고리 화합물은 **평면인 것으로** 간주할 수 있다.

연습 문제 5-22

다음 화합물의 고리를 평면으로 그리시오. 어떤 것이 카이랄성인가? 또 어떤 것이 메조형인가? 메조 화합물에는 거울면을 표시하시오. **(a)** *cis*-1,2-dichlorocyclopentane, **(b)** (a)의 트랜스 이성질체, **(c)** *cis*-1,3-dichlorocyclopentane, **(d)** (c)의 트랜스 이성질체, **(e)** *cis*-1,2-dichlorocyclohexane, **(f)** (e)의 트랜스 이성질체, **(g)** *cis*-1,3-dichlorocyclohexane, **(h)** (g)의 트랜스 이성질체.

연습 문제 5-23

연습 문제 5-22에 있는 각 메조 화합물에 대하여 거울면을 포함한 비평면 형태를 그리시오. 이들 고리형의 에너지 측면에서 가능한 형태를 찾으려면 4-2절에서 4-4절까지를 참조하라.

요약 메조 화합물은 분자 내 대칭면을 가지는 부분입체이성질체이다. 그러므로 메조 화합물은 그것의 거울상과 포개질 수 있으며, 비카이랄이 된다. 두 개 이상의 동일하게 치환된 입체중심을 가지는 분자는 메조형의 입체이성질체를 갖는다.

5-7 화학 반응에서 입체화학

지금까지 우리는 알케인의 할로젠화반응과 같은 화학 반응에 의해서, 분자에 카이랄성이 도입될 수 있음을 보았다. 어떻게 이 일이 정확하게 일어날 있는가? 이에 대한 정답을 찾기 위해서 이제 비카이랄성인 뷰테인을 카이랄성인 2-브로모뷰테인의 라세미체로 변화시키는 반응에 대해서 더 자세히 살펴보자. 일단 이렇게 하고 나면 2-브로모뷰테인의 할로젠화반응을 이해할 수 있고, 반응의 입체화학에서 분자 내에 이미 존재하는 입체중심의 카이랄 환경으로 인한 영향을 이해할 수 있을 것이다.

라디칼 반응 메커니즘은 뷰테인의 브로민화반응이 왜 라세미체를 만들게 되는지 설명한다

뷰테인의 C2 위치에 라디칼 브로민화반응이 일어나면 카이랄 분자가 생성된다(그림 5-3 참조). 이것은 메틸렌의 두 개의 수소 중 하나가 새로운 치환기로 대치되면서 네 개의 서로 다른 치환기가 붙은 탄소 원자, 즉 입체중심을 만들기 때문이다.

자유 라디칼 할로젠화반응의 메커니즘(3-4절부터 3-6절 참조)에서 첫 번째 단계는 브로민

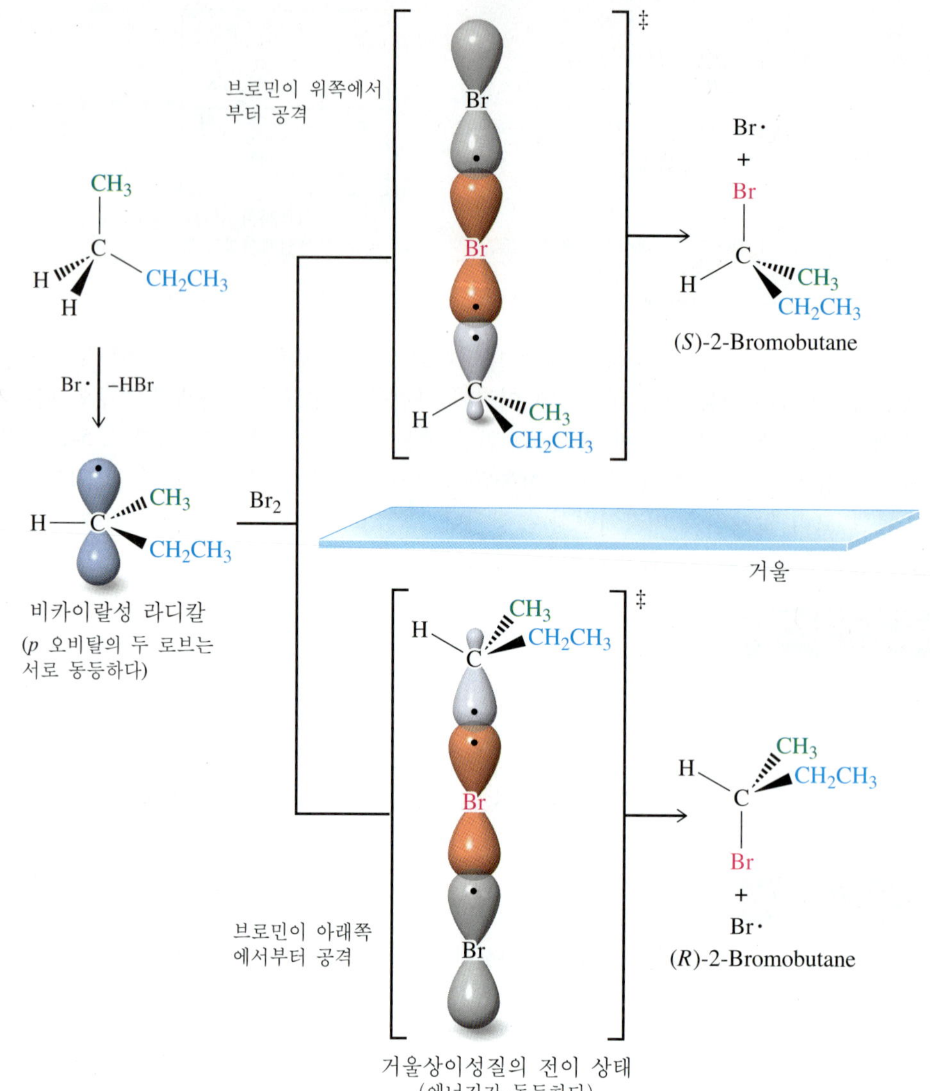

그림 5-13 Butane의 C2 위치의 라디칼 브로민화반응에 의한 2-bromobutane 라세미 혼합물의 생성. 브로민 원자에 의해 메틸렌의 두 수소 중 하나가 제거되면 비카이랄성의 라디칼이 형성된다. Br_2와 이 라디칼 반응은 위쪽 면이나 아래쪽 면이나 동등하므로, 라세미 혼합물이 생성된다.

원자에 의해 이들 두 수소 중 하나가 제거되는 것이다. 둘 중 어느 수소가 제거되든 차이는 없다. 즉, 이 단계에서는 입체중심이 생성되지 않는다. 이때 생성되는 것은 평면형의 sp^2 혼성화된 비카이랄성 라디칼이다. 라디칼의 중심은 두 번째 단계에서 브로민에 의한 공격을 받을 수 있는 동일한 두 반대 방향인 *p* 오비탈의 두 로브(lobe, 그림 5-13)에 있다. 2-브로모뷰테인의 두 거울상이성질체를 형성하는 이 단계에서 두 전이 상태는 서로 거울상이다. 그들은 서로 거울상인 관계이므로 에너지 측면에서 동일하다. 따라서 *R*과 *S* 생성물이 생성되는 속도는 동일하며, 라세미 혼합물이 형성된다. 일반적으로 **비카이랄 반응물**(즉, 뷰테인과 브로민)**로부터 카이랄 화합물**(즉, 2-브로모뷰테인)**이 생성되는 반응에서는 라세미 혼합물이 생성된다.** 그렇지 않으면, **광학적으로 비활성인 출발물로부터는 광학적으로 비활성인 생성물이 생성된다.***

입체중심이 존재하면 반응의 결과가 달라진다: (*S*)-2-브로모뷰테인의 염소화반응

이제 비카이랄 분자의 할로젠화반응에서 라세미형의 할로젠화 화합물이 생성되는 이유를 이해하게 되었다. 그렇다면 카이랄성이며, 순수한 거울상이성질체 분자의 할로젠화반응에서는 어떤 생성물을 얻을 수 있을까? 혹 다르게 표현하자면 구조에서 입체중심의 존재가 반응에서

*광학적인 활성이 있는 반응물이나 촉매를 사용하면, 광학적으로 활성이 없는 출발물로부터 광학 활성인 생성물을 합성할 수 있음도 뒤에서 보게 될 것이다(예를 들어, 화학 이야기 5-4 참조).

어떤 작용을 나타낼까?

예를 들어, 2-브로모뷰테인의 *S* 거울상이성질체의 라디칼 염소화반응을 살펴보자. 이 경우 염소 원자가 공격할 수 있는 위치는 끝쪽에 위치한 두 메틸기 C2 위치에 있는 수소 한 개 그리고 C3 위치의 두 수소 등 여러 곳이 있다. 이들의 각 반응을 살펴보자.

C1 또는 C4에서 일어나는 (*S*)-2-bromobutane의 염소화반응

ClH_2C, CH_3CH_2, Br — $\xleftarrow[-HCl]{Cl_2,\ h\nu\ \text{at C1}}$ — H_3C, CH_3CH_2, Br — $\xrightarrow[-HCl]{Cl_2,\ h\nu\ \text{at C4}}$ — H_3C, $ClCH_2CH_2$, Br

광학적으로 활성 2*R* | 광학적으로 활성 2*S* | 광학적으로 활성 3*S*

색깔을 사용하여 치환기의 우선순위를 나타낸 것을 기억하라:
a 최우선 — 붉은색
b 두 번째 — 푸른색
c 세 번째 — 초록색
d 최하위 — 검정색

끝쪽에 위치한 두 메틸기에 염소화반응이 일어날 경우는 명확하다. 즉, C1에 반응이 일어나면 2-브로모-1-클로로뷰테인이, C4에서는 3-브로모-1-클로로뷰테인이 생성됨을 알 수 있다. 두 번째 경우에는 치환기에 번호를 붙일 때 치환기의 위치를 나타내는 숫자가 가장 작아지도록 원래 C4였던 탄소가 C1이 되었다. **염소화반응의 이러한 두 생성물들은 원래 존재했었던 입체중심이 그대로 남아 있기 때문에 모두 광학적으로 활성이 있는 물질이다.** 그러나 C1의 메틸기가 클로로메틸기가 되면 C2 주위 치환기의 우선순위가 바뀐다는 것을 주의하라. 따라서 반응 중에 입체중심 그 자체는 변화가 없지만, 그것의 배열은 *S*에서 *R*로 바뀐다.

입체중심인 C2에 염소화반응이 일어나는 경우에는 어떠한가? (*S*)-2-브로모뷰테인의 C2 자리에 염소화반응의 생성물은 2-브로모-2-클로로뷰테인이다. 입체중심에서의 치환기는 변화되었지만, 분자 자체는 그대로 카이랄성이다. 그러나 생성물의 [α]값을 측정해 보면, 이 물질은 광학 활성이 없을 것이다. **입체중심에 할로젠화반응이 일어나면 라세미 혼합물이 생성된다.** 이러한 결과를 어떻게 설명할 것인가? 이 질문에 답하기 위해서는 이 반응의 메커니즘 중에 형성되는 라디칼의 구조를 살펴보아야 한다.

이 경우 C2로부터 수소가 제거되면 평면형의 sp^2 혼성화된 비카이랄성의 라디칼이 만들어지기 때문에, 결국 라세미 혼합물이 형성되는 것이다.

C2에서 일어나는 (*S*)-2-bromobutane의 염소화반응

H_3C, CH_3CH_2, Br, H — $\xrightarrow[-HCl]{Cl\cdot}$ — H_3C, CH_3CH_2, C—Br — $\xrightarrow[-Cl\cdot]{Cl_2}$ — H_3C, CH_3CH_2, Br, Cl + CH_3CH_2, H_3C, Br, Cl

광학적으로 활성 2*S* | 비카이랄 | 광학적으로 비활성 (라세미 혼합물) 50% 2*S* 50% 2*R*

염소화반응은 뷰테인의 브로민화반응에서와 같이(그림 5-13) 동등한 에너지를 가지는 서로 거울상인 두 전이 상태를 통해, 라디칼 평면의 양쪽 면에서 일어나는 (*S*)-와 (*R*)-2-브로모-2-클로로뷰테인이 같은 속도로 형성되어 라세미 혼합물이 만들어진다. 이 반응은 광학적으로 활성이 없는 생성물(라세미 혼합물)이 형성되는 반응의 한 예이다.

연습 문제 5-24

위의 예시 이외에도 (*S*)-bromobutane이 어떤 다른 할로젠화반응을 일으켜 광학적으로 비활성인 생성물을 생성하는가?

MODEL BUILDING

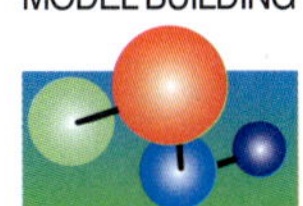

C3에서 (*S*)-2-브로모뷰테인의 염소화반응이 일어날 때, 이미 존재하는 카이랄 중심에는 영향을 미치지 않는다. 그러나 **두 번째 입체중심의 형성으로 부분입체이성질체가 형성된다.** 좀

화학 이야기 5-4

카이랄 약품: 라세미 혼합물인가 또는 순수한 거울상이성질체인가?

최근까지 대부분 합성된 카이랄 의약품들은 라세미 혼합물 형태로 합성되었고, 합성된 그대로 상품화하였다. 그 이유는 주로 경제성 때문이다. 비카이랄 화합물로부터 카이랄 화합물을 만드는 반응에서는 보통 라세미 혼합물이 생성된다(5-7절 참조). 게다가 종종 두 거울상이성질체들은 비슷한 생리적 활성을 가지거나, "부적합한" 거울상이성질체는 생리적으로 활성이 없다. 그래서 분할할 필요가 없었다. 더욱이 이 화합물을 대량으로 분할할 경우 비용이 많이 들며, 약품 생산에 필요한 원가가 상승하게 된다.

그러나 어떤 경우에는 한쪽의 거울상이성질체는 생물학적 수용체의 작용부위를 막아 다른 거울상이성질체의 활성을 감소시킴이 발견되었다. 더욱 심각한 것은 한쪽 거울상이성질체는 다른 쪽과는 완전히 성질이 달라 독성을 나타내는 경우마저 있다. 이러한 현상은 상당히 일반적인데, 이는 자연에 존재하는 수용체의 결합자리가 손 대칭성을 가지기 때문이다(화학 이야기 5-5 참조). 거울상이성질체 사이에 서로 다른 생체활성 경향을 보이는 몇 가지 예시가 아래에 제시되어 있다.

H_2N–C(=O)–CH_2–C*(S)H(NH_2)–COOH 쓴맛
HOOC–C*(R)H(NH_2)–CH_2–C(=O)–NH_2 단맛

Asparagine
(아미노산, 26장 참조)

1806년에 아스파라진이 아스파라거스의 즙으로부터 분리되었는데, 이는 자연에서부터 최초로 분리된 최초의 아미노산이다.

(S) 활성 / (R) 비활성

Dichlorprop
(제초제)

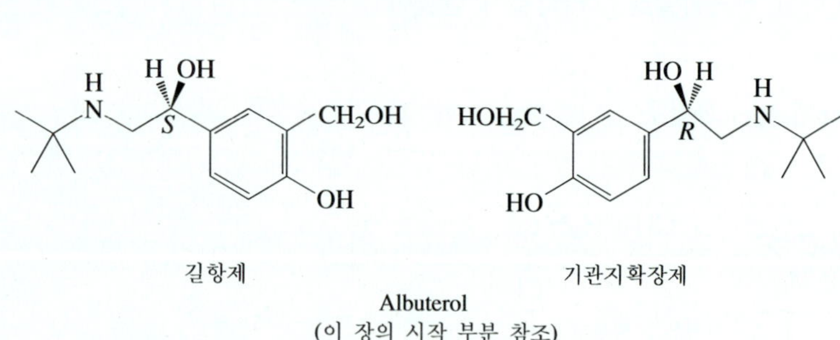

길항제 기관지확장제

Albuterol
(이 장의 시작 부분 참조)

Dichloroprop를 이용한 잡초방제.

더 자세히 말하면, 다음의 그림에서 C3의 왼쪽에 염소가 첨가되면 (2*S*,3*S*)-2-브로모-3-클로로뷰테인이 형성되지만, 오른쪽에 첨가되면 2*S*,3*R* 부분입체이성질체가 형성된다.

C3에서 (*S*)-2-bromobutane의 염소화반응

$$\begin{array}{c} {}^1CH_3 \\ H-\overset{2}{C}-Br \\ H-\overset{3}{C}-H \\ {}^4CH_3 \end{array} \xrightarrow[-HCl]{Cl_2,\ h\nu} \begin{array}{c} {}^1CH_3 \\ H-\overset{2}{C}-Br \\ H-\overset{3}{C}-Cl \\ {}^4CH_3 \end{array} + \begin{array}{c} {}^1CH_3 \\ H-\overset{2}{C}-Br \\ Cl-\overset{3}{C}-H \\ {}^4CH_3 \end{array}$$

2*S* 광학적으로 활성 — 2*S*,3*R* 광학적으로 활성 — 2*S*,3*S* 광학적으로 활성
(서로 다른 양으로 생성됨)

C2에서의 염소화반응은 두 거울상이성질체의 1 : 1 혼합물을 만든다. C3에서의 반응 역시

이러한 발견들 때문에 미국 식약청(FDA)은 회사들이 한쪽 거울상이성질체의 의약품을 생산하는 데 더 유리하도록, 의약품으로 사용되는 제품에 대한 카이랄성 규제를 개정하게 되었다. 이러한 제도 시행의 이유는 순수한 거울상이성질체를 검사하는 시험 관리감독을 더 단순하게 하고, 의약품들의 생물학적인 효능도 높이고, 또한 잠재적으로는 라세미 혼합물에서 활성이 있는 거울상이성질체로 판매를 전환함으로써("카이랄 스위치"), 성공적으로 개발된 한 의약품의 특허기간도 연장해 주자는 목적이 있었다. 이렇게 되자 라세미 혼합물의 분할 또는 **거울상이성질선택적 합성법**(*enantioselective synthesis*)의 개발에 대한 연구가 급증하게 되었다. 이 방법의 핵심은 효소를 촉매로 사용하는 반응의 성질을 이용하는 접근 방식과 같다(5-7절에 있는 도파민의 예를 참조하라). 비카이랄 출발물을 순수한 거울상이성질적인 환경하(가끔 카이랄 촉매)에서 카이랄 생성물로 변환시키는 반응을 말한다. 이러한 환경에서 거울상이성질적 전이 상태(그림 5-13)는 부분입체이성질체(이 경우 반응하는 탄소의 카이랄 "환경"은 이웃의 입체중심에 의해 제공된다. 그림 5-14)가 되기 때문에 높은 입체선택성이 달성되게 된다. 이러한 선택성은 아래와 같이 녹색화학의 몇 가지 원리들에 충실한 훌륭한 사례이다. 잘못된 거울상이성질체의 생성으로 "낭비되는" 50%의 생성이나, 그와 연관되는 성가신 분리 작업(5-8절 참조)을 막고, 원자 경제성이나 촉매의 사용을 활성화한다. 아래에서 보여 주는 것과 같이 이러한 방법들을 사용하여 관절염 치료제인 **나프록센**(*Naproxen*)과 고혈압 치료제 **프로프라놀올**(*Propranolol*)과 같은 화합물들을 고순도의 거울상이성질체로 합성하는 데 성공하였다.

이 떠오르는 기술의 중요성을 가늠하는 데 도움을 주기 위한 예로, 전 세계 카이랄 약품 시장이 연간 $2천억에 달하고, 최근 FDA에서 승인하는 저분자 약품의 80%가 카이랄성을 가진다는 것과(가장 많이 팔리는 카이랄성 의약품에 대해서는 표 25-1 참조) 2001년에는 거울상이성질선택성 촉매 분야*를 개척한 세 명의 연구자들에게 노벨화학상이 돌아갔다는 것을 보아도 그 중요성을 가히 짐작해 볼 수 있을 것이다.

*William S. Knowles 박사(1917년 출생), Missouri 주 St. Louis 소재 Monsanto 사. Ryoji Noyori 교수(1938년 출생), Nagoya 대학, 일본. RIKEN. K. Barry Sharpless 교수(1941년 출생), California 주 La Jolla 소재 Scripps 연구소.

H_2, 카이랄 촉매

R″OOH, 카이랄 촉매, —R″OH

(C* = 새로운 입체중심)

(*R*)-Naproxen

(*S*)-Propranolol

동일한 양의 부분입체이성질체의 혼합물이 얻어질까? 그렇지 않다. 이는 생성물들을 생성하는 두 전이 상태를 살펴봄으로써 쉽게 설명할 수 있다(그림 5-14 참조). 출발물로부터 C3의 두 수소 중 한 개가 제거되면 이 위치에 자유 라디칼 중심이 형성된다. 그러나 이 라디칼은 C2에 염소화반응이 일어날 때 생성되었던 라디칼과는 달리, 카이랄성인 C2의 존재로 인해 원래 분자의 비대칭성이 라디칼에도 그대로 존재하기 때문에, 서로 거울상이 아니다. 따라서 *p* 오비탈의 두 방향은 동등하지 않다.

이러한 비동등성의 결과는 무엇인가? 입체 방해라는 관점에서 예상할 수 있듯이, 라디칼의 방향에 따라 염소가 공격하는 속도가 다르고, 따라서 두 부분입체이성질체의 생성 속도가 다르다. 실제로 (2*S*,3*R*)-2-브로모-3-클로로뷰테인은 2*S*,3*S* 이성질체보다 세 배 정도 더 많이 생성된다(그림 5-14 참조). 생성물을 생성하는 두 전이 상태는 거울상도 아니며, 서로 포개질 수도 없다. 즉, 부분입체이성질체 형태인 것이다. 그러므로 이들의 에너지 상태는 서로 다르며, 서로 다른 반응경로를 나타내는 것이다.

그림 5-14 (*S*)-2-Bromobutane의 C3에 염소화반응이 일어나면 C2의 카이랄성 때문에 2-bromo-3-chloro-butane의 두 부분입체이성질체가 동등하지 않은 양으로 생성된다.

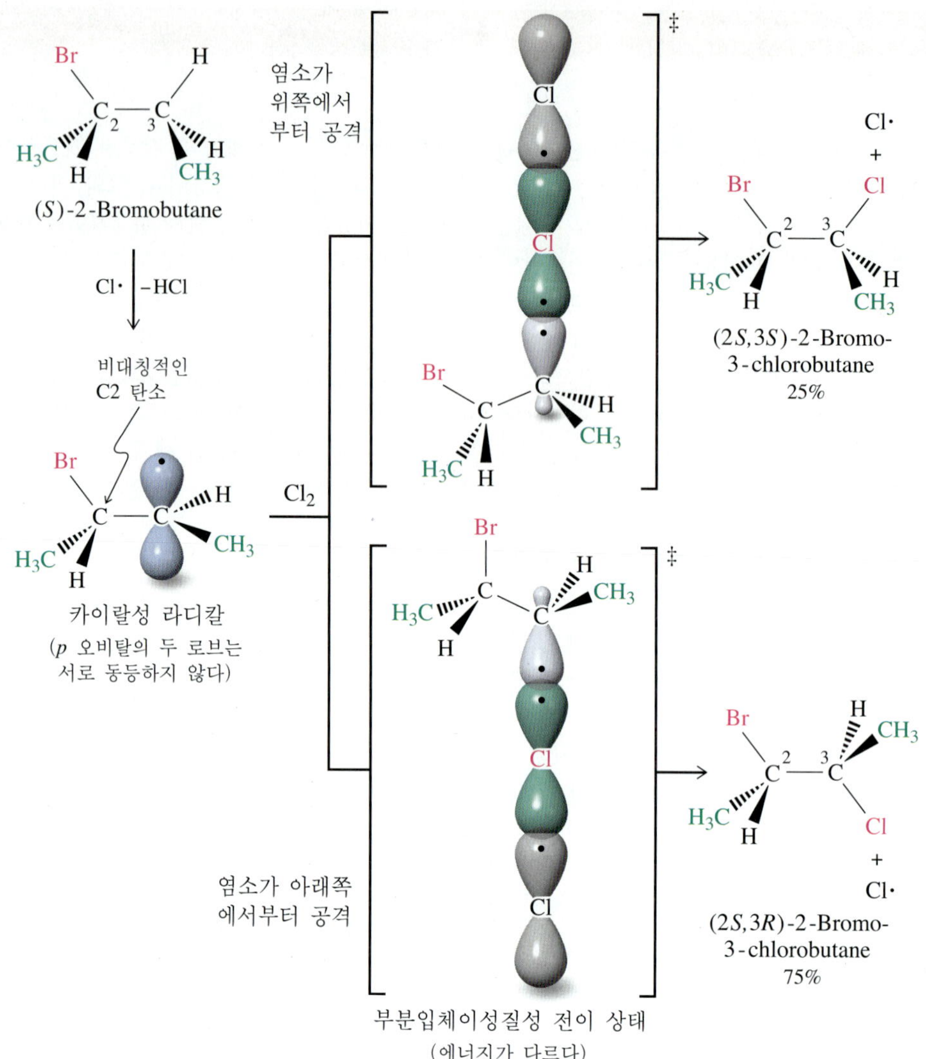

2-브로모뷰테인 라세미 혼합물의 염소화반응은 라세미 혼합물을 만든다

앞에서 우리는 할로젠화반응의 입체화학적인 결과를 보여 주기 위하여 (*S*)-2-브로모뷰테인의 순수한 거울상이성질체를 출발물로 이용하였다. 이 절대 배열의 선택은 임의로 이루어진 것이다. 우리는 동등하게 *R*형의 거울상이성질체를 선택할 수도 있었다. 그 결과는 광학적 활성의 방향만 제외한다면 동일할 것이다. 다시 말해서, C1, C3, C4 자리에서 일어나는 염소화반응의 생성물은 다음에서 보이는 것과 같이 각각 반대의 배열을 보일 것이다. 즉, (2*S*)-2-브로모-1-클

연습 문제 5-25

개념문제: 카이랄 화합물의 할로젠화반응에서 생성되는 모든 생성물 쓰기

(*R*)-1-Bromo-1-deuterioethane A의 모노브로민화반응으로 얻어지는 생성물을 열거하고(연습 문제 5-15 참조), 이들의 카이랄성, 광학 활성, 광학 비활성 등을 명시하시오. 여기서 D는 수소의 동위원소이고 정성적으로 수소와 유사하게 반응한다.

$$\underset{\textbf{A}}{H_3C\overset{H\ D}{\underset{R}{C}}Br} \xrightarrow{Br_2,\ h\nu} ?$$

전략

먼저 Br·이 A를 공격할 수 있는 자리는 몇 군데가 되는지 알아보자. C1의 수소, C1의 D, C2의

화학 이야기 5-5

자연은 왜 "한쪽성"인가?

이 장에서는 자연에서 생성되는 많은 유기 분자들이 카이랄성임을 보았다. 더욱 중요한 것은 대부분의 살아 있는 유기체의 천연물들은 카이랄성일 뿐만 아니라, 단 한 가지의 거울상이성질체로만 존재한다는 것이다. 한 예로 **폴리펩타이드**(*polypeptide*)를 구성하는 **아미노산**(*amino acid*)류를 들 수 있다. 자연에서 만들어지는 거대한 폴리펩타이드를 **단백질**(*proteins*)이라 하며, 생물학적 전이 반응에 촉매 작용을 하는 단백질들을 **효소**(*enzymes*)라고 한다.

천연 아미노산과 폴리펩타이드의 절대 배열

H_2N, R, H, C—COH (O)

아미노산
(다양한 R 가능)

H_2N … R^1 H, O, N H, R^2 H, O, N H, R^3 H, O

아미노산 1 아미노산 2 아미노산 3

폴리펩타이드

효소의 수용 자리에서 거울상이성질체 인식의 도식화

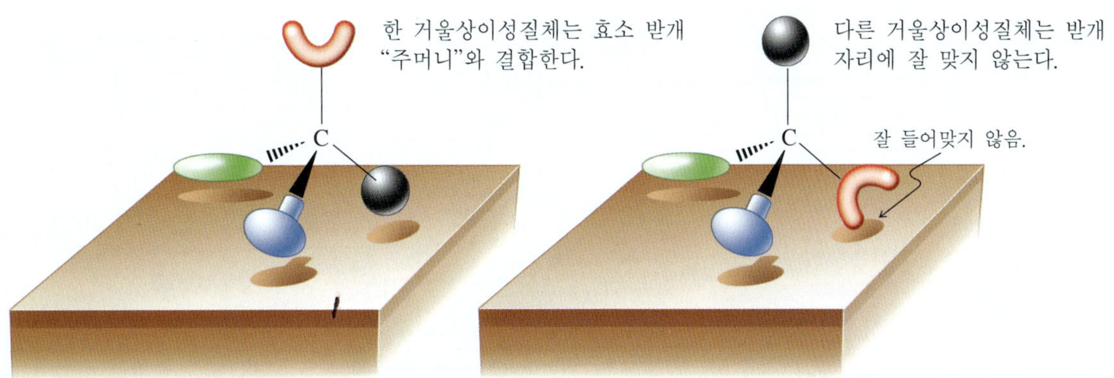

효소는 작은 카이랄성 조각들로 만들어져 있기 때문에, 거대한 집합을 만든 후에도 역시 카이랄성을 지니며 손 대칭성을 나타낸다. 따라서 한 사람의 오른쪽 손이 상대방의 오른쪽 손과 왼쪽 손을 잘 구별하듯이, 효소(효소를 포함한 다른 생체분자들)도 소위 입체화학적으로 정의된 "주머니"들로 하여금 라세미 혼합물의 한쪽 거울상이성질체만 인식하고, 반응을 진행시키도록 하는 역할을 한다. 카이랄 약품의 두 개의 거울상이성질체가 생리학적 활성이 서로 다른 것은, 바로 이와 같은 인식 능력에 근거를 두고 있다(화학 이야기 5-4 참조). 가장 그럴듯한 비교는 그림에서와 같이 카이랄 열쇠(거울상이 아닌)가 자신의 모양에 맞는 자물쇠에만 들어맞는다는 것이다. 이러한 구조적 특성에 의해 제공되는 카이랄 환경은 거울상선택성이 큰 변환을 유발하여, 비카이랄 출발물을 순수한 거울상이성질체인 카이랄 생성물로 변환되도록 하는 역할을 한다. 이러한 방법을 통하여 자연이 어떻게 고유의 카이랄성을 보존하고, 확산시키는가를 원론적으로 이해할 수 있다.

우주를 탐험하고, 외계생명의 흔적을 탐색하기 위해, 1997년에 Cassini 우주선이 발사되어 2004년 토성에 도착하였다. 그 이후로 이 우주선은 이 행성의 궤도에 진입하여 거기 머물면서 행성의 주위와 위성을 탐험하고 있다. 위의 사진에서 지구는 좌측상단 사분면에 보이지 않는 작은 점이다.

좀 더 난해한 점은 애초에 어떻게 자연에서 거울상이성질체의 균일성이 발생되었느냐 하는 것이다. 다시 말해 왜 아미노산의 한쪽 입체화학적 구조만 선택되고, 다른 쪽은 선택되지 않았느냐 하는 것이다. 이러한 신비로움은 많은 과학자들의 주목을 끌었는데, 그 이유는 이를 이해하는 것이 생명체의 진화 과정과 관계되기 때문이다. 가설들 중의 하나는 거울상이성질체들의 우연적 분리 기원설("자발적 분할")에서부터, 카이랄 물리적 힘의 작용에 의거한 가설(예를 들어, 회절 편광이나 방사능 붕괴시 관측되는 한쪽 방향으로의 방사선 회절 참조) 등 광범위하다. 또 다른 가설은 한쪽이 과량인 거울상이성질체가(즉, 생명체 그 자체가) 외계에서 유석을 통하여 날아 들어왔다는 설도 있다. 이것을 증명하기 위해서 다른 행성에서 온 운석에서 라세미체가 아닌 아미노산을 검출해보려는 노력은 아직도 계속되고 있으나, 아직 성공하지 못하고 있다.

세 개의 메틸 수소들이다. 이들이 각각 어떻게 제거되고, 생성된 자유 라디칼이 어떻게 생성물을 형성하는지 알아보자.

풀이

- C1의 수소에 공격이 일어나는 경우

$$\text{H}_3\text{C}-\overset{\text{H}\ \text{D}}{\underset{R}{\text{C}}}-\text{Br} \xrightarrow[-\text{HBr}]{\text{Br}^\cdot} \text{H}_3\text{C}-\overset{\text{D}}{\dot{\text{C}}}-\text{Br} \xrightarrow[-\text{Br}^\cdot]{\text{Br}_2} \text{H}_3\text{C}-\overset{\text{D}\ \text{Br}}{\text{C}}-\text{Br}$$

비카이랄성 카이랄성

이 과정에서 비카이랄성 자유 라디칼이 만들어진다. 이 사실 하나로도 적어도 생성물은 라세미형이 되며, 따라서 광학적으로 비활성이 된다. 그러나 브로민화반응에서 C1에 두 브로민 원자를 가지기 때문에 생성물은 이미 그 입체중심을 잃어버리게 된다.

- C1의 D에 공격이 일어나는 경우

$$\text{H}_3\text{C}-\overset{\text{H}\ \text{D}}{\underset{R}{\text{C}}}-\text{Br} \xrightarrow[-\text{DBr}]{\text{Br}^\cdot} \text{H}_3\text{C}-\overset{\text{H}}{\dot{\text{C}}}-\text{Br} \xrightarrow[-\text{Br}^\cdot]{\text{Br}_2} \text{H}_3\text{C}-\overset{\text{H}\ \text{Br}}{\text{C}}-\text{Br}$$

비카이랄성 카이랄성

이 경우도 위의 과정과 비슷하다. 비카이랄성 자유 라디칼이 만들어지고, 생성물 1,1-dibromoethane은 비카이랄성이기 때문에 역시 광학 비활성이다.

- C2의 수소에 공격이 일어나는 경우

$$\text{H}_3\text{C}-\overset{\text{H}\ \text{D}}{\underset{R}{\text{C}}}-\text{Br} \xrightarrow[-\text{HBr}]{\text{Br}^\cdot} \text{H}_2\dot{\text{C}}-\overset{\text{H}\ \text{D}}{\text{C}}-\text{Br} \xrightarrow[-\text{Br}^\cdot]{\text{Br}_2} \text{Br}\text{H}_2\text{C}-\overset{\text{H}\ \text{D}}{\underset{R}{\text{C}}}-\text{Br}$$

카이랄성, 광학 활성 카이랄성, 광학 활성

C2를 공격하는 경우 입체중심은 건드리지 않는다. 그러므로 중간체 자유 라디칼은 카이랄성이며, 따라서 생성물 1,2-dibromo-1-deuterioethane은 (*R*)의 광학 활성을 가진다.

연습 문제 5-26

자습 문제

(*S*)-2-Bromopentane의 각 탄소에 모노브로민화반응이 일어나는 경우, 생성물들의 구조를 그리시오. 각 생성물들의 이름을 쓰고, 이들이 카이랄성인지 아닌지, 그리고 동일한 양이 생성될 것인지 아닌지, 또한 어떤 것이 광학적으로 활성이 있을 것인지를 밝히시오.

로로뷰테인, (2*R*,3*R*)-과 (2*R*,3*S*)-2-브로모-3-클로로뷰테인(1 : 3의 비율), (3*R*)-3-브로모-1-클로로뷰테인이 각각 생성될 것이다. C2 자리에 공격하는 경우는 또 다시 라세미 혼합물을 생성하게 되는데, 왜냐하면 이 과정이 일어나는 동안 입체중심을 잃기 때문이다. 2-브로모뷰테인의 라세미 혼합물로 이 반응을 수행할 경우는 어떠할 것인가?

"광학적으로 비활성인 출발물은 광학적인 활성이 없는 생성물을 제공한다"라는 규칙을 상기한다면, 모든 생성물은 라세미 혼합물이 될 것으로 기대할 수 있다. 그러므로 C1, C2, C4에서 공격이 일어나는 경우 라세미 혼합물 형태의 2-브로모-1-클로로뷰테인, 2-브로모-2-클로로뷰테인, 3-브로모-1-클로로뷰테인이 각각 생성될 것이다. 중요한 것은 C3에서 공격이 일어나는 경우에도 여전히 두 개의 화합물을 생성할 수 있는데, 2-브로모-3-클로로뷰테인의 2*S*,3*S*/2*R*,3*R* (25%)와 2*S*,3*R*/2*R*,3*S* 부분입체이성질체들(75%)을 생성할 것이다.

라세미 혼합물이 관련된 경우에 화학 반응식을 기술하는 규칙은 어떠한가? *R*/*S* 표시, 광회전 표시, 또는 어떤 입체화학의 환경을 나타내는 기술에 의해 특정하게 표시되지 않을 경우에는, 반응에 들어가는 모든 성분들은 라세미 혼합물로 가정한다. 이러한 경우에는 양쪽의 거울상이성질체를 다 표현하려고 할 때 생기는 어려움을 피하기 위해, 한쪽만 표시해 주면 같은 몰수의 다른 거울상이성질체가 있다는 암묵적인 규칙을 가진다. 그러므로 C3 자리에서 일어나는 2-브로모뷰테인 라세미 혼합물의 염소화반응은 다음과 같이 표시될 수 있다.

Br H 또는 Br $\xrightarrow{Cl_2,\ h\nu}$ Br H / Cl H (75%) + Br H / H Cl (25%)

연습 문제 5-27

Bromocyclohexane의 C2 자리에서 일어나는 모노염소화반응의 생성물을 쓰시오(주: 출발물이 카이랄성인가?).

입체선택성이란 어떤 한 입체이성질체가 우세하게 생성되는 것을 의미한다

여러 개의 입체이성질적인 생성물 중 한 가지가 우세하게(또는 유일하게) 생성되는 반응을 **입체선택적인(stereoselective)** 반응이라고 한다. 예를 들어, (*S*)-2-브로모펜테인의 C3에 염소화가 일어나는 반응은 라디칼 중간체가 카이랄성이기 때문에 입체선택적이다. 반면에 C2에서 일어나는 염소화반응은 중간체가 비카이랄성이므로 입체선택적이 아니며, 라세미체가 형성된다.

얼마나 우수한 입체선택성이 가능한가? 이것은 그 반응의 반응물, 반응시약, 반응의 종류, 반응의 조건에 따라서 달라진다. 실험실에서는 화학자들은 순수한 거울상이성질체의 시약이나 촉매를 사용하여 비카이랄 화합물을 한 가지 거울상이성질체로 전환하려고 한다(거울상이성질선택성, 화학 이야기 5-4 참조). 자연계에서는 효소가 이러한 일을 수행한다(화학 이야기 5-5 참조). 어느 경우이던지 어떤 시약이나 촉매, 효소의 손 대칭성이 그 자신의 카이랄성과 연관된 새로운 입체중심을 생성하는 역할을 해낸다. 자연계에서의 한 예로는 이 장에 끝에 있는 문제 65에서 자세히 소개할 반응인, 도파민이 효소 촉매에 의해 산화되어 (−)-노르에피네프린으로 되는 반응을 들 수 있다. 효소에 의해 형성된 카이랄 반응 환경이 아래와 같이 한 가지 거울상이성질체만 100% 생성되도록 입체선택성을 유발한다. 이것은 손으로 유동성이 있는 비카이랄 물체를 다루는 것과 유사하다. 예를 들어, 왼손으로 모형 찰흙을 쥐면, 오른손을 사용하여 만든 것과 거울상의 관계에 있는 물체를 얻을 수 있는 것과 같은 원리이다.

HO, HO, $CH_2CH_2NH_2$ (Dopamine) $\xrightarrow[\beta\text{-일산소화효소},\ O_2]{\text{Dopamine}}$ HO, HO, HO H, C, CH_2NH_2 ((−)-Norepinephrine)

요약 라디칼 할로젠화반응에서 보여 준 것처럼 화학 반응은 입체선택성을 보일 수도 있고, 그렇지 않을 수도 있다. 뷰테인에서 C2에 할로젠화반응이 일어날 때처럼 비카이랄성인 출발물로부터는 라세미(입체선택적이 아닌) 혼합물이 형성된다. 뷰테인의 메틸렌 탄소에 있는 두 수소들은 비카이랄성의 중간체를 거쳐서, 같은 에너지의 서로 거울상인 전이 상태를 통하여 진행되는 라디칼 브로민화반응 메커니즘 중에, 할로젠화 단계인 치환반응에서 동등하게 반응한다. 이와 유사하게 카이랄성이고, 순수 거울상이성질체인 2-브로모뷰테인의 할로젠화반응에서, 입체중심에서의 반응 역시 라세미 생성물을 만든다. 반면에 새로운 입체중심이 생성되는 반응에서는 분자 내에 카이랄 환경이 유지되므로, 중간체 라디칼에 대해서 할로젠의 공격이 동등하지 않은 두 가지 방향에서 할로젠의 공격이 가능하며, 입체선택성이 나타날 수 있다. 두 전이 상태는 부분입체이성질적 관계이므로, 생성물들이 동등한 속도로 생성되지 않는다.

5-8 분할: 거울상이성질체의 분리

지금까지 비카이랄성의 출발물로부터 카이랄성의 구조가 생성되는 경우에 라세미 혼합물이 생성됨을 배웠다. 그렇다면 카이랄 화합물의 순수한 거울상이성질체는 어떻게 얻어지는가?

한 가지 가능한 방법은 라세미체로부터 거울상이성질체들을 각각 분리하는 것이다. 이러한 과정을 거울상이성질체들의 **분할(resolution)** 이라고 한다. 타타르산과 같은 경우는 거울상이성질체들이 거울상의 모습으로 결정화되며, 이 결정들을 손으로 분리할 수 있다(Pasteur가 한 것과 같음, 화학 이야기 5-3 참조). 그러나 이 과정은 시간이 매우 많이 걸리며, 미세한 양을 분리하는 경우가 아니면 비경제적일 뿐만 아니라, 적용할 수 있는 경우도 대단히 드물다.

분할하는 데에 사용되는 더 좋은 방법은 부분입체이성질체의 서로 다른 물리적 성질을 이용하는 것이다. 라세미체를 부분입체이성질체의 혼합물로 변환시킬 수 있는 반응이 있다고 가정해 보자. 원래 라세미체에 있던 *R* 형태의 이성질체는 부분입체이성질체의 분별 결정이나 분별 증류, 크로마토그래피에 의해서 상응하는 *S* 형태와 분리될 수 있다. 어떻게 이러한 과정을 발전시킬 수 있을까? 그 비결은 라세미 혼합물의 각 성분에 부착될 수 있는 순수 거울상이성질체 시약을 첨가하는 것이다. 예를 들어, 라세미 혼합물인 $X_{R,S}$(X_R과 X_S는 두 거울상이성질체이다)와 광학적으로 순수한 화합물인 Y_S(*S* 형태라는 것은 임의적이다. 순수한 *R* 거울상도 동일하게 적용할 것이다)의 반응을 생각해 보자. 이 반응은 광학적으로 활성이 있는 두 부분입체이성질체인 X_RY_S와 X_SY_S를 만들 것이며, 이들은 일반적인 기술로 분리가 가능할 것이다(그림 5-15 참조). 그 다음 각각의 분리된 순수한 부분입체이성질체의 X와 Y 사이의 결합을 끊으면, X_R과 X_S는 순수 거울상이성질체 상태로 얻어진다. 그뿐만 아니라 광학적으로 활성인 시약 Y_S는 회수되어 또 다른 분할에 이용될 수 있다.

그렇다면 이제 필요한 것은 가역적인 화학 반응에 의해서 분할할 분자에 쉽게 연결될 수 있으며, 쉽게 얻을 수 있고, 순수 거울상이성질체 화합물인 Y이다. 실제로 자연계에는 이러한 목적으로 사용이 가능한 순수한 광학적 활성을 지닌 분자들이 많이 있다. (+)-2,3-다이하이드록시뷰테인다이이산[(+)-(*R*,*R*)-타타르산]이 한 가지 예이다. 거울상이성질체의 분할에 자주 이

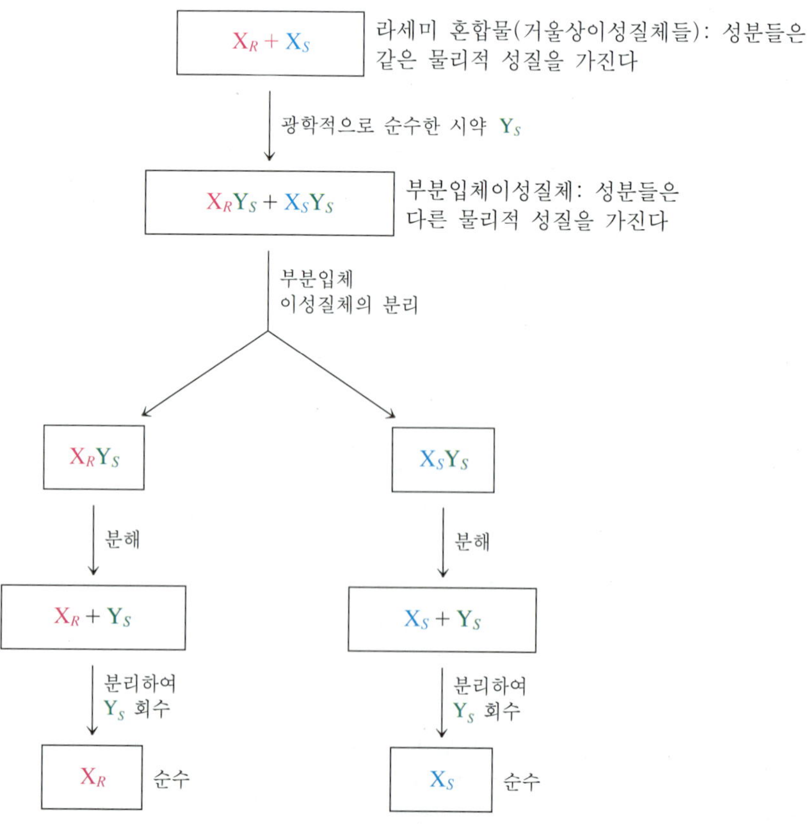

그림 5-15 두 거울상이성질체를 분리(분할)하는 방법을 보여 주는 흐름도. 이것은 광학적으로 순수한 시약과 반응시켜 분리가 가능한 부분입체이성질체를 만드는 방법에 근거한다.

$CH_3CH(NH_2)C{\equiv}CH$ + (+)-Tartaric acid

Racemic (*R*,*S*)-3-butyn-2-amine + (+)-Tartaric acid

↓ H_2O, 수일

우회전성 *R*-amine의 (+)-tartrate
$[\alpha]_D^{22°C} = +24.4$
용액으로부터 결정화

+

좌회전성 *S*-amine의 (+)-tartrate
$[\alpha]_D^{22°C} = -24.1$
용액에 머무름

↓ K_2CO_3, H_2O

47%
(*R*)-(+)-3-Butyn-2-amine
$[\alpha]_D^{22°C} = +53.2(\pm1)$
b.p. 82°–84°C

51%
(*S*)-(−)-3-Butyn-2-amine
$[\alpha]_D^{20°C} = -52.7(\pm1)$
b.p. 82°–84°C

그림 5-16 (+)-2,3-Dihydroxybutanedioic [(+)-tartaric]을 이용한 3-butyn-2-amine의 분할. 두 부분입체이성질적인 tartrate의 염이 반대 부호의 비슷한 크기를 가진 [α] 값을 갖는 것은 단지 우연일 뿐이다.

용되는 반응으로는, 산과 염기 사이에 염을 형성하는 반응이다. 예를 들어, (+)-타타르산은 라세미 아민들의 효과적인 분할을 위한 시약으로써 사용된다. 그림 5-16은 3-뷰타인-2-아민을 어떻게 이 시약으로 분할할 수 있는지를 보여 준다. 라세미 혼합물은 우선 (+)-타타르산과 반응하여 두 부분입체이성질체적인 타타르산염이 된다. *R*-아민의 염은 가만 놔둘 경우 결정을 형성하므로, 여과하여 *S*-아민의 염이 많이 녹아 있는 용액으로부터 분리할 수 있다. (+)-염을

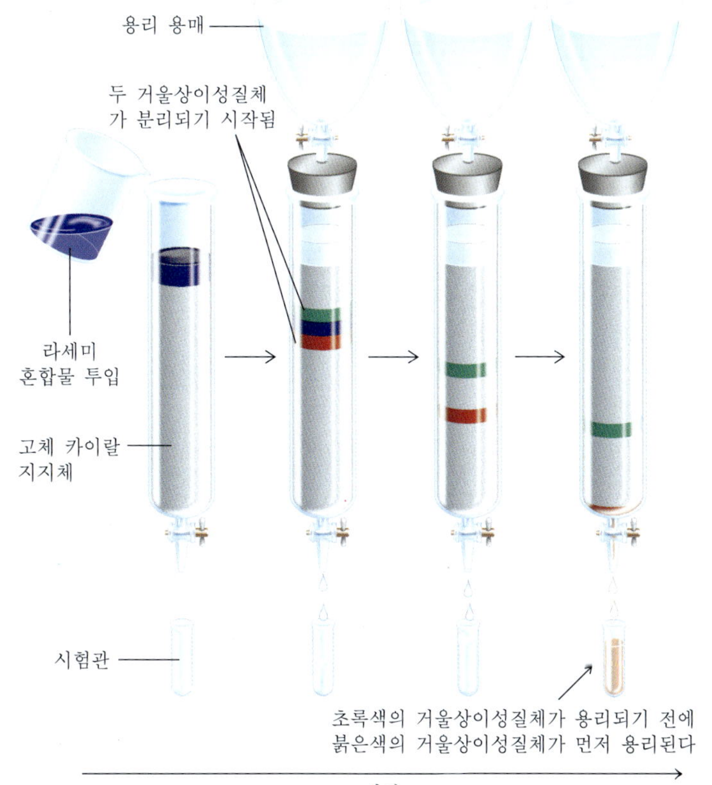

그림 5-17 카이랄 칼럼에서 라세미 혼합물의 분할. 시료가 순순 거울상이성질 지지체로 채워져 있는 칼럼 위쪽에 투입된다. 한쪽의 거울상이성질체(초록색)가 다른 한쪽의 거울상이성질체(붉은색)보다 지지체와 더 강하게 상호작용하여, 상대적으로 칼럼을 느리게 통과한다. 그러므로 붉은색 거울상이성질체는 초록색의 거울상이성질체보다 먼저 용리된다. 상업적으로 이용되는 칼럼은 종종 glucose의 중합체인 cellulose (24-12절 참조)를 카이랄성 고정상으로 이용한다.

염기의 수용액으로 처리하면 타타르산이 제거된 아민인 (+)-(*R*)-3-뷰타인-2-아민이 유리되어 나온다. 남아 있는 용액을 유사하게 처리하면 (−)-*S* 거울상이성질체(이것은 명백히 덜 순수하다. 약간 작은 광회전 참조)를 얻을 수 있다. 이 과정은 부분입체이성질체를 형성하며 라세미 혼합물을 분할하는 많은 방법들 중의 하나일 뿐이다.

부분입체이성질체들을 만들어 분리할 필요 없이 바로 거울상이성질체를 손쉽게 분리할 수 있는 방법으로는, 소위 **카이랄 크로마토그래피법(chiral chromatography)**이라고 하는 방법이 있다(그림 5-17 참조). 원리는 그림 5-16에 보인 것과 같으나, 단지 광학적으로 활성인 지지체[예를 들어, (+)-타타르산 또는 다른 값이 싼 광학 활성 화합물들을 산화 알루미늄(Al_2O_3) 또는 실리카겔(SiO_2)과 같은 고체 지지체에 고정시킴]를 사용하는 것이 다르다. 이 물질을 칼럼에 채우고, 라세미 혼합물 용액을 통과시킨다. 각각의 거울상이성질체들은 가역적으로 카이랄 지지체와 결합하는데 그 결합 정도가 서로 다르게 된다(왜냐하면 이 결합은 부분입체이성질적 관계이기 때문이다). 따라서 칼럼에서 머무르는 시간(retention time)이 서로 다르게 된다. 그러므로 한쪽의 거울상이성질체는 다른 쪽보다 칼럼을 먼저 통과하게 되어 분리가 가능하게 된다.

요점

이 장의 끝은 유기화학을 배우는 과정에서 이정표가 될 것이다. 이제부터는 분자 구조의 이해에 있어서는 근본적인 새로운 개념은 거의 추가되지 않고, 오히려 지금까지 소개했던 기본 원리들에 대하여 공부할 것이다. 분자 구조를 조사하는데 가끔 1~5장에 소개한 개념들을 필요할 때마다 참고할 필요가 있을 것이다.

1. 분자는 전자들로 둘러싸인 핵들로 구성되어 있다. 분자 상호 간의 관계를 주관하는 것은 Coulomb의 법칙, Lewis 구조, 분자 오비탈 등이다(1장 참조).
2. 알케인과 같이 유기 분자의 골격을 이루는 탄화수소는 탄소 원자들이 사슬 구조로 연결되어 있으며, 이 사슬들은 회전, 전도, 공간적 배치, 이상적인 결합 각도에서 벗어날 수도 있는 등의 성질을 갖고 있다(2장, 4장 참조).
3. 유기화학의 구조의 다양성은 탄소 원자들이 선형, 가지형, 고리 또는 다중고리로 연결될 수 있으며, 각각은 여러 가지 치환기와 작용기를 가질 수 있기 때문이다. 탄소의 정사면체 결합 구조 때문에, 유기 분자들은 여러 가지 삼차원 구조와 물리적 성질 및 반응성 등을 나타내게 된다.
4. 정사면체 구조의 탄소가 서로 다른 네 개의 치환기를 가지고 있으면 입체중심을 만들게 되고, 실상과 거울상이 서로 포개지지 않는 거울상이성질체를 생성하게 된다. 두 개 이상의 이러한 입체중심은 새로운 입체이성질체를 만들어 내는데, 이들은 그 분자를 구성하는 원자단의 공간적인 배열에 있어서만 차이가 있다.
5. 유기 분자들은 외부 시약들로부터 공격을 받을 수 있다. 공격은 종종 상대적으로 약하거나, 극성을 가진 분자의 원자에서 일어나거나, 또는 극성 작용기에서 일어나고, 입체적이거나 전자적인 조건에 좌우된다.

이 책의 나머지 대부분은 작용기에 의한 특성을 가진 유기 화합물에 대하여 차례로 배우게 된다. 기본적으로는 반응에서 구체적으로 분자 구조가 어떻게 메커니즘에 영향을 미치는지 강조하면서, 이러한 화합물들의 반응들을 중점적으로 조사할 것이다. 단지 제한된 수의 반응 메커니즘들이 존재하는데, 그들을 이해하고, 한쪽이 다른 쪽에 비해서 더 우세하도록 하는 반응 조건들을 이해하는 것이 유기화학을 이해하는 열쇠이다.

통합 문제

5-28. 화학 반응의 선택성은 유기합성의 주된 목적이다. 우리는 자유 라디칼 할로젠화반응을 통하여 어느 정도 선택성이 얻어질 수 있음을 배웠다. 3-6절과 3-7절에서는 수소의 치환 형태에 따라서(예를 들어, 일

차, 이차, 삼차 수소 등), 또한 5-7절에서는 입체화학에 따라서 달라질 수 있었다. 그렇지만 자유 라디칼과 또 탄소 중심의 라디칼 중간체가 평면적 성질을 가지고 있기 때문에, 할로젠화반응들은 선택성이 떨어진다. 따라서 고려되는 모든 합성 전략은 가능한 모든 전환을 고려하여야 한다. 예를 들면, 일반적인 스테로이드(4-7절 참조)를 보면 할로젠으로 치환될 수 있는 수소가 많다.

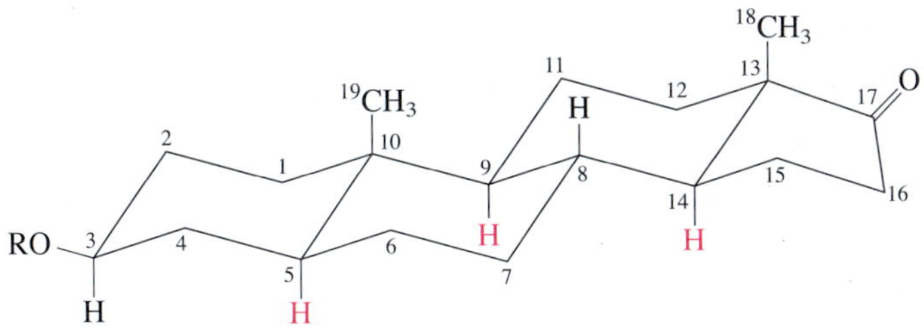

스테로이드는 생물학적으로 중요한 분자이므로, 그들의 선택적 작용기화반응들은 많은 연구자들의 관심을 끌어 왔다. 조심스럽게 조절된 특수 할로젠화 시약의 개발로 화학자들은 삼차 중심 탄소 뿐만 아니라, 선택적으로 C5, C9, C14(4장의 문제 48~50)에 대한 공격을 제한할 수 있었다. 다음 문제는, 문제를 간단히 하기 위해서 복잡한 스테로이드에서 덜 복잡한 사이클로헥세인 부분만을 떼어내서 예로 삼았다.

(*S*)-1-bromo-2,2-dimethylcyclohexane의 C1과 C3에서 자유 라디칼 모노브로민화반응이 일어난 경우 몇 개의 생성물이 만들어지는가? 출발물의 구조를 그리고 생성되는 dibromomethylcyclohexane들의 이름을 쓰시오. 그리고 각각이 카이랄인지 아닌지, 또 이들이 같은 양만큼 생기는지 여부와 광학 활성이 있는지를 명시하시오.

풀이

먼저 출발물의 구조를 입체화학을 고려하지 않고 그린다(A).

A 분자의 반응 과정에서 탄소 원자의 번호가 바뀌는 것을 피하기 위해, 이 문제의 몇 가지 구조에 대해서는 IUPAC 번호순을 따르지 않는 이름들을 사용하였다.

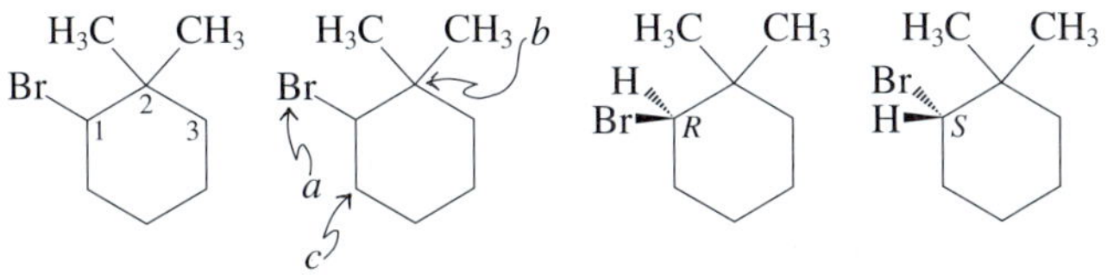

A **B** **C** **D**

그리고 난 다음 5-3절의 규칙에 따라 우선순위를 결정한다(B). 그러면 두 거울상이성질 배열(C나 D)이 생기는데, 한 가지 좋은 전략은 우선순위가 제일 낮은 수소 원자를 마음 속으로 관측자로부터 가장 먼 곳에 배치하도록 한다. 그렇게 하기 위해서 우리 자신이 분자 수준으로 줄어들었다(10^{10}배 정도 작게)고 가정해 보자. 그리고 문제의 C—H 결합의 입체중심에서 H가 여러분의 반대편에 위치하게 하면, 나머지 세 개의 치환기들은 여러분 주위를 둘러싸게 되고, 이것이 시계 방향이면 (*R*), 반시계 방향이면 (*S*)가 된다. D는 따라서 *S* 거울상이성질체가 된다.

지금 C1과 C3에 브로민을 도입해 보자. 이때 할로젠화반응의 자유 라디칼 메커니즘을 기억하고 있는 것이 중요하다. 결정적인 중간체는 라디칼 중심[이 경우 C1 (E)이나 C3 (F)]이며, 이때 *p* 오비탈(3-4절 참조)의 양쪽 어느 쪽에서도 공격이 가능하다.

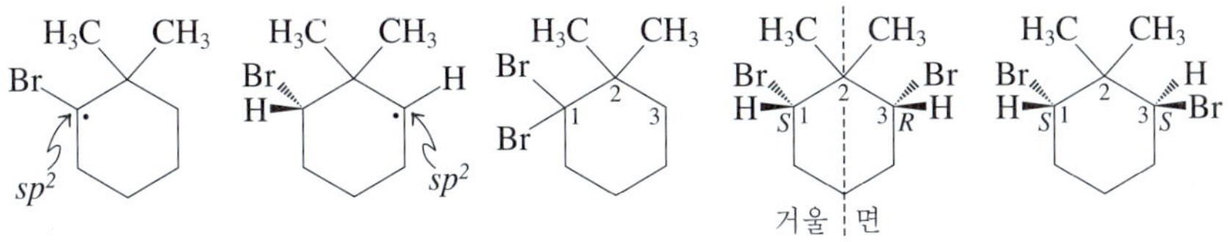

E **F** **G** **H** **I**

E에서 분자는 대칭이며, 아래나 위쪽에 공격하는 반응 속도는 같게 된다. 만일 F_2 또는 Cl_2로 할로젠화반응을 시키면, C1은 입체중심이 되며, *R*과 *S*의 거울상이성질체는 같은 양으로 얻어지게 된다(라세미체, 5-7절, 그림 5-13 참조). 그러나 우리의 경우 C1에서의 브로민화반응은 이 탄소의 비대칭성을 없앤다. G 화합물, 1,1-dibromo-2,2-dimethylcyclohexane은 비카이랄성이며, 따라서 광학적 활성이 없다.

F로 돌아가면 상황은 달라진다. 여기서 변하지 않은 원래의 입체중심(D의 C1)은 라디칼 중간체의 두 면을 동등하지 않게 만든다. 두 개의 부분입체이성질체(H와 I)가 동등하지 않은 속도로 형성되며, 따라서

생성물의 양도 달라지게 된다(5-7절, 그림 5-14 참조). H의 *cis*-1,3-dibromo-2,2-dimethylcyclohexane의 경우, 두 번째 브로민이 분자에 거울면이 존재하도록 대칭으로 붙게 된다. H는 메조 화합물이며, 비카이랄성이고, 따라서 광학적으로 활성이 없다(5-6절 참조). 다른 말로 표현하면 D에 있는 C1의 카이랄성(즉, *S*)은 C3(이 경우 *R*)에 "거울상"이 도입됨으로써 상쇄되고 만다. 두 개의 입체이성질체는 서로 구별할 수 없게 되는데, 이것은 (1*S*,3*R*)-H가 (1*R*,3*S*)-H와 같기 때문이다(이 설명을 확인해 보려면 단순히 화합물 H를 거울면으로 표시되는 점선을 중심으로 투영시켜 보면 될 것이다).

한편, 화합물 I, 즉 (1*S*,3*S*)-1,3-dibromo-2,2-dimethylcyclohexane은 거울면이 없다. 분자는 카이랄성이며, 순수 거울상이성질체이며, 따라서 광학 활성이다. 다시 말하면 반응은 C1을 입체화학적으로 방해받지 않고 보전되도록 한 채 한쪽의 거울상이성질체만 생성하는데, 이것은 다른 거울상[(1*R*,3*R*)-부분입체이성질체(5-5절 참조)]과는 포개지지 않는다(5-5절 참조).

5-29. 11-5절, 12-2절에서 우리는 알켄의 이중 결합들이 수소 기체가 특수 금속 촉매(3-3절 참조) 하에서 수소화반응을 통하여, 알케인을 생성하는 반응들을 배우게 될 것이다.

H—H + C=C 와 C=C + H—H —촉매→ H H C—C 와 C—C H H

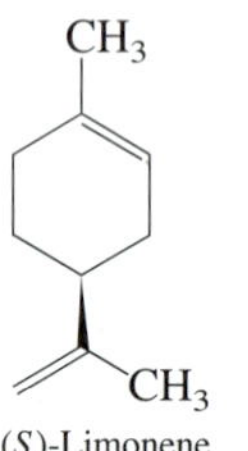

(*S*)-Limonene

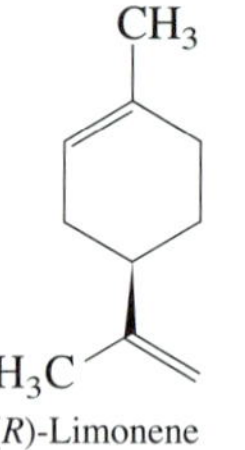

(*R*)-Limonene

Limonene의 두 거울상이성질체들(왼쪽 여백 그림)은 서로 냄새가 상당히 다르다. *S*-이성질체는 가문비나무의 솔방울에 존재하며, 테레빈유 같은 냄새를 갖고 있다. 반면에 *R*-이성질체는 오렌지향의 독특한 냄새의 주성분이다. *R*-Limonene은 주스 산업의 부산물로 얻어지는 감귤류의 껍질 기름의 주성분이며, 미국 내에서만 매년 5천만 킬로그램이 생산된다. (*R*)-과 (*S*)-limonene의 이중 결합에 수소화반응이 일어날 때 만들어지는 생성물들을 그리고, 이들 생성물들이 이성질체인지, 동일한지, 카이랄성인지, 비카이랄성인지 또는 광학 활성이 있는지 비활성인지를 명기하시오.

풀이

먼저 (*R*)-과 (*S*)-limonene의 두 개의 이중 결합에 대한 수소첨가반응 생성물을 그려보자. 문제에 표시된 바와 같이 두 개의 수소 원자는 π 결합에 상하로 결합할 수 있다(그림 1-21 참조). 이것은 치환기에 대한 수소첨가반응 결과와는 상관이 없지만, 고리 화합물에 대한 수소첨가반응 결과에 매우 중요한 영향을 미친다. 한쪽은 시스, 다른 쪽은 트랜스로 치환된 사이클로헥세인을 생성하기 때문이다. 따라서 우리는 한 개의 거울상입체이성질체로부터 두 개의 입체이성질체를 생성하게 된다. 그러면 (*R*)과 (*S*)-출발물로부터 생성되는 생성물들의 상호관계는 어떨까? 두 개의 트랜스와 두 개의 시스 이성질체는 서로 포개질 수 있다. 즉, 동일한 물질인 것이다. 다시 말하면, limonene의 두 거울상이성질체는 각각 동일한 입체이성질체들을 만들어낸다. 이들은 카이랄성인가? 답은 "아니다"이다. 생성되는 1,4-이(二)치환 사이클로헥세인에는 거울면 대칭이 존재한다. 따라서 limonene의 수소첨가반응은 분자의 대칭을 만들고, 비카이랄성이 된다. 그러므로 생성물들은 광학적으로 비활성이다.

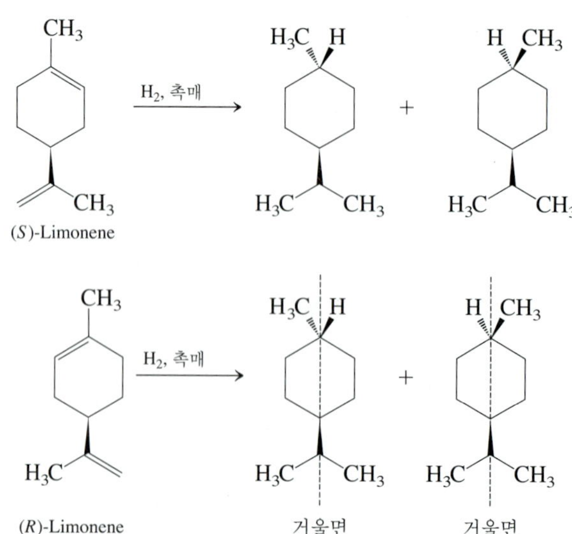

중요한 개념

1. 이성질체란 같은 분자식을 가지고 있으나, 서로 다른 화합물을 말한다. 구조 이성질체는 각 원자들의 연결된 순서가 다른 것이다. 입체이성질체는 같은 연결을 가지나, 원자의 삼차원적인 배열이 다르다. **거울상 입체이성질체**는 실상과 서로 거울상의 관계에 있다.

2. 자신의 거울상과 포개지지 않는 물체는 **카이랄성**이다.

3. 네 개의 서로 다른 치환기를 가지는 탄소 원자(**비대칭 탄소**)는 **입체중심**의 한 예이다.

4. 두 입체이성질체 중의 하나가 다른 것과 거울상인 관계에 있을 때 **거울상이성질체**라고 한다.

5. 한 개의 입체중심을 가지는 화합물은 카이랄성이며, 한 쌍의 거울상이성질체로 존재한다. 거울상이성질체의 1:1 혼합물은 **라세미체**(**라세미 혼합물**)이다.

6. 카이랄 분자는 대칭면(거울면)을 가질 수 없다. 분자가 **거울면**을 가지면 이 분자는 **비카이랄성**이다.

7. **부분입체이성질체**란 서로 거울상의 관계가 아닌 입체이성질체를 말한다. 고리 화합물의 시스와 트랜스 이성질체는 부분입체이성질체의 한 예이다.

8. 한 분자 내에 두 개의 입체중심이 존재하면 부분입체이성질적인 관계를 가지는 두 쌍의 거울상이성질체, 즉 네 개의 입체이성질체를 가진다. n개의 입체중심을 가지는 화합물이 가질 수 있는 최대 입체이성질체의 수는 2^n개다. 이 숫자는 치환기가 동일한 입체중심이 존재함으로써 대칭면이 존재할 경우에 줄어든다. 입체중심이 존재하더라도 거울면이 존재하는 분자는 그것의 거울상과 같으며(비카이랄성), 이를 **메조 화합물**이라고 한다. 에너지면에서 가능한 어떤 한 형태에서든지 거울상이 존재하면 이 분자는 비카이랄성이다.

9. 거울상이성질체는 거의 모든 물리적 성질이 동일하다. 한 가지 다른 점은 **평면 편광**과의 상호작용이다. 한 거울상이성질체는 편광면을 시계 방향(**우회전성**)으로, 다른 것은 반시계 방향(**좌회전성**)으로 회전시킨다. 이런 현상을 **광회전**이라고 한다. 회전의 정도는 각도로 측정되며, **고유 광회전도**인 **[α]**로 나타낸다. 라세미체와 메조 화합물은 광회전을 보이지 않는다. 거울상이성질체가 동등하지 않도록 섞인 혼합물의 **거울상 초과량** 또는 **광학적 순도**는 아래의 식으로 나타낸다.

$$\text{거울상 초과량}(ee) = \text{광학적 순도} = \left(\frac{[\alpha]_{\text{관찰값}}}{[\alpha]}\right) \times 100\%$$

10. 입체중심의 "손 대칭성"(그것의 절대 배열)은 X선 회절 분석에 의해 밝혀질 수 있으며, Cahn, Ingold, Prelog의 **순위결정 규칙**을 이용하여 ***R***이나 ***S***로 표시한다.

11. **Fischer 투영식**은 입체중심을 간단히 표시하는 그림으로써 절대 배열을 나타내는 데 도움을 준다.

12. 카이랄성은 라디칼 할로젠화반응에 의해 비카이랄 분자에 도입될 수 있다. 전이 상태가 거울상이성질적(서로 거울상의 관계)이고, 평면형 라디칼의 양면에서 동일한 속도로 반응하므로, 생성물은 라세미 혼합물이다.

13. 한 개의 입체중심을 가지고 있는 카이랄 분자가 입체중심에서 자유 라디칼 할로젠화반응을 하면 라세미 혼합물이 만들어진다. 그러나 그 분자의 다른 곳에 반응이 일어날 경우에는 두 개의 부분입체이성질체가 서로 다른 양으로 생성된다.

14. 가능한 여러 개의 입체이성질체 중 한 개의 생성이 우세한 것을 **입체선택성**이라고 한다.

15. 거울상이성질체의 분리를 **분할**이라고 한다. 이것은 라세미체를 어떤 카이랄 화합물의 순수한 거울상이성질체와 반응시켜서, 분리가 가능한 부분입체이성질체를 만듦으로서 이룰 수 있다. 카이랄 시약을 제거하면 원래의 라세미 혼합물에 존재하던 두 거울상이성질체들을 순수하게 얻을 수 있다. 거울상이성질체를 분할할 수 있는 다른 방법은, 광학적으로 활성인 지지체를 사용한 **카이랄 크로마토그래피**에 의한 것이다.

문제

30. 다음에서 제시되는 흔하게 볼 수 있는 사물들이 카이랄성을 가지는지 또는 비카이랄성을 가지는지를

분류하시오. 각각의 경우는 장식이나 라벨이 없이 가장 단순한 형태를 가지고 있다고 가정한다.
(a) 사다리, **(b)** 문짝, **(c)** 전기 선풍기, **(d)** 냉장고, **(e)** 지구, **(f)** 야구공, **(g)** 야구 방망이, **(h)** 야구 글러브, **(i)** 종이 한 낱장, **(j)** 포크, **(k)** 숟가락, **(l)** 식칼

31. 이 문제에 실린 다음 보기들은 두 사물이나 사물의 한 세트이다. 할 수 있는 대로 이 장에서 배운 용어들을 이용하여 가장 정확하게 두 세트 사이의 관계를 서술하시오. 즉, 이들이 동일한지, 거울상이성질체인지, 부분입체이성질체인지를 밝히시오.

(a) 영국 장난감 자동차와 비교되는 미국 장난감 자동차(같은 색상과 디자인을 가졌으나 핸들이 반대 방향에 있음)

(b) 두 개의 오른쪽 신발과 비교되는 두 개의 왼쪽 신발(같은 색상, 크기, 모양)

(c) 두 왼쪽 스케이트와 비교되는 스케이트 한 쌍(같은 색상, 크기, 모양)

(d) 왼쪽 장갑 위에 있는 오른쪽 장갑(손바닥끼리 맞붙음)과 비교되는 오른쪽 장갑 위에 있는 왼쪽 장갑(손바닥끼리 맞붙음. 같은 색상, 크기, 모양).

32. 아래 각 쌍의 분자들이 동일한 것인지, 구조 이성질체인지, 이형태체(conformer)인지, 입체이성질체인지 설명하시오. 만약 온도가 너무 낮아서 주어진 형태가 서로 바뀔 수 없다면, 이들 사이의 상관관계는 어떤 것인가?

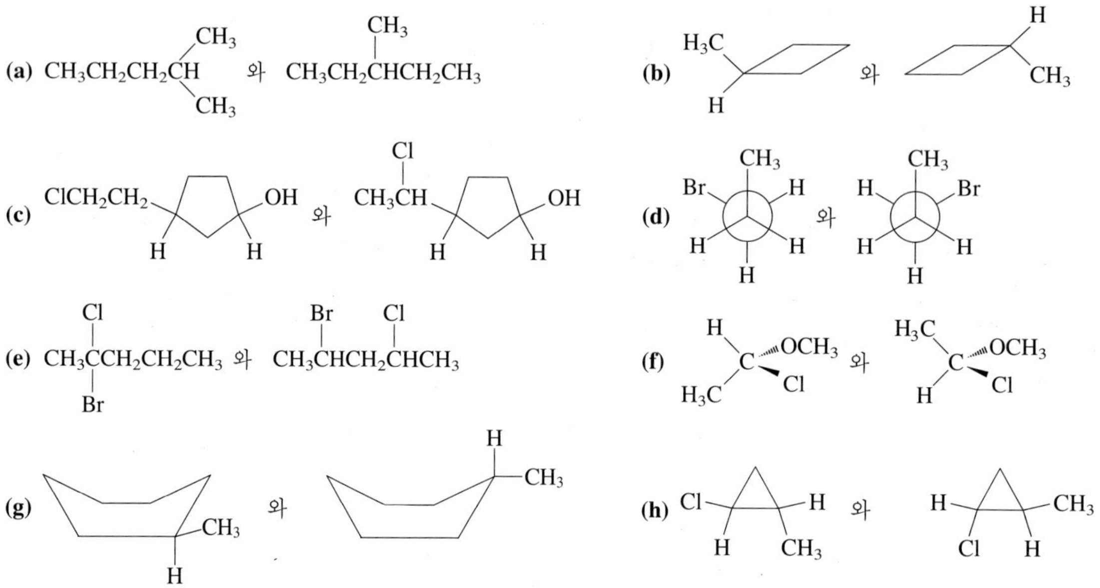

(a) $CH_3CH_2CH_2CH(CH_3)_2$ 와 $CH_3CH_2CH(CH_3)CH_2CH_3$

(b) H_3C, H 치환 사각 고리 와 H, CH_3 치환 사각 고리

(c) $ClCH_2CH_2$–(cyclopentane, H, H)–OH 와 $CH_3CH(Cl)$–(cyclopentane, H, H)–OH

(d) Newman 투영식: CH_3, Br, H, H, H, H 와 CH_3, H, Br, H, H, H

(e) $CH_3CCl(Br)CH_2CH_2CH_3$ 와 $CH_3CH(Br)CH_2CH(Cl)CH_3$

(f) H, H_3C, C, OCH_3, Cl 와 H_3C, H, C, OCH_3, Cl

(g) 의자형 cyclohexane (CH_3, H) 와 의자형 cyclohexane (H, CH_3)

(h) Cl, H, H, CH_3 치환 cyclopropane 와 H, CH_3, Cl, H 치환 cyclopropane

33. 다음 화합물 중 어떤 것이 카이랄성인가? (**힌트**: 입체중심을 조사하라.)

(a) 2-Methylheptane **(b)** 3-Methylheptane **(c)** 4-Methylheptane
(d) 1,1-Dibromopropane **(e)** 1,2-Dibromopropane **(f)** 1,3-Dibromopropane
(g) Ethene, $H_2C{=}CH_2$ **(h)** Ethyne, $HC{\equiv}CH$

(i) Benzene,  (**주**: Ethene과 같이 benzene은 모두 sp^2 혼성 탄소를 포함하고 있기 때문에 평면이다.)

(j) Epinephrine, HO–(HO)–C_6H_3–$CH(OH)CH_2NHCH_3$

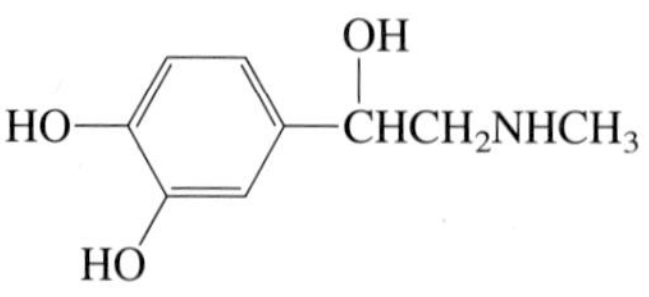

(k) Vanillin, HO–(CH_3O)–C_6H_3–CHO

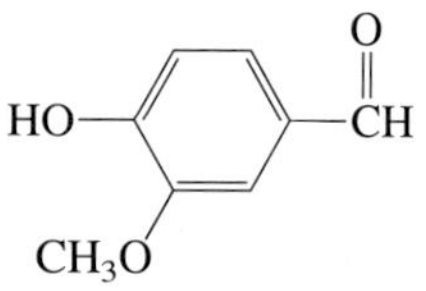

(l) Citric acid, $HOOCCH_2C(OH)(COOH)CH_2COOH$

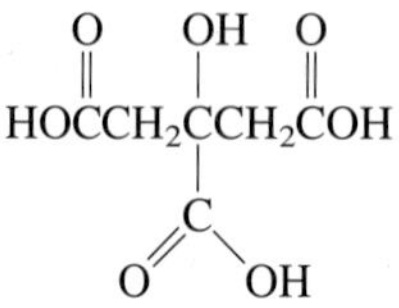

(m) Ascorbic acid, $HOCH_2$–HOCH–(H, O, =O, HO, OH 고리)

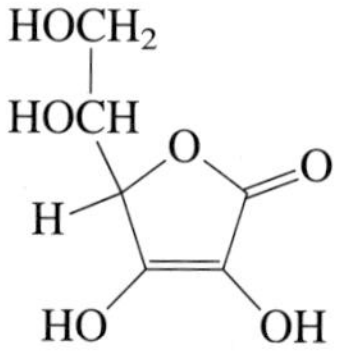

(n) *p*-Menthane-1,8-diol (터핀 수화물),

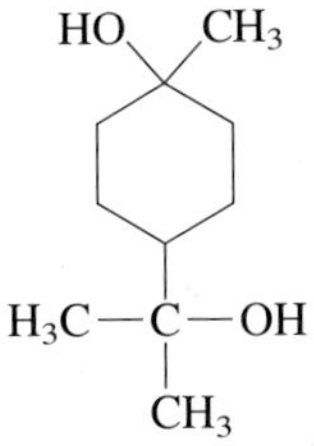

(o) Meperidine (demerol),

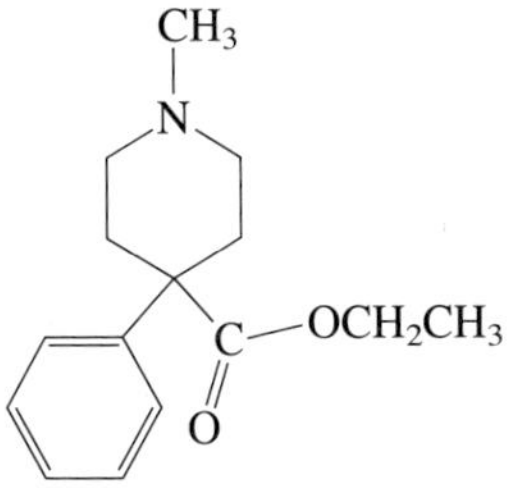

34. 다음 각 분자는 분자식 $C_5H_{12}O$ (스스로 확인해 보라) 로 구성되어 있다. 어떤 것들이 카이랄성인가?

(a) 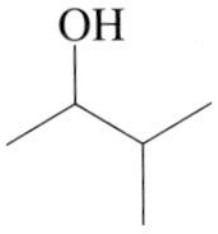 (b) 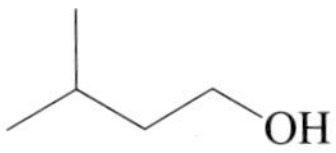 (c)

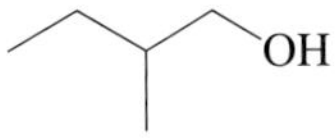

(d) 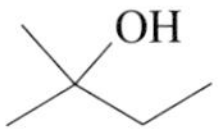 (e) 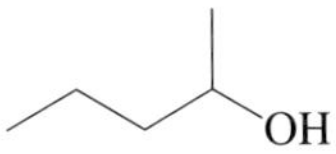 (f)

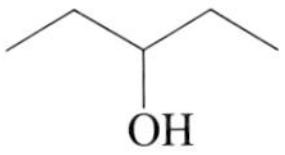

35. 34번 문제에 있는 각각의 카이랄 분자들에 대한 거울상이성질체 중에 하나를 그리고, 그 입체중심을 *R*이나 *S*로 표시하시오.

36. 다음 사이클로헥세인 유도체 중 어떤 것이 카이랄성인가? 고리 화합물의 카이랄성을 결정하기 위해 고리는 일반적으로 평면형인 것으로 간주한다.

(a) 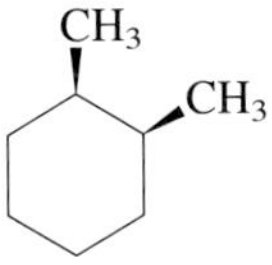 (b) 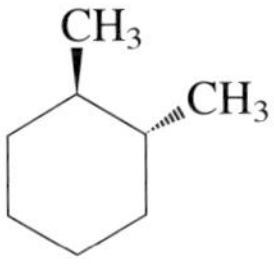 (c) 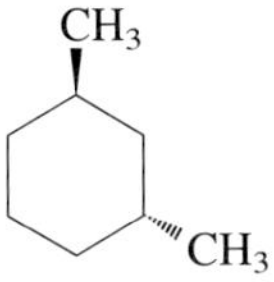 (d)

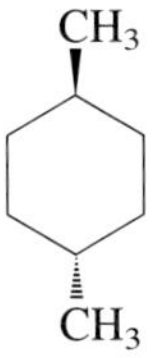

37. 문제 36의 분자들에 존재하는 모든 입체중심을 *R* 또는 *S*로 표시하시오.

38. 각 카이랄 분자에 동그라미를 치시오. 각 카이랄 탄소의 옆에 별표(*) 로 표기하고, *R* 또는 *S*로 표시하시오.

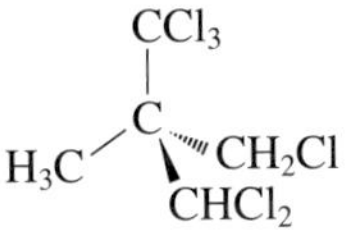

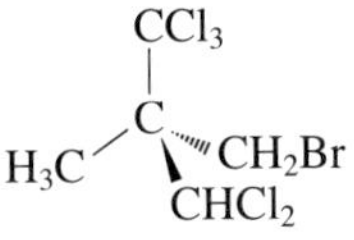

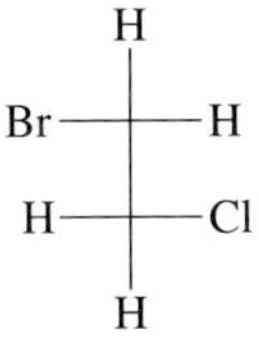

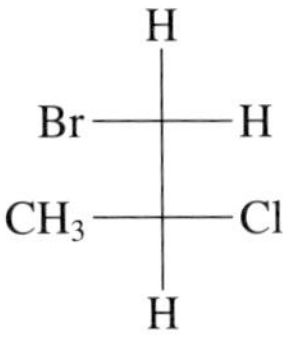

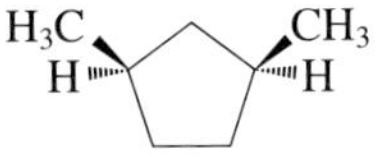

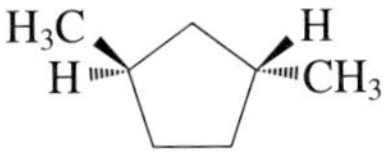

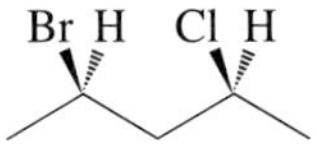

39. 다음에서 제시되는 각 쌍의 구조에 대해서 각 쌍이 서로 구조 이성질체, 거울상이성질체, 부분입체이성질체 또는 동일한 것인지를 밝히시오.

(a) 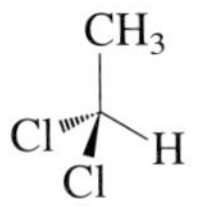 와 (b) 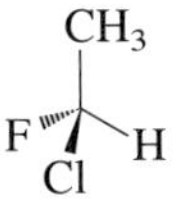 와

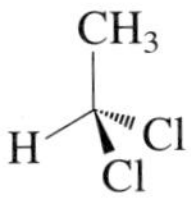

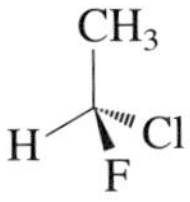

(c) 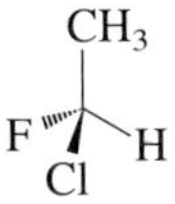 와 (d) 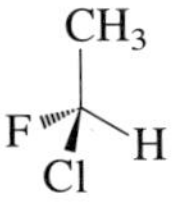 와

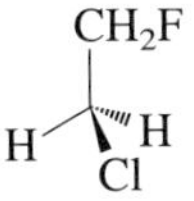

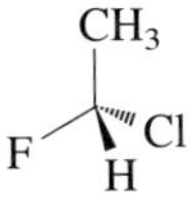

(e) 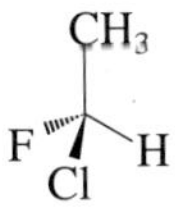 와 (f) 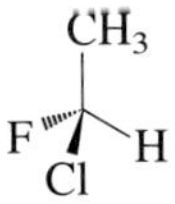 와

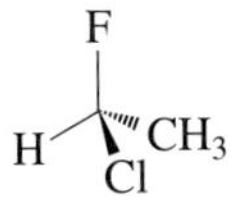

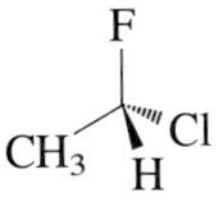

(g) 와 (h) 와

(i) 와 (j) 와

(k) 와 (l) 와

(m) 와 (n) 와

(o) 와 (p) 와

40. 아래 각 분자식에서 하나 이상의 입체중심을 가지고 있는 구조 이성질체를 모두 확인하고, 각 경우 입체이성질체의 수를 밝히시오. 또한 각 경우 최소한 한 개 이상의 입체이성질체의 구조를 그리고 그 이름을 명명하시오.

(a) C_7H_{16} **(b)** C_8H_{18} **(c)** C_5H_{10}, 하나의 고리를 가짐

41. 다음 화합물들에 대해서 적절한 형태(*R* 또는 *S*)를 입체중심에 표시하시오(**힌트**: 입체중심을 포함하고 있는 고리 구조에 있어서 고리는 마치 분자의 맨 끝에서 서로 붙어 있게 되는 두 개의 분리된 치환기로 간주한다 — 비고리 구조에서와 같이 첫 번째로 차이가 나는 곳을 찾아라).

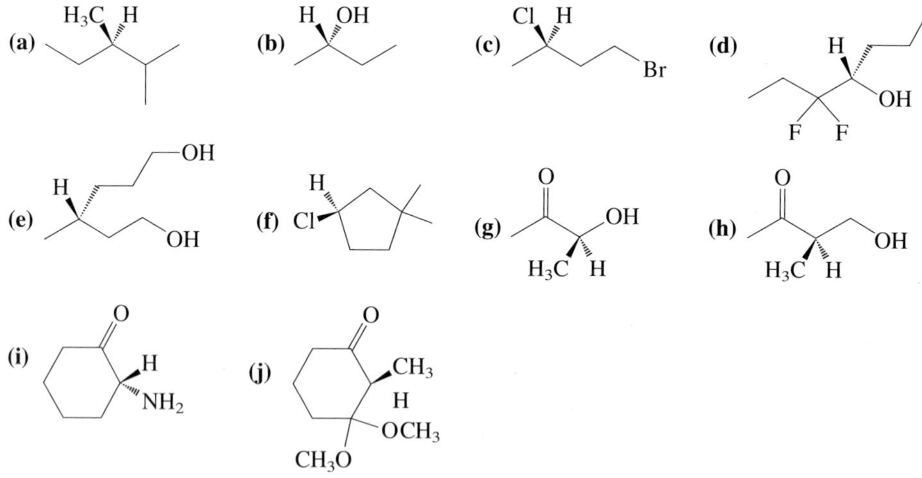

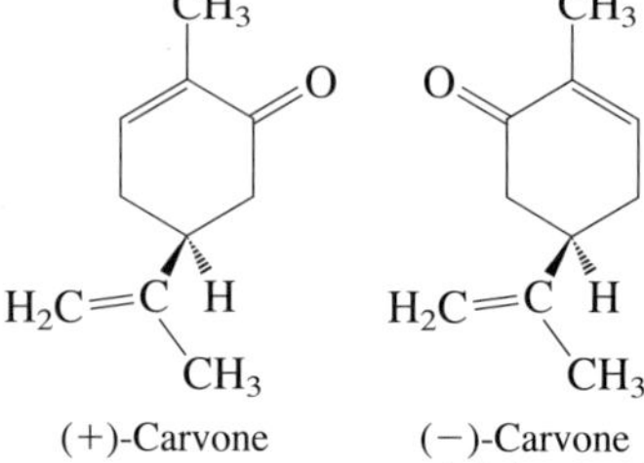

(+)-Carvone (캐러웨이 씨에 함유) (−)-Carvone (스피어민트에 함유)

42. 문제 33의 카이랄 분자 각각의 입체중심을 표시하시오. 각 분자에서 임의의 한 입체이성질체를 그리고, 그 구조의 각 입체중심에 적절한 절대 배열(*R*이나 *S*)을 표시하시오.

43. 왼쪽 여백에 carvone [계통명: 2-methyl-5-(1-methylethenyl)-2-cyclohexenone: 화학 이야기 5-1]의 두 거울상이성질체가 그려져 있다. 어떤 것이 *R*이고, 어떤 것이 *S*인가?

44. 다음 각 분자의 구조를 그리시오. 그 구조가 각 입체중심의 배열을 나타내는지 확인하시오(**힌트**: 먼저 손쉽게 그릴 수 있는 거울상이성질체를 우선 그리고 난 다음에, 문제에서 주어지는 특별한 경우의 입체구조를 고려하는 것이 쉬울 것이다).

(a) (*R*)-2-Chloropentane, **(b)** (*S*)-2-Methyl-3-bromohexane, **(c)** (*S*)-1,3-Dichlorobutane,
(d) (*R*)-2-Chloro-1,1,1,-trifluoro-3-methylbutane.

45. 다음 각 분자의 구조를 그리시오. 그 구조가 각 입체중심의 배열을 나타내는지 확인하시오.
(a) (*R*)-3-Bromo-3-methylhexane, **(b)** (3*R*,5*S*)-3,5-Dimethylheptane, **(c)** (2*R*,3*S*)-2-Bromo-3-methylpentane, **(d)** (*S*)-1,1,2-Trimethylcyclopropane, **(e)** (1*S*,2*S*)-1-Chloro-1-trifluoromethyl-2-methylcyclobutane, **(f)** (1*R*,2*R*,3*S*)-1,2-Dichloro-3-ethylcyclohexane

46. $(CH_3)_2CHCHBrCHClCH_3$의 가능한 모든 입체이성질체들을 그리고 각각을 명명하시오.

47. **도전 문제** 다음에서 제시되는 각각의 문제들에서 모든 측정에서는 10 cm의 편광계 시료 용기를 사용하였다고 가정한다.
(a) 광학적으로 활성이 있는 0.4 g 2-butanol의 10 mL 수용액은 −0.56°의 광회전을 나타낸다. 고유 광회전도는 얼마인가?
(b) Sucrose (설탕)의 고유 광회전도는 +66.4이다. 3 g의 sucrose를 포함하는 이러한 용액에서 관찰되는 광회전은 얼마인가?
(c) Ethanol에 녹아 있는 순수한 (*S*)-2-bromobutane 용액은 α = 57.3°으로 관찰되었다. (*S*)-2-bromobutane의 $[\alpha]$가 23.1이면 용액의 농도는 얼마인가?

48. 천연 에피네프린의 $[\alpha]_D^{25°C} = -50$이며, 의약품으로 사용된다. 그러나 그의 거울상이성질체는 의약품으로서 가치가 없을 뿐 아니라 독성을 띤다. 한 약사에게 1 g의 에피네프린이 20 mL의 액체에 녹아 있다고 표시되어 있으나, 광학적 순도는 명시되어 있지 않은 용액이 주어졌다. 그 용액을 편광계(10 cm 관)로 재어 보았더니 −2.5°의 광회전값이 측정되었다. 이 시료의 광학적 순도는 얼마인가? 약으로 사용해도 안전하겠는가?

49. $[\alpha]_D^{25°C} = +24$인 Sodium hydrogen (*S*)-glutamate [(*S*)-monosodium glutamate]는 흔히 MSG로 알려져 있는 감미료의 유효성분이다. MSG의 간결한 구조식이 오른쪽 여백에 표시되어 있다.
(a) MSG의 *S*형 거울상이성질체의 구조를 그리시오.
(b) 만일 시판되는 MSG 시료가 $[\alpha]_D^{25°C} = +8$로 밝혀졌다면 광학적 순도는 어떻게 되는가? 혼합물의 *S*와 *R*형 거울상이성질체의 백분율은 어떻게 되는가?
(c) $[\alpha]_D^{25°C} = +16$의 경우에 대하여 위와 같은 질문에 답하시오.

NH_2 (on C-2), O (double bond on C-5)
$HOCCHCH_2CH_2CO^-Na^+$
O (double bond on C-1)

50. 오른쪽 여백에 있는 분자는 입체화학 표기가 누락되어 있는 menthol이다.
(a) Menthol에 존재하는 모든 입체중심을 확인하시오.
(b) Menthol 구조에는 몇 개의 입체이성질체가 존재하는가?
(c) 모든 입체이성질체들을 그리고, 모든 거울상이성질체의 쌍들을 확인하시오.

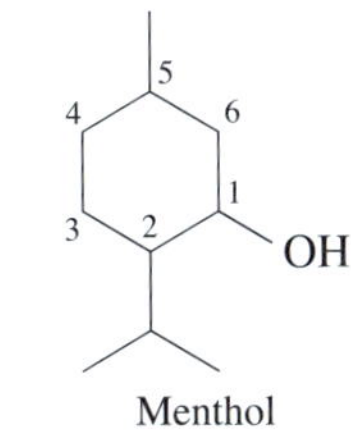

Menthol

51. **도전 문제** 페퍼민트 맛과 향의 기본적인 원인이 되는 필수 오일인 자연산 (−)-menthol은 1*R*,2*S*,5*R*-입체이성질체이다.
(a) 문제 50(b)에서 그린 구조로부터 (−)-menthol을 확인하시오.
(b) 다른 하나는 (+)-isomenthol로 1*S*,2*R*,5*R*-화합물이다. 구조들에서부터 (+)-isomenthol을 확인하시오.
(c) 세 번째는 (+)-neomenthol로 1*S*,2*S*,5*R*-화합물이다. 구조들에서부터 (+)-neomenthol을 확인하시오.
(d) 치환된 사이클로헥세인의 형태에 대한 이해를 기반으로(4-4절 참조), 세 가지 부분입체이성질체인 menthol, isomenthol, neomenthol의 안정성 순서(가장 안정적인 것부터 아닌 것)는 어떻게 되는가?

52. 위의 두 문제에서 서술된 입체이성질체들 중에서, (−)-menthol ($[\alpha]_D = -51$)과 (+)-neomenthol ($[\alpha]_D = +21$)은 그들의 주된 자연 공급원인 멘타 기름(mentha oil)의 주된 성분이다. 멘타 기름의 자연 시료 속에 있는 menthol−neomenthol 혼합물은 $[\alpha]_D = -33$을 나타낸다. 이 기름에 있는 menthol과 neomenthol의 백분율은 얼마인가?

53. 다음에 나타난 각 쌍의 구조가 동일한지, 거울상이성질체의 관계에 있는지를 밝히시오.

(a) C (CH_2CH_3 위, Br 왼쪽 아래(쐐기 점선), Cl 아래(쐐기), CH_2CH_3 오른쪽 아래) 와 C (CH_2CH_3 위, CH_3CH_2 왼쪽 아래, Br 오른쪽 아래(쐐기 점선), Cl 아래(쐐기))

(b) H—C—Cl (CH_3 위, Br 아래; Fischer 투영식) 와 C (CH_3 위, Cl 왼쪽 아래(쐐기 점선), H 아래(쐐기), Br 오른쪽 아래)

(c) CH_3 / Cl—+—CF_3 / OCH_3 와 OCH_3 / F_3C—+—CH_3 / Cl

(d) H / H_2N—C—CO_2H / $CH(CH_3)_2$ 와 NH_2 / H—+—$CH(CH_3)_2$ / CO_2H

54. 문제 53의 구조들에서 각 입체중심의 배열이 *R*인지 *S*인지를 밝히시오.

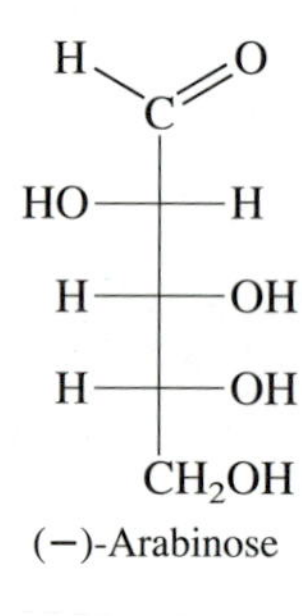
(−)-Arabinose

55. 왼쪽 여백에 그려져 있는 화합물은 (−)-arabinose라 한다. 이것의 고유 광회전도는 −105이다.

(a) (−)-Arabinose의 거울상이성질체를 그리시오.

(b) (−)-Arabinose가 또 다른 거울상이성질체를 가지는가?

(c) (−)-Arabinose의 한 부분입체이성질체를 그리시오.

(d) (−)-Arabinose가 또 다른 부분입체이성질체들을 가지는가?

(e) 가능하다면, (a)에서 그린 구조의 고유 광회전도를 예측하시오.

(f) 가능하다면, (c)에서 그린 구조의 고유 광회전도를 예측하시오.

(g) (−)-Arabinose는 광학적인 활성이 없는 부분입체이성질체를 만드는가? 만약 그렇다면 하나를 그려보시오.

56. 다음 물질의 완전한 IUPAC 이름을 쓰시오(입체화학적인 표시를 잊지 마라).

CH_2CH_3 / H—C(Cl)—CH_2CH_2Cl $C_5H_{10}Cl_2$

이 화합물을 1 mol의 Cl_2와 빛 존재하에서 반응시키면 분자식이 $C_5H_9Cl_3$인 몇 가지의 이성질체가 생성된다. 이 문제의 각 항에 대하여 다음의 물음에 답하시오. 몇 개의 입체이성질체가 생성되는가? 만약 하나 이상이 생성된다면 그들은 같은 양으로 아니면 다른 양으로 생성되는가? 각 입체이성질체의 모든 입체중심에 *R*이나 *S*로 표시하시오.

(a) C3에서 염소화반응 **(b)** C4에서 염소화반응 **(c)** C5에서 염소화반응

57. Methylcyclopentane의 일염소화반응은 몇 개의 생성물을 만들어낸다. methylcyclopentane의 C1, C2, C3 자리에서 일염소화반응이 일어난 경우에 문제 56에서 요구된 것과 같은 정보들을 제시하시오.

58. (*S*)-2-Bromo-1,1-dimethylcyclrobutane의 염소화반응에서 가능한 모든 생성물을 그리시오. 그것들이 카이랄성을 가지는지 비카이랄성을 가지는지를 밝히고, 그들이 같은 양으로 생성되는지 다른 양으로 생성되는지를 밝히시오. 그리고 생성될 때에 어떤 것이 광학적인 활성이 있는지를 밝히시오.

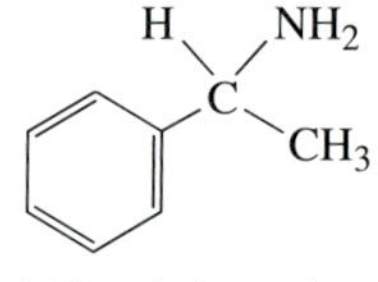
1-Phenylethanamine

59. 부분입체이성질체로의 가역적인 변환을 이용하여, 왼쪽 여백에 보이는 1-phenylethanamine의 라세미 혼합물을 분할하는 방법을 그리시오.

60. (*S*)-1-Phenylethanamine을 이용하여 2-hydroxypropanoic acid(lactic acid, 표 5-1)의 라세미 혼합물을 분할하는 방법을 나타내는 흐름도를 그리시오.

61. 다음의 모노브로민화반응으로 몇 가지의 서로 다른 입체이성질체가 생성되는가?

(a) *trans*-1,2-Dimethylcyclrohexane의 라세미 혼합물

(b) 순수한 (*R,R*)-1,2-dimethylcyclrohexane

(c) (a)와 (b)에서 표시한 답에 대하여 다양한 생성물들이 같은 양만큼 생성될 것인지, 서로 다른 양으로 생성될 것인지 표시하시오. 어떤 서로 다른 물리적 특성에 기초하여 생성물들이 어느 정도 분리될 수 있는지 표시하시오(예를 들면, 용해도, 끓는점).

62. 도전 문제 *cis*-1,2-Dimethylcyclohexane의 가장 안정한 형태에 대한 모형을 만드시오. 만약에 분자가 이 형태에 대하여 견고하게 고정되어 있으면, 이는 카이랄성을 가지는가? (거울상을 만들어보고, 포개지는가를 확인하여 답을 시험하여 보라.)

모형의 고리를 뒤집어(flip) 보시오. 원래의 형태와 뒤집고 난 형태 사이에서 입체이성질적인 관계는 어떠한가? 이 문제에서 얻은 답의 결과를 문제 36(*a*)에 있는 답에 어떻게 연관시킬 수 있는가?

63. 모르피네인(morphinane)은 모르핀 알칼로이드(morphine alkaloid)로 알려진 카이랄 분자들의 방대한

종류들 중에서 기본이 되는 물질이다. 흥미롭게도 이들 종류 화합물의 (+)와 (−)형 거울상이성질체는 서로 다른 생리학적인 특성을 보인다. 모르핀과 같은 (−) 화합물은 "마취성진통제"(진통제)임에 반면, (+)형은 "진해제"(기침약 시럽의 성분)이다. Dextromethorphan(덱스트로메톨판)은 후자에서 가장 단순하고 흔한 것들 중에 하나이다.

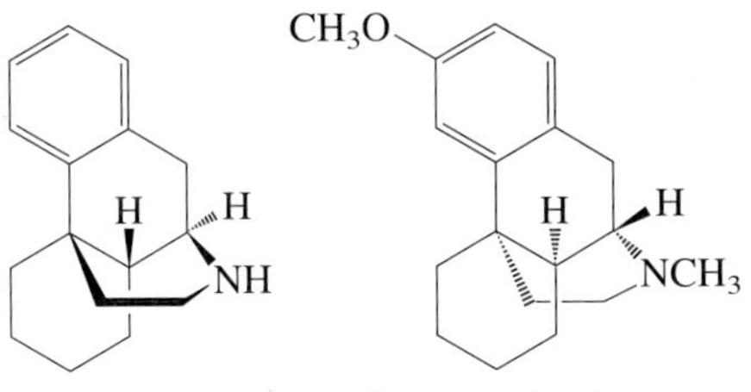

Morphinane Dextromethorphan

(a) Dextromethorphan에 존재하는 모든 입체중심을 확인하고 표시하시오.

(b) Dextromethorphan의 모든 거울상이성질체를 그리시오.

(c) (쉽지는 않겠지만) 가능한 dextromethorphan에 있는 모든 입체중심의 *R*과 *S* 배열을 정하시오.

64. 카보닐 작용기 (C=O)에 인접한 탄소 원자에 붙은 수소 원자는 산성을 띤다는 것을 18장에서 배우게 될 것이다. 화합물 (*S*)-3-methyl-2-pentanone은 촉매량의 염기를 포함하는 용액에 녹이면 광학적인 활성이 없어진다. 그 이유를 서술하시오.

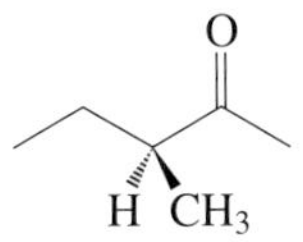

(*S*)-3-Methyl-2-pentanone

65. 생물학적으로 중요한 분자에서 효소의 작용으로 어떤 새로운 작용기가 도입되는 반응은 분자 내에서 그 반응의 위치에 대해서도 고유할 뿐만 아니라(4장 50번 문제 참조), 일반적으로 입체화학을 얻어내는 데 있어서도 고유하다. 에피네프린(epinephrine)의 생합성은 우선적으로 하이드록시 작용기가 비카이랄성인 도파민 기질로부터 도입되어 (−)-노르에피네프린(norepinephrine)을 생성하는 일을 필요로 한다(에피네프린 생성의 완료는 9장 71번 문제 참조). 오직 (−)형의 거울상이성질체만이 적절한 생리적 기능을 가지므로, 합성은 반드시 매우 입체선택적으로 일어나야 한다.

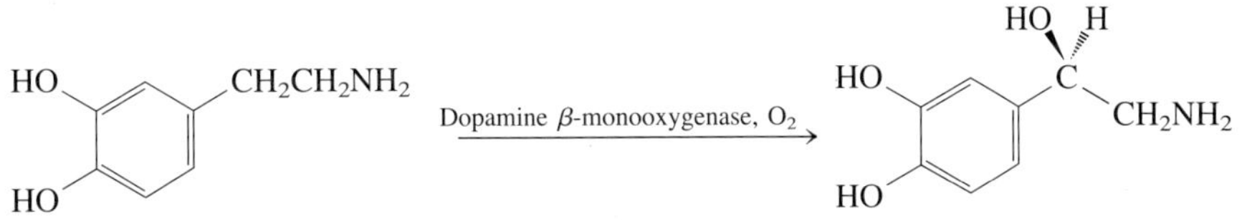

Dopamine $\xrightarrow{\text{Dopamine } \beta\text{-monooxygenase, } O_2}$ (−)-Norepinephrine

(a) (−)-노르에피네프린의 배열은 *R*인가 *S*인가?

(b) 촉매가 없는 환경에서 (−)-와 (+)-노르에피네프린으로 반응시키는 라디칼 산화반응의 전이 상태는 에너지상으로 같은가 아니면 다른가? 이들 전이 상태 사이의 관계를 어떤 용어로 서술할 수 있겠는가?

(c) 효소가 (−)형 거울상이성질체를 선택적으로 생성하기 위해서는 이들 전이 상태의 에너지에 어떤 영향을 주어야 하는지를 자신의 언어로 서술하시오. 이 효소는 카이랄성을 가져야 하는가 아니면 비카이랄성을 가질 수 있는가?

할로알케인의 성질과 반응

이분자 친핵성 치환반응

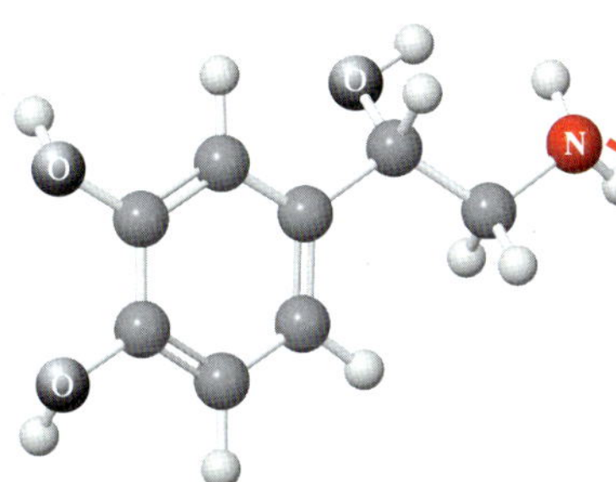

유기화학은 한 물질을 다른 물질로 변화시키는 다양한 방법을 가르쳐 준다. 우리 주변에는 말 그대로 이러한 변화의 결과 얻어지는 생성물들이 널려 있다. 2장에서, 유기 화합물에서 반응이 일어나는 부분을 작용기들이라고 한 내용을 상기하라. 유기화학의 실제적인 응용을 논하기 위해 여러분은 이러한 작용기들을 다룰 수 있는 능력을 발전시켜야만 한다. 3장에서 알케인(이 화합물들은 특별한 작용기가 없는 물질들이다)에 탄소-할로젠 작용기를 도입하는 알케인의 할로젠화반응에 대해 배웠다. 이렇게 얻은 화합물들은 그 다음에 어떻게 사용할 수 있을까?

이 장에서 할로젠화반응 생성물들인 할로알케인의 화학에 대해 공부하자. 극성화된 탄소-할로젠 결합이 이러한 물질들의 반응성에 어떤 영향을 미치며, 이들이 어떻게 다른 작용기들로 변환되는지 공부하게 될 것이다. 할로알케인에서 일반적으로 일어나는 반응을 관찰하여 얻은 반응속도론적인 지식에 근거하여, 새로운 메커니즘을 도입하고, 반응 진행에 미치는 여러 용매들의 효과를 배우게 된다. 극성 작용기를 가진 유사한 분자들에 공통적으로 적용되는, 일반적인 메커니즘상의 반응 양식을 지배하는 원리들을 복습할 것이다. 마지막으로 이러한 원리들을 적용해 보고, 할로젠화된 유기 화합물을 단백질 성분인 아미노산과 같은 다른 물질로 변화시키는 과정에서 이 반응들을 어떻게 이용하는지 확인할 것이다.

할로알케인

우리 몸안에서 noradrenaline 아미노기에 있는 질소 원자가 (*S*)-adenosylmethionine의 methyl기를 친핵성 치환반응으로 의해 공격하면 아드레날린이 만들어진다. 아드레날린은 "갑작스런 자극에 방어적인 반응을 하는" 호르몬으로 스트레스를 받거나, 긴급 상황에서 혈류에 분비되며, 스릴 넘친 경험을 할 때 "흥분감"을 가지게 하는 물질이다.

6-1 할로알케인의 물리적 성질

할로알케인의 물리적 성질들은 이들에 상응하는 알케인과는 매우 다르다. 이러한 차이를 이해하려면, 할로젠 치환기의 크기와 탄소-할로젠 결합의 극성에 대해 고려해야 한다. 이 인자들이 결합 세기나 결합 길이, 분자 극성과 끓는점 등에 어떤 영향을 미치는지를 알아보기로 하자.

표 6-1

C−X 결합 길이와 CH_3X에 있을 때 결합 세기

할로메테인	결합 길이(Å)	결합 세기 [kcal mol^{-1} (kJ mol^{-1})]
CH_3F	1.385	110 (460)
CH_3Cl	1.784	85 (356)
CH_3Br	1.929	70 (293)
CH_3I	2.139	57 (238)

결합 길이 증가 / 결합 세기 감소

C−X 간 결합의 세기는 X의 크기가 커짐에 따라 작아진다

할로메테인 CH_3X 분자내 C—X 결합의 해리 에너지는 X가 F, Cl, Br, I 순으로 커지면서 감소한다. 동시에 C—X의 결합 길이는 이 순서대로 증가한다(표 6-1). 탄소와 할로젠 간의 결합은 주로 탄소의 sp^3 혼성 오비탈과 할로젠의 p 오비탈 간의 겹침으로 만들어진다(그림 6-1). 주기율표에서 플루오린부터 아이오딘으로 커질수록 할로젠 p 오비탈의 크기가 커지고, 할로젠 원자 주위의 전자 구름이 더 분산되게 된다. 할로젠족 내에서 원자가 커지면 커질수록, 결과적으로 할로젠의 p 오비탈과 상대적으로 작은 탄소의 오비탈 간에는 불균형이 커지고, 결합 형성을 위한 겹침이 점차 감소한다. 그 결과 C—X 결합은 길어지고 약해지게 한다. 이 현상은 일반적인 것으로, **짧은 결합이 긴 결합보다 강하다고 할 수 있다.**

C−X 결합은 편극되어 있다

할로알케인에서 두드러진 특징은 C—X 결합의 극성이다. 1-3절에서 배웠듯이 할로젠 원소들은 탄소보다 전기음성도가 크다. 그 결과 C—X 결합 상에 있는 전자 밀도는 X쪽으로 치우쳐 있게 되어, 할로젠은 부분적인 음전하(δ^-)를, 탄소는 부분적인 양전하(δ^+)를 띠게 된다. 이 편극은 왼쪽 여백에 나타낸 클로로메테인의 정전기 퍼텐셜 지도에서 볼 수 있다. 염소 원자는 전자가 많고(붉은색), 탄소 원자 주변은 전자가 부족하다(푸른색). 편극된 탄소–할로젠 결합이 할로알케인의 반응성을 어떻게 결정할까? 2장에서 살펴본 바와 같이 친전자성인(δ^+) 탄소 원자는 음이온이나 전자가 풍부한 친핵체에 의해 공격을 받기 쉽다. 반면에 양이온이나 전자 밀도가 부족한 다른 화학종들은 δ^- 할로젠을 공격한다.

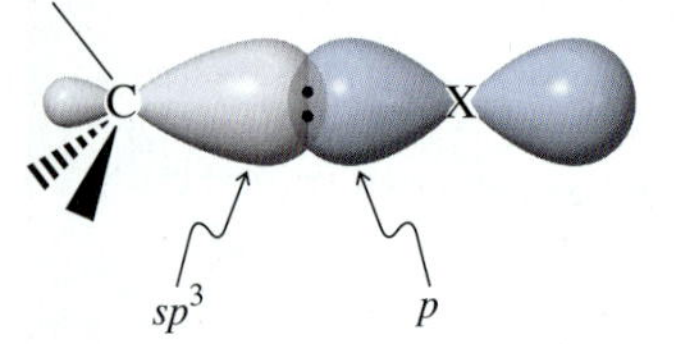

그림 6-1 알킬의 탄소와 할로젠 사이의 결합. X가 Cl, Br, I일 때는 p 오비탈의 크기가 그림에 나타난 것보다 훨씬 크다.

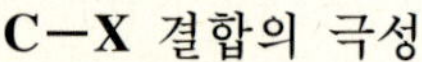

C−X 결합의 극성

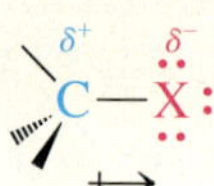

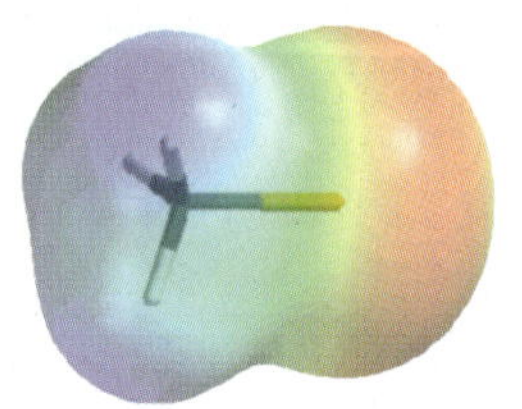

Chloromethane

쌍극자–쌍극자 인력

할로알케인은 상응하는 알케인보다 끓는점이 더 높다

C—X 결합의 극성은 할로알케인의 물리적 성질에 예측 가능한 영향을 미친다. 그들의 끓는점은 상응하는 알케인들의 끓는점보다 일반적으로 더 높다(표 6-2). 이 효과에 미치는 가장 중요한 요인은 액체 상태에서 C—X 결합 쌍극자들의 δ^+와 δ^- 말단들 사이의 쿨롱(coulomb) 인력이다[**쌍극자–쌍극자 상호작용**(*dipole-dipole interaction*), 그림 2-6].

끓는점은 X의 크기가 커짐에 따라서도 상승한다. 이는 London 상호작용이 더 커지기 때문이다(2-6절). London 힘은 분자 내의 전자들이 서로 엮여 생긴다는 것을 기억하라(그림 2-6). 원자가 커지면서 바깥 전자들은 핵에 붙잡혀 있게 되고, 이 효과가 가장 크게 된다. 이것을 계량하려면 외부에서 전기장을 걸었을 때, 전자 구름에 변형이 일어나는 정도로 원자나 원자단

표 6-2 할로알케인 (R−X)들의 끓는점

R	X =	H	F	Cl	Br	I
		끓는점 (°C)				
CH_3		−161.7	−78.4	−24.2	3.6	42.4
CH_3CH_2		−88.6	−37.7	12.3	38.4	72.3
$CH_3(CH_2)_2$		−42.1	−2.5	46.6	71.0	102.5
$CH_3(CH_2)_3$		−0.5	32.5	78.4	101.6	130.5
$CH_3(CH_2)_4$		36.1	62.8	107.8	129.6	157.0
$CH_3(CH_2)_7$		125.7	142.0	182.0	200.3	225.5

화학 이야기 6-1

소염제나 천식치료제로 쓰이는 할로젠이 치환된 스테로이드

코티솔[하이드로코티손(hydrocortisone)으로 알려진]은 **코티코스테로이드**(*corticosteroid*)라고 하는 천연에서 얻어지는 화합물 부류의 일종이다. 코티코스테로이드는 이들이 부신 피질(cortex)에서 분비되기 때문에 그런 이름을 갖게 되었다. 코티코스테로이드는 다양한 의약적 응용을 가진 소염제이다. 최근 연구에 따르면 호흡기의 염증은 천식이 수반된 기관지 수축에 중요한 인자임이 명백해졌다. 그래서 효과적인 치료법으로 기관지 확장제의 흡입과 함께 코티코스테로이드를 경구로 복용하는 것이다. 그러나 스테로이드 복용(ingestion)은 환자를 또 다른 부작용에 노출시킨다. 운동 능력을 향상시키기 위해 불법적으로 사용하는 스테로이드와는 다르게(4장 시작 부분), 코티코스테로이드를 과량 복용하면 성장이 저해된다. 이는 특별히 어린 아이들에게는 심각한 부작용이다. 그래서 흡입으로 사용하여 필요 이상의 양이 체내에 흡수되지 않게 할 수 있는 인공 합성 코티코스테로이드들이 개발되었다.

이러한 합성 스테로이드 중 하나가 위 그림에 있는 플루티카손 프로피오네이트이다. 할로알케인 작용기가 있으므로 소염 효과는 극대화된다. 플루카손은 분자 내 수소 중 일부를 플루오린으로 치환하여 새로운 약리활성을 나타내거나, 원래 가진 약효를 더 강화시킨 의약을 개발하는 전략에 따라 만든 합성 의약품 중 하나로, 최근 그 수가 증가세에 있다. 주기율표상 2주기 원소 중 가장 작은 원소인 플루오린은 크기가 수소에 가장 가깝다. 그러므로 플루오린을 가진 분자는 천연에서 얻어진, 원래 분자와 구조적으로 거의 비슷하고, 많은 경우 생체 내에서 동일한 생체분자(단백질 같은)와 상호작용을 한다. 더구나 고도로 극성화된 C—F 결합은 이들 상호작용을 강화시키는 방향으로 쌍극자 상호작용을 유발한다. 플루티카손의 경우에는 스테로이드가 세포핵에 있는 **글루코코티코이드 수용체**(*glucocorticoid receptor*)라는 단백질과 결합해, 체내 염증 반응을 방해한다.

2004년초에 발표된 국제적 연구 결과는 플루티카손이 한 살에서 세 살 사이 어린아이의 천식을 유발하는 염증을 성장 장애 부작용 없이 감소시키는데 효과적임을 보여 주었다. 그럼에도 불구하고, 글루코코티코이드와 관련된 생화학은 복잡하다. 이들은 단순히 염증조절 이상의 역할을 한다. 그래서 새로운 합성의약품(수용체와 보다 더 선택적으로 작용하여 이 수용체가 관여하는 다른 생리 작용에는 영향을 주지 않는)의 탐색은 계속되고 있다. 더구나 합성 코티코스테로이드는 경구 복용이 바람직한 다른 증상(내장 내 염증이나 이식 거부 반응 같은)에도 의약적으로 유용하다. 그래서 안정성을 보증할 변형체의 디자인은 현재 활발한 연구 분야이다.

의 **편극성(polarizability)**을 정의해야 한다. 원자나 원자단에 편극화가 더 일어나면, 이것은 더 효과적으로 London 상호작용을 하게 되고, 끓는점이 더 높아지게 된다.

할로알케인의 응용과 유해성: "환경친화적인" 대체품

할로알케인의 특징들은 이 계통의 화합물들이 상업적으로 유용한 물질들의 풍부한 원료가 되게 하였다. 예를 들어, 완전하게 할로젠으로 치환된 액체 브로모메테인들 $CBrF_3$와 $CBrClF_2$ ("할론") 같은 화합물은 매우 효과적인 소화제이다. 약한 결합인 C—Br 결합은 열에 의해 끊어져 브로민 원자를 만든다. 이 원자는 불꽃 속에서 자유 라디칼 연쇄 반응을 방해하여 연소를 방해한다(3장의 문제 40 참조). 그러나 프레온 냉매의 경우, 브로모알케인은 오존 구멍을 만드는 원인이 된다(3-9절). 그래서 비행기 엔진의 소화용 외의 사용이 금지되었다. 트라이브로민화인(PBr_3)은 이를 대체할 것으로 보이는데, 이 분자는 브로민의 무게비가 크지만 오존 구멍을 만들지 않는 물질로 알려져 있다. 2006년에 PBr_3를 근간으로 만들어진 소화기 카트리지 시스템이 포스트라엑스(PhostrEx™이라는)라는 상품명으로, 미환경보호청(EPA)과 미 연방 항공 연맹(FAA)에서 승인을 받았다. 그리고 현재 이클립스 500 제트비행기에 사용되고 있다.

San Francisco 상공의 이클립스(Eclipse) 500 제트비행기.

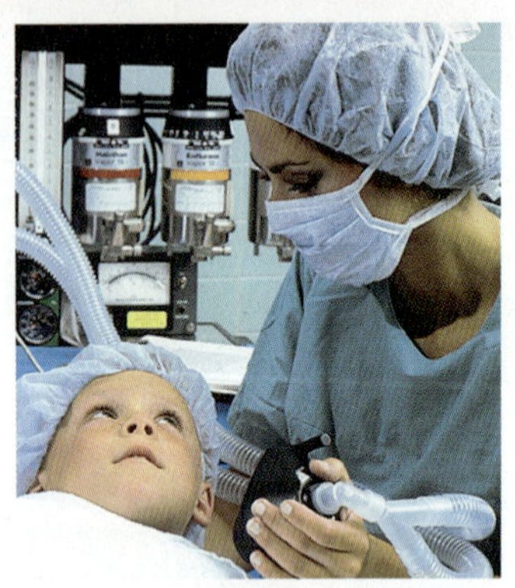

Haloethane $CF_3CHBrCl$ 같은 흡입용 마취제의 생리학적 활성은 C—X 결합의 극성에 기인한다.

탄소-할로젠 결합의 극성은 의류의 드라이 클리닝이나 기계나 전자제품의 기름때를 제거하는데 유용하게 만든다. 이러한 목적에 사용할 대체제로 1,1,1,2,2,3,4,5,5,5-데카플루오로펜테인($CF_3CF_2CHFCHFCF_3$) 같이 플루오린 원자가 대량 치환된 액체가 있다. 이 제품은 듀퐁이 만든 것으로, 이 화합물 내 C—F 결합은 매우 강해 오존을 파괴시키는 할로젠을 배출하지 않기 때문이다. 이 용매는 안전하고, 안정하며, 산업체의 다양한 필요에 따라 사용할 수 있다. 더구나 이 물질은 쉽게 회수하여 재사용할 수 있다. 문제 50번은 현재 공업화학에 혁명을 일으키고 있는 또 다른 형태의 "환경친화적인" 용매(이온성 액체)에 관해 다루고 있다.

요약 할로젠의 오비탈은 F에서 Cl, Br, I로 가면서 점차 더 확산되어 간다. 그 결과 (1) C—X 결합의 세기는 감소하고, (2) C—X 결합의 길이는 길어지며, (3) 알킬기가 같을 경우 끓는점이 증가하고, (4) X의 편극성이 증가하며, (5) London 상호작용이 증가한다. 다음에 이렇게 상호관련되어 있는 효과들이 할로알케인의 반응에서 중요한 역할을 하는 것을 보게 될 것이다.

6-2 친핵성 치환반응

할로알케인은 친전자성 탄소 원자를 가지고 있다. 이는 고립 전자쌍을 가진 물질인 친핵체와 반응한다. 친핵체는 수산화 이온($^-$:ÖH) 같은 음이온이나 암모니아(:NH_3) 같은 중성인 화학종들이 될 수 있다. 우리가 **친핵성 치환(nucleophilic substitution)**이라고 하는 반응에서, 이 시약들은 할로알케인을 공격해서 할로젠화 이온을 치환한다. 매우 많은 화학종들이 특히 용액 내에서, 이런 방식에 따라 변환된다. 이 반응은 자연에서 광범위하게 일어나며, 공장 스케일에서도 효과적으로 제어할 수 있다. 이것이 구체적으로 이 반응이 어떻게 일어나는지 알아보기로 하자.

친핵체가 친전자성 중심을 공격한다

할로알케인의 친핵성 치환반응은 두 가지 일반적인 반응식으로 나타낸다. 굽은 화살표는 전자쌍의 이동을 표시한다는 것을 기억하라(2-2절).

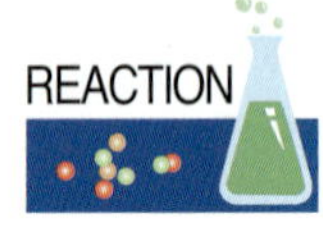

친핵성 치환반응

음이온 친핵체는 중성 생성물을 만든다

$$Nu:^- + \overset{\delta^+}{R}-\overset{\delta^-}{\ddot{X}}: \longrightarrow R-Nu + :\ddot{X}:^-$$

(Nu:⁻ 친핵체, R 친전자체, :X:⁻ 이탈기)

중성 친핵체는 음전하를 띤 생성물을 만든다(염에서)

$$Nu: + \overset{\delta^+}{R}-\overset{\delta^-}{\ddot{X}}: \longrightarrow [R-Nu]^+ + :\ddot{X}:^-$$

(Nu: 친핵체, R 친전자체, :X:⁻ 이탈기)

색표기법
친핵체: 붉은색
친전자체: 푸른색
이탈기: 초록색

첫 번째 예에서는 음전하를 띤 친핵체가 할로알케인과 반응해서 중성인 치환 생성물을 만든다. 두 번째 예에서는 전하를 띠지 않은 Nu가 양전하를 띤 생성물을 만든다. 이 화합물은 반대이온과 함께 염으로 얻어진다. 두 경우 다 치환된 작용기는 할로젠화 이온(halide ion)이고, :Ẍ:$^-$은 **이탈기(leaving group)**라고 한다. 나중에 :Ẍ:$^-$ 이외의 이탈기에 대해서도 공부할 것이다. 이 두 가지 형태의 친핵성 치환반응에 대한 구체적인 예들을 표 6-3에 나타내었다. 앞으로 나올 많은 반응식과 메커니즘에 대해 친핵체, 친전자체와 이탈기를 각기 붉은색, 푸른색과 초록색으로 나타낼 것이다. 일반적인 용어 **기질(substrate**, *substratus*, 라틴어로 당하게 되는 것을 의미)은 친핵체가 공격하는 표적인 유기 출발물—이 경우에는 할로알케인—을 말한다.

표 6-3 다양한 친핵성 치환반응

반응 번호	기질		친핵체		생성물		이탈기
1.	$CH_3\ddot{C}l:$ Chloromethane	+	$H\ddot{O}:^-$	⟶	$CH_3\ddot{O}H$ Methanol	+	$:\ddot{C}l:^-$
2.	$CH_3CH_2\ddot{I}:$ Iodoethane	+	$CH_3\ddot{O}:^-$	⟶	$CH_3CH_2\ddot{O}CH_3$ Methoxyethane	+	$:\ddot{I}:^-$
3.	$CH_3CH(Br)CH_2CH_3$ (H, :Br: on C2) 2-Bromobutane	+	$:\ddot{I}:^-$	⟶	$CH_3CH(I)CH_2CH_3$ (H, :I: on C2) 2-Iodobutane	+	$:\ddot{Br}:^-$
4.	$CH_3CH(CH_3)CH_2\ddot{I}:$ 1-Iodo-2-methylp ropane	+	$:N{\equiv}C:^-$	⟶	$CH_3CH(CH_3)CH_2C{\equiv}N:$ 3-Methylbutanenitrile	+	$:\ddot{I}:^-$
5.	(cyclohexane)–$\ddot{Br}:$ Bromocyclohexane	+	$CH_3\ddot{S}:^-$	⟶	(cyclohexane)–$\ddot{S}CH_3$ Methylthiocyclohexane	+	$:\ddot{Br}:^-$
6.	$CH_3CH_2\ddot{I}:$ Iodoethane	+	$:NH_3$	⟶	$CH_3CH_2\overset{+}{N}H_3$ Ethylammonium iodide	+	$:\ddot{I}:^-$
7.	$CH_3\ddot{Br}:$ Bromomethane	+	$:P(CH_3)_3$	⟶	$CH_3\overset{+}{P}(CH_3)_3$ Tetramethylphosphonium bromide	+	$:\ddot{Br}:^-$

주: 친핵체는 붉은색, 친전자체는 푸른색 그리고 이탈기는 초록색이다.
음이온성 친핵체는 중성 생성물을 만들고(반응 1~5), 중성 친핵체는 생성물로 염을 만든다(반응 6과 7).

친핵성 치환반응은 상당히 다양성을 나타낸다

친핵성 치환반응은 주어진 분자의 작용기를 바꾸어 준다. 상당히 많은 친핵체들이 이 과정에 이용된다. 그러므로 다양한 새로운 분자들이 치환반응을 통해 얻을 수 있다. 표 6-3은 일차와 이차 할로젠화물만을 나타내었다. 7장에서 삼차 기질은 이러한 친핵체들에 대해 다르게 반응하며, 이차 할로젠화물들은 때로 다른 생성물들도 형성하는 것을 알게 될 것이다. 메틸과 일차 할로알케인은 비교적 부산물이 없는 "가장 깨끗한" 치환반응을 한다.

이러한 변환을 더 상세하게 검토해 보자. 반응 1에서는 수산화 소듐(sodium hydroxide)이나 수산화 포타슘(potassium hydroxide)에서 얻는 수산화 이온이 클로로 메테인에서 염화 이온을 치환해서 메탄올을 만든다. 이런 치환반응은 메틸 할로알케인이나 일차 할로알케인으로부터 알코올을 만드는 일반적인 합성 방법이다.

이 반응을 약간 변형한 것이 반응 2이다. 메톡시화 이온은 아이오도에테인과 반응하여 메톡시에테인을 만든다. 이 반응은 에터 합성의 예이다(9-6절).

반응 1과 2에서 할로알케인을 공격하는 화학종은 산소 음이온성 친핵체이다. 반응 3은 할로젠화 이온이 이탈기로서만이 아니라, 친핵체로도 작용하는 것을 보여 준다.

반응 4는 탄소 친핵체, 사이안화물[보통 사이안화 소듐(sodium cyanide), $Na^{+}\,{}^{-}CN$으로부터 얻는다]이 새로운 C—C 결합을 형성하는 과정을 보여 준다. 이 반응은 분자의 골격을 변화시키는 중요한 방법이다.

반응 5는 반응 2에서 산소 대신 황 유사체를 친핵체로 사용한 경우이다. 이 예는 주기율표 상에서 같은 족에 있는 원소들은 비슷하게 반응한다는 사실을 보여 준다. 이런 결론은 반응 6과 7에서도 알 수 있다. 그러나 이 후자의 경우에는 친핵체가 **중성**인 화합물이어서 음전하를 띤 이탈기를 떼어내면 결과적으로 양전하를 띤 화합물, 암모늄과 포스포늄염이 얻어진다.

표 6-3에 있는 친핵체들은 모두 다 반응성이 큰 것들이다. 그러나 반응성이 큰 이유는 다 각기 다르다. 일부 친핵체(HO^-, CH_3O^-)는 그들이 강한 염기이기 때문이지만, 다른 것(I^-)은 그 이유가 다른 특성에 기인한다. 각 예에서 이탈기는 할로젠화 이온이라는 점에도 유의하라. 할로젠화물은 좀 특이한데, 이들은 이탈기이기도 하면서 친핵체이기도 하다(그렇기 때문에 반응 3은 가역적이다). 그러나 표 6-3에 있는 다른 친핵체(특히 강한 염기 친핵체의 경우)들은 이와 같지 않다. 이 반응들의 평형은 정반응 쪽으로 훨씬 치우쳐져 있다. 이와 관련된 내용은 치환반응에 있어 가역성에 영향을 미치는 요소들로 묶어 6-7절과 6-8절에 기술되어 있다. 먼저 친핵성 치환반응의 메커니즘을 살펴보자.

연습 문제 6-1

1-Bromobutane이 다음 치환기들과 반응하여 만들 생성물들을 그리시오.

(a) $:\ddot{\underset{..}{I}}:^-$ **(b)** $CH_3CH_2\ddot{\underset{..}{O}}:^-$ **(c)** N_3^- **(d)** $:As(CH_3)_3$ **(e)** $(CH_3)_2\ddot{\underset{..}{Se}}$

연습 문제 6-2

개념문제: 합성을 위한 계획짜기

$CH_3CH_2SCH_3$를 만들기(합성할) 위해 필요한 출발물을 제안하시오.

전략

문제에서 이 분자를 합성하는 방법에 대해서는 특정해 놓지 않았다. 그러나 우리가 바로 배운 친핵성 치환반응을 이용하는 것이 타당하게 보인다. 합성 계획을 세우는데 가장 강력한 방법은 목표 화합물의 구조에서 **역으로** 생각해 보는 것이다. 이런 방식을 **역합성 분석(retrosynthetic analysis)** 이라고 한다. 이 아이디어를 여기서 연습해 보고, 이에 관해 8-9절에서 이 주제에 다시 돌아오도록 하자. 문제를 다음과 같이 다시 기술해 보자. "어느 화합물이 친핵성 치환반응에 의해 원하는 생성물을 줄 수 있을까?" 구조를 화합물에 있는 모든 결합이 다 드러나도록 제대로 다 그린 후, 이 중 어느 것이 친핵성 치환반응에 의해 형성될 수 있는지 알아본다.

풀이

- 표 6-3에 있는 예 5에서 C—S 결합이 두 개 있는 화합물을 만드는 방법의 예를 볼 수 있다. 문제는 어떤 할로젠화 이온 이탈기를 사용할지 언급하지 않았지만, 같은 방법으로 수행한다. 이탈기는 염화물, 브로민화물, 아이오딘화물 중 어느 것이든지 선택할 수 있다.

C–S 결합을 제거

$$H_3C{-}\ddot{\underset{..}{S}}{-}CH_2{-}CH_3 \Longrightarrow H_3C{-}\ddot{\underset{..}{S}}:^- \quad Br{-}CH_2{-}CH_3$$

적당한 할로젠화 이온 이탈기를 연결한다

- 이제 반응을 실제 반응이 **정방향**으로 진행하도록 기술함으로써 마칠 수 있다.

$$CH_3\ddot{\underset{..}{S}}:^- + CH_3CH_2\ddot{\underset{..}{Br}}: \longrightarrow CH_3\ddot{\underset{..}{S}}CH_2CH_3 + :\ddot{\underset{..}{Br}}:^-$$

- 이 방식은 황과 methyl 양이온(ethyl 양이온 대신) 사이의 결합을 끊음으로써 구현할 수 있음

에 유의하라. 다음과 같은 두 번째 가능성을 얻을 수 있다. 이 방법도 전적으로 옳다.

$$CH_3\ddot{\underset{..}{I}}: + {}^{-}:\ddot{\underset{..}{S}}CH_2CH_3 \longrightarrow CH_3\ddot{\underset{..}{S}}CH_2CH_3 + :\ddot{\underset{..}{I}}:^{-}$$

먼저 것처럼 할로젠화 이온 이탈기의 선택은 중요하지 않다.

연습 문제 6-3

자습 문제

$(CH_3)_4N^+I^-$를 만들기(합성할) 위해 필요한 출발물을 제안하시오(**힌트**: 표 6-3에서 비슷한 생성물을 만드는 반응을 찾아보라).

요약 친핵성 치환반응은 일차 할로알케인과 이차 할로알케인에서 일반적인 반응이다. 할로젠화물은 이탈기로 작용하고, 다양한 친핵체가 이 과정에 참여한다.

6-3 극성 작용기를 포함하는 반응 메커니즘: "전자 밀어내기" 화살표 사용

3장에서 라디칼 할로젠화반응을 배울 때, 메커니즘에 대한 지식이 그 과정에 대한 실험 결과를 설명하는데 도움이 된다는 사실을 배웠다. 같은 원리가 친핵성 치환반응뿐 아니라 앞으로 우리가 배울 모두 화학 과정에 적용된다. 친핵성 치환반응은 극성 반응의 한 예이다. 이 과정에는 전하를 띤 화학종과 극성 결합이 관여한다. 이러한 과정들이 어떻게 일어나는지 이해하려면 정전기학에 대한 이해가 필수적이라는 점을 기억하라(2장). 상반되는 전하들은 서로 끌어당긴다는—즉, 친핵체가 친전자체에 끌려간다—원리가 극성 유기 반응에 대한 메커니즘 이해의 기본 바탕이 된다. 이 절에서 **전자의 흐름**에 대한 개념을 확장시키고, 전자가 많은 곳에서 적은 곳으로 이동하는 과정을 통해 극성 반응 메커니즘을 설명하는 일반적인 방법을 배우게 된다.

굽은 화살표로 전자들의 이동을 나타낸다

2-2절에서 배운대로, 산-염기 과정은 전자의 이동이 필요하다. 산 HCl이 수용액에서 물 분자에게 양성자를 내어주는 Brøensted-Lowry 개념을 잠깐 다시 살펴보자.

굽은 화살표를 이용한 **Brøensted-Lowry**의 산-염기 반응의 묘사

이 전자쌍은 공유된다

$$H-\ddot{\underset{..}{O}}-H + H-\ddot{\underset{..}{Cl}}: \rightleftharpoons \left[\begin{matrix} & H & \\ & | & \\ H & \ddot{O} & H \end{matrix}\right]^{+} + :\ddot{\underset{..}{Cl}}:^{-}$$

이 전자쌍은 완전하게 치환된다

산소의 고립 전자쌍에서 출발하여 HCl의 수소에서 끝나는 화살표는, 고립 전자쌍이 산소에서 완전히 떠나는 것을 의미하지 않는다는 것에 유의하라. 이것은 단지 산소 원자와 화살표가 가리키는 원자 사이에 전자쌍이 **공유된다**는 것을 의미한다. 이에 반해 H—Cl 결합 중간에서 시작하여 염소 원자를 가리키는 화살표는 결합에 참여한 전자쌍이 불균일하게 끊어짐을 의미한다. 즉, 전자쌍은 수소 원자를 떠나 온전히 염화 이온으로 옮겨가게 된다.

연습 문제 6-4

다음 산-염기 반응에 대해 전자들의 흐름을 굽은 화살표를 이용하여 나타내시오. **(a)** 수소 이온 + 수산화 이온, **(b)** 플루오린화 이온 + boron trifluoride, **(c)** Ammonia + hydrogen chloride, **(d)** Hydrogen sulfide, H_2S, + sodium methoxide, $NaOCH_3$, **(e)** Dimethyloxonium 이온, $(CH_3)_2OH^+$ +

물, **(f)** Hydronium 이온과 수산화 이온을 만드는 물의 자체 이온화

곡선으로 표현하는 화살표는 "전자를 밀어냄"을 의미하고, 유기화학에서 메커니즘을 서술할 때 사용하는 방법이다. 산-염기 반응과 유기 친핵체와 친전자체의 반응은 밀접한 유사성이 있다(2-2절). 굽은 화살표는 친핵성 치환반응이 일어나는 모습을 나타내 준다. 친핵체는 자신이 가지고 있던 고립 전자쌍을 새로운 결합을 형성하기 위해 친전자체 탄소로 이동시키는데, 이때 그 전자쌍을 받아들이는 친전자성 탄소는 원래 이탈기와 공유하고 있던 전자쌍을 이탈기로 밀어내 준다. 그러나 친핵성 치환반응은 전자 밀기 화살표를 친전자체와 친핵체 간의 상호작용의 메커니즘을 나타내는데 사용하는 여러 종류의 반응 중 하나이다. 2장에 소개되어 있는 반응 유형을 토대로 몇 가지 추가적인 예를 여기에 보여 준다.

굽은 화살표를 이용한 일반적으로 알려진 반응들의 메커니즘의 기술 예

반응		생성물	설명
$H-\ddot{O}:^- + -C-Cl:$	친핵성 치환반응 →	$-C-OH + :Cl:^-$	Brønsted 산-염기 반응과 비교하라
$-C-Cl:$	해리 →	$-C^+ + :Cl:^-$	Lewis 산-Lewis 염기의 역반응
$H-\ddot{O}:^- + C{=}O$	친핵성 첨가반응 →	$HO-C-O:^-$	C와 O 사이 이중 결합 중 결합 하나만 끊어진다
$C{=}C + H^+$	친전자성 첨가반응 →	$^+C-C(H)-$	C와 C 간 이중 결합이 Lewis 염기로 작용

모든 경우에 굽은 화살표는 원자 내 고립 전자쌍이나 결합의 중심에서 시작한다. 굽은 화살표는 전자가 부족한 원자, 예를 들어 H^+(마지막 반응식)에서는 **시작하지 않는다**. 양성자의 이동은 **전자의 제공처**(고립 전자쌍이나 결합)**로부터 양성자로 향하게** 화살표를 그린다. 이 그림은 처음에는 직관적 생각에 반하는 것처럼 보이지만, 이것이 굽은 화살표을 이용한 표기법에서 가장 중요한 특징이다. 굽은 화살표는 전자들의 흐름을 나타내지 원자의 움직임을 나타내는 것이 아니다.

첫 번째와 세 번째 예는 전자 이동의 특별한 성질을 보여 준다. 전자쌍 하나를 어떤 원자를 향해 이동시킬 때, 받을 원자는 "그 전자쌍을 수용할 자리"를 가지고 있어야만 한다는 것이다. 친핵성 치환반응에서 할로알케인 내 탄소 원자의 바깥 껍질은 전자가 채워져 있다. 그러므로 새로운 전자쌍은 탄소와 할로젠 간 결합을 이루고 있는 전자쌍을 대체하지 않고는 들어갈 자리가 없다. 두 개의 전자쌍은 동시에 "흘러들어 가고 나오듯이" 움직이는 것으로 생각할 수 있다. 새로운 쌍이 닫힌 껍질을 가진 원자에 도달하면, 다른 전자쌍(결합을 이루고 있던)은 자리를 비켜주어야 반응자리의 탄소가 팔전자 규칙을 위배하지 않게 된다. 전자의 이동을 나타내기 위하여 굽은 화살표 방법을 사용할 때, **Lewis 구조를 그릴 때 사용했던 규칙을 염두에 두는 것이 가장 중요하다.** 모든 전자들은 그들의 적절한 목적지로 이동해야 하므로, 전자 밀기 화살표를 바르게 사용하는 것은 그러한 구조를 그리는데 도움이 된다.

다른 유형의 과정들도 있지만, 놀랍게도 그렇게 **많지는 않다**. 메커니즘 관점에서 유기화학을 공부하는 것의 가장 유용한 점 중 하나는, 이 방법이 반응에 참여하는 특정 원자나 결합이 달라지더라도 극성 반응들 내에서 같은 원리가 작용한다는 점을 분명하게 보여 준다는 점이다.

연습 문제 6-5

굽은 화살표를 이용하여 기술한 네 반응에서 친핵성 자리와 친전자성 자리를 각각 확인하시오.

연습 문제 6-6

연습 문제 6-2에 있는 반응식을 전자쌍의 이동을 나타내는 굽은 화살표를 이용하여 보다 자세하게 기술하시오.

연습 문제 6-7

표 6-3에 있는 모든 반응들을 굽은 화살표로 전자들의 이동을 표시해서 다시 기술하시오.

연습 문제 6-8

다음 과정—7장에서 자세히 다룰 반응들이다—들에 대해 전자의 흐름을 굽은 화살표로 표시하시오.

(a) $-C^{+} + Cl^{-} \longrightarrow -C-Cl$ **(b)** $HO^{-} + \overset{+}{C}-\underset{}{\overset{H}{C}}- \longrightarrow H_2O + C{=}C$

요약 굽은 화살표는 반응 메커니즘에서 전자쌍 이동을 나타내는 데 이용한다. 전자들은 친핵체나 Lewis 염기성 원자에서 친전자성이거나 Lewis 산성인 자리를 향해 이동한다. 한 쌍의 전자가 이미 닫힌 껍질을 가진 원자에 접근하게 되면, 원자가 오비탈의 전자 수용 최대 용량을 초과하지 않게 하기 위해, 그 원자 내에 있던 다른 한 쌍의 전자가 떠나야 한다.

6-4 친핵성 치환반응 메커니즘의 보다 상세한 검토: 반응속도론

$CH_3Cl + NaOH \xrightarrow{H_2O,\ \Delta} CH_3OH + NaCl$

"Δ" 는 반응 혼합물을 가열하였다는 것을 의미한다.

이 단계에서 많은 질문이 제기된다. 친핵성 치환반응의 반응속도론이 무엇이며, 이 정보가 근본적인 메커니즘 결정에 어떻게 도움이 되겠는가? 그리고 광학 활성을 갖는 할로알케인의 경우에는 어떤 일이 일어나는가? 치환반응의 상대적인 속도는 예측 가능한가? 이러한 문제들에 대해 이 장의 나머지 부분에서 답을 얻게 될 것이다.

클로로메테인과 수산화 소듐의 혼합물을 물에서 가열하면(오른쪽 여백에 있는 반응식에서 화살표 오른쪽에 그리스 문자 대문자인 델타 Δ로 표시한 부분이 가열하였다는 뜻을 의미한다) 두 화합물(메탄올과 염화 소듐)을 높은 수득률로 얻는다. 하지만 이 결과는 출발물이 어떻게 생성물로 변화되었는가에 대해서는 아무 것도 말해 주지 않는다. 어떤 실험 방법이 이 질문에 답을 하기 위해 이용되겠는가?

화학자들이 사용하는 가장 유력한 방법들 중 하나는 **반응속도론**(*kinetics*)을 측정하는 것이다(2-1절). 생성물의 생성 속도를 비교하면 한 화학 과정에 대한 속도식, 다른 말로는 **속도 법칙(rate law)**을 만들 수 있다. 클로로메테인과 수산화 소듐의 반응에 대해 이 실험이 무엇을 말해 주는지를 살펴보자.

클로로메테인과 수산화 소듐 간의 반응은 이분자 반응이다

반응 속도는 반응물들 중 하나가 소모되거나 생성물들 중 하나가 생성되는 속도를 측정하여 알아낼 수 있다. 수산화 소듐과 클로로메테인의 반응에 이 방법을 사용하면, 반응 속도가 **두 시약들 모두의 초기 농도에 따라 변한다**는 것을 알 수 있다. 예를 들면, 수산화물의 농도를 두 배로 해 주면 반응이 진행하는 속도가 두 배가 된다. 마찬가지로 수산화물 농도를 고정시키고, 클로로메테인의 농도를 두 배로 해 주어도 같은 결과를 얻는다. 양쪽 농도를 각각 두 배로 해주면 속도가 네 배로 증가한다. 이러한 결과들은 다음 속도식으로 표현되는 **이차**(*second order*) 과정(2-1절)과 일치한다.

$$속도 = k[CH_3Cl][HO^-] \text{ mol L}^{-1}\text{ s}^{-1}$$

표 6-3에 나타낸 모든 예들은 이러한 이차 반응속도론을 나타낸다. 그들의 속도는 기질과 친핵체 양쪽 농도에 직접적으로 비례한다.

연습 문제 6-9

개념 문제: 농도와 반응 속도

0°C에서 0.01 M sodium azide ($Na^+N_3^-$)와 0.01 M iodomethane methanol 용액의 반응 속도를 측정해 보았더니, 아이오딘화 이온이 3.0×10^{-10} mol L^{-1} s^{-1}의 속도로 생성되었다. 이 반응의 유기 생성물의 분자식을 그리시오. 이 반응의 속도 상수 k를 구하시오. 만약 각 반응물의 농도가 다음과 같아지면 I^-의 생성 속도는 얼마가 되겠는가? $[NaN_3] = 0.02$ M과 $[CH_3I] = 0.01$ M.

전략

표 6-3에서 이 경우와 가장 근접한 반응을 찾아 참조하여 이 반응의 반응식을 분자식을 이용하여 작성하라. 그리고 주어진 조건에 따라 반응 속도식을 풀어 속도 상수를 구한다.

풀이

- 표 6-3의 예 1번이 이 반응의 대표적인 것이다. 친핵체가 수산화물 대신 azide 이온이고, 반응 기질은 chloromethane 대신 iodomethane이다.

$$CH_3I + Na^+N_3^- \longrightarrow CH_3N_3 + Na^+N_3^-$$

- I^-의 생성 속도는 유기 생성물의 생성 속도와 같고, 두 반응물의 소모 속도와 같다. k에 대해 방정식을 풀면,

$$3.0 \times 10^{-10}\text{ mol L}^{-1}\text{ s}^{-1} = k(10^{-2}\text{ mol L}^{-1})(10^{-2}\text{ mol L}^{-1})$$
$$k = 3.0 \times 10^{-6}\text{ L mol}^{-1}\text{ s}^{-1}$$

- 얻은 속도 상수 k값을 이용하여 초기 농도를 변화시킨 새 속도식을 구한다.

$$새로운\ 속도 = (3.0 \times 10^{-6}\text{ L mol}^{-1}\text{ s}^{-1})(2 \times 10^{-2}\text{ mol L}^{-1})(10^{-2}\text{ mol L}^{-1})$$
$$= 3.0 \times 10^{-10}\text{ mol L}^{-1}\text{ s}^{-1}$$

(**힌트**: 이런 문제를 다루는 요령으로 원래 속도를 농도 변화만큼 곱해 주면 된다. **주**: **속도식에 나타난** 기질의 농도 변화만 고려하면 된다.)

연습 문제 6-10

자습 문제

연습 문제 6-9의 반응에 대한 조건을 다음과 같이 변화시켰을 때 I^- 생성 속도를 구하시오.
(a) $[NaN_3] = 0.03$ M과 $[CH_3I] = 0.01$ M, **(b)** $[NaN_3] = 0.02$ M과 $[CH_3I] = 0.02$ M, $[NaN_3] = 0.03$ M과 $[CH_3I] = 0.03$ M.

어떤 종류의 메커니즘이 이차 속도 법칙과 일치하는가? 가장 간단한 것은 두 반응물이 한 단계에서 서로 상호작용하는 것이다. 이런 과정을 **이분자 (bimolecular)** 과정이라고 하며, 이런 유형의 치환반응에 적용되는 일반적인 용어가 **이분자 친핵성 치환반응 (bimolecular nucleophilic substitution)** 이며, $\mathbf{S_N2}$의 약자를 쓴다 (S는 치환반응을, N은 친핵성을 그리고 2는 이분자를 나타낸다).

이분자 친핵성 치환반응은 협동과정이며, 한 단계 과정이다

이분자 친핵성 치환반응은 한 단계 과정이다. 친핵체가 할로알케인을 공격하는 순간 이탈기도 떨어져 나간다. 새 결합 형성은 결합이 끊어지는 것과 **동시에** 일어난다. 두 사건이 "협동해서"

"이 반응은 일어나지 않는다" 는 의미

그림 6-2 가상적인 전방 치환 친핵성 반응(이 반응은 일어나지 않는다). (가상적인) 전이 상태는 괄호 안에 그려져 있으며, ‡ 표시로 나타내었다.

‡라는 표시는 전이 상태를 나타낸다. 이 전이 상태는 수명이 매우 짧아 분리해 낼 수 없다(2-1절과 3-4절을 상기하라).

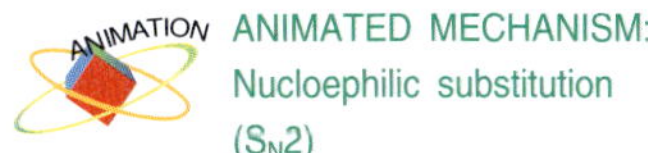

ANIMATED MECHANISM: Nucleophilic substitution (S_N2)

생기기 때문에 이 과정을 **협동(concerted)** 반응이라고 한다.

우리는 이러한 협동 치환에 대해 입체화학적으로 구별될 두 경우를 생각해 볼 수 있다. 한 그룹이 다른 그룹을 대체하기 위해 친핵체가 이탈기가 있는 같은 방향에서 접근하는 것이다. 이 경로를 **전방 치환(frontside displacement**, 그림 6-2)이라 한다. 다음 절에서 보게 되겠지만 이런 일은 일어나지 않는다. 두 번째 가능성은 이탈기의 반대쪽에서 친핵체가 탄소에 접근하는 **후방 치환(backside displacement)**이다. 이 경우 친핵체는 이탈기가 붙어 있는 방향의 반대쪽에서 탄소를 공격한다(그림 6-3). 두 경우 모두 음전하를 띤 수산화물의 산소에 있는 고립 전자쌍이 C—O 결합을 만들기 위해 탄소를 향해 이동하는 동안, C—Cl 결합에 있는 전자쌍은 염소로 이동해서 $:\ddot{\underset{..}{Cl}}:^-$인 염소 이온을 방출한다. 두 전이 상태 모두, 음전하는 산소와 염소 원자 양쪽에 걸쳐 분포하게 된다.

전이 상태의 형성은 별개의 단계가 아니라는 것에 유의하라. 전이 상태는 **단일 단계 과정에서 에너지가 가장 높은 점**을 통과할 때, 반응에 참여한 화학종들의 기하학적 배열만을 기술하는 것이다(2-1절).

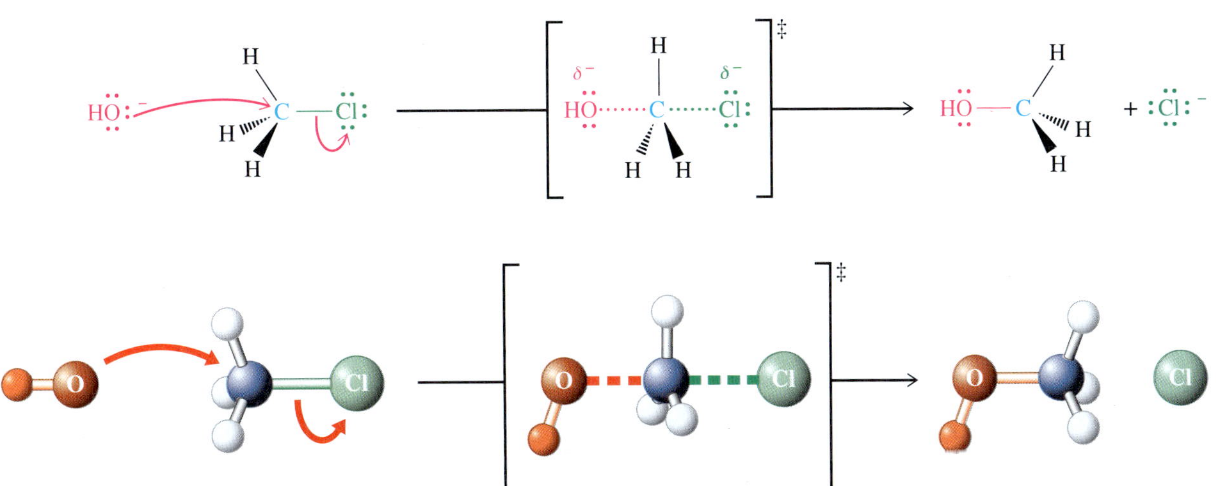

그림 6-3 후방 치환 친핵성 치환반응. 친핵체의 공격은 이탈기의 **반대** 방향에서 일어난다. (OH와) 결합이 생기는 과정과 (Cl로부터) 결합이 끊어지는 과정이 동시에 협동적으로 일어나는 특성을 점선으로 나타내었다. 점선은 전이 상태에서 두 결합이 부분적으로 형성되어 있음을 나타낸다.

연습 문제 6-11

2-Bromobutane과 sodium iodide의 S_N2 반응에 대한 가상적인 전방과 후방 치환 메커니즘의 표현을 그리시오(표 6-3). 전자쌍 이동을 표현하기 위해 그림 6-2와 6-3에 나타낸 것과 같은 화살표를 사용하시오.

요약 클로로메테인과 OH^-가 반응하여 메탄올과 염화물을 만드는 반응은, 많은 친핵체들이 할로알케인과 반응하는 관련 반응을 포함하여, S_N2 반응으로 알려진 이분자 과정의 예이다. 두 가지 단일 단계 메커니즘−전방 공격과 후방 공격—의 반응을 설명하는데 상정할 수 있다. 두 경우 다 실험적으로 얻은 이차 반응속도론과 일치하는 협동 과정들이다. 이 두 과정의 차이를 말할 수 있을까? 여기에 답하기 위해 앞에서 논의한 바 있는 입체화학의 주제로 돌아가 좀 더 자세히 살펴보자.

6-5 전방 또는 후방 공격? S_N2 반응의 입체화학

그림 6-2와 6-3에 있는 반응에 참여하는 각 성분 원자를 공간 내에 배열한 구조 그림을 비교해 보면, 그림 6-2에서는 세 개의 수소 원자가 처음과 나중에 변함없이 탄소 왼쪽에 있으나, 그림 6-3의 경우는 왼쪽에서 오른쪽으로 "이동"하였다. 실제로 두 메탄올 그림은 거울상 대칭으로, 두 분자는 서로 겹칠 수 있고, 서로 구분할 수 없다. 이것은 비카이랄성 분자의 특징이다. 그러나 친전자성 탄소에 입체중심인 카이랄성 할로알케인을 도입하면 상황은 완전히 달라지게 된다.

S_N2 반응은 입체특이성이다

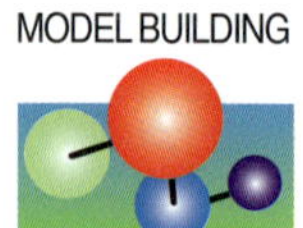

아이오딘화 이온과 (*S*)-2-브로모뷰테인의 반응을 생각해 보자. 전방 치환의 경우, 생성물 2-아이오도뷰테인은 출발물과 **같은** 입체 배치 (*S*)를 하게 되고, 후방 치환의 경우는 **반대** 입체 배치 (*R*)를 갖는 생성물을 만든다.

ANIMATED MECHANISM: Nucleophilic substitution (S_N2)

실제로 관찰된 것은 무엇인가? (*S*)-2-브로모뷰테인을 아이오딘화 이온으로 처리하면, (*R*)-2-아이오도뷰테인이 얻어진다. 이 반응뿐 아니라 거의 모든 S_N2 반응은 입체 **배치 반전(inversion of configuration)**을 수반하며 일어난다. 어떤 과정이 순수한 한 입체이성질체 출발물로부터 시작하여, 그 과정이 따르는 반응 메커니즘을 따라 진행하고 난 후, 생성물로 어느 특정한 입체이성질체만 형성한다고 하면(이 절대 배열이 출발물의 그것과 꼭 같을 필요는 없다), **입체특이성(stereospecific)**인 반응이라고 한다. 그러므로 S_N2 반응은 입체특이성이며, 반응이 일어난 탄소의 입체 배치에 반전을 일으키는 후방 치환에 의해 진행된다는 것을 말한다.

아이오딘화 이온과 (*S*)-2-브로모뷰테인의 반응에서 이어지는 세 가지 과정은 통상적인 반응식이나 분자 모형 그림 그리고 정전기 퍼텐셜 지도를 사용한 그림으로 나타내었다. 전이 상태에서 친핵체의 음전하가 이탈기에 부분적으로 퍼져 있는 것을 볼 수 있다. 반응이 끝날 때 이

S_N2 반응을 설명하는 후방 치환 메커니즘에 따른 입체화학

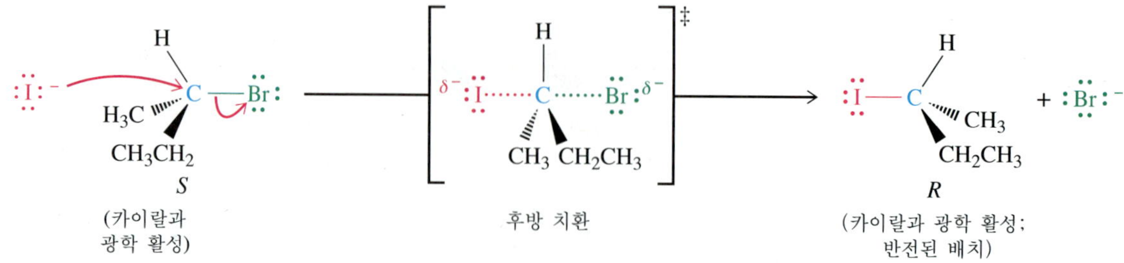

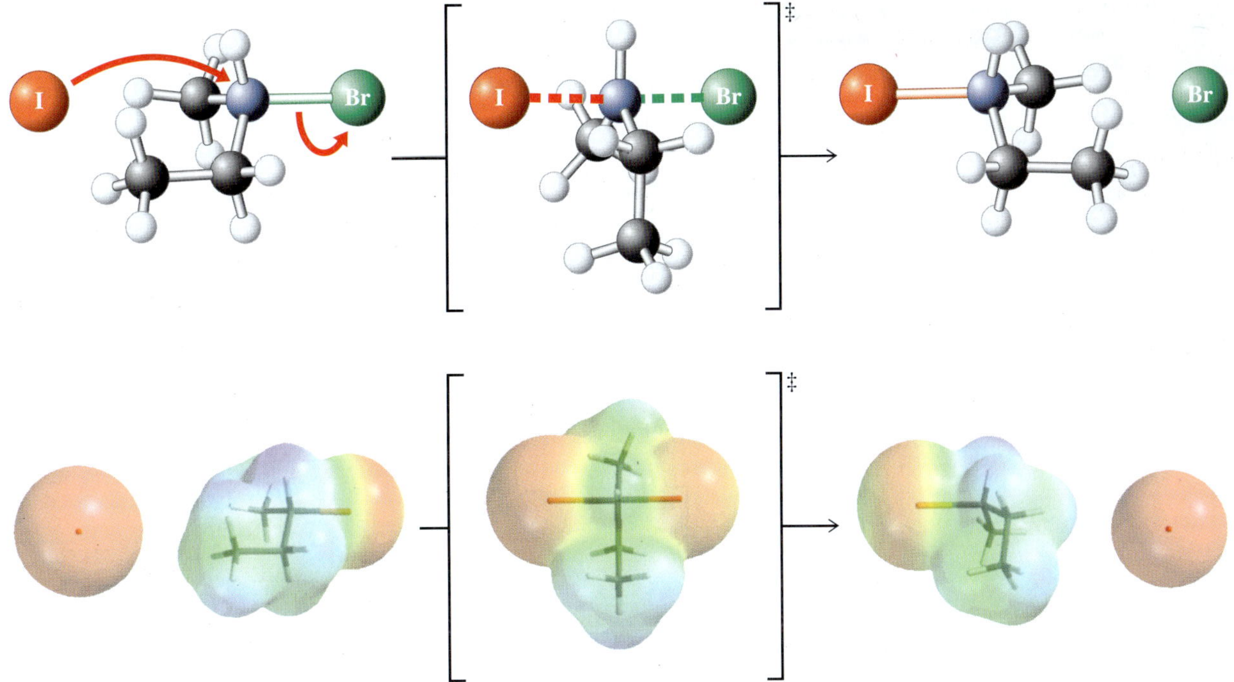

탈기는 완전히 전하를 띤 음이온으로 변한다. 전이 상태의 정전기 퍼텐셜 지도에서는 출발물(친핵체)의 할로젠화 이온과 반응 후 얻어지는 할로젠화 이온이 완전한 붉은색을 띠는 것과 달리, 전이 상태에서는 두 할로젠 핵 주위에 붉은색이 엷게 보이는 것으로 알 수 있다. 정전기 퍼텐셜 지도 앞의 반응식에서는 이탈기를 붉은색이 아니라 초록색으로 나타낸 것에 유의하라. 이 책의 다른 부분에서도 색깔 사용을 이와 같이 한다.

일차 탄소에서 치환이 일어날 때 입체화학의 변화는 관찰하기 어렵다. 이유는 일차 탄소는 이탈기와 두 개의 수소를 가지고 있기 때문에 입체중심이 아니다. 이 경우 수소 중 하나를 중수소로 치환하면 관찰이 가능해진다. 이 동위원소는 질량이 2이다(수소는 1). 그 결과 일차 탄소는 입체중심이 되고(네 개의 다른 치환기를 가진 탄소가 됨) 카이랄 분자가 된다. 이 방법을 이용하여 일차 탄소에서의 친핵성 치환에서도 배치 반전이 일어남을 확인할 수 있다.

일차 탄소 원자에서 S_N2 치환에 따른 입체화학

A "일차적인 입체중심"

$CH_3CH_2CH_2$—C(H)(D)—Cl $\xrightarrow[\text{100\% 반전된 } S_N2 \text{ 치환}]{NaN_3,\ CH_3OH,\ H_2O}$ N_3—C(H)(D)—$CH_2CH_2CH_3$

70%

S-1-Chloro-1-deuteriobutane (카이랄과 광학 활성)

R-1-Azido-1-deuteriobutane (카이랄과 광학 활성; 반전된 배치)

아자이드화 이온(N_3^-) 친핵체는 입체특이성(보존적) 후방 공격 치환을 통해 염화 이온을 치환한다. 생성물로 입체화학이 반전된 아지도알케인이 얻어진다.

연습 문제 6-12

다음 S_N2 반응의 생성물 구조을 그리시오. **(a)** (*R*)-3-Chloroheptane + $Na^{+-}SH$, **(b)** (*S*)-2-bromooctane + $N(CH_3)_3$, **(c)** (3R,4R)-4-iodo-3-methyloctane + $K^{+-}SeCH_3$

전직 대통령이 입체 배치 반전을 몸으로 경험하고 있다.

연습 문제 6-13

다음 물질과 사이안화 이온의 S_N2 반응의 생성물의 구조를 그리시오. **(a)** *meso*-2,4-Dibromopentane (이중 S_N2 반응), **(b)** *trans*-1-iodo-4-methylcyclohexane

S_N2 반응의 전이 상태를 오비탈 그림으로 서술할 수 있다

S_N2 반응에 대한 전이 상태는 그림 6-4에 나타낸 대로 오비탈를 이용해서 표현할 수 있다. 할로젠 원자가 결합해 있는 탄소의 sp^3 혼성 오비탈의 후방 로브(lobe)에 친핵체가 접근하면, 전이 상태에서 탄소는 sp^2로 혼성화되면서 분자의 나머지 부분이 평면이 된다. 반응이 생성물 쪽으로 진행하면서 반전이 완결되고, 탄소는 다시 사면체 sp^3 입체 배치로 되돌아간다. 퍼텐셜 에너지 및 반응 좌표 그림을 이용한 반응 경로 기술을 그림 6-5에 나타내었다.

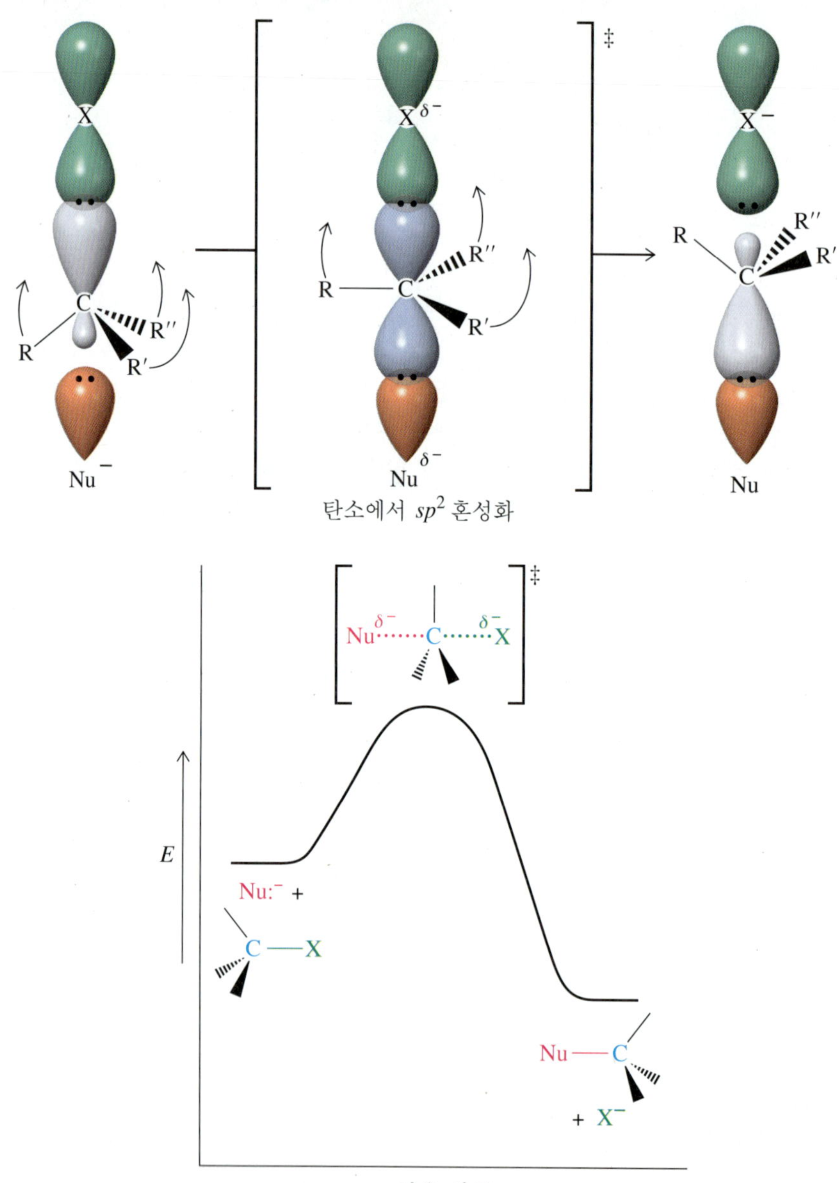

그림 6-4 S_N2 반응의 후방 공격을 설명하기 위한 오비탈 그림. 이 과정은 바람이 심하게 부는 날 우산이 뒤집혀지는 것과 같은 모습이다.

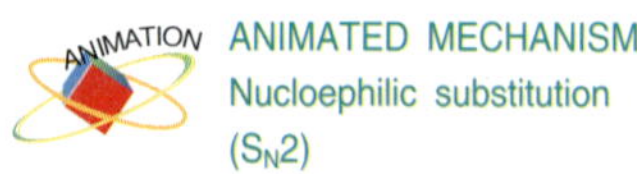

ANIMATED MECHANISM: Nucleophilic substitution (S_N2)

그림 6-5 S_N2 반응의 퍼텐셜 에너지 도표. 반응을 단일 과정으로 진행되므로 전이 상태가 하나이다.

6-6 S_N2 반응의 반전 결과

S_N2 반응에서 입체화학의 반전 결과는 무엇인가? 이 반응이 입체특이성으로 일어나므로, 원하는 입체이성질체를 얻기 위해 치환반응을 이용하는 방법을 고안할 수 있다.

S_N2 반응을 이용하면 특정한 거울상이성질체를 합성할 수 있다

2-브로모옥테인을 황화 수소 이온 HS^-과 반응시켜 2-옥테인싸이올을 만드는 반응을 생각해 보자. 만약 순수한 광학이성질체 *R* 브로민화물로 시작했다면, *S* 싸이올(thiol)이 얻어지고, *R* 싸이올 거울상이상질체는 생기지 않을 것이다.

S_N2 반응에 의해 순수한 광학 활성 물질의 입체 배치 반전

$HS^- + CH_3(CH_2)_4CH_2CH(CH_3)Br \longrightarrow HS{-}CH(CH_3)CH_2(CH_2)_4CH_3 + Br^-$

(*R*)-2-Bromooctane ([α] = −34.6) (*S*)-2-Octanethiol ([α] = +36.4)

입체 절대 배치를 결정하는데 사용되는 치환기의 우선순위를 나타내기 위한 색깔 표시(5-3절을 참조하라).
가장 높은 것: 붉은색
다음으로 높은 것: 푸른색
그 다음 순위: 초록색
기장 낮은 것: 검정색

MODEL BUILDING

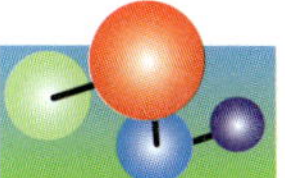

그러나 만약 (*R*)-2-브로모옥테인을 *R* 싸이올로 바꾸기를 원할 때는 어떻게 해야 하는가? 이 때는 S_N2 반응을 **두 번** 사용하는 방법을 쓰며, 매번 반응 시 입체중심에서 반전이 생기게 된다. 예를 들면, 먼저 아이오딘화물과 S_N2 반응을 시켜 (*S*)-2-아이오도옥테인을 만든다. 두 번째 치환에서는 기질로서 이 반전된 배치를 갖는 할로알케인과 HS^-을 사용하여 싸이올을 생성한다. 이 두 번의 S_N2 반전 과정을 통해 원하는 **배치의 보존(retention of configuration)**을 달성할 수 있다.

반전을 두 번 시켜 원래 입체 배치로 되돌아올 수 있다

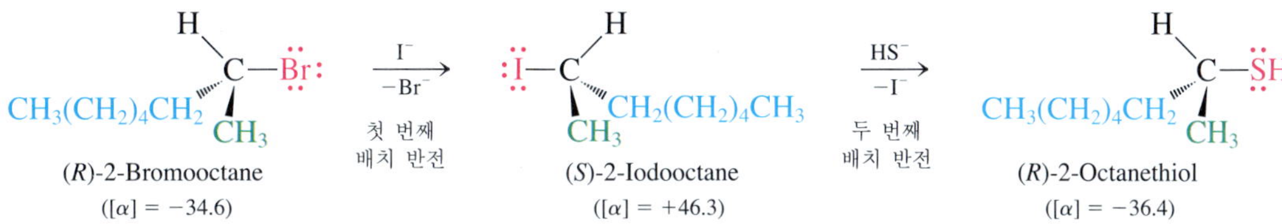

(*R*)-2-Bromooctane ([α] = −34.6) (*S*)-2-Iodooctane ([α] = +46.3) (*R*)-2-Octanethiol ([α] = −36.4)

연습 문제 6-14

Carvone(5장의 문제 43)의 경우처럼 거울상이성질체는 때때로 그 향기나 맛으로 구별할 수 있다. 3-Octanol과 그 유도체들이 이 예에 속한다. 우회전성(dextrorotatory) 화합물은 자연산 박하에서 발견되지만, 그 반대(−) 화합물은 라벤더 꽃향의 주성분이다. (*S*)-3-Iodooctane으로부터 아래에 나타낸 3-octylacetate의 광학적으로 순수한 거울상이성질체들을 어떻게 합성하는지 보이시오(아세테이트를 알코올로 바꾸는 반응은 8-5절에서 찾을 수 있다).

$CH_3CH_2CH(OCOCH_3)CH_2CH_2CH_2CH_2CH_3$

3-Octyl acetate

연습 문제 6-15

개념 문제: S_N2 치환에 따르는 입체화학적인 결과

(*S*)-2-Iodooctane을 sodium iodide로 처리하면 광학 활성을 가진 출발물은 광학 활성을 잃는다. 그 이유를 설명하시오.

전략

이 반응의 반응식을 써놓으면, 무언가 약간 이상한 점을 느낄 것이다. 이 S_N2 반응에서는 아이오딘화물이 친핵체이면서 이탈기이다. 즉, **아이오딘화물이 아이오딘화물을 치환하는 것이다.** 이 사실을 알아채는 것이 이 문제를 접근하는 핵심이다.

풀이

- (*S*)-2-Iodooctane의 광학 활성은 이 분자가 카이랄성이고, 하나의 거울상이성질체라는 사실에 기인한다. 구조는 앞페이지에 나타나 있다. 입체중심은 C2이고, 아이오딘 원자를 가지고 있다. (*S*)-2-Iodooctane은 이차 할로알케인으로, 이미 이 장 내 여러 예에서 보았듯이, 후방 치환에 의해 S_N2 반응을 수행한다. 그 결과 반응성 자리에 입체 반전이 일어난다.
- 앞에서 보았듯이 I^-는 좋은 친핵체인 **동시에** 좋은 이탈기이다. 이 화학종은 이 반응에서 두 역할을 수행하므로 반응은 빠르게 일어난다. 치환이 한 번씩 일어날 때마다 입체중심에는 입체화학의 반전이 일어난다. 이 과정은 빠르기 때문에 각 분자마다 매번 입체 반전을 일으키면서 이 과정이 여러 번 일어난다. 결국에는 출발물(그리고 최종 생성물)의 (*R*)과 (*S*) 입체이성질체 혼합물이 얻어진 평형에 도달한다.

연습 문제 6-16

자습 문제

아미노산은 자연계에서 볼 수 있는 펩타이드와 단백질의 구성 단위이다. 이 물질은 실험실 내에서 2-halocarboxylic acid에 ammonia를 친핵체로 이용해 친핵성 치환반응을 수행하여 얻을 수 있다. 2-Boromopropanoic acid를 alanine으로 변환시키는 과정이 다음에 주어져 있다.

$$CH_3CH(Br)COOH \xrightarrow[-HBr]{NH_3,\ H_2O,\ 25°C,\ 4\ days} CH_3CH(^+NH_3)COO^-$$

2-Bromopropanoic acid → Alanine

Alanine의 입체중심은 자연에서 얻어지는 대부분의 아마노산처럼 (*S*) 절대 배치를 갖는다. *S*-Alanine과 위 반응식에 따라 *S*-alanine을 제공할 2-bromopropanoic acid 거울상이성질체 중 필요한 것의 구조를 입체화학이 명확히 드러나도록 그리시오.

한 개 이상의 입체중심을 가진 기질에서는 친핵체와 반응하는 입체중심 탄소에서만 반전이 생긴다. 과량의 사이안화 이온과 (2*S*,4*R*)-2-브로모-4-클로로펜테인의 반응에서 메조 화합물이 생성됨을 유의하라. 이 반응의 결과는 Fisher 투영식을 이용하면 쉽게 알아볼 수 있다.

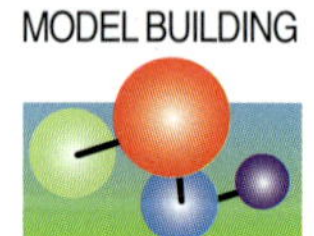

두 개의 입체중심을 가진 분자에서의 S_N2 반응

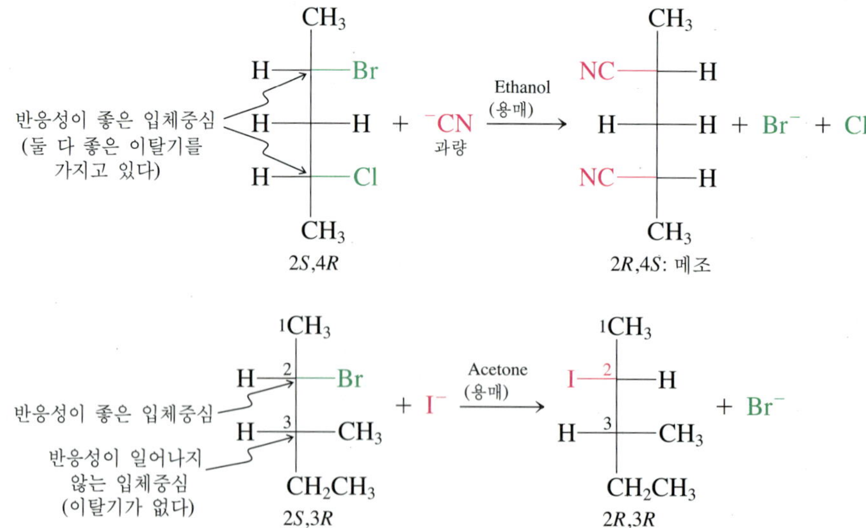

이들 반응에서 에탄올과 프로판온(관용명: 아세톤)은 각 반응에 사용한 **용매**들이다. 이 용매들은 극성을 띠고(1-3절) 염을 녹일 수 있다. 6-8절에서 S_N2 반응에 미치는 용매의 영향에 대해 더 설명할 것이다. 두 번째 예에서 반응이 C2에서 일어날 때, C3의 입체중심에는 전혀

영향을 미치지 않는 것에 유의하라.

연습 문제 6-17

입체화학을 예측하는 한 방법으로 유기화학자들은 "부분입체이성질체로부터는 부분입체이성질체가 얻어진다"라는 말을 종종 지침으로 삼는다. 앞의 예에서 출발물을 각각 그들의 부분입체이성질체 중 하나로 대치하고, 이 반응에 사용된 친핵체로 S_N2 치환반응을 시키면 어떤 생성물이 얻어지겠는가? 그 결과 얻어진 구조는 위에서 말한 "규칙"에 잘 들어맞는가?

MODEL BUILDING

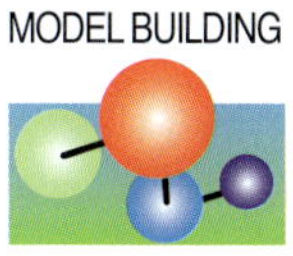

유사하게 치환되어 있는 할로사이클로알케인(halocycloalkane)의 친핵성 치환반응은 치환기들 사이의 상대적인 입체화학적 관계에 변화를 일으킨다. 예를 들어, 다음에 보여 준 것과 같이 두 개의 치환기를 갖는 싸이클로헥세인은 반응이 진행됨에 따라 치환기 간의 관계가 시스에서 트랜스 관계로 변한다..

cis-1-Bromo-3-methylcyclohexane —(NaI, acetone)→ *trans*-1-Iodo-3-methylcyclohexane + NaBr

요약 S_N2 반응에서의 절대 입체화학의 반전은 결과적으로 입체 중심탄소 배치가 반전을 일으키는 특성을 가지고 있다. 친핵체와 이탈기가 같은 경우나, 메조 화합물이 형성되는 경우가 아닌 한 광학 활성인 기질은 광학 활성인 생성물을 만든다. 고리 화합물의 경우 시스와 트랜스 입체 이성질체들은 상호변환 될 수 있다.

6-7 구조와 S_N2 반응의 반응성: 이탈기

S_N2 치환반응의 용이성은 이탈기의 성질, 친핵체의 상대적인 반응성(이것은 반응 용매가 무엇이냐에 따라 달라진다)과 기질의 알킬기 부분의 구조 등 여러 가지 인자들에 의해 결정된다. S_N2 반응에 영향을 미치는 이들 인자들의 **구조적** 특성이 어느 정도 변화를 일으키는지 반응속도론을 이용해 다시 정리해 보고자 한다. 이탈기에 대해 먼저 살펴보고, 이어지는 부분에서 친핵체와 반응 기질에 대해 알아보자.

S_N2 반응에 영향을 주는 변수들

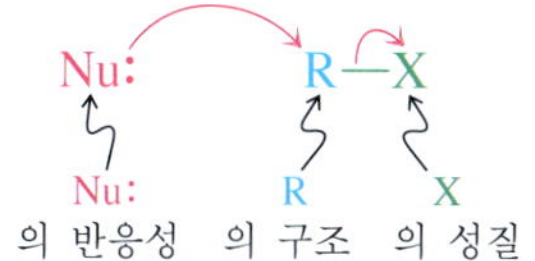

이탈기의 능력은 치환 용이성의 척도이다

일반적으로 치환되는 X기가 C—X 결합에서 전자쌍을 가지고 잘 떨어져 나갈 때 친핵성 치환반응이 일어난다. 분자의 구조적 특성으로부터 이탈기가 "좋은지" "나쁜지"를, 적어도 정성적으로라도 예측할 수 있을까? 당연히 치환이 일어나는 곳의 상대적인 반응 속도는, 떨어져 나갈 이탈기가 얼마나 음전하를 잘 받아주느냐 하는 능력에 달려 있다. 일정 부분의 음전하가 반응의 전이 상태에서도 이탈기로 옮겨가는 것을 기억하라(그림 6-4).

할로젠의 경우 이탈기의 능력은 플루오린(F)에서 아이오딘(I)으로 갈수록 증가하는 것을 볼 수 있다. 따라서 아이오딘화물은 "좋은" 이탈기이며, 플루오린화물은 "나쁜" 이탈기이다. 그 결과 플루오로알케인의 S_N2 반응은 거의 찾아보기 힘들다.

이탈기의 이탈 능력 경향성

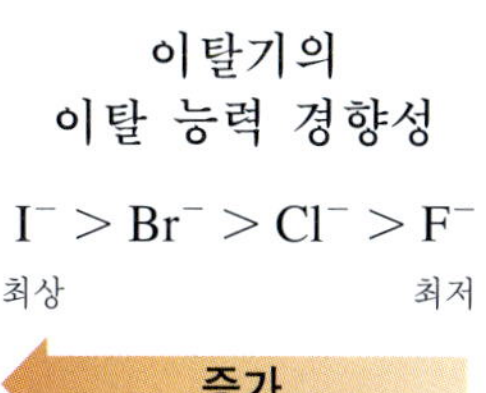

연습 문제 6-18

1당량의 sodium methylselenide($Na^{+}\ ^{-}SeCH_3$)로 1-chloro-6-iodohexane과 반응시켜 얻을 생성물을 예측하시오.

할로젠화물들만이 S_N2 반응에서 친핵체에 의해 치환되는 그룹이 아니다. 좋은 이탈기의 다른 예로 $CH_3OSO_3^-$ (메틸 설페이트 이온)과 여러 가지 설포네이트 이온 같은 $ROSO_3^-$와 RSO_3^- 형태의 황 유도체들이 있다. 알킬 설페이트와 설포네이트 이탈기들이 자주 사용되어 문헌에 메실레이트(mesylate), 트라이플레이트(triflate), 토실레이트(tosylate) 등의 관용명을 가진 화합물이 많이 나타난다.

Sulfate 이온과 sulfonate 이온 이탈기

$CH_3O-SO_2-O^-$ Methyl sulfate 이온

$CH_3-SO_2-O^-$ Methanesulfonate 이온 (Mesylate 이온)

$CF_3-SO_2-O^-$ Trifluoromethanesulfonate 이온 (Triflate 이온)

$CH_3-C_6H_4-SO_2-O^-$ 4-Methylbenzenesulfonate 이온 (*p*-Toluenesulfonate 이온, tosylate 이온)

약염기들이 좋은 이탈기이다

염기도

$I^- < Br^- < Cl^- < F^-$

최저 최고

감소

좋은 이탈기와 나쁜 이탈기를 구분짓는 특징적인 성질이 있는가? 있다. **이탈기의 능력은 염기 세기에 반비례한다.** 약염기들은 음전하를 잘 수용하는 것들이고, 따라서 가장 좋은 이탈기가 된다. 할로젠화물 중에서 아이오딘화물이 가장 약한 염기이기 때문에, 이 족에서 가장 좋은 이탈기가 된다. 설페이트와 설포네이트들도 약염기에 속한다.

약염기들을 알아챌 수 있는 쉬운 방법은 무엇인가? X^-가 약한 염기일수록 그 짝산 HX는 더 강한 산이 된다. 그러므로 **좋은 이탈기들은 강산의 짝염기들이다**. 이 규칙을 네 개의 할로젠화물에 적용해 보자. HF는 짝산들 중 가장 약한 산이고, HCl은 이보다 강하고, HBr과 HI는 이들보다 더 강한 산이다. 표 6-4에 여러 산들과 세기가 감소하는 순으로 그들의 pK_a값을 열거해 놓았다. 그들의 짝염기는 세기가 증가하는 순서로 함께 실려 있고, 이는 이탈기로서의 능력이 떨어지는 순서이다.

연습 문제 6-19

다음에 주어진 화학종의 각 그룹 내에서 상대적인 산도를 비교하시오. 필요하면 2-2절을 다시 보라. **(a)** H_2S, H_2Se, **(b)** PH_3, H_2S, **(c)** $HClO_3$, $HClO_2$, **(d)** HBr, H_2Se, **(e)** NH_4^+, H_3O^+. 각 그룹에서 짝염기를 찾아내고, 그들의 이탈기로서의 능력을 예측하시오.

표 6-4 염기 세기와 이탈기

짝산	pK_a	이탈기	짝산	pK_a	이탈기
강 (↑ 더 강산)		좋은 (↑ 보다 좋은 이탈기)	약 (↑ 더 강산)		나쁜 (↑ 보다 좋은 이탈기)
HI (가장 강한)	−10.0	I^- (최고)	HF	3.2	F^-
HBr	−9.0	Br^-	CH_3CO_2H	4.7	$CH_3CO_2^-$
HCl	−8.0	Cl^-	HCN	9.2	NC^-
H_2SO_4	−3.0	HSO_4^-	CH_3SH	10.0	CH_3S^-
H_3O^+	−1.7	H_2O	CH_3OH	15.5	CH_3O^-
CH_3SO_3H	−1.2	$CH_3SO_3^-$	H_2O	15.7	HO^-
			NH_3	35	H_2N^-
			H_2 (가장 약한)	38	H^- (최저)

연습 문제 6-20

다음에 주어진 화학종의 각 그룹 내에서 상대적인 염기도를 비교하시오.
(a) ^{-}OH, ^{-}SH, **(b)** $^{-}PH_2$, ^{-}SH, **(c)** I^{-}, ^{-}SeH, **(d)** $HOSO_2^{-}$, $HOSO_3^{-}$
각 그룹에서 짝산의 산도를 예측하시오.

요약 치환기의 이탈기 능력은 해당하는 짝산의 산도 세기로 알 수 있다. 두 성향은 이탈기의 음전하 수용 능력과 일치한다. 할로젠화 이온 Cl^{-}, Br^{-}과 I^{-} 외에 설페이트와 설포네이트(메테인과 4-메틸벤젠설포네이트 같은)는 좋은 이탈기들이다. 좋은 이탈기들은 약염기이고, 강산의 짝염기들이다. 9-4절의 합성에서 이탈기로 사용하는 문제를 다룰 것이다.

6-8 구조와 S_N2 반응의 반응성: 친핵체

지금까지 이탈기의 효과를 살펴보았는데, 이제부터 친핵체에 대해 생각해 보기로 하자. 상대적인 친핵성 세기, 즉 **친핵성(nucleophilicity)**을 어떻게 예측할 수 있는가? 친핵성은 다양한 인자들, 전하, 염기도, 용매, 편극성(편극 정도)과 치환기의 성질 등에 좌우된다. 이러한 효과들의 상대적인 중요성을 파악하기 위해, 일련의 비교 실험 결과를 분석해 보기로 하자.

음전하가 증가하면 친핵성이 증가된다

친핵성 원자가 정해진 경우 친핵체에 전하가 있고 없고가 S_N2 반응 속도에 어떤 영향을 미치는가? 다음 실험들이 이 문제에 대한 답이다.

실험 1

$$CH_3\ddot{\underset{..}{Cl}}: + H\ddot{\underset{..}{O}}:^{-} \longrightarrow CH_3\ddot{\underset{..}{O}}H + :\ddot{\underset{..}{Cl}}:^{-} \quad \text{빠름}$$
$$CH_3\ddot{\underset{..}{Cl}}: + H_2\ddot{\underset{..}{O}} \longrightarrow CH_3\ddot{O}H_2^{+} + :\ddot{\underset{..}{Cl}}:^{-} \quad \text{매우 느림}$$

실험 2

$$CH_3\ddot{\underset{..}{Cl}}: + H_2\ddot{N}:^{-} \longrightarrow CH_3\ddot{N}H_2 + :\ddot{\underset{..}{Cl}}:^{-} \quad \text{매우 빠름}$$
$$CH_3\ddot{\underset{..}{Cl}}: + H_3N: \longrightarrow CH_3NH_3^{+} + :\ddot{\underset{..}{Cl}}:^{-} \quad \text{더 느림}$$

결론. 친핵체로 작용하는 원자가 정해진 경우, 음전하를 가진 상태의 화학종들이 더 강력한 친핵체이다. 다시 말하면, 염기와 그 짝산 중에서는 염기 형태가 항상 더 강한 친핵체이다. 이 경향은 직관적으로 매우 타당하다. 친핵성 공격은 친전자성 탄소 중심과 결합을 형성하는 것으로 이해할 수 있기 때문에, 공격하는 종들의 음전하가 크면 클수록 반응이 더 빨라지게 된다.

연습 문제 6-21

다음에 주어진 화학종의 각 그룹 내에서 더 좋은 친핵체를 고르시오.
(a) HS^{-} 또는 H_2S, **(b)** CH_3SH 또는 CH_3S^{-}, **(c)** CH_3NH^{-} 또는 CH_3NH_2, **(d)** HSe^{-} 또는 H_2Se

친핵성은 주기율표에서 오른쪽으로 갈수록 감소한다

실험 1과 2는 같은 친핵성 원소를 포함하는 친핵체들의 쌍을 비교한 것이다(예를 들면, H_2O 대 HO^{-}에서 산소와 H_3N 대 H_2N^{-}에서 질소). 구조는 유사하지만 친핵성 원자가 서로 다른 경우는 어떨까? 주기율표에서 한 주기에 있는 원소들을 검토해 보기로 하자.

실험 3

$$\mathrm{CH_3CH_2\ddot{B}r{:}} + \mathrm{H_3N{:}} \longrightarrow \mathrm{CH_3CH_2NH_3^+} + \mathrm{{:}\ddot{B}r{:}^-} \quad \text{빠름}$$

$$\mathrm{CH_3CH_2\ddot{B}r{:}} + \mathrm{H_2\ddot{O}} \longrightarrow \mathrm{CH_3CH_2\ddot{O}H_2^+} + \mathrm{{:}\ddot{B}r{:}^-} \quad \text{매우 느림}$$

실험 4

$$\mathrm{CH_3CH_2\ddot{B}r{:}} + \mathrm{H_2\ddot{N}{:}^-} \longrightarrow \mathrm{CH_3CH_2\ddot{N}H_2} + \mathrm{{:}\ddot{B}r{:}^-} \quad \text{매우 빠름}$$

$$\mathrm{CH_3CH_2\ddot{B}r{:}} + \mathrm{H\ddot{O}{:}^-} \longrightarrow \mathrm{CH_3CH_2\ddot{O}H} + \mathrm{{:}\ddot{B}r{:}^-} \quad \text{느림}$$

결론. 친핵성은 다시 이야기하지만 염기도와 관련이 있다. 염기성이 클수록 반응성이 더 강한 친핵체가 된다. 그러므로 주기율표의 왼쪽에서 오른쪽으로 갈수록 친핵성은 감소한다. 1주기 원소들에서 친핵체들의 대략적인 반응성의 순서는 다음과 같다.

염기도 증가

$$H_2N^- > HO^- > NH_3 > F^- > H_2O$$

친핵성 증가

다른 친핵체들을 이용한 관찰에서도 실험 1~4에서 밝힌 경향성이 주기율표 내 비금속 원소(15~17족) 모두에게 일반적으로 적용된다는 것을 확인할 수 있었다. 음전하가 증가하면서 친핵성이 증가하는 정도는 (실험 1과 2) 주기율표 내 같은 주기에서 왼쪽으로 족을 하나 이동할 때 친핵성이 증가하는 것보다(실험 3과 4) 효과가 더 크다. 그래서 위에서 나타난 반응성의 순서로 HO^-와 NH_3 둘 다 물(H_2O)보다 더 좋은 친핵체이지만, HO^-가 NH_3보다 더 강한 친핵체이다.

연습 문제 6-22

다음에 주어진 분자쌍 내에서 더 좋은 친핵체를 고르시오.
(a) Cl^- 또는 CH_3S^-, **(b)** $P(CH_3)_3$ 또는 $S(CH_3)_2$, **(c)** $CH_3CH_2Se^-$ 또는 Br^-, **(d)** H_2O 또는 HF

염기도와 친핵성은 상관관계가 있는가?

2-2절에서 우리가 염기라 하는 화학종이나 친핵체라고 하는 화학종이 같은 것이라는 것을 기억하라. 이들의 차이는 참여한 반응이 어떤 것인가에 따라 구별된다. 이들이 양성자를 공격하면 **염기**라 하고(A^-나 B:로 표시), 다른 핵을 공격하면, 예를 들어 탄소 같은 친핵체라 한다(Nu^-나 Nu:로 표현).

2-2절에서 처음 서술한 친핵성과 염기도 사이의 관계는 이해할 만하다. 강염기들은 대체로 좋은 친핵체들이 된다. 그러나 두 성질들 간의 근본적인 차이는 그들을 측정하는 방법에 있다. 염기도는 평형 상수로 측정되는 **열역학적** 성질이다.

$$A^- + H_2O \overset{K}{\rightleftharpoons} AH + HO^- \qquad K = \text{평형 상수}$$

대조적으로 친핵성은 **반응속도론**적 현상으로 반응의 속도를 비교하여 정량화한다.

$$Nu^- + R{-}X \xrightarrow{k} Nu{-}R + X^- \qquad k = \text{속도 상수}$$

이러한 고유한 차이에도 불구하고, 주기율표의 같은 주기 내의 전하를 띤 친핵체에서 중성 친핵체들의 경우, 염기도와 친핵성 사이에 좋은 상관관계가 있다. 주기율표에서 같은 족에 속하는 친핵체를 살펴본다면 어떻게 될 것인가? 용매에 따라 상황은 변하게 된다.

용매화는 친핵성을 방해한다

친핵성이 염기도와 상관관계가 있는 것이 일반적인 규칙이라면, 주기율표 내 같은 족에서 원소들이 위로부터 아래로 내려가면 친핵성 능력이 감소해야 한다. 염기도는 유사한 방식으로 감소한다는 것(2-2절)을 상기하라. 이 예측을 시험해 보기 위해 일련의 다른 실험들을 생각해 보기로 하자. 아래에 있는 반응식에서 반응식에 용매로 메탄올을 사용했음을 나타내었다. 이는 나중에 보겠지만 이 실험들의 결과를 이해하는데 용매의 효과도 고려해야 한다. 여기서는 반응 모두를 같은 용매에서 수행함으로써 친핵체에 의한 영향만 부각시켰다.

실험 5

$$CH_3CH_2CH_2OS(=O)_2CH_3 + Cl^- \xrightarrow[\text{(용매)}]{CH_3OH} CH_3CH_2CH_2Cl + {}^-O_3SCH_3 \quad \text{느림}$$

$$CH_3CH_2CH_2OS(=O)_2CH_3 + Br^- \xrightarrow[\text{(용매)}]{CH_3OH} CH_3CH_2CH_2Br + {}^-O_3SCH_3 \quad \text{더 빠름}$$

$$CH_3CH_2CH_2OS(=O)_2CH_3 + I^- \xrightarrow[\text{(용매)}]{CH_3OH} CH_3CH_2CH_2I + {}^-O_3SCH_3 \quad \text{가장 빠름}$$

실험 6

$$CH_3CH_2CH_2Br + CH_3O^- \xrightarrow[\text{(용매)}]{CH_3OH} CH_3CH_2CH_2OCH_3 + Br^- \quad \text{매우 빠르지는 않다}$$

$$CH_3CH_2CH_2Br + CH_3S^- \xrightarrow[\text{(용매)}]{CH_3OH} CH_3CH_2CH_2SCH_3 + Br^- \quad \text{매우 빠름}$$

결론. 놀랍게도 친핵성은 주기율표에서 아래로 내려갈수록 **증가하는데**, 이러한 현상은 친핵체의 염기도에서 기대되는 경향과는 완전히 **반대가** 된다. 예를 들어, 할로젠화물을 살펴보면 아이오딘화물(I^-)은 가장 약한 염기이지만, 가장 빠르게 반응한다.

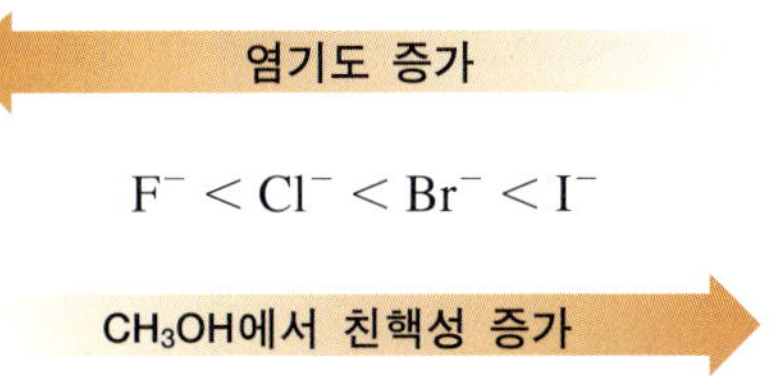

주기율표에서 왼쪽으로 한 칸 옆에 있는 족을 보면, 황화물 친핵체는 산소계의 친핵체들보다는 반응성이 더 강하다. 다른 실험에서도 볼 수 있듯이, 셀레늄은 황보다 반응성이 더 크다. 즉, 이 족에서도 할로젠화물에서 볼 수 있었던 경향성이 나타난다. 이런 경향은 주기율표 내 다른 족에 대해서도 일반적으로 나타난다.

이러한 경향을 어떻게 설명할 수 있겠는가? 이제까지 유기 반응에 대해 설명할 때, 특히 라디칼 할로젠화반응(3장)에서 용매의 영향에 대해서는 거의 언급하지 않았었다. 왜냐하면 이 반응에서는 용매의 영향이 거의 없었기 때문이다. 친핵성 치환반응은 극성인 출발물과 극성 메커니즘으로 특징지을 수 있고, 그래서 용매가 어떤 종류인가가 훨씬 중요해진다. 이제 용매가 어떻게 영향을 미치는지 알아보자. 중요한 고려사항은 용매 메탄올과 음이온 친핵체 간의 상호작용이다.

고체가 용해되면 고체를 유지하고 있던(2-6절, 그림 2-6) 분자간 힘이 분자–용매 사이의 분자간 힘으로 대체된다. 그 분자들은(특히 S_N2 반응의 출발물인 염으로부터 얻어지는 이온

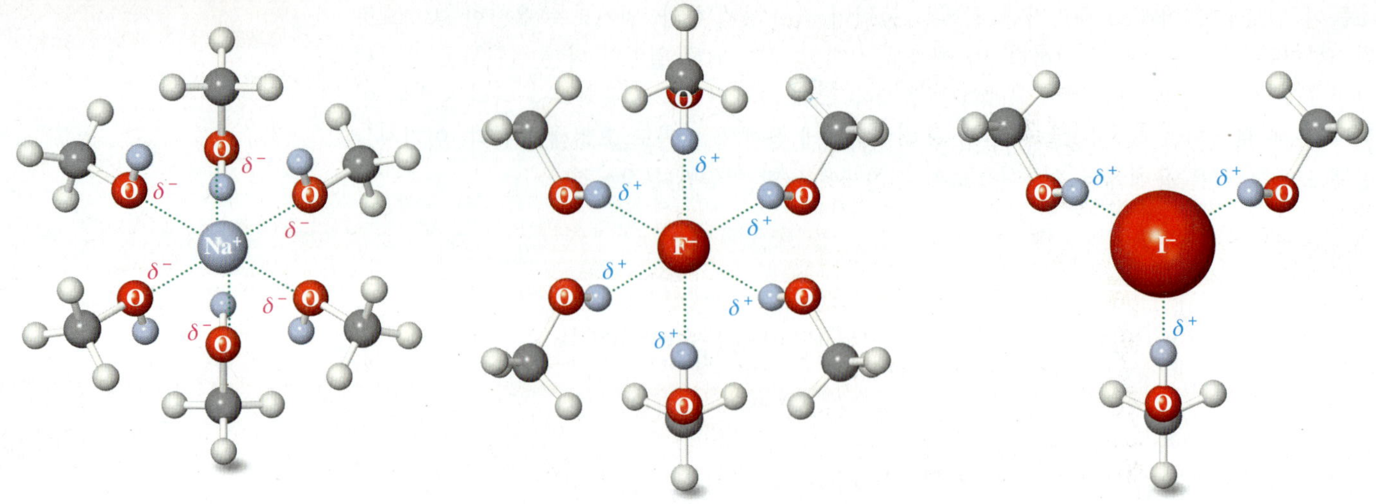

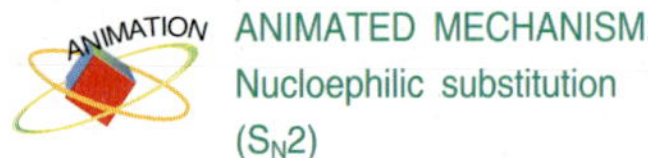

ANIMATED MECHANISM: Nucleophilic substitution (S_N2)

그림 6-6 (A) Methanol과 Na^+ 간의 이온−쌍극자 상호작용에 의한 용매화. (B) 크기가 작은 F^- 이온 주위를 methanol이 수소 결합으로 용매화하여 밀집된 모습의 대략적인 그림. (C) 크기가 큰 I^- 이온 주위에 methanol이 수소 결합을 약하게 이루고 있는 대략적인 그림. F^- 주위에 단단히 달라붙어 있는 용매들이 이 화학종의 친핵성 치환반응의 참여를 방해한다.

들) **용매화되어(solvated)** 있다고 말한다. 염들은 물이나 알코올에 잘 녹는다. 이 용매들은 매우 큰 극성을 가진 $^{\delta+}H—O^{\delta-}$ 결합을 가지고 있고, 이들은 이온−쌍극자 상호작용을 한다. 그래서 양이온은 음으로 극성화된 산소에 의해 (그림 6-6A), 음이온은 양으로 극성화된 수소에 의해 용매화된다(그림 6-6B와 C). 음이온의 용매화는 특히 강하다. 그 이유는 크기가 작은 수소의 핵(양성자)은 양전하 δ^+ 밀도가 높기 때문이다. 이들이 참여하는 상호작용은 **수소 결합(hydrogen bond)**이라고 하며, 8장에서 더 자세하게 공부할 것이다. 수소 결합을 할 수 있는 용매는 **양성자성(protic)**이라고 하고, 아세톤과 같은 용매(나중에 논할 것임)를 **비양성자성(aprotic)** 용매라 한다.

이제 실험 결과로 돌아가 보자. 음전하를 띤 친핵체들은 주기율표의 한 족 내에서 위에서 아래로 내려가면서, 친핵성이 증가하는 것을 어떻게 설명할 수 있을까? 답은 용매화로 인해 친핵체 주변에 용매 분자들로 껍질을 만들게 하고, 그 결과 친전자체를 공격하는 능력을 감소시켜 **친핵체를 약하게** 만든다. 주기율표에서 밑으로 내려가면서 F^-에서 I^-로, 용매화될 이온은, 크기가 커지고 전하는 보다 더 분산된다. 그 결과 주기율표에서 밑으로 갈수록 용매화는 약해지고 친핵성은 증가한다. 그림 6-6B와 C는 F^-와 I^-에 대한 이 효과를 설명해 준다. 크기가 작은 F^-는 I^-보다 더 심하게 용매화되어 있다. 이런 현상이 다른 용매에서도 일어날까?

양성자성 용매의 용매화 증가 →

$$F^- < Cl^- < Br^- < I^-$$

친핵성 증가 →

표 6−5

극성 비양성자성 용매

$CH_3\overset{\overset{\ddot{O}}{\|\|}}{C}CH_3$ Acetone
$CH_3C{\equiv}N$: Ethanenitrile (Acetonitrile)
$H\overset{\overset{\ddot{O}}{\|\|}}{C}\ddot{N}(CH_3)_2$ *N*,*N*-Dimethylformamide (DMF)
$CH_3\overset{\overset{\ddot{O}}{\|\|}}{\ddot{S}}CH_3$ Dimethyl sulfoxide (DMSO)
$(CH_3)_2\ddot{N}-\overset{\overset{\ddot{O}}{\|\|}}{P}(-\ddot{N}(CH_3)_2)-\ddot{N}(CH_3)_2$ Hexamethylphosphoric triamide (HMPA)
$CH_3\overset{+}{N}(=\ddot{O})-\ddot{O}:^-$ Nitromethane

비양성자성 용매: 용매 효과의 감소

S_N2 반응에 유용한 다른 용매들은 극성은 크지만 비양성자성인 것들이다. 몇 가지 일반적인 예가 표 6-5에 있다. 이들은 모두 다 수소 결합을 할 양성자가 없지만, 극성 결합을 가지고 있다. 나이트로메테인은 전하가 분리되어 있는 화학종으로 존재한다.

극성이지만 비양성자성 용매들도 이온−쌍극자 상호작용에 의해, 양성자성 용매만큼은 아니지만 염을 녹일 수 있다. 이들은 수소 결합을 형성할 수 없기 때문에 음이온성 친핵체를 상대적으로 약하게 용매화시킨다. 그 결과는 두 가지로 나타난다. 첫 번째, 양성자성 용매와 비교하여 **친핵체의 반응성**이 극적으로 **증가한다**. 예를 들어, 브로모메테인은 아이오딘화 포타슘

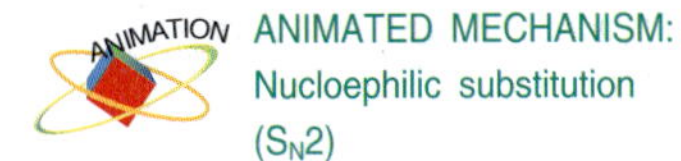

ANIMATED MECHANISM: Nucleophilic substitution (S_N2)

표 6-6 여러 용매에서 iodomethane과 염화 이온 (Cl^-) 간 S_N2 반응의 상대 속도

$$CH_3I + Cl^- \xrightarrow{\text{용매}} CH_3Cl + I^-$$

용매			
화학식	이름	용매의 구분	상대 속도 (k_{rel})
CH_3OH	Methanol	양성자성	1
$HCONH_2$	Formamide	양성자성	12.5
$HCONHCH_3$	*N*-Methylformamide	양성자성	45.3
$HCON(CH_3)_2$	*N,N*-Dimethylformamide	비양성자성	1,200,000

(potassium iodide)과 아세톤에서 반응할 때 메탄올에서보다 500배 빠르게 반응한다. 아이오도메테인과 염화 이온 간의 S_N2 반응을 세 가지 양성자성 용매—메탄올, 폼아마이드, *N*-메틸폼아마이드—와 한 가지 **비양성자성** 용매[*N,N*-다이메틸폼아마이드(DMF)]에서 수행하고, 그 반응 속도를 표 6-6에 비교해 놓았다(여기서 폼아마이드와 *N*-메틸폼아마이드는 편극화된 N—H 결합을 이용해 수소 결합을 형성할 수 있다). DMF 내 반응의 속도가 메탄올에서의 반응보다 백만 배 정도 빠르다.

두 번째, 비양성자성 용매에 의한 음이온의 약한 용매화의 결과, 친핵체의 친핵성 능력의 경향성은 양성자성 용매의 그것과는 반대가 된다. 즉, 모든 음이온의 반응성은 증가하지만, 작은 음이온의 반응성이 다른 것보다 **더 증가한다**. 대부분의 친핵체들은 할로젠화물들의 경우를 포함하여, 염기성 세기가 용매화 효과를 능가해서 우리가 처음에 예상했던 대로 작은 친핵체의 친핵성 능력이 더 커진다.

염기도 증가 ←

$$F^- < Cl^- < Br^- < I^-$$

비양자성 용매에서 친핵성 증가 ←

편극성의 증가는 친핵성 능력을 증가시킨다

지금까지 서술한 용매화 효과는 전하를 띤 친핵체들에 대해서는 매우 뚜렷하게 나타난다. 그럼에도 불구하고, 친핵성 정도는 용매 효과가 훨씬 약한 **전하를 띠지 않은 친핵체**들에서도 주기율표에서 아래로 내려갈수록 증가한다. 예를 들면, $H_2Se > H_2S > H_2O$와 $PH_3 > NH_3$이다. 그러므로 여기에는 또 다른 요인이 있다는 것이 분명하다.

이 설명은 친핵체의 편극성에 있다(6-1절). 큰 원소들의 전자 구름은 크기가 더 크고, 분산되어 있으며, 편극이 더 쉽게 될 수 있다. 이러한 전자 구름들은 S_N2 전이 상태에서 오비탈의 겹침을 더 효과적으로 만든다(그림 6-7). 결과적으로 전이 상태 에너지는 낮아지고, 친핵성

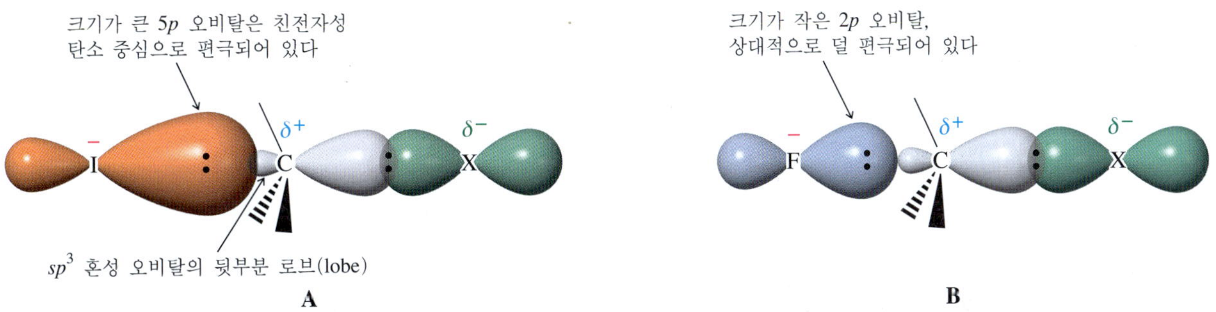

그림 6-7 S_N2 반응에서 I^-와 F^-의 비교. (A) 양성자성 용매에서는 크기가 큰 아이오딘화 이온이 더 좋은 친핵체이다. 부분적인 이유는 편극이 잘 되는 5*p* 오비탈이 친전자성 탄소로 많이 쏠려 있다. (B) 작고 단단하여 편극이 덜 되는 플루오린화 이온은 반응이 일어나는 축 상에서 친전자성 탄소와 상호작용하는 것이 (A)처럼 효율적이지 못하다.

치환반응이 더 빨라진다.

연습 문제 6-23

어느 화학종이 더 친핵성이 큰가 비교하시오.
(a) CH_3SH 또는 CH_3SeH, **(b)** $(CH_3)_2NH$ 또는 $(CH_3)_2PH$

입체 장애가 있는 친핵체는 반응성이 더 나쁜 시약이다

주위를 둘러싸고 있는 용매가 많아지면 친핵체의 기능이 감소하였는데, 이는 입체 장애의 또 다른 예이다(2-8절). 이러한 입체 장애는 친핵체 자체에 큰 치환기를 붙여서도 같은 효과를 낼 수 있다. 반응 속도에 미치는 효과는 실험 7에서 볼 수 있다.

실험 7

$$CH_3\ddot{\underset{..}{I}}: + CH_3\ddot{\underset{..}{O}}:^- \longrightarrow CH_3\ddot{\underset{..}{O}}CH_3 + :\ddot{\underset{..}{I}}:^- \quad \text{빠름}$$

$$CH_3\ddot{\underset{..}{I}}: + CH_3\overset{CH_3}{\underset{CH_3}{C}}\ddot{\underset{..}{O}}:^- \longrightarrow CH_3\ddot{\underset{..}{O}}\overset{CH_3}{\underset{CH_3}{C}}CH_3 + :\ddot{\underset{..}{I}}:^- \quad \text{더 느림}$$

결론. 입체적으로 거대한 친핵체들은 더 느리게 반응한다.

연습 문제 6-24

다음에 주어진 두 쌍의 친핵체 중 어느 것이 bromomethane과 더 빠르게 반응하는지 고르시오.

(a) CH_3S^- 또는 $CH_3\overset{CH_3}{\overset{|}{C}}HS^-$ **(b)** $(CH_3)_2NH$ 또는 $(CH_3\overset{CH_3}{\overset{|}{C}}H)_2NH$

연습 문제 6-25

개념 문제: 메커니즘에 근거한 논리로 반응 생성물을 제안하기

4-Chloro-1-butanol $:\ddot{\underset{..}{Cl}}CH_2CH_2CH_2CH_2\ddot{\underset{..}{O}}H$를 DMF 용매에서 NaOH와 반응시키면 분자식 C_4H_8O를 가진 생성물이 빠르게 생성된다. 생성물의 구조를 제안하고, 이것이 생기는 메커니즘을 제안하시오.

전략

반응 생성물의 구조를 바로 알아내려고 하기보다 "메커니즘에 근거해 생각해" 보고, 가능한 반응 경로를 고려해 보는 것이 더 유용하다. 만약 처음 생각한 경로가 답을 주지 않으면, 문제를 다시 다듬어 보라—분자 내에 일어난 변화가 무엇인지, 그리고 이 변화가 어떻게 일어날 수 있는지.

풀이

- 첫 번째로 시도해 볼 메커니즘은 반응 기질과 수산화물을 S_N2 반응이 일어나도록 배열하는 것이다.

$$H\ddot{\underset{..}{O}}:^- + H\ddot{\underset{..}{O}}CH_2CH_2CH_2{-}CH_2{-}\ddot{\underset{..}{Cl}}: \longrightarrow H\ddot{\underset{..}{O}}CH_2CH_2CH_2CH_2\ddot{\underset{..}{O}}H + :\ddot{\underset{..}{Cl}}:^-$$

그러나 이렇게 해서 얻을 물질은 화학식으로 $C_4H_{10}O_2$로, 이 반응의 생성물 C_4H_8O가 아니다.

- 다른 방법을 생각해 보자. 반응물의 화학식은 C_4H_9OCl이다. 그러므로 생성물 C_4H_8O가 얻어지기 위해서는 수소 하나와 염소 하나, 즉 HCl을 잃어버려야 한다. 어떻게 하면 이렇게 할 수 있을까?

• 수산화물은 친핵체인 동시에 염기이다. 그래서 앞서 언급한 잘못된 S_N2 반응의 합리적인 대안으로는, 반응 물질 내에서 가장 산도가 큰 수소 이온과 산-염기 반응을 수행하는 것이다.

$$HO^- + H-OCH_2CH_2CH_2CH_2Cl \longrightarrow {}^-OCH_2CH_2CH_2CH_2Cl + H_2O$$

이 과정에서 얻을 유기 화합물의 화학식은 $C_4H_8OCl^-$이다. 이는 생성물에 염화 이온(Cl)이 더해진 형태이다. 그러면 외부에서 다른 화학종을 더해주지 않으면서 염화 이온을 떼어내는 방법으로 어떤 것이 가능할까? 음전하를 띤 산소 원자가 다른 쪽 끝에 있는 이탈기를 대체하면 고리가 만들어지면서 반응이 진행한다.

$${}^-O-CH_2CH_2CH_2-CH_2-Cl \longrightarrow \text{(tetrahydrofuran: O, } H_2C, CH_2, H_2C-CH_2) + Cl^-$$

실제는 이와 같은 분자내 S_N2 반응은 고리 화합물을 합성하는데 광범위하게 이용된다.

여러분은 이 반응이 왜 그림처럼 진행될까 궁금할지 모른다. 거기에는 두 가지 이유가 있다. 먼저, Bønsted-Lowry 산-염기 반응(염기성을 띤 한 원자에서 다른 염기성의 원소로 양성자가 이동하는 반응)은 일반적으로 다른 과정보다 훨씬 빠르다. 그래서 외부에서 넣어준 수산화 이온이 반응 기질 내 수산화기의 수소를 떼어내는 반응(두 번째 반응)이, 이 음이온이 염화 이온을 치환하는 S_N2(첫 번째 반응)보다 빠르다. 다음으로, 오원자나 육원자 고리를 만드는 반응은, 반응 속도론의 면에서나 열역학적인 면에서, 같은 유형의 반응이 두 분자 간에 일어나는 경우에 비해 일반적으로 잘 일어난다. 그래서 마지막 반응에 나타낸 것 같이 분자내에서 일어나는 alkoxide의 염화물 치환은 S_N2 반응의 좋은 선택이다. 이 예에서 분자 내 반응이 일어나면 분자 하나에서 두 화학종(고리 화합물과 염화 이온)이 얻어진다. 이 결과는 에너지를 분산시키고 엔트로피를 증가시키는 열역학적으로 유리하게 진행되는 과정이다.

연습 문제 6-26

자습 문제

Ethoxyethane (diethylether, $CH_3CH_2OCH_2CH_3$) 안에 5-chloro-1-pentanamine [$Cl(CH_2)_5NH_2$]을 녹인 용액을 약간 가열해 주었더니 흰색의 침전이 생겼다. 이 고체는 염으로 밝혀졌다. 이 염의 구조를 그리고 어떻게 생성되었는지 설명하시오.

표 6-7 Methanol(양성자성 용매)에서 iodomethane이 여러 친핵체와 반응할 때 상대적인 속도

친핵체	상대 속도
CH_3OH	1
NO_3^-	~32
F^-	500
CH_3CO^- (C=O)	20,000
Cl^-	23,500
$(CH_3CH_2)_2S$	219,000
NH_3	316,000
CH_3SCH_3	347,000
N_3^-	603,000
Br^-	617,000
CH_3O^-	1,950,000
CH_3SeCH_3	2,090,000
CN^-	5,010,000
$(CH_3CH_2)_3As$	7,940,000
I^-	26,300,000
HS^-	100,000,000

(친핵성 증가 ↓)

친핵성 치환반응은 가역적일 수 있다

할로젠화 이온인 Cl^-, Br^-, I^-는 좋은 친핵체이면서 좋은 이탈기들이다. 따라서 그들의 S_N2 반응은 가역적이다. 예를 들면, 아세톤에서 염화 리튬(lithium chloride)과 일차 브로모알케인 또는 아이오도알케인과의 반응은, 생성물인 클로로알케인 쪽으로 평형이 치우쳐져 있는 가역반응이다.

$$CH_3CH_2CH_2CH_2I + LiCl \xrightleftharpoons{\text{Acetone}} CH_3CH_2CH_2CH_2Cl + LiI$$

이 결과는 생성물과 출발물의 상대적인 안정성에 따라 결정되며, 여기서 클로로알케인이 유리하다. 그러나 이 평형은 간단한 "요령"으로 반대 방향으로 추진시킬 수 있다. 모든 할로젠화 리튬(lithium halide)들은 아세톤에 녹는데 비해, **할로젠화 소듐**(*sodium halide*)의 용해도는 NaI > NaBr > NaCl 순서로 큰폭으로 감소하며, NaCl은 이 용매에 거의 녹지 않는다. 참으로 아세톤에서 NaI와 일차 또는 이차 클로로알케인 간의 반응에서는 NaCl이 침전되면서 아이오도알케인 쪽으로 **완전히** 진행된다(방금 보여 준 반응의 역):

$$CH_3CH_2CH_2CH_2Cl + NaI \xrightleftharpoons{\text{Acetone}} CH_3CH_2CH_2CH_2I + NaCl\downarrow$$

acetone에 녹지 않는다

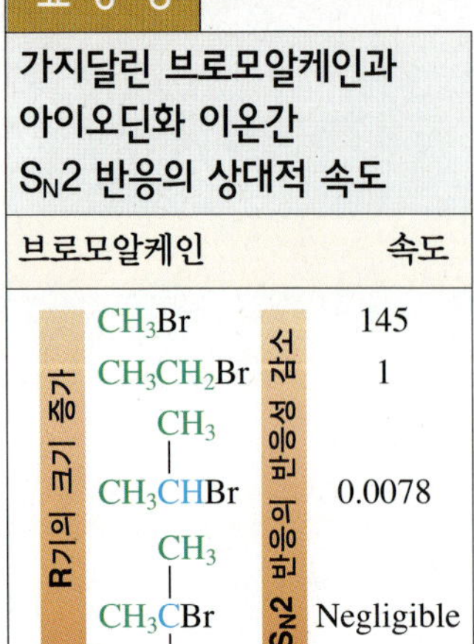

표 6-8

가지달린 브로모알케인과 아이오딘화 이온간 S_N2 반응의 상대적 속도

브로모알케인	속도
CH_3Br	145
CH_3CH_2Br	1
$(CH_3)_2CHBr$	0.0078
$(CH_3)_3CBr$	Negligible

표 6-3의 반응 3에서 평형의 방향을 똑같은 방법으로 조작할 수 있다. 그러나 S_N2 반응에서 친핵체가 강염기(예를 들면, HO^-나 CH_3O^- 표 6-4 참조)인 경우는, 이들이 이탈기로 작용할 수 없을 것이다. 이런 경우에 K_{eq}이 매우 크고, 치환은 본질적으로 비가역 과정이 된다(표 6-3, 반응 1과 2).

요약 친핵성은 여러 가지 인자들에 의해 조절된다. 음전하가 많은 경우와 주기율표에서 왼쪽으로 갈수록, 그리고 주기율표상 한 족에서는 양성자성 용매의 경우 밑으로 내려갈수록, 비양성자성 용매에서는 위로 갈수록 일반적으로 친핵성 능력이 증가한다. 표 6-7은 메탄올(임의로 1로 정함)의 반응성을 기준으로 하여 친핵체들의 반응성을 비교한 것이다. 우리가 여러 예들로부터 이 절의 결론의 타당성을 확인할 수 있다. 비양성자성 용매 사용은 수소 결합을 제거함으로써, 특히 음이온이 더 작은 경우, 친핵성을 증가시킨다.

6-9 구조와 S_N2 반응성: 기질

마지막으로, 이탈기가 붙어 있는 원자 주변에 있는 알킬기 부분의 구조가, 친핵성 공격 속도에 영향을 주는가? 다시 한 번 우리는 반응의 상대 속도를 보아서 상대적인 반응성에 대한 감을 얻을 수 있다. 이제까지 얻은 반응속도론적 자료를 검토해 보자.

반응이 일어나는 탄소에 곁가지가 붙으면 S_N2 반응 속도는 감소한다

MODEL BUILDING

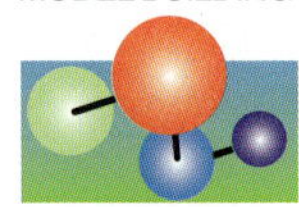

할로메테인에 있는 수소 원자를 하나씩 메틸기로 치환해 나가면 어떤 일이 생길까? 이것이 S_N2 반응 속도에 영향을 주겠는가? 다른 말로 하자면, 메틸, 일차, 이차, 삼차 할로젠화물의 이분자 친핵성 반응성이 상대적으로 어떻게 될까? 반응속도론적 실험은 표 6-8에 나타낸 순서대로 반응성이 급격하게 감소됨을 보여 주고 있다.

여기에 있는 네 가지 치환 형태에 따른 전이 상태를 비교해서 설명할 수 있다. 그림 6-8A는 수산화 이온과 클로로메테인의 반응에 대한 전이 구조를 보여 준다. 반응이 일어날 탄소는 들어올 친핵체와 떨어져 나갈 이탈기 그리고 세 개의 치환기들(이 경우 모두 수소)에 둘러싸여 있다. 비록 이 다섯 가지 치환기들이 출발물인 할로메테인 때보다 반응이 일어날 탄소 주위의

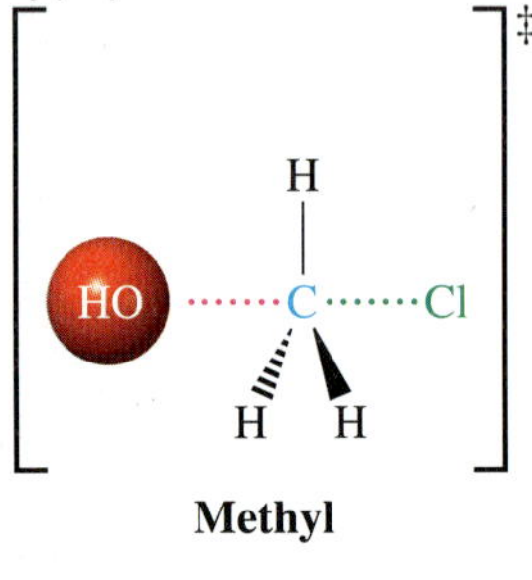

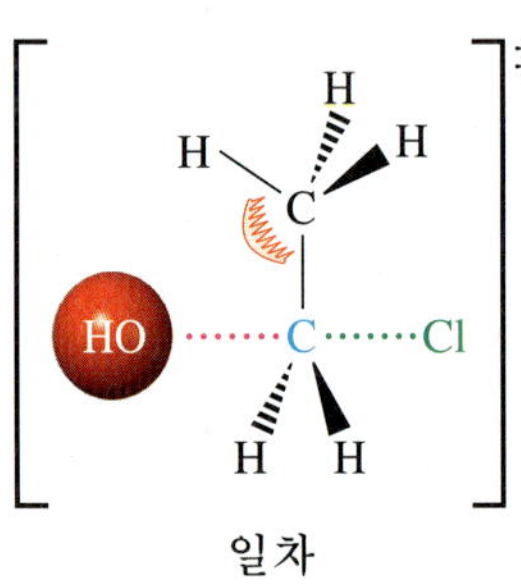

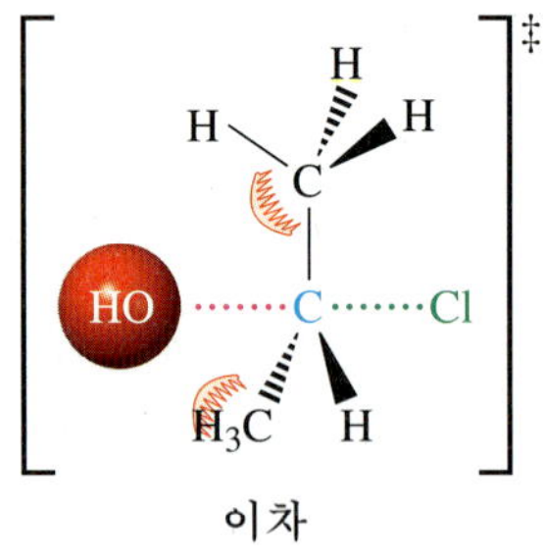

삼차
(무시할 만큼 S_N2 반응 진행, 입체 장애가 너무 크다)

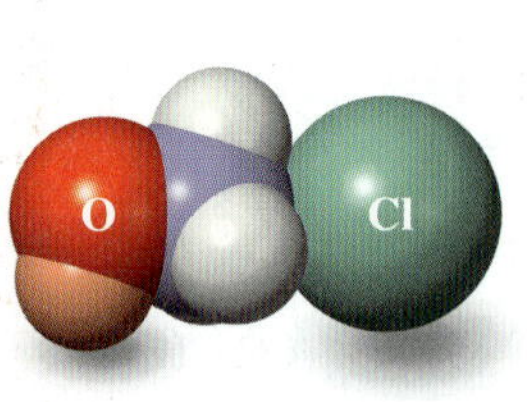

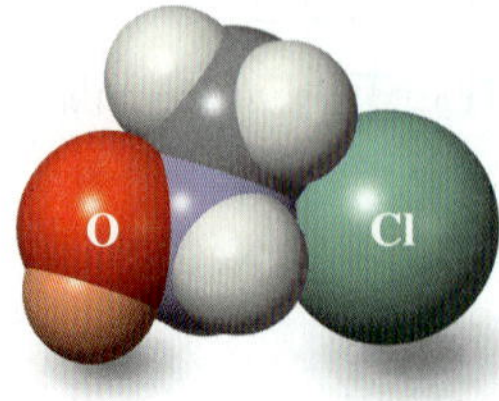

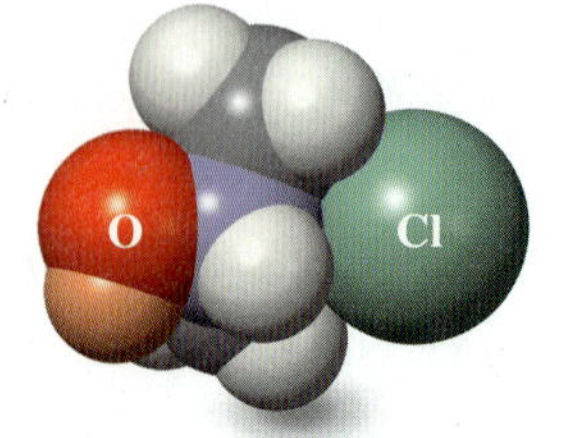

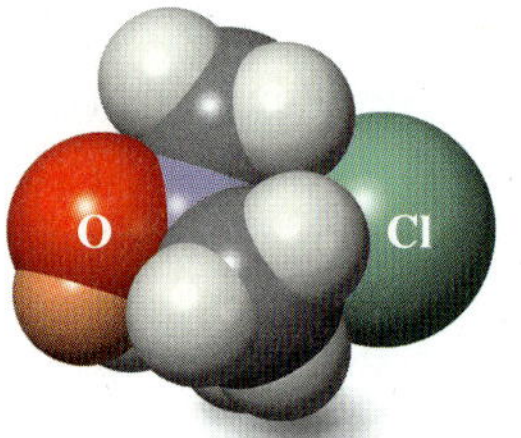

그림 6-8 수산화 이온과 다음 분자들 간의 S_N2 반응의 전이 상태
(A) chloromethane,
(B) chloroethane,
(C) 2-chloropropane, and
(D) 2-chloro-2-methylpropane.

화학 이야기 6-2

브로모메테인의 딜레마: 대단히 유용하나 독성이 크다

브로모메테인 CH_3Br은 다양한 용도를 갖는 물질이다. 만들기가 쉽고, 가격이 저렴하므로 창고와 기차의 유개화차 같은 큰 저장 공간에 곤충 훈증제로 사용되고 있다. 토양이나 감자와 토마토 같은 주요 곡물들 주변에 서식하는 곤충을 박멸하는데 효과적이다. 의외는 아니지만 그 유용성의 일부는 주로 S_N2 반응성에 기인한 높은 독성에 덕을 보는 것이다. 생명체의 화학은 아민 [(—NH_2)와 관련된 기능)이나 싸이올(—SH) 같은 친핵성 그룹을 포함하는 몇 가지 부류의 화합물들에 크게 좌우된다. 이 치환기들의 생화학적 역할들은 다양하면서도 생명체의 생존에 결정적이다. 브로모메테인 같이 반응성이 고도로 큰 친전자체들은 친핵성 원자들을 무차별적으로 **알킬화시킨다**. 이들은(예를 들어, 아래 그림에 있는 반응처럼) S_N2 메커니즘에 의해 알킬기에 결합한다(이 경우 메틸기). 이 결과 생화학 과정들이 파괴된다. 또한 이러한 과정들의 부산물로 HBr이 발생되는데, 이는 생명계를 유지하는 물질들에 위협이 된다.

브로모메테인 독성이 곤충에게만 국한되는 것이 아니다. 인간에게 노출되면 수많은 건강 문제를 야기하는 것으로 알려져 있다. 이 물질이 직접 닿으면 피부에 화상이 일어나고, 오랫동안 이 물질에 노출되면 신장, 간과 중추신경계가 손상된다. 높은 농도를 호흡으로 들이마시면 폐 조직의 파괴 또는 폐수종과 때로는 사망하기도 한다. 작업장에서 브로모메테인의 허용된 노출 한계는 주변 공기 대비 20 ppm (parts per million)의 브로모메테인 증기의 농도이다. 우리 사회에서 대량으로 유용하게 사용하고 있는 많은 물질들과 마찬가지로, 브로모메테인 독성은 이 물질을 사용하는데 엄격한 통제를 요구하는 딜레마를 안고 있다. 실용성과 안정성 사이에서 해결이 항상 쉽사리 되는 것이 아니며, 비용과 인간, 환경과 경제성은 세심하게 고려해야 하는 주제들이다.

식물 병리학자 Frank Westerlund가 훈증시킨 지역(오른쪽)과 훈증시키지 않은 곳(왼쪽)에서 자란 딸기들을 비교하며, "bromomethane 효과"를 증명하고 있다. 후자는 일종의 진균의 베르트실리움 빌트 (verticillium wilt) 때문에 시들었다.

$$R-\ddot{\underset{..}{S}}-H + CH_3-\ddot{\underset{..}{Br}}: \longrightarrow R-\overset{CH_3}{\overset{|}{\underset{..}{S^+}}}-H + :\ddot{\underset{..}{Br}}:^- \longrightarrow R-\ddot{\underset{..}{S}}-CH_3 + H\ddot{\underset{..}{Br}}:$$

혼잡도를 증가시킨다고 할지라도, 수소는 그 크기가 매우 작기 때문에 친핵체와의 관계에서 그리 큰 입체 장애를 초래하지 않는다. 그러나 할로에테인에서처럼 수소 하나를 메틸기로 바꾸면 들어오는 친핵체와 상당한 입체 반발이 초래되어, 전이 상태의 에너지 수위가 증가하게 된다(그림 6-8B). 이러한 효과는 친핵성 공격을 상당히 느려지게 만든다. 메틸기로 수소 원자들을 계속 치환시키면, 친핵성 공격에 대해 입체 장애를 극적으로 증가시킨다. 이차 기질에 있는 두 개의 메틸기는 이탈기가 붙어 있는 탄소의 후방을 심각하게 가려 주고, 반응 속도를 상당히 감소시킨다(그림 6-8C와 표 6-8). 마지막으로, 세 번째 메틸기가 존재하는 삼차 기질에서는 할로젠이 있는 탄소의 후방 접근은 완전하게 차단된다(그림 6-8D). S_N2 치환반응의 전이 상태는 에너지가 매우 높고, 이 메커니즘에 의한 삼차 할로메테인의 치환은 거의 관찰되지 않았다. 요약하면 할로메테인의 수소들을 메틸기(또는 일반적으로 알킬기)로 계속해서 치환시키면, S_N2 반응성이 다음 순서로 감소한다.

할로알케인의 상대적인 S_N2 치환의 반응성

Methyl >	일차 >	이차 ≫	삼차
빠름	더 느림	매우 느림	무시

← **S_N2 반응성 증가**

연습 문제 6-27

다음 화합물 쌍을 사이안화물과 S_N2 반응시킬 때 상대적인 속도를 예측하시오.

(a) Br(cyclohexane) 와 Br, CH_3(cyclohexane) **(b)** $CH_3CH_2CBr(CH_3)_2$ 와 $CH_3CH_2CH_2Br$

지금까지 S_N2 과정에서 기질의 반응성에 미치는 큰 구조 변화에 대한 효과를 살펴보았는데, 이제는 더 미세한 구조 변형의 결과를 평가하려고 한다. 모든 경우에 반응이 일어날 탄소의 후방으로부터의 공격에 대한 입체 장애가 가장 중요한 고려 대상이다.

탄소 사슬 길이를 한 개나 두 개 늘리면 S_N2 반응 속도가 감소한다

우리가 살펴본 대로 할로메테인에서 이탈기가 붙어 있는 탄소의 수소 원자 한 개를 메틸기로 치환하면(그림 6-8B), 상당한 입체 장애가 생기고, S_N2 반응 속도가 감소한다. 클로로에테인은 S_N2 치환에서 클로로메테인보다 반응성이 대략 100배 정도 더 작다. 메틸렌기(CH_2) 첨가로 일차 알킬 기질의 사슬을 늘리면 S_N2 반응성을 더 감소시키는가? 1-클로로프로페인과 아이오딘화 이온(I^-) 같은 친핵체 간 반응 속도는 클로로에테인의 절반 정도의 속도이다.

사슬이 더 길어지면 이런 경향성이 계속 이어질까? 답은 **아니다**이다. 1-클로로뷰테인과 1-클로로펜테인 같은 고차 할로알케인들은 1-클로로프로페인과 거의 같은 속도로 반응한다.

MODEL BUILDING

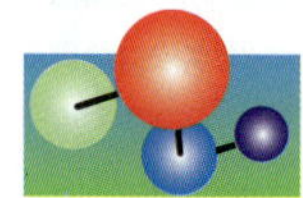

다시 후방 치환에 대한 전이 상태를 살펴보면 이러한 관찰을 설명할 수 있다. 그림 6-9A와 6-9B에서 클로로에테인의 메틸 탄소에 있는 수소 한 개가 들어오는 친핵체의 공격 경로를 부분적으로 차단한다. 1-할로프로페인은 반응 탄소 중심 근처에 여분의 메틸기를 가지고 있다. 반응이 기질의 가장 안정한 안티(anti) 이형태체 상태에서 들어오는 친핵체는 심각한 입체 장

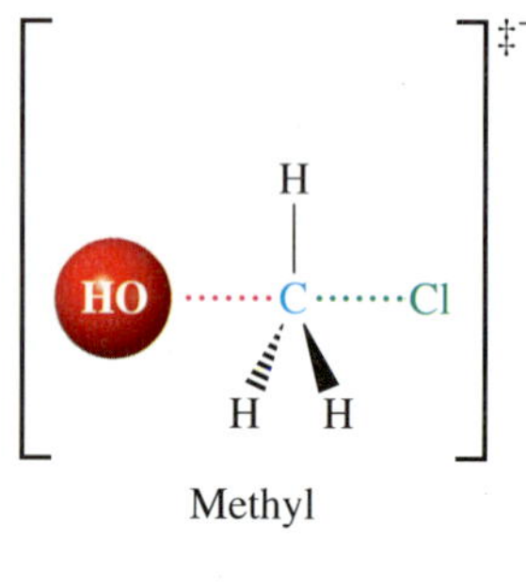

Methyl

(최소한의 입체 장애)

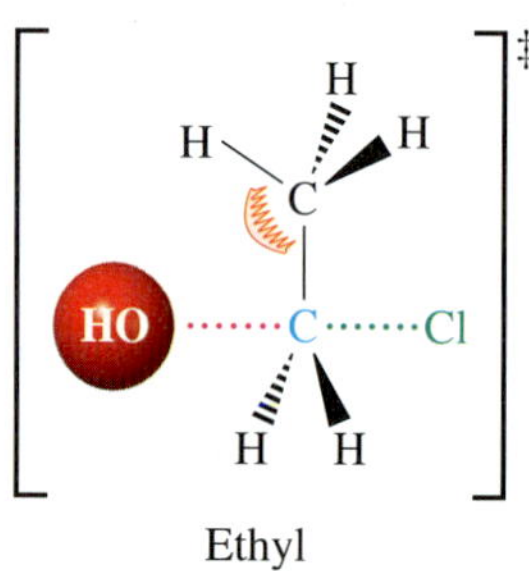

Ethyl

(하나의 수소가 친핵체가 접근하는 경로상에 놓여 있다)

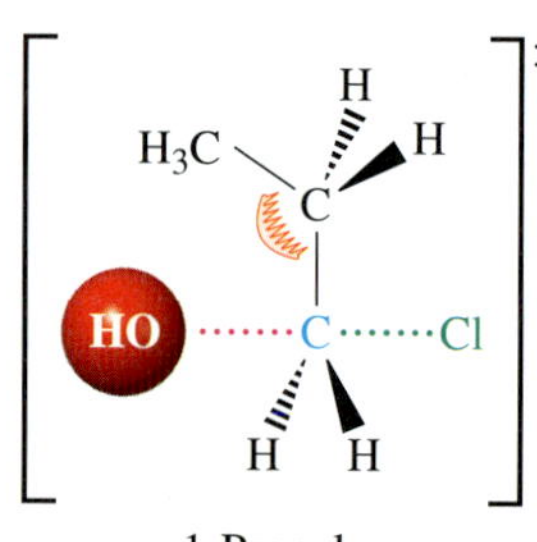

1-Propyl
(*anti* CH_3와 Cl)

(methyl과 접근하는 친핵체 사이에 심각한 입체 장애가 있다)

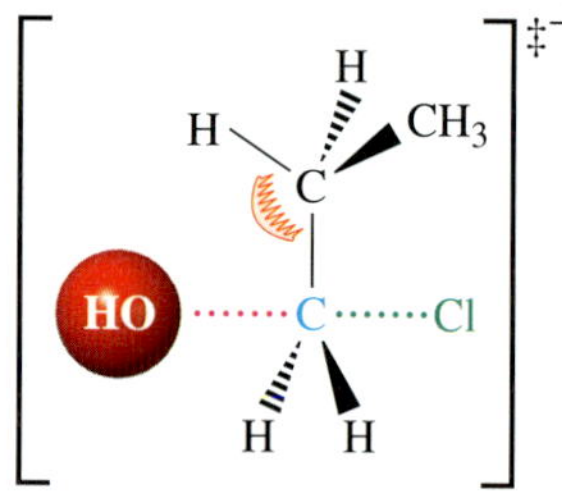

1-Propyl
(*gauche* CH_3와 Cl)

(ethyl의 경우와 비슷하다)

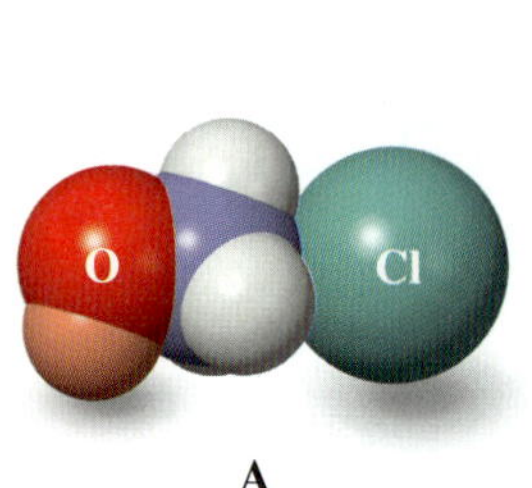

A

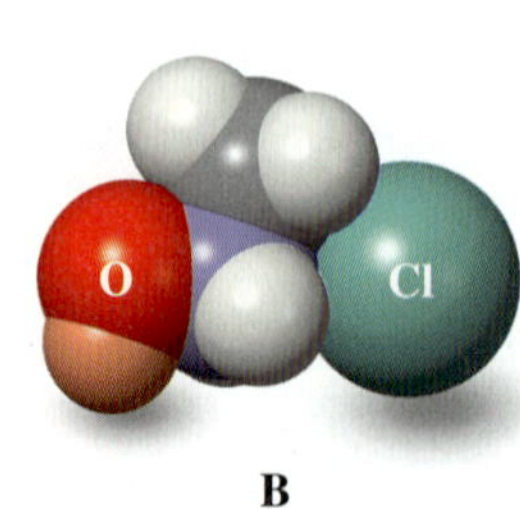

B

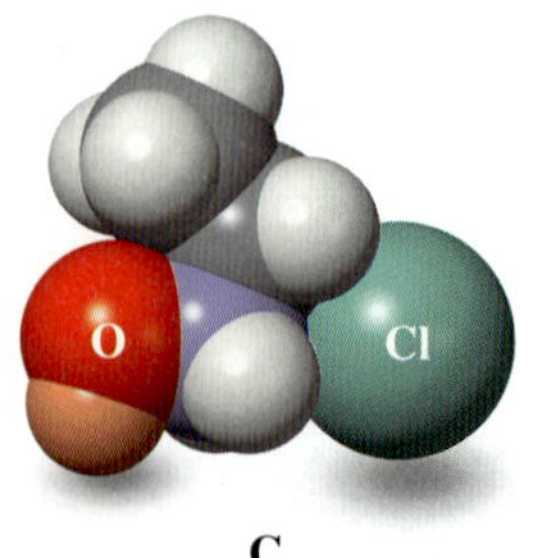

C

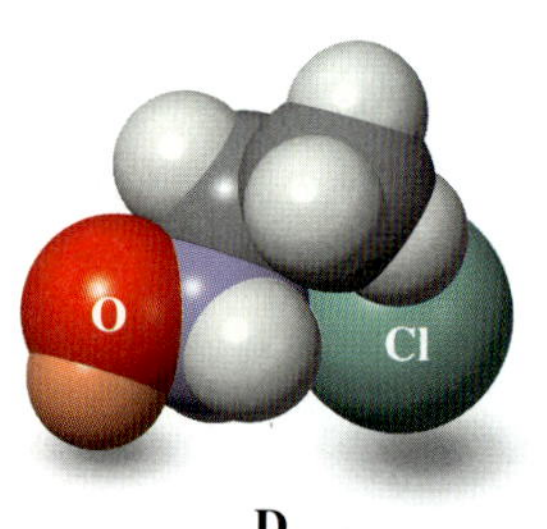

D

그림 6-9 수산화 이온(—OH)의 S_N2 반응의 점선과 공간채움 모형으로 그린 전이 상태. (A) Chloromethane, (B) chloroethane, (C와 D) 1-chloropropane의 두 개의 이형태체, (C) *anti*와 (D) *gauche*. 입체 장애는 공간채움 모형으로 명확하게 나타내었다. 그림을 명확히 하기 위해 부분 전하는 생략하였다(그림 6-3 참조).

애에 직면하게 된다(그림 6-9C). 그러나 공격 전에 고우시(gauche) 입체 배열을 갖는 이형태체로 바뀌면 이 상태에서는 할로에테인에서 관찰한 것과 유사한 S_N2가 된다(그림 6-9D). 프로필기를 가진 기질은 에틸기를 가진 기질보다 반응이 약간 느려지는데, 이것은 프로필 기질이 에틸에 비해 반응에 더 많은 에너지가 필요해서가 아니라, 고우시(gauche) 배열을 유지하는데 에너지가 더 필요하기 때문이다. 이런 탄소 원자들은 전이 상태에서 반응하는 탄소 주변에는 입체 장애를 더 하지 않기 때문에, 이 이상 사슬이 더 길어지더라도 반응 속도에 영향이 별로 없다.

반응이 일어날 탄소 옆의 탄소에 곁가지를 더해도 치환반응은 느려진다

친전자성 탄소 **다음** 위치에 있는 탄소에 치환된 경우는 어떻겠는가? 브로모에테인과 그 유도체의 반응성을 비교해 보기로 하자(표 6-9). 치환이 진행됨에 따라 극적으로 반응 속도가 감소한다. 아이오딘화물을 친핵체로 사용한 경우, 1-브로모-2-메틸프로페인은 1-브로모프로페인에 비해 반응성이 ~25배 정도 떨어지고, 1-브로모-2,2-다이메틸프로페인의 경우는 반응이 거의 진행되지 않는다. 곁가지치기가 반응이 일어나는 자리에서 더 멀리 떨어진 자리에서 일어날 때는 별 효과가 없다.

1 할로프로페인의 친핵성 공격을 허용하기 위해서는 고우시 형태로의 회전이 반드시 필요하다(그림 6-10A). 같은 원리를 표 6-9에 주어진 자료를 이해하는데 이용할 수 있다. 1-할로-2-메틸프로페인의 경우 친핵체가 반응할 탄소의 후방을 공격할 수 있는 유일한 형태는, 메틸-할로젠화물 간에 **두 개의 고우시** 상호작용을 받게 되는(그림 6-10B) 상당히 열악한 구조이다. 세 번째 메틸기가 도입되면 일반적으로 **네오펜틸** 할로젠화물이라고 알려진 1-할로-2,2-다이메틸프로페인에서처럼, 후방 공격이 거의 완벽하게 차단된다(그림 6-10C).

표 6-9
가지 브로모알케인과 아이오딘화물 간 반응의 상대적인 속도

브로모알케인	속도
H—C(H_2)—CH_2Br (즉 CH_3CH_2Br)	1
$CH_3C(H)(H)CH_2Br$	0.8
$CH_3C(CH_3)(H)CH_2Br$	0.03
$CH_3C(CH_3)(CH_3)CH_2Br$	1.3×10^{-5}

(반응성이 감소 ↓, R기의 크기 증가 ↓)

MODEL BUILDING

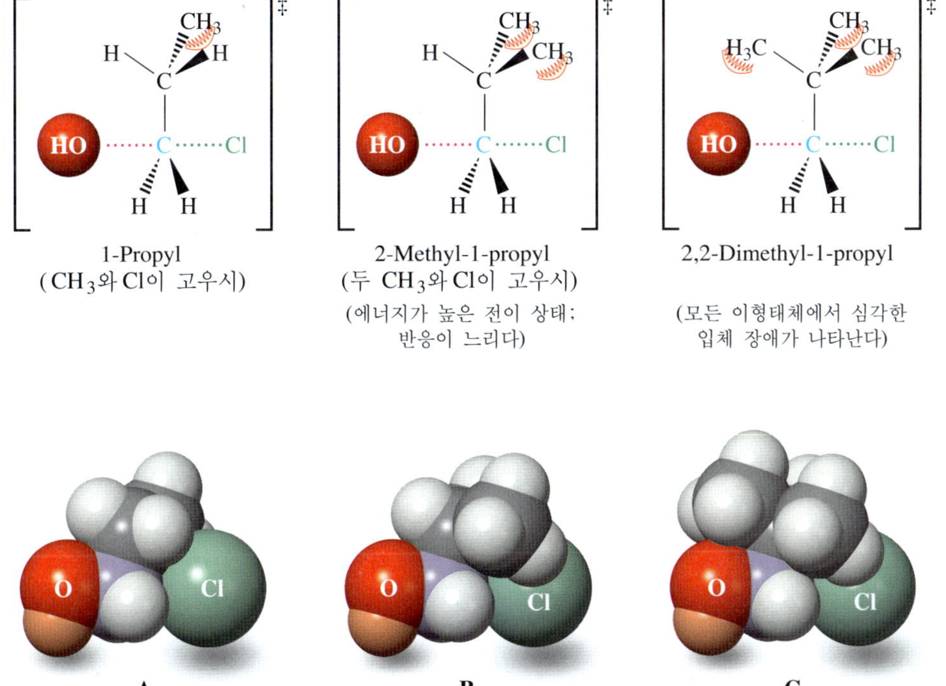

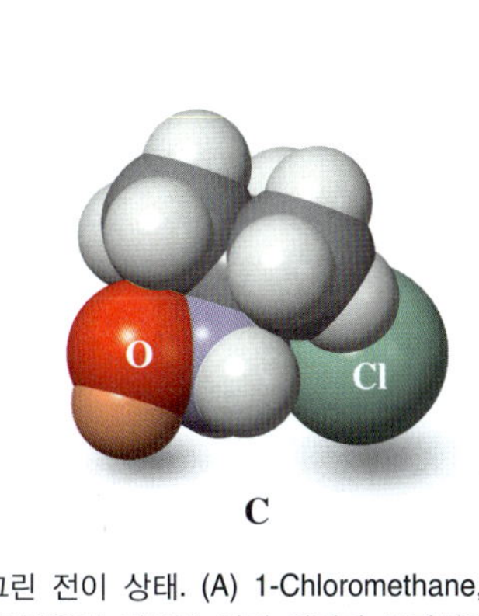

그림 6-10 수산화 이온(—OH)의 S_N2 반응에서 점선과 공간채움 모형으로 그린 전이 상태. (A) 1-Chloromethane, (B) 1-chloro-2-methylpropane, (C) 1-chloro-2,2-dimethylpropane 두 번째 고우시 상호작용에 때문에 입체 장애가 증가하면 (B)의 반응 속도가 느려진다. 반응물의 모든 가능한 이형태체에서 친핵체의 후방 공격은 methyl기에 의해 방해받아 (C)에서의 S_N2 반응성은 거의 완전하게 없어진다(그림 6-8과 6-9를 참조).

Stefanie Schore가 S_N2의 상대적인 반응성을 보여 주는 시범을 하고 있다. 각 시험관에 왼쪽에서 오른쪽으로, 1-bromopropane, 2-bromopropane 그리고 2-bromo-2-methylpropane이 acetone에 녹아 있다. 각 시험관에 NaI 용액 몇 방울을 떨어뜨리면 흰색 침전의 NaBr이 형성된다. 일차 브로모알케인에서는(왼쪽) 즉시 생기고, 이차 브로모알케인에서는 천천히 가열을 하여야 생기고(가운데), 삼차 할로젠화물에서는 오랫동안 가열하여도 침전이 생기지 않는다(오른쪽).

연습 문제 6-28

다음 두 화합물이 S_N2 반응을 할 때 반응이 빠른 것을 고르시오.

(cyclohexyl)CH_2Br 대 1-methyl-1-(bromomethyl)cyclohexane (CH_3, Br)

요약 할로알케인에서 일킬 부분의 구조도 친핵성 공격 속도에 상당한 영향을 준다. 탄소를 단순히 길게 늘어뜨릴 때, 세 개 이상이 되면 S_N2 반응 속도에 영향을 미치지 않는다. 그러나 곁가지가 늘어나면 강력한 입체 장애를 일으키고 속도를 지연시킨다.

요점

처음 다섯 장에서 유기화학의 가장 기본적인 아이디어를 검토하였다. 유기 분자에 오비탈 이론, 열역학과 반응속도론과 같은 일반화학의 원리들을 적용했고, 이성질현상과 입체화학 같은 유기화학에 주로 관련되는 주제들을 소개하였다. 알케인의 성질과 반응은 여러 가지 기본 원리를 적용되는 예를 살펴보는 기회가 되었다.

알케인의 할로젠화반응에서 얻은 생성물인 할로알케인은 작용기를 가진 분자들이다. 탄소-할로젠 결합은 전형적인 극성 작용기이며, 이분자 친핵성 치환, 또는 S_N2 메커니즘에 따라 반응한다. 후방 치환에 의해 진행되는 이 과정은 유기화학의 기본적인 메커니즘들 중 하나이다. 이 반응의 특성은 친핵체의 종류에 대한 민감도, 기질의 구조, 이탈기 그리고 용매 등에 따라 규정할 수 있다. 이 구체적인 효과를 자세히 살펴봄으로써 반응이 **왜** 일어나고, 어떤 요소가 반응을 용이하게 하거나, 어렵게 만드는지 이해할 수 있게 되었다. 요약하면, **구조** 변화가 **작용**에 어떻게 영향을 미치는가를 이해하게 되었다. 이러한 이해에 바탕하여 우리가 살펴본 반응들로부터 알게된 **유사성을 외삽하여** 아직 겪어보지 않은 반응에 대해 예측할 수 있는 능력을 갖게 되었다. 합리적인 예측은 과학적 사고의 중요한 덕목으로, 바로 다음 장에서 시작하여 이 책 전반에 걸쳐 그 예를 보여 줄 것이다. 다음 장에서 할로알케인에 대한 공부를 더 확장하고, 이들이 일으키는 추가적인 반응들을 다룰 것이다. 우리의 지속적인 관심은 구조 변화가 화학적 변환에 미치는 영향일 것이다.

통합 문제

6-29. **a.** Ethanol 용매 CH_3CH_2OH에서 sodium ethoxide $NaOCH_2CH_3$와 bromoethane CH_3CH_2Br 간의 반응 메커니즘과 최종 생성물을 쓰시오.

풀이

메커니즘은 시약의 친핵성 원자가 이탈기가 붙어 있는 기질 내 원자를 공격하는 후방 공격이다(6-5절). 어느 것이 어느 것에 해당하는지 확인부터 시작한다. 친핵성 원자는 ethoxide 이온 $CH_3CH_2-O^-$에 있는 음전하를 띤 산소 원자이다. 공격을 받을 자리는 기질 분자 $CH_3-\mathbf{C}H_2Br$에서 브로민이 부착된 탄소이다.

$$CH_3CH_2\ddot{\underset{..}{O}}:^- + H_3C(H)(H)C-\ddot{\underset{..}{Br}}: \longrightarrow CH_3CH_2\ddot{\underset{..}{O}}-CH_2CH_3 + :\ddot{\underset{..}{Br}}:^-$$

생성물은 브로민화 이온과 에터의 일종인 ethoxyethane $CH_3CH_2\ddot{\underset{..}{O}}CH_2CH_3$.

b. 앞의 반응에 각각 다음 변화를 주면 반응에 영향이 있을까?

1. Fluoroethane으로 bromoethane을 대체한다.
2. Bromomethane으로 bromoethane을 대체한다.
3. Sodium ethanethiolate, $NaSCH_2CH_3$로 sodium ethoxide를 대체한다.

4. Dimethylformamide (DMF)로 ethanol을 대체한다.

풀이

1. 표 6-4는 플루오린화물이 브로민화물보다 더 강한 염기이고, 그래서 더 약한 이탈기라는 것을 알려주고 있다. 반응이 진행되기는 하지만 훨씬 더 느리게 진행된다(실제 속도는 10^4만큼 느려진다).
2. Bromomethane에서 이탈기가 붙어 있는 탄소는 bromoethane에서보다 입체 장애가 더 적다. 따라서 반응 속도가 증가될 것이다(6-9절). 반응 생성물은 $CH_3OCH_2CH_3$ methoxyethane일 것이다.
3. Ethoxide와 ethanethiolate는 둘 다 음전하를 띠고 있다. ethoxide의 산소가 ethanethiolate의 황보다 더 염기성이나(표 6-4), ethanethiolate의 황 원자가 더 크고, 더 많은 편극이 가능하며, 수소 결합성 ethanol 용매에서 용매화가 덜 되어 있다(그림 6-6을 비교하라). 우리는 강염기가 좋은 친핵체이나, 염기의 세기보다 증가된 편극성과 주기율표의 같은 족에 있는 원자들에서는 크기가 더 큰 원자들이 용매화가 약해진다는 점이 더 중요하다는 사실을 알고 있다(6-9절). Ethanethiolate는 황화물의 한 예인 생성물 $CH_3CH_2SCH_2CH_3$을 만든다. 반응은 수백 배 빠르게 진행된다(9-10절).
4. 수소 결합이 가능한 양성자성 용매를 극성 비양성자성 용매로 바꾸면, 음전하를 띤 산소 원자의 용매화가 덜 일어나 반응을 엄청나게 가속시킨다(표 6-6과 비교하라). 비슷한 연습을 문제 57로 해보라.

6-30. **a.** 다음 화합물들 중 어떤 것이 ethanol에서 sodium azide, NaN_3와 타당한 속도로 S_N2 방식으로 반응할 수 있겠는가? 어느 것이 반응할 수 없고, 왜 그런가?

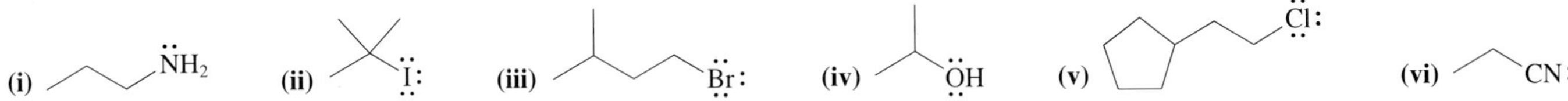

풀이

통합 문제 3-14에서 해보았듯이 이 문제를 푸는 과정에서 WHIP 접근법을 적용해 보자. 다시, 이 접근법은 11장에 이어 나오는 유기화학에서의 문제 풀이법(Interlude)에 자세히 기술할 것이다.

문제가 묻는 것이 **무엇(What)** 인가? 이것은 자명하다— 'a' 부분에서는 그림에 있는 화합물 중 ethanol에서 S_N2 과정을 통해 azide와 반응하는 것이 어느 것인지를 알아내는 것이다. 그러나 이것만으로는 부족하다. 실마리가 될 것은 문제에 들어 있는 "왜"라는 단어이다. "어떻게"와 "왜"라는 질문은 어쩔 수 없이 상황을 메커니즘 입장에서 자세히 들여다 보게 한다. 각 반응 기질에 대한 구조 차원에서 S_N2 메커니즘의 세세한 부분을 고려할 필요가 있다.

어떻게(How) 시작할까? S_N2 과정의 틀 안에서 각 기질을 규정하라. 이 기질이 실용적인 이탈기를 가지고 있는가? 이탈기가 될 화학종이 붙어 있는 탄소가 어떤 종류인가? 다른 관련된 구조적인 특징이 있는가?

어떤 정보(Information) 가 필요한가? 이 여섯 개의 화합물 각각은 좋은 이탈기를 가지고 있는가? 필요하면 6-7절에 있는 내용을 지침으로 살펴보라. 좋은 이탈기가 되려면 화학종은 약염기여야 한다. 다음으로 이탈기가 일차, 이차, 삼차 탄소 원자 중 어느 것에 붙어 있는가? 2-5절에서 이들의 정의를 살펴보라. 또 다른 무엇은 없는가? 6-9절은 무엇을 살펴볼 것인지 말해 준다. 친핵체의 접근을 방해할 수 있는 기질의 입체 장애 같은 것.

순차적으로 진행해 나간다(Proceed). 먼저 좋은 이탈기를 가진 분자를 찾아낸다. 표 6-4를 참조하여 강산(즉 pK_a가 <0인 것)의 짝염기인 화학종을 정량적으로 찾는다. 그래서 (i), (iv), (vi)는 S_N2 치환이 일어나지 않는다. 그것들에는 좋은 이탈기가 없다. $^-NH_2$, ^-OH, ^-CN들은 이런 목적에서 너무 강한 염기이다(그래서 이 세 화학종에 대해서는 "왜 안되는가"에 답하는 것이다). 반응 기질 (ii)는 좋은 이탈기를 가지고 있으나, 반응이 일어날 자리가 삼차라서 S_N2 메커니즘을 따르기가 어렵다. 결국 반응 기질 (iii)과 (v)가 남는다. 둘은 치환 자리 주위에 입체 장애가 최소화된 일차 할로알케인들이다. 둘 다 S_N2 메커니즘을 따라 쉽게 반응할 수 있다.

b. Azide와 기질 (iii)과 (v)의 S_N2 반응이 진행하는 속도를 비교하시오.

풀이

WHIP 방법을 따라 두 반응 기질에서 S_N2 메커니즘 입장에서 의미있는 차이를 찾는다. 둘 다 후방 치환 입장에서 보면 입체 장애는 거의 비슷하다. 둘 다 곁가지가 반응 자리에서 멀리 떨어져 있는 γ 탄소에 있어, 입체적으로 다른 부정적인 요소는 없다. 그러면 다른 요소는 다 비슷하니, 이탈기 자체만 반응을 결정할 합리적인 요소이다. 이 과정에서 브로민화물은 염화물보다 좋은 이탈기이다(HBr이 HCl보다 강한 산이다—표 6-4). 그래서 쉽게 치환된다. 그러므로 (iii)의 반응 속도가 더 클 것이라고 생각된다. 문제 56을 풀기 위해서도 비슷한 논리가 필요하다.

c. 기질 (iii)과 (v)를 IUPAC 규칙에 따라 명명하시오.

풀이

필요하다면 2-5절과 4-1절을 복습하라.

(iii) 1-Bromo-3-methylbutane **(v)** (2-Chloroethyl)cyclopentane

중요한 개념

1. 일반적으로 알킬 할로젠화물이라고 하는 **할로알케인**은 알킬기와 할로젠으로 되어 있다.
2. 할로알케인의 물리적 성질은 C—X 결합의 편극과 X의 편극성에 의해 강하게 영향을 받는다.
3. 고립 전자쌍을 가지고 있는 화합물들이 양으로 편극이 된(양성자는 제외) 중심을 공격할 때 **친핵성**이라 한다. 이런 편극이 된 후자를 **친전자성**이라 한다. 반응 결과 치환기가 치환되면, 이것을 **친핵성 치환**이라고 한다. 친핵체의 공격으로 치환되는 것은 **이탈기**이다.
4. 일차(와 대부분 이차) 할로알케인과 친핵체의 반응이 이차 반응이며, 이는 **이분자** 반응임을 나타낸다. 이 과정을 **이분자 친핵성 치환반응(S_N2 반응)**이라고 한다. 이 반응은 **협동 반응**이며, 결합의 분해와 생성이 동시에 일어난다. 굽은 화살표는 반응이 진행되면서 일어나는 전자들의 흐름을 나타내는데 사용한다.
5. S_N2 반응은 **입체특이성**이며, **후방 치환**으로 진행되고, 그로 인해 반응 중심의 절대 **배치를 반전**시킨다.
6. sp^2 혼성화된 탄소 중심을 갖는 **S_N2 전이 상태**는 친핵체와 친전자성 탄소 사이의 부분적인 결합–형성, 그리고 탄소와 이탈기 사이의 부분적인 결합–해리가 동시에 생기는 것으로 설명된다. 이때 친핵체와 이탈기는 모두 부분 전하를 띠게 된다.
7. 치환의 용이성 척도로 사용되는 **이탈기의 능력**은 대개 그 짝산의 세기에 비례한다. 특히 좋은 이탈기들이 약염기로 염화물, 브로민화물, 아이오딘화물과 설포네이트 등이 이에 해당한다.
8. **친핵성**은 (a) 음전하의 증가, (b) 주기율표상에서 왼쪽으로 갈수록, 또 아래로 내려갈수록, (c) 극성의 비양성자성 용매 중에서 증가하게 된다.
9. **극성의 비양성자성 용매**들을 사용하면 S_N2 반응이 증가되는데, 그 이유는 친핵체들이 그들의 상대이온들과 가까이 붙어 있지 않고, 잘 분리되어 있기 때문이다.
10. 반응 탄소나 그 다음에 있는 탄소의 **곁가지**는 S_N2 전이 상태의 입체 장애를 유발시켜 이원자 치환반응 속도를 감소시킨다.

문제

31. IUPAC 방식으로 다음 분자들을 명명하시오.

(a) CH_3CH_2Cl **(b)** $BrCH_2CH_2Br$ **(c)** $CH_3CH_2CHCH_2F$ (with CH_2CH_3 on the CH) **(d)** $(CH_3)_3CCH_2I$ **(e)** cyclohexane–CCl_3 **(f)** $CHBr_3$

32. 다음 분자들의 구조를 그리시오.
    (a) 3-Ethyl-2-iodopentane **(b)** 3-Bromo-1,1-dichlorobutane
    (c) *cis*-1-(Bromomethyl)-2-(2-chloroethyl)cyclobutane **(d)** (trichloromethyl)Cyclopropane
    (e) 1,2,3-Trichloro-2-methylpropane
33. 화학식 C_3H_6BrCl로 표시되는 가능한 모든 이성질체의 구조와 이름을 쓰시오.
34. $C_5H_{11}Br$로 표시되는 화합물들의 모든 이성질체들의 구조를 그리고, 이름을 붙이시오.
35. 문제 33과 34의 각 구조 이성질체에 대하여 입체중심을 지적하고, 그 분자 구조에 대해 몇 개의 입체 이성질체가 가능한지를 말하시오.

36. 표 6-3에 있는 각 반응에 대하여 친핵체, 그 친핵성 원자(Lewis 구조를 먼저 그려라), 기질에서 친전자성 원자와 이탈기를 지적하시오.

37. 문제 36의 친핵체 중 하나에 대해 다른 Lewis 구조를 그릴 수 있다. **(a)** 그것이 무엇인지 지적하고, 다른 형태의 구조를 그리시오 (간단히 말하면 두 번째의 가능한 공명 구조이다). **(b)** 이 친핵체에는 친핵성을 가진 다른 원자가 있는가? 그렇다면, 문제 36의 반응을 새로운 친핵성 원자를 이용하여 다시 쓰고, 이 생성물에 대한 올바른 Lewis 구조를 그리시오.

38. 다음 각 반응에 대하여 친핵체, 그 친핵성 원자, 기질 분자에서 친전자성 원자와 이탈기를 확인하고, 반응의 유기 생성물을 쓰시오.

(a) $CH_3I + NaNH_2 \rightarrow$

(b) (cyclopentyl)—Br + NaSH →

(c) $CH_3CH_2CH_2OSO_2CF_3$ + NaI →

(d) (2-chlorobutane, H Cl wedge) + NaN_3 →

(e) CH_3Cl + $CH_3CH_2N(CH_3)CH_2CH_3$ →

(f) (1-iodo-4-ethylcyclohexane, chair) + KSeCN →

39. 문제 38에 있는 각 반응에 대하여 굽은 화살표를 이용하여 메커니즘을 그리시오.

40. 0.1 M CH_3Cl과 0.1 M KSCN이 DMF 용매 중에서 반응하여 CH_3SCN과 KCl이 되는 반응의 초기 반응 속도가 2×10^{-8} mol L^{-1} s^{-1}이다. **(a)** 이 반응에 대한 속도 상수를 구하시오. **(b)** 반응물의 농도를 다음과 같이 변화시킨 경우, 각각의 초기 반응 속도를 계산하시오.

(i) $[CH_3Cl] = 0.2$ M, $[KSCN] = 0.1$ M

(ii) $[CH_3Cl] = 0.2$ M, $[KSCN] = 0.3$ M

(iii) $[CH_3Cl] = 0.4$ M, $[KSCN] = 0.4$ M

41. 다음 이분자 치환반응의 생성물을 쓰시오. 용매는 화살표 상단에 표시하였다.

(a) $CH_3CH_2CH_2Br + Na^+I^- \xrightarrow{\text{Acetone}}$

(b) $(CH_3)_2CHCH_2I + Na^{+-}CN \xrightarrow{\text{DMSO}}$

(c) $CH_3I + Na^{+-}OCH(CH_3)_2 \xrightarrow{(CH_3)_2CHOH}$

(d) $CH_3CH_2Br + Na^{+-}SCH_2CH_3 \xrightarrow{CH_3OH}$

(e) (cyclopentyl)—$CH_2Cl + CH_3CH_2SeCH_2CH_3 \xrightarrow{\text{Acetone}}$

(f) $(CH_3)_2CHOSO_2CH_3 + N(CH_3)_3 \xrightarrow{(CH_3CH_2)_2O}$

42. 다음 S_N2 반응의 반응물과 생성물에 대하여 각기 *R/S*를 구분하고, 생성물들 중 어느 것들이 광학 활성을 갖는가?

(a) CH_3—C(H)(Cl)(CH_2CH_3) + Br^-

(b) H_3C(H)C(Cl)—C(H)(Br)CH_3 + 2 I^-

(c) 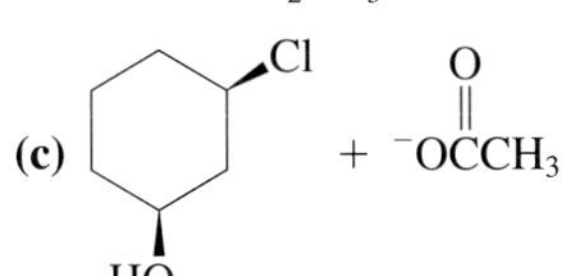

+ $^-OCCH_3$ (O)

(d) 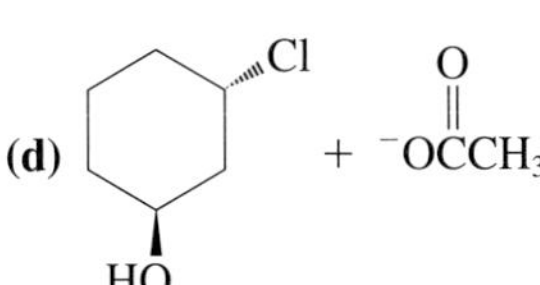

+ $^-OCCH_3$ (O)

43. 문제 41과 42에 주어진 각 반응에 대하여 굽은 화살표 표시를 사용하여 메커니즘을 쓰시오.

44. 다음 시약들과 1-bromopropane과의 반응 생성물을 쓰시오. 필요한 경우 "반응이 일어나지 않음"이라고 쓸 수도 있다(**힌트**: 각 시약들에 대한 친핵성을 고려하라).

(a) H_2O **(b)** H_2SO_4 **(c)** KOH **(d)** CsI **(e)** NaCN

(f) HCl **(g)** $(CH_3)_2S$ **(h)** NH_3 **(i)** Cl_2 **(j)** KF

45. 다음 반응들의 가능한 생성물들을 쓰시오. 문제 44에서와 같이 필요한 경우 "반응이 일어나지 않음"이라고 쓸 수도 있다(**힌트**: 각 기질에서 이탈기를 예상해 보고, 치환 가능성을 타진해 보라.)

(a) $CH_3CH_2CH_2CH_2Br + K^{+-}OH \xrightarrow{CH_3CH_2OH}$

(b) $CH_3CH_2I + K^+Cl^- \xrightarrow{DMF}$

(c) $C_6H_5CH_2Cl + Li^{+-}OCH_2CH_3 \xrightarrow{CH_3CH_2OH}$

(d) $(CH_3)_2CHCH_2Br + Cs^+I^- \xrightarrow{CH_3OH}$

(e) $CH_3CH_2CH_2Cl + K^{+-}SCN \xrightarrow{CH_3CH_2OH}$

(f) $CH_3CH_2F + Li^+Cl^- \xrightarrow{CH_3OH}$

(g) $CH_3CH_2CH_2OH + K^+I^- \xrightarrow{DMSO}$

(h) $CH_3I + Na^{+-}SCH_3 \xrightarrow{CH_3OH}$

(i) $CH_3CH_2OCH_2CH_3 + Na^{+-}OH \xrightarrow{H_2O}$

(j) $CH_3CH_2I + K^{+-}OC(=O)CH_3 \xrightarrow{DMSO}$

46. 다음 반응이 어떻게 일어나는지 보이시오.

(a) (R)-$CH_3CH(OSO_2CH_3)CH_2CH_3 \longrightarrow (S)$-$CH_3CH(N_3)CH_2CH_3$

(b)

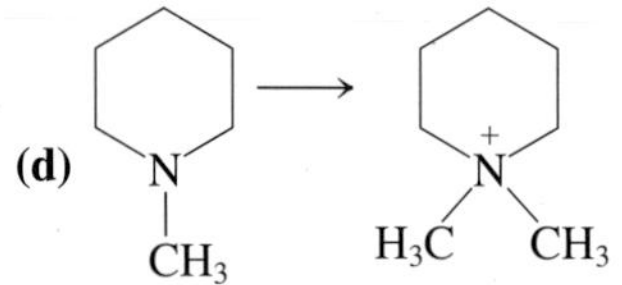

(c) (d)

47. 다음 화학종 그룹에서 각 화학종을 염기도, 친핵성, 이탈기로서의 능력들이 강한 순서로 나열하고, 그 이유를 설명하시오.

(a) H_2O, HO^-, $CH_3CO_2^-$ (b) Br^-, Cl^-, F^-, I^- (c) $^-NH_2$, NH_3, $^-PH_2$

(d) ^-OCN, ^-SCN (e) F^-, HO^-, $^-SCH_3$ (f) H_2O, H_2S, NH_3

48. 다음 반응들의 생성물을 쓰시오. 필요한 경우 "반응이 일어나지 않음"이라고 쓸 수도 있다.

(a) $CH_3CH_2CH_2CH_3 + Na^+Cl^- \xrightarrow{CH_3OH}$

(b) $CH_3CH_2Cl + Na^{+-}OCH_3 \xrightarrow{CH_3OH}$

(c) (Newman projection: Br, H_3C, H, H_3C, H, H) $+ Na^+I^- \xrightarrow{Acetone}$

(d) $H\text{—}C(Cl)(CH_3)(CH_3CH_2) + Na^{+-}SCH_3 \xrightarrow{Acetone}$

(e) $CH_3CH(OH)CH_3 + Na^{+-}CN \longrightarrow$

(f) $CH_3CH(OSO_2CH_3)CH_3 + HCN \xrightarrow{CH_3CH_2OH}$

(g) $CH_3CH(OSO_2CH_3)CH_3 + Na^{+-}CN \xrightarrow{CH_3CH_2OH}$

(h) $H_3C\text{—}C_6H_4\text{—}SO_2OCH_2CH_2CH(CH_3)_2 + K^{+-}SCN \xrightarrow{CH_3OH}$

(i) $CH_3CH_2NH_2 + Na^+Br^- \xrightarrow{DMSO}$

(j) $CH_3I + Na^{+-}NH_2 \xrightarrow{NH_3}$

49. 문제 48에 주어진 반응 중 실제로 일어나는 경우에 대해서 굽은 화살표 표시를 사용하여 메커니즘을 쓰시오.

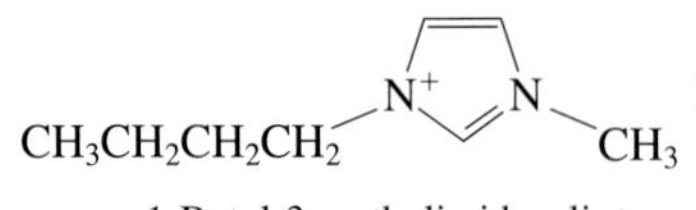

1-Butyl-3-methylimidazolium (BMIM) hexafluorophosphate

50. 왼쪽 여백에 있는 1-butyl-3-methylimidazolium (BMIM) hexafluorophosphate는 양이온과 음이온으로 이루어진 염이지만, 상온에서는 액체로 존재한다. BMIM과 다른 이온성 액체는 유기화학에서 사용하는 새로운 부류의 용매에 속한다. 이들은 유기물과 무기물을 다 녹일 수 있다. 더 중요하게는 이들은 환경친화적인 용매, 즉 "녹색" 용매로 반응 생성물에서 쉽게 분리해 낼 수 있고, 원리상 영구적으로 재사용이 가능하다. 그러므로 이 경우 통상적인 용매와 달리 용매 폐기로 인한 문제가 없다. **(a)** BMIM을 어떤 용매로 간주할 수 있는가? 극성인가 비극성인가? 양성자성인가 비양성자성인가? **(b)** 용매를 ethanol에서 BMIM으로 바꾸면 sodium cyanide와 1-chloropentane 간의 반응 속도에 어떤 영향을 미치는가?

51. (2*S*,3*S*)-3-Hydroxyleucine은 sanjoinine (산조이닌, 오른쪽 여백 그림) 같은 "depsipeptide" 계열의 항생제에서 가장 중요한 구성성분인 아미노산이다 (26장). **(a)** Sanjoinine 구조에서 (2*S*,3*S*)-3-hydroxyleucine에서 유도된 부분을 찾아내시오. **(b)** 자연에서 "depsipeptide" 계열의 항생제가 많이 발견되지만, 그 양이 의약으로 사용하기에는 너무 적다. 그래서 이 계열 화합물은 인위적인 합성으로 얻어야 한다. (2*S*,3*S*)-3-Hydroxyleucine도 역시 자연에서 많이 얻을 수 있는 화합물이 아니어서 합성을 통해 얻어야 한다. 이 물질을 합성하는데 사용할 수 있는 출발물 후보로는 2-bromo-3-hydroxy-4-methylpentanoic acid (오른쪽 여백 그림) 의 네 개의 부분 이성질체가 있다. 이 중 어느 것이 (2*S*,3*S*)-3-hydroxyleucine 합성에 가장 적합한 것인지 고르시오.

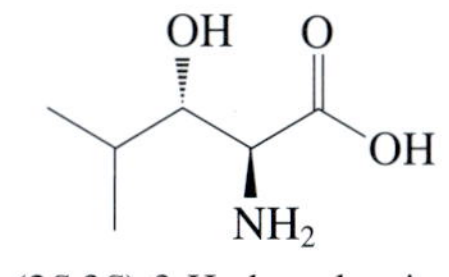

(2*S*,3*S*)-3-Hydroxyleucine

Sanjoinine

52. **도전 문제** 아이오도알케인은 클로로 화합물을 acetone에서 sodium iodide로 S_N2 반응을 시켜 얻을 수 있다. 이 특정 반응은 매우 유용한데, 그 이유는 부생성물인 sodium chloride가 acetone에 잘 녹지 않기 때문이다. 즉, 이 물질이 침전으로 떨어지면 평형을 원하는 방향으로 치우치게 만든다. 그래서 과량의 NaI를 사용할 필요가 없고, 반응은 빠르게 완결된다. 이런 편리함 때문에 이 방법은 반응의 발견자의 이름을 따서 부른다 (Finkelstein 반응). 광학 활성인 (*R*)-2-iodoheptane을 얻기 위해 한 학생이 (*S*)-2-chloroheptane을 acetone에 녹였다. 반응의 진행을 확신하기 위해 이 학생은 과량의 sodium iodide를 넣고 반응 혼합물을 주말 동안 저어주면서 방치해 두었다. 매우 높은 수득률로 원하는 2-iodo-heptane을 얻었지만, 실망스럽게도 라세미 생성물을 얻었다. 이 관찰에 대한 설명을 제시하시오.

53. **도전 문제** 3장과 6장에서 얻은 정보를 이용하여, 다음에 주어진 propane들을 합성하는데 가장 적합한 출발물과 필요한 반응 시약들을 제안하시오 [**힌트**: 3-7절에 있는 정보에 근거하여, (a), (c), (e) 반응에 대해서는 아주 좋은 답을 얻지 못할 것이다. 그러나 일반적인 한 가지 접근법이 최선이다].

(a) 1-Chloropropane **(b)** 2-Chloropropane **(c)** 1-Bromopropane
(d) 2-Bromopropane **(e)** 1-Iodopropane **(f)** 2-Iodopropane

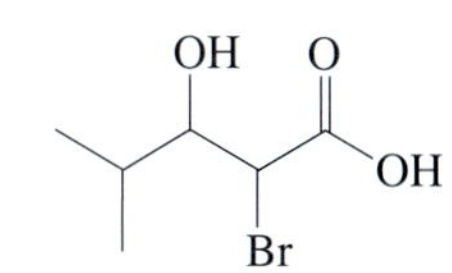

2-Bromo-3-hydroxy-4-methyl-pentanoic acid

54. 다음 화합물을 출발물로 해서 *trans*-1-methyl-2-(methylthio)cyclohexane (오른쪽 여백 그림) 의 합성법을 제시하시오. **(a)** *cis*-1-Chloro-2-methylcyclohexane, **(b)** *trans*-1-chloro-2-methylcyclohexane.

SCH_3
CH_3

55. 다음에 주어진 분자 쌍에서 S_N2 반응에 있어 이들에 주어진 역할에 더 적합한 것을 고르시오.

(a) 친핵체: NH_3, PH_3 **(b)** 반응 기질: (cyclopentyl)CH(CH₃)CH₂Br, (cyclopentyl)CH₂CH₂CH₂Br

(c) 용매: $HC(=O)N(CH_3)_2$, $HC(=O)NH_2$ **(d)** 이탈기: CH_3OH, CH_3SH

56. 다음 각 분자들을 S_N2 반응이 증가하는 순서대로 나열하시오.

(a) CH_3CH_2Br, CH_3Br, $(CH_3)_2CHBr$

(b) $(CH_3)_2CHCH_2CH_2Cl$, $(CH_3)_2CHCH_2Cl$, $(CH_3)_2CHCl$

(c) CH_3CH_2Cl, CH_3CH_2I, (cyclohexyl)–Cl

(d) $(CH_3CH_2)_2CHCH_2Br$, $CH_3CH_2CH_2CH(CH_3)Br$, $(CH_3)_2CHCH_2Br$

57. 다음 반응에 주어진 조건 변화를 시키면 반응 속도에 어떤 영향이 있는지 예측하시오.

$$CH_3Cl + {}^-OCH_3 \xrightarrow{CH_3OH} CH_3OCH_3 + Cl^-$$

(a) 기질을 CH_3Cl을 CH_3I로 바꿈 **(b)** 친핵체를 CH_3O^-에서 CH_3S^-로 바꿈
(c) 기질을 CH_3Cl에서 $(CH_3)_2CHCl$로 바꿈 **(d)** 용매를 CH_3OH에서 $(CH_3)_2SO$로 바꿈

58. 다음 표는 CH_3I와 세 개의 다른 친핵체들이 두 개의 서로 다른 용매에서 반응시킨 결과에 대한 자료이다. 서로 다른 반응 조건하에서 친핵체들의 상대적 반응성에 대한 이러한 결과가 나타내는 것이 무엇인가?

친핵체	K_{rel}, CH_3OH	K_{rel}, DMF
Cl^-	1	1.2×10^6
Br^-	20	6×10^5
$NCSe^-$	4000	6×10^5

59. 다음 반응들의 결과를 메커니즘으로 설명하시오.

(a) $HSCH_2CH_2Br + NaOH \xrightarrow{CH_3CH_2OH}$ (S를 포함한 삼원자 고리)

(b) $BrCH_2CH_2CH_2CH_2CH_2Br + NaOH \xrightarrow{DMF}$ (O를 포함한 육원자 고리)
과량

(c) $BrCH_2CH_2CH_2CH_2CH_2Br + NH_3 \xrightarrow{CH_3CH_2OH}$ (N–H를 포함한 육원자 고리)
과량

60. **도전 문제** Halocyclopropane과 halocyclobutane의 S_N2 반응은 비고리 이차 할로알케인의 경우보다 훨씬 느리다. 이 발견에 대한 설명을 제시하시오(**힌트**: 전이 상태의 에너지 상태에 미치는 결합각의 영향을 고려하라. 그림 6-4를 참조하라).

61. 결합각 변형이 중요하지 **않은** 경우에서도, halocyclohexane에 대한 친핵체 공격은 비고리 이차 할로알케인에 대한 공격보다 약간 느려진다. 설명하시오(**힌트**: 모형을 만들어 보라. 그리고 4장과 6-9절을 참조하라).

할로알케인에서 일어나는 다른 반응

일분자 치환반응과 제거반응의 경로

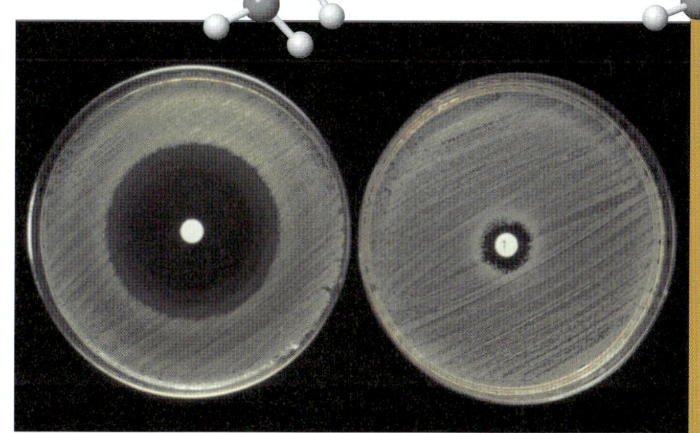

의약화학자들은 생리 활성을 가진 화합물들의 구조 활성 관계를 알아내기 위해 많은 반응들을 사용한다.
위 반응 그림: β-락탐에 붙어 있는 bromocyclohexyl 치환기는 HBr 제거반응을 통하여 cyclohexenyl기로 변환한다. β-락탐들은 사원자 고리 아마이드 구조가 특징인 화합물로, 페니실린이나 세파로스포린 같은 항생제에서 나타나는 구조이다. 이런 분자 구조를 약간씩 변형시키는 것은 항생제에 내성이 생기는 균들에 대처하는데 필수적인 방법이다. 밑의 그림은 페트리 접시에 스타필로코커스 아우레우스(Staphylococcus aureus) 균주를 배양한 것이다(불투명하고 회색인). 이 균주들은 열이 나게 하고, 종기가 나게 하며, 요도에 감염을 일으킨다. 왼쪽 접시에서는 이 균주 중 한 종류가 페닐실린(가운데 하얀 반점)에 민감하게 반응하여, 그 주변에서는 자라나지 못하게 되어 투명한 원형 영역이 형성되었다. 오른쪽 접시에는 다른 균주를 넣었는데, 이 균주는 이 약에 내성이 있어 균주의 성장이 저해되지 않았다.

S_N2 치환이 할로알케인에서 일어나는 중요한 반응이라는 점을 앞에서 공부하였다. 그런데 이 반응 경로만이 할로알케인에서 일어나는 치환을 설명하는 유일한 메커니즘인지, 아니면 근원적으로 다른 반응 경로가 있는지 알아보자. 이 장에서 할로알케인이 S_N2 반응 경로와는 전혀 다른 반응 경로를 통해서도, 특별히 삼차나 이차 알코올의 경우, 치환반응을 진행할 수 있음을 공부한다. 이분자 치환반응은 할로알케인의 반응의 **네 가지** 가능성 중 하나에 불과하다. 나머지 세 개의 반응은 일분자 치환반응과 두 종류의 제거반응 과정이다. 제거반응 과정은 할로알케인에서 HX를 떼어내며, 이중 결합을 형성한다. 이 반응들은 유기 화합물 내에서 다중 결합을 형성할 때 사용한다.

7-1 삼차와 이차 할로알케인의 가용매분해반응

S_N2 반응 속도는 반응이 일어날 탄소 자리가 일차에서 이차, 삼차로 바뀌면서 현저히 감소한다는 사실을 이미 공부하였다. 이러한 현상은 **이분자**(*bimolecular*) 치환반응에서만 해당된다. 이차 또는 삼차 할로젠화물에서도 치환반응은 일어난다. 하지만 이 경우 반응 메커니즘은 다르다. 실제로 이 화합물들로부터 치환이 일어난 생성물을 아주 쉽게 얻을 수 있다. 그것도 아주 약한 친핵체를 이용하여 얻을 수 있다.

예를 들어, 2-브로모-2-메틸프로페인(*tert*-뷰틸 브로민화물)을 물에 녹이면, 바로 2-메틸-2-프로판올(*tert*-뷰틸 알코올)과 HBr이 얻어진다. 여기서 물은 약하기는 하지만, 친핵체로 작용하였다. 이 반응에서처럼 **용매**(*solvent*) 분자가 친핵체로 작용한 반응을 **가용매분해반응(solvolysis)**이라고 하며, 가메탄올분해반응(methanolysis) 또는 가에탄올분해반응(ethanolysis)이 그런 반응이다. 용매가 물인 경우에는 **가수분해반응(hydrolysis)**이라고 한다.

가용매분해반응의 한 가지 예: 가수분해반응

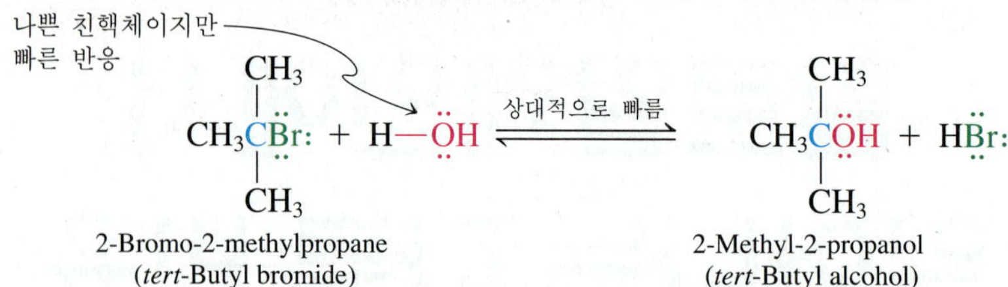

2-브로모프로페인에서도 비슷한 식으로 가수분해가 일어난다. 그러나 그 반응 속도는 앞의 예보다 현저히 느리다. 반면에 1-브로모프로페인이나, 브로모에테인, 브로모메테인 등은 이 반응 경로로 반응이 일어나지 **않는다**.

상기할 점
친핵체: 붉은색
친전자체: 푸른색
이탈기: 초록색

이차 할로알케인의 가수분해반응

$$CH_3CH(Br)CH_3 + H{-}OH \xrightleftharpoons{\text{상대적으로 느림}} CH_3CH(OH)CH_3 + HBr$$

2-Bromopropane (Isopropyl bromide) → 2-Propanol (Isopropyl alcohol)

Methyl과 일차 할로알케인: 가용매분해반응에 둔감

CH_3Br

CH_3CH_2Br

$CH_3CH_2CH_2Br$

이들은 상온에서 물과 반응하지 않는다

가용매분해반응은 알코올 용매에서도 일어난다.

2-Chloro-2-methylpropane의 methanol 내에서의 가용매분해반응

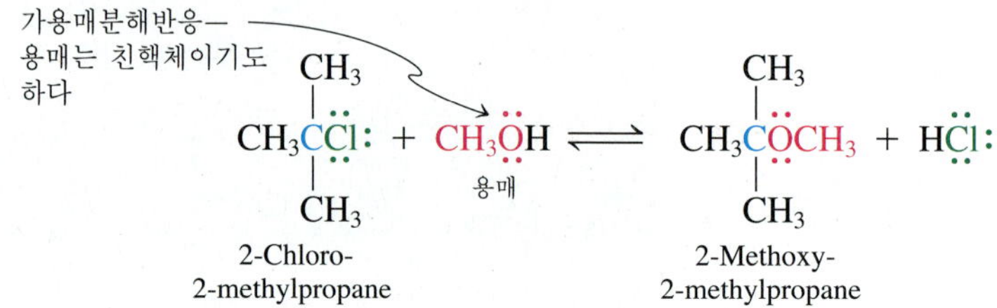

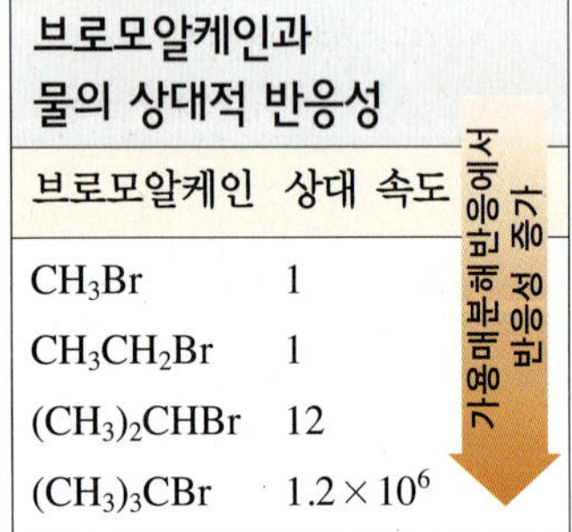

표 7-1
브로모알케인과 물의 상대적 반응성

브로모알케인	상대 속도
CH_3Br	1
CH_3CH_2Br	1
$(CH_3)_2CHBr$	12
$(CH_3)_3CBr$	1.2×10^6

가용매분해반응에서 반응성 증가

2-브로모프로페인과 2-브로모-2-메틸프로페인이 가수분해될 때 상대적인 속도는 표 7-1에 정리해 놓았다. 탄소 가지가 없는 할로알케인들의 가수분해반응 속도도 비교를 위해 같이 정리해 놓았다. 이 과정에서 S_N2 반응에서 얻으리라고 예상하는 생성물들과 같은 것들이 얻어지기는 하지만, 반응성의 순서는 S_N2 반응에서 얻은 경향성과는 **반대로** 되어 있다. 그 결과 일차 할로젠화물이 가장 느리게 물과 반응하며, 이차 할로젠화물이 이보다 빠르게, 그리고 삼차 할로젠화물의 경우는 일차 할로젠화물보다 무려 100만 배나 빠르게 반응한다.

이러한 관찰 결과들은 이차, 특별히 삼차 할로젠화물의 가용매분해반응 메커니즘은 이분자 치환반응의 메커니즘과 **다르다는 것을** 암시한다. 이 과정을 자세히 알아보기 위해, S_N2 반응 과정을 이해하는데 사용했던 방법을 그대로 다시 한 번 사용해보려고 한다. 이 중에는 반응속도론, 입체화학 그리고 기질의 구조와 용매가 반응 속도에 미치는 효과 등이 포함된다.

H3C CH2Br (1-(bromomethyl)-1-methylcyclohexane) **A**　　H3C Br (1-bromo-1-methylcyclohexane) **B**

연습 문제 7-1

왼쪽 여백에 있는 화합물 A는 ethanol에서 완벽하게 안정하지만, 화합물 B는 다른 화합물로 변해간다. 이 사실을 설명하시오.

7-2 일분자 친핵성 치환반응

이 절에서는 친핵성 치환반응의 다른 경로에 대해 배울 것이다. 먼저 S_N2 반응에 대해 알고 있는 지식을 다시 한 번 정리하자. S_N2 반응은

- 이차 반응속도론을 따라 반응이 진행되고
- 출발물 배치가 반전되어 입체특이성 반응으로 생성물이 생성된다.
- 할로메테인이 가장 빠르게 진행하고, 일차 그리고 이차 할로젠화물 순으로 반응이 느려진다.
- 삼차 할로알케인은 반응이 거의 일어나지 않는다.

반면에, 가용매분해반응은

- **일차** 속도 법칙을 따르고
- 입체특이성이지 **않으며**
- 반응성 순서는 **반대**되는 경향을 나타낸다.

이제 이 관찰 사실에 부합하는 새로운 메커니즘을 살펴보자.

가용매분해반응은 일차 반응속도론을 따른다

6장에서 할로알케인과 친핵체 간의 반응속도론은 이분자 전이 상태를 통해 진행됨을 배웠다. 그 결과 S_N2 반응 속도는 **두** 반응물의 농도의 곱에 비례하였다. 비슷한 연구를 수행하여 2-브로모-2-메틸프로페인과 물과의 반응 속도를 측정하였다. 이 반응은 폼산 용액에서 수행하였는데, 그 이유는 이 용매는 극성이 매우 큰 화합물이긴 하지만 그 자체로 친핵성은 거의 없기 때문에, 반응 중 물과 경쟁하지 않을 것이기 때문이다. 이 실험의 결과는 **브로민화물의 가수분해반응 속도는 단지 기질인 할로젠화물의 농도에만 비례하고, 물의 농도에는 무관하다**는 것을 보여 준다.

$$\text{속도} = k[(CH_3)_3CBr]\ \text{mol L}^{-1}\text{s}^{-1}$$

이 관찰 사실은 무엇을 의미하는가? 먼저 할로알케인은 어떤 일이 일어나기 전에 자체적으로 어떤 변화를 일으킨다는 점이 분명하다. 다음으로, 최종적으로 얻어지는 생성물에 하이드록시기가 들어 있으므로, 물이(또는 일반적으로 아무 친핵체이든) 반응에 참여하였다. 그러나 물은 반응속도 법칙에는 영향을 주지 않으며, 반응의 나중 단계에서 참여한다. 이러한 관찰을 설명하는 가정으로 할로알케인에서 자체적으로 일어나는 반응 후에 일어나는 반응은 상대적으로 빠르다는 점이다. 다시 말해 **관찰한 속도식은 일련의 반응 과정에서 가장 느린 단계에 의해서만 결정된다.** 이렇게 반응의 속도를 결정하는 가장 느린 반응을 **속도 결정 단계(rate determining step)** 라고 한다. 그 결과 이 느린 단계의 전이 상태에 참여하는 화학종만 속도식에 나타나게 된다. 이 경우에는 할로알케인이다.

비유를 들어 설명하자면, 속도 결정 단계는 병목현상으로 생각할 수 있다. 클램프로 물의 흐름을 제한시킨 자리를 몇 군데 가진 호스를 생각해 보자(그림 7-1). 한쪽 끝에서 물이 뿜어져 나오는 속도는 호스 중 가장 잘록하게 틀어 막혀 있는 부분에 의해 결정된다. 만약 물의 흐름을 거꾸로 바꾸어 놓더라도[반응 가역성(reversibility)의 모형으로], 흐름의 속도는 역시 같은 자리에 의해 결정된다. 같은 원리가 다단계 반응으로 이루어진 화학 반응—가용매분해반응 같은 경우—에도 적용된다. 어느 곳이 어느 단계에 해당되겠는가?

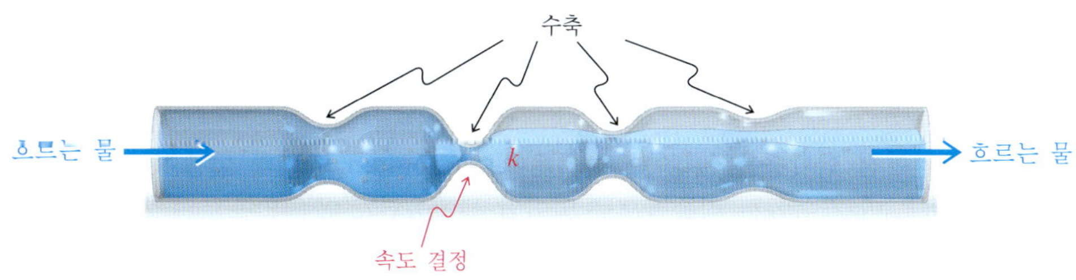

그림 7-1 호스를 통해 흘러가는 물의 속도 k는 호스의 가장 좁은 구역의 수축 정도에 따라 결정된다.

가용매분해반응의 메커니즘에는 탄소양이온 형성이 포함되어 있다

2-브로모-2-메틸프로페인의 가수분해반응은 **일분자 친핵성 치환반응(unimolecular nucleophilic substitution, S_N1** 반응이라고 줄여서 부른다)의 일종이다. 숫자 1은 속도 결정 단계에 관여하는 분자가 하나라는 뜻이다. 이 경우는 할로알케인이다. 반응의 속도는 친핵체의 농도와는 **무관하다**. 반응 메커니즘은 다음과 같이 세 단계로 구성되어 있다.

단계 1. 속도 결정 단계는 할로알케인이 알킬 양이온과 브로민화물로 해리되는 반응이다.

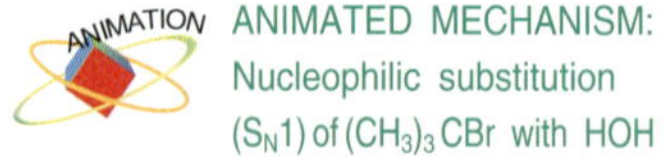

ANIMATED MECHANISM: Nucleophilic substitution (S_N1) of $(CH_3)_3CBr$ with HOH

탄소양이온을 만들기 위해 할로젠화물이 해리

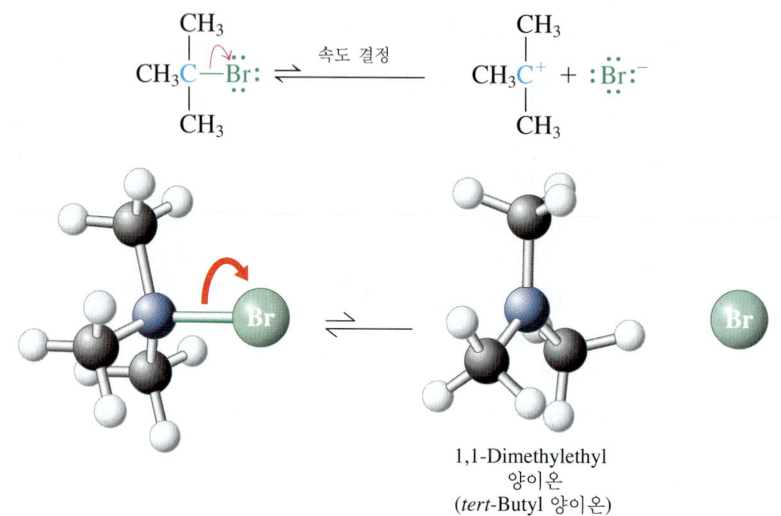

1,1-Dimethylethyl 양이온 (*tert*-Butyl 양이온)

탄소-할로젠 결합의 불균일 분해는 반대 전하를 분리시키는 것이므로, 이 반응 단계는 느리고 속도 결정 단계가 된다.

이 변환은 분균일 분해의 한 예이다. 탄화수소(알킬) 부분에는 세 개의 치환기를 가지고, 여섯 개의 전자만 가지고 있어 양전하를 띠고 있는 중심 탄소 원자가 있다. 이런 종류의 화합물을 **탄소양이온(carbocation)**이라고 한다.

"잡히다(trap)"와 "잡아채다(capture)"라는 용어는 반응성이 큰 중간체에, 다른 화학종이 재빠르게 공격하는 것을 표현하기 위해 사용하였다.

단계 2. 단계 1에서 생긴 1,1-다이메틸에틸(*tert*-뷰틸) 양이온은 강력한 친전자체로 생성 즉시 주위를 둘러싼 물 분자에 의해 잡히게 된다. 이 과정은 전자가 부족한 탄소에 용매가 친핵체로 공격하는 것으로 생각할 수 있다.

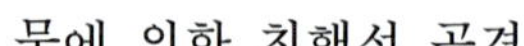

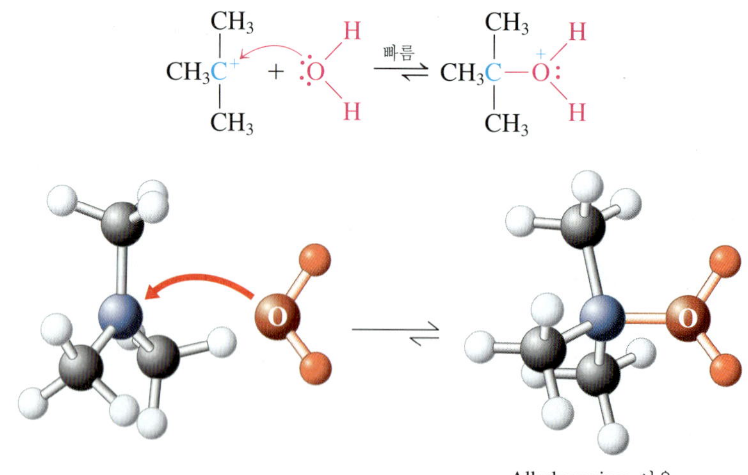

$R-\ddot{O}-H + H^+ \rightleftharpoons R-\dot{O}^+(H)(H)$

Alkyloxonium 이온

그 결과로 얻어진 화학종은 **알킬옥소늄 이온(alkyloxonium ion)**의 일종이다. 이는 알코올의 짝산이 되는데, 이 경우에는 최종적으로 얻어질 생성물인 2-메틸-2-프로판올의 짝산이다.

단계 3. 옥소늄 이온 계열의 첫 번째 화합물에 해당하는 하이드로늄 이온 H_3O^+처럼, 알킬옥소늄 이온*들은 강산이다. 이 화합물들은 반응 용매인 물에 양성자를 전달해 주며, 최종 알코올 화합물을 생성한다.

양성자이탈반응

$$(CH_3)_3C\overset{+}{O}H_2 + :\ddot{O}H_2 \underset{}{\overset{\text{빠름}}{\rightleftharpoons}} (CH_3)_3C\ddot{O}H + H\overset{+}{O}H_2$$

Alkyloxonium 이온
(강한 산성)

2-Methyl-2-propanol

그림 7-2 클로로메테인과 수산화 이온 간의 S_N2 반응과 2-브로모-2-메틸프로페인과 물 간의 S_N1 반응에 대한 퍼텐셜 에너지 도표를 비교한 것이다. S_N1 반응은 반응 메커니즘 내 각 단계에 해당하는 세 개의 전이 상태를 보여 준다. 이 중 첫 번째 것이 가장 높은 에너지를 갖는데, 그래서 이 단계가 속도 결정 단계이다. 이 과정에서는 전하의 분리가 일어나기 때문이다.

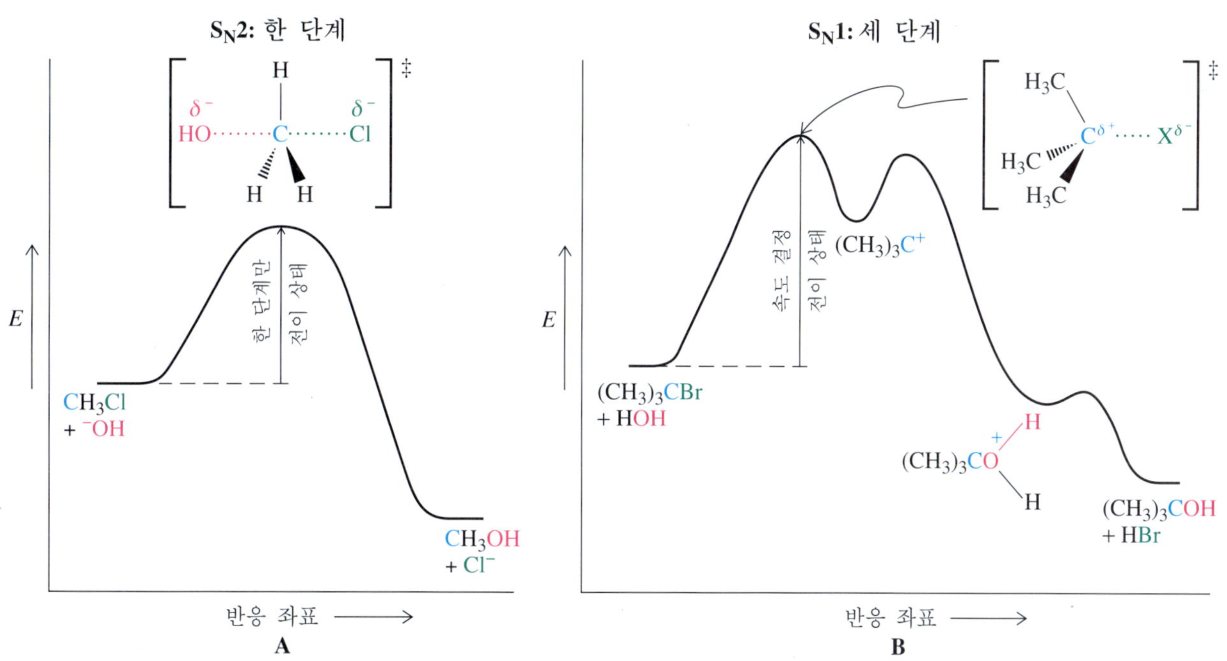

그림 7-2 (A) Chloromethane과 수산화 이온 간 S_N2 반응의 퍼텐셜 에너지 도표와 (B) 2-bromo-2-methylpropane의 S_N1 반응에 대한 퍼텐셜 에너지 도표. S_N2 과정은 한 단계 반응으로 진행되는 반면, S_N1 과정은 세 단계의 과정으로 나뉘어진다. 그중 할로알케인에서 할로젠화물이 떨어져 나오며, 탄소양이온이 생기는 과정이 속도 결정 해리 단계이고, 물이 친핵제로 탄소양이온을 공격하여 alkyloxonium 이온을 형성하는 과정과 이 중간체로부터 양성자를 잃고 최종 생성물을 만드는 과정으로 구성되어 있다. **주:** 상황을 명료하게 설명하고자 (B)의 중간 단계에서 무기 화학종을 생략하였다.

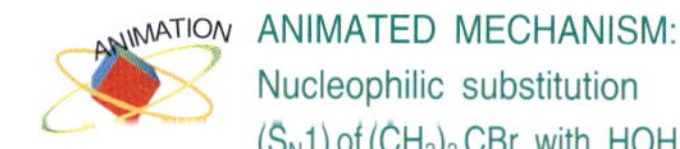

ANIMATED MECHANISM: Nucleophilic substitution (S_N1) of $(CH_3)_3CBr$ with HOH

*IUPAC은 H_3O^+를 하이드로늄 이온이라 부르지 말고 옥소늄 이온으로 부르기를 권장한다.

연습 문제 7-2

표 3-1에 있는 결합 세기 자료를 이용하여 2-bromo-2-methylpropane이 2-methyl-2-propanol과 HBr로 변하는 과정의 $\Delta H°$을 계산하시오 [주: 이 반응들의 이온성 메커니즘과 혼동하지 마라. $\Delta H°$는 전체 반응의 메커니즘이 무엇이든지 상관없이 열역학적 관계만 말해 준다 (2-1절)].

가용매분해반응 과정의 모든 과정은 가역적이다. 전체 반응의 평형은 반응 조건의 선택에 따라 양방향 어느 곳으로든 유도할 수 있다. 그래서 친핵성 용매를 다량 사용하면 가용매분해 반응을 확실히 정반응쪽으로 유도할 수 있다. 9장에서 이 반응을 역으로 수행하여 삼차 알코올로부터 삼차 할로알케인을 만드는 방법에 대해 배울 것이다.

요약 할로알케인의 가용매분해반응의 반응속도론으로부터 세 단계 메커니즘을 유추할 수 있다. 결정적인 속도 결정 단계는 출발물에서 이탈기가 떨어져 나가는 첫 단계이다. 이 속도 결정 단계에는 반응 기질만 참여하므로 이 반응을 **일분자 친핵성 치환반응** S_N1이라고 한다. 이제 다른 실험 관찰로부터 S_N1 메커니즘에 대해 더 알 수 있는 것들을 공부해 보자.

7-3 S_N1 반응에서 입체화학

MODEL BUILDING

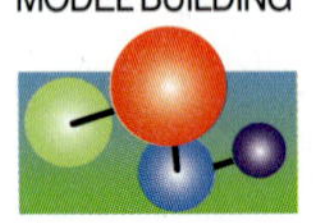

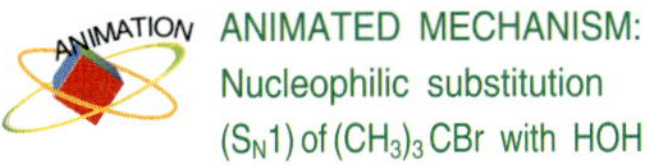

ANIMATED MECHANISM: Nucleophilic substitution (S_N1) of $(CH_3)_3CBr$ with HOH

제안된 일분자 친핵성 치환반응은 반응 중간체로 탄소양이온을 가정하므로, 반응 진행에 따라 입체화학이 어떻게 결정될지 알 수 있다. 전자 간 반발력을 최소화하기 위해 양전하를 띤 탄소 원자는 sp^2로 혼성화된 오비탈을 가지고, 평면 삼각형의 구조를 갖는다 (1-3과 1-8절). 그리고 이러한 중간체는 비카이랄성 (achiral, 모형을 만들어 보라) 이다. 그렇기 때문에 떨어져 나갈 할로젠화물이 붙어 있는 카이랄 탄소 때문에 광학 활성을 가진 이차 또는 삼차 할로알케인의 경우, S_N1 반응이 일어나면 라세미 혼합물이 얻어진다 (그림 7-3). 실제로 대부분의 가용매분해반응에서 이런 결과가 얻어진다. 일반적으로 광학 활성을 갖는 화합물에서 라세미 생성물이 얻어지는 것은 대칭적이고, 비카이랄한 중간체가 반응 중에 생성된다는 강력한 증거가 된다.

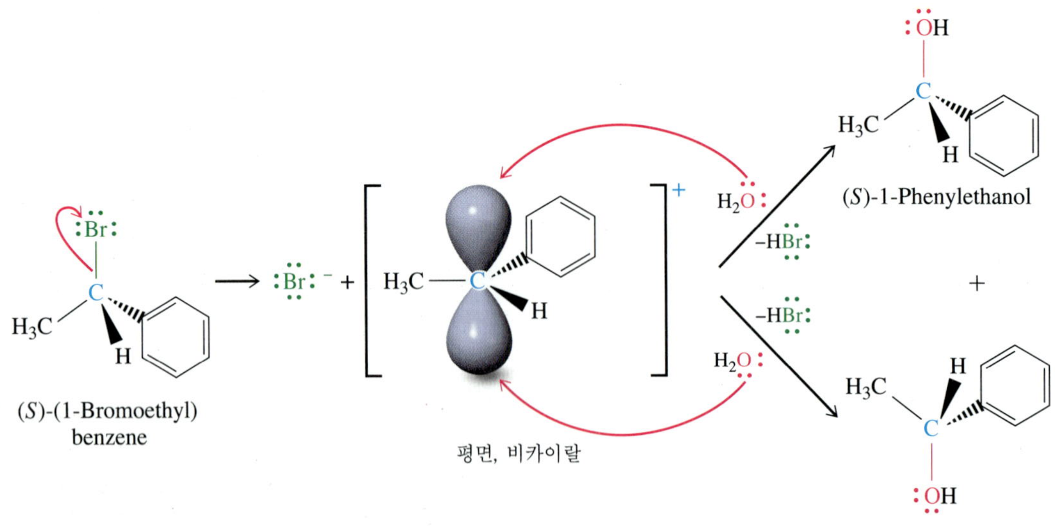

그림 7-3 반응의 입체화학은 (S)-(1-bromoethyl) benzene의 가수분해 메커니즘을 보면 알 수 있다. 이온화가 먼저 일어나면 평면 구조를 갖는 비카이랄 탄소양이온이 얻어진다. 이 이온이 물과 반응하면 라세미 알코올이 얻어진다.

연습 문제 7-3

(*R*)-3-Bromo-3-methylhexane은 극성은 크나 친핵체 성향이 없는 용매인 nitromethane에 녹이면 광학 활성을 잃는다. 자세한 메커니즘을 설명하시오(주: 메커니즘을 그릴 때 전자의 흐름을 표현하기 위해 "화살표 이동그림"을 이용하라. 매 단계를 구분해서 그리고, 완전한 구조—전하와 완전한 전자쌍을 드러내어—를 그려라. 그리고 출발물에서 중간체, 이로부터 수반되는 생성물을 연결시켜 주도록 반응을 표현하는 화살표를 분명하게 그려라. 지름길을 택하지 말고, 엉성하게 그리지 않도록 하라).

연습 문제 7-4

개념 문제: S_N1 치환에 따른 입체화학적 결과

(2*R*,3*R*)-2-Iodo-3-methylhexane을 methanol에 녹이고 약하게 가열하면 에터 생성물이 두 개의 입체이성질체로 얻어진다. 이들은 서로 어떤 관계인가? 메커니즘을 설명하시오.

전략

반응물질은 이차 화합물이다. 즉, 치환은 S_N1이나 S_N2 메커니즘이 둘 다 가능하다. 이 둘 중 어느 메커니즘일 때 어떤 결과가 될지 생각하라.

풀이

- 극성이고, 양성자성 용매이나 약한 친핵체인(S_N2 반응이 어려운) methanol CH_3OH에서 일어나는 반응은 이차나 삼차 할로알케인이 이온화되는데(S_N1 반응이 일어날) 적합한 조건이다.
- 뛰어난 이탈기인 I^-가 C2로부터 해리되어 나오고 나면, 삼각 평면 구조를 갖는 탄소양이온이 생긴다. Methanol은 이제 이 평면의 위아래 어느 쪽에서든 공격할 수 있고(7-2절에 있는 메커니즘 단계 1과 2를 비교해 보라), 그 공격 방향에 따라 oxonium 이온의 두 입체이성질체를 형성한다. 양전하를 띤 산소 원자는 자신에 붙어 있는 수소를 강한 산성을 띠게 하고, 양성자를 잃고 나면, 두 개의 이성질체가 얻어진다(7-2절의 메커니즘 단계 3, 그리고 그림 7-3도 같이 참조). 이 예는 친핵체가 용매인(methanol), 가용매분해반응(이 경우, 가메탄올분해반응)의 다른 한 예이다.

(주: S_N1 메커니즘을 그릴 때 **다음 흔히 하게 되는 실수를 피하도록 하라**. (1) Methanol이 탄소양이온과 반응하기 전에 양성자와 methoxide로 해리시키지 마라. Methanol은 약산으로 이러한 해리는 열역학적으로 허용되지 않는다. (2) CH_3OH를 methyl 양이온과 수산화 이온으로 해리시키지 마라. 알코올 용매 내에 OH가 존재할 수는 있다. 그러나 이것은 무기 수산화물(예를 들어, NaOH) 같은 화합물에서 얻지, methanol은 OH기를 제공하지 않는다.

- 두 입체이성질체인 에터는 절대 배열이 2*S*,3*R*과 2*R*,3*R*인 상태로 얻어진다. 반응이 일어나는 자리인 C2에서 methanol이 공격하는 방향에(*a*나 *b*) 따라 *R*이나 *S* 절대 배열을 갖는 생성물이 얻어진다. C3에서는 반응이 일어나지 않아, 처음 절대 배열인 *R* 상태를 유지한다.

연습 문제 7-5

자습 문제

화합물 A (왼쪽 여백 그림) 를 가수분해반응을 하면 두 개의 알코올이 생긴다. 설명하시오.

7-4 일분자 치환반응에 대한 용매, 이탈기 및 친핵체의 영향

MECHANISM

S_N2 반응에서처럼 일분자 치환반응도 용매나 이탈기, 친핵체들에 의해 상당히 영향을 받는다.

극성 용매는 S_N1 반응 속도를 증진시킨다

S_N1 반응의 속도 결정 단계에서 일어나는 C—X 결합의 불균일 분해 과정은, 결국에는 두 개의 완전한 전하를 가지는 이온들을 형성해 상당히 편극된 전이 상태를 만든다. 반면에, 전형적인 S_N2 전이 상태에서는 완전한 전하 분리 대신에 전하가 여러 원자들에 분산되어 있는 상태가 얻어진다 (그림 6-4 참조).

전이 상태가 극성을 가지기 때문에 S_N1 반응의 속도는 용매의 극성이 증가함에 따라 빨라진다. 특히 비양성자성 용매를 양성자성 용매로 바꾸면 이 효과는 두드러지게 나타난다. 예를 들어, 2-브로모-2-메틸프로페인의 경우 아세톤과 물 9 : 1 혼합물보다 순수한 물에서 훨씬 빠르게 진행한다. 양성자성 용매는 이 용매들이 그림 7-4에 나타나 있는 전이 상태를 안정화시키기 때문에 S_N1 반응을 빨라지게 만든다. 반면에, S_N2 반응은 용매가 **친핵체**의 반응성에 영향을 미쳐 반응 속도를 증진시키기 때문에, 극성이지만 **비양성자성** 용매에서 속도가 빨라지는 것을 기억하라.

S_N1 반응 속도에 미치는 용매 효과

반응	상대적인 속도
$(CH_3)_3CBr \xrightarrow[\text{더 극성인 용매}]{100\%\ H_2O} (CH_3)_3COH + HBr$	400,000
$(CH_3)_3CBr \xrightarrow[\text{덜 극성인 용매}]{90\%\ \text{acetone},\ 10\%\ H_2O} (CH_3)_3COH + HBr$	1

나이트로메테인 (CH_3NO_2, 표 6-5 참조) 은 극성이 강하지만 그 자체는 친핵성이 없다. 그래서 이 용매는 다른 용매들보다 친핵체에 의한 S_N1 반응 연구에 유용하게 사용할 수 있다.

S_N1 반응은 더 좋은 이탈기가 있을 때 반응이 빨라진다

S_N1 반응에서는 속도 결정 단계에서 이탈기가 떨어져나가기 때문에, 반응 속도가 이탈기의 떨어져 나가는 능력이 증가할수록 빨라지는 것은 놀라운 일이 아니다. 그래서 삼차 아이오도알케인에서 브로민화물들보다 가용매분해반응이 빨리 일어난다. 같은 식으로 브로민화물들은 염화물보다 반응성이 크다. 설포네이트는 특별히 잘 떨어져 나가는 이탈기이다.

$[\,A,B,C\text{—}C^{\delta+}\cdots\cdots X^{\delta-}\,]^{\ddagger}$ S_N1 반대되는 전하가 분리된다

$[\,Nu^{\delta-}\cdots\cdots C(A)(B)(C)\cdots\cdots X^{\delta-}\,]^{\ddagger}$ S_N2 음전하가 분산되어 있다

그림 7-4 S_N1 반응과 S_N2 반응 각각의 전이 상태를 보면 왜 S_N1 반응이 극성 용매에서 현저하게 빨라지는지 알 수 있다. 결합이 불균일하게 끊어지면 전하의 분리가 일어나고, 이 과정은 극성 용매에 의한 용매화에 의해 촉진된다.

RX의 가용매분해반응의 상대적인 속도(R = 삼차 Alkyl)

$$X = -OSO_2R' > -I > -Br > -Cl$$

← 속도의 증가

친핵체의 세기는 반응 생성물의 분포비에는 영향을 주지만, 반응 속도에는 영향을 미치지 않는다

친핵체를 바꾸면 반응 속도에 영향이 있는가? 답은 "영향이 없다"이다. S_N2 반응의 경우에는 친핵체의 공격 능력이 증가할수록, 반응 속도가 현저히 증가한다는 것을 배웠다. 그러나 일분자 치환반응의 속도 결정 단계에는 친핵체가 개입하지 **않기** 때문에, 친핵체의 구조(또는 농도)를 변화시킨다고 할로알케인의 줄어드는 속도가 변하지 **않는다**. 그럼에도 불구하고, 둘 이상의 친핵체들이 중간체로 얻어진 탄소양이온과 반응하려고 경쟁하는 경우, 친핵체 간의 상대적인 세기는 **생성물의 분포비**에 상당한 영향을 미친다.

예를 들어, 2-클로로-2-메틸프로페인 용액을 가수분해반응시키면 2-메틸-2-프로판올(*tert*-뷰틸 알코올)이 얻어진다. 이때의 속도 상수를 k_1이라고 하자. 같은 실험을 수용성의 칼슘 폼산염 존재하에 수행하면 아주 다른 결과를 얻는다. 1,1-다이메틸에틸 포메이트(*tert*-뷰틸 포메이트)가 알코올 대신 얻어진다. 그러나 반응은 정확히 **같은** 속도 k_1으로 진행한다. 이 경우, 물보다 더 좋은 친핵체인 폼산 이온은 탄소양이온 중간체와 결합하는 경쟁에서 우위에 있다. 출발물이 반응하며 사라지는 속도는 k_1에 의해 결정되는 대신(어떤 생성물이 얻어지는지는 관계없이), **생성물**들의 상대적인 수득률은 서로 경쟁관계에 있는 친핵체들 간의 반응성과 농도에 의해 좌우된다.

S_N1 반응에 있어서 경쟁하는 친핵체들

$$(CH_3)_3CCl + HOH + \tfrac{1}{2}\,Ca(OCCH)_2 \xrightarrow[\text{속도 결정}]{k_1} (CH_3)_3C^+ + Cl^-$$

Calcium formate (위 폼산염의 C=O 표시)

$$(CH_3)_3C^+ \xrightarrow{H_2O} (CH_3)_3COH + HCl$$

2-Methyl-2-propanol

$$(CH_3)_3C^+ \xrightarrow{^-OCH(=O)} (CH_3)_3COCH(=O) + \tfrac{1}{2}\,CaCl_2$$

1,1-Dimethylethyl formate (*tert*-Butyl formate)

양이온에 대한 물과 폼산 이온이 경쟁한다

연습 문제 7-6

개념 문제: 친핵체 간 경쟁

1,1-Dimethylethyl (*tert*-butyl) methanesulfonate를 극성이며 비양성자성 용매에 당량의 sodium fluoride와 sodium bromide를 함께 녹이면, 75% 2-fluoro-2-methylpropane과 25%의 2-bromo-2-methylpropane이 얻어진다. 이 결과를 설명하시오(**힌트**: 6-8절과 6장의 58번 문제를 참조하라. 비양성자성 용매에서 할로젠화 이온의 상대적인 친핵체 세기에 대한 정보를 얻을 수 있다).

전략

반응 기질은 삼차 화합물이다. 그러므로 치환은 S_N1 메커니즘을 통해서만 진행된다. 친핵체가 같은 양 존재하지만, 두 생성물이 서로 다른 비율로 얻어진다. 이에 대한 설명은 친핵체 세기와 주어진 반응 조건에서 친핵체가 탄소양이온을 집아채는 속도의 차이에 있을 것이다.

풀이

• 극성이나 비양성자성 용매에서는(친핵체와 용매 간에) 수소 결합이 없다. 그래서 친핵체의 세

기는 편극도와 염기도에 따라 결정된다.

- 브로민화 이온은 크기가 훨씬 더 크고, 편극화되기 쉬운 반면, 플루오린화 이온은 더 강한 염기이다(표 2-2나 6-4를 참조). 이 경우 어느 효과가 더 중요한가? 이 둘은 균형이 잘 맞추어져 있지만, 문제 6-58에 있는 표를 보면 답을 알 수 있다. DMF에서(표 6-5) Cl^-는 Br^-보다 더 강한 염기이고, 친핵체로서의 세기는 두 배 정도 된다. 플루오린화 이온은 이보다 더 염기성이 크다. 결론적으로 이 이온은 탄소양이온 중간체를 공격하는데 있어 다른 할로젠화 이온보다 뛰어나다.

연습 문제 7-7

자습 문제

2-Bromo-2-methylpropane을 진한 ammonia 수용액에 녹였을 때 얻을 주 치환반응 생성물을 예측하시오(주: Ammonia를 물에 녹인 ammonia 수용액은 다음 반응식에 의해 ammonium hydroxide 염을 만든다. $NH_3 + H_2O \rightleftharpoons NH_4^+ \ {}^-OH$, 그러나 이 반응의 평형 상수 K_{eq}는 아주 작기 때문에, ^-OH의 농도는 무시해도 좋다).

요약 앞에서 삼차(그리고 이차) 할로알케인과 임의의 친핵체와의 반응을 설명하기 위해, S_N1 반응 메커니즘을 지지하는 여러 증거들을 살펴보았다. 반응 과정에 따른 입체화학, 용매의 효과, 이탈기의 이탈되는 정도가 반응 속도에 미치는 영향 그리고 친핵체의 세기는 이런 관찰에 영향을 미치지 않는다는 점은 앞서 제시한 일분자 반응 메커니즘과 일치한다.

7-5 S_N1 반응에 미치는 알킬기의 영향: 탄소양이온 안정도

일차 할로알케인은 S_N2 메커니즘에 의해 치환반응이 일어나는 반면, 삼차 할로알케인들은 S_N1 반응 메커니즘에 따라 반응이 진행되는 특별한 이유가 무엇일까? 그리고 이차 할로알케인들의 경우는 어느 메커니즘에 따라 반응이 진행할까? 반응이 일어나는 자리의 탄소에 치환된 정도가 할로알케인(와 관련된 유도체)과 친핵체 간의 반응이 어느 반응 과정을 따라 진행될지를 결정한다. 이차 할로알케인과 삼차 할로알케인만이 탄소양이온을 생성할 수 있음을 곧 볼 것이다. 이런 이유로 삼차 할로젠화물은 **이 경우 반응이 일어날 탄소의 입체 장애는 S_N2 반응을 원천적으로 저해한다.** 오직 S_N1 반응에 의해서만 반응이 진행된다. 일차 할로알케인은 S_N2 반응으로 치환이 일어나고, 이차 할로알케인의 경우는 반응 조건에 따라 두 경로 중 하나를 택해 진행한다.

탄소양이온의 안정도는 일차에서 이차로 그리고 삼차로 진행되면서 증가한다

이미 일차 할로알케인은 이분자 친핵체 치환반응에 의해서만 진행된다는 점을 이미 공부하였다. 반면에, 이차 할로알케인은 자주 탄소양이온 중간체 형성을 통해서 다른 형태로 변환되고 삼차 할로알케인은 오직 이 과정을 통해서만 변환이 일어난다. 이에 대한 이유로 두 가지 설명을 들 수 있다. 먼저, 이 계열에서는 입체 장애가 증가하고, 그 결과 S_N2 반응의 가능성이 줄어든다. 다음으로, 알킬 치환기의 증가에 따라 탄소양이온 중심은 더 안정화된다. 그래서 이차와 삼차 양이온의 생성이 S_N1 반응 조건에서 에너지적으로 유리하다.

탄소양이온의 상대적인 안정도

$$CH_3CH_2CH_2\overset{+}{C}H_2 < CH_3CH_2\overset{+}{C}HCH_3 < (CH_3)_3\overset{+}{C}$$

일차 < 이차 < 삼차

탄소양이온 안정도 증가 →

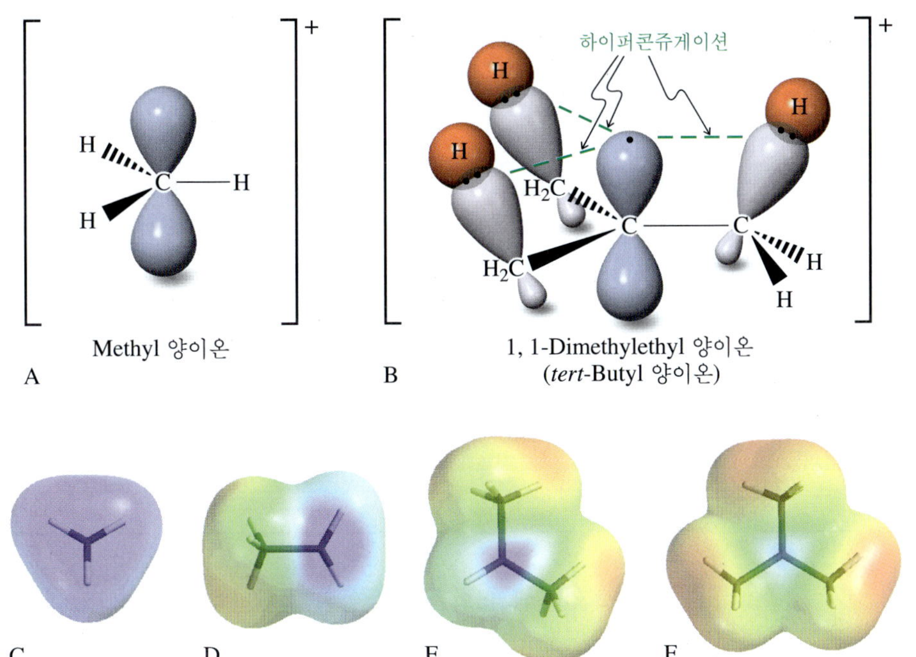

그림 7-5 (A) Methyl 양이온의 오비탈 그림은 왜 이 화학종에는 하이퍼콘쥬게이션에 의한 안정화가 없는지를 보여 준다. (B) 1,1-Dimethylethyl (*tert*-butyl) 양이온의 경우 세 개의 하이퍼콘쥬게이션의 도움을 받을 수 있다. 정전기 퍼텐셜 지도 (C) Methyl, (D) Ethyl, (E) 1-Methylethyl, (F) 1,1-Dimethylethyl (*tert*-butyl) 양이온. 하이퍼콘쥬게이션이 늘어나면서 양이온의 중심 탄소가 전자가 많이 부족한 모습에서 (푸른색), 점차 푸른색을 잃는 모습을 보인다.

여기에서 왜 삼차 할로알케인의 가용매분해반응이 그렇게 쉽게 일어나는지 알 수 있다. 삼차 탄소양이온은 이보다 치환이 덜 된 다른 양이온보다 훨씬 더 안정해 쉽게 형성된다. 그러나 이러한 안정도의 경향성은 어떤 이유로 설명할 수 있을까?

하이퍼콘쥬게이션은 양전하를 안정화시킨다

탄소양이온 안정도의 순서는 이에 해당하는 라디칼의 안정도와 일치하는 점에 유의하라. 두 경우 모두 이 경향성이 **하이퍼콘쥬게이션**이라고 하는 공통되는 현상에 기인하고 있기 때문이다. 3-2절에서 배운 내용을 상기하라. 하이퍼콘쥬게이션은 *p* 오비탈과 이웃한 결합 오비탈 (C—H나 C—C 같은) 간의 겹침에 의해 일어난다. 라디칼에서는 *p* 오비탈에 전자 하나가 들어 있다. 반면, 탄소양이온에는 전자가 없다. 두 경우 다 알킬기에서 전자 밀도를 전자가 부족한 중심 원자에 제공하여 이를 안정하게 만든다. 그림 7-5에서 메틸과 1,1-다이메틸에틸 (*tert*-뷰틸) 양이온의 오비탈 그림을 비교하였다. 여기에 메틸, 에틸, 1-메틸에틸 (아이소프로필), 1,1-다이메틸에틸 양이온들의 정전기 퍼텐셜 지도를 보여 준다. 그림 7-6에서 삼차 뷰틸 시스템의 구조를 볼 수 있는데, 이 화학종은 안정한 형태로 분리해 얻을 수 있으며, 심지어 X선 회절에 의한 결정 구조 측정이 가능할 정도로 안정하다는 것을 보여 준다.

이차 할로알케인은 S_N1 반응이나 S_N2 반응 두 경우 다 가능하다

앞서 본 내용에서 알 수 있겠지만, 이차 할로알케인은 다양한 치환반응 과정을 통해 반응이 일어난다. 이 경우 S_N2와 S_N1이 **다** 가능하다. 입체 장애는 이분자 친핵체 공격을 느리게는 하지만, 완전히 막지는 않는다. 동시에 일분자 분해반응도 충분히 가능한데, 이 경우 얻어지는 이차 탄소양이온이 비교적 안정하기 때문이다. 그래서 두 가능성 중 어느 것을 택하느냐는 점은 사용한 용매나 이탈기 그리고 친핵체 같은 반응 조건에 의해 결정된다.

만약 매우 잘 떨어져 나가는 이탈기를 가진 화합물이 반응물이거나, 약한 친핵체를 양성자성 극성 용매를 사용할 경우 (S_N1 조건), **일분자** 치환반응이 일어난다. 비양성자성 극성 용매에서 반응성이 큰 친핵체를 고농도로 사용하고, 잘 떨어져 나가는 이탈기를 가진 할로알케인을 사용하면 (S_N2 조건), **이분자** 치환반응이 주된 반응이 된다. 표 7-2에 친핵체에 대한 할루알케인의 반응성에 대해 얻은 관찰 결과를 정리해 놓았다.

그림 7-6 1,1-Dimethylethyl (*tert*-butyl) 양이온 X선 결정 구조. 네 개의 탄소가 한 평면에 놓여 있고, C—C—C 결합각은 120°이다. 이는 중심 탄소가 sp^2 혼성화 오비탈을 가지고 있다는 사실과 일치한다. C—C 결합 길이는 하이퍼콘쥬게이션 결과 1.44 Å으로, 일반적인 단일 결합 (1.54 Å) 보다 현저히 짧다.

표 7-2 친핵성 치환반응에서 R−X의 반응성: $R-X + Nu^- \longrightarrow R-Nu + X^-$

R	S_N1	S_N2
CH_3	용액에서 관찰되지 않는다 (Methyl 양이온은 에너지가 너무 높다)	자주 일어난다: 좋은 친핵체와 좋은 이탈기가 있으면 빠르게 일어난다
일차	용액에서 관찰되지 않는다 (일차 양이온은 에너지가 너무 높다)[a]	자주 일어난다: 좋은 친핵체와 좋은 이탈기가 있으면 빠르게 일어난다 C2 위치에 R기가 있으면 느려진다
이차	비교적 느리다: 극성 양성자성 용매에서 좋은 이탈기가 있으면 잘 일어난다	비교적 느리다: 극성 비양성자성 용매에서 좋은 친핵체의 농도가 높으면 잘 일어난다
삼차	자주 일어난다: 극성 양성자성 용매와 좋은 이탈기가 있으면 빠르게 일어난다	거의 일어나지 않는다

(S_N1 better: 아래쪽으로 갈수록; S_N2 better: 위쪽으로 갈수록)

[a]예외적으로 공명에 의해 안정화된 탄소양이온, 14장 참조

S_N1 반응 조건하에서 이차 반응물의 치환반응

$$(CH_3)_2CH-OSO_2CF_3 \xrightarrow{H_2O} (CH_3)_2CH-OH + CF_3SO_3H$$

MODEL BUILDING

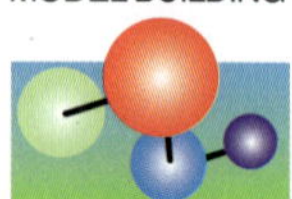

S_N2 반응 조건하에서 이차 할로알케인의 치환반응

$$(CH_3)_2CH-Br + CH_3S^- \xrightarrow{\text{Acetone}} CH_3S-CH(CH_3)_2 + Br^-$$

S_N1 반응성에 대한 시각적인 시범. 시험관 세 개에, 왼쪽에서 오른쪽으로, 1-bromobutane, 2-bromopropane 그리고 2-bromo-2-methylpropane이 ethanol에 녹아 있다. 각 시험관에 $AgNO_3$ 수용액 몇 방울을 떨어뜨리면 흰색 침전의 AgBr이 형성된다. *tert*-브로모알케인에서는 (오른쪽) 즉시 생기고, 이차 브로모알케인에서는 훨씬 덜 생기고 (가운데), 일차 할로젠화물에서는 침전이 생기지 않는다 (오른쪽).

연습 문제 7-8

개념 문제: 이차 할로알케인

다음 반응 결과를 설명하시오.

(a) (*R*)-2-chlorobutane (Cl, H) + CN^- $\xrightarrow{\text{Acetone}}$ (*S*) 생성물 (H, CN)

(b) (*R*)-2-iodobutane (I, H) + CH_3OH ⟶ 생성물 (OCH_3), *R* + *S*

전략

반응에 사용된 두 기질은 모두 좋은 이탈기를 가진 이차 화합물이다. 그래서 S_N1 반응과 S_N2 반응이 둘 다 가능하다. 연습 문제 7-4에서 해보았듯이 각 경우에 대해 친핵체와 용매에 대해 생각해 보자.

풀이

- 반응 **(a)**에서 cyanide 이온 (CN^-)은 좋은 친핵체이다 (표 6-7). 그리고 acetone은 극성인 비양성자성 용매이다. 이 두 조합은 S_N2 반응을 선호한다. 후방 공격이 이루어지고, 치환이 일어나는 자리에 입체 반전이 일어난다 (그림 6-4 참조).
- 반응 **(b)**에서는 methanol (CN^-)이 용매이면서 친핵체이다. 연습 문제 7-4에서 연습한 대로, 이 반응 조건에서는 S_N1 메커니즘에 의한 가용매분해반응이 일어난다. 생성물 에터는 두 광학 이성질체가 같이 얻어진다.

연습 문제 7-9

자습 문제

R-2-Butanamine [*R*-$CH_3CH_2CH(NH_2)CH_3$] 을 얻기 위한 방법으로 *R*-2-chlorobutane을 ammonia 수용액에 넣어 반응시키는 것이 타당한가? 선택의 근거를 제시하시오. 더 나은 방법이 있는가?

이 장의 처음 5절까지는 S_N1 메커니즘이 어떻게 일어나는지, 또한 어떤 요인들이 이 반응이 잘 일어나게 하는지 그 배경 지식을 설명하고 있다. 탄소-할로젠 결합의 해리가 일어나기 위해 두 가지 조건을 만족해야 하는 것을 기억하라. 탄소 원자는 이차 또는 삼차이어야 한다. 그래야만 해리 후 얻어질 탄소양이온이 열역학적으로 충분히 안정하기 때문이다. 그리고 반응은 해리 후 얻어질 양이온과 음이온 **모두**를 안정화시키는 극성 용매하에서만 일어난다. 그럼에도 불구하고 탄소양이온은 흔한 중간체로서 이후 우리가 배울 수많은 화합물의 반응들에서 보게 될 것이다.

S_N1 반응과 S_N2 반응 중 어느 것이 더 환경친화적인가?

S_N1 반응과 S_N2 반응 메커니즘에 따라 상반된 입체화학적인 결과를 주는 것은 합성에서 두 과정의 응용에 차이점을 준다. S_N2 반응은 **입체특이성**(*stereospecific*)이다. 순수한 한 입체이성질체로 반응을 수행하면 하나의 입체이성질체만 생성물로 얻어진다(6-6절). 반면에 입체중심(stereocenter)에서 S_N1 메커니즘에 따라 진행되는 모든 반응은 입체이성질체의 혼합물로 생성물이 얻어진다. 실제 상황은 좀 더 좋지 않은데, 탄소양이온에 수반되는 화학 반응, 즉 모든 S_N1 반응에 관여하는 중간체는 복잡하다. 9장에서 보겠지만 이 화학종에서는 재배열반응이 쉽게 일어나, 많은 경우 여러 생성물로 이루어진 복잡한 혼합물이 얻어진다. 이에 더해 탄소양이온은 다음에 기술할 또 다른 중요한 반응으로 **양성자를 잃고**, 이중 결합이 생기는 반응도 수행한다.

마지막으로 S_N2 반응과 다르게 S_N1 반응은 합성에 사용하기에는 제약이 많다. 이유는 이 반응이 "환경친화적"인 반응이 되기 위해 필요한 처음 두 조건을 만족시키지 못하기 때문이다(화학 이야기 3-1 참조). 첫 번째, 이 반응은 입체이성질체의 치환반응 생성물과 다른 화합물들이 혼합물로 얻어져, "원자 효율"이 형편없이 낮아 전체적으로 낭비적인 반응이기 때문이다.

요약 삼차 할로알케인은 입체 장애로 인해 S_N2 반응이 일어나기는 어렵지만, 친핵체와 반응을 잘 하는 편이다. 하이퍼콘쥬게이션으로 안정화되는 삼차 탄소양이온은 쉽게 형성된다. 계속해서 탄소양이온은 용매와 같은(이 경우 가용매분해반응) 친핵체에 의해 공격을 받아 친핵성 치환반응 생성물들을 만들게 된다. 일차 할로알케인들의 경우는 이와 같은 방식의 반응을 하지는 않는다.

일차 양이온이 용액 내에서 형성되기에는 에너지 상태가 너무 높다(불안정하다). 대신 일차 기질은 S_N2 경로를 따라 반응한다. 이차의 경우 이탈기, 용매, 친핵체의 성질에 따라 두 가지 중 한 경로를 통해 치환 생성물로 전환된다.

화학 이야기 7-1

항암제 합성에 있어 비정상적인 입체선택적 S_N1 치환

S_N1 치환은 통상적으로 입체이성질체의 혼합물을 준다. 불안정한 탄소양이온 중간체는 처음 만나는 친핵체와 바로 반응한다. 이때 친핵체가 접근하는 탄소양이온의 *p* 오비탈은 어느 방향을 향하고 있던 상관없다. 다음에 보여 준 예는 **매우** 특이한 예외이다. 기질은 이차 할로알케인이고, 좋은 이탈기(브로민화 이온)를 가지고 있으며, 반응은 극성이며, 양성자성 용매에서 수행하였다. 단 친핵체(물)는 약한 친핵체이다. 이 조건은 S_N1이 일어날 완전한 조건을 갖추고 있다. 그러나 물이 브로민화 이온을 치환하여 얻은 생성물은 90% 이상 반응물 내 절대 입체배치를 **유지**한채 얻어졌다.

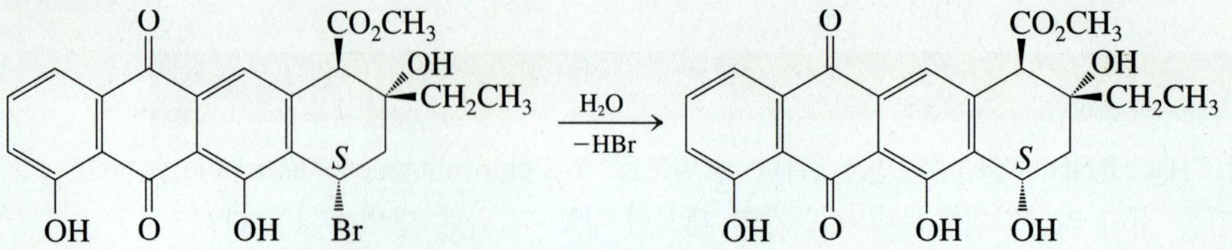

$\xrightarrow[-HBr]{H_2O}$

이 경우에 얻어질 탄소양이온 구조가 오른쪽에 그려져 있다. *p* 오비탈의 위쪽으로 친핵체가 접근하는 선택은 탄소 두 개가 떨어진 자리에 있는 에틸기에 의해 부분적으로 막혀 있다. 그리고 훨씬 덜 중요하기는 하지만 그 옆의 탄소에 붙어 있는 에스터기의 methyl기도 이 방향에서의 접근을 방해한다(방해가 되는 부분은 초록색으로 표시). 더구나 아래 방향을 향하고 있는 하이드록시기는 그림과 같이 물 분자와 수소 결합을 이루어 친핵체가 접근할 방향을 제시하고 이끌어 준다.

이 반응의 생성물은 아클라비노마이신(aclacinomycin) *A*라는 항암제의 중요한 골격 구조로, 이 입체화학적인 과정의 결과는 매우 중요하다. 이 화합물은 안트라사이클린(anthracycline)이라고 하는 화학요법에 사용되는 약물에 속하는 물질이다. 하지만 이들의 약으로서의 효능은 이들이 지닌 높은 독성 때문에 상쇄된다. 아클라비노마이신은 다른 안트라사이클린들에 비해 심장 독성이 훨씬 낮다. 그래서 이 화합물은 지난 20년간 연구자들이 조심스럽게 연구하고 있는 물질이다.

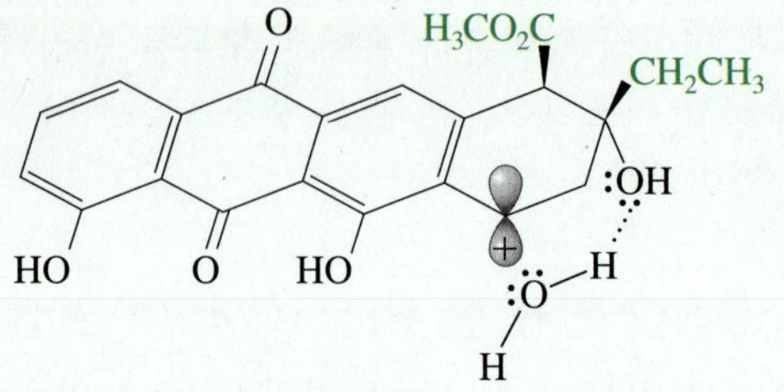

7-6 일분자 제거반응: E1

우리는 탄소양이온의 양전하를 띤 탄소가 친핵체들에 의해 쉽게 공격을 받는다는 것을 이미 공부하였다. 그러나 이것만이 이 화학종에 일어나는 유일한 반응 유형은 아니다. 이와 경쟁관계에 있는 다른 반응은 친핵체가 염기로 작용해 양성자를 떼어내는 것이다. 이 반응의 결과로 새로운 종류의 화합물, 알켄이 얻어진다. 이 과정은 양전하에 이웃해 있는 탄소에 붙은 양성자는 산성이 커지기 때문에 가능하다.

탄소양이온에 친핵체가 공격하느냐 염기가 공격하는냐의 경쟁반응

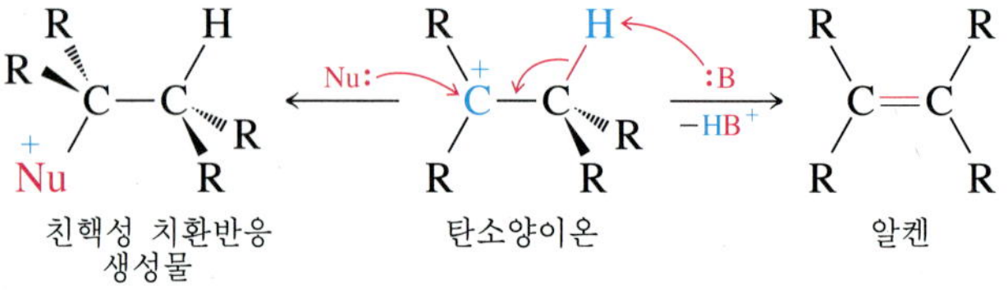

친핵성 치환반응 생성물 ← $Nu:$ — 탄소양이온 — $\xrightarrow[-HB^+]{:B}$ 알켄

할로알케인에서 보면 전체 반응은 이중 결합이 형성됨과 동시에 HX가 떨어져 나가는 것이다. 이러한 과정을 이르는 일반적인 용어는 **제거반응(elimination)**이라고 하고, **E**로 표현한다.

제거반응

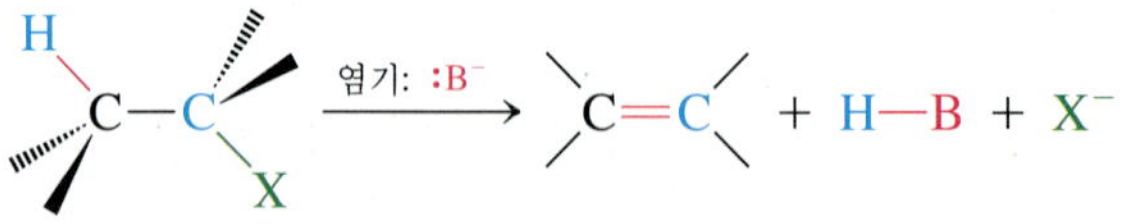

$$\text{H-C-C-X} \xrightarrow{\text{염기: } :B^-} \text{C=C} + \text{H—B} + X^-$$

제거반응은 여러 메커니즘에 의해 일어날 수 있다. 먼저 가용매분해반응 조건에서 일어나는 메커니즘을 생각해 보자.

2-브로모-2-메틸프로페인을 메탄올에 용해시키면 이 물질은 재빨리 사라진다. 예상하듯이 주생성물로 가용매분해반응에 의해 2-메톡시-2-메틸 프로페인이 얻어진다. 그러나 이 외에도 2-메틸프로펜(원래 반응물질에서 HBr가 **제거된** 결과로 얻어진)이 무시할 수 없을 만큼 얻어진다. 즉, 이탈기를 치환하여 얻게된 S_N1 반응과 경쟁적으로 삼차 할로젠화물을 알켄으로 만

드는 다른 메커니즘이 작동한다는 것이다. 이 메커니즘은 무엇인가? S_N1과는 어떤 관계가 있을까?

반응속도론적 분석으로 다시 한 번 돌아가 보자. 실험 결과 생성물 알켄의 생성 속도는 출발물인 할로젠화물의 농도에만 의존한다. 즉, 일차 반응이다. 이들은 일분자 반응이기 때문에 이런 종류의 제거반응은 **E1** 반응이라고 한다. **E1 반응의 속도 결정 단계는 S_N1 반응의 경우와 같다. 즉, 탄소양이온으로 해리되는 과정이다. 그런 다음 이 중간체는 친핵체와 반응하여 치환반응 생성물을 만들거나, 양이온 중심 탄소에 이웃한 탄소에 붙어 있는 양성자를 제거하는 반응이 일어난다.**

2-Bromo-2-methylpropane의 가메탄올분해반응에서 **E1**과 **S_N1**의 경쟁반응

$$(CH_3)_3C\ddot{Br}: \rightleftharpoons (CH_3)_2\overset{+}{C}CH_3 + :\ddot{Br}:^-$$

2-Bromo-2-methylpropane

E1 → $H_2C{=}C(CH_3)_2 + H^+ + :\ddot{Br}:^-$

20%

2-Methylpropene

S_N1, $CH_3\ddot{O}H$ → $(CH_3)_3C\ddot{O}CH_3 + H^+ + :\ddot{Br}:^-$

80%

2-Methoxy-2-methylpropane

그렇다면 양성자 제거는 어떻게 일어나는가? 그림 7-7은 이 과정을 분자 오비탈을 이용하여 설명하고 있다. 화학 과정 중 생성되는 양성자를 H^+라는 기호를 사용하여 나타낸다. 그러나 "자유" 양성자는 일반적인 유기 반응 조건하에서는 나타나지 않는다. 전형적으로 Lewis 염기는(2-2절) 양성자를 받아들인다. 수용액에서는 물이 이 역할을 담당하여 H_3O^+ 형태의 화학종을 만든다. 여기서는 CH_3OH가 양성자를 받아 $CH_3OH_2^+$ 알킬 옥소늄 이온을 형성한다. 양성자가 떨어져 나가면 그 탄소는 sp^3에서 sp^2로 재혼성화한다. C—H 결합이 끊어지면서

MODEL BUILDING

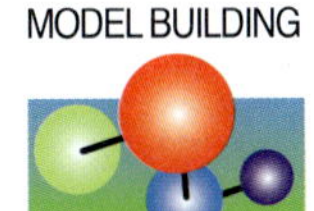

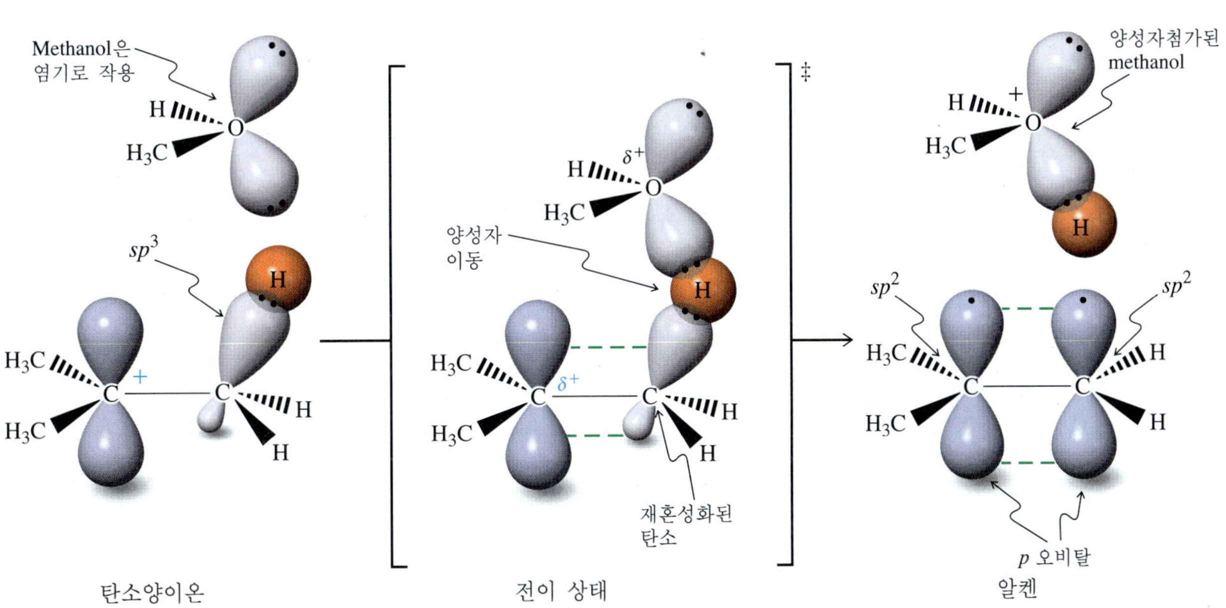

그림 7-7 일분자 제거반응(E1)에서 알켄이 형성되는 단계. 1,1-Dimethylethyle (*tert*-butyl) 양이온에서 methanol에 의한 양성자이탈반응. 양성자이탈반응을 오비탈 그림으로 살펴보면, 용매 내의 산소에 있는 전자쌍이 양전하를 띠고 있는 탄소 옆에 있는 탄소에 붙어 있는 양성자를 공격한다. 양성자가 이동하면서 전자쌍을 남겨 놓는다. 반응자리 탄소가 sp^3에서 sp^2로 재혼성화하면서, 이 전자들은 두 탄소의 *p* 오비탈에 재배치된 후 새로운 이중 결합을 만든다.

탄소에 남겨진 전자쌍은 이웃한 탄소양이온 중심에 있는 빈 p 오비탈과 π 분자 오비탈을 형성하는 겹침을 하게 된다. 그 결과 이중 결합을 가진 탄화수소, 즉 알켄이 얻어진다. 완전한 메커니즘은 다음과 같다.

E1 반응 메커니즘

$$(CH_3)_3C\text{—}Br \xrightleftharpoons{CH_3OH} :Br:^- + (H_3C)_2\overset{+}{C}\text{—}CH_2H \;(+\; HOCH_3) \longrightarrow (H_3C)_2C{=}CH_2 + H_2\overset{+}{O}CH_3$$

이탈기가 있던 중심 탄소에 이웃한 탄소에 붙어 있는 수소들은 어느 것이나 E1 반응에 참가할 수 있다. 1.1-다이메틸에틸(*tert*-뷰틸) 양이온에는 이런 수소가 아홉 개가 있으며, 각각의 수소들의 반응성은 다 같다. 이 경우 어떤 수소를 잃어도 얻어질 생성물은 같다. 다른 경우에서는 생성물이 여러 개 얻어진다. 우리는 이 반응 경로에 대해서 11장에서 더 자세히 다루게 될 것이다.

E1 반응은 생성물을 혼합물로 제공할 수 있다

$$(CH_3CH_2)_2CH\text{—}C(CH_3)(Cl)\text{—}CH(CH_3)_2 \xrightarrow[-HCl^*]{CH_3OH,\ \Delta} (CH_3CH_2)_2CH\text{—}C(CH_3)(OCH_3)\text{—}CH(CH_3)_2$$

S_N1 생성물

$$+\ (CH_3CH_2)_2CH\text{—}C(=CH_2)\text{—}CH(CH_3)_2 \ +\ (CH_3CH_2)_2CH(CH_3)C{=}C(CH_3)_2 \ +\ (CH_3CH_2)_2C{=}C(CH_3)CH(CH_3)_2$$

E1 생성물

표 7-3

2-Halo-2-methylpropane의 가수분해 과정(25°C)에서 S_N1 반응 생성물과 E1 반응 생성물 간의 비율

$(CH_3)_3CX$에서 X	S_N1 : E1 비율
Cl	95 : 5
Br	95 : 5
I	96 : 4

이탈기가 무엇인가 하는 점은 치환반응과 제거반응 비에 아무런 영향을 주지 않아야 하는데, 그 이유는 두 경우 다 반응 중간체가 같은 탄소양이온이기 때문이다. 그리고 관찰된 현상도 이와 같다(표 7-3). 생성물의 비는 염기의 첨가에 의해서 영향을 받을 수 있으나, 염기 농도가 낮을 때 이러한 효과는 미미하다. 강염기는 또한 항상 강한 친핵체이기도 하다는 점을 명심하라(6-8절). 그래서 강염기를 넣어 주었다고 친핵성 공격 대신 탄소양이온의 양성자이탈반응을 유리하게 만들지 않으며, E1과 S_N1 생성물 비율은 대략적으로 일정하게 유지된다. 실제로 E1 메커니즘에 의한 제거반응은 S_N1 치환반응에 수반되는 **사소한 부반응**에 불과하다. 그러면 제거반응을 주된 반응 경로로 만들어 알켄을 주생성물로 얻을 수 있는 방법은 있을까? 물론 그럴 수 있다. 강염기를 **높은** 농도로 사용하면 제거반응에 대한 비중을 극적으로 증가시킬 수 있다. 이 효과는 E1 : S_N1의 비율이 변해서 생긴 결과가 아니며, 대신 제거반응에 대한 새로운 반응 경로가 작용해서 얻어진 것이다. 이 반응이 다음 절의 주제이다.

연습 문제 7-10

25°C에서 2-borom-2-methylpropane을 ethanol 수용액에 녹이면 $(CH_3)_3COCH_2CH_3$(30%), $(CH_3)_3COH$ (60%), $(CH_3)_2C=CH_2$ (10%)로 이루어진 혼합물이 얻어진다. 이 관찰을 설명하시오.

*이 표기법은 출발물에서 산성을 나타내는 부분을 제거하였다는 것을 나타낸다. 실제로 양성자는 Lewis 염기에 가 붙는다. 이러한 표시는 이 책 내의 다른 제거반응에서도 종종 사용한다.

요약 가용매분해반응 과정에서 생성된 탄소양이온은 친핵체의 공격으로 S_N1 반응 생성물을 생성 할 뿐만 아니라, 양성자가 이탈되어 제거반응(E1)이 진행된다. 제거반응에서 친핵체(대개 용매)는 염기로 작용한다.

7-7 이분자 제거반응: E2

S_N2, S_N1, E1 반응 외에 할로알케인이 **강염기이기도 한** 친핵체와 **이분자** 제거반응 메커니즘을 통해 진행하는 네 번째 반응 형태가 있다. 이 반응 조건은 의도적으로 알켄을 만들려고 할 때 사용되는 방법이다.

강염기들은 이분자 제거반응을 일으킨다

앞 절에서 일분자 제거반응은 치환반응과 경쟁한다는 점을 배웠다. 그러나 강염기를 고농도로 사용한 조건에서는 반응 속도에 큰 변화가 일어난다. 즉, 알켄의 생성 속도가 출발물인 할로젠화물과 염기의 농도에 비례하게 된다. 이 경우 제거반응은 이차 반응이 되고, 이 과정을 **이분자 제거반응(bimolecular elimination, E2)**이라고 한다.

2-Chloro-2-methylpropane의 E2 반응속도론

$$(CH_3)_3CCl + Na^+ \, ^-OH \xrightarrow{k} CH_2{=}C(CH_3)_2 + NaCl + H_2O$$

$$\text{Rate} = k[(CH_3)_3CCl][^-OH] \text{ mol L}^{-1}\text{s}^{-1}$$

무엇이 이러한 반응 메커니즘의 변화를 초래하는가? 강염기들[하이드록사이드(HO^-)과 알콕사이드(RO^-)와 같은]는 탄소양이온이 형성되기 전에 할로알케인들을 공격할 수 있다. 공격 목표는 이탈기가 붙어 있는 탄소 바로 옆 탄소의 수소가 된다. 이 반응 경로가(비록 이차와 일차의 경우에는 S_N2와 경쟁해야 하지만) 삼차 할로알케인에만 국한되는 것은 아니다. 7-8절에서 이 반응물들에서 S_N2 반응과 E2 반응이 주로 일어나는 조건을 기술할 것이다.

연습 문제 7-11

Bromocyclohexane과 수산화 이온 간의 반응에서 예상하는 생성물은 무엇인가?

연습 문제 7-12

다음 반응 기질로부터 E2 반응에 의해 생성물이 생긴다면 어떤 것들이 얻어지는가?
$(CH_3)_3CCl$, $(CH_3)_3CCH_2I$

E2 반응은 한 단계 반응으로 진행된다

이분자 제거반응 메커니즘은 **단일 단계**(*single step*) 반응이다. 전이 상태에서 일어나는 결합 변화는 여기에서 전자이동 화살표로 보여지고 있다. 그림 7-8에서 결합 내 변화들을 분자 오비탈로 기술하고 있다. 다음 세 가지 변화가 일어난다.

1. 염기에 의한 양성자이탈반응
2. 이탈기의 이탈
3. 두 개의 *p* 오비탈로 이중 결합을 형성하기 위해 반응 중심 탄소가 sp^3에서 sp^2로 재혼성화

MODEL BUILDING

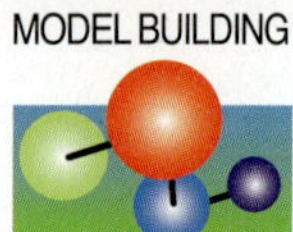

E2 반응 메커니즘

위의 세 단계는 모두 **동시에** 일어난다. 즉, E2 반응은 한 단계 반응으로 **협동 과정** (*concerted process*) 이다.

E1 (그림 7-7) 과 E2 메커니즘은 매우 유사하며, 단지 일어나는 순서만 다르다. 이분자 반응의 경우 양성자를 분리하는 과정과 이탈기의 떨어짐이 동시에 일어난다 (Newman 투영식, 왼쪽 여백 그림 참조). E1 과정에서는 할로젠이 먼저 떨어져 나가고, 다음에 염기에 의한 공격이 일어난다. 강염기를 사용하는 E2 반응이 E1과 다른 점은, 삼차나 이차 할로젠화물이 스스로 해리하는 시간적 여유를 주지 않고 강염기가 직접 공격하는 것이다.

E2 전이 상태의 Newman 투영식

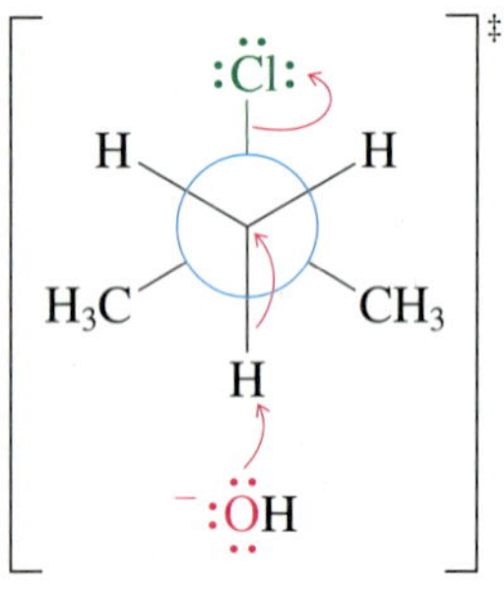

E2 반응의 상대적인 반응성

RI > RBr > RCl > RF

실험으로 E2 반응 전이 상태의 상세한 구조를 설명할 수 있다

그림 7-8에서 보여 주는 한 단계 과정 전이 상태를 지지하는 실험적인 증거는 무엇인가? 여기서 세 가지 관련 정보가 있다. 첫 번째, 이차 속도 법칙은 할로알케인과 염기가 모두 속도 결정 단계에 관여한다는 것이다. 두 번째, 이탈기가 잘 떨어질수록 제거반응이 빠르게 일어난다. 이 관찰은 전이 상태에서 이탈기의 결합이 부분적으로 끊어진다는 것을 의미한다.

연습 문제 7-13

다음 반응에서 얻은 결과를 설명하시오.

ANIMATED MECHANISM: Elimination (E2) reaction of 2-chloro-2-methylpropane

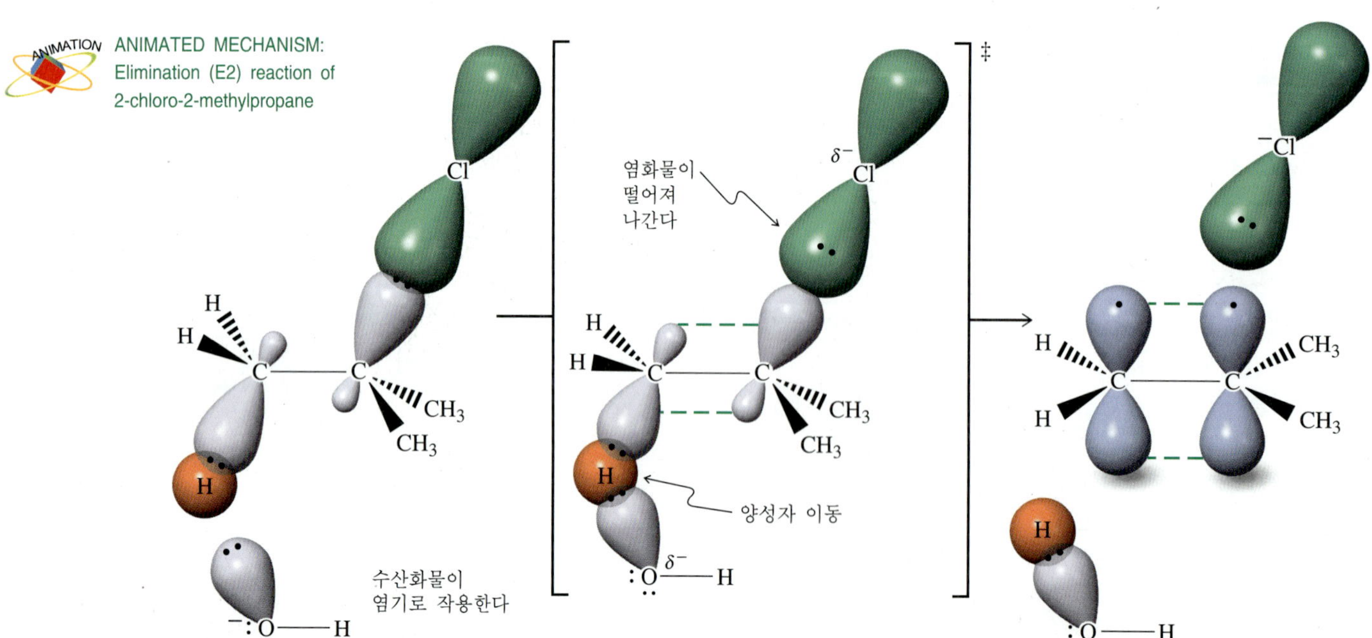

그림 7-8 2-Chloro-2-methylpropane과 수산화 이온 간의 E2 반응에 대한 오비탈의 그림.

세 번째 관찰 사항은 전이 상태에서 C—H와 C—X 결합이 같이 끊어지는 것을 강력히 제시해 줄 뿐만 아니라, 이 일이 일어나기 위해서 그림 7-8은 E2 반응의 특징, 즉 입체화학을 설명하고 있다. 반응물은 C—H와 C—X가 동시에 끊어지기 위해 서로 **안티** 관계로 배향되어 있어야 한다. 어떻게 전이 상태의 구조를 이와 같이 자세히 설명할 수 있는가? 이것을 알아보기 위해 형태(conformation)와 입체화학의 원리들을 이용해야 한다. 시스-1-브로모-4-(1,1-다이메틸에틸)사이클로헥세인을 강염기로 처리하면 빠르게 이분자 제거반응이 진행되어 알켄이 얻어진다. 이와는 대조적으로 같은 조건하에서 트랜스(*trans*) 이성질체를 사용하면 반응이 상당히 느리게 일어난다. 왜 그럴까? 가장 안정한 형태인 시스 화합물의 의자 형태를 살펴보면, 두 개의 수소가 축방향(axial)으로 위치한 브로민 치환기들과 안티 방향으로 수소 두 개가 놓여 있음을 알 수 있다. 이러한 기하학적 형태는 E2 전이 상태가 요구하는 것과 일치하며, 결과적으로 제거가 쉽게 일어날 수 있다. 역으로 트랜스 이성질체에는 적도방향(equatorial)으로 있는 이탈기의 안티 위치에는 C—H 결합이 없다(모형을 만들어 보라). 이 경우 E2 반응이 일어나게 하기 위해 고리를 뒤집어 이탈기를 축방향에 놓이게끔 해 주는 이 형태체(conformer)로 만들거나(4-4절 참조), 아니면 브로민에 대하여 고우시(gauche) 위치에 있는 수소를 제거해야 하는데, 이들은 모두 높은 에너지 부담을 안게 된다. 후자는 불리한 신(*syn*) 전이 상태(*syn*, 그리스어로 함께를 의미)를 거쳐 일어나는 제거반응의 한 예이다. 더 상세한 E2 제거반응에 대해서는 11장에서 다루게 될 것이다.

cis-1-Bromo-4-(1,1-dimethylethyl)cyclohexane은 안티 제거반응이 잘 일어나지만, 트랜스 화합물에서는 일어나지 못한다

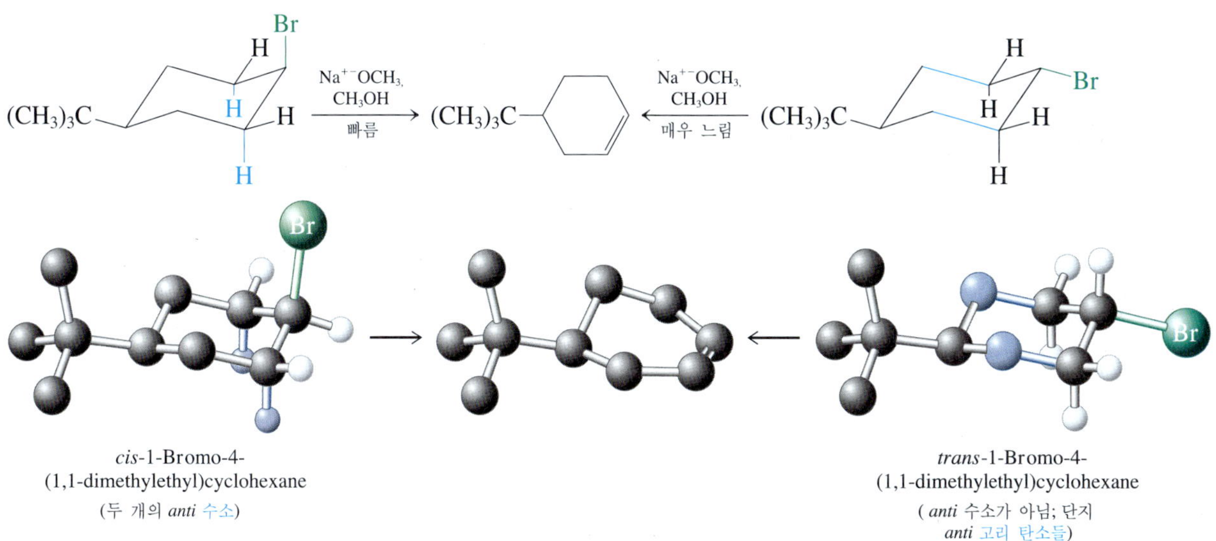

cis-1-Bromo-4-(1,1-dimethylethyl)cyclohexane (두 개의 *anti* 수소)

trans-1-Bromo-4-(1,1-dimethylethyl)cyclohexane (*anti* 수소가 아님; 단지 *anti* 고리 탄소들)

연습 문제 7-14

개념 문제: 제거반응 속도와 메커니즘

cis-1-Bromo-4-(1,1-dimethylethyl)cyclohexane의 제거반응 속도는 기질과 염기의 농도의 곱에 비례한다. 그러나 트랜스 화합물의 경우는 기질의 농도**에만** 비례한다. 이를 설명하시오.

전략

이 문제를 푸는데 필요한 정보로 반응 속도만이 주어져 있다. 6장과 7장에 걸쳐 반응속도론이 메커니즘을 결정하는데 어떻게 사용되는지 공부하였다. 이 연습을 응용하라. 각 반응의 반응 차수와 해당 메커니즘의 결과를 고려하라.

풀이

- *cis*-1-Bromo-4-(1,1-dimethylethyl)cyclohexane의 염기에 의해 촉진되는 제거반응의 속도는 반응 기질과 염기의 농도에 같이 비례한다. 즉, 이 반응은 E2 반응경로를 따라 진행한다.

- E2 반응이 잘 일어나려면 이탈기와 떨어져나갈 수소가 안티 배향을 해야 한다. 그림(앞쪽 그림의 왼쪽) 반응물의 가장 안정한 의자 형태에 이러한 배향이 이미 존재하는 것을 보여 준다. 그래서 염기가 수소(푸른색)를 떼어내며 동시에 Br(초록색)이 동시에 떨어져 나가게 만들므로 E2 반응이 쉽게 일어난다.
- 반면에, 트랜스 이성질체의(앞쪽 그림 위의 오른쪽) 가장 좋은 이형태체에서는 Br이 적도방향 위치에 자리하고 있다. 그 결과 C—Br 결합은 cyclohexane 고리(푸른색)의 C—C 결합과 안티 배향을 한다. Br이 붙어 있는 탄소 옆자리에 붙어 있는 탄소에는 이탈기 Br에 대해 안티 배향 위치에 수소가 없다. 그러므로 이 이형태체에서는 E2 반응이 잘 일어나지 않는다.
- 트랜스 이성질체가 E2 반응이 수행하기 위해서는, 이 이성질체가 먼저 고리 뒤집기에 의해 Br을 축방향으로 위치하게 해야 한다. 그러나 이 고리 뒤집기는 *tert*-butyl기를 축방향 위치로 가게 만들므로 이형태체의 에너지는 매우 높아지게 되고, 에너지 입장에서 유리한 과정이 아니라 일어나지 않는다(표 4-3 참조).
- 실제로 트랜스 이성질체의 제거반응 속도는 기질의 농도에만 비례하고, 염기 농도와는 무관하다. 이로부터 이 반응의 메커니즘은 E2가 아니라 E1임을 알 수 있다.
- 다른 가능성(아래)을 생각해 보면, 반응속도론적 연구 결과는, 선호하는 경로는 이탈기가 먼저 떨어져나가 일분자 제거반응이 일어나는 것이다. 의자형의 이형태체를 뒤집어 E2 반응에 적합한 이형태체를 만드는 경로는 경쟁이 되지 않는다.

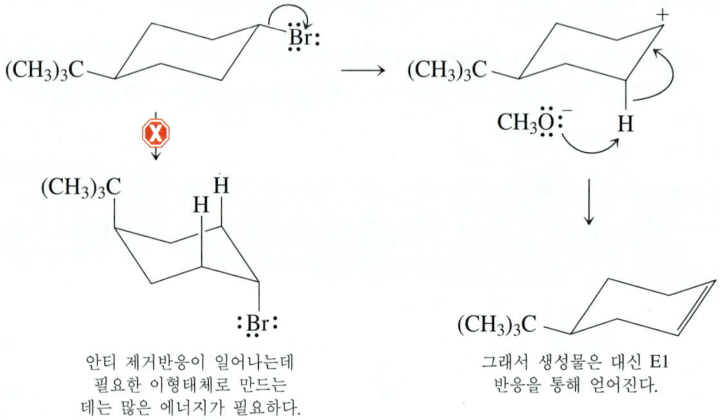

$(CH_3)_3C$ — Br: → $(CH_3)_3C$ (+), $CH_3\ddot{O}:^-$ H

$(CH_3)_3C$ H H :Br:

안티 제거반응이 일어나는데 필요한 이형태체로 만드는 데는 많은 에너지가 필요하다.

$(CH_3)_3C$

그래서 생성물은 대신 E1 반응을 통해 얻어진다.

(주: E2 제거반응에서 염기에 의해 제거되는 수소는 이탈기가 붙어 있는 탄소 옆자리의 탄소에 붙어 있는 것이다. **이탈기가 붙어 있는 탄소에 달려 있는 수소를 제거하지 마라.**)

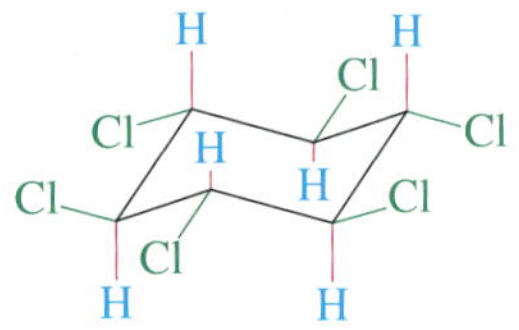

연습 문제 7-15

자습 문제

왼쪽 여백에 그려져 있는 1,2,3,4,5,6-hexachlorocyclohexane 이성질체는 이 화합물의 다른 이성질체에 비해 반응이 7000배나 **느리다**. 설명하시오.

H Cl H Cl Cl H H Cl Cl Cl H H

요약 강염기는 할로알케인과 치환반응을 할 뿐만 아니라, 제거반응도 한다. 이 반응은 이차 반응으로, 이분자 메커니즘을 따른다. 이탈기가 떨어져 나감과 동시에 염기가 양성자를 제거하도록 위치하게 안티 형태의 전이 상태을 갖는다.

7-8 치환반응과 제거반응 간의 경쟁: 구조가 기능을 결정

친핵체 존재하에서 할로알케인의 반응 경로는 S_N2, S_N1, E2, E1 등 여러 경로로 혼란스럽다. 가능한 반응들의 상대적인 중요성을 결정할 여러 변수들이 주어져 있다면, 화학 변환이 어느 반응 과정을 통해 진행될지를, 최소한 대략적으로 예측할 수 있는 간단한 지침이 있을까? 그

대답은 조심스럽지만 있다이다. 이 절에서는 **염기의 세기**와 반응물의 **입체적 크기**를 고려하는 것이 치환반응과 제거반응 중 어느 것이 우세할지를 판단하는 척도가 될 수 있음을 보여준다. 이러한 변수를 조절함으로써 반응 과정을 통제할 수 있음도 공부할 것이다.

약염기성 친핵체는 치환반응을 한다

하이드록시기보다 약한 염기지만 좋은 친핵체들은 일차와 이차 할로젠화물과 반응하면 S_N2 반응 생성물을 만들며, 삼차 할로젠화물과 반응하면 S_N1 반응 생성물을 만든다. 예를 들어, I^-, Br^-, RS^-, N_3^-, $RCOO^-$, PR_3과의 반응을 들 수 있다. 따라서 2-브로모프로페인은 아이오딘화 이온이나 아세테이트 이온과 깨끗하게 S_N2 경로를 거쳐 반응하게 되며, 제거반응과는 거의 경쟁하지 않는다.

$$CH_3CH(CH_3)Br + Na^+ I^- \xrightarrow{\text{Acetone}} CH_3CH(CH_3)I + Na^+ Br^-$$

$$CH_3CH(CH_3)Br + CH_3COO^- Na^+ \xrightarrow{\text{Acetone}} CH_3CH(CH_3)OC(=O)CH_3 + Na^+ Br^-$$

100%

물이나 알코올 같은 약한 친핵체들은 S_N1 반응 경로를 따라 반응할 수 있는 삼차나 이차 할로알케인을 만날 때에만 적당한 속도로 반응한다. 이때 일분자 제거반응은 오직 미미한 부반응에 지나지 않는다.

$$CH_3CH_2CHBrCH_2CH_3 \xrightarrow{H_2O,\ CH_3OH,\ 80°C} CH_3CH_2CH(OH)CH_2CH_3 + CH_3CH{=}CHCH_2CH_3$$

85% 15%

강염기성 친핵체들을 사용하면 기질의 입체 장애가 커질수록 제거반응이 더 많이 일어난다

우리는 7-7절에서 강염기들이 E2 경로로 제거반응을 하는 것을 보았다. 어느 특정 조건하에서 제거반응이 치환반응과 경쟁할 때 제거반응이 얼마나 우세하게 일어날지를 예측하는 손쉬

$$CH_3CH_2CH_2Br \xrightarrow[-HBr]{CH_3CH_2O^-Na^+,\ CH_3CH_2OH} CH_3CH_2CH_2OCH_2CH_3 + H_3C(H)C{=}CH_2$$

일차 — 91% / 9%

$$CH_3CH(CH_3)CH_2Br \xrightarrow[-HBr]{CH_3CH_2O^-Na^+,\ CH_3CH_2OH} CH_3CH(CH_3)CH_2OCH_2CH_3 + (H_3C)_2C{=}CH_2$$

가지 일차 — 40% / 60%

$$CH_3CH(CH_3)Br \xrightarrow[-HBr]{CH_3CH_2O^-Na^+,\ CH_3CH_2OH} CH_3CH(CH_3)OCH_2CH_3 + H_3C(H)C{=}CH_2$$

이차 — 13% / 87%

운 방법이 없을까? 방법이 있기는 하지만, 다른 요소들도 고려되어야 한다. 예를 들어, 강염기인 에톡시화 소듐(sodium ethoxide)과 몇몇 할로젠화물과의 반응을 살펴보자. 각 경우에서 생성된 에터(치환반응 생성물)와 알켄(제거반응 생성물)의 상대적인 생성량을 측정한다.

간단한 일차 할로젠화물과 강한 염기성 친핵체 간의 반응은 대부분 S_N2 생성물을 만든다. 이탈기가 붙어 있는 탄소 주위의 입체 장애를 증가시키면 제거반응에 비해 치환반응은 상대적으로 느려지는데, 그 이유는 탄소에 대한 공격이 수소를 공격하는 것보다 입체 장애에 더 민감하게 반응하기 때문이다. 따라서 가지가 있는 일차 기질들은 거의 같은 양의 S_N2와 E2 반응 생성물을 만들게 되며, 이차에서는 후자가 주생성물이 된다.

S_N2 반응 메커니즘은 삼차 할로젠화물에서는 잘 일어나지 않는다. S_N1과 E1 반응 경로는 중성 또는 약염기 조건하에서 경쟁한다. 그러나 고농도 조건의 강염기는 E2 반응만 일으킨다.

입체 장애가 있는 염기성 친핵체들은 제거반응에 우세하다

일차 할로알케인들은 강염기면서 좋은 친핵체들과 치환반응을 한다는 것을 배웠다. 그러나 친핵체의 입체적 크기(bulk)가 커지면 친전자성 탄소를 공격하는데 어려움이 있다. 이러한 경우 비록 일차 기질이라 할지라도 분자 주위의 입체 장애가 덜 한 곳의 양성자이탈반응을 통해 제거반응이 우세하게 일어나게 된다.

강한 입체 장애 염기 용매

$$CH_3CH_2CH_2CH_2Br \xrightarrow[-HBr]{(CH_3)_3CO^-K^+,\ (CH_3)_3COH} \underset{85\%}{CH_3CH_2CH{=}CH_2} + \underset{15\%}{CH_3CH_2CH_2CH_2OC(CH_3)_3}$$

입체적 장애가 심한 염기의 두 가지 예로는 *tert*-뷰톡시화 포타슘과 리튬 다이아이소프로필아마이드(LDA)가 있다. 전자는 산소에 삼차 알킬기가 있고, 후자는 질소 원자에 두 개의 이차 알킬기를 가지고 있다. 이들을 제거반응에 사용할 때 이 두 염기는 이들의 짝산인 2-메틸-2-프로판올(*tert*-뷰틸 알코올)과 *N*-(1-메틸에틸)-1-메틸에탄아민(다이아이소프로필아민)에 각각 녹여 사용한다.

입체 장애가 큰 염기들

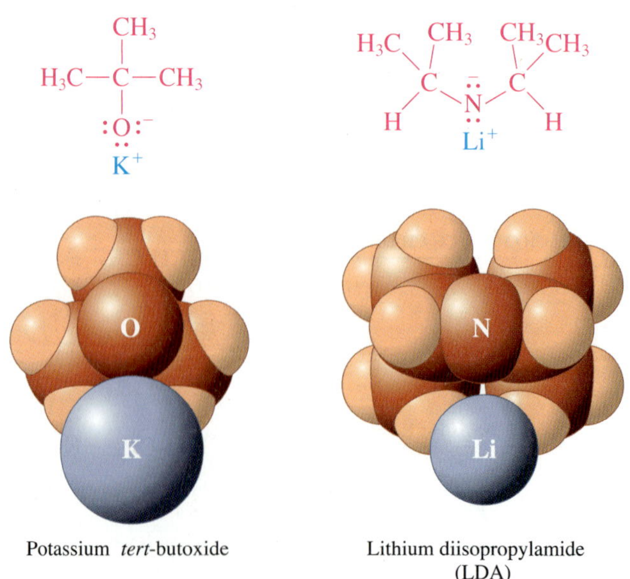

Potassium *tert*-butoxide

Lithium diisopropylamide (LDA)

요약 우리는 지금까지 치환반응과 제거반응 간의 경쟁에 영향을 주는 세 가지 기본 요소를 살펴보았다. 즉, 친핵체의 염기도, 할로알케인의 입체 장애, 친핵체(염기)인 원자 주위의 입체적 크기가 그것이다.

요소 1. 친핵체의 염기도

약염기	강염기
H_2O,* ROH,* PR_3, halides, RS^-, N_3^-, NC^-, $RCOO^-$	HO^-, RO^-, H_2N^-, R_2N^-
치환반응이 더 잘 일어난다	제거반응이 더 일어난다

요소 2. 반응 탄소 주위의 입체 장애

입체 장애가 없다	입체 장애가 있다
일차 할로알케인	가지 일차, 이차, 삼차 할로알케인
치환반응이 더 잘 진행된다	제거반응이 아주 잘 진행된다

요소 3. 친핵체의 입체 장애(강염기)

입체 장애가 없다	입체 장애가 있다
HO^-, CH_3O^-, $CH_3CH_2O^-$, H_2N^-	$(CH_3)_3CO^-$, $[(CH_3)_2CH]_2N^-$
치환반응이 일어나기 쉽다	제거반응이 아주 잘 진행된다

치환반응이나 제거반응 비를 결정할 때 각 요인들이 비슷하게 중요하다고 가정한다. 따라서 "다수 규칙"이 성립된다. 이 분석 방법은 상당히 신뢰성이 있다. 이 결과를 이 절과 요약 절의 예에 적용하여 확인하라.

연습 문제 7-16

1-Bromo-2-methylpropane과 다음에 친핵체들이 반응한다고 생각하자. 각 주어진 화합물 쌍에서 제거반응 생성물/치환반응 생성물의 비가 더 크게 만드는 것을 지적하시오.

(a) $N(CH_3)_3$, $P(CH_3)_3$ (b) H_2N^-, $(CH_3\overset{CH_3}{\overset{|}{C}H})_2N^-$ (c) I^-, Cl^-

연습 문제 7-17

치환반응과 제거반응이 경쟁하는 모든 경우에 반응 온도를 올리면 제거반응 생성물의 비가 더 커진다. 그래서 2-bromo-2-methylpropane의 가수분해에 수반되는 제거반응 생성물의 양은 온도를 25°C에서 65°C로 올리면 두 배가 된다. 그리고 2-bromopropane과 ethoxide 간의 반응에서는 25°C에서는 80%였던 것이 55°C에서는 100%가 된다. 이를 설명하시오.

7-9 할로알케인 반응성의 요약

표 7-4는 일차, 이차, 삼차 할로알케인에 대한 치환반응과 제거반응 화학을 요약한 것이다. 각각의 항은 기질과 친핵체 유형 간의 주어진 조합에 대하여 관찰된 주 메커니즘을 나타내주고 있다.

일차 할로알케인. 입체 장애가 없는 일차 알킬 기질들은 입체 장애가 심한 *tert*-뷰톡사이드와 같은 강염기를 사용할 때를 제외한 모든 경우에 있어서, 항상 이분자 반응 형태로 반응하여 거의 모두 치환 생성물을 만든다. 이러한 경우에 있어서 S_N2 반응 경로는 입체적 장애가 증가하면 느려지게 되고, 대신 E2 메커니즘이 지배적이게 된다. 치환반응을 억제시키는 다른 한 방법은 곁가지를 도입하는 것이다. 그러나 이 경우에 있어서도 좋은 친핵제가 사용되면 역시

*S_N1 반응이 일어나는 반응물들과만 반응한다. 단순한 일차 할로젠화물이나 메틸 할로젠화물 등은 반응하지 않는다.

표 7-4 할로알케인들이 친핵체(염기)와 반응할 때 일어날 반응들

	친핵체(염기) 형태			
할로알케인 형태	약 친핵체 (예, H_2O)	약한 염기성, 좋은 친핵체 (예, I^-)	강한 염기성, 입체 장애가 적은 친핵체 (예, CH_3O^-)	강한 염기성, 입체 장애가 큰 친핵체 (예, $(CH_3)_3O^-$)
Methyl	반응 안함	S_N2	S_N2	S_N2
일차				
Unhindered	반응 안함	S_N2	S_N2	E2
Branched	반응 안함	S_N2	E2	E2
이차	Slow S_N1, E1	S_N2	E2	E2
삼차	S_N1, E1	S_N1, E1	E2	E2

치환 생성물이 지배적이게 된다. 다만, 알콕사이드 RO^- 또는 아마이드 R_2N^-와 같은 강염기를 친핵체로 사용할 경우 주로 제거반응을 하게 된다.

연습 문제 7-18

1-Bromopropane과 다음 시약들을 반응시켰을 때 얻을 주유기 생성물의 구조를 그리시오. **(a)** Acetone에서 NaCN으로, **(b)** CH_3OH에서 $NaOCH_3$로, **(c)** $(CH_3)_3COH$에서 $(CH_3)_3COK$로.

연습 문제 7-19

1-Bromo-2-methylpropane과 다음 시약들을 반응시켰을 때 얻을 주유기 생성물의 구조를 그리시오. **(a)** Acetone에서 NaI로, **(b)** CH_3CH_2OH에서 $NaOCH_2CH_3$로.

일차(와 메틸) 할로알케인은 약한 친핵체와 매우 느리게 반응하며, 실제적으로 이러한 조합은 "반응 안함(no reaction)"이라고 간주한다.

이차 할로알케인. 이차 알킬 화합물들은 반응 조건에 따라 각각 일분자 또는 이분자 치환 및 제거반응을 한다. 좋은 친핵체를 사용하면 S_N2 반응이 유리하고, 강염기로는 E2, 극성 비친핵성 용매를 사용하면 S_N1이나 E1 반응이 지배적이게 된다.

연습 문제 7-20

2-Bromopropane과 다음 시약들을 반응시켰을 때 얻을 주유기 생성물의 구조를 그리시오. **(a)** CH_3CH_2OH, **(b)** CH_3CH_2OH에서 $NaSCH_3$로, **(c)** CH_3CH_2OH에서 $NaOCH_2CH_3$로.

삼차 할로알케인. 삼차 알킬 화합물들이 고농도의 강염기들과 반응하면 제거반응(주로 E2)을 하고, 비염기성 용매에서는 치환반응(주로 S_N1)이 일어난다. 이분자 치환반응은 거의 관찰되지 않고, E1 반응에 의한 제거반응이 일부 S_N1과 같이 일어난다.

연습 문제 7-21

다음 반응 기질들을 주어진 조건에서 반응시키면 얻게 될 주유기 생성물을 그리시오. **(a)** 물과 acetone에서 2-bromo-2-methylbutane을 반응, **(b)** 3-chloro-3-ethylpentane을 CH_3OH에서 $NaOCH_3$로 반응

연습 문제 7-22

다음 반응 쌍 중에서 E2 : E1비가 클 경우를 고르고, 합당한 설명을 제시하시오.

(a) 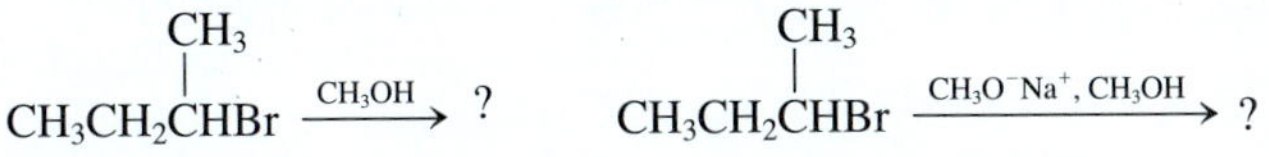 $CH_3CH_2CH(CH_3)Br \xrightarrow{CH_3OH}$? $CH_3CH_2CH(CH_3)Br \xrightarrow{CH_3O^-Na^+,\ CH_3OH}$?

(b) 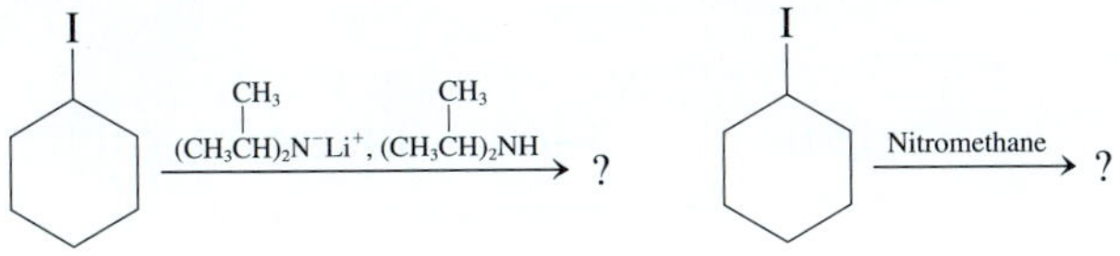 아이오도사이클로헥세인 $\xrightarrow{(CH_3CH(CH_3))_2N^-Li^+,\ (CH_3CH(CH_3))_2NH}$? 아이오도사이클로헥세인 $\xrightarrow{\text{Nitromethane}}$?

요점

우리는 S_N2 과정 이외에 세 가지 새로운 반응 경로, 즉 S_N1, E1, E2를 알아봄으로써 할로알케인 화합물에 대한 공부를 하였다. 세세한 사항이 큰 변화를 일으키는 것을 배웠다. 반응 기질에 있어서의 작은 변화가 할로알케인과 친핵체의 반응에 따른 경로를 완전히 바꿀 수 있다. 비슷하게 반응 생성물을 올바르게 알아내기 위해서는 시약이 친핵체인지 염기인지를 구별할 수 있어야 한다.

이 장의 마지막 두 절은 이러한 요인들의 상호작용이 어떻게 반응 결과에 영향을 주는지를 보여 주고 있다. 그러나 이런 유형의 문제를 풀기 위해서는 정확한 정보의 사용이 필요하다. 그러므로 우리는 다음과 같은 **학습 제안**을 한다. 먼저 책과 강의 노트를 가지고 문제를 푸는 연습을 하라. 그렇게 함으로써 문제를 풀어보려고 하는 과정 중에 정확하고 적합한 정보를 얻을 수 있다. 이 과정을 통해 대부분의 문제를 푸는 일은 여러 모양으로 주어진 예들을 확장 적용할 필요가 있다. 여러분이 소수의 그룹으로 공부하는 것이 편안하면, 서로 반응 문제들을 제시하고, 어떠한 과정들이 일어날 것인지 결정하기 위해 각 요소들을 분석하라.

다음으로 무엇을 하게 될까? 극성 탄소-할로젠 결합을 포함한 화합물들과 비교하면서 극성 탄소-산소 단일 결합을 포함한 화합물들을 살펴본다. 알코올이 그 첫 번째일 것이다. 극성 O—H 결합의 특성을 공부한다. 다음 두 장에서 이들과 관련 화합물들의 몇 가지 변환이 할로알케인의 반응에서와 매우 유사한 메커니즘 경로를 통해 일어나는 것에 대해 배울 것이다. 작용기의 구조와 그들 반응의 메커니즘 사이의 이와 같은 유사성은, 유기화학의 방대한 정보를 이해하는데 유용한 이해의 틀을 제공해 준다.

통합 문제

7-23. 다음에 나타낸 반응은 치환반응 또는 제거반응으로 진행될 것인가? 어떠한 요인들이 가장 가능성 있는 메커니즘을 결정할 것인가? 예상되는 생성물과 그 생성물이 형성되는 메커니즘을 쓰시오.

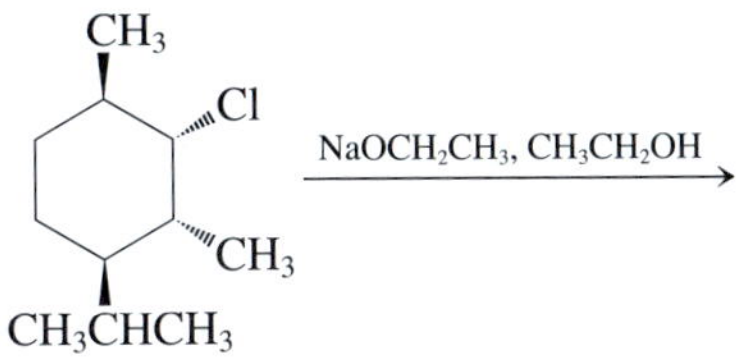

(치환기: CH_3, Cl, CH_3, CH_3CHCH_3를 가진 사이클로헥세인) $\xrightarrow{NaOCH_2CH_3,\ CH_3CH_2OH}$

풀이

고리 구조를 지닌 이 화합물에도 문제를 푸는데 앞의 경우와 마찬가지 방식으로 문제 풀이에 접근할 수 있다. 기질은 이탈기가 이차 탄소에 결합되어 있기 때문에 이차 화합물이다. 이 친핵체(ethoxide 이온, $NaOCH_2CH_3$)는 수산화물과 methoxide와 마찬가지로 좋은 친핵체이며(표 6-4), 또한 강염기이다. 7-8과 7-9절에 있는 평가 기준에 기초하여 이차 기질과 강한 염기성 친핵체의 조합이 E2 경로를 통한 제거반응을 유리하게 한다(표 7-4). 이 메커니즘은 이탈기와 염기에 의해서 제거될 수소의 상대적인 기하학적 배열 상태에서 특별한 관계가 요구된다. 이 요구는 탄소-탄소 결합과 관련하여 안티 배열 형태가 되어야 한다는 것이다(7-7절). 분자의 합리적인 구조를 나타내기 위하여 4장(4-4절)에서 배운 치환된 cyclohexane의 형태를 사용해야 한다. 가장 유리한 형태는 다음에 나타낸 의자 형태인데, 여기에서 크기가 큰 1-methylethyl (isopropyl)기를 포함하는 두 개의 치환기들이 적도방향에 있다. 이탈기가 축방향에 있고, 이웃 탄소 중의 한 탄소가 축방향의 수소를 가지며, 이 수소는 염소에 대해 안티 배열 위치에 있다.

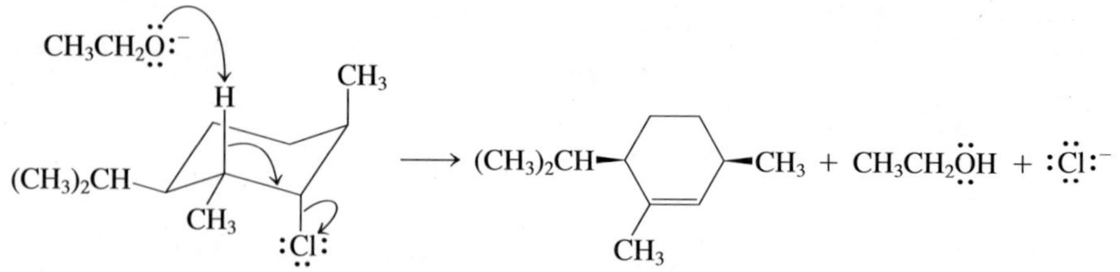

$CH_3CH_2\ddot{O}:^-$ H CH_3 $(CH_3)_2CH$ CH_3 :Cl: $\longrightarrow$ $(CH_3)_2CH$ CH_3 CH_3 + $CH_3CH_2\ddot{O}H$ + $:\ddot{Cl}:^-$

표시된 위치에 이중 결합을 지닌 고리 알켄이 되도록 한 단계 E2 메커니즘에 적합한 굽은 화살표를 사용한다. 알켄 탄소에 있는 methyl기는 이중 결합 평면으로 옮겨진다(알켄 탄소들은 평면 삼각형 구조 — sp^2 혼성화임, 1-8절). 시스로 출발한 남아 있는 두 개의 알킬기들은 서로 시스 형태이다. 왜냐하면 어떠한 화학적인 변화들도 그들이 위치하고 있는 고리 탄소에서 일어나지 않았기 때문이다.

E2 과정에서 잘못된 탄소 원자에서 수소를 제거하는 **흔히 범하는 오류를 피하라.** 정확한 메커니즘에서는 그 수소는 같은 탄소로부터가 아니라 이탈기의 이웃 탄소에서 제거된다.

7-24. a. 2-Bromo-2-methylpropane (*tert*-butyl bromide)은 nitromethane하에서 염화 이온과 아이오딘화 이온과 쉽게 반응한다.

1. 치환 생성물들의 구조를 적고, 그들이 어떻게 형성된 것인지 완성된 메커니즘을 적으시오.

2. 모든 반응물들의 농도가 동일하다고 가정하고, 두 반응물들에 대한 상대적인 속도를 예상하시오.

3. 제거반응이 더 우세한 것은 어느 반응인가? 그 메커니즘을 적으시오.

풀이

1. 참여한 화학종을 먼저 분석하고, 어떠한 반응이 일어날 것인지 확인하라. 그 기질은 **삼차** 탄소에 좋은 이탈기를 지닌 할로알케인이다. 표 7-4에 따라서 S_N2 메커니즘에 따른 치환은 고려되지 않고 S_N1, E1, E2 과정이 가능성이 있다. 염화 이온과 아이오딘화 이온은 좋은 친핵체이면서 약염기이다. 치환반응은 주로 각각 생성물 $(CH_3)_3CCl$과 $(CH_3)_3CI$을 주는 것이 우세하다(7-8절). S_N1 메커니즘은 7-2절에서 보여 주는데, 탄소양이온을 형성시키는 C—Br 결합의 초기 해리에 이어, 할로젠화 이온이 탄소를 공격하여 직접적으로 최종 생성물을 준다. 매우 극성이 큰 nitromethane은 S_N1 반응에 좋은 용매이다(7-4절).

2. 7-4절에서 서로 다른 세기를 가진 친핵체는 일분자 반응들에서의 반응 속도에 영향을 미치지 않는다. 그 반응 속도들(실험적으로도)은 동일하다.

3. 다음 내용은 좀 더 깊이 생각해 보아야 한다. 표 7-4과 7-8절에 따라서 E1 반응 경로를 따르는 제거반응은 항상 S_N1 치환반응과 같이 일어난다. 그러나 친핵체의 염기 세기가 증가하면 제거반응 생성물의 비율이 증가되면서 E2 메커니즘으로 전환될 수 있다. 표 6-4와 표 6-7에 따르면 염화 이온은 아이오딘화 이온보다 더 강한 염기성(그리고 약한 친핵체)이다. 그래서 아이오딘화 이온에서보다 염화 이온에서 제거반응이 우세한 것으로 관측된다. 여기서 염화 이온이 탄소양이온으로부터 수소를 제거하는 염기로 작용한다. 이 메커니즘은 그림 7-7에 주어져 있다.

%H_2O	$[N_3^-]$	%RN_3	k_{rel}
10	0 M	0	1
10	0.05 M	60	1.5
15	0.05 M	60	7
20	0.05 M	60	22
50	0.05 M	60	*
50	0.10 M	75	*
50	0.20 M	85	*
50	0.50 M	95	*

*너무 빨라 측정하지 못함.

b. 왼쪽 여백에 있는 표는 다음에 나타난 클로로 화합물이 물과 sodium azide (NaN_3)를 포함한 acetone에서 일어나는 반응을 물의 함량을 변화시키며 얻을 자료를 제시하고 있다.

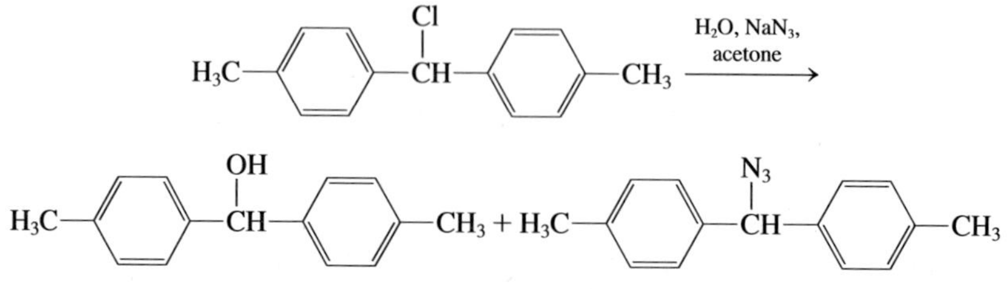

H_3C—C_6H_4—CH(Cl)—C_6H_4—CH_3 $\xrightarrow{H_2O,\ NaN_3,\ \text{acetone}}$

H_3C—C_6H_4—CH(OH)—C_6H_4—CH_3 + H_3C—C_6H_4—CH(N_3)—C_6H_4—CH_3

표에서 %H_2O는 용매 부피에 따른 물의 함량이며, $[N_3^-]$는 sodium azide의 초기 농도이고, %RN_3는 혼합 생성물의 유기 azide의 함량이다(나머지는 알코올이다). 그리고 k_{rel}는 출발물이 소모되는 속도로부터 계산한 이 반응의 상대적인 속도 상수이다. 기질의 초기 농도는 모든 실험에서 0.04 M이다. 다음 질문에 답하시오.

1. H_2O의 퍼센트를 바꾸면 반응 속도와 생성물의 분포에 어떤 영향이 있을지 기술하고 설명하시오.

2. $[N_3^-]$ 농도를 바꾸면 어떻게 영향을 미칠지 같은 방법으로 기술하시오. 추가적인 정보: 주어진 반응 속도는 azide 이온 대신 다른 이온—예를 들어 Br^-나 I^-—를 사용해도 변화가 없다.

풀이

1. 표의 2-5 줄에 나타나 있는 것처럼 azide 농도를 일정하게 유지하면서 물의 양을 변화시키며, 반응 속도를 비교한 자료를 보라. 치환반응 속도는 물 비율이 증가함에 따라 급격히 증가하는데, 두 생성물 간의 비는 동일하게 유지된다. 60% azide와 40% 알코올. 이 두 결과는 물 함량의 증가하면 용매 환경이 더 극성이 됨을 암시한다. 그래서 기질이 이온화되는 첫 반응이 빨라진다. 물의 비율이 단지 10%만 되도 이는 엄청난 과량으로 존재하는 것이라, azide가 탄소양이온과 반응하는 속도와 비교해 볼 때, 물은 탄소양이온과 할 수 있는 한 가장 빠르게 결합한다(7-2절).

2. 표의 1과 2번째 줄에 있는 자료를 살펴보자. 전체적인 반응 속도는 NaN_3를 넣어주니 속도가 약 50% 증가했다. 더 이상의 정보가 없었다면 이 효과는 S_N2 메커니즘의 결과로 추측할 수 있다. 그러나 이 설명이 맞다면 다른 이온을 사용했을 때 반응속도에 미치는 영향은 달라져야 한다. 훨씬 더 좋은 친핵체인 브로민화 이온과 아이오딘화 이온을 넣어주었을 때도 azide의 경우와 같은 식으로 속도 변화가 일어났다. 이 사실로부터 치환반응은 전적으로 S_N1 메커니즘에 의해 일어났으며, 첨가된 이온들은 오직 용액의 극성을 증가시키고, 첫 이온화 단계를 가속화시킴으로써 반응 속도에 영향을 주었다고 설명할 수 있다(7-4절).

표 내의 다섯 번째부터 여덟 번째 줄에서 보여준 바와 같이, azide 이온의 양을 증가시키면 azide를 포함하는 생성물의 양이 증가한다. azide 농도를 더 높이면, 물보다 더 우수한 친핵체인, azide 이온과 탄소양이온 중간체 간의 반응이 더 잘 일어나게 된다.

새로운 반응식

1. 이분자 치환반응 — S_N2 (6-2절부터 6-9절까지, 7-5절)
오직 일차와 이차 기질에만 적용

$$(H_3C)(H)(CH_2CH_3)C{-}I \xrightarrow{:Nu^-} Nu{-}C(CH_3)(H)(CH_2CH_3) + I^-$$

절대 배치가 100% 반전되면서 일어나는 직접적인 후방 치환

2. 일분자 치환반응 — S_N1 (7-1절부터 7-5절까지)
오직 이차와 삼차 기질에만 적용

$$CH_3{-}C(CH_3)_2Br \xrightarrow[-Br^-]{} CH_3{-}C^+(CH_3)_2 \xrightarrow{:Nu^-} CH_3{-}C(CH_3)_2Nu$$

탄소양이온을 통해 일어남: 카이랄계는 라세미화한다

3. 일분자 제거반응 — E1 (7-6절)
오직 이차와 삼차 기질에만 적용

$$CH_3{-}C(CH_3)_2Cl \xrightarrow[-Cl^-]{} CH_3{-}C^+(CH_3)_2 \xrightarrow{:B^-} CH_2{=}C(CH_3)_2 + BH$$

탄소양이온을 통해 일어남

4. 이분자 제거반응 — E2 (7-7절)

$$CH_3CH_2CH_2I \xrightarrow{:B^-} CH_3CH{=}CH_2 + BH + I^-$$

이웃 양성자와 이탈기의 동시 제거반응

중요한 개념

1. 이차 할로알케인들은 느린 속도로, 삼차 할로알케인들은 빠른 속도로 극성 용매에서 **일분자 치환반응**을 한다. 용매가 친핵체로 작용할 때의 과정을 **가용매분해반응**이라고 한다.

2. 일분자 치환반응에 있어서 가장 느린 반응 또는 속도 결정 단계는 C—X 결합이 분해하여 **탄소양이온** 중간체를 형성하는 과정이다. 강한 친핵체를 가하면 생성물의 변화를 가져오지만, 반응 속도에는 변함이 없다.

3. 탄소양이온들은 **하이퍼콘쥬게이션**에 의해 안정화된다. 삼차가 가장 안정하고, 그 다음이 이차이다. 일차와 메틸 양이온은 용액 내에서 너무 불안정해서 형성되지 않는다.

4. 일분자 치환반응이 카이랄 탄소에서 일어나면 **라세미 형태**가 얻어진다.

5. 알켄을 만들기 위한 이차나 삼차 할로알케인의 **일분자 제거반응**은 항상 치환반응을 수반한다.

6. 고농도 강염기를 사용하면 **이분자 제거반응**이 일어난다. 이탈기가 떨어져 나갈 때 염기에 의해 인접 탄소로부터 수소의 제거가 수반된다. 이탈기와 수소의 배열은 상호 안티(anti)로 되어 있다.

7. 치환반응은 입체 장애가 작은 기질과 작고, 염기성이 작은 친핵체를 사용할 때 잘 일어난다.

8. 제거반응은 장애가 있는 기질과 크고, 더 염기성인 친핵체를 사용할 때 일어난다.

문제

25. 다음 각 가용매분해반응의 주 치환 생성물은 무엇인가?

(a) $(CH_3)_3CBr \xrightarrow{CH_3CH_2OH}$ **(b)** $(CH_3)_2CBrCH_2CH_3 \xrightarrow{CF_3CH_2OH}$ **(c)** 1-Cl-1-CH_2CH_3-cyclopentane $\xrightarrow{CH_3OH}$

(d) cyclohexyl–$C(Br)(CH_3)$–CH_3 $\xrightarrow{HCOOH}$ **(e)** $(CH_3)_3CCl \xrightarrow{D_2O}$ **(f)** $(CH_3)_3CCl$ $\xrightarrow{\text{cyclohexane-}C(H)(OD)}$

26. 문제 25에 예시된 각 반응에 대하여 굽은 화살표를 사용한 완전한 단계별 메커니즘을 쓰시오. 각 메커니즘을 분리하여 각 단계별로 나타내고, 각 단계의 생성물들의 구조를 쓰시오.

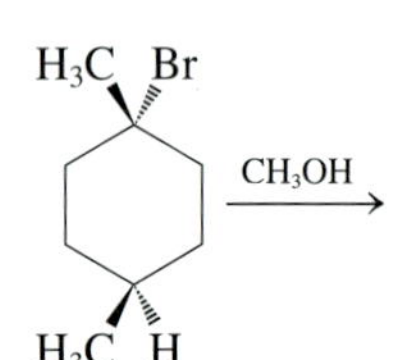

27. 왼쪽 여백에 나타낸 반응의 두 가지 주 치환 생성물이 무엇인지 쓰시오.
(a) 이들 각각이 생성되는 과정을 메커니즘으로 설명하시오.
(b) 반응물을 관찰해 보면, 출발물의 **이성질체**가 중간체로서 생성됨을 알 수 있다. 이 구조를 그리고 이 물질이 어떻게 형성되는지를 설명하시오.

28. 다음 반응의 두 가지 주 치환 생성물을 쓰시오.

(Newman projection: front carbon OSO_2CH_3, H_3C, H_3C; back carbon C_6H_5, C_6H_5, H) $\xrightarrow{CH_3CH_2OH}$

29. 문제 25의 각 반응에 아래의 물질을 첨가하면 가용매분해반응 생성물에는 어떤 영향을 미치겠는가?

(a) H_2O **(b)** KI
(c) NaN_3 **(d)** $CH_3CH_2OCH_2CH_3$ (**힌트**: 작은 극성)

30. 다음 탄소양이온을 안정성이 감소하는 순서로 나열하시오.

(1-H-1-CH_3-cyclopentan-3-yl cation, +) (cyclopentyl–CH_2^+, H) (1-CH_3-cyclopentyl cation, +)

31. 다음 각 화합물들을 acetone 수용액에서 가용매분해반응 속도가 감소하는 순서로 나열하시오.

(a) $CH_3CH(CH_3)CH_2CH_2Cl$ $\quad$ $CH_3CH(CH_3)CHClCH_3$ $\quad$ $CH_3C(CH_3)(Cl)CH_2CH_3$

(b) Cyclohexyl acetate ($OCCH_3$, C=O) $\quad$ Chlorocyclohexane (Cl) $\quad$ Cyclohexanol (OH)

(c) Bromocyclohexane (Br) $\quad$ Chlorocyclohexane (Cl) $\quad$ 1-Chloro-1-methylcyclohexane (H_3C, Cl)

32. 다음 치환반응의 생성물들을 쓰시오. 그리고 어떤 것들이 S_N1이나 S_N2로 반응하는지를 표시하시오. 또 이 과정의 메커니즘을 자세히 쓰시오.

(a) $(CH_3)_2CHOSO_2CF_3 \xrightarrow{CH_3CH_2OH}$ $\quad$ **(b)** 1-bromo-1-methylcyclopentane (CH_3, Br) $\xrightarrow{\text{Excess } CH_3SH,\ CH_3OH}$

(c) $CH_3CH_2CH_2CH_2Br \xrightarrow{(C_6H_5)_3P,\ DMSO}$ $\quad$ **(d)** $CH_3CH_2CHClCH_2CH_3 \xrightarrow{\text{NaI, acetone}}$

33. 다음 치환반응의 생성물을 쓰시오. 다음 중 어떤 반응이 물이나 CH_3OH와 같은 극성 양성자성 용매보다 acetone이나 DMSO와 같은 극성 비양성자성 용매에서 더 빨리 진행하겠는가? 각 경우에 있어 기대되는 메커니즘에 근거하여 설명하시오.

(a) $CH_3CH_2CH_2Br + Na^+\ ^-CN \longrightarrow$ $\quad$ **(b)** $(CH_3)_2CHCH_2I + Na^+\ N_3^- \longrightarrow$

(c) $(CH_3)_3CBr + HSCH_2CH_3 \longrightarrow$ $\quad$ **(d)** $(CH_3)_2CHOSO_2CH_3 + HOCH(CH_3)_2 \longrightarrow$

34. (*R*)-2-Chlorobutane으로부터 (*R*)-$CH_3CHN_3CH_2CH_3$를 합성하는 방법을 쓰시오.

35. 다음은 (*S*)-2-bromobutane의 두 가지 치환반응이다. 생성물의 입체화학은 어떻게 되겠는가?

$$(S)\text{-}CH_3CH_2CHBrCH_3 \xrightarrow{HCOH\ (\text{C=O})}$$

$$(S)\text{-}CH_3CH_2CHBrCH_3 \xrightarrow{HCO^-Na^+,\ DMSO\ (\text{C=O})}$$

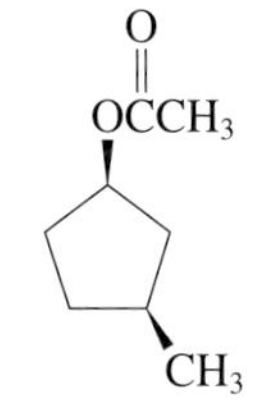
cis-1-Acetoxy-3-methylcyclopentane

36. *cis*-1-Acetoxy-3-methylcyclopentane (오른쪽 여백 그림)을 *trans*-1-chloro-methylcyclopentane으로부터 입체화학을 조절하면서 합성하는 방법을 제안하시오.

37. 아래에 있는 두 유사 반응에서 그 결과물이 다르다.

$$CH_3CH_2CH_2CH_2Br \xrightarrow{NaOH,\ CH_3CH_2OH} CH_3CH_2CH_2CH_2OH$$

$$CH_3CH_2CH_2CH_2Br \xrightarrow{NaSH,\ CH_3CH_2OH} CH_3CH_2CH_2CH_2SH$$

처음 반응은 고수득률로 진행된다. 그러나 두 번째 반응에서의 생성물 수득률은 작은 양의 $(CH_3CH_2CH_2CH_2)_2S$의 형성에 의해서 감소된다. 이 부생성물의 형성을 메커니즘적으로 설명하시오. 그리고 첫 번째 반응에서는 이러한 현상이 일어나지 않으나, 두 번째 반응에서는 왜 일어나는지 설명하시오.

38. 문제 25의 각 항에서 가능한 E1 생성물을 모두 쓰시오.

39. 문제 38에서 골라낸 모든 E1 과정에 대해 단계별로 기술한 완전한 메커니즘을 그리시오.

40. 다음 제거반응의 생성물을 쓰시오. E1과 E2 중 어느 것이 우세한지를 결정하고, 메커니즘으로 설명하시오.

(a) $(CH_3CH_2)_3CBr \xrightarrow{NaNH_2,\ NH_3}$

(b) $CH_3CH_2CH_2CH_2Cl \xrightarrow{KOC(CH_3)_3,\ (CH_3)_3COH}$

(c) (cyclohexyl)–CH(Br)–(cyclohexyl) $\xrightarrow{\text{과량 KOH},\ CH_3CH_2OH}$

(d) 1-chloro-1-methylcyclohexane (Cl, CH_3) $\xrightarrow{NaOCH_3,\ CH_3OH}$

41. **(a)** 부터 **(f)** 까지 열거된 시약에서 **(i)** 일차 RX로부터 S_N2 반응을 주로 일으킬, **(ii)** 일차 RX로부터 E2 반응을 주로 일으킬, **(iii)** 일차 RX로부터 S_N2 반응을 주로 일으킬, **(iv)** 이차 RX로부터 E2 반응을 주로 일으킬 시약들을 고르시오.

(a) CH_3OH에서 $NaSCH_3$
(b) $(CH_3)_2CHOH$에서 $(CH_3)_2CHOLi$
(c) NH_3에서 NaNH
(d) DMSO에서 KCN
(e) 2,2,6,6-tetramethylpiperidine (N–H) 에서 2,2,6,6-tetramethylpiperidine (N–Li)
(f) DMF에서 $CH_3CH_2CH_2\overset{O}{\overset{\|}{C}}ONa$

42. 1-Bromobutane과 각각 다음 물질들 사이에서의 반응으로부터 형성되는 주생성물을 예측하시오. 각 반응은 S_N1, S_N2, E1, E2 중 어느 메커니즘으로 진행되는가? 만약 반응이 일어나지 않거나 매우 느리게 일어난다면 "반응 안 함"이라 쓰시오. 각각의 시약은 과량을 사용하였다고 가정하라. 각 반응의 용매는 명시되어 있다.

(a) DMF에서 KCl
(b) DMF에서 KI
(c) CH_3NO_2에서 KCl
(d) CH_3CH_2OH에서 NH_3
(e) CH_3CH_2OH에서 $NaOCH_2CH_3$
(f) CH_3CH_2OH
(g) $(CH_3)_3COH$에서 $KOC(CH_3)_3$
(h) CH_3OH에서 $(CH_3)_3P$
(i) CH_3CO_2H

43. 2-Bromobutane (*sec*-butyl bromide) 과 문제 42에서의 각 시약들 사이에서의 반응에 대한 주생성물들과 메커니즘들을 예측하시오.

44. 2-Bromo-2-methylpropane (*tert*-butyl bromide) 과 문제 42에서의 각 시약들 사이에서의 반응에 대한 주생성물들과 메커니즘들을 예측하시오.

45. 아래에 2-Chloro-2-methylpropane의 세 가지 반응이 있다. **(a)** 각 반응의 주생성물을 쓰시오. **(b)** 세 반응의 반응 속도를 비교하시오. 용매의 극성과 반응물의 농도는 같다고 가정하고, 메커니즘에 근거해서 설명하시오.

$$(CH_3)_3CCl \xrightarrow{H_2S,\ CH_3OH}$$

$$(CH_3)_3CCl \xrightarrow{CH_3\overset{O}{\overset{\|}{C}}O^-K^+,\ CH_3OH}$$

$$(CH_3)_3CCl \xrightarrow{CH_3O^-K^+,\ CH_3OH}$$

46. 다음 반응의 주생성물들을 쓰시오. 반응이 S_N1, S_N2, E1, E2 중 어디에 속하는지 구분하시오. 만약 반응이 일어나지 않을 경우 "반응 안함"이라고 쓰시오.

(a) cyclopentyl ring bearing CH_2Cl and H $\xrightarrow{KOC(CH_3)_3,\ (CH_3)_3COH}$

(b) $CH_3\overset{F}{\overset{|}{C}}HCH_2CH_3 \xrightarrow{KBr,\ acetone}$

(c) H_3C–C(CH_2CH_3)(H)–Br $\xrightarrow{H_2O}$

(d) iodocyclohexane (I) $\xrightarrow{NaNH_2,\ \text{액체}\ NH_3}$

(e) $(CH_3)_2CHCH_2CH_2CH_2Br \xrightarrow{NaOCH_2CH_3,\ CH_3CH_2OH}$

(f) H_3C–C(Br)(CH_2CH_3)–$CH_2CH_2CH_3$ $\xrightarrow{NaI,\ nitromethane}$

(g) cyclopentane with OH and H on the same carbon $\xrightarrow{KOH,\ CH_3CH_2OH}$

(h) Cl–(cyclohexane)–$CH_2CH_2CH_2Br$ $\xrightarrow{과량\ KCN,\ CH_3OH}$

(i) (R)-$CH_3CH_2CHCH_3$ with OSO_2–(benzene)–CH_3 $\xrightarrow{NaSH,\ CH_3CH_2OH}$

(j) cyclohexane with I and CH_2CH_3 on the same carbon $\xrightarrow{CH_3OH}$

(k) $(CH_3)_3CCHCH_3$ (Br) $\xrightarrow{KOH,\ CH_3CH_2OH}$

(l) $CH_3CH_2Cl \xrightarrow{CH_3COH\ (O)}$

47. 다음에 주어진 표를 각 할로알케인이 주어진 시약과 반응하여 생성할 주생성물로 빈칸을 채우시오.

	할로알케인			
시약	H_2O	$NaSeCH_3$	$NaOCH_3$	$KOC(CH_3)_3$
CH_3Cl	______	______	______	______
$CH_3CH_2CH_2Cl$	______	______	______	______
$(CH_3)_2CHCl$	______	______	______	______
$(CH_3)_3CCl$	______	______	______	______

48. 문제 47에서 답을 해 넣은 생성물을 얻기 위해 작동해야 하는 메커니즘을 지적하시오(간단히 S_N2, S_N1, E2, E1으로 답하라).

49. 아래의 각 반응에 대하여 잘 진행될지, 잘 안 일어날지 또는 반응이 전혀 일어나지 않을지를 말하시오. 필요한 경우 가능한 생성물을 제시하시오.

(a) $CH_3CH_2CHCH_3$ (Br) $\xrightarrow{NaOH,\ acetone}$ $CH_3CH_2CHCH_3$ (OH)

(b) CH_3CHCH_2Cl (H_3C) $\xrightarrow{CH_3OH}$ $CH_3CHCH_2OCH_3$ (H_3C)

(c) cyclohexane with H and Cl $\xrightarrow{HCN,\ CH_3OH}$ cyclohexane with H and CN

(d) CH_3–C(CH_3)(CH_3SO_2O)–$CH_2CH_2CH_2CH_2OH$ $\xrightarrow{Nitromethane}$ 2,2-dimethyltetrahydropyran (H_3C, H_3C, O)

(e) cyclopentane with H_3C and CH_2I $\xrightarrow{NaSCH_3,\ CH_3OH}$ cyclopentane with H_3C and CH_2SCH_3

(f) $CH_3CH_2CH_2Br \xrightarrow{NaN_3,\ CH_3OH} CH_3CH_2CH_2N_3$

(g) $(CH_3)_3CCl \xrightarrow{NaI,\ nitromethane} (CH_3)_3CI$

(h) $(CH_3CH_2)_2O \xrightarrow{CH_3I} (CH_3CH_2)_2\overset{+}{O}CH_3 + I^-$

(i) $CH_3I \xrightarrow{CH_3OH} CH_3OCH_3$

(j) $(CH_3CH_2)_3COCH_3 \xrightarrow{NaBr,\ CH_3OH} (CH_3CH_2)_3CBr$

(k) $CH_3CHCH_2CH_2Cl$ (CH_3) $\xrightarrow{NaOCH_2CH_3,\ CH_3CH_2OH}$ $CH_3CHCH{=}CH_2$ (CH_3)

(l) $CH_3CH_2CH_2CH_2Cl \xrightarrow{NaOCH_2CH_3,\ CH_3CH_2OH} CH_3CH_2CH{=}CH_2$

50. 아래의 출발물로부터 각 분자들을 합성하는 방법을 제안하시오. 필요하다면 어떤 시약과 용매도 사용할 수 있다. 어떤 경우에 있어서는 혼합 생성물이 생기는 것을 피할 방법이 없을 때도 있다. 이 경우 요구되는 생성물의 수득률을 극대화하는 조건과 시약을 사용하라(6장의 문제 45와 비교해 보라).

(a) Butane으로부터 $CH_3CH_2CHICH_3$의 합성

(b) Butane으로부터 $CH_3CH_2CH_2CH_2I$의 합성

(c) Methane과 2-methylpropane으로부터 $(CH_3)_3COCH_3$의 합성

(d) Cyclohexane으로부터 Cyclohexene의 합성

(e) Cyclohexane으로부터 Cyclohexanol의 합성

(f) 1,3-Dibromopropane으로부터 (S, S를 포함한 고리 구조)의 합성

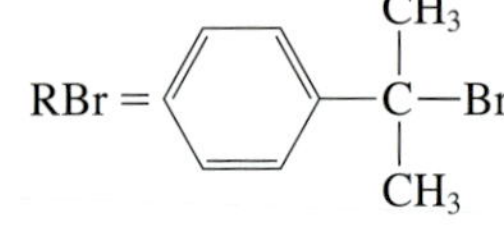

51. **도전 문제** 왼쪽 여백에 구조가 그려져 있는 [(1-bromo-1-methyl)ethyl] benzene은 일분자, 엄격히 말해 일차 과정에 의해 가용매분해반응을 진행한다. 9 : 1 acetone : 물 용매에서 [RBr] = 0.1 *M*일 때 반응 속도는 2×10^{-4} mol $L^{-1}s^{-1}$이다. **(a)** 이 자료로부터 속도 상수 *k*를 구하시오. 이 반응의 생성물은 무엇인가? **(b)** 0.1 M LiCl에서 속도는 4×10^{-4} mol $L^{-1}s^{-1}$로 증가한다. 반응은 아직 엄격하게 일차 과정으로 진행한다. k_{LiCl}을 다시 계산하시오. **(c)** 0.1 M LiCl 대신 0.1 M LiBr이 있을 때 측정한 속도는 1.6×10^{-4} mol $L^{-1}s^{-1}$로 떨어진다. 이 관찰을 설명하시오. 반응을 기술할 수 있는 반응식을 쓰시오.

52. 이 장에서 S_N1 가용매분해반응의 많은 예들을 접해보았다. 이들은 모두 다음 그림에 따라 진행한다.

$$R-X \xrightarrow{\text{Rate}_1 = k_1[RX]} X^- + R^+ \xrightarrow[\ddot{O}H_2]{\text{Rate}_2 = k_2[R^+][Nu:]} R-\overset{+}{O}H_2$$

양성자를 잃으면 최종 생성물이 얻어진다. 탄소양이온 중간체에 대한 상당량의 증거가 있지만, 이 중간체는 친핵체와 바로 반응해 버려 직접 관측하기가 쉽지 않다. 최근에 매우 비상식적인 S_N1 가용매분해반응의 예들이 관찰되고 있다. 그중 하나가 다음 예이다.

$$CH_3O-C_6H_4-CH(Cl)-C_6H_4-OCH_3 \xrightarrow{CF_3CH_2OH} CH_3O-C_6H_4-CH(OCH_2CF_3)-C_6H_4-OCH_3$$

무색의 반응 기질과 용매를 섞으면 붉은 오렌지색이 즉시 생긴다. 이는 탄소양이온 중간체가 생긴 것을 나타내 준다. 색깔은 몇 분 지나면 사라지고, 용액을 분석해 보면 최종 생성물만 100% 존재한다. **(a)** 측정 가능한 농도의 양이온 중간체가 얻어지는 데는 두 가지 이유가 있다. 이 특별한 화합물로부터 해리에 의해 얻어지는 탄소양이온은 비정상적으로 안정하다(그 이유는 22장에서 언급할 것이다). 그리고 친핵체인 용매(2,2,2-trifluoroethanol)는 ethanol 같은 일반적인 알코올에 비해 매우 약한 친핵체이다. 이 용매가 왜 그렇게 약한 친핵체인지 설명하시오. **(b)** 두 반응의 상대적인 속도(속도$_1$과 속도$_2$)는 어떻게 될까? 그리고 이 속도들은 일반적인 S_N1 반응 메커니즘의 속도들과 어떤 차이가 있는가? **(c)** 탄소양이온의 안정도를 증가시키면서 용매의 친핵성을 감소시키면 S_N1 반응에서 속도$_1$과 속도$_2$는 어떤 영향을 받는가? **(d)** 위 반응의 완전한 메커니즘을 그리시오.

53. 아래 반응에 해당되는 반응 경로를 찾고, 각 경로의 대문자로 표시된 곳의 구조를 그리시오.

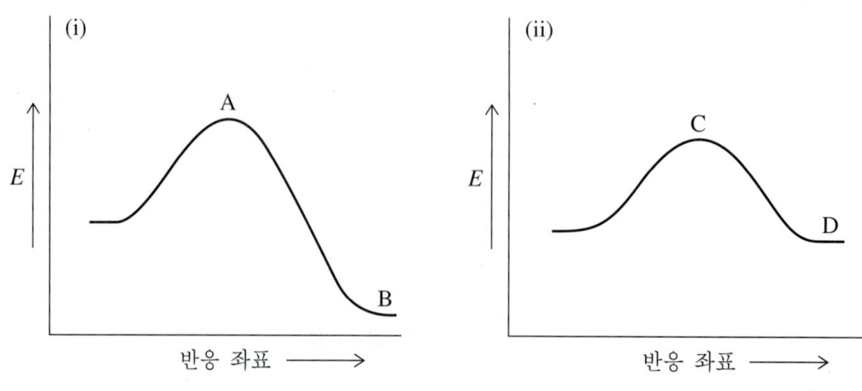

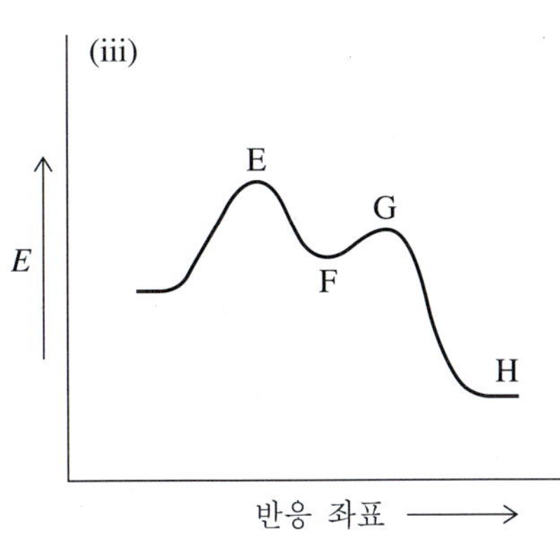

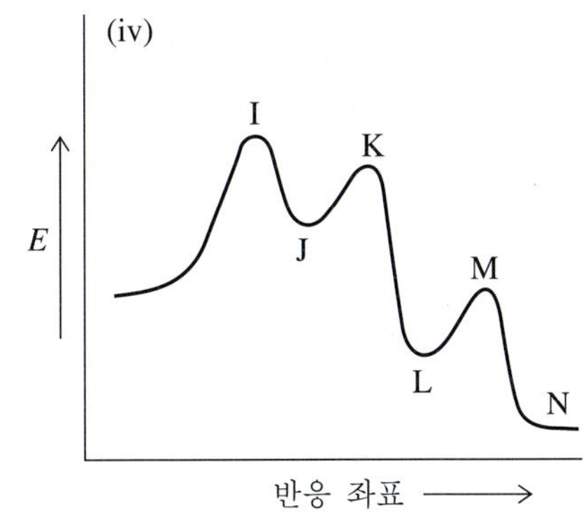

(a) $(CH_3)_3CCl + (C_6H_5)_3P \longrightarrow$ **(b)** $(CH_3)_2CHI + KBr \longrightarrow$
(c) $(CH_3)_3CBr + HOCH_2CH_3 \longrightarrow$ **(d)** $CH_3CH_2Br + NaOCH_2CH_3 \longrightarrow$

54. 중성이면서 극성인 용액에서 4-chloro-4-methyl-1-pentanol이 반응하여 만들 생성물의 구조를 그리시오.

$$(CH_3)_2\overset{\displaystyle Cl}{\overset{|}{C}}CH_2CH_2CH_2OH \longrightarrow HCl + C_6H_{12}O$$

강한 **염기성** 조건에서 반응 기질은 역시 반응하여 같은 화학식을 갖는 생성물을 형성한다. 그러나 그 구조는 완전히 다르다. 무엇이 다른가? 두 결과의 차이점을 설명하시오.

55. 다음 반응은 E1 메커니즘과 E2 메커니즘 둘 다 가능하다.

$$C_6H_5CH_2\underset{\underset{\displaystyle CH_3}{|}}{\overset{\overset{\displaystyle CH_3}{|}}{C}}Cl \xrightarrow{NaOCH_3,\ CH_3OH} C_6H_5CH{=}C(CH_3)_2 + C_6H_5CH_2\overset{\overset{\displaystyle CH_3}{|}}{C}{=}CH_2$$

0.02 M 할로알케인에서 E1 반응의 속도 상수는 $k_{E1} = 1.4 \times 10^{-4}\ s^{-1}$이고, E2 반응의 속도 상수는 $k_{E2} = 1.9 \times 10^{-4}\ L\ mol^{-1}\ s^{-1}$이다. **(a)** 0.5 M $NaOCH_3$에서 주로 작동하는 제거반응 메커니즘은 무엇인가? **(b)** 2.0 M $NaOCH_3$에서 주로 작동하는 제거반응 메커니즘은 무엇인가? **(c)** 염기의 어느 농도에서 반응 기질은 정확히 E1과 E2가 반반씩 일어나는가?

56. 아래에 있는 화합물은 methyl 에스터의 한 예이다. Methyl 에스터는 lithium iodide와 반응하여 lithium carboxylate 염을 준다. 이 경우 용매는 pyridine이다(오른쪽 여백의 그림).

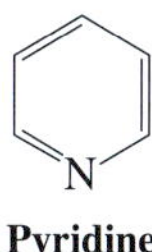

Pyridine

(decalin ring–$C(=O)OCH_3$) $\xrightarrow[\text{pyridine}]{Li^+I^-}$ (decalin ring–$C(=O)O^-Li^+$) $+\ CH_3I$

이 과정에 대한 그럴듯한 메커니즘을 결정하기 위한 실험을 몇 가지 제안하시오.

57. **도전 문제** 1,1-Dimethylethyl (*tert*-butyl) 기를 가지고 있는 에터는 묽은 강산에 의해 그림같이 쉽게 끊어진다.

(cyclohexyl)$-O-\underset{\underset{\displaystyle CH_3}{|}}{\overset{\overset{\displaystyle CH_3}{|}}{C}}-CH_3 \xrightarrow{CF_3CO_2H,\ H_2O}$ (cyclohexyl)$-OH + (H_3C)_2C{=}CH_2$

이 과정에 대한 그럴듯한 메커니즘을 그리시오. 강산의 역할은 무엇인가?

58. 아래의 친핵체들과 극성 비양성자성 용액에서 이차 할로알케인과의 반응에 대하여 그 메커니즘과 주 생성물들을 쓰시오. 괄호 안의 수치는 친핵체의 짝산에 대한 pK_a값이다.

(a) N_3^- (4.6) **(b)** H_2N^- (35) **(c)** NH_3 (9.5)
(d) HSe^- (3.7) **(e)** F^- (3.2) **(f)** $C_6H_5O^-$ (9.9)

(g) PH_3 (−12) **(h)** NH_2OH (6.0) **(i)** NCS^- (−0.7)

59. Cortisone은 중요한 소염 스테로이드제이다. Cortisone은 아래의 알켄으로부터 쉽게 만들 수 있다.

알켄 Cortisone

다음 세 개의 염화물에서 두 개는 염기에 의해 E2 제거반응을 수행하여 그 알켄을 주지만, 하나는 그렇지 못하다. 어느 것이 반응을 하지 않는 것인가? 이유도 같이 제시하시오. E2 제거반응을 시도하면 무엇을 대신 얻겠는가? (**힌트**: 각 화합물의 기하학적 구조를 그려보라.)

A B C

60. **도전 문제** *trans*-데칼린 유도체의 화학은 흥미있는데, 이들은 스테로이드의 부분 구조이기 때문이다. 브로민이 붙어 있는 화합물 (i과 ii) 의 모형을 만들어 보면 다음 문제에 대한 답을 쉽게 얻을 수 있다.

i ii

(a) 두 화합물 중 하나는 ethanol에서 $NaOCH_2CH_3$ 존재하에서 E2 반응을 다른 것보다 상당히 빠르게 수행한다. 어느 것이 이 화합물인가? 설명하시오.

(b) 다음에 주어진 중수소로 치환된 화합물 i과 ii는 염기와 반응하여 그림에 있는 생성물을 만든다.

i-deuterated $\xrightarrow{NaOCH_2CH_3,\ CH_3CH_2OH}$ (모든 D는 남아 있다)

ii-deuterated $\xrightarrow{NaOCH_2CH_3,\ CH_3CH_2OH}$ (모든 D는 사라진다)

안티 제거반응과 신 제거반응 중 어느 것이 일어나는가? 제거반응이 일어나기 위해 화합물들이 가져야 할 형태를 그리시오. (b)의 답이 (a) 문제를 푸는데 도움이 되었는가?

하이드록시 작용기: 알코올

성질, 제법 및 합성 전략

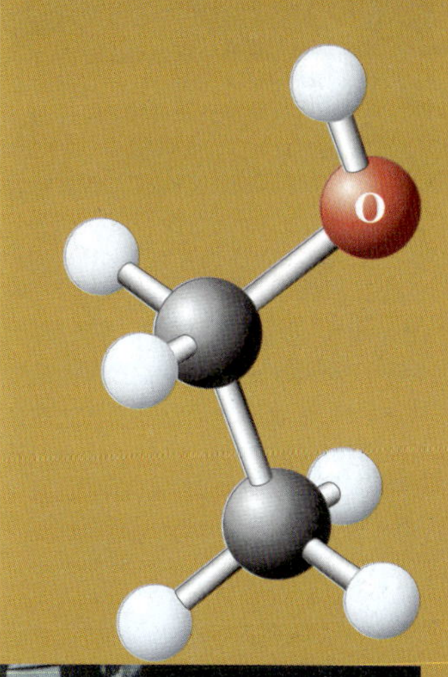

알코올이란 말을 들었을 때 먼저 생각나는 것은 무엇인가? 의심할 바 없이, 또한 좋아하거나 말거나, 어느 정도는 알코올 음료에 들어 있는 알코올인 에탄올과 관련이 있을 것이다. (적당한 양의) 에탄올을 마실 경우에 일어나는 기분 좋은 효과는 익히 알려져 있는 일이고, 몇 천년 동안 의도적으로 사용되어 온 것이다. 이것은 탄수화물을 천연적으로 발효시켜 에탄올이 얻어지는 것을 생각하면 놀라운 일은 아니다. 예를 들어, 효모에 설탕 수용액을 가하면 CO_2가 발생하고, 에탄올이 만들어진다.

$$\underset{\text{Sugar}}{C_6H_{12}O_6} \xrightarrow{\text{효모 효소}} \underset{\text{Ethanol}}{2\ CH_3CH_2OH} + 2\ CO_2$$

재생이 가능한 '녹색' 연료 공급원인 소위 바이오에탄올, 또는 휘발류에 10% 정도 첨가제로 사용하는 개스홀(gashol)을 만드는 데 필요한 다량의 에탄올을 공급하는 수단으로는 발효 방법이 사용되고 있다. 사탕수수, 옥수수, 스위치그래스(switchgrass), 짚 등의 다양한 공급 원료를 사용해서 상당히 효율적인 이런 방법으로 알코올로 변환하는 것이 가능하다(화학 이야기 3-1 참조). 2008년의 세계 생산량은 약 150억 갤런으로 추정된다.

$H-\ddot{O}-H$

물

$H_3C-\ddot{O}-H$

Methanol
(알코올)

$H_3C-\ddot{O}-CH_3$

Methoxymethane
(Dimethyl ether)
(에터)

부셔진 포도에서 얻는 주스를 발효하면 와인의 ethanol이 만들어진다. 그림은 포르투갈에서의 전통적인 방법을 보여 준다.

Ethanol을 만들고 난 후의 가루 옥수수가 미시시피 강에서 바지선에 실리고 있다. 이 생성물은 증류주 곡물이라고 알려져 있는데, 소의 사료로 쓰인다.

에탄올은 **알코올(alcohol)**이라 하는 큰 부류의 화합물에 속한다. 이 장에서는 알코올 화학에 대해 소개할 것이다. 2장부터 알코올은 **하이드록시(hydroxy)** 작용기인 OH 치환기를 탄소 사슬에 갖고 있다고 배웠다. 알코올은 수소 중 하나가 알킬기로 바뀌어진 물의 유도체로 볼 수 있다. 두 번째 수소마저 치환되면 **에테르(ether**, 9장)가 된다. 하이드록시 작용기는 알켄의 C=C 이중 결합(7, 9, 11장)이나 알데하이드나 케톤의 C=O 결합(이 장과 17장)과 같은 다른 작용기로 쉽게 변환이 된다.

알코올은 자연에 많이 존재하며 구조가 다양하다(예를 들어, 4-7절 참조). 간단한 구조의 알코올은 용매로 사용되며, 다른 알코올은 보다 복잡한 분자를 합성하는 데 쓰이고 있다. 이것들은 작용기가 어떻게 유기 분자의 구조와 기능을 만들어내는가를 보여 주는 좋은 예가 된다.

우리는 알코올의 이름에 대해서부터 논의를 시작할 것이다. 그런 다음 구조와 다른 물리적 성질에 대해, 특히 알케인, 할로알케인과 비교해서 간단히 설명할 것이다. 끝으로 알코올의 제법에 대해 알아보고, 새로운 유기 화합물을 효과적으로 합성하는 전략에 대한 첫 번째 얘기를 하고자 한다.

8-1 알코올의 명명법

다른 화합물의 경우와 마찬가지로 알코올은 체계적 이름과 관용명이 같이 존재한다. 체계적 명명법은 알케인의 유도체로 알코올을 취급한다. 알케인(alkane)에서 끝의 *-e*를 떼어내고, **-ol**을 붙인다. 따라서 알케인은 **알칸올(alkanol)**이 된다. 예를 들어, 가장 간단한 알코올은 메테인에서 유도되어 메탄올이 된다. 에탄올은 에테인에서 유래한 것이며, 프로판올은 프로페인에서 나온 것이다. 보다 복잡한 가지가 있는 경우, 알코올의 이름은 **OH 치환기를 포함한** 가장 긴 사슬(분자 내의 가장 긴 사슬이 아닐 수도 있다)이 기준이 된다.

OH　　　　OH

Methylheptanol　　Methylpropyloctanol

탄소 사슬에서의 위치는 OH기에 가장 가까운 말단으로부터 시작해서 각 탄소의 번호를 매긴다. 사슬을 따라 존재하는 다른 치환기의 이름은 접두사로서, 알칸올 어간에 더하게 된다. 복잡한 알킬기가 더해질 때는 탄화수소에 대한 IUPAC 규칙에 따라 명명하며(2-5절), 거울상 이성질체의 경우는 *R,S* 규칙에 따른다(5-4절). 알케인 사슬에 두 개 이상의 하이드록시기가 있을 때는 다이올, 트라이올 등으로 부른다.

$\overset{3}{C}H_3\overset{2}{C}H_2\overset{1}{C}H_2OH$　　$\overset{1}{C}H_3\overset{2}{C}H(OH)\overset{3}{C}H_2\overset{4}{C}H_2\overset{5}{C}H_3$　　HO H　　HO OH

1-Propanol　　2-Pentanol　　(3*R*)-2,2,5-Trimethyl-3-hexanol　　1,4-Butanediol

고리를 가진 알코올은 **사이클로알칸올(cycloalkanol)**이라 한다. 작용기를 가진 탄소가 자동으로 1의 번호를 붙인다.

OH　　HO CH_2CH_3　　OH Cl

Cyclohexanol　　1-Ethylcyclopentanol　　*cis*-3-Chlorocyclobutanol

치환기로 부를 때 OH기는 **하이드록시**라고 한다. 이것은 보다 우선하는 작용기가 올 때, 예를 들어 하이드록시카복실산의 경우에 필요하게 된다. 할로알케인과 마찬가지로 알코올은 일차, 이차, 삼차로 분류할 수 있다.

RCH_2OH 일차 알코올 | $RCR'(OH)(H)$ 이차 알코올 | $RCR'(OH)(R'')$ 삼차 알코올

$HOOC-C(H)(OH)CH_3$
(−)-2-Hydroxypropanoic acid
[(−)-Lactic acid]

연습 문제 8-1

다음 알코올의 구조를 그리시오. **(a)** (*S*)-3-Methyl-3-hexanol, **(b)** *trans*-2-bromocyclopentanol, **(c)** 2,2-Dimethyl-1-propanol (neopentyl alcohol)

연습 문제 8-2

다음 화합물의 이름을 쓰시오.

(a) $CH_3CH(CH_3)CH_2CH(OH)CH_3$ **(b)** CH_3CH_2-cyclohexane-OH **(c)** $CH_3CH(Br)CH(Cl)CH_2OH$

관용명에서는 알킬기의 이름에 **알코올**이란 단어를 붙인다. 이 경우 단어 사이는 띄어 쓴다. 관용명은 오래된 문헌에서 볼 수 있는데, 이런 이름을 사용하지 않는 것이 최선이지만, 알아둘 필요는 있다.

CH_3OH Methyl alcohol | $CH_3CH(CH_3)OH$ Isopropyl alcohol | $CH_3C(CH_3)_2OH$ *tert*-Butyl alcohol

요약 알코올은 알칸올(IUPAC) 또는 알킬 알코올로 이름짓는다. IUPAC 명명법에서는 hydroxy 기를 갖고 있는 사슬로부터 이름이 유래하며, 위치는 가장 낮은 번호부터 시작해서 붙인다.

8-2 알코올의 구조적 성질과 물리적 성질

하이드록시기(—OH)는 알코올의 물리적 특성을 지배한다. 분자 구조에 영향을 미치며, 수소결합을 할 수 있다. 결과적으로 끓는점은 높아지고, 물에 대한 용해도가 증가한다.

알코올의 구조는 물의 구조와 닮았다

그림 8-1은 메탄올의 구조가 물과 메톡시메테인(dimethyl ether)과 얼마나 닮은가를 보여 주고 있다. 세 가지 화합물의 결합각으로부터 전자 반발 및 중심 산소에 있는 치환기의 입체적 크기 증가에 따른 효과를 알 수 있다. 아주 정확히 맞지는 않지만(연습 문제 1-17 참조), 산소는 암모니아와 메테인에서와 같이(1-8절 참조) sp^3 혼성화되어 있고, 헤테로원자 주위에 사면체에 가까운 결합각을 갖고 있다. 나머지 두 개의 고립 전자쌍은 두 개의 비결합 sp^3 혼성화 오비탈에 놓여진다.

부분적으로는 탄소에 비해 산소의 전기음성도가 크기 때문에 O—H 결합은 C—H 결합보다 상당히 짧다. 산소의 전기음성도가 큰 것은 핵이 얼마나 결합 전자를 포함하여 주위의 전

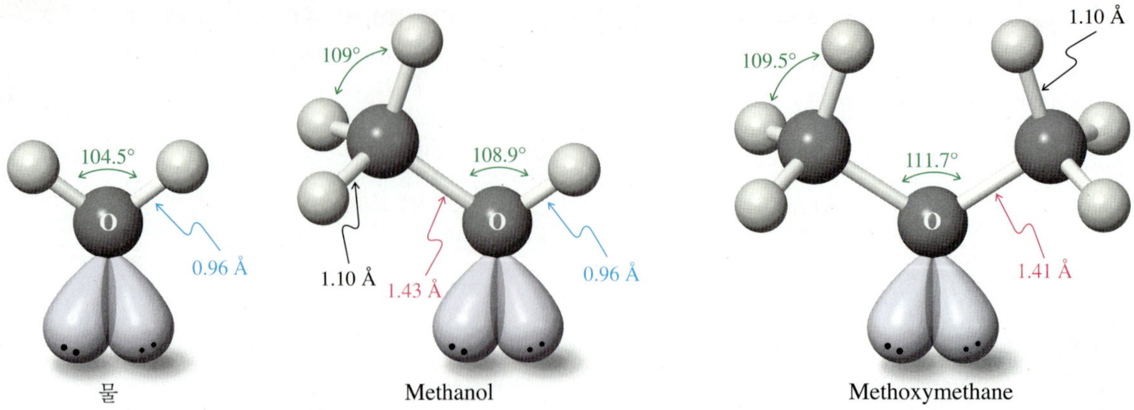

그림 8-1 물, methanol, methoxymethane의 구조상의 유사성.

기체상에서의 물 집합체는 물리화학자에 의해 분석되었다. 이 그림은 (courtesy of professor Richard Saykally) 배경으로 물 구조를 놓고 가장 에너지가 낮은 상태의 물 육합체를 보여 주고 있다. 노란색의 선은 수소 결합을 나타낸다.

자를 단단히 잡고 있는가를 말해 주는 것이다(표 1-2). 결합 길이가 짧아지면 결합 세기도 같이 변화한다. $\Delta H^\circ_{O-H} = 104\ \text{kcal mol}^{-1}$ ($435\ \text{kJ mol}^{-1}$), $\Delta H^\circ_{C-H} = 98\ \text{kcal mol}^{-1}$ ($410\ \text{kJ mol}^{-1}$).

산소의 전기음성도가 더 크기 때문에 알코올은 비대칭적인 전하 분포를 갖는다. 이러한 효과에 따라 O—H 결합이 극성을 띠게 되고, 수소가 부분적으로 양의 전하를 갖게 되며, 물에서와 같은 분자 쌍극자를 생성한다(1-3절). 편극화의 영향은 물과 메탄올의 정전기적 퍼텐셜 지도에서 명확하게 볼 수 있다.

물과 methanol의 결합 및 분자 쌍극자

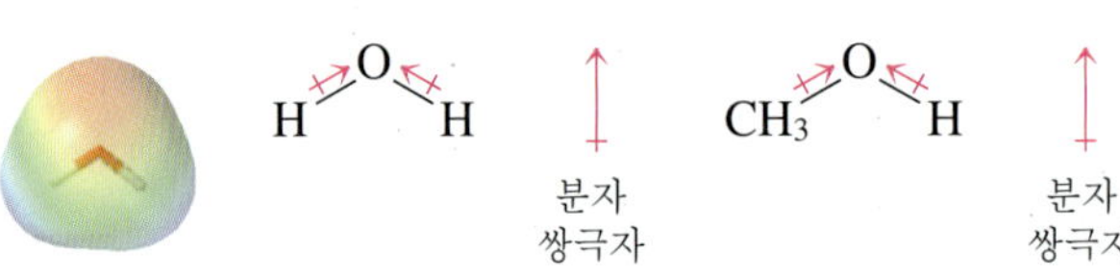

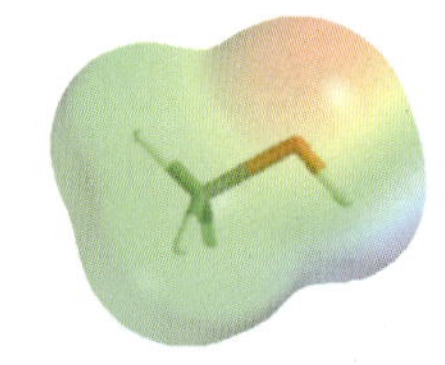

수소 결합은 끓는점의 상승과 물에 대한 알코올의 용해도 증가를 초래한다

6-1절에서 할로알케인의 극성을 이용해서 해당하는 알케인보다 할로알케인의 끓는점이 왜 높아지는가를 설명하였다. 알코올의 극성은 할로알케인과 비슷하다. 이것으로부터 할로알케인의 끓는점이 해당하는 알코올과 유사할 것이라고 생각할 수 있다. 그러나 표 8-1에서 보면 그렇지는 않다. 알코올은 특이하게도 비슷한 알케인이나 할로알케인보다 끓는점이 높다.

표 8-1 알코올과 몇 가지 유사한 할로알케인 및 알케인의 물리적 성질

화합물	IUPAC 명	관용명	녹는점 (℃)	끓는점 (℃)	23℃에서 H_2O의 용해도
CH_3OH	Methanol	Methyl alcohol	−97.8	65.0	무한
CH_3Cl	Chloromethane	Methyl chloride	−97.7	−24.2	0.74 g/100 mL
CH_4	Methane		−182.5	−161.7	3.5 mL (gas)/100 mL
CH_3CH_2OH	Ethanol	Ethyl alcohol	−114.7	78.5	무한
CH_3CH_2Cl	Chloroethane	Ethyl chloride	−136.4	12.3	0.447 g/100 mL
CH_3CH_3	Ethane		−183.3	−88.6	4.7 mL (gas)/100 mL
$CH_3CH_2CH_2OH$	1-Propanol	Propyl alcohol	−126.5	97.4	무한
$CH_3CH_2CH_3$	Propane		−187.7	−42.1	6.5 mL (gas)/100 mL
$CH_3CH_2CH_2CH_2OH$	1-Butanol	Butyl alcohol	−89.5	117.3	8.0 g/100 mL
$CH_3(CH_2)_4OH$	1-Pentanol	Pentyl alcohol	−79	138	2.2 g/100 mL

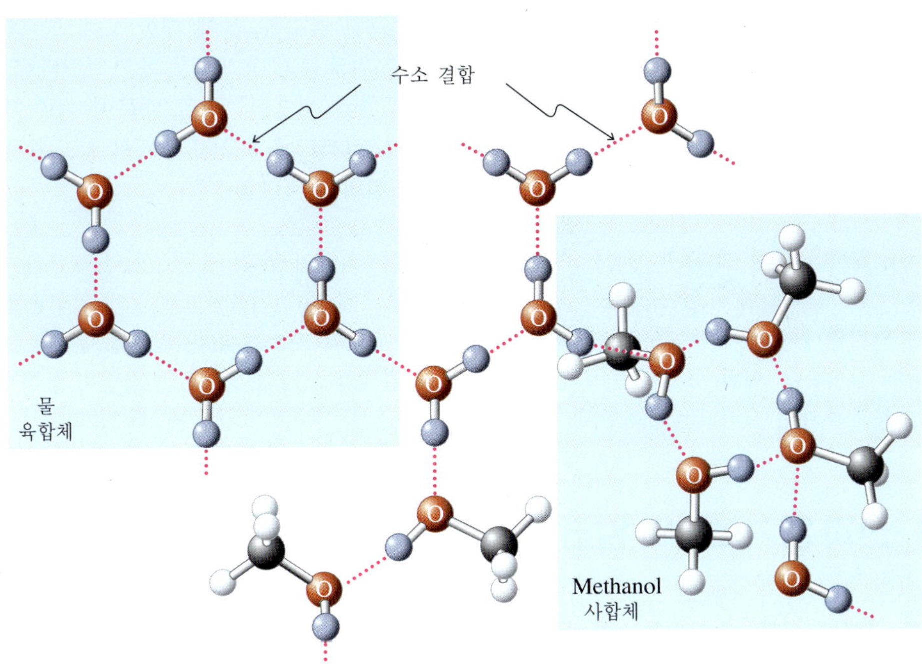

그림 8-2 Methanol 수용액의 수소 결합. 분자는 복잡한 삼차원의 배열을 이루고 있으며, 여기에서는 한 층만을 보였다. 순수한 물(예를 들면, 얼음의 경우)에서는 고리 형태의 육합체 단위 구조 배열을 하고 있다(위 왼쪽). 순수한 작은 알코올은 고리 형태의 사합체 구조를 선호한다(아래 오른쪽).

설명은 수소 결합으로 가능하다. 수소 결합은 한 알코올 분자의 산소 원자와 다른 분자의 수소 원자 사이에서 이루어진다. 알코올은 이러한 상호작용으로 광범위한 망상구조를 만들게 된다(그림 8-2). 수소 결합이 공유 결합인 O—H 결합에 비해서는($\Delta H° = 104$ kcal mol^{-1}) 매우 길고 약하지만[$\Delta H° = 5 \sim 6$ kcal mol^{-1} (21 ~ 25 kJ mol^{-1})], 많은 수의 결합이 생성되는 까닭에 합친 세기가 크므로 분자가 액체에서 빠져나올 수 없다. 결과적으로 높은 끓는점을 갖게 된다.

이러한 효과는 수소 결합이 가능한 두 개의 수소를 갖고 있는 물에서 가장 두드러진다(그림 8-2 참조). 이러한 현상으로 분자량이 단지 18에 지나지 않는 물이 끓는점이 100 °C인가를 설명할 수 있다. 이런 성질이 없다면 물은 상온에서 기체로 존재할 것이다. 살아 있는 생명체에서 물의 중요성을 생각한다면, 액체인 물이 없다면 우리 행성에 생명체가 생존해 나가는 데 어떤 영향을 끼쳤을지 생각해 보라.

물과 알코올의 수소 결합은 다른 성질에도 관계한다. 많은 알코올은 물에 잘 녹는다(표 8-1). 이런 성질은 물에 의해 용매화가 잘 일어나지 않는 비극성인 알케인과 대조적이다. 알케인은 물에 잘 녹지 않는데, 이러한 성질을 **소수성**[**hydrophopic**(*hydro*, 그리스어로 물을 의미. phobos, 그리스어로 공포를 의미)]이라 한다. 대부분의 알킬 사슬도 마찬가지이다. 소수성의 효과는 두 가지 현상에서 유래하였다. 첫 번째, 알킬 사슬을 물에 녹이면 용매의 수소 결합 망상구조를 깨뜨릴 필요가 있다. 두 번째, 알킬 부분은 London 힘에 의해 서로 자기집합이 일어난다(2-6절 참조).

묘목의 소수성 표면에 물 한 방울이 놓여져 있다.

알킬기가 소수성을 보이는 것과 대조적으로, OH기 또는 다른 극성 치환기(예를 들어, COOH와 NH_2)는 **친수성(hydrophilic)**이라서 물에 대한 용해도를 증가시킨다.

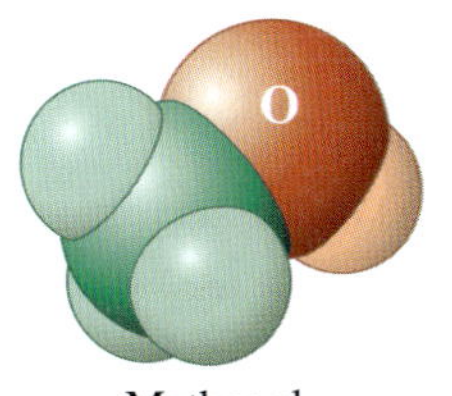

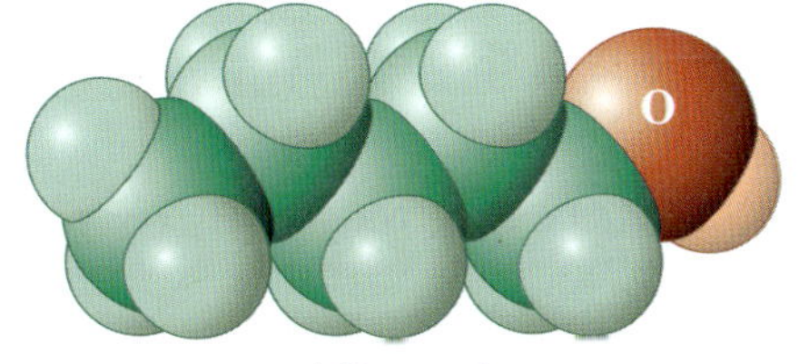

그림 8-3 Methanol과 1-pentanol의 소수성(녹색)과 친수성(붉은색) 부분 [공간채움(space-filling) 모형]. Methanol에서는 극성 작용기가 물리적 성질을 지배한다. 분자는 물에 완전히 녹는다. 그러나 hexane에는 부분적으로만 녹는다. 반대로, 1-pentanol에서 소수성 부분이 크게 차지하므로, hexane에는 무한대로 녹아 들어가나 물에서는 제한적으로만 녹는다(표 8-1).

표 8-1에서 보듯이 알코올의 알킬(소수성) 부분이 크면 클수록, 물에 대한 용해도는 감소한다. 동시에 알코올의 알킬 부분은 비극성 용매에 대한 알코올의 용해도를 증가시킨다(그림 8-3). 분자량이 작은 알코올, 특히 메탄올과 에탄올의 "물과 비슷한" 구조 때문에 이들 알코올은 극성 화합물과 심지어 염의 아주 좋은 용매가 된다. 그러므로 S_N2 반응에서 알코올이 좋은 **양성자 용매**(*protic solvent*)로 사용되는 것은 놀라운 일이 아니다(6-8절).

요약 알코올(또한 에터)의 산소는 사면체이며, sp^3 혼성화되어 있다. 공유 결합인 O—H 결합은 C—H 결합에 비해 길이가 짧고 세기는 더 강하다. 산소의 전기음성도 때문에 알코올은 물이나 에터와 같이 상당한 분자 극성을 보인다. 하이드록시의 수소는 다른 알코올 분자와 수소 결합에 참여한다. 이런 성질 때문에 알케인이나 할로알케인에 비해 끓는점은 상당히 높아지며, 극성 용매에 대한 용해도는 증가한다.

8-3 산과 염기로서의 알코올

알코올은 여러 가지 용도로 쓰이는데 이것은 알코올이 산과 염기로 쓰일 수 있다는 사실에서 비롯된 것이다(이런 개념을 복습하려면 2-2절을 참조). 즉, 양성자가 제거되면 알콕시화 이온이 된다. 구조가 어떻게 pK_a값에 영향을 주는지 알아볼 것이다. 산소의 고립 전자쌍 때문에 알코올은 염기로도 작용하며, 양성자가 첨가되면 알킬옥소늄(alkyloxonium) 이온이 된다.

알코올의 산도는 물과 비슷하다

물에 녹아 있을 경우 알코올의 산도는 평형 상수 K로 나타낸다.

$$RO\ddot{}-H + H_2\ddot{O} \overset{K}{\rightleftharpoons} R\ddot{O}:^- + H_3O:^+$$

Alkoxide
이온

물의 농도는 일정하므로(55 mol L^{-1}, 2-2절), 새로운 평형 상수 K_a를 유도할 수 있다.

$$K_a = K[H_2O] = \frac{[H_3O^+][RO^-]}{[ROH]} \text{ mol L}^{-1} \text{과} \quad pK_a = -\log K_a$$

표 8-2는 몇 가지 알코올의 pK_a를 보여 준다. 이 값과 무기산과 다른 강산에 대한 표 2-2의 값을 비교하면, 알코올은 물과 같이 꽤 약한 산이다. 그러나 알코올의 산도는 알케인이나 할로알케인에 비교하면 매우 큰 값을 갖는다.

왜 알코올은 산성인데 알케인과 할로알케인은 산성이 아닐까? 이 질문의 답은 양성자가 붙어 있는 산소가 상대적으로 강한 전기음성도를 갖고 있어서 알콕시화 이온의 음전하가 안정화되는 데 있다.

알코올과 알콕사이드 이온 사이의 평형을 짝염기 쪽으로 이동시키기 위해서는 생성되는 알콕사이드보다 **강한** 염기를 사용하여야 한다(즉, 알코올보다 **약한** 짝산으로부터 만들어지는 염기, 9-1절 참조). 아마이드화 소듐($NaNH_2$)과 메탄올이 반응하여 메톡시화 소듐과 암모니아가 생성되는 반응을 예로 생각해 보자.

$$\underset{pK_a = 15.5}{CH_3\ddot{O}-H} + \underset{\text{Sodium amide}}{Na^+\ {}^-:\ddot{N}H_2} \overset{K}{\rightleftharpoons} \underset{\text{Sodium methoxide}}{CH_3\ddot{O}:^-\ Na^+} + \underset{pK_a = 35}{:NH_3}$$

이 평형은 오른쪽으로 꽤 치우쳐 있게 되는데($K \approx 10^{35-15.5} = 10^{19.5}$), 메탄올은 암모니아보다 매우 강한 산이기 때문에, 바꿔 말하면 메톡사이드보다 아마이드가 매우 강한 산이기 때문에

표 8-2 물에서 알코올의 pK_a값

화합물	pK_a	화합물	pK_a
HOH	15.7	$ClCH_2CH_2OH$	14.3
CH_3OH	15.5	CF_3CH_2OH	12.4
CH_3CH_2OH	15.9	$CF_3CH_2CH_2OH$	14.6
$(CH_3)_2CHOH$	17.1	$CF_3CH_2CH_2CH_2OH$	15.4
$(CH_3)_3COH$	18		

그러하다.

때로는 화학량론적 평형 농도보다 적게 알콕사이드가 만들어지더라도 충분하다. 이러한 목적으로는 알코올에 알칼리 금속 수산화물을 가할 수가 있다.

$$CH_3CH_2\ddot{\underset{\cdot\cdot}{O}}{-}H + Na^+ \ {}^-{:}\ddot{\underset{\cdot\cdot}{O}}H \overset{K}{\rightleftharpoons} CH_3CH_2\ddot{\underset{\cdot\cdot}{O}}{:}^- \ Na^+ + H_2\ddot{\underset{\cdot\cdot}{O}}$$

$$pK_a = 15.9 \qquad\qquad pK_a = 15.7$$

이 염기가 존재할 경우 출발물이 동등한 몰만큼씩 존재한다고 하면, 알코올의 대략 반만이 알콕사이드로 존재한다. 만일 알코올이 용매로 사용된 경우는(즉, 과량으로 존재하는 경우), 근본적으로 모든 염기가 알콕사이드의 형태로 존재한다.

연습 문제 8-3

개념 문제: 산-염기 평형의 예측

Methanol을 KCN과 반응하여 potassium methoxide를 만들고자 한다. 이 방법은 성공하겠는가?

전략

원하는 반응을 잘 이해하기 위해서는 적어보는 것이 필요하다. 다음 반응식의 각 변에 pK_a값을 적는다(표 2-2, 6-4, 8-2 참조). 오른쪽 (짝) 산의 pK_a가 왼쪽의 methanol값보다 2 단위 이상 크면, 평형은 $>99\%$ 오른쪽으로 놓이게 된다 ($K > 100$).

풀이

- 평형 반응과 해당하는 pK_a값은

$$CH_3OH + K^+ \ CN^- \rightleftharpoons CH_3O^- \ K^+ + HCN$$

$$pK_a = 15.5 \qquad\qquad pK_a = 9.2$$

- HCN의 pK_a값은 methanol보다 6.3 단위값 낮다. 아주 산도가 크다.
- 평형은 왼쪽으로 치우쳐 있다. $K = 10^{-6.3}$. 이런 방법으로 potassium methoxide를 만드는 것은 성공하지 못한다.

연습 문제 8-4

자습 문제

다음 중 어느 것이 methanol의 양성자이탈반응을 완전하게 일으키기에 충분할 정도로 강한 염기인가? 짝산의 pK_a는 괄호 안에 주어져 있다.

(a) $CH_3CH_2CH_2CH_2Li$ (50), **(b)** CH_3CO_2Na, **(c)** $LiN[CH(CH_3)_2]_2$ (LDA, 40)

(d) KH (38), **(e)** CH_3SNa (10)

입체 장애와 유도 효과에 의해 알코올의 산도가 조절된다

표 8-2에서 알코올의 산도가 거의 100만 배 변화하는 것을 볼 수 있다. 첫 번째 세로줄을 자세

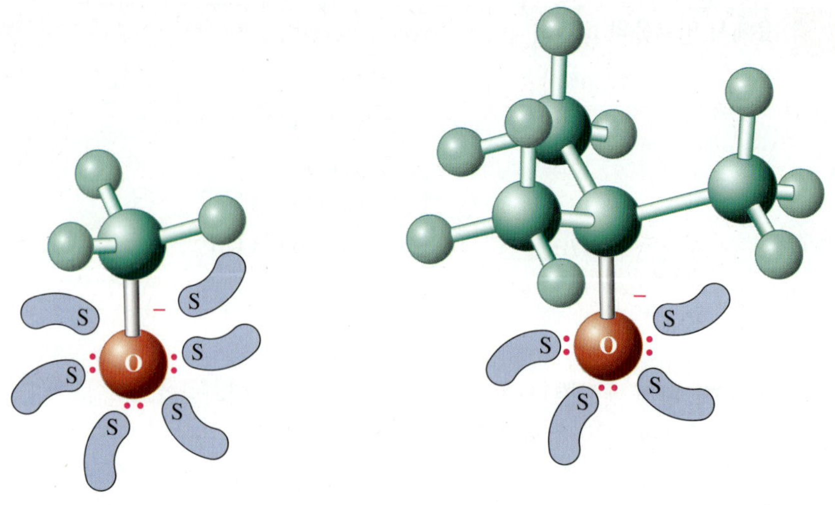

그림 8-4 더 작은 methoxide는 더 큰 삼차 butoxide 이온보다 더 잘 용매화된다 (S = 용매 분자).

히 보면 메탄올에서 일차, 이차, 삼차 알코올로 갈수록 산도가 감소 (pK_a 증가) 한다는 것을 알 수 있다.

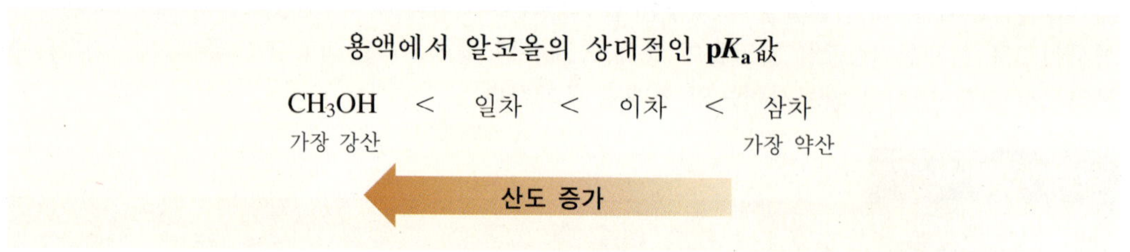

이러한 순서는 알콕사이드에서 수소 결합과 용매화에 대한 입체 장애에 기인한다고 설명할 수 있다 (그림 8-4). 용매화 및 수소 결합은 산소의 음전하를 안정화시키므로, 이런 과정을 방해하면 pK_a값이 증가한다.

2-Chloroethoxide 에서 염소의 유도 효과

$$Cl{-}CH_2{-}CH_2{-}\ddot{\underset{..}{O}}:^-$$

증가하는 유도 효과

표 8-2의 두 번째 줄에서 보면 알코올의 pK_a에 영향을 주는 다른 요소를 알 수 있다. 할로젠이 존재하면 산도가 증가한다. C—X 결합의 탄소는 X의 전기음성도값이 큰 까닭에 양으로 극성화되어 있음을 상기하라 (1-3절과 6-1절). 할로젠이 전자를 끌어당기기 때문에 더 멀리 있는 원자도 약간 양전하를 띠게 된다. 음전하이거나 양전하이거나 전하가 원자 사슬에서 σ 결합을 통해 전파되는 현상을 **유도 효과 (inductive effect)** 라 한다. 여기에서는 알콕사이드 산소의 음전하를 정전기 인력에 의해 안정화시킨다. 알코올에서 유도 효과의 크기는 전기음성도기의 수에 비례하며, 산소로부터 거리가 커지면 감소한다.

연습 문제 8-5

다음의 알코올을 산도가 증가하는 순서로 나열하시오.

OH OH OH OH
Cl Cl Cl

연습 문제 8-6

다음 평형 반응에서 (출발물이 같은 몰의 농도를 넣었다고 가정하면) 어느 쪽이 더 유리한가?

$$(CH_3)_3CO^- + CH_3OH \rightleftharpoons (CH_3)_3COH + CH_3O^-$$

산소의 고립 전자쌍이 알코올을 약염기성으로 만든다

알코올은 비록 약하긴 하지만 염기성일 수도 있다. 알코올의 짝산인 알킬옥소늄의 낮은 pK_a 값(강한 산도)이 나타내는 바와 같이, OH기에 양성자를 붙이기 위해서는 매우 강한 산이 필요하다(표 8-3). 산과 염기의 양쪽으로 다 작용하는 분자를 **양쪽성** [**amphoteric** (*ampho*, 그리스어로 양쪽을 의미)]이라고 한다.

하이드록시기의 양쪽성 성질에서 알코올의 화학 반응성의 특징이 나타나게 된다. 강산에서는 알킬옥소늄으로 존재하며, 중성에서는 알코올로, 강염기에서는 알콕사이드로 존재한다.

표 8-3

네 가지 양성자가 첨가된 알코올의 pK_a값

화합물	pK_a
$CH_3\overset{+}{O}H_2$	−2.2
$CH_3CH_2\overset{+}{O}H_2$	−2.4
$(CH_3)_2CH\overset{+}{O}H_2$	−3.2
$(CH_3)_3C\overset{+}{O}H_2$	−3.8

알코올은 양쪽성이다

$$R\overset{+}{\ddot{O}}H_2 \underset{\text{약염기}}{\overset{\text{강산}}{\rightleftharpoons}} R\ddot{O}H \underset{\text{약산}}{\overset{\text{강염기}}{\rightleftharpoons}} R\ddot{O}:^-$$

Alkyloxonium 이온 알코올 Alkoxide 이온

요약 알코올은 양쪽성이다. 산소의 전기음성도 때문에 산성이며, 강염기에 의해 알콕사이드로 변환된다. 용액에서는 가지구조의 크기 때문에 알콕사이드의 용매화가 방해를 받는다. 따라서 해당하는 알코올의 pK_a가 증가한다. 작용기에 가까이 위치한 전자를 끄는 치환기는 유도 효과에 의해 pK_a가 낮아진다. 알코올은 약한 염기성이며, 강산에 의해 양성자가 첨가되어 알킬옥소늄 이온이 생성된다.

8-4 알코올의 공업용 원료: 일산화 탄소와 에텐

알코올의 제법에 대해 살펴보자. 이 절에서는 공업적 제법으로 중요성이 있는 방법을 먼저 알아보자. 이어서 합성 실험실에서 하이드록시기를 도입하기 위해 다양한 유기 화합물에 사용하는 방법에 대해 설명할 것이다.

메탄올은 **합성 기체** (**synthesis gas**)라고 하는 일산화 탄소와 수소의 압력화된 혼합체로부터 수십억 파운드 규모로 만들어진다. 반응에는 구리, 산화 아연(zinc oxide)과 산화 크로뮴(II) [chromium (III) oxide]을 포함한 촉매가 사용된다.

$$CO + 2\,H_2 \xrightarrow{\text{Cu–ZnO–}Cr_2O_3,\ 250^\circ C,\ 50–100\ atm} CH_3OH$$

촉매를 로듐이나 루테늄으로 바꾸면 1,2-에테인다이올(ethylene glycol)이 만들어지는데, 자동차 부동액의 주성분으로서 공업적으로 중요한 화합물이다.

$$2\,CO + 3\,H_2 \xrightarrow{\text{Rh 또는 Ru, 압력, 가열}} HOCH_2\text{—}CH_2OH$$

1,2-Ethanediol (Ethylene glycol)

합성 기체는 물이 존재하는 경우 석탄이나 생물자원(biomass)의 기체화(gasification) 또는 메테인의 부분적 산화를 통해 쉽게 만들 수 있는데, 현재 합성 기체로부터 원하는 알코올을 선택적으로 만드는 반응이 집중적으로 연구되고 있다.

$$\text{Coal} \xrightarrow{\text{공기},\ H_2O,\ \Delta} x\,CO + y\,H_2 \xleftarrow{\text{공기}} CH_4$$

합성 기체로부터 만들어지는 메탄올의 값은 갤런당 \$1밖에 되지 않고, 열의 함량이 높기 때문에 [182.5 kcal mol^{-1} (763.6 kJ mol^{-1}), 표 3-7의 값을 비교하라], 이 방법은 메탄올에 기반한

최소형 직접 methanol 연료 전지.

연료 전략의 토대가 되고 있다. 메탄올 연료 전지는 개발 전략에서 핵심이 되고 있는데, 연료 전지에서는 메탄올을 CO_2로 변환하면서 전자가 방출된다. 연료 전지는 자동차나 휴대전화, 노트북 컴퓨터 등 전자 장치의 동력원으로 또는 가정용 소형 동력발생장치에 쓰이고 있다.

에탄올은 설탕의 발효나 (이 장의 시작 부분 참조), 에텐 (ethylene) 의 인산–촉매 수화반응에 의해 대량으로 만들어진다. 알켄의 수화반응 (또한 다른 첨가반응) 에 대해서는 12장에서 상세하게 다룰 것이다.

$$CH_2{=}CH_2 + HOH \xrightarrow{H_3PO_4,\ 300^\circ C} \underset{\mathrm{H}}{CH_2}-\underset{\mathrm{OH}}{CH_2}$$

요약 메탄올과 1,2-에테인다이올의 공업적 제법은 일산화 탄소를 수소로 환원하는 것이다. 에탄올은 발효 또는 에텐 (에틸렌) 의 산촉매 수화반응을 통해 만들어진다.

8-5 친핵성 치환에 의한 알코올의 합성

공업적보다는 작은 규모로 다양한 출발물로부터 알코올을 만들 수 있다. 예를 들어, 각각 수산화물과 물을 친핵체로 사용하는 S_N1과 S_N2 과정을 거쳐서, 할로알케인을 알코올로 변환할 수가 있는데, 이것은 6장과 7장에서 설명한 바가 있다. 그러나 이러한 방법은 원하는 할로젠화물이 해당하는 알코올로부터 만들어지는 까닭에 생각보다는 널리 이용되지 않는다 (9장). 이 방법은 친핵성 치환반응의 일반적인 단점을 갖고 있다. 입체 장애가 있는 화합물의 경우는 이분자 제거반응이 주된 부반응이 될 수가 있으며, 삼차 할로젠화물의 경우는 탄소양이온을 거쳐 E1 반응이 일어날 수 있다. 이러한 단점은 어느 정도는 극성, 비양성자성 (aprotic) 용매를 사용하면 극복할 수가 있다 (표 6-5).

친핵성 치환에 의한 알코올의 합성

(1-bromooctane) Br $\xrightarrow[S_N2]{H_2O,\ HO^-,\ HMPA}$ (1-octanol) OH 92%

(2-octyl tosylate: H_3C–C₆H₄–SO_2–O, H) $\xrightarrow[S_N1]{H_2O,\ HMPA}$ H OH 50% + HO H 21%

(2-bromobutane) Br $\xrightarrow[S_N1\ \text{and}\ E1]{H_2O}$ OH 90% + 10% +

연습 문제 8-7

다음의 할로알케인을 어떻게 알코올로 변환시킬 수 있는지 보이시오.

(a) Bromoethane **(b)** chlorocyclohexane **(c)** 3-chloro-3-methylpentane

산소 친핵체와 이차 할로젠 화합물이나 입체 장애가 있는 할로젠 화합물의 S_N2 반응에서 제거반응이 일어나는 문제를 해결하는 방법은, 아세테이트와 같은 염기성이 작고 작용기면에서 볼 때 물을 대치할 수 있는 것을 사용하는 것이다 (6-8절). 결과적으로 생성된 알킬 아세테이트 (에스터) 는 수산화물의 수용액을 써서 원하는 알코올로 변환할 수 있다. **에스터 가수분**

해(*ester hydrolysis*)라고 하는 이 반응은 20장에서 논의할 것이다.

아세테이트 치환에 의한 할로알케인으로부터 알코올의 합성—가수분해

단계 1.

$$\mathrm{CH_3CH_2CH(CH_3)CH_2CH_2{-}\ddot{B}r{:}} + \mathrm{CH_3C(=O)\ddot{O}{:}^-Na^+} \xrightarrow{\text{DMF, 80°C}} \mathrm{CH_3CH_2CH(CH_3)CH_2CH_2\ddot{O}C(=O)CH_3} + \mathrm{Na^+{:}\ddot{B}r{:}^-}$$

1-Bromo-3-methylpentane → 3-Methylpentyl acetate (에스터) 95%

단계 2.

$$\mathrm{CH_3CH_2CH(CH_3)CH_2CH_2\ddot{O}{-}C(=O)CH_3} + \mathrm{Na^+\ {}^-OH} \xrightarrow[-\mathrm{CH_3C(=O)O^-Na^+}]{\mathrm{H_2O}} \mathrm{CH_3CH_2CH(CH_3)CH_2CH_2\ddot{O}H}$$

85% 3-Methyl-1-pentanol

요약 할로알케인을 쉽게 구할 수 있고, 제거반응과 같은 부반응이 방해하지 않는다면, 알코올은 할로알케인으로부터 친핵성 치환에 의해 만들 수 있다.

8-6 알코올의 합성: 알코올과 카보닐 화합물의 산화-환원 관계

이 절에서는 알코올의 중요한 합성법인 알데하이드와 케톤의 환원에 대해 논의할 것이다. 다음으로 알데하이드와 케톤에 유기금속 화합물을 첨가하여 알코올을 만들 수 있으며, 이 과정에서는 새로운 탄소-탄소 결합이 생성되는 것을 알게 될 것이다. 합성에서 알데하이드와 케톤의 용도가 다양하기 때문에, 알코올의 산화에 의해 알데하이드와 케톤을 만드는 방법에 대해서도 설명할 것이다.

유기화학에서 산화와 환원은 특별한 의미를 갖고 있다

무기화학에서 산화와 환원 과정은 전자를 잃거나 얻는 것으로 익히 알고 있다. 유기 화합물에서 반응은 전자를 얻거나 잃는 것이 확실하지 않은 경우가 많다. 따라서 유기화학에서는 산화와 환원을 다르게 정의하는 것이 보다 유용하다. 어떤 분자에 할로젠이나 산소와 같은 전기음성도가 큰 원자가 가해지거나, 수소가 제거되는 과정은 **산화(oxidation)**이다. 역으로 할로젠이나 산소가 제거되거나, 수소가 가해지면 **환원(reduction)**으로 정의한다. 이 정의는 메테인(CH_4)을 산화해서 이산화 탄소(CO_2)가 생성되는 단계별 산화 과정을 통해 쉽게 이해할 수 있을 것이다.

CH_4에서 CO_2로의 단계별 산화

$$\mathrm{CH_4} \xrightarrow{+\mathrm{O}} \mathrm{CH_3OH} \xrightarrow{-2\mathrm{H}} \mathrm{H_2C{=}O} \xrightarrow{+\mathrm{O}} \mathrm{HC(=O)OH} \xrightarrow{-2\mathrm{H}} \mathrm{O{=}C{=}O}$$

이렇게 산화-환원 관계를 정의하면 알코올과 알데하이드를 연관시킬 수가 있다. 카보닐기의 이중 결합에 두 개의 수소 원자를 첨가하는 것은 해당하는 알코올로의 환원을 의미한다. 알데하이드는 일차 알코올이 되며, 케톤의 경우는 이차 알코올이 생성된다. 역과정은 수소를 제거하여 카보닐기가 생성되는 것인데, 이는 산화 과정의 예가 된다. 이러한 과정을 합쳐서 **산화환원반응(redox reaction)**이라 한다.

화학 이야기 8-1

생물학적 산화와 환원

생물계에서 알코올은 산화반응을 통한 대사 과정을 거쳐 카보닐 화합물로 변환된다. 예를 들어, 에탄올은 양이온 산화제인 **니코틴아마이드 아데닌 다이뉴클레오타이드** (*nicotinamide adenine dinucleotide*, 약자로 NAD^+: 화학 이야기 25-2 참조)에 의해 아세트알데하이드로 변환된다. 이 과정은 효소인 **알코올 탈수소효소** (*alcohol dehydrogenase*)가 촉매로 관여한다(이 효소는 알데하이드를 알코올로 환원하는 역과정에도 촉매작용을 한다. 이 장 끝의 문제 58과 59 참조). 1-Deuterioethanol의 두 거울상이성질체가 효소와 반응할 때 생화학적 산화 과정은 입체특이적으로 일어난다. NAD^+는 아래의 첫 번째 반응에서 알코올의 C1에서 화살표로 표시한 수소만을 제거한다(화학 이야기 25-2).

다른 알코올도 생화학적으로 유사하게 산화된다. 메탄올(목정, "wood alcohol")이 비교적 큰 독성이 있는 것은 산화되어 폼알데하이드가 생성되기 때문인데, 폼알데하이드는 생물학적 분자의 친핵성 자리에 한 개의 탄소 단위를 옮겨 주는 시스템을 방해하기 때문이다.

$$\text{(S)-1-Deuterioethanol} + NAD^+ \xrightarrow[-NAD\text{–}H]{\text{알코올 탈수소효소}} CH_3C(=O)D$$

$$\text{(R)-1-Deuterioethanol} + NAD^+ \xrightarrow[-NAD\text{–}D]{\text{알코올 탈수소효소}} CH_3C(=O)H$$

알코올이 효소적으로 산화된다는 것은 대사 과정에서 중요한 위치를 차지한다. 섭취하는 음식을 대사 과정에서 분해하는 역할은 음식을 조절하며, "태워서" (즉, 연소: 3-10절 참조) 우리 신체가 필요로 하는 열과 화학적 에너지를 방출하는 것이다. 다른 기능은 작용기, 특히 하이드록시기를 선택적으로 분자의 작용기가 없는 부분(다시 말해 알킬 치환기)에 도입하는 것이다. 이 과정을 하이드록시화라고 한다. **사이토크롬** (*cytochrome*) 단백질은 중요한 생체분자로서 이러한 임무를 수행한다. 이런 분자는 모든 살아 있는 세포에 존재하며, 식물과 동물이 생물종으로 갈라지기 전인 15억년 전에 출현하였다. 사이토크롬 P-450은 (22-9절 참조) O_2를 사용하여 유기 분자에 직접 하이드록시화를 일으킨다. 간에서 이러한 과정은 신체에 들어온 외부의 물질

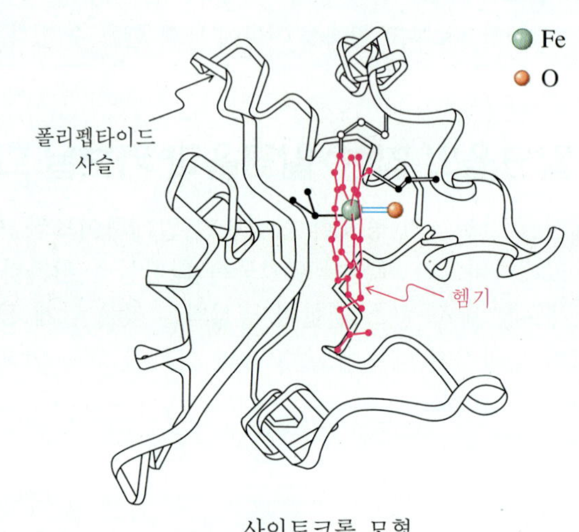

사이토크롬 모형

알코올과 카보닐 화합물 간의 산화환원 관계

$$\text{RHC=O (알데하이드)} \underset{\text{산화}}{\overset{\text{환원}}{\rightleftharpoons}} \text{RCH}_2\text{OH (일차 알코올)} \qquad \text{RR'C=O (케톤)} \underset{\text{산화}}{\overset{\text{환원}}{\rightleftharpoons}} \text{RR'CHOH (이차 알코올)}$$

이러한 과정을 실험실에서는 어떻게 수행하는가? 이 절의 나머지 부분은 카보닐 화합물의 환원이나 알코올의 산화에 가장 흔하게 사용되는 방법에 대해 소개할 것이다.

카보닐기를 수소음이온을 이용하여 환원하면 알코올을 만들 수 있다

개념상으로 카보닐기를 가장 쉽게 환원하는 방법은 수소, H—H를 탄소-산소 결합에 직접적으로 첨가하는 것이다. 이런 과정이 가능하지만 고압과 특수한 촉매가 필요하다. 보다 쉬운 방법은 극성 과정을 거치는 것으로, 이중 결합에 수소음이온($H:^-$)과 양성자(H^+)를 동시적이거나 단계적으로 가하는 것이다. $H:^- + H^+ = H—H$이므로 두 가지 경우의 결과는 같게 된다. 실제로는 어떻게 수행하는가?

(xenobiotic, 우리가 먹는 대부분의 약들이 해당됨)을 해독하는 과정이다. 흔히 하이드록시화의 일차적 효과는 물에 대한 용해도를 증가시켜서 약의 배설을 촉진하고, 독성이 축적되지 않도록 하는 것이다.

선택적(*selective*) 하이드록시화는 스테로이드 합성에서 중요하다(4-7절). 예를 들어, 프로제스테론으로부터 C17, C21, C11 세 위치에 하이드록시화가 일어나 코티솔이 만들어진다. 단백질은 완벽하게 입체선택성으로 작용기를 도입하는데, 목표 화합물의 특정한 위치를 구별할 뿐 아니라, 반응이 일어나는 순서도 조절한다. 이러한 선택성이 얻어지는 이유를 왼쪽의 사이토크롬 모형을 살펴보면 어느 정도 알 수가 있을 것이다.

활성 자리는 Fe 원자가 폴리펩타이드(단백질) 사슬 덮개 속에 끼워져 있고, 강하게 묶여 있는 헴기(26-8절)에 단단히 고정되어 있다. Fe 중심은 O_2에 결합되어 Fe—O_2 화학종을 만들고, 환원되어 H_2O와 Fe═O 화학종을 만든다. 이 산화물은 라디칼로서 그림에서 보인 바와 같이 R—H 단위와 반응하여 R·와 Fe—OH 중간체를 생성한다. 탄소 기반 라디칼은 다음 OH를 떼어내어 알코올을 만들게 된다.

프로제스테론

사이토크롬 P-450, O_2

Cortisol

$$Fe^{3+} \xrightarrow{+e,\ O_2} Fe^{3+}\text{—}O_2^- \xrightarrow{+e} Fe^{3+}\text{—}O_2^{2-}$$

$$\xrightarrow[-H_2O]{2\,H^+} \left[Fe^{3+}\text{═}O \longleftrightarrow \cdot Fe^{4+}\text{—}O\cdot \right]$$

$$\xrightarrow{RH} \left[Fe^{3+}\text{—}OH + R\cdot \right] \longrightarrow Fe^{3+} + ROH$$

폴리펩타이드 덮개가 있어서 만들어지는 입체적, 전자적 환경 때문에, 프로제스트론과 같은 기질이 활성 철 자리에 접근하려면 매우 특정한 배향을 해야 하고, 이 때문에 C17, C21, C11과 같은 특정한 위치에서만 산화가 일어나게 된다.

카보닐기의 전자는 두 구성 원자 사이에 균일하게 분포되어 있지 않다. 산소가 탄소보다 전기음성도가 더 크므로, 카보닐기의 탄소는 친전자성이며, 산소는 친핵성이다. 이러한 극성은 전하가 분리된 형태의 공명 구조로 나타낼 수 있다(1-5절). 오른쪽 여백 그림에 있는 폼알데하이드(H_2C═O)의 정전기 퍼텐셜 지도에서 이런 상태를 볼 수 있다.

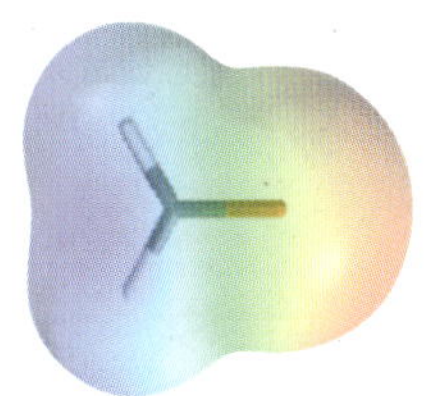
Formaldehyde

카보닐기의 극성 특징

$$\overset{\delta^+}{C}\text{═}\overset{\delta^-}{\ddot{O}} \qquad \left[C\text{═}\ddot{O} \longleftrightarrow \overset{+}{C}\text{—}\overset{-}{\ddot{O}}: \right]$$

친전자성 친핵성

따라서 친핵성 수소를 갖고 있는 적당한 시약이 있다면, 수소음이온을 탄소에, 양성자를 산소에 첨가할 수가 있다. 이러한 시약에 해당하는 것이 수소화붕소 소듐(sodium borohydride, $Na^+\ ^-BH_4$)과 수소화 알루미늄 리튬(lithium aluminum hydride, $Li^+\ ^-AlH_4$)이다. 이러한 화학종에서 음이온은 전자적, 구조적으로 메테인과 유사하다(문제 1-23 참조). 하지만 붕소와 알루미늄은 주기율표에서 왼쪽에 위치하므로(표 1-1), 음이온은 음전하를 띠고 있다. 따라서 수소는 "수소음이온화"되어 있으며, 결합 전자쌍을 전달하여 카보닐 탄소를 공격하고 알콕사

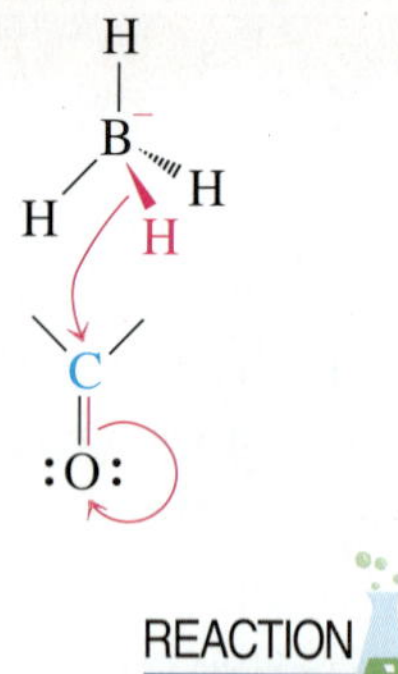

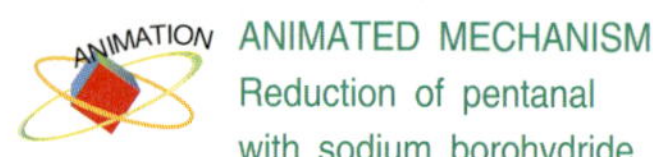

ANIMATED MECHANISM: Reduction of pentanal with sodium borohydride

이드 이온을 생성한다. 이러한 변환은 B—H 결합으로부터 전자를 밀어내어, 카보닐 산소에 위치하게 함으로써(왼쪽 여백 그림 참조) 이해할 수 있다. 단계적(또는 동시적) 과정에서 용매($NaBH_4$ 경우는 알코올) 또는 수용액을 사용한 반응마무리(work-up, $LiAlH_4$의 경우)를 통해 알콕시화 이온에 양성자가 붙게 된다.

일반적인 수소음이온 환원반응에 의한 알데하이드나 케톤으로부터 알코올의 합성

$$RCHO + NaBH_4 \xrightarrow{CH_3CH_2OH} R{-}CH(OH){-}H$$

$$RC(O)R' + LiAlH_4 \xrightarrow{(CH_3CH_2)_2O} \xrightarrow{\text{HOH 반응마무리}} R{-}CH(OH){-}R'$$

알데하이드나 케톤에서 알코올로의 수소음이온 환원반응의 예

$$CH_3CH_2CH_2CH_2CHO \xrightarrow[CH_3CH_2OH]{NaBH_4} CH_3CH_2CH_2CH_2CH(OH)H$$

Pentanal → 85% 1-Pentanol

Cyclobutanone → (1. $LiAlH_4$, $(CH_3CH_2)_2O^*$ 2. H^+, H_2O) → 90% Cyclobutanol

주: Cyclobutanone의 환원반응에서 여러 단계의 반응 과정을 나타내는 방법에 대해 알려 주고 있다. 단계 1에서 출발물은 ethoxyethane (diethyl ether)에서 반응한다. 단계 2에서는 이 변환의 생성물을 수용액 산과 반응시킨다. 이러한 관례를 이해하고 정확하게 사용하는 것이 중요하다. 예를 들어, 시약 1과 2를 섞으면 $LiAlH_4$의 가수분해가 급격하게 일어날 것이다.

연습 문제 8-8

다음 화합물을 $NaBH_4$로 환원하는 경우에 예상되는 생성물을 모두 적으시오(**힌트**: 입체이성질체가 생성될 가능성이 있음을 기억하라).

(a) $CH_3C(O)CH_2CH_2CH_3$ **(b)** $CH_3CH_2C(O)CH_2CH_3$ **(c)** $CH_3CH_2C(O)C(CH_3)(H)CH_2CH_3$

연습 문제 8-9

전자 반발 때문에 카보닐기에 대한 친전자성 공격은 π 결합에 대해 수직으로(90° 각도) 일어나지 않고, 음으로 극성화된 산소에 대해 어떠한 각도(107°)를 갖고 일어난다. 결과적으로 친핵체는 목표 탄소의 치환기에 대해 상대적으로 가깝게 접근한 상태로 접근하게 된다. 이런 이유로 수소음이온 환원은 입체선택성으로 일어나며, 기질 분자에서 보다 입체적으로 가려진 쪽으로 수소가 전달된다. 화합물 A를 $NaBH_4$로 반응시켰을 경우 생성되는 화합물의 입체화학적 결과를 예측하시오(**힌트**: **A**의 의자 형태를 그려보라).

A

이러한 환원반응에 보다 간단한 시약인 LiH나 NaH (1-3절 참조)를 왜 사용하지 않는가? BH_4^-와 AlH_4^- 형태에서의 수소음이온에서는 염기도가 감소하며, 유기 용매에서의 B와 Al 시약의 용해도가 높기 때문이다. 예를 들어, 유리된 수소음이온은 강력한 염기이며, 양성자성 용매에 의해 양성자가 즉시 붙게 된다 [연습 문제 8-4(d) 참조]. 하지만 BH_4^-에서와 같이 붕소가 붙어 있게 되면 반응성이 상당히 줄어들게 되며, 따라서 $NaBH_4$는 에탄올과 같은 용매에서도 사용할 수 있게 된다. 이런 용매에서 이 시약은 수소음이온을 카보닐기의 탄소에 주고, 동시에 용매에 의해 카보닐기의 산소에 양성자가 붙게 된다. 에탄올로부터 만들어진 에톡사이드는 결과로 생성된 BH_3 (여섯 개의 전자를 가지므로 전자가 부족, 1-8절 참조)와 결합하여 수소화에톡시붕소로 된다.

$NaBH_4$ 환원의 메커니즘

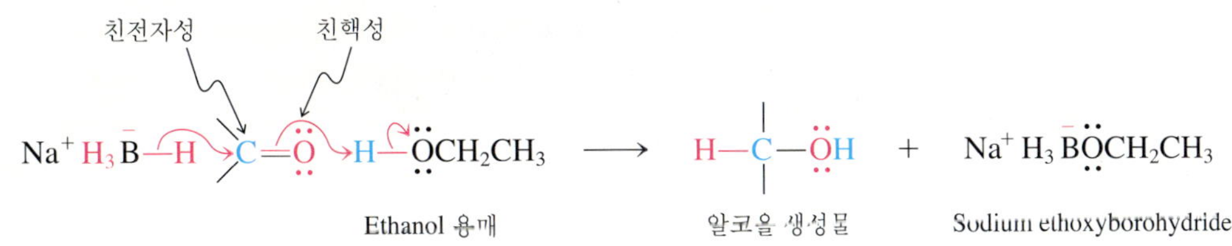

생성된 수소화에톡시붕소는 원래 시약의 모든 수소음이온 원자가 소모될 때까지 추가로 세 개의 카보닐 화합물과 더 반응한다. 결과적으로 수소화붕소 1당량은 4당량의 알데하이드와 케톤을 환원하여 알코올을 만들 수 있다. 결국 붕소 시약은 테트라에톡시보레이트 $[^-B(OCH_2CH_3)_4]$로 된다.

수소화 알루미늄 리튬은 수소화붕소 소듐보다 반응성이 크므로(따라서 덜 선택적이다. 8-7절과 이후 장을 참조). 알루미늄은 붕소보다 전기음성도가 작으므로(보다 전기양성도가 큼, 표 1-2), $^-AlH_4$의 수소는 금속에 덜 강하게 결합되어 있고, 보다 음으로 편극되어 있다. 따라서 수소는 보다 더 염기성이며(그리고 친핵성) 물이나 알코올과 격렬하게 반응해서 수소 기체를 발생한다. 수소화 알루미늄 리튬을 이용한 환원 과정은 에톡시에테인(diethyl ether)과 같은 비양성자성 용매에서 수행하여야 한다.

양성자성 용매에 lithium aluminium hydride를 사용한 환원반응

$$LiAlH_4 + 4\,CH_3\ddot{O}H \xrightarrow{\text{빠름}} LiAl(\ddot{O}CH_3)_4 + 4\,H{-}H\uparrow$$

수소화 알루미늄 리튬을 알데하이드나 케톤에 가하면 우선 수소화 알콕시알루미늄이 생성되며, 이것은 계속해서 수소음이온을 추가로 세 개의 카보닐기에 전달하여 모두 4당량의 알데하이드나 케톤을 환원할 수 있다. 수용액으로 반응마무리하면 과량의 시약을 없애고, 테트라알콕시알루미네이트를 수산화 알루미늄 $[Al(OH)_3]$으로 가수분해하여 알코올을 생성물로 내놓게 된다.

$LiAlH_4$ 환원반응의 메커니즘

$$Li^+\,H_3\bar{A}l{-}H \;\; \rangle C{=}\ddot{O} \longrightarrow H{-}\overset{|}{\underset{|}{C}}{-}\ddot{O}AlH_3\,Li^+ \xrightarrow[\text{세 번 반복 반응}]{\text{3몰 이상의 }\rangle C{=}O\text{ 와}}$$

Lithium alkoxyaluminum hydride

$$(H{-}\overset{|}{\underset{|}{C}}{-}\ddot{O})_4Al^-\;Li^+ \xrightarrow{H\ddot{O}H\text{ 반응마무리}} 4\,H{-}\overset{|}{\underset{|}{C}}{-}\ddot{O}H + Al(\ddot{O}H)_3 + Li\ddot{O}H$$

Lithium tetraalkoxy-aluminate　　알코올 생성물

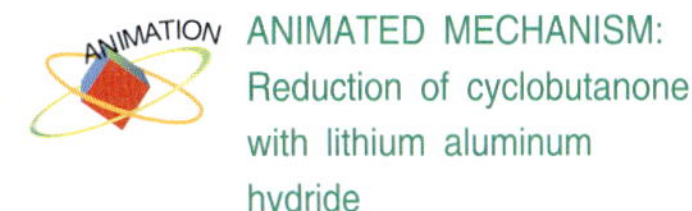

ANIMATED MECHANISM: Reduction of cyclobutanone with lithium aluminum hydride

화학 이야기 8-2

음주 측정기

알코올이 존재하는 경우 Cr(VI) (오렌지색) 의 색이 Cr(III) (초록색) 로 바뀌는 것을 이용해서, 술에 취해있다고 생각되는 사람의 호흡 (따라서 혈액) 속의 에탄올 수준을 일차적으로 측정할 수 있다 (알코올의 생리적 효과에 대해서는 9-11절 참조). 시험 결과가 양성이면 보다 정확한 혈액 또는 소변 검사를 요청할 수가 있게 된다. 이런 결과가 나올 수 있는 것은 혈중 알코올이 확산되어 폐를 통해 호흡으로 나오기 때문이다. 분배되는 비율은 대략 2100 : 1 (즉, 2100 mL의 호흡 속에 들어 있는 에탄올의 양은 1 mL의 혈액 속에 있는 양과 같다) 이 된다. 이 테스트의 가장 간단한 형태는 테스트에 참여하는 사람에게 $K_2Cr_2O_7$과 H_2SO_4가 실리카겔 (SiO_2) 에 지지되어 분말 형태로 들어 있는 관을 10 ~ 20초 동안 불게 한다 (관의 끝에 붙어 있는 플라스틱 백이 부풀어지는 것으로 알 수 있다). 호흡 속에 들어 있는 알코올은 아세트산 (ethanoic acid) 으로 산화되며, 이 반응 과정은 관을 따라 오렌지에서 초록색으로 점차적인 색 변화가 일어나는 것으로 알 수 있다. 이 반응은 다음의 균형 맞춘 반응식으로 나타낼 수 있다.

$$\underset{\text{오렌지색}}{2\,K_2Cr_2O_7} + 8\,H_2SO_4 + 3\,CH_3CH_2OH \longrightarrow \underset{\text{초록색}}{2\,Cr_2(SO_4)_3} + 2\,K_2SO_4 + 3\,CH_3\overset{\overset{\large O}{\|}}{C}OH + 11\,H_2O$$

호흡 속의 알코올을 검출하기 위한 테스트.

만일 초록색이 관의 반을 나타내는 표시를 지나서 보이게 되면, 혈중 알코올 농도가 0.08% 이상이라는 것이며, 이 농도가 되면 (음주운전 측정 시에) 많은 국가에서 범죄로 인정된다. 이러한 단순한 과정보다 정밀하게 테스트할 필요가 있는 경우에는, 산화 정도를 정량화하기 위해 소위 **호흡분석 테스트** (*breath analyzer test*) 라고 하는 분광학적 테크닉을 사용한다. 보다 최근에 개발한 방법은 소형 기체 크로마토그래프, 전기화학적 분석기, 적외선 분광기 (11-8절 참조) 를 사용하는 것이다. 어떤 사람들은 음주 측정기를 미리 흡연을 하거나, 커피가루를 씹거나, 마늘을 먹거나, 클로로필 제재를 섭취하면 속일 수 있다고 하는데, **이는 모두 틀린 말이다.**

$$CrO_3 + H_2O \underset{pH > 6}{\rightleftharpoons} CrO_4^{2-} \underset{pH = 2\text{–}6}{\rightleftharpoons} HCrO_4^- + Cr_2O_7^{2-} \underset{pH < 1}{\rightleftharpoons} H_2CrO_4$$

연습 문제 8-10

다음의 알코올을 만들기 위한 환원반응을 적으시오.
(a) 1-Decanol **(b)** 4-methyl-2-pentanol **(c)** cyclopentylmethanol **(d)** 1,4-cyclohexanediol

환원에 의한 알코올 합성 반응은 역반응도 가능하다: 크로뮴화물 시약

방금 수소음이온 시약을 사용하는 환원반응에 의해 알데하이드와 케톤을 환원함으로써 알코올을 합성하는 방법에 대해 배웠다. 역과정도 가능하다. 알코올을 산화해서 알데하이드와 케톤을 만들 수 있다. 이러한 목적으로 유용한 시약은 높은 산화 상태의 전이 금속인 크로뮴 (VI) 이다. 이 형태에서 크로뮴은 주황색이다. 알코올과 반응하면 크로뮴 (VI) 화학종은 환원되어 특징적인 짙은 초록색의 Cr(III) 이 된다 (화학 이야기 8-2 참조). 해당하는 시약으로는 주로

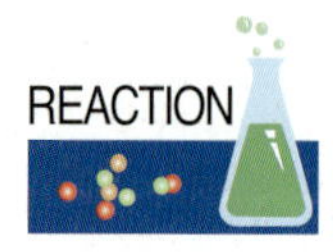

Cr(VI) 수용액에 의한 이차 알코올의 케톤으로의 산화

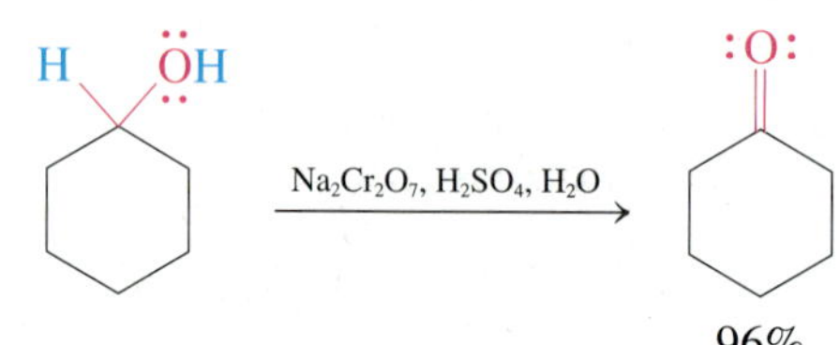

다이크로뮴산염($K_2Cr_2O_7$ 또는 $Na_2Cr_2O_7$) 또는 CrO_3가 쓰인다. 이차 알코올을 케톤으로 산화하는 것은 산 수용액에서 수행하는데, 이 경우 모든 크로뮴 시약은 pH에 따라 다양한 양의 크로뮴산, H_2CrO_4을 생성한다.

물속에서 일차 알코올은 1-프로판올에서 보는 바와 같이 **과산화되어**(*overoxidized*) 카복실산이 된다. 그 이유는 물속에서 알데하이드가 물이 첨가되어 만들어지는 다이올과 평형에 있기 때문이다. 다이올 중 하나의 하이드록시기가 크로뮴화물 시약에 의해 더 산화되어 카복실산이 된다. 알데하이드와 케톤의 수화에 대해서는 17장에서 설명할 것이다.

$$CH_3CH_2CH_2OH \xrightarrow[H_2SO_4,\ H_2O]{K_2Cr_2O_7,} CH_3CH_2\overset{O}{\overset{\|}{C}}H \underset{}{\overset{H^+,\ H_2O}{\rightleftharpoons}} CH_3CH_2CH(OH)_2 \xrightarrow{\text{과산화}} CH_3CH_2\overset{O}{\overset{\|}{C}}OH$$

Propanal 1,1-Propanediol Propanoic acid

하지만 물이 없으면 알데하이드는 과산화가 일어나지 않는다. 따라서 CrO_3와 HCl과의 반응 후, 유기 염기인 피리딘을 첨가하여 무수 형태의 Cr(VI)가 개발되었다. 결과적으로 얻어진 산화제는 **클로로크로뮴산 피리디늄(pyridinium chlorochromate)**인데, 간단히 $pyH^+\ CrO_3Cl^-$ 또는 **PCC**(오른쪽 여백 그림 참조)라고 한다. 이 시약을 사용하면 일차 알코올로부터 다이클로로메테인 용매에서 좋은 수득률로 알데하이드를 얻을 수 있다.

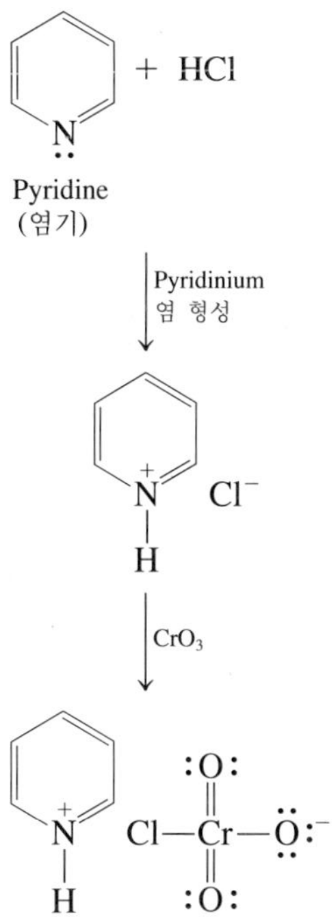

Pyridine (염기) + HCl → (Pyridinium 염 형성) → pyridinium Cl^- → (CrO_3) → Pyridinium chlorochromate (PCC 또는 $pyH^+CrO_3Cl^-$)

일차 알코올의 알데하이드로의 PCC를 이용한 산화

$$CH_3(CH_2)_8CH_2OH \xrightarrow{pyH^+\ CrO_3Cl^-,\ CH_2Cl_2} CH_3(CH_2)_8\overset{O}{\overset{\|}{C}}H$$

92%

PCC 산화 조건은 이차 알코올에도 사용되는데, 비교적 비산성인 반응 조건이 부반응을 최소화할 수 있는 까닭에(즉, 탄소양이온 생성, 7-2, 7-3, 9-3절 참조). 수용액의 크로뮴산을 사용하는 경우에 비해 보통 수득률이 더 좋다. 삼차 알코올은 Cr(VI)에 의해 산화반응이 일어나지 않는데, OH 작용기 옆에 수소가 없고, 따라서 탄소–산소 이중 결합을 쉽게 만들 수 없기 때문이다.

연습 문제 8-11

다음 반응의 생성물을 적으시오. 입체화학에 대해서는 뭐라고 말할 수 있는가?

(a) *cis*-4-Methylcyclohexanol $\xrightarrow[H_2SO_4,\ H_2O]{Na_2Cr_2O_7,}$ $\xrightarrow{NaBH_4}$

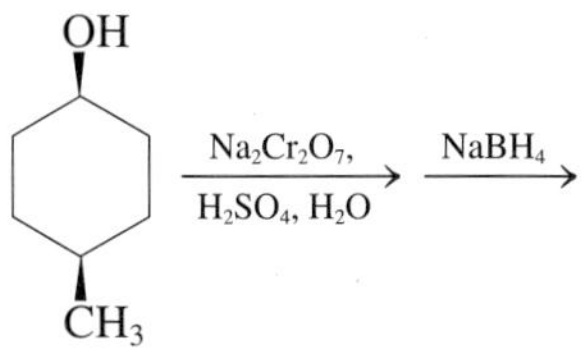

(b) 3,5-heptanedione $\xrightarrow[\text{2. } H_2O \text{ 반응마무리}]{\text{1. 과량 } LiAlH_4}$ $C_7H_{16}O_2$ (알코올 두 개)

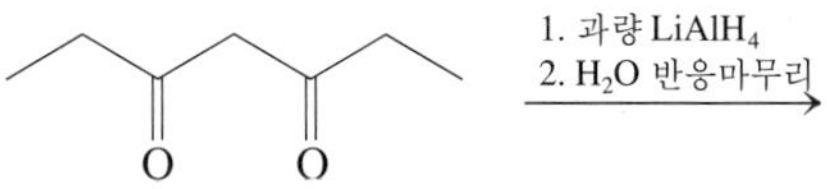

(c) HO–CH₂CH₂–CH(CH₃)–CH₂–CHO (광학 활성) $\xrightarrow{pyH^+\ CrO_3Cl^-}$ 광학 비활성

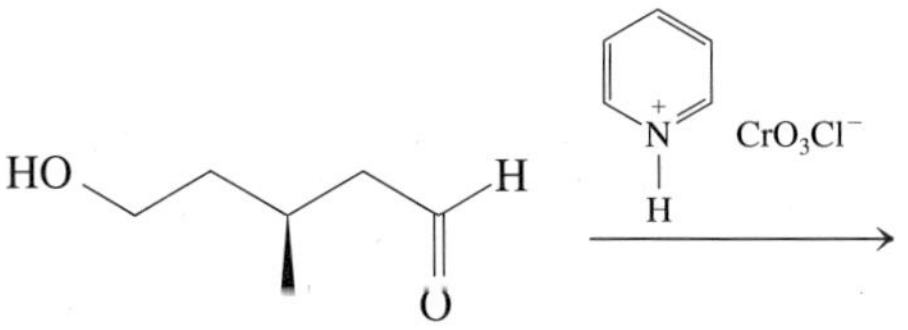

크로뮴산 에스터는 알코올 산화반응의 중간체이다

알코올의 크로뮴(VI) 산화반응의 메커니즘은 어떻게 되는가? 첫 번째 단계는 **크로뮴산 에스터(chromic acid)** 라고 하는 중간체의 생성이다. 크로뮴의 산화 상태는 변화하지 않는다.

알코올로부터 chromic ester의 생성

$$RCH_2OH + HO{-}Cr(VI)(=O)_2{-}OH \rightleftharpoons RCH_2O{-}Cr(VI)(=O)_2{-}OH + H_2O$$

Chromic acid　　Chromic ester

알코올 산화에서의 두 번째 단계는 E2 반응과 동일하다. 여기에서 물(또는 PCC의 경우 피리딘)은 약한 염기로 작용하며, 알코올 산소 옆에 있는 양성자를 제거한다. 이 양성자는 Cr(VI) (이것이 환원되기 쉽다는 것을 기억하라!)이 전자를 끌어당기기 때문에 유달리 산성이다. 크로뮴에 전자쌍을 내놓아서 두 단위의 산화 상태가 바뀌면서 Cr(IV)가 되는 까닭에, $HCrO_3$는 예외적으로 좋은 이탈기이다.

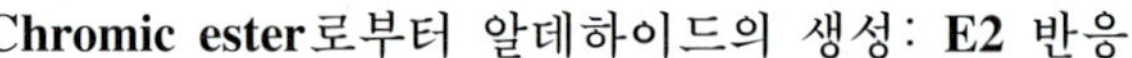

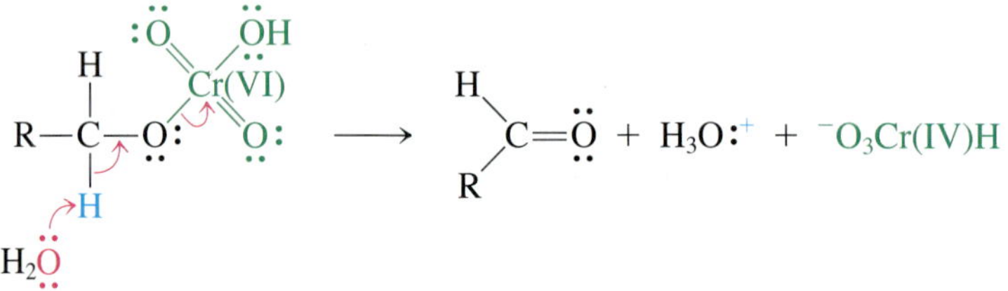

$$RCH(H)O{-}Cr(VI)O_2OH + H_2O \longrightarrow RCH{=}O + H_3O^+ + {}^-O_3Cr(IV)H$$

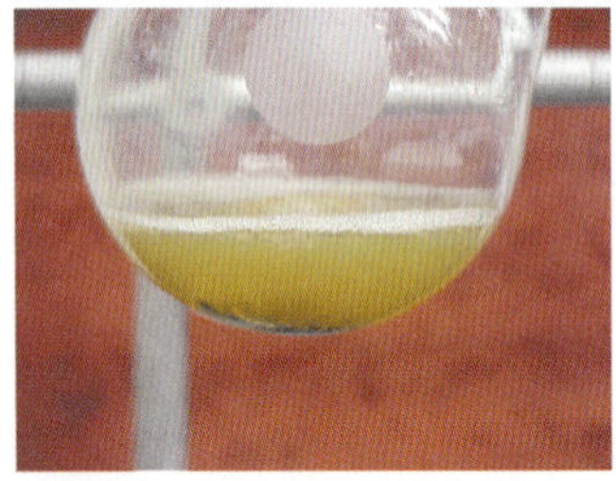

Grignard 시약을 만드는 과정. 위로부터 밑으로: 에터에 마그네슘 조각을 담근다. 유기 할로젠화물을 가하면 Grignard 시약의 생성이 시작된다. 반응 혼합물에서 마그네슘이 점점 더 용해되고 있는 것을 알 수 있다. 다음 반응에 사용할 수 있는 최종 Grignard 시약 용액.

이제까지 설명한 E2 반응의 종류와는 달리, 제거반응은 탄소-탄소 이중 결합보다는 탄소-산소 이중 결합을 만든다. 생성되는 Cr(IV) 화학종은 Cr(III)이나 Cr(V)로의 산화환원반응이 일어난다. Cr(V)는 그 자체가 산화제로 사용될 수 있다. 결국에는 모든 Cr(VI)가 Cr(III)로 환원된다.

연습 문제 8-12

해당하는 알코올로부터 다음의 카보닐 화합물을 만드는 합성 방법을 적으시오.

(a) $CH_3CH_2C(=O)CH(CH_3)_2$　**(b)** (H와 CHO가 붙은 사이클로뷰테인)　**(c)** CH_3CH_2–(사이클로헥산온)–CH_3

요약 수소음이온 시약을 이용한 알데하이드와 케톤의 환원은 일차, 이차 알코올의 일반적 합성법이다. 역반응인 일차 알코올을 알데하이드로 산화하거나, 이차 알코올을 케톤으로 산화하는 것은 Cr(VI) 시약을 사용해서 수행할 수 있다. 클로로크로뮴산 피리디늄을 사용하면 일차 알코올로부터 카복실산으로 산화되는 과산화를 막을 수 있다.

8-7 유기금속 시약: 알코올 합성을 위한 친핵성 탄소의 원천

수소음이온 시약을 이용하여 알데하이드와 케톤을 환원하는 것은 알코올을 합성하는 유용한 방법이다. 만일 수소음이온 대신에 **친핵성 탄소**(*nucleophilic carbon*)를 제공할 수 있는 방법이 있다면, 이 방법이 더 유용한 방법이 될 것이다. 카보닐 탄소를 탄소 친핵체가 공격하면 알코올이 생성되며, 동시에 탄소-탄소 결합을 만들게 된다. 탄소가 분자에 첨가되는 이런 종류의 반응은 간단한 반응물로부터 새로운 화합물을 합성한다는 면에서, 기본적인 반응이며 실질적으로 중요하다.

이러한 변환을 이루기 위해서는 탄소 기반 친핵체 $R:^-$를 생성하는 방법을 찾아야 한다. 이 절에서는 이러한 목표를 어떻게 이룰 수 있는지 설명한다. 금속, 특히 리튬과 마그네슘은 할로알케인과 반응해서 **유기금속 시약(organometallic reagent)** 이라고 하는 새로운 화합물을 만드는데, 이 화합물은 유기 그룹의 탄소 원자가 금속에 결합되어 있는 것이다. 이런 화학종은 강염기이며 좋은 친핵체인데, 유기합성에서 매우 유용하다.

알킬리튬 시약과 알킬마그네슘 시약은 할로알케인으로부터 만든다

리튬과 마그네슘의 유기금속 화합물은 할로알케인과 에톡시에테인(diethyl ether), 옥사사이클로펜테인(tetrahydrofuran, THF)에 현탁시킨 금속과 반응해서 가장 편리하게 만들 수 있다. 할로알케인의 반응성은 Cl < Br < I 순으로 증가한다. 플루오린화물은 비교적 반응성이 없으므로, 이런 반응에서 보통은 출발물로 사용되지 않는다. 유기마그네슘 화합물 RMgX는 발견자인 F. A. Victor Grignard의 이름을 따라서 **Grignard 시약(Grignard reagent)** 이라 부른다.*

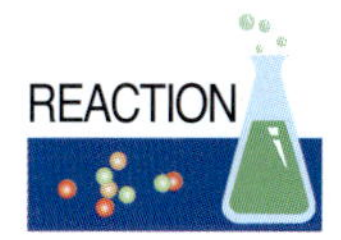

알킬리튬의 합성

$$CH_3Br + 2\,Li \xrightarrow{(CH_3CH_2)_2O,\ 0°\sim10°C} CH_3Li + LiBr$$

Methyllithium

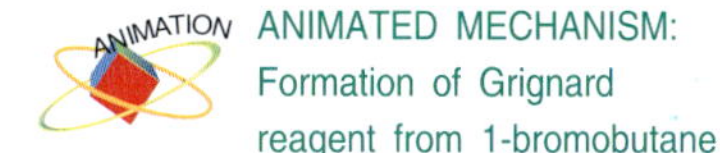

알킬마그네슘(Grignard)의 합성

$$(CH_3)_2CHI + Mg \xrightarrow{THF,\ 20°C} (CH_3)_2CHMgI$$

1-Methylethylmagnesium iodide

알킬리튬 화합물과 Grignard 시약은 대부분의 경우 분리하지 않고, 용액 내에서 생성된 후 원하는 반응에 즉시 쓰인다. 공기와 수분에 민감하기 때문에 엄격하게 공기와 수분이 차단된 조건에서 제조하고 취급해야 한다. 메틸리튬, 브로민화 메틸마그네슘, 뷰틸리튬과 같은 간단한 화합물의 경우는 상업적으로 구입할 수 있다.

RLi과 RMgX와 같은 분자식은 이러한 시약의 구조를 너무 간단히 나타낸 것이다. 여기에서 금속 이온은 전자가 매우 부족한 상태이다. 원하는 팔전자계를 만들기 위해서는 Lewis 산(2-2절)으로 작용하며, Lewis 염기인 용매에 결합한다. 예를 들어, 할로젠화 알킬마그네슘은 두 개의 에터 분자가 결합하여 안정화되어 있는데, 이런 경우 용매가 금속에 **배위되어 있다(coordinated)** 고 한다. 이러한 배위는 화학식에서 별로 표시하는 경우가 없지만, Grignard 화학종을 생성하는 데는 매우 중요하다.

Grignard 시약에는 용매가 배위되어 있다

$$R{-}X + Mg \xrightarrow{(CH_3CH_2)_2O} RMgX\cdot[O(CH_2CH_3)_2]_2$$

*François Auguste Victor Grignard 교수 (1871-1935), Lyon 대학교, 프랑스, 1912년 노벨화학상 수상.

Methyllithium

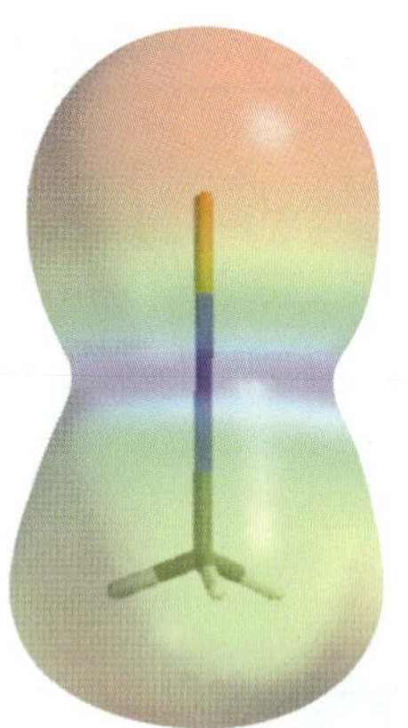
Methylmagnesium chloride

알킬금속 결합은 강한 극성이다

알킬리튬이나 알킬마그네슘 시약은 극성이 매우 강한 탄소-금속 결합을 가지고 있다. 왼쪽 여백 그림에서 보는 바와 같이 CH_3Li나 CH_3MgCl에서는 전기양성도가 큰 금속(표 1-2)이 쌍극자 양전하 끝에 위치한다. 극성도는 "이온 결합성의 백분율"로 나타낸다. 탄소-리튬 결합은 약 40%, 탄소-마그네슘 결합은 35%의 이온성을 갖는다. 이러한 화학계는 화학적으로 마치 음전하를 띤 탄소를 가진 것처럼 반응한다. 이러한 성질을 나타내기 위해 탄소-금속 결합을 탄소 원자에 모든 음전하가 있는 공명 구조[**탄소음이온(carbanion)**]로 나타낸다. 탄소음이온 R^-에서 연속해서 전자를 하나씩 제거하게 되면 알킬 라디칼, R·(3-2절), 탄소양이온 R^+(7-5절)이 된다. 전하가 서로 반발하기 때문에 탄소음이온의 탄소는 sp^3 혼성화되어 있고, 또한 사면체 구조를 갖는다고 생각된다(연습 문제 1-16).

알킬리튬과 알킬마그네슘 화합물의 탄소-금속 결합

$$\left[-\overset{|}{\underset{|}{C}}{}^{\delta^-}\!-M^{\delta^+} \longleftrightarrow -\overset{|}{\underset{|}{C}}\!:^-\ M^+ \right]$$

탄소음이온

편극된 M = 금속 　　　 분리된 전하

할로알케인으로부터 알킬금속을 만드는 방법은 합성 유기화학에서의 중요한 원리인 **역편극화(reverse polarization)**를 설명해 준다. 할로알케인에서는 할로젠이 전기음성도가 큰 까닭에 탄소가 친전자성 중심이 된다. 금속으로 처리하면 $C^{\delta+}—X^{\delta-}$ 부분이 $C^{\delta-}—M^{\delta+}$로 바뀌게 된다. 다시 말해서 편극화의 방향이 뒤바뀌게 된다. 금속과 반응(금속화)해서 친전자성이었던 탄소가 친핵성 중심으로 바뀌게 된다.

알킬금속의 알킬기는 강한 염기성이다

탄소음이온은 매우 강한 염기이다. 실제로 알킬금속은 아민의 음이온(amide)이나 알콕사이드보다 훨씬 더 염기성이다. 왜냐하면 탄소가 질소나 산소보다 전기음성도가 상당히 작고(표 1-2), 음전하를 잡아둘 수 있는 능력이 작기 때문이다. 알케인이 **극단적으로** 약한 산이라는 것을 상기하라(표 2-2). 메테인의 pK_a는 50 정도로 추산된다. 따라서 탄소음이온이 그렇게 강한 염기가 되는 것은 놀라운 일이 아니다. 결국 탄소음이온은 **알케인의 짝염기인 것**이다. 이것들의 염기도 때문에 수분에 매우 민감하며, OH 또는 유사하게 산성인 작용기와는 공존할 수가 없다. 따라서 유기리튬 또는 Grignard 화학종을 할로알코올이나 할로카복실산으로부터는 만들 수가 없다. 반면에 이러한 알킬금속은 알코올을 해당하는 알콕사이드로 바꾸는 염기로서 쓰일 수가 있다(8-3절 참조). 이 경우 알케인이 부산물로 생성된다. 이러한 반응의 결과는 순수하게 정전기적 근거로 예상할 수 있다.

메틸리튬을 사용한 알콕사이드 생성

$$(CH_3)_3C\overset{\delta^-}{O}—\overset{\delta^+}{H} + \overset{\delta^+}{Li}—\overset{\delta^-}{C}H_3 \longrightarrow (CH_3)_3CO^-\ Li^+ + H—CH_3$$

1,1-Dimethylethanol (tert-Butylalcohol) $pK_a = 18$ 　 Methyllithium 　 Lithium *tert*-butoxide 　 Methane $pK_a \simeq 50$

유사하게 유기금속 시약은 물에 의해 가수분해된다. 흔히 이 반응은 격렬하게 일어나서 금속 수산화물과 알케인이 생성된다.

유기금속 시약의 가수분해

$$\underset{\text{3-Methylpentylmagnesium bromide}}{CH_3CH_2CH(CH_3)CH_2CH_2MgBr} + HOH \longrightarrow \underset{\substack{100\% \\ \text{3-Methylpentane}}}{CH_3CH_2CH(CH_3)CH_2CH_2H} + BrMgOH$$

Grignard (또는 알킬리튬)를 생성하고(금속화라고도 부른다), 이어서 가수분해를 거치면 할로알케인을 알케인으로 만들 수가 있다. 보다 직접적으로 같은 목적을 이루는 방법은 강력한 수소음이온 주개인 수소화 알루미늄 리튬과의 반응, 즉 H^-로 할로젠화물을 S_N2 치환하는 것이다. $NaBH_4$는 반응성이 약하므로 이러한 치환반응을 일으킬 수가 없다.

$$\underset{\text{1-Bromononane}}{CH_3(CH_2)_7CH_2{-}Br} \xrightarrow[-LiBr]{LiAlH_4,\ (CH_3CH_2)_2O} \underset{\text{Nonane}}{CH_3(CH_2)_7CH_2{-}H}$$

금속화-가수분해의 응용으로 유기금속 화합물을 표지된 물 분자와 반응하여(오른쪽 여백 그림 참조), 중수소와 같은 수소의 동위원소를 분자에 도입할 수 있다.

유기금속 시약과 D_2O의 반응을 이용한 중수소의 도입

$$(CH_3)_3CCl \xrightarrow{\text{1. Mg} \quad \text{2. } D_2O} (CH_3)_3CD$$

주: 이제 유기화학의 지식을 이용하여 보다 복잡한 문제를 풀어보자. 이 과정은 언어를 배우는 것과 다르지 않다. 각 반응은 어휘의 부분이고 이제 문장을 배우는 것을 생각할 수 있겠다. 이 문제에서 쓰여지는 "문장"으로 사이클로헥세인에서 중수소가 하나 치환된 사이클로헥세인을 만드는 과정을 표현한 것이다. 8-9절에서는 이런 문장을 앞뒤가 맞게 쓰기 위해서, 생성물로부터 거꾸로 생각해 보는 것이 좋은 방법이라는 것을 배우게 될 것이다.

연습 문제 8-13

개념 문제: 중수소화 탄화수소의 합성

Cyclohexane으로부터 monodeuteriocyclohexane을 합성하는 방법을 보이시오.

전략

출발물에서 한 개의 수소를 중수소로 치환하는 문제이다. 이 문제에 대한 가장 좋은 해법은 역으로 생각하는 것이다. 즉, 다음과 같이 질문하는 것이다. 중수소화된 알케인을 합성하는 방법을 알고 있는가?

답은 바로 전 단락에서 찾을 수 있다. **할로알케인**을 중수소화된 알케인으로 변환하는 데는 두 가지 방법이 있다. 사용되는 시약은 $LiAlD_4$와 Mg를 사용하고, 이어서 D_2O로 처리하는 것이다. 이 문제에서는 이들 시약 중의 한 부류와 할로사이클로헥세인을 사용하면 될 것이다. 사이클로헥세인으로부터 할로사이클로헥세인을 어떻게 합성하는가? 답은 3장에서 설명하였는데 라디칼 할로젠화반응을 이용하는 것이다.

풀이

모든 것을 종합하면 가능한 답은

$$\text{Cyclohexane} \xrightarrow{Br_2,\ h\nu} \text{Bromocyclohexane (Br)} \xrightarrow{Mg} \text{Cyclohexyl-MgBr} \xrightarrow{D_2O} \text{Cyclohexane-}D$$

연습 문제 8-14

자습 문제

만일 소량의 값 비싼 CD_3OH를 갖고 있다고 하자. 완전히 중수소화된 CD_3OD를 만들기 위해서는 어떻게 하면 되는가?

요약 할로알케인은 에터 용매에서 해당하는 금속과 반응하여, 리튬 또는 마그네슘(Grignard 시약)의 유기금속 화합물로 변환할 수가 있다. 이런 화합물에서 알킬기는 음전하로 편극화되며, 할로알케인과는 전하 분포가 반대로 되어 있다. 알킬-금속 결합은 상당히 공유 결합성이나, 금속에 결합된 탄소는 아주 강한 염기성의 탄소음이온 성질을 가지며, 이는 쉽게 양성자화가 일어나는 것으로 알 수 있다.

8-8 알코올 합성에서 유기금속 시약

마그네슘과 리튬의 유기금속 시약을 가장 유용하게 응용하는 것은, 음으로 편극화된 알킬기가 친핵체로 작용하는 것에 근거한 것이다. 수소음이온과 같이 이러한 시약은 알데하이드와 케톤의 카보닐기와 반응하여 알코올(수용액에서 반응마무리 뒤에)을 생성한다. 차이점은 이 과정에서 새로운 탄소-탄소 결합이 생성되는 것이다.

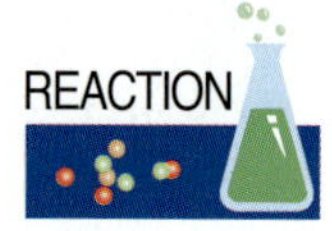

알데하이드, 케톤, 유기금속 화합물로부터 알코올의 합성

$$\mathrm{:\ddot{O}:^{\delta-}{=}C^{\delta+}} + \mathrm{M^{\delta+}{-}R^{\delta-}} \longrightarrow \mathrm{R{-}C{-}\ddot{O}:^{-}\,M^{+}} \xrightarrow[-\mathrm{M^{+}}\ ^{-}:\ddot{O}H]{H{-}\ddot{O}H} \mathrm{R{-}C{-}OH}$$

M = Li 또는 MgX

전자의 흐름을 따라가면 반응을 이해하는 데 도움이 된다. 첫 번째 단계에선 유기금속 화합물의 친핵성 알킬기가 카보닐 탄소를 공격한다. 알킬기로부터 전자쌍이 이동하여 새로운 탄소-탄소 결합을 생성함에 따라, 이중 결합으로부터 두 개의 전자를 산소로 "밀어내어(push)" 금속 알콕사이드를 생성하게 된다. 묽은 산 수용액을 첨가하면 금속-산소 결합을 가수분해하여 알코올을 생성하는 데, 이것은 또 다른 수용액 반응마무리의 예가 된다.

유기금속 화합물과 **폼알데하이드**와의 반응 결과로 **일차 알코올**이 생성된다. 아래에 보인 정전기 퍼텐셜 지도에서 브로민화 뷰틸마그네슘의 전자가 풍부한(오렌지-붉은색) 탄소는 폼알데하이드의 전자가 부족한(푸른색) 탄소를 공격하여 1-펜탄올을 생성한다.

Grignard 시약과 폼알데하이드로부터 일차 알코올의 생성

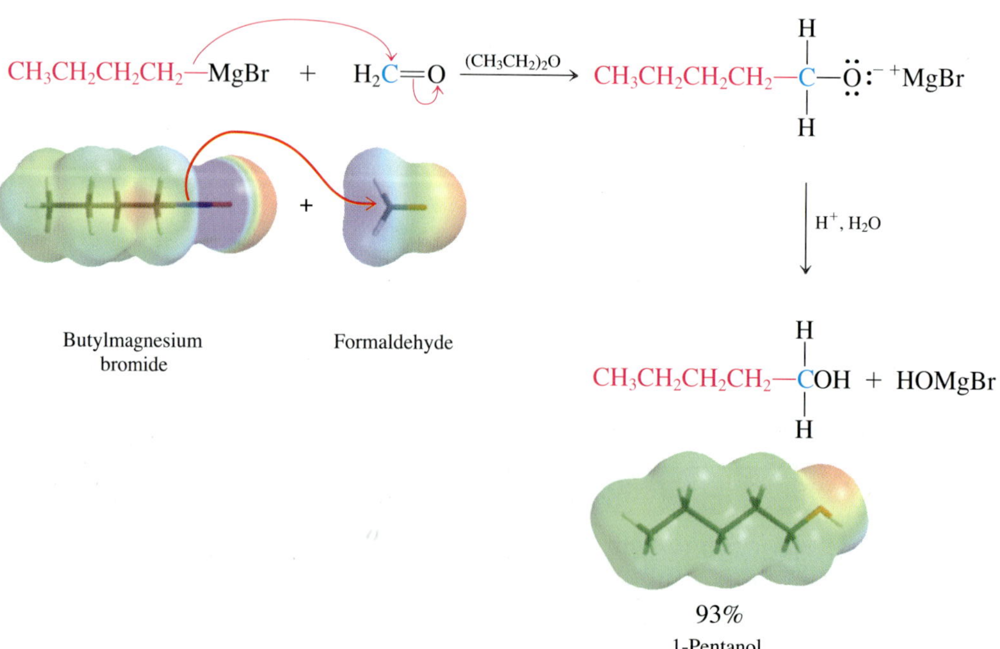

그러나 폼알데하이드 이외의 **알데하이드**는 **이차 알코올**을 만든다.

Grignard 시약과 알데하이드로부터 이차 알코올의 생성

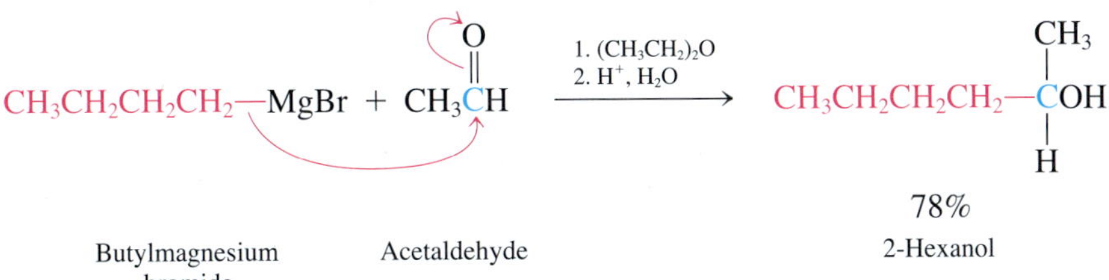

ANIMATED MECHANISM: Reaction of Grignard reagent with acetaldehyde to give 2-hexanol

케톤의 경우는 **삼차 알코올**이 생성된다.

Grignard 시약과 케톤으로부터 삼차 알코올의 생성

$$\underset{\text{Butylmagnesium bromide}}{CH_3CH_2CH_2CH_2-MgBr} + \underset{\text{Acetone}}{CH_3\overset{O}{\overset{\|}{C}}CH_3} \xrightarrow[2.\ H^+,\ H_2O]{1.\ THF} \underset{\substack{95\% \\ \text{2-Methyl-2-hexanol}}}{CH_3CH_2CH_2CH_2-\overset{CH_3}{\overset{|}{\underset{CH_3}{\underset{|}{C}}}}OH}$$

연습 문제 8-15

2-Bromopropane [$(CH_3)_2CHBr$] 을 2-methyl-1-propanol [$(CH_3)_2CHCH_2OH$] 로 변환하는 합성 과정을 적으시오.

연습 문제 8-16

네 개 이하의 탄소를 갖는 출발물로부터 다음 생성물을 얻는 효과적인 합성 방법을 보이시오.

(a) $CH_3(CH_2)_4OH$

(b) $CH_3CH_2CH_2\overset{OH}{\overset{|}{C}}HCH_2CH_2CH_3$

(c) 1-$C(CH_3)_3$-cyclobutanol (사각고리에 $C(CH_3)_3$와 OH)

(d) $CH_3CH_2CH_2\overset{OH}{\overset{|}{\underset{CH_3}{\underset{|}{C}}}}CH_2CH_3$

알킬리튬과 Grignard 시약의 카보닐기의 친핵성 첨가반응은 C—C 결합을 생성하는 강력한 변환 방법이지만, 할로알케인이나 6-7절에서 논의한 관련 친전자체와의 친핵성 반응은 속도가 매우 느리다. 이러한 동력학적 이유 때문에 8-7절에서 설명한 유기금속 화합물을 만들 수가 있다. 생성물인 알킬금속은 원래 화합물이 만들어진 할로알케인과는 반응하지 않는다(화학 이야기 8-3).

Strychnine

이 복잡한 천연물인 스트리크닌(strychnine, 25-8절)에는 일곱 개의 접합고리와 여섯 개의 입체중심이 존재한다. 스트리크닌의 합성은 반세기 동안 합성 방법이 발전함에 따라 꾸준하게 개선되었다. 1954년에 R. B. Woodward (14-9절) 에 의해 발표된 첫 번째 합성은 간단한 인돌 유도체(25-4절) 로부터 시작해서, 28개의 합성단계를 거쳐서 목표 화합물을 0.00006%의 전체 수득률로 합성하였다. 보다 최근 (2000년) 의 합성에서는 10개의 합성 단계를 거쳐 1.4%의 수득률로 얻을 수가 있었다.

요약 알킬리튬 시약과 알킬마그네슘 시약은 알데하이드와 케톤에 첨가되어 유기금속 시약의 알킬기가 원래 카보닐 탄소에 결합한 알코올을 생성한다.

8-9 복잡한 알코올: 합성 전략 입문

지금까지 설명한 반응은 유기화학의 "어휘"의 일부분이다. 이러한 어휘를 알지 않는 한, 유기화학이라는 언어를 말할 수가 없다. 이러한 반응 때문에 분자를 조작하고 작용기를 상호변환하는 것이 가능하게 된다. 따라서 이러한 변환에 대해 종류와 사용하는 시약들 그리고 반응이 일어나는 조건들(특히 반응이 성공적으로 일어나기 위해 반응 조건이 결정적일 경우), 또한

화학 이야기 8-3

전이 금속 촉매를 이용한 교차 짝지음 반응

양으로 편극된 탄소를 가진 할로알케인과 음으로 편극된 탄소를 가진 알킬금속의 일반적인 짝지음 반응은 강한 발열 반응이다.

$$\overset{\delta^+}{R}-\overset{\delta^-}{X} + \overset{\delta^-}{R'}-\overset{\delta^+}{M} \longrightarrow R-R' + MX$$

Li과 Mg의 경우 이러한 짝지음 반응은 상온에서 매우 느리고, 가열하는 경우에는 생성물의 혼합물을 만든다. 이 과정은 가장 기본적인 C—C 결합을 생성하는 반응의 하나이므로, 합성화학자가 이 문제를 해결하기 위해서 많은 노력을 기울여왔다는 것은 놀라운 일이 아니다. 아직도 이러한 노력은 계속되고 있다. 처음에는 구리의 염을 촉매로 해서 문제를 해결하는 방법이 개발되었다. 촉매를 사용하면 낮은 에너지의 전이 상태와 메커니즘을 거치게 되어 반응이 신속하게 일어난다(3-3절).

$$BrCH_2CH_2OCH_2CH_3 + CH_3(CH_2)_5CH_2MgCl \xrightarrow[-\,MgBrCl]{5\%\ CuI} \underset{82\%}{CH_3(CH_2)_8OCH_2CH_3}$$

이 방법은 공업적인 규모로 집파리의 성유인제(sex attractant)인 muscalure의 제조에 적용되었다. 독성 성분과 더불어서 특히, 닭, 돼지, 소와 젖소의 축사 및 말 사육장에 사용된다(12-17절 참조).

$$\text{(Z)-}CH_3(CH_2)_7CH{=}CH(CH_2)_7CH_2Br + CH_3(CH_2)_3CH_2MgBr \xrightarrow[-\,MgBr_2]{CuI} \text{(Z)-}CH_3(CH_2)_7CH{=}CH(CH_2)_{12}CH_3 \quad 80\%$$

Muscalure

이러한 반응의 메커니즘은 **구리화합물**(*cuprate*)이라고 하는 유기구리 화학종을 통해 진행하는데(18-10절 참조), 이것들은 예를 들어 알킬리튬 시약으로부터 생성되고 화학량론적으로 사용된다.

muscalure는 보통의 집파리에게는 치명적인 유혹이며, 죽음의 선고이다.

각 형태의 반응에서 한계를 숙지하는 것이 매우 중요하다.

할 것이 엄청날 것으로 생각되고, 암기해야 할 것이 많지 않나 생각될지 모르겠다. 그러나 **반응 메커니즘을 이해하면 무척 쉬워질 것이다**. 우리는 이미 반응성을 예로 들어 전기음성도나 coulombic 힘, 그리고 결합 세기 등과 같은 몇 가지 요인을 알면 예측할 수 있음을 배웠다. 유기화학자가 어떻게 이러한 것들을 이해하고, 유용한 합성 전략을 고안하는지, 즉 수득률이 높은 최소 단계를 거쳐서 원하는 목표 화합물을 합성하는지를 보도록 하자.

메커니즘에 기반하여 반응성을 예측할 수 있는 몇 가지 예로부터 시작해 보고, 다음에는 분자를 만들어내는 합성에 대해 살펴보자. 어떻게 화학자는 새로운 합성법을 개발하고, "목표" 화합물을 가능한 한 효과적인 방법으로 만들 수 있겠는가? 이 두 개의 주제는 밀접하게 연관되어 있다. 두 번째는 **전합성(total synthesis)**이라는 여러 단계의 반응이 필요하다. 이러한 목표를 위해서는 지금까지 논의한 많은 반응의 화학을 다시 복습하게 될 것이다.

메커니즘은 반응의 결과를 예측하는 데 도움이 된다

우선, 반응의 결과를 어떻게 예측하는지 다시 생각해 보자. 어떤 특정한 메커니즘으로 진행하기 위해서는 어떠한 것이 필요한가? 여기 세 가지 예를 살펴보기로 하자.

$$2\,CH_3CH_2CH_2CH_2Li + CuI \longrightarrow \underset{\text{Lithium dibutylcuprate}}{(CH_3CH_2CH_2CH_2)_2CuLi} + CuI$$

$$CH_3OCH_2CH_2O{-}SO_2{-}C_6H_4{-}CH_3 + 3\,(CH_3CH_2CH_2CH_2)_2CuLi \longrightarrow \underset{90\%}{CH_3O(CH_2)_5CH_3}$$

보다 최근에는 이러한 주제에 대해 수많은 다른 방법이 연구되었다. 몇 가지만 들더라도 Ni, Pd, Fe, Rh을 이용한 촉매의 존재하에서 M = Zn, Sn, Al과 다른 금속이 사용되었다. 주된 목표는 효율을 높이는 것뿐만 아니라, 여러 작용기가 존재해도 사용할 수 있게 하는 것이다. 예를 들어, 알킬리튬이나 Grignard 시약과는 달리, 유사한 Zn 화합물은 카보닐기와 반응하지 않는다.

$$CH_3(CH_2)_3CO(CH_2)_3I + CH_3(CH_2)_3ZnI \xrightarrow{\text{Ni 촉매}} \underset{52\%}{CH_3(CH_2)_3CO(CH_2)_7CH_3}$$

$$(CH_3CH_2)_2CHI + BrZn(CH_2)_4COOCH_2CH_3 \xrightarrow{\text{Ni 촉매}} \underset{62\%}{(CH_3CH_2)_2CH(CH_2)_4COOCH_2CH_3}$$

이런 경우 메커니즘은 직접적인 친핵성 치환반응이 아니고, 다음 간략하게 보인 바와 같이, 촉매 주위에 R과 R' 의 두 부분들이 결합하는 것이다.

$$R{-}X \xrightarrow{+\,Ni} R{-}Ni{-}X \xrightarrow[-\,ZnX_2]{R'ZnX} R{-}Ni{-}R' \xrightarrow[-\,Ni]{} R{-}R'$$

지난 십 년 동안 전이 금속의 촉매를 이용하는 C—C 결합 생성 반응이 급격하게 개발되었다. 알켄과 알카인의 짝지음 반응으로 널리 쓰이는 금속을 사용하는 방법은, 화학 이야기 12-4와 13-1를 비롯해서 13-9, 18-10, 20-2절에 설명할 것이다.

메커니즘에 근거해서 반응 결과를 예측하기

예 1. $FCH_2CH_2CH_2Br$에 I^-를 첨가하면 어떻게 되는가?

$$\underset{\text{생성되지 않음}}{ICH_2CH_2CH_2Br} \xleftarrow[\times]{I^-} FCH_2CH_2CH_2Br \xrightarrow{I^-} FCH_2CH_2CH_2I$$

설명. 브로민화 이온이 플루오린화 이온보다 좋은 이탈기이다.

예 2. 카보닐기에 Grignard 시약을 첨가하면 어떻게 되는가?

$$\underset{\text{생성되지 않음}}{CH_3C(OCH_3)(H)MgBr} \xleftarrow[\times]{(CH_3CH_2)_2O} H_3C{-}\overset{\delta+}{C}H{=}\overset{\delta-}{O} + \overset{\delta-}{CH_3}\overset{\delta+}{Mg}Br \xrightarrow{(CH_3CH_2)_2O} CH_3CH(\overset{-}{O}\overset{+}{Mg}Br)CH_3$$

설명. 양으로 편극된 카보닐 탄소는 음으로 편극된 유기금속 화합물의 알킬기와 결합을 생성한다.

예 3. 메틸사이클로헥세인(methylcyclohexane)의 라디칼 브로민화반응의 생성물은 무엇인가?

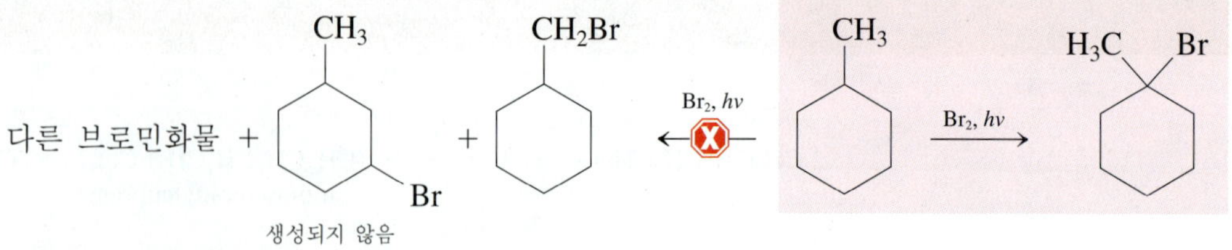

다른 브로민화물 + (3-브로모-1-메틸사이클로헥세인: CH_3, Br) + (브로모메틸사이클로헥세인: CH_2Br) ←(Br_2, $h\nu$, ✗)— 메틸사이클로헥세인(CH_3) —(Br_2, $h\nu$)→ 1-브로모-1-메틸사이클로헥세인(H_3C, Br)

생성되지 않음

설명. 삼차 C—H 결합은 일차 또는 이차 C—H 결합보다 약하며, Br_2는 라디칼 할로젠화반응에서 꽤 선택적이다.

연습 문제 8-17

개념 문제: 메커니즘을 이용하여 반응 결과를 예측하기

메커니즘에 근거하여 다음 반응의 결과를 예측하고 설명하시오.

$$ClCH_2CH_2CH_2\underset{}{\overset{CH_2Cl}{C}}(CH_3)_2 + NaOH \xrightarrow{H_2O}$$

전략

첫 번째 단계는 두 출발물에서 작용기의 위치를 확인하는 것이다. 다음 이러한 작용기가 반응하는 가능한 방식을 열거하고, 어떤 것을 적용하는 것이 가장 좋은지를 골라낸다.

풀이

- 유기 화합물 성분은 다이할로알케인이다. 따라서 이것은 6장과 7장에서 설명한 화학(S_N2, S_N1, E2, E1) 에 따르는 두 개의 반응 자리가 있다.
- 무기 화합물인 NaOH는 입체적으로 가려지지 않은 강한 염기이며, 친핵체이다. 표 7-4를 보면 할로알케인의 일차 탄소 중심을 S_N2 반응에 따라 수산화 이온이 공격하여 알코올을 만들지만, (친핵성 공격에 대해) 입체적으로 보다 가려진 위치에서는 E2 반응에 의해 알켄을 생성한다.
- 할로알케인의 경우에는 한 개의 Cl이 가려지지 않은 일차 탄소 중심에 자리잡고 있으며, 이는 S_N2 반응에 의해서 OH로 치환될 것이다. 두 번째의 Cl 역시 일차 탄소 중심에 위치하고 있지만, β 위치에 가지가 있으므로 입체적으로 가려져 있다. 입체적 장애는 친핵성 치환을 지연시켜 결과적으로 E2 반응이 선호되지만, 이것은 양성자이탈반응에 필요한 β 수소가 있는 경우에만 그러하다. 주어진 경우에는 탄소가 네오펜틸 형태이며, E2 반응은 일어날 수 없다. 따라서 이 탄소 중심에서는 아무런 반응도 일어나지 않는다. 결과적으로 생성물은 다음과 같다.

HO–$CH_2CH_2CH_2C(CH_3)_2CH_2$–Cl (골격 구조: HO, Cl)

연습 문제 8-18

자습 문제

메커니즘에 근거하여 다음 반응의 결과를 예측하고 설명하시오.

(a) $ClCH_2CH_2CH_2\overset{Br}{C}(CH_3)_2 + CH_3CH_2OH \longrightarrow$

(b) $HOCH_2CH_2CH_2\overset{OH}{C}(CH_3)_2 \xrightarrow{PCC,\ CH_2Cl_2}$

새로운 반응으로부터 새로운 합성 방법이 만들어진다

새로운 반응은 의도적이거나 우연히 발견된다. 예를 들어, 두 학생이 Gringard 시약과 케톤과의 반응성을 어떻게 발견할 수 있는가를 생각해 보자. 첫 번째 학생이 전기음성도와 케톤의 전자 분포를 알고 있다고 하면, Grignard 화학종의 친핵성인 알킬기가 친전자성인 카보닐 탄소에 알킬기를 첨가하게 될 것을 알 수 있을 것이다. 이 학생은 화학적 원리를 실제로 확인할 수 있는 실험의 성공적인 결과에 만족하게 될 것이다. 두 번째 학생은 지식이 모자라서 Grignard 시약의 농축된 용액을 희석하기에, 완벽한 극성 용매로 생각할 수 있는 아세톤으로 묽히려는 시도를 할 수 있다. 격렬한 반응이 즉시 일어나고, 결과적으로 이 생각은 옳지 않다는 것을 알 수 있다. 보다 더 연구하면 알코올 합성에서 이 시약이 매우 중요한 잠재력을 갖고 있다는 것을 알게 될 것이다.

반응이 개발되면 이 반응의 범위와 한계를 아는 것이 중요하다. 이러한 목적을 위해 많은 다른 기질 화합물을 시험하고, 부산물(만일 있다면)에 주목하며, 새로운 작용기를 반응 조건에 시험해 보고, 메커니즘 연구도 수행하게 된다. 만일 이러한 조사를 통해서 새로운 반응이 일반적으로 적용할 수 있는 것으로 판명되면, 유기화학자의 무기창고에 새로운 합성 방법으로 추가된다.

반응에 의해 분자에 매우 특이한 변화가 일어나므로, 이러한 "분자 개조"의 일반적 본성을 강조하는 것이 때로는 유용하다. 간단한 예로 Grignard 또는 알킬리튬 시약을 폼알데하이드에 첨가하는 것을 들 수 있다. 이 변환에서 어떠한 구조적 변화가 일어나는가? 알킬기에 한 개의 탄소 단위가 첨가된다. 이 방법은 직접적으로 한 개의 탄소를 연장하는 방법, 다시 말해 **동족화**(*homologation*)라고 하는 유용한 방법이다.

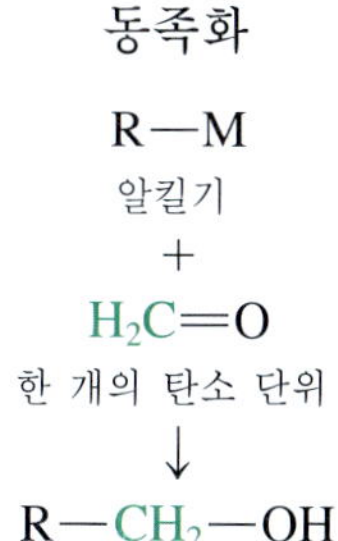

이런 합성의 어휘에 대한 지식이 지금 단계에서는 비교적 한계가 있지만, 이미 우리는 우리의 뜻대로 꽤 많은 분자를 변화시킬 수 있다. 예를 들어, 브로모알케인은 수많은 변환을 시작하는 데 아주 좋은 출발점이 된다.

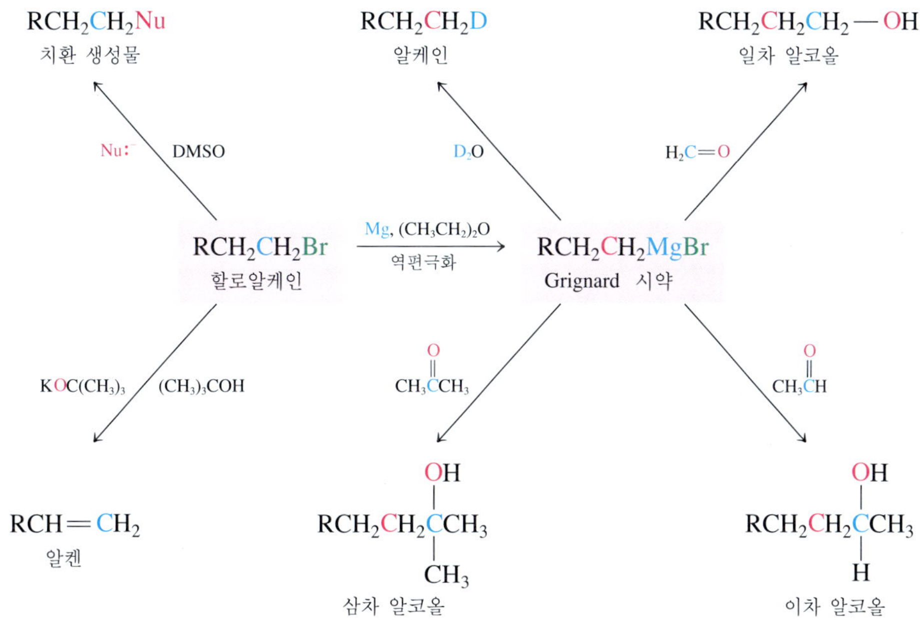

도식에서 보인 각각의 생성물은 각각 추후 변환을 일으킬 수 있으며, 따라서 보다 복잡한 생성물을 만들 수가 있게 된다.

우리가 "반응에 어떤 좋은 점이 있는가? 반응을 적용해서 어떤 종류의 구조를 만들 수 있는가?"라고 물을 때는, **합성 방법론**(*synthetic methodology*)의 문제를 말하는 것이다. 다른 질문을 해 보자. 특정한 목표 화합물을 만들기 원한다고 해 보자. 효율적인 경로를 고안하기 위해서는 어떻게 해야 하는가? 적합한 출발물을 어떻게 찾을 수 있는가? 지금 우리가 다루는 것은 **전합성**의 문제이다.

유기화학자는 특정한 목적 때문에 복잡한 분자를 만들고자 한다. 예를 들어, 어떤 화합물은 가치 있는 의약적 성질을 갖고 있는데, 천연에서는 쉽게 얻을 수가 없을 수 있다. 생화학자는

CH_3COCH_2OH $\xrightarrow{H_2,\ 17\ atm,\ 카이랄\ Ru\ 촉매}$

94%
(*R*)-1,2-Propanediol

수소는 "가장 효율적인 녹색" 환원 시약이다. 공업적으로 대량의 카보닐 화합물을 환원하기 위해서는 가급적이면 촉매 수소첨가반응이 (압력을 가해야 함에도 불구하고) 쓰인다. 여기에 보인 경우에서는 카이랄 촉매를 사용하면 생성물로 한 가지 거울상이성질체만 생성된다.

특정하게 동위원소로 표지된 분자로 대사 경로를 추적할 수가 있다. 물리유기화학자는 흔히 연구를 위해 새로운 구조를 고안한다. 유기 분자를 전합성해야 하는 이유는 많다.

최종 목표 화합물이 어떤 것이든지 성공적인 합성은 간단하고 전체 수득률이 높아야 한다. 출발물은 쉽게 구할 수 있어야 하며, 구입할 수 있거나, 저렴해야 편리하다. "녹색"화학의 원칙이 지켜질 필요가 있다(화학 이야기 3-1). 잠재적으로 위험한 반응 조건과 요소와 같은 안정성의 문제 그리고 독성 폐기물과 환경적인 우려를 최소화하여야 한다.

역합성 분석이 합성의 문제를 간단하게 한다

값싸게 구입할 수가 있는 많은 화합물은 작고, 여섯 개 또는 그보다 적은 수의 탄소 원자로 되어 있다. 따라서 합성 계획에서 가장 흔히 맞닥뜨리는 문제는 크고 복잡한 분자를 작고 간단한 조각으로 만드는 것이다. 목표 화합물을 만드는 가장 좋은 방법은 종이 위에서 **거꾸로** 합성해 보는 것이다. 이러한 접근 방법을 **역합성 분석(retrosynthetic analysis**: *retro* 라틴어로 거꾸로를 의미)*이라고 한다. 이 분석에서는 **목표 화합물**(*target*)의 탄소–탄소 결합을 전략적으로 결합 생성이 가능해 보이는 위치에서 "끊게"된다. 역으로 생각하는 이런 방법은 반응을 바른 방향으로만, 예를 들어 "A와 B를 더하면 C가 된다"라고 배우는 것에 익숙해져 있는 까닭에, 처음에는 이상하게 보일 수도 있다. 역합성에서는 이런 과정을 거꾸로—예를 들어, "C는 A와 B로부터 유도된다"라고—생각하여야 한다(연습 문제 6-2).

왜 역합성인가? 답은 간단한 구성 단위를 쌓아서 복잡한 구조를 만들 때 토막을 더하는 가능성의 숫자는, 정방향으로 수행할 때 급격하게 증가하며, 많은 "막다른 길"의 경우가 나타나게 된다. 이것에 비해서 역으로 수행하는 경우 복잡도가 줄어들고, 더 이상 진행할 수 없는 막힌 경우가 최소화된다. 간단한 비유로 조각그림 맞추기를 들 수 있다. 해체하는 것이 맞추는 것보다 확실히 쉽다. 예를 들어, 3-헥산올을 두 개의 3탄소 단위로부터 합성하고자 할 경우, 역합성 분석을 행하면 프로필 유기금속 화합물과 프로판알로부터 만들 수 있음을 알 수 있다.

두 개의 세 개 탄소 조각을 사용한 3-hexanol 합성의 역합성 분석

$$CH_3CH_2CH_2 \nmid \underset{}{\overset{OH}{|}}{CH}CH_2CH_3 \Longrightarrow CH_3CH_2CH_2MgBr + HC(=O)CH_2CH_3$$

Propylmagnesium bromide   Propanal

이중 화살표는 소위 **전략적 절단(strategic disconnection)**을 나타낸다. 이러한 분석에 의해 생성물의 C3와 C4 사이에서 "절단되는" 결합은, $CH_3CH_2CH_2MgBr + CH_3CH_2CHO$의 반응에 의해 만들어질 수 있다는 것을 알 수 있다. 이 경우 결합을 만들기 위해 단지 한 단계의 반응만이 필요하다. 다른 경우에는 여러 단계가 필요할 수도 있다.

왜 다른 가능한 경우, 예를 들어 C4와 C5 사이의 C—C 절단은 생각해 보지 않는가? 위의 예에서 이런 전략도 완벽하게 합리적이며, 이 경우 출발물은 뷰탄알과 브로민화 에틸마그네슘이 될 것이다. 그러나 일반적으로 역합성 절단은 분자 조각이 가급적이면 같은 크기가 되도록 하여야 한다. 따라서, 첫 번째 분석이 더 낫다.

C4–C5에서의 3-hexanol의 역합성 절단

$$CH_3CH_2CH_2\overset{OH}{CH} \nmid CH_2CH_3 \Longrightarrow CH_3CH_2CH_2CH(=O) + BrMgCH_2CH_3$$

Butanal   Ethylmagnesium bromide

3-헥산올의 역합성에 대한 다른 두 방법은 다음과 같은데, 더 좋지 않다.

---

*Elias J. Corey (1928년 출생, Harvard 대학교, 1990년도 노벨화학상 수상) 교수가 선구적인 연구를 수행하였다.

$$CH_3CH_2CH_2\overset{OH}{\underset{H}{C}}CH_2CH_3 \Longrightarrow NaBH_4 + CH_3CH_2CH_2\overset{O}{\overset{\|}{C}}CH_2CH_3$$

$$CH_3CH_2CH_2\overset{OH}{C}HCH_2CH_3 \Longrightarrow Na\overset{O}{\overset{\|}{OC}}CH_3 + CH_3CH_2CH_2\overset{Br}{C}HCH_2CH_3$$

이것들은 목표 화합물을 별로 **단순화**하지 않으므로 처음 것보다 좋지 않다. 즉, 아무런 탄소-탄소 결합도 "절단되지" 않는다.

알코올 합성을 위한 역합성 분석

역합성 분석을 삼차 알코올인 4-에틸-4-노난올의 합성에 적용해 보자. 입체적 장애와 소수성 때문에, 이 알코올과 이것의 동족 계열은 어떤 중합 과정에서 공동용매와 첨가제로 공업적으로 중요하게 쓰인다(12-14절). 각 반응 과정에서 따라야 할 두 단계가 있다. 첫 번째는 우리가 알고 있는 반응을 사용하여, 생성될 수 있는 모든 결합을 "끊는" 가능한 모든 전략적 절단을 찾아내는 것이다. 두 번째는 이러한 절단의 상대적인 이점을 평가하고, 어떤 것이 목표 화합물을 가장 간단하게 할 수 있는가를 찾아내는 것이다. 4-에틸-4-노난올에서 작용기 주위에 있는 결합이 전략적 결합이다. 간단한 전구체를 찾는 방법은 세 가지의 절단 방법이 있게 된다. 경로 *a*는 C4에서 에틸기를 잘라내게 되는데, 합성을 위한 출발물로는 브로민화 에틸마그네슘과 4-노난온이 될 것이다. *b*를 절단하면 프로필 Grignard 시약과 3-옥탄온을 전구체로 사용하는 다른 가능한 방법이 있게 된다. 끝으로 *c*를 절단하는 것은 브로민화 펜틸마그네슘을 3-헥산온에 첨가하는 합성을 의미한다.

4-Ethyl-4-nonanol의 합성을 위한 부분적 역합성 분석

$$CH_3CH_2 \overset{a}{\nmid} \overset{OH}{C} \overset{b}{\nmid} CH_2CH_2CH_3, \quad \overset{c}{\nmid} CH_2CH_2CH_2CH_2CH_3$$

4-Ethyl-4-nonanol

a ⟹ $CH_3CH_2MgBr + CH_3CH_2CH_2\overset{O}{\overset{\|}{C}}CH_2CH_2CH_2CH_2CH_3$

Ethylmagnesium bromide, 4-Nonanone

b ⟹ $CH_3CH_2CH_2MgBr + CH_3CH_2\overset{O}{\overset{\|}{C}}CH_2CH_2CH_2CH_2CH_3$

Propylmagnesium bromide, 3-Octanone

c ⟹ $CH_3CH_2CH_2CH_2CH_2MgBr + CH_3CH_2\overset{O}{\overset{\|}{C}}CH_2CH_2CH_3$

Pentylmagnesium bromide, 3-Hexanone

평가를 해보면 경로 *c*가 가장 좋다. 필요한 구성 단위는 가장 동일한 크기이며, 다섯 개와 여섯 개의 탄소를 연결하고 있다. 따라서 이러한 절단의 결과 구조상으로 가장 단순하게 된다.

연습 문제 8-19

4-Ethyl-4-nonanol에서 탄소-**산소** 결합을 절단하는 역합성 분석을 하시오. 이렇게 하면 효과적인 합성이 될 수 있는가? 설명하시오.

경로 *c*에 의한 절단의 결과로 얻어지는 조각을 보다 간단한 출발물로부터 만들 수 있을까? 답은 그렇다. 케톤은 이차 알코올을 Cr(VI) 시약으로 산화하여 만들 수 있다는 것을 기억하라(8-6절). 따라서 3-헥산온을 해당하는 알코올인 3-헥산올로부터 합성할 수 있다.

$$\underset{\text{3-Hexanone}}{CH_3CH_2CH_2\overset{O}{\overset{\|}{C}}CH_2CH_3} \Longrightarrow Na_2Cr_2O_7 + \underset{\text{3-Hexanol}}{CH_3CH_2CH_2\overset{OH}{\overset{|}{C}}HCH_2CH_3}$$

3-헥산올을 두 개의 세 개 탄소 조각으로 절단하는게 좋다는 것을 이미 확인하였으므로, 이제 완전한 합성 방법을 제시할 수가 있다.

4-Ethyl-4-nonanol의 합성

$$\underset{\text{Propanal}}{CH_3CH_2\overset{O}{\overset{\|}{C}}H} \xrightarrow[\text{2. } H^+,\ H_2O]{\text{1. } CH_3CH_2CH_2MgBr,\ (CH_3CH_2)_2O} \underset{\text{3-Hexanol}}{CH_3CH_2\overset{OH}{\overset{|}{C}}HCH_2CH_2CH_3} \xrightarrow{Na_2Cr_2O_7,\ H_2SO_4,\ H_2O}$$

$$\underset{\text{3-Hexanone}}{CH_3CH_2\overset{O}{\overset{\|}{C}}CH_2CH_2CH_3} \xrightarrow[\text{2. } H^+,\ H_2O]{\text{1. } CH_3CH_2CH_2CH_2CH_2MgBr,\ (CH_3CH_2)_2O} \underset{\text{4-Ethyl-4-nonanol}}{CH_3CH_2\overset{OH}{\overset{|}{C}}(CH_2CH_2CH_2CH_2CH_3)CH_2CH_2CH_3}$$

이 예는 복잡한 알코올을 합성하는 매우 중요한 일반적인 과정을 말해 준다. 첫 번째, 알데하이드에 Grignard 또는 유기리튬을 첨가하면 이차 알코올을 생성한다. 그 다음 산화하면 케톤이 된다. 끝으로 다른 유기금속 시약과 또 반응하면 삼차 알코올이 생성된다.

합성에서 알코올 산화의 이용

$$\underset{\text{알데하이드}}{R\overset{O}{\overset{\|}{C}}H} \xrightarrow[\text{2. } H^+,\ H_2O]{\text{1. } R'MgBr,\ (CH_3CH_2)_2O} \underset{\text{이차 알코올}}{R\overset{OH}{\overset{|}{C}}HR'} \xrightarrow{CrO_3,\ H^+,\ H_2O} \underset{\text{케톤}}{R\overset{O}{\overset{\|}{C}}R'} \xrightarrow[\text{2. } H^+,\ H_2O]{\text{1. } R''MgBr,\ (CH_3CH_2)_2O} \underset{\text{삼차 알코올}}{R\overset{OH}{\overset{|}{C}}(R'')R'}$$

연습 문제 8-20

개념 문제: 역합성으로 거꾸로 생각하기

네 개 또는 보다 적은 탄소를 가진 출발물로 3-cyclobutyl-3-heptanol의 역합성 분석을 해보시오.

전략

역합성에서 논의한 단계를 적용한다. 모든 가능한 전략적 절단을 확인하고, 이들 절단에서 어떠한 것이 상대적으로 장점이 있는가를 평가한다. 이 경우 출발물은 탄소수가 네 개 이하여야 한다는 조건을 고려해야 한다.

풀이

- 지금까지 배운 바를 적용하면 생성물을 역합성에 의해 세 가지의 가능한 방법, *a*, *b*, *c*로 절단할 수 있다.

3-cyclobutyl-3-heptanol (OH; 절단 위치 *a*, *b*, *c*)

$\overset{a}{\Longrightarrow}$ cyclobutyl-MgBr + 3-heptanone

$\overset{b}{\Longrightarrow}$ CH_3CH_2MgBr + 1-cyclobutyl-1-pentanone

$\overset{c}{\Longrightarrow}$ $CH_3CH_2CH_2CH_2MgBr$ + 1-cyclobutyl-1-propanone

- 이 방법 모두 목표 화합물을 보다 작은 조각으로 절단하게 된다. 그러나 이러한 반응 도식 중 어느 것도 규정된 크기, 즉 네 개 이하의 탄소 개수를 만족하지 않는다. 즉, 결과로 생성되는 케톤은 각각, 일곱 개와 아홉 개의 탄소를 갖고 있으며, 해당하는 보다 작은 조각으로부터 각각 합성해야 한다.
- 경로 *b*로부터 얻어지는 케톤은 너무 커서 두 개의 네 개 탄소로 이루어진 조각을 결합해서 직접 얻을 수 없다. *a*와 *c*를 절단하면 우리의 분석에 따라 수행하기에 가장 좋을 것으로 생각된다. 두 경우, 우선 해당하는 알코올로 역합성을 한 단계 더 진전시킬 필요가 있다(산화하는 방법은 이미 알고 있다. 8-6절). 알코올 구조는 추가적으로 가능한 (물결 무늬 선으로 표시된) C—C 절단을 행할 수 있다.

a *b* H OH *b*가 더 좋다 H O + BrMg O

O H OH *a* *b* *a*가 더 좋다 MgBr O + H

두 경우 모두 이들 절단 중 단지 하나만이 원하는 네 개 탄소 또는 세 개 탄소 조각을 생성한다.
- 이런 문제에 가능한 합리적인 풀이 방법이 두 가지가 있다. 한 가지는 사이클로뷰틸 부분을 미리 도입하고 다른 것은 후에 도입하는 것이다. 둘 중에 하나가 다른 것보다 선호되는가? 두 번째 경로가 더 낫다고 할 수도 있다. 고리 변형(strain) 때문에 민감해서 부반응이 일어날 수 있다. 따라서 합성 단계의 후반부에 다루는 것이 유리하다.

연습 문제 8-21

자습 문제

Methane을 유일한 유기 화합물인 출발물로 사용해서 2-methyl-2-propanol을 합성하는 방법을 제시하시오.

합성을 계획할 때 함정을 조심하라

합성을 수행할 때 성공적이지 못하거나, 수득률이 낮은 방법을 피하기 위해 몇 가지 사항을 고려해야 한다.

첫 번째, 시작하는 출발물로부터 원하는 생성물을 얻기 위해 필요한 변환 단계를 최소화해야 한다.

이 관점은 매우 중요한데, 어떤 경우에는 합성 경로를 확실히 짧게 하기 위해 낮은 수득률의 단계를 선택해야 하기 때문이다. 예를 들어(모든 출발물이 상당히 비용이 든다고 가정할 때), 7단계의 합성이 각 단계가 85%의 수득률로 얻어지는데, 이는 4단계로 진행할 때 세 개의 단계는 각각 95%와 한 단계는 45%인 경우보다 못하다. 첫 번째 합성의 전체 효율은 $(0.85 \times 0.85 \times 0.85 \times 0.85 \times 0.85 \times 0.85 \times 0.85) \times 100 = 32\%$이며, 두 번째 합성의 효율은 $(0.95 \times 0.95 \times 0.95 \times 0.45) \times 100 = 39\%$가 된다.

이런 예는 모든 단계가 연속적으로 일어나며, 이런 방법을 **선형 합성(linear synthesis)**이라 한다. 일반적으로 전체 단계의 숫자가 같다면, 두 개 이상 동시에 일어나는 경로를 거쳐서 복잡한 목표 화합물을 합성하는 것이 나은데, 이러한 방법을 **수렴형 합성(convergent synthesis)**이라 한다. 수렴형 합성에서는 간단하게 총괄 수득률(overall yield) 계산을 할 수는 없지만, 같은 양의 생성물을 만드는 두 경우 합성 방법에서 필요한 출발물의 실제 양을 비교해 보면, 효율이 증가하는 것을 확인할 수가 있을 것이다. 다음의 예에서 10 g의 생성물 H가 우선 A → B → C → H 선형 합성에 의해 3단계(각각 50%)로 합성된다. 이후에는 수렴형 합성으로 D와 F로 시작해서, E와 G를 통해 만들어진다. (단순하게 하기 위해) 화합물의 분자량이 모두 같다고 하면, 첫 번째 합성은 80 g이 필요하며, 두 번째 경우에는 (합해서) 단지 40 g이 필요하다.

$$\underset{80\ g}{A} \xrightarrow{50\%} \underset{40\ g}{B} \xrightarrow{50\%} \underset{20\ g}{C} \xrightarrow{50\%} \underset{10\ g}{H}$$

H의 선형 합성

$$\underset{20\ g}{D} \xrightarrow{50\%} \underset{10\ g}{E}$$
$$\underset{20\ g}{F} \xrightarrow{50\%} \underset{10\ g}{G}$$
$$E + G \xrightarrow{50\%} \underset{10\ g}{H}$$

H의 수렴형 합성

두 번째, 필요한 반응을 방해할 수 있는 작용기가 있는 시약을 사용하지 않는다.

예를 들어, 하이드록시알데하이드를 Grignard 시약과 반응할 경우 산–염기 반응이 일어나서, 유기금속 시약을 파괴하고 탄소–탄소 결합의 생성은 일어나지 않는다.

$$HOCH_2CH_2CH(OH)CH_3 \xleftarrow{\times} HOCH_2CH_2CHO + CH_3MgBr \longrightarrow BrMgOCH_2CH_2CHO + H{-}CH_3$$

이러한 문제의 해법은 2당량의 Grignard 시약을 가하는 것이다. **1**당량은 보는 바와 같이 산성 수소와 반응하고, **다른** 1당량은 카보닐기에 원하는 첨가반응이 일어난다. 다른 해법은 에터의 형태로 하이드록시 작용기를 "보호"하는 것이다. 이런 전략은 9-8절에서 설명할 것이다.

브로모케톤으로부터 Grignard 시약을 만들려고 하지 말아야 한다. 이러한 시약은 안정하지 않고, 생성되자마자 자체의 카보닐기와 반응하여 분해된다(동일한 분자이거나 다른 분자에서). 카보닐기를 보호하는 방법은 17-8절에서 배울 것이다.

Br, O → (Mg) → BrMg, O

양립할 수 없음

이치환된 입체 장애 할로알케인

$CH_3CH_2C(CH_3)_2CH_2Br$

CH_3, CH_2Cl

H_3C, Br

세 번째, 고려하는 반응에 영향을 미칠 수 있는 메커니즘이나 구조에서의 제약 조건을 생각한다.

예를 들어, 라디칼 브로민화반응은 염소화반응보다 선택적이다. 친핵성 반응에서 구조적 제한점을 유념하고, 2,2-다이메틸-1-할로프로페인은 반응성이 없다는 것을 잊지 말아야 한다. 알기가 쉽지는 않지만, 많은 입체 장애가 있는 구조를 갖는 할로알케인은 마찬가지로 반응성이 없다. 그럼에도 불구하고 이러한 화합물도 유기금속 시약을 생성하고, 다른 작용기를 만들어 낼 수 있다. 예를 들어, 1-브로모-2,2-다이메틸프로페인에서 얻어진 Grignard 시약과 폼알데하이드가 반응하면 해당하는 알코올이 생성된다.

$$\underset{\text{1-Bromo-2,2-dimethylpropane}}{(CH_3)_3CCH_2Br} \xrightarrow[\text{3. } H^+,\ H_2O]{\text{1. Mg; 2. } CH_2{=}O} \underset{\text{3,3-Dimethyl-1-butanol}}{(CH_3)_3CCH_2CH_2OH}$$

보다 복잡한 구조에 존재하는 삼차 할로알케인은 때로는 반응성이 없다. 삼차 할로젠화물은 S_N2 반응이 일어나지 않고, 염기 존재 시에 제거반응이 일어난다.

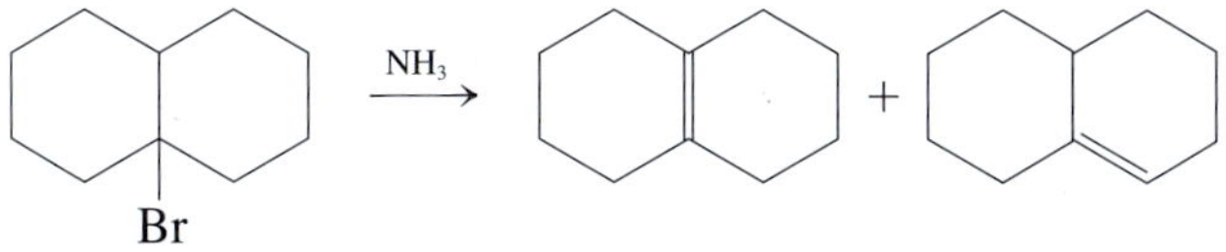

유기화학의 많은 다른 경우에서와 같이, 합성의 전문지식도 연습에 의해 대부분 발전된다. 복잡한 분자의 합성 계획을 세우기 위해서는 이전에 다루었던 반응과 메커니즘을 복습하여야 한다. 이렇게 얻어진 지식을 다음 합성 문제를 해결하는 데 적용할 수 있다.

요점

우리는 어디에 서 있으며, 여기에서 어디로 가는가? 8장에서 할로알케인에 이어 두 번째로 중요한 작용기, 즉 알코올에 대해 논의하였다. 할로알케인을 이용하여 두 가지 중요한 메커니즘 경로를 소개하는 데 사용하였다. 라디칼 반응(할로알케인의 제법, 3장)과 이온 경로(치환반응과 제거반응에서의 반응성을 설명, 6장과 7장)이다. 대조적으로 알코올을 써서 새로운 형태의 반응을 소개하였다. 산화반응, 환원반응, 알데하이드와 케톤에 대한 유기금속 첨가반응이다. 이러한 논의를 통해 합성을 어떻게 계획하는가를 알 수 있다. 이러한 생성물을 얻기 위해서는 주어진 생성물로부터 시작해서, 어떠한 반응물과 어떤 반응 조건을 사용해야 하는가를 역으로 생각해야 한다(역합성 분석). 과목을 배워가고 화합물 부류에 대한 우리의 지식과 화학을 축적해 감에 따라, 이러한 정보를 분류하고 적용하기 위한 합성 전략으로 이어지게 될 것이다.

이 장과 다음 장에서는 앞으로 배울 모든 작용기를 설명하기 위해 다음과 같은 형식을 사용할 것이다. (a) 어떻게 이름을 붙이는가. (b) 구조와 일반적 성질에 대한 설명. (c) 어떻게 합성하는가. 그리고 (d) 어떤 반응이 일어나고, 이러한 반응을 여러 방법으로 어떻게 적용하는가이다.

통합 문제

8-22. 촉매로서 Lewis 산성 금속 화합물을 이용하는 공업적 과정에서 삼차 알코올은 첨가제로 중요하다(2-2절). 알코올은 금속을 입체적으로 보호해 주고, 소수성 환경을 만들어 주는데(그림 8-3 참조, 화학 이야기 8-1), 이 때문에 유기 용매에 대한 용해도와 수명의 증가, 기질 활성화의 선택성이 확보하게 된다. 삼차 알코올의 합성은 8-9절에서 설명한 합성의 원리를 일반적으로 따른다.

Cyclohexane으로 시작해서 네 개보다 적은 탄소를 가진 구성 단위를 사용하고, 다른 필요한 시약을 추가로 사용해서, 삼차 알코올 A의 합성 경로를 나타내시오.

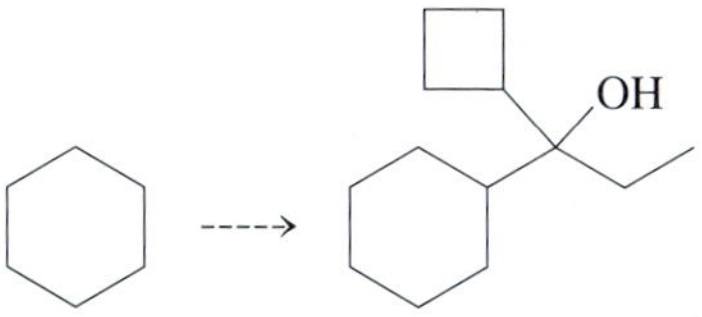

A

풀이

이 문제를 풀기 위한 임의의 시행착오적 방법을 시작하기 전에, 주어진 조건을 다시 검토할 필요가 있다. 첫 번째, cyclohexane이 주어져 있고, 이 단위가 삼차 알코올 A의 치환기인 것을 알 수 있다. 두 번째, 생성물에는 전체 일곱 개의 추가 탄소 원자가 나타나 있고, 따라서 합성을 위해서는 보다 작은 조각을 추가적으로 꿰맞추는 것이 필요하다, 이것은 네 개보다 많은 탄소를 갖는 화합물을 사용할 수 없기 때문이다. 세 번째로 목표 화합물 A는 삼차 알코올이며, 8-9절에서 설명한 역합성 분석을 적용할 수 있다.

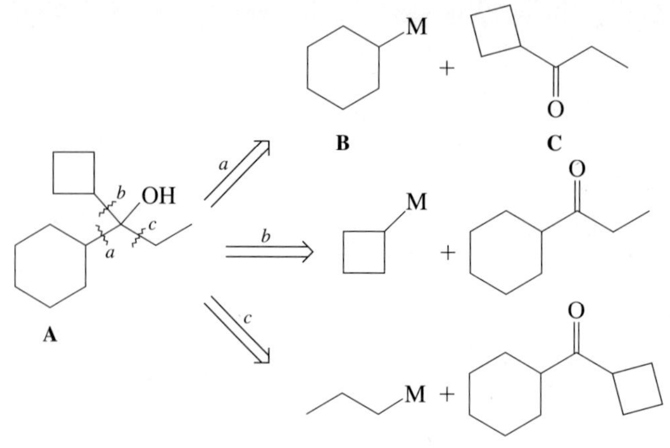

명백하게 a는 선택할 수 있는 것 중 하나인데, 이것은 삼차 알코올 A를 동일한 크기의 조각인 B와 C로 나누는 까닭이다.

직접적인 A의 전구체를 찾기 위한 가장 적합한 방법으로 경로 a를 선택하면, 역합성을 더 진행하게 된다. B와 C에 각각 가장 적합한 전구체는 무엇인가? 화합물 B는 역합성에 의해 출발 탄화수소인 cyclohexane을 이끌어내게 된다. 유기금속 화합물 B의 전구체는 halocyclohexane이고, 다시 이것은 자유 라디칼 할로젠화반응에 의해 cyclohexane으로부터 만들 수 있다.

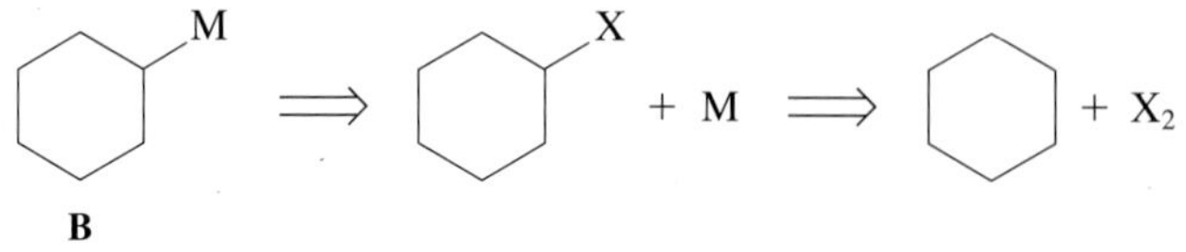

케톤 C는 두 개의 보다 작은 조각으로 분해할 수 있다. 가장 잘 절단하는 것은 "4 + 3" 탄소의 조합이 될 것이다. 이것은 가장 대등한 크기의 성분을 만드는 해법이며, 사이클로뷰틸 중간체를 사용하는 것을 생각하게 된다. 이 단계에서 우리가 유일하게 알고 있는 C—C 절단은 알코올에 대한 것이므로, C로부터의 첫 번째 역합성 단계는 전구체인 알코올(+ 크로뮴 산화제)이다. 역합성을 더 진행하면 필요한 출발물 조각은 D와 E가 된다.

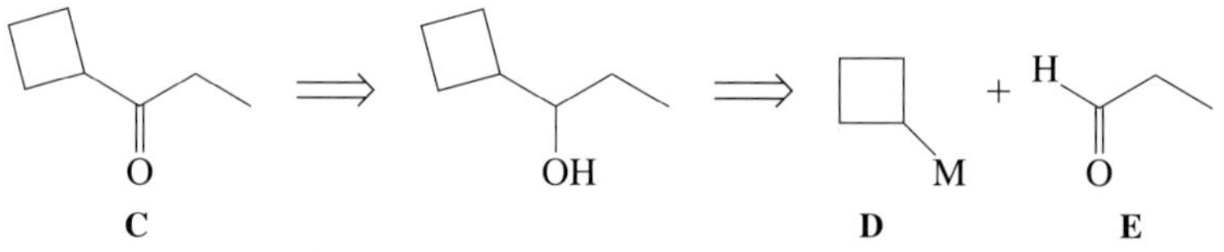

이제 cyclohexane과 조각 D와 E를 출발물로 사용하여 정방향으로의 자세한 합성 도식을 적을 수 있다.

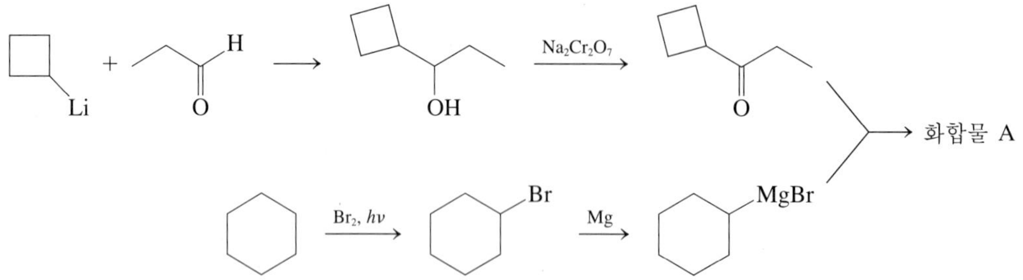

마지막으로 주의할 점: 이것과 다음의 합성 연습 문제에서 역합성을 하기 위해서는 정방향(즉, 출발물 + 시약 → 생성물) 뿐만 아니라 역방향(즉, 생성물 ← 출발물 + 시약)에서의 모든 반응에 대해 잘 알고 있어야 한다. 두 가지 경우로부터 두 가지 다른 질문이 제기된다. 첫 번째 경우의 질문: 알고 있는 모든 시약을 써서 출발물로부터 만들 수 있는 모든 가능한 생성물은 무엇인가? 두 번째 경우의 질문: 적당한 시약을 써서 생성물을 만들기 위한 가능한 출발물은 무엇인가? 이 장과 다음 장의 끝에 있는 두 형태의 반응 요약 도표에서 이 점을 강조하고 있다.

8-23. 이 장에서 알코올과 알데하이드 및 케톤의 상호변환을 일으키는 산화환원반응을 소개하였다. 사용

된 시약은 Cr (VI) (chromate의 형태, 예를 들어 $Na_2Cr_2O_7$) 와 H^- ($NaBH_4$와 $LiAlH_4$의 형태) 이다. 유기화학자는 보통은 이러한 과정에서 무기 생성물은 버려 버리는 까닭에, 대개는 신경을 쓰지 않는다. 그러나 전자를 포함해서 반응식을 적을 때는 (그리고 실험법의 경우), 주어진 출발물이 반응으로 "들어가고", 얼마나 많은 가능한 생성물이 밖으로 "나오는"가를 보여 주는 균형 맞춘 반응식을 적는 것이 매우 중요하다. 대부분의 경우 일반화학에서 화학식의 균형 맞추는 문제를 풀어 본 일이 있을 것이지만, 대개는 금속 간의 산화환원반응에 대한 것을 주로 풀었을 것이다. 다음의 일차 알코올을 알데하이드로 변환하는 일반적인 산화반응에 대해 균형을 맞출 수 있는가?

$$RCH_2OH + H_2SO_4 + Na_2Cr_2O_7 \longrightarrow R\overset{\overset{\large O}{\|}}{C}H + Cr_2(SO_4)_3 + Na_2SO_4 + H_2O$$

풀이

이 변환을 동시에 일어나는 두 가지의 분리된 반응으로 생각하는 것이 가장 좋다. (1) 알코올의 산화, (2) Cr(VI) 화학종의 Cr(III) 로의 환원. 이런 두 부분을 **반쪽 반응 (half reaction)** 이라 한다. 물은 이러한 산화환원 과정에서 가장 일반적인 용매인데, 수용액에서 일어나는 반쪽 반응을 균형 맞추기 위해서는

a. 모든 수소 원자는 H_3O^+ (간단히 해서 H^+) 로서 생성되거나 소비된다.
b. 모든 산소 원자는 H_2O (산성 용액) 또는 ^-OH (염기성 용액) 로서 생성되거나 소비된다.
c. 음전하가 부족한 쪽에 전자를 더해 준다.

이러한 기준을 반응식 (1) 에 적용해 보자. 두 개의 수소가 알코올에서 제거되는 것으로 생각할 수 있다. 이들 수소는 생성물 쪽에 양성자로 적고 (규칙 a), 두 개의 전자를 더해 전하를 맞춘다 (규칙 c).

$$RCH_2OH \longrightarrow R\overset{\overset{\large O}{\|}}{C}H + 2\,H^+ + 2\,e \qquad (1)$$

크로뮴 화학종에 대한 반쪽 반응을 적으면 $Cr_2O_7^{2-}$은 (두 개의) Cr^{3+} 이온으로 변환된다.

$$Cr_2O_7^{2-} \longrightarrow 2\,Cr^{3+}$$

일곱 개의 산소 원자가 오른쪽에 필요하므로, 규칙 (b) 에 의해 일곱 개의 H_2O를 더해 준다.

$$Cr_2O_7^{2-} \longrightarrow 2\,Cr^{3+} + 7\,H_2O$$

이 변화로 인해 왼쪽에 14개의 수소가 필요하다. 규칙 (a) 에 의하면 $14\,H^+$가 필요하다.

$$14\,H^+ + Cr_2O_7^{2-} \longrightarrow 2\,Cr^{3+} + 7\,H_2O$$

전하가 균형 맞추어져 있는가? 아니다. 규칙 (c) 에 의하면 왼쪽에 여섯 개의 전자를 가해서 균형 맞춘 반응식 (2) 를 만들게 된다.

$$14\,H^+ + Cr_2O_7^{2-} + 6\,e \longrightarrow 2\,Cr^{3+} + 7\,H_2O \qquad (2)$$

두 반쪽 반응식을 살펴보면 쓰여진 바와 같이, (1) 은 두 개의 전자를 발생하고 (산화, 8-6절), (2) 는 여섯 개의 전자를 소비한다 (환원, 8-6절). 화학 반응식은 전자를 나타내지 않으므로, 생성되고 소비되는 전자에 대해 균형을 맞출 필요가 있다. 이것은 간단하게 (1) 에 3을 곱하면 된다.

$$3\,RCH_2OH \longrightarrow 3\,R\overset{\overset{\large O}{\|}}{C}H + 6\,H^+ + 6\,e \qquad (3)$$

균형 맞추어진 두 개의 반쪽 반응을 통합하기 위해서 서로 각변을 더하면, 즉 (3) + (2) 에 의해 전자를 상쇄하면 반응식 (4) 를 얻는다.

$$3\,RCH_2OH \longrightarrow 3\,R\overset{\overset{\large O}{\|}}{C}H + 6\,H^+ + 6\,e \qquad (3)$$

$$14\,H^+ + Cr_2O_7^{2-} + 6\,e \longrightarrow 2\,Cr^{3+} + 7\,H_2O \qquad (2)$$

$$3\,RCH_2OH + 14\,H^+ + Cr_2O_7^{2-} \longrightarrow 3\,R\overset{O}{\overset{\|}{C}}H + 6\,H^+ + 2\,Cr^{3+} + 7\,H_2O \quad (4)$$

이 형태에서 (4)는 H^+가 양쪽에 있다. "과잉의" H^+를 제거함으로써 반응식 (5)가 만들어진다.

$$3\,RCH_2OH + 8\,H^+ + Cr_2O_7^{2-} \longrightarrow 3\,R\overset{O}{\overset{\|}{C}}H + 2\,Cr^{3+} + 7\,H_2O \quad (5)$$

끝으로, 이 반응식에 적합한 화학량론적 관계를 보이기 위해, 반응에 참여하지 않는 "구경꾼 이온"을 덧붙이면

$$3\,RCH_2OH + 4\,H_2SO_4 + Na_2Cr_2O_7 \longrightarrow 3\,R\overset{O}{\overset{\|}{C}}H + Cr_2(SO_4)_3 + Na_2SO_4 + 7\,H_2O \quad (6)$$

균형 맞춘 반응식 (6)은 반응이 왜 산성 용액에서 일어나는지를 잘 보여 주고 있다. H_2SO_4가 소비된다. 이것은 또한 dichromate의 산화력에 대해 잘 보여 주고 있다. 1몰은 3몰의 알코올을 산화시키기에 충분하다.

새로운 반응식

1. 알코올의 산-염기 성질 (8-3절)

$$R-\overset{+}{O}H_2 \underset{}{\overset{H^+}{\rightleftharpoons}} ROH \overset{\text{염기 : }B^-}{\rightleftharpoons} RO^- + BH$$

Alkyloxonium 이온 / 알코올 / 알콕사이드

산도: $RO-H \approx HO-H > H_2N-H > H_3C-H$
염기도: $RO^- \approx HO^- < H_2N^- < H_3C^-$

알코올의 실험실적 제법

2. 수산화 이온에 의한 할로젠화물 및 다른 이탈기의 친핵성 치환반응 (8-5절)

$$RCH_2X + HO^- \xrightarrow[S_N2]{H_2O} RCH_2OH + X^-$$

X = 할로젠화물, 설포네이트
일차, 이차 (삼차는 제거반응이 일어난다)

$$R'CHX + CH_3\overset{O}{\overset{\|}{C}}O^- \xrightarrow[S_N2]{} R'CHO\overset{O}{\overset{\|}{C}}CH_3 \xrightarrow[\text{에스터 가수분해}]{HO^-} R'CHOH$$

$$RR'R''CX \xrightarrow[S_N1]{H_2O,\ acetone} RR'R''COH$$

삼차에 대해 가장 좋은 방법

3. 수소화물에 의한 알데하이드와 케톤의 환원 (8-6절)

$$R\overset{O}{\overset{\|}{C}}H \xrightarrow{NaBH_4,\ CH_3CH_2OH} RCH_2OH \qquad R\overset{O}{\overset{\|}{C}}R' \xrightarrow{NaBH_4,\ CH_3CH_2OH} R\overset{OH}{\overset{|}{C}}R'H$$

$$R\overset{O}{\overset{\|}{C}}H \xrightarrow{1.\ LiAlH_4,\ (CH_3CH_2)_2O \quad 2.\ H^+,\ H_2O} RCH_2OH \qquad R\overset{O}{\overset{\|}{C}}R' \xrightarrow{1.\ LiAlH_4,\ (CH_3CH_2)_2O \quad 2.\ H^+,\ H_2O} R\overset{OH}{\overset{|}{C}}R'H$$

알데하이드 / 일차 알코올 / 케톤 / 이차 알코올

알코올의 산화

4. 크로뮴 시약 (8-6절)

$$\underset{\text{일차 알코올}}{RCH_2OH} \xrightarrow{PCC,\ CH_2Cl_2} \underset{\text{알데하이드}}{RCH=O} \qquad \underset{\text{이차 알코올}}{RCH(OH)R'} \xrightarrow{Na_2Cr_2O_7,\ H_2SO_4} \underset{\text{케톤}}{RC(=O)R'}$$

유기금속 시약

5. 할로알케인과 금속의 반응 (8-7절)

$$RX + Li \xrightarrow{(CH_3CH_2)_2O} \underset{\text{Alkyllithium 시약}}{RLi}$$

$$RX + Mg \xrightarrow{(CH_3CH_2)_2O} \underset{\text{Grignard 시약}}{RMgX}$$

R은 O—H 와 같은 산성기나 C=O와 같은 친전자성기를 갖지 못한다.

6. 가수분해 (8-7절)

$$RLi \text{ 또는 } RMgX + H_2O \longrightarrow RH$$

$$RLi \text{ 또는 } RMgX + D_2O \longrightarrow RD$$

7. 알데하이드와 케톤의 유기금속 화합물의 반응 (8-8절)

$$RLi \text{ 또는 } RMgX + \underset{\text{Formaldehyde}}{CH_2=O} \longrightarrow \underset{\text{일차 알코올}}{RCH_2OH}$$

$$RLi \text{ 또는 } RMgX + \underset{\text{알데하이드}}{R'CH=O} \longrightarrow \underset{\text{이차 알코올}}{RC(OH)(H)R'}$$

$$RLi \text{ 또는 } RMgX + \underset{\text{케톤}}{R'C(=O)R''} \longrightarrow \underset{\text{삼차 알코올}}{RC(OH)(R'')R'}$$

알데하이드와 케톤은 O—H와 C=O기와 같은
유기금속 화합물과 반응하는 다른 작용기를 같이 가질 수가 없다.

8. 할로알케인과 수소화 알루미늄 리튬으로부터 알케인의 합성 (8-7절)

$$RX + LiAlH_4 \xrightarrow{(CH_3CH_2)_2O} RH$$

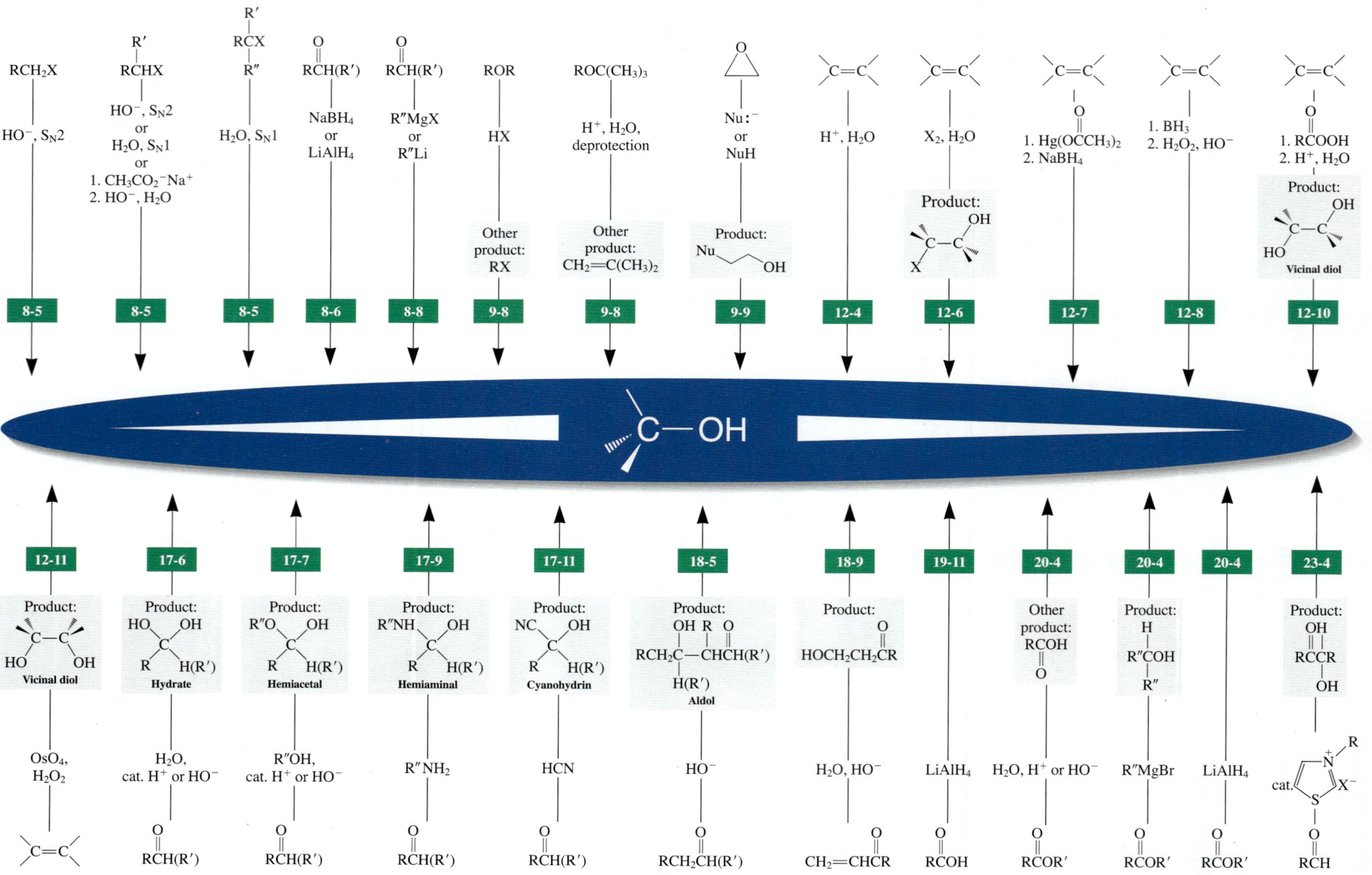

알코올의 제법
절 번호
C—OH
RCH2X
HO−, SN2
8-5
R′ RCHX
HO−, SN2 or H2O, SN1 or 1. CH3CO2−Na+ 2. HO−, H2O
8-5
R′ RCX R″
H2O, SN1
8-5
RCH(R′)
NaBH4 or LiAlH4
8-6
RCH(R′)
R″MgX or R″Li
8-8
ROR
HX
Other product: RX
9-8
ROC(CH3)3
H+, H2O, deprotection
Other product: CH2=C(CH3)2
9-8
Nu:− or NuH
Product: Nu OH
9-9
H+, H2O
12-4
X2, H2O
Product:
12-6
1. Hg(OCCH3)2 2. NaBH4
12-7
1. BH3 2. H2O2, HO−
12-8
1. RCOOH 2. H+, H2O
Product: Vicinal diol
12-10
12-11
Product: Vicinal diol
OsO4, H2O2
17-6
Product: Hydrate
H2O, cat. H+ or HO−
RCH(R′)
17-7
Product: Hemiacetal
R″OH, cat. H+ or HO−
RCH(R′)
17-9
Product: Hemiaminal
R″NH2
RCH(R′)
17-11
Product: Cyanohydrin
HCN
RCH(R′)
18-5
Product: Aldol
HO−
RCH2CH(R′)
18-9
Product: HOCH2CH2CR
H2O, HO−
CH2=CHCR
19-11
LiAlH4
RCOH
20-4
Other product: RCOH
H2O, H+ or HO−
RCOR′
20-4
Product: R″COH
R″MgBr
RCOR′
20-4
LiAlH4
RCOR′
23-4
Product: RCCR
cat.
RCH

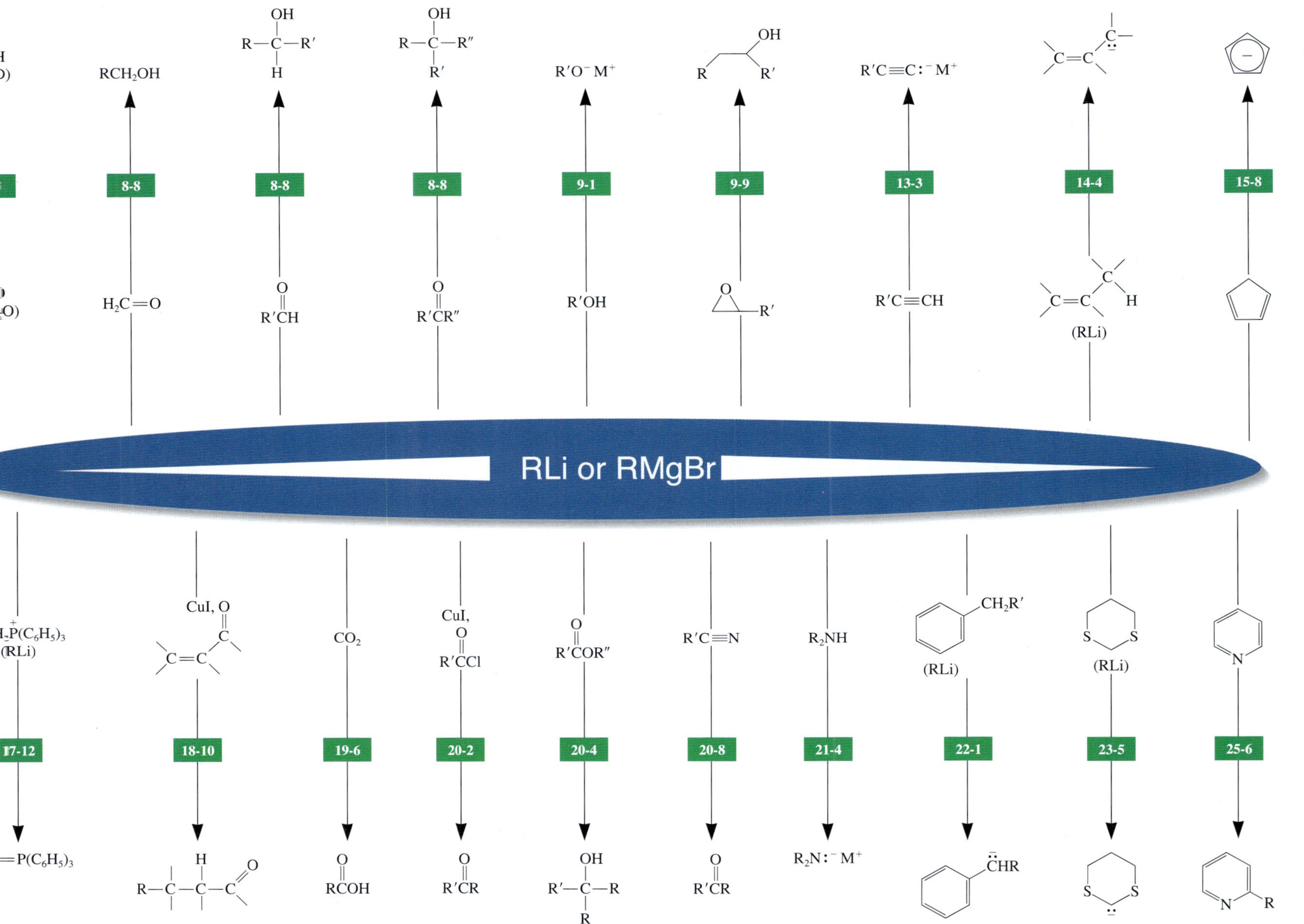

알킬리튬 및 Grignard 시약의 반응
절 번호
RLi or RMgBr
R–H (R–D)
8-7
H2O (or D2O)
RCH2OH
8-8
H2C=O
8-8
R′CH
8-8
R′CR″
R′O− M+
9-1
R′OH
9-9
R′C≡C:− M+
13-3
R′C≡CH
14-4
(RLi)
15-8
RCH2P(C6H5)3 (RLi)
17-12
RCH=P(C6H5)3
CuI,
18-10
CO2
19-6
RCOH
CuI,
R′CCl
20-2
R′CR
R′COR″
20-4
R′C≡N
20-8
R′CR
R2NH
21-4
R2N:− M+
CH2R′
(RLi)
22-1
CHR
(RLi)
23-5
25-6

중요한 개념

1. 알코올은 IUPAC 명명법에 의하면 **알칸올**이다. 작용기를 갖고 있는 가장 긴 사슬에 따라 알코올의 이름을 붙인다. 알킬과 할로젠 치환기는 접두어로 붙인다.

2. 물과 같이 알코올은 **편극된** 짧은 O—H 결합이 있다. 하이드록시기는 **친수성**이며 **수소 결합**을 하게 된다. 결과적으로 알코올은 끓는점이 비정상적으로 높으며, 많은 경우에 상당히 물에 잘 녹는다. 분자의 알킬 부분은 **소수성**이다.

3. 또한 물처럼 알코올은 **양쪽성**을 보인다. 산성이며 또한 염기성이다. 염기에 의해 양성자가 제거되면 **알콕사이드**가 되며, 생성되는 짝산은 알코올보다 상당히 약한 산이 된다. 양성자화에 의해 **알킬옥소늄 이온**이 생성된다. 용액에서 산도의 크기 순서는 일차 > 이차 > 삼차의 순서로 된다. 전자 끄는기를 가진 치환기는 산도를 증가시킨다(그리고 염기도는 감소한다).

4. 할로알케인 $C^{\delta+}—X^{\delta-}$의 친전자성인 알킬기를 친핵성 유사체인 **유기금속 화합물** $C^{\delta+}—M^{\delta-}$로 바꾸는 것은 **역편극화**의 예이다.

5. 알데하이드와 케톤의 **카보닐기** C=O의 탄소 원자는 친전자성이며, **수소음이온 시약**의 수소음이온 또는 유기금속 화합물의 알킬기와 같은 친핵체의 공격을 받는다. 이어서 수용액을 통한 반응마무리 과정을 거치면 변환 생성물은 알코올이다.

6. 크로뮴(VI) 시약에 의한 알데하이드와 케톤으로의 **산화**는 유기금속 시약과의 반응을 더 진행시킬 수 있으므로 중요한 합성 과정이 된다.

7. **역합성 분석**에 의해 일련의 효과적인 반응에 의해 만들어질 수 있는 전략적 결합을 확인할 수 있으므로, 복잡한 유기 화합물의 합성 계획을 세우는데 도움이 된다.

문제

24. IUPAC 명명법에 따라 다음 알코올을 명명하시오. 입체화학이 있는 경우를 명시하고 하이드록시기가 일차, 이차, 삼차인지 밝히시오.

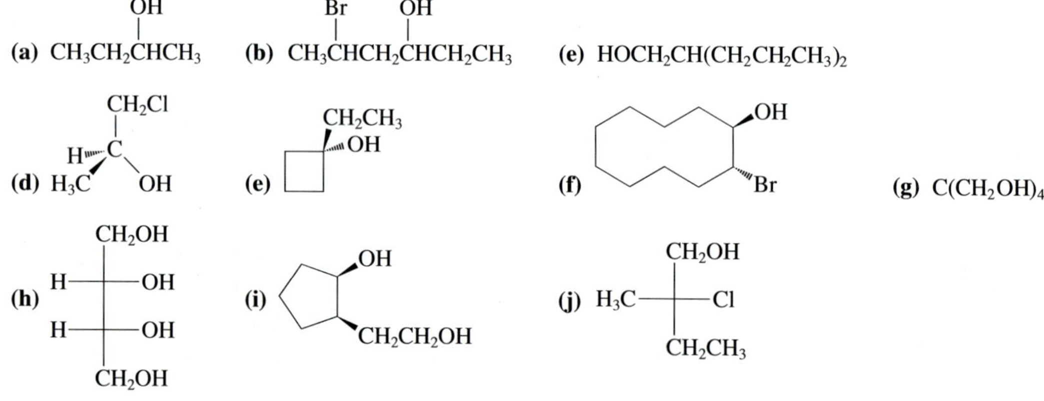

25. 다음 알코올의 구조를 그리시오. **(a)** 2-(Trimethylsilyl)ethanol **(b)** 1-methylcyclopropanol **(c)** 3-(1-methylethyl)-2-hexanol **(d)** (*R*)-2-pentanol **(e)** 3,3-dibromocyclohexanol

26. 끓는점이 증가하는 순서로 다음 화합물을 나열하시오. **(a)** Cyclohexane, cyclohexanol, chlorocyclohexane **(b)** 2,3-dimethyl-2-pentanol, 2-methyl-2-hexanol, 2-heptanol

27. 다음의 화합물에 대해 물에 대한 용해도의 순서를 설명하시오.
(a) Ethanol > chloroethane > ethane **(b)** methanol > ethanol > 1-propanol

28. 1,2-Ethanediol은 1,2-dichloroethane에 비해 더 많은 양이 **고우시** 형태로 존재한다. 설명하시오. 2-chloroethanol의 **고우시:안티** 형태 비율이 1,2-dichloroethane 또는 1,2-ethanediol의 경우와 비교해서 어떠한 것과 더 유사한가?

29. *trans*-1,2-Cyclohexanediol의 가장 안정한 형태는 두 하이드록시기가 적도방향으로 되어 있는 의자 형

태이다. **(a)** 구조를 그리시오. 더 좋게는 이런 형태로 되어 있는 화합물의 모형을 만드시오. **(b)** 이 다이올과 클로로실레인 R_3SiCl, R = $(CH_3)_2CH$ (isopropyl)과 반응하여 오른쪽 여백에 있는 해당하는 disilyl ether를 만든다. 놀랍게도 이 변환은 의자 형태가 뒤집어져 두 silyl ether기가 모두 **축방향** 위치에 있는 형태를 만든다. 구조를 그리거나 모형을 사용하여 이러한 관찰 결과를 설명하시오.

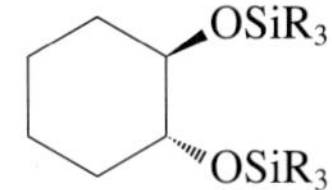

30. 각 그룹에 대해 산도가 감소하는 순서로 화합물을 나열하시오.
(a) $CH_3CHClCH_2OH$, $CH_3CHBrCH_2OH$, $BrCH_2CH_2CH_2OH$
(b) $CH_3CCl_2CH_2OH$, CCl_3CH_2OH, $(CH_3)_2CClCH_2OH$
(c) $(CH_3)_2CHOH$, $(CF_3)_2CHOH$, $(CCl_3)_2CHOH$

31. 다음의 알코올이 어떻게 용액에서 첫 번째, 염기로, 두 번째, 산으로 작용하는가를 나타내는 적당한 반응식을 적으시오. Methanol과 비교해서 각각의 염기와 산의 세기가 어떻게 되는가?
(a) $(CH_3)_2CHOH$ **(b)** CH_3CHFCH_2OH **(c)** CCl_3CH_2OH.

32. pK_a가 $CH_3\overset{+}{O}H_2$의 경우는 −2.2이고, CH_3OH의 경우는 15.5이다. 다음의 경우 pH를 계산하시오.
(a) 정확하게 같은 양의 $CH_3\overset{+}{O}H_2$와 CH_3O^-을 갖는 methanol의 pH
(b) 50% CH_3OH와 50% $CH_3\overset{+}{O}H_2$가 존재하는 pH
(c) 50% CH_3OH와 50%의 CH_3O^-가 존재하는 pH

33. Alkyloxonium 이온(예를 들어, $R\overset{+}{O}H_2$, $R_2\overset{+}{O}H$)의 안정도에 하이퍼콘쥬게이션이 중요하다고 생각하는가? 설명하시오.

34. 다음의 가능한 알코올 합성 방법이 좋은지(원하는 알코올이 주생성물인가 또는 유일한 생성물인가), 별로 좋지 않은지(원하는 알코올이 부생성물인가), 또는 가치가 없는지(**힌트**: 필요하면 7-9절 참조)를 판단해 보시오.

(a) $CH_3CH_2CH_2CH_2Cl \xrightarrow{H_2O,\ CH_3\overset{O}{\overset{\|}{C}}CH_3} CH_3CH_2CH_2CH_2OH$

(b) $CH_3OSO_2\text{—}C_6H_4\text{—}CH_3 \xrightarrow{HO^-,\ H_2O,\ \Delta} CH_3OH$

(c) iodocyclohexane $\xrightarrow{HO^-,\ H_2O,\ \Delta}$ cyclohexanol

(d) $CH_3\overset{I}{\overset{|}{C}}HCH_2CH_2CH_3 \xrightarrow{H_2O,\ \Delta} CH_3\overset{OH}{\overset{|}{C}}HCH_2CH_2CH_3$

(e) $CH_3\overset{CN}{\overset{|}{C}}HCH_3 \xrightarrow{HO^-,\ H_2O,\ \Delta} CH_3\overset{OH}{\overset{|}{C}}HCH_3$

(f) $CH_3OCH_3 \xrightarrow{HO^-,\ H_2O,\ \Delta} CH_3OH$

(g) 1-bromo-1-methylcyclopentane (H_3C, Br) $\xrightarrow{H_2O}$ 1-methylcyclopentanol (H_3C, OH)

(h) $CH_3\overset{CH_3}{\overset{|}{C}}HCH_2Cl \xrightarrow{HO^-,\ H_2O,\ \Delta} CH_3\overset{CH_3}{\overset{|}{C}}HCH_2OH$

35. 목적한 생성물을 생성하는 문제 34의 모든 경우에 대해서, 가능하면 더 나은 방법을 제시하시오.

36. 다음 반응 각각에 대해 주생성물을 적으시오. (해당하는 경우에 대해) 수용액의 반응마무리 단계는 생략하였다.

(a) $CH_3CH{=}CHCH_3 \xrightarrow[\text{(힌트: 8-4절 참조)}]{H_3PO_4,\ H_2O,\ \Delta}$

(b) $CH_3\overset{O}{\overset{\|}{C}}CH_2CH_2\overset{O}{\overset{\|}{C}}CH_3 \xrightarrow{1.\ LiAlH_4,\ (CH_3CH_2)_2O \quad 2.\ H^+,\ H_2O}$

(c) cyclohexyl$\text{—}\overset{O}{\overset{\|}{C}}\text{—}H \xrightarrow{NaBH_4,\ CH_3CH_2OH}$

(d) bromocyclopentane (Br) $\xrightarrow{LiAlH_4,\ (CH_3CH_2)_2O}$

(e) 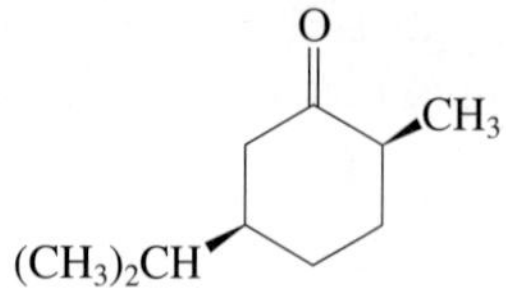 [2-methyl-5-isopropylcyclohexanone: ring with C=O, CH_3, $(CH_3)_2CH$] $\xrightarrow{NaBH_4,\ CH_3CH_2OH}$ (f) 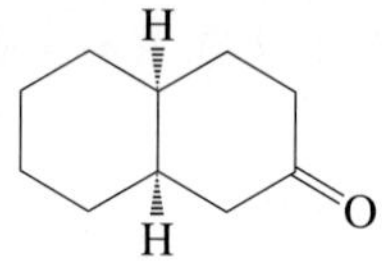 [H, H trans-decalone with =O] $\xrightarrow{NaBH_4,\ CH_3CH_2OH}$

37. 다음 평형의 방향은 어떻게 되는가? (**힌트**: H_2의 pK_a는 38.)

$$H^- + H_2O \rightleftharpoons H_2 + HO^-$$

38. 다음 반응 각각의 생성물을 적으시오. 각 경우의 용매는 $(CH_3CH_2)_2O$이다.

(a) $CH_3\overset{O}{\overset{\|}{C}}H \xrightarrow[2.\ H^+,\ H_2O]{1.\ LiAlD_4}$ (b) $CH_3\overset{O}{\overset{\|}{C}}H \xrightarrow[2.\ D^+,\ D_2O]{1.\ LiAlH_4}$ (c) $CH_3CH_2I \xrightarrow{LiAlD_4}$

39. 문제 38에 나타낸 모든 반응에 대해 메커니즘을 적으시오.

40. 다음 반응 각각에 대해 주생성물을 적으시오 [(**d**), (**f**), (**h**) 의 경우에는 반응마무리로 산 수용액을 가한 후의 주생성물].

(a) $CH_3(CH_2)_5\overset{Cl}{\overset{|}{C}}HCH_3 \xrightarrow{Mg,\ (CH_3CH_2)_2O}$ (b) (a)의 생성물 $\xrightarrow{D_2O}$

(c) 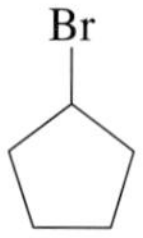 [bromocyclopentane] $\xrightarrow{Li,\ (CH_3CH_2)_2O}$ (d) (c)의 생성물 $\xrightarrow{\text{[cyclopentanone]}}$

(e) $CH_3CH_2CH_2Cl + Mg \xrightarrow{(CH_3CH_2)_2O}$ (f) (e)의 생성물 + [C_6H_5]$-\overset{O}{\overset{\|}{C}}CH_3 \longrightarrow$

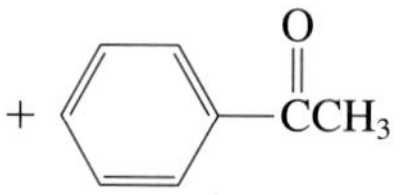

(g) 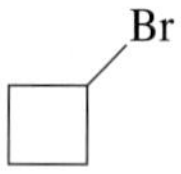 [bromocyclobutane] + 2 Li $\xrightarrow{(CH_3CH_2)_2O}$ (h) (g)의 생성물 2 mol + 1 mol $CH_3\overset{O}{\overset{\|}{C}}CH_2CH_2\overset{O}{\overset{\|}{C}}CH_3 \longrightarrow$

41. Acetone으로 유리기구를 세척하는 일상적인 과정이 뜻하지 않은 결과를 초래할 수 있다. 예를 들어, 한 학생이 methylmagnesium iodide (CH_3MgI)을 만들고 있고, 학생은 후에 benzaldehyde (C_6H_5CHO)와 반응하고자 했다 하자. 수용액으로 반응마무리 후 어떠한 화합물을 만들려고 했었던 것인가? 새로 세척한 유리기구를 사용하여 이 과정을 진행하였을 때, 기대하지 않았던 삼차 알코올을 생성물로 얻었다. 어떤 화합물을 합성한 것인가? 그리고 어떻게 생성된 것인가?

42. 다음의 할로젠화 화합물 중에서 어떠한 것이 Grignard 시약을 만들고, 이어서 알데하이드나 케톤과 반응하여 알코올을 합성하는 데 성공적으로 사용될 수 있는가? 어떠한 것이 그렇지 못하고, 왜 그러한가?

(a) 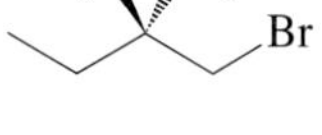 [H_3C, CH_3, Br] (b) 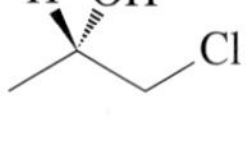 [H, OH, Cl] (c) 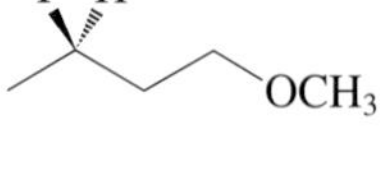 [I, H, OCH_3] (d) 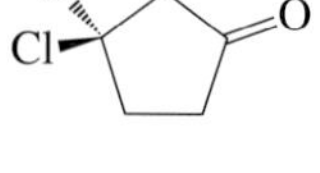 [H, Cl, cyclopentanone =O] (e) 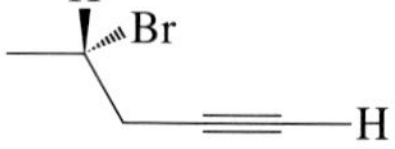 [H, Br, alkyne –H]

(**힌트**: 1장의 문제 49 참조)

43. 다음 각각의 반응에 대해 주생성물을 적으시오 (수용액의 반응마무리 뒤에). 각 경우의 용매는 ethoxyethane (diethyl ehter)이다.

(a) 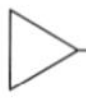 [cyclopropyl]$-MgBr + H\overset{O}{\overset{\|}{C}}H \longrightarrow$ (b) $CH_3\overset{CH_3}{\overset{|}{C}}HCH_2MgCl + CH_3\overset{O}{\overset{\|}{C}}H \longrightarrow$

(c) $C_6H_5CH_2Li + C_6H_5\overset{O}{\overset{\|}{C}}H \longrightarrow$ (d) $CH_3\overset{MgBr}{\overset{|}{C}}HCH_3$ + [cyclohexanone] $\longrightarrow$

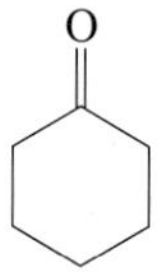

(e) 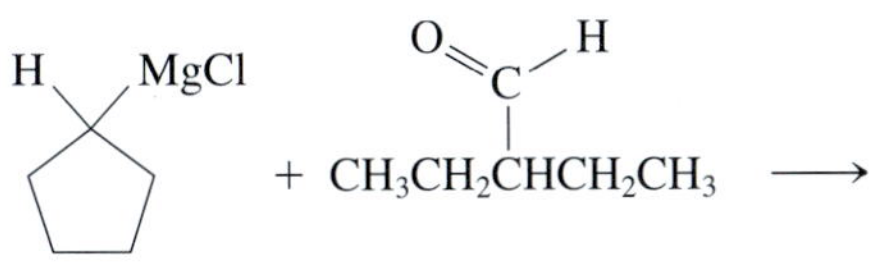 [cyclopentyl with H and MgCl] + $CH_3CH_2\underset{|}{C}HCH_2CH_3$ (with CHO: $O=C-H$) ⟶

44. 문제 43에서 나타낸 각 반응에 대해, 굽은 화살표를 사용하여 완전한 단계별 메커니즘을 적으시오. 반응마무리로 산 수용액을 첨가하는 것도 적으시오.

45. Ethylmagnesium bromide (CH_3CH_2MgBr)과 다음 각각의 카보닐 화합물과의 반응에서 생성물의 구조를 적으시오. 하나 이상의 입체이성질체를 생성하는 반응을 확인하시오. 그리고 생성되는 화합물이 동일한 양인가 또는 서로 다른 양인가를 밝히시오.

(a)  O (b) 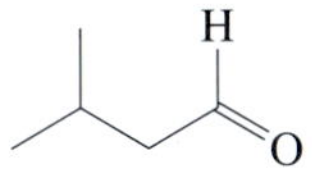 H, O (c) 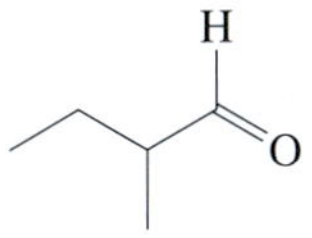 H, O (d) 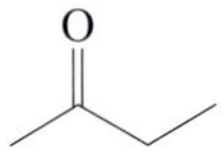 O

(e) 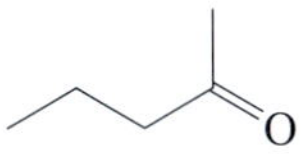 O (f) 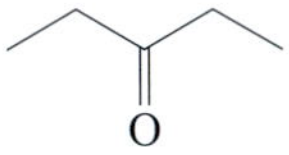 O (g) 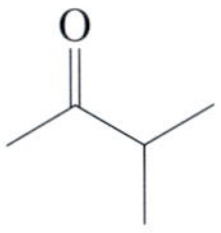 O (h) O, CH_3, H

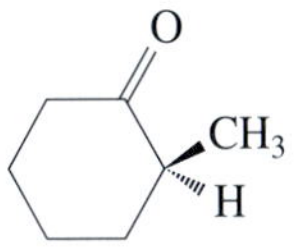

(i) 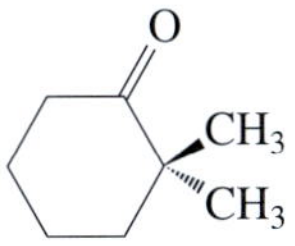 O, CH_3, CH_3 (j) 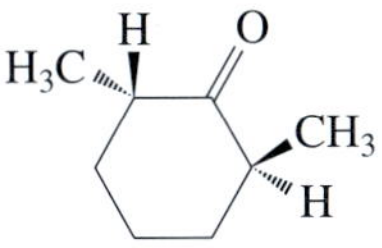 H_3C, H, O, CH_3, H

46. 다음 각각의 반응에 대해 예상하는 주생성물을 적으시오. PCC는 pyridinium chlorochromate을 나타낸다 (8-6절).

(a) $CH_3CH_2CH_2OH \xrightarrow{Na_2Cr_2O_7,\ H_2SO_4,\ H_2O}$

(b) $(CH_3)_2CHCH_2OH \xrightarrow{PCC,\ CH_2Cl_2}$

(c) 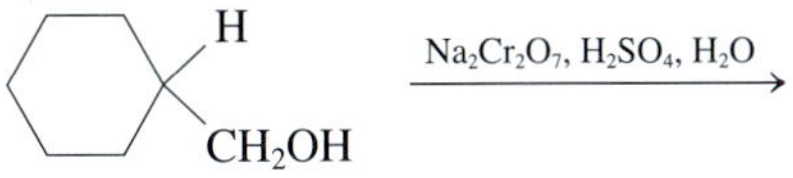 [cyclohexane with H and CH_2OH] $\xrightarrow{Na_2Cr_2O_7,\ H_2SO_4,\ H_2O}$

(d) 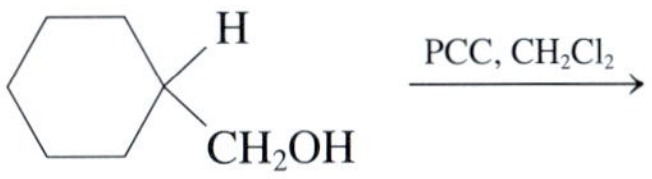 [cyclohexane with H and CH_2OH] $\xrightarrow{PCC,\ CH_2Cl_2}$

(e) 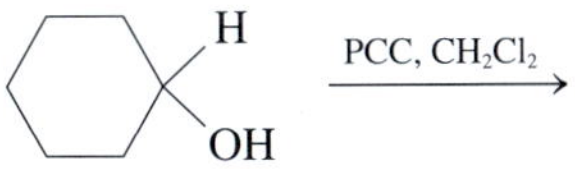 [cyclohexane with H and OH] $\xrightarrow{PCC,\ CH_2Cl_2}$

47. 문제 46에 나타낸 모든 반응에 대해 메커니즘을 적으시오.

48. 다음 순서 각각의 여러 단계 반응 과정에서 예상하는 주생성물을 적으시오. PCC는 pyridinium chlorochromate를 나타낸다.

(a) $(CH_3)_2CHOH$ ⟶ 1. CrO_3, H_2SO_4, H_2O 2. CH_3CH_2MgBr, $(CH_3CH_2)_2O$ 3. H^+, H_2O

(b) 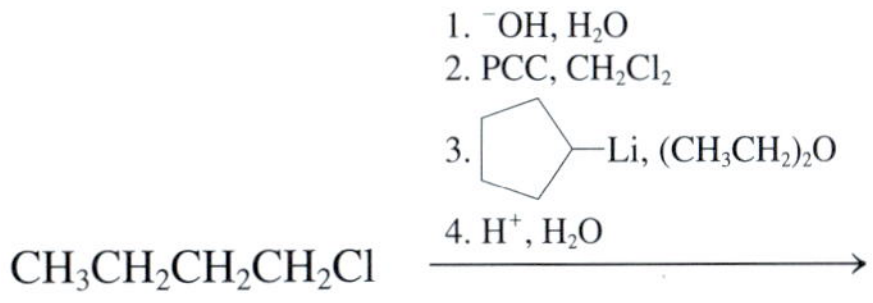 $CH_3CH_2CH_2CH_2Cl$ ⟶ 1. ^-OH, H_2O 2. PCC, CH_2Cl_2 3. [cyclopentyl]—Li, $(CH_3CH_2)_2O$ 4. H^+, H_2O

(c) (b)의 생성물 ⟶ 1. CrO_3, H_2SO_4, H_2O 2. $LiAlD_4$, $(CH_3CH_2)_2O$ 3. H^+, H_2O

49. **도전 문제** Grignard와 유기리튬 시약과는 달리, 대부분의 전기양성적인 금속 (Na, K 등)의 유기금속 화합물은 할로알케인과 쉽게 반응한다. 결과적으로, 금속과의 반응으로 RX를 RNa와 RK로 만들려고 하는 경우에, *Wurtz* 짝지음 반응이라고 하는 반응이 일어나 알케인이 생성된다.

$$2\,RX + 2\,Na \longrightarrow R—R + 2\,NaX$$

이것은 다음 반응의 결과이며.

$$R{-}X + 2\,Na \longrightarrow R{-}Na + NaX$$

이어서 신속하게 다음 반응이 일어난다.

$$R{-}Na + R{-}X \longrightarrow R{-}R + NaX$$

아직 사용되고 있는 Wurtz 짝지음 반응은 두 개의 동일한 알킬기를 결합해서 알케인을 합성하는 것이다 (즉, 아래의 반응식 1 참조). 왜 Wurtz 짝지음 반응이 두 개의 **상이한** 알킬기를 결합하는 데 유용하지 않은 이유를 적으시오 (반응식 2).

$$2\,CH_3CH_2CH_2Cl + 2\,Na \longrightarrow CH_3CH_2CH_2CH_2CH_2CH_3 + 2\,NaCl \quad (1)$$

$$CH_3CH_2Cl + CH_3CH_2CH_2Cl + 2\,Na \longrightarrow CH_3CH_2CH_2CH_2CH_3 + 2\,NaCl \quad (2)$$

50. 2당량의 Mg과 1,4-dibromobutane과의 반응에서 화합물 A가 생성된다. A는 2당량의 CH_3CHO (acetaldehyde)와 반응하여 반응마무리로 묽은 산을 가한 후에, 분자식이 $C_8H_{18}O_2$인 화합물 B를 생성한다. A와 B의 구조는?

51. 다음의 각 경우에 처음의 출발물로 단순한 알케인을 사용하여, 다음의 간단한 알코올을 합성하는 가장 좋은 방법을 적으시오. 합성에서 알케인을 출발물로 사용하는 경우의 단점은 무엇인가?

(a) Methanol **(b)** Ethanol **(c)** 1-Propanol
(d) 2-Propanol **(e)** 1-Butanol **(f)** 2-Butanol
(g) 2-Methyl-2-propanol

52. 문제 51의 각 알코올에 대해서 우선 알데하이드, 두 번째는 케톤으로부터 출발해서 합성하는 경로를 (가능하다면) 보이시오.

53. 적당한 알코올로부터 다음 각각의 화합물을 합성하는 가장 좋은 방법을 보이시오.

(a) 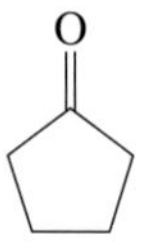 (cyclopentanone) **(b)** $CH_3CH_2CH_2CH_2COOH$ **(c)** 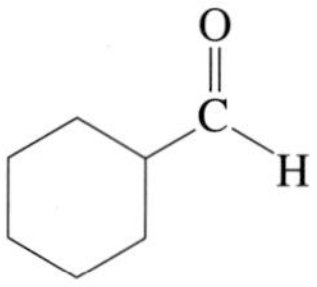 (cyclohexane–CHO) **(d)** $CH_3CH(CH_3)C(=O)CH_3$ **(e)** CH_3CHO

54. 2-methyl-2-hexanol의 세 가지 다른 합성 방법을 보이시오. 각 방법은 다음의 출발물 중 한 가지를 사용하여야 한다. 여러 단계로 합성하거나 다른 어떠한 시약을 사용하는 것은 제한이 없다.

(a)  (acetone) **(b)** 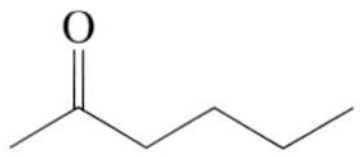 (2-hexanone) **(c)** 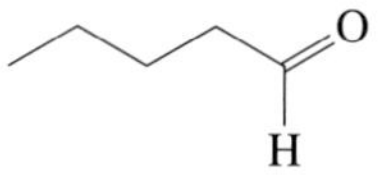 (pentanal, O, H)

55. 3-octanol의 세 가지 다른 합성 방법을 보이시오. 각 세 가지 합성 경로에서 (a) 케톤, (b) 알데하이드, (c) b에서 사용한 알데하이드와는 다른 알데하이드를 출발물로 사용하시오.

56. 아래의 합성 도식에서 보인 각 분자를 다음 단계 화합물로 변환하는 데 필요한 시약을 적으시오. 변환 과정으로 한 단계 이상이 필요한 경우는, 각 단계에 필요한 시약을 각각 적으시오.

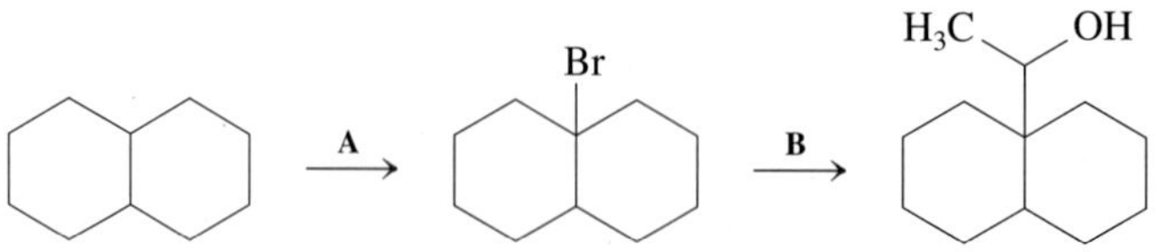

(decalin) $\xrightarrow{A}$ (Br-decalin) $\xrightarrow{B}$ (H_3C, OH)

$CH_3(CH_2)_{14}C(=O)O(CH_2)_{15}CH_3$
1-Hexadecyl hexadecanoate

57. 왁스는 긴 곧은 사슬을 갖고 있는 자연에서 발견되는 에스터(alkyl alkanoate)이다. 고래기름은 왁스인 1-hexadecyl hexadecanoate(왼쪽 여백 그림 참조)를 함유하고 있다. S_N2 반응을 사용하여 어떻게 이 왁스를 합성할 수 있는가?

58. 조효소인 니코틴아마이드 아데닌 다이뉴클레오타이드(NAD^+, 화학 이야기 8-1)의 환원된 형태는 NADH이다. 이것은 다양한 효소 촉매가 존재할 때, 생물학적인 수소음이온 주개로 작용하여, 다음의 일반식으로 나타낸 바와 같이 알데하이드와 케톤을 환원할 수 있다.

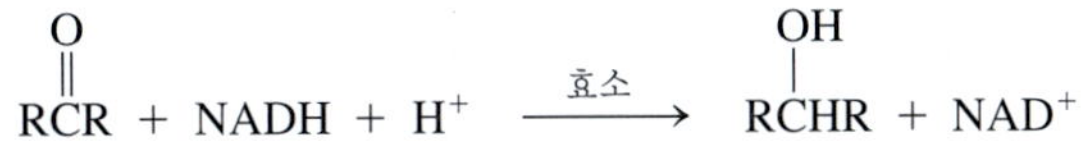

$$\mathrm{R\overset{\overset{\displaystyle O}{\|}}{C}R} + \mathrm{NADH} + \mathrm{H^+} \xrightarrow{\text{효소}} \mathrm{R\overset{\overset{\displaystyle OH}{|}}{C}HR} + \mathrm{NAD^+}$$

카복실기의 COOH 작용기는 환원되지 않는다. 각 분자에 대해 NADH에 의해 환원된 생성물을 적으시오.

(a) 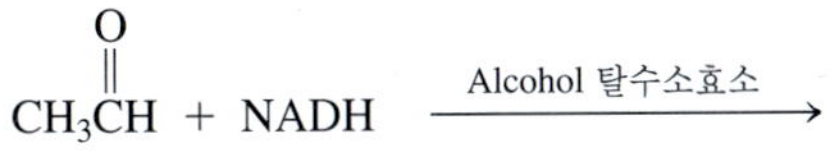 $\mathrm{CH_3\overset{\overset{\displaystyle O}{\|}}{C}H} + \mathrm{NADH} \xrightarrow{\text{Alcohol 탈수소효소}}$

(b) 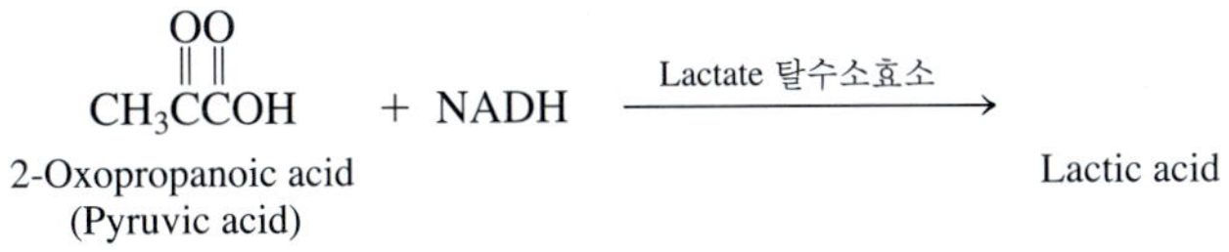 $\mathrm{CH_3\overset{\overset{\displaystyle O}{\|}}{C}\overset{\overset{\displaystyle O}{\|}}{C}OH} + \mathrm{NADH} \xrightarrow{\text{Lactate 탈수소효소}}$ Lactic acid

2-Oxopropanoic acid
(Pyruvic acid)

(c) $\mathrm{HO\overset{\overset{\displaystyle O}{\|}}{C}CH_2\overset{\overset{\displaystyle O}{\|}}{C}\overset{\overset{\displaystyle O}{\|}}{C}OH} + \mathrm{NADH} \xrightarrow{\text{Malate 탈수소효소}}$ Malic acid

2-Oxobutanedioic acid
(Oxaloacetic acid)

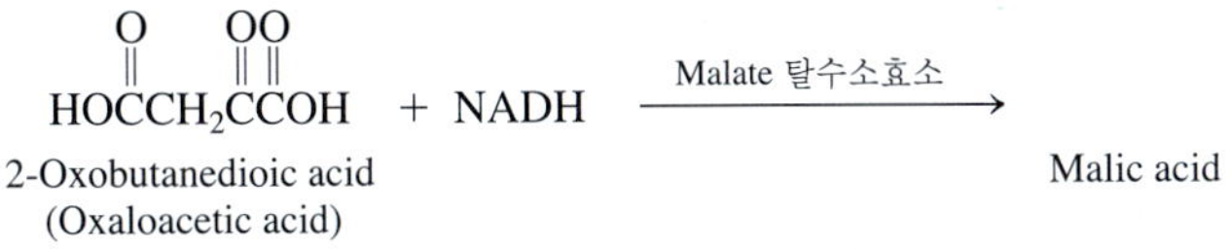

59. NADH (문제 58) 에 의한 환원은 입체특이적인데, 생성물의 입체화학은 효소에 의해 조절된다 (화학이야기 8-1). 일반적으로 lactic acid와 malic acid 탈수소효소는 각각 lactic acid와 malic acid의 *S* 입체이성질체만을 생성한다. 생성된 입체이성질체를 그리시오.

60. **도전 문제** 화학적으로 변형된 스테로이드는 의약 분야에서 점차적으로 중요해지고 있다. 다음 반응에서 가능한 생성물을 적으시오. 각 경우 기질 분자의 덜 가려진 쪽으로 공격이 일어난다고 할 때, 만들어지는 주 입체이성질체를 적으시오(**힌트**: 모형을 만들어 볼 것이며, 4-7절을 참조할 것).

(a) 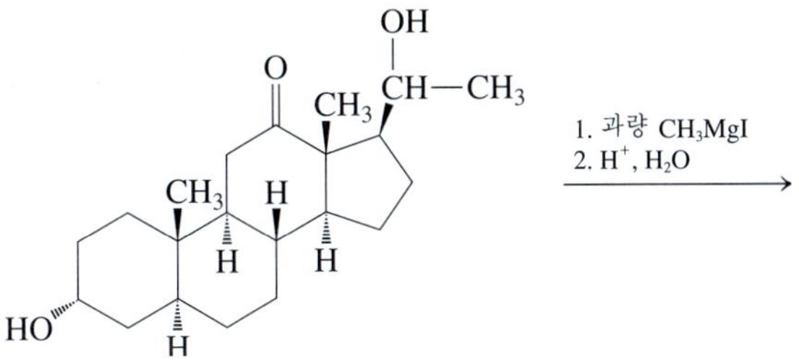 [steroid structure: HO, O, CH_3, CH_3, OH, $CH—CH_3$, H, H, H, H] $\xrightarrow[\text{2. } H^+,\ H_2O]{\text{1. 과량 } CH_3MgI}$

(b) 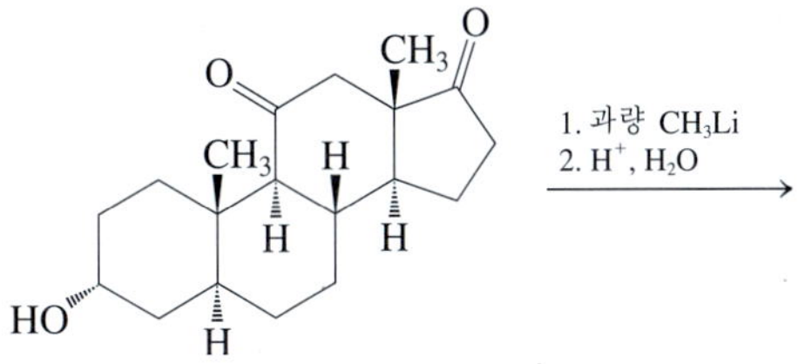 [steroid structure: HO, O, O, CH_3, CH_3, H, H, H, H] $\xrightarrow[\text{2. } H^+,\ H_2O]{\text{1. 과량 } CH_3Li}$

61. **도전 문제** 문제 60에서 보인 두 반응에서 각각 과량의 CH_3MgI와 CH_3Li가 필요한 이유는 무엇인가? 각각의 경우 유기금속 시약이 몇 당량 필요한가? 각각의 분자에서 각 작용기 자리에서 일어나는 반응의 생성물은 무엇인가?

알코올의 다른 반응과 에터의 화학

에톡시에테인(다이에틸 에터 또는 단순히 "에터")은 1846년에 마취제로 발견되었다. 당시 신문의 헤드라인에는 "우리는 통증을 정복하였다"라고 하였다. 이 사진은 당시의 에터 흡입기를 보여 주고 있다. 이것은 에터를 적신 스폰지를 넣는 유리 용기가 관을 통해 안면마스크로 연결되어 있다. 인화성을 제외하고는 에터는 꽤 안전하지만, 두통과 메스꺼움을 일으키는 마취후의 바람직하지 않은 부작용이 있다. 이것은 많은 보다 효과적인 진통제로 대치되었으나, 일부 개발도상국에서는 아직 널리 쓰이고 있다.

소듐 조각을 물에 넣으면 격렬하게 반응하는 것을 기억하는가? 이러한 반응은 금속과 물이 반응하여 NaOH와 H_2 기체가 발생하는 까닭이다. 알코올은 '알킬화된 물'로 볼 수가 있는데(8-2절), 덜 격렬하게 일어나긴 하지만, 유사한 반응이 일어나서 NaOR과 H_2를 발생한다. 9장에서는 하이드록시 치환기의 다른 변환에 대해 알아보기로 하자.

그림 9-1에서는 알코올에 가능한 다양한 반응 형태를 보여 주고 있다. *a*, *b*, *c*, *d*로 표시된 네 개의 결합 중 적어도 하나가 끊어진다. 8장에서는 알데하이드와 케톤이 산화한 경우 *a*와 *d*의 결합이 끊어진다. 이 반응을 유기금속 화합물의 첨가반응과 함께 사용하면 상당한 구조적 다양성을 가진 알코올을 만들 수가 있다는 것을 알았다.

알코올의 반응에 대해 보다 더 알아보기 위해, 우선 산과 염기로서의 성질을 다시 살펴보기로 하자. 결합 *a*에서 양성자를 제거하면 알콕사이드(8-3절)가 만들어지며, 이것은 강염기와 친핵체로서 중요하다(7-8절). 알코올은 강산에 의해 알킬옥소늄 이온(8-3절)이 되는데, 이 경우 OH(나쁜 이탈기)를 H_2O(좋은 이탈기)로 전환한다. 결과적으로 결합 *b*가 끊어지면서 치환반응이 일어나거나, *b*와 *c*가 끊어지면서 제거반응이 일어난다. 이차 알코올이나 삼차 알코올을 산으로 처리할 때 생성되는 탄소양이온 중간체로부터, 다양한 화학 변환이 가능함을 알게 될 것이다.

에스터와 이를 합성에 응용하는 것을 소개하고, 이어서 에터와 황 화합물의 화학을 다룰 것이다. 알코올, 에터, 황 유사체는 자연계에 널리 존재하며, 산업적으로나 의약으로 널리 응용되고 있다.

그림 9-1 알코올의 네 가지 전형적인 반응 형태. 각 형태에서 *a* ~ *d*로 표시된 네 개의 결합 중의 하나 이상이 끊어진다(물결 모양의 선은 결합이 끊어짐을 나타낸다). (*a*) 염기에 의한 양성자이탈반응, (*b*) 산에 의한 양성자화와 잇따르는 일분자 또는 이분자 치환반응, (*b*, *c*) 제거반응, 그리고 (*a*, *d*) 산화반응.

$$-\overset{|}{C}-H,\ H-\underset{|}{C}-O\overset{a}{\wr}H \xrightarrow{\text{양성자이탈}} -\overset{|}{C}-H,\ H-\underset{|}{C}-O^-$$

알콕사이드

$$-\overset{|}{C}-H,\ H-C\overset{b}{\wr}O-H \xrightarrow{\text{치환}} -\overset{|}{C}-H,\ H-\underset{|}{C}-X$$

할로알케인과 다른 알케인 유도체

$$-C\overset{c}{\wr}H,\ H-C\overset{b}{\wr}O-H \xrightarrow{\text{제거}} >C=C<(H)$$

알켄

$$-\overset{|}{C}-H,\ H\overset{d}{\wr}C-O\overset{a}{\wr}H \xrightarrow{\text{산화}} -\overset{|}{C}-H,\ >C=O$$

알데하이드와 케톤

소듐은 물과 격렬하게 반응하여 수소 기체를 발생한다.

9-1 알코올과 염기와의 반응: 알콕사이드의 제조

8-3절에서 설명한 바와 같이, 알코올은 산과 염기로 모두 작용할 수 있다. 이 절에서는 알코올의 하이드록시기에서 양성자가 제거되어, 해당하는 짝염기인 알콕사이드를 만드는 방법에 대해 다시 살펴볼 것이다.

알코올에서 완전히 양성자를 제거하려면 강염기가 필요하다

알코올의 OH기로부터 양성자를 제거하기 위해서는(그림 9-1, 결합 *a*의 절단), 알콕사이드보다 더 강한 염기를 사용해야 한다. 이러한 예로는 리튬 다이아이소프로필아마이드(7-8절), 뷰틸리튬(8-7절)과 수소화 포타슘(KH)과 같은 알칼리 금속 수소화물(8-6절, 연습 문제 8-4)이 있다. 이러한 수소화물과의 반응은 유일한 부산물이 수소 기체인 까닭에 특히 유용하다.

Methanol로부터 methoxide를 만드는 세 가지 방법

$$\underset{pK_a = 15.5}{CH_3OH} + \underset{\text{Lithium diisopropylamide}}{Li^{+\,-}NCH(CH_3)_2 \text{ (with } CH(CH_3)_2)} \xrightleftharpoons{K = 10^{24.5}} CH_3O^-Li^+ + \underset{pK_a = 40}{HNCH(CH_3)_2 \text{ (with } CH(CH_3)_2)}$$

$$\underset{pK_a = 15.5}{CH_3OH} + \underset{\text{Butyllithium}}{CH_3CH_2CH_2CH_2Li} \xrightleftharpoons{K = 10^{34.5}} CH_3O^-Li^+ + \underset{pK_a = 50}{CH_3CH_2CH_2CH_2H}$$

$$\underset{pK_a = 15.5}{CH_3OH} + \underset{\text{Potassium hydride}}{K^+H^-} \xrightleftharpoons{K = 10^{22.5}} CH_3O^-K^+ + \underset{pK_a = 38}{H-H}$$

연습 문제 9-1

앞으로, 예를 들어 methanol 용매 속에 촉매량의 sodium methoxide와 같이, 촉매량의 염기가 필요한 많은 반응이 있음을 알게 될 것이다. 1리터의 methanol 속에 10 mmol의 $NaOCH_3$를 함유하는 용액을 만들고자 한다. 용매에 단순히 10 mmol의 NaOH를 가하면 될 것인가? [**주**: 단순하게 pK_a값(표 2-2)을 비교하는 것은 충분하지 않다. **힌트**: 2-2절 참조.]

알칼리 금속도 알코올에서 양성자를 제거한다 — 그러나 H^+의 환원에 의해 일어난다

알콕사이드를 얻는 또 다른 방법은 알코올을 리튬과 같은 알칼리 금속과 반응시키는 것이다. 이러한 금속은 물을—어떤 경우에는 격렬하게—환원해서 알칼리 금속 수산화물과 수소 기체를 내놓는다. 보다 반응성이 큰 금속(소듐, 포타슘, 세슘)이 공기 중의 물에 노출되면, 발생되는 수소가 자발적으로 점화되거나 또는 폭발을 일으킬 수도 있다.

$$2\,H{-}OH \quad + \quad 2\,M\,(Li, Na, K, Cs) \longrightarrow 2\,M^{+}\,{}^{-}OH \quad + \quad H_2$$

알칼리 금속은 알코올에 비슷하게 행동해서 알콕사이드를 만든다. 그러나 이러한 변환은 덜 격렬하다. 두 가지 예를 들면 다음과 같다.

알코올과 알칼리 금속으로부터 알콕사이드의 생성

$$2\,CH_3CH_2OH \quad + \quad 2\,Na \longrightarrow 2\,CH_3CH_2O^{-}\,Na^{+} \quad + \quad H_2$$
$$2\,(CH_3)_3COH \quad + \quad 2\,K \longrightarrow 2\,(CH_3)_3CO^{-}\,K^{+} \quad + \quad H_2$$

이 과정에서 사용된 알코올의 반응성은 치환이 더 많이 될수록 감소한다. 메탄올이 가장 반응성이 크고, 삼차 알코올은 반응성이 가장 작다.

ROH와 알칼리 금속과의 상대적인 반응성의 크기

$R = CH_3$ > 일차 > 이차 > 삼차

반응 감소

2-메틸-2-프로판올은 아주 서서히 반응하기 때문에 실험실에서 포타슘 찌꺼기를 안전하게 폐기하는데 사용될 수 있다.

알콕사이드는 어디에 쓰이는가? 유기 합성에 유용하게 사용되는 시약인 것은 이미 알았다. 예를 들어, 입체 장애가 큰 알콕사이드와 할로알케인과 반응하면 제거반응이 일어난다.

$$CH_3CH_2CH_2CH_2Br \xrightarrow[E2]{(CH_3)_3CO^{-}K^{+},\ (CH_3)_3COH} CH_3CH_2CH{=}CH_2 \quad + \quad (CH_3)_3COH \quad + \quad K^{+}Br^{-}$$

가지가 덜 달린 알콕사이드는 S_N2 반응을 통해 일차 할로알케인을 공격하여 에터를 만든다. 이 방법은 9-6절에서 설명할 것이다.

요약 알코올을 강염기와 반응하면 산-염기 반응을 거쳐 알콕사이드가 생성된다. 염기성이 클수록, 평형은 보다 알콕사이드 쪽으로 이동한다. 알칼리 금속과 알코올은 환원반응이 일어나며, 수소 기체와 알콕사이드를 생성한다. 이 과정은 입체 장애가 있으면 느려진다.

9-2 알코올과 강산과의 반응: 알코올의 치환과 제거반응에서의 알킬옥소늄 이온

알코올의 O—H 결합에서 불균일 분해는 강염기를 사용하면 쉽게 일어난다는 것을 알았다.

C—O 결합(그림 9-1에서 결합 *b*)도 쉽게 끊을 수 있을까? 그렇다. 하지만 이 경우 산이 필요하다. 물의 pK_a(15.7)가 높았던 것을 기억하라(2-2절). 물은 약산이다. 따라서 수산화 이온은 짝염기인데, 좋지 않은 이탈기이다. **알코올에서 치환 또는 제거반응이 일어나게 하려면, 우선 OH기를 보다 좋은 이탈기로 바꾸어야 한다.**

일차 알코올과 HX로부터 할로알케인의 생성: S_N2 반응에서 물은 이탈기가 될 수 있다

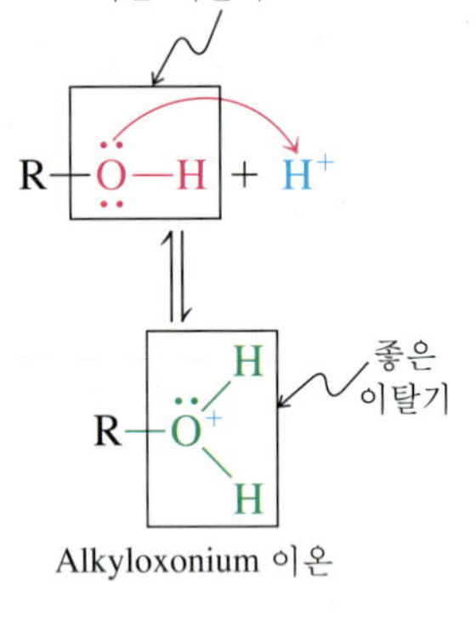

알코올의 하이드록시 치환기를 좋은 이탈기로 바꾸는 가장 간단한 방법은 산소에 양성자를 붙여서 알킬옥소늄 이온을 만드는 것이다. 이 과정에서는 산소의 고립 전자쌍 중의 하나가 양성자와 결합을 만들게 된다는 것을 기억하라(8-3절). 따라서 양전하는 산소 원자에 위치하게 된다. **양성자첨가반응에 따라 OH는 나쁜 이탈기에서 좋은 이탈기인 중성의 물로 변한다.**

이 반응은 가역 반응이며, 정상적인 조건에서 평형은 양성자가 붙지 않은 알코올 쪽으로 치우쳐 있다. 그러나 만일 혼합물 내에 친핵체가 존재해서 옥소늄 화학종을 잡아 빼낼 수 있다면 이것은 별로 중요하지 않다. 예를 들어, 일차 알코올로부터 만들어진 알킬옥소늄 이온이 이러한 친핵체의 공격을 받는다고 하자. 즉, 1-뷰탄올을 진한 HBr로 처리하여 생성된 뷰틸옥소늄 이온이 브로마이드 이온에 의해 치환반응을 일으켜서 1-브로모뷰테인을 생성한다 하자. 원래 친핵체인 산소(붉은색)는 친전자성인 양성자(푸른색)에 의해 양성자가 첨가되어, 친전자성(푸른색) 탄소와 이탈기(초록색)로 H_2O를 갖고 있는 알킬옥소늄 이온이 생성된다. 이어지는 S_N2 반응에서는 브로마이드가 친핵체로 작용하게 된다.

알코올로부터 일차 브로모알케인의 합성

$$CH_3CH_2CH_2CH_2\ddot{O}H + H\ddot{B}r\!: \rightleftharpoons CH_3CH_2CH_2CH_2\overset{+}{\ddot{O}}H_2 + :\ddot{B}r:^- \longrightarrow CH_3CH_2CH_2CH_2\ddot{B}r: + H_2\ddot{O}$$

아이오도알케인 합성

$$\underset{\text{1,6-Hexanediol}}{HO(CH_2)_6OH} + 2\,HI \longrightarrow \underset{\text{1,6-Diiodo-hexane}}{\underset{85\%}{I(CH_2)_6I}} + 2\,H_2O$$

일차 알코올과 진한 HI와의 반응도 비슷하게 일어나서 일차 아이오도알케인(왼쪽 여백 그림 참조)을 생성한다. 반면 진한 HCl를 사용하면 일차 알코올을 해당하는 클로로알케인으로 만드는 반응이 매우 느리게 일어나는데, 염화 이온이 상대적으로 약한 친핵체인 까닭이다. 따라서 이러한 변환이 가능하긴 하지만, 보통 다른 반응 시약을 사용하여 수행한다(9-4절). 일반적으로 **일차** 알코올에 대해 HBr이나 HI를 사용하는 산촉매 S_N2 반응은 단순한 **일차** 할로알케인을 합성하는 데는 좋은 방법이다. 이차나 삼차 알코올에 대해서는 어떠한가?

이차와 삼차 알코올과 HX: S_N1과 E1 반응에서 물은 이탈기가 될 수 있고, 탄소양이온이 생성된다

일차 알코올의 경우와는 달리, 이차와 삼차 알코올로부터 만들어지는 알킬옥소늄 이온은, 해당하는 탄소양이온보다 쉽게 물을 잃어버릴 수 있다. 이러한 차이는 탄소양이온의 안정도의 차이에 기인한다(7-5절). 일차 탄소양이온은 에너지가 너무 높아 보통의 실험실적인 조건에서는 만들어지기가 어려운 반면, 이차 및 삼차 탄소양이온은 점점 더 쉽게 생성될 수 있다. 따라서, 일차 알킬옥소늄 이온은 S_N2 반응만이 일어나지만, 이차 및 삼차 알킬옥소늄이온은 S_N1과 E1 반응이 일어난다. 좋은 친핵체가 존재할 경우에는 S_N1 생성물을 얻는다.

옥소늄 이온의 반응성

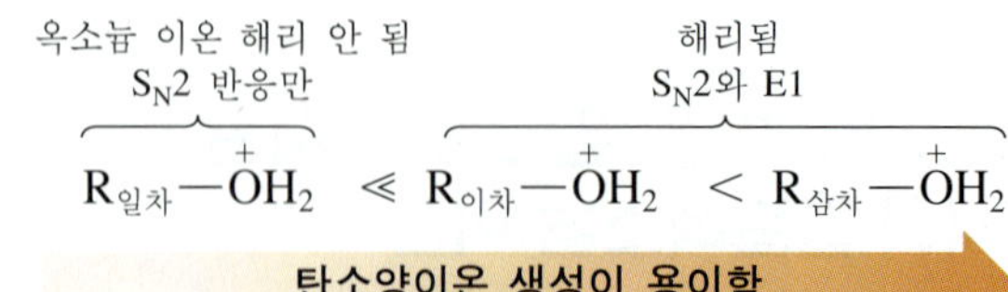

합성의 관점에서 이 사실은 과량의 진한 할로젠화 수소(hydrogen halide) 수용액에서 **삼차** 알코올로부터 **삼차** 할로알케인을 만드는 방법으로 이용된다. 생성물은 상온에서 몇 분 안에 생성된다. 메커니즘은 가용매분해 반응의 정확하게 역반응이 된다(7-2절).

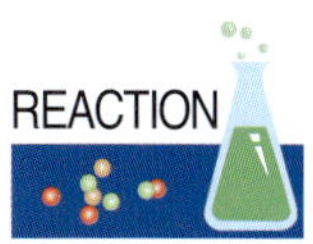

2-Methyl-2-propanol에서 2-bromo-2-methylpropane으로의 변환

$$(CH_3)_3COH + \underset{\text{과량}}{HBr} \rightleftharpoons (CH_3)_3CBr + H_2O$$

삼차 알코올과 할로젠화 수소와의 S_N1 반응의 메커니즘

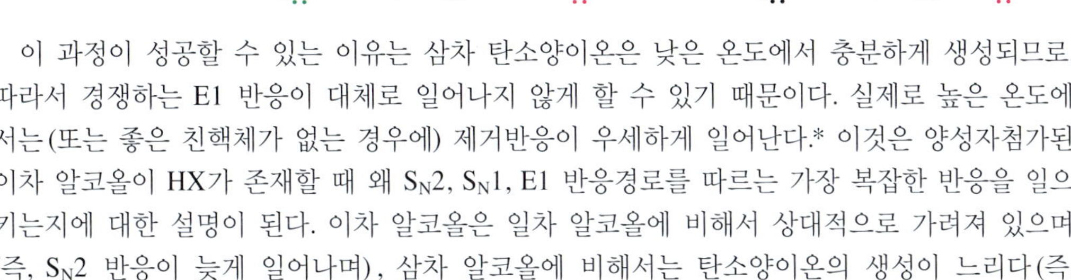

이 과정이 성공할 수 있는 이유는 삼차 탄소양이온은 낮은 온도에서 충분하게 생성되므로, 따라서 경쟁하는 E1 반응이 대체로 일어나지 않게 할 수 있기 때문이다. 실제로 높은 온도에서는(또는 좋은 친핵체가 없는 경우에) 제거반응이 우세하게 일어난다.* 이것은 양성자첨가된 이차 알코올이 HX가 존재할 때 왜 S_N2, S_N1, E1 반응경로를 따르는 가장 복잡한 반응을 일으키는지에 대한 설명이 된다. 이차 알코올은 일차 알코올에 비해서 상대적으로 가려져 있으며(즉, S_N2 반응이 늦게 일어나며), 삼차 알코올에 비해서는 탄소양이온의 생성이 느리다(즉, S_N1 반응이 늦게 일어난다). 7-9절을 복습하라.

E1 반응은 여기에서는 물 분자를 잃어버리므로 **탈수반응(dehydration)**이라 하는데(그림 9-1, 결합 *b*와 *c*의 절단이 일어난다. 9-3과 9-7절 참조) 알켄의 합성법이 된다(11-7절). "친핵성" 산인(이렇게 부르는 이유는 짝염기가 좋은 친핵체이기 때문이다) HBr과 HI보다는, H_3PO_4 또는 H_2SO_4와 같은 "비친핵성"산을 사용한다.

E1 반응에 의한 알코올의 탈수반응

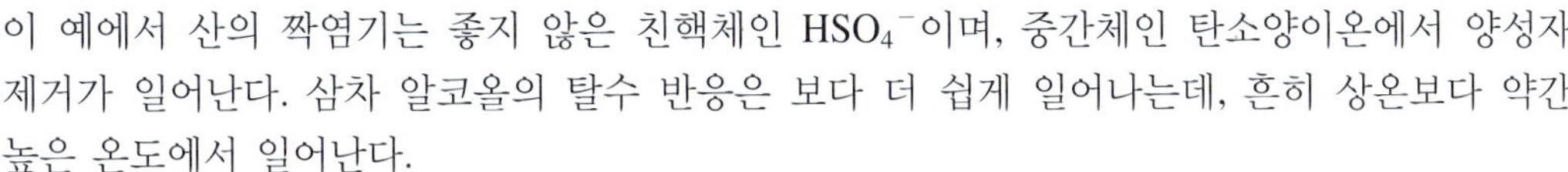

Cyclohexanol의 탈수반응의 메커니즘

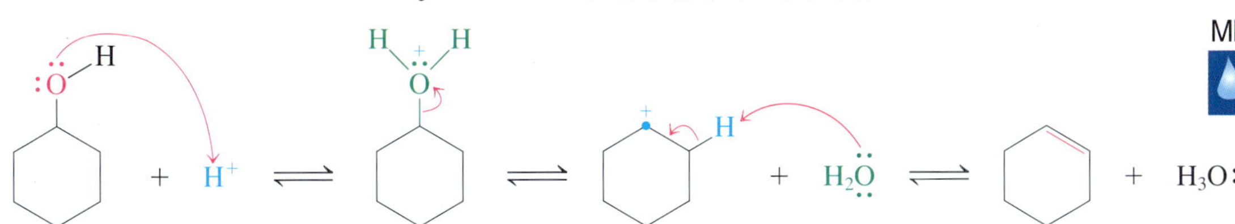

이 예에서 산의 짝염기는 좋지 않은 친핵체인 HSO_4^-이며, 중간체인 탄소양이온에서 양성자 제거가 일어난다. 삼차 알코올의 탈수 반응은 보다 더 쉽게 일어나는데, 흔히 상온보다 약간 높은 온도에서 일어난다.

---

*높은 온도에서 제거반응이 우세한 이유는 상대적으로 큰 양의 엔트로피값을 갖는 까닭이다(2-1절). 한 분자(알코올)에서 두 개의 분자(알켄 + H_2O)가 생성되고, $\Delta G° = \Delta H° - T\Delta S°$의 식에서 $\Delta S°$항은 온도가 높아짐에 따라 증가한다(연습 문제 7-17 참조).

연습 문제 9-2

4-Methyl-1-pentanol과 진한 HI 수용액의 반응에서 예상되는 생성물의 구조를 적으시오. 생성되는 메커니즘을 적으시오.

연습 문제 9-3

1-Methylcyclohexanol과 **(a)** 진한 HCl, **(b)** 진한 H_2SO_4과의 반응에서 예상되는 생성물의 구조를 보이시오. 두 과정의 메커니즘을 비교하고 대비되는 점을 밝히시오(**힌트**: Cl^-와 HSO_4^-의 상대적인 친핵성의 크기를 비교하라. 주: 메커니즘을 적을 때는 전자의 흐름을 나타내기 위해 "화살표"로 전자의 밀어냄을 표시한다. 모든 단계를 각각 분리해서 적는다. 전하와 적합한 전자쌍을 포함한 완전한 구조를 사용하라. 명확하게 화살표를 사용해서 출발물 또는 중간체를 해당하는 생성물과 연관시켜야 한다. 지름길로 가거나, 조잡하게 적지 말라.

요약 알코올을 강산과 반응시키면 양성자첨가반응이 일어나 알킬옥소늄 이온이 만들어지고, 일차 알코올의 경우에는 좋은 친핵체가 존재할 때, S_N2 반응이 일어나게 된다. 이차 또는 삼차 알코올로부터 생성된 알킬옥소늄 이온은 탄소양이온으로 변환되고, 이어 치환반응이나 제거반응(탈수반응)을 거쳐 생성물이 만들어진다.

$$R\ddot{O}H \xrightarrow{H^+} R-\overset{+}{O}H_2 \begin{cases} \xrightarrow[R\,=\,\text{일차}]{X^-,\ S_N2} RX + H_2\ddot{O} \\ \xrightarrow[R\,=\,\text{이차, 삼차}]{-H_2O} R^+ \begin{cases} \xrightarrow{X^-,\ S_N1} RX \\ \xrightarrow{-H^+,\ E1} \text{알켄} \end{cases} \end{cases}$$

9-3 탄소양이온 재배열반응

알코올이 탄소양이온으로 변환되면 탄소양이온 자체는 재배열반응의 대상이 된다. 수소음이온 이동 및 알킬 이동이라고 알려진 두 가지 재배열반응은 대부분의 탄소양이온에서 일어난다. 재배열반응이 일어난 분자는 이어서 S_N1 또는 E1 반응이 일어날 수 있다. 어느 한 특정한 화합물이 되기 위한 열역학적 추진력이 없다면 복잡한 혼합물이 생성되기 쉽다.

수소음이온 이동은 새로운 S_N1 생성물을 만든다

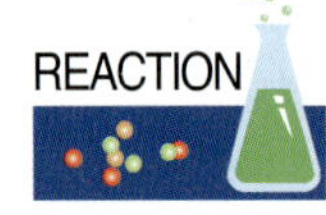

2-프로판올을 진한 브로민화 수소(hydrogen bromide)로 처리하면 예상한 대로 2-브로모프로페인이 생성된다. 그러나 보다 많이 치환된 이차 알코올인 3-메틸-2-뷰탄올을 같은 조건에서 반응시키면, 놀라운 결과가 얻어진다. 예상되는 S_N1 생성물인 2-브로모-3-메틸뷰테인은 반응 혼합물에서 소량으로만 생성되며, 주생성물은 2-브로모-2-메틸뷰테인이 된다.

알코올의 정상적인 S_N1 반응 (재배열반응이 안 일어나는 경우)

$$CH_3CH(OH)CH_3 + HBr \xrightarrow{0°C} CH_3CHBrCH_3 + H-OH$$

알코올과 HBr과의 반응에서 수소음이온 이동

$$\underset{\text{3-Methyl-2-butanol}}{(CH_3)_2CH-CH(OH)CH_3} \xrightarrow{HBr,\ 0°C} \underset{\substack{\text{부생성물} \\ \text{2-Bromo-3-methylbutane} \\ \text{(정상적인 생성물)}}}{(CH_3)_2CH-CHBrCH_3} + \underset{\substack{\text{주생성물} \\ \text{2-Bromo-2-methylbutane} \\ \text{(재배열된 생성물)}}}{(CH_3)_2CBr-CH_2CH_3} + H-OH$$

이 변환의 메커니즘은 어떻게 되는가? 답은 **탄소양이온은 수소음이온 이동(hydride shift)에 의한 재배열반응을 일으킨다**는 것이다. 이 경우 수소(노란색)는 **두 전자를 모두 가지고** 원래 위치에서 이웃한 탄소 원자로 이동한다. 알코올의 양성자첨가반응이 일어나고, 이어서 물이 제거되어 예상되는 이차 탄소양이온이 우선 생성된다. 삼차 수소가 전자가 부족한 이웃으로 이동하면, **보다 안정한** 삼차 양이온이 생성된다. 이 화학종은 결국 브로민화 이온에 붙잡히게 되고, 재배열이 일어난 S_N1 생성물을 얻게 된다.

탄소양이온 재배열반응의 메커니즘

단계 1. 양성자첨가반응

$CH_3C(H)(H_3C){-}C(OH)(H)CH_3 + H^+ \rightleftharpoons CH_3C(H)(H_3C){-}C(\overset{+}{O}H_2)(H)CH_3$

단계 2. 물이 제거

$CH_3C(H)(H_3C){-}C(\overset{+}{O}H_2)(H)CH_3 \rightleftharpoons CH_3C(H)(H_3C){-}\overset{+}{C}(H)CH_3 + H_2\ddot{O}$

단계 3. 수소음이온 이동

$CH_3C(H)(H_3C){-}\overset{+}{C}(H)CH_3 \longrightarrow CH_3\overset{+}{C}(H_3C){-}C(H)(H)CH_3$

이차 탄소양이온 (보다 덜 안정) → 삼차 탄소양이온 (보다 더 안정)

단계 4. 브로민화 이온에 붙잡힘

$CH_3\overset{+}{C}(H_3C){-}C(H)(H)CH_3 + :\ddot{Br}:^- \rightleftharpoons CH_3C(Br)(H_3C){-}C(H)(H)CH_3$

반응이 일어나는 자리의 특성을 표시하기 위해 색을 사용한다. 친전자성(푸른색), 친핵성(붉은색), 그리고 이탈기(초록색)와 같은 성질을 표시하는데, 따라서 반응이 진행함에 따라 원자단이나 원자의 색깔이 "바뀌게" 된다.

관찰되는 수소음이온 이동의 전이 상태는 그림 9-2에서 도식적으로 자세히 보여 주고 있다. 탄소양이온에서 수소음이온 이동을 기억하는 간단한 규칙은, 반응에 참여하는 이웃한 두 원자 사이에서 **수소와 양이온이 위치를 형식적으로 서로 교환한다**는 것이다.

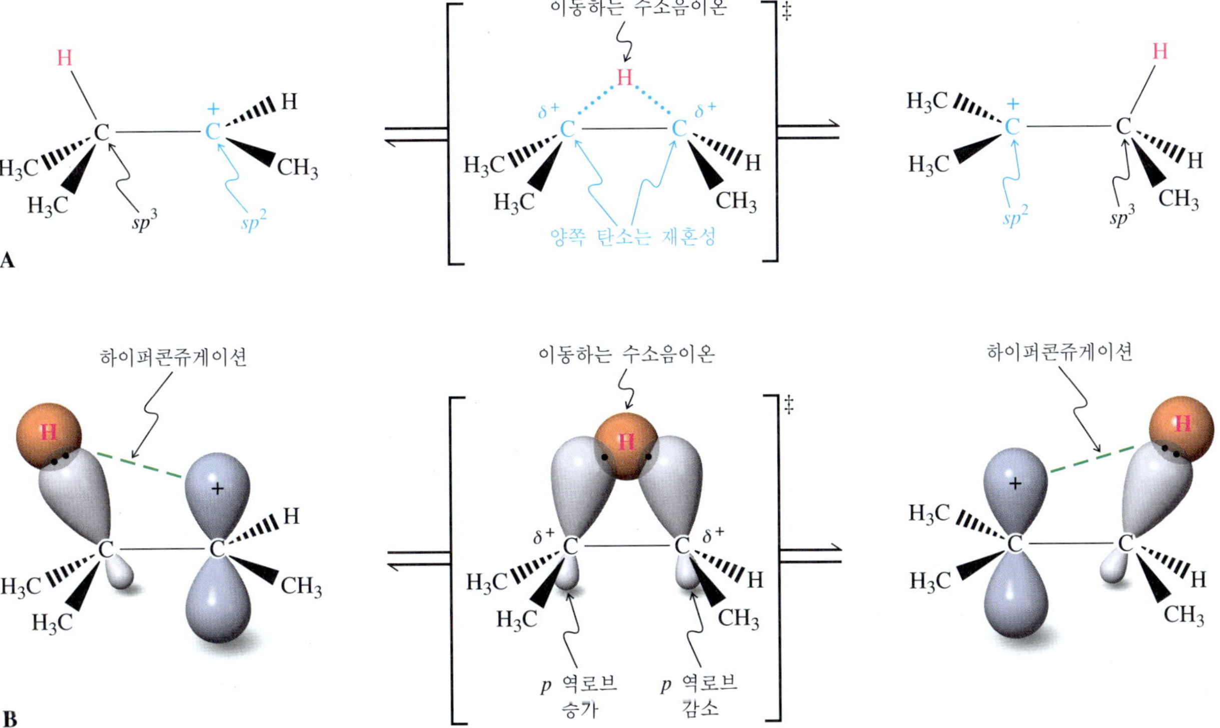

그림 9-2 수소음이온 이동에 의한 탄소양이온의 재배열반응. (A) 점선 표시, (B) 오비탈 그림. 이동하는 수소와 양전하가 위치가 교환되는 것을 눈여겨 보라. 덧붙여서, 하이퍼콘쥬게이션에 의해 비어 있는 이웃한 π 오비탈로 전자가 이동하기 때문에 C—H 결합이 약하게 되는 것을 알 수 있다.

탄소양이온의 수소음이온 이동은 S_N1 또는 E1 반응보다 매우 신속하게 일어난다. 부분적으로는 C—H 결합을 약하게 하는 하이퍼콘쥬게이션 때문에 반응이 빠르게 일어나는 것이다 (7-5절 및 그림 9-2B). 그림 9-2에 보인 예와 같이, 새로운 탄소양이온이 원래의 경우보다 더 안정한 경우에 이 과정이 잘 일어난다.

연습 문제 9-4

개념 문제: 탄소양이온 재배열반응을 체계적으로 적는 방법

2-Methylcyclohexanol은 HBr과 반응하면 1-bromo-1-methylcyclohexane이 생성된다. 메커니즘을 설명하시오.

전략

재고조사를 행하는 것과 같이 문제를 분석해 보자.

- 어떠한 위상수학적/연결상의 변화가 일어나는가? **답**: 육원자 고리는 그대로 있으나, 작용기는 이차 탄소에서 삼차 탄소로 이동한다.
- 분자식에서 어떠한 변화가 있는가? **답**: 처음에는 $C_7H_{14}O$로 시작하였으나, $C_7H_{13}Br$로 되었다. 순수한 변화는 OH가 Br로 바뀐 것이다. 출발물에서 탄소가 늘어나거나 줄거나 하지는 않았다.
- 작용기와 반응하는 시약을 고려하면 어떠한 생각을 할 수 있는가? **답**: 알코올이 강산인 HBr과 반응하였다. 하이드록시 작용기는 양성자첨가되고, 좋은 이탈기로 바뀐다. 따라서 가능한 반응경로로서 치환반응과 제거반응을 고려할 수 있다.

풀이

- 첫 번째 점(재배열반응)에 대한 답과 세 번째 점(알코올과 산)을 고려할 때 탄소양이온을 거쳐가는 산촉매 재배열반응을 강하게 암시하고 있다.
- 원하는 탄소양이온에 도달하기 위해서는 알코올에 양성자첨가가 일어나고, 이탈기가 제거되어야 한다. 결과로 이차의 탄소양이온이 생성된다.

CH_3 $\ddot{O}H$ H^+ ⇌ CH_3 $\overset{+}{\ddot{O}}H_2$ $-H_2\ddot{O}$: ⇌ H_3C H +

이차 탄소양이온

- 이웃한 삼차 중심에서 작용기인 Br이 치환된 생성물을 얻는다. 따라서 작용기를 이동하기 위해서는 수소음이온 이동을 생각하게 한다.
- 계속해서 삼차 탄소양이온이 브로민화 이온에 붙잡혀 생성물을 만든다.

H_3C H + → CH_3 + H H $:\ddot{Br}:^-$ → H_3C $\ddot{Br}$:

삼차 탄소양이온

연습 문제 9-5

자습 문제

다음 반응에서 주생성물을 예측하시오.

(a) 2-Methyl-3-pentanol + H_2SO_4, CH_3OH 용매 **(b)** OH H + HCl

일차 탄소양이온은 너무 불안정해서 재배열반응을 거쳐 생성될 수가 없다. 그러나 비슷한 안정도를 갖고 있는 탄소양이온, 예를 들어 이차—이차 쌍 또는 삼차—삼차 쌍은 쉽게 평형이 일어난다. 이 경우에는 가해진 어떠한 친핵체도 존재하는 모든 탄소양이온과 반응하여 혼합물을 생성한다.

$$\underset{\text{H}}{\overset{\text{OH}}{CH_3CCH_2CH_2CH_3}} \xrightarrow{\text{HBr, 0°C}} \underset{\text{H}}{\overset{\text{Br}}{CH_3CCH_2CH_2CH_3}} + \underset{\text{H}}{\overset{\text{Br}}{CH_3CH_2CCH_2CH_3}}$$

탄소양이온 재배열반응은 탄소양이온의 전구체의 성질과 관계없이, 알코올(9-3절), 할로알케인(7장), 또는 알킬 설포네이트(6-7절) 이건 간에 일어난다. 예를 들어 2-브로모-3-에틸-2-메틸펜테인의 가에탄올분해가 에탄올에서 일어나면 두 가지 가능한 삼차 에터가 생성된다.

할로알케인의 가에탄올분해반응에서의 재배열반응

$$\underset{\text{2-Bromo-3-ethyl-2-methylpentane}}{CH_3\overset{Br}{\underset{H_3C}{C}}-\overset{H}{\underset{CH_2CH_3}{C}}CH_2CH_3} \xrightarrow{CH_3CH_2OH} \underset{\text{2-Ethoxy-3-ethyl-2-methylpentane (정상적인 생성물)}}{CH_3\overset{CH_3CH_2O}{\underset{H_3C}{C}}-\overset{H}{\underset{CH_2CH_3}{C}}CH_2CH_3} + \underset{\text{3-Ethoxy-3-ethyl-2-methylpentane (재배열된 생성물)}}{CH_3\overset{H}{\underset{H_3C}{C}}-\overset{OCH_2CH_3}{\underset{CH_2CH_3}{C}}CH_2CH_3} + H-Br$$

2-Bromo-3-ethyl-2-methylpentane

2-Ethoxy-3-ethyl-2-methylpentane (정상적인 생성물)

3-Ethoxy-3-ethyl-2-methylpentane (재배열된 생성물)

연습 문제 9-6

바로 전 반응의 메커니즘을 적으시오. 다음 2-chloro-4-methylpentane과 methanol과의 반응의 생성물을 예측하시오(**힌트**: 두 개의 연속되는 수소음이온 이동을 거쳐서 가장 안정한 탄소양이온을 만들어 보라).

탄소양이온 재배열반응도 새로운 E1 생성물을 만든다

제거반응이 유리한 조건에서 중간체의 재배열반응은 반응 결과에 어떠한 영향을 미치는가? 온도가 높고 상대적으로 비친핵성인 용매에서는 재배열반응을 거친 탄소양이온은 E1 메커니즘을 통해 알켄이 생성된다(9-2절). 예를 들어, 2-메틸-2-펜탄올을 황산 수용액과 80°C에서 반응하면, 출발물로 4-메틸-2-펜탄올을 사용했을 때와 같은 알켄 생성물을 얻는다. 후자의 알코올의 변환 과정은 처음 생성된 탄소양이온의 수소음이온 이동과 잇따르는 양성자이탈반응을 거친다.

E1 제거반응에서의 재배열반응

$$\underset{\text{2-Methyl-2-pentanol}}{CH_3\overset{OH}{\underset{CH_3}{C}}-CH_2CH_2CH_3} \xrightarrow[-H_2O]{H_2SO_4,\ 80°C} \underset{\text{주생성물, 2-Methyl-2-pentene}}{(H_3C)_2C=C(H)CH_2CH_3} \xleftarrow[-H_2O]{H_2SO_4,\ 80°C} \underset{\text{4-Methyl-2-pentanol}}{CH_3\overset{H}{\underset{CH_3}{C}}-CH_2\overset{OH}{\underset{H}{C}}CH_3}$$

2-Methyl-2-pentanol — 주생성물 2-Methyl-2-pentene — 재배열 — 4-Methyl-2-pentanol

연습 문제 9-7

(a) 바로 전의 E1 반응에 대한 메커니즘을 적으시오. **(b)** 4-Methylcyclohexanol을 뜨거운 산으로 처리하면 1-methylcyclohexene을 얻는다. 메커니즘을 설명하시오(**힌트**: 연속되는 몇 번의 H 이동을 고려하라).

다른 탄소양이온 재배열반응은 알킬 이동에 기인한다

양전하를 띤 탄소 옆에 적당한 (이차와 삼차의) 수소가 없는 경우에는, 특히 탄소양이온은 재배열반응이 **알킬기 이동(alkyl group migration)** 또는 **알킬 이동(alkyl shift)**으로 알려진 다른 형태로 일어난다.

S_N1 반응에서 알킬 이동에 의한 재배열반응

$$\underset{\text{3,3-Dimethyl-2-butanol}}{(CH_3)_3C{-}CH(OH){-}CH_3} \xrightarrow[-HOH]{HBr} \underset{\substack{94\% \\ \text{2-Bromo-2,3-dimethylbutane}}}{(CH_3)_2CBr{-}CH(CH_3){-}CH_3}$$

수소음이온 이동에서와 같이, 이동하는 기는 전자쌍을 취해서 이웃의 양전하를 띤 탄소에 결합을 생성한다. **이동하는 알킬기와 양전하는 형식적으로 서로 위치를 교환한다.**

알킬 이동의 메커니즘

$$(CH_3)_3C{-}CH(OH)CH_3 + H^+ \underset{+H_2O}{\overset{-H_2O}{\rightleftharpoons}} (CH_3)_3C{-}\overset{+}{C}HCH_3 \xrightarrow{CH_3\ shift} (CH_3)_2\overset{+}{C}{-}CH(CH_3)CH_3 \underset{-:Br:^-}{\overset{+:Br:^-}{\rightleftharpoons}} (CH_3)_2CBr{-}CH(CH_3)CH_3$$

유사한 안정도의 탄소양이온을 생성하는 경우에 알킬 이동과 수소음이온 이동의 속도는 유사하다. 그러나 삼차 탄소양이온이 생성되는 경우에는 이차 양이온이 생성되는 경우에 비교해서 두 이동이 모두 빠르게 일어난다. 이것은 앞서 논의한 수소음이온 이동의 경우에서는 알킬기 재배열반응이 왜 일어나지 않았는가를 설명해 준다. 덜 치환된 양이온이 결과적으로 생성될 것이기 때문이다. 이러한 경우의 예외는, 예를 들어 전자적인 안정화 또는 입체 장애의 해소와 같은, 알킬 이동이 선호되는 어쩔 수 없는 이유가 있을 때만 일어난다(9장 통합 문제 9-26과 문제 9-61 참조).

연습 문제 9-8

개념 문제: 더 복잡한 탄소양이온 재배열반응을 체계적으로 적는 방법

형태 A의 분자가 탈수 반응을 거쳐 B로 되는 다음 반응의 메커니즘을 적으시오.

$$\mathbf{A}\ (H_3C,\ H,\ OH) \xrightarrow[-H_2O]{H_2SO_4} \mathbf{B}\ (CH_3)$$

전략

우선 A와 B 그리고 시약에서 작용기를 꼼꼼하게 확인할 필요가 있다. 삼차 알코올이 있으며, 이것이 산과 반응하고 있음을 알 수 있다. 이러한 조건으로부터 탄소양이온이 생성되는 것을 알 수 있다. 더욱이 알짜 반응식은 E1 과정을 말해 주는 탈수 반응이다. 다음으로, A의 탄소 골격을 살펴보고, B의 경우와 비교하는 것이 중요하다. Methyl기가 이웃한 탄소로 이동하는 것을 알 수 있다. 결론: methyl 이동이 일어나는 탄소양이온을 다루고 있다.

풀이

- 첫 번째 단계는 양성자첨가반응이며, 이어서 물이 제거되어 탄소양이온이 생성된다.

- 이 양이온에는 원리상으로 여러 가지 가능성이 존재한다. 예를 들어, 친핵체인 HSO_4^-에 의해 붙잡힐 수가 있다(S_N1). 그렇지만 HSO_4^-는 이런 면에서 매우 약한 친핵체이다(이것은 좋지 않은 염기이다. 6-8절). 더욱이 양이온 반응 중심과 결합을 생성한다고 해도, 이 과정은 즉시 가역적일 것이다(HSO_4^-는 이탈기로서 탁월하다. 6-7절). 또한 두 가지 가능한 방법으로 양성자를 잃어버릴 수 있다. 이것도 역시 가역적이며 관찰되지 않는다. 대신 이 양이온 때문에 B에서와 같이, 재배열반응에 의해 methyl기가 이웃한 위치로 이동할 수 있다.
- 끝으로, HSO_4^-에 의한 양성자이탈반응에 의해 ["양성자 상실(proton loss)"로 적는다] 생성물을 얻는다.

연습 문제 9-9

자습 문제

100°C에서 3,3-dimethyl-2-butanol은 E1 반응에 의해 세 가지 생성물을 만든다. 하나는 재배열반응 전에 존재하는 탄소양이온으로부터 유도된 것이며, 다른 두 가지는 알킬 이동이 일어난 이후에 생성된 양이온에서 만들어진 것이다. 이러한 제거반응 생성물의 구조를 적으시오.

일차 알코올은 재배열반응을 일으킬 수 있다

HBr 또는 HI와 일차 알코올이 반응하면 알킬옥소늄 이온의 S_N2 반응을 거쳐 일반적으로 해당하는 할로알케인이 생성된다(9-2절). 그러나 어떤 경우에는 일차 양이온이 용액 중에서 생성되지 않더라도, 이탈기를 갖고 있는 일차 탄소로 알킬 또는 수소음이온 이동이 일어난다. 예를 들어, 2,2-다이메틸-1-프로판올(네오펜틸 알코올)을 강산으로 처리하면, 일차 탄소양이온이 중간체가 될 수 없음에도 불구하고, 재배열반응이 일어난다.

일차 기질에서의 재배열반응

REACTION

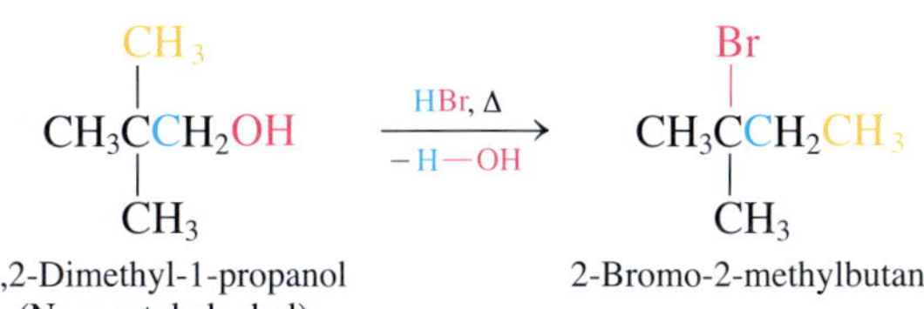

이 경우 양성자첨가반응을 통해 알킬옥소늄 이온이 생성된다. 이 경우 입체 장애 때문에 브로민화 이온의 직접적인 치환은 방해를 받는다(6-9절). 대신 메틸기가 이웃한 탄소로 이동함과 **동시에** 물이 이탈하므로, 일차 양이온을 거치지 않는다.

친핵성 : 붉은색
친전자성 : 푸른색
이탈기 : 초록색

협동 과정을 통한 알킬 이동의 메커니즘

$$\mathrm{CH_3\overset{CH_3}{\underset{CH_3}{C}}CH_2\ddot{O}H \xrightleftharpoons{H^+} CH_3\overset{CH_3}{\underset{CH_3}{C}}{-}CH_2{-}\overset{+}{O}H_2 \xrightarrow{-H_2O} CH_3\overset{+}{\underset{CH_3}{C}}CH_2CH_3 \xrightleftharpoons[-:\ddot{Br}:^-]{+:\ddot{Br}:^-} CH_3\overset{:\ddot{Br}:}{\underset{CH_3}{C}}CH_2CH_3}$$

일차 기질의 재배열반응은 상대적으로 어려운 과정이며, 보통 높은 온도와 긴 반응 시간이 필요하다.

요약 정상적인 S_N1이나 E1 과정에 덧붙여서, 탄소양이온의 다른 형태의 반응은 수소음이온과 알킬 이동에 의한 재배열반응이다. 이러한 재배열반응에서, 이동하는 기는 결합 전자쌍을 양전하를 띤 이웃한 탄소에 전달하는데, 이때 전하와 위치를 교환하게 된다. 재배열반응을 통해 이차 양이온이 삼차 양이온으로 변환되는 것에서 보는 바와 같이, 보다 안정한 양이온이 생성될 수 있다. 일차 알코올의 경우도 재배열반응이 일어날 수 있는데, 이런 경우는 일차 양이온의 중간 단계를 거치지 않는 협동 반응을 통해서 일어난다.

9-4 알코올로부터 만들어지는 에스터와 할로알케인의 합성

알코올과 카복실산이 반응하여 **유기 에스터(organic ester)**가 생성되며, 이것은 또한 **카복실레이트 에스터(carboxylate ester)** 또는 **알카노에이트 에스터(alkanoate ester)**라고도 한다(표 2-3). 외견상으로는 카복실산에서 하이드록시기를 알콕시기로 치환하면 만들어진다. 해당하는 **무기 에스터(inorganic ester)**를 여러 산화 상태의 인과 황에 근거하여 무기산에서 만들어진다.

유기 에스터와 무기 에스터

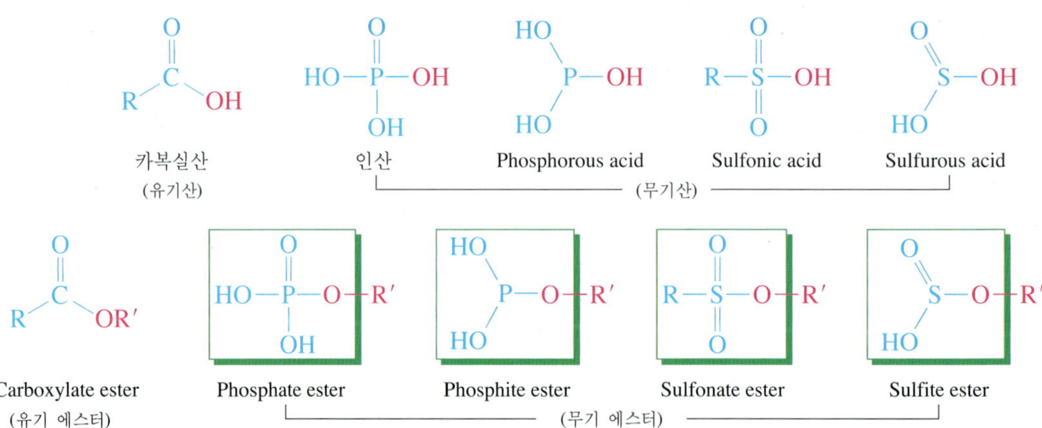

이러한 무기 에스터는 헤테로원자를 부착하면, 보통 좋지 않은 알코올의 이탈기 OH를 좋은(초록색 박스로 강조한) 이탈기로 바꾼다. 이러한 이탈기는 할로알케인의 합성에 유용하다(9-2절 참조). 이미 설페이트 에스터와 설포네이트 에스터가 S_N2 반응에서 좋은 이탈기가 될 수 있음을 설명하였다(6-7절). 여기에서는 인과 황 시약이 이러한 면에서 얼마나 특별한 역할을 하는가를 알게 될 것이다.

$$\underset{\text{알코올}}{\mathrm{R{-}OH}} \xrightarrow{\text{시약}} \underset{\text{무기 에스터}}{\mathrm{R{-}L}} \xrightarrow{X^-} \underset{\text{할로알케인}}{\mathrm{R{-}X}}$$

알코올은 카복실산과 반응하여 유기 에스터를 만든다

알코올은 예를 들어, H_2SO_4와 HCl 등과 같은 촉매량의 강한 무기산이 존재할 때 카복실산과 반응하여 유기 에스터와 물을 생성하는데, 이러한 과정을 **에스터화반응(esterification)**이라고 한다. 이 변환 과정에서 출발물과 생성물은 평형에 있는데, 이런 평형은 어느 쪽으로나 이동될 수 있다. 유기 에스터의 생성과 반응은 19장과 20장에서 자세히 설명할 것이다.

에스터화반응

$$\underset{\text{Acetic acid}}{CH_3\overset{O}{\overset{\|}{C}}OH} + \underset{\substack{\text{Ethanol}\\ \text{용매}}}{CH_3CH_2OH} \xrightleftharpoons{H^+} \underset{\text{Ethyl acetate}}{CH_3\overset{O}{\overset{\|}{C}}OCH_2CH_3} + HOH$$

할로알케인은 무기 에스터를 거쳐서 알코올로부터 만들 수 있다

산촉매하에서 알코올을 할로알케인으로 변환하는 것은 어렵고, 복잡하기 때문에(9-2절) 몇 가지 다른 대안이 개발되었다. 이런 방법은 하이드록시기를 온화한 조건하에서 좋은 이탈기로 변화시킬 수 있는 다양한 무기 시약을 사용하는 것이다. 즉, 일차 알코올과 이차 알코올은 상업적으로 손쉽게 구할 수 있는 화합물인 트라이브로민화 인(phosphorus tribromide)과 반응하여 브로모알케인과 아인산(phosphorous acid)을 만든다. 이것은 알코올로부터 브로모알케인을 합성하는 일반적인 방법이 된다. 인으로부터 브로민 원자 세 개가 모두 알킬기로 전달된다.

PBr_3에 의한 브로모알케인 합성

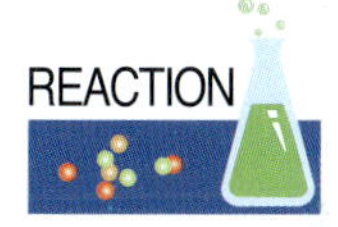

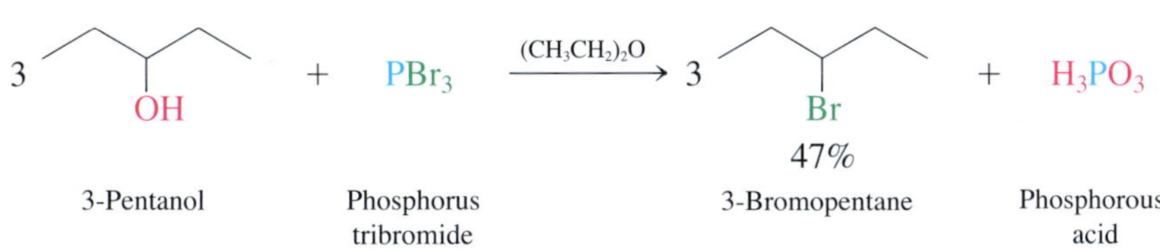

PBr_3가 작용하는 메커니즘은? 첫 번째 단계에서 알코올은 친핵체로서 인 시약을 공격해서, 양성자첨가된 아인산의 유도체인 무기 에스터를 만든다.

단계 1.

$$RCH_2\ddot{O}H + :\overset{Br}{\underset{Br}{P}}-\ddot{Br}: \longrightarrow RCH_2\overset{+}{\underset{H}{O}}-PBr_2 + :\ddot{Br}:^-$$

다음, 좋은 이탈기인 $HOPBr_2$는 단계 1에서 생성된 브로민화 이온에 의해 치환되어(S_N2) 할로알케인을 생성한다.

단계 2.

$$:\ddot{Br}:^- + RCH_2-\overset{+}{\underset{H}{O}}-PBr_2 \longrightarrow RCH_2\ddot{Br}: + H\ddot{O}PBr_2$$

$HOPBr_2$는 계속해서 알코올 두 개의 분자와 더 반응해서 할로알케인을 만들게 되므로, 이것은 할로알케인을 합성하는데 효과적인 방법이다.

$$2\,RCH_2\ddot{O}H + H\ddot{O}PBr_2 \longrightarrow\longrightarrow 2\,RCH_2\ddot{Br}: + H_3PO_3$$

브로모알케인 대신에 아이오도알케인을 만들고 싶다면 어떻게 해야 할 것인가? 필요한 트리아이오딘화 인(PI_3)은 반응성이 매우 크기 때문에, 반응 중에 혼합물로서 생성하여 이를 사용하는 것이 가장 좋다. 붉은색인 원소 상태의 인과 원소 상태의 아이오딘과 알코올에 넣어서 만든다(오른쪽 여백 식 참조). 시약은 생성되자마자 곧 소비된다.

$$CH_3(CH_2)_{14}CH_2OH \xrightarrow{P,\ I_2,\ \Delta} \underset{85\%}{CH_3(CH_2)_{14}CH_2I} + H_3PO_3$$

알코올을 클로로알케인으로 변환하는데 흔히 쓰이는 염소화 시약은 염화 싸이오닐(thionyl chloride, $SOCl_2$)이다. 이 시약과 알코올을 단순히 가열하면 SO_2와 HCl이 발생하며, 클로로알케인이 생성된다.

$SOCl_2$에 의한 클로로알케인의 합성

$$CH_3CH_2CH_2OH + SOCl_2 \longrightarrow \underset{91\%}{CH_3CH_2CH_2Cl} + O{=}S{=}O + HCl$$

메커니즘의 관점에서 알코올 RCH_2OH는 우선 무기 에스터 RCH_2O_2SCl를 생성한다.

단계 1.

$$RCH_2{-}\ddot{O}H + :\ddot{C}l{-}\overset{:O:}{\overset{\|}{S}}{-}\ddot{C}l: \longrightarrow RCH_2{-}\ddot{O}{-}\overset{:O:}{\overset{\|}{S}}{-}\ddot{C}l: + H^+ + :\ddot{C}l:^-$$

이 과정에서 생성된 염화 이온은 친핵체로 작용해서 에스터를 공격하는데, 이 S_N2 반응에 의해 SO_2와 HCl이 각각 1몰씩 생성된다.

단계 2.

$$H^+ + :\ddot{C}l:^- + \underset{R}{\underset{|}{CH_2}}{-}\ddot{O}{-}\overset{O}{\overset{\|}{S}}{-}\ddot{C}l: \longrightarrow :\ddot{C}l{-}CH_2R + :\ddot{O}{=}S{=}\ddot{O}: + H\ddot{C}l:$$

$(CH_3CH_2)_3N:$
N,N-Diethylethanamine
(Triethylamine)
+
HCl
↓
$(CH_3CH_2)_3\overset{+}{N}H\ Cl^-$

이 반응은 아민이 존재할 때 잘 일어나는데, 이는 아민이 생성되는 염화 수소(hydrogen chloride)를 중화시키는 까닭이다. 이러한 시약 중의 하나가 *N,N*-다이에틸에탄아민(트라이에틸아민)이 있는데, 이러한 반응 조건에서 해당하는 염화 암모늄(ammonium chloride)을 생성한다.

알킬 설포네이트 에스터는 치환반응에서 널리 이용되는 기질이다

$SOCl_2$와의 반응에서 무기 에스터는 황을 포함한 산에서 만들어지는 이탈기의 특별한 예이다. 이 시약들은 설포네이트 에스터와 관련이 있다(6-7절). 알킬 설포네이트 에스터는 매우 좋은 이탈기를 갖고 있으며, 해당하는 염화 설포닐(sulfonyl chloride)과 알코올로부터 쉽게 만들어진다. 피리딘 또는 삼차 아민과 같은 온화한 염기를 가하면 생성되는 HCl을 제거할 수 있다.

알킬 설포네이트 에스터의 합성

$$\underset{\text{2-Methyl-1-propanol}}{CH_3\overset{CH_3}{\overset{|}{C}}HCH_2OH} + \underset{\substack{\text{Methanesulfonyl}\\\text{chloride}\\\text{(Mesyl chloride)}}}{CH_3\overset{O}{\overset{\|}{\underset{\underset{O}{\|}}{S}}}Cl} + \underset{\text{Pyridine}}{C_5H_5N:} \longrightarrow \underset{\substack{\text{2-Methylpropyl}\\\text{methanesulfonate}\\\text{(2-Methylpropyl mesylate)}}}{CH_3\overset{CH_3}{\overset{|}{C}}HCH_2O\overset{O}{\overset{\|}{\underset{\underset{O}{\|}}{S}}}CH_3} + \underset{\substack{\text{Pyridinium}\\\text{hydrochloride}}}{C_5H_5\overset{+}{N}H\ Cl^-}$$

트라이브로민화 인과 염화 싸이오닐로부터 만들어지는 무기 에스터와는 달리, 알킬 설포네이트 에스터는 흔히 결정성 고체로 분리되고, 정제되어 다른 반응에 쓰인다. 이것은 다양한 친핵체와의 반응에 사용되어 결과로 친핵성 치환 반응의 생성물을 얻는다.

알코올의 hydroxy기에 일어나는 친핵성 치환 반응에 쓰이는 설포네이트 에스터 중간체

$$R{-}OH \longrightarrow R{-}O\overset{O}{\overset{\|}{\underset{\underset{O}{\|}}{S}}}R' \longrightarrow R{-}Nu$$

할로젠화 이온(Cl^-, Br^-, I^-)이 설포네이트 에스터기를 치환하는 반응은, 특히 S_N2 반응성이 높은 일차 및 이차 알코올로부터 만들어진 경우 쉽게 일어나 해당하는 할로알케인을 생성한다. 이외에도 알킬 설포네이트 에스터는 **다른 어떠한** 좋은 친핵체로도 하이드록시기를 치환할 수 있게 한다. 수소, 인, 할로젠화 싸이오닐(thionyl halide)의 경우에서 보듯이, 할로젠화 이온에만 국한되지 않는다.

알킬 설포네이트 에스터의 치환반응

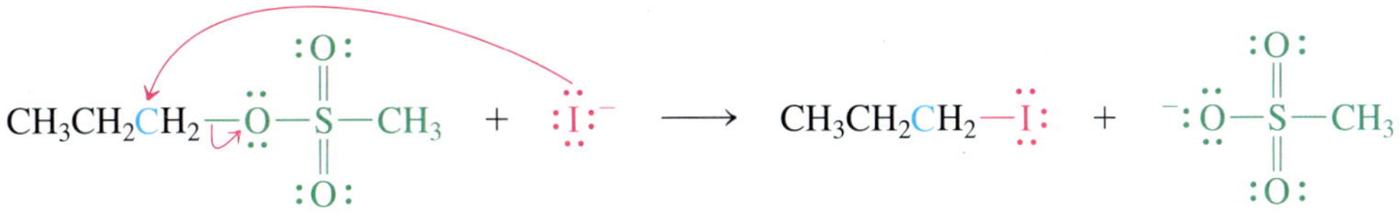

$$CH_3CH_2CH_2-\ddot{O}-S(=O)_2-CH_3 + :\ddot{I}:^- \longrightarrow CH_3CH_2CH_2-\ddot{I}: + {}^-:\ddot{O}-S(=O)_2-CH_3$$

90%

$$CH_3-CH(CH_3)-\ddot{O}-S(=O)_2-C_6H_4-CH_3 + CH_3CH_2\ddot{S}:^- \longrightarrow CH_3CH(CH_3)-\ddot{S}CH_2CH_3 + {}^-O-S(=O)_2-C_6H_4-CH_3$$

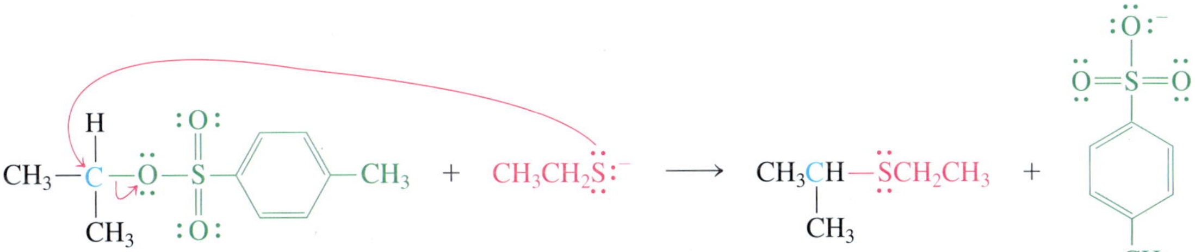

85%

연습 문제 9-10

오른쪽 여백 그림에 보인 반응 과정의 생성물은 무엇인가?

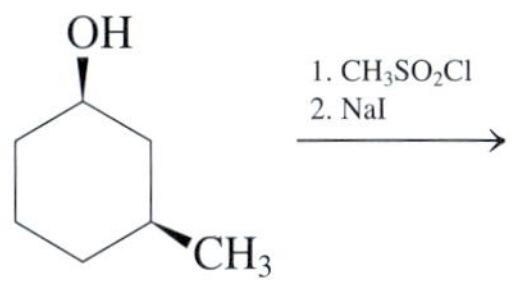

(OH, CH_3 치환 사이클로헥세인; 1. CH_3SO_2Cl 2. NaI →)

연습 문제 9-11

해당하는 알코올로부터 다음의 할로알케인을 합성하는데 필요한 시약을 적으시오.

(a) $I(CH_2)_6I$ **(b)** $(CH_3CH_2)_3CCl$ **(c)** 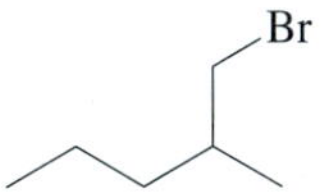 (Br 구조식)

요약 알코올은 카복실산과 반응하여 물을 잃어버리고 유기 에스터를 생성한다. 알코올은 또 무기 할로젠화물, 즉 PBr_3, $SOCl_2$, RSO_2Cl과 반응하여 HX를 잃어버리고 무기 에스터를 생성한다. 이러한 무기 에스터는 친핵성 치환반응에 좋은 이탈기를 포함하고 있다. 할로젠화 이온에 의해 치환반응이 일어나 해당되는 할로알케인을 생성한다.

9-5 에터의 명명법 및 물리적 성질

에터는 하이드록시기의 양성자가 알킬기로 치환된 알코올의 유도체로 생각할 수 있다. 이러한 종류의 화합물을 체계적으로 소개하고자 한다. 이 절에서는 에터의 명명법의 규칙과 물리적 성질에 대해 설명할 것이다.

IUPAC 체계에서 에터는 알콕시알케인이다

IUPAC 체계에서는 **에터(ether)**를 명명하기 위해 에터를 알콕시 치환기를 가진 알케인, 즉 알콕시알케인으로 취급한다. 보다 작은 치환기는 알콕시기의 부분으로 생각하며, 더 큰 사슬을 줄기로 정의한다.

$CH_3\ddot{O}CH_2CH_3$
Methoxyethane

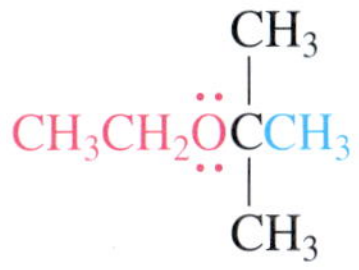

$CH_3CH_2\ddot{O}C(CH_3)_2CH_3$
2-Ethoxy-2-methylpropane

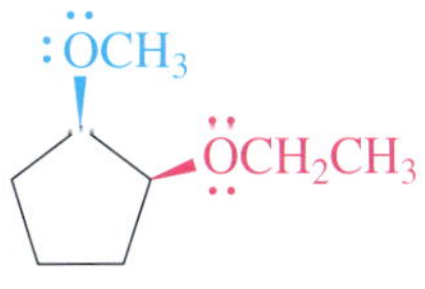

cis-1-Ethoxy-2-methoxycyclopentane

관용명으로는 두 알킬기의 이름에 **에터**란 단어를 붙인다. 따라서 CH_3OCH_3는 다이메틸 에터이며, $CH_3OCH_2CH_3$는 에틸 메틸 에터이다.

에터는 일반적으로 반응성이 별로 없다(변형이 걸려 있는 고리 화합물의 경우는 예외, 9-9절 참조), 따라서 유기 반응에서 흔히 용매로 쓰인다. 이러한 에터 용매는 고리 화합물이며, 몇 개의 에터 작용기를 가진 경우도 있다. 모두 다 관용명을 갖고 있다.

용매로 사용되는 에터와 그 이름

$CH_3CH_2OCH_2CH_3$
Ethoxyethane
(Diethyl ether)

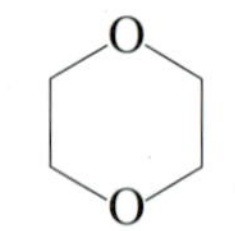
1,4-Dioxacyclohexane
(1,4-Dioxane)

$CH_3OCH_2CH_2OCH_3$
1,2-Dimethoxyethane
(Glycol dimethyl ether, glyme)

Oxacyclopentane
(Tetrahydrofuran, THF)

고리 에터는 사이클로알케인의 한 종류이며, 그중의 하나의 탄소가 이 경우에는 산소인 헤테로원자인 산소로 바뀐 것으로 본다[**헤테로원자(heteroatom)**는 탄소와 수소가 아닌 다른 원자를 말한다]. 이런 형태의 고리 화합물은 **헤테로원자고리(heterocycle)** 화합물이라고 하는데 25장에서 보다 자세히 논의할 것이다.

고리 에터를 이름 붙이는 간단한 체계는 **옥사사이클로알케인(oxacycloalkane)**을 골격으로 사용하는 것에 기초하고 있는데, 접두사인 **옥사**는 고리에서 탄소 대신 산소로 바뀐 것을 나타낸다. 따라서 삼원자 고리 에터는 옥사사이클로프로페인(다른 이름으로는 옥시레인, 에폭사이드, 산화 에틸렌)이다. 사원자 고리 에터는 옥사사이클로뷰테인, 그 다음의 더 높은 두 동족 화합물은 옥사사이클로펜테인(테트라하이드로퓨란)과 옥사사이클로헥세인(테트라하이드로피란)이다. 이 화합물은 산소로부터 시작해서 고리를 따라 번호를 붙인다.

1,2-에테인다이올을 기본 단위로 여러 개의 에터 작용기를 갖고 있는 고리 형태의 폴리에터는 **크라운 에터(crown ether)**라 한다. 이 이름은 그림 9-3에서 보인 바와 같이 결정 상태에서, 그리고 아마도 용액에서도 이 분자가 왕관 형태의 모양을 가진 까닭에 지어진 것이다. 숫자 18은 고리의 전체 원자의 숫자를 나타내며, 6은 산소의 개수를 말한다. 그림 9-3의 오른쪽에 있는 정전기 퍼텐셜 지도는, 고리의 안쪽이 에터 산소의 핵심부 전자쌍에 의해 상당히 전자가 풍부한 상태로 존재하는 것을 보여 주고 있다.

수소 결합의 부재는 에터의 물리적 성질에 영향을 미친다

단순한 알콕시알케인의 분자식은 $C_nH_{2n+2}O$이며, 알칸올과 같다. 그러나 수소 결합을 형성할 수 없으므로, 에터의 끓는점은 해당하는 이성질체인 알코올보다 매우 낮다(표 9-1). 두 계열

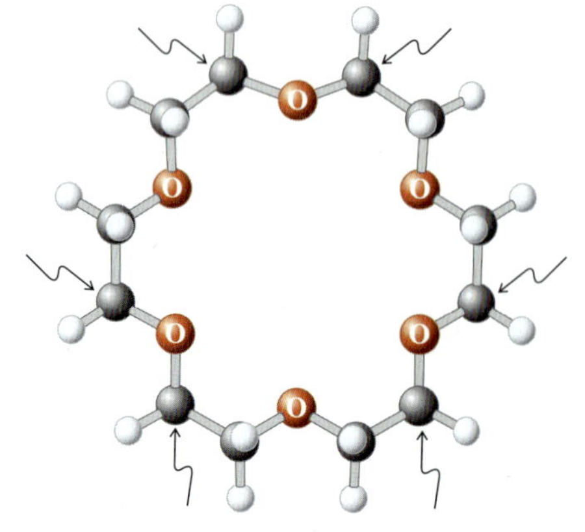
이 투시도에서는 여섯 개의 H 원자는 옆에 결합된 탄소(화살표로 표시)에 의해 가려져 있다.

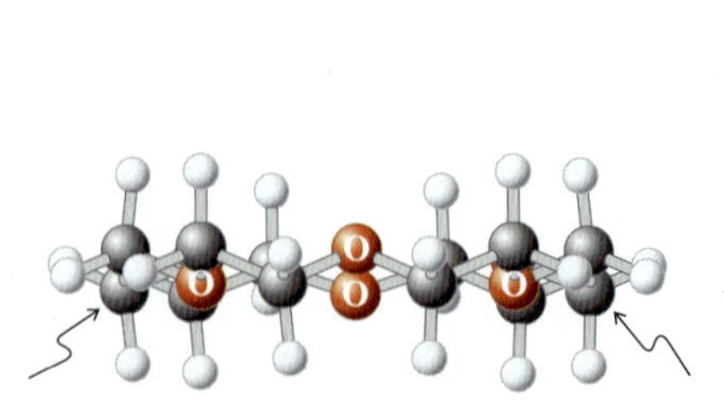
이 투시도에서는 두 개의 O 원자는 결합된 탄소(화살표로 표시)에 의해 가려져 있다.

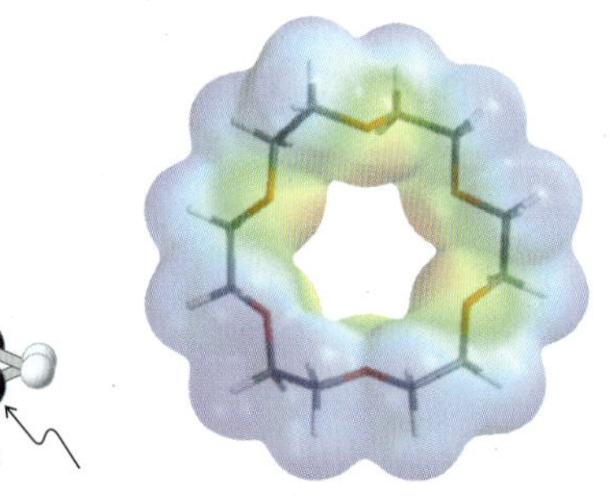

그림 9-3 왕관과 닮은 형태의 18-크라운-6의 구조적 배열.

표 9-1 에터와 이성질체인 1-alkanol의 끓는점

에터	이름	끓는점 (°C)	1-알칸올	끓는점 (°C)
CH_3OCH_3	Methoxymethane (Dimethyl ether)	−23.0	CH_3CH_2OH	78.5
$CH_3OCH_2CH_3$	Methoxyethane (Ethyl methyl ether)	10.8	$CH_3CH_2CH_2OH$	82.4
$CH_3CH_2OCH_2CH_3$	Ethoxyethane (Diethyl ether)	34.5	$CH_3(CH_2)_3OH$	117.3
$(CH_3CH_2CH_2CH_2)_2O$	1-Butoxybutane (Dibuthyl ether)	142	$CH_3(CH_2)_7OH$	194.5

에서 가장 작은 화합물은 물과 섞이나, 에터는 탄화수소 잔기의 크기가 증가할수록 물에 덜 녹게 된다. 예를 들어, 메톡시메테인은 완전히 물에 용해되나, 에톡시에테인은 약 10%의 수용액만을 만들 수 있다.

폴리에터는 금속 이온을 용매화한다: 크라운 에터와 이온운반체

에터의 산소는 알코올과 같이 (Lewis) 염기성이다 (2-2절). 즉, 고립 전자쌍은 예를 들어, Grignard 시약에서 마그네슘과 같은 전자가 부족한 금속을 배위할 수 있다 (8-7절). 이런 용매화의 능력은 몇 개의 이러한 산소 원자가 금속 이온을 둘러쌀 수 있는 폴리에터에서 특히 두드러진다. 크라운 에터의 구조 때문에 강한 양이온 결합체로 작용할 수 있는데, 양이온은 보통 염에서 발견되는 것이 포함된다. 이런 방법으로 크라운 에터는 염을 유기 용매에 용해될 수 있도록 한다. 예를 들면, 짙은 자주색 고체인 과망가니즈산 포타슘 (potassium permanganate, $KMnO_4$) 은 벤젠에 완전히 불용성인데, 만일 18-크라운-6을 가하면 용매인 벤젠에 쉽게 용해된다. 이 용액은 과망가니즈산 포타슘에 의한 산화반응을 유기 용매에서 수행할 수 있게 되기 때문에 유용하다. 이러한 용해가 가능한 것은 여섯 개의 크라운 산소에 의한 금속 이온의 효과적인 용매화가 일어나기 때문이다.

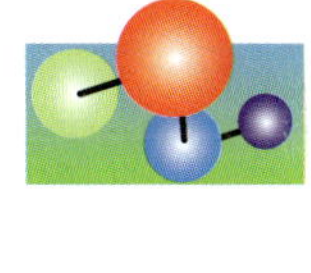

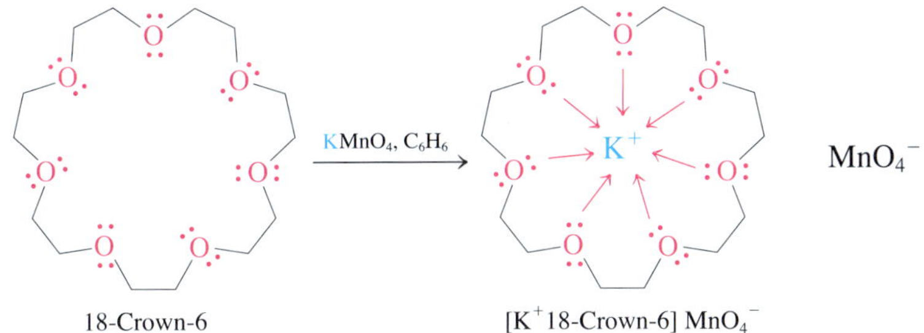

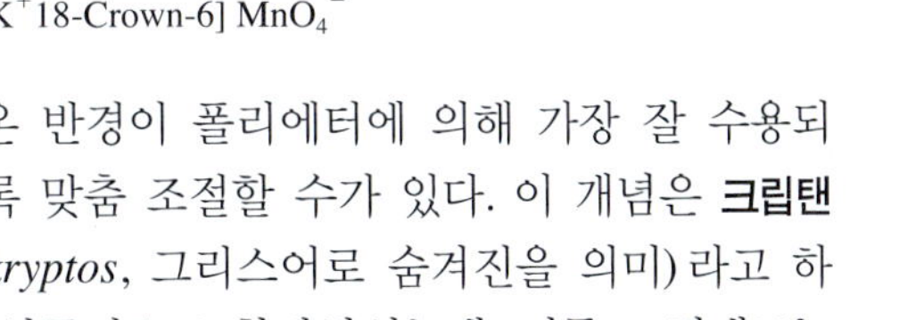

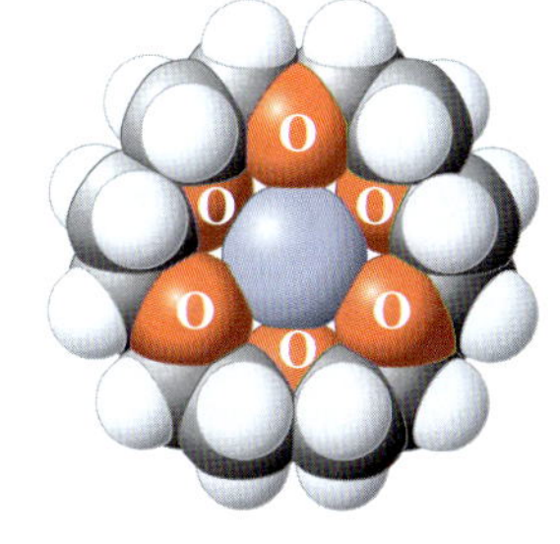

$[K^+$18-Crown-6]의 공간채움 모형

크라운 에터의 "구멍 (cavity)"의 크기를, 즉 이온 반경이 폴리에터에 의해 가장 잘 수용되도록, 단지 어떤 양이온만이 선택적으로 결합하도록 맞춤 조절할 수가 있다. 이 개념은 **크립탠드** (주머니형의 여러고리 왕관형 에터, **cryptand**: *kryptos*, 그리스어로 숨겨진을 의미) 라고 하는 여러고리 에터의 합성에 의해서 삼차원적으로 성공적으로 확장하였는데, 이들 크립탠드는

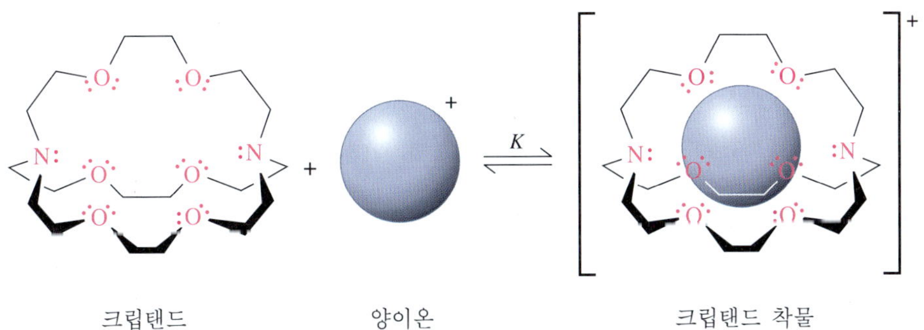

그림 9-4 여러고리 에터 (크립탠드) 가 양이온을 붙잡아서 착물 (주머니형 화합물) 를 생성한다. 보인 화합물은 포타슘 이온을 선택적으로 결합하는데, 이때 결합 상수 $K = 10^{10}$이 된다. 선택성의 순서는 $K^+ > Rb^+ > Na^+ > Cs^+ > Li^+$이다. 리튬의 경우의 결합 상수는 약 100 밖에 되지 않는다. 따라서 알칼리 금속 계열에서의 결합 상수는 10^8 정도의 범위에 걸쳐 있게 된다.

알칼리 금속이나 다른 금속과 결합하는데 높은 선택성을 보인다(그림 9-4). 이러한 화합물의 중요성 때문에 Cram, Lehn, Pederson이 1987년에 노벨상을 공동수상하였다.*

크라운 에테르와 크립탠드는 흔히 **이온 운반 시약(ion transport agent)**이라고 하며, **이온운반체(ionophore**: *-phoros*, 그리스어로 나르는을 의미, 따라서 "이온을 나르는")의 일반적 부류에 속한다. 이온운반체는 배위에 의해 양이온 주위에 자신을 재구성하는 화합물이다. 일반적으로 이러한 상호작용의 결과 극성이고, 친수성인 이온의 성질이 소수성 껍질에 의해 가려져서, 이온을 비극성 용매에 아주 더 잘 용해되게 한다. 자연계에서는 소수성막을 통해 이온운반체가 이온을 수송할 수 있게 한다. 세포가 생존하기 위해서는 내부와 외부의 이온 균형이 조심스럽게 조절되어야 한다. 따라서 어떠한 부당한 방해가 있으면 세포가 파괴된다. 이 성질은 폴리에테르 항생제가 침입하는 균과 싸우는 의약적 용도로 이용된다. 그러나 이온 수송은 신경 전달에 영향을 미치기 때문에, 자연계의 어떤 이온운반체는 또한 치명적인 신경독소가 될 수 있다(아래 참조).

뉴질랜드의 Queensland 근처의 해변에서의 적조의 발생. 적조는 막대한 양의 파이토플랑크톤이 번식해서 바다를 붉게, 갈색으로, 또는 녹색으로 물들이는 것이다. 이러한 사건 동안에 번식한 해초는 폴리에테르 신경독소을 생성한다. 신경독소에는 브레비톡신 B와 같은 것이 있는데, 이 독소는 어류의 떼죽음을 유발하고, 오염된 수산물을 섭취한 인간에게도 독물중독을 일으킨다. 브레비톡신 B는 신경과 근육 세포막의 소듐 경로(sodium channel)에 결합하여 세포를 죽게 한다.

Monensin
(*Streptomyces* 균주로부터 얻는 항생제)

Tetrodotoxin
(복어에서 발견되는 신경독)

Brevetoxin B
(적조를 일으키는 조류에서 생성되는 해양 신경독)

요약 비고리형인 에테르는 알콕시알케인 또는 알킬 에테르로 명명한다. 대응되는 고리형 에테르는 옥사사이클로알케인으로 명명한다. 에테르는 서로 수소 결합을 할 수 없으므로, 비슷한 크기의 알코올의 경우보다 낮은 끓는점을 보인다. 특히 폴리에테르에서 산소 고립 전자쌍의 Lewis 염기도는 효율적으로 금속 이온과 배위할 수 있게 한다.

9-6 Williamson 에테르 합성

알콕사이드는 탁월한 친핵체이다. 이 절에서는 에테르 합성에서 가장 흔히 사용되는 방법을 설명할 것이다.

---

*Donald J. Cram 교수(1919~2001), California 대학교, Los Angeles. Jean-Marie Lehn 교수(1939년생), Strasbourg 대학교, and Collège de France, Paris. Charles J. Pedersen 박사(1904~1989), E. I. du Pont de Nemours & Company Wilmington, Delaware.

화학 이야기 9-1

1,2-다이옥사사이클로뷰테인의 화학발광

$$(CH_3)_2C(OOH)-C(CH_3)_2Br \xrightarrow[-Br^-,\ -H-OH]{HO^-} \text{3,3,4,4-Tetramethyl-1,2-dioxacyclobutane} \xrightarrow{\Delta} 2\,CH_3CCH_3 + h\nu$$

2-Bromohydroperoxide　3,3,4,4-Tetramethyl-1,2-dioxacyclobutane (A 1,2-dioxetane)　Acetone

2-브로모하이드로퍼옥사이드가 반응물인 경우에는 특별한 종류의 분자내 Williamson 형태의 반응이 일어난다. 생성물은 1,2-다이옥사사이클로뷰테인(1,2-다이옥세테인)이다. 이 화합물은 특이한데, 이 화합물이 해당하는 카보닐 화합물로 빛을 내면서 분해된다[**화학발광**(*chemiluminescence*)]. 다이옥사사이클로뷰테인은 자연계에서 어떤 종의 **생체발광**(bioluminescence)에 관여하는 것으로 보인다. 지구상에 있는 개똥벌레, 개똥벌레의 유충, 방아벌레는 잘 알려진 빛을 내는 생물들이다. 그러나 대부분의 생체발광 생물은 해양에 살고 있다. 이것들은 미세한 박테리아와 플랑크톤에서 어류까지 포함된다. 빛을 발광하는 목적은 다양한데, 구애와 대화, 성식별, 먹이를 찾거나 약탈자로부터 숨거나 쫓아버리는 용도로 중요하다.

자연계의 화학발광 분자의 예는 개똥벌레의 루시페린이다. 이 분자는 염기성 산화를 통해서 다이옥사사이클로뷰탄온 중간체를 생성하고, 이것은 3,3,4,4-테트라메틸-1,2-다이옥사사이클로뷰테인이 분해되는 것과 유사하게 분해하여, 복잡한 헤테로고리 화합물과 이산화 탄소를 생성하고 빛을 낸다.

생체발광은 엄청나게 효율적이다. 예를 들어, 개똥벌레는 기반이 되는 화학적 과정의 약 40%의 에너지를 가시광선으로 변환한다. 참고로 보통의 전구는 단지 10% 정도의 효율을 가지며, 대부분의 (전기적) 에너지는 열로 방출된다.

Firefly luciferin $\xrightarrow{\text{Base, } O_2}$ 1,2-Dioxacyclobutanone intermediate $\longrightarrow$ (heterocycle) $+\ CO_2 + h\nu$

Firefly luciferin

1,2-Dioxacyclobutanone intermediate

개똥벌레 암컷과 수컷이 서로 일제히 빛을 내고 있다.

에터는 S_N2 반응으로 합성된다

에터를 합성하는 가장 간단한 방법은 전형적인 S_N2의 반응 조건하에서 알콕사이드를 일차 할로알케인 또는 설포네이트 에스터와 반응시키는 것이다(6장). 이러한 방법을 **Williamson* 에터 합성(Williamson ether synthesis)** 이라 한다. 용매로는 알콕사이드가 만들어진 알코올을 사용할 수 있지만(비싸지 않은 경우), 다이메틸 설폭사이드(DMSO) 또는 트라이아마이드화 헥사메틸인산(hexamethylphosphoric triamide, HMPA)과 같은 다른 극성 분자가 보통 너 낫나(표 6-5).

*Alexander W. Williamson 교수(1824 ~ 1904), London 대학.

Williamson 에터 합성

$CH_3CH_2CH_2CH_2O^-Na^+ + CH_3CH_2CH_2CH_2Cl \xrightarrow[-Na^+Cl^-]{CH_3CH_2CH_2CH_2OH,\ 14\ h \text{ 또는 DMSO, 9.5 h}}$ 1-Butoxybutane

60% (Butanol 용매)
95% (DMSO 용매)
1-Butoxybutane

Cyclopentanol O^-Na^+ + $CH_3(CH_2)_{15}CH_2—OSO_2CH_3 \xrightarrow{DMSO}$ $OCH_2(CH_2)_{15}CH_3$ + $Na^{+-}:OSO_2CH_3$

91%
Cyclopentoxyheptadecane

친핵체 : 붉은색
친전자체 : 푸른색
이탈기 : 초록색

알콕사이드는 강한 염기이기 때문에 에터의 합성은 입체 장애가 없는 일차 알킬화 시약에 국한된다. 그렇지 않으면 상당한 양의 E2 생성물이 만들어진다(7-8절).

연습 문제 9-12

다음의 에터는 원리적으로 한 번 이상의 Williamson 합성을 사용하여 만들 수 있다. 합성 방법의 상대적인 장점에 대해 생각하시오. **(a)** 1-Ethoxybutane, **(b)** 2-Methoxypentane, **(c)** Propoxy-cyclohexane, **(d)** 1,4-Diethoxybutane [주: 알콕사이드는 강염기이다. **(d)**를 합성하기 위해 4-bromo-1-butanol을 출발물로 사용한다면 무엇이 잘못되었는가?].

분자내 Williamson 합성으로 고리 에터를 만들 수 있다

Williamson 에터 합성은 할로알코올로부터 출발하면 고리 에터의 합성에 쓰일 수가 있다. 그림 9-5는 수산화 이온과 브로모알코올의 반응을 보여 주고 있다. 검은색의 곡선은 작용기를 잇는 탄소 원자 사슬을 나타낸다. 메커니즘은 염기에 의해 신속한 양성자 이동으로 브로모알콕사이드가 우선 생성되며, 이어서 고리 닫힘이 일어나서 고리 에터가 생성된다. 고리 닫힘 반응은 분자내 치환반응의 한 예이다. 고리 에터 반응은 그림 9-5에 보이는 부반응, 즉 수산화 이온에 의한 브로모 화합물의 분자간 치환반응으로, 다이올이 생성되는 반응보다 보통 아주 신속하게 일어난다. 이유는 엔트로피 때문이다(2-1절). 분자내 반응에서는 두 반응이 일어나는 자리가 분자내에 존재한다. 전이 상태에서는 1몰의 브로모알콕사이드가 에터와 이탈기인 2몰의 생성물로 된다. 분자간 반응에서 알콕사이드와 친핵체는 전이 상태에서 엔트로피 면에서 불리함을 감수하고 서로 가까이 다가와야만 하므로, 결국 분자의 개수가 유지된다. 분자간 S_N2 반응이 분자내 반응과 경쟁하는 경우에는, 분자간 반응은 농도를 아주 묽히면(high dilution) 효과적으로 억누를 수가 있으며, 결과로 이분자 반응의 속도를 급격하게 감소시킬 수 있다(2-1절).

분자내 Williamson 합성은 작은 고리를 포함해서 다양한 크기의 고리 에터의 합성에 쓰인다.

HO–(chain)–CH_2–Br + $^-$:OH ⇌ (−H—OH, 빠름) $^-$O–(chain)–CH_2–Br → (분자내 고리 닫힘, 빠름) 고리 에터 + $:Br:^-$

HO–(chain)–CH_2–Br + $^-$:OH → (분자간 S_N2 반응, 느림) HO–(chain)–OH

그림 9-5 Bromoalcohol과 수산화 이온으로부터 고리 에터 합성의 메커니즘(위 반응). 경쟁 반응이지만 느린 부반응인 수산화 이온에 의한 직접적 치환반응도 나타내었다(아래 반응). 굽은선은 탄소 원자로 이루어진 사슬을 나타낸다.

고리 에터의 합성

$$\mathrm{H\ddot{O}CH_2CH_2\ddot{Br}:} + \mathrm{H\ddot{O}:^-} \longrightarrow \text{(oxirane ring: C2, C3, :Ö: 1)} + \mathrm{:\ddot{Br}:^-} + \mathrm{H\ddot{O}H}$$

Oxacyclop ropane
(Oxirane, ethylene oxide)

$$\mathrm{H\ddot{O}(CH_2)_4CH_2\ddot{Br}:} + \mathrm{H\ddot{O}:^-} \longrightarrow \text{(six-membered ring: :Ö: 1, C2–C6)} + \mathrm{:\ddot{Br}:^-} + \mathrm{H\ddot{O}H}$$

Oxacyclohexane
(Tetrahydropyran)

푸른색의 점은 출발물에서 고리 닫힘이 일어나는 장소에 해당하는 생성물의 탄소 원자를 나타낸다.

MODEL BUILDING

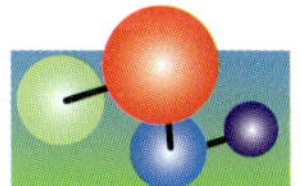

연습 문제 9-13

5-Bromo-3,3-dimethyl-1-pentanol과 수산화 이온의 반응 생성물은 고리 에터가 된다. 생성되는 메커니즘을 보이시오.

고리 크기에 따라 고리 에터 형성의 속도가 조절된다

고리 에터가 생성되는 상대적 속도를 비교하면 놀라운 사실을 알 수 있다. 삼원자 고리는 오원자 고리와 같은 속도로 신속하게 생성된다. 육원자 고리계, 사원자 고리 그리고 더 큰 크기의 옥사사이클로알케인은 보다 느리게 생성된다.

고리 에터 형성의 상대적인 속도

$$k_3 \geq k_5 > k_6 > k_4 \geq k_7 > k_8$$

k_n = 반응 속도 $\quad n$ = 고리 크기

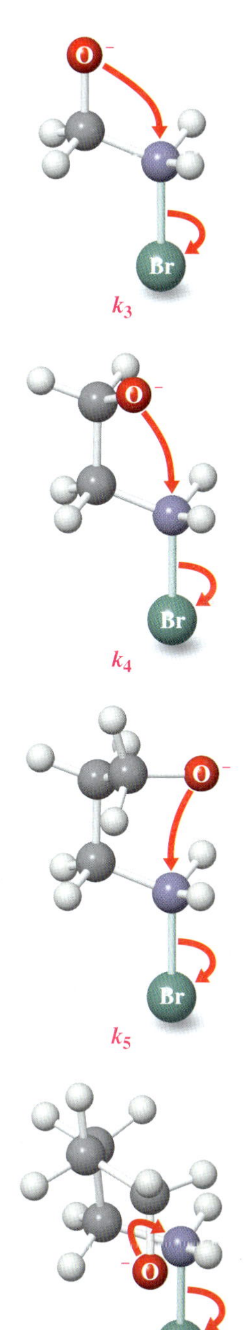

어떠한 효과에 의해 그러한가? 반응 속도에 대해 관심이 있으므로, 구조와 분자내 Williamson 에터 합성의 전이 상태의 에너지를 비교할 필요가 있다. 답은 **엔탈피와 엔트로피에 의한 기여**를 모두 고려해야 한다는 것이다(2-1절). 엔탈피는 반응에서의 결합 세기의 변화만이 아니라 변형의 변화를 나타낸다(4-2절). 반면에 엔트로피는 계의 질서도(또는 에너지의 분산)의 변화에 관련되어 있다. 이러한 양에 관해서 고리 형성의 다양한 전이 상태 사이에 어떠한 차이가 있는가?

큰 크기의 고리 닫힘에서부터 삼원자 고리 닫힘으로 감에 따라, 가장 확실한 엔탈피 효과는 고리 변형에서 생긴다. 이게 우세하다면 변형의 효과가 해당하는 전이 상태의 구조에 완벽하게는 영향을 미치지 않는다 하더라도, 가장 변형이 큰 고리는 가장 느린 속도로 생성되어야 한다. 그러나 이렇게 되지는 않으므로 이러한 단순한 분석을 보완하는 다른 인자를 생각해야 한다. 이러한 인자의 하나가 엔트로피이다.

어떻게 엔트로피가 영향을 미치는가 하는 것을 이해하기 위해서는, 친핵체의 입장에서 생각해볼 필요가 있다. 친핵체는 음전하를 띤 산소이며, 이탈기를 갖고 있는 친전자성인 탄소의 뒷면을 찾고 있다. 명백하게 목표에 가까이 있을수록 더 찾기가 쉬워질 것이다. 목표가 멀리 있다면 연결하고 있는 탄소 사슬은 더 가까이 가기 위해서 배열되거나, "정렬(ordered)"된다. 이렇게 되는 것은 사슬이 길면 길수록 더 어려워지게 된다.

분자의 관점에서 설명하면 고리 생성의 전이 상태에 도달하기 위해서는, 분자의 반대편에 있는 양쪽 끝이 서로 만나야 한다. 잇달아 생성되는 형태에서 시이에 낀 결합을 통한 회전은 제한되게 되며, 분자 내의 에너지 분산은 줄어든다. 엔트로피의 변화는 유리하지 않다(음의 값). 이 효과는 긴 사슬에서 가장 크며, 중간 크기 또는 더 큰 크기의 고리가 생성되는 것이 가장 어렵다. 덧붙여서 생성되는 속도는 가리워진, **고우시** 그리고 고리를 가로지르는 변형 등

고우시: S_N2 부적합 　 고우시: S_N2 부적합 　 안티: S_N2에 적합한 형태 　 반전

그림 9-6 2-Bromoalkoxide의 안티 형태에서만 효과적으로 oxacyclopropane의 생성이 일어난다. 두 개의 고우시 형태에서는 브로민을 갖고 있는 탄소에 분자내 후방 공격이 일어날 수가 없다.

에 의해 느리게 된다(4-5절). 대조적으로 더 작은 사슬의 고리화가 일어나려면 결합 회전의 제한이 더 적어야 하며, 따라서 불리한 엔트로피의 감소가 적게 일어난다. 삼원자에서 육원자 고리는 비교적 신속하게 생성된다. 실제로 엔트로피로만 고려하면 고리 닫힘의 상대적 속도는 $k_3 > k_4 > k_5 > k_6$가 될 것이다. 고리 변형 효과가 중첩되면 앞에 열거한 관찰되는 경향을 만들게 된다(앞쪽 여백 그림 참조).

최근 연구에 의하면 엔트로피만으로는 왜 삼원자 고리가 가장 빠르게 생성되는지를 설명하지 못한다. 두 번째 엔탈피에 근거한 현상은 **근접 효과**(*proximity effect*)라고 하며, 특히 2-할로알콕사이드에서 일어난다. 이것을 이해하기 위해서 모든 S_N2 반응은 친핵체의 입체 장애에 따라 여러 다른 정도로 영향을 받는다는 것을 기억할 필요가 있다(6-9절 참조). 2-할로알콕사이드(그리고 관련된 삼원자 고리 전구체)에서는 분자의 친핵성 부분이 친전자성 탄소와 매우 근접해 있어서 전이 상태 변형의 일부는 이미 바닥 상태에서도 존재한다. 다른 말로 하면 "정상적인" (변형이 없는) 치환 과정의 반응 좌표를 따라 분자가 활성화된다. 이러한 반응 속도가 가속되는 근접 효과는 사원자 고리 합성의 경우는 극적으로 줄어든다(엔트로피상의 이점도 그러하다). 반면, 고리 변형은 매우 크다. 따라서 옥사사이클로뷰테인의 경우 고리 닫힘 반응이 상대적으로 느리다. 이 절에서 도출한 일반적 결론은 앞으로 추후 만나게 될 다른 고리 닫힘 변환 등에 응용할 수 있다.

분자내 Williamson 합성은 입체특이적으로 일어난다

MODEL BUILDING

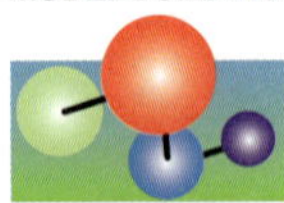

Williamson 에터 합성은 이탈기를 갖고 있는 탄소의 형태가 반전되면서 일어난다. 이는 S_N2 메커니즘에 근거한 예상과 일치한다. 공격하는 친핵체는 친전자성 탄소에 이탈기와는 반대쪽으로부터 접근하게 된다. 할로알콕사이드의 단지 한 가지 형태만이 효과적인 치환반응을 할 수 있다. 예를 들어, 옥사사이클로프로페인의 생성은 친핵체와 이탈기가 **안티** 배열을 할 때만 일어난다. 다른 가능한 두 가지 **고우시** 형태에서는 생성물이 만들어지지 않는다(그림 9-6).

연습 문제 9-14

개념 문제: 분자내 Williamson 에터 합성의 입체화학

(1*R*,2*R*)-2-Bromocyclopentanol은 sodium hydroxide와 신속하게 반응하여 광학적으로 비활성인 생성물을 만든다. 반면에 (1*S*,2*R*) 이성질체는 반응성이 아주 낮다. 설명하시오.

전략

첫 번째 할 일은 두 가지의 이성질체인 bromocyclopentanol을 적는 것이다(더 바람직하게는 모형을 만들어보는 것이다!). 이렇게 하면 두 이성질체의 차이를 알 수 있다. 이러한 차이가 반응성에 어떤 영향을 미치는가?

(1*R*,2*R*)-2-Bromocyclopentanol
친핵성 산소와 이탈기는 트랜스(안티)

(1*S*,2*R*)-2-Bromocyclopentanol
여기에서 친핵체와 이탈기는 시스(신)

풀이

- 두 작용기를 연결하는 결합 주위 형태의 자유가 제한된다(그림 9-6에서 보인 상황과는 다르다). (1*R*,2*R*) 이성질체에서 작용기는 트랜스 배열을 하고 있으며, 따라서 분자내 S_N2 반응에 의한 후방 치환반응을 일으키기에 완벽한 배열을 갖고 있다. 결과적으로 생성된 oxacyclopropane은 거울면을 가지며, 메조(비카이랄) 형태이다.

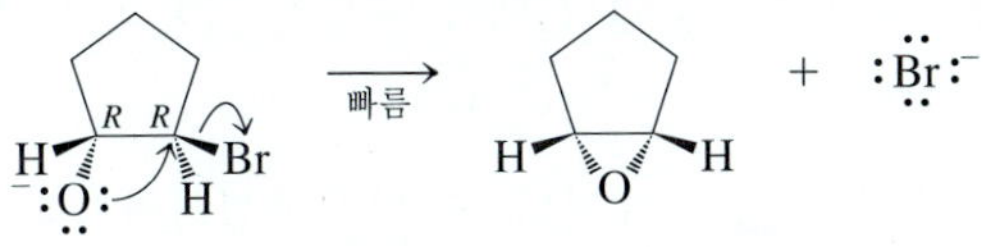

빠름

메조

- 반대로, (1*S*,2*R*) 이성질체는 오원자 고리의 같은 쪽에 같은 작용기를 갖고 있다. (동일한) 생성물을 얻기 위해서는 전방 치환반응이 일어나야 하는데, 이것은 훨씬 더 어려운 일이다. 따라서 1*R*,2*R*-부분입체이성질체에서 만들어진 알콕사이드는 1*S*,2*R*-이성질체로부터 얻어지는 알콕사이드보다 더 빠르게 반응한다.

연습 문제 9-15

자습 문제

브로모알코올 A는 sodium hydroxide가 존재할 때 신속하게 반응이 일어나서 해당하는 oxacyclopropane이 생성되나, 부분입체이성질체 B는 그렇지 아니하다. 왜 그런가? [**주**: 앞의 문제와는 달리, 두 기질 모두 *trans*-bromoalcohol이다. **힌트**: 두 이성질체의 가장 안정한 cyclohexane 의자형 이형태체를 그려라(4-4절). 그리고, 분자내 Williamson 에터 합성의 해당하는 전이 상태를 그려라.]

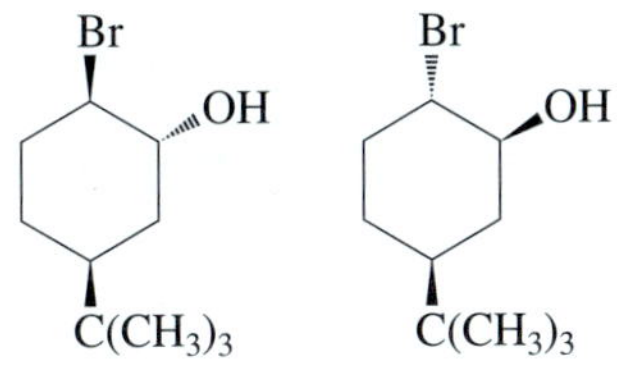

A **B**

요약 에터는 알콕사이드와 할로알케인의 S_N2 반응인 Williamson 합성에 의해 만들 수 있다. 이러한 반응은 제거반응이 쉽게 일어나지 않는 일차 할로젠 화합물 또는 설포네이트 에스터에서 가장 잘 일어난다. 고리 에터는 이 방법의 분자내 반응으로 생성된다. 이러한 경우 고리 닫힘 반응의 상대적 속도는 삼원자 고리 및 오원자 고리의 경우가 가장 빠르다.

9-7 에터의 합성: 알코올과 무기산

덜 선택적이긴 하지만 에터를 합성하는 보다 간단한 방법은 알코올과 강한 무기산(H_2SO_4)과의 반응을 이용하는 것이다. 첫 번째 알코올의 OH기의 양성자첨가반응은 이탈기인 물을 만들어낸다. 두 번째 알코올에 의한 이 이탈기의 친핵성 치환반응에 의해 해당하는 알콕시알케인이 생성된다.

S_N1과 S_N2 메커니즘에 의해 알코올로부터 에터가 생성된다

일차 알코올과 HBr 또는 HI와 반응해서 중간체인 알킬옥소늄 이온을 거쳐 해당하는 할로알케인을 생성한다(9-2절). 그러나 황산과 같은 강한 비친핵성인 산과 높은 온도에서 반응하면 주생성물로 에터가 생성된다.

일차 알코올과 강산으로부터 대칭인 에테르의 합성

$$2\,CH_3CH_2OH \xrightarrow[\text{상대적으로 높은 온도}]{H_2SO_4,\ 130^\circ C} CH_3CH_2OCH_2CH_3 + HOH$$

이 반응에서는 용액에 존재하는 가장 강한 친핵체는 양성자가 첨가되지 않은 출발물인 알코올이다. 한 알코올이 양성자가 첨가되면 친핵성 공격이 시작되고, 최종 생성물은 에테르와 물이 된다.

일차 알코올로부터 에테르 합성의 메커니즘: 양성자첨가반응과 S_N2

$$CH_3CH_2\ddot{O}H + CH_3CH_2\ddot{O}H \underset{-H^+}{\overset{+H^+}{\rightleftharpoons}} CH_3CH_2{-}\overset{+}{O}H_2 \;(+\,CH_3CH_2\ddot{O}H) \overset{S_N2}{\rightleftharpoons} (CH_3CH_2)_2\overset{+}{O}{-}H + H_2\ddot{O} \underset{+H^+}{\overset{-H^+}{\rightleftharpoons}} (CH_3CH_2)_2\ddot{O} + H_3O^+$$

1-Propanol의 산촉매 탈수반응에 대한 E2 메커니즘

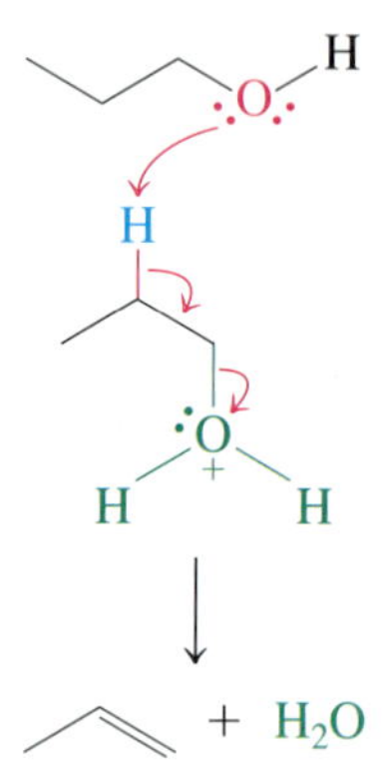

이 방법에 의해서는 대칭 구조의 에터만을 합성할 수 있다.

더 높은 온도에서는(331쪽 각주 참조), 물의 제거가 일어나 알켄이 생성된다. 반응은 E2 메커니즘으로 일어나는데(7-7절과 11-7절), 이 경우 중성인 알코올은 알킬옥소늄 이온(왼쪽 여백 그림 참조)을 공격하는 염기로 작용한다.

높은 온도에서 일차 알코올과 강산으로부터 알켄의 합성: E2 반응

$$\underset{\text{1-Propanol}}{CH_3CH(H)CH_2OH} \xrightarrow[\text{상대적으로 높은 온도}]{H_2SO_4,\ 180^\circ C} \underset{\text{Propene}}{CH_3CH{=}CH_2} + HOH$$

이차와 삼차 알코올을 산으로 처리하면 이차와 삼차 에터가 만들어진다. 그러나 이 경우에는 탄소양이온이 우선 생성되고, 다음 9-2절에서 설명한 바와 같이 알코올과 반응한다(S_N1).

이차 알코올로부터 대칭인 에터의 합성

2-Propanol로부터 산촉매 에터 생성의 S_N1 메커니즘

$$2\,\underset{\text{2-Propanol}}{CH_3C(OH)(H)CH_3} \xrightarrow[\text{상대적으로 낮은 온도}]{H_2SO_4,\ 40^\circ C} \underset{\substack{75\% \\ \text{2-(1-Methylethoxy)propane} \\ \text{(Diisopropyl ether)}}}{(CH_3)_2CHOCH(CH_3)_2} + HOH + H^+$$

주된 부반응은 E1 경로로 일어나며(9-2, 9-3, 11-7절), 높은 온도에서는 다시 우세하게 된다.

두 개의 상이한 알킬기를 갖고 있는 에터를 합성하는 것은 더 어려운데, 왜냐하면 두 종류의 알코올을 산 존재하에 섞으면 세 개의 모든 가능한 생성물이 만들어지는 까닭이다. 그러나 삼차 알킬 치환기 하나와 일차 또는 이차 알킬 치환기 하나를 갖는 혼합 에터는 약산 존재 시에 좋은 수득률로 만들 수 있다. 이러한 조건에서는 보다 더 신속하게 생성되는 삼차 탄소양이온이 다른 알코올과 반응한다.

삼차 알코올로부터 혼합 에터의 합성

$$CH_3C(CH_3)_2OH + CH_3CH_2OH\ (\text{과량}) \xrightarrow[-HOH]{15\%\ \text{수용액}\ H_2SO_4,\ 40^\circ C} \underset{\substack{95\% \\ \text{2-Ethoxy-2-methylpropane}}}{CH_3C(CH_3)_2OCH_2CH_3}$$

연습 문제 9-16

다음 반응의 메커니즘을 적으시오. **(a)** 1,4-Butanediol + H^+ → oxacyclopentane (tetrahydrofuran), **(b)** 5-methyl-1,5-hexanediol + H^+ → 2,2-dimethyloxacyclohexane (2,2-dimethyltetrahydropyran).

에터는 가알코올분해 반응에 의해서도 생성된다

알다시피 삼차와 이차 에터는 해당하는 할로알케인 또는 알킬 설포네이트 에스터의 가알코올분해 반응에 의해서 생성될 수 있다 (7-1절). 출발물을 S_N1 과정이 완결될 때까지 단순히 알코올에 녹이면 된다 (오른쪽 여백 그림 참조).

1-Chloro-1-methylcyclohexane $\xrightarrow{CH_3CH_2OH}$ 1-Ethoxy-1-methylcyclohexane (86%) + H^+ + Cl^-

연습 문제 9-17

알코올과 할로알케인으로부터 에터를 합성하는 여러 가지 방법을 배웠다. 다음 화합물의 합성법으로 어떠한 방법을 선택하는 것이 좋을까? **(a)** 2-Methyl-2-(1-methylethoxy)butane, **(b)** 1-methoxy-2,2-dimethylpropane [**힌트**: (a)는 삼차 에터이고, (b)는 neopentyl ether이다.]

요약 에터는 알코올을 산과 반응하여 알킬옥소늄 이온과 탄소양이온이 중간체인 S_N2와 S_N1 경로를 통해 만들 수 있다. 에터는 또한 이차 또는 삼차 할로알케인 또는 알킬 설포네이트 에스터의 가알코올분해 반응을 통해서도 만들 수 있다.

9-8 에터의 반응

앞서 언급한 바와 같이 에터는 일반적으로 꽤 반응성이 없다. 그러나 에터는 라디칼 메커니즘을 거쳐 산소와 반응하여 과산화수소 화합물과 과산화물을 생성한다. 과산화물은 폭발적으로 분해가 일어날 수 있으므로, 공기에 며칠간 노출된 에터 시료를 취급할 때는 특별히 주의할 필요가 있다.

에터로부터의 과산화물의 생성

$$2\,ROCH + O_2 \longrightarrow 2\,ROC{-}O{-}OH \longrightarrow ROC{-}O{-}O{-}COR$$

Ether hydroperoxide　　Ether peroxide

보다 유용한 반응은 강산에 의한 분해반응이다. 알코올에서와 같이 에터의 산소는 양성자가 첨가되어 알킬옥소늄 이온을 생성한다. 이 이온의 반응성은 알킬 치환기에 달려 있다. **일차** 알킬기의 경우는 HBr과 같은 친핵성 강산과 반응해서 S_N2 치환반응이 일어난다.

HBr에 의한 일차 에터의 분해

$$CH_3CH_2OCH_2CH_3 \xrightarrow{HBr} CH_3CH_2Br + CH_3CH_2OH$$

Ethoxyethane　Bromoethane　Ethanol

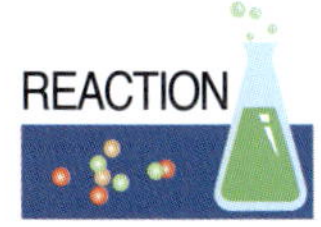

일차 에터 분해의 메커니즘: S_N2

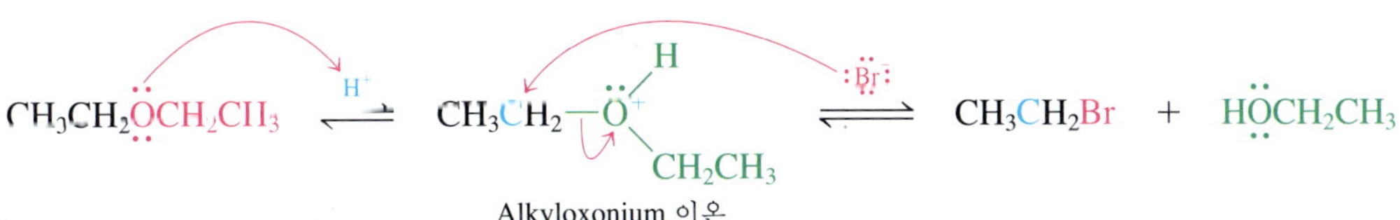

두 번째 과정에서 만들어지는 생성물인 알코올은 추가로 HBr과 반응하여 브로모알케인을 더 생성할 수 있다.

연습 문제 9-18

Methoxymethane과 뜨겁고 진한 HI와 반응하여 두 당량의 iodomethane을 생성한다. 메커니즘을 적으시오.

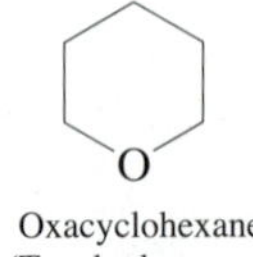

Oxacyclohexane (Tetrahydropyran)

연습 문제 9-19

Oxacyclohexane (tetrahydropyran: 왼쪽 여백 그림 참조) 은 뜨겁고 진한 HI와 반응하면 1,5-diiodo-pentane을 만든다. 이 반응의 메커니즘을 적으시오.

이차 에테르로부터 만들어진 옥소늄 이온은 반응계와 반응 조건에 따라, S_N2 또는 S_N1 (E1) 반응에 의해 변환된다(7-9절과 표 7-2와 7-4). 예를 들어, 2-에톡시프로페인은 HI 수용액에 의해 양성자가 첨가되고, 입체 장애가 적은 일차 탄소 중심으로 아이오딘화 이온의 선택적인 공격이 일어나 2-프로판올과 아이오도에테인으로 변환된다.

HI에 의한 일차-이차 에터 분해: 일차 탄소 중심에서의 S_N2 반응

보다 적은 입체 장애

2-Ethoxypropane —(HI, H_2O)→ 2-Propanol (OH) + Iodoethane (I)

삼차 뷰틸 에터는 알코올의 보호기로 사용된다

삼차 알킬기를 갖고 있는 에터는 묽은 산에서도 삼차 탄소양이온 중간체로 변환된다. 이 중간체는 좋은 친핵체가 존재하면 S_N1 과정이 일어나고, 이러한 친핵체가 없는 경우에는 양성자 이탈반응이 일어난다.

묽은 산에 의한 일차-삼차 에터 분해: 삼차 탄소 중심에서의 S_N1 및 E1 반응

O —(H_2SO_4, H_2O, 50°C)→ OH +

삼차 에터는 유사하게 온화한 조건에서 알코올로부터 만들어지므로(9-7절), 이것은 하이드록시기의 **보호기(protecting group)** 로 사용할 수가 있다. 보호기는 분자의 특별한 작용기와 보통 반응이 일어나는 시약이나 조건에서 반응하지 않게 해 준다. 이러한 보호기는 분자의 다른 부분에서 방해 없이 화학 반응을 수행할 수 있게 해 준다. 반응 후에 원래 작용기를 다시 복원한다(탈보호). 보호기는 수월하게 또한 높은 수득률로 가역적으로 도입할 수 있어야 한다. 삼차 에터의 경우에는 알코올을 염기, 유기금속 시약, 산화제 및 환원제로부터 보호한다. 에스터화반응도 알코올 보호의 또 다른 방법이 된다(9-4절, 화학 이야기 9-2).

삼차 뷰틸 에터로서의 알코올의 보호

ROH —($(CH_3)_3COH$, H^+ / $-H_2O$; 보호 단계)→ $ROC(CH_3)_3$ (보호된 알코올) —(Grignard 시약, 산화제 등을 사용하여 R에 반응을 일으킴; R이 R′으로 변환됨)→ $R'OC(CH_3)_3$ —(H^+, H_2O; 탈보호)→ R′OH

보호기를 사용하는 것은 유기 합성에서 흔히 쓰이는데, 그렇지 않으면 불가능한 많은 변환

화학 이야기 9-2

합성에서 보호기의 사용

본문에서 설명한 바와 같이 보호기는 많은 경우에서 유기 합성에 중요한 역할을 한다. 콜레스테롤로 유도된 출발물로부터 성호르몬인 테스토스테론을 합성하는 과정을 한 예로 들 수가 있다(4-7절). 스테로이드 호르몬을 천연 원료로부터 얻는 양은 의약이나 연구용의 수요를 맞추기에는 턱없이 모자라서, 이 화합물은 합성이 반드시 필요하다. 이 경우 원하는 테스토스테론 전구체를 합성하기 위해서 출발물의 C3의 하이드록시기와 C17의 카보닐기는 자리를 "바꾸어야" 한다. 다른 말로 하면, C17의 카보닐기를 선택적으로 환원하고, C3의 하이드록시기를 산화해야 한다. 수행되는 과정을 나타내는 아래 도식에서는 모든 "활동"은 C3과 C17의 탄소 중심에서 일어나야 한다. 복잡하게 보이는 스테로이드 화합물의 나머지 부분은 단순히 골격으로만 작용한다.

따라서 C3는 1,1-다이메틸에틸(*tert*-뷰틸) 에터로 만들어서 보호한 후, C17에서 환원을 진행한다. C17에서 두 번째 보호 단계로 에스터화반응을 사용한다(9-4절). 에스터는 약한 산에 안정한데, 이 조건에서 삼차 에터의 경우는 가수분해가 일어난다. 이 전략은 C17 위치를 보호한 상태에서 C3의 하이드록시기를 자유롭게 유리한 후, 케톤으로 산화할 수 있게 해 준다. 강산과 반응하면 반응 과정의 생성물을 결국 테스토스테론으로 변환할 수 있다.

콜레스테롤로 유도된 출발물 —[$(CH_3)_3COH$, H^+ / C3 OH를 보호]→ —[1. $LiAlH_4$, $(CH_3CH_2)_2O$ 2. H_2O / OH에 C17에서 카보닐을 환원]→ —[에스터화반응 / C17 OH를 보호]→ —[묽은 H^+, H_2O / $-CH_2{=}C(CH_3)_2$ / C3 탈보호 그러나 C17 OH 아님]→ —[PCC, CH_2Cl_2 / 산화 C3 OH]→ 테스토스테론 전구체

을 수행할 수 있게 해 준다. 앞으로 다른 작용기와 관련해서 다른 보호기를 사용하는 전략을 알게 될 것이다.

연습 문제 9-20

다음 상호변환은 어떻게 하면 이루어질 수 있는가? (점선 화살표는 여러 단계가 필요하다는 것을 말해 준다). (**힌트**: 각 경우에 OH기를 보호할 필요가 있다.)

(a) $BrCH_2CH_2CH_2OH$ ⇢ $DCH_2CH_2CH_2OH$

(b) 4-하이드록시사이클로헥세인카브알데하이드 (O=CH–, OH) ⇢ HO–CH(CH₃)– 치환 사이클로헥산올 (HO, CH_3, OH)

> **요약** 에터는 (강)산에 의해 분해된다. 메틸이나 일차 알킬기를 갖고 있는 에터는 알킬옥소늄 이온을 생성하는데, 이 이온은 친핵체와 S_N2 반응을 일으킨다. 이차와 삼차 알킬기가 있는 경우는 양성자첨가반응에 이어서 탄소양이온이 생성되어, S_N1과 E1 생성물이 만들어진다. 알코올의 하이드록시기는 *tert*-뷰틸 에터의 형태로 보호할 수 있다.

9-9 옥사사이클로프로페인의 반응

보통의 에터는 상대적으로 반응성이 없지만, 변형이 있는 구조 때문에 옥사사이클로프로페인은 고리 열림 반응이 일어나게 된다. 이 절에서는 이러한 과정에 대해 자세히 알아볼 것이다.

S_N2 반응에 의한 옥사사이클로프로페인의 친핵성 고리 열림 반응은 위치선택적이고 입체특이적이다

옥사사이클로프로페인은 음이온성 친핵체에 의해 이분자 고리 열림 반응이 일어난다. 기질의 대칭성 때문에 치환반응은 양쪽 탄소에 같은 정도로 일어난다. 반응은 친핵성 공격에 의해 진행하며, 에터 산소는 분자내 이탈기로 작용한다.

$$\underset{\text{Oxacyclopropane}}{CH_2\overset{O}{—}CH_2} + CH_3\ddot{S}:^- \longrightarrow {}^-:\ddot{O}CH_2CH_2—\ddot{S}CH_3 \xrightarrow[-HO:^-]{H—\ddot{O}H} \underset{\text{2-Methylthioethanol}}{H\ddot{O}CH_2CH_2\ddot{S}CH_3}$$

이 S_N2 변환은 두 가지 이유에서 통상적이 아니다. 첫 번째, 알콕사이드는 매우 좋지 않은 이탈기이다. 두 번째, 이탈기는 실제로 "이탈되지" 않고, 그 분자에 결합된 채로 붙어 있다. 추진력은 고리가 열림에 따라 변형이 해소되는 데서 얻어진다.

비대칭인 계에서의 상황은 어떠한가? 예를 들어, 2,2-다이메틸옥사사이클로프로페인과 메톡사이드와의 반응을 고려하자. **두 가지** 가능한 반응 자리가 존재한다. 일차 탄소 (*a*)에 반응이 일어나면 1-메톡시-2-메틸-2-프로판올이 생성된다. 또한 삼차 탄소 (*b*)에 반응이 일어나면 2-메톡시-2-메틸-1-프로판올이 생성된다. 명백히 이 반응계는 경로 (*a*)를 통해서만 반응이 일어난다.

MODEL BUILDING

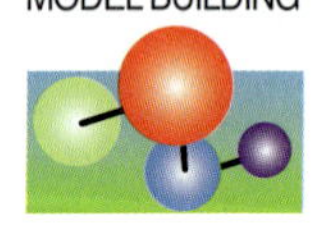

비대칭으로 치환된 oxacyclopropane의 친핵성 고리 열림

1-Methoxy-2-methyl-2-propanol $\xleftarrow[a]{CH_3O^-,\ CH_3OH}$ 2,2-Dimethyloxacyclopropane $\xrightarrow[b]{CH_3O^-,\ CH_3OH}$ ✕ 2-Methoxy-2-methyl-1-propanol (Not formed)

이 결과는 놀라운 것인가? 아니다. 왜냐하면 알다시피 한 가지 이상의 가능성이 있다면, S_N2 공격은 **덜** 치환된 탄소에서 일어난다(6-9절). 치환된 옥사사이클로프로페인의 친핵성 고리 열림 반응의 이러한 선택성을 **위치선택성(regioselectivity)**이라고 하는데, 이는 유사한 두 개의 가능한 "위치" 중에서 오직 한 곳에만 친핵성 공격이 일어나는 까닭이다.

덧붙여 입체중심에서 고리 열림이 일어나면, 입체 반전이 일어난다. 따라서 단순한 알킬 유도체에 대해 개발된 친핵성 치환반응의 규칙은 변형이 있는 고리형 에터에도 적용된다.

수소음이온과 유기금속 시약에 의해 변형이 있는 에터를 알코올로 변환할 수 있다

반응성이 매우 큰 수소화 알루미늄 리튬(lithium aluminum hydride)에 의해 옥사사이클로프로페인의 고리가 열려진다. 이 반응에 의해 알코올이 만들어진다. 보통의 에터는 옥사사이클로프로페인에서와 같은 고리 변형이 없으므로 $LiAlH_4$와 반응하지 않는다. 반응은 S_N2 메커니즘으로 일어난다. 즉, 비대칭인 경우 수소음이온은 덜 치환된 쪽을 공격한다. 반응하는 탄소에 입체중심이 있는 경우는 입체 변환이 일어난다.

Lithium aluminum hydride에 의한 oxacyclopropane의 고리 열림

1. $LiAlH_4$, $(CH_3CH_2)_2O$
2. H^+, H_2O

적은 입체 장애

Oxacyclopropane 열림 반응에서 입체 변환

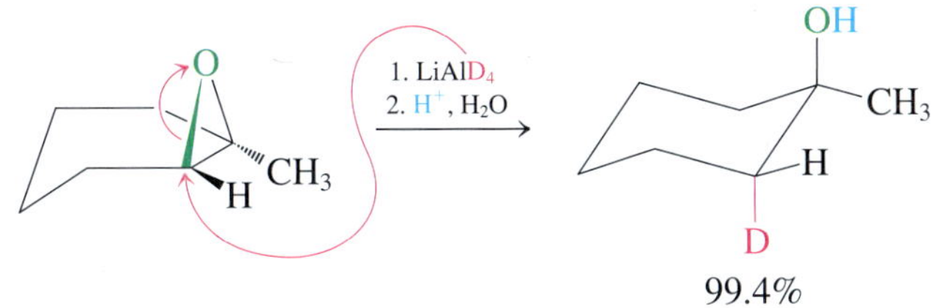

99.4%

D와 OH는 시스가 아니고 트랜스이다

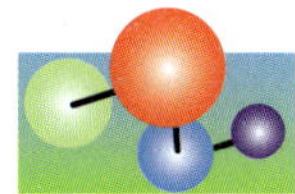

연습 문제 9-21

개념 문제: Oxacyclopropane의 역합성 분석

8-9절에서 설명한 바와 같이 역합성 분석 원리를 적용해 보면, 어떠한 oxacyclopropane이 $LiAlH_4$와 반응 후에 이어서 산성 수용액을 반응마무리하면 라세미체인 3-hexanol을 생성하는 가장 좋은 전구체가 되는가?

전략

첫 번째 할 일은 3-hexanol의 구조를 적는 것이다. Oxacyclopropane으로부터 이 구조를 만드는 몇 가지 경로가 있는가를 생각하고, 각 경로가 타당한가를 검토하라.

풀이

- Oxacyclopropane으로부터 3-hexanol을 합성하는데는 두 가지 가능한 역합성 경로가 있음을 알 수 있다. 안티 H:⁻를 제거함과 동시에 고리 닫힘이 "왼"쪽이나 "오른"쪽으로 일어나는 것이다. 아래 그림에서 두 경로는 *a*와 *b*로 각각 나타내져 있다.

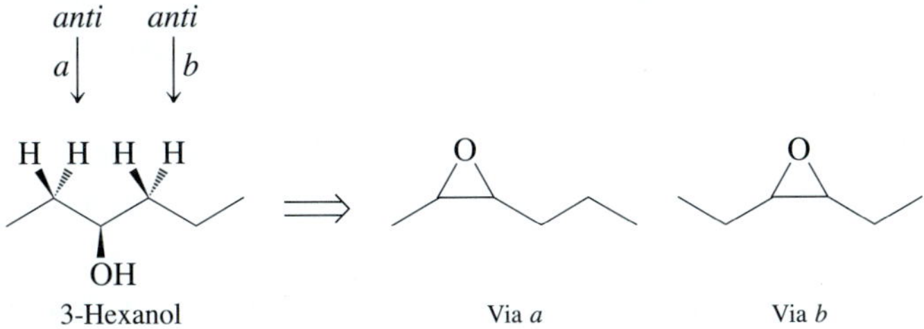

- 이제 3-hexanol을 만들 수 있는 두 가능한 전구체를 그리고, 어떤 것이 $LiAlH_4$와 반응해서 원하는 생성물을 만드는데 더 나은지 알아보자(주: Oxacyclopropane의 두 탄소는 친전자성이며, 따라서 수소음이온에 의한 공격은 두 가지 가능한 방법으로 일어날 수 있다).
- 역합성 경로 *a*에 의해 유도되는 전구체를 살펴보면 비대칭인 구조를 갖는다. 두 개의 고리 탄소가 동등한 정도로 입체적으로 가려져 있으므로, 수소음이온에 의한 고리 열림은 두 이성질체, 즉 2-hexanol과 3-hexanol을 생성할 것이다.
- 반면에 역합성 경로 *b*에 의해서는 대칭적 구조를 갖는 oxacyclopropane이 만들어지는데, 이 경우는 수소음이온에 의한 고리 열림 반응에서 위치선택성은 중요하지 않다. 따라서 이 전구체가 가장 좋다.

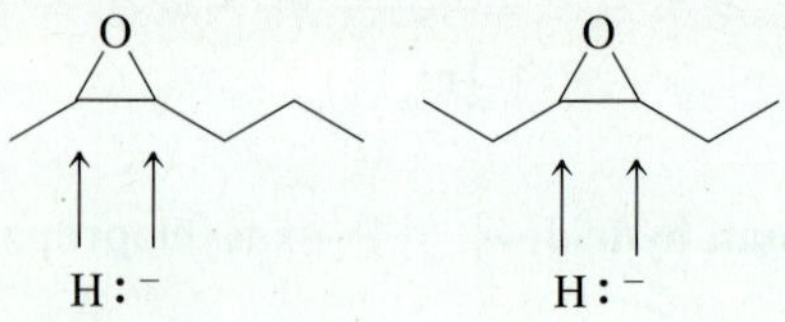

비대칭: 2-hexanol과 3-hexanol이 같이 생성될 것이다

대칭: 단지 3-hexanol만이 생성된다

연습 문제 9-22

자습 문제

어떤 구조의 oxacyclopropane을 $LiAlH_4$로 환원하면 (2*R*)-butanol을 만들 수 있는가?

할로알케인의 경우(8-8절)와는 대조적으로 옥사사이클로프로페인은 충분하게 반응성이 있는 친전자체이기 때문에, 유기금속 화합물에 의해 공격를 받는다. 즉, Grignard 시약 및 알킬리튬 화합물은 S_N2 메커니즘에 따라 에터 고리 열림 반응에 의해 2-하이드록시에틸화가 일어난다. 이 반응은 알킬 사슬에서 두 개의 탄소를 늘리게(동족화) 되는데, 이것은 알킬 유기금속 시약과 폼알데하이드와 반응에서 한 개의 탄소를 늘리는 경우와 대비된다(8-8과 8-9절).

화학 이야기 9-3

가수분해에 의한 옥사사이클로프로페인의 속도론적 분할

화학 이야기 5-5에서 지적한 바와 같이, 자연계는 카이랄성이 있고, 카이랄 화합물의 두 거울상이성질체 중 하나와만 반응하는 것을(모든 경우는 아니지만) 매우 선호한다. 이러한 선호도는 의약 개발의 경우 특히 중요한데, 왜냐하면 카이랄 의약품 중에서 단지 하나의 거울상이성질체만이 효능이 있기 때문이다(화학 이야기 5-4). 따라서 한 가지 입체이성질체만을 합성하는 것은 합성 화학자의 중요한 "녹색" 도전이다(화학 이야기 3-1). 이러한 도전을 만족하는 고전적인 방법은 라세미체를 광학 활성적으로 순수한 화합물과(아주 쉽사리 가역적인) 반응한 후 크로마토그래피 또는 분별 결정화의 방법을 사용하여(5-8절) 분할을 하는 것이다. 이 방법은 오른손들을 사용하여 신발의 짝이 섞여있을 때 짝을 골라내는 것과 같다. 모든 오른손을 "넣은" 경우를 생각하면, 결과 두 개의 그룹으로 나눌 수 있다. 즉, 오른손/오른쪽 신발과 오른손/왼쪽 신발의 그룹이 된다. 이들 그룹은 거울면 대칭이 아니므로 서로 부분입체이성질체의 관계에 있다.

이 예에서 가장 뚜렷한 특징은 해당하는 그룹의 성분은 서로 완전히 다른 모양을 가지고 있고, 체와 같은 비카이랄성인 도구를 이용해서 분리할 수도 있다는 것이다. 두 손–신발더미에서 오른손들은 계속해서 재사용이 가능하며, 결과적으로 오른 쪽 신발을 왼쪽 신발으로부터 분리할 수 있다.

보다 나은 기계는 낚시도구가 될 것이다. 이 경우는 낚시바늘이 오른쪽(또는 왼쪽) 신발과 같은 형태로 만들게 될 것이다. 이 기계는 신발더미에서 선택적으로 꼬리표를 붙여서, 예를 들어 추를 붙여서 오른쪽 신발만을 끄집어 낼 수 있게 될 것이다. 왼쪽 신발과 오른쪽 신발은 무게의 차이에 근거한 비카이랄 도구를 사용해서 분리할 수 있을 것이다. 분자 수준에서 이러한 과정은 **촉매적 속도론적 분할**(*catalytic kinetic resolution*)이라고 한다. 하나의 예는 메틸옥사사이클로프로페인을 염기성의 물로 가수분해하는 것이다. 통상적으로 라세미체에서 시작하면 결과적으로 라세미체인 1,2-프로판올이 얻어진다. 이것은 예상할 수 있는 일인데, *R*과 *S* 형태의 출발물 에터의 반응에 대한 두 가지 해당하는 전이 상태가 거울상이성질체의 성질을 가지는 까닭이다(5-7절).

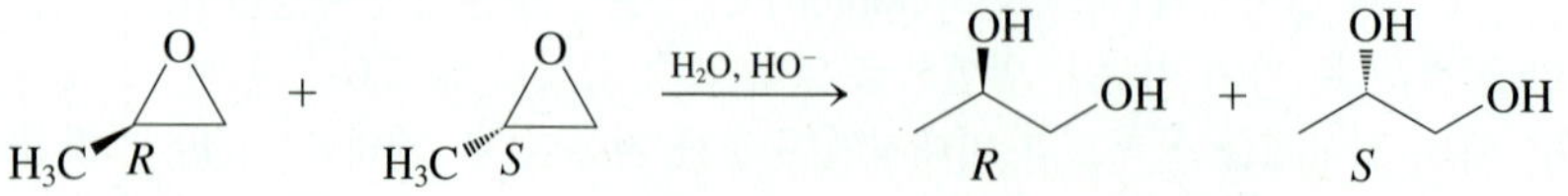

라세미체 methyloxacyclopropane

라세미체 1,2-propanediol

그러나 카이랄 코발트 촉매의 한 거울상이성질체(위의 도구에서 "오른손")가 존재할 경우, 물은 출발물의 *R* 형태를 *S* 형태보다 매우 더 신속하게 공격해서, 결과적으로 선택적인 (2*R*)-1,2-프로판다이올(우리의 경우 "선택적 꼬리표")을 변환시키고, 순

Grignard 시약에 의한 oxacyclopropane 고리 열림: 2-하이드록시에틸화

$$\underset{\text{Oxacyclopropane}}{H_2C\overset{O}{—}CH_2} + \underset{\text{Butylmagnesium bromide}}{CH_3CH_2CH_2CH_2MgBr} \xrightarrow[2.\ H^+,\ H_2O]{1.\ THF} \underset{\text{62\%}}{CH_3CH_2CH_2CH_2CH_2CH_2OH}$$

1-Hexanol: "2-hydroxyethylated butyl"

연습 문제 9-23

네 개 이하의 탄소를 갖는 출발물로부터 3,3-dimethyl-1-butanol을 효율적으로 합성하는 방법을 제시하시오(**힌트**: 생성물을 역합성에 근거해 2-하이드록시기에틸기가 치환된 *tert*-뷰틸로 생각할 것).

옥사사이클로프로페인 고리 열림은 산에 의해 촉매 반응이 일어난다

옥사사이클로프로페인의 고리 열림은 산에 의해 촉매 반응이 일어난다. 이 경우 반응은 초기의 고리 알킬옥소늄 이온이 생성되어 진행되며, 다음 친핵체의 공격의 결과로 고리 열림이 일어난다.

수한 (*S*)-옥사사이클로프로페인을 남긴다. 이유는 촉매의 카이랄한 본성 때문에 두 개의 해당하는 전이 상태가 부분입체이성질체의 관계인 까닭이다. 그러므로 두 전이 상태는 다른 에너지를 가지고, 옥사사이클로프로페인의 한 거울상이성질체는 다른 이성질체보다 가수분해가 빨리 일어난다.

촉매 거울상이성질체의 구조가 다음에 보여져 있다. 금속 주위의 카이랄 환경이 치환된 사이클로헥세인 골격에 의해 만들어지는 것을 알 수 있다. 코발트는 Lewis 산으로서 (*R*)-옥사사이클로프로페인 기질의 고립 전자쌍을 선택적으로 공격하고, 따라서 물에 의한 고리 열림을 촉진한다.

$$\underset{\text{라세미체 methyloxacyclopropane}}{H_3C\text{–}(R)\text{-oxacyclopropane} + H_3C\text{–}(S)\text{-oxacyclopropane}} \xrightarrow{H_2O,\ \text{카이랄 } Co^{2+}\ \text{촉매}} (R)\text{-}CH_3CH(OH)CH_2OH + H_3C\text{–}(S)\text{-oxacyclopropane}$$

Cobalt 촉매

촉매의 다른 거울상이성질체를 사용하면 위의 예와 상보적인 결과를 보인다. (*S*)-메틸옥사사이클로프로페인만을 공격해서 (*S*)-다이올을 만들고, 공격을 당하지 않은 *R* 출발물을 남긴다. 이러한 작용기가 많은 작은 카이랄 구성 단위는 의약이나 다른 정밀 화학제품의 합성에 매우 중요하며, 따라서 합성 화학자가 매우 필요로 하는 것이다. 결과적으로 위의 속도론적 분할은 1톤의 생성물을 만드는데 1 kg보다 적은 양의 촉매면 충분할 정도로 더 개선되었으며, 일본의 다이소 회사에서 연간 50톤 정도의 규모로 쓰이고 있다.

Oxacyclopropane의 산촉매 고리 열림

$$H_2C\overset{O}{-}CH_2 + CH_3OH \xrightarrow{H_2SO_4} HOCH_2CH_2OCH_3$$

2-Methoxyethanol

MECHANISM

산촉매 고리 열림 반응의 메커니즘

$$H_2C\overset{\ddot{O}}{-}CH_2 \underset{-H^+}{\overset{H^+,\ CH_3\ddot{O}H}{\rightleftharpoons}} H_2C\overset{\overset{H}{|}}{\overset{O^+}{-}}CH_2 \longrightarrow \overset{:\ddot{O}H}{CH_2}-\underset{\underset{H\quad CH_3}{O^+}}{CH_2} \xrightarrow{-H^+} H\ddot{O}CH_2CH_2\ddot{O}CH_3$$

고리 alkyloxonium 이온 $H\ddot{O}CH_3$

방금 설명한 옥사사이클로프로페인의 음이온 친핵성 열림은 위치선택성이고, 입체특이성이다. 산촉매 고리 열림 반응은 어떠한가?—이것도 위치선택성이고, 입체특이성인가? 그렇다. 그러나 자세한 점에서는 다르다. 그러므로 2,2-다이메틸옥사사이클로프로페인의 산촉매 가메탄올분해 반응은 **보다** 입체 장애가 큰 탄소에서 고리 열림이 압도적으로 일어난다.

2,2-Dimethyloxacyclopropane의 산촉매 고리 열림

친핵체가 이 탄소를 공격한다

$$H_2C\overset{O}{-}C(CH_3)_2 \xrightarrow{H_2SO_4,\ CH_3OH} HOCH_2-C(CH_3)_2(OCH_3)$$

2,2-Dimethyloxacyclopropane → 2-Methoxy-2-methyl-1-propanol

양성자첨가된 2,2-Dimethyloxacyclopropane

왜 입체 장애가 큰 위치에 공격이 일어나는가? 에터의 산소에 양성자첨가반응이 일어나면 상당히 극성화된 산소–탄소 결합을 갖고 있는 반응성 중간체인 알킬옥소늄 이온을 생성한다. 이러한 극성화에 의해 고리 탄소에 부분 양전하가 위치하게 한다. 알킬기는 전자 주개로 작용하므로(7-5절), 보다 큰 양전하가 일차 탄소보다는 삼차 탄소에 위치한다. 왼쪽 여백에 있는 정전기 퍼텐셜 지도에서 이런 차이를 볼 수 있는데, 분자를 공격하는 친핵체의 관점에서 보여주고 있다. 밑에 있는 삼차 탄소는 위쪽의 이웃한 일차 탄소(초록색)보다 더 양전하가 많다(푸른색). 뒤쪽에 있는 양성자는 강한 푸른색이다. 이 지도에 색으로 표시하는 에너지 척도는 이러한 음영의 예민한 단계적 변화를 나타낼 수 있도록 되어 있다.

Methanol에 의한 2,2-Dimethyloxacyclopropane의 산촉매 고리 열림의 메커니즘

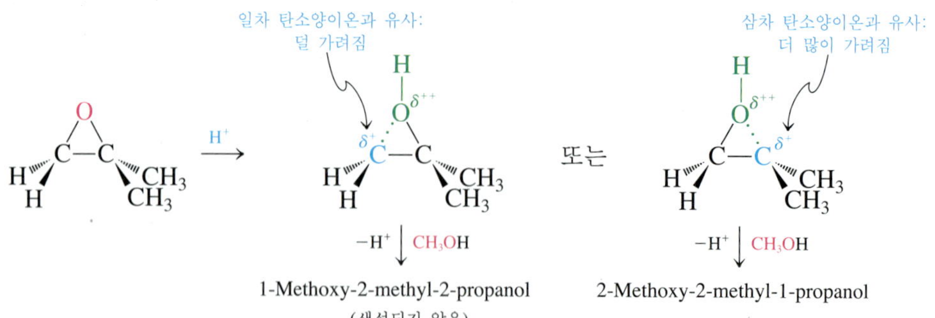

이러한 균일하지 않은 전하의 분포는 입체 장애와 반대로 작용한다. 메탄올은 coulomb 힘에 의해 일차 알킬 탄소 중심보다는 삼차 알킬 탄소 중심에 끌린다. 이 경우에서는 결과가 명확하지만, 두 탄소가 매우 다르지 않은 경우에는 덜 확실하다. 예를 들어, 2-메틸옥사사이클로프로페인의 산촉매 고리 열림에 의해서는 이성질체의 혼합물이 생성된다.

산촉매 고리 열림의 경우 왜 중간체가 유리된 탄소양이온이라고 단순하게 말하지 않는가?

이유는 반응이 입체중심에서 일어나면 입체 반전이 관찰되는 까닭이다. 옥사사이클로프로페인과 음이온성 친핵체와의 반응에서와 같이 산촉매 과정은 후방 치환이 일어나는데, 이 경우에는 매우 극성화된 고리 알킬옥소늄 이온에서 일어난다.

연습 문제 9-24

다음의 시약과 반응해서 2,2-dimethyloxacyclopropane의 고리 열림 반응이 일어날 경우 주생성물을 예측하시오. **(a)** $LiAlH_4$, 다음 H^+, H_2O, **(b)** $CH_3CH_2CH_2MgBr$, 다음 H^+, H_2O, **(b)** CH_3SNa in CH_3OH, **(d)** Methanol에 녹인 묽은 HCl, **(e)** 진한 HBr 수용액.

요약 보통의 에터는 상대적으로 반응성이 없지만, 옥사사이클로프로페인의 고리는 위치선택성이고, 입체특이성으로 열릴 수 있다. 음이온성 친핵체의 경우 이분자 친핵성 치환반응의 통상적인 규칙이 적용된다. 덜 가려진 탄소 중심을 공격하고 입체 반전이 일어난다. 그러나 산촉매는 위치선택성에서의 변화를 일으킨다(그러나 입체선택성은 변하지 않는다). 공격은 입체 장애가 큰 탄소 중심에서 일어난다. 수소음이온과 유기금속 시약은 다른 음이온의 친핵체와 같이 작용하고, S_N2 경로를 거쳐 알코올이 생성된다.

9-10 알코올과 에터의 황 유사체

황은 주기율표에서 산소 바로 밑에 위치한다. 따라서 알코올과 에터의 황 유사체는 꽤 유사한 성질을 가질 것으로 예상할 수 있다. 이 절에서는 이러한 가정이 사실인가를 확인해 보고자 한다.

알코올과 에터의 황 유사체는 싸이올과 설파이드이다

알코올의 황 유사체 R—SH는 IUPAC 체계명으로는 **싸이올(thiol)**이라 한다(*theion*, 그리스어로 유황을 의미—황의 옛 이름). 알케인 어근에다 싸이올을 붙여서 알케인싸이올(alkanethiol)이라 명명한다. SH기는 **머캅토(mercapto)**라고 하는데, 이는 황이 수은(또한 다른 중금속) 이온을 침전시키는 능력이 있기 때문에, 라틴어로 수은이라는 의미의 *mercurium*과 포획한다는 의미의 *captare*에서 온 것이다. 황의 위치는 알칸올 명명법에서와 같이 가장 긴 사슬의 번호를 붙임으로서 나타낸다. 머캅토 작용기는 하이드록시보다 우선권이 낮다.

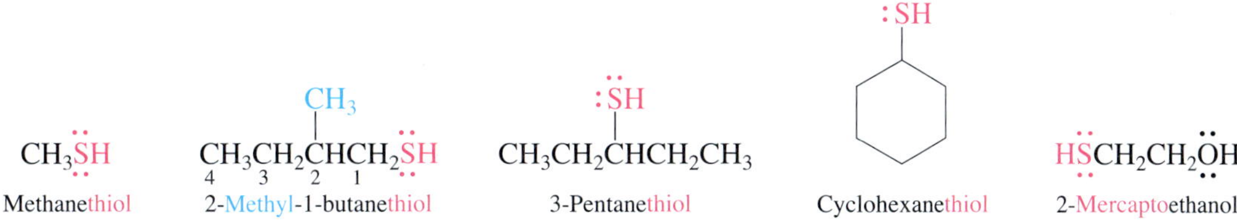

에터의 황 유사체(관용명, 싸이오에터)는 알킬 에터의 명명법에서처럼 **설파이드(sulfide)**라 한다. RS기는 **알킬싸이오(alkylthio)**, RS^-기는 **알케인싸이올레이트(alkanethiolate)**라고 명명한다.

$CH_3SCH_2CH_3$ — Ethyl methyl sulfide

$CH_3C(CH_3)_2S(CH_2)_6CH_3$ — 1,1-Dimethylethyl heptyl sulfide

$CH_3SCH_2CH_2OH$ — 2-Methylthioethanol

CH_3S^- — Methanethiolate 이온

싸이올은 알코올보다 수소 결합이 약하며, 산성은 크다

황은 더 큰 크기, 분산된 오비탈, 상대적으로 비극성화된 S—H 결합 때문에(표 1-2), 수소 결합을 효과적으로 하지 못한다. 그러므로 싸이올의 끓는점은 알코올만큼 비정상적으로 높지 않으며, 되려 휘발성은 유사한 할로알케인과 비슷하다(표 9-2).

부분적인 이유지만 상대적으로 약한 S—H 결합 때문에, 싸이올은 물보다 산성이 크다. pK_a값은 9에서 12의 값을 갖는다. 따라서 수산화 이온과 알콕사이드 이온에 의해 쉽게 양성자이탈반응이 일어난다.

표 9-2 싸이올, 할로알케인, 알코올의 끓는점의 비교

화합물	끓는점(°C)
CH_3SH	6.2
CH_3Br	3.6
CH_3Cl	−24.2
CH_3OH	65.0
CH_3CH_2SH	37
CH_3CH_2Br	38.4
CH_3CH_2Cl	12.3
CH_3CH_2OH	78.5

싸이올의 산도

$$\underset{\substack{pK_a = 9\text{~}12 \\ \text{더 산성}}}{RSH} + HO^{-} \rightleftharpoons RS^{-} + \underset{\substack{pK_a = 15.7 \\ \text{덜 산성}}}{HOH}$$

싸이올과 설파이드는 알코올과 에터와 매우 유사하게 반응한다

싸이올과 설파이드는 이것들의 산소 유사체와 닮았다. 이런 화합물에서 황은 알코올이나 에터의 산소보다 더 친핵성이며, 염기성은 매우 낮다. 따라서 싸이올과 설파이드는 할로알케인에 RS^-와 HS^-가 친핵성 공격을 하여 보다 쉽게 만들어지는데, 이때 경쟁하는 제거반응은 거의 안 일어난다. 싸이올을 만들고자 하는 경우 생성물이 출발물인 할로젠 화합물과 반응하여 다이알킬 설파이드를 생성하지 않도록 확실히 하기 위해 과량의 HS^-를 사용한다.

$$CH_3CH(CH_3)Br + \underset{\text{과량}}{Na^{+}\,^{-}SH} \xrightarrow{CH_3CH_2OH} \underset{\text{2-Propanethiol}}{CH_3CH(CH_3)SH} + Na^{+}Br^{-}$$

설파이드는 유사한 방법으로 수산화 이온과 같은 염기 존재하에서 싸이올을 알킬화하여 제조한다. 생성되는 염기는 알케인싸이올레이트인데, 이것은 S_N2 과정을 거쳐 할로알케인과 반응한다. 싸이올레이트의 친핵성이 강하므로 이러한 치환반응에서 수산화 이온은 경쟁이 되지 못한다.

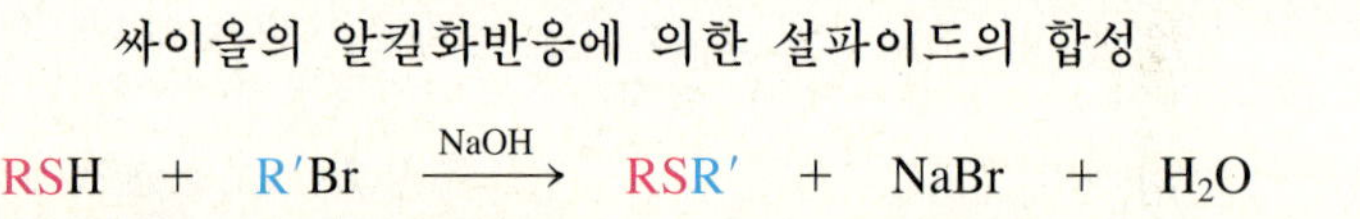

싸이올의 알킬화반응에 의한 설파이드의 합성

$$RSH + R'Br \xrightarrow{NaOH} RSR' + NaBr + H_2O$$

황의 친핵성 때문에 설파이드가 할로알케인을 공격하여 **설포늄 이온(sulfonium ion)**을 생성할 수 있다.

$$(H_3C)_2\ddot{S}: + CH_3-\ddot{I}: \longrightarrow \underset{\substack{95\% \\ \text{Trimethylsulfonium iodide}}}{(H_3C)_2\overset{+}{S}-CH_3} + :\ddot{I}:^{-}$$

설포늄염의 탄소는 친핵성 공격을 받을 수 있고, 설파이드는 이탈기로 작용한다(6장 시작 부분 참조).

$$H\ddot{O}:^{-} + CH_3-\overset{+}{S}(CH_3)_2 \longrightarrow H\ddot{O}CH_3 + \ddot{S}(CH_3)_2$$

화학전 대비 보호장비를 착용한 군인들.

$$\underset{\mathbf{A}}{ClCH_2CH_2SCH_2CH_2Cl}$$

$$\underset{\mathbf{B}}{ClCH_2CH_2\overset{+}{S}\!\!<\!\!\begin{smallmatrix}CH_2\\|\\CH_2\end{smallmatrix}\ Cl^{-}}$$

연습 문제 9-25

설파이드 A(왼쪽 여백 참조)는 "겨자 가스"라고 알려진 강력한 독가스인데, 1차 세계대전과

1980년대에 이라크와 이란과의 8년 전쟁에서 사용된 파괴적인 화학 무기이다. 화학전과 생물 무기의 망령이 1990~1991년의 페르시아 걸프전에서 다시 불안하게 나타났었다. "걸프전 증상"이라고 알려진 의학적 상태는 당시 지상군이 작전 도중 화학적 또는 생물학적 무기에 노출된 때문이 아닌가 의심된다. 1925년의 제네바 협정에 의해 화학적 및 생물학적 무기의 사용은 명백하게 금지하고 있다. 1982년의 생물학적 무기협정과 1993년의 화학무기협정(미국은 1997년에 비준)은 이러한 물질의 소유를 금지하고 있다. 그러나 이러한 협정의 수용과 강화에 대한 염려가 커지고 있다. 문제 중의 하나는 다음 연습 문제에서 두드러지는 바와 같이 이러한 독성 물질을 생산하는 것이 비교적 쉽다는 것에 있다. **(a)** Oxacyclopropane으로부터 출발해서 A를 합성하는 방법을 제시하시오(**힌트**: 역합성 분석은 다이올 전구체를 거쳐 A로 진행해야 한다). **(b)** 작용 메커니즘은 신체 내에서 친핵체와 반응한다고 생각되는 설포늄염 B가 관여한다고 믿어진다. 어떻게 화합물 B가 얻어지며, 어떻게 친핵체와 반응하는가?

황의 원자가 껍질 팽창으로 싸이올과 설파이드의 특별한 반응성을 설명할 수 있다

황은 *d* 오비탈을 가진 3주기 원소이므로 원자가 껍질을 확장하여 팔전자 규칙에 의해 허용되는 것보다 많은 전자를 수용할 수 있다(1-4절). 황의 화합물에서 보았듯이 황은 10 또는 12개의 원자가전자로 둘러싸여 있으며, 이러한 이유로 황 화합물은 상응하는 산소 유사체에서 일어날 수 없는 반응을 일으킨다. 예를 들어, 과산화 수소(hydrogen peroxide) 또는 과망가니즈산 포타슘(potassium permanganate)과 같은 강한 산화제로 싸이올을 산화하면 해당하는 설폰산을 만든다. 이런 방법으로 메테인싸이올은 메테인설폰산으로 변환할 수 있다. 설폰산은 PCl_5와 반응하여 설포닐 염화물을 만들고, 이것은 9-4절에서 설명한 바와 같이 설포네이트 에스터의 합성에 이용된다.

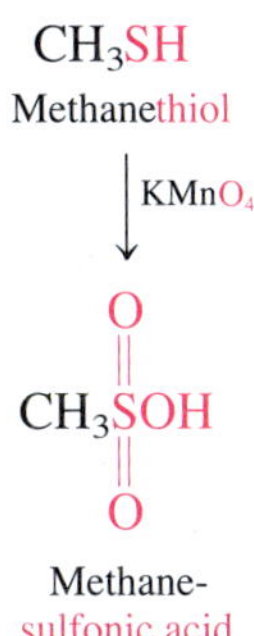

아이오딘을 사용하여 싸이올을 보다 조심해서 산화하면 과산화물의 황 유사체인 **다이설파이드(disulfide)**가 생성된다(9-8절). 다이설파이드는 수용액 수소화붕소 소듐(sodium borohydride)과 같은 온화한 환원제에 의해 싸이올로 다시 환원된다.

싸이올-다이설파이드 산화환원 반응

산화반응:

$$2\ CH_3CH_2CH_2S{-}H \;+\; I_2 \longrightarrow CH_3CH_2CH_2S{-}SCH_2CH_2CH_3 \;+\; 2\ HI$$

1-Propanethiol Dipropyl disulfide

환원반응:

$$CH_3CH_2CH_2S{-}SCH_2CH_2CH_3 \;+\; NaBH_4 \xrightarrow{H_2O} 2\ CH_3CH_2CH_2SH$$

자연계는 위에 보인 것보다는 훨씬 더 온화한 시약과 조건에서 일어나지만, 싸이올을 산화해서 다이설파이드가 생성되는 반응과 그 역반응은 생물학적 과정으로 중요하다. 많은 단백질과 펩타이드는 다이설파이드 다리를 형성할 수 있는 유리된 SH기를 갖고 있다. 자연계는 이런 메커니즘을 이용하여 아미노산 사슬을 연결한다. 삼차원적으로 효소의 형태를 조절하는 이런 메커니즘 때문에 생촉매는 보다 효율적이고 선택적인 성질을 갖게 된다.

SH SH → SH HS —산화→ S—S

아미노산 사슬 아미노산 사슬 다이설파이드 결합

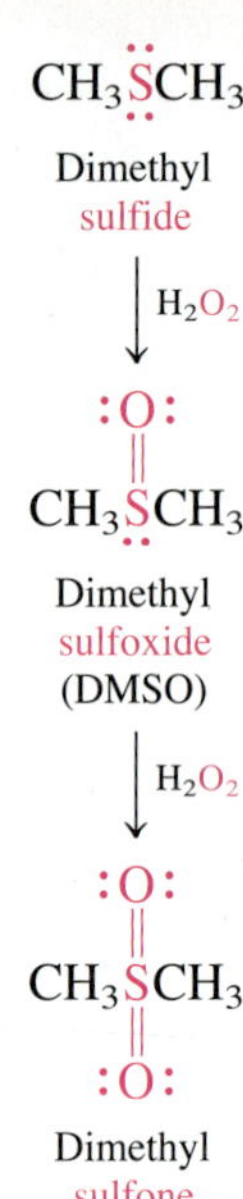

설파이드는 쉽게 **설폭사이드(sulfoxide)** 중간체를 거쳐 **설폰(sulfone)**으로 산화된다. 예를 들어, 다이메틸 설파이드를 산화하면 다이메틸 설폭사이드(DMSO)가 만들어지고, 이어서 다이메틸 설폰이 된다. 다이메틸 설폭사이드는 이미 설명한 바와 같이 유기화학에서 극성 비양성자 용매로 널리 쓰이며, 특히 친핵성 치환반응에 사용된다.

요약 싸이올과 설파이드의 명명법은 알코올과 에터에서 사용하는 체계와 연관되어 있다. 싸이올은 알코올에 비해 보다 휘발성이며, 보다 산성이고, 친핵성이 더 크다. 싸이올은 다이설파이드 또는 설폰산으로, 설파이드는 설폭사이드와 설폰으로 산화될 수 있다.

9-11 알코올과 에터의 생리학적 성질 및 사용

산화 현상이 일어나는 대기 속에서 살고 있기 때문에, 자연계의 많은 화합물이 산소를 갖고 있는 것은 놀라운 일이 아니다. 이 화합물 중의 많은 것은 다양한 생물학적 기능을 가진 알코올과 에터로, 의약 합성에서 의약화학자에 의해 이용된다. 공업화학자는 알코올과 에터를 대량으로 생산하는데, 용매와 합성 중간체로 이용된다. 이 절에서는 이런 종류의 화합물의 다양한 용도에 대해 잠깐 살펴 볼 것이다.

메탄올(*methanol*)은 일산화 탄소를 촉매 수소첨가반응 공정을 거쳐 대량으로 제조되며, 페인트와 다른 물질의 용매, 캠핑용 버너와 용접 토치의 연료, 합성 중간체로 팔리고 있다. 먹거나 지속적으로 접촉하면 실명할 수도 있는 맹독성인 물질이다. 30 mL 정도의 양을 섭취한 경우에도 사망한 경우가 보고되었다. 메탄올을 공업적 에탄올을 소비에 적당하지 않게 만들기 위해 첨가하는 경우도 있다(변성 알코올). 메탄올의 독성은 대사 과정에서 이것이 산화되어 폼알데하이드 $CH_2{=}O$가 생성되고, 이것이 시각의 물리화학적 과정을 방해하는 것에 기인하는 것으로 생각된다. 더 산화가 일어나서 폼산 HCOOH이 되면 혈중 pH를 비정상적으로 낮추는 산혈증(acidosis)을 초래한다. 이러한 상태는 혈액 중의 산소의 이동을 방해하고, 궁극적으로 무의식상태에 이르게 한다.

캠핑용 단순한 methanol 난로.

메탄올을 휘발유의 전구체로 사용하는 가능성에 대해 연구가 진행되고 있다. 예를 들어, 어떤 제올라이트 촉매(3-3절)는 메탄올을 탄소수가 4에서 10에 이르게 하며, 증류하면 주로 휘발유의 조성을 갖는 탄화수소의 혼합물로 변환하게 해 준다(표 3-3 참조).

$$n\,CH_3OH \xrightarrow{\text{Zeolite, 340~375°C}} \underset{67\%}{C_nH_{2n+2}} + \underset{6\%}{C_nH_{2n}} + \underset{27\%}{\text{방향족}}$$

에탄올(*ethanol*)을 다양한 양의 향료수를 섞어 묽힌 것이 알코올성 음료이다. 중추신경계의 기능을 비선택적이고 가역적으로 저하시키므로, 약리적으로는 일반 진정제로 분류된다. 섭취한 알코올 중에서 대략 95% 정도가 신체 내(보통 간)에서 대사되어 궁극적으로 이산화 탄소와 물로 변환된다. 에탄올은 칼로리는 높지만, 영양면에서의 가치는 별로 없다.

대부분 의약품의 대사 과정의 속도는 간에서의 농도에 따라 증가한다. 그러나 알코올의 경우는 맞는 말이 아닌데, 시간에 비례하여 분해된다. 성인의 경우 시간당 10 mL의 순수한 에탄올을 대사하며, 이 양은 대략 한 잔의 칵테일, 양주 한 잔, 맥주 한 캔에 해당한다. 적게는 사람의 몸무게, 음료의 에탄올 함량, 마시는 속도에 따라 다르지만, 두 잔에서 석 잔의 음주로 혈중 알코올 수치는, 미국의 대부분의 지역에서 자동차 운전이 금지되는 법적 한계 농도인 0.08%보다 높아질 수 있다.

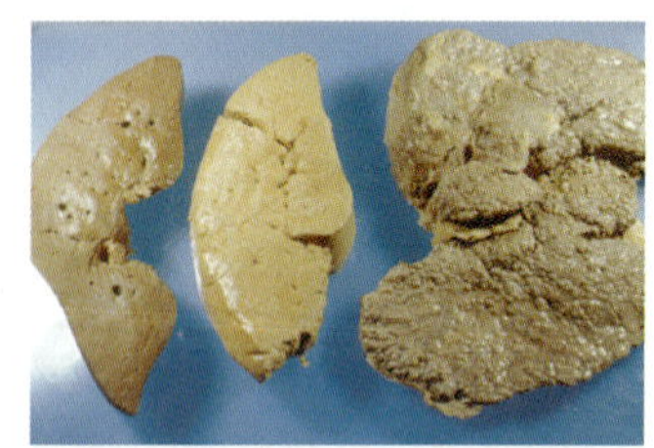
알코올 질환은 정상인 간(왼쪽)을 지방간(가운데), 그리고 궁극적으로는 간경변(오른쪽)으로 변하게 한다.

에탄올은 독성이 있다. 혈중 치사 농도는 0.4%로 추산된다. 에탄올의 효과는 행복감, 억제력상실, 혼미, 판단력 저하(만취)에 이어 전신 마취, 혼수 상태와 죽음에 이른다. 혈관을 확장하여 "홍조"를 띠게 하지만, 실제로는 신체의 온도를 떨어뜨린다. 적당한 양(맥주 두 캔에 해당하는 양)을 장기적으로 섭취하는 것은 해로운 것 같지는 않지만, 더 많은 양은 일반적으로 **알코올중독**(*alcoholism*)이라고 하는 다양한 육체적 및 심리적인 증상을 초래한다. 이러한 증상에는 환각, 정신운동상의 불안, 간질환, 치매, 위염과 중독증상 등이 있다.

흥미롭게도 급성 메탄올 중독이나 1,2-에테인다이올(에틸렌 글리콜) 중독의 경우 에탄올을 거의 독성을 일으킬 정도의 양을 사용한다. 이러한 치료는 더 독성이 강한 알코올의 대사를 막고, 이차 생성물이 축적되어 피해를 주는 농도에 이르기 전에 배설되도록 한다.

사람이 마시는 에탄올은 설탕이나 녹말(쌀, 감자, 옥수수, 밀, 꽃, 과일 등등. 24장)을 발효해서 만든다. 발효는 효소가 촉매로 작용하는 다단계 반응인데, 탄수화물이 에탄올과 이산화탄소로 변환된다.

$$\underset{\text{녹말}}{(C_6H_{10}O_5)_n} \xrightarrow{\text{효소}} \underset{\text{Glucose}}{C_6H_{12}O_6} \xrightarrow{\text{효소}} \underset{\text{Ethanol}}{2\ CH_3CH_2OH} + 2\ CO_2$$

이러한 "녹색" 원료로부터 에탄올의 생산(바이오에탄올)이 흥미의 대상으로 떠오르고 있는데, 왜냐하면 휘발유 첨가제("가소홀") 또는 대체제(8장 시작 부분 참조)로서의 잠재력이 있기 때문이다. 예를 들어, 세계에서 가장 큰 바이오연료 프로그램을 추진하고 있는 브라질에서는, 에탄올이 이 나라의 자동차 연료 수요의 30%를 담당하고 있다. 휘발유의 탄화수소 혼합물과 같이 많은 열량이 나오지는 않지만(표 3-7 참조), 에탄올은 보다 효율적이며, 깨끗하게 연소된다.

$$CH_3CH_2OH + 3\ O_2 \xrightarrow{\text{연소}} 2\ CO_2 + 3\ H_2O \quad -326.7\ \text{kcal mol}^{-1}$$

따라서 바이오연료를 경제적인 면으로 보면, 본질적으로 글루코스가 이산화 탄소와 물로 변환된다.

$$\underset{\text{Glucose}}{C_6H_{12}O_6} + 6\ O_2 \longrightarrow 6\ CO_2 + 6\ H_2O + \text{열 (자동차 주행 거리)}$$

이 과정은 지속가능한데 왜냐하면 녹색 식물이 태양빛을 사용하여, **광합성**(*photosynthesis*)이라 하는 역과정을 일으키는 까닭이다(화학 이야기 24-3).

$$6\ CO_2 + 6\ H_2O \xrightarrow[\text{광합성}]{\text{태양빛}} \underset{\text{Glucose}}{C_6H_{12}O_6} + 6\ O_2$$

따라서 우회적으로 보면 단순하게 태양빛으로 우리들의 자동차에 동력을 공급하는 아이디어가 된다. 그러나 실제로는 바이오연료로의 전환에는 문제가 없지 않은데, 주된 이유는 우리가 필요로 하는 연료의 양 때문이다. 예를 들어, 2006년에는 미국은 48억 갤런의 에탄올을 만들기 위해 옥수수 수확량의 20%를 사용하기로 했었다. 이것을 우리의 **하루** 소비량인 4억 갤런의 휘발유와 비교하면, 고려해야 하는 규모를 알 수 있을 것이다. 지구상의 광대한 농업 지역을 바이오연료 생산에 사용하는 경우에서 생길 수 있는 환경, 경제, 식량의 공급(따라서 가격)에 미치는 잠재적인 부정적 충격은 염려할 만하다. 보다 근본적인 수준에서 비평가들은 적어도 어떤 작물에 대해서는 재배, 수확, 발효, 바이오연료를 배급하는 전체 과정이, 생산하는 것보다 더 많은 에너지를 소비하는 점이 이러한 노력의 실현가능성에 치명적 타격을 가한다고 주장하고 있다.

알코올 음료로 쓰일 목적이 아닌 상업적인 알코올은 공업적으로 에텐을 수화하여 얻는다(8-4절). 이것은 향수, 니스, 도료의 용매 또는 앞서 반응식에서 보인 합성 중간체로 사용된다.

1,2-에테인다이올(1,2-*ethanediol*, 에틸렌 글리콜)은 에텐을 옥사사이클로프로페인으로 산화시킨 후, 이어서 가수분해하여 얻는데, 미국에서 연간 70억 파운드(350만 톤)를 넘는 양이 생산된다. 낮은 녹는점(−11.5°C), 높은 끓는점(198°C) 그리고 물에 완전하게 섞이므로 부동액으로 유용하게 쓰인다. 이것의 독성은 다른 간단한 알코올과 유사하다.

Ethylene glycol은 비행기의 얼음을 제거하는데 효과적이다.

$$\underset{\text{Ethene (Ethylene)}}{CH_2{=}CH_2} \xrightarrow{\text{산화}} \underset{\text{Oxacyclopropane (Ethylene oxide)}}{\text{(epoxide)}} \xrightarrow{H_2O} \underset{\text{1,2-Ethanediol (Ethylene glycol)}}{HOCH_2CH_2OH}$$

1,2,3-프로페인트라이올 (1,2,3-*propanetriol*, 글리세롤, 글리세린) $HOCH_2CHOHCH_2OH$는 점도가 높은 기름기의 물질인데, 수용성이며 비독성이다. 지방 조직의 주성분인 트라이글리세라이드를 알칼리로 가수분해해서 얻는다. 지방("지방산", 19장)으로부터 얻어지는 긴 알킬 사슬을 갖는 산의 소듐 또는 포타슘염은 비누로 판매된다.

$$\underset{\substack{\text{Triglyceride}\\(\text{지방})\\R = \text{긴 alkyl 사슬}}}{\begin{matrix}CH_2OCR(=O)\\|\\HCOCR(=O)\\|\\CH_2OCR(=O)\end{matrix}} \xrightarrow{H_2O,\ NaOH} \underset{\substack{\text{1,2,3-Propanetriol}\\\text{(Glycerol, glycerine)}}}{\begin{matrix}CH_2OH\\|\\HCOH\\|\\CH_2OH\end{matrix}} + \underset{\text{비누}}{RC(=O)O^-Na^+}$$

$$\begin{matrix}CH_2OH\\|\\HCOH\\|\\CH_2OH\end{matrix} + 3\,HONO_2 \longrightarrow \underset{\text{Nitroglycerine}}{\begin{matrix}CH_2ONO_2\\|\\HCONO_2\\|\\CH_2ONO_2\end{matrix}} + 3\,H_2O$$

1,2,3-프로페인트라이올의 인산 에스터(포스포글리세라이드, 20-4절)는 세포막의 주성분이다.

1,2,3-프로페인트라이올은 의약품 제조뿐만 아니라 로션 및 다른 화장품에 쓰인다. 질산과 반응하면 **나이트로글리세린** (*nitroglycerine*)이라는 삼질산 에스터를 생성하는데, 협심증, 특히 심장에 혈액이 충분하게 공급되지 않아서 생기는 가슴 통증을 치료하는데 사용된다. 이 약품은 혈관을 확장시키고, 혈류를 증가시킨다. 나이트로글리세린의 완전히 다른 사용처는 이것이 매우 강력한 폭발물이라는 데서 온다. 이 물질의 폭발물로의 능력은 충격에 의해 유도되며, 매우 발열적으로 기체 생성물로(N_2, CO_2, 수증기, O_2)의 분해가 일어나며, 몇 분의 1초 동안에 온도는 3000°C 이상으로 상승하며, 2000기압 정도 압력이 증가한다(화학 이야기 16-1 참조).

에톡시에테인 (*ethoxyethane*, 다이에틸 에터)은 한때는 일반적인 마취제로 사용되었다(이 장의 시작 부분 참조). 중추신경계 활동을 억제해서 무의식에 빠지게 된다. 호흡기의 자극과 극심한 멀미 같은 부작용 때문에 사용이 중단되었으며, 1-메톡시프로페인(메틸 프로필 에터, "네오틸")과 다른 화합물이 이러한 목적에 대신 사용되게 되었다. 에톡시에테인 및 다른 에터는 공기와 혼합되면 폭발한다.

옥사사이클로프로페인 (*oxacyclopropane*, 옥시레인, 산화 에틸렌)은 대량으로 사용되는 공업적인 화학적 중간체이며, 종자와 곡류의 훈증 소독제이다. 자연계에서는 옥사사이클로프로페인 유도체는 곤충의 변태를 조절하며(화학 이야기 12-1 참조), 방향족 탄화수소의 효소 촉매 산화 과정 동안에 생성되는데, 흔히 **발암성** (**carcinogenic**)이 큰 화합물이 된다(16-7절 참조).

양귀비에서 아편의 활성을 갖는 성분인 모르핀을 얻는다.

Morphine
(R = H)
Heroin
(R = CCH_3 with =O, i.e. R = $C(=O)CH_3$)

Tetrahydrocannabinol

알코올과 에터기를 갖고 있는 많은 **천연물**(*natural product*)에서 어떤 것은 매우 큰 생리적 활성을 보인다. 예를 들어, 모르핀은 강력한 진통제이다. 합성 아세트산 유도체인 헤로인은 많이 남용된 마약이다. 테트라하이드로카나비놀은 마리화나(*cannabis*)의 주된 활성 성분인데, 이 마약의 기분을 바꾸는 효과는 몇 천 년 동안 알려져 온 것이다. 암, 에이즈, 다발성 경화증 및 구역질, 통증 및 식욕 상실을 일으키는 다른 질병을 앓는 환자에게 안정을 주는 효과 때문에, 미국과 세계 각국에서 마리화나를 의약적 목적으로 합법화하자는 노력이 진행 중이다.

터키의 역도선수인 하릴 무툴루가 2004년 올림픽 경기의 56 kg 체급 경기에서 금메달을 따기 위해, 격렬하게 땀을 흘리며 잡아채는 동작을 하고 있다.

저분자량의 싸이올과 설파이드가 악취를 가진 것은 잘 알려져 있다. **에테인싸이올**(*ethanethiol*)은 공기 중에 5천만 배로 희석되어도 냄새로 알아낼 수 있다. 스컹크의 방어용 방출물의 주된 휘발성 성분은 3-메틸-1-뷰탄싸이올, 트랜스-2-뷰텐-1-싸이올 및 트랜스-2-뷰텐일 메틸 다이설파이드이다. 땀이 난 겨드랑이에서 발산되는 모두가 너무 잘 알고 있는, 사람의 체취(BO, body ordor)는 2004년도에 화장품 산업계에 있는 화학자에 의해 분석되었다. 주된 화학적 범인은 3-메틸-3-메틸싸이오-1-헥산올, 정확히 말해서 아주 불쾌함을 주는 *S*-거울상 이성질체이다. 25%의 다른 거울상이성질체와 같이 분비되는데, 이것은 신기하게도 과일 냄새를 갖는다.

화학 이야기 9-4

마늘과 황

파속(genus *Allium*)에 속하는 마늘, 양파, 부추, 산파, 골파, 설롯 등의 풍미 있는 성분으로 당신의 식사를 준비한다면 얼마나 요리가 즐겁겠는가! 모든 이러한 음식의 냄새는 같은 원소인 황에 근거한 것이다. 많은 경우 놀라운 일은 이 원하는 냄새를 내는 화합물은 사실은 원래의 식물에는 존재하지 않으며, "출발물"을 짓이기거나, 튀기거나, 또는 끓이는 과정에서 생합성된다는 것이다. 예를 들어, 마늘의 작은 쪽은 냄새가 없으며, 자르지 않은 양파는 냄새도 없고, 눈을 자극해 눈물이 나게 하지도 않는다.

마늘을 짓이기면 소위 **알리네이스**(*allinase*) 라고 하는 효소가 방출되고, 이것이 설폭사이드 전구체를 중간체인 설펜산(sulfenic acid)으로 변환한다. 이 산은 이어서 물을 잃어버리고 이합화해서 알리신과 같은 향료로 된다. 마늘은 이런 방법으로 여러 다른 화합물을 만들어내는데, 이들 화합물은 모두 설파

마늘의 성분 (O, NH₂, S, CO₂H) —알리네이스 효소→

Sulfenic acid —(−H_2O)→ Allicin (Flavorant)

이드 RSR', 설폭사이드 $R\overset{O}{\overset{\|}{S}}R'$ 또는 다이설파이드 $RSSR'$과 같은 작용기를 갖는다. 흥미롭게도 이런 화합물의 어떤 것은 의약으로서의 활성을 갖고 있다. 예를 들어, 알리신은 강력한 항박테리아제이다. 현대의 항생제가 나타나기 전에는 마늘 제제가 발진, 콜레라, 이질, 결핵의 치료에 사용되었다. 마늘과 같은 식물은 침범하는 유기체에 대항하여 화학전을 수행하는 무기로 이러한 화합물을 사용하는 것 같다. 중국에서는 위암 발생이 적은 원인이 마늘의 소비와 평행 관계가 있음이 지적되었다. 마늘은 일반 감기를 예방 및 치료하고, 혈소판 응집을 막고, 혈중 당 수준을 조절하는데 도움이 된다고 알려져 있다. 콜레스테롤 수준을 낮추어 준다는 것은 국립 보건원(National Institute of Health)이 지원한 2007년도 임상시험에서 반박되었다고 알려지고 있다.

마늘에 대해 알려진 가장 주목할 만한 "부정적인" 효과는 나쁜 입냄새인데, 이는 입 속에 남아 있는 소량의 마늘 때문이라고 생각하기 쉽지만, 실제는 혈액을 통해 폐로부터 나오는 것이다. 실제로 마늘을 섭취하면 소변 속에 3~4일 머물게 된다. 알리신은 피부를 통해 쉽게 흡수된다(이것은 다이메틸 설폭사이드의 성질과 비슷하다). 그러므로 마늘로 발을 문지르면 곧 입에서 마늘 맛을 느낄 수 있다는 주장이 있었는데, 이는 이 책의 저자 중 한 사람에 의해 확인되었다.

마늘, 부추, 양파의 냄새는 자를 때 방출되는 휘발성 황 화합물 때문이다.

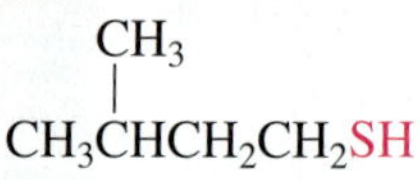

$CH_3CH(CH_3)CH_2CH_2SH$
3-Methyl-1-butanethiol

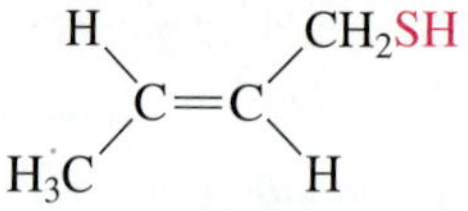

trans-2-Butene-1-thiol

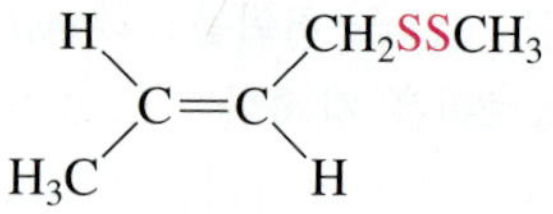

trans-2-Butenyl methyl disulfide

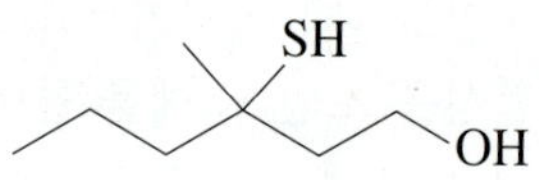

3-Methyl-3-methylthio-1-hexanol

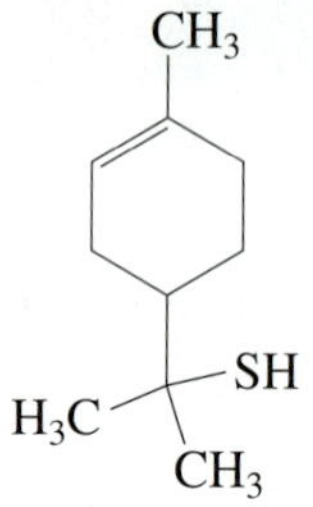

(R,S)-2-(4-Methyl-3-cyclohexenyl)-2-propanethiol

이상하게도 극히 묽은 농도가 되면 황 화합물은 되려 기분 좋은 냄새를 낸다. 예를 들어, 바로 잘라낸 양파와 마늘의 상쾌한 냄새는 저분자량의 싸이올과 설파이드에서 오는 것이다(화학 이야기 9-4). 다이메틸 설파이드는 홍차 냄새의 성분이다. 2-(4-메틸-3-사이클로헥세닐)-2-프로페인싸이올(왼쪽 여백 그림 참조)은 자몽의 독특한 맛을 내는 성분인데, ppb (10억분의 1, 1-in-10^9) 정도보다 낮은 농도로 존재한다. 더 낮은 10^{-4} ppb와 같이 낮은 농도에서도 맛을 느낄 수 있다. 다시 말하면, 1 mg을 천만 리터의 물에 녹인 경우에도 이 화합물이 존재하는 것을 알 수 있다.

많은 유용한 의약품은 분자 골격에 황을 포함하고 있다. 특히 잘 알려져 있는 것은 **설폰아마이드** (*sulfonamide*) 또는 **설파제** (*sulfa drug*) 로서, 강력한 항박테리아제이다(15-10절).

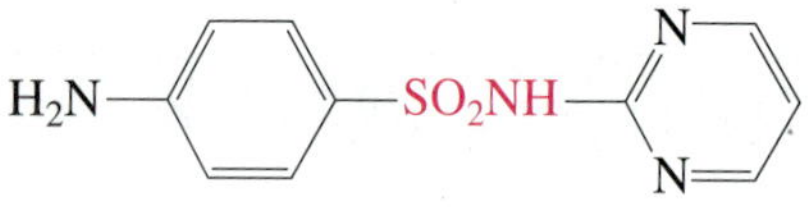

Sulfadiazine
(항박테리아제)

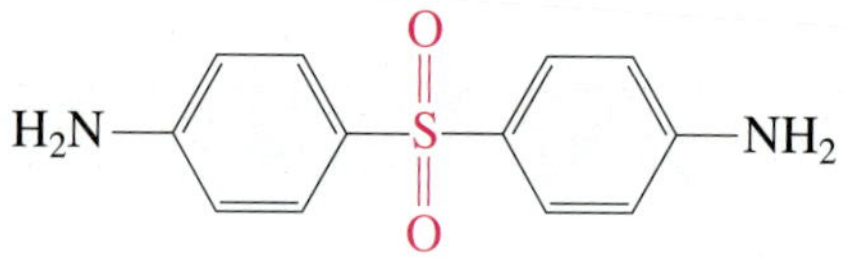

Diaminodiphenylsulfone
(한센병 치료제)

요약 알코올과 에테르는 화학적 원료 및 의약품의 다양한 용도로 쓰인다. 많은 유도체는 자연계에서 발견된다. 다른 것들은 쉽게 합성할 수 있다.

요점

이제 이 책의 두 번째 주된 작용기인 알코올에 대해 다루는 것을 마쳤다. 그러나 이것은 알코올에 대해 끝이라고 말하고자 하는 것은 아니다. 반대로 알코올은 앞으로의 모든 장에서 흔히 다른 새로운 작용기의 치환기와 관련해서 다시 나타나게 될 것이다.

이 장에서는 RX와 친핵기/염기와의 반응에서 볼 수 있는 마지막 복잡한 반응—탄소양이온 재배열반응에 대해 살펴보았다. 후에 골격 재배열도 다른 메커니즘에 의해 가능하다는 것을 보게 될 것이다. 그러나 산촉매 반응이 가장 중요하다.

다른 작용기를 가진 다양한 종류의 유기 화합물을 다루기 전에, 분자 구조를 규명하기 위해서 유기화학자가 사용하는 중요한 분석 기술을 살펴보고자 한다. 이제는 구조와 기능에 대한 기본에 대해 충분한 경험을 축적하였으므로, 구조상의 미묘한 차이가 분자의 전자적 환경에서의 현격한 변화를 이끌 수 있다는 것을 이해할 것이다. 분자가 다양한 형태의 전자기적 복사선과 상호작용을 하는 것을 분석해서 화학자는 분자 구조에 대한 많은 정보를 추론할 수 있다. 이것은 분광학이라는 기본적 분석 수단의 근거가 된다.

통합 문제

9-26. 알코올 A와 산성 methanethiol과 반응하여 설파이드 B가 만들어진다. 메커니즘을 설명하시오.

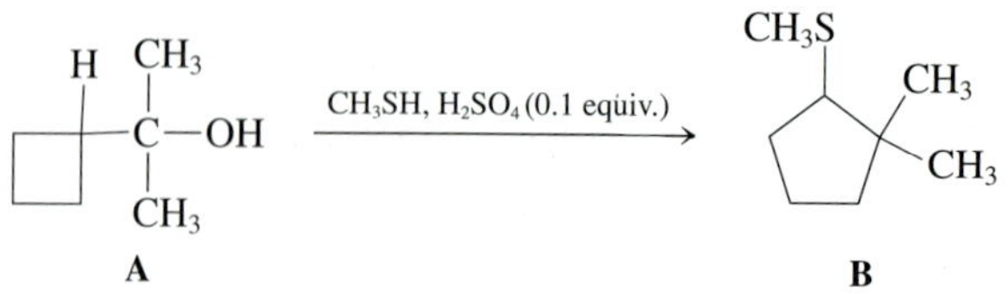

CH_3SH, H_2SO_4 (0.1 equiv.)

A B

풀이

이것은 합성 문제가 아닌 메커니즘 문제의 예이다. 달리 말하면 문제를 풀기 위해서 다단계 합성 과정에서와 같이 아무 시약이나 가해서는 안된다. 주어진 것만 갖고 문제를 풀어야 하는 것이다. 갖고 있는 정보를 정리해 보자.

1. (삼차) 알코올 작용기는 없어지고(이차) 싸이오에터 단위(CH_3SH로부터)가 도입되었다.

2. 사원자 고리가 cyclopentyl이 되었다.

3. A의 분자식 $C_7H_{14}O$가 화합물 B의 분자식 $C_8H_{16}S$로 되었다.

해당하는 작용기에 있는 알킬기에 초점을 맞추면 변화를 $C_7H_{13}—OH \rightarrow C_7H_{13}—SCH_3$로 적을 수 있다.

4. 반응 매질은 삼차 알코올이 존재할 때 촉매량의 산을 포함한다.

이러한 변환에서 어떤 결론을 내릴 수 있는가? 탄소양이온 재배열반응(9-3절)에서 변형이 걸린 cyclobutane 고리가 확대되어 치환된 cyclopentane으로 되는 것을 배웠다. 출발하는 탄소양이온은 양성자 첨가반응—물의 제거 과정(9-2절)에 의해 생성되어야 한다. A에 적용하면 재배열을 거친 양이온이 S_N1 과정을 통해 CH_3SH에 의해 붙잡혀서 생성물 B가 만들어져야만 한다.

이제 이러한 생각을 단계별로 정리해 보자.

단계 1. 하이드록시기가 양성자첨가되고, 다음 H_2O로 이탈된다.

H CH₃ / C—OH + H⁺ ⇌ C—OH₂⁺ ⇌ C⁺(CH₃)₂ + H₂O

A

단계 2. 삼차 탄소양이온은 알킬 이동에 의해 고리 확대가 일어난다(이동하는 탄소는 둥근 점으로 나타냈다).

단계 3. 새로운 탄소양이온은 CH_3SH의 상대적으로(물에 비해) 친핵성인 황에 의해 붙잡힌 후, 양성자를 잃어버리고 생성물 B가 된다(9-10절).

CH_3SH ⇌ $CH_3\overset{+}{S}H$ ⇌ CH_3S + H^+

시각적으로 이 과정에서 가장 어려운 단계는 단계 2이다. 왜냐하면 상당히 복잡한 위상학적인 변화가 일어나기 때문이다. 이동하는 탄소는 고리의 일부인 붙어 있는 사슬에 의해 "끌려"간다. 혼돈을 막는 좋은 방법은 분자에 단계 2에서 했던 것처럼 도식에 "작용 조각"을 붙여놓는 것이다. 또한 알킬(또는 H) 이동이 일어나는 "맨 뼈대"를 기억하라. 따라서 세 개의 중요한 원자만이 참여한다. 이동하는 기를 받아들이는 양이온 중심; 전하를 띠게 되는 이웃 탄소; 그리고 이동하는 원자이다. 탄소양이온 재배열의 기본 특징을 기억하는 단순한 도우미는 다음 슬로건이다: "전하와 이동 중심은 자리를 서로 바꾼다".

끝으로 재배열인 단계 2는 삼차 탄소양이온을 이차 탄소양이온으로 변환한다. 추진력은 사원자(26.3 kcal mol^{-1} 변형)에서 오원자 고리(6.5 kcal mol^{-1} 변형, 4-2절)로 변하면서 고리 변형이 해소되는 것이다. 이 문제에서는 메틸 이동에 의해 다른 생성물이 만들어질 수 있는 삼차 양이온으로 재배열반응이 더 일어나기 전에, 이차 탄소양이온이 싸이올의 매우 친핵성이 큰 황에 의해 붙잡힌다. 문제 36과 61에서 관련 메커니즘을 더 연습하게 될 것이다.

9-27. 거울상이성질체 A를 효과적으로 거울상이성질체 B로 변환하기 위한 합성 방법을 적으시오.

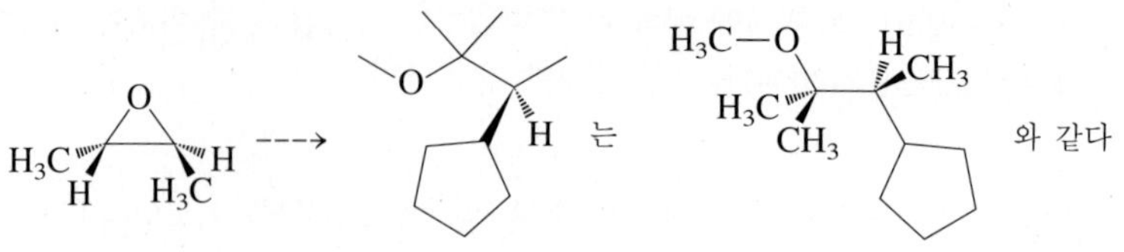

A ---> B 는 B′ 와 같다

풀이

이것은 메커니즘을 묻는 것이 아닌 합성 문제의 예이다. 다른 말로 하면 이 문제를 풀기 위해서는 시약을 사용하고, 조건을 명확히 하고, 출발물로부터 생성물을 얻기 위해 타당한 적합한 여러 단계를 사용할 필요가 있다. 이제 정보를 정리해 보자.

1. 변형이 있는 oxacyclopropane 고리가 또 다른 에테인 생성물에서는 열려 있다.
2. 분자식 A는 C_4H_8O인데, B는 $C_{11}H_{22}O$로 변환된다. 증가된 부분은 따라서 C_7H_{14}이다. 이 증가를 명백히 설명할 수 있는 부분은 cyclopentyl C_5H_9이 된다. 이 부분을 제거하면 C_2H_5가 남는다. 이 부분은 ethyl일 것으로 보인다. 그렇지만 A의 치환기(2 메틸)와 B의 치환기를 비교하면 여분의 두 개의 탄소는 두 개의 methyl기가 도입된 것으로 설명할 수 있다(cyclopentyl기가 도입된 것에 덧붙여서).
3. 출발물에서 두 개의 입체중심(둘 다 *S*)이 있고, 생성물에는 한 개(*S*)가 있다. *R*,*S*-명명법은 입체중심에 있는 치환기의 우선순위 변화와 관계가 있으므로, 절대 배열에서의 변화와는 일치하지 않을 수도 있다(5-3절). B에서의 나머지 입체중심을 A에 있는 것과 어떻게 연관시킬 수 있을까? 답을 얻기 위해 B를 B′과 같이 쓴다. 이 경우 사슬에 연결된 CH_3와 H를 A에서와 같이 쐐기 모양과 점선으로 나타내었으므로, 입체중심 주위의 입체화학적 배열의 관점에서 보다 명확해진다. A의 에터 산소는 입체 반전을 통해 cyclopentyl기로 대치되었다는 것을 알 수 있다.

이러한 분석에서 어떠한 힌트를 얻을 수 있는가? B의 입체중심은 사이클로펜틸 유기금속 시약을 사용한 친핵성 고리 열림 반응을 거쳐서 A로부터 만들 수 있다는 것이 명백하다.

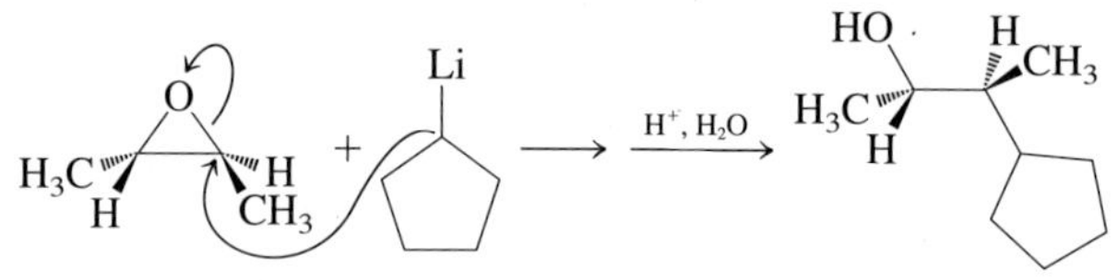

A + (cyclopentyl-Li) ⟶ $\xrightarrow{H^+, H_2O}$ C

그러나 이 결과로는 알코올 C를 얻게 될 것이고, 산소에 연결된 탄소에는 필요한 methyl기가 없다.

역합성적으로 생각해 보자. 역-Williamson 합성에 의한 절단으로 삼차 알코올 D가 생성된다. D에서 C를 어떻게 연관시킬 수 있을까? 답: 8-9절로 돌아가면 복잡한 구조의 알코올은 단순한 알코올로부터 유기금속 화합물을 카보닐 화합물에 첨가하는 과정을 통해 얻어질 수 있다는 것을 배웠다.

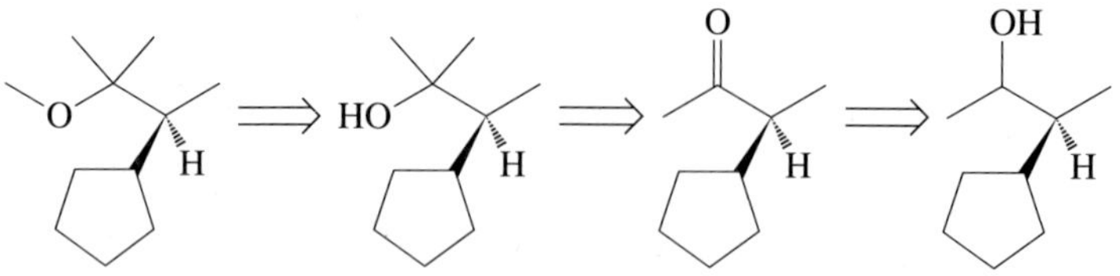

B ⟹ D ⟹ (ketone) + CH_3Li ⟹ C

그러므로 답은 다음과 같이 될 것으로 보인다.

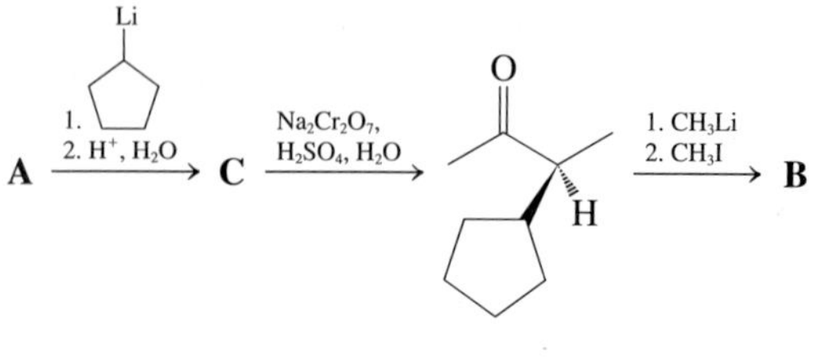

A $\xrightarrow{\text{1. cyclopentyl-Li, 2. } H^+, H_2O}$ C $\xrightarrow{Na_2Cr_2O_7, H_2SO_4, H_2O}$ (ketone) $\xrightarrow{\text{1. } CH_3Li \text{ 2. } CH_3I}$ B

문제 55는 유사한 합성 문제이다.

새로운 반응식

1. 알코올로부터 알콕사이드의 합성 (8-3절, 9-1절)

강염기의 사용

$$\mathrm{ROH} \xrightleftharpoons{\text{강염기}} \mathrm{RO^-}$$

강염기의 예: $Li^{+}\,{}^{-}N[CH(CH_3)_2]_2$; $CH_3CH_2CH_2CH_2Li$; K^+H^-

알칼리 금속의 사용

$$\mathrm{ROH + M \longrightarrow RO^-M^+ + \tfrac{1}{2}H_2}$$

M = Li, Na, K

알코올로부터 할로알케인의 합성

2. 수소 할로젠화물의 사용 (8-3절, 9-2절, 9-3절)

일차 $\mathrm{ROH \xrightarrow{Conc.\ HX} RX}$
X = Br 또는 I (S_N2 메커니즘)

이차 또는 삼차 $\mathrm{ROH \xrightarrow{Conc.\ HX} RX}$
X = Cl, Br, 또는 I (S_N2 메커니즘)

3. 인 시약의 사용 (9-4절)

$$\mathrm{3\,ROH + PBr_3 \longrightarrow 3\,RBr + H_3PO_3}$$
$$\mathrm{6\,ROH + 2\,P + 3\,I_2 \longrightarrow 6\,RI + 2\,H_3PO_3}$$

일차 또 이차 ROH와 S_N2 메커니즘
HX와 반응하는 것보다 탄소양이온 재배열반응의 가능성이 적다.

4. 황 시약의 사용 (9-4절)

$$\mathrm{ROH + SOCl_2 \xrightarrow{N(CH_2CH_3)_3} RCl + SO_2 + (CH_3CH_2)_3\overset{+}{N}H\,Cl^-}$$

$$\mathrm{ROH + R'SO_2Cl \longrightarrow \underset{\text{Alkyl sulfonate}}{ROSO_2R'} \xrightarrow{Nu^-,\ DMSO} RNu + R'SO_3^-}$$

알코올의 탄소양이온 재배열반응

5. 알킬기 또는 수소음이온 이동에 의한 탄소양이온 재배열 (9-3절)

$$\mathrm{-\underset{|}{\overset{(R)H}{\overset{|}{C}}}-\underset{H}{\overset{OH}{C}}- \xrightarrow[-H_2O]{H^+} -\overset{(R)H}{C}-\overset{+}{C}\!<_H \longrightarrow >\overset{+}{C}-\underset{H}{\overset{H(R)}{C}}-}$$

$-H^+$ / E1: $\mathrm{>C{=}C<^{H(R)}}$

S_N1 / Nu^-: $\mathrm{-\overset{Nu}{C}-\underset{H}{\overset{H(R)}{C}}-}$

6. 일차 알코올로부터의 협동 과정인 알킬 이동 (9-3절)

$$\mathrm{R-\underset{R''}{\overset{R'}{C}}-CH_2OH \xrightarrow{H^+} R-\underset{R''}{\overset{R'}{C}}-CH_2-\overset{+}{O}H_2 \xrightarrow{-H_2O} \overset{R}{\underset{R''}{>}}\overset{+}{C}-CH_2R' \longrightarrow etc.}$$

알코올의 제거반응

7. 강한 친핵성 산을 사용한 탈수 반응 (9-2, 9-3, 9-7, 11-5절)

$$-\overset{H}{\underset{|}{\overset{|}{C}}}-\overset{OH}{\underset{|}{\overset{|}{C}}}- \xrightarrow{H_2SO_4,\ 가열} \;>C=C<\; + H_2O$$

탄소양이온 재배열반응이 일어날 수 있다.

요구되는 온도
일차 ROH: 170° ~ 180°C(E2 메커니즘)
이차 ROH: 100° ~ 140°C(보통 E1)
삼차 ROH: 25° ~ 80°C(E1 메커니즘)

에테르의 합성

8. Williamson 합성 (9-6절)

$$ROH \xrightarrow{NaH,\ DMSO} RO^- Na^+ \xrightarrow[S_N2]{R'X,\ DMSO} ROR'$$

R′은 메틸 또는 일차 알킬
ROH는 일차 또는 이차(R′ = 메틸이 아닌 이상, 삼차 알콕사이드는 보통 E2 생성물을 만든다.)
분자내 반응에서 고리 에테르를 만드는 용이도: $k_3 \geq k_5 > k_6 > k_4 \geq k_7 > k_8$ (k_n = 반응 속도, n = 고리 크기)

9. 무기산을 이용하는 방법 (9-7절)

일차 알코올:

$$RCH_2OH \xrightarrow{H^+,\ 낮은\ 온도} RCH_2\overset{+}{O}H_2 \xrightarrow[-H_2O]{RCH_2OH,\ 130°\sim140°C} RCH_2OCH_2R$$

이차 알코올

$$\underset{RCHR}{\overset{OH}{|}} \xrightarrow[-H_2O]{H^+} R_2CH-O-CHR_2 + \text{E1 생성물}$$

삼차 알코올

$$R_3COH + R'OH \xrightarrow[S_N1,\ -H_2O]{NaHSO_4,\ H_2O} R_3C-OR' + \text{E1 생성물}$$

R′ = (주로) 일차

에테르의 반응

10. 수소 할로젠화물에 의한 분해 (9-8절)

$$ROR \xrightarrow{Conc.\ HX} RX + ROH \xrightarrow{Conc.\ HX} 2\,RX$$

X = Br 또는 I
일차 R: S_N2 메커니즘
이차 R: S_N1 또는 S_N2 메커니즘
삼차 R: S_N1 메커니즘

11. 옥사사이클로프로페인의 친핵성 열림 (9-9, 25-2절)

음이온성 친핵체:

$$\text{(옥사사이클로프로페인, } CR_2 \text{ 탄소)} + Nu^- \longrightarrow \xrightarrow{H^+,\ H_2O} NuCH_2\overset{OH}{\overset{|}{C}}R_2$$

Nu^-의 예: HO^-, RO^-, RS^-

산촉매 열림 반응:

$$\text{(양성자화된 옥사사이클로프로페인, } CR_2 \text{ 탄소)} + Nu \longrightarrow HOCH_2\overset{Nu}{\overset{|}{C}}R_2$$

Nu의 예: H_2O, ROH, 할로젠화물

12. 수소화 알루미늄 리튬에 의한 옥사사이클로프로페인의 친핵성 열림 (9-9절)

$$H_2C\overset{O}{—}CH_2 \xrightarrow[\text{2. }H^+,\ H_2O]{\text{1. }LiAlH_4,\ (CH_3CH_2)_2O} CH_3CH_2OH$$

13. 유기금속 화합물에 의한 옥사사이클로프로페인의 친핵성 열림

$$RLi \text{ 또는 } RMgX + H_2C\overset{O}{—}CH_2 \xrightarrow{THF} \xrightarrow{H^+,\ H_2O} RCH_2CH_2OH$$

황 화합물

14. 싸이올과 설파이드의 제법 (9-10절)

$$\underset{}{RX} + \underset{\text{과량}}{HS^-} \longrightarrow \underset{\text{싸이올}}{RSH}$$

$$RSH + R'X \xrightarrow{\text{염기}} \underset{\text{알킬 설파이드}}{RSR'}$$

15. 싸이올의 산도 (9-10절)

$$RSH + HO^- \rightleftharpoons RS^- + H_2O \qquad pK_a(RSH) = 9\sim12$$

RSH의 산도 > H_2O ~ ROH

16. 설파이드의 친핵성 (9-10절)

$$R_2\ddot{S} + R'X \longrightarrow \underset{\text{설포늄염}}{R_2\overset{+}{S}R'\ X^-}$$

17. 싸이올의 산화 (9-10절)

$$RSH \xrightarrow{KMnO_4 \text{ 또는 } H_2O_2} \underset{\text{Alkanesulfonic acid}}{RSO_3H} \qquad RSH \underset{NaBH_4}{\overset{I_2}{\rightleftharpoons}} \underset{\text{Dialkyl disulfide}}{RS—SR}$$

18. 설파이드의 산화 (9-10절)

$$R\ddot{S}R' \xrightarrow{H_2O_2} \underset{\text{Dialkyl sulfoxide}}{R\overset{O}{\overset{\|}{S}}R'} \xrightarrow{H_2O_2} \underset{\text{Dialkyl sulfone}}{R\overset{O}{\overset{\|}{S}}R' \ (\text{S}=O)}$$

중요한 개념

1. 알칼리 금속과 반응하여 **알콕사이드**와 수소를 만드는 ROH의 반응성의 크기는 다음의 순서를 따른다. R = CH_3 > 일차 알킬 > 이차 알킬 > 삼차 알킬

2. 산과 친핵성 상대이온이 존재할 때, 일차 알코올은 S_N2 반응을 한다. 이차 및 삼차 알코올은 산 존재 시 **탄소양이온**을 만드는 경향이 있으며, **재배열반응**이 일어나기 전후에 **E1**과 **S_N1** 생성물을 만든다.

3. **탄소양이온 재배열반응**은 **수소음이온 이동**과 **알킬**기 **이동**에 의해 일어난다. 보통 이차 탄소양이온의 상호 변환이나 또는 이차로부터 삼차 탄소양이온으로의 변환이 일어난다. 일차 **알킬옥소늄** 이온은 물의 제거와 동시에 일어나는 수소음이온 이동 또는 알킬 이동으로 이루어지는 협동 반응 과정인 재배열반응이 일어나서, 이차 또는 삼차 탄소양이온으로 될 수 있다.

4. 일차 또는 이차 할로알케인은 **무기 에스터**를 사용하면 재배열반응이 일어나는 위험이 적은 조건에서 만들 수 있다.

5. 에터는 **Williamson 에터 합성**을 이용하거나 알코올과 강한 비친핵성 산을 반응하여 얻는다. 첫 번째 방법은 S_N2 반응성이 높을 때 가장 좋다. 후자의 경우에는 온도가 높을 경우 제거(탈수)반응이 경쟁 과정이 된다.

6. **크라운 에터**와 **크립탠드**는 **이온운반체**의 예인데, 이온운반체는 폴리에터로서 금속 이온 주위에 배위하고, 따라서 금속을 소수성 매체에 녹아들어 가게 한다.

7. 음이온에 의한 **옥사사이클로프로페인의 친핵성 고리 열림**은 S_N2 반응의 규칙에 따라 덜 치환된 고리 탄소에서 일어나는 반면, 산촉매에 의한 열림은 친핵성 공격의 전하 조절 때문에 치환이 더 많이 된 탄소에서 일어나는 것이 유리하다.

8. 황은 산소보다 더 확장된 오비탈을 가진다. **싸이올**에서 S—H 결합은 알코올의 O—H 결합보다 극성이 낮아 **수소 결합이 적다**. S—H 결합은 O—H 결합보다 약하므로, 싸이올의 **산도**는 알코올의 산도보다 **크다**.

9. **색 사용에 있어서의 주의점**: 6장부터 시작해서 본문의 주된 부분에서 메커니즘 및 새로운 변환을 나타낼 때 반응 화학종은 색을 사용하여, **친핵체**는 **붉은색**, **친전자체**는 **푸른색**, **이탈기**는 **초록색**으로 구별하고 있다. 이러한 색에 의한 구별은 연습 문제, 새로운 반응의 요약, 장 말미의 문제에 대해서는 사용하지 않았다.

문제

28. 다음 반응식의 어느 쪽으로(왼쪽 또는 오른쪽) 평형이 놓여 있을 것으로 예상하는가?

(a) $(CH_3)_3COH + K^{+-}OH \rightleftharpoons (CH_3)_3CO^-K^+ + H_2O$

(b) $CH_3OH + NH_3 \rightleftharpoons CH_3O^- + NH_4^+$ ($pK_a = 9.2$)

(c) 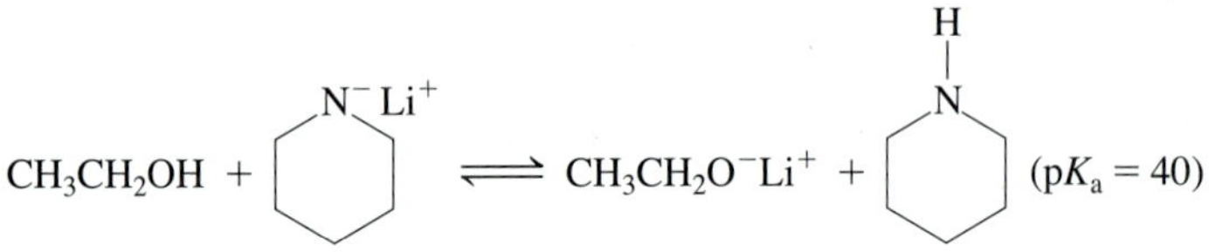 CH_3CH_2OH + (리튬 피페리다이드, N^-Li^+) $\rightleftharpoons CH_3CH_2O^-Li^+$ + (피페리딘, N—H) ($pK_a = 40$)

(d) $NH_3(pK_a = 35) + Na^+H^- \rightleftharpoons Na^{+-}NH_2 + H_2\ (pK_a \sim 38)$

29. 다음 각 반응에 대해 예상하는 주생성물을 적으시오.

(a) $CH_3CH_2CH_2OH \xrightarrow{\text{Conc. HI}}$

(b) $(CH_3)_2CHCH_2CH_2OH \xrightarrow{\text{Conc. HBr}}$

(c) 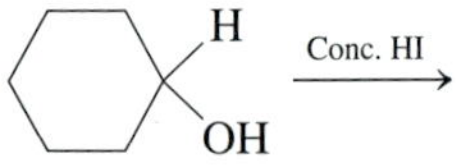 (사이클로헥산올: H, OH) $\xrightarrow{\text{Conc. HI}}$

(d) $(CH_3CH_2)_3COH \xrightarrow{\text{Conc. HCl}}$

30. 문제 29의 각 반응에 대해서 단계별로 메커니즘을 적으시오.

31. 다음의 각 알코올에 대해 강산에 의해 양성자첨가반응이 일어났을 때 생성되는 알킬옥소늄 이온의 구조를 적으시오. 만일 알킬옥소늄 이온에서 물이 쉽게 제거된다면, 결과로 생성되는 탄소양이온의 구조를 적으시오. 만일 얻어진 탄소양이온 재배열반응이 쉽게 일어난다면, 생성될 타당한 새로운 모든 탄소양이온의 구조를 적으시오.

(a) $CH_3CH_2CH_2OH$

(b) $CH_3CH(OH)CH_3$

(c) $CH_3CH_2CH_2CH_2OH$

(d) $(CH_3)_2CHCH_2OH$

(e) $(CH_3)_2CCH_2CH_2OH$

(f) 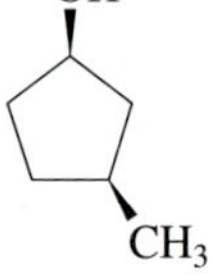 (OH, CH_3 치환 사이클로펜테인)

(g) 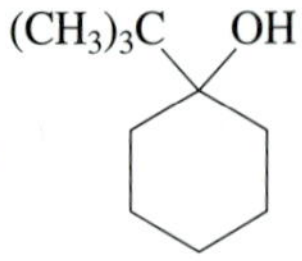 ($(CH_3)_3C$, OH 치환 사이클로헥세인)

(h) 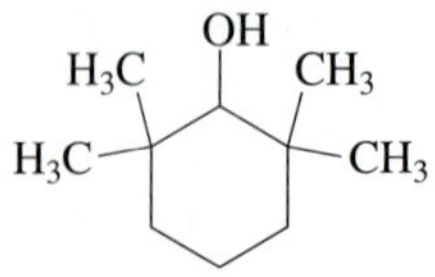 (OH, H_3C, CH_3, H_3C, CH_3 치환 사이클로헥세인)

32. 제거반응의 조건하에서 진한 H_2SO_4과 문제 31의 각 알코올의 반응에서 생성되는 모든 생성물을 적으시오.

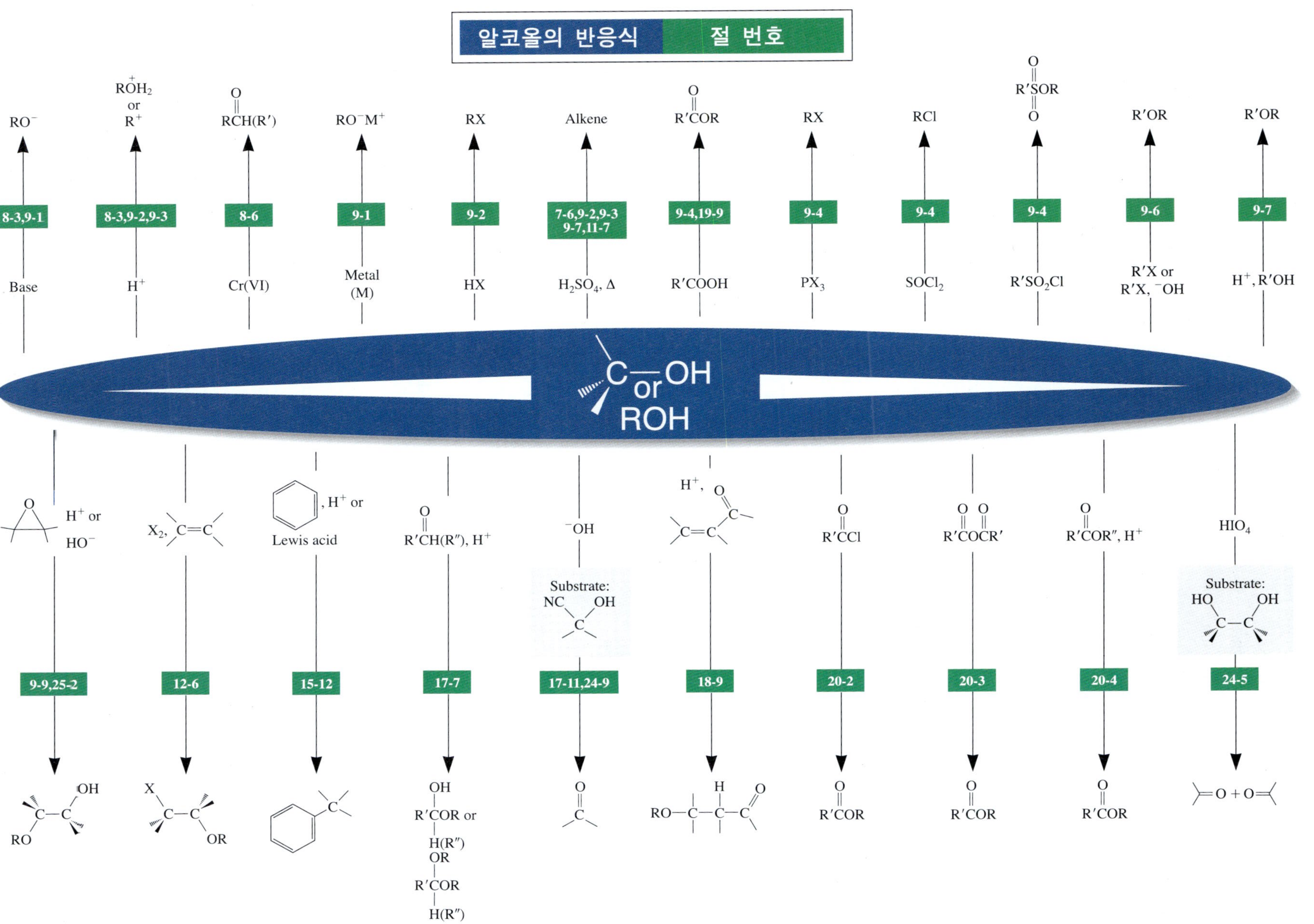

알코올의 반응식
절 번호
C—OH or ROH
RO⁻
8-3,9-1
Base
ROH₂⁺ or R⁺
8-3,9-2,9-3
H⁺
RCH(R')
8-6
Cr(VI)
RO⁻M⁺
9-1
Metal (M)
RX
9-2
HX
Alkene
7-6,9-2,9-3 9-7,11-7
H₂SO₄, Δ
R'COR
9-4,19-9
R'COOH
RX
9-4
PX₃
RCl
9-4
SOCl₂
R'SOR
9-4
R'SO₂Cl
R'OR
9-6
R'X or R'X, ⁻OH
R'OR
9-7
H⁺, R'OH
H⁺ or HO⁻
9-9,25-2
RO
OH
X₂,
12-6
X
OR
, H⁺ or Lewis acid
15-12
R'CH(R''), H⁺
17-7
OH
R'COR or
H(R'')
OR
R'COR
H(R'')
⁻OH
Substrate:
NC
OH
17-11,24-9
H⁺,
18-9
RO
H
R'CCl
20-2
R'COR
R'COCR'
20-3
R'COR
R'COR'', H⁺
20-4
R'COR
HIO₄
Substrate:
HO
OH
24-5

33. 진한 HBr 수용액과 문제 31의 각 알코올과의 반응으로 생성되는 모든 타당한 생성물을 적으시오.

34. 3-Methyl-2-pentanol과 다음의 각 시약과의 반응에 대해 자세한 메커니즘과 최종 생성물을 적으시오.

(a) NaH **(b)** 진한 HBr

(c) PBr_3 **(d)** $SOCl_2$

(e) 130°C에서 진한 H_2SO_4 **(f)** $(CH_3)_3COH$에 묽은 H_2SO_4

35. 일차 알코올은 흔히 H_2SO_4에 녹인 NaBr과의 반응에 의해 브로민화물로 변환된다. 이러한 변환이 어떻게 일어나는지와 왜 진한 HBr 수용액을 사용하는 것보다 우수한 방법으로 생각되는지 설명하시오.

$$CH_3CH_2CH_2CH_2OH \xrightarrow{NaBr,\ H_2SO_4} CH_3CH_2CH_2CH_2Br$$

36. 다음 각 반응에서 만들어질 것이라 생각되는 생성물은?

(a) 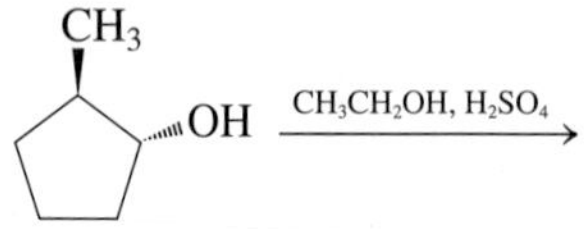 CH_3, OH (cyclopentane) $\xrightarrow{CH_3CH_2OH,\ H_2SO_4}$

(b) 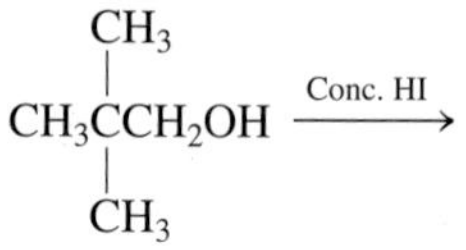 $CH_3\overset{CH_3}{\underset{CH_3}{C}}CH_2OH \xrightarrow{\text{Conc. HI}}$

(c) CH_2OH (cyclohexane) $\xrightarrow{\text{Conc. } H_2SO_4,\ 180°C}$

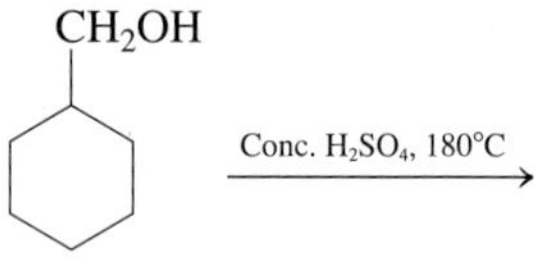

(d) 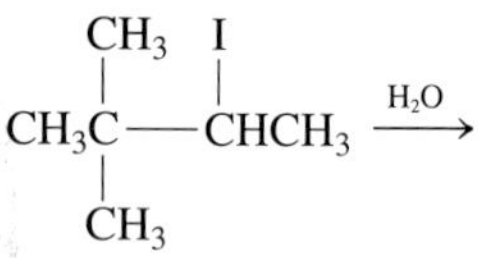 $CH_3\overset{CH_3}{\underset{CH_3}{C}}-\overset{I}{C}HCH_3 \xrightarrow{H_2O}$

37. 문제 31의 각각의 알코올과 PBr_3와 반응에서 생성될 것이라 예상하는 주생성물을 적으시오. 문제 33의 결과와 비교하시오.

38. 다음 각각의 시약과 1-pentanol의 반응에서 예상하는 생성물을 적으시오.

(a) $K^{+\,-}OC(CH_3)_3$ **(b)** 소듐 금속 **(c)** CH_3Li

(d) 진한 HI **(e)** 진한 HCl **(f)** FSO_3H

(g) 130°C에서 진한 H_2SO_4 **(h)** 180°C에서 진한 H_2SO_4 **(i)** CH_3SO_2Cl, $(CH_3CH_2)_3N$

(j) PBr_3 **(k)** $SOCl_2$ **(i)** $K_2Cr_2O_7 + H_2SO_4 + H_2O$

(m) PCC, CH_2Cl_2 **(n)** $(CH_3)_3COH + H_2SO_4$ (촉매에서)

39. *trans*-3-Methylcyclopentanol과 문제 38의 각 시약과 반응에서 예상되는 생성물을 적으시오.

40. 해당하는 알코올로부터 다음의 할로알케인을 만드는 좋은 합성 방법을 제안하시오.

(a) $CH_3CH_2CH_2Cl$ **(b)** 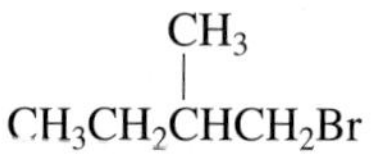 $CH_3CH_2\overset{CH_3}{C}HCH_2Br$ **(c)** H_3C, Cl (cyclopentane) **(d)**  $CH_3\overset{I}{C}HCH(CH_3)_2$

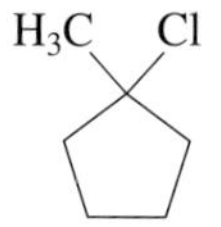

41. 다음 분자의 IUPAC 규칙에 따른 이름을 적으시오.

(a) $(CH_3)_2CHOCH_2CH_3$ **(b)** $CH_3OCH_2CH_2OH$ **(c)** 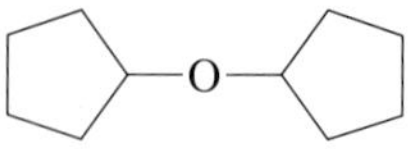 (cyclopentyl)–O–(cyclopentyl)

(d) $(ClCH_2CH_2)_2O$ **(e)** 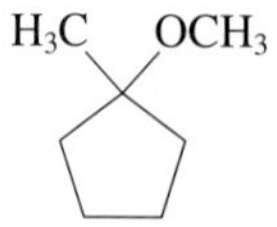 H_3C, OCH_3 (cyclopentane) **(f)** 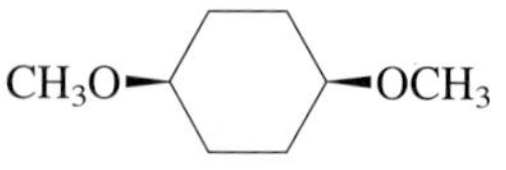 CH_3O–(cyclohexane)–OCH_3 **(g)** CH_3OCH_2Cl

42. 에터의 끓는점이 이성질체인 알코올의 끓는점보다 낮은 이유를 설명하시오. 상대적인 물에 대한 용해도도 유사한 차이가 있을 것으로 예측하는가?

43. 다음 각각의 에터를 합성하는 가장 좋은 방법을 제안하시오. 알코올과 할로알케인 또는 둘 다를 출발물로 사용하라.

(a) 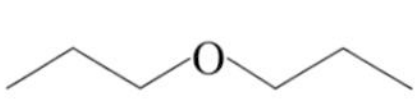 O **(b)** 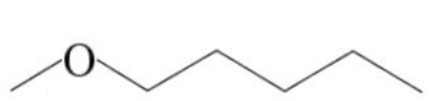 O **(c)** 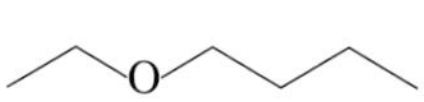 O

(d) 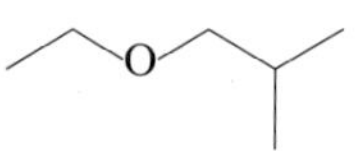 O **(e)** 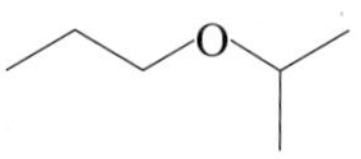 O **(f)** 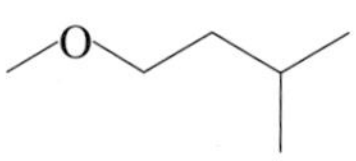 O

44. 다음 방법으로 에터 합성을 시도하였을 때 예상되는 생성물을 적으시오.

(a) $CH_3CH_2CH_2Cl + CH_3CH_2CH(O^-)CH_2CH_3 \xrightarrow{DMSO}$ (b) $CH_3CH_2CH_2O^- + CH_3CH_2CH(Cl)CH_2CH_3 \xrightarrow{HMPA}$

(c) 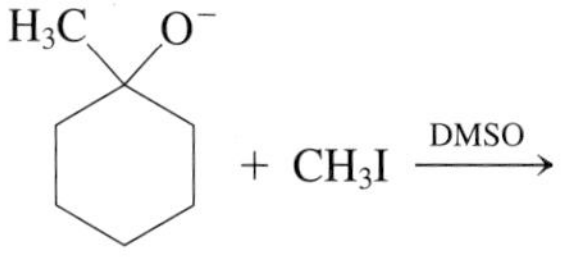 1-methylcyclohexanolate (H_3C, O^-) $+ CH_3I \xrightarrow{DMSO}$ (d) $(CH_3)_2CHO^- + (CH_3)_2CHCH_2CH_2Br \xrightarrow{(CH_3)_2CHOH}$

(e) 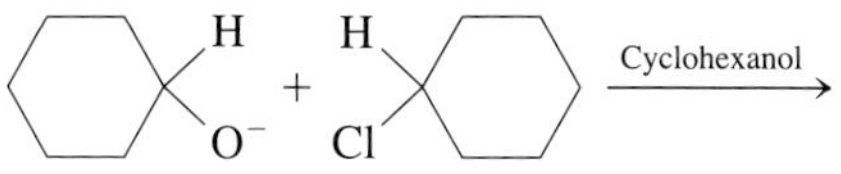 cyclohexanolate (H, O^-) + chlorocyclohexane (H, Cl) $\xrightarrow{Cyclohexanol}$ (f) 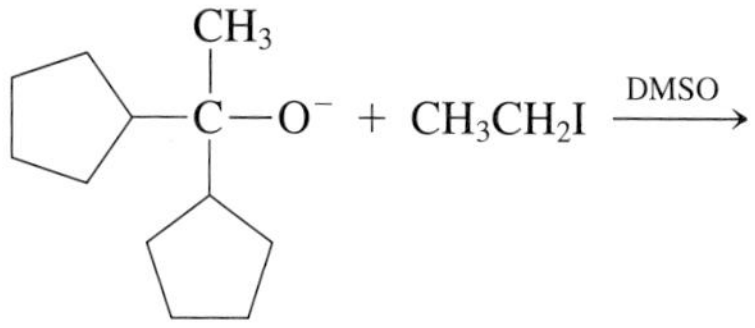 dicyclopentyl(CH_3)$C-O^- + CH_3CH_2I \xrightarrow{DMSO}$

45. 문제 44의 각 반응에 대하여 자세한 단계별 메커니즘을 적으시오.

46. 문제 44에 제안된 각 합성은 좋은 수득률로 에터 화합물을 생성할 것으로 생각되지 않는다. 적당한 알코올이나 할로알케인으로 시작해서 좋은 결과를 줄 것이라고 생각되는 다른 합성 방법을 제시하시오(**힌트**: 7장의 문제 25 참조).

47. **(a)** *trans*-2-Bromocyclooctanol(오른쪽 여백 그림 참조)과 NaOH와의 반응의 생성물은?
(b) 이 반응의 전이 상태의 엔트로피의 효과를 그림 9-6과 연습 문제 9-14에서 나타낸 반응에서의 효과와 비교하시오.

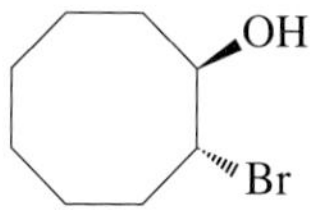

(OH, Br)
trans-2-Bromocyclooctanol

48. 할로알케인과 알코올을 출발물로 사용하여 다음 각 에터를 합성하는 효과적인 방법을 제시하시오.

(a) $CH_3CH_2CH(CH_3)OCH_2CH_3$ (b) 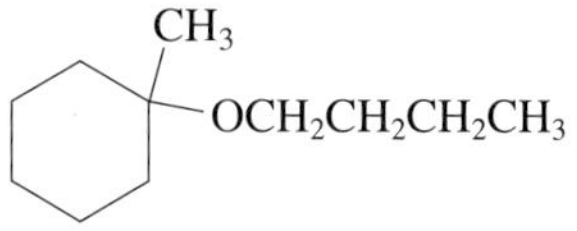 1-methylcyclohexyl (CH_3) $-OCH_2CH_2CH_2CH_3$ (c) 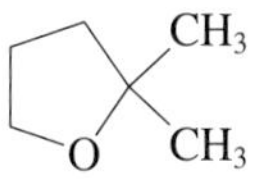 2,2-dimethyloxacyclopentane (CH_3, CH_3, O) (d) 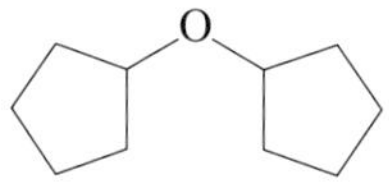 dicyclopentyl ether (O)

49. 다음 각 반응의 주생성물을 적으시오.

(a) $CH_3CH_2OCH_2CH_2CH_3 \xrightarrow{\text{과량의 진한 HI}}$ (b) $CH_3OCH(CH_3)_2 \xrightarrow{\text{과량의 진한 HBr}}$

(c) $CH_3OCH_2CH_2OCH_3 \xrightarrow{\text{과량의 진한 HI}}$ (d) 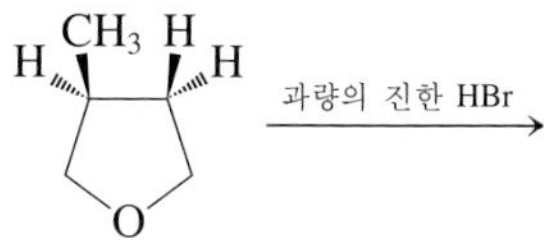 (CH_3, H, H, H; O) $\xrightarrow{\text{과량의 진한 HBr}}$

(e) 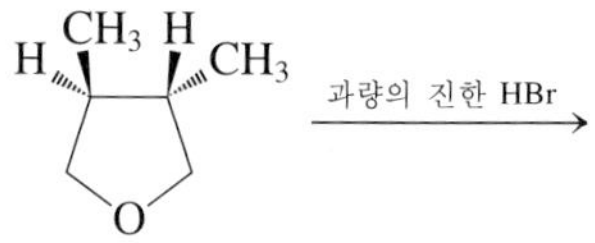 (CH_3, H, H, CH_3; O) $\xrightarrow{\text{과량의 진한 HBr}}$ (f) 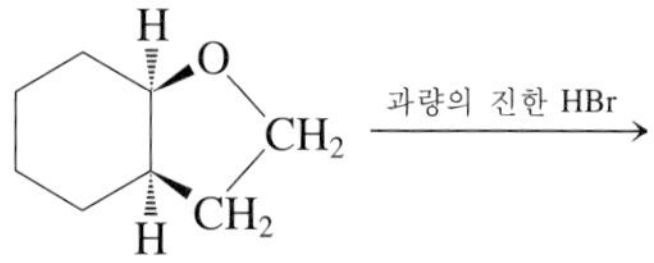 (H, O, CH_2, H, CH_2) $\xrightarrow{\text{과량의 진한 HBr}}$

50. 2,2-Dimethyloxacyclopropane과 다음 각 시약과의 반응에서 예상되는 주생성물을 적으시오.

(a) CH_3OH 안에 묽은 H_2SO_4 **(b)** CH_3OH 안에 $Na^{+-}OCH_3$
(c) 묽은, 수용액 HBr **(d)** 진한 HBr
(e) CH_3MgI, then H^+, H_2O **(f)** C_6H_5Li, then H^+, H_2O

51. Cyclohexaneone, (cyclohexane)=O과 3-bromopropanol로부터 시작해서 (cyclohexane with $CH_2CH_2CH_2OH$, OH)의 합성을 제안하시오[**힌트**: 이 합성 계획을 세울 때 함정에 주의할 것(8-9절 참조)].

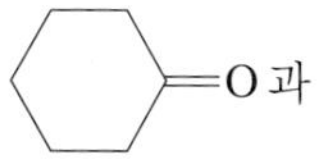

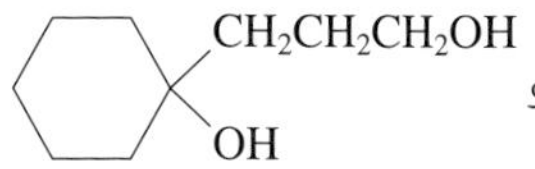

52. Tertiary butyl ether의 절단을 위해서는 수용액 산을 사용해야 한다(7장, 문제 57 및 9-8절 참조). 왜 강염기는(oxacyclopropane을 제외한) 에터를 절단하지 않는가?

53. 아래에 보인 각 구조에 대해 IUPAC 이름을 적으시오.

(a) O (b) O (c) CH_3O O CH_2Cl

(d) O —OH (e) O (f) O O

54. 다음 각 반응의 주생성물을 적으시오(**힌트**: 변형이 걸린 oxacyclobutane은 oxacyclopropane과 같이 반응한다).

(a) O $\xrightarrow{Na^{+-}NH_2,\ NH_3}$ (b) H O CH_3 $\xrightarrow{Na^{+-}SCH_2CH_3,\ CH_3CH_2OH}$

(c) O $\xrightarrow{\text{과량의 진한 HBr}}$ (d) O CH_3 CH_3 $\xrightarrow{CH_3OH\text{에서 묽은 HCl}}$

(e) O CH_3 CH_3 $\xrightarrow{CH_3OH\text{ 안에 }Na^{+-}OCH_3}$ (f) O CH_3 CH_3 $\xrightarrow[2.\ H^+,\ H_2O]{1.\ LiAlD_4,\ (CH_3CH_2)_2O}$

(g) O CH_3 CH_3 $\xrightarrow[2.\ H^+,\ H_2O]{1.\ (CH_3)_2CHMgCl,\ (CH_3CH_2)_2O}$ (h) O $\xrightarrow[2.\ H^+,\ H_2O]{1.\ \text{(cyclopentyl)}-Li,\ (CH_3CH_2)_2O}$

55. (가능하면) oxacyclopropane에서 출발하여 8장의 문제 51의 각 알코올을 얻는 합성 경로를 적으시오.

56. 아래에 보인 각 반응에서 예상하는 주생성물을 적으시오. 입체화학을 고려하라.

(a) H O CH_3 CH_3 H $\xrightarrow{CH_3CH_2OH\text{ 안에 묽은 }H_2SO_4}$ (b) H O CH_3 CH_3 H $\xrightarrow[2.\ H^+,\ H_2O]{1.\ LiAlD_4,\ (CH_3CH_2)_2O}$

57. IUPAC 명명법에 따라 다음 각 화합물의 이름을 적으시오.

(a) ▷—CH_2SH (b) $CH_3CH_2CH(CH_3)SCH_3$ (c) $CH_3CH_2CH_2SO_3H$ (d) CF_3SO_2Cl

58. 다음 화합물 쌍에 대해서 어떠한 것이 더 강한 산이고 어떠한 것이 더 강한 염기인지 지적하시오.
(a) CH_3SH, CH_3OH, (b) HS^-, HO^-, (c) H_3S^+, H_2S

59. 다음 각 반응에 대해 타당한 생성물을 적으시오.

(a) $ClCH_2CH_2CH_2CH_2Cl \xrightarrow{1\text{당량의 }Na_2S}$ (b) Br CH_3 $\xrightarrow{KSH}$ (c) H O H $\xrightarrow{KSH}$

(d) $CH_3CH_2C(CH_2CH_3)_2Br \xrightarrow{CH_3SH}$ (e) $CH_3CH(SH)CH_3 \xrightarrow{I_2}$ (f) O S $\xrightarrow{\text{과량의 }H_2O_2}$

60. 다음 도식에서 주어진 정보를 이용하여 화합물 A, B, C의 구조를 밝히시오(**힌트**: A는 비고리 화합물). 생성물은 어떤 부류의 화합물인가?

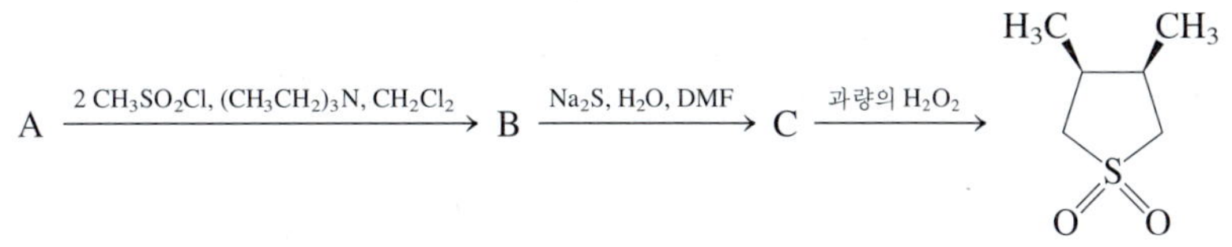

$$A \xrightarrow{2\ CH_3SO_2Cl,\ (CH_3CH_2)_3N,\ CH_2Cl_2} B \xrightarrow{Na_2S,\ H_2O,\ DMF} C \xrightarrow{\text{과량의 } H_2O_2}$$

$C_6H_{14}O_2$ $C_8H_{18}S_2O_6$ $C_6H_{12}S$

61. 1-Chloro-1-cyclobutylpentane을 합성하려고 다음의 반응 경로가 사용되었다. 그러나 실제로 분리된 생성물은 원하는 분자가 아니고, 그 분자의 이성질체이었다. 생성물의 구조를 제안하고, 생성되는 메커니즘을 설명하시오 (**힌트**: 통합 문제 9-26 참조).

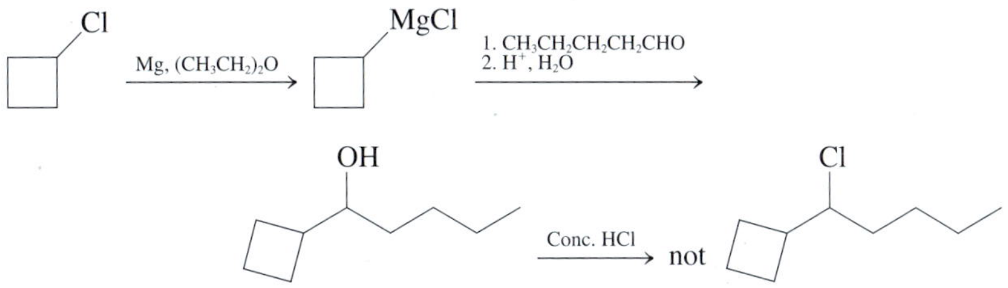

Cl, Mg, $(CH_3CH_2)_2O$, MgCl, 1. $CH_3CH_2CH_2CH_2CHO$ 2. H^+, H_2O

OH, Conc. HCl, not, Cl

62. 문제 61에서 마지막 단계에 대해 보다 나은 방법을 제안하시오.

63. **도전 문제** 친핵성 치환의 입체화학의 초기 연구에서 광학적으로 순수한 (*R*)-1-deuterio-1-pentanol을 4-methylphenylsulfonyl (tosyl) chloride와 반응하여 해당하는 tosylate를 합성하였다. tosylate를 다음 과량의 ammonia와 반응시켜 1-deuterio-1-pentanamine으로 변환하였다.

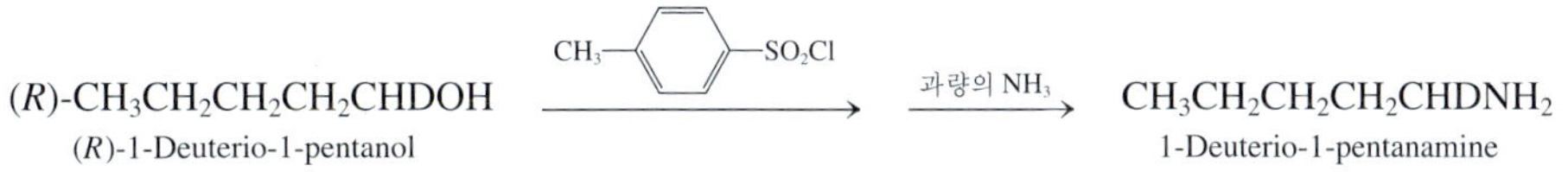

$$(R)\text{-}CH_3CH_2CH_2CH_2CHDOH \xrightarrow{CH_3\text{-}C_6H_4\text{-}SO_2Cl} \xrightarrow{\text{과량의 } NH_3} CH_3CH_2CH_2CH_2CHDNH_2$$

(*R*)-1-Deuterio-1-pentanol 1-Deuterio-1-pentanamine

(a) 두 중간체인 tosylate와 마지막 아민의 C1에서 얻어질 것으로 예상하는 입체화학을 설명하시오.

(b) 반응을 실제 수행할 때 예상대로 결과가 얻어지지 않았다. 대신에 마지막 아민은 (*S*)-와 (*R*)-1-deuterio-1-pentanamine의 70 : 30 혼합물로 얻어진다. 메커니즘을 설명하시오 (**힌트**: 알코올과 sulfonyl chlonide와의 반응이 **친핵체인** 염화 이온을 치환한다).

64. 오른쪽 여백 그림에 보인 반응의 생성물은 무엇인가? (반응중심에서의 입체화학에 주의하라.) 이 반응의 반응 차수는 어떻게 되는가?

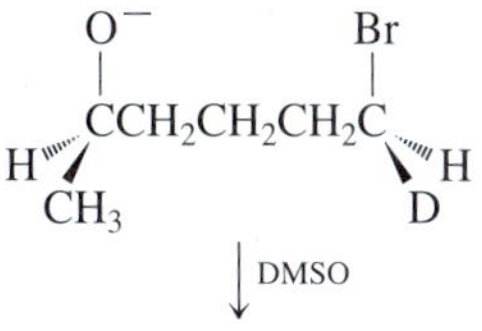

O^-, Br, $CCH_2CH_2CH_2C$, H, CH_3, H, D, DMSO

65. **도전 문제** 이전 장, 특히 8-9절에서 소개한 합성 전략의 원리에 근거해서 타당한 출발물을 선택하고, 다음 분자의 합성 방법을 제시하시오. 탄소-탄소 결합 생성을 위해 제안되는 위치를 물결 선으로 표시하였다.

(a) 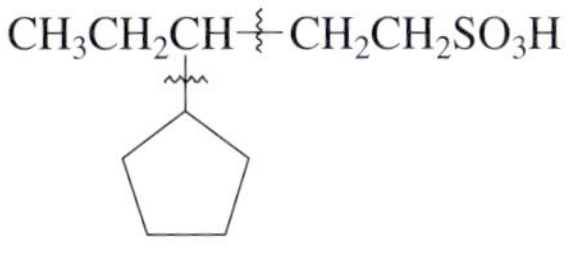 $CH_3CH_2CH \wr CH_2CH_2SO_3H$ (cyclopentyl)

(b) 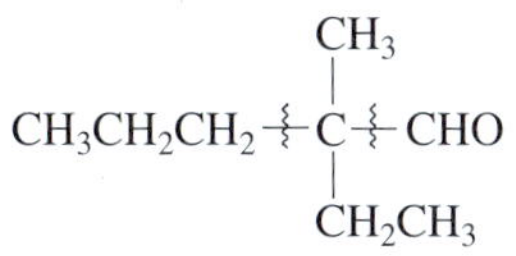 $CH_3CH_2CH_2 \wr C(CH_3)(CH_2CH_3) \wr CHO$

66. 괄호에 주어진 출발물로 시작하여 다음 화합물의 효과적인 합성법을 적으시오.

(a) *trans*-1-Bromo-2-methylcyclopentane (*cis*-2-methylcyclopentanol)

(b) 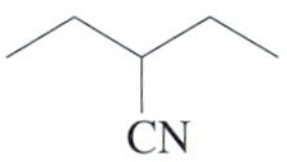 CN (3-pentanol)

(c) 3-Chloro-2-methylhexane (3-methyl-2-hexanol)

(d) 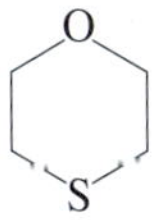 O, S [2-bromoethanol (two equivalents)]

67. 일반적인 일차 알코올로부터 알켄 합성에 대한 다음 방법을 비교하시오. 각 방법에 대해 장점과 단점에 대해 언급하시오.

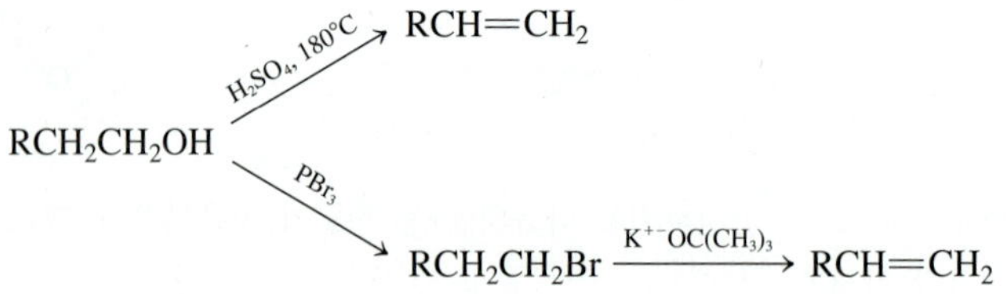

$$RCH_2CH_2OH \xrightarrow{H_2SO_4,\ 180^\circ C} RCH{=}CH_2$$

$$RCH_2CH_2OH \xrightarrow{PBr_3} RCH_2CH_2Br \xrightarrow{K^{+}\ {}^{-}OC(CH_3)_3} RCH{=}CH_2$$

68. 폴리하이드록실 화합물(24장)인 당은 알코올의 특성적인 반응을 일으킨다. glucose 분해(glucose의 대사)의 나중의 한 단계에서, 남아 있는 hydroxy기를 가진 glucose 대사물 중 하나인 2-phosphoglyceric acid는 2-phosphoenolpyruvic acid로 변환된다. 이 반응은 Mg^{2+}와 같은 Lewis 산의 존재하에 효소 엔올레이스(enolase)가 촉매로 작용한다. **(a)** 이 반응은 어떻게 분류하는가? **(b)** Lewis 산성인 금속 이온의 가능한 역할은 무엇인가?

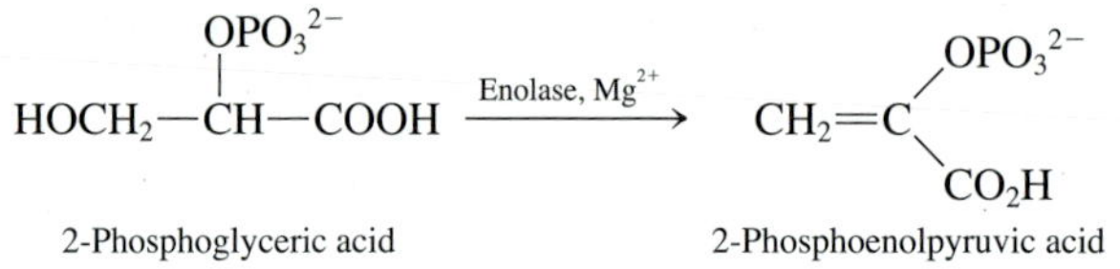

$$HOCH_2{-}CH(OPO_3^{2-}){-}COOH \xrightarrow{\text{Enolase, } Mg^{2+}} CH_2{=}C(OPO_3^{2-})CO_2H$$

2-Phosphoglyceric acid → 2-Phosphoenolpyruvic acid

69. 겁나게 보이는 분자인 5-methyltetrahydrofolic acid(간단하게 5-methyl-FH_4)는 formic acid과 아미노산인 histidine과 같은 다양한 단순 분자에서, 탄소 원자를 methyl기로 변환하는 생물학적 반응 과정의 생성물이다.

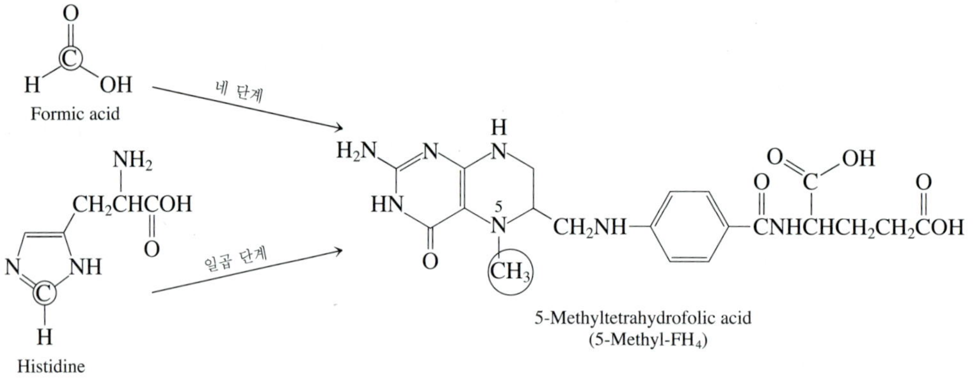

Formic acid —(네 단계)→ 5-Methyltetrahydrofolic acid (5-Methyl-FH_4)

Histidine —(일곱 단계)→ 5-Methyltetrahydrofolic acid (5-Methyl-FH_4)

5-Methyltetrahydrofolic acid의 가장 단순한 합성은 토양에서의 미생물에 의해 수행되는 반응에 의해 tetrahydrofolic acid(FH_4)와 trimethylsulfonium 이온에서부터 만들어진다.

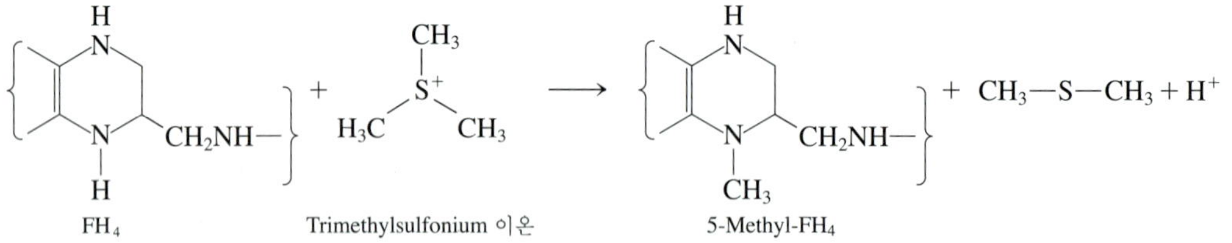

$$FH_4 + (CH_3)_3S^+ \longrightarrow \text{5-Methyl-}FH_4 + CH_3{-}S{-}CH_3 + H^+$$

FH_4 Trimethylsulfonium 이온 5-Methyl-FH_4

(a) 이 반응은 친핵성 치환 메커니즘을 통해 진행하는 것으로 가정하는 것이 타당한가? "전자 밀기" 화살표 표기법을 써서 메커니즘을 적으시오. **(b)** 이 반응에 참여하는 친핵체, 친핵성, 친전자성 원자, 이탈기를 확인하시오. **(c)** 6-7, 6-8, 9-2, 9-9절에서 설명한 개념을 근거로 해서, (b)에서 확인한 모든 그룹은 이 반응에서 합리적으로 작용하고 있는가? H_3S^+와 같은 화학종이 매우 강한 산(즉, $CH_3SH_2^+$의 pK_a는 −7)인 것을 알면 도움이 되는가?

70. **도전 문제** 생물학에서 5-methyl-FH_4(문제 69)의 역할은 작은 분자에 methyl기를 전달해 주는 것이다. Homocysteine으로부터 아미노산인 methionine의 합성이 아마도 가장 잘 알려진 예이다.

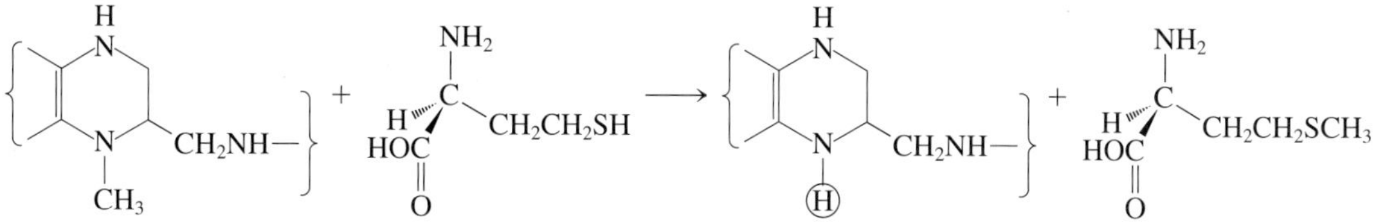

5-Methyl-FH_4 + Homocysteine → FH_4 + Methionine

이 문제에 대해 문제 69에서 낸 것 같은 질문에 대하여 답하시오. FH_4의 원으로 표시한 수소의 pK_a는 5이다. 메커니즘에서 나타난 어떤 특성에 대해 이것이 문제가 되는가? 실제로 5-methyl-FH_4의 메틸 전달 반응은 양성자 공급원이 필요하다. 9-2절, 특히 "일차 알코올과 HX로부터 할로알케인의 생성"이라고 세부 제목이 붙은 내용을 복습하라. 다음 여기서 설명한 반응에서 양성자가 어떻게 유용한 역할을 하는지 설명하시오.

71. 에피네프린(epinephrin, 아드레날린, 6장 시작 부분 참조)은 신체에서 methyl기를 methionine(문제 70)으로부터 놀에피네프린(norepinephrin)으로 전달하는 두 단계의 과정으로 생성된다(아래의 반응 1과 반응 2 참조). **(a)** 이들 두 반응에서 메커니즘 상으로 어떠한 일이 일어나는지 자세히 설명하시오. 그리고 ATP 분자의 역할을 분석하시오. **(b)** methionine이 놀에피네프린과 직접 반응할 것으로 예상하는가? **(c)** 놀에네프린으로부터 에피네프린을 만들 수 있는 실험실적 합성법을 제시하시오.

반응 1

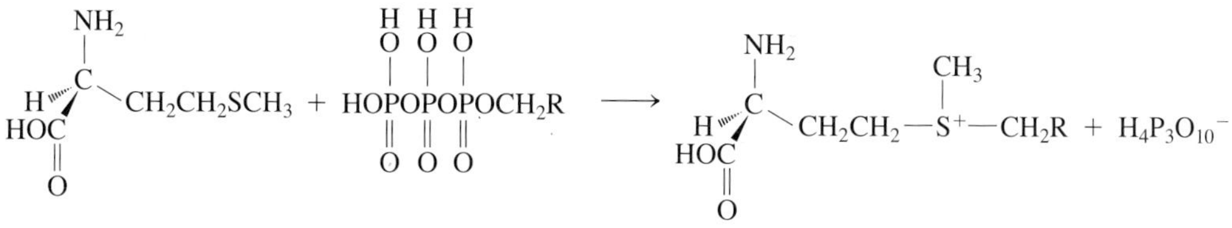

Methionine + ATP → *S*-Adenosylmethionine + Triphosphate ($H_4P_3O_{10}^-$)

반응 2

S-Adenosylmethionine + Norepinephrine → *S*-Adenosylhomocysteine + Epinephrine + H^+

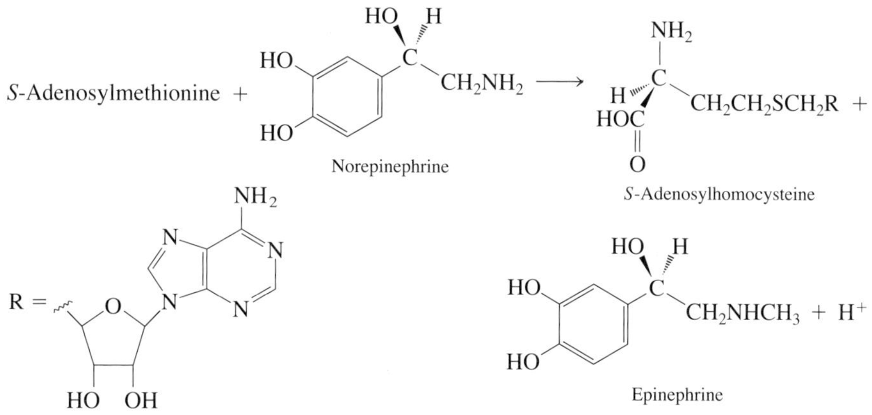

72. **(a)** 2-Bromocyclohexanol의 트랜스 이성질체만이 sodium hydroxide와 반응하여 oxacyclopropane을 갖고 있는 생성물을 만든다. 시스 이성질체가 반응성이 없는 이유를 설명하시오[**힌트**: C1—C2 결합을 통해 두 시스와 트랜스 이성질체의 가능한 형태를 그려보라(그림 4-12와 비교). 필요하면 모형을 사용하라]. **(b)** 어떤 oxacyclopropane을 갖고 있는 스테로이드의 합성은 스테로이드인 브로모케톤으로부터 출발해서 두 단계 과정을 거쳐 이루어진다. 다음에 보인 바와 같은 변환을 이루기 위해 필요한 시약을 제시하시오.

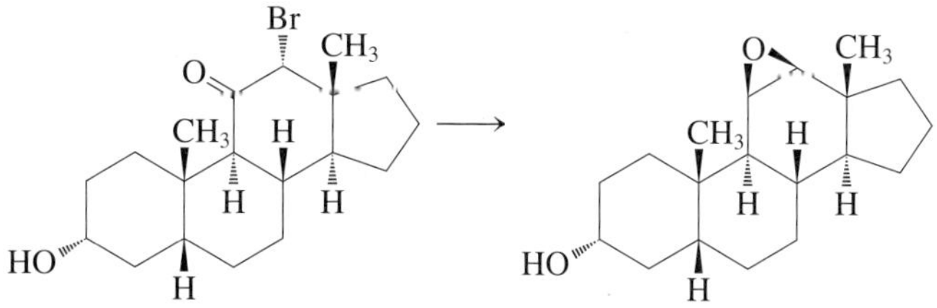

(c) 제안한 반응 과정에서 oxacyclopropane 생성 단계를 성공적으로 수행하기 위해서 특정한 입체화학적 요구사항이 필요한 단계가 있는가?

73. 갓 자른 마늘에서는 실제로 마늘 냄새의 원인이 되는 화합물인 allicin이 생성된다(화학 이야기 9-4). 3-chloropropene을 출발물로 해서 allicin의 짧은 합성 경로를 제시하시오.

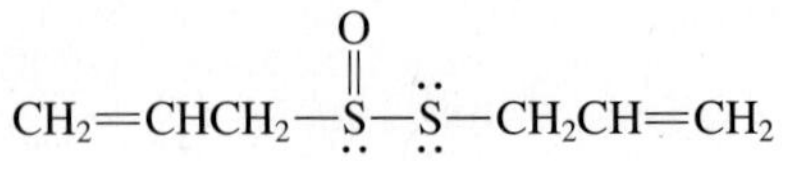

$$CH_2{=}CHCH_2{-}\overset{\overset{\displaystyle O}{\|}}{\underset{\cdot\cdot}{S}}{-}\ddot{\underset{\cdot\cdot}{S}}{-}CH_2CH{=}CH_2$$

Allicin

핵자기 공명 분광법을 이용한 구조의 결정

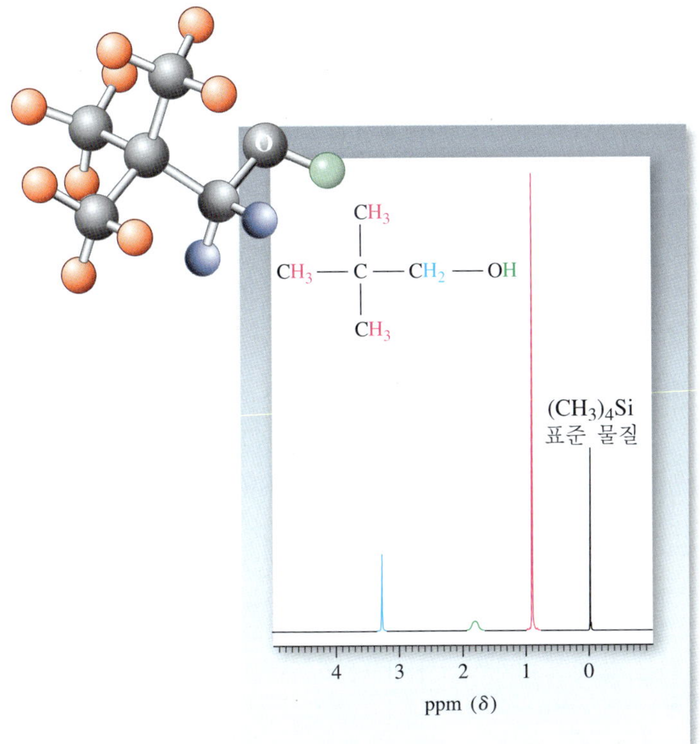

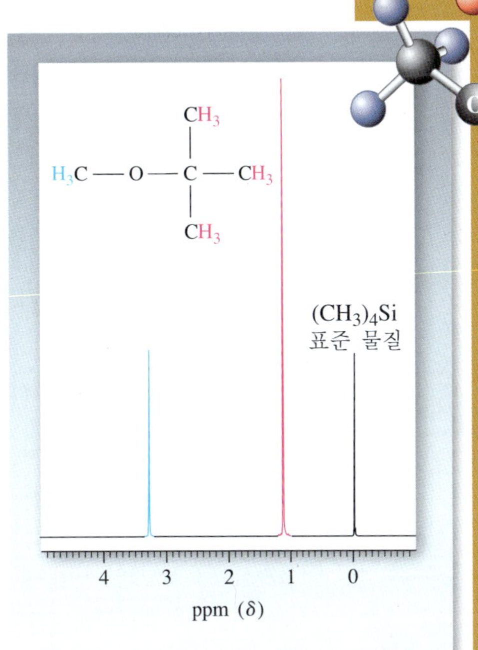

2,2-Dimethyl-1-propanol (왼쪽) 과 2-methoxy-2-methylpropane (오른쪽) 이 있다. 어느 쪽이 어떤 물질에 해당될 것인가? 수소 핵자기 공명 분광법을 통해서 답을 알 수 있다. 첫 번째는 세 가지 다른 종류의 수소 원자를 가지고 있으며 세 가지 신호를 나타내지만, 두 번째 물질은 두 가지 종류의 수소 원자를 가지고 있다.

유기화학에 있어서 중요한 목표 중의 하나는, 분자의 구조가 공장이나 실험실에서의 합성 또는 생체 내에서 이루어지는 다양한 반응에 있어서 어떠한 영향을 미치는가에 대한 고찰이다. 하지만 분자의 구조가 어떻게 이루어져 있는가를 자세히 밝히기 위해서는 어떠한 방법이 필요한가? 우리는 어떠한 방법으로 새로운 생성물을 확인할 것이며, 반응 혼합물로부터 분리된 물질이 목표로 하는 물질인지를 확인할 수 있겠는가? 이러한 관점에서 분자내에 어떠한 원자핵이 존재하는가, 이들의 상대적인 숫자는 어떻게 구성되어 있는가, 그들의 전자적 환경은 어떠한가, 각각의 원자가 어떠한 순서로 연결되어 있는가를 알 수 있다면 매우 뛰어난 기술이 될 것이다.

핵자기 공명(NMR) 분광학 기술은 이러한 정보를 제공해 준다. 이 기술은 유기 분자 구조의 결정에 도움을 줄 뿐만 아니라, 자기 공명 영상법(MRI)을 통해서 신체 조직에 대한 영상을 얻을 수도 있다. NMR 분광학이 유기화학자에게 있어서 가장 강력한 수단인 것처럼, MRI는 의료 영상 진단에 있어서 가장 강력한 수단이 되고 있다.

이 장에서는 고전적인 물리적 측정과 화학적 시험이 화합물의 구조를 결정하는 데 도움을 줄 수 있다는 간단한 고찰로부터 시작하여, 분광법이 어떻게 이루어지며, 어떻게 결과를 해석

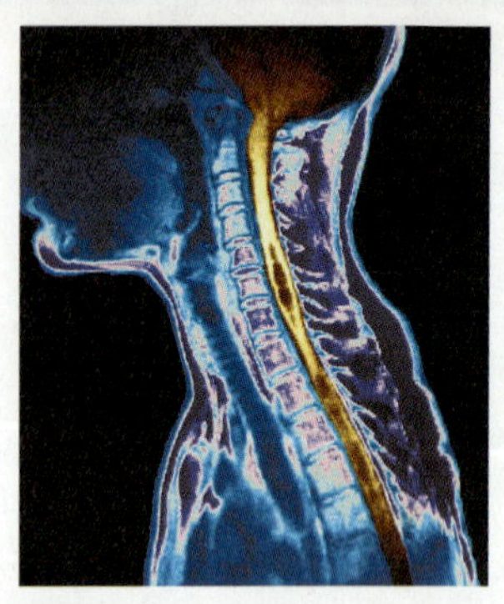

경추후부동공증 환자의 목 부위의 MRI를 보여 주고 있다. 척수 내의 액체로 채워져 있는 공간의 존재를 통해서 판단할 수 있게 된다.

할 수 있는가 그리고 분광 장치와 기술의 최근의 진보를 통해서 우리는 어떠한 정보를 얻을 수 있는가에 대해서 논의하고자 한다.

10-1 물리적 • 화학적 시험

확인되지 않은 화합물을 합성하는 반응을 진행한다고 가정하자. 시료를 연구하기 위해서는 먼저 크로마토그래피, 증류 또는 재결정을 통해서 정제해야 할 것이다. 그리고 녹는점, 끓는점 등의 물리적 성질을 측정하고, 이미 알고 있는 화합물들과 비교해야 할 것이다. 측정 결과들이 문헌에서의 값과 일치하더라도 그 물질 구조에 대해서 확신할 수 없다. 또한 많은 물질들이 연구실에서 새롭게 만들어지고 있으므로 알려진 자료가 없는 경우가 대부분이다. 이러한 경우 우리는 **최초로** 그 물질의 구조를 결정해야 한다.

원소 분석은 시료의 화학적 조성을 밝혀 준다. 화학적 시험을 통해서 물질의 작용기를 확인할 수 있다. 예를 들면, 1-9절에서 본 것처럼 메톡시메테인(methoxymethane)과 에탄올의 경우, 물리적 성질을 통해서 분별할 수 있다. 9-1절은 반응성의 차이를 통해서도 구분할 수 있음을 보여 준다. 예를 들면, 소듐 존재하에 에탄올은 에톡시화 소듐(sodium ethoxide)과 수소를 형성하지만, 메톡시메테인은 비활성이다.

이러한 방법의 문제점은 분자가 커질수록 점점 복잡해지며, 다양한 구조가 나타나게 된다는 데 있다. 특정 반응을 통해서 분자식 $C_7H_{16}O$인 알코올을 얻었다고 하자. 금속 소듐을 이용한 시험에서 하이드록시기를 가지고 있음이 밝혀질 것이다. 하지만 명확한 구조는 아니다. 실제로 다양한 가능성이 존재한다. 그중에서 세 가지 구조만을 아래에 나타내었다.

세 가지 가능성이 있는 알코올 $C_7H_{16}O$의 구조

$CH_3(CH_2)_5CH_2OH$

$CH_3C(CH_3)_2CH_2CH_2CH_2OH$ (CH₃CCH₂CH₂CH₂OH, 중앙 C에 CH_3 두 개)

$CH_3C(CH_2CH_3)(CH_3)CH_2CH_2OH$ (CH₃CCH₂CH₂OH, 중앙 C에 CH_2CH_3과 CH_3)

연습 문제 10-1

분자식이 $C_7H_{16}O$인 위의 예와는 다른 몇 가지 이차와 삼차 알코올의 구조를 나타내시오.

이러한 물질들의 차이를 분별하기 위해서 현대 유기화학자들은 분광학이라는 새로운 기술을 사용하고 있다.

10-2 분광학의 정의

분광학(spectroscopy)은 분자의 구조를 분석하기 위한 기술로, 분자들이 전자기파를 흡수할 때 생기는 차이에 기초하고 있다. 다양한 종류의 분광법이 있지만 유기화학에서 가장 많이 사용되는 분광법은 네 가지이다. (1) 핵자기 공명(NMR) 분광법, (2) 적외선(IR) 분광법, (3) 자외선(UV) 분광법, (4) (다른 원리에 기초를 두고 있는) 질량 분석법(MS)이 그것이다. 먼저, **NMR 분광법(NMR spectroscopy)**은 각각 핵의 주변, 특히 수소와 탄소 원자에 대한 구조와 분자내의 원자의 연결에 대한 자세한 정보를 제공해 준다.

NMR, IR, UV와 관련된 분광법에 대한 간단한 개요를 시작으로 분광기의 작동 원리를 배우게 된다. 마지막으로 NMR 분광법의 원리와 응용에 대해서 보다 구체적으로 배우게 될 것이다. 11장과 14장에서 다른 종류의 분광법에 대해서 배우게 될 것이다.

파장

진폭

분자는 특징적인 들뜸을 가진다

전자기 복사는 파동의 형태로(또는 입자의 형태로, 1.6절) 표현될 수 있다. 파동은 파장 λ 또는 진동수 ν으로 표현된다. 둘의 관계는 다음 식으로 표현되며, c는 복사선의 속도, 즉 "빛의 속도" $3 \times 10^{10}\ \mathrm{cm}^{-1}$를 나타낸다.

$$\nu = \frac{c}{\lambda} \text{ 또는 } h\nu = c$$

진동수는 초당 사이클(cps) 또는 헤르츠(Hz, 독일의 물리학자 R. H. Hertz의 이름을 따름)로 나타낸다. 분광법은 분자가 전자기 복사를 각각 불연속적인 에너지의 영역, 즉 **양자(quanta)** 만큼을 흡수하기 때문에 이루어진다. 흡수는 복사가 정확한 에너지 영역에 해당될 때에만 일어나게 되며, 이때에 화합물에 대한 연구가 이루어진다. 만일 조사된 복사선의 진동수가 ν이라면, 그 영역의 에너지는 $\Delta E = h\nu$가 된다(그림 10-1).

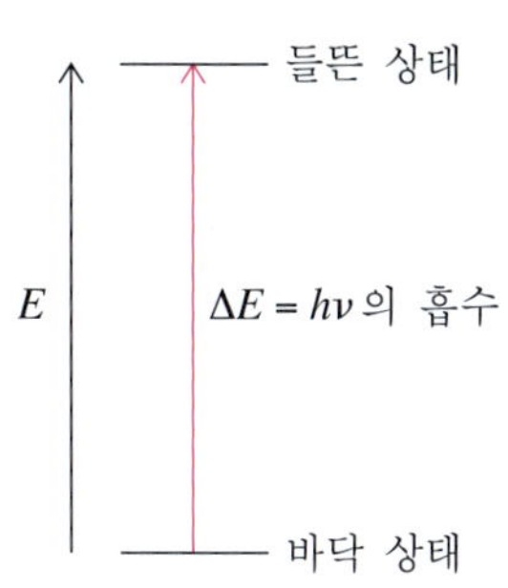

그림 10-1 에너지의 흡수는 바닥 상태와 들뜬 상태 사이의 에너지 차이 ΔE와 정확히 일치하는 $h\nu$의 에너지를 가진 정확한 진동수 ν를 가진 복사선의 입사에 의해서 이루어진다. [ν, 흡수된 복사선의 진동수 h (Planck 상수) = 6.626×10^{-34} J s]

흡수된 에너지는 분자내의 전자적 또는 기계적 운동을 일으키게 되며, 이러한 과정을 **들뜸(excitation)** 이라고 한다. 이 운동 또한 정량화되어 있으며, 분자는 다양한 형태의 들뜸을 가지므로 각각의 운동은 독립적으로 정량화된 에너지값을 가지게 된다. 예를 들면, 고에너지 복사선에 해당되는 X선의 경우 원자내의 전자를 내부 껍질에서 외부로 이동시키게 된다. 이러한 변화를 '**전자 전이(electionic transition)**'라 하며, 300 kcal mol^{-1} 이상의 에너지가 요구된다. 반면에 자외선 또는 가시광선의 경우에는 최외곽 전자를 들뜨게 한다. 채워진 결합 분자 오비탈로부터 채워지지 않은 반결합 분자 오비탈로 들뜨게 하며(그림 1.12A 참조), 여기에 필요한 에너지는 40 ~ 300 kcal mol^{-1}이다. 가시광선의 경우 색상으로 인지하게 된다. 적외선 복사는 화합물들의 결합에 있어서의 진동을 들뜨게 하며($\Delta E = 2 \sim 10$ kcal mol^{-1}), 마이크로파 복사의 양자는 분자 결합의 회전을 야기한다($\Delta E = \sim 10^{-4}$ kcal mol^{-1}). 마지막으로 라디오파는 자기장($\Delta E = \sim 10^{-6}$ kcal mol^{-1})에서 핵자기 현상의 배열에 대한 변화를 유발하게 된다. 다음 절에서 이런 현상이 핵자기 공명 분광법에 어떻게 기초가 되는가에 대해 논의할 것이다. 그림 10-2에 복사선의 여러 형태와 각각의 형태에 관련된 에너지(ΔE) 그리고 해당 파장을 나타내었다. 진동수는 파수의 단위로도 나타낼 수 있음에 주목하라. 즉, $\nu = 1/\lambda$로 단위 센티미터당 진동수로 정의되며, 적외선 분광법에서 사용되는 하나의 에너지 척도가 된다. 자외선 및 가시광선 분광법에서 파장 λ의 단위는 nm가 사용된다.

파장의 증가 λ

진동수의 증가 ν

에너지의 증가 E

여러 가지 분광법에 대해 논의되는 과정에서 그림 10-2를 반복적으로 되돌아 보게 될 것이다. 복사선의 에너지는 진동수(ν)나 파수($\tilde{\nu}$)가 증가할수록 파장(λ)이 짧을 수록 커진다는 것을 기억하기 바란다.

연습 문제 10-2

Methane이 라디칼에 의한 염소화 반응을 개시하는 데 필요한 최소한의 복사선(파장 λ) 형태는 무엇인가? [**힌트**: 개시 단계는 Cl — Cl 결합을 깨는 것이 요구된다(3.4절 참조).]

분광기는 복사선의 흡수를 기록한다

그림 10-1에 나타낸 것과 같이 분자가 복사선의 양자를 흡수하면 바닥 상태(정상 상태)에서 들뜬 상태로 전이가 일어난다. 분광학은 이러한 흡수가 **분광기(spectrometer)** 라고 하는 기기에 의해 기록되는 과정이다.

그림 10-3은 분광기 작동 원리를 나타내고 있다. 이것은 가시광선이나 적외선, 라디오파와 같은 특정 영역의 진동수를 가지는 전자기 복사선의 광원을 가지고 있다. 이 장치는 특정 파장(예를 들면, 자외선, 적외선, NMR 등)의 복사선이 시료를 투과하도록 설계되어 있다. 연속파(CW)의 분광기에서 이 복사선의 진동수는 연속적으로 변하며, 그 세기(기준광에 상대적임)는 검출기에서 측정되고, 보정된 종이 위에 기록된다. 복사선을 흡수하지 않으면 복사선 주사는 직선으로 나타나며, 이 직선을 **바탕선(baseline)** 이라고 한다. 그러나 시료가 전자기 복사선을 흡수하면 검출기에서 흡수 강도의 변화를 **봉우리(peak)** 로 기록하거나, 또는 바탕선으

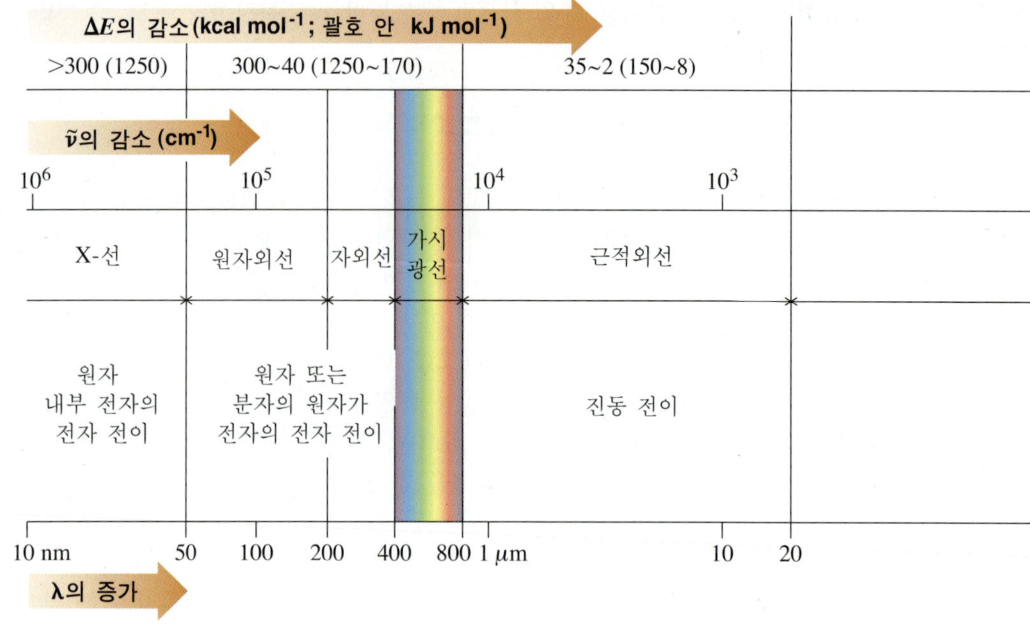

그림 10-2 전자기 복사의 스펙트럼. 제일 위의 선은 에너지 척도로서 kcal mol^{-1}로 나타내며, 오른쪽에서 왼쪽으로 갈수록 에너지가 증가한다. 그 다음 선은 파수 ($\tilde{\nu}$)를 나타내며, 센티미터의 역수 단위로 나타낸다 (cm^{-1}). 분광학의 주된 형태와 관련된 복사형태와 각 형태에 의하여 유도된 전이를 중간선에 나타내었다. 파장 λ의 척도는 바닥에 나타내었다 (λ, 나노미터의 단위 1 nm = 10^{-9} m, 마이크로미터, 1 μm = 10^{-6} m, 밀리미터, mm, 미터, m). ΔE (kcal mol^{-1}) = 28,000/λ (nm).

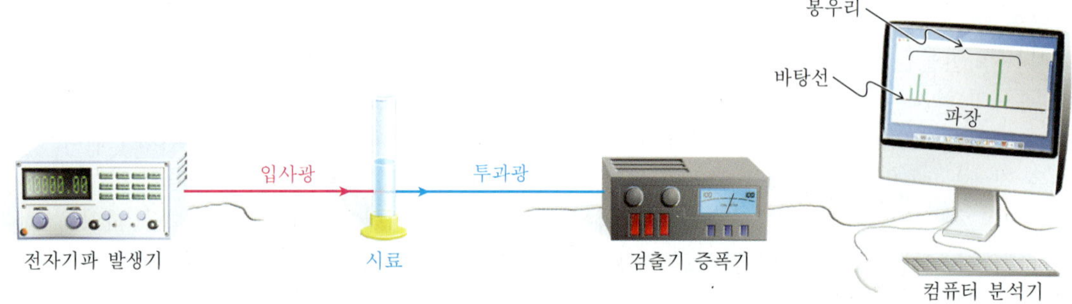

그림 10-3 분광기의 일반적인 모식도. 전자기 복사선이 시료를 통과하면서 어떤 진동수를 흡수함으로써 상호작용을 한다. 입사광이 투과광으로 바뀌어 나오게 되며, 그 변화를 검출하여 증폭하고, 컴퓨터에서 연산 과정을 거쳐서 스펙트럼으로 나타내게 된다.

로부터의 편차로서 기록한다. 이 결과로서 생기는 형태를 시료의 **스펙트럼 (spectrum**, 라틴어로 모습, 환영의 의미) 이라고 한다.

최근의 분광기는 기존과는 다른 훨씬 빠른 기록 기술을 사용하는데, 조사 영역 (NMR, UV, IR) 의 전 주파수 영역을 담당하는 전자기 복사선의 펄스를 사용하여 순식간에 전체의 스펙트럼을 얻는다. 더욱이 전통적인 연속형 기기와 같은 단순 흡수보다는 시간에 따른 흡수의 붕괴가 기록된다. 이 방식은 **Fourier 변환 (Fourier transform, FT)** 이라고 하는 훨씬 정교한 컴퓨터 분석이 요구되는 과정이며, Fourier 변환의 Fourier는 프랑스의 수학자 Joseph Fourier (1768 ~ 1830) 의 이름을 딴 것이다. 이 기술은 속도가 빠를 뿐만 아니라 같은 스펙트럼의 다중 펄스 축척은 훨씬 높은 감도를 제공하기 때문에 매우 적은 양의 시료만으로도 분석에 이용 가능하게 된다.

요약 분자들은 전자기 복사선을 입사 에너지의 불연속 양자로 흡수하며, 입사 에너지는 분광법에 의해서 측정될 수 있다. 분광기는 파장을 달리하면서 복사선을 주사하는데, 이런 파장의 복사선이 조사 중에 있는 시료를 통과할 때 어떤 특별한 에너지에서 일어나는 흡수를 스펙트럼이라는 그림으로 나타낸다.

자기장의 방향
N
S
막대 자석
자기장의 방향
H
양성자 스핀

양성자 스핀에 의한 자기장 생성

10-3 수소 핵자기 공명

핵자기 공명 분광법은 라디오파 영역의 낮은 에너지 복사선을 필요로 한다. 이 절에서는 이러한 기술에 관한 원리를 설명한다.

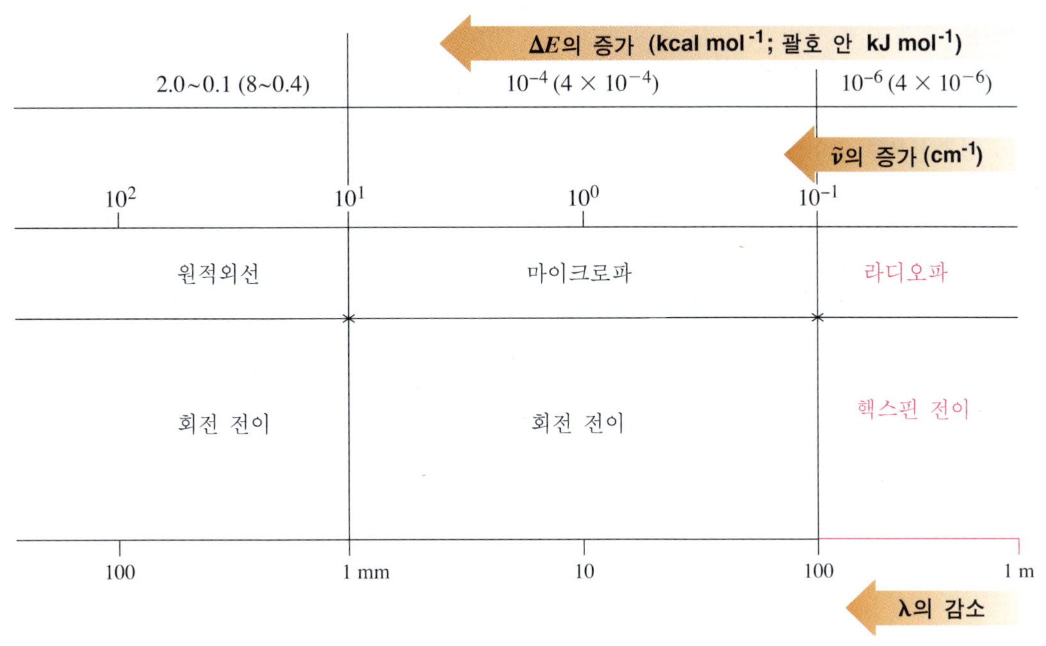

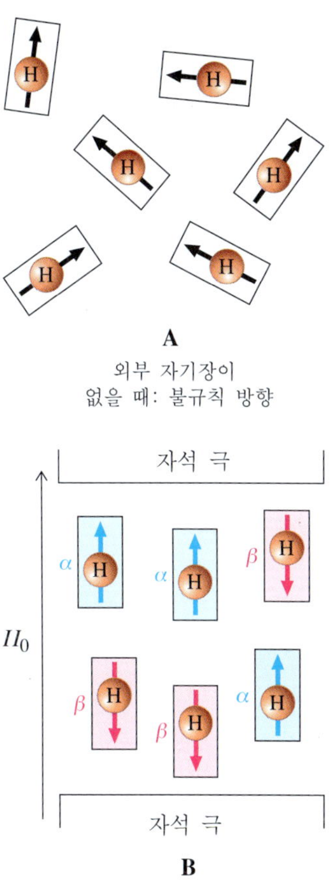

그림 10-4 (A) 한 개의 양성자 (H) 들은 작은 막대 자석과 같이 행동한다. (B) 자장 H_0 내에서는 핵의 스핀이 자장의 방향과 같은 (α) 또는 그 반대인 (β) 로 배향한다.

핵스핀은 라디오파의 흡수에 의해서 들뜰 수 있다

많은 원자핵은 핵의 축을 중심으로 회전하고 있는 것으로 생각할 수 있으므로, **핵스핀 (nuclear spin)** 을 가지고 있다고 한다. 이러한 핵 중의 하나가 수소로서, 다른 동위원소 [중수소 (^{2}H), 삼중수소 (^{3}H)] 와 구별하기 위해 ^{1}H (질량이 1인 수소의 동위원소) 로 표기한다. 수소의 가장 단순한 형태인 양성자를 생각해 보자. 양성자는 양전하를 띠고 있으므로 그 스핀 운동은 (전하를 갖는 여느 입자가 움직일 때와 마찬가지로) 자기장을 만든다. 결과적으로, 양성자는 용액 또는 공간에서 자유롭게 떠다니는 작은 자석에 비유할 수 있다. 양성자가 H_0 세기의 **외부** 자기장에 노출되면 두 가지의 배향 중 하나를 가질 것이다. 에너지 측면에서 유리한 쪽인 H_0와 같은 방향이거나, 불리한 쪽인 반대되는 방향 (정상적인 막대 자석에서는 불가능하다) 으로 배향한다. 이 반대의 배향은 에너지 상태가 더 높다. 이렇게 두 가능한 배향을 각각 **알파** (α) 와 **베타** (β) **스핀 상태 (spin state)** 라고 한다 (그림 10-4).

이와 같이 에너지적인 면에서 다른 두 상태가 분광법을 위해 필요한 조건이 된다. 알파와 베타 상태 사이의 에너지 차이를 연결할 수 있는 알맞은 주파수를 시료에 조사하면 **공명 (resonance)** 이 일어나는데, 이 공명은 알파 스핀의 양성자가 에너지를 흡수하여 베타 스핀

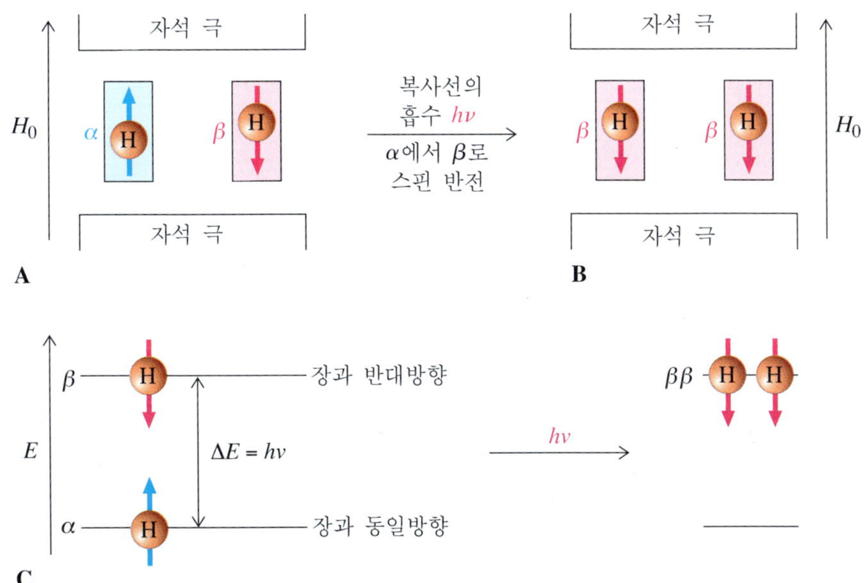

그림 10-5 (A) 그림 10-4B에 대한 간단한 해석: 외부 자장에 대해서 양성자는 C에서 설명한 것과 같이 동일한 방향 (낮은 에너지 α) 과 반대방향 (높은 에너지 β) 으로 ΔE의 에너지 차를 가진 상태로 배향된다. (B) 적합한 진동수 ν를 시료에 조사하면 흡수가 일어나며, 알파 스핀의 양성자가 에너지를 흡수하며, β 스핀 상태로 "반전"하게 되며, 이 현상을 공명 (resonance) 이라고 한다. (c) 에너지 상태를 나타내는 그림으로서 화살표로 표시된 양성자가 $\Delta E = h\nu$의 에너지를 받아서 알파 스핀 상태에서 베타 "스핀 상태로 반전"되는 것을 나타낸 것이다. 이 그림을 볼 때에는 투 액이 전체 시료에 둘러싸여 있고 알파 상태가 베타 상태보다 약간만 과량으로 존재한다는 것을 기억하기 바란다 이 흡수 과정은 알파 상태와 베타 상태의 비율이 1 : 1에 더 가깝게 되도록 작용한다.

상태로 "반전됨"을 의미한다. 한 쌍의 양성자에 대한 이러한 현상을 그림 10-5에 나타내었다. 핵은 들뜬 후에 이완되어 다양한 경로를 통해 원래 상태로 되돌아가고(여기서는 논의하지 않는다), 이때 흡수되었던 모든 에너지는 열로서 방출된다. 따라서 공명 상태에서는 들뜸과 이완이 연속적으로 일어난다.

자기장 세기 H_0가 증가할수록 $\alpha \rightarrow \beta$로의 스핀 반전은 점점 어려워진다는 것을 쉽게 예측할 수 있을 것이다. 두 가지 다른 스핀 상태 사이의 에너지 차이 ΔE는 자기장의 세기에 직접적으로 비례된다. $\Delta E = h\nu$이므로 공명 주파수 또한 자기장의 세기에 비례하여 나타난다. 이러한 관계를 상용화되어 있는 분광기 자장의 크기가 테슬라(T)* 단위로 주어지며, 수소의 공명 주파수가 메가헤르츠(MHz) 단위에 해당됨을 통해서 알 수 있다.

자기장의 세기는 공명 주파수와 비례

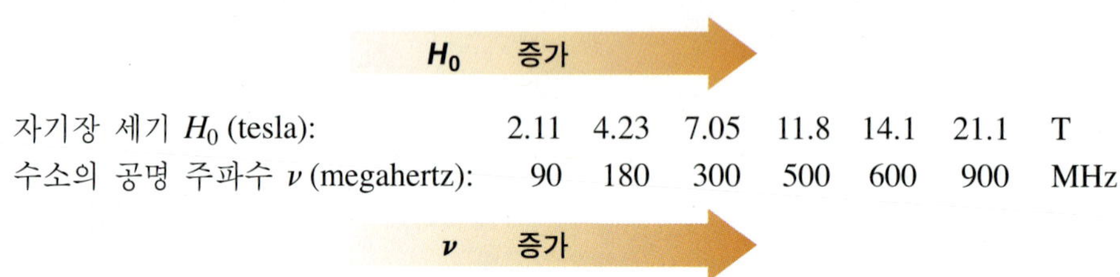

지구 자기장의 최대 세기가 지표면에서 약 0.00007 T임을 감안하면 분광기 자장의 크기를 이해할 수 있을 것이다.

양성자 스핀을 알파에서 베타로 반전시키는 데 필요한 에너지는 얼마인가? $\Delta E_{\beta-\alpha} = h\nu$이므로 소요되는 에너지를 계산할 수 있으며, 그 값은 300 MHz에서 약 3×10^{-5} kcal mo1^{-1} (1.5×10^{-4} kJ mol^{-1}) 정도로 매우 작은 값이다. 두 상태 사이의 평형은 빠르게 진행되며, 일반적으로 알파 상태는 자장에 놓여 있는 모든 양성자 핵의 반을 약간 상회하며, 나머지는 베타 상태에 놓여 있게 된다. 공명 상태에서는 α 스핀이 β 스핀으로 반전되기 때문에 그 차이는 감소하지만, 거의 동등한 비율 관계가 크게 변화되지는 않는다.

많은 핵에서 자기 공명이 일어난다

핵자기 공명을 할 수 있는 핵으로 수소만이 있는 것은 아니다. 표 10-1에는 NMR에 반응하는 유기화학에서의 중요한 핵들과 NMR 활성이 없는 핵들을 몇 가지 수록하였다. 일반적으로 홀수의 양성자를 갖는 핵들, 예를 들면 ^{1}H(와 동위원소들), ^{14}N, ^{19}F, ^{31}P 또는 ^{13}C와 같은 홀수의 중성자를 갖는 핵들은 자기적 거동을 나타낸다. 반면에 양성자와 중성자의 수가 모두 짝수인 ^{12}C나 ^{16}O의 경우 자기적 거동을 보이지 않는다.

---

*Nikola Tesla (1856 ~ 1943), 세르비아 출신의 미국의 발명가이자 물리학자이며, 기계 및 전기공학자.

표 10-1 NMR 활성도와 몇몇 핵들의 자연 존재비

핵	NMR 활성도	자연 존재비 (%)	핵	NMR 활성도	자연 존재비 (%)
^{1}H	활성	99.985	^{16}O	비활성	99.759
^{2}H (D)	활성	0.015	^{17}O	활성	0.037
^{3}H (T)	활성	0	^{18}O	비활성	0.204
^{12}C	비활성	98.89	^{19}F	활성	100
^{13}C	활성	1.11	^{31}P	활성	100
^{14}N	활성	99.63	^{35}Cl	활성	75.53
^{15}N	활성	0.37	^{37}Cl	활성	24.47

약어: D, 중수소; T, 3중수소

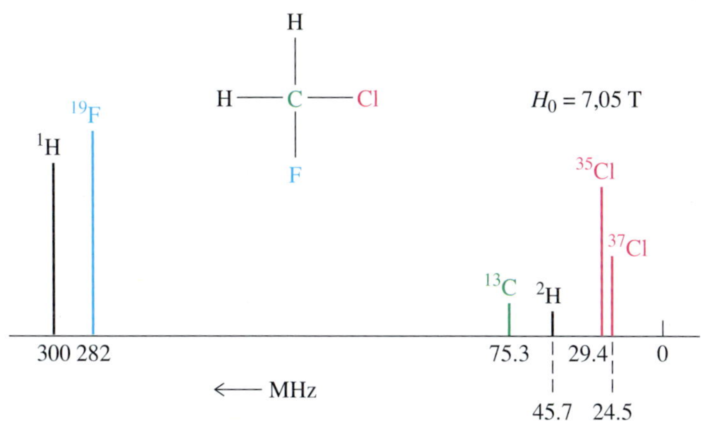

그림 10-6 7.05 T에서 CH_2ClF에 대한 NMR의 가상 스펙트럼. NMR에 활성을 보이는 각 핵들은 특정의 진동수에서 공명을 하는데, 여섯 개의 선이 관측된다. 동위원소인 ^2H와 ^{13}C의 자연 상태의 함량이 다른 원소들보다 훨씬 적지만, 편의상 여기에선 선들의 높이를 비슷하게 나타내었다. 스펙트럼은 그림에 나타낸 것처럼 한 번의 실험으로 얻어질 수 없을 것이다. 왜냐하면 대부분의 NMR 기기는 매번 작동시에 단지 한 종류의 핵, 예를 들면 ^1H에만 움직이도록 되어 있기 때문이다.

화학 이야기 10-1

NMR 스펙트럼의 기록

NMR 스펙트럼을 얻기 위해서 조사 대상의 물질은 용매(0.3~0.5 mL)에 녹아야 하며, 이 용매는 조사 중인 NMR 영역에서 가급적 그 자신이 NMR에 흡수되지 않아야 한다. 전형적인 용매는 삼염화중수소화메테인(중수소화클로로폼), $CDCl_3$; 육중수소화아세톤, CD_3COCD_3; 육중수소화벤젠, C_6D_6; 팔중수소화옥사사이클로펜테인(팔중수소화테트라하이드로퓨란), C_4D_8O와 같은 중수소로 치환된 것들이다. 수소를 중수소로 치환하는 효과는 양성자 스펙트럼에서 용매에 의해서 나타나는 모든 수소 봉우리를 제거하는 것이 된다. 중수소의 공명 주파수는 완전히 다른 스펙트럼 영역에서 나타난다(그림 10-6 참조). 용액은 NMR 시료 용기(실린더 모양의 유리관)에 넣어서 초전도 자석(왼쪽 사진)에 놓인다. 시료 내의 모든 분자들이 자장 내에서 그들의 위치가 신속히 그리고 확실히 평균화되도록 하기 위해서, NMR 시료 용기를 라디오파 코일 내에서 매우 빠르게 기류를 이용하여 회전시킨다(아래 그림 참조). 이 시료는 전 스펙트럼 영역에 걸친 라디오파 펄스(RF)에 노출되며, 그 결과로 응답 신호가 검출기에 기록된다. 시간에 따른 스펙트럼 신호의 붕괴는 컴퓨터에 의해서 Fourier 변환을 통해 최종 스펙트럼으로 변환된다. 우측 사진은 한 학생이 NMR 자료를 분석하기 위해 컴퓨터를 다루고 있는 모습이다.

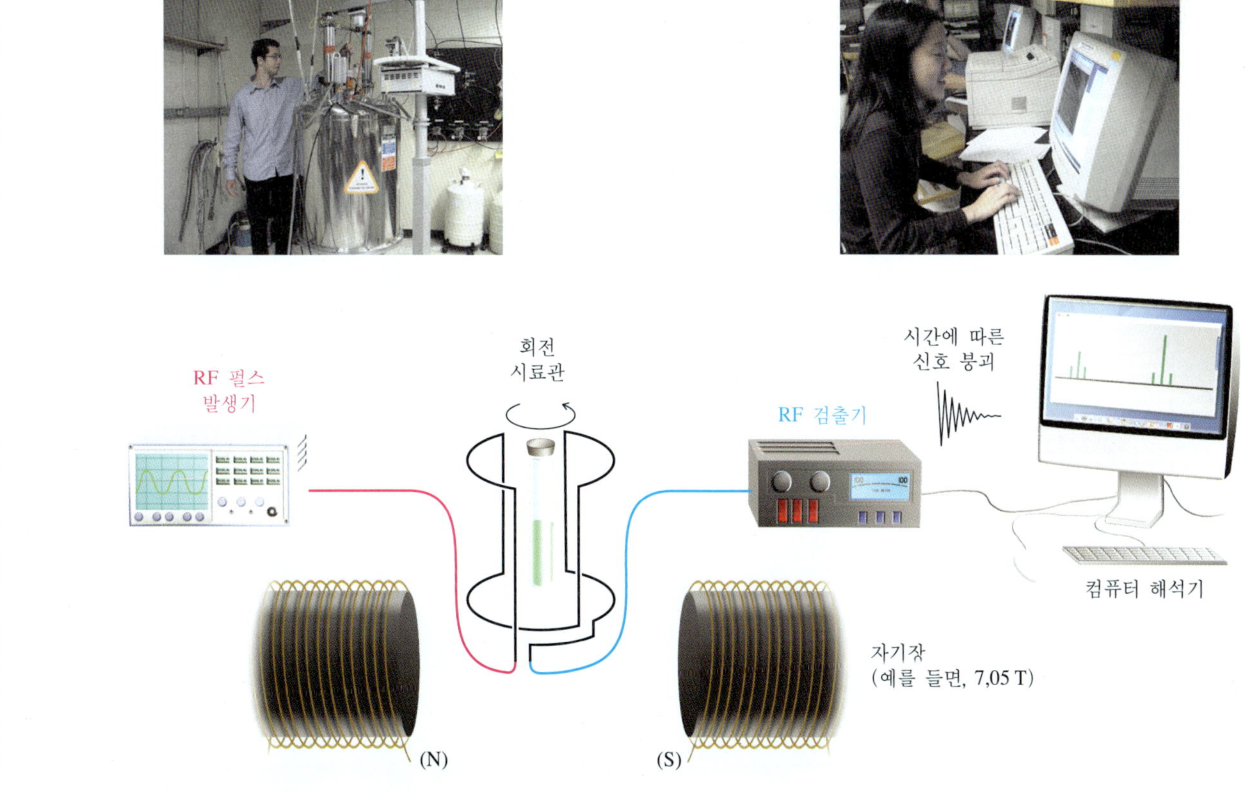

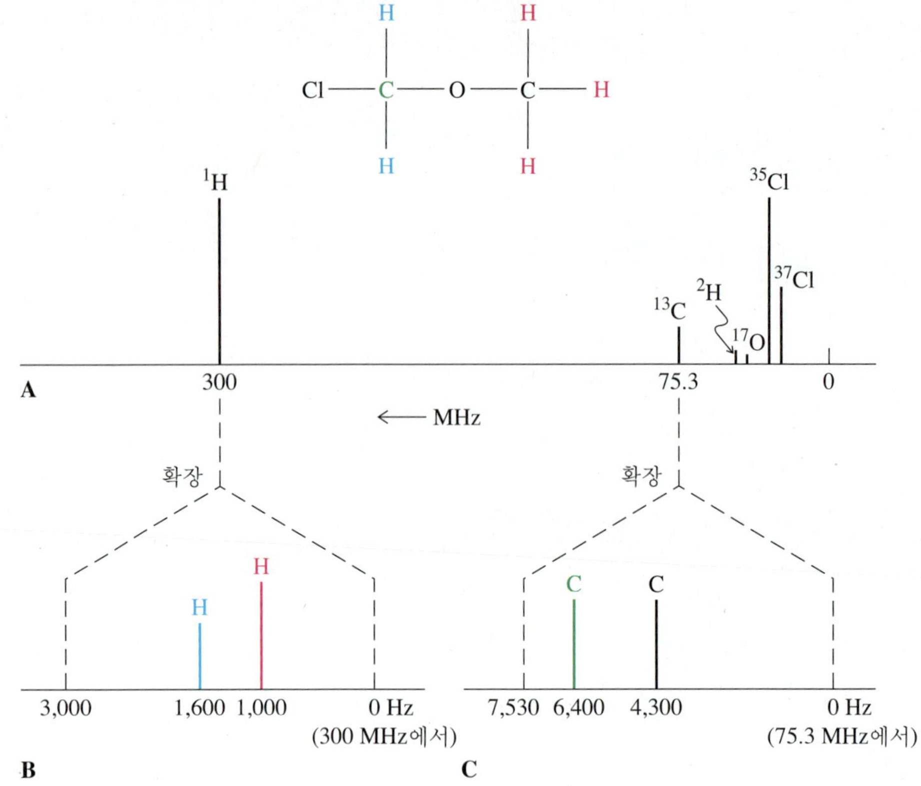

그림 10-7 고분해능은 NMR 스펙트럼에서 추가적인 봉우리를 나타낼 수 있다. (A) 7.05 T에서 $ClCH_2OCH_3$의 저분해능 스펙트럼은 분자에 있는 여섯 개의 서로 다른 동위원소 핵에 대해 여섯 개의 봉우리를 나타낸다. (B) 고분해능에서 수소 스펙트럼은 두 개 집단(하나는 붉은색으로 다른 하나는 푸른색)의 수소에 대해 두 개의 봉우리를 나타낸다. 고분해능은 저분해능의 0.001%만을 주사하는 것에 유의하기 바란다. (C) 고분해능 ^{13}C 스펙트럼(10-9절 참조)은 분자에서 두 개의 다른 탄소 원자에 대한 봉우리를 나타낸다.

서로 다른 NMR에 활성이 있는 핵을 같은 세기의 자기장에 노출시켰다면 다른 ν값에서 공명하게 된다. 예를 들어, 7.05 T 자석에서 클로로플루오로메테인(chlorofluoromethane, CH_2ClF) 시료의 가상적인 스펙트럼을 얻는다면, 여섯 개의 NMR 활성핵에 해당되는 여섯 개의 흡수를 관찰할 수 있을 것이다. 그림 10-6에서 볼 수 있는 것처럼 ^1H, ^{19}F, ^{35}Cl 및 ^{37}Cl이 가장 양이 많고, ^{13}C (1.11%)와 ^2H (0.015%)는 매우 적게 관찰된다.

고분해능 NMR 분광기는 동일한 원소의 핵들을 구별할 수 있다

이제 클로로(메톡시)메테인(콜로로메틸 메틸 에터), $ClCH_2OCH_3$의 NMR 스펙트럼을 살펴보자. 7.05 T에서 0~300 MHz까지 관측하면 각 원소에 대하여 한 개 의 봉우리를 나타낼 것

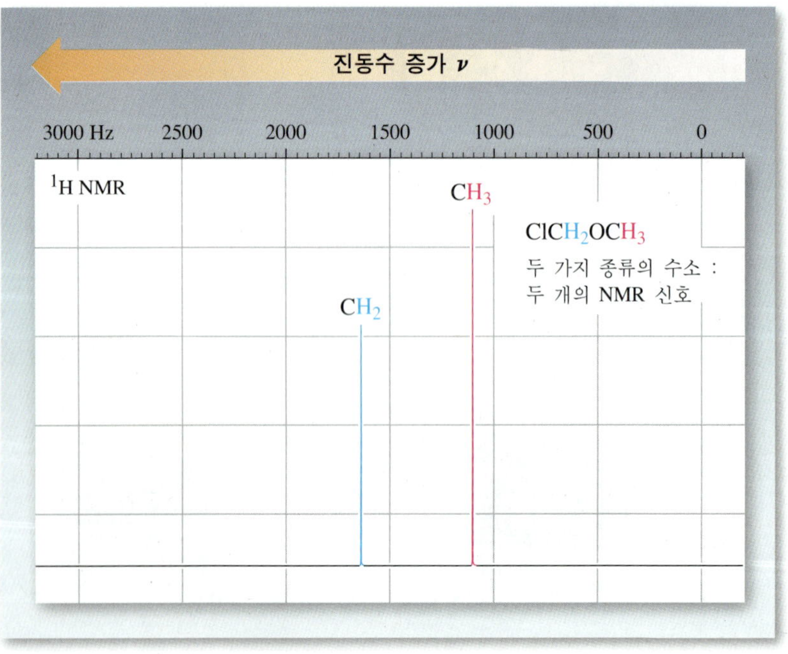

그림 10-8 Chloro (methoxy) methane의 300 MHz ^{1}H NMR 스펙트럼. 단순화하기 위해 0 Hz 선은 스펙트럼 기록지의 오른쪽에 정확히 300 MHz로 고정되었다.

이다(그림 10-7A). 마치 현미경을 이용하여 거시 세계의 세세한 부분을 확대하여 볼 수 있는 것처럼, 이러한 신호들을 확대하여 훨씬 더 많은 정보를 제공할 수 있도록 할 수 있다. 즉, **고분해능 NMR 분광법(high-resolution NMR spectroscopy)**이라는 기술을 이용하여 300,000,000 ~ 300,003,000 Hz 사이의 수소 공명을 연구할 수 있다. 이 영역에서 처음에는 갈라지지 않고 한 개의 봉우리로 보였던 것이, 실제로 두 봉우리로 구성되어 있음을 알 수 있다(그림 10-7B). 마찬가지로 75.3 MHz 부근에서 ^{13}C 스펙트럼은 고분해능 NMR에서 **두** 개의 봉우리를 나타낸다(그림 10-7C). 이러한 흡수는 각각 두 가지 수소와 탄소의 존재를 나타낸다. $ClCH_2OCH_3$의 실제 ^1H NMR의 스펙트럼을 그림 10-8에 나타내었다. **고분해능 NMR 분광법은 구조적 환경이 다른 수소와 탄소 원자를 구별하기 때문에, 구조를 밝히는데 있어서 강력한 도구가 된다.** 유기화학자는 어떤 다른 분광학적 기술보다 NMR 분광법을 더욱 자주 사용한다.

요약 특정 핵, 예를 들어 ^1H 와 ^{13}C은 작은 원자 자석이라고 볼 수 있어서, 자기장에 노출되었을 때 자기장에 대하여 같은 방향(α)으로 또는 반대 방향(β)으로 배향된다. 이러한 두 가지 상태는 에너지가 서로 같지 않기 때문에, 핵자기 공명 분광법에서 이용될 수 있는 하나의 조건이 된다. 공명 상태에서 라디오파의 복사선은 핵에서 흡수되어 알파 상태에서 베타 상태로 전이하는 효과를 나타낸다(들뜸). 베타 상태는 알파 상태로 이완되면서 소량의 열을 방출한다. 공명 주파수는 핵과 핵의 환경을 나타내는 특성인데, 외부 자기장의 세기에 비례한다.

10-4 분자 구조의 해석에 있어서 NMR 스펙트럼의 응용: 양성자의 화학적 이동값

클로로(메톡시)메테인에 존재하는 두 개의 서로 다른 집단의 수소가 다른 NMR 봉우리를 나타내는 이유는 무엇인가? 분자 구조가 NMR 신호의 위치에 어떻게 영향을 미치는가? 이 절에서는 이러한 질문에 대한 해답을 제공한다.

NMR 흡수의 위치를 **화학적 이동값(chemical shift)**이라고도 하는데, 이는 수소 주변의 전자 밀도에 의존하며, 결과적으로 관찰된 핵의 구조적 환경에 의해 좌우된다. 따라서 **분자내 수소들의 NMR 화학적 이동값은 화합물의 정확한 구조를 결정하는 데 중요한 단서가 된다.** 동시에 분자 구조가 NMR 실험에서 어떤 "영향"을 주는가를 결정하게 된다.

NMR 신호의 위치는 핵의 전자적 환경에 의존한다

그림 10-8에 나타낸 클로로(메톡시)메테인의 고분해능 ^1H NMR 스펙트럼에서 두 종류의 수소가 두 개의 분리된 공명 흡수를 일으키고 있다. 이와 같은 영향의 근원은 무엇인가? 그것은 각각의 수소핵의 전자적 환경이 다르기 때문이다. 자유로운 양성자는 본질적으로 전자의 영향을 받지 않는다. 그러나 유기 분자는 자유로운 양성자가 아닌 공유 결합으로 연결된 수소핵을 포함하며, 이러한 결합에 있어서의 전자들은 핵자기 공명 흡수에 영향을 준다.*

결합된 수소들은 결합의 극성, 연결된 원자의 혼성화, 전자 주는기 및 전자 끄는기의 존재에 따라서 전자 밀도가 변하는 전자 껍질로 둘러싸여 있다. 전자로 둘러싸인 핵이 세기가 H_0인 자기장에 노출되면, 이 전자들은 H_0에 대해 **반대방향**으로 조그마한 **국부 자기장(local magnetic field, h_{local})**을 발생하도록 움직인다. 결과적으로 수소핵 주변의 전체 자기장 세기는 **감소**하며, 그 핵은 전자 구름에 의해 H_0로부터 **가려막기(shielded)**되어 있다고 한다(그림 10-9). 가려막기의 정도는 핵 주변의 전자 밀도의 크기에 의존한다. 전자를 더하면 가려막기 효과가 증가하고, 전자를 제거하면 **벗김(deshielding)** 효과를 일으킨다.

*NMR을 이야기 할때 **양성자**와 **수소**를 흔히(잘못된 것이지만) 혼용하고 있다. "양성자 NMR"과 "분자내의 양성자"는 공유 결합으로 열결된 수소를 의미한다.

그림 10-9 외부 자기장 H_0는 수소핵 주위의 결합 전자들에 의해 전류가 발생하며, 결과적으로 H_0와 반대방향의 국부 자기장이 생긴다 [이런 현상을 Lenz의 법칙으로 알고 있을 것이다. 이 법칙은 러시아의 물리 학자 Heinrich Friedrich Emil Lenz (1804-1865) 의 이름을 딴 것이다. 전자의 이동방향이 해당되는 전류 (양극에서 음극으로 흐르는 것으로 정의됨) 의 반대방향임을 주의하라].

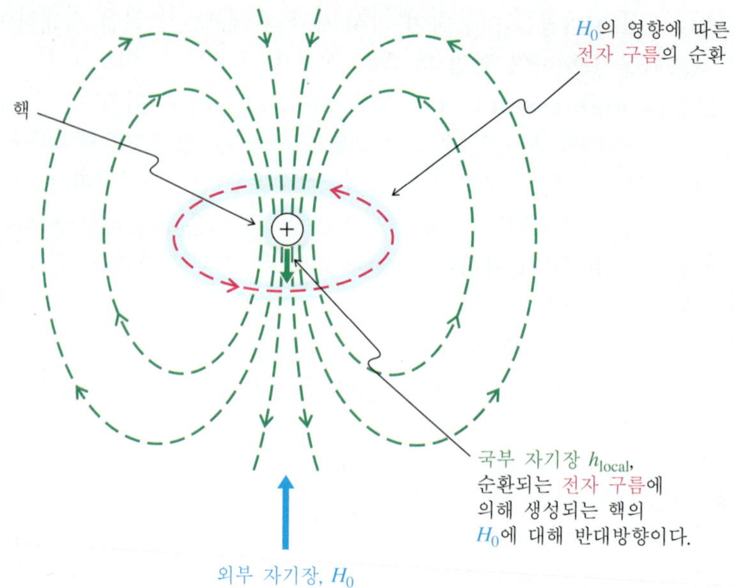

가려막기 효과는 NMR 흡수의 상대적 위치에 어떤 영향을 주는가? NMR 스펙트럼이 기록되는 방식에 따른 결과이지만, 가려막기는 NMR 스펙트럼에서 흡수 봉우리의 위치를 **오른쪽**으로 이동시킨다. **벗김**은 흡수 봉우리의 위치를 왼쪽으로 이동시킨다 (그림 10-10). 화학자들에게는 **오른쪽**, **왼쪽**이라는 용어를 사용하기 보다는 스펙트럼이 기록되는 옛날 방식 (pre-FT) 에서 유래된 용어를 사용하는 데에 익숙하다. 여기서 가려막기를 상쇄 (극복) 하기 위해서는 외부 자기장의 세기 H_0가 증가하여야 공명을 일으킬 수 있다 (H_0는 ν에 비례한다는 것을 기억하라). 따라서 봉우리는 **높은장 (high field)** 에 있다고 하거나 **높은장 (upfield**, 오른쪽으로) 으로 이동했다고 한다. 반대로 벗김은 신호가 **낮은장 (low field**, 왼쪽으로) 에 나타나게 된다.

화학적으로 각기 다른 수소는 독특한 전자적 환경을 가지므로 특징적인 공명을 일으킨다. 반대로 **화학적으로 동등한 수소들은 같은 위치에 봉우리를 나타낸다**. 화학적으로 동일한 수소들은 대칭성과 관련이 있으며 사이클로알케인의 모든 수소 원자, 뷰테인의 메틸기 수소 및 메틸렌 수소들은 각각 동등한 수소에 해당된다 (10-5절 참조).

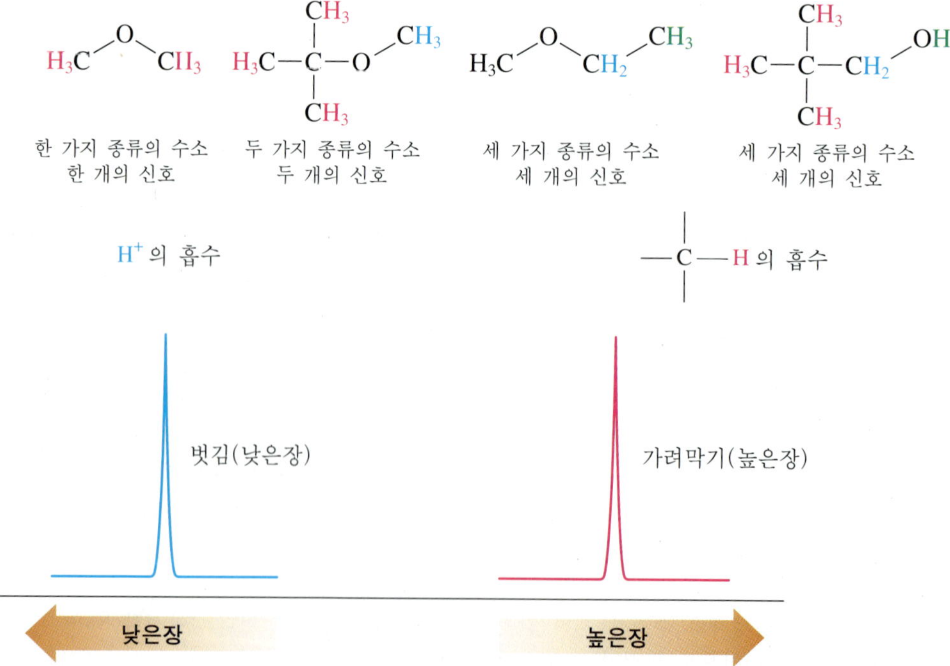

그림 10-10 공유 결합으로 수소의 가려막기 효과. 가릴 수 있는 결합된 전자가 없어 벗겨진 핵. H^+는 가장 적게 가려진 것이다. 다르게 표현하면 이것의 신호는 스펙트럼의 왼쪽 또는 낮은장에서 나타난다. 예를 들어, 탄소에 결합된 수소는 결합 주위를 둘러싸고 있는 전자들에 의해서 가려져 있다. 따라서 이것의 신호는 오른쪽 또는 높은장에서 나타난다.

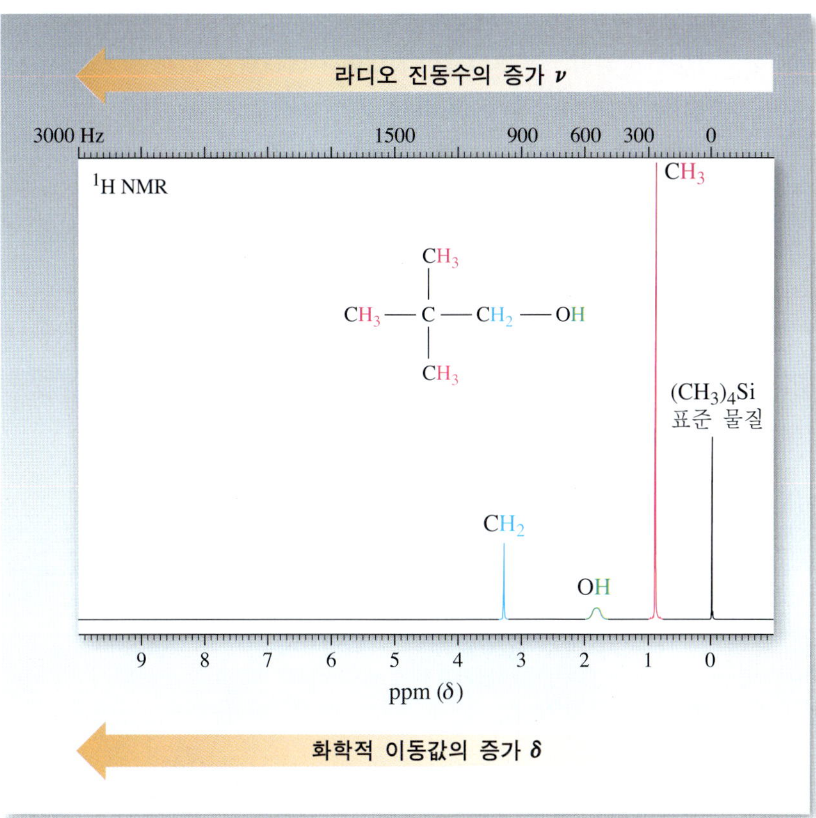

그림 10-11 $CDCl_3$ (내부 표준 물질로서 tetramethylsilane이 소량 들어 있음) 에서 2,2-dimethyl-1-propanol의 300 MHz ^{1}H NMR 스펙트럼. 세 가지 종류의 수소에 대한 세 개의 봉우리가 관찰된다 (바닥에 표시된 척도는 화학적 이동값을 δ로 표시한 것이며, 이 값은 아랫 부분에서 정의되겠지만 tetramethylsilane으로부터의 거리를 나타낸다).

다음 절에서 화학적 동등성의 몇 가지 시험에 대한 내용이 기술될 것이지만, 몇몇 간단한 구조의 분자 동등성에 대해서는 매우 쉽게 확인할 수 있다. 그림 10-11의 2,2-다이메틸-1-프로판올의 NMR 스펙트럼은 이러한 특성을 잘 나타내고 있다. 세 개의 흡수가 나타나지만, 하나는 (가장 가려진) 삼차 뷰틸기의 아홉 개의 동등한 메틸 수소이고, 다른 하나는 OH에 해당되는 것이며, 세 번째 (가장 벗겨진) 는 CH_2 수소에 대한 흡수이다.

화학적 이동값은 NMR 봉우리의 위치를 나타낸다

스펙트럼 자료는 어떻게 기록되는가? 앞에서 언급한 대로 300 MHz ^{1}H NMR에서 대부분의 수소 흡수는 3000 Hz 부근에서 나타난다. 각 공명에 대해서 정확한 진동수를 기록하는 대신, 테트라메틸실레인 $(CH_3)_4Si$이라는 내부 표준 물질에 대해 상대적인 값으로 나타낸다. 이 화합물에는 12개의 동등한 수소 원자가 있으며, 대부분의 유기 분자 수소보다 상대적으로 가려막기 효과가 크기 때문에, 공명선이 일반적인 스펙트럼의 영역으로부터 벗어나 있으므로 편리하다. 따라서 조사할 화합물의 NMR 흡수 위치는 내부 표준 물질에 대해 상대적으로 측정된다 (Hz 단위로 측정). 예를 들면, 이러한 방법으로 2,2-다이메틸-1-프로판올의 신호는 $(CH_3)_4Si$로부터 각각 266, 541, 978 Hz 낮은장에 위치한다 (그림 10-11).

그러나 이 수치는 **외부 자기장의 세기에 따라 변하므로** 문제가 있다. 자기장의 세기와 공명 주파수는 비례하므로, 장의 세기를 두 배나 세 배 증가시키면 $(CH_3)_4Si$로부터 관찰된 봉우리의 거리 (Hz로 표시) 도 두 배나 세 배로 커진다. 이와 같은 복잡성을 피하고, 다른 자기장의 세기에서 다른 문헌에 보고된 스펙트럼과 비교하기 위해 $(CH_3)_4Si$로부터의 거리 (Hz로 표시) 를 분광기의 진동수로 나누어 측정된 진동수를 표준화한다. 이러한 과정에 의해 **자기장과 무관한** 수치인 **화학적 이동값 δ (chemical shift δ)** 를 구한다.

화학적 이동값

$$\delta = \frac{(CH_3)_4Si\text{로부터의 봉우리까지의 거리 (Hz 단위)}}{\text{분광기의 진동수 (megahertz 단위)}} \text{ ppm}$$

화학적 이동값은 백만분의 일 단위로 기록한다(ppm). $(CH_3)_4Si$에서 δ는 0.00으로 규정한다. 그림 10-11에 있는 2,2-다이메틸-1-프로판올의 NMR 스펙트럼은 다음과 같은 형식으로 기록한다. ^1H NMR (300 MHz, $CDCl_3$) $\delta = 0.89, 1.80, 3.26$ ppm.

표 10-2 유기 분자에서 수소의 화학적 이동값

수소[a]의 유형	ppm에서 화학적 이동값 δ	
일차 알킬 RCH_3	0.8~1.0	알케인과 유사 알케인의 수소
이차 알킬 RCH_2R'	1.2~1.4	
삼차 알킬 R_3CH	1.4~1.7	
알릴기의 이중 결합에 이웃하는, $R_2C{=}C(CH_3)R'$	1.6~1.9	불포화 기능기에 결합한 수소
벤질기의 벤젠 고리에 이웃하는, $ArCH_2R$	2.2~2.5	
케톤, $RC(=O)CH_3$	2.1~2.6	
알카인, $RC{\equiv}CH$	1.7~3.1	
클로로알케인, RCH_2Cl	3.6~3.8	전기음성이 큰 원자에 결합한 수소
브로모알케인, RCH_2Br	3.4~3.6	
아이오드알케인, RCH_2I	3.1~3.3	
에터, RCH_2OR'	3.3~3.9	
알코올, RCH_2OH	3.3~4.0	
말단 알켄, $R_2C{=}CH_2$	4.6~5.0	알켄 수소
내부 알켄, $R_2C{=}CHR'$	5.2~5.7	
방향족, ArH	6.0~9.5	
알데하이드, $RC(=O)H$	9.5~9.9	
알코올의 수산기, ROH	0.5~5.0	(유동적)
사이올, RSH	0.5~5.0	(유동적)
아민, RNH_2	0.5~5.0	(유동적)

[a]R, R′, 알킬기 Ar, 방향족(아르곤이 아님)

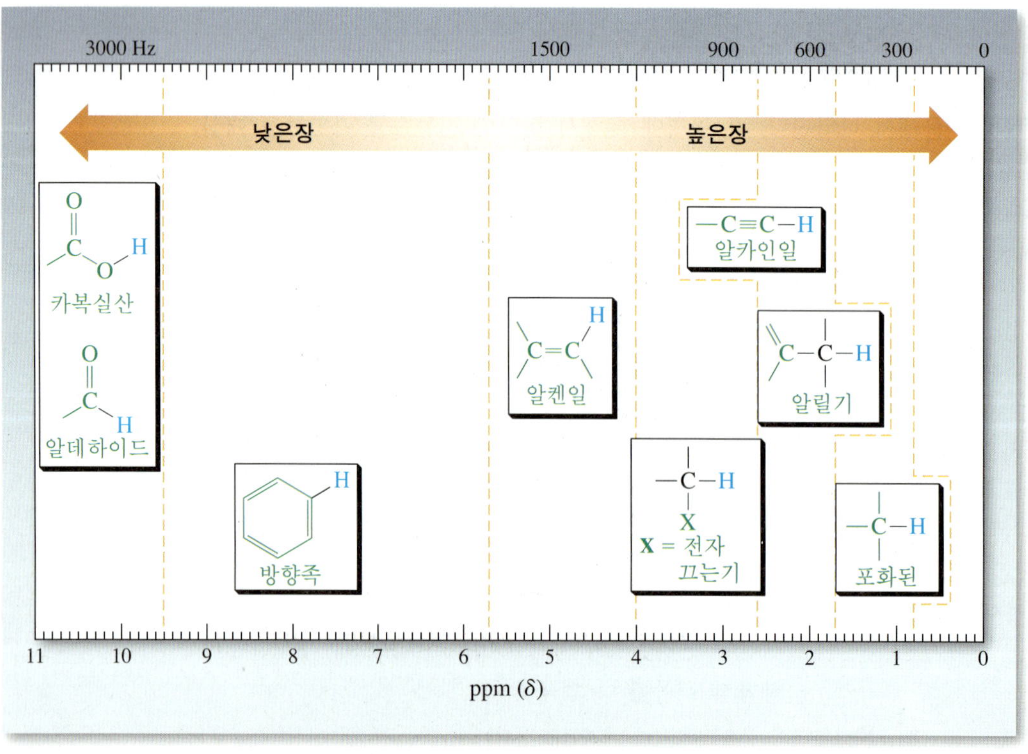

표 10-3 전기음성적인 원자의 벗김 효과

CH_3X	X의 전기음성도 (표 1-2)	CH_3의 화학적 이동값 δ(ppm)
CH_3F	4.0	4.26
CH_3OH	3.4	3.40
CH_3Cl	3.2	3.05
CH_3Br	3.0	2.68
CH_3I	2.7	2.16
CH_3H	2.2	0.23

(전기음성 증가 ↑) (화학적 이동값의 증가 ↑)

연습 문제 10-3

90 MHz NMR 기기에서 2,2-dimethyl-1-propanol의 세 개의 봉우리는 $(CH_3)_4Si$로부터 각각 80, 162, 293 Hz 낮은장에 기록된다. δ값을 계산하고, 300 MHz NMR에서 얻을 수 있는 값과 비교해 보시오.

작용기가 특성적인 화학적 이동값을 갖게 한다

NMR이 가치 있는 분석 도구가 되는 이유는 분자내에 있는 수소의 종류를 확인할 수 있기 때문이다. 각종 수소는 그들의 구조적 환경에 따라서 특성적인 화학적 이동값을 가진다. 전형적인 유기 구조 단위에 대한 수소의 화학적 이동값이 표 10-2에 수록되어 있다. 지금까지 논의한 구조 형태, 즉 알케인, 할로알케인, 에터, 알코올, 알데하이드, 케톤과 같은 구조 형태에 대한 화학적 이동값 영역에 익숙해지는 것이 중요하다. 다른 구조 형태에 대해서는 계속되는 장에서 상세히 논의될 것이다.

알케인의 수소 흡수는 비교적 높은장 ($\delta = 0.8 \sim 1.7$ ppm) 에서 일어난다는 것을 기억하라. 전자 끄는기 또는 원자(할로젠이나 산소와 같은)에 가까운 수소는 상대적으로 더 낮은장으로 이동한다. 이러한 치환기는 이웃하는 수소핵에 **벗김** 효과를 준다. 표 10-3에 인접한 헤테로원자가 메틸기의 화학적 이동값에 어떻게 영향을 미치는가를 나타내었다. 원자의 전기음성도가 클수록 메테인에 비해 메틸 수소가 벗김 효과를 더 많이 받는다. 몇 가지의 이러한 치환기는 옆에 나타낸 세 가지 클로로메테인들에서 보는 것처럼 누적 효과를 나타낸다. 전자 끄는기의 벗김 효과 영향은 거리가 멀어짐에 따라 급격히 감소한다. 이러한 감소 효과는 1-브로모프로페인의 정전기 퍼텐셜 지도에서도 확인할 수 있다. 브로민과 결합된 탄소 주위는 상대적으로 전자가 부족(푸른색)하다. 프로필 사슬로 더 진행되면 처음에는 녹색, 다음에는 오렌지-황색을 나타내며, 전자의 증가를 의미한다.

Chloromethane
누적된 벗김 효과

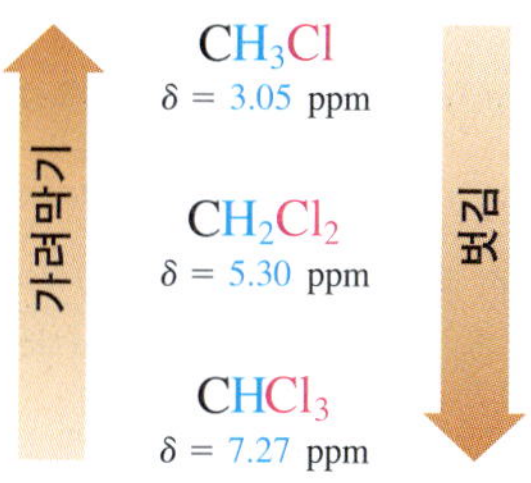

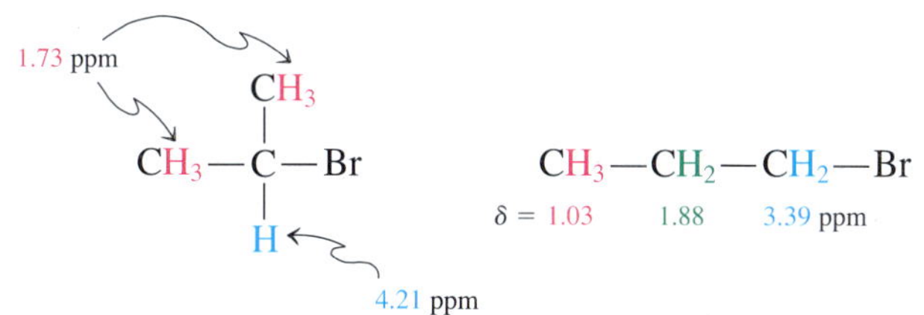

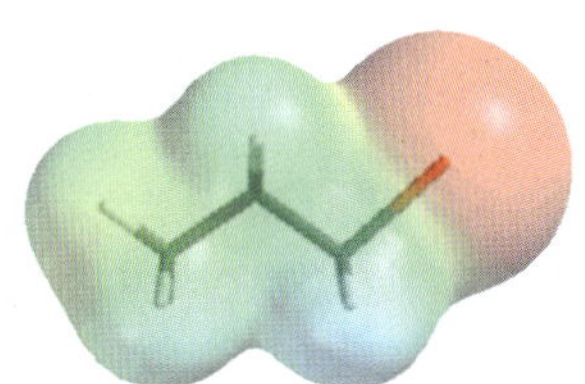
1-Bromopropane

연습 문제 10-4

Chloro (methoxy) methane (그림 10-8 참조) 의 ^1H NMR 신호를 각각의 수소에 대하여 어떻게 할당할 것인가 설명하시오 (**힌트**: 각 종류의 수소에 대하여 전기음성도가 큰 이웃 원자들의 수를 고려하라).

NMR은 오래된 와인에서의 예상치 않은 아세트산의 존재를 병을 열지 않고 확인하기 위해 사용될 수 있다. 여기서는 California 주립대학 Davis의 April Weekly 박사와 Matthew Augustine 교수가 1959년산 Bordeaux 병의 NMR을 찍기 위해 준비하고 있다(*N. Schore*에 의해 촬영됨).

연습 문제 10-5

다음 화합물의 ^1H NMR에서 예상되는 δ값을 표 10-2를 토대로 제시하시오.

(a) $CH_3CH_2OCO_2CH_3$ **(b)** H_3C–CH=CH–CH_3

(c) H_3C–C(=O)–H **(d)** H–C≡C–CH_2CH_2–OH

표 10-2에서 언급한 바와 같이 하이드록시(OH), 머캅토(SH), 아미노(NH_2) 수소는 넓은 영역의 진동수에 걸쳐 흡수를 나타낸다. 이러한 시료의 스펙트럼에서 헤테로원자에 결합되어 있는 수소의 흡수 봉우리는 상대적으로 넓게 나타난다. 이러한 화학적 이동값의 변화 가능성은 수소 결합과 양성자 교환이 그 원인이며, 온도, 농도, 물과 같은 다른 수소 결합 물질에 의존하게 된다. 간단히 말하자면 수소 결합 정도가 다르면 수소핵의 전자 환경도 변화하게 된다. 이처럼 선의 폭이 넓어질 때는 OH, SH, NH_2(NHR) 기들이 있다는 것을 의미한다(그림 10-11 참조).

요약 유기 분자에 존재하는 여러 가지 수소 원자는 특정 화학적 이동값 δ를 가지는 특정적인 NMR 봉우리에 의해 확인될 수 있다. 전자가 적은 환경에서는 벗김 효과가 나타나 낮은장(high-δ)에서 흡수가 일어나고, 전자가 많은 환경에서는 반대로 나타나게 된다. 화학적 이동값 δ는 내부 표준 물질인 테트라메틸실레인 $(CH_3)_4Si$의 공명 주파수와 측정된 공명 주파수 사이의 차이(Hz)를 분광기의 진동수(MHz)로 나누어 백만분의 일 단위로 표기한다. 알코올의 OH기와 싸이올의 SH기, 아민의 NH_2(NHR)기에 대한 NMR 스펙트럼은 농도와 습기에 의존한 δ값을 가지며, 특징적으로 폭이 넓은 봉우리를 나타낸다.

10-5 화학적 동등성에 대한 실험

지금까지 나타낸 NMR 스펙트럼에서 화학적으로 동등한 위치를 점유하는 둘 이상의 수소는 오직 **한 가지**의 NMR 흡수를 나타내었다. 일반적으로 **화학적으로 동등한 양성자는 같은 화학적 이동값을 가진다고 할 수 있다.** 그러나 화학적으로 동등한 핵을 알아내는 것이 항상 용이하지만은 않으며, 특정 화합물의 예상 NMR 스펙트럼을 결정하기 위해서는 5장에서 나타낸 대칭 조작을 이용하게 된다.

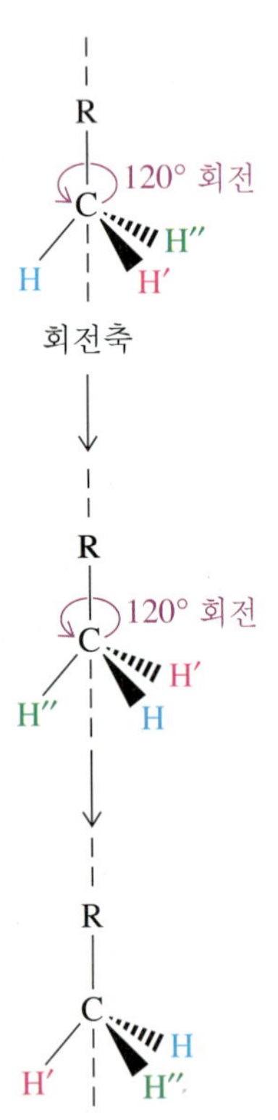

그림 10-12 대칭의 시험으로서 methyl기의 회전.

분자 대칭은 화학적 동등성을 확인하는 데 도움이 된다

화학적 동등성을 확인하려면 분자와 그들 치환기의 대칭에 대해 알아야 한다. 이미 알고 있는 바와 같이 대칭의 한 형태는 거울면의 존재이다(5-1절, 그림 5-4). 그리고 또 다른 하나는 회전 동등성이다. 예를 들면, 그림 10-12는 두 번의 연속적인 120° 회전이 구조적 변화에 어떤 영향도 주지 않으면서, 메틸기의 각 수소가 다른 두 개의 위치를 점유하도록 허용하는 것을 나타내고 있다. 따라서 메틸기의 빠른 회전을 통해서 모든 수소가 동등해지며, 동일한 화학적 이동값을 제공하게 된다. 이러한 현상이 실제적인 것이라는 것을 곧 알 수 있게 된다.

회전 대칭이나 거울 대칭, 또는 두 가지의 원리를 함께 응용하면 다른 화합물에서 동등한 핵을 지정할 수 있다(그림 10-13).

연습 문제 10-6

개념 문제: 동등한 수소의 존재에 대한 판단

$CH_3OCH_2CH_2OCH_2CH_2OCH_3$에 대하여 얼마나 많은 ^1H NMR 흡수선을 기대할 수 있는가?

전략

가장 쉽게 접근할 수 있는 방법은 모형을 만들거나 모든 수소 원자를 평면에 놓고 구조를 상세히 그리는 것이다.

그런 다음 수소들의 동등성을 나타나게 하는 거울면이나 회전축을 찾을 필요가 있다.

풀이

- 먼저, 분자의 면과 일치하며, 짙게 표시된 쐐기형 수소와 점선으로 표시된 수소가 동일한 것으로 인식될 수 있는 수직방향의 **거울면 1**이 존재함을 알 수 있다.
- 다음으로, 분자의 왼쪽 반과 오른쪽 반을 동일하게 만드는 면으로 분자 중앙의 산소를 통과하는 두 번째 **거울면 2**가 존재함을 알 수 있다.
- 마지막으로 methyl기의 수소는 **회전**에 의해서 동등하게 된다.
- Methylene는 이웃으로 회전시킬 수 있는 대칭 조작이 없으므로, methyl기는 이웃하는 메틸렌기와는 분명히 다른 것이다.

따라서 세 가지의 양성자 공명 신호를 예상할 수 있다.

거울면 1

회전

회전

거울면 2

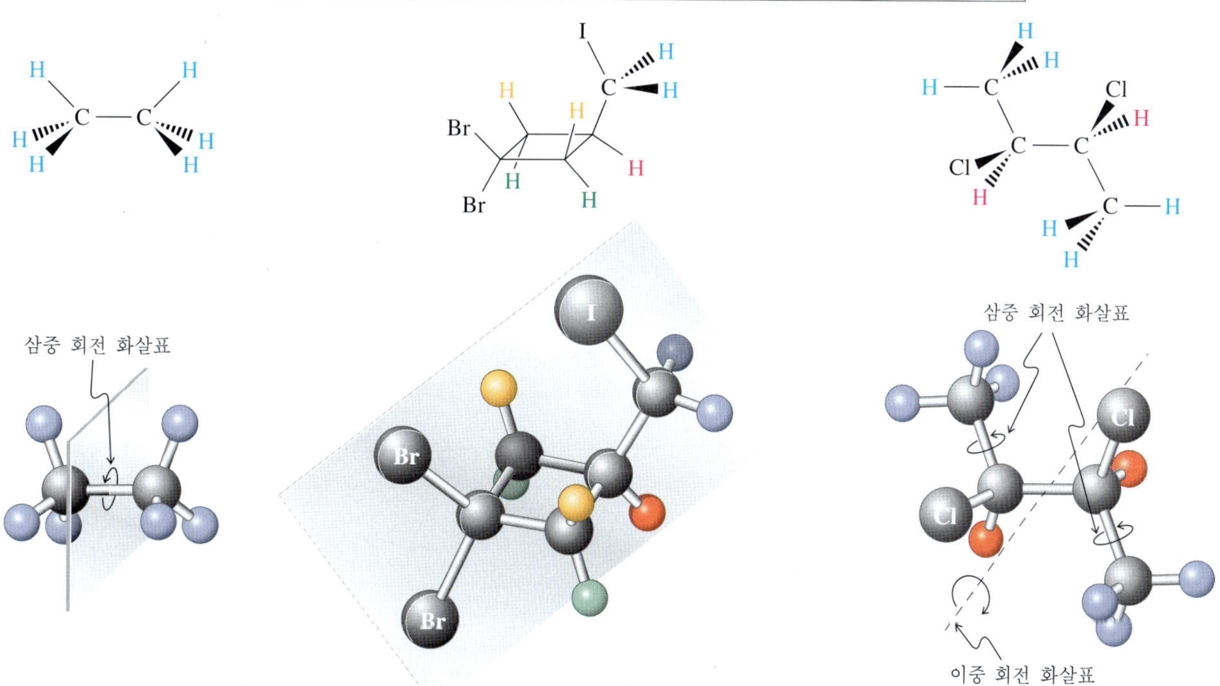

그림 10-13 유기 분자에 있어서 회전 대칭과 거울 대칭에 대한 지식은 화학적 이동값이 동일한 수소들을 확인 가능토록 한다. 그림에서 다른 색은 특유의 화학적 이동값을 가지며, 독립된 흡수선을 나타내는 핵들을 구별하고 있음을 나타낸다.

연습 문제 10-7

자습 문제

(a) 2,2,3,3-tetramethylbutane, **(b)** oxacyclopropane에 대하여 각각 얼마나 많은 ^{1}H NMR 흡수선을 기대할 수 있는가?

NMR 시간 척도에서 형태의 상호변환을 통해 동등해질 수 있다

MODEL BUILDING

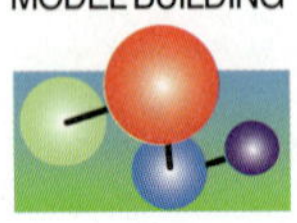

클로로에테인과 사이클로헥세인의 두 가지 예에 대해서 고찰해 보자. 클로로에테인은 두 개의 동등한 수소를 가지고 있으므로, 두 개의 NMR 봉우리를 가져야 한다. 사이클로헥세인은 12개의 동등한 수소핵을 가지기 때문에 하나의 흡수만 보일 것으로 기대된다. 그러나 이러한 기대가 합리화될 수 있을까? 이러한 두 분자의 가능한 형태들을 고려해 보자(그림 10-14).

$\underset{b}{CH_3}\underset{a}{CH_2}Cl$

먼저 클로로에테인의 가장 안정한 형태는 엇갈린 배열로서, 메틸 수소 중 한 개(그림 10-14의 Newman 투시법에서 H_{b_3})가 염소 원자에 대해 **안티**로 놓여 있다. 이와 같은 특이한 핵은 두 **고우시** 수소(H_{b_1}과 H_{b_2})와 다른 화학적 이동값을 가질 것으로 예상할 수 있다. 그러나 사실 NMR 분광기는 메틸기의 빠른 회전으로 H_b 신호를 평균하기 때문에 이러한 차이를 분리할 수 없다. 이러한 회전은 "NMR 시간 척도에서 빠르다"라고 표현된다. 이와 관련된 흡수는 각각의 H_b가 가질 것으로 예상되는 두 신호의 평균 δ 값에서 나타난다.

이론적으로 시료를 냉각시키는 방법을 이용하여 클로로에테인의 회전을 느리게 할 수 있다. 실제로는 회전에 필요한 활성화 에너지 장벽이 불과 수 kcal mol^{-1}에 해당되므로, 회전을 "동결"시키는 것은 매우 힘들다. 이 시료를 -180 ℃까지 낮추어야 하며, 이 온도에서 대부분의 용매가 결정화되어 일반적인 NMR 분광법으로는 측정이 불가능해진다.

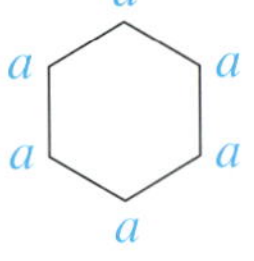

사이클로헥세인의 경우도 이와 유사하다. 빠른 형태 이성질현상으로 NMR 시간 척도(그림 10-14B)에서 축방향 수소는 적도방향 수소와 평형 상태에 놓이게 되어, 상온의 NMR 스펙트럼에서 오직 한 개의 날카로운 선이 $\delta = 1.36$ ppm에서 관찰된다. 그러나 클로로에테인과 대조적으로 평형화 과정은 -90°C에서 충분히 느려지며, 한 개의 흡수 대신 두 개로 관찰된다. 하나는 여섯 개의 축방향 수소로 $\delta = 1.12$ ppm이며, 다른 하나는 여섯 개의 적도방향 수소로 $\delta = 1.60$ ppm에 나타난다. 고리의 반전에 대한 활성화 에너지 장벽 [$E_a = 10\text{-}8$ kcal mol^{-1} (45.2 kJ mol^{-1}), 4.3절 참조]이 클로로에테인의 회전 장벽보다 훨씬 높기 때문에, 이 온도에서 사이클로헥세인의 형태 이성질화현상은 NMR 시간 척도에서 동결되게 된다.

일반적으로 NMR에서 신호가 분리되기 위해 평형 상태에 놓여 있는 분자의 수명은 대략

A

뒷면 methyl기의 회전

B

고리 뒤집기

그림 10-14 (A) Chloroethane의 Newman 투영식. H_{b_3}는 염소 치환기와 안티 위치에 있으므로 H_{b_1}과 H_{b_2}와 같은 환경이 아니다. 그러나 빠른 회전 때문에 모든 methyl기의 신호는 NMR 시간 척도에 대하여 평균화된다. (B) Cyclohexane의 어떤 형태이더라도 한 형태에서 축방향 수소들은 적도방향 수소와 다르다. 그러나 형태 뒤집기가 NMR 시간 척도 내에서는 매우 빠르기 때문에, 평균을 나타내는 단 하나의 신호만이 관찰된다. 여기에서 색은 환경의 차이를 구별하기 위해서 사용되었고, 따라서 특이한 화학적 이동값을 나타낸다.

초 단위가 되어야 한다. 만약 그 간격이 상당히 좁아지면 **평균** 스펙트럼이 얻어진다. 실제로 화학자들은 이와 같은 시간과 온도에 의존한 NMR 현상을 이용하여 화학 과정의 활성화 지수들을 평가하는데 이용한다(2.1절). NMR의 시간 척도와 관련된 현상을 시각적인 방법으로 간단히 설명할 수 있다. 눈을 분광기로 가정하고, 특정 속도로 일어나고 있는 현상을 관찰해 보자. 눈앞에서 손등과 손바닥을 연속적으로 뒤집어 보라. 그 속도가 매초 1회씩 진행된다면 손의 모양을 정확히 관측할 수 있을 것이다. 하지만 초당 5회를 뒤집게 되면, 손의 모양은 평균적으로 흐릿한 형상만을 관찰할 수 있게 될 것이다.

연습 문제 10-8

Bromocyclohexane에 대하여 얼마나 많은 ^{1}H NMR 흡수선을 기대할 수 있는가?(**주:** 빠른 고리 뒤집기를 고려하더라도, 브로민에 대해서 시스 위치에 있는 수소는 트랜스 위치에 있는 수소와 동등해지지 않는다. 모형을 구성하라!)

연습 문제 10-9

개념 문제: 두 가지 거울상이성질체에 대한 ^{1}H NMR 스펙트럼

Cis-와 *trans*-1,2-dichlorocyclobutane에 대하여 얼마나 많은 ^{1}H NMR 흡수선을 기대할 수 있는가?

전략

입체화학적인 문제의 경우 항상 모형을 구성하는 것이 유용하다. 쐐기 모양의 선표현을 통하여 양쪽 분자의 입체 구조를 그려라. 그리고 거울면과 회전축의 대칭 요소를 찾아라.

풀이

- 시스 이성질체에 대해서 C1 — C2와 C3 — C4를 양분하는 오른쪽 절반과 왼쪽 절반의 거울면(아래의 첫 번째 구조에서 보듯이)이 존재함을 알 수 있으며, 이 거울면은 메조 입체이성질체를 만들게 된다(5.6절). 이를 통해서 동등한 수소에 해당되는 쌍(색으로 표현되어 있듯이)을 알 수 있게 된다. 염소 치환기에 대해 시스에 위치하는 녹색의 수소가 트랜스에 놓여 있는 푸른색의 수소와 동등해지지 않는다는 점에 주의하라(연습 문제 10-8 참조). 따라서 이 이성질체는 ^{1}H NMR에서 세 개의 신호를 보일 것으로 예상할 수 있다.

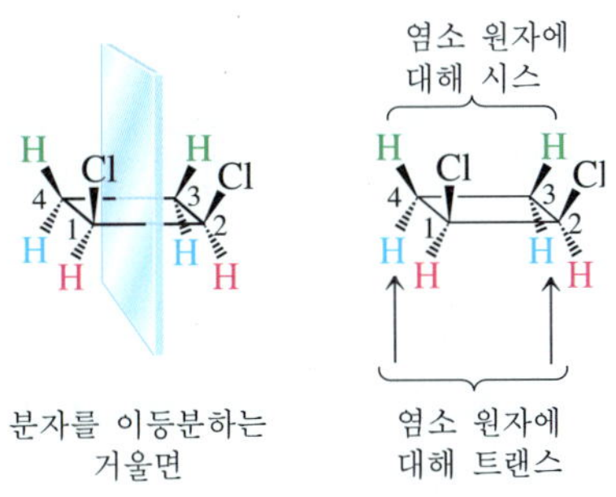

cis-1,2-Dichlorocyclobutane

- 트랜스 이성질체에 대해서는 거울면이 존재하지 않지만[따라서 분자는 카이랄이 된다(5-6절)] 회전축이 존재한다. 이 대칭 성질은 다시 세 쌍의 동등한 수소(색으로 표현됨)로 나누게 되지만, C3와 C4는 다르게 배당이 되어 있다. 시스 이성질체와는 달리 동일한 색상을 가진 수소는 트랜스 관계에 있다. 초록색의 수소는 특징적으로 이웃하는 염소 원자에 대해서 시스이지만 떨어진 염소 원자에 대해서는 트랜스 관계에 있다. 반면에 푸른색의 수소는 이웃하는 염소 원자에 대해서 트랜스 위치이며, 다른 염소 원자에 대해서는 시스 관계에 있다. 따라서, 이 화합물 또한 세 개의 신호를 보이지만, 시스 이성질체에 대해서 입체이성질현상을 보이기 때문에 다른 화학적 이동값을 보이게 된다. 반면에, 거울상이성질체의 경우 NMR 스펙트럼의 성질상 동일하게 나타나게 된다(5-2절).

화학 이야기 10-2

의학에서의 자기 공명 영상

유기화학에 NMR이 소개된 1960년대 말 이래로, 물리학자와 화학자들이 이 기술이 의료진단에 사용될 수 없을까? 라고 묻기까지는 많은 시간이 소요된 것은 아니다. 특히, 스펙트럼이 분자의 이미지 같은 것으로 보여진다면, 인간(또는 동물)의 인체 단면을 왜 볼 수 없겠는가? 이 해답은 1970년대 초반과 1980년대 중반에 나타나게 되었으며, 화학적 이동값, 적분, 그리고 스핀-스핀 갈라짐에 근거한 통상적인 정보에 의존한 것이 아니라, **양성자 완화 시간**(*proton relaxation time*)이라는 다른 현상에 의존한 것이다. 따라서 수소 원자가 알파→베타로 반전한 후에 다시 알파 상태로 되돌아가는 완화 속도는 일정치 않고 환경에 의존한다. 완화 시간은 10^{-3}초에서 수 초 정도 범위이며, 이에 상응하는 신호의 선 모양에 영향을 미친다. 인체 내에서는 생체 분자 표면에 붙어 있는 물 분자의 수소는 자유로운 유체 내의 수소보다 더 빠르게 완화된다는 사실이 알려졌다. 뿐만 아니라 물이 결합된 조직 또는 구조의 본성에 따라서 약간씩 차이가 있다. 예를 들어, 몇몇의 악성 종양에 있는 물은 건강한 세포 내의 물보다 완화 시간이 짧다. 이러한 차이를 **자기 공명 영상**(MRI)에 의하여 인체 내부를 영상화하는데 이용할 수 있다. 이런 응용법으로 환자의 전신이 큰 전자석의 양극 내에 놓이면 NMR 스펙트럼이 수집되어 컴퓨터 연산을 거쳐서 신호 강도에 대한 일련의 단면들이 도면으로 나타난다. 이런 단면 도면들은 결합되어 오른쪽의 사진에서 나타낸 바와 같이 조직 내의 양성자 밀도에 대한 삼차원 영상을 만든다.

대부분의 신호가 물 때문이므로 정상적인 물밀도 형태로부터 변화가 검출될 수 있으며, 이를 통해 진단에 이용할 수 있다.

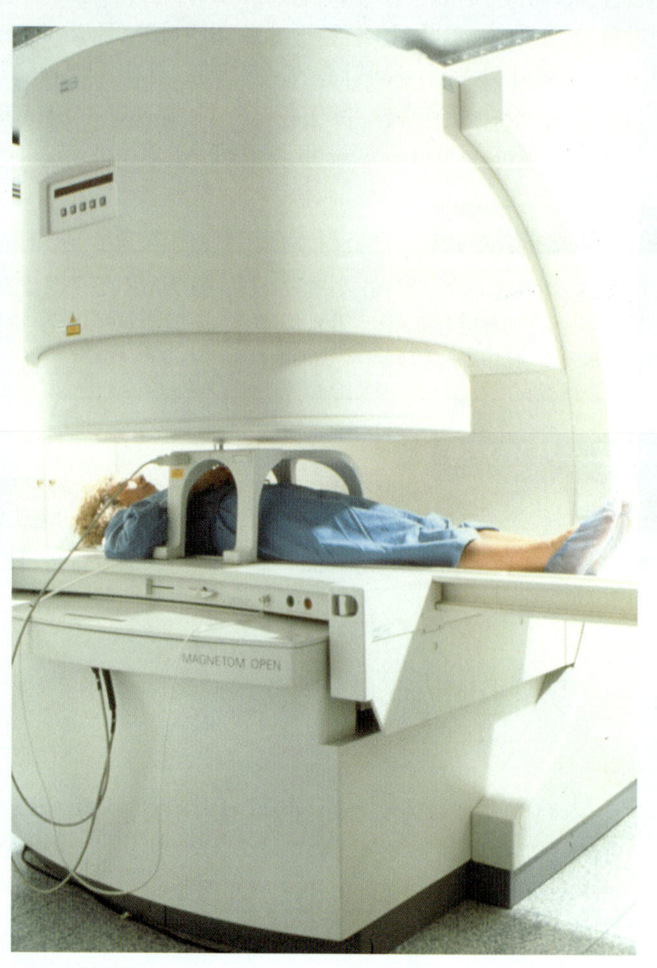

MRI 전신 촬영.

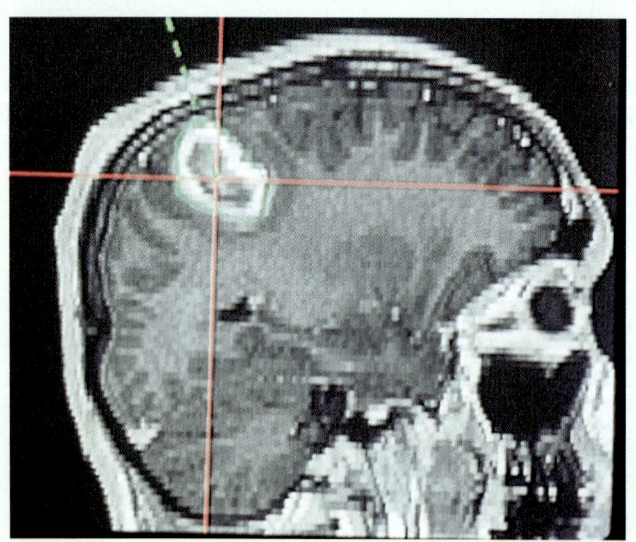

종양을 보여 주는 뇌의 MRI 스캔. 이 스캔은 컴퓨터 의존 뇌수술에 이용된다. 초록색의 점선은 수술이 시작되어야 하는 위치를 나타내며, 얼굴은 오른쪽이다. 많은 수의 스캔이 종양의 삼차원 지도를 제공하는 강력한 현미경으로 프로그램되어 있으므로, 높은 정밀도를 가지며, 효율적으로 악성 종양을 제거할 수 있다.

과거 20년 동안의 성능 향상은 분석에 필요한 시간을 수분에서 수초로 단축할 수 있었으며, 이를 통해서 신체의 모든 중요 부분들을 직접적으로 관찰하고, 갑작스런 환경 변화를 추적할 수 있게 되었다. 혈류, 신장의 분비, 화학적 불균형, 혈관 상태, 췌장의 이상, 심기능 등의 많은 의학적 현상들을 쉽게 관찰할 수 있게 되었다. 2003년의 노벨의학상은 MRI*의 발견의 공로로 수여되었다. MRI는 특히 CAT (computerized axial tomography**) 스캔과 통상적인 X선에 의해서 발견되지 않는 이상을 검출하는 데 유용하다. 다른 영상화 방법과는 달리 이 기술은 **비침습적**이며, 이온화하는 방사선이라 시각화를 위해서 방사능 물질의 주사를 요구하지 않는다.

*Paul C. Lauterbur 교수(1929~2007), Illinois 대학 Urbana-Champaign, Illinois ; Sir Peter Mansfield 교수(1933년생), Nottingham 대학, 영국.

** Tomography는 물체의 특이 단면을 촬영하는 방법이다.

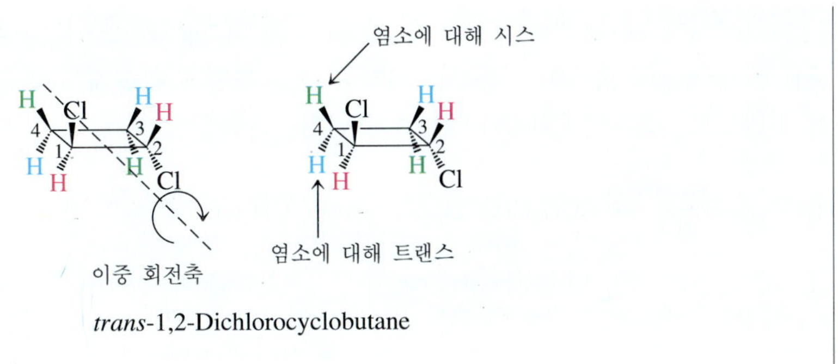

trans-1,2-Dichlorocyclobutane

연습 문제 10-10

자습 문제

5-5절의 복습: 2-Bromo-3-chlorobutane의 두 가지 부분입체이성질체에 대하여 얼마나 많은 ^{1}H NMR 흡수선을 기대할 수 있는가?(주: 이들 분자에 대칭이 존재하는가?)

요약 대칭의 성질들, 특히 거울상과 회전이 유기 분자 수소들의 화학적 이동값에 대한 동등성과 비동등성을 확립하는 데 도움이 된다. NMR 시간 척도에서 빠른 형태 변화를 일으키는 구조들은 상온에서 평균화된 스펙트럼만 나타난다. 어떤 경우 이 과정은 낮은 온도에서 "동결"되어 특유의 흡수를 나타내면서 관찰된다.

10-6 적분

이제까지 NMR 봉우리의 **위치**만 살펴보았다. 이 절에서는 NMR 분광법의 유용한 점으로 신호의 상대적인 적분 **세기**를 측정할 수 있는 기능에 대해서 알아보기로 한다. 적분 세기는 흡수를 일으키는 상대적 핵수에 비례한다.

적분은 NMR 봉우리에 해당하는 수소의 상대적인 개수를 나타낸다

하나의 분자에서 같은 종류의 수소가 많을수록 다른 신호에 비해 더 센 해당 NMR 흡수를 나타낸다. 한 봉우리 아래의 면적("적분 면적")을 측정하고, 다른 신호에 해당하는 봉우리 아래의 면적과 비교하여 분자내 핵의 비율을 정량적으로 측정할 수 있다. 예를 들면, 2,2-다이메틸-1-프로판올(그림 10-15A)의 스펙트럼에서 상대적인 면적비가 9 : 2 : 1인 세 개의 신호가 관찰되었다.

이러한 숫자들은 컴퓨터에 의해서 얻어지며, **적분(integration)** 모드를 선택하면 정규 스펙트럼의 상단에 그려진다. 이 모드에서는 흡수 봉우리가 시작되는 점에서 기록계의 펜이 봉우리 아래 면적에 비례하는 거리만큼 수직으로 상승하며 움직이게 된다. 그런 다음 다른 봉우리가 나타날 때까지 수평으로 움직이게 된다. 각 봉우리에서 수평선으로부터 떨어진 거리를 측정하기 위해 자를 사용할 수 있다. **이때 나타난 상대적인 크기가 여러 신호를 나타내는 수소들의 비(ratio)를 표시한다.** 그림 10-15는 적분을 포함한 2,2-다이메틸-1-프로판올과 1,2-다이메톡시에테인의 ^{1}H NMR 스펙트럼을 나타내고 있다.

이러한 적분 도시는 분자내에 많은 종류의 수소가 있거나 또는 시료가 순수하지 않아서 스펙트럼이 매우 복잡할 때 시각적 검사가 유리하기 때문에 유용하다. 일반적으로 컴퓨터가 적분 봉우리의 세기를 자동적으로 수치로 나타낸다. 따라서 이후에 나타내는 스펙트럼에는 이러한 값을 해당하는 신호 위에 수치로 주어지게 될 것이다.

화학적 이동값과 봉우리의 적분값은 구조를 결정하는데 이용될 수 있다

신호 면적 적분이 화학적 이동값과 더불어 구조 결정에 어떻게 이용되는지 알아보자. 예를 들어, 1-클로로프로페인 $CH_3CH_2CH_2Cl$의 일염소화반응에서 세 가지 생성물을 얻었다고 하자.

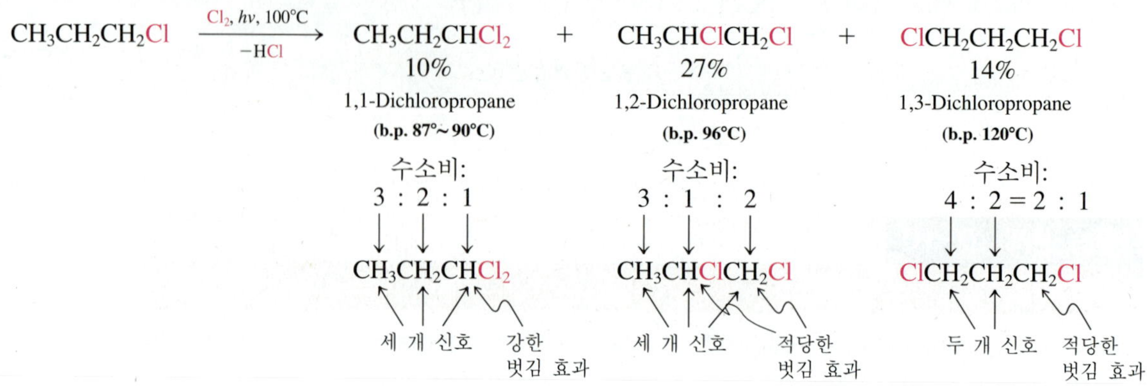

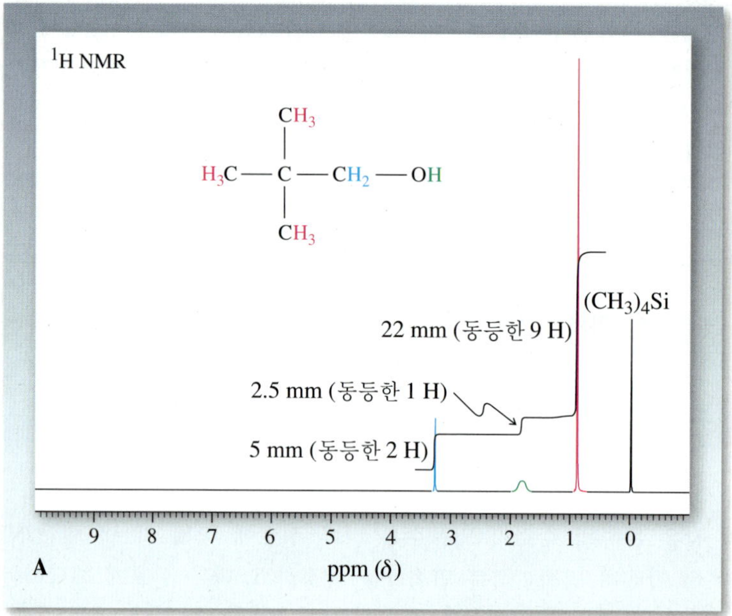

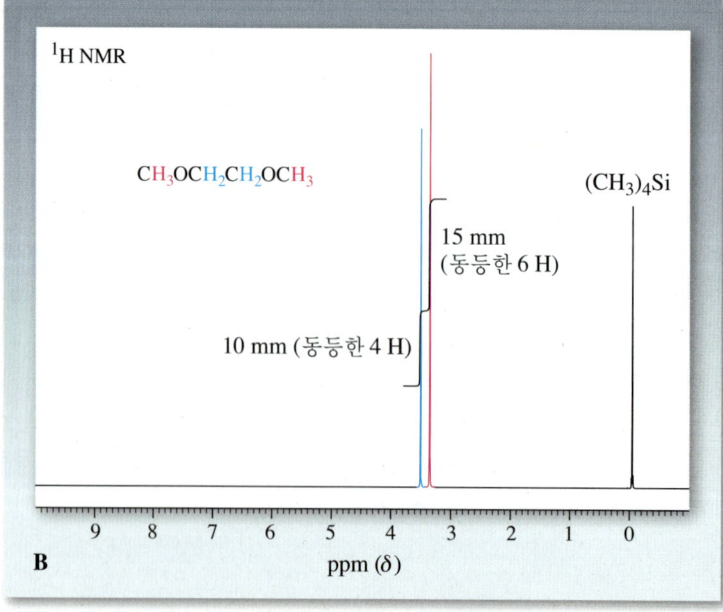

그림 10-15 $(CH_3)_4Si$가 첨가된 $CDCl_3$에서의 적분된 300 MHz ^1H NMR 스펙트럼. (A) 2,2-dimethyl-1-propanol, (B) 1,2-dimethoxyethane. (A)에서 자로 측정한 적분 면적은 5 : 2.5 : 22 (mm 표시) 이다. 약분하여 최소의 숫자로 표시하면 봉우리의 비는 2 : 1 : 9가 된다. 적분은 단지 **비율**을 나타내며, 시료에 있는 수소의 절대수를 나타내는 것은 아니다. 따라서, (B)의 예에서 화합물이 포함한 수소비는 6 : 4인데, 적분 봉우리는 ~3 : 2로 나타난다.

모두 같은 분자식 $C_3H_6Cl_2$를 가지며, 매우 비슷한 물리적 성질(예를 들면, 끓는점)을 가진다.

NMR 분광법은 세 가지의 모든 이성질체를 분명히 구분한다. 1,1-다이클로로프로페인은 세 가지 형태의 동등하지 않은 수소를 가지며, 3 : 2 : 1 비율의 세 NMR 신호를 나타낸다. 두 할로젠 원소의 누적된 벗김 효과 때문에 한 개의 수소 신호는 비교적 낮은장(δ = 5.93 ppm)에서 흡수된다. 다른 것들은 비교적 높은장(δ = 1.01과 2.34 ppm)에서 흡수된다.

또한 1,2-다이클로로프로페인도 CH_3, CH_2, CH기와 연관되어 세 개 집단의 신호를 나타낸다(화학 이야기 10-3 참조). 그러나 대조적으로 그들의 화학적 이동값은 상당히 다르다. 이제 두 종류는 할로젠 원소를 포함하여, 결과적으로 낮은장의 신호를 나타낸다(CH_2에 대한 δ = 3.68 ppm과 CH에 대한 δ = 4.17 ppm). 적분으로 세 개의 수소를 나타내는 하나의 신호는 CH_3기로 비교적 높은장에서 나타난다(δ = 1.70 ppm).

마지막으로, 1,3-다이클로로프로페인은 상대비가 2 : 1인 두 개의 봉우리(δ = 3.71과 2.25 ppm)만 나타내는데, 다른 두 이성질체와 분명히 다른 형태의 스펙트럼이다. 이러한 방법을 통해서 세 가지 생성물의 구조는 간단한 측정으로 용이하게 파악할 수 있다.

연습 문제 10-11

Chlorocyclopropane은 염소화반응을 통해서 분자식이 $C_3H_4Cl_2$인 세 가지 화합물을 생성한다. 이들의 구조를 그리고, ^{1}H NMR을 이용하여 어떻게 그들을 구분할 수 있는지 설명하시오(**힌트**: 대칭 요소를 찾고 염소의 벗김 효과와 적분을 이용하라).

요약 적분을 통해서 NMR 분광기는 여러 봉우리의 상대적인 면적을 기록하며, 그 값은 이러한 흡수를 일으키는 수소의 상대적인 개수를 나타낸다. 이러한 정보는 이성질체의 확인의 경우처럼 화학적 이동값과 함께 구조를 확인하기 위해 유용하게 이용될 수 있다.

10-7 스핀-스핀 갈라짐: 동등하지 않은 이웃 수소의 영향

지금까지 보여 준 고분해능 NMR 스펙트럼은 비교적 단순한 선 형태를 가지고 있다. 날카로운 단일 봉우리의 형태이며, **단일선(singlet)**이라고도 한다. 이러한 스펙트럼을 나타내는 화합물은 한 가지 공통된 특징을 가진다. 각각의 비동등한 수소들은 최소한 하나의 탄소나 산소 원자에 의해 분리되어 있다. 이런 단순한 형태의 스펙트럼을 예로 선택한 것은 나름대로 이

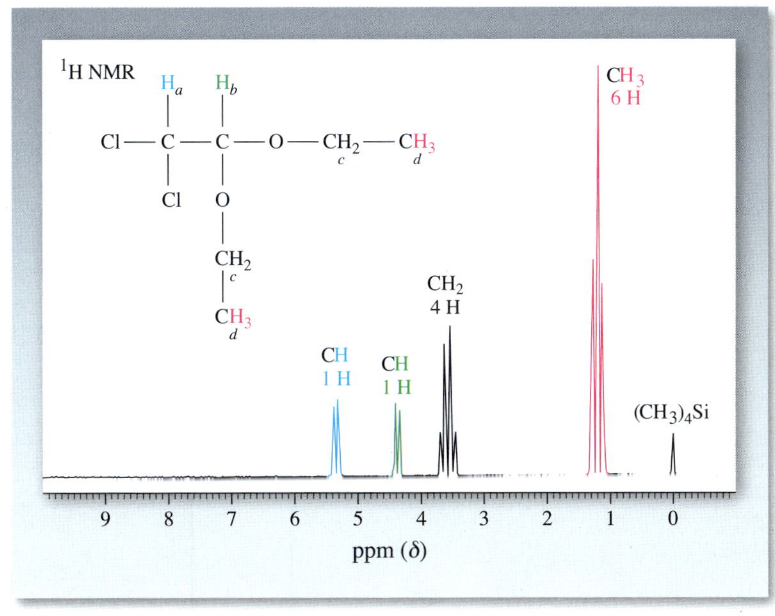

그림 10-16 1,1-Dichloro-2,2-diethoxyethane의 90 MHz ^{1}H NMR 스펙트럼의 스핀-스핀 갈라짐. 갈라짐 형태는 네 가지 양성자에 대해서 두 개의 이중선, 한 개의 삼중선, 한 개의 사중선을 포함한다. 이러한 다중선은 이웃 수소의 영향 때문에 나타난다. 주: H_a와 H_b의 관련된 배정은 분명하지 않다(표 10-3 참조). 따라서 추가적인 자료의 고려가 필요하다.

유가 있었다. 즉, **스핀-스핀 갈라짐(spin-spin splitting)** 또는 **스핀-스핀 짝지음(spin-spin coupling)**이라는 현상의 결과로 인해 이웃 수소핵이 스펙트럼을 복잡하게 할 수 있기 때문이다.

그림 10-16은 1,1-다이클로로-2,2-다이에톡시에테인의 NMR 스펙트럼으로, 네 가지 종류의 수소를 가지므로 네 개의 흡수를 나타낸다(H_a—H_d). 단일 봉우리 대신 **다중선(multiplet)**이라는 복잡한 형태를 취한다. 두 개의 봉우리[또는 **이중선(doublet)**]를 가지는 흡수 두 개와 네 개의 봉우리[**사중선(quartet)**]를 가지는 흡수 한 개, 그리고 세 개의 봉우리[**삼중선(triplet)**]를 가지는 흡수가 한 개 나타난다. 이러한 다중선은 흡수를 일으키는 핵에 바로 이웃한 수소 원자의 개수와 종류에 의해 나타나게 된다.

화학적 이동값 및 적분과 연관되어 스핀-스핀 갈라짐은 때때로 미지 화합물의 완전한 구조를 알아내는 데 도움을 준다. 이것을 어떻게 이해해야 할 것인가?

한 개의 이웃 수소는 공명하는 핵의 신호를 이중선으로 갈라지게 한다

우선 상대 적분이 1이며, 두 개의 단일 수소 H_a와 H_b로 지정한 두 이중선을 생각해 보자. 이 봉우리의 갈라짐은 외부 자기장에 놓여 있는 핵의 형태로 설명된다. 이들은 외부 자기장에 대해 같은 방향(알파)에 놓여 있거나, 반대방향(베타)에 놓여 있는 자그마한 자석과 같다. 두 상태의 에너지 차이는 매우 작으며(10-3절 참조), 상온에서 거의 같은 수만큼 존재한다. 조사 대상의 경우 두 가지의 자기적 형태인 H_a가 있다. 대략 H_b에 인접한 절반은 알파 상태이고, 나머지 절반은 베타 상태이다. 역으로, H_b도 인접 H_a에 대해 두 가지 형태를 가진다. 그들 중 절반은 알파이고, 나머지 절반은 베타이다. H_a와 H_b는 그들 사이에 존재하는 세 개의 결합을 거쳐 자기적 특성을 가진 이웃의 영향을 받게 된다. NMR 스펙트럼에서 이와 같은 현상의 결과는 무엇인가?

H_b에 인접한 외부 자기장과 같은 방향에 놓인 H_a 형태의 양성자는 H_b의 알파 스핀의 영향이 첨가되어 강화된 전체 자기장에 노출된다. 이러한 형태의 H_a와 공명하기 위해, 교란시키는 이웃 수소가 없는 H_a보다 더 작은 외부 자기장 세기가 필요하다. 실제로, 예상보다 더 낮은장에서 봉우리가 관찰된다(그림 10-17A). 그러나 이 흡수는 H_a 양성자의 절반에만 기여하게

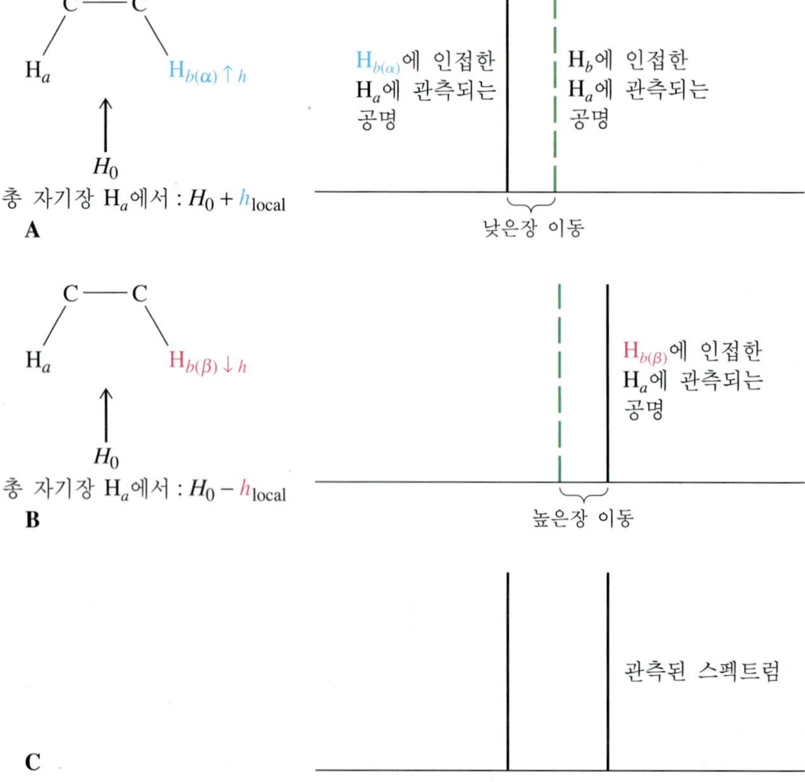

그림 10-17 이웃 양성자의 화학적 이동값에 대한 수소핵의 영향이 스핀-스핀 갈라짐의 한 예이다. 관찰하는 수소가 두 종류의 이웃 양성자를 가지므로, 두 개의 봉우리가 생긴다. (A) 이웃 핵 H_b가 알파 상태이면 그것은 국부 자기장 h_{local}을 H_0에 더하는 것이며, 그 결과로 H_a 봉우리는 낮은장으로 이동한다. (B) 이웃 핵이 베타 상태에 있으면 국부 자기장은 외부 자기장과 반대로 놓이고, 결과적으로 H_a 봉우리가 높은장으로 이동한다. (C) 관찰된 봉우리 형태는 이중선이 된다.

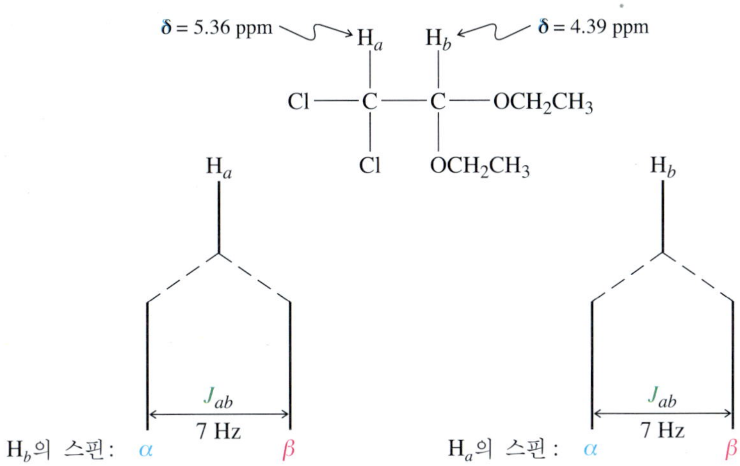

그림 10-18 1,1-Dichloro-2,2-diethoxymethane의 H_a와 H_b의 스핀-스핀 갈라짐. 짝지음 상수, J_{ab}는 두 이중선에서 같이 나타난다. 화학적 이동값은 다음과 같은 형식으로 이중선의 중심으로 나타낸다. δ_{H_a} = 5.36 ppm (d, J = 7 Hz, 1 H), δ_{H_b} = 4.39 ppm [d, J = 7 Hz, [1]H. "d"는 갈라짐 형태를 나타내며 (이중선), 마지막 합은 흡수의 적분값을 나타낸다].

된다. 나머지 절반은 이웃으로서 베타 상태의 H_b를 갖는다. 베타 상태의 H_b는 외부 자기장과 **반대로** 놓이므로, 이 경우 H_a 주변의 국부 자기장 세기는 **감소**한다. 공명하기 위해 외부 자기장 H_0는 증가해야 하며, 높은장으로의 이동이 관찰된다 (그림 10-17B). 이러한 결과로 스펙트럼은 이중선이 된다 (그림 10-17C).

양과 음에 무관하게 H_b의 H_0에 대한 국부 자기장의 기여도는 같은 크기가 되므로, 가상 신호의 낮은장 이동은 높은장 이동과 동일한 값을 가진다. 이웃 양성자가 없는 H_a의 예상된 단일 흡수는 H_b에 의해 이중선으로 **갈라졌다**고 한다. 이 이중선의 각 봉우리의 적분은 각각 50% 수소에 해당함을 보여 준다. H_a의 화학적 이동값은 그 이중선의 중심으로 나타낸다 (그림 10-18).

H_b에 대한 신호도 같은 맥락이다. 이 수소 또한 이웃에 두 형태의 수소 [$H_{a\,(알파)}$와 $H_{a\,(베타)}$]를 가진다. 결과적으로 이 흡수선도 이중선 형태로 나타난다. 따라서 NMR에서 H_a에 의해 H_b가 갈라진다고 표현한다. 상호 갈라짐의 크기는 동일하다. 즉, 각 이중선을 이루는 각 봉우리 사이의 거리 (Hz)는 동일하다. 이 거리를 **짝지음 상수 (coupling constant, *J*)**라고 한다. 그림 10-18의 예에서 J_{ab} = 7 Hz에 해당된다. 짝지음 상수는 이웃 핵이 기여한 자기장에만 관여하므로, 그것은 **외부 자기장 세기와 무관하다**. 사용된 NMR 각각의 자기장 세기와 무관하게 짝지음 상수는 **불변**이다.

일반적으로 스핀-스핀 갈라짐은 바로 이웃한 수소 사이에서만 관찰된다. 같은 탄소 원자에 결합되거나 [**같은 자리 짝지음 (geminal coupling)**, 라틴어 geminus에서 유래한 쌍둥이의 뜻], 두 인접 탄소 사이에 결합된 수소 사이에서만 상호작용이 일어난다 [**이웃자리 짝지음 (vicinal coupling)**, 라틴어 vicinus에서 유래한 이웃의 의미]. 둘 이상의 탄소 원자에 의해 떨어진 수소핵은 너무 멀어 짝짓기 힘들다. 또한 **동등한 화학적 이동값을 가지는 핵은 스핀-스핀 갈라짐을 나타내지 않는다.** 따라서 상온의 사이클로헥세인 (C_6H_{12})이 δ = 1.36 ppm에서 단일선 (10-5절 참조)을 보이는 것과 마찬가지로, 에테인 ($CH_3—CH_3$)의 경우 NMR 스펙트럼에서 δ = 0.85 ppm의 **단일선**만 나타나게 된다. 또 다른 예로서 1,2-다이메톡시에테인 (그림 10-15B)의 경우 NMR에서 두 개의 단일선을 보여 주게 되는 데, 한 개는 메틸기로부터 **다른** 하나는 화학적 이동값이 동일한 메틸렌 수소로부터 얻어지게 된다. 갈라짐은 다른 화학적 이동값을 가진 핵들 사이에서 나타나게 된다.

이웃하는 수소 사이의 짝지음

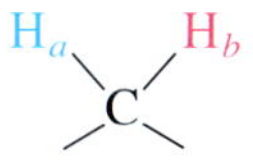

J_{ab}, 같은자리 짝지음 0~18 Hz 사이

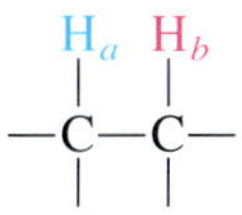

J_{ab}, 이웃자리 짝지음 대개 6~8 Hz 사이

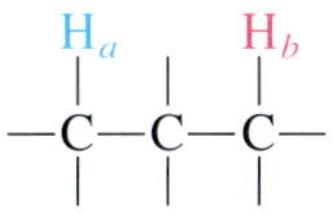

J_{ab}, 1,3-짝지음 무시 가능

한 개 이상의 수소에 의한 국부 자기장에 대한 기여는 누적된다

두 개 이상의 이웃 수소가 있는 핵을 어떻게 취급할 것인가? 이 물음에 대한 해답은 각 인접 원소의 영향을 분리해서 고려해야 한다. 그림 10-16에 나타내었던 1,1-다이클로로-2,2-다이에톡시에테인의 스펙트럼을 다시 살펴보자. H_a와 H_b로 지정한 두 이중선 이외에 이 스펙트럼은 메틸 양성자 H_d로 지정된 삼중선과 메틸렌 수소 H_c로 지정된 사중선을 가지고 있다. 두 가지

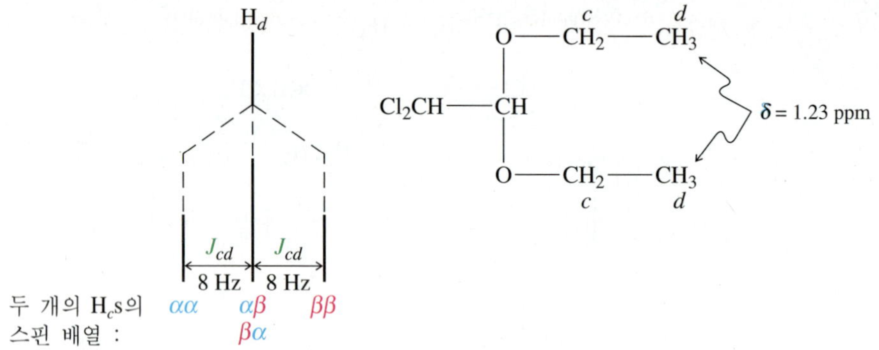

그림 10-19 핵 H_d는 자기적으로 비동등한 이웃 핵들의 세 가지 스핀 조합인 $H_{c(\alpha\alpha)}$, H_c ($_{\alpha\beta}$와 $_{\beta\alpha}$) 그리고 $H_{c(\beta\beta)}$ 때문에 세 개의 봉우리가 NMR 형태로 나타난다. 이러한 흡수의 화학적 이동값은 삼중선의 중심선으로 나타낸다. δ_{H_d} = 1.23 ppm (t, J = 8 Hz, 6 H, 여기서 "t"는 삼중선을 나타낸다).

동등하지 않은 핵들이 이웃하고 있기 때문에, 예상한 대로 이웃자리 짝지음이 관찰된다. 그러나 H_a와 H_b의 봉우리의 형태와 비교하여 H_c와 H_d의 형태는 훨씬 복잡하다. H_a와 H_b의 상호 짝지음을 설명하는 데 사용된 방법을 확대하여 이해할 수 있을 것이다.

우선 화학적 이동값과 적분값을 통해서 두 개의 메틸기 수소 H_d라고 지정이 가능한 삼중선에 대해서 생각해 보자. 하나의 봉우리 대신 대략 1 : 2 : 1의 비율을 가진 세 개의 봉우리를 관찰할 수 있다. 이러한 갈라짐은 인접 메틸렌기의 짝지음에 기인한 것이다. 그렇다면 이러한 짝지음은 어떻게 일어나는 것인가?

각 에톡시기의 세 개의 동등한 메틸 수소는 이웃하는 두 개의 동등한 메틸렌 수소를 가지며, 각각 이들은 알파나 베타 스핀을 선택한다. 따라서 각 H_d는 $\alpha\alpha$, $\alpha\beta$, $\beta\alpha$, $\beta\beta$의 조합을 가지는 두 개의 이웃 H_c를 접하게 될 것이다(그림 10-19). 첫 번째 가능성이 있는 $H_{c(\alpha\alpha)}$에 인접한 메틸 수소는 세 배로 강화된 국부 자기장에 노출되어 더 낮은장 흡수를 보여 줄 것이다. $\alpha\beta$나 $\beta\alpha$ 조합에서 H_c 핵 중 하나는 외부 자기장과 같은 방향에, 그리고 다른 하나는 반대방향에 놓이게 된다. 그 결과의 합은 H_d의 국부 자기장에 어떤 영향도 미치지 않는 것과 동일하다. 이 경우에는 H_c와 H_d 사이에 짝지음이 없는 경우에 예상할 수 있는 화학적 이동값에 해당하는 스펙트럼 봉우리를 나타내게 된다. 또한 이웃 H_c들($H_{c(\alpha\beta)}$ $H_{c\,(\beta\alpha)}$)의 **두** 동등한 조합이 이 신호에 기여하므로(처음 봉우리에 $H_{c(\alpha\alpha)}$가 기여한 것처럼 하나가 아니다), 대략적인 높이는 관찰한 대로 처음 봉우리의 두 배가 되어야 한다. 마지막으로 H_d는 이웃인 $H_{c(\beta\beta)}$ 조합의 영향을 받는다. 이 경우 국부 자기장은 외부 자기장으로부터 줄어들어 상대 세기 1의 높은장 봉우리를 형성하게 된다. 이러한 결과로 생기는 H_d에 대한 스핀-스핀 갈라짐 형태는 전체 적분이 여섯 개(두 개의 메틸기)의 수소에 해당되는 **1 : 2 : 1의 삼중선**으로 나타난다. 각 쌍의 인접 봉우리 사이의 거리로서 측정된 짝지음 상수 J_{cd}는 8 Hz이다.

그림 10-16에 있는 H_c에 대한 사중선도 같은 방법으로 해석할 수 있다(그림 10-20). 이 핵은 이웃에 네 개의 다른 형태의 H_d 양성자 스핀 조합에 노출되어 있다. 하나는 모든 양성자가 외부 자기장과 같은 방향으로 있는 경우($H_{d(\alpha\alpha\alpha)}$)이며, 세 개의 동등한 배열로 한 개의 H_d가 외부 자기장에 반대방향이고, 다른 두 개는 같은 방향으로 있는 경우($H_{d(\beta\alpha\alpha,\ \alpha\beta\alpha,\ \alpha\alpha\beta)}$)가 있

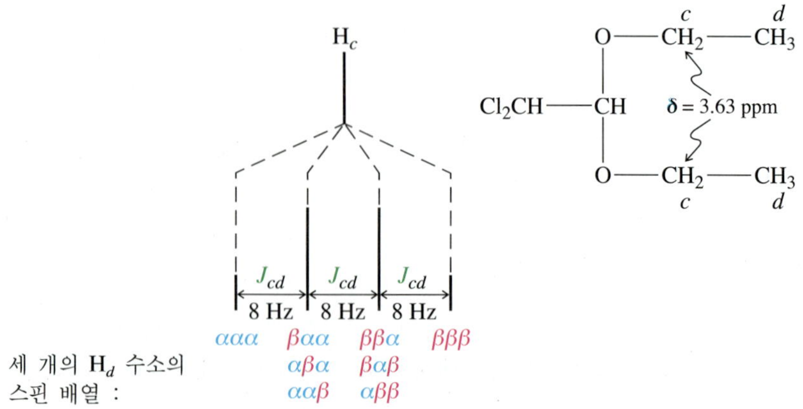

그림 10-20 H_d의 여러 가지 스핀 조합에 의한 H_c의 사중선으로의 갈라짐. 사중선의 화학적 이동값은 중간점으로 나타낸다. δ_{H_c} = 3.63 ppm (q, J = 8 Hz, 4 H. 여기서 "q"는 사중선을 나타낸다).

표 10-4 *N*개의 동등한 이웃 수소에 대한 NMR의 갈라짐과 그들의 적분비(Pascal의 삼각형)

동등한 이웃 수소(*N*)	봉우리의 수 (*N* + 1)	봉우리의 이름 (약어)	봉우리들의 적분비
0	1	단일선 [Singlet (s)]	1
1	2	이중선 [Doublet (d)]	1 : 1
2	3	삼중선 [Triplet (t)]	1 : 2 : 1
3	4	사중선 [Quartet (q)]	1 : 3 : 3 : 1
4	5	오중선 [Quintet (quin)]	1 : 4 : 6 : 4 : 1
5	6	육중선 [Sextet (sex)]	1 : 5 : 10 : 10 : 5 : 1
6	7	칠중선 [Septet (sep)]	1 : 6 : 15 : 20 : 15 : 6 : 1

으며, 또 다른 세 개의 동등한 배열로 한 개의 양성자가 외부 자기장과 동일한 방향으로 있는 경우 ($H_{d(\beta\beta\alpha,\ \beta\alpha\beta,\ \alpha\beta\beta)}$) 가 있으며, 마지막 가능성은 모든 H_d가 외부 자기장과 반대방향으로 있는 경우 ($H_{d(\beta\beta\beta)}$) 이다. 결과적으로 스펙트럼은 예상한 대로 관찰되며, **1 : 3 : 3 : 1의 사중선** (적분비 4) 로 이루어져 있다. 짝지음 상수 J_{cd}는 H_d에 대한 삼중선으로 측정된 값 (8 Hz) 과 같다.

많은 경우, 스핀-스핀 갈라짐은 *N* + 1 규칙을 따른다

다음의 단순한 규칙으로 지금까지의 스펙트럼 해석을 요약할 수 있다.

1. 하나의 이웃 수소에 인접한 동등한 핵은 **이중선**으로 공명한다.
2. 두 개의 동등한 수소에 인접한 동등한 핵은 **삼중선**으로 공명한다.
3. 세 개의 동등한 수소군에 인접한 동등한 수소는 **사중선**으로 공명한다.

표 10-4에 *N*개의 동등한 이웃 핵에 대한 예상된 갈라짐 형태를 나타내었다. NMR 신호는 ***N* + 1 규칙**으로 알려진 결과대로 ***N* + 1개의 봉우리로 갈라진다.** 이들의 상대 비율은 Pascal*의 삼각형이라는 수학적인 기억 방법으로 나타난다. 이 삼각형에서 각 숫자는 바로 윗줄의 가

*Blaise Pascal (1 623-1662), 프랑스의 수학자, 물리학자, 그리고 신앙심 강한 철학자.

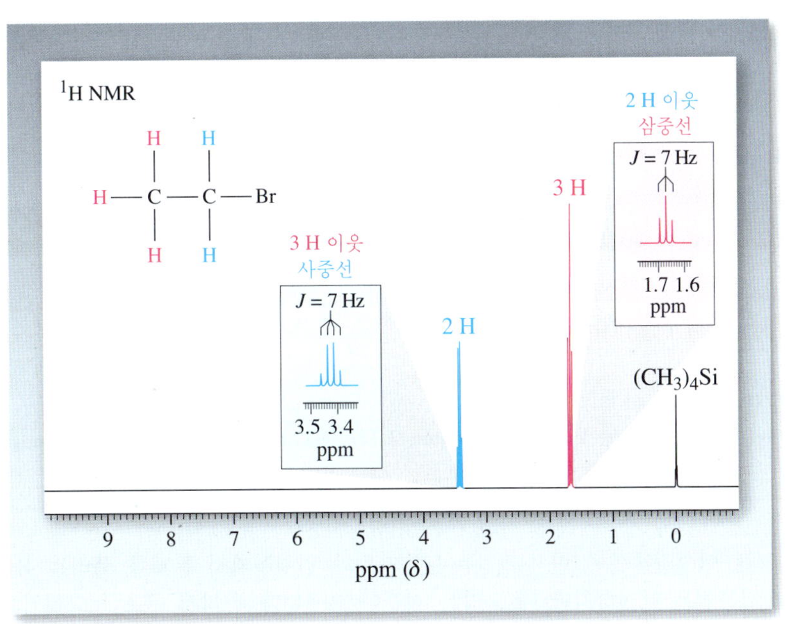

그림 10-21 Bromoethane의 300 MHz ^{1}H NMR 스펙트럼은 *N* + 1 규칙을 보여 주고 있다. 세 개의 동등한 이웃을 갖는 methylene기는 사중선으로 델타 = 3.43 ppm에서 나타나며, *J* = 7 Hz이다. 두 개의 동등한 이웃을 갖는 메틸 수소는 삼중선으로 델타 = 1.67 ppm에서 나타나며 *J* = 7 Hz이다.

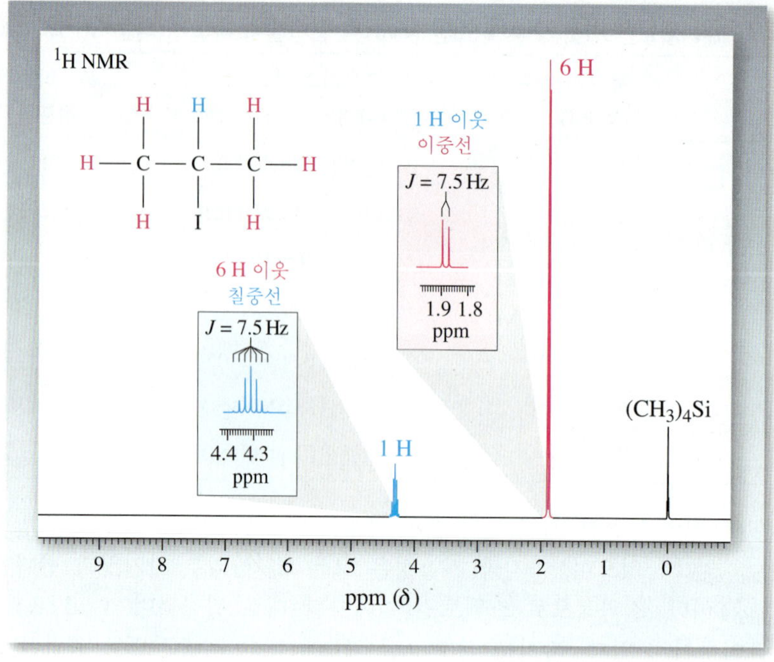

그림 10-22 2-Iodopropane의 300 MHz ^{1}H NMR 스펙트럼 델타 = 4.31 (sep, J = 7.5 Hz, 1 H), 1.88 (d, J = 7.5 Hz, 6 H). 여기서, sep은 칠중선을 나타낸다. 두 개의 methyl기에 있는 여섯 개의 동등한 핵은 삼차 수소에 대하며 칠중선을 나타낸다 (N + 1 규칙).

장 가까운 두 숫자의 합이다. 에틸과 1-메틸에틸(아이소프로필)과 같은 일반적인 두 알킬기의 갈라짐 양식을 그림 10-21과 10-22에 각각 나타내었다. 양쪽 스펙트럼에서 다중선의 적분 및 다중성은 Pascal의 삼각형에서 예측된 것과 비교적 동일한 형태를 보여 준다. 따라서 2-아이오도프로페인(그림 10-22)의 가운데 있는 수소의 칠중선의 양쪽 끝에 있는 봉우리의 경우 매우 작아서 쉽게 놓칠 수도 있게 된다. 수소의 신호가 일반적으로 다수의 이웃 수소에 의해 갈라지게 되므로, 해석에 있어서 세심한 주의가 요구되는 부분이다. 다중선의 적분값은 관련된 수소의 상대적인 숫자와 관련이 있기 때문에 해석에 있어서 용이하게 사용될 수 있다.

비동등한 핵은 서로서로 갈라진다는 것을 기억하는 것이 중요하다. 다시 말해, 하나의 갈라진 흡수의 관찰은 스펙트럼에서 또 다른 분리된 신호의 존재를 필요로 한다. 또한 이러한 형태의 짝지음 상수는 서로 같다. 흔히 볼 수 있는 몇 가지 다중선들과 이에 해당하는 구조 단위를 표 10-5에 나타내었다.

연습 문제 10-12

(a) Ethoxyethane (diethyl ether), **(b)** 1,3-dibromopropane, **(c)** 2-methyl-2-butanol, **(d)** 1,1,2-trichloroethane의 NMR 스펙트럼을 예상하여 제시하시오. 대략적인 화학적 이동값, 상대적 면적비(적분), 그리고 다중도를 제시하시오.

연습 문제 10-13

개념문제: 구조 결정에 있어서의 화학적 이동값, 적분값, 스핀-스핀 갈라짐의 이용

분자식이 $C_5H_{12}O$인 몇 가지 알코올과 에터 이성질체가 있다(예를 들어, 그림 10-11, 10-15 그리고 문제 47의 2,2-dimethyl-1-propanol 참조). 이들 중 A와 B는 다음의 ^{1}H NMR 스펙트럼을 나타낸다.

A: δ = 1.19 (s, 9 H), 3.21 (s, 3 H) ppm

B: δ = 0.93 (t, 3 H), 1.20 (t, 3 H), 1.60 (sextet, 2 H), 3.37 (t, 2 H), 3.47 (q, 2 H) ppm

두 가지 이성질체의 구조를 추론하시오.

전략

$C_5H_{12}O$의 모든 이성질체를 그린 다음 주어진 자료와 일치시켜서 문제를 풀려는 유혹에 빠질 수 있다. 이 접근법은 안전하지만 매우 많은 시간이 요구된다. 따라서 구조를 그리기 전에 가능

표 10-5 일반적인 알킬기에서 흔히 관찰되는 스핀-스핀 갈라짐

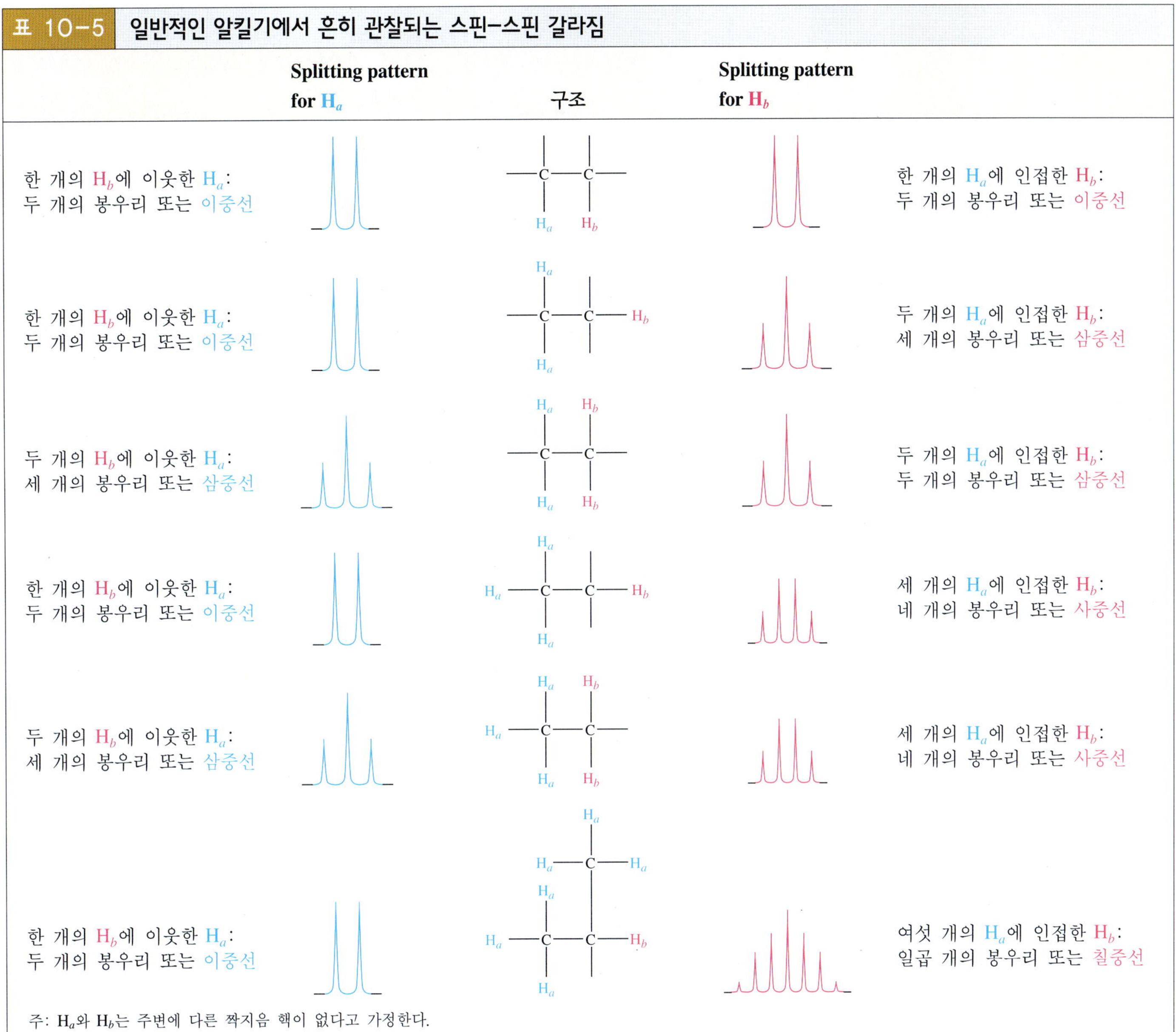

	Splitting pattern for H_a	구조	Splitting pattern for H_b	
한 개의 H_b에 이웃한 H_a: 두 개의 봉우리 또는 이중선				한 개의 H_a에 인접한 H_b: 두 개의 봉우리 또는 이중선
한 개의 H_b에 이웃한 H_a: 두 개의 봉우리 또는 이중선				두 개의 H_a에 인접한 H_b: 세 개의 봉우리 또는 삼중선
두 개의 H_b에 이웃한 H_a: 세 개의 봉우리 또는 삼중선				두 개의 H_a에 인접한 H_b: 두 개의 봉우리 또는 삼중선
한 개의 H_b에 이웃한 H_a: 두 개의 봉우리 또는 이중선				세 개의 H_a에 인접한 H_b: 네 개의 봉우리 또는 사중선
두 개의 H_b에 이웃한 H_a: 세 개의 봉우리 또는 삼중선				세 개의 H_a에 인접한 H_b: 네 개의 봉우리 또는 사중선
한 개의 H_b에 이웃한 H_a: 두 개의 봉우리 또는 이중선				여섯 개의 H_a에 인접한 H_b: 일곱 개의 봉우리 또는 칠중선

주: H_a와 H_b는 주변에 다른 짝지음 핵이 없다고 가정한다.

한 한 많은 정보를 스펙트럼에서 추출하는 것이 유리할 것이다. NMR의 특정 형태를 분자의 특정 조각(부분적 구조)과 즉각적으로 연관시킬 수 있다. 일단 이러한 부분적 구조가 확인되면 더 작은 부분들은 고려 대상으로 남겨 놓고 그것들을 분자식에서 차감할 수 있다.

풀이

문제 A에 대하여 다루는 것으로 시작하자.

- 두 개의 단일선의 존재는 대규모의 대칭이 있음을 의미한다(10.5절 참조).
- 1 H에 대한 봉우리의 적분이 없다는 것은 OH기가 존재하지 않는다는 것을 의미한다. 즉, 이 분자는 에터이다.
- 3 H에 대한 적분값을 갖는 단일선은 CH_3 치환기의 존재에 대한 강력한 암시이다. 이 단일선의 δ값은 에터 산소에 결합되었음을 제시하고 있다(표 10-2).
- 알케인 영역인 높은장에서 나타나는 나머지 단일선은, $C_5H_{12}O$에서 CH_3O를 제거해서 얻어진 C_4H_9에 의해 유래되어야 한다(표 10-2).
- 9 H의 적분값을 갖는 단일선은 세 개의 동등한 CH_3 치환기에 대한 존재를 강하게 암시하는 것이다. 유일한 해답은 *tert*-butyl, $C(CH_3)_3$이다. 이러한 조각들을 결합하면 A에 대한 해답은 $CH_3OC(CH_3)_3$이다(이 장의 시작 부분을 확인하라. 비슷한가?).

δ = 3.21 ppm → H_3C–O–C(CH_3)(CH_3)(CH_3) } δ = 1.19 ppm

짝이 없는 이웃 수소: 단일선

짝이 없는 이웃 수소: 단일선

B에 대해서도 같은 방식의 분석 방법을 따를 수 있다

- 이 분자는 다섯 개의 신호를 보여 주고 있으며, 신호 모두가 갈라져 있다. 여기에서도 단일 수소 봉우리가 없으므로 OH기의 존재를 배제할 수 있다.
- δ값 두 개가 비교적 크다는 점(δ = 3.37 ppm의 삼중선(2 H)과 델타 = 3.47 ppm의 사중선(2 H))에 주목하면 두 조각이 산소에 결합되었음을 예상할 수 있다. 이것은 비대칭 부분 구조 X—CH_2OCH_2—Y를 의미한다
- CH_2기의 짝지음 형태로부터 X와 Y의 이웃에 대한 본성을 추측할 수 있다. 하나는 사중선을 나타내는 CH_3기임이 틀림이 없고, 나머지 하나는 삼중선을 나타내는 또 다른 CH_2기임을 예측할 수 있다. 따라서 부분 구조가 $CH_3CH_2OCH_2CH_2$을 강력히 시사하고 있다.
- $C_5H_{12}O$에서 이 부분 구조를 빼면 CH_3가 남는다 따라서 가능한 해답은 $CH_3CH_2OCH_2CH_2CH_3$이다. 이 구조가 다른 자료들과 일치하는가?
- 높은장을 보면 두 개의 삼중선이 있는데, 각각 세 개의 동등한 수소로부터 생긴 것이다. 이것은 각각 CH_2 이웃에 붙어 있는 두 개의 분리된 CH_3기에 대한 증거이다. 다시 말하면 두 개의 ethyl기임을 의미한다. 마지막으로 2 H 적분의 육중선은 다섯 개의 수소 원자와 이웃하고 있는 CH_2기의 존재를 의미한다. 두 조각에 대한 모든 정보는 제안된 해답과 일치한다. 조합된 NMR 자료들은 $CH_3CH_2OCH_2CH_2CH_3$가 유일하게 가능한 구조임을 제시하고 있다.

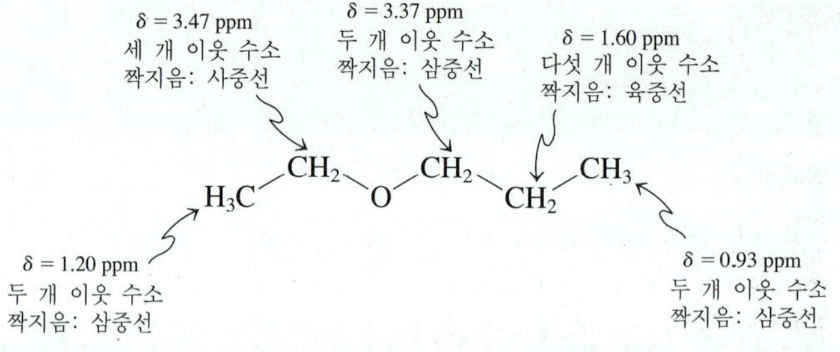

연습 문제 10-14

자습 문제

$C_5H_{12}O$의 또 다른 이성질체의 ^1H NMR 스펙트럼 자료는 다음과 같다.

델타 = 0.92 (t, 3 H), 1.20 (s, 6 H), 1.49 (q, 2 H), 1.85 (br s, 1 H) ppm

그 구조를 밝히시오(**힌트**: 1.85 ppm의 단일선은 폭이 넓다).

요약 스핀-스핀 갈라짐은 이웃자리와 같은자리의 비동등한 수소 사이에서 일어난다. 일반적으로 N개의 동등한 이웃 핵에 의해서 수소의 흡수는 N + 1개의 봉우리로 갈라지게 되며, 그들의 상대적인 세기는 Pascal의 삼각형으로 주어진다. 일반적인 알킬기는 특징적인 NMR 형태를 보이게 된다.

10-8 스핀-스핀 갈라짐: 몇 가지 복잡성

10-7절에서 언급한 봉우리의 갈라짐의 양상을 지배하는 규칙은 이상적인 경우이다. 두 흡수 사이의 비교적 작은 차이의 델타 때문에 컴퓨터의 도움 없이는 해석할 수 없는 더 복잡한 형

태(다중선들)가 관찰되는 경우도 있다. 또한, 만약 두 가지 형태 이상의 이웃 수소가 상당히 다른 짝지음 상수를 가지고 공명하는 핵에 짝지음하게 될 경우, $N+1$ 규칙은 직접 적용될 수 없게 된다. 마지막으로, 하이드록시 양성자는 인접 수소가 존재히더라도 단일선으로 나타난다(그림 10-11 참조). 이와 같은 복잡한 경우에 대해서 차례로 살펴보도록 하자.

가까이 위치한 봉우리 형태는 비일차 스펙트럼으로 나타날 수 있다

그림 10-16과 10-21 및 그림 10-22에 나타낸 스펙트럼을 자세히 살펴보면, 갈라짐의 상대 세기가 Pascal의 삼각형을 고려하여 예측한 이상적인 봉우리의 비를 따르지 않는다는 것을 알 수 있다. 이 형태는 완벽하게 대칭적이지 않으며, 비틀려 있게 된다. 특히, 두 개의 서로 짝지어진 수소의 두 다중선은 서로 비스듬하게 나타나며, 서로 마주보는 선의 크기가 조금 크게 나타난다. Pascal의 삼각형과 $N+1$ 규칙에 의해 제시된 정확한 세기비는 짝지은 수소의 화학적 이동값 사이의 차이가 짝지음 상수값보다 훨씬 클 때 관찰된다. $\Delta\nu \gg J$. 이러한 상황에 있을 때 스펙트럼은 **일차(first order)***라고 한다. 그러나 특정 수소의 화학적 이동값 사이의 차이가 더 작아지면, 예상된 봉우리 형태의 변형은 더 커진다.

극단적인 경우 10-7절에서 논의된 단순한 규칙은 더 이상 적용할 수 없으며, 공명 흡수는 더 복잡한 모양을 취하게 되고, **비일차(non-first order)** 스펙트럼이 된다. 이러한 스펙트럼은 컴퓨터의 도움을 얻어 계산할 수도 있지만, 여기서는 논의하지 않기로 한다.

비일차 스펙트럼의 매우 전형적인 예들은 알킬 사슬을 포함하는 화합물의 경우이다. 그림 10-23은 옥테인의 NMR 스펙트럼을 나타내고 있는데, 모든 비동등 수소(네 개의 형태가 있다)가 매우 비슷한 화학적 이동값을 가지므로 확실히 일차가 아니다. 모든 메틸렌은 하나의 넓은 다중선으로 흡수한다. 또한 말단 메틸기는 심하게 뒤틀린 삼중선으로 나타난다.

비일차 스펙트럼은 $\Delta\nu \approx J$일 때 나타나므로 더 높은 자기장에서 스펙트럼을 측정할 때 다중선의 모양을 "개선"하는 것이 가능하다. 이는 공명 진동수가 외부 자기장 세기에 비례하지만, 짝지음 상수 J는 외부 자기장에 무관하기 때문이다(10-7절). 따라서 점점 높아지는 자기장에서 개개의 다중선들이 더욱 더 분리되어 밀집한 흡수선의 비일차 효과는 점점 사라지게 된다. 이 효과는 일반 물체를 관찰할 때 사용하던 돋보기의 효과와 비슷한 것이다. 눈은 상대적으로 낮은 해상도를 가지고 있기 때문에 적당한 확대를 해야 미세 구조를 분명히 구별해

*이러한 표현은 **일차 이론**(*first-order theory*)의 정의에 따라 유도되었다 즉, 이것은 단지 계의 가장 중요한 변수와 항만 고려한다.

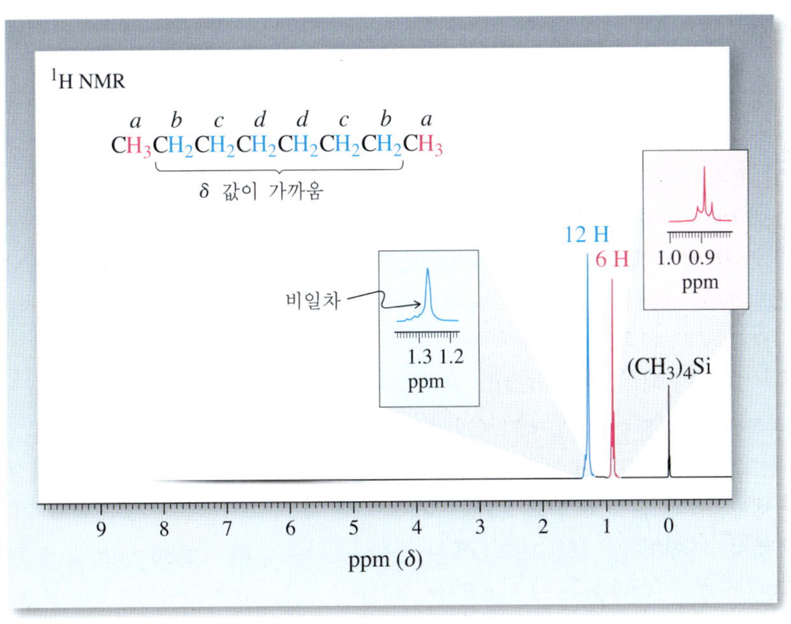

그림 10-23 Octane에 대한 300 MHz ^{1}H NMR 스펙트럼. 알킬 사슬을 포함하는 화합물은 가끔 비일차 형태를 나타낸다.

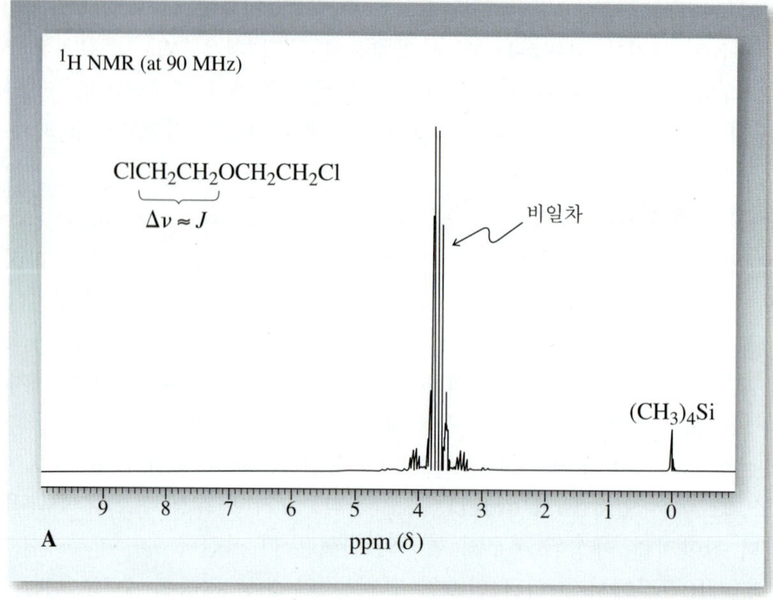

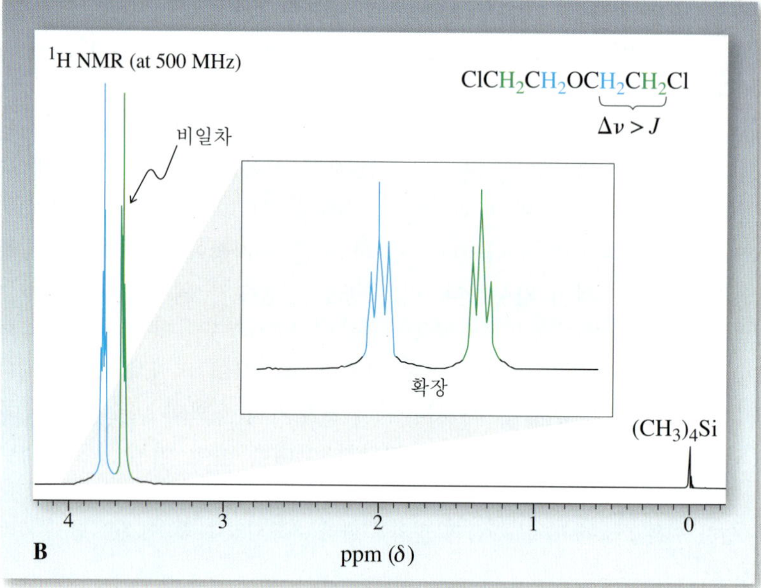

그림 10-24 세기가 증가된 외부자장이 2-chloro-1-(2-chloroethoxy) ethane의 비일차 NMR 스펙트럼에 미치는 영향. (a) 90 MHz, (b) 500 MHz. 높은장 세기에서 90 MHz에서 관찰된 복잡한 다중선은 서로 짝지은 두 CH_2기들로부터 예측한 것처럼 두 개의 약간 변형된 삼중선으로 단순화된다.

낼 수 있다.

외부 자기장 세기를 증가시키면 2-클로로-1-(2-클로로에톡시) 에테인의 스펙트럼에서 극적인 효과를 나타내게 된다(그림 10-24). 이 화합물에서 산소의 벗김 효과는 염소 치환기의 벗김 효과와 거의 같다. 결과적으로 두 종류의 메틸렌 수소는 매우 가까이 있는 봉우리의 형태를 나타낸다. 90 MHz 분광기에서 그 흡수 결과는 대칭적인 모양을 가지지만, 매우 복잡하여 여러 세기를 가지는 32개 이상의 봉우리를 보인다. 그러나 500 MHz 분광기로 NMR 스펙트럼을 기록하면 일차 형태를 나타내게 된다(그림 10-24B).

비동등한 이웃 핵과의 짝지음은 $N + 1$ 규칙을 변형시킬 수도 있다

수소가 두 종류의 비동등한 이웃 핵과 짝지을 때 매우 복잡한 길라짐의 형태가 발생할 수도 있다. 1,1,2-트라이클로로프로페인의 스펙트럼이 이러한 사실을 나타내고 있다(그림 10-25). 이 화합물에서 C2의 수소는 메틸과 $CHCl_2$기 사이에 놓여 각 수소에 별개로 짝지음을 한다.

이 스펙트럼을 자세히 분석해 보자. 우선 하나는 낮은장($\delta = 5.86$ ppm, $J = 3.6$ Hz, 1 H), 또 하나는 높은장($\delta = 1.69$ ppm, J = 6.8 Hz, 3 H)에 있는 두 이중선을 살펴보자. 낮은장 흡

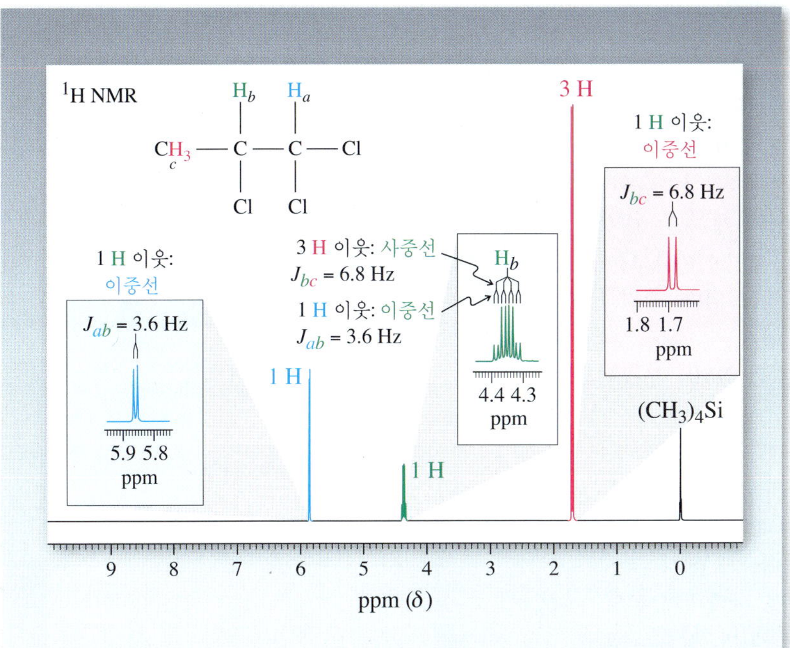

그림 10-25 1,1,2-Trichloropropane의 300 MHz ¹H NMR 스펙트럼. H_b 핵은 델타 = 4.35 ppm에서 이중선의 사중선에 해당되는 여덟 개의 봉우리를 나타낸다.

수는 벗김 효과를 주는 두 개의 할로젠에 인접한 C1의 수소(H_a)로 지정할 수 있다. 메틸 수소(H_c)는 예상한 대로 높은장에서 공명을 일으킨다. $N + 1$ 규칙에 따라 각 신호는 C2의 수소(H_b)와 짝지음하여 이중선으로 갈라진다. 그러나 H_b의 공명은 예상한 것과 꽤 차이가 있는 모양을 취한다. 이러한 흡수를 일으키는 핵은 이웃에 모두 네 개의 수소를 갖는다(한 개의 Ha와 세 개의 H_c). $N + 1$ 규칙을 적용하면 오중선이 관찰되어야 한다. 그러나 $\delta = 4.35$ ppm의 H_b 신호는 일반적인 갈라짐 형태로부터 예상된 상대 세기를 취하지 않는 여덟 개의 선으로 구성되어 있다(표 10-4와 10-5 참조). 이러한 복잡성의 원인은 무엇인가?

$N + 1$ 규칙은 **동등한** 이웃 핵에 의한 갈라짐에만 엄격히 적용된다. 이 분자에는 H_b와 짝지음을 할 때 서로 **다른 짝지음 상수**를 갖는 두 가지 종류의 인접한 핵이 존재한다. 하지만 $N + 1$ 규칙을 순차적으로 적용한다면 이 짝지음의 영향을 이해할 수 있다. 메틸기는 $J_{bc} = 6.8$ Hz를 가지는 사중선으로 H_b의 공명을 갈라지게 한다. 더 나아가 H_a와 짝지음은 $J_{ab} = 3.6$ Hz로 이 사중선의 각 봉우리를 이중선으로 갈라지게 하며, 이 두 번의 갈라짐 결과로 여덟 개의 선을 가지는 형태로 관찰된다(그림 10-26). 따라서 C2의 수소는 이중선이 다시 사중선으

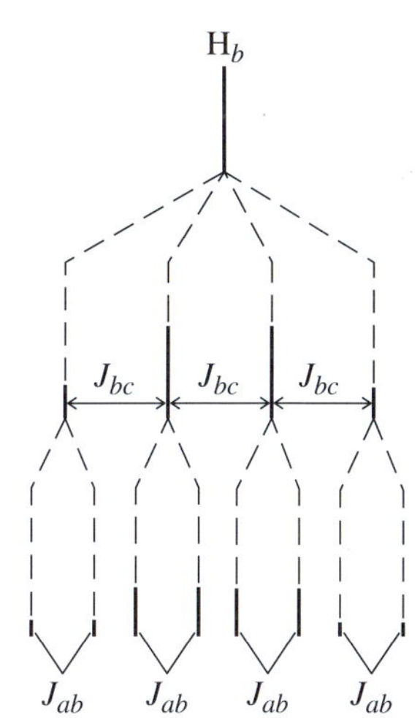

그림 10-26 1,1,2-Trichloropropane의 H_b에 대한 갈라짐 형태는 순차적 $N + 1$ 규칙을 따른다. methyl기에 짝지어져 형성된 네 개의 선은 각각 C1의 수소에 의해 이중선으로 한 번 더 갈라진다.

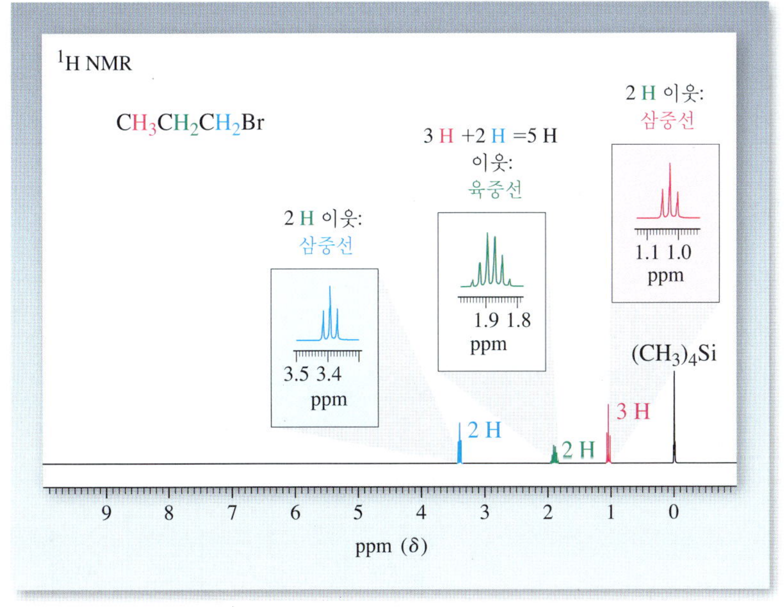

그림 10-27 1-Bromopropane의 300 MHz ¹H NMR 스펙트럼.

화학 이야기 10-3

부분입체이성질성 수소의 비동등성

모든 메틸렌(CH_2) 기는 동등한 수소를 갖고 있어 NMR 스펙트럼에서 단 하나의 신호만을 나타낸다고 생각했을 것이다. 이런 생각은 거울면이나 회전축과 같이 그들을 동등하게 하는 대칭 요소가 있을 경우에는 사실이다. 예를 들어서, 뷰테인이나 사이클로헥세인의 메틸렌기 수소는 이런 성질을 갖고 있다. 그러나 이 대칭은 치환 반응(3장과 5장)에 의해서 쉽게 제거된다. 이 치환 반응은 입체이성질체현상(5장) 뿐만 아니라 NMR 분광법에도 심대한 영향을 미친다.

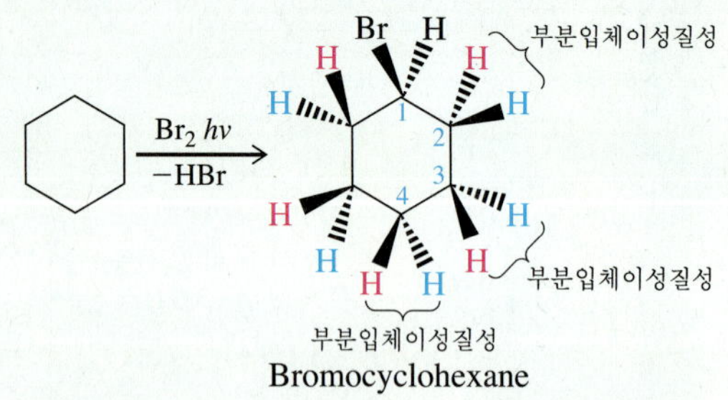

사이클로헥세인을 라디칼의 브로민화반응에 의해서 브로모사이클로헥세인으로 전환하는 예를 생각해 보자. 이러한 변화는 Cl, C2, C3, C4를 동일하지 않게 할 뿐만 아니라 브로민 치환체에 대한 모든 시스-수소가 트랜스-수소와 다르게 된다. 다시 말하면 CH_2기는 비동등성 같은자리 수소들을 나타내게 된다. 이런 수소들은 독립된 화학적 이동값을 갖게 되며, 상호 간의 같은자리 짝지음(이웃자리도 물론이고) 현상을 나타낸다. 결과적으로 300 MHz 스펙트럼은 우측에 나타낸 바와 같이 매우 복잡하게 된다. 이웃의 브로민에 의해서 벗김 효과를 받는 δ = 4.17 ppm의 C1 수소만 쉽게 할당할 수 있다.

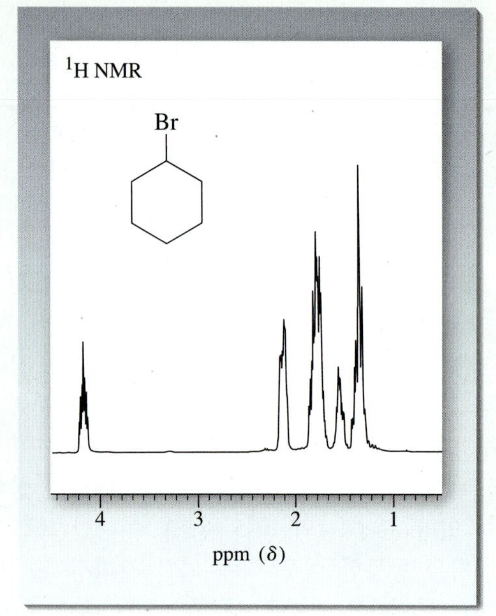

NMR 실험에서 동등하지 않은 메틸렌 수소들은 **부분입체이성질성(diastereotopic)** 수소라고 칭한다. 이 단어는 이 수소들 중 어느 것이라도 치환체(부분입체이성질체)에 의해서 치환됨에 따른 입체이성질체현상의 결과에 근거를 두고 있다. 예를 들면, 브로모사이클로헥세인의 경우에서 C2의 쐐기 수소(붉은색)를 치환하면 시스 생성물이 생긴다. 점선의 수소(푸른색)가 관여

로 갈라졌다고 할 수 있다.

또한 1-브로모프로페인의 C2 수소는 두 개의 비동등 군의 이웃 핵과 짝짓는다. 그러나 이 경우 관련된 갈라짐 형태는 $N + 1$ 규칙을 따르는 것처럼 보이며, (약간 변형된) 육중선이 관찰된다(그림 10-27). 그 이유는 두 개의 다른 원자단에 대한 짝지음 상수가 약 6~7 Hz로 매우 비슷하기 때문이다 비록 분석은 앞에 주어진 1,1,2-트라이클로로프로페인과 비슷하여 이 신호도 12개의 선으로 예상되지만(삼중선의 사중선), 거의 동일한 짝지음 상수 때문에 많은 선들이 중복되어 형태가 단순화된다(그림 10-28). 많은 단순한 일킬 유도체의 수소들은 비슷

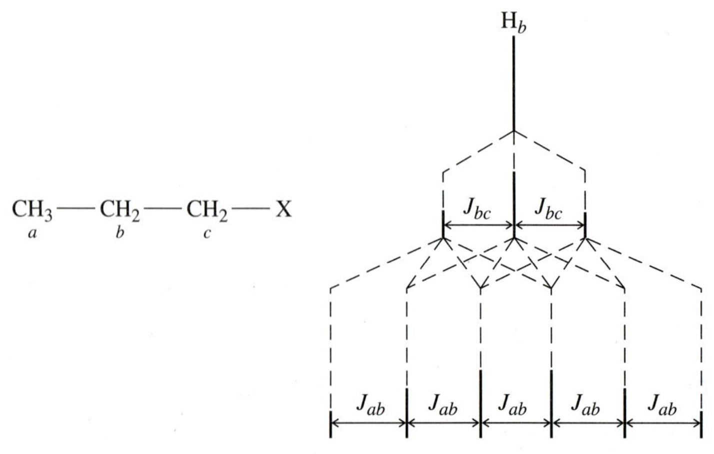

그림 10-28 $J_{ab} \approx J_{bc}$일 때 프로필 유도체에서 H_b에 대한 예상 갈라짐 형태. 여러 개의 봉우리가 겹쳐서 단순한 육중선의 스펙트럼을 나타내고 있다.

된 같은 변화는 트랜스 이성질체를 만든다. 이 과정을 각각 C3와 C4에 적용했을 때에도 같은 결과가 생기는 것을 증명할 수 있다.

이러한 성질을 부분입체이성질성 수소에게 부여하는 것이 고리 골격의 경직성 때문이라고 생각할 수 있을 것이다. 그러나 이것은 사실이 아니라는 것이 5.5절을 복습하면 알 수 있다. 2-브로모뷰테인에서 C3 자리의 염소화반응은 두 개의 부분입체이성질체를 만든다. 그러므로 2-브로모뷰테인의 메틸렌기 역시 부분입체이성질성 양성자를 갖고 있다. 이 효과의 근원을 인식하고 일반화할 수 있다. 입체중심의 존재는 CH_2 탄소를 관통하는 거울면을 방해하고, 회전이 두 수소를 동등하게 하는데 있어 비효과적이다. 카이랄 비고리 분자에 있어서 부분입체이성질성 수소의 존재를 예시하기 위해서, 1-클로로프로페인의 일치환염소화반응 생성물 세 개 중 하나(10.6절에서 논의한 1,2-다이클로로프로페인)로 되돌아 가자. 이것의 300 MHz ^{1}H NMR 스펙트럼은 **네** 개의 신호(보통은 세 개로 예상)를 나타내고 있다. 그중에서 두 개는 C1의 부분입체이성질성 수소에 의한 것이다. 특이하게 이들 수소는 $\delta = 3.58$과 3.76 ppm에서 이중선의 이중선으로 나타난다. 그 이유는 $J_{\text{같은자리}} = 10.8$ Hz값을 갖는 서로 간의 짝지음을 하고, 그런 다음 각각 $J_{\text{이웃자리}} = 4.7$과 9.1 Hz값을 갖는 C2 수소와 짝지음하기 때문이다.

많은 경우, 부분입체이성질성 수소는 근접한 화학적 이동값을 갖기 때문에, 이것들의 비동등성이 NMR 실험에서는 나타나지 않는다. 예를 들면, 카이랄 2-브로모헥세인에서 세 개의 메틸렌기 모두가 부분입체이성질성 수소를 갖고 있다. 이 화합물에서 입체중심에 가장 가까이 있는 메틸렌만이 그들의 존재를 나타내고 있다. 세 번째 것은 입체중심의 비대칭에서 너무 멀리 떨어져서 측정할 수 있는 효과가 없다.

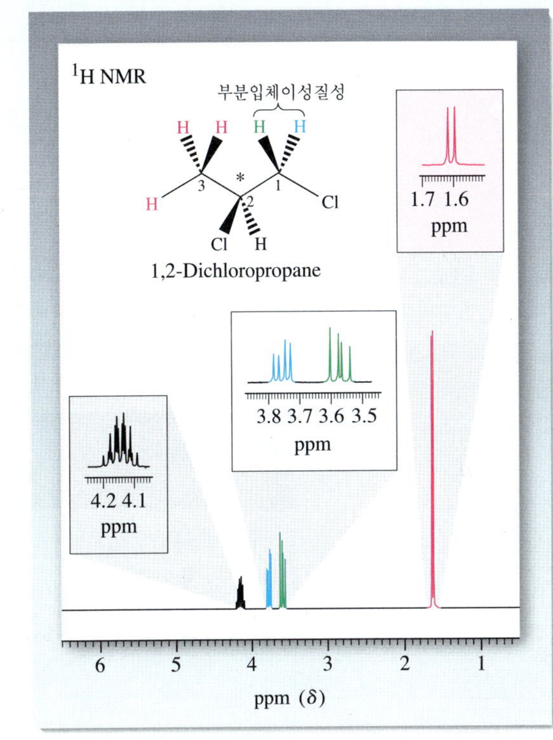

한 짝지음 상수를 나타내며, 따라서 스펙트럼은 $N + 1$ 규칙과 일치함을 보여 준다.

연습 문제 10-15

개념문제: $N + 1$ 규칙의 적용

아래 그림의 굵은 글자로 표현되어 있는 수소에 대해서 먼저 단순한 $N + 1$ 규칙을 적용하고, 다시 순차적으로 $N + 1$ 규칙을 적용하여 짝지음 형태를 예측하시오.

$$\begin{array}{c} CH_3 \\ | \\ H_3C-C-CH_2-OH \\ | \\ \mathbf{H} \end{array}$$

전략

일반적으로 특정 수소의 갈라짐 형태를 예측하기 위해서는 먼저 "이웃하는" 수소의 성질에 대해서 확실히 해두어야 한다. 모형을 구축하는 것과 전체 구조를 그리는 것이 모든 수소를 보여 주기에는 매우 유용한 방법이다. 이러한 방법을 통하여 대칭 요소와 이웃하는 성질이 다른 수소의 존재 및 상대적인 비를 확인할 수 있게 된다.

풀이

- 단순한 $N + 1$ 규칙의 적용은 간단하다. 굵은 글자로 표현된 수소의 주변 수소를 단순히 계산

하여 N으로 둔다. 이 경우 두 개의 CH_3와 한 개의 CH_2기를 가지고 있으므로, 더하면 8이 된다. 따라서 이 수소는 구중선 또는 아홉 개의 선으로 표현되며, 상대적인 세기는 Pascal의 삼각형(표 10.4)을 따라 1 : 8 : 28 : 56 : 70 : 56 : 28 : 8 : 1이 된다. 연습에서는 정확한 상대비를 표현할 필요까지는 없으며, 단순히 중심선을 가장 강하게 나타낸 후 오른쪽과 왼쪽으로 갈수록 상대비가 감소하도록 대칭적인 형태를 그리는 것으로 충분하다. 스펙트럼을 보다 확실히 표현하기 위해서 양쪽 끝에 위치한 선을 정확히 그리는 것이 필요할 것이다.

하지만 대칭적인 구중선이 나타나는 경우는 메틸과 메틸렌의 수소에 대한 짝지음 상수가 각각 동일한 경우에만 가능한 것임을 예상할 수 있다.

- 이웃들에 대한 J값에 차이가 있는 경우 순차적인 $N + 1$ 규칙을 적용해야 한다. 이 경우, 이웃하는 한 가지 종류의 수소에 대한 짝지음 형태에 대해서 먼저 결정해야 한다. 여섯 개의 수소에 해당되는 CH_3기에 대해서 먼저 예를 들면 칠중선으로 갈라지게 된다. 다음으로 이웃하고 있는 또 다른 종류의 수소에 해당되는 CH_2기에 대해서 추가적인 갈라짐을 적용하게 되면, 원래의 육중선이 다시 삼중선으로 갈라져야 한다. 결과적으로 삼중선의 칠중선 즉, 21개의 선이 주어진다. 이러한 순서는 추상적이며, 뒤바뀜 경우에도 칠중선의 삼중선으로 21개의 선이 동일하게 얻어진다. 연습에서는 짝지음 형태가 J값이 큰 것에 대해서 먼저 표시하고, 크기가 작아지는 순서대로 표시하게 된다. 실제 실험에서의 짝지음 형태가 궁금해질 수도 있는데 실제로는 $J = 6.5$ Hz의 구중선이 나타난다.

연습 문제 10-16

자습 문제

아래의 화합물에서 굵은 글자로 표시된 수소 원자에 대한 짝지음 형태를 예측하여 제시하시오. 처음은 $N + 1$ 규칙을, 그런 다음에는 순차적 $N + 1$ 규칙을 적용하시오.

(a) $BrCH_2C\mathbf{H}_2CH_2Cl$

(b) $CH_3C\mathbf{H}CHCl_2$ (가운데 C에 OCH_3)

(c) $Cl_2CHCHC\mathbf{H}CH_3$ (CH에 CH_3S, 굵은 CH에 Br)

(d) O와 S를 포함하는 고리 (1,3-oxathiane): H_3C, H, H_3C, **H**, H, CH_3

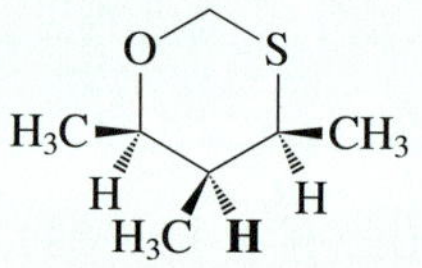

연습 문제 10-17

10.6절에서 1-chloropropane의 일염소화반응을 통해 얻어지는 세 가지 생성물(1,1-, 1,2-, 1,3-dichloropropane)을 화학적 이동값과 적분값만을 이용하여 구별하는 법을 배웠다. 이와 별개로 짝지음 형태를 근거로 해서 이 생성물들을 예상할 수 있겠는가?

빠른 양성자 교환은 하이드록시기의 수소의 짝풀림을 유도한다

이웃자리 짝지음에 대한 지식을 가지고 알코올의 NMR을 살펴보자. 2,2-다이메틸-1-프로판올(그림 10-11)의 NMR 스펙트럼에서 OH 흡수는 어떤 갈라짐도 없이 단일 봉우리로 나타난다는 것을 알고 있다. 이 수소는 두 개의 다른 수소에 인접하여 삼중선으로 나타나야 하므로 이것은 특이한 현상이다. 마찬가지로 단일선으로 나타난 CH_2 수소들은 동일한 짝지음 상수를 가지는 이중선이 차례로 나타나야 한다. 그렇다면 왜 스핀-스핀 갈라짐이 관찰되지 않는가? 그 이유는 상온에서 약산성의 OH 수소들은 계에 존재하는 미량의 물 분자 또는 알코올 분자 사이에서 NMR 시간 척도보다 짧은 시간에 빠르게 이동하기 때문이다. 이러한 과정의 결과로 NMR 분광기는 OH 수소의 평균 신호만을 관찰한다. 양성자가 산소와 결합하는 시간이 너무 짧아(약 10^{-5} s) 어떤 평균 짝지음도 보이지 않는다. 마찬가지로 CH_2 핵도 짝지음을 보

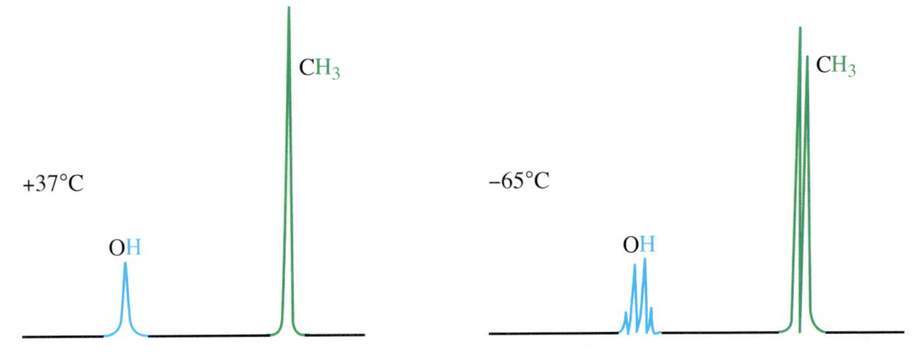

그림 10-29 Methanol의 스핀-스핀 갈라짐의 온도 의존성. 37 °C에서 단일선은 알코올의 빠른 양성자 교환의 영향이다. (*After H. Günther*, NMR Spektroskopie, *Georg Thieme Verlag, Stuttgart*, 1973.)

이지 않아 단일선으로 나타난다.

다양한 $CH_2-\alpha\beta$ 스핀 조합을 가지는 알코올들 사이의 빠른 양성자 교환 평균 δ_{OH}

$R-C(H_\alpha)(H_\alpha)-OH \rightleftharpoons R-C(H_\alpha)(H_\beta)-OH \rightleftharpoons R-C(H_\beta)(H_\beta)-OH$

관찰된 평균 δ_{OH}

빠른 α 양성자와 β 양성자의 교환 평균 δ_{OH_2}

$R-CH_2-OH_\alpha \rightleftharpoons R-CH_2-OH_\beta$

관찰된 평균 δ_{OH_2}

이러한 흡수 형태를 **빠른 양성자 교환(fast proton exchange)**에 의한 **짝풀림(decoupled)**이라고 한다. 이 교환은 물이나 산을 제거하거나 냉각시켜 느리게 할 수 있다. 이 경우 OH 결합은 NMR 시간 척도에서 관찰이 가능하도록 충분히 수명을 길게 유지(1초 이상)할 수 있다. 그 한 예가 그림 10-29에 있는 메탄올의 경우이다. 37 °C에서는 두 가지 종류의 수소에 해당하는 두 개의 단일선이 관찰되며, 스핀-스핀 갈라짐은 없다. 그러나 −65 °C에서는 사중선과 이중선의 짝지음이 검출된다.

빠른 자장의 교환은 염소, 브로민 그리고 아이오딘 핵의 "자가 짝풀림"을 유도한다

모든 할로젠 핵은 자기적 특성을 가진다. 그러므로 할로알케인의 ^1H NMR 스펙트럼은 이 핵들의 존재 때문에 스핀-스핀 갈라짐을 보일 것으로 예상할 있다. 그러므로 할로알케인의 ^1H NMR 스펙트럼은 (일반적인 H—H 짝지음과 함께) 이 핵들의 의한 스핀-스핀 갈라짐을 보일 것으로 예상할 수 있다. 실제로는 플루오린만이 이런 효과를 나타내는데 양성자의 짝지음과 거의 동일한 방식이지만, 훨씬 큰 J값을 갖는다. 예를 들면, CH_3F의 ^1H NMR 스펙트럼은 $J = 81$ Hz인 이중선을 나타낸다. 플루오린화 유기 화합물들은 비교적 회귀하기 때문에 더 이상 이들의 NMR 분광법을 다루지 않겠다.

다른 할로젠 화합물에 대하여 관심을 돌려 보자. 그림 10-16, 10-21, 10-22, 10-24, 10-25 그리고 10-27에 나타낸 할로알케인의 스펙트럼에 대한 관찰에서는(다행스럽게도) 할로젠 핵들에 의한 어떠한 스핀-스핀 갈라짐도 보여 주지 않고 있다. 그 원인은 NMR 시간 척도보다는 상대적으로 빠른 내부 자기 평형화가 있으며, 이들이 외부 자기장 H_0에 대해서 인접한 수소를 다른 배열을 갖는 것으로 인식하는 것을 포함한다. 수산기 양자들에 의해서 나타나는 "교환 짝풀림"과는 대조적으로 그들은 "자가 짝풀림" 현상을 가진다.

요약 비동등한 수소의 화학적 이동값 사이의 차이와 해당하는 짝지음 상수값이 근접하기 때문에 많은 NMR 스펙트럼에서 봉우리의 형태는 일차가 아니다. 더 높은 자기장의 NMR 분광기를 사용하면 이러한 스펙트럼의 모양을 개선할 수도 있다. 동등하지 않은 이웃 수소와의 짝지음의 경우 다른 짝지음 상수를 가지고 별개로 나타난다. 경우에 따라 이 다중선은 충분히 분석할 수 있을 만큼 다르게 나타날 수 있다. 대부분의 간단한 알킬 유도체에서 짝지음 상수는 충분히 비슷하여 (J = 6 ~ 7 Hz), $N + 1$ 규칙으로 예상한 것처럼 단순화된 스펙트럼이 관찰된다. 알코올의 산소를 통한 이웃자리 짝지음은 빠른 수소 교환으로 인한 짝풀림 때문에 관찰되지 않는 경우가 많이 있다.

10-9 탄소-13 핵자기 공명

대부분의 유기 화합물이 수소를 포함하고 있으므로 양성자 핵자기 공명은 유기 구조를 결정하는데 강력한 방법이다. 더 강력한 도구로 탄소의 NMR 분광이 있다. 정의에 의해 **모든** 유기 화합물은 탄소 원자를 포함한다. ^{1}H NMR과 연관지어 ^{13}C NMR도 유기 화학자가 이용하는 것 중에서 가장 중요한 분석 도구가 되었다. 이 절에서는 ^{13}C NMR이 ^{1}H NMR 보다 훨씬 단순하다는 것을 볼 수 있는데, 그 이유는 ^{1}H NMR의 복잡한 스핀-스핀 갈라짐을 피할 수 있기 때문이다.

탄소 NMR은 자연 존재비가 낮은 ^{13}C 동위원소를 이용한다

탄소도 NMR은 가능하지만 복잡하다. 가장 풍부한 탄소의 동위원소는 탄소-12로서, 이것은 NMR에서는 비활성이다. 다행히도 동위원소 중의 하나인 탄소-13이 약 1.11% 정도 자연계에 존재한다. C-13의 거동은 자기장에 놓였을 때 수소와 비슷하다. 따라서 ^{1}H NMR 분광기에서 관찰된 것과 매우 비슷하게 스펙트럼이 주어질 것으로 기대된다. 이러한 기대는 단지 부분적으로만 옳다는 것이 판명되었다. 이는 두 가지 NMR에 있어서 기술상의 몇 가지 중요한 (그리고 매우 유용한) 차이 때문이다.

탄소-13 NMR (^{13}C NMR) 스펙트럼은 측정하고자 하는 핵의 자연 존재비가 낮을 뿐만 아니라, ^{13}C의 훨씬 약한 자기 공명 때문에 수소 스펙트럼에 비해 신호를 얻기가 훨씬 더 힘들다. 일반적인 조건하에서 ^{13}C 신호 세기는 수소에 비해 1/6000 정도이다. FT NMR (10-3절과 10-4절 참고) 은 여기서 특히 유용하다. 다중 펄스 방식이 정상적으로 얻을 수 있는 신호보다 훨씬 강한 신호를 축적할 수 있게 하기 때문이다.

^{13}C의 존재비가 낮다는 것에 대한 장점들 중의 하나는 탄소-탄소 짝지음 현상이 없다는 것이다. 탄소가 자기적으로 동등하지 않다면 (예를 들어, 브로모에테인) 수소처럼 서로 갈라질 것이다. 하지만 이러한 갈라짐은 관찰되지 않는다. 그 이유는 ^{13}C 동위원소가 서로 이웃에 있을 때에만 짝지음이 일어날 수 있기 때문이다. 분자내에서 ^{13}C의 존재비는 1. 11%이므로 이들이 인접해 있을 가능성 (대략 1%의 1%, 즉 1/10,000) 은 거의 없다. 대부분 ^{13}C 핵은 스핀이 없는 ^{12}C 핵만으로 둘러싸여 있으므로, 스핀-스핀 갈라짐을 보일 수 없게 된다. 이러한 특징은 ^{13}C NMR 스펙트럼을 상당히 단순화하여 연결된 수소들과의 짝지음 형태를 결정하는 데 있어서 분석적인 문제점을 줄여 주게 된다.

그림 10-30은 브로모에테인의 ^{13}C NMR 스펙트럼을 나타낸 것이다 (^{1}H NMR 스펙트럼은 그림 10-21 참조). 화학적 이동값 δ는 ^{1}H NMR에서처럼 정의되어, 일반적으로 내부 표준 물질인 $(CH_3)_4Si$의 탄소 흡수에 상대적으로 결정된다. 탄소의 화학적 이동값 범위는 수소에 비해 훨씬 크다. 수소의 비교적 좁은 스펙트럼 "창" (10 ppm) 과는 대조적으로, 대부분 유기 화합물에서 탄소의 화학적 이동값은 약 200 ppm의 거리에 나타난다. 그림 10-30은 확장된 ^{13}C—H 스핀-스핀 갈라짐에 의해 야기된 흡수 때문에 비교적 복잡하게 나타나 있다. 직접 결합된 수소가 가장 강력하게 짝지음 (~125 – 200 Hz) 을 보이는 것은 당연한 것이다. 그러나 관찰

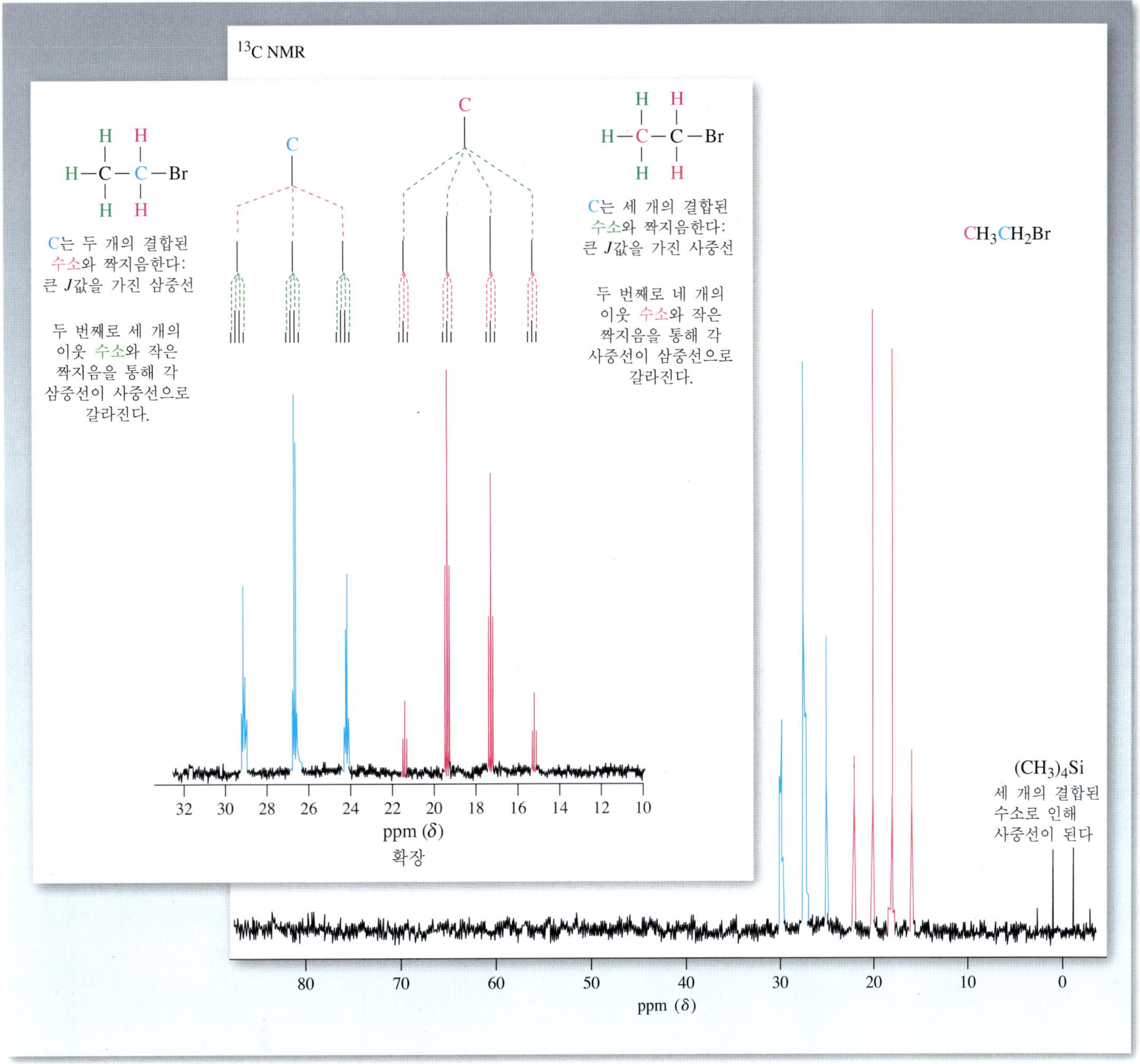

그림 10-30 ^{13}C—H 짝지음의 복잡성을 나타내는 bromoethane의 ^{13}C NMR 스펙트럼. 두 탄소 원자에 대한 높은장의 사중선 (δ = 18.3 ppm, J = 126 Hz) 과 낮은장의 삼중선 (δ = 26.6 ppm, J = 151 Hz) 의 공명이 있다. 큰 화학적 이동값의 범위를 주시하라. Tetramethylsilane은 ^{1}H NMR에서처럼 δ = 0 ppm으로 정의되며, 세 개의 동등한 수소가 각 탄소와 짝지음을 일으켜 사중선 (J = 118 Hz: 두 개의 가장자리 봉우리는 거의 보이지 않는다) 으로 흡수한다. 사각형 안의 스펙트럼은 각 ^{13}C와 이웃 탄소에 결합된 양성자 간의 짝지음 때문에 각 주요 봉우리들이 미세하게 갈라진 것을 나타내기 위해서 수평 방향으로 확대한 것이다. 따라서 높은장의 사중선 (붉은색) 에 있는 각 선들은 J = 3 Hz값을 갖는 삼중선으로 갈라지고, 낮은장의 삼중선 (푸른색) 에 있는 각 선들은 J = 5 Hz값을 갖는 사중선으로 갈라짐을 보이고 있다.

하고자 하는 ^{13}C 핵으로부터 거리가 증가하면 짝지음은 급격히 감소하여 같은자리 짝지음 상수 $J_{13C-C-H}$ 는 0.7 ~ 6.0 Hz 범위에 속하게 된다.

^{1}H NMR에서 탄소의 짝지음을 볼 수 없는데 ^{13}C NMR에서는 수소의 짝지음을 관찰할 수 있다는 사실에 의아함을 가질 수 있다. 이것에 대한 해답은 NMR에서 활성을 나타내는 ^{13}C 동위원소가 자연 상태에서 존재비가 낮고, ^{1}H 핵의 존재비가 높다는 데 기인한다. 따라서 분자내의 탄소들이 99%가 ^{12}C이므로 양성자 스펙트럼에서는 ^{13}C의 짝지음을 검출할 수가 없었을 것이다. 반면에 탄소 스펙트럼은 ^{1}H 짝지음을 보여 주는데, 시료의 99.9%가 ^{1}H 동위원소를 포함하고 있기 때문이다 (표 10-1 참조).

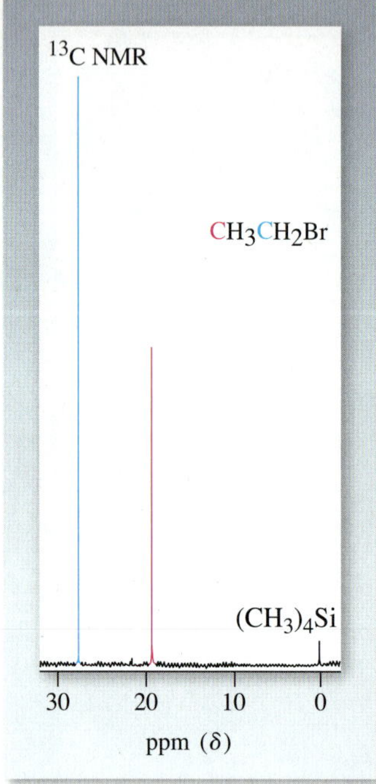

그림 10-31 Bromoethane의 62.8 MHz ^{13}C NMR 스펙트럼이 250 MHz에서 넓은띠 짝풀림 방법으로 기록되어 있다. 모든 선은 $(CH_3)_4Si$의 흡수를 포함하여 단일선으로 단순화되었다.

연습 문제 10-18

1-Bromopropane의 ^{13}C NMR 스펙트럼 형태를 예상하시오(^{1}H NMR 스펙트럼을 참고하려면 그림 10.27을 참조). (**힌트**: $N+1$ 규칙을 이용하라.)

수소 짝풀림은 단일선을 제공한다

^{13}C—H 짝지음을 완전히 제거하는 기술을 **넓은띠 수소**(또는 **양성자**) **짝풀림 [broad band hydrogen** (또는 **proton**) **decoupling]** 이라고 한다. 이 방법은 모든 수소의 공명 진동수를 포함하는 강한 넓은띠 라디오파 진동수를 ^{13}C 스펙트럼이 기록되는 것과 동시에 조사하게 된다. 예를 들어, 7.05 T 자기장에서 탄소-13은 75.3 MHz에서 공명하고, 수소는 300 MHz에서 공명을 일으킨다(그림 10-7). 이 자기장 세기에서 양성자와 짝지음이 없는 탄소 스펙트럼을 얻기 위해 시료에 양쪽의 진동수를 모두 조사한다. 일차 라디오파 진동수 신호는 탄소 자기 공명을 얻기 위해 사용된다. 동시에 이차 신호에 노출되면 모든 수소가 빠른 $\alpha \rightleftharpoons \beta$ 스핀 반전을 일으켜 국부 자기장 기여를 충분히 평균화한다. 전체적인 결과는 짝지음이 없는 것이다. 이 기술의 이용으로 브로모에테인의 ^{13}C NMR 스펙트럼이 그림 10-31 에 나타난 것처럼 두 개의 단일선으로 단순하게 되었다.

비교적 복잡한 분자의 스펙트럼을 얻을 때 양성자 짝풀림 기술은 매우 유용하다. **각각 자기적으로 다른 탄소는 ^{13}C NMR 스펙트럼에서 오직 한 개의 단일 봉우리를 이룬다.** 예를 들어, 메틸사이클로헥세인과 같은 탄화수소를 생각해 보자. ^{1}H NMR로 분석하는 것은 화학적 이동값이 매우 비슷한 여덟 개의 다른 종류의 수소 때문에 상대적으로 어려워진다. 그러나 양성자 짝풀림 ^{13}C 스펙트럼은 다섯 개의 봉우리만을 제공하여 다섯 개의 다른 종류의 탄소가 존재함을 확실히 보여 주고 있으며, 구조는 2배 대칭이라는 것을 나타낸다(그림 10-32). 또한 이 스펙트럼은 ^{13}C NMR 분광기의 한계를 나타낸다. 일반적으로 적분은 가능하지 않다. FT NMR 방법의 결과로 봉우리의 세기는 핵의 개수와 일치하지 않는다.

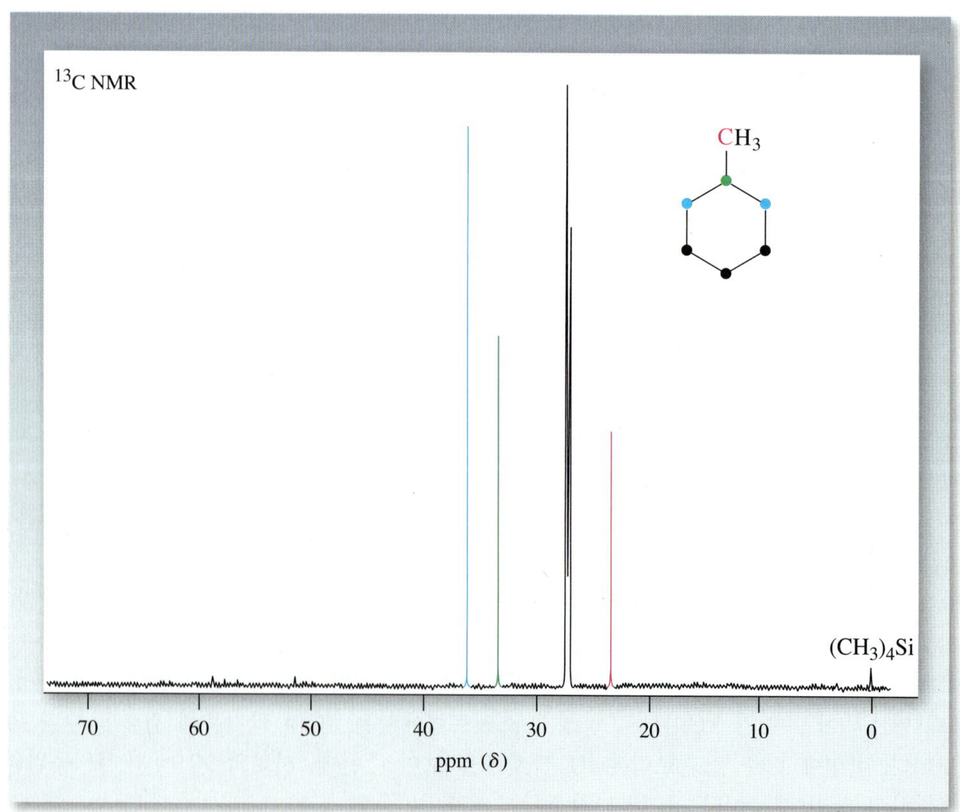

그림 10-32 Methylcyclohexane의 수소 짝풀림 ^{13}C NMR 스펙트럼. 이 화합물에서 자기적으로 차이가 있는 다섯 개의 탄소는 각각 다른 위치에 봉우리를 나타낸다. δ = 23.1, 26.7, 26.8, 33.1, 35.8 ppm.

표 10-6 전형적인 ^{13}C NMR의 화학적 이동값

탄소의 종류	화학적 이동값 δ (ppm)
일차 알릴 RCH_3	5~20
이차 알릴 RCH_2R'	20~30
삼차 알릴 R_3CH	30~50
사차 알릴 R_4C	30~45
알릴, $R_2C{=}C(R'')CH_2R'$	20~40
클로로알케인, RCH_2Cl	25~50
브로모알케인, RCH_2Br	20~40
에터 또는 알코올 RCH_2OR' 또는 RCH_2OH	50~90
카복실산 RCOOH	170~180
알데하이드 또는 케톤 $RC(=O)H$ 또는 $RC(=O)R'$	190~210
알켄, 방향족, $R_2C{=}CR_2$	100~160
알카인 $RC{\equiv}CR$	65~95

표 10-6은 수소와 마찬가지로(표 10-2) 탄소도 구조 환경에 따라 독특한 화학적 이동값을 가진다는 것을 나타낸다. ^1H NMR처럼 전자 끄는기는 벗김 효과를 일으켜 화학적 이동값이 일반적으로 일차 < 이차 < 삼차 탄소 순으로 증가한다. 이러한 δ값의 분석상의 응용성과 별도로, 분자에 있는 다른 탄소 원자수에 대한 지식은 구조 규명에 도움이 될 수 있다. 예를 들어, 실험식 C_7H_{14}를 가지는 다른 이성질체로부터 메틸사이클로헥세인의 분석적인 차이점을 생각해 보자. 그들의 구조와 연관하여 동등하지 않은 탄소의 수가 다를 가능성이 많이 있기 때문에, 각각 특징적인 탄소 스펙트럼을 나타낸다. 분자에서 대칭성의 유무가 탄소 스펙트럼의 복잡성에 얼마나 많은 영향을 미치는지 주목하라.

몇 개의 C_7H_{14}의 이성질체에서의 ^{13}C 봉우리수

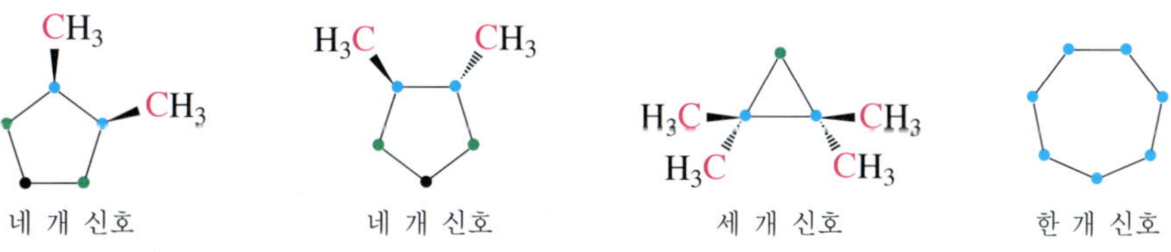

연습 문제 10-19

다음 화합물의 양성자 짝풀림 ^{13}C NMR 스펙트럼에서 얼마나 많은 봉우리를 예상할 수 있는가? (**힌트**: 대칭을 보라.)

(a) 2,2-Dimethyl-1-propanol **(b)**

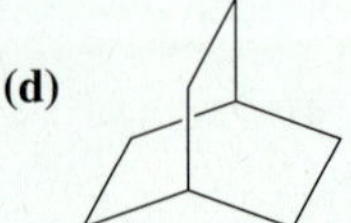

(c) **(d)**

연습 문제 10-20

개념문제: ^{13}C NMR을 이용한 이성질체의 구분

연습문제 2.16 (a)에서 다섯 개의 기능한 hexane C_6H_{14}의 이성질체의 구조를 밝혔다. 그중에서 한 가지는 ^{13}C NMR의 δ = 13.7, 22.7, 31.7 ppm 에서 세 개의 봉우리를 나타낸다. 그 구조를 추론하시오.

전략

가능한 모든 이성질체를 기록하고, 대칭 정도 또는 대칭의 결핍이 각각에 대하여 예상되는 봉우리의 수가 어느 정도인지를 파악할 필요가 있다 (*a*, *b*, *c*, *d*의 표시를 통해서).

풀이

Hexane 2-Methylpentane 2,2-Dimethylbutane 2,3-Dimethylbutane 3-Methylpentane

• 단지 한 개의 hexane 이성질체만이 세 개의 다른 탄소를 갖고 있다.

연습 문제 10-21

자습 문제

한 연구자가 시약 보관실에서 표기되어 있지 않은 시약을 두 병 발견하였다. 그녀는 한 병에는 (아래의 Fischer 투영식에 나타낸) D-ribose당이, 다른 한 병에는 D-arabinose가 들어 있음을 알고 있지만, 어떤 시약이 어느 병에 들어 있는지는 모르는 상태이다. $Na^{+}\,{}^{-}BH_4$를 사용할 수 있으며, NMR 장치를 갖추고 있다면 이를 구별할 수 있겠는가?

D-Ribose	D-Arabinose
CHO	CHO
H—C—OH	HO—C—H
H—C—OH	H—C—OH
H—C—OH	H—C—OH
CH_2OH	CH_2OH

DEPT ^{13}C와 2D-NMR과 같은 FT NMR의 진보는 구조를 밝히는 데 큰 도움을 주고 있다

NMR 스펙트럼 측정을 위한 FT 기술은 매우 유용하며, 다양한 방법으로 자료를 수집할 수 있기 때문에 분자에 대한 많은 정보를 제공한다. 가장 최근의 진보는 정교한 시간의존-펄스 시퀀스의 개발에 따른 **이차원 NMR 또는 2D-NMR**의 응용을 들 수 있다(화학 이야기 10-4). 이 방법을 이용하여 인접한 수소(동종핵의 상관관계) 사이의 짝지음(따라서 화학 결합) 또는 탄소와 수소 원자의 결합(이종핵의 상관관계)을 확정지을 수 있는 것이 가능하게 되었다. 따라서 ^{1}H와 ^{13}C NMR은 탄소 사슬를 따라서 서로 이웃하는 원자들의 자기적 효과를 측정하여 분자의 연결 구조를 결정할 수 있게 한다.

이러한 실험실에서 일상화된 펄스 시퀀스의 한 가지 예가 **DEPT ^{13}C NMR (distortionless enhanced polarization transfer)**로, 일반적인 ^{13}C 스펙트럼에서 탄소의 종류(CH_3, CH_2, CH, 또는 $C_{사차}$)에 따른 특이한 신호를 검출할 수 있게 해 준다. 이것은 양성자 짝지음 ^{13}C NMR 스펙트럼(그림 10-30 참조)에서 일어나는 복잡성을 줄여주며, 특히 가까이 있는 탄소에 의한 다중선의 겹침을 없게 한다. DEPT 실험은 일반적인 넓은 범위의 짝풀림 스펙트럼과 **탄소에 결합된 수소의 개수가 세 개(CH_3), 두 개(CH_2), 그리고 한 개(CH)**인 경우에 해당되는, 각각의 스펙트럼을 제공하도록 펄스 시퀀스를 달리하여 얻어지는 스펙트럼의 조합에 의해 구성되어 있다. 그림 10-33은 리모넨에 대한 일련의 스펙트럼을 보여 주고 있다(문제 5.29 참조).

첫 번째 스펙트럼은 일반적인 양성자 짝풀림에 의한 것(그림 10-33A)으로 예상 가능한 수의 선(10)을 보여 주고 있으며, 높은장에서 여섯 개의 알킬 탄소와 낮은장에서 네 개의 알케닐 탄소 신호의 두 그룹이 나타나고 있다. 나머지 스펙트럼들은 세 가지 종류의 각각 다른 개수의 수소와 결합되어 있는 CH_3(붉은색, 그림 10-33B), CH_2(푸른색, 그림 10-33C), CH(초

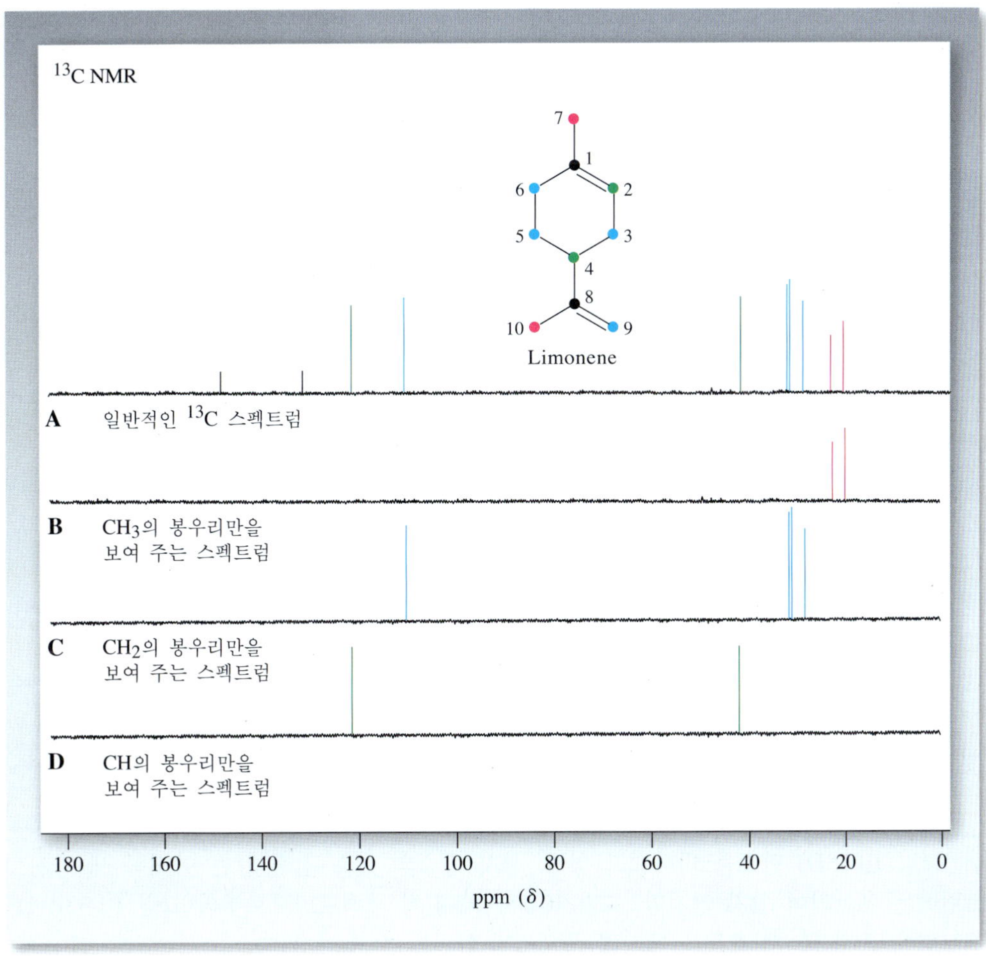

그림 10-33 Limonene에 대한 DEPT ^{13}C NMR 실험. (a) 높은장(20 ~ 40 ppm)에서 여섯 개의 알킬 탄소 신호와 낮은장(108 ~ 150 ppm)에서 네 개의 알켄일 탄소 신호를 나타내는 넓은띠 짝풀림 스펙트럼(표 10-6 참조). (b) C7과 C10에 대한 두 개의 CH_3(붉은색) 신호만을 나타내는 스펙트럼. (c) C3, C5, C6와 C9에 대한 네 개의 CH_2(푸른색) 신호만을 나타내는 스펙트럼. (d) C2와 C4의 CH(초록색) 신호만을 나타내는 스펙트럼. 스펙트럼 (a)에서 추가적으로 나타나는 신호들은 C1과 C8(검정색)의 사차 탄소로 배정된다.

화학 이야기 10-4

관련된 NMR 스펙트럼: COSY와 HETCOR

NMR이 분자의 구조를 밝히는데 크게 도움이 된다는 것을 배웠다. 그것은 어떤 종류의 핵이 있으며, 화합물에 얼마나 많이 들어 있는지를 말해 준다. 그것은 또한 화학 결합들에 의한 스핀 짝지음을 조사함으로써 원자들의 연결성을 알 수 있게 한다. 마지막에 언급한 이 현상은 특별한 형태의 그림(plot)으로 활용될 수 있으며, 이 그림은 정교한 기술과 이와 관련된 컴퓨터 분석, 즉, **이차원(2D) NMR**에 의해서 얻어진다. 이 방법에서는 분자에 대한 두 스펙트럼이 $x-y$ 그래프 상에 수직과 수평으로 그려지며, "등고선(blotch)"이나 상관 봉우리로 표시되는 상호 짝지음 신호로 그려진다. 이 그림은 가까이 근접함으로 인한 스핀-스핀 갈라짐을 보여 주는 핵을 상호관련 지우므로, 이런 종류의 분광을 **상관관계 분광**(*correlation spectroscopy*) 또는 *COSY*라고 한다.

이미 알고 있는 예(1-브로모프로페인)를 하나 들어 보자(그림 10.27 참조). 이것의 COSY 스펙트럼을 아래에 나타내었다. x축과 y축에 나타낸 두 스펙트럼은 그림 10.27과 동일한 것이

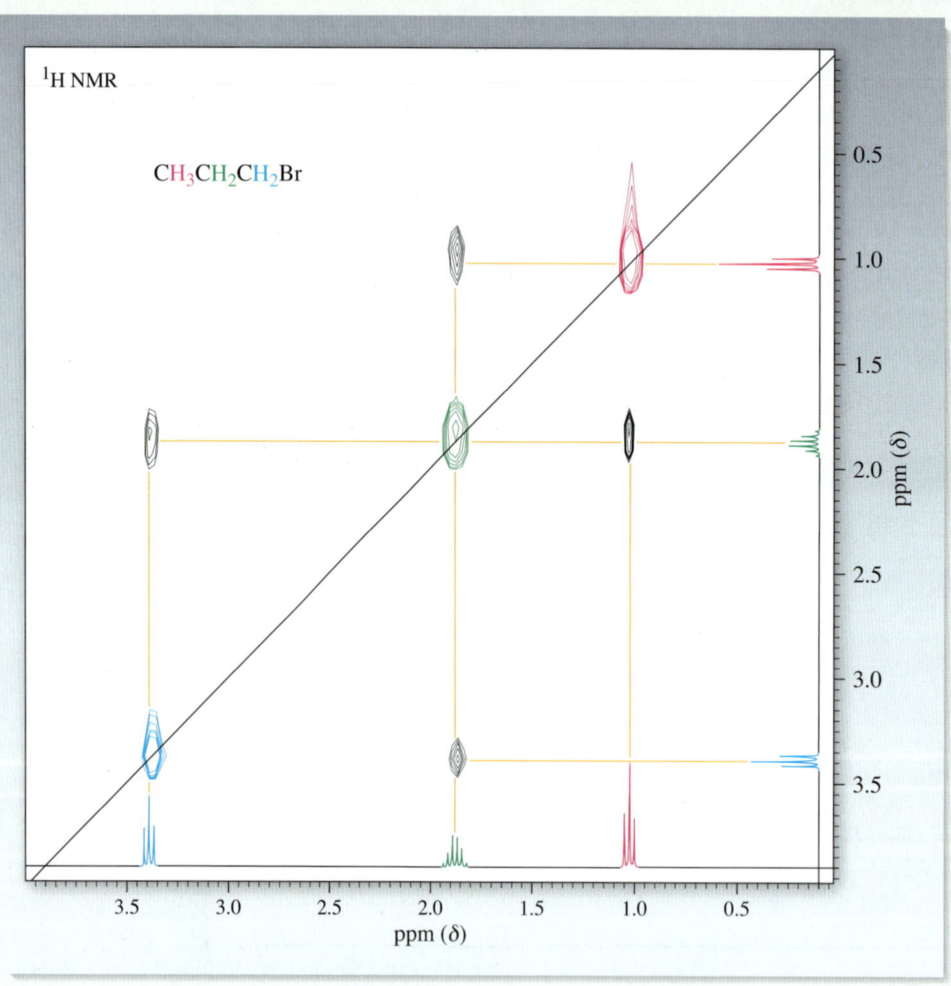

다. 대각선 상에 나타낸 표식들(색상으로 나타낸 "등고선")은 각 스펙트럼에서 같은 봉우리들을 상호관련 지은 것을 나타내며, 무시될 수 있다. 대각선을 벗어난 상관관계(오렌지색 선)들이 분자내의 수소들이 결합성을 증명하는 것이다. 따라서 붉은색으로 표시된 $\delta = 1.05$ ppm에서 나타나는 methyl기의 삼중선은 $\delta = 1.88$ ppm의 메틸렌 육중선과 교차된 봉우리(검정색 "등고선")를 갖게 되면서 이들의 관계가 이웃이라는 사실을 입증하고 있다. 비슷하게 브로민에 의한 벗김 효과에 의해서 $\delta = 3.40$ ppm에서 나타나는 푸른색의 메틸렌 수소는 중간 위치인 $\delta = 1.88$ ppm에서의 신호와 상관관계를 맺게 된다. 마지막으로

록색, 그림 10-33D) 탄소를 나타내고 있다. 사차 탄소의 신호(검정색)는 아래쪽 세 가지 스펙트럼에는 포함되어 있지 않지만, 그림 10-33A의 전체 스펙트럼으로부터 그림 10-33B–D의 스펙트럼에 존재하는 신호들을 제거해 줌으로써 확인할 수 있게 된다.

중앙의 흡수는 그것의 양 신호와 교차 봉우리를 보여 주며, 결과적으로 그 구조를 입증할 수 있게 해 준다.

물론 1-브로모프로페인의 예는 매우 단순하며, 단지 이 기술을 익히기 위한 시범용으로 선택되었다. 대신에 1-브로모헥세인을 생각해 보자. 여기에서는 각각의 메틸렌들을 COSY 에 의해서 신속히 배정할 수 있다. 메틸(높은장의 뚜렷한 삼중선)이나 CH_2Br의 수소(낮은장의 뚜렷한 삼중선)와 같이, 쉽게 알아 볼 수 있는 두 신호 중 어느 것으로 시작을 하더라도, 한 메틸렌에서 다른 이웃 메틸렌까지 구조의 연결성이 분명할 때까지 상관관계 신호를 "따라서 걸을 수" 있다.

연결성은 *HETCOR* (*heteronuclear correlation spectroscopy*)에 의해서 훨씬 강력하게 밝혀진다. 여기서는, 양성자 NMR 스펙트럼이 ^{13}C 스펙트럼과 병행하게 된다. 이것은 C—H에 결합된 분자 성분들의 실체를 나타냄으로써 한 분자의 전체 C—H 골격을 포함한 분자의 mapping을 가능케 한다.

이 원리를 다시 1-브로모프로페인에 대한 스펙트럼을 예시로

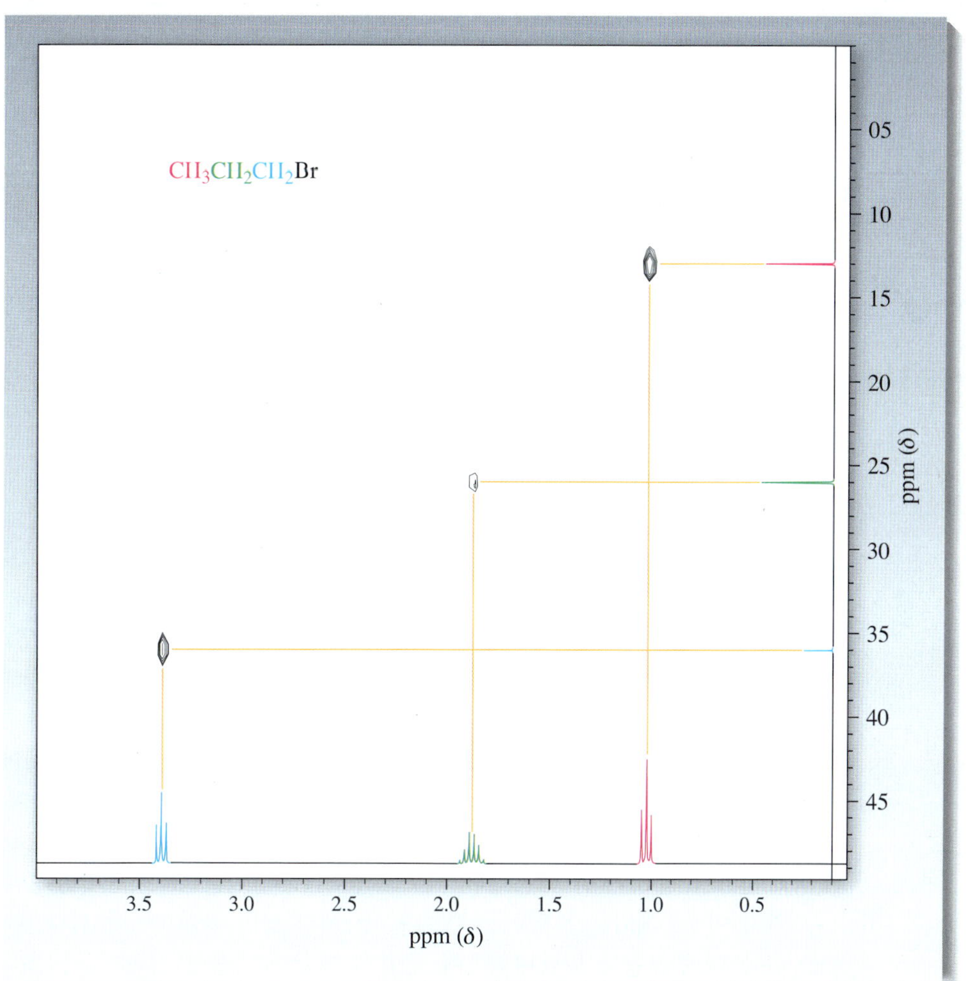

나타내었다. ^{13}C NMR 스펙트럼은 *y*축에 작성되었고, 세 개의 봉우리를 보여 주고 있다. 탄소 NMR에 대한 지식을 근거로 하여 $\delta = 13.0$ ppm에 나타나는 신호를 메틸 탄소 $\delta = 26.2$ ppm을 메틸렌 $\delta = 36.0$ ppm은 브로민과 결합된 탄소라고 쉽게 배정할 수 있다. 그러나 이런 지식이 없더라도 이런 배정은 대응하는 탄소에 결합된 수소에 대한 각각의 수소 신호의 교차 상호관계로부터 명백해진다. 따라서 메틸 수소의 삼중선인 $\delta = 13.0$ ppm의 탄소 신호와 상관관계가 있고, 메틸렌의 육중선은 $\delta = 26.2$ ppm의 탄소 신호와 교차 봉우리를 갖게 되며, 낮은장의 수소 삼중선은 $\delta = 36.0$ ppm의 탄소와 연결된다.

참고로, 이 장의 나머지 부분에서 ^{13}C NMR 스펙트럼에 대해서 각 탄소가 CH_3, CH_2, CH, 또는 사차 탄소로 해석되어 있는 경우, 모두 DEPT 실험에 근거한 것이다.

화학 이야기 10-5

천연물의 구조 결정: 포도씨로부터 얻어지는 항산화제

식물의 세계는 약리학적으로, 치료목적으로, 화학보호 물질의 풍부한 보고이다. 15개의 탄소로 구성된 화합물 viniferone (sesquiterpene 일종, 4.7절 참조)은 2004년에 포도의 씨로부터 분리되었다.

이 물질은 **포도씨의** *proanthocyanidins*으로 불리는 물질의 한 종류로 라디칼(3장)과 산화적 스트레스(22-9절 참조)에 대해 높은 활성을 가지는 물질이다. 10.5 kg의 포도씨로부터 단 40 mg만이 얻어졌다. 따라서 원소 분석, 화학적 분석 등의 방법을 사용할 경우, 이 적은 양의 유용한 물질을 파괴하여 구조 확인에 쓰일 수 없었다. 그 대신 여러 분광법(IR, UV, MS와 NMR)이 사용되어 구조가 밝혀졌으며, 나중에 X-선 결정학을 통해 확인되었다.

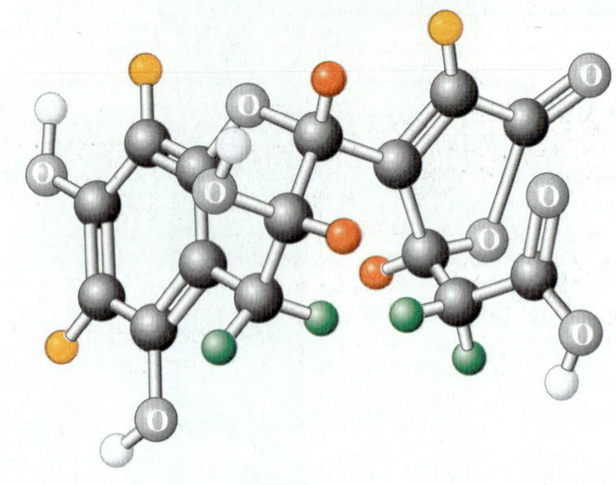

Viniferone

Viniferone의 특성규명에는 ^{1}H와 ^{13}C MNR의 자료에 의존하였다. 양성자의 화학적 이동값은 구조의 중요한 부분의 증거를 제공하였다. $\delta = 5.9$와 6.2 (표 10-2에 나타낸 전형적인 양성자 화학 이동을 나타냄)에 해당되는 내부 알켄과 방향족 수소에 대한 세 개의 신호를 나타내었다. 또 다른 세 개의 신호는 $\delta >$ 3.8 ppm 영역에서 나타났는데, 이는 산소와 결합된 탄소에 세 개의 양성자(붉은색)가 결합되어 있음을 반영한 것이다. 마지막으로 2.5와 3.1 ppm 사이의 상대적으로 낮은 δ값을 가지는 네 개의 흡수가 나타났는데, 두 개의 부분입체이성질성(화학 이야기 10-3 참조)의 수소에 의한 신호로 배정이 되었다.

^{13}C NMR 분광법을 1-클로로프로페인의 일염소화 문제에 응용할 수 있다

10-6절에서 1-클로로프로페인의 염소화부터 생성되는 다이클로로프로페인의 이성체들을 ^{1}H NMR의 화학적 이동값과 적분값을 이용하여 구별할 수 있는 방법을 배웠다. 연습문제 10-12는 이 문제를 해결하는 보충적인 수단으로서 스핀-스핀 갈라짐의 이용에 대하여 언급하였다. ^{13}C NMR은 어떻게 이 문제에 대해서 응용이 가능할 것인가? 그 해답은 매우 간단하다. 1,1-그리고 1,2-다이클로로프로페인 모두가 각각 세 개의 탄소 신호를 나타내어야 하지만, 간격은 멀리 떨어져 있어야 한다. 전자의 경우 전자를 끌어당기는 염소 두 원자가 동일 탄소(따라서 나머지 두 탄소에는 염소가 없다)에 위치한 반면에, 후자는 C1, C2 탄소에 각각 한 개씩의 염소 원자를 갖고 있기 때문이다. 대조적으로 1,3-다이클로로프로페인은 대칭성 때문에 다른 두 가지 이성질체와는 분명히 구별된다. 두 개의 선만 관찰되어야 한다. 이에 대한 실험 자료를 왼쪽 여백 부분에 나타내었으며, 충분히 예상이 가능한 결과이다. 1,2-다이클로로프로페인에서 염소가 결합된 두 개의 벗겨진 탄소에 대한 할당(왼쪽 여백에 그려진 것처럼)은 DEPT 기술에 근거하여 가능하게 된다. 49.5 ppm에서는 CH_2로 나타나게 되며, DEPT-90 실험에서 CH의 신호가 55.8 ppm에서 나타나게 된다.

세 개의 신호

$CH_3CH_2CHCl_2$

10.1 34.9 73.2 ppm

강한 벗김

세 개의 신호

$CH_3CHClCH_2Cl$

22.4 55.8 49.5 ppm

중간 벗김

두 개의 신호

$ClCH_2CH_2CH_2Cl$

42.2 35.6 ppm

중간 벗김

이러한 예를 통하여 ^{1}H NMR과 ^{13}C NMR이 어떻게 상호보완적인 역할을 하게 되는지 이해할 수 있다. ^{1}H NMR 스펙트럼은 관측 대상의 수소핵에 대한 전자적 환경(예를 들어, 전자가 풍부한 경우와 부족한 경우)의 평가(δ), 그것의 상대적인 존재비(적분), 그리고 이웃하는 원자의 수와 종류의 수에 대한 암시(스핀-스핀 갈라짐)를 제공한다. 양성자 짝풀림 ^{13}C NMR은 화학적으로 구별할 수 있는 탄소의 총 개수, 전자적 환경(δ)을 제공하며, DEPT 모드에서는 탄소에 결합된 수소의 개수도 제공한다. 특성규명에 대한 이 두 가지 기술의 응용은 십자 낱말 퍼즐을 맞추는 것과 비슷하다고 볼 수 있다. 올바른 답을 주기 위해서는 가로

^{13}C NMR 또한 크게 도움이 되었는데(표 10-6의 전형적인 탄소의 화학적 이동값을 참조), 두 개의 C=O가 존재함을 보이는 신호가 $\delta = 171.0$과 173.4 ppm에 나타났으며, 여덟 개의 알켄과 benzene 탄소가 존재함($\delta > 95$ ppm)을 나타내었다. 산소에 결합된 세 개의 4면체 탄소는 $\delta = 67$과 81 ppm 사이에서 나타났으며, 나머지 4면체 탄소 신호들은 $\delta = 28.9$와 37.4 ppm 사이에 나타났다. 이들 모두는 DEPT NMR과 같은 기술에 의해 결합되어 있는 수소의 수를 확인 하는 것에 의해 다시 증명되었다.

스핀-스핀 갈라짐과 상관(COSY) 수소 스펙트럼(화학 이야기 10-4 참조)이 구조 확인을 위해 사용되었다. 예를 들어, 여섯 개의 원자로 구성된 에터 고리를 고려하면, C2($\delta = 4.61$ ppm)에 결합된 양성자는 C3($\delta = 3.90$ ppm)에 결합된 인접한 수소 때문에 이중선을 나타내었다. 마찬가지로 C4에 결합된 두 개의 부분입체이성질성 양성자($\delta = 2.53$과 3.02 ppm)는 각각의 짝지음과 C3에 결합된 양성자와의 독립적인 된 짝지음 때문에 이중선의 이중선을 나타내었다. C3에 결합된 양성자는 해석이 불가능한 다중성을 나타내었다. Viniferone의 구조 결정에 있어서 추가적인 사항은 14장(화학 이야기 14-5)에서 다루기로 한다.

포도씨로부터의 추출물은 심장병, 암, 건선 등의 다양한 난치병의 치료에 유용한 것으로 알려졌다.

항목의 값들(^{1}H NMR 스펙트럼에서 제공되는 값들)은 세로 항목의 값들(대응하는 ^{13}C NMR 정보)과 정확히 일치해야 한다.

연습 문제 10-22

아래에 있는 두고리 화합물 A, B를 양성자 짝풀림 ^{13}C NMR 스펙트럼으로 쉽게 구분할 수 있는가? 이 문제를 풀기 위해 DEPT 스펙트럼이 유용한가?

H₃C, H, CH₃, H₃C, H, CH₃ — A; H, H — B

요약 ^{13}C NMR은 탄소-13 동위원소의 자연 존재비가 낮고, 기기에 대한 민감도가 근본적으로 떨어지므로 FT 기술이 요구된다. ^{13}C — ^{13}C 짝지음은 관찰되지 않는데, 시료에서 이 동위원소가 극미량 존재하기 때문에 ^{13}C가 서로 이웃에 존재할 수 있는 확률을 무시할 수 있기 때문이다. ^{13}C — H 짝지음도 측정 가능하지만 보통 광대역 양성자 짝풀림을 통하여 제거되어 각 탄소 원자에 대하여 단일선을 나타낸다. ^{13}C NMR의 화학적 이동값의 범위는 상대적으로 크며, 유기물의 구조들은 약 200 ppm 정도가 된다. 일반적으로 ^{13}C NMR 스펙트럼은 적분이 될 수 없지만, DEPT 실험을 통하여 CH_3, CH_2, CH, 또는 사차 탄소의 각각의 신호를 확인이 가능하게 한다.

요점

유기화학을 공부하는데 있어서, 화학 구조의 일치 여부를 확인하거나, 분자의 소멸에 대한 속도를 추적하거나, 평형 상수를 결정해야 할 때, 반응의 종료 여부 확인이 요구될 때 화학자들이 어떠한 방법을 사용하는가에 대해 의아해 했을 수 있다. NMR의 도입이 이러한 문제에 대한 해답을 얻는데 이용할 수 있는 즉각적이고 다양한 실용적 도구를 제공한다. 다른 형태의 분광기들도 분자에 대한 이런 저런 중요한 정보를 제공하는 것들이 있다. 앞으로 특별한 진단에 이용될 수 있는 작용기와 연계된 기기들이 소개될 것이다. 분광학, 특히 NMR 분광학은 다양한 종류의 유기 화합물을 확인하는 데 중심이 되며, 이 책의 앞으로 이어질 각 장에서 매우 중요한 부분이 된다. 앞으로 새로운 스펙트럼을 조사할 때, 이 장에 있는 내용들을 다시 살펴보는 것이 크게 도움이 될 수 있으리라 예상된다.

통합 문제

10-23. (*S*)-2-Chlorobutane을 만들기 위해서 다음 일련의 반응을 실행하였다.

(*R*)-2-Methyloxacyclopropane $\xrightarrow{CH_3Li}$ (HO, H, H_3C, CH_3) $\xrightarrow[-SO_2,\ -HCl]{SOCl_2}$ (H, CH_3, H_3C, Cl) (*S*)-2-Chlorobutane

분리용 기체 크로마토그래피를 이용하여 반응 생성물(끓는점 68.2 °C)로부터 매우 적은 양의 다른 생성물 C_4H_9Cl(끓는점 68.5 °C)가 분리되었다. 이 생성물은 광학 비활성이며, 아래 그림의 NMR 스펙트럼을 보여 준다. 이 화합물의 구조는 무엇이고, 어떻게 생성될 수 있는가?

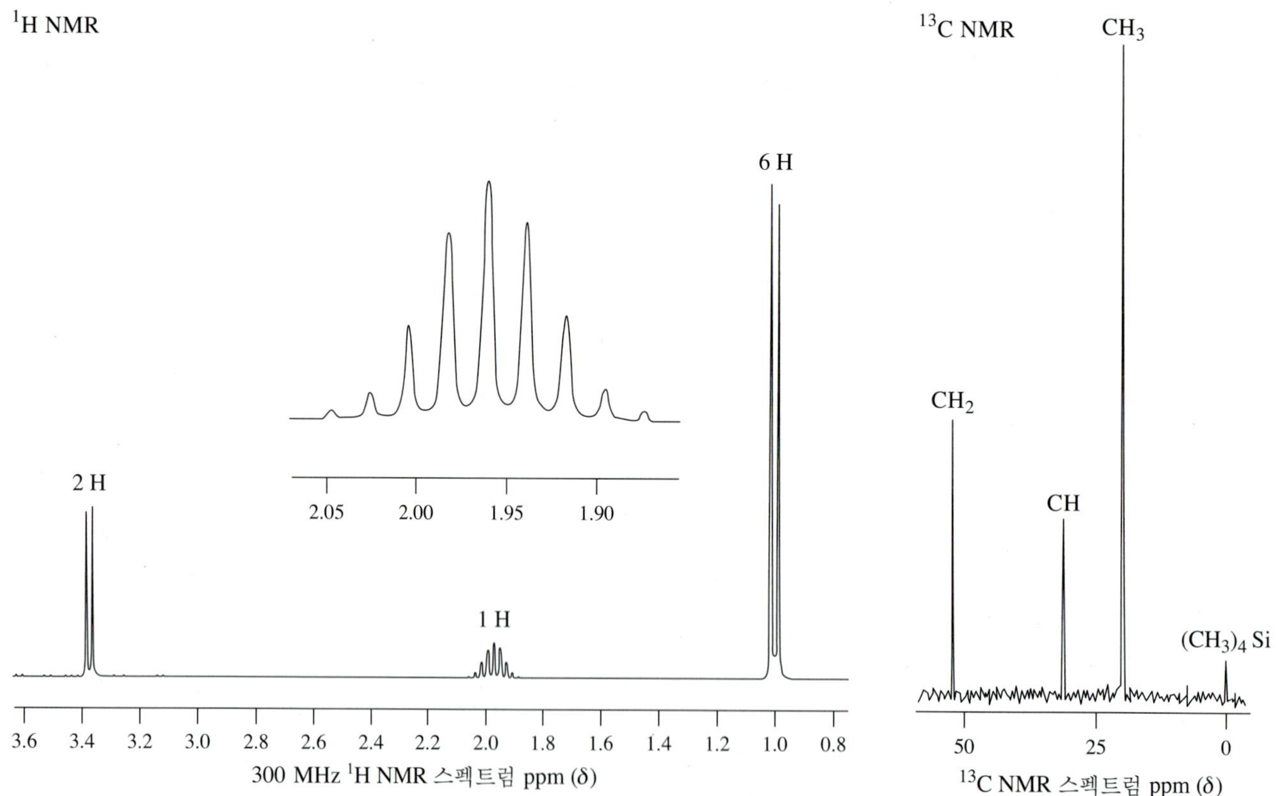

풀이

통합 문제 3-14와 6-30의 경우와 같이, 이러한 문제의 풀이에는 WHIP 전략을 적용할 필요가 있다. 이 전략은 다음의 11장에서 다시 한 번 자세하게 다룰 것이다.

무엇을 묻고 있는가? 먼저 주어진 반응의 부산물의 구조를 밝혀야 한다. 다음으로 이 물질이 어떻게 생성이 되었는가에 대한 질문이 주어졌다. 앞에서 논의한 바와 같이 '어떻게'와 '왜'에 대한 질문은 일반적으로 역학적인 고찰을 요구한다. 이러한 점에 대해서 순서대로 고찰하도록 하자.

어떻게 시작할 것인가? 미지의 화합물(C_4H_9Cl)의 조성은 이 물질이 주 생성물의 이성질체임을 말해 준다. ^1H 와 ^{13}C NMR이 분석을 위해서 사용 가능하다. 또한 출발 물질의 대부분이 주 생성물로 변환됨을 알 수 있다. 어떠한 정보가 문제 풀이를 시작하기 위해 가장 유용한 것인가? 분광 자료를 전혀 사용하지 않고도 두 가지 반응의 다른 결과에 대해서 추적할 수 있지만, 실제로는 빠르든 늦든 간에 제안된 구조를 증명하기 위해서 반드시 분광 자료가 이용되어야 한다. 분광 자료로부터 시작하는 것이 보다 큰 의미를 가질 것이며, 이를 통해 최소한 명백한 해답을 얻었는가를 밝힐 수 있을 것이다.

필요한 정보는? 10-4에서 10-7절까지 ^1H NMR 스펙트럼이 담고 있는 정보에 대해서 논의되었으며, 10-9절에서 ^{13}C NMR에 대해서 논의되었다. 탄소 스펙트럼이 보다 단순하다. 일반적인 전략을 따라, 가장 해석하기 쉬운 자료로부터 정보를 추출하는 것을 시도하라. ^{13}C NMR로부터 시작하여 ^1H NMR로 진행하라.

풀이 진행 미지 시료의 구조식은 C_4H_9Cl이다. 네 개의 탄소를 가지며, ^{13}C NMR 스펙트럼(DEPT에 의해 할당된)에서는 세 개의 선만을 보인다. 따라서 이들 세 선 중 하나는 두 개의 동등한 탄소를 포함하고 있다. 가장 낮은장($\delta = 51\ (CH_2)$ ppm)에서 나타난 가장 벗기워진 상태이며, 염소 원자가 결합되어 있는 탄소임에 틀림없다(표 10-6). 이는 $—CH_2Cl$의 구조를 포함하고 있음을 알려 준다. 다른 두 개의 선은 알킬 영역 $\delta = 20\ (CH_3)$, 31 (CH) ppm에서 나타난다. 이들 중 하나는 두 개의 동등한 핵에서 유래한다. 분자 구조와 $-CH_2Cl$의 구조에 대한 지식을 이용하여 그중 한 가지를 찾아낼 수 있다. 따라서 만일 $\delta = 31$ ppm의 CH 신호가 두 개의 탄소에 해당된다면 분자는 $CH_3 + 2\,CH + CH_2Cl = C_4H_7Cl$이 되므로 주어진 구조와 일치하지 않는다. 반면에, $\delta = 20\ (CH_3)$ ppm이 두 개의 탄소에 의한 신호라면, $2\,CH_3 + CH + CH_2Cl = C_4H_9Cl$로 정확한 구조식이 된다. 따라서 미지의 물질은 두 개의 동등한 CH_3를 포함한다. 이러한 정보를 연결하여 곧바로 해답을 찾을 수 있지만, 약간의 인내심을 가지고 ^1H NMR을 통해서 어떠한 정보를 얻을 수 있는가 연습해 보자.

^1H NMR 스펙트럼은 대략 $\delta = 1.0$, 1.9 및 3.4 ppm에서 세 가지 종류의 수소를 나타낸다. 가장 벗기워진 탄소에 대한 할당의 경우와 동일한 논리를 적용하면, 가장 벗김이 심한 수소들은 염소 원자를 갖고 있는 탄소(10-4절)에 결합된 것이어야 한다. 이 세 가지 양성자 신호에 대한 적분값은 각각 6, 1, 2이며, 모두 아홉 개의 수소에 해당되는 것이다(10-6절). 마지막으로 스핀-스핀 갈라짐이 있다. 가장 높은장과 낮은장 모두 이중선이며, 거의 같은 J값을 갖고 있다. 이러한 사실은 이 양성자 집합(6 + 2 또는 합이 8)이 각각 하나의 이웃을 갖고 있다(아홉 번째 H)는 것을 의미한다. 그 수소는 $N + 1$ 규칙($N = 8$, 10-7절)에서 예상되는 바와 같이 아홉 개 선의 형태로 중간 부분에서 나타나고 있다.

이 구조를 밝히기 위해서 이런 정보를 조합하도록 하자. 대부분의 퍼즐처럼 여러가지 방법으로 해답에 도달할 수 있다. NMR 스펙트럼 문제에 있어서 가장 좋은 것은 ^1H NMR 스펙트럼이 주는 정보대로 부분적인 구조식으로부터 시작하여, 증거를 보충하는 다른 정보를 이용하는 것이다. 따라서 가장 높은장의 6 H 적분을 나타내는 이중선은 $(\mathbf{CH_3})_2CH—$의 부분 구조를 나타낸다. 비슷하게 낮은장의 선은 $—\mathbf{CH_2}CH—$를 나타내고 있다. 이 둘을 결합하면 $—CH_2CH(CH_3)_2$가 되며, Cl 원자를 덧붙이면 답은 비카이랄(광학 비활성)인 $ClCH_2CH(CH_3)_2$이 된다. 이러한 추정은 두 개의 동등한 methyl 탄소로 인한 가장 높은장의 ^{13}C NMR 스펙트럼을 통해서 확인할 수 있다. 중간 부분의 선은 삼차 구조의 수소로 인한 것이며, 염소와 결합된 탄소 때문에 가정 벗김이 심한 흡수이다(표 10-6). 해답을 다른 방식으로도 얻을 수 있는데, 네 개의 가능한 이성질체만을 가지는 비교적 적은 분자식 [즉 $CH_3CH_2CH_2CH_2Cl$, $CH_3\underset{\underset{\displaystyle Cl}{|}}{C}HCH_2CH_3$ (여기서 주생성물), $(CH_3)_2CHCH_2Cl$ (부생성물), $(CH_3)_3CCl$]을 이용하는 것이다. 이들의 ^1H과 ^{13}C NMR 스펙트럼은 신호의 개수, 화학적 이동값, 적분, 다중도들이 아주 현저하게 다르다(확인하라).

이 문제의 두 번째 측면은 역학적인 것이다. 앞의 일련의 반응에서 어떻게 1-chloro-2-methylpropane을 얻는가? 답은 처음의 반응 도식에서 주어진 반응시약을 사용하는 역합성 분석 그 자체에 있다.

$$H_3C-\underset{\underset{\displaystyle H}{|}}{\overset{\overset{\displaystyle CH_3}{|}}{C}}-CH_2Cl \overset{SOCl_2}{\Longrightarrow} H_3C-\underset{\underset{\displaystyle H}{|}}{\overset{\overset{\displaystyle CH_3}{|}}{C}}-CH_2OH \overset{CH_3Li}{\Longrightarrow} \text{H, }H_3C\text{ (epoxide)}$$

CH_3기 두 개가 동일한 탄소에 결합할 수 있는 유일한 경로는 CH_3Li가 oxycyclopropane의 CH_3가 결합되어 있는 탄소에 부가되는 방법이다. 따라서, 부생성물은 oxycyclopropane에서보다 입체 장애가 크므로 선호되지 않고 무시되는 위치를 공격하는 친핵성 개환 반응의 결과이다.

10-24. a. 한 대학원생이 중수소로 치환된 nitromethane (CD_3NO_2)을 용매(표 6-5)로 사용하여 광학적으로 순수한 1*R*,2*R*-trans-1-bromo-2-methylcyclohexane (A)의 ^{1}H과 ^{13}C NMR 스펙트럼을 얻고 다음의 값들을 기록하였다. ^{1}H NMR 스펙트럼 δ = 1.06 (이중선, 3 H), 1.42 (다중선, 6 H), 1.90 (다중선, 2 H), 2.02 (다중선, 1 H), 3.37 (다중선, 1 H) ppm. ^{13}C NMR (DEPT): δ = 16.0 (CH_3), 23.6 (CH_2), 23.9 (CH_2), 30.2 (CH_2), 33.1 (CH_2), 35.0 (CH), 43.2 (CH) ppm. 이들 스펙트럼을 표 10-2와 10-6을 이용하여 가능한 최선을 다하여 배정하시오.

풀이

^{1}H NMR 스펙트럼. 높은장의 이중선을 제외하고 모든 신호들은 복잡한 다중선으로 나타난다. 각 수소(세 개의 CH_3 핵을 제외)가 자기적으로 구별된다는 사실을 고려하면, 다중선의 같은자리 및 이웃자리 짝지음이 고리 전체에 걸쳐서 일어나며, δ값들(브로민 치환체에 바로 이웃한 것들은 제외)이 비슷하게 되는 것은 놀라운 것이 아니다. 예외는 예상되는 바와 같이 높은장에서 이웃하고 있는 삼차 수소와의 짝지음 때문에 이중선을 나타내고 있는 methyl기이다. 배정을 마무리하기 위해서 보통 이상으로 화학적 이동값과 적분에 의존해야 한다.

이웃자리에 대한 브로민의 예상 효과는 무엇인가? 답: 브로민은 거의 대부분 바로 이웃들에 대하여 벗김 작용을 가지며(10-4절), 그 효과는 거리에 따라서 점점 감소하게 된다. 실제로 δ값은 두 집단으로 나누어져 있다. 한 집단은 보다 높은 화학적 이동값(δ = 3.37, 2.02, 1.90 ppm)을 가지며, 나머지 다른 집단은 보다 낮은 값(δ = 1.42, 1.06 ppm)을 갖는다. 가장 많이 벗겨진 δ = 3.37 ppm의 단일 수소는 브로민 다음의 C1의 수소임을 쉽게 배정할 수 있다. 그 다음으로 벗김 효과가 큰 위치는 C2와 C6의 이웃들이다. δ = 2.02 ppm의 신호는 단지 1 H의 적분값을 보이기 때문에 C2 자리의 단일 수소 자리임이 틀림없다. δ = 1.90 ppm의 봉우리는 C6 자리의 CH_2기로 배정할 수 있다. 이 선택은 삼차 수소(표 10-2) 신호보다 높은장에서 나타나는 이차 수소 신호의 일반적인 모양과 역시 일치한다. δ = 1.42 ppm의 나머지 여섯 개의 수소 모두가 거의 같은 장소 주위에서 흡수된다.

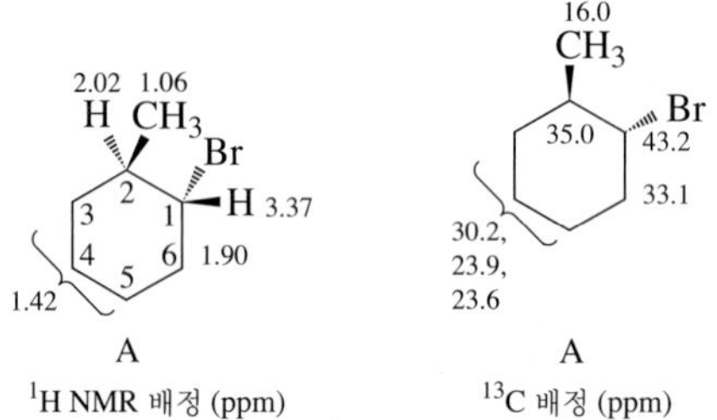

^{1}H NMR 배정 (ppm) ^{13}C 배정 (ppm)

^{13}C NMR 스펙트럼. DEPT 상관관계를 브로민의 벗김 효과와 함께 이용하면 위에서 나타낸 정도의 용이한 배정을 가능케 한다.

b. 학생들에게는 놀랍겠지만 시료의 광학 활성이 시간에 따라서 감소하였다. 이와 더불어 A의 NMR 스펙트럼 강도가 감소하였고, 광학 비활성인 이성질체 B에 해당되는 새로운 봉우리들이 나타났다. ^{1}H NMR: δ = 1.44 (다중선, 6 H), 1.86 (다중선, 4 H), 1.89 (단일선, 3 H) ppm. ^{13}C NMR δ = 20.8 (CH_2), 26.7 (CH_2), 28.5 (CH_3), 37.6 ($C_{사차}$), 41.5 (CH_2) ppm. A가 사라지는 속도는 속도 = *k*[A] 로 나타났다. B는 무엇이며 그것이 어떻게 생성되는가?

해답

B의 스펙트럼을 A의 스펙트럼과 비교하여 분석하자. ^{1}H NMR 스펙트럼에서 신호의 수가 다섯 개에서 세 개로 감소하였다는 것에 주목한다. 특히 A에서 브로민 원자에 이웃하는 수소에 해당하는 δ = 3.37 ppm의 낮은장에서 나타나는 봉우리가 사라지고, methyl의 이중선이 단일선으로 되며, 원래의 위치에서 더 낮은장으로 이동하였다. ^{13}C NMR 스팩트럼에서는 일곱 개 봉우리에서 다섯 개 봉우리로 비슷하게 단순화됨(따라서 대칭화됨)을 알 수 있다. 또한 삼차 탄소(CH)가 사라지고, 세 가지의 CH_2와 사차 탄소가 나타났다. 비교적 벗겨진 CH_3 탄소 역시 분명히 존재한다.

결론. 비카이랄 1-bromo-1-methylcyclohexane과 같이 브로민 원자는 CH_3 치환체와 같은 위치에 있어야 한다.

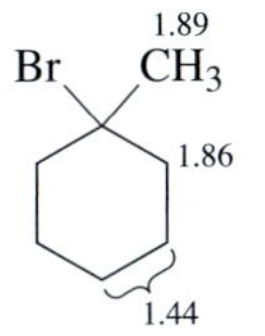

^{1}H NMR 배정 (ppm)

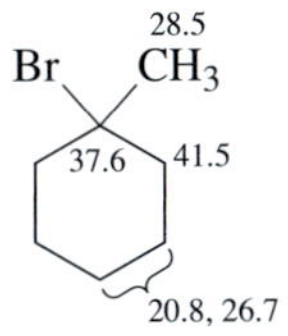

^{13}C NMR 배정 (ppm)

이러한 재배열이 어떻게 일어날 수 있었을까? 답: 탄소양이온의 재배열(9-3 절)을 통해서 진행되는 S_N1 반응(7-2절)의 경우에서 찾을 수 있다.

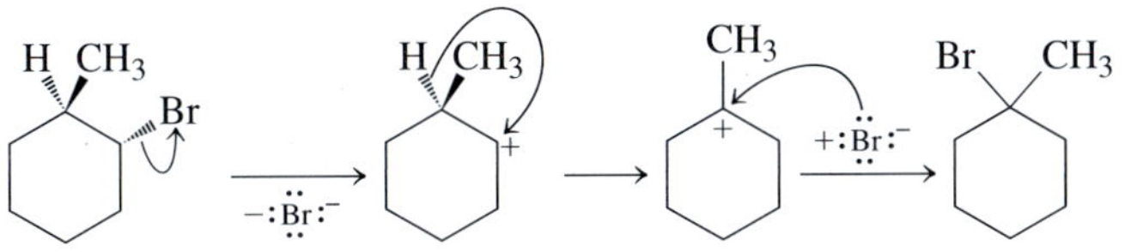

메커니즘이 광학 활성의 소실, 일차 반응에 의한 A의 소실과 B의 생성 등 모든 관찰과 일치한다.

중요한 개념

1. **NMR**은 유기 분자의 **구조**를 확인하는 가장 중요한 분광학적 도구이다.

2. **전자기 복사선**의 불연속적인 양자를 흡수하여 낮은 에너지 상태에서 더 높은 에너지 상태로 전환할 수 있는 에너지 상태를 분자가 취할 수 있으므로 **분광법**이 가능하다

3. 특정 핵, 특히 ^{1}H과 ^{13}C이 강한 자기장에 노출될 때 자기장과 같은 방향(α) 또는 반대방향(β)으로 배향될 수 있기 때문에 NMR이 가능하다. α에서 β로의 전이는 라디오파-진동수 복사선에 의해 영향을 받을 수 있으며, **공명**을 일으켜 특징적인 흡수를 가지는 스펙트럼을 나타낸다. 외부 자기장의 세기가 커지면 공명 진동수도 증가한다. 예를 들어, 7.05 T의 자기장에서 수소는 300 MHz에서 흡수를 일으키며, 14.1 T의 자기장에서는 600 MHz의 흡수를 일으킨다.

4. **고분해능 NMR**은 다른 화학적 환경하에 있는 수소와 탄소핵을 구별한다. 스펙트럼에서 그들의 특징적인 위치는 내부 표준 물질인 tetramethylsilane으로부터의 거리(ppm)인 **화학적 이동값** δ로 나타낸다.

5. 화학적 이동값은 전자 밀도의 증가(가려막기 효과) 또는 감소(벗김 효과)에 크게 의존한다. 전자 밀도가 증가하면 비교적 높은장에서[오른쪽으로 $(CH_3)_4Si$ 봉우리를 향하여], 전자 밀도가 감소하면 낮은장에서 나타난다. 따라서 전자 주개 치환기는 가려막기 효과를 나타내며, 전자 받개 치환기는 벗김 효과를 일으킨다. 알코올, 싸이올, 아민의 헤테로원자에 결합된 양성자는 수소 결합과 양성자 교환 때문에 여러가지 화학적 이동값과 넓은 흡수 범위를 보인다.

6. 화학적으로 동등한 수소와 탄소는 같은 화학적 이동값을 갖는다. 동등성은 **거울면**과 **회전축**을 이용하는 것과 같은 **대칭** 조작을 적용하여 가장 잘 확인할 수 있다.

7. 한 봉우리에 해당하는 수소의 수는 **적분**에 의해 측정된다.

8. 한 핵에 이웃한 수소의 수는 $N + 1$ **규칙**을 따르는 NMR 공명의 **스핀-스핀 갈라짐**에 의해 주어진다. 동등한 수소는 상호 스핀-스핀 갈라짐을 일으키지 않는다.

9. 짝지은 수소 사이의 화학적 이동값 차이가 그들의 짝지음 상수와 비슷한 경우, 복잡한 형태를 가지는 **비일차 스펙트럼**이 관찰된다.

10. 비동등한 형태의 이웃 수소에 대한 짝지음 상수가 다르면 $N + 1$ **규칙**은 **순차적**으로 적용된다

11. **탄소 NMR**은 존재비가 낮은 ^{13}C 동위원소를 이용한다. 탄소-탄소 짝지음은 일반적인 ^{13}C 스펙트럼에서는 관찰되지 않는다. 탄소-수소 짝지음은 양성자 짝풀림으로 제거할 수 있기 때문에 대부분의

^{13}C 스펙트럼으로 단순화되어 단일 봉우리의 집합으로 나타난다.

12. **DEPT** ^{13}C NMR은 CH_3, CH_2, CH 및 사차 탄소의 흡수를 배정할 수 있게 한다.

문제

25. AM 라디오파($\nu \sim 1$ MHz = 1000 kHz = 10^6 Hz = $10^6\ s^{-1}$, 또는 cycles s^{-1})와 FM 방송 주파수($\nu \sim$ 100 MHz = $10^8\ s^{-1}$)는 그림 10-2에 있는 도표에서 어느 부분에 해당되는가?

26. 다음 각 양들을 명시한 단위로 바꾸시오. **(a)** 1050 cm^{-1}를 λ로(μm 단위), **(b)** 510 nm(녹색광)를 ν로 [s^{-1} 단위(cycles s^{-1}, 또는 hertz)], **(c)** 6.15 μm를 $\tilde{\nu}$로(cm^{-1} 단위), **(d)** 2250 cm^{-1}를 ν로 [s^{-1} 단위(Hz)].

27. 다음 각 양들을 kcal mol^{-1} 단위의 에너지로 바꾸시오. **(a)** 750 파수(cm^{-1})의 결합 회전, **(b)** 2900 파수(cm^{-1})의 결합 진동, **(c)** 350 nm(햇볕에 탈 수 있는 자외선)의 전자 전이, **(d)** TV 채널 6(87.25 MHz)의 음성 신호의 방송 주파수, **(e)** 0.07 nm 파장을 가지는 "단파장"의 X-선.

28. 다음의 자기장에서 수소가 α에서 β로 스핀 반전이 일어날 때 흡수된 에너지량을 세자리 유효 숫자로 계산하시오. **(a)** 2.11 T 자석(ν = 90 MHz), **(b)** 11.75 T 자석(ν = 500 MHz).

29. 다음 각 변화에서 NMR 스펙트럼이 오른쪽으로 이동할지 왼쪽으로 이동할지를 설명하시오. **(a)** 일정한 자기장의 세기에서 라디오주파수가 증가할 때, **(b)** 일정한 라디오주파수에서 자기장의 세기가 증가할 때("높은장"으로 이동; 10-4절), **(c)** 화학적 이동값이 증가할 때, **(d)** 가려막기가 증가할 때.

30. 다음 각 분자들에 대해서 모든 자기적인 핵에 대한 공명 봉우리의 위치를 나타내는 가상적인 저분해능 NMR 스펙트럼을 그려보시오. 단, 2.11 T의 외부 자기장을 가정하라. 만약 자기장이 8.46 T가 되면 스펙트럼은 어떻게 달라지는가?

(a) $CFCl_3$ (Freon 11) **(b)** CH_3CFCl_2 (HCFC-141b) **(c)** CF_3—C(Cl)(Br)—H (Halothane)

31. 만약 문제 30에 나타낸 분자들의 NMR 스펙트럼이 고분해능 NMR을 사용해 기록되었다면, 어떤 차이점이 관찰되겠는가?

32. $CH_3COCH_2C(CH_3)_3$, 4,4-dimetyl-2-pentanone의 300 MHz에서 그린 ^1H NMR 스펙트럼은 tetramethylsilane으로부터 307, 617, 683 Hz 낮은장의 위치에서 신호를 나타낸다. **(a)** 이 신호들의 화학적 이동값(δ)은 얼마인가? **(b)** 이 스펙트럼이 90 MHz와 500 MHz에서 각각 기록되었다면, tetramethylsilane의 신호에 대해서 몇 Hz 위치에 나타날 것인가? **(c)** 각 신호를 분자에 있는 일련의 수소에 배정하시오.

33. 다음 물질들의 ^1H NMR 신호의 화학적 이동값이 작은 순서부터 배열하시오. 가장 높은장은 어느 물질이며, 가장 낮은장은 어떤 물질인가?

(a) $H_3C—CH_3$ **(b)** $H_2C{=}CH_2$ **(c)** $H_3C—O—CH_3$

(d) $H_3C—C(=O)—CH_3$ **(e)**  (benzene) **(f)** $H_3C—N(CH_3)—CH_3$

34. 어느 수소가 NMR 실험에서 $(CH_3)_4Si$에 대해 상대적으로 가장 낮은장 신호를 나타내는가? 설명하시오.

(a) $(CH_3)_2O$ 또는 $(CH_3)_3N$ **(b)** $CH_3C(=O)OCH_3$ (↑ 또는 ↑) **(c)** $CH_3CH_2CH_2OH$ (↑또는↑) **(d)** $(CH_3)_2S$ 또는 $(CH_3)_2S{=}O$

35. 아래에 나타낸 cyclopropane의 유도체에서 각 분자들의 ^1H NMR 스펙트럼에는 얼마나 많은 신호들이 나타나는가? 각 수소 주위의 기하학적 환경을 주의하여 생각하라.

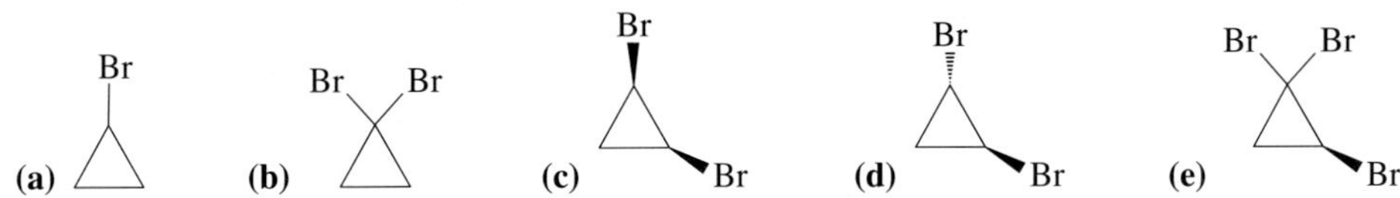

36. 각 분자들의 ^{1}H NMR 스펙트럼에는 얼마나 많은 신호들이 나타나는가? 각 신호의 **대략적인** 화학적 이동값은 얼마가 되겠는가? 단, 스핀-스핀 갈라짐은 무시하라.

(a) $CH_3CH_2CH_2CH_3$ **(b)** $CH_3CH(Br)CH_3$ **(c)** $HOCH_2C(CH_3)_2Cl$ **(d)** $CH_3CH(CH_3)CH_2CH_3$

(e) $CH_3C(CH_3)_2NH_2$ **(f)** $CH_3CH_2CH(CH_2CH_3)_2$ **(g)** $CH_3OCH_2CH_2CH_3$ **(h)** $H_2C{-}CH_2$ / $H_2C{-}C{=}O$ (cyclobutanone)

(i) $CH_3CH_2{-}C(=O)H$ **(j)** $CH_3CH(OCH_3){-}C(CH_3)_2{-}CH_3$

37. 다음에 나타낸 이성질체를 가지는 각 화합물에 대해 ^{1}H NMR 스펙트럼에서 신호의 수, 각 신호의 **근사적인** 화학적 이동값, 그리고 신호에 대한 적분값을 나타내시오. 단, 스핀-스핀 갈라짐은 무시하라. 마지막으로 각 집단에서 모든 이성질체들이 위의 세 가지 정보를 이용하여 구분이 될 수 있는지 논하시오.

(a) $CH_3C(CH_3)(Br)CH_2CH_3$, $BrCH_2CH(CH_3)CH_2CH_3$, $CH_3CH(CH_3)CH_2CH_2Br$

(b) $ClCH_2CH_2CH_2CH_2OH$, $CH_3CH(CH_2Cl)CH_2OH$, $CH_3C(CH_3)(Cl)CH_2OH$

(c) $ClCH_2C(CH_3)(Br){-}CH(CH_3)CH_3$, $ClCH_2CH(CH_3){-}C(CH_3)(Br)CH_3$, $ClCH_2C(CH_3)_2{-}CH(Br)CH_3$, $ClCH_2CH(Br)C(CH_3)_2CH_3$

38. 두 haloalkane에 대한 ^{1}H NMR 스펙트럼들이 아래에 그려져 있다. 스펙트럼과 일치하는 화합물의 구조를 제안하시오. **(a)** $C_5H_{11}Cl$, 스펙트럼 A, **(b)** $C_4H_8Br_2$, 스펙트럼 B.

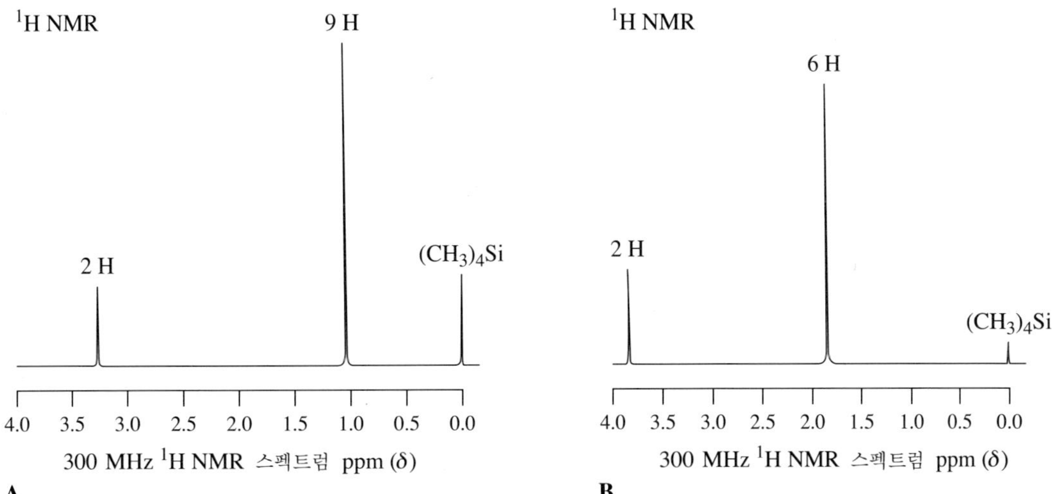

39. 에터 작용기를 가지는 세 개의 분자들에 대한 ^{1}H NMR 신호가 아래에 주어져 있다. 모든 신호들은 단일선이다(한 개의 날카로운 봉우리). 이들 화합물의 구조를 제안하시오. **(a)** $C_3H_8O_2$, δ = 3.3과 4.4 ppm (비율 3 : 1), **(b)** $C_4H_{10}O$ δ = 3.3과 4.9 ppm (비율 9 : 1), **(c)** $C_5H_{12}O_2$, δ = 1. 2와 3.1 ppm (비율 1 : 1). 이들의 스펙트럼을 그림 10-15B의 1,2-dimethoxyethane과 비교하고 차이를 설명하시오.

40. **(a)** 화학식이 $C_6H_{12}O$인 케톤의 ^{1}H NMR 스펙트럼은 δ = 1.2와 2.1 ppm (비 3 : 1) 의 봉우리를 가진다. 이 분자의 구조를 제시하시오. **(b)** (a)에서 케톤과 관련이 있는 화학식 $C_6H_{12}O_2$를 가진 두 개의 이성질체 분자가 있다. 그들의 ^{1}H NMR 스펙트럼은 다음과 같다. 이성질체 1, δ = 1.5와 2.0 ppm (비 3 : 1) ; 이성질체 2, δ = 1. 2와 3.6 ppm (비 3 : 1), 이들 스펙트럼의 모든 신호들은 단일선이다. 이 화합물들의 구조를 제안하시오. 그들은 어떤 화합물 부류에 속하는가?

41. ^{1}H NMR로부터 얻을 수 있는 중요한 네 가지의 정보에 대해서 논하시오(**힌트**: 10-4에서 10-7절을 참조).

42. 다음의 각 화합물의 ^{1}H NMR 스펙트럼에서 비슷한 점과 차이점에 대해서 기술하시오. 문제 41에서 제시된 네 가지 요소에 대해서 논하시오. 아래의 물질들은 어떤 종류의 화합물에 속하는가?

$CH_3CH_2-C(=O)-O-CH_3$　　$CH_3-C(=O)-O-CH_2CH_3$　　$CH_3CH_2-C(=O)-CH_3$　　$CH_3CH_2CH_2-C(=O)-H$

43. 아래에서 세 개의 $C_4H_5Cl_2$ 이성질체들이 왼쪽에 있고, ^{1}H NMR 자료들이 오른쪽에 표시되어 있다. 구조와 일치되는 스펙트럼 자료를 연결하시오(**힌트**: 종이에 스펙트럼을 그려보는 것이 도움이 될 것이다).

(a) $CH_3CH_2CHClCH_2Cl$　　**(i)** δ = 1.5 (d, 6 H)과 4.1 (q, 2 H)

(b) $CH_3CHClCHClCH_3$　　**(ii)** δ = 1.6 (d, 3 H), 2.1 (q, 2 H) 3.6 (t, 2 H), 4.2 (sex, 1 H) ppm

(c) $CH_3CHClCH_2CH_2Cl$　　**(iii)** δ = 1.0 (t, 3 H), 1.9 (quin, 2 H) 3.6 (d, 2 H), 3.9 (quin, 1 H) ppm

44. 문제 36에서 다룬 분자들의 NMR 스펙트럼에서 관찰될 것으로 예상되는 스핀–스핀 갈라짐을 나타내시오(상기: 산소와 질소에 결합된 수소는 통상적으로 스핀–스핀 갈라짐을 나타내지 않는다)

45. 문제 37에서 다룬 분자들의 NMR 스펙트럼에서 관찰될 것으로 예상되는 스핀–스핀 갈라짐을 나타내시오.

46. 다음의 화합물 각각에 대한 ^{1}H NMR의 화학적 이동값을 나타내었다. 가능한 최선을 다하여 분자내의

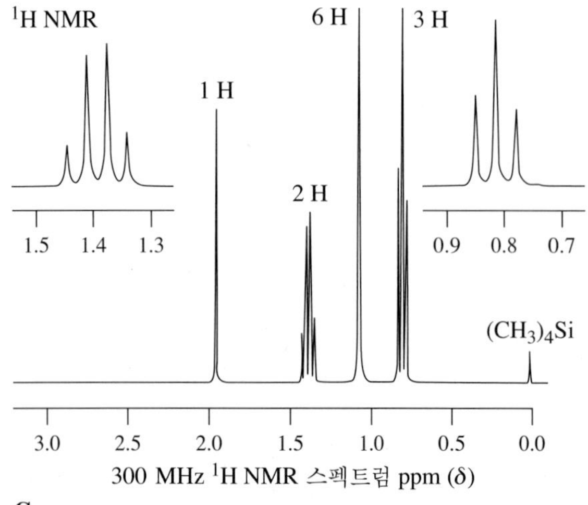

C

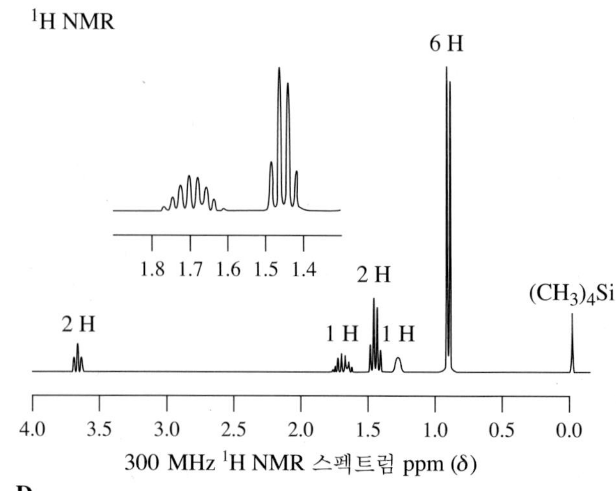

D

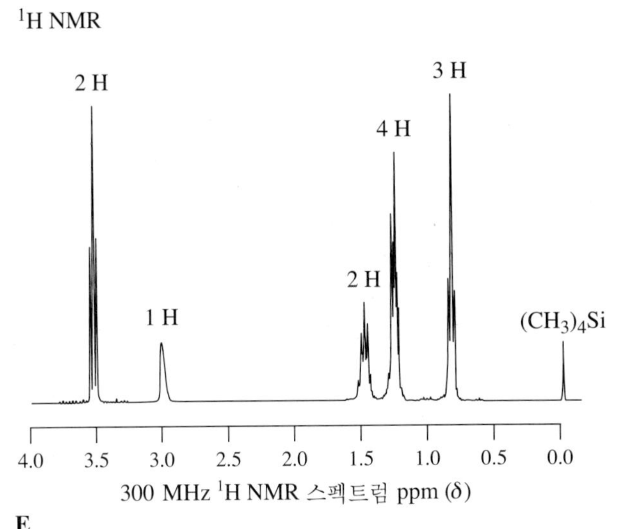

E

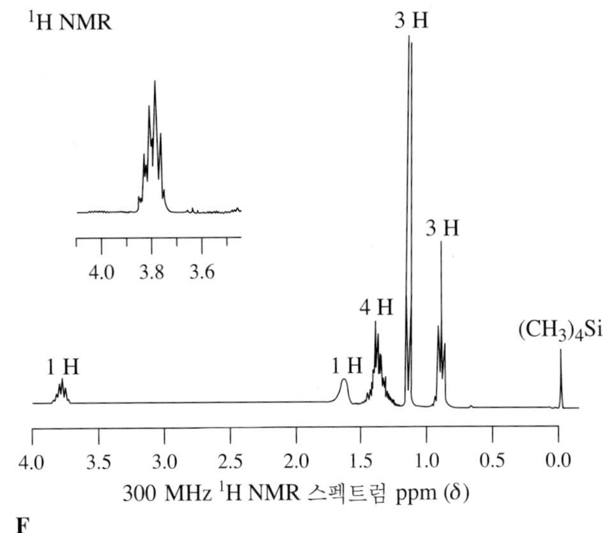

F

수소들에 대한 각 신호들을 할당하고, 스펙트럼을 그리되, 스핀-스핀 갈라짐을 반영할 수 있는 것들은 그림에 포함시켜서 그려보시오. **(a)** Cl_2CHCH_2Cl, δ 4.0과 5.8 ppm; **(b)** $CH_3CHBrCH_2CH_3$, δ 1.0, 1.7, 1.8과 4.1 ppm; **(c)** $CH_3CH_2CH_2COOCH_3$, δ 1.0, 1.7, 2.3과 3.6 ppm; **(d)** $ClCH_2CHOHCH_3$, δ 1.2, 3.0, 3.4와 3.9 ppm.

47. 아래의 C에서 F까지의 ^{1}H NMR 스펙트럼은 화학식이 $C_5H_{12}O$인 네 가지의 알코올 이성질체에 해당된다. 이들의 분자 구조를 지정하시오.

48. 다음 화합물에 대한 ^{1}H NMR 스펙트럼을 그리시오. 화학적 이동값을 예상하고(10-4절 참조), 스핀-스핀 짝지음을 나타내는 봉우리에 대한 적절한 다중선을 나타내시오. **(a)** $CH_3CH_2OCH_2Br$; **(b)** $CH_3OCH_2CH_2Br$; **(c)** $CH_3CH_2CH_2OCH_2CH_2CH_3$; **(d)** $CH_3CH(OCH_3)_2$.

49. G(오른쪽 여백 그림)는 화학식이 C_6H_{14}인 탄화수소의 ^{1}H NMR 스펙트럼이다. 이 물질은 어떤 구조인가? 이 분자의 구조는 이 장에 나타낸 다른 분자의 스펙트럼과 비슷한 구조적 특성을 가지고 있다. 어떤 분자인가? 두 분자의 스펙트럼에서 공통점과 차이점을 설명하시오.

50. 문제 47의 NMR 스펙트럼 D에 해당하는 알코올에 진한 HBr을 높은 온도에서 반응시켰더니 분자식 $C_5H_{11}Br$을 가지는 물질을 얻었다. 이것의 ^{1}H NMR 스펙트럼은 δ = 1.0 (t, 3 H), 1.2 (s, 6 H), 1.6 (q, 2 H) ppm의 신호를 보였다. 이에 대해 설명하시오(**힌트**: 문제 42의 NMR 스펙트럼 C 참조).

51. 1-Chloropentane의 ^{1}H NMR 스펙트럼을 60 MHz (스펙트럼 H)와 500 MHz (스펙트럼 I)에서 얻었다. 두 스펙트럼 모양의 차이를 설명하고, 각 수소의 신호를 분자에 대해 배정하시오.

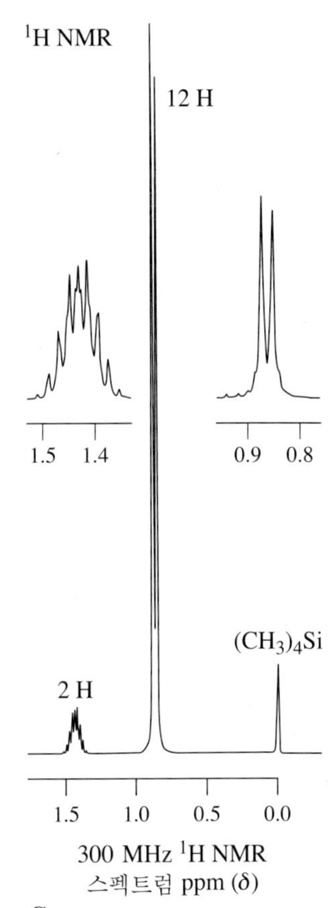

G

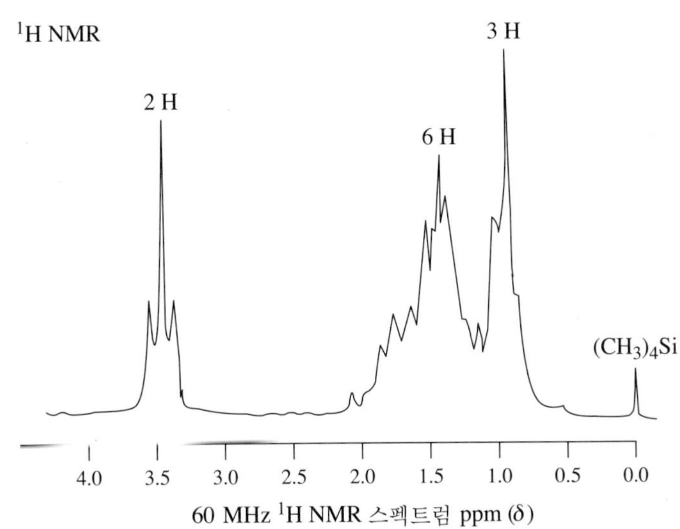

H

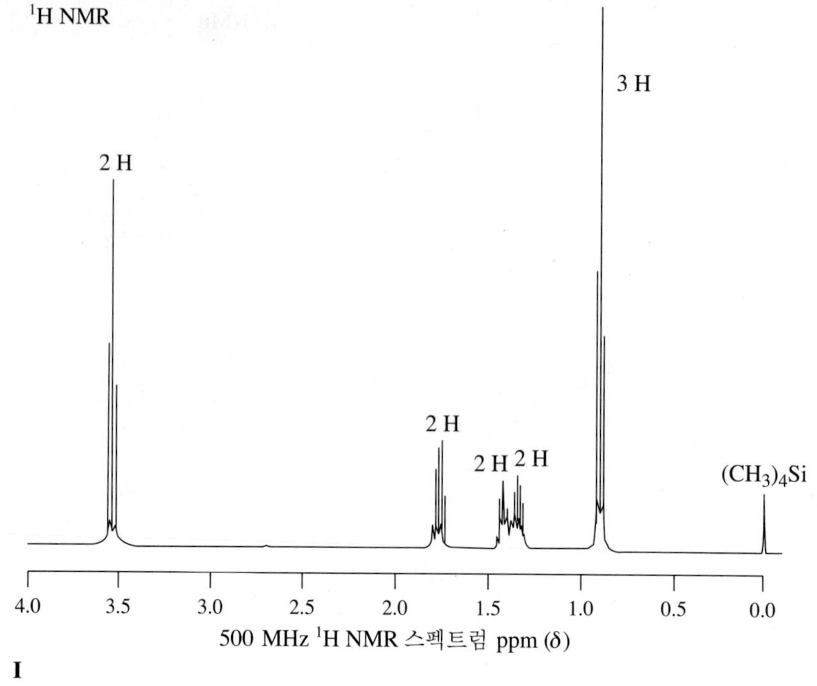

I

52. 문제 35에서 예시된 다섯 가지 bromocyclopropane에 대한 ^{1}H NMR 스펙트럼의 각 신호에 대하여 스핀-스핀 갈라짐 모양을 나타내시오. 이들 화합물에서 같은자리 짝지음 상수(즉, 같은 탄소에 결합된 비동등 수소들 사이 10-7절 참조)와 트랜스 이웃자리 짝지음 상수(약 5 Hz)가 시스 이웃자리 짝지음 상수(약 8 Hz)보다 작다는 사실에 유의하라.

53. 세 개의 이성질체가 존재하는 pentane의 이성질체들을 광대역 양성자 짝풀림 ^{13}C NMR 스펙트럼**만을** 이용하여 구분할 수 있겠는가? 다섯 가지 이성질체가 존재하는 hexane은 이 방법으로 구별할 수 있겠는가?

54. 문제 36의 화합물들의 양성자 짝풀림이 없는 ^{13}C NMR을 예측하시오.

55. ^{13}C NMR 스펙트럼을 이용하여 문제 37에 대하여 다시 답하시오.

56. 문제 35와 37에서 다룬 화합물의 DEPT ^{13}C 스펙트럼의 모양이 전형적인 ^{13}C 스펙트럼과 어떻게 다른가?

57. 세 가지 분자들로 구성된 각 문항에서 주어진 양성자-짝풀림 ^{13}C NMR 자료와 가장 잘 일치하는 구조의 분자를 선택하고 설명하시오. **(a)** $CH_3(CH_2)_4CH_3$, $(CH_3)_3CCH_2CH_3$, $(CH_3)_2CHCH(CH_3)_2$; $\delta =$ 19.5와 33.9 ppm. **(b)** 1-chlorobutane, 1-chloropentane, 3-chloropentane; $\delta =$ 13.2, 20.0, 34.6과 44.6

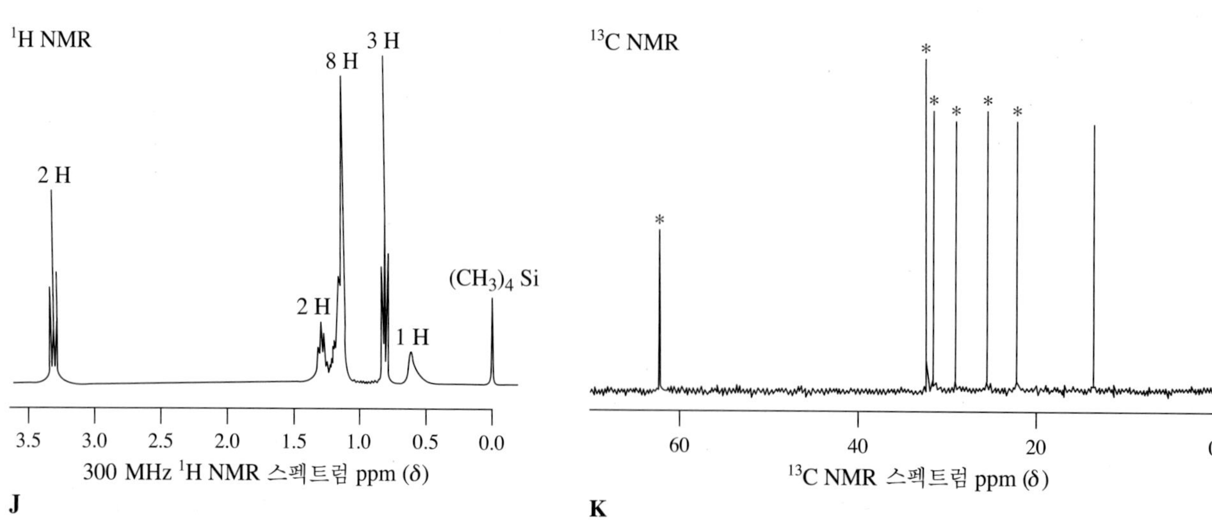

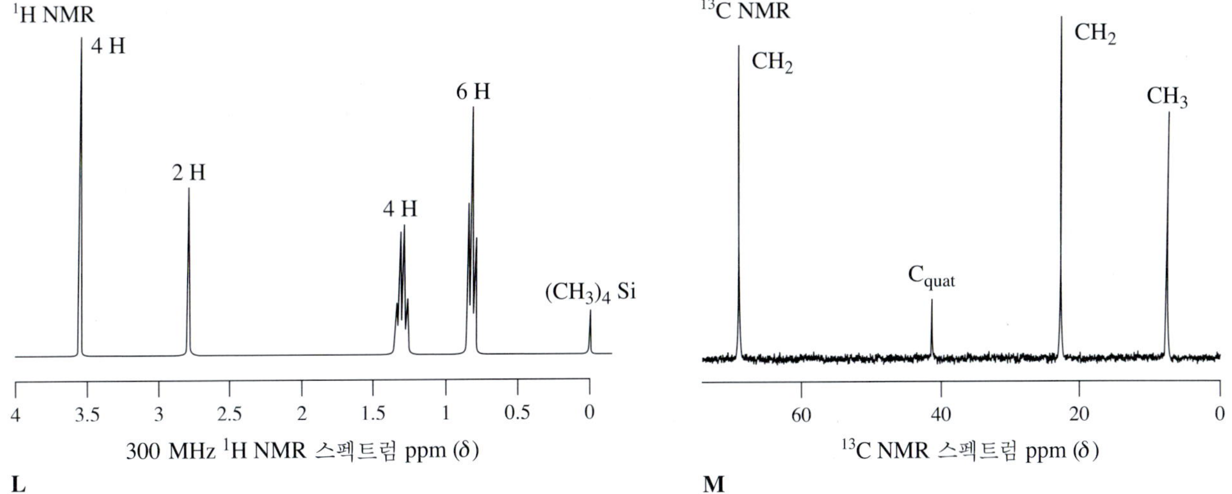

ppm. **(c)** cyclopentanone, cycloheptanone, cyclononanone; $\delta = 24.0$, 30.0, 43.5와 214.9 ppm. **(d)** $ClCH_2CHClCH_2Cl$, $CH_3CCl_2CH_2Cl$, $CH_2 = CHCH_2Cl$; $\delta = 45.1$, 118.3과 133.8 ppm (**힌트**; 표 10-6 참조).

58. 주어진 분자식과 ^{1}H NMR 및 양성자 짝풀림 ^{13}C NMR을 기초로 각 화합물의 구조를 제안하시오. **(a)** $C_7H_{16}O$, 스펙트럼 J와 K (* = CH_2 DEPT); **(b)** $C_7H_{16}O_2$, 스펙트럼 L과 M (M은 DEPT에 의해 배정됨).

59. **도전 문제** Cholesteryl benzoate (4.7절 참조)의 ^{1}H NMR 스펙트럼을 스펙트럼 N에 나타내었다. 비록 복잡하지만, 구별되는 특성을 보이고 있다. 적분값으로 표시된 흡수에 대해서 분석하시오. $\delta = 4.85$ ppm 확대된 신호는 일차 갈라짐 형태와 유사하다. 이러한 현상을 어떻게 설명할 수 있는가? (**힌트**: $\delta = 2.5$, 4.85, 5.4 ppm에 보인 봉우리들은 화학적 이동값 또는 짝지음 상수의 유사성 때문에 단순화되어 있다.)

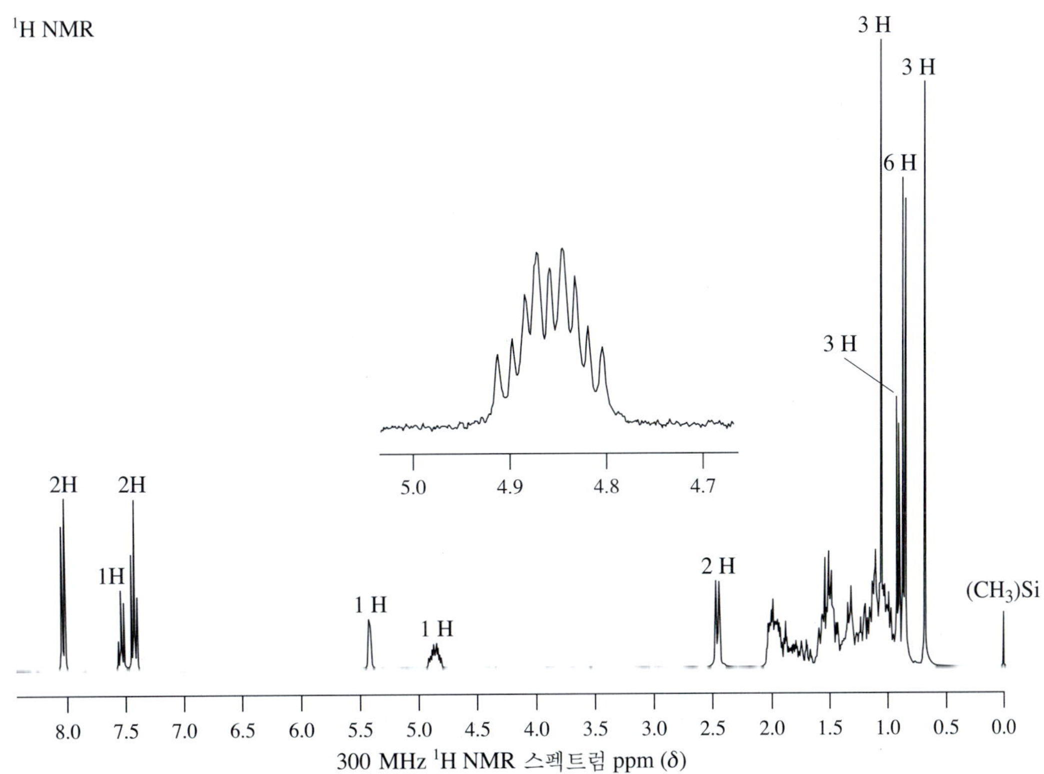

Cholesteryl benzoate

60. **도전 문제** 터펜의 한 종류인 α-terpineol은 분자식 $C_{10}H_{18}O$이며, 소나무로부터 추출되는 유지의 한 성분이다. 명칭의 *-ol*로부터 알 수 있듯이 알코올의 한 종류이다. ^{1}H NMR 스펙트럼(스펙트럼 O, 430쪽)을 이용하여 가능한 범위에서 α-terpineol의 구조를 밝히시오 [**힌트**: (1) α-terpineol은 다른 종류의 다양한 터펜(즉, carvone, 5장의 문제 43)과 마찬가지로 1-methyl-4-(l-methylethyl)cyclohexane 구조를 가지고 있다. (2) 스펙트럼 O를 해석함에 있어서 가장 확실한 정보들(δ = 1.1, 1.6과 5.4의 봉우리)을 명확히 하고, 화학적 이동값, 적분, δ 5.4의 신호를 이용하라].

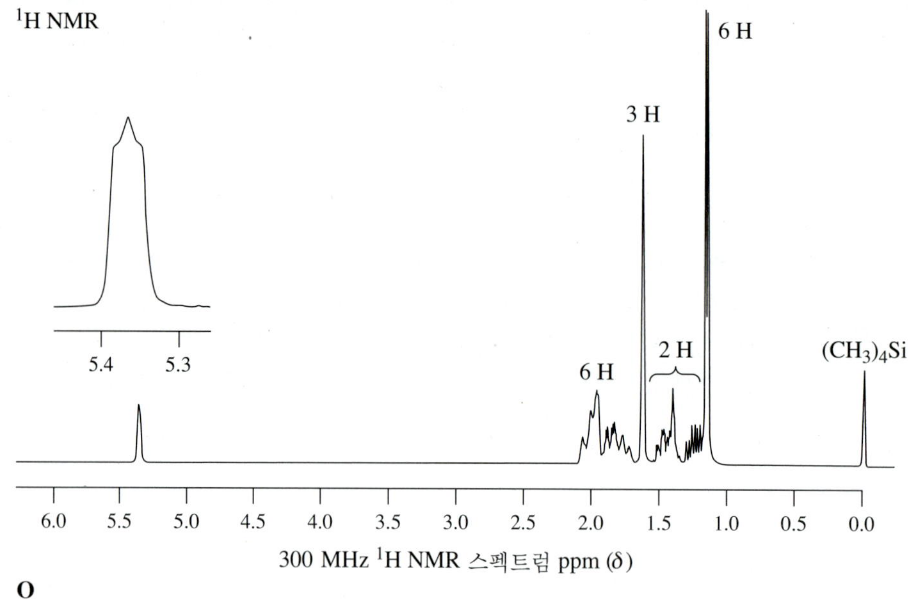

O

61. **도전 문제** Methanol 유도체 [5-methyl-2-(1-methylethyl)cyclohexanol]의 용매 분해에 대한 고찰은 이러한 형태의 반응을 이해하는데 큰 도움을 준다. 아래에 나타낸 것과 같이 4-methylbenzenesulfonate 에스터를(낮은 친핵성의 높은 전해성을 가진) 2,2,2-trifluoro-ethanol 중에서 가열하면 분자식 $C_{10}H_{18}$의 두 가지 생성물을 만든다. **(a)** ^{13}C NMR에서 주생성물은 열 개의 신호를 제공한다. 그중 두 개는 비교적 낮은장 δ = 120과 145 ppm에서 나타난다. ^{1}H NMR 스펙트럼은 δ = 5 ppm (1 H) 부근에서 다중선을 보인다. 모든 다른 신호는 δ = 3 ppm의 높은장에서 나타난다. 이 물질을 밝히시오. **(b)** 부생성물은 일곱 개만의 ^{13}C NMR 신호를 보여 준다. 두 개의 신호는 낮은장($\delta \sim$ 120와 140 ppm)에서 나타나지만, ^{1}H NMR은 주생성물과는 매우 다르며, δ = 3 ppm 이하에서는 전혀 봉우리를 나타내지 않는다. 이 물질을 밝히고 메커니즘을 설명하시오. **(c)** C2 탄소를 중수소로 표시한 에스터를 출발물로 가용매분해를 수행하면, (a)의 주생성물의 ^{1}H 스펙트럼에서 δ = 5 ppm에서 나타난 봉우리의 매우 큰 감소를 보이게 된다. 중수소가 부분적으로 봉우리의 위치에 해당되는 자리에 치환이 됨을 의미한다. 어떻게 설명할 수 있겠는가? [**힌트**: 해답은 (b)의 부생성물이 생성되는 메커니즘에 있다.]

$\xrightarrow{CF_3CH_2OH,\ \Delta}$ 두 개의 $C_{10}H_{18}$ 생성물

알켄: 적외선 분광법과 질량 분석법

액체 식용유와 고체 쇼트닝의 차이는 무엇인가? 놀랄 만한 것은 액체에서 구조적으로 탄소-탄소 이중 결합을 포함하고 있고, 고체는 이중 결합이 포함되어 있지 않다는 차이 밖에는 없다. 식용유는 다중 결합을 포함하고 있는 가장 간단한 유기 화합물인 **알켄(alkene)**의 유도체이다. 이 장과 12장에서 알켄의 성질, 발생, 반응성에 대해 연구하게 될 것이다.

앞의 여러 장에서 단일 결합 작용기를 가지는 두 가지 중요한 화합물 계열인 할로알케인(haloalkane) 및 알코올은 적절한 조건에서 제거반응을 일으켜 알켄을 형성한다는 것을 배웠다. 이 장에서는 이들 반응 과정을 돌아보고, 이 반응 결과에 영향을 미치는 몇 가지 부수적인 양상을 탐구할 것이다. 12장에서는 알켄의 반응에 대해 다루고, 알켄이 첨가반응을 통해 다시 단일 결합 물질로 되는 것을 밝힐 것이다. 따라서 많은 합성적인 변환에서 알켄이 어떻게 중간물질의 역할을 하는지 알게 될 것이다. 알켄은 플라스틱, 합성 섬유, 건축 자재의 제조 원료로서 유용하고, 경제적으로 가치 있는 출발물이자 그 밖의 다양한 분야에서 공업적으로 중요한 물질이다. 예를 들어, 많은 기체 상태의 알켄을 첨가반응시키면 생성물로 기름을 만든다. 따라서 이 계열 화합물을 "올레핀"(olefin, *oleum facere*, 라틴어로 기름을 만드는을 의미)이라고 한다.

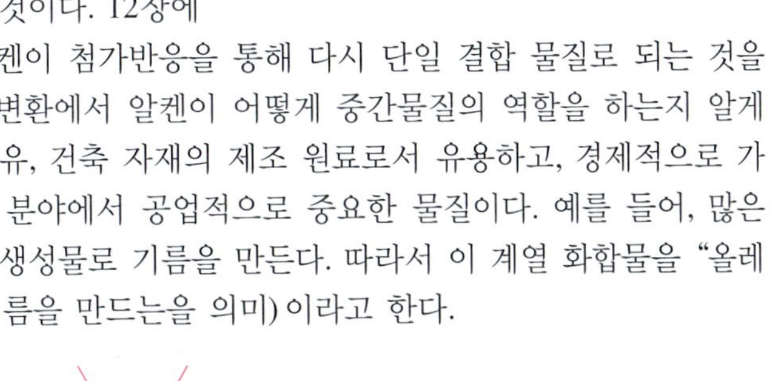

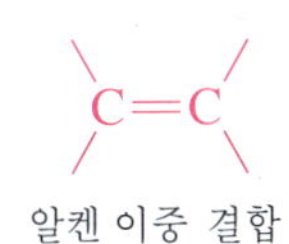

알켄 이중 결합

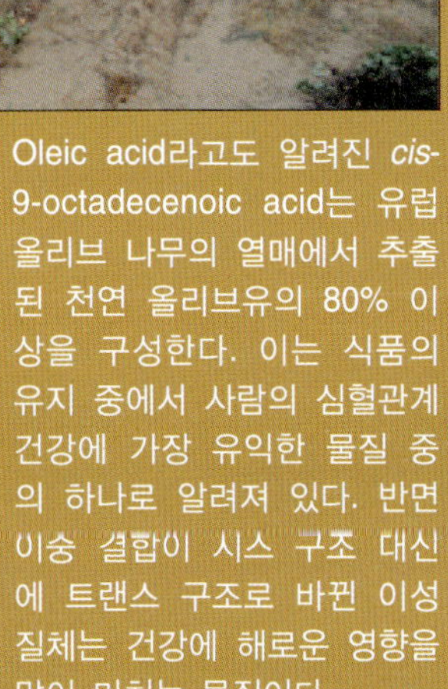

Oleic acid라고도 알려진 *cis*-9-octadecenoic acid는 유럽 올리브 나무의 열매에서 추출된 천연 올리브유의 80% 이상을 구성한다. 이는 식품의 유지 중에서 사람의 심혈관계 건강에 가장 유익한 물질 중의 하나로 알려져 있다. 반면 이중 결합이 시스 구조 대신에 트랜스 구조로 바뀐 이성질체는 건강에 해로운 영향을 많이 미치는 물질이다.

사실 "마가린(margarine)"은 이 생성물인 올레오마가린을 줄인 말이다.* 알켄은 첨가반응을 일으킬 수 있으므로, **불포화 화합물(unsaturated compound)**이라고 한다. 반대로 알케인은 최대 숫자의 단일 결합을 가지고 있어, 첨가반응이 일어나지 않으므로 **포화(saturated)** 되었다고 한다.

알켄의 명명과 물리적 성질부터 시작하여 알켄 이성질체들의 상대적인 안정도를 어떻게 평가하는지 논할 것이다. 알켄의 제조에 대한 논의에서 알고 있던 제거반응에 대해서도 복습할 것이다.

또한 분광학의 두 번째 형태—적외선 분광법[infrared (IR) spectroscopy]—와 분자의 구성 요소를 결정하는 방법—질량 분석법[mass spectrometry (MS)]—을 소개하여 분자의 구조를 결정하는 두 가지 추가적인 방법에 대해서 논할 것이다. 이상의 방법들은 NMR을 보완하여 구조의 전체적인 배열 뿐만 아니라, 작용기의 존재 유무와 그 특징적인 결합들(O—H, C=C 등)을 직접적으로 결정한다.

11-1 알켄의 명명법

탄소-탄소 이중 결합은 알켄의 특징적인 작용기이다. 알켄의 일반식은 C_nH_{2n}이고, 사이클로알케인의 일반식과 같다.

다른 유기 화합물에서처럼 몇몇 알케인들은 상응하는 알케인의 끝이름 -에인(*-ane*)을 **-일렌(-ylene)**으로 바꾸어 부르는 관용명을 가지고 있다. 치환기 이름은 접두사로 붙여 쓴다.

대표적인 알켄의 관용명

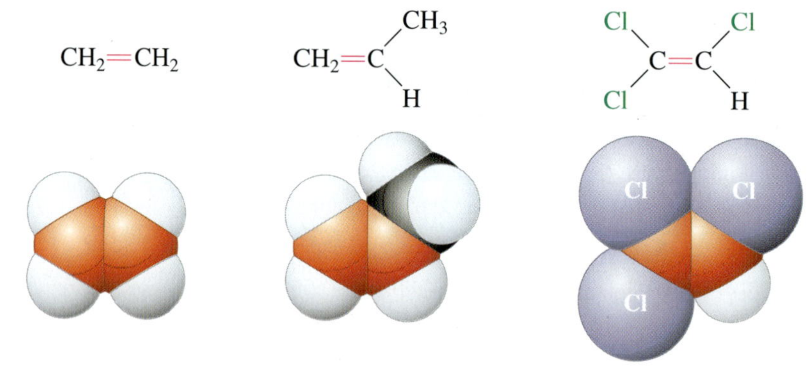

$CH_2{=}CH_2$ — Ethylene (식물의 열매를 익히는 호르몬)

$CH_2{=}C(CH_3)H$ — Propylene (플라스틱의 원료 물질)

$Cl_2C{=}CClH$ — Trichloroethylene (일반적인 세척용 용매)

IUPAC 명명법에서는 에텐이나 프로펜에서처럼 -일렌(-ylene) 끝이름 대신 더 간단한 **-엔(-ene)**을 붙인다. 보다 복잡한 알켄 계열의 이름은 알케인 명명 규칙을 확장하거나 변형하여야 한다(2-5절 참조).

규칙 1. 두 개의 탄소가 이루고 있는 이중 결합 작용기를 **포함하고 있는** 가장 긴 사슬을 찾아라. 더 긴 사슬이 있더라도 이중 결합을 포함하고 있지 않으면 주사슬로 명명하지 않는다.

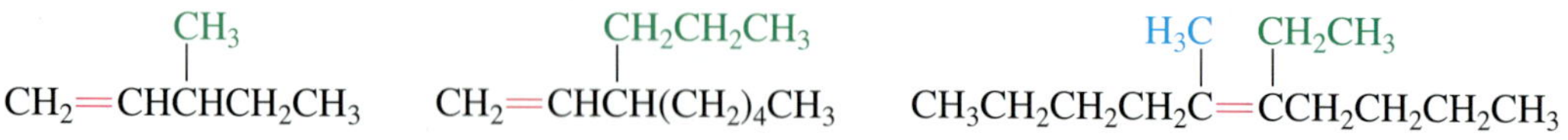

$CH_2{=}CHCH(CH_3)CH_2CH_3$ — Methylpentene

$CH_2{=}CHCH(CH_2CH_2CH_3)(CH_2)_4CH_3$ — Propyloctene (hexene 또는 nonane 유도체가 아니다)

$CH_3CH_2CH_2CH_2C(CH_3){=}C(CH_2CH_3)CH_2CH_2CH_2CH_3$ — Ethylmethyldecene (pentene, heptene 또는 octene 유도체가 아니다)

---

*마가린이라는 이름 자체는 간접적으로는 진주라는 뜻의 그리스어 "*margaron*", 또는 직접적으로 margaric acid로부터 기인한다. Margaric acid는 마가린의 성분 지방산 중의 하나이며, 결정이 "진주" 빛을 내는 heptadecanoic acid이다.

규칙 2. 주사슬에 있는 이중 결합의 위치를 숫자로 나타낸다. 사슬의 번호는 이중 결합에서 **가까운** 끝의 탄소로부터 매긴다(사이클로알켄에는 이중 결합 위치를 숫자로 나타낼 필요가 없지만, 1, 2번 탄소가 이중 결합을 이루고 있는 것으로 번호를 매긴다). 이중 결합의 위치만 다르고, 분자식이 동일한 알켄들(1-뷰텐과 2-뷰텐 같은)을 **이중 결합 이성질체(double bond isomer)**라고 한다. 또한 1-알켄을 **말단 알켄(terminal alkene)**이라고 하며, 다른 알켄은 **내부 알켄(internal alkene)**이라고 한다. 알켄들은 선 표기법으로 쉽게 그릴 수 있다.

$\overset{1}{C}H_2{=}\overset{2}{C}H\overset{3}{C}H_2\overset{4}{C}H_3$ — 1-Butene (말단 알켄의 일종: 3-butene이 아니다)

$\overset{1}{C}H_3\overset{2}{C}H{=}\overset{3}{C}H\overset{4}{C}H_3$ — 2-Butene (내부 알켄: 1-butene의 이중 결합 이성질체)

2-Pentene (3-pentene이 아니다)

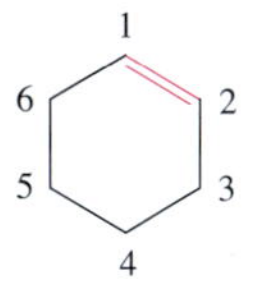

Cyclohexene

규칙 3. 치환기 이름과 치환기의 위치 번호는 알켄 이름에 접두사로 붙여 명명한다. 만약 알켄 사슬이 대칭적이면, 첫 번째 치환기가 최소 숫자로 표시되도록 번호를 매긴다.

$\overset{1}{C}H_2{=}\overset{2}{C}H\overset{3}{C}H(CH_3)\overset{4}{C}H_2\overset{5}{C}H_3$ — 3-Methyl-1-pentene

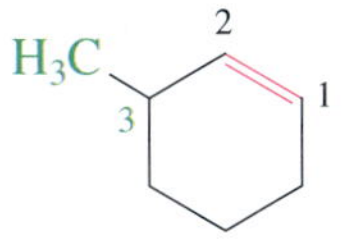

3-Methylcyclohexene (6-methylcyclohexene이 아니다)

$\overset{1}{C}H_3\overset{2}{C}H(CH_3)\overset{3}{C}H{=}\overset{4}{C}H\overset{5}{C}H_2\overset{6}{C}H_3$ — 2-Methyl-3-hexene (5-methyl-3-hexene이 아니다)

연습 문제 11-1

다음 두 알켄을 명명하시오.

(a) 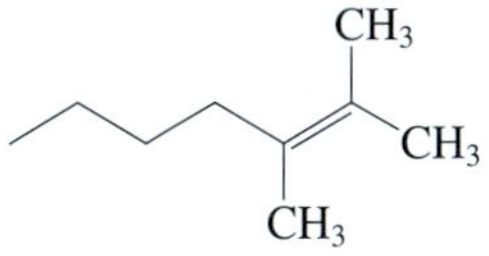 (선 구조식: CH_3, CH_3, CH_3)

(b) 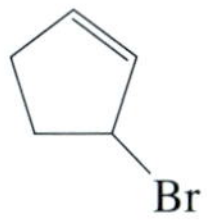 (고리 구조식: Br)

규칙 4. 어떤 입체이성질체인지 확인하라. 1,2-이치환 에텐에서는 두 개의 치환기가 이중 결합의 같은 쪽에 있을 수도, 서로 반대쪽에 있을 수도 있다. 이치환 사이클로알케인의 시스-트랜스 명명과 유사하게(4-1절), 전자의 입체화학적 배열을 시스라고 하고, 후자의 배열을 트랜스라고 한다. 동일한 분자식을 갖지만 입체화학이 다른 두 알켄을 **기하 이성질체(geometric isomer)** 또는 **시스-트랜스 이성질체(cis-trans isomer)**라고 하며, 서로 거울상 관계에 있지 않는 입체이성질체인 부분입체이성질체의 한 예이다.

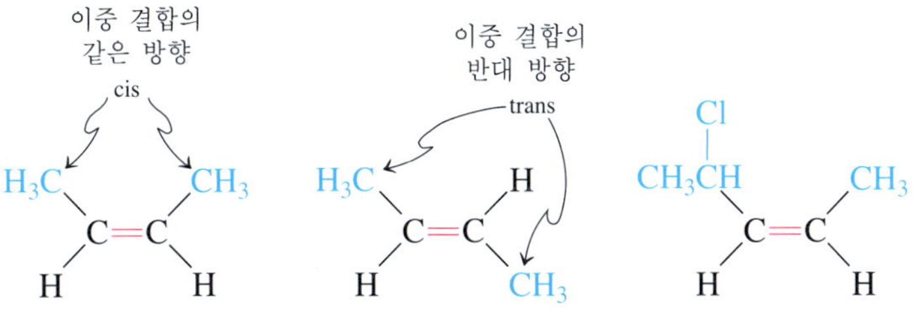

이중 결합의 같은 방향 — cis: H_3C, CH_3 / H, H — *cis*-2-Butene

이중 결합의 반대 방향 — trans: H_3C, H / H, CH_3 — *trans*-2-Butene

CH_3CHCl, CH_3 / H, H — *cis*-4-Chloro-2-pentene

연습 문제 11-2

다음 세 알켄을 명명하시오.

(a) 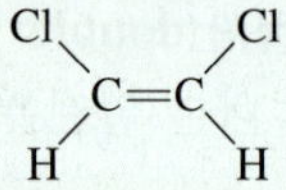 Cl(H)C=C(H)Cl (b) 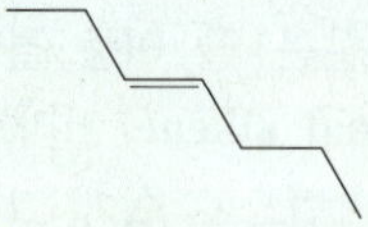 (c) 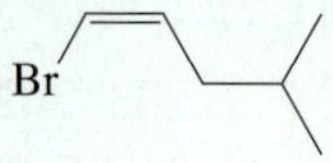 Br

치환기를 가지고 있는 작은 사이클로알켄에서 이중 결합은 단지 시스 배열로만 존재할 수 있으며, 트랜스 배열은 고리 변형(stranin) 때문에 곤란하다(모형을 만들어 보라). 그러나 보다 큰 고리의 사이클로알켄에서는 트랜스 이성질체가 더 안정하다.

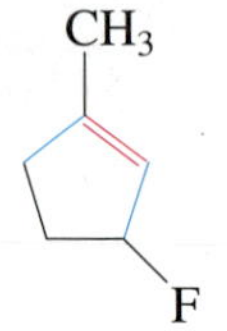

CH_3, F — 3-Fluoro-1-methylcyclopentene

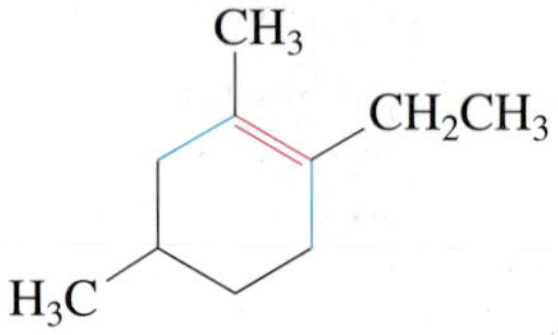

CH_3, CH_2CH_3, H_3C — 1-Ethyl-2,4-dimethylcyclohexene

(이 두 경우에는 *cis* 이성질체만이 안정하다)

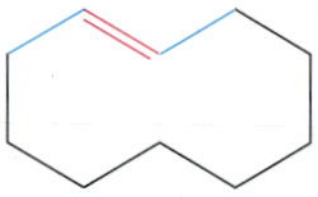

trans-Cyclodecene

규칙 5. 세 개 이상의 다른 치환기가 이중 결합의 탄소에 붙어 있는 알켄의 명명에서는 **시스**와 **트랜스** 명명을 적용할 수 없다. 이러한 알켄의 명명은 IUPAC의 ***E,Z*** **명명법(*E,Z* system)**에 따른다. 이 명명법에서는 *R,S* 명명법에서 우선순위를 결정하는데 이용되는 순위결정 규칙(5-3절)을 이용하는데, 각 이중 결합 탄소에 결합되어 있는 두 치환기에 대해, 각기 이 순위 규칙을 적용하여 우선순위가 빠른 두 치환기가 서로 이중 결합의 반대편에 있으면 *E* 배열(*entgegen*으로부터 나옴, 독일어로 반대편을 의미)이라고 하며, 우선순위가 빠른 두 치환기가 서로 같은 편에 있으면 *Z* 배열(*zusammen*으로부터 나옴, 독일어로 함께를 의미)이라고 한다.

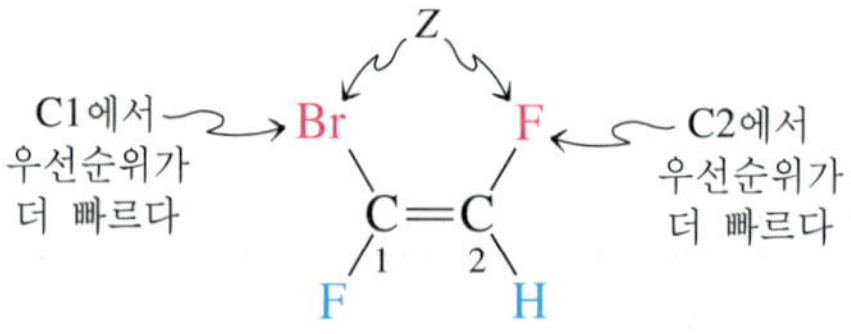

Z
C1에서 우선순위가 더 빠르다 → Br, F ← C2에서 우선순위가 더 빠르다
C=C (1, 2), F, H

(*Z*)-1-Bromo-1,2-difluoroethene

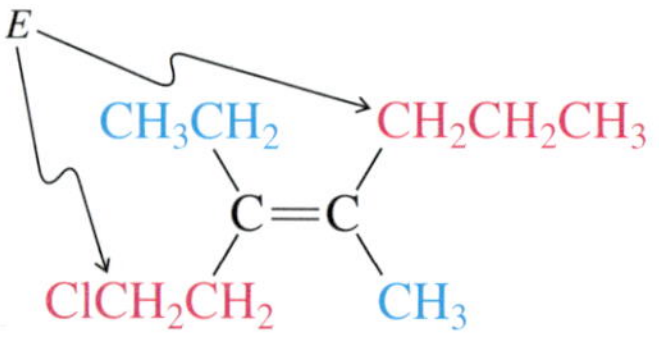

E
CH_3CH_2, $CH_2CH_2CH_3$, C=C, $ClCH_2CH_2$, CH_3

(*E*)-1-Chloro-3-ethyl-4-methyl-3-heptene

연습 문제 11-3

다음 세 알켄을 명명하시오.

(a) 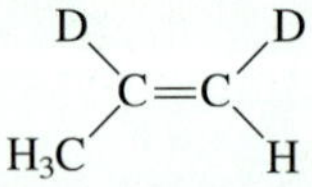 D, D, C=C, H_3C, H (b) 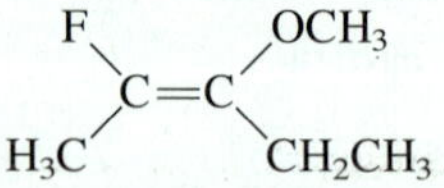 F, OCH_3, C=C, H_3C, CH_2CH_3 (b) 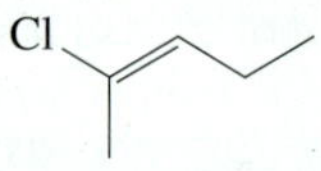 Cl

규칙 6. 하이드록시 작용기의 명명 우선순위는 이중 결합보다 빠르다. 따라서 어떤 분자가 이중 결합을 포함하고 있는 알코올인 경우에는 **알켄올(alkenol)**로 명명한다. **두 작용기를 다같이 포함하는** 가장 긴 줄기 사슬에 번호를 매길 때는 OH기를 가지고 있는 탄소의 번호가 가능한 한 최소 숫자로 표시되도록 번호를 매긴다. 알켄올의 명명에서 알켄 이름의 끝에 있는 -*e*는 떼어버린다.

$CH_2{=}CHCH_2OH$
2-Propen-1-ol
(1-propen-3-ol이 아니다)

(Z)-5-Chloro-3-ethyl-4-hexen-2-ol
(두 입체중심을 구분하지 않았다)

3-Cyclohexen-1-ol
(1-cyclohexen-4-ol이 아니다)

연습 문제 11-4

다음 분자들의 구조식을 그리시오. **(a)** *trans*-3-Penten-1-ol, **(b)** 2-cyclohexen-1-ol.

규칙 7. 이중 결합을 포함하고 있는 치환기는 에텐일(관용명, 비닐), 2-프로판일(알릴) 및 시스-1-프로펜일처럼 **알켄일(alkenyl)**로 명명한다.

$CH_2{=}CH{-}$ Ethenyl (Vinyl)

$CH_2{=}CH{-}CH_2{-}$ 2-Propenyl (Allyl)

cis-1-Propenyl

치환기 사슬의 번호 매김은 주사슬에 붙어 있는 탄소로부터 매긴다. 아래의 예는 알켄올을 구성하고 있다. 그러나 두 작용기를 주 이름에 넣을 수 없다. 따라서 이중 결합은 사이클로옥탄올의 치환기이다.

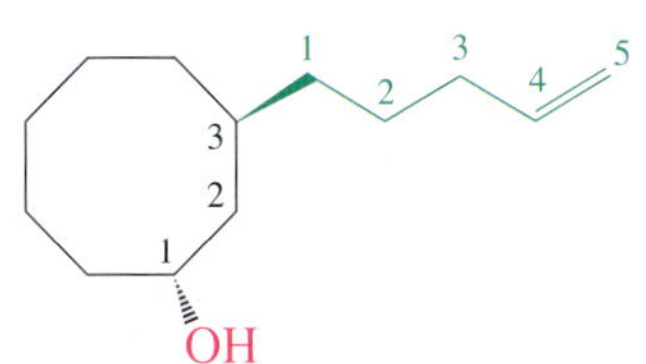

trans-3-(4-Pentenyl)cyclooctanol

연습 문제 11-5

(a) *trans*-2-Ethenylcyclopropanol의 구조식을 그리시오.
(b) 오른쪽 여백에 보이는 구조를 명명하시오.

11-2 에텐의 구조와 결합: π 결합

탄소-탄소 이중 결합 때문에 알켄은 전자적으로나 구조적으로 특별한 모양을 가진다. 이 절에서는 이러한 작용기에 있는 탄소들의 혼성, σ 및 π 결합의 성질 및 세기 등을 설명할 것이다. 가장 간단한 알켄인 에텐을 생각해 보자.

이중 결합은 σ와 π 결합으로 되어 있다

에텐은 평면이며, 삼각형 기하 구조를 가지는 두 개의 탄소를 가지고 있으며, 결합각은 120°로 되어 있다(그림 11-1 참조). 따라서 두 탄소는 sp^2로 혼성화되어 있다고 설명할 수 있다(1-8절, 그림 1-21 참조). 각 탄소의 두 개 sp^2 혼성 오비탈이 두 개씩의 수소 원자 $1s$ 오비탈과 겹쳐져 모두 네 개의 C—H σ 결합을 형성한다. 또 각 탄소의 남은 sp^2 오비탈이 서로 겹쳐져 하나의 탄소-탄소 σ 결합을 형성한다. 각 탄소에 있는 $2p$ 오비탈은 서로 겹쳐지기에 충분

121.7°, 116.6°, 1.076 Å, 1.330 Å

그림 11-1 Ethene의 분자 구조.

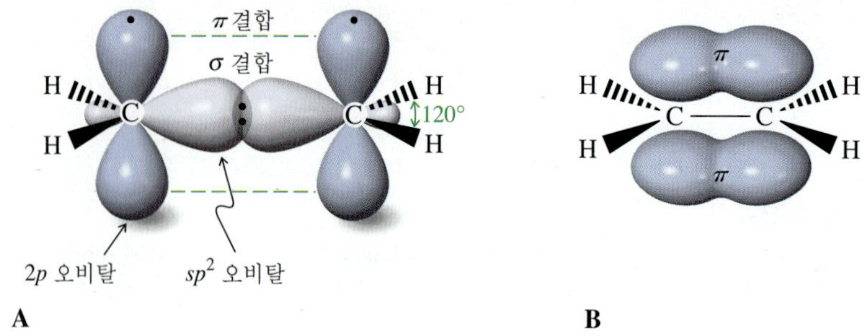

그림 11-2 Ethene에서 이중 결합 분자 오비탈 모양. 탄소-탄소 σ 결합은 $sp^2 - sp^2$ 겹침에 의해 만들어진다. Ethene 분자 평면에 수직으로 있는 p 오비탈의 쌍은 겹쳐져 π 결합을 형성한다. 분명히 하기 위해 이 겹침을 (A)에서는 점선으로 나타냈고, 오비탈 로브를 임의로 분리해서 나타냈다. (B)에서는 π 결합을 다르게 나타냈고, "π 전자 구름"이 분자 평면의 위와 아래로 나타냈다.

히 가까운 거리에 있어, 그림 11-2A에 나타낸 것처럼 이들이 서로 나란히 겹쳐져 두 탄소의 위와 아래로 배열된 하나의 **π 결합(π bond)**을 이룬다. π 결합의 전자 밀도는 그림 11-2B에 나타낸 것처럼 두 탄소와 분자 평면의 **위아래**로 골고루 분포된다.

에텐의 π 결합은 비교적 약하다

σ 결합과 π 결합은 이중 결합 전체의 세기에 얼마나 기여하는가? 1-7절에서 배운 것처럼 결합들은 오비탈들의 겹침에 의해 만들어지며, 이들 결합의 상대적인 세기는 오비탈들이 얼마나 효과적으로 겹쳐졌는가에 의존한다. 따라서 sp^2 오비탈들은 핵간의 축 상에 놓여있으므로, σ 결합이 π 결합보다 더 잘 겹쳐질 수 있다고 예상할 수 있다(그림 11-2 참조). 이러한 상황은 수소 분자 결합을 설명하는데 이용한 것과(그림 1-11과 1-12) 유사한 에너지 준위 상호작용 도표(그림 11-3과 11-4)로 설명할 수 있다. 그림 11-5에 에텐의 이중 결합에서 형성되는 분자

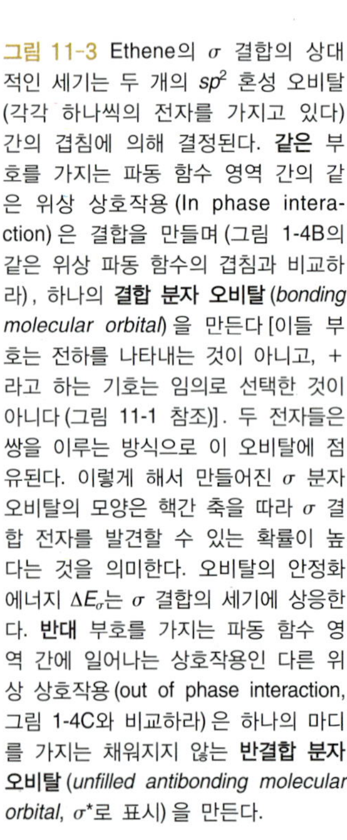
그림 11-3 Ethene의 σ 결합의 상대적인 세기는 두 개의 sp^2 혼성 오비탈(각각 하나씩의 전자를 가지고 있다) 간의 겹침에 의해 결정된다. **같은** 부호를 가지는 파동 함수 영역 간의 같은 위상 상호작용(In phase interaction)은 결합을 만들며(그림 1-4B의 같은 위상 파동 함수의 겹침과 비교하라), 하나의 **결합 분자 오비탈**(*bonding molecular orbital*)을 만든다[이들 부호는 전하를 나타내는 것이 아니고, + 라고 하는 기호는 임의로 선택한 것이 아니다(그림 11-1 참조)]. 두 전자들은 쌍을 이루는 방식으로 이 오비탈에 점유된다. 이렇게 해서 만들어진 σ 분자 오비탈의 모양은 핵간 축을 따라 σ 결합 전자를 발견할 수 있는 확률이 높다는 것을 의미한다. 오비탈의 안정화 에너지 ΔE_σ는 σ 결합의 세기에 상응한다. **반대** 부호를 가지는 파동 함수 영역 간에 일어나는 상호작용인 다른 위상 상호작용(out of phase interaction, 그림 1-4C와 비교하라)은 하나의 마디를 가지는 채워지지 않는 **반결합 분자 오비탈**(*unfilled antibonding molecular orbital*, σ*로 표시)을 만든다.

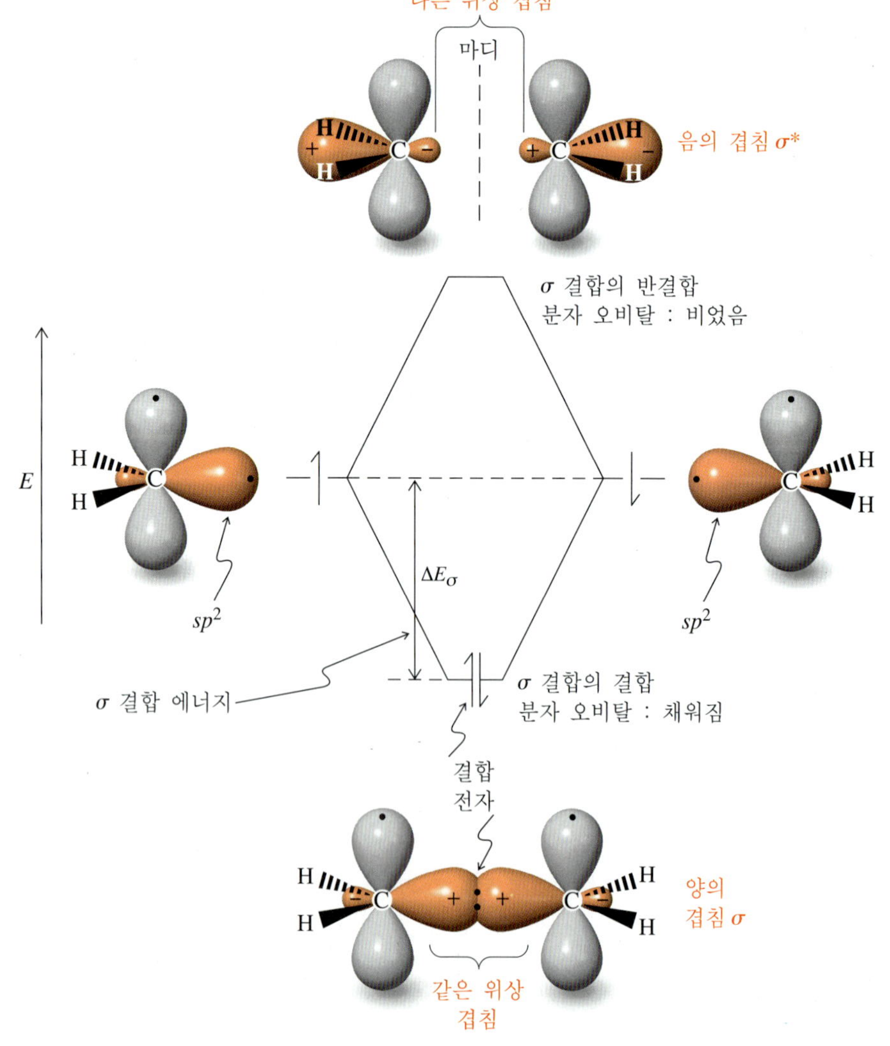

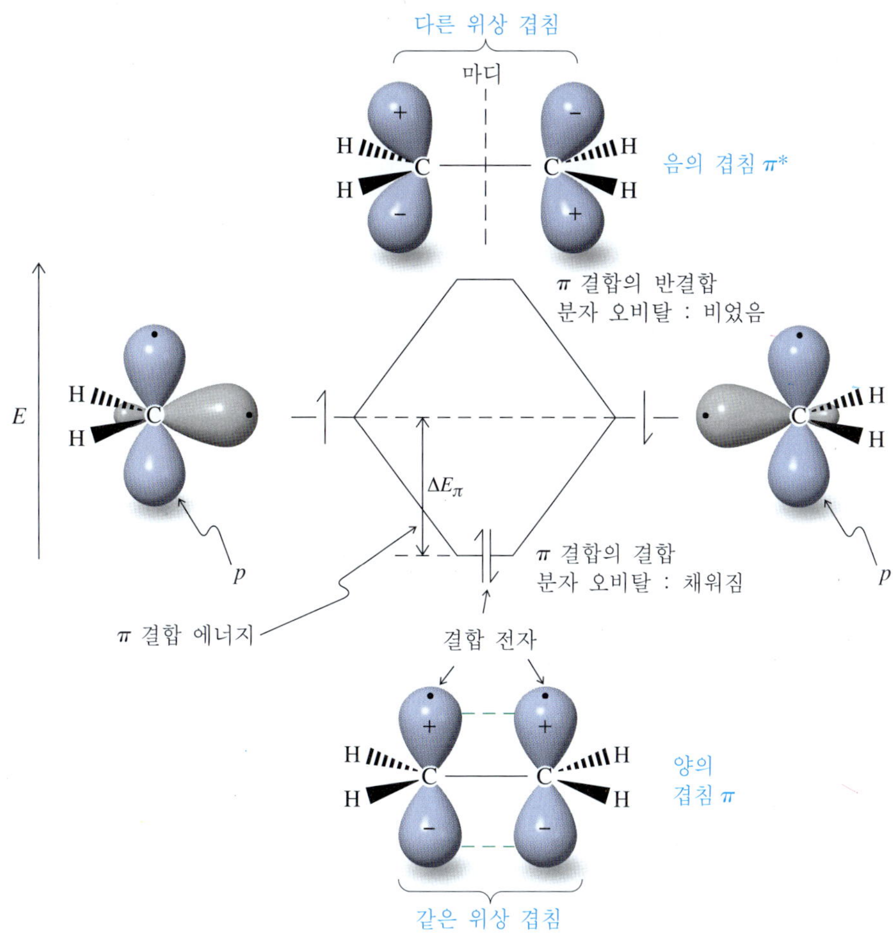

그림 11-4 Ethene의 π 결합 형성에 관한 이 그림과 그림 11-3을 비교해 보라. 평형으로 배열된 두 개의 p 오비탈들(각각에 한 개의 전자를 포함함. 푸른색으로 표시된 부분을 참조할 것) 간의 같은 위상 상호작용은 양의 겹침을 하며, 그 결과 채워진 π 분자 오비탈이 된다. 이 오비탈의 표현은 분자 평면의 위와 아래 영역에서 π 전자를 발견할 수 있는 확률을 나타낸 것이다. π 겹침은 σ 겹침보다 효과적이지 않으므로, 안정화 에너지 ΔE_π는 ΔE_σ보다 더 작다. 따라서 π 결합은 σ 결합보다 더 약한 결합이다. 다른 위상 상호작용은 반결합 분자 오비탈 π^*를 형성한다.

오비탈의 예상되는 상대적인 에너지를 요약하였다.

열이성질체화로 π 결합의 세기를 측정할 수 있다

π 결합의 세기를 실험값과 비교하여 어떻게 예상할 수 있을까? 1,2-다이듀테리오에텐과 같이 치환된 알켄의 시스 형태를 트랜스 형태로 변화시키는데 필요한 에너지의 양을 측정함으로써 이들의 π 결합 세기를 예상할 수 있다. **열이성질체화(thermal isomerization)** 라고 하는 이 과정에서 π 결합의 두 개 p 오비탈은 180° 회전하게 되는데, 중간쯤 회전되었을 때(즉, 90°) π 결합은(하지만 σ 결합은 아니다) 파괴된다(그림 11-6 참조). 이 반응에 대한 활성화 에너지는 대략 이중 결합의 π 결합 에너지와 동일할 것이라고 생각할 수 있다.

열이성질체화는 단지 높은 온도에서(>400°C)만 일어난다. 이 반응의 활성화 에너지는 65 kcal mol^{-1} (272 kJ mol^{-1})이고, 이 값이 곧 π 결합의 세기를 나타내는 에너지값이다. 300°C이하에서는 이중 결합이 배열적으로 안정하여, 시스는 시스 형태로, 트랜스는 트랜스 형태로 존

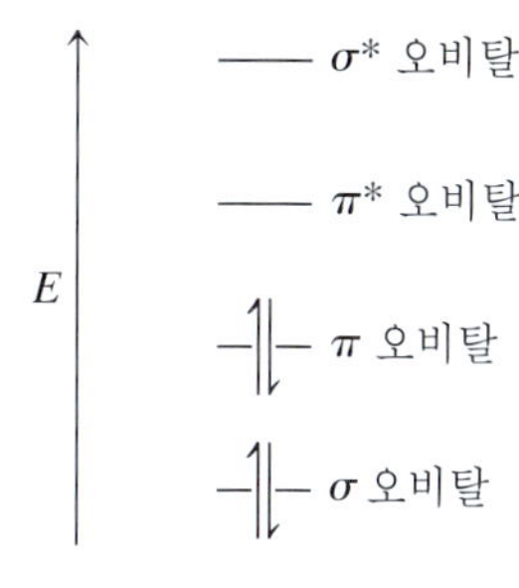

그림 11-5 이중 결합을 만들고 있는 분자 오비탈들의 에너지 준위. 네 개의 전자는 결합 오비탈에만 점유되어 있다.

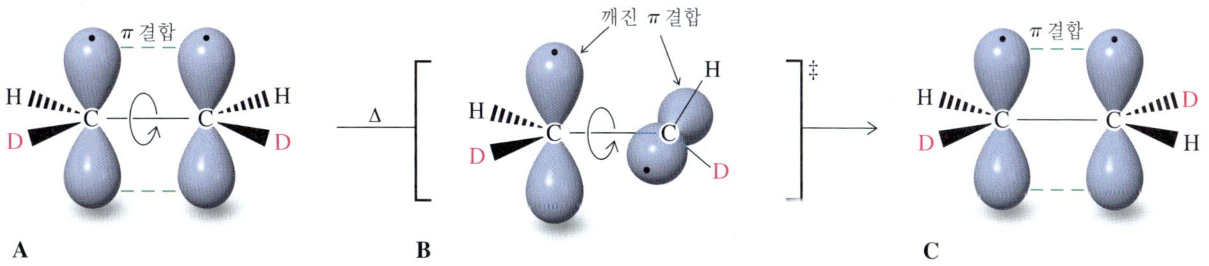

그림 11-6 *cis*-Dideuterioethene의 트랜스 이성질체로의 열이성질체화 현상. 이 반응은 출발물(A)가 C—C 결합 회전을 통해 전이 상태(B)로 되며, 이때 최고 에너지 상태가 된다. 이 단계에서 π 결합을 만드는데 사용되는 두 개의 p 오비탈은 서로 수직이다. 동일 방향으로의 회전이 더 진행되어 두 개의 중수소 원자가 트랜스 상태로 되어 있는 생성물(C)가 생긴다.

그림 11-6 속의 부호 ‡는 전이 상태를 나타낸다.

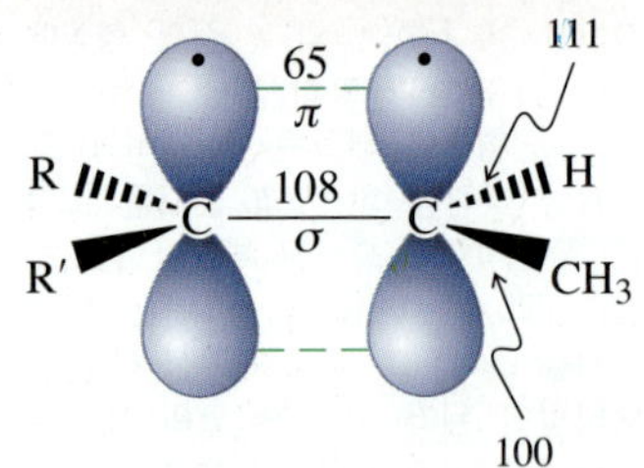

그림 11-7 알켄의 대략적인 결합의 세기 (kcal mol^{-1} 단위로 나타냄.) π 결합은 상대적으로 약하다는 점에 유의하라.

재한다. 에텐에서의 이중 결합 전체의 세기—다시 말해 두 개의 CH_2 조각으로 분해되기 위해 필요한 에너지—는 173 kcal mol^{-1} (724 kJ mol^{-1})이며, C—C σ 결합 에너지는 대략 108 kcal mol^{-1} (452 kJ mol^{-1})이다(그림 11-7 참조). 또한 알켄일 탄소와 결합한 다른 σ 결합은 알케인에 있는 유사한 결합에 비해 더 강하다(표 3-2 참조). 이러한 효과는 비교적 조밀한 sp^2 혼성 오비탈과 치환기 오비탈 간의 겹침이 더 효과적으로 이루어지기 때문이다. 결과적으로, 단단하게 결합된 알켄일 수소가 떨어져 나가 라디칼반응을 할 수 **없다**. 대신 알켄의 약한 π 결합에 첨가반응을 하는 특성적인 반응성을 가진다(12장 참조).

요약 알켄의 이중 결합에 대한 독특한 혼성화 모양으로 알켄의 물리적 또는 전자적 모습을 설명할 수 있다. 알켄은 삼각형 혼성화 탄소 원자를 포함한 평면 이중 결합을 이루고 있다. 이들의 혼성화로 강한 σ 결합과 약한 π 결합, 안정한 시스와 트랜스 이성질체 그리고 알켄일 치환기 결합의 세기 등을 설명한다. 알켄은 약한 π 결합은 분해되지만, C—C σ 결합은 끊어지지 않는 첨가반응을 일으키기 쉽다.

11-3 알켄의 물리적 성질

표 11-1

알케인과 알켄의 녹는점 비교

화합물	끓는점 (°C)
Butane	−138
trans-2-Butene	−106
cis-2-Butene	−139
Pentane	−130
trans-2-Pentene	−135
cis-2-Pentene	−180
Hexane	−95
trans-2-Hexene	−133
cis-2-Hexene	−141
trans-3-Hexene	−115
cis-3-Hexene	−138

탄소-탄소 이중 결합이 존재하므로 알케인에 비해 알켄의 물리적 성질은 많이 다르다. 알켄과 알케인의 London 힘(London forces, 그림 2-6c 참조)은 서로 비슷하기 때문에, 예외적으로 알켄의 끓는점은 상응하는 알케인의 끓는점과 매우 유사하다. 에텐, 프로펜 및 뷰텐은 이들의 상응하는 알케인처럼 상온에서 기체이다. 그러나 녹는점은 결정 격자(crystal lattice)에서 분자의 쌓이는 형태에, 즉 분자의 모양에 따라 부분적으로 달라진다. 시스-이치환 알켄에서 이중 결합은 분자가 U-모양으로 굽어 있어 격자의 쌓임이 일그러지고, 따라서 녹는점이 낮아지며, 보통 상응하는 알케인의 녹는점이나 또는 상응하는 트랜스 이성질체 알켄의 녹는점 이하로 낮아진다(표 11-1 참조). 시스 이중 결합은 식물성 기름이 상온 아래의 녹는점을 가지는 데 원인이 된다.

알켄의 구조에 따라 알켄은 약한 쌍극자 성질을 나타낼 수 있다. 왜 그럴까? 알킬기와 알켄일 탄소 간의 결합들은 sp^2 혼성화된 원자 쪽으로 편극된다. 이러한 편극 현상은 sp^2 혼성 오비탈의 *s* 오비탈 성질이 sp^3 혼성 오비탈의 *s* 오비탈의 성질보다 더 크기 때문에 생긴다. *s* 오비탈의 성질이 더 큰 오비탈의 전자들은 *p* 오비탈의 성질이 더 큰 오비탈의 전자들보다 핵에 더 가까이 붙잡혀 있다. 이러한 효과에 의해 sp^2 혼성 오비탈을 가지는 탄소 원자는 상대적으로 전자를 잡아당기게 되고(비록 O나 Cl 같이 전기음성적인 원자보다는 훨씬 적지만), 그로 인해서 치환기-알켄일 탄소 결합에 약한 쌍극자가 생기게 된다.

시스-이치환 알켄 분자에서 두 개의 쌍극자는 합쳐져서 알짜 쌍극자 모멘트를 만든다. 트랜스-이치환 알켄에서는 이러한 쌍극자의 편극 방향이 서로 반대이므로 상쇄되는 경향이 있다. 더 많은 극성을 나타내는 시스-이치환 알켄은 주로 상응하는 트랜스-이치환 알켄보다 끓는점이 약간 더 높다. 전기음성도가 높은 Cl 원자가 결합의 쌍극자 방향을 반대로 만드는 1,2-다이클로로에텐의 두 이성질체에서처럼, 끓는점 차이는 각각의 쌍극자가 클수록 커진다.

알켄의 편극: C_{sp^2}는 C_{sp^3}에서 전자를 당긴다

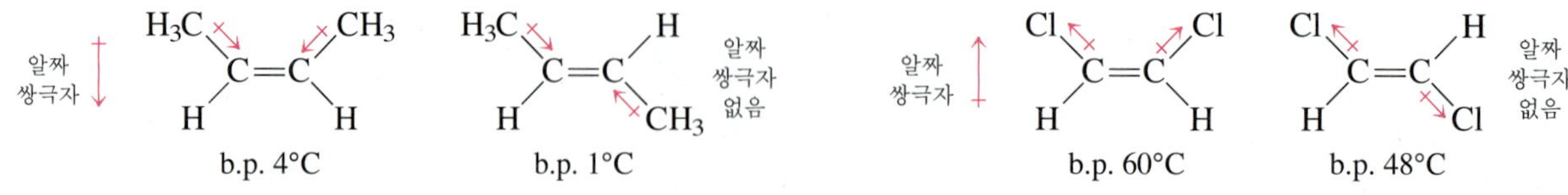

sp^2 탄소의 전자 끌기 성질에 의해 나타나는 또 다른 결과는 알켄일 수소의 산도를 증가시키는 것이다. 에테인의 pK_a는 약 50인데 비해, 에텐의 pK_a는 44로 보다 더 산성이다. 그럼에도 불구하고 에텐은 카복실산이나 알코올 같은 다른 화합물에 비하면 매우 약산이다.

Ethenyl 수소의 산도

$$CH_3-CH_2-H \underset{K \approx 10^{-50}}{\rightleftharpoons} CH_3-\ddot{C}H_2^- + H^+$$

Ethyl 음이온

상대적으로 더 산성이다 → H

$$CH_2=C(H)H \underset{K \approx 10^{-44}}{\rightleftharpoons} CH_2=\ddot{C}H^- + H^+$$

Ethenyl(vinyl) 음이온

연습 문제 11-6

Ethenyllithium (vinyllithium)은 ethene의 양성자이탈반응에 의해 직접 합성할 수 없지만, chloroethene (vinyl chloride) 금속화반응(metallation)을 시켜 만들 수 있다(8-7절 참조).

$$CH_2=CHCl + 2\,Li \xrightarrow{(CH_3CH_2)_2O} CH_2=CHLi + LiCl$$

60%

Ethenyllithium과 propanone (acetone)을 반응시켜 물로 처리하면 74% 수득률로 무색 액체를 얻는다. 구조식을 제시하시오.

요약 이중 결합의 존재가 알케인에 비해 알켄의 끓는점에는 큰 영향을 주지 않지만, 시스-이치환 알켄은 보통 상응하는 트랜스 이성질체에 비해 낮은 녹는점을 가진다. 시스 화합물이 고체 상태에서 잘 쌓여 있지 않기 때문이다. 알켄일 수소의 산도는 알켄 sp^2 탄소의 전자 끌기 성질 때문에 알케인 수소의 산도보다 높다.

11-4 알켄의 핵자기 공명

이중 결합은 알켄의 ^1H 및 ^{13}C의 화학적 이동값에 영향을 준다(표 10-2 및 10-6 참조). 구조 확인에서 이들 정보를 어떻게 이용하는지 배우게 될 것이다.

π 전자는 알켄일 수소에 벗김 효과를 준다

그림 11-8에 트랜스-2,2,5,5-테트라메틸-3-헥센의 ^1H NMR 스펙트럼을 나타내었는데, 여기서는 단지 두 개의 신호만이 관찰된다. 하나는 18개의 동일한 메틸 수소에 해당하고, 다른 하나는 두 개의 알켄일 양성자에 해당하는 신호들이다. 흡수 신호들은 메틸기 수소와 알켄일 수소가 멀리 떨어져 있어 짝지음을 할 수 없으므로 단일선으로 나타난다. 알켄일 탄소에 결합된 알켄일 수소는 전형적으로 낮은장에서 공명 신호를($\delta = 5.30$ ppm) 나타낸다. 말단 알켄일 수소($RR'C=CH_2$)의 공명 신호는 $\delta = 4.6 \sim 5.0$ ppm에서 나타나고, 내부 알켄일 수소($RCH=CHR'$)의 공명 신호는 $\delta = 5.2 \sim 5.7$ ppm에서 나타난다.

알켄일 수소들은 왜 그렇게 뚜렷한 벗김 효과를 나타내는가? sp^2로 혼성화된 탄소의 전자 끌기 성질이 부분적으로 관계가 있기는 하지만, **π 결합에서 전자의 운동**이라는 더 중요한 다른 현상이 있다. 이중 결합축에 수직으로 외부 자기장이 걸리게 되면 π 결합 전자들은 원운동을 하게 되고, 그렇게 되면 이중 결합 끝에서 외부 자기장을 **강화시키는** 국부 자기장이 생기게 된다(그림 11-9 참조). 결과적으로 알켄일 수소가 공명을 하는데 요구되는 외부 자기장의 세기는 다소 적어지게 된다. 따라서 이들 알켄일 수소는 강한 벗김 효과를 받게 된다(10-4절 참조).

연습 문제 11-7

Alkenyl 탄소에 결합된 methyl기 수소들은 대략 $\delta = 1.6$ ppm에서 공명한다(표 10-2 참조). 알케인의 methyl기 수소에 비해 이들 알켄일 수소들의 벗김 효과가 크다는 것을 설명하시오(**힌트**: 그림 11-9에서 적용된 원리를 이용하라).

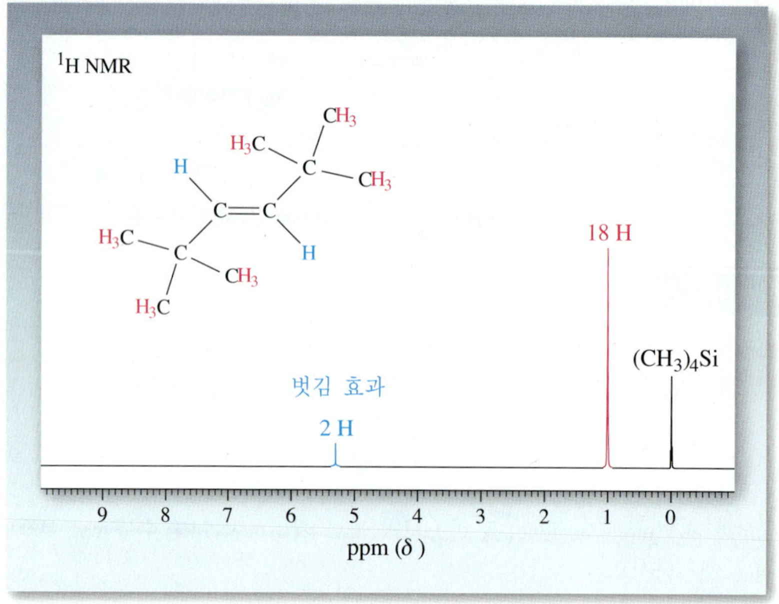

그림 11-8 Alkene의 π 결합에 의한 벗김 효과를 설명할 수 있는 *trans*-2,2,5,5-tetramethyl-3-hexene의 300 MHz ^{1}H NMR 스펙트럼. 두 종류의 수소들에 의해 두 개의 뚜렷한 단일선으로 나타나는데, 하나는 18개의 methyl기에 의해 δ = 0.97 ppm에서 나타나고, 다른 하나는 두 개의 벗김 현상이 큰 알켄일 수소에 의해 δ = 5.30 ppm에서 나타난다.

이중 결합을 통한 시스 짝지음은 트랜스 짝지음과 다르다

이중 결합에 치환기가 비대칭적으로 치환되면 알켄일 수소는 동일하지 않으며, 시스- 및 트랜스-3-클로로프로펜산의 스펙트럼(그림 11-10)에 나타난 것처럼 스핀-스핀 짝지음을 관찰할 수 있다. 시스 형태로 배열된 수소들의 짝지음 상수(J = 9 Hz)와 트랜스로 배열된 수소들의 짝지음 상수(J = 14 Hz)가 다르다는 점에 유의하라. 표 11-2에 이중 결합 주변에서의 여러 가지 가능한 스핀-스핀 짝지음 상수의 크기를 나타내었다. $J_{시스}$값의 영역과 $J_{트랜스}$값의 영역이 겹치기는 하지만, 두 이성질체 중에서 $J_{시스}$값이 $J_{트랜스}$보다 항상 더 작다. 이러한 방식으로 시스 이성질체와 트랜스 이성질체를 쉽게 구별할 수 있다.

$J_{시스}$와 $J_{트랜스}$ 같은 이웃한 탄소 원자의 수소간 짝지음 상수를 **이웃자리 짝지음 상수(vicinal coupling constant)** 라고 한다. 화학적 환경이 동일하지 않은 동일 탄소에 있는 수소 간의 짝지음을 **같은자리 짝지음(germinal coupling)** 이라고 하며, 알케인에서 같은자리 짝지음 상수값은 작다(표 11-2 참조). 이웃한 알킬 수소와의 짝지음[**알릴자리(allylic)**, 11-1절 참조]과 이중 결합을 사이에 두고 있는 두 알킬 수소 간의 짝지음[**1,4-** 또는 **장거리(long range)**]도 가능하며, 때로는 복잡한 스펙트럼 모양을 가지기도 한다. 포화 단계에서 제안되었던 두 간섭하는 원자들보다 더 멀리 떨어져 있는 수소들 사이의 짝지음에 대한 간단한 규칙은, 알켄에 대해서는 유효하지 않다.

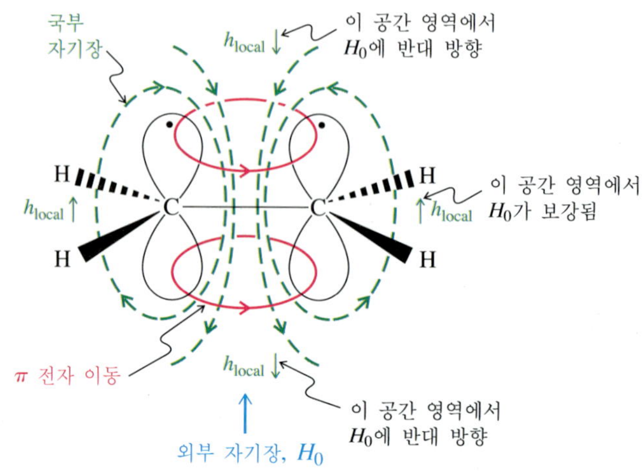

그림 11-9 π 결합 전자의 운동은 알켄일 수소의 벗김 효과를 유발한다. 외부 자기장 H_0는 이중 결합의 위와 아래에 있는 π 전자의 원운동(연청색)을 유발시킨다. 이것에 의해 이중 결합의 중앙에서 외부 자기장에 반대방향이지만, 알켄일 수소가 놓이는 영역에서는 외부 자기장과 같은 방향이어서 보강되는 국부 자기장(청록색)이 생긴다.

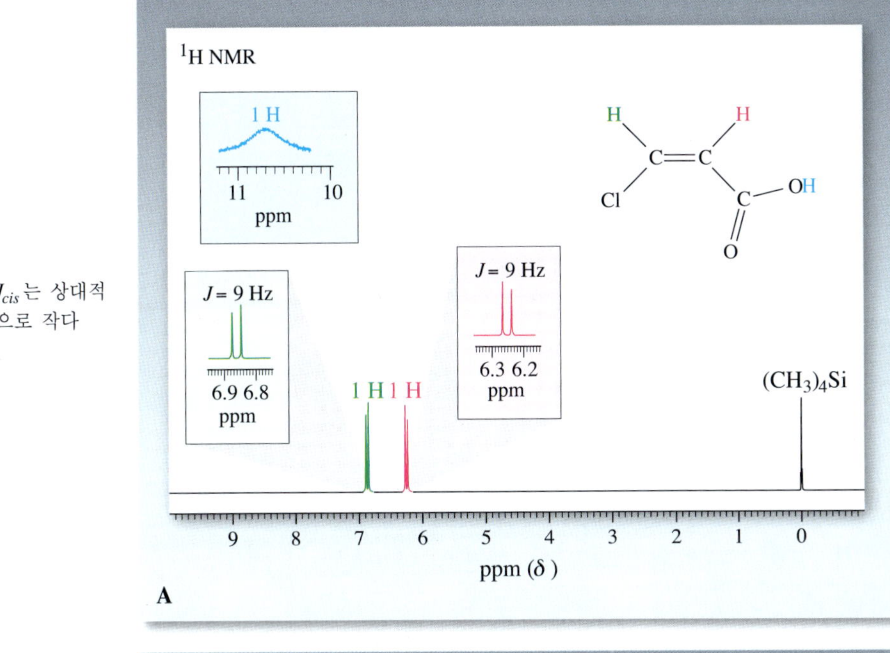

그림 11-10 (A) *cis*-3-Chloropropenoic acid 및 (B) *trans*-3-chloropropenoic acid의 300 MHz ^{1}H NMR 스펙트럼. 두 개의 알켄일 수소는 화학적 환경이 다르며, 서로 스핀-스핀 짝지음을 할 수 있다. 카복실산 양성자($-CO_2H$)는 δ = 10.80 ppm에서 공명한다.

J_{cis}는 상대적으로 작다

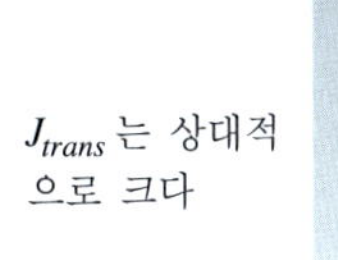

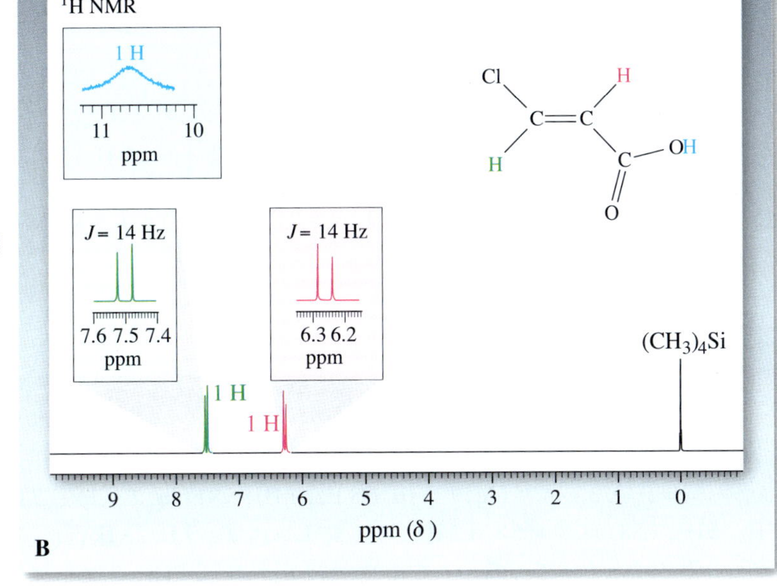

J_{trans}는 상대적으로 크다

보다 복잡한 스펙트럼을 만드는 짝지음

복잡한 것으로 예상되는 짝지음 형태를 3,3-다이메틸-1-뷰텐과 1-펜텐의 스펙트럼으로 설명해 보자. 두 스펙트럼에서 알켄일 수소 신호는 복잡한 다중선으로 나타난다. 3,3-다이메틸-1-뷰텐(그림 11-11A)에서 H_a는 치환이 더 많이 된 탄소에 결합되어 있어, 보다 낮은장(δ = 5.86 ppm)에서 공명하며, 두 개의 비교적 큰 짝지음 상수값(트랜스 J_{ab} = 18 Hz, 시스 J_{ac} = 10.5 Hz)을 가지는 두 개의 이중선으로 나타난다. H_b 및 H_c 수소 또한 그들 각각이 H_a 및 그들 상호간의 짝지음(같은자리 J_{bc} = 1.5 Hz) 때문에 두 개의 이중선으로 나타난다. 1-펜텐(그림 11-11B)의 스펙트럼에서는 이중 결합 탄소에 결합된 알킬기로부터 기인되는 추가적인 짝지음이 생기게 되며(표 11-2 참조), 일차 분석에서 스펙트럼이 매우 복잡하게 나타난다. 그러나 두 종류의 알켄일 수소(말단 수소와 내부 수소)는 분명하게 구분된다. 더욱이 sp^2 혼성을 한 탄소의 전자 끄는 효과와 π 전자 운동(그림 11-9) 효과를 받아 이중 결합 탄소에 직접 결합한

표 11-2 이중 결합 주변 양성자들의 짝지음 상수값

짝지음 형태	이름	J (Hz) 범위	J (Hz) 대표값
H(C=C)H, cis	이웃자리, cis	6 ~ 14	10
H(C=C)H, trans	이웃자리, trans	11 ~ 18	16
C=C(H)(H)	같은자리	0 ~ 3	2
C=C(H)–C–H	없음	4 ~ 10	6
H–C=C–C–H	알릴자리, (1,3)-cis 또는 -trans	0.5 ~ 3.0	2
H–C–C=C–C–H	(1,4)- 또는 장거리	0.0 ~ 1.6	1

CH_2 (알릴자리)는 작은 벗김 효과를 받게 된다. 이들 수소와 이웃한 알켄일 수소 간의 짝지음 크기는 대략 다른 편에 있는 두 CH_2 수소의 짝지음과 같다(6 ~ 7 Hz). 결과적으로 알릴자리 CH_2기에 대한 다중선은 간단한 $N + 1$ 규칙: N = (CH_2의 2 H) + (=C(H)의 1 H) = 3에 따라 사중선(말단 알켄일 수소의 장거리 짝지음)으로 나타난다.

연습 문제 11-8

개념 문제: 알켄의 NMR 스펙트럼 해석하기

Ethyl 2-butenoate (ethyl crotonate), $CH_3CH{=}CHCO_2CH_2CH_3$는 CCl_4에서 다음과 같은 ^1H NMR 스펙트럼을 나타낸다. δ = 6.95 (dq, J = 16, 6.8 Hz, 1 H), 5.81 (dq, J = 16, 1.7 Hz, 1 H), 4.13 (q, J = 7 Hz, 2 H), 1.88 (dd, J = 6.8, 1.7 Hz, 3 H) 및 1.24 (t, J = 7 Hz, 3 H) ppm. 여기서 dd는 이중선, dq는 이중 사중선을 나타낸다. 각 수소에 대해 분석하고, 이중 결합에 대해 시스인지 또는 트랜스인지를 제시하시오(표 11-2 참조).

전략

두 화합물의 구조와 NMR 자료가 주어졌으므로, 이 문제는 주어진 정보를 해독하는 것이다. ^1H NMR 스펙트럼에 나타나는 다섯 개의 신호는 각각 다섯 개의 구별되는 분자 내의 수소가 처한 환경이다. 각각의 신호의 적분값은 그 신호에 해당하는 수소의 개수를 알려 준다는 것에서부터 시작하여, 신호의 위치와 갈라짐을 차례로 분석한다.

풀이

• 가장 높은장(가장 작은 δ ppm 값)의 신호에서 시작하면, δ = 1.24 ppm은 적분값이 3 H에 해당한다. 따라서 이는 분자 중의 두 CH_3기 중에 하나에서 온 것이다. 더 살펴보면 이것이 삼중선으로 갈라짐을 알 수 있다. 스핀-스핀 갈라짐에 대한 $N + 1$ 규칙에 따르면, 이 신호를 내는 CH_3기의 옆에 두 개의 수소를 가진 탄소인 CH_2가 있음을 알 수 있다(두 개의 인접한 수소 + 1 = 세 개의 선). 이 CH_2에 해당하는 신호는 δ = 4.13 ppm에서 나타난다. 예상대로 이는 사중선(세 개의 인접한 수소 + 1 = 네 개의 선)으로 나타난다. 이들을 제거하고 나면, 알켄 탄소에

연결된 CH_3기는 δ = 1.88 ppm의 신호에 해당해야 한다. 이 신호는 **이중의 이중선**으로 나타나며, 갈라짐이 **두 개의 구분되는** 한 개의 수소—두 개의 서로 다른 알켄 수소—에 의해서 일어났음을 의미한다.

- 다음으로 마지막의 두 수소로 넘어가보면, 각각 δ = 5.81과 6.95 ppm에서 신호를 나타낸다. 둘 다 **이중의 사중선**으로 나타난다—즉, 두 쌍의 사중선이 여덟—선의 형태로 나타난 것이다. 이것은 무엇을 의미하는가? 각각은 명백하게 알켄 탄소에 연결된 CH_3에 의해 사중선으로(3 + 1 = 4) 나타난다. 또한 두 알켄 수소는 비슷한 환경에서 인접해 있으므로 서로를 갈라지게 하여 각각이 이중선의 갈라짐(1 + 1 = 2)이 되게 한다. 어느 것이 어느 것인가? δ = 6.95 ppm에 나타나는 알켄 수소는 더 큰 사중선 갈라짐을 보이는데, 이것은 그 수소가 methyl기에 바로 인접해 있는 수소임을 암시한다. δ = 5.81 ppm에 나타나는 또 다른 알켄 수소는 1.7 Hz의 훨씬 작은 사중선 갈라짐을 보이는데, 이것은 그 수소가 methyl기와 더 멀리 떨어져 있다는 사실과 일치한다. 정보가 나열된 순서가 각각의 짝지음 상수를 각각의 갈라짐에 할당할 수 있게 해준다는 것에 주목하라. 주어진 "dq, J = 16, 6.8 Hz"에서 우리는 첫 번째 갈라짐인(d)가 첫 번째 J값인 16 Hz에 해당하고, 두 번째 갈라짐인(q)는 두 번째 J값인 6.8 Hz에 해당함을 알 수 있다.

J_{ab} (trans) =18 Hz

J_{ac} (cis) =10.5 Hz

J_{bc} (같은자리)=1.5 Hz

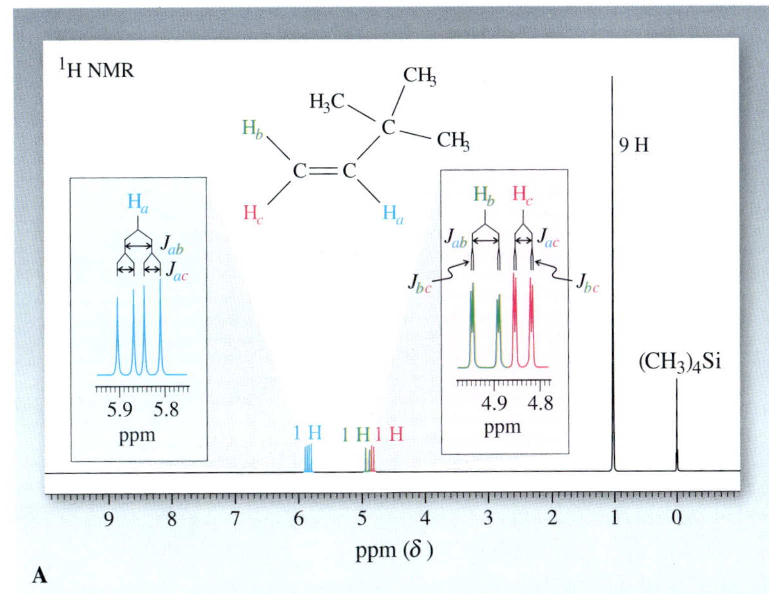

그림 11-11 (A) 3,3-Dimethyl-1-butene과 (B) 1-pentene의 300 MHz ¹H NMR 스펙트럼.

알켄일 수소는 비일차 다중선으로 나타난다

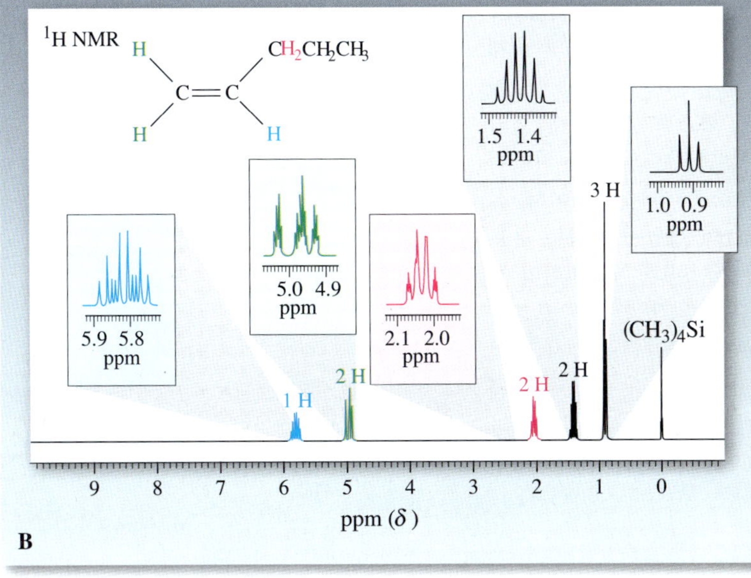

• 마지막으로 $J = 16$ Hz값을 갖는 알켄 수소의 상호 갈라짐과 표 11-2의 정보를 이용하면 그 둘이 서로 트랜스 위치에 있음을 알 수 있다. 이와 같은 문제에서는 종종 주어진 정보를 아래와 같이 그림으로 나타내는 것이 도움이 된다. 이러한 표현은 예를 들어, 왼쪽의 두 알켄일 수소와 두 메틸 수소의 6.8 Hz와 같은 각각의 J값으로 상호간의 짝지음을 나타내는데 특히 유용하다. 다른 것들은 스스로 확인하라.

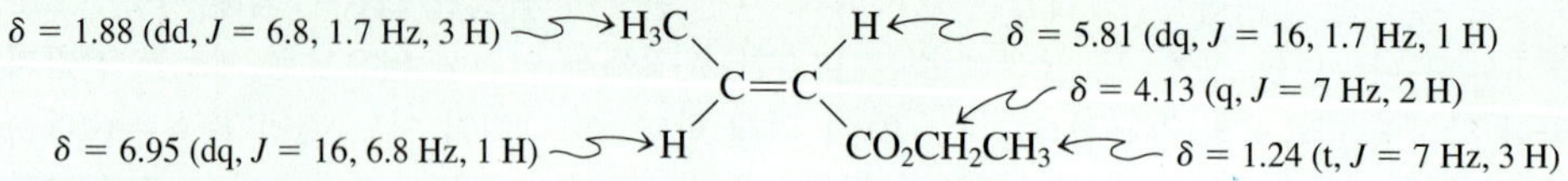

δ = 1.88 (dd, J = 6.8, 1.7 Hz, 3 H) → H_3C ; H ← δ = 5.81 (dq, J = 16, 1.7 Hz, 1 H)

C=C ; δ = 4.13 (q, J = 7 Hz, 2 H)

δ = 6.95 (dq, J = 16, 6.8 Hz, 1 H) → H ; $CO_2CH_2CH_3$ ← δ = 1.24 (t, J = 7 Hz, 3 H)

연습 문제 11-9

자습 문제

Ethenyl acetate ($CH_3COCH{=}CH_2$, C=O 포함)는 다음과 같은 ^1H NMR 스펙트럼을 나타낸다. δ = 7.23 (dd, J = 14.4, 6.8 Hz, 1 H), 4.73 (dd, J = 14.4, 1.6 Hz, 1 H), 4.52 (dd, J = 6.8, 1.6 Hz, 1 H), 2.10 (s, 3 H). 이를 분석하시오.

알켄일 탄소도 ^{13}C NMR에서 벗김 효과를 받는다

알켄의 탄소 NMR 흡수도 또한 매우 특이하다. 알케인에 비해 상응하는 알켄일 탄소(유사한

화학 이야기 11-1

프로스타글란딘

NMR 분석은 다양한 작용기를 가지고 있는 복잡한 분자의 구조를 결정하는데 널리 이용된다. 앞의 세 화합물은 자연적으로 발생하는 프로스타글란딘(PG) 계열의 생물 활성을 가지는 물질이다. 이 PGs의 ^1H NMR 스펙트럼은 이들 구조의 몇몇 특징을 나타내지만, 전체적으로 겹침이 많은 선이 복잡하게 나타난다. 반면에 ^{13}C NMR은 단지 세 개의 화학적 이동값 범위에서 선의 개수를 세는 것만으로 PG 유도체들 간의 구조를 빠르게 확인할 수 있게 한다. 예를 들어, PGE_2는 δ = 125 ~ 140 ppm 사이의 네 개의 알켄 ^{13}C 공명, δ = 170 ppm 너머의 두 카보닐 탄소, δ = 70 ppm 근처의 두 하이드록시 탄소의 두 개의 신호의 존재로 쉽게 구분된다.

프로스타글란딘(PGs)은 근육의 자극, 혈소판 응고 억제, 혈압 강하. 염증 반응의 증진 및 출산 시의 분만 유도와 같은 다양한 생리 기능을 가지고 있는 매우 중요한 호르몬 유사물질이다. 실제로, 아스피린(화학 이야기 22-2 참조)의 항염증 효과는 프로스타글란딘 생합성을 억제하는 능력에 기인한다. 아스피린의 부작용인 위궤양은 몇몇 프로스타글란딘이 위장 안쪽을 보호하는 기능을 하기 때문에 나타난다. 프로스타글란딘—유사 합성 물질인 미소프로스톨은 이와 비슷한 보호 작용을 하므로 위궤양 방지를 위하여 아스피린이나 다른 항염증 물질과 함께 투약된다.

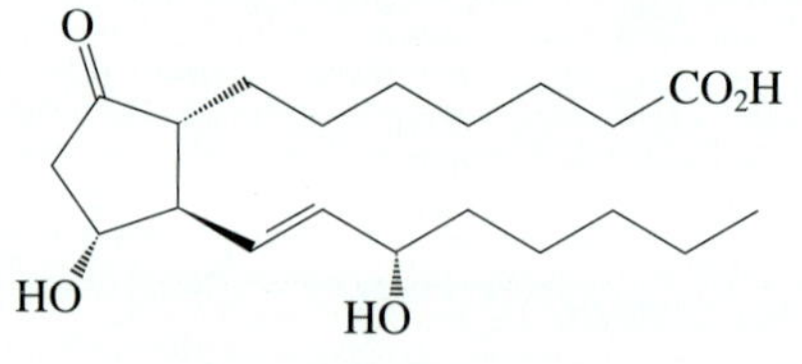

O, CO_2H, HO, HO

PGE_1

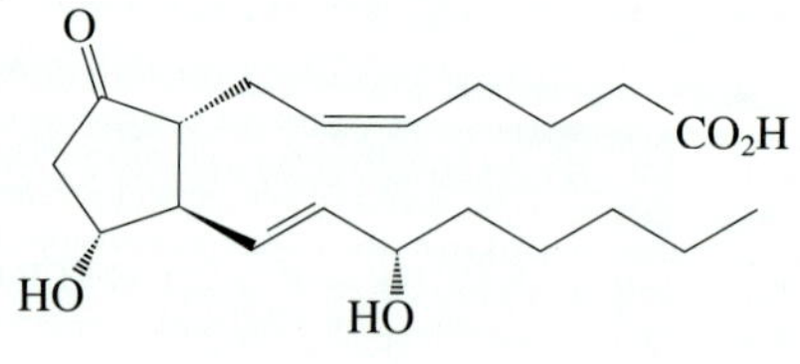

O, CO_2H, HO, HO

PGE_2

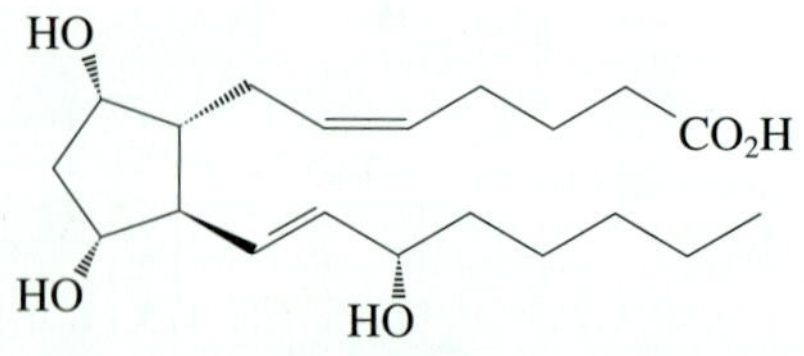

HO, CO_2H, HO, HO

$PGE_{2\alpha}$

O, CO_2CH_3, HO, CH_3, HO

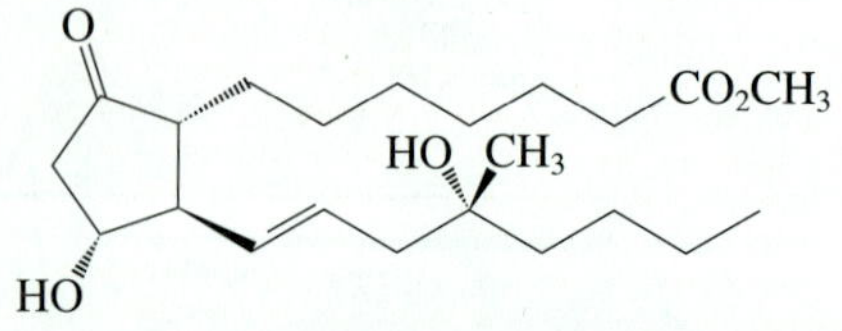

Misoprostol

치환기를 가지는)는 약 100 ppm 더 낮은장에서 흡수된다(표 10-6 참조). 두 가지의 예를 표 11-3에 나타냈으며, 알켄 탄소의 화학적 이동값과 유사한 포화 탄소 화합물의 화학적 이동값을 비교하였다. 넓은띠 짝풀림 ^{13}C NMR 분광법에서, 자기적으로 한 종류인 모든 탄소는 뾰족한 단일선으로 나타남을 기억하라(10-9절 참조). 따라서 이 방법에 의하면 sp^2 탄소의 존재를 쉽게 확인할 수 있다.

요약 수소 NMR은 유기 분자 내 이중 결합의 존재 여부를 확인하는데 매우 효과적이다. 알켄일 수소와 탄소는 강한 벗김 효과를 받는다. 짝지음 상수의 크기 순서는 $J_{gem} < J_{cis} < J_{trans}$ 순이다. 더욱이 알릴자리 치환기에 대한 여러 가지 짝지음 상수는 전형적인 값을 갖는다. ^{13}C NMR은 알케인 탄소에 비해 이례적으로 낮은장 화학적 이동값을 통해 알켄일 탄소를 확인할 수 있다.

표 11-3

알켄의 ^{13}C NMR 흡수와 그에 상응하는 알케인 탄소의 화학적 이동값의 비교 (ppm 단위).

알켄:
- $(CH_3)_2C{=}C(CH_3)_2$: C=C 122.8, CH_3 18.9
- cis-$CH_3CH{=}CHCH_2CH_3$: CH_3 12.3, C=C 123.7, 132.7, CH_2 20.5, CH_3 14.0

알케인:
- $(CH_3)_2CH{-}CH(CH_3)_2$: CH 34.0, CH_3 19.2
- $CH_3CH_2CH_2CH_2CH_3$: CH_3 13.5, CH_2 22.2, CH_2 34.1

11-5 알켄의 촉매 수소첨가반응: 이중 결합의 상대적인 안정도

알켄과 수소 기체를 팔라듐이나 백금 같은 촉매 존재하에서 혼합시키면 두 개의 수소 원자가 이중 결합에 첨가되어 포화 알케인을 생성한다(12-2절 참조). 이 반응은 **수소첨가반응(hydrogenation)**이라고 하며, 발열반응이다. 이때 방출되는 열을 **수소첨가 반응열(heat of hydrogenation)**이라고 하며, 이중 결합 하나당 약 $-30\ kcal\ mol^{-1}$ ($-125\ kJ\ mol^{-1}$)이다.

알켄의 수소첨가반응

$$\text{>C=C<} + \text{H—H} \xrightarrow{\text{Pd 또는 Pt}} \text{—C(H)—C(H)—}$$

$\Delta H° \approx -30\ kcal\ mol^{-1}$

수소첨가 반응열은 정확히 측정할 수 있으며, 상대적인 에너지 함량을 측정하는데 이용될 수 있다. 따라서 알켄의 열역학적인 안정도를 측정할 수 있다. 어떻게 하는지 알아보자.

버터나 단단한 마가린의 지방 분자는 매우 포화되어 있는 반면, 식물 기름에 있는 지방 분자들은 시스-알켄의 비율이 높다. 이 식물 기름을 부분적으로 수소첨가반응시키면 부드러운 마가린이 된다.

수소첨가 반응열은 안정도의 척도이다

3-10절에서 연소열을 측정하여 알케인의 상대적인 안정도를 결정하는 방법을 언급하였다. 보다 덜 안정한 분자일수록 더 많은 에너지를 가지고 있고, 이런 분자는 연소 과정에서 더 많은 에너지를 방출한다. 이와 유사하게 수소첨가 반응열을 이용할 수도 있다.

예를 들어, 1-뷰텐, 시스-2-뷰텐, 트랜스-2-뷰텐 등의 세 개의 이성질체의 상대적인 안정도는 어떠한가? 이들 각 이성질체를 수소첨가반응시키면 뷰테인이라는 동일한 생성물을 생성한다. 만일 이들 각 이성질체들의 에너지 함량이 동일하다면 이들의 수소첨가 반응열 또한 동일할 것이다. 그러나 그림 11-12에서 설명한 것처럼 이들 이성질체의 수소첨가 반응열은 다르다. 말단 이중 결합의 수소첨가반응에서 가장 많은 열이 방출되며, 그 다음으로 많은 열을 방출하는 발열반응은 시스-2-뷰텐이고, 가장 적은 열을 방출하는 반응은 트랜스 이성질체이다. 그러므로 뷰텐의 열역학적 안정도는 1-뷰텐 < 시스-2-뷰텐 < 트랜스-2-뷰텐 순으로 증가한다(그림 11-12 참조).

치환이 많이 된 알켄이 더 안정하다. 트랜스 이성질체가 시스 이성질체보다 더 안정하다

이러한 결과를 일반적으로 확장시키면 알켄의 상대적인 안정도는 이중 결합 탄소에 치환이 많이 될수록 증가하고, 트랜스 이성질체는 그에 상응하는 시스 이성질체보다 더 안정하다. 첫 번째 경향은 부분적으로 하이퍼콘쥬게이션에 기인한다. 알킬 치환기의 증가에 따라 라디칼의

그림 11-12 수소첨가 반응열로 측정한 butene 이성질체들의 상대적인 에너지 함량은 그것들의 상대적인 안정도를 보여 준다. 이 그림은 실제 크기에 맞게 그려져 있지 않다.

$$\text{1-Butene} + H_2 \xrightarrow{Pt} \text{Butane} \quad \Delta H^\circ = -30.3 \text{ kcal mol}^{-1} \; (-126.8 \text{ kJ mol}^{-1})$$

$$\textit{cis}\text{-2-Butene} + H_2 \xrightarrow{Pt} \text{Butane} \quad \Delta H^\circ = -28.6 \text{ kcal mol}^{-1} \; (-119.7 \text{ kJ mol}^{-1})$$

$$\textit{trans}\text{-2-Butene} + H_2 \xrightarrow{Pt} \text{Butane} \quad \Delta H^\circ = -27.6 \text{ kcal mol}^{-1} \; (-115.5 \text{ kJ mol}^{-1})$$

수소화첨가 반응열의 증가

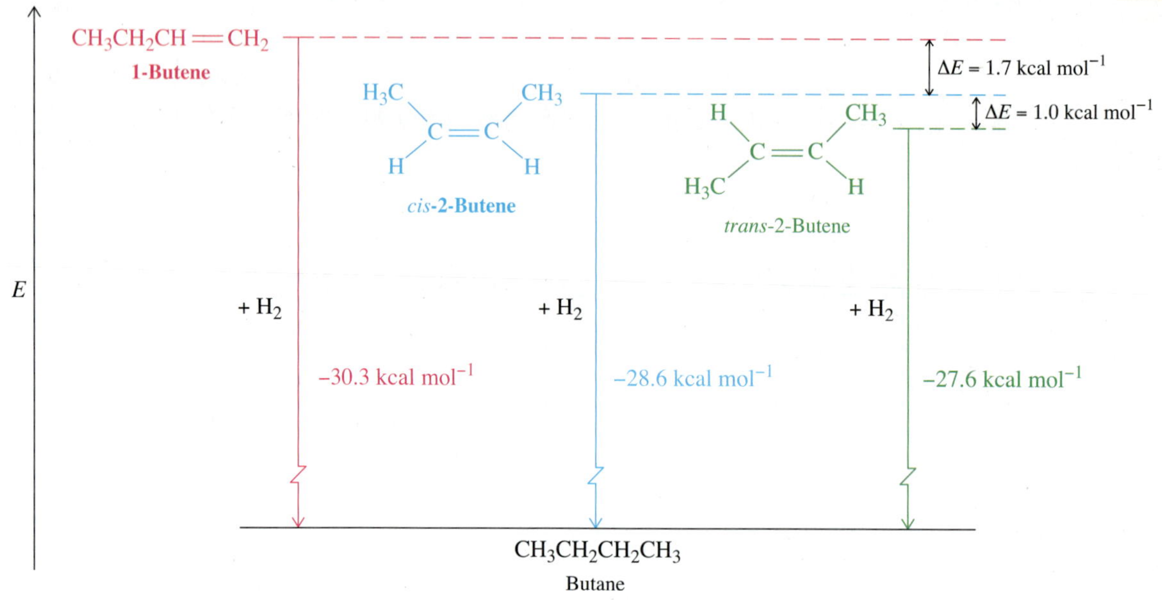

안정도가 증가하는 것처럼(3-2절), π 결합의 p 오비탈이 알킬 치환기에 의해 안정화될 수 있다. 두 번째 결과는 분자 모형을 만들어 관찰하면 보다 간단하게 이해할 수 있다. 시스-이치환 알켄에서 치환기들은 서로 아주 가까이 접근해 있다.

알켄의 상대적인 안정도

$$CH_2{=}CH_2 < RCH{=}CH_2 < \underset{(cis)}{\text{RHC=CHR}} < \underset{(trans)}{\text{RHC=CHR}} < R_2C{=}CHR < R_2C{=}CR_2$$

가장 불안정 — 가장 안정

알켄 안정도 증가

수소첨가 반응열 감소

이러한 입체적인 간섭은 에너지적으로 불리하며, 상응하는 트랜스 이성질체에서는 이러한 입체적인 간섭이 일어나지 않는다(그림 11-13 참조).

MODEL BUILDING

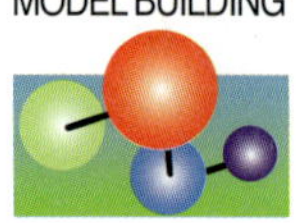

연습 문제 11-10

다음 알켄의 수소첨가반응 이중 결합의 안정도 순서를 결정하시오(수소첨가 반응열, ΔH°의 순서). 2,3-dimethyl-2-butene, *cis*-3-hexene, *trans*-4-octene과 1-hexene.

일반적으로 트랜스 알켄이 시스 알켄보다 더 안정하다는 사실에 대한 예외를 사이클로알켄에서 찾을 수 있다. 작은 고리나 중간 크기 고리에서(4-2절), 트랜스 이성질체는 매우 큰 스트레인을 받는다(11-1절 참조). 분리된 가장 작은 트랜스 사이클로알켄은 트랜스-사이클로옥텐이고, 시스 이성질체보다 9.2 kcal mol^{-1}만큼 더 불안정하며, 뒤틀리고 꼬인 구조를 이루고 있다.

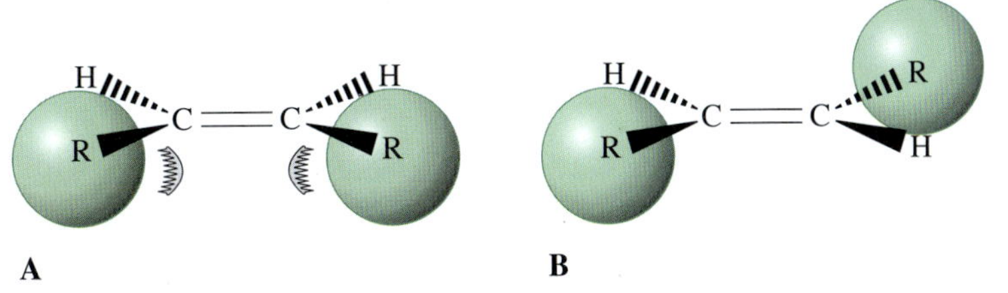

그림 11-13 (A) 시스 이치환 알켄의 입체적인 혼잡 및 (B) 혼잡하지 않은 트랜스 알켄의 그림.

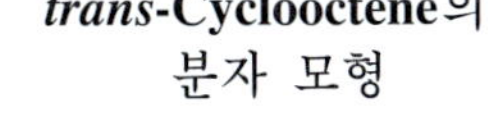
trans-Cyclooctene의 분자 모형

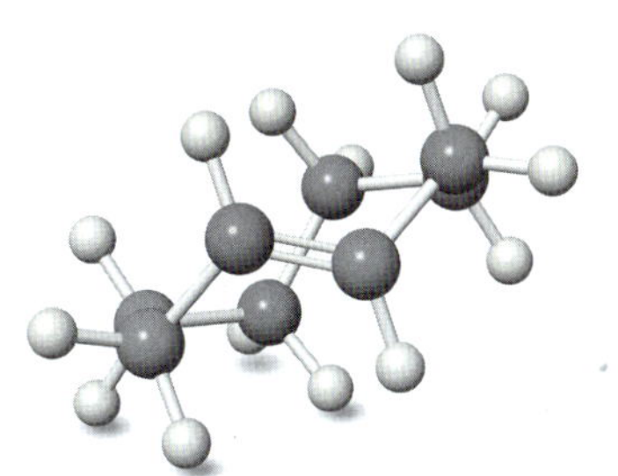

연습 문제 11-11

알켄 A를 화합물 B로 수소첨가반응시키면 약 65 kcal mol^{-1}을 방출하며, 이 값은 그림 11-12에서 보여 준 수소첨가 반응열보다 두 배 이상 더 크다. 이것을 설명하시오.

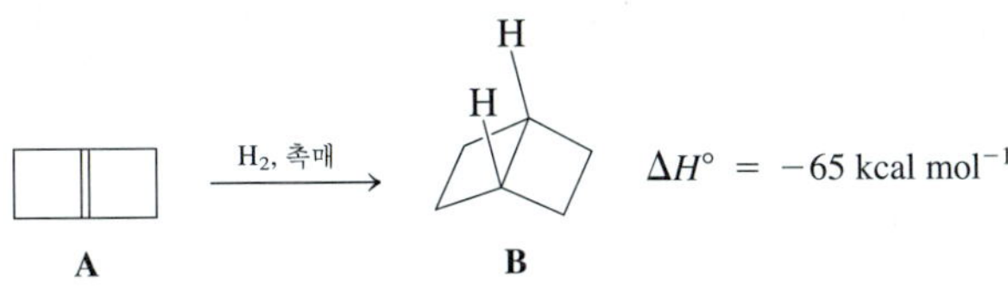

요약 여러 가지 알켄 이성질체들의 상대적인 에너지는 그들의 수소첨가 반응열을 측정하여 어림잡을 수 있다. 에너지가 높은 알켄일수록 더 높은 수소첨가 반응열 $\Delta H°$을 갖는다. 알켄의 이중 결합에 치환기가 증가할수록 하이퍼콘쥬게이션의 가능성이 그만큼 더 커지므로, 알켄의 안정도는 증가한다. 트랜스 알켄은 입체 장애 때문에 그들의 시스 이성질체보다 더 안정하고, 작은 고리나 중간 크기의 고리 사이클로알켄은 예외이며, 이 경우에는 고리 스트레인 때문에 시스 치환이 트랜스 치환보다 더 안정하다.

11-6 할로알케인 및 알킬 설포네이트로부터 알켄의 제조: 이분자 제거반응

알켄의 구조나 안정도와 같은 물리적 관점들이 알켄을 합성하는 여러 가지 방법들과 관련이 있다. 알켄을 합성하는 가장 일반적인 방법은 탄소 뼈대의 이웃한 탄소 작용기들을 제거하는 **제거반응**(*elimination*) 방법이다. E2 반응(7-7절)이 알켄을 합성하는 가장 보편적인 실험실 방법이다. 알켄을 합성하는 다른 방법으로 알코올의 탈수반응(dehydration)을 11-7절에서 설명할 것이다.

제거반응의 개요

$$-\underset{A}{\overset{|}{C}}-\underset{B}{\overset{|}{C}}- \longrightarrow \;\; >C=C< \;\; + \;\; AB$$

E2 반응의 위치선택성은 염기에 의존한다

7장에서 할로알케인(또는 알킬 설포네이트)은 염기 존재하에서 HX가 제거되는 동시에 탄소-탄소 이중 결합이 형성되는 반응이 일어날 수 있다는 것을 알았다. 여러 가지 기질에 따라 분자 내의 둘 이상의 탄소로부터 수소가 제거될 수 있으며, 그렇게 되면 이중 결합 이성질체들이 생성된다. 이런 경우에 제거되는 수소, 즉 반응의 **위치선택성**(*regioselectivity*, 9-9절)을 조절할 수 있을까? 이 질문에 대한 대답은 "가능하다"이지만, 단지 제한된 범위에서만 가능하다. 간단한 예로, 2-브로모-2-메틸뷰테인으로부터 브로민화 수소의 제거반응이 가능하다. 이 화합물은 뜨거운 에탄올 속에서 에톡시화 소듐과 반응하여 주생성물로 2-메틸-2-뷰텐과 부생성물

염기$^{\delta-}$ H H_3C C ⋯ C CH_3 CH_3 H $Br^{\delta-}$

삼치환 이중 결합이 만들어지도록 하는 부분적인 이중 결합

염기$^{\delta-}$ H H_3C CH_3 H_3C H $Br^{\delta-}$

Newman 투영식

A

염기$^{\delta-}$ H H C ⋯ C CH_3 CH_2CH_3 H $Br^{\delta-}$

말단 이중 결합이 만들어지도록 하는 부분적인 이중 결합

염기$^{\delta-}$ H H_3C CH_2CH_3 H H $Br^{\delta-}$

Newman 투영식

B

그림 11-14 2-Bromo-2-methylbutane의 브로민화 수소 제거반응에서의 두 가지 전이 상태. 입체 장애가 없는 염기 ($CH_3CH_2O^-Na^+$)를 사용할 때, 전이 상태 A는 부분적인 이중 결합 주위의 치환기 수가 더 많으므로 전이 상태 B보다 더 유리하다 (Saytzev 규칙). 입체 장애가 큰 염기 [$(CH_3)_3CO^-K^+$]를 사용할 때는, 일차 수소를 제거하는데 입체 장애가 적은 전이 상태 B가 전이 상태 A보다 더 안정하다 (Hofmann 규칙).

로 2-메틸-1-뷰텐을 생성한다.

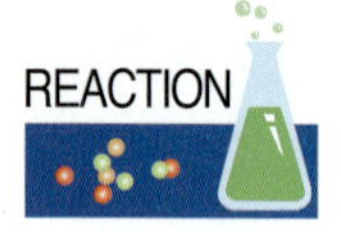

2-Bromo-2-methylbutane과 Ethoxide의 E2 반응

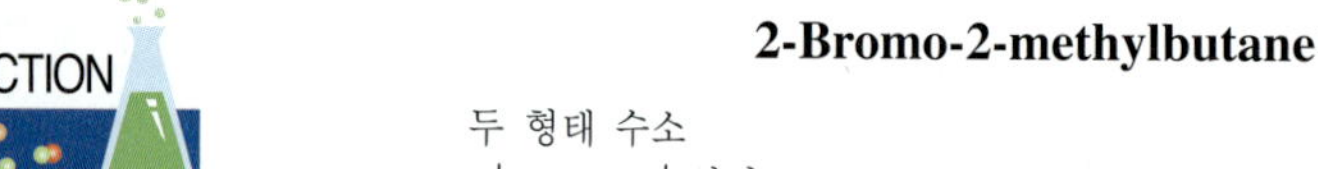

두 형태 수소

이차 일차

$$CH_3CH_2-C(CH_3)(Br)-CH_3 \xrightarrow[-HBr]{CH_3CH_2O^-Na^+,\ CH_3CH_2OH,\ 70^\circ C} (CH_3)_2C{=}CHCH_3 + CH_3CH_2(CH_3)C{=}CH_2$$

2-Bromo-2-methylbutane

70% 2-Methyl-2-butene (더 안정한 생성물)

30% 2-Methyl-1-butene (덜 안정한 생성물)

화살표 아래에 있는 "—HBr"은 제거반응에서 출발물로부터 제거된 화학종을 말한다.

이 예에서 주생성물인 처음의 알켄은 삼치환 이중 결합을 가지고 있고, 열역학적으로 부생성물보다 더 안정하다. 실제로 많은 제거반응이 이와 같은 열역학적으로 안정한 생성물이 우세하게 생성되는 위치선택적 반응들이며, 이러한 결과는 반응의 전이 상태를 분석함으로써 설명할 수 있다 (그림 11-14 참조). 이 반응에서 HBr의 제거반응은 이탈기의 반대편에 있는 이웃한 수소 중 하나를 염기가 공격함으로써 일어난다. 전이 상태에서 C—H 결합도 부분적으로 파괴되며, C—C 이중 결합은 부분적으로 형성되고, 또 C—Br 결합도 부분적으로 끊어지게 된다 (그림 7-8과 비교). 2-메틸-2-뷰텐이 만들어지는 전이 상태가 2-메틸-1-뷰텐이 만들어지는 전이 상태보다 다소 더 안정하며 (그림 11-15A), **반응의 전이 상태 구조가 생성물의 구조와 유사하므로** 더 안정한 생성물이 더 빠르게 생성된다. 이와 같이 치환이 더 많이 된 알켄을 생성하는 형태의 제거반응을 **Saytzev* 규칙 (Saytzev rule)**에 따른다고 한다. 즉, 이탈기를 포함하고 있는 탄소와 수소를 가지고 있으며, **치환이 가장 많이 된 이웃한 탄소** 사이에서 우선적으로 이중 결합이 먼저 형성된다.

입체 장애가 큰 염기를 사용하면 생성물의 분포가 달라지고, 열역학적으로 보다 불안정한 **말단** 알켄이 더 많이 생긴다.

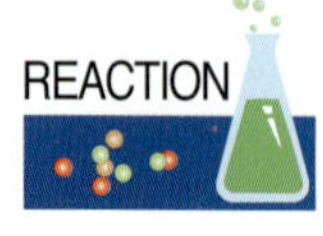

2-Bromo-2-methylbutane과 입체 장애가 있는 염기인 *tert*-Butoxide의 E2 반응

접근하기 쉬운 일차 수소

$$CH_3CH_2-C(CH_3)(Br)-CH_3 \xrightarrow[-HBr]{(CH_3)_3CO^-K^+,\ (CH_3)_3COH} (CH_3)_2C{=}CHCH_3 + CH_3CH_2(CH_3)C{=}CH_2$$

27% 73%

*Alexander M. Saytzev (또는 Zaitsev, Saytzeff 등으로 쓰기도 한다, 1841 ~ 1910), 러시아 화학자.

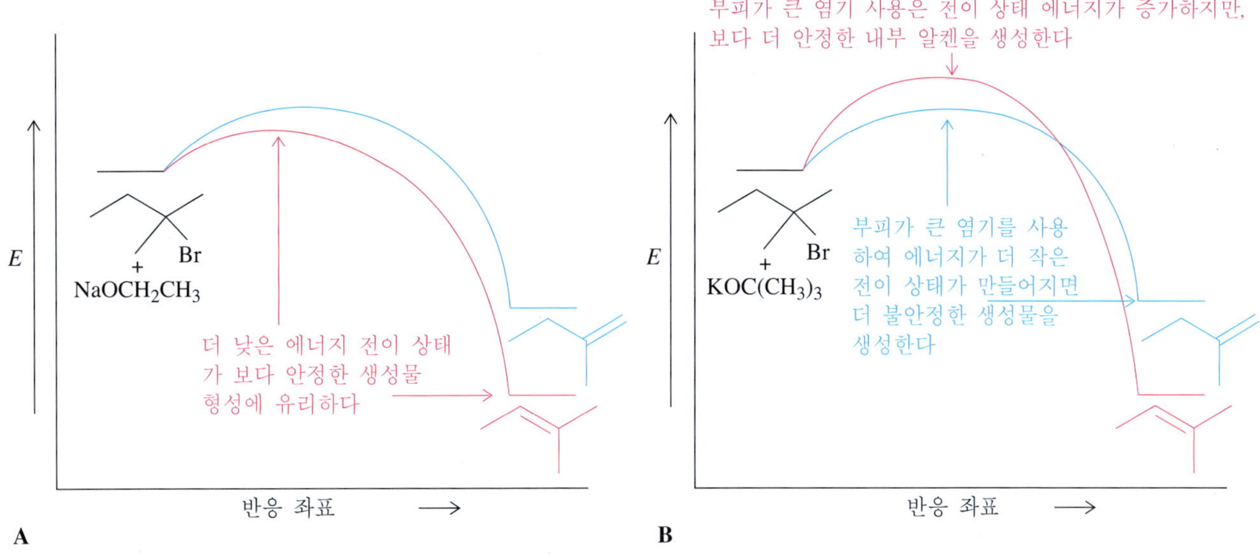

그림 11-15 (A) Sodium ethoxide (Saytzev 규칙) 및 (B) potassium *tert*-butoxide (Hofmann 규칙) 과 2-bromo-2-methylbutane의 E2 반응에 대한 퍼텐셜 에너지 도표.

이 반응에서 왜 말단 알켄이 더 우호적으로 생성되는가를 알아보기 위해 전이 상태를 검토해 보자. 이차 수소(출발물인 브로민화물의 C3로부터)의 제거는 더욱 노출되어 있는 메틸 수소들 중의 하나를 제거하는 것보다 입체적으로 더 어렵다. 크기가 큰 염기인 *tert*-뷰톡사이드를 사용하면, 보다 덜 안정한 생성물을 만들기 위한 전이 상태 에너지가 증가하게 되는데, 이는 덜 치환된 이성질체를 생성하기 위한 전이 상태 에너지에 비례하는 입체 장애 때문이다. 따라서 치환이 덜 된 이성질체가 주생성물이 된다(그림 11-15B 참조). 열역학적으로 불리한 이성질체를 생성하는 E2 반응은 위치선택성의 특정 형태를 가지고 전개되는 일련의 제거반응을 연구한, 화학자의 이름을 따서 **Hofmann* 규칙 (Hofmann rule)** 에 따른다고 한다(21-8절 참조).

연습 문제 11-12

개념 문제: 제거반응에서의 위치선택성

다음을 2-methyl-2-propanol (*tert*-butyl alcohol) 속에서 *tert*-butoxide와 반응시키거나, ethanol 속에서 ethoxide와 반응시키면 A, B 두 개의 생성물이 처음 조건에서는 23 : 77로 생기고, 두 번째 조건에서는 82 : 18로 생긴다. 생성물 A와 B는 어떤 것인가? 그리고 두 실험에서 비율의 차이를 어떻게 설명할 것인가?

$$CH_3CH_2CH(CH_3)\text{-}O\text{-}SO_2\text{-}C_6H_4\text{-}CH_3 \xrightarrow{\text{염기, 용매}} A + B$$

전략

두 실험의 차이점은 한 반응에서는 크기가 큰 염기(*tert*-butoxide)를 사용하고, 다른 반응에서는 크기가 작은 염기(ethoxide)를 사용한다는 것이다. 위에서 나타낸 바에 따르면 A와 B는 E2 반응의 위치이성질체이며, 이들은 이탈기인 sulfonate를 가지고 있는 탄소의 이웃한 각기 다른 탄소에 있는 수소가 제거되므로 생성된다.

풀이

• *tert*-Butoxide 염기는 부피가 크므로 덜 가려진 메틸 탄소 원자로부터 수소를 제거하는 것이

*August Wilhelm von Hofmann 교수(1818 ~ 1892), Berlin 대학교.

더 쉽다. 따라서 Hofmann 규칙 생성물이 대부분인 B를 형성한다.

$(CH_3)_3CO:^-$ + $(CH_3)_2HC$–CH(CH_2–H)–O–SO_2–C_6H_4–CH_3 ⟶ $(CH_3)_2HC$(H)C=C(H)H

B

주 (Hofmann) 생성물

- 한편, ethoxide는 다른 편에 있는 삼차 탄소 원자로부터 수소를 더 쉽게 제거한다. 그 이유는 Saytzev 생성물인 삼치환 알켄 A가 보다 더 안정하기 때문이다:

$CH_3CH_2O:^-$ + H–C(H_3C)(CH_3)–C(H)(CH_3)–O_3S–C_6H_4–CH_3 ⟶ $(H_3C)_2C=C(H)CH_3$

A

주 (Saytzev) 생성물
(보다 안정함)

연습 문제 11-13

자습 문제

(a) Ethoxide를 이용한 2-bromo-2,3-dimethylbutane $(CH_3)_2CBrCH(CH_3)_2$의 E2 제거반응은 두 개의 생성물 A와 B를 79 : 21의 비로 생성하고, 2-methyl-2-propanol에서 *tert*-butoxide를 이용하면 27 : 73의 비로 생성한다. A와 B는 무엇인가?

(b) $(CH_3CH_2)_3CO^-$를 염기로 이용하면 A와 B가 8 : 92의 비로 생성된다. 이를 설명하시오.

E2 반응은 종종 트랜스를 시스보다 더 선호한다

알킬 기질의 구조에 따라 E2 반응에서 시스 또는 트랜스 알켄 혼합물이 생기거나, 때로는 선택성인 경우도 있다. 예를 들어, 2-브로모펜테인에 에톡시화 소듐을 반응시키면 51%의 트랜스-2-펜텐 및 18%의 시스-2-펜텐. 나머지로 말단 위치이성질체가 생긴다. 이 반응이나 이와 관련된 반응들의 결과는 생성물의 상대적인 열역학적 안정도를 이용해서 어느 정도 조절할 수 있으며, 가장 안정한 트랜스 이중 결합이 우선적으로 만들어진다.

2-Bromopentane의 입체선택적인 브로민화수소이탈 반응

$$CH_3CH_2CH_2CH(CH_3)Br \xrightarrow[-HBr]{CH_3CH_2O^-Na^+,\ CH_3CH_2OH} \underset{51\%}{trans\text{-}CH_3CH_2CH=CHCH_3} + \underset{18\%}{cis\text{-}CH_3CH_2CH=CHCH_3} + \underset{31\%}{CH_3CH_2CH_2CH=CH_2}$$

합성 관점에서 보면, 불행하게도 완전한 선택성을 나타내는 E2 반응은 드물다. 13장에서 입체화학적으로 순수한 시스 및 트랜스 알켄을 합성하는 다른 제조 방법을 다룬다.

몇몇 E2 반응은 입체특이성이다

MODEL BUILDING

제거반응의 보다 유리한 전이 상태는 제거되는 양성자와 이탈기가 서로 **안티** 형태로 놓여 있기 때문에 일어나게 된다는 것을 기억하라(7-7절 참조). 따라서 E2 반응이 일어나기 전에, **안티** 형태로 결합 회전이 일어난다. 이러한 사실은 반응이 일어나 *Z* 또는 *E* 입체이성질체가 형성될 때 얻어지는 부가적인 결과이다. 예를 들어, 2-브로모-3-메틸펜테인의 두 개의 부분입체 이성질체가 E2 반응을 하게 되면 완전히 입체특이성 반응을 일으켜 3-메틸-2-펜텐을 생성한다. (R,R)과 (S,S) 이성질체 모두는 **오로지** (E) 이성질체 알켄만을 형성한다. 반면에 (R,S), (S,R) 부분입체이성질체는 단지 (Z) 형태의 알켄만을 형성한다. (모형을 만들어 보라!)

아래 삼차원 구조처럼 HBr의 안티 제거반응은 이중 결합 주변의 궁극적인 배치를 나타낸 것이다. 이 반응은 하나의 부분입체이성질체(또는 이 이성질체의 거울상)가 단지 하나의 입체이성질체 알켄만을 형성하며, 또 다른 부분입체이성질체는 이와는 정반대의 배치를 가지는 화합물을 생성하므로 입체특이성 반응이다.

연습 문제 11-14

2-Bromo-3-deuteriobutane의 어떤 부분입체이성질체가 (E)-2-deuterio-2-butene을 생성하며, 어떤 부분입체이성질체가 Z 이성질체를 형성하겠는가?

요약 알켄은 일반적으로 E2 반응에 의해 만들어진다. 통상 열역학적으로 더 안정한 내부 알켄이 말단 이성질체들보다 더 빠르게 생성된다(Saytzev 규칙). 부피가 큰 염기를 사용하면 열역학적으로 보다 불안정한(예: 말단 알켄) 이중 결합을 가진 생성물이 더 많이 생긴다(Hofmann 규칙). 이 E2 반응은 라세미 출발물로부터 시스 이성질체보다는 트랜스 이성질체를 더 많이 생성하는 입체선택적인 제거반응이다. 또한 어떤 할로알케인 부분이성질체들이 E2 반응을 하면 두 개의 가능한 입체이성질체 알켄 중 단지 하나만이 생성되므로, 이 반응은 입체특이성 반응이다.

2-Bromo-3-methylpentane의 E2 반응에서의 입체특이성

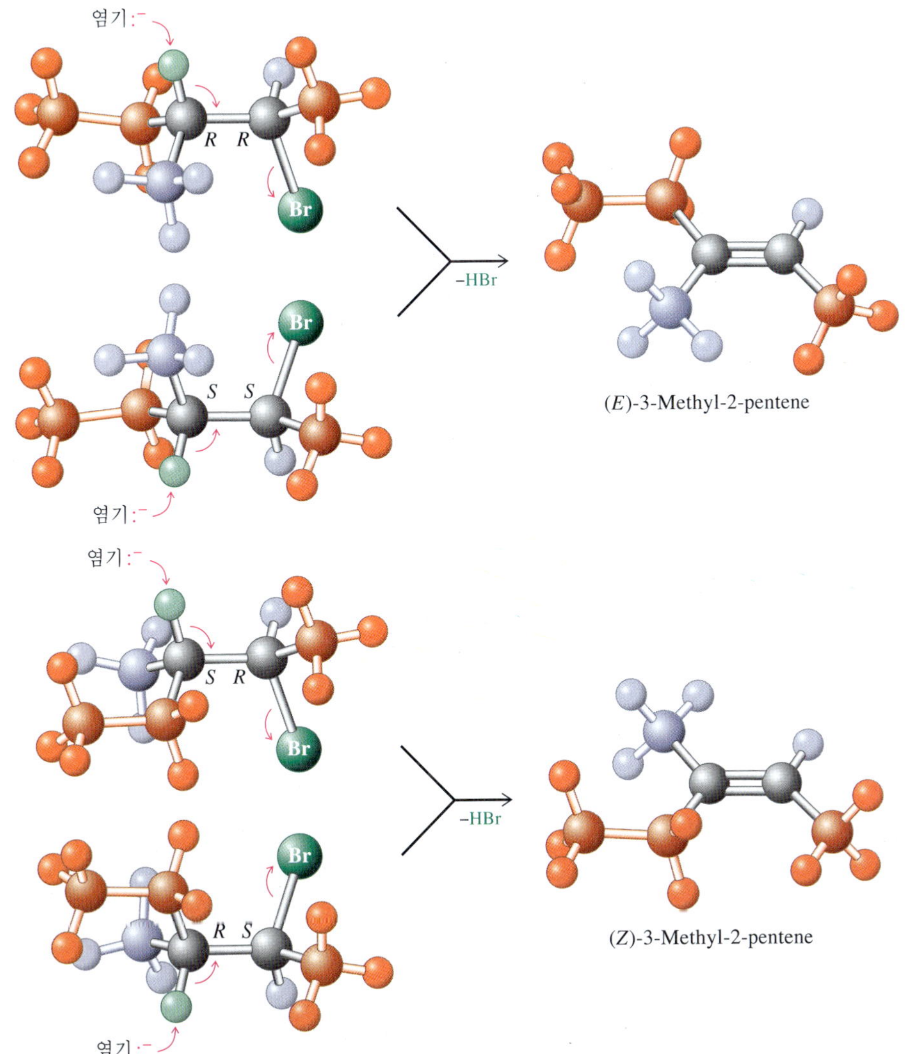

11-7 알코올의 탈수반응에 의한 알켄의 제조

알코올을 무기산과 높은 온도에서 반응시키면 물 한 분자를 잃어버리게 되는데, 이 반응을 **탈수반응(dehydration)** 이라고 하며, 이 반응은 E1 또는 E2 반응경로를 통해서 진행된다(7장과 9장 참조). 이 절에서는 알켄 생성물을 살펴보는 것부터 시작하여 이러한 화학 반응을 살펴볼 것이다. 알코올의 탈수는 일반적으로 황산이나 인산 등의 존재하에서 비교적 높은 온도(120 ~ 170°C)로 가열하는 방법이 이용된다.

산에 의해 매개되는 알코올의 탈수반응

$$-\underset{\text{H}}{\overset{|}{\text{C}}}-\underset{:\ddot{\text{O}}\text{H}}{\overset{|}{\text{C}}}- \xrightarrow{\text{산}, \Delta} \;\rangle\text{C}=\text{C}\langle\; + \text{H}\ddot{\text{O}}\text{H}$$

알코올로부터 물을 제거하는 반응의 용이성은 OH기를 가지고 있는 탄소의 치환기수가 증가함에 따라서 증가한다.

알코올 (R$\ddot{\text{O}}$H)의 탈수반응에서의 상대적인 반응성

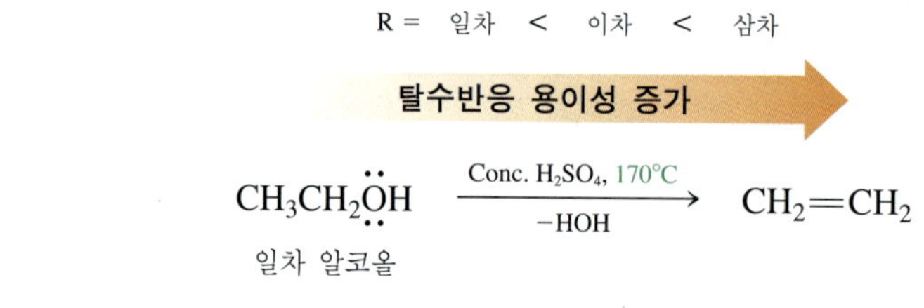

$$\text{CH}_3\text{CH}_2\ddot{\text{O}}\text{H} \xrightarrow[-\text{HOH}]{\text{Conc. H}_2\text{SO}_4,\ 170°\text{C}} \text{CH}_2=\text{CH}_2$$

일차 알코올

$$\text{CH}_3\underset{\text{H}}{\overset{\text{H}\ddot{\text{O}}:}{\text{C}}}-\underset{\text{H}}{\overset{\text{H}}{\text{C}}}\text{CH}_3 \xrightarrow[-\text{HOH}]{50\%\ \text{H}_2\text{SO}_4,\ 100°\text{C}} \underset{80\%}{\text{CH}_3\text{CH}=\text{CHCH}_3} + \underset{\text{Trace}}{\text{CH}_2=\text{CHCH}_2\text{CH}_3}$$

이차 알코올

$$(\text{CH}_3)_3\text{C}\ddot{\text{O}}\text{H} \xrightarrow[-\text{HOH}]{\text{묽은 H}_2\text{SO}_4,\ 50°\text{C}} \text{H}_2\text{C}=\text{C}(\text{CH}_3)_2 \quad 100\%$$

삼차 알코올

이차 및 삼차 알코올의 탈수는 7-6과 9-2절에서 논의한 일분자 제거반응(E1) 경로에 의해 이루어진다. 약한 염기인 하이드록시기(OH)의 산소가 양성자첨가반응하여 좋은 이탈기인 물을 포함하는 알킬옥소늄 이온(alkyloxonium ion)을 형성하고, 물 분자가 제거되어 각각 이차 및 삼차 탄소양이온이 생성되며, 양성자이탈반응(deprotonation)을 일으켜 알켄을 생성한다. 이 반응은 탄소양이온이 일으킬 수 있는 모든 반응, 특히 수소 및 알킬기 이동과 같은 부반응들이 일어나게 된다(9-3절 참조).

재배열이 수반되는 탈수반응

$$\text{CH}_3\underset{\text{H}}{\overset{\text{CH}_3}{\text{C}}}-\text{CH}_2-\underset{\text{H}}{\overset{:\ddot{\text{O}}\text{H}}{\text{C}}}\text{CH}_3 \xrightarrow[-\text{H}_2\text{O}]{\text{H}_2\text{SO}_4,\ \Delta} \underset{54\%}{(\text{H}_3\text{C})_2\text{C}=\text{C}(\text{H})\text{CH}_2\text{CH}_3} + \underset{8\%}{\text{CH}_3\underset{\text{H}}{\overset{\text{CH}_3}{\text{C}}}\text{CH}=\text{CHCH}_3} + \text{다른 부이성질체}$$

재배열 생성물

연습 문제 11-15

7-6과 9-3절을 참고로 하여 위 반응의 메커니즘을 그리시오(주: 앞에서 반복적으로 강조한 대로,

매커니즘을 그릴 때는 "화살표 밀어줌"을 사용하여 전자의 흐름을 나타내라. 각 단계를 각각 그려라. 분자식은 전하와 관련된 전자쌍을 완전한 구조로 그려라. 그리고 명확한 반응 화살표를 그어서 출발물이나 중간체를 각각 해당하는 생성물과 연결하라. 간단한 방법을 이용하거나 조잡하게 만들지 마라).

전형적으로, 열역학적으로 가장 안정한 알켄이나 알켄 혼합물들이 산 존재하에서 일어나는 일분자 탈수반응으로부터 얻어진다. 따라서 만약 트랜스 치환된 알켄이 시스 이성질체 보다 적게 생기도록 하면, 언제든지 치환이 가장 많이 된 알켄이 생성된다. 예를 들어, 2-뷰탄올의 산촉매 탈수반응에서는 트랜스-2-뷰텐 74%, 시스-2-뷰텐 23% 그리고 1-뷰텐 3%인 뷰텐 평형 혼합물이 생긴다.

또 일차 알코올을 높은 온도에서 무기산과 반응시키면 알켄을 생성한다. 예를 들어, 에탄올은 에텐을 그리고 1-프로판올은 프로펜을 생성한다(9-7절 참조).

$$CH_3CH_2CH_2OH \xrightarrow{\text{Conc. } H_2SO_4,\ 180°C} CH_3CH{=}CH_2$$

이 반응의 메커니즘은 처음에 산소에 양성자첨가반응이 일어나는 것부터 시작된다. 그리고 나서 황산 수소 이온이나 다른 알코올 분자가 공격하여 다른 분자로부터 물 분자 하나와 탄소로부터 양성자 하나가 이분자 제거반응을 일으키는 결과를 가져온다.

연습 문제 11-16

(a) 1-Propanol을 뜨겁고 진한 H_2SO_4로 반응시켜 propene이 생성되는 반응 매커니즘을 제안하시오. **(b)** 또, propoxypropane (dipropyl ether)을 같은 조건으로 반응시켜도 propene이 생성된다. 설명하시오.

$$CH_3CH_2CH_2OCH_2CH_2CH_3 \xrightarrow{\text{Conc. } H_2SO_4,\ 180°C} 2\,CH_3CH{=}CH_2 + H_2O$$

요약 알켄은 알코올을 탈수반응시키면 만들 수 있다 이차 및 삼차 알코올은 탄소양이온 중간체를 거쳐 탈수반응이 진행되고, 반면에 일차 알코올은 알킬옥소늄 이온 중간체로부터 E2 반응을 일으킬 수 있다 이들 모든 알코올들은 재배열반응이 가능하고, 그로 인해서 종종 혼합 생성물이 만들어진다.

11-8 적외선 분광법

앞으로의 절에서는 유기 화합물의 구조를 확인하는 추가적인 두 가지 방법으로 **적외선 분광법 [infrared (IR) spectroscopy]**과 **질량 분석법 [mass spectrometry (MS)]**에 대하여 다룰 것이다. 적외선 분광법은 작용기의 적외선 흡수를 통해 많은 작용기의 존재 여부를 확인할 수 있으므로 매우 유용한 방법이다. 적외선 분광법은 결합에 참여하고 있는 원자들의 진동 들뜸을 측정한다. 흡수선의 위치는 분자 내에 존재하는 작용기의 종류에 따라 달라지며, 적외선 스펙트럼은 전체적으로 각 개별 분자에 따라 독특한 양상을 보인다.

적외선을 흡수하면 분자가 진동한다

가시광선보다 약간 낮은 에너지의 빛을 분자가 흡수하면 **진동 들뜸 (vibrational excitation)**을 일으키는데, 이 영역이 선기 스펙트럼의 적외선 영역이다(그림 10-2 참조). 유기화학자들이 가장 많이 사용하는 것은 적외선의 중간 영역 또는 **중간 적외선 (middle infrared)**이다. IR 흡수띠는 마이크로미터 (10^{-6} m, $\lambda \approx 2.5 \sim 16.7\ \mu$m, 그림 10-2 참조)로 나타내는 파장 (wavelength, λ) 또는 파수 (wavenumber, $\tilde{\nu}$, cm^{-1}, $\tilde{\nu} = 1/\lambda$)라고 하는 파장의 역수로 표시된다. 따라

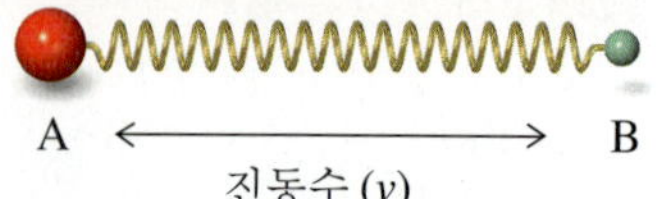

그림 11-16 질량이 다른 두 원자가 달려 있는 진동하는 스프링. 한 결합에 대한 진동 들뜸 모형.

서 전형적인 적외선 스펙트럼 영역은 600 ~ 4000 cm^{-1}이며, 이 흡수 영역에 해당하는 에너지 변화는 1 ~ 10 kcal mol^{-1}이다 (4 ~ 42 kJ mol^{-1}).

간단한 IR 분광기 원리를 그림 10-3에 나타냈다. 최근의 분광기는 빠른 탐지를 위해 복잡한 기술을 사용하며, 컴퓨터와 연결되어 있다. 컴퓨터를 이용하면 자료 저장, 스펙트럼 조정, 컴퓨터 자료의 탐색 및 저장된 스펙트럼과 미지 시료의 스펙트럼의 비교 등을 쉽게 할 수 있다.

전자 진동 들뜸은 **유연한** 결합에 의해 연결된 A, B 두 원자의 진동 들뜸을 사용하여 간단히 설명할 수 있다. 질량이 있는 두 개의 원자가 어떤 진동수 ν값을 가지는 스프링 같은 결합에 연결된 것으로 그렸다 (그림 11-16 참조). 이 그림에서 두 원자 간의 진동수는 두 원자 결합의 세기와 두 원자의 원자량에 의존한다. 실제로 여기에는 스프링 운동과 같은 Hooke*의 법칙 (Hooke's law) 이 적용된다

Hooke의 법칙과 진동 들뜸

$$\tilde{\nu} = k\sqrt{f\,\frac{(m_1 + m_2)}{m_1 m_2}}$$

$\tilde{\nu}$ = 파수(cm^{-1})로 표시되는 진동수
k = 상수
f = 스프링(결합)의 세기를 나타내는 힘의 상수
m_1, m_2 = 연결된 두 원자의 질량

이 식으로부터 적외선 스펙트럼에서 분자의 각 결합에 해당하는 독특한 흡수띠를 예상할 수 있다. 그러나 실제로는 전체 적외선 스펙트럼의 해석이 생각보다 더 복잡하다. 왜냐하면 적외선 빛을 흡수한 분자는 신축 운동 뿐만 아니라, 두 개가 조합되는 것 같은 여러 가지 형태의 굽힘 진동(bending vibration, 그림 11-17) 등이 일어나기 때문이다. 굽힘 진동은 대부분 세기가 약하고, 다른 흡수띠와 겹쳐져 나오기 때문에 복잡한 양상으로 나타난다. 게다가 결합이 적외선을 흡수하면 그 진동 운동은 반드시 분자의 쌍극자에 변화를 일으킨다. 따라서 극성 결합의 진동은 강한 적외선 흡수띠를 나타내는 반면, 비극성 결합의 흡수띠는 작거나 거의 없다. 그러나 실제적으로 다음 두 가지 이유 때문에 유기화학자들은 IR을 매우 유용하게 생각한다. 첫째는 여러 가지 작용기의 진동 흡수띠가 독특한 파수를 나타내며, 둘째는 어떤 화합물

*Robert Hooke 교수 (1635 ~ 1703), Gresham 대학교, 물리학자, Lodon.

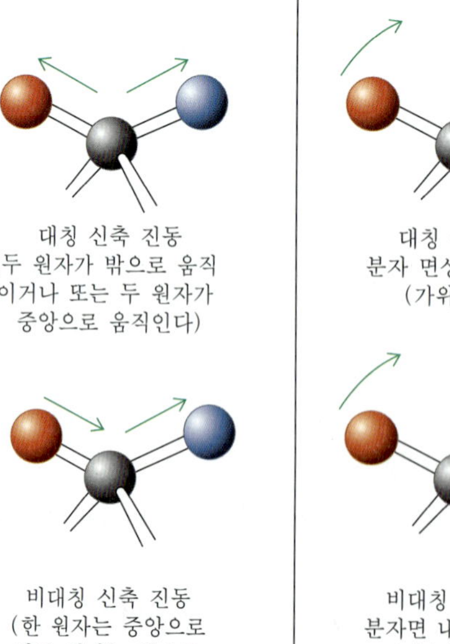

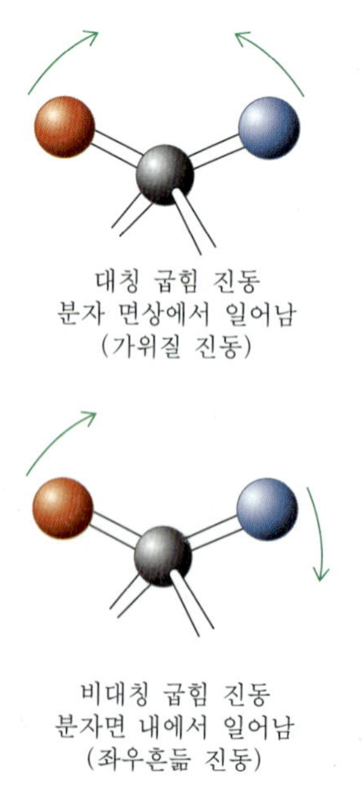

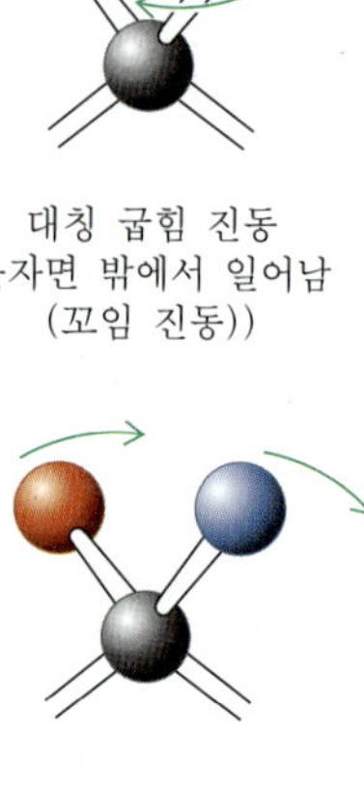

그림 11-17 정사면체 탄소 주위에서 일어날 수 있는 여러 가지 진동 형태. 결합의 운동을 대칭과 비대칭 신축 진동 또는 굽힘, 가위질, 좌우흔듦, 꼬임, 앞뒤흔듦 진동 등으로 표기하였다.

표 11-4 유기 분자들의 특성적인 IR 신축 진동 파수 범위

결합 또는 작용기	$\tilde{\nu}$ (cm^{-1})	결합 또는 작용기	$\tilde{\nu}$ (cm^{-1})
RO—H (알코올)	3200 ~ 3650	RC≡N (나이트릴)	2220 ~ 2260
RC(=O)O—H (카복실산)	2500 ~ 3300	RC(=O)H, RC(=O)R′ (알데하이드, 케톤)	1690 ~ 1750
R_2N—H (아민)	3250 ~ 3500	RC(=O)OR′ (에스터)	1735 ~ 1750
RC≡C—H (알카인)	3260 ~ 3330	RC(=O)OH (카복실산)	1710 ~ 1760
>C=C<H (알켄)	3050 ~ 3150	>C=C< (알켄)	1620 ~ 1680
—C—H (알케인)	2840 ~ 3000	RC—OR′ (알코올, 에스터)	1000 ~ 1260
RC≡CH (알카인)	2100 ~ 2260		

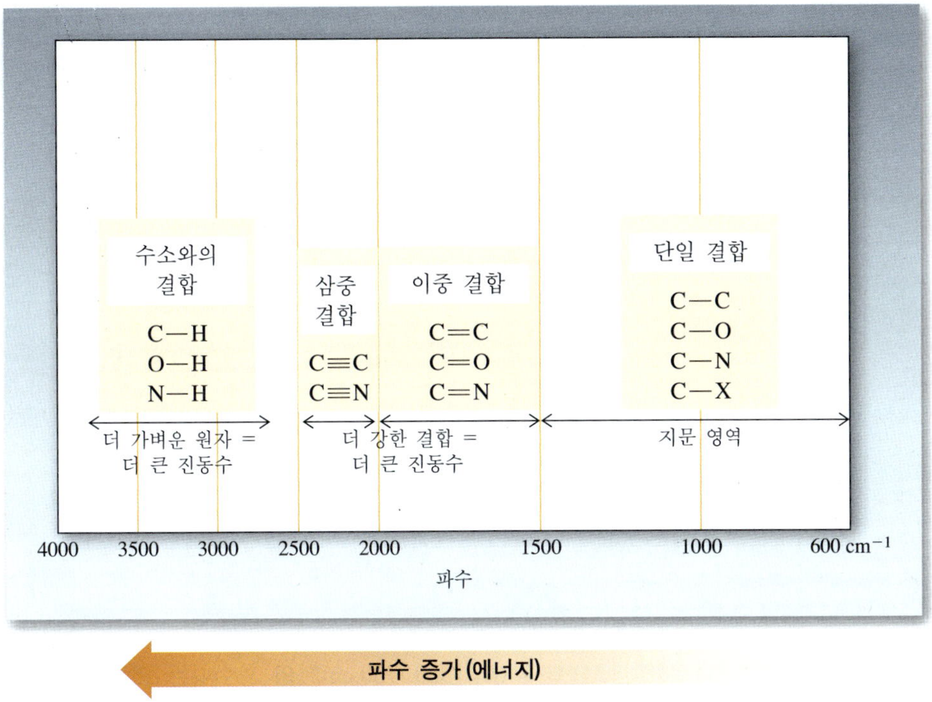

의 전체 스펙트럼이 그 화합물에만 해당하는 특징적인 스펙트럼으로 나타나므로, 다른 물질과의 구분에 이용할 수 있다.

작용기는 전형적인 적외선 흡수를 보여 준다

표 11-4에 몇 가지 일반적인 유기 구조 단위 결합들에 대한 특성적인 신축 진동 파수를 나타내었다. 대부분이 1500 cm^{-1} 영역에서 흡수가 나타남을 주시하라. 다음 장들에서는 상응하는 화합물 계열을 각각 소개할 때 새로운 작용기들의 전형적인 IR 스펙트럼을 보일 것이다.

그림 11-18과 11-19에 펜테인과 헥세인의 IR 스펙트럼을 나타내었다. 1500 cm^{-1} 이상에서는 다른 작용기가 존재하지 않으므로 이 영역에서 두 스펙트럼이 아주 유사하고, 알케인의 C—H에 대한 전형적인 흡수띠만 2840 ~ 3000 cm^{-1} 영역에서 나타난다. 그러나 1500 cm^{-1} 이하의 영역을 보다 감도가 더 좋은 방식으로 그리면 두 스펙트럼은 다르다. 이 영역을 **지문 영역(fingerprint region)**이라고 하며, C—C 결합의 신축 진동과 C—C와 C—H의 굽힘 진동

그림 11-18 Pentane의 IR 스펙트럼. 파수를 투과율의 백분율에 대해 그렸다 (왼쪽에서 오른쪽으로 갈수록 감소한다). 100% 투과율은 흡수가 없음을 의미한다. 따라서 IR 스펙트럼에서 "봉우리 (피크)"는 **아래쪽을** 향한다. 스펙트럼에서 $\tilde{\nu}_{C-H\ stretch}$ = 2960, 2930, 2870 cm^{-1}; $\tilde{\nu}_{C-H\ bend}$ = 1460, 1380, 730 cm^{-1}에서 나타난다. 또 지문 영역의 모양을 자세하게 나타내기 위해 600에서 1300 cm^{-1} 영역을 고감도 기록계로 그린 것을 함께 나타내었다.

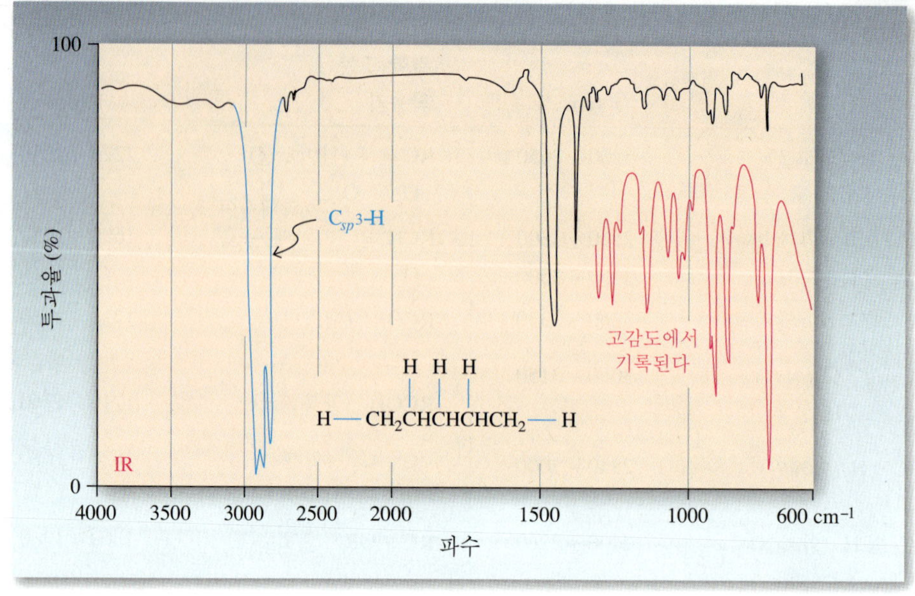

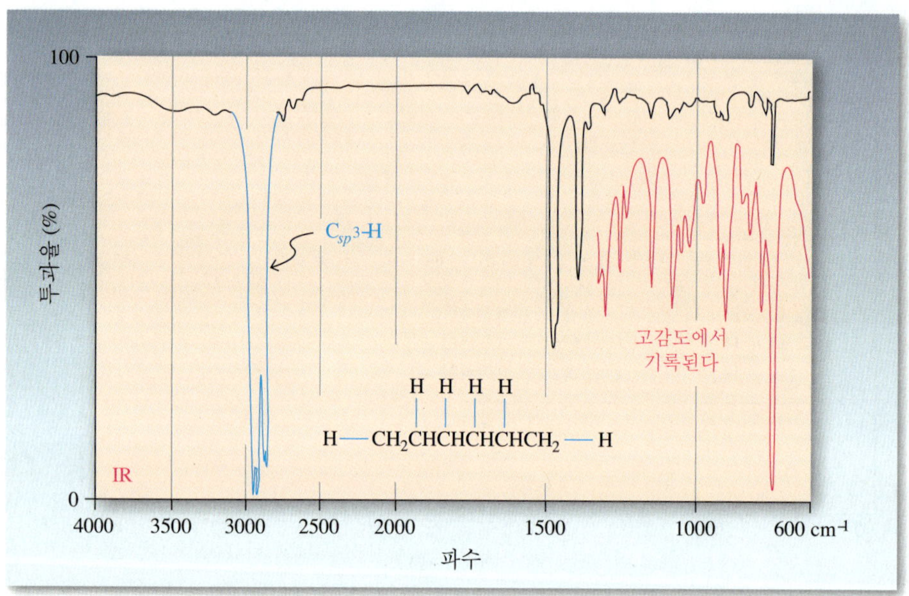

그림 11-19 Hexane의 IR 스펙트럼. Pentane (그림 11-18)과 비교하면 주요 흡수띠의 모양과 위치가 매우 비슷하게 나타난다. 그러나 고감도 기록계로 기록한 두 화합물의 지문 영역은 차이를 보인다.

등이 겹쳐져 복잡한 양상을 보인다. 대략 1460, 1380, 730 cm^{-1}의 흡수띠는 모든 포화 탄화수소 화합물에서 공통적으로 나타난다.

그림 11-20에 1-헥센의 IR 스펙트럼을 나타내었다. 알케인과 알켄을 비교해 보면 알켄은 보다 강한 C_{sp^2}—H 결합을 가지고 있어, IR 스펙트럼에서 알켄이 알케인보다 더 높은 에너지에서 흡수 봉우리를 보이게 된다. 실제로 그림 11-20에서 보는 것처럼 다른 나머지 C—H 결합 신축 진동 흡수 파수보다 결합의 신축 진동에 생기는 날카로운 봉우리가 3080 cm^{-1}에서 더 높은 파수로 나타난다. 경험적으로 볼 때 C_{sp^3}—H 결합은 3000 cm^{-1} 이하에서 봉우리를 나타내고, C_{sp^2}—H 결합은 3000 cm^{-1} 이상에서 봉우리를 나타낸다고 볼 수 있다. 표 11-4에 의하면 C=C 신축 진동 흡수띠는 대략 1620과 1680 cm^{-1}에서 나타난다. 그림 11-20의 1640 cm^{-1}에서 나타나는 비교적 강하고 날카로운 흡수띠가 이에 해당한다. 다른 주요 봉우리들은 굽힘 진동의 결과로 나타난다. 예를 들어, 915와 995 cm^{-1}의 두 신호는 말단 알켄의 전형적인 굽힘 진동 흡수띠이다.

다른 두 개의 강한 굽힘 진동 흡수 모양은 알켄의 치환기 형태를 알아내는데 이용할 수 있다. 890 cm^{-1}에서 나타나는 하나의 흡수띠는 1,1-다이알킬에텐의 특성적인 흡수띠이고, 970

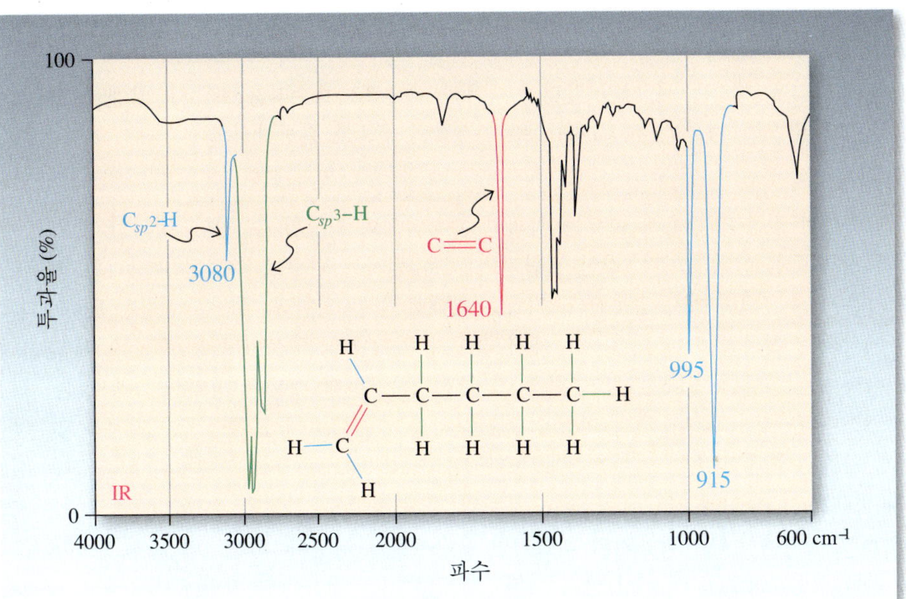

그림 11-20 1-Hexene의 IR 스펙트럼. $\tilde{\nu}_{C_{sp^2}-H_{stretch}} = 3080\ cm^{-1}$, $\tilde{\nu}_{C=C_{stretch}} = 1640\ cm^{-1}$, $\tilde{\nu}_{C_{sp^2}-H_{bend}} = 995$ 및 $915\ cm^{-1}$.

cm^{-1}에서 나타나는 다른 하나는 트랜스 이중 결합의 C_{sp^2}—H 굽힘 진동에 의해 생기는 것이다. 내부 알켄의 C=C 신축 흡수는 보통 말단 알켄에 비해 덜 강하다. 왜냐하면 내부의 C=C 결합의 진동은 분자의 극성에 영향을 덜 끼치기 때문이다. 트랜스-3-헥센과 같이 대칭이 분명한 분자에서는 C=C의 진동에 의한 흡수띠가 너무 약해서 쉽게 나타나지 않는다. 반면, 트랜스-3-헥센의 알켄일 C—H 굽힘은 여전히 강하고, 뾰족한 흡수띠를 970 cm^{-1}에서 나타낸다. 이들 흡수띠의 존재 유무와 NMR (11-4절) 관련 자료를 이용하면 치환된 이중 결합의 구조를 거의 정확히 결정할 수 있다.

O—H 신축 진동 흡수는 대부분의 IR 스펙트럼에서 (8장 및 9장) 가장 특징적인 흡수띠이고, 쉽게 인식할 수 있는 크기로 나타나며, 매우 넓은 범위 (3200 ~ 3650 cm^{-1}, 그림 11-21) 에 걸쳐 나타난다. 이처럼 O—H 봉우리가 넓게 나타나는 것은 다른 알코올 분자나 물 분자와의 수소 결합 때문이다. 묽은 용매 속에서 건조된 알코올은 좁은 범위 (3620 ~ 3650 cm^{-1}) 에서 날카로운 흡수띠를 나타낸다. 반면에 할로알케인 (6장 및 7장) 의 C—X 결합은 너무 낮은 에너지 (< 800 cm^{-1}) 에서 IR 신축 진동수를 가지므로, 일반적으로 할로알케인의 확인에 유용하지 못하다.

알켄의 주굽힘 진동에 대한 대략적인 적외선 진동수

R(H)C=C(H)H: 915, 995 cm^{-1}

R(R)C=C(H)H: 890 cm^{-1}

R(H)C=C(H)R (트랜스): 970 cm^{-1}

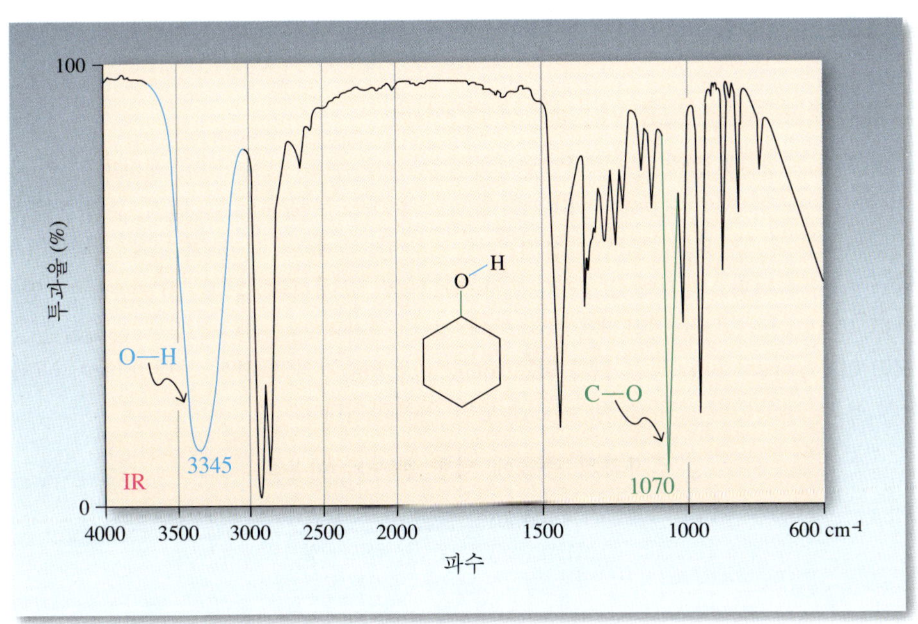

그림 11-21 Cyclohexanol의 IR 스펙트럼. $\tilde{\nu}_{O-H_{stretch}} = 3345\ cm^{-1}$, $\tilde{\nu}_{C-O} = 1070\ cm^{-1}$. O—H의 넓고 강한 봉우리를 주목하라.

연습 문제 11-17

C_4H_8의 일반식을 가지는 세 가지 알켄이 다음과 같은 IR 흡수띠를 보인다. 알켄 A, 964 cm^{-1}, 알켄 B, 908 및 986 cm^{-1}, 알켄 C, 890 cm^{-1}. 각각의 구조를 결정하시오.

요약 특별한 작용기의 존재 여부는 적외선 분광법으로 확인할 수 있다. 적외선 빛은 분자 내 결합의 진동 들뜸을 유발한다. 강한 결합과 가벼운 원자는 파수로 측정된(파장과는 역관계) 비교적 높은 신축 진동수에서 진동한다. 이와는 반대로 약한 결합과 무거운 원자는 Hooke의 법칙에서 예상되는 것처럼 보다 낮은 파수에서 흡수가 일어난다. 극성이 높은 결합은 더 강한 흡수띠를 나타내는 경향이 있다. 다양한 신축 및 굽힘 진동 형태 때문에 적외선 스펙트럼은 복잡한 양상으로 나타난다. 그러나 개별 화합물마다 적외선 스펙트럼에서 특징적인 지문을 갖는다. 다양하게 치환된 알켄의 존재 여부를 3080 (C—H)과 1640 (C=C) cm^{-1}에서의 신축 진동 신호와 890과 990 cm^{-1} 사이에서의 굽힘 진동 봉우리 형태 등으로 검색할 수 있다. 알코올은 3200~3650 cm^{-1} 영역에서 OH 작용기의 특징적인 흡수띠를 나타낸다. 일반적인 규칙으로 IR 스펙트럼의 왼쪽 절반(1500 cm^{-1} 이상)에서 나타나는 흡수띠는 작용기의 확인에 이용하고, 나머지 오른쪽 절반(1500 cm^{-1} 이하)은 특정 화합물을 확인하는데 이용한다.

11-9 유기 화합물의 분자량 측정: 질량 분석법

유기 화합물의 구조 결정을 다루는 예제나 문제에서 지금까지 "미지 화합물"에 대한 분자식이 주어졌다. 이 정보는 어떻게 얻어졌는가? 우리는 원소 분석(1-9절)을 통하여 **실험식** (*empirical formula*)을 구할 수 있다. 실험식에서 분자를 구성하는 서로 다른 원소의 비율을 알 수 있다. 그러나 실험식과 분자식이 반드시 같지는 않다. 예를 들면, 사이클로헥세인을 원소 분석하게 되면 탄소와 수소의 비율이 1:2로 존재함을 알 수 있다. 즉, 원소 분석을 했을 때 사이클로헥세인 분자가 6개의 탄소와 12개의 수소로 되어 있음을 알 수는 없다.

분자량을 결정하기 위하여 화학자들은 **질량 분석법(mass spectrometry)**이라는 매우 중요한 물리적 기술을 유기 분자의 특성에 사용하게 된다. 이 절에서 질량 분석법 장치의 구성과 물리적 작동 원리를 먼저 살펴보고자 한다. 또한 분자량 측정에 필요한 조건하에서 분자가 어떤 과정을 통해 깨어지고, 결국에는 **질량 스펙트럼(mass spectra)**이라고 하는 특정 패턴을 나타내게 되는지를 살펴보려고 한다. 우리는 질량 스펙트럼을 통해 구조 이성질체를 구별할 수 있고, 분자 내에 있는 하이드록시기와 알케닐기와 같은 여러 가지 작용기를 알아낼 수 있다.

질량 분석계는 질량으로 이온을 구별한다

전통적인 의미로 볼 때 질량 분석법은 분광학에 기반을 두고 있지 않다. 왜냐하면 이 장치에서는 빛을 흡수하지 않기 때문이다(10-2절 참조). 유기 화합물 시료를 먼저 주입구실로 넣는다(그림 11-22, 왼쪽 상단 참조). 거기에서 기화한 후에 소량이 기기의 소스실(source chamber)로 주입된다. 여기에서 중성 분자(M)들이 고에너지 [보통 70 eV 또는 약 1600 kcal/mol^{-1} (6700 kJ/mol^{-1})] 전자빔을 통과하게 된다. 전자와 충돌할 때 일부 분자들은 전자를 잃고 **어미 이온(parent ion)** 또는 **분자 이온(molecular ion)**이라고 하는 라디칼 양이온($M^{+\bullet}$)을 형성하게 된다. 대부분의 유기 분자들은 한 번만 이온화된다.

전자와의 충돌에 의한 분자의 이온화

$$\underset{\text{중성 분자}}{M} + \underset{\text{이온화 빔}}{e\,(70\ eV)} \longrightarrow \underset{\text{라디칼 양이온 (분자 이온)}}{M^{+\bullet}} + 2e$$

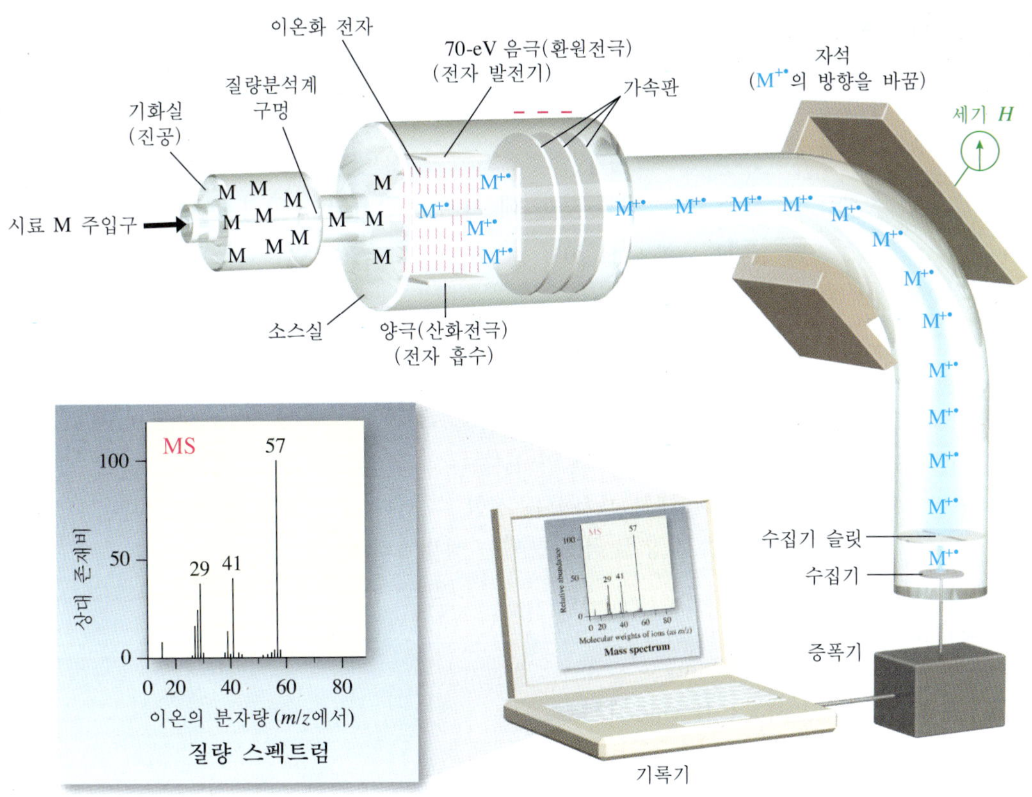

그림 11-22 질량 분석계 그림.

다음에 분자 이온들은 전하를 띤 입자로서 전기장에 의하여 가속되어 높은 속도를 갖게 된다(이온화 되지 않은 분자들은 소스실에 남아 바깥으로 내보내어진다). 가속된 라디칼 양이온($M^{+\bullet}$)이 직선으로 나아가다가 자기장을 통과하게 되면 원형의 진로를 갖게 된다. 이때 원형 진로의 곡률은 자기장의 세기에 달려 있다. 핵자기 공명(NMR) 분광기(10-3절)에서와 같이 자기장의 세기를 변화시킴으로써 이온의 진행 방향을 조절하여 수집기 슬릿을 통해 수집기로 들어가게 되고, 수집기에서 분자 이온을 검출하고 분자 이온의 개수를 측정하게 된다. 가벼운 화학종들이 무거운 것들보다 더 많이 꺾이게 되므로 분자 이온을 수집기에 이르도록 하는데 필요한 자기장의 세기는 분자 이온($M^{+\bullet}$)의 질량에 달려 있고, 결국 원래 분자 질량 M에 달려 있다. 그러므로 주어진 자기장에서 **특정 질량을 지닌 이온들만 수집기 슬릿을 통과할 수 있다.** 다른 이온들은 기기의 내부 벽에 충돌하게 된다. 결론적으로 이온들이 수집기에 도달하면 전기 신호로 바뀌게 되고 기록지에 기록된다. 기록지의 가로축에는 질량 대 전하 비율(m/z)을, 세로축에는 신호의 높이를 표시한다. 신호의 높이는 특정 질량 대 전하 비율을 갖는 이온들의 상대적인 수를 나타낸다. 보통 단일 전하를 띤 화학종이 만들어지므로 전하는 1 ($z = 1$)이 되고, 질량/전하 비율은 검출 이온의 질량에 해당한다.

유기 분자의 분자량

CH_4
$m/z = 16$

CH_3OH
$m/z = 32$

CH_3COCH_3 (C=O)
$m/z = 74$

연습 문제 11-18

탄소, 수소, 산소로만 이루어져 있는 세 개의 미지 화합물이 다음과 같은 분자량을 나타낼 때, 합리적이라고 여겨지는 가능한 모든 구조를 그려보시오. **(a)** $m/z = 46$, **(b)** $m/z = 30$, **(c)** $m/z = 56$.

고분해능의 질량 분석법을 통해 분자식을 알 수 있다

다음과 같은 분자식을 지닌 화합물을 생각해 보자. C_7H_{14}, $C_6H_{10}O$, $C_5H_6O_2$, $C_5H_{10}N_2$. 가장 가까운 정수까지 볼 때 이 네 가지의 **전체 질량(integral mass)**은 동일하다. 이 네 분자들은 모두 $m/z = 98$에서 분자 이온을 보여 줄 것으로 예측된다. 그러나 원소의 원자량은 자연에 존재하는 동위원소의 질량의 비율을 고려하여 다 합친 것이므로 **정수가 될 수 없다**. 그러므로 만약 탄소, 수소, 산소, 질소의 가장 많이 존재하는 동위원소에 대한 원자량(표 11-5)을 사용하여, 위의 네 가지 분자식 각각에 해당하는 **정확한 질량(exact mass)**을 계산하면 다음과 같은 중요한 차이를 보게 된다.

표 11-5

여러 가지 동위원소의 정확한 질량

동위원소	질량
^{1}H	1.00783
^{12}C	12.00000
^{14}N	14.0031
^{16}O	15.9949
^{32}S	31.9721
^{35}Cl	34.9689
^{37}Cl	36.9659
^{79}Br	78.9183
^{81}Br	80.9163

질량 대 전하 비율 **98**을 갖는 네 가지 화합물의 정확한 질량

C_7H_{14}	$C_6H_{10}O$	$C_5H_6O_2$	$C_5H_{10}N_2$
98.1096	98.0732	98.0368	98.0845

질량 분석법을 이용하여 위와 같은 화합물들을 구별할 수 있을까? 답은 그렇다. 현대 **고분해능 질량 분석계(high resolution mass spectrometer)**를 사용하여 질량 단위의 수천 분의 일에 해당하는 적은 질량의 차이를 나타내는 이온들을 구별할 수 있다. 그러므로 우리는 어떤 분자 이온이라도 정확한 질량을 측정할 수 있다. 질량 분석계를 이용하여 측정한 값과 계산값을 비교함으로써 미지의 이온에 대한 분자식을 정할 수 있다. 고분해능 질량 분석법은 미지의 화합물의 분자량을 측정하는데 가장 널리 사용되는 방법이다.

연습 문제 11-19

다음과 같은 정확한 질량에 해당하는 분자식을 고르시오.

(a) m/z = 112.0888, C_8H_{16}, $C_7H_{12}O$, $C_6H_8O_2$

(b) m/z = 86.1096, C_6H_{14}, $C_4H_6O_2$, $C_4H_{10}N_2$.

화학 이야기 11-2

21세기의 보안: 적외선 분광법과 질량 분석법의 응용

분광법은 실시간으로, 환경적으로 위험한 물질을 검출하는 우리의 능력을 놀랍게 향상시키고 있다. 휴대용 적외선 이미지 검출기(고성능 카메라)는 독성 기체의 위치, 양 및 움직임을 알아내어 정확히 찾아낼 수 있는데 현재 상용화되어 있다. 이들 장비들은 카메라의 시야에 있는 각각의 픽셀에 있는 이미지를 적외선 스펙트럼으로 추적 관찰한다. 이때 검출기는 관찰된 적외선 스펙트럼의 지문 영역과 장비의 메모리에 장착된 데이터베이스와 맞추어봄으로써, 여러 가지 물질의 존재 여부에 사용자의 주의를 환기시키도록 설정되어 있다.

분자량으로 화합물을 확인하는 기술이 발전함에 따라 공항 보안대에서 볼 수 있는 "훅 부는 기계"(puffer)가 개발되었다. 승객은 그 장비의 아치형 복도 아래에 서 있게 되면, 한 줄기의 공기가 나온다. 이 공기는 승객의 몸을 지나게 되고, 검출기로 퍼지게 된다. 검출기는 수많은 질량 분석계의 기본적인 특성을 사용한다. 그 기기는 공기 흐름에 있는 분자들을 이온화하여 그 질량을 검출한다. 이 방법의 특이한 점은 이온화된 분자가 지나는 길이 진공 속의 전기장에 의하여 얼마나 휘어지느냐에 의하여 질량이 구별되지 않고, 이온화된 분자가 보통 대기압에서 일련의 전하를 띤 고리를 통해 얼마나 빠르게 이동하느냐에 달려 있다는 것이다. 그러므로 이 장비의 이름을 이온 이동성 분석기(ion mobility spectrometry, IMS)라고 한다. 이온의 이동성은 입자의 질량, 모양 및 크기에 달려 있는데, 대상 분자를 표준 데이터베이스와 비교함으로써 명확하게 확인할 수 있게 해 준다. 이 장비를 이용하여 여러 가지 폭발 물질, 공업적 독성물질, 비합법적인 마약 및 화학 전쟁용 물질의 극소량(10^{-9} g 이하)에서 나오는 양이온과 음이온을 10초 또는 그 이내에 모두 검출할 수 있다.

샌프란시스코 국제공항에 있는 폭발 물질 검출 장치 입구.

분자 이온은 분해된다

질량 분석법은 분자 이온 뿐만 아니라 분자를 구성하는 부분의 구조에 대한 정보도 제공한다. 이온화 빔 에너지는 유기 화합물의 결합을 깨는데 일반적으로 필요한 에너지보다 훨씬 더 크므로 분자 이온 중 일부는 더 깨어져서 중성 및 이온화된 입자 조각의 모든 가능한 조합을 만들어낼 수 있다. 이렇게 분자 이온이 더 깨어짐으로써 분자 이온의 질량보다 **더 적은 질량**을 지닌 여러 가지 질량 스펙트럼 봉우리를 나타내게 된다. 이렇게 만들어진 스펙트럼을 **질량 스펙트럼 토막내기 방식(mass spectral fragmentation pattern)**이라고 한다. 이 중에서 가장 강한 봉우리를 **주봉우리(base peak)**라고 한다. 이것의 상대적 세기를 100으로 하고 다른 신호들의 세기를 주봉우리 세기의 백분율로 표시한다. 질량 스펙트럼에서 주봉우리는 분자 이온 봉우리이거나, 토막 이온들 중 하나의 봉우리라고 볼 수 있다.

예를 들어, 메테인의 질량 스펙트럼에는 분자 이온 봉우리 외에 CH_3^+, $CH_2^{+\bullet}$, CH^+, $C^{+\bullet}$(그림 11-23)에 해당하는 선이 있다. 이러한 선들은 오른쪽 여백 그림에 나타난 과정을 거쳐 형성된다. 이들 화학종들의 상대적인 양은 봉우리의 높이로 나타낼 수 있는데, 이것들이 얼마나 쉽게 만들어질 수 있는지를 나타낸다. 첫째 C—H 결합은 쉽게 깨어져 $m/z = 15$에 대항하는 봉우리가 분자 이온(주봉우리)의 존재량의 85%에 이른다. C—H 결합을 더 깨는 것은 매우 어렵다. 이렇게 만들어진 이온들은 상대적으로 존재하는 양이 적다. 11-10절에는 토막내기 과정을 훨씬 자세히 다루고 있고, 토막내기 방식을 통해 분자 구조를 결정하는데 어떤 도움을 줄 수 있는지를 보여 주고 있다.

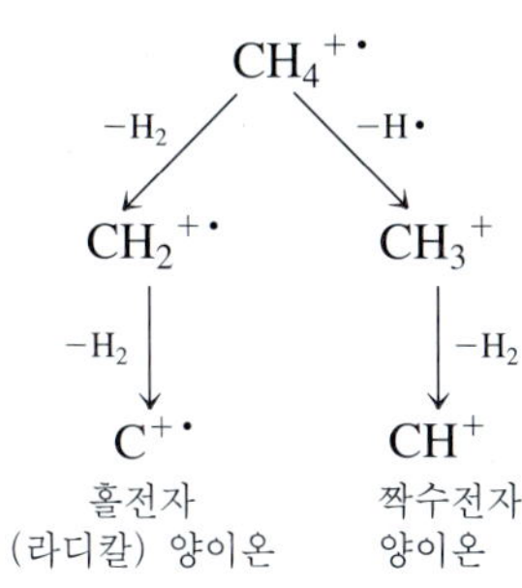

질량 스펙트럼은 동위원소의 존재를 보여 준다

메테인의 질량 스펙트럼에서 특이한 점은 $m/z = 17$에서 작은(1.1%) 봉우리가 나타난다는 것이다. 이것은$(M + 1)^{+\bullet}$에 해당한다. 분자 이온보다 더 큰 질량을 가진 이온이 어떻게 존재할 수 있을까? 그 이유는 탄소가 하나의 동위원소로만 되어 있지 않기 때문이다. 자연에 존재하는 탄소의 약 1.1%는 ^{13}C 동위원소(표 10-1 참조)이다. 이것 때문에 새로운 봉우리가 나타난다. 에테인의 질량 스펙트럼을 보면 $m/z = 31$에 해당하는 $(M + 1)^{+\bullet}$ 봉우리의 높이가 어미 이온의 2.2%임을 알 수 있다. 그 이유는 통계적으로 설명할 수 있다. 탄소 하나를 가진 분자에 비하여 탄소 두 개를 가진 화합물에서 ^{13}C 원자를 발견하는 확률은 두 배이다. 탄소 세 개를 지닌 화합물의 경우에는 세 배이고, 등등.

다른 원소들도 마찬가지로 높은 질량을 가진 동위원소가 자연에 존재한다. 예를 들면, 중수소(^2H), 질소(^{15}N), 산소(^{17}O), 산소(^{18}O)의 자연 존재비는 각각 0.015%, 0.366%, 0.038%,

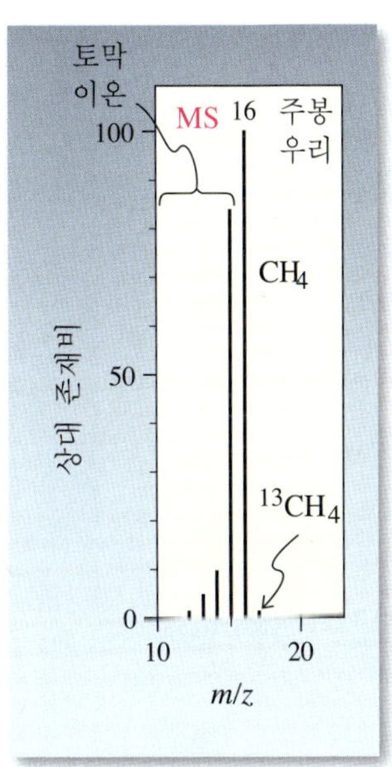

스펙트럼표

m/z	상대 존재비(%)	분자 또는 토막 이온
17	1.1	$(M + 1)^{+\bullet}$
16	100.0 (주봉우리)	$M^{+\bullet}$ (어미 이온)
15	85.0	$(M - 1)^+$
14	9.2	$(M - 2)^{+\bullet}$
13	3.9	$(M - 3)^+$
12	1.0	$(M - 4)^{+\bullet}$

그림 11-23 Methane의 질량 스펙트럼. 왼쪽에 실제 기록된 스펙트럼이 있고, 오른쪽에는 최대 봉우리(주봉우리)를 100%로 정의하고 나른 봉우리를 표에 실었다. Methane의 경우 주봉우리는 $m/z = 16$으로서 어미 이온에 의해 생긴다. 분자 이온 토막내기에 의해 적은 질량의 봉우리가 생긴다.

화학 이야기 11-3

질량 분석기를 이용하여 경기력을 향상시키는 약물을 검출할 수 있다

최근에 운동 선수가 경기력을 향상시키기 위하여 불법 약물을 사용하는 악명 높은 사례들 때문에, 이러한 약물을 검출할 수 있는 기술이 강조되고 있다(4장의 시작 부분 참조). 기체 크로마토그래피(GC)라는 기기를 이용하여 테스트 시료를 각각의 성분으로 분리하고, 고분해능 질량 분석법을 이용하여 각 성분을 분석한다. 이 방법으로 "부정행위"를 얼마나 성공적으로 밝혀내느냐는 이 방법의 극도의 민감성과 정량 분석의 정확도에 달려 있다.

테스토스테론(4-7절)과 같은 아나볼릭 스테로이드(anabolic steroid, 근육 증강제) 복용이 의심되는 경우에, 두 가지 방법이 사용된다. 첫 번째는 테스토스테론(T)과 이것의 입체이성질체인 에피테스토스테론(E; 5각 고리에 있는 하이드록시기가 "위"가 아니라 "아래"로 향하는 것만 제외하고 나머지는 동일함)의 비율을 측정한다. E와 T는 사람에게서 거의 같은 양으로 존재한다. 그러나 T와 달리 E는 경기력을 향상시키지 않는다. 만약 합성된 T를 복용하면 T:E 비율을 바꾸게 되고, 이것을 쉽게 확인할 수 있다. 그러므로 어떤 운동 선수는 T:E 비율을 정상적인 한도로 유지하기 위하여 합성된 T와 E를 동시에 투여한다. 생물학의 특이한 점을 이용하여 질량 분석법으로 이러한 상황을 알아낼 수 있다. 왜냐하면, 식물에서 유래된 화합물에서 만들어지는 합성 스테로이드는 사람의 몸에서 생합성되는 스테로이드에 비하여 ^{12}C 대비 ^{13}C의 비율이 약간 낮기 때문이다. 그 차이는 매우 작지만(천 개당 몇 개에 해당) 즉각 알아낼 수 있다. GC를 이용하여 시료에서 분리된 스테로이드를 연소시켜 CO_2로 변환시킨 후에, 질량 분석계를 이용하여 $^{13}CO_2$와 $^{12}CO_2$의 비율을 측정한다. 이때 ^{13}C와 ^{12}C의 비율이 보통 사람의 스테로이드에서 발견되는 비율과는 크게 차이가 나고, 식물에서 만들어진 합성 스테로이드에서 발견되는 비율에 근접하게 되면 이 시료는 "약물복용"의 강력한 증거가 된다고 볼 수 있다.

2001 투르 드 프랑스 대회 기간 동안 약물 복용 테스트실을 떠나는 미국인 싸이클 영웅 랜스 암스트롱.

0.200%이다. 이들 동위원소들은 ^{13}C의 기여도에 비해서는 적지만, $M^{+\bullet}$보다 더 높은 질량에 해당하는 봉우리의 세기에 기여한다.

플루오린과 아이오딘은 한 개의 동위원소로만 되어 있다. 그러나 염소(75.53% ^{35}Cl, 24.47% ^{37}Cl)와 브로민(50.54% ^{79}Br, 49.46% ^{81}Br)은 각각 두 개의 동위원소로 이루어져 있으므로, 바로 구별 가능한 동위원소의 모양을 나타낸다. 예를 들면, 1-브로모프로페인의 질량 스펙트럼

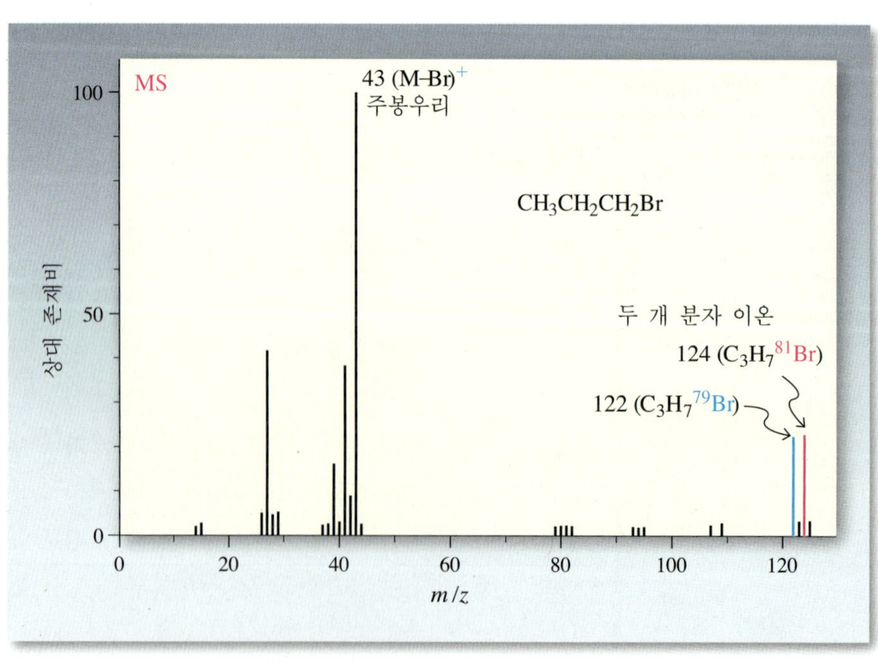

그림 11-24 1-Bromopropane의 질량 스펙트럼. 브로민의 두 가지 동위원소의 존재량이 거의 같기 때문에 질량 대 전하 비율 122, 124에 거의 같은 크기의 봉우리가 나타남을 주목하라.

(그림 11-24)을 보면 m/z = 122와 124에서 거의 같은 세기의 봉우리 두 개가 있다. 왜 그럴까? 이 분자의 동위원소의 조성은 $CH_3CH_2CH_2{}^{79}Br$과 $CH_3CH_2CH_2{}^{81}Br$의 비율이 거의 1:1인 혼합물로 이루어져 있다. 마찬가지로 모노클로로알케인은 75%의 $R^{35}Cl$과 25%의 $R^{37}Cl$로 이루어져 있으므로, 질량 스펙트럼은 질량 차이가 2인 두 개의 이온이 3 : 1 세기의 비율로 나타남을 알 수 있다. 이와 같은 봉우리 모양을 살펴봄으로써 그 화합물에 염소 또는 브로민이 있는지를 확인할 수 있다.

연습 문제 11-20

Dibromomethane의 분자 이온에 대한 질량 스펙트럼의 봉우리 모양을 예측해보시오.

연습 문제 11-21

C, H, O를 가지고 있는 비라디칼 화합물은 짝수의 분자량을 지닌다. C, H, O 및 홀수개의 질소 원자를 가진 화합물은 홀수의 분자량을 지닌다. 그러나 짝수개의 질소 원자를 지닌 화합물은 짝수의 분자량을 지닌다. 그 이유를 설명하시오.

요약 분자는 70 eV의 전자빔에 의하여 이온화되어 라디칼 양이온을 형성하게 되고, 전기장에 의하여 가속된 후에 자기장에서 꺾이는 정도가 다르기 때문에 분리된다. 질량 분석계에서는 이러한 현상을 이용하여 분자의 분자량을 측정한다. 고분해능 질량 분석계를 사용하면 분자 이온의 질량을 통해 분자식을 결정할 수 있다. 분자 이온은 적은 양으로 존재하는 동위원소들 때문에 보통 분자 이온보다 가벼운 토막들과 동위원소에서 나오는 토막들이 함께 나온다. 염소와 브로민 등이 포함된 경우에는 한 개 이상의 동위원소가 상당량 존재할 수 있다.

11-10 유기 분자들의 토막내기 방식

전자와 충돌할 때 먼저 약한 결합이 깨어지고, 그 다음에는 더 강한 결합이 깨어짐으로써 분해된다. 원래의 분자 이온은 양전하를 띠기 때문에, 이것이 분해되면 일반적으로 하나의 중성 토막과 하나의 양이온 토막이 된다. 보통 양이온 토막은 양이온을 가장 잘 안정화시킬 수 있는 중심에 전하를 띠게 된다. 이 절에서는 약한 결합이 잘 깨어지고, 더 안정된 탄소양이온이 만들어지므로 질량 분석계가 분자 구조를 결정하는데 매우 효과적인 도구가 될 수 있음을 보여 준다.

토막내기는 더 많이 치환된 곳에서 잘 일어난다

탄화수소 이성질체인 펜테인, 2-메틸뷰테인, 2,2-다이메틸프로페인의 질량 스펙트럼(그림 11-25, 11-26, 11-27)을 보면 여러 가지 탄소-탄소 결합이 상대적으로 얼마나 쉽게 깨어질 수 있는지를 알 수 있다. 각각의 경우에 분자 이온은 상대적으로 약한 봉우리를 보여 준다. 그 외에는 세 가지 화합물의 스펙트럼은 매우 다르다.

펜테인은 네 가지 가능한 방법으로 탄소-탄소 결합이 깨어져서 여러 토막으로 나누어진다. 각각은 탄소양이온과 라디칼을 형성한다. 양이온만 질량 스펙트럼에서 관찰된다(오른쪽 여백 그림). 라디칼은 중성이므로 보이지 않는다. 예를 들면, 첫 번째 C1—C2 결합이 깨어져서 메틸 양이온과 뷰틸 라디칼을 형성한다. 질량 스펙트럼에서 m/z = 15인 봉우리는 $CH_3{}^+$에 해당하는데(그림 11-25) 그 세기가 매우 약하다. 이것은 일차 탄소양이온이 불안정한 것과 일맥상통한다(7-5절 참조). 마찬가지로 m/z = 57인 봉우리도 그 세기가 약하다. 왜냐하면 이것도 뷰틸 양이온과 메틸 라디칼로 쪼개어지는 과정에서 생기기 때문이다. 일차 뷰틸 양이온은 $CH_3{}^+$보다는 더 안정하지만, 메틸 라디칼은 높은 에너지를 지닌 화학종이다. 그러므로 이와 같이

Pentane으로부터 형성된 토막 이온들

$CH_3{}^+$ (m/z = 15) $C_3H_7{}^+$ (m/z = 43)

$[CH_3–CH_2–CH_2–CH_2–CH_3]^{+\cdot}$ (m/z = 72)

$C_2H_5{}^+$ (m/z = 20) $C_4H_9{}^+$ (m/z = 57)

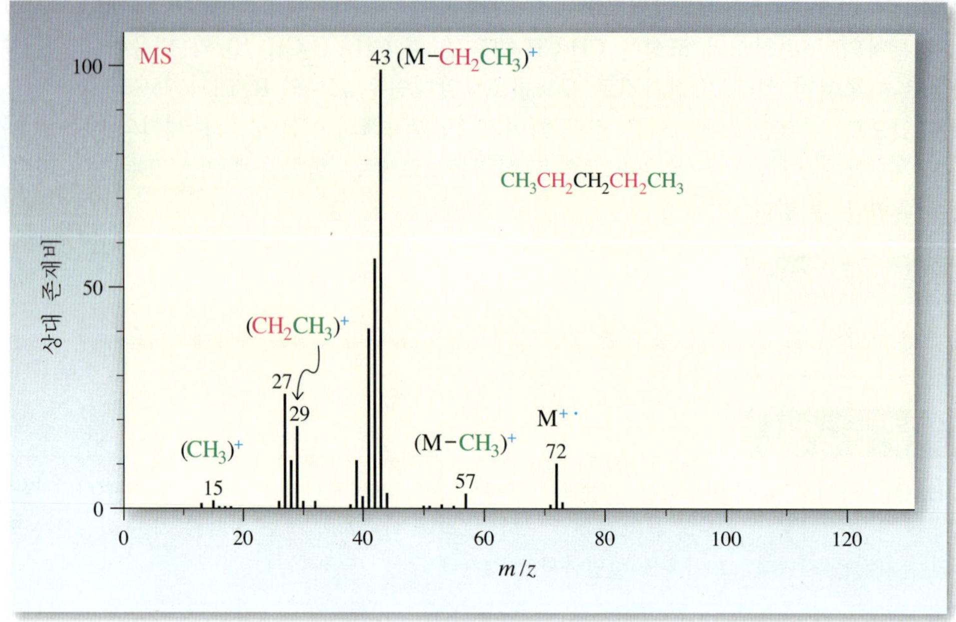

그림 11-25 Pentane의 질량 스펙트럼. 모든 탄소-탄소 결합이 깨어졌음을 보여 준다.

분자가 쪼개어지는 것은 불리하다. 결합이 쉽게 끊어지게 되면 $m/z = 29$와 43에 해당하는 봉우리를 나타내게 된다. 이것은 각각 에틸 양이온과 프로필 양이온에 해당한다. 이런 식으로 분자가 쪼개어지면 일차 양이온과 일차 라디칼을 형성하게 되고, 메틸 토막은 만들어지지 않게 된다. 각각의 봉우리는 여러 가지 작은 선의 뭉치에 둘러싸이게 된다. 왜냐하면 ^{13}C 때문에 질량이 한 단위 더 많은 곳에 봉우리가 나타나게 되고, 수소를 잃게 되면 질량이 하나 이상 작은 곳에 봉우리들이 나타나게 된다. H·를 잃게 되었을 때 생긴 탄소양이온이 안정된 형태라 하더라도 강한 봉우리를 나타낸다. 왜냐하면 수소 원자는 높은 에너지를 지닌 화학종이기 때문이다(3-1절 참조).

2-메틸뷰테인의 질량 스펙트럼은 펜테인과 비슷한 형태를 나타낸다(그림 11-26 참조). 그러나 여러 가지 봉우리들의 상대적인 크기는 다르다. 그러므로 C2에서 H·를 잃게 되면 삼차 양이온이 형성되므로, $m/z = 71$인 봉우리 $(M - 1)^+$는 크다. $m/z = 43$, 57에서 나타나는 신호는 그 세기가 훨씬 큰데, 이 두 가지 봉우리가 C2에서 알킬 라디칼이 떨어져 나와서 각각 이차 양이온을 형성하기 때문이다.

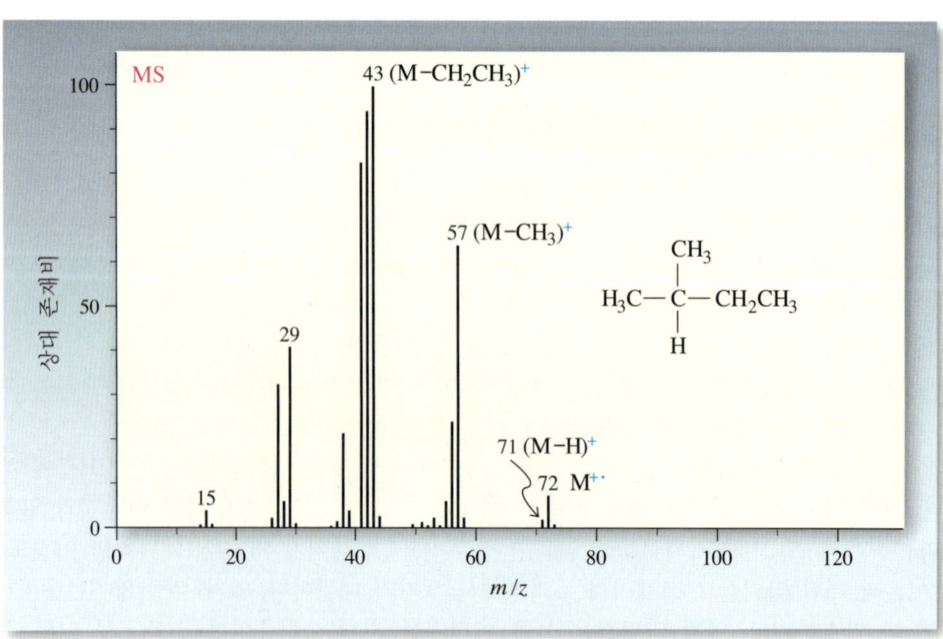

그림 11-26 2-Methylbutane의 질량 스펙트럼. m/z = 43과 57에서의 봉우리는 2번 탄소 주위에서 결합이 잘 깨어져서 이차 탄소양이온이 만들어지기 때문에 나타난 것이다.

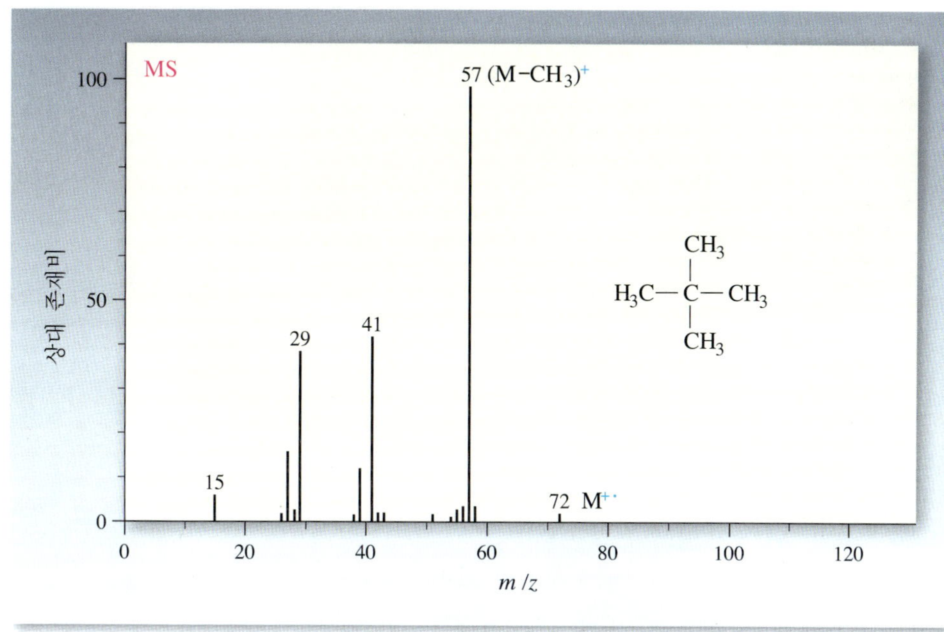

그림 11-27 2,2-Dimethylpropane의 질량 스펙트럼. 분자 결합이 깨어져 삼차 양이온을 쉽게 만들 수 있기 때문에, 분자 이온의 봉우리는 매우 약함을 알 수 있다.

2-Methylbutane이 선호하는 토막내기

(이차 탄소양이온) $H_3C(H)C^+-CH_2CH_3$, $m/z = 57$ ← $-CH_3\cdot$ ← $[H_3C-C(CH_3)(H)-CH_2CH_3]^{+\cdot}$, $m/z = 72$ → $-C_2H_5\cdot$ → $H_3C-C^+(CH_3)H$ (이차 탄소양이온), $m/z = 43$

$m/z = 72$ ↓ $-H\cdot$ → $H_3C-C^+(CH_3)-CH_2CH_3$ (삼차 탄소양이온), $m/z = 71$

2,2-다이메틸프로페인의 질량 스펙트럼을 보면 치환이 많이 된 곳에서 토막내기가 잘 일어남을 확실히 알 수 있다(그림 11-27 참조). 분자 이온에서 메틸 라디칼이 떨어지게 되면 $m/z = 57$에서 주봉우리인 1,1-다이메틸에틸(삼차 뷰틸) 양이온이 형성된다. 이러한 형태의 토막내기는 매우 수월하게 일어나므로 분자 이온 봉우리는 겨우 보인다. 이 스펙트럼에는 $m/z = 41$과 29에서도 봉우리가 보이는데, 이것은 탄소양이온의 재배열과 같은 구조적으로 복잡한 재배치가 일어나기 때문이다.

$[H_3C-C(CH_3)_2-CH_3]^{+\cdot}$, $m/z = 72$ ↓ $H_3C-C^+(CH_3)-CH_3$, $m/z = 57$

토막내기는 작용기를 밝히는 데에도 도움이 된다

할로알케인의 질량 스펙트럼을 보면 상대적으로 약한 결합에서 토막내기가 아주 쉽게 일어남을 알 수 있다. 할로알케인의 질량 스펙트럼에서는 $(M - X)^+$ 토막 이온이 흔히 주봉우리로 나타남을 볼 수 있다. 알코올의 질량 스펙트럼에서도 비슷한 현상이 관찰된다. 알코올에서는 물이 떨어지게 되면 어미 이온보다 질량 단위 18이 적은 $(M - H_2O)^{+\cdot}$가 큰 봉우리로 나타난다(그림 11-28 참조). C—OH 원자단에 연결된 화학 결합도 **α 분해(α cleavage)**라는 과정을 통해 쉽게 분해되어, 공명 안정화된 하이드록시 탄소양이온으로 바뀌게 된다.

$$R-\overset{|}{\underset{|}{C}}-\ddot{O}H \xrightarrow[-R\cdot]{70\ eV} \left[\ \rangle\overset{+}{C}-\ddot{O}H \longleftrightarrow\ \rangle C=\overset{+}{O}H\ \right]$$

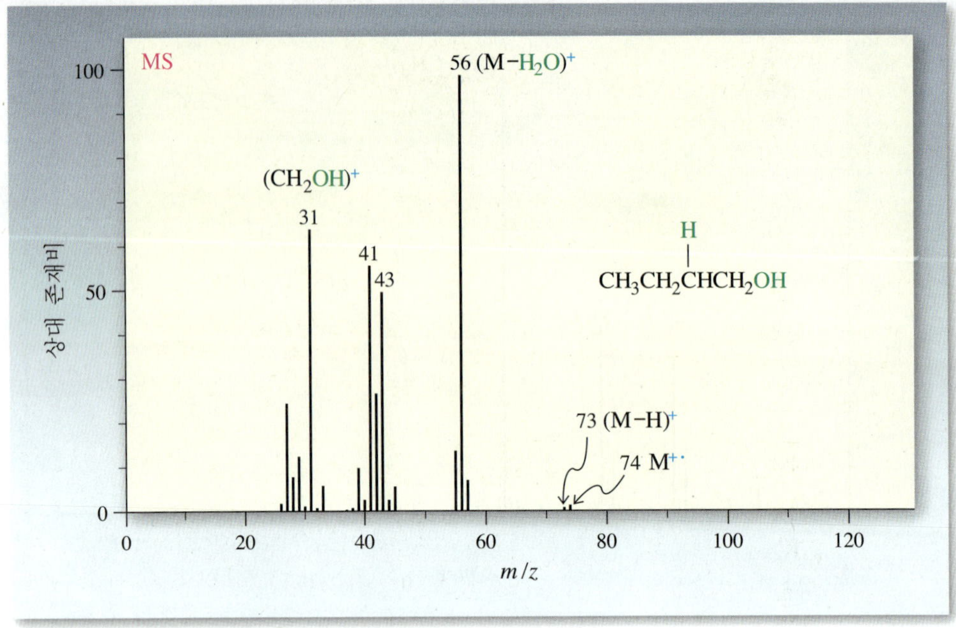

그림 11-28 1-Butanol의 질량 스펙트럼. 물 분자가 쉽게 떨어지므로 m/z = 74의 어미 이온은 작게 나타나고, m/z = 56에서는 큰 봉우리로 나타난다. 알파 절단 때문에 propyl (m/z = 43), 2-propenyl (allyl) (m/z = 41) 및 hydroxymethyl (m/z = 31) 양이온이 다른 토막 이온으로 나타난다.

1-뷰탄올의 질량 스펙트럼에서 관찰되는 m/z = 31에 해당하는 강한 봉우리는 하이드록시메틸 양이온($^{+}CH_2OH$) 때문에 나타난다. 이것도 α 분해를 통해 나타난다.

탈수와 α 분해를 통한 알코올의 토막내기

$$\left[\begin{array}{c} \text{HO}\quad\text{H} \\ \text{R—C—CHR}' \\ \text{H} \end{array}\right]^{+\cdot} \longrightarrow [\text{RCH=CHR}']^{+\cdot} + H_2O$$

$$\mathbf{M^{+\cdot}} \qquad\qquad \mathbf{(M-18)^{+\cdot}}$$

$$\xrightarrow{-R\cdot} \left[\text{H—C(HO)—CH}_2\text{R}'\right]^{+} \qquad \xrightarrow{-H\cdot} \left[\text{R—C(HO)—CH}_2\text{R}'\right]^{+} \qquad \xrightarrow{-R'CH_2\cdot} \left[\text{R—C(HO)—H}\right]^{+}$$

연습 문제 11-22

3-Methyl-3-heptanol의 질량 스펙트럼을 예측하시오.

알켄은 공명 안정화된 양이온으로 깨어진다

알켄의 토막내기 방식을 보면 약한 결합이 잘 쪼개어지고, 또한 더 안정한 양이온을 잘 만든다는 것을 알 수 있다. 알켄 작용기에서 원자 하나 떨어져 있는 결합(**알릴** 결합)이 상대적으로 쉽게 끊어지는 것은, 공명 안정화된 탄소양이온을 만들기 때문이다. 1-뷰텐과 같은 말단에 곧은 사슬을 지닌 알켄의 질량 스펙트럼을 보면 m/z = 41에서 2-프로페닐(알릴) 양이온이 주 봉우리로 있음을 알 수 있다(그림 11-29A 참조).

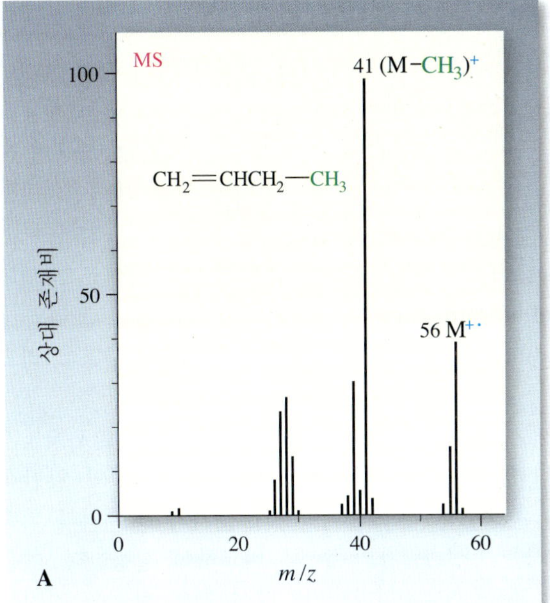

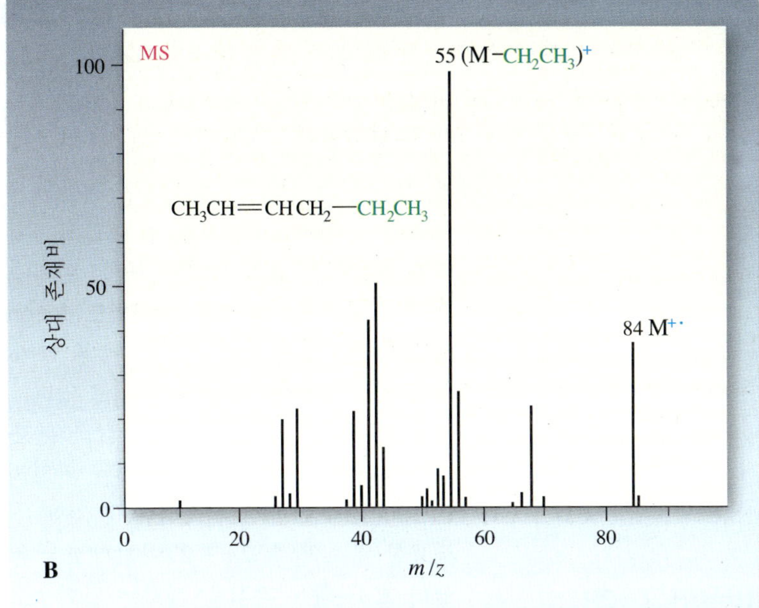

그림 11-29 (A) 1-Butene의 질량 스펙트럼. 공명 안정화된 2-propenyl (allyl) 양이온 형성에 따른 m/z = 41에 해당하는 봉우리를 볼 수 있다. (B) 2-Hexene의 질량 스펙트럼. C4와 C5 사이가 절단되어 생긴 2-butenyl 양이온의 봉우리가 m/z = 55에 나타나 있다.

알릴 결합

$$[CH_2{=}CH-CH_2 \nmid CH_3]^{+\cdot} \xrightarrow{-CH_3\cdot} \left[\overset{+}{C}H_2=CH-\overset{+}{C}H_2 \longleftrightarrow \overset{+}{C}H_2-CH=CH_2 \right]$$

m/z = 56 — 2-Propenyl (allyl) 양이온, m/z = 41

가지가 나 있는 알켄과 내부에 이중 결합이 있는 알켄도 마찬가지로 알릴 결합에서 토막이 난다. 2-헥센의 질량 스펙트럼이 그림 11-29B에 나타나 있다. 여기에 m/z = 55의 주봉우리는 공명 안정화된 2-뷰텐일 양이온의 형성에 의해 나타난다.

$$[CH_3-CH{=}CH-CH_2 \nmid CH_2-CH_3]^{+\cdot} \xrightarrow{-C_2H_5\cdot} \left[CH_3-CH=CH-\overset{+}{C}H_2 \longleftrightarrow CH_3-\overset{+}{C}H-CH=CH_2 \right]$$

m/z = 84 — 2-Butenyl 양이온, m/z = 55

연습 문제 11-23

4-Methyl-2-hexene의 질량 스펙트럼에서는 m/z = 69, 83, 98에서 봉우리가 나타난다. 각각의 봉우리가 어떻게 생겼는지 설명하시오.

요약 토막내기 방식을 해석함으로써 화합물의 구조를 설명할 수 있다. 예를 들면, 알케인이 라디칼 양이온이 쪼개어져서 가장 안정된 양이온 토막을 만들게 된다. 할로알케인의 경우에는 탄소-할로젠 결합이 깨어져서 토막 이온을 만들게 된다. 알코올에서는 쉽게 물이 떨어지고, α 절단이 일어난다. 알켄은 알릴 결합이 깨어져서 공명 안정화된 탄소양이온을 만들게 된다.

11-11 불포화도: 분자 구조를 확인하기 위한 보조 방법

NMR 및 IR 분광학과 질량 분석법은 미지 시료의 구조를 결정하는 중요한 방법이다. 그러나 각 화합물의 분자식에 숨겨진 부가적인 정보는 구조 확인을 좀 더 쉽게 해 줄 수 있는 정보이다. 포화 비고리 알케인을 생각해 보자. 그것의 분자식은 C_nH_{2n+2}이다. 대조적으로 하나의 이중 결합을 포함하는 알켄은 두 개만큼 적은 수소를 가진다. C_nH_{2n}. 이것은 불포화되었다라고 표현된다. 사이클로알케인 역시 C_nH_{2n}의 일반식을 가진다. 여러분은 몇 개의 이중 결합과 고리를 포함하는 탄화수소가 "포화" 탄화수소 (C_nH_{2n+2}) 에서 적절한 수소 개수의 차이로 파생되었다는 것을 알 수 있다. **불포화도 (degree of unsaturation)** 는 분자 내에 존재하는 **고리**와 **π 결합의 개수의 합**으로 정의된다. 표 11-6은 몇 가지 탄화수소에 대하여 분자식과 구조 그리고 불포화도 사이의 관계를 나타내고 있다.

몇 가지 C_5H_8 탄화수소

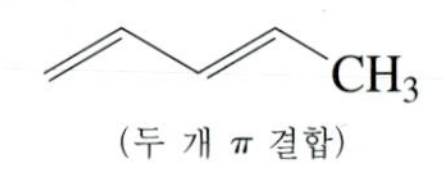

(두 개 π 결합)

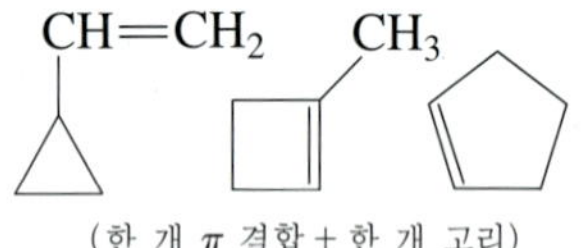

(한 개 π 결합 + 한 개 고리)

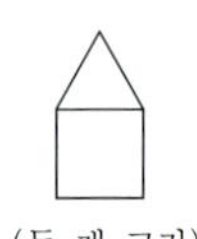
(두 개 고리)

표 11-6에서 보는 것처럼 각각의 분자식에서 **두 개의 수소가** 줄어드는 것만큼 불포화도가 증가한다. 그러므로 불포화도는 비고리 알케인 (포화되어 있음, 불포화도 = 0) 의 일반식 C_nH_{2n+2} (2-4절) 에서 시작하여, 분자에 실제 존재하는 수소의 수와 그 분자가 포화되기 위해 필요한 수소의 수 $2n + 2$ (여기서 n = 존재하는 탄소 원자의 수) 를 비교하여 결정한다. 예를 들어, C_5H_8의 분자식을 가지는 탄화수소의 불포화도는 얼마인가? 다섯 개의 탄소를 가지는 **포화** 탄화수소의 분자식은 C_5H_{12} (C_nH_{2n+2}, $n = 5$) 이다. C_5H_8은 포화된 경우보다 네 개의 수소가 적기 때문에 이 화합물의 불포화도는 $4/2 = 2$이다. 이 일반식을 가지는 모든 분자들은 두 개의 고리나 π 결합을 포함하고 있다.

헤테로원자가 존재하면 계산에 영향을 준다. 여러 가지 포화 화합물의 분자식을 비교해 보자. 에테인 (C_6H_6) 과 에탄올 (C_2H_6O) 은 같은 수소의 개수를 가지고 있다. 클로로에테인 (C_2H_5Cl) 은 수소가 하나 적고, 에틸 (C_2H_7N) 은 수소가 하나 더 많다. 포화되기 위해서 필요한 수소의 수는 할로젠이 존재함으로써 감소하였고, 질소가 존재함으로써 증가하였으나, 산소가 존재하는 경우에는 변화가 없다. 따라서 분자식으로부터 불포화도를 결정하는 과정을 다음과 같이 일반화할 수 있다.

단계 1. 분자식에서 탄소수 (n_C), 할로젠수 (n_X), 질소수 (n_N) 로부터 분자가 포화되기 위해 필요로 하는 수소수 (H_{sat}) 을 결정한다.

$$H_{sat} = 2n_C + 2 - n_X + n_N \text{ (단, 산소와 황의 수는 무시한다.)}$$

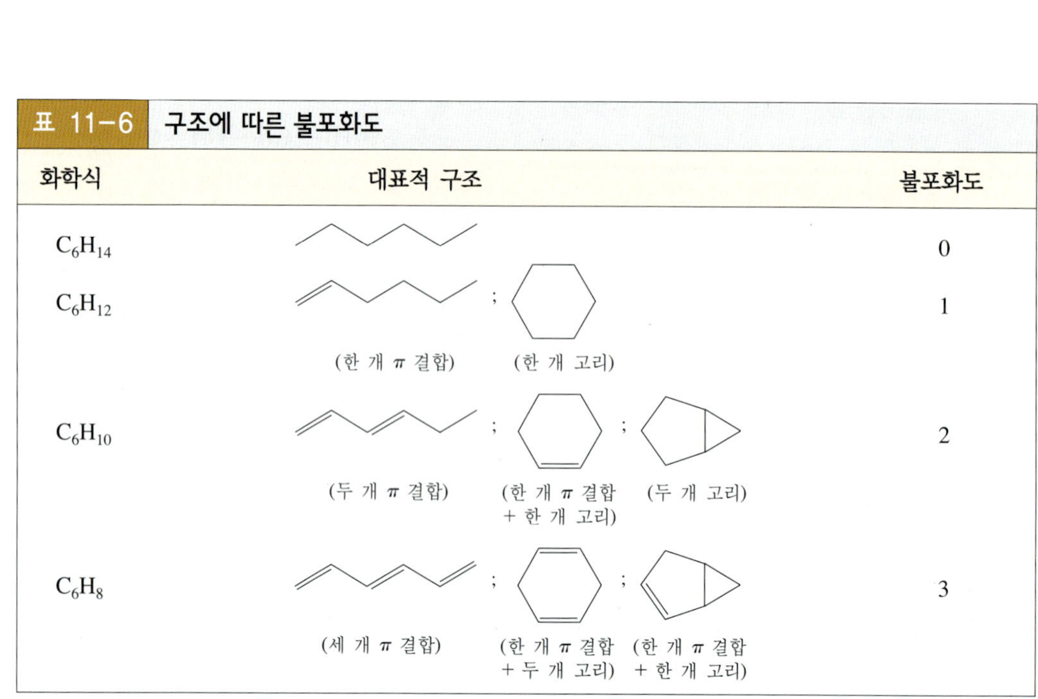

표 11-6 구조에 따른 불포화도

화학식	대표적 구조	불포화도
C_6H_{14}		0
C_6H_{12}	(한 개 π 결합) ; (한 개 고리)	1
C_6H_{10}	(두 개 π 결합) ; (한 개 π 결합 + 한 개 고리) ; (두 개 고리)	2
C_6H_8	(세 개 π 결합) ; (한 개 π 결합 + 두 개 고리) ; (한 개 π 결합 + 한 개 고리)	3

단계 2. 해당하는 분자식에 존재하는 실제 수소수(H_{actual})를 H_{sat}와 비교하여 불포화도를 결정한다.

$$\text{불포화도} = \frac{H_{sat} - H_{actual}}{2}$$

대신에 이러한 과정은 하나의 식으로 합쳐질 수 있다.

$$\text{불포화도} = \frac{2n_C + 2 + n_N - n_H - n_X}{2}$$

연습 문제 11-24

다음 분자식에 해당하는 각각의 불포화도를 계산하시오.
(a) C_5H_{10} **(b)** $C_9H_{12}O$ **(c)** C_8H_7ClO **(d)** $C_8H_{15}N$ **(e)** $C_4H_8Br_2$

연습 문제 11-25

개념 문제: 구조 결정에서의 불포화도

C_5H_8의 분자식을 가지는 세 가지 화합물의 분광학적 자료를 아래에 제시하였다. m은 복잡한 다중선을 나타낸다. 각각 화합물의 구조를 추정하시오(**힌트**: 하나는 비고리 화합물이고, 다른 것은 각각 하나의 고리를 포함하고 있다). **(a)** IR 910, 1000, 1650, 3100 cm^{-1}; ^1H NMR $\delta = 2.79$ (t, $J = 8$ Hz), 4.8 ~ 6.2 (m) ppm, 신호 세기의 적분비 = 1 : 3. **(b)** IR 900, 995, 1650, 3050 cm^{-1}; ^1H NMR $\delta = 0.5 \sim 1.5$ (m), 4.8 ~ 6.0 (m) ppm, 신호 세기의 적분비 = 5 : 3. **(c)** IR 1611, 3065 cm^{-1}; ^1H NMR $\delta = 1.5 \sim 2.5$ (m), 5.7 (m) ppm, 신호 세기의 적분비 = 3 : 1. 화합물이 한 개 이상일 가능성이 있는가?

전략

π 결합과 고리의 개수를 제한하기 위하여 불포화도를 계산하라. IR 자료를 이용하여 π 결합의 존재 여부를 결정하라. 다음으로 NMR 자료를 이용해 가능한 구조를 결정하라.

풀이

- C_5H_8의 분자식을 가지는 세 가지 화합물의 불포화도는 2이다. 따라서 모든 분자는 π 결합 하나와 고리 하나를 가지거나, 그들 중 한 가지를 둘씩 가져야 한다.
  - **(a)** IR 스펙트럼에서 네 개의 흡수띠가 주어졌다. 1650과 3100 cm^{-1}은 알켄의 C═C와 알켄일 C—H 신축 진동 흡수띠이다. 910과 1000 cm^{-1} 흡수띠는 말단 —CH═CH_2기가 존재함을 강하게 시사한다(11-8절 참조). NMR 스펙트럼에서 면적비 1 : 3인 두 개의 신호가 있다. 분자가 모두 여덟 개의 수소를 포함하고 있으므로, 두 개 수소 집단과 여섯 개 수소 집단인 두 개의 집단이 있음을 알 수 있다. 두 개 수소가 나타내는 신호는 $\delta = 2.79$에서 삼중선으로 나타나므로, 이웃한 주변 탄소 원자의 두 개 수소와 짝지음하는 —CH_2— 단위로 생각된다. 여섯 개 수소 집단이 나타내는 신호는 $\delta = 4.8 \sim 6.2$ 범위에서 나타나는데 이는 전형적인 알켄일 수소의 신호 양상이고, 그러기 위해서는 두 개의 —CH═CH_2기여야 한다. 이들 조각을 조합하면 CH_2═CH—CH_2—CH═CH_2라는 구조를 얻을 수 있다.
  - **(b)** IR 자료는 근본적으로 —CH═CH_2기를 갖고 있는 (a)와 동일하다. NMR 스펙트럼은 높은장에서 나타나는 다섯 개 수소 집단 신호와 알켄일 수소 신호 영역에서 세 개 수소 집단 신호가 나타난다. 세 개 수소 집단 신호는 —CH═CH_2와 일치하고, 알케인 영역의 NMR 신호를 가진 C_3H_5 조각만 남는다. 따라서 분자가 불포화도 2를 만족해야 하므로 답은 ▷—CH=CH_2 이다.
  - **(c)** IR 자료는 1000 cm^{-1} 이하에는 없고 다만 C═C와 알켄일 C—H 흡수띠만으로 제한되어 있어, 대부분 NMR에 의존해야 한다. NMR에서는 두 신호 집단을 보이며, 높은장 수소 집단의 신호 세기가 낮은장 수소 집단의 신호 세기의 세 배이다. 이 분자는 여섯 개의 알킬 수소와 두 개의 알켄일 수소를 포함해야 한다. 하나 이상의 이중 결합을 가지는 정확한 구

조를 제시할 수 없으므로, 고리 하나가 존재해야 한다. 따라서 가장 간단한 것은 (cyclopentene) 이고, (cyclopropene)$-CH_2-CH_3$ 이 두 번째 가능성이다. 후자는 $-CH_3$기가 삼중선으로 나타나야 하므로 옳지 않다.

연습 문제 11-26

자습 문제

분자식 C_5H_8인 다른 화합물의 구조를 제시하시오. 이 화합물의 IR 스펙트럼은 1600과 2500 cm^{-1} 사이의 영역에서 흡수 스펙트럼이 전혀 보이지 않는다.

요약 불포화도는 분자 내의 고리와 π 결합수의 합과 같다. 불포화도의 계산은 분광학적 자료로부터 구조에 대한 문제를 보다 쉽게 풀 수 있도록 한다.

요점

이 장에서 탄소-탄소 이중 결합 특성을 가지는 화합물 부류인 알켄에 대해 고찰하였다. 7장과 9장에서 알켄은 할로알케인이나 알코올의 제거반응에 의해 제조할 수 있음을 배웠다. 이 장에서는 이러한 반응들을 보다 깊이 있게 다루었다. 염기의 구조가 할로알케인으로부터 E2 반응을 거쳐 생성물을 생성하도록 결정한다는 사실도 배웠다. 유사하게 산촉매 탈수반응에서 알코올의 구조가 반응의 메커니즘과 반응의 용이도를 결정짓는다.

또, 유기화학자들이 분자 구조 결정을 위해 이용하는 세 가지 부가적인 방법– 분자식으로부터 불포화도를 계산하는 것, 적외선(IR) 분광법 및 질량 분석법–을 배웠다. 질량 분석법은 분자식을 유도해 내는 가장 중요한 방법이다. 불포화도는 분자 내의 고리나 π 결합의 전체 수를 말해주고, IR 스펙트럼은 많은 작용기의 특성적인 결합의 존재를 확인하는데 도움을 준다. 이런 자료는 NMR 스펙트럼 자료와 조합하면 분자 구조를 결정하기에 충분한 정보가 된다. 뒤의 몇 장에서 분자 구조를 결정하는데 유용한 두 가지 기술, 다중 π 결합의 정보를 얻을 수 있는 자외선(ultraviolet, UV) 분광법을 다룰 것이다.

다음 장에서는 알켄의 반응으로 되돌아가서 알켄의 불포화 구조 이들의 화학적 거동 및 이들 화합물들의 변환 방법 등을 배울 것이다.

통합 문제

11-27. Ethanol에서 bromoethane, 2-bromopropane 및 2-bromo-2-methylpropane의 25°C에서의 sodium ethoxide에 대한 상대적인 E2 제거반응의 반응 속도는 다음과 같다(기질과 염기는 동일한 농도이다). CH_3CH_2Br, 1; $CH_3CHBrCH_3$, 5; $(CH_3)_3CBr$, 40. 이들 자료를 정량적으로 설명하시오.

풀이

E2 반응은 일 단계 과정이다. 따라서 E2 반응의 속도는 이 단계에 대한 활성화 에너지에 의존한다(11-6절 참조). 아울러, 만일 다른 몇몇 반응이 E2 반응과 경쟁적이면, 제거반응에 관찰된 반응 속도는 다른 경로를 거쳐 반응하는 기질 분자의 속도만큼 감소한다. 예를 들어, 일차 할로젠화물인 bromoethane은 부피가 작은 친핵체 염기인 ethoxide와 S_N2 메커니즘에 의해 반응한다(7-9절 참조). 이차 기질인 2-bromopro-pane과 두 가지 관점에서 비교하라. (i) 2-Bromopropane에서는 입체 장애가 증가하여 치환반응이 방해를 받으므로 S_N2로부터의 경쟁이 감소한다. (ii) E2 전이 상태, bromoethane의 경우는 ethene과 유사하다. 2-Bromopropane의 경우에는 에너지가 떨어진다. 그 이유는 전이 상태 구조가 보다 더 안정한 알켄인 프로펜과 유사하기 때문이다. 이런 두 가지 논증을 삼차 할로젠화물인 2-bromo-2-methylpropane에 대해 수행할 수 있다. 왜냐하면, (i) S_N2가 일어나기에는 입체적으로 매우 어렵고, (ii) E2 전이 상태는 보다 안정한 알켄인 2-methylpropene과 유사하기 때문이다. 비록 일분자 과정이 가능하더라도 적당히 높은 농도의 강

한 염기 속에서 삼차 기질은 E2 경로를 거쳐 반응이 일어날 수 있다.

11-28. 2-Methyl-2-pentanol의 산촉매(묽은 H_2SO_4, 50°C) 탈수반응에서는 하나의 주생성물과 하나의 부생성물이 얻어진다. 원소 분석에 의하면 두 가지 생성물 모두 탄소와 수소로만 되어 있는데, 탄소 대 수소가 1 : 2의 비율로 되어 있다. 고분해능 질량 분석법을 이용하여 두 화합물의 분자 이온에 대한 질량이 84.0940임을 알 수 있었다. 이들 화합물의 분광학 자료는 다음과 같다.

1. 주생성물: IR 1660 및 3080 cm^{-1}; ^{1}H NMR $\delta = 0.91$ (t, $J = 7$ Hz, 3 H), 1.60 (s, 3 H), 1.70 (s, 3 H), 1.98 (quin, $J = 7$ Hz, 2 H) 및 5.08 (t, $J = 7$ Hz, 1 H) ppm.
2. 부생성물: IR 1640 및 3090 cm^{-1}; ^{1}H NMR $\delta = 0.92$ (t, $J = 7$ Hz, 3 H), 1.40 (sex, $J = 7$ Hz, 2 H), 1.74 (s, 3 H), 2.02 (t, $J = 7$ Hz, 2 H) 및 4.78 (s, 2 H) ppm.

생성물의 구조를 추론하시오. 이들의 생성 메커니즘을 제시하시오. 그리고 왜 주생성물이 더 많이 생성되는지를 설명하시오.

풀이

먼저, 출발물(알코올 명명, 8-1절)의 구조식을 그리고, 반응에 대해 아는 것을 써라.

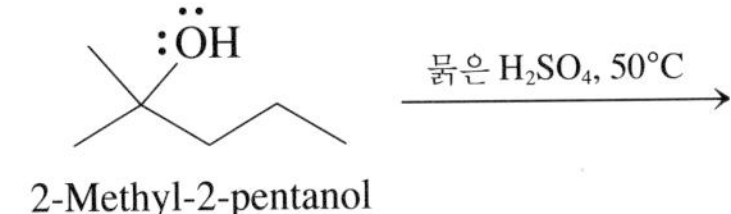

이 반응은 삼차 알코올의 산촉매반응이다(11-7절 참조). 직관적인 예상으로도 충분히 알 수 있지만, 먼저 스펙트럼 자료를 해석하고 예상하는 것과 일치하는 답을 얻으면 좋다.

두 화합물 모두 같은 분자식을 갖고 있다. 즉, 그것들은 이성질체이다. 원소 분석을 통해 실험식이 CH_2임을 알 수 있었다. CH_2의 정확한 질량은 12.000 + 2(1.00783) = 14.01566이다. 80.0940/14.01566 = 6이므로, 질량 분석을 통해 우리는 분자식이 $6(CH_2) = C_6H_{12}$임을 알 수 있다.

주생성물에 대해 IR 스펙트럼에서 1660과 3080 cm^{-1}의 값은 알켄의 C═C와 C—H 결합-신축 진동 흡수띠 영역에 있다(1620 ~ 1680, 3050 ~ 3150 cm^{-1}, 표 11-3 참조). 이 정보를 가지고 NMR 스펙트럼의 알켄 수소의 특성적인 신호 영역, $\delta = 4.6 \sim 5.7$ ppm(표 10-2와 11-4절)에서 신호를 찾아보자.

실제로 $\delta = 5.08$ ppm에서 하나의 신호를 찾을 수 있다. 화학적 이동값(t, $J = 7$ Hz, 1 H)의 다음 정보는 신호가 삼중선으로 갈라지고, 짝지음 상수가 7 Hz이며, 이에 상응하는 수소는 하나임을 말해 준다. 이 스펙트럼에서는 3 H인 삼중선을 나타내는데, $\delta = 0 \sim 4$ ppm 사이에서 세기가 3인 간단한 신호는 methyl기가 있음을 알려주는 것이다. 또, methyl기 두 개는 단일선이고, 다른 하나는 삼중선이다. 결국 $\delta = 1.98$ ppm의 2 H는 오중선으로 갈라진다. CH_2기에 해당하는 것이 후자의 신호라고 가정하면, 다음과 같은 토막으로 고려해 볼 수 있다. CH═C, 3 CH_3, CH_2. 이 조각들을 모은 원자의 합은 C_6H_{12}이고, 이 식은 생성물에 대해 주어진 식과 일치한다. 남은 일은 이들을 적당한 구조로 연결하면 다음과 같다.

$$CH_3-CH{=}\underset{}{\overset{CH_3}{\overset{|}{C}}}-CH_2-CH_3 \text{ (입체화학은 무시함)} \qquad CH_3-CH_2-CH{=}\overset{CH_3}{\overset{|}{C}}-CH_3$$

우리가 아는 화학적 지식과 분광학적 지식을 이용하면 정확한 구조를 결정할 수 있다. NMR 스펙트럼에서 갈라짐 양상을 이용하면 정확히 결정할 수 있다. $N+1$ 규칙(10-7절)을 이용하면, 이상적인 조건에서 이웃한 수소가 N개면 신호는 $N+1$개로 갈라진다. 첫 번째 구조에서 알켄일 수소는 이웃 탄소에 CH_3를 가지고 있어 신호는 3 + 1 = 4인 사중선으로 갈라져야 한다. 실제 스펙트럼은 이 신호가 삼중선으로 나타나 있다. 나아가서 이 구조는 세 개 methyl기를 포함하고 있지만, 이웃한 수소가 각각 0, 1, 2개이다. 그러면 하나의 단일선, 하나의 이중선 및 하나의 삼중선으로 나타나야 한다. 즉, 실제 스펙트럼과 맞지 않는다. 반대로 두 번째 구조는 알켄일 수소가 두 개 이웃한 수소를 가지고 있고, 관찰된 것처럼 삼중선으로 갈라지고, 세 개 CH_3기 중 두 개는 알켄일 탄소에 있어 이웃한 수소가 없어 단일선으로 나타난다. 화학적 지식을 이용하면 정확한 구조에서는 출발물과 같은 탄소 연결을 보이고, 반면에 맞지 않는 구조는 재배열반응을 요구한다.

부생성물로 돌아가서 같은 논리를 적용해 보자. IR 스펙트럼은 알켄 C═C 신축 진동 흡수 신호(1640 cm^{-1})와 알켄일 C—H 신축 진동 흡수 신호 3090 cm^{-1}를 나타낸다. NMR 스펙트럼은 $\delta = 4.78$에서 2 H

(두 개 알켄일 수소)에 해당하는 단일선을 포함하고 있다. 또한 두 개의 methyl 신호와 두 개의 2 H 신호가 나타난다. 따라서 2 CH_3, 2 CH_2, 2 알켄일 H(두 알켄일 탄소가 가지는) 토막을 모으면 C_6H_{12}의 식이 된다. 많은 가능한 조합이 있지만, NMR의 신호 갈라짐 정보를 이용하면 빠르게 답을 얻을 수 있다. 한 methyl기는 단일선이므로 수소가 없는 탄소에 연결된 것이다. 만일 앞서 배열된 모양을 보면 이 후자의 탄소는 단지 하나의 알켄일 탄소일 수 있다. 따라서 수소가 **없는** 탄소(진한 색)를 가지는 토막 $CH_3-\mathbf{C}=$C을 생각할 수 있다. 그러므로 제거반응의 과정을 통해 두 알켄일 수소 모두 **다른** 알켄일 탄소에 붙어야만 한다. $CH_3-\overset{|}{\mathbf{C}}=\mathbf{CH_2}$ 남은 토막은 아래에 주어진 마지막 구조로만 연결될 수 있다. 따라서 완전한 반응식을 다음과 같이 쓸 수 있다.

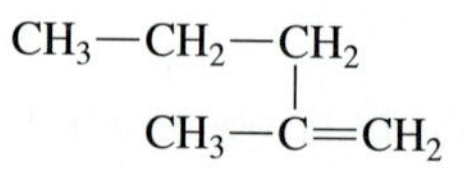

$$\begin{array}{l} CH_3-CH_2-CH_2 \\ \qquad\qquad\qquad | \\ \qquad\quad CH_3-C=CH_2 \end{array}$$

결국, 문제의 앞부분에서 언급한 반응식은 다음과 같이 완성된다.

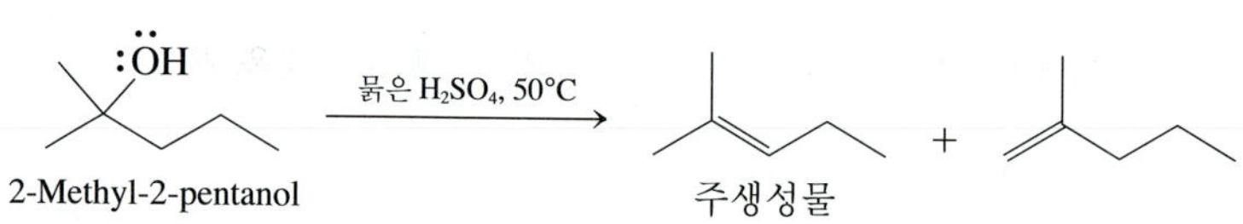

2-Methyl-2-pentanol —(묽은 H_2SO_4, 50°C)→ 주생성물 + (2-methyl-1-pentene)

이 결과는 화학적인 예상과 같은 결과인가? 메커니즘을 생각해 보자(11-7절 참조). 산성 조건에서 이차 또는 삼차 알코올의 탈수반응은 산소 원자의 양성자첨가반응을 하여 좋은 잠재적 이탈기(물)를 생성하는 것으로부터 시작한다. 이탈기가 떨어져 나가 탄소양이온이 생기고, 이웃한 탄소 원자에서 양성자가 제거되어(주로 Lewis 염기로 활동하는 알코올의 두 번째 분자에 의해서) 알켄을 생성한다. 전체 반응은 E1 과정이다.

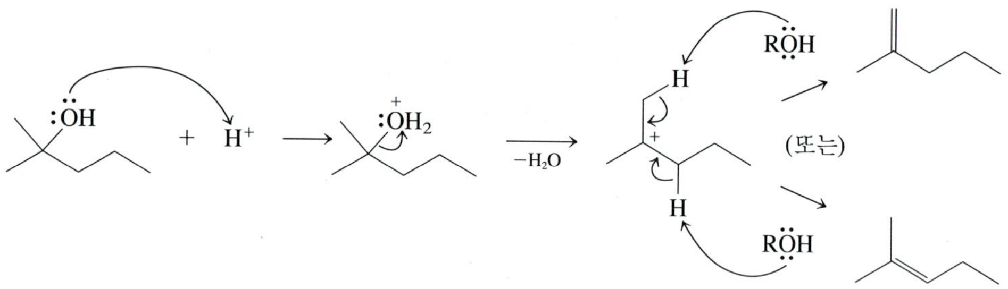

:ÖH + H^+ → $:\overset{+}{O}H_2$ —($-H_2O$)→ (carbocation) —ROH→ (또는)

주생성물은 전형적인 E1 탈수반응에서처럼 이중 결합에 치환이 더 많이 된 화합물이고, 열역학적으로 더 안정한 알켄이다(11-5과 11-7절 참조).

새로운 반응식

1. 알켄의 수소첨가반응(11-5절)

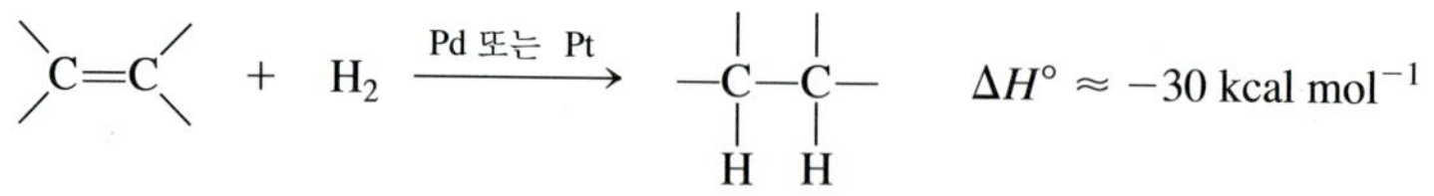

$$>C=C< + H_2 \xrightarrow{\text{Pd 또는 Pt}} -\underset{H}{\overset{|}{C}}-\underset{H}{\overset{|}{C}}- \qquad \Delta H^\circ \approx -30 \text{ kcal mol}^{-1}$$

이중 결합의 안정도 순서

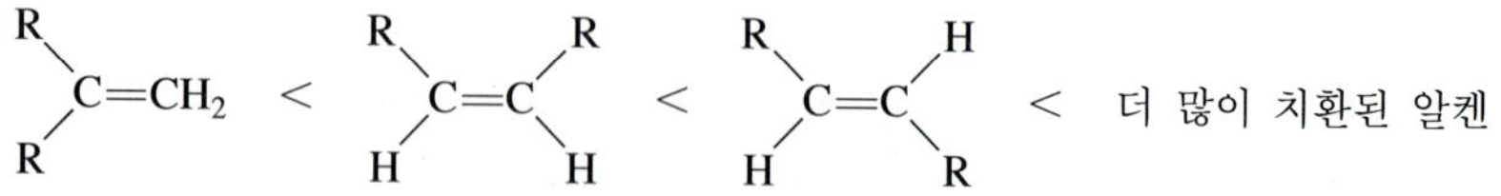

$R_2C=CH_2$ < (cis) RHC=CHR < (trans) RHC=CHR < 더 많이 치환된 알켄

알켄의 제조

2. 할로알케인으로부터 입체 장애가 없는 염기를 이용한 E2 반응(11-6절)

$$-\underset{|}{\overset{\overset{H}{|}}{C}}-\underset{\underset{X}{|}}{\overset{|}{C}}-CH_3 \xrightarrow[-HX]{CH_3CH_2O^-Na^+,\ CH_3CH_2OH} \rangle C=C\langle^{CH_3}$$

Saytzev 규칙

더 많이 치환된
(더 안정한) 알켄

3. **할로알케인으로부터 입체 장애가 있는 염기를 이용한 E2 반응 (11-6절)**

$$-\underset{|}{\overset{\overset{H}{|}}{C}}-\underset{\underset{X}{|}}{\overset{|}{C}}-CH_3 \xrightarrow[-HX]{(CH_3)_3CO^-K^+,\ (CH_3)_3COH} \overset{H}{\rangle C}-C=CH_2$$

Hofmann 규칙

덜 치환된
(덜 안정한) 알켄

4. **E2 반응의 입체화학 (11-6절)**

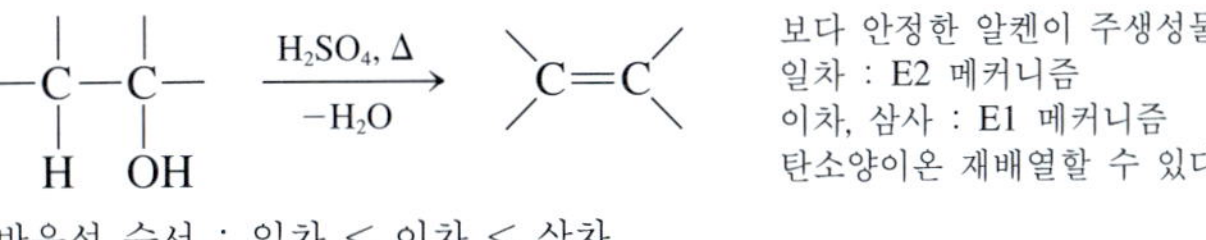

Anti 제거반응

5. **알코올의 탈수반응 (11-7절)**

$$-\underset{\underset{H}{|}}{\overset{|}{C}}-\underset{\underset{OH}{|}}{\overset{|}{C}}- \xrightarrow[-H_2O]{H_2SO_4,\ \Delta} \rangle C=C\langle$$

보다 안정한 알켄이 주생성물
일차 : E2 메커니즘
이차, 삼차 : E1 메커니즘
탄소양이온 재배열할 수 있다.

반응성 순서 : 일차 < 이차 < 삼차

중요한 개념

1. **알켄**은 **불포화된** 분자이고, 이들의 IUPAC 이름은 알케인의 명명으로부터 유도되며, 이중 결합을 포함하는 가장 긴 사슬을 주사슬로 한다. **이중 결합 이성질체**는 **말단 알켄, 내부 알켄, 시스** 및 **트랜스** 배열들을 포함한다. 3-및 4-치환 알켄은 *R,S* 우선 순위 규칙을 이용하여 ***E,Z* 명명법**에 따라 명명한다.
2. 이중 결합은 한 개의 σ 결합과 한 개의 π 결합으로 이루어져 있다. σ 결합은 탄소의 sp^2 혼성 오비탈들의 겹침으로 만들어지고, π 결합은 남아 있는 두 개의 *p* 오비탈들이 겹쳐져 만들어진다. **π 결합** (~65 kcal mol^{-1}) 은 이들에 상응하는 σ 결합 (~108 kcal mol^{-1}) 보다 약하지만, 시스 및 트랜스 이성질체가 존재하기에 충분할 만큼 강하다.
3. 알켄에서 작용기 (탄소-탄소 이중 결합) 는 평편하고, **sp^2 혼성**을 하고 있고, 또 알켄일 수소가 비교적 강한 산성을 띠게 하는 원인이 된다.
4. 알켄일 수소와 탄소는 ^{1}H NMR (δ = 4.6 ~ 5.7 ppm) 과 ^{13}C NMR (δ = 100 ~ 140 ppm) 의 **낮은장**에서 나타난다. J_{trans}는 J_{cis}보다 더 크며, $J_{geminal}$은 매우 작고, $J_{allylic}$은 여러 가지 값을 가지지만 작다.
5. 알켄 이성질체들의 상대적인 안정도는 **수소첨가 반응열**을 비교함으로써 알 수 있고, 안정도는 치환기의 수가 적을수록 낮아지며, 트랜스 이성질체는 시스 이성질체보다 더 안정하다.
6. 할로알케인 (및 다른 알킬 유도체들) 의 제거반응은 **Saytzev 규칙**에 따르거나 (부피가 크지 않은 염기, 내부 알켄의 형성), **Hofmann 규칙** (부피가 큰 염기, 말단 알켄의 형성) 을 따른다. 트랜스 알켄 생성물이 시스 알켄 생성물보다 우세하게 생긴다. 제거반응은 안티 전이 상태로 설명한 것처럼 **입체특이성** 반응이다.
7. 강산 존재하에서 알코올의 **탈수반응**은 일반적으로 혼합 생성물을 생성하며, 가장 안정한 알켄이 주성분이다
8. **적외선 분광법**에서는 **진동 들뜸**을 측정한다. 입사시키는 복사선의 에너지는 대략 1 ~ 10 kcal mol^{-1} ($\lambda \approx$ 2.5 ~ 16.7 μm; $\tilde{\nu} \approx$ 600 ~ 4000 cm^{-1}) 이다. 이편 작용기에 대한 신축 진동, 굽힘 진동 및 다른 진동 형태에 의해 생기는 특성적인 봉우리와 이들의 복합 진동에 의한 봉우리가 관찰된다. 더욱이 각 분자들은 1500 cm^{-1} 아래의 **지문** 영역이라고 하는 특성적인 적외선 모양을 나타낸다.
9. 알케인은 IR의 2840 ~ 3000 cm^{-1} 영역에서 C—H 결합의 특성적인 흡수띠를 나타낸다. 알켄의 C=C

신축 진동 흡수띠는 1620 ~ 1680 cm^{-1} 영역에서 나타나고, 알켄일 C—H 결합은 약 3100 cm^{-1} 부근에서 흡수띠를 나타낸다. 굽힘 진동 방식은 1500 cm^{-1} 이하에서 유용한 봉우리를 보여줄 때가 있다. 알코올의 O—H 신축 진동은 보통 3200 ~ 3650 cm^{-1} 사이에서 넓은 봉우리로 나타난다.

10. **질량 분석법**은 이온화된 분자들과 분자 질량에 의해 자기적으로 분리된 이온들에 대한 기술이다. 이온화된 빛이 높은 에너지를 가지고 있기 때문에, 이온화된 분자들 역시 보다 작은 입자들로 **토막나고**, 이 입자들은 각각 분리되고 화합물의 **질량 스펙트럼**으로 기록된다. **고분해능 질량 스펙트럼 자료**는 **정확한 질량**값으로부터 분자 구조의 결정을 가능하게 해 준다. 특정한 원소의 존재는(Cl, Br과 같은) 그들의 동위원소의 모양에 의해 검출할 수 있다. 질량 분석에서의 토막 이온 신호의 존재는 분자의 구조를 추론하는 데 사용될 수 있다.

11. **불포화도**(고리수와 π 결합수의 합)는 다음의 식을 이용하여 분자식으로부터 계산할 수 있다.

$$\text{불포화도} = \frac{H_{sat} - H_{actual}}{2}$$

여기서 $H_{sat} = 2n_C + 2 - n_X + n_N$ (단, 산소와 황의 수는 무시한다)

문제

29. 다음 이름의 분자에 해당하는 구조식을 그리시오.

(a) 4,4-Dichloro-*trans*-2-octene
(b) (*Z*)-4-bromo-2-iodo-2-pentene
(c) 5-Methyl-*cis*-3-hexen-1-ol
(d) (*R*)-1,3-Dichlorocycloheptene
(e) (*E*)-3-Methoxy-2-Methyl-2-buten-1-ol

30. 다음 분자를 IUPAC 규칙에 따라 명명하시오.

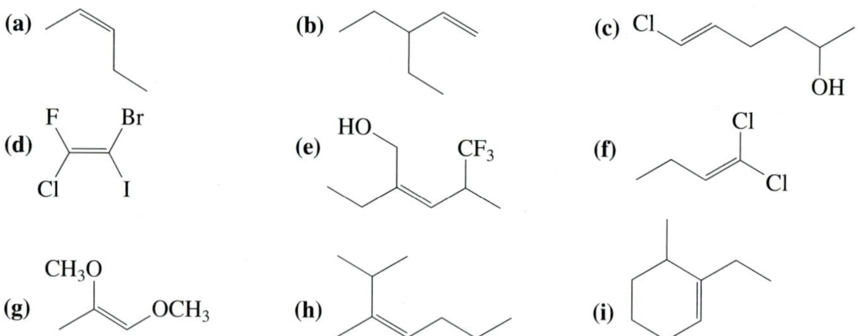

31. 아래의 화합물들을 각각 명명하시오. 만약 필요하다면 입체화학을 지정하기 위해 *cis/trans* 또는 *E/Z* 명칭을 사용하라.

(a) Cl(위), H_3C(아래) C=C H(위), CH_3(아래)

(b) H(위), H_3C(아래) C=C CH_2Cl(위), H(아래)

(c) H_3C(위), H_3C(아래) C=C H(위), Cl(아래)

32. 다음 각 쌍의 화합물들 중에 어느 것이 쌍극자 모멘트가 더 높겠는가? 또 어느 것이 끓는점이 더 높겠는가? **(a)** *cis-* 또는 *trans*-1,2,-difluoroethene, **(b)** *Z-* 또는 *E*-1,2-difluoropropene, **(c)** *Z-* 또는 *E*-2,3-difluoro-2-butene

33. 다음 화합물들의 구조를 그리고, 그것들의 산도에 따라 순서를 매기고, 가장 산성이 강한 수소(들)에 동그라미를 그리시오. cyclopentane, cyclopentanol, cyclopentene, 3-cyclopenten-1-ol.

34. 다음 면에 주어진 ^{1}H NMR 스펙트럼으로부터 다음 각 분자의 구조를 결정하시오.

(a) C_4H_7Cl, NMR 스펙트럼 A
(b) $C_5H_8O_2$, NMR 스펙트럼 B
(c) C_4H_8O, NMR 스펙트럼 C
(d) 다른 C_4H_8O NMR 스펙트럼 D
(e) $C_3H_4Cl_2$, NMR 스펙트럼 E

알켄의 제조	장과 절

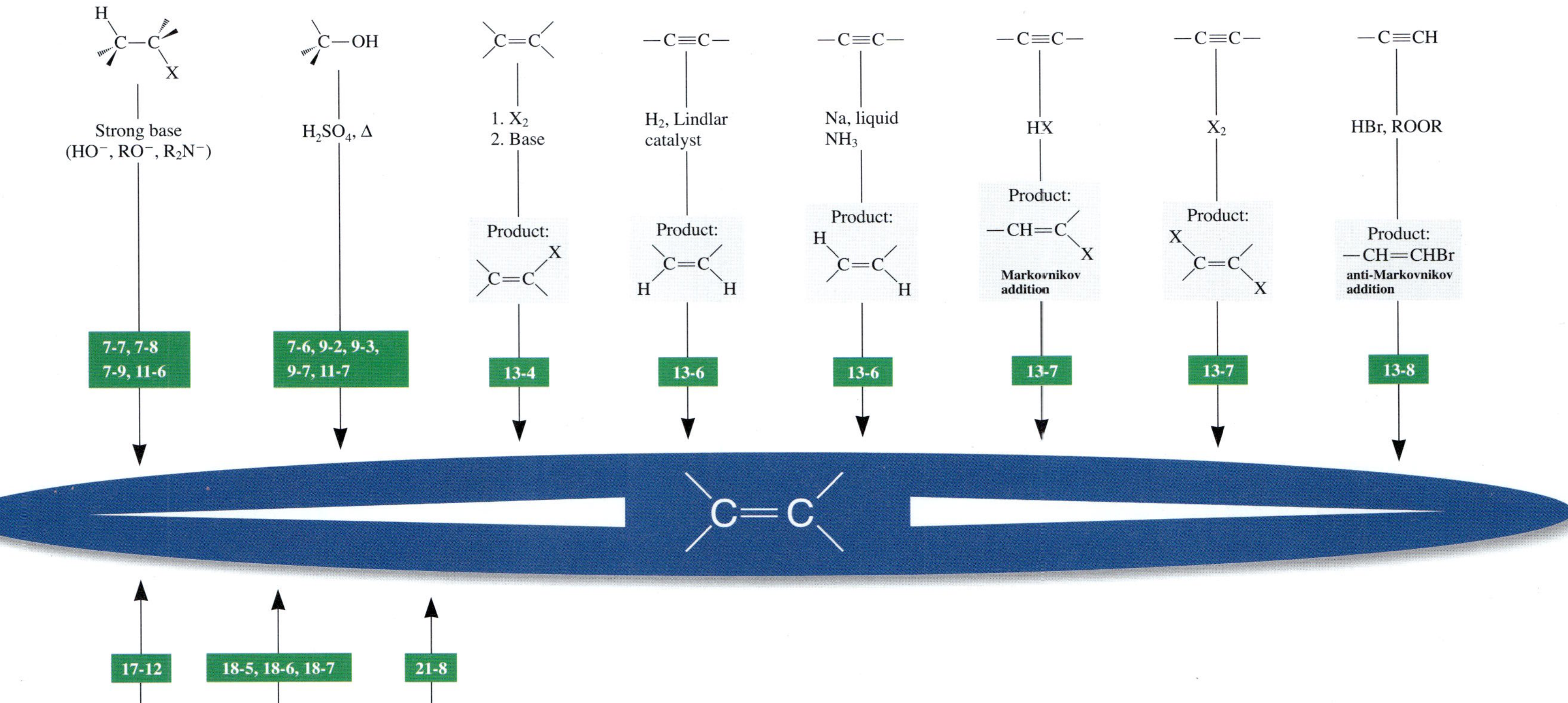

Strong base
(HO⁻, RO⁻, R₂N⁻)
7-7, 7-8
7-9, 11-6
H₂SO₄, Δ
7-6, 9-2, 9-3,
9-7, 11-7
1. X₂
2. Base
Product:
13-4
H₂, Lindlar catalyst
Product:
13-6
Na, liquid NH₃
Product:
13-6
HX
Product:
—CH=C
Markovnikov addition
13-7
X₂
Product:
13-7
HBr, ROOR
Product:
—CH=CHBr
anti-Markovnikov addition
13-8
C=C
17-12
C=O
+
C=PR₃
18-5, 18-6, 18-7
Product:
RCH₂CH=C
⁻OH, Δ
2 RCH₂CH
21-8
Ag₂O, H₂O, Δ
NR₃

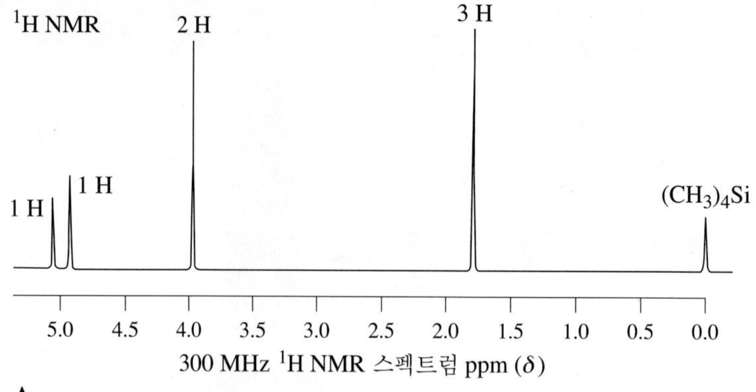

A

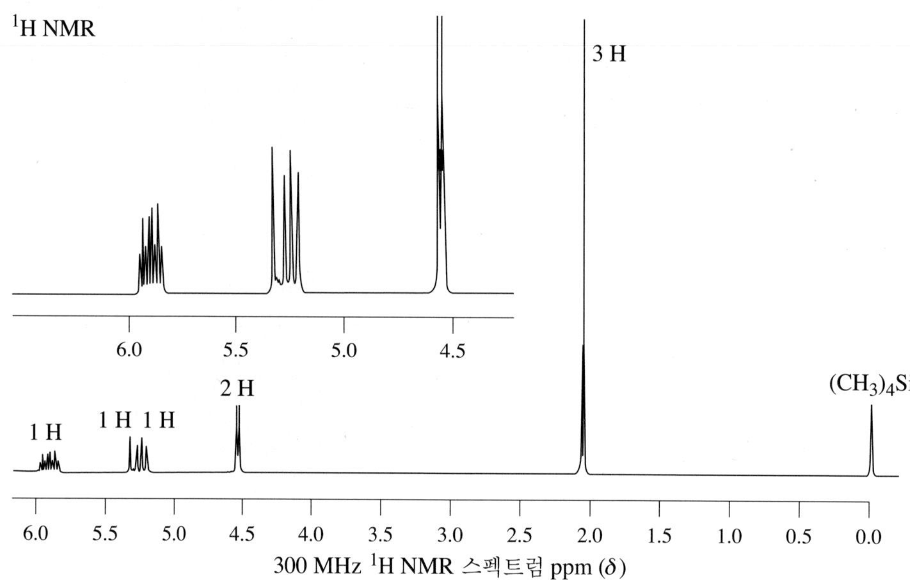

B

^{1}H NMR

3 H

4.3

1 H 1 H

1 H

1 H

1 H

$(CH_3)_4Si$

6.0 5.5 5.0 4.5 4.0 3.5 3.0 2.5 2.0 1.5 1.0 0.5 0.0

300 MHz ^{1}H NMR 스펙트럼 ppm (δ)

C

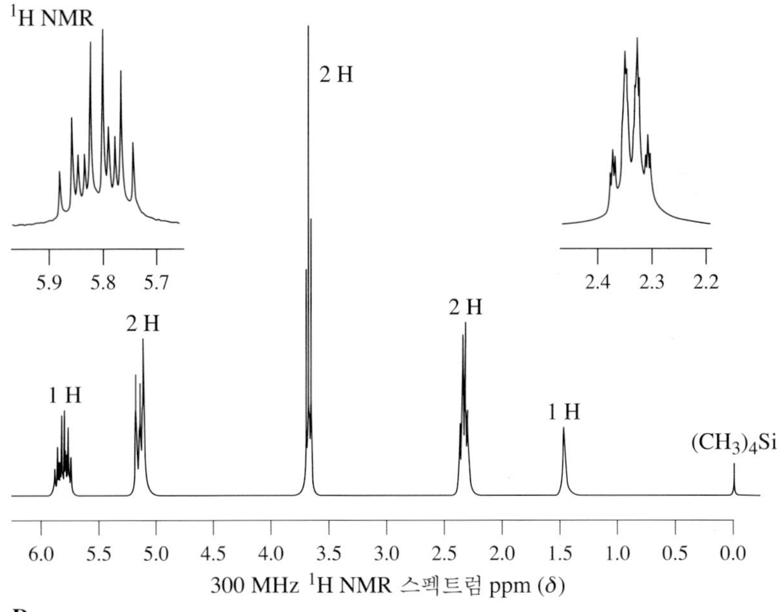

D

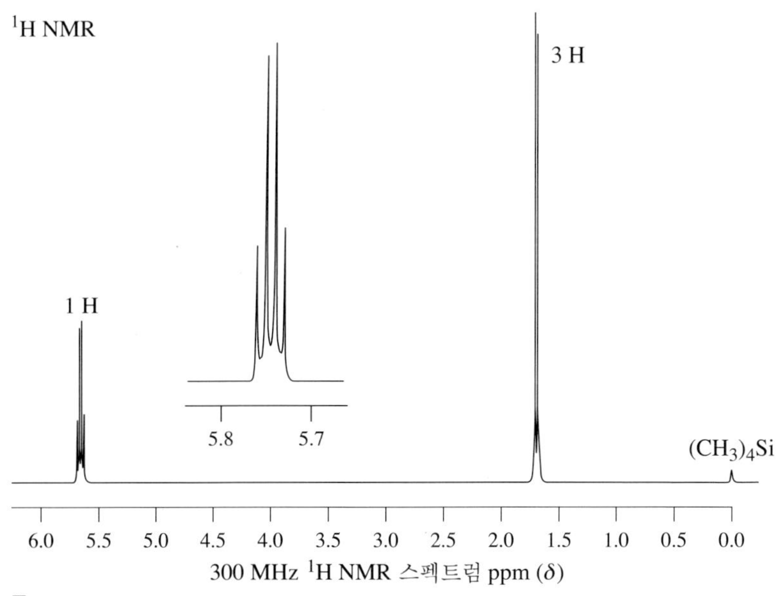

E

35. ^{1}H NMR 스펙트럼 D의 신호 갈라짐 양식을 자세히 설명하시오. 스펙트럼 안에 나타낸 그림은 δ = 5.7 ~ 6.7 영역을 다섯 배로 확대한 것이다.

36. 다음 각 쌍의 알켄에 대해 서로 구별될 수 있도록 극성을 나타내시오. 또 둘 중에서 어느 것이 더 극성인지 예상하시오.

(a) (H)(CH_3)C=C(H_3C)(H) [H, CH_3 위; H_3C, H 아래] 와 $CH_3CH_2CH{=}CH_2$

(b) (H_3C)(H)C=C($CH_2CH_2CH_3$)(H) [H_3C, $CH_2CH_2CH_3$ 위; H, H 아래] 와 (CH_3CH_2)(H)C=C(CH_2CH_3)(H) [CH_3CH_2, CH_2CH_3 위; H, H 아래]

(d) (H_3C)(H)C=C($CH_2CH_2CH_3$)(H) [H_3C, $CH_2CH_2CH_3$ 위; H, H 아래] 와 (H)(CH_3CH_2)C=C(CH_2CH_3)(H) [H, CH_2CH_3 위; CH_3CH_2, H 아래]

37. 다음 각 집단의 알켄을 이중 결합의 안정도 증가 순서 및 수소첨가 반응열의 증가 순으로 배열하시오.

(a) $CH_2{=}CH_2$ $\quad$ $(H_3C)_2C{=}C(CH_3)_2$ $\quad$ $(H_3C)_2C{=}CH_2$

(b) H, H, H_3C, $CH(CH_3)_2$: C=C $\quad$ H, $CH(CH_3)_2$, H_3C, H: C=C $\quad$ H, H, $(CH_3)_2CH$, $CH(CH_3)_2$: C=C

(c)

(d) CH_3, H_3C $\quad$ CH_2, H_3C $\quad$ CH_3, H_3C $\quad$ **(e)**

38. H_2와 Pt를 이용하여 촉매 수소첨가반응하여 다음 생성물을 얻을 수 있는 알켄 구조를 쓰시오. **(a)** 2-methylbutane, **(b)** 2,3-dimethylbutane, **(c)** 3,3-dimethylpentane, **(d)** 1,1,4-trimethylcyclohexane. 답으로 하나 이상의 알켄이 있을 수 있다. 이들 알켄의 안정도 순서도 매기시오.

39. 2-Bromobutane을 sodium ethoxide로 ethanol 속에서 반응시키면 세 개의 E2 생성물이 나온다. 이들은 각각 무엇이겠는가? 생성물의 상대적인 양을 예상하시오.

40. E2 제거반응(예를 들어, 2-bromobutane, 문제 39)에서 하나 이상의 입체이성질체를 생성할 수 있는 할로알케인(예를 들어, 2-bromo-3-methylpentane, 11-6절)을 구별할 수 있는 중요한 구조 모양은 어떤 것인가?

41. 다음 할로알케인에 ethanol 속에서 sodium ethoxide과 반응시키거나 또는 2-methyl-2-propanol (*tert*-bytyl alcohol) 속에서 potassium *tert*-butoxide와 반응시켰을 때 생길 수 있는 각각의 주생성물을 쓰시오.
(a) Chloromethane, **(b)** 1-boromopentane, **(c)** 2-boromopentane, **(d)** 1-chloro-1-methylcyclohexane,
(e) (1-boromoethyl)-cyclopentane, **(f)** (2*R*,3*R*)-2-chloro-3-ethylhexane,
(g) (2*R*,3*S*)-2-chloro-3-ethylhexane, **(h)** (2*S*,3*R*)-2-chloro-3-ethylhexane.

42. 통합 문제 11-27을 참고로 하여 ethanol 속에서 1-boromopropane과 sodium ethoxide의 E2 반응 속도를 예상하시오. 또, 통합 문제의 세 개 기질에 대해 이 반응 조건하에서의 반응 속도로 비교하시오.

43. E2 제거반응에서 요구되는 2-boromo-3-methylpentane의 네 가지 입체이성질체의 형태들의 Newman 투영식을 그리시오. 457쪽의 "2-boromo-3-methylpentane의 E2 반응에서 입체특이성"이 표시된 구조들을 참조). 반응성이 큰 형태들이 가장 안정한 형태들인가? 설명하시오.

44. 7장 문제 38의 답을 참고로 하여 제거반응에서 생길 수 있는 알켄 이성질체의 상대적인 양(질적으로)을 예상하시오.

45. 9장 문제 30의 답을 참고하여 각 반응에서 형성되는 모든 알켄의 상대적인 수득률을(질적으로) 예상하시오.

46. 2-Chloro-4-methylpentane과 **(a)** ethanol 속에서 sodium ethoxide 및 **(b)** 2-methyl-2-propanol (*tert*-butyl alcohol) 속에서 potassium *tert*-butoxide의 할로젠화수소이탈반응에서 주생성물을 비교하시오. 각 반응의 메커니즘을 쓰시오. 또 4-methyl-2-pentanol과 130°C에서 진한 H_2SO_4와 반응의 생성물을 비교하고, 조건 (a), (b)에서의 할로젠화수소이탈반응으로부터 생성되는 생성물과 메커니즘도 비교하시오(**힌트**: 할로젠화수소이탈반응에서는 탈수반응에서 생성될 수 있는 주생성물은 관찰되지 않는다).

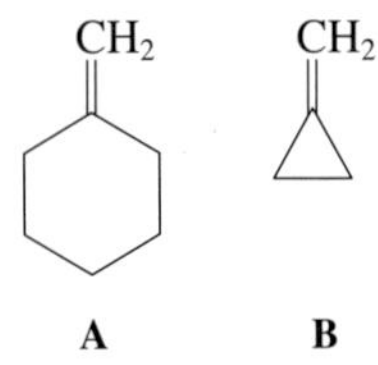

47. 7장 문제 59를 참고로 하여 문제에 나타낸 염소화된 스테로이드 각각을 E2 반응시켜 얻을 수 있는 주생성물을 예상하고, 이 알켄의 구조식을 쓰시오.

48. 1-Methylcyclohexene은 methylenecyclohexane(왼쪽 여백 그림, A)보다 더 안정하고, methylenecyclopropane (B)은 1-methyl-cyclopropene보다 더 안정하다. 이유를 설명하시오.

49. 다음 각 할로젠화 화합물의 이성질체를 이분자 제거반응시켜 만들어지는 생성물을 제시하시오.

(a) Br H, C_6H_5, C_6H_5, H CH_3 (b) Br H, C_6H_5, C_6H_5, H_3C H

이 화합물들 중 하나는 다른 것보다 제거반응이 50배나 더 빠르다. 어느 것인가? 왜 그런지 이유를 설명하시오(**힌트**: 문제 41 참조).

50. 다음 두 실험의 메커니즘 간의 차이를 자세히 설명하시오.

CH_3, Cl, $CH(CH_3)_2$ —— $Na^{+}\,^{-}OCH_2CH_3$, CH_3CH_2OH ——→ CH_3, $CH(CH_3)_2$ 100%

CH_3, Cl, $CH(CH_3)_2$ —— $Na^{+}\,^{-}OCH_2CH_3$, CH_3CH_2OH ——→ CH_3, $CH(CH_3)_2$ 25% + CH_3, $CH(CH_3)_2$ 75%

51. 몇 가지 화합물에 대한 분자식과 ^{13}C NMR 자료(ppm)가 아래에 있다. DEPT 스펙트럼으로 나타낸 탄소의 형태는 각기 특이하다. 각각의 구조를 추론하시오.
(a) C_4H_6: 30.2 (CH_2), 136.0 (CH), **(b)** C_4H_6O: 18.2 (CH_3), 134.9 (CH), 153.7 (CH), 193.4 (CH), **(c)** C_4H_8: 13.6 (CH_3), 25.8 (CH_2), 112.1 (CH_2), 139.0 (CH), **(d)** $C_5H_{10}O$: 17.6 (CH_3), 25.4 (CH_3), 58.8 (CH_2), 125.7 (CH), 133.7 ($C_{quaternary}$), **(e)** C_5H_8: 15.8 (CH_2), 31.1 (CH_2), 103.9 (CH_2), 149.2 ($C_{quaternary}$), **(f)** C_7H_{10}: 25.2 (CH_2), 41.9 (CH), 48.5 (CH_2), 135.2 (CH). (**힌트**: 이 문제는 어렵고, 이 분자는 하나의 이중 결합을 가지고 있다. 몇 개의 고리를 가지고 있겠는가?)

52. 다음은 C_5H_{10}의 분자식을 가지는 여러 가지 화합물들의 ^{13}C NMR의 보통 스펙트럼과 DEPT 스펙트럼이다. 각 화합물의 구조식을 추론하시오. **(a)** 25.3 (CH_2), **(b)** 13.3 (CH_3), 17.1 (CH_3), 25.5 (CH_3), 118.7 (CH), 131.7 ($C_{quaternary}$), **(c)** 12.0 (CH_3), 13.8 (CH_3), 20.3 (CH_2), 122.8 (CH), 132.4 (CH).

53. Hooke의 법칙을 이용하여 일반적인 할로알케인의 C—X (X=Cl, Br, I) 결합의 IR 흡수띠가 탄소와 할로젠보다 더 가벼운 원소(예를 들어, 산소) 사이의 결합보다 더 높은 파수에서 나타나는지 또는 더 낮은 파수에서 나타나는지를 예측하시오.

54. 다음 IR 진동수를 마이크로미터(μm)로 환산하시오.

(a) 1720 cm^{-1} (C=O) **(b)** 1650 cm^{-1} (C=C) **(c)** 3300 cm^{-1} (O—H)
(d) 890 cm^{-1} (알켄 굽힘) **(e)** 1100 cm^{-1} (C—O) **(f)** 2260 cm^{-1} (C≡N)

55. 다음 구조와 주어진 IR 자료가 맞는 것을 연결하시오. 약기호: w, 약함; m, 중간; s, 강함; br 넓음.
(a) 905 (s), 995 (m),. 1040 (m), 1640 (m), 2850 ~ 2980 (s), 3090 (m), 3400 (s, br) cm^{-1}
(b) 2840 (s), 2930 (s) cm^{-1}
(c) 1665 (m), 2890 ~ 2990 (s), 3030 (m) cm^{-1}
(d) 1040 (m), 2810 ~ 2930 (s), 3300 (s, br) cm^{-1}

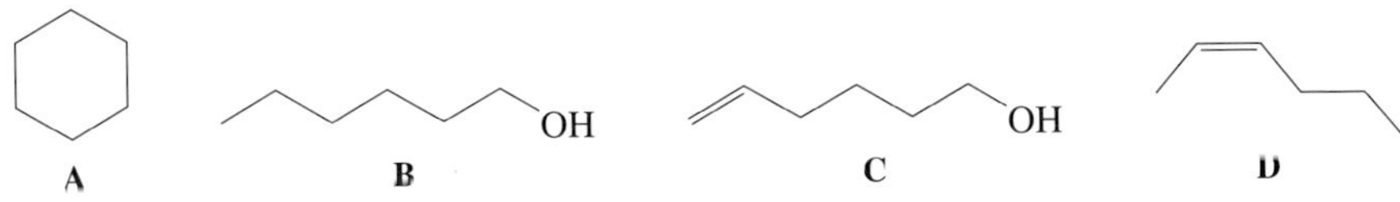

56. Bromopentane의 여러 이성질체를 찾기 위해 시약창고에 들어갔다. 선반 위에 $C_5H_{11}Br$의 일반식으로 표시된 세 개의 병이 있었으나, 상표가 모두 떨어져 있었다. NMR도 고장났다. 각 시약병에 있는 화합물이 무엇인지 알기 위하여 다음과 같은 실험을 고안하였다고 하자. 각 병에 있는 내용물을 알코올

수용액에 있는 NaOH와 반응시켜 얻어진 각 생성물 또는 혼합 생성물의 IR 스펙트럼을 찍었다. 그 결과는 다음과 같다.

(i) 병 A에 있는 $C_5H_{11}Br$ 이성질체 NaOH, IR 흡수띠는 1660, 2850 ~ 3020 및 3350 cm^{-1}
(ii) 병 B에 있는 $C_5H_{11}Br$ 이성질체 NaOH, IR 흡수띠는 1670, 2850 ~ 3020 cm^{-1}
(iii) 병 C에 있는 $C_5H_{11}Br$ 이성질체 NaOH, IR 흡수띠는 2850 ~ 2960 및 3350 cm^{-1}

(a) 이 자료들은 각 생성물 또는 혼합 생성물에 대해 무엇을 알려주는가?
(b) 각 병에 들어 있는 내용물의 가능한 구조를 제시하시오.

57. 아래에 어떤 유기 화합물을 IR 스펙트럼 F로 나타냈다. 주어진 구조 중 이 IR 스펙트럼에 가장 합당한 구조를 선택하시오.

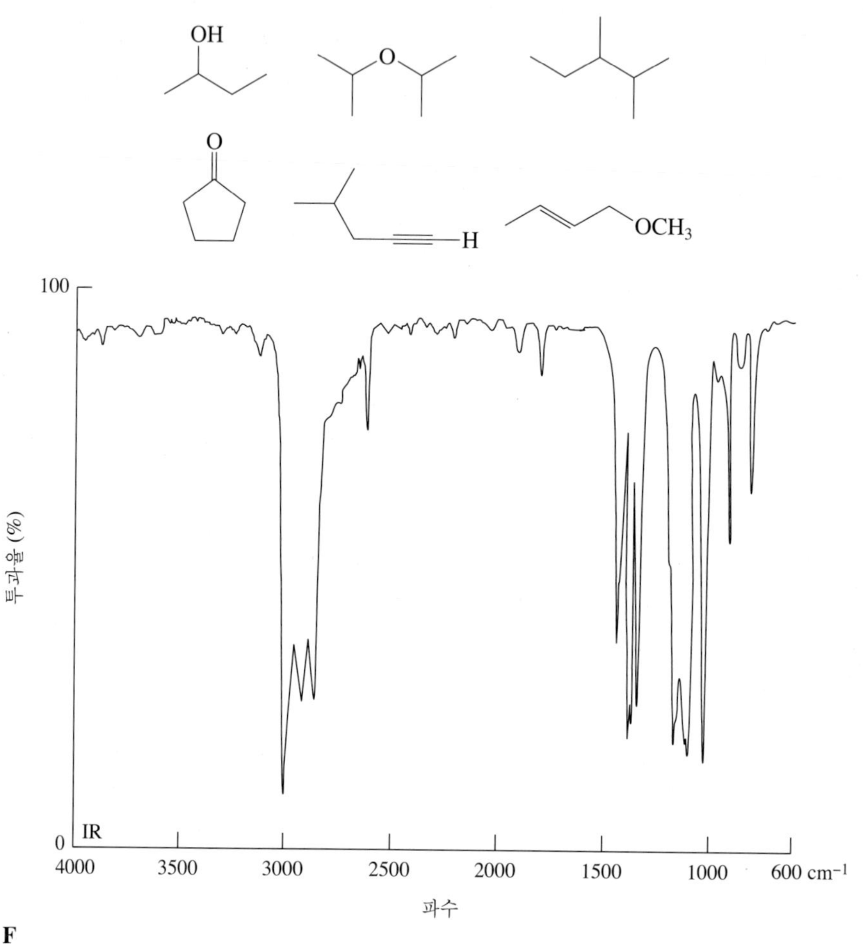

F

58. 다음 세 가지 화합물 hexane, 2-methylpentane, 3-methylpentane은 다음 세 개의 질량 스펙트럼과 일치한다. 각각의 화합물에 대해 토막내기 모양을 기초로 해서 그 구조가 가장 잘 맞는 스펙트럼을 짝지으시오..

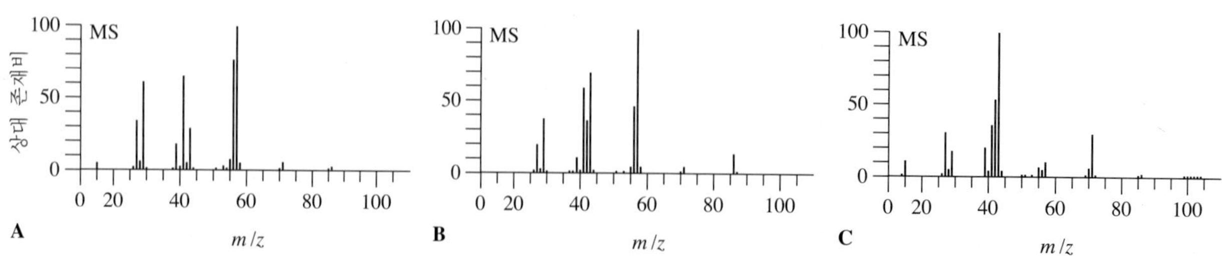

59. 1-Bromopropane의 질량 스펙트럼에 대해 할 수 있는 최대한 많은 봉우리들을 규명하시오(그림 11-24).

60. 다음 표는 분자식이 $C_5H_{12}O$인 이성질체 알코올들의 선택된 질량 스펙트럼 자료를 열거한 것이다. 봉우리들의 위치와 세기에 기초하여, 각각의 세 이성질체의 구조를 제시하시오. 대시는 봉우리가 전체적으로 매우 약하거나 없는 것을 의미한다.

상대적 봉우리 세기			
m/z	이성질체 A	이성질체 B	이성질체 C
88 M^+	—	—	—
87 $(M-1)^+$	2	2	—
73 $(M-15)^+$	—	7	55
70 $(M-18)^+$	38	3	3
59 $(M-29)^+$	—	—	100
55 $(M-15-18)^+$	60	17	33
45 $(M-43)^+$	5	100	10
42 $(M-18-28)^+$	100	4	6

61. 다음 각 구조에 상응하는 분자식을 결정하시오. 또, 각 구조에 대한 불포화도를 계산하고, 아래 제시된 구조와 맞는지 평가하시오.

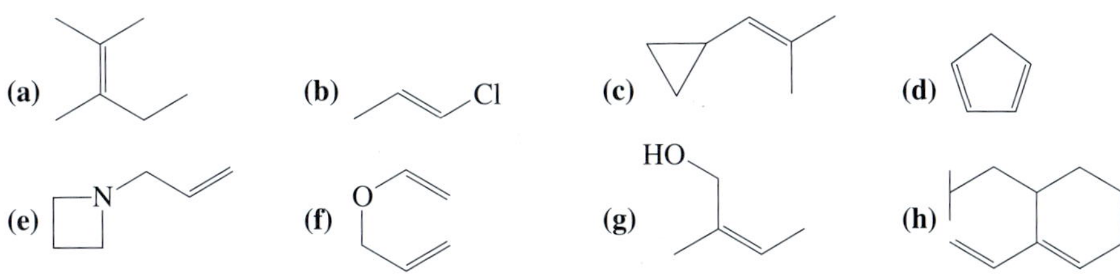

62. 다음 각 분자식에 대해 불포화도를 계산하시오.
(a) C_7H_{12} (문제 34 결과 참조), **(b)** $C_8H_7NO_2$, **(c)** C_6Cl_6, **(d)** $C_{10}H_{22}O_{11}$, **(e)** $C_6H_{10}S$, **(f)** $C_{18}H_{28}O_2$.

63. 정확한 분자량이 96.09410인 어떤 탄화수소의 분광학 자료는 다음과 같다. ^{1}H NMR $\delta = 1.3$ (m, 2 H), 1.7 (m, 4 H), 2.2 (m, 4 H), 4.8 (quin, $J = 3$ Hz, 2 H) ppm; ^{13}C NMR $\delta = 26.8, 28.7, 35.7, 106.9, 149.7$ ppm. IR 스펙트럼은 IR-G로 나타내었다. 이 화합물을 수소첨가반응시키면 정확한 분자량 98.1096을 갖는 하나의 생성물을 생성한다. 이들 자료와 일치하는 화합물의 구조를 제시하시오.

64. 새로운 형태의 분자 탄소로 C_{60}이 분리되었음이 1990년에 보고되었다. 이 화합물은 탄소 원자가 축구공 모양으로 되어 있어 "buckyball"이라는 별명이 붙었다("buckyball"의 IUPAC 이름을 알 필요는 없다). 이 화합물을 수소첨가반응시키면 $C_{60}H_{36}$의 분자식을 가지는 하나의 탄화수소를 생성한다. C_{60}의 불포화도는 얼마인가? 또, $C_{60}H_{36}$의 불포화도는 얼마인가? 수소첨가반응 결과는 π 결합과 고리의 수까지 일어난 것인가?(C_{60} 이상은 화학 이야기 15-1 참조).

65. **도전 문제** 당신은 유명한 향수 회사 Scents "R" Us의 사장으로 막 선출되었다. 시장에 막 출시된 새로운 제품들을 살피던 중에 너무나 달콤한 장미향의 액체가 담긴 $C_{10}H_{20}O$라고 표기된 병을 우연히 발견하게 되었다. 이 제품에 대해 더 알기 위해서 구조를 알아보는 작업을 시작하였다. 다음 자료를 바탕으로 구조를 결정하시오.

(i) ^{1}H NMR: $\delta = 0.94$ (d, $J = 7$ Hz, 3 H), 1.63 (s, 3 H), 1.71 (s, 3 H), 3.68 (t, $J = 7$ Hz, 2 H), 5.10 (t, $J = 6$ Hz, 1 H) ppm 선명한 신호; 다른 8 H는 $\delta = 1.3 \sim 2.2$ ppm 구간에서 서로 겹쳐진 신호.

(ii) ^{13}C NMR (^{1}H decoupled): $\delta = 60.7, 125.0, 130.9$ ppm; 다른 일곱 개의 신호들은 $\delta = 40$ ppm 위쪽으로 위치.

(iii) IR: $\tilde{\nu} = 1640$과 3350 cm^{-1}.

(iv) PCC 완충 용액(8-6절) 하에서 산화한 결과 생성물의 분자식은 $C_{10}H_{18}O$로 나타남. 출발물과 비교하여 다음과 같은 스펙트럼상의 변화가 나타남. ^{1}H NMR: $\delta = 3.68$ ppm의 신호가 사라지고, $\delta = 9.64$ ppm에서 새로운 신호가 나타남. ^{13}C NMR: $\delta = 60.7$ ppm의 신호가 사라지고, $\delta = 202.1$ ppm에서 새로운 신호가 나타남. IR: $\tilde{\nu} = 3350$ cm^{-1} 신호가 사라지고, $\tilde{\nu} = 1728$ cm^{-1}에서 새로운 신호가 나타남.

Geraniol

(v) 수소첨가반응을 통해 분자식 $C_{10}H_{22}O$를 얻었는데, 이는 왼쪽 여백 그림에 보이는 천연물인 geraniol의 수소첨가반응을 통해 형성된 것과 동일함.

66. 표 11-4의 자료를 이용하여 주어진 IR 신호들을 자연적으로 얻을 수 있는 화합물들인 camphor, menthol, chrysanthermic ester, epiandrosterone과 서로 짝지으시오. 4-7절에서 각 천연물들의 구조를 확인 할 수 있다.

(a) 3355 cm^{-1} **(b)** 1630, 1725, 3030 cm^{-1} **(c)** 1730, 3410 cm^{-1} **(d)** 1738 cm^{-1}

67. **도전 문제** 아래 주어진 자료를 통해 화합물 A, B, C를 각각 결정하고, 주어진 자료에서 일어난 화학 반응에 대해서 설명하시오. 왼쪽 여백 그림에 제시된 알코올 분자와 4-methylbenzenesulfonyl chloride를 피리딘과 용매하에 반응할 경우 A ($C_{15}H_{20}O_3S$)가 생성된다. A를 LDA (7-8절)와 반응하면 단일 생성물인 B [C_8H_{12}, ^{1}H NMR: δ = 5.6 (m, 2 H) ppm]가 만들어진다. 만약 A를 LDA 와 반응하기 전에 NaI와 반응하면 B와 그 이성질체인 C (^{1}H NMR: δ = 5.2 (m, 1 H) ppm) 의 두 가지 물질이 만들어진다.

68. **도전 문제** **시트르산 회로**는 세포의 대사작용에 중요한 역할을 담당하는 생물학적인 연속 반응이다. 이 회로에서 malic acid와 citric acid는 탈수반응을 통해 각각 fumaric과 aconitic acid를 만들게 된다. 이 두 반응은 모두 효소가 촉매로 참여하는 매우 정확한 안티 제거반응이다.

Malic acid (CO_2H; H—C—H*; H—C—OH; CO_2H) —퓨마레이스, $-H_2O$→ Fumaric acid

Citric acid (CO_2H; H—C—H*; HO—C—CH_2CO_2H; CO_2H) —아코니테이스, $-H_2O$→ Acontic acid

(a) 각 탈수반응을 살펴보면 *로 표시된 수소, 즉 OH기와 연결된 탄소의 위 수소만이 제거됨을 알 수 있다. 이 반응에 따라 생성되는 fumaric과 aconitic acid의 구조들을 쓰시오. 각 생성물들의 입체화학이 정확히 표시되도록 하시오.

(b) *cis-trans* 또는 *E,Z*를 적절히 이용하여 각 생성물들의 입체화학을 구체적으로 기술하시오.

(c) 왼쪽 여백 그림에 주어진 isocitric acid 또한 아코니테이즈 효소에 의해서 탈수될 수 있다. Isocitric acid에는 얼마나 많은 이성질체가 존재하는가? 이 반응은 안티-제거반응을 통해 진행된다는 점을 숙지하면서, isocitric acid가 탈수반응이 일어났을 때 citric acid로부터 탈수반응으로 형성된 aconitic acid와 같은 구조의 이성질체를 가지는 isocitric acid의 입체이성질체의 구조를 정확히 그리시오. isocitric acid의 이 이성질체의 카이랄 탄소에 *R,S*를 이용하여 표시를 하시오.

$HO_2CCH(OH)CHCH_2CO_2H$ with CO_2H
Isocitric acid

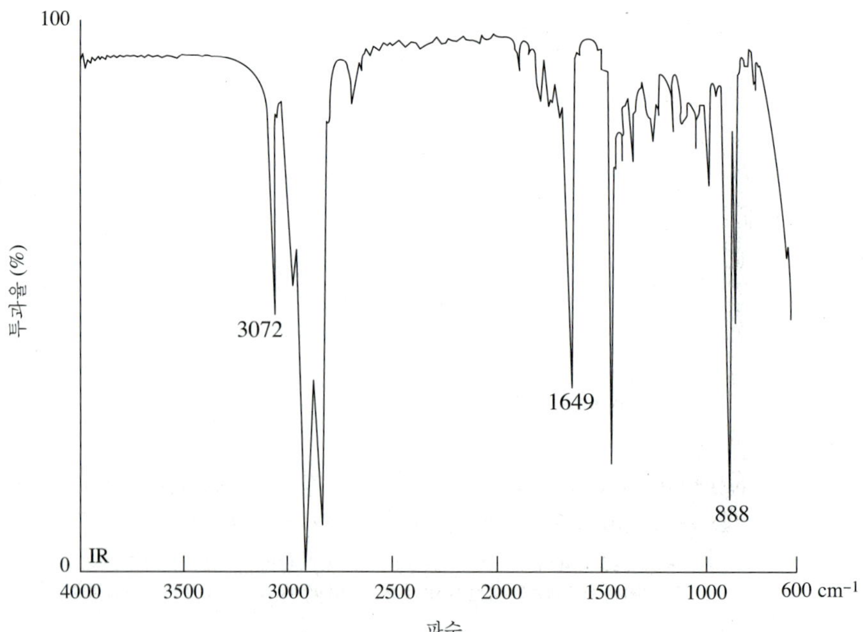

G

유기화학에서 문제 풀이법

여러분 앞에 놓인 유기화학 1년 코스의 대략 3분의 1 가량이 지난 상태에서, 유기화학 문제를 해결하는 여러분의 능력을 잠시 살펴보고, 여러분이 맞닥뜨렸던 어려움들에 대한 가능한 해결 방안들을 살펴보도록 한다. 이 중간챕터는 다음과 같은 내용으로 이루어져 있다.

문제에 대한 이해

유기화학 문제의 형태

문제를 해결하는 일반적인 접근 방법: "WHIP" 전략

무엇이냐 (What) 를 묻는 문제를 해결하는 방법

- 명명법 (*Nomenclature*)
- 산도 (*Acidity*)
- 에너지 (*Energy*)
- 안정도 (*Stability*)
- 분광학 (*Spectroscopy*)

어떻게 (How) 또는 왜 (Why) 를 묻는 문제를 해결하는 방법

- **이 반응의 생성물은 무엇인가?**
- **어떻게 이 생성물이 형성되었는가?**
- **한 분자를 다른 특정 분자로 변환하는데 필요한 시약들은 무엇인가?**

문제에 대한 이해

문제풀이 시간에 조교실에 찾아온 학생들이 가장 많이 하는 질문은 "이해가 잘 안됩니다"이다. 이 학생들에게 어떤 부분이 이해가 안 되는지 상세하게 말해보라고 하면, 이해가 안되는 부분은 해답이 아니라 **문제** 그 자체라는 것을 알게 된다. 사실, 이런 상황은 과학이나 과학 관련 수업에서 흔하게 일어난다. 시험이라는 것은 단지 학생의 지식만을 측정하는 것이 아니다. 오히려 시험은 출제된 문제를 이해하고 그 문제를 풀이가 가능한 형태로 바꾸는 학생의 능력을 검증하는 것이다.

유기화학 문제의 형태

유기화학 문제는 어떤 종류의 질문일까? 굉장히 단순화시켜서 본 것일 수 있지만, 유기화학 문제는 본질적으로 두 가지 범주로 나눌 수 있다. 따라서 제시된 문제의 범주를 결정하는 것이 문제를 이해하고, 문제가 여러분에게 묻는 것이 무엇인지 결정하는 첫 번째 순서이다.

무엇이냐 (What) 를 묻는 문제

- IUPAC에 따른 이름은 무엇인가?
- 어떤 것이 더 강산인가?
- $\Delta H°$를 계산하고 화학 평형이 놓여지는 경로를 결정하시오.
- 가장 안정한 형태는 무엇인가?
- 제시된 분자의 스펙트럼들을 해석하고, 가능한 구조를 제안해 보시오.

이런 형태가 모두 "무엇이냐(What)"를 묻는 문제들이다. 이런 질문들은 여러분들에게 (1) 기존의 지식을 기억해내고, (2) 그 지식을 비교적 복잡하지 않은 상황에 적용시키도록 하는 문제들이다. 다음에 곧 설명하겠지만 "무엇이냐(What)"를 묻는 문제를 해결하는 접근 방법은 대부분 복잡하지 않다(복잡하지 않다는 뜻이 반드시 쉽다는 의미는 아니다).

어떻게 (How) 또는 왜 (Why) 를 묻는 문제

또 다른 범주의 질문은 무엇일까? 이러한 문제들은 아래와 같은 몇 가지 관점 중에 하나를 바탕으로 하나 이상의 화학 반응에 초점을 맞추는 질문이다.

- 생성물은 무엇인가?
- 생성물이 형성되는 메커니즘은 무엇인가?
- 한 분자를 다른 특정 분자로 변환하는데 필요한 시약들은 무엇인가?

이러한 질문들은 "무엇이냐(What)"를 묻는 문제처럼 들릴 수 있지만, 사실은 유기화학에서 "어떻게(How)" 그리고 "왜(Why)" 이러한 일들이 발생하는지를 포함하고 있는 문제들이다. 따라서 전형적인 "무엇이냐(What)"를 묻는 문제와 비교해 볼 때 문제해결을 위해서는 좀 더 복잡한 접근법이 필요하다. **여러분들은 여러분 자신에게 다음과 같이 "무엇인가 발생하는 건가?"하고 물어봄으로써 "어떻게(How)" 또는 "왜(Why)"를 묻는 문제임을 확인할 수 있다. 만약 "무엇인가 발생하는 건가?"에 대한 질문의 답이 예스라면, 그 문제는 아마도 여러분에게 "어떻게(How)" 또는 "왜(Why)"를 묻는 문제임이 확실하다.**

몇 가지 예제를 통해서 자세히 설명하기 전에, 먼저 문제를 해결하는 일반적인 접근 방법에 대해 살펴보도록 한다.

문제를 해결하는 일반적인 접근 방법: "WHIP" 전략

유기화학 과목을 성공적으로 이수하기 위해서는 시간을 투자해서 열심히 공부해야 한다. 또한 체계화된 문제 풀이법을 발전시키는 것도 필요하다. "WHIP" 전략을 통해 문제를 해결하는 방법을 차근차근히 진행해보도록 하겠다.

- 문제가 묻고 있는 것은 **무엇**인가(*What*)?
  문제를 설명하는 본문을 **읽고**(*read*), 알아야 할 **모든 것**(*everything*)을 이해하기 전까지는 문제 푸는 것을 시작하지 마라. 잘 이해가 안 되는가? 질문을 천천히 소리 내어 읽어본다. 질문의 범주를 특징짓는 핵심단어를 찾아본다. 이 질문이 단지 정보의 일부를 찾아내는 것인지(What?), 아니면 주어진 정보를 바탕으로 어떤 작업을 더 하길 요구하는 것인지(How?, Why?) 찾아낸다.

- **어떻게**(*How*) 시작할까?
  여러분의 출발점은 무엇인가? 여러분이 나가고자 하는 방향은 어디인가? 여러분이 문제를 해결하기 위해 필요한 것이 무엇인지 알아내기 위해서는, 이 두 가지 질문을 곰곰이 생각해 보아야 한다. 예를 들어, 여러분이 한 화학 반응의 생성물을 추론하기 위해서는 작용기와 같은 반응물의 구조적인 특징들과 반응물과 반응하는 시약들의 화학적인 성질들(친전자체?

친핵체? 산화제 또한 환원제?)을 모두 알아야 한다. 그리고 화학적인 영감을 가지고 어떠한 화학 반응이 일어날지 추론해 보아야 한다.

- 어떤 **정보**(*I*nformation)가 필요한가?
  여러분은 시약의 특징과 같은 대단히 중요한 정보를 잊어버린 경험이 있는가? 여러분은 일차, 이차, 삼차 탄소의 반응성 비교와 같은 중요할 수 있는 세부사항에 대해 확신이 없지는 않은가? 문제를 해결하려고 너무 깊이 들어가기 전에, 교과서나 노트 또 다른 이에게 물어서 먼저 확인해 보라. 여러분이 잘못된 정보들로 인해서 연습 문제를 틀리게 풀었을 경우, 여러분은 정확한 풀이법을 공부해야 하는 것은 물론이고 잘못된 풀이법을 잊어야 하는 수고까지 해야 하기 때문이다. 실제 시험과 같은 스트레스 상황에서 혼란은 더욱더 가중되기 때문이다.

- 순차적으로 진행해 나간다(*P*roceed) – 지름길은 없다.
  문제에 대한 답안을 만들어 나가는 **단계들을 생략하지 마라**. 정확한 문제 해결을 위해서 세세한 것 하나라도 놓치지 마라. Lewis 점전자식을 그려 넣고, 전자 이동 화살표를 표시한 후, 각각의 스텝 중의 반응 화살표와 시약들을 완전히 표시하는 등 연습용 용지에 다 그려 넣는다. 유기화학은 매우 시각적인 학문이라서 잘못된 구조일지라도, 일단 그려놓고 나면 여러분이 올바른 방향으로 생각할 수 있도록 유도해 준다. 무엇보다 우선적으로 여러분의 문제 푸는 기술을 연습해야 한다. 마지막으로 여러분이 학습한 다양한 과정들을 통해서 여러분이 올바른 해답에 이를 수 있다는 믿음을 가져야 한다.

"무엇이냐(What)"를 묻는 문제를 해결하는 방법

- **명명법**: 명명법 문제들은 대게 여러분에게 분자의 이름을 제시하고, 그 구조를 묻거나 이름에 해당하는 분자의 구조를 그리는 형식이다. 예를 들면,

Problem I-1. 아래와 같은 분자의 IUPAC 이름을 제시하시오.

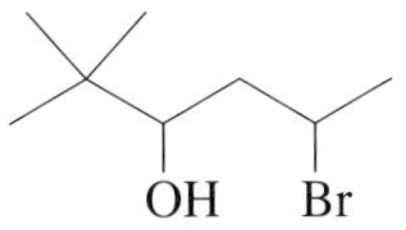

OH Br

질문이 무엇(*W*hat)인지 매우 간단하다. 분자의 이름(Name)을 묻고 있다.

어떻게(*H*ow) 시작해야 할까? 분자의 이름을 결정하기 전에 여러분은 분자 내의 연결성(connectivity)과 가능하다면 입체화학(stereochemistry)을 읽어내야 한다.

정보(*I*nformation)가 필요한가? 여러분은 어미 사슬이나 어미 고리를 찾아내고, 그것들의 순서를 정하고 하고, 그 치환기의 이름을 결정하는 방법을 알아야 한다.

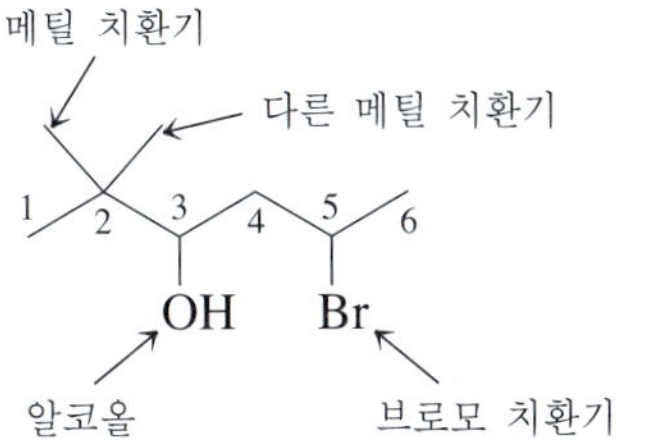

메틸 치환기
다른 메틸 치환기
1 2 3 4 5 6
OH Br
알코올
브로모 치환기

구조를 보면
1. 여섯 탄소의 긴 사슬
2. 네 개의 치환기들(보는 바와 같다)
3. 하이드록시 작용기는 다른 것에 우선하고, 줄기 개수를 확인한다

차근차근히 진행한다(*P*roceed). 다음과 같은 규칙들을 적용해야 한다. (1) 제시된 분자는 "헥산올"이다. (2) OH기에서 가까운 끝에서부터 순서대로 번호를 매긴다. (3) 마지막으로 이름을 결정하기 위해서 알파벳 순위법을 사용한다("*di-*"는 "methyl"의 승수이기 때문에 계산하지 않습니다).

정답: **5-Bromo-2,2-dimethyl-3-hexanol**

• **산도**

Problem I-2. CH_3NH_2와 CH_3OH 중 어느 것이 더 강산인가?

앞 문제와 마찬가지로 질문이 무엇(***W***hat) 인지 매우 간단하다.

어떻게(***H***ow) 시작해야 할까? 산성도의 세기를 평가하는 문제를 만나면, 그 산의 짝염기를 살펴보아야 한다. **가장 안정한 짝염기가 바로 가장 강한 산이다**(원자의 전기음성도와 유도효과, 공명효과 등을 고려해야 한다, 2-2절).

다음으로 각 분자의 모든 부분에서 양성자(H^+)를 제거하여 가능한 모든 짝염기를 그려본다.

$$^{-}{:}CH_2NH_2 \qquad CH_3NH{:}^{-} \qquad ^{-}{:}CH_2OH \qquad CH_3O{:}^{-}$$

어떤 형태가 가장 안정한 짝염기일까? 이 네 가지 구조는 세 개의 서로 다른 원자(C, N, O)에 음전하를 띠고 있다. 이 원자들은 서로 어떻게 다를까?

정보(***I***nformation)가 필요하다. 이 세 원자들은 각각의 전기음성도가 다르다(O > N > C, 표 1-2). 더 전기음성도가 높은 원자일수록 더욱더 음전하를 좋아한다. 따라서 가장 전기음성도가 높은 원자가 짝염기 상태에서 남는 전자쌍이나 음전하를 더 잘 안정화한다.

논리적으로 진행한다(***P***roceed). (1) 산소 원자는 셋 중에서 가장 전기음성도가 높다. 따라서 산소 원자에 여분의 전자쌍과 음전하가 위치하는 $CH_3O{:}^{-}$가 위 네 가지의 짝염기들 중에서 가장 안정하다. (2) 위 결론을 바탕으로 **CH_3OH**가 가장 강한 산이며, 산소 원자의 수소가 나머지 네 가지 수소들보다 가장 산성임을 알 수 있다.

• **에너지**: 에너지 변화는 화학 반응을 결정하는 가장 근본적인 원리 중의 하나이다. $\Delta H°$ = (흡수 에너지) − (방출 에너지). 화학 평형은 $\Delta G°$가 음이 되는 방향으로 반응이 이루어지는데 이는 대개 $\Delta S°$가 작은 경우 $\Delta H°$가 음일 때이다.

Problem I-3. 알켄의 수소첨가반응은 전형적으로 $\Delta H° = -30$ kcal/mol로 표시할 수 있다. 다음 중 어떤 서술이 항상 참인가? (a) 알켄과 수소를 섞으면 반응이 빠르게 이루어진다. (b) 알켄과 수소의 반응은 발열반응이다. (c) 모든 알켄은 동등하게 수소와 반응하는 것을 선호한다.

질문이 무엇(***W***hat) 일까? 이 문제는 세 가지 서술에 대한 참 거짓을 묻는 문제이다. 여러분은 이 세 가지 서술을 각각 독립적으로 생각해야 한다.

(a) 시작(***S***tart): 에너지적(열역학적)으로 반응이 얼마나 빨리 진행되는지 적절하게 판단했는가? 정보(***I***nformation): 아니오. 왜 아닐까? 반응속도론을 기억하는가? 활성화 에너지(3-3절과 11-5절)? 진행(***P***roceed): 거짓.

(b) 시작(***S***tart): 발열반응을 정의해야 한다. 정보(***I***nformation): 발열반응의 경우 $\Delta H°$가 음의 값을 가진다(2-1절). 진행(***P***roceed): 이 서술은 참이다.

(c) 시작(***S***tart): **우선 주의 깊게 서술을 읽어라.** 문제에서는 "동등하게 선호하는"이라고 표현했는데, 이는 만약 이 서술이 참이라면 **모든** 알켄의 수소첨가반응은 서로 똑같은 $\Delta H°$ 값을 갖는다는 것을 뜻한다. 정보(***I***nformation): 그림 11-12를 살펴보라. 그렇지 않다. 진행(***P***roceed): 이 서술은 거짓이다. 따라서 참인 서술은 (b)이다.

• **안정도**:

Problem I-4. 다음 네 가지 탄화수소 이성질체들을 안정도가 감소하는 순서대로 배열하시오. **(a)** 1-Cyclopropylpentane, **(b)** *cis*-1-ethyl-2-propylcyclopropane, **(c)** ethylcyclohexane, **(d)** *cis*-1,4-dimethylcyclohexane.

질문이 무엇(***W***hat) 일까? 네 분자의 에너지 함량을 대략적으로 예측하고, 상대적인 안정도를 유추해야 한다.

어떻게 (**H**ow) 시작해야 할까? 주의 깊게 구조를 그려보면, 여러분들은 어떤 특징들 때문에 한 탄화수소가 다른 것들에 비해 상대적으로 더 안정하거나 불안정한지를 알아낼 수 있다. 이 문제는 명명법 문제도 포함하고 있는 형태이다. 각 이름을 구조로 바꾸어야 한다. 마지막으로 공평한 비교를 위해서 각각 분자들의 가장 안정한 형태를 그리는 것이 필요하다.

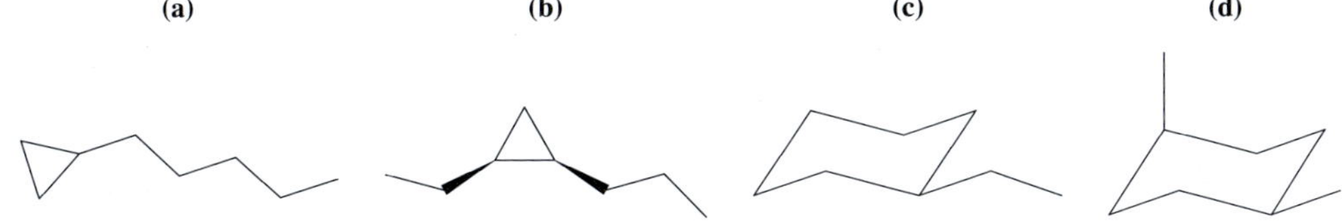

정보 (**I**nformation): 구조의 에너지 함량이 적을수록 그 분자는 더 안정하다. 입체적으로 밀집된 구조는 에너지 함량이 늘어나게 되고 따라서 안정도가 감소한다 (2-8절 참조). 그러므로 서로 엇갈린 형태가 서로 가려진 형태보다 더 안정하다. 안티는 고우시보다 더 안정하며, 적도방향이 축방향보다 더 안정하다 (4-4절 참조). 각각의 경우에서 더 안정한 구조를 선택하려면 입체적으로 적게 밀집되어져 있어야 한다. 결합각의 변형과 같은 불안정화 요소 또한 중요하게 생각해야 한다.

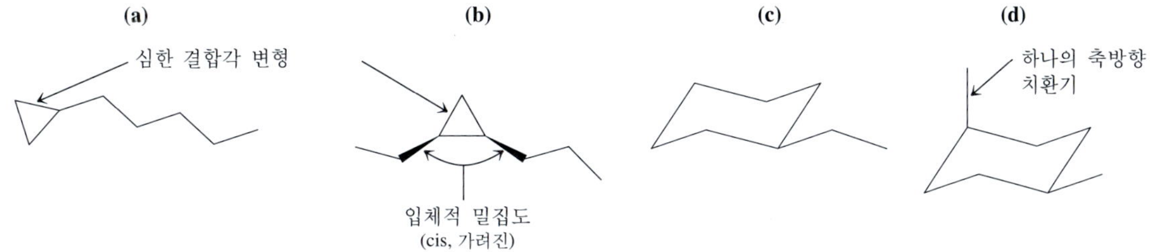

진행 (**P**roceed): 위 그림과 같이 안정성에 영향을 미치는 구조적인 특징들을 파악할 수 있다. 어떤 특징들이 얼마나 중요할까? 정량적인 정보를 찾아야 한다. 사이클로프로페인의 결합각 변형은 가장 큰 불안정화 요인이다 (27.6 kcal/mol^{-1}, 4-2절). 다음으로 그림 (b) 에서의 강제적인 가림요소를 첨가해야 하는데, 이는 대략적으로 뷰테인의 가장 불안정한 형태에서 최소 4.9 kcal/mol 정도로 불안정화시킨다 (그림 2-13). 사이클로헥세인은 결합각 변형을 받진 않지만, (d) 에는 하나의 축방향 치환기가 있다 (1.7 kcal/mol^{-1}, 표 4-3). 이러한 정보를 바탕으로 가장 높은 에너지 함량은 가장 불안한 분자라는 논리에 적용해 본다. 안정도 순서는 (c) 가 가장 안정, 그 다음은 (d), 그 다음은 (a) 그리고 마지막으로 (b) 가 가장 불안정하다. 결국 여러분은 각각 분자들의 에너지 함량의 증분에 따라 대략적인 에너지 차이를 통해 답을 유추해낼 수 있다.

- **분광학**: 분광학은 유기 분자의 구조를 결정하는 가장 중요한 수단이다. 분광학 문제를 해결하는 것은 여러 가지 퍼즐 조각들을 짜맞춰서 하나의 큰 "그림"을 완성하는 것과 같다. 여러 가지 각각의 퍼즐들을 풀어낼 때에는 각각에 따라 사용해야 할 효율적인 전략들을 배워야 한다.

Problem I-5. 아래와 같은 분광학적 자료들을 보이는 분자의 구조는 무엇일까?
^{1}H NMR δ = 1.30 (broad s, 1 H), 3.89 (d, J = 7.8 Hz, 2H), 5.49 (t, J = 7.8 Hz, 1H) ppm; IR 1670 (weak), 3310 (strong, broad) cm^{-1}; MS m/z = 88 ($M^{+\cdot}$).

질문이 무엇 (**W**hat) 인지 매우 간단하다.

스펙트럼의 종류가 무엇을 알려주는지 파악하는 것부터 시작한다 (**S**tart). 여러분들은 다음과 같은 사실들을 알아야 한다.

(a) 질량 분광분석 또는 주어진 조성 (분자식)
(b) 적외선 스펙트럼으로부터 작용기 존재 유무

(c) ^{1}H NMR 스펙트럼으로부터 수소 원자의 개수와 위치

정보(***I***nformation):

(a) 분자의 조성이 주어지지 않았다. 여러분의 질량 분광분석 자료가 있고, 분자량은 88이며, 분자량이 88인 일반적인 원소들로 구성된 조합들을 시행착오를 통해 알아내려고 하지만, 이것은 매우 비효율적이다. 이 정보는 잠시 뒤쳐놓고 IR과 ^{1}H NMR로 넘어간다.

(b) IR 스펙트럼에서 강하고, 넓은 3310 cm^{-1}의 흡광은 OH 작용기의 존재를 나타낸다. 약한 1670 cm^{-1}의 흡광은 C = C 이중 결합을 나타낸다(11-8절).

(c) 다음은 ^{1}H NMR 스펙트럼이다. δ = 1.30 ppm에서의 넓은 단일선은 OH 작용기의 수소 원자가 거의 확실하다(10-8절). δ = 5.49 ppm에서의 신호는 알케닐 수소의 존재를 나타낸다. 마지막으로, δ = 3.89 ppm은 이웃하는 OH 작용기에 의한 두 수소 원자의 벗김 효과에 의한 신호이다(표 10-2 참조).

논리적이며 차근차근히 진행하라(***P***roceed): 여러분들은 "퍼즐들의 조각", 즉 분자들의 조각을 가지고 있다. 이 조각들을 어떻게 짜맞추어야 할까? 그 조각들은 CH_2—와 연결되는 것이 OH— 작용기 하나, 수소 원자를 하나 포함하는 이중 결합인 C═CH 작용기 하나이다. ^{1}H NMR 신호의 적분값과 스핀-스핀 갈라짐값에 기반할 때(알케닐 수소는 삼중선으로 갈라지고, $C\underline{H_2}OH$는 이중선으로 갈라지며, 따라서 이 두 수소 원자는 반드시 주변에 있어야 한다(10-7절). 여러분은 아래와 비슷한 구조를 유추할 수 있다.

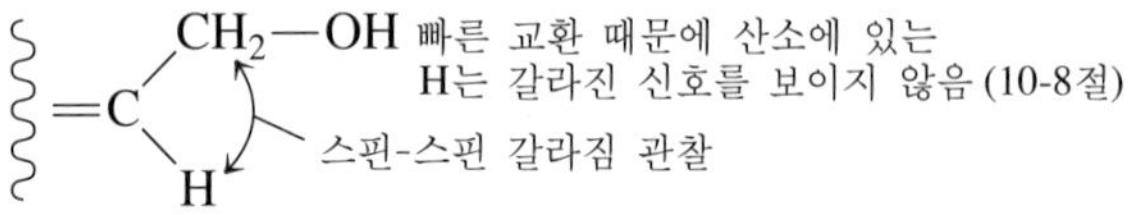

CH_2—OH 빠른 교환 때문에 산소에 있는 H는 갈라진 신호를 보이지 않음(10-8절)
═C
H
스핀-스핀 갈라짐 관찰

물론 여기까지가 전체 분자를 다 파악한 것은 아니다. 원자 질량은 44밖에 안 된다. 원자가 부족한 것이 확실하지만 더 이상의 ^{1}H NMR 신호는 없다. 무엇을 해야 할까? 이 구조의 분자량이 여러분에게 큰 힌트를 주고 있다. 원자 질량은 주어진 분자량의 정확한 절반값이다. 이를 통해 여러분은 이 분자가 정확히 대칭인 구조임을 알 수 있다. 이미 파악한 한쪽 부분과 정확히 같은 환경에 있는 대칭인 부분이 있다. 이에 따라 여러분은 다음과 같은 구조를 유추할 수 있다.

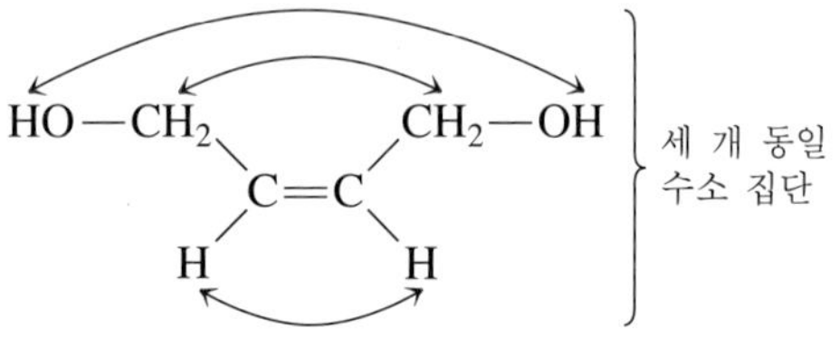

HO—CH_2 CH_2—OH
C═C
H H
세 개 동일 수소 집단

이 구조가 주어진 자료와 일치하는가? 분자 조성은 $C_4H_8O_2$, 이로부터 얻어지는 질량은 48 + 8 + 32 = 88이다. IR 스펙트럼은 매우 잘 맞아들어간다. ^{1}H NMR 스펙트럼은 어떤가? 적분값은 1 H, 2 H, 1 H 이며, 이를 통해 네 개의 수소가 존재한다고 생각할 수 있지만, 이 해석은 잘못된 것임을 앞에서 확인하였다. NMR 적분값은 각기 다른 환경에 있는 수소 원자들의 **상대적인** 수치를 나타낸다(10-6절 참조). 따라서 주어진 값은 각 신호에 해당하는 수소 원자들의 실제값의 절반에 해당하는 수치이다. 이와 같이 대칭성을 가지고 있는 유기 분자에 대한 분광학 문제는 자주 출제되므로, 여러분은 그 대칭성을 띄는 분자에 대한 가능성을 항상 기억해야 한다.

지금 단계에서 여러분은 모든 자료가 우리가 제안하는 구조와 맞아들어가는 것을 확인하였다. 또 다른 가능성은 없는 걸까? 답은 있다. 트랜스 이성질체가 또 있다. 하지만 11-8절을 면밀히 검토해 보면, 트랜스 알케인은 970 cm^{-1}에서 선명한 신호를 보인다는 사실을 알게 된다. 이와 같은 신호가 없으므로, 여러분이 제시한 답안이 가장 가능한 구조이다.

마무리 메모: 만약 여러분이 분자 조성을 미리 알고 있었다면 이 문제는 상당히 쉬웠을 것

이다. 고분해능 질량 스펙트럼으로부터 얻은 정확한 분자량 또한 도움이 된다(11-9절 참조). 이 분자의 절대 질량(88.0524)은 대략적으로 88의 분자량을 갖는 $C_4H_{12}N_2$ (88.1002)나 $C_5H_{12}O$ (88.0889) 분자들과 구분해서 분자식이 $C_4H_8O_2$임을 보여 준다(표 11-5 참조).

"어떻게(How)" 또는 "왜(Why)"를 묻는 문제를 해결하는 방법

이제 두 번째 유형의 문제로 넘어가도록 하겠다. 이러한 질문들은 분자들이 **변화**(*change*)하는 과정, 즉 화학 반응을 다루는 문제이다.

- **다음 반응의 생성물은 무엇인가?** 여러분이 모든 것을 다 암기할 수 있다 하더라도, 여러분이 생성물의 구조를 파악하기 위해서는 반응의 종류를 파악하고, 적절한 반응 메커니즘을 적용하는 것이 필요하다. 이런 종류의 문제에서 단순히 "무엇이냐(What?)"를 묻는 것은 굉장히 드문 예이다. 예를 들어, 아래와 같은 모의 시험을 생각해 보고, 이것을 해결해 나가는 방법을 같이 따라가 보도록 하겠다.

Problem I-6. (5점) 다음 반응의 주생성물(들)을 쓰시오.

Br

$\xrightarrow{\text{NaOH, CH}_3\text{CH}_2\text{OH}}$

첫눈에 보기에는 단순히 무엇이냐(*W*hat?)를 묻는 문제로 보인다. 하지만 정말 그럴까? 같이 살펴보도록 하겠다.

어떻게(***H***ow) 시작해야 할까? 출발물인 유기 분자와 반응 시약이 속해 있는 물성의 범주를 파악해야 한다. 이것을 통해 해답을 도출할 수 있는지 살펴보겠다.

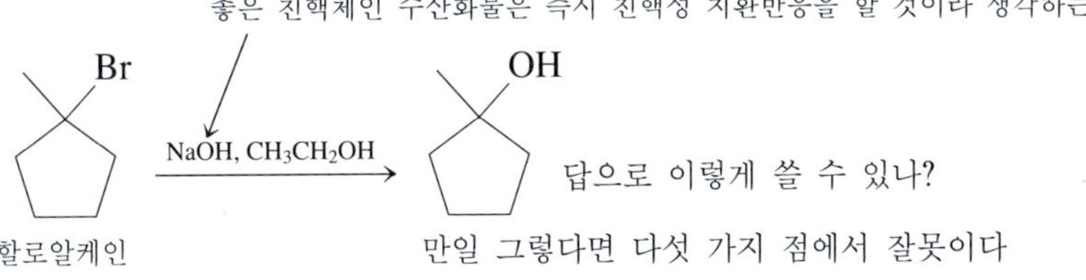

느긋해지기 바란다. 좀 더 쳐다보라. 기질은 삼차 탄소이고 $^-$OH는 강염기이다.

정보(***I***nformation): 표 7-4를 통해 여러분은 삼차 탄소와 강염기 사이의 반응은 E2 메커니즘에 의한 제거반응을 통해 진행된다는 사실을 알 수 있다. 아직 끝나지 않았다. 하나 이상의 이성질체들이 생길 수 있다. 11-6절에서는 제거반응의 위치선택성에 대해서 다루고 있는데, 하이드록사이드와 같은 입체 장애가 없는 염기는 Saytzer 규칙에 따라 더 안정한 알케인을 만든다고 기술하고 있다.

자, 마지막으로 여러분은 아래와 같이 문제 풀이를 진행해(***P***roceed) 나갈 수 있다.

Br

$\xrightarrow{\text{NaOH, CH}_3\text{CH}_2\text{OH}}$ + ← 유일하게 확실한 답

Hofmann (주) **Saytzev** (부)

- **어떻게 생성물이 형성되는가? 그 이유를 설명하시오.** 이 단어는 "메커니즘을 적으라"는 알람과 같다. 여러분이 반응 메커니즘을 다루지 않는다면, "어떻게(How?)"나 "왜(Why?)"라는 질문에 답할 수 없을 뿐만 아니라, 화학 반응에 대해 어떤 것도 "설명"하지 못한다. 각각의 반응 단계들은 유기화학이라는 언어의 **단어**(*word*), 즉 어휘와 같다. 또한 이 각각의 단어들을

잘 배열하는 **문법**(*grammar*)이 필요하다. 메커니즘은 이 문법과 같다.

Problem I-7. 아래 두 반응 중 어떤 반응이 더 빨리 진행되는가? 그리고 두 반응의 생성물은 무엇인가? 설명하시오.

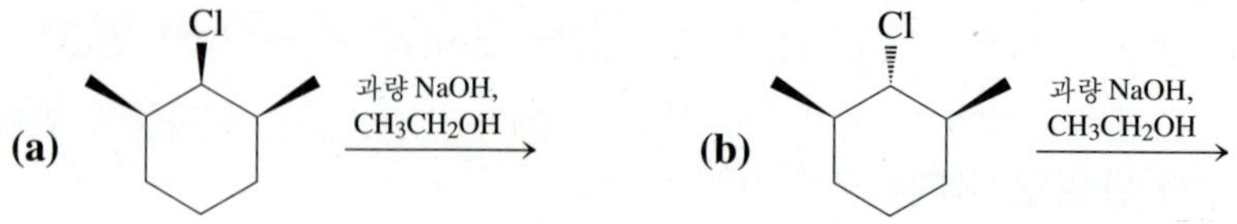

(a) 과량 NaOH, CH_3CH_2OH →　(b) 과량 NaOH, CH_3CH_2OH →

문제가 묻고 있는 것은 무엇(**W**hat)인가? "설명하시오!" 여기에 단서가 있다. 이 문제는 **메커니즘**을 묻는 문제이다.

어떻게(***H***ow) 시작해야 할까? 문제 풀이에 앞서서 먼저 반응물을 분석해야 한다. 여기에서는 인접 탄소 원자에 의해 추가적인 입체 부자유가 있는 이차 사이클로알케인이 반응물로 제시되었다. 또한 반응 시약으로 강한 친핵체이며, 염기가 제시되었다.

정보(***I***nformation): S_N2에 의한 치환반응은 바람직하지 않아 보인다. Problem I-6과 같이 E2 반응이 더 나아보인다(표 7-4 참조). 다음은 무엇일까?

논리적으로 진행한다(***P***roceed): 질문을 통해 어떤 방향으로 진행해야 하는지 단서를 찾는다. **왜**(***W***hy) 이 두 반응이 서로 다른 속도로 진행할까? 두 반응물은 어떻게 다를까? 답은 입체화학적으로 다르다이다. 자 그럼 이 두 출발물을 보다 유용한 사이클로헥세인의 의자 형태로 다시 그려본다.

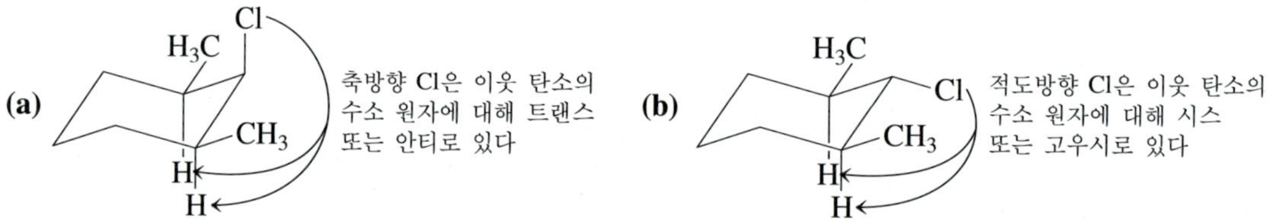

(a) Cl, H_3C, CH_3, H, H — 축방향 Cl은 이웃 탄소의 수소 원자에 대해 트랜스 또는 안티로 있다

(b) H_3C, Cl, CH_3, H, H — 적도방향 Cl은 이웃 탄소의 수소 원자에 대해 시스 또는 고우시로 있다

E2 메커니즘은 이탈기와 수소 원자가 인접한 탄소 원자에서 안티 방식으로 정렬하여 제거될 때 가장 잘 일어난다(11-6절 참조). (a)의 반응물만이 이러한 배열을 할 수 있다. 따라서 (a) 반응이 더 빠르며, 제거반응을 통해 고리형 알켄을 주생성물로 만들게 된다.

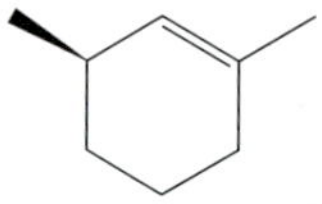

이 반응의 메커니즘을 자세하게 기술해야 한다면, 여러분은 7-7절과 그림 7-8의 설명을 기반으로 E2 반응과 관련지은 정보(***I***nformation)들을 답해야 한다. Cl 원자와 연결된 탄소 원자를 δ^+의 극성을 띠게 된다. 이 반응은 세 가지 전자쌍이 연속적으로 움직이면서 한 단계 반응으로 일어난다. 처음은 염기인 하이드록사이드 이온으로부터 출발하여, 이 염기가 β 수소 원자를 공격해서 이탈시킨다. 두 번째로 C—H 결합이 깨지면서 전자쌍이 δ^+탄소 원자 쪽으로 이동하여 새로운 π 결합을 형성한다. 세 번째로는 염소 이온이 이탈기로 떨어져 나간다. 전자 이동 화살표를 통해 이를 묘사하면 다음과 같이 그릴 수 있다.

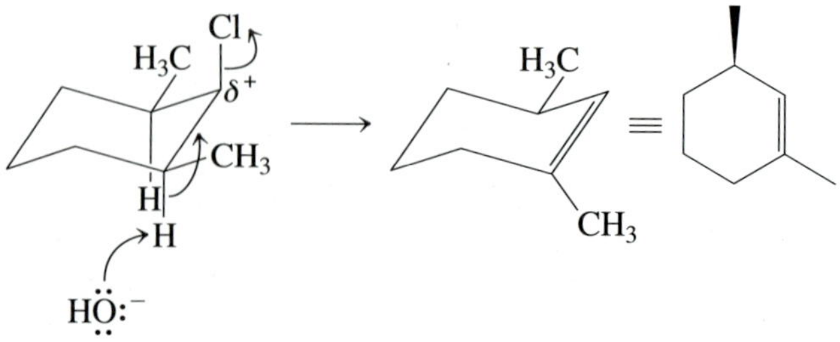

Cl, H_3C, δ^+, CH_3, H, H, $H\ddot{O}:^-$ → H_3C, CH_3 ≡

• **한 분자를 다른 특정한 분자로 변화시키기 위해서는 어떤 시약(들)이 필요할까?** 합성은 반응 어휘들에 대한 여러분의 지식, 즉 한 종류의 물질이 다른 물질로 어떻게 변화하는지 정확하게 아는 것을 필요로 한다. 매 챕터의 끝부분인 문제 섹션에 앞서 있는 Reaction Road Maps는 이러한 목적에 따라 여러분이 공부할 수 있도록 고안하였다. 역합성 분석(8-9절)은 합성 문제에 대한 해결법을 고안하는 체계를 마련해 줄 것이다.

Problem I-8. 세 개 이하의 탄소 원자가 포함된 유기 분자로부터 출발하여 (3-hexanone)을 합성하는 방법을 고안하시오.

문제가 묻고 있는 것은 무엇(***W***hat)인가? 사실 여러 가지를 묻고 있다. 생성물은 케톤이며, 따라서 여러분은 작용기를 만들어야 한다. 탄소 원자가 여섯 개이며, 여러분은 탄소 세 개가 포함된 출발물로부터 시작해야 하며, 적어도 하나 이상의 탄소-탄소 결합을 만들어야 한다. 또한 어떤 출발물로부터 시작해야 할지, 어떤 반응을 해야 할지를 결정해야 한다. 결정해야 할 사안이 너무 많다.

어떻게(***H***ow) 시작해야 할까? (1): 케톤을 만들어야 한다. 케톤을 만드는 반응을 알고 있는가?

정보(***I***nformation) (1): 현재까지 케톤을 만드는 반응은 딱 하나이다. 8-6절의 크로뮴(VI) 시약을 이용하여 이차 알코올을 산화시켜 케톤을 얻을 수 있다.

진행(***P***roceed)(1): 역합성 분석을 통해 아래 왼쪽 그림과 같이 이차 알코올로부터 케톤을 얻을 수 있다는 사실을 알고 있다. 원래 반응은 아래 오른쪽 그림과 같다. 이 그림은 여러분의 답안 내용 중 맨 마지막 부분이다.

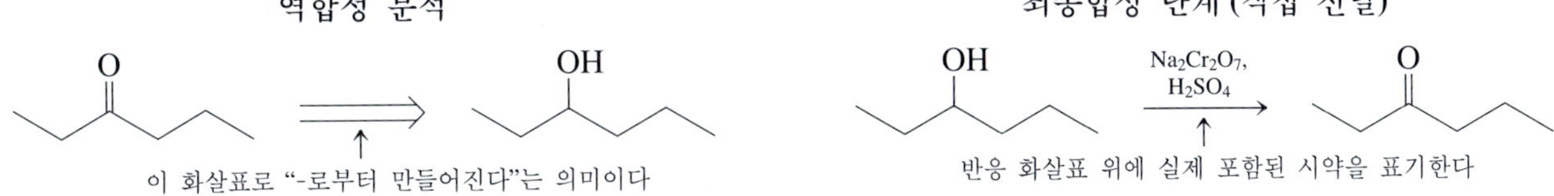

다음으로 문제가 묻고 있는 것은 무엇(***W***hat)인가? 여러분은 새로운 합성 문제에 직면하게 된다. 이 반응의 출발물인 3-hexanol을 합성하는 문제이다. 3-hexanol은 이차 알코올이다.

어떻게(***H***ow) 시작해야 할까? (2): 이차 알코올을 합성하는 방법을 알고 있는지 자신에게 물어본다.

정보(***I***nformation) (2): 여러분은 이미 두 가지 방법을 알고 있다. 하이드라이드 시약을 사용해 케톤을 환원시키는 방법(8-6절)과 알데하이드에 Grignard 시약을 첨가하는 방법(8-8절)이다.

진행(***P***roceed) (2): 이 두 가지 선택에 대해 각각의 타당성을 먼저 확인한다. 케톤을 환원하는 것은 여기에선 좋은 방법이 아니다. 왜냐하면 3-hexanol을 만들기 위해 환원시키는 케톤이 우리가 만들려고 하는 3-hexanone이기 때문이다. 이렇게 하면 여러분은 원점을 빙빙 돌고 있게 된다. 두 번째 방법인 Grignard 시약과 알데하이드를 이용하여 3-hexanol을 얻는 방법을 고려해야 한다. 역합성적으로 생각해 보면, 두 가지 조합을 찾아낼 수 있는데, 이는 알코올이 연결된 탄소를 중심으로 왼쪽으로 이어지는 탄소-탄소(결합 *a*)와 오른쪽으로 이어지는 탄소-탄소(결합 *b*)로 나뉠 수 있다.

3-Hexanol의 역합성 분석: 두 가지 옵션

a: CH_3CH_2MgX + $HCCH_2CH_2CH_3$ (C=O) ⟵ 알데하이드가 탄소 네 개를 가짐
Grignard 시약 / 알데하이드

b: CH_3CH_2CH (C=O) + $XMgCH_2CH_2CH_3$ ⟵ 두 물질이 탄소를 세 개씩 가짐
알데하이드 / Grignard 시약

결합 *a*를 만들 수 있지만, 한쪽의 출발물이 네 개의 탄소를 포함하는 알데하이드이다. 세 개 이하의 탄소가 포함된 물질만을 출발물로 사용할 수 있기 때문에, 더 작은 분자로부터 알데하이드 분자를 만들어야 한다. 반면에 결합 *b*의 경로를 이용하면 세 개의 탄소 원자가 포함된 두 가지 출발물로부터 Grignard 반응을 통해 생성물을 합성할 수 있다. 필요한 Grignard 시약은 할로알케인인 1-bromopropane과 마그네슘을 통해 만들 수 있다(8-7절 참조). 따라서 최종 합성 경로는 아래와 같다.

$CH_3CH_2CH_2Br$ —(1. Mg, $(CH_3CH_2)_2O$; 2. CH_3CH_2CHO; 3. H^+, H_2O)→ 3-hexanol (OH) —($Na_2Cr_2O_7$, H_2SO_4)→ 3-hexanone (O)

알켄의 반응

현대 전자 기기(예를 들어, 그림의 아이폰)는 수천 번 충전할 수 있는 배터리에 의존한다. 1,1-Difluoroethene의 중합반응으로 얻는 고성능 박막(polyvinylidene fluoride)은 리튬 이온 배터리 셀 간의 전하의 흐름을 가능하게 하고, 내부적인 합선과 고장을 방지한다. Li-이온 폴리머 배터리는 무게와 에너지 용량측면에서 초창기의 Li-이온이나 니켈-기반 배터리보다 월등한 성능을 가진다. 이들은 일반 전자 기기와 랩탑 컴퓨터에서 사용이 꾸준히 증가하고 있고, 하이브리드 차량에 응용하는 기술도 개발 중이다.

여러분들의 방을 둘러보라. 만약 고분자에 기초한 물질들(플라스틱에서 만들어진 것 포함)이 치워진다면 어떠한 변화가 있을지를 상상할 수 있겠는가? 고분자 화합물은 현대 사회에서 아주 많은 영향을 주고 있다. 알켄 화학은 다양한 구조와 강도, 탄성과 작용을 가지고 있는 고분자 물질을 생산할 수 있게 뒷받침해 주고 있다. 이 장의 뒷부분에서는 이러한 물질을 만드는 과정들에 대해 알아볼 것이다. 그러나 그것들은 알켄이 수행하는 다양한 반응들의 단지 일부분이다.

첨가반응은 알켄 반응의 가장 큰 부류로 포화된 생성물을 준다. 우리는 첨가반응을 통해 알켄 작용기가 **두** 탄소를 연결하고 있다는 사실을 이용할 수 있고, 두 탄소 사이의 분자 구조에 대해서 세밀한 조작을 할 수 있게 해 준다. 다행히 π 결합에 대한 대부분의 첨가반응은 발열 반응이다. 만약 반응 경로가 가능하다면 이는 반드시 얻어날 것이다.

이중 결합에 첨가하는 단순한 능력을 넘어 다른 특색들은 첨가반응의 다양성과 유용성을 증가시킬 것이다. 많은 알켄은 정해진 입체구조(*E* 또는 *Z*)를 가지고 있고, **많은 이중 결합의 첨가반응은 입체적으로 정해진 방향으로 진행된다**는 것에 대해 기술할 것이다. 이 사실과 비대칭 알켄 첨가반응이 위치선택적으로 일어난다는 사실을 조합하면 첨가반응의 진행 과정은 조절할 수 있고, 결론적으로 형성된 생성물의 구조를 조절할 수 있다는 것을 알게 될 것이다. 이러한 조절은 거울상이성질적으로 순수한 의약품 합성에 절묘하게 응용될 수 있다(화학 이야기 5-4와 12-2, 12-2절 참조).

촉매 활성화 과정을 자세히 기술하는 데 초점을 맞춘 수소첨가반응의 논의로부터 시작하려고 한다. 다음으로 양성자, 할로젠 및 금속 이온 같은 친전자체가 알켄에 첨가되는 많은 첨가반응에 대하여 기술할 것이다. 이 장에서 다루는 합성 레퍼토리에 첨가될 다른 첨가반응으로는 수소붕소첨가반응 몇 가지 산화반응(이중 결합의 완전한 분해가 일어날 수 있음) 그리고 라디칼 반응 등이 있다. 이러한 첨가반응은 각각이 다른 방향을 줄 것이다. 이 장의 끝에 있는 반응 요약 집약도는 다양한 화합물들을 이용하여 다양한 화합물로 전환되는 전반적인 반응에 대하여 개략적으로 설명한다.

12-1 왜 첨가반응이 일어나는가: 열역학적 실현성

탄소-탄소 π 결합은 비교적 약하며, 알켄 화학은 대부분 이것의 반응에 의해 지배된다. 가장 보편적인 변환은 시약 A — B가 **첨가반응(addition)**을 일으켜 알켄이 포화 화합물로 되는 반응이다. 이 과정에서 A — B 결합이 끊어지고, A와 B가 탄소와 단일 결합을 새롭게 형성한다. 따라서 이 반응이 **열역학적으로 일어날 가능성**은 π 결합의 세기, 해리 에너지(DH°_{A-B})와 A와 B가 새롭게 형성하는 결합의 세기에 의존한다.

알켄 이중 결합의 첨가반응

$$\text{>C=C<} + \text{A—B} \xrightarrow{\Delta H^\circ = ?} \text{—}\overset{\text{A}}{\text{C}}\text{—}\overset{\text{B}}{\text{C}}\text{—}$$

이 반응의 ΔH°는 끊어진 결합들의 세기에서, 새로이 만들어지는 결합들의 세기를 뺀 값으로부터 **추측**(*estimate*)할 수 있다는 사실을 기억하라(3-4절).

$$\Delta H^\circ = (DH^\circ_{\pi\ \text{결합}} + DH^\circ_{A-B}) - (DH^\circ_{C-A} + DH^\circ_{C-B})$$

이 식에서 C는 탄소이다.

표 12-1은 DH°값[표 3-1과 표 3-4의 자료와 π 결합의 세기를 65 kcal mol^{-1} (272 kJ mol^{-1})로 이용하여 얻은 값]과 에텐에 대한 여러 가지 첨가반응의 ΔH° 계산값을 나타내었다. 모든 예제 반응에서 새롭게 형성된 결합의 결합 세기 합은 분해된 결합들의 결합 세기 합보다 더 (때로는 아주) 크다. 따라서 열역학적으로 **알켄에 대한 첨가반응은 에너지를 방출하며 생성물로 가야 한다.**

표 12-1 Ethene의 첨가반응에 대한 추측한 ΔH°(kcal mol^{-1})[a]

$CH_2{=}CH_2$	+	A—B	⟶	H—C(A)H—C(B)H—H		
$DH^\circ_{\pi\ \text{결합}}$		DH°_{A-B}		DH°_{A-C}	DH°_{B-C}	~ΔH°
수소첨가반응						
$CH_2{=}CH_2$	+	H—H	⟶	$H\text{—}CH_2\text{—}CH_2\text{—}H$		−33
65		104		101	101	
브로민화반응						
$CH_2{=}CH_2$	+	:B̤r—B̤r:	⟶	H—C(:Br:)H—C(:Br:)H—H		−29
65		46		70	70	
염화수소첨가반응						
$CH_2{=}CH_2$	+	H—C̤l:	⟶	H—C(H)H—C(:Cl:)H—H		−17
65		103		101	84	
수화반응						
$CH_2{=}CH_2$	+	H—ÖH	⟶	H—C(H)H—C(:OH)H—H		−11
65		119		101	94	

[a]이 값들은 단지 어림값임. 혼성화 변화에 의해 수반되는 C — C와 C — H σ 결합 세기의 변화를 고려하지 않았다.

연습 문제 12-1

Ethene에 H_2O_2를 첨가반응시켜 1,2-ethanediol (ethylene glycol)을 생성하는 반응의 $\Delta H°$를 계산하시오 [$DH°_{HO-HO}$ = 49 kcal mol^{-1} (205 kJ mol^{-1})].

12-2 촉매 수소첨가반응

이중 결합의 가장 간단한 반응은 이중 결합을 수소로 포화시키는 반응이다. 11-5절에서 논의한 것처럼, 수소첨가반응에서 발생하는 반응열로부터 치환기를 가지고 있는 여러 가지 알켄의 상대적인 안정도를 계산할 수 있다. 이러한 수소첨가반응에는 균일 촉매(즉, 반응 용매에 녹음)나 불균일 촉매(즉, 반응 용매에 녹지 않음)가 필요하다.

수소첨가반응은 불균일 촉매 표면에서 일어난다

알켄을 알케인으로 변화시키는 수소첨가반응은 발열 반응이기는 하지만, 높은 온도에서조차도 일어나지 않는다. 에텐과 수소를 200°C에서 기체상으로 오랫동안 반응시켜도 반응은 진행되지 않는다. 그러나 촉매를 첨가하면 상온에서도 수소첨가반응이 일정한 속도로 진행된다. 이러한 촉매들은 팔라듐(예를 들어, 탄소에 팔라듐을 분산시킨 것, Pd—C), 백금(Adams* 촉매, PtO_2, 수소 존재에서 콜로이드 형태의 백금 금속으로 전환됨)과 니켈(Raney† 니켈, Ra—Ni이라 불리는 것처럼 곱게 분산된 것)과 같은 종종 용매에 녹지 않는 물질이다.

촉매의 주요 작용은 촉매 표면에 수소를 결합하여 수소를 활성화시키는 것이다(그림 12-1). 금속 없이 열에 의해 강한 H—H 결합을 끊는다는 것은 에너지적으로 불가능하다. 이러한 수소첨가반응에서 일반적으로 사용하는 용매는 메탄올, 에탄올, 아세트산 및 아세트산 에틸 등이다.

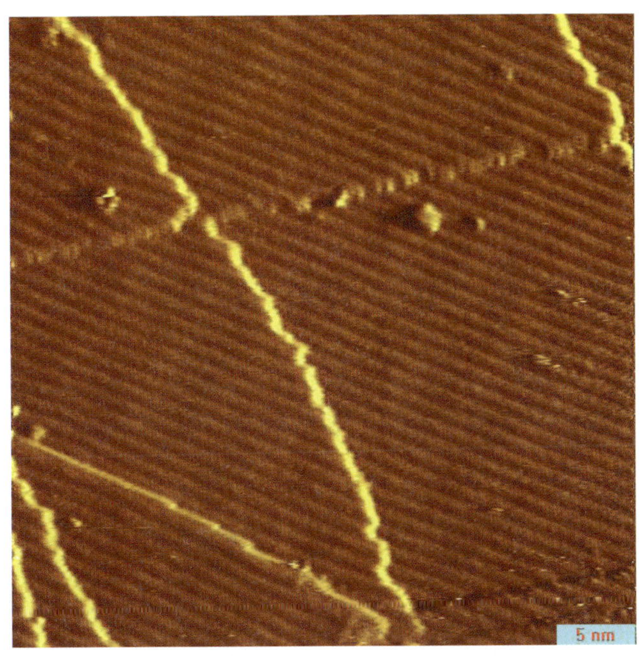

Pt 표면의 주사 터널링 현미경(STM) 이미지. STM은 원자 수준의 분해능을 갖는 그림을 제공한다(그림 오른쪽 아래의 막대는 5 nm = 50 Å을 표시한다). 갈색 Pt 원자의 평형 배열의 잘 정렬된 패턴을 볼 수 있다. 노란색의 "횡단선"은 표면의 계단을 나타내고 있고, 여기에서 대부분의 촉매 활동이 일어난다 (*Courtesy Professor Gabor A. Somorjai and Dr. Feng Tao University of California at Berkeley*).

*Roger Adams 교수(1889~1971), Urbana-Champaign 소재, Illinois 대학교.

†Murray Raney 박사(1885~1966), Tennessee 주, South Pittsburg 소재, Raney 촉매 회사.

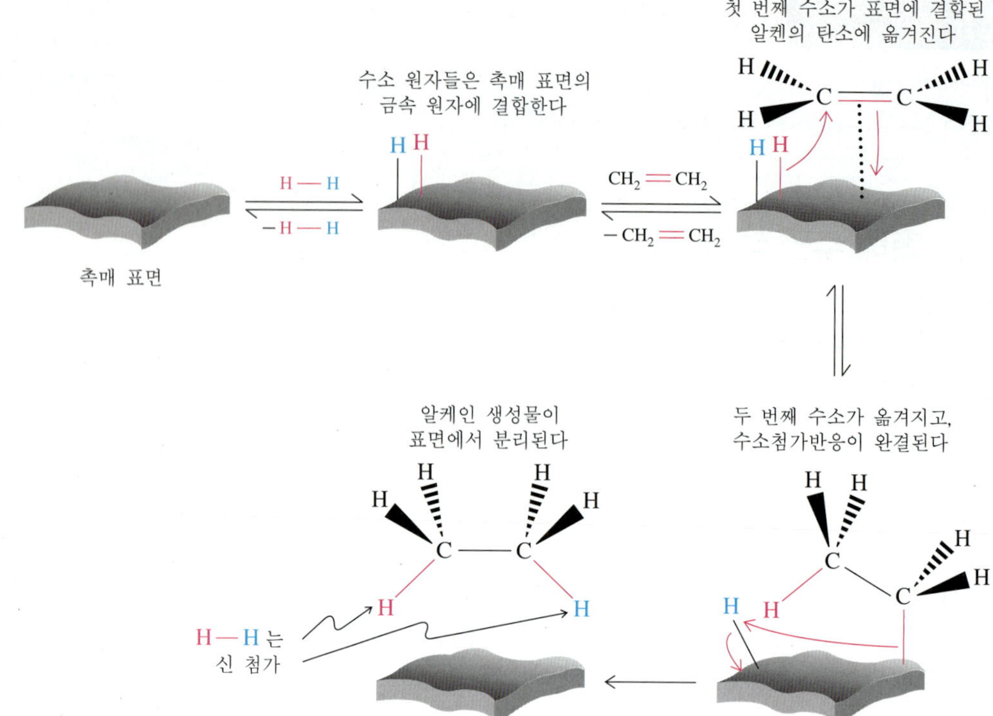

그림 12-1 촉매 수소첨가반응으로 ethene을 ethane으로 만드는 반응 메커니즘. 수소는 촉매 표면에 결합하고, 촉매 표면에 흡수된 알켄으로 옮겨진다.

연습 문제 12-2

개념 문제: 알켄 수소첨가반응 조건에서 시스-트랜스 이성질화

Oleic acid의 시스 이중 결합을 촉매 수소첨가반응 과정에서 자연에 존재하는 트랜스 이성질체가 얼마간 생성된다. 설명하시오.

Oleic acid = R(H)C=C(H)$(CH_2)_7COOH$, $R = C_8H_{17}$

전략

그림 12-1의 메커니즘을 검토하라. (1) 원래 이중 결합 탄소 간의 회전을 허용하고, (2) 트랜스 배열의 이중 결합을 다시 만들 수 있는 경로를 찾아보라.

풀이

- 메커니즘은 이 문제에 적용할 수 있는 두 가지 중요한 점을 가지고 있다. 첫 번째, 처음의 세 단계는 **가역적** (*reversible*)이다. 두 번째, 두 개의 수소 원자는 이중 결합 탄소에 **한 번에 하나씩** 첨가된다. 이러한 특성을 이성질화 과정에 어떻게 사용할 것인지 살펴보자.
- 알켄이 촉매 표면에 결합하는 단계부터 메커니즘을 그려보자(주: 여러 단계들을 합치지 마라! **모든** 메커니즘에서 각각의 단계는 분리해서 그려야 한다. 그렇지 않으면 중요한 중간체를 놓칠 수가 있다). 첫 번째 수소의 첨가로 메커니즘은 다음과 같다.

H H (표면) ⇌ (+ Oleic acid) H H (표면)·R(H)C=C(H)$(CH_2)_7COOH$ ⇌ H (표면)·RHC(H)–CH(H)$(CH_2)_7COOH$

첫 번째 수소 전이 후 중간체

- 그림 12-1의 일반적인 설명과 같이 다음에 어떤 일이 일어날지 알 수 있다. 두 번째 수소가 전이된 후 수소첨가된 생성물 [stearic acid, $CH_3(CH_2)_{16}COOH$]이 방출된다. 이 마지막 단계는 비가역적이라는 것을 주의해야 한다. 일단 반응이 진행되면 시스 또는 트

랜스 알켄으로 되돌아갈 수는 없다. 따라서 시스-트랜스 이성질화 경로는 앞에 그린 부분적인 메커니즘에서 일어나야 한다.

• 수소가 하나 전이된 후의 중간체를 주시하라. 이것은 이전의 이중 결합 탄소 간에 **단일 결합**을 가지고 있고, 구조적으로 유동적이다(2-8절). 120° 회전하고, 이 중간체를 생성한 수소 전이 반응을 **역으로** 진행하면 트랜스 구조의 알켄이 생성된다.

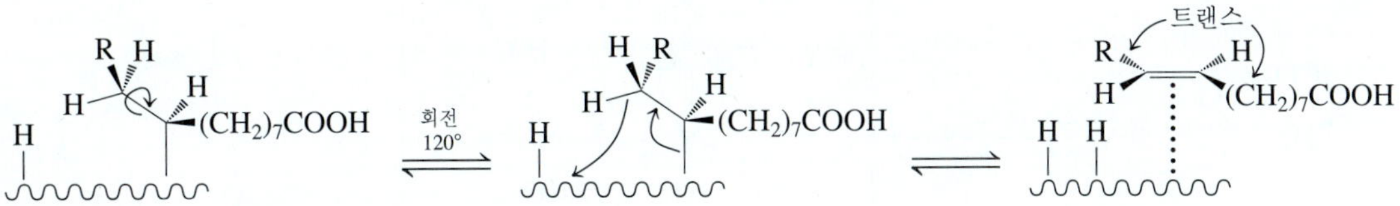
회전
120°
트랜스
$(CH_2)_7COOH$

• 이 알켄을 촉매 표면에서 방출하면 이성질화가 완결된다. 이 변환 과정은 공업적으로 마가린이나 부분적으로 포화된 지방을 얻는, 식물성 기름의 부분적 수소첨가반응에서 일어나는 것과 같다. 이러한 생성물의 트랜스 이중 결합은—흔히 **트랜스 지방산(*trans* fatty acid)** 이라고 하는데—화학 이야기 19-3에서 소개하는 여러 가지의 건강 유해 효과를 유발한다.

연습 문제 12-3

자습 문제

3-Methyl-1-butene의 촉매 수소첨가반응에서 약간의 2-methyl-2-butene이 생성된다. 설명하시오.

수소첨가반응은 입체특이성 반응이다

촉매 수소첨가반응의 중요한 특성은 **입체특이성**(*stereospecificity*)이다. 두 개의 수소 원자들은 이중 결합의 같은 쪽에 첨가된다[**신 첨가(*syn* addition)**]. 예를 들어, 1-에틸-2-메틸사이클로헥센을 백금 촉매에서 수소첨가반응시키면 오직 시스-1-에틸-2-메틸사이클로헥세인이 생성한다. 수소의 첨가는 분자 평면 위와 아래에서 동일한 가능성으로 일어날 수 있다. 따라서 수소가 첨가되어 생기게 되는 두 개의 입체중심은 상과 거울상이 되므로, 생성물은 라세미 혼합물이 된다.

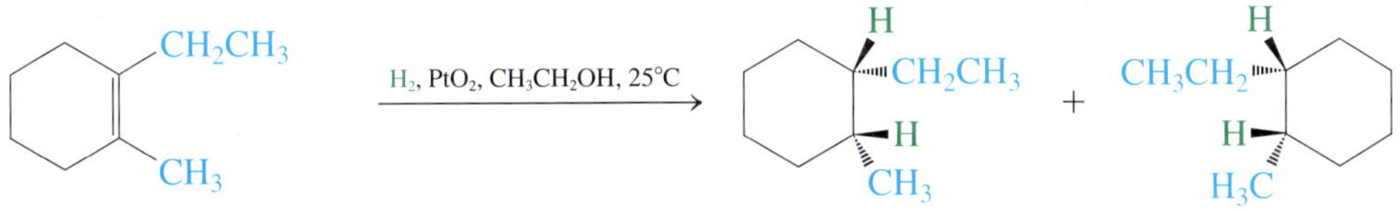
CH_2CH_3
CH_3
H_2, PtO_2, CH_3CH_2OH, 25°C
82%

1-Ethyl-2-methylcyclohexene

cis-1-Ethyl-2-methylcyclohexane
(라세미체)

카이랄 촉매는 비대칭 수소첨가반응을 가능하게 한다

만약 입체 장애가 이중 결합의 한쪽 면의 수소첨가반응을 방해하면, 첨가반응은 **입체 장애가 작은** 면으로 우세하게 일어난다. 이 원리는 거울상선택성, 즉 **비대칭 수소첨가반응**(*asymmetric hydrogenation*)의 개발에 이용되어 왔다. 이 과정은 로듐과 같은 금속과 금속에 결합하는 **순수거울상 카이랄 포스핀 리간드**로 구성되는 균일(녹는) 촉매를 사용한다. 대표적인 예가 (*R*,*R*)-DIPAMP(오른쪽 여백 그림)의 Rh 착물이다. 알켄 이중 결합과 H_2 분자가 로듐에 결합하고, 비균일 금속 촉매반응과 같이 수소첨가반응이 신 첨가로 일어난다. 그러나 카이랄 리간드의 비대칭적으로 배열된 큰 입체 장애의 작용기가 이중 결합 한쪽 면의 수소첨가반응을 방해하고, 따라서 수소첨가반응으로 생성되는 두 가지 가능한 거울상이성질체 중 한 가지만 생성된다(화학 이야기 5-4).

이 접근 방법은 의약적으로 중요한 순수 거울상이성질 화합물을 합성하는데 효과적인 것으로 증명되었다. *anti*-Parkinson 병의 치료제로 알려진 L-DOPA(오른쪽 그림)의 공업적 합성에서 필요한 *S* 거울상이성질체를 우선적으로 얻기 위해, 알켄의 비대칭 수소첨가반응이 중요 단

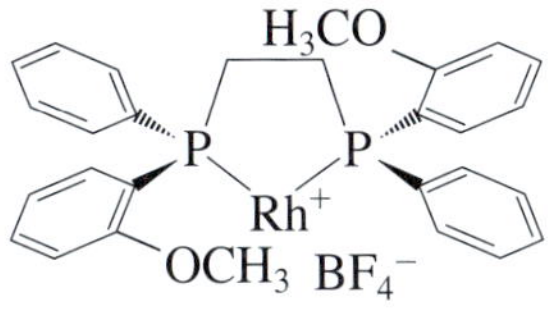
H_3CO
P
P
Rh^+
OCH_3 BF_4^-

Rh-(*R*,*R*)-DIPAMP$^+BF_4^-$

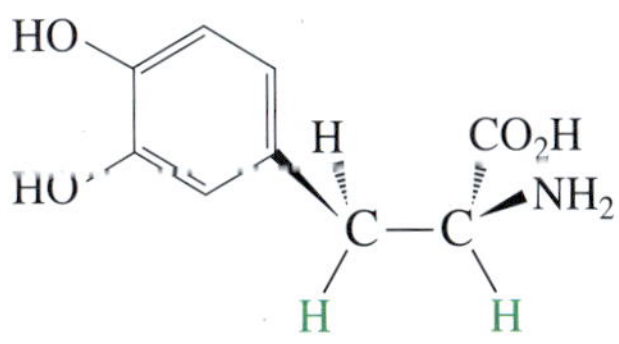
HO
HO
H
CO_2H
NH_2
C
C
H
H

L-DOPA
(가려진 형태로 나타냄)

계로 이용된다.

H_2, Rh-(*R,R*)-DIPAMP$^+$ BF_4^-
순수거울상 촉매

수소가 Rh로부터 이중 결합의 한쪽 면으로 전이된다

단일 거울상이성질체
(가려진 형태로 나타냄)

연습 문제 12-4

(*S*)-2,3-Dimethyl-1-pentene을 촉매 수소첨가반응시키면 한 가지 광학 활성 생성물만을 생성한다. 생성물을 그리고 그 결과를 설명하시오[**힌트**: H_2의 첨가가 (1) 새로운 입체중심(stereocenter)을 만드는가? 아니면 (2) 이미 존재하는 입체중심의 주위 결합들에게 영향을 주는가?].

요약 알켄 이중 결합에 수소첨가반응시키기 위해서는 촉매가 필요하며, 이러한 변환은 신-첨가 입체특이성 반응으로 일어나고, 첨가면의 선택이 가능할 때는 분자의 입체 장애가 가장 작은 쪽에서 일어난다. 이러한 원리는 카이랄 촉매를 이용한 비대칭 수소첨가반응 개발의 기초가 된다.

12-3 π 결합의 친핵성 특성: 할로젠화 수소의 친전자성 첨가반응

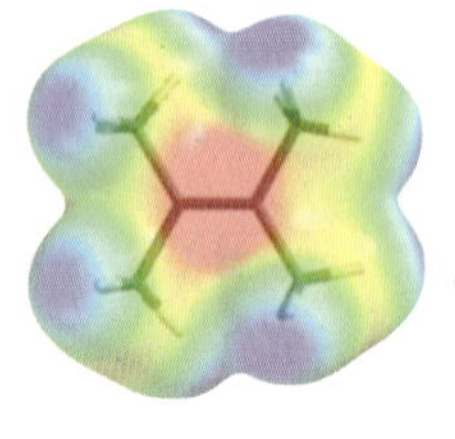

앞에서 언급한 것처럼 이중 결합의 π 전자는 σ 결합 전자보다 약하게 결합되어 있다. 알켄 분자 평면의 위와 아래에 위치한 π 결합을 형성하는 전자의 전자 구름은 편극될 수 있고, 전형적인 Lewis 염기의 고립 전자쌍처럼 친핵체와 같은 방식으로 행동할 수 있다. 2,3-다이메틸뷰텐에서 이중 결합의 상대적으로 높은 전자 밀도가 왼쪽에 있는 정전기 퍼텐셜 지도에 나타내었다(붉은색). 뒤 절에서는 친핵체로 행동하는 π 결합과 다양한 친전자체와의 반응에 대해서 기술할 것이다. 이들의 반응은 수소첨가반응에서처럼 첨가반응이다. 그러나 **친전자성 첨가반응**이라는 변환 반응들에는 서로 다른 메커니즘이 존재한다. 알켄의 변환은 위치선택성이거나 입체특이성 반응으로 일어날 수 있다. 이 절에서는 모든 친전자체 중에서 가장 간단한 양성자부터 논의하기로 하자.

양성자의 친전자성 공격은 탄소양이온을 생성한다

강산의 양성자가 이중 결합에 첨가되면 탄소양이온을 생성한다. 이 과정은 E1 반응의 양성자 이탈반응 단계의 역반응이고, 같은 전이 상태를 가진다(그림 7-7). 특히 낮은 온도에서 탄소양이온과 반응할 수 있는 좋은 친핵체가 존재하면, 탄소양이온은 **친전자성 첨가반응(electrophilic addition)** 생성물을 생성하게 된다. 예를 들어, 알켄을 할로젠화 수소와 반응시키면 상응하는 할로알케인들을 생성한다. 일반적인 반응에서의 정전기 퍼텐셜 지도는 이러한 반응 과정 중에 일어나는 전자 밀도의 흐름을 보여 준다.

알켄에 대한 HX의 친전자성 첨가반응의 메커니즘

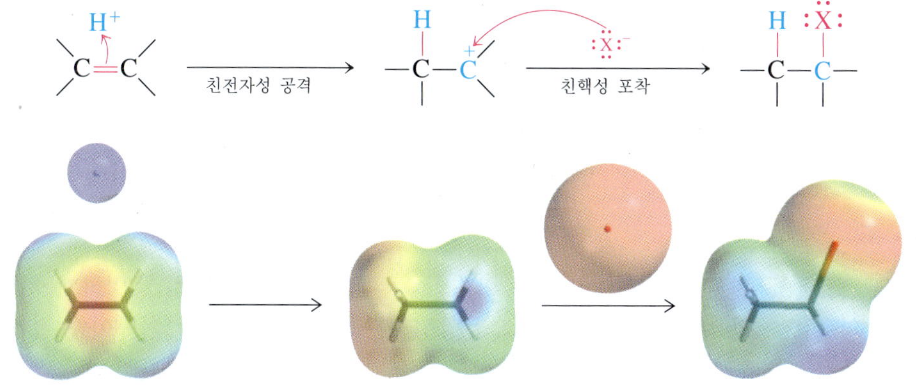

많은 메커니즘에서 H^+로 표현하지만, 이것은 용액에서 보통 Lewis 염기(이 경우 X^-)에 결합된 형태로 존재한다.

첫 번째 단계에서 전자쌍은 π 결합(그림에서 붉은 오랜지색)에서 친전자성(보라색) 양성자로 이동해서 새로운 σ 결합을 만든다. 이 단계(중간)의 탄소양이온 생성물의 퍼텐셜 지도에서 전자가 부족한 곳은 이제 양이온 탄소이다. 다음으로 음이온성(붉은색) 할로젠화 이온의 첨가가 나타나 있다. 오른쪽의 할로알케인 생성물에서 새로운 C—X 결합의 극성이 반영되어 있다. 여기서 붉은 오렌지색은 강한 δ^-의 할로젠 원자를 나타내고, 나머지 구조는 초록빛 청색에서 보라색으로 나머지 원자들은 δ^+의 성질을 나타낸다.

일반적인 실험에서는 기체상 할로젠화 수소(HCl, HBr, HI)를 순수한 알켄이나 용매에 녹인 알켄에 통과시킨다. 다른 방법으로, 아세트산과 같은 용매에 할로젠화 수소(HX)를 첨가할 수도 있다. 수용액으로 반응마무리 후 처리하면 높은 수득률로 할로알케인을 얻을 수 있다.

Cyclohexene $\xrightarrow{\text{HI, 0°C}}$ Iodocyclohexane (90%)

연습 문제 12-5

위와 같이 cyclohexene에 HI를 첨가하는 반응에 대해 두 가지 단계별 메커니즘을 쓰시오. 첫 번째로 친전자체로 자유 양성자를 사용하라. 두 번째는 해리가 안 된 HI를 친전자체 첨가반응에 사용하라. 굽은 화살표를 사용하여 모든 필요한 전자쌍 이동을 표시하라.

Markovnikov 규칙은 친전자성 첨가반응들의 위치선택성을 예측한다

비대칭 알켄에 HX를 첨가반응시키면 위치선택성인 반응이 일어나는가? 이 질문에 대한 답을 얻기 위해 염화 수소와 프로펜의 반응을 생각해 보자. 이 반응에서는 2-클로로프로페인과 1-클로로프로페인 등 두 가지 생성물이 얻어질 수 있지만, 실제로는 한 가지 생성물인 2-클로로프로페인만이 얻어진다.

Propene의 위치선택성인 친전자성 첨가반응

$CH_3CH{=}CH_2 \xrightarrow{HCl} CH_3CH(Cl)CH_2(H)$ 그러나 $CH_3CH(H)CH_2(Cl)$ 이 아니다

덜 치환된 탄소: 여기에 양성자 부착

2-Chloropropane　　1-Chloropropane

ANIMATED MECHANISM: Electrophilic addition of HCl to propene

이와 유사하게 2-메틸프로펜을 브로민화 수소(HBr)와 반응시키면 2-브로모-2-메틸프로페인만을 생성하고, 1-메틸사이클로헥센을 아이오딘화 수소(HI)와 반응시키면 1-아이오도-1-메

틸사이클로헥세인만을 생성한다.

위치선택성 첨가반응의 두 가지 예

$(CH_3)_2C{=}CH_2 \xrightarrow{HBr} CH_3C(CH_3)(Br)CH_2H$ 덜 치환됨

1-메틸사이클로헥센 $\xrightarrow{HI}$ 1-아이오도-1-메틸사이클로헥세인 덜 치환됨

이러한 예로부터 만약 이중 결합을 이루고 있는 두 개의 탄소 원자가 동일하게 치환되어 있지 않으면(비대칭적이면), **할로젠화 수소의 양성자는 치환이 덜 되어 있는 이중 결합 탄소 쪽으로 첨가된다**는 것을 알 수 있다. 결과적으로 할로젠 원자는 치환이 더 많이 된 탄소 쪽으로 첨가된다. 이러한 현상을 **Markovnikov* 규칙(Markovnikov rule)**이라고 하며, 이것은 알켄에 양성자가 친전자성 첨가반응을 하는 메커니즘에 의해 설명할 수 있다. **중요한 요인은 양성자가 첨가된 후에 생성되는 탄소양이온 중간체의 상대적인 안정도이다.**

프로펜에 HCl 첨가반응을 고려해 보자. 이 반응의 위치화학은 π 결합이 양성자를 공격하여 탄소양이온 중간체를 만드는 첫 번째 단계에 의해 결정된다. 탄소양이온 생성 단계가 속도결정 단계이다. 일단 이것이 형성되면 탄소양이온과 염화물의 반응은 빠르게 진행된다. 좀 더 자세히 첫 번째 단계를 알아보면, 양성자는 이중 결합의 두 개 탄소 원자 중 어느 하나와 반응할 수 있다. 내부 탄소에 첨가되면 일차 양이온인 프로필 양이온을 생성하게 된다.

Propene의 치환기가 많은 C2에서 양성자첨가반응(일어나지 않음)

$H_3C(H)C{=}CH_2 + H^+ \rightarrow [\text{전이 상태 1}]^{\ddagger} \rightarrow CH_3CH_2CH_2^+$

전이 상태 1

일차 탄소에 부분 양전하(분리함)

일차 탄소양이온 (관찰되지 않는다)

반대로 말단 탄소에 양성자첨가가 일어나면 이차 양이온인 1-메틸에틸(아이소프로필) 양이온을 형성한다.

Propene의 치환기가 적은 C1에서 양성자첨가반응

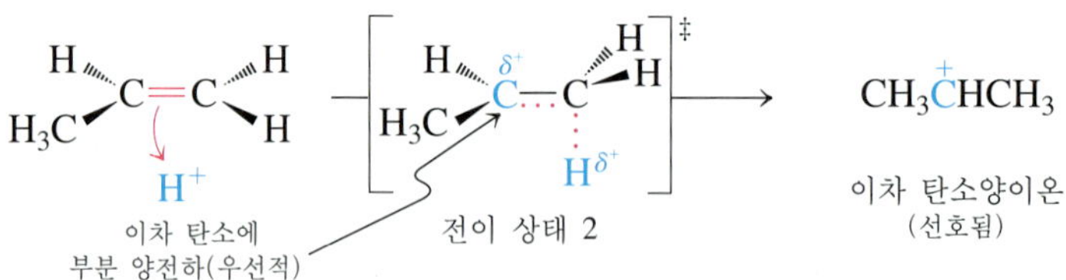

우리가 알고 있듯이, 일차 탄소양이온은 용액에서 타당한 반응 중간체가 되기에는 너무 불안정하다. 반면, 이차 탄소양이온은 상대적으로 안정하다. 또한 두 가지 가능한 경로의 전이 상태를 보면 양전하가 각각 일차와 이차 탄소에 생성된다. 따라서 **전이 상태의 에너지와 안정도는 이들이 만드는 탄소양이온의 상대적인 에너지를 반영한다.** 이차 탄소양이온을 만드는 전이 상태의 에너지(따라서, 활성화 에너지)가 낮고, 이것은 이차 탄소양이온의 생성이 더 빠르다는 것을 의미한다. 그림 12-2는 두 가지 경쟁 반응경로를 보여 주는 퍼텐셜 에너지 도표이다. 이러한 반응들은 늦은 전이 상태로 생성물인 탄소양이온의 구조를 닮아 있다.

이러한 분석에 의하면 경험적인 Markovnikov 규칙은 다음과 같이 바꾸어 말할 수 있다. 즉,

---

*Vladimir V. Markovnikov 교수(1838 ~ 1904), Mosow 대학교, 1869년에 그의 규칙을 공식화했다.

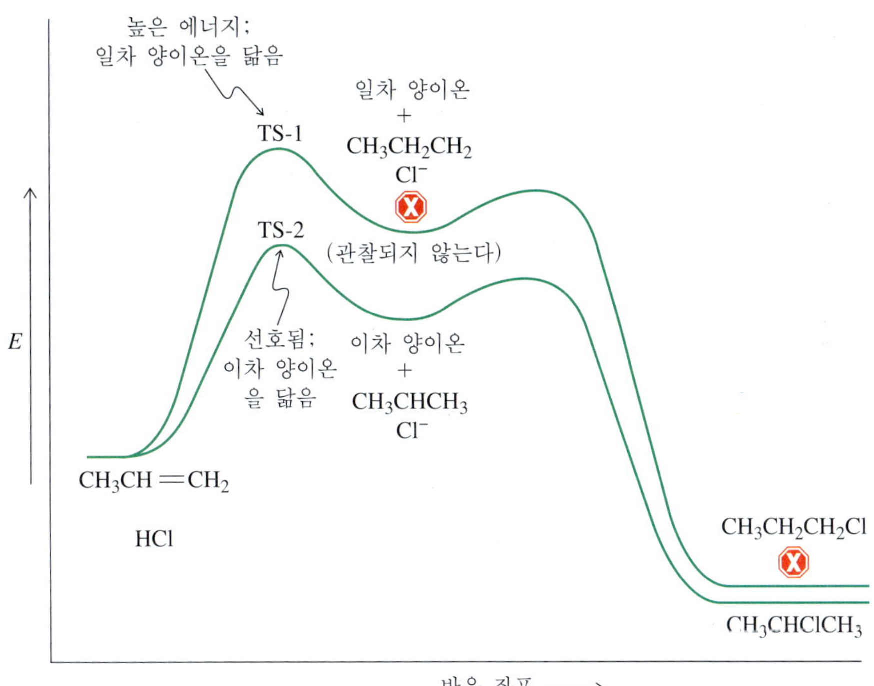

그림 12-2 Propene에 HCl이 첨가될 때 두 가지 가능한 경로에 대한 퍼텐셜 에너지 도표. 전이 상태 1 (TS-1)은 에너지가 더 높은 일차 프로필 양이온을 생성하며, 1-methylethyl (isopropyl) 양이온을 생성하는 전이 상태 2 (TS-2)보다 더 불리하다.

할로젠화 수소(HX)가 비대칭 알켄에 첨가될 때 **초기 양성자첨가반응은 더 안정한 탄소양이온을 형성하는** 방향으로 일어난다. 두 개 sp^2 탄소의 치환 상태가 유사한 알켄의 경우에는, 안정도가 비슷한 탄소양이온이 형성되므로 혼합 생성물이 예상된다. 다른 탄소양이온 반응(예, S_N1, 7-3절)과 유사하게 비카이랄 알켄에 대한 첨가반응은 카이랄 생성물을 만들 수 있고, 이들은 라세미 혼합물이다.

연습 문제 12-6

다음 화합물들에 HBr이 첨가되는 결과를 예상하시오. 또 각 경우에 몇 개씩의 이성질체가 생성되겠는가? **(a)** 1-hexene, **(b)** *trans*-2-pentene, **(c)** 2-methyl-2-butene, **(d)** 4-methylcyclohexene

연습 문제 12-7

연습 문제 12-6의 (c) 반응에 대한 퍼텐셜 에너지 도표를 그리시오.

친전자성 첨가반응 후에 탄소양이온의 재배열반응이 나타날 수 있다

탄소양이온과 반응할 수 있는 좋은 친핵체가 없으면 재배열반응이 친전자성 첨가반응 후에 나타날 수 있다(9-3장). 재배열반응은 짝염기가 친핵성이 나쁜 산들의 친전자성 첨가반응에서 잘 일어난다. 한 예로는 트라이플루오로아세트산(CF_3CO_2H)이다. 이것의 음이온인 트라이플루오로아세트산 이온은 할로젠화 이온보다도 약한 친핵체이다. 따라서 3-메틸-1-뷰텐과 트라이플루오로아세트산의 첨가반응에서는 단지 43%의 정상적인 Markovnikov 첨가 생성물이 생긴다. 초기 이차 양이온에서 수소음이온(hydride) 이동에 의해서 생긴 더 안정한 삼차 양이온을 트라이플루오로아세트산 이온이 공격하여 주생성물이 생성된다.

재배열을 수반하는 **3-methyl-1-butene**에 **trifluoroacetic acid**의 첨가반응

$$(CH_3)_2C(H)-CH{=}CH_2 \xrightarrow{H-\ddot{O}-C(=O)-CF_3} CF_3-C(=O)-\ddot{O}-CH((CH_3)_2CH)-CH_2H + CF_3-C(=O)-\ddot{O}-C(CH_3)_2-CH(H)-CH_2H$$

이동 수소화물

43% 3-Methyl-2-butyl trifluoroacetate 정상적인 Markovnikov 첨가 생성물

57% 2-Methyl-2-butyl trifluoroacetate 탄소양이온 재배열로 생성된 생성물

연습 문제 12-8

위 반응의 메커니즘을 단계별로 기술하시오. 필요하면 9-3절을 참조하라.

탄소양이온 재배열반응의 정도는 예측하기가 어렵다. 이것은 알켄들의 구조와 용매, 친핵체의 세기와 농도 그리고 온도에 의존한다. 일반적으로 재배열반응은 강한 산성 조건에서 친핵체가 부족할 때 잘 일어난다.

요약 알켄의 할로젠화 수소의 첨가반응은 친전자성 첨가반응으로 양성자가 이중 결합에 첨가되어 탄소양이온을 형성하는 것에서 시작된다. 할로젠화 이온이 탄소양이온과 반응하면 최종 생성물을 생성하게 된다. 알켄에 할로젠화 수소가 첨가반응 후 생성되는 할로알케인의 위치선택성은 Markovnikov 규칙에 따라 예측할 수 있다. 재배열반응은 다른 탄소양이온 반응처럼 좋은 친핵체가 없을 때 잘 일어난다.

12-4 친전자성 수화반응에 의한 알코올의 합성: 열역학적 지배

지금까지는 이중 결합에 양성자가 첨가되고 난 후 만들어진 탄소양이온 중간체와 양성자의 상대이온이 친핵성 결합을 형성하는 반응을 살펴보았다. 다른 친핵체들이 이같은 반응에 참여할 수 있는가? 알켄을 황산과 같이 친핵성이 작은 상대이온을 형성하는 **수용액** 속에서 반응시키면, **물**이 초기 양성자첨가에 의해 형성된 탄소양이온과 반응하기 위한 친핵성 반응 시약의 역할을 한다. 결국은 물의 원소 일부가 이중 결합에 첨가되는 **친전자성 수화반응(electrophilic hydration)**이 일어나게 된다. 이러한 반응은 Markovnikov 규칙에 따라서 H^+이 덜 치환된 탄소 쪽으로 참가되고, OH기는 더 치환된 탄소 쪽으로 도입된다. 물은 나쁜 친핵체이기 때문에 수화반응 과정 중에서 탄소양이온 재배열반응도 일어날 수 있다.

이 반응은 산에 의한 알코올 탈수반응의 역반응 과정이다(11-7절). 반응 메커니즘은 공업적으로 중요한 2-메틸프로펜에서 2-메틸-2-프로판올(*tert*-뷰틸알코올)을 생성하는 수화반응 메커니즘의 정반대이다.

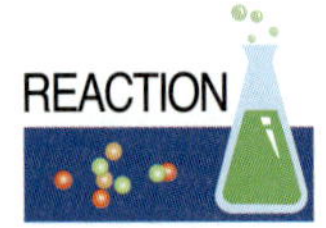

친전자성 수화반응

$$(H_3C)_2C{=}CH_2 \xrightarrow{50\%\ H\ddot{O}H,\ H_2SO_4} H_3C-C(CH_3)(:\ddot{O}H)-CH_2-H$$

2-Methylpropene → 2-Methyl-2-propanol 92%

2-Methylpropene의 수화반응 메커니즘

$$(CH_3)_2C{=}CH_2 \underset{-H^+}{\overset{H^+}{\rightleftharpoons}} (CH_3)_2\overset{+}{C}CH_3 \underset{-H\ddot{O}H}{\overset{+H\ddot{O}H}{\rightleftharpoons}} (CH_3)_3C{-}\overset{+}{\ddot{O}}H_2 \underset{+H^+}{\overset{-H^+}{\rightleftharpoons}} (CH_3)_3C{-}\ddot{O}H$$

알켄의 수화반응과 알코올의 탈수반응은 평형 과정이다

알켄의 수화반응 메커니즘에서 **모든 반응 단계는 가역 과정이다**. 양성자는 단지 촉매로 작용하고, 전체 반응에서 소모되지 않는다. 산이 존재하지 않으면 수화반응은 일어나지 않는다. 알켄은 중성의 물속에서 안정하다. 그러나 산이 존재하면 알코올과 알켄 사이에 평형이 이루어진다. 낮은 반응 온도와 매우 과량의 물을 사용하면 이 평형은 알코올 쪽으로 치우친다. 반대로 **진한** 산을 사용하고, 특히 높은 온도에서 알코올을 반응시키면 탈수반응이 우세하게 일어난다(11-7절)

$$\text{알코올} \underset{H_2SO_4,\ \text{과량}\ H_2O,\ \text{낮은 온도}}{\overset{\text{진한}\ H_2SO_4,\ \text{높은 온도}}{\rightleftharpoons}} \text{알켄} + H_2O$$

수화반응-탈수반응 평형

$$RCH{=}CH_2 + H_2\ddot{O}: \underset{}{\overset{\text{촉매 } H^+}{\rightleftharpoons}} RCH(\ddot{O}H)CH_3$$

연습 문제 12-9

2-Methylpropane을 D_2O 속에서 중수소로 치환된 sulfuric acid (D_2SO_4)를 촉매량 첨가 후 반응시키면 $(CD_3)_3COD$를 생성한다. 메커니즘을 설명하시오.

알켄에 양성자 첨가반응의 가역성은 알켄 평형을 유도한다

11-7절에서 알코올의 산촉매 탈수반응은 더 안정한 이성질체가 우세한 알켄 혼합물을 생성한다고 설명하였다. E1 다음의 탄소양이온 재배열반응의 평형이 이러한 결과에 부분적으로 기여하게 된다. 그러나 열역학적 평형에 도달하는 더 중요한 이유는 E1 경로가 **가역적**이기 때문이다. 앞에서 논의했듯이 알켄의 산에 의한 양성자첨가는 탄소양이온을 형성한다.

2-뷰탄올이 산성 조건에서 탈수되면 무슨 일이 일어나는지를 살펴보면서, 가역적인 양성자첨가의 특성을 알아보자. S_N1 반응으로부터 생기는 복잡성을 제거하기 위해, 친핵성이 없는 짝염기를 갖는 황산을 사용하자. 첫 번째로 일어나는 것은 하이드록시기의 양성자첨가반응이다. 다음으로 양성자화된 알코올로부터 물이 제거되면 이차 탄소양이온이 생성된다. 이 중간체는 세 가지 경로로 E1 반응을 할 수 있고, 세 가지 생성물(즉, 1-뷰텐, 시스-2-뷰텐과 트랜스-2-뷰텐)을 만든다. 이러한 이성질체의 초기 비율은 이들을 만드는 반응의 상대적인 전이상태 에너지에 의해 결정된다. 속도론적 지배 반응이다(2-1절). 그러나 강한 산성 조건에서는 여러 다른 이성질체의 이중 결합에 양성자가 다시 첨가될 수 있다. 두 가지 2-뷰텐의 경우 이러한 과정은 각각의 이차 탄소양이온을 만든다. 앞에서 살펴보았듯이 1-뷰텐의 경우 위치선택성인 Markovnikov 첨가로 같은 이온을 만든다. 이 양이온은 양성자를 잃어 같은 세 가지 알켄 이성질체를 형성한다. 따라서 전체 과정은 이성질체의 **상호변환**(*interconversion*)으로 **평형 혼합물**(*equilibrium mixture*)을 형성한다. 여기서 열역학적으로 가장 안정한 이성질체가 주생성물이 된다. 따라서 이 반응은 **열역학적 지배**(*thermodynamic control*) 반응의 한 예이다(2-1절).

2-Butanol의 산촉매 탈수반응에서 열역학적 지배 메커니즘

$:\ddot{O}H$ $\underset{-H^+}{\overset{H^+}{\rightleftharpoons}}$ $H_2\ddot{O}^+$ $\underset{H_2O}{\overset{-H_2O}{\rightleftharpoons}}$ 탄소양이온 $\rightleftharpoons$ (H^+ / $-H^+$)

1-Butene　*cis*-2-Butene　*trans*-2-Butene

이렇게 촉매에 의해 덜 안정한 알켄은 보다 더 안정한 이성질체들로 변환된다(아래와 왼쪽 구조식 참조).

말단 → (촉매 H^+) → 내부

알켄의 산촉매 평형반응

$$\underset{\text{Cis}}{(CH_3)_3C(H)C{=}C(H)C(CH_3)_3} \xrightarrow{\text{촉매 } H^+} \underset{\text{Trans}}{(CH_3)_3C(H)C{=}C(H)C(CH_3)_3}$$

연습 문제 12-10

다음 재배열반응에 대한 메커니즘을 쓰시오. 이 반응을 일으키는 요인은 무엇인가?

H_3C ... $\xrightarrow{H^+}$ H_3C, CH_2CH_3

요약 알켄에 양성자가 첨가되어 생기는 탄소양이온은 물과 반응하여 알코올을 만들 수 있으며, 이 반응은 알코올 탈수에 의해 알켄을 합성하는 반응의 역반응이다. 가역적인 양성자 첨가반응은 산 존재하에서 알켄의 평형을 이루며, 이로 인해서 열역학적으로 지배를 받는 이성질체 혼합물을 형성한다.

12-5 알켄에 대한 할로젠의 친전자성 첨가반응

할로젠 분자들은 친전자성 원소들을 함유하고 있지 않지만, 알켄의 이중 결합에 첨가되어 이웃자리 이할로젠화물을 생성한다. 이러한 화합물은 드라이 크리닝이나 기름때 제거를 위한 용매나 가솔린에 노킹억제를 위한 첨가제로 사용되고 있다.

이와 같은 반응을 잘 할 수 있는 것은 염소와 브로민이다. 플루오린은 너무 격렬하게 알켄과 반응하여 일반적으로 사용할 수 없고, 아이오딘 첨가는 일반적으로 열역학적으로 선호되지 않는 반응이다.

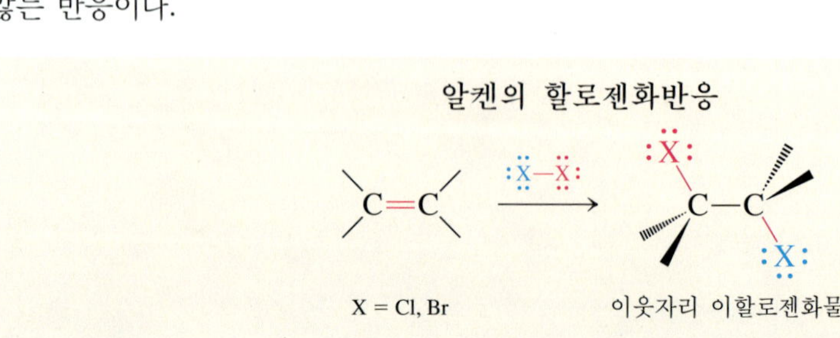

연습 문제 12-11

F_2와 I_2가 ethene에 첨가될 때 ($DH^\circ_{X_2}$, 3-5절 참조) 의 ΔH°를 계산하시오 (표 12-1).

알켄에 브로민을 반응시키면 브로민 용액의 초기 붉은색이 무색으로 변하므로, 브로민 첨가반응은 알아보기가 매우 쉽다. 이러한 현상은 때때로 불포화도를 알아보는 시험에 이용된다.

할로젠화반응은 상온이나 저온에서 테트라클로로메테인(사염화 탄소)과 같이 할로젠화되어 있는 비활성 용매 속에서 수행하는 것이 가장 좋다.

알켄에 브로민을 첨가하면 반응이 일어나서 즉시 Br_2의 적갈색이 소실된다.

1-Hexene에 Br_2의 친전자성 할로젠 첨가반응

$$CH_3(CH_2)_3CH{=}CH_2 \xrightarrow{:\ddot{Br}-\ddot{Br}:,\ CCl_4} CH_3(CH_2)_3\underset{\underset{:\ddot{Br}:}{|}}{C}HCH_2\ddot{Br}:$$

1-Hexene → 1,2-Dibromohexane 90%

이중 결합에 할로젠이 첨가되는 반응은 수소첨가반응과 유사하다. 그러나 이들 반응의 메커니즘들은 매우 다르며, 브로민화반응의 입체화학에서 그 차이를 볼 수 있다. 다른 할로젠의 첨가반응에 대해서도 유사하게 일어난다.

브로민화반응은 안티 첨가를 통해 일어난다

브로민화반응의 입체화학은 어떠한가? 두 개의 브로민 원자는 수소첨가반응에서처럼 (신, *syn*) 이중 결합의 같은 쪽에 첨가되는가? 아니면 서로 반대쪽으로 첨가되는가? (오른쪽 그림 참조) 사이클로헥센의 브로민화반응을 검토해 보자. 두 개의 브로민 원자가 이중 결합의 같은 쪽으로 첨가되면 *cis*-1,2-다이브로모사이클로헥세인을 생성하고, 이와는 달리 서로 반대쪽으로 첨가되면 *trans*-1,2-다이브로모사이클로헥세인을 생성할 것이다. 실험에 의하면 두 번째 경로인 **안티 첨가**(***anti* addition**)만이 관찰되었다. 두 개의 반응 탄소에 **안티** 첨가가 일어나는 것은 두 가지의 경로가 있을 수 있다. 두 경우 모두 π 결합의 위와 아래로 첨가가 일어나며, 이들 두 가지 경로를 통해 일어날 수 있는 확률은 각각 같다. 따라서 이 반응의 생성물은 라세미 혼합물이 된다.

알켄 첨가반응의 두 가지 위상

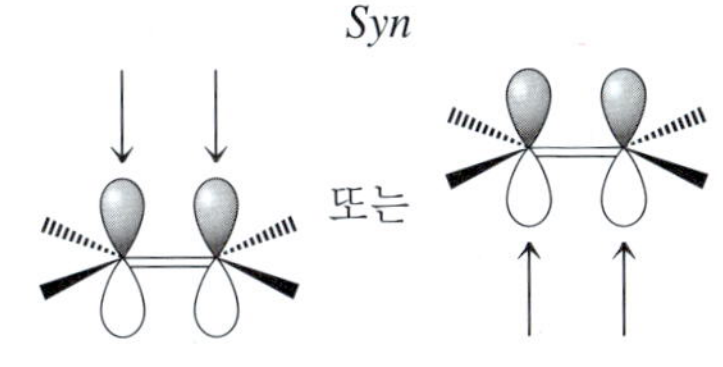

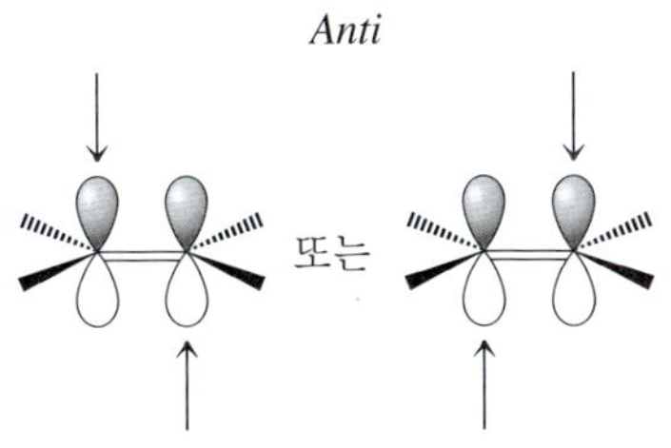

Cyclohexene의 안티 브로민화반응

Cyclohexene $\xrightarrow{Br_2,\ CCl_4}$ (trans-1,2-dibromocyclohexane 두 거울상이성질체) 83%

라세미 *trans*-1,2-dibromocyclohexane

비고리 알켄의 반응에서도 분명한 입체특이성을 볼 수 있다. 예를 들어, *cis*-2-뷰텐을 브로민화반응시키면 (2*R*,3*R*)- 및 (2*S*,3*S*)-2,3-다이브로모뷰테인의 라세미 혼합물을 생성하며, 트랜스-2-뷰텐으로부터는 메조(meso) 부분입체이성질체를 생성한다.

2-Butene의 입체특이성 브로민화반응

cis-2-Butene $\xrightarrow{Br_2,\ CCl_4}$ (2*R*,3*R*)-2,3-Dibromobutane + (2*S*,3*S*)-2,3-Dibromobutane

두 가지 거울상이성질체의 라세미 혼합물

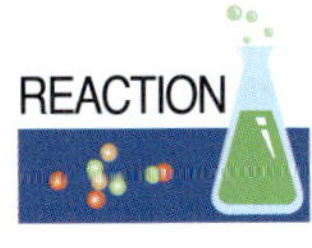

MODEL BUILDING

trans-2-Butene $\xrightarrow{Br_2,\ CCl_4}$ (S,R) + (R,S)

동일하다

meso-2,3-Dibromobutane

고리 브로모늄 이온이 입체화학을 설명한다

전자가 풍부한 이중 결합이 어떻게 친전자성 중심을 가지고 있지 않은 브로민을 공격하는가? 그 대답은 친핵체와 반응할 때 불균일 분해를 일으키는 경향을 보이는 Br — Br의 편극성에 있다. 알켄의 π 전자 구름은 친핵성이고, 이것이 S_N2와 유사한 과정으로 브로민 분자의 한쪽 브로민 원자를 공격하여 두 번째 브로민 원자를 브로민 음이온으로 떨어뜨린다. 이 과정의 생성물은 무엇인가? 12-3절과 12-4절에서 알아본 것과 같이 양성자첨가반응과 유사한 탄소양이온을 예측할 것이다. 그러나 만약에 사이클로헥센에 브로민 첨가의 첫 과정이 탄소양이온을 만드는 것이라면, 이 과정에서 떨어져 나온 브로민화 이온은 양이온을 띠는 탄소를 고리의 같은 쪽에서 또는 반대쪽에서 공격하여, 시스- 또는 트랜스-1,2-다이브로모사이클로헥세인의 혼합물을 만들 것이다. 그러나 앞에서 설명한 것과 같이 **단지** 트랜스 생성물만이 얻어졌다. 이 결과를 어떻게 설명할 것인가?

이중 결합이 브로민을 공격하여 생긴 것이 고리 **브로모늄 이온(bromonium ion)**이라고 가정하면 브로민화반응의 입체화학을 설명할 수 있다. 고리 브로모늄 이온은 삼원자로 구성된 삼각형 고리를 형성하도록 초기 이중 결합의 두 탄소와 브로민이 연결된 형태이다(그림 12-3). 이러한 이온 구조 때문에 브로민화 이온은 이 삼원자 고리의 반대쪽으로만 공격을 하게 될 것이다. 이 삼원자 고리는 입체적으로 특이하게 고리가 열리게 될 것이다(9-9절의 옥사사이클로프로페인 친핵성 고리 열림 반응과 비교하라). 이탈기는 고리에 연결된 브로민이다. 대칭적인 브로모늄 이온들에서 공격은 양쪽에서 동등하게 일어나고, 라세미(또는 메조) 화합물들이 만들어진다.

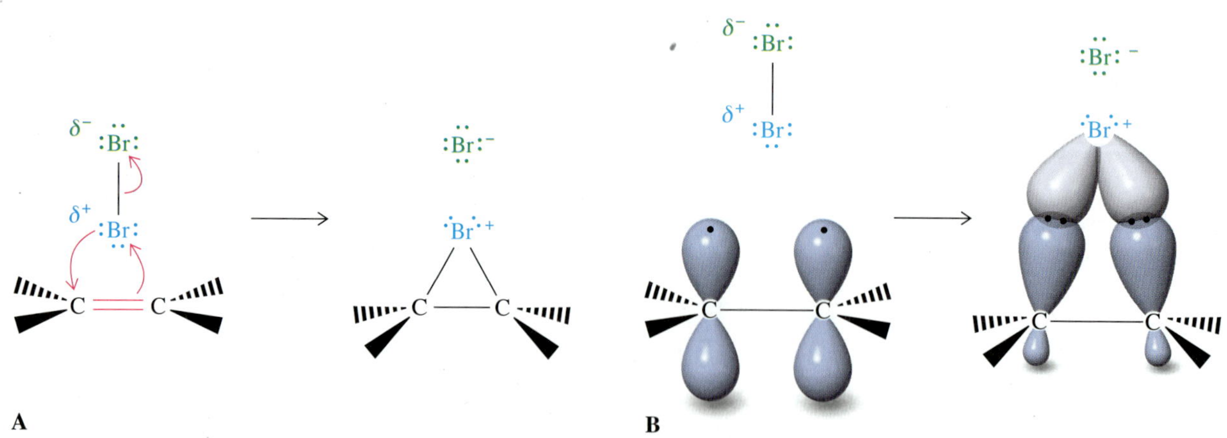

그림 12-3 (A) 고리 브로모늄 이온 형성에 대한 전자 이동 그림. 알켄(붉은색)은 브로민에서 브로민화 이온(초록색)이 떨어져 나가도록 친핵체로 행동한다. 이때 브로민 분자의 한 원자는 양이온으로, 다른 하나는 음이온으로 편극된 것처럼 행동한다. (B) 고리 브로모늄 이온 형성의 오비탈 그림.

고리 브로모늄 이온의 생성과 친핵성 고리 열림

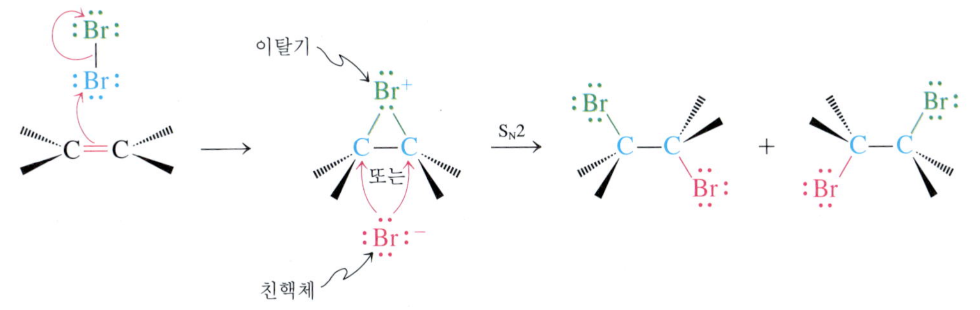

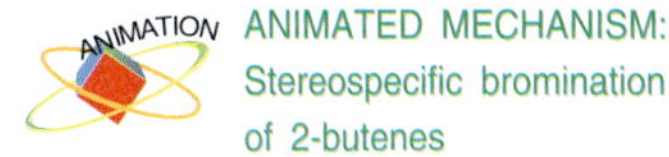

연습 문제 12-12

Cyclohexene의 브로민화반응 중간체를 아래 형태를 이용하여 그리시오. 생성물이 왜 라세미 혼합물이 되는지를 보이시오. 생성물의 초기 형태에 대해 설명하시오.

Cyclohexene의 형태 뒤집기

알켄의 할로젠화반응은 **알케인**의 할로젠화반응(3-4부터 3-8절)과 혼동해서는 안 된다. 알켄의 첨가반응은 친핵체(알켄의 π 결합)와 친전자적인 종(Cl_2나 Br_2와 같은)과 전자쌍의 이동을 통해 상호작용한다. **알케인**의 할로젠화반응은 라디칼 반응으로 할로젠 원자를 만들기 위한 개시 단계가 필요하다. 이 단계는 보통 열이나 빛 또는 라디칼 개시제(과산화물 같은)가 필요하고, 단일 전자의 이동에 의한 메커니즘으로 진행된다.

요약 할로젠은 친전자체로서 알켄에 첨가되어 이웃자리 이할로젠화물을 생성한다. 반응은 다리놓인 할로늄 이온 중간체를 생성하는 것으로 시작된다. 이 중간체는 초기 단계에서 떨어져 나간 할로젠 음이온이 반대방향에서 공격하여, 전체적으로 이중 결합에 입체선택적인 안티 첨가가 일어나게 된다. 다음 절에서는 친전자체에 따른 다른 입체화학 결과에 대해서 알아보도록 하겠다.

12-6 친전자성 첨가반응의 일반성

할로젠은 알켄의 이중 결합에 첨가되는 많은 친전자체-친핵체 결합의 한 가지 예이다. 이 절에서는 이러한 반응의 여러 중요한 내용을 물(친핵체)이 있는 조건에서 할로젠(친전자체로)의 첨가반응을 시작으로 고찰할 것이다. 생성물인 2-할로알코올은 할로하이드린으로 알려져 있는데, 공업적으로나 합성적으로 많이 사용된다. 특히 옥사사이클로프로페인(에폭사이드, 9-9절) 합성의 중요한 중간체이다.

브로모늄 이온은 다른 친핵체와 반응할 수 있다

알켄에 브로민화반응에서 브로모늄 이온의 생성은 다른 친핵체가 있을 경우, 중간체와 반응에서 경쟁할 수 있음을 의미한다. 예를 들어, 용매인 물속에서 사이클로펜텐의 브로민화반응은 이웃자리 브로모알코올(관용명, 브로모하이드린)을 생성한다. 이 경우 브로모늄 이온은 과량으로 존재하는 물에 의해 공격을 받는다. 최종 생성물은 Br과 OH가 이중 결합에 안티 구조를 가지고 있다. 이때 반응의 다른 생성물은 HBr이다. 이에 상응하는 클로로알코올(클로로하이드린)은 알켄을 물속에서 염소와 반응시키면 클로로늄 이온 중간체를 거쳐 만들어진다.

Bromoalcohol(Bromohydrin)의 합성

Br_2, $H_2\ddot{O}$, 0°C / $-Br^-$; $+ \ddot{O}H_2$; $-H^+$

Cyclopentene

trans-2-Bromocyclopentanol

연습 문제 12-13

(a) *trans*-2-Butene 및 **(b)** *cis*-2-pentene과 염소 수용액과의 반응 생성물을 예상하시오. 또 입체화학을 분명하게 나타내시오.

이웃자리 할로알코올은 염기 존재하에서 분자내 고리 닫힘(intramolecular ring closure)을 통해 유기 합성에서 유용한 중간체인 옥사사이클로프로페인(9-9절)을 생성한다.

할로알코올을 통한 알켄의 **oxacycloporpane**의 생성

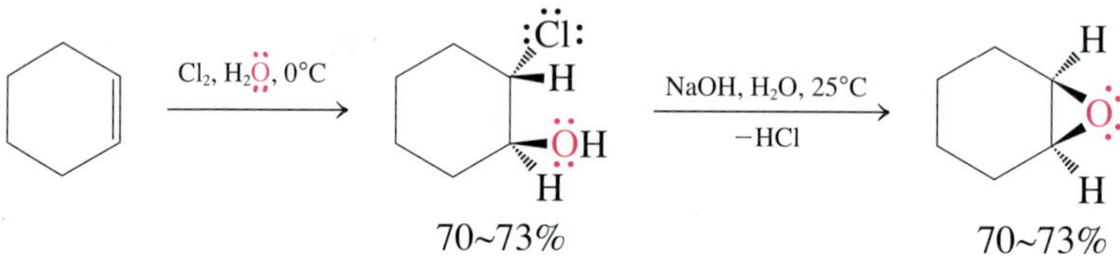

만약 이러한 유형의 할로젠화반응에서 용매로 물 대신 알코올을 사용하면, 왼쪽 그림에 나타낸 것처럼 상응하는 이웃자리 할로에터를 생성한다.

이웃자리 할로에터 합성

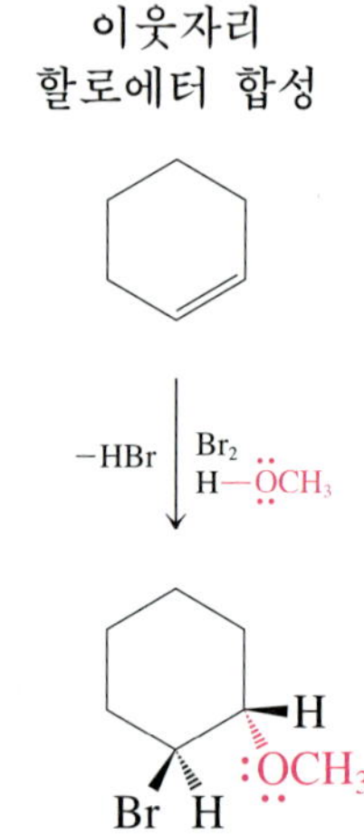

76%

trans-1-Bromo-2-methoxy-cyclohexane

할로늄 이온의 고리 열림은 위치선택성으로 일어난다

두 개 동일한 할로젠의 첨가반응과는 반대로, 이중 결합의 혼합 첨가반응은 복잡한 위치화학 문제에 빠지게 할 수도 있다. 비대칭적인 이중 결합에 대한 Br과 OH(또는 OR)의 첨가반응은 선택적으로 일어나는가? 이 질문에 대한 대답은 "그렇다"이다. 예를 들어, 2-메틸프로펜을 브로민 수용액과 반응시키면 단지 1-브로모-2-메틸-2-프로판올로 변환된다. 2-브로모-2-메틸-1-프로판올과 같은 다른 위치이성질체는 생기지 않는다.

$$(H_3C)_2C{=}CH_2 \xrightarrow[-HBr]{Br_2,\ H-\ddot{O}H} CH_3\overset{\displaystyle :\ddot{O}H}{\underset{\displaystyle CH_3}{C}}CH_2\ddot{Br}: \quad \text{그러나} \quad \not\rightarrow \quad CH_3\overset{\displaystyle :\ddot{Br}:}{\underset{\displaystyle CH_3}{C}}CH_2\ddot{O}H \ \text{이 아니다}$$

82% 수득률

1-Bromo-2-methyl-2-propanol 2-Bromo-2-methyl-1-propanol

생성물에서 친전자성 할로젠은 항상 원래의 이중 결합 탄소 중에서 치환이 덜 된 탄소와 결합하고, 나중에 첨가되는 친핵체는 치환이 보다 많이 된 다른 탄소에 첨가된다.

이러한 현상은 어떻게 설명할 것인가? 이 경우는 옥사사이클로프로페인(9-9절)의 산촉매에 의한 친핵성 고리 열림 반응과 매우 유사하다. 이것의 중간체는 삼원자 고리에 양성자가 첨가된 산소를 포함하고 있다. 이들 두 반응에서 **친핵체는 고리 중간체에서 치환이 보다 많이 된 탄소를 공격한다. 왜냐하면 치환이 더 많이 된 탄소가 치환이 덜 된 탄소보다 양으로 더 많이 편극되기 때문이다.**

친핵체—붉은색
친전자체—푸른색
이탈기—초록색

2-Methylpropene으로부터 생성된 브로모늄 이온의 위치선택적인 고리 열림

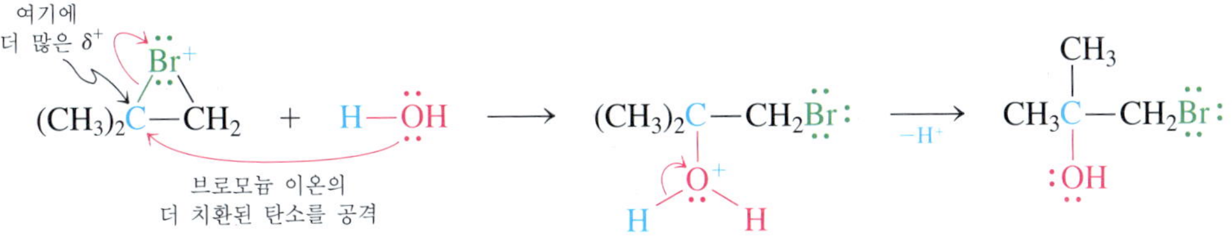

간단한 경험적인 규칙에 의하면 이러한 비대칭 시약의 친전자성 첨가반응은 이중 결합의 치환이 덜 된 탄소에 친전자체가 들어가게 되는 Markovnikov 규칙과 유사한 방법으로 첨가된다. 이중 결합을 구성하는 두 탄소의 차이가 뚜렷하지 않으면 혼합 생성물이 생성된다[연습 문제 12-14(b) 참조].

연습 문제 12-14

다음 반응의 생성물은 무엇인가?

(a) $CH_3CH{=}CH_2 \xrightarrow{Cl_2,\ CH_3OH}$ **(b)** 4-methylcyclohexene (H_3C 치환 사이클로헥센) $\xrightarrow{Br_2,\ H_2O}$

연습 문제 12-15

개념 문제: 알켄의 친전자성 첨가반응 메커니즘

연습 문제 12-14(a)의 반응 메커니즘을 쓰시오.

전략

이 문제는 이전 쪽에서의 변환과 아주 유사하다. 단지 Br_2를 Cl_2로 바꾸었다.

풀이

- 염소(Cl_2) 분자에 대한 알켄 π 결합의 초기 공격은 고리 **클로로늄** 이온의 형성이다.

$$:\ddot{Cl}-\ddot{Cl}: \quad CH_3-CH{=}CH_2 \longrightarrow CH_3-\overset{\displaystyle \overset{+}{Cl}}{CH-CH_2} \ + \ :\ddot{Cl}:^-$$

- 이것은 대칭이 아니다. 특히 염소 양이온에 결합된 두 탄소 중에서 내부(이차 탄소) 탄소가 더 양으로 편극되어 있다. 친핵성 용매인 methanol은 이곳을 공격한다. 옥소늄 이온에서 양성자의 이탈은 반응을 종결시킨다.

$$CH_3-\overset{\overset{+}{Cl}}{CH}-CH_2 + CH_3-\ddot{O}-H \longrightarrow CH_3-CH(O^+(H)CH_3)-CH_2Cl \xrightarrow{-H^+} CH_3-CH(OCH_3)-CH_2Cl$$

연습 문제 12-16

자습 문제

연습 문제 12-14(b) 의 반응 메커니즘을 쓰시오[**주**: Cyclohexane에 methyl기가 있으면 입체화학의 영향이 중요해진다(이 절의 다른 예와 비교해 볼 때)! **힌트**: 알켄의 π 결합에 할로젠의 초기 첨가반응은 methyl기를 가지는 같은 면 또는 반대편 면으로 일어날 수 있다. 이 첨가반응에서 몇 개의 이성질체를 예상할 수 있는가?].

연습 문제 12-17

(2*R*,3*R*)- 및 (2*S*,3*S*)-2-bromo-3-methoxypentane의 라세미 혼합물을 얻을 수 있는 알켄 출발물은 무엇인가? 또 제시한 반응에서 얻을 수 있는 다른 종류의 이성질체 생성물은 어떤 것인가?

일반적으로 알켄은 A — B 형태의 시약과 입체특이성 및 위치특이성 첨가반응을 일으킬 수 있다. A — B 형태에서 A는 A^+로서 친전자체로 작용하고, B는 B^-로서 친핵체로 작용한다. 이러한 시약이 2-메틸프로펜에 어떻게 첨가되는지를 표 12-2에 나타내었다.

요약 할로늄 이온은 양성자가 첨가된 옥사사이클로프로페인의 친핵성 고리 열림 반응과 메커니즘적으로 매우 유사하게 입체특이성 및 위치선택성인 고리 열림 반응을 한다. 할로늄 이온은 할로젠화 이온, 물, 알코올과 각각 반응하여 이웃자리 다이할로알케인, 할로알코올 및 할로에터 등을 각각 생성할 수 있다. 친전자성 첨가반응의 원리는 편극되어 있거나 편극성 결합을 포함하고 있는 모든 A — B 시약에서 응용할 수 있다.

표 12-2 친전자성 공격에 의해 알켄에 첨가되는 시약 A—B

$$(H)_2C{=}C(CH_3)_2 + {}^{\delta+}A{-}B^{\delta-} \longrightarrow H-\underset{A}{\overset{H}{C}}-\underset{B}{\overset{CH_3}{C}}-CH_3$$

이름	구조	2-Methylpropene에 첨가된 생성물
Bromine chloride	:Br̤—C̤l:	:BrCH₂C(CH₃)₂ (C—:Cl:)
Cyanogen bromide	:Br—CN:	:BrCH₂C(CH₃)₂ (C—CN:)
Iodine chloride	:I—Cl:	:ICH₂C(CH₃)₂ (C—:Cl:)
Sulfenyl chlorides	RS—Cl:	RSCH₂C(CH₃)₂ (C—:Cl:)
Mercuric 염	XHg—X[a], HOH	XHgCH₂C(CH₃)₂ (C—:OH)

[a]여기에 나타낸 X는 아세테이트를 나타낸다.

12-7 옥시수은첨가반응-수은이탈반응: 특수한 친전자성 첨가반응

표 12-2의 마지막 반응은 수은염이 알켄에 친전자성 첨가반응을 하는 반응이다. 이 반응을 **수은첨가반응(mercuration)**이라 하고, 이 반응에서 생긴 화합물은 알킬수은 유도체이며, 수은은 다음 단계에서 제거시킬 수 있다. 특히 유용한 한 가지 반응 단계는 **옥시수은첨가반응(oxymercuration)-수은이탈반응(demercuration)**으로, 아세트산 수은을 반응 시약으로 사용한다. 첫 단계(옥시수은첨가반응)에서 물이 있는 상태에 아세트산 수은과 알켄을 반응시키면 첨가 생성물이 생성된다.

옥시수은첨가반응

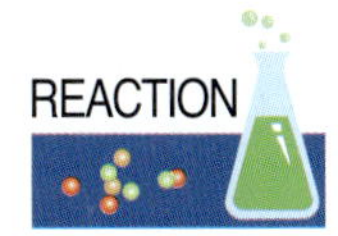

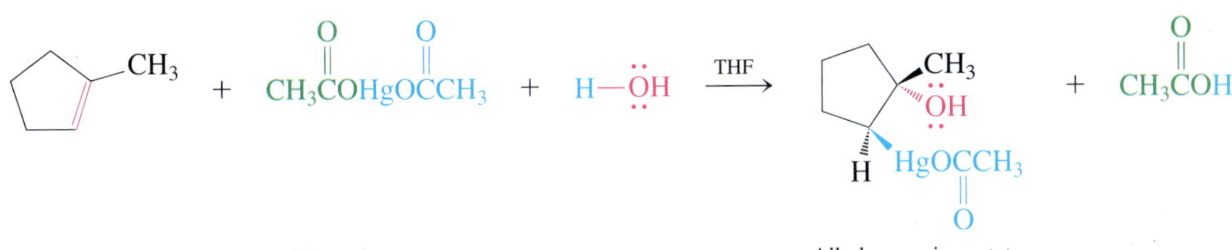

Mercuric acetate Alkylmercuric acetate

다음의 수은이탈반응에서 수은 함유 치환기를 수소화붕소 소듐(sodium borohydride)으로 염기 조건에서 반응시키면 수은을 수소로 치환시킬 수 있다. 이 반응의 최종 결과는 이중 결합에 수화반응이 일어나서 알코올이 만들어진다.

수은이탈반응

$$\text{Alkylmercuric acetate} \xrightarrow{NaBH_4,\ NaOH,\ H_2O} \text{1-Methylcyclopentanol} + Hg + CH_3\overset{O}{\overset{\|}{C}}O^-$$

1-Methylcyclopentanol

옥시수은첨가반응은 **안티** 입체특이성 반응과 위치선택성인 반응이다. 이러한 사실은 이 반응이 지금까지 논의한 친전자성 첨가반응에 대한 메커니즘과 유사한 과정으로 일어난다는 것을 의미한다. 이 반응에서 수은 시약은 초기 단계에 양이온성 수은 화학종과 아세트산 이온으로 해리된다. 알켄의 이중 결합이, 이 수은 양이온을 공격하여 고리 브로모늄 이온과 유사한 구조의 머큐리늄 이온을 생성한다. 주위에 있는 물 분자는 머큐리늄 이온의 치환이 더 많이 된 탄소를 공격하여 알킬머큐리 아세테이트 중간체를 생성한다(Markovnikov 위치선택성 규칙). 수은을 수소로 치환하는 반응(수은이탈반응)은 수소화붕소 소듐 환원으로 일어나고, 이러한 환원반응의 메커니즘은 복잡하며, 완전히 이해되지 않고 있다. 이 반응은 입체선택성이 아니다.

환원시킨 후 얻어지는 알코올은 출발물에 Markovnikov 수화반응이 일어나 얻어지는 생성물과 같다(12-4절). 옥시수은첨가반응-수은이탈반응은 양이온 중간체를 형성하지 않아서 산 촉매 수화반응을 대신할 수 있는 좋은 반응이다. 따라서 **이 반응은 산성 조건에서 일반적으로 발생하는 재배열반응이 일어나지 않는다(12-3절)**. 수은 시약은 비싸고, 독성이 강하기 때문에 생성물로부터 수은을 완전히 제거해야 하고, 안전하게 폐기를 해야 하기 때문에 이 방법은 제한적으로 사용된다.

옥시수은첨가반응-수은이탈반응의 메커니즘

단계 1. 해리

$$CH_3\overset{O}{\overset{\|}{C}}OHg\overset{O}{\overset{\|}{O C}}CH_3 \rightleftharpoons CH_3\overset{O}{\overset{\|}{C}}O^- + {}^+Hg\overset{O}{\overset{\|}{OC}}CH_3$$

화학 이야기 12-1

곤충매개 질병과의 싸움에서 유충 호르몬 유도체

유충 호르몬(Juvenile Hormone, JH)은 곤충의 변태(metamorphosis)를 조절하는 물질이다. 이 물질은 야생 비단나방, *Hyalophora cecropia L.*의 수컷에서 만들어지고, 적당한 성장 단계에 도달할 때까지 유충의 성장을 지연시킨다. JH에 노출되면 곤충 변태가 번데기 상태에서 멈춘다. JH에 노출된 모기는 물고 알을 낳는 성충으로 자라지 못한다. 따라서 JH는 말라리아, 황열병, West Nile 바이러스와 같은 모기매개 질병을 조절하는데 사용 가능성을 가지고 있다. JH가 불안정하고, 천연에서 추출하거나 합성하기가 어려워 이러한 잠재된 가능성은 제한적이다. 따라서 더 안정하고, 생체 활성이 유효하며, 합성이 쉬운 유도체들이 대안으로 고려되어 왔다.

유충 호르몬은 그림과 같이 모기의 성장을 번데기 상태에서 멈추게 한다. 모기 번데기들은 물속에 살고 등 쪽에 있는 한 쌍의 관을 통해 표면으로부터 숨을 쉰다.

H_3C, H_3C, O, H_3C, H, CH_3, O, $COCH_3$

유충 호르몬

합성 화합물인 메토프렌(methoprene)은 이러한 요구사항을 모두 가지고 있다. 이것의 합성은 우리가 배운 여러 가지 반응, 예를 들어 옥시수은첨가반응–수은이탈반응으로 삼차 메틸 에터를 만들고, 에스터 가수분해반응(8-5절)과 일차 알코올의 PCC 산화반응으로 알데하이드를 합성하는 반응을(8-6절) 이용하고 있다.

초기의 JH 유도체 합성은 아주 생체 활성이 나쁜 화합물들을 얻었지만, 메토프렌은 다양한 해충에 대해 1000배의 활성을 나타낸다. 이것은 벼룩, 모기, 불개미에 효과적이며, 현재 여러 가지 이름으로 시판 중이다. 메토프렌은 실내의 벼룩 감염을 막기 위해 사용할 수 있어서 기존의 살충제 사용량을 줄일 수 있다. 이 물질은 이미 다 자란 곤충은 죽이지 않지만, 이 물질에 노출된 알은 성충으로 자라지 못한다. 모기가 숨 쉴 것 같은 지역에 메토프렌을 작은 입자 형태로 살포하면 번데기 상태를 지나 생존하는 것을 막는다. 메토프렌은 DDT(화학 이야기 3-2)와 같은 염소화 살충제와는 다르게 야채에 대해 비교적 낮은 독성을 가지고 있고, 환경에서 오랫동안 남아 있지 않는다. 이 물질은 살포 후 몇 주 또는 몇 개월 동안 안정하지만, 태양 빛에 의해 무해한 작은 분자로 분해된다. 따라서 메토프렌과 다른 여러 가지 JH 유도체들은 해충 조절의 중요한 새로운 방법이 되었다.

1. $Hg(OCCH_3)_2$, CH_3OH
2. $NaBH_4$, KOH, H_2O

PCC, CH_2Cl_2

최종 단계

Methoprene (JH 유도체)

단계 2. 친전자성 공격

$$C{=}C + {}^{+}HgOCCH_3 \longrightarrow \text{Mercurinium 이온}$$

Mercurinium 이온

단계 3. 친핵성 고리 열림(Markovnikov 위치선택성)

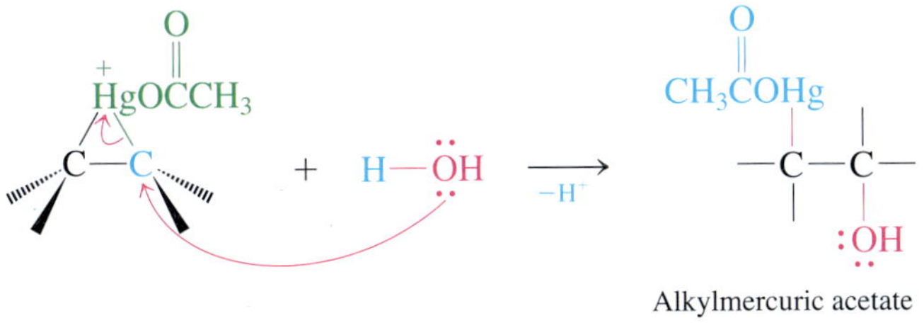
HgOCCH3
H—OH
−H+
CH3COHg
:OH
Alkylmercuric acetate

단계 4. 환원

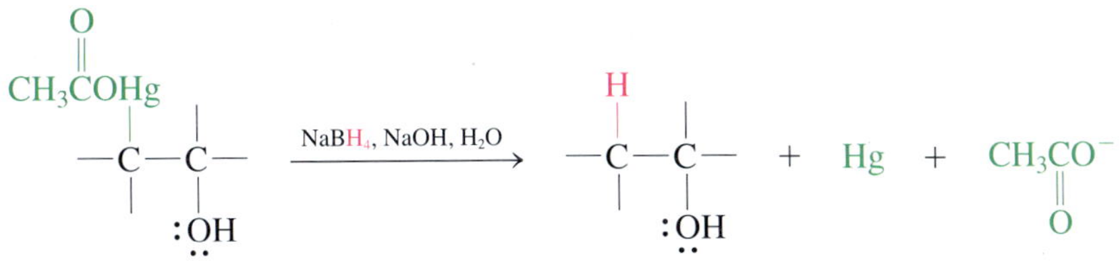
CH3COHg
:OH
NaBH4, NaOH, H2O
H
:OH
Hg
CH3CO−

알겐의 옥시수은첨가반응을 알코올 용매 속에서 수행하여 수은이탈반응을 시키면 오른쪽 그림에서 보는 것처럼 에터를 생성한다.

옥시은화반응-수은이탈반응에 의한 에터 합성

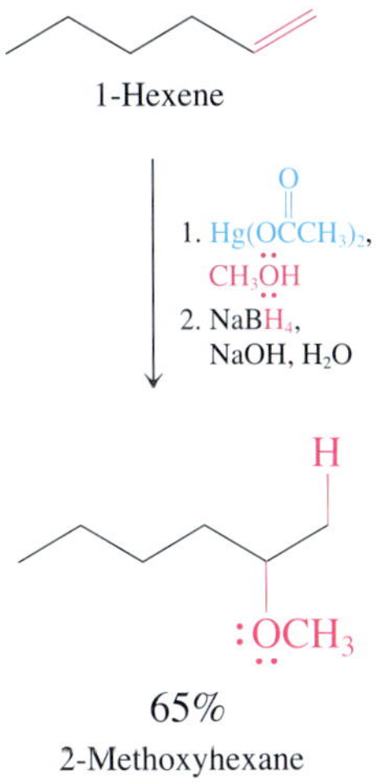
1-Hexene
1. Hg(OCCH3)2, CH3OH
2. NaBH4, NaOH, H2O
H
:OCH3
65%
2-Methoxyhexane

연습 문제 12-18

개념 문제: 어려운 메커니즘 문제의 접근

다음에 나타낸 반응 결과를 설명하시오.

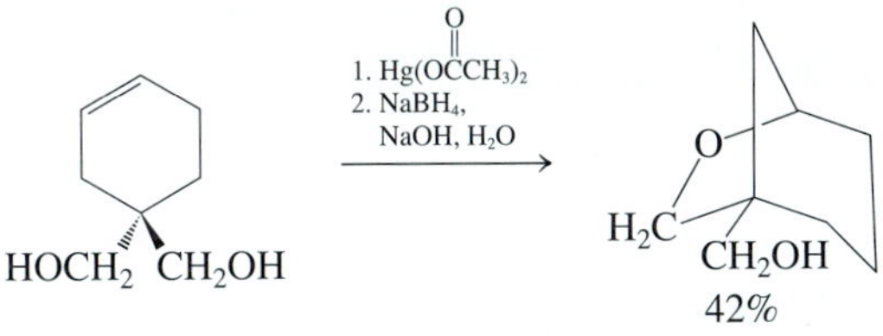
HOCH2 CH2OH
1. Hg(OCCH3)2
2. NaBH4, NaOH, H2O
O
H2C
CH2OH
42%

전략

출발물과 생성물의 분명한 구조적 차이점을 언급하며 시작한다. 출발물의 탄소 원자에 번호를 부여하면 궁극적으로 생성물에서 해당하는 탄소를 찾아내므로 일을 간단히 만든다. 다음으로는 각 과정에서 인도하는 단계를 이해하여 **메커니즘에 대한 생각**을 진행한다.

풀이

우선 이중 결합에 수은첨가반응을 가지고 시작한다.

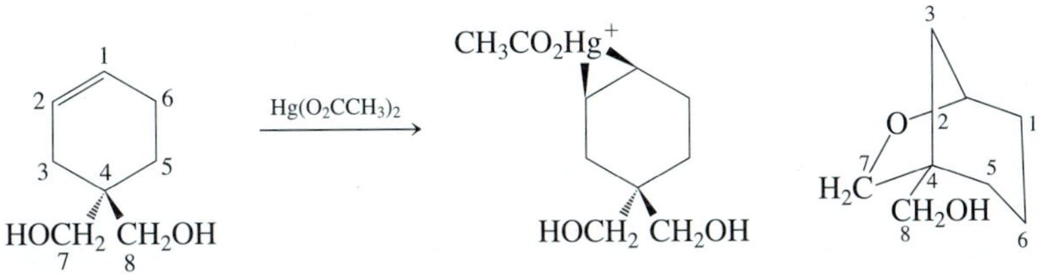
HOCH2 CH2OH
Hg(O2CCH3)2
CH3CO2Hg+
O
H2C
CH2OH

- 전에 보여 준 모든 예제에서처럼 다음 단계는 물 또는 알코올 같은 용매 분자와 관계가 있다. 이들은 친핵성질을 가지고 있는 산소 원자가 머큐리늄 이온의 한 탄소에 결합하도록 하여 고리가 열리도록 한다. 그러나 이 경우에는 **출발물 내부(탄소 7번)에 이미 산소 원자가 존재하고 있다.** 이 산소 원자는 초기 출발물의 이중 결합 탄소 중의 하나(탄소 2번)에 부착된다. 이 과정은 **분자내** 결합 형성 과정 중 하나이다. $NaBH_4$에 의해서 수은을 제거하면 최종 생성물을 얻을 수 있다.

연습 문제 12-19

자습 문제

아래 반응에서 출발물의 이성질체인 고리 생성물이 만들어진다. 구조를 제안하시오(**힌트**: 메커니즘을 생각하라. 적당한 친전자체 공격에서 시작하라. 다음으로 첨가반응의 완결을 위해 출발물에 이미 존재하는 친핵체 원자를 이용하라. **주**: 위치선택성의 문제를 주의해야 한다. 예제를 참고하라).

요약 옥시수은첨가반응-수은이탈반응은 알켄을 위치선택성으로(Markovnikov 규칙에 따라) 알코올이나 에터로 바꿀 수 있는 합성적으로 유용한 방법이다. 이 반응은 탄소양이온을 거치지 않으므로 재배열반응이 일어나지 않는다.

12-8 수소화붕소첨가반응-산화반응: 입체특이성 안티-Markovnikov 수화반응

지금까지 알켄에서 알코올을 만들기 위한 두 가지 방법에 대하여 알아보았다. 이번 절에서는 앞의 두 방법과 상보적인 세 번째 합성 방법인 수소화붕소첨가반응에 대해서 다룰 것이고, 이 반응(이중 결합의 수소화붕소첨가반응)의 메커니즘은 친전자성 첨가반응과 수소첨가반응 사이에 있다. 이 반응 결과로 만들어진 알킬보레인은 알코올로 산화시킬 수 있다.

붕소-수소 결합이 이중 결합에 첨가된다

보레인(BH_3)은 촉매의 도움 없이 이중 결합에 첨가되며, 이 반응은 H. C. Brown*에 의해 발견되었고, **수소화붕소첨가반응(hydroboration)**이라고 한다.

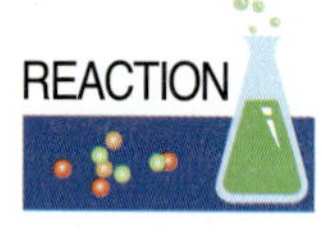

알켄의 수소화붕소첨가반응

보레인(B_2H_6의 이합체로 존재함)은 에터 및 테트라하이드로퓨란(THF) 용액으로 구입할 수 있다. 이 용액 속에서 보레인은 에터의 산소와 Lewis 산-염기 착물로 존재하며(2-2절과 9-5절 참조), 이때 붕소는 여덟 개의 전자를 가진다(BH_3의 분자 오비탈 모양은 그림 1-17 참조).

*Herbert C. Brown 교수(1912~2004), Indiana 주, West Lafayette 소재, Purdue 대학교, 1979년 노벨화학상 수상.

B—H 단위가 π 결합에 어떻게 첨가되는가? π 결합은 전자가 풍부하고 보레인은 전자가 부족하므로, 초기에 브로모늄 이온이 형성되는(그림 12-3) 것과 유사하게 BH_3에 있는 붕소의 빈 p 오비탈이 참여한다. 이것은 전자 밀도를 알켄에서 붕소 쪽으로 이동시킨다. 결과적으로 수소들 중 하나가 4 중심 전이 상태를 거쳐 알켄의 이중 결합 탄소 중 어느 한 탄소로 이동되고, 붕소는 다른 탄소 쪽으로 이동된다. 이러한 첨가반응의 입체화학은 신-첨가반응이다. 세 개의 모든 B—H 결합은 이와 같은 방식으로 알켄들과 반응한다. 생성물인 알킬보레인에서의 붕소 역시 전자가 부족하다. 아래에 나타낸 일반적인 반응의 정전기 퍼텐셜 지도(색의 변화를 최대한 표현하기 위해 조절한 크기)는, 보레인의 붕소가 어떻게 전자가 부족한 상태(푸른색)에서 시작해서, 콤플렉스에서 전자가 더 풍부한 상태(붉은색)로 변하고, 다음으로 생성물로 바뀌면서 전자 밀도를 잃어버리는지를 보여 준다.

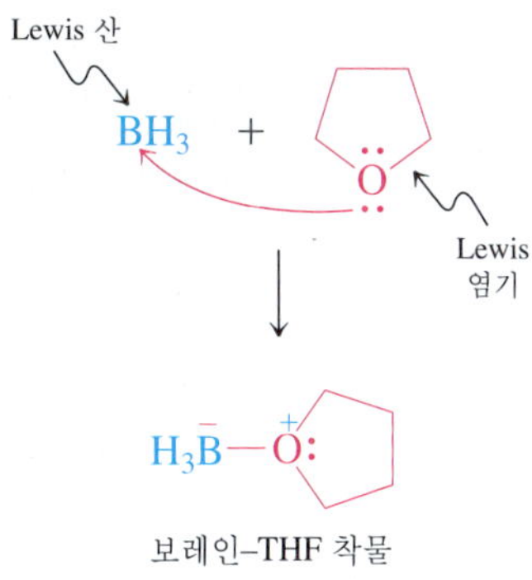

수소화붕소첨가반응 메커니즘

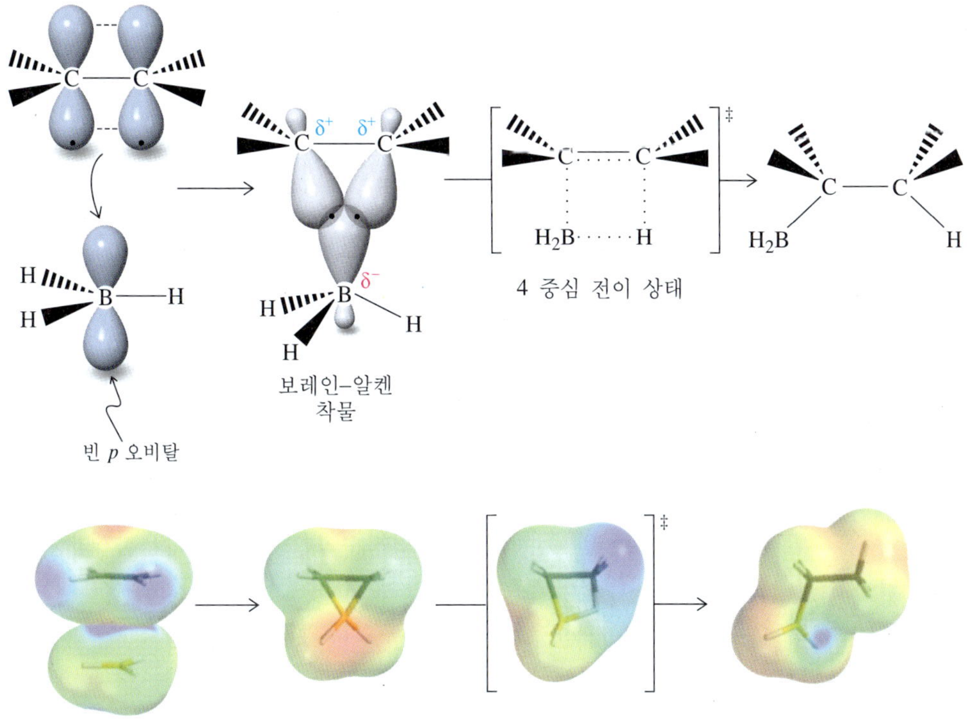

MECHANISM

ANIMATION ANIMATED MECHANISM: Hydroboration-oxidation

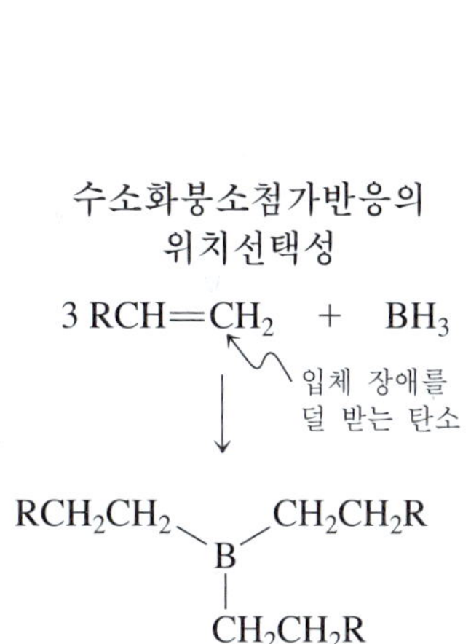

수소화붕소첨가반응은 입체특이성 반응(신-첨가)일 뿐만 아니라, 위치선택성인 반응이기도 하다. 앞에서 설명한 친전자성 첨가반응과는 달리, 전자적인 요인보다는 입체적인 요인에 의해 위치선택성이 조절된다. 즉, 붕소는 입체 장애를 덜 받는 탄소(치환이 덜 된 탄소) 쪽으로 결합된다. 다음 절에서 설명할 이들 수소화붕소첨가반응으로부터 만들어지는 트라이 알킬보레인의 반응성에 특별히 관심이 있다.

알킬보레인의 산화는 알코올을 생성한다

트라이알킬보레인을 염기성의 과산화 수소 수용액으로 산화시키면 붕소 원자를 하이드록시기로 치환시키며 알코올을 생성한다. 2단계 반응의 최종 결과인 **수소화붕소첨가반응-산화반응(hydroboration-oxidation)**은 이중 결합에 물이 첨가되는 것이다. 12-4절과 12-7절에서 설명한 수화반응과는 반대의 위치선택성이 나타난다. 따라서 보레인을 통해 일어나는 물의 첨가반응은 OH 작용기가 **덜** 치환된 탄소에 도입되는 **안티-Markovnikov 첨가반응(anti-Markovnikov addition)**이다.

수소화붕소첨가반응-산화반응 단계

$$3\,RCH{=}CHR \xrightarrow{BH_3,\ THF} (RCH_2CHR)_3B \xrightarrow{H_2O_2,\ NaOH,\ H_2O} 3\,RCH_2CH(R)\ddot{O}H$$

$$(CH_3)_2CHCH_2CH{=}CH_2 \xrightarrow[2.\ H_2O_2,\ NaOH,\ H_2O]{1.\ BH_3,\ THF} (CH_3)_2CHCH_2CH_2CH_2\ddot{O}H \quad 80\%$$

4-Methyl-1-pentene → 4-Methyl-1-pentanol

알킬보레인의 산화반응 메커니즘에서 친핵성 과산화수소 이온은 전자가 부족한 붕소 원자를 공격한다. 이때 생기는 붕소 화학종에서 알킬기는 결합 전자쌍을 가지고 이웃에 있는 산소로 재배열하면서 수산화 이온을 방출시킨다(따라서 이들의 입체 배열을 **보존**된다).

Alkylborane의 산화반응 메커니즘

$$-B(R) + {}^{-}\!:\ddot{O}-\ddot{O}H \longrightarrow -B^{-}(R)-\ddot{O}-\ddot{O}H \xrightarrow{-H\ddot{O}:^{-}} -B-\ddot{O}-R$$

Hydroperoxide 이온

이 과정은 세 개의 모든 알킬기가 산소 원자로 이동될 때까지 반복되며, 결국 트라이알킬보레이트 $(RO)_3B$로 된다. 이 무기 에스터는 염기에 의해 알코올과 붕산 소듐으로 가수분해된다.

$$(RO)_3B \;+\; 3\,NaOH \xrightarrow{H_2O} Na_3BO_3 \;+\; 3\,ROH$$

이중 결합에 보레인이 첨가되는 반응과 이어서 일어나는 산화반응은 선택적이기 때문에, 이 방법은 알켄으로부터 입체특이성 및 위치선택성인 알코올의 합성 방법이다. 수소화붕소첨가반응–산화반응의 안티-Markovnikov 위치선택성은 산촉매 수화반응과 옥시수은첨가반응–수은이탈반응들의 위치선택성과 상보적이다. 수소화붕소첨가반응은 옥시수은첨가반응처럼 중간체로 탄소양이온을 만들지 않아 **재배열반응이 관찰되지 않는다.**

수소화붕소첨가반응-산화반응에 의한 입체특이성 및 위치선택성 알코올의 합성

1-Methylcyclopentene $\xrightarrow{BH_3,\ THF}$ (H, CH_3, B—, H) $\xrightarrow{H_2O_2,\ NaOH,\ H_2O}$ (H, CH_3, $\ddot{O}H$, H) 86%

trans-2-Methylcyclopentanol

연습 문제 12-20

(a) Propene 및 **(b)** (*E*)-3-methyl-2-pentene의 수소화붕소첨가반응–산화반응의 생성물을 제시하시오. 또 입체화학을 분명하게 나타내시오.

요약 수소화붕소첨가반응은 알켄을 수화시키는 또 다른 방법이다. 초기의 첨가반응은 신-첨가반응이고, 붕소 원자가 입체 장애를 덜 받는 탄소와 결합하는 위치선택성이다. 알킬 보레인을 염기성 과산화 수소로 염기성하에서 산화시키면 안티-Markovnikov 알코올을 생성하며, 알킬기의 입체 배열은 보존된다.

12-9 다이아조메테인, 카벤, 사이클로프로페인의 합성

사이클로프로페인은 아주 흥미로운 합성 목표물질이다. 그들은 많은 다양한 종류의 자연 물질들에서 발견되고(4-7절), 높은 구조적 변형(4-2절)과 작용기적 기여도 때문에 연구하기에 흥미로운 화합물이다. 사이클로프로페인은 이중 결합에 **카벤(carbene)**이라고 불리는 반응성이 높은 물질들을 첨가하면 쉽게 만들 수 있다. 카벤은 일반적으로 중심 탄소 원자에 여섯 개의 전자를 가지고 있는 R_2C: 구조를 하고 있다. 카벤은 중성이지만 전자가 부족하여 알켄에 친전자체로 작용한다.

다이아조메테인은 알켄을 사이클로프로페인으로 변환시키는 메틸렌을 형성한다

아주 독특한 **다이아조메테인(diazomethane**, CH_2N_2)은 노란색이고, 독성이 강하며, 폭발성 기체이다. 빛, 열과 구리 촉매에서 질소를 방출하며 분해된다. 이 결과 아주 반응성이 높고, 가장 간단한 카벤인 **메틸렌(methylene**, H_2C:)을 만든다.

$$H_2\ddot{C}-\overset{+}{N}\equiv N: \xrightarrow{h\nu \text{ 또는 } \Delta \text{ 또는 Cu}} H_2C: + :N\equiv N:$$

Diazomethane Methylene

이중 결합 화합물 존재하에서 이러한 메틸렌이 형성되면, 첨가반응이 일어나 사이클로프로페인이 만들어진다. 이러한 반응 과정은 대개 이중 결합의 원형을 유지하면서 입체특이성으로 일어난다.

이중 결합에 대한 메틸렌 첨가반응

Cyclohexene $\xrightarrow[-N_2]{CH_2N_2,\ h\nu}$ Bicyclo[4.1.0]heptane (40%)

CH_3CH_2–CH=CH–CH_2CH_3 (cis) $\xrightarrow[-N_2]{CH_2N_2,\ Cu,\ \Delta}$ *cis*-Diethylcyclopropane (50~70%)

연습 문제 12-21

Diazomethane은 *diazoalkane* 또는 **다이아조 화합물들**($R_2C=N_2$) 중에서 가장 간단한 화합물이다. Heptane 용액 속 다이아조 화합물 A를 −78 °C에서 빛을 가해주면 탄화수소(C_4H_6)를 만든다. 이때 ^1H NMR에서는 지방족 부근에서 세 개의 신호를 ^{13}C NMR 스펙트럼에서는 두 개의 신호를 얻었다. 이것의 구조를 제안하시오.

$$CH_2=CHCH_2CH=\overset{+}{N}=\ddot{N}:^-$$

A

할로젠화 카벤과 케벤류도 사이클로프로페인을 생성한다

사이클로프로페인을 할로메테인에서 유도된 할로젠화 카벤들을 사용하여 합성할 수 있다. 예를 들어, 트라이클로로메테인(클로로폼, $CHCl_3$)을 강염기로 처리하면 같은 탄소에서 수소와 이탈기가 떨어지는 제거반응이 일어난다. 이중 결합들의 존재에서 생성된 다이클로로카벤은 이것과 반응하여 사이클로프로페인들을 생성한다.

Chloroform에서 생성된 dichlorocarbene과 cyclohexene의 반응

$$(CH_3)_3CO:^- + H-CCl_3 \xrightarrow{-(CH_3)_3COH} {}^-:CCl_2-Cl: \longrightarrow :CCl_2 + :Cl:^-$$

Dichlorocarbene

59%

사이클로프로페인을 생성하는 또 다른 방법은 다이아이오도메테인을 아연 파우더(주로 구리를 가지고 활성화시킴)와 반응시켜 만든 **Simmons-Smith* 시약(Simmons-Smith reagent,** ICH_2ZnI)을 이용한다. 이것은 카벤에서와 같이 알켄을 입체특이성으로 사이클로프로페인으로 변환시키기 때문에, **카벤류(carbenoid)** 또는 카벤유사 물질들의 일종이라고 한다. 사이클로프로페인 합성에서 Simmons-Smith 시약을 사용하면 위험한 다이아조메테인 사용을 피할 수 있다.

Cyclopropane을 위한 Simmons-Smith 시약

$$\text{cis-}CH_3CH{=}CHCH_3 + CH_2I_2 \xrightarrow[\text{-Metal iodide}]{\text{Zn-Cu, }(CH_3CH_2)_2O} \text{cis-1,2-dimethylcyclopropane}$$

Simmons-Smith 시약을 이용한 특이한 자연계 화합물 합성 예는 강력한 항균제로 알려진 FR-900848이다. 이것은 1990년에 *Streptoverticillium fervens*의 발효에서 얻어졌고, 1996년에 최초로 합성되었다. 이것에서 가장 특이적인 부분은 지방산 부분이다. 이것은 다섯 개의 사이클로프로페인을 가지고 있고, 이들 중에서 네 개는 연속되어 있고, 다섯 개 고리 모두가 Simmons-Smith 사이클로프로페인화된 시약을 이용하여 합성되었다.

FR-900848

요약 다이아조메테인은 알켄에서 사이클로프로페인을 합성하기 위한 메틸렌의 원료로서 유용한 합성 중간체이다. 할로메테인의 할로젠화 수소이탈반응에서 형성된 할로젠화 카벤과 아연과 다이아이오도메테인을 반응시켜 만든 카벤류인 Simmons-Smith 시약도 알켄을 사이클로프로페인으로 변환시킬 수 있다. 카벤의 알켄에 대한 첨가반응은 **단일 탄소 원자**가 **두 개**의 알켄 탄소에 결합하기 때문에 다른 첨가반응과는 다르다.

---

*Howard E. Simmons 박사(1929 ~ 1997)와 Ronald D. Smith 박사(1930년 출생), Delaware 주, Wilmington 소재, E. I. du Pont de Nemours and Company에서 근무.

12-10 옥사사이클로프로페인 (에폭사이드) 의 합성: 과산화카복실산에 의한 에폭시화반응

이번 절에서는 친전자성 산화제로부터 단일 **산소** 원자가 어떻게 이중 결합의 두 탄소에 도입되는지에 대하여 알아보겠다. 이 과정은 옥사사이클로프로페인이라 하고, 이것은 이웃자리 안티 다이올(*anti* diol)로 전환될 수 있다. 12-11절과 12-12절에서는 **각각**의 알켄 탄소에 산소 원자들의 결합 방법을 소개할 것이다. 이것들은 이중 결합의 부분 분해에 의해서 이웃자리 신 다이올을 생성하거나, 완전 분해에 의해서 카보닐 화합물을 생성한다.

Peroxycarboxylic Acid

친전자성 산소

$R-C(=O)-O^{\delta-}-OH^{\delta+}$

A peroxycarboxylic acid

CH_3COOH (C=O)

Peroxyethanoic (peracetic) acid

meta-Chloroperoxybenzoic acid (MCPBA)

과산화카복실산은 이중 결합에 산소를 제공한다

과산화카복실산(RCOOH, R–C(=O)–OOH)의 OH기는 **친전자성**(*electrophilic*) 산소를 가지고 있다. 이 화합물은 알켄과 반응하여 친전자성 산소를 이중 결합에 제공해 옥사사이클로프로페인을 형성한다. 이 반응의 다른 생성물은 카복실산이다. 이와 같은 이중 결합의 변환은 이미 알고 있는 바와 같이, 옥사사이클로프로페인이 유용한 합성 중간체이므로(9-9절), 가치가 있는 반응이다. 이 반응은 클로로폼, 다이클로로메테인 또는 벤젠과 같은 비활성 용매를 이용하여 상온에서 반응시킨다. 이 반응은 보통 옥사사이클로프로페인의 옛 이름 중의 하나인 **에폭사이드**(*epoxide*)로부터 유래되어 **에폭시화반응**(**epoxidation**)이라고 한다. 실험실에서 자주 이용하는 과산화카복실산은 메타-클로로퍼옥시벤조산(MCPBA)이다. 그러나 공업적인 목적이나 대량으로 사용할 때에는 폭발성이 있어서 약간의 자극에 민감한(폭발성 있는) MCPBA 대신 마그네슘 모노퍼옥시프탈레이트(MMPP)를 사용한다.

Magnesium monoperoxyphthalate (MMPP)

Oxacyclopropane의 형성 : 이중 결합의 에폭시화반응

$$>C=C< \; + \; RC(=O)-\overset{\delta-}{O}-\overset{\delta+}{O}-H \longrightarrow \text{C–C (O bridge)} \; + \; RC(=O)OH$$

친전자성

An oxacyclopropane

산소의 전이는 입체특이적인 **신** 형태이고, 출발물 알켄의 입체화학이 생성물에서 보존된다. 예를 들어, **트랜스**-2-뷰텐은 **트랜스**-2,3-다이메틸옥사사이클로프로페인을 생성하며, 반대로 **시스**-2-뷰텐은 **시스**-2,3-다이메틸옥사사이클로프로페인을 생성한다.

$$\textit{trans}\text{-2-Butene} + \text{MCPBA} \xrightarrow{CH_2Cl_2} \textit{trans}\text{-2,3-Dimethyloxacyclopropane } (85\%)$$

trans-2-Butene　*meta*-Chloroperoxybenzoic acid (MCPBA)　*trans*-2,3-Dimethyloxacyclopropane

이 산화반응의 메커니즘은 어떠한가? 이 반응은 친전자성 할로젠화반응과 아주 똑같지는 않지만 유사하게 연관되어 있다(12-5절). 에폭시화반응에서 고리형 전이 상태를 그릴 수 있는데, 여기서 친전자성 산소가 π 결합에 첨가되는 것과 동시에 과산화카복실산의 양성자가 같은 분자 내의 카보닐기로 이동하여, 좋은 이탈기로 작용하는 카복실산 한 분자를 방출한다. 옥사사이클로프로페인 생성물에서 새롭게 형성된 두 개의 C—O 결합은 알켄의 π 결합과 끊어진 O—H 결합의 전자쌍으로부터 유도된다.

Oxacyclopropane의 형성 메커니즘

연습 문제 12-22

Cyclohexene으로부터 *trans*-2-methylcyclohexanol을 합성하는 방법을 설명하시오 [**힌트**: oxacyclopropane 반응을 복습하라 (9-9절)]

친전자성 메커니즘에 일치하여 과산화카복실산에 대한 알켄의 반응성은 알킬기의 치환 정도에 따라 증가하고, 따라서 선택적 산화반응을 일으킬 수 있다. 그 예는 다음과 같다.

전자가 풍부한 이중 결합에서만 에폭시화반응이 일어난다.

CH_3COOH (1 동등), $CHCl_3$, 10°C

이치환 일치환 86%

옥사사이클로프로페인의 가수분해반응은 알켄의 안티 다이하이드록시화반응 생성물을 만든다

촉매 양의 산이나 염기 존재하에서 옥사사이클로프로페인을 물과 반응시키면 고리가 열려 상응하는 이웃자리 다이올을 생성한다. 이 반응은 9-9절의 메커니즘에 따른다. 이 반응에서 물 또는 수산화물은 친핵체로 작용하여 삼원자 고리에 있는 산소의 반대쪽으로 공격한다. 이러한 산화반응–가수분해반응의 최종 반응 결과로 알켄에 **안티 다이하이드록시화반응** (*anti* **dihydroxylation**)이 일어난다. 이러한 방법으로 **트랜스**-2-뷰텐을 반응시키면 **메조**-2,3-뷰탄다이올이 생성되고, **시스**-2-뷰텐을 같은 방법으로 반응시키면 2*R*,3*R* 및 2*S*,3*S* 거울상이성질체가 혼합된 라세미 혼합물을 생성한다.

알켄의 이웃자리 안티 다이하이드록시화반응

1. MCPBA, CH_2Cl_2
2. H^+, H_2O

2,3-Butanediol 이성질체의 합성

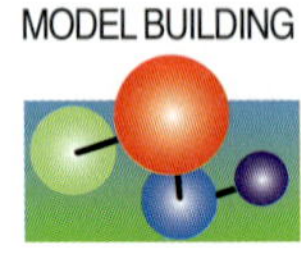

1. MCPBA, CH_2Cl_2
2. H^+, H_2O

trans-2-Butene → *meso*-2,3-Butanediol

1. MCPBA, CH_2Cl_2
2. H^+, H_2O

cis-2-Butene → (2*R*,3*R*)-2,3-Butanediol + (2*S*,3*S*)-2,3-Butanediol

(라세미 혼합물)

연습 문제 12-23

MCPBA와 산 수용액을 각각 아래 알켄들과 반응시켜 생성되는 각각의 생성물을 제시하시오. **(a)** 1-Hexene, **(b)** cyclohexene, **(c)** *cis*-2-pentene, **(d)** *trans*-2-pentene.

요약 과산화카복실산은 알켄에 산소 원자를 제공하여 알켄이 옥사사이클로프로페인으로 바뀌도록 한다(에폭시화반응). 과산화카복실산에 의한 산화반응–가수분해반응은 입체특이성 **안티** 형태로 다이올을 생성한다.

12-11 사산화 오스뮴에 의한 이웃자리 신 다이하이드록시화반응

사산화 오스뮴은 두 단계로 알켄과 반응하여 입체적으로 **신** 상태의 이웃자리 다이올을 생성한다. 이 반응은 이전 절에서 기술한 **안티** 선택성을 형성하는 에폭시화반응–가수분해반응과 상보적인 반응이다.

Osmium tetroxide를 이용한 이웃자리 신 다이하이드록시화반응

1. OsO_4, THF, 25°C
2. H_2S

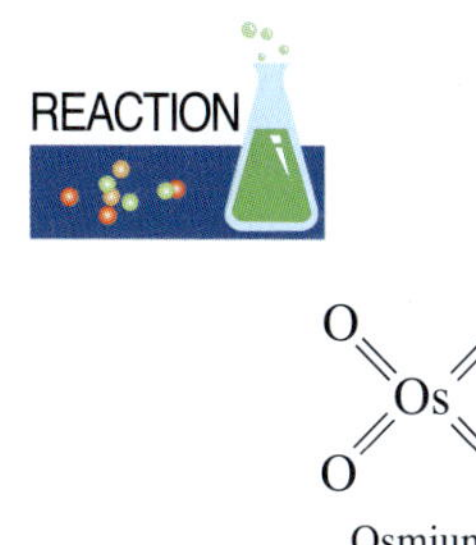

이 반응은 분리할 수 있는 고리 에스터 중간체를 만들고, H_2S나 $NaHSO_3$ 등에 의한 환원성 가수분해를 일으킨다. 예를 들면,

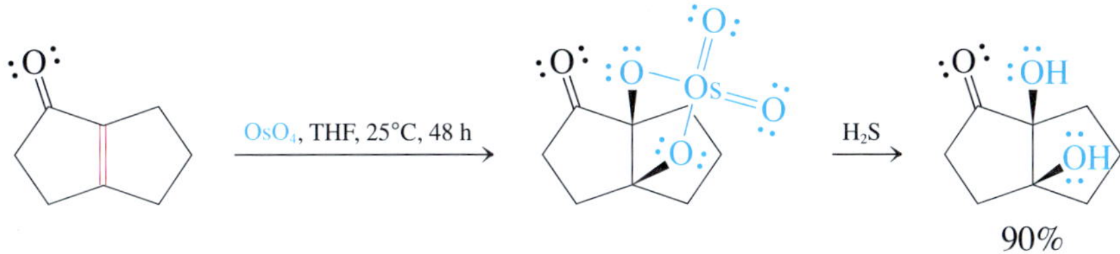

이 반응은 어떤 메커니즘으로 일어나는가? OsO_4과 π 결합의 초기 반응은 세 개의 전자쌍이 자발적으로 동시에 움직여, 이중 결합에 협동 첨가반응(concerted addition, 6-4절)하여 Os(VI)를 포함하는 고리 에스터를 생성한다. 이 과정은 알켄에서 친전자성 공격이 일어나는 것으로 볼 수 있다. 즉, 알켄으로부터 두 개의 전자가 이동되어 금속이 [Os(VIII) → Os(VI)]로 환원되는 것이다. 입체적인 이유 때문에 생성물은 이중 결합의 **같은** 쪽으로 두 개의 산소 원자가 도입되는 방식으로만(즉, 신 형태로) 생성될 수 있다. 이 중간체는 일반적으로 분리하지 않고, 환원적 후 처리에 의해서 다이올로 변환한다.

OsO_4에 의한 산화반응 메커니즘

OsO_4는 값이 비싸고, 독성이 매우 크므로, 일반적인 변형은 촉매 양의 오스뮴 시약과 H_2O_2 같은 다른 산화제(이것은 환원된 OsO_4를 재산화시킴)를 화학량론적 양의 사용을 필요로 한다.

알켄에 이웃자리 **신** 다이하이드록시화반응을 위한 고전적인 시약은 과망가니즈산 포타슘($KMnO_4$)이다. 이 시약의 작용은 OsO_4와 유사한 방법으로 이루어지지만, 이것은 과산화

화학 이야기 12-2

항암제 합성: Sharpless의 거울상선택성 옥사사이클로프로페인 반응과 다이하이드록시화반응

1990년대에 새로운 의약품을 합성하는 방법에서 중대한 변화가 있었다. 이전까지 거울상이성질체를 순수하게 합성할 수 있는 방법은 공장 스케일에서는 사용할 수가 없었다. 따라서 비록 한 가지 거울상이성질체가 약효가 있더라도, 일반적으로 라세미 혼합물을 만들었다(화학 이야기 5-4 참조). 의학적으로나 경제적으로 유리한 경우, 이러한 혼합물은 고전적인 방법으로 분리했다(5-8절). 그러나 촉매의 근본적인 개념의 진보가 이러한 상황을 바꾸었다. 가장 유용한 예들 중 하나가 K.B. Sharpless가 개발한 이중 결합의 거울상선택성인 산화반응이다(화학 이야기 5-4 참조). 이러한 반응들 중 첫 번째는 12-10절에서 논의한 옥사사이클로프로페인 반응으로, 2-프로페닐(알릴) 알코올에 적용했다. 그러나 과산화카복실산 대신 *tert*-뷰틸 과산화수소와 타이타늄(IV) 아이소프로폭사이드(Sharpless 에폭시화반응)를 사용하고, 타타르산 다이에틸 에스터(tartaric acid diethyl ester)가 카이랄 보조체 역할을 한다(화학 이야기 5-3). 천연의 (+)-(2*R*,3*R*)-다이에틸 타트레이트와 비천연의 (−)-(2*S*,3*S*) 거울상 물질은 상업적인 물질이다. 그림에서 보는 것과 같이 하나는 이중 결합의 한쪽 면으로 산소를 전달하고, 다른 하나는 반대쪽 면에서 전달해서 옥사사이클로프로페인 생성물의 두 가지 거울상이성질체를 좋은 거울상 초과량으로 생성한다(5-2절). Ti 테트라아이소프로폭사이드가 네 개의 알콕사이드를 다른 성분에서 생성된 네 개의 하이드록사이드(두 개는 타트레이트에서, 한 개는 과산화수소에서 그리고 한 개는 알릴 알코올에서 제공)로 치환하기 때문에 이 반응은 잘 진행된다. 중심 금속에 모두가 잘 모아지면, 전이 상태는 카이랄 보조체의 입체화학적인 영향을 최대한 받는다.

카이랄 배위 리간드의 역할은 반응물이 한쪽 공간 배향으로만 들어올 수 있는 포켓을 제공한다. 이러한 점에서 이것은 아주 유사하게 작용하는 생체 촉매인 효소의 성질을 갖는다(화학 이야기 5-5와 26장 참조). 카이랄 리간드가 없는 경우 라세미 혼합물이 생성된다.

Sharpless Oxacyclopropanation 시약

tert-Butyl hydroperoxide

\+

$Ti[OCH(CH_3)_2]_4$

Titanium(IV) isopropoxide

\+

HO, H, COOCH$_2$CH$_3$, OH, H, H$_3$CH$_2$COOC (*R R*)

또는

H, HO, COOCH$_2$CH$_3$, H, OH, H$_3$CH$_2$COOC (*S S*)

Diethyl tartrate 리간드

H_3C ... OH —(*R,R*-tartrate 시약, 95% *ee*)→ H_3C ... (*S S*) OH

H_3C ... OH —(*S,S*-tartrate 시약, 95% *ee*)→ H_3C ... (*R R*) OH

***R,R*-Tartrate에 대한 전이 상태**

H COOR, ROOC, *R R*, H, O, O, Ti, O, O–O

Sharpless의 거울선택성 옥사사이클로프로페인 반응은 중요한 약을 만들기 위한 많은 카이랄 순수 거울상 중간체를 만드는데 이용되고 있다. 예를 들면, 다음 페이지 위에 표시한 강력한 항암물질인 aclacinomycin A(화학 이야기 7-1도 참조)의 합성 경로의 중요한 단계로 이용되었다.

Sharpless는 중심 금속에 카이랄 유도기와 알켄 출발물을 가까운 위치에 도입하는 같은 원리를 이용하여, 거울상선택성인 OsO_4 촉매화 알켄 다이하이드록시화반응에 적용하였다(12-11절). 여기서 카이랄 보조체의 핵심은 천연 알칼로이드인 *cinchona*(25-8절)이다. Dihydroquinine은 이러한 아민의 하나로, 529쪽에 나타낸 것과 같이 이합체 형태로 연결해서 사용한다. 정량적 산화제로(12-11절) H_2O_2 대신 Fe^{3+} [$K_3Fe(CN)_6$ 상태로]를 사용한다. 이 방법은 E.J. Corey(8-9절)에 의해 곰팡이로부터 얻어지는 천연 **항혈관생성억제제**(*antiangiogenesis agents*)인 ovalicin의 거울상선택성 합성에 이용되었다. 항혈관생성억제제는 새롭게 형성되는 혈관을 억제하여 암세포에 전달되는 영양분을 차단하는 역할을 한다. Corey의 합성 경로에서 중요한 단계는 다음에 나타낸 비카이랄 사이클로헥센 유도체의 거울상선

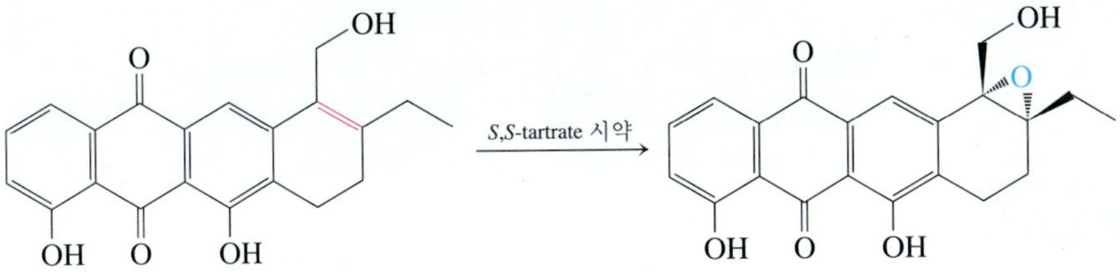

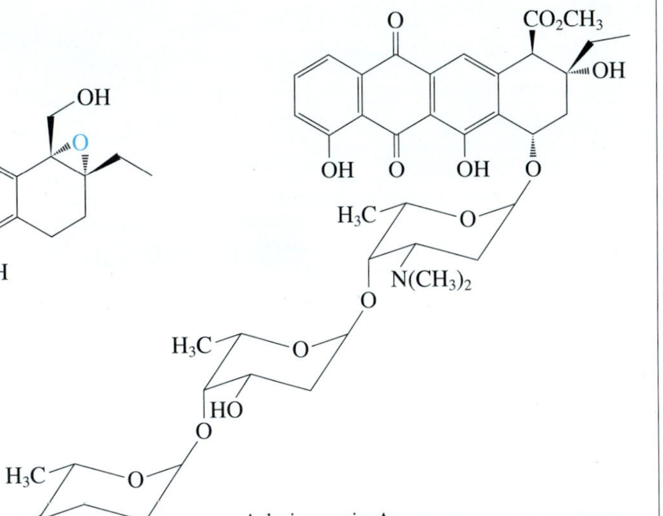

Aclacinomycin A

택성 **신** 다이하이드록시화반응이다.

최근에 합성된 ovalin의 유도체인 TNP-470은 강력한 항혈관 생성억제를 가지고 있고, 화학적으로 안정하고, 독성이 없으며, 염증을 일으키지 않으며, 경구 투여가 가능하다. 많은 사전 결과에 따르면 TNP-470의 동물에서 항암 효과를 지닌다. 2004년 초까지 TNP-470은 유방, 뇌, 자궁경관, 간, 전립선 관련 암과 AIDS 관련 Kaposi 종양, 림프종, 백혈병 등에 대한 효능을 검증하기 위해 수많은 임상실험에 들어갔다. 임상실험에서 많이 있는 일이지만 불행히도, 신경독성 때문에 임상실험이 중단되었다. 이러한 문제점들은 클로라이드기 위치에 고분자 곁사슬을 달아 해결했고, 2009년 초에 이 약이 시장에 나올 것으로 전망된다.

Sharpless
다이하이드록실화반응
시약

촉매 OsO_4

+

$K_3Fe(CN)_6$

+

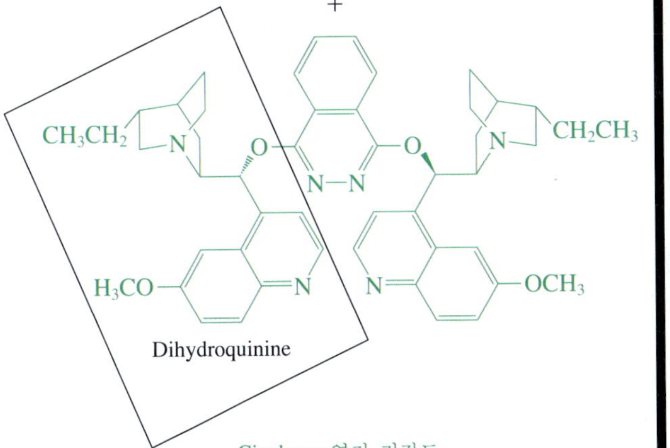

Cinchona-염기 리간드

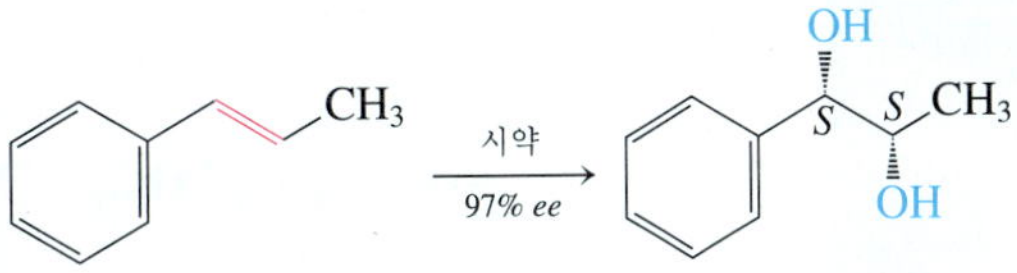

전이 상태

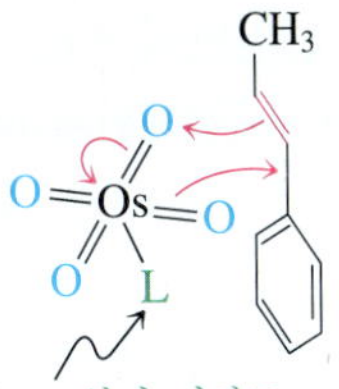

Cinchona-염기 리간드

Ovalicin에 대한 중요한 단계

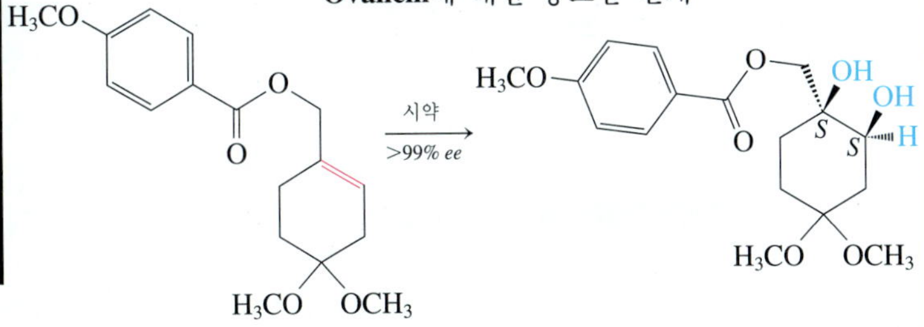

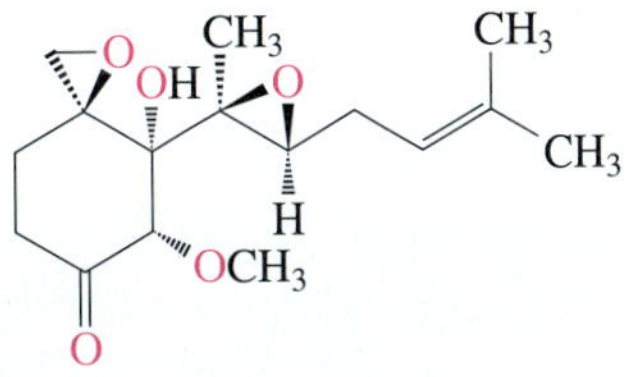

(−)-Ovalicin

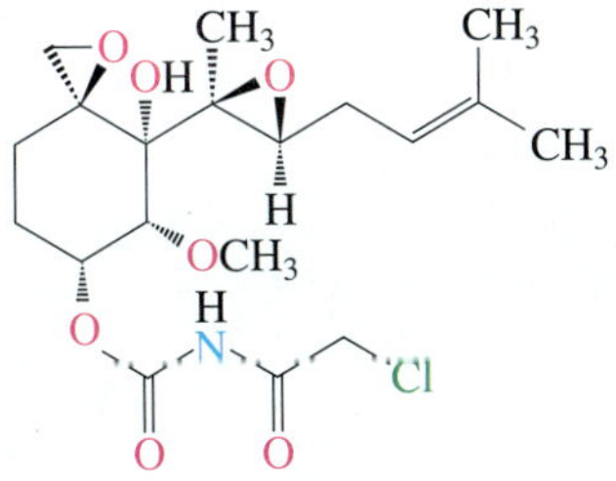

TNP-470

(overoxidation) 문제 때문에 효과적인 다이올 합성 방법이 아니다. 보라색인 과망가니즈산 포타슘 용액은 알켄을 구별할 수 있는 반응 중의 하나이다. 반응하면 보라색 시약은 순간적으로 갈색 침전[환원 생성물인 이산화 망가니즈 (MnO_2)]를 생성한다.

알켄 이중 결합에 대한 **potassium permanganate** 실험

$$\mathrm{>C{=}C<} \; + \; KMnO_4 \;\longrightarrow\; \mathrm{HO{-}C{-}C{-}OH} \; + \; MnO_2$$

$KMnO_4$: 어두운 보라색 / MnO_2: 갈색 침전물

연습 문제 12-24

알켄 이웃자리 신-다이하이드록시화반응의 입체화학적인 결과는 이웃자리 안티-다이하이드록시화반응의 입체화학적 결과와 상보적이다. *cis*- 및 *trans*-2-butene의 이웃자리 신-다이하이드록시화반응의 생성물을 입체화학적으로 나타내시오.

요약 OsO_4는(정량적으로 또는 다른 산화제와 같이 사용하여 촉매로) 알켄을 *syn*-1,2-다이올로 바꾼다. 보라색의 과망가니즈산 포타슘의 유사한 반응은 반응 후 색이 사라지고, 이러한 결과는 이중 결합의 존재 유무를 검사하는 유용한 방법이다.

오존은 어두운 푸른색을 띠고, 아주 불안정한 액체로 응축되는 푸른 기체이다. 오존은 아주 강력한 살균제이다. 때문에 오존 발생기를 풀장과 온천에서 물을 소독하는 데 사용한다.

12-12 산화 분해반응: 가오존분해반응

알켄을 사산화 오스뮴으로 산화시키면 단지 π 결합만을 분해시키지만, 다른 시약을 사용하면 σ 결합도 분해할 수 있다. 알켄을 산화성 분해반응을 시켜 카보닐 화합물로 만들 수 있는 가장 일반적이고도 온화한 방법 중의 하나는, 알켄에 오존을 반응시켜 카보닐 화합물을 만드는 **가오존분해반응 (ozonolysis)** 이다.

오존(O_3)은 **오존발생기** (*ozonator*)라고 하는 기기로 실험실에서 만들어 사용하며, 이 기기에서 아크 방전시키면 건조된 산소 속에 대략 3~4% 정도의 오존이 발생된다. 이 혼합 기체를 메탄올이나 다이클로로메테인에 들어 있는 알켄 용액 속으로 통과시킨다. 첫 번째 분리 가능한 중간체는 **오존화물 (ozonide)** 이라는 화학종이며, 이 물질은 다음 단계에서 아세트산에 들어 있는 아연으로 처리하거나 다이메틸 설파이드와 반응하여 바로 환원된다. 이러한 연속적인 가오존분해반응–환원반응의 최종 반응 결과는 분자 내 탄소–탄소 이중 결합이 분해되고, 이중 결합을 이루고 있던 각 탄소에 산소가 결합되는 것이다.

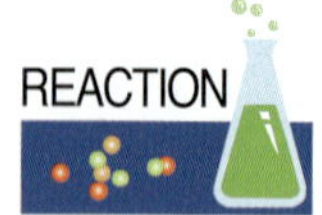

알켄의 가오존분해반응

$$\mathrm{>C{=}C<} \xrightarrow{O_3} \text{오존화물} \xrightarrow[-\,[O]]{\text{환원}} \mathrm{>C{=}\ddot{O}} \; + \; \mathrm{\ddot{O}{=}C<}$$

오존화물 / 카보닐 생성물

$$\underset{\text{(Z)-3-Methyl-2-pentene}}{(CH_3CH_2)(CH_3)C{=}C(CH_3)H} \xrightarrow[\text{2. Zn, }CH_3COOH]{\text{1. }O_3,\ CH_2Cl_2} \underset{\substack{90\% \\ \text{2-Butanone}}}{CH_3CH_2\overset{\overset{\displaystyle :O:}{\|}}{C}CH_3} \; + \; \underset{\text{Acetaldehyde}}{CH_3\overset{\overset{\displaystyle :O:}{\|}}{C}H}$$

가오존분해반응의 메커니즘은 초기 단계에서 이중 결합에 오존이 친전자성 첨가반응을 일으켜, **몰오존화물 (molozonide)** 이라고 하는 화학종을 만드는 과정을 거쳐서 진행된다. 이미 앞의 여러 경우에서 나타낸 것처럼, 이 반응에서도 여섯 개의 전자가 고리형 전이 상태로 동시

에 이동한다. 몰오존화물은 불안정하여 다른 형태의 고리형 육전자 재배열을 통해 카보닐과 카보닐 산화물로 분해된다. 분해 생성물인 이들 두 조각들이 재조합하여 오존화물을 생성한다.

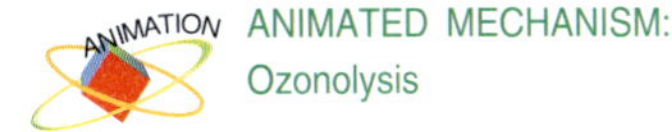

가오존분해반응의 메커니즘

단계 1. 몰오존화물의 형성과 분해

몰오존화물

Carbonyl oxide

단계 2. 오존화물의 형성과 환원

$(CH_3)_2S$ → $2\ C{=}O + (CH_3)_2S{=}O$

Zn, CH_3COOH → $2\ C{=}O + ZnO$

오존화물

연습 문제 12-25

실험식이 $C_{12}H_{20}$인 미지 탄화수소의 ^1H NMR 스펙트럼은 1.0과 2.2 ppm 사이에서 복잡한 다중선 신호를 나타낸다. 이 화합물을 가오존분해반응시켰더니 오른쪽 그림과 같이 cyclohexanone을 2당량 생성하였다. 미지 화합물의 구조는 무엇인가?

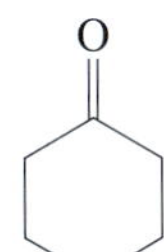

연습 문제 12-26

다음 반응들의 생성물을 제시하시오.

(a) 1. O_3, CH_2Cl_2 2. $(CH_3)_2S$ →
(b) 1. O_3, CH_2Cl_2 2. Zn, CH_3COOH →
(c) 1. O_3, CH_2Cl_2 2. $(CH_3)_2S$ →

연습 문제 12-27

개념 문제: 가오존분해 기질 반응물의 구조 유추

다음 반응에서 출발물의 구조는 무엇인가?

$C_{10}H_{16}$ → 1. O_3 2. $(CH_3)_2S$ →

전략

원자를 세는 것에서 시작하라. 반응물과 비교해서 생성물의 분자 구조식이 어떠한가? 다음으로 **반응을 고려하라**. 어떤 반응인가? 그리고 어떤 변화가 일어났는가? 이러한 정보를 조합하면 출발물을 재구성할 수 있을 것이다.

풀이

• 생성물의 분자 구조식은 $C_{10}H_{16}O_2$이고, 이것은 출발물 + 두 개의 산소 원자와 같다. 이 정보는 문제를 간단히 한다. 이 산소가 어떻게 도입되었는가? 원래 구조를 알아내기 위해 이 과정을 역으로 생각해 볼 수 있는가?

• 이 반응은 가오존분해반응으로 전체 변화를 완성할 수 있다.

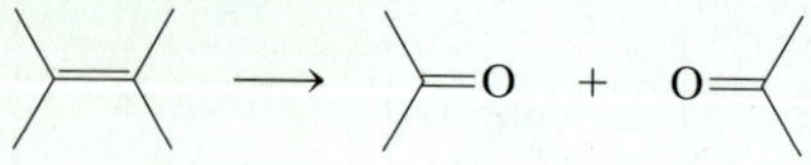

즉, 원래 출발물에 두 개의 산소를 첨가하면 이 문제에서 관찰되는 변화이다.

• 출발 분자를 재구성하는 것은 두 개의 산소를 제거하고, 이중 결합으로 두 개의 카보닐 탄소를 연결하면 된다.

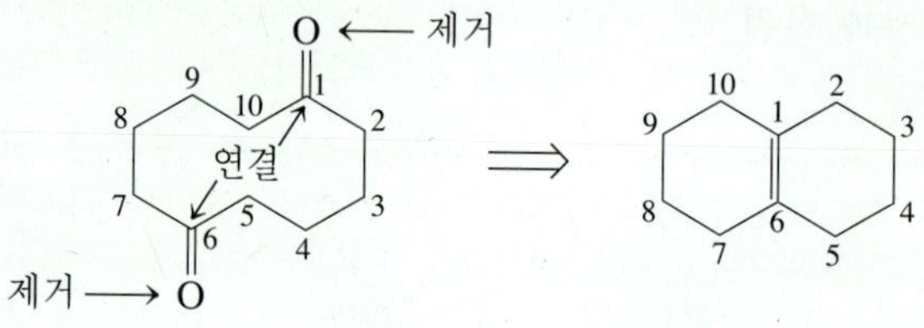

O ⟵ 제거
연결
제거 ⟶ O

처음 보면, 다이카보닐 생성물을 표현한 방법 때문에 어려워 보인다. 하지만 그림과 같이 탄소에 번호를 적고, C—C 단일 결합은 유연해서 다양한 배열을 할 수 있다는 사실을 고려하면, 두 개의 탄소를 연결하는 것이 어렵지 않음을 알게 된다.

연습 문제 12-28

자습 문제

가오존분해반응 후 $(CH_3)_2S$를 처리하면 $CH_3COCH_2CH_2CH_2CH_2CHO$가 생기는 물질의 구조를 제안하시오(**힌트**: 먼저 생성물의 결합-선 구조를 그려 구조를 명확하게 한 후, 탄소에 번호를 붙여라).

요약 가오존분해반응 후 환원시키면 알데하이드와 케톤이 형성된다. 메커니즘적으로 12-10절에서 12-12절까지 설명한 반응은 초기 단계에 친전자성 시약이 π 결합과 반응하여 π 결합이 파괴하는 것과 관련되어 있다. 그러나 12-10절과 12-11절에서 설명한 반응 과정과는 달리, 가오존분해반응에서는 π 및 σ 두 결합이 모두 분해된다.

12-13 라디칼 첨가반응: *anti* Markovnikov 생성물 형성

이 절에서 모든 라디칼과 단일 원자는 3장에서와 같이 초록색으로 나타내었다.

바깥 껍질의 전자가 부족한 라디칼은 이중 결합과 반응할 수 있다. 이 장에서 언급해온 π 결합의 두 개 전자 모두를 필요로 하는 친전자성 시약에 의한 첨가반응과는 달리, 라디칼 첨가반응에서는 결합을 형성하기 위해서 단지 한 개의 전자만을 필요로 한다. 라디칼 첨가반응의 생성물은 알킬 라디칼이고, 최종 생성물은 수소붕소첨가반응-산화반응의 생성물과 유사하게 *anti* Markovnikov 입체선택성을 나타낸다(12-8절).

브로민화 수소는 *anti* Markovnikov 형식으로 알켄에 첨가: 메커니즘의 변화

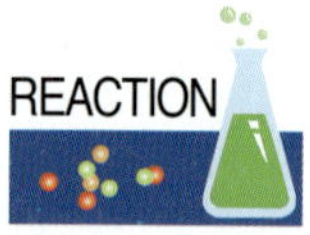

REACTION

깨끗이 증류한 1-뷰텐을 브로민화 수소(HBr)와 반응시키면 완벽하게 Markovnikov 첨가 생성물인 2-브로모뷰테인이 관찰된다. 이 결과는 12-3절에서 논의한 이온 메커니즘에 따라 진행된 것이다. 이상하게도 동일한 반응을 공기에 노출시킨 1-뷰텐을 사용하여 진행시키면 반응이 훨씬 더 빠르게 진행되고, 완전히 다른 결과를 가져온다. 이 경우에는 *anti* Markovnikov 첨가반응에 의해 성성된 1-브로모뷰테인이 분리된다.

알켄 화학의 초기 연구에서는 외관상 동일해 보이는 반응으로부터, 어떤 연구자는 단지 하나의 브로민수소첨가 생성물을 얻는가 하면, 다른 연구자는 다른 생성물이나 혼합물을 얻었기 때문에 초기 알켄 화학을 매우 혼란스럽게 만들었다. 그러나 이러한 비밀은 1930년대에 Kharasch*에 의해 *anti* Markovnikov 첨가반응이 일어나는 원인이 공기 존재에서 보관된 알켄 시료 속의 과산화물(ROOR)로부터 생성된 라디칼 때문이라는 사실이 밝혀지면서 해결되었다. 실제로 *anti* Markovnikov 브로민수소첨가반응을 유도하려면, 인위적으로 반응 용액에 과산화물 같은 라디칼 개시제를 넣어주어야 한다.

이러한 반응 조건하의 첨가반응 메커니즘은 이온을 거쳐 일어난다기보다는, 오히려 **훨씬 더 빠른 라디칼 연쇄 반응(radical chain sequence)**을 거쳐 일어난다. 이유는 라디칼 반응에서 구성 단계의 활성화 에너지는 앞에서 알케인의 라디칼 할로젠화반응에서 논의한 것과 같이(3-4절) 아주 작기 때문이다. 따라서 라디칼 존재하에서는 *anti* Markovnikov 브로민수소첨가반응이 보통의 첨가반응 경로보다 더 빨리 진행된다. 개시 단계는

1. 먼저 약한 RO—OR 결합 [$DH^\circ \approx 39$ kcal mol^{-1} (163 kJ mol^{-1})]이 균일 분해된다.

2. 이때 생긴 알콕시 라디칼이 브로민화 수소와 반응한다.

두 번째(발열) 단계의 추진력은 강한 O—H 결합의 형성이다. 개시 단계에서 생성된 브로민 원자가 이중 결합을 공격하는 것으로 전파 단계가 시작된다. π 전자 중 하나는 브로민 원자가 가지고 있는 짝을 이루지 않은 하나의 전자와 결합하여 C—Br 결합을 형성한다. 나머지 다른 π 전자는 탄소에 머물며 라디칼이 된다.

할로젠 원자의 공격은 **위치선택성**이며, 일차 라디칼보다는 상대적으로 더 안정한 이차 라디칼을 만든다. 이러한 반응의 결과는 양성자와 브로민 원자가 바뀐 것을 제외하고는 브로민화 수소의 이온 메커니즘에 의한 첨가반응과 같다(12-3절). 이온 메커니즘에서는 더 안정한 탄소양이온을 만들기 위해 양성자가 이중 결합과 먼저 반응하고, 생성된 양이온을 브로민이 공격하게 된다. **라디칼 메커니즘에서는 브로민 라디칼이 이중 결합을 먼저 공격하여** 보다 더 안정한 라디칼을 만든다. 이 탄소 라디칼이 HBr과 다시 반응하여 HBr의 수소를 떼어가고, 브로민 원자를 함유한 알킬 라디칼을 재생성한다. 두 개의 전파 단계는 발열 반응이며, 반응은 빠르게 진행된다. 일반적으로 종결 반응은 라디칼 간의 결합에 의해 이루어지거나, 다른 연쇄 반응 물질을 제거함으로써 일어난다(3-4절).

HBr의 Markovnikov 첨가반응

$$CH_3CH_2CH{=}CH_2 \text{ (새로 증류한)} \xrightarrow[24\text{ h}]{HBr} CH_3CH_2CH(Br)CH_2H$$

90%
Markovnikov 생성물
(이온성 메커니즘)

HBr의 *anti* Markovnikov 첨가반응

$$CH_3CH_2CH{=}CH_2 \text{ (산소에 노출)} \xrightarrow[4\text{ h}]{HBr} CH_3CH_2CH(H)CH_2Br$$

65%
anti Markovnikov 생성물
(라디칼 메커니즘)

라디칼 브로민수소첨가반응 메커니즘

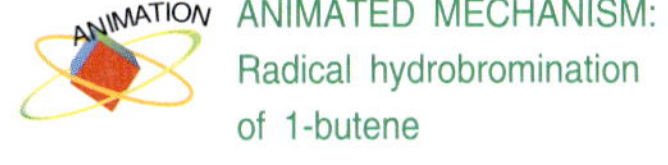

개시 단계

$$RO{-}OR \xrightarrow{\Delta} 2\,RO\cdot \qquad \Delta H^\circ \approx +39 \text{ kcal mol}^{-1}\ (+163 \text{ kJ mol}^{-1})$$

$$RO\cdot + H{:}Br \xrightarrow{\Delta} ROH + :Br\cdot \qquad \Delta H^\circ \approx -17 \text{ kcal mol}^{-1}\ (-71 \text{ kJ mol}^{-1})$$

전파 단계

$$CH_3CH_2(H)C{=}CH_2 + \cdot Br: \longrightarrow CH_3CH_2\dot{C}H{-}CH_2Br \qquad \Delta H^\circ \approx -5 \text{ kcal mol}^{-1}\ (-21 \text{ kJ mol}^{-1})$$

이차 라디칼

*Morris S. Kharasch 교수(1895~1957), Chicago 대학교.

$$CH_3CH_2\dot{C}HCH_2Br + H:\ddot{Br}: \longrightarrow CH_3CH_2CH(H)CH_2\ddot{Br}: + :\dot{Br}\cdot \quad \Delta H^\circ \approx -11.5 \text{ kcal mol}^{-1} \ (-48 \text{ kJ mol}^{-1})$$

라디칼 첨가반응은 일반적인 반응인가?

염화 수소나 아이오딘화 수소는 알켄과 반응하여 *anti* Markovnikov 첨가반응 생성물을 생성하지 못한다. 이들 두 경우에는 전파 단계들 중 한 단계가 흡열반응이므로, 너무 느리고, 연쇄 반응이 종결된다. 결과적으로 HBr**만이** 라디칼 반응 조건하에서 알켄과 반응하여 *anti* Markovnikov 생성물을 만들 수 있는 할로젠화 수소이다. HCl과 HI은 라디칼들이 존재하든 존재하지 않든, 오직 이온 메커니즘에 의한 첨가반응으로 정상적인 Markovnikov 생성물만을 만든다. 그러나 싸이올과 같은 다른 시약은 알켄과 라디칼 첨가반응을 일으킬 수 있다.

알켄에 대한 싸이올 라디칼 첨가반응

$$CH_3CH{=}CH_2 + CH_3CH_2\ddot{S}H \xrightarrow{ROOR} CH_3CH(H)CH_2\ddot{S}CH_2CH_3$$

Ethanethiol → Ethyl propyl sulfide

(CH$_3$)$_3$C–O–O–C(CH$_3$)$_3$
Bis(1,1-dimethylethyl) peroxide
(Di-*tert*-butyl peroxide)

$C_6H_5C(=O)$–O–O–$C(=O)C_6H_5$
Dibenzoyl peroxide

이러한 반응에서 초기에 생긴 알콕시 라디칼은 황으로부터 수소를 제거하여 $CH_3CH_2\ddot{S}\cdot$ 라디칼을 만들고, 이것은 이중 결합을 공격한다. 비스(1,1-다이메틸에틸) 퍼옥사이드(다이-*tert*-뷰틸 퍼옥사이드)와 다이벤조일 퍼옥사이드가 이러한 라디칼 반응의 상업적인 개시제로 사용된다.

연습 문제 12-29

1-Octene과 diphenylphosphine ($(C_6H_5)_2PH$)의 혼합물에 자외선을 쪼였더니 라디칼 첨가반응에 의해 1-(diphenylphosphino) octane을 생성하였다. 이 반응에 대한 타당한 메커니즘을 쓰시오.

$$(C_6H_5)_2PH + H_2C{=}CH(CH_2)_5CH_3 \xrightarrow{h\nu} (C_6H_5)_2P{-}CH_2{-}CH_2(CH_2)_5CH_3$$

수소붕소첨가반응과 같이(12-8절) *anti* Markovnikov 첨가반응은 이온 메커니즘에 의해 얻을 수 있는 생성물과는 다른 생성물을 얻는 보완적인 방법이므로, 합성에 매우 유용한 방법이다. 위치화학적인 조절능력이 반응은 새로운 합성법을 개발하는 데 있어서 매우 중요한 요소이다.

요약 라디칼 개시제는 알켄에 HBr의 첨가가 이온 메커니즘에서 라디칼 연쇄 반응으로 일어나도록 그 메커니즘을 변형시킨다. 이처럼 반응 메커니즘이 바뀜으로써 *anti* Markovnikov 위치선택성 반응이 일어나게 되는 결과를 가져온다. HCl이나 HI를 제외한 싸이올과 같은 다른 화학종도 이와 유사한 반응을 일으킬 수 있다.

12-14 알켄의 이합체화반응, 소중합반응 및 중합반응

알켄은 그들 상호간에 서로 반응하는 것이 가능하겠는가? 실제로 이러한 반응은 가능하지만, 산, 라디칼, 염기 또는 전이 금속과 같은 적당한 촉매가 존재해야만 한다. 이러한 반응에서 알켄 단위체(monomer: *monos*, 그리스어로 단순하다를 의미. *meros*, 그리스어로 부분을 의미)의 불포화 중심이 결합되어 공업적으로 중요한 물질인 이합체(dimer), 삼합체(trimer), **소중합체(oligomer**: *oligos*, 그리스어로 작다를 의미) 및 궁극적으로는 **중합체(polymer**: *polymeres*, 그리스어로 많은 부분을 의미)를 형성하게 된다.

중합반응

$$\text{—C=C—C=C—C=C—} \longrightarrow \text{—C—C—C—C—C—C—}$$

단위체 중합체

π 결합이 탄소양이온을 공격한다

2-메틸프로펜을 뜨거운 황산 수용액과 반응시키면 2,4,4-트라이메틸-1-펜텐과 2,4,4-트라이메틸-2-펜텐의 두 가지 이합체가 생성된다. 이러한 변환은 반응 조건하에서 2-메틸프로펜에 양성자가 첨가되어 1,1-다이메틸에틸(*tert*-뷰틸) 양이온을 생성하기 때문에 일어난다. 이 양이온을 전자가 풍부한 2-메틸프로펜의 이중 결합이 공격할 수 있으며, 이로부터 새로운 탄소-탄소 결합을 형성한다. 친전자성 첨가반응은 보다 안정한 탄소양이온을 형성하기 위해 Markovnikov 규칙에 따라 진행된다. 이어서 각기 다른 두 가지 방향으로 양성자이탈반응이 일어나며, 두 가지 생성물의 혼합물이 얻어진다.

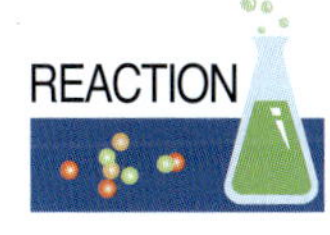

2-Methylpropene의 이합체화반응

$$CH_2{=}C(CH_3)_2 + CH_2{=}C(CH_3)_2 \xrightarrow{H^+} CH_3C(CH_3)_2CH_2C(CH_3){=}CH_2 + CH_3C(CH_3)_2CH{=}C(CH_3)_2$$

2,4,4-Trimethyl-1-pentene 2,4,4-Trimethyl-2-pentene

2-Mehtylpropene의 이합체화반응 메커니즘

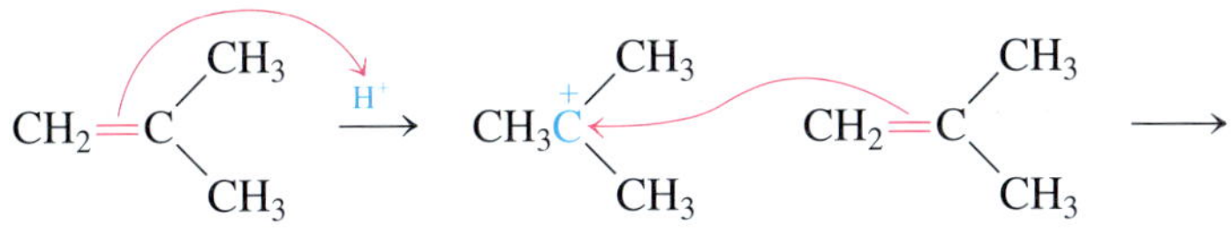

$$CH_3C(CH_3)_2{-}CH_2{-}\overset{+}{C}(CH_3)_2 \xrightarrow{-H^+} CH_3C(CH_3)_2CH_2C(CH_3){=}CH_2 + CH_3C(CH_3)_2CH{=}C(CH_3)_2$$

양성자이탈 반응 *a*로부터 양성자이탈 반응 *b*로부터

반복된 반응으로 소중합반응 및 중합반응이 일어난다

2-메틸프로펜의 두 이합체는 출발물 알켄과 계속해서 반응하려는 경향이 있다. 예를 들어, 2-메틸프로펜을 보다 엄격한 조건하에서 무기산과 반응시키려면 이중 결합에 중간체 탄소양이온이 반복적으로 친전자성 공격을 하여, 삼합체(trimer), 사합체(tetramer), 오합체(pentamer) 등을 만든다. 중간 길이의 알케인 사슬을 만들게 되는 이러한 과정을 **소중합반응(oligomerization)** 이라고 한다.

2-Methylpropene 이합체의 소중합반응

$$CH_3C(CH_3)_2CH{=}C(CH_3)_2 + CH_3C(CH_3)_2CH_2C(CH_3){=}CH_2 \xrightarrow{H^+} CH_3C(CH_3)_2CH_2\overset{+}{C}(CH_3)_2 + CH_2{=}C(CH_3)_2 \longrightarrow$$

$$CH_3C(CH_3)_2CH_2C(CH_3)_2CH_2\overset{+}{C}(CH_3)_2 + CH_2{=}C(CH_3)_2 \longrightarrow CH_3C(CH_3)_2CH_2C(CH_3)_2CH_2C(CH_3)_2CH_2\overset{+}{C}(CH_3)_2 \quad \text{etc.}$$

소중합반응(oligomerization)은 많은 소단위체(subunit)를 가지는 고분자를 지속적으로 만든다. 이러한 아주 강한 발열 반응의 온도를 조절하고, E1 반응을(331쪽의 각주 참조)의 가주 참조 줄이고, 고분자의 길이를 최대로 만들기 위해, 공업적 공정은 대규모의 냉각을 수반한다.

2-Methylpropene의 중합반응

$$n\,CH_2{=}C(CH_3)_2 \xrightarrow{H^+,\ -100°C} H{-}(CH_2{-}C(CH_3)_2)_{n-1}{-}CH_2C(CH_3){=}CH_2$$

Poly(2-methylpropene)
(Polyisobutylene)

스페인 태생의 디자이너 Paco Rabanne이 디자인한 이 황홀한 옷은 합성 고분자 없이는 불가능했을 것이다.

요약 촉매로 이용되는 산은 알켄-알켄 첨가반응을 일으켜 이합체, 삼합체, 여러 가지 성분을 포함하고 있는 소중합체, 최종적으로 매우 많은 알켄 소단위체로 구성된 중합체를 만든다.

12-15 중합체의 합성

많은 알켄은 중합반응을 일으키기에 적합한 단위체이다. 많은 중합체는 내구성(durability), 여러 가지 화합물에 대한 비활성(inertness), 탄성(elasticity), 투명도(transparency) 및 전기나 열에 대한 저항성(resistance) 등을가지기 때문에 중합반응은 화학공업에서 매우 중요하다.

표 12-3 일반적인 고분자와 그들의 단위체

단위체	구조식	중합체 (관용명)	구조식	용도
Ethene	$H_2C{=}CH_2$	Polyethylene	$-(CH_2CH_2)_n-$	식품 저장용 봉투, 용기
Chloroethene (vinyl chloride)	$H_2C{=}CHCl$	Poly(vinyl chloride) (PVC)	$-(CH_2CH(Cl))_n-$	파이프, 비닐천
Tetrafluoroethene	$F_2C{=}CF_2$	Teflon	$-(CH_2CH_2)_n-$	취사 도구
Ethenylbenzene (styrene)	$C_6H_5CH{=}CH_2$	Polystyrene	$-(CH_2CH(C_6H_5))_n-$	포장용 거품
Propenenitril (acrylonitrile)	$H_2C{=}C(H)C{\equiv}N$	Orlon	$-(CH_2CH(CN))_n-$	의류, 합성 섬유
Methyl-2-methyl-propenoate (methyl methacrylate)	$H_2C{=}C(CH_3)C({=}O)OCH_3$	Plexiglas	$-(CH_2C(CH_3)(CO_2CH_3))_n-$	충격 방지 패널
2-Methylpropene (isobutylene)	$H_2C{=}C(CH_3)CH_3$	Elastol	$-(CH_2C(CH_3)(CH_3))_n-$	유출된 기름 제거용

중합체 중 많은 수는 생분해되지 않으므로 이들의 생산이 오염에 기여하기는 하지만, 합성 섬유, 필름, 파이프, 코팅제 및 주형물로 널리 사용된다. 중합체는 의학에서 쓰이는 이식제의 코팅에도 많이 사용되고 있다. 폴리에틸렌, 폴리(염화 비닐, PVC), 테플론, 폴리스티렌, 오론 및 플렉시글래스(표 12-3)와 같은 이름은 일상 용어로 불린다.

폴리(2-메틸프로펜)에 대해 설명한 것처럼, 산촉매 중합반응은 개시제로서, H_2SO_4, HF, BF_3 등과 같은 물질을 사용하여 수행한다. 이들 중합반응은 탄소양이온 중간물질을 거쳐 진행되므로 **양이온성 중합반응**(*cationic polymerization*)이라고 한다. 중합반응의 다른 메커니즘으로는 **라디칼, 음이온성 및 금속 촉매** 등이 있다.

라디칼 중합반응은 상업적으로 유용한 물질을 제조한다

라디칼 중합반응(radical polymerization)의 한 예로, 높은 온도와 압력에서 유기 과산화물의 존재하에서 에텐의 중합반응을 들 수 있다. 이 반응은 반응의 초기 단계에서 알켄에 라디칼이 첨가되는 것과 유사한 메커니즘을 거쳐 일어난다(12-13절). 과산화물 개시제는 알콕시 라디칼로 분해되고, 이것이 에텐의 이중 결합에 첨가되어 중합반응이 시작된다. 이때 생긴 알킬 라디칼이 또 다른 알켄의 이중 결합을 공격하여 다른 라디칼 중심을 생성하는 방식으로 계속된다. 중합반응은 이합체화반응으로 종결될 수도 있고, 라디칼의 불균등화반응에 의해 종결될 수도 있으며, 라디칼 간의 반응(3-4절)에 의해서 종결될 수도 있다.

Ethene의 라디칼 중합반응의 메커니즘

개시 단계

$$R\ddot{\underset{..}{O}}-\ddot{\underset{..}{O}}R \longrightarrow R\ddot{\underset{..}{O}}\cdot$$

$$R\ddot{\underset{..}{O}}\cdot + CH_2{=}CH_2 \longrightarrow R\ddot{\underset{..}{O}}CH_2-\dot{C}H_2$$

화학 이야기 12-3

유출된 기름 제거에서의 중합체

폴리-2-메틸프로펜(폴리아이소뷰틸렌)은 유출된 기름 청소에 효과적으로 사용되는, 엘라스톨이라고 하는 생산물의 주요 성분이다. 이것은 수십 년 동안 해양에 오염된 기름을 제거하는 데 효과적이었다. 엘라스톨을 수면에 뜬 기름에 뿌리면 긴 중합체 사슬이 풀리면서 기름과 혼합된다. 기름은 고분자에 의해 결합되어 점도가 큰 매트가 되고, 이것을 물 표면에서 걷어낼 수 있다. 엘라스톨은 자기 부피의 100배 정도의 중질유를 흡수할 수 있다. 이러한 청소 방법은 걷어낸 매트를 특수 펌프를 이용해서 고분자로부터 기름을 회수할 수 있으므로, 특별히 가치가 있다. 이것은 방향족 탄화수소 MTBE(methyl *tert*-butyl ether, 이것은 가솔린의 옥탄가를 향상시키기 위해서 납을 대신한 첨가물이고, 지하수에 침투한 것이 환경 오염 문제를 야기시키고 있음)로 오염된 지하수 정제에도 효과가 있다. 이러한 방법은 Connecticut의 New Haven 항구의 기름 유출, Potomac and Neches (Texas) 강의 기름 유출, 러시아 극지방의 파이프라인 근처의 기름 유출에 성공적으로 이용되었다. 엘라스톨은 기름 유출로 영향을 받은 새나 다른 동물들을 청소하는데도 유용하다. 특히 이것은 동물의 천연 피부 기름은 건드리지 않고, 기름 오염 물질에만 선택적으로 결합한다.

이 펭귄은 우리의 기름 기반 경제의 피해자이다. South Africa 해안의 기름 유출.

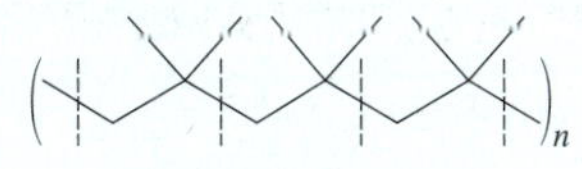

Poly(2-methylpropene)
(Polyisobutylene)

MECHANISM

전파 단계

$$R\ddot{\underset{..}{O}}CH_2CH_2\cdot + CH_2{=}CH_2 \longrightarrow R\ddot{\underset{..}{O}}CH_2CH_2CH_2CH_2\cdot$$

$$R\ddot{\underset{..}{O}}CH_2CH_2CH_2CH_2\cdot \xrightarrow{(n-1)\,CH_2=CH_2} R\ddot{\underset{..}{O}}{-}(CH_2CH_2)_n{-}CH_2CH_2\cdot$$

이와 같은 방식으로 생성된 **폴리에텐**(폴리에틸렌)은 예상되는 선형 구조를 가지지 않는다. 사슬이 늘어날 때 수소가 제거되어 또 다른 라디칼 중심이 생기고, 여기서 다른 사슬이 늘어나게 되면 **가지** 사슬이 생기게 된다. 폴리에텐의 평균 분자량은 거의 100만이다.

폴리클로로에텐[폴리(염화 비닐), PVC]은 유사한 라디칼 중합반응에 의해 만들어진다. 흥미로운 것은 이 반응이 위치선택성이라는 것이다. 과산화물 개시제와 중간 사슬 라디칼은 염소원자 다음에 형성된 라디칼 중심이 비교적 안정하므로, 단위체의 치환기가 없는 끝 부분에서만 첨가가 일어난다. 따라서 PVC는 분자량이 150만이 넘는 아주 규칙적인 **머리-꼬리 구조**(*head-to-tail structure*)를 갖는다. PVC 자체는 매우 단단하고 부서지기 쉽지만, **가소제**(**plasticizer**: *plasikos*, 그리스어로 형태를 의미)라는 카복실산 에스터를 첨가하면 부드럽게 할 수 있다(20-4절). 이렇게 해서 만든 탄성물질은 "비닐 가죽", 플라스틱 덮개, 정원의 호스 등에 사용된다.

Ethene의 라디칼 중합반응

$$n\,CH_2{=}CH_2 \xrightarrow[>100°C]{ROOR,\ 1000\ atm,} {-}(CH_2{-}CH_2)_n{-}$$

Polyethene
(Polyethylene)
(가지 사슬 이성질체도 포함)

$$CH_2{=}CHCl \xrightarrow{ROOR} {-}(CH_2\underset{Cl}{\underset{|}{C}}H)_n{-}$$

Polychloroethene
[Poly(vinyl chloride)]

사람이 클로로에텐(염화 비닐)에 노출되면 간암(angiocarcinoma)에 걸릴 수 있다. 따라서 The Occupational Safety and Health Administration(OSHA)은 작업자가 하루 8시간 일할 때 평균 1 ppm 이상 노출되지 않도록 제한하고 있다.

$FeSO_4$와 같은 철 화합물이 과산화 수소 존재에서 프로펜나이트릴(아크릴로나이트릴)의 라디칼 중합반응을 향상시킨다. Orlon으로 알려지기도 한 **폴리프로펜나이트릴**(폴리아크릴로나이트릴), $-(CH_2CHCN)_n-$이 합성 섬유를 만드는 데 사용되기도 한다. 다른 단위체의 중합반응으로 테플론과 플렉시글라스 등을 생산한다.

Polyethene (Polyethylene)의 가지치기

$$\sim\sim CH_2\overset{H}{\overset{|}{C}}CH_2CH_2\sim\sim$$
(branch at C: $-CH_2-CH_2\sim\sim$)

연습 문제 12-30

2005년 이전의 사란 랩(Saran Wrap)은 1,1-dichloroethene과 chloroethene의 라디칼 공중합반응으로 만들었다. 구조를 제시하시오. 이것은 두 개의 단위체가 최종 중합체에서 서로 교대로 나타나는 "공중합반응(copolymerization)"이다.

음이온 중합반응은 염기에 의해 개시된다

음이온 중합반응(**anionic polymerization**)은 알킬리튬, 아마이드, 알콕사이드와 하이드록사이드 등과 같은 강한 염기에 의해 개시된다. 예를 들어, 2-사이아노프로펜산 메틸(α-사이아노아크릴산 메틸)은 적은 양의 OH^- 존재에서도 빠르게 중합반응을 한다. 이것이 두 표면 사이에 퍼지면 두 표면 간에 서로 단단하게 결합하여 강한 고체 필름을 형성한다. 이러한 이유로 이 단위체를 상업적으로 제조하여 강력 접착제로 판매하고 있다.

무엇으로 이와 같은 용이한 중합반응을 설명할 것인가? 염기가 α-사이아노아크릴레이트의 메틸렌기를 공격하면, 전자를 끌어당기는 힘이 강한 나이트릴기나 에스터기에 인접한 위치에 음전하를 가지는 탄소음이온이 생긴다. 이 음이온은 질소와 산소 원자가 $^{\delta+}C{\equiv}N^{\delta-}$와 $^{\delta+}C{=}O^{\delta-}$ 식으로 편극되고, 그들의 다중 결합에서 공명에 의해 비편재되기 때문에 안정하게 된다.

강력 접착제(**Methyl α-cyanoacrylate**)의 음이온 중합반응

$$HO^{-} + CH_2{=}C(COCH_3{=}O)(C{\equiv}N) \longrightarrow HOCH_2\bar{C}(COCH_3)(C{\equiv}N) \xrightarrow{CH_2=C(COCH_3)(C\equiv N)} HOCH_2C(CO_2CH_3)(CN){-}CH_2\bar{C}(COCH_3)(CN) \longrightarrow \text{etc.}$$

Methyl
2-Cyanopropenoate
(α-Cyanoacrylate, 강력 접착제)

금속-촉매 중합반응은 규칙적인 사슬을 형성한다

중요한 **금속-촉매 중합반응(metal-catalyzed polymerization)**은 Ziegler-Natta* 촉매에 의해 개시되는 반응이 있다. 이 촉매는 전형적으로 사염화 타이타늄이나, 트라이알킬알루미늄[$Al(CH_2CH_3)_3$]과 같은 트라이에틸알루미늄으로부터 만든다. 이러한 촉매 시스템은 특히 에텐과 같은 알켄을 매우 쉽고 효율적으로 그리고 비교적 낮은 압력에서 중합시킨다.

여기서 이 반응의 메커니즘에 대해서는 논의하지 않겠지만, Ziegler-Natta 중합반응의 두 가시 양상은 프로펜과 같은 치환된 알켄이나, 사슬이 높은 선형성을 가지고 있는 것으로부터 치환된 알케인 사슬이 만들어지는 규칙성을 가지고 있다. 이러한 결과로 만들어지는 중합체는 라디칼 중합반응으로부터 얻어지는 중합체보다 밀도가 더 높고, 강도도 훨씬 더 크다. 이러한 대조적인 예를 두 가지 방법에 의해 만들어진 폴리에텐(폴리에틸렌)에서 찾을 수 있다. 에텐의 라디칼 중합반응 중에 일어나는 사슬 가지치기는 폴리에텐을 부드럽고, 투명한 물질[**저밀도 폴리에틸렌**(*high density polyethylene*)]로 만들어 음식물 저장용 백으로 사용된다. 반면에 Ziegler-Natta 방법은 단단하고 저항력이 뛰어난 플라스틱[**고밀도 폴리에틸렌**(*high density polyethylene*)]을 만들고 이들은 저장 용기에 쓰인다.

요약 알켄은 탄소양이온, 라디칼, 음이온 및 전이 금속을 이용하여 중합체로 만든다. 원칙적으로 어떤 알켄이든 단위체로 작용할 수 있다. 중간체는 전하의 중심이나 라디칼 중심의 안정성에 대한 규칙에 따라서 형성된다.

12-16 에텐: 중요한 공급원료

에텐(에틸렌)은 공업화학에서 알켄의 중요성을 배울 수 있는 경우로, 폴리에틸렌 생산의 기본 단위체이다. 이 단위체는 미국에서만 연간 수백만 톤 이상이 생산된다. 에텐의 주요 공급원은 석유 혹은 에테인, 프로페인, 다른 알케인 및 사이클로알케인(3-3절)과 같은 천연 가스로부터 만들어지는 탄화수소들의 열분해에 의해 공급된다.

에텐을 단위체 그 자체로써 사용하는 것은 물론이고, 다른 많은 공업에 이용되는 화합물을 만드는 출발물로써도 사용된다. 예를 들어, 아세트알데하이드를 팔라듐(II) 촉매, 공기 및 $CuCl_2$ 존재하에서 에텐과 물을 반응시켜 얻는다. 초기 생성물은 불안정한 에탄올(비닐 알코올)이고, 이는 자발적으로 알데하이드로 전환된다(13과 18장 참조). 에텐을 촉매로 사용하여 아세트알데하이드로 전환하는 반응을 *Wacker** **과정**(*Wacker process*)이라 한다.

---

*Karl Ziegler 교수(1898 ~ 1973), 독일 Mülheim 소재 Max Planck Institute for Coal Research, 1963년 노벨 화학상 수상. Giulio Natta 교수(1903 ~ 1979), Polytechnic Institute of Milan, 1963년 노벨 화학상 수상.

*Alexamder Wacler 박사(1846 ~ 1922), Wacker Chemical Company, Munich, 독일.

Wacker 과정

$$CH_2{=}CH_2 \xrightarrow{H_2O,\ O_2,\ \text{촉매 } PdCl_2,\ CuCl_2} CH_2{=}CH\ddot{O}H \longrightarrow CH_3\overset{:O:}{\overset{\|}{C}}H$$

Ethenol (Vinyl alcohol) (불안정) — Acetaldehyde

클로로에텐(염화 비닐)은 에텐에 염소화반응–염소화수소이탈반응을 연속적으로 시키면 얻을 수 있다. 이 반응에서 Cl_2를 첨가하면 1,2-다이클로로에테인이 생기고, 이 화합물에서 HCl을 제거시키면 요구하는 생성물로 바꿀 수 있다.

Chloroethene (Vinyl Chloride)의 합성

$$CH_2{=}CH_2 \xrightarrow{Cl_2} \underset{:\ddot{Cl}:}{CH_2}{-}\underset{:\ddot{Cl}:}{CH_2} \xrightarrow[-HCl]{\Delta} CH_2{=}CH\ddot{Cl}:$$

1,2-Dichloroethane — Chloroethene (Vinyl chloride)

에텐을 촉매 은(Ag) 존재하에서 산소로 산화시키면 옥사사이클로프로페인(에틸렌 옥사이

화학 이야기 12-4

중간과 큰 고리 합성을 위한 금속-촉매화 알켄 복분해반응

금속 촉매 화학에서 가장 획기적인 예 중의 하나는, 여기서 일반적인 형태로 나타낸 것처럼, 두 개의 알켄이 이들의 이중 결합에 참여하는 탄소를 서로 교환하는 알켄 복분해(alkene metathesis) 반응이다.

$$W_2C{=}CX_2 + Y_2C{=}CZ_2 \underset{}{\overset{\text{촉매}}{\rightleftharpoons}} \underset{CY_2}{\overset{CW_2}{\|}} + \underset{CZ_2}{\overset{CX_2}{\|}}$$

이 가역적인 과정의 평형은 네 가지 성분 중 하나를 제거함으로써 조절할 수 있다(Le Chatelier의 원리). 이 아이디어는 불리한 변형(strain)과 엔트로피 영향 때문에 합성이 어려운 중간 크기와 거대 고리를 만드는 데 사용되었다. 아래의 예는 말단 이중 결합을 가지는 비고리 화합물로부터 고리화반응을 설명한다. 생성물은 고리 알켄과 에텐으로, 에텐은 생성 후 빠르게 반응 용기 밖으로 빠져나오기 때문에 평형을 생성물 쪽으로 유도한다.

$$\text{(고리)}\begin{matrix} C{=}CH_2 \\ H \\ H \\ C{=}CH_2 \end{matrix} \overset{\text{촉매}}{\rightleftharpoons} \text{(고리)}\begin{matrix} C{-}H \\ \| \\ C{-}H \end{matrix} + \begin{matrix} CH_2 \\ \| \\ CH_2 \end{matrix}$$

최근 Hirama*의 ciguatoxin의 합성은 놀랍다. Ciguatoxin은 조류와 연관된 해양 미생물에 의해 만들어지고, 400종 이상의 따뜻한 물에 서식하는 암초 어류에 축적된다. Ciguatoxin은 "적조" 독극물인 brevetoxin (9-5절)보다 100배 이상 독성이 강하고, 수산물에 의한 사람의 중독에서 다른 어떤 물질보다 큰 원인이 되고 있다. 매년 20,000명 이상이 이것 때문에 병에 걸리고, 위장, 심장, 신경에 비정상적인 증상을 유발하고, 마비나 혼수상태, 죽음에까지 이르게 하기도 한다.

물고기에 존재하는 아주 적은 양의 ciguatoxin은 음식의 맛이나 향에 영향을 주기에는 너무 적은 양이다. 따라서 이 물질을 공급하기 위해서는 아주 감도가 높은 검출법이 필요하다. Ciguatoxin은 13개의 에터 고리와 30개의 입체중심이 있어, 합성하기에는 상당히 어려워 보인다. 이것의 합성은 12년이라는 어마어마한 노력이 들었고, 각각 오원자 고리와 칠원자 고리를 포함하는 두 개의 다중고리 분자를 연결하고, 마지막으로 구원자 고리의 "F" 고리를 알켄 복분해반응으로 완성했다. Grubbs에 의해 개발된 촉매는 루테늄(ruthenium) 원자에 이중 결합으로

산호색 그루퍼(coral grouper)의 조직에 ciaguatoxin이 축적되면 치명적일 수 있다.

* Masahiro Hirama 교수(1948년 출생), Tohoku 대학교, 일본.

드)을 생성하고, 이것을 가수분해시키면 1,2-에탄다이올(에틸렌 글리콜)을 얻을 수 있다(9-11절). 에텐을 수화반응시키면 에탄올을 준다(9-11절).

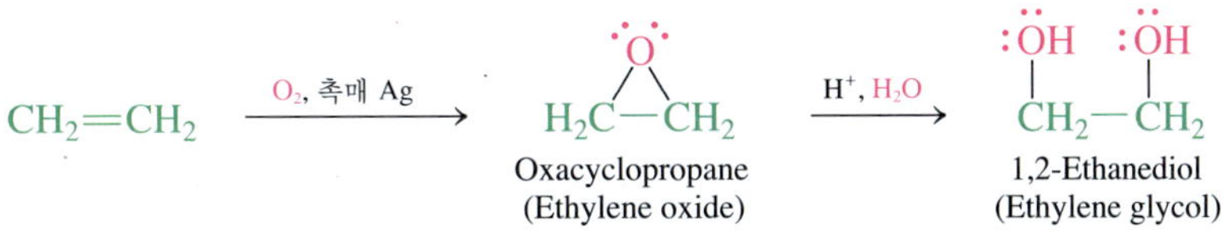

$$CH_2{=}CH_2 \xrightarrow{O_2,\ \text{촉매 Ag}} \underset{\text{Oxacyclopropane (Ethylene oxide)}}{H_2C\overset{O}{-}CH_2} \xrightarrow{H^+,\ H_2O} \underset{\text{1,2-Ethanediol (Ethylene glycol)}}{\overset{OH}{CH_2}-\overset{OH}{CH_2}}$$

요약 에텐은 에탄올 및 1,2-에탄다이올(에틸렌 글리콜)과 중합체 공업의 여러 중요한 단위체를 포함한 여러 가지 공업 원료를 만들 수 있는 원료 물질이다.

12-17 자연에 있는 알켄: 곤충 페로몬

많은 천연 물질은 π 결합을 가지고 있으며, 몇몇을 4-7절 및 9-11절에서 언급하였다. 이 절에서는 자연에서 발견되는 알켄 화합물의 특정한 부류인 **곤충 페로몬(insect pheromone**: *pherein*, 그리스어로 나르다를 의미. *hormon*, 그리스어로 자극하다를 의미)에 대해 보다 더 자세하게 설명하고자 한다.

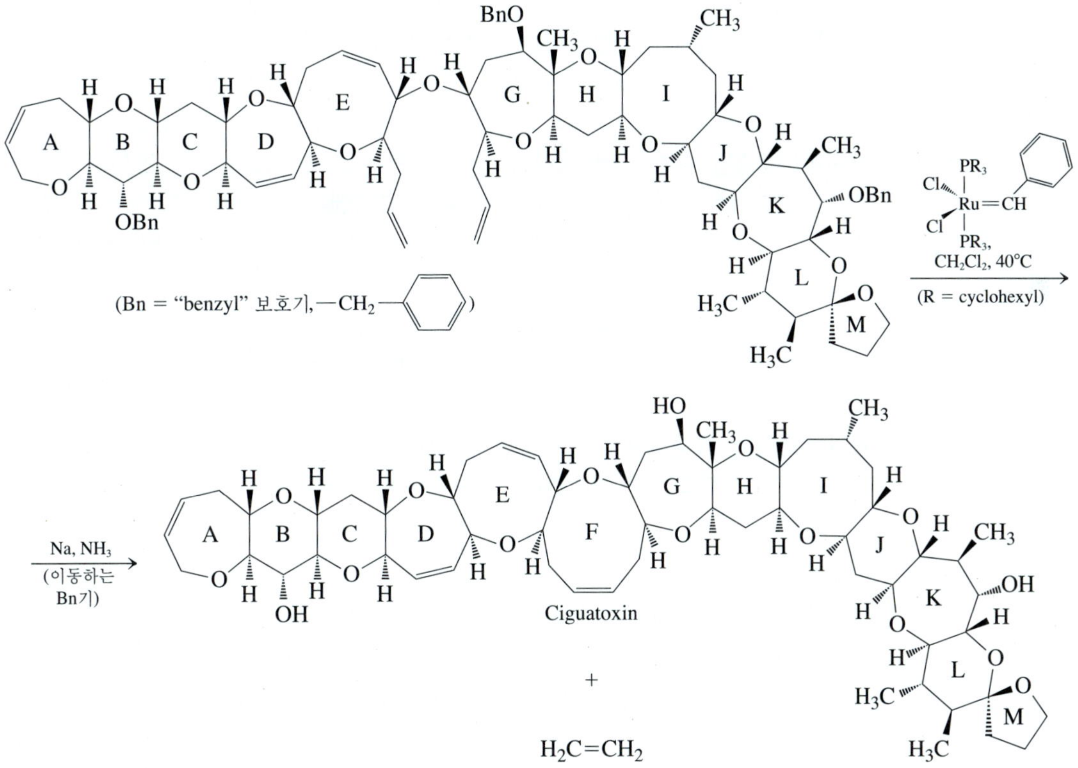

(Bn = "benzyl" 보호기, $-CH_2-C_6H_5$)

$Cl_2(PR_3)_2Ru{=}CHC_6H_5$, CH_2Cl_2, 40°C (R = cyclohexyl)

Na, NH_3 (이동하는 Bn기)

Ciguatoxin + $H_2C{=}CH_2$

탄소가 연결돼 있는 일종의 금속 카베노이드 착물이다. 알켄 복분해반응에서 중간체로 금속 카벤이 수십 년 전에 제안되었고 (Chauvin[†]에 의해) 검증되었다. Grubbs*와 Schrock[‡]은 이 과정을 효과적으로 조절할 수 있는 안정한 Ru와 Mo 카벤을 각각 합성했다. 알켄 복분해반응은 중간 및 큰 고리를 만드는 방법으로 가장 널리 쓰이는 방법이다.

* Robert H. Grubbs 교수(1942년 출생), California Institute of Technology, 2005년 노벨상(화학)

† Yves Chauvin 교수(1930년 출생), Institut Francais du Pétrole, Rueil-Malmaison, 프랑스, 2005년 노벨상(화학)

‡ Richard R. Schrock 교수(1945년 출생), Massachusetts Institute of Technology, 2005년 노벨상(화학)

이 페로몬 덫은 완두콩 나방 Cydia nigricana의 수컷을 제거해 번식을 막는다.

Bombykol

곤충 페로몬

유럽 포도 나방

일본 딱정벌레

숫 다래 바구미

미국 바퀴벌레

벌 애벌레의 방어 페로몬

페로몬은 생명체의 의사전달수단으로 사용되는 화학 물질이다. 페로몬에는 성(sex), 추적(trail), 경고(alarm) 및 방어 페로몬(defense pheromone) 등이 있다. 많은 곤충 페로몬은 간단한 알켄 화합물이며, 곤충의 어느 한 부분에서 추출하거나, 추출해서 얻은 혼합 생성물을 크로마토그래피 방법으로 분리한다. 때때로 생리활성 물질이 아주 소량으로 얻어질 때 합성유기화학자가 디자인하고 전합성을 할 수 있다. 흥미있는 것은 페로몬의 특성인 생리활성도가 분자내에 존재하는 어떤 카이랄 중심의 절대 배열(*R*,*S*)이나 이성질체 혼합물의 조성 비율 등과 같은 이중 결합 주변의 배열(예를 들어, *E* 또는 *Z*)에 의존한다는 것이다. 예를 들어, 누에나방 수컷의 성 유인물인 10-*trans*-12-*cis*-헥사데카디엔-1-올(봄비콜로 알려져 있다. 왼쪽 그림)은 10-시스-12-트랜스 이성질체보다 10억 배나 활성이 더 크고, 트랜스-트랜스 화합물보다는 10조 배나 활성이 더 크다.

유충 호르몬(화학 이야기 12-1)에서와 같이, 페로몬 연구는 해충의 방제에 중요한 수단을 제공한다. 에이커당 소량의 성페로몬만을 사용하여도 해충 수컷은 그들의 암컷 위치를 혼동하도록 할 수 있다. 이것을 유인책으로 이용하여 다량의 다른 화합물을 살포하지 않고도 포획해 제거함으로써 효과적으로써 방제할 수 있다. 이러한 분야에 효과적인 기여를 하려면 곤충 생리학자와 유기화학자가 공동연구를 수행해야 한다.

요점

11장 알켄의 이중 결합에서 π 결합은 σ 결합보다 약하다는 것을 보았다. 따라서 일반적인 반응은 π 결합이 σ 결합으로 대체되는 열역학적으로 안정한 쪽으로 가는 방향으로 진행된다. 일반적으로 C=C 결합이 비극성을 띠고 있을지라도, 이것은 단일 결합보다 전자 밀도가 더 높다. 이 두 가지 특징이 이중 결합 반응성의 근간이다. 따라서 알켄의 이중 결합은 친핵체로 작용하고, 많은 반응에서 π 전자가 친전자체에 공격하며, 반응이 시작된다.

이 장에서 알켄 화학은 여러 개의 작은 반응 분야로 나눌 수가 있다. 이들은 알켄이 양성자와 같이 간단한 친전자체와 반응하여 탄소양이온을 중간체로 생성한 후, 친핵체가 공격하여 최종 첨가 생성물을 얻어내는 분야를 포함한다. 이러한 과정은 2장에서 언급한 산-염기 반응성과 아주 유사하다. 알켄은 고리 형성과 같은 아주 복잡한 과정을 거치는 반응도 일어난다. 위치선택성과 입체선택성 문제는 특별한 메커니즘에 의존하지만, 친핵체-친전자체 상호작용의 중요한 주제는 거의 항상 존재한다.

알켄에서 사용된 많은 같은 아이디어가 탄소-탄소 삼중 결합에도 적용될 수 있다. 13장에서는 알카인(alkyne)들의 성질들을 알아볼 것이다. 이들은 두 개의 π 결합을 가진 알켄 시스템의 확장이라고 볼 수 있다.

통합 문제

12-31. (*E*)-3-Methyl-3-hexene을 다음 시약을 가지고 반응시킬 때 첨가반응을 비교 또는 대조하시오. H_2 (PtO_2 촉매 사용), HBr, 묽은 H_2SO_4 수용액, CCl_4 속 Br_2, H_2O 속 $Hg(OAc)_2$, THF 속 B_2H_6. 위치선택성과 입체선택성을 고려하라. 어느 반응이 알코올을 합성하는데 이용할 수 있는가? 생성된 알코올은 어떤 점에서 다른가?

풀이

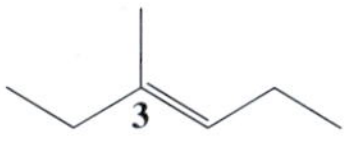

첫 번째로 출발물의 구조를 알아보자. "*E*" 입체 구조는 Cahn-Ingold-Prelog 법칙(5-3절 참조)에 따르면 가장 우선순위가 있는 두 그룹이 이중 결합의 반대쪽에 존재하는 것이다(11-1절 참조). 3-Methyl-3-hexene에서 두 개의 에틸 그룹이 우선순위가 높다. 이것의 구조는 오른쪽에 그려져 있다.

3

다음으로는 이 알켄이 위에서 언급한 시약과 어떤 반응을 하는지 알아보자. 위의 모든 경우에서 첨가반응은 두 개의 다른 위치선택성과 두 개의 다른 입체선택성을 주고 이들 중에서 선택이 필요하다. 출발물 알켄의 두 탄소에 서로 다른 치환기가 연결되어 있어서 위치선택성을 주며, 입체선택성으로 (*E*) 형태를 주고 있기 때문에 앞의 선택은 당연한 결과이다. 이러한 질문에 **완벽하게** 대답하기 위해서는 각 반응의 **메커니슴**을 생각하고 구조적으로 접근하는 것이 필요하다.

따라서 PtO_2를 촉매로 사용한 H_2의 첨가반응은 수소첨가반응이다. 같은 원자인 수소가 알켄 탄소에 각각 첨가되므로 위치선택성은 고려할 필요가 없다. 입체선택성은 아마도 고려해야 될 것이다. 촉매 수소첨가반응은 **신** 첨가반응이다. 두 수소 원자는 알켄의 같은 면으로 첨가된다(12-2절). 만약 페이지 면에 수직한 면에서 바라본다면(그림 12-1), 첨가는 위에서 50%, 밑에서 50% 일어날 것이다.

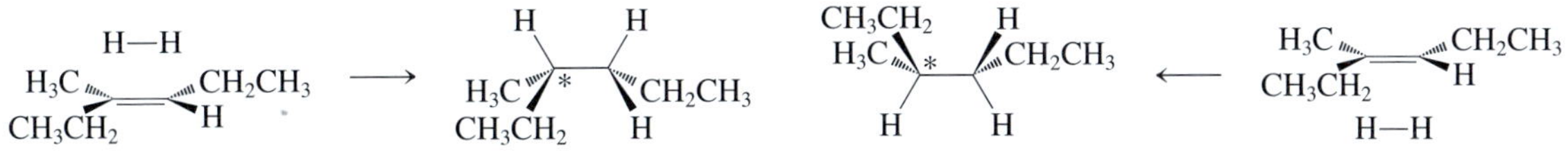

H—H
H_3C CH_2CH_3
CH_3CH_2 H
⟶
H H
H_3C * CH_2CH_3
CH_3CH_2 H
CH_3CH_2 H
H_3C * CH_2CH_3
H H
⟵
H_3C CH_2CH_3
CH_3CH_2 H
H—H

라세미 혼합물

첨가반응은 하나의 입체중심을 만들어낸다(앞 그림 중간에 있는 두 생성물에 *로 표시하였음). 따라서 각 생성물은 카이랄하다(5-1절). 두 생성물은 같은 양으로 생성되기 때문에 결론적으로 (*R*)-과 (*S*)-3-methylhexane의 라세미 혼합물을 얻는다.

HBr과 H_2SO_4 수용액에서 일어나는 두 반응은 친전자체로 H^+의 첨가로 시작된다(12-3과 12-4절). 이 과정은 탄소양이온을 만들어내고, Markovnikov 규칙에 따라서 다음 반응이 일어난다. H^+는 보다 더 안정한 탄소양이온을 만들기 위해서 덜 치환된 이중 결합 탄소 쪽으로 첨가가 일어난다. 다음 반응은 HBr 경우에는 Br^-가, H_2SO_4 수용액에서는 H_2O가 탄소양이온을 공격하는 것이다. 두 과정은 입체선택성 없이 일어나고 형성된 탄소양이온이 이미 삼차 양이온으로 안정화되어 있기 때문에 재배열반응은 일어나지 않는다. 반응의 결과는 다음과 같다.

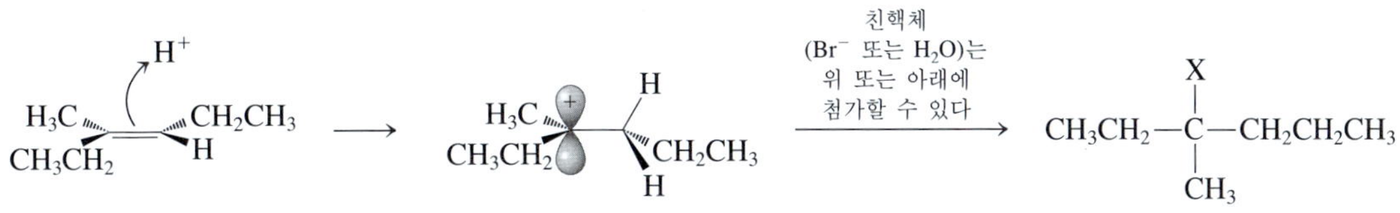

H^+
H_3C CH_2CH_3
CH_3CH_2 H
⟶
H_3C H
CH_3CH_2 CH_2CH_3
H
친핵체
(Br^- 또는 H_2O)는
위 또는 아래에
첨가할 수 있다
⟶
X
$CH_3CH_2—\overset{|}{C}—CH_2CH_2CH_3$
CH_3

X = Br(HBr로부터) 또는
OH(H_2SO_4 수용액으로부터)
라세미 혼합물

다음의 두 친전자성 첨가반응은 다리놓인 양이온 중간체를 형성하는 것이다. 첫 번째로는 고리 브로모늄 이온(12-5절)이고, 두 번째로는 고리 머큐리늄 이온(12-7절)이다. 고리 이온은 오직 반대쪽에서 공격을 받기 때문에 이들의 첨가반응은 입체화학적으로 **안티** (*anti*) 구조를 준다(그림 12-3). Br_2의 경우에는 알켄의 두 탄소에 동등한 Br이 첨가되기 때문에 위치선택성을 고려할 필요가 없다. 친핵체가 물인 옥시수은첨가반응에서는 더 치환된 알켄 탄소 쪽으로 물의 첨가가 이루어지는데, 이는 삼차이고, 더 많은 부분 양전하를 띠기 때문이다. 친전자체가 알켄의 위쪽과 아래쪽에서 동등하게 첨가되고 입체중심이 새롭게 생기기 때문에 입체구조를 반드시 고려해야 한다. 입체중심이 새롭게 생성된다. 따라서 다음과 같은 생성물을 얻는다.

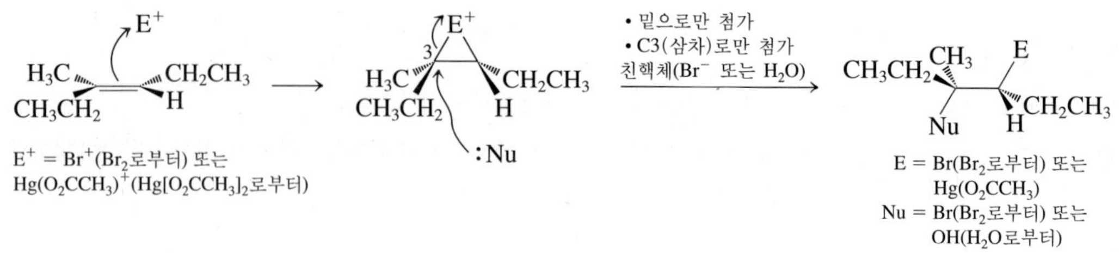

$E^+ = Br^+$(Br_2로부터) 또는 $Hg(O_2CCH_3)^+$($Hg[O_2CCH_3]_2$로부터)

• 밑으로만 첨가
• C3(삼차)로만 첨가
친핵체(Br^- 또는 H_2O)

E = Br(Br_2로부터) 또는 $Hg(O_2CCH_3)$
Nu = Br(Br_2로부터) 또는 OH(H_2O로부터)

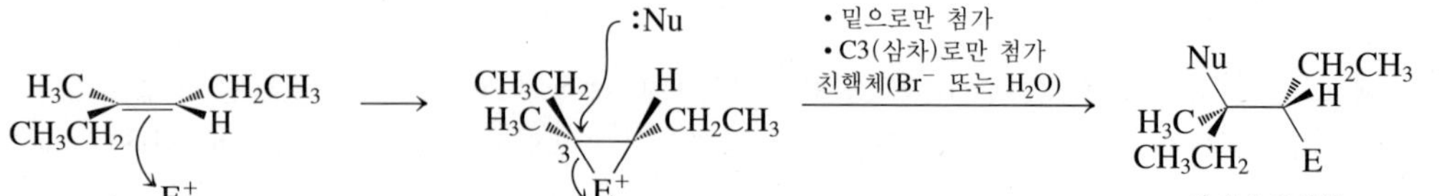

라세미 혼합물

같은 양의 두 카이랄성, 입체이성질체와 관련된 화합물(라세미 혼합물)이 형성된다.

마지막으로 수소붕소첨가반응이다. 이 반응은 위치선택성과 입체선택성이 고려되어야 한다. 앞에 예로 들은 반응들과는 다르게 수소붕소첨가반응은 수소첨가반응과 같이 신 입체화학을 주고, 위치선택적으로는 *anti* Markovnikov 방식으로 첨가된다. 붕소는 **덜** 치환된 알켄 탄소에 부착된다.

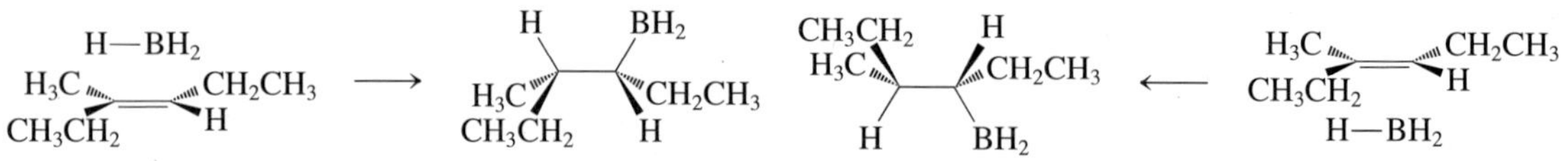

라세미 혼합물

간단하게 설명하기 위해서 B—H 결합 중 오직 한 개의 첨가만을 보여 주었다. 그림은 아주 유사하게 수소첨가반응을 닮아있으나, 시약이 비대칭이기 때문에 알켄의 두 탄소는 모두 입체중심으로 전환된다.

여섯 개의 반응 중에서 세 개는 알코올 생산에 아주 적합하다. 산-촉매 수화반응, 옥시수은화반응(C—Hg 결합을 $NaBH_4$로 환원), 수소붕소첨가반응(C—B 결합을 H_2O_2로 산화). 앞에서 보여 준 수화반응의 알코올 생성물을 옥시수은화반응 후 수은이탈반응에서 얻어지는 생성물과 비교해 보라.

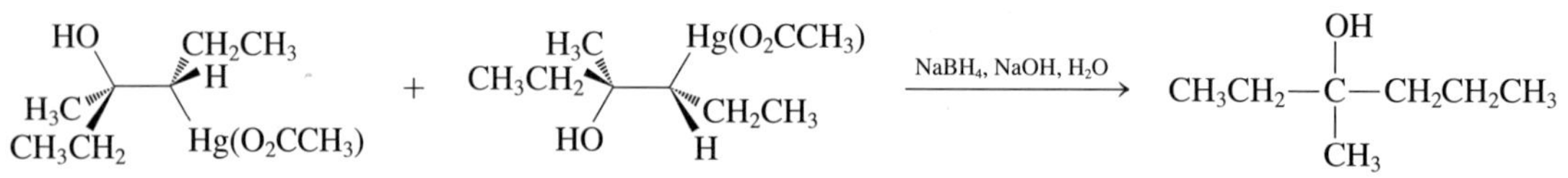

$NaBH_4$, NaOH, H_2O

라세미 혼합물 라세미 혼합물

그들 둘은 같은 생성물이다. 수화 과정 중에 재배열반응이 일어나면 결과는 같지 않을 수 있다(9-3절).

수소붕소첨가반응 생성물의 산화는 두 입체중심을 가지고 있는 다른 위치이성질체를 생성한다. 이들 역시 라세미 혼합물이다(붕소 원소에는 다른 알킬기 없이 나타내었다).

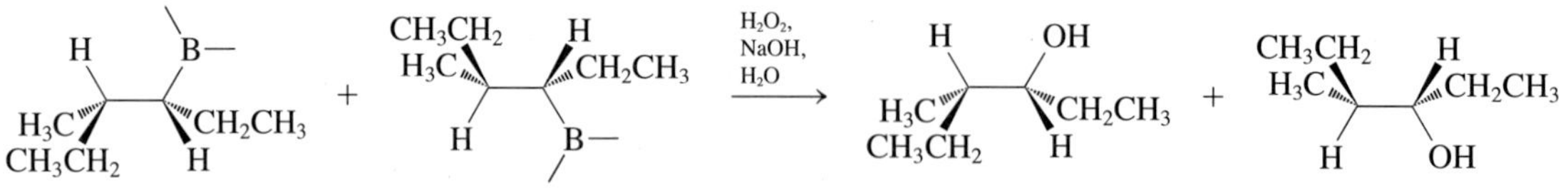

H_2O_2, NaOH, H_2O

라세미 혼합물 라세미 혼합물

12-32. 많은 식물 오일에서 발견되는 thujene은 $C_{10}H_{16}$을 화학식을 가지는 모노터펜류(monoterpene, 4-7절) 화합물이다. 이것의 화학적 특성과 분광학적 특성들은 다음과 같다. 이러한 특성들이 이것의 구조 결정에 어떠한 정보를 제공하는가? (i) 이것은 보라색 수용액에 있는 1당량의 $KMnO_4$와 즉시 반응하여 갈색 침전을 형성한다. 더 추가된 $KMnO_4$는 색이 변하지 않는다. (ii) 이것의 수소붕소첨가반응–산화반응은 *thujyl alcohol*로 불리는 $C_{10}H_{18}O$ 화학식을 갖는 생성물을 준다. 이것의 ^1H NMR 스펙트럼은 $\delta = 3.40$ ppm에 한 개의 ^1H 신호가 나타낸다. (iii) 옥시수은첨가반응–수은이탈반응에서는 $C_{10}H_{18}O$ 화학식을 갖는 다른 형태의 알코올을 생성한다. ^1H NMR 스펙트럼에서 $\delta = 3$ ppm보다 아래쪽으로는 어떤 신호도 나타나지 않는다. (iv) 가오존분해반응에서는 아래 생성물을 준다.

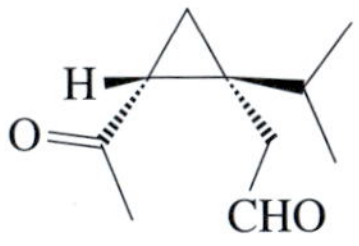

O, H, CHO

풀이

우선 화학식을 가지고 문제를 풀기 시작한다. 불포화도가 3이라는 것을 알 수 있다(11-11절). $[(2 \times 10 + 2) - 16]/2 = 6/2 = 3$. (i) Thujene이 오직 1당량의 $KMnO_4$와 반응한다는 것은 불포화도 중에서 단지 한 개의 π 결합이 있다는 것을 의미한다(12-11절). 즉, 나머지 두 개의 불포화도는 고리로부터 나온다.

(ii) Thujyl alcohol의 NMR 스펙트럼은 오직 이차 알코올과 일치한다. (H, OH, R, R′), 왜냐하면 $\delta = 3$과 4 사이에서 신호가 오직 하나의 수소에 대해 발생하기 때문이다. (iii) 반대로 옥시수은화반응 생성물은 이 부근 NMR 스펙트럼에서 봉우리가 나타나지 않으므로 HO를 포함한 탄소에는 수소가 있지 않다는 것(삼차 알코올)을 의미한다. 앞의 세 가지 정보를 합하면 thujene은 두 개의 고리와 세 개가 치환된 한 개의 이중 결합을 포함하는 화합물인 것이다. 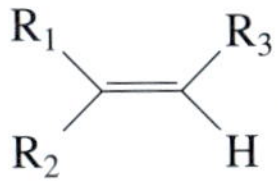 (R_1, R_3, R_2, H). 가오존분해반응은 열 개의 탄소를 가진 화합물을 주기 때문에 구조를 완성할 수 있다. 이 반응은 단지 이중 결합을 끊어 두 개의 C═O로 전환하는 것이다. 따라서 알데하이드와 케톤을 형성한다. 이것의 역반응은 다음과 같다.

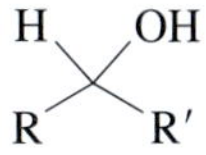

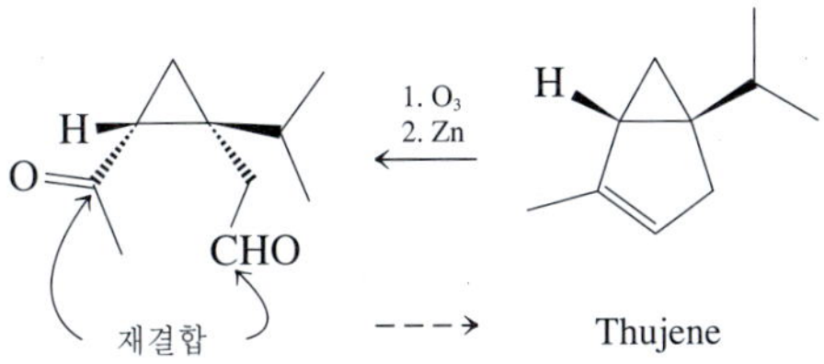

H, O, CHO, 재결합 ← 1. O_3 2. Zn — H, Thujene

새로운 반응식

1. 일반적인 알켄의 첨가반응 (12-1절)

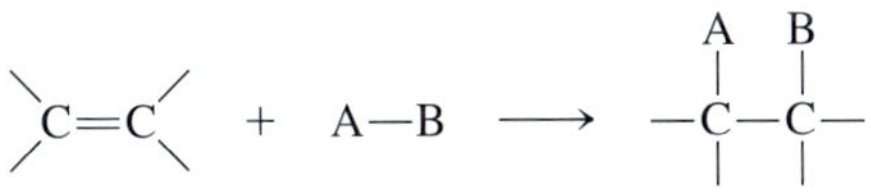

$$>C{=}C< \; + \; A{-}B \longrightarrow -\overset{A}{\underset{|}{C}}-\overset{B}{\underset{|}{C}}-$$

2. 수소첨가반응 (12-2절)

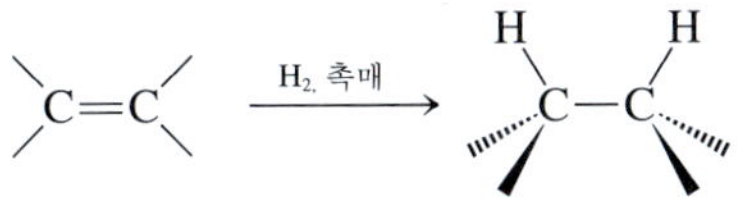

$$>C{=}C< \xrightarrow{H_2,\ \text{촉매}} \text{H}-C-C-\text{H}$$

신 첨가

전형적인 촉매: PtO_2, Pd–C, Ra–Ni

친전자성 첨가반응들

3. 할로젠화 수소첨가반응 (12-3절)

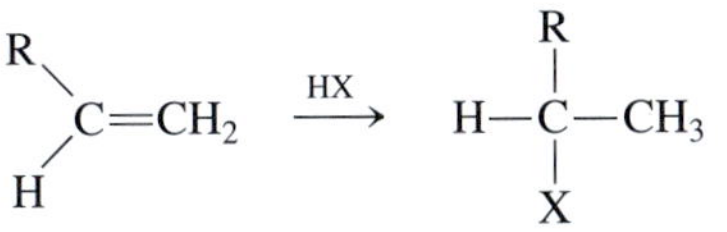

$$RHC{=}CH_2 \xrightarrow{HX} H-\underset{X}{\overset{R}{C}}-CH_3$$

위치특이성 (Markovnikov 규칙)

더 안정한 탄소양이온을 통해

4. 수화반응 (12-4절)

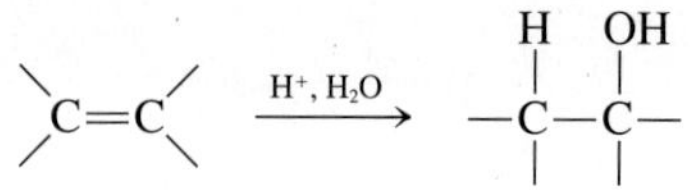

$$\mathrm{>C{=}C<} \xrightarrow{H^+,\ H_2O} \mathrm{-\overset{H}{\underset{|}{C}}-\overset{OH}{\underset{|}{C}}-}$$

더 안정한 탄소양이온을 통해

5. 할로젠화반응 (12-5절)

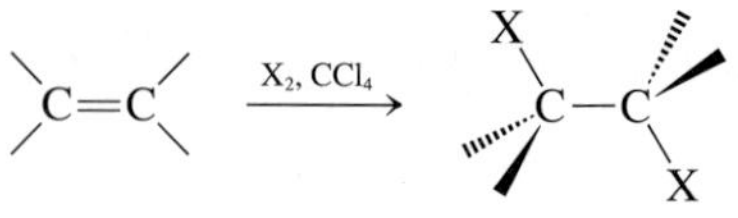

$$\mathrm{>C{=}C<} \xrightarrow{X_2,\ CCl_4} \text{X–C–C–X (anti)}$$

입체특이성(안티)

$X_2 = Cl_2$ 또는 Br_2, I_2는 아니다

6. 이웃자리 할로알코올 합성 (12-6절)

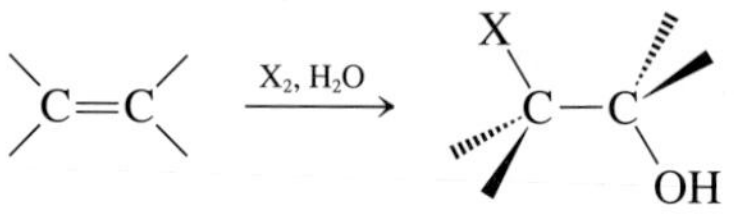

$$\mathrm{>C{=}C<} \xrightarrow{X_2,\ H_2O} \text{X–C–C–OH}$$

OH는 더 치환된 탄소에 결합

7. 이웃자리 할로에터 합성 (12-6절)

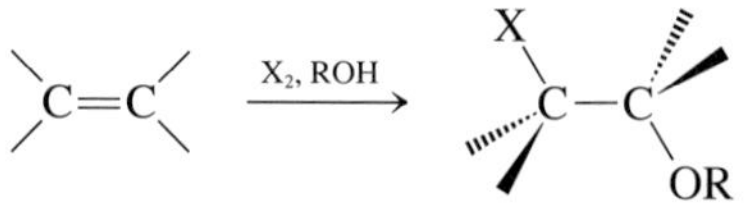

$$\mathrm{>C{=}C<} \xrightarrow{X_2,\ ROH} \text{X–C–C–OR}$$

OR는 더 치환된 탄소에 결합

8. 일반적인 친전자성 첨가반응 (12-6절, 표 12-2)

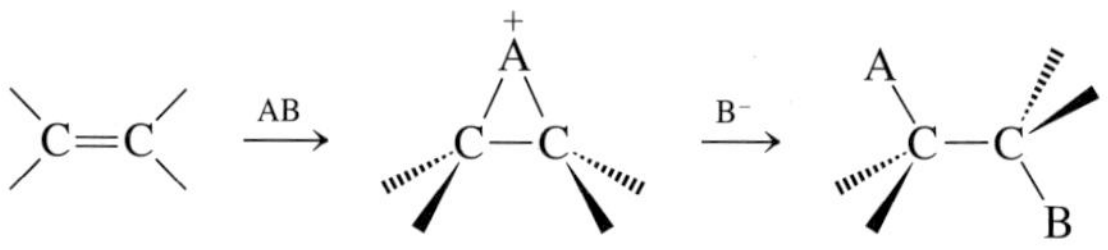

$$\mathrm{>C{=}C<} \xrightarrow{AB} \text{(C–C bridged by } A^+) \xrightarrow{B^-} \text{A–C–C–B}$$

A = 전기양성, B = 전기음성

B는 더 치환된 탄소에 결합

9. 옥시수은첨가반응-수은이탈반응 (12-7절)

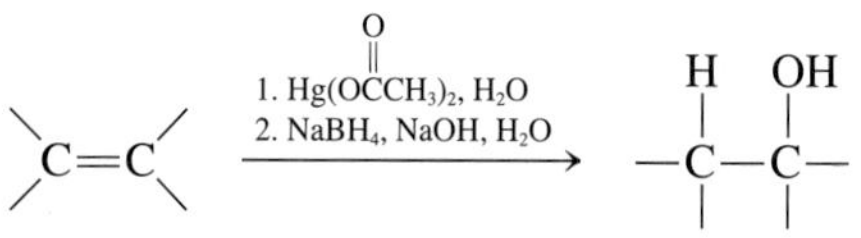

$$\mathrm{>C{=}C<} \xrightarrow[\text{2. } NaBH_4,\ NaOH,\ H_2O]{\text{1. } Hg(OCCH_3)_2,\ H_2O} \mathrm{-\overset{H}{\underset{|}{C}}-\overset{OH}{\underset{|}{C}}-}$$

Mercurinium 이온을 거치고 초기 첨가는 안티

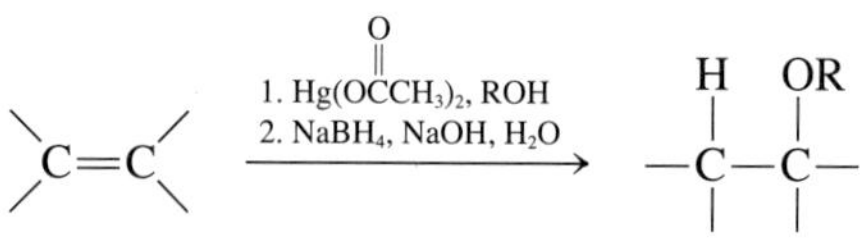

$$\mathrm{>C{=}C<} \xrightarrow[\text{2. } NaBH_4,\ NaOH,\ H_2O]{\text{1. } Hg(OCCH_3)_2,\ ROH} \mathrm{-\overset{H}{\underset{|}{C}}-\overset{OR}{\underset{|}{C}}-}$$

OH 또는 OR은 더 치환된 탄소에 결합

10. 수소붕소첨가반응 (12-8절)

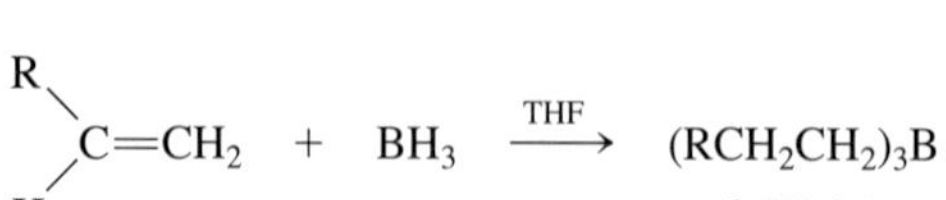

$$\mathrm{R(H)C{=}CH_2} + BH_3 \xrightarrow{THF} (RCH_2CH_2)_3B$$

B는 덜 치환된 탄소에 결합

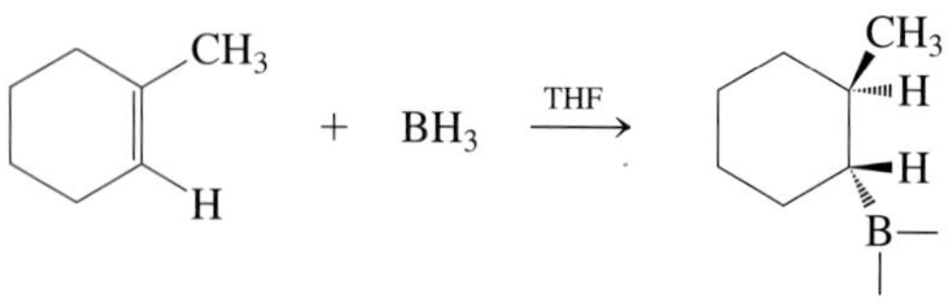

위치특이성

$$\text{1-methylcyclohexene (}CH_3\text{, H)} + BH_3 \xrightarrow{THF} \text{(}CH_3\text{, H, H, B–)}$$

입체특이성(신)과 *anti* Markovnikov

11. 수소붕소첨가반응-산화반응 (12-8절)

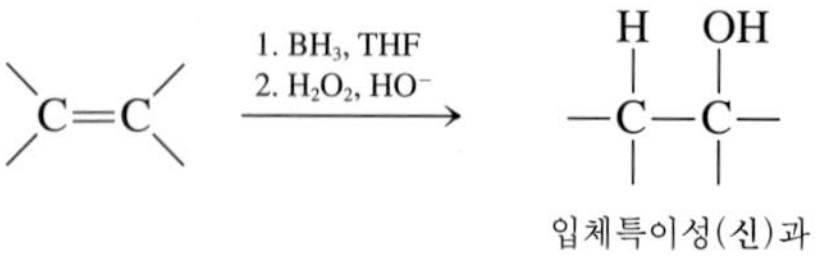

$$\mathrm{>C{=}C<} \xrightarrow[\text{2. } H_2O_2,\ HO^-]{\text{1. } BH_3,\ THF} \mathrm{-\overset{H}{\underset{|}{C}}-\overset{OH}{\underset{|}{C}}-}$$

입체특이성(신)과 *anti* Markovnikov

OH는 덜 치환된 탄소에 결합

12. 사이클로프로페인 합성을 위한 카벤 첨가반응 (12-9절)

다이아조메테인 사용

$$\text{RCH=CHR}' \text{ (cis)} + CH_2N_2 \xrightarrow{h\nu \text{ 또는 } \Delta \text{ 또는 Cu}} \text{cyclopropane (R, R')}$$

입체특이성

카벤과 카벤류의 다른 공급원

$$CHCl_3 \xrightarrow{\text{염기}} :CCl_2 \qquad CH_2I_2 \xrightarrow{\text{Zn–Cu}} ICH_2ZnI$$

산화반응들

13. 옥사사이클로프로페인의 형성 (12-10절)

$$\text{C=C} \xrightarrow{\text{RCOOH (peroxy), } CH_2Cl_2} \text{C–C (epoxide, O)} + \text{RCOH (O)}$$

입체특이성(신)

14. 이웃자리 안티 하이드록시화반응 (12-8절)

$$\text{C=C} \xrightarrow[\text{2. } H^+, H_2O]{\text{1. RCOOH, } CH_2Cl_2} \text{HO–C–C–OH} + \text{RCOH (O)}$$

15. 이웃자리 신 다이하이드록시화반응 (12-11절)

$$\text{C=C} \xrightarrow{\text{1. } OsO_4\text{, 2. } H_2S\text{; 또는 촉매 } OsO_4, H_2O_2} \text{HO–C–C–OH}$$

고리 중간체를 통해

16. 가오존분해반응 (12-12절)

$$\text{C=C} \xrightarrow[\text{2. } (CH_3)_2S\text{; 또는 Zn, } CH_3COH]{\text{1. } O_3, CH_3OH} \text{C=O} + \text{O=C}$$

몰오존화물과 오존화물 중간체를 통해

라디칼 첨가반응들

17. 라디칼 수소브로민첨가반응 (12-13절)

$$\text{C=CH}_2 \xrightarrow{\text{HBr, ROOR}} \text{–C(H)–C(Br)(H)–H}$$

anti Markovnikov

HCl 또는 HI와는 반응을 일으키지 않는다.

18. 다른 라디칼 첨가반응 (12-13절)

$$\text{C=C} \xrightarrow{\text{RSH, ROOR}} \text{–C(H)–C(SR)–}$$

anti Markovnikov

단위체들 및 중합체들

19. 이합체화반응, 소중합반응, 중합반응 (12-14절 및 12-15절)

$$n \; \rangle C{=}C\langle \xrightarrow{H^+ \text{ 또는 } RO\cdot \text{ 또는 } B^-} -(\overset{|}{\underset{|}{C}}-\overset{|}{\underset{|}{C}})_n-$$

중요한 개념

1. 이중 결합의 반응성은 이중 결합 자체가 **포화** 생성물로 되는 발열 **첨가반응**으로 증명된다.

2. 알켄의 **수소첨가반응**은 H—H 결합을 분리할 수 있는 **촉매**를 사용하지 않으면 매우 느리게 진행된다. 가능한 촉매는 탄소의 팔라듐, 백금(ptO_2 같은) 및 Raney 니켈 등이다. 수소의 첨가는 입체적인 영향을 받으며, 치환기가 적고 이중 결합의 입체 장애가 가장 작은 쪽으로 공격이 일어나는 것이 유리하다.

알켄의 반응

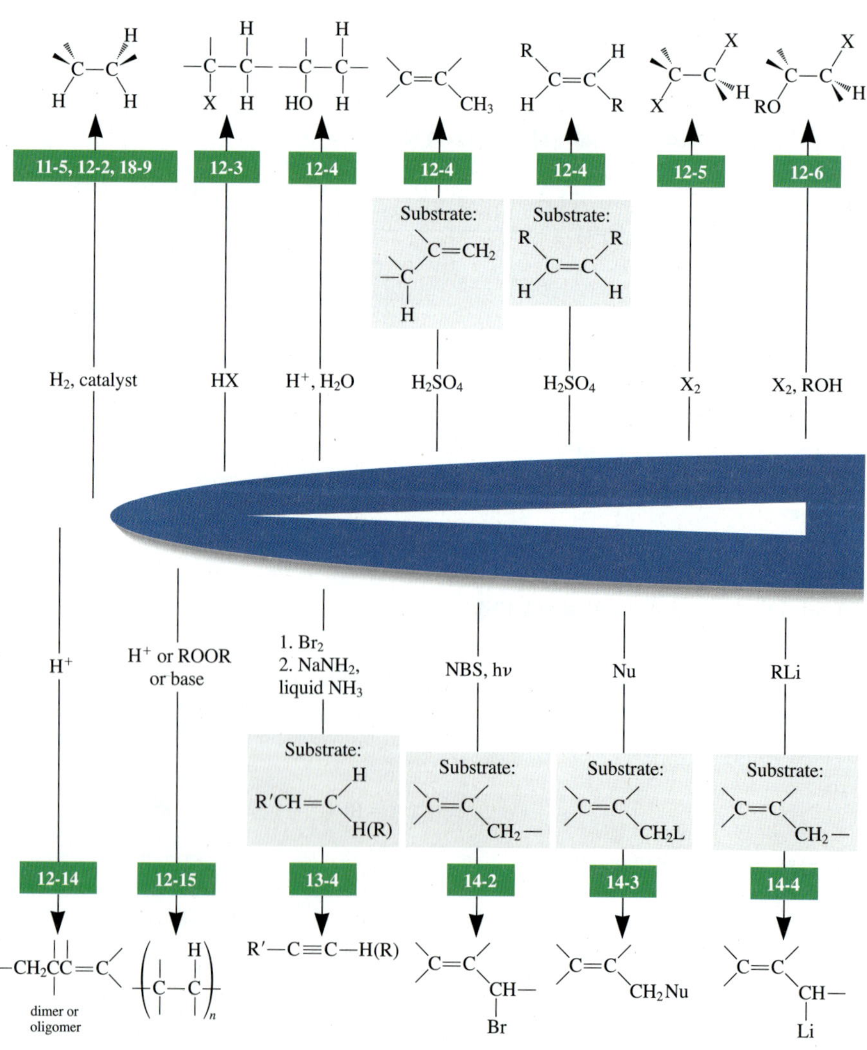

3. Lewis 염기처럼 π 결합은 H^+, X_2 및 Hg^{2+} 같은 산이나 **친전자체**를 공격한다. 만약 초기 중간 물질이 **탄소양이온**이면 치환이 더 많이 된 탄소양이온을 형성한다. **고리 양이온**은 치환이 더 많이 된 탄소에서 친핵성 고리 열림 반응을 하게 된다. 탄소양이온 생성은 위치화학적인 조절 반응이 일어나며, (**Markovnikov 규칙**), 고리 양이온의 생성은 위치화학적인 조절과 입체화학적인 조절이 가능하게 한다.

4. 메커니즘으로 **수소붕소첨가반응**은 수소첨가반응과 친전자성 첨가반응의 사이에 놓여 있는 것으로 볼 수 있다. 첫 번째 단계는 전자가 부족한 붕소와 π 착물에 형성하는 단계이고, 두 번째 단계는 수소가 탄소로 동시에 전달되게 된다. **수소붕소첨가-산화반응**은 알켄에 ***anti* Markovnikov 수화반응**이 일어나도록 한다.

5. **카벤**과 카벤류는 알켄에서 **사이클로프로페인**을 만드는데 유용하다.

6. **과산화카복실산**은 친전자성 산소 원자를 가지고 있으며, 이 산소가 알켄에 전달되어 **옥사사이클로프로페인**을 생성한다. 이 과정을 **에폭시화반응**이라고 한다.

절

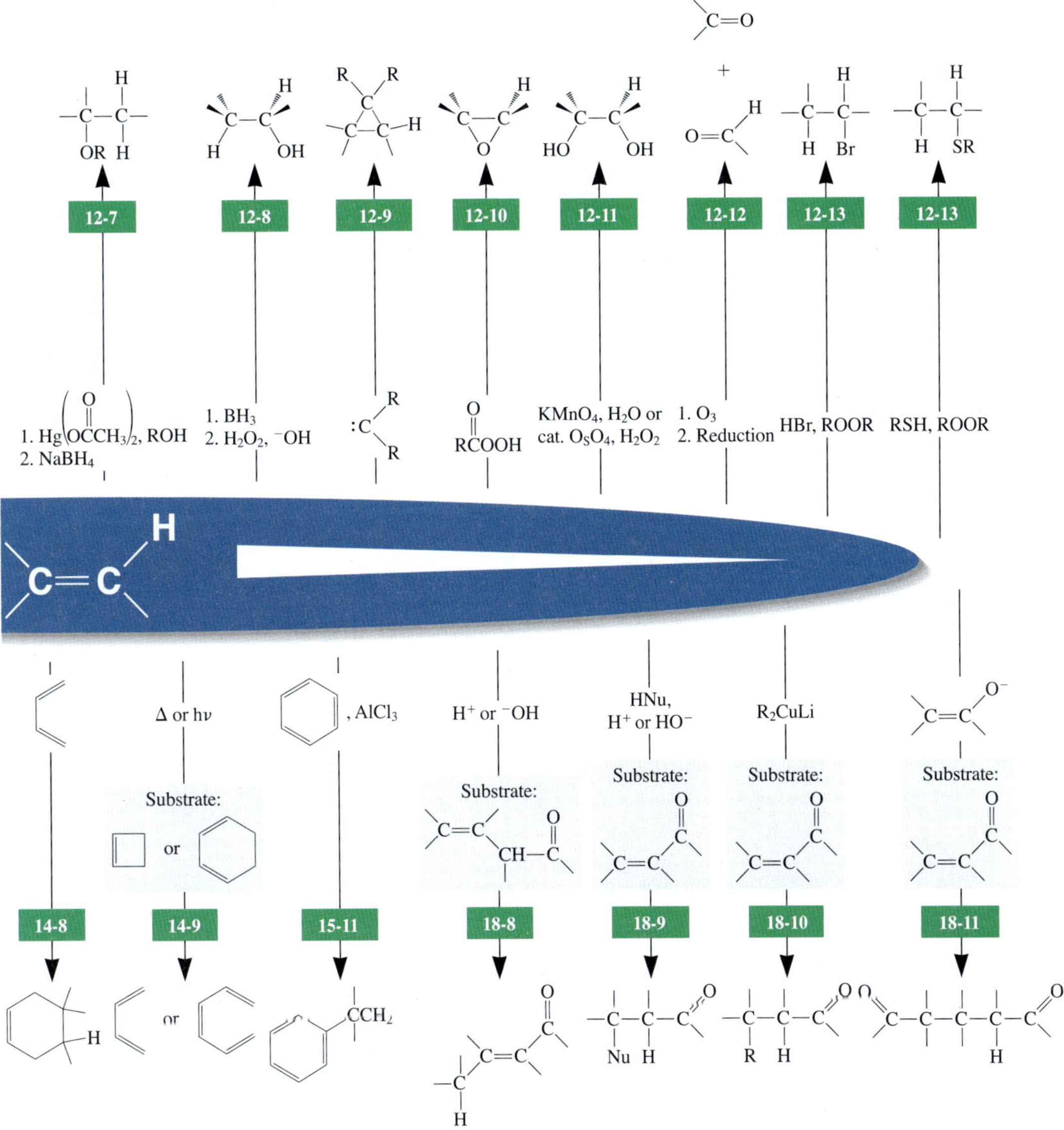

7. 사산화 오스뮴은 알켄에 친전자성 산화제로 작용한다. 반응 과정에서 금속의 산화 상태는 2가 만큼씩 환원된다. 첨가반응은 고리형 육전자 전이 상태를 거쳐 동시적으로 신 형태로 일어나 이웃자리 다이올들을 형성한다.

8. 알켄의 **가오존분해반응** 후 환원에 의해 알켄의 이중 결합이 분해되어 카보닐 화합물이 생성된다.

9. 알켄의 **라디칼 연쇄 첨가반응**에서는 연쇄 반응을 유발하는 물질이 π 결합에 첨가되어 치환이 더 많이 된 라디칼을 형성한다. 이러한 방법으로 몇 가지 할로메테인이나 싸이올의 첨가반응처럼 알켄에 *anti* Markovnikov 수소브로민첨가반응을 일으킬 수 있다.

10. 알켄은 전하를 띠고 있는 물질이나, 라디칼 또는 몇몇 전이 금속에 의해 개시되어 그들 자신들 간의 반응이 일어나 **중합체**를 형성할 수 있다. 이중 결합에서 일어나는 초기 공격으로부터 탄소-탄소 결합의 형성이 계속될 수 있는 반응성이 큰 중간 물질이 생기게 된다.

문제

33. 표 3-1과 3-4의 $DH°$값을 가지고 ethene에 다음 각 분자를 첨가시킬 때의 $\Delta H°$를 계산하시오. 탄소-탄소 π 결합의 세기가 65 kcal mol^{-1}임을 이용하라.

(a) Cl_2
(b) IF ($DH° = 67$ kcal mol^{-1})
(c) IBr ($DH° = 43$ kcal mol^{-1})
(d) HF
(e) HI
(f) HO—Cl ($DH° = 60$ kcal mol^{-1})
(g) Br—CN ($DH° = 83$ kcal mol^{-1}; $DH°$ for C_{sp^3}—CN = 124 kcal mol^{-1})
(h) CH_3S—H ($DH° = 88$ kcal mol^{-1}; $DH°$ for C_{sp^3}—S = 60 kcal mol^{-1})

34. Turpentine의 성분인 두고리 알켄 car-3-ene의 촉매 수소첨가반응은 두 가지 가능한 입체이성질체 생성물 중 한 가지만 생성된다. 생성물은 *cis*-carane으로 methyl기와 cyclopropane 고리가 cyclohexane 고리의 같은 쪽에 있다. 이러한 입체화학 결과를 설명하시오.

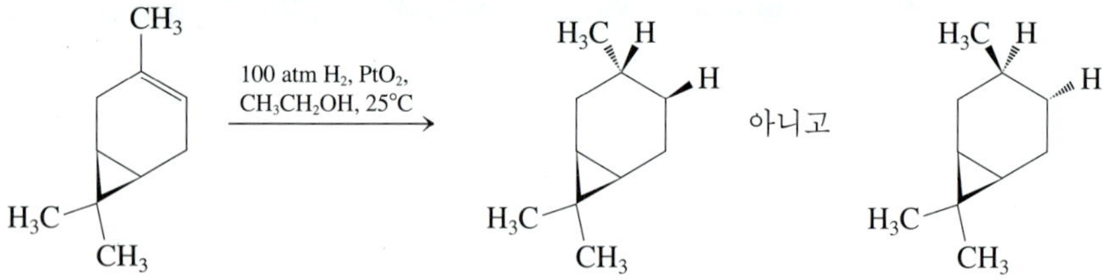

CH_3 ; H_3C ; CH_3 — 100 atm H_2, PtO_2, CH_3CH_2OH, 25°C → H_3C H, H ; H_3C ; CH_3 아니고 H_3C H, H ; H_3C ; CH_3

35. 다음의 각 알켄에 촉매 수소첨가반응이 일어날 때 예상되는 주생성물을 제시하시오. 입체화학을 분명하게 나타내시오.

(a) 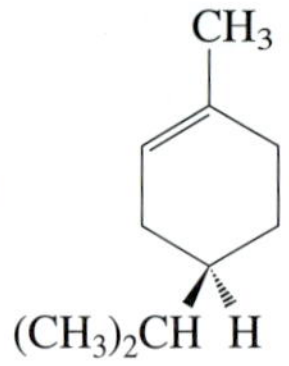 CH_3 ; $(CH_3)_2CH$ H **(b)** 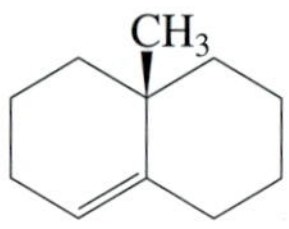 CH_3 **(c)** 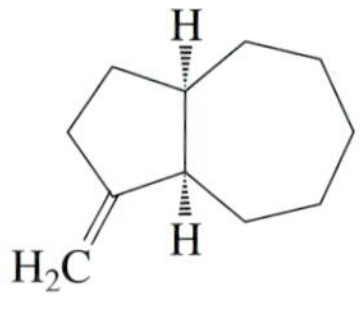 H ; H ; H_2C

36. Cyclobutene과 같은 작은 고리 알켄이 촉매 수소첨가반응을 할 때, cyclohexene의 촉매 수소첨가반응보다 더 발열 반응인지 아닌지를 예견하시오(**힌트**: 둘 중 어떤 것이 더 결합각 변형을 많이 가지고 있는가?).

37. 다음 각 알켄을 (i) 과산화물이 없는 HBr, (ii) 과산화물 존재에서 HBr과 반응했을 때의 주생성물을 예견하시오.

(a) 1-hexene **(b)** 2-methyl-1-pentene **(c)** 2-methyl-2-pentene
(d) (*Z*)-3-hexene **(e)** cyclohexene

38. 문제 37의 각 알켄과 Br_2를 반응시켰을 때의 생성물을 제시하시오. 입체화학에 주의하라.

39. 문제 37의 각 알켄과 sulfuric acid 수용액을 반응시켰을 때 얻어지는 알코올은 어떤 것인가? 이 알켄

중 어느 것이 옥시수은화반응–수은이탈반응을 시키면 다른 생성물을 생성하겠는가? 또 수소붕소첨가반응–산화반응에서 다른 생성물을 얻을 수 있는 알켄은 어느 것인가?

40. 다음 각 변환에 필요한 조건과 시약을 제시하시오. 또한 각각의 열역학에 대해서 언급하시오.

(a) Cyclohexanol → cyclohexene
(b) Cyclohexene → cyclohexanol
(c) Chlorocyclopentane → cyclopentene
(d) Cyclopentene → chlorocyclopentane

41. 6장 문제 51에서 출발물로 2-bromo-3-hydroxy-4-methylpentanoic acid의 한 가지 입체이성질체를 필요로 하는 아미노산 (2*S*,3*S*)-3-hydroxyleucine의 합성 전략을 소개했다. 4-methyl-2-pentenoic acid (오른쪽 여백 그림)의 메틸 에스터에 브로민과 물을 첨가하면, 해당하는 2-bromo-3-hydroxy-4-methylpentanoic acid의 에스터가 만들어진다. **(a)** 생성물이 필요로 하는 입체이성질체를 얻으려면 시스 또는 트랜스 불포화 에스터 중 어떤 입체이성질체가 필요한가? **(b)** 이 방법으로 이 브로모알코올을 유일한 생성물로 얻는가, 얻지 않는가? 메커니즘을 고려해 설명하시오.

$(CH_3)_2CHCH{=}CHCO_2CH_3$

4-Methyl-2-pentenoic acid methyl ester

42. 다음 각 반응으로부터 얻을 수 있을 것으로 예상되는 생성물을 쓰시오. 입체화학을 분명하게 보이시오.

(a) (propylidenecyclohexane, CH_2CH_3) $\xrightarrow{HCl}$ **(b)** *trans*-3-Heptene $\xrightarrow{Cl_2}$ **(c)** 1-Ethylcyclohexene $\xrightarrow{Br_2,\ H_2O}$

(d) (C)의 생성물 $\xrightarrow{NaOH,\ H_2O}$ **(e)** (CH_3-cyclopentene) $\xrightarrow[\text{2. NaBH}_4,\ CH_3OH]{\text{1. Hg(OCCH}_3)_2,\ CH_3OH}$ **(f)** *cis*-2-Butene $\xrightarrow{Br_2,\ \text{과량 } Na^+N_3^-}$

(g) (CH_3) $\xrightarrow[\text{2. }H_2O_2,\ NaOH,\ H_2O]{\text{1. }BH_3,\ THF}$

43. 적당한 구조의 알켄을 임의로 선택하여 다음 각 분자를 합성하는 방법을 제시하시오.

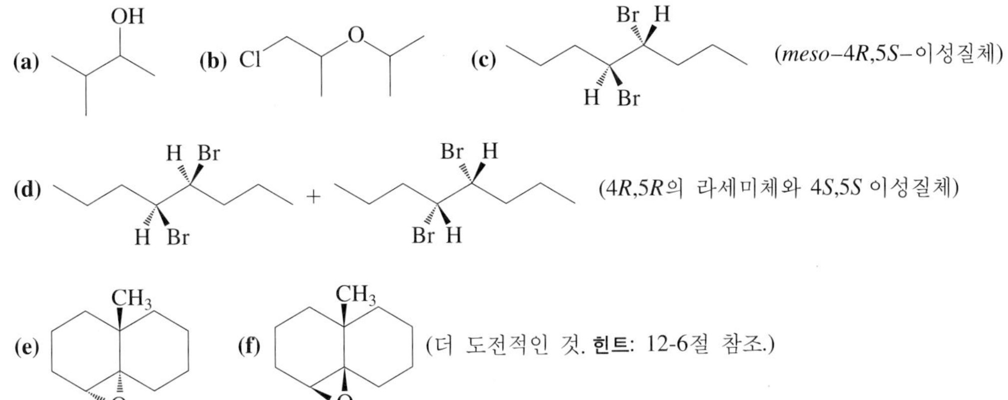

44. 다음 각 반응을 효과적으로 수행할 수 있는 방법을 제안하시오. 대부분이 한 단계 이상의 반응 단계를 거친다.

(a) (Br) ⟶ (I)   **(b)** (HO) ⟶ (HO H, H OH) (*meso*–2*R*,3*S*–이성질체)

(c) (HO) ⟶ (H OH, H OH) + (HO H, HO H) (2*R*,3*R*의 라세미체와 2*S*,3*S* 이성질체)

(d) $\longrightarrow$

45. 반응 복습. pp. 548 ~ 549의 반응표를 보지 않고 일반적인 알켄 >C=C<^{H} 을 다음의 화합물로 바꾸는 데 필요한 시약을 각각 제안하시오.

(a) $-\overset{\text{Br}}{\text{C}}-\overset{\text{Br}}{\text{C}}-\text{H}$

(b) $-\overset{\text{OH}}{\text{C}}-\overset{\text{H}}{\text{C}}-\text{H}$ (Markovnikov 생성물)

(c) $-\text{C}\overset{\text{O}}{-}\text{C}-\text{H}$

(d) $-\overset{\text{I}}{\text{C}}-\overset{\text{H}}{\text{C}}-\text{H}$

(e) $-\overset{\text{H}}{\text{C}}-\overset{\text{OH}}{\text{C}}-\text{H}$ (anti-Markovnikov 생성물)

(f) $-\overset{\text{H}}{\text{C}}-\overset{\text{H}}{\text{C}}-\text{H}$

(g) $-\overset{\text{OH}}{\text{C}}-\overset{\text{OH}}{\text{C}}-\text{H}$

(h) $-\overset{\text{H}}{\text{C}}-\overset{\text{Br}}{\text{C}}-\text{H}$ (anti-Markovnikov 생성물)

(i) $-\text{C}\overset{\text{CH}_2}{-}\text{C}-\text{H}$

(j) $-\overset{\text{CH}_3\text{O}}{\text{C}}-\overset{\text{H}}{\text{C}}-\text{H}$

(k) $-\overset{\text{Br}}{\text{C}}-\overset{\text{H}}{\text{C}}-\text{H}$ (Markovnikov 생성물)

(l) $-\overset{\text{OH}}{\text{C}}-\overset{\text{Br}}{\text{C}}-\text{H}$

(m) $-\overset{\text{Cl}}{\text{C}}-\overset{\text{H}}{\text{C}}-\text{H}$

(n) $\left(-\text{C}-\overset{\text{H}}{\text{C}}-\right)_n$ (중합체)

(o) $-\overset{\text{CH}_3\text{O}}{\text{C}}-\overset{\text{Br}}{\text{C}}-\text{H}$

(p) $\text{>C=O} + \text{O=C<}^{\text{H}}$

(q) $-\overset{\text{H}}{\text{C}}-\overset{\text{SCH}_2\text{CH}_3}{\text{C}}-\text{H}$ (anti-Markovnikov 생성물)

46. 2-Methyl-1-pentene과 다음의 각 시약을 반응시켰을 때 예상되는 생성물을 제시하시오.

(a) H_2, PtO_2, CH_3CH_2OH
(b) D_2, pd—C, CH_3CH_2OH
(c) BH_3, THF then $NaOH + H_2O_2$
(d) HCl
(e) HBr
(f) HBr + 과산화물
(g) HI + 과산화물
(h) $H_2SO_4 + H_2O$
(i) Cl_2
(j) ICl
(k) $Br_2 + CH_3CH_2OH$
(l) CH_3SH + 과산화물
(m) MCPBA, CH_2Cl_2
(n) OsO_4, then H_2S
(o) O_3, then Zn + $CH_3\overset{\text{O}}{\overset{\|}{\text{C}}}OH$
(p) $Hg(O\overset{\text{O}}{\overset{\|}{\text{C}}}CH_3)_2 + H_2O$, then $NaBH_4$
(q) 촉매 H_2SO_4 + 열

47. 문제 46의 각 시약과 (*E*)-3-methyl-3-hexene의 반응 생성물은 어떤 것인가?

48. 문제 46의 각 시약과 1-ethylcyclopentene의 반응 생성물은 어떤 것인가?

49. 문제 46 **(c)**, **(e)**, **(f)**, **(h)**, **(j)**, **(k)**, **(m)**, **(n)**, **(o)**, **(p)**의 반응에 대한 단계별 메커니즘을 쓰시오.

50. 어떤 단위체가 다음 중합체를 만드는가?

$$\left(-\underset{\text{H}}{\overset{\text{CH}_3}{\text{C}}}-\underset{\text{H}}{\overset{\text{H}}{\text{C}}}-\right)_n$$

51. 아래의 시약과 3-methyl-1-butene뷰텐의 반응에서 얻어지는 주생성물을 예견하고, 메커니즘으로 생성물이 다른 이유를 설명하시오.

(a) 50% H_2SO_4 수용액 (b) H_2O 및 $Hg(OCCH_3)_2$ (C=O) 이어서 $NaBH_4$

(c) THF 속 BH_3, 이어서 NaOH 및 H_2O_2.

52. Cyclohexylethene에 대해서도 문제 51과 같은 질문에 대해 답하시오.

53. Magnesium monoperoxyphthalate (MMPP) 를 아래의 알켄과 반응하였을 때 초기 생성물의 산 가수분해반응 후 주생성물을 쓰시오. **(a)** 1-Hexene **(b)** (*Z*)-3-ethyl-2-hexene **(c)** (*E*)-3-ethyl-2-hexene **(d)** (*E*)-3-hexene **(e)** 1,2-dimethylcyclohexene

54. 문제 53의 각 알켄과 H_2S 이전의 OsO_4와 반응시켰을 때의 생성물을 제시하시오.

55. 문제 53의 알켄과 과산화물의 존재에서 CH_3SH와 반응시켰을 때의 생성물을 제시하시오.

56. 1-Hexene를 과산화물을 이용하여 초기화시키고, CH_3SH와 반응시켰을 때의 메커니즘을 그리시오.

57. 다음 반응의 예상 생성물을 쓰시오.

(a) (*E*)-2-Pentene + $CHCl_3$ $\xrightarrow{KOC(CH_3)_3,\ (CH_3)_3COH}$

(b) 1-Methylcyclohexene + CH_2I_2 $\xrightarrow{Zn-Cu,\ (CH_3CH_2)_2O}$

(c) Propene + CH_2N_2 $\xrightarrow{Cu,\ \Delta}$

(d) (Z)-1,2-Diphenylethene + $CHBr_3$ $\xrightarrow{KOC(CH_3)_3,\ (CH_3)_3COH}$

(e) (*E*)-1,3-Pentadiene + 2 CH_2I_2 $\xrightarrow{Zn-Cu,\ (CH_3CH_2)_2O}$

(f) $CH_2{=}CHCH_2CH_2CH_2CHN_2$ $\xrightarrow{h\nu}$

58. ¹H NMR 스펙트럼 A는 분자식이 C_3H_5Cl인 화합물에 대한 것이다. 이 화합물의 IR 흡수띠는 730 (11장 문제 53 참조), 930, 980, 1630, 3090 cm^{-1}를 나타낸다. **(a)** 분자 구조식을 추론하시오. **(b)** 각 NMR 신호에 해당하는 수소나 수소 집단을 나타내시오. **(c)** $\delta = 4.05$ ppm의 "이중선" 신호는 짝지음 상수값이 $J = 6$ Hz이다. 문제 (b)에서 확인한 이 이중선은 $J \approx 1$ Hz인 삼중선이 두 개 있는 것이다(스펙트럼 A에 삽입되어 있다). 이처럼 삼중선으로 갈라지는 것은 어떤 이유에서인가? 문제 (b)에서 확인한 내용이 합리적인가?

59. C_3H_5Cl (문제 58, 스펙트럼 A)을 물속에서 Cl_2와 반응시켰다. 이때 얻어진 생성물은 $C_3H_6Cl_2O$의 분자식을 가지는 두 개의 생성물이었다. 이들의 스펙트럼을 각각 B와 C에 나타내었다. 이들 생성물들 중

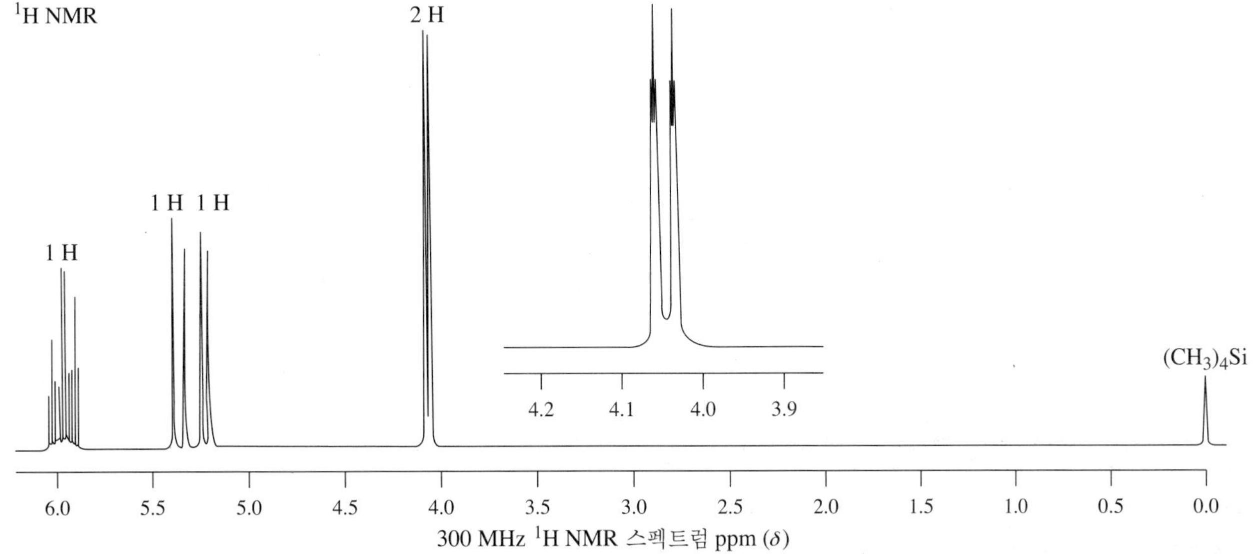

어느 것을 KOH와 반응시켜도 C_3H_5ClO (스펙트럼 D)의 분자식을 가지는 동일한 생성물을 얻는다. 그림은 다중선의 일부를 확대시켜 놓은 것이다. 스펙트럼 D 화합물의 IR에서는 720 ~ 1260 cm^{-1}에서 흡수띠를 보였고, 1600 ~ 1800 cm^{-1} 사이와 3200 ~ 3700 cm^{-1} 사이에는 어떤 흡수띠도 보이지 않았다. **(a)** 스펙트럼 B, C, D에 해당하는 화합물의 구조식을 추론하시오. **(b)** 출발물 염소 화합물을 물속에서 Cl_2와 반응시키면 왜 두 가지 이성질체 생성물이 생기는가? **(c)** 두 개의 $C_3H_6Cl_2O$ 이성질체로부터 C_3H_5ClO 생성물이 생기는 메커니즘을 쓰시오.

60. ^{1}H NMR 스펙트럼 E는 이성질체로부터 C_4H_8O인 분자에 해당한다. 이 화합물의 IR에서는 945, 1015, 1665, 3095, 3360 cm^{-1}의 흡수띠를 보였다. **(a)** 구조식을 추론하시오. **(b)** 각 NMR 봉우리와 IR 흡수

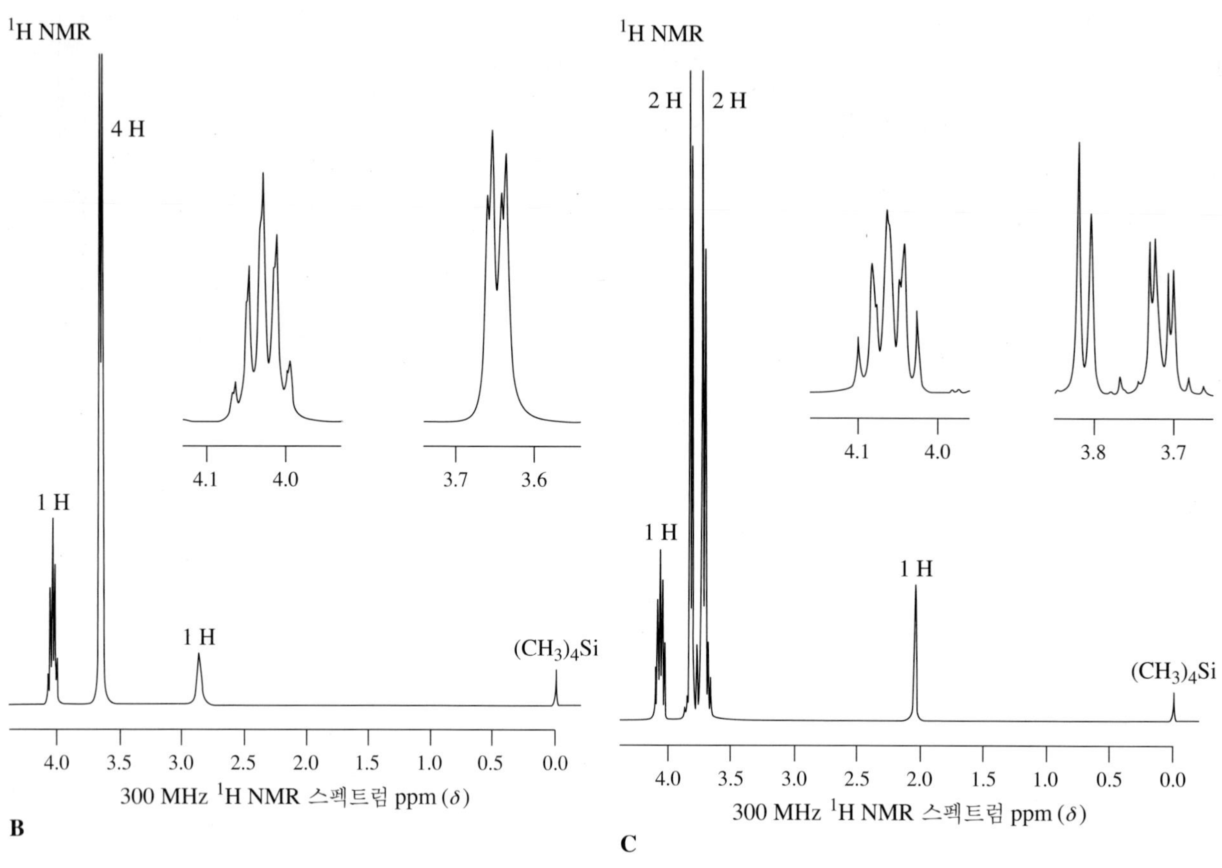

B

C

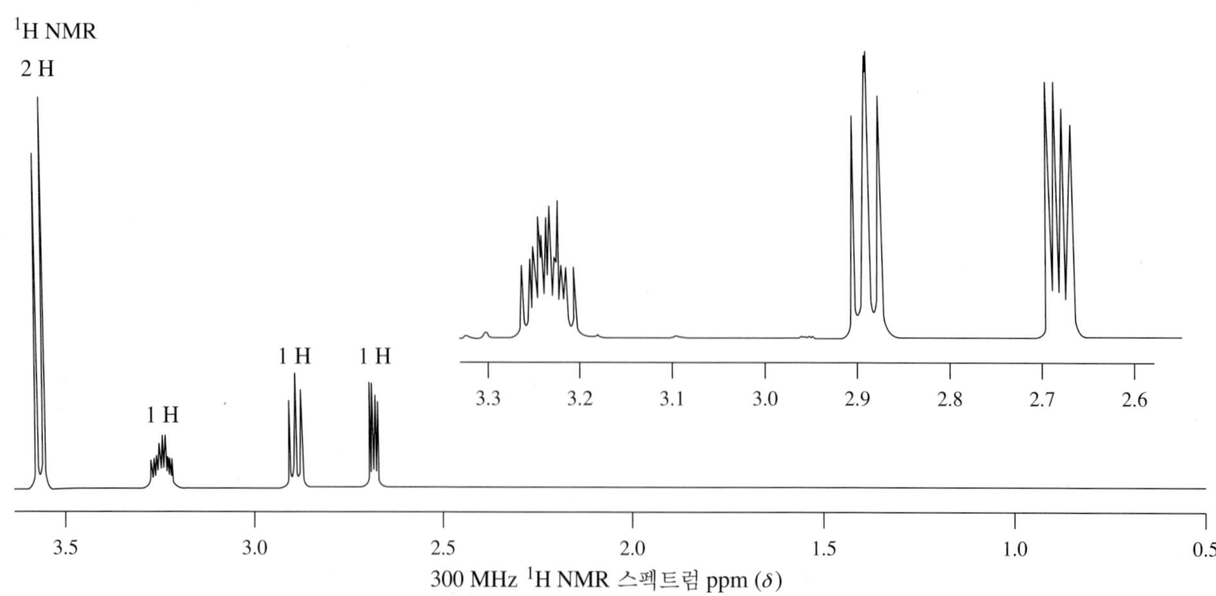

D

띠를 설명하시오. **(c)** δ = 1.3, 4.3, 5.9 ppm (열 배로 확장한 그림을 보라)의 신호들에 대한 스핀-스핀 갈라짐 현상을 자세히 설명하시오.

61. 스펙트럼 E에 해당하는 화합물을 $SOCl_2$와 반응시켜, δ = 1.5 ppm의 신호가 나타나지 않는 것을 제외하고는 NMR 스펙트럼이 스펙트럼 E와 거의 같고, C_4H_7Cl 분자식을 가지는 화합물을 얻었다. IR 스펙트럼 E에서는 700 (11장의 문제 53 참조), 925, 985, 1640, 3090 cm^{-1}을 보였다. 이 화합물은 PtO_2

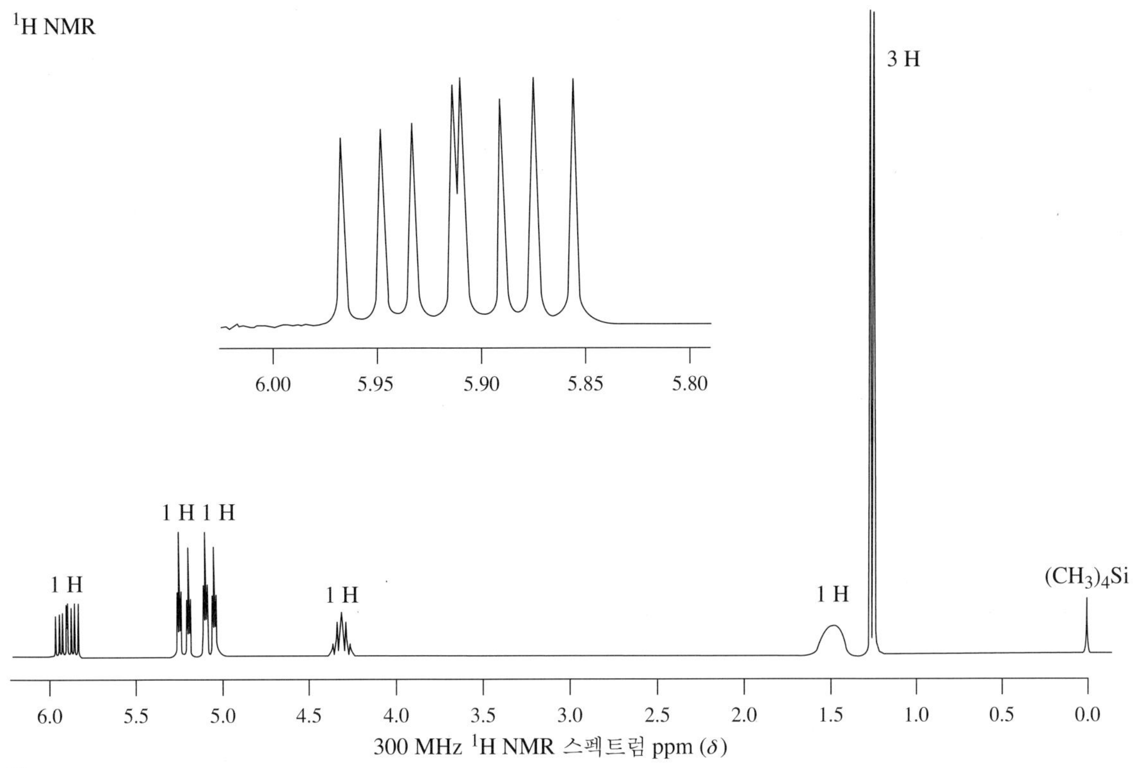

E

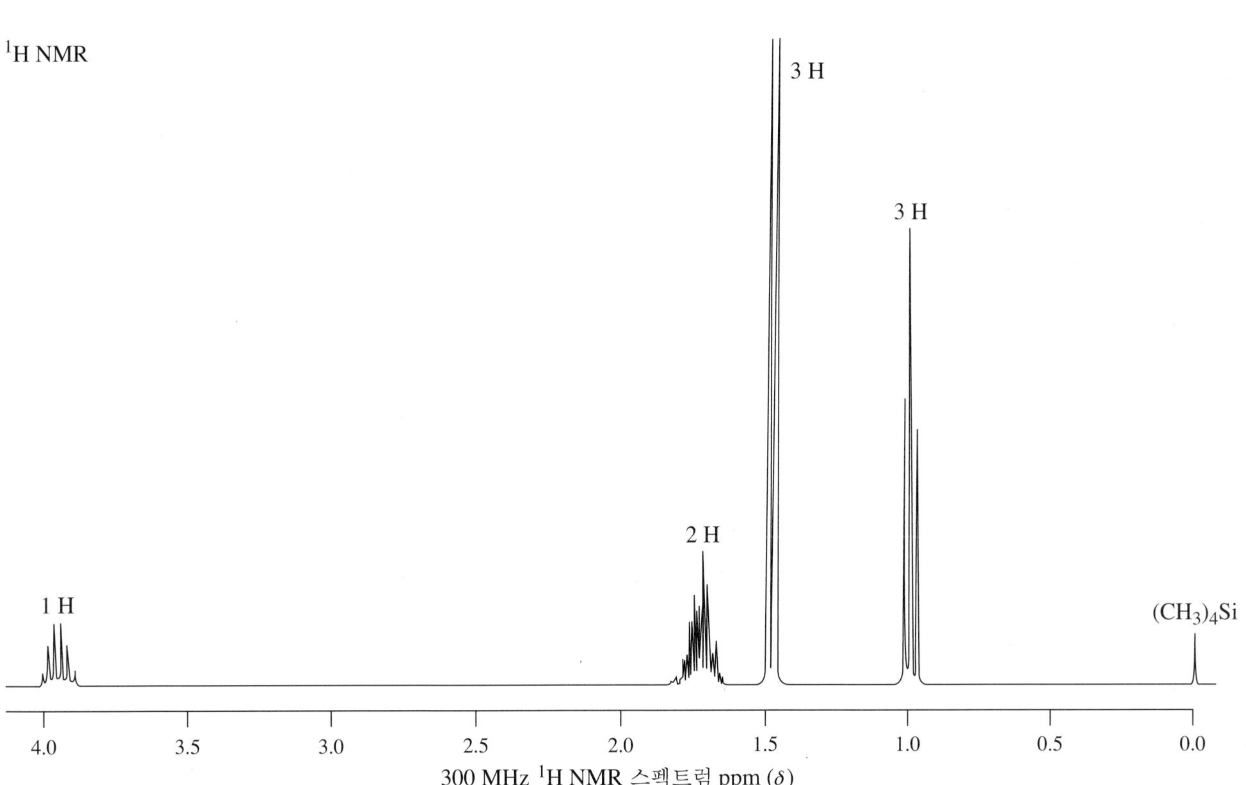

F

촉매에서 H_2와 반응시켜 C_4H_9Cl (스펙트럼 F)을 얻었다. 또 화합물 F의 IR 스펙트럼에서는 700 cm^{-1}만 사라지고 다른 모든 흡수띠는 출발물과 같았다. 이들 두 분자의 구조를 밝히시오.

62. 문제 61의 두 화합물의 질량 분석 스펙트럼은 두 개의 분자 이온 봉우리가 보이고, 이들은 두 질량 단위로 떨어져 있으며, 봉우리 크기의 비는 3:1이다. 설명하시오.

63. 가오존분해반응시킨 후에 $(CH_3)_2S$로 환원하여 다음 카보닐 화합물을 얻을 수 있는 알켄의 구조를 제시하시오.

(a) CH_3CHO만 **(b)** CH_3CHO 및 CH_3CH_2CHO **(c)** $(CH_3)_2C{=}O$ 및 $H_2C{=}O$

(d) $CH_3CH_2\overset{O}{\overset{\|}{C}}CH_3O$ 및 CH_3CHO **(e)** Cyclopentanone 및 CH_2CH_2CHO

64. **도전 문제** 역합성 분석 기술을 이용하여 다음 각 화합물들의 합성 계획을 세우시오. 가능한 출발물을 괄호 안에 제시하였다. 그러나 각각의 합성에서 하나의 탄소-탄소 결합의 형성을 포함하는 경우에는 출발물로써 다른 간단한 알케인이나 알켄을 사용할 수도 있다.

(a) $CH_3CH_2\overset{O}{\overset{\|}{C}}\underset{CH_3}{\underset{|}{C}}HCH_3$ (propene) **(b)** $CH_3CH_2CH_2\underset{Cl}{\underset{|}{C}}HCH_2CH_2CH_3$ (propene, again) **(c)** 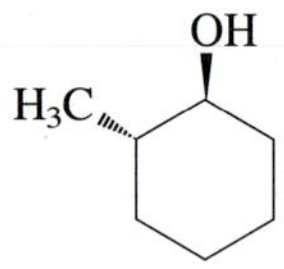 [cyclohexane ring bearing OH (wedge) and adjacent H_3C (hashed)] (cyclohexene)

65. Cyclopentane을 다음의 각 분자로 전환시키는 방법을 제시하시오.

(a) *cis*-1,2-Dideuteriocyclopentane **(b)** *trans*-1,2-Dideuteriocyclopentane

(c) 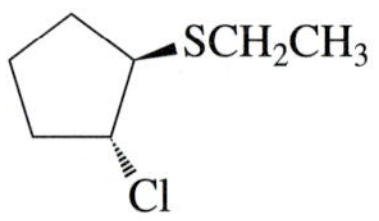 [cyclopentane with SCH_2CH_3 (wedge) and adjacent Cl (hashed)] **(d)** 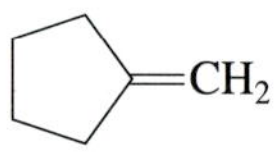 [cyclopentane]$=CH_2$ **(e)** 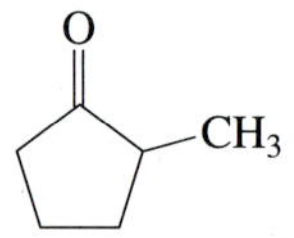 [cyclopentanone with 2-CH_3]

(f) 1,2-Dimethylcyclopentane **(g)** *trans*-1,2-Dimethyl-1,2-cyclopentanediol

66. 다음의 각 반응에서 예상되는 주생성물을 제시하시오.

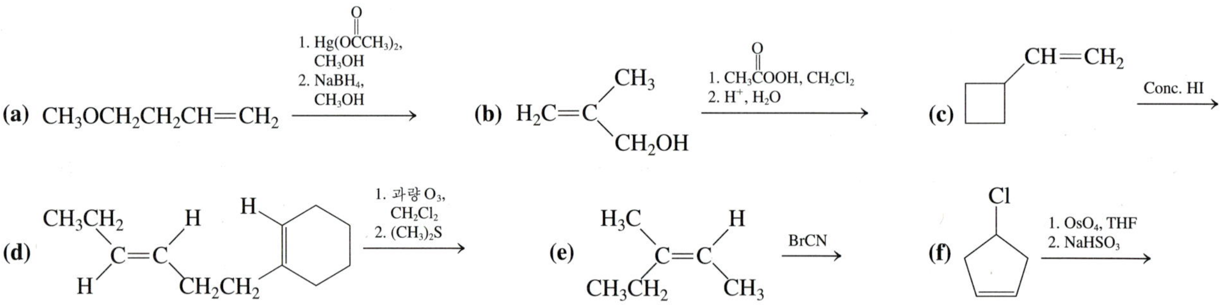

(a) $CH_3OCH_2CH_2CH{=}CH_2 \xrightarrow[\text{2. } NaBH_4,\ CH_3OH]{\text{1. } Hg(O\overset{O}{\overset{\|}{C}}CH_3)_2,\ CH_3OH}$

(b) $H_2C{=}C(CH_3)CH_2OH \xrightarrow[\text{2. } H^+,\ H_2O]{\text{1. } CH_3\overset{O}{\overset{\|}{C}}OOH,\ CH_2Cl_2}$

(c) [cyclobutane]$-CH{=}CH_2 \xrightarrow{\text{Conc. HI}}$

(d) $CH_3CH_2(H)C{=}C(H)CH_2CH_2-$[1-cyclohexenyl, H on ring alkene carbon] $\xrightarrow[\text{2. } (CH_3)_2S]{\text{1. 과량 } O_3,\ CH_2Cl_2}$

(e) $(H_3C)(CH_3CH_2)C{=}C(H)(CH_3)$ $\xrightarrow{\text{BrCN}}$

(f) [3-chlorocyclopentene] $\xrightarrow[\text{2. } NaHSO_3]{\text{1. } OsO_4,\ THF}$

(g) $CH_3CH{=}CH_2 \xrightarrow{\text{촉매 HF}}$

(h) $CH_2{=}CHNO_2 \xrightarrow{\text{촉매 KOH}}$
(**힌트**: NO_2기에 대한 Lewis 구조를 그려라)

67. 다음 각 시약과 (*E*)-5-hepten-1-ol을 반응시켰을 때 제시한 화학식을 가지는 생성물을 제시하고, 그들의 구조를 결정하시오. 또한, 생성 메커니즘을 자세히 설명하시오. **(a)** HCl, $C_7H_{14}O$ (no Cl!), **(b)** Cl_2, $C_7H_{13}ClO$ (IR: 740 cm^{-1}, 1600~1800 cm^{-1} 그리고 3200~3700 cm^{-1} 사이에는 아무것도 없음).

68. 어떤 시스-알켄을 빛이나 열이 있는 조건에서 소량의 I_2와 혼합시켰을 때 얼마간의 트랜스-알켄으로 이성질화하였다. 이 관찰에 대한 자세한 메커니즘을 제시하시오.

69. α-Terpineol (10장, 문제 60)을 $Hg(OAc)_2$ 수용액으로 처리하고, $NaBH_4$로 환원 처리하면, 수화물 대신에 출발물의 이성질체($C_{10}H_{18}O$)가 주로 생성된다. 이 생성물은 eucalyptus 오일의 주성분으로 eucalyptol이라고도 한다. 이것은 상큼한 매운맛과 향기 때문에 불쾌한 맛이 나는 약에 착향료로 사용

된다. 반응 메커니즘을 고려하고 ^{13}C NMR을 이용해 eucalyptol의 구조를 유추하시오(**힌트**: IR 스펙트럼에서 1600 ~ 1800 cm^{-1}이나 3200 ~ 3700 cm^{-1} 사이에는 봉우리가 없다!).

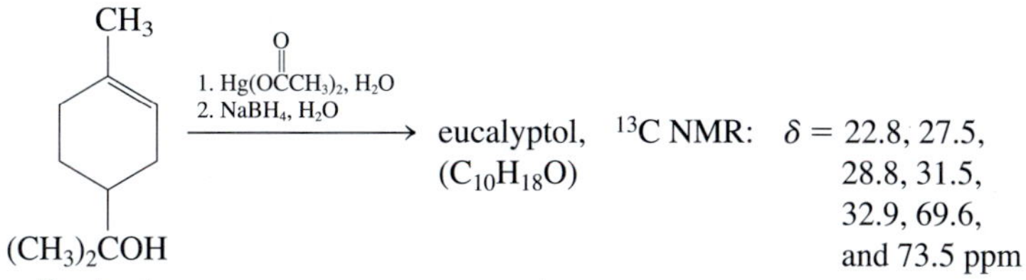

CH_3 / $(CH_3)_2COH$ — α-Terpineol

1. $Hg(OCCH_3)_2$, H_2O 2. $NaBH_4$, H_2O → eucalyptol, ($C_{10}H_{18}O$) ^{13}C NMR: δ = 22.8, 27.5, 28.8, 31.5, 32.9, 69.6, and 73.5 ppm

70. 보레인과 MCPBA 모두 아주 다른 환경의 이중 결합들을 가지는 limonene과 같은 분자와 아주 선택적으로 반응한다. Limonene의 다음 반응 생성물을 예측하시오. **(a)** 1당량의 BH_3, THF, 다음으로 염기성 H_2O_2 수용액, **(b)** 1당량의 MCPBA, CH_2Cl_2. 설명하시오.

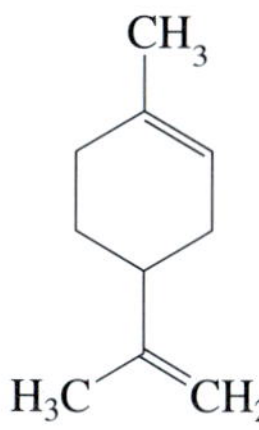

CH_3 / H_3C CH_2 — Limonene

71. Marjoram 오일은 향기로운 레몬향을 가지는 물질 $C_{10}H_{16}$ (화합물 G)을 포함하고 있다. G를 가오존분해 반응하면 두 가지 생성물이 생긴다. 그중 H의 분자식은 $C_8H_{14}O_2$이고, 아래와 같이 합성할 수 있다.

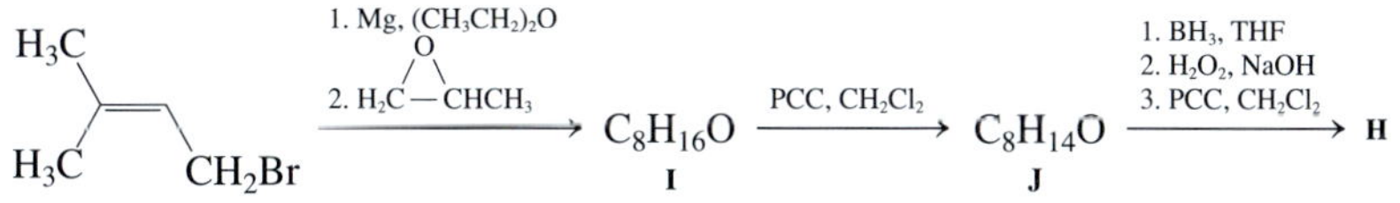

$(H_3C)_2C{=}CHCH_2Br$ —(1. Mg, $(CH_3CH_2)_2O$ 2. $H_2C{-}CHCH_3$ (O))→ $C_8H_{16}O$ (**I**) —(PCC, CH_2Cl_2)→ $C_8H_{14}O$ (**J**) —(1. BH_3, THF 2. H_2O_2, NaOH 3. PCC, CH_2Cl_2)→ **H**

위 내용을 바탕으로 화합물 G–J의 타당한 구조를 제안하시오.

72. **도전 문제** Humulene과 α-caryophyllene alcohol은 카네이션 추출물의 터펜 성분이다. 전자는 한 단계의 산촉매 수화반응으로 후자로 바뀐다. 메커니즘을 쓰시오(**힌트**: 표지된 탄소를 역합성적으로 따라가 보라. 메커니즘은 탄소양이온에 의한 고리화반응과 알킬기의 이동을 포함한다).

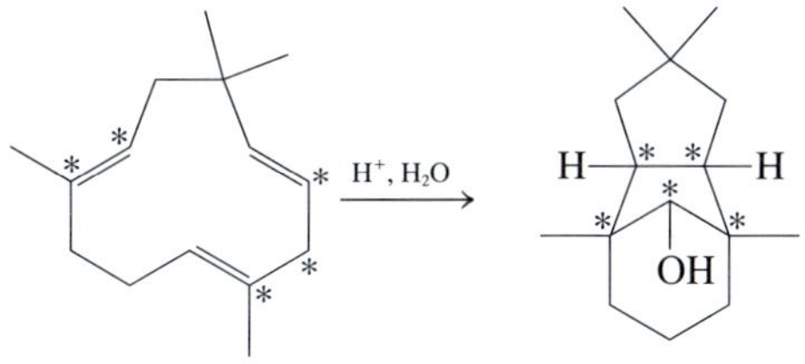

Humulene —(H^+, H_2O)→ α-Caryophyllene alcohol (H, H, OH)

73. Humulene (문제 72) 의 가오존분해반응과 뒤이은 Zn/AcOH 환원반응의 생성물을 예측하시오. Humulene 구조를 몰랐다면 가오존분해반응 생성물들만으로 humulene의 구조를 어려움 없이 결정할 수 있겠는가?

74. **도전 문제** Caryophyllene ($C_{15}H_{24}$) 은 흔하지 않은 sesquiterpene인데 정향 냄새의 주성분으로 친숙하다. 다음 정보를 이용해 구조를 결정하시오(**주**: 구조는 문제 72의 α-caryophyllene alcohol과는 완전히 다르다).

반응 1

Caryophyllene —(H_2, Pd−C)→ $C_{15}H_{28}$

반응 2

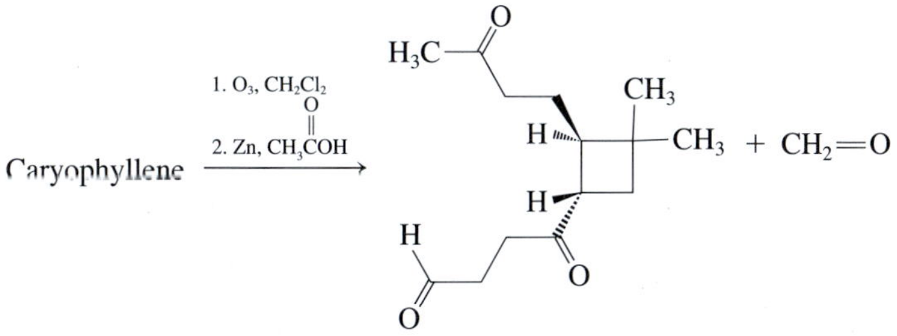

Caryophyllene —(1. O_3, CH_2Cl_2 2. Zn, CH_3COH (O))→ (cyclobutane product: H_3C–CO–, CH_3, $-CH_3$, H, H, H–CO–, O) + $CH_2{=}O$

반응 3

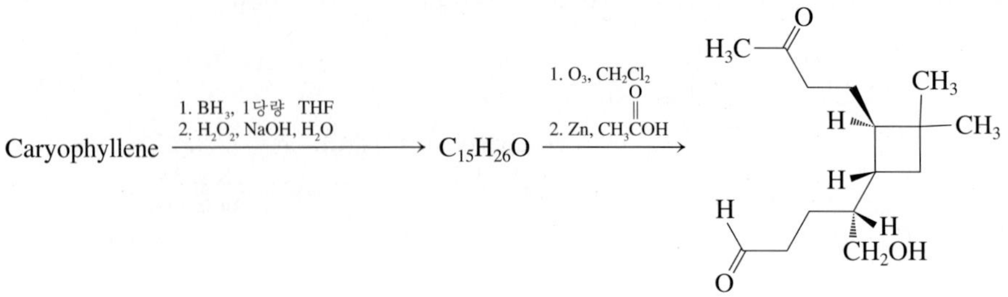

Caryophyllene $\xrightarrow[\text{2. } H_2O_2\text{, NaOH, } H_2O]{\text{1. } BH_3\text{, 1당량 THF}}$ $C_{15}H_{26}O$ $\xrightarrow[\text{2. Zn, } CH_3COOH]{\text{1. } O_3\text{, } CH_2Cl_2}$

H₃C, O, CH₃, H, CH₃, H, H, H, CH₂OH, O

이성질체인 isocaryophyllene은 수소첨가반응과 가오존분해반응에서 같은 생성물을 만든다. isocaryophyllene의 수소붕소첨가반응–산화반응은 반응 3에서 나타낸 생성물의 이성질체에 해당하는 $C_{15}H_{26}O$을 만든다. 그러나 이 화합물을 가오존분해반응하면 같은 최종 생성물을 얻는다. caryophyllene과 이것의 이성질체는 어떻게 다른가?

75. 유충 호르몬(JH, 화학 이야기 12-1)은 여러 가지 방법으로 합성되었다. 두 가지 중간체를 (a) 와 (b) 에 나타내었다. 이들을 각각의 출발물로 해서 JH의 합성을 완성하시오. (a) 의 합성은 입체선택성이어야 한다. (a) 에서 C10과 C11 사이의 이중 결합이 친전자체에 대해 가장 반응성이 좋다는 것을 주시하라.

(a) H_3C, H_3C, H_3C, CH_3, O, $COCH_3$

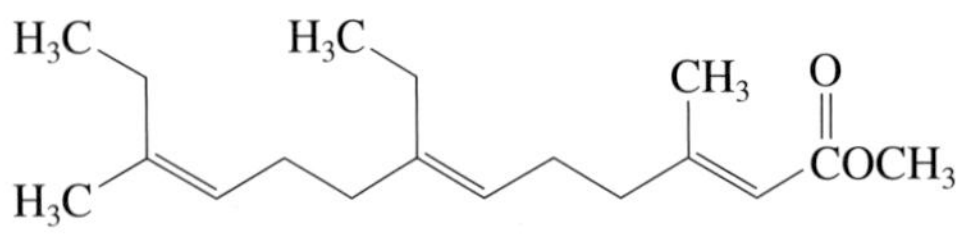

(b) H_3C, H_3C, O, Cl, CH_3, O, $COCH_3$

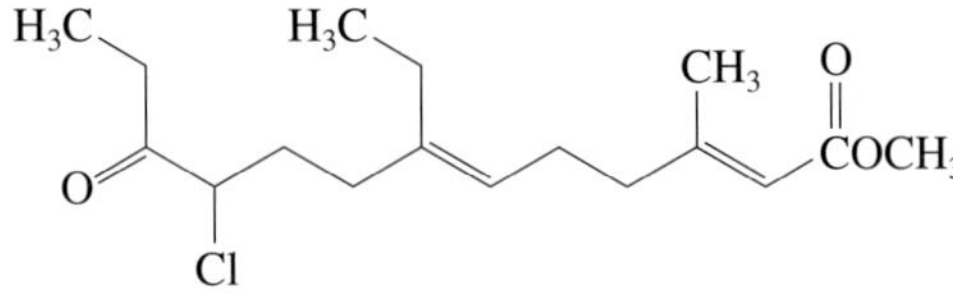

알카인

탄소-탄소 삼중 결합

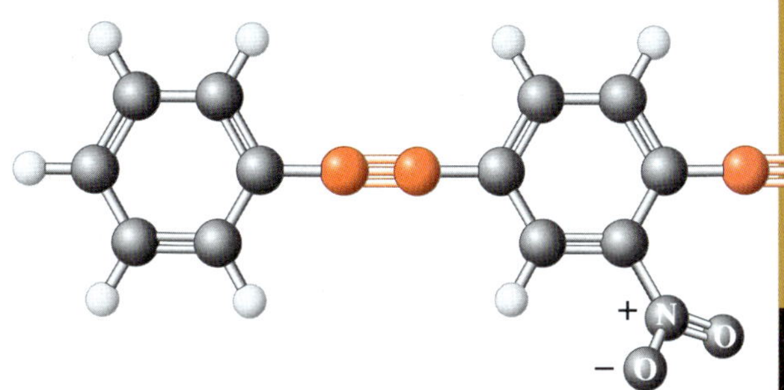

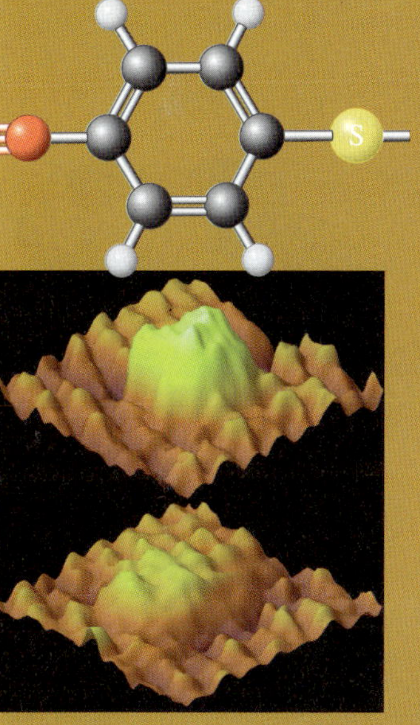

주사 터널링 현미경(STM)은 고체 표면 위에서 원자와 분자를 형상화하는 간접적인 방법이다. 위쪽에 표시된 구조의 다이알카인은 전도성이 큰 형태인 경우 위 STM 사진과 같이 밝게 나타나는 반면, 분자 모양의 변화로 전도도가 소멸되면 아래 사진과 같이 "어둡게" 나타난다. 이와 같은 분자는 21세기 전자 부품 분야와 컴퓨터 분야에 혁신을 가져올 것으로 예측되는 "분자 스위치(molecular switch)"의 원형이다.

알카인은 탄소-탄소 삼중 결합을 가진 탄화수소이다. 알카인의 특성은 이중 결합을 가진 알켄의 성질 및 행동과 유사하다. 이 장에선 알카인도 알켄처럼 현대 생활에 다양한 용도로 사용되고 있는 것을 보게 될 것이다. 예를 들면, 에타인(HC≡CH)으로부터 생성된 고분자 물질은 전기 전도성 얇은 판으로 만들어져서 무게가 가벼운 고분자 전지에 사용될 수 있다. 또한 에타인도 비교적 높은 에너지를 갖고 있어 산소아세틸렌 용접에 사용된다. 자연에 존재하거나 합성된 다양한 알카인은 항박테리아, 항기생충, 항균제 등의 약으로 사용되고 있다.

—C≡C—
알카인 삼중 결합

—C≡C— 작용기가 두 개의 π 결합(상호 수직으로 존재, 그림 1-21 참조)을 가지고 있기 때문에, 이것의 반응성은 이중 결합의 반응성과 매우 유사하다. 예를 들면, 알카인도 알켄처럼 전자가 풍부하여 친전자체에 의해 공격을 받는다. 고분자 직물, 탄성체, 플라스틱 등의 단위체로 사용되는 많은 알켄들은, 에타인 또는 다른 알카인의 친전자성 첨가반응에 의해 얻어진다. 알카인은 알켄을 합성할 때 사용한 것과 같은 제거반응에 의해 합성될 수 있고, 알켄과 유사하게 다중 결합이 말단에 위치할 때보다 내부에 위치할 때가 더 안정하다. 추가적인 유용한 특성은 알카인일 수소가 알켄일 또는 알킬 수소보다 산성도가 높아서 강염기에 의하여 쉽게 양성자이탈반응이 일어난다는 것이다. 반응 결과 생성된 알카인일 음이온은 합성에서 가치 있는 친핵성 시약이다

처음에는 알카인의 명명, 구조적인 특성, 분광법에 대한 논의를 한다. 그리고 계속되는 절에서는 알카인 화합물의 합성 방법과 이들의 전형적인 반응을 소개한다. 마지막으로 알카인의 방대한 공업적 활용에 대한 개요와 생리적인 특성이 다루어진다.

알카인의 관용명

$HC{\equiv}CH$

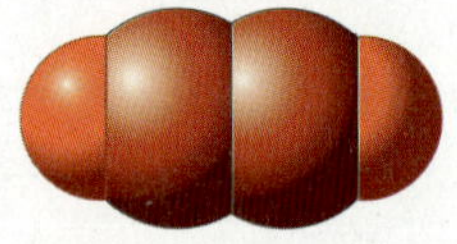

Acetylene

$CH_3C{\equiv}CCH_3$

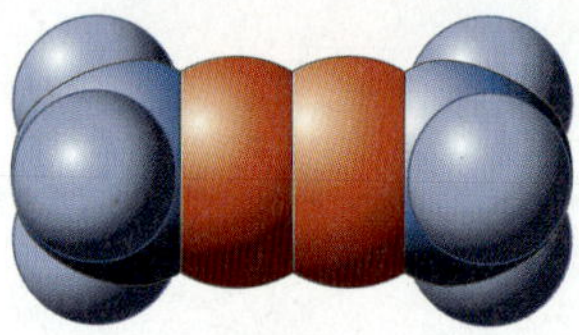

Dimethylacetylene

$CH_3CH_2CH_2C{\equiv}CH$

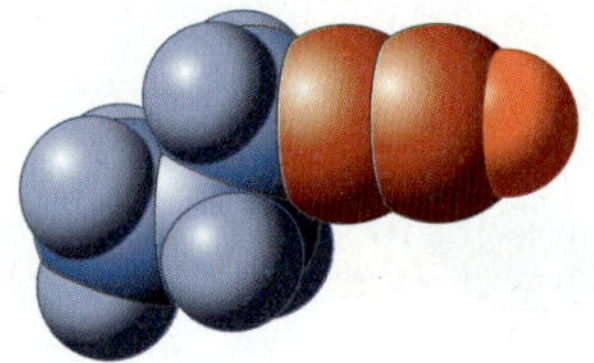

Propylacetylene

13-1 알카인의 명명법

탄소-탄소 삼중 결합은 **알카인(alkyne)** 특유의 작용기이다. 알카인의 일반식은 C_nH_{2n-2}로, 사이클로알켄의 일반식과 같다. 가장 작은 알카인인 C_2H_2의 관용명인 **아세틸렌**(*acetylene*)을 포함하여 많은 수의 알카인의 관용명은 현재도 사용되고 있다. 다른 알카인들은 아세틸렌의 유도체로 취급된다 [예: 알킬아세틸렌(alkylacetylene)].

알켄의 IUPAC 명명법 규칙(11-1절)이 알카인에도 적용되며, 접미사 **-엔**(*-ene*)은 **-아인(-yne)**으로 바뀐다. 숫자는 주사슬에 있는 삼중 결합의 위치를 나타낸다.

$HC{\equiv}CH$ — Ethyne

$CH_3C{\equiv}CCH_3$ — 2-Butyne

$\overset{1}{C}H_3\overset{2}{C}{\equiv}\overset{3}{C}\overset{4}{C}H(Br)\overset{5}{C}H_2\overset{6}{C}H_3$ — 4-Bromo-2-hexyne (내부 알카인)

$\overset{4}{C}H_3\overset{3}{C}(CH_3)_2\overset{2}{C}{\equiv}\overset{1}{C}H$ — 3,3-Dimethyl-1-butyne (말단 알카인)

일반적인 구조식 $RC{\equiv}CH$을 가진 것은 **말단 알카인(terminal alkyne)**이고, 일반적인 구조 $RC{\equiv}CR'$을 가진 것은 **내부 알카인(internal alkyne)**이다.

삼중 결합을 가지고 있는 치환기는 **알카인일기(alkynyl group)**이다. 따라서 치환기 $-C{\equiv}CH$은 **에타인일(ethynyl)**, 이것의 유사체인 $-CH_2C{\equiv}CH$는 **2-프로파인일 [2-propynyl**, 또는 프로파질(propagyl)]이라고 명명한다. 알케인이나 알켄처럼 알카인도 직선 표기법으로 나타낼 수 있다.

trans-1,2-Diethynylcyclohexane

$\square-\overset{1}{C}H_2\overset{2}{C}{\equiv}\overset{3}{C}H$ — 2-Propynylcyclobutane (Propargylcyclobutane)

$\overset{3}{H}C{\equiv}\overset{2}{C}\overset{1}{C}H_2OH$ — 2-Propyn-1-ol (Propargyl alcohol)

IUPAC 명명법에 따르면 이중 결합과 삼중 결합 둘 다를 포함하고 있는 탄화수소는 **알켄아인(alkenyne)**이라고 명명한다. 사슬의 번호는 어느 작용기이든 상관없이 작용기에서 가장 가까운 말단부터 시작한다. 말단에서의 거리가 이중 결합과 삼중 결합이 동일할 경우에는 **이중 결합이 더 작은 번호가 되도록 한다.** 하이드록시 작용기를 가지고 있는 알카인은 **알카인올(alkynol)**로 명명한다. -엔(-ene)과 -아인(-yne)의 마지막 철자 *e*를 -엔아인(-enyne)과 -아인올(-ynol)에서는 삭제한다. 사슬에 번호를 부여할 때 OH기의 우선순위가 이중 결합과 삼중 결합보다 앞선다.

$\overset{6}{C}H_3\overset{5}{C}H_2\overset{4}{C}H{=}\overset{3}{C}H\overset{2}{C}{\equiv}\overset{1}{C}H$ — 3-Hexen-1-yne (3-hexen-5-yne 아님)

$\overset{1}{C}H_2{=}\overset{2}{C}H\overset{3}{C}H_2\overset{4}{C}{\equiv}\overset{5}{C}H$ — 1-Penten-4-yne (4-penten-1-yne 아님)

5-Hexyn-2-ol (1-hexyn-5-ol 아님)

연습 문제 13-1

다음 화합물들의 IUPAC 이름을 쓰시오.

(a) C_6H_{10}의 조성을 가지는 모든 알카인

(b) H_3C, H, $CH{=}CH_2$가 붙은 $C-C{\equiv}CH$

(c) 모든 뷰타인올. 입체이성질체를 포함하고 입체 배열을 표시하시오.

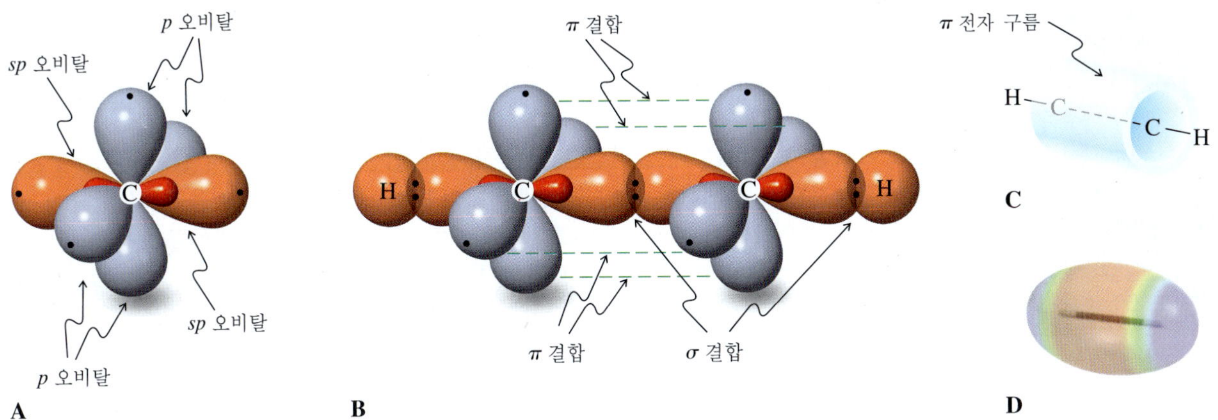

그림 13-1 (A) *sp* 혼성을 하고 있는 탄소의 혼성 오비탈 모습은 두 개의 수직인 *p* 오비탈을 보여 준다. (B) Ethyne의 삼중 결합. *sp* 혼성화된 두 개의 CH 토막들이 겹쳐져서 하나의 σ 결합과 두 개의 π 결합을 생성한다. (C) 두 개의 π 결합이 ethyne의 분자축 주변에 원통형 전자 구름을 만든다. (D) 정전기 퍼텐셜 지도는 분자축의 중심 부분에 높은 전자 밀도 띠(붉은색)가 있는 것을 보여 준다.

13-2 알카인의 결합과 성질

삼중 결합의 성질은 알카인의 물리적 및 화학적 성질을 설명하는데 도움이 된다. 분자 오비탈의 관점에서 보면, 탄소들은 *sp* 혼성을 하고 있고, 한 개씩의 전자로 채워진 네 개의 *p* 오비탈은 수직으로 배열된 두 개의 π 결합을 형성한다.

알카인은 상대적으로 비극성이다

알카인은 상응하는 알켄이나 알케인과 매우 유사한 끓는점을 갖는다. 에타인은 특이적으로 대기압하에서는 끓는점이 없으며, 오히려 −84°C에서 승화한다. 상온에서 프로파인(끓는점 −23.2°C)과 1-뷰타인(끓는점 8.1°C)은 기체인 반면, 2-뷰타인은 액체(끓는점 27°C)이다. 중간 크기의 알카인들은 증류할 수 있는 액체이다. 알카인은 매우 쉽게—때때로 격렬하게—중합반응을 하므로, 알카인을 다룰 때에는 주의해야 한다. 에타인은 압력이 가해지면 폭발하지만, 아세톤과 부석과 같은 다공성 충전제가 안정화제로 들어 있는 기체 실린더에 넣어 고압 상태로 운반할 수 있다.

에타인은 짧고 강한 결합을 가진 선형 분자이다

에타인에서 두 개의 탄소는 *sp* 혼성을 하고 있다(그림 13-1A). 각 탄소의 혼성 오비탈들 중의 하나는 수소와 겹침을 하고, 남아 있는 *sp* 혼성 오비탈은 서로 겹쳐져 두 탄소 간에 하나의 σ 결합을 만든다. 각 탄소의 서로 수직으로 있는 두 개의 *p* 오비탈은 각각 하나씩의 전자를 가지고 있다. 이 *p* 오비탈들은 서로 겹쳐져서 두 개의 서로 수직인 π 결합을 형성한다(그림 13-1B). π 결합의 퍼지는 성질 때문에 삼중 결합의 전자 분포는 원통형 구름 모양으로 된다(그림 13-1C). 혼성화와 두 개의 π 상호작용의 결과로 인하여 삼중 결합의 세기는 약 229 kcal mol^{-1}로, 탄소-탄소 이중 결합 또는 단일 결합보다 상당히 강하다(오른쪽 여백 참조). 그러나 알켄과 마찬가지로, 알카인의 π 결합들이 삼중 결합의 σ 성분보다 훨씬 약한 성질은 알카인에게 화학 반응성을 제공한다. 말단 알카인의 C—H 결합의 해리 에너지가 131 kcal mol^{-1} (548 kJ mol^{-1})인 것 또한 상당히 중요하다.

에타인의 두 탄소 원자가 모두 *sp* 혼성화되어 있으므로 에타인의 구조는 선형 구조이다(그림 13-2). 탄소-탄소 결합 길이는 1.20 Å로, 이중 결합의 결합 길이보다 짧다(1.33 Å, 그림 11-1). 수소와의 결합에 사용되는 *sp* 혼성 오비탈이 상대적으로 많은 *s* 특성을 가지기 때문에 탄소-수소 결합 또한 짧다. 이들 오비탈에서 전자들은(다른 오비탈과 겹쳐져서 생성된 결합에서도) 비교적 핵에 가까이 놓여 있어서 짧고(강한) 결합을 형성한다.

C—C 결합의 결합 해리 에너지

HC≡CH

DH° = 229 kcal mol^{-1} (958 kJ mol^{-1})

$H_2C=CH_2$

DH° = 173 kcal mol^{-1} (724 kJ mol^{-1})

H_3C-CH_3

DH° = 90 kcal mol^{-1} (377 kJ mol^{-1})

1.203 Å
H—C≡C—H
1.061 Å 180°
선형 Ethyne

그림 13-2 Ethyne 분자의 구조.

용접에 필요한 높은 온도가 ethyne (acetylene)의 연소반응으로 얻어진다.

알카인은 높은 에너지를 가진 화합물이다

알카인의 삼중 결합은 비교적 작은 공간에 네 개의 π 전자가 농축된 것으로 특성화된다. 결과적인 전자-전자 간의 반발은 두 π 결합을 약하게 하고, 알카인 분자 자체가 높은 에너지를 가지게 한다. 이러한 성질 때문에 알카인은 많은 경우에 반응하면서 상당히 많은 열을 방출한다. 에타인은 폭발적으로 분해하는 경향과 더불어 311 kcal mol^{-1}의 연소열을 갖고 있다. 다음의 에타인의 연소 반응식에서 보는 것처럼, 이 에너지는 오직 세 개의 생성물(하나의 물, 두 개의 이산화 탄소)에 분산되어 이들이 용접용 토치에 사용될 수 있을 만큼 극도로 높은 온도(> 2500°)로 가열된다.

Ethyne 연소

$$HC{\equiv}CH \; + \; 2.5\,O_2 \longrightarrow 2\,CO_2 \; + \; H_2O \qquad \Delta H^\circ = -311\ \text{kcal mol}^{-1}\ (-1301\ \text{kJ mol}^{-1})$$

알켄의 안정성을 다룰 때 파악한 것과 같이(11-5절), 알카인 이성질체들의 상대적인 안정도도 수소첨가반응의 반응열을 사용하여 편리하게 측정할 수 있다. 촉매량의 백금 또는 목탄에 흡착된 팔라듐 존재하에서, 뷰타인의 두 이성질체는 2몰의 수소(H_2)가 첨가되는 수소첨가반응을 통해 뷰테인이 된다. 알켄에서 본 바와 동일하게, 내부 알카인 이성질체의 수소첨가반응은 적은 에너지가 방출되는데, 이는 2-뷰타인이 더 안정하다는 결론을 내리게 해 준다. 말단 알카인에 비하여 내부 알카인이 상대적으로 더 안정한 이유는 하이퍼콘쥬게이션(hyperconjugation) 때문이다.

$$CH_3CH_2C{\equiv}CH \; + \; 2\,H_2 \xrightarrow{\text{촉매}} CH_3CH_2CH_2CH_3 \qquad \Delta H^\circ = -69.9\ \text{kcal mol}^{-1}\ (-292.5\ \text{kJ mol}^{-1})$$

$$CH_3C{\equiv}CCH_3 \; + \; 2\,H_2 \xrightarrow{\text{촉매}} CH_3CH_2CH_2CH_3 \qquad \Delta H^\circ = -65.1\ \text{kcal mol}^{-1}\ (-272.4\ \text{kJ mol}^{-1})$$

연습 문제 13-2

Butyne의 수소첨가반응의 반응열이 알카인이 높은 에너지를 가지고 있는 화합물이라는 것과 일치하는가? 이것을 설명하시오(**힌트**: Butyne의 반응열을 알켄 이중 결합의 수소첨가반응의 반응열과 비교하라).

말단 알카인은 주목할 만큼 산성이다

알카인의 상대적 안정도

$RC{\equiv}CH < RC{\equiv}CR'$

더 안정 →

1-알카인의 양성자이탈반응

$$RC{\equiv}C{-}H \; + \; :\bar{B} \longrightarrow RC{\equiv}C:^- \; + \; HB$$

2-2절에서 산 H—A의 세기는 A 원자의 전기음성도 또는 전자 끌기 능력이 증가함에 따라 증가된다는 것에 대하여 학습하였다. 원자의 전기음성도는 모든 구조적인 환경에서 동일한가? 답은 그렇지 않다. 전기음성도는 혼성화에 따라 변한다. *s* 오비탈의 존재하는 전자는 *p* 오비탈에 존재하는 전자보다 더 강하게 원자핵에 끌어당겨진다. 그 결과로써 *s* 특성이 큰 혼성 오비탈을 가진 원자(예, *sp*, 50% *s*와 50% *p* 특성)가 *s* 특성이 적은 혼성 오비탈을 가진 동일한 원자(sp^3, 25% *s*와 75% *p* 특성)보다 전기음성도가 약간 더 크다. 이 효과는 다음의 에테인, 에텐, 에타인의 정전기 퍼텐셜 지도에 나타나 있다. 계열을 따라가면서 수소 원자가 양으로 더 편극화되는 것은 푸른색의 증가로 나타나는 반면, 탄소 원자는 더욱 전자가 풍부하게(붉게) 된다. 상대적으로 높은 *s* 특성을 가지고 있는 말단 알카인 탄소의 혼성 오비탈은 말단 알카인이 알케인이나 알켄보다 더 산성이되도록 한다. 예를 들어, 에타인의 pK_a는 25로, 에텐이나 에테인에 비하여 주목할 만큼 작다.

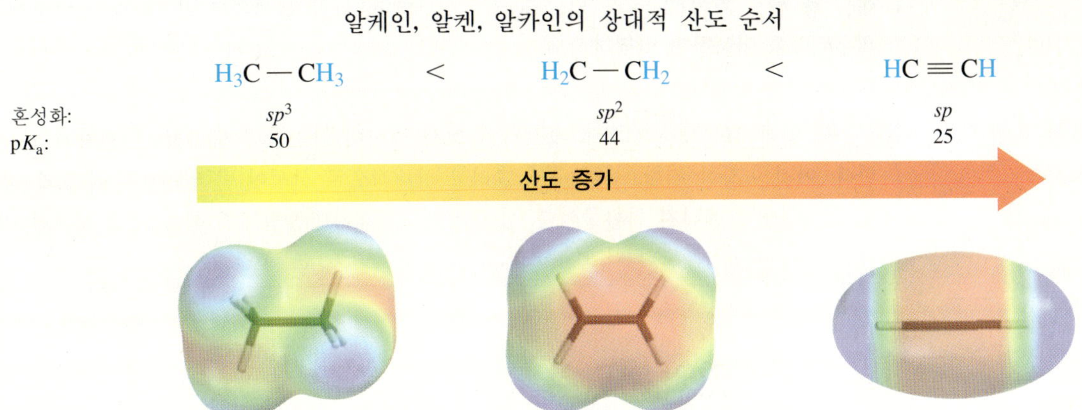

이 성질은 유용한데, 그 이유는 액체 암모니아 속에서 아마이드화 소듐(sadiun amide), 알킬리튬, Grignard 시약과 같은 강염기들이 말단 알카인으로부터 양성자를 제거하여 상응하는 **알카인일 음이온(alkynyl anion)**을 만들 수 있기 때문이다. 이 음이온은 다른 탄소음이온들과 마찬가지로 염기와 친핵체로서 반응을 한다(13-5절).

말단 알카인의 양성자이탈반응

$$\underset{(\text{강한 산})}{CH_3CH_2C\equiv CH} \; (pK_a \approx 25) + \underset{(\text{강한 염기})}{CH_3CH_2CH_2CH_2Li} \xrightarrow{(CH_3CH_2)_2O} \underset{(\text{약한 염기})}{CH_3CH_2C\equiv CLi} + \underset{(\text{약한 산})}{CH_3CH_2CH_2CH_2\text{—}H} \; (pK_a \approx 50)$$

연습 문제 13-3

개념 문제: 알카인의 양성자이탈반응

위에 보인 산-염기 반응의 평형 상수 K_{eq}는 얼마인가? 이 값이 왜 반응이 "비가역 반응"을 의미하는 정방향 화살표로만 쓰였는지를 설명할 수 있는가?

전략

pK_a값이 어떻게 산해리 상수와 연관되는지 상기하라. K_{eq}값을 결정할 때 이 정보를 사용하라.

풀이

- pK_a는 산해리 상수의 음의 로그이다. 따라서 알카인의 해리는 $K_a \approx 10^{-25}$로 보다 친근한 산과 비교하여 결코 쉽지 않다. 그러나 butane의 짝염기인 butyllithium은 $K_a \approx 10^{-50}$값을 가진다. butane은 말단 알카인에 비하여 25 자릿수만큼 약한 산이다. 따라서 butyllithium은 alkynyl 음이온보다 훨씬 강한 염기이다.
- 반응의 K_{eq}는 왼쪽에 있는 산의 K_a를 오른쪽에 있는 산의 K_a로 나누어 줌으로써 얻어진다. $10^{-25}/10^{-50} = 10^{25}$. 반응은 정반응을 **매우** 선호하여 실제적으로 비가역이라고 생각할 수 있다(주: 산-염기 문제를 푸는데 있어서 평형이 잘못된 쪽으로 치우친다고 판단하는 것과 같은 저지르기 쉬운 실수는, 일반적인 상식을 사용함으로써 피할 수 있다. 이 **힌트**를 사용하면: 산-염기 반응의 방향은 강산/강염기 쌍을 약산/약염기 쌍으로 만드는 쪽으로 진행된다).

연습 문제 13-4

자습 문제

알카인의 양성자이탈반응에 이용되는 강한 염기들 중, 여기서 언급한 것 이외의 것들은 앞에서 소개하였다. 두 가지 예로 potassium *tert*-butoxide과 lithium diisopropylamide(LDA) 등이 있다.

이들 중 어느 것이(또는 둘 다) ethyne으로부터 ethynyl 음이온을 만드는데 적당하겠는가? 아들의 pK_a값을 이용하여 설명하시오.

요약 알카인의 삼중 결합의 특성적인 혼성 형식이 알카인의 물리적 및 전자적인 성질을 조절한다. 이것은 강한 결합, 선형 구조 그리고 상대적으로 산성이 큰 알카인일 수소의 원인이다. 또한 알카인은 고에너지 화합물이다. 상대적인 수소첨가반응열에 의해 보여진 것처럼 내부 이성질체가 말단 이성질체보다 더 안정하다.

13-3 알카인의 분광학

알켄일 수소(및 탄소)는 벗김 효과를 받아서 포화 알케인에 비해 상대적으로 낮은장에서 NMR 신호를 나타낸다(11-4절). 이와는 반대로 알카인일 수소는 보다 상대적으로 높은장에서 화학적 이동값을 가져서 알케인 수소의 화학적 이동값과 훨씬 더 가깝다. 유사하게 *sp* 혼성화된 탄소는 알켄과 알케인의 값 사이의 영역을 흡수한다. 또한 알카인들, 특히 말단 알카인은 IR 분광법에 의해 쉽게 확인될 수 있다. 마지막으로 질량 분석법(mass spectrometry)은 알카인의 식별과 구조 규명에 유용하게 사용될 수 있다.

알카인 수소의 NMR 흡수는 특성적인 가려막기(shielding)를 보인다

벗김 효과를 받아 ^{1}H NMR 신호가 $\delta = 4.6 \sim 5.7$ ppm에서 나타나는 알켄일 수소와는 달리, *sp* 혼성화된 탄소 원자에 결합된 양성자는 $\delta = 1.7 \sim 3.1$ ppm에서 발견된다(표 10-2). 예를 들면, 3,3-다이메틸-1-뷰타인의 NMR 스펙트럼에서 알카인일 수소는 $\delta = 2.06$ ppm(그림 13-3)에서 공명한다.

왜 말단 알카인일 수소가 이처럼 가려막기를 받는가? 알카인이 외부 자기장에 놓이게 되면 삼중 결합의 전자들도 알켄의 π 전자처럼 원운동을 하게 된다(그림 13-4). 그러나 이 전자들의 원통형 분포(그림 13-1C)는 이 움직임의 주요 방향을 알켄의 방향과 수직이 되게 하고, 알카인 수소 근처의 H_0와 **반대되는** 국부 자기장을 생성하게 한다. 결과적으로 강한 **가려막기** 효과가 전자를 끌어당기는 *sp* 혼성화된 탄소가 가지는 벗김 경향을 상쇄시키고, 상대적으로 높은장의 화학적 이동값을 가지게 된다.

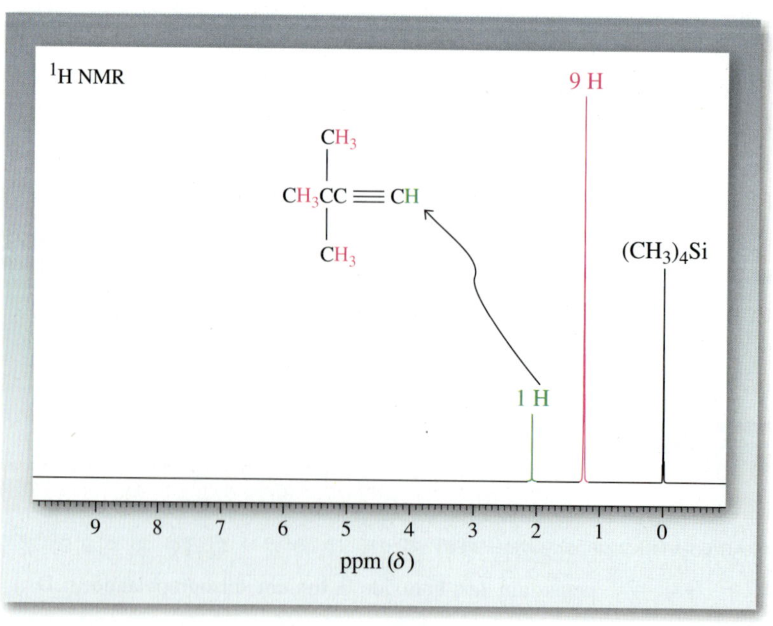

그림 13-3 3,3-Dimethyl-1-butyne의 300 MHz ^{1}H NMR 스펙트럼은 alkynyl 수소의 신호가 높은장(δ = 2.06 ppm)에서 나타나는 것을 보여 주고 있다.

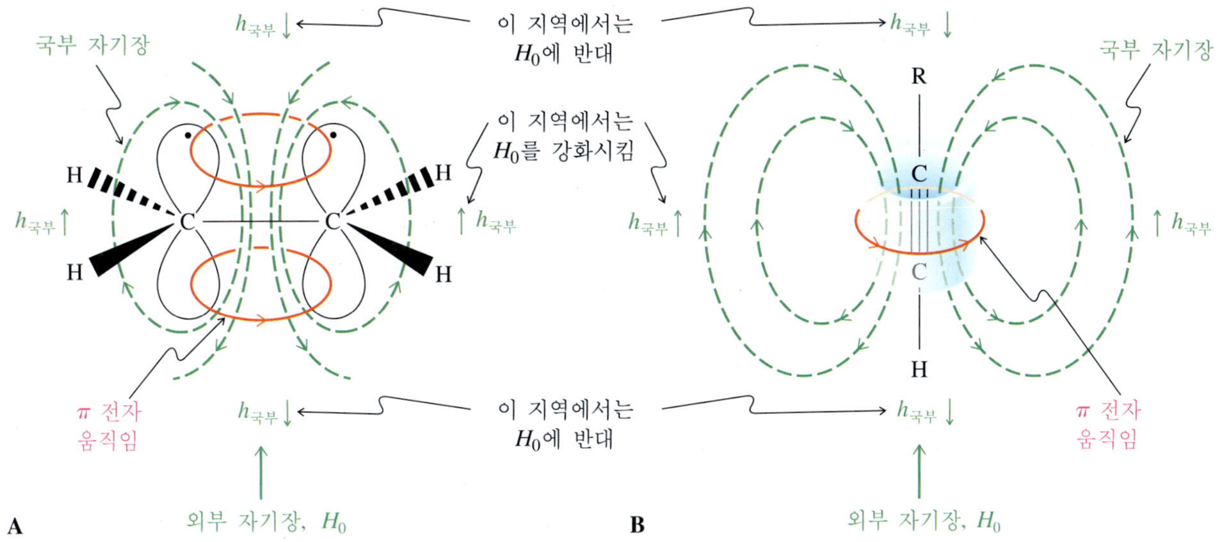

그림 13-4 외부 자기장 존재하에서 전자가 회전하면 alkenyl 및 alkynyl 수소가 특성적인 화학적 이동값을 가지도록 하는 국부 자기장을 만든다. (A) Alkenyl 수소는 $h_{국부}$이 H_0를 보강하는 공간 영역에 위치한다. 따라서 이들 양성자는 상대적으로 벗김 효과를 받는다. (B) 알카인의 전자 회전은 alkynyl 수소 부근에서 H_0에 반대 방향이 되는 국부 자기장을 만들어 가려막기 효과를 빋는다.

삼중 결합이 스핀-스핀 짝지음을 전달한다

알카인 작용기는 짝지음을 매우 잘 전달하기 때문에 말단 알카인 수소는 세 개의 탄소에 의해 분리되어 있음에도 불구하고, 삼중 결합 건너에 있는 수소에 의해 갈라진다. 이것은 장거리 짝지음의 한 예이다. 짝지음 상수값은 작으며, 2~4 Hz 범위에 있다. 그림 13-5는 1-펜타인의 NMR 스펙트럼을 보여 주고 있다. $\delta = 1.94$ ppm에 나타난 알카인일 수소는 $\delta = 2.16$ ppm에서 나타난 C3의 두 개의 동등한 수소들과의 짝지음으로 인하여, 삼중선($J = 2.5$ Hz)으로 나타난다. 그리고 C3의 수소는 C1의 수소($J = 2.5$ Hz) 뿐만 아니라 C4의 두 개의 수소($J = 6$ Hz)와 짝지음으로 인하여 삼중선의 이중선(doublet of triplet)으로 나타난다.

알카인의 장거리 짝지음

H ← J = 2~4 Hz
—C—C≡C—H

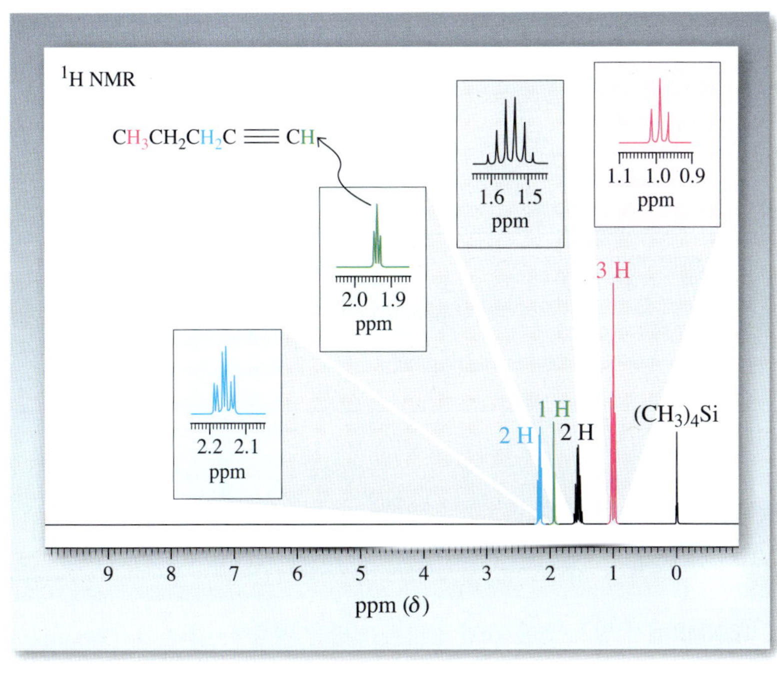

그림 13-5 Alkynyl (초록색)과 propargylic (푸른색) 수소 간의 짝지음을 나타내는 1-pentyne의 300 MHz의 ^{1}H NMR 스펙트럼.

연습 문제 13-5

개념 문제: NMR 스펙트럼 예측

3-Methyl-1-butyne의 ^{1}H NMR에서 일차 스핀-스핀 갈라짐 모양을 예측하시오.

전략

첫 번째로 구조를 그려라. 그 다음에는 각각의 수소들에 대하여 이웃자리와 장거리 짝지음 거리에 있는 수소들을 확인하라. 최종적으로 대략적인 짝지음 상수(그리고 $N+1$ 규칙)에 대한 정보를 이용하여 갈라짐 모양을 예측하라.

풀이

- 분자의 구조는 $CH_3—\underset{3}{\overset{CH_3}{\overset{|}{C}H}}—\underset{2}{C}≡\underset{1}{C}H$ 이다.
- 두 개의 methyl기는 동등하여 한 개의 신호로 나타나며, 그 신호는 C3에 존재하는 한 개의 수소 원자에 의해 이중선으로 갈라져 나타난다($N+1=2$선). 이 갈라짐에 대한 짝지음 상수(J 값)는 포화계에 특성적인 6~8 Hz이다(10-7절).
- C1의 alkynyl —C≡CH 수소는 위와 동일한 C3의 수소와 장거리 짝지음을 하여 이중선으로 나타나지만, J는 작아서 약 3 Hz이다.
- 마지막으로 C3 수소의 신호는 복잡한 형태로 나타난다. methyl기 두 개의 여섯 개 수소에 의해 6~8 Hz 갈라짐을 가진 칠중선으로 갈라진다($N+1=7$선). 칠중선의 각 선은 alkynyl 수소에 의해 추가로 3 Hz 갈라짐을 가진다. 아래의 실제 스펙트럼에서 볼 수 있듯이 칠중선의 이중선 중 가장 바깥 선은 너무 작아서 거의 보이지 않는다(표 10-4와 10-5 참조, **주**: ^{1}H NMR 스펙트럼을 해석할 때, 갈라짐이 많은 신호에서 매우 작은 세기의 가장 바깥 선들에 주의를 하라. 사실 이들 신호들이 눈에 보이는 것보다 더 많은 선들로 이루어져 있다고 추정하는 것이 신중한 방법이다).

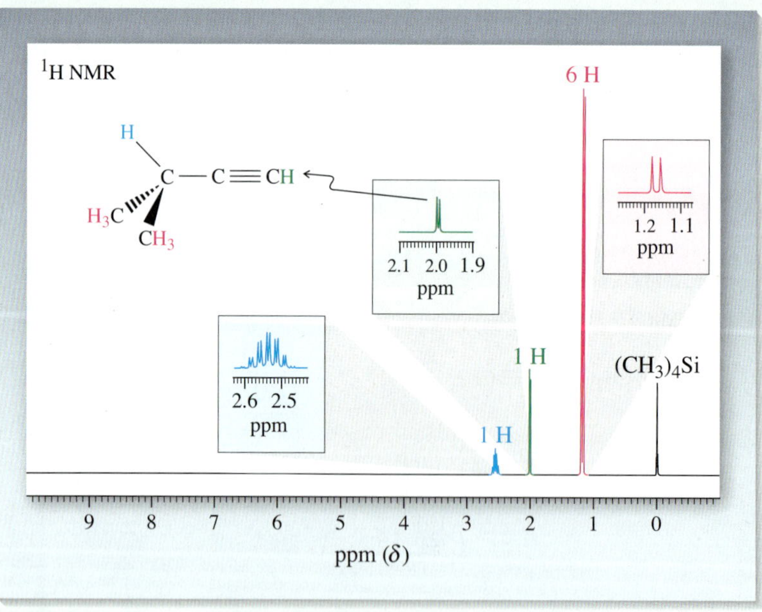

연습 문제 13-6

자습 문제

2-Pentyne의 ^{1}H NMR에서 일차 스핀-스핀 갈라짐 모양을 예측하시오.

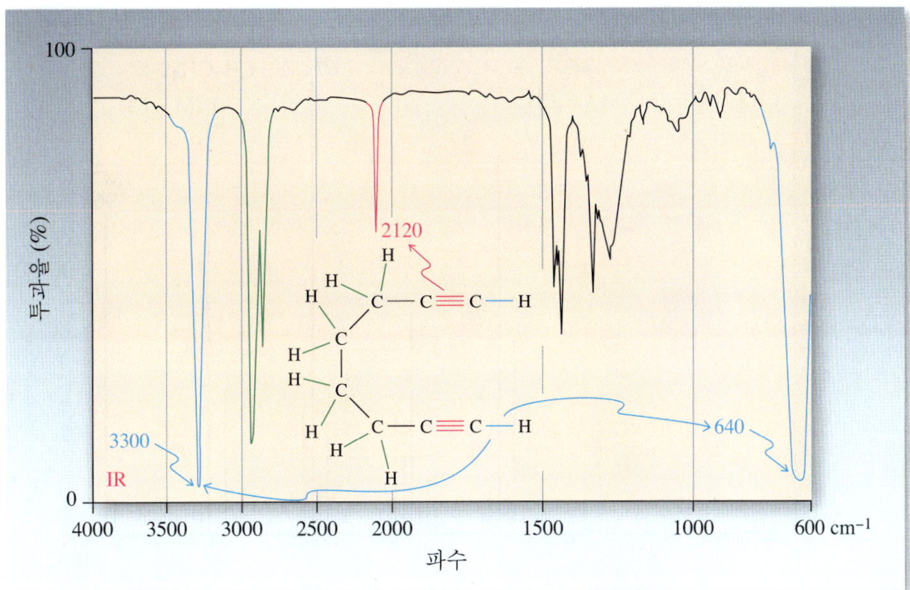

그림 13-6 1,7-Octadiyne IR 스펙트럼.
$\tilde{\nu}_{C_{sp}-H\ stretch} = 3300\ cm^{-1}$
$\tilde{\nu}_{C\equiv C\ stretch} = 2120\ cm^{-1}$
$\tilde{\nu}_{C_{sp}-H\ bend} = 640\ cm^{-1}$

알카인 탄소의 ^{13}C NMR 화학적 이동값은 알케인 및 알켄 탄소와는 다르다

탄소-13 NMR 분광법 또한 알카인의 구조를 예측하는 데 유용하다. 예를 들어, 알킬기가 치환된 알카인에서 삼중 결합된 탄소는 $\delta = 65 \sim 95$ ppm의 범위에서 공명을 하는데, 이것은 구조가 유사한 알케인($\delta = 5 \sim 45$ ppm)이나 알켄 탄소($\delta = 100 \sim 150$ ppm)의 화학적 이동값과는 매우 다르다(표 10-6).

알카인의 대표적인 ^{13}C NMR 화학적 이동값

$HC\equiv CH$: $\delta = 71.9$

$HC\equiv CCH_2CH_2CH_2CH_3$: 68.6, 84.0, 18.6, 31.1, 22.4, 14.1

$CH_3CH_2C\equiv CCH_2CH_3$: 81.1, 15.6, 13.2 ppm

말단 알카인은 두 개의 특성적인 적외선 흡수를 일으킨다

적외선 분광법은 말단 알카인을 확인하는데 도움을 준다. 알카인일 수소는 $3260 \sim 3330\ cm^{-1}$에서 특성적인 신축 진동 흡수띠를 나타내고, $C\equiv C$ 삼중 결합의 특성적인 신축 진동 흡수띠는 $2100 \sim 2260\ cm^{-1}$에서 나타난다. 또한 특성적인 $\tilde{\nu}_{C_{sp}-H}$ 굽힘 진동 흡수띠가 $640\ cm^{-1}$에서 나타난다(그림 13-6). 이러한 자료는 ^1H NMR 스펙트럼이 복잡하고 해석이 어려울 때 특히 유용하다. 그러나 내부 알카인의 $C\equiv C$ 신축 진동 흡수띠는 내부 알켄에서와 같이(11-8절) 종종 약하게 나타나므로, 내부 알카인을 확인하는 데는 적외선 분광법의 효용도가 작다.

알카인의 질량 스펙트럼 토막내기는 공명으로 안정화된 양이온을 만든다

알카인의 질량 스펙트럼은 알켄과 마찬가지로 강한 분자 이온이 자주 나타난다. 그러므로 고분해능 측정법은 분자식과 더불어 삼중 결합으로 인한 두 개의 불포화도의 존재를 제공한다.

또한 삼중 결합으로부터 제거된 탄소에서 토막내기가 발생하여 공명으로 안정화된 양이온의 생성이 관찰된다. 예를 들면, 3-헵타인(그림 13-7)의 질량 스펙트럼은 강한 분자 이온 봉우리를 $m/z = 96$에서 보여 주고, 두 개의 메틸(절단 a)과 에틸(절단 b) 토막의 제거로 두 개의 다른 안정화된 양이온을 각각 $m/z = 81$과 $m/z = 67$(기본 봉우리)에서 보여 준다.

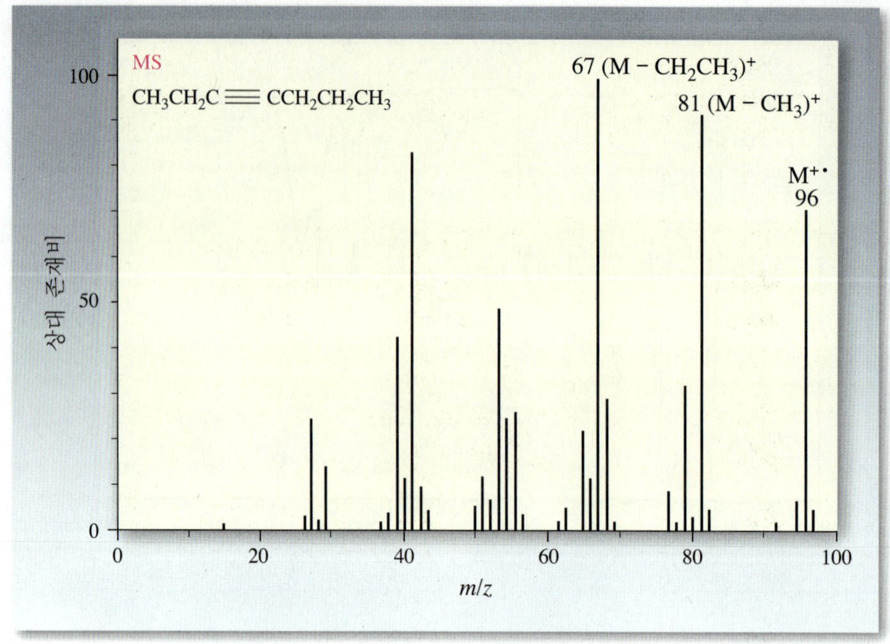

그림 13-7 3-Heptyne의 질량 분석 스펙트럼은 m/z = 96에서 $M^{+\bullet}$와 m/z = 67과 81에서 C1-C2 및 C5-C6 결합의 절단에서 오는 중요한 토막들을 보여 주고 있다.

질량 분석기에서 알카인의 토막내기

$$\left[CH_3 \overset{a}{\wr} CH_2-C\equiv C-CH_2 \overset{b}{\wr} CH_2CH_3\right]^{+\bullet} \quad m/z = 96$$

$$\xrightarrow[-CH_3\bullet]{a} \left[\overset{+}{C}H_2-C\equiv C-CH_2-CH_2CH_3 \longleftrightarrow CH_2=C=\overset{+}{C}-CH_2-CH_2CH_3\right] \quad m/z = 81$$

$$\xrightarrow[-C_2H_5\bullet]{b} \left[CH_3-CH_2-C\equiv C-\overset{+}{C}H_2 \longleftrightarrow CH_3-CH_2-\overset{+}{C}=C=CH_2\right] \quad m/z = 67$$

불행하게도 질량 분광 분석 실험의 고에너지 조건에서 삼중 결합의 자리옮김이 발생할 수 있다. 그러므로 이러한 토막내기는 긴 사슬의 알카인에서 삼중 결합의 위치를 파악하는 데는 별로 유용하지 않다.

요약 탄소-탄소 삼중 결합 주위의 원통형 π 전자 구름은 국부 자기장을 유발하여 알카인일 수소가 알켄일 수소보다 더 높은장의 NMR 화학적 이동값을 가지도록 한다. C≡C 삼중 결합을 통한 장거리 짝지음 현상이 관찰된다. 적외선 분광법은 말단 알카인의 C≡C와 ≡C—H 결합의 특성적인 흡수띠를 보여줌으로써 NMR 자료에 대한 유용한 보완을 제공한다. 질량 분석계에서 알카인은 토막나서 공명으로 안정화된 양이온을 만든다.

13-4 이중 제거반응에 의한 알카인의 제조

알카인의 합성에 이용되는 두 가지 기본적인 방법은 이할로알케인(1,2-dihaloalkane)의 이중 제거반응과 알카인일 음이온의 알킬화반응이다. 이 절에서는 첫 번째 방법인 알켄으로부터 알카인을 제조하는 합성 방법을 다루고, 13-5절에 말단 알카인을 더 복잡한 내부 알카인으로 전환시키는 두 번째 방법을 다룬다.

알카인은 이할로알케인의 제거반응에 의해 제조된다

11-6절에서 논의한 바와 같이, 알켄은 할로알케인의 E2 반응에 의해 만들어질 수 있다. 이 원리를 알카인의 합성에 적용하면, 이웃자리 이할로알케인(vicinal dihaloalkane)을 2당량의 강염기로 처리하면 두 번의 제거반응을 통해 삼중 결합이 생성될 수 있음을 시사한다.

이할로알케인의 이중 제거반응에 의한 알카인 합성

$$-\underset{H}{\overset{X}{C}}-\underset{H}{\overset{X}{C}}- \xrightarrow[-2\,HX]{\text{염기 (2당량)}} -C\equiv C-$$

이웃자리
이할로알케인

실제로 1,2-다이브로모헥세인(1-헥센에 브로민화반응을 시켜 얻어진다. 12-5절)을 액체 암모니아 속의 소듐 아마이드에 첨가한 다음, 용매를 제거한 후에 물로 처리하면 1-헥사인이 생성된다.

이중 할로젠화수소이탈반응을 통한 알카인의 합성 예

$$CH_3CH_2CH_2CH_2\underset{Br}{CH}-CH_2Br \xrightarrow[-2\,HBr]{1.\ 3\ NaNH_2,\ \text{liquid}\ NH_3\quad 2.\ H_2O} CH_3CH_2CH_2CH_2C\equiv CH$$

말단 알카인을 만드는데 3몰의 $NaNH_2$가 필요한데, 그 이유는 알카인이 생성됨과 동시에 산성인 말단 수소(13-2절)가 1당량의 염기를 양성자화시키기 때문이다. 일반적으로 액체 암모니아 속에서의 제거반응은 암모니아의 끓는점인 −33°C에서 수행된다.

이웃자리 이할로알케인은 알켄의 할로젠화반응으로 쉽게 만들 수 있으므로, **할로젠화-이중 할로젠화수소이탈반응(halogenation–double dehydrohalogenation)**이라고 하는 이러한 반응 순서는 알켄을 상응하는 알카인으로 바꾸는 용이한 방법이다.

알카인의 합성에 사용된 할로젠화-이중 할로젠화수소이탈반응

1,5-Hexadiene → (1. Br_2, CCl_4 2. $NaNH_2$, 액체 NH_3 3. H_2O) → 1,5-Hexadiyne 53%

연습 문제 13-7

할로젠화-이중 할로젠화수소이탈반응을 이용하여 다음 알카인의 합성에 대해 설명하시오.
(a) 2-pentyne, **(b)** 1-octyne, **(c)** 2-methyl-3-hexyne

할로알켄은 제거반응에 의한 알카인 합성의 중간체이다

이할로알케인의 할로젠화수소이탈반응은 **알켄일 할로젠화물(alkenyl halide)**이라고도 하는 할로알켄 중간체를 거쳐 진행된다. 원칙적으로는 *E*-와 *Z*-할로알켄 혼합물의 생성이 모두 가능하

X X
—C—C— 또는
H H
B:
B:
Newman 투영식

안티 제거반응 | 1당량 $NaOCH_3$, CH_3OH

X C=C H + BH + X^-
Alkenyl halide

지만, 제거반응이 안티 입체특이적으로 일어나기 때문에(11-6절), 이웃자리 이할로알케인 중에서 하나의 부분입체이성질체만을 반응시키면 한 가지의 생성물만이 형성된다.

연습 문제 13-8

cis-2-Butene으로부터 브로민화-브로민화수소이탈반응을 하여 2-뷰타인으로 되는 반응의 bromoalkene 중간체의 구조를 그리시오. 트랜스 이성질체로부터의 반응에 대해서도 동일하게 답하시오(**주**: 두 단계 모두에 입체화학이 관여되어 있다. **힌트**: 유용한 정보가 12-5절에 있으며, 모형을 사용하라).

순차적 반응으로 알카인을 합성할 때에는 할로알켄 중간체의 입체화학은 중요하지 않다. *E*-및 *Z*-할로알켄 모두 염기에 의한 제거반응을 통해 동일한 알카인을 생성시킨다.

요약 알카인은 이웃자리 이할로알케인의 이중 제거반응을 통해 얻어진다. 할로젠화 알켄일은 반응의 중간체로 첫 번째 제거반응에서 입체특이적으로 생성된다.

13-5 알카인일 음이온으로부터 알카인의 제조

알카인은 다른 알카인으로부터도 만들 수 있다. 말단 알카인일 음이온은 일차 할로알케인, 옥사사이클로프로페인, 알데하이드 또는 케톤과 같은 알킬화 시약과의 반응을 통하여 탄소-탄소 결합을 만들 수 있다. 이미 학습한 바와 같이(13-2절), 강염기(대부분 알킬리튬 시약, 액체 암모니아 속의 소듐 아마이드 또는 Griganrd 시약)를 이용한 말단 알카인의 양성자이탈반응을 통해 알카인일 음이온을 쉽게 만들 수 있다. 알카인일 음이온과 메틸 또는 일차 할로알케인과의 알킬화반응은 일반적으로 액체 암모니아 또는 에터 용매 속에서 수행한다. 일반적인 알킬 유기금속 화합물은 할로알케인과 반응하지 않으므로 이 반응과정은 일반적이지 않다. 그러나 알카인일 음이온은 예외적이다.

알카인일 음이온의 알킬화반응

Cyclohexyl–C≡CH —($CH_3CH_2CH_2CH_2Li$, THF; 강염기에 의한 양성자이탈반응)→ Cyclohexyl–C≡C:$^-$ $^+$Li —($CH_3CH_2CH_2I$, 65°C; −LiI; S_N2 반응에 의한 알킬화반응)→ Cyclohexyl–$C≡CCH_2CH_2CH_3$

85%
1-Pentynylcyclohexane

알카인일 음이온을 이차 및 삼차 할로젠화물을 이용하여 알킬화시키려고 하면, 친핵체의 강한 염기 특성으로 인하여 E2 생성물이 생긴다(7-8절을 기억하라). 에타인 자체는 선택적인 단일음이온 형성을 통해 순차적 단계를 거친 알킬화반응으로, 모노- 또는 다이알킬 유도체를 생성한다.

알카인일 음이온은 옥사사이클로프로페인이나 카보닐 화합물 등의 다른 탄소 친전자체와 다른 유기금속 시약들이 일으키는 반응과 같은 방식으로 반응한다(8-8 및 9-9절).

알카인일 음이온의 반응

HC≡CH —($LiNH_2$ (1당량), 액체 NH_3; $-NH_2H$; 양성자이탈반응)→ HC≡CLi —(1. $H_2C—CH_2$ (O); 2. HOH; −LiOH; 친핵성 고리 열림)→ $HC≡CCH_2CH_2$OH

92%
3-Butyn-1-ol

$$CH_3C{\equiv}CH \xrightarrow[\substack{-CH_3CH_2H \\ \text{양성자이탈반응}}]{CH_3CH_2MgBr,\ (CH_3CH_2)_2O,\ 20°C} CH_3C{\equiv}CMgBr \xrightarrow[\substack{\text{친핵성} \\ \text{첨가반응}}]{1.\ \text{cyclopentanone};\ 2.\ H_2O} \text{1-(1-Propynyl)cyclopentanol (66\%)}$$

연습 문제 13-9

다음 두 화합물의 효과적이고도 간단한 합성 방법을 제시하시오 (**힌트**: 8-9절 참조).

(a) 1-hexyne으로부터 (skeletal structure) 6-hydroxy-undeca-4,7-diyne 형태의 화합물 (OH)

(b) Ethyne으로부터 (skeletal structure with OH)

연습 문제 13-10

3-Butyn-2-ol은 의약 산업에 있어서 중요한 원료물질이다. 이것은 의약품으로써 가치가 있는 알칼로이드계 (25-8절), 스테로이드계 (4-7절), 프로스타글란딘계 (화학 이야기 11-1과 19-13절) 뿐만 아니라 비타민 E (22-9절)와 K 등을 합성하는데 있어서 출발점이다. 이 절에서 설명된 방법을 사용하여 3-butyn-2-ol의 간단한 합성 방법을 제시하시오.

요약 알카인은 일차 할로알케인, 옥사사이클로프로페인 또는 카보닐 화합물과의 알킬화반응을 통하여 다른 알카인으로부터 만들어질 수 있다. 에타인 자체도 순차적 단계를 통해 알킬화될 수 있다.

13-6 알카인의 환원: 두 π 결합의 상대적 반응성

이제는 삼중 결합의 특성적 반응에 대하여 알아보자. 여러 가지 관점에서 알카인은 **두 개의 π** 결합이 존재한다는 것 이외에는 알켄과 유사하다. 따라서 알카인은 수소첨가반응과 친전자성 공격과 같은 첨가반응 등을 할 수 있다.

알카인에 A–B 시약의 첨가

$$R{-}C{\equiv}C{-}R \xrightarrow{A-B} (A)(R)C{=}C(R)(B) \text{ 또는 } (A)(R)C{=}C(B)(R) \xrightarrow{A-B} A{-}CR(A){-}CR(B){-}B \text{ 또는 } A{-}CR(B){-}CR(A){-}B$$

이 절에서는 두 가지의 새로운 수소첨가반응을 소개할 것이다. 단계별 수소첨가반응에 의한 시스 알켄 생성 및 소듐에 의한 용해 금속 환원반응 (dissolving metal reduction)에 의한 트랜스 알켄 생성 반응이다.

시스 알켄은 촉매 수소첨가반응에 의해 합성할 수 있다

알카인은 알켄의 수소첨가반응과 동일한 반응 조건에서 수소첨가반응이 될 수 있다. 일반적으로 백금(Pt) 또는 목탄에 흡착된 팔라듐(Pd/C)을 알카인이 포함되어 있는 용액에 가하여 생성된 현탁액을 수소 기체하에 두어 반응시킨다. 이와 같은 반응 조건에서 삼중 결합은 완전히 포화된다.

수소첨가반응에 의한 알카인의 완전 포화

$$CH_3CH_2CH_2C{\equiv}CCH_2CH_3 \xrightarrow{H_2,\ Pt} CH_3CH_2CH_2CH_2CH_2CH_2CH_3$$

3-Heptyne → Heptane (100%)

알카인의 수소첨가반응은 단계 과정이어서, **Lindlar* 촉매(Lindlar* catalyst)**와 같이 변형된 촉매를 사용하면 알켄 중간체 단계에서 중단될 수도 있다. 이 촉매는 팔라듐을 탄산 칼슘(calcium carbonate)에 침전시킨 후, 아세트산 납(lead acetate)과 퀴놀린으로 처리하여 얻은 것이다. 금속의 표면이 재배열되어 탄소에 흡착된 팔라듐보다 활성이 적은 배열이 됨으로써, 알카인의 첫 번째 π 결합에만 수소를 첨가시킨다. 알켄의 촉매 수소첨가반응(12-2절)과 같이 H_2의 첨가반응은 신(*syn*) 첨가과정이다. 결과적으로 이것은 알카인으로부터 *cis* 알켄을 입체 선택성으로 합성하는 방법을 제공한다.

Lindlar 촉매

5% Pd–$CaCO_3$,

$Pb(OCCH_3)_2$, (C=O)

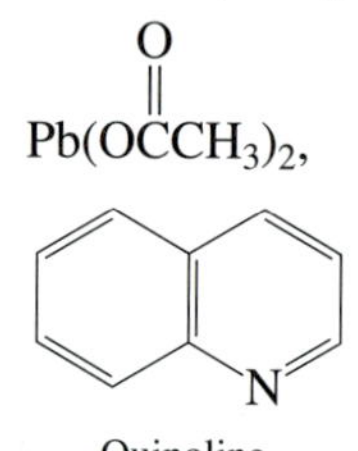

Quinoline

Lindlar 촉매를 이용한 수소첨가반응

3-Heptyne → (H_2, Lindlar 촉매, 25°C; 신 첨가반응 H_2) → *cis*-3-Heptene (100%)

연습 문제 13-11

다음 반응에서 예상되는 생성물의 구조를 그리시오.

(구조식: CH_3, O, O, O) → H_2, Lindlar 촉매, 25°C

연습 문제 13-12

향료 산업에서는 장미나 자스민 추출물에서 얻어진 물질들과 같은 천연물을 많이 사용한다. 대부분의 경우에 천연물에서 분리되는 향유(fragrant oil)의 양은 매우 적어서 이들의 합성이 필요하다. *trans*-2-*cis*-6-Nonadien-1-ol과 유도체인 알데하이드를 포함하고 있는 바이올렛의 냄새 성분이 한 예이다. 이들의 대량 합성의 중간물질은 *cis*-3-hexen-1-ol인데, 이것의 공업적인 제조 방법은 "철저하게 보완이 유지되는 비밀"로 묘사되고 있다. 이 절과 이전 절에서 나온 방법을 사용하여 1-butyne으로부터 *cis*-3-hexen-1-ol을 합성하는 방법을 제안하시오.

고급 품질을 가지고 있는 향수들. (왼쪽에서 오른쪽으로) Jean Paul Gaultier MaDame Perfume, Paris Hilton Fairy Dust, Armani Prive Oranger Alhambra, Jeanne Lanvin.

시스 알켄을 만들 수 있는 방법이 있다면, 알카인 환원 방법을 변형하면 트랜스 알켄을 얻을 수 있는가? 라는 의문이 생길 수 있다. 대답은 다른 환원제와 다른 메커니즘을 통하는 방

*Dr. Herbert H. M. Lindlar(1909년 출생), Hoffman-La Roche Ltd. Basel.

법으로 "가능하다"이다.

알카인의 순차적 일전자 환원반응으로 트랜스 알켄의 합성

액체 암모니아에 녹인 **소듐 금속** [*sodium metal*, **용해 금속 환원반응 (dissolving metal reduction)**]을 알카인 환원반응의 시약으로 사용하면 트랜스 알켄을 생성물로 얻게 된다. 예를 들면, 3-헵타인을 이러한 방법으로 환원시키면 *trans*-3-헵텐이 얻어진다. 강염기로 작용하는 액체 암모니아 속의 아마이드화 소듐과는 달리, 액체 암모니아 속의 소듐 원소는 강력한 전자 주개로 작용한다(즉, 환원제이다).

알카인의 용해 금속 환원반응

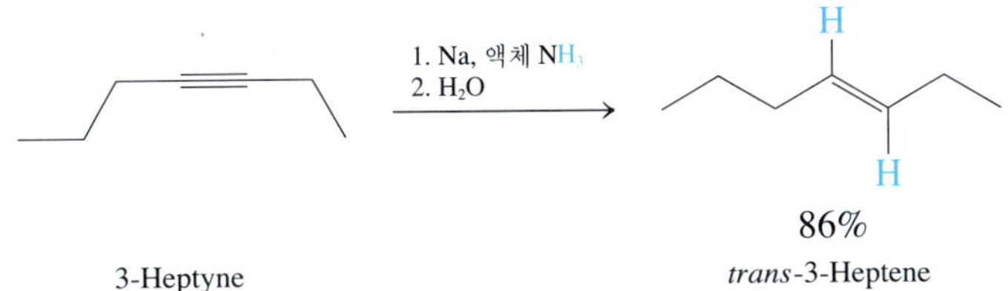

이 환원반응 메커니즘의 첫 단계에서 삼중 결합의 π 골격은 전자 한 개를 받아 라디칼 음이온을 생성한다. 이 음이온은 암모니아 용매로부터 양성자를 받아 알켄일 라디칼이 되고(단계 2), 이 라디칼은 다른 전자 하나를 더 받음으로써 더욱 환원(단계 3)되어 알켄일 음이온으로 된다. 이 음이온은 다시 양성자를 받아(단계 4) 알켄을 만들게 되는데, 이 알켄 생성물은 안정하여 더 이상 환원되지 않는다. 최종 알켄의 트랜스 입체화학은 반응 메커니즘의 첫 두 단계에서 정해지는데, 이 단계에서 입체 장애가 적은 트랜스 알켄일 라디칼이 우선적으로 생성되기 때문이다. 이 반응 조건(액체 암모니아, −33°C)에서는 두 번째 일전자(one-electron) 이동이 라디칼의 시스-트랜스 평형보다 빠르게 진행된다. 일반적으로 이러한 환원반응은 입체화학적으로 98% 이상 순수한 트랜스 알켄을 생성시킨다.

액체 **ammonia** 속에서 소듐에 의한 알카인의 환원 메커니즘

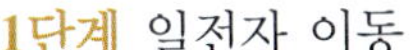
1단계 일전자 이동

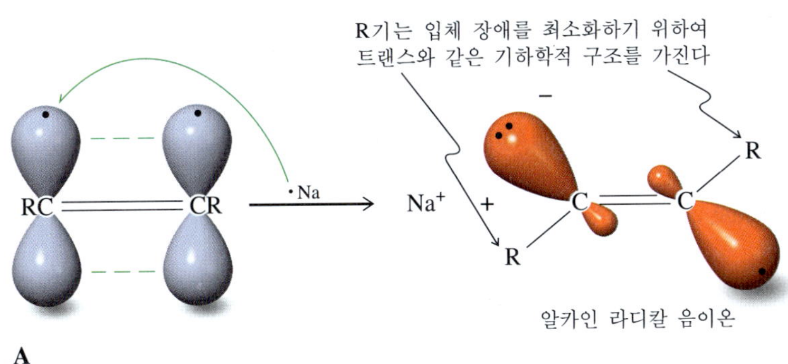

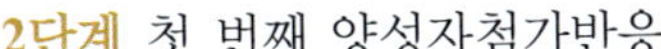
2단계 첫 번째 양성자첨가반응

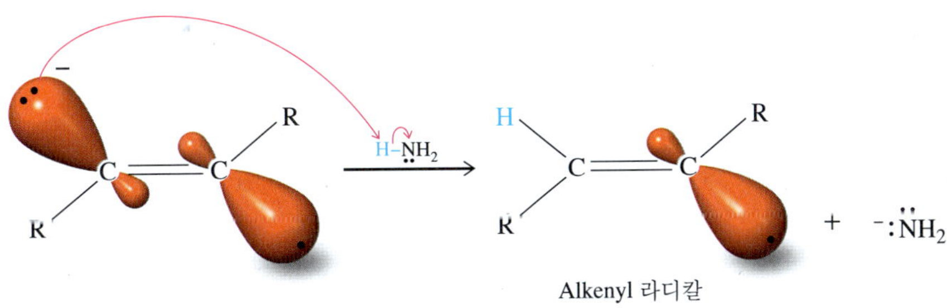

심각한 해충인 가문비나무좀벌레.

3단계 두 번째 일전자 이동

C (H(R)C=C(R)·) + ·Na ⟶ Na^+ + H(R)C=C(R)$^-$ (Alkenyl 음이온)

4단계 두 번째 양성자첨가반응

D (H(R)C=C(R)$^-$) + H–$\ddot{N}H_2$ ⟶ *trans* 알켄 (H(R)C=C(R)H) + $^-$:$\ddot{N}H_2$

아래의 반응식은 용해 금속 환원반응을 적용하여 가문비나무좀벌레의 성 페로몬을 합성하는 것을 보여 주고 있다. 가문비나무좀벌레는 북아메리카에서 가문비나무와 전나무 숲의 가장 파괴적인 해충이다. 페로몬 "미끼(lure)"는 미국과 캐나다의 수백 군데에서 해충 관리의 한 가지 전략으로 사용되고 있다(12-17절). 핵심 반응은 11-테트라데사인-1-올을 트랜스 알켄올로 환원시키는 반응이다. 이어지는 알데하이드로의 산화반응을 통해 합성이 완성된다.

$HO(CH_2)_{10}C{\equiv}CCH_2CH_3$ (11-Tetradecyn-1-ol) $\xrightarrow[\text{환원반응}]{\text{Na, 액체 }NH_3}$ $HO(CH_2)_{10}CH{=}CHCH_2CH_3$ (*trans*-11-Tetradecen-1-ol; 일차 알코올) $\xrightarrow[\text{산화반응 (8-6절)}]{PCC,\ CH_2Cl_2}$ $HC(=O)(CH_2)_9CH{=}CHCH_2CH_3$ (가문비나무좀벌레의 성 페로몬; PCC에 의해 알데하이드로 산화됨)

연습 문제 13-13

개념 문제: 환원반응의 선택성

1,7-Undecadiyne(탄소 11개)을 액체 ammonia 속에서 소듐과 sodium amide 혼합물로 처리하면, 내부 삼중 결합만이 환원되어 *trans*-7-undecen-1-yne만 생성된다. 이 반응을 설명하시오(**힌트**: 말단 알카인과 sodium amide는 무슨 반응을 일으키는가? NH_3의 pK_a가 35인 것에 주목하라).

전략

첫 번째, 반응식을 써라. 그 다음에 반응 조건을 고려하면서 기질의 작용성을 생각하라.

풀이

- 이 반응식은 다음과 같다.

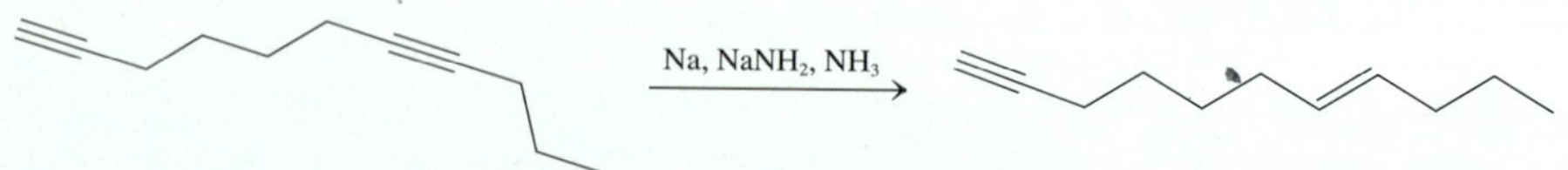

- 반응 조건은 강한 환원성(Na)이고, 또한 강한 **염기성**($NaNH_2$)이다. 이 장의 앞에서 말단 알카인일 수소의 pK_a가 약 25임을 배웠다. 극도로 약한 산인 ammonia의 짝염기인 sodium amide는 말단 알카인으로부터 양성자를 제거하여 alkynyl 음이온 $RC{\equiv}C{:}^-$을 형성한다.
- 용해 금속 환원반응 과정은 삼중 결합에 전자 이동을 필요로 한다. 그러나 양성자를 잃어버려 생성된 **말단** 알카인의 음전하는 추가로 전자가 더해지지 못하게 함으로써, 그 특정 삼중 결합

이 환원반응하지 못하도록 한다. 그러므로 오로지 내부 삼중 결합만 환원되어 트랜스 알켄만 생성된다.

연습 문제 13-14

자습 문제

2,7-Undecadiyne을 액체 ammonia 속에서 과량의 소듐과 sodium amide로 처리하였을 때 생기는 생성물은 무엇인가? 이 결과가 연습 문제 13-13의 결과와 다르다면 그 이유를 설명하시오.

요약 알카인은 첨가반응에 의해 포화될 수 있는 두 개의 π 결합을 가지고 있다는 것을 제외하고는, 알켄과 매우 유사한 반응성을 가지고 있다. 첫 번째 π 결합을 수소첨가반응시켜 시스 알켄을 생성시키는데는 Lindlar 촉매를 사용하는 것이 가장 좋은 방법이다. 알카인을 액체 암모니아 속에서 소듐으로 처리하면 트랜스 알켄이 얻어지는데, 이것은 두 번의 연속적인 일전자 환원 과정을 통해 이루어진다.

13-7 알카인의 친전자성 첨가반응

삼중 결합은 높은 전자 밀도의 중심이어서 친전자체에 의해 쉽게 공격을 받는다. 이 절에서는 세 개의 친전자성 반응, 즉 할로젠화 수소 첨가반응, 할로젠과의 반응 및 수화반응의 결과를 설명할 것이다. 수화반응은 수은(II) 이온에 의해 촉매화된다. 비대칭 알켄의 친전자성 첨가반응(12-3절)에서와 같이 말단 알카인의 변환은 Markovnikov 규칙을 따른다. 친전자체는 말단(덜 치환된) 탄소 원자에 첨가된다.

할로젠화 수소의 첨가반응은 할로알켄과 같은자리 이할로알케인을 생성시킨다

2-뷰타인에 브로민화 수소를 첨가시키면 (Z)-2-브로모뷰텐이 생성된다. 반응 메커니즘은 알켄의 할로젠화 수소 첨가반응 메커니즘과 유사하다(12-3절).

내부 알카인에 대한 할로젠화 수소첨가반응

$$CH_3C{\equiv}CCH_3 \xrightarrow{HBr,\ Br^-} (H)(H_3C)C{=}C(CH_3)(Br)$$

60%

(Z)-2-Bromobutene

이 첨가반응의 입체화학은, 특히 과량의 할로젠화 이온이 사용될 때 일반적으로 **안티** 형태로 일어난다. 두 번째 브로민화 수소 분자도 첨가될 수 있으며, 반응은 Markovnikov 규칙에 따르는 위치선택적으로 진행되어, 두 브로민 원자가 동일한 탄소에 결합된 **같은자리 이할로알케인(geminal dihaloalkane)**이 생성된다.

$$(H)(H_3C)C{=}C(CH_3)(Br) \xrightarrow{HBr} CH_3CH_2CBr_2CH_3$$

두 브로민 모두 동일한 탄소에 첨가됨

90%

2,2-Dibromobutane

말단 알카인에 할로젠화 수소를 첨가하는 반응도 Markovnikov 규칙에 따라 진행된다.

말단 알카인에 대한 첨가반응

$$CH_3C{\equiv}CH \xrightarrow{HI,\ -70°C} (Z)\text{-}CH_3CI{=}CH_2\ (35\%) + CH_3CI_2CH_3\ (65\%)$$

두 아이오딘 모두 동일한 탄소에 첨가됨

두 수소 모두 동일한 탄소에 첨가됨

일반적으로 이 첨가반응에서 한 분자의 HX만이 첨가되도록 반응을 제한하는 것은 어렵다.

연습 문제 13-15

2-Butyne에 HBr을 두 번 첨가시켜 2,2-dibromobutane을 생성시키는 반응의 메커니즘을 단계별로 제시하시오. 각 단계에서 형성되는 중간체의 구조를 명확하게 그리시오.

할로젠화반응도 한 번 또는 두 번 일어난다

알카인에 대한 할로젠의 친전자성 첨가반응은, 한차례의 안티 첨가반응으로 진행되어 분리할 수 있는 이웃자리 이할로알켄 중간체를 거쳐 진행된다. 추가의 할로젠과의 첨가반응으로 사할로알케인이 생성된다. 예를 들면, 3-헥사인의 할로젠화반응은 예상한 대로 (*E*)-이할로알켄과 사할로알케인을 생성시킨다.

알카인의 이중 할로젠화반응

$$CH_3CH_2C{\equiv}CCH_2CH_3 \xrightarrow{Br_2,\ CH_3COOH,\ LiBr} (CH_3CH_2)BrC{=}CBr(CH_2CH_3)\ (99\%) \xrightarrow{Br_2,\ CCl_4} CH_3CH_2CBr_2{-}CBr_2CH_2CH_3\ (95\%)$$

3-Hexyne　(*E*)-3,4-Dibromo-3-hexene　3,3,4,4-Tetrabromohexane

연습 문제 13-16

1-Butyne에 한 분자 또는 두 분자의 Cl_2가 첨가된 생성물을 제시하시오.

알카인의 수은(II) 이온-촉매 수화반응을 통한 케톤의 합성

알켄의 수화반응에서와 유사하게 물이 알카인에 Markovnikov 규칙에 따라 첨가되어 알코올을 만들 수 있다. 즉, 이 경우 하이드록시기가 이중 결합 탄소에 결합된 **엔올(enol)** 이 만들어진다. 12-16절에서 언급된 것과 같이, 엔올은 자발적으로 재배열반응을 하여 이성질체인 카보닐 화합물로 된다. 이 과정은 양성자와 이중 결합이 동시에 이동하여 두 이성질체가 상호변환되는 것으로, **토토머화(tautomerism)** 라고 한다. 엔올이 카보닐 화합물로 **토토머화된다(tautomerize)** 라고 말하며, 두 이성질체를 서로의 **토토머(tautomer**: *tauto*, 그리스어로 동일한, *meros*, 그리스어로 부분이라는 의미) 라고 한다. 18장에서 카보닐 화합물의 양상에 대해 조사할 때 토토머화에 대해 더 자세히 다루게 될 것이다. 이 반응은 수은 이온[Hg(II)]에 의해 촉매화된다.

알카인의 수화반응

$$RC{\equiv}CR \xrightarrow{HOH,\ H^+,\ HgSO_4} RCH{=}C(OH)R \xrightarrow{\text{토토머화}} RCH_2{-}C({=}O)R$$

엔올　케톤

수화반응은 Markovnikov 규칙을 따른다. 말단 알카인은 메틸 케톤을 생성한다.

말단 알카인의 수화반응

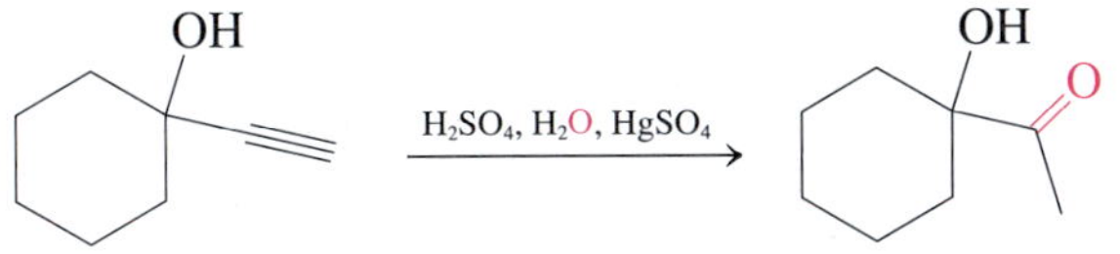

OH, H_2SO_4, H_2O, $HgSO_4$ → OH, O

91%

연습 문제 13-17

위 반응의 엔올 중간체의 구조를 그리시오.

대칭적인 내부 알카인은 한 종류의 카보닐 화합물만을 생성한다. 비대칭 내부 알카인은 케톤 혼합물을 생성한다.

내부 알카인의 수화반응

H_2SO_4, H_2O, $HgSO_4$ → O

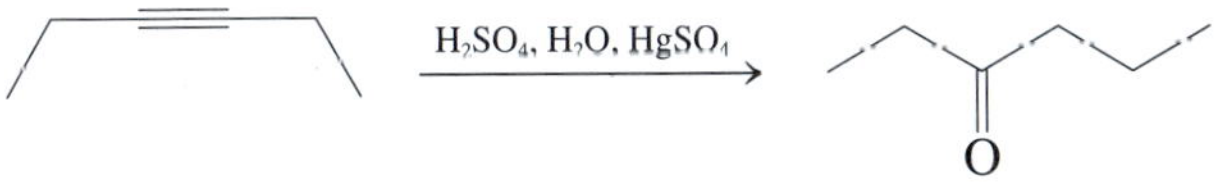

80%

생성물만 가능

두 개의 케톤 혼합물을 생성하는 내부 알카인의 수화반응의 예

$$CH_3CH_2CH_2C{\equiv}CCH_3 \xrightarrow{H_2SO_4,\ H_2O,\ HgSO_4} \underset{50\%}{CH_3CH_2CH_2\overset{O}{\overset{\|}{C}}CH_2CH_3} + \underset{50\%}{CH_3CH_2CH_2CH_2\overset{O}{\overset{\|}{C}}CH_3}$$

연습 문제 13-18

다음 화합물의 수은 이온-촉매 수화반응의 생성물을 제시하시오.

(a) ethyne **(b)** propyne **(c)** 1-butyne **(d)** 2-butyne **(e)** 2-methyl-3-hexyne

연습 문제 13-19

개념 문제: 알카인을 이용한 합성

화합물 A를 B로 변환시키는 합성 과정을 제안하시오(오른쪽 여백의 구조를 참조하라) [**힌트**: alkynyl alcohol $[(CH_3)_2\overset{OH}{\overset{|}{C}}C{\equiv}CH]$을 거쳐 가는 반응 경로를 생각하라].

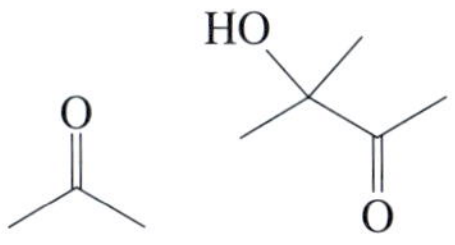

O HO O

A B

전략

힌트는 문제에 대한 역합성 분석을 가능하게 한다.

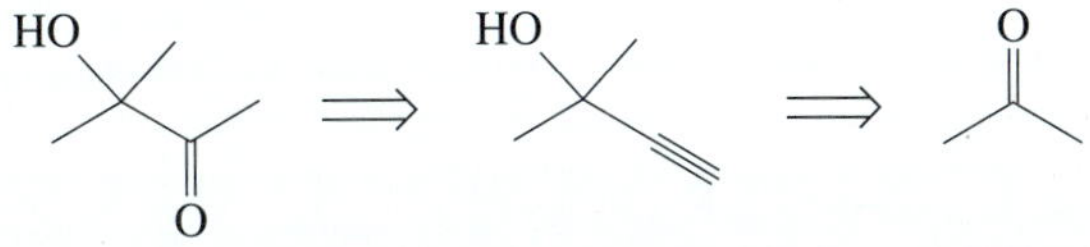

HO, O ⟹ HO ⟹ O

이 장에서 배운 것들 중에서 도움이 될 만한 것을 생각해 보자. 이 절에서는 수은 이온-촉매 수화반응을 통해 어떻게 알카인이 케톤으로 전환될 수 있는가를 보여 주었다. 13-5절에서는 알카인일 음이온을 통하여 탄소-탄소 결합을 만드는 새로운 방법이 소개되었다. 우리의 첫 번째 과제는 탄소 세 개의 케톤 A (acetone)로부터 시작하여, 탄소 두 개짜리의 알카인일 단위체를 첨가하는 것이다. 우리는 ethyne을 음이온으로 만들기 위하여 13-5절에 언급된 다양한 방법 중 어느

것이라도 사용할 수 있다.

풀이

- 음이온을 acetone에 첨가시켜 필요한 알코올 중간체를 얻는다.

$$HC\equiv CH \xrightarrow[\text{액체 } NH_3]{LiNH_2\ (1\text{당량}),} HC\equiv CLi \xrightarrow[2.\ H_2O]{1.\ (CH_3)_2C{=}O} (CH_3)_2C(OH)C\equiv CH$$

- 마지막으로, 이전 쪽에 있는 cyclohexyl 유도체의 반응에서 보인 바와 같은 방법으로, 말단 알카인 작용기에 수화반응을 시켜 합성을 완결시킨다.

$$(CH_3)_2C(OH)C\equiv CH \xrightarrow{H_2SO_4,\ H_2O,\ HgSO_4} (CH_3)_2C(OH)COCH_3$$

연습 문제 13-20

자습 문제

1-Butyne으로부터 출발하여 *trans*-3-hexene을 합성하는 방법을 제안하시오.

요약 알카인은 할로젠화 수소와 할로젠과 같은 친전자체와 한 번 또는 두 번 반응할 수 있다. 말단 알카인은 Markovnikov 규칙에 따라서 변환된다. 수은 이온 촉매 수화반응은 엔올을 생성하고, 이 엔올은 토토머화 과정을 거쳐 케톤으로 전환된다.

13-8 삼중 결합에 대한 anti-Markovnikov 첨가반응

이중 결합에 anti-Markovnikov 첨가반응이 일어나도록 하는 방법들(12-8과 12-13절)이 존재하듯이, 유사한 기술을 이용하면 말단 알카인의 첨가반응이 anti-Markovnikov 방식으로 진행될 수 있다.

HBr의 라디칼 첨가반응은 1-브로모알켄을 생성한다

알켄에서와 마찬가지로, 빛이나 다른 라디칼 개시제의 존재하에서 브로민화 수소가 삼중 결합에 라디칼 메커니즘을 통해 anti-Markovnikov 방식으로 첨가될 수 있다. **신**과 **안티** 첨가가 모두 관찰된다.

$$\underset{\text{1-Hexyne}}{CH_3(CH_2)_3C\equiv CH} \xrightarrow{HBr,\ ROOR} \underset{74\%}{CH_3(CH_2)_3CH{=}CHBr}$$

cis-와 *trans*-1-Bromo-1-hexene

말단 알카인의 수소붕소첨가-산화반응을 통한 알데하이드 합성

말단 알카인에 일어나는 수소붕소첨가는 입체 장애가 적은 탄소에 붕소가 첨가되기 때문에, anti-Markovnikov 방식이 위치선택성으로 일어난다. 그러나 보레인 자체를 사용하면 두 개의 π 결합 모두에 순차적으로 수소붕소첨가반응이 일어난다. 알켄일보레인 합성 단계에서 반응을 멈추려면 다이사이클로헥실보레인처럼 부피가 큰 보레인 시약을 사용해야 한다.

말단 알카인의 수소붕소첨가반응

$$CH_3(CH_2)_5C{\equiv}CH + \left(\text{cyclohexyl}\right)_2BH \xrightarrow{THF} CH_3(CH_2)_5(H)C{=}C(H)B(\text{cyclohexyl})_2$$

1-Octyne Dicyclohexylborane 94%

Anti-Markovnikov 첨가반응

연습 문제 13-21

Dicyclohexylborane은 수소붕소첨가반응으로 합성된다. 이 화합물을 합성하기 위한 출발물은 무엇인가?

알킬보레인처럼(12-8절), 알켄일보레인도 산화되어 상응하는 알코올로 될 수 있다—이 경우에는 자발적으로 재배열반응을 하여 알데하이드로 되는 말단 엔올이 된다.

말단 알카인의 수소붕소첨가-산화반응

$$CH_3(CH_2)_5C{\equiv}CH \xrightarrow[\text{Anti-Markovnikov 수소붕소첨가반응과 산화반응}]{1.\ \text{Dicyclohexylborane}\quad 2.\ H_2O_2,\ HO^-} \left[CH_3(CH_2)_5(H)C{=}C(H)OH\right] \xrightarrow{\text{토토머화}} CH_3(CH_2)_5CH_2CH{=}O$$

엔올 OH는 적게 치환된 탄소에 결합 70% Octanal

연습 문제 13-22

다음 화합물의 수소붕소첨가-산화반응 생성물을 제시하시오.

(a) ethyne **(b)** 1-propyne **(c)** 1-butyne

연습 문제 13-23

아래에 나타낸 화합물을 3,3-dimethyl-1-butyne을 출발물로 사용하여 합성하는 방법을 제시하시오.

$$(CH_3)_3CCH_2CH{=}O$$

요약 HBr은 과산화물 존재하에서 말단 알카인에 anti-Markovnikov 첨가반응을 일으켜 1-브로모알켄을 생성한다. 부피가 큰 보레인을 사용한 수소붕소첨가-산화반응은 엔올 중간체를 생성하고, 이 엔올은 토토머화를 통하여 최종 생성물인 알데하이드가 된다.

13-9 알켄일 할로젠화물의 화학

할로젠화수소이탈반응에 의한 알카인 제조와 삼중 결합의 할로젠화 수소 첨가반응의 중간체인 할로알켄—알켄일 할로젠화물—을 보았다. 알켄일 할로젠화물은 최근 들어 유기금속 화학이 발전함에 따라 합성의 중간체로서의 중요성이 증가하고 있다. 그러나 이 시스템은 우리에게 친숙한 할로알케인들(6장과 7장)과는 다른 메커니즘을 따른다. 이 절에서는 그들의 반응성을 논의한다.

알켄일 할로젠화합물은 S_N1 또는 S_N2 반응을 하지 않는다

할로알케인과는 다르게 알켄일 할로젠화물은 친핵체에 대해 상대적으로 반응성이 작다. 알켄일 할로젠화물은 강염기로 처리하면 제거반응에 의해 알카인을 생성시키지만, 약염기나 아이오딘화물과 같이 비교적 비염기성인 친핵체와는 반응하지 않는다. 또한 알켄일 양이온 중간체가 높은 에너지를 가지는 화학종이어서 S_N1 반응도 일반적으로 일어나지 않는다.

$CH_2{=}C(H)Br \xrightarrow{I^-}\!\!\!\!\!\!\times\; CH_2{=}C(H)I + Br^-$

일어나지 않음

$CH_2{=}C(H)Br \;\times\!\!\rightarrow\; CH_2{=}\overset{+}{C}{-}H + Br^-$

Ethenyl (vinyl) 양이온

일어나지 않음

그러나 알켄일 할로젠화물은 알켄일 유기금속 중간체로써 반응을 할 수 있다(연습 문제 11-6 참조). 이러한 화합물들은 특이하게 치환된 다양한 알켄을 만들 수 있게 한다.

알켄일 유기금속 시약이 사용되는 합성

$CH_2{=}C(H)Br + Mg \xrightarrow{THF} CH_2{=}C(H)MgBr \xrightarrow[\text{2. } H^+,\ H_2O]{\text{1. } CH_3CCH_3 (=O)} CH_2{=}C(H){-}C(CH_3)_2OH$

1-Bromoethene (Vinyl bromide)

Ethenylmagnesium bromide (vinyl Grignard 시약) 90%

2-Methyl-3-buten-2-ol 65%

시약이 케톤에 첨가되어 삼차 알코올을 생성한다

새로운 C–C 결합

Heck 반응은 금속 촉매를 사용하여 알켄일 할로젠화물과 알켄을 결합시킨다

Ni과 Pd과 같은 금속의 가용성 복합체의 존재하에 알켄일 할로젠화물은 알켄과 탄소-탄소 결합을 형성하여 다이엔을 만든다. **Heck 반응(Heck* reaction)**이라는 이 반응 과정에서 한 분자의 할로젠화 수소가 방출된다.

Heck 반응

$H_2C{=}C(H)Cl + H(H)C{=}CH_2 \xrightarrow[-\ HCl]{\text{Ni 또는 Pd 촉매}} H_2C{=}C(H){-}C(H){=}CH_2$

HCl은 손실

새로운 C–C 결합 생성

다른 전이 금속-촉매 교차 짝지음(화학 이야기 8-3 참조) 반응들과 마찬가지로, 촉매 주위에 토막들이 조립되고, 이것을 통하여 탄소-탄소 결합이 생성된다. Heck 반응의 단순화된 메커니즘은 금속과 할로젠화 알켄일의 반응으로 할로젠화 알켄일금속(1)을 생성시키는 단계로 시작된다. 그다음 알켄이 금속과 착물(2)을 만들고, 이것이 탄소-금속 결합 사이로 삽입되어 새로운 탄소-탄소 연결(3)을 생성한다. 마지막으로 E2와 비슷한 방법으로 HX가 제거되어 다이엔이 생성물로 만들어지고, 금속 촉매는 다시 반응할 수 있게 된다(4).

---

*Richard F. Heck 교수(1931년 출생). Delaware 대학교.

Heck 반응의 메커니즘

$$H_2C{=}CH{-}Cl \xrightarrow[]{(1)\ +\ Pd} H_2C{=}CH{-}Pd{-}Cl \xrightarrow[]{(2)\ +\ H_2C{=}CH_2} H_2C{=}CH{-}Pd{-}Cl \cdots H_2C{=}CH_2$$

$$\xrightarrow[\text{알켄 삽입}]{(3)} H_2C{=}CH{-}CH(H){-}CH_2{-}Pd{-}Cl \xrightarrow[\text{제거}]{(4)} H_2C{=}C(H){-}C(H){=}CH_2 + HCl + Pd$$

다양성과 높은 효율로 인하여 Heck 반응이 점차 많이 사용되고 있다. 특히 이 반응은 기질에 대비하여 극히 작은 양의 촉매를 필요로 한다, 일반적으로 포스핀 리간드(R_3P)의 존재하에서 1%의 아세트산 팔라듐을 사용한다.

Heck 반응의 예

1-브로모헥센(Br) + $CH_2{=}CHCOCH_3$(O) $\xrightarrow{1\%\ Pd(OCCH_3)_2,\ R_3P,\ 100°C}$ 생성물 (새로운 C–C 결합) 72%

3-브로모벤조산(Br, COOH) + $CH_2{=}CHCOCH_3$(O) $\xrightarrow{1\%\ Pd(OCCH_3)_2,\ R_3P,\ 100°C}$ 생성물 (새로운 C–C 결합) 67%

연습 문제 13-24

위에 있는 두 개의 Heck 반응 예 중에서 첫 번째 것에 대하여 메커니즘을 단계적으로 자세히 쓰시오.

요약 알켄일 할로젠화물은 친핵성 치환반응을 하지 않는다. 그러나 이들은 알켄일리튬 또는 알켄일 Grignard 시약으로 변형된 후, 또는 Ni와 Pd 같은 전이 금속 촉매의 존재하에서 탄소-탄소 결합의 생성 반응에 참여할 수 있다.

13-10 산업용 출발물로서의 에타인

다음과 같은 두 가지 이유로 인하여 에타인은 한때 화학 산업에서 4~5개의 중요한 출발물 중의 하나였다. 두 개의 π 결합 중 하나만 첨가반응시키면 유용한 알켄 단위체를 만들 수 있는 것이고(12-15절), 다른 하나는 이것의 열용량이 높다는 것이다. 그러나 원유를 처리하는 기술의 발달로 값이 저렴한 에텐, 프로펜, 뷰타다이엔 및 다른 탄화수소들이 공급되면서 에타인의 산업적인 이용이 줄어들었다. 그러나 21세기에 들어서면서 다른 에너지원의 개발이 이루어져야 할 정도로 원유의 저장량의 감소가 예상되었다. 이러한 에너지원 중의 하나가 석탄이다. 현재까지는 석탄으로부터 앞서 언급한 알켄으로 직접 만들 수 있는 방법은 없다. 그러나 에타인은 석탄과 수소 또는 코크스(coke, 휘발성 물질을 제거한 후에 남은 석탄 잔유물)와 석회석으로부터 칼슘 카바이드를 거쳐 직접 생산될 수 있다. 결과적으로 에타인은 다시 한 번 중요한 산업 원료 물질이 될 수도 있다.

화학 이야기 13-1

금속 촉매 Stille, Suzuki, Sonogshira 짝지음 반응

세 개의 추가적인 반응들(Stille, Suzuki, Sonogashira* 반응)은 전이 금속 촉매를 이용한 결합 생성 과정의 범위를 확대시킨다. 모두 팔라듐 또는 니켈을 촉매로 사용하지만, 일반적으로 사용하는 기질의 작용기의 성질들이 다른 차이점이 있다.

Stille 짝지음 반응에서 Pd은 알켄일 할로젠화물과 알켄일주석 화합물 간의 직접 연결을 촉매한다.

Stille 짝지음 반응

$$\text{(iodocyclopentenone acetonide)} + (CH_3)_3Sn\text{-CH=CH-CH}_3 \xrightarrow{\text{Pd 촉매, CuI, } R_3As} \text{product (93\%)}$$

아이오딘화 구리(I) [Cu(I)]와 비소에서 유도된 리간드(R_3As)는 매우 효율적인 과정을 촉진한다. 위에 보인 생성물은 면역과 감염 반응과 관계 있는 인자를 저해하는 미생물 유래 천연물과 매우 유사 형태로 변형된다. 이 인자는 또한 HIV의 활성과 암세포에 망가져 있는 세포의 사멸 과정에도 영향을 미친다.

Suzuki 반응은 주석을 붕소로 치환시킨 것으로, 다른 범위의 용도를 가지고 있다.

Suzuki 짝지음 반응

$$\text{2-iodobutane} + (HO)_2B\text{-CH=CH-}(CH_2)_5CH_3 \xrightarrow{\text{Ni 촉매, 염기}} \text{product (63\%)}$$

*John K. Stille 교수(1931 ~ 1990). Colorado 대학교.
Akira Suzuki 교수(1930년 출생). Kurashiki 대학교, 일본.
Kenkichi Sonogashira 교수(1931년 출생). Osaka 대학교, 일본.

물을 calcium carbide에 첨가하여 생성된 ethyne 연소의 생생한 모습.

석탄으로부터의 에타인 생산은 높은 온도가 요구된다

높은 에너지를 가진 에타인의 생산에는 에너지 면에서 대가가 큰 방법이 필요하다. 석탄으로부터 에타인을 만드는 방법의 한 과정에서는, 수천 도의 높은 온도로 유지된 둥근 반응조에서 수소를 이용한다.

$$\text{석탄} + H_2 \xrightarrow{\Delta} \underset{\text{33\% 전환}}{HC\equiv CH} + \text{비휘발성 염들}$$

에타인을 대량으로 생산하는 가장 오래된 방법은 칼슘 카바이드를 이용하는 것이다. 석회석(산화 칼슘)과 코크스를 약 2000°C로 가열하면 칼슘 카바이드와 일산화 탄소가 생성된다.

$$\underset{\text{코크스}}{3\,C} + \underset{\text{석회석}}{CaO} \xrightarrow{2000°C} \underset{\text{Calcium carbide}}{CaC_2} + CO$$

칼슘 카바이드를 상온에서 물로 처리하면 에타인과 수산화 칼슘을 생성된다.

$$CaC_2 + 2\,H_2O \longrightarrow HC\equiv CH + Ca(OH)_2$$

에타인은 산업적 가치가 있는 단위체의 공급원이다

1930년에서 1940년에 걸쳐 독일의 Ludwigshafen에 있는 BASF(Badische Anilin and Sodafabriken)의 실험실에서 에타인 화학이 중요한 상업적 개발로 이어졌다. 에타인을 촉매 존재하에서 일산화 탄소, 카보닐 화합물, 알코올, 카복실산들과 고압에서 반응시키면, 추가적 특히 Suzuki 짝지음 반응은 Stille 반응에서는 좋지 않은 기질인 일차와 이차 할로알케인과 반응한다. 아래의 예에서는 Ni이 Pd 보다 좋은 결과를 준다.

붕소를 포함하는 기질(**붕소산, boronic acide**)은 특수 시약인 카데콜 보레인을 사용하여 말단 알케인의 수소붕소첨가반응을 통하여 효율적으로 합성된다.

Alkenylboronic acid의 제조

Catechol borane → (≡—R) → → (H^+, H_2O) → $(HO)_2B$—CH=CH—R

Catechol borane

Alkenyl boronic acid

붕소산은 매우 많은 양이 상업적으로 생산되고 있으며, Suzuki 짝지음 반응은 주요 산업적 공정이 되었다. 독성이 있어 다룰 때 매우 조심하여야 하는 유기주석 화합물과는 달리, 붕소산은 안정하고 다루기 쉽다.

마지막으로 Sonogashira 반응은 알켄일과 알카인일기를 연결할 때 선호되는 방법으로 자리매김하고 있다. Stille 반응과 만찬가지로 Pd, CuI, 질소족 원소로부터 유도된 리간드를 사용한다. 그러나 말단 알케인이 직접 반응하기 때문에 주석이 필요없다. 첨가한 염기는 부산물로 생성되는 HI를 제거한다.

Sonogashira 짝지음 반응

2-iodocyclohex-2-enone + H—C≡C—C(CH_3)=CH_2 → (Pd 촉매, CuI, R_3P, 염기; − HI) → 89%

인 변형에 사용되는 가치 있는 원료 물질들을 만든다. 예를 들면, 니켈 카보닐은 에타인에 일산화 탄소와 물의 첨가반응을 촉매화시켜 프로펜산(아크릴산)을 생성시킨다. 물 대신 알코올이나 아민과 비슷한 조건으로 반응시키면 상응하는 산 유도체들이 생성된다. 모든 생성물들은 가치 있는 단위체들이다(12-15절 참조).

에타인의 산업 화학

$$HC{\equiv}CH + CO + H_2O \xrightarrow{Ni(CO)_4,\ 100\ atm,\ >250°C} H_2C{=}CHCOOH$$

Propenoic acid (Acrylic acid)

프로펜산(아크릴산)과 유도체들의 중합반응은 매우 유용한 물질들을 만든다. 고분자 에스터[**폴리아크릴레이트(polyacrylate)**]는 강하고, 탄력 있으며, 신축성 있기 때문에 여러 응용분야에서 천연 고무를 대치할 수 있다(14-10절 참조). 폴리(아크릴산 에틸)는 O-링(패킹용 고무), 밸브 밀봉 및 비슷한 목적으로 자동차에 이용된다. 다른 폴리아크릴레이트는 생체의학 및 틀니와 같은 치과용 장치 등에서 찾아볼 수 있다.

아세틸화 구리(copper acetylide)를 촉매로 사용하면 에타인에 폼알데하이드를 높은 효율로 첨가시킬 수 있다.

$$HC{\equiv}CH + CH_2{=}O \xrightarrow{Cu_2C_2\text{–}SiO_2,\ 125°C,\ 5\ atm} HC{\equiv}CCH_2OH \text{ 또는 } HOCH_2C{\equiv}CCH_2OH$$

2-Propyn-1-ol (Propargyl alcohol) 2-Butyne-1,4-diol

이 반응에서 생성된 알코올은 유용한 합성 중간체이다. 예를 들어, 2-뷰타인-1,4-다이올은 수소첨가반응과 산촉매 탈수반응을 통해 옥사사이클로펜테인(테트라하이드로퓨란, Grignard 시약 및 유기리튬 시약의 사용 시 가장 자주 이용하는 용매 중의 하나)을 생산하는 반응의 전구체이다.

Oxacyclopentane (Tetrahydrofuran)의 합성

$$HOCH_2C{\equiv}CCH_2OH \xrightarrow{\text{촉매},\ H_2} HO(CH_2)_4OH \xrightarrow[-H_2O]{H_3PO_4,\ pH\ 2,\ 260\sim280°C,\ 90\sim100\ atm} \text{Oxacyclopentane}$$

99%
Oxacyclopentane
(Tetrahydrofuran, THF)

촉매 존재하에서 시약 $^{\delta+}A{-}B^{\delta-}$를 삼중 결합에 첨가시키는 많은 전문적인 공정들이 개발되었다. 예를 들면, 염화 수소의 촉매 첨가반응으로 클로로에텐(염화 비닐)이 생성되고, 또 사이안화 수소의 첨가로 프로펜나이트릴(아크릴로나이트릴)이 생성된다.

Ethyne의 첨가반응

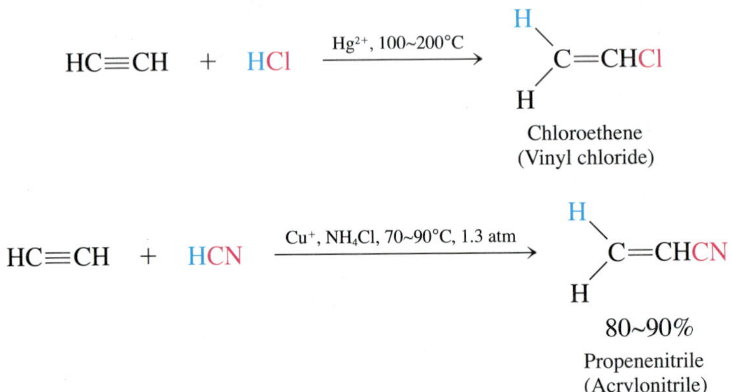
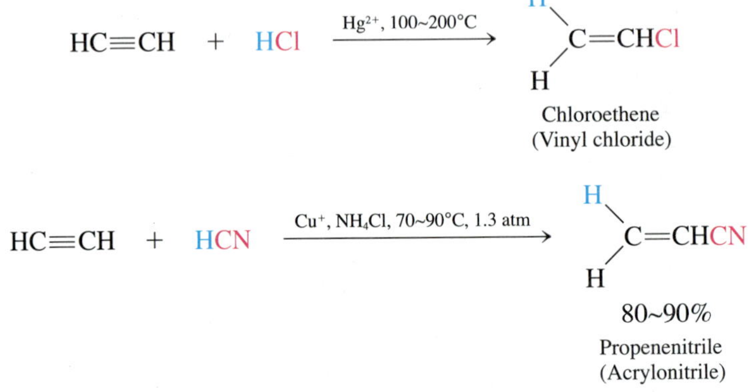

Poly (vinyl chloride)는 상수도 및 하수도관의 재질로 건설 산업에 광범위하게 사용된다.

2007년에 세계는 최소한 85%의 프로펜나이트릴(아크릴로나이트릴)을 포함하는 고분자인 **아크릴 섬유(acrylic fiber)**를 2백5십만 톤이나 생산하였다. 이것은 옷감(Orlon), 카펫 및 절연물질로 이용되고 있다. 아크릴로나이트릴과 10~15% 염화 비닐의 공중합체는 불연성을 가지고 있어 유아용 잠옷에 이용한다.

요약 에타인은 수많은 화합물들과 반응하여 유용한 단위체 또는 작용기를 가진 다른 화합물을 생성시킬 수 있는 능력을 가지고 있기 때문에, 한때 가치 있는 산업용 공급 원료였고, 미래에 다시 한 번 가치를 발휘할 것이다. 에타인은 높은 온도에서 석탄과 H_2로부터 만들 수도 있고, 또는 칼슘 카바이드를 가수분해시켜 만들 수도 있다. 에타인은 산업적인 반응들에는 카보닐화반응, 폼알데하이드의 첨가반응, HX의 첨가반응 등이 있다.

13-11 자연에서 생성되는 생리학적 활성을 가진 알카인

알카인 화합물이 자연에 매우 풍부하게 존재하지는 않지만, 몇몇 식물이나 다른 유기체에 존재하고는 있다. 이러한 물질 중에서 맨 처음 분리된 것은 1826년에 카모마일 꽃에서 분리된 데하이드로마트리카리아 에스터(dehydromatricaria ester)이다. 지금은 천 개 이상의 이러한 화합물들이 알려져 있고, 이들 중 일부가 생리 활성을 가지고 있다. 예를 들면, 자연에 존재하는 카필린(capillin, 국화에서 얻어지는 기름) 같은 에타인일케톤(ethynylketone)은 살균성을 가지고 있다.

$CH_3C{\equiv}C{-}C{\equiv}C{-}C{\equiv}C{-}CH{=}CH{-}COCH_3$ (C=O)

Dehydromatricaria ester

$CH_3C{\equiv}C{-}C{\equiv}C{-}C(=O){-}C_6H_5$

Capillin
(활동적인 피부 세균 억제)

"화살독" 개구리.

알카인인 ichthyothereol은 아마존 강 하류 유역의 인디언들이 화살에 사용하던 독성 물질의 활성 성분이다. 이 물질은 포유동물에게 경련을 유발시킨다. Histrionicotoxin은 두 개의 앤아인(enyne) 작용기를 포함하고 있다. 이 물질은 원색적인 색을 가진 *Dendrobates* 종의 일종인 "화살독 개구리"(poison arrow frog)의 표피에서 분리된 물질 중의 하나이다. 개구리는 포유류와 파충류에 대하여 독과 점막세포 자극제로 작용하는 이 화합물 및 그 유사체들을 방어의 목적으로 배출한다. 어떻게 알카인 구조가 생합성적으로 생성되었는지는 아직 밝혀지지 않았다.

Ichthyothereol (경련 유인제)

Histrionicotoxin

알카인 화합물들이 이에 상응하는 알켄이나 알케인보다 자주 생리 활성이 더 크고, 독성은 적으며, 체내로의 흡수가 더 용이한 성질을 가지고 있어서, 많은 의약품들에 대하여 알카인 치환기를 도입하기 위한 합성적 변형이 이루어지고 있다. 예를 들어, 3-메틸-1-펜타인-3-올은 의사의 처방전 없이 살 수 있는 수면제이며, 여러 가지 다른 알카인올도 유사한 효과를 나타낸다.

반응성이 매우 큰 엔다이인(enediyne, $-C{\equiv}C-CH{=}CH-C{\equiv}C-$) 및 삼황화물(trisulfide, RSSSR) 작용기는 1980년대에 자연에서 얻어지는 항생제-항암제군으로 밝혀졌으며, calicheamicin 및 esperamicin 등이 그러한 예이다.

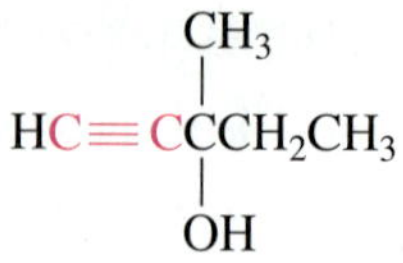
CH3
HC≡CCCH2CH3
OH

3-Methyl-1-pentyn-3-ol
(Hypnotic)

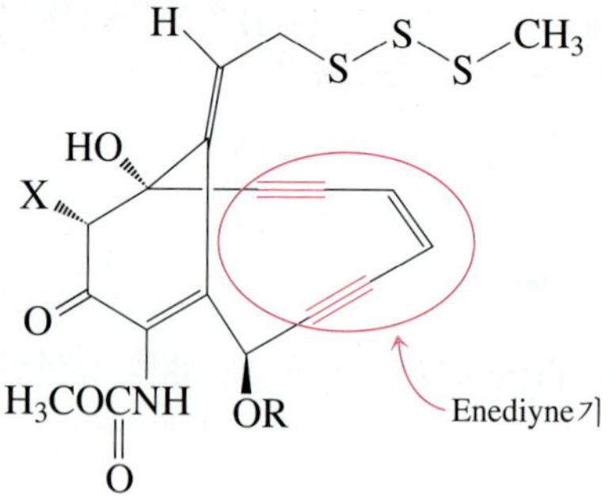
H
S
S
CH3
HO
X
O
H3COCNH
O
OR
Enediyne기

Calicheamicin (X = H)
Esperamicin (X = OR′)
R과 R′ = 당 (24장)

17-에타인일에스트라다이올과 같은 에타인일 에스트로젠은 천연 호르몬(4-7절 참조)보다 더 효과 있는 피임제이다. 다이아미노알카인인 트레모린은 통제할 수 없는 경련과 같은 파킨슨 질병의 특성적인 징후를 유발시킨다. 흥미롭게도 트레모린의 간단한 고리형 동족체는 근육 이완제로 작용하거나, 트레모린의 효과를 없앤다. 다른 화합물의 생리 효과를 없애는 화합물을 **대항제(antagonist** : *antagonizesthai*, 그리스어로 대항하다라는 의미)라고 한다. 암페타민의 에타인일 유사체는 활성과 특이성이 더 크며, 중독성이 작은 중추신경계 자극제를 찾는 과정에서 발굴되었다.

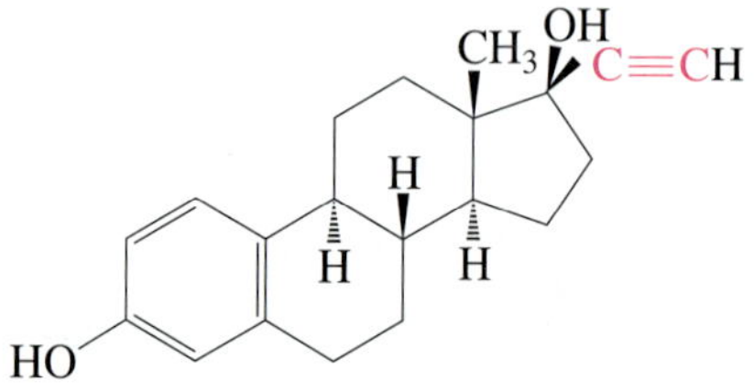
CH3
OH
C≡CH
H
H
H
HO

17-Ethynylestradiol

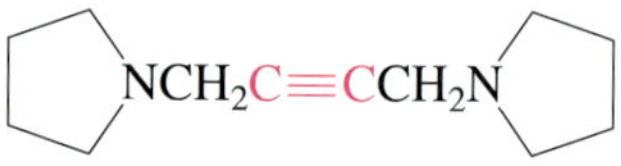
NCH2C≡CCH2N

Tremorine

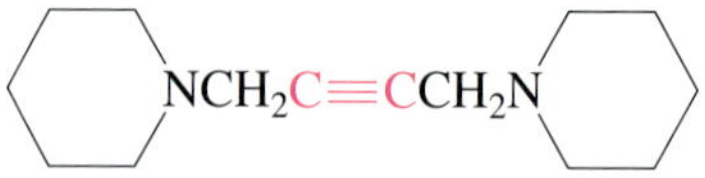
NCH2C≡CCH2N

Tremorine 대항제

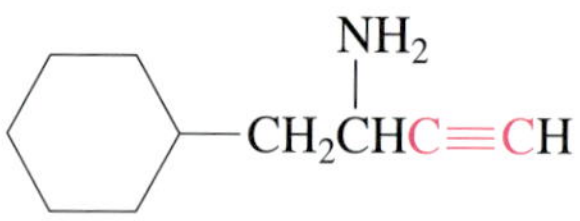
NH2
CH2CHC≡CH

Amphetamine 유사체
(중추신경계에 활성을 보임)

요약 알카인은 생리학적으로 활성을 나타내는 여러 천연물이나 합성 화합물에 존재한다.

요점

이전 장의 끝부분에 언급했듯이 알카인을 배우며 만난 많은 것들은 알켄과 관련되어 배운 지식의 확장이다. 첨가반응은 매우 유사한 조건에서 일어나며, 동일한 위치- 및 입체화학 법칙을 따른다. 할로젠화 수소와 할로젠과 같은 시약은 한 번 또는 두 번 첨가될 수 있다. 그러나 π 결합의 하나에만 물을 첨가하면 새로운 방향으로 반응이 진행된다. 생성된 알켄올(또는 엔올)은 알데하이드나 케톤으로 재배열(토토머화)한다. 마지막으로 말단 알카인은 알켄(또는 알케인)에서는 일반적으로 나타나지 않는 반응성을 갖고 있다. —C≡C—H의 수소는 매우 산성이다. 양성자이탈반응은 친전자성 탄소 원자를 가지고 있는 다양한 작용기와 반응하여 새로운 탄소-탄소 결합을 형성할 수 있는 친핵성 음이온을 생성시킨다.

다음 장에서는 이 장에서 공부한 새로운 유기금속 반응인 Heck 반응으로 생성된 화합물을 포함하여 이중 결합을 여러 개 가진 화합물을 학습할 것이다. 11~13장에서 반복되어 언급된 원리들이 다음 장에서 학습하게 되는 계의 행동에도 계속해서 근간으로 작용할 것이다.

통합 문제

13-25. 네 개 이하의 탄소 원자를 가진 화합물을 출발물로 하여 2,7-dimethyl-4-octanone의 효율적인 합성법을 제안하시오.

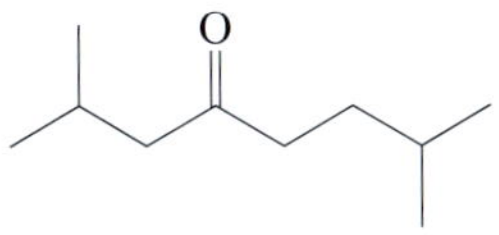

2,7-Dimethyl-4-octanone

풀이

역합성으로 문제를 분석하는 것으로 시작한다(8-9절). 케톤을 합성하는데 어떤 방법을 알고 있는가? 알코올을 산화시킬 수 있다(8-6절). 이것이 역합성 분석에서 생산적인 방법인가? 상응하는 알코올 전구체를 자세히 보면, 알데하이드에 적절한 유기금속 시약을 첨가하여 결합 *a* 또는 결합 *b*를 생성시킬 수 있음을 알 수 있다(8-9절).

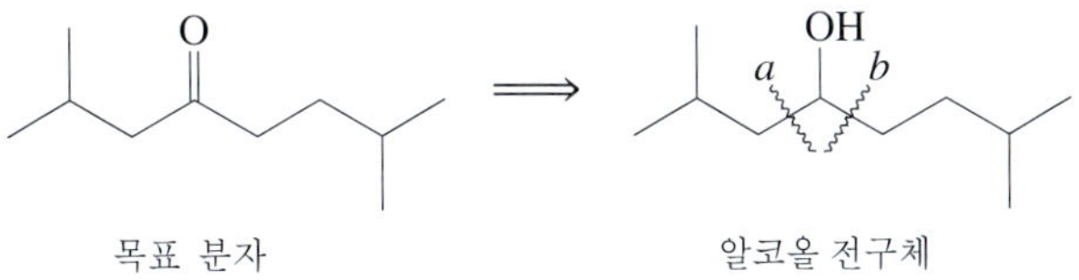

목표 분자 ⟹ 알코올 전구체

각각의 합성 과정에 필요한 각 토막들이 가지고 있는 탄소 원자의 수를 세어야 한다. 결합 *a*를 만들기 위해서는 6-탄소 알데하이드에 4-탄소 유기금속 물질을 첨가해야 된다. 다른 방법인 결합 *b*를 만들기 위해서는 두 개의 5-탄소 구성 단위(building block)가 필요하다. 4-탄소 출발물만이 허용되는 것을 기억하라. 이 관점에서 보면 앞의 세 가지 방법은 결코 매력적이지 못하다. 방법 *a*만을 다시 간단히 고려해 보자. 왜 그런지 이유를 알겠는가? 방법 *b*는 두 개의 5-탄소 구성 단위를 새로이 만들어야 하는 반면, 방법 *a*는 네 개 이하의 조각을 사용하여 6-탄소 구성 단위 한 개만을 만들면 된다.

두 번째로 케톤의 본질적으로 상이한 합성법, 즉 알카인의 수화반응을 생각하자(13-7절). 2,7-dimethyl-3-octyne과 2,7-dimethyl-4-octyne인 두 전구체 중 하나가 목표 분자가 된다. 제시된 것처럼 오직 후자인 **대칭** 알카인만 수화반응을 거쳐, 초기 첨가 방향과 무관하게 단 하나의 케톤을 생성한다.

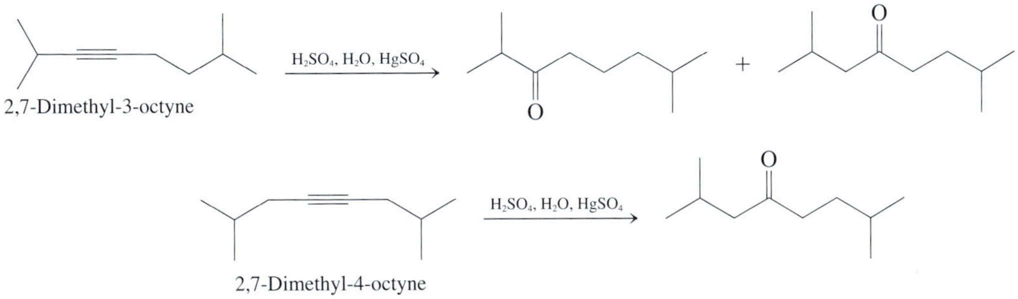

2,7-Dimethyl-3-octyne $\xrightarrow{H_2SO_4,\ H_2O,\ HgSO_4}$ (두 케톤) +

2,7-Dimethyl-4-octyne $\xrightarrow{H_2SO_4,\ H_2O,\ HgSO_4}$

2,7-Dimethyl-4-octyne이 전구체로 선택됨에 따라, 네 개 이하의 탄소를 가진 작은 토막으로부터의 합성법을 강구해야 한다. 말단 알카인의 알킬화반응(13-5절)은 아래에 제시된 분석과 같이 분자를 세 개의 적당한 토막으로 나눌 수 있게 하는 결합 생성 방법을 제공한다.

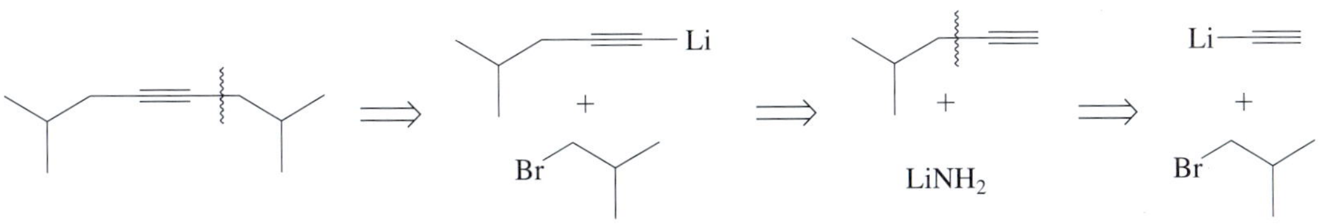

⟹ Li + Br ⟹ + $LiNH_2$ ⟹ Li + Br

합성은 다음과 같이 진행한다.

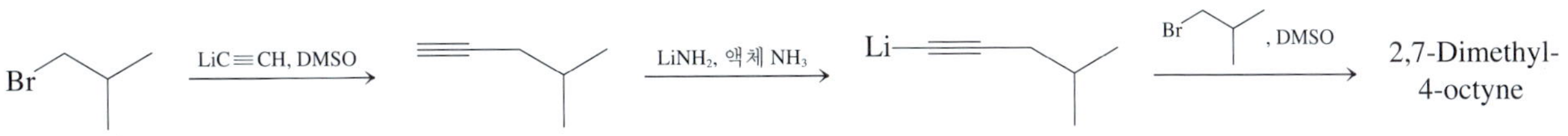

Br $\xrightarrow{LiC\equiv CH,\ DMSO}$ $\xrightarrow{LiNH_2,\ 액체\ NH_3}$ Li $\xrightarrow{Br,\ DMSO}$ 2,7-Dimethyl-4-octyne

이 세 단계 합성이 가장 효율적인 답이지만, 알코올을 사용하여 케톤을 합성하는 이전 생각으로부터 이전과 관련된 합성법이 유도될 수 있다. 이것 역시 알카인을 통해서 이루어진다. 목표 분자의 결합 *a*의 형성은 유기금속 시약이 6-탄소 알데하이드에 첨가되는 반응을 필요로 하고, 6-탄소 알데하이드는 이전 도식의 말단 알카인에 수소붕소첨가-산화반응(13-8절)을 시켜 생성할 수 있다.

$$\text{(4-methyl-1-pentyne)} \xrightarrow[\text{2. } H_2O_2,\ NaOH,\ H_2O]{\text{1. Dicyclohexylborane}} \text{(4-methylpentanal)} \xrightarrow[\text{2. } H^+,\ H_2O]{\text{1. Li-(isobutyl), THF}} \text{(alcohol, OH)}$$

Cr(VI) 시약을 사용한 알코올의 산화(8-6절)로 반응이 완결되며, 이 방법은 처음 제시된 적절한 합성 방법보다 약간 단계가 많다.

3-26. 말단 알카인을 수용액상의 브로민으로 처리하여 얻을 수 있는 생성물은 무엇인지 예측하시오. 즉,

$$CH_3CH_2C{\equiv}CH \xrightarrow{Br_2,\ H_2O}$$

풀이

문제를 메커니즘을 고려하여 생각하라. 브로민은 π 결합에 첨가되어 친핵체에 의해 고리가 열리는 고리 bromonium 이온을 생성한다. 알켄의 유사한 반응(12-5와 12-6절)에서 친핵성 공격은 더 많이 치환된 알켄 탄소 즉 부분 양전하를 더 많이 가지고 있는 탄소 원자 쪽으로 향한다. 이 경우와 유사한 방법으로 물을 친핵체로 사용하면, 아래와 같은 합리적인 메커니즘 단계를 추정할 수 있다.

$$CH_3CH_2C{\equiv}CH \xrightarrow{:\ddot{Br}-\ddot{Br}:} \text{(bromonium ion: } :\!Br^+\!: \text{ bridging } C{=}C,\ CH_3CH_2,\ H) \xrightarrow{H_2\ddot{O}} (CH_3CH_2)(H_2O^+)C{=}C(Br)(H) \xrightarrow{-H^+} (CH_3CH_2)(H\ddot{O}:)C{=}C(Br)(H)$$

우리가 보아 왔듯이 생성물은 엔올(13-8절)이며, 불안정하여 빠르게 토토머화를 통하여 카보닐 화합물이 된다. 이 경우 최종 생성물은 브로모 케톤($CH_3CH_2{-}\overset{\overset{:O:}{\|}}{C}{-}CH_2Br$)이다.

새로운 반응식

1. 1-알카인의 산도 (13-2절)

$$RC{\equiv}CH + :B^- \rightleftharpoons RC{\equiv}C:^- + BH$$

$pK_a \approx 25$

염기 (B): $NaNH_2$–액체 NH_3; RLi–$(CH_3CH_2)_2O$; $RMgX$–THF

알카인의 합성

2. 이할로알케인의 이중 제거반응 (13-4절)

$$\begin{matrix} X & X \\ | & | \\ RC & -CR \\ | & | \\ H & H \end{matrix} \xrightarrow[-2\,HX]{NaNH_2,\ \text{액체 } NH_3} RC{\equiv}CR$$

이웃자리 이할로알케인

3. 알켄의 할로젠화반응-할로젠화수소이탈반응 (13-4절)

$$RCH{=}CHR \xrightarrow[\text{2. } NaNH_2,\ \text{액체 } NH_3]{\text{1. } X_2,\ CCl_4} RCH{=}C(R)(X) \xrightarrow{NaNH_2,\ \text{액체 } NH_3} RC{\equiv}CR$$

할로젠화 알켄일
중간체

알카인의 다른 알카인으로의 전환

4. 알카인일 음이온의 알킬화반응 (13-5절)

$$RC{\equiv}CH \xrightarrow[\text{}]{\text{1. NaNH}_2\text{, 액체 NH}_3\quad \text{2. R}'\text{X}} RC{\equiv}CR'$$

S_N2 반응: R′은 일차이어야 한다

5. 옥사사이클로프로페인의 알킬화반응 (13-5절)

$$RC{\equiv}CH \xrightarrow{\text{1. CH}_3\text{CH}_2\text{CH}_2\text{CH}_2\text{Li, THF}\quad \text{2. H}_2\text{C}\overset{\text{O}}{—}\text{CH}_2\quad \text{3. H}^+\text{, H}_2\text{O}} RC{\equiv}CCH_2CH_2OH$$

비대칭 oxacyclopropane의 적게 치환된 탄소를 공격한다

6. 카보닐 화합물의 알킬화반응 (13-5절)

$$RC{\equiv}CH \xrightarrow{\text{1. CH}_3\text{CH}_2\text{CH}_2\text{CH}_2\text{Li, THF}\quad \text{2. R}'\overset{\text{O}}{\overset{\|}{\text{C}}}\text{R}''\quad \text{3. H}^+\text{, H}_2\text{O}} RC{\equiv}C\overset{\text{OH}}{\underset{\text{R}''}{\text{C}}}R'$$

알카인의 반응

7. 수소첨가반응 (13-6절)

$$RC{\equiv}CR \xrightarrow{\text{촉매, H}_2} RCH_2CH_2R \qquad \Delta H^\circ \approx -70\ \text{kcal mol}^{-1}$$

촉매: Pt, Pd–C

$$RC{\equiv}CR \xrightarrow{\text{H}_2\text{, Lindlar 촉매}} \text{(H)(R)C{=}C(H)(R)} \qquad \Delta H^\circ \approx -40\ \text{kcal mol}^{-1}$$

시스 알켄

8. 액체 암모니아 속에서 소듐을 이용한 환원 (13-6절)

$$RC{\equiv}CR \xrightarrow{\text{1. Na, 액체 NH}_3\quad \text{2. H}^+\text{, H}_2\text{O}} \text{(H)(R)C{=}C(R)(H)}$$

트랜스 알켄

9. 친전자성 (및 Markovnikov) 첨가반응 : 할로젠화수소첨가반응과 할로젠화반응, 수화반응 (13-7절)

$$RC{\equiv}CR \xrightarrow{\text{HX}} RCH{=}CXR \xrightarrow{\text{HX}} RCH_2CX_2R$$

같은자리 이할로알케인

$$RC{\equiv}CH \xrightarrow{\text{2 HX}} RCX_2CH_3$$

$$RC{\equiv}CR \xrightarrow{\text{Br}_2\text{, Br}^-} \text{(R)(Br)C{=}C(Br)(R)} \xrightarrow{\text{Br}_2} RCBr_2CBr_2R$$

주로 트랜스

$$RC{\equiv}CR \xrightarrow{\text{Hg}^{2+}\text{, H}_2\text{O}} RCH_2\overset{\text{O}}{\overset{\|}{\text{C}}}R$$

10. 브로민화 수소의 라디칼 첨가반응 (13 8절)

$$RC{\equiv}CH \xrightarrow{\text{HBr, ROOR}} RCH{=}CHBr$$

Anti Markovnikov

Br이 적게 치환된 탄소를 공격한다

11. 수소붕소첨가반응 (13-8절)

$$RC\equiv CH \xrightarrow{R'_2BH,\ THF} (R)(H)C{=}C(H)(BR'_2)$$

Anti-Markovnikov 및
입체특이성 (*syn*) 첨가반응

B는 적게 치환된 탄소를 공격한다

Dicyclohexylborane (R′ = cyclohexyl)

12. 알켄일보레인의 산화반응 (13-8절)

$$(H)(R)C{=}C(B{<})(H) \xrightarrow{H_2O_2,\ HO^-} \left[(H)(R)C{=}C(OH)(H)\right] \xrightarrow{\text{토토머화}} RCH_2\overset{O}{\overset{\|}{C}}H$$

엔올

유기금속 시약

13. 알켄일 유기금속 시약 (13-9절)

$$(R)(R')C{=}C(X)(R'') \xrightarrow{Mg,\ THF} (R)(R')C{=}C(MgX)(R'')$$

14. Heck 반응 (13-9절)

$$(R)(R')C{=}C(Cl)(R'') + (H)(R^1)C{=}C(R^3)(R^2) \xrightarrow[-\ HCl]{\text{Ni 또는 Pd 촉매}} R'(R)C{=}C(R'')\text{—}C(R^1){=}C(R^3)R^2$$

중요한 개념

1. **알카인의 명명법**은 근본적으로 알켄의 명명법과 같다. 이중 결합과 삼중 결합을 가지고 있는 분자를 **알켄아인**이라고 하며, 두 결합이 같은 위치에 있을 때에는 이중 결합의 위치를 더 작은 수로 표시한다. 하이드록시기는 알카인일 알코올(**알카인올**)을 명명할 때 높은 우선순위를 갖는다.

2. 삼중 결합의 **전자 구조**는 서로 직각으로 놓여 있는 두 개의 π 결합과 두 탄소의 *sp* 혼성 오비탈이 겹쳐져 만들어진 하나의 σ 결합을 나타낸다. 삼중 결합의 세기는 약 229 kcal mol^{-1}이고, 알카인일 C—H 결합의 세기는 131 kcal mol^{-1}이다. 삼중 결합은 다른 결합된 원자들과 함께 **선형 구조**를 이루고 있으며, 짧은 C—C (1.20 Å) 및 C—H (1.06 Å) 결합을 하고 있다.

3. 말단 알카인의 C1이 높은 *s* 성질을 가지고 있어서 결합된 수소가 비교적 **산성**이다 (p$K_a \approx 25$).

4. 알카인일의 수소의 **화학적 이동값** (δ = 1.7 ~ 3.1 ppm)은 외부 자기장에 의해 유도되는 분자축 주위의 유도전류로 인한 가려막기 효과를 받기 때문에, 알켄일 수소의 화학적 이동값보다 작다. 삼중 결합은 먼 거리 짝지음을 할 수 있도록 한다. **적외선 분광법**은 말단 알카인의 ≡C—H와 C≡C 결합의 존재를 알려 주며, 이들은 3260 ~ 3330 cm^{-1}과 2100 ~ 2260 cm^{-1}에서 각각 흡수띠를 나타낸다.

5. 이웃자리 이할로알케인의 **제거반응**은 위치선택성이고, 입체특이성으로 진행되어 알켄일 할로젠화물을 생성시킨다.

6. Lindlar 촉매를 사용하여 알카인에 선택적으로 **신 (syn) 이수소첨가반응**을 시킬 수 있다. Lindlar 촉매의 표면은 탄소에 흡착된 팔라듐보다 반응성이 작아서 알켄에는 수소첨가반응을 시킬 수 없다. 간단한 알켄은 일전자 전달에 의해 환원되지 않으므로, 액체 암모니아에 녹아 있는 소듐 금속을 사용하여 선택적으로 **안티 (anti) 수소첨가반응**을 시킬 수 있다. 입체화학은 트랜스 이치환 알켄일 라디칼 중간체의 안

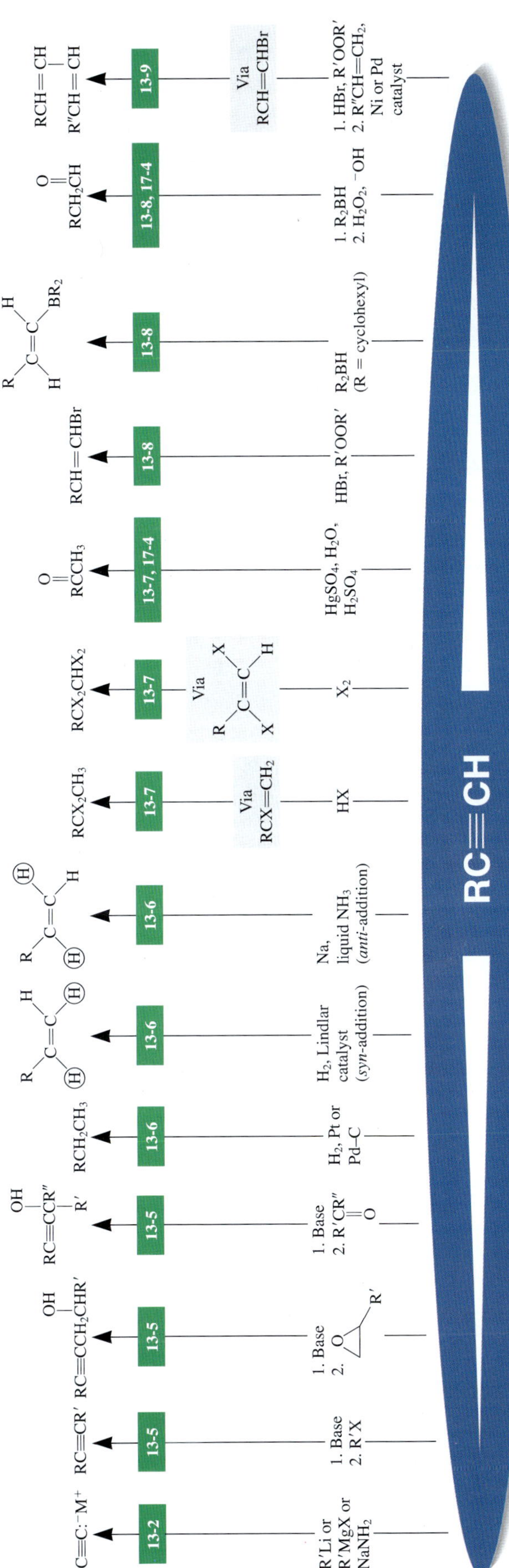

알카인의 반응
절 번호
RC≡CH
RC≡C:⁻M⁺
13-2
R′Li or R′MgX or NaNH2
RC≡CR′
13-5
1. Base 2. R′X
RC≡CCH2CHR′ (OH)
13-5
1. Base 2. (epoxide, R′)
RC≡CCR″ (OH, R′)
13-5
1. Base 2. R′CR″ (=O)
RCH2CH3
13-6
H2, Pt or Pd–C
R, H, C=C, H, H (cis)
13-6
H2, Lindlar catalyst (syn-addition)
R, H, C=C, H, H (trans)
13-6
Na, liquid NH3 (anti-addition)
RCX2CH3
13-7
Via RCX=CH2
HX
RCX2CHX2
13-7
Via R, X, C=C, X, H
X2
RCCH3 (=O)
13-7, 17-4
HgSO4, H2O, H2SO4
RCH=CHBr
13-8
HBr, R′OOR′
R, H, C=C, H, BR2
13-8
R2BH (R = cyclohexyl)
RCH2CH (=O)
13-8, 17-4
1. R2BH 2. H2O2, ⁻OH
RCH=CH, R″CH=CH
13-9
Via RCH=CHBr
1. HBr, R′OOR′ 2. R″CH=CH2, Ni or Pd catalyst

정성에 의해 결정된다.

7. 일반적으로 알카인은 알켄과 동일한 첨가반응을 한다. 이 반응들은 연속해서 두 번 일어날 수 있다. 알카인의 수화반응은 일반적이지 않다. Hg (II) 촉매가 필요하며, 초기 생성물인 **엔올**은 **토토머화**에 의해 케톤으로 재배열된다.

8. 변형된 다이알킬보레인-특히 다이사이클로헥실보레인-을 사용하면 말단 알카인의 **수소붕소첨가반응**을 알켄일붕소 중간체 단계에서 멈추게 할 수 있다. 생성된 알켄일보레인을 산화시키면 엔올이 되고, 이것은 토토머화를 통하여 알데하이드로 된다.

9. **Heck 반응**은 알켄과 알켄일 할로젠화물을 연결시켜 주는 금속 촉매반응 과정이다.

문제

27. 아래 제시된 이름을 가진 화합물의 구조를 그리시오.
(a) 1-Chloro-1-butyne **(b)** (*Z*)-4-Bromo-3-methyl-3-penten-1-yne **(c)** 4-Hexyn-1-ol

28. IUPAC 명명 규칙을 이용하여 다음 화합물들을 명명하시오.

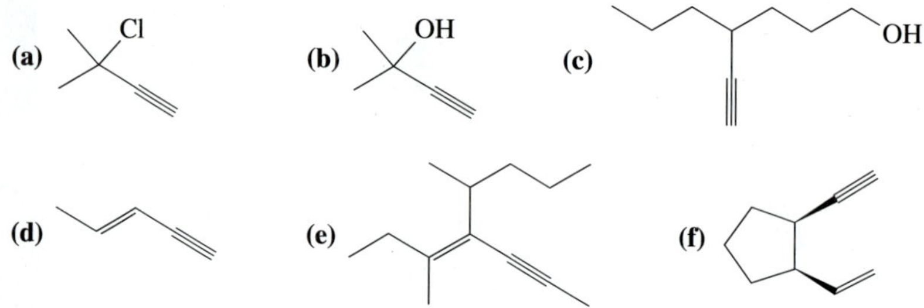

29. Ethane, ethene, ethyne의 C—H 결합의 세기를 비교하시오. 이 결과를 혼성화, 결합의 극성, 수소의 산도 등과 관련지어 설명하시오.

30. Propane, propene, propyne의 C2—C3 결합을 비교하시오. 이들 간에 결합 길이나 결합 세기의 차이가 있어야 하는가? 만약 차이가 있다면 어떠하겠는가?

31. 아래 제시된 양이온들의 산성도 순서를 예측하시오.
$CH_3CH_2NH_3^+$, $CH_3CH{=}NH_2^+$, $CH_3C{\equiv}NH^+$ [**힌트**: 탄화수소들 간의 유사성을 찾아라 (13-2절)].

32. C_5H_8의 분자식을 가지는 세 화합물의 연소열은 다음과 같다. Cyclopentene, $\Delta H_{comb} = -1027$ kcal mol^{-1}, 1,4-pentadiene, $\Delta H_{comb} = -1042$ kcal mol^{-1}와 1-pentyne, $\Delta H_{comb} = -1052$ kcal mol^{-1}. 상대적인 안정도와 결합의 세기를 이용하여 설명하시오.

33. 다음 화합물들을 안정도가 감소하는 순으로 나열하시오.
(a) 1-Heptyne 및 3-heptyne

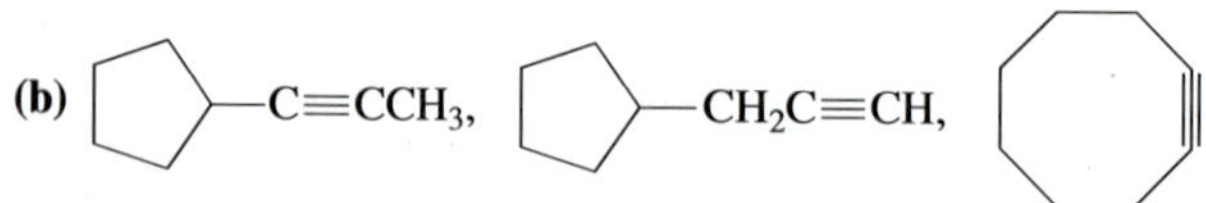

(**힌트**: 세 개 화합물의 모형을 만들어 보라. 삼중 결합들 중 비정상적인 것이 있는가?)

34. 다음 각각의 구조를 추정하시오. **(a)** 분자식 C_6H_{10}, NMR 스펙트럼 A, 2100과 2300 사이 또는 3250과 3350 cm^{-1}사이에 강한 IR띠는 없다. **(b)** 분자식 C_7H_{12}, NMR 스펙트럼 B, 2120과 3330 cm^{-1} 사이에 IR띠가 있음. **(c)** 백분율 성분비가 탄소 71.41%, 수소 9.59% (나머지는 산소) 이고, 정밀 분자량 (exact molecular mass) 이 84.0584임. NMR과 IR 스펙트럼 C (594쪽 참조). NMR 스펙트럼 C의 삽입된 그림은 1.6과 2.4 ppm 사이의 고분별능 신호를 보여 준다.

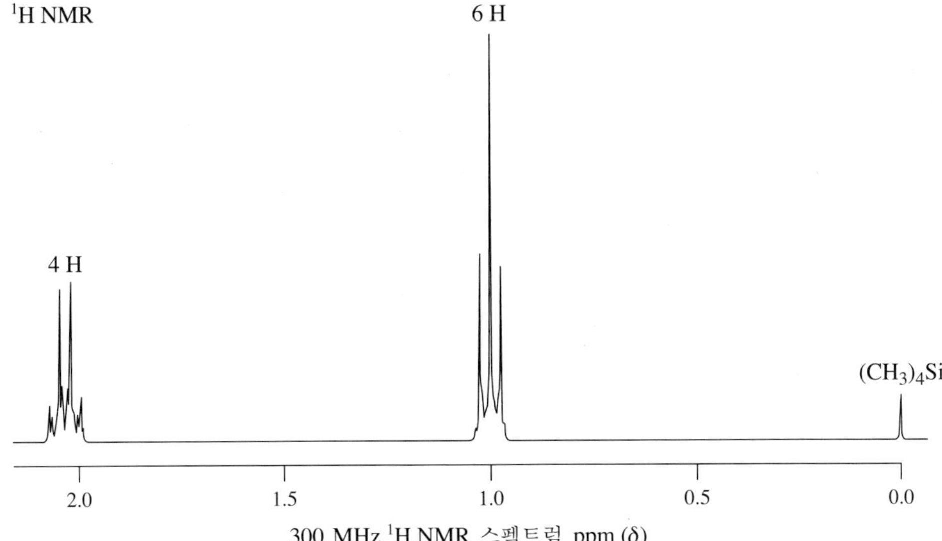
1H NMR
4 H
6 H
(CH3)4Si
2.0
1.5
1.0
0.5
0.0
300 MHz 1H NMR 스펙트럼 ppm (δ)

A

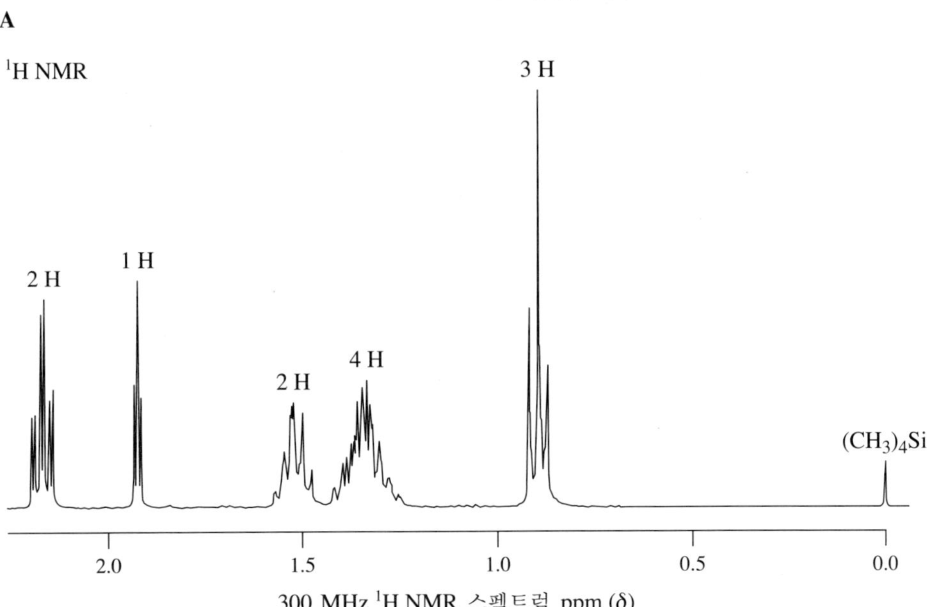
1H NMR
2 H
1 H
2 H
4 H
3 H
(CH3)4Si
2.0
1.5
1.0
0.5
0.0
300 MHz 1H NMR 스펙트럼 ppm (δ)

B

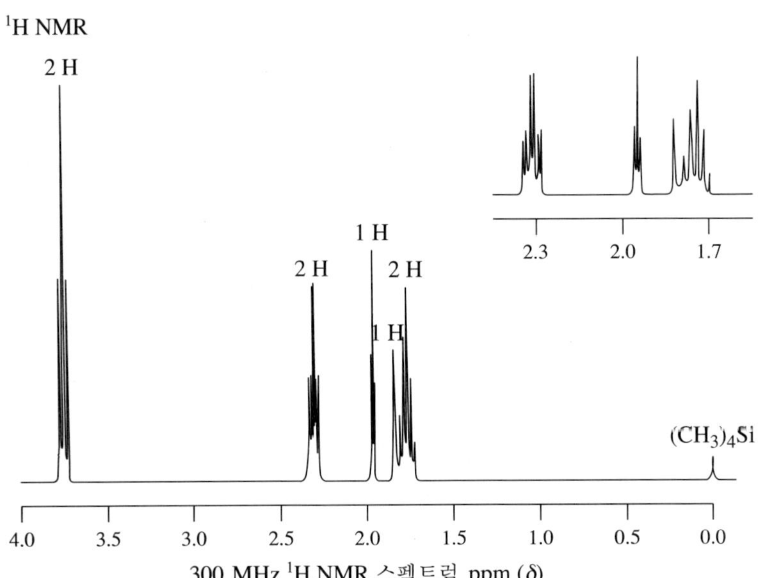
1H NMR
2 H
2 H
1 H
1 H
2 H
(CH3)4Si
2.3
2.0
1.7
4.0
3.5
3.0
2.5
2.0
1.5
1.0
0.5
0.0
300 MHz 1H NMR 스펙트럼 ppm (δ)

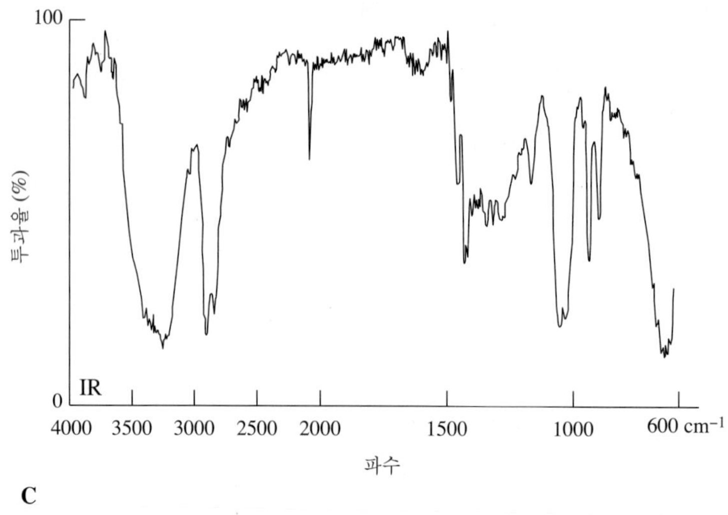

C

35. 1,8-Nonadiyne의 IR 스펙트럼은 3300 cm^{-1}에서 강하고, 날카로운 흡수띠를 보인다. 이 흡수띠는 무엇 때문인가? 1,8-Nonadiyne을 $NaNH_2$로 처리한 후, D_2O를 처리하였더니 두 개의 중수소 원자가 들어가고, 분자의 다른 부분은 변하지 않았다. 이 화합물의 IR 스펙트럼은 3300 cm^{-1}의 봉우리는 없어졌고, 2580 cm^{-1}에서 새로이 나타난 봉우리를 보여 준다. **(a)** 이 반응 생성물은 무엇인가? **(b)** IR에서 2580 cm^{-1}에서 나타나는 새로운 봉우리는 어떤 결합에 의해 나타나는가? **(c)** 원래 분자의 구조와 IR 스펙트럼으로부터 Hooke의 법칙을 이용하여, 이 새로운 흡수띠의 예상되는 위치를 계산하시오. 단 k와 f는 변하지 않은 것으로 가정하라.

36. 다음 각 반응에서 예상되는 생성물을 쓰시오.

(a) $CH_3CH_2CH(CH_3)CH(Cl)CH_2Cl \xrightarrow{\text{3 NaNH}_2\text{, 액체 NH}_3}$

(b) $CH_3OCH_2CH_2CH_2CH(Br)CH(Br)CH_3 \xrightarrow{\text{2 NaNH}_2\text{, 액체 NH}_3}$

(c) *meso*-$CH_3CH(CH_3)CH_2CH(Cl)CH(Cl)CH_2CH(CH_3)CH_3 \xrightarrow{\text{NaOCH}_3\text{(1 당량), CH}_3\text{OH}}$

(d) (4*R*,5*R*)-$CH_3CH(CH_3)CH_2CH(Cl)CH(Cl)CH_2CH(CH_3)CH_3 \xrightarrow{\text{NaOCH}_3\text{(1 당량), CH}_3\text{OH}}$

37. **(a)** 3-Octyne을 액체 NH_3 속에서 Na와 반응시켰을 때 예상되는 생성물을 쓰시오.
(b) Cyclooctyne (문제 33b) 을 동일하게 반응시키면 *trans*-cyclooctene이 아니라 *cis*-cyclooctene이 생성물로 생긴다. 메커니즘적으로 설명하시오.

38. 1-Propynyllithium, $CH_3C{\equiv}C^-Li^+$과 다음의 각 분자들을 THF 용매에서 반응시켰을 때 얻어지는 주 생성물을 예측하시오.

(a) CH_3CH_2Br **(b)** (Cl 구조식) **(c)** Cyclohexanone

(d) (cyclopentyl–CHO 구조식) **(e)** $CH_3CH{-}CH_2$ (O 고리) **(f)** (CH_3, H, O 구조식)

39. 1-Propynyllithium과 *trans*-2,3-dimethyloxacyclopropane의 반응 메커니즘과 생성물을 쓰시오.

40. 다음 중 어느 방법이 2-methyl-3-hexyne (구조식) 을 높은 수득률로 합성하는 가장 좋은 방법인가?

(a) 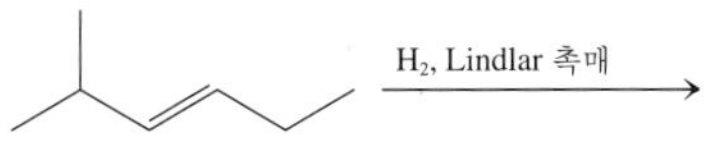 [구조식] $\xrightarrow{H_2,\ \text{Lindlar 촉매}}$ (b) 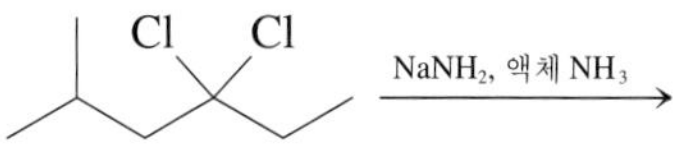 [구조식: Cl Cl] $\xrightarrow{NaNH_2,\ \text{액체}\ NH_3}$

(c) 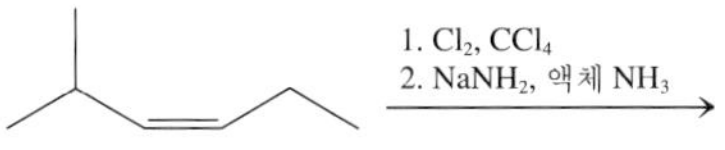 [구조식] $\xrightarrow{1.\ Cl_2,\ CCl_4;\ 2.\ NaNH_2,\ \text{액체}\ NH_3}$ (d) 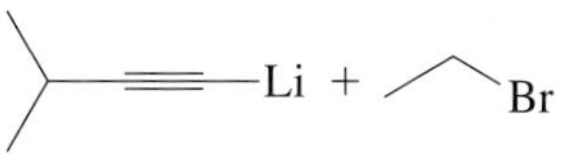 [구조식]—Li + [구조식] Br

(e) 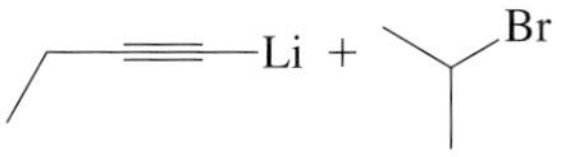 [구조식]—Li + [구조식] Br

41. 역합성 분석 방법을 이용하여 다음 각 알카인의 합리적인 합성법을 제안하시오. 합성 목표의 각 알카인 작용기는 각각 다른 탄소수 두 개인 화합물(예, ethyne, ethene, ethanal 등)로부터 생성되도록 하라.

(a)  [구조식] (b) 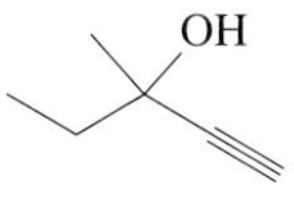 [구조식: OH] (c) 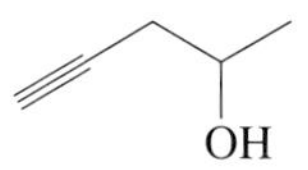 [구조식: OH] (d) $(CH_3)_3CC{\equiv}CH$ [주: $(CH_3)_3CCl + {}^-{:}C{\equiv}CH$는 왜 잘못되었는가?]

42. (*R*)-4-Deuterio-2-hexyne의 구조식을 그리시오. 이 화합물의 적당한 역-S_N2 전구체를 제시하시오.

43. 반응 복습. 591쪽의 반응 로드맵을 참조하지 않은 상태에서 일반적인 알카인 $RC{\equiv}CH$를, 다음 각 형태의 화합물로 변환하는 시약을 제안하시오.

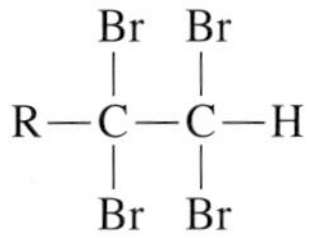

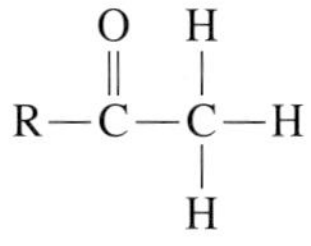

(a) 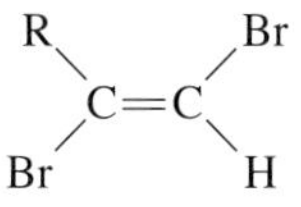 $(R)(Br)C{=}C(Br)(H)$ (b) $R{-}CBr_2{-}CBr_2{-}H$ (c) $R{-}C({=}O){-}CH_2{-}H$ (Markovnikov 생성물)

(d) 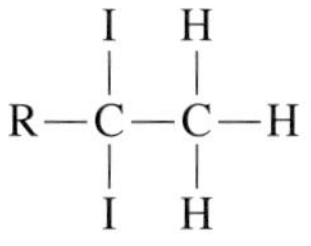 $R{-}CI_2{-}CH_2{-}H$ (e) $R{-}C{\equiv}C{:}^-M^+$ (f) 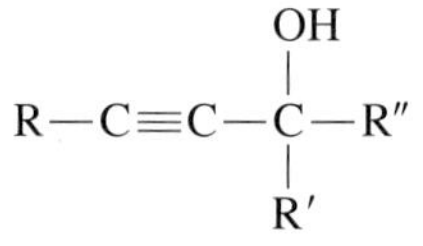 $R{-}C{\equiv}C{-}C(OH)(R'){-}R''$

(g) $R{-}C{\equiv}C{-}R'$ (h) $R{-}C{\equiv}C{-}CH_2{-}CH_2OH$ (i) 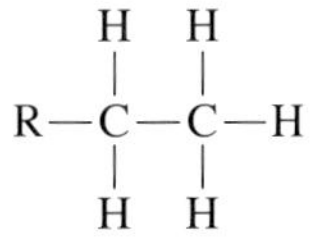 $R{-}CH_2{-}CH_2{-}H$

(j) 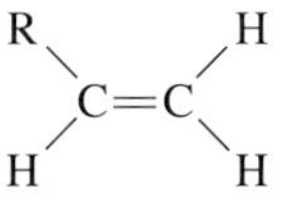 $(R)(H)C{=}C(H)(H)$ (k) 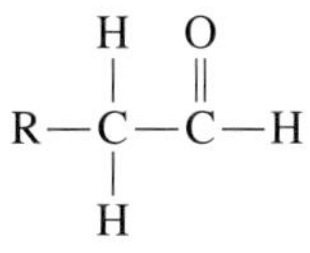 $R{-}CH_2{-}C({=}O){-}H$ (anti-Markovnikov 생성물)

44. Propyne과 다음 각 시약들의 반응에서 얻어지는 주생성물을 예측하시오.

(a) D_2, Pd-$CaCO_3$, Pb$(O_2CCH_3)_2$, quinoline

(b) Na, ND_3 (c) HI 1당량 (d) HI 2당량 (e) Br_2 1당량

(f) ICl 1당량 (g) ICl 2당량 (h) H_2O, $HgSO_4$, H_2SO_4

(i) Dicyclohexylborane, 그 다음 NaOH, H_2O_2

45. Dicyclohexylethyne과 문제 44의 시약들을 반응시켜 생성되는 주요 생성물을 쓰시오.

46. Propyne과 dicyclohexylethyne을 dicyclohexylborane과 반응시킨 후, NaOH와 H_2O_2로 처리하여 얻어지는 초기 엔올 토토머(양성자자리이동이성질체)의 구조를 쓰시오[문제 44 (i), 문제 45 (i)].

47. 문제 45의 처음 두 개 문제의 정답인 생성물과 다음 시약들을 반응시켜 얻게 되는 생성물을 쓰시오.

(a) H_2, Pd—C, CH_3CH_2OH (b) Br_2, CCl_4 (c) BH_3, THF, 그 다음 NaOH, H_2O_2

(d) MCPBA, CH_2Cl_2 (e) OsO_4, 그 다음 H_2S.

48. 아래 제시된 분자를 출발물로 하여 *cis*-3-heptene을 합성하는 방법을 제안하시오. 제안된 합성 방법으로 얻은 목표 생성물이 주생성물로 또는 부생성물로 생성되는지를 표시하시오.

(a) 3-Chloroheptane, **(b)** 4-chloroheptane, **(c)** 3,4-dichloroheptane, **(d)** 3-heptanol, **(e)** 4-heptanol **(f)** *trans*-3-heptene, **(g)** 3-heptyne

49. 다음의 화합물을 알카인을 적어도 한 번은 사용하여 합성하는 타당한 합성법을 제안하시오.

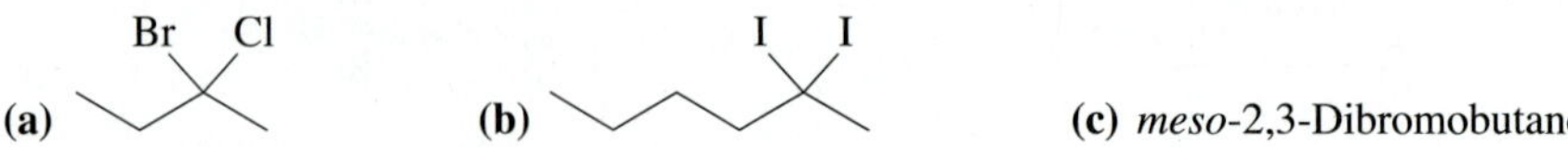

(d) (2*R*,3*R*)-Dibromobutane의 라세미 혼합물과 (2*S*,3*S*)-2,3-dibromobutane

(e)

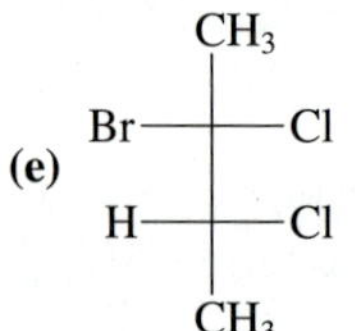

(f)

(g) HO OH

(h) H O

(i)

50. 다음 화합물의 합성에 Heck 반응이 어떻게 이용되는가를 보이시오.

(a) O COCH3 **(b)**

51. Calcium carbide CaC_2의 화학 반응성(13-10절)을 토대로 하여 타당한 구조를 그리시오. 이것의 보다 체계적인 이름은 무엇이 되겠는가?

52. 계피 기름, 사사프라스 기름 및 오렌지꽃 기름에서 발견되는 터펜의 일종인 linalool을 합성하는 **두 가지 다른** 방법을 제시하시오. 아래에 제시된 여덟 개 탄소의 케톤으로부터 시작하고, 두 합성 방법 모두에서 필요한 탄소 두 개의 원료로 ethyne을 사용하라.

O ? → OH

Linalool

53. 베니히 나무 기름의 방향유인 chamaecynone을 합성하기 위해서는 chloroalcohol을 alkynyl ketone으로 변환시켜야 한다. 이 과제를 수행하기 위한 합성 전략을 제안하시오.

HO Cl ? → O C≡CH Eventually → O C≡CH

Chamaecynone

54. **도전 문제** 세스퀴터펜인 bergamotene의 합성은 아래의 알코올로부터 이루어진다. 이 반응의 완전한 합성 순서를 제시하시오.

HOH_2C CH_3 ? → CH_3

Bergamotene

55. **도전 문제** 미지의 분자가 D의 ¹H NMR과 IR 스펙트럼(다음 쪽)을 나타낸다. 이 화합물과 Lindlar 촉매하에서 H_2와 반응시켜 얻어진 생성물을 가오존분해반응 후, 산성 수용액에서 Zn을 처리하여 1당량의 $\mathrm{CH_3\overset{\overset{O}{\|}}{C}\overset{\overset{O}{\|}}{C}H}$와 2당량의 $\mathrm{H\overset{\overset{O}{\|}}{C}H}$를 얻었다. 미지 시료의 구조를 추정하시오.

56. **도전 문제** Mercuric chloride의 존재하에서 ethyne의 수화반응에 대한 타당한 메커니즘을 쓰시오 [**힌트**: 수은 이온에 의해 촉매되는 알켄의 수화반응(12-7절)을 회상하라].

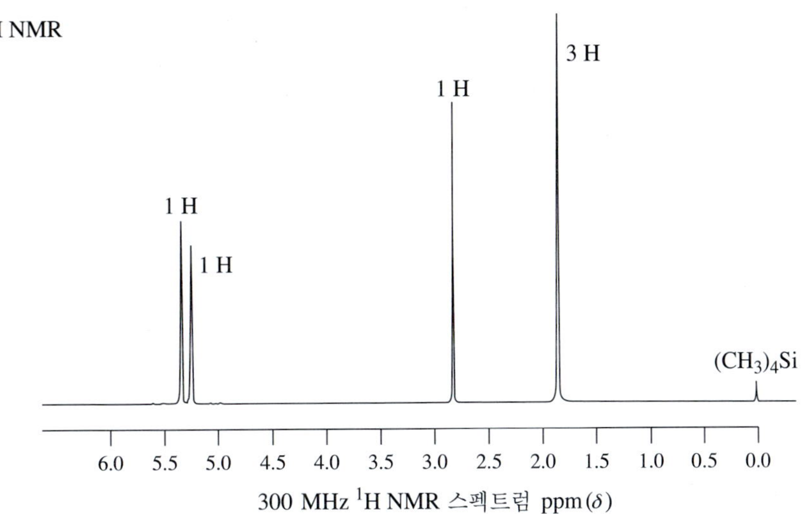

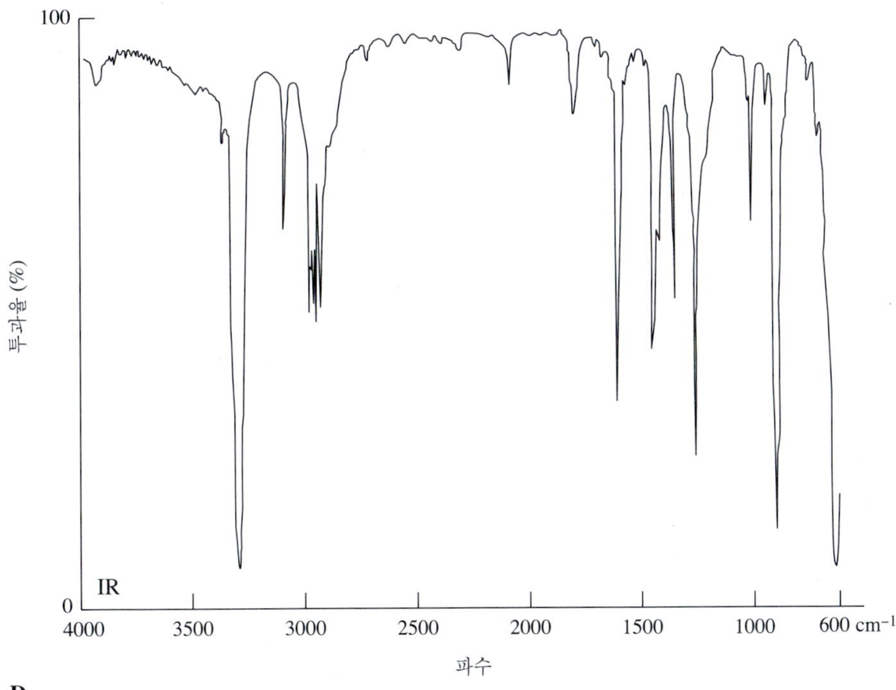

D

57. 세스퀴터펜인 farnesol의 합성은 아래에 제시된 dichloro 화합물의 alkynol로의 변환이 필요하다. 이 변환 방법을 제시하시오(**힌트**: 출발물을 말단 알카인으로 전환하는 방법을 고안하라).

Cl Cl $\xrightarrow{?}$ —C≡C—CH_2OH $\xrightarrow{\text{Eventually}}$ OH

Farnesol

비편재화 파이계

자외선과 가시광선 분광학에 의한 연구

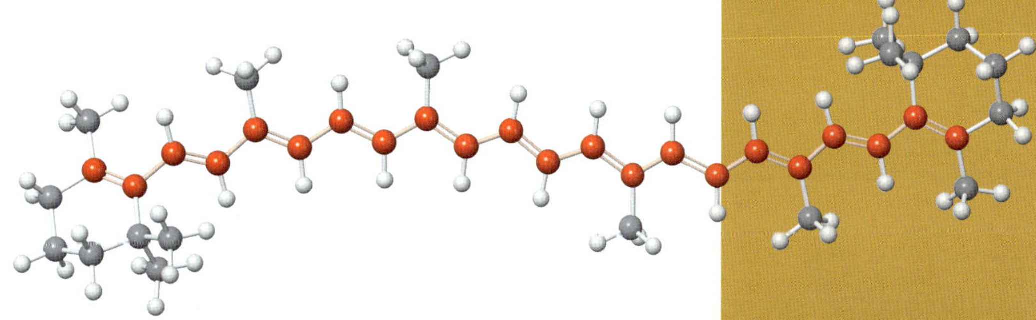

우리는 색의 세상에서 살고 있다. 수없이 많은 색깔과 색의 농담을 감지하고, 구별하는 우리의 능력은 분자들이 각기 다른 주파수의 가시광선을 흡수하는 능력과 결부되어 있다. 또한 분자들의 이와 같은 성질은 π 결합이 여럿 존재하는 데서 비롯된다.

앞선 세 장에서의 논제는 탄소-탄소 π 결합을 갖는 화합물에 대한 것이었으며, π 결합은 이웃하여 존재하는 두 평행한 p 오비탈의 겹침에서 생겨난다. 화학적으로 변화무쌍한 이러한 π계에서 일어나는 첨가 반응을 이용하여, 아주 간단한 화합물에서 시작하여 현대 생활에 엄청난 영향을 미치는 고분자 물질에 이르기까지 유용한 합성 수단임을 알았다. 이 장에서는 앞의 이러한 주제들을 **세 개 이상의** p 오비탈이 π 겹침에 참여하는 화합물까지 확장시켜 다루게 된다. 이러한 오비탈에서 전자는 셋 이상의 원자 중심에 의해 공유되는데, 이를 일컬어 **비편재화 (delocalization)** 라고 한다.

β-Carotene은 광합성에 중요한 색소이다. carotenoid 족의 하나로 매년 자연계에서 1억 톤 정도가 생산되며, 당근을 비롯한 과일이나 야채의 주황색을 나타낸다. 색은 11개의 연속적인 이중 결합이 존재하여 가시광선을 흡수하는 데서 비롯된다.

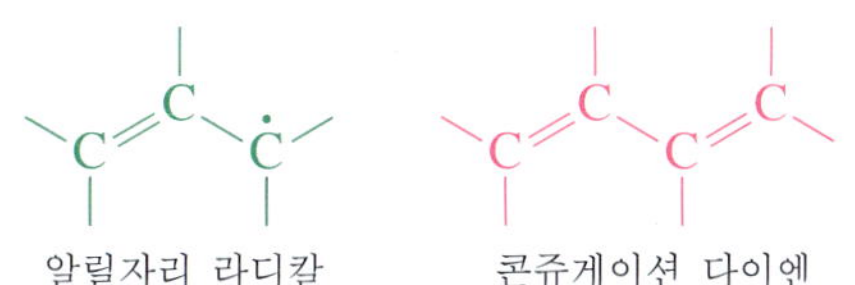

먼저 p 오비탈 세 개가 상호작용하는 2-프로페닐 [알릴 (allyl) 이라 부르기도 함] 계에 관한 논의부터 시작하게 된다. 그런 다음 이중 결합이 둘인 다이엔에서 여러 개인 폴리엔까지 다루게 된다. 이들 화합물은 자동차 타이어에서부터 컴퓨터를 감싸고 있는 플라스틱 케이스에 이르기까지 현대 사회에서 널리 사용되고 있는 고분자 물질의 기본 원료가 된다.

특히 이중 결합과 단일 결합이 교대로 반복되면 **콘쥬게이션 다이엔 (conjugated diene)**, 트라이엔 등이 생겨나는데, 이들 계에서의 π 전자는 더욱 더 확장된 비편재화를 이루게 된다. 이들 화합물들은 가열 반응 또는 광하하 반응에 의한 고리화첨가 (cycloaddition) 또는 고리 닫힘 반응과 같은 새로운 유형의 반응성을 예시하게 되는데, 이들 반응은 스테로이드 계통의 의약품과 같은 고리형 화합물을 합성하는 막강한 도구가 된다. 이들 반응으로 기본적으로 전혀 다른 새로운 메커니즘을 선보이게 되는데, 이름하여 **고리형협동** (*pericyclic*) 반응이라고 하며, 이러한 부류의 반응은 이 책에서 우리가 다루게 되는 마지막 유형의 반응이다. 이 장이 끝나면 이번 기회에 유기화학 과정에서 다루게 되는 모든 유형의 반응을 총괄하여 복습하게 된다. 이 장은 비편재화 π계를 갖는 분자들에 의한 빛의 흡수를 다루면서 마무리 짓게 되는데, 이는 자외선 및 가시광선 분광학의 기초가 된다.

14-1 이웃한 세 *p* 오비탈의 겹침: 2-프로페닐(알릴)계 전자의 비편재화

이웃한 이중 결합이 반응이 일어나는 탄소의 반응성에 어떠한 영향을 미치게 되는가? 세 가지 핵심적인 관찰에 의하여 이 문제의 답을 얻게 된다.

각종 C—H 결합의 해리 에너지

$CH_2{=}CHCH_2{-}H$
$DH° = 87$ kcal mol^{-1} (364 kJ mol^{-1})

$(CH_3)_3C{-}H$
$DH° = 96.5$ kcal mol^{-1} (404 kJ mol^{-1})

$(CH_3)_2CH{-}H$
$DH° = 98.5$ kcal mol^{-1} (412 kJ mol^{-1})

$CH_3CH_2{-}H$
$DH° = 101$ kcal mol^{-1} (423 kJ mol^{-1})

결합 세기 감소

관찰 1. 프로펜의 일차 탄소-수소 결합은 비교적 약한 편으로 87 kcal mol^{-1}에 불과하다.

$$H_2C{=}C(H)CH_2{-}H \longrightarrow H_2C{=}C(H)\dot{C}H_2 + H\cdot \qquad DH° = 87\ \text{kcal mol}^{-1}$$

Propene → 2-Propenyl 라디칼

이 값을 다른 탄화수소들이 나타내는 값들과 비교해 보게 되면(왼쪽 위 그림 참조) 심지어 삼차 C—H 결합보다 더 약한 것을 알 수 있다. **2-프로페닐 라디칼이 특별한 안정성을 갖는 것은 분명한 사실이다.**

관찰 2. 포화 일차 할로알케인에 비해 3-클로로프로펜은 S_N1 (가용매분해) 조건하에서 비교적 빠르게 결합이 분해되어, 탄소양이온 중간체를 거치는 빠른 일분자 치환 반응을 한다.

$$H_2C{=}C(H)CH_2{-}\ddot{Cl}: \xrightarrow[-:\ddot{Cl}:^-]{CH_3OH,\ \Delta} H_2C{=}C(H)CH_2^+ \xrightarrow[-H^+]{CH_3\ddot{O}H} H_2C{=}C(H)CH_2\ddot{O}CH_3$$

3-Chloropropene → 2-Propenyl (양이온) → 3-Methoxypropene (S_N1 생성물)

이러한 관찰 사실은 우리가 예측하는 바와는 분명히 어긋나는 것이다(7-5절을 상기하라). **3-클로로프로펜에서 생겨나는 양이온은 다른 일차 탄소양이온보다는 더 안정한 것으로 관찰된다.** 그렇다면 얼마만큼 더 안정한가? 가용매분해 반응에서 2-프로페닐 양이온이 생성되는 난이도는 대체로 이차 탄소양이온과 비슷한 것으로 밝혀졌다.

관찰 3. 프로펜의 pK_a는 약 40이다.

$$H_2C{=}C(H)CH_2{-}H \underset{K \approx 10^{-40}}{\rightleftharpoons} H_2C{=}C(H)\ddot{C}H_2^- + H^+$$

2-Propenyl 음이온

그러므로 프로펜은 프로페인보다 훨씬 더 산성이다(p$K_a \approx 50$). 그리고 **양성자이탈에 의한 프로페닐 음이온의 생성은 특별히 쉽게 일어나는 것으로 확대되었다.**

이 세 가지의 관찰 사항을 어떻게 설명할 수 있을까?

비편재화가 2-프로페닐(알릴) 중간체를 안정화한다

앞의 세 과정들은 각각 이중 결합의 π 골격에 인접하여 라디칼, 탄소양이온 및 탄소음이온인 반응성 탄소 중심을 생성한다. 이러한 배열로 이들의 특별한 안정성이 생기는 것으로 보인다. 왜일까? 전자의 비편재화가 그 이유이다. 앞의 세 화학종은 각기 한 쌍씩의 동등한 공명 기여 구조로 묘사할 수 있다(1-5절). 이러한 세 탄소 중간체들은 **알릴(allyl)**이라는 이름으로 불리며, 뒤에 라디칼, 양이온, 음이온과 같은 적절한 용어를 붙여 사용한다. 이렇게 활성화된 탄소를 **알릴자리 탄소(allylic carbon)**라 한다.

2-Propenyl(allyl)계의 비편재화의 공명 표현

$[\mathrm{CH_2{=}CH{-}\dot{C}H_2} \longleftrightarrow \mathrm{\dot{C}H_2{-}CH{=}CH_2}]$ 또는 H–C(H₂C···CH₂, ·) (라디칼)

$[\mathrm{CH_2{=}CH{-}\overset{+}{C}H_2} \longleftrightarrow \mathrm{\overset{+}{C}H_2{-}CH{=}CH_2}]$ 또는 H–C(H₂C···CH₂, +) (양이온)

$[\mathrm{CH_2{=}CH{-}\overset{-}{\ddot{C}}H_2} \longleftrightarrow \mathrm{\overset{-}{\ddot{C}}H_2{-}CH{=}CH_2}]$ 또는 H–C(H₂C···CH₂, −) (음이온)

공명 구조란 이성질체가 **아니라** 부분적인 분자 표현이라는 것을 기억해야 할 것이다. 실제 구조는 그 둘을 포갠 것으로(공명 혼성체) 정통적인 그림 오른쪽에 점선 그림으로 더 잘 표현된다.

2-프로페닐(알릴) 파이계는 세 개의 분자 오비탈로 나타낸다

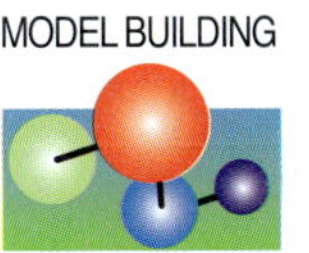

2-프로페닐(알릴)계의, 공명에 의한 안정화는 분자 오비탈로도 설명할 수 있다. 세 탄소는 각각 sp^2 혼성화되어 있고, 분자 평면에 수직한 p 오비탈을 갖는다(그림 14-1). **모형을 만들어 보라. 구조는 대칭적이며, C—C 결합 길이는 같다.**

σ 골격을 그대로 둔 채, 세 p 오비탈을 수학적으로 조합하여 세 개의 π 분자 오비탈을 얻을 수 있다. 이 과정은 두 개의 p 원자 오비탈 조합으로 두 개의 분자 오비탈을 형성하여 π 결합을 이루는 것과 비슷하며(그림 11-2와 11-4), 여기서는 단지 세 번째 원자 오비탈이 있다는 것이 다르다. 결과적으로 만들어지는 세 개의 분자 오비탈 중에서 하나(π_1)는 **결합 오비탈**로 마디가 없으며, 다른 하나(π_2)는 **비결합 오비탈**로 상호작용을 하지 않는 p 오비탈과 같은 에너지를 가지고, 마디가 하나 있으며, 나머지 하나(π_3)는 마디가 두 개인 **반결합 오비탈**이다. 우리는 쌓음 원리(Aufbau principle)를 이용하여 적정 수의 전자를 그려 넣어 2-프로페닐 양이온, 라디칼, 음이온의 π 분자 오비탈을 채워 넣을 수 있다(그림 14-3).

양이온은 전자가 단 두 개뿐이므로 π_1 오비탈 하나만을 채우게 된다. 라디칼과 음이온은 비결합 오비탈인 π_2에 각각 한 개 또는 두 개의 전자를 배열한다. 세 경우 모두 계 전체로서의 π 전자 에너지는 서로 상호작용이 없는 p 오비탈을 가질 때 기대할 수 있는 것보다 더 낮으며 더 유리하다. 왜냐하면 세 경우 모두에서 매우 안정화된 π_1이 두 개의 전자로 채워져 있는 반면에, 반결합성 에너지 준위의 오비탈 π_3는 비어 있기 때문이다

세 개의 2-프로페닐 화학종에 대한 공명 구조식을 살펴보면 이온의 전하와 라디칼의 홀전

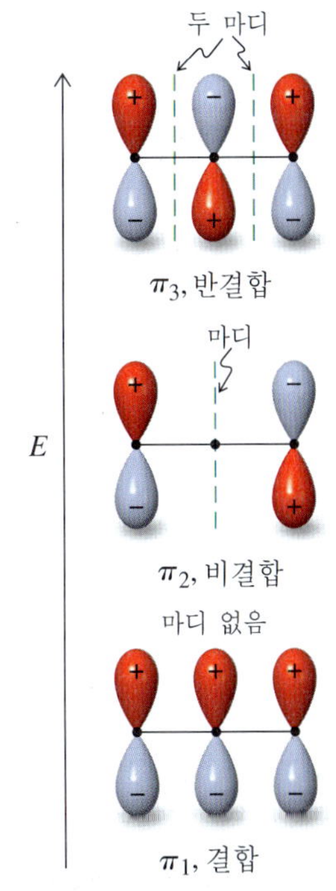

그림 14-2 이웃한 세 p 원자 오비탈의 조합으로 얻어지는 2-propenyl (allyl)계의 세 π 분자 오비탈.

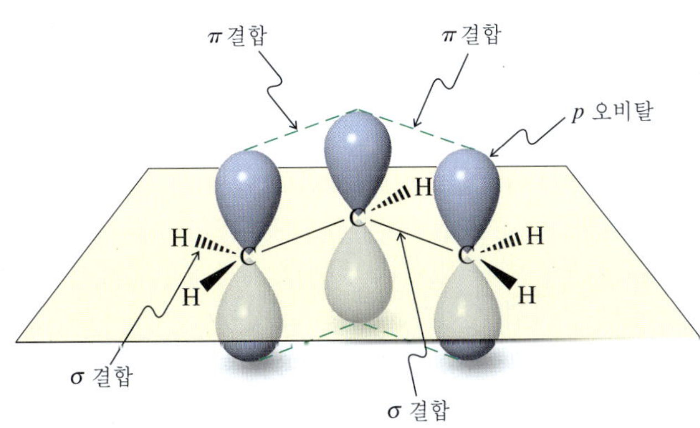

그림 14-1 2-Propenyl (allyl)의 세 p 오비탈의 겹침으로 비편재된 전자를 갖는 대칭적인 구조를 생겨나게 된다. σ 골격은 검은 실선으로 나타내었다.

그림 14-3 쌓음 원리(Aufbau principle)를 이용하여 적정 수의 전자를 그려 넣어 2-propenyl (allyl) 양이온, 라디칼, 음이온의 π 분자 오비탈을 채워 넣을 수 있다. 각각의 경우에 π 전자의 총 에너지는 서로 상호작용이 없는 p 오비탈보다 낮다. 부분 양이온, 라디칼, 음이온성은 두 말단 탄소에 나타나는데, 이는 π_2 분자 오비탈의 로오브의 특성에 기인한다.

자를 수용하는 것은 두 **말단**(*teminal*) 탄소라는 점을 알 수 있다. 분자 오비탈 그림을 보면 이와 완전히 일치한다. 세 구조는 단지 π_2 분자 오비탈에 있는 전자수에서만 차이를 보이며, 이 π_2 분자 오비탈은 가운데 탄소를 지나가는 마디를 하나 가진다. 따라서 전자의 과다 또는 부족 정도가 이 위치에서는 별로 차이를 나타내지 않는다. 2-프로페닐계의 정전기 퍼텐셜 지도를 보면 그들의 비편재된 성질을 알아볼 수 있다(양이온과 음이온의 경우에는 농담을 낮게 조절한 것으로, 그렇지 않으면 너무 짙게 나타나게 된다). 특히 양이온과 음이온에서 상당한 정도로 두 말단에서 큰 전하 밀도를 가짐을 알아 볼 수 있다. 이 그림은 σ와 π 오비탈의 전자를 모두 고려하여 그린 것임을 기억하시오.

2-Propenyl(allyl)계의 부분적인 전자 밀도 분포

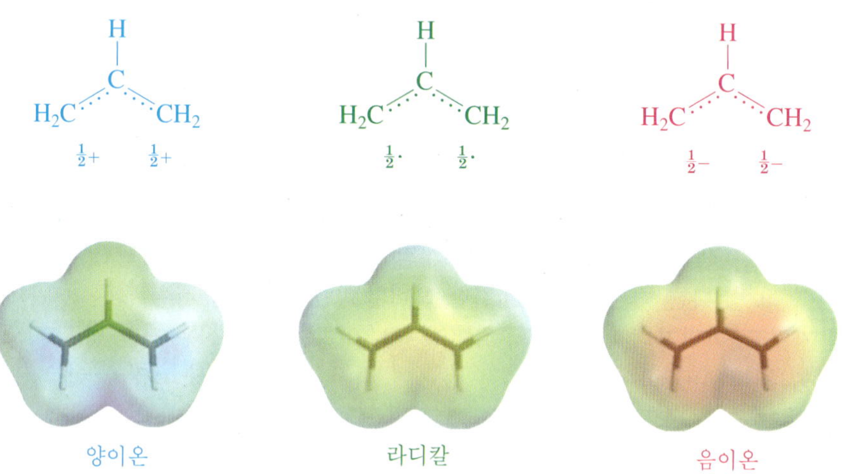

요약 알릴자리 라디칼, 양이온, 음이온들은 특별한 안정성을 가진다. Lewis 용어를 빌리면 이러한 안정화는 전자의 비편재화에 의해 쉽게 설명된다. 분자 오비탈 이론으로는 세 p 오비탈의 상호작용으로 새로 세 분자 오비탈을 형성한다. 그중 하나는 p 원자 오비탈보다 에너지 준위가 훨씬 낮으며, 다른 하나는 같은 준위에 머물며, 세 번째 것은 더 높은 에너지 준위에 있다. 에너지 준위가 낮은 두 오비탈만이 채워지기 때문에 계의 전체 π 에너지는 더 낮아지게 된다.

14-2 알릴 라디칼 할로젠화

비편재화의 덕분에 공명 안정화된 알릴 중간체로 인하여 불포화 분자는 반응에 쉽게 참여할 수 있게 된다. 예를 들어, 할로젠 분자들은 알켄에 첨가되어 상응하는 이웃자리 이할로젠화물(vicinal dihalide, 12-5절)이 생성될 수 있지만, 라디칼 개시제가 존재하고 할로젠이 아주 낮은 농도로 존재하면 반응 경로가 바뀌게 된다. 이러한 조건에서는 이온성 첨가를 제쳐두고 라디칼 사슬 메커니즘에 따라 **알릴 라디칼 치환**(**radical allylic substitution**)* 이 일어나게 된다.

*이와 같은 변화를 완전하게 설명하려면 상세한 속도론적 분석이 요구되어 이 책의 수준을 벗어나게 된다. 브로민의 농도가 아주 낮아지면 경쟁 반응인 첨가는 가역 과정이 되어 알릴자리 치환이 주도권을 쥐는 것으로 이해하는 것으로 충분하다.

NBS로부터 Br가 생성되는 메커니즘

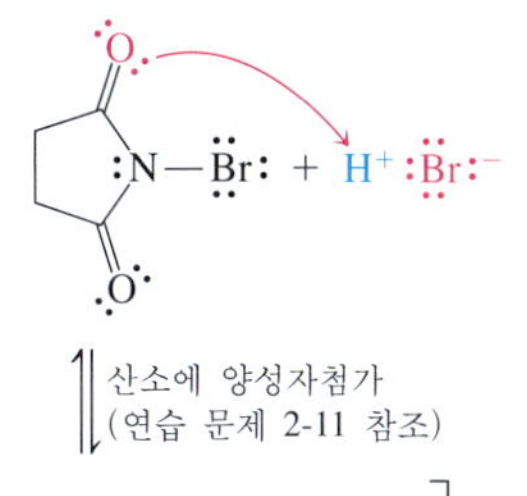

산소에 양성자첨가 (연습 문제 2-11 참조)

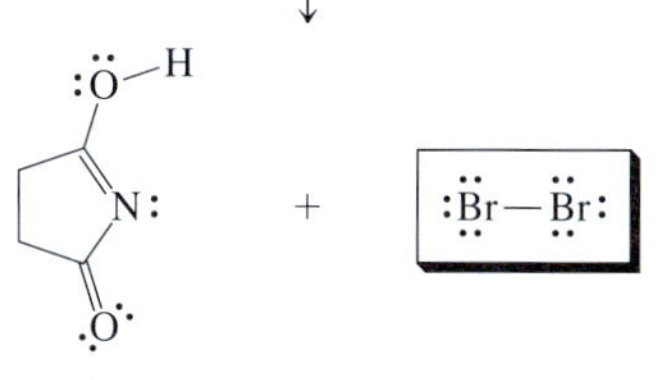

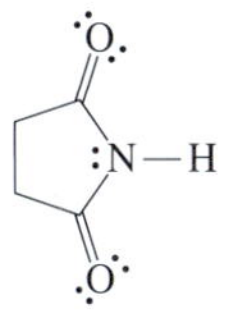

양성자 이동 (토토머화 13-7절)

알릴자리 라디칼 할로젠화

$$CH_2{=}CHCH_3 \xrightarrow{X_2\text{ (low conc.), ROOR 또는 }h\nu} CH_2{=}CHCH_2X + HX$$

실험실에서 알릴자리 브로민화반응에 자주 사용되는 시약은 테트라클로로메테인에 현탁시킨 *N*-브로모뷰탄이미드(*N*-bromosuccinimide, NBS)이다. 이 물질은 CCl_4에 거의 녹지 않고, 적은 양의 HBr과 반응하여 소량의 브로민을 계속 생성한다(오른쪽의 설명을 참조).

브로민 공급원인 NBS

N-Bromobutanimide (*N*-Bromosuccinimide, NBS) + HBr ⇌ Butanimide + Br_2

예를 들어, NBS는 사이클로헥센을 3-브로모사이클로헥센으로 변환시킨다.

사이클로헥센 + NBr $\xrightarrow{h\nu,\ CCl_4}$ 3-Bromocyclohexene (85%) + NH

브로민은 라디칼 사슬 메커니즘으로 알켄과 반응한다(3-4절). 이 과정은 빛이나, 매우 적은 양의 라디칼 개시제로 브로민의 해리가 일어나 브로민 원자로 바뀌는 데서 시작된다. 사슬 전파 단계에서는 약하게 결합하고 있는 알릴자리 수소가 Br·에 의해 추출된다.

알릴자리 브로민화 메커니즘

개시 단계

$$:\ddot{Br}-\ddot{Br}: \xrightarrow{h\nu} 2\ :\ddot{Br}\cdot$$

전파 단계

R–CH=CH–CH(H)–R + :Br· $\underset{}{\overset{\text{H 떼기}}{\rightleftharpoons}}$ [R–CH=CH–CH·–R ⟷ R–CH·–CH=CH–R] + H–Br

$DH° = 87\ \text{kcal mol}^{-1}$ $DH° = 87\ \text{kcal mol}^{-1}$

알릴자리 라디칼

[R–CH=CH–CH·–R ⟷ R–CH·–CH=CH–R] + :Br–Br: ⟶ R–CH=CH–CH(Br)–R + :Br·

공명 안정화된 라디칼은 알릴계의 양쪽 말단에서 Br_2와 반응하여 알릴자리 브로민화물(allylic bromide)을 생성하면서, Br·을 재생성하여 반응 사슬을 이어가게 된다. 따라서 비대칭성 알릴 라디칼을 생성하는 알켄은 NBS와 반응하면 혼합 생성물을 생성하게 된다. 다음이 그 한 예이다.

$$CH_2{=}CH(CH_2)_5CH_3 \xrightarrow[-HBr]{NBS,\ ROOR} \left[CH_2{=}CH\dot{C}H(CH_2)_4CH_3 \longleftrightarrow \cdot CH_2CH{=}CH(CH_2)_4CH_3\right]$$

1-Octene

Br_2 (NBS에서), $-Br\cdot$ ↓ Br_2 (NBS에서), $-Br\cdot$ ↓

$$CH_2{=}CHCH(Br)(CH_2)_4CH_3 \quad + \quad BrCH_2CH{=}CH(CH_2)_4CH_3$$

28% 3-Bromo-1-octene   72% 1-Bromo-2-octene (시스와 트랜스 혼합물)

연습 문제 14-1

입체화학은 고려하지 말고 NBS와 *trans*-2-heptene의 반응에서 생성 가능한 모든 monobromoheptene의 이성질체를 적으시오.

염소는 비교적 값이 저렴하기 때문에 알릴자리 염소화는 공업적으로 중요하다. 예를 들어, 3-클로로프로펜(염화 알릴)은 공업적으로 400°C에서 프로펜을 기체상에서 염소화하여 제조한다. 이는 에폭시 수지를 비롯한 다른 많은 유용한 화합물을 구성하는 기본 단위가 된다.

$$CH_3CH{=}CH_2 \ + \ Cl_2 \xrightarrow{400°C} ClCH_2CH{=}CH_2 \ + \ HCl$$

3-Chloropropene (Allyl chloride)

연습 문제 14-2

다음 화합물의 알릴자리 일치환 염소화 생성물을 예측하시오.

(a) Cyclohexene **(b)** 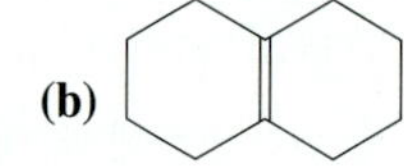 **(c)** 1-Methylcyclohexene

불포화 화합물의 생물학적 분해는 흔히 산소-함유 화학종인 라디칼에 의해 알릴자리 수소 떼기 과정을 거친다. 그러한 과정은 22-9절에서 다루게 된다.

요약 라디칼 반응 조건하에서 알릴자리 수소가 있는 알켄은 알릴자리 할로젠화반응을 하게 된다. 알릴자리 브로민화에 특히 좋은 시약은 *N*-브로모뷰탄이미드(*N*-브로모석신이미드, NBS)이다.

14-3 알릴자리 할로젠화물의 친핵성 치환: S_N1과 S_N2

14-1절에 있는 3-클로로프로펜의 예에서 볼 수 있듯이 알릴자리 할로젠화물은 결합이 쉽게 분해되어 알릴자리 양이온을 생성한다. 이들 양이온은 양 끝 중 하나에서 S_N1 반응으로 친핵체와 반응이 일어난다. 알릴자리 할로젠화물은 S_N2 반응도 쉽게 일으킨다.

알릴자리 할로젠화물은 S_N1 반응을 한다

알릴자리 할로젠화물이 쉽게 깨지면서 일어나는 반응은 화학적으로 중요한 결과가 초래된다. 서로 다른 알릴자리 할로젠화물이라도 가용매분해로 동일한 알릴자리 양이온이 만들어지게 되면 결국 같은 생성물을 얻게 된다. 예를 들어, 1-클로로-2-뷰텐이나 3-클로로-1-뷰텐을 가수분해하게 되면 동일한 알코올 혼합물을 생성하게 된다. 중간체로 똑같은 알릴자리 양이온을 거치기 때문이다.

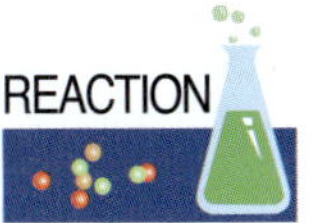

이성질체인 두 알릴자리 염소화물의 가수분해

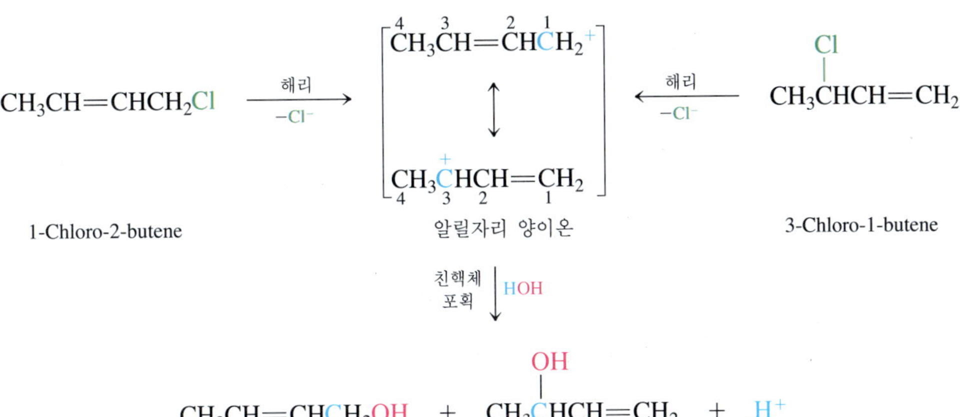

$$CH_3CH{=}CHCH_2OH + CH_3\underset{}{\overset{OH}{C}}HCH{=}CH_2 + H^+$$

2-Buten-1-ol 3-Buten-2-ol

연습 문제 14-3

(*R*)-3-Chloro-1-butene을 가수분해하면 2-buten-1-ol이 얻어지나 3-buten-2-ol이 더불어 생성된다. 그 이유가 무엇인가? (**힌트**: 7-3절을 복습하라.)

연습 문제 14-4

개념 문제: 알릴 알코올과 산

3-Buten-2-ol을 찬 hydrogen bromide와 반응시키면 1-bromo-2-butene과 3-bromo-1-butene이 생성된다. 메커니즘으로 설명하시오.

전략

우선 글로 설명한 반응을 균형 맞춘 반응식으로 바꿔 적는다. 다음 3-buten-2-ol의 구조를 살펴 작용기를 찾아낸다. 그런 다음 주어진 반응 조건을 하나하나 살피든지, 전체로 살피든지 하여 이들이 어떻게 영향을 미치게 되는가를 검토한다.

풀이

- $$CH_3\overset{OH}{C}HCH{=}CH_2 \xrightleftharpoons{HBr} CH_3\overset{Br}{C}HCH{=}CH_2 + CH_3CH{=}CHCH_2Br + H_2O$$
- 3-Buten-2-ol은 이차 알코올이면서 **알릴** 알코올이다.
- 알코올은 강산이 존재하면 양성자첨가로 옥소늄 이온을 형성하고, 구조에 따라 S_N2 또는 S_N1 경로로 반응할 수 있음을 상기하라(9-2절). 이 문제에서는 명확한 S_N1 반응이다.
- 공명 안정화된 알릴자리 양이온은 양이온성을 띠는 두 말단에서 브로민화 이온을 포획하여 관찰되는 생성물들을 얻게 된다.

$$CH_3\overset{OH}{C}HCH{=}CH_2 \xrightleftharpoons{HBr} \left[CH_3\overset{+}{C}HCH{=}CH_2 \longleftrightarrow CH_3CH{=}CHCH_2^+\right] + H_2O + Br^- \longrightarrow$$

$$CH_3\overset{Br}{C}HCH{=}CH_2 + CH_3CH{=}CHCH_2Br + H_2O$$

연습 문제 14-5

자습 문제

다음 변환 반응의 메커니즘을 적으시오.

(vinyloxirane) $\xrightarrow{H^+, CH_3OH}$ HO–CH_2–CH(OCH_3)–CH=CH_2 + HO–CH_2–CH=CH–CH_2–OCH_3

알릴자리 할로젠화물은 또한 S_N2 반응도 할 수 있다

알릴자리 할로젠화물과 좋은 친핵체 간의 S_N2 반응은(6-8절) 대응하는 포화된 할로알케인보다 더 빠르다. 두 가지 요인에 의하여 빨라지는데 하나는 알릴자리 탄소가 상대적으로 전자 끌기인 sp^2 혼성화 탄소에 붙어 있기 때문에(알릴이 아닌 경우의 sp^3에 반하여, 13-2절) 친전자성이 커지는 것이다. 두 번째 요인은 치환 반응의 전이 상태에서 이중 결합과 *p* 오비탈 간의 겹침으로 안정화되어(그림 6-4 참조) 활성화 에너지 장벽이 비교적 낮아지는 데 기인한다.

3-Chloro-1-propene과 1-chloropropane의 S_N2 반응

	상대 속도
$CH_2{=}CHCH_2Cl + I^- \xrightarrow{\text{Acetone, 50°C}} CH_2{=}CHCH_2I + Cl^-$	73
$CH_3CH_2CH_2Cl + I^- \xrightarrow{\text{Acetone, 50°C}} CH_3CH_2CH_2I + Cl^-$	1

연습 문제 14-6

3-Chloro-3-methyl-1-butene은 25 °C acetic acid 속에서 가용매분해하면 처음에는 구조 이성질체인 염화물과 약간의 아세테이트가 포함된 혼합물을 생성한다. 오랜 시간이 지나면 알릴자리 염소화물은 남아 있지 않고, 아세테이트만이 유일한 생성물이 된다. 이 결과를 설명하시오.

3-Chloro-3-methyl-1-butene $\xrightarrow{CH_3COH,\ CH_3CO^{-+}K}$ 1-Chloro-3-methyl-2-butene + 3-Methyl-2-butenyl acetate

요약 알릴자리 할로젠화물은 S_N1 반응과 S_N2 반응이 모두 일어날 수 있다. S_N1 반응에서 형성되는 비대칭인 알릴자리 양이온 중간체는 양 말단에서 친핵체와 결합하게 되어 두 생성물의 혼합물을 얻게 된다. 좋은 친핵체와의 반응에서는 알릴자리 할로젠화물은 대응하는 포화된 기질에 비해 빠르게 S_N2 반응을 일으킨다.

14-4 알릴 유기금속 시약: 유용한 세-탄소 친핵체

프로펜은 양성자이탈로 생성되는 짝염기인 탄소음이온의 상대적 안정성으로 프로페인보다 더 산성이다(14-1절). 따라서 알릴 리튬 시약은 알킬리튬(alkyllithium)을 사용하여 프로펜 유도체에서 양성자이탈로 만들 수 있다. 이 과정은 좋은 용매화제인 *N,N,N′,N′*-테트라메틸에테인-1,2-다이아민 [*N,N,N′,N′*-tetramethylethane-1,2-diamine, 테트라메틸에틸렌다이아민 (tetramethylethanediamine), TMEDA]을 사용하면 훨씬 용이하게 일어난다.

알릴자리 양성자이탈

$$CH_3CH_2CH_2CH_2Li + H_2C{=}C(CH_3)_2 \xrightarrow{(CH_3)_2NCH_2CH_2N(CH_3)_2\ (TMEDA)} H_2C{=}C(CH_3)(CH_2Li) + CH_3CH_2CH_2CH_2{-}H$$

알릴 유기금속 화합물을 생성하는 또 다른 방법은 다음 예에서와 같은 Grignard 반응이다.

$$\underset{\text{3-Bromo-1-propene}}{CH_2{=}CHCH_2Br} \xrightarrow{Mg,\ THF,\ 0°C} \underset{\text{2-Propenylmagnesium bromide}}{CH_2{=}CHCH_2MgBr}$$

대응하는 알킬금속에서처럼(8-8절) 알릴 리튬과 알릴 Grignard 시약은 친핵체로 작용할 수 있다. 이는 대단히 유용한 반응으로 반응물에 들어 있는 이중 결합은 나중에 다른 작용기로 변환이 가능하기 때문이다(12장).

연습 문제 14-7

어떻게 하면 될 수 있는 대로 적은 단계로 다음 변환을 완성할 수 있는지 그 방법을 제시하시오(**힌트**: 알릴 유기금속 화합물은 일반 유기금속 시약과 똑같은 방법으로 케톤과 반응한다).

(Cyclohexanone, O) ----> (1-hydroxy-1-(CH_2CHO)cyclohexane: HO, CH_2CHO)

요약 알켄은 알릴자리에서 양성자이탈이 일어나게 되며, 그 결과 비편재된 음이온을 생성하게 된다. 알릴 리튬이나 Grignard 시약은 대응하는 할로젠화물로부터 만들 수 있다. 다른 알킬 유사체와 같이 알릴 유기금속 화합물 또한 친핵체로 작용한다.

14-5 두 이웃한 이중 결합: 콘쥬게이션 다이엔

지금까지 우리는 세 원자에 걸친 비편재화의 결과를 알아보았는데, 한 걸음 더 나아가면 어떤 일이 일어나게 되는지를 배우는 것은 흥미로운 일이 아닐 수 없다. 네 번째 p 오비탈을 덧붙이게 되면 두 개의 이중 결합이 단일 결합에 의해 떨어져 있게 되는 **콘쥬게이션 다이엔(conjugated diene**: *conjugatio*, 라틴어로 조합을 의미)이 된다. 이들 화합물은 비편재화로 안정화되는 데, 그 정도는 수소화 반응열을 측정하면 알 수 있다. 이러한 확장된 π 겹침은 이들의 분자 구조, 전자 구조에서 나타나며, 또한 화학 반응에도 영향을 미치게 된다.

가장 간단한 콘쥬게이션 및 비콘쥬게이션 다이엔

$CH_2{=}CH{-}CH{=}CH_2$

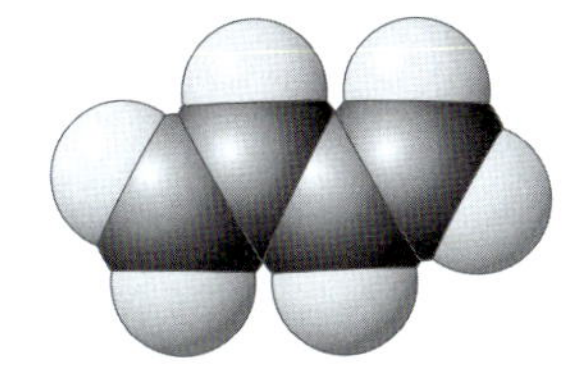

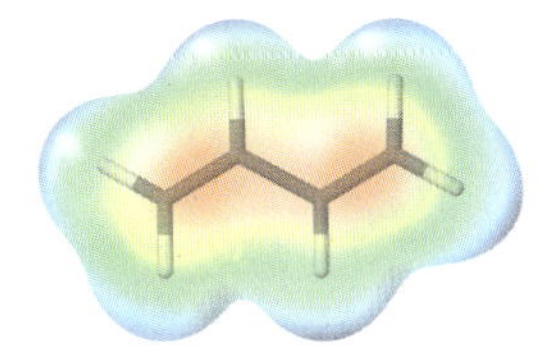

1,3-Butadiene
(콘쥬게이션)

$CH_2{=}CHCH_2{-}CH{=}CH_2$

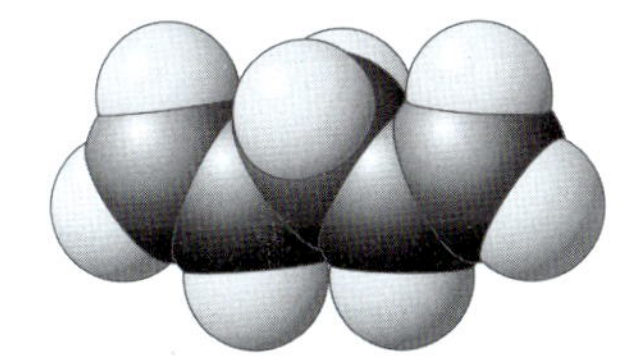

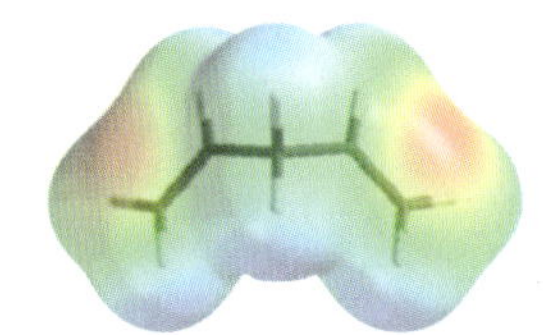

1,4-Pentadiene
(비콘쥬게이션)

$CH_2{=}C{=}CH_2$

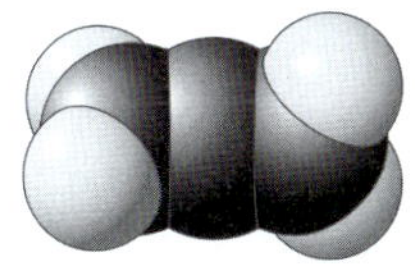

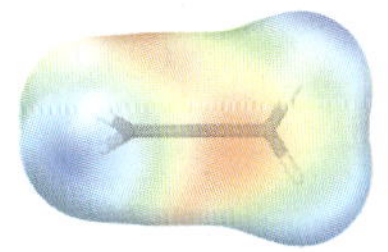

1,2-Propadiene
(Allene, 비콘쥬게이션)

이중 결합이 둘인 탄화수소를 다이엔이라고 한다

콘쥬게이션 다이엔은 이중 결합 둘이 포화된 탄소에 의해 분리되어 있는 **비콘쥬게이션(nonconjugate)** 이성질체나, 두 개의 π 결합이 sp 혼성화 탄소 하나를 공유하여 서로 수직인 **연이은(cumulated)** 다이엔 또는 **알렌(allene**, 그림 14-4)과는 사뭇 다르다. 콘쥬게이션 다이엔과 비콘쥬게이션 다이엔의 정전기 퍼텐셜 지도가 아주 다른 것을 오른쪽 여백의 그림에서 확인할 수 있다. 1,3-뷰타다이엔에서의 π 결합 전자는 서로 겹쳐있는데 비해, 1,4-펜타다이엔의 π 전자를 갖지 않은 메틸렌기에 의해 완전히 분리되어 있다. 1,2-프로파다이엔(알렌)에서는 이들 전자는 아주 가까이 있으나 서로 수직한 공간에 자리잡고 있다.

콘쥬게이션 다이엔 또는 비콘쥬게이션 다이엔도 알켄의 명명법에 기초하여 이름을 붙인다. 이중 결합이 지나가는 가장 긴 사슬을 찾고, 작용기와 치환기의 위치를 나타내는 번호를 정한다. 필요하다면 시스-트랜스 또는 E, Z 접두사를 붙여서 이중 결합 주위의 기하학적 배열을

그림 14-4 Allene의 두 π 결합은 탄소 하나를 공유하며 서로간에 수직이다.

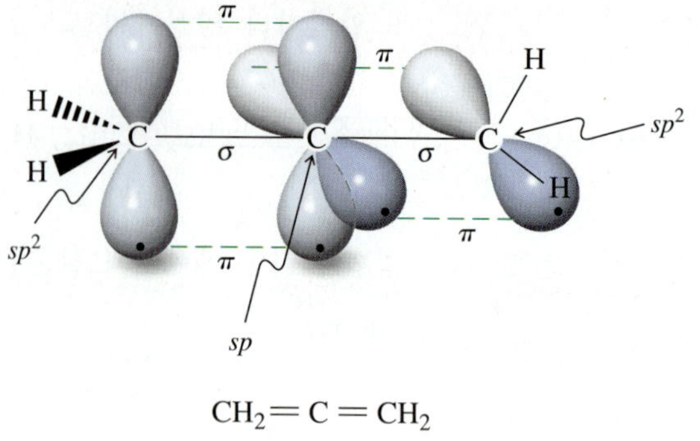

$CH_2=C=CH_2$

나타낸다. 고리형 다이엔도 마찬가지로 이름을 붙인다.

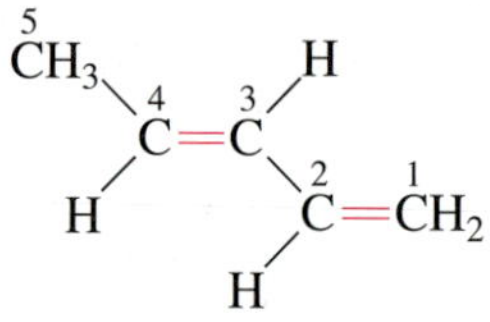

trans-1,3-Pentadiene

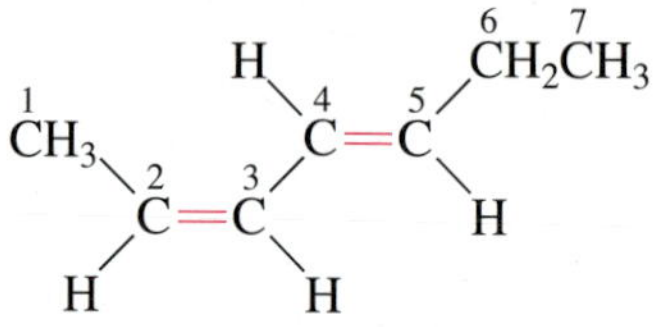

cis-2-*trans*-4-Heptadiene

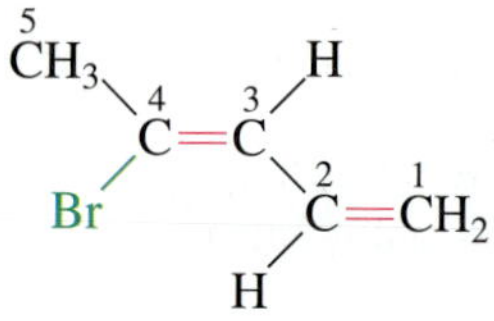

(Z)-4-Bromo-1,3-pentadiene

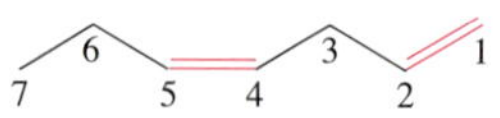

cis-1,4-Heptadiene
(비콘쥬게이션 다이엔)

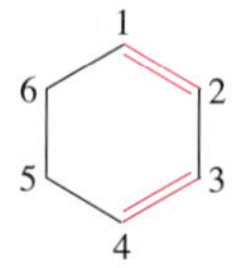

1,3-Cyclohexadiene

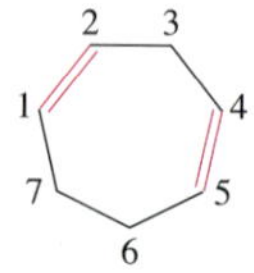

1,4-Cycloheptadiene
(비콘쥬게이션 고리형 다이엔)

연습 문제 14-8

다음 화합물에 대한 적절한 이름을 붙이거나 구조를 그리시오.

(a) Br

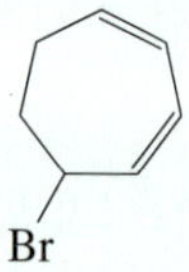

(b) H_3C CH_3 CH_3

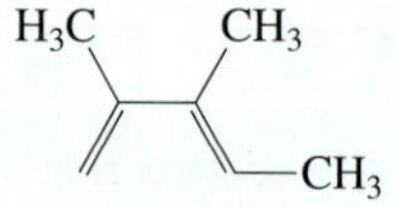

(c) *cis*-3,6-Dimethyl-1,4-cyclohexadiene

(d) *cis,cis*-1,4-Dibromo-1,3-butadiene

콘쥬게이션 다이엔은 비콘쥬게이션 다이엔보다 더 안정하다

앞 절에서 전자의 비편재화로 인해 알릴계는 특별히 안정화됨을 알았다. 콘쥬게이션 다이엔도 그렇게 되겠는가? 만약 그리 된다면 안정성은 이들의 수소화 반응열에서 명백하게 들어나야 한다. 말단 알켄의 수소화 반응열이 약 -30 kcal mol^{-1}임은 알고 있다(11-5절 참조). 서로 **상호작용이 없는**(즉, 하나 이상의 포화된 탄소에 의해 분리된) 말단 이중 결합이 두 개인 화합물의 수소화 반응열은 대략 이 값의 두 배인 -60 kcal mol^{-1}이 되어야 한다. 실제로 1,5-헥사다이엔 또는 1,4-펜타다이엔의 촉매 수소화는 그 정도의 에너지를 방출한다.

비콘쥬게이션 알켄의 수소화 반응열

$$CH_3CH_2CH=CH_2 + H_2 \xrightarrow{Pt} CH_3CH_2CH_2CH_3 \quad \Delta H^\circ = -30.3 \text{ kcal mol}^{-1} \quad (-127 \text{ kJ mol}^{-1})$$

$$CH_2=CHCH_2CH_2CH=CH_2 + 2\,H_2 \xrightarrow{Pt} CH_3(CH_2)_4CH_3 \quad \Delta H^\circ = -60.5 \text{ kcal mol}^{-1} \quad (-253 \text{ kJ mol}^{-1})$$

$$CH_2=CHCH_2CH=CH_2 + 2\,H_2 \xrightarrow{Pt} CH_3(CH_2)_3CH_3 \quad \Delta H^\circ = -60.8 \text{ kcal mol}^{-1} \quad (-254 \text{ kJ mol}^{-1})$$

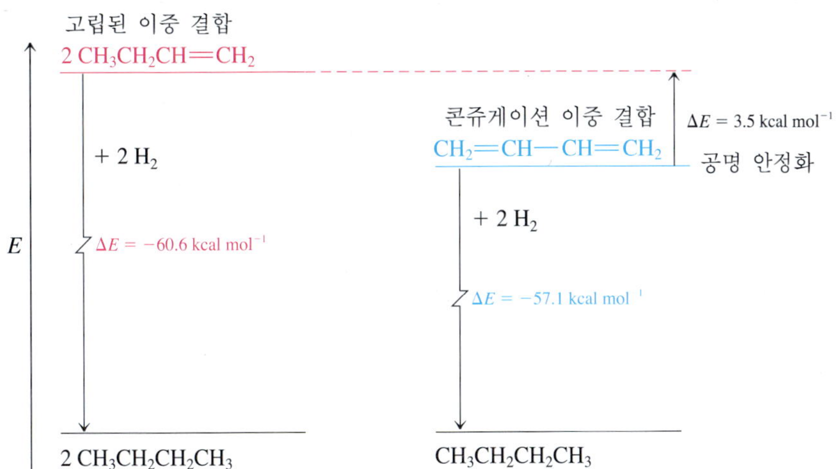

그림 14-5 1-Butene (한 말단 알켄) 두 분자와 1,3-butadiene (두 말단 콘쥬게이션 다이엔) 한 분자의 수소화 반응열의 차이는 그들의 상대적 안정성을 나타낸다. 3.5 kcal mol^{-1}의 값 차이는 1,3-butadiene의 콘쥬게이션에 의하여 안정화되는 정도를 나타낸다.

콘쥬게이션 다이엔인 1,3-뷰타다이엔으로 같은 실험을 하면 더 작은 에너지가 방출된다.

1,3-Butadiene의 수소화 반응열

$$CH_2{=}CH{-}CH{=}CH_2 + 2\,H_2 \xrightarrow{Pt} CH_3CH_2CH_2CH_3 \qquad \Delta H° = -57.1 \text{ kcal mol}^{-1} \qquad (-239 \text{ kJ mol}^{-1})$$

약 3.5 kcal mol^{-1} 차이를 보이게 되는 데 이는 다음 그림 14-5에 나타낸 것과 같은 두 이중 결합의 상호작용에 기인한다.

연습 문제 14-9

trans-1,3-Pentadiene의 수소화 반응열은 −54.2 kcal mol^{-1}로 1,4-pentadiene과 비교하여 6.6 kcal mol^{-1} 더 낮으며, 1,3-butadiene의 안정화 에너지로부터 예상할 수 있는 것보다도 더 낮다. 설명하시오(**힌트**: 11-5절 참조).

1,3-뷰타다이엔의 콘쥬게이션은 π 결합의 겹침에서 비롯된다

1,3-뷰타다이엔에서 두 이중 결합은 어떻게 상호작용하는가? 이 질문에 대한 답은 π계가 같은 방향으로 배열하여 C2와 C3의 *p* 오비탈의 겹침이 가능해지는 데 있다(그림 14-6A). 이 π 상호작용은 비록 약하지만, π 전자가 네 *p* 오비탈에 비편재되어 몰당 몇 kcal mol^{-1}은 된다.

이 π 상호작용에 의하여 다이엔이 안정화될 뿐 아니라 6 kcal mol^{-1} 이상의 단일 결합의 회전 장애를 유발한다. 모형 연구에 의하면 극단적으로 두 가지 동일 평면상의 구조가 가능해진다. 하나는 **s-시스**(***s-cis***)라 하는데, 두 π 결합이 C2−C3축의 같은 쪽에 놓인다. 다른 하나는 **s-트랜스**(***s-trans***)라고 하며, 두 π 결합이 반대쪽에 놓인다(그림 14-6B). 접두사 s는 C2와 C3의 연결에 다리 역할을 하는 결합이 단일 결합임을 나타낸다. *s*-시스 배열은 *s*-트랜스 배열보다 3 kcal mol^{-1} 덜 안정한데, 이는 *s*-시스 배열에서 다이엔 단위의 안쪽 두 수소 간의 입체 장애 때문이다.*

MODEL BUILDING

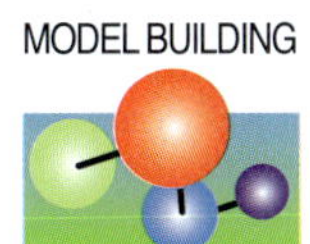

연습 문제 14-10

1,4-Pentadiene에서 중앙의 C—H 결합 해리 에너지는 77 kcal mol^{-1} 밖에 되지 않는다. 이를 설명하시오(**힌트**: 14-1과 14-2절을 참고하고, H 원자 떼기의 생성물을 그리시오).

1,3-뷰타다이엔의 π 전자 구조는 네 *p* 원자 오비탈로부터 네 분자 오비탈을 구성하는 방식으로 묘사할 수 있다(그림 14-7).

**s*-시스 배열은 두 이중 결합이 평면에서 벗어난 고우시 배열에서의 에너지와 매우 가깝다(2-8절). *s*-시스가 더 안정한가 아니면 또는 고우시 배열이 더 안정한가는 아직도 논란거리가 되고 있다.

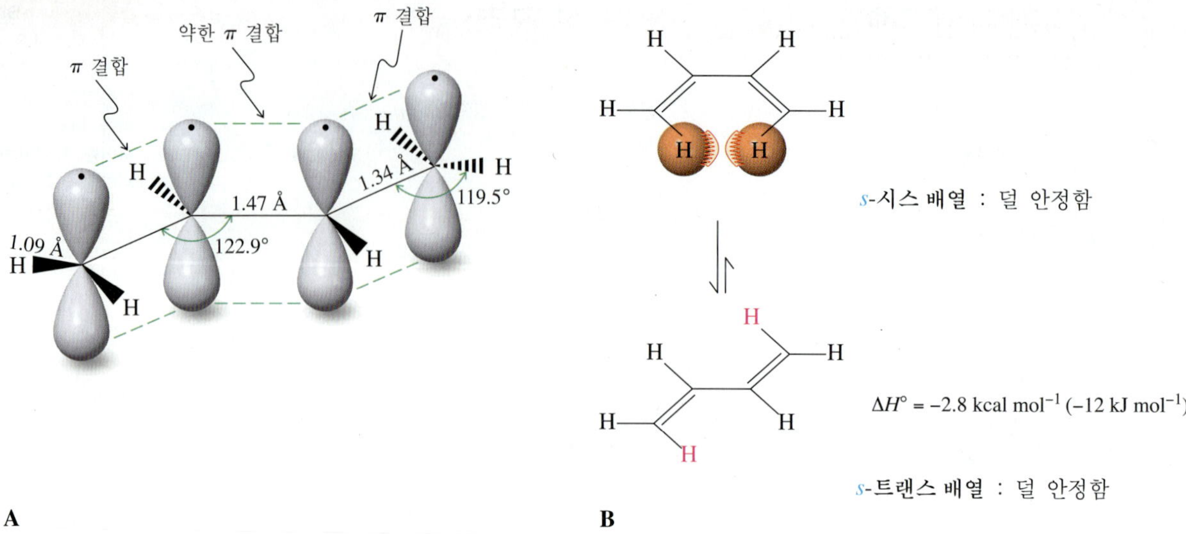

그림 14-6 (A) 1,3-Butadiene의 구조. 가운데 있는 결합은 알케인, 즉 butane의 가운데 C−C 결합의 길이는 1.54 Å보다 짧다. 분자 평면에 수직인 p 오비탈은 계속 이어져 가며, 상호작용을 하게 된다. (B) 1,3-butadiene은 두 가지 평면 배열을 이룰 수 있다. s-시스 배열은 그림에서 붉게 표시된 두 "안쪽" 수소가 근접해 있어 입체 장애를 유발하게 된다.

요약 다이엔은 알켄의 일반적인 명명법에 따라 이름을 붙인다. 콘쥬게이션 다이엔은 이중 결합 둘이 분리되어 있는 다이엔보다 더 안정하며, 이는 수소화 반응열을 측정해 보면 알 수 있다. 콘쥬게이션은 1,3-뷰타다이엔의 분자 구조에 영향을 미치게 되는데, 중앙의 탄소-탄소 결합은 상대적으로 짧아지게 되며, 작지만 약 6 kcal mol^{-1}의 회전에 따른 에너지 장벽을 갖게 된다. 두 회전 배열체인 s-트랜스와 s-시스는 약 3 kcal mol^{-1} 정도의 에너지 차이를 나타낸다. 1,3-뷰타다이엔의 π계의 분자 오비탈은 그림에서 보는 것처럼 두 결합 오비탈과 두 반결합 오비탈로 이루어진다. 네 전자들은 낮은 에너지의 두 결합 오비탈을 점유하게 된다.

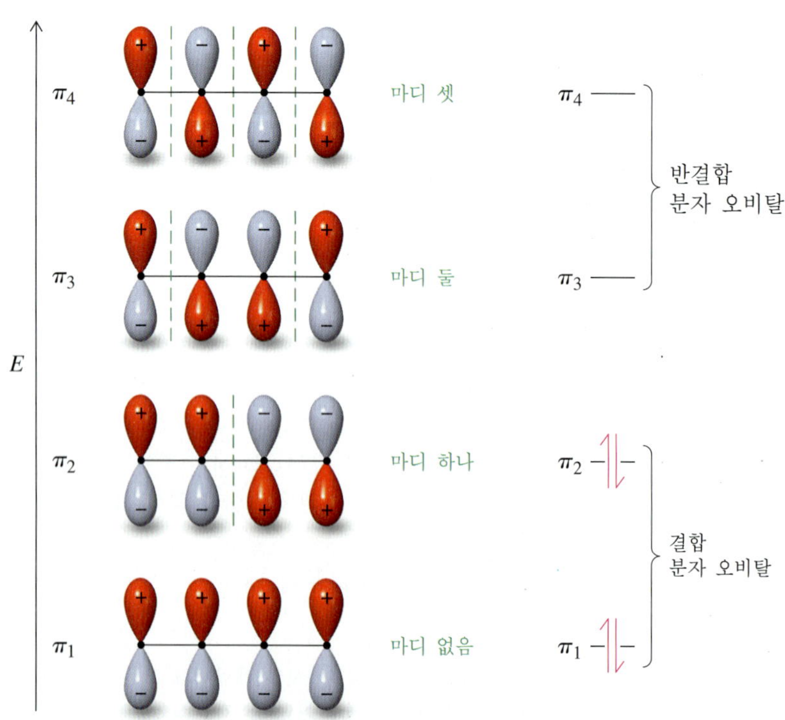

그림 14-7 1,3-Butadiene의 π 분자 오비탈 그림. 전자 네 개는 낮은 에너지 π 오비탈인 두 결합 오비탈 π_1과 π_2에 놓이게 된다.

14-6 콘쥬게이션 다이엔에 대한 친전자성 공격: 속도론적 지배와 열역학적 지배

콘쥬게이션 다이엔의 구조는 그들의 반응성에 영향을 주는가? 비록 콘쥬게이션 다이엔이 이중 결합이 떨어져 있는 다이엔보다 열역학적으로 좀 더 안정하다고 할지라도, 실제로 친전자체와 다른 시약이 존재하게 되면 속도론적으로는 **더 큰 반응성**을 보이게 된다. 1,3-뷰타다이엔을 예로 들어 보면 쉽게 HBr 기체 1몰을 흡수하여, 첨가 생성물인 두 이성질체 3-브로모-1-뷰텐과 1-브로모-2-뷰텐이 생성된다.

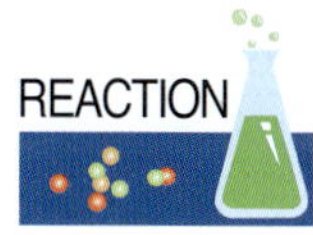

$$CH_2{=}CH{-}CH{=}CH_2 + HBr \xrightarrow{0°C} HCH_2{-}CH(Br){-}CH{=}CH_2 + HCH_2{-}CH{=}CH{-}CH_2Br$$

70% 3-Bromo-1-butene　　30% 1-Bromo-2-butene

첫 번째 생성물의 생성은 전형적인 알켄의 반응으로 쉽게 이해할 수 있다. 두 이중 결합 중 하나에 Markovnikov 첨가가 일어난 결과이다. 그러면 두 번째 생성물은 어떠한가?

1-브로모-2-뷰텐의 존재는 반응 메커니즘을 이용하여 설명할 수 있다. 먼저 C1에 양성자첨가로 열역학적으로 가장 안정한 알릴자리 양이온을 생성한다.

1,3-Butadiene의 양성자첨가

$$\overset{+}{C}H_2{-}CH(H){-}CH{=}CH_2 \xleftarrow[\text{C2 공격}]{H^+ \;(\times)} \overset{1}{C}H_2{=}\overset{2}{C}H{-}\overset{3}{C}H{=}\overset{4}{C}H_2 \xrightarrow[\text{C1 공격}]{H^+}$$

일차 편재된 양이온 생성되지 않음

$$\left[CH_2(H){-}\overset{+}{C}H{-}CH{=}CH_2 \longleftrightarrow CH_2(H){-}CH{=}CH{-}\overset{+}{C}H_2 \right] \quad \text{동일함} \quad H_3C{-}CH{\cdots}C(H){\cdots}CH_2^{\;+}$$

비편재된 알릴자리 양이온 주로 생성됨

이 양이온은 두 가지 가능한 방법으로 브로민화물을 잡아 두 개의 관찰된 생성물을 생성한다. 말단 탄소에서 반응이 일어나면 1-브로모-2-뷰텐을 생성하고, 내부 탄소에서 반응이 일어나면 3-브로모-1-뷰텐을 생성한다. 1-브로모-2-뷰텐은 뷰타다이엔에 HBr이 1,4-**첨가**되는 것으로부터 생성된다고 한다. 왜냐하면 반응이 출발물 다이엔의 C1과 C4에서 일어나기 때문이다. 다른 생성물은 정상적인 1,2-첨가에 의해서 생긴다.

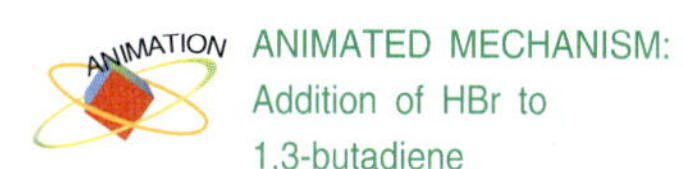

1,3-Butadiene의 양성자첨가로 생성된 알릴자리 양이온의 친핵체 포획

$$CH_3CH(Br)CH{=}CH_2 \xleftarrow[\text{내부 탄소 공격}]{Br^-} CH_3CH{\cdots}\overset{+}{C}H{\cdots}CH_2 \xrightarrow[\text{말단 탄소 공격}]{Br^-} CH_3CH{=}CHCH_2Br$$

1,2-첨가　　1,4-첨가

많은 다이엔으로의 친전자성 첨가는 알릴자리 양이온을 중간체로 거치므로 두 첨가 방식을 따라 혼합 생성물을 생성한다. 예를 들면, 1,3-뷰타다이엔의 브로민 첨가는 일반적인 첨가 반응에서처럼 고리형 브로모늄 이온을 거치지 않고, 다음과 같은 (브로모메틸) 알릴자리 양이온을 거치게 된다(12-5절, 및 연습 문제 14-13 참조).

화학 이야기 14-1

두 이중 결합 간의 면 대 면 상호작용

콘쥬게이션 다이엔의 π 상호작용은 전자의 비편재화로 적게나마 안정화된다(14-5절). 이 계에서 두 이중 결합은 이웃하여 있고, 오비탈 상호작용은 둘을 잇는 단일 결합을 통해서 일어난다. 이러한 효과가 확정된 후에 유기화학자들은 흥미로운 문제를 제기하게 되었다. 두 이중 결합이 서로 간에 면 대 면으로 만나게 하면 어떤 상호작용을 기대할 수 있을까?

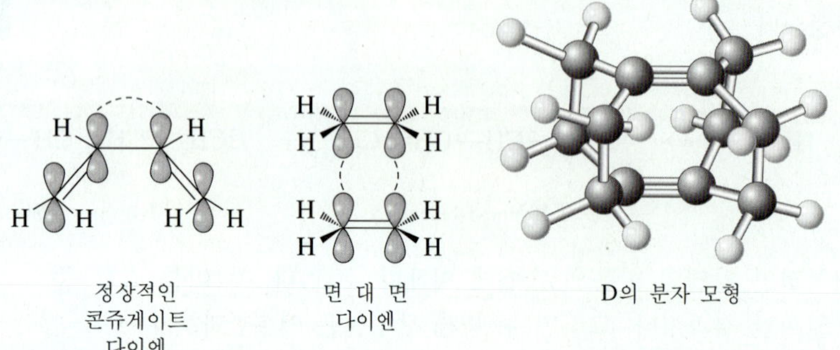

정상적인 콘쥬게이트 다이엔   면 대 면 다이엔   D의 분자 모형

이러한 문제에 접근을 위하여 디자인한 분자가 D이며, 변형(스트레인)이 심한 화합물 A로부터 합성되었다. 화합물은 대단히 불안정하여 55 °C에서 쉽게 이합체화가 되어 먼저 이중 라디칼 B로 변한 후에 고리 닫힘으로 C가 만들어진다. 이 화학종은 유리할 수 없었으며, 새로 형성된 사원자 고리에서 다른 방향의 자발적인 결합 깨짐이 일어나서 D를 얻게 된다.

A $\xrightarrow{55°C}$ [B ⟶ C] ⟶ D

다이엔 D는 결국에는 분해가 일어나지만, 상온에서도 꽤 안정하다. 그럼에도 X선 분석이 가능하여 탄소의 뼈대를 상세히 알 수 있는데(5.3절), 다음 분자 모형에서 보는 바와 같이 찌그러져 존재한다. 먼저 시작할 이야기는 이중 결합의 치환기는 π 결합 평면에서 약 27° 굽혀져 있다. 뿐만 아니라 이중 결합의 길이는 평소보다(1.330 Å, 그림 11-1) 늘어나 있으며(1.354 Å), 다릿목 탄소의 C_{sp^3}–C_{sp^3} 길이도 1.596 Å로 정상값인 1.54 Å보다(그림 2-4) 늘어나 있다. 두 이중 결합 간의 거리는 2.395 Å이다. 두 이중 결합은 London 힘에 의해 (그림 2-6C) 최대한 가까이 갈 수 있는 거리는 3.4 Å이다(흑연에서 그러하며, 화학 이야기 15-1 참조). 따라서 D에서의 탄소 구조로 보면 면 대 면 상호작용이 강화되어 있다.

그렇다면 D에서의 π-π 상호작용은 안정화 효과를 보이는 것인가? 탄소의 연결이 비정상적이어서 분자가 약하기는 하지만, p 오비탈은 이웃한 σ 결합과 하이퍼콘쥬게이션을 하고 있는 (3-2절) 까닭에 답을 내어 놓기가 쉽지 않다. 그럼에도 계산이나 분광학적 측정에 따르면 약간의 비편재화는 있으되, 전자 간의 반발력이 주도적으로 더 크다는 결론이다. 즉, 이중 결합은 π 면끼리 대하는 것을 영 싫어하는 것으로 보인다.

$$CH_2{=}CH{-}CH{=}CH_2 + Br{-}Br \xrightarrow{CCl_4,\ 20°C} BrCH_2{-}CH{\cdots}CH{\cdots}CH_2^{+} + Br^- \longrightarrow$$

$$\underset{\substack{54\% \\ \text{3,4-Dibromo-1-butene}}}{CH_2Br{-}CHBr{-}CH{=}CH_2} + \underset{\substack{46\% \\ \text{1,4-Dibromo-2-butene}}}{CH_2Br{-}CH{=}CH{-}CH_2Br}$$

콘쥬게이션 다이엔 역시 친전자체, 라디칼, 그리고 다른 개시제에 의해 유도된 중합(polymerization)에서 단위체로 작용하며(12-14와 12-15절 참조), 이는 14-10절에서 다루게 된다.

연습 문제 14-11

콘쥬게이션 다이엔은 일반적으로 알켄의 제조 방법을 적용하여 만들 수 있다. 다음의 화합물의 합성법을 제시하시오.

(a) 2,3-Dimethyl-1,4-butanediol로부터 2,3-dimethylbutadiene

(b) Cyclohexane으로부터 1,3-cyclohexadiene

연습 문제 14-12

1,3-Cyclohexadiene에 **(a)** HBr 및 **(b)** DBr의 1,2- 및 1,4-첨가 생성물을 적으시오. (주: 치환기가 없는 고리형 1,3-다이엔과 HX 간의 1,2-와 1,4-첨가 생성물에서 특이한 점은 무엇인가?)

생성물 비의 변화: 속도론적 지배와 열역학적 지배

1,3-뷰타다이엔을 0°C가 아니라 40°C에서 수소브로민첨가(hydrobromination)가 일어나게 하면 상이한 결과를 얻게 된다. 0°C에서의 1,2- 및 1,4-첨가생성물의 70 : 30의 혼합물 대신, 40°C에서는 비가 바뀌어 15 : 85 비의 브로모뷰텐 혼합물이 얻어진다.

0°C에서의 1,3-butadiene의 수소브로민 첨가: 속도론적 지배

$$CH_2{=}CH{-}CH{=}CH_2 + HBr \xrightarrow{0°C} \underset{\substack{70\% \\ \text{3-Bromo-1-butene} \\ \text{More}}}{HCH_2{-}\overset{Br}{\overset{|}{C}H}{-}CH{=}CH_2} + \underset{\substack{30\% \\ \text{1-Bromo-2-butene} \\ \text{Less}}}{HCH_2{-}CH{=}CH{-}\overset{Br}{\overset{|}{C}H_2}}$$

40°C에서의 1,3-butadiene의 수소브로민 첨가: 열역학적 지배

$$CH_2{=}CH{-}CH{=}CH_2 + HBr \xrightarrow{40°C} \underset{\substack{15\% \\ \text{Less}}}{HCH_2{-}\overset{Br}{\overset{|}{C}H}{-}CH{=}CH_2} + \underset{\substack{85\% \\ \text{More}}}{HCH_2{-}CH{=}CH{-}\overset{Br}{\overset{|}{C}H_2}}$$

이 브로민화물의 15 : 85비는 또한 70 : 30 혼합물을 단순히 가열하면 얻어진다. 더욱 놀라운 사실은 순수한 어느 한 화합물을 가열하여도 같은 비의 혼합물이 얻어진다는 사실이다. 도대체 어떻게 설명해야 되는가?

이러한 사실들을 이해하기 위하여는 속도론적 지배와 열역학적 지배, 즉 속도와 평형이 반응에 미치는 영향을 검토한 2-1절로 되돌아가야 한다. 관찰한 사실에서 보면 더 높은 온도에서의 두 이성질체 간에는 평형이 이루어졌고, 이들의 비는 상대적인 열역학적 안정성을 반영하는 것이 명백하다. 1-브로모-2-뷰텐(내부 이중 결합을 가짐. 11-5)은 3-브로모-1-뷰텐보다 조금 더 안정하다. 일반적으로 생성물비가 열역학적 안정성을 반영하면 **열역학적 지배(thermodynamic control)**하에 있다고 한다. 40°C에서 1,3-뷰타다이엔의 수소브로민첨가가 이에 해당한다.

0°C에서는 어떠한가? 이 온도에서 두 이성질체는 상호전환할 수 없으므로 열역학적 지배가 이루어지지 않는다. 그러면 비열역학적 비가 얻어지는 근본적인 이유는 무엇일까? 그 답은 중간체인 알릴자리 양이온으로부터 두 생성물이 생성되는 상대 속도의 차이에 있다(다음 그림의 중앙부). 3-브로모-1-뷰텐이 열역학적으로 덜 안정하더라도 1-브로모-2-뷰텐보다 빠르게 형성된다. 일반적으로 생성물의 비가 생성물에 이르는 상대적인 속도를 반영하는 반응(즉, 각각의 활성화 장벽의 상대적인 높이)을 **속도론적 지배(kinetic control)**하에 있다고 한다. 0°C에서 1,3-뷰타다이엔의 수소브로민첨가가 이에 해당된다.

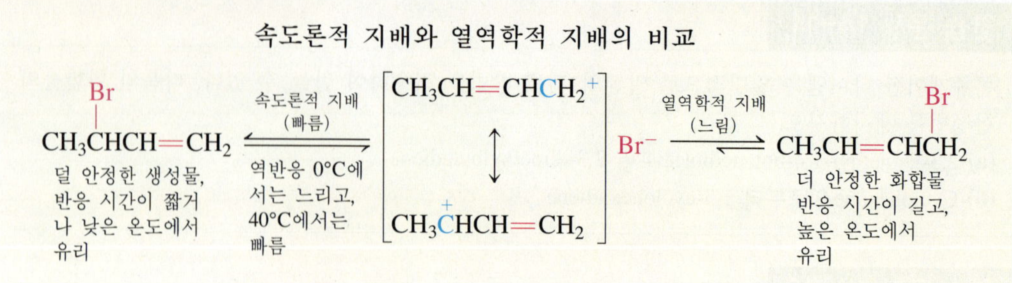

이 반응의 퍼텐셜 에너지 도표(그림 14-8)에 덜 안정한 반응물에 이르는 낮은 활성화 에너지 장벽과(큰 속도 상수 k_1) 더 안정한 생성물에 이르는 더 높은 에너지 장벽을(작은 속도 상수 k_2) 나타내었다. 정말로 중요한 것은 중간체 양이온을 포획하는 단계의 가역성(속도 상수 k_{-1})이다. 0°C에서는 속도론적 생성물인 3-브로모-1-뷰텐이 지배적으로 생성되는데, 왜냐하면 이 생성 과정의 역반응은 대단히 느리기 때문이다. 40°C에서 이 생성물은 양이온 전구체와 빠르게 평형을 이루고, 결과적으로 열역학적으로 더 안정한 1-브로모-2-뷰텐으로 넘어가게 된다.

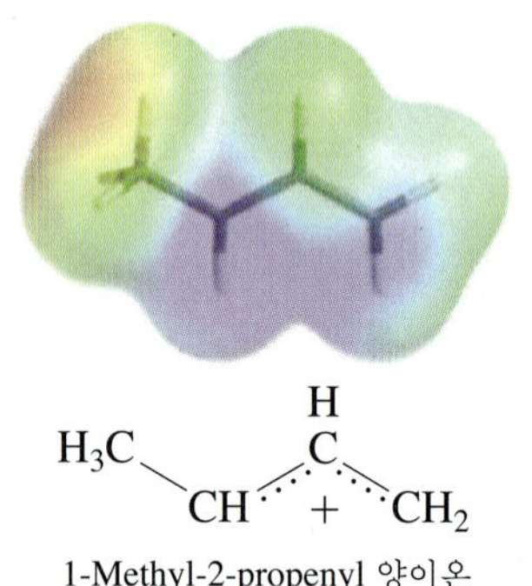

1-Methyl-2-propenyl 양이온

왜 덜 안정한 생성물이 더 낮은 에너지 장벽을 가지는가? 더 많이 치환된 C3로의 친핵체(이 경우 브로민화물)의 공격이 더 빠르다. 그 이유는 여러 가지 있는데 HBr이 다이엔의 말단 탄소에 양성자첨가가 일어나면 브로민화 음이온은 자유로워지지만, 새로 형성된 알릴자리 양이온의 탄소(C3) 부근에 머물게 된다. 또한 이 양이온은 비대칭이어서 양전하는 탄소 1과 3에 **불균등**하게 배분된다. 양전하는 치환기가 없는 말단 탄소보다 이차 탄소인 C3에 더 많이 배분되며, 이는 왼쪽 그림의 정전기 퍼테셜 지도에도 나타나 있다. 따라서 전자 밀도가 더 낮은 C3로의 공격이 유리하며, 또한 새로 생겨난 친핵체도 인접하여 있기 때문에 속도론적으로 유리하다. 즉, 양전하가 더 많이 배분되어 있고, 친핵체가 인접하게 되는 C3로의 공격이 속도론적으로 유리해진다.

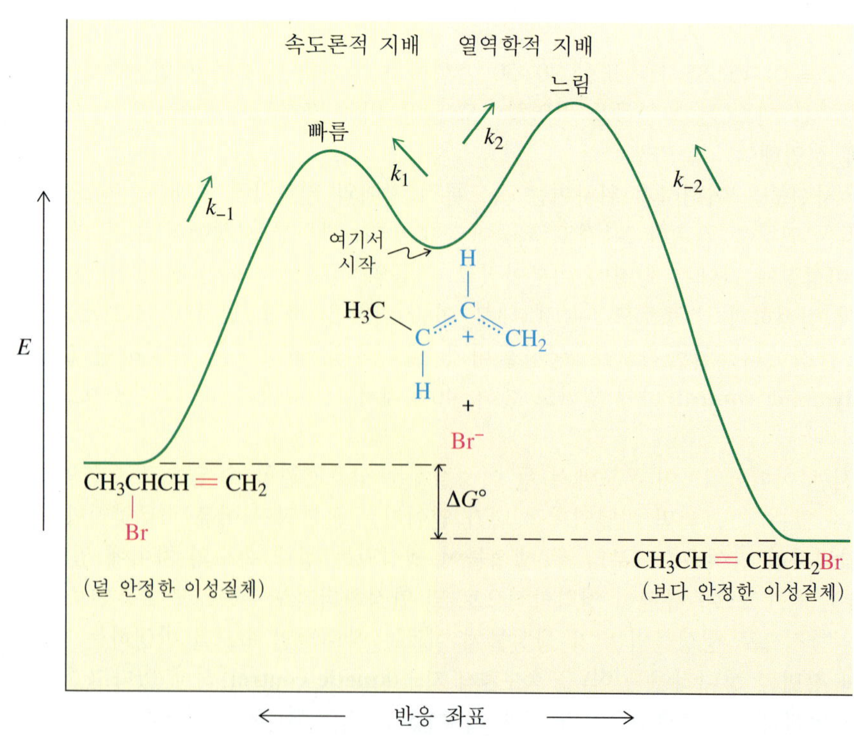

그림 14-8 Methyl-2-propenyl 양이온(중앙)과 브로민화 이온의 반응에서 열역학적 지배와(오른쪽) 속도론적 지배(왼쪽)의 비교.

연습 문제 14-13

개념 문제: 속도론적 및 열역학적 지배

60°C에서 1,3-butadiene의 브로민화반응으로(611쪽 참조) 3,4-dibromo-1-butene과 1,4-dibromo-2-butene을 10 : 90의 비로 생성하는데 −15°C에서는 이 비가 60 : 40이 된다. 메커니즘을 써서 설명하시오.

전략

이런 유형의 문제는 출발물에서 반응물에 이르는 메커니즘을 그려야 한다. 지금 다루고 있는 반응이 이중 결합의 브로민화이므로 그 메커니즘을 살펴려면 12-5와 12-6절로 되돌아가 보아야 한다.

풀이

- 12-5절에 기술되어 있는 내용은 브로민이 어떻게 이중 결합을 공격하는가에 관한 것으로, 초기에 브로모늄 이온 A가 형성되고 이어서 브로민화물의 공격으로 *anti* 첨가가 일어나게 된다.
- 12-6절의 내용은 이중 결합에 알킬기가 붙어 있으며, 브로모늄 이온은 B에서와 같이 변형이 일어나서, 더 많이 치환된 탄소가 양이온성을 더 많이 띠게 된다.
- Butadiene의 경우 ethenyl 치환기를 가지게 되며, 브로모늄 이온은 열린 형으로 존재하게 되며, 알릴자리 양이온 C에 비편재된다.

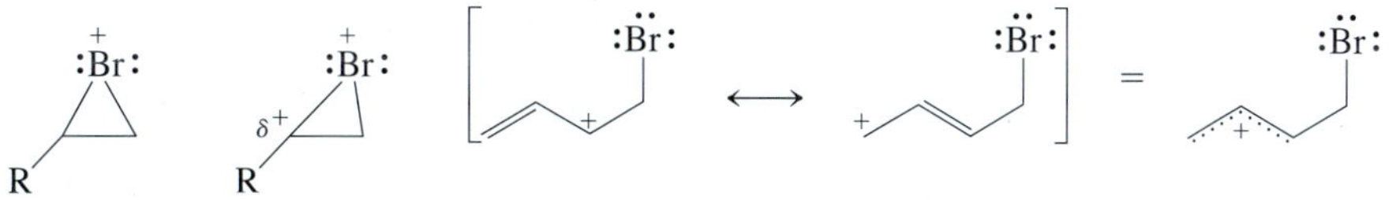

A, R = H: 대칭

B, R = alkyl: 비대칭

C, R = ethenyl: 알릴자리 양이온

- 양이온 C는 말단 탄소 또는 내부 탄소에서 브로민화 이온을 포획하게 된다. 위에서 설명한 이유로 내부 탄소의 공격이 더 빠르며(속도론적 지배), 초기의 낮은 온도에서는 60 : 40의 3,4-dibromo-1-butene과 *trans*-1,4-dibromo-2-butene을 생성한다. −15°C에서는 이 두 생성물은 안정하여 해리(생성의 역과정)가 일어나지 않는다.

속도론적 지배:

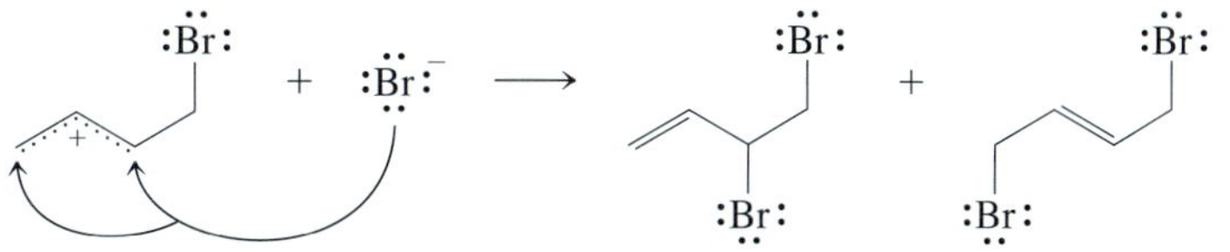

60 : 40

- 60°C로 가열하면 충분한 에너지가 공급되어 알릴자리 브로민화물이 이탈기로 작용하여(S_N1 반응으로, 14-3절) 알릴자리 양이온이 재생성된다. 이 온도에서는 더 높은 에너지의 양이온의 농도는 매우 작지만, 생성물과 양이온 간에는 빠른 평형이 이루어진다. 양이온을 공격하는 브로민화물의 상대 속도는 같지만, 이와는 상관없이 반응은 열역학 통제하에 놓이게 되어 상대적인 안정도에 의하여 결정된다. 1,4-Dibromo 이성질체가 3,4-dibromo 이성질체보다 안정하며, 10 : 90의 생성물비로 변하는 것을 관찰할 수 있다. 2-1절의 식을 이용하면 두 이성질체 간의 에너지 차이가 얼마인지를 계산해 낼 수 있다.

열역학적 지배:

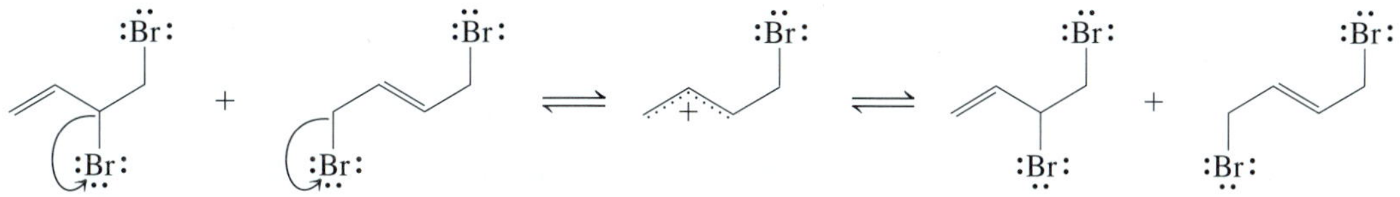

60 : 40 ⇌ ⇌ 10 : 90

연습 문제 14-14

자습 문제

다음에 나타낸 반응에서 어느 생성물이 1,2-첨가 또는 1,4-첨가 생성물이며, 어느 생성물이 속도론적 또는 열역학적 생성물인가?

> **요약** 콘쥬게이션 다이엔은 전자가 풍부하고, 친전자체에 의해 공격을 받아 알릴자리 양이온 중간체를 거쳐 1,2- 또는 1,4-첨가 생성물을 생성한다. 이 반응은 비교적 낮은 온도에서는 속도론적 지배하에 있게 된다. 비교적 온도가 높아서 속도론적 생성물 형성이 가역이 되면 속도론적 생성물비는 열역학적 생성물비로 바뀌게 된다.

14-7 두 개 이상의 π 결합에서 비편재화: 콘쥬게이션의 확장과 벤젠

만약 한 분자가 두 개 이상의 콘쥬게이션 이중 결합을 가진다면 어떤 일이 일어나겠는가? 반응성은 증가하는가? 만약 그 분자가 고리를 이루면 어떻겠는가? 고리형 콘쥬게이션계는 대응하는 사슬형 콘쥬게이션계와 같은 방식으로 반응하는가? 이 절에서는 이러한 문제들을 해결하는 것으로 시작할 것이다.

확장된 π계는 열역학적으로 더 안정하지만, 속도론적으로 반응성은 커진다

이중 결합이 두 개 이상 콘쥬게이션 분자를 **확장된 π계(extended π system)** 라고 한다. 그 한 예가 1,3,5-헥사트라이엔으로 1,3-뷰타다이엔 바로 다음으로 이중 결합의 수가 많다. 이 화합물은 반응성이 매우 크고, 특히 친전자체가 존재할 때에는 쉽게 고분자로 변한다. 비편재된 π계는 높은 반응성에도 불구하고 열역학적으로는 비교적 안정하다.

이 확장된 π계의 반응성이 커지는 이유는 친전자성 첨가에 대한 낮은 에너지 장벽에 기인하는데, 친전자성 첨가는 고도로 비편재된 탄소양이온을 거쳐서 진행된다. 예를 들어, 1,3,5-헥사트라이엔의 브로민화반응에서는 치환된 펜타다이엔일 양이온 중간체를 생성하는데, 이 중간체는 세 개의 공명 구조를 그려 나타낼 수 있다.

1,3,5-Hexatriene의 브로민화

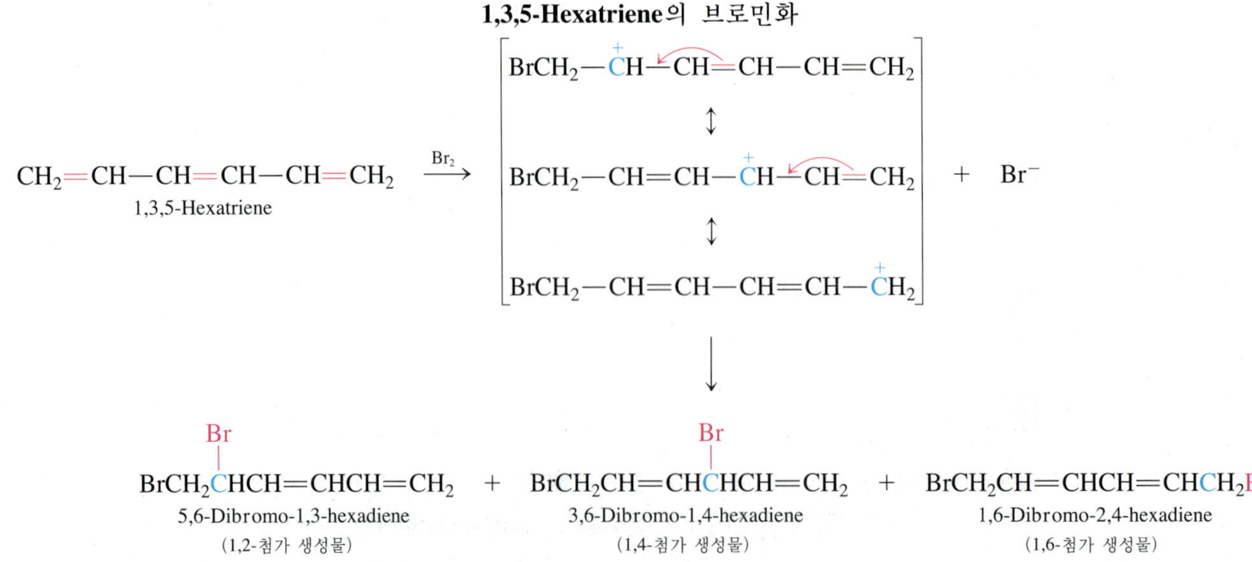

최종 생성물은 1,2-, 1,4-, 1,6-첨가 생성물의 혼합물로서 1,6-첨가 생성물이 열역학적으로 가장 유리한데, 그 까닭은 내부에 콘쥬게이션 다이엔계가 살아있기 때문이다.

연습 문제 14-15

브로민 2당량으로 처리하면 1,3,5-hexatriene은 상당량의 1,2,5,6-tetrabromo-3-hexene이 얻어지는 것으로 보고되어 있다. 이 생성물이 얻어지는 메커니즘을 적으시오.

상당수의 고도로 확장된 π계의 화합물이 자연계에서 발견된다. β-카로텐이 그 한 예로, 당근의 주황색을 내는 물질(이 장의 도입부 참조)로 생분해 과정을 거쳐 비타민 A를 생성한다(레티놀, 화학 이야기 18-3 참조). 이러한 부류의 화합물은 이중 결합에 첨가되는 시약이 공격할 수 있는 자리가 여러 군데 있으며, 반응성도 매우 높다. 이와는 대조적으로 고리형 콘쥬게이션계의 일부에서는 π 전자수에 따라 반응성이 훨씬 낮은 것들도 있다(15장 참조). 이러한 효과의 가장 두드러진 예는 1,3,5-헥사트라이엔의 고리형 유사체인 벤젠이다.

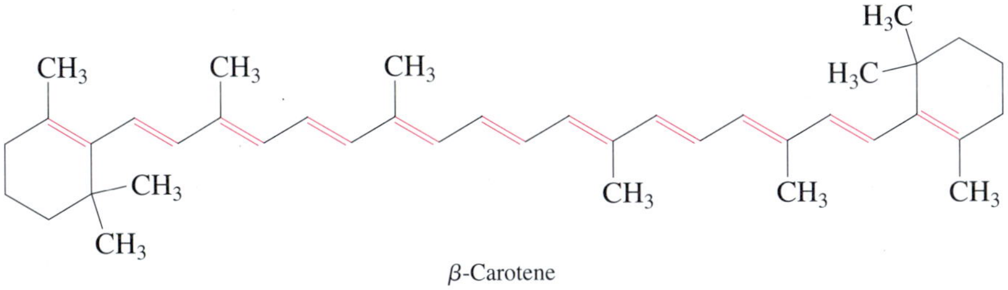

β-Carotene

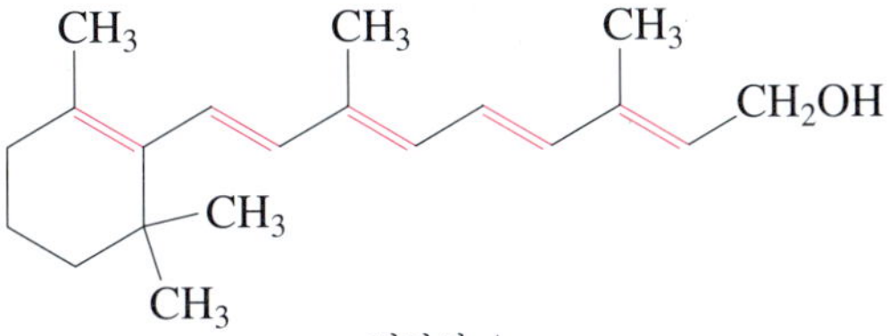

비타민 A
(Retinol)

콘쥬게이션 고리형 트라이엔인 벤젠은 특별히 안정하다

고리형 콘쥬게이션계(cyclic conjugated system)는 특별한 경우이다. 가장 흔한 예는 벤젠으로 더 잘 알려져 있는 고리형 트라이엔인 C_6H_6와 그 유도체들이다(15, 16, 22장). 헥사트라이엔과는 대조적으로 열역학적으로도 속도론적으로도 유별나게 안정한데, 그것은 특별한 전자적 안정성에 기인한다(15장 참조). 벤젠이 특이하다는 것은 공명 구조를 그려보면 알 수 있다. **똑같이** 기여하는 두 개의 Lewis 구조가 있다. 벤젠에서는 촉매 수소화, 수화, 할로젠화 및 산화와 같은 불포화계들이 일으킬 수 있는 전형적인 첨가 반응이 쉽게 일어나지 않는다. 실제로 벤젠은 반응성이 낮기 때문에 많은 유기 반응에서 용매로 사용될 수 있다.

Benzene은 유별나게 반응성이 낮다

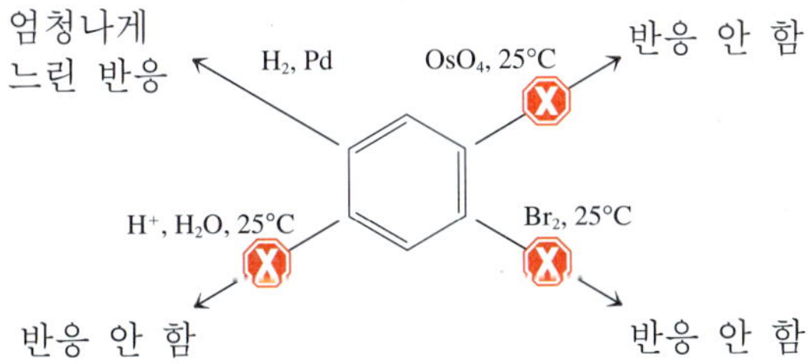

엄청나게 느린 반응 (H_2, Pd)
반응 안 함 (OsO_4, 25°C)
반응 안 함 (H^+, H_2O, 25°C)
반응 안 함 (Br_2, 25°C)

Benzene과 공명 구조

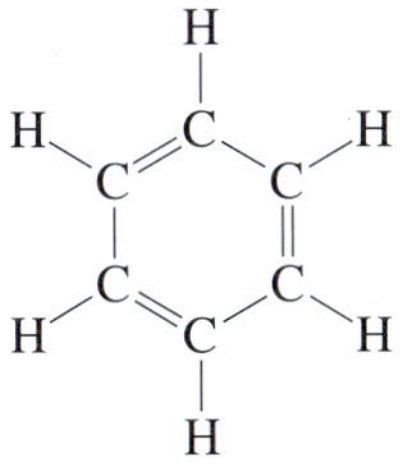

Benzene

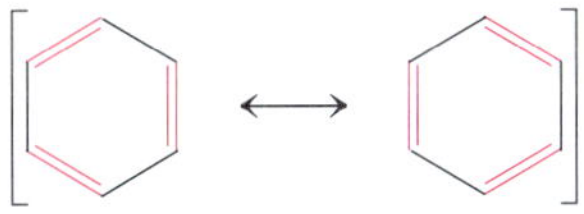

MODEL BUILDING

다음 장에서 우리는 벤젠의 반응성이 특히 낮은 것은 고리형 콘쥬게이션에 관여하는 π 전자의 개수, 즉 전자수가 여섯 개인 것과 관련이 있음을 알게 될 것이다. 다음 절에서 전이 상태가 여섯 전자의 고리형 겹침으로 인해 유리해지기 때문에 가능한 반응을 소개할 것이다.

> **요약** 비고리형 확장된 콘쥬게이션계는 열역학적 안정성이 증가하고 반응성이 높아지는데, 그것은 시약에 의해 공격받는 자리가 많고, 비편재된 중간체가 쉽게 생성되기 때문이다. 이와는 대조적으로 고리형 헥사트라이엔인 벤젠은 유별나게 안정하며, 반응성이 없다.

14-8 콘쥬게이션 다이엔의 독특한 반응: Diels-Alder 고리화첨가반응

콘쥬게이션 이중 결합은 친전자성 첨가와 같은 전형적인 알켄의 반응보다 더 다양한 많은 반응에 관여한다. 이 절에서는 콘쥬게이션 다이엔과 알켄이 결합해서 치환된 사이클로헥센을 생성하는 반응을 설명하게 된다. Diels-Alder 고리화첨가로 알려진 이 반응에서는 다이엔의 말단 부위의 전자가 알켄의 이중 결합에 첨가되어 고리를 형성한다. 새로 생기는 결합들은 동시에, 그리고 입체특이성을 띠며 형성된다.

다이엔은 알켄과의 고리화첨가로 사이클로헥센을 생성한다

1,3-뷰타다이엔과 에텐의 혼합물을 기체상에서 가열하면 놀라운 반응이 일어나는 데, 이 반응에서는 두 개의 새로운 탄소–탄소 결합이 동시에 형성되어 사이클로헥센이 생성된다. 이는 **Diels-Alder* 반응 (Diels-Alder reaction)** 의 가장 간단한 예이다. 콘쥬게이션 다이엔이 알켄에 첨가되어 사이클로헥센 유도체를 생성하는 반응이다. Diels-Alder 반응은 두 π계 간에 반응이 일어나서 **고리화첨가생성물 (cycloadduct)** 이라 하는 생성물에 이르는 일반적인 **고리화첨가반응 (cycloaddition reaction)** 의 특별한 경우의 하나이다. Diels-Alder 반응에서는 π 전자가 네 개인 사원자 콘쥬게이션계가 π 전자가 둘인 이중 결합과 반응한다. 이러한 까닭에 이 반응을 **[4 + 2] 고리화첨가**라고도 한다. 탄소가 넷인 성분은 간단하게 **다이엔 (diene)** 이라 하며, 알켄은 **친다이엔체 (dienophile)** 라고 한다.

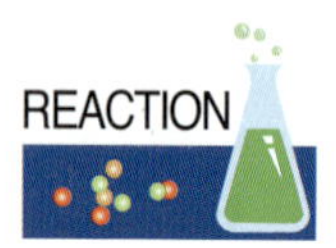

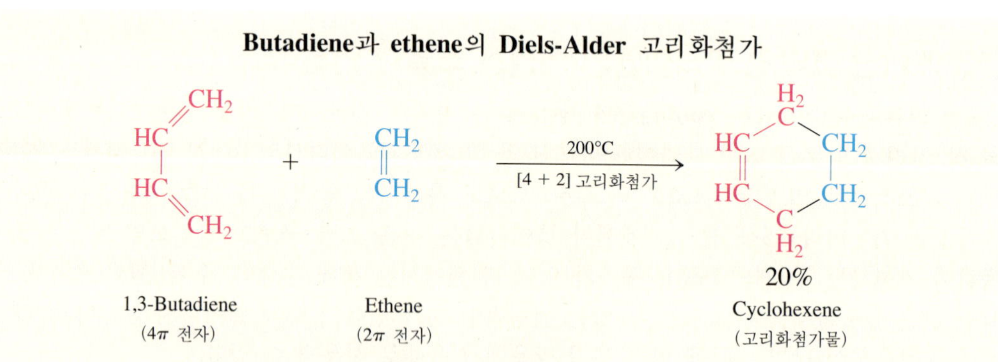

어떤 Diels-Alder 반응이 잘 일어나는가? 다이엔과 친다이엔체의 반응성

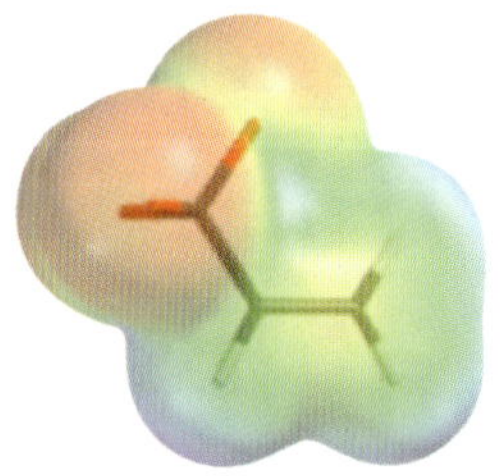

F_3C—C(H)=CH_2

3,3,3-Trifluoro-1-propene
(전자 부족 알켄)

뷰타다이엔과 에텐의 보기 반응은 실제로 잘 일어나지 않으며, 아주 적은 양의 사이클로헥센만이 생성된다. 이러한 반응은 **전자 부족 알켄**과 **전자 풍부 다이엔**을 사용하는 것이 훨씬 더 좋다. 따라서 전자 끄는기를 갖는 알켄과 전자 주는기를 갖는 다이엔이 훌륭한 반응 상대가 된다(왼쪽 여백 참조).

---

*Otto P. H. Diels 교수(1876~1954), Kiel 대학, 독일, 1950년에 노벨 화학상 수상.
Kunt Alder 교수(1902~1958), Köln 대학, 독일, 1950년에 노벨 화학상 수상.

예를 들어, 트라이플루오로메틸기는 매우 전기음성인 플루오린 원자로 인해서 전자를 끌어당긴다(8-3절). 이러한 치환기가 존재하며 알켄의 Diels-Alder 반응성이 증가한다. 반대로, 알킬기는 하이퍼콘쥬게이션에 의해 전자를 밀어 준다(7-5, 11-3, 11-5절). 이들이 다이엔에 존재하면 전자 밀도가 높아져서 Diels-Alder 반응에 유리하게 된다. 정전기 퍼텐셜 지도에서 이와 같은 효과를 나타내었다. 트라이플루오로메틸 치환기를 갖는 이중 결합은(노란색) 메틸을 갖는 이중 결합보다(붉은색) 전자 밀도가 낮다.

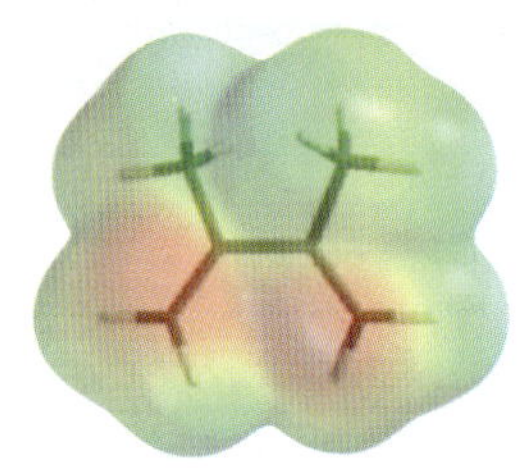

2,3-Dimethyl-1,3-butadiene
(전자 풍부 다이엔)

다른 알켄은 공명에 의해 이중 결합과 상호작용하는 치환기를 갖는다. 예를 들어, 카보닐을 갖는 기와 나이트릴은 좋은 전자 받개이다. 이러한 치환기를 갖는 이중 결합은 전자 부족인데, 그 이유는 알켄의 탄소 원자가 양전하를 띠는 공명 구조의 기여 때문이다.

공명에 의한 전자 끌기 치환기들

다음은 반응성 순서에 따라 가려 놓은 다이엔과 친다이엔체의 예들이다.

친다이엔체

다이엔

반응성 증가

연습 문제 14-16

다음 각 알켄을 ethene을 기준으로 전자 풍부 알켄인지 전자 부족 알켄인지 가리시오. 왜 그렇게 분류했는지 그 이유를 설명하시오.

(a) $H_2C{=}CHCH_2CH_3$ **(b)** **(c)** **(d)**

화학 이야기 14-2

전도성 폴리엔: 기발한 기능성 물질

전력 수송선과 전기제품의 모든 구리선을 유기 고분자로 대체한다는 것을 상상할 수 있는가? 이러한 목적을 달성하기 위한 거대한 발걸음이 1970년대 말 Heeger, MacDiarmid와 Shirakawa*에 의해서 내딛게 되었으며, 그 공로로 2000년에 노벨상을 수상하였다. 그들은 금속이 하는 것처럼 전기를 전도하는 ethyne (acetylene) 의 고분자 형태의 합성하였다. 이 발견에 의해 유기 고분자("플라스틱")를 보는 시각의 근본적인 변화를 촉발하게 되었다. 실제로 사용되어 온 일반 플라스틱은 전류를 차단하여 우리를 보호하는 데 목적으로 사용되어 왔다.

폴리에타인(폴리아세틸렌)은 어떤 점에서 그렇게 특별한가? 물질이 전도성을 가지기 위해서는 전자가 대부분의 유기 화합물에서처럼 편재화되어 있지 않고, 자유로이 움직여서 전류를 유지하여야 한다. 이 장에서 콘쥬게이션 폴리엔 성장 사슬에 sp^2 혼성화 탄소 원자를 연결하여 어떻게 그러한 비편재화가 가능해지는가를 보았다. 또한 양전하, 홀전자, 또는 음전하가 어떻게 π 네트워크를 따라 분자 전선과 다르지 않게 "퍼져가는지도" 알게 되었다. 폴리아세틸렌은 그러한 고분자 구조를 갖지만, 아직 경직되어 있어 전자 전도에 필요할 만큼 자유롭게 움직일 수 없다. 이 목적을 이루기 위해 전자를 제거하거나(산화), 전자를 더하거나(환원) 하는 **도핑** (doping) 이라고 하는 변형에 의해 전자적인 골격은 "활성화"하게 된다. 전자 구멍(+전하) 또는 전자쌍(−전하)은 14-6절의 확장된 알릴 계에서와 같은 방법으로 폴리엔 구조에 비편재된다. 처음 발견될 때의 실험에서는 전이 금속 촉매에 의한 아세틸렌의 축합반응으로 생성한 폴리아세틸렌은(12-15절 참조) 아이오딘으로 도핑되었고, 결과적으로 1000만 배의 놀랄 만한 전도도 증가를 보여 줬다. 그 후의 더욱 정교하게 다듬어져 10^{11}배에 이르게 되어 실제로 유기 구리라 할 수 있게 향상되었다.

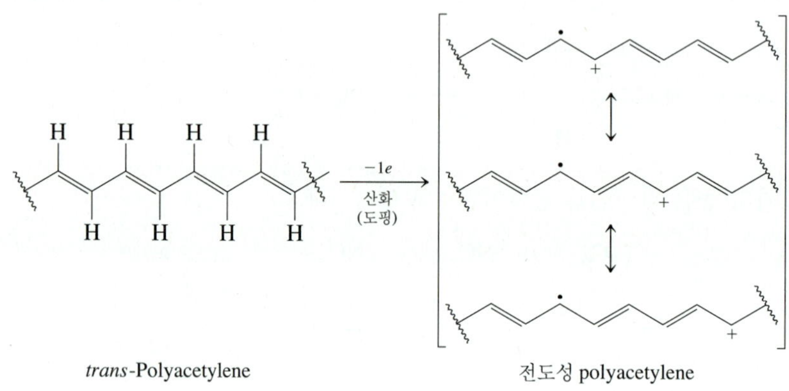

trans-Polyacetylene

전도성 polyacetylene

반응 용기 벽에서 기체 ethyne의 중합으로 만들어진 검게 빛나며, 구겨지는 polyacetylene (polyethyne) 의 호일.

---

*Alan J. Heeger 교수(1936년 출생) California 대학교 Santa Babra, California. Alan, G. MacDiarmid 교수(1927~2007), Pennsylvania 대학교, Philadelphia, Pennsylvania. Hidekki Shirakawn 교수(1936년 출생), Tsukuba 대학교, 일본.

공기와 습기에 약하기 때문에 폴리아세틸렌을 실제로 활용하는 데는 어려움이 따른다. 그러나 확장된 π계를 이용하여 유기 전도성을 이용하는 여러 범주의 물질들이 만들어졌고, 대부분이 실용성을 갖추고 있다. 이들 다수가 특별한 안정성을 나타내는 고리형 6π계의 단위인 벤젠(15-2절), 피롤, 싸이오펜 등의 단위를 포함하고 있다.

유기 전도체와 그 응용

Poly(*p*-phenylene vinylene)
(이동 전화에서와 같은 전기 발광 디스플레이)

Polyaniline
(전도체: 전기 회로에서의 전자파 차단. 카펫 등에서의 정전기 방지)

Polypyrrole
(전해질: 스크린 코팅, 감지 장치)

Polythiophene
(수퍼마켓의 계산대에서와 같은 장효과 트랜지스터. 사진필름에서와 같은 정전기 방지)

전자 분야의 응용은 별문제로 하고, 전도성 고분자는 전기장에 의해 들뜨게 되면 "빛을 발하는" 이 현상을 **전기발광** (*electroluminescence*) 이라고 하며, 유기 발광 다이오드(light emitting diodes; OLED)의 형태로 엄청난 효용성을 나타내게 되었다. 간단하게 이야기하여 이러한 유기물은 유기 "전구"라 할 수 있다. 비교적 가볍고, 유연하며, 넓은 색 스펙트럼을 보인다. 원리적으로 유기 고분자는 어떠한 형태나 모양으로 쉽게 가공되므로, 책이나 빛을 발하는 옷, 벽면의 장식 등에 휠 수 있는 디스플레이를 제공하게 된다. 그야말로 미래는 밝아 보인다!

OLED의 덕분에 이러한 선명한 색상이 가능해졌다.

연습 문제 14-17

Nitroethen ($H_2C{=}CHNO_2$) 에서 이중 결합은 전자가 부족하고, methoxyethene ($H_2C{=}CHOCH_3$) 에서의 이중 결합은 전자가 풍부하다. 공명 구조를 그려 설명하시오.

효율적인 Diels-Alder 고리화첨가를 일으키는 반응물 쌍의 예는 2,3-다이메틸-1,3-뷰타다이엔과 프로펜알 [propenal, acrolein] 이다.

H_3C, H_3C + O, H —100°C, 3 h→ H_3C, H_3C, O, H

2-3-Dimethyl-1,3-butadiene | Propenal (Acrolein) | 90% Diels-Alder 고리화첨가물

고리화첨가생성물에서 탄소-탄소 이중 결합은 전자가 풍부하고, 입체적으로 장애가 증가한다. 그러므로 첨가물은 다른 다이엔 분자와 계속해서 반응을 일으키지 않는다.

추가적인 치환기가 없는 1,3-뷰타다이엔 모체는 그 자체로 전자 부족 알켄과 고리화첨가반응을 하기에 충분한 정도로 전자가 풍부하다.

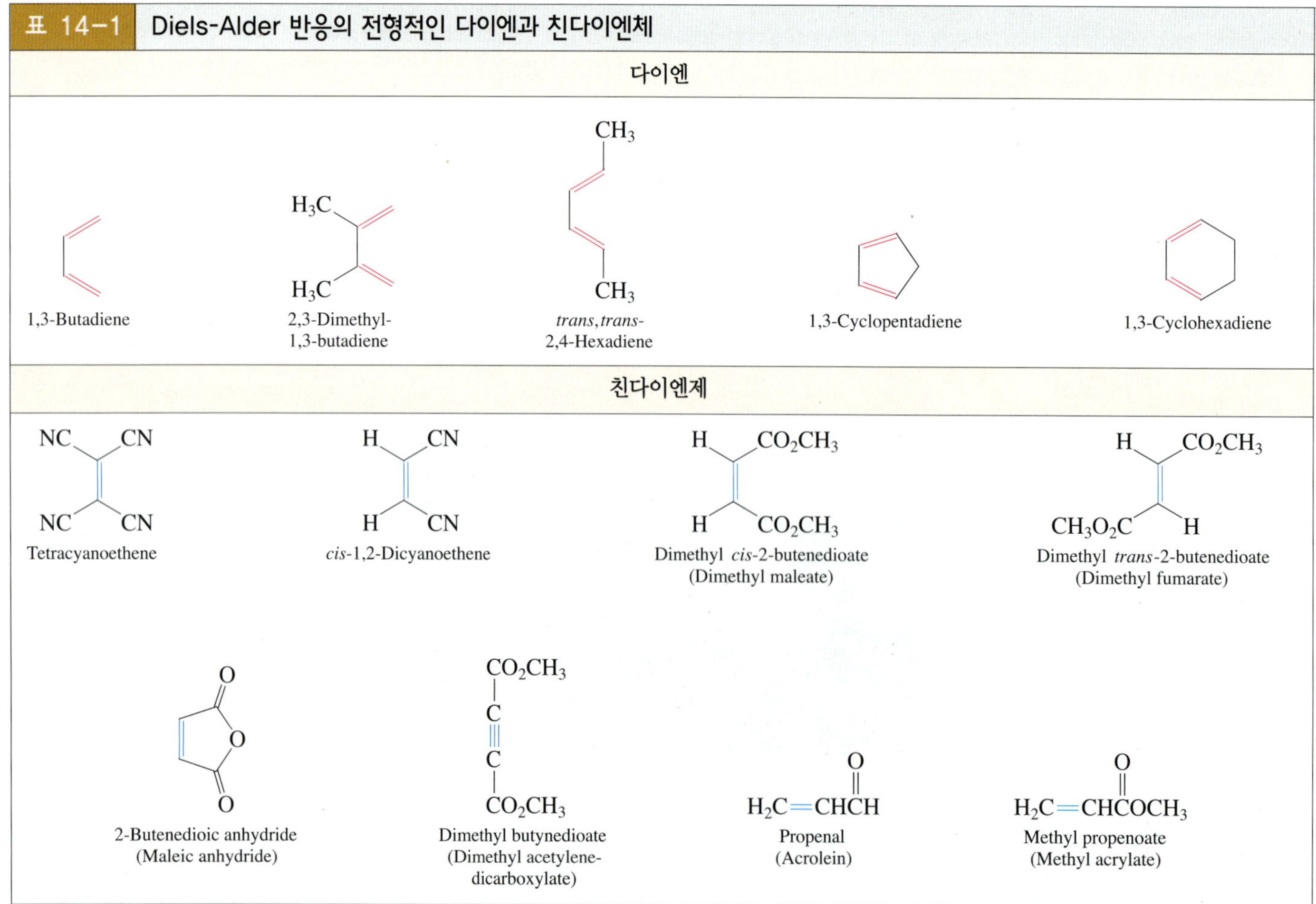

$$\text{Butadiene} + \text{CH}_2{=}\text{CHCOCH}_2\text{CH}_3 \xrightarrow{160^\circ\text{C, 15 h}} \text{Ethyl cyclohex-3-enecarboxylate}$$

Ethyl propenoate
(Ethyl acrylate)

94%

전형적인 다이엔과 친다이엔체는 관용명을 갖는 경우가 많은데, 그만큼 합성에 널리 사용되기 때문이다(표 14-1).

연습 문제 14-18

Tetracyanoethene이 다음 화합물과 [4 + 2] 고리화첨가를 일으킬 때 생성물을 적으시오.
(a) 1,3-Dutadiene, **(b)** 1,3-Cyclopentadiene, **(c)** 1,2-Dimethylenecyclohexane(오른쪽 그림 참조)

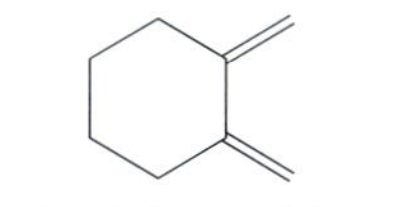
1,2-Dimethylenecyclohexane

Diels-Alder 반응은 협동 반응이다

Diels-Alder 반응은 단일 단계로 일어난다. 새로운 탄소-탄소 단일 결합과 π 결합의 형성은 출발물의 세 π 결합 깨짐과 동시에 일어난다. 앞에서 언급한 것처럼(6-4절), 결합 형성과 결합 깨짐이 동시에 일어나는 한 단계 반응은 **협동**(*concerted*) 반응이라 한다. 이 반응의 협동성은 다음 두 방법 중 하나로 나타낼 수 있다. 비편재된 여섯 개의 π 전자를 점선으로 된 원으로 나타내거나, 아니면 전자 밀기(electron pushing) 화살표로 나타낼 수 있다. 여섯 π 전자의 고리형 겹침이 벤젠을 안정화시키는 것과 마찬가지로(14-7절), Diels-Alder 과정은 전이 상태에서 이러한 배열이 존재하기 때문에 유리해진다.

Diels-Alder 반응의 전이 상태를 나타내는 두 그림

또는

새로운 C–C 결합

새로운 C–C 결합

점선 그림

전자밀기 그림

육원자 고리

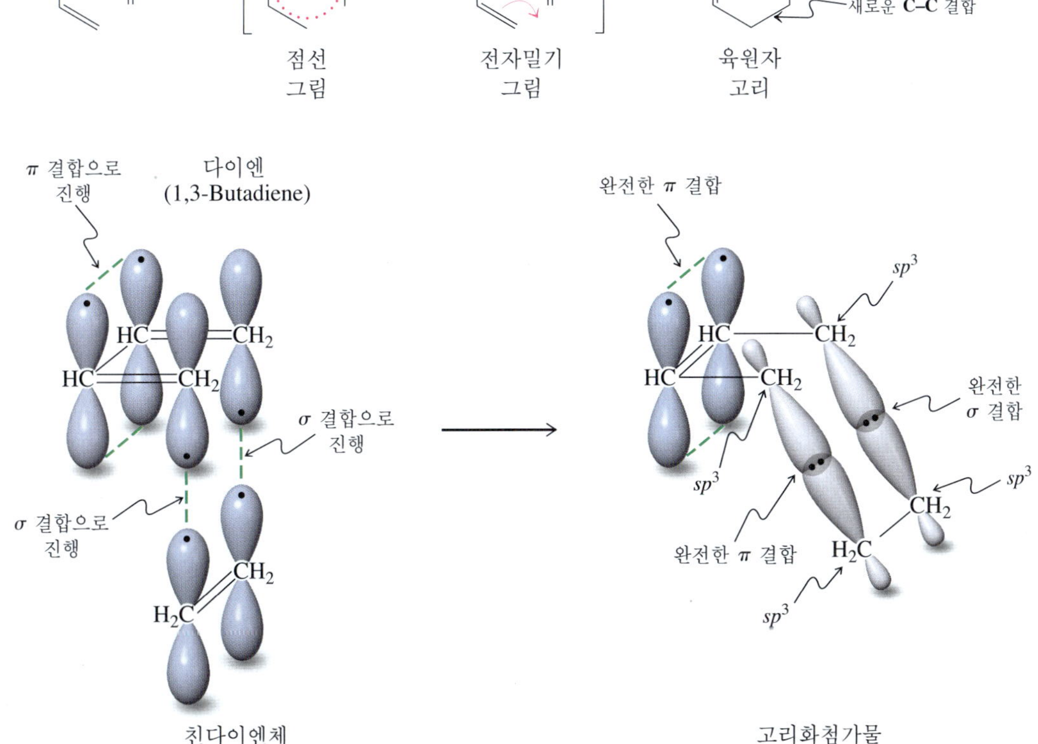

그림 14-9 1,3-Butadiene과 ethene의 Die1s-Alder 반응에서 분자 오비탈의 배향. 1,3-Butadiene의 C1과 C4의 두 p 오비탈과 ethene의 두 p 오비탈의 상호작용이 시작되면, 두 반응하는 탄소들은 sp^3로 재혼성화기 일어남으로써 겹침이 최대화되는 새로운 단일 결합 두 개가 형성된다. 동시에 다이엔의 C2와 C3에서 두 p 오비탈의 π 겹침이 이루어지면서 완전한 이중 결합을 형성한다.

분자 오비탈을 그려 표현한다면(그림 14-9), 친다이엔체의 p 오비탈과 다이엔의 말단 p 오비탈이 겹쳐지므로 결합이 생성된다는 것을 분명하게 알 수 있다. 네 탄소가 sp^3로 재혼성화되는 반면, 다이엔의 내부에 남는 두 p 오비탈은 새로운 π 결합을 형성한다.

Diels-Alder 반응 메커니즘은 다이엔의 양 말단이 동시에 같은 쪽으로 친다이엔체의 탄소 쪽으로 배향하여야 한다. 이것이 의미하는 바는 다이엔은 더 유리한 *s*-트랜스가 아닌 에너지로 보아 조금 불리한 *s*-시스 배열을 취해야 한다는 점이다(그림 14-6).

CH_3 조금 불리한 CH_3 *s*-트랜스 *s*-시스 반응을 위한 형태 배열

H_3C 더 많이 불리한 CH_3 H 특히 심한 입체 장애 *s*-트랜스 *s*-시스 반응을 위한 형태 배열

반드시 *s*-시스 배열을 해야 할 필요 때문에 고리화첨가의 속도에 영향을 미치게 된다. *s*-시스 배열을 취하려면 장애가 커지거나 아니면 불가능한 경우에는, 반응은 아주 느려지거나 일어날 수 없게 된다. 거꾸로 다이엔이 *s*-시스 배열만을 할 수 밖에 없는 경우에는 반응 속도는 빨라진다.

반응성 없는 다이엔 **특히 반응성 높은 다이엔**

Diels-Alder 반응은 입체특이성이다

협동형 메커니즘을 거쳐야 하므로 Diels-Alder 반응은 **입체특이성**(*stereospecific*) 반응이다. 예를 들어, 1,3-뷰타다이엔을 다이메틸 *cis*-2-뷰텐다이오에이트[dimethyl *cis*-2-butenedioate, 말레산 다이메틸(dimethyl maleate), *cis*-알켄)과 반응시키면, 다이메틸 *cis*-4-사이클로헥센-1,2-다이카복실레이트를 생성한다. **친다이엔체의 원래 이중 결합에서의 입체화학은 생성물에 보존된다.** 이 결과를 보완하는 반응으로 다이메틸 *trans*-2-뷰텐다이오에이트(다이메틸 퓨마레이트, 트랜스-알켄)와의 반응은 트랜스 첨가생성물을 생성한다.

MODEL BUILDING

Diels-Alder 반응에서 친다이엔체의 입체화학은 보존된다

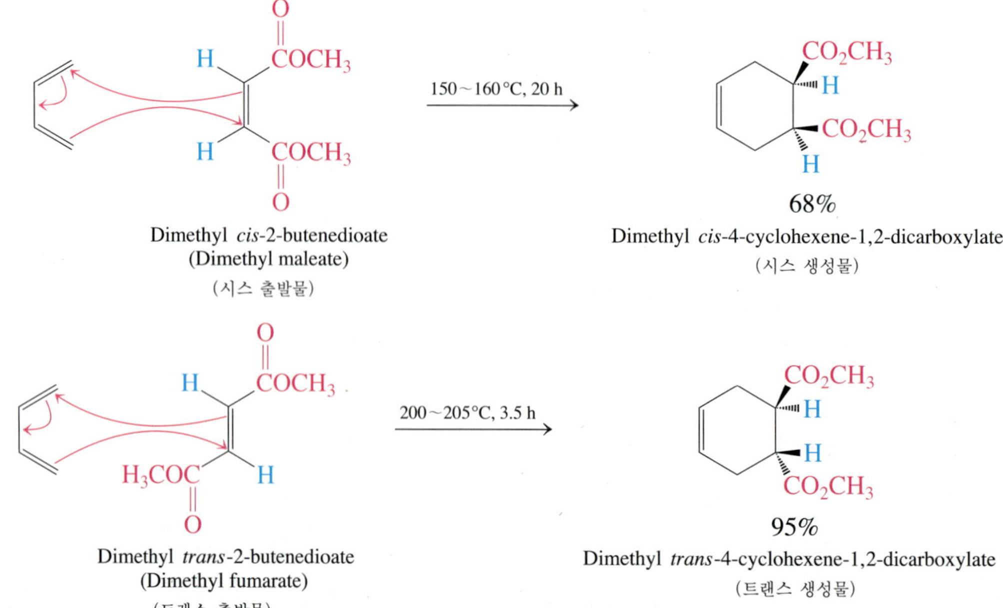

Dimethyl *cis*-2-butenedioate (Dimethyl maleate) (시스 출발물)

Dimethyl *cis*-4-cyclohexene-1,2-dicarboxylate (시스 생성물)

Dimethyl *trans*-2-butenedioate (Dimethyl fumarate) (트랜스 출발물)

Dimethyl *trans*-4-cyclohexene-1,2-dicarboxylate (트랜스 생성물)

마찬가지로 **다이엔의 입체화학 또한 보존된다.** 여기에 그려진 고리화첨가생성물은 메조(meso)이거나 카이랄이다. 그러나 비카이랄 출발물에서 시작하였으므로 얻어지는 생성물이 카이랄이라면 동일한 에너지 전이 상태를 거치므로 라세미체로 얻어진다(예를 들어, 5-7과 12-5절을 참조).

다시 말해 Diels-Alder 반응이 나타내는 입체특이성은 상대적이지 절대 입체화학이 아니다. 늘 그랬듯이 우리는 다이메틸 *trans*-2-뷰텐다이오에이트(위)와 *cis,trans*-2,4-헥사다이엔(아래)의 경우에서처럼 관례대로 라세미체의 카이랄 화합물 중 하나만을 나타낸다.

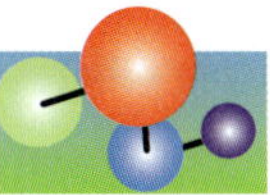

Diels-Alder 반응에서 다이엔의 입체화학은 보존된다

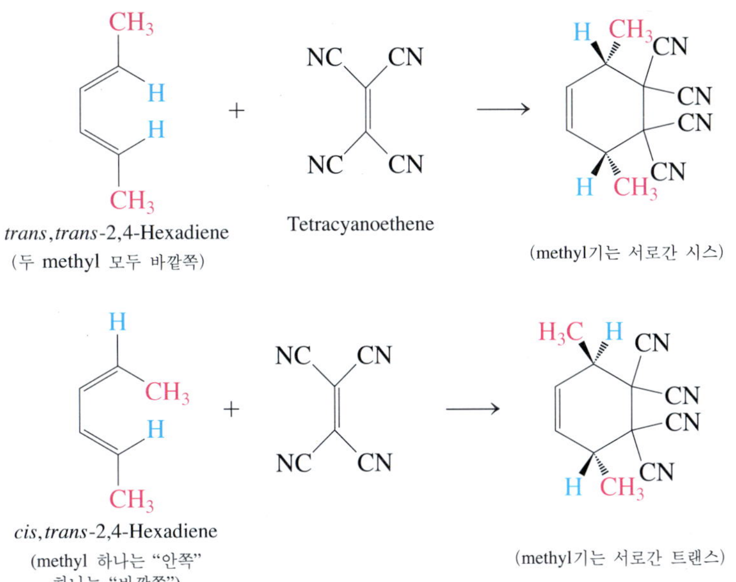

연습 문제 14-19

개념 문제: Diels-Alder 반응

다음 Diels-Alder 고리화첨가 생성물을 그리시오.

전략

Diels-Alder 반응이 관여된 문제를 접하게 되면 분자 모형을 이용하거나 하는 등의 연습으로 다이엔과 친다이엔체의 공간 배열을 머리 속에 그리는 게 좋다. 전이 상태에서 반응물이 어떻게 배열하는가를 머리 속에 떠올릴 수 있게 되면, 실제로 그리는 데도 문제가 없다.

풀이

- 그림 14-9를 가이드 삼아 고리화첨가가 일어나기 전의 두 출발물을 생긴대로 그려본다.
- 참여하는 여섯 전자의 이동으로 새로 두 σ 결합과 한 π 결합이 생성되도록 그림을 완성한다.
- 고리가 찌그러져 보이면 다시 바로잡아 일반적인 육각형의 cyclohexene을 그리고 상대적인 입체화학을 고려하여 치환기를 그려 넣는다.

연습 문제 14-20

자습 문제

다음 Diels-Alder 반응에서 빠진 생성물이나 출발물을 그려 넣으시오.

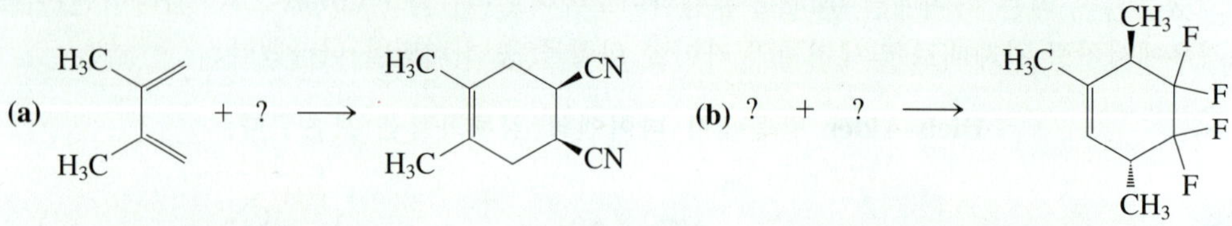

연습 문제 14-21

cis,trans-2,4-Hexadiene은 아주 느리게 [4 + 2] 고리화첨가를 일으킨다. 그러나 트랜스, 트랜스-이성질체는 그보다 빠르게 반응한다. 그 이유를 설명하시오. [**힌트**: Diels-Alder 반응에서는 다이엔이 *s*-시스 배열을 해야만 한다(그림 14-9와 14-6 참조)].

Diels-Alder 고리화첨가는 내향 규칙을 따른다

Diels-Alder 반응은 원래 이중 결합의 치환 유형에 따라 입체특이성일 뿐만 아니라, 출발물 서로 간의 배향에 대해서도 상당히 큰 입체선택성 반응이다. 1,3-사이클로펜타다이엔과 다이메틸 *cis*-2-뷰텐다이오에이트의 반응을 고려해 보자. 두 가지의 생성물이 얻어질 가능성이 있는데, 하나는 두고리 골격에 결합된 두 에스터 치환기가 메틸렌 다리와 같은 쪽에(*cis*) 있는 경우이고, 다른 하나는 메틸렌 다리의 반대쪽(*trans*)에 있는 경우이다. 첫 번째 생성물을 **외향 첨가생성물(exo adduct**: *exo*, 그리스어로 바깥), 두 번째 생성물을 **내향 첨가생성물(endo adduct**: *endo*, 그리스어로 안쪽)이라고 한다. 이 용어는 다리 결합을 가지는 계에서 치환기의 위치에 따라 지칭한다. 외향 치환기는 더 짧은 다리 결합에 대해 시스로 놓이고, 내향 치환기는 이 다리 결합에 대해 트랜스로 놓인다. 일반적으로 외향 첨가에서 치환기는 다이엔에서 멀리 떨어져 위치하게 된다. 거꾸로 내향 첨가에서는 다이엔 쪽을 향하게 된다.

Cyclopentadiene으로 외향 및 내향 고리화첨가

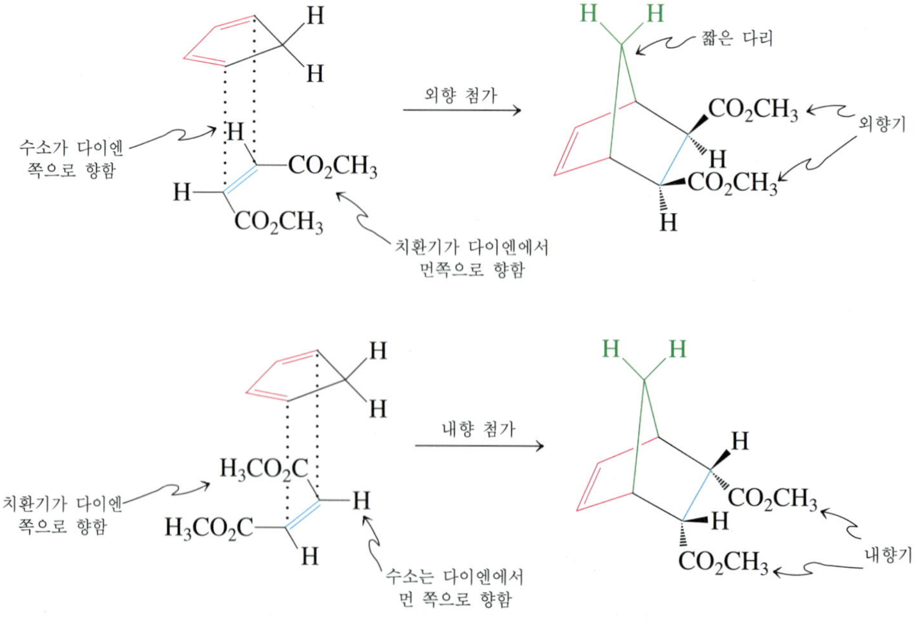

일반적으로 Diels-Alder 반응은 **내향 선택성**(*endo selectivity*)으로 진행한다. 즉, 친다이엔체

화학 이야기 14-3

Diels-Alder 반응은 녹색화학 (green chemistry)

Diels-Alder 반응에서는 모든 출발물이 모두 소진되며, 추가적으로 어떤 물질도 배출하지 않으면서 새로운 생성물을 얻게 된다. 출발물의 모든 원자가 빠짐없이 생성물에 편입되는 그러한 변환을 일컬어 “원자 알뜰(atom economical)” 반응이라고 한다. 원자-알뜰 반응은 녹색화학(green chemistry)의 핵심 요소로서 (화학 이야기 3-1 참조) Diels-Alder 반응은 충실히 이 원칙들을 준수한다. 폐기물을 전혀 또는 거의 남기지 않으며 출발물은 모두 생성물에 편입되며, 기존의 작용기들 또한 그대로 보존된다. 보호기를 필요로 하지 않으며, 용매를 쓰지 않고 순전히 반응물만을 사용할 수도 있고, 순수한 생성물은 결정화나 증류 조작에 의하여 얻을 수 있어 칼럼 크로마토그래피를 피해갈 수도 있다. 많은 Diels-Alder 반응은 적정한 반응 속도를 위해 가열할 필요가 있으나, 이러한 문제 또한 촉매를 사용하여 상온에서 변환이 가능하기도 하다. 예를 들어, Lewis 산은(2-2절) 고리화첨가를 빠르게 가속한다. 이러한 효과가 입증된 예가 아래에 있는 반응이다. 그러한 촉매는 또한 내향/외향비를 변화시키기도 하며, 광학 활성인 촉매를 사용하면 거울상선택성을 나타내기도 한다(예컨대, 화학 이야기 5-4, 9-3 및 12-2절 참조). Lewis 산의 역할은 카보닐 산소의 고립 전자쌍과 배위하여 카보닐기를 더욱 강력한 전자 끌기로 작용케 한다.

분자내의 반응에서와 같이(연습 문제 14-24) 고도의 희석을 요하는 경우에서처럼(9-6절) 때로 피치 못해 용매를 사용하여야 하는 경우도 있다. 청정 용매(green solvent) 중 최고의 선택은 당연히 물이다. 사실인즉, 물은 아래의 반응에서 보는 것처럼 Diels-Alder 반응에 사용될 수 있을 뿐 아니라, 반응 속도를 크게 증가시키며, Lewis 산과 더불어 사용하여 입체선택성을 획기적으로 향상시키기도 한다. 이러한 물의 영향은 전이 상태에서 수소 결합 및 소수성 효과에(8-2절) 기인하는 것으로 보고 있다.

물은 최상의 청정 용매이다.

용매, 촉매 →

		내향		외향
k_{rel} (CH_3CN에서 비촉매)	1	67	:	33
k_{rel} (CH_3CN에서 Cu^{2+}에 의해 촉매)	158,000	94	:	6
k_{rel} (H_2O에서 비촉매)	287	84	:	16
k_{rel} (H_2O, Cu^{2+}에 의해 촉매)	232,000	93	:	7

의 전자 π는 활성화 치환기가 내향인 생성물이 외향인 생성물보다 빠르게 생성된다. 또한 외향 이성질체가 내향 이성질체보다 더 안정한 경우에도 이러한 방식으로 일어난다. 관찰되는 이와 같은 특성을 일컬어 **내향 규칙(endo rule)**이라고 한다. 이러한 경향은 고리화첨가의 전이 상태에 미치는 입체적 영향, 전자적 영향 등 다양한 요인에 기인한다. 비록 내향 전이 상태가 에너지로 보아 조금 밖에 낮지 않다 하더라도, 이 사소한 차이만으로도 앞으로 보게 될 대부분의 반응을 충분히 제어할 수 있게 된다. 고도로 치환된 계의 경우나 또는 다른 활성화 치환기가 존재하면 혼합물이 얻어지게 된다.

MODEL BUILDING

내향 규칙

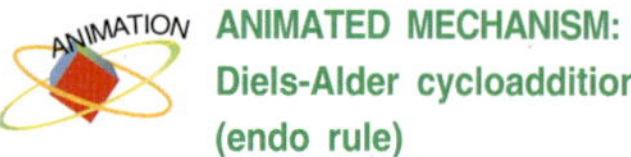

ANIMATED MECHANISM: Diels-Alder cycloaddition (endo rule)

내향 규칙을 따르는 Diels-Alder 반응 생성물의 상대적인 입체화학을 아래에 예시하였다. 치환기의 어디에서 어디로 가는지를 추적하기 위하여 다이엔의 말단에 붙은 두 기에 "o" (다이엔을 이루는 연속적인 탄소들로 이루어지는 반원의 바깥쪽)와 "i" (안쪽) 표지를 붙여 입체배향을 나타내기로 하자. 그리고 친다이엔체의 치환기를 전이 상태에서의 배향에 따라 내향 또는 외향으로 치환기를 구분하여 표시한다. 예측 가능한 생성물에 모든 치환기를 그려 넣은 그림을 반응식 오른쪽에서 볼 수 있다. "o"은 항상 내향기에 대해 항상 시스임을 볼 수 있다. 이 그림으로 복잡한 입체그림을 그릴 필요 없이 생성물 구조를 빨리 얻을 수 있게 된다. 그러나 이것만으로 여기에 숨어져 있는 모든 원리를 완전히 이해할 수는 없는 노릇이다.

연습 문제 14-22

개념 문제: 개념 이해 문제: 내향 규칙

trans,trans-2,4-Hexadiene과 methyl propenoate 간의 반응 생성물을 그리시오. 입체화학을 명확하게 나타내어야 한다.

전략

우선 두 반응 시약인 *trans,trans*-2,4-hexadiene과 methyl propenoate의 구조를 그린다. 다음 생성물의 입체화학을 알아내기 위해 그림 14-9의 전이 상태 그림처럼 하나 위에 다른 하나를 그리는 식으로 구조를 정리한다. 내향 규칙에 따라 예측할 수 있는 것처럼 친다이엔체의 에스터기가 내향 위치가 되도록 한다.

풀이

• 위의 대처 방법에 따라 그리면 다음과 같은 결과가 된다.

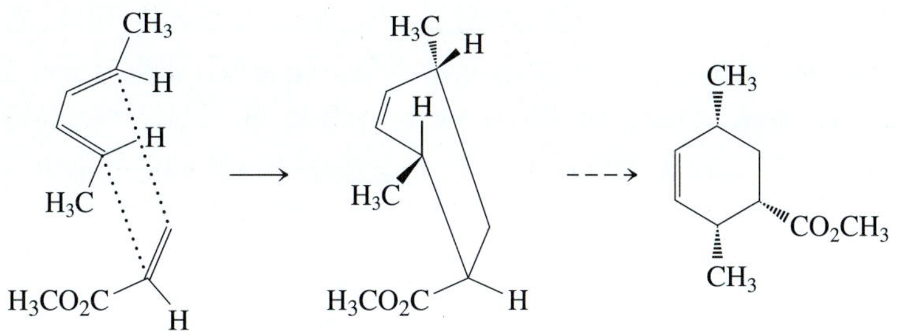

• 위의 일반화된 식을 사용하여 결과를 점검한다. 이를 위해 시약의 모든 치환기에 표시한다. 다이엔의 두 개의 methyl기는 "바깥쪽"에 위치하고, 따라서 "o"라 한다. 친다이엔체의 에스터기를 endo로 표시한다. 이 표시된 기를 일반화된 생성물 구조에 맞춰 넣음으로써 답을 얻게 된다.

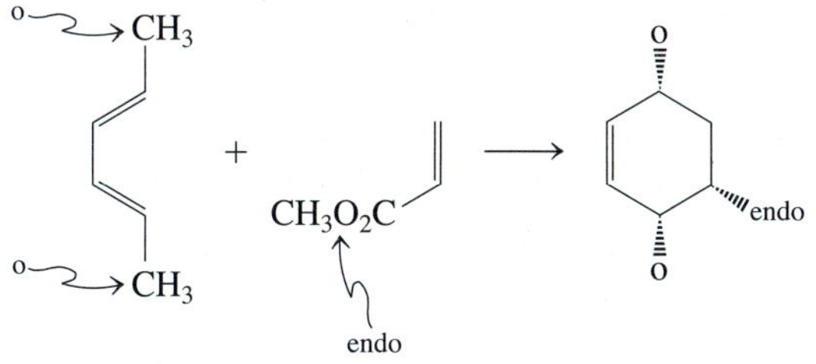

연습 문제 14-23

자습 문제

다음 반응에서 입체화학을 명확하게 나타낸 생성물을 예측하시오.

(a) *trans*-1,3-Pentadiene과 2-butenedioic anhydride (maleic anhydride)

(b) 1,3-Cyclopentadiene과 dimethyl *trans*-2-butenedioate (dimethyl fumarate)

연습 문제 14-24

Diels-Alder 고리화첨가는 분자내 반응으로도 일어날 수 있다. 다음 반응에서 생성물이 만들어지는 두 전이 상태를 그리시오.

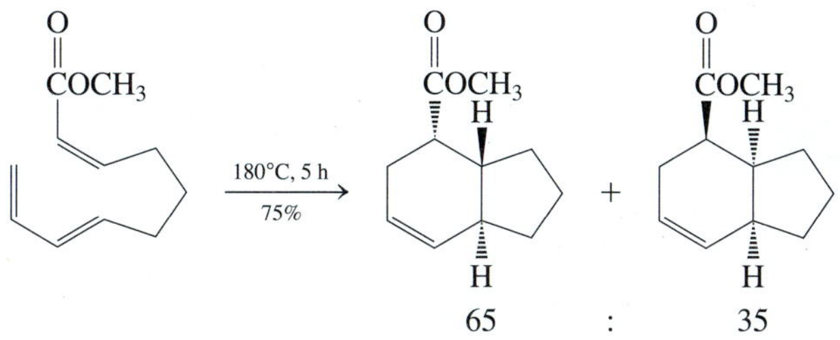

180°C, 5 h 75%

65 : 35

요약 Diels-Alder 반응은 전자 풍부 1,3-다이엔과 전자 부족 친다이엔체가 가장 잘 반응해서 사이클로헥센을 생성하는 고리화첨가 협동 반응이다. 이 반응은 이중 결합의 입체화학과 다이엔과 친다이엔체의 치환기의 배열에 대해 입체특이성을 나타낸다. 이 반응은 내향 규칙을 따른다.

14-9 전자고리화 반응

Diels-Alder 반응은 두 별개의 π계 말단 간의 짝지음이다. **하나**의 콘쥬게이션 다이-, 트라이-, 또는 폴리엔의 끝이 연결되어 고리가 형성될 수 있을까? "물론 될 수 있다" 이 절에서는 어떤 조건에서 그러한 고리 닫힘이 일어날 수 있는가에 관해 설명하게 된다. **전자고리화 반응 (electrocyclic reaction)** 이라고 하는 이러한 고리 형성은 고리화첨가와 더불어 **고리형협동 반응 (pericyclic reaction**: *peri*, 그리스어로 주위) 이라는 반응의 한 부류를 이루는데, 이들 반응에서는 원자들도 전자들도 고리형 배열을 하는 전이 상태를 거치기 때문이다.

전자고리화 반응은 열 또는 빛에 의해 일어난다.

광화학 반응은 "녹색" 기술로 점점 많이 사용된다. 지붕 위의 이 반응기는 수질 오염을 정화하는데 사용된다. 고분자에 지지된 염료가 햇빛을 받아 산소를 활성 산소(단일항 산소)로 만들어 물의 박테리아를 파괴하게 된다 (picture courtesy of Professor Guillermo Orellana, UCM).

먼저 1,3-뷰타다이엔의 사이클로뷰텐으로 변환부터 살펴보도록 하자. 이 과정은 고리의 무리로 인하여 흡열성 반응이 된다. 실제로 역과정인 사이클로뷰텐의 **고리 열림** (*ring opening*) 은 가열하면 쉽게 일어난다. 그러나 *cis*-1,3,5-헥사트라이엔의 1,3-사이클로헥사다이엔으로의 **고리 닫힘** (*ring closure*) 은 발열 과정이고, 가열하면 일어난다. 이와 같은 변환 반응들이 열역학적으로 불리한 방향으로도 일어날 수 있겠는가?

가열 반응에서는 그렇게 하기가 어렵다. 왜냐하면 반응의 평형은 열역학적 통제하에 있기 때문이다. 그러나 몇몇 반응에서는 빛을 이용하는 **광화학 조건 (photochemical condition)** 에서는 가능하게 된다. 광반응에서는 출발물이 광자를 흡수하여 높은 에너지 상태로 들뜸이 일어난다. 빛의 흡수로 들뜸이 일어나는 것이 분광학의 기초가 됨은 이미 보아왔다 (10.2, 14-11절 참조). 분자들은 이러한 들뜬 상태에서 이완되면서 반응물보다 열역학적으로 덜 안정한 생성물로 변할 수 있다. 이 책에서는 그러한 광화학 과정을 상세히 다루지 않겠지만, 전자고리화 평형에서 열역학적으로 불리한 방향으로 반응을 몰아갈 수 있음은 언급해 둘 필요가 있다. 따라서 1,3-사이클로헥사다이엔은 적당한 진동수의 빛을 쪼이면 이성질체인 트라이엔으로 변환할 수 있다. 이와 유사하게 1,3-뷰타다이엔에 빛을 쪼이면 사이클로뷰텐으로의 고리 닫힘을 일으킬 수 있다.

전자고리화 반응

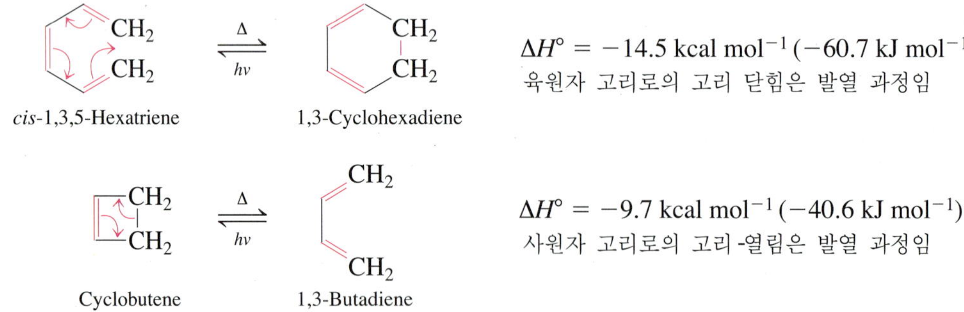

연습 문제 14-25

다음 화합물을 가열하여 얻게 되는 생성물을 그리시오.

(a)　　**(b)**

전자고리화 반응은 협동 반응이고, 입체특이성이다

Diels-Alder 고리화첨가와 같이 전자고리화 반응은 협동 반응이고, 입체특이성인 반응이다. 예를 들어, *cis*-3,4-다이메틸사이클로뷰텐을 가열하면 이성질화가 일어나서 *cis,trans*-2,4-헥사다이엔만을 생성한다.

cis-3,4-Dimethylcyclobutene *cis*,*trans*-2,4-Hexadiene

그러나 이성질체인 *trans*-3,4-다이메틸사이클로뷰텐을 가열하면 *trans,trans*-2,4-헥사다이엔만을 얻게 된다.

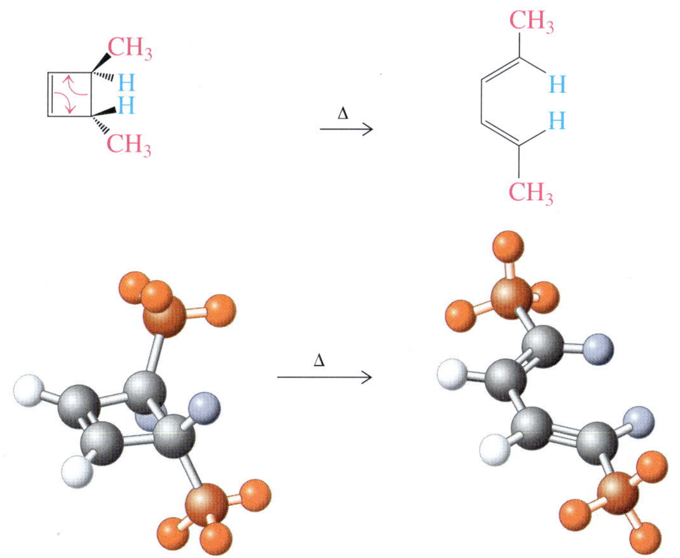

trans-3,4-Dimethylcyclobutene *trans*,*trans*-2,4-Hexadiene

그림 14-10은 이들 과정을 자세히 보여 주고 있다. 사이클로뷰텐의 C3와 C4 간의 결합 깨짐으로 sp^3에서 sp^2로 재혼성화가 일어나며, 생겨나는 *p* 오비탈의 회전으로 원래 있던 *p* 오비탈 간의 겹침이 일어나게 된다. 이러한 가열 사이클로뷰텐 고리 열림은 모두 시계 방향이거나 모두 반시계 방향으로 **같은 방향으로** 회전하는 것이 밝혀졌다. 이러한 양상의 반응을 **동일방향회전(conrotatory)** 과정이라고 한다. *cis*-3,4-다이메틸사이클로뷰텐의 경우 시계 방향이거나 반시계 방향이거나 간에 모두 동일한 생성물인 *cis,trans*-2,4-헥사다이엔을 생성하게 된다. 그러나 *trans*-3,4-다이메틸사이클로뷰텐의 경우에는 두 가지 생성물이 가능하다. 반시계 방향인 경우에는 *trans,trans*-2,4-헥사다이엔을 관찰하게 된다. 반대 방향으로의 회전으로는 시스,시스

MODEL BUILDING

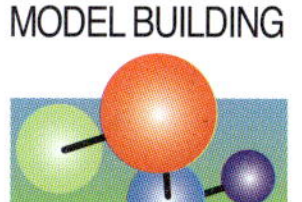

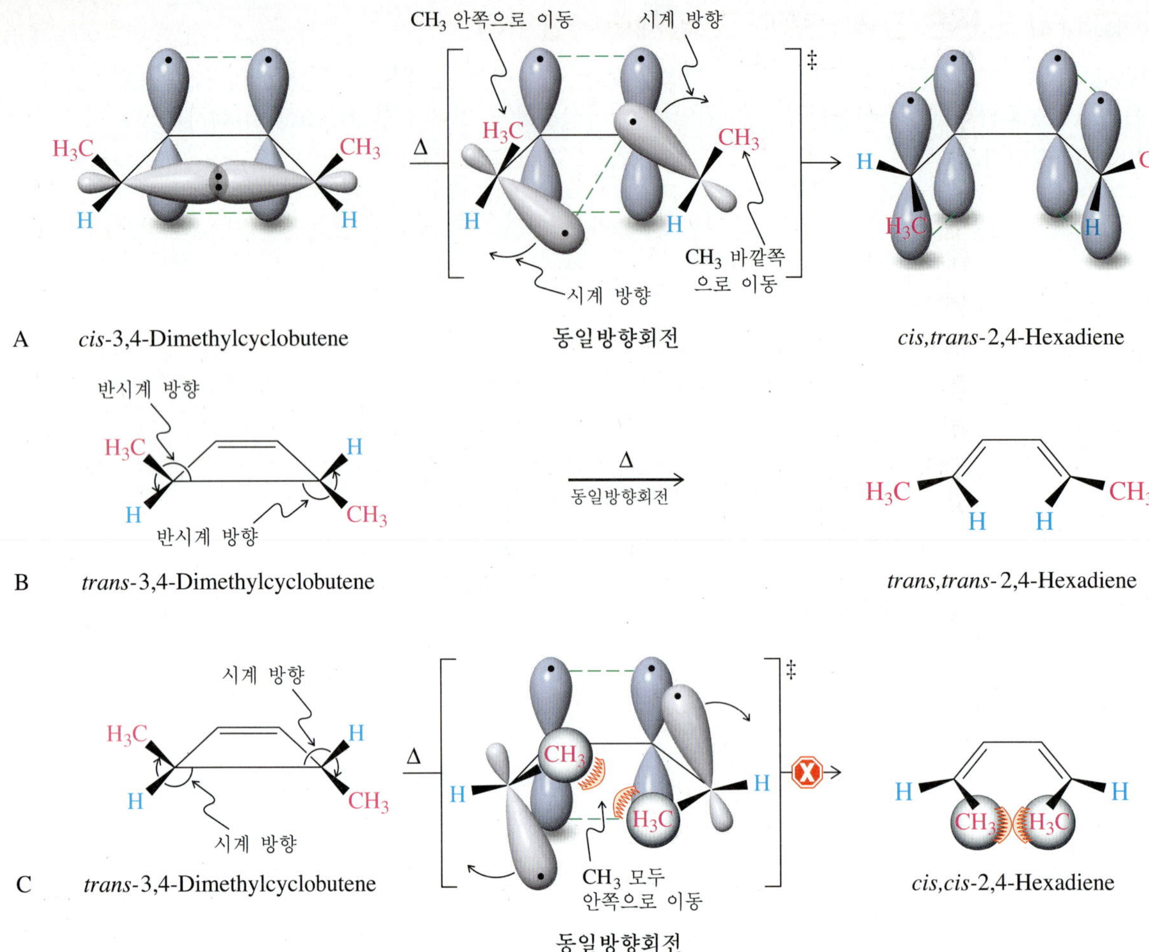

그림 14-10 (A) *cis*-3,4-Dimethylcyclobutene의 동일방향회전 고리 열림. 반응하는 두 탄소는 모두 시계 방향으로 회전한다. 고리에서 sp^3 혼성화 로브는, 하나는 *p* 오비탈로 바뀌고, 탄소는 sp^2 혼성화를 이루게 된다. 이 *p* 오비탈과 출발물인 cylobutene의 기존의 오비탈의 겹침으로 cis,trans-다이엔의 두 이중 결합이 형성된다. (B) *trans*-3,4-Dimethylcyclobutene이 이와 유사하게 동일방향회전 고리 열림으로 trans,trans-다이엔을 생성된다. (C) *trans*-3,4-Dimethylcyclobutene의 시계 방향 동일방향회전 고리 열림은 전이 상태에서의 입체적인 요인으로 일어나지 않는다.

이성질체를 얻게 되나 입체적인 장애로 관찰되지 않는다.

희한하게도, 뷰타다이엔의 사이클로뷰텐으로 광화학 고리 닫힘 [**광고리화 (photocyclization)**]은 가열하여 일어나는 고리 열림 반응에서 관찰되는 것과 정확히 **반대되는** 입체화학으로 진행된다. 이 경우에 반응하는 두 탄소는 서로 반대 방향으로 회전해서 생성물에 이르게 된다. 이러한 양상의 움직임을 **반대방향회전 (disrotatory)** 과정이라고 한다(그림 14-11).

이러한 관찰들을 일반화할 수는 없는가? *cis*-1,3,5-헥사트라이엔과 사이클로헥사다이엔 간의 상호변환의 입체화학을 살펴보자. 놀랍게도 이들 유도체에서 볼 수 있는 것과 같이 가열에 의해 반대방향회전 양상으로 육원자 고리가 생성된다. 예를 들어, *trans,cis,trans*-2,4,6-옥타트라이엔을 가열하면 *cis*-5,6-다이메틸-1,3-사이클로헥사다이엔으로, *cis,cis,trans*-2,4,6-옥타트라이엔을 가열하면 *trans*-5,6-다이메틸-1,3-사이클로헥사다이엔으로 변환되며, 둘 모두 반대방향회전 고리 닫힘 형식으로 일어난다.

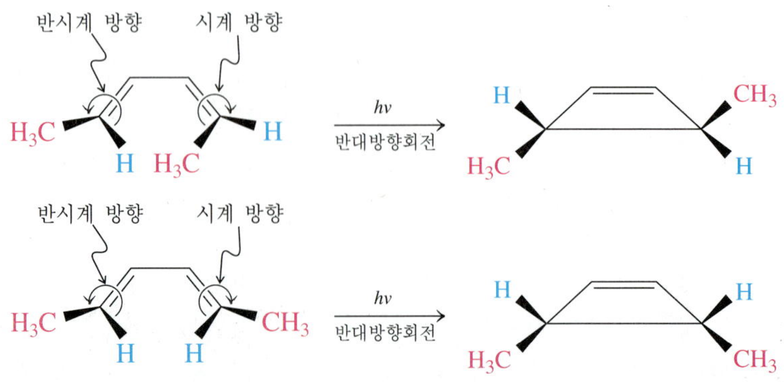

그림 14-11 *cis,trans*- 및 *trans,trans*-2,4-Hexadiene의 반대방향회전에 의한 광화학 고리 닫힘. 반대방향회전 양상으로 한 탄소는 시계 방향으로, 다른 하나는 반시계 방향으로 회전한다.

가열 1,3,5-hexatriene 고리 닫힘의 입체화학

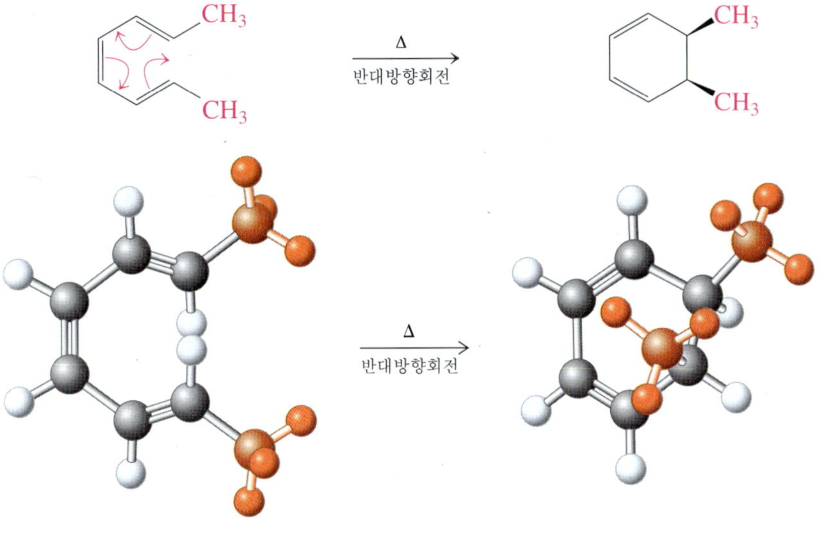

trans,*cis*,*trans*-2,4,6-Octatriene   *cis*-5,6-Dimethyl-1,3-cyclohexadiene

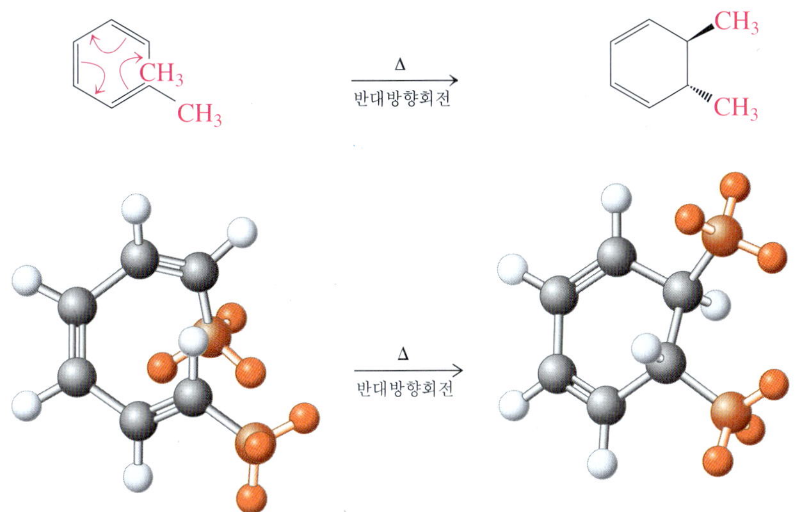

cis,*cis*,*trans*-2,4,6-Octatriene   *trans*-5,6-Dimethyl-1,3-cyclohexadiene

이와는 대조적으로 같은 화합물의 광화학 반응은 동일방향회전 양상으로 일어난다.

광화학 1,3,5-hexatriene 고리 닫힘의 입체화학

CH_3 CH_3 $\xrightarrow[\text{동일방향회전}]{h\nu}$ CH_3 CH_3

이러한 입체화학적 통제는 다른 많은 전자고리화에서 관찰되고, 관여되는 π 분자 오비탈의 대칭성에 의해 지배된다. **Woodward-Hoffmann* 규칙(Woodward-Hoffmann rule)**은 오비탈 상호작용으로 모든 전자고리화 반응의 입체화학적 결과를, 과정에 참여하는 전자수로 주어진 반응이 광화학 반응인가 또는 가열 반응인가를 예측 가능하게 한다. 이 논제는 고급 유기화학 과정으로 남겨놓는 것이 좋을 것 같다. 그러나 전자고리화 반응의 입체화학 경로에 대한 예측을 간단히 요약하면 표 14-2와 같이 된다.

---

*Robert B. Woodward 교수(1917 ~ 1979), Harvard 대학, Cambrige, Massachusetts 1965년 노벨 화학상.
Roald Hoffmann 교수(1937년 출생), Cornell 대학, Ithaca, New York 1981년 노벨 화학상.

화학 이야기 14-4

전자고리화는 줄지어 일어날 수 있다. 스트렙토마이신 배양에서의 면역억제제

스트렙토마이신(Streptomyces)는 토양이나 식물의 부패 과정에서 주로 발견되는 박테리아 집단이다. 아마도 퇴비에서의 흙냄새를 경험하였을 것이다. 이들 박테리아는 의약적으로 유용한 생리 활성 물질을 다량 생산하여 유기화학자들에 의하여 면밀하게 조사가 이루어지고 있다. 일부 **스트렙토마이시스** 배양 성분 중에 콘쥬게이션 테트라엔인 spectinabilin을 비롯한 폴리엔이 들어 있다. 배양액에서 2001년에는 아주 유망하고, 강력한 면역억제제인 SNF 4435 C와 D를 발견하게 되었다(약어는 생물학적 screening 방법에서 유래한다). 화학자들의 조사 결과 이들 성분은 스크린닝의 이성질체로서, 이들은 전자고리화가 두 번 연속으로 일어나 만들어진다는 것이 확인되었다.

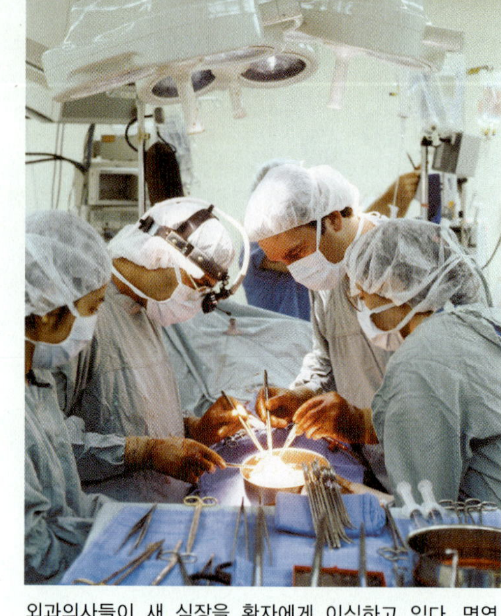

외과의사들이 새 심장을 환자에게 이식하고 있다. 면역억제제는 환자의 면역 체계에 의한 거부 반응을 피하기 위해서 필수적이다.

Spectinabilin

SNF 4435 C

SNF 4435 D

Spectinabilin은 모두 트랜스 배열을 하고 있어 고리 닫힘이 일어날 수 없다. 그러나 햇빛에 의하여 시스-트랜스 이성질화가 일어나서 8π 동일방향회전 양식에 의한 고리화에 완전한 시스,시스 이성질체가 얻어지게 된다. 입체중심(*)을 가지고 있어 두 가지 양상의 동일방향회전이 가능하며(시계 방향과 반시계 방향), 이로 이해 두 가지 사이클로옥타트라이엔(cyclooctatriene)이 얻어진다. 이들 화합물은 이어서 6π 반대방향회전 고리 닫힘에 의하여 두 SNF 이성질체가 된다.

Spectinabilin으로부터 SNF 4435 이성질체의 형성

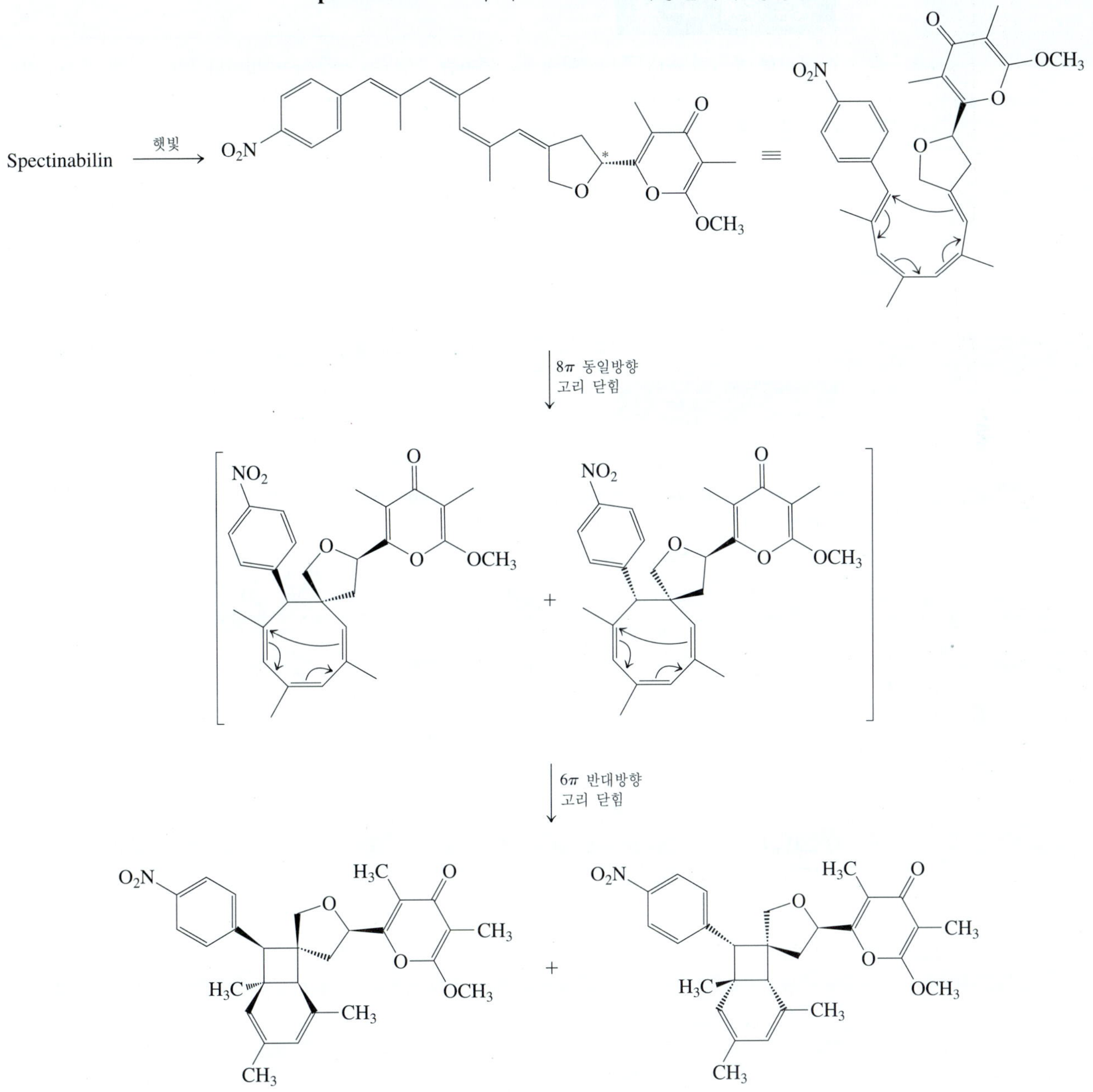

Spectinabilin —햇빛→ O_2N … OCH_3 ≡ …

8π 동일방향 고리 닫힘

6π 반대방향 고리 닫힘

SNF 4435 C + **SNF 4435 D**

제안된 반응 경로는 2004년과 2005년에 biogenetic proposal에 의한 소위 *biomimetic* 합성에 의하여 확인되었다. 이러한 접근의 중심에는 Spectinabilin의 시스,시스 이성질체가 분자를 이루는 두 조각으로부터 Stille 커플링에 의하여 직접 합성되었다(화학 이야기 13-1 참조). 사실은 여기서 생성되는 테트라엔은 같은 반응 조건에서 두 SNF 이성질체로 자발적으로 변화된다.

표 14-2 전자고리화 반응의 입체화학적 경로(Woodward–Hoffmann 규칙)

참여 전자쌍의 수	가열 과정	광화학 과정
짝수	동일방향회전	반대방향회전
홀수	반대방향회전	동일방향회전

연습 문제 14-26

고리형 폴리엔 A(일종의 "아뉼렌", 15-6절 참조)는 사용하는 빛이나 열에 의해 전자고리화 고리 닫힘 반응으로 B나 C로 전환될 수 있다. 이러한 변환에 필요한 조건을 밝히고, 각 단계를 동일방향 또는 반대방향회전으로 구분하시오.

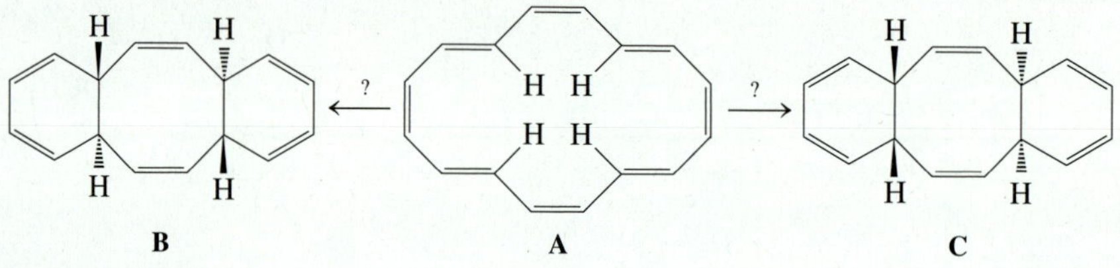

B ←?— A —?→ C

연습 문제 14-27

개념 문제: 비틀림이 있는 전자고리화반응

친다이엔체 B 존재하에 *cis*-3,4-dimethylcyclobutene A를 가열하면 전적으로 부분입체이성질체 C가 생성된다. 메커니즘으로 설명하시오.

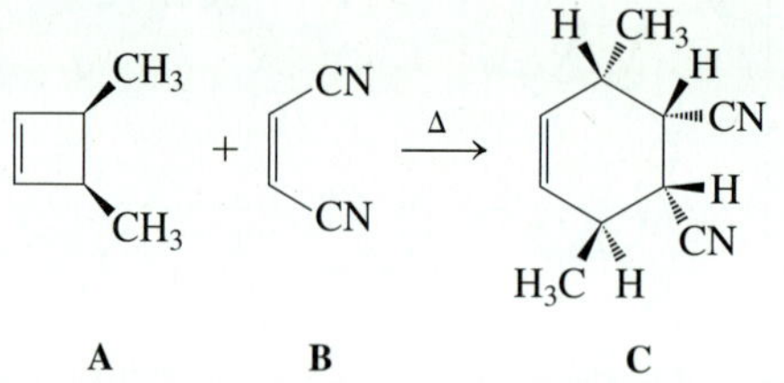

A + B —Δ→ C

전략

이 반응은 고리화첨가반응으로 보인다. 원자의 화학량론 관계를 체크하면 확인할 수 있다. C_6H_{10} (A) + $C_4H_2N_2$ (B) = $C_{10}H_{12}C_2$ (C) 으로 맞아 떨어진다. 어떤 고리화첨가일까? 이를 위해 몇 가지 역합성 분석을 해볼 필요가 있다.

풀이

- 거꾸로 작업을 시작하면 cyclohexene C는 B와 2,4-hexadiene 이성질체와의 Diels-Alder 반응 생성물로 보인다. C의 두 methyl기는 트랜스이어야 하므로 다이엔은 대칭적일 수 없다. 유일한 대안은 *cis*, *trans*-2,4-hexadiene D이다.

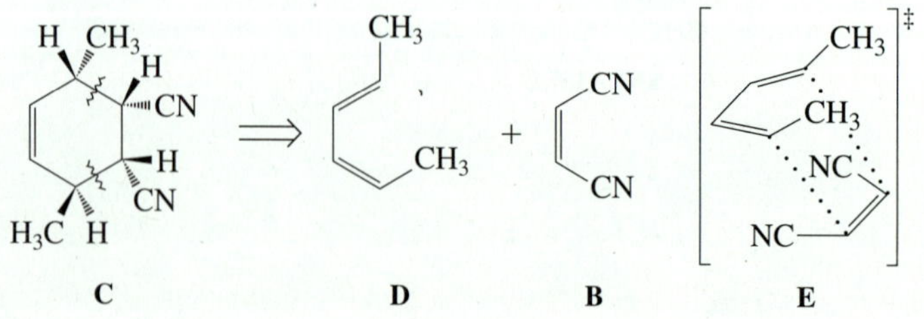

C ⟹ D + B [E]‡

- D는 이성질체인 A로부터 가열, 동일방향회전, 전자고리화 고리 열림으로 유도되어야 한다.
- B의 고리화첨가로 생성되는 D의 입체화학은 외향인가 내향인가? 인접해 있는 네 입체중심에서 치환기의 상대적인 관계를 조사해 보면 E에서처럼 내향인 것을 볼 수 있다.

연습 문제 14-28

자습 문제

에르고스테롤에 빛을 쪼이면 비타민 D_2(이것이 결핍되면 특히 어린이에게 뼈가 물러지기 쉬움)의 전구체인 프로비타민 D_2를 생성한다. 고리 열림은 동일방향회전으로 일어나는가 아니면 반대방향회전인가?(생성물은 고리 열림으로 얻어질 때보다 더 안정한 배열로 그려져 있다.)

Ergosterol $\xrightarrow{h\nu}$ Provitamin D_2 → Vitamin D_2

요약 콘쥬게이션 다이엔과 헥사트라이엔은 가역적으로 전자고리화 고리 닫힘으로 각각 사이클로뷰텐과 1,3-사이클로헥사다이엔을 생성한다. 다이엔-사이클로뷰텐계 가열 반응은 동일방향회전, 그리고 광화학 반응은 반대방향회전 양상이 우세하다. 트라이엔-사이클로헥사다이엔계는 정반대 양식으로 반응해서, 가열 반응은 반대방향회전 그리고 광화학 반응은 동일방향회전으로 진행한다. 이러한 전자고리화 반응의 입체화학은 Woodward-Hoffmann 규칙을 따라 결정된다.

14-10 콘쥬게이션 다이엔의 중합: 고무

단순한 알켄과 마찬가지로(12-15절), 콘쥬게이션 다이엔도 중합을 이룰 수 있다. 중합으로 생겨나는 물질은 탄성이 좋아서 합성 고무로 사용된다. 천연 고무가 생산되는 생화학적 경로는 다섯-탄소 단위인 활성화된 2-메틸-1,3-뷰타다이엔(아이소프렌, 4-7절 참조)을 거치게 되며 이는 천연물의 아주 중요한 기본 단위이다.

1,3-뷰타다이엔은 다리 결합 고분자를 형성할 수 있다

1,3-뷰타다이엔이 C1과 C2에서 중합이 일어나면 폴리에텐일에텐[polyethenylethene, 폴리비닐에틸렌(polyvinylethylene)]이 생성된다.

1,3-Butadiene의 1,2-중합반응

$$2n\ CH_2{=}CH{-}\underbrace{CH{=}CH_2}_{\text{중합 단위}} \xrightarrow{\text{개시제}} {-}(\underset{\underset{CH_2}{\|}}{\underset{CH}{|}}{CH}{-}CH_2{-}\underset{\underset{CH_2}{\|}}{\underset{CH}{|}}{CH}{-}CH_2)_n{-}$$

이와는 다르게 C1과 C4에서의 중합으로 *trans*-폴리뷰타다이엔이나 *cis*-폴리뷰타다이엔 또는 이 둘이 섞인 고분자가 얻어진다.

1,3-Butadiene의 1,2-중합반응

$$n\ CH_2{=}CH{-}CH{=}CH_2 \xrightarrow{\text{개시제}} {-}(CH_2{-}CH{=}CH{-}CH_2)_n{-}$$

***cis-* or *trans-*Polybutadiene**

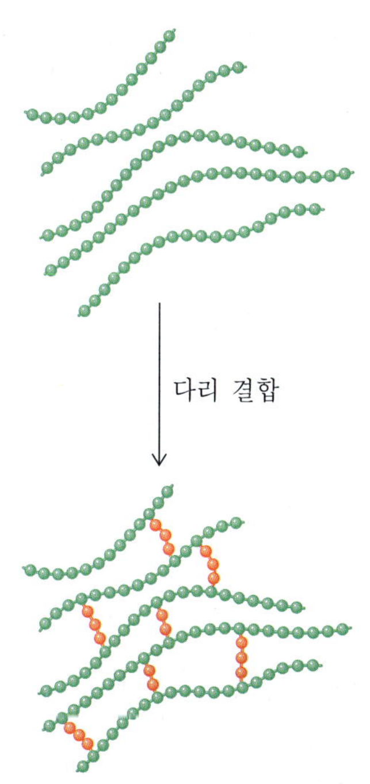

그림 14-12 고무에서 polybutadiene 사슬의 탄성에는 다리 결합이 역할을 한다.

뷰티다이엔의 중합은 생성물 자체가 불포화라는 점에서 특이하다. 처음 만들어지는 고분자

움직이는 탄성체. 바운드하는 공을 컬러 스트로브를 이용하여 찍은 사진으로, 일초에 50회 플래시가 터져 75개의 형상을 얻었다. 이 시퀀스에 공의 궤적은 포물선을 이루며, 공의 속도는 지면에서 가까울수록 빠르고, 호의 윗부분에서 가장 느리다. 수평으로의 이동은 거의 등거리를 유지하지만, 수직 속도는 중력 때문에 점점 줄어든다. 튀는 높이는 지면을 때리면서 에너지를 잃게 되어 점차 낮아진다.

의 이중 결합은 라디칼 개시제와 같은 첨가되는 화합물 또는 빛에 의해 각 사슬 간의 연결이 일어나, **다리 결합 고분자(cross linked polymer)**가 만들어지면서 더 단단한 골격으로 변화된다(그림 14-12). 일반적으로 다리 결합은 물질의 밀도와 강도를 증가시킨다. 또한 뷰타다이엔 고분자의 특징적인 성질인 **탄성(elasticity)**에 큰 영향을 미친다. **대부분**의 고분자에서 각 사슬은 서로를 지나 움직일 수 있으며, 그 과정은 사슬의 모양과 배열 유형에 따라 영향을 받는다. 다리 결합계에서 이러한 변화는 매우 빠르고, 가역적이 되어 사슬은 원래의 모양으로 재빨리 돌아간다. 이러한 탄성이 고무의 특징이다.

합성 고무는 폴리-1,3-다이엔 유도체에서 만들어진다

Ziegler-Natta 촉매(12-15절)를 사용하여 2-메틸-1,3-뷰타다이엔(아이소프렌, 4-7절)을 중합하면 거의 100% Z-배열만을 갖는 합성 고무(**폴리아이소프렌**)를 얻게 된다. 마찬가지로 2-클로로-1,3-뷰타다이엔은 네오프렌이라고 하는 탄성체를 얻게 되는데, 내열과 내산소성이 강한 이 고분자는 트랜스 이중 결합으로 이루어진다. 미국에서만도 매년 몇 백만 톤 이상의 합성 고무가 생산된다.

$$n\ H_2C{=}\underset{}{\overset{CH_3}{\overset{|}{C}}}{-}CH{=}CH_2 \xrightarrow{TiCl_4,\ AlR_3} \text{(Z)-Polyisoprene: } {-}(H_2C\text{(}CH_3\text{)}C{=}C\text{(}H\text{)}CH_2)_n{-}$$

2-Methyl-1,3-butadiene → (Z)-Polyisoprene

$$n\ H_2C{=}\overset{Cl}{\overset{|}{C}}{-}CH{=}CH_2 \xrightarrow{TiCl_4,\ AlR_3} \text{Neoprene: } {-}(H_2C\text{(}Cl\text{)}C{=}C\text{(}H\text{)}CH_2)_n{-}$$

2-Chloro-1,3-butadiene → Neoprene

천연 고무의 원료인 Latex가 고무나무 (Hevea brasiliansis)의 껍질에서 흘러내리고 있다.

천연의 *Hevea* 고무는 1,4-중합한 (Z)-폴리(2-메틸-1,3-뷰타다이엔)으로, 폴리아이소프렌과 유사한 구조를 가진다. 탄성을 높이기 위해 **가황(vulcanization**: *vulcanus*, 라틴어로 로마의 불의 신)이라고 하는 과정에서 뜨거운 황 원소로 처리하는데, 황으로 다리 결합을 형성한다. 이 반응은 1839년에 Goodyear*에 의해 발견되었다. 가장 먼저, 그리고 가장 성공적으로 사용된 예 중의 하나인 "Vulcanite"는 꼭 맞는 틀니를 성형하는 데 사용되었다. 1860년대 이전에는 틀니를 동물뼈, 상아 또는 금속으로 만들었다. George Washington의 입술이 부어 오른 모습(미국 지폐에서 볼 수 있다)은 잘 못 맞춘 상아 틀니 때문이다. 요즘 틀니는 아크릴로 만든다(13-10절). 고무는 주로 타이어에 사용되지만, 구두, 우비와 옷을 포함한 많은 탄성 섬유가 첨가된 제품에 없어서는 안 되는 성분이다.

1,3-뷰타다이엔의 이중 결합이 다른 알켄의 이중 결합과 중합을 이루는 공중합체(copolymer)는 최근 들어 중요성이 증가하고 있다. 중합 반응에서 서로 다른 단량체 간의 비를 변화시킴으로써 최종 생성물의 성질을 상당한 정도로 "바꿀" 수 있다. 이러한 고분자 중의 하나가 ABS(아크릴로나이트릴/뷰타다이엔/스타이렌 공중합체)로 알려진 프로펜나이트릴, 1,3-뷰타다이엔, 에텐일벤젠의 세-성분 공중합체이다. 다이엔은 고무와 같은 탄성을 유지하며, 나이트릴은 고분자를 단단하게 만든다. 그 결과 판을 만들 수도 있고, 그 밖에 어떤 모양으로도 성형이 가능하여 매우 유용한 물질을 얻게 된다. 강도가 높고 변형에 견디는 능력이 커서, 시계 부품에서부터 카메라나 컴퓨터 케이스, 차체와 범퍼 등에 이르기까지 광범위하게 응용된다.

이 거대한 트럭의 라지에터 보호판과 범퍼도 ABS 공중합체로 만들어진다.

천연 고무의 기본은 폴리아이소프렌이다

천연 고무는 어떻게 만들어지는가? 식물은 생성의 기본 구조체인 3-메틸-3-뷰텐일 파이로포스

*Charles Goodyear(1800~1860), 미국 태생의 발명가.

페이트(아이소펜텐일 파이로포스페이트)를 사용해서 천연 고무의 폴리아이소프렌 골격을 만든다. 이 분자는 3-메틸-3-뷰텐-1-올의 파이로인산 에스터이다. 이 물질의 아주 적은 양과 알릴 파이로포스페이트인 2-뷰텐일 이성질체가 효소에 의해서 평형을 이루게 된다

3-Methylbutenyl Pyrophosphate의 두 이성질체의 생합성

$H_2C{=}C(CH_3)CH_2CH_2OH$
3-Methyl-3-buten-1-ol

$HO{-}P(=O)(OH){-}OH$ + $HO{-}P(=O)(OH){-}OH$
Phosphoric acid

−HOH

$HO{-}P(=O)(OH){-}O{-}P(=O)(OH){-}OH$
Pyrophosphoric acid

−HOH

$H_2C{=}C(CH_3)CH_2CH_2O{-}P(=O)(OH){-}O{-}P(=O)(OH){-}OH$ ⇌ (효소) $(H_3C)_2C{=}CHCH_2O{-}P(=O)(OH){-}O{-}P(=O)(OH){-}OH$

3-Methyl-3-butenyl pyrophosphate　　3-Methyl-2-butenyl pyrophosphate

이어지는 과정은 효소에 의해 통제되지만, 우리에게 익숙한 메커니즘으로 그려낼 수 있다 (OPP ═ pyrophosphate).

천연 고무의 합성 메커니즘

단계 1. 안정한 (알릴자리) 양이온으로의 이온화

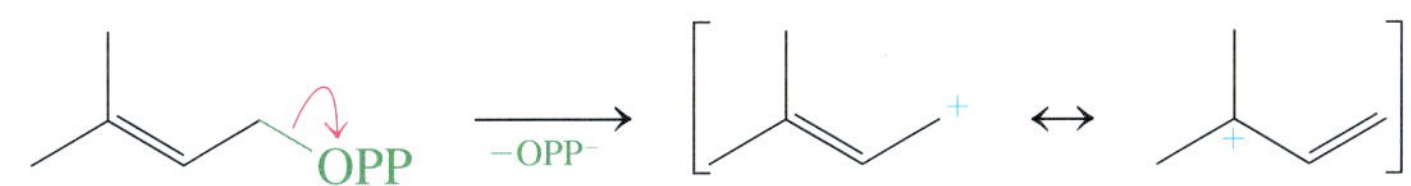

단계 2. 친전자성 공격

OPP ⟶ OPP, H

단계 3. 양성자 손실

OPP, H ⟶ (−H⁺) OPP

Geranyl pyrophosphate

단계 4. 두 번째 올리고머화

OPP ⟶ (−OPP) OPP ⟶

OPP ⟶ (−H⁺) OPP

Farnesyl pyrophosphate

첫 단계에서 알릴 파이로포스페이트의 이온화로 알릴자리 양이온이 된다. 이 양이온에 3-메틸-3-뷰텐일 파이로포스페이트 한 분자가 공격한 다음, 양성자 손실이 일어나면 제라닐 파이로포스페이트라고 부르는 이합체(dimer)가 형성된다. 이와 같은 과정이 연속으로 일어나서 천연 고무가 합성된다.

많은 천연물이 2-메틸-1,3-뷰타다이엔 (아이소프렌) 단위로 구성되어 있다

터펜(terpene)을 포함한 많은 천연물이 4-7절에서 맨 먼저 논의된 3-메틸-3-뷰텐일 파이로포스페이트에서 시작된다. 정말이지 모든 터펜의 구조는 2-메틸-1,3-뷰타다이엔과 같은 다섯-탄소 단위로 나눌 수 있다. 구조적 다양성은 3-메틸-3-뷰텐일 파이로포스페이트가 서로 결합되는 방법에 기인한다. 식물계에 가장 널리 분포되어 있는 두 가지 물질, 모노터펜(monoterpene)인 제라니올과 세스퀴터펜(sesquiterpene)인 파네솔은 각각 대응하는 파이로포스페이트를 가수분해하여 얻는다.

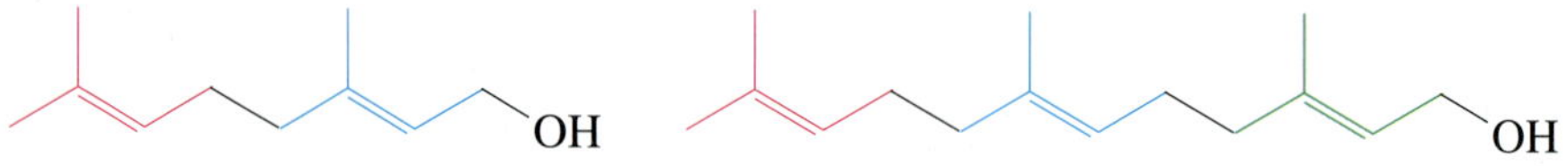

OH OH

Geraniol Farnesol

두 분자의 파네실 파이로포스페이트의 짝지음으로 스쿠알렌(squalene)을 생성하는데, 이는 스테로이드 생합성의 핵심 전구체이다(4-7절).

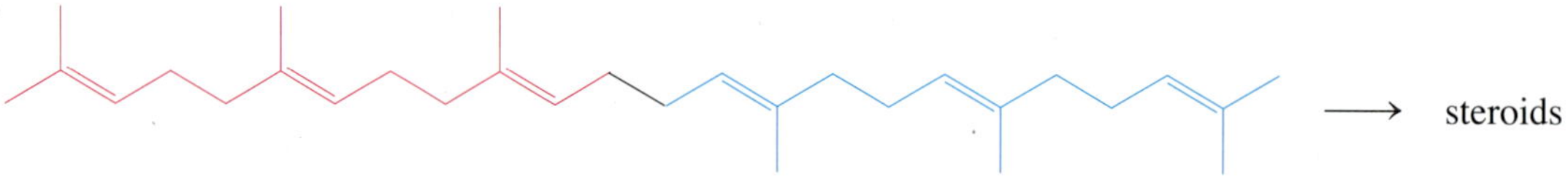

⟶ steroids

Squalene

두고리 화합물인 캄파(camphor)는 제라닐 파이로포스페이트로부터 효소 반응으로 친전자성 탄소-탄소 결합 형성을 통해 구성되는데, 방충제, 코에 사용하는 스프레이, 파스 계통의 근육에 바르는 약에 사용된다.

Geranyl pyrophosphate로부터의 camphor 생합성

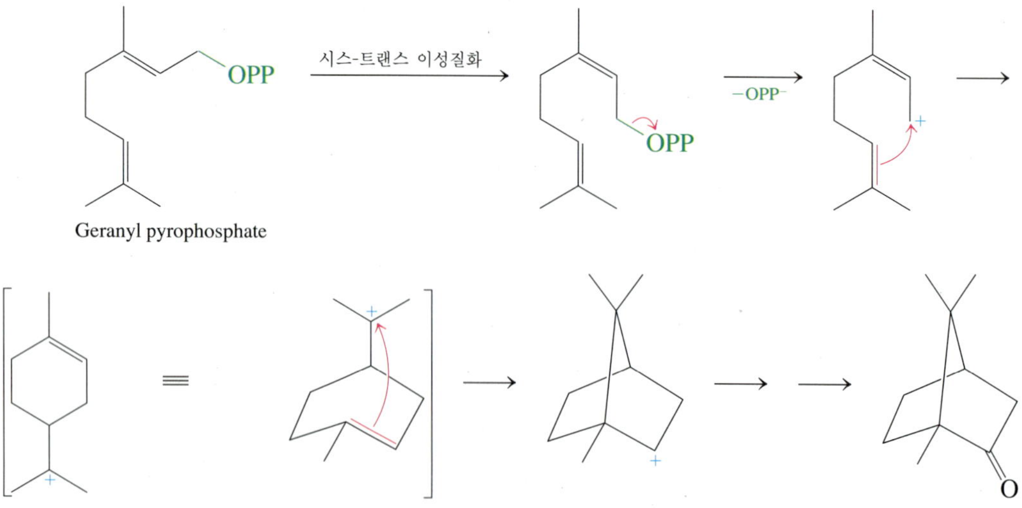

OPP 시스-트랜스 이성질화 OPP −OPP⁻

Geranyl pyrophosphate

O

Camphor

다른 더 큰 골격의 터펜도 유사한 고리화 반응에 의하여 만들어진다.

요약 1,3-뷰타다이엔은 1,2- 또는 1,4-첨가 양상으로 중합되어 폴리뷰타다이엔을 생성하며, 다리 결합의 정도에 따라 다양한 탄성 정도를 갖게 된다. 합성 고무는 2-메틸-1,3-뷰타다이엔으로부터 만들 수 있으며, E와 Z 이중 결합에 차이를 나타낸다. 천연 고무는 3-메틸-3-뷰텐일 파이로포스페이트가 2-뷰텐일계로 이성질화하여 이온화되어, 단계적으로 친전자체와 반응하여 중합이 만들어진다. 2-메틸-1,3-뷰타다이엔(아이소프렌) 단위가 터펜의 여러고리 구조로 바뀌는 것도 유사한 메커니즘을 써서 설명할 수 있다.

태양광은 빗방울에 의해 구성 색으로 나뉘어진다(가시광선 스펙트럼).

14-11 전자 스펙트럼: 자외선 및 가시광선 분광법

10-2절에서 유기 분자가 여러 파장의 빛을 흡수한다는 것을 설명한바 있다. 분광법은 분자들이 에너지 차가 ΔE인 어떤 들뜬 상태로 되기 위해서는, 제한적으로 특정한 에너지의 양자 $h\nu$만을 흡수하기 때문에 가능하다.

$$\Delta E = h\nu = \frac{h\nu}{c} \quad (c = \text{빛의 속도})$$

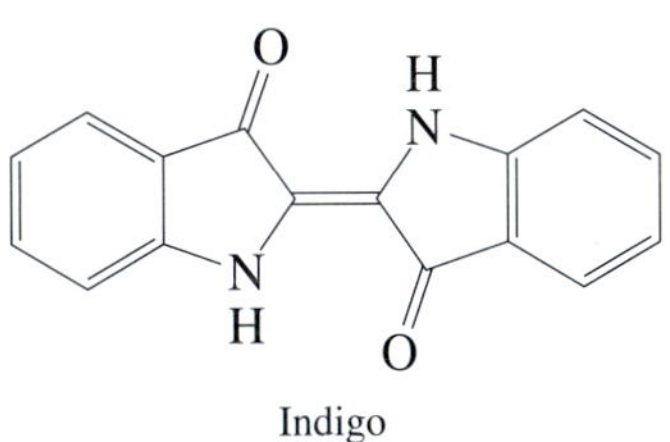

Indigo

그림 10-2에 아주 높은 에너지의 X선부터 라디오파에 이르는 전자기 복사를 여러 소영역으로 구분하여 놓았다. 여러 소영역 중에서 색과 가시광선 스펙트럼을 가능하게 하는 영역이 눈에 뜨인다. 바로 이 영역만이 인간이 눈을 분광기로 하여 분해가 가능한 영역이다. 다른 영역이 미치는 영향은 제대로 파악되어 있지 않다. X선과 자외선은(눈에) 해로우며, 적외선은 열로 감지할 수 있으나 마이크로파나 라디오파는 감지가 불가능하다.

색이 어떻게 생겨나는가를 이해하기 위해서는 Issac Newton의 실험으로 거슬러 올라가야 한다. 백색광이 프리즘을 통과하면 색의 스펙트럼으로 분해되는데, 무지개는 물방울이 프리즘의 역할을 한다. 우리가 백색광으로 인지하는 것은 우리 눈의 망막(retina)이 빛의 수용체에서(화학 이야기 18-3), NMR 용어를 빌리자면 광대역 조사(broad-band irradiation)의 효과인(10-9절) 것이다. 그 물질이 가시광선 스펙트럼에서 빛의 일부를 흡수하고, 나머지를 반사할 때 결과적으로 우리는 물체나 또는 화합물의 색을 보게 된다. 예를 들어, 물체가 푸른색을 흡수하면 우리는 그것을 주황색으로 보게 되며, 초록색을 흡수하면 보라색으로 보게 된다. 주황색을 흡수하면 물체는 푸른색이 되며, 보라색을 흡수하면 초록색이 된다. 유기화학에서 그러한 색깔을 띠는 화합물은 흔히 콘쥬게이션 이중 결합의 배열을 갖는 것들이다. 이들 결합의 전자가 들뜨게 되는 에너지 바로 가시광선에 해당되어 색을 나타내게 된다(자외선 스펙트럼의 일부도 흡수하는 것으로 밝혀져 있다). 이 장 시작 부분의 β-카로텐(14-7절)의 주황색과 인디고(indigo) 염료에 의한 청바지 색은(오른쪽 그림) 우리에게 익숙한 것들이다.

청바지의 푸른색은 인디고 물감에 의한 것이다.

이 절에서는 유기물의 색을 숫자화하여 파장이 400~800 nm 영역인 분광법을 **가시광선 분광법(visible spectroscopy)** 이라고 한다(그림 10-2와 오른쪽 여백 그림 참조). 파장 범위가 200~400 nm인 것도 같이 다루게 되는데 **자외선 분광법(ultraviolet spectroscopy)** 이라 한다. 이 둘의 파장 범위는 아주 가까이 인접하여 같은 분광기를 이용하여 측정하게 된다. 이 두 기법은

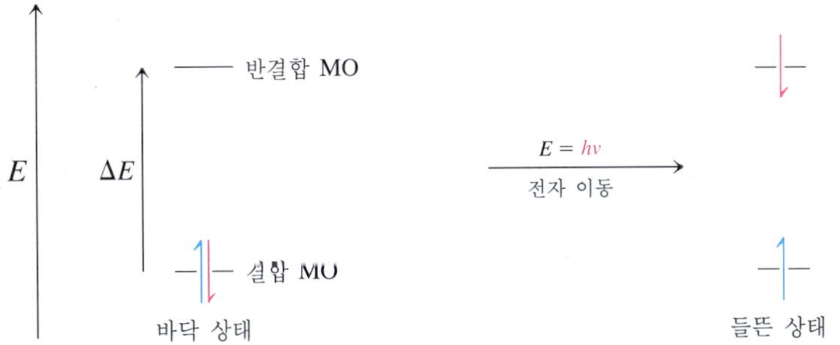

그림 14-13 결합 오비탈에 있는 전자 하나가 반결합 오비탈로 전이되는 전자 들뜸으로 분자의 전자는 바닥 상태에서 들뜬 상태로 바뀐다.

가시광선 스펙트럼

색	파장
보라색	380–450 nm
푸른색	450–495 nm
초록색	495–570 nm
노란색	570–590 nm
주황색	590–620 nm
붉은색	620–750 nm

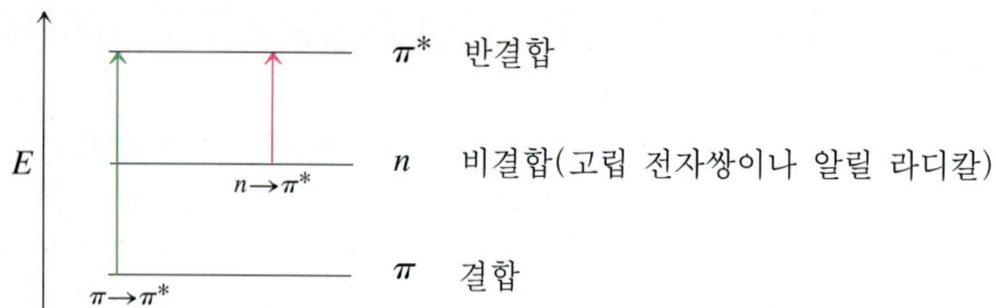

그림 14-14 간단한 π계에서의 전자 전이. 들뜸이 일어나는데 필요한 파장의 빛은 가시광선 또는 적외선 스펙트럼의 봉우리로 나타나게 된다.

불포화 화합물에서의 전자 구조를 조사하거나 콘쥬게이션 정도를 추정는데 특히 유용하다.

자외선-가시광선 분광기는 그림 10-3에서의 일반적인 도식에 따라 만들어진다. NMR에서처럼, 시료는 일반적으로 검사하는 스펙트럼 영역에서 흡수가 일어나지 않는 용매에 녹인다. 예를 들어, 에탄올, 메탄올, 사이클로헥세인 등이 있는데, 이들은 모두 200 nm 이상에는 흡수띠가 없다. 자외선과 가시광선 파장 영역의 전자기 복사에 의해서, 전자는 채워진 결합(때로는 비결합) 분자 오비탈로부터 비어 있는 반결합성 분자 오비탈로 전자 들뜸이 일어나게 된다. 이들 전자의 에너지 변화를 **전자 스펙트럼(electronic spectrum)**으로 기록한다. NMR에서처럼 FT 장비를 사용하면 스펙트럼의 감도를 높이고, 스펙트럼을 훨씬 용이하게 얻을 수 있다.

자외선과 가시광선은 전자 들뜸을 일으킨다

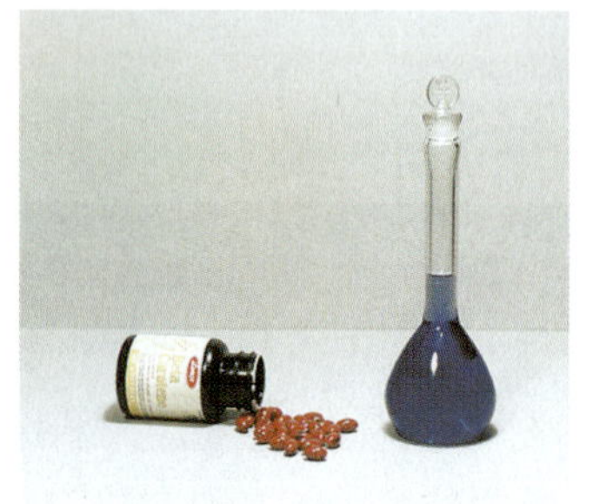

붉은-주황색의 β-carotene과 짙은 청색의 azulene은 π 전자 구조가 다르다.

보통 분자에서의 결합을 생각해 보자. 우리는 고립 전자쌍을 제외한 모든 전자는 결합성 분자 오비탈을 차지한다고 해도 전혀 무리가 없다. 이렇게 되면 화합물은 전자가 **바닥 상태(ground state)**에 있다고 한다. 전자분광법은 자외선과 가시광선이 이러한 많은 전자들을 반결합 오비탈로의 전이에 충분한 에너지를 가지고 있어 **들뜬 전자 상태(excited electronic state)**를 만든다(그림 14-13). 흡수된 에너지는 빛을 방출하거나(형광, 인광) 단순히 열을 방출하기도 하지만, 화학 반응의 형태로(14-9절 비교) 나타나기도 한다.

유기 화합물의 σ 결합은 결합 오비탈과 반결합 오비탈 간에 에너지 차이가 크다. 이러한 결합의 전자를 들뜨게 하는 데는 실용적인 범위보다 훨씬 아래의(<200 nm) 파장이 필요하다. 그 결과 주로 채워진 오비탈과 빈 오비탈이 에너지가 더 근접해 있는 π계의 연구를 목적으로 기술이 개발되었다. 이러한 전자의 들뜸으로 **$\pi \rightarrow \pi^*$ 전이($\pi \rightarrow \pi^*$ transition)**가 일어난다. 비결합 전자(n)는 **$n \rightarrow \pi^*$ 전이($n \rightarrow \pi^*$ transition)**를 통해 훨씬 쉽게 들뜬다(그림 14-14). π 분자 오비탈의 수는 계를 구성하고 있는 p 오비탈의 수와 같기 때문에, 그림 14-14의 간단한 그림은 콘쥬게이션의 확장에 따라 가능한 전이의 종류는 기하급수적으로 많아지게 되며, 그에 따라 스펙트럼도 무진장 복잡해진다.

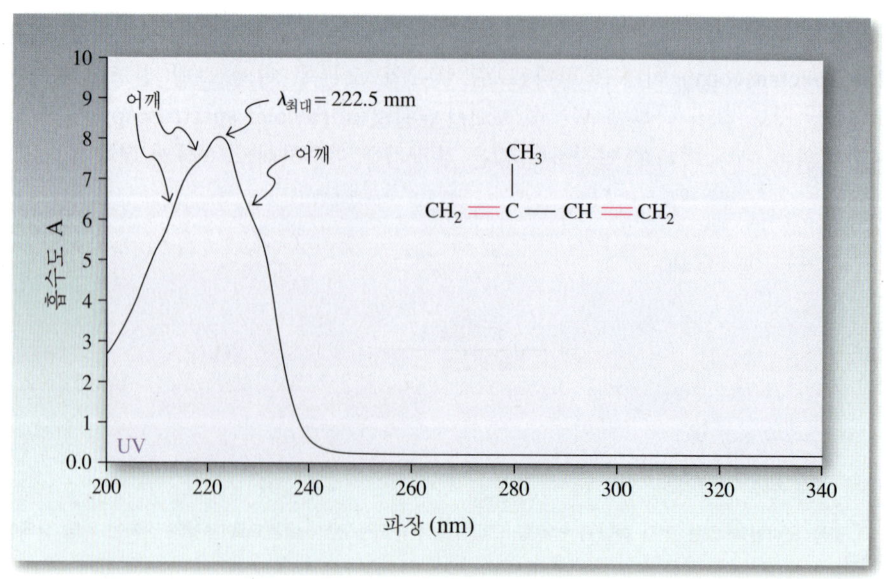

그림 14-15 2-Methyl-1,3-butadiene의 methanol 용액의 자외선 스펙트럼, $\lambda_{최대}$ = 222.5 nm (ϵ = 10,800). 주봉우리 옆에 있는 두 개의 찌그러진 부분은 어깨(shoulder)라고 한다.

표 14-3 Ethene과 콘쥬게이션 파이계에서의 가장 낮은 에너지 전이의 $\lambda_{최대}$ 값

알켄 구조	화합물명	$\lambda_{최대}$	ϵ
	Ethene	171	15,500
	1,4-Pentadiene	178	측정되지 않음
	1,3-Butadiene	217	21,000
	2-Methyl-1,3-butadiene	222.5	10,800
	*trans*-1,3,5-Hexatriene	268	36,300
	*trans,trans*-1,3,5,7-Octatetraene	330	—
	2,5-Dimethyl-2,4-hexadiene	241.5	13,100
	1,3-Cyclopentadiene	239	4,200
	1,3-Cyclohexadiene	259	10,000
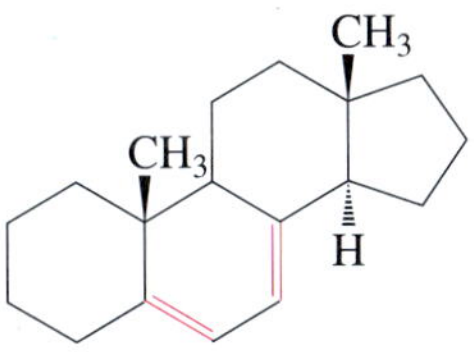 CH_3, CH_3, H	스테로이드 다이엔	282	—
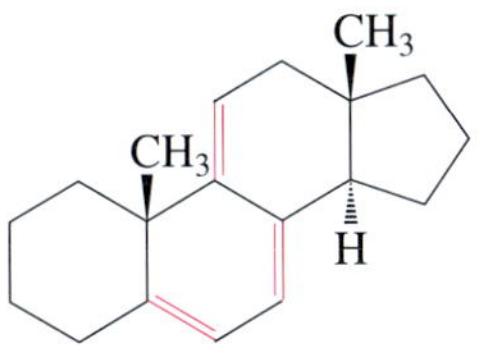 CH_3, CH_3, H	스테로이드 다이엔	324	—
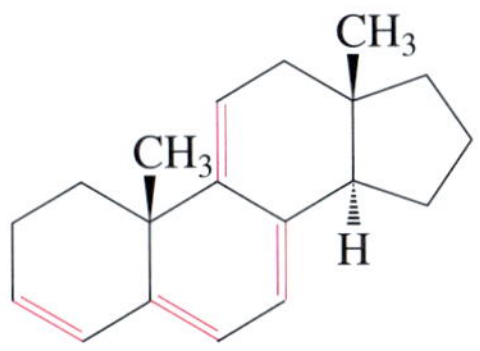 CH_3, CH_3, H	스테로이드 테트라엔	355	—
(구조는 14-7절 참조)	β-Carotene (비타민 A의 전구체)	497 (주황색)	133,000
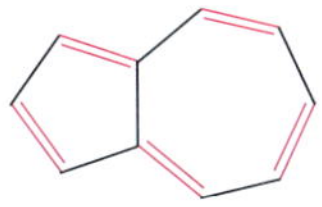	Azulene, 고리형 콘쥬게이션 탄화수소	696 (푸른-보라색)	150

그림 14-16 HOMO와 LUMO의 에너지 차이는 ethene, 알릴 라디칼, butadiene으로 가면서 점차 감소한다. 전자 들뜸은 더 낮은 에너지가 필요하며, 더 긴 파장에서 나타난다.

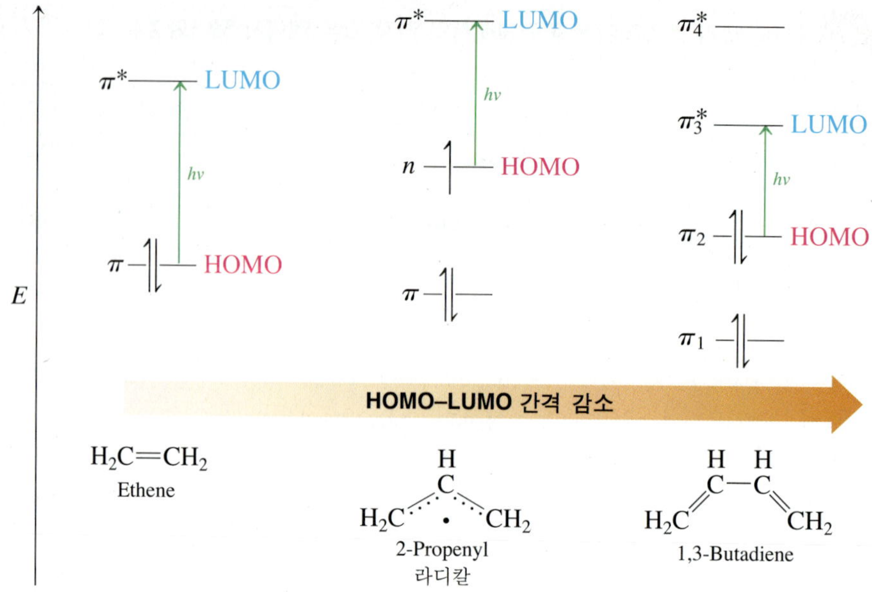

전형적인 UV 스펙트럼 하나인 2-메틸-1,3-뷰타다이엔(아이소프렌)의 스펙트럼을 그림 14-15에 나타내었다. 봉우리의 위치는 $\lambda_{최대}$(nm)가 최대가 되는 파장으로 정의한다. 이 봉우리의 세기는 **몰흡광 계수(molar extinction coefficient)** 또는 **몰흡수 계수(molar absorptivity)** ϵ에 반영되며, 이는 분자마다 고유한 값을 갖는다. ϵ값은 측정된 봉우리 높이(흡광도, A)를 분자의 몰농도 C로 나누어 계산할 수 있다(표준 셀의 길이를 1 cm로 가정한다).

$$\epsilon = \frac{A}{C}$$

ϵ의 크기는 100보다 작은 값에서부터 크게는 수십만에 이른다. 이 값으로 분자의 빛의 흡수 효율을 가늠할 수 있다. 전형적인 NMR 스펙트럼의 좁은 선 모양과는 달리, 전자 스펙트럼의 흡수띠는 그림 14-15에서처럼 폭넓게(broad) 나타난다.

전자 스펙트럼을 보면 비편재화 정도를 알 수 있다

전자 스펙트럼은 종종 확장 π계에서 비편재화의 크기와 정도를 나타낸다. 콘쥬게이션되어 있는 이중 결합이 더 많을수록 전자 들뜸에 필요한 에너지는 낮아지고, 빛의 파장은 더 길어진다(그리고 더 많은 봉우리가 스펙트럼에 나타나게 된다). 예를 들어, 에텐은 $\lambda_{최대} = 171$ nm에서 흡수가 일어나며, 콘쥬게이션되지 않은 1,4-펜타다이엔은 $\lambda_{최대} = 178$ nm에서 흡수가 일어난다. 1,3-뷰타다이엔과 같은 콘쥬게이션 다이엔은 훨씬 더 낮은 에너지($\lambda_{최대} = 217$ nm)에서 흡수가 일어난다. 표 14-3에 나타나 있는 것처럼 콘쥬게이션계가 더 확장될수록 $\lambda_{최대}$값이 얼마만큼씩 증가한다. 알킬기에 의한 하이퍼콘쥬게이션과 평면상에 고정된 고리계에서의 효율적인 π 겹침은 모두 장파장 쪽으로의 이동에 영향을 미친다. 400 nm 이상(가시광선 영역)에서 분자는 색깔을 띠게 되는데, 처음에는 노란색, 다음 주황색, 붉은색을 거쳐 자주색, 푸른-초록색이 된다. 예를 들어, β-카로텐(14-7절)에서 11개의 이중 결합이 연속 배열되어 있어 특징적인 짙은 주황색($\lambda_{최대} = 480$ nm)을 띠게 된다.

왜 콘쥬게이션이 더 커지면 π계는 더 쉽게 들뜰 수 있고, 더 낮은 에너지의 들뜬 상태를 가지는가? 그 답은 그림 14-16에 그려 놓았다. p 오비탈 배열의 겹침이 길어질수록 채워진 오비탈과 빈 오비탈 간의 에너지 간격은 더 좁아지고, 결합 오비탈과 반결합 오비탈이 추가적으로 전자 들뜸에 이용될 수 있다.

마지막으로 사이클로폴리엔에서의 콘쥬게이션에는 완전히 다른 규칙이 적용되는데, 다음 두 장에서 소개할 것이다. 무색인 벤젠의 전자 스펙트럼(그림 15-6)과 짙은 푸른색의 아쥴렌을 비교해 보고 나서(그림 14-17) 표 14-3에 있는 자료와 비교해 보라.

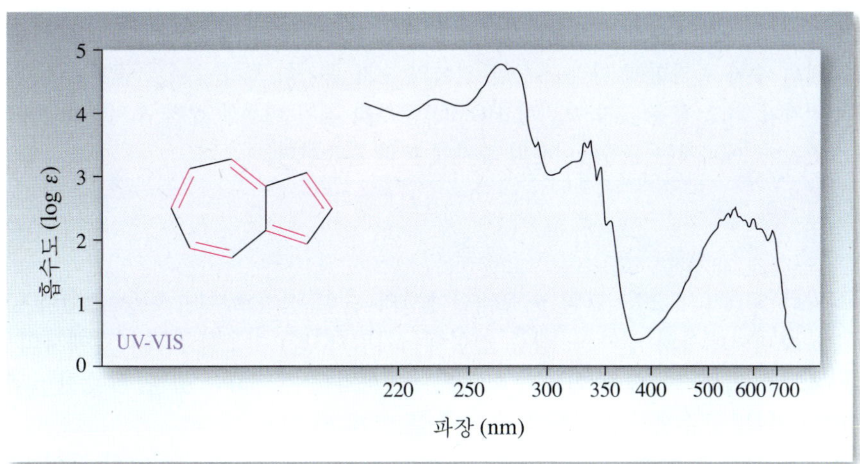

그림 14-17 Cyclohexane에 녹인 azulene의 자외선-가시광선 스펙트럼. 흡수도는 축소하여 log ϵ에 대해 도시하게 되며, 파장도 점차 스케일을 줄여서 표시한다.

연습 문제 14-29

다음 화합물을 $\lambda_{최대}$값이 증가하는 순으로 나열하시오.

(a) 1,3,5-Cycloheptatriene **(b)** 1,5-Hexadiene **(c)** 1,3-Cyclohexadiene

(d) **(e)** Polyacetylene **(f)** CH_3

화학 이야기 14-5

IR, NMR, MS, UV의 기여

^{1}H NMR 및 ^{13}C NMR 자료로부터 다음에 나와 있는 포도씨 추출물의 한 성분인, 항산화제 viniferone의 구조가 밝혀지게 되었다(화학 이야기 10-5). 특히 두 카보닐 탄소와 총 여덟 개에 달하는 알켄과 벤젠의 탄소가 밝혀졌다. 특히 육원자 고리의 에터가 있음이 강력히 시사되었다. 구조의 나머지 부분을 정리하는 데는 질량 분석, IR, UV 등의 측정이 큰 도움이 되었다.

비록 ^{13}C NMR에서 탄소수를 알아낼 수 있었으나, 고분해능의 질량 스펙트럼에서 분자식이 $C_{15}H_{14}O_8$인 것으로 확정되어 불포화도가 아홉인 것으로 드러났다(탄소 $15 \times 2 = 30$, $30 + 2 = 32$, $32 - 14$ 수소 $= 18$, $18/2 = 9$). IR 스펙트럼은 viniferone에서와 같은 오원자 고리 화합물에는 특징적인 봉우리를 보여 1700, 1760, 1900 cm^{-1}에서 C=O기 개개의 또는 복합된 봉우리를 나타내며, 카복실산의 O—H는 2500에서 3300에 걸친 폭넓은 봉우리를 보이는 데, 이는 더 간단한 모형 화합물의 IR에서도 나타난다.

Viniferone

모형 화합물

고리와 나머지 부분의 접점은 ^{1}H NMR에서 분명하게 드러난다. 간단한 모형에서 알켄의 수소는 $\delta = 6.12$ (H2)와 7.55 (H3)에 나타나지만, viniferone은 $\delta = 6.19$에서 단일 봉우리를 보인다. $\delta = 7.5$~7.6 ppm에서 아무런 신호를 보이지 않으므로 접점은 C3라 할 수 있다.

마지막으로 UV 스펙트럼은 고리형 콘쥬게이션계가 275 nm에서 흡수를 보여 산소 치환 벤젠 고리를 확인하는데 도움이 된다. 이러한 추정 구조라면 아홉 개의 불포화도 또한 확인할 수 있다. C=O기 두 개, 오원자 고리에서의 C=C 이중 결합, 벤젠 세 개의 이중 결합과 세 개의 고리가 합쳐져 불포화도가 아홉이다.

요약 자외선-가시광선 분광법은 콘쥬게이션 분자의 전자 들뜸을 검출하는 데 사용될 수 있다. 분자 오비탈의 수가 증가함에 따라 가능한 전이의 수가 증가하고, 흡수띠가 증가한다. 가장 긴 파장띠는 전자가 최고 점유 분자 오비탈(HOMO)로부터 최저 비점유 분자 오비탈(LUMO)로의 이동과 관련된다. 에너지는 콘쥬게이션의 증가에 따라 감소한다.

요점

라디칼에서처럼(3-1 및 3-2절) 단일 p 오비탈에서의 단일 전자로부터, 이중 결합에서처럼(12장) 이웃한 p 오비탈에서의 전자쌍, 삼중 결합에서처럼(13장) 이웃한 p 오비탈에서의 두 전자쌍에 관한 논의를 거쳐, 이 장에 이르러 확장된 π계까지를 검토하여 왔다. 무수한 p 오비탈이 늘어서서(집합하여) 콘쥬게이션을 이룰 수 있음을 알게 되었다.

콘쥬게이션은 전자를 비편재화하게 되고, 따라서 분자선(molecular wire)과 같이 전하를 비편재화하게 된다. 분자의 어느 한 끝에서 다른 끝과 화학적으로 "통신"이 가능하다는 것으로 볼 수 있다. 예를 들면, 콘쥬게이션 폴리엔의 양성자첨가는 sp^2 혼성화 탄소로 연결된 사슬 전체에 지대한 영향을 미친다. 더욱 인상적인 것은 이 책에서 다루는 마지막 유형의 메커니즘을 따르는 고리형협동 반응들이다. 다이엔과 친다이엔체 각 말단이 서로 만나 결합 깨짐과 결합 형성이 동시에 진행되는 Diels-Alder 고리화첨가가 그 한 예이다. 유사한 정보 교환은 스펙트럼 자료 특히 UV-가시광선 분광법에서 분명하게 들어난다.

자 이제 우리는 어디로 이끌려 가게 되는가? 콘쥬게이션 폴리엔 계가 분자선이라고 유추하면 그 다음 질문은 간단하다. 그 분자선의 끝이 맞닿게 되면 어떤 일이 일어나게 되는가? 한 마디로 많은 일이 일어나게 된다. 다음 두 장에서 어떤 일이 일어나는지가 밝혀질 것이다.

통합 문제

14-30. a. *trans,trans*-2,4-Hexadien-1-ol (sorbyl alcohol)에서 *trans*-5-ethoxy-1,3-hexadiene으로 변환되는 메커니즘을 제안하시오.

Sorbyl alcohol (OH) $\xrightarrow{H^+,\ CH_3CH_2OH}$ *trans*-5-Ethoxy-1,3-hexadiene (OCH_2CH_3)

풀이

이 과정은 산성 ethanol 용액(wine으로 알려진)에서 일어난다. 우선 출발물과 최종 생성물의 구조를 조사하는 것으로부터 (1) 알코올은 ether가 되고, (2) 이중 결합이 이동한다는 것을 알아낼 수 있다. 이들 작용기에 관하여 앞에서 배웠던 것들을 다시 살펴보자. 알코올 두 분자는 산 존재하에서 ether로 전환됨은 9-7절에서 소개되었다. 알코올 분자의 양성자첨가로 알킬옥소늄 이온이 형성되며, 생겨난 이탈기는 S_N2 또는 S_N1 방식으로 다른 알코올 분자에 의해 치환된다.

$$CH_3CH_2\overset{+}{O}H_2 \ + \ CH_3CH_2OH \xrightarrow{S_N2} CH_3CH_2OCH_2CH_3$$

$$(CH_3)_2C(CH_3)\overset{+}{O}H_2 \ + \ CH_3CH_2OH \xrightarrow{S_N1} (CH_3)_3COCH_2CH_3$$

이러한 과정을 이 문제에도 적용할 수 있는가? Sorbyl 알코올은 알릴 알코올이며, 알릴자리 할로젠화물은 쉽게 S_N2와 S_N1 치환 반응을 할 수 있음을 보았다(14-3절). 9장의 많은 부분은 할로알케인과 알코올 간의 반응성 비교에 할애하였다. 알코올 OH기의 양성자첨가로 치환과 제거 반응에 이르는 길이 열리게 된다. 따라서 알릴 알코올도 비슷한 반응성을 가질 것이라 예상할 수 있다. 다음 할 일은 S_N2와 S_N1 메커니즘 중 어떤 것이 더 적절한지 검토하는 것이다.

반응 과정에서 이중 결합이 이동한다는 사실이 도움이 될 수 있는 정보이다. 14-3절과 14-6을 다시 참고하면 S_N1 반응의 첫 번째 단계에서 이탈기의 분리로부터 얻는 알릴자리 양이온은 비편재되어 있어, 친핵체가 한 곳 이상에 붙을 수 있다. 이러한 일련의 추론을 바탕으로 sorbyl 알코올의 양성자첨가와 물 분자를 잃으므로 생성되는 탄소양이온을 검토해 보자.

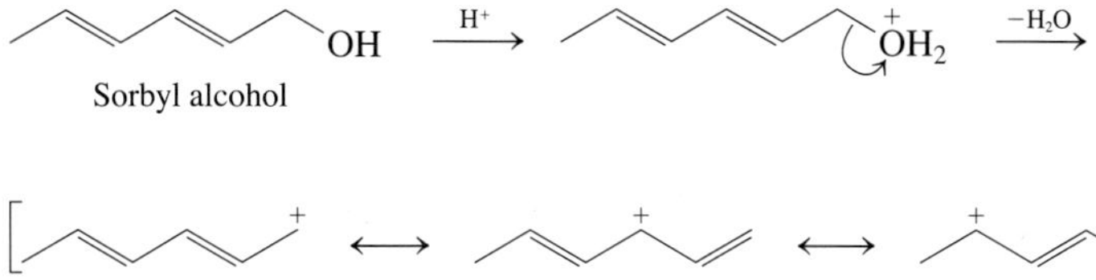

Sorbyl alcohol

알릴자리 양이온처럼 이 탄소양이온도 비편재되어 있다. 그러나 시작되는 계가 좀 더 확장된 콘쥬게이션계로서, 결과적으로 생성된 양이온은 두 개가 아닌 세 개의 공명 구조가 기여하는 공명 혼성체이다. 콘쥬게이션 트라이엔으로의 친전자성 첨가에서와 같이(14-7절) 친핵체의 접근은 세 곳 중 어느 곳으로도 가능하다. 특별히 이 문제에서는 ethanol이 콘쥬게이션이 유지되면서 부분 양전하가 상대적으로 많이 밀집된 이차 탄소에 붙는 것이(14-6절) 지배적으로 일어난다.

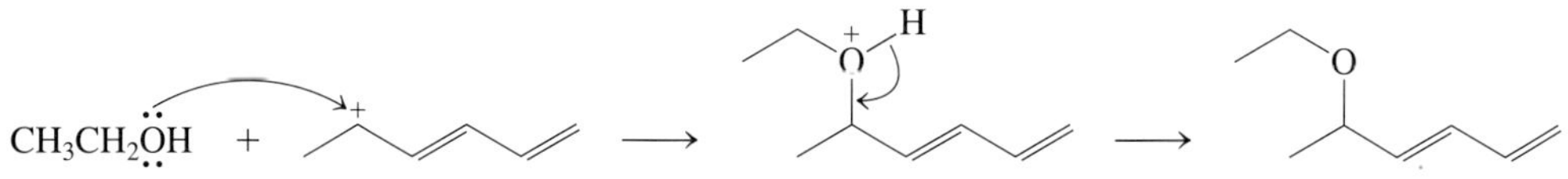

b. Sorbic acid의 에스터는 Diels-Alder 반응을 한다. Ethyl sorbate과 2-butenedioic 무수물을(말레산 무수물, 구조는 표 14-1 참조) 가열하여 생겨나는 주생성물을 예측하시오. 이 과정의 모든 입체화학적 문제를 주의하여 다루어라.

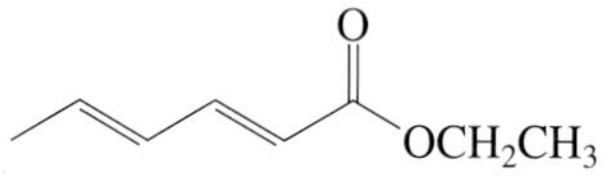

Ethyl *trans*, *trans*-2,4-hexadienoate (Ethyl sorbate)

풀이

Diels-Alder 반응이란 이 문제에서는 ethyl sorbate인 다이엔과 일반적으로 전자 부족 알켄인 친다이엔체와의 고리화첨가반응이다(14-8절). 새로운 결합 형성을 예측하기 위하여 우선 두 반응 파트너를 살펴보자. 그러기 위해 ethyl sorbate의 탄소 3과 탄소 4 사이의 단일 결합의 회전으로 이중 결합이 적절한 배열로 갖추게 할 필요가 있다. 잘못하여 이중 결합의 입체화학이 바뀌지 않도록 조심해야 한다. 다음, 다이엔계의 말단을 친다이엔체 알켄의 탄소에 연결하여(아래 점선) 생성물을 완성하되, 이 단계에서 입체화학은 고려하지 않는다.

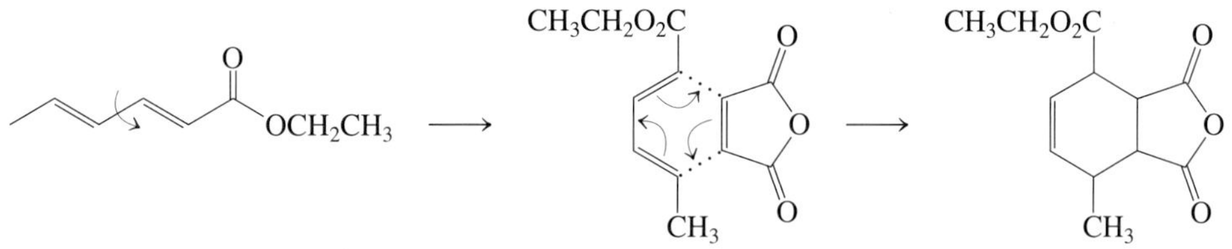

답을 완성하기 위하여 Diels-Alder 반응의 두 가지 사항을 세밀하게 고려하여야 한다. (1) 반응에서 두 성분의 입체화학적 관계와 (2) 친다이엔체의 이중 결합에 있는 불포화 치환기는 고리화첨가에서 다이엔계의 아래 쪽에(endo 자리) 위치하고자 한다는 점이다. 본문에 있는 그림을 유사하게 적용하여 다음과 같이 반응물을 배치할 수 있다.

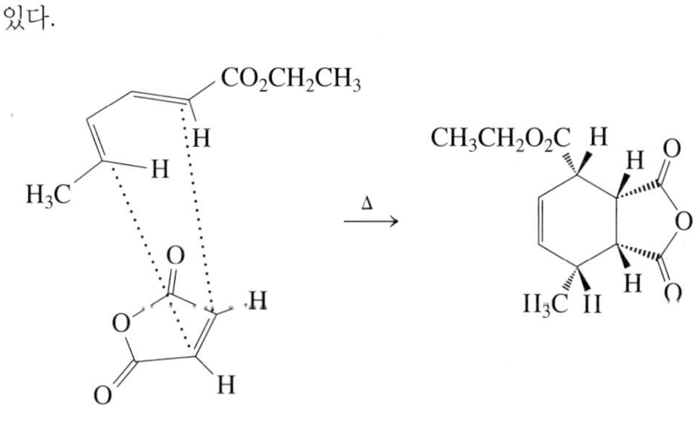

그림에서 치환기들이 전이 상태 그림에서 공간적으로 생성물의 최종 위치로 어떻게 정리하는가에 세심한

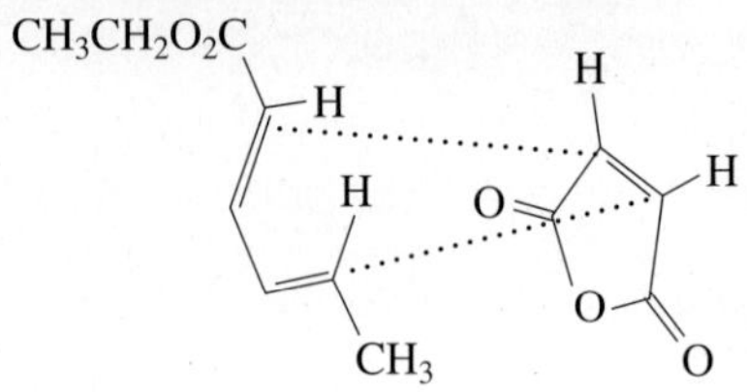

$CH_3CH_2O_2C$ H H H O H O O CH_3

주의가 필요하다. 두 새로운 단일 결합의 생성에 관여하는 각 탄소를 특히 주의 깊게 보아야 한다(전이 상태에서의 점선). 이 두 탄소에 있는 치환기의 위치를 검토하자. 이러한 목적으로 유용한 방법의 하나가 전체 그림을 90° 회전하는 것이다(왼쪽 여백의 그림). 이 그림으로부터 네 개의 수소 원자는 모두 새로 형성된 cyclohexene 고리에서 시스라는 것이 명확하게 드러난다. 메커니즘을 좀 더 연습하려면 문제 56과 문제 68을 풀어보라.

14-31. 뛰어난 입체선택성 때문에 Diels-Alder 반응은 종종 정확한 입체중심을 여러 개 갖는 **비고리형** 구조를 형성하는 핵심 단계로 사용된다. 전략은 항상 목적물을 역합성으로 [4 + 2] 고리화첨가로 접근 가능한 cyclohexane 유도체로 전환하는 것이다. 탄소수가 넷 또는 그 이하인 출발물로부터(라세미) 화합물 A의 합성법을 고안하시오.

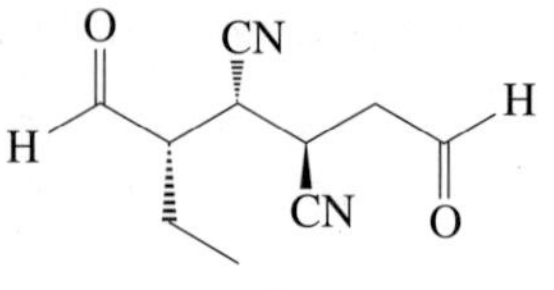

O CN H H CN O

A

풀이

얼핏 보면 이 문제는 불가능해 보인다. 요령은 즉흥적으로 해결하려 하지 말고, 역합성 분석에 초점을 맞추는 것이다. 따라서 첫 번째 할 일은 A의 전구체인 치환된 cyclohexene을 찾아내는 것이다. 그것을 만드는 방법은 그 다음에(Diels-Alder 반응에 의해) 걱정하면 된다.

A는 두 말단에 알데하이드기를 갖는 치환된 hexane이라는 것을 안다. 이 두 작용기 탄소를 연결하여 육원자 고리를 만들 수 있는 역합성 단계는 있는가? 답은 12-12절에 있는 과정인 (역) 가오존분해반응으로 두 카보닐 탄소를 C—C 이중 결합을 통해서 연결할 수 있다. 올바른 입체화학을 갖춘 cyclohexene B를 도출하기 위해서는 두 산소를 떼어내기 전에, 그리고 고리 닫힘이 일어나기 전에 표시된 결합을 회전시켜서 A를 다시 그리는 것이 도움이 된다.

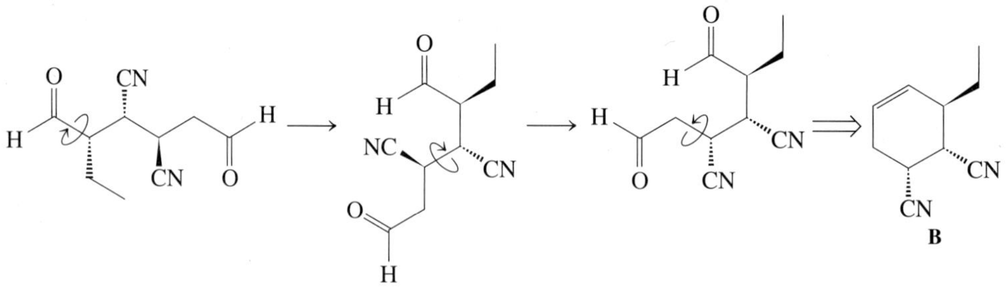

O CN H H CN O ⟶ O H NC CN O H ⟶ O H CN O CN ⟹ CN CN

B

이 cyclohexene은 retro-endo Diels-Alder 과정으로 해체하여(14-8절) 요구되는 입체화학을 갖춘 앞 반응의 두 개의 성분 C와 D를 얻어낼 수 있다.

친다이엔체 D는 쉽게 구해 쓸 수 있다(표 14-1). *cis*-1,3-Hexadiene C는 합성을 거쳐야 하며, 이를 위해서는 몇 가지 방법이 있다.

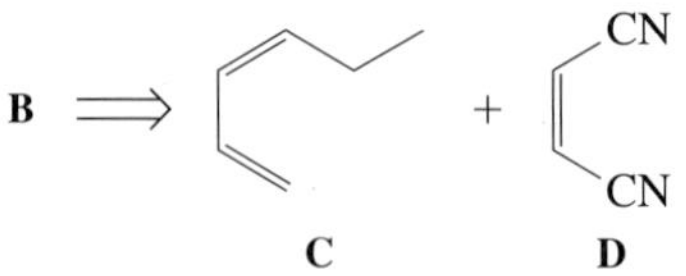

B ⟹ **C** + CN CN **D**

여기서 필수불가결한 요소가 이중 결합의 입체화학이다. cis 알켄을 어떻게 합성할 것인가? 이에 대한 답은 13-6절에 있는 알카인의 Lindlar-촉매 수소첨가반응이다. 따라서 C의 좋은 전구체는 엔아인 E로서, 이는 다시 F와 iodoethane으로 쉽게 나뉜다(13-5절).

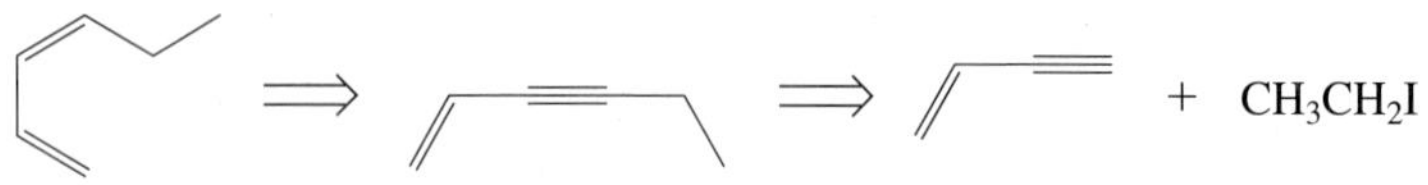

C ⟹ **E** ⟹ **F** + CH_3CH_2I

But-3-en-1-yne ("vinylacetylene"), F는 CuCl 촉매로 하는 ethyne의 이합체화(dimerization)로 공업적으로

제조된다. 우리는 어떻게 만들 것인가? 알켄은 할로젠첨가-연속 할로젠화수소이탈반응에 의해 알카인으로 전환될 수 있다(13-4절). 이 방법을 쓰려면 1,3-butadiene이 출발물이 됨을 알 수 있다. 그러나 1,3-butadiene의 할로젠화는 모노알켄의 경우처럼 간단한 반응이 아니다. 1,2-와 1,4-첨가가 함께 일어난다(14-6절). 그렇다고 해서 문제가 생기는 것은 아니다. 1,2-halobutene은 평범한 제거반응으로(좀 더 산성인 알릴자리에서 양성자이탈이 일어나서) 2-bromobutadiene이 먼저 생성되고, 그 다음 단계의 제거반응으로 F로 변환될 것이다.

Br, Br → (base, −HBr) → Br → (base, −HBr) → **F**

1,4-Dihalobutene도 이중 결합의 콘쥬게이션이 가능한 쪽으로 제거반응이 일어나서, 중간체로 1-bromo-1,3-butadiene을 생성한 후 최종 생성물로 간다.

:B, H, Br, Br → (−HBr) → Br → (base, −HBr) → **F**

이 역합성 분석에 기초하여 탄소 공급원으로서 1,3-butadiene, bromoethane과 D를 출발물로 하여 A의 합성 도식을 정방향으로 적어 내려가면 된다.

새로운 반응식

1. 알릴 라디칼 할로젠화 (14-2절)

$$\mathrm{RCH_2CH{=}CH_2} \xrightarrow{\mathrm{NBS,\ CCl_4,\ }h\nu} \mathrm{R\underset{}{C}HCH{=}CH_2}\ (\text{Br on C}) + \mathrm{RCH{=}CHCH_2Br}$$

알릴자리 C—H 결합 $DH° \approx 87$ kcal mol^{-1}

2. 알릴자리 할로젠화물의 S_N2 반응성 (14-3절)

$$\mathrm{CH_2{=}CHCH_2X} + \mathrm{Nu{:}^-} \xrightarrow{\text{아세톤}} \mathrm{CH_2{=}CHCH_2Nu} + \mathrm{X^-}$$

일반 일차 할로젠화물보다 빠름

3. 알릴 Grignard 시약 (14-4절)

$$\mathrm{CH_2{=}CHCH_2Br} \xrightarrow{\mathrm{Mg,\ (CH_3CH_2)_2O}} \mathrm{CH_2{=}CHCH_2MgBr}$$

카보닐 화합물 첨가에 이용됨

4. 알릴리튬 시약 (14-4절)

$$\mathrm{RCH_2CH{=}CH_2} \xrightarrow{\mathrm{CH_3CH_2CH_2CH_2Li,\ TMEDA}} \mathrm{R\ddot{C}HCH{=}CH_2\ Li^+}$$

알릴자리 C—H 결합 $pK_a \approx 40$

5. 콘쥬게이션 다이엔의 수소첨가반응 (14-5절)

$$\mathrm{CH_2{=}CH{-}CH{=}CH_2} \xrightarrow{\mathrm{H_2,\ Pd\text{–}C,\ CH_3CH_2OH}} \mathrm{CH_3CH_2CH_2CH_3} \quad \Delta H° = -57.1 \text{ kcal mol}^{-1}$$

but compare

$$\mathrm{CH_2{=}CH{-}CH_2{-}CH{=}CH_2} \xrightarrow{\mathrm{H_2,\ Pd\text{–}C,\ CH_3CH_2OH}} \mathrm{CH_3(CH_2)_3CH_3} \quad \Delta H° = -60.8 \text{ kcal mol}^{-1}$$

6. 1,3-다이엔의 친자자성 반응: 1,2 첨가와 1,4-첨가 (14-6절)

$$\mathrm{CH_2{=}CH{-}CH{=}CH_2} \xrightarrow{\mathrm{HX}} \mathrm{CH_2{=}CH\overset{X}{C}HCH_3} + \mathrm{XCH_2CH{=}CHCH_3}$$

$$CH_2{=}CH{-}CH{=}CH_2 \xrightarrow{X_2} CH_2{=}CH\overset{X}{\overset{|}{C}}HCH_2X + XCH_2CH{=}CHCH_2X$$

7. 알릴자리 유도체의 S_N1 반응에서 속도론적 및 열역학적 지배 (14-6절)

$$\underset{\text{더 안정한 생성물}}{CH_3CH{=}CHCH_2X} \xleftarrow{\text{느림}} \underset{\text{양이온 안정도 일차 알릴자리}\approx\text{일반 이차 양이온}}{CH_3CH{=}CH\overset{+}{C}H_2} + X^- \xrightleftharpoons{\text{빠름}} \underset{\text{덜 안정한 생성물 (높은 온도에서 생성은 가역적)}}{CH_3\overset{X}{\overset{|}{C}}HCH{=}CH_2}$$

8. Diels-Alder 반응 (협동 반응과 입체특이성, 내향 규칙) (14-8절)

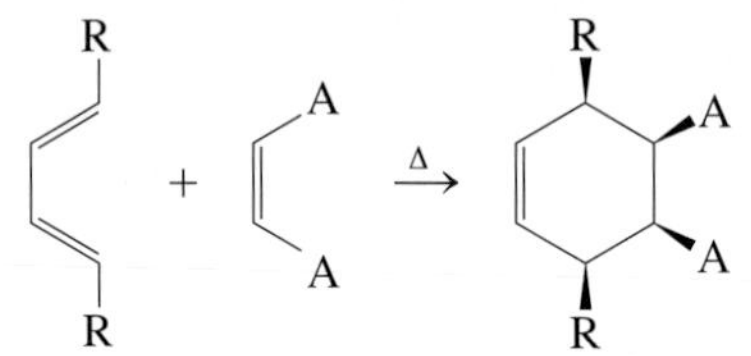

A = 전자 받개
s-시스 다이엔이 필요하며, 전자 부족 친다이엔체가 유리하다

9. 전자고리화 반응 (14-9절)

Δ 동일방향회전 / Δ 반대방향회전

hν 반대방향회전 / *hν* 동일방향회전

10. 1,3-다이엔의 중합 (14-10절)

1,2-중합

$$2n\ CH_2{=}CH{-}CH{=}CH_2 \xrightarrow{\text{개시제}} {-}(\underset{\underset{CH_2}{\|}}{\overset{}{CH}}\!{-}CH{-}CH_2{-}CH{-}CH_2)_n{-}$$

(곁사슬: 각 CH에 $-CH{=}CH_2$)

1,4-중합

$$n\ CH_2{=}CH{-}CH{=}CH_2 \xrightarrow{\text{개시제}} {-}(CH_2{-}CH{=}CH{-}CH_2)_n{-}$$

시스 또는 트랜스

11. 생화학적 구성 단위 (building block) 로서의 3-methyl-3-butenyl pyrophosphate (14-10절)

$$\underset{\text{3-Methyl-3-butenyl pyrophosphate}}{CH_2{=}\overset{CH_3}{\overset{|}{C}}{-}CH_2CH_2OPP} \xrightleftharpoons{\text{Enzyme}} (CH_3)_2C{=}CHCH_2OPP \longrightarrow \underset{\text{알릴자리 양이온}}{(CH_3)_2C{=}CHCH_2^+} + \underset{\text{Pyrophosphate 이온}}{^-OPP}$$

C—C 결합 형성

+ OPP ⟶ OPP $\xrightarrow{-H^+}$

OPP $\xrightarrow{-(^-OPP)}$ ⟶ etc.

중요한 개념

1. 2-Propenyl (allyl) 계는 **공명**에 의해 안정화된다. 이들의 분자 오비탈 그림에서 세 개의 π 에너지 준위가 존재한다는 것을 보여 준다. 결합 오비탈 하나, 비결합 오비탈 하나, 그리고 반결합 오비탈 하나이다. 이들의 구조는 대칭적이고, 전하 또는 홀전자는 두 말단 탄소에 균등하게 분포된다.

2. 2-Propenyl (allyl) 양이온의 화학은 **열역학적 및 속도론적 지배** 둘 다를 받는다. 친핵체 포획은 상대적으로 양이온성이 강한 내부 탄소에서 더 빠르게 일어나서 열역학적으로 덜 안정한 생성물을 형성한다. 속도론적 생성물은 다시 결합 깨짐이 일어나고, 열역학적 생성물에 이르는 친핵체의 포획으로 종국에는 열역학적 이성질체로 재배열하게 된다.

3. 알릴 라디칼의 안정성으로 인해 알릴자리에서 알켄의 **라디칼 할로젠화**가 일어난다.

4. 알릴자리 할로젠화물의 S_N2 반응은 전이 상태에서 오비탈 겹침에 의한 안정화로 빨라진다.

5. 알릴자리 음이온이 특별히 안정해서 butyllithium-TMEDA와 같은 강한 염기에 의해 **알릴자리 양성자**이탈이 일어난다.

6. 1,3-Diene은 **콘쥬게이션**의 효과로 상대적으로 안정하며, 내부 결합도 (1.47 Å) 짧아진다.

7. 1,3-Diene에 친전자성 공격을 하면 우선적으로 알릴자리 양이온을 생성하게 한다.

8. **확장된 콘쥬게이션계**는 공격받을 자리가 많고, 중간체가 공명 안정화되기 때문에 반응성이 매우 크다.

9. 벤젠은 **고리의 비편재화**로 인해 특별한 안정성을 가진다.

10. **Diels-Alder 반응**은 친다이엔체에 대한 *s*-cis 다이엔의 협동형 입체특이성 **고리화첨가반응**이다. 이들은 **내향 규칙**을 따른다.

11. 콘쥬게이션 다이엔과 트라이엔은 대응하는 각각의 고리 이성질체와 협동형이고, 입체특이성 **전자고리화 반응**에 의해 평형을 이룬다.

12. 1,3-Diene의 **중합**에서는 1,2- 또는 1,4-첨가가 일어나서 **다리 결합**이 가능한 고분자를 생성한다. 합성 고무는 이러한 방법으로 제조된다. 천연 고무는 친전자성 탄소-탄소 결합 형성으로 만들어지는데, 생합성에서 3-methyl-3-butenyl pyrophosphate로부터 유도되는 5탄소 양이온을 거친다.

13. **자외선과 가시광선 분광법**으로 분자의 콘쥬게이션 정도를 추정할 수 있다. **전자 스펙트럼**에서 봉우리는 폭이 넓은 것이 보통이며, $\lambda_{최대}$ (nm) 로 나타낸다. 그들의 상대적 강도는 몰흡수 계수 (몰흡광 계수) ϵ로 주어진다.

문제

32. 다음 각각의 화학종들에 대해 모든 공명 구조와 적절한 공명 혼성체를 표시하시오.

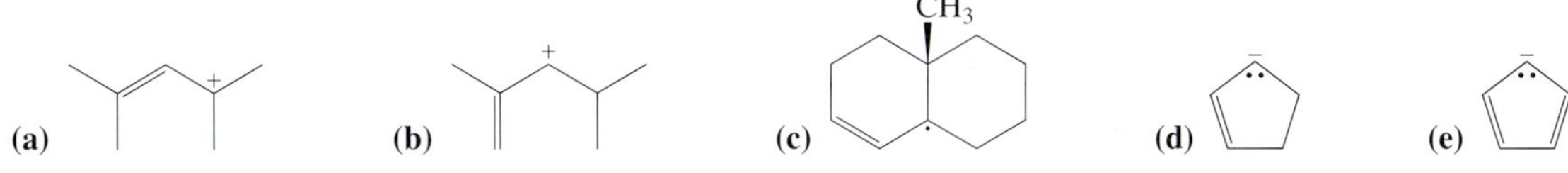

33. 문제 32의 각 화학종에 대해 공명 구조에서 어느 것이 주된 기여체인지를 밝히고, 그 이유를 설명하시오.

34. 다음의 각각에서 초기에 생기는 화학종의 적절한 구조 (모든 관련된 공명 구조 포함) 를 그리시오. **(a)** 1-Butene에서 가장 약한 C—H의 결합 깨짐. **(b)** 4-methylcyclohexene을 강력한 염기 (예를 들어, butyllithium-TMEDA) 로 처리함. **(c)** 수용성 ethanol에서 3-chloro-1-methylcyclopentene 용액을 가열.

35. 일차, 이차, 삼차 그리고 알릴 라디칼을 안정성이 감소하는 순서로 나열하시오, 탄소양이온에 대해서도 똑같이 하라. 이 결과를 보면 라디칼과 양이온 중심을 안정화하는데 있어서 하이퍼콘쥬게이션과 공명의 상대적인 능력에 대해 무엇을 알 수 있는가?

36. 다음 각 반응의 주생성물을 적으시오.

(a) Conc. HBr →
(b) CH_3, Cl; H_2O →
(c) Br, $CH{=}CH_2$; CH_3CH_2OH →
(d) CH_3, CH_2I; CH_3COH (O) →
(e) CH_3, CH_2I; KSCH$_3$, DMSO →
(f) Cl, OH; CH_3NO_2, Δ →

37. 문제 36 (a, c, e, f) 에 있는 각 반응에 대한 상세한 메커니즘을 꾸미시오.

38. 일차, 이차, 삼차 및 일차 allylic chloride을 (a) S_N1 반응성과 (b) S_N2 반응성이 감소하는 순으로 순위를 매기시오.

39. 다음 여섯 분자들을 S_N1 반응성과 S_N2 반응성이 감소하는 순으로 순위를 매기시오.

(a) Cl (b) Cl (c) Cl
(d) Cl (e) Cl (f) Cl

40. 간단한 포화 일차, 이차, 삼차 클로로알케인의 S_N2 반응성과 문제 39에 있는 화합물의 S_N2 반응성을 비교하여 어떤 점을 예상할 수 있는가? 똑같이 S_N1 반응성을 비교한다면 어떠한가?

41. 다음 각 반응에 대한 주생성물을 적으시오.

(a) H_3C I, H; H_2O →
(b) CH_3, H; NBS, CCl_4, ROOR →
(c) (*S*)-$CH_3CH_2\overset{CH_3}{CH}CH{=}CH_2$ NBS, CCl_4, ROOR →
(d) CH_3CH_2 CH_2CH_3, C=C, H H; $CH_3CH_2CH_2CH_2Li$, TMEDA →
(e) Product of (d) 1. CH_3CH (O), THF 2. H^+, H_2O →
(f) $(CH_3)_2C{=}CH$, H, C, Br, H_3C; KSCH$_3$, DMSO →

42. 문제 41의 각 문항에서 생성물이 생성되는 단계적 메커니즘을 상세히 적으시오.

43. 다음 반응 연속에서는 두 이성질체을 얻게 된다. 각각 무엇이며, 이들은 어떻게 생성되는지 메커니즘을 적어 설명하시오.

Cl, CH_3; 1. Mg 2. D_2O →

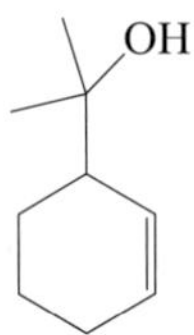

44. Cyclohexene을 출발하여 왼쪽 여백에 제시된 cyclohexene 유도체를 합성하는 합리적인 방법을 제시하시오.

45. 다음 각 분자에 대해 체계적인 이름을 붙이시오.

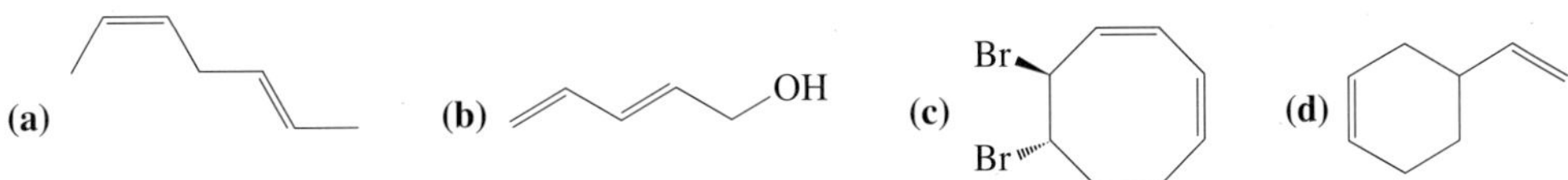

46. 1,3-Pentadiene과 1,4-pentadiene의 알릴자리 브로민화반응을 비교하시오. 어떤 것이 더 빠르게 반응하는가? 어떤 것이 에너지적으로 더 유리한가"? 혼합 생성물을 비교해 보면 어찌되는가?

$$CH_2{=}CH{-}CH{=}CH{-}CH_3 \xrightarrow{\text{NBS, ROOR, CCl}_4}$$

$$CH_2{=}CH{-}CH_2{-}CH{=}CH_2 \xrightarrow{\text{NBS, ROOR, CCl}_4}$$

47. 저온에서 콘쥬게이션 다이엔으로의 친전자성 첨가는 속도론적 생성물을 생성한다는 것을 14-6절에서 알게 되었다. 또한 이 혼합 생성물은 온도를 높이면 열역학적 생성물비로 변하게 된다. 그렇다면 열역학적 생성물의 온도를 다시 처음의 낮은 온도로 냉각하면 다시 속도론적 생성물비로 바뀔 것으로 예상하는가? 변하던 안 변하던 간에 왜 그렇게 되는가?

48. 1,3-Pentadiene과 1,4-pentadiene에 H^+가 첨가되는 반응을 비교하시오(문제 46 참조). 생성물의 구조를 그리시오. 두 다이엔과 양성자첨가 생성물을 보여 주는 정성적인 반응 도표를 같은 그림에 그리시오. 어떤 다이엔에 양성자첨가가 더 빠른가? 어떤 것이 더 안정한 생성물을 생성하는가?

49. 1,3-Cycloheptadiene에 다음 각 시약과의 친전자성 첨가에서 어떤 생성물이 생성될 것으로 기대하는가? **(a)** HI, **(b)** Br_2 in H_2O, **(c)** IN_3, **(d)** H_2SO_4 in CH_3CH_2OH. (**힌트**: b와 c는 연습 문제 14-13 참조).

50. *trans*-1,3-Pentadiene과 문제 49의 각 시약과의 반응 생성물을 적으시오.

51. 2-Methyl-1,3-pentadiene과 문제 49의 각 시약과의 반응 생성물은 무엇인가?

52. 위 문제 51의 반응에서 각 생성물의 생성을 상세히 보여 주는 메커니즘을 그리시오.

53. Deuterium iodide (DI)와 **(a)** 1,3-cycloheptadiene, **(b)** *trans*-1,3-pentadiene, **(c)** 2-methyl-1,3-pentadiene과의 반응에서 예상되는 생성물을 적으시오. 예상하는 결과와 같은 화합물의 HI와의 반응에서 다른 점은 무엇인가? (문제 49a. 50a, 51a와 비교하라.)

54. 다음 탄소양이온을 안정도가 감소하는 순으로 나열하시오. 각각에 대해 가능한 공명 구조를 그리시오.

(a) $CH_2{=}CH{-}\overset{+}{C}H_2$ **(b)** $CH_2{=}\overset{+}{C}H$ **(c)** $CH_3\overset{+}{C}H_2$

(d) $CH_3{-}CH{=}CH{-}\overset{+}{C}H{-}CH_3$ **(e)** $CH_2{=}CH{-}CH{=}CH{-}\overset{+}{C}H_2$

55. 에너지가 증가하는 순서(그림 14-2와 14-7 참조)로 pentadienyl계에 대해 분자 오비탈을 그리시오. 그 다음 **(a)** 자유 라디칼, **(b)** 양이온, **(c)** 음이온(그림 14-3과 14-7 참조)의 경우 이들 오비탈에 전자가 몇 개씩 있게 되는지 나타내시오. 이 세 종류의 화학종 중 하나를 골라 합리적인 공명 구조를 그리시오

56. 다이엔은 다음 예에서와 같이 치환 알릴 화합물의 제거 반응으로 얻을 수 있다.

$$H_3C{-}\overset{\overset{\displaystyle CH_3}{|}}{C}{=}CH{-}CH_2OH \xrightarrow{\text{Catalytic } H_2SO_4,\ \Delta} H_2C{=}\overset{\overset{\displaystyle CH_3}{|}}{C}{-}CH{=}CH_2 \xleftarrow{\text{LDA, THF}} H_3C{-}\overset{\overset{\displaystyle CH_3}{|}}{C}{=}CH{-}CH_2Cl$$

2-Methyl-1,3-butadiene (isoprene)의 두 합성 경로에 대한 상세한 메커니즘을 제시하시오.

57. 비타민 A의(14-7절) 산촉매 탈수 반응에서 가능한 생성물의 구조를 모두 그리시오.

58. Diels-Alder 반응에 의한 다음 각 분자들의 합성법을 제시하시오.

(a) CN, CN

(b) O, H_3C, H

(c) CH_3, O, $COCH_3$, $COCH_3$, CH_3, O

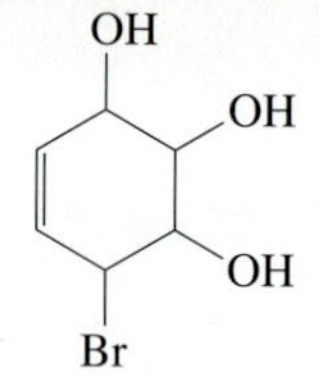

Bromoconduritol

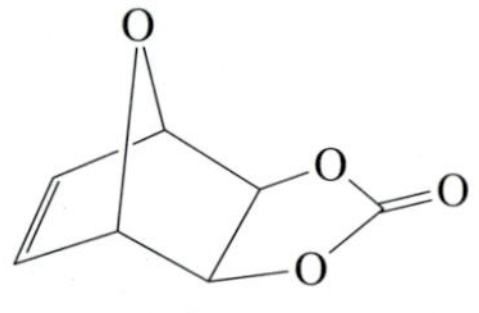

A

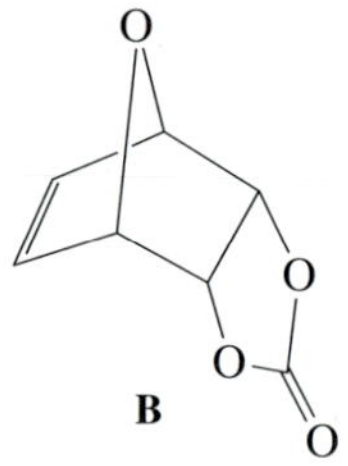

B

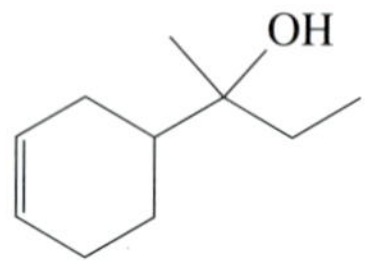

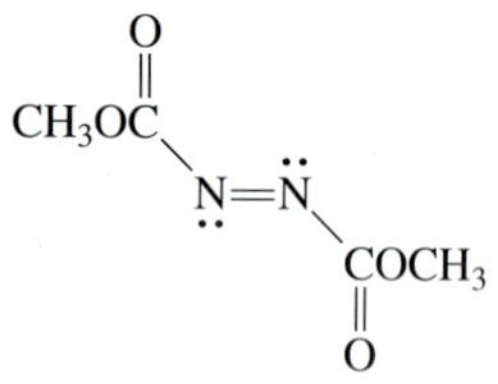

Dimethyl azodicarboxylate

59. Haloconduritol은 glycosidase 저해제라고 하는 화합물의 일종이다. 이 물질들은 antidiabetic과 HIV 바이러스에 대한 항균 작용에서 암의 상태 변화(cancer metathesis)에 이르기까지 다양한 생물학적 활성을 갖는다. Bromoconduritol의 입체이성질체 혼합물을 사용하여 이들의 성질을 연구하고 있다. 이 화합물의 최근 합성에서 두고리형 에터인 A와 B를 사용하였다. **(a)** Diels-Alder 반응에 의해 이들을 한 단계로 합성할 수 있는 출발물을 제시하시오. **(b)** 제안한 출발물 중에서 다이엔은 어느 것이며, 친다이엔체는 어느 것인가? **(c)** 이 Diels-Alder 반응에서 B와 A의 80 : 20 혼합물을 얻게 된다. 설명하시오.

60. 다음 각 반응의 생성물을 적으시오.

(a) 3-Chloro-1-propene (allyl chloride) + $NaOCH_3$
(b) *cis*-2-Butene + NBS, peroxide (ROOR)
(c) 3-Bromo-1-cyclopentene + LDA
(d) *trans,trans*-2,4-Hexadiene + HCl
(e) *trans,trans*-2,4-Hexadiene + Br_2, H_2O
(f) 1,3-Cyclohexadiene + methyl propenoate (methyl acrylate)
(g) 1,2-Dimethylenecyclohexane + methyl propenoate (methyl acrylate)

61. **도전 문제** 비고리형 출발물만을 사용하여 왼쪽 그림에 있는 cyclohexenol의 효과적인 합성법을 역합성 분석을 통해 제안하시오 [**힌트**: Diels-Alder 반응이 유용하지만, Diels-Alder 반응이 잘 일어날 수 있는 다이엔과 친다이엔체의 구조적 특징에 유의하시오 (14-8절)].

62. Dimethyl azodicarboxylate은(왼쪽 여백 그림 참조) 친다이엔체로서 Diels-Alder 반응에 참여한다. 이 분자와 다음 각 다이엔과의 고리화첨가 생성물의 구조를 그리시오. **(a)** 1,3-butadiene, **(b)** *trans,trans*-2,4-hexadiene, **(c)** 5,5-dimethoxycyclopentadiene, **(d)** 1,2-dimethylenecyclohexane [생성물에서 질소 원자의 입체화학은 무시해도 된다 (21-2절에서 보게 되겠지만 아민은 빠르게 반전이 일어난다)].

63. 두고리 다이엔 A는 적절한 알켄과 쉽게 Diels-Alder 반응을 일으킨다. 반면에 다이엔 B는 반응성이 전혀 없다. 설명하시오.

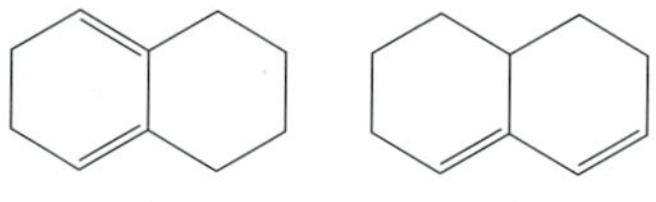

A B

64. 다음 각 반응에서 예상할 수 있는 생성물을 그리시오.

(a) 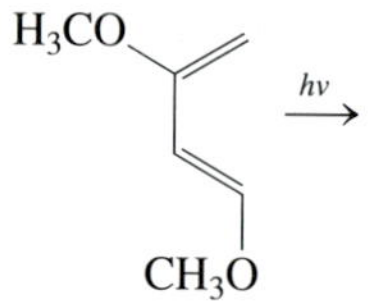 H_3CO, CH_3O $\xrightarrow{h\nu}$ (b) 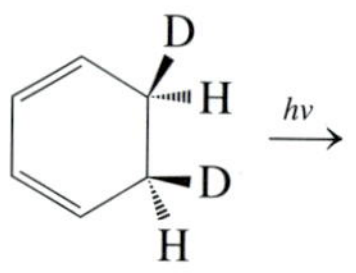 D, H, D, H $\xrightarrow{h\nu}$ (c) 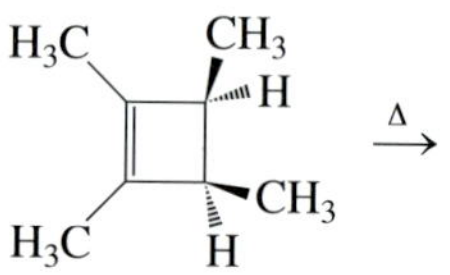 H_3C, CH_3, H, CH_3, H_3C, H $\xrightarrow{\Delta}$ (d) 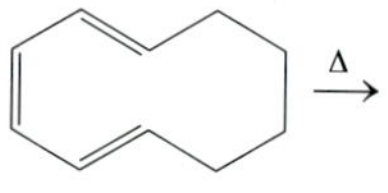 $\xrightarrow{\Delta}$

65. 다음에 나타낸 반응이 어느 것이 빛에 의해서, 어느 것이 가열에 의하여 일어나는가?

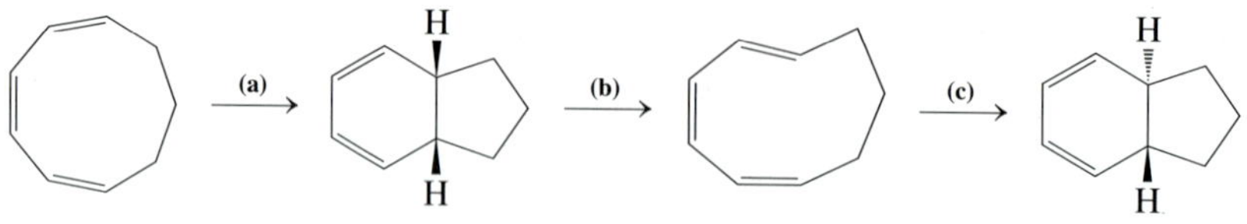

$\xrightarrow{(a)}$ $\xrightarrow{(b)}$ $\xrightarrow{(c)}$

66. 다음 반응 연속을 설명하시오.

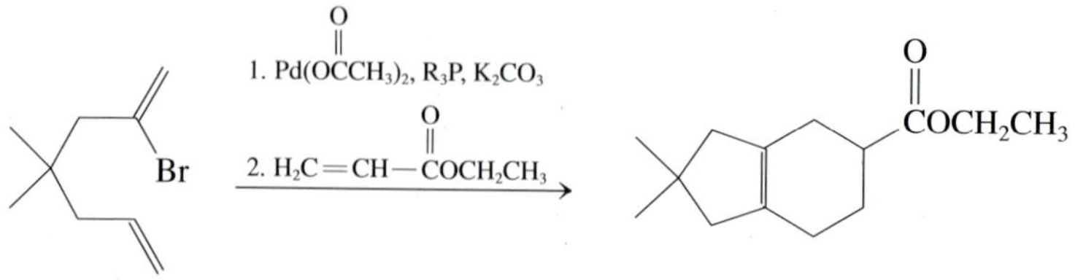

1. $Pd(OCCH_3)_2$, R_3P, K_2CO_3
2. $H_2C{=}CH{-}\overset{O}{\overset{\|}{C}}OCH_2CH_3$

Br → $COCH_2CH_3$

67. 다음 각 화합물의 축약 구조를 그리시오.

(a) (*E*)-1,4-Poly-2-methyl-1,3-butadiene [(*E*)-1,4-polyisoprene]
(b) 1,2-Poly-2-methyl-1,3-butadiene (1,2-polyisoprene)
(c) 3,4-Poly-2-methyl-1,3-butadiene (3,4-polyisoprene)
(d) 1,3-Butadiene과 ethenylbenzene (styrene, $C_6H_6CH{=}CH_2$) 의 공중합체 (SBR은 자동차 타이어에 쓰임)
(e) 1,3-Butadiene과 propenenitrile (acrylonitrile, $CH_2{=}CHCN$) 의 공중합체
(f) 2-Methyl-1,3-butadiene (isoprene) 과 2-methylpropene (뷰틸 고무, 타이어 내부 튜브)

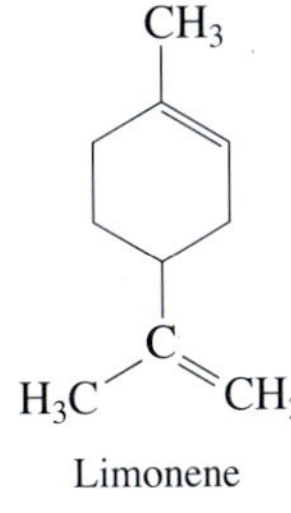

Limonene

68. 터펜인 limonene의 구조를 오른쪽 여백에 나타내었다 (연습 문제 5-29 참조). limonene에서 isoprene 단위를 확인하시오. **(a)** Isoprene을 촉매량의 산으로 처리하면 여러 올리고머가 생성되는데, 그중 하나가 limonene이다. Isoprene 두 단위에서 어떻게 limonene이 생성될 수 있는가를 보이는 상세한 메커니즘을 적으시오. 각 단계에서 생성되는 중간체는 타당성이 있는 것이어야 한다. **(b)** 또한 limonene은 두 분자의 isoprene으로부터 어떠한 촉매 없이도 만들어질 수 있다. 메커니즘을 설명하시오. 이 반응을 무엇이라고 하는가?

69. **도전 문제** Geranyl pyrophosphate에서 (14-10절) 형성되는 탄소양이온은 camphor의 생합성 전구체일 뿐 아니라, limonene과 (문제 68) α-pinene의 (4장, 문제 46) 전구체이기도 하다. 뒤의 두 화합물이 생성되는 메커니즘을 적으시오.

70. 다음 각 화학종의 전자 전이에 따른 최대 파장은 얼마인가? 분자 오비탈 표기법을 써서 $n \rightarrow \pi^*$, $\pi_1 \rightarrow \pi_2$와 같이 답하시오 (**힌트**: 각각에 대해 그림 14.16에서와 같은 분자 오비탈 에너지 그림을 그리시오). **(a)** 2-propenyl (allyl) 양이온, **(b)** 2-propenyl (allyl) 라디칼, **(c)** formaldehyde, $CH_2{=}O$ **(d)** N_2, **(e)** pentadienyl 음이온 (문제 55), **(f)** 1,3,5-hexatriene

71. Ethanol, methanol, cyclohexane은 UV 분광법에서 흔히 사용되는 용매이다. 이들은 200 nm보다 긴 파장의 빛을 흡수하지 않기 때문인데 왜 흡수하지 않는가?

72. 3-Penten-2-one의 2×10^{-4} M 용액의 UV 스펙트럼에서 $\pi \rightarrow \pi^*$ 흡수는 224 nm에서 $A = 1.95$로, $n \rightarrow \pi^*$ 띠는 314 nm에서 $A = 0.008$로 일어남을 볼 수 있다. 이들 띠의 몰흡광 계수 (몰흡수 계수) 를 계산하시오.

73. Acetone을 ethenyl (vinyl) magnesium bromide와 처리하여 반응 혼합물을 강한 산으로 중화하는 합성 반응이 발표되었다. 이 생성물은 다음과 같은 ^{1}H NMR 스펙트럼을 보인다. 어떤 구조인가? 자칫 반응 혼합물을 산과 너무 오랫동안 방치하면 새로운 생성물이 나타난다. ^{1}H NMR 스펙트럼은 $\delta = 1.70$ (s,

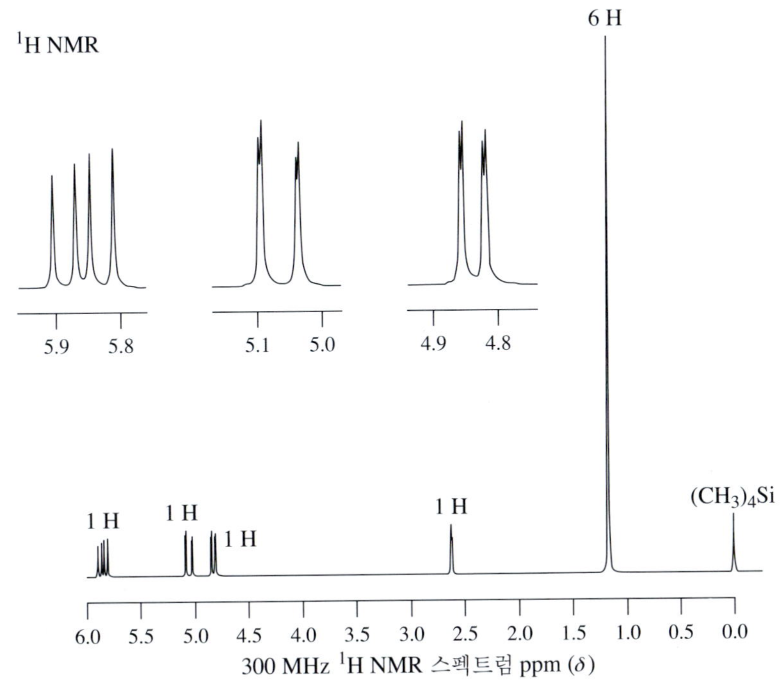

3 H), 1.79 (s, 3 H), 2.25 (broad s, 1 H), 4.10 (d, $J = 8$ Hz, 2 H), 5.45 (t, $J = 8$ Hz, 1 H) ppm에서 흡수가 일어난다. 두 번째 생성물은 무엇이며, 어떻게 거기에 이르게 되는가?

74. **도전 문제** Farnesol (파네솔)은 라일락과 같은 꽃 향기를 내는 물질이다. 뜨거운 진한 황산으로 처리하면 farnesol은 bisabolene으로 바뀌다가 결국에는 cardinene으로 바뀌는데, 후자는 삼목 (cedar) 이나 노간지 나무의 정유 성분이다. 이 변환의 상세한 메커니즘을 제안하시오.

Farnesol　　Bisabolene　　Cadinene

75. Br_2를 1,3-butadiene에 첨가할 때 생성되는 1,2-첨가 및 1,4-첨가 생성물의 비는 온도 의존적이다. 속도론적 및 열역학적 생성물은 어느 것이며, 왜 그런지 설명하시오.

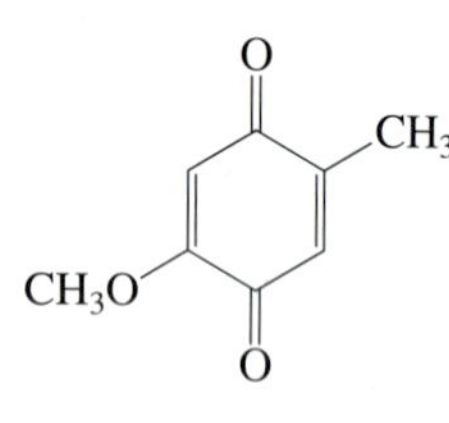

76. 1,3-Butadiene을 왼쪽에 그려진 고리형 친다이엔체와 반응시키면, 두 탄소-탄소 이중 결합 중에서 하나만 반응하여 단일 생성물을 얻게 된다. 구조를 그리고 그 이유를 설명하시오. 입체화학은 어떻게 되는가? 참고로 이 반응은 1951년에 R.B. Woodward (14-9절)에 의해 완성된 콜레스테롤 전합성의 시작 단계이며, 그 당시로서는 대단히 기념비적인 업적이었고, 합성 유기화학을 촉발하는 계기가 되었다.

유기 반응 메커니즘

유기 반응 메커니즘의 요약

14장을 끝냄으로써 유기화학 공부의 절반 정도가 진행된 상황이지만, 중요한 반응의 세 가지 부류인 라디칼, 극성, 고리형협동 각각에 대한 반응 예들을 모두 겪어 본 셈이다. 이 절을 할애하여 지금까지 보아온 세 부류 각각에 해당되는 모든 메커니즘의 유형을 요약해 보기로 한다.

라디칼 반응은 사슬 메커니즘을 따른다

반응성의 홀전자 중간체 생성으로부터 시작하는(개시 단계) 라디칼 반응은 전파 단계를 거쳐 출발물이 생성물로 전환된다. **라디칼 치환반응**(3장)과 **라디칼 첨가반응**(12장) 모두를 검토하였다. 치환 반응은 작용기가 없었던 분자에 작용기를 도입할 수 있다. 라디칼 첨가 반응은 작용기 상호전환의 한 예이다. 이들 각각의 소분류를 표 1에 요약하였다.

극성 반응은 유기 변환 반응의 거의 대부분을 차지한다

극성, 또는 전하를 띠는 화학종 간의 상호작용은 전형적인 유기 작용기의 화학으로 유기화학에서 가장 큰 다양성과 가장 많은 반응 메커니즘 형태를 유도한다. **치환반응**과 **제거반응**에 대한 두 메커니즘이 6장과 7장에서 처음으로 소개되었다. 기질의 구조와 반응 조건에 따라 각 장의 메커니즘에 일분자 또는 이분자 경로가 가능한 것이 판명되었다. π 결합을 포함하는 작용기를 도입함으로써 두 개의 특정적인 8장의 친핵성, 12장의 친전자성 형태로 극성 **첨가반응**을 접하였다. 이들 과정을 표 2에 요약하였다.

고리형협동 반응에는 중간체가 존재하지 않는다

마지막 부류의 반응은 고리형 배열의 오비탈의 연속적인 중첩이 있는 고리형 전이 상태로 특정지어진다. 이들 과정은 어떤 중간체의 개입 없이 한 단계로 일어난다. Diels-Alder 반응과 다른 **고리화첨가반응**에서처럼 여러 성분을 결합하여 새로운 고리를 만들 수 있고, **전자고리화반응**에서처럼 고리 열림과 고리 닫힘 형태를 취할 수 있다. 이 예를 표 3에 나타내었다.

표 1 라디칼 반응의 유형

1. 라디칼 치환

메커니즘: 라디칼 연쇄 반응 (3-4절)

개시

$$X{-}X \xrightarrow{\Delta \text{ 또는 } h\nu} 2\,X\cdot$$

전파

$$-\overset{|}{\underset{|}{C}}-H + X\cdot \longrightarrow HX + \cdot C<$$

$$>C\cdot + X{-}X \longrightarrow -\overset{|}{\underset{|}{C}}-X + X\cdot$$

종결

예:

$$>C\cdot + X\cdot \longrightarrow -\overset{|}{\underset{|}{C}}-X$$

(알케인) $RH + X_2 \xrightarrow{h\nu} RX + HX$ (3-4~3-8절)

(알릴자리계) $CH_2{=}CHCH_3 + X_2 \xrightarrow{h\nu} CH_2{=}CHCH_2X + HX$ (14-2절과 22-9절)

2. 라디칼 첨가

메커니즘: 라디칼 연쇄 반응 (12-13절)

예:

(알켄) $RCH{=}CH_2 + HBR \xrightarrow{\text{과산화물}} RCH_2CH_2Br$ (12-13절과 12-15절)

Anti-Markovnikov 생성물

(알카인) $RC{\equiv}CH + HBr \xrightarrow{\text{과산화물}} RCH{=}CHBr$ (13-8절)

표 2 극성 반응의 유형

1. 이분자 친핵성 치환

메커니즘: 협동형 후면 치환(S_N2) (6-2, 6-4, 6-5절)

$$Nu{:}^- \; -\overset{|}{\underset{|}{C}}-X \longrightarrow Nu-\overset{|}{\underset{|}{C}}- + X^-$$

예:

$HO^- + CH_3Cl \longrightarrow CH_3OH + Cl^-$ (6-2~6-9절)

입체중심에서 100% 반전

2. 일분자 친핵성 치환

메커니즘: 탄소양이온 형성-친핵성 공격 (S_N1으로 항상 E1을 동반) (7-2절)

$$-\overset{|}{\underset{|}{C}}-X \longrightarrow C^+ + X^-$$

$$Nu{:}^- \; C^+ \longrightarrow Nu-\overset{|}{\underset{|}{C}}-$$

예:

$H_2O + (CH_3)_3CCl \longrightarrow (CH_3)_3COH + HCl^-$ (7-2~7-5절)

입체중심에서 라세미화반응

3. 이분자 제거

메커니즘: 협동형 양성자이탈—π 결합 형성—이탈기 떨어짐(E2) (7-7절)

$$B{:}^- \; H-C-C-X \longrightarrow C{=}C + HB + X^-$$

예:

$CH_3CH_2O^- + CH_3CHClCH_3 \longrightarrow CH_3CH_2OH + CH_3CH{=}CH_2 + X^-$ (7-7절과 11-6절)

안티 전이 상태 거침

4. 일분자 제거

메커니즘: 탄소양이온 형성—양성자이탈—π 결합 형성(E1은 S_N1을 동반) (7-6절)

$$H-\overset{|}{\underset{|}{C}}-\overset{|}{\underset{|}{C}}-X \longrightarrow H-\overset{|}{\underset{|}{C}}-C^+ + X^-$$

$$B{:}^- \; H-\overset{|}{\underset{|}{C}}-C^+ \longrightarrow C{=}C + HB$$

예:

$(CH_3)_3CCl \xrightarrow{H_2O} (CH_3)_2C{=}CH_2 + HCl$ (7-6절과 11-7절)

표 2 극성 반응의 유형 (계속)

5. 친핵성 첨가

메커니즘: 친핵성 첨가-양성자첨가 (8-6절과 8-8절)

$$Nu^- + >C{=}O \longrightarrow Nu{-}\overset{|}{\underset{|}{C}}{-}O^-$$

$$Nu{-}\overset{|}{\underset{|}{C}}{-}O^- \quad H^+ \longrightarrow Nu{-}\overset{|}{\underset{|}{C}}{-}OH$$

예:

(수소화물 시약) $NaBH_4 + (CH_3)_2C{=}O \longrightarrow (CH_3)_2CHOH$ (8-6절)

유기금속 시약 $RMgX + (CH_3)_2C{=}O \longrightarrow R{-}\overset{CH_3}{\underset{CH_3}{C}}{-}OH$ (8-8절과 14-4절)

6. 친전자성 첨가

메커니즘: 친전자성 첨가-친핵성 공격 (12-3절과 12-5절)

$$E^+ + >C{=}C< \longrightarrow E{-}\overset{|}{\underset{|}{C}}{-}C^+ \quad \text{or} \quad \text{C}\overset{E^+}{\frown}\text{C}$$

$$E{-}\overset{|}{\underset{|}{C}}{-}C^+ \quad ^-Nu \longrightarrow E{-}\overset{|}{\underset{|}{C}}{-}\overset{|}{\underset{|}{C}}{-}Nu$$

예:

(알켄) $RCH{=}CH_2 + HBr \longrightarrow R\overset{Br}{C}HCH_3$ (12-3~12-7절)

Markovnikov 생성물

표 3 고리형협동 반응의 유

1. 고리화첨가

메커니즘: 협동형, 전자의 고리형 배열을 거침. (14-8절)

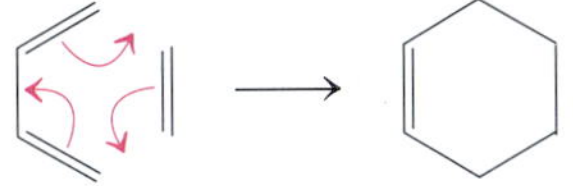

예:

(Diels-Alder 반응) + CN CN $\xrightarrow{\Delta}$ CN CN

입체특이성 반응,
endo-생성물이 유리

2. 전자고리화 빈응

메커니즘: 협동형, 전자의 고리형 배열을 거침. (14-9절)

예:

(Cyclobutene → butadiene) CH_3 CH_3 $\xrightarrow{\Delta}$ CH_3 CH_3

가열 반응–동일방향회전

(Hexatriene → cyclohexadiene) CH_3 CH_3 $\xrightarrow{\Delta}$ CH_3 CH_3 (14-9절)

가열 반응–반대방향회전

[벤젠과 방향족성]

친전자성 방향족 치환

19세기 초에는 고래의 지방 성분("blubber"라 부름)에서 얻은 기름이 런던을 비롯한 다른 도시들의 거리를 밝히는데 사용되었다. 성분이 무엇인가를 밝히기 위해 노력한 끝에 1825년 영국의 과학자 Michael Faraday*는 고래 기름을 가열하여 무색의 액체(b.p. 80.1°C, m.p. 5.5°C)를 얻었으며 실험식이 CH임을 밝혀내었다. 이 화합물은 탄소는 다른 원자들에 대해 원자가가 4이어야 한다는 당시의 이론에 대해 중대한 문제점을 제기하게 되었으며 그럼에도 이 화합물의 특별한 안정성과 화학적 비활성 때문에 많은 관심을 끌게 되었다. 이 분자는 **벤젠(benzene)**이라고 부르게 되었고, 나중에는 분자식이 C_6H_6임도 밝혀졌다.

Vanilin의 구조는 붉은색으로 표시된 벤젠 고리에 치환기가 달려 있는 구조이다. vanilin은 바닐라 기름의 필수 성분으로 바닐라 난(vanilla orchid)의 콩 꼬투리에서 추출한다. 세계에서 두 번째로 비싼 향료로(첫 번째는 saffron) 전 세계 연간 소요량은 2000톤에 이른다.

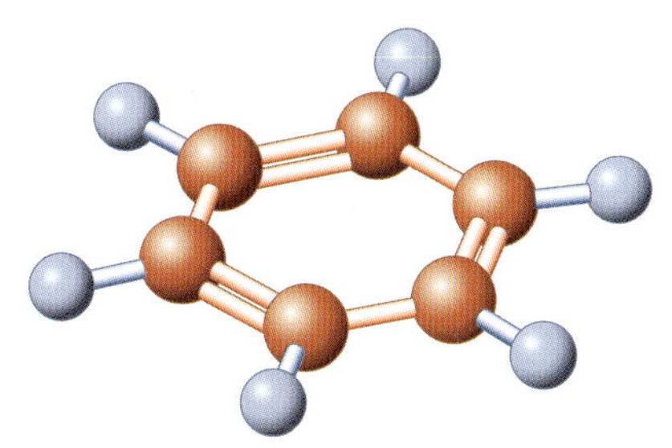

Benzene

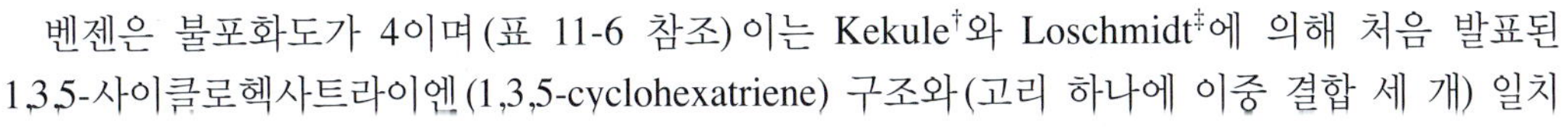

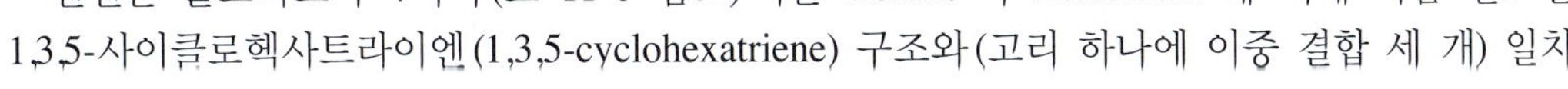

벤젠은 불포화도가 4이며(표 11-6 참조) 이는 Kekule†와 Loschmidt‡에 의해 처음 발표된 1,3,5-사이클로헥사트리엔(1,3,5-cyclohexatriene) 구조와(고리 하나에 이중 결합 세 개) 일치

* Michael Faraday 교수(1791-1867), 런던 Royal Institute of Chemistry.

† F. August Kekule 교수, 1-4절 참조.

‡ Josef Loschmidt 교수(1821-1895), 오스트리아, Vienna 대학교.

하지만, 일반 콘쥬게이션 트라이엔에서 예상되는 반응성을 전혀 보이지 않았다. 바꾸어 말하면, 구조와 실제로 관찰되는 반응 및 성질과는 맞지 않는다는 것이다. 그렇다고 벤젠은 반응성이 전혀 없는 것은 아니다. 예를 들면, 벤젠은 트라이브로민화 철(iron tribromide, $FeBr_3$ 15-9절)과 같은 촉매량의 Lewis 산을 넣어주면 브로민과 반응한다. 놀랍게도, 일어나는 반응은 첨가반응이 아닌 치환반응으로 브로모벤젠(bromobenzene)을 생성한다.

Benzene + Br—Br $\xrightarrow{FeBr_3}$ Bromobenzene (치환 생성물) + HBr

첨가 생성물 생기지 않음

단 한 가지 일치환 노브로민 생성물만을 생성함은 벤젠의 여섯-포갬(6-fold) 대칭성 구조와 멋지게 맞아 떨어진다. 다시 브로민과 더 반응하게 되면 두 번째 할로젠 원자가 도입되어 세 이성질체인 1,2-, 1,3-, 1,4-다이브로모벤젠(1,4-dibromobenzene)을 생성한다.

Bromobenzene $\xrightarrow[-HBr]{Br_2,\ FeBr_3}$ 1,2-Dibromobenzene (1,6-dibromobenzene과 같음) + 1,3-Dibromobenzene + 1,4-Dibromobenzene

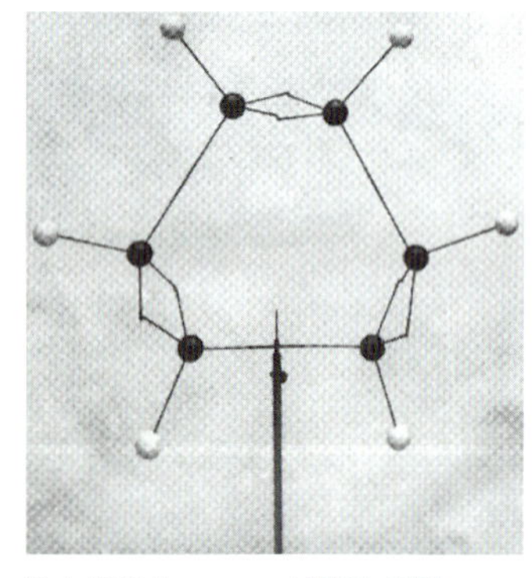
Kekulé의 benzene 모형의 원형.

역사적으로, 단 하나의 1,2-다이브로모벤젠 생성물만 관찰된 사실은 다른 수수께끼를 야기시켰다. 만약, 단일 결합과 이중 결합이 교대로 존재하는 사이클로헥사트라이엔의 기하구조를 지니고 있다면 두 치환기는 이중 결합이나 단일 결합으로 이웃한 두 탄소에 각기 결합되어 있는 1,2- 및 1,6-다이브로모벤젠의 두 가지 이성질체가 생성되어야 할 것이다. Kekulé는 이 수수께끼를 대담하게 다음과 같이 제안함으로써 명쾌하게 해결하였다. 벤젠은 빠른 평형(Kekulé는 oscillating"으로 표현함)을 이루고 있는 두 사이클로헥사트라이엔 **이성질체**로 보아야 하며, 그렇다면 1,2- 및 1,6-다이브로모벤젠은 식별이 불가능하게 된다는 것이다. 현재 우리는 이러한 생각은 정확하게 맞지 않음을 알고 있다. 현대 전자론의 관점에서 벤젠은 이성질체가 아닌 단일 화합물로서 두 개의 동등한 사이클로헥사트라이엔의 **공명** 구조로 설명할 수 있다(14-7절).

왜 벤젠에서 π 전자의 고리형 배열이 특수한 안정성을 부여하게 되는가? 어떻게 우리는 이런 현상을 명제화할 수 있는가? 비편재된 π계의 존재를 확인해 줄 수 있는 NMR(11-4절)과 전자 분광학(14-11절)의 힘을 빌어 우리는 벤젠의 특정 분광학적 신호를 예상할 수 있는가? 이 장에서 우리는 이러한 문제에 대한 답을 얻게 된다. 제일 먼저 벤젠의 유도체를 체계적으로 명명하는 방법, 두 번째로 모체인 벤젠 분자의 전자 구조와 분자 구조, 세 번째로 벤젠의 특별한 안정화 에너지, 즉 **방향족성(aromaticity)**에 대한 증거를 살펴보고자 한다. 벤젠의 방향족성과 특별한 구조가 분광학적 성질과 반응성에 영향을 미친다. 나아가 두 개 또는 더 많은 벤젠 고리가 접합하여 더 확장된 π계를 형성하면 어떤 현상이 일어날 것인가를 살피게 된다. 또한 벤젠의 성질과 다른 고리형 콘쥬게이션 폴리엔의 성질을 비교하게 된다. 마지막으로 벤젠 고리에 치환기를 도입하는 지금까지와는 다른 메커니즘인 **친전자성 방향족 치환(electrophilic aromatic substitution)**에 대해 공부하게 된다.

15-1 벤젠 유도체의 명명법

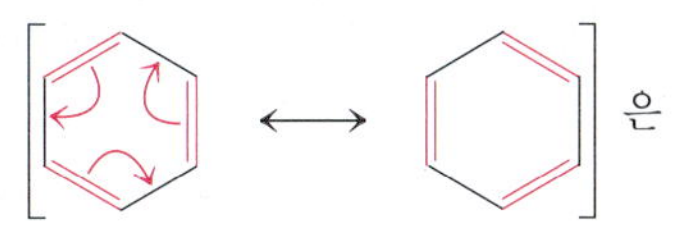

벤젠과 많은 벤젠 유도체들을 **방향족 화합물(aromatic compound)** 이라고 부르게 된 것은 이들 몇몇이 갖는 독특한 향에 기인한다. 벤젠은 그 냄새가 특별히 향기롭지는 않지만 방향족 분자의 모체로 간주하게 되었다. 이중 결합 세 개로 그려진 벤젠 고리의 그림을 대하게 되면 그것은 한 쌍의 공명 기여 구조 중의 하나를 나타낸 것으로 이해해야만 한다. 때로는 정육각형에 원을 그려 넣어 표시하기도 한다.

한 개의 치환기만을 갖는 많은 벤젠 유도체들은 치환기의 접두어를 명명한다.

F — Fluorobenzene

NO_2 — Nitrobenzene

H_3C, CH_3, C, CH_3 — (1,1-Dimethylethyl)benzene (*tert*-Butylbenzene)

이치환 벤젠에는 세 개의 가능한 배열이 가능하다. 배열 양상에 따라 **1,2-(ortho-** 또는 ***o*-**). **1,3 (meta-** 또는 ***m*-**) 및 **1,4 (para-** 또는 ***p*-**) 이치환 벤젠으로 나타낸다. 치환기들을 알파벳 순으로 나열한다.

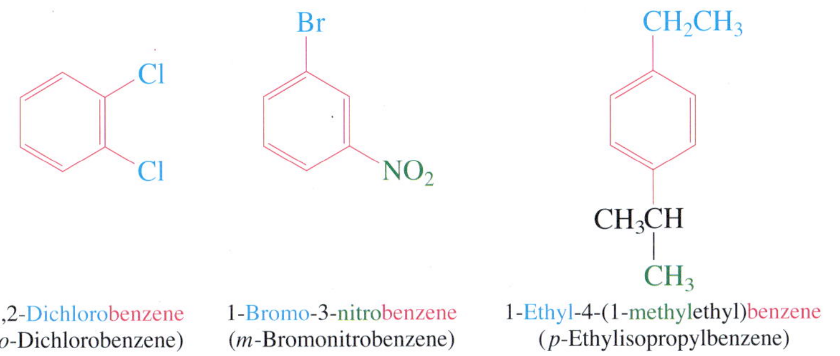

1,2-Dichlorobenzene (*o*-Dichlorobenzene)　1-Bromo-3-nitrobenzene (*m*-Bromonitrobenzene)　1-Ethyl-4-(1-methylethyl)benzene (*p*-Ethylisopropylbenzene)

세 개 이상이 치환된 유도체들은 사이클로헥세인의 명명에서와 같이 여섯 고리 탄소에 번호를 붙여 치환기가 가장 작은 수를 표시하도록 명명한다.

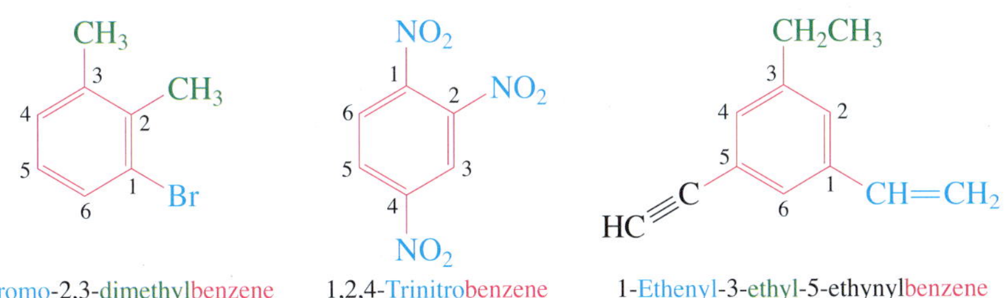

1-Bromo-2,3-dimethylbenzene　1,2,4-Trinitrobenzene　1-Ethenyl-3-ethyl-5-ethynylbenzene

다음 벤젠 유도체들은 이 책에서 자주 접하게 될 것이다.

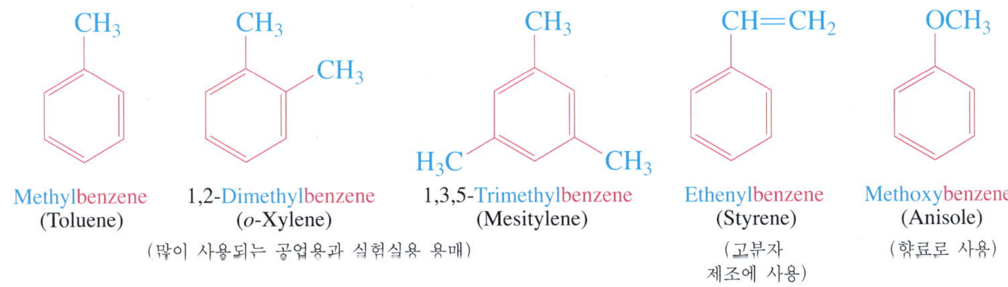

Methylbenzene (Toluene)　1,2-Dimethylbenzene (*o*-Xylene)　1,3,5-Trimethylbenzene (Mesitylene)　Ethenylbenzene (Styrene)　Methoxybenzene (Anisole)

(많이 사용되는 공업용과 실험실용 용매)　(고분자 제조에 사용)　(향료로 사용)

OH	NH_2	CHO	O ‖ CCH_3	COOH
Benzenol (Phenol) (목아픈데 뿌리는 스프레이의 청정 마취제)	Benzenamine (Aniline) (염료 제조에 사용)	Benzenecarbaldehyde (Benzaldehyde) (인공 아몬드향)	1-Phenylethanone (Acetophenone) (최면제)	Benzenecarboxylic acid (Benzoic acid) (식품 보존제)

세 개의 화합물 군을 제외한 모든 것에 대해 IUPAC 명명법을 적용할 것이다. *Chemical Abstracts*의 색인 우선에 따라서 관용명인 페놀, 벤즈알데하이드 및 벤조산들은 체계적인 이름 대신에 사용하게 될 것이다.

이러한 고리 치환 유도체들은 고리 탄소에 번호를 붙이거나 접두사인 *o*-, *m*-, *p*-를 붙여 명명한다. 그 화합물에서 모체 이름이 되도록 해 주는 치환기는 C1에 위치한다.

CH_3, I	OH, Br, Br, Br	$CH{=}CH_2$, Br
1-Iodo-2-methylbenzene (*o*-Iodotoluene)	2,4,6-Tribromophenol	1-Bromo-3-ethenylbenzene (*m*-Bromostyrene)

방향족 화합물에 대한 몇 가지 관용명은 그 향기나 천연 공급원과 연관되어 있으며, 이 중 몇 가지는 IUPAC에서 받아들여지고 있다. 앞에서도 그랬듯이 이런 화합물들의 체계적인 이름을 가능한 한 많이 사용할 것이고 관용명은 괄호 안에 표시할 것이다.

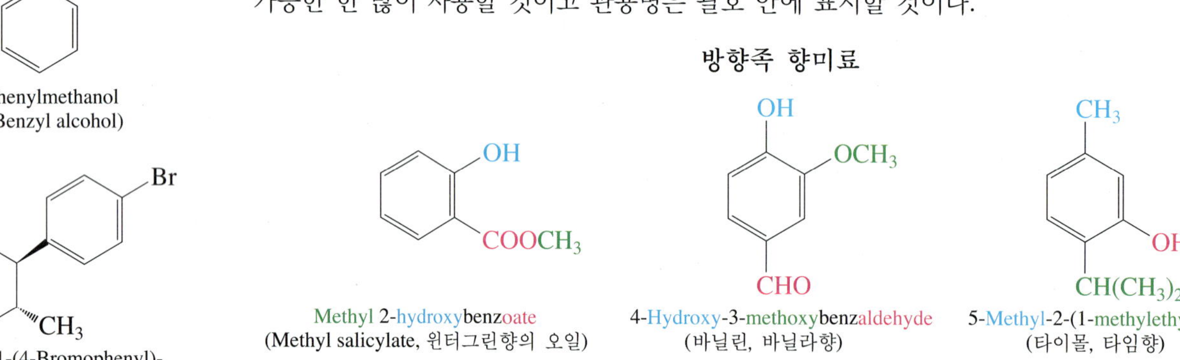

Phenylmethanol (Benzyl alcohol)

trans-1-(4-Bromophenyl)-2-methylcyclohexane

방향족 향미료

Methyl 2-hydroxybenzoate (Methyl salicylate, 윈터그린향의 오일)

4-Hydroxy-3-methoxybenzaldehyde (바닐린, 바닐라향)

5-Methyl-2-(1-methylethyl)phenol (타이몰, 타임향)

치환된 벤젠의 일반적인 용어는 **아렌(arene)**이다. 치환기로서의 아렌은 **아릴기(aryl group)**라 하고 간단히 **Ar**로 쓴다. 모체인 아릴 치환기를 **페닐(phenyl, C_6H_5)**이라고 한다. 2-프로펜일(allyl) 치환기(14-1절, 22-1절)와 연관된 $C_6H_5CH_2$기는 **페닐메틸(phenylmethyl)** 또는 **벤질(benzyl)**이라고 한다.

연습 문제 15-1

다음 치환 benzene에 대한 체계적인 이름과 관용명을 쓰시오.

(a) Cl, NO_2 **(b)** CH_3, D **(c)** OH, NO_2, NO_2

연습 문제 15-2

다음 화합물들의 구조를 쓰시오. **(a)** (1-Methylbutyl) benzene, **(b)** 1-Ethenyl-4-nitrobenzene (*p*-nitrostyrene), **(c)** 2-Methyl-1,3,5-trinitrobenzene (2,4,6-trinitrotoluene, TNT 폭약으로 화학 이야기 16-1을 참조)

연습 문제 15-3

다음은 틀린 이름이다. 올바르게 고쳐 적으시오.
(a) 3,5-Dichlorobenzene, **(b)** *o*-Aminophenyl fluoride, **(c)** *p*-Fluorobromobenzene.

요약 치환기가 하나인 일치환 벤젠은 치환기의 이름을 벤젠이라는 이름 앞에 붙여서 명명한다. 치환기가 더 많으면 1,2-, 1,3-, 1,4- (또는 *ortho-*, *meta-*, *para-*) 라는 접두어로서 두 치환기 위치를 나타낸다. 또는 고리에 번호를 붙여 번호가 붙은 치환기를 알파벳 순으로 명명한다. 간단한 치환기를 갖는 벤젠 유도체는 거의 모두 관용명을 갖고 있다.

15-2 벤젠의 구조와 공명 에너지: 방향족성에 대한 첫 번째 고찰

벤젠은 유별나게 반응성이 낮다. 상온에서 벤젠은 H_2, Br_2, $KMnO_4$와 반응하지 않는다. 이들이 콘쥬게이션 알켄과는 쉽게 첨가를 일으키는 것으로 보아 (14-6절) 이들 시약의 반응성이 낮아서가 아님은 분명하다. 여섯-전자의 고리형 배열은 큰 공명 에너지로 인해 특별한 안정성을 준다 (14-7절). 우선 벤젠의 구조에 대한 증거를 검토하고 1,3-사이클로헥사다이엔 (1,3-cyclohexadiene) 과 같은 콘쥬게이션이 없는 고리형 계의 수소화열을 비교함으로써 그 공명 에너지를 산출하여 보기로 하자.

벤젠 고리는 여섯 개의 동등하게 겹쳐지는 *p* 오비탈을 가진다

만일 벤젠이 콘쥬게이션 트라이엔인 사이클로헥사트라이엔이라면 C—C 결합 길이는 단일 결합과 이중 결합이 번갈아 나타나리라 기대할 수 있다. 실제로는 벤젠 분자의 C—C 결합 길이의 실험값은 1,3-뷰타다이엔의 단일 결합 (1.47 Å) 과 이중 결합 (1.34 Å) 의 (그림 14-6) 평균값인 1. 39 Å으로 모두 같아 완벽한 대칭성을 갖는 정육각형 구조를 이룬다 (그림 15-1).

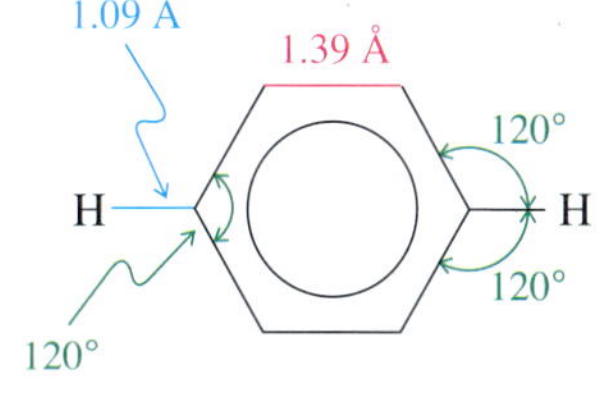

그림 15-1 Benzene의 분자 구조. 여섯 C—C 결합은 모두 같으며, 결합각도 모두 120°이다.

그림 15-2는 벤젠 고리의 전자 구조를 나타내준다. 모든 탄소는 sp^2 혼성화이며 각 *p* 오비

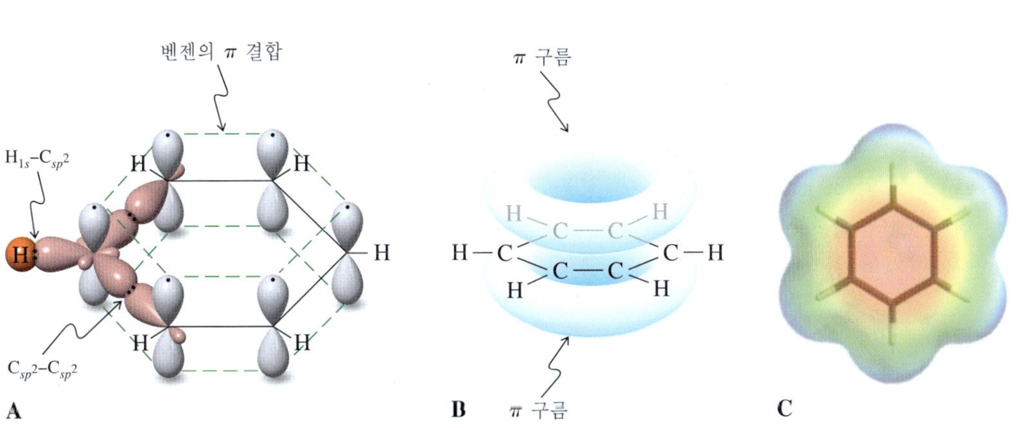

그림 15-2 Benzene 결합의 오비탈 그림. (A) σ 골격을 한 탄소에 대한 결합에서 기대되는 직선으로 나타내고, *p* 오비탈과 sp^2 혼성 오비탈은 간략하게 표시하였다. (B) Benzene에서 여섯 개의 *p* 오비탈 겹침은 분자 평면의 위아래에 전자 구름을 형성한다. (C) Benzene의 정전기 퍼텐셜 지도는 상대적으로 전자가 풍족한 고리와 여섯 개 탄소 원자에 걸친 고른 전자 밀도의 분포를 나타내고 있다.

탈은 두 이웃과 같은 정도로 겹쳐진다. 그 결과 비편재된 전자들은 고리의 위 아래에 π 구름을 형성한다. 벤젠의 대칭성 구조는 분자 내의 σ와 π 전자간의 복합 작용에서 비롯된다. 대칭적인 σ 골격은 비편재된 π 골격과 더불어 정육각형을 형성하는데 일조를 하고 있다.

벤젠은 특별히 안정하다: 수소화열

알켄 계열의 상대적인 안정성을 규명하는 한 가지 방법은 그들의 수소화열을 측정하는 것이다(11-5절과 14-5절). 벤젠에 대해 유사한 실험을 행하여 그 수소화열을 1,3-사이클로헥사다이엔과 사이클로헥센의 수소화열과 비교한다. 이 분자들은 편리하게 비교할 수 있는 이유는 수소첨가로 모두 다 사이클로헥세인이 되기 때문이다.

사이클로헥센의 수소화 반응은 $-28.6\ \text{kcal mol}^{-1}$의 발열 반응이고 이는 시스-이중 결합의 수소화에서 (11-5절) 기대할 수 있는 값이다. 1,3-사이클로헥사다이엔의 수소화열 ($\Delta H° = -54.9\ \text{kcal mol}^{-1}$)은 사이클로헥센의 두 배보다 약간 작은데 이는 콘쥬게이션 다이엔에서의 공명 안정화 때문이다(14-5절). 콘쥬게이션에 의한 안정화 에너지는 $(2 \times 28.6) - 54.9 = 2.3\ \text{kcal mol}^{-1}$이다.

$$\text{사이클로헥센} + H_2 \xrightarrow{\text{촉매 Pt}} \text{사이클로헥세인} \qquad \Delta H° = -28.6\ \text{kcal mol}^{-1}\ (-120\ \text{kJ mol}^{-1})$$

$$\text{1,3-사이클로헥사다이엔} + 2\,H_2 \xrightarrow{\text{촉매 Pt}} \text{사이클로헥세인} \qquad \Delta H° = -54.9\ \text{kcal mol}^{-1}\ (-230\ \text{kJ mol}^{-1})$$

이 값들을 이용해서 벤젠에서 기대되는 수소화열을 계산할 수 있는데, 사이클로헥센에서와 같이 이중 결합 세 개로 구성되어 있으며, 1,3-사이클로헥사다이엔에서와 같이 콘쥬게이션에 의한 여분의 공명 안정화를 이루게 된다.

$$\text{벤젠} + 3\,H_2 \xrightarrow{\text{촉매}} \text{사이클로헥세인} \qquad \Delta H° = ?$$

$$\begin{aligned}
\Delta H° &= 3\,(\Delta H°\text{의 수소화 (사이클로헥센)}) + 3\,(\text{(1,3-사이클로헥사다이엔)의 공명 안정화 보정}) \\
&= (3 \times -28.6) + (3 \times 2.3)\ \text{kcal mol}^{-1} \\
&= -85.8 + 6.9\ \text{kcal mol}^{-1} \\
&= -78.9\ \text{kcal mol}^{-1}\ (-330\ \text{kJ mol}^{-1})
\end{aligned}$$

이제 실험 자료를 살펴보자. 벤젠의 수소화는 쉽지 않지만(14-7절) 특수 촉매를 사용하면 수소화열을 측정할 수 있다. 벤젠의 $\Delta H° = -49.3\ \text{kcal mol}^{-1}$로서 계산값 $-78.9\ \text{kcal mol}^{-1}$에서 기대되는 것보다 훨씬 작은 값이다.

그림 15-3에 이러한 결과를 요약하였다. 벤젠은 단일 결합과 이중 결합이 교차하는 고리형 트라이엔보다 훨씬 더 안정한 것이 분명하다. 이러한 차이는 벤젠의 **공명 에너지(resonance energy)**로서 약 $30\ \text{kcal mol}^{-1}$이다. 이 양을 기술하는데 **비편재화 에너지, 방향족 안정화** 또는 단순히 벤젠의 **방향족성(aromaticity)**이라는 다른 용어가 사용되기도 한다. 현재 방향족이라는 말은 향기의 원래 의미는 퇴색되고 열역학적 성질을 나타내는 용어로 탈바꿈하였다.

요약 벤젠의 구조는 여섯 개의 sp^2 혼성화 탄소로 구성된 정육각형이다. 벤젠의 C—C 결합 길이는 단일 결합과 이중 결합의 중간이다. p 오비탈을 차지하는 전자들을 고리 평면의 위아래에 전자 구름을 형성한다. 벤젠의 구조는 동등한 기여를 하는 두 개의 사이클로헥사트라이엔의 공명형으로 나타낼 수 있다. 벤젠을 비방향족인 화합물을 모형으로 하여 예상한 에너지보다 약 $30\ \text{kcal mol}^{-1}$ 만큼 작은 수소화열을 방출할 정도로 안정하며 이 차이를 벤젠의 공명 에너지라 한다.

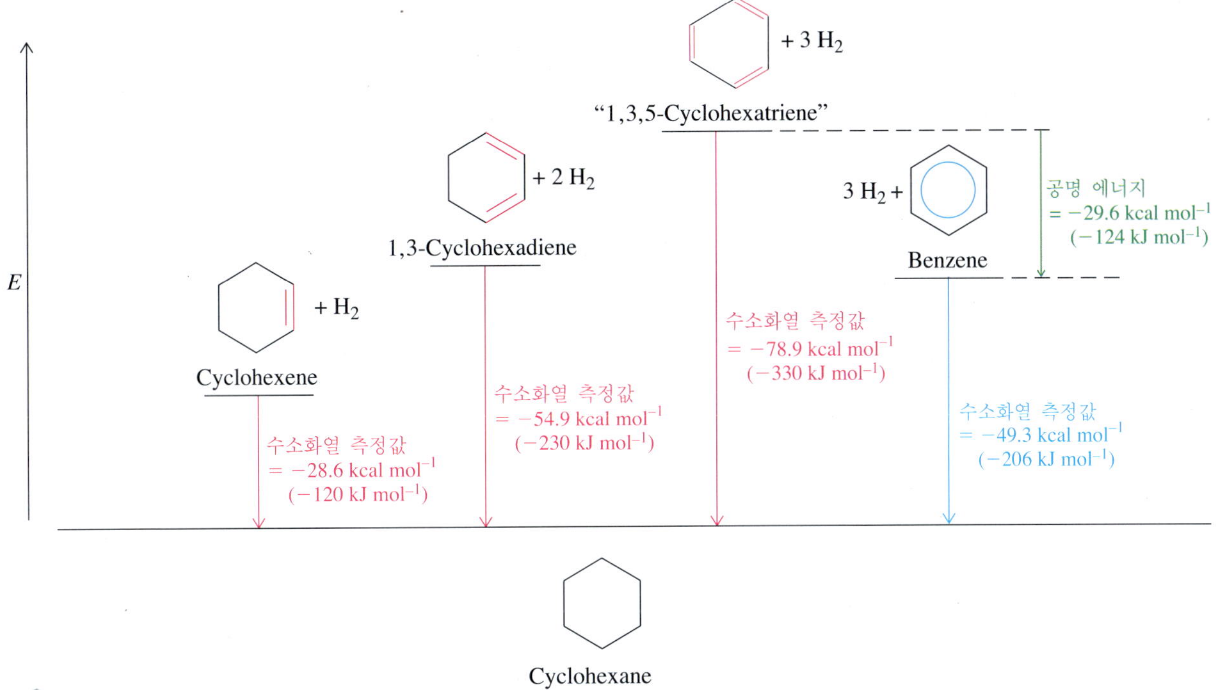

그림 15-3 수소화열로 benzen의 유별난 안전성이 얼마나 되는가를 알 수 있다. Cyclohexene과 1,3-cyclohexadiene의 실험값에서 가상적인 1,3,5-cyclohexatriene에 대한 수소화열을 계산할 수 있다(화학 이야기 15-2). 이를 benzene의 실험값 $\Delta H°$과 비교하면 방향족 공명 에너지는 대략 29.6 kcal mol^{-1}이다.

15-3 벤젠의 파이 분자 오비탈

벤젠의 여섯 원자 오비탈을 고찰하였다. 이제 벤젠의 π 분자 오비탈을 열린 사슬 유사체인 1,3,5-헥사트라이엔의 π 분자 오비탈과 비교해 보기로 하자. 이들 두 경우 모두 인접한 여섯 개의 p 오비탈 겹침의 결과이지만 고리형 계는 비고리형 계와는 상당히 다르다. 이들 두 화합물의 결합 오비탈의 에너지를 비교해 보면 고리형 이중 결합 세 개의 콘쥬게이션이 비고리형 콘쥬게이션보다 더 낫다는 것을 알 수 있다.

고리형 겹침으로 벤젠의 분자 오비탈의 에너지는 달라지게 된다

그림 15-4는 벤젠의 π 분자 오비탈을 1,3,5-헥사트라이엔의 그것과 비교한 것이다. 비고리형 트라이엔은 1,3-뷰타다이엔과 비슷한 유형이지만(그림 14-7), 분자 오비탈이 두 개 더 많아진다. 오비탈은 모두 다른 에너지를 가지며 마디의 수는 π_1에서 π_6로 감에 따라 증가한다. 벤젠에 대한 그림은 모든 면에서 달라지는데, 오비탈의 에너지 준위가 다르고, 두 쌍의 겹친 오비탈이 있으며, 완전히 다른 마디면을 나타낸다.

고리형 π계가 비고리형 π계보다 더 안정한가? 이 문제는 두 계에서 채워진 세 결합 오비탈의 에너지를 비교하면 답을 얻을 수 있다. 그림 15-5를 보면 분명해진다. **고리형 π계는 비고리형 π계보다 훨씬 더 안정하다.** 1,3,5-헥사트라이엔으로부터 벤젠으로 가면서 두 결합 오비탈(π_1과 π_3)은 에너지가 낮아지고, 나머지 한 오비탈(π_2)은 높아진다. 에너지가 높아지는 한 오비탈의 효과는 낮아지는 두 오비탈에 의해 상쇄하고도 남음이 있다.

1,3,5-헥사트라이엔의 말단 탄소에서 파동 함수 부호를 고려해 보면(그림 15-4) 오비탈이 왜 이러한 에너지의 변화가 생기는지를 설명할 수 있다. 1번 탄소와 6번 탄소를 연결하면 π_1과 π_3에서는 p 오비탈 겹침의 위상이 같으며 π_2에서만 다르다.

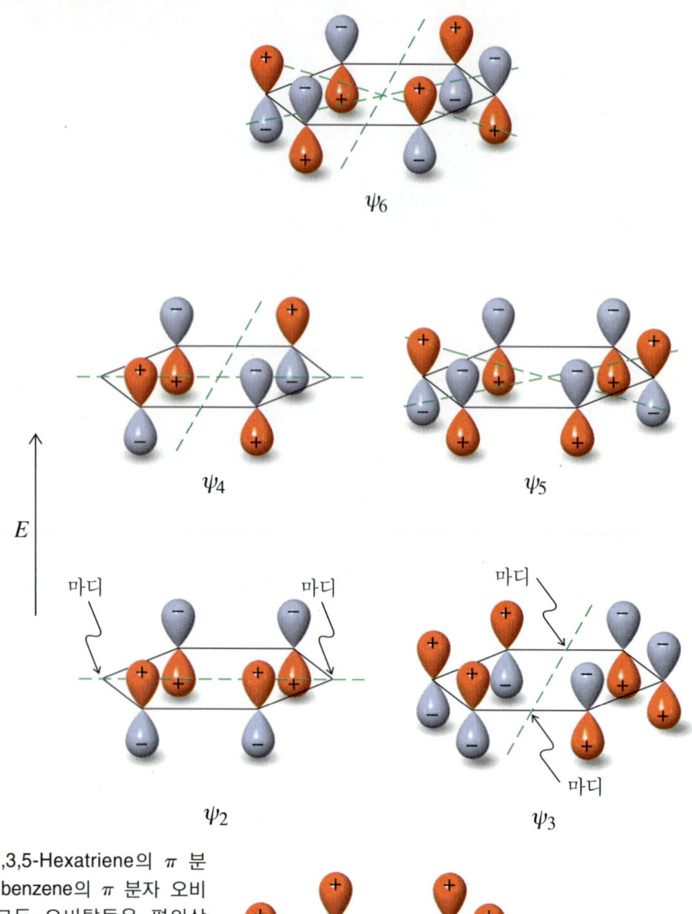

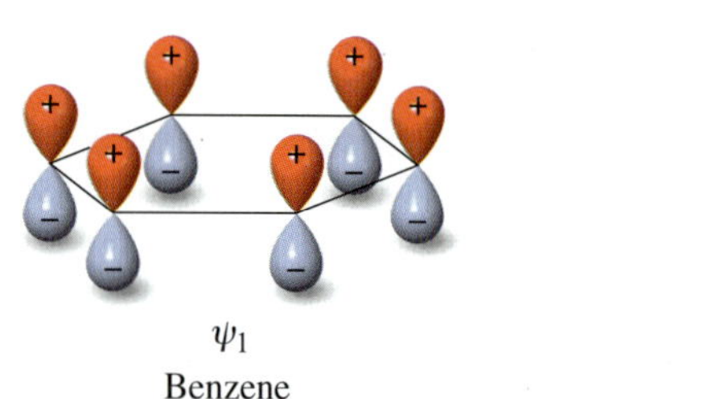

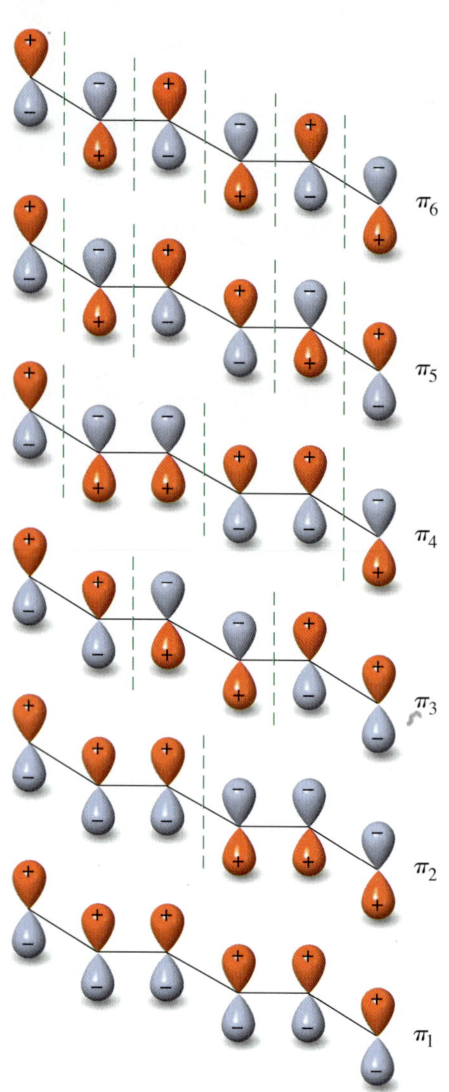

그림 15-4 1,3,5-Hexatriene의 π 분자 오비탈과 benzene의 π 분자 오비탈의 비교. 모든 오비탈들은 편의상 같은 크기로 나타내었다. 유리한 겹침 (결합 형성) 은 같은 부호의 오비탈로 마디 사이에 일어난다. 부호의 변화는 마디 평면으로 (점선 표시) 나타난다. 마디의 수가 증가함에 따라 오비탈의 에너지도 높아진다. Benzene은 두 쌍의 겹친 (에너지 준위가 같은) 오비탈을 가지는데, 그림 15-5에서 보듯이 낮은 에너지 쌍 (ψ_2, ψ_3) 은 채워지며, 높은 에너지 쌍 (ψ_4, ψ_5) 는 쌍은 비어 있다.

E

오비탈 에너지
낮춤 총계

반결합 분자 오비탈

결합 분자 오비탈

그림 15-5 Benzene과 1,3,5-hexatriene에서 π 분자 오비탈의 에너지 준위. 둘 모두에서 여섯 개의 π 전자가 결합 분자 오비탈을 채우게 되는데, 1,3,5-hexatriene에서 상응하는 오비탈의 에너지보다 benzene에서는 그들 중 둘은 에너지가 더 낮고, 하나만 더 높다. 그 결과 비고리형계에서 고리형계가 되면서 전체적인 에너지는 감소하고 안정성은 증가하게 된다.

몇몇 반응은 방향족성 전이 상태를 거친다

여섯-원자 고리형 오비탈 겹침의 상대적인 안정성이 얼핏 보기에 복잡한 세 전자쌍의 협동형 이동을 간단하게 설명할 수 있다. Diels-Alder 반응(14-8절), 사산화 오스뮴(osmium tetroxide)의 알켄에 첨가(12-11절), 그리고 가오존분해 반응의 첫 단계(12-12절) 등이 이러한 예이다. 이들 과정 모두에서 π 오비탈(또는 π 성질을 가지는 오비탈)에서 여섯 전자들의 고리 겹침이 일어나는 전이 상태를 거친다. 이러한 전자 배열은 벤젠의 경우와 흡사하여, 순차적으로 결합이 끊어지고 형성되는 다른 경로에 비해 더 유리하다. 이러한 경우 방향족성 전이 상태를 거친다고 한다.

방향족성 전이 상태

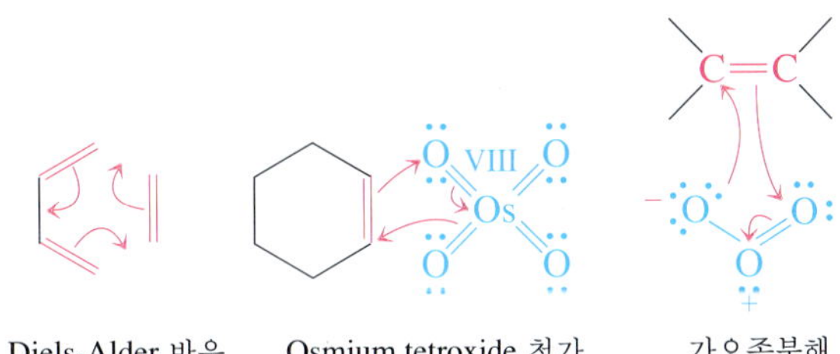

Diels-Alder 반응 Osmium tetroxide 첨가 가오존분해

연습 문제 15-4

만약 benzene이 cyclohexatriene이라 한다면 1,2-dichlorobenzene과 1,2,4-trichlorobenzene은 각각 두 개의 이성질체들이 존재해야 한다. 그리시오.

연습 문제 15-5

Cyclobutene의 1,3-butadiene으로의 가열 고리 열림은 약 10 kcal mol^{-1} (14-9절)의 발열 반응이다. 이와는 거꾸로, benzocyclobutene A에서 화합물 B로의 고리 열림은(오른쪽 여백 그림) 같은 양의 에너지를 흡수하는 흡열 반응이다. 설명하시오

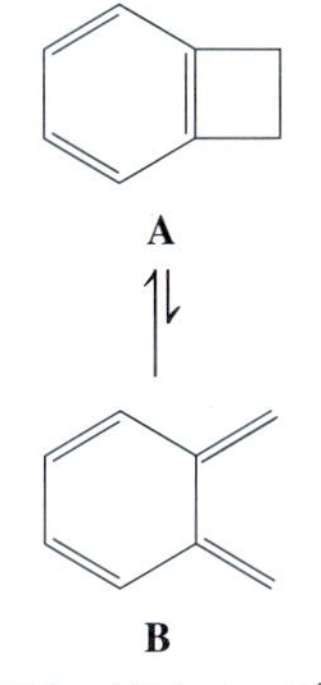

$\Delta H^\circ \sim +10$ kcal mol^{-1}

요약 벤젠의 채워진 π 분자 오비탈 중 두 개는 1,3,5-헥사트라이엔에서보다 에너지 면에서 더 낮다. 이에 따라 벤젠은 비고리형 유사체보다 상당히 큰 공명 에너지에 의해 안정화된다. 유사한 오비탈 구조가 방향족성 전이 상태를 안정화시킨다.

15-4 벤젠 고리의 분광학적 특성

벤젠과 그 유도체들의 전자 배열로 자외선 스펙트럼에 특성이 나타나게 된다. 벤젠의 육각형 구조로 적외선 띠에서 뭔가 다른 점이 나타나는가? 가장 쉽게 눈에 띄는 것은 고리형 비편재화로 NMR 분광기에서 유도 고리 전류가 생기고 이로 인해 방향족 고리에 붙어 있는 수소들은 벗김 효과를 받게 된다. 더욱이 치환된 벤젠에서 1,2-(ortho), 1,3-(meta), 및 1,4-(para)의 각기 다른 짝지음 상수로 치환 양상을 알아낼 수 있게 된다.

암을 유발할 수도 있는 높은 에너지 UV로부터 피부를 보호하기 위하여 썬크림을 바르고 있다. 이들에는 PABA와 같은 전자기 스펙트럼의 피해를 유발하는 영역의 빛을 흡수한다.

벤젠의 UV 가시광선 스펙트럼은 벤젠의 전자 구조를 알 수 있다

벤젠에서의 고리형 비편재화는 벤젠의 분자 오비탈들에 대한 에너지 순위가 특성적으로 배열되도록 한다(그림 15-4). 특별히 결합 및 반결합 오비탈 간의 에너지 차는 비교적 큰 편이다(그림 15-5). 이들이 벤젠의 전자 스펙트럼에 반영되는가? 14-11절에서 나타낸 것처럼, 물론 반영된다. 비고리형 트라이엔의 스펙트럼과 비교해보면 벤젠과 벤젠 유도체가 더 작은 $\lambda_{최대}$값

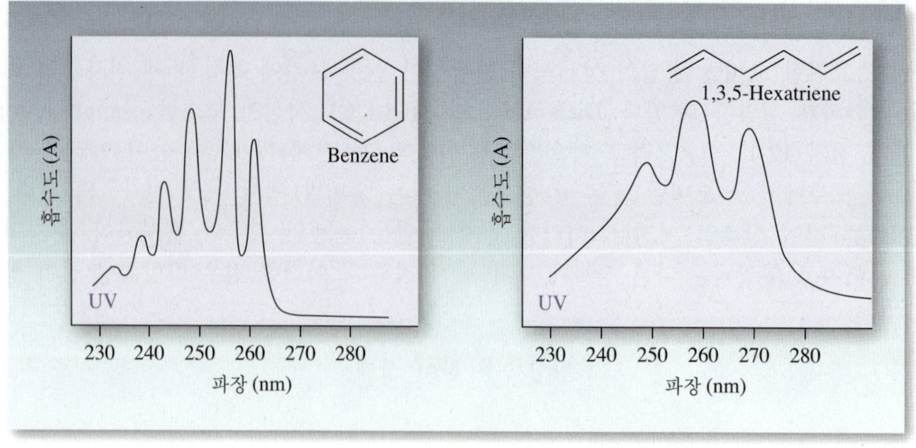

그림 15-6 Benzene의 독특한 자외선 스펙트럼: $\lambda_{최대}$ (ε) = 234 (30), 238 (50), 243 (100), 249 (190), 255 (220), 261 (150) nm; 1,3,5-hexatriene: $\lambda_{최대}$ (ε) = 247 (33,900), 258 (43,700), 268 (36,300) nm. 1,3,5-hexatriene의 흡수 계수는 benzene의 흡수 계수보다 훨씬 크다. 따라서 오른쪽에 나타낸 1,3,5-hexatriene의 스펙트럼을 더 낮은 농도로 찍었다.

을 가진다는 것을 예상할 수 있다. 그림 15-6에서 이러한 효과를 확인할 수 있다. 벤젠에서 가장 큰 파장의 흡수는 261 nm에서 일어나는데, 이는 1,3,5-헥사트라이엔(268 nm)보다는 오히려 1,3-사이클로헥사다이엔(259 nm, 표 14-3) 쪽에 더 가깝다.

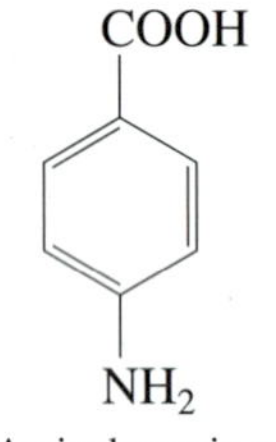

4-Aminobenzoic acid
(*p*-Aminobenzoic acid, PABA)

방향족 화합물의 자외선-가시선 스펙트럼은 도입되는 치환기에 따라 달라진다. 이러한 현상은 옷감의 염료 합성 디자인에 이용된다(22-11절). 단순 치환 벤젠은 250에서 290 nm 사이에서 흡수한다. 예를 들어, 수용성 4-아미노벤조산(*p*-aminobenzoic acid 또는 PABA), 4-$H_2N-C_6H_4-CO_2H$는 $\lambda_{최대}$가 289 nm이고, 다소 큰 18,600의 흡수 계수를 가진다. 이러한 성질 때문에(그리고 독성이 없기 때문에) 이것은 선탠 로션에 이용되는데, 이 화합물은 태양으로부터 방출되는 이 파장 영역의 위험한 자외선을 걸러 준다. PABA가 들어 있는 선탠로션(suntan lotion)은 일부 사람에게 알러지 반응을 일으킬 수 있어 최근 많은 썬크림에는 PABA가 들어 있지 않고 태양광으로부터 보호할 수 있는 다른 화합물을 사용한다.

적외선 스펙트럼을 보면 벤젠 유도체에서 치환 유형을 알 수 있다

벤젠과 벤젠 유도체의 적외선 스펙트럼은 세 영역에서 특징적인 띠를 보여 준다, 첫 번째는 3030 cm^{-1}에 있는 페닐-수소의 신축 진동 흡수띠이다. 두 번째는 1500 ~ 2000 cm^{-1}에 걸쳐 나타나며 방향족 고리의 C—C 신축 진동에 기인한다. 마지막으로, 분자 평면 바깥으로 일어나는(out-of-plane, oop) C—H 굽힘 진동에 기인하는 유용한 흡수띠 쌍이 650 ~ 1000 cm^{-1} 사이에서 발견된다.

치환 벤젠의 전형적인 적외선 C—H 평면 바깥(oop) 굽힘 진동(cm^{-1})

R (일치환)	R, R (1,2-)	R, R (1,3-)	R, R (1,4-)
690–710 730–770	735–770	690–710 750–810	790–840

이들의 정확한 위치는 특정 벤젠 치환 유형을 나타낸다. 예를 들어, 1,2-다이메틸벤젠(*o*-xylene)은 738 cm^{-1}에서 1,4-이성질체는 793 cm^{-1}에서 띠를 보이며, 1,3-이성질체(그림 15-7)는 690과 765 cm^{-1}에서 두 흡수를 나타낸다.

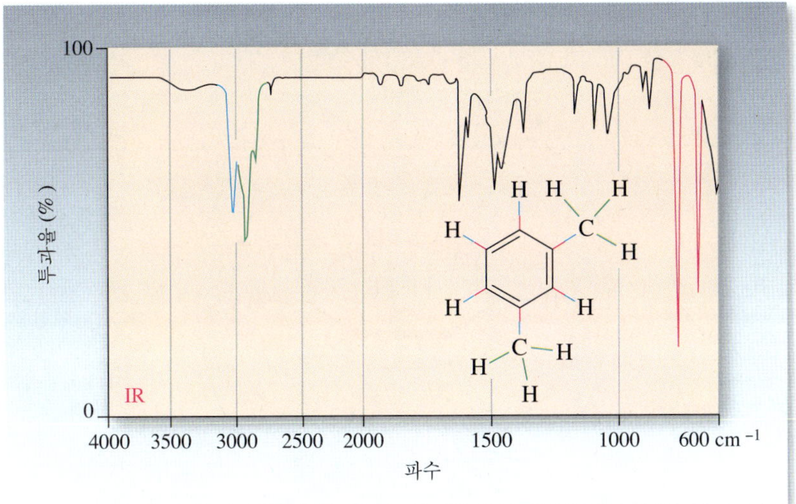

그림 15-7 1,3-Dimethylbenzene (*m*-xylene) 의 적외선 스펙트럼. 두 개의 C—H 신축 진동 흡수가 있는데, 하나는 방향족 결합에 기인하며 (3030 cm^{-1}), 다른 하나는 포화 C—H 결합에 기인한다 (2920 cm^{-1}). 690과 765 cm^{-1}에서의 두 띠는 1,3-이치환 벤젠의 전형적인 것이다.

벤젠의 질량 스펙트럼은 안정도를 나타낸다

그림 15-8은 벤젠의 질량 스펙트럼이다. 금방 알아볼 수 있는 것은 의미 있는 토막내기가 일어나지 않는다는 것이며 이는 고리형 여섯-전자 계의 특별한 안정성을 대변한다(15-2절). $(M + 1)^{+\cdot}$ 봉우리는 6.8 %의 상대 높이를 가지며, 이는 여섯 탄소 원자에서의 ^{13}C의 상대 분포에서 예상할 수 있는 것이다.

알릴자리 및 벤질자리 수소의 화학적 이동값

$CH_2{=}CH{-}CH_3$

알릴자리: $\delta = 1.68$ ppm

$C_6H_5{-}CH_3$

벤질자리: $\delta = 2.35$ ppm

벤젠 유도체의 NMR 스펙트럼은 전자 고리 전류의 효과를 보여 준다

^1H NMR은 벤젠과 그 유도체를 확인하는 막강한 분광학적 기술이다. 방향족 고리의 고리형 비편재화는 특이한 벗김 효과를 나타내고, 그 결과 고리 수소는 매우 낮은장에서($\delta \approx 6.5 \sim 8.5$ ppm) 공명하게 하는데, 이미 벗김 효과를 받은 알켄일 수소보다도 더 낮다($\delta = 4.6 \sim 5.7$ ppm, 11-4절 참조).

예를 들어, 벤젠의 ^1H NMR 스펙트럼은 $\delta = 7.27$ ppm에서 여섯 개의 동일한 수소가 하나의 뾰족한 단일선으로 나타난다. 어떻게 이와 같은 벗김 효과를 설명할 수 있겠는가? 단순하게

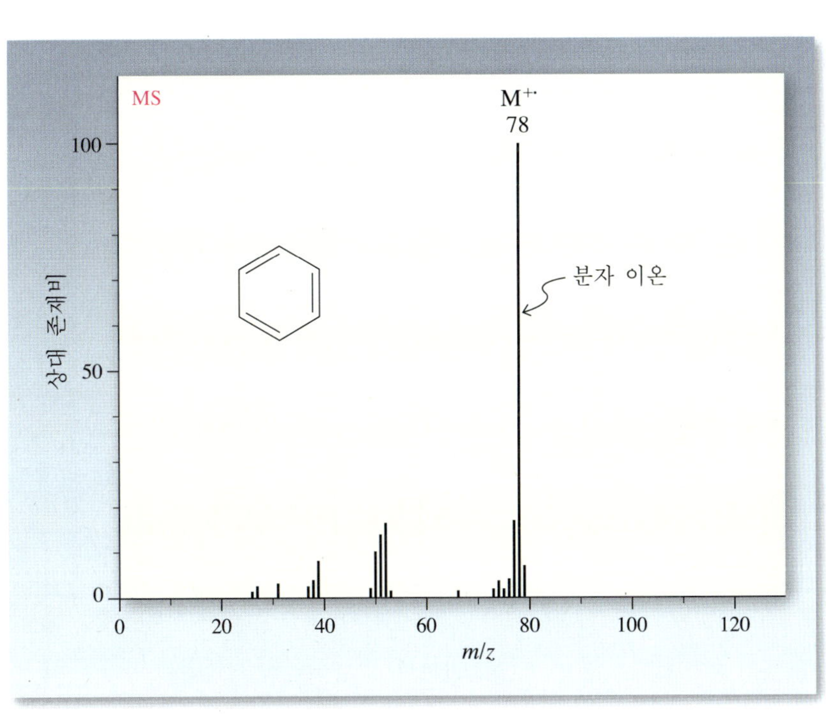

그림 15-8 Benzene의 질량 스펙트럼을 보면 토막내기가 거의 일어나지 않음을 보여 준다.

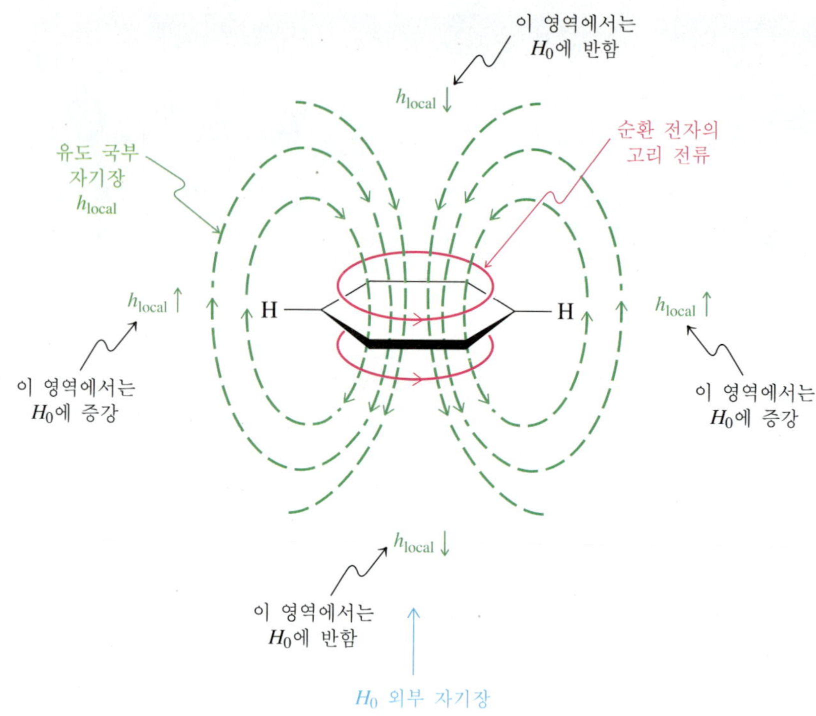

그림 15-9 Benzene의 π 전자를 전도성 금속의 고리와 비교할 수 있다. 이 전자 고리가 외부 자기장 H°에 노출되면 돌게 된다. 이 고리 전류로 국부 자기장이 야기되고 고리의 밖에서는 H°를 보강하게 된다. 따라서 수소는 더 낮은장에서 공명한다.

그린 그림에서 비편재된 전자를 가지는 고리형 π계를 전도성 금속의 고리와 비교할 수 있다. 이러한 고리가 자기장(H°)에 직각으로 노출되면 고리에 전류[**고리 전류 (ring current)**]가 흐르고, 새로운 국부 자기장을 만든다(h_{local}). 이 유도 자기장은 고리 안쪽에서는 H°와 반대쪽에 있지만, 수소가 위치한 바깥쪽에서는 H°를 강화한다(그림 15-9). 이와 같은 보강의 결과가 바로 벗김으로 나타난다. 이 효과는 고리에 가까울수록 더 세고 거리가 멀어지면 급격하게 감소한다. 그러므로 벤질자리 핵은 대응하는 알릴자리 핵보다 0.4에서 0.8 ppm 벗겨지고, π계로부터 더 멀리 있는 수소의 화학적 이동값은 별반 달라지지 않아 알케인의 화학적 이동값과 거의 비슷하다.

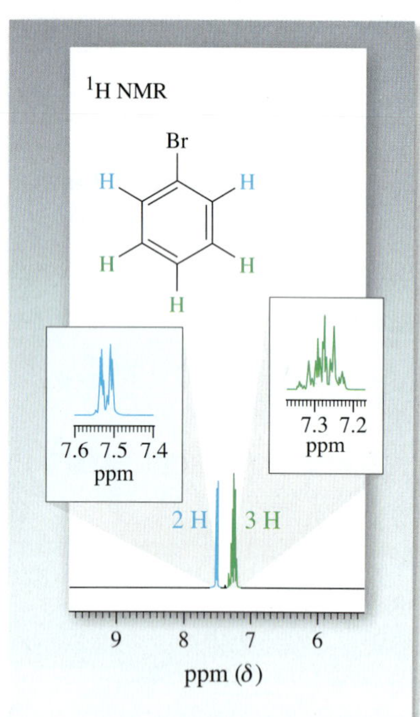

그림 15-10 Bromobenzene의 300 MHz ^{1}H NMR 스펙트럼의 일부(일차 스펙트럼이 아님).

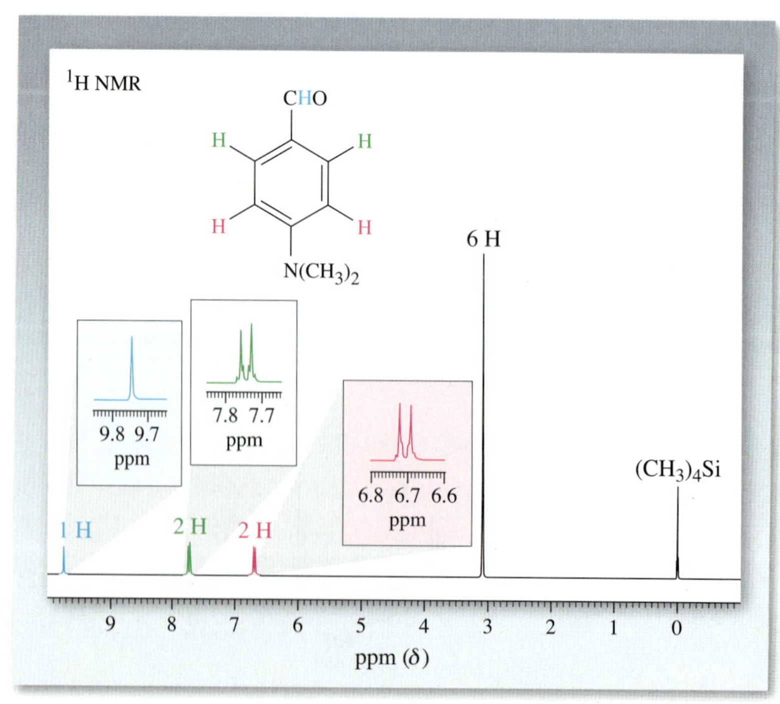

그림 15-11 4-(*N*,*N*-Dimethylamino)benzaldehyde (*p*-dimethylaminobenzaldehyde)의 300 MHz ^{1}H NMR 스펙트럼. 두 방향족 이중선(J = 9 Hz)에 덧붙여서 methyl (δ = 3.09 ppm)과 aldehyde hydrogen의 (δ = 9.75 ppm) 단일선들이 나타난다.

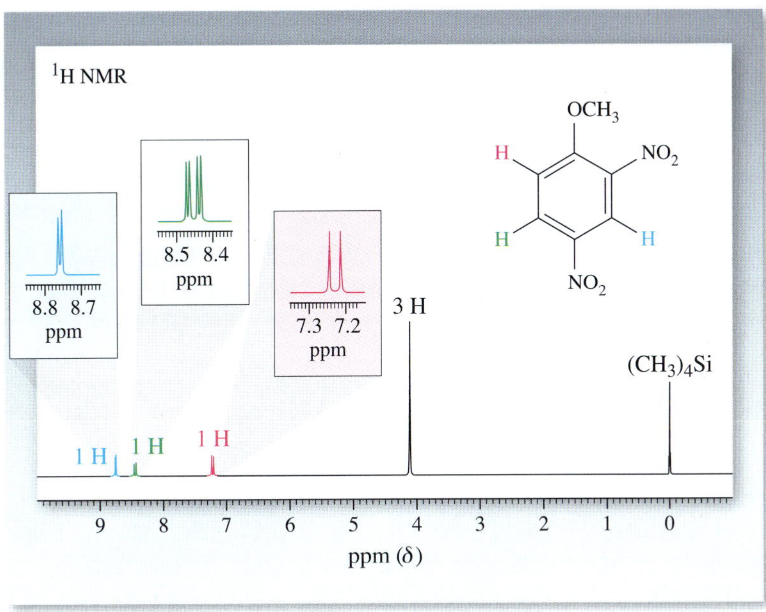

그림 15-12 1-Methoxy-2,4-dinitrobenzene (2,4-dinitroanisole) 의 300 MHz ¹H NMR 스펙트럼.

벤젠이 NMR 스펙트럼에서 뾰족한 단일선을 나타내는 반면, 치환된 유도체는 더 복잡한 양상을 띤다. 예를 들어, 하나의 치환기를 도입함으로써 오쏘, 메타, 파라에 위치한 수소가 다르게 되고 상호 짝지음을 하게 된다. 예를 들어, 브로모벤젠의 NMR 스펙트럼은 벤젠의 화학적 이동값과 비교해서 오쏘 수소는 벤젠에 비해 낮은장으로 이동하게 된다. 뿐만 아니라 모든 수소는 서로간에 짝지음이 일어나서 훨씬 복잡한 스펙트럼 양상을 보게 된다(그림 15-10).

그림 15-11에 4-(*N*,*N*-다이메틸아미노) 벤즈알데하이드의 NMR 스펙트럼을 나타내었다. 고리에 있는 두 쌍의 수소 사이의 큰 화학적 이동값의 차이로 인해 두 이중선은 일차 양상에 가까워 진다. 관찰된 짝지음 상수는 9 Hz로, 오쏘 수소 간의 전형적인 갈라짐 현상이다.

세 가지 모든 유형의 짝지음을 나타내는 일차 스펙트럼을 그림 15-12에 나타내었다. 1-메톡시-2,4-다이나이트로벤젠(2,4-다이나이트로아니솔)은 세 개의 고리 수소를 가지는데, 화학적 이동값이 다르고, 금방 눈에 들어나는 갈라짐 양상을 보여 준다. 메톡시기에 대해 오쏘에 있는 수소는 $\delta = 7.23$ ppm에서 9-Hz 오쏘 짝지음을 가지는 이중선으로 나타난다. 두 개의 나이트로기에 끼여 있는 수소도($\delta = 8.76$ ppm) 작은 메타 짝지음(3-Hz) 이중선으로 나타난다. 마지막 남은 고리 수소는 이중의 이중선으로 $\delta = 8.45$ ppm에서 흡수가 일어나며 고리의 두 다른 양성자들과 동시 짝지음을 하기 때문이다. C3와 C6에 있는 수소들 간의 파라 짝지음은 너무 작아서(<1 Hz) 분리되지 않지만 이들 수소의 공명 신호가 약간 넓게 나타나는 것이 그 증거이다.

방향족 짝지음 상수

$J_{ortho} = 6-9.5$ Hz
$J_{meta} = 1.2-3.1$ Hz
$J_{para} = 0.2-1.5$ Hz

^{1}H NMR과는 대조적으로, 벤젠 유도체에서 탄소의 ^{13}C NMR 화학적 이동값은 혼성화와 치환기 효과에 의해 지배된다. 유도 고리 전류는 방향족 탄소들의 바로 위와 아래에서 흐르기 때문에(그림 15-9) 이에 의해 영향을 거의 받지 않는다. 탄소핵(200 ppm)에 대한 큰 화학적 이동값의 결과로 인해 고리 전류로부터의 영향은(단지 몇 ppm) 상대적으로 중요하지 않게 된다. 결과적으로, 벤젠 탄소는 알켄과 비슷한 120~135 ppm 사이의 화학적 이동을 나타낸다. 벤젠 그 자체는 $\delta = 128.7$ ppm에서 단일선만을 나타낸다.

이치환 Benzene의 ^{13}C NMR 자료

H_3C ← 21.3
137.8
129.3
128.5
125.6

NO_2
148.3
123.4
129.5
134.7

연습 문제 15-6

세 개의 trimethylbenzene 이성질체를 양성자 짝풀림 ^{13}C NMR 스펙트럼에서의 신호수만으로 구분할 수 있는가? 설명하시오.

연습 문제 15-7

개념 문제: 스펙트럼 자료를 사용하여 치환된 벤젠의 구조 지정

어느 탄화수소가 질량 스펙트럼에서 *m/z* 134의 분자 이온 봉우리를 보인다. 이와 연관된 *m/z* 135에서의 [M + 1] 이온은 분자 이온의 10%의 세기를 가진다. 스펙트럼에서 가장 큰 봉우리는 119의 토막 이온이다. 이 화합물의 다른 분광학적 자료는 다음과 같다. ^{1}H NMR (90 MHz) δ = 7.02 (broad s, 4 H), 282 (칠중선, J = 7.0 Hz, 1 H), 2.28 (s, 3 H), 1.22 pprn (d, J = 7.0 Hz, 6 H); ^{13}C NMR δ = 21.3, 24.2, 38.9, 126.6, 128.6, 134.8, 및 145.7 pprn; IR $\tilde{\nu}$ = 3030, 2970, 2880, 1515, 1465, 및 813 cm-1; UV $\lambda_{최대}(\epsilon)$ = 265 nm (450). 이것의 구조는 무엇인가?

전략

위의 문제에서 주어진 분광적 자료가 상당히 많아서 어디서부터 문제에 접근을 해야 할지 난감하다. 숙달된 연구자라면 가장 중요한 질량 스펙트럼과 ^{1}H NMR부터 먼저 살피고 다음 다른 자료가 이와 잘 맞아 떨어지는가를 보게 된다. 다음 풀이는 접근하는 방식의 한 예일 뿐이다. 각 스펙트럼에 숨어 있는 모든 세세한 사항을 깊이 있게 다 살필 필요도 없으며, 질량 스펙트럼의 분자 이온 봉우리라든지 ^{1}H NMR의 특정 영역과 갈라짐 양상, ^{13}C 에서 나타나는 봉우리의 개수, 특징적인 IR 진동수, 또는 UV 흡수 등이다. 구조 또는 하부 구조를 그릴 때마다 추가적인 자료로 판단하여 어느 것은 취하고 어느 것은 버리기를 계속한다. 실수하더라도 계속해야 하는 것이 핵심이다.

풀이

- 질량 스펙트럼에는 이미 많은 정보가 숨어 있다. 우선 질량 스펙트럼에서 *m/z* 134의 분자 이온 봉우리를 보이는 탄화수소는 그렇게 많지 않다. 예를 들어, 가질 수 있는 최대의 탄소수는 C_{12}이다 (질량 144는 너무 크다). 만약 C_{11}이라면 분자식은 $C_{11}H_2$가 되는데 ^{1}H NMR 을 얼핏 보면 분자내 수소의 수는 그보다 훨씬 많다. (그보다 $C_{11}H_2$로 어떤 구조를 그려낼 수 있는가?) 다음 선택은 $C_{10}H_{14}$인데 아주 좋아 보이며 특히 탄소수를 더 줄여 C_9으로 하면 수소가 26개가 되어야 하는데 최대 수소의 수는 일반식 C_nH_{2n+2}에 비추어 보면 도저히 가능하지 않다.
- $C_{10}H_{14}$ 은 불포화도가 4이어야 하며 (11-11절), 고리, 이중 결합, 삼중 결합이 있을 수 있다. 마지막 선택은 IR 스펙트럼에서 ~2200 cm^{-1}에 봉우리가 없으므로 별로 그럴 듯하지 않다 (절 13-3). 따라서 이중 결합과 고리만이 남는다.
- ^{1}H NMR을 살펴보면 정상적인 이중 결합은 눈에 띄지 않고 방향족 봉우리만이 보인다. 벤젠 고리는 불포화도가 4이다. 따라서 우리가 지금 다루고 있는 화합물은 방향족 화합물이다.
- 질량 스펙트럼의 토막내기 양상을 보면 *m/z* 119의 봉우리는 methyl기가 떨어지는 것으로 분자내에는 이 기가 존재한다.

  ^{1}H NMR로 눈을 돌려보면, 분자식의 14개 수소를 어떻게 적절하게 배분하는가의 문제로 좁혀진다. 방향족 영역의 수소가 네 개로 화학적 이동값이 매우 비슷한 값을 보여 폭이 넓은 단일선을 나타냄을 의미한다. 나머지 수소들은 알킬기에 비롯된다. δ = 2.28 pprn에서 나타내는 알킬기의 하나는 분명 methyl기이다. 나머지 것들은 서로간에 짝지음이 일어나는 두 조로 이루어지는 좀 더 복잡한 양상으로 나타난다. 잘 살펴보면 칠중선이 보이는데 이웃한 수소가 여섯 개임을 의미하며 이중선은 한 개의 이웃한 수소와 상호작용이므로 결과적으로 1-methylethyl 치환기가 존재하는 것을 나타낸다 (표 10-5). 1-methylethyl 부분의 methyl 부분과 삼차 수소의 큰 δ값은 이들이 방향족 고리에 가까이 있다는 뜻이다 (표 10-2).
- ^{13}C NMR 쪽을 보면, 앞의 분석 결과로 최소한 세 개의 sp^3 혼성화 탄소가 존재해야 한다 (표 10-6). 실제로 세 개의 신호만이 δ값이 21.3, 24.2, 38.9 ppm에서 나타나며 방향족 영역에서는 네 개의 공명을 관찰한다. 벤젠의 탄소가 네 개뿐이므로 이 화합물은 대칭성이 있어야 함이 분명하다.
- 질량 스펙트럼은 $C_{Aromatic}-H$ 단위에서 ($\tilde{\nu}$ = 3030 cm^{-1}) 방향족 수소가 존재함을 나타내며, $\tilde{\nu}$ = 813 cm^{-1}에서 나타나는 봉우리는 파라 치환 벤젠을 나타낸다.
- 마지막으로 UV 결과는 benzene의 콘쥬게이션계를 의미한다.
- 이러한 정보를 모두 종합하면 위의 물질은 벤젠 고리에 methyl과 1-methylethyl의 두 개의 치

$(CH_3)_2CH$ — CH_3

1-Methyl-4-(1-methylethyl)benzene

환기를 가지는 것을 알 수 있다. 오쏘와 메타 이치환은 ^{13}C NMR을 보면 배제할 수 있으며, 남게 되는 것은 1-methyl-4-(1-methylethyl) benzene 뿐임을 알 수 있다.

연습 문제 15-8

자습 문제

다음 분광학적 자료를 나타내는 화합물 $C_{16}H_{16}Br_2$의 구조를 추정하시오. UV $\lambda_{최대}$ (log ϵ) = 226sh (4.33), 235sh (4.55), 248 (4.78), 261 (4.43), 268 (4.44), 277 (4.36) nm (sh = shoulder); IR $\tilde{\nu}$ = 3030, 2964, 2933, 2233, 1456, 1362, 1060, 892, 614 cm^{-1}; ^{1}H NMR (300 MHz) δ = 7.75 (s, 1 H), 7.45 (s, 1 H), 2.41 (t, J = 7.0 Hz, 4 H), 1.64 (sextet, J = 7.0 Hz, 4 H), 1.06 (t, J = 7.4 Hz, 6 H); ^{13}C NMR δ = 13.51, 21.54, 21.89, 78.26, 96.68, 124.4, 125.2, 135.2, 136.8 ppm. (**주**: 분자식을 살펴가며 NMR 스펙트럼을 조심해서 살펴라. IR 스펙트럼도 중요한 정보를 가지고 있다. **힌트**: 분자에 대칭성이 있다.)

요약 벤젠과 그 유도체들은 그들의 분광학적 자료로 알아볼 수 있으며 구조적 특징을 결정할 수 있다. 전자 흡수는 250~290 nm 사이에서 일어난다. 적외선 진동 흡수띠는 3030 cm^{-1} ($C_{aromatic}$ − H). 1500~2000 cm^{-1} (C — C). 그리고 650~1000 cm^{-1} (C — H 면외 굽힘)에서 발견된다. 가장 풍성한 정보는 NMR에서 얻을 수 있으며, 방향족 수소와 탄소는 낮은장에서 공명을 나타낸다. 짝지음은 오쏘 수소 사이에 가장 크고, 메타와 파라에 대해서는 이보다 작다.

15-5 여러고리 방향족 탄화수소

만약 여러 벤젠 고리가 접합되어 더욱 확장된 π계를 이루게 될 때, 이들을 **여러고리 벤젠류 (polycyclic benzenoid)** 또는 **여러고리 방향족 탄화수소 (polycyclic aromatic hydrocarbons, PAH)** 라고 한다. 이들 구조에서는 두 개 이상의 벤젠 고리가 두 개 이상의 탄소 원자들을 공유한다. 이들 화합물 또한 벤젠의 특별한 안전성 혜택이 있는가? 다음 두 절에서는 그들 대부분이 그렇다는 것을 보여줄 것이다.

이들 구조에 간단히 이름을 붙일 수 있는 체계가 확립되지 않아 관용명을 사용하게 된다. 벤젠 고리가 다른 벤젠과 접합된 화합물을 나프탈렌이라고 부른다. 계속해서 선형으로 접합되면 안트라센, 테트라센, 펜타센 등이 생겨나게 되는데, 이 일련의 화합물을 **아센 (acene)** 이라고 한다. **각 접합 (angular fusion**, 고리만듦) 으로 페난트렌이 생겨나며, 계속해서 각 접합이 일어나서 다양한 벤젠류의 여러고리 화합물이 생겨난다.

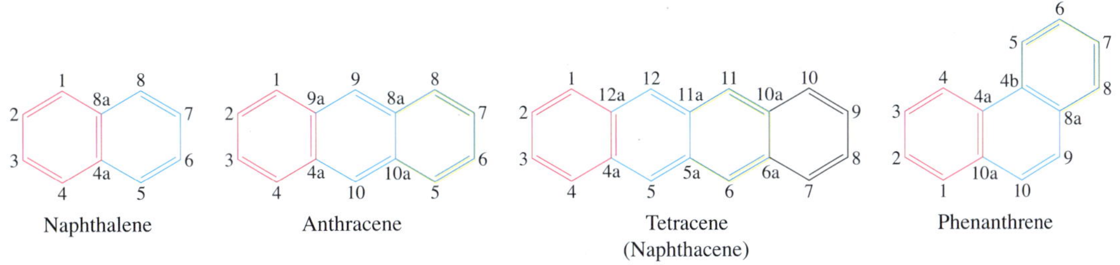

각 구조는 고리 가장자리를 따라가며 번호 붙이기를 한다. 사차 탄소의 번호는 바로 앞 탄소이 번호에 문자 a, b 등을 써서 표시하며, 그 탄소에 얼마나 가까운지에 따라 결정된다.

MODEL BUILDING

화학 이야기 15-1

탄소의 동소체: 흑연, 다이아몬드, 풀러렌

원소들은 합성의 방식이나 조건에 따라 동소체라는 몇 가지 형태로 존재할 수 있다. 그러므로 원소상의 탄소는 40가지 이상의 배열이 가능하며 대부분은 무정형(비결정성)으로 코크스(3-3절 및 13-10절), 검댕이, 탄소 검정(인쇄용 잉크), 및 활성탄(물과 공기 정화) 등이 그 예이다. 모두 다 알고 있으리라 생각되는 대표적인 두 결정성 탄소는 **흑연**과 **다이아몬드**이다. 가장 안정한 탄소 동소체인 흑연은 완전한 접합을 이루는 여러고리 벤젠형 π계로 펼쳐진 벌집 형태로 3.35 Å 간격을 두고 층을 이룬다. 이 판들의 완전한 비편재화로(모든 탄소는 sp^2 혼성화됨) 탄소의 전도성과 검은색을 띠게 해 준다. 흑연의 윤활성은 탄소의 구성층이 서로 쉽게 미끄러질 수 있기 때문이다. 연필심은 흑연 탄소이고, 연필 자국은 원소가 종이 위에 문질러 벗겨진 층이다.

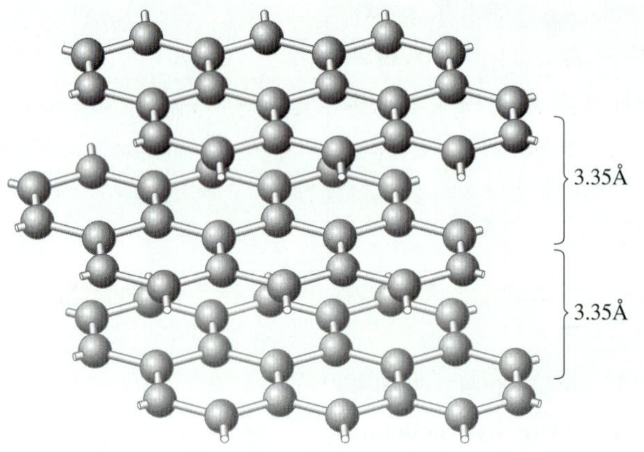

Graphite

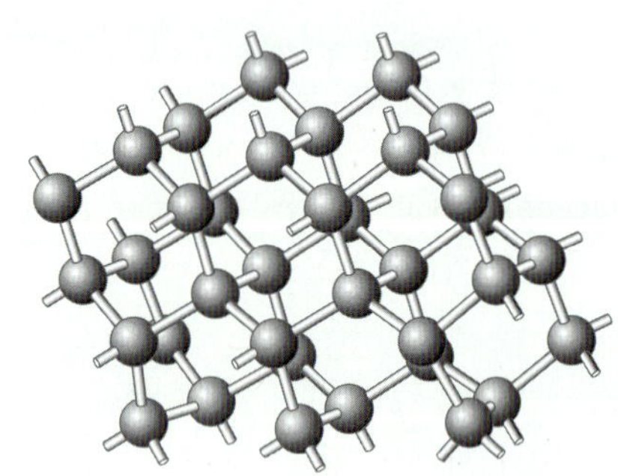
Diamond

무색의 다이아몬드의 탄소 원자(모두 sp^3 혼성화)는 다리걸친 사이클로헥세인 의자 형태의 망상 조직을 이루고 있다. 다이아몬드는 가장 조밀하고 단단한(변형되기 어려운) 물질로 알려져 있다. 그러나 다이아몬드는 흑연보다 탄소 원자 1그램당 0.45 kcal 덜 안정하며, 높은 온도에서 또는 높은 에너지 복사선에 노출되면 흑연으로 변화되는데, 보석상에게는 그렇게 달갑지 않은 사실이다.

1985년 Curl, Kroto, Smalley*에(이 업적으로 1996년에 노벨상을 받음) 의해 놀랄만한 발견이 이루어졌다. 즉, 버크민스터풀러렌(buckminsterfullerene), C_{60}라는 축구공 모양의 탄소의 새로운 구형 동소체가 발견된 것이다. 흑연을 레이저로 증발시키면 기체상에 다양한 탄소 뭉치가 생성된다는 것을 발견하였고, 그중 가장 많이 생성되는 것이 60개의 탄소 원자로 이루어진 것이다. 4가의 탄소를 만족하면서 이와 같은 뭉치를 조립할 수 있는 가장 좋은 방법은 20개의 접합 벤젠 고리를 둥글게 말아 삐져 나온 원자가를 연결하여 12개의 오각형이 되도록 하는 것이다. 이렇게 하면 60개의 동등한 꼭짓점을 가진 정이십면체의 축구공 모양을 이루게 된다. 이 분자를 측지 돔을 설계한 Buckminster Fuller[†]의 이름을 따서 명명하게 되었다. 이 물질이 유기 용매에 녹지 않는다는 사실은 구조의 결정과 화학을 연구하는 데 크게 도움을 준다. 예를 들면, ^{13}C NMR 스펙트럼은 예측 가능한 범위 안의 δ = 142.7 ppm에서 단일선을 나타낸다(15-4, 15-6절). C_{60}에 있는 벤젠 고리는 휘어져 있기 때문에 변형(스트레인)이 커서 흑연에 비해 에너지 함량이 탄소 원자 1 g 당 10.16 kcal 더 크다. 이 변형은 친전자성, 친핵성, 라디칼 및 협동 반응을 포함한 많은 화학 반응에 표출되어 나온다(14장). C_{60} 발견으로 엄청난 관심이 쏟아져 수 그램 단위의 합성법이 급속하게 개발되었고(g당 $10 정도로 살 수 있다), 럭비공 모양의 C_{70}와 카이랄성계인 C_{84}와 같은 다른 더 큰 탄소 뭉치의

* Robert F. Curl 교수(1933년 출생), Texas 주. Houston 소재 Rice 대학교; Harold W. Kroto 교수(1939년 출생), 영국 Sussex 대학교, Richard E. Smalley 교수(1943년 출생), Texas 주. Houston 소재. Rice 대학교.

† Richard Buckminster Fuller (1895 ~ 1983), 미국 건축가, 발명가 및 철학가.

연습 문제 15-9

다음 화합물의 이름을 붙이거나 그들의 구조를 그리시오.

(a) 2,6-Dimethylnaphthalene **(b)** 1-bromo-6-nitrophenanthrene **(c)** 9,10-diphenylanthracene

(d) Br

(e) NO_2 HO_3S

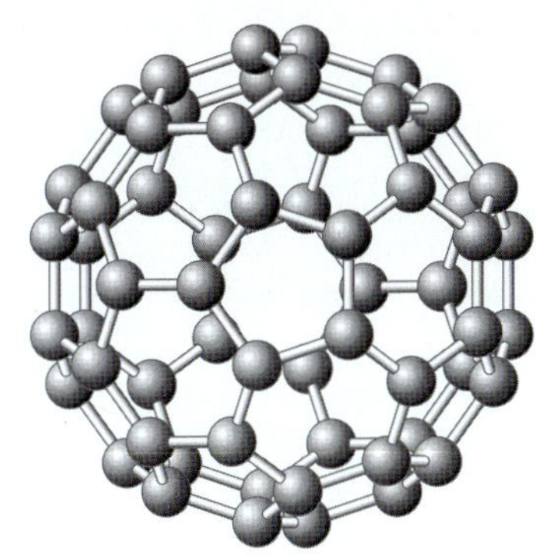
Buckminsterfullerene C_{60}

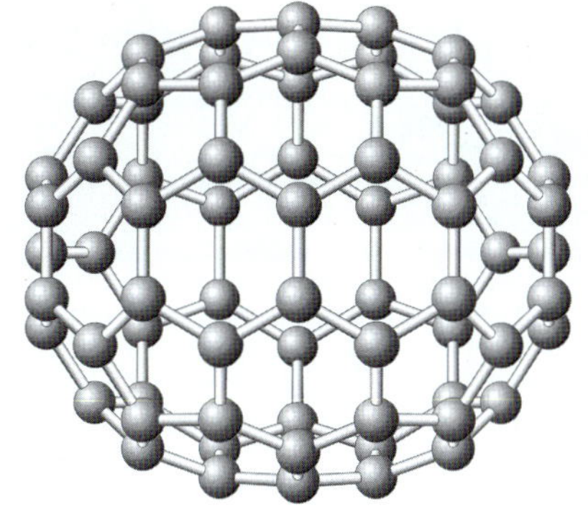
C_{70}

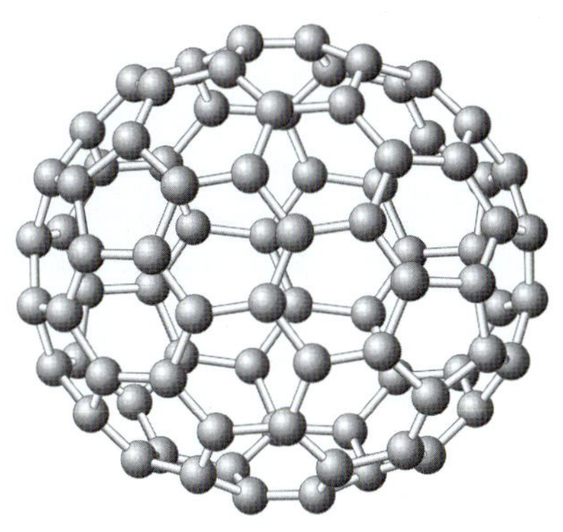
Chiral C_{84}

풀러렌들을 분리하게 되었으며, 풀러렌에 헬륨이나 다른 금속과 같은 입자 원자를 잡아가둔 내면체 풀러렌이나 전도성 염의 합성(예컨대, 40 K에서 초전도체가 되는 Cs_3C_{60}) 등의 급속한 발전을 이루고 있다. 더욱이 옛 문헌의 새로운 검토와 새로운 시도로 C_{60}와 그 밖의 풀러렌들을 단순히 유기물을 어떤 조건에서 불완전 연소하거나 또는 그을음 검댕이를 다양하게 열처리하면 생성할 수 있는 것으로 밝혀졌다. 그러므로 이들 물질은 지구의 형성 초창기부터 지구상에 존재해 왔던 천연물인 것이다.

재료의 관점에서 가장 유용한 것은 풀러렌의 특성을 전해 받은 흑연관 소위 나노튜브(nanotube)의 합성이라 할 것이다. 나노튜브는 다이아몬드보다 더 단단하지만 탄력도 있으며 유별난 전기적 자기적 성질을(금속성) 보인다. 나노튜브는 현재 사용하고 있는 컴퓨터 칩을 대치하여 새 세대의 더 빠르고 더 작은 컴퓨터를 생산하게 될 것이다(화학 이야기 14-2). 또한 나노튜브는 촉매와 생체 분자와 같은 다른 구조에 대한 분자 포장 물질로도 작용한다. 그러므로 풀러렌을 변형한 탄소는 분자 수준에서 새로운 장치 설계를 목표로 하는 나노기술 분야의 중심에 있다 할 수 있다.

사진은 Buckminster Fuller에 의해서 처음 개척된 이와 같은 디자인의 측지 돔의 한 예로 미국 Florida의 디즈니 월드의 EPCOT 센터의 입구의 한 부분이다. 돔의 높이는 180피트, 지름은 165피트나 된다.

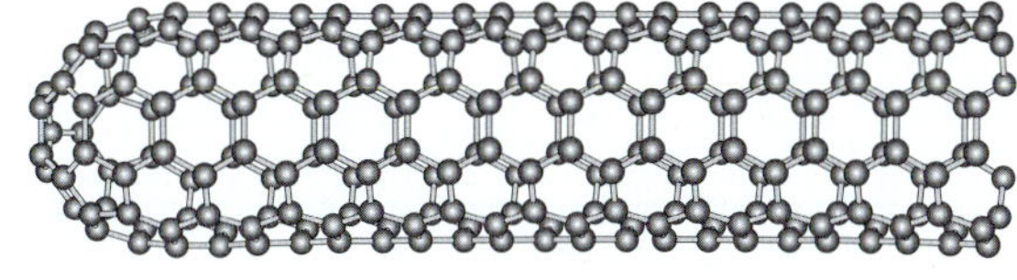
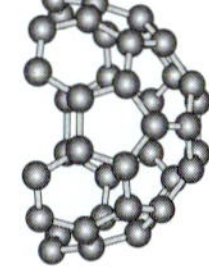
Carbon nanotube

나프탈렌은 방향족성이다: 스펙트럼을 보면 알 수 있다

벤젠이 액체인 것과 대조적으로, 나프탈렌은 녹는점이 80°C인 무색 결정성 물질이다. 아마도 이것은 나방 퇴치제나 살충제로 더 잘 알려져 있지만, 이러한 용도는 1,4-다이클로로벤젠(*p*-dichlorobenzene)과 같은 염소화된 화합물로 상당 부분 대치되어 가고 있다.

나프탈렌의 스펙트럼 특성은 벤젠의 비편재된 전자 구조와 열역학적인 안정성을 갖추고 있음을 제시하여 준다. 특히 자외선 스펙트럼과 NMR 스펙트럼에서 잘 나타난다. 나프탈렌의 자외선 스펙트럼(그림 15-13)은 확장된 콘쥬게이션계의 전형적인 모양을 보여 주는데 320 nm까지의 파장에서 흡수띠를 나타낸다. 이러한 관찰을 근거로 할 때 전자들은 벤젠에서보다 범위가 더 넓은 범위에 걸쳐 비편재된다(15-2절과 그림 15-6). 따라서 추가된 네 개의 π 전자는 접해 있는 벤젠 고리와 더욱 효과적으로 겹쳐지는 것으로 나타난다. 실제로, 여러 공명 구조가 가능하다.

Naphthalene의 공명 구조

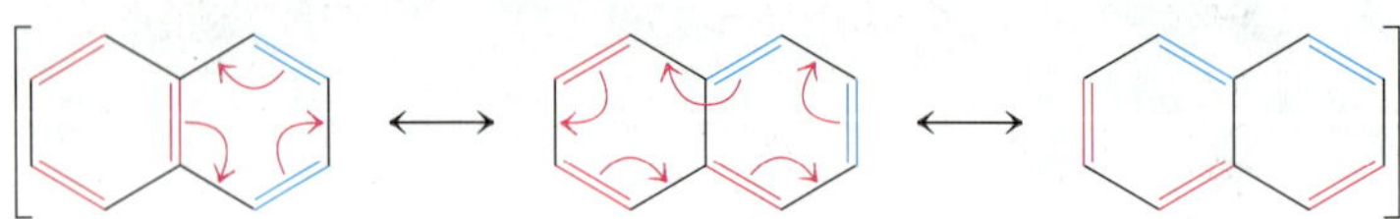

이와는 별개로 10개의 p 오비탈의 연속적인 겹침과 상당히 고른 전자 밀도를 그림 15-14에 나타내었다.

이들 그림을 살펴보면 나프탈렌의 구조는 거의 정육각형인 두 평면형 벤젠 고리가 대칭을 이루며, 서로 수직한 두 거울면에 의해 이등분된다. X선 결정구조학적 측정은 이와 같은 예상을 확인시켜 준다(그림 15-15). C—C 결합 길이는 벤젠의 길이인 1.39 Å에서 조금밖에 벗어나지 않으며 순수한 단일 결합 길이나(1.54 Å) 이중 결합 길이인(1.33 Å)과는 확연히 다르다.

방향족성에 대한 또 다른 증거는 나프탈렌의 ^{1}H NMR 스펙트럼에서 발견할 수 있다(그림

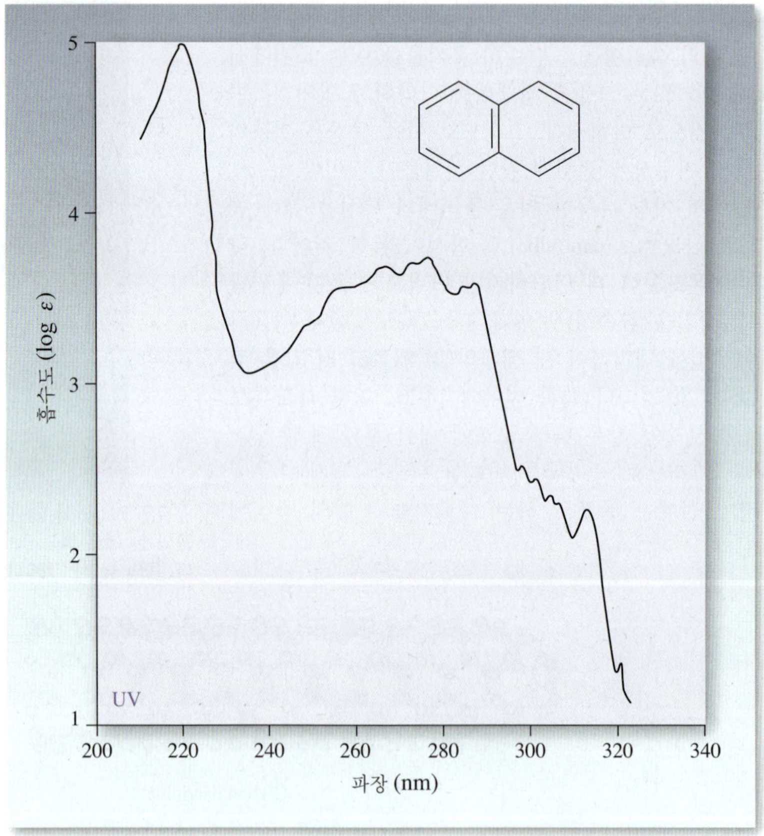

그림 15-13 Naphthalene에서 확장된 π 콘쥬게이션은 UV 스펙트럼에서 명백하다(95% ethanol에서 측정). 흡수의 복잡성과 위치는 전형적인 확장된 π계이다.

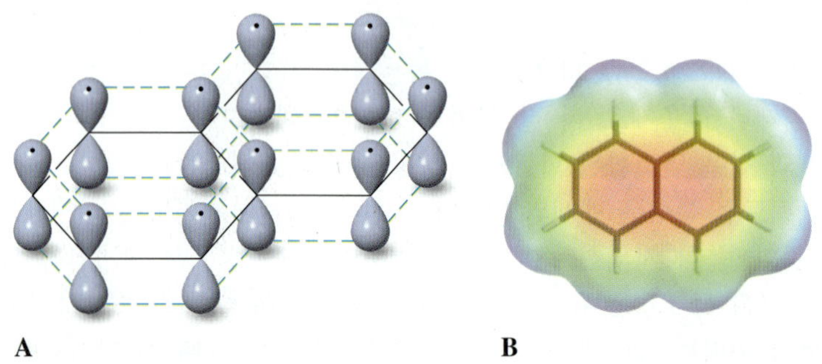

그림 15-14 (A) Naphthalene의 오비탈 그림에서 확장된 p 오비탈의 겹침을 나타낸다. (B) 정전기 퍼텐셜 지도는 열 개의 탄소 원자에 걸친 고른 전자 밀도의 분포를 나타낸다.

15-16). 두 개의 대칭적인 다중선이 $\delta = 7.49$와 7.86 ppm에서 관찰되는데, 이는 π 전자 고리의 고리 전류 효과에 의해 벗겨진 방향족 수소의 특정적인 봉우리이다(15-4절, 그림 15-9). 나프탈렌 핵에서의 짝지음은 치환된 벤젠의 경우와 비슷하다: $J_{ortho} = 7.5$ Hz, $J_{meta} = 1.4$ Hz, $J_{para} = 0.7$ Hz. ^{13}C NMR 스펙트럼은 다른 벤젠 유도체의 범위 안의 화학적 이동값이 다른 세 개의 선을 보여 준다(오른쪽 그림 참조). 이러한 구조와 스펙트럼 정보에 기초하면 나프탈렌은 분명 방향족성이다.

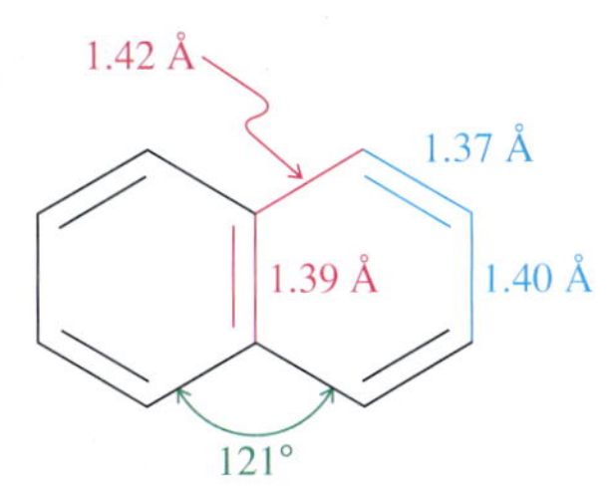

그림 15-15 Naphthalene의 분자 구조. 고리 내의 결합각은 120°이다.

연습 문제 15-10

어느 치환된 naphthalene ($C_{10}H_8O_2$)에서 다음과 같은 스펙트럼 자료를 얻게 되었다: ^1H NMR $\delta = 5.20$ (broad s, 2 H), 6.92 (dd, $J = 7.5$ Hz 및 1.4 Hz, 2 H), 7. 00 (d, $J = 1.4$ Hz, 2 H), 및 7.60 (d, $J = 7.5$ Hz, 2H) ppm; ^{13}C NMR $\delta = 107.5$, 115.3, 123.0, 129.3, 136.8, 155.8 ppm; IR $\nu = 3300\ cm^{-1}$. 이 화합물은 어떤 구조를 가지는가? [**힌트**: Benzene의 $J_{ortho,meta,para}$ (절 15-4)을 참고하고 NMR 봉우리의 수는 최대보다 작다.]

Naphthalene의 ^{13}C NMR 자료

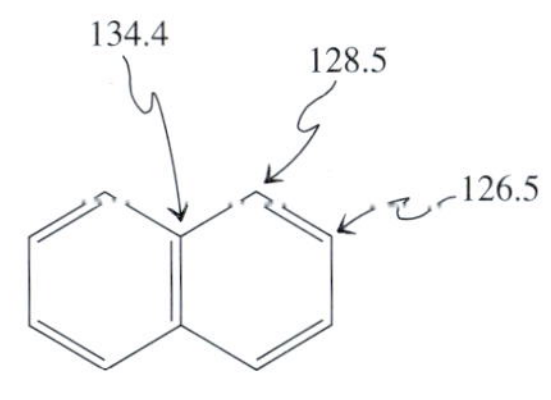

대부분의 접합된 벤젠류 탄화수소는 방향족성이다

나프탈렌의 이러한 방향족 특성은 대부분의 다른 여러고리 벤젠류 탄화수소에도 유효하다. 개개의 벤젠 고리에서 고리형 비편재화는 그들이 적어도 π 결합 하나를 공유하고 있다고 하여도 크게 달라지지 않는다. 나프탈렌에 세 번째 벤젠 고리가 선형으로 또는 각지게 접합되면 안트라센과 페난트렌을 생성한다. 서로 이성질체이고, 보기에 비슷할지라도 이들은 열역학적 안정성이 다른데 둘 모두 방향족성임에도 안트라센이 페난트렌보다 약 6 kcal mol^{-1} 덜 안정하다. 분자의 여러 공명 구조를 열거해 보면 그 이유를 설명할 수 있다. 안트라센은 단 네 개의 공명 구조를 가지며 그중 두 구조만이 완전한 방향족성 벤젠 고리(붉은색)를 가진다. 페난트렌은 다섯 개의 공명 구조를 가지는데 그중 세 개가 두 개의 방향족성 벤젠을 가지며 하나는 세 개의 방향족성 벤젠 고리를 갖고 있다.

Anthracene의 공명 구조

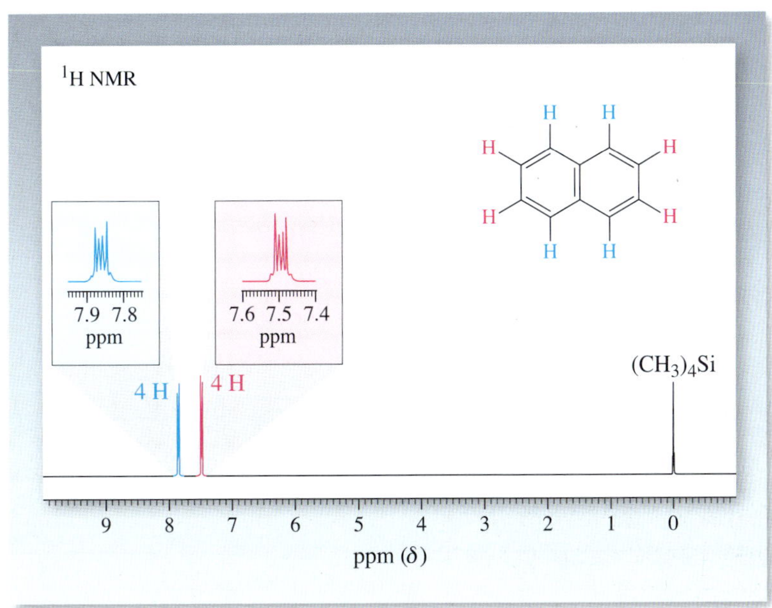

그림 15-16 Naphthalene의 300 MHz ^1H NMR 스펙트럼은 π 전자의 고리 전류에 의한 특징적인 벗김 효과를 나타낸다.

Phenanthrene의 공명 구조

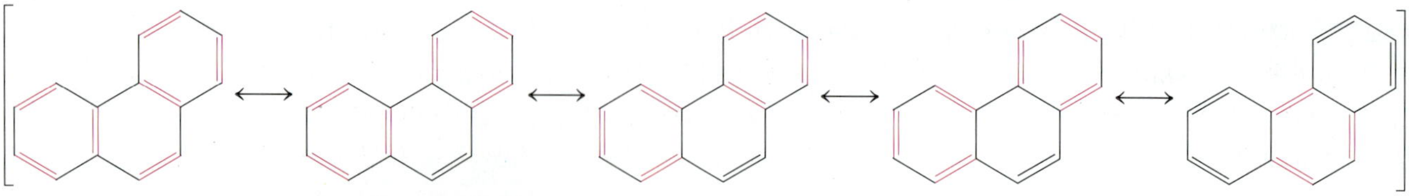

연습 문제 15-11

Tetracene (naphthacene, 15-5) 의 모든 공명 구조를 그리시오. 그 공명 구조 중에서 어느 것이 가장 많은 완전한 방향족성 벤젠 고리를 갖는가?

요약 나프탈렌의 물리적 성질로 보아 전형적인 방향족계이다. 나프탈렌의 UV 스펙트럼은 모든 π 전자가 광범위하게 비편재되어 있음을 나타내고, 이의 분자 구조는 결합 길이와 결합각이 벤젠의 값과 거의 비슷하며 ^{1}H NMR 스펙트럼은 방향족성 고리 전류에 의한 고리 수소의 벗김 효과를 나타낸다. 다른 여러고리 벤젠류 탄화수소도 비슷한 성질을 가지며 방향족 화합물로 간주된다.

화학 이야기 15-2

접합 탄화수소에서 인접한 방향족성 고리와 반방향족성 고리

방향족성 고리를 반방향족성 고리에 접합시키면 어떤 현상이 일어날 것인가? 일반적인 해답은 생성되는 계가 $4n$ π 고리계의 불안정화를 최소화하도록 반방향족 고리 구조가 뒤틀린다는 것이다. 이러한 예는 벤젠과 사이클로뷰타다이엔이 곁에 존재하는 다음에 나타낸 일련의 분자들로서 저자 중의 한 사람에 의해 연구된 바 있다.

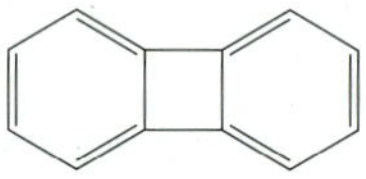

A
Biphenylene

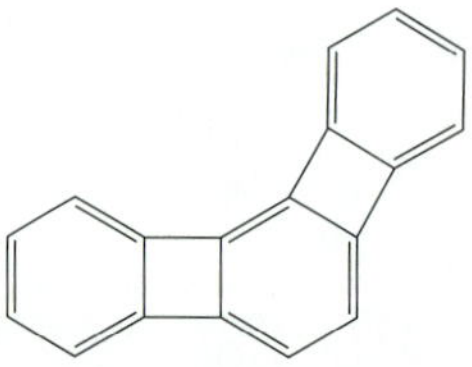

B
각지어 꺾인
[3]phenylene

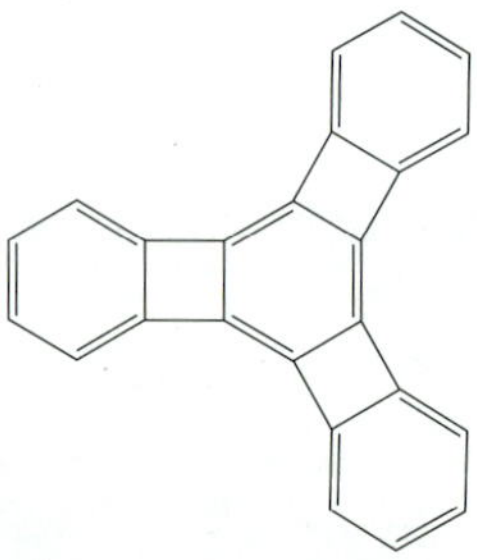

C
C_3-대칭성인
[4]phenylene

이러한 탄화수소들에서 사이클로뷰타다이엔에 기인하는 반방향족성을 이웃 벤젠 고리와 결합을 교대하여 이중 결합이 사원자 고리 내부에 남아 있는 공명형의 상대적 기여도를 떨어뜨림으로써 불안정성이 감소된다. 이러한 효과는 분자 A—C에 고유한 공명형으로 예시될 수 있으며, 이로 인하여 분자 구조가 강한 영향을 받게 된다. 다음 바이페닐렌 A에 대해 나타낸 것

Biphenylene의 공명 구조

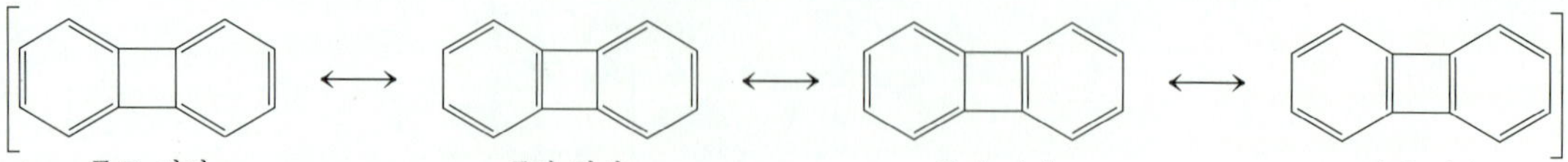

주로 기여 ⟷ 중간 기여 ⟷ 중간 기여 ⟷ 기여 적음

15-6 다른 고리형 폴리엔: Hückel 규칙

고리형 비편재화와 연관된 특별한 안정성과 반응성이 벤젠과 여러고리 벤제류에만 국한되는 것은 아니다. 즉, 다른 고리형 콘쥬게이션 폴리엔들이 $(4n + 2)$ 개의 π 전자 $(n = 0, 1, 2, 3, \cdots)$를 가지고 있다면 또한 방향족성을 나타낸다. 이와는 대조적으로 $(4n)$ 개의 π 전자들은 콘쥬게이션에 의해 **불안정**하게 되는 **반방향족성 (antiaromatic)**을 나타낸다. 이러한 현상은 **Hückel* 규칙**으로 알려져 있다. 고리형 겹침이 방해를 받아 비평면형 구조가 되어 단순한 알켄의 성질을 나타내면 **비방향족성 (nonaromatic)** 물질로 분리된다. 1,3-사이클로뷰타다이엔에서 시작하여 이런 계열의 물질들을 살펴보기로 한다.

가장 작은 고리형 폴리엔인 1,3-사이클로뷰타다이엔은 반방향족성이다

$4n$ π계인1,3-사이클로뷰타다이엔은 $(n = 1)$ 유사체인 1,3-뷰타다이엔이나 사이클로뷰텐에 비해 공기에 예민하며 반응성이 매우 높다. 또한 벤젠이 가지는 특성이란 찾아볼 수 없으며, π 결합의 겹침으로 35 kcal mol^{-1} 정도 불안정화되는 반방향족성이다. 결과적으로 1,3-사이클로뷰타다이엔의 구조는 직사각형이며, 두 개의 다이엔 형은 **공명화**가 아닌 대칭성 전이 상태를 거치는 두 동등한 **이성질체** 간의 빠른 평형을 이룬다.

Cyclobutadiene: 반방향족성

처럼 다른 공명 기여 구조는 기여도가 거의 없거나 전혀 없다. 여기서 대칭성이 있어 결합 교대의 정도는 중앙의 사이클로뷰타다이엔의 양쪽에서 모두 같다.

그러나 페닐렌 B와 C에서는 바깥쪽 고리가 자신의 방향족성을 유지하기 위하여 중앙의 벤젠 고리만이 집중적으로 공격을 받으며 결합 교대가 일어나서 거의 사이클로헥사트라이엔성의 성질을 띠게 된다(15-2절 참조). 다음에 나타낸 공명 구조는 축약하여 그렸지만, 이를 상당히 잘 묘사하고 있다. 공명구조를 다음에 나타내었다.

C의 공명 구조 예시

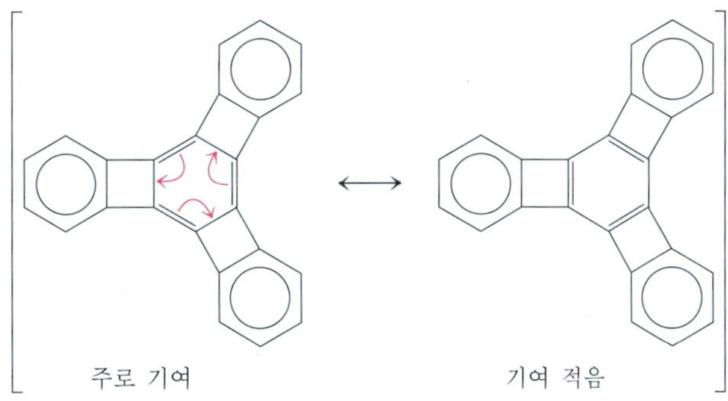

이에 관한 결론은 A—C에 대해 관찰된 분광학적, X선 구조와 화학적 성질에 기초한 것이다. 예를 들어, B에서 중앙 방향족 수소에 대한 δ값은 6.13 ppm으로 벤젠류의 특성적인 고리 전류가 감소되었음을 알 수 있다(15-4절). 단일 결합(1.50 Å)과 이중 결합(1.34 Å) 간의 결합 교환의 정도는 C의 중앙 사이클로헥사트라이엔에서 극소화되며, B도 C도 모두 알켄의 고유한 첨가 반응을 일으킨다(12장). 가장 확신을 주는 것은 C의 수소첨가에 따른 $\Delta H°$값으로 -83.0에서 -84.2 kcal mol-1로서 이중결합 간의 상호작용이 앞에서 논의한 최소화된 가상적인 사이클로헥사트라이엔에서(15-2절) 예상할 수 있는 값에 근접한다.

페닐렌과 같은 탄화수소는 방향족성을 이해하는 측면에서의 기본적인 것 이외에 신 세대 유기 전자 소재의 축조 단위로서의 가능성도 있다(화학 이야기 14-2). 이들 화합물들은 평면일 뿐만 아니라(화학 이야기 15-1) 전자 이동의 선결 조건인 활성화된 전자 구조를 갖고 있기 때문이다.

* Erlich Hückel (1896~1984), Marburg 대학교, 독일.

1,3-Cyclobutadiene은 비대칭이다

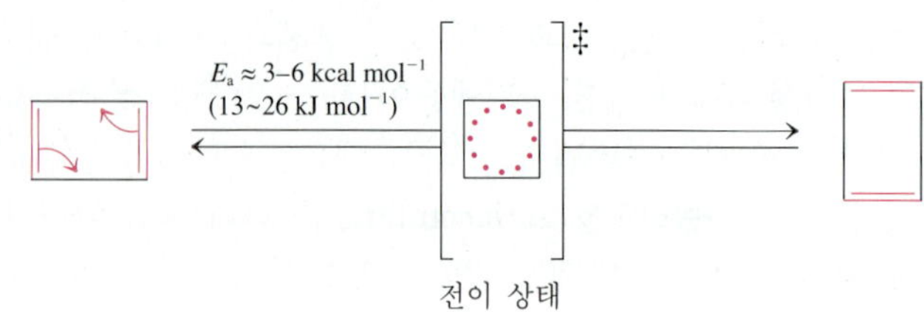

1,3-사이클로뷰타다이엔은 매우 낮은 온도에서만 만들어서 관찰할 수 있다. 사이클로뷰타다이엔의 높은 반응성은 매우 빠르게 Diels-Alder 반응을 일으키는 데서 볼 수 있으며, 이 반응에서 사이클로뷰타다이엔은 다이엔(붉은색)으로도 작용할 수 있고 친다이엔체(푸른색)로도 작용할 수 있다.

MODEL BUILDING

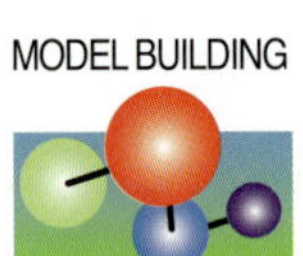

연습 문제 15-12

1,3-Cyclobutadiene은 매우 낮은 −200°C에서도 이합체화가 일어나서 다음에 보는 두 생성물을 생성한다. 메커니즘을 사용하여 설명하시오.

치환된 특히 거대기로 치환된 사이클로뷰타다이엔은 입체적인 보호로 반응성이 조금은 낮아서 4π계의 분광학적 성질을 알아보는데 사용되어 왔다. 예를 들어, 1,2,3-트리스(1,1-다이메틸에틸)사이클로뷰타다이엔(1,2,3-tri-*tert*-butylcyclobutadiene)의 ^{1}H NMR에서는 고리 수소는 δ= 5.38 ppm에서 공명하며, 이는 방향족계에서 기대되는 것보다 훨씬 높은장이다. 사이클로뷰타다이엔의 이러한 성질과 그 외의 다른 성질들은 이 물질이 벤젠과는 매우 다르다는 것을 알 수 있다.

1,3,5,7-사이클로옥타테트라엔은 비평면형이고, 비방향족성이다

4 HC≡CH

Ni(CN)$_2$, 70°C, 15–25 atm

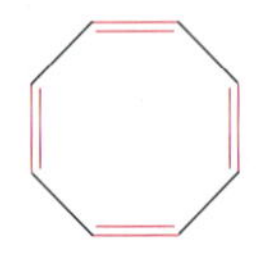

70%

1,3,5,7-Cyclooctatetraene: 비방향족성

벤젠보다 한 단계 더 높은 고리형 폴리엔 유사체인 1,3,5,7-사이클로옥타테트라엔의 성질을 알아 보자. 이는 또 다른 $4n$ π계인(n = 2) 고리로 이 물질은 1911년 Willstatter*에 의해 처음으로 만들어졌다. 이 물질은 특별한 반응인 에타인의 니켈 촉매에 의한 고리생성사합체화(cyclotetramerization)로 쉽게 만들 수 있으며 쉽게 구해 쓸 수 있다. 이는 끓는점이 152°C인 노란색 액체이며, 낮은 온도에서는 안정하게 보관할 수 있지만 가열하면 쉽게 중합된다. 이 화합물은 공기에 의해서 산화되며, 사이클로옥테인으로 쉽게 수소화되며, 친전자성 첨가와 고리화첨가 반응을 할 수 있다. 이러한 화학적 반응성으로 보아 이 화합물은 일반적인 폴리엔이라고 쉽게 판정을 내릴 수 있다(절 14-7).

* Richard Willstatter 교수(1872~1942), 독일, Munich 소재 Technical 대학교. 1915년 노벨화학상 수상

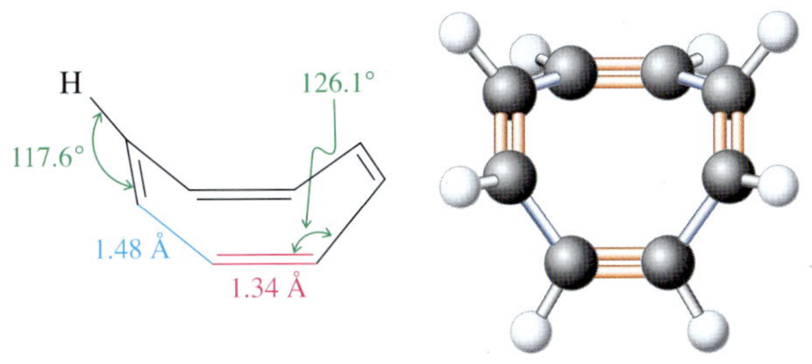

그림 10-17 1,3,5,7-Cyclooctatetraene의 분자 구조. 이중 결합과 단일 결합이 교대되는 이 분자는 비평면형이고, 비방향족성이다.

분광학적 및 구조에 관한 자료를 보면 사이클로옥타테트라엔은 일반 알켄과 다름이 없음을 확인할 수 있다. 즉, ^{1}H NMR 스펙트럼은 알켄의 전형적인 $\delta = 5.68$ ppm에서 뾰족한 단일선을 보여 준다. 분자 구조로 보아 사이클로옥타테트라엔은 실제로 **평면 구조가 아닌(비평면) 욕조 모양의 구조**임이 밝혀졌다(그림 15-17). 이중 결합들은 거의 수직이고, 결론적으로 이 분자는 **비방향족**이다.

연습 문제 15-13

1,3,5,7-Cyclooctatetraene의 분자 구조를 기초로 하여 이 화합물의 이중 결합은 콘쥬게이션계라고 할 수 있는가?(즉, 확장된 겹침을 나타내는가?) 이 분자에도 benzene에서처럼 공명 구조를 둘 그리는 것이 옳은가?(**힌트**: 1,2-Dimethylcyclooctatetraene의 두 가지 형의 분자 모형을 만들어라.)

연습 문제 15-14

Cyclooctatetraene A는 평형에서 두고리형 이성질체 B보다 0.05% 적게 존재하며, 화합물 B는 2-butenedioic anhydride(maleic anhydride, 표 14-1)과 Diels-Alder 고리화첨가 생성물 C를 형성한다.

A ⇌ B → C

이성질체 B는 어떤 물질인가? 화합물이 A → B → C로 상호변환되는 메커니즘을 그려 나타내시오(**힌트**: 역으로 C에서 B로 변환을 생각해 보고 14-9절을 참조하라).

$(4n+2)\,\pi$ 전자를 가지는 고리형 콘쥬게이션 폴리엔만이 방향족성이다

사이클로뷰타다이엔과 사이클로옥타테트라엔과는 달리, 일부 더 큰 고리형 콘쥬게이션 폴리엔은 방향족성이다. 한결같이 이들 모두에는 $(4n+2)\,\pi$ 전자를 갖고 있고, 평면 구조여서 비편재화가 일어날 수 있다는 공통점이 있다.

이러한 계의 첫 번째 예는 1956년에 Sondheimer*에 의해 합성된 18 π 전자($4n+2$, $n=4$)를 갖고 있는 1,3,5,7,9,11,13,15,17-사이클로옥타데카노나엔(cyclooctadecanonaene)이다. 이와 같은 성가시고 긴 이름을 피하기 위해 Sondheimer는 고리형 콘쥬게이션 폴리엔을 명명하는 간편한 방법을 도입했다. 그는 완전히 콘쥬게이션된 단일고리 탄화수소 $(CH)_N$을 고리의 크기를 나타내는 숫자 N을 써서 **[N]아뉼렌([N]annulene)**으로 명명하였다. 이에 따라 사이클로뷰타다이엔은 [4]아뉼렌, 벤젠은 [6]아뉼렌, 사이클로옥타테트라엔은 [8]아뉼렌으로 부르게 된다.

* Franz Sondheimer 교수(1926 ~ 1981), London 대학교.

이 계열에서 벤젠 다음으로 거의 에너지 변형이 없는 첫 번째 방향족계는 [18]아눌렌이다.

[18]Annulene
(1,3,5,7,9,11,13,15,17-Cyclooctadecanonaene)

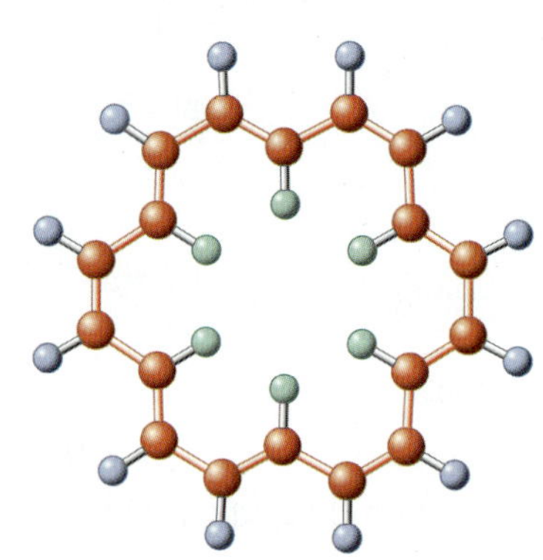

연습 문제 15-15

[10] Annulene의 세 이성질체가 모두 합성되었으며 이들은 모두 비방향족성을 나타내었다. 왜 그런가? (**힌트**: 모형을 만들어라.)

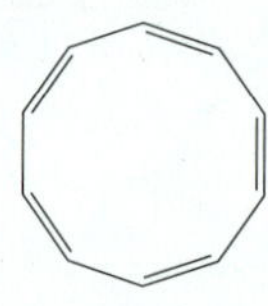

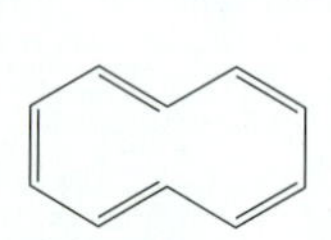

cis,cis,cis,cis,cis-[10]Annulene *trans,cis,cis,cis,cis*-[10]Annulene *trans,cis,trans,cis,cis*-[10]Annulene

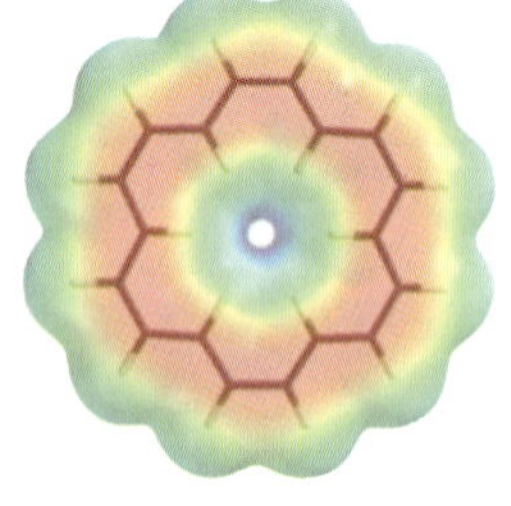

[18]Annulene: 방향족성

[18] 아눌렌은 완전에 가까운 평면이고 단일 결합과 이중 결합 간의 변형이 거의 없다. 이 π계의 정전기 퍼텐셜 지도를 옆에 나타내었다. 벤젠과 같이 두 개의 동등한 공명 구조의 쌍으로 설명할 수 있다. 방향족성 특성에 따라 이 분자는 비교적 안정하고, 친전자성 방향족 치환 반응을 일으킨다. 또한 ^{1}H NMR에서 벤젠에서와 같은 고리 전류 효과를 나타낸다(문제 64, 65 참조).

[18] 아눌렌이 만들어진 후에 다른 여러 아눌렌들이 만들어졌다. 벤젠과 [18] 아눌렌과 같이 평면형과 비편재된 구조에 $(4n+2)$ π 전자를 가지기만 하면 모두 방향족성인 반면에 사이클로뷰타다이엔과 [16] 아눌렌과 같은 $4n$ π 전자를 가지는 것들은 반방향족성이다. 사이클로옥타테트라엔이나 [10] 아눌렌처럼 각 무리나 입체 장애 때문에 고리형 비편재화가 허용되지 않으면 이들은 비방향족성이다(연습문제 15-15). 물론 *p* 오비탈이 연속적으로 배열되지 않은 고리형 폴리엔은 아눌렌 계열이 아니며, 따라서 비방향족이다.

아눌렌과 기타 고리형 폴리엔

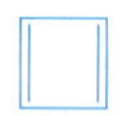

Cyclobutadiene:
평면형, 반방향족성

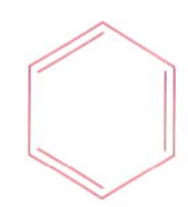

Benzene:
평면형, 방향족성

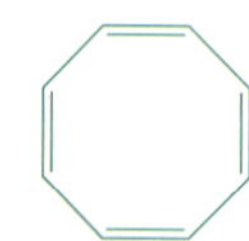

Cyclooctatetraene:
비평면형, 비방향족성

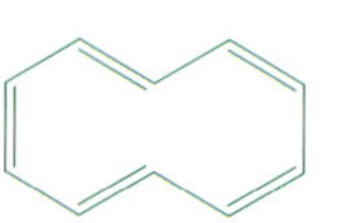

[10]Annulene:
비평면형, 비방향족성

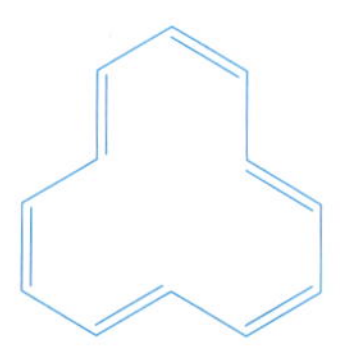

[12]Annulene:
평면형, 반방향족성

아뉼렌의 방향족성과 반방향족성이 교차해서 나타나는 이와 같은 현상은 일찍이 이론화학자인 Hückel에 의해 예견되었는데, $(4n + 2)$ 규칙은 1931년에 그가 만든 것이다. Hückel 규칙은 평면형, 고리형, 콘쥬게이션 폴리엔에서 계산된 π 분자 오비탈의 규칙적인 양상에 기초한 것이다. 그림 15-18에서 나타나 있듯이, 예를 들어 사이클로뷰타다이엔의 네 p 오비탈은 네 분자 오비탈로 벤젠의 여섯 p 오비탈은 여섯 분자 오비탈을 생성하게 된다. 최저 결합 오비탈과 최고 반결합 오비탈을 제외한 모든 준위는 축퇴된 쌍으로 대칭적으로 구성되어 있다. 따라서 사이클로뷰타다이엔은 한 쌍의 겹친 분자 오비탈이 있으며 벤젠에는 두 쌍이 겹치는 등으로 진행된다. 닫힌 껍질계는 결합 오비탈이 모두 채워질 때 가능하다(1-7절 참조). 즉, $(4n + 2)\pi$ 전자의 경우에만 가능하다. 반면에 고리형 $4n$ π계는 항상 단일 전자에 의해 점유되는 한 쌍의 오비탈이 있게 되는데, 이는 대단히 불리한 전자 배열이다.

연습 문제 15-16

다음 분자들은 Hückel 규칙을 기본으로 하여 방향족성인지 반방향족성인지를 나타내시오.
(a) [30] annulene, **(b)** [20] annulene, **(c)** *trans*-15,16-dihydropyrene, **(d)** 짙은 청색인 anzulene(그림 14-17), **(e)** S-indacene.

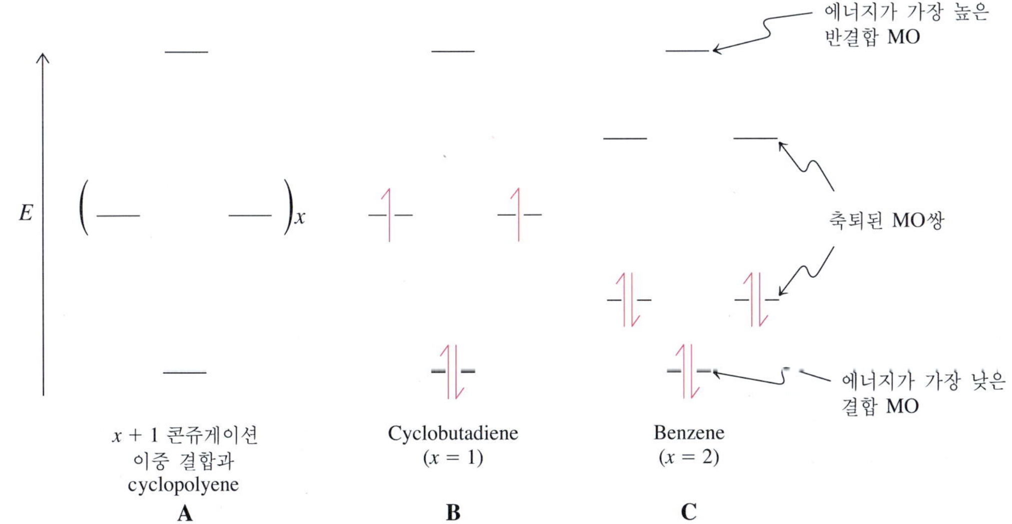

그림 15-18 (A) Hückel의 $4n + 2$ 규칙은 고리형, 콘쥬게이션 폴리엔의 π 분자 오비탈의 규칙적인 양상에 기초한다. 이들은 최저 및 최고를 제외하고는 같은 간격을 유지하며 축퇴되어 있다. (B) 1,3-Cyclobutadiene의 분자 오비탈. π 전자 넷으로는 닫힌 껍질을 (모두 둘씩 채워짐) 완성할 수 없고 반방향족성이 된다. (C) Benzene에서는 여섯 π 전자로 닫힌 껍질의 배치를 이룰 수 있으며 방향족성이다.

요약 고리형 콘쥬게이션 폴리엔은 π 전자수가 $(4n + 2)$이면 방향족성이다. 이 수는 결합 분자 오비탈이 완전히 채워지는 전자수와 일치한다. 이와는 반대로, $4n$ π계는 열린 전자 껍질 구조이기 때문에 불안정하고 반응성이 크며, ^{1}H NMR에서도 방향족 고리 전류 효과가 없다. 마지막으로 입체 장애 때문에 비평면형 구조가 되는 고리형 폴리엔은 비방향족성 알켄의 성질을 나타낸다.

15-7 Hückel 규칙과 전하를 띤 분자들

Hückel 규칙은 고리형 비편재화가 일어나기만 한다면 전하를 갖는 분자들에도 적용된다. 방향족성으로 인하여 이들은 열역학 및 속도론적인 면에서 상대적으로 안정하며, NMR 실험에서 고리 전류를 관찰할 수 있고, 결정 구조에서 단일 및 이중 결합이 교차되고 있지 않음을 볼 수 있다. 이 정에서 이들 방향족계가 어떻게 만들어질 수 있는지를 보게 된다.

사이클로펜타다이엔일 음이온과 사이클로헵타트라이엔일 양이온은 방향족성이다

Cyclopentadienyl 음이온: 방향족성

1,3-사이클로펜타다이엔은 비정상적으로 큰 산성을 가지는데 [($pK_a \approx 16$으로 알코올 수준임 (8-3절)] 이는 양성자이탈로 생성되는 사이클로펜타다이엔일 음이온은 비편재된 여섯 개의 π 전자를 가지는 방향족계를 이루고 있기 때문이다. 음전하는 다섯 개의 모든 탄소 원자에 고르게 분포되어 있다. 비교해 보자면, 프로펜의 pK_a는 40이다. 옆 그림에 나타낸 이 분자의 정전기 퍼텐셜 지도는 음전하가 놀라울 정도로 분자 전체에 퍼져 분포하고 있음을 보여 준다.

방향족성 cyclopentadienyl 음이온

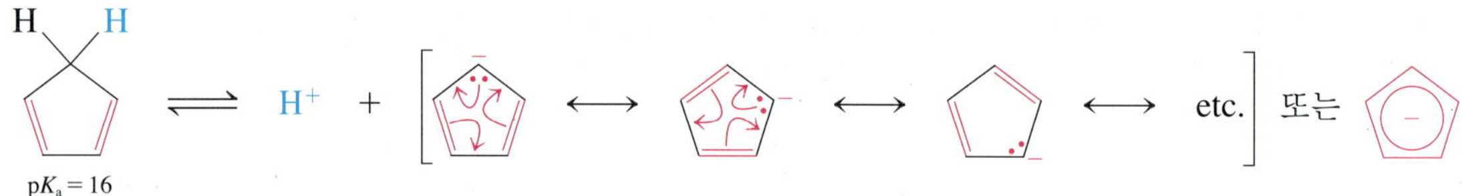

이와는 대조적으로, 사이클로펜타다이엔일 양이온은 π 전자가 네 개인 계로 아주 낮은 온도에서만 생성될 수 있으며 엄청나게 반응성이 높다.

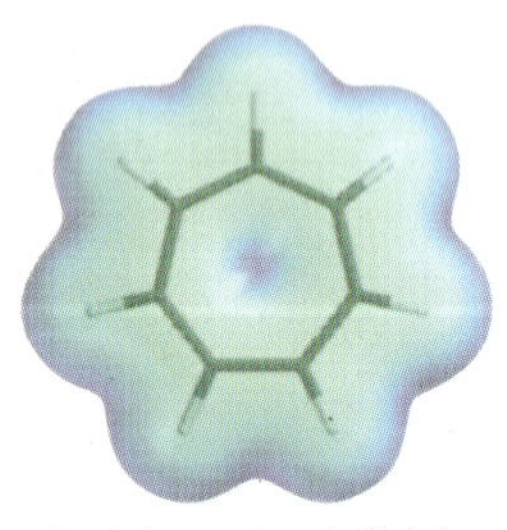

Cycloheptatrienyl 양이온: 반방향족성

1,3,5-사이클로헵타트라이엔이 브로민과 반응하게 되면 안정한 염인 브로민화 사이클로헵타트라이엔일(cycloheptatrienyl bromide)이 생성된다. 이 분자에서 유기 양이온은 여섯 개의 비편재된 π 전자를 가지며 양전하는 일곱 탄소에 고루 분포되어 있다(왼쪽 여백의 정전기 퍼텐셜 지도 참조). 탄소양이온임에도 불구하고 이 계는 놀라울 정도로 반응성이 없으며 이는 바로 방향족성인 계에서 기대되는 성질이다. 대조적으로, 사이클로헵타트라인엔일 음이온은 반방향족성인데, 이는 사이클로펜타다이엔과 비교하여 사이클로헵타트라이엔의 산도가(pK_a = 39) 훨씬 낮다는 데서도 표출된다.

방향족성 cycloheptatrienyl 양이온

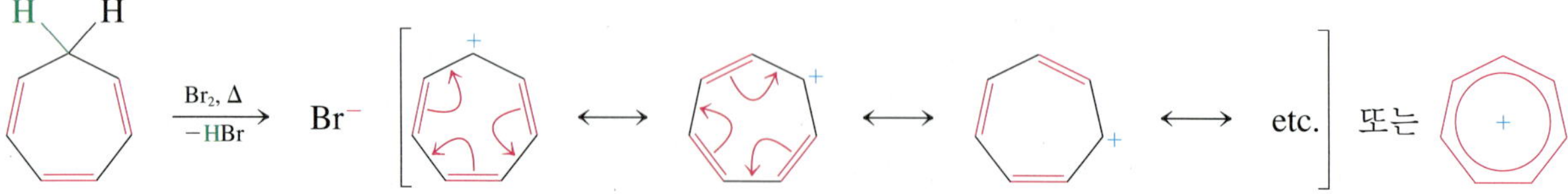

연습 문제 15-17

(a) Cyclopentadienyl 음이온과 **(b)** cycloheptatrienyl 양이온의 오비탈 그림을 그리시오(그림 15-2 참조).

연습 문제 15-18

25°C에서 2,2,2-trifluoroethanol에서 가용매분해 반응의 속도는 화합물 B가 화합물 A보다 10^{14} 배 이상 빠르다. 그 이유는 무엇인가?

CH_3 / H_3C / $OCCF_3$ / O — **A**

$C(CH_3)_3$ / $(CH_3)_3C$ / H_3C / $OCCF_3$ / O — **B**

연습 문제 15-19

Hückel 규칙에 기초하여 다음 분자들이 방향족성인지 반방향족성인지 표시하시오.
(a) Cyclopropenyl 양이온, **(b)** cyclononatetraenyl 음이온, **(c)** cycloundecapentaenyl 음이온.

비방향족성 고리형 폴리엔은 방향족성 이중음이온과 이중양이온을 생성한다

$4n$ π 전자를 갖는 고리형 화합물은 두 전자 산화와 환원에 의해 방향족 물질로 전환될 수 있다. 예를 들어, 사이클로옥타테트라엔은 알칼리 금속에 의해 환원되어 대응하는 방향족성 이중 음이온을 형성한다. 이 화학종들은 평면 구조를 이루고, π 전자는 완전하게 비편재되며, 비교적 안정하다. 또한 ^1H NMR에서도 방향족 화합물의 고리 전류를 보여 준다.

비방향족성인 cyclooctatetraene은 방향족성 이중음이온을 형성한다

K, THF / 두 전자로 환원 / = / + 2 K^+

8 π 전자, 반방향족성 — 10 π 전자, 반방향족성

마찬가지로 [16]아눌렌은 이중음이온으로 환원되거나 이중양이온으로 산화될 수 있으며. 두 생성물 모두 방향족성이다. 이중양이온이 생성되면 분자의 배열은 바뀌게 된다.

반방향족성인 [16]annulene에서 생기는 방향족성인 [16]annulene 이중음이온과 이중양이온

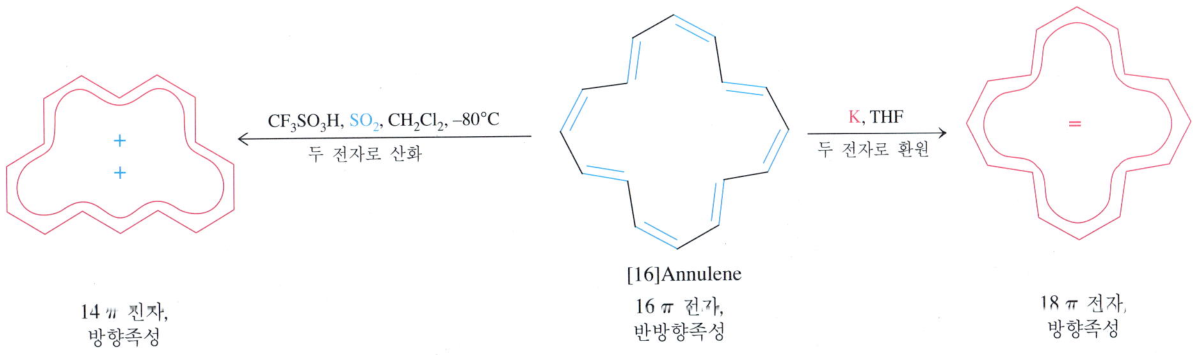

연습 문제 15-20

개념 문제: 전하를 띤 분자의 방향족성 인식

Azulene의(연습 문제 15-16d 참조) C1은 쉽게 친전자체의 공격을 받으며, C4는 쉽게 친핵체의 공격을 받는다. 설명하시오.

전략

두 가지의 공격으로 생성되는 양이온과 음이온의 공명 구조를 그리는 데서 시작한다. 이들의 공명 구조를 살피면 답을 얻을 수 있다.

풀이

• 친전자체의 C1 공격

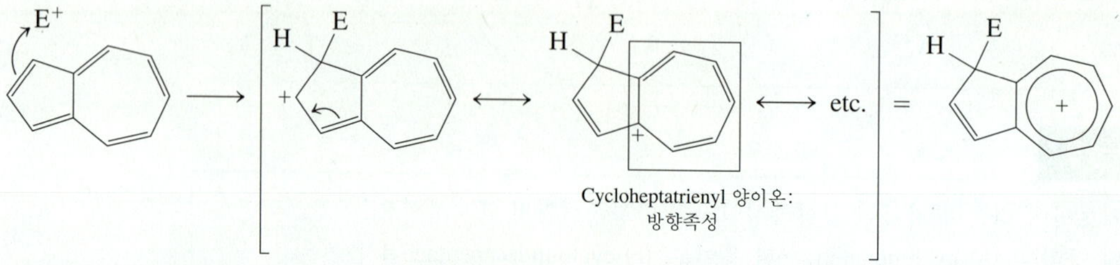

Cycloheptatrienyl 양이온: 방향족성

E^+의 C 공격으로 접합된 방향족성 cycloheptatrienyl 양이온의 골격이 형성된다.

• 친핵체의 C4 공격

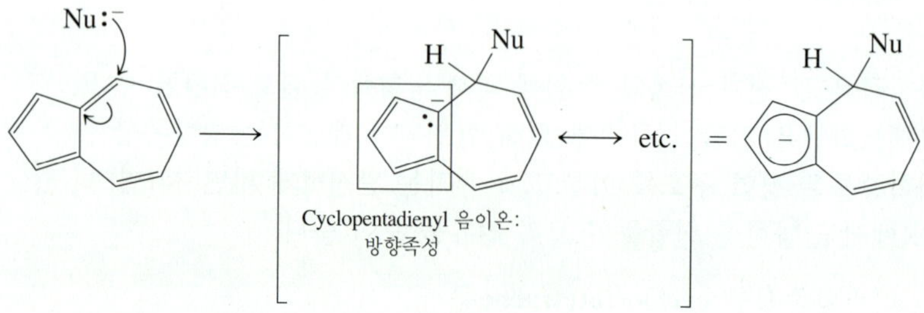

Cyclopentadienyl 음이온: 방향족성

Nu^-의 C4 공격으로 접합된 cyclopentadienyl 양이온 골격을 형성하게 된다.

연습 문제 15-21

자습 문제

Trien A는 두 번의 양성자이탈이 쉽게 일어나서 안정한 이중음이온 B를 생성한다. 그러나 B의 중성 유사체인 tetraene (pentalene) C는 지극히 불안정하다. 설명하시오.

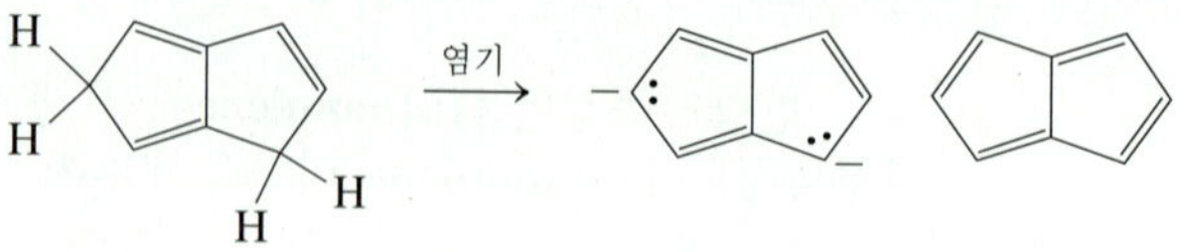

염기

A B C

요약 전하를 띤 화학종은 그들이 고리형 비편재화가 이루어지고 $4n + 2$ 규칙을 따르기만 하면 방향족성이 될 수 있다.

15-8 벤젠 유도체의 합성: 친전자성 방향족 치환반응

이 절에서는 방향족 화합물의 원형인 벤젠의 반응부터 알아보기 시작하게 된다. 벤젠의 방향족성 안정화로 벤젠은 비교적 반응성이 떨어진다. 그 결과 벤젠의 화학적 변환은 격렬한 반응 조건을 필요로 하며 새로운 반응 경로를 거쳐 진행한다. 그렇지만 벤젠의 특성상 대부분의 반응이 친전자체의 공격으로 진행된다는 점은 그리 놀라운 일이 아니다. 친핵체의 공격은 흔하지 않으며 또한 적절한 이탈기를 갖추고 있어야 함을 22-4절에서 다루게 될 것이다.

벤젠은 친전자체와 치환반응을 한다

벤젠은 친전자체에 의해 공격받게 된다. 하지만, 알켄과의 반응에서 첨가가 일어나는 것과는 대조적으로, 첨가가 아닌 치환이 일어나게 되며 이를 **친전자성 방향족 치환(electrophilic aromatic substitution)**이라 한다.

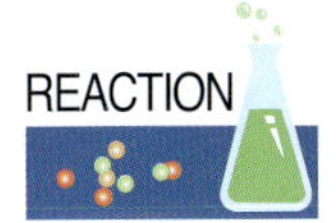

친전자성 방향족 치환반응

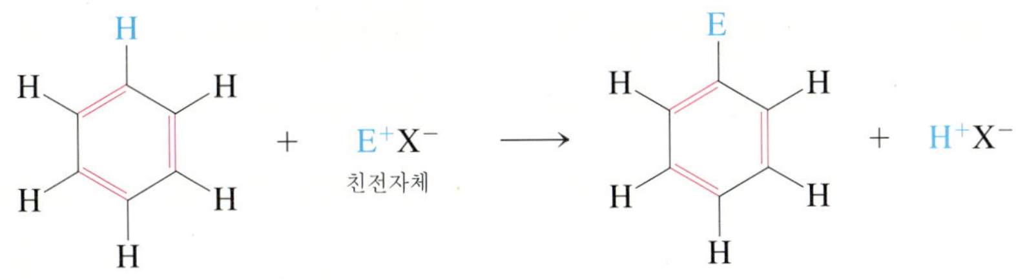

이 변환이 일어나는 조건에서 비방향족 콘쥬게이션 폴리엔은 재빠르게 중합 반응이 일어난다. 그러나 벤젠 고리의 안정성으로 벤젠 고리는 살아남게 된다. 우선 일반적인 친전자성 방향족 치환의 메커니즘부터 시작해보자.

벤젠의 친전자성 방향족 치환은 친전자체의 첨가와 양성자이탈로 진행된다

친전자성 방향족 치환의 메커니즘은 두 단계를 거친다. 먼저 친전자체인 E^+가 일반적인 이중결합을 공격하는 것처럼 벤젠 핵을 공격한다. 공명에 의하여 안정화되는 양이온 중간체는 양성자이탈로 방향족 고리를 복원하게 된다. 이 일반적인 메커니즘에 두 가지 중요한 점에 유의하여야 한다. 하나는 처음 친전자체의 공격이 일어나는 탄소에 수소를 그려 넣으라는 것이다. 두 번째는 생성된 양이온은 세 공명 구조에 의해 표시되는데 공명 구조 그리기 규칙에 따라 항상 오쏘와 파라 자리에 위치하게 된다(1-5절 및 14-1절).

친전자성 방향족 치환반응의 메커니즘

단계 1. 친전자체 공격

또는

단계 2. 양성자이탈

메커니즘의 첫 단계는 열역학적으로 결코 유리하지 않다. 전하가 양이온 중간체에서 비편재되었다고 할지라도 C—E 결합이 형성되므로 고리에 sp^3 혼성화 탄소가 형성되어, 고리형 콘쥬게이션이 방해를 받아 **중간체는 방향족성이 아니다**(그림 15-19). 그러나 다음 단계, 즉 sp^3 혼성화 탄소에서 양성자이탈로 방향족 고리를 복원한다. 이 과정은 E^+가 거느리는 상대 음이온을 포획하는 것보다 더 유리하다. 그렇게 되면 비방향족성 첨가 생성물을 얻을 것이다. 새로

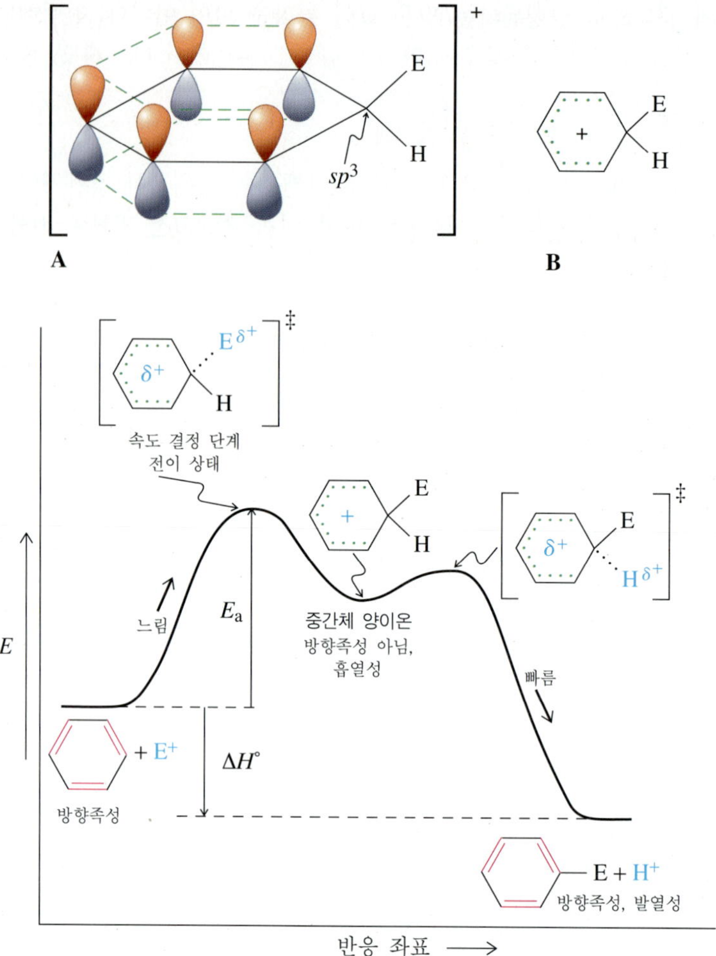

그림 15-19 (A) 벤젠 고리에 친전자체의 공격으로 생긴 양이온 중간체의 오비탈 그림. 방향족성을 상실하는데 그 이유는 고리형 콘쥬게이션이 sp^3 혼성화 탄소에 의해 끊어지기 때문이다. π계에 있는 네 전자는 나타나지 않았다. (B) 점선은 양이온에서 전하의 비편재화를 표시한다.

그림 15-20 친전자체와 benzene과의 반응 과정을 보여 주는 퍼텐셜 에너지 도표. 첫 번째 전이 상태가 속도 결정 단계이다. 양성자이탈은 상대적으로 빠르다. 전체 반응 속도는 E_a에 의해 지배되며, 발열 반응의 방출되는 에너지는 $\Delta H°$로 주어진다.

형성되는 결합이 이전의 결합보다 더 강하여 전체적으로 치환은 발열 과정이다.

퍼텐셜 에너지 도표는(그림 15-20) 첫 번째 단계가 속도 결정 단계임을 나타내고 있으며, 이 속도론적 관찰 결과는 앞으로 보게 될 모든 친전자체와의 반응에 적용된다. 친전자성 공격에 이어서 일어나는 양성자이탈은 훨씬 더 빠르게 일어나는데, 그 까닭은 방향족 생성물로 이어지는 발열성 단계이기 때문이며, 이는 전체 반응에 대한 원동력을 제공한다. 이 메커니즘의 세세한 점들은 친전자체에 의존한다.

이어지는 몇 개의 절에서는 이러한 변환에 가장 빈번하게 사용되는 시약들과 그 메커니즘을 상세하게 다루게 된다.

연습 문제 15-22

11-5절에서 *cis*-2-butene의 수소화에 따른 $\Delta H°$는 $-28.6\ \text{kcal mol}^{-1}$임을 알았다. 이 계를 benzene의 이중 결합의 모형으로 하여 benzene에서 1,3-cyclohexadiene으로의 수소화 반응에 따른 $\Delta H°$를 산정하시오. 두 이중 결합 간에는 어떠한 차이가 있는가(그림 15-3 참조)?

요약 친전자성 방향족 치환의 일반적인 메커니즘은 E^+의 친전자성 공격으로 시작되는데 속도 결정 단계에서 전하가 비편재된 비방향족성 양이온 중간체를 생성하게 된다. 이어서 빠르게 양성자이탈이 일어나며 새로 치환된 방향족 고리가 복원된다.

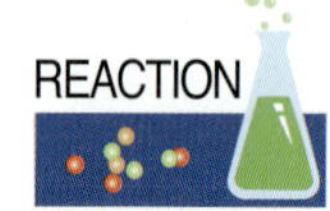

15-9 벤젠의 할로젠화반응: 촉매의 필요성

친전자성 방향족 치환의 한 예가 할로젠화반응이다. 정상적으로 벤젠은 할로젠 존재하에서 반

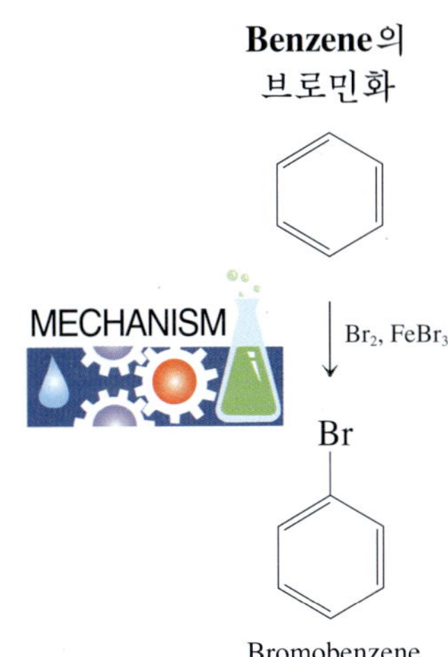

응성이 없는 데, 이는 할로젠들은 방향족성을 깨뜨릴 정도의 충분한 친전자성을 갖지 않기 때문이다. 그러나 할로젠은 할로젠화 철(ferric halide, FeX_3), 할로젠화 알루미늄(aluminum halide, AlX_3)과 같은 Lewis 산촉매에 의해 활성화되어 훨씬 강력한 친전자체로 변하게 된다.

이러한 활성화가 어떻게 일어나는가? Lewis 산은 전자쌍을 받아들일 수 있는 능력이 있다. 브로민과 같은 할로젠이 $FeBr_3$와 만나게 되면 두 분자는 Lewis 산-염기 반응으로 결합한다.

Lewis 산인 $FeBr_3$에 의한 브로민의 활성화

$$:\ddot{Br}-\ddot{Br}: + FeBr_3 \longrightarrow \left[:\ddot{Br}-\overset{+}{\ddot{Br}}-\overset{-}{Fe}Br_3 \longleftrightarrow \overset{+}{Br}=\ddot{Br}-\overset{-}{Fe}Br_3\right]$$

이 착물에서 Br—Br 결합의 편극화로 브로민 원자는 친전자성이 커지게 된다. 벤젠으로의 친전자성 공격은 말단 브로민에서 일어나며 다른 브로민은 좋은 이탈기인 $FeBr_4^-$로 떨어지게 된다. 전자 흐름으로 보면 이 반응은 $[Br_2FeBr_3]$의 벤젠 이중 결합에 의한 친핵성 치환으로 일반 S_N2 반응과 다를 바 없다(그림 15-21 참조).

활성화된 브로민에 의한 benzene으로의 친전자성 공격

이 단계에서 생성된 $FeBr_4^-$는 염기로 작용하여 사이클로헥사다이엔일 양이온 중간체로부터 양성자이탈을 하게 된다. 이 변환으로 반응의 두 생성물인 브로모벤젠과 브로민화 수소(hydrogen bromide)가 생성될 뿐 아니라 $FeBr_3$ 촉매가 다시 재생된다.

Bromobenzene의 형성

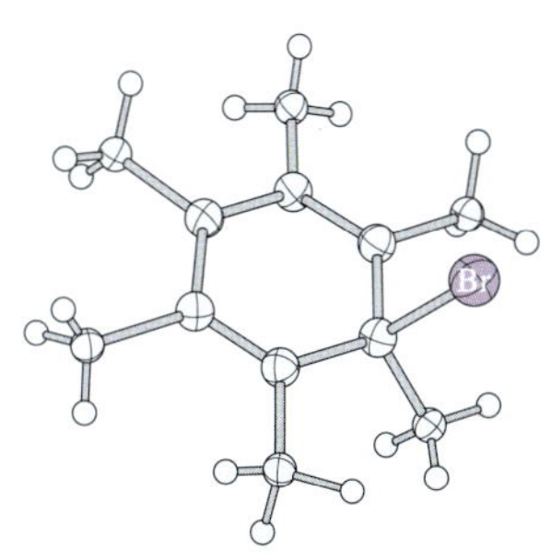

그림 15-21 브로민이 hexamethylbenzene을 공격하여 얻어지는 탄소양이온의 X선 결정 구조. 이 탄소양이온은 분리될 수 있는 것은 methyl 치환기에 의하여 안정화 될 뿐만 아니라 sp^3 혼성화 탄소에 양성자가 없어 bromoarene이 생성될 수 없기 때문이다.

벤젠의 친전자성 브로민화는 재빨리 계산해 보면 발열성임을 알 수 있다. 페닐-수소 결합과(약 112 kcal mol^{-1}, 표 15-1) 브로민 분자(46 kcal mol^{-1})가 이 과정에서 사라진다. 이를 보상하는 페닐-브로민 결합($DH° = 91$ kcal mol^{-1})과 H—Br 결합($DH° = 87.5$ kcal mol^{-1})이 형성된다. 전체적으로는 $158 - 168.5 = -10.5$ kcal mol^{-1} (43.9 kJ mol^{-1})의 발열 반응인 것이다.

알케인의 라디칼 할로젠화에서와 마찬가지로(3-7절) 방향족 할로젠화에서도 주기율표를 따라 내려가며 발열성은 적어진다. 벤젠의 플루오린화는 지나치게 발열성이어서 폭발에 이른다. 염소화는 통제 가능한 수준의 발열성이지만 염화 알루미늄(aluminum chloride)이나 염화 철(ferric chloride)과 같은 활성화 촉매를 필요로 한다. 이 반응의 메커니즘은 브로민화에서와 완전히 같다. 마지막으로 친전자성 아이오딘화는 흡열성 반응으로 보통 일어나지 않는다. 알케인의 라디칼 할로젠화처럼 친전자성 염소화 및 벤젠의 브로민화(16장의 치환된 벤젠들)로도 작용기가 도입되어 그 다음 반응으로 이어져 특히 유기금속 화합물을 거치는 C—C 형성 반응에 이용된다(문제 54, 13-9절, 화학 이야기 13-1).

표 15-1

결합 A–B의 해리 에너지 $[DH°]$ [kcal mol^{-1} (kJ mol^{-1})]

A	B	DH°	
F	F	38	(159)
Cl	Cl	58	(243)
Br	Br	46	(192)
I	I	36	(151)
F	C_6H_5	126	(527)
Cl	C_6H_5	96	(402)
Br	C_6H_5	81	(339)
I	C_6H_5	65	(272)
C_6H_5	H	112	(469)
F	H	135.8	(568)
Cl	H	103.2	(432)
Br	H	87.5	(366)
I	H	71.3	(298)

연습 문제 15-23

Benzene이 D_2SO_4에 녹게 되면 $\delta = 7.27$ ppm에서의 ^1H NMR 흡수는 사라시게 되며, 새로 생성된 화합물은 분자량이 84로 증가된다. 무엇이 생겼을까? 또 어떻게 생겨나는지 메커니즘을 적으시오(주: 친전자성 방향족 치환의 모든 메커니즘에서는 친전자성 공격이 일어나는 자리에 수소를 그려 넣는 것이 좋다).

연습 문제 15-24

Olah* 교수는 benzene을 특별히 강산인 HF — SbF_5와 NMR 튜브에서 반응시켜 δ = 5.69 (2 H), 8.22 (2 H), 9.42 (1 H), 및 9.58 (2 H) ppm에서 흡수가 일어나는 새로운 ^1H NMR 스펙트럼을 얻었다. 이 새로운 화학종의 구조를 제안하시오.

요약 벤젠의 할로젠화는 I_2에서 (흡열성) F_2로 (발열성, 폭발적) 가면서 점차적으로 발열성이 증가한다. 염소화반응과 브로민화반응은 Lewis 산촉매의 도움을 받아 일어나게 되는데 Lewis 산에 의해 X — X 결합의 편극화로 활성화되면 친전자성이 커진다.

15-10 벤젠의 나이트로화반응과 설폰화반응

REACTION

다른 전형적인 벤젠의 친전자성 치환인 다음 두 반응에서의 친전자체는 나이트로벤젠을 생성하는 나이트로늄 이온 (NO_2^+) 과 벤젠설폰산을 생성하는 삼산화 황 (sulfur trioxide, SO_3) 이다.

Benzene의 나이트로화반응

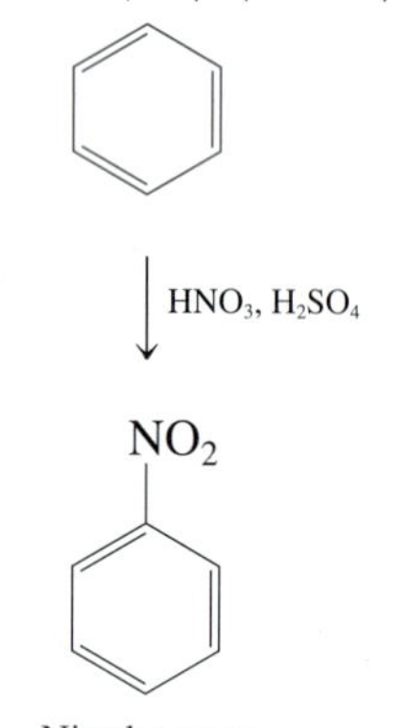

Nitrobenzene

벤젠은 친전자체인 나이트로늄 이온의 공격을 받는다

적당한 온도에서 벤젠 고리를 나이트로화하기 위해서는 진한 질산과 벤젠을 반응시키는 것만으로는 충분하지 않다. HNO_3의 질소는 친전자성이 아주 낮아서 어떤 방법으로도 다소 활성화되어야만 한다. 이러한 목적으로 진한 황산을 첨가하게 되는데 질산에 양성자첨가가 일어난다. 물 분자가 떨어져나가면 강한 친전자체인 **나이트로늄 이온 (nitronium ion,** NO_2^+**)** 을 생성하게 되는데 양전하의 대부분이 다음 정전기 퍼텐셜 지도에서와 같이 중앙 질소 원자에 밀집되어 있다.

Sulfuric acid에 의한 **nitric acid**의 활성화

$$HO-N^+(=O)-O^- + H-OSO_3H \rightleftharpoons HO^+(H)-N^+(=O)-O^- + HSO_4^-$$

Nitric acid

$$HO^+(H)-N^+(=O)-O^- \longrightarrow H_2O: + O=N^+=O$$

Nitronium 이온

질소에 양전하를 가진 나이트로늄 이온은 벤젠을 공격하게 된다.

방향족 나이트로화반응의 메커니즘

$$C_6H_5H + :O=N^+=O: \longrightarrow [C_6H_5(H)NO_2]^+ \xrightarrow{^-:OSO_3H} C_6H_5NO_2 + HOSO_3H$$

Nitrobenzene

방향족 나이트로화반응은 벤젠 고리에 질소 치환기를 도입하는 가장 좋은 방법이다. 나이트로기는 치환이 더 일어나는 경우 지향성기 (directing group) 역할을 하며 (16장), 아미노기의

* George A. Olah 교수 (1927년 출생), California 대학교, Los Angeles, Nobel Prize 1994 (chemistry)

전구체로(16-5절) 또한 숨겨진 벤젠아민(aniline)으로 이용된다(22-10절).

설폰화반응은 가역적이다

진한 황산은 상온에서 벤젠의 설폰화 반응을 일으키지 않는다. 그러나 반응성이 더 큰 **발연 황산**(*fuming sulfuric acid*)은 SO_3로 하여금 친전자성 공격이 일어날 수 있게 한다. 시판되는 발연 황산은 진한 황산에 약 8%의 삼산화 황(SO_3)을 첨가하여 제조된다. 세 개의 산소에 의한 강한 전자 끌기로 SO_3의 황 원자는 충분한 친전자성을 갖춰 벤젠을 직접 공격하게 된다. 이어서 양성자 전달이 일어나면 설폰화 생성물이 얻어지는데 이를 벤젠설폰산이라 한다.

방향족 설폰화반응 메커니즘

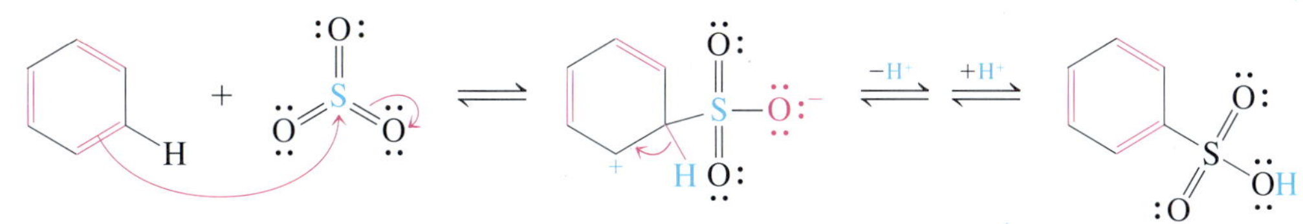

방향족 설폰화반응은 쉽게 일어나는 가역 과정이다. SO_3의 물과의 반응으로 황산이 생성되는 반응은 상당히 발열성이어서 묽은 산 수용액에서 벤젠설폰산을 가열하면 설폰화반응이 완전히 거꾸로 일어나게 된다.

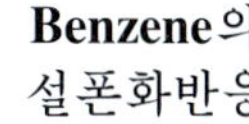
Benzene의 설폰화반응

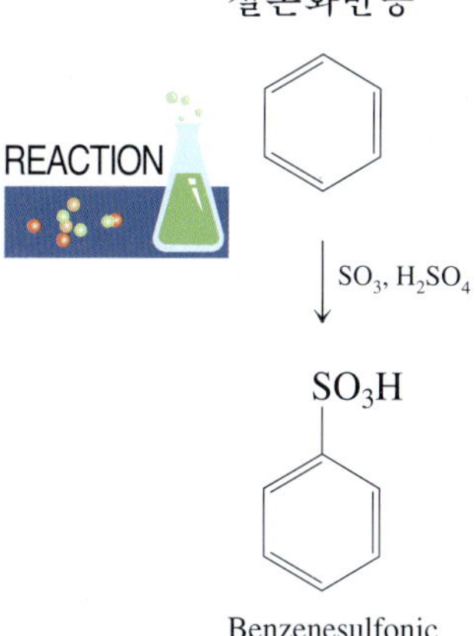

SO_3의 수화

$$SO_3 + HOH \longrightarrow O{=}S(OH)_2{=}O + \text{heat}$$

역설폰화반응: 가수분해

$$C_6H_5SO_3H \xrightarrow{H_2O,\ \text{catalytic}\ H_2SO_4,\ 100°C} C_6H_5H + HOSO_3H$$

설폰화의 가역성은 계속되는 방향족 치환 과정에서 반응성 통제에 이용된다. 이 치환기가 존재하는 고리 탄소는 공격받지 않으며 친전자체들은 다른 자리를 공격하게 된다. 그러므로 설폰산기는 지향성 차단기(directing blocking group)로 이용되고 설폰화의 역반응으로 제거해 버릴 수 있다. 이러한 기법을 이용한 합성법은 16-5절에서 논의하게 된다.

벤젠설폰산은 중요한 용도를 가진다

치환 벤젠의 설폰화는 **세제**(*detergent*) 합성에 이용된다. 긴 곁사슬을 갖는 알킬벤젠을 설폰화하여 대응 설폰산으로 만든 후에 소듐염으로 변환한다. 그러나 이런 세제들은 쉽게 생분해가 일어나지 않아 보다 더 환경 친화적인 대체물로 바뀌었다. 19장에서 이러한 종류의 화합물들에 대해 검토하게 된다.

방향족 세제의 합성

$$R{-}C_6H_5 \xrightarrow{SO_3,\ H_2SO_4} R{-}C_6H_4{-}SO_3H \xrightarrow[-\ H_2O]{NaOH} R{-}C_6H_4{-}SO_3^-Na^+$$

R = 가지 알킬기

설폰화의 또 다른 응용으로 염료의 제조가 있는데, 이 설폰산기의 존재로 물에 대한 용해도가 커지기 때문이다(22장).

염화 설포닐(sulfonyl chloride) 설폰산의 산 염화물로서(9-4절) 설폰산의 소듐염을 PCl_5 또는 $SOCl_2$와 반응시켜 만든다.

Benzenesulfonyl Chloride의 제조

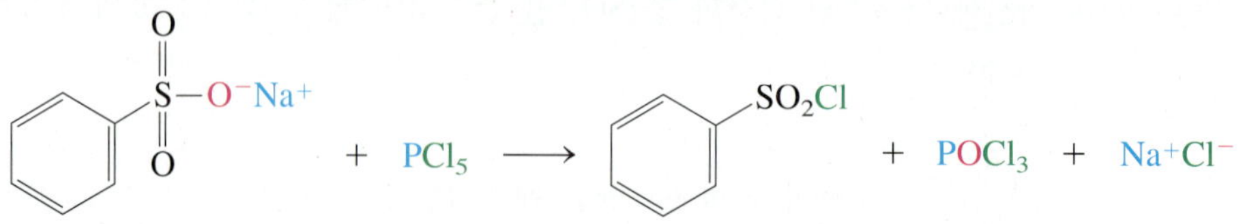

$$C_6H_5SO_3^-Na^+ + PCl_5 \longrightarrow C_6H_5SO_2Cl + POCl_3 + Na^+Cl^-$$

염화 설포닐은 합성에 자주 이용된다. 예를 들어, 알코올의 하이드록시기는 좋은 이탈기인 알코올의 4-메틸벤젠설포네이트(*p*-toluenesulfonate = tosylate, 6-7과 9-4절)로 전환시키는 것을 상기하시오.

염화 설포닐은 **설폰아마이드(sulfonamide)**의 중요한 전구체이며, 상당수의 설폰아마이드는 화학요법제로 1932년에 발견된 설파제도 그 한 예이다(9-11절). 설폰아마이드들은 아민과 염화 설포닐의 반응에서 얻는다. **설파제(*sulfa drug*)**는 특히 4-아미노벤젠설폰아마이드의 작용기를 갖는다. 이것들의 작용 양상은 박테리아에서 폴산(folic acid)을 합성하는 효소를 방해하여(화학 이야기 25-4), 필수 영양소를 빼앗아서 박테리아 세포가 죽게 만든다.

설파제

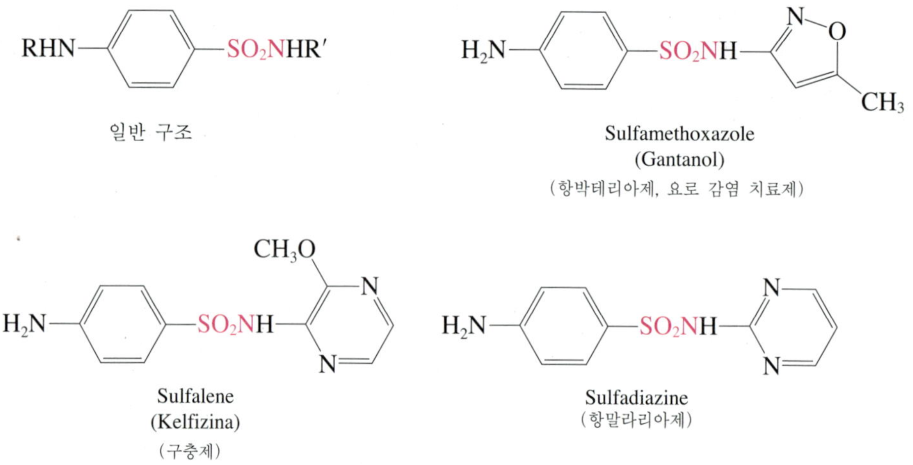

RHN—C₆H₄—SO_2NHR'

일반 구조

H_2N—C₆H₄—SO_2NH—(5-methylisoxazol-3-yl), CH_3

Sulfamethoxazole
(Gantanol)
(항박테리아제, 요로 감염 치료제)

H_2N—C₆H₄—SO_2NH—(3-methoxypyrazin-2-yl), CH_3O

Sulfalene
(Kelfizina)
(구충제)

H_2N—C₆H₄—SO_2NH—(pyrimidin-2-yl)

Sulfadiazine
(항말라리아제)

약 15,000개의 설파제의 유도체들이 합성되어 항박테리아 작용을 시험하였다. 그중 일부가 의약품으로 개발되었다. 신세대 항생제의 출현으로 의약품으로 설파제를 사용하는 일은 상당히 줄어들었지만, 설파제의 발견은 의약화학이 체계적으로 발전하는데 있어 이정표가 되었다.

연습 문제 15-25

(a) 설폰화의 가역 반응, **(b)** SO_3의 수화에 대한 반응 메커니즘을 쓰시오.

요약 벤젠의 나이트로화반응은 나이트로늄 이온(NO_2^+)의 생성을 필요로 하는데 NO_2^+는 반응성이 큰 친전자체로 작용한다. 나이트로늄 이온은 양성자첨가한 질산이 물을 잃음으로써 생성된다. 설폰화는 발연 황산을 사용하여 수행할 수 있으며, 삼산화 황(SO_3)이 친전자체이다. 설폰화는 뜨거운 산 수용액에 의해 거꾸로 진행된다. 벤젠설폰산은 세제, 염료, 이탈기를 필요로 하는 화합물. 그리고 설파제의 제조에 사용된다.

15-11 Friedel-Crafts 알킬화반응

지금까지 논의한 친전자성 치환의 어느 것도 탄소-탄소 결합 형성으로 이어지지 않았는데, 탄소-탄소 결합 형성이야 말로 유기화학의 가장 중요한 도전 과제의 하나이다. 원칙적으로, 이러한 반응은 벤젠과 충분한 친전자성을 가지는 탄소에 기초한 친전자체 간에 수행할 수 있다. 이 절에서는 이러한 두 과정 중 하나인 **Friedel-Crafts 반응(Friedel-Crafts* reaction)**을 소개한다. 두 과정이 성공할 수 있었던 열쇠는 Lewis 산인 염화 알루미늄을 사용한 것이다. 이 시약의 존재하에서 할로알케인은 벤젠을 공격하여 알킬벤젠을 만들게 된다.

1877년에 Friedel과 Crafts는 할로알케인이 할로젠화 알루미늄의 존재하에 벤젠과 반응하는 것을 발견했다. 반응 생성물은 알킬벤젠과 할로젠화 수소(HX)이었다. Lewis 산촉매로 일어나는 이들 반응을 벤젠의 **Friedel-Crafts 알킬화(Friedel-Crafts alkylation)**라고 한다.

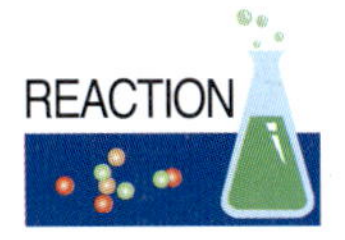

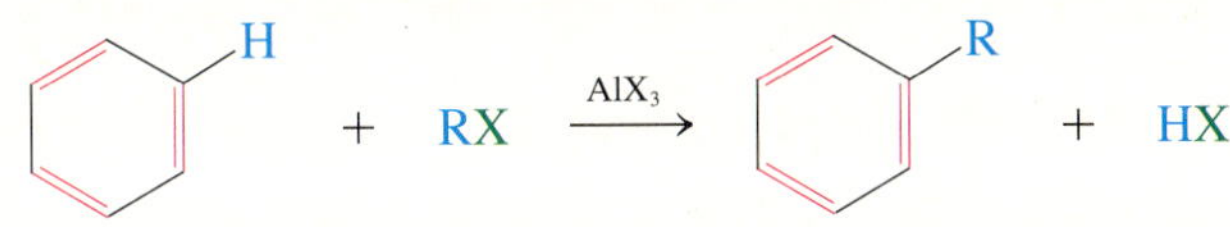

할로알케인의 반응성은 C — X 결합의 극성이 커지는 RF < RCl < RBr < RI의 순으로 증가한다. 전형적인 Lewis 산은 BF_3, $SbCl_5$, $FeCl_3$, $AlCl_3$, $AlBr_3$이다.

Chloroethane과 benzene의 Friedel-Crafts 알킬화반응

$$CH_3CH_2Cl + C_6H_6 \xrightarrow{AlCl_3,\ 25°C} C_6H_5CH_2CH_3 + HCl$$

28%
Ethylbenzene

일차 할로젠화물과의 반응은 Lewis 산이 할로알케인의 할로젠에 배위로 시작되는데, 이는 친전자성 할로젠화에서 할로젠이 활성화되는 것과 같다. 이러한 배위로 할로젠과 결합한 탄소는 부분 양전하를 띠게 되며, 더 강한 친전자성을 갖게 된다. 벤젠 고리를 공격한 후에 양성자 이탈이 일어나서 관찰되는 생성물을 형성하는 것은 다른 일반 반응에서와 같다.

일차 할로알케인과의 Friedel-Crafts 알킬화 메커니즘

단계 1. 할로알케인의 활성화

$$RCH_2-\ddot{X}: + AlX_3 \rightleftharpoons \overset{\delta^+}{R}CH_2:\overset{+}{X}\ \overset{-}{Al}X_3$$

단계 2. 친전자성 공격

$$C_6H_6 + H_2\overset{\delta^+}{C}(R)-\overset{+}{X}-\overset{-}{Al}X_3 \longrightarrow [C_6H_6CH_2R]^+ + AlX_4^-$$

단계 3. 양성자이탈

* Charles Friedel 교수(1832 ~ 1899), 파리 Sorbonne 대학교; James M. Crafts 교수(1839 ~ 1917), Masachsett 주 Cambridge 소재, Massachusetts 공과대학(MIT).

CH_2R + $:\ddot{X}-\bar{A}lX_3$ ⟶ CH_2R + HX + AlX_3

일반적으로 이차와 삼차 할로젠화물과 반응에서는 완전한 탄소양이온이 중간체로 생성되어 양이온 NO_2^+와 같은 방법으로 벤젠 고리를 공격한다.

연습 문제 15-26

2-Chloro-2-methylpropane (*tert*-butyl chloride)과 벤젠이 $AlCl_3$ 촉매에 의해 (1,1-다이메틸에틸) 벤젠 (*tert*-butylbenzene)을 생성하는 메커니즘을 쓰시오.

분자 내 Friedel-Crafts 알킬화반응은 벤젠 핵에 새로운 고리를 접합시키는데 사용할 수 있다.

분자 내 Friedel-Crafts 알킬화반응

Cl, H

$AlCl_3$, CS_2와 CH_3NO_2 (용매), 25°C, 72 h
−HCl

31%
Tetralin (관용명)

Friedel-Crafts 알킬화는 알코올이나 알켄과 같은 탄소양이온의 전구체가 될 수 있는 어떤 출발물을 써서도 수행할 수 있다(9-2 및 12-3절).

다른 탄소양이온 전구체를 사용하는 Friedel-Crafts 알킬화반응

H + $CH_3CH_2\overset{OH}{C}HCH_3$ —(BF_3, 60°C, 9 h; −HOH)→ $CH_3CH_2CHCH_3$

$CH_3CH_2\overset{+}{C}HCH_3$을 생성

36%
(1-Methylpropyl)benzene

H + cyclohexene —(HF, 0°C)→

생성

H

62%
Cyclohexylbenzene

Friedel-Crafts 알킬화반응이 일어날 수 없는 할로젠화물

Br

Cl

할로알켄이나 할로아렌을 이용하는 Friedel-Crafts 비닐화나 아릴화는 일어나지 않는다(왼쪽 그림). 그 이유는 이들의 상응하는 양이온이 에너지적으로 불리하여 만들 수 없기 때문이다(13-9절과 22-10절).

연습 문제 15-27

Phenol을 공업적으로 생산하기 위한 중요한 공업용 중간체인 (22장) (1-methylethyl) benzene (isopropylbenzene 또는 cumene)은 미국에서만도 2007년 한 해에 25억 kg 이상이 생산되었다. 인산 존재하에 propene과 benzene으로부터 합성되는 메커니즘을 적어 이 반응을 설명하시오.

연습 문제 15-28

개념 문제: Friedel-Crafts 알킬화는 가역적

세 가지 dimethylbenzene의 이성질체를 BF_3 존재하에 HF와 80°C로 가열하면 다음과 같은 평형 혼합물을 얻게 된다. 1,2-Dimethylbenzene과 간단하게 H^+만을 사용하여 이성질화의 메커니즘을 고안하시오. 왜 1,2-이성질체의 비가 가장 적은가?

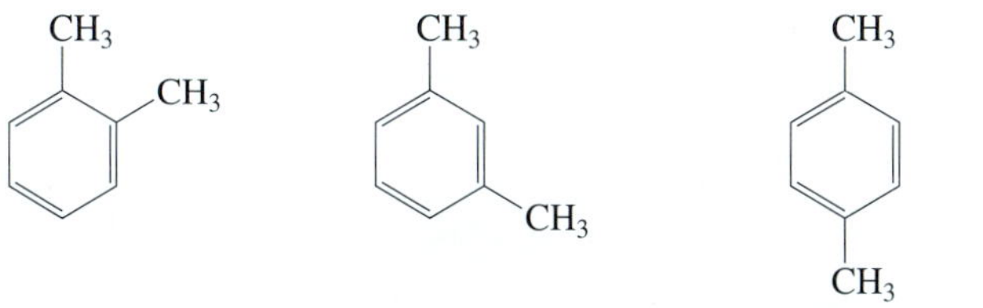

18%	58%	24%
1,2-Dimethylbenzene (*o*-Xylene)	1,3-Dimethylbenzene (*m*-Xylene)	1,4-Dimethylbenzene (*p*-Xylene)

전략

상황으로 보아 이성질화는 앞서 공부한 탄소양이온의 재배열과 연관된 알킬 이동을 떠올리게 된다(9-3절). Benzene 유도체에서 탄소양이온을 생성하려면 산에 의한 양성자첨가가 일어나야 한다(15-8절, 연습 문제 15-23 및 15-24). 양성자첨가는 고리의 어디에서도 일어날 수 있다.

풀이

- 양성자첨가가 일어나서 탄소양이온이 생성되는 자리는 세 개가 있으나, 그중에서 가장 흥미 있는 곳은 methyl기가 치환된 탄소에서 일어나는 것이다.

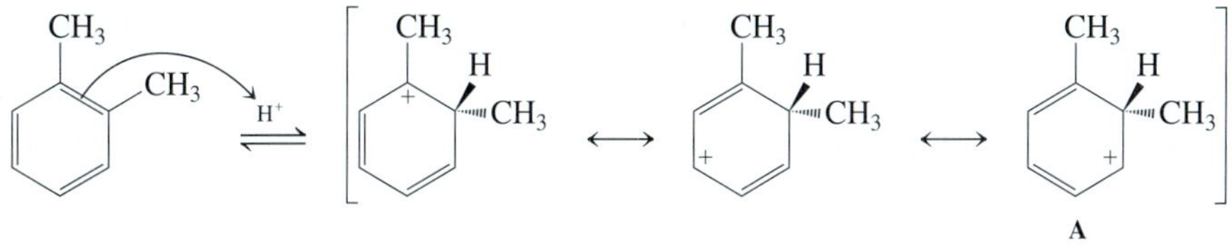

H^+ ⇌ A

- 잘 살펴보면 공명 기여 구조 중에서 하나인 A만이 9-3절에서와 같은 알킬 또는 수소화물(수소음이온) 이동에 딱 적합한 구조이다.
- 이 구조에서 메틸 이동이 일어나게 되면 새로운 탄소양이온이 생성되고 양성자이탈이 일어나면 1,3-dimethylbenzene을 얻게 된다.

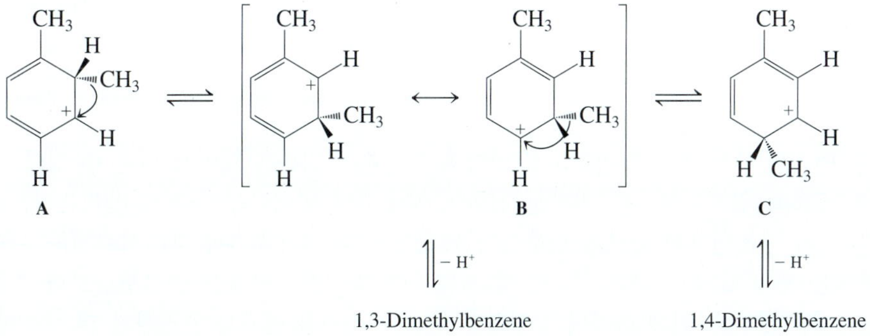

A ⇌ B ⇌ C

B $\xrightarrow{-H^+}$ 1,3-Dimethylbenzene   C $\xrightarrow{-H^+}$ 1,4-Dimethylbenzene

구조 B에서 methyl기의 이동이 한번 더 일어나게 되면 구조 C가 되고 여기서 양성자이탈이 일어나면 1,4-dimethylbenzene가 생성된다. 따라서 이 반응의 메커니즘은 양성자첨가한 benzene에서 단순한 알킬 이동이 연달아 일어나는 것이다.

- 그러면 왜 1,2-dimethylbenzene이 혼합물에서 부생성물이 되는 걸까? 아마도 벌써 짐작하고 있겠지만, 이는 시스-알켄에서와 같은(11-13절) 입체 장애에 기인하는 것이다.

연습 문제 15-29

자습 문제

A의 분자내 Friedel-Crafts 알킬화는 예상대로 B를 얻게 되지만 약 10% 정도의 C도 함께 생성된다. 이는 정상적인 메커니즘 이외의 다른 경로가 경쟁적으로 일어난다는 뜻이다. 어떤 경로인지 제안하시오.

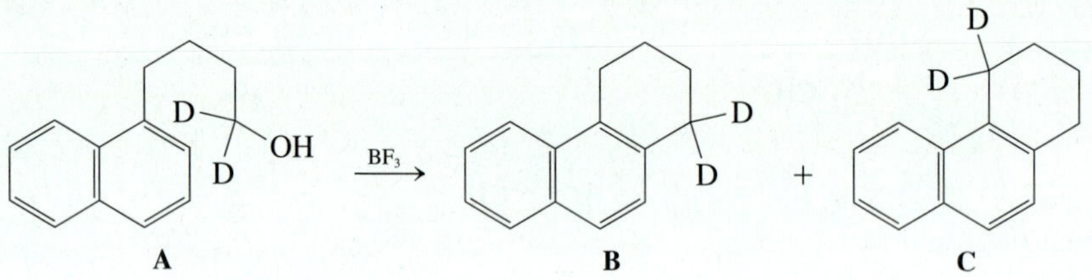

D D OH → BF_3 → D D + D D

A B C

요약 Friedel-Crafts 알킬화는 탄소양이온을(또는 동등체) 생성하여 친전자성 방향족 치환에 의해 아릴-탄소 간의 결합을 형성한다. 할로알케인, 알켄, 알코올이 Lewis 산이나 무기산의 존재하에서 방향족 알킬화를 수행하는 데 사용될 수 있다.

15-12 Friedel-Crafts 알킬화반응의 제한성

Friedel-Crafts 조건하에서 벤젠의 알킬화는 두 가지 중요한 부반응을 수반한다. 하나는 다중알킬화(polyalkylation)이고, 또 하나는 **탄소양이온 재배열**(*carbocation rearrangement*)이다. 둘 모두 원하는 생성물의 수득률을 떨어뜨릴 뿐 아니라 분리하기 힘든 혼합물을 얻게 된다.

먼저 다중알킬화를 고려하여 보자. 벤젠은 $FeBr_3$ 촉매 존재하에서 2-브로모프로페인과 반응시키면 일치환과 더불어 이치환 생성물을 얻게 된다. 부산물의 생성으로 인해 수득률이 낮아진다.

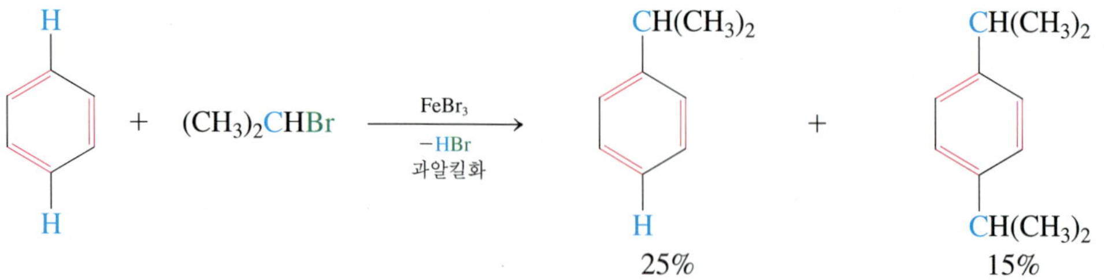

H H + $(CH_3)_2CHBr$ $\xrightarrow[-HBr\ 과알킬화]{FeBr_3}$ $CH(CH_3)_2$ H + $CH(CH_3)_2$ $CH(CH_3)_2$

25% (1-Methylethyl)benzene (Isopropylbenzene)

15% 1,4-Bis(1-methylethyl)benzene (*p*-Diisopropylbenzene)

15-9와 15-10절에서 공부한 친전자성 방향족 치환은 일치환 단계에서 멈출 수 있다. 그런데 왜 Friedel-Crafts 알킬화에는 친전자성 치환이 계속하여 일어나는 문제가 생기는가? 그것은 치환기가 전자 구조면에서 다르기 때문이다(16장에서 더 자세히 다룬다). 브로민화, 나이트로화, 설폰화는 벤젠 고리에 전자 끄는기를 도입하여, 이 반응 생성물을 출발물보다 친전자성 공격에 **덜** 유리해진다. 이에 반하여 알킬화된 벤젠은 비치환 벤젠보다 전자가 **더** 풍족하여 친전자성 공격에 더 유리해지기 때문이다.

연습 문제 15-30

Benzene을 aluminum chloride 존재하에서 chloromethane과 처리하면 복잡한 혼합물인 tri- tetra- 및 pentamethylbenzene을 생성한다. 이 혼합물에 있는 성분 중의 하나는 선택적으로 결정화된다. m.p. = 80°C: 분자식 = $C_{10}H_{14}$: ^{1}H NMR δ = 2. 27 (s, 12 H); 7. 15 (s, 2 H) ppm; ^{13}C NMR δ = 19.2, 131.2, 133.8 ppm. 이 생성물의 구조를 그리시오.

방향족 알킬화의 두 번째 부반응은 골격의 재배열이 일어나는 것이다(9-3절). 예를 들어, 1-브로모프로페인과 $AlCl_3$를 사용하여 벤젠을 프로필화(propylation)하려고 해도 (1-메틸에틸)벤젠이 주로 생성된다.

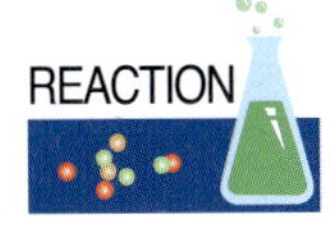

$$\text{C}_6\text{H}_5\text{H} + CH_3CH_2CH_2Br \xrightarrow[-HBr]{AlCl_3} \text{C}_6\text{H}_5CH(CH_3)_2$$

재배열한 알킬기

출발물인 할로알케인은 Lewis 산이 존재하면 수소화물 이동으로 열역학적으로 유리한 1-메틸에틸(아이소프로필)양이온으로 재배열이 일어난다.

1-Bromopropane의 재배열에 의한 1-methylethyl(isopropyl) 양이온 생성

$$CH_3CH(H)-CH_2-Br + AlCl_3 \longrightarrow CH_3\overset{+}{C}HCH_3 + Br\overset{-}{Al}Cl_3$$

1-Methylethyl (isopropyl) 양이온

연습 문제 15-31

개념 문제: Friedel-Crafts 알킬화의 재배열

Benzene을 $AlCl_3$ 존재하에서 l-clorobutane과 알킬화반응을 하면 기대되는 butylbenzene은 소량 얻어지고, 주로 (1-methylpropyl)benzene이 생성된다. 이 반응에 대한 메커니즘을 쓰시오.

전략

우선 문제에 주어진 반응을 식으로 나타내 보자.

$$\text{Benzene} + \text{1-Chlorobutane (Cl)} \xrightarrow[-HCl]{AlCl_3} \text{Butylbenzene} + \text{(1-Methylpropyl)-benzene}$$

Butylbenzene

(1-Methylpropyl)-benzene

각 생성물의 생성 메커니즘을 각각 적어보자.

풀이

• 첫 번째 생성물은 정상적인 Friedel-Crafts 알킬화에 의해 생성된다.

$$\text{Benzene} + \text{butyl}-\overset{+}{\ddot{C}l}-\overset{-}{Al}Cl_3 \longrightarrow \text{(cation, H)} + :\ddot{C}l-\overset{-}{Al}Cl_3$$

$$\longrightarrow \text{Butylbenzene} + HCl + AlCl_3$$

• 두 번째 생성물은 재배열이 일어난 buthyl기를 가지는데 이는 *sec*-뷰틸 양이온의 친전자성 방향족 치환에 의하여 생성된다. 필요한 재배열은 Lewis 산촉매 수소화물 이동으로 야기된다.

$$CH_3CH_2CH(H)-CH_2-\ddot{\underset{..}{Cl}}: + AlCl_3 \longrightarrow CH_3CH_2\overset{+}{C}H-CH_3 + {}^{-}AlCl_4$$

$$CH_3CH_2\overset{+}{C}HCH_3 + \text{benzene} \longrightarrow \longrightarrow + H^+$$

연습 문제 15-32

자습 문제

다음 반응의 메커니즘을 쓰시오.

$$\text{(CH}_3)_3\text{CCH}_2\text{Cl} + \text{benzene} \xrightarrow{AlCl_3}$$

이러한 제한성이 있기 때문에 Friedel-Crafts 알킬화는 합성화학에서는 거의 사용되지 않는다. 이 반응을 개선할 여지가 있는가? 이를 위해서는 재배열을 할 수 없을 뿐 아니라 치환으로 고리를 비활성화하여 더 이상 치환이 일어나지 않도록 하는 친전자성 탄소 화합물이 필요하다. 바로 이러한 화학종인 아실륨 양이온을 거치는 Friedel-Crafts 반응으로 이어지는 다음 절의 논제이다.

요약 Friedel-Crafts 알킬화는 과다하게 알킬화되고, 수소화물 이동 및 알킬 이동에 의한 골격의 재배열이 일어나는 골칫거리 문제가 있다.

15-13 Friedel-Crafts 아실화 (알칸오일화반응)

탄소-탄소 결합을 형성하는 두 번째 친전자성 방향족 치환은 Friedel-Crafts 뷰탄오일화, 펜탄오일화 등등의 **Friedel-Crafts 알칸오일화반응 (alkanoylation)** 이다. 더 널리 사용되는 이 반응의 이름은 **아실화반응 (acylation)** 이며 이 책에서도 이 이름을 사용하기로 한다. IUPAC에서 사용된 관용명인 $H\overset{O}{\overset{\|}{C}}-$의 포밀 (formyl) 과 $CH_3\overset{O}{\overset{\|}{C}}-$의 아세틸 (acetyl) 은 (17-1절) IUPAC에서 그대로 유지하기로 하였으며, 따라서 해당 아실화인 포밀화, 아세틸화의 명칭을 그대로 사용한다. 아실화반응은 $RC\equiv O:^{+}$인 일반적인 구조의 **아실륨 양이온 (acylium cation)** 중간체를 거쳐서 진행된다. 어떻게 아실 양이온이 쉽게 벤젠을 공격해서 케톤을 생성하는지를 이 절에서 논의하게 된다.

Friedel-Crafts 아실화반응

$$C_6H_6 \xrightarrow[-HX]{RCX(=O),\ AlX_3} C_6H_5C(=O)R$$

Friedel-Crafts 아실화 반응은 염화 아실을 사용한다

벤젠을 할로젠화 알루미늄의 존재하에 아실 할로젠화물과 반응하여 1-페닐알칸온(페닐 케톤)을 생성한다. 염화 알루미늄을 Lewis 촉매로 하여 벤젠과 염화 아세틸로부터 1-페닐에탄온(아세토페논)을 제조하는 것이 그 예이다.

Acetyl chloride를 사용한 benzene의 Friedel-Crafts 아세틸화반응

REACTION

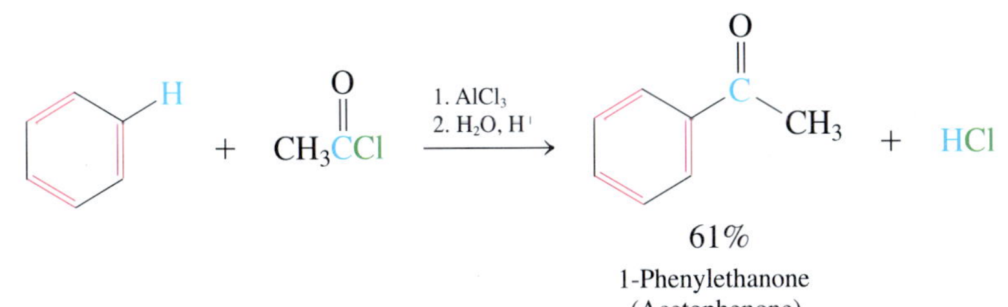

61%
1-Phenylethanone
(Acetophenone)

비록 불안정하고 반응성도 크지만 포밀 양이온($H-C\equiv O^+$)은 뜨거운 불꽃이나 차가운 항성간의 공간에 상당히 많이 존재하는 기본적인 낮은 분자 유기물이다. 포밀 양이온은 1997년에 지구에 그 장관을 보여 준 Hale-Bopp 행성의 주변을 에워싸고 있는 기체에서 검출되었다.

염화 아실은 반응성이 큰 카복실산 유도체이다. 카복실산과 염화 싸이오닐($SOCl_2$)로부터 쉽게 만들 수 있다(상세한 절차는 19장에서 논의하게 된다).

Acyl Chloride의 제조

$$RC(=O)OH + SOCl_2 \longrightarrow RC(=O)Cl + SO_2 + HCl$$

아실 할로젠화물은 Lewis 산과 반응해서 아실륨 이온을 생성한다

Friedel-Crafts 아실화의 핵심 반응 중간체는 아실륨 양이온이다. 이 화학종은 아실 할로젠화물과 염화 알루미늄의 반응으로 생성된다. Lewis 산은 공명을 이유로 카보닐 산소와 배위해서 착물을 형성한다(연습 문제 2-11). 이 착물은 염화 알루미늄이 할로젠과 결합한 이성질체와 평형을 이룬다. 해리가 일어나서 아실륨 이온을 생성하는데, 이 이온은 공명에 의해 안정화되어 재배열이 일어나지 않는다. 옆 그림 아실 양이온의 정전기 퍼텐셜 지도를 보면 양전하(푸른색)의 대부분이 카보닐 탄소에 몰려 있다.

Acyl halide에서 acylium 이온 생성

$$RC(=\ddot{O}:)-\ddot{X}: + AlCl_3 \rightleftharpoons \left[RC(=\overset{+}{O}-\overset{-}{AlCl_3})-\ddot{X}: \longleftrightarrow RC(-\overset{+}{O}-\overset{-}{AlCl_3})=\overset{+}{X} \right] \rightleftharpoons RC(=O)-\overset{+}{X}-\overset{-}{AlCl_3} \rightleftharpoons$$

$$[RC\equiv\overset{+}{O}: \longleftrightarrow R\overset{+}{C}=\ddot{O}] + :\ddot{X}\overset{-}{AlCl_3}$$

Acylium 이온

Acetyl 양이온

때로는 아실 할로젠화물 대신에 카복실산 무수물이 아실화에 사용된다. 이들 분자는 비슷한 방법으로 Lewis 산과 반응한다.

카복실산 무수물로부터 acylium 이온 생성

$$RC(=O)-\ddot{O}-CR(=O) + AlCl_3 \rightleftharpoons [RC(=O^{+}-\bar{A}lCl_3)-\ddot{O}-CR(=O) \longleftrightarrow RC(-O-\bar{A}lCl_3)=\overset{+}{O}-CR(=O)] \rightleftharpoons RC(=O)-\overset{+}{O}(-\bar{A}lCl_3)-CR(=O) \rightleftharpoons [RC\equiv\overset{+}{O}: \longleftrightarrow R\overset{+}{C}=\ddot{O}] + Cl_3\bar{A}lOCR(=O)$$

아실륨 이온은 친전자성 방향족 치환을 일으킨다

아실륨 이온은 친전자성이 충분히 커서 일반적인 방향족 치환 메커니즘으로 벤젠을 공격한다.

친전자성 아실화반응

$$C_6H_6 + R-\overset{+}{C}=O: \longrightarrow [C_6H_6(H)(C(=O)R)]^{+} \longrightarrow C_6H_5C(=O)R + H^{+}$$

새로 도입된 아실 치환기는 전자 끄는기이기 때문에(14-8 및 16-1절 참조) 고리를 비활성화를 계속하여 다음 치환이 일어나는 것을 막아 준다. 따라서 폴리알킬화가 일어나는 것과는 달리(15-12절), 폴리아실화는 일어나지 않는다. 이러한 효과는 염화 알루미늄 촉매와 케톤 생성물 카보닐기 사이의 강력한 착물 형성으로 인하여 더욱 강화된다.

Lewis 산의 1-phenylalkanone과의 착물 형성

$$C_6H_5C(=\ddot{O}:)R + AlCl_3 \rightleftharpoons C_6H_5C(=\overset{+}{O}-\bar{A}lCl_3)R$$

이 착물 형성으로 반응 혼합물에서 $AlCl_3$가 없어지게 되며 따라서 반응이 완결 되려면 **적어도 1당량 이상**의 Lewis 산을 사용해야 된다. 다음 보기 반응에서처럼 수용액으로 처리하여야만 염화 알루미늄 착물로부터 케톤을 유리해 낼 수 있다.

$$C_6H_5H + CH_3CH_2CCl(=O) \xrightarrow[-HCl]{1.\ AlCl_3\ (1.7당량)\ 2.\ H_2O,\ H^+} C_6H_5CCH_2CH_3(=O)$$

84%
1-Phenyl-1-acetone
(Propiophenone)

$$C_6H_5H + CH_3COCCH_3(=O)(=O) \xrightarrow[-CH_3COOH]{1.\ AlCl_3\ (2.4당량)\ 2.\ H_2O,\ H^+} C_6H_5CCH_3(=O)$$

85%
1-Phenylethanone
(Acetophenone)

치환기를 한 개만 선택적으로 도입할 수 있는 Friedel-Crafts 아실화로 벤젠 핵에 탄소 사슬을 선택적으로 도입할 수 있는데, 이는 통상적인 Friedel-Crafts 알킬화로는 이루기 어려운 일이다(15-12절). 우리는 금속 수소화물에 의해 카보닐기를 알코올로 변환하는 방법과(8-6절) 하이드록시 치환기를 수소화물로 환원될 수 있는 이탈기로 바꾸는 방법을(8-7절) 알고 있어 해당하는 탄화수소를 합성할 수 있게 된다. 이러한 아실화와 환원의 연속 반응은 벤젠을 알킬화하는 둘러가는 반응 유형을 제공한다. 차후에 카보닐기의 탈산소반응(deoxygenation)을 살펴보게 된다(16-5 및 17-10절).

Benzene의 헥산오일화-환원을 거치는 hexylbenzene의 합성

Benzene + hexanoyl chloride (O, Cl) $\xrightarrow[-HCl]{AlCl_3}$ 1-phenylhexan-1-one (O) $\xrightarrow{1.\ NaBH_4\ \ 2.\ HBr}$ (Br) $\xrightarrow{LiAlH_4}$ Hexylbenzene

연습 문제 15-33

가장 간단한 acyl chloride인 formyl chloride $\left(\mathrm{H{-}\overset{\overset{\displaystyle O}{\|}}{C}{-}Cl}\right)$은 불안정하여, 만든다 해도 곧 HCl과 CO로 분해된다. 그러므로 benzene의 직접적인 Friedel-Crafts 포밀화는 불가능하다. 이를 대신하는 과정인 Gattermann-Koch 반응에서는 HCl과 Lewis 산 존재하에서 압력을 가해 CO와 처리함으로써 벤젠 고리에 포밀기 −CHO를 도입할 수 있다. 예를 들어, methylbenzene(톨루엔)은 이 방법으로 51% 수득률로 파라 위치에 포밀화가 일어난다. 이 과정에서의 친전자체는 고압에서 CO를 HF-SbF_5로 처리함으로써 1997년에 처음으로 직접 관찰하였다. ^{13}C NMR: $\delta = 139.5$ ppm; IR: $\nu = 2110\ \mathrm{cm^{-1}}$. 이 화학종의 구조는 무엇이며 methylbenzene과의 반응은 어떤 메커니즘을 거치는가? (**힌트**: 먼저 CO의 Lewis 구조를 그리고 산의 존재하에 생성될 수 있는 화학종을 고려하여 진행하시오. 비교해 볼 수 있는 유리된 CO의 분광학적 자료는 다음과 같다. ^{13}C NMR: $\delta = 181.3$ ppm; IR: $\tilde{\nu} = 2143\ \mathrm{cm^{-1}}$.

CH_3-C$_6H_4$-H + CO + HCl $\xrightarrow{AlCl_3,\ CuCl}$ CH_3-C$_6H_4$-CHO

요약 Friedel-Crafts 아실화에서는 Friedel-Crafts 알킬화의 문제점인 연속 치환과 탄소양이온 재배열을 피해갈 수 있다. 반응은 Lewis 산 존재하에서 할로젠화 아실 또는 카복실산 무수물 간에 일어난다. 중간체 아실륨 양이온은 친전자성 방향족 치환을 일으켜 대응하는 방향족 케톤을 생성한다.

요점

방향족성(반방향족성)에 대한 개념은 생소하게 보일지도 모른다. 그러나 이는 전에 이미 학습한 Coulomb 법칙(1-2절), 팔전자 규칙(1-3절), 쌓음 원리(1-6절)와 같은 전자 효과를 확장한 것에 불과하다. 하이퍼콘쥬게이션에 따른 라디칼과(3-2절) 탄소양이온의(7-5절) 안정도 순서와 π 전자 비편재화에 의한 안정화(불안정화)의 (14장) 일반적 현상을 포함해서, 오비탈 겹침과 전자 비편재화에 의하여 안정화될 수도 있고, 또는 불안정하게 될 수도 있음을 알려 주는 또 하나의 다른 예인 것이다. 이러한 관점에서 방향족성이란 그저 유기화학에서 다루는 또 다른 종류의 전자 효과인 것이다.

방향족성과의 연계성을 16장에서 추가적으로 다루게 되는데, 벤젠 고리의 치환기가 다음 치환반응이 한번 더 일어날 때 어떤 영향을 미치는가를 다루게 된다. 폴리스타이렌에서부터 아스피린에 이르기까지 구조 단위로서 벤젠 고리는 수 없이 많은 유기 분자에서 발견되는데 벤젠 고리를 어떻게 다른 유기물에 끼워 넣으며 벤젠 고리의 치환기들은 어떻게 바꿀 수 있는가를 학습하게 된다.

통합 문제

15-34. 화합물 A, C_8H_{10}를 $FeBr_3$ 존재하에서 Br_2로 처리하면 생성물 B, C_8H_9Br이 된다. A와 B에 대한 스펙트럼 자료는 다음과 같다. A와 B의 구조를 정하시오.

A: ^{1}H NMR ($CDCl_3$): $\delta = 2.28$ (s, 6 H), 6.95 (m, 3 H), 7.11 (td, $J = 7.8$, 0.4 Hz, 1 H) ppm.
^{13}C NMR ($CDCl_3$): $\delta = 21.3$, 126.1, 128.2, 130.0, 137.7 ppm,
IR (neat) 중요한 봉우리만: $\tilde{\nu} = 3016$, 2946, 2921, 769, 691 cm^{-1}.
UV (CH_3OH): $\lambda_{최대} = 261$ nm.

B: ^{1}H NMR ($CDCl_3$): $\delta = 2.25$ (s, 3 H), 2.34 (s, 3 H), 6.83 (dd, $J = 7.9$, 2.0 Hz, 1 H), 7.02 (dd, $J = 2.0$, 0.3 Hz, 1 H), 7.36 (dd, $J = 7.9$, 0.3 Hz, 1 H) ppm.
^{13}C NMR ($CDCl_3$): $\delta = 20.7$, 22.7, 121.6, 128.1, 131.6, 132.1, 136.9, 137.4 ppm.
IR (neat) 중요한 봉우리 $\tilde{\nu} = 3012$, 2961, 2923 cm^{-1}.
UV (CH3OH): $\lambda_{최대} = 265$ nm.

풀이

분자식과 스펙트럼 자료를 얼핏 보아도 치환된 벤젠에서 브로민화반응이 일어났음을 확인할 수 있다. A (C_8H_{10})의 한 수소가 브로민 원자로 치환되었으며 (C_8H_9Br), 두 화합물 모두 ^{1}H NMR과 ^{13}C NMR 스펙트럼에서 방향족 봉우리를 나타낸다. IR 스펙트럼은 A와 B에서 모두 $C_{방향족}$—H를 신축 신호를 볼 수 있으며, UV 스펙트럼은 페닐 발색단과 일치한다. 자세히 살펴보면 두 화합물은 $\delta \approx 2.3$ ppm에서 (표 10-2) 방향족계에 결합된 두 개의 methyl기를 가지고 있다. C_8H_{10}(A) 으로부터 $2 \times CH_3$를 빼주면 C_6H_4 페닐 토막만이 남게 된다. 화합물 A는 dimethylbenzene의 한 이성질체임에 틀림없다. 이에 따라 B는 bromo (dimethyl) benzene의 이성질체임이 분명하다. 두 화합물 모두에서 어떤 이성질체인가가 남은 문제이다. 답을 얻기 위하여 가능한 모든 것을 써보면 도움이 될 것이다. A에 대해서는 *ortho-meta-* 및 *para*-dimethylbenzene (자이렌, 15-1절)의 세 가지 이성질체가 있다.

A의 세 가지 가능한 구조

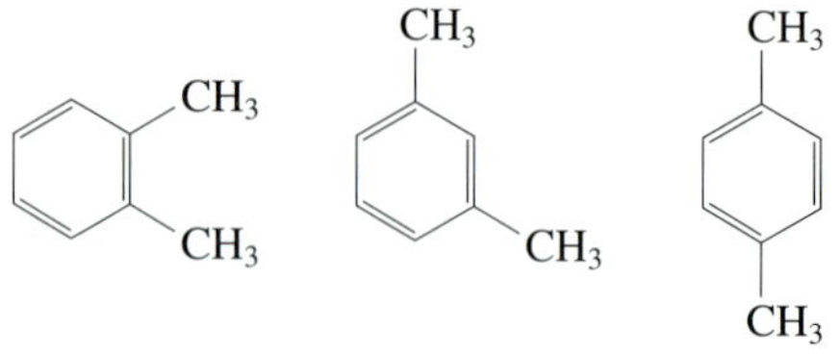

Ortho　　Meta　　Para

A

이들을 NMR 스펙트럼을 토대로 구별이 가능한가? 물론 가능하다. 각 고리는 고유한 다른 대칭성을 갖고 있기 때문이다. 그러므로 오쏘 이성질체는 각각의 NMR 스펙트럼에서 단지 두 가지의 방향족 수소와 세 가지 페닐 탄소 신호를 나타낸다. 더 대칭성이 큰 파라 이성질체는 한 가지 고리 수소와 두 가지의 페닐 탄소를 가진다. 이 두 예측은 A에 대해 관찰된 자료와 일치하지 않는다. 그러므로 몇 개의 방향족 수소가 분해되지 않아서 다중선(3 H)을 나타내지만 $\delta = 7.11$ ppm에서 단일 양성자의 존재는 *meta*-dimethylbenzene하고만 일치한다(두 가능한 수 중 어느 것이 이 신호에 해당하는가? **힌트:** ^{1}H NMR 신호의 짝지음 양식을 살펴보시오). 마찬가지로 이 이성질체는 ^{13}C NMR 스펙트럼에서 관찰할 수 있는 것과 같이 네 개의 분명한 고리 탄소를 포함한다.

A의 구조에 대한 정보를 가지고 친전자성 방향족 브로민화반응에 대한 가능한 생성물을 제안할 수 있다.

B의 세 가지 가능한 구조

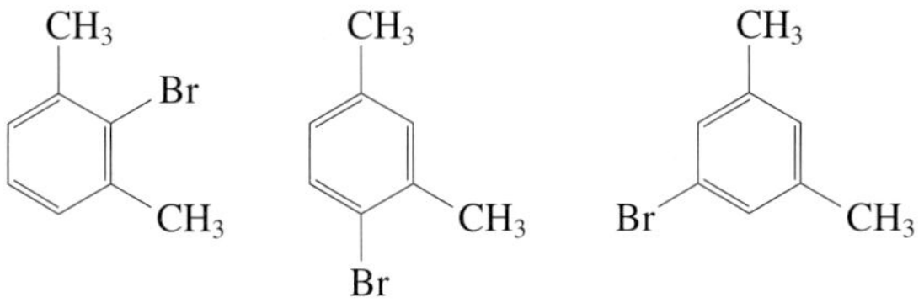

CH_3 Br CH_3 CH_3 CH_3 Br CH_3 Br CH_3

B

위의 어느 것이 B인가? 대칭성(비대칭인)에서 해답을 얻을 수 있다. B의 ^{1}H NMR 스펙트럼은 두 개의 분명한 methyl기와 세 개의 다른 고리 수소를 나타내었으며 한편 ^{13}C NMR은 여섯 개의 방향족 탄소 흡수 이외에 두 개의 탄소 봉우리를 나타냈다. 이 두 자료를 고려하면 위 그림의 중앙에 있는 구조, 즉 1-bromo-2,4-dimethylbenzene만이 부합된다. A의 반응으로 B가 생성되는 반응은 다음과 같이 된다.

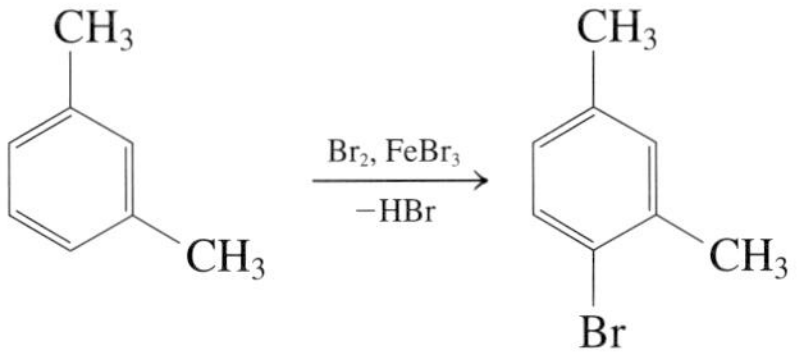

CH_3 CH_3 $\xrightarrow[-HBr]{Br_2,\ FeBr_3}$ CH_3 CH_3 Br

A B

A의 단일 브로민화반응에서 왜 B 이성질체만 생성되는가? 16장을 참고하라. 그 전에 분광학을 더 연습하기 위하여 문제 43를 풀어보라.

15-35. 살충제 DDT는(화학 이야기 3-2) 진한 H_2SO_4의 존재하에서(필수적임) chlorobenzene을 2,2,2-trichloro-acetaldehyde로 처리하여 톤 단위로 제조된 적이 있다. 이 반응의 메커니즘을 고안하시오.

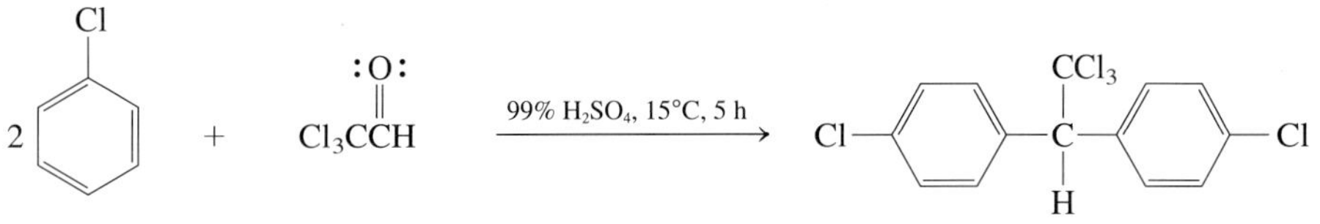

Cl 2 + :O: ‖ Cl_3CCH $\xrightarrow{99\%\ H_2SO_4,\ 15°C,\ 5\ h}$ CCl_3 Cl—C—Cl H 98%

Chlorobenzene 2,2,2-Trichloro-acetaldehyde DDT

풀이

먼저 주어진 사항들을 정리해 보자.

1. 생성물은 chlorobenzene으로부터 유도된 두 개의 소단위와 알데하이드로부터 유도된 한 개의 소단위로 구성되어 있다.
2. 이 공정에서 출발물인 두 개의 chlorobenzene과 한 개의 trichloroacetaldehyde의 원자수는 모두 합치면 $Cl_4H_{11}Cl_5O$이고, DDT의 분자식은 $Cl_4H_9C_{15}$이다. 결론적으로 H_2O가 빠져나온 것이다.
3. 이 변환은 방향족 수소가 알킬 탄소 치환기로 바뀐 것으로 이는 Friedel-Crafts 알킬화가(15-12절) 일어나는 것임을 강력히 시사한다.

이제 가능성 있는 메커니즘을 가려보기로 하자. Friedel-Crafts 알킬화는 양으로 편극되었거나 또는 양이온인 탄소 친핵체를 필요로 한다. 생성물을 살펴보면 알데하이드의 카보닐 탄소는 친전자성이 축부하다. 이 탄소는 전자 끌개인 산소와 염소 치환기로 인하여 아예 처음부터 양으로 편극화되어 있다. 팔전자계가 완성되지 않은 쌍극성 공명형(1-5절)을 보면 알 수 있다.

2,2,2,-Trichloroacetaldehyde의 활성화에 의한 친전자체

팔전자계   팔전자계가 아닌 쌍극성   하이드록시 탄소양이온   양성자첨가한 알데하이드

강산이 존재하면 중성인 화학종의 음으로 편극된 산소의 양성자첨가로 양전하를 띤 중간체를 생성하게 되는데 이로 인하여 카보닐 탄소의 친전자성은 하이드록시 탄소양이온인 공명형에서 더 두드러지게 나타난다. 이 단계에서 두 친핵성 방향족 치환(15-11절)의 첫 번째 단계가 된다.

첫 번째 친전자성 방향족 치환 단계

이 단계의 생성물은 알코올로 산에 의해 쉽게 대응하는 탄소양이온으로 변환될 수 있다(9-2절). 부분적으로는 생성된 전하가 이웃한 벤젠 고리에 의해 공명 안정화되기 때문이다(벤질성 공명, 22-1절, 및 알릴성 공명, 14-1과 14-3절). 다음에 양이온은 두 번째 친전자성 방향족 치환으로 DDT를 얻게 된다. 또 다른 더 고급인 메커니즘은 문제 66에서 다루게 된다.

알코올 활성화와 두 번째 친전자성 방향족 치환 단계

새로운 반응식

1. 벤젠의 수소첨가반응(15-2절)

$$\text{C}_6\text{H}_6 \xrightarrow{\text{H}_2,\ 촉매} \text{C}_6\text{H}_{12}$$

$\Delta H^\circ = -49.3$ kcal mol^{-1}
공명 에너지: ~-30 kcal mol^{-1}

친전자성 방향족 치환반응

2. 염소화, 브로민화, 나이트로화, 설폰화반응(15-9 및 15-10절)

$$C_6H_6 \xrightarrow{X_2,\ FeX_3} C_6H_5X + HX \qquad X = Cl, Br$$

$$C_6H_6 \xrightarrow{HNO_3,\ H_2SO_4} C_6H_5NO_2 + H_2O$$

$$C_6H_6 \underset{H_2SO_4,\ H_2O,\ \Delta}{\overset{SO_3,\ H_2SO_4}{\rightleftharpoons}} C_6H_5SO_3H \qquad \text{가역적}$$

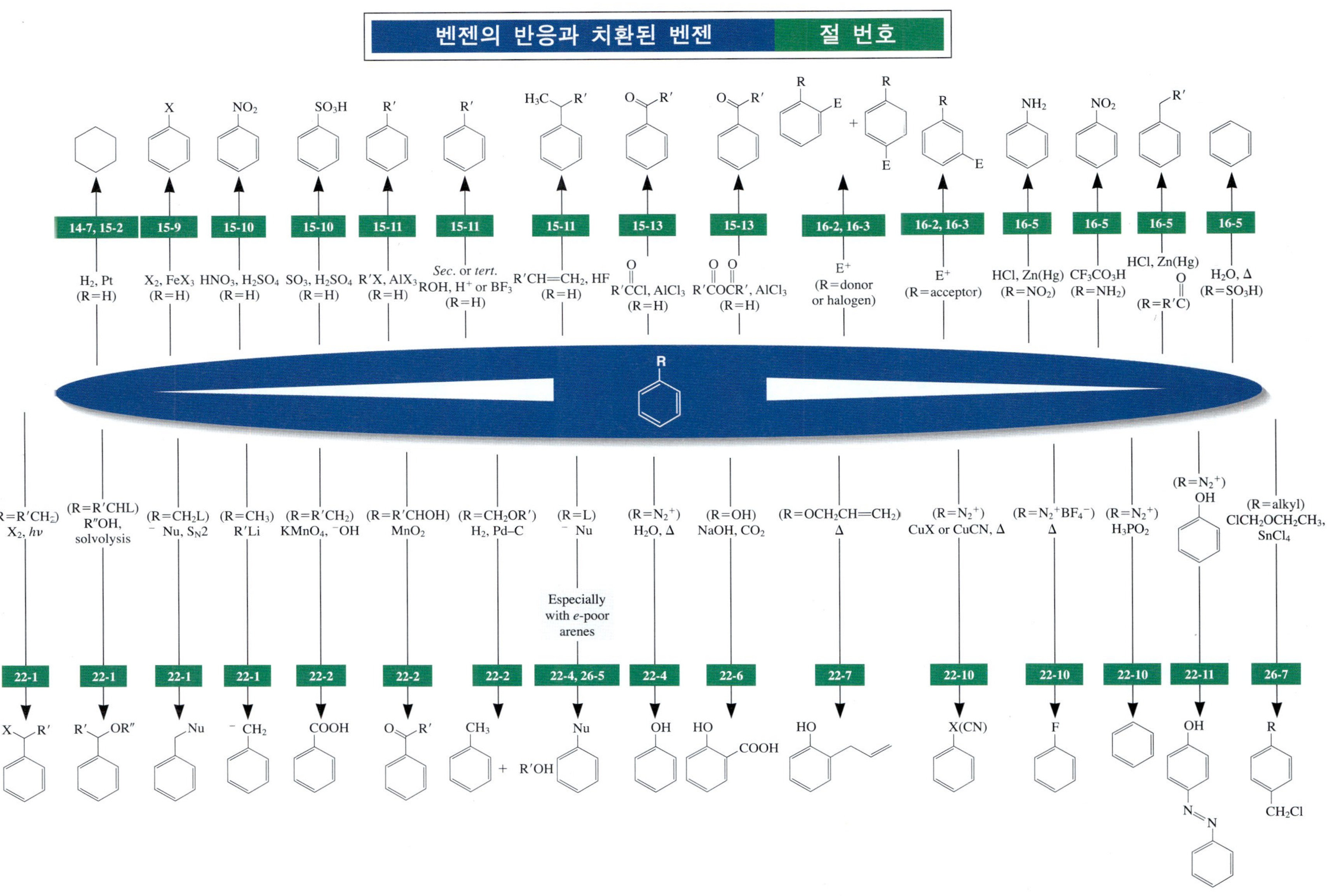
벤젠의 반응과 치환된 벤젠
절 번호
14-7, 15-2
H2, Pt (R=H)
15-9
X2, FeX3 (R=H)
15-10
HNO3, H2SO4 (R=H)
15-10
SO3, H2SO4 (R=H)
15-11
R′X, AlX3 (R=H)
15-11
Sec. or tert. ROH, H+ or BF3 (R=H)
15-11
R′CH=CH2, HF (R=H)
15-13
R′CCl, AlCl3 (R=H)
15-13
R′COCR′, AlCl3 (R=H)
16-2, 16-3
E+ (R=donor or halogen)
16-2, 16-3
E+ (R=acceptor)
16-5
HCl, Zn(Hg) (R=NO2)
16-5
CF3CO3H (R=NH2)
16-5
HCl, Zn(Hg) (R=R′C)
16-5
H2O, Δ (R=SO3H)
22-1
(R=R′CH2) X2, hν
22-1
(R=R′CHL) R″OH, solvolysis
22-1
(R=CH2L) − Nu, SN2
22-1
(R=CH3) R′Li
22-2
(R=R′CH2) KMnO4, −OH
22-2
(R=R′CHOH) MnO2
22-2
(R=CH2OR′) H2, Pd–C
22-4, 26-5
(R=L) − Nu
Especially with e-poor arenes
22-4
(R=N2+) H2O, Δ
22-6
(R=OH) NaOH, CO2
22-7
(R=OCH2CH=CH2) Δ
22-10
(R=N2+) CuX or CuCN, Δ
22-10
(R=N2+BF4−) Δ
22-10
(R=N2+) H3PO2
22-11
(R=N2+) OH
26-7
(R=alkyl) ClCH2OCH2CH3, SnCl4

3. 염화 벤젠설포닐 (15-10절)

$$C_6H_5SO_3Na + PCl_5 \longrightarrow C_6H_5SO_2Cl + POCl_3 + NaCl$$

4. Friedel-Crafts 알킬화반응 (15-11절)

$$C_6H_6 + RX \xrightarrow{AlCl_3} C_6H_5R + HX + \text{과알킬화 생성물}$$

R^+는 탄소양이온 재배열이 일어날 수 있음

분자내 반응

$$\text{Ph}(CH_2)_4Cl \xrightarrow{AlCl_3} \text{tetralin} + HCl$$

알코올과 알켄을 반응물로 하는 반응

$$C_6H_6 + RCH(OH)R' \xrightarrow[-H_2O]{BF_3,\ 60°C} C_6H_5CHRR'$$

$$C_6H_6 + RCH{=}CH_2 \xrightarrow{HF,\ 0°C} C_6H_5CH(R)CH_3$$

5. Friedel-Crafts 아실화반응 (15-13절)

할로젠화 아실

$$C_6H_6 + RCCl(=O) \xrightarrow{1.\ AlCl_3\quad 2.\ H_2O} C_6H_5C(=O)R + HCl$$

1당량 이상의 Lewis 산이 필요함

무수물

$$C_6H_6 + CH_3C(=O)OC(=O)CH_3 \xrightarrow{1.\ AlCl_3\quad 2.\ H_2O} C_6H_5C(=O)CH_3 + CH_3COOH$$

중요한 개념

1. 치환된 벤젠들은 **벤젠**이란 단어에 접두사나 접미사를 덧붙여 명명한다. 이치환 화합물은 치환기의 위치에 따라 1,2-, 1,3-, 1,4- 또는 **오쏘, 메타, 파라**로 표시한다. 많은 벤젠 유도체들은 관용명을 가지며 이 관용명은 때로 치환된 유사체를 명명하는데 기본이 된다. 치환기로서의 방향족계는 **아릴**이라고 한다. 아릴 치환기의 어미인 C_6H_5는 **페닐**이라고 하며, 페닐의 동족체인 $C_6H_5CH_2$는 **페닐메틸 (벤질)** 이라고 한다.

2. 벤젠은 사이클로헥사트라이엔이 아니라 비편재된 여섯 π 전자의 고리형계이다. 여섯 개의 sp^2로 혼성화된 탄소로 이루어지는 **정육각형**이다. 여섯 p 오비탈은 모두 양쪽 이웃과 똑같이 겹쳐진다. 벤젠의 수소화열이 유난히 낮은 것은 **공명 에너지** 또는 **방향족성**이 약 30 kcal mol^{-1}이나 되기 때문이다. 방향족성 비편재화로 생기는 안정성은 Diels-Alder 고리화첨가나 가오존분해와 같은 몇몇 반응에서의 전이 상태에서도 분명하게 들어난다.

3. 벤젠의 독특한 구조로 특이한 UV, IR, NMR 스펙트럼 자료를 얻게 된다. ^{1}H NMR 분광법은 가장 쉽게 방향족 고리를 확인할 수 있는데 이는 **유도 고리 전류**로 인한 방향족 수소의 특이한 **벗김** 효과 때문이다. 더욱이 **오쏘, 메타, 파라** 짝지음 상수를 조사하면 치환 유형을 알 수 있다.

4. 여러고리 벤젠류 탄화수소는 직선으로 또는 꺽여서 접합된 벤젠 고리로 구성된다. 가장 간단한 이 부류 화합물은 나프탈렌, 안트라센 및 페난트렌이다.

5. 이들 분자에서 벤젠 고리는 두 개 이상의 탄소 원자들을 **공유**하게 되는데, 이들 π 전자는 고리계 전체에 비편재된다. 따라서 나프탈렌은 벤젠의 방향족 특성을 얼마간 보여 준다. 전자 스펙트럼은 확장된 콘쥬게이션을 나타내며, ^{1}H NMR은 고리의 벗김 효과를 보여 주며, 단일 결합과 이중 결합이 교대하는 현상은 거의 나타나지 않는다.

6. 벤젠은 Hückel의 **[4*n* + 2] 규칙**을 따르는 방향족성 고리형 폴리엔 중에서 가장 작은 구성원이다. 대부분의 4*n* π계는 비교적 반응성이 큰 **반방향족성** 또는 **비방향족성**이다. Hückel 규칙은 전하를 갖는 방향족계에도 확대 적용되며, 사이클로펜타다이엔일 음이온, 사이클로헵타트라이엔일 양이온, 그리고 사이클로옥타테트라엔일 이중음이온이 그러한 예이다.

7. 벤젠의 가장 중요한 반응은 **친전자성 방향족 치환**이다. 속도결정 단계는 친전자체의 첨가로 비편재된 핵사다이엔일 양이온을 생성하는 단계이며, 이때 벤젠의 방향족성을 잃게 된다. 양성자이탈이 재빠르게 일어나서 치환된 벤젠의 방향족성이 복원된다. 치환은 발열성이어서 흡열성인 첨가 반응보다 우세하게 일어난다. 이런 유형의 반응으로 할로벤젠, 나이트로벤젠, 벤젠설폰산, 그리고 알킬과 알칸오일 유도체를 만들 수 있다. 필요할 때에는 Lewis 산이나(염소화, 브로민화. Friedel-Crafts 반응) 무기산을(나이트로화, 설폰화) 촉매로 사용하게 된다. 이들의 역할은 반응 시약의 친전자성을 증가시키거나 아니면 양전하를 띤 강력한 친전자체를 생성한다.

8. 벤젠의 **설폰화**는 **가역** 과정이다. 설폰산기는 묽은 산 수용액과 함께 가열함으로써 제거된다.

9. **벤젠설폰산**은 염화 벤젠설포닐의 전구체이다. 이 염화물은 알코올과 반응해서 유용한 **이탈기**로 작용하는 설폰산 에스터를 생성하며, 아민과 반응하여 설폰아마이드를 생성하는데, 그들 중 일부는 대단히 중요한 의약품으로 사용된다.

10. Friedel-Crafts 아실화를 포함하여 대부분의 친전자성 치환기와는 대조적으로 Friedel-Crafts 알킬화는 방향족 고리를 활성화하여 추가로 친전자성 치환이 일어나게 되며 혼합 생성물을 얻게 된다.

문제

36. 다음 각 화합물을 IUPAC 명명 체계에 따라 명명하고, 가능한 경우에는 관용명도 쓰시오(**힌트**: 작용기 우선순위는 $-COOH > -CHO > -OH > -NH_2$).

(a) 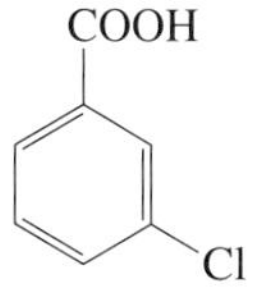 COOH, Cl

(b)  OCH_3, NO_2

(c) 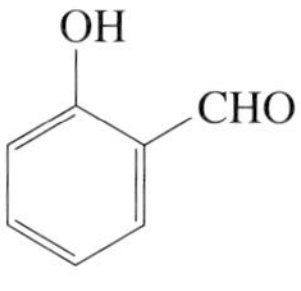 OH, CHO

(d) 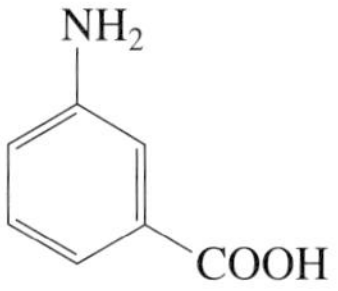 NH_2, COOH

(e) 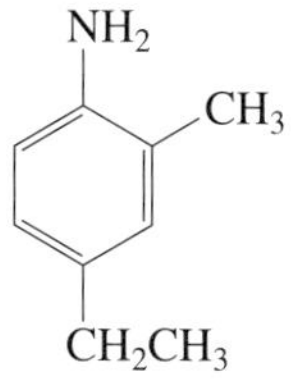 NH_2, CH_3, CH_2CH_3

(f) 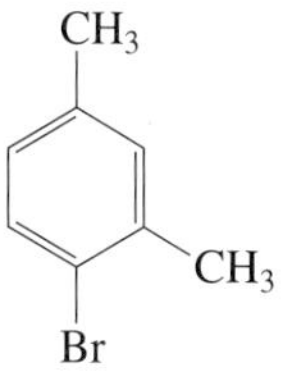 CH_3, CH_3, Br

(g) 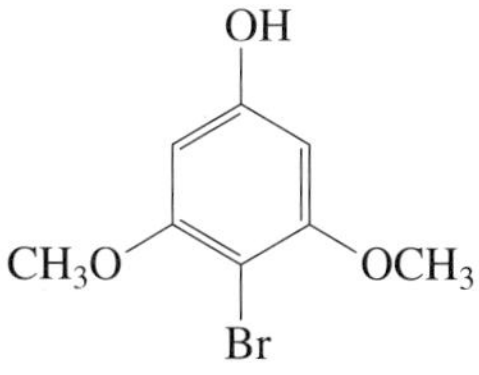 OH, CH_3O, OCH_3, Br

(h) 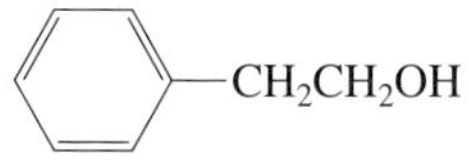 CH_2CH_2OH

(i) 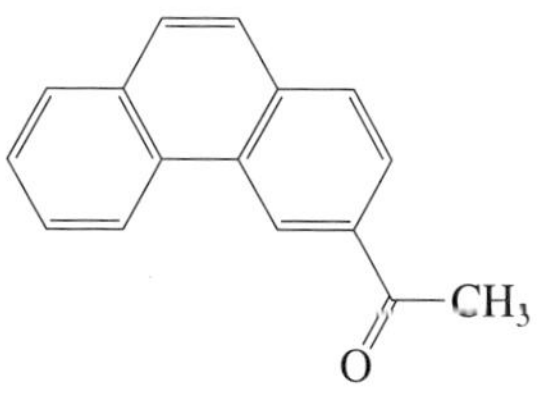 CH_3, O

37. 관용명이 붙여진 다음 물질들 각각에 맞는 IUPAC명을 쓰시오.

(a) Durene (b) Hexylresorcinol (c) Eugenol

38. 다음 각 화합물의 구조를 그리시오. 만약 이름 자체가 올바르지 않다면 정확한 체계적인 이름을 적으시오. **(a)** *o*-Chlorobenzaldehyde; **(b)** 2,4,6-trihydroxybenzene, **(c)** 4-nitro-*o*-xylene, **(d)** *m*-isopropylbenzoic acid, **(e)** 4,5-dibromoaniline, **(f)** *p*-methoxy-*m*-nitroacetophenone.

39. Benzene의 완전 연소는 발열 반응으로 약 $-789\ \text{kcal mol}^{-1}$의 열을 방출한다. 만약 benzene에 방향족성 안정화가 없다면 이 값은 얼마나 되겠는가?

40. Naphthalene의 ^{1}H NMR 스펙트럼은 두 개의 다중선을 보인다(그림 15-16). 높은장의 흡수($\delta = 7.49$ ppm)는 C2, C3, C6, C7에 있는 수소에 기인하고, 낮은장의 다중선($\delta = 7.86$ ppm)은 C1, C4, C5, C8에 있는 수소에 기인한다. 왜 이 한 무리의 수소는 다른 무리에 비해 더 큰 벗김 효과를 나타내는가?

41. 1,3,5,7-Cyclooctatetraene 완전한 수소첨가는 $-101\ \text{kcal mol}^{-1}$의 발열 반응이다. Cyclooctene의 수소첨가는 $\Delta H° = -23\ \text{kcal mol}^{-1}$로 진행된다. 이들 자료는 cyclooctatetraene에 대한 이 장에서의 설명과 일치하는가?

42. 다음 구조 중 어느 것이 Hückel 규칙에 따라 방향족성으로 판정을 받게 되는가?

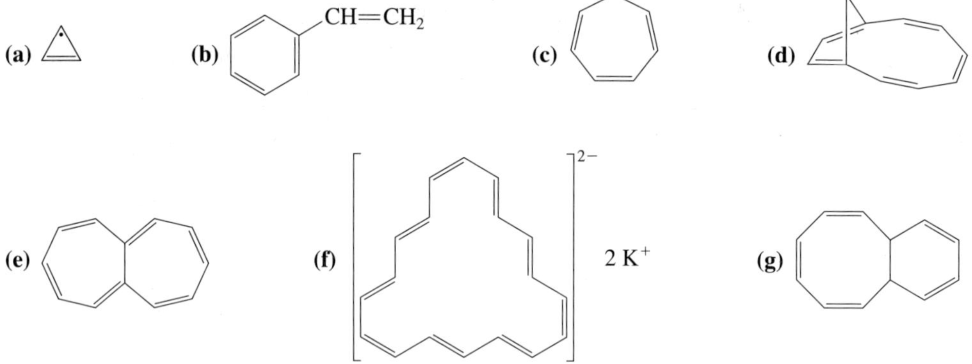

43. 다음은 몇 개의 화합물에 대한 분광학적 및 기타 자료이다. 각각의 구조를 제시하시오. **(a)** 분자식 = $C_6H_4Br_2$. ^{1}H NMR 스펙트럼 A. ^{13}C NMR: 3 봉우리. IR: $\tilde{\nu} = 745\ \text{cm}^{-1}$ (s, broad). UV: $\lambda_{최대}(\epsilon) = 263$ (150), 270 (250), 및 278 (180) nm. **(b)** 분자식 = C_7H_7BrO. ^{1}H NMR 스펙트럼 B. ^{13}C NMR: 7 봉우리. IR: $\tilde{\nu} = 765$ (s) 및 680 (s) cm^{-1}. **(c)** 분자식 = $C_9H_{11}Br$. ^{1}H NMR 스펙트럼 C. ^{13}C NMR: $\delta = 20.6$ (CH_3), 23.6 (CH_3), 124.2 ($C_{사차}$), 129.0 (CH), 136.0 ($C_{사차}$), 및 137.7 ($C_{사차}$) ppm

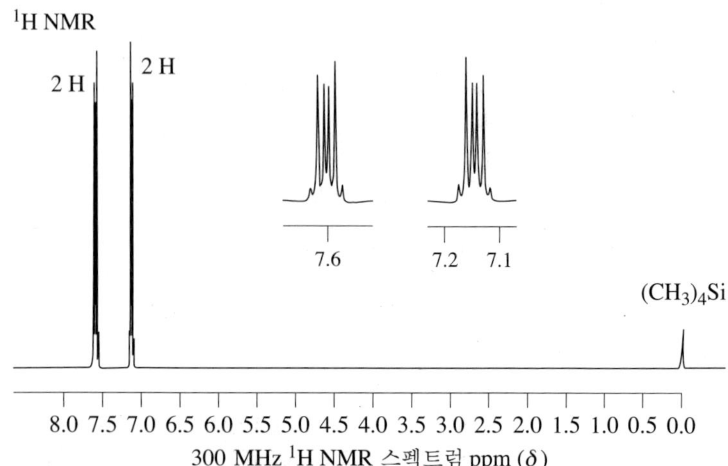

A

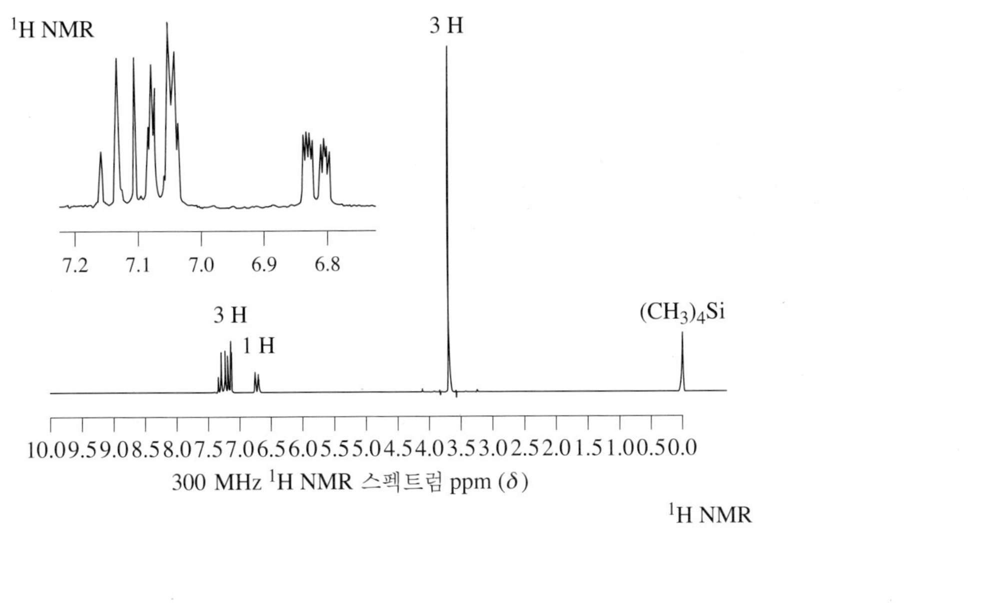

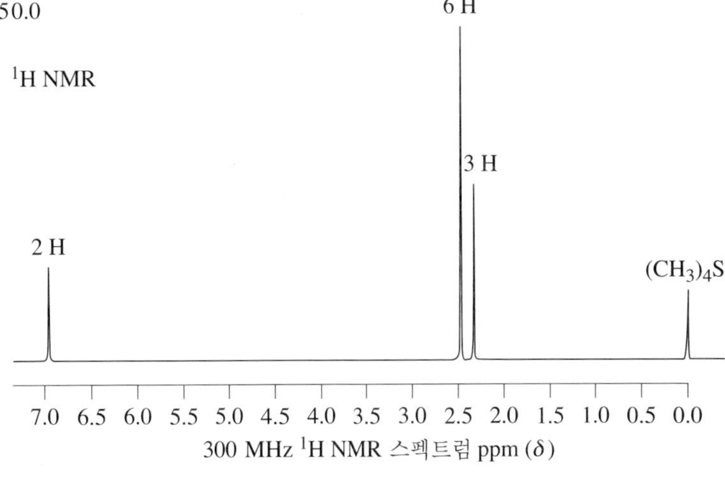

44. Methylbenzene (toluene) 과 1,6-heptadiyne은 모두 C_7H_8의 같은 분자식을 가지며 분자량은 92이다. 다음 두 질량 스펙트럼의 어느 것이 어느 화합물의 것인가? 왜 그런 추론을 했는지 설명하시오.

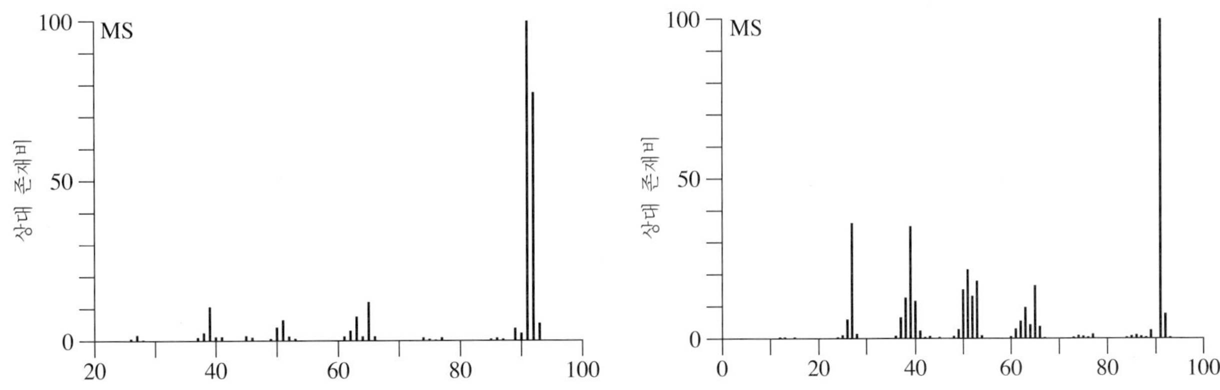

45. **(a)** Dimethoxybenzene의 세 이성질체를 양성자 짝풀림 ^{13}C NMR만으로 구분해 낼 수 있는가? **(b)** Dimethoxynaphthalene에는 몇 가지 이성질체가 가능한가? 각각은 짝풀림 ^{13}C NMR에서 몇 개의 봉우리를 보이겠는가?

46. Benzene을 HF-SbF_5에 가함으로써 생기는 화학종(연습 문제 15-24)은 다음의 ^{13}C NMR 흡수를 보여준다: $\delta = 52.2\ (CH_2)$, 136.9 (CH), 178.1 (CH), 186.6 (CH) ppm. $\delta = 136.9$와 $\delta = 186.6$에 있는 흡수 신호는 다른 흡수 신호 세기의 두 배이다. 이 스펙트럼에서 흡수 신호는 어느 탄소에 기인하는가?

47. 반응 복습. 반응 로드맵을 보지 말고 벤젠을 다음 화합물로 변환하는 시약을 제안해 보시오.

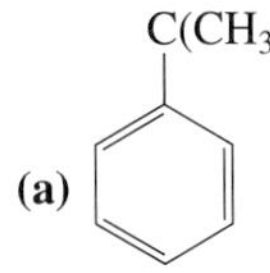

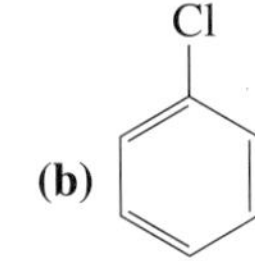

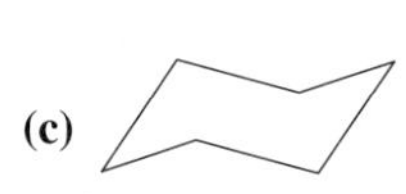

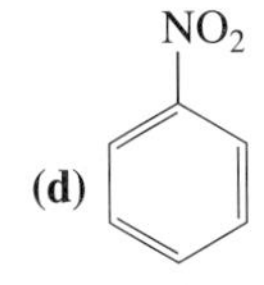

(e) Acetophenone structure ($C_6H_5C(=O)CH_3$) (f) CH_2CH_3 on benzene (g) SO_3H on benzene (h) Br on benzene

48. 다음과 같은 시약의 조합을 benzene에 넣었을 때 생기는 주된 생생물을 쓰시오.

(a) $Cl_2 + AlCl_3$
(b) $T_2O + T_2SO_4$ (T = tritium, ^3H)
(c) $(CH_3)_3COH + H_3PO_4$
(d) N_2O_5 (NO_2^+와 NO_3^-로 해리하는 성질이 있다)
(e) $(CH_3)_2C{=}CH_2 + H_3PO_4$
(f) $(CH_3)_3CCH_2CH_2Cl + AlCl_3$
(g) 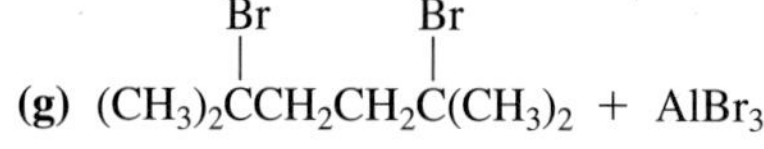

(h) 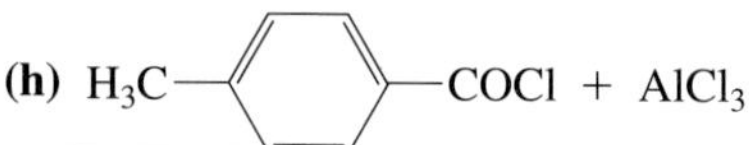

49. 문제 48에서 반응 (c)와 (f)에 대한 메커니즘을 쓰시오.

50. Hexadeuteriobenzene (C_6D_6)은 많은 유기물을 녹일 수 있을 뿐 아니라 방향족성으로 대단히 안정한 매우 요긴한 ^1H NMR 용매이다. C_6D_6를 합성하는 방법을 제안하시오.

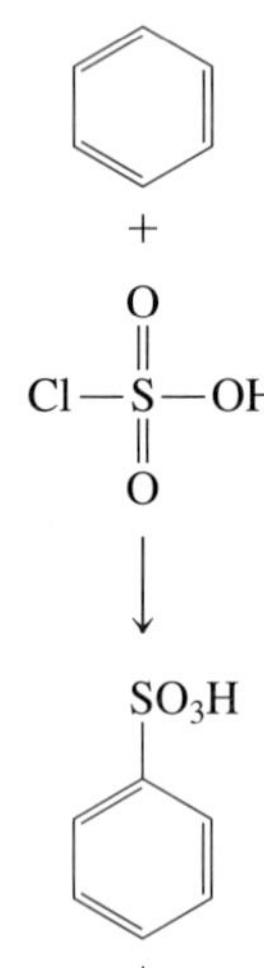

51. Chlorosulfuric acid ($ClSO_3H$)를 이용하여 benzene을 클로로설폰화하는 메커니즘을 제시하시오(왼쪽 여백 그림).

52. Benzene은 $AlCl_3$ 존재하에 sulfur dichloride (SCl_2)과 반응하여 diphenyl sulfide ($C_6H_5—S—C_6H_5$)를 생성한다. 이 과정의 메커니즘을 제안하시오.

53. **(a)** 3-Phenylpropanoyl chloride ($C_6H_5CH_2CH_2COCl$)은 $AlCl_3$와 반응하여 분자식이 C_9H_8O인 단일 화합물을 생성한다. ^1H NMR: δ = 2.53 (t, J = 8 Hz, 2 H), 3.02 (t, J = 8 Hz, 2 H), 및 7.2 ~ 7.7 (m, 4 H) ppm. 이 생성물의 구조와 생성 메커니즘을 제안하시오.

(b) (a)의 생성물에 대해 다음 반응을 순차적으로 수행하였다. (1) $NaBH_4$, CH_3CH_2OH; (2) Conc. H_2SO_4, 100°C; (3) H_2, Pd—C, CH_3CH_2OH. 최종 생성물은 양성자 짝풀림 ^{13}C NMR 스펙트럼에서 다섯 개의 공명선을 나타냈다. 이 반응 연속의 각 단계에서 형성되는 화합물의 구조를 결정하시오.

54. 이 책에서 알킬화된 benzene이 benzene 그 자체보다 친전자성 공격을 더 받기 쉽다고 이야기 하였다. 그림 15-20와 같은 그림을 그려서 methylbenzene (toluene)의 친전자성 치환이 대한 에너지 프로필이 benzene과 양적으로 어떻게 다른지를 보이시오.

55. Holoalkane처럼 haloarene도 쉽게 유기금속 시약으로 전환되어 친핵성 탄소의 공급원이 된다.

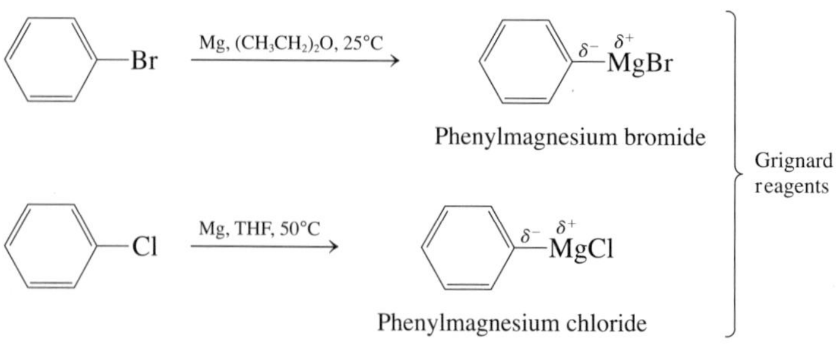

또한 이들 시약의 화학적 거동은 대응 알킬 유도체와 매우 유사하다. 다음과 같은 반응 순차를 거쳐 얻어지는 주생성물을 적으시오.

(a) C_6H_5Br $\xrightarrow{\text{1. Li, (CH}_3\text{CH}_2)_2\text{O; 2. CH}_3\text{CHO; 3. H}^+, \text{H}_2\text{O}}$

(b) C_6H_5Cl $\xrightarrow{\text{1. Mg, THF; 2. } H_2C\text{—}CH_2 \text{ (O, epoxide)}; \text{ 3. H}^+, \text{H}_2\text{O}}$

56. Benzene에서 시작하는 다음 화합물의 효율적인 합성법을 제시하시오. **(a)** 1-phenyl-1-heptanol, **(b)** 2-phenyl-2-butanol, **(c)** 1-phenyloctane (**힌트**: 15-14절의 방법을 사용하라. Friedel-Crafts 알킬화반응은 왜 안 되는가?)

57. 이 장의 시작 부분에서 얘기가 나왔던 오른쪽 여백의 그림과 같은 구조를 갖는 바닐린은 작용기가 여러 개 달려 있어 각기 공유한 반응성을 보인다. 바닐린을 다음 각 시약으로 처리하면 어떤 생성물을 기대할 수 있는가?

H, O, CH_3O, OH

Vanillin

(a) $NaBH_4$, CH_3CH_2OH
(b) NaOH, 다음 CH_3I

Vanillin은 바닐라 종의 콩 꼬투리에서 추출하여 얻는데 시작은 500년 전으로 거슬러 올라간다. 멕시코의 Aztecs 족은 초코렛 음료의 향으로 첨가하여 사용하여 왔다. Cortez가 이를 발견하여 유럽에 도입하게 되였다. vanillin의 수요가 점차 늘어나자 다른 식물의 공급원의 에서 유사한 화합물을 추출하여 합성하는 방법을 개발하게 되었다. 가장 중요한 공급원의 하나가 제지산업의 목재에서 나오는 폐기물이다. 이는 eugenol (유겐올, colve의 추출물)을 vanillin으로 변환하는 과정과 유사하다. 유겐올을 먼저 높은 끓는점 용매를 사용하여 150 °C에서 처리하면 곁사슬 이중 결합의 위치 이성질화가 일어난다.

$CH_2CH{=}CH_2$, CH_3O, OH — KOH, 150°C, 1.5 h → $CH{=}CHCH_3$, CH_3O, OH

Eugenol

58. 고리형 비편재화로 *o*-dimethylbenzene (*o*-xylene)에 대해 아래에 보여지는 구조 A와 B는 동일 분자에 대한 두 공명형일 뿐이다. Dimethylcyclooctatetraene의 두 구조 C와 D에 대해서도 같은 이야기를 할 수 있는가? 설명하시오.

A: CH_3, CH_3 B: CH_3, CH_3 C: CH_3, CH_3 D: CH_3, CH_3

59. 아래 그림에는 2-propenyl (allyl) 및 cyclopropenyl π계의 (오른쪽 여백 그림) 개략적인 에너지 준위가 그려져 있다.

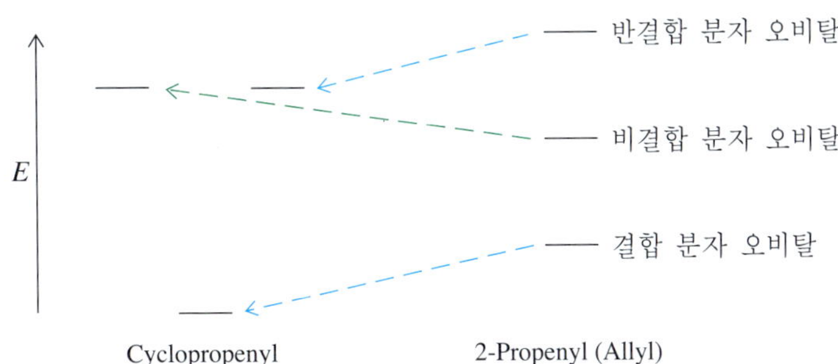

2-Propenyl
(Allyl)

Cyclopropenyl

(a) 그림 15-4에서처럼 (+) (−) 부호 또는 빗금을 그려 넣어 결합 오비탈 겹침과 마디를 나타내는 오비탈 그림을 그리시오.

(b) Cyclopropenyl계에 몇 개의 π 선사가 채워지면 2-propenyl 계에 비해서 최대로 안정화되는가? (그림 15-5의 benzene의 경우를 참조.) 이 숫자대로 전자가 채워지는 경우 전하가 표시된 두 계의 Lewis 구조를 그리시오.

(c) 문제 (b)에서 그린 cyclopropenyl계는 방향족성인가? 설명하시오.

O

C_6H_5 C_6H_5

2,3-Diphenylcyclopropenone

60. **도전 문제** 왼쪽 여백 그림의 2,3-diphenylcyclopropenone은 HBr과 반응하여 이온성 염의 성질을 갖는 첨가물이 얻어진다. 이 생성물의 구조를 추정하고 어떻게 안정한 화학종으로 존재하는지를 설명하시오.

61. **도전 문제** Hückel 규칙을 따르면 cyclobutadiene의 이중양이온($C_4H_4^{2+}$)은 방향족성인가? 이를 예시하기 위하여 π 분자 오비탈의 그림을 그리시오.

62. 다음 구조는 모두 fulvene이라고 부르는 methylenecyclopentadiene들이다.

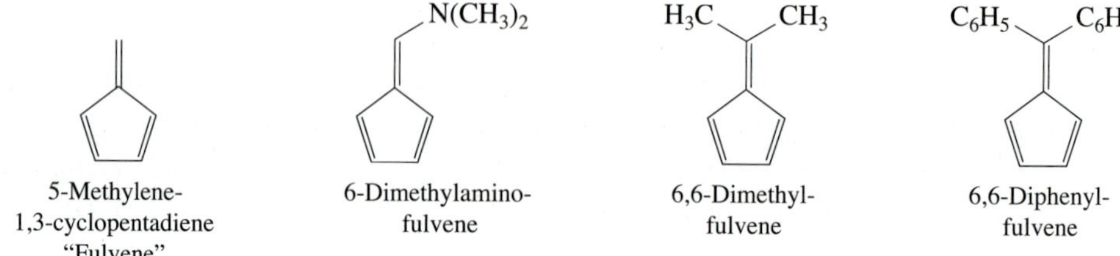

5-Methylene-1,3-cyclopentadiene "Fulvene" | 6-Dimethylamino-fulvene | 6,6-Dimethyl-fulvene | 6,6-Diphenyl-fulvene

(a) 이들 중 한 화합물은 pK_a가 약 20 정도로 다른 것에 비해 유달리 강한 산성을 보인다. 어느 화합물이며 또 어느 수소인가? 이 화합물은 탄소와 수소만으로 이루어졌음에도 왜 이런 산성을 나타내는가?

(b) Fulvene에 해당되는 칠원자 고리의 7-methylene-1,3,5-cycloheptatriene들 중에서는 어느 것도 이와 같은 산도를 보이는 것이 없다. 왜 그런가?

63. Fulvene의 특징적인 반응의 하나가 친핵성 첨가반응이다. Fulvene의 어느 탄소로 친핵체가 첨가되며 왜 그렇게 되는가?

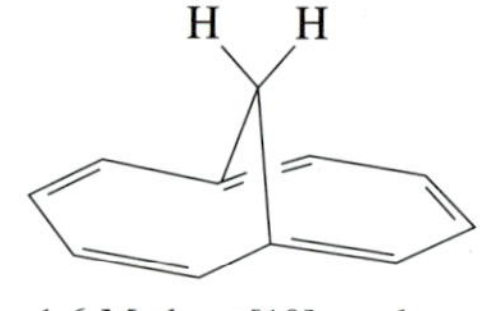

1,6-Methano[10]annulene

64. **도전 문제** (a) [18] Annule의 ¹H NMR 스펙트럼은 $\delta = 9.28$ (12 H)과 -2.99 (6 H) ppm의 두 신호를 보인다. 화학적 이동값이 마이너스인 것은 $(CH_3)_4Si$보다 높은장(오른쪽)임을 뜻한다. 이 스펙트럼을 설명하시오(그림 15-9 참조). (b) 보기 드문 분자인 왼쪽 여백 그림의 1,6-methano [10] Annule은 ¹H NMR 스펙트럼에서 $\delta = 7.10$ (8 H)과 -0.50 (2 H)의 두 세트의 신호를 나타낸다. 이러한 결과는 방향족성의 징표인가?

65. [14] Annule의 가장 안정한 이성질체의 ¹H NMR 스펙트럼은 $\delta = -0.61$ (4 H)과 7.88 (10 H) ppm의 두 신호를 보인다. [14] Annule의 두 이성질체의 그림을 아래 그려 놓았다. 어떤 점이 다른가? 어느 것이 위의 NMR 스펙트럼을 보이겠는가?

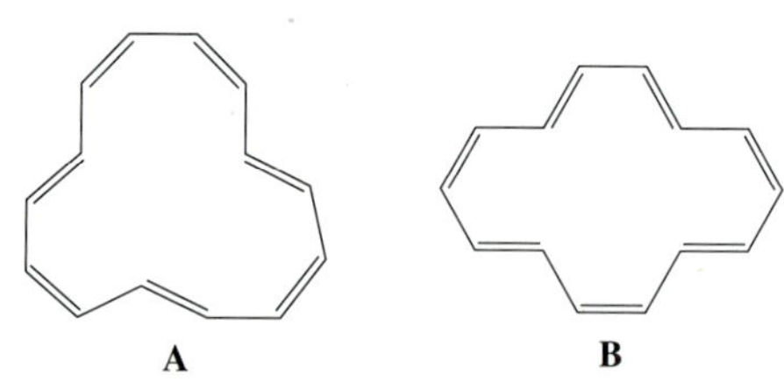

66. 다음 반응을 설명하고 입체화학적 결과를 메커니즘으로 설명하시오.

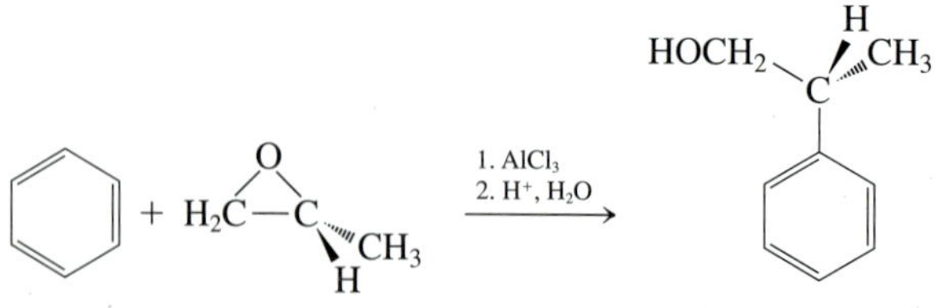

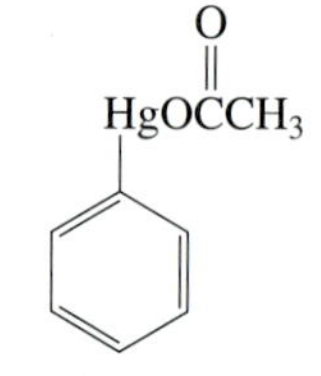

Phenylmercury acetate

67. 금속 치환 benzene은 오랫동안 의약품으로 사용된 역사가 있다. 항생제가 개발되기 전까지는 phenylarsenic 화합물은 몇 가지 질병에 유일한 치료법이었다. Phenylmercury 화합물은 지금까지 항균제 항미생물제로 사용되고 있는 실정이다. 이 장에서 논의한 일반 원리와 Hg^{2+} 화합물에 대해 알고 있는 상식을 동원하여(12-7절) 왼쪽 여백에 표시된 phenylmercury acetate의 합리적인 합성법을 적으시오.

벤젠 유도체에 대한 친전자성 공격

치환기의 위치선택성 조절

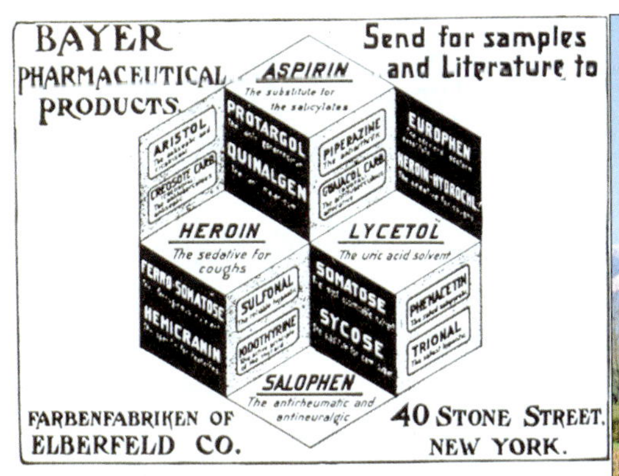

일상생활에서 아스피린, 타이레놀, 나프로신, 애드빌과 같은 상품명으로 더 잘 알려진, 아스피린, 아세트아미노펜, 나프록센, 이부프로펜과 같은 진통제를 여러분은 최소한 한 번쯤은 먹어본 경험이 있을 것이다. 아스피린, 아세트아미노펜, 이부프로펜은 오쏘나 파라 위치에 두 개의 치환기가 있는 벤젠이고, 나프록센은 나프탈렌에 두 개의 치환기가 있는 화합물이다. 이런 화합물은 어떻게 만들 수 있을까? 그 답은 친전자성 방향족 치환반응이다.

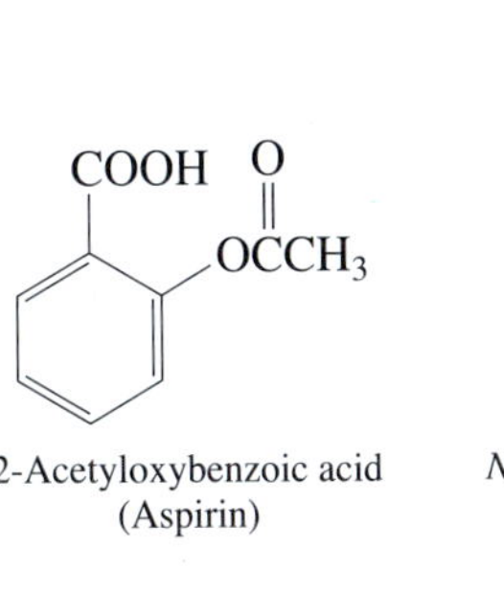

2-Acetyloxybenzoic acid
(Aspirin)

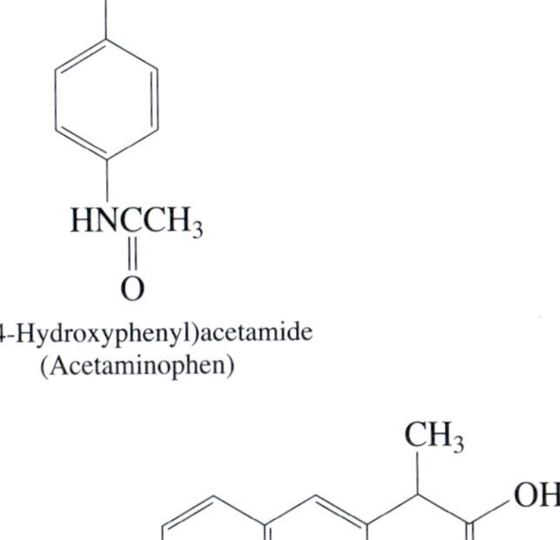

N-(4-Hydroxyphenyl)acetamide
(Acetaminophen)

2-[2-(6-Methoxynaphthyl)]-
propanoic acid
(Naproxen)

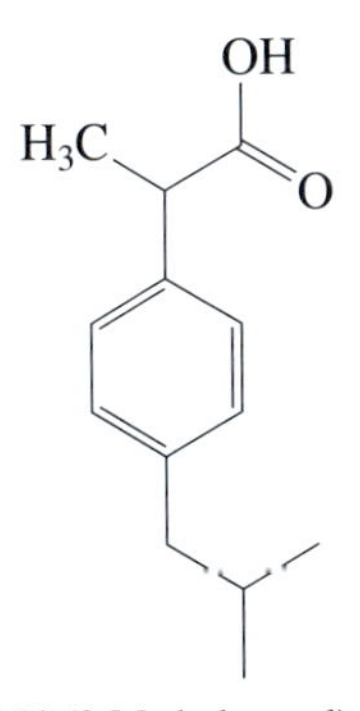

2-[4-(2-Methylpropyl)-
phenyl]propanoic acid
(Ibuprofen)

Phenol에 선택적인 친전자성 치환반응을 통해 상업적으로 얻을 수 있는 아스피린은 오랜 세월동안 대히트를 한 의약품이다. 이것의 활성 대사산물인 2-hydroxybenzoic acid (salicylic acid)는 버드나무 껍질로부터 얻을 수 있는데, 염증 치료, 관절염, 상처, 고열로 인한 고통이나 불편함을 덜어 주는 약으로 4천년 동안 사용되어 왔다. 아스피린은 10세기 말 독일 회사인 Bayer 사에서 처음 발견되었는데, 우습게도 당시에는 습관성 부작용이 알려 있지 않았던 또 다른 약인 헤로인과 함께 시장에 함께 시판되었다.

15장에서는 일치환 벤젠의 제법에 대하여 설명하였다. 이 장에서는 이 화합물에 대한 친전자성 치환반응의 위치선택성(배향)과 반응성에 영향을 주는 치환기 효과에 대하여 살펴보고자 한다. 특히 벤젠 고리의 치환기는 (1) **오쏘(ortho)**나 **파라(para)** 위치에 두 번째의 친전자성 공격을 할 수 있는 **활성화기(activator**, 전자 주개)와 (2) **메타(meta)** 위치에 친전자성 공격을 할 수 있는 **활성감소기(deactivator**, 전자 받개)로 분류할 수 있다. 그리고 앞쪽에서 설명했던 진통제와 같은 다중치환 아렌류의 합성 전략에 대해서도 생각해보고자 한다.

주개 오쏘 오쏘 파라

활성화 고리

받개 메타 메타

비활성화 고리

16-1 치환기에 의한 벤젠 고리의 활성화와 비활성화

이미 14-8절에서 치환기가 Diels-Alder 반응에 미치는 영향에 대하여 배운 바 있다. 다이엔에 전자 주개가 있고, 친다이엔에 전자 받개가 있으면 고리화첨가반응(cycloaddition)에 유리하게 작용한다. 15장에서는 이들 효과에 대한 또 다른 현상에 대하여 설명하였다. 벤젠 고리에(나이트로화반응을 통한) 전자 끄는 치환기를 도입하면 친전자성 방향족 치환반응(electrophilic aromatic substitution, EAS)이 느리게 일어나며, Friedel-Craft 알킬화반응을 통한 전자 주개를 도입하면 이 반응이 빠르게 진행된다. 이 과정에서 치환기의 활성화와 비활성화에 기여하는 요소는 무엇일까? 단일치환 벤젠의 어떤 치환기가 친전자성 공격을 잘 받고 어떤 치환기가 잘 받지 못할까?

NO_2 < < CH_3

친전자성 방향족 치환반응의 속도 증가

치환기의 전자적 영향은 치환기의 구조에 따른 두 가지 효과인 **유도 효과(induction effect)**와 **공명 효과(resonance effect)**의 상호작용에 의하여 결정된다. **유도 효과**는 σ 결합을 통하여 일어나는데 거리에 비례하여 빠르게 소멸되고, 주로 원자의 상대적인 전기음성도와 이를 통한 결합의 편극현상(polarization)의 지배를 받는다(표 1-2와 8-2). **공명 효과**는 π 결합을 통하여 일어나기 때문에 넓은 범위로 존재하며, 특히 전하를 띤 계에서 강하게 작용한다(1-5절, 14장).

먼저 친전자성 방향족 치환반응에서 사용되는 전형적인 치환기들을 유도 효과에 의한 전자 주개와 받개로 살펴보고자 한다. 메틸과 같은 간단한 알킬기들은 이미 앞에서 보았던 현상인 하이퍼콘쥬게이션이 가능한 σ 결합에서 유도 효과 주개로 작용한다(7-5절과 11-5절). 반면에 (전기음성도가 큰 플루오린에 의해) 트라이플루오로메틸은 전자를 끌어당긴다. 카보닐기, 사이아노기, 나이트로기, 설포닐기와 같이 양으로 편극된 원자뿐 아니라, 질소, 산소 또는 (상대적으로 전기음성도가 큰) 할로젠 원소와 같은 헤테로원자들도 유도 효과에 의해 전자를 끌어당긴다.

벤젠 고리의 몇 가지 치환기들의 유도 효과

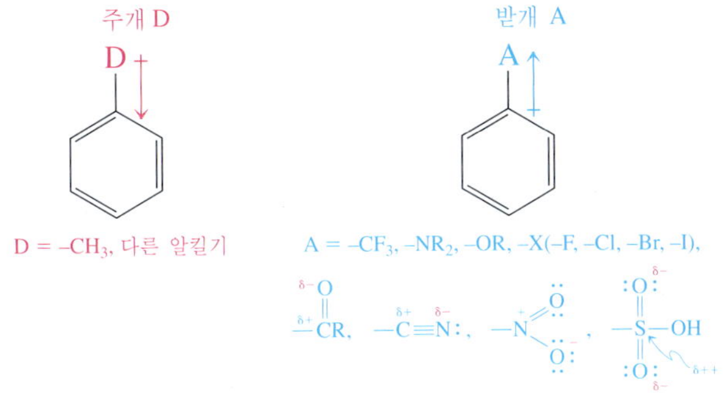

주개 D

받개 A

D = $-CH_3$, 다른 알킬기

A = $-CF_3$, $-NR_2$, $-OR$, $-X(-F, -Cl, -Br, -I)$,

$-\overset{O}{\overset{\|}{C}}R$, $-C{\equiv}N:$, $-NO_2$, $-SO_2OH$

이제 방향족 π계(π system)와 공명 효과를 이루는 치환기들을 살펴보자. 공명 효과에 의한 전자 주개에는 벤젠 고리에 비편재화할 수 있는 전자쌍이 적어도 한 개 이상 있다. $-NR_2$, $-OR$, 할로젠기와 같은 것들이 이 범주에 속한다. 이 작용기들은 전자를 끌어당긴다는 사실을 알아야 한다. 다시 말하면 여기서 유도 효과와 공명 효과는 서로 반대 현상을 나타낸다. 어느 것이 더 우세할까? 이 해답은 헤테로원자들의 상대적인 전기음성도(표 1-2)와 이들 원자의 p 오비탈이 방향족 π 전자계와 어떻게 겹칠 수 있는가에 달려 있다. 아미노기와 알콕시기는 공명 효과가 유도 효과보다 우세하고, 할로젠 원소들은 유도 효과가 공명 효과를 상쇄하여 약한 전자 받개로 작용한다.

Benzene에 공명 주개

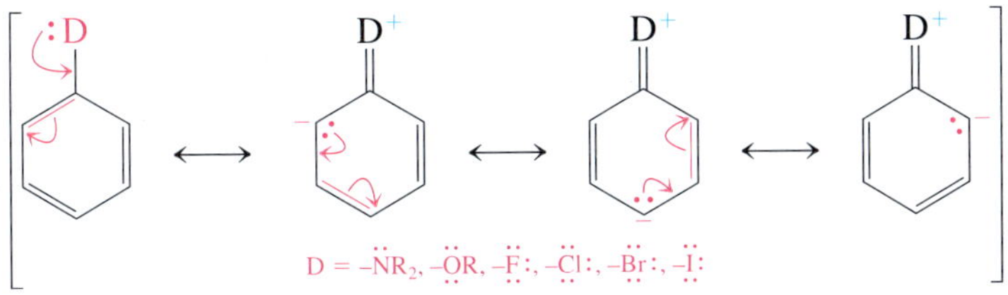

D = $-\ddot{N}R_2$, $-\ddot{O}R$, $-\ddot{F}:$, $-\ddot{Cl}:$, $-\ddot{Br}:$, $-\ddot{I}:$

끝으로 카보닐, 사이아노, 나이트로, 설포닐기와 같이 한쪽 끝이 양(δ^+)전하를 띤 편극된 이중 결합이나 삼중 결합이 벤젠에 붙어 있으면 공명을 통해 전자 끄는기로 작용한다.

Benzene으로부터 공명 받개

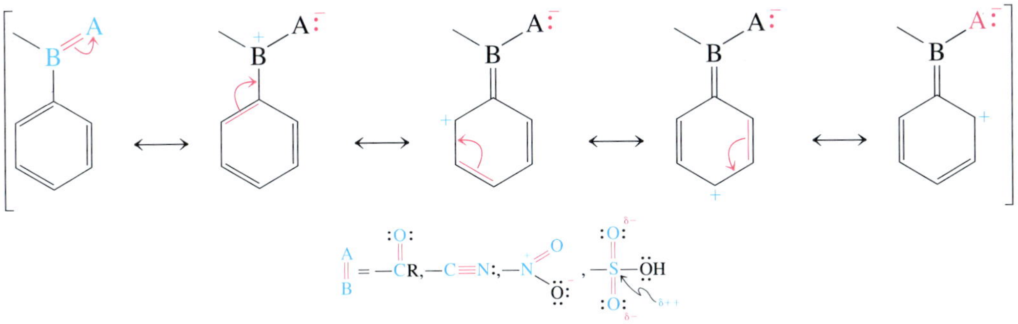

A=B = $-\overset{:O:}{\overset{\|}{C}}R$, $-C{\equiv}N:$, $-NO_2$, $-SO_2\ddot{O}H$

여기에서는 공명 효과가 유도 효과를 강화시키고 있음에 주목할 필요가 있다.

정전기 퍼텐셜 지도에서 벤젠 고리를 상대적으로 붉은색으로 그림으로써 전자 주는 치환기의 존재를 나타내고 있으며, 전자 끄는 치환기들은 비교적 푸른색(초록색)을 띠는 벤젠 고리를 만들게 된다.

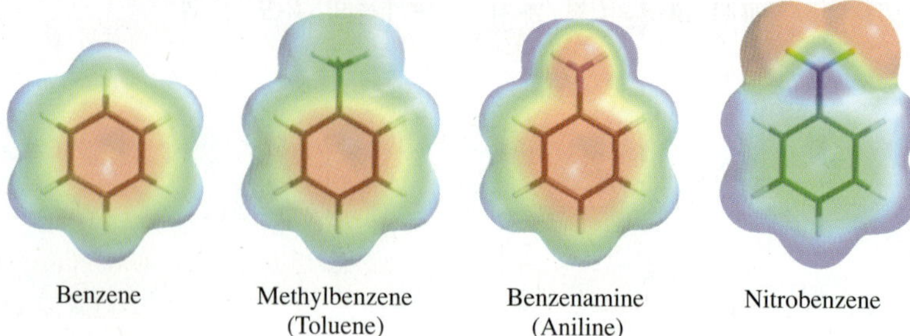

Benzene | Methylbenzene (Toluene) | Benzenamine (Aniline) | Nitrobenzene

연습 문제 16-1

그림 15-11과 15-12의 ^1H NMR 스펙트럼을 설명하시오(**힌트**: 벤젠 고리에 있는 치환기를 포함한 공명 구조를 그려라).

연습 문제 16-2

Phenol (C_6H_5OH)의 ^{13}C NMR 스펙트럼은 $\delta = 116.1$ (C2), 120.8 (C4), 130.5 (C3), 155.6 (C1) ppm에서 네 개의 선으로 나타난다. 이와 같이 나타나는 이유를 설명하시오(**힌트**: Benzene의 ^{13}C NMR 화학적 이동값은 $\delta = 128.7$ ppm이다).

치환기가 전자 주개로 작용하는지, 전자 받개로 작용하는지는 어떻게 알 수 있을까? 친전자성 방향족 치환반응에서는 그 답이 간단하다. 공격하는 화학종이 친전자체이므로 전자가 풍부한 아렌일수록 반응이 빠르게 진행된다. 반대로 전자가 부족한 아렌일수록 반응은 느리게 진행된다. 이런 까닭으로 전자 주개는 벤젠 고리를 활성화시키고, 전자 받개는 벤젠 고리를 비활성화시킨다.

C_6H_5X의 나이트로화반응의 상대 속도

$X = NH(C_6H_5) > OH > CH_3 > H > Cl > CO_2CH_2CH_3 > CF_3 > NO_2$

X	$NH(C_6H_5)$	OH	CH_3	H	Cl	$CO_2CH_2CH_3$	CF_3	NO_2
상대 속도	10^6	1000	25	1	0.033	0.0037	2.6×10^{-5}	6×10^{-8}

← 나이트로화반응의 속도 증가

연습 문제 16-3

아래 화합물에서 벤젠 고리가 활성화되는 것과 비활성화되는 것을 말하시오.

(a) CH_2CH_3, CH_2CH_3 (b) NO_2, CH_3 (c) CO_2H, CF_3 (d) OCH_3, $N(CH_3)_2$

요약 벤젠 핵의 반응성에 치환기가 미치는 효과에 대하여 고려해 볼 때, 유도 효과에 의한 것인지 공명 효과에 의한 것인지를 분석해야 한다. 이런 치환기는 두 부류로 나눌 수 있는데, (1) 벤젠에 비해 상대적으로 친전자성 방향족 치환반응을 가속시키는 전자 주개와 (2) 이 반응을 느리게 하는 전자 받개이다.

16-2 알킬기의 지향성 유도 효과

이제 치환된 벤젠의 친전자성 방향족 치환반응에 대한 위치선택성(배향)에 대하여 고찰해 보고자 한다. 무엇이 친전자체가 공격할 위치를 제어할 수 있는가? 먼저 메틸기가 유도 효과에 의해 전자 주개로 작용하는 메틸벤젠(톨루엔)과 같은, 알킬치환 벤젠의 친전자성 치환반응에 대하여 생각해 보자.

유도 효과에 의해 전자 주개인 작용기는 활성화 작용기이며, 오쏘와 파라 지향성이다

메틸벤젠(톨루엔)의 친전자성 브로민화반응은 벤젠 자체의 브로민화반응보다 훨씬 빠르다. 이 반응은 위치선택적인데 주로 파라(60%)와 오쏘(40%)에 치환반응이 일어나고, 메타 생성물은 실제로 생기지 않는다.

Methylbenzene(toluene)의 친전자성 브로민화반응은 오쏘와 파라 치환반응을 한다

REACTION

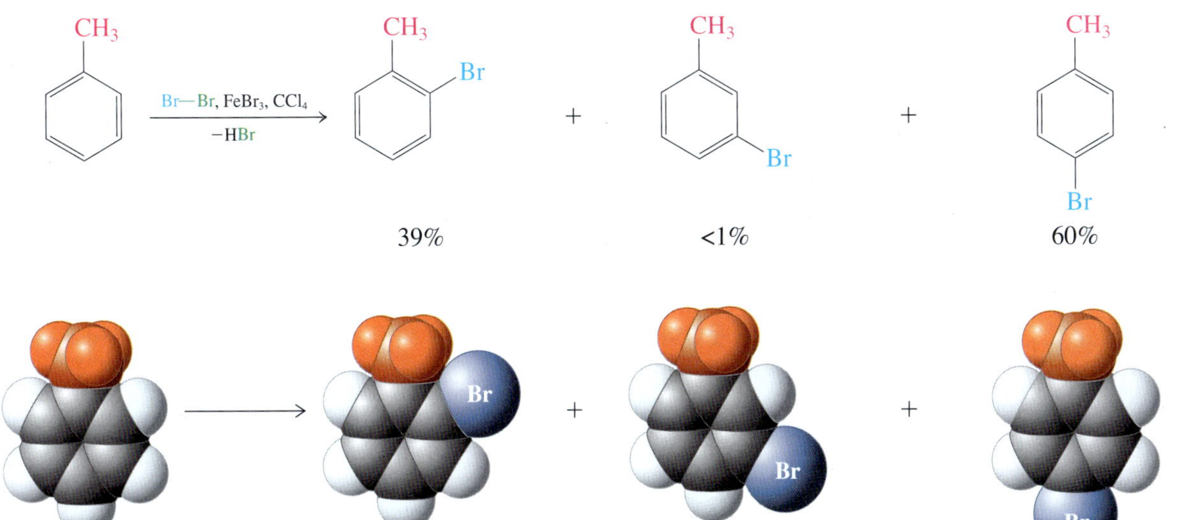

1-Bromo-2-methylbenzene (*o*-Bromotoluene) 1-Bromo-3-methylbenzene (*m*-Bromotoluene) 1-Bromo-4-methylbenzene (*p*-Bromotoluene)

브로민화반응은 특별한 경우인가? 그렇지 않다. 알킬벤젠의 나이트로화반응, 설폰화반응, Friedel-Craft 반응 모두 비슷한 결과를 나타내는데, 주로 오쏘와 파라에 치환반응을 한다(16-3절, 표 16-2 참조). 분명히 공격하는 친전자체의 성질은 위치선택성(배향)에 거의 영향을 주지 않고 알킬기가 영향을 준다. 사실 메타 생성물은 관찰되지 않기 때문에 메틸 치환기를 **오쏘와 파라 지향성(ortho and para directing)** 작용기라고 한다.

이런 선택성을 메커니즘으로 설명할 수 있을까? 친전자체 E^+가 첫 단계에서 고리를 공격하여 생성되는 양이온의 가능한 공명 구조와 속도 결정 단계를 생각해 보자.

Methylbenzene(toluene)에 오쏘, 메타, 파라 공격

오쏘 공격(E^+ = 친전자체)

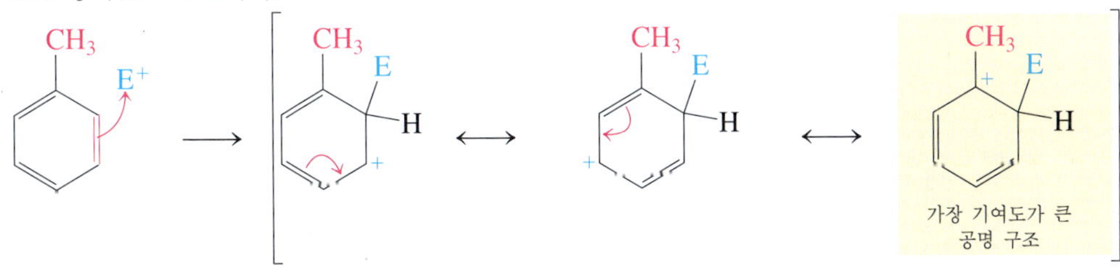

더 안정한 양이온

메타 공격

CH_3 E^+ ⟶ [CH_3 + E H ⟷ CH_3 + E H ⟷ CH_3 E + H]

덜 안정한 양이온

파라 공격

CH_3 E^+ ⟶ [CH_3 + H E ⟷ CH_3 + H E ⟷ CH_3 + H E]

가장 기여도가 큰 공명 구조

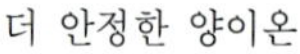

더 안정한 양이온

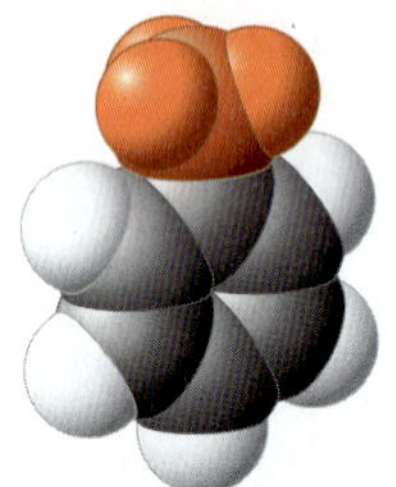

Methylbenzene (Toluene)

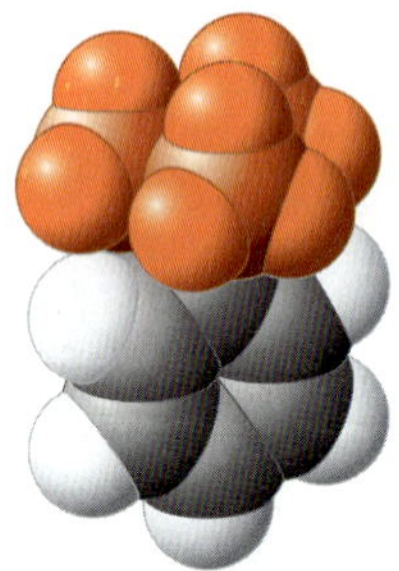

(1,1-Dimethylethyl)-benzene (*tert*-Butylbenzene)

알킬기는 유도 효과에 의해 전자 주개로 작용한다. 오쏘와 파라 위치로의 친전자성 공격은 탄소양이온 중간체들을 생성하는데, 이 가운데 한 가지 공명 구조인 알킬기 옆에 양이온이 있는 구조는 사차 탄소양이온 같이 그릴 수 있다(7-5절). 알킬기는 양전하가 안정되도록 전자를 밀어주기 때문에, 치환기가 없는 탄소에 양전하가 있는 다른 공명 구조들보다 공명 혼성에 더 큰 기여를 한다. 그러나 메타 공격은 공명 구조의 어떠한 것도 그러한 지향적인 반응을 통하여 안정화의 혜택을 **받지 못한다**. 따라서 메틸기(또는 다른 알킬기)의 오쏘와 파라에 위치한 탄소를 공격하는 것이, 메타에 위치한 탄소를 공격하는 것보다 더 안정한 양이온성 중간체를 생성한다. 중간체의 전이 상태가 안정하면 안정할수록 낮은 에너지이므로(Hammond 가설, 3-5절) 상대적으로 빨리 생성된다.

왜 오쏘와 파라 생성물이 똑같은 양으로 만들어지지 않는 것일까? 이 질문의 답은 입체 효과라고 할 수 있다. 따라서 큰 치환기가 있을 때 친전자체(특히, 큰 치환기)의 오쏘 위치에 대한 공격은 파라 위치의 공격보다 더 방해를 받는다. 따라서 종종 파라 생성물이 오쏘 생성물에 비하여 더 많이 만들어진다. 메틸벤젠(톨루엔)의 브로민화반응에서는 이와 같은 우세한 경우가 적다. 그러나 1,1-다이메틸에틸(*tert*-뷰틸) 벤젠의 비슷한 할로젠화반응에서는 파라 생성물이 우세하여 파라 : 오쏘의 비가 ~10 : 1로 나타난다.

이 효과를 이용한 인상적인 "환경친화성 반응(green)"(화학 이야기 3-1)의 예로 (2-메틸프로필) 벤젠을 아세트산 무수물과 반응시키는 Friedel-Crafts 아세틸화반응이 있는데, 이부프로펜을 만드는 상업적인 방법이다(이 장의 시작 부분: 연습 문제 16-10 참조). 여기서는 다공성 제올라이트 촉매를 사용하는데, 이 촉매는 반응에 필요한 산을 표면에 갖고 있을 뿐 아니라 파라 선택성을 높여 주는 환경을 제공해 준다. 이 공정에서는 부식성이 있는 염화 아세틸과 $AlCl_3$ 시약을 쓸 필요가 없을 뿐 아니라, 전통적인 Friedel-Crafts 아세틸화반응에서 생성되는 독한 HCl 부산물도 만들어지지 않는다. 대신 값비싼 상품인 아세트산이 부산물로 생성된다.

알킬벤젠의 환경친화적인 아세틸화반응

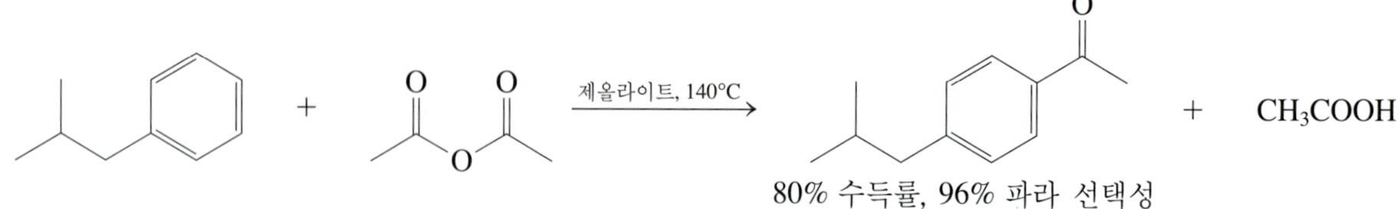

유도 효과에 의해 전자를 끌어당기는 작용기는 활성감소기이며, 메타 지향성이다

(트라이플루오로메틸) 벤젠에서 전기음성도가 큰 플루오린 원자는 트라이플루오로메틸기가 유도 효과를 통해 전자를 끌어 잡아당긴다(16-1절). 이 경우에는 벤젠 고리가 비활성화되어 친전자체와의 반응이 매우 느리게 된다. 가열과 같은 격렬한 반응 조건하에서만 치환반응이 일어나는데, 이때에도 **오직** 메타 위치에서만 반응이 일어난다. 따라서 트라이플루오로메틸기는 비활성화기이고, **메타 지향성 (meta directing)** 이다.

(Trifluoromethyl)benzene의 친전자성 나이트로화반응은 메타 치환반응을 한다

REACTION

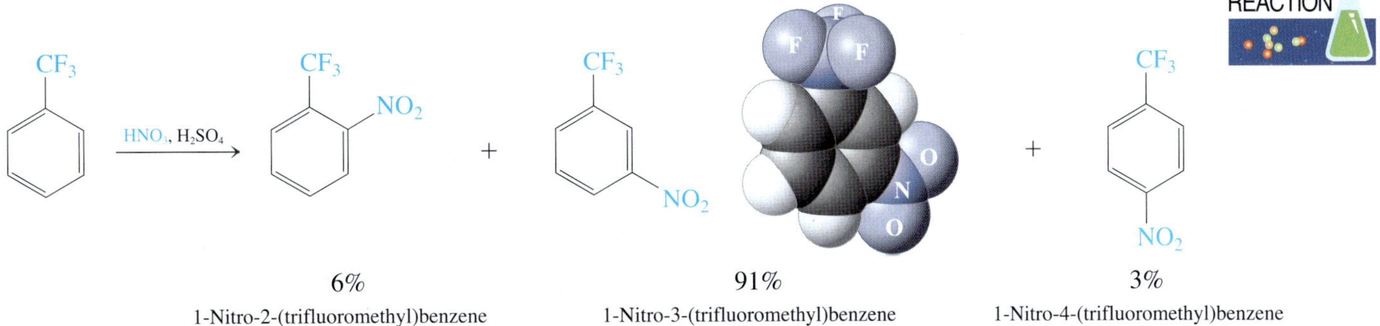

6% 1-Nitro-2-(trifluoromethyl)benzene [*o*-Nitro(trifluoromethyl)benzene]

91% 1-Nitro-3-(trifluoromethyl)benzene [*m*-Nitro(trifluoromethyl)benzene]

3% 1-Nitro-4-(trifluoromethyl)benzene [*p*-Nitro(trifluoromethyl)benzene]

다시 한 번 오쏘, 메타, 파라 공격에 의해 생성되는 양이온의 여러 가지 공명 구조에 대하여 생각해 보자.

(Trifluoromethyl)benzene에 오쏘, 메타 및 파라 공격

오쏘 공격

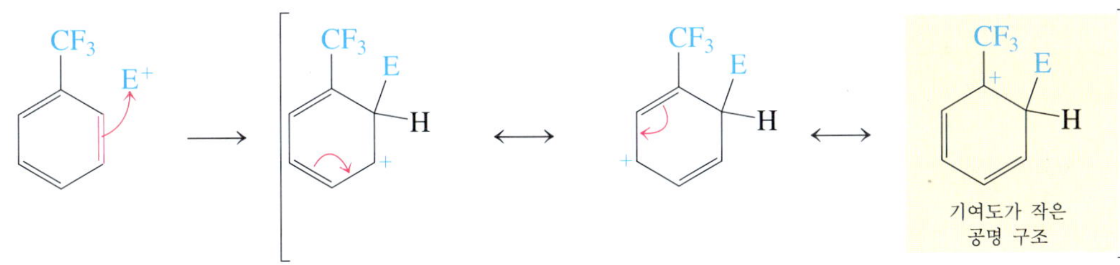

크게 불안정한 양이온

메타 공격

약간 불안정한 양이온

파라 공격

기여도가 작은 공명 구조

크게 불안정한 양이온

(유도 효과를 통한) 전자를 끌어당기는 치환기가 있으면 고리의 **모든** 위치에의 친전자성 공격으로부터 생성되는 탄소양이온이 불안정해진다. 그러나 메틸벤젠(톨루엔)에서는 상대적으로 유리했었지만 전자를 끌어당기는 치환기가 있는 고리에서는 오쏘와 파라 공격이 메타 공격보다 불리해진다. 이 경우 양이온 중간체의 공명 구조 중 하나가 치환기 바로 옆에 양전하를 가지고 있다. 이 구조는 전자 주개 치환기에 의해서는 안정화될 수 있지만, 전자 받개 치환기에 의해서는 **불안정해지는데** 양전하를 띤 곳에서 전자를 제거하기 때문에 에너지상 불리하다고 할 수 있다. 그러나 메타 공격은 이러한 상황을 어느 정도 피할 수 있게 한다. 즉, 불안정화되는 유도 효과를 메타 중간체에서도 여전히 느낄 수 있지만, 그 정도가 덜 하다고 할 수 있다. 따라서 트라이플루오로메틸기는 치환반응을 느리게 하고, 메타 지향성이라고 할 수 있다. 더 정확히 말하면 오쏘와 파라 탄소에서 멀리 떨어진 탄소 지향성이라 할 수 있다.

연습 문제 16-4

아래의 화합물들을 친전자성 치환반응에서 활성이 감소하는 순으로 나열하시오.

(a) (CF_3, CH_3 치환 벤젠) **(b)** (CH_3 벤젠) **(c)** (CF_3 벤젠) **(d)** (CH_3, CH_3 치환 벤젠)

연습 문제 16-5

Methylbenzene (toluene)과 (trifluoromethyl) benzene을 같은 몰로 섞은 혼합물에 1당량의 브로민을 가하여 친전자성 브로민화반응을 시키면, 1-bromo-2-methylbenzene과 1-bromo-4-methylbenzene만을 생성한다. 그 이유를 설명하시오.

요약 전자 주는 치환기는 유도 효과에 의해 벤젠 고리를 활성화시키고, 친전자체에 대하여 오쏘와 파라 지향성을 나타낸다. 이와는 반대로 전자 받는 치환기들은 벤젠 고리의 활성을 감소시키고, 친전자체에 대하여 메타 지향성을 나타낸다.

16-3 벤젠 고리와 콘쥬게이션 치환기의 지향성 효과

벤젠 고리와 치환기의 전자가 콘쥬게이션되었을 때 치환기의 영향은 어떠한가? 여기서는 친전자성 공격에 의하여 생성되는 중간체의 공명 구조들을 비교함으로써 이 물음에 답하고자 한다.

공명을 통하여 전자를 주는 치환기는 활성화기이고, 오쏘와 파라 지향성이다

—NH_2기와 —OH기를 갖고 있는 벤젠 고리는 강하게 활성화된다. 예를 들면, 벤젠아민(아닐린)과 페놀의 할로젠화반응은 촉매 없이도 잘 진행될 뿐 아니라 단일 치환반응에서 멈추기도 어렵다. 이 반응은 매우 빠르게 진행되며 유도 효과에 의한 활성화(16-2절)와 같이 **오쏘와 파라에 치환된 생성물**만을 만든다.

Benzenamine (aniline)과 phenol의 친전자성 브로민화반응은 오쏘와 파라 치환을 한다

NH_2 —(3 Br—Br, H_2O / −3 HBr)→ 2,4,6-Tribromobenzenamine 100%

OH —(3 Br—Br, H_2O / −3 HBr)→ 2,4,6-Tribromophenol 100%

Benzenamine (Aniline) — 2,4,6-Tribromobenzenamine (2,4,6-Tribromoaniline) — Phenol — 2,4,6-Tribromophenol

일치환반응을 하기 위해서는 *N*-페닐아세트아마이드(아세트아닐라이드)와 메톡시벤젠(아니솔)과 같이 변형된 아미노기와 하이드록시 치환기를 사용하는 것이 좋다. 이 치환기들은 그다지 강한 활성 치환기들은 아니지만, 오쏘와 파라 지향성이다(16-5절).

***N*-Phenylacetamide (acetanilide)의 친전자성 나이트로화반응**

MECHANISM

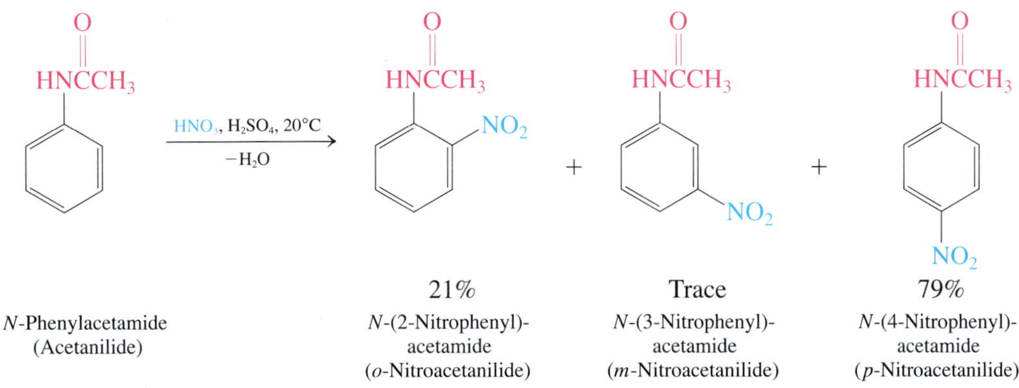

이 화합물들의 활성화된 성질과 친전자성 치환반응에서 관찰되는 위치선택성은 여러 중간체 양이온들의 공명 구조를 그려봄으로써 알 수 있다.

Benzenamine(aniline)에서의 오쏘, 메타 및 파라 공격

오쏘 공격

:NH_2 + E^+ ⟶ [:NH_2 (E, H) ⟷ :NH_2 (E, H) ⟷ :NH_2 (E, H) ⟷ $^+NH_2$ (E, H)]

기여도가 크다

매우 안정한 양이온

메타 공격

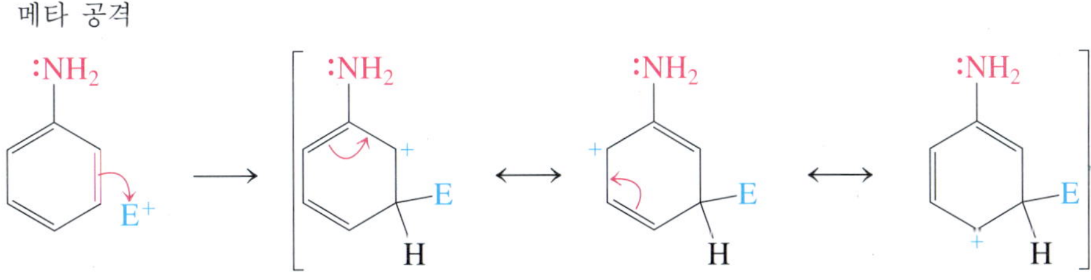

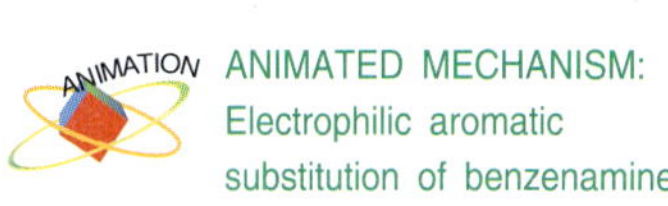

ANIMATED MECHANISM: Electrophilic aromatic substitution of benzenamine (ortho vs meta vs para)

파라 공격

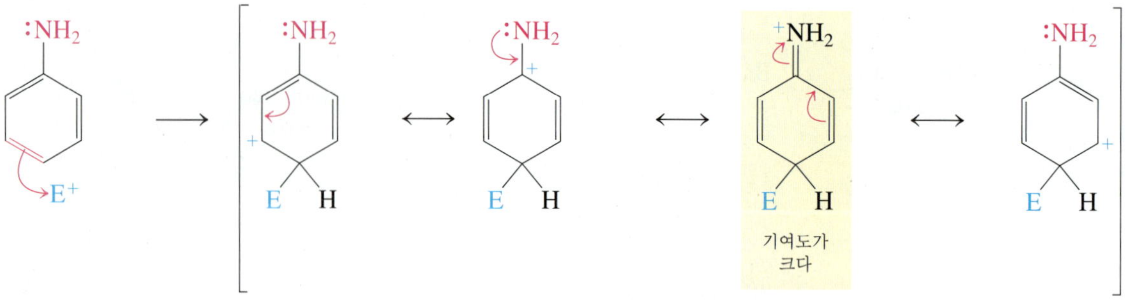

:NH_2 → [:NH_2 E H ↔ :NH_2 E H ↔ $^+NH_2$ E H ↔ :NH_2 E H]

기여도가 크다

매우 안정한 양이온

질소가 탄소보다 전기음성도가 더 크기 때문에 벤젠아민(아닐린)에 있는 아미노기는 유도 효과에 의해 전자를 끌어당긴다(16-1절). 그러나 질소 원자에 있는 고립 전자쌍은 공명 구조를 통해 (메타는 안되지만) 오쏘와 파라 치환반응으로부터 생성되는 중간체를 안정화시킨다. 이러한 공명 효과의 기여도가 유도 효과의 기여도보다 훨씬 크다. 알킬기의 유도 효과를 통한 지향성과 비교하여(16-2절), 아미노기는 양이온 중간체에 여분의 공명 효과를 줄 뿐 아니라 Lewis 팔전자 규칙도 완전하게 만족시킨다. 이 결과는 오쏘와 파라 공격에 대한 활성화 에너지 장벽을 크게 낮추어 준다. 결국 벤젠아민(아닐린)은 알킬벤젠(과 벤젠)에 비하여 친전자성 치환반응에 대하여 매우 활성화되어 있으며, 오쏘와 파라 치환기만을 생성하는 높은 위치 선택성을 보여 준다.

연습 문제 16-6

개념 문제: 친전자성 방향족 치환반응의 위치선택성 예측

일반적인 친전자체 E^+와 methoxybenzene(anisole)의 친전자성 방향족 치환반응의 결과를 예측하시오.

전략

치환된 벤젠류의 친전자성 치환반응에 대한 가능한 위치선택성을 알려 주는 좋은 규칙이 있다. 답이 확실하지 않을 때에는 답을 쓰기 전에 가능한 모든 공격으로부터 만들어지는 중간체를 그린다.

풀이

Methoxybenzene의 경우 아래와 같은 양이온을 그릴 수 있다.

오쏘 공격

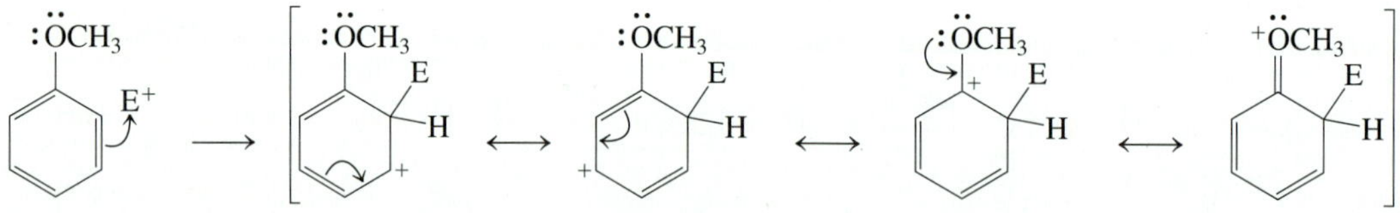

:$\ddot{O}CH_3$ E^+ → [:$\ddot{O}CH_3$ E H ↔ :$\ddot{O}CH_3$ E H ↔ :$\ddot{O}CH_3$ E H ↔ $^+\ddot{O}CH_3$ E H]

메타 공격

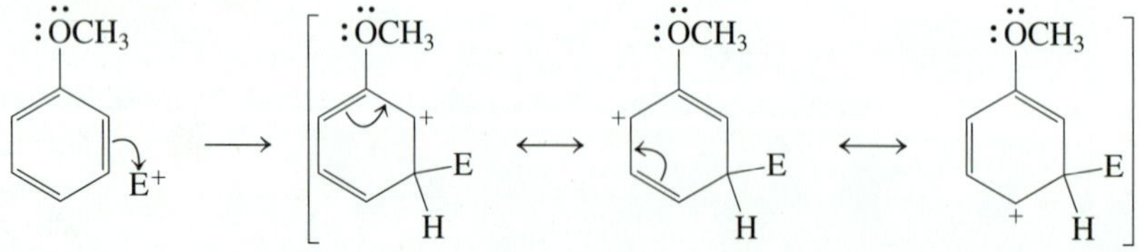

:$\ddot{O}CH_3$ E^+ → [:$\ddot{O}CH_3$ E H ↔ :$\ddot{O}CH_3$ E H ↔ :$\ddot{O}CH_3$ E H]

파라 공격

:$\ddot{O}CH_3$ E^+ → [:$\ddot{O}CH_3$ E H ↔ :$\ddot{O}CH_3$ E H ↔ $^+\ddot{O}CH_3$ E H ↔ :$\ddot{O}CH_3$ E H]

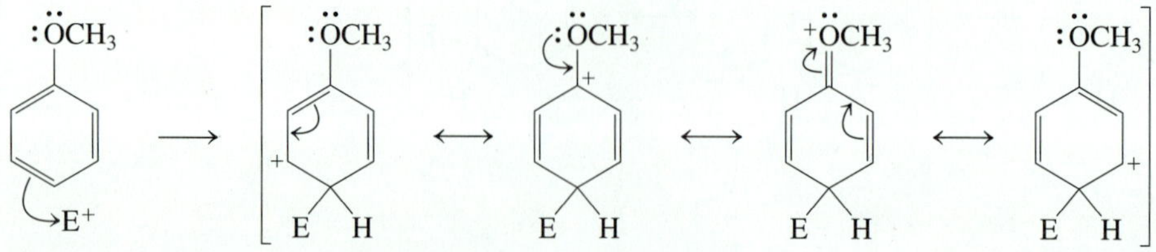

화학 이야기 16-1

폭약 나이트로아렌류: TNT와 피크린산

메틸벤젠(톨루엔) 또는 페놀에 오쏘와 파라 위치에 나이트로화 반응을 시키면 트라이나이트로 화합물인 **TNT**(1863년 발견)와 **피크린산**(*picric acid*, 1771년 발견)을 만들 수 있는데, 둘 다 강력한 폭약이다. 이 두 화합물은 군대와 산업체에서 사용되어온 폭약으로 오랜 역사를 가지고 있다.

2-Methyl-1,3,5-trinitrobenzene (2,4,6-Trinitrotoluene, TNT)

2,4,6-Trinitrophenol (Picric acid)

미국 군함 Iowa호에서 대포를 쏠 때 생기는 구형 충격파가 바다 표면에서도 뚜렷하게 보인다.

폭약은 일반적으로 매우 빠른 속도로 분해할 수 있는 고에너지 빌도를 갖고 있는 화합물이다. (로켓 연료와 같은) 추진제와는 대조적으로 이들은 타지 않고 그 자신의 힘으로 폭발한다. 이들은 종종 많은 열과 엄청난 양의 가스를 생성함으로써 (파괴적인) 충격파를 만들어내는데, TNT는 6940 m s^{-1} (~4.3 mi s^{-1})의 폭파 속도를 갖고 있다. 폭발은 화합물의 종류에 따라 (폭파용 뇌관을 이용한) 충격, 마찰, 열과 불꽃, (정전기를 포함한) 전기 방전, 자외선을 쪼여줌으로써 발파할 수 있다. 나이트로기는 이런 종류의 화합물에서 주로 볼 수 있는데, 그 이유는 이것이 주위의 탄소들을 산화시키고 (CO와 CO_2 기체를 생성함) N_2를 쉽게 생성할 수 있기 때문이다.

TNT는 역사상 가장 폭넓게 사용되어온 군용 폭약이다. 이 폭약이 인기 있는 이유는 값이 싸고 만들기 쉬우며, (충격과 마찰에 민감하지 않아) 취급상 안전하고, (화학적, 열적 안정도는 좋지만) 비교적 큰 폭발력을 갖고 있으며, 낮은 휘발성과 낮은 독성, 다른 화약과 잘 섞이며, 낮은 녹는점을 갖고 있어 혼합 용융 주조하기에 편리하기 때문이다.

TNT는 특히 군수용에서는 표준물질로 사용되어 왔기 때문에, 폭탄에서 사용되는 다른 폭약의 파괴력을 TNT의 파괴력과 비교해서 사용한다. 예를 들면, 1945년 7월 16일 뉴멕시코 주에서 터뜨린 첫 번째 원자탄은 19,000톤의 TNT에 해당한다. 140,000명 이상의 생명을 빼앗아 간 일본 히로시마에서 터진 원자탄은 13,000톤의 TNT와 같은 파괴력을 갖고 있다. 비록 이 숫자가 엄청나긴 하지만, TNT 1,000만 톤의 파괴력을 갖고 있는 수소 폭탄과 비교해 보면 매우 작은 수치이다. 제2차 세계 대전에서 사용된 모든 폭발물의 양을 합해도 TNT 200만 톤밖에 안되는 것으로 추정된다.

피크린산은 폭약 이외의 성냥, 가죽 산업, 전지, 색유리와 같은 상업적 용도로도 사용된다. 이것은 하이드록시기의 산도(pK_a 0.38, 22-3절)가 매우 높기 때문에 산이라 하는데, 그 이유는 세 개의 나이트로기의 전자 끌개 효과 때문인데, 아세트산(pK_a 4.7)이나 플루오린화 수소산(pK_a 3.2, 표 2-2)보다도 더 산도가 강하다. 이 성질 때문에 군에서는 이것 대신 TNT를 사용하곤 한다. 예를 들면, 포탄에 피크린산을 사용하면 케이스를 부식시켜 구멍을 내서 위험을 초래하기 때문이다.

현재 TNT는 순수한 형태로 사용하지 않고, 테트릴(tetryl)과 RDX와 같은 다른 고에너지 화합물과 섞어서 혼합물로 사용한다. 현대의 산업적 응용, 특히 광산이나 건물 해체 같은 곳에서는 TNT와 피크린산을 나이트로글리세린으로 대체하고 있다(9-11절). 연구의 최전선에서 화학자들은 계속해서 새로운 구조를 찾고 있다. 그 한 예로 2000년에 합성된 옥타나이트로큐베인(octanitrocubane)이 있는데, 이 화합물은 강력한 폭발력에 고리 변형이 더해져 있다. 이 화합물의 분자식 $C_8N_8O_{16}$을 살펴보면 ~1150배 부피가 증가된 기체 생성물(즉, 8 CO_2 + 4 N_2)과 약 830 kcal mol^{-1} (3470 kJ mol^{-1})의 에너지를 발생하게 되어 있다.

2,4,6-Trinitrophenyl-N-methylnitramine (Tetryl)

1,3,5-Trinitro-1,3,5-triazacyclohexane (RDX)

Octanitrocubane

- 이들 양이온은 무엇이 다른가? 오쏘와 파라 공격을 통해서 각각 네 개의 공명 구조를 갖는 중간체를 그릴 수 있는데, 이 가운데 하나에는 메톡시기의 고립 전자쌍이 관여하고 있다.
- 이에 반하여 메타 치환은 단지 세 개의 공명 구조만을 그릴 수 있는데, 이들 중 어느 것도 산소에 있는 고립 전자쌍으로부터 얻을 수 있는 이득이 없다.
- 따라서 출발물에 있는 메톡시기의 지향성 효과에 의해 오쏘와 파라에서만 치환반응이 일어날 것이다.

연습 문제 16-7

자습 문제

강한 산성 용액에서 benzenamine (aniline) 은 친전자성 공격에 대하여 낮은 반응성을 보이는데, 아직 오쏘와 파라 공격이 주된 반응이지만 메타 치환기도 관찰된다. 그 이유를 설명하시오(**힌트**: Benzenamine의 질소 원자는 염기로 작용한다. 16-1절에서 논한 바와 같이 최종 치환기는 어떤 치환기로 분류할 수 있을까?).

공명에 의해 전자를 끄는기는 활성감소기이고, 메타 지향성이다

어떤 기들은 공명 효과를 통해 벤젠 고리의 **활성을 감소**시킨다(16-1절). 예를 들어, 벤조산 ($C_6H_5CO_2H$) 의 카복시기를 들 수 있다. 벤조산의 나이트로화반응은 벤젠의 나이트로화반응의 약 1/1000의 속도로 진행되며, 주로 메타 위치에 치환반응이 일어난다. CO_2H기는 활성감소기이고, 유도 효과에 의한 활성 감소와 같이(16-2절) **메타 지향성이다**.

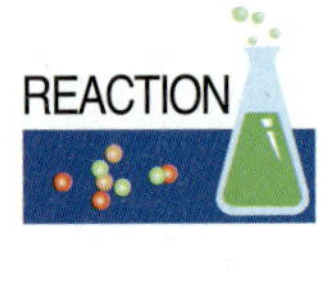

Benzoic acid의 친전자성 나이트로화반응

CO_2H 벤젠 $\xrightarrow[-H_2O]{HNO_3,\ H_2SO_4,\ \Delta}$ (ortho-NO_2) + (meta-NO_2) + (para-NO_2)

18.5%	80%	1.5%
2-Nitrobenzoic acid (*o*-Nitrobenzoic acid)	3-Nitrobenzoic acid (*m*-Nitrobenzoic acid)	4-Nitrobenzoic acid (*p*-Nitrobenzoic acid)

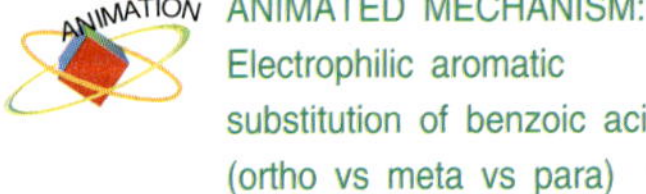

벤조산에 친전자성 공격을 통하여 생성되는 양이온의 공명 구조에서 CO_2H기의 콘쥬게이션이 어떤 영향을 미치는지 살펴보자.

Benzoic acid에 오쏘, 메타 및 파라 공격

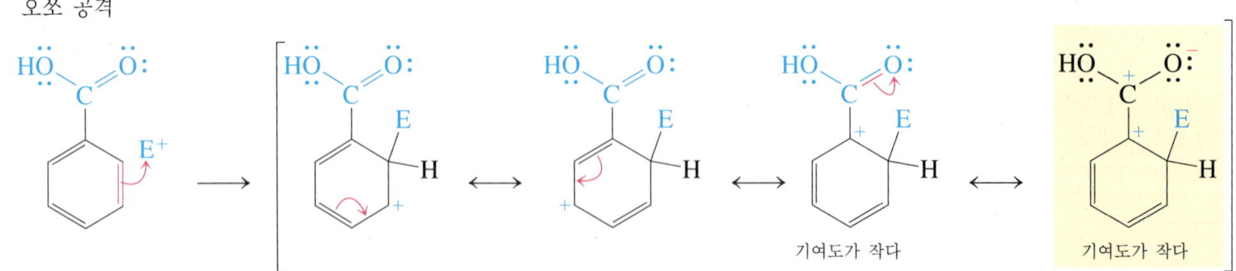

메타 공격

어느 것도 기여도가 작지 않다
약간 불안정한 양이온

파라 공격

기여도가 작다

기여도가 작다

매우 불안정한 양이온

메타 위치로의 공격은 전자 끄는 카복시기 옆에 양전하가 생기는 것을 막아주는 반면, 오쏘와 파라로의 공격은 불리한 공명 구조가 만들어질 수밖에 없다. 따라서 치환기가 **모든** 위치에서 활성을 감소시킬 때 메타 위치보다는 오쏘와 파라에서 더 크게 활성을 감소시킨다. 이 경우 메타가 "부전승"한다고 말할 수 있다.

연습 문제 16-8

Nitrobenzene의 친전자성 나이트로화반응은 거의 1,3-dinitrobenzene만을 생성한다. 이런 결과를 설명할 수 있는 오쏘와 파라 위치에 NO_2^+의 공격으로 만들어지는 양이온 중간체의 (불리한) 공명 구조를 그리시오.

예외는 항상 있다: 할로젠 치환기들은 활성감소기이지만, 오쏘와 파라 지향성이다

할로젠 치환기들은 유도 효과에 의해 전자 밀도를 끌어당기지만 (16-1절) 공명 효과를 통해서는 전자 주개이다. 결국은 유도 효과가 주로 작용하여 할로아렌은 **활성이 감소**된다. 그럼에도 불구하고 일어나는 친전자성 치환반응은 주로 **오쏘와 파라 위치에서 일어난다**.

Bromobenzene의 친전자성 브로민화반응은
***ortho*-와 *para*-dibromobenzene을 생성한다**

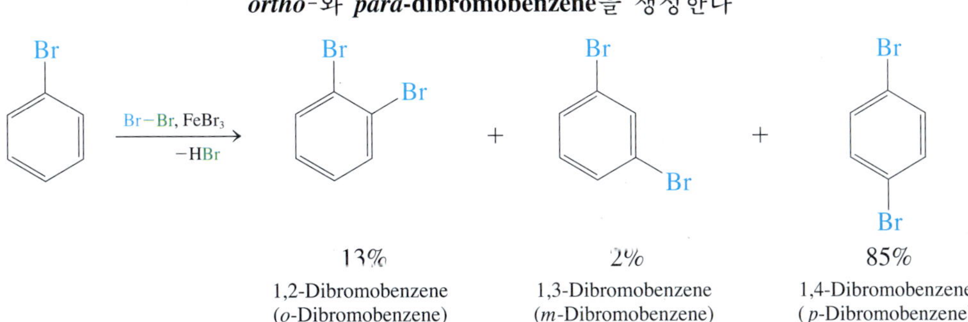

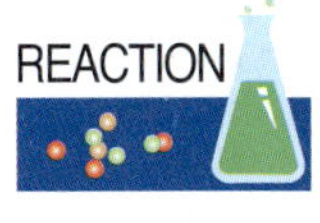

이렇게 겉으로 보기에 상반되는 반응성은 공명 효과와 유도 효과 사이의 경쟁으로 설명할 수 있다. 다시 한 번 여러 가지 가능한 중간체의 공명 구조를 살펴보아야 할 것 같다.

Halobenzene에서의 오쏘, 메타 및 파라 공격

오쏘 공격

기여도가 크다 모두 팔전자계를 이룬다

더 안정한 양이온

메타 공격

덜 안정한 양이온

파라 공격

기여도가 크다 모두 팔전자계를 이룬다

더 안정한 양이온

오쏘와 파라 공격으로 생기는 공명 구조에서는 양전하가 할로젠 치환기 옆에 생긴다는 것을 주목할 필요가 있다. 이것은 할로젠의 유도 효과에 의한 전자 끌기 때문에 불리하다고 예상할 수 있지만, 고립 전자쌍의 공명 효과를 통해서는 전자가 비편재된다. 따라서 여기서는 오쏘와 파라 치환반응이 유리한 반응 형태가 된다. 할로젠의 유도 효과는 여전히 강하기 때문에, 이때 만들어지는 세 개의 양이온 모두 벤젠 자체에서 생성되는 양이온보다도 덜 안정하다. 따라서 할로젠은 **오쏘와 파라 지향성** (*ortho and para directing*)이지만 **활성감소** (*deactivating*) **작용기**라는 특이한 결론에 도달하게 된다.

이 절에서는 표 16-1에서 요약한 것과 같이 일치환된 벤젠에 대한 친전자성 공격의 위치선택성을 살펴보았다. 표 16-2에서는 이들의 활성 능력에 따라 치환기의 순위를 정하였고, 벤젠 고리에 대한 친전자성 나이트로화반응을 통하여 얻을 수 있는 생성물의 분포비를 열거하였다.

연습 문제 16-9

(a) $-NO_2$, **(b)** $-\overset{+}{N}R_3$, **(c)** $-SO_3H$기들은 왜 메타 지향성인지 설명하시오.

(d) 페닐기는 왜 활성화 작용기이며, 오쏘와 파라 지향성인가(표 16-1)? [**힌트**: Phenylbenzene (biphenyl)에 친전자성 공격으로 생성되는 양이온 중간체의 공명 구조를 그려라.]

표 16-1 친전자성 방향족 치환반응에서 치환기의 효과

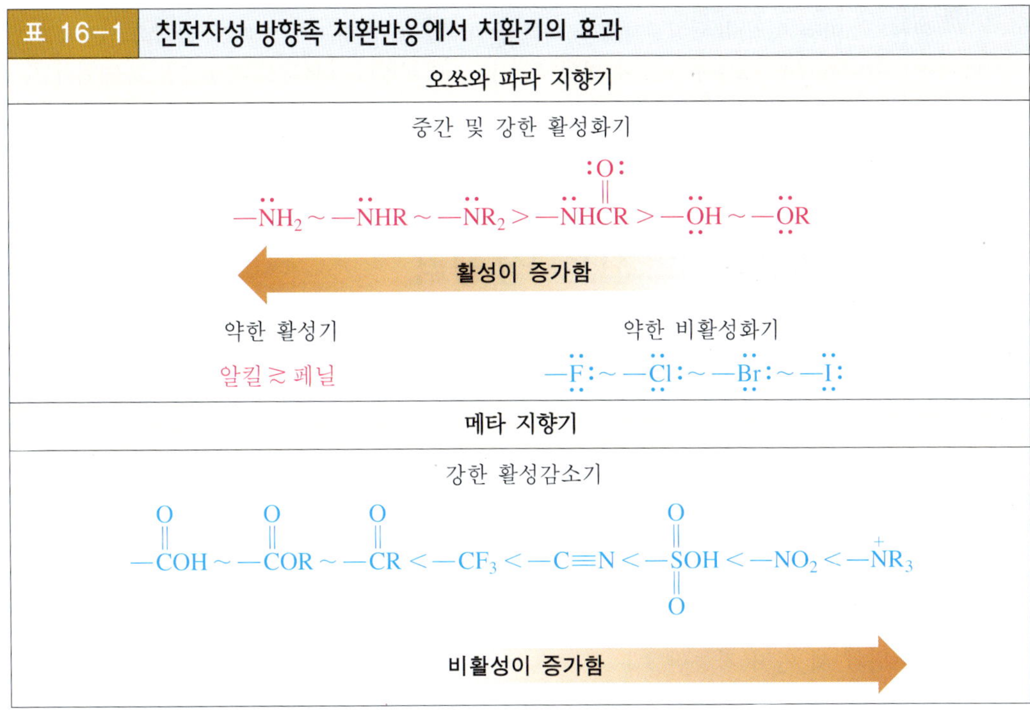

표 16-2 몇 가지 일치환된 benzene (RC_6H_5)의 나이트로화반응에서의 상대적인 속도와 지향성

	R		상대적인 속도		이성질체의 백분율: 오쏘	메타	파라
오쏘, 파라 지향기	$NH(C_6H_5)$	활성 증가	8.4×10^5	나이트로화반응의 속도	71	<0.1	29
	OH		1000		40	<2	58
	CH_3		25		58	4	38
	C_6H_5		8		30	<0.6	70
	H		1				
특수 : 오쏘, 파라 지향기	I	비활성 증가	0.18		41	<0.2	59
	Cl		0.033		31	<0.2	69
메타 지향기	$CO_2CH_2CH_3$		0.0037		24	72	4
	CF_3		2.6×10^{-5}		6	91	3
	NO_2		6×10^{-8}		5	93	2
	$\overset{+}{N}(CH_3)_3$		1.2×10^{-8}		0	89	11

연습 문제 16-10

화합물 A는 ibuprofen (이 장의 시작 부분)의 합성 과정에 있는 중간체이다. (2-Methylpropyl) benzene을 출발물로 사용하여 화합물 A의 합성 경로를 제시하시오(**힌트**: 친핵성 치환반응으로 cyano기를 도입하는 것이 필요하다).

(2-Methylpropyl)-benzene --합성법은--> A (H_3C–CH–CN) --H^+, H_2O (20-8절)--> Ibuprofen (H_3C–CH–COOH)

> **요약** 활성감소기는 공격하는 친전자체를 메타 탄소 위치로 지향시키는 반면, 활성화기는 유도 효과 또는 공명 효과를 통하여 오쏘와 파라 위치로 지향시킨다. 이 사실은 할로젠을 제외하고 모든 치환기에 적용시킬 수 있다. 할로젠은 유도 효과에 의해서는 비활성이지만, 공명 효과에 의해서는 양전하를 안정화시킴으로써 오쏘와 파라 치환반응을 일으킨다.

16-4 이치환 벤젠에서의 친전자성 공격

지금까지 이 장에서 소개된 규칙들을 다중 치환반응에도 적용하여 반응성과 위치선택성을 예측할 수 있을까? 각 치환기의 개별적인 효과를 고려하면 예측할 수 있을 것이다. 이치환 벤젠에 대한 친전자체의 반응을 살펴보자.

가장 강한 활성화 작용기의 영향을 받는다

이치환된 벤젠류의 친전자성 치환반응의 위치선택성의 예측도, 한 개 치환기에서 치환반응 지향성 효과의 경우와 똑같은 방법을 적용하여 예측할 수 있다(16-1절부터 16-3절). 이때에는 두 개의 치환기가 오쏘, 파라 지향성일 수도 있고, 메타 지향성일 수도 있으며, 두 개의 치환기가 고리 주위의 세 가지 가능한 1,2-, 1,3-, 1,4- 위치에 있을 수도 있기 때문에, 처음 보기에 이것을 예측하기가 어렵게 느껴질 것이다. 그러나 오쏘, 파라 지향기가 활성화기이기 때문에, 벤젠에 비하여 상대적으로 오쏘, 파라 위치의 공격이 더 가속화된다는 것을 기억한다면 이 문제는 간단해진다. 반대로 메타 지향기는 활성감소기이므로 오쏘, 파라 치환이 메타 치환보다 느리기 때문에 위치 조절이 가능해진다. 이러한 전자 효과를 입체 효과와 관련지어 생각해 보면, 대부분의 친전자성 방향족 치환반응의 결과를 예측할 수 있는 간단한 지침을 만들 수 있다.

지침 1. 아주 강력한 활성화 작용기가 공격 위치를 결정한다(노란색 화살표로 표시).

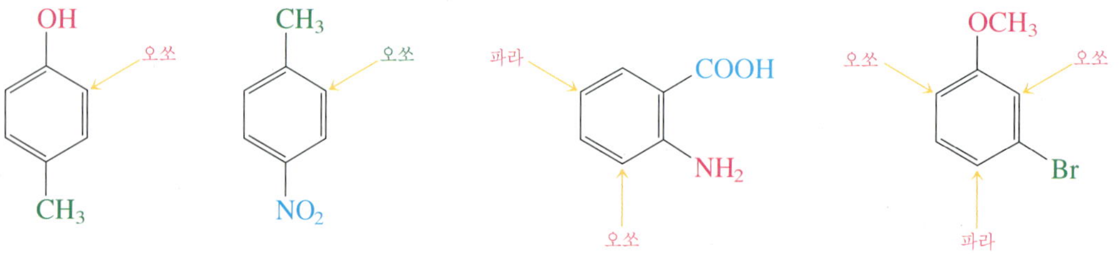

OH / 오쏘 / CH_3 CH_3 / 오쏘 / NO_2 파라 / COOH / NH_2 / 오쏘   오쏘 / OCH_3 / 오쏘 / Br / 파라

OH에 대해 동등한 두 오쏘 위치가 있다. 반응할 수 있는 한 탄소를 표시하라.

지침 2. 실험적으로 치환기들의 지향력을 세 작용기군으로 분류할 수 있다.

NR_2, OR	>	X, R	>	메타 지향기
I		II		III

높은 서열의 작용기군이 낮은 서열의 작용기군를 제압한다(지침 1). 그러나 같은 작용기군의 각 치환기들은 서로 경쟁하여 이성질체 혼합물을 생성한다(이때 치환기들이 같은 위치 지향 효과를 나타내거나, 대칭을 통하여 단일 생성물만을 만들 때에는 이성질체 혼합물을 만들지 않는다).

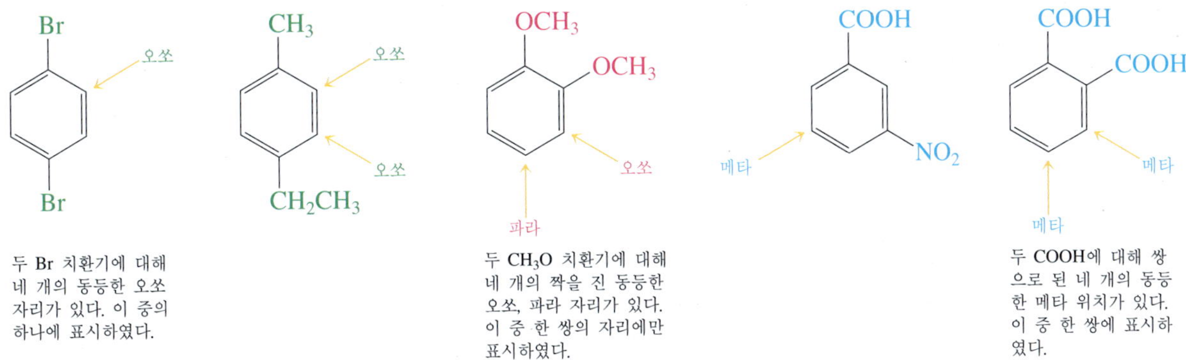

지침 3. 지침 1과 2를 통하여 생성물 혼합물을 예측할 수 있을 경우 (검정색 화살표로 표시한) 두 치환기 사이나 큰 치환기의 오쏘 위치는 제외시킬 수 있다.

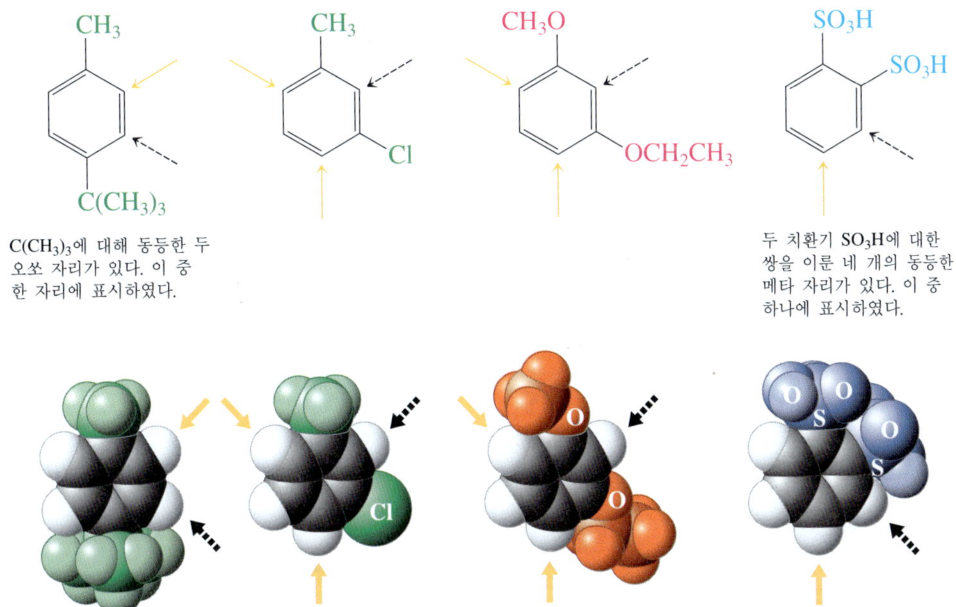

지침 4. 지침 1부터 3까지는 더 많은 치환기를 갖고 있는 벤젠에도 적용시킬 수 있으며, 반응성이 큰 위치의 수가 줄어들면 가능한 생성물의 수도 줄어든다.

CH$_3$ CH$_3$ NH$_2$ CH$_3$ NO$_2$ COOH   COOH Br NH$_2$ Br   C(CH$_3$)$_3$ CH$_3$ CH$_3$

연습 문제 16-11

개념 문제: 이치환 또는 다중 치환 벤젠의 친전자성 치환반응에서의 위치선택성 예측

1-Bromo-2-methoxybenzene의 일나이트로화반응의 결과를 예측하시오.

OCH$_3$ Br

전략

지침에 따라 각 치환기의 전자 효과와 지향성 효과를 분리하여 조사한다.

풀이

- 메톡시기는 강한 활성화기이며, 오쏘, 파라 지향성이다.
- 브로민은 약한 활성감소기이지만 오쏘, 파라 지향성이다. 분명히 두 치환기는 들어오는 친전자체의 지향성에서 대립하게 된다.

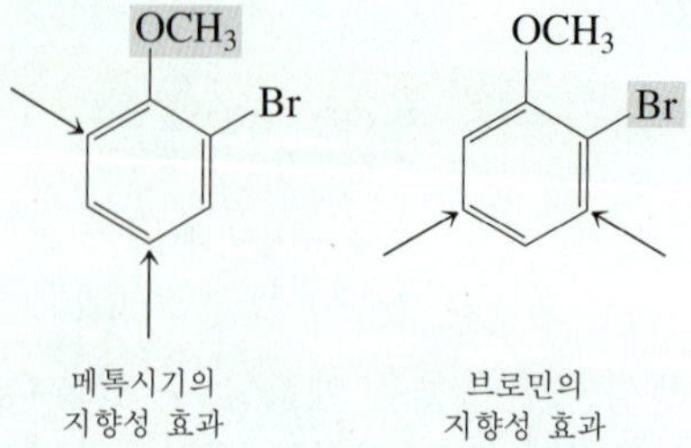

OCH_3 Br 메톡시기의 지향성 효과

OCH_3 Br 브로민의 지향성 효과

- 지침 1과 2를 통하여 지향력에 대한 선택을 메톡시로 확실하게 할 수 있다.

연습 문제 16-12

자습 문제

다음 화합물에 대한 일나이트로화반응의 결과를 예측하시오.

(a) CHO, NO_2 (b) $N(CH_3)_2$, Br, NO_2 (c) CN, H_3C

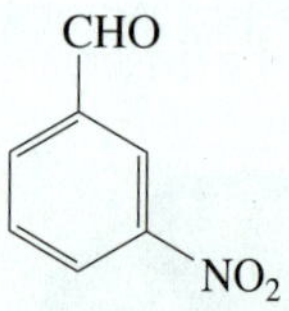

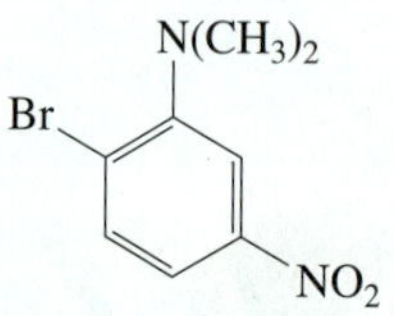

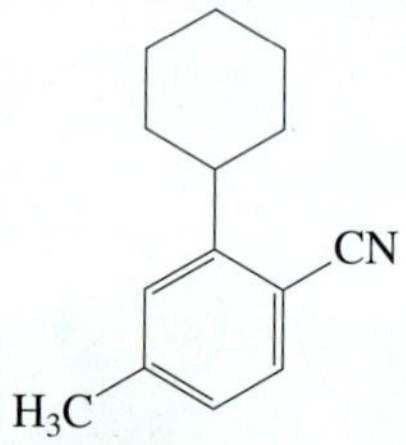

연습 문제 16-13

1874년 독일 화학자 Wilhelm Körner (1839~1925)는 세 종류의 dibromobenzene A, B, C에 각각 브로민화반응을 수행하였다. 이 결과 각기 다른 수의 tribromobenzene을 만든다는 것을 발견하였으며, 이들 각각의 구조도 확인하였다. 다음 결과에 근거하여 각 화합물 A, B, C를 말하시오.

(i) A는 거의 같은 양의 두 가지 tribromobenzene을 만든다.
(ii) B는 세 가지 tribromobenzene을 만드나, 이 가운데 한 화합물은 양이 적다.
(iii) C는 오직 한 종류의 tribromobenzene을 만든다.

연습 문제 16-14

음식물의 방부제인 BHT (*tert*-butylated hydroxytoluene)의 구조는 아래와 같다. 4-Methylphenol (*p*-cresol)을 출발물로 사용하여 합성하는 방법을 제시하시오.

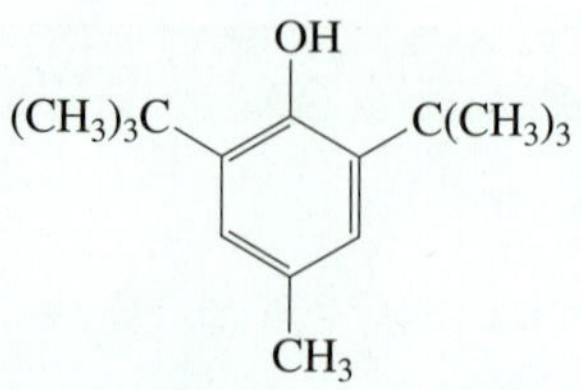

OH, $(CH_3)_3C$, $C(CH_3)_3$, CH_3

4-Methyl-2,6-bis(1,1-dimethylethyl)phenol
(2,6-Di-*tert*-butyl-4-methylphenol)

요약 다중 치환된 벤젠의 친전자성 방향족 치환반응은 가장 강한 활성화기와 어느 정도의 입체 효과에 의해 조절된다. 생성물의 가장 큰 선택성은 한 개의 지배적인 활성화기가 있을 때나 생성될 수 있는 이성질체의 수가 최소가 될 때 나타난다.

16-5 치환된 벤젠류에 대한 합성 전략

치환된 벤젠류를 합성하기 위해서는 특정한 치환반응 유형을 확인하여 계획을 세울 필요가 있다. 치환기의 지향성에 어긋나는 생성물을 얻는 문제에 대하여 어떻게 접근할 것인가? 예를 들어, 메타에 치환된 벤젠아민(아닐린) 또는 오쏘, 파라에 치환된 나이트로벤젠은 어떻게 만들 수 있는가? 이와 같은 문제를 풀기 위하여 몇 가지 합성 "비결"을 알 필요가 있다. 이 비결 가운데는 나이트로 ⇌ 아미노 또는 카보닐 ⇌ 메틸렌과 같이 메타 지향성기를 오쏘, 파라 지향성기로의 화학적 상호변환이라든지, 특정 친전자성 치환반응의 실용성에 대한 몇몇 부가적 지식이라든지, 설폰산기(—SO_3H)를 사용한 어떤 위치에서의 가역적인 보호 전략의 도입 같은 것들이 있다.

치환기 지향성의 방향을 바꿀 수 있다

질소 치환기를 아렌에 도입하는 가장 쉬운 방법은 나이트로화반응이다. 그러나 필요한 많은 치환된 벤젠류들은 아미노 작용기를 가지고 있다. 더욱이 메타 지향기인 나이트로기는 오쏘, 파라 치환기를 만드는데 적당하지 않다. 이런 문제를 해결할 수 있는 방법은 메타 지향기인 —NO_2기를 오쏘, 파라 지향기인 —NH_2기로 가역적으로 변환시키는 시약들을 사용하는 것이다. 나이트로기는 촉매를 사용한 수소첨가반응이나 철 또는 아연 아말감과 같은 활성 금속에 산을 가하여 아미노기로 환원시킬 수 있다. 그 역반응인 아닐린에서 나이트로벤젠으로의 변환은 트라이플루오로과아세트산을 사용하여 산화시켜서 만들 수 있다.

나이트로기(메타 지향기)를 아미노기(오쏘, 파라 지향기)로 상호변환

$C_6H_5NO_2$ ⇌ $C_6H_5NH_2$ (정반응: Zn(Hg), HCl, 또는 H_2, Ni, 또는 Fe, HCl; 역반응: CF_3CO_3H (O ‖ CF_3COOH))

합성 전략에서 이런 가능성을 응용한 예로 3-브로모벤젠아민의 제조를 생각해 보자. 벤젠아민(아닐린)에 직접적인 브로민화반응을 수행하면 오쏘, 파라 치환반응(16-3절)만을 일으켜서 쓸모가 없다. 그러나 나이트로벤젠의 브로민화반응을 통하면 3-브로모나이트로벤젠을 만들 수 있는데, 이것을 위에서 설명한 환원 방법 가운데 하나를 이용하면 원하는 목표 분자를 만들 수 있다. 결국 오쏘, 파라 지향기가 서로 메타 위치에 있는 벤젠 유도체를 만들게 된다.

$C_6H_5NO_2$ —(Br_2, $FeBr_3$)→ 3-$BrC_6H_4NO_2$ —(Fe, HCl)→ 3-$BrC_6H_4NH_2$

3-Bromobenzenamine

연습 문제 16-15

Bromobenzene의 나이트로화반응도 3-bromobenzenamine을 합성할 수 있는 초기 반응으로 사용할 수 있을까?

연습 문제 16-16

3-Aminobenzenesulfonic acid ["Metanil yellow"와 설파제(15-10절)와 같이 아조 염료의 합성(22-11절)에서 사용되는 metanilic acid]를 benzene으로부터 합성하는 방법을 제시하시오.

연습 문제 16-17

위에서 제시한 방법을 사용하여 benzene으로부터 4-nitrobenzenesulfonic acid의 합성법을 말하시오[**힌트**: 설폰화반응은 시약이 입체 장애를 갖고 있고, 가역 과정이기 때문에 활성화기에 대하여 파라 위치에서 반응이 선택적으로 진행된다(15-10절)].

벤젠 고리 치환기의 지향력에 대한 상호변환의 또 다른 예로는 아실⇌알킬의 산화환원반응이 있다. 아실아렌에 있는 카보닐기는 팔라듐 촉매를 사용한 수소첨가반응 또는 진한 염산(HCl)과 아연 아말감[**Clemmensen* 환원(Clemmensen* reduction)**]을 가하여 완전하게 환원시킬 수 있다. 역으로 알킬아렌의 방향족 고리 옆의 메틸렌기는 CrO_3, H_2SO_4를 사용하여 카보닐기로 쉽게 산화시킬 수 있다(22-2절).

아실기(메타 지향기)를 알킬기(오쏘, 파라 지향기)로 상호변환

$$C_6H_5COR \underset{CrO_3,\ H_2SO_4,\ H_2O}{\overset{H_2,\ Pd,\ CH_3CH_2OH \text{ 또는 } Zn(Hg),\ HCl,\ \Delta}{\rightleftharpoons}} C_6H_5CH_2{-}R$$

이것이 어떻게 유용한가? 벤젠으로부터 1-클로로-3-에틸벤젠의 제법을 생각해 보자. 역합성분석(8-9절)을 해 보면 클로로벤젠이나 에틸벤젠 모두 이 화합물을 만드는 중간체로 적당하지 않다는 것을 알 수 있다. 그 이유는 이 치환기들 모두 오쏘, 파라 지향성이기 때문이다. 그러나 우리는 에틸기가 메타 지향성인 아세틸기로부터 만들 수 있다는 것을 알고 있다. 따라서 Friedel-Crafts 아실화반응을 통하여 쉽게 만들 수 있는 아세틸벤젠은 메타 위치에 염소화반응이 일어나기 때문에 완벽한 연결 고리가 된다. 카보닐기가 그 지향성 반응을 완벽하게 끝낸 후에 카보닐기를 원하는 알킬기로 환원시킨다.

$$C_6H_6 \xrightarrow{CH_3CCl(=O),\ AlCl_3} C_6H_5COCH_3 \xrightarrow{Cl_2,\ FeCl_3} 3\text{-}ClC_6H_4COCH_3 \xrightarrow{H_2,\ Pd,\ CH_3CH_2OH} 3\text{-}ClC_6H_4CH_2CH_3$$

1-Chloro-3-ethylbenzene

연습 문제 16-18

Propylbenzene을 출발물로 사용하여 1-chloro-3-propylbenzene의 합성법을 제시하시오.

아실아렌을 알킬아렌으로 환원시키는 방법은 알킬기의 재배열이나 과알킬화반응과 같은 복잡한 반응을 일으키지 않고 알킬벤젠을 만들게 한다. 예를 들어, 뷰틸벤젠은 뷰탄오일 클로라이드(butanoyl chloride)로 Friedel-Crafts 아실화반응을 수행하고, 계속해서 Clemmensen 환원반응을 통하여 잘 만들 수 있다.

*E.C. Clemmensen (1876~1941), Clemmensen Chemical Corporation 회장, Newark, New Jersey.

재배열이 없는 butylbenzene의 합성

(반응식: benzene → [butanoyl chloride (Cl), $AlCl_3$] → 1-phenylbutan-1-one 51% → [HCl, Zn(Hg), Δ] → butylbenzene 59%)

좀 더 직접적인 방법인 벤젠의 Friedel-Crafts 뷰틸화반응은 실패하게 되는데, 그 이유는 재배열 반응 생성물인 (1-메틸프로필)벤젠 (*sec*-뷰틸벤젠: 15-12절)이나 다이-, 트라이알킬화반응 생성물들이 만들어지기 때문이다.

연습 문제 16-19

Benzene을 출발물로 사용하여 (2-methylpropyl) benzene (ibuprofen 제조의 출발물인 isobutylbenzene: 연습 문제 16-10 참조)을 효과적으로 합성하는 방법을 제시하시오 [**힌트**: 1-chloro-2-methylpropane (isobutyl chloride)과 benzene의 Friedel-Crafts 알킬화반응에서 생성되는 일치환반응의 주생성물은 무엇인가?].

Friedel-Crafts 친전자체는 강하게 비활성화된 벤젠 고리를 공격하지 않는다

1-(3-나이트로페닐)에탄온 (*m*-나이트로아세토페논)의 가능한 합성법을 조사해 보자. 두 치환기가 모두 메타 지향이기 때문에 두 가지 가능한 방법이 있다. 하나는 1-페닐에탄온의 나이트로화반응이고, 다른 하나는 나이트로벤젠의 Friedel-Crafts 알킬화반응이다. 그러나 실제로는 첫 번째 방법만이 성공할 수 있다.

1-(3-Nitrophenyl)ethanone의 성공적인 합성과 실패한 합성

(반응식: benzene → 1. CH_3COCl, $AlCl_3$ 2. H^+, H_2O 3. HNO_3, H_2SO_4 → $COCH_3$ / NO_2 치환 벤젠 ← ✕ 1. HNO_3, H_2SO_4 2. CH_3COCl, $AlCl_3$ 3. H^+, H_2O ← benzene)

두 번째 방법이 실패하는 이유는 복합적인 요인에 기인한다. 한 가지 요인은 나이트로벤젠 고리가 매우 비활성이기 때문이다. 또 다른 요인은 방향족 치환반응의 다른 친전자체와 비교하여 아실륨 이온의 친전자성이 매우 낮기 때문이다. 일반적으로 메타 지향성 치환기를 갖고 있는 비활성화된 벤젠에서는 Friedel-Crafts 알킬화반응이나 아실화반응 어느 것도 일어나지 않는다.

연습 문제 16-20

Benzene을 출발물로 사용하여 5-propyl-1,3-benzenediamine의 합성법을 말하시오 (주: 치환기 도입 순서를 주의 깊게 고려하라).

가역 설폰화반응은 오쏘-이치환된 벤젠을 효과적으로 합성하도록 해 준다

치환기 중 하나가 오쏘, 파라 지향기일 때조차도 오쏘-이치환된 벤젠을 만드는데에 또 다른 유형의 문제가 생긴다. 이런 작용기를 갖고 있는 벤젠의 친전자성 치환반응에서는 매우 적은 양의 오쏘 이성질체가 생기기는 하지만, 대부분의 주생성물은 파라 이성질체이다 (16-2절과

16-3절). 1-(1,1-다이메틸에틸)-2-나이트로벤젠[*o*-(*t*-뷰틸) 나이트로벤젠]의 효과적인 합성법이 필요하다고 가정해 보자. (1,1-다이메틸에틸) 벤젠, (*t*-뷰틸벤젠)의 직접적인 나이트로화반응은 만족스럽지 못하다.

1-(1,1-Dimethylethyl)-2-nitrobenzene
[*o*-(*tert*-Butyl)nitrobenzene]의 좋지 않은 합성

$C(CH_3)_3$-benzene $\xrightarrow[-H_2O]{HNO_3,\ H_2SO_4,\ 30°C}$ ortho-NO_2 + meta-NO_2 + para-NO_2

16%
1-(1,1-Dimethylethyl)-2-nitrobenzene
[*o*-(*tert*-Butyl)nitrobenzene]

11%
1-(1,1-Dimethylethyl)-3-nitrobenzene
[*m*-(*tert*-Butyl)nitrobenzene]

73%
1-(1,1-Dimethylethyl)-4-nitrobenzene
[*p*-(*tert*-Butyl)nitrobenzene]

이 문제의 현명한 해결 방법은 보호 과정으로 가역 설폰화반응을 이용하는 것이다 (15-10절). 치환기와 친전자체 모두 입체 장애가 크기 때문에 (1,1-다이메틸에틸) 벤젠의 파라 위치에만 설폰화반응이 일어나고, 더 이상의 친전자성 치환반응은 일어나지 않는다. 이 화합물의 나이트로화반응은 알킬기의 오쏘 위치에서만 일어나게 된다. 산 수용액에서 가열하면 차단기(설폰기)가 제거되고, 합성이 완료된다.

보호 과정으로서의 가역 설폰화반응

$C(CH_3)_3$-benzene $\xrightarrow{SO_3,\ conc.\ H_2SO_4}$ 4-SO_3H $\xrightarrow{HNO_3,\ H_2SO_4}$ 2-NO_2, 4-SO_3H $\xrightarrow{H^+,\ H_2O,\ \Delta}$ 2-NO_2

연습 문제 16-21

Benzene으로부터 1,3-dibromo-2-nitrobenzene을 합성하는 방법을 제시하시오.

보호 전략은 아민기와 하이드록시기의 활성화 능력을 완화시킨다

Phenol에서 산소 원자의 보호

Phenol $\underset{Conc.\ HI}{\overset{NaOH,\ CH_3I}{\rightleftharpoons}}$ OCH_3 Methoxybenzene

우리는 16-3절에서 벤젠아민(아닐린)과 페놀의 친전자성 공격 반응에 대하여, 이들의 NH_2기와 OH기의 큰 활성화 때문에 일치환 단계에서 이 반응을 중지시키기가 어렵다는 것을 배웠다. 더욱이 이들의 Lewis 염기적 특성 때문에 친전자체가 헤테로원자를 직접 공격할 수도 있어 반응이 복잡해진다. 이런 문제를 해결하기 위하여는 보호기를 사용할 수 있는데, 벤젠아민에 대해서는 아세틸기를 보호기로 사용하여 *N*-페닐아세트아마이드(아세트아닐라이드: 20-2절과 20-6절)로, 페놀에 대해서는 메틸기를 사용하여 메톡시벤젠으로 만든다. 보호기는 염기성 또는 산성 가수분해 반응을 통하여 제거할 수 있다.

이런 방법으로 선택적인 할로젠화반응, 나이트로화반응, Friedel-Crafts 반응을 수행할 수 있다. 예를 들면, 2-나이트로벤젠아민(*o*-나이트로아닐린)을 합성할 때에는 파라 위치에 반응되는 것을 막아주기 위하여 설폰화반응과 같은 보호 전략을 이용한다.

보호된 Benzenamine(Aniline)을 통한
2-Nitrobenzenamine(*o*-Nitroaniline)의 합성

연습 문제 16-22

개념 문제: 친전자성 방향족 치환반응에서의 합성 전략

비천연 화합물인 아미노산 올리고머의 합성 중간체인 Benzene 유도체 A를 만드는 좋은 방법을 제시하시오.

전략

첫 눈에 이 목표 화합물은 만만해 보이지 않는다. 쉽게 이 문제를 풀기 위하여 이 절에서 배운 것과 연계하여 역합성의 기본 법칙을 적용해 보자. 이 방법을 통해서 한 가지 해법이 제시되겠지만, 그 이상의 해법이 제시될 수도 있다. 우선 각 치환기의 지향력을 살펴보면서 시작해 보자.

풀이

- 시계 방향으로 브로민은 오쏘, 파라 지향기이지만, 활성감소기이다. 이것을 사용해서 아미노기와 카보닐기를 도입하는 것은 그다지 바람직하지 않은 것 같다.
- 아미노기가 더 좋은데, 아미노기의 강력한 활성화 효과는 파라에 나이트로화반응을, 오쏘에 브로민화반응을 시킬 수 있다.
- 지침 1과 2에 따라 지향력에 대하여 이 두 가지 가운데 한 가지를 분명히 선택할 수 있는데, 그것은 아미노기이다.
- 다음에 에스터 카보닐 치환기는 메타 지향성이며, 나이트로기 형태로 메타 위치에 질소를 도입할 수 있기 때문에 유용하다.
- 마지막으로 나이트로 작용기는 쓸모가 없는데, 그 이유는 메타 지향성이며, 치환반응이 매우 느리게 진행되는 활성감소기이기 때문이다.
- 이런 분석을 통하여 얻을 수 있는 가장 유용한 전략은 브로민을 제거하여 B로 가는 역합성 단계라 할 수 있다. B의 아미노 작용기를 다시 생각해 보면 나이트로기를 더해서 C로 가는 역합성을 생각할 수 있다.
- 이 단계에서 모든 것이 더 명확해지는데, 메타 아미노기는 methyl benzenecarboxylate (methyl benzoate) E의 나이트로화반응 생성물인 D를 통해 쉽게 만들 수 있다.

A의 역합성

- 이런 전략으로 합성을 시도해 보고, 더 실질적인 문제점은 없는지 생각해 본다. 화합물 E는 구매할 수 있고, D로의 나이트로화반응은 간단하다(16-3절).

A의 실제적인 합성

$$\mathbf{E} \xrightarrow[H_2SO_4]{HNO_3,} \mathbf{D} \xrightarrow{H_2,\ Ni} \mathbf{C} \xrightarrow[pyridine]{CH_3CCl,} \mathbf{F} \xrightarrow[H_2SO_4]{HNO_3,}$$

F

$$\mathbf{G} \xrightarrow[H_2SO_4]{CH_3OH,} \mathbf{B} \xrightarrow{Br_2,\ FeBr_3} \mathbf{A}$$

G

- 환원하면 C를 만들 수 있고, 계획했던 나이트로화반응을 수행하면 직접 B를 만들 수 있다. 그러나 C의 아미노기는 너무 강한 활성화기이기 때문에 B에 또 다른 나이트로화반응을 일으킨다. 따라서 아미노기를 acetamide(F)로 만들어 반응성을 완화시킨다. 이렇게 단일 나이트로화반응을 확실하게 하는데 이때 입체 장애 때문에 파라 치환반응만 일어나 G만 생성된다.
- 에스터기가 손상되지 않고 남아 있게 하기 위하여 methanol 용매를 사용하여 산으로 아민 보호기를 제거하여 B를 만든다.
- 끝으로 브로민화반응을 수행하면 입체 장애가 적은 질소 작용기의 오쏘 위치에서 반응이 일어나 원하는 목표물질 A를 얻는다.

연습 문제 16-23

자습 문제

위에서 설명했던 2-nitrobenzenamine의 합성 전략을 사용하여 phenol로부터 4-acetyl-2-chlorophenol을 합성하시오.

요약 새로운 작용기가 도입되는 순서를 주의 깊게 선택하여서 다중 치환된 벤젠류의 합성법을 고안하는 것이 가능하다. 그러한 전략은 치환기들의 지향력을 바꾸고, 활성 능력을 변화시키며, 고리에 가역적 보호기를 도입하는 단계를 요구할 수도 있다.

16-6 다중고리 벤젠류 탄화수소의 반응성

이 절에서는 나프탈렌을 예로 사용하여 다중고리 방향족 분자의 위치선택성과 반응성을 공명 구조를 이용하여 예측하고자 한다(15-5절). 이 물질들의 반응성과 관련된 생물학적 의미는 16-7절에서 논의하고자 한다.

나프탈렌은 친전자성 치환반응에 활성이 크다

나프탈렌의 방향족 성질은 그 반응성에서 명백하게 나타나는데, 첨가반응보다는 친전자성 치환반응이 일어난다. 예를 들면, 촉매가 없을 때조차도 브로민과 반응하여 1-브로모나프탈렌으로 쉽게 바뀐다. 이 반응이 이렇게 온건한 반응 조건에서도 진행된다는 사실은 나프탈렌이 친전자성 방향족 치환반응에 대하여 활성이 크다는 것을 말해 준다.

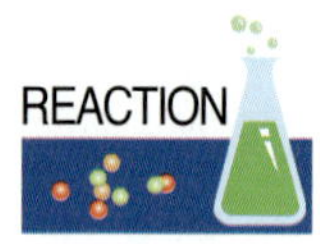

$$\xrightarrow[-HBr]{Br-Br,\ CCl_4,\ \Delta}$$

75%

1-Bromonaphthalene

다른 친전자성 치환반응들도 잘 진행되는데, C1 위치가 반응에 매우 선택적이다. 예를 들면, 다음과 같다.

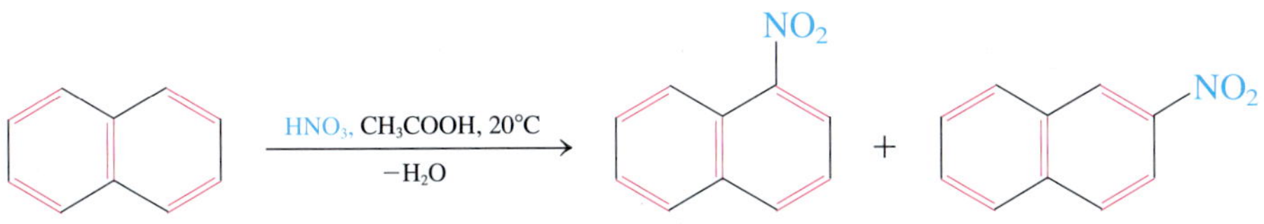

HNO_3, CH_3COOH, 20°C, $-H_2O$

NO_2 84% 1-Nitronaphthalene + NO_2 8% 2-Nitronaphthalene

이것은 중간체의 매우 큰 비편재화 특성에 기인한 것으로, 양이온을 다섯 개의 공명 혼성 구조로 잘 나타낼 수 있다.

Naphthalene의 친전자성 반응성 : C1에 공격

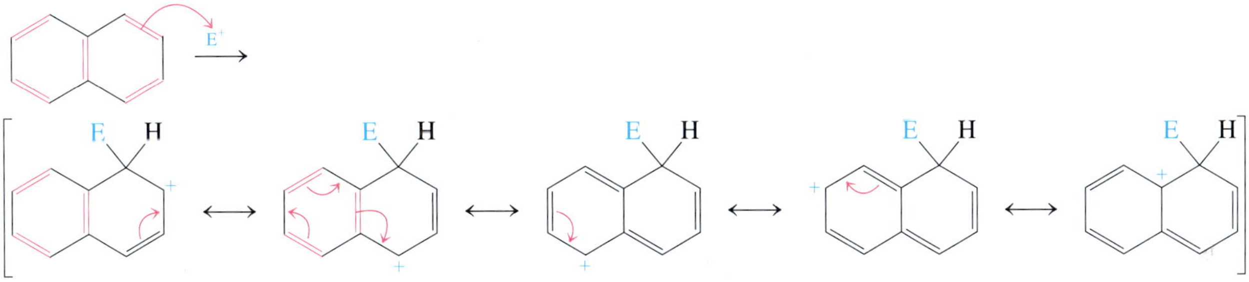

E^+

E H ⟷ E H ⟷ E H ⟷ E H ⟷ E H

그러나 C2에 친전자체의 공격도 양이온을 만들며, 다섯 개의 공명 구조를 그릴 수 있다.

Naphthalene의 C2 위치에 대한 친전자성 공격

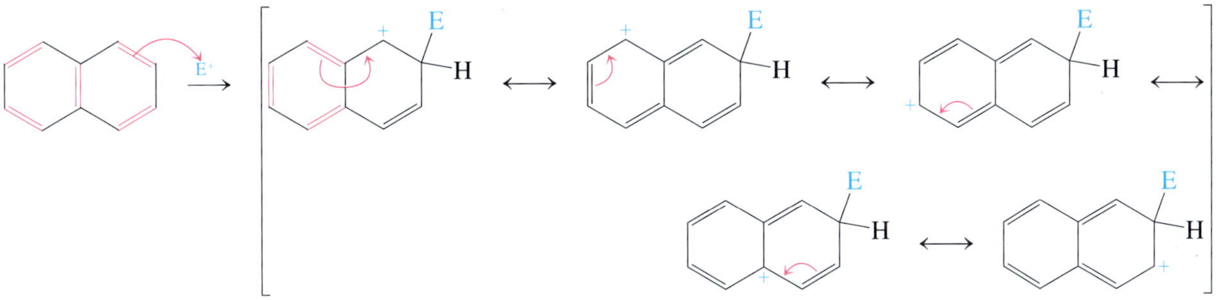

E^+

E H ⟷ E H ⟷ E H ⟷ E H ⟷ E H

그렇다면 왜 친전자체가 나프탈렌의 C2보다는 C1을 공격하는가? 두 양이온에 대한 공명 구조를 잘 살펴보면 중요한 차이가 나타난다. C1에 대한 공격은 중간체의 공명 구조 가운데 **두 개**의 방향족 고리의 공명 구조가 완전한 비편재화의 이점을 가지는 벤젠 그대로의 고리를 유지시켜 준다. C2에 대한 공격은 단지 **한 개**의 이러한 공명 구조를 나타내기 때문에 양이온이 덜 안정화되고, 전이 상태 에너지가 불안정해진다. 친전자성 방향족 치환반응에서 첫 번째 반응 단계가 속도 결정 단계이기 때문에 C1에 대한 공격이 C2보다 빠르게 된다.

친전자체는 치환된 나프탈렌류를 위치선택적으로 공격한다

일치환된 벤젠에 대한 친전자성 공격의 배향 규칙은 나프탈렌에도 적용된다. **치환기가 있는 고리가 가장 영향을 많이 받는데,** 일반적으로 활성화기는 들어오는 친전자체를 같은 고리에 배향시키고 활성감소기는 고리에서 먼 곳에 배향시킨다. 예를 들면, 1-메톡시나프탈렌은 C2와 C4에서 친전자성 나이트로화반응이 일어난다.

1-Methoxynaphthalene(1-Naphthol)의 나이트로화반응

HNO_3, CH_3COOH / $-H_2O$ → [파라 공격 (주공명 기여 구조만) 와 오쏘 공격 (주공명 기여 구조만)] → $-H^+$ →

1-Methoxy-4-nitronaphthalene 63% + 1-Methoxy-2-nitronaphthalene 부

활성감소기는 친전자성 치환반응이 활성감소기가 없는 다른 고리에서 일어나는데 C5와 C8에서 우선적으로 일어난다.

1-Nitronaphthalene (8, 5) → HNO_3, H_2SO_4, 0℃ / $-H_2O$ → 1,8-Dinitronaphthalene 30% + 1,5-Dinitronaphthalene 60%

연습 문제 16-24

개념 문제: 치환된 나프탈렌류의 친전자체 공격의 예측

1-(1-Methylethyl) naphthalene의 주된 친전자성 방향족 나이트로화반응의 위치를 예측하시오.

전략

이 절에서 배운 배향 규칙을 적용하면 되는데, 더 활성화된(덜 비활성화된) 고리가 공격을 받는다.

풀이

- 치환된 고리에는 알킬기가 있는데, 이것은 활성화기이며 오쏘, 파라 지향성이다.
- 1-Methylethyl기는 적당히 크기 때문에 오쏘 공격이 방해받는다.
- 선택적인 나이트로화반응이 C4에서 일어나 아래 화합물을 만든다.

NO_2

연습 문제 16-25

자습 문제

다음 화합물에 대한 친전자성 나이트로화반응의 위치를 예측하시오.
(a) 2-Nitronaphthalene, **(b)** 5-methoxy-1-nitronaphthalene, **(c)** 1,6-bis (1,1-dimethylethyl) naphthalene
(주: 문제 c에서는 양쪽 고리가 모두 활성화되었다. **힌트** : 입체 효과를 고려하라.)

공명 구조는 큰 다중고리 방향족 탄화수소의 위치선택성 예측에 도움을 준다

안트라센, 페난트렌 (15-5절) 과 같이 나프탈렌으로부터 유도되는 다중고리계에도 공명, 입체적 고찰, 치환기의 지향력과 같은 법칙이 똑같이 적용된다. 예를 들면, 페난트렌에 선호하는 친전자성 공격 위치는 C9 (또는 C10) 이다. 왜냐하면 생성된 양이온에 대한 우세한 공명 기여 구조가 두 개의 온전한 비편재된 벤젠 고리를 유지하지만, 다른 위치에의 공격은 한 개 또는 두 개의 고리 방향성을 파괴하기 때문이다.

Phenanthrene에 대한 친전자성 공격

9 10 E^+ → [E H 주기여 구조 ⟷ + E H ⟷ etc.]

이 원리는 안트라센과 더 큰 다중고리 방향족 탄화수소의 어느 위치가 친전자성 공격을 수월하게 해줄 수 있는지를 예측하게 해 준다.

연습 문제 16-26

Phenanthrene의 C9 위치에 친전자성 공격을 함으로써 얻을 수 있는 **모든** 벤젠 고리의 방향성이 깨지는 양이온의 공명 구조를 그리시오.

연습 문제 16-27

Anthracene의 친전자성 양성자첨가반응은 다음과 같은 상대 속도를 보여 준다. k(C9) : k(C1) : k(C2) ≈ 11,000 : 7 : 1. 이 현상을 설명하시오 (anthracene 구조에서 자리 번호는 15-5절을 참조하라).

요약 나프탈렌은 친전자성 방향족 치환반응에 대하여 활성화되어 있는데, C1이 가장 좋은 공격 위치이다. 치환된 나프탈렌의 친전자성 공격은 활성화된 고리에서 일어나고, 비활성화된 고리에서는 치환기로부터 먼 곳에서 일어난다. 위치선택성은 벤젠 유도체의 친전자성 방향족 치환반응에 대하여 알려진 일반적인 규칙과 같다. 이와 유사한 원리가 이보다 더 큰 다중고리 방향족 탄화수소에서도 적용된다.

16-7 다중고리 방향족 탄화수소와 암

많은 다중고리 벤젠류 탄화수소는 발암성이다. 이러한 화합물에 의하여 인간에게 암이 발생된다는 것을 처음 관찰한 사람은 London의 St. Bartholomew 병원 외과의사인 Percival Pott이다.

산불은 benzo [*a*] pyrene을 포함하여 많은 환경 오염물질을 생성한다.

그는 1775년 굴뚝 청소부들이 음낭암에 걸리기 쉽다는 사실을 알았다. 그 후 어떤 다중고리 벤젠류 탄화수소가 이런 생리학적 성질을 가지며, 왜 이들의 구조가 그런 활성을 나타내는지 많은 연구가 진행되었다. 이런 화합물 가운데 광범위하게 분포된 환경 오염물질인 벤조[*a*]피렌이 특히 잘 연구된 분자이다. 이것은 자동차 연료나 기름(가정용 난방이나 산업용 발전을 위한)과 같이 유기물질을 태울 때, 쓰레기 소각, 산불, 담배나 시가를 태울 때, 심지어는 고기를 구울 때에도 발생한다. 미국에서 연간 대기 중으로 방출되는 양만도 약 3000톤으로 추정된다.

발암성 벤젠류 탄화수소들

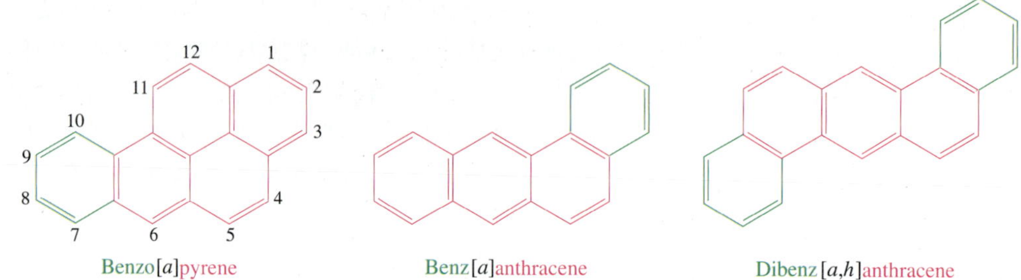

벤조[*a*]피렌의 발암성 작용 메커니즘은 무엇인가? 간에 있는 산화 효소[**산화제** (*oxidase*)]는 탄화수소를 C7과 C8 위치에 옥사사이클로프로페인인 화합물로 변환시킨다. 다른 효소(epoxide hydratase)는 이 생성물의 수화반응을 촉진시켜 다이올을 생성한다. 이것은 더 산화되어 최종 발암물질인 C9와 C10 위치에 새로운 옥사사이클로프로페인을 만드는 물질을 생성한다.

Benz[*a*]pyrene의 궁극적인 발암물질로의 효소적 변환

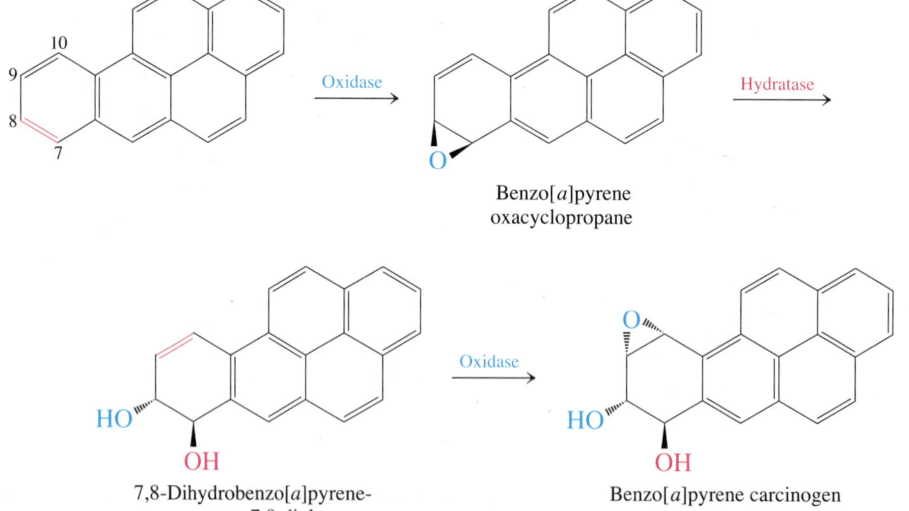

다중고리 방향족 탄화수소는 우주에도 많이 존재한다. 이 사진은 Spitzer 적외선 우주 망원경으로 관찰된, 여기서 약 1270만 광년 떨어져 있는 나선형 은하 NGC 7793의 모습이다. 푸른 색깔은 별에서 방출되는 $\tilde{\nu}$ = 2800 cm^{-1}의 빛이다. 초록색과 붉은색은 다중고리 방향족 탄화수소와 아마도 먼지로부터 방출되는 $\tilde{\nu}$ = 1700과 1250 cm^{-1}의 빛으로 추정된다.

무엇이 이 화합물을 발암성으로 만드는가? 그것은 DNA (26장 참조)에 있는 염기들 가운데 하나인 구아닌에 존재하는 아민 질소가 친핵체로 작용하여 옥사사이클로프로페인을 공격한다고 믿어진다. 변형된 구아닌은 DNA의 이중 나선을 파괴시켜 DNA 복제 과정에서 짝을 짓지 못하게 한다.

발암성화반응

DNA—염기 (guanine)

이러한 변화는 유전자 코드를 변화(변이)시키고, 그로 인하여 암의 전형적인 성질인 빠르고 무차별적인 세포증식을 일으키게 된다. 모든 세포가 발암성인 것은 아니며, 사실 그들 대부분은 단지 하나의 영향을 받은 세포만을 파괴시킨다. 발암성 물질로의 노출은 단지 발암현상의 가능성을 증가시키는 것이다.

발암물질은 DNA에 알킬화반응을 수행하는 시약과 같은 작용을 한다는 것에 주목할 필요가 있다. 이런 사실은 다른 알킬화제도 발암성일 수 있다는 것을 의미하며, 실제로도 이러한 경우가 관찰된다. 직업안전과 보건국(Occupational Safety and Health Administration: OSHA)은 발암물질 목록을 발표했는데, 여기에는 1,2-다이브로모에테인과 에틸 옥사사이클로프로페인과 같은 알킬화 시약이 포함되어 있다(1장 50번 문제 참조).

많은 유기 화합물에서도 발암성이 발견되었기 때문에 합성 반응에서 이들의 대체물질이 필요했다. 1-과 2-나프틸아민(naphthylamine)은 한때 이들의 유도체(아조 염료: 22-11절 참조)가 화려한 색깔을 가졌기 때문에 염료 합성에서 널리 사용되었다. 몇 년 전에 이 물질들이 발암물질로 밝혀져 중간체로서, 이들의 사용을 피하는 합성 경로와 이 염료와 전혀 관련이 없는 구조의 염료를 개발하게 되었다. 최근의 예로는 클로로(메톡시)메테인($ClCH_2OCH_3$, chloromethyl methyl ether)으로 한때는 이것을 에터로 만듦으로써 알코올기를 보호하는 시약으로 흔히 사용되었다. 1970년대에 이런 알킬화 시약에 발암성이 있다는 것이 발견됨으로써 여러 가지 덜 위험한 시약을 개발하게 되었다.

발암성 알킬화제와 반응 위치

$BrCH_2CH_2Br$

1,2-Dibromoethane

Oxacyclopropane

$ClCH_2OCH_3$

Chloro(methoxy)methane
(Chloromethyl methyl ether)

요점

벤젠 고리에 있는 치환기의 지향성 효과는 유기화학에서의 위치선택성과는 다르다고 말할 수 있다. 우리는 이전에 할로늄 이온(12-6절)과 옥사사이클로프로페인(9-9절)의 친핵성 고리 열림 반응에서 위치선택성을 공부한 적이 있다. 여기서 이 반응들은 입체적 요인과(염기성과 산성 조건에서의) 전자적 인자를 통하여 조절할 수 있었다. 또한 우리는 비편재된 양이온(예를 들어, 알릴 양이온: 14-6절)의 친핵성 포획 반응에서의 위치선택성을 관찰한 바 있는데, 여기서 가역성이 속도론적 위치조절과 열역학적 위치조절 가운데의 선택을 통해서 이루어진다. 친전자성 방향족 치환반응에서 위치화학적 결과는 원래 반응속도론적이며, 주로 전자 효과에 의해 결정된다. 전자적으로 유리한 공격 위치가 존재하는 경우에 가끔 입체적 인자가 이러한 균형을 깬다. 특정 친전자성 방향족 치환반응에서 선호되는 생성물을 예측하기 위해서는, 모든 가능한 양이온 중간체를 그려놓고 전자 효과와 입체 효과를 안정화시키거나, 불안정하게 하는 모든 상대적인 요소들을 평가해야 한다.

지금까지 우리는 알켄과 알카인류, 콘쥬게이션 다이엔류, 벤젠과 다른 방향족 화합물들을 포함한 탄소 원자들 사이의 다중 결합들에 대하여 살펴보았다. 다음에는 카보닐기를 갖고 있는 중요한 화합물의 탄소와 산소 이중 결합에 대하여 살펴보고자 한다. 탄소-탄소 이중 결합에서 일어나는 몇 가지 전자 효과가 탄소-산소 이중 결합에서도 일어나지만, 다른 효과들은 극성 카보닐기에서만 독특하게 일어나는 것이다. 따라서 카보닐 화학은 유기화학에서 풍부하면서 매우 중요한 영역이라 할 수 있다. 카보닐기를 포함하는 반응을 이해하는 것은 약의 역할부터 분자 유전학의 세부사항에 이르기까지, 생화학의 많은 분야를 이해하는 데 필수적이다. 알데하이드와 케톤에 있는 카보닐기에 대한 공부는 17장에서 시작하고자 한다.

통합 문제

16-28. 특이하게 치환된 기능성 벤젠아민류(아닐린류)들은 의약화학과 염료 산업에서 중요한 합성 중간체이다. Methoxybenzene A로부터 5-chloro-2-methoxy-1,3-benzenediamine B를 선택적으로 합성하는 방법을 제시하시오.

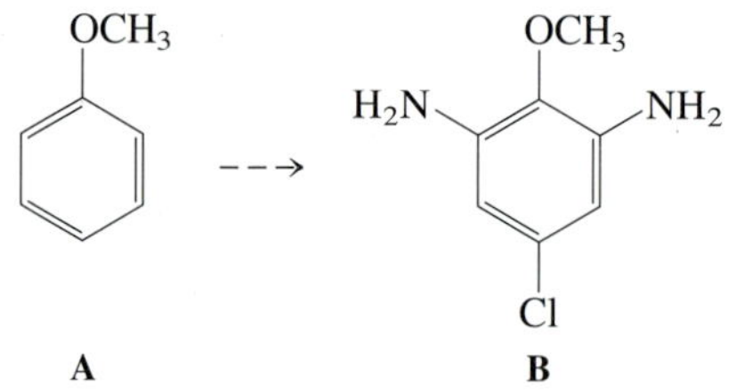

OCH_3 / H_2N, NH_2, Cl

A --→ **B**

풀이

간단한 전구체로부터 B를 직접 만들기 위한 가능한 결합 절단은 *a*, *b*, *c* 가운데 어느 것인가? 아래와 같이 역합성 분석(8-9절)을 해 보면 질문의 답이 나오는데, 답은 '없다'이다. 역합성 단계 *a*는 현재 우리가 알고 있는 반응으로는 달성하기가 불가능하기 때문에 적당하지 않다. 사실 특수한 ("CH_3O^+"을 만들어내는) 시약을 쓴다고 해도 매우 어렵다. 이 문제와는 동떨어지지만, 단계 *a*는 출발물에 있는 결합이 끊어지므로 현명한 방법이 아니다. 단계 *c*는 역친전자성 염소화반응(15-9절)인데, 원칙적으로는 가능하나 실제로는 불가능하다. 왜냐하면 주어진 C5 위치에서의 선택적인 반응을 기대할 수 없기 때문이다. CH_3O는 원하는 대로(C5에 있는) 파라 지향성인 반면, 아미노기는 다른 위치인(C4와 C6에 있는) 오쏘, 파라를 더욱 더 활성화시키기(16-3절) 때문에 단계 *c*를 배제하게 된다.

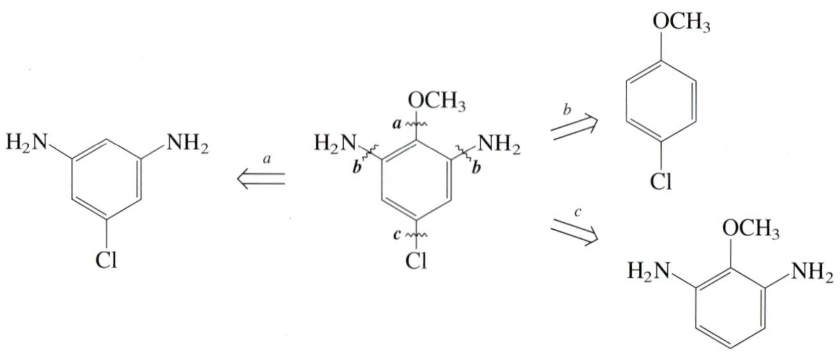

H_2N, NH_2, Cl ⟸ *a* — OCH_3, H_2N, NH_2, Cl (*a*, *b*, *b*, *c*) — *b* ⟹ OCH_3, Cl; *c* ⟹ OCH_3, H_2N, NH_2

결합 절단 *b*는 어떤가? 아렌류의 직접적인 친전자성 (알콕시화반응이나 하이드록시화반응과 같이) 아민화반응은 불가능한 반면, 나이트로화반응-환원반응을 거치는 간접적인 방법으로는 가능하다는 것을 알 수 있다(16-5절). 따라서 이 문제는 1-chloro-4-methoxybenzene의 환원으로 축소시킬 수 있다. 원하는 위치선택적으로 반응을 수행할 수 있을까? 16-4절의 지침 2가 확실하게 대답해 준다. 이 분석은 methoxy-benzene의 염소화반응을 통해 얻을 수 있는 새로운 중간체로서 1-chloro-4-methoxybenzene을 제시한다.

B ⟹ (OCH_3, O_2N, NO_2, Cl) ⟹ (OCH_3, Cl) ⟹ (OCH_3)

1-Chloro-4-methoxybenzene

따라서 이 합성 문제에 대한 타당한 답은 아래와 같이 시약, 합성 중간체, 정방향 화살표를 사용한 적당한 합성 도표를 만들어 보여 주는 것이다.

풀이 합성 도표 1

A (OCH_3) $\xrightarrow{Cl_2, FeCl_3}$ (OCH_3, Cl) $\xrightarrow{HNO_3, H_2SO_4}$ (OCH_3, O_2N, NO_2, Cl) $\xrightarrow{H_2, Ni}$ B (OCH_3, H_2N, NH_2, Cl)

(+ 오쏘 이성질체)

여러분은 생성물을 감소시킬 뿐 아니라 지루한 정제를 수행해야 하는 위치선택성을 제어하지 못하는 첫 단계에 만족하지 못할 것이다. 설폰화반응을 이용한 보호 전략을 고려해 보는 것이 도움이 될지 모른다(16-5절). SO_3가 염소보다는 커서 methoxybenzene의 친전자성 공격으로는 오직 파라 치환 생성물만을 만들 것이다. 이렇게 파라 위치를 보호함으로써 메톡시기의 오쏘 위치에 선택적인 이중 나이트로화반응이 진행된다. 보호기를 제거하면 염소를 아래에서 볼 수 있는 바와 같이 도입할 수 있다.

풀이 합성 도표 2

A (OCH_3) $\xrightarrow{SO_3, H_2SO_4}$ (OCH_3, SO_3H) $\xrightarrow{HNO_3, H_2SO_4}$ (OCH_3, ON_2, NO_2, SO_3H) $\xrightarrow{H^+, H_2O, \Delta}$

(OCH_3, O_2N, NO_2) $\xrightarrow{Cl_2, FeCl_3}$ (OCH_3, O_2N, NO_2, Cl) $\xrightarrow{H_2, Ni}$ B (OCH_3, H_2N, NH_2, Cl)

이 과정에는 두 단계가 더 필요한데, 실제로 전단계 수득률, 마무리를 포함한 실험의 용이성, 폐기물의 처리비용, 출발물의 가격과 이용성 등을 고려하여, 도표 1이나 도표 2 가운데 어떤 경로를 취할 것인지를 결정해야 한다.

16-29. 산촉매 연속단계(cascade)는 스테로이드(4-7절)를 포함한 복잡한 여러고리 분자를 만들 때 사용되는데, 자연이나 합성 화학자들에 의하여 이용된다. 다음의 다중 고리화반응의 메커니즘을 말하시오.

A (CH_3O, OH) $\xrightarrow{BF_3}$ B (CH_3O)

풀이

이것은 메커니즘 문제이지 합성 문제가 아니기 때문에, 우리는 앞에 주어진 것만을 사용할 수 있다. 이런 변환의 일반적인 특징을 살펴보자. 두 개의 고리만을 갖고 있던 출발물이 두 개의 C—C 결합을 생성하여 네 개의 고리를 갖고 있는 화합물로 변했으며, 어느 단계에선가 hydroxy 작용기가 없어져야 한다. BF_3는 '매우 절실히' 전자쌍을 원하는 Lewis 산이며(2-2절), hydroxy기의 산소는 전자쌍을 제공할 수 있는 확실한 물질이다. 반응이 진행되는 동안 확실한 조성 변화는 무엇인가? 이 질문에 대한 답은 각 분자식에서의 변화된 양을 계산해 보면 되는데, $C_{19}H_{26}O_2$가 $C_{19}H_{24}O$로 바뀌었다. 결국 전 과정에서 탈수(— H_2O)가 일어난 것이다.

이와 같은 일반적인 분석을 하고 나면 상세한 메커니즘을 쓸 수 있다. 이차(와 알릴) 알코올을 Lewis 산과 반응시키면 무슨 일이 일어날까? 답은 (알릴) 탄소양이온(C)의 생성이다(9-2절, 9-3절, 14-3절).

A + BF_3 ⟶ ... CH_3O ... ^{+}OH ... $^{-}BF_3$ ⇌ [CH_3O ... ↕ ... CH_3O]

C

탄소양이온 근처에 이중 결합이 있으면 무슨 일이 생길까? 답은 친전자성 첨가반응이 일어나(12-14절) 새로운 탄소양이온(D)을 생성한다.

CH_3O ... ⟶ ... CH_3O

C D

이 답들은 최종 생성물이 되기 위한 구조적인 요구사항을 만족시키지만, D를 만들 때의 선택성에 관해서는 몇 가지 의문을 떠올릴 수 있다. 첫 번째, C는 두 개의 친전자 부위를 갖고 있는데, 왜 한 개만 반응할까? 답은 입체 장애가 적은 탄소가 더 빨리 반응하기 때문이다. 두 번째, D로의 변환은 육원자 고리를 만드는데 왜 이중 결합의 다른 쪽을 공격하여 오원자 고리는 만들지 않을까? 답은 육원자 고리가 덜 변형되기 때문이다(4-3절). 세 번째, C에서 D로 갈 때 공명 안정화된 알릴 탄소양이온이 "보통의" 이차 양이온으로 바뀌는데, 그 추진력은 무엇일까? 답은 새로운 탄소-탄소 결합이 만들어지기 때문이다. D에 도달하게 되면 여기서 우리는 파라 지향 메톡시기를 가진 활성화된 benzene의 Friedel-Crafts 알킬화반응인 마지막 단계를 알아볼 수 있다.

CH_3O ... ⟶ [H ... $CH_3\ddot{O}$ ... ↕]

D

B $\xleftarrow{-H^+}$ [H, $CH_3\ddot{O}^+$] $\longleftrightarrow$ etc.

새로운 반응식

치환된 벤젠류의 친전자성 치환반응

1. 오쏘-와 파라-지향기 (16-1절에서 16-3절까지)

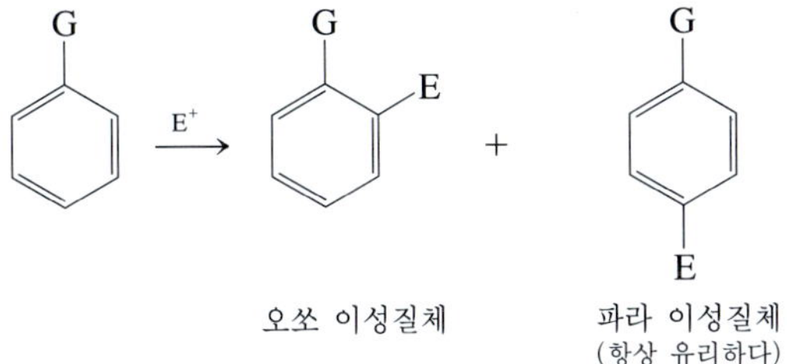

오쏘 이성질체 파라 이성질체 (항상 유리하다)

G = NH_2, OH; 강한 활성화
= NHCOR, OR; 보통 활성화
= 알킬, 아릴; 약한 활성화
= 할로젠; 약한 비활성화

2. 메타-지향기 (16-1절에서 16-3절까지)

G $\xrightarrow{E^+}$ (G, E)

메타 이성질체

G = $\overset{+}{N}(CH_3)_3$, NO_2, CF_3, C≡N, SO_3H; 대단히 강한 비활성화
= CHO, COR, COOH, COOR, $CONH_2$; 강한 비활성화

합성 계획 : 지향력의 막기와 바꾸기

3. 나이트로기와 아미노기의 상호변환 (16-5절)

NO_2 $\underset{CF_3CO_3H}{\overset{HCl,\ Zn(Hg)\ 또는\ H_2,\ Ni\ 또는\ Fe,\ HCl}{\rightleftharpoons}}$ NH_2

메타 지향성 오쏘, 파라 지향성

4. 아실과 알킬의 상호변환 (16-5절)

RC=O $\underset{CrO_3,\ H_2SO_4,\ H_2O}{\overset{H_2,\ Pd,\ CH_3CH_2OH\ 또는\ Zn(Hg),\ HCl,\ \Delta}{\rightleftharpoons}}$ RCH_2

메타 지향성 오쏘, 파라 지향성

5. 설폰화반응에 의한 막기 (16-5절)

SO_3, H_2SO_4 막기 / E^+ / H_2O, Δ, $-H_2SO_4$ 탈막기

R — R, SO_3H — R, E, SO_3H — R, E

6. **보호에 의한 강한 활성화기의 완화 (16-5절)**

NH_2 ⇌ (CH₃CCl(=O), pyridine / ⁻OH, H_2O 또는 H^+, H_2O) HNCCH₃(=O)

강하게 활성화됨 / 적당히 활성화되고 그리고 보호됨

OH ⇌ (NaOH, CH_3I / Conc. HI) OCH_3

강하게 활성화됨 / 적당히 활성화되고 그리고 보호됨

7. **나프탈렌의 친전자성 방향족 치환반응 (16-6절)**

E^+, $-H^+$ → E

중요한 개념

1. 벤젠 고리의 치환기들은 두 부류로 나눌 수 있다. **전자 주개**에 의해 고리를 **활성화**하는 것들과 **전자 끌기**에 의해 고리를 **비활성화**하는 것들이다. 주개와 끌기의 메커니즘은 **유도 효과**와 **공명 효과** 중의 하나에 기초를 두고 있다. 이들 효과는 서로 보강하거나 상쇄되도록 동시에 작용한다. 아미노기와 알콕시 치환기들은 강하게 활성화하며, 알킬기와 페닐기는 약하게 활성화한다. 나이트로, 트라이플루오로메틸, 설포닐, 옥소, 나이트릴, 양이온 치환기는 강한 비활성화기이고, 반면에 할로젠은 약한 비활성화기이다.

2. **활성화기**들은 친전자체를 **오쏘**와 **파라**로 지향시킨다. **비활성화기**들은 훨씬 더 느린 속도로 **메타**를 지향한다. 예외로 **할로젠**은 **오쏘**와 **파라**를 지향한다.

3. 여러 개의 치환기들이 있을 때 가장 강한 활성화기 (또는 가장 약한 비활성화기) 가 공격의 위치선택성을 지배하며, 다음의 순서로 강도가 약해진다.

$$NR_2,\ OR > X_2,\ R > \text{메타 지향기}$$

4. 다중치환 벤젠류의 **합성** 전략은 치환기의 **지향력**, 화학적 조작에 의해 이들 치환기의 **배향을 바꾸는** 합성 능력, 그리고 **막기**와 **보호기**의 사용에 의존한다.

5. **나프탈렌**은 중간체 탄소양이온의 상대적인 안정성 때문에 **C1**에 유리하게 친전자성 치환반응을 한다.

6. 나프탈렌 고리 가운데 어느 하나에 있는 전자 주는 치환기가 있으면 친전자체를 그 고리의 오쏘와 파라로 지향시킨다. 전자 끄는 치환기는 친전자체를 그 고리로부터 먼 곳으로 지향시킨다. 치환은 주로 C5와 C8에서 일어난다.

7. 벤조[α] 피렌으로부터 유도된 실제 발암물질은 옥사사이클로프로페인다이올인데, 그 안에 C7과 C8은 하이드록시기를 가지며, C9과 C10은 산소로 연결되어 있다. 이 분자는 DNA 염기에 있는 질소 중 하나를 알킬화해서 변이를 일으킨다.

문제

30. 다음과 같이 치환된 화합물을 친전자성 치환반응의 반응성이 감소하는 순서로 나타내시오. 여러분이 정한 순서의 이유를 설명하시오.

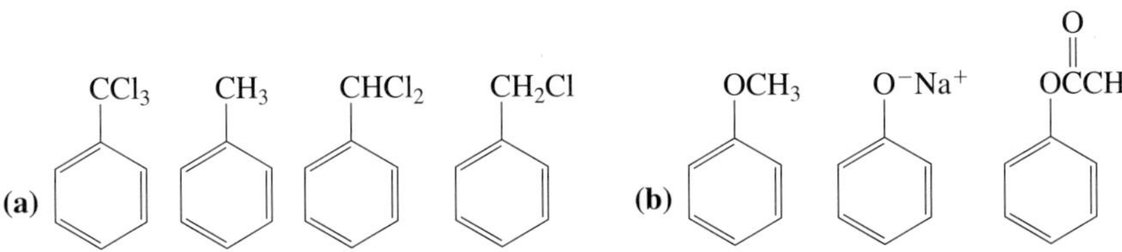

(c) CH_2CH_3 CH_2CCl_3 CH_2CF_3 CF_2CH_3

31. Benzene의 나이트로화반응 속도(=1)에 비하여 (chloromethyl) benzene —CH_2Cl의 나이트로화반응 속도는 0.71이다. (Chloromethyl) nitrobenzene 혼합 생성물은 32%의 오쏘, 15.5%의 메타, 52.5%의 파라 이성질체로 구성되어 있다. 이런 현상을 설명하시오.

32. 다음 화합물에서 벤젠 고리가 활성화되는지 비활성화되는지를 나타내시오.

(a) COOH, COOH **(b)** NO_2, NO_2, F **(c)** OH, CH_3

(d) O **(e)** NH_2, OH **(f)** SO_3H, NO_2 **(g)** HO, $C(CH_3)_3$, CH_3

33. 친전자성 방향족 치환반응에 대해 반응성이 감소하는 순서로 각 화합물을 나열하시오. 여러분이 답한 것을 설명하시오.

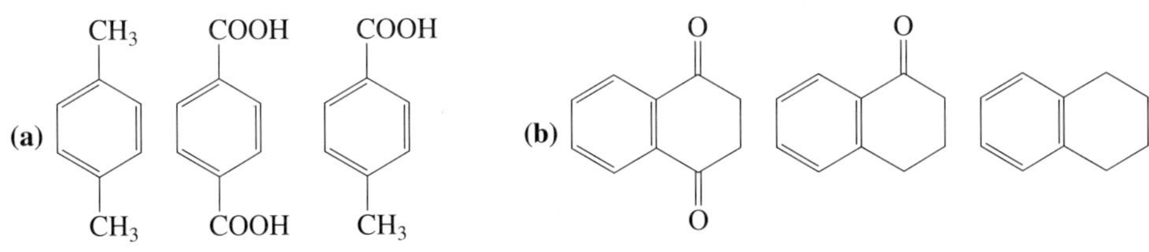

34. 1,3-Dimethylbenzene (*m*-xylene)의 할로젠화반응은 1,2- 또는 1,4-이성질체(*o*- 또는 *p*-xylene) 중 어느 하나의 할로젠화반응보다 100배 더 빠르다. 그 이유를 설명하시오.

35. 다음의 친전자성 방향족 치환반응으로 예상되는 주생성물의 구조를 그리시오.

(a) Methylbenzene (toluene)의 나이트로화반응

(b) Methylbenzene (toluene)의 설폰화반응

(c) 1,1-Dimethylethylbenzene (*tert*-butylbenzene)의 나이트로화반응

(d) 1,1-Dimethylethylbenzene (*tert*-butylbenzene)의 설폰화반응

(a)와 (b)의 methylbenzene (toluene)이 (c)와 (d)의 1,1-dimethylethylbenzene (*tert*-butylbenzene)으로 반응물의 구조가 변하면 예상되는 생성물에 어떤 영향을 미치는가?

36. 다음의 친전자성 방향족 치환반응으로부터 생성되는 주생성물의 구조를 그리시오.

(a) Methoxybenzene (anisole)의 설폰화반응 **(b)** Nitrobenzene의 브로민화반응

(c) Benzoic acid의 나이트로화반응 **(d)** Chlorobenzene의 Friedel-Crafts 아세틸화반응

37. 적절한 공명 형태를 그려서 benzenesulfonic acid에 있는 SO_3H기가 비활성 메타 지향적 성격이라는 것을 설명하시오.

38. 다음의 진술에 여러분은 동의하는가? "벤젠 고리에 강하게 전자를 끌어당기는 치환기는 메타 지향적이다. 왜냐하면 이것들은 오쏘, 파라 위치를 비활성화시키는 것보다 메타 위치를 덜 비활성화시키기 때문이다." 여러분의 생각을 설명하시오.

Biphenyl

39. 적당한 공명 구조를 그려서 biphenyl (왼쪽 여백 그림) 에 있는 페닐 치환기의 활성화된 오쏘, 파라 지향성을 설명하시오.

40. 다음 각각의 친전자성 치환반응에서 예상되는 주생성물을 쓰시오.

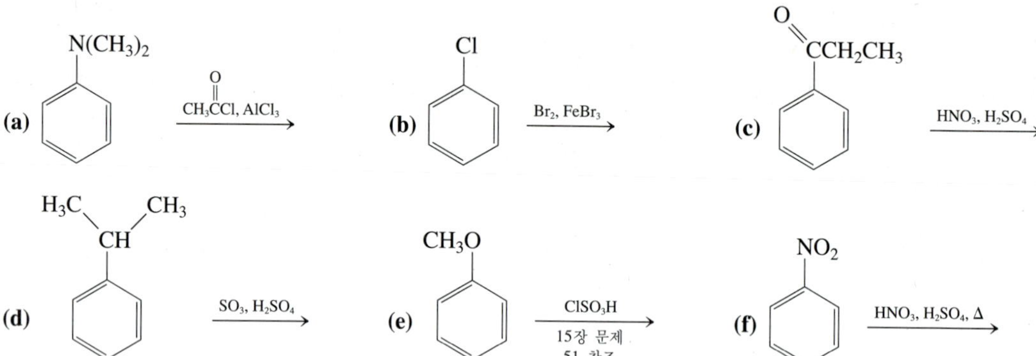

41. 반응 복습. 709쪽에 있는 반응 로드맵을 참고하지 말고 다음 각 화합물을 만들 수 있는 일치환 benzene과 시약을 말하시오 (**힌트**: 표 16-2를 참고하라. **주**: 지향성 효과는 붙이려고 하는 작용기가 **아니라** 벤젠 고리에 이미 붙어 있는 작용기로부터 생긴다).

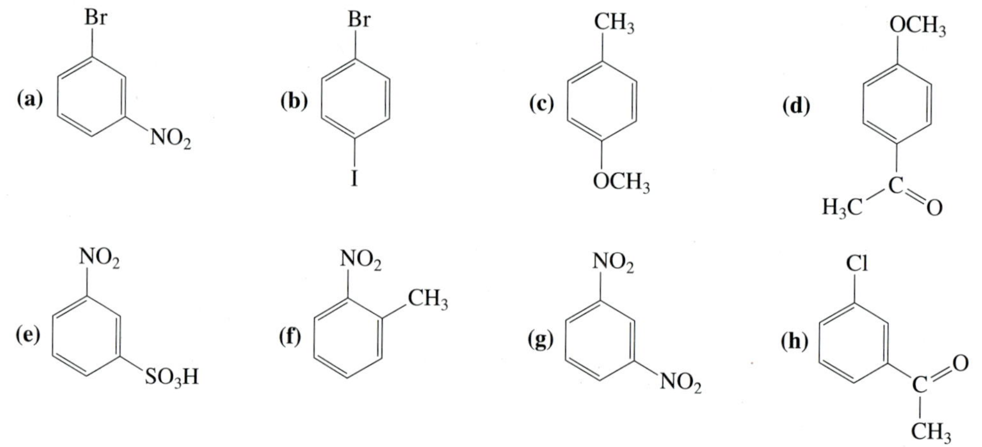

42. 반응 복습. 아래 화합물의 제법은 한 단계 이상의 반응을 요구한다. 문제 41과 같이 시약들과 일치환 benzene을 출발물로 사용하여 합성을 완료하기 위한 모든 합성 단계를 말하시오.

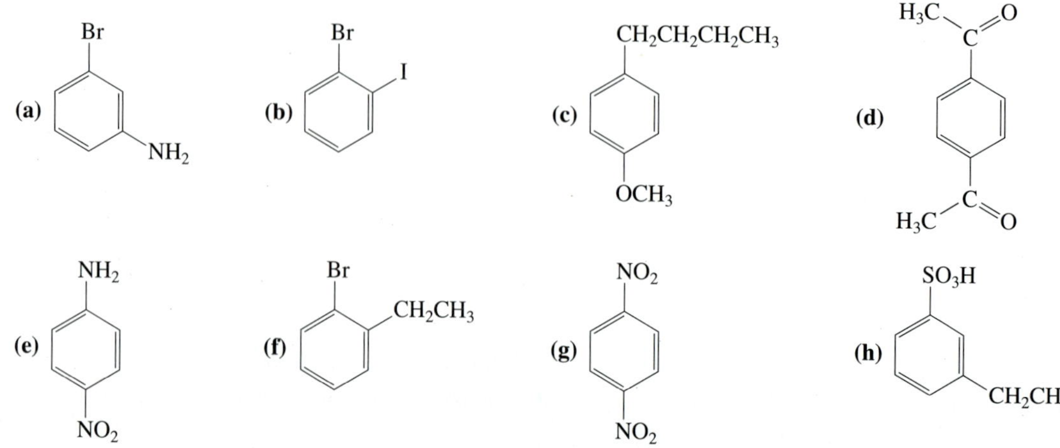

43. 다음 반응에서 예상되는 주생성물을 쓰시오.

(a) NO_2, CH_3 $\xrightarrow{Cl_2,\ FeCl_3}$

(b) Cl, CH_3 $\xrightarrow{SO_3,\ H_2SO_4}$

(c) COOH, CH_2CH_3 $\xrightarrow{HNO_3,\ H_2SO_4}$

(d) O, $NHCCH_3$, CH_3 $\xrightarrow{Br_2,\ FeBr_3}$

(e) SO_3H, CCH_3, O $\xrightarrow{Br_2,\ FeBr_3}$

(f) CH_3, NO_2, OCH_3 $\xrightarrow{SO_3,\ H_2SO_4}$

(g) O_2N $\xrightarrow{HNO_3,\ H_2SO_4}$

(h) O, $NHCCH_3$, NO_2 $\xrightarrow{Cl_2,\ FeCl_3}$

(i) NO_2, Cl $\xrightarrow{CH_3Cl,\ AlCl_3}$

44. **도전 문제** **(a)** 세 개의 dimethylbenzene (*o*-, *m*-, *p*-xylene) 을 각각 1 mol씩 포함하는 혼합물을 Lewis 산촉매 존재하에 1 mol의 염소로 처리하였다. 세 개의 탄화수소 중 하나는 100% 수득률로 단일염소화가 되는 반면, 다른 두 개는 완전히 반응하지 않은 채로 남아 있다. 어떤 이성질체가 반응하는가? 반응에서 차이점을 설명하시오. **(b)** 같은 실험을 아래 세 개의 trimethylbenzene의 혼합물로 수행했을 때 비슷한 결과를 얻는다. 이 화합물의 혼합물에 대해 (a) 에서 제기된 물음에 답하시오.

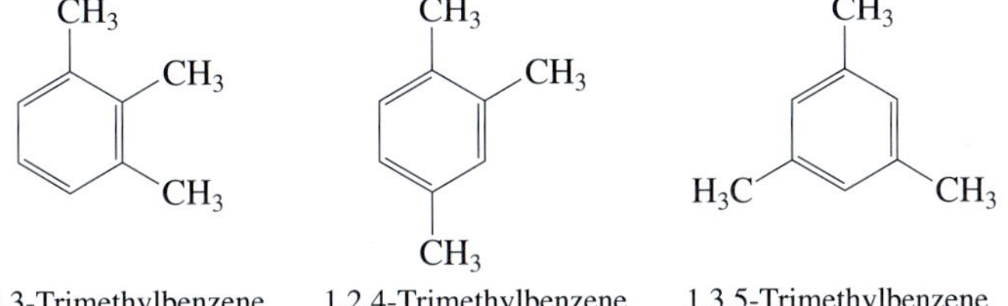

1,2,3-Trimethylbenzene 1,2,4-Trimethylbenzene 1,3,5-Trimethylbenzene

45. Benzene으로부터 다중 치환된 아래의 아렌류에 대한 합리적인 합성 방법을 제시하시오.

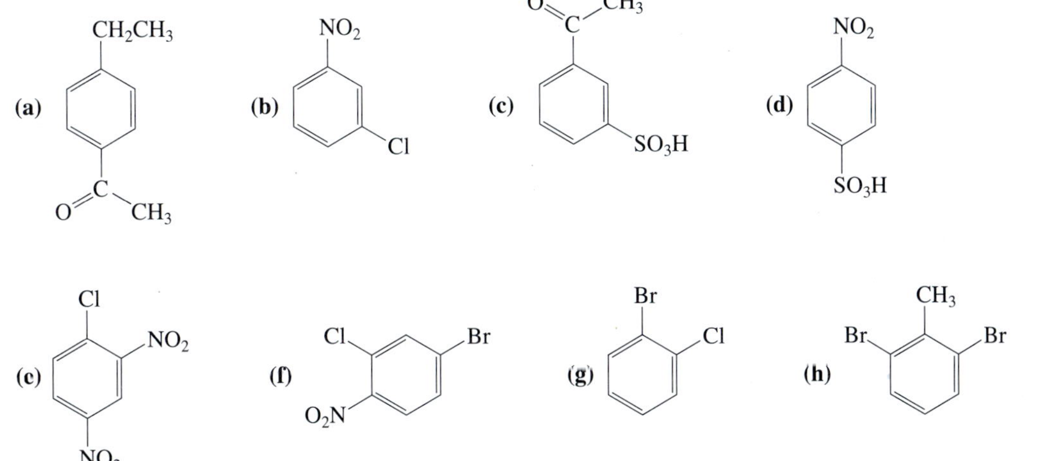

CH_2OH

OCH_3

(4-Methoxyphenyl)methanol
(Anisyl alcohol)

46. (4-Methoxyphenyl) methanol (anisyl alcohol, 왼쪽 여백 그림)은 감초의 향기 뿐만 아니라 라벤더 향기를 낸다. Methoxybenzene (anisole)으로부터 이 화합물의 합성 방법을 제시하시오(**힌트**: 알코올 합성에 대해 여러분의 선택 범위를 고려하라. 필요하면 15장 문제 55번을 참고하라).

47. 고통을 제어하는 과학이 지난 수년간 극적으로 발전하여 왔다. 신체는 anandamide (아난다마이드, 20-6절 참조)를 방출함으로써 고통을 통제한다. Anandamide는 마리화나의 활성 성분을 인식하는 부위와 같은 부위인 칸나비노이드 수용체와 결합한다. 이 부위와 결합하면 통증 인식을 억제해 준다. 이 효과는 오래 지속되지 못하는데, 그 이유는 다른 효소가 시간이 지남에 따라 anandamide를 분해하기 때문이다. 따라서 최근 연구는 anandamide를 파괴하는 효소를 억제할 수 있는 치료 분자의 발견에 집중되어 있다. Biphenyl 유도체 URB597은 이런 효소 억제 능력을 보이는 실험물질이며, 쥐에서 고통 억제력을 증가시키는 것을 보여 주었다.

URB597의 구조를 조사해 보고 다음 질문에 답하시오. Biphenyl (문제 39)로부터 시작하여 URB597을 만드는 것이 어려운지 아니면 쉬운지 답하시오. 만일 여러분이 쉽다고 말했다면 이 약을 합성하는 접근 방법으로, 이 장에서 배운 어떤 반응을 사용하는 것이 좋을지 설명하시오. 만일 어렵다고 대답했다면 왜 그런지 설명하시오.

O HN H_2N O O

URB597

48. 네 개의 미지 화합물인 A ~ D에 대한 NMR과 IR 스펙트럼이 다음 세 쪽에 있다. 그들의 가능한 실험식은 C_6H_5Br, C_6H_6BrN, $C_6H_5Br_2N$이다(이들 중 하나는 두 번 사용된다—미지 화합물 두 개는 이성질체이다). Benzene으로부터 시작하여 각 미지 화합물의 합성법을 제안하고, 구조도 제시하시오.

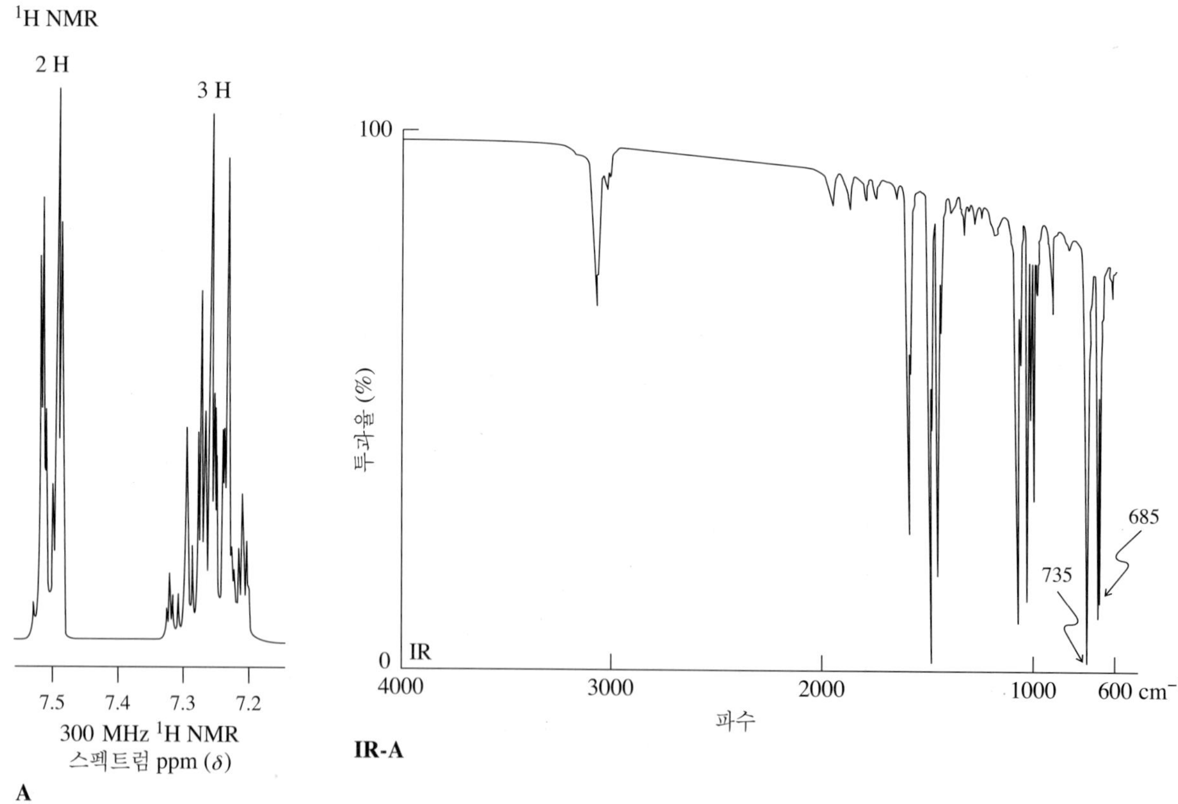

A

IR-A

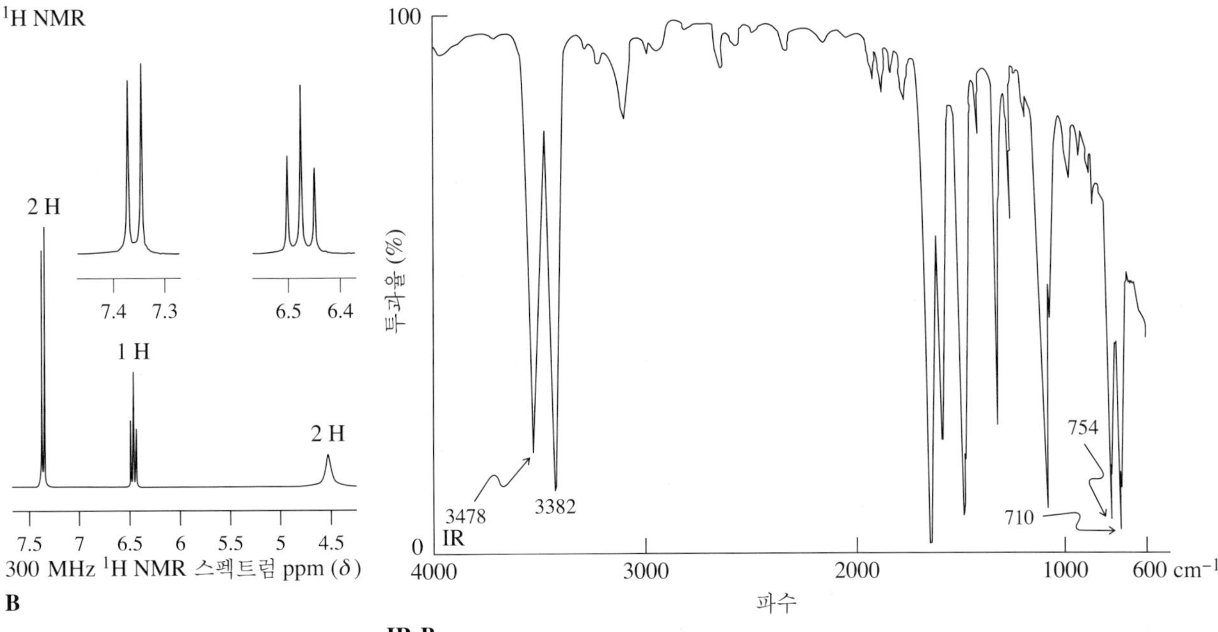

^{1}H NMR
2 H
1 H
2 H
7.4 7.3
6.5 6.4
7.5 7 6.5 6 5.5 5 4.5
300 MHz ^{1}H NMR 스펙트럼 ppm (δ)
100
투과율 (%)
3478
3382
754
710
0
IR
4000 3000 2000 1000 600 cm^{-1}
파수

B

IR-B

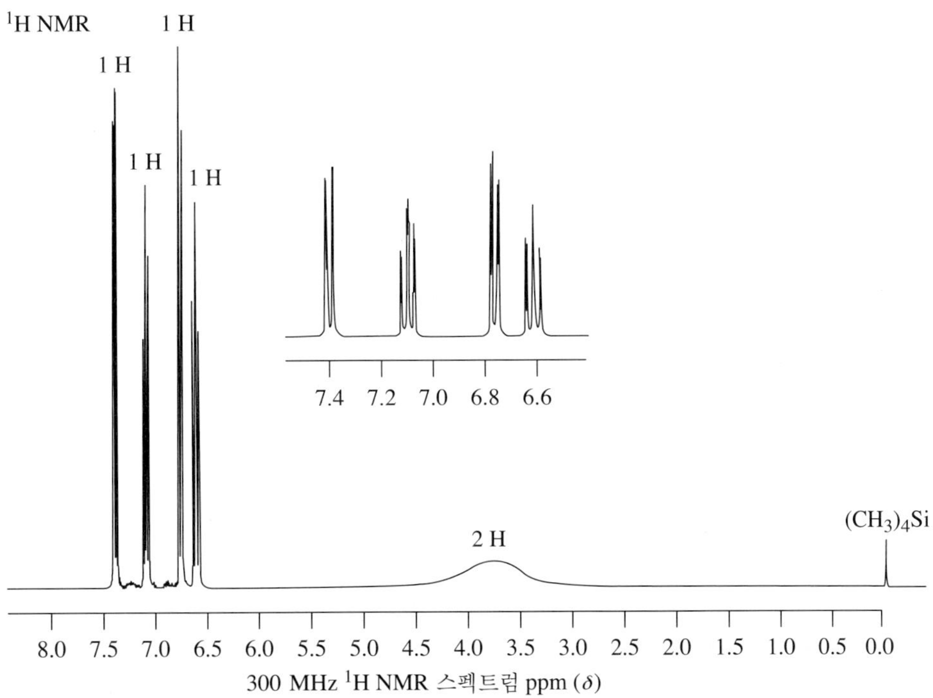

^{1}H NMR
1 H
1 H
1 H
1 H
7.4 7.2 7.0 6.8 6.6
2 H
$(CH_3)_4Si$
8.0 7.5 7.0 6.5 6.0 5.5 5.0 4.5 4.0 3.5 3.0 2.5 2.0 1.5 1.0 0.5 0.0
300 MHz ^{1}H NMR 스펙트럼 ppm (δ)

C

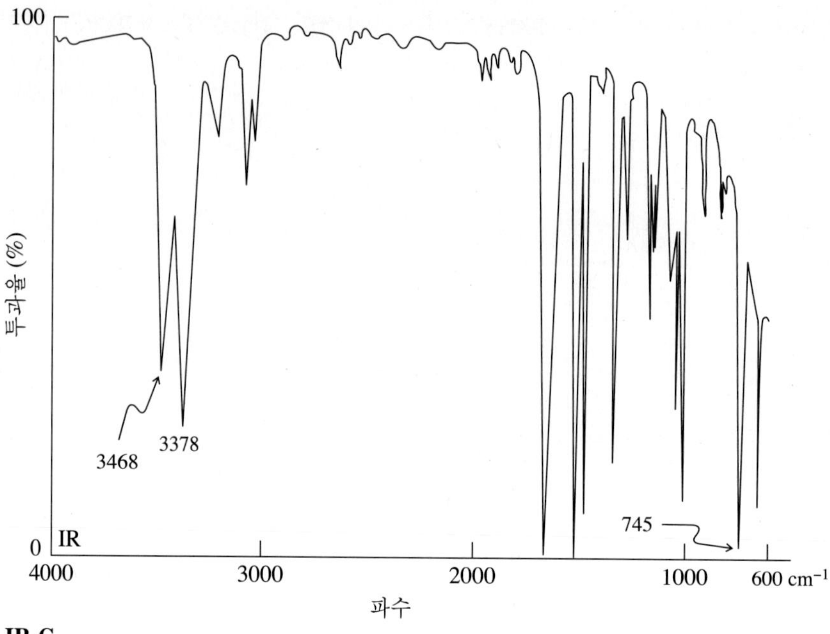
100
투과율 (%)
3468
3378
745
0
IR
4000
3000
2000
1000
600 cm⁻¹
파수

IR-C

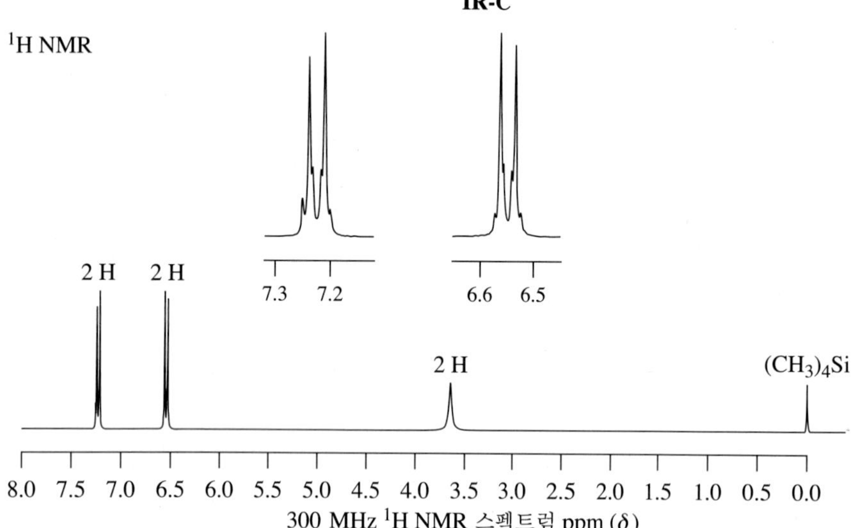
¹H NMR
2 H
2 H
7.3
7.2
6.6
6.5
2 H
(CH3)4Si
8.0 7.5 7.0 6.5 6.0 5.5 5.0 4.5 4.0 3.5 3.0 2.5 2.0 1.5 1.0 0.5 0.0
300 MHz ¹H NMR 스펙트럼 ppm (δ)

D

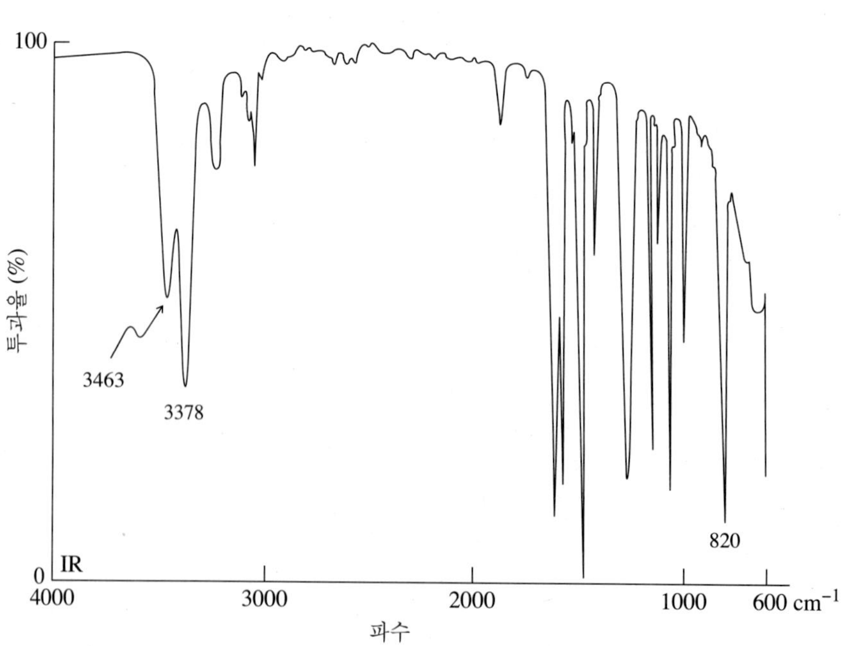
100
투과율 (%)
3463
3378
820
0
IR
4000
3000
2000
1000
600 cm⁻¹
파수

IR-D

49. Pd–C상에서 naphthalene의 촉매 수소첨가반응을 수행하면 2 mol의 수소가 빠르게 첨가된다. 이 생성물에 대한 구조를 제시하시오.

50. 다음의 이치환된 naphthalene의 일나이트로화반응에서의 주생성물을 예측하시오.
(a) 1,3-Dimethylnaphthalene **(b)** 1-Chloro-5-methoxynaphthalene
(c) 1,7-Dinitronaphthalene **(d)** 1,6-Dichloronaphthalene

51. 다음 반응에서 예상되는 생성물을 쓰시오.

(a) 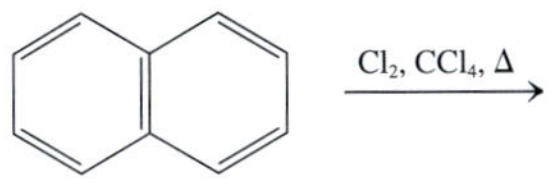 (naphthalene) $\xrightarrow{Cl_2,\ CCl_4,\ \Delta}$ **(b)** 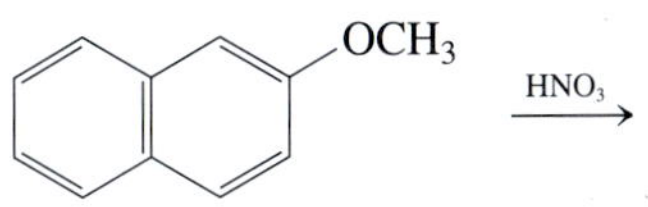 (2-methoxynaphthalene, OCH_3) $\xrightarrow{HNO_3}$ **(c)** 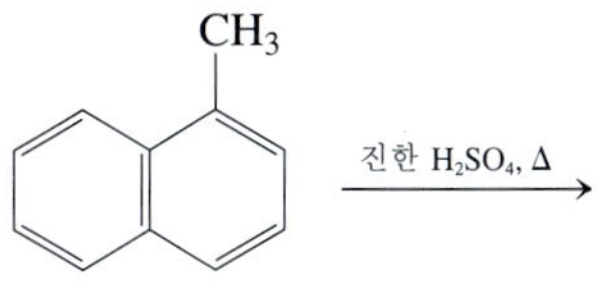 (1-methylnaphthalene, CH_3) $\xrightarrow{\text{진한 } H_2SO_4,\ \Delta}$

(d) 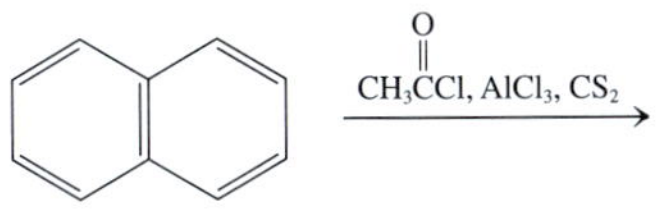 (naphthalene) $\xrightarrow{CH_3CCl\ (C{=}O),\ AlCl_3,\ CS_2}$ **(e)** 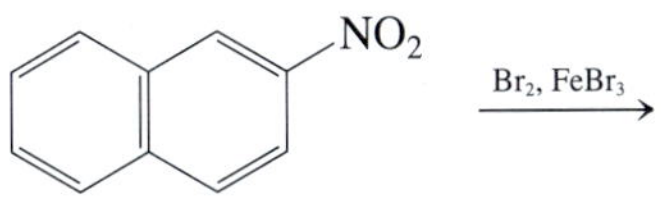 (2-nitronaphthalene, NO_2) $\xrightarrow{Br_2,\ FeBr_3}$

52. **도전 문제** 80°C에서 naphthalene의 설폰화반응을 수행하면 거의 모두 1-naphthalenesulfonic acid만을 생성하지만, 160°C에서는 2-naphthalenesulfonic acid만을 만든다. 이것을 설명하시오(**힌트**: 기본 원칙은 14-6절을 참조하라).

53. Benzenethiol (thiophenol, C_6H_5SH)의 벤젠 고리에서는 친전자성 치환반응이 가능하지 않다. 왜 그런가? Benzenethiol이 친전자체와 반응할 때 무슨 일이 일어난다고 생각되는가? (**힌트**: 9-10절 참조.)

54. 메톡시는 강한 활성화기(이며 오쏘, 파라 지향성)이지만, methoxybenzene (anisole)에서 메타 위치는 benzene에 비하여 실제로는 친전자성 반응에서 약간 **비활성**이다. 그 이유를 설명하시오.

55. 다음 화합물의 일나이트로화반응의 결과를 예측하시오.

(a) 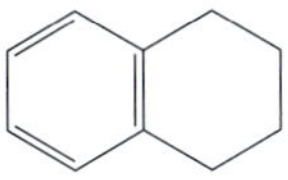 (tetralin) **(b)** 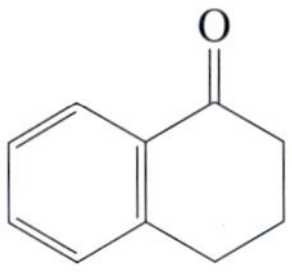 (1-tetralone, O) **(c)** 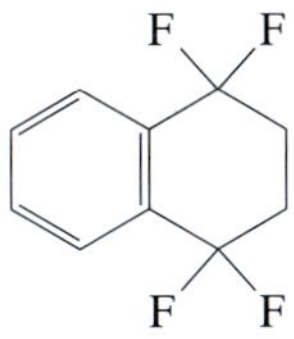 (1,1,4,4-tetrafluorotetralin, F F / F F)

(d) 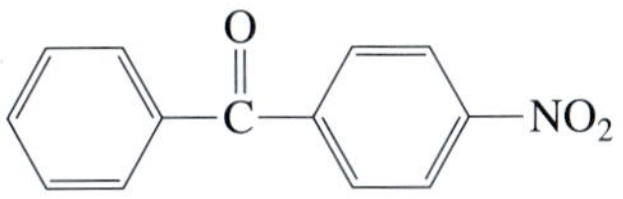 (phenyl–C(=O)–C₆H₄–NO_2) **(e)** 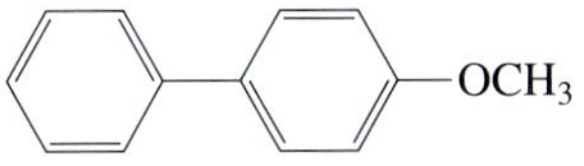 (phenyl–C₆H₄–OCH_3)

56. **도전 문제** Benzene의 치환기 가운데 *nitroso* 작용기(—NO)는 오쏘, 파라 지향기로 작용하고, 비활성이다. Nitroso기의 Lewis 구조와 benzene과의 유도 효과, 공명 효과를 사용하여 이 결과를 설명하시오(**힌트**: 오쏘, 파라 지향성이면서 비활성인 다른 유형의 치환기와의 가능한 유사성을 고려하라).

57. 나이트로소화반응의 전형적인 반응 조건을 아래 식으로 표시하였다. 이 반응의 자세한 메커니즘을 제시하시오.

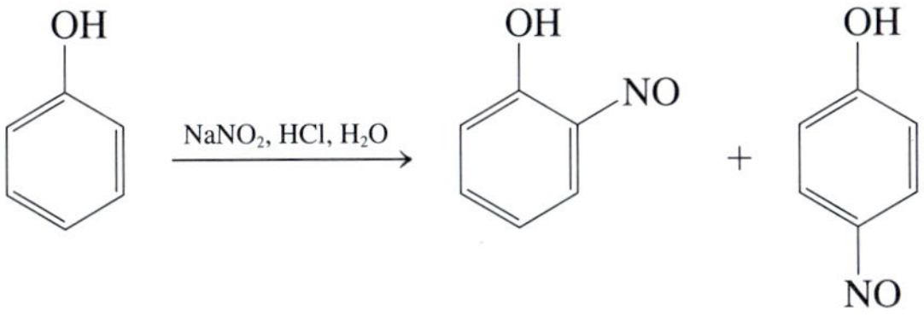

(phenol, OH) $\xrightarrow{NaNO_2,\ HCl,\ H_2O}$ (OH, NO: ortho) + (OH, NO: para)

[알데하이드 및 케톤]

카보닐기

오랜 기억을 되살려 주는 냄새를 맡은 적이 있는가? 그런 일이 있었다면, 당신은 우리 후각의 독특한 현상을 경험한 것이다 — 그것은 원시적인 감각이며, 관련된 감각 신경들은 유일하게 뇌 자체의 일부이다. 이러한 신경들은 휘발성 분자들의 모양과 극성 작용기에 모두 반응한다. 유기 화합물 중에서 가장 효능적이고, 다양한 냄새를 가지는 중요한 것은 탄소-산소의 이중 결합을 가지고 있는 **카보닐기 (carbonyl group)** 이다.

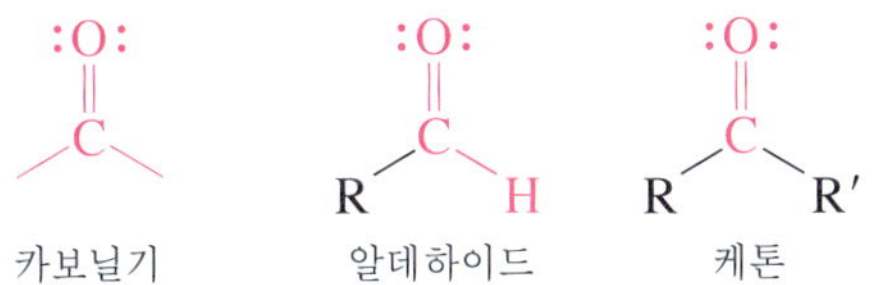

생식 과정의 생화학에는 정자 (사진) 가 근처에 있는 난자의 "후각" 능력에 의해서 선택되는 메커니즘이 들어 있다. 위 그림의 화합물 구조를 가지는 알데하이드인 bourgeonal은 이러한 능력을 활성화시켜 주는 반면에, 11개의 사슬을 가지는 직선형의 알데하이드인 undecanal은 이 능력을 막아 버린다.

이 장과 다음 장에서 카보닐 화합물 중 가장 단순한 두 가지인, 카보닐기의 탄소 원자가 적어도 하나의 수소 원자와 결합하는 **알데하이드 (aldehyde)** 와 카보닐기의 탄소 원자가 두 개의 탄소에 결합된 **케톤 (ketone)** 을 공부한다. 이들 화합물은 자연에 광범위하게 존재하며, 여러 종류의 식품에서 향기와 방향제로 사용되고, 많은 효소들이 생물학적으로 작용하는 데에 참여한다. 위의 삽화에 있는 정자와 같은 개개의 세포조차도 후각과 관련된 감지 능력을 보여 주고 있다. 알데하이드 화합물인 bourgeonal은 아직 밝혀지지는 않았지만, 수정을 위해서 가장 민감한 정자를 유인하는 암컷의 생식기관에서 분비되는 화합물을 모방한다. 이 과정의 이해는 생식에 관련된 의학 분야에 중요한 영향을 줄 수 있을 것이다. 이 외에도 알데하이드와 케톤은 합성화학에서 용매와 시약으로 널리 사용되고 있다. 실제로 카보닐기는 유기화학에서 가장 중요한 작용기로 종종 여겨진다.

알데하이드와 케톤을 어떻게 명명하는지를 설명한 후에, 이들의 구조와 물리적인 성질을 알아보기로 하자. 알코올과 같이 카보닐기는 산소가 두 쌍의 고립 전자쌍을 가지고 있으므로, 약한 Lewis 염기이다. 또 산소-탄소 이중 결합은 카보닐 탄소를 친전자체로 작용할 수 있게 높은 극성을 가지고 있다. 이 장에서는 카보닐기 작용기로서 여러 가지 화학적인 성질을 어떻게 나타내는지를 알게 될 것이다.

17-1 알데하이드와 케톤의 명명

명명하는데 있어서 카보닐 작용기는 지금껏 우리가 다루었던 다른 작용기보다 가장 높은 서열의 작용기이다. 알데하이드 작용기는 케톤기보다 우선한다. 역사적인 이유로 간단한 알데하이드류는 때때로 관용명으로 명명된다. 이러한 관용명은 상응하는 카복실산의 관용명으로부터 유도되는 것으로써, *-ic acid* 또는 *-oic acid*로 끝나는 부분을 **-aldehyde**로 바꾸어 주면 된다.

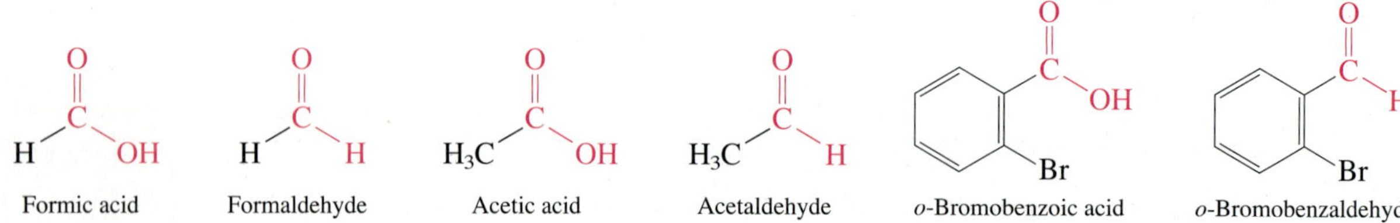

다수의 케톤류 또한 관용명을 가지고 있으며, 이 관용명은 치환기 이름을 명명한 뒤 *ketone*이라는 단어를 붙여 준다. 가장 간단한 예가 다이메틸 케톤(dimethyl ketone)으로, **아세톤(acetone)**으로 잘 알려진 일반 용매이다. 페닐 케톤(phenyl ketone)은 **-페논(-phenone)**을 가장 뒤에 붙여 주는 관용명을 갖는다.

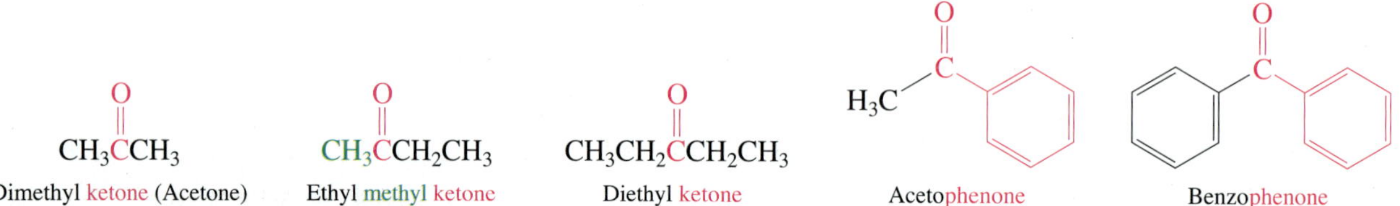

IUPAC명은 알데하이드를 알케인류의 유도체로 취급하여 끝에 *-e*를 **-al**로 바꾸어 붙인다. 따라서 **알칸알(alkanal)**이 된다. 가장 간단한 알데하이드의 IUPAC명이 메탄알(methanal)로서 메테인으로부터 유도되며, 에테인으로부터 에탄알(ethanal), 프로페인으로부터 프로판알(propanal) 등이 유도된다. 그러나 *Chemical Abstracts*에서는 처음 두 물질에 대해서 관용명을 사용하고 있으며, 우리도 그렇게 하려고 한다. 카보닐 탄소로 시작하는 치환기 사슬에서부터 번호를 매긴다.

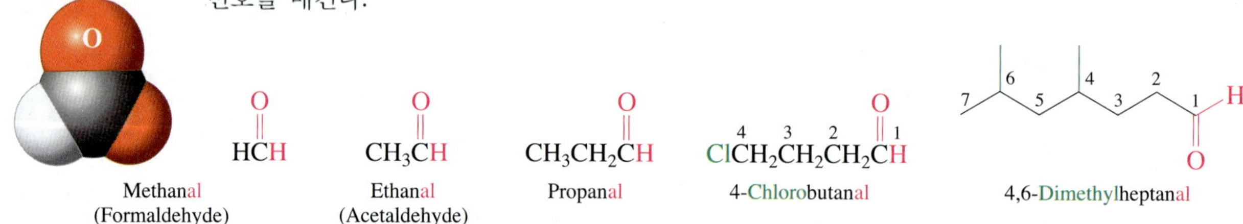

알데하이드 카보닐기의 위치가 특정화되지 않은 것, 즉 **그 탄소를 C1으로 결정하는 것**을 제외하고는 1-알칸올(1-alkanol, 8-1절)의 이름과 유사한 것에 주의하라.

—CHO기가 고리에 붙을 때 화합물은 **카브알데하이드(carbaldehyde)**로 명명되며, —CHO 기를 가지는 탄소 원자는 C1이다. 예를 들어, 벤즈알데하이드(benzaldehyde)라는 관용명이 널리 사용되고 있어 *Chemical Abstracts*의해서 받아들여졌음에도 불구하고, 방향족 알데하이드의 기본 물질은 벤젠카브알데하이드(benzenecarbaldehyde)이다.

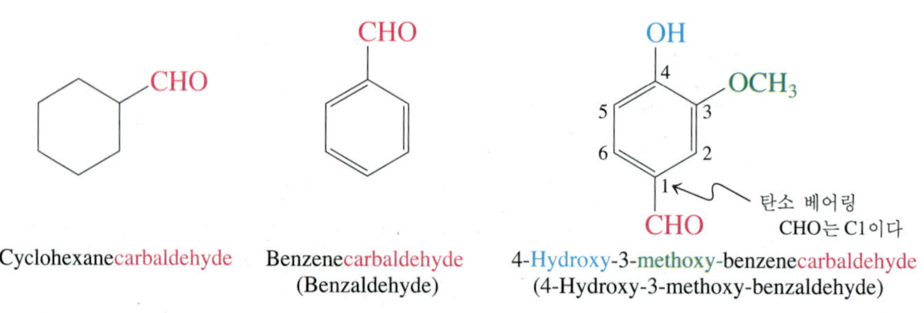

케톤류는 알케인의 끝에 *-e* 대신 **-one**을 붙여 **알칸온(alkanone)**으로 명명한다. 예를 들어, 우리들은 아세톤을 왜 프로판온으로 부르는지를 알 수 있다. 카보닐 탄소는 사슬에 OH, C=C, C≡C 작용기나 치환기들이 존재한다 하더라도, 가능한 한 번호를 가장 낮게 매긴다. 방향족 케톤류는 아릴기가 치환된 알칸온으로 명명한다. 알데하이드류와는 달리 케톤류는 고리의 한 부분이 될 수도 있으며, **사이클로알칸온(cycloalkanone)**으로 명명한다

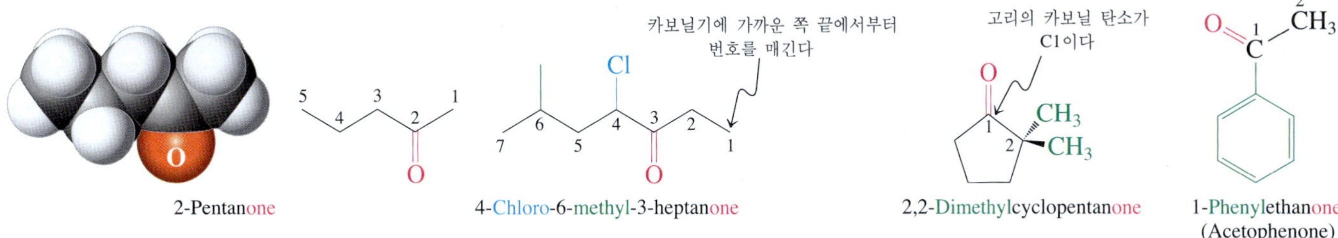

2-Pentanone　4-Chloro-6-methyl-3-heptanone　2,2-Dimethylcyclopentanone　1-Phenylethanone (Acetophenone)

카보닐 탄소가 고리 화합물로 있을 때 번호를 1로 하는 것에 주의하라. 화합물의 명명과 번호 우선순위에서 알데하이드는 우리가 현재까지 배운 작용기 중에서 가장 높은 명명 우선순위를 가진다. 대부분의 일반적인 작용기에 대해서 명명 우선순위를 따져 보면 알데하이드와 케톤은 모두 알코올에 우선하지만, 19장에서 배울 카복실산(carboxylic acid)보다는 낮은 우선순위를 가진다.

다른 작용기를 가진 알데하이드와 케톤

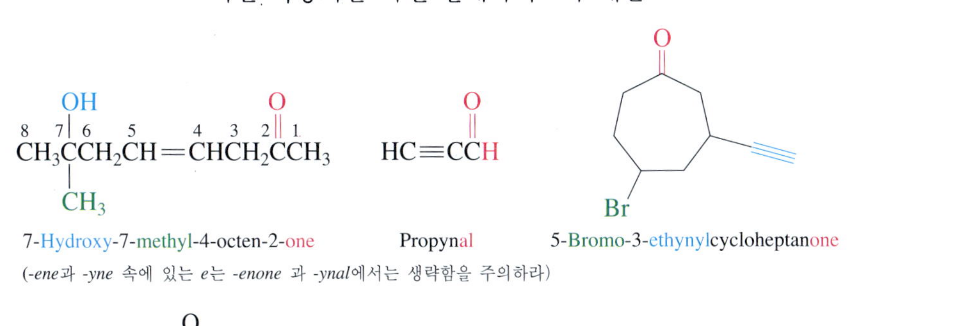

7-Hydroxy-7-methyl-4-octen-2-one　Propynal　5-Bromo-3-ethynylcycloheptanone

(*-ene*과 *-yne* 속에 있는 *e*는 *-enone* 과 *-ynal*에서는 생략함을 주의하라)

4-Formylcyclohexane-carboxylic acid

$CH_3\overset{O}{\overset{\|}{C}}CH_2\overset{O}{\overset{\|}{C}}H$

3-Oxobutanal

일반식으로 나타낸 $R\overset{O}{\overset{\|}{C}}-$의 계통명은 **알칸오일(allkanoyl)**이며, 옛날에는 **아실(acyl)**이라는 이름으로 널리 사용되었다(15-13절 참조). IUPAC과 *Chemical Abstracts*에서 $H\overset{O}{\overset{\|}{C}}-$에 대해서는 **포밀(formyl)**, $CH_3\overset{O}{\overset{\|}{C}}-$에 대해서는 **아세틸(acetyl)**로서 관용명을 유지하고 있다. **옥소(Oxo)**라는 단어는 케톤이 알데하이드 작용기와 함께 있을 때 케톤의 위치를 나타낸다.

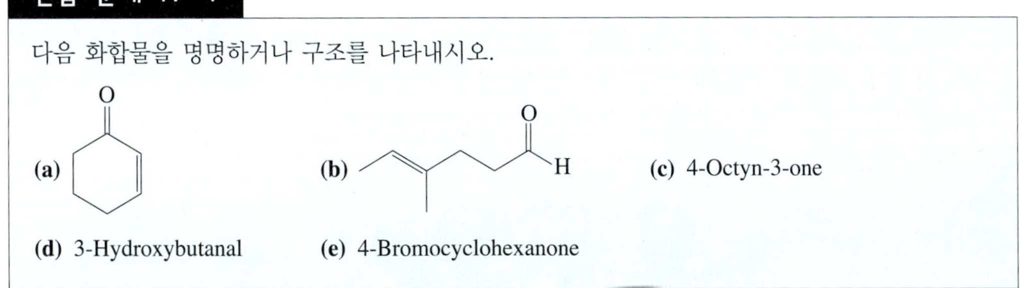

연습 문제 17-1

다음 화합물을 명명하거나 구조를 나타내시오.

(a)　**(b)**　**(c)** 4-Octyn-3-one

(d) 3-Hydroxybutanal　**(e)** 4-Bromocyclohexanone

알데하이드와 케톤을 구조적으로 나타내는 데에는 여러 가지 방법이 있다. 일반적으로 축소 구조식이나 지그재그(결합선) 표시법이 사용된다. 축소 구조식에서는 탄소에 직접 연결된 수소는 탄소 바로 뒤에 온다. 즉, 알데하이드의 축소 구조식은 —CHO로 나타내며, —COH로

절대 나타내지 않는다. 이것은 알코올에 존재하는 하이드록시기와의 혼돈을 피하기 위한 것이다. 폼알데하이드는 HCHO, 아세트알데하이드는 CH_3CHO, 프로판알은 CH_3CH_2CHO 등으로 나타낸다.

알데하이드와 케톤 구조를 표현하는 다양한 방법

Butanal: $CH_3CH_2CH_2\overset{O}{\overset{\|}{C}}H$ $\quad CH_3CH_2CH_2CHO$ (Hydroxy기가 아니다)

2-Butanone: $CH_3CH_2\overset{O}{\overset{\|}{C}}CH_3$ $\quad CH_3CH_2COCH_3$

> **요약** 알데하이드류와 케톤류에 대한 계통명은 알칸알과 알칸온이라 한다. 주사슬에 번호를 매기는 데 있어서 카보닐기가 하이드록시기나 이중 결합, 삼중 결합보다 우선적이다. 이와 같은 규칙으로 사슬에 번호를 매기고, 이에 따라서 치환기를 표시한다.

17-2 카보닐기의 구조

카보닐기를 알켄 작용기의 산소 유사체로 생각하면 카보닐기의 분자 오비탈 모형, 알데하이드와 케톤의 구조 및 물리적인 성질을 정확하게 예측할 수 있다. 그러나 알켄과 카보닐의 이중 결합은 산소의 전기음성도와 두 개의 고립 전자쌍 때문에 반응성이 상당히 다르다.

카보닐기는 짧고, 강하며, 극성이 큰 결합이다

카보닐기의 탄소와 산소는 sp^2 혼성화 되어 있다. 따라서 이들은 대략 120°의 결합각을 이루며, 탄소의 두 개 결합체가 동일면에 위치한다. 분자 골격에 수직인 결합을 만드는 두 개의 p 오비탈이 탄소와 산소에 각각 한 개씩 있다(그림 17-1).

그림 17-2는 아세트알데하이드의 구조적인 모습을 나타낸 것이다. 예상한 대로 이 분자는 평면 구조이고, 이중 결합의 특성을 보여 주는 삼각형의 카보닐 탄소와 짧은 탄소-산소 결합을 갖는다. 이 결합이 175 ~ 180 kcal mol^{-1} (732 ~ 753 kJ mol^{-1})로 다소 강하다는 것이 놀라운 일은 아니다.

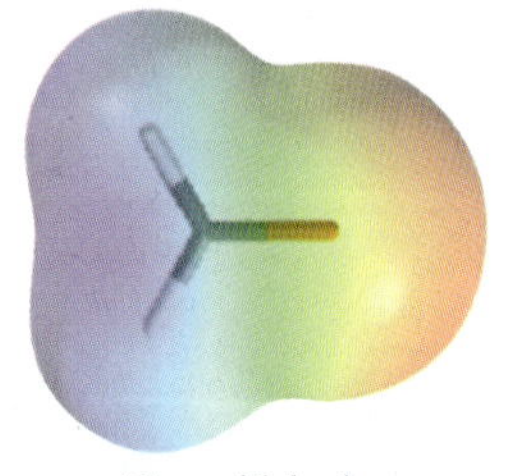
Formaldehyde

알켄의 이중 결합에 대한 전자 구조와 비교하여 두 가지의 중요한 차이점을 가지고 있다. 첫 번째, 산소 원자는 두 개의 sp^2 혼성 오비탈에 위치한 두 개의 고립 전자쌍을 가진다. 두 번째, 산소는 탄소보다 전기음성도가 크다. 이러한 특성은 탄소-산소 이중 결합에 뚜렷한 편극 작용을 일으키고, 이 이중 결합은 탄소에 부분적인 양전하를, 산소에는 같은 크기의 음전하를 띠게 한다. 따라서 이 탄소는 친전자성을 가지고, 산소는 친핵성을 나타내며, 약간의 염기성을 가진다. 이러한 편극화는 카보닐 부분에 극성 공명 구조 또는 부분적인 전하로 나타낼

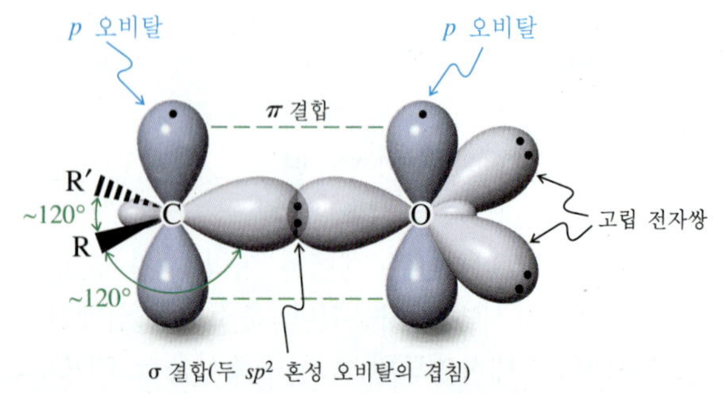

그림 17-1 카보닐기의 분자 오비탈 그림. sp^2 혼성화와 오비탈 배열은 ethene의 배열과 유사하다(그림 11-2). 그러나 두 고립 전자쌍과 산소 원자의 전기음성도는 작용기의 성질을 변화시킨다.

표 17-1 알데하이드와 케톤의 끓는점

화학식	이름	끓는점 (℃)
HCHO	Formaldehyde	−21
CH_3CHO	Acetaldehyde	21
CH_3CH_2CHO	Propanal (propionaldehyde)	49
CH_3COCH_3	Acetone	56
$CH_3CH_2CH_2CHO$	Butanal (butyraldehyde)	76
$CH_3CH_2COCH_3$	Butanone (ethyl methyl ketone)	80
$CH_3CH_2CH_2CH_2CHO$	Pentanal	102
$CH_3COCH_2CH_2CH_3$	2-Pentanone	102
$CH_3CH_2COCH_2CH_3$	3-Pentanone	102

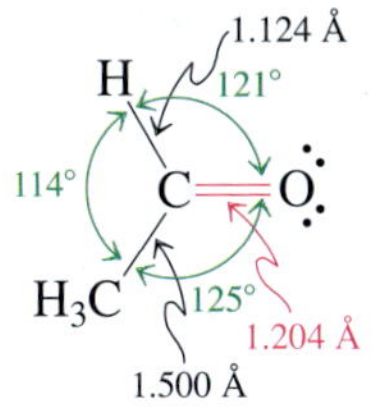

그림 17-2 알데하이드의 분자 구조.

수 있다. 이 편극화는 앞쪽 왼쪽 여백 그림의 폼알데하이드의 정전기 퍼텐셜 지도에서처럼 탄소 원자 주변은 푸른색(양전하)으로, 산소 원자 주변은 붉은색(음전하)으로 나타낸다(16-1절). 카보닐 탄소가 띠는 부분적인 양전하는 아실기가 전자를 끌어당기기 때문에 생긴다.

카보닐기의 표현

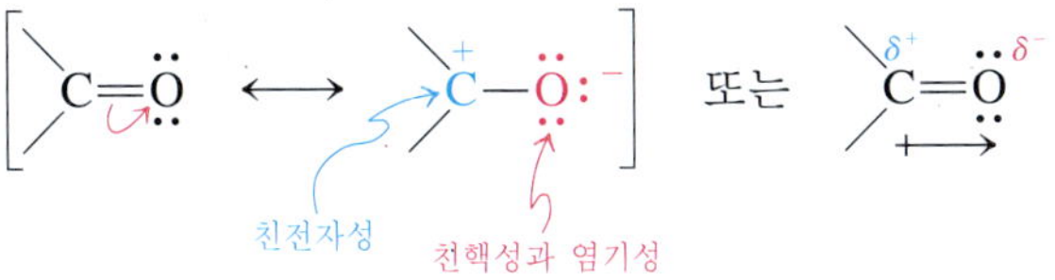

편극화는 알데하이드와 케톤의 물리적인 상수를 변화시킨다

카보닐 작용기의 편극화는 알데하이드와 케톤의 끓는점을 비슷한 분자량의 탄화수소들보다 높아지게 한다(표 17-1). 이들의 극성 때문에 작은 카보닐 화합물들은 물에 녹는다. 예를 들어, 아세트알데하이드와 프로판온(아세톤)은 완전히 물에 녹는다. 분자내의 소수성인 탄화수소 부분이 커지면 물에 대한 용해도는 작아진다. 여섯 개 이상의 탄소를 가지는 카보닐 화합물들은 물에 잘 녹지 않는다.

요약 알데하이드와 케톤에서 카보닐기는 탄소-탄소 이중 결합의 산소 유사체이다. 그러나 산소의 전기음성도는 아실 치환기가 전자를 끌어당김으로써 π 결합을 편극화시킨다. 탄소와 산소 주위의 결합의 배열은 sp^2 혼성화의 결과로 인해 평면 구조이다.

17-3 알데하이드와 케톤의 분광학적 성질

카보닐 화합물에 대한 분광학적 특성은 무엇인가? ^{1}H NMR 분광법에서 알데하이드의 포밀 수소는 상당히 많이 벗겨져 있고, 이러한 종류의 화합물에서 독특하게 나타나는 화학적 이동값이 9 ~ 10 ppm 사이에서 나타난다. 이러한 현상이 나타나는 이유는 두 가지이다. 첫 번째 이유는 알켄에서처럼(11-4절) π 전자들의 활동이 외부 자기장을 강하게 하는 국부 자기장을 만들기 때문이다. 두 번째 이유는 양으로 편극된 탄소의 전하가 부가적인 벗김 효과를 초래하기 때문이다. 그림 17-3은 δ = 9.79 ppm에서 공명하는 포밀 수소를 가지는 프로판알의 ^{1}H NMR 스펙트럼이다. 이것은 카보닐기에 인접한(C2) 메틸렌 수소들과의 약한 짝지음 때문에 삼중선으로 나타난다(J = 2 Hz). 그 다음 것은 작용기의 전자를 끌어당기는 특성 때문에 알케인 수소에 비해 상대적으로 약간 덜 벗겨져 있다. 이러한 효과는 케톤의 ^{1}H NMR 스펙트럼에서도 볼 수 있으며, α 수소들은 보통 δ = 2.0 ~ 2.8 ppm에 나타난다.

알데하이드와 케톤의 ^{1}H NMR의 벗김 효과

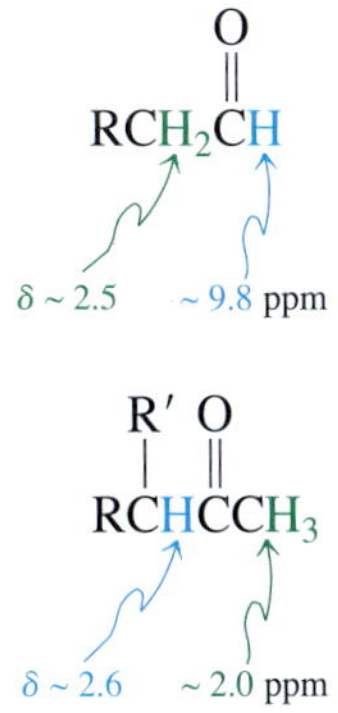

탄소-13 NMR 스펙트럼은 카보닐 탄소의 특징적인 화학적 이동값 때문에 알데하이드와 케톤을 구별하는데 도움이 된다. 부분적으로는 직접 결합된 산소의 전기음성도로 인해 알데하이

그림 17-3 Propanol의 300 MHz ^{1}H NMR 스펙트럼. 포밀 수소(δ = 9.79 ppm)는 크게 벗겨져 있다.

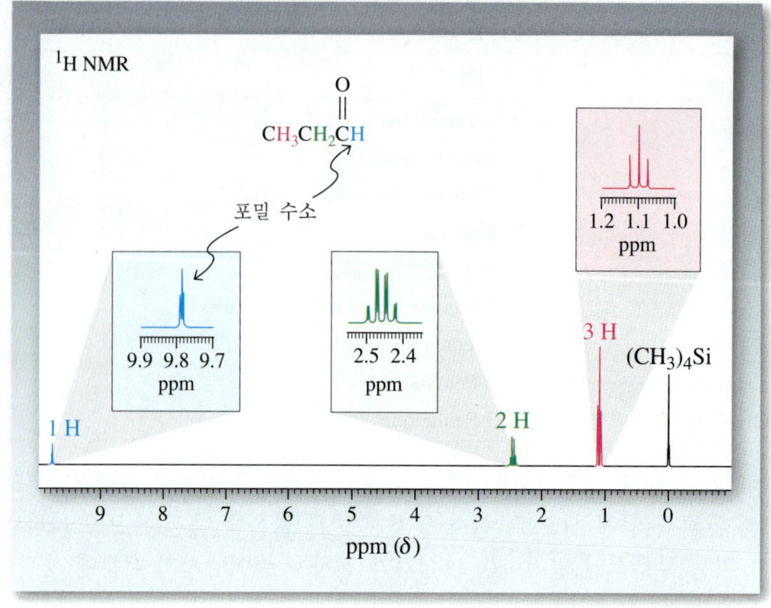

드와 케톤의 카보닐 탄소는 알켄의 sp^2 혼성화된 탄소 원자보다 훨씬 더 낮은장(~200 ppm)에서 나타난다(11-4절). 또한 카보닐기에 인접한 탄소는 더 먼 곳에 위치한 탄소들보다 상대적으로 덜 벗겨져 있다. 사이클로헥산온의 ^{13}C NMR 스펙트럼을 그림 17-4에 나타내었다.

전형적인 알데하이드와 케톤의 ^{13}C NMR의 화학적 이동값

화합물	화학적 이동값
CH_3-CHO	δ = 31.2 (CH_3), 199.6 ppm (CHO)
CH_3-CH_2-CHO	δ = 5.2 (CH_3), 36.7 (CH_2), 201.8 ppm (CHO)
CH_3COCH_3	δ = 30.2 (CH_3), 205.1 ppm (C=O)
$CH_3CO-CH_2-CH_2-CH_3$	δ = 29.3 (CH_3), 206.6 (C=O), 45.2 (CH_2), 17.5 (CH_2), 13.5 ppm (CH_3)

적외선 분광법은 카보닐기의 존재를 직접 확인하는 데 있어서 유용한 방법이다. C=O의 신축 진동은 전형적으로 좁은 범위(1690 ~ 1750 cm^{-1}, 그림 17-5)에서 나타나며, 강한 띠를 만든다. 알데하이드의 카보닐 흡수는 전형적으로 대략 1735 cm^{-1}에서 나타난다. 또한 비고리 알칸온류와 사이클로헥산온의 카보닐 흡수는 대략 1715 cm^{-1}에서 발견된다. 알켄이나 벤젠의 π

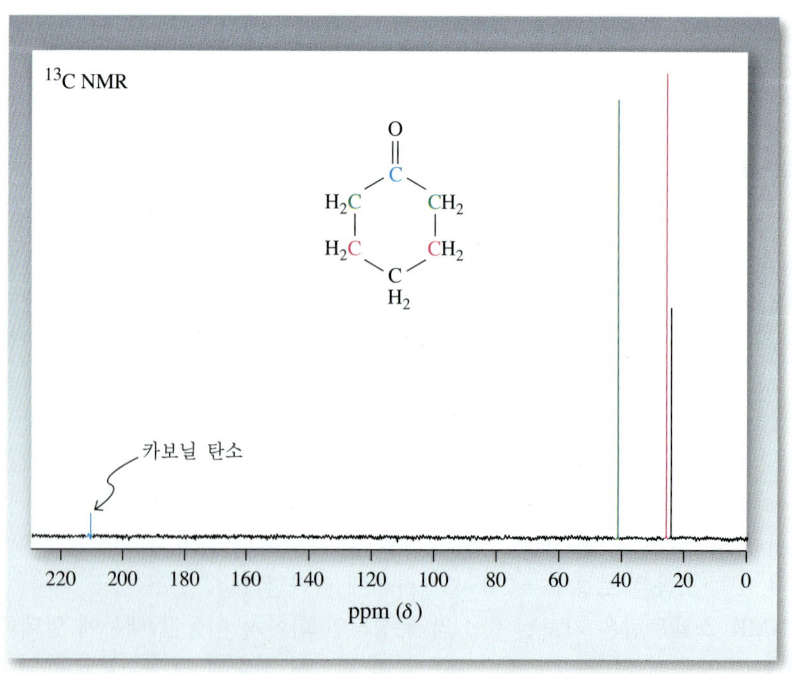

그림 17-4 Cyclohexanone의 ^{13}C NMR 스펙트럼. 211.8 ppm에서 카보닐 탄소는 다른 탄소에 비해 크게 벗겨져 있다. 대칭 때문에 분자는 네 개의 봉우리를 나타낸다. 세 개의 methylene 탄소 공명은 카보닐기에 근접해 있는 탄소보다 더 낮은장에서 흡수된다.

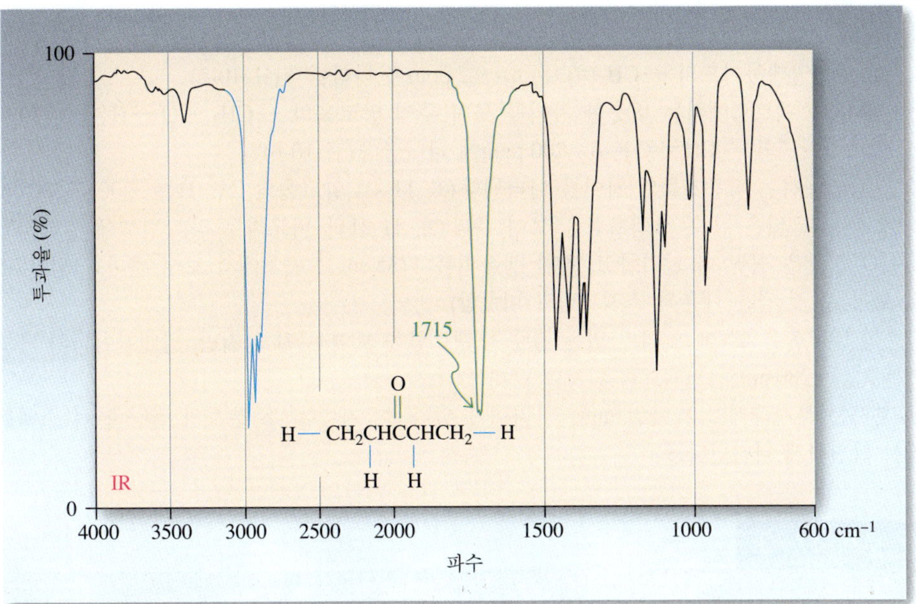

그림 17-5 3-Pentanone의 IR 스펙트럼, $\tilde{\nu}_{C=O\ stretch}$ = 1715 cm^{-1}.

결합을 가지는 콘쥬게이션계는 카보닐의 적외선에 대한 진동수를 대략 30 ~ 40 cm^{-1} 정도로 감소시킨다. 따라서 1-페닐에탄온(아세토페논)은 1680 cm^{-1}에서 IR 흡수띠를 나타낸다. 반대로 여섯 개 이하의 원자를 가지는 고리의 카보닐기의 신축 진동수는 증가한다. 사이클로펜탄온은 1745 cm^{-1}에서, 사이클로뷰탄온은 1780 cm^{-1}에서 각각 흡수한다.

또한 카보닐기는 산소 원자의 비결합 고립 전자쌍이 낮은 에너지 $n \rightarrow \pi^*$와 $\pi \rightarrow \pi^*$로 전이(그림 17-6)를 하기 때문에 특징적인 전자(UV) 스펙트럼을 보인다. 예를 들어, 아세톤은 헥세인 용매에서 280 nm (ϵ = 15)에서 $n \rightarrow \pi^*$를 보인다. 유사한 $\pi \rightarrow \pi^*$ 전이는 대략 190 nm (ϵ = 1100)에서 나타난다. 탄소-탄소 이중 결합을 가지는 콘쥬게이션은 더 긴 파장으로 흡수되도록 이동시킨다. 예를 들어, 3-뷰텐-2-온 $CH_2{=}CHCOCH_3$의 전자 스펙트럼은 324 nm (ϵ = 24, $n \rightarrow \pi^*$)와 219 nm (ϵ = 3600, $\pi \rightarrow \pi^*$)에서 봉우리를 가진다.

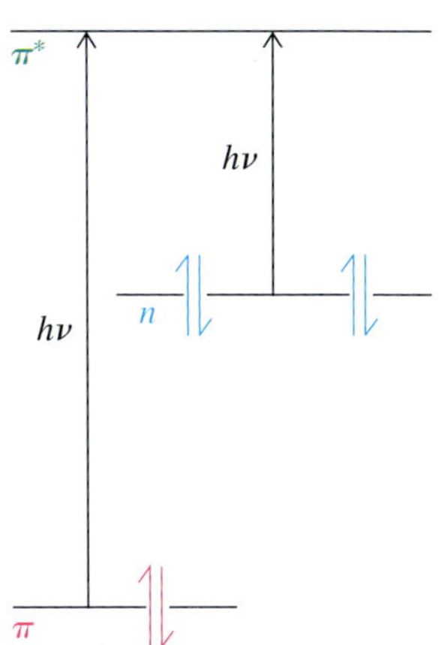

Acetone과 3-buten-2-one의 전자 전이

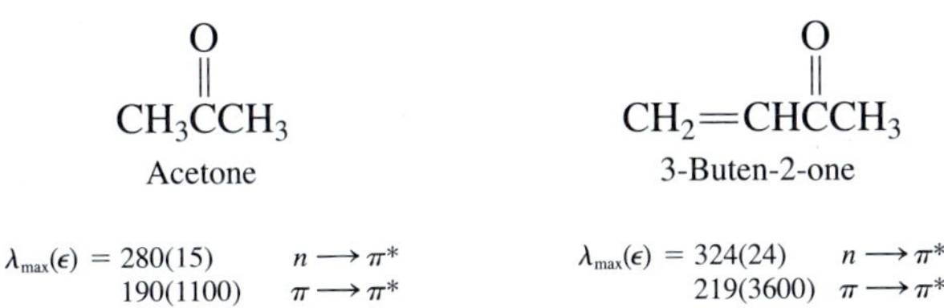

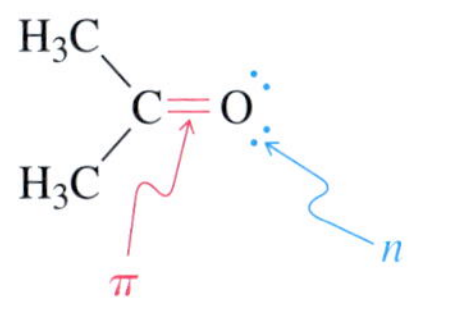

그림 17-6 Acetone에서의 $\pi \rightarrow \pi^*$와 $n \rightarrow \pi^*$ 전이.

연습 문제 17-2

개념 문제: 분광학 복습

$CH_3CH_2CH_2CH_2OH$와 $CH_3CH_2CH_2CHO$를 구별하기 위해서 분광학을 어떻게 활용할 수 있는가? 가장 유용할 것으로 예상되는 분광분석법과 그것의 스펙트럼에서 활용할 수 있는 특징을 쓰시오.

전략

구조의 차이를 네 가지의 분광분석법 NMR, IR, MS, UV의 각각이 할 수 있는 능력면에서 고려해 보자. 답을 얻기 위해서 각각의 기술이 제공해 줄 수 있는 정보를 판단하라.

풀이

• 구조적으로 두 화합물은 각각 일차 알코올인 $-CH_2-O-H$와 알데하이드인 $-CH{=}O$인 서로 다른 작용기를 가지고 있다. NMR, IR, UV 분광법은 각각 특징적인 방법으로 이 구조적인 차이를 판단할 수 있게 해 준다. 가장 특징적인 차이는 다음과 같다.

- ^{1}H NMR 스펙트럼에서는 화학적 이동값의 차이가 확실하여 알코올의 $-\mathbf{CH_2}-O-H$은 $\delta \approx$ 3.7 ppm에, 알데하이드의 $-\mathbf{CH}=O$는 $\delta \approx 9.7$ ppm에 나타난다(표 10-2).
- ^{13}C NMR 스펙트럼에서는 비슷한 차이를 보여 주어 알코올의 $-\mathbf{C}H_2-O-H$는 $\delta \approx 70$ ppm에, 알데하이드의 $-\mathbf{C}H=O$는 $\delta \approx 200$ ppm에 나타난다(표 10-6).
- IR 분광법에서는 작용기들의 차이를 나타낸다(표 11-4). 알코올의 O—H는 3200~3600 cm^{-1}에서 강하고, 넓은 흡수 스펙트럼을 보여 준다(표 11-21과 비교해 보라). 반면에 알데하이드 C=O 결합은 훨씬 더 날카롭고, 강한 봉우리를 1735 cm^{-1} 근처에서 보여 준다(그림 17-5에서 보여 준 것 같은 케톤의 스펙트럼과 비슷함).
- 단순한 알코올은 UV에서 의미 있는 흡수 스펙트럼을 보여 주지 않지만, 알데하이드의 카보닐기는 $\lambda_{max} \approx 280$ nm의 스펙트럼을 보여 준다.
- 두 분자는 분자량에서 2 단위(unit)의 차이가 있다. 이 차이는 두 분자의 질량 분석 스펙트럼에서 확연하게 나타난다.

연습 문제 17-3

자습 문제

다음 각 쌍의 화합물에 대해서 연습 문제 17-2에서와 같은 질문에 답하시오.

(a) $CH_3COCH_2CH_3$와 $CH_3CH_2CH_2CHO$
(b) $CH_3CH=CHCH_2CHO$와 $CH_3CH_2CH=CHCHO$
(c) 2-Pentanone과 2-pentanone

연습 문제 17-4

다음은 미지의 C_4H_6O의 스펙트럼값이다. ^{1}H NMR: δ = 2.03 (dd, J = 6.7, 1.6 Hz, 3 H), 6.06 (ddq, J = 16.1, 7.7, 1.6 Hz, 1 H), 6.88 (dq, J = 16.1, 6.7 Hz, 1 H), 9.47 (d, J = 7.7 Hz, 1 H) ppm; ^{13}C NMR: δ = 18.4, 132.8, 152.1, 191.4 ppm; UV $\lambda_{max}(\epsilon)$ = 220 (15,000) 과 314(32) nm. 구조를 나타내시오.

알데하이드와 케톤의 질량 토막내기 스펙트럼은 구조에 대한 정보를 제공해 준다

카보닐 화합물의 토막내기 방식은 구조 확인에서 종종 유용하다. 예를 들면, 이성질체인 2-펜탄온, 3-펜탄온, 3-메틸-2-뷰탄온(그림 17-7)의 질량 스펙트럼은 확실하게 서로 다른 토막내기 방식을 보여 준다. 주된 분해 과정은 α-분해로 카보닐기에 붙어 있는 알킬 결합을 잘라 **아실륨 양이온(acylium cation)**과 알킬 라디칼을 만들어 준다.

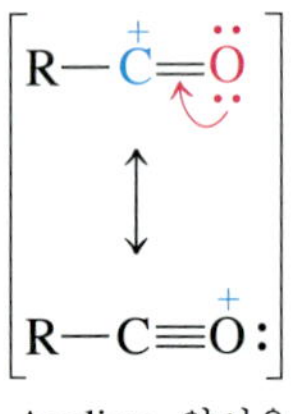
Acylium 양이온

카보닐 화합물의 α-분해

$$:\overset{+}{O}\equiv CR' \xleftarrow[-R\cdot]{\alpha\text{-분해}} \left[R \text{—} \overset{:O:}{\overset{\|}{C}} \text{—} R' \right]^{+\cdot} \xrightarrow[-R'\cdot]{\alpha\text{-분해}} RC\equiv\overset{+}{O}:$$

Acylium 양이온

공명 안정화가 아실륨 양이온의 형성을 쉽게 해 준다. 스펙트럼에서 이들 토막 이온들로부터 케톤에 붙어 있는 두 알킬기의 구성을 알 수 있다. 이렇게 하여 2-펜탄온은 쉽게 3-펜탄온과 구별될 수 있다. 2-펜탄온의 α-분해는 m/z = 43과 71의 두 개의 아실륨 이온을 주지만, 3-펜탄온은 m/z = 57 하나만을 준다(3-펜탄온의 질량 스펙트럼에서 보여 주는 m/z = 29 봉우리는 $CH_3CH_2^+$와 $CH_3CH_2C\equiv O^+$에서 C_2H_4가 떨어져나가 생성된 $HC\equiv O^+$의 것이다).

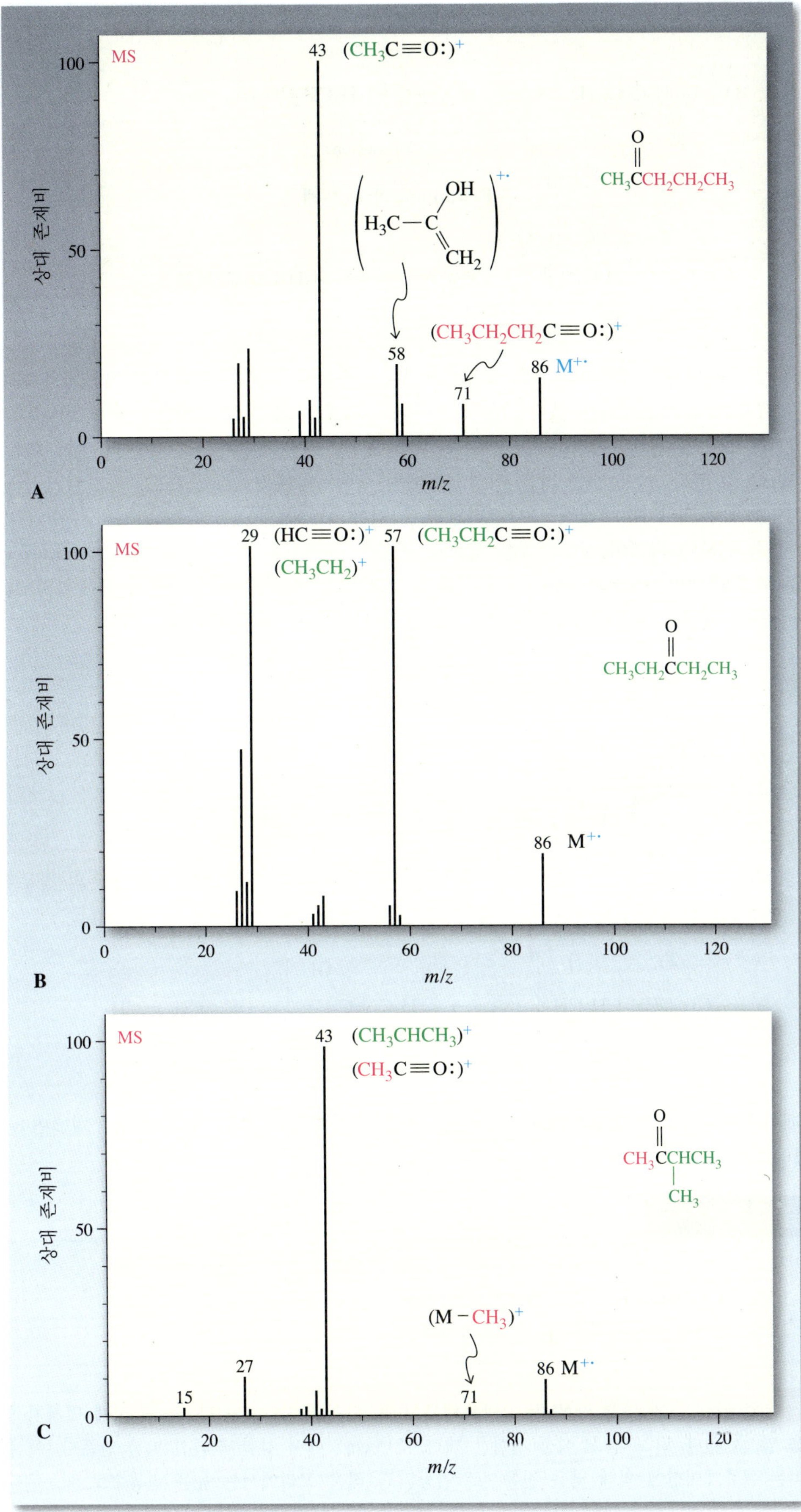

그림 17-7 (A) 2-Pentanone의 질량 스펙트럼 두 개의 α-분해와 한 개의 McLafferty 재배열에 의한 봉우리를 보여 준다. (B) 3-Pentanone의 경우는 대칭성으로 인해 하나만의 α-분해 봉우리를 보여 주고, (C) 3-Methyl-2-butanone은 두 개의 α-분해를 보여 준다.

2-Pentanone의 α-분해

$$:\overset{+}{O}\equiv CCH_2CH_2CH_3 \longleftarrow H_3C \nmid \overset{:O:}{\overset{\|}{C}} \nmid CH_2CH_2CH_3 \longrightarrow CH_3C\equiv\overset{+}{O}:$$

$m/z = 71$ — $m/z = 86$ (2-Pentanone) — $m/z = 43$

3-Pentanone의 α-분해

$$CH_3CH_2 \nmid \overset{:O:}{\overset{\|}{C}} \nmid CH_2CH_3 \longrightarrow CH_3CH_2C\equiv\overset{+}{O}:$$

$m/z = 86$ (3-Pentanone) — $m/z = 57$

그럼 2-펜탄온과 3-메틸-2-뷰탄온은 구별될 수 있을까? 두 분자 모두에서 치환기가 CH_3와 C_3H_7이므로, α-분해로부터는 불가능하다. 그러나 두 화합물의 질량 스펙트럼을 (그림 17-7A와 C) 비교해 보면 2-펜탄온에서는 질량 $m/z = 28$의 분자 조각을 잃은, $m/z = 58$의 눈에 띄는 봉우리를 볼 수 있다. 이 분해는 다른 이성질체들의 스펙트럼에는 없는 것으로 카보닐기의 γ 위치에 수소가 존재할 때 특징적으로 나타난다. 이러한 구조적인 특징과 γ 위치의 수소가 카보닐의 산소 원자에 가까이 갈 수 있을 정도로 충분한 유연성을 가지는 화합물은 **McLafferty*** **재배열(McLafferty rearrangement)**에 의해서 분해된다. 이 반응에서 기존의 케톤의 분자 이온은 일분자 과정을 통해서 중성 조각과 라디칼 음이온의 두 조각으로 갈라진다.

McLafferty 재배열

$$\left[\begin{matrix} \overset{\gamma}{RHC}-H \\ | \\ \beta H_2C-\underset{\alpha}{CH_2}-\overset{O}{\overset{\|}{C}}-R' \end{matrix}\right]^{+\cdot} \longrightarrow \begin{matrix} RCH \\ \| \\ CH_2 \end{matrix} + \left[H_2C=\overset{OH}{\overset{|}{C}}-R'\right]^{+\cdot}$$

McLafferty 재배열은 알켄과 새로운 케톤의 엔올 형태를 만들어 준다. 2-펜탄온의 경우에는 에텐과 아세톤의 엔올이 생성되어, 이것의 라디칼 양이온이 $m/z = 58$에서 관찰된다.

$$\left[CH_3\overset{O}{\overset{\|}{C}}\underset{\alpha}{CH_2}\underset{\beta}{CH_2}\underset{\gamma}{\overset{H}{\overset{|}{CH_2}}}\right]^{+\cdot} \longrightarrow \left[H_3C-\overset{OH}{C}=CH_2\right]^{+\cdot} + CH_2=CH_2$$

$m/z = 86$ — $m/z = 58$

3-펜탄온이나 3-메틸-2-뷰탄온은 γ-수소를 가지고 있지 않으므로, McLafferty 재배열을 할 수 없다.

연습 문제 17-5

질량 분석법만을 이용하여 다음 두 화합물 쌍들을 어떻게 구별할 수 있는가?

(a) 3-Methyl-2-pentanone과 4-methyl-2-pentanone

(b) 2-Ethylcyclohexanone과 3-ethylcyclohexanone

요약 알데하이드와 케톤의 NMR 스펙트럼에서 포밀 수소와 카보닐 탄소는 강하게 벗겨져 있음을 알 수 있다. 탄소-산소 이중 결합은 대략 1715 cm^{-1}에서 강한 적외선 띠를 만든다. 이 흡수띠는 콘쥬게이션에 의해 낮은 진동수로 이동되고, 작은 고리에서는 높은 진동수로 이동된다.

*Fred W. McLafferty 교수(1923년생), Cornell 대학교, Ithaca, New York.

결국 π^* 분자 오비탈로 들뜬 비결합 전자들의 능력은 카보닐기가 비교적 긴 파장의 UV 흡수를 하는 특성을 나타내게 한다. 알데하이드와 케톤은 질량 분석계에서 α-분해와 McLafferty 재배열을 통해 분해된다.

17-4 알데하이드와 케톤의 제조

알데하이드와 케톤을 제조하는 가장 중요한 방법은 다른 작용기의 화학과 관련하여 이미 설명하였다(814~815쪽에 있는 반응 로드맵 참조). 여기에서는 앞에서 공부한 것을 복습하며, 독특한 특징과 추가되는 몇 가지 예를 알아보고자 한다. 다른 경로에 의한 알데하이드와 케톤의 제조법은 나중에 언급할 것이다.

알데하이드와 케톤을 실험실에서 합성하기 위한 네 가지 방법

표 17-2에 알데하이드와 케톤을 합성하는 네 가지 방법을 요약했다. 첫 번째 방법으로 크로뮴(VI) 시약으로 알코올을 **산화**시킴으로써 카보닐 화합물을 생성하는 것을 보았다(8-6절). 이차 알코올은 케톤을 만들고, 일차 알코올은 카복실산으로 과잉산화하는 것을 막기 위해 물이 없는 경우에만 알데하이드를 만든다. 크로뮴산화제(VI)는 알켄과 알카인을 산화시키지 않고 알코올만을 선택적으로 산화시킨다.

알코올의 선택적인 산화

$$CH_3\overset{OH}{\overset{|}{C}}HC{\equiv}C(CH_2)_3CH_3 \xrightarrow{CrO_3,\ H_2SO_4,\ acetone,\ 0°C} CH_3\overset{O}{\overset{\|}{C}}C{\equiv}C(CH_2)_3CH_3$$

3-Octyn-2-ol → 3-Octyn-2-one (80%)

PCC(CrO_2+Pyridine+HCl)을 이용한 일차 알코올의 알데하이드로의 산화

$-CH_2OH \xrightarrow{PCC,\ CH_2Cl_2,\ Na^{+-}OCCH_3 (\overset{O}{\|})} -\overset{O}{\overset{\|}{C}}H$ (85%)

알코올의 "녹색" 산화

Phenylmethanol (Benzyl alcohol) $\xrightarrow{공기,\ 1\ atm,\ Cu\ 촉매}$ Benzenecarbaldehyde (Benzaldehyde) 100%

공기는 "가장 환경친화적(녹색)" 산화제이다. 알코올을 공기를 이용하고, 온화한 조건하에서 산화시키려는 연구들이 활발히 진행되고 있다.

물 존재하에서 알데하이드는 과잉산화반응(overoxidation)을 일으켜 다이올(1,1-diol)로 수화반응이 일어나며(17-6절), 이 다이올이 산화하여 카복실산을 만든다.

표 17-2 알데하이드와 케톤의 합성

반응	보기
1. 알코올의 산화반응 (8-6절)	$-CH_2OH \xrightarrow{PCC,CH_2Cl_2} -\overset{O}{\overset{\|}{C}}H$
2. 알켄의 가오존분해반응 (12-12절)	$>C{=}C< \xrightarrow{1.\ O_3,\ CH_2Cl_2;\ 2.\ (CH_3)_2S} >C{=}O + O{=}C<$
3. 알카인의 수화반응 (13-7절 및 13-8절)	$C{\equiv}C \xrightarrow{H_2O,\ H^+,\ Hg^{2+}} -\overset{O}{\overset{\|}{C}}-CH_2-$
4. Friedel-Crafts 아실화반응 (15-13절)	benzene $\xrightarrow{1.\ RCOCl,\ AlCl_3;\ 2.\ H^+,\ H_2O}$ $C_6H_5\overset{O}{\overset{\|}{C}}R$

물은 일차 알코올을 과잉산화시킨다

$$RCH_2OH \xrightarrow{Cr(VI),\ H^+} RCH{=}O \xrightarrow{H_2O} RCH(OH)_2 \xrightarrow{Cr(VI)} RCOOH$$

알릴 알코올(14-3절)을 알데하이드로 산화시키는 다른 종류의 온화한 산화제가 이산화 망가니즈(manganese dioxide)이다. 일반적으로 알코올은 상온에서는 이 시약의 영향을 받지 않는다. 이러한 예를 부신에서 발견되는 스테로이드 생성을 위한 선택적인 산화반응에서 볼 수 있다.

Manganese dioxide의 선택적인 알릴 산화

산화되지 않는다 (알릴이 아니다)

MnO_2, $CHCl_3$, 25°C

62%

가오존분해반응

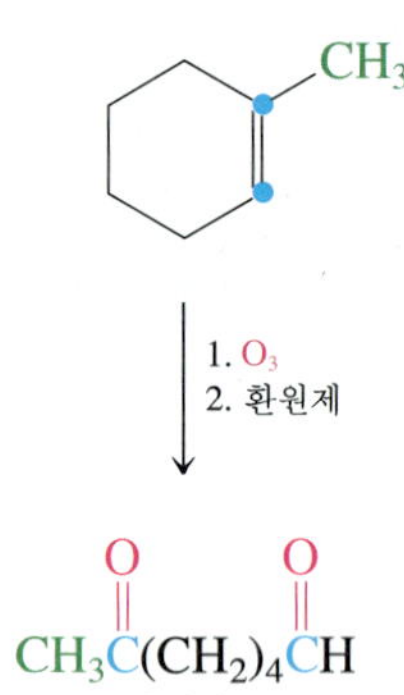

연습 문제 17-6

Cyclohexane을 출발물로 하여 1-cyclohexyl-2-butyn-1-one 케톤의 합성을 제시하시오. 다른 종류의 시약을 사용해도 좋다.

두 번째 방법은 우리가 이미 언급했던 탄소-탄소 이중 결합의 산화성 분해(oxidative cleavage)인 **가오존분해반응**(*ozonolysis*)이다(12-12절). 오존에 노출되고, 촉매에 의해 활성화된 수소나 다이메틸 설파이드와 같은 약한 환원 시약으로 처리하면 알켄은 알데하이드와 케톤으로 나누어진다.

세 번째 방법은 탄소-탄소 삼중 결합의 **수화반응**(*hydration*)이 엔올을 생성시키며, 이것의 토토머화반응에 의해 카보닐 화합물을 얻는 것이다(13-7절과 13-8절). 수은 이온의 존재하에서 물을 첨가하므로 Markovnikov 규칙에 의해 케톤을 생성한다.

알카인의 Markovnikov 수화반응

$$RC{\equiv}CH \xrightarrow{HOH,\ H^+,\ Hg^{2+}} \left[(HO)(R)C{=}CH_2 \right] \longrightarrow RCCH_3 (C{=}O)$$

엔올 케톤

Anti-Markovnikov 첨가는 수소붕소첨가-산화반응에서 다루었다.

알카인의 Anti-Markovnikov 수화반응

$$RC{\equiv}CH \xrightarrow{(C_6H_{11})_2BH} RCH{=}CH{-}B(C_6H_{11})_2 \xrightarrow{H_2O_2,\ HO^-} \left[RCH{=}CHOH \right] \longrightarrow RCH_2CH(=O)$$

붕소는 알카인 말단에 첨가된다

엔올 알데하이드

마지막으로 15-13절에서 친전자성 방향족 치환반응의 한 종류인 **Friedel-Crafts 아실화반응**(*Friedel-Crafts acylation*)에 의한 아릴 케톤의 합성을 공부하였다. 다음에 볼 수 있는 예는 공업적으로 유용한 향수 첨가제를 만드는 방법이다.

Friedel-Crafts 아실화반응

$$CH_3O\text{-}C_6H_5 \xrightarrow[2.\ HCl,\ H_2O]{1.\ CH_3COOCCH_3,\ AlCl_3,\ CS_2} CH_3O\text{-}C_6H_4\text{-}C(=O)CH_3$$

오쏘, 파라-지향성과 활성화

93%

요약 알데하이드와 케톤을 합성하는 네 가지 방법은 알코올의 산화, 알켄의 산화반응에 의한 분해, 알카인의 수화, Friedel-Crafts 아실화반응이 있다. 이 외의 다른 여러 가지 방법들은 다음에 다루기로 하자.

17-5 카보닐기의 반응성: 첨가반응의 메커니즘

카보닐 구조를 알면(17-2절) 그것이 화학적으로 어떠한 작용하는가를 알 수 있다. 알켄의 π 결합처럼 탄소–산소 이중 결합은 첨가반응을 하기 쉽다. 그러나 C═O 작용기는 큰 편극 때문에 탄소에는 친핵체, 산소에는 친전자체가 공격하도록 되어 있다. 이 절에서는 알데하이드와 케톤에 대한 화학적 반응을 알아보기로 한다.

알데하이드와 케톤에서 반응성 자리는 세 부분이다

알데하이드와 케톤은 주로 세 부분에서 반응이 일어난다. 그 세 곳은 Lewis 염기성 산소, 친전자성 카보닐 탄소, 그리고 카보닐 탄소와 이웃한 "α"-탄소이다.

알데하이드와 케톤의 반응성 자리

α-탄소
:O: ← 친전자체에 의한 공격
C
H R
친핵체에 의한 공격
산성

이 장에서 카보닐 π 결합이 이온성 첨가반응이 일어나는 두 곳에 대해서 알아 볼 것이다. α-탄소의 산성 수소에 집중된 다른 반응은 18장에서 다루게 될 것이다.

카보닐기는 이온성 첨가반응을 한다

극성 시약은 Coulomb 법칙에 따라 쌍극성 카보닐기에 첨가되며(1-2절), 기본적인 Lewis의 산-염기 원리가 상호작용한다(2-2절). 친핵체는 친전자체인 카보닐 탄소에 결합되고, Lewis 염기인 카보닐 산소는 친전자체와 결합한다. 유기금속 화합물 또는 수소화물 시약의 첨가반응에 의한 알코올 생성은 8-6절과 8-8절에서 언급하였다. 이와 같은 반응 과정을 표 17-3에 나타내었다. 이들 첨가반응은 2-2절에 소개된 메커니즘 분류 4(a)에 속한다.

카보닐기에 대한 이온성 첨가반응

$$\overset{\delta^+}{C}=\overset{\delta^-}{O} + \overset{\delta^+}{X}-\overset{\delta^-}{Y} \longrightarrow -\underset{Y}{\overset{OX}{C}}-$$

표 17-3 알데하이드와 케톤에 대한 수소화물과 유기금속 화합물의 첨가반응

반응	등식			
1. 알데하이드 + 수소화물 시약	RCHO	$\xrightarrow{NaBH_4,\ CH_3CH_2OH}$	RCH_2OH	일차 알코올
2. 케톤 + 수소화물 시약	R_2CO	$\xrightarrow{NaBH_4,\ CH_3CH_2OH}$	R_2CHOH	이차 알코올
3. 폼알데하이드 + Grignard 시약	H_2CO	$\xrightarrow{R'MgX,\ (CH_3CH_2)_2O}$	$R'CH_2OH^a$	일차 알코올
4. 알데하이드 + Grignard 시약	RCHO	$\xrightarrow{R'MgX,\ (CH_3CH_2)_2O}$	$R'RCHOH^a$	이차 알코올
5. 케톤 + Grignard 시약	R_2CO	$\xrightarrow{R'MgX,\ (CH_3CH_2)_2O}$	$R'R_2COH^a$	삼차 알코올

[a]산 수용액 작용 이후.

수소화물 시약인 $NaBH_4$와 $LiAlH_4$는 카보닐기는 환원시키지만, 탄소-탄소 이중 결합은 환원시키지 않는다. 따라서 이러한 시약은 불포화 알데하이드나 케톤을 불포화 알코올로 바꾼다.

$$C_6H_5CH{=}CHCHO \xrightarrow[2.\ H^+,\ H_2O]{1.\ LiAlH_4,\ (CH_3CH_2)_2O,\ -10°C} C_6H_5CH{=}CHCH_2OH \quad 90\%$$

표 17-3에 있는 친핵성 시약은 매우 강한 염기성이기 때문에, 이들의 첨가반응은 비가역반응이다. 이 절과 17-6절에서 17-9절까지는 물, 알코올, 싸이올 및 아민과 같은 염기성이 작은 친핵체 Nu—H의 이온성 첨가반응을 생각해 보기로 한다. 이들의 반응이 매우 큰 발열 과정은 아니지만, 반응 조건의 적절한 선택에 의해 반응의 방향이 결정될 수 있는 평형을 이룰 수 있다. 이 반응들은 표 17-4에 요약되었다.

표 17-4 알데하이드와 케톤에 대하여 적당한 염기성 친핵체의 첨가반응

친핵체		중간체 (일반적으로 분리되지 않음)		최종 생성물 (안정함)
1. 물	$>C{=}O \underset{\text{산 또는 염기}}{\overset{H_2O}{\rightleftharpoons}}$	$[>C(OH)_2]$ 같은자리 다이올 (수화물)		
2. 알코올	$>C{=}O \underset{\text{산 또는 염기}}{\overset{ROH}{\rightleftharpoons}}$	$[>C(OH)(OR)]$ 헤미아세탈	$\underset{\text{오직 산}}{\overset{ROH,\ -H_2O}{\rightleftharpoons}}$	$>C(OR)_2$ 아세탈
3. Ammonia (R=H) 또는 일차 아민 (R=알킬, 아릴)	$>C{=}O \underset{\text{산}}{\overset{RNH_2}{\rightleftharpoons}}$	$[>C(OH)(NHR)]$ 헤미아민알	$\underset{\text{산}}{\overset{-H_2O}{\rightleftharpoons}}$	$>C{=}NR$ 이민
4. 이차 아민	$>C{=}O$ 및 $-C(H)<$ $\underset{\text{산}}{\overset{R_2NH}{\rightleftharpoons}}$	$[>C(OH)(NR_2)$, $-C(H)<]$ 헤미아민알	$\underset{\text{산}}{\overset{-H_2O}{\rightleftharpoons}}$	$>C{=}C(-NR_2)$ 엔아민

탄소-산소 이중 결합에 있어 이들 온화한 시약들의 이온성 첨가반응의 메커니즘은 무엇이겠는가? 두 가지 경로로 공식화할 수 있다. 친핵성 첨가반응-양성자첨가 및 친전자성 양성자첨가-첨가반응이다. 처음 것은 친핵성 공격으로 시작되며, 중성 또는 보다 일반적으로는 염기성 상태에서 반응이 일어난다. 친핵체가 친전자성 탄소로 접근하면 그 탄소는 재혼성화가 일어나고, π 결합의 전자쌍은 산소로 이동하며, 이렇게 해서 알콕시화 이온(allkoxide ion)을 생성한다. 따라서 흔히 물이나 알코올과 같은 양성자성 용매로부터 연속적인 양성자첨가반응이 일어나서 최종 첨가반응 생성물을 얻는다.

친핵성 첨가반응-양성자첨가반응(염기성 조건)

$$\mathrm{Nu:^-} + \ce{>C^{\delta+}=O^{\delta-}} \rightleftharpoons \mathrm{Nu{-}C{-}\ddot{O}:^-} \underset{-\mathrm{H_2\ddot{O}}}{\overset{\mathrm{H\ddot{O}H}}{\rightleftharpoons}} \mathrm{Nu{-}C{-}\ddot{O}H} + \mathrm{H\ddot{O}:^-}$$

알콕시화 이온

새로운 Nu—C 결합은 완전히 친핵체의 전자쌍으로 이루어진다는 것을 명심하라. 이와 같은 전체 변환은 S_N2 반응을 생각나게 하며, 이 과정에서 이탈기는 치환된다. 여기서 탄소와 산소 사이에 위치한 전자쌍은 오직 산소 원자 쪽으로 옮겨간다. 카보닐기에 대한 강한 염기성 친핵체의 첨가는 전형적으로 친핵성 첨가반응-양성자첨가반응 경로를 따른다.

두 번째 메커니즘은 산성 조건하에서 지배적이며, 친전자성 공격으로부터 이 과정이 시작된다. 첫 단계는 카보닐 산소에 양성자첨가반응이 일어나고, C═O 결합의 편극화와 산소 원자에 있는 고립 전자쌍의 존재에 의해 촉진된다. 이때 산소는 단지 약한 염기성이며, 짝산의 pK_a가 보여 주듯이 그 범위가 −7 ~ −8 정도이다. 따라서 많은 카보닐 첨가반응이 실행되는 묽은 산성 매질에서 대부분의 카보닐 화합물은 양성자첨가가 일어나지 않지만, 적은 양의 양성자화된 물질은 반응성이 큰 탄소 친전자체로 행동한다. 친핵체의 친핵성 공격에 의해 첨가반응 과정이 완료되고, 처음의 불리한 평형은 이동된다.

친전자성 양성자첨가반응-첨가반응(산성 조건)

$$\ce{>C^{\delta+}=\ddot{O}^{\delta-}} + \mathrm{H^+} \rightleftharpoons \ce{>C=\overset{+}{\ddot{O}}H} \underset{-:\mathrm{NuH}}{\overset{:\mathrm{NuH}}{\rightleftharpoons}} \mathrm{H\overset{+}{N}u{-}C{-}\ddot{O}H} \underset{+\mathrm{H^+}}{\overset{-\mathrm{H^+}}{\rightleftharpoons}} \mathrm{Nu{-}C{-}\ddot{O}H}$$

양성자첨가된 카보닐기
p$K_a \approx -8$

친전자성 양성자첨가반응-첨가반응의 메커니즘은 비교적 약한 염기의 친핵체와의 반응에서 가장 적합하다. 산성 조건하에서는 강한 염기성 친핵체가 존재할 수 없다. 왜냐하면 친핵체에 양성자첨가반응이 일어나기 때문이다.

> **요약** 알데하이드와 케톤에는 세 곳의 반응 위치가 있다. 처음 두 곳은 카보닐기의 두 원자들로써, 이것이 이 장의 나머지 부분에 대한 주 내용이다. 세 번째는 이웃한 탄소이다. 카보닐기의 반응성은 첨가 과정에 의해 지배를 받는다. 알코올을 생성하는데 있어서 친핵성 유기금속 시약과 수소화물 시약은 비가역적이고, NuH (Nu = OH, OR, SR, NR_2)의 이온성 첨가반응은 가역적이고, 카보닐 탄소에서 친핵성 공격이 시작되며, 다음에는 친전자성 시약이 결합하여 알콕시화 음이온(alkoxide anion)이 생성된다. 한편, 산성 매질에서는 양성자첨가반응이 친핵성 첨가반응보다 먼저 일어난다.

17-6 수화물을 생성하는 물의 첨가반응

다음의 세 절에서는 물과 알코올을 가지고 알데하이드와 케톤에 대한 반응성을 설명할 것이다. 이러한 화합물은 산, 염기 촉매 작용을 이용하여 앞에서 대략 설명한 두 가지 메커니즘으로 카보닐기를 공격한다.

물은 카보닐기를 수화시킨다

물은 알데하이드와 케톤의 카보닐 작용기를 공격할 수 있다. 이와 같은 작용은 산 또는 염기에 의해 촉매화될 수 있고, 따라서 **카보닐 수화물(carbonyl hydrate)** 이라고도 하는 **같은자리 다이올(geminal diol)** $RC(OH)_2R'$과 평형을 이루게 된다.

카보닐기의 수화반응

$$\text{C=O} + \text{HOH} \underset{K}{\overset{H^+ \text{ 또는 } HO^-}{\rightleftharpoons}} \text{(HO)C–OH}$$

같은자리 다이올

염기 촉매작용의 메커니즘에서 수산화 이온 작용기는 친핵체로서 작용한다. 그 다음 물이 중간체인 하이드록시 알콕시화 음이온에 양성자를 첨가시켜 다이올을 생성시키고, 촉매를 재생시킨다.

염기 촉매 수화반응의 메커니즘

$$\text{C=}\ddot{O} + {}^-\!:\ddot{O}H \rightleftharpoons \text{(HO)C–}\ddot{O}:^- \underset{}{\overset{H\ddot{O}H}{\rightleftharpoons}} \text{(HO)C–}\ddot{O}H + H\ddot{O}:^-$$

Hydroxy alkoxide　　같은자리 다이올

산 촉매작용의 메커니즘에서 일련의 과정은 가역적이다. 여기서 초기의 양성자첨가반응은 약한 친핵체인 물의 친핵성 공격을 용이하게 한다. 이후에 촉매인 양성자는 떨어져나와 촉매 순환 과정으로 다시 생성된다.

산 촉매 수화반응의 메커니즘

$$\text{C=}\ddot{O} + H^+ \rightleftharpoons \text{C=}\overset{+}{\ddot{O}}\text{–H} \overset{H_2\ddot{O}}{\rightleftharpoons} \text{(H}\overset{+}{\ddot{O}}\text{H)C–}\ddot{O}H \rightleftharpoons \text{(HO)C–}\ddot{O}H + H^+$$

양성자첨가된 카보닐기　　같은자리 다이올

수화반응은 가역적이다

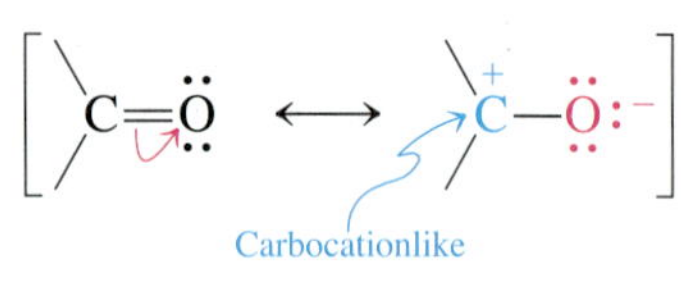

이러한 반응식이 나타냈듯이 알데하이드와 케톤의 수화반응은 가역적이다. 평형은 케톤에 대해서 왼쪽으로 진행되고, 폼알데하이드와 전자를 당기는 치환기를 갖는 알데하이드에 대해서는 오른쪽으로 진행된다. 일반적인 알데하이드의 평형 상수는 1에 근접한다.

이러한 경향을 어떻게 설명할 수 있겠는가? 17-2절에서 설명했듯이 여기서 다시 카보닐기의 공명 구조를 살펴보자. 쌍극성 공명 형태에서 탄소는 탄소양이온의 성격을 갖는다. 따라서 탄소양이온을 안정화시키는(7-5절) 알킬기는 카보닐 화합물을 안정화시키고, CCl_3 및 CF_3와 같이 전자를 당기는 치환기는 탄소양이온의 양전하를 증가시킴으로써 카보닐 화합물을 불안정화시킨다. 생성물 다이올의 안정도는 치환기 효과의 영향을 덜 받는다. 알데하이드 및 케톤의 수화반응은 흡열적으로 진행되는 반면에, 전자를 당기는 치환기를 갖는 카보닐 화합물의 수화반응은 보다 발열적이다. 이러한 열역학적 결과는 속도론적으로 반응성에서의 차이와 병행된다. 즉, 전자를 당기는 치환기를 갖는 카보닐 화합물은 가장 친전자적이며, 가장 반응성이 크다. 반응성의 순위는 폼알데하이드, 다른 알데하이드 그리고 케톤 순으로 되어 있다. 우리는 또한 같은 경향성이 다른 첨가반응을 지배하는 것을 볼 수 있을 것이다.

전형적인 카보닐 화합물의 수화반응에 대한 평형 상수 *K*

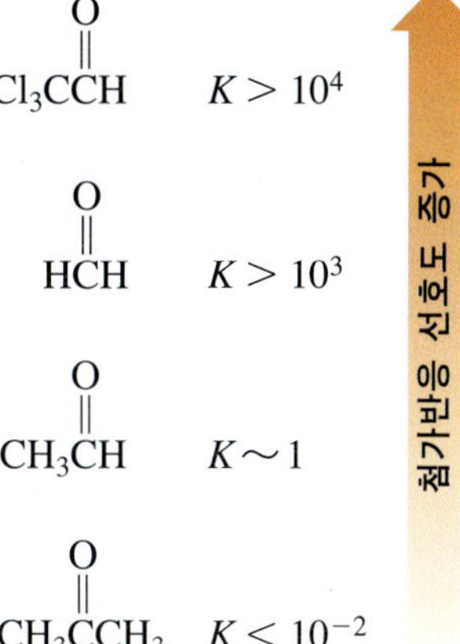

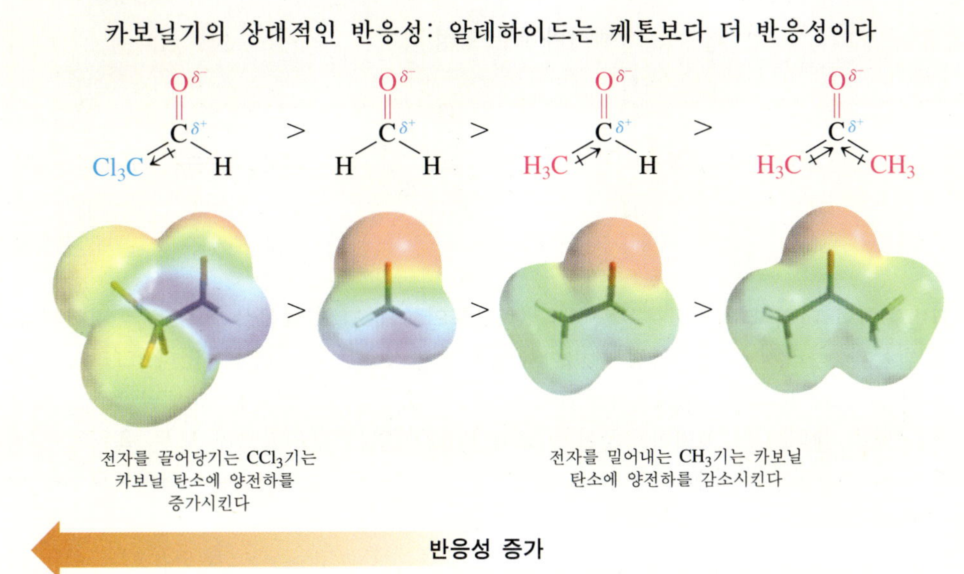

연습 문제 17-7

(a) 다음을 수화반응이 잘 일어나는 순서대로 나열하시오. Cl_3CCH, Cl_3CCCH_3, Cl_3CCCCl_3 (각각 카보닐기 C=O 포함).

(b) $H_2{}^{18}O$를 가지고 acetone을 처리하면 동위원소로 치환된 acetone $CH_3C(={}^{18}O)CH_3$가 생성된다. 이것을 설명하시오.

어떤 경우에는 수화반응이 에너지적으로 유리함에도 불구하고, 보통의 경우에는 카보닐 수화물을 분리할 수 **없다**. 수화물은 너무 쉽게 물을 잃고, 다시 카보닐 화합물이 된다. 그러나 수용액에서 알데하이드를 산화시켜 카복실산으로 되는 반응처럼, 반응 중간체로 수화물이 관여된다(8-6절 및 17-4절).

영국의 미술가 Damien Hirst는 죽은 동물들을 폼알데하이드 수용액에 보존한 작품으로 유명해졌다. 위의 작품은 호랑이 상어를 4.3 m의 유리 상자에 넣은 "살아있는 사람의 마음 속에 존재하는 죽음의 물리적 불가능성"이라는 작품이다.

요약 알데하이드와 케톤의 카보닐기는 물에 의해 수화가 일어난다. 알데하이드는 케톤보다 반응성이 매우 크다. 전자를 끌어당기는 치환기는 카보닐 탄소의 친전자성을 더욱 증가시킨다. 수화반응은 산과 염기에 의해 촉매작용을 하는 평형 과정이다.

17-7 헤미아세탈과 아세탈을 형성하는 알코올의 첨가반응

이 절에서는 물이 카보닐기에 첨가되듯이, 알코올이 카보닐기에 첨가되는 것을 알아볼 것이다. 산과 염기는 이 과정에서 촉매로 사용되지만, 산은 초기 첨가 생성물을 계속 진행시켜 알콕시 치환기와 하이드록시기의 치환에 의한 아세탈을 생성하도록 촉매작용을 한다.

알데하이드와 케톤은 가역적으로 헤미아세탈을 형성한다

알코올이 알데하이드와 케톤에 첨가반응을 일으키는 것은 그다지 놀랄만한 일이 아니다. 실제로 이 메커니즘은 물의 경우와 동일하다. 이와 같은 첨가 생성물을 **헤미아세탈**(**hemiacetal**: *hemi*, 그리스어로 절반을 의미)이라고 하는데, 그 이유는 이들이 아세탈로 가는 중간체이기 때문이다.

헤미아세탈 형성

$$RCHO + R'OH \rightleftharpoons R-\underset{H}{\overset{OH}{C}}-OR' \qquad RCOR + R'OH \rightleftharpoons R-\underset{R}{\overset{OH}{C}}-OR'$$

헤미아세탈 헤미아세탈

수화반응처럼 이러한 첨가반응은 언제나 출발물인 카보닐 화합물을 선호하는 평형에 의해 지배를 받는다. 따라서 수화물처럼 헤미아세탈은 일반적으로 분리할 수 없다. 그러나 폼알데하이드 또는 2,2,2-트라이클로로아세트알데하이드와 같은 반응성이 큰 카보닐 화합물로부터 형성되는 것은 예외이다. 헤미아세탈이 비교적 변형이 없는 오원자고리 또는 육원자 고리로 구성된 고리 화합물을 생성할 때 하이드록시 알데하이드 또는 하이드록시 케톤으로부터 얻어질 수 있다.

분자내 헤미아세탈 형성
고리 헤미아세탈은 비고리 헤미아세탈보다 안정하다

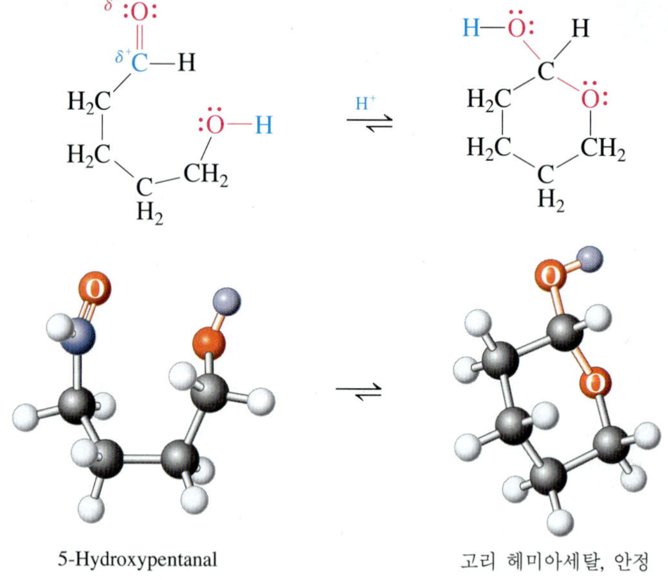

5-Hydroxypentanal 고리 헤미아세탈, 안정

Glucose

0.003%
알데하이드 생성

H^+ 또는 HO^-

새로운 입체중심

> 99%
고리 헤미아세탈
(두 개의 입체이성질체)

분자내 헤미아세탈 생성은 당류화학(sugar chemistry)에서 흔하다(24장). 예를 들어, 자연에서 가장 흔하고 간단한 당인 글루코스는 하나의 비고리 펜타하이드록시알데하이드와 두 가지의 입체이성질체 고리 헤미아세탈과 평형 혼합물로 존재한다. 고리형이 혼합물의 수용액 중에서 99% 이상을 차지한다.

산은 아세탈 생성에 촉매로 작용한다

과량의 알코올 존재하에서 알데하이드와 케톤의 산촉매 반응은 헤미아세탈 단계를 넘어 계속 진행한다. 이러한 조건에서 초기 첨가 생성물의 하이드록시기는 알코올에서 유도된 다른 알콕시 단위체에 의해 치환된다. 여기서 생성되는 화합물을 **아세탈**(**acetal**)이라고 한다 [**케탈**

(Ketal) 은 케톤으로부터 유도되는 아세탈의 옛 이름이다].

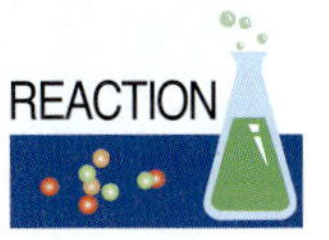

아세탈 합성

$$\mathrm{RCR}(=\mathrm{O}) + 2\,\mathrm{R'OH} \underset{}{\overset{\mathrm{H^+}}{\rightleftharpoons}} \mathrm{R{-}C(OR')(R){-}OR'} + \mathrm{H_2O}$$

아세탈

알짜 변화는 카보닐 산소가 두 개의 알콕시기에 의해 치환되고, 물 한 분자가 생성된 것이다.

이제 알데하이드의 이러한 변환에 대한 메커니즘을 살펴보자. 처음 반응은 첫 번째 알코올 분자의 일반적인 산촉매 첨가반응이다. 이 결과로 헤미아세탈의 하이드록시기에 양성자가 첨가될 수 있고, 이 치환기는 좋은 이탈기인 물로 바뀐다. 물을 잃어버리고, 생성된 탄소양이온은 산소의 고립 전자쌍을 포함하는 공명에 의해 안정화될 수 있다. 두 번째 알코올 분자는 친전자성 탄소에 첨가되어 양성자화된 아세탈을 만들고, 여기서 양성자가 떨어져서 최종 생성물을 만든다.

아세탈 생성 메커니즘

단계 1. 헤미아세탈 생성: 첫 번째 알코올 분자의 산촉매 첨가반응

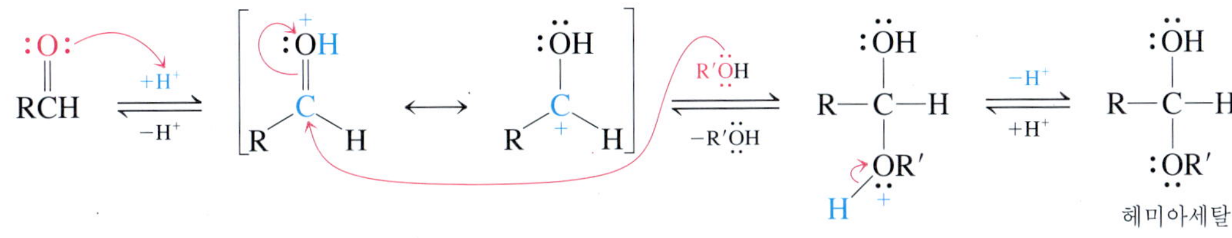

단계 2. 아세탈 생성: 두 번째 알코올 분자에 의한 물의 산촉매 S_N1 치환반응

$$\mathrm{R{-}CH(OH)(OR')} \underset{-\mathrm{H^+}}{\overset{+\mathrm{H^+}}{\rightleftharpoons}} \mathrm{R{-}CH(\overset{+}{O}H_2)(OR')} \underset{+\mathrm{H_2O}}{\overset{-\mathrm{H_2O}}{\rightleftharpoons}} \left[\mathrm{R{-}\overset{+}{C}H{-}OR'} \longleftrightarrow \mathrm{R{-}CH{=}\overset{+}{O}R'}\right] \underset{-\mathrm{R'OH}}{\overset{\mathrm{R'OH}}{\rightleftharpoons}} \mathrm{R{-}CH(OR')(\overset{+}{O}HR')} \underset{+\mathrm{H^+}}{\overset{-\mathrm{H^+}}{\rightleftharpoons}} \mathrm{R{-}CH(OR')(OR')}$$

아세탈

카보닐 화합물에서 출발하여 아세탈로 끝나는 전체의 연속적인 과정은 평형 반응이며, 각 단계는 가역 과정이다. 총괄적인 평형은 반응 조건의 조절로 그 방향을 변화시킬 수 있다. 즉, 과량의 알코올을 사용하거나, 반응 과정에서 생성되는 물을 연속적으로 제거함으로써 아세탈이 생성되는 쪽으로 진행되며, 또 과량의 물을 사용함으로써 알데하이드나 케톤의 생성되는 쪽으로 진행된다. 나중의 과정을 **아세탈 가수분해반응(acetal hydrolysis)** 이라고 한다. **그러나 수화반응과 헤미아세탈 형성 반응과는 대조적으로, 아세탈은 아세탈 형성 시 사용된 산촉매를 중화시킴으로써 분리될 수 있다.** 산이 존재하지 않으면 아세탈 형성의 역반응은 일어나지 않기 때문이다. 따라서 만들어지는 아세탈은 다음 절에서 설명하겠지만, 합성적으로 유용하다.

ANIMATED MECHANISM: Acetal formation

요약 알데하이드와 케톤을 알코올과 반응시키면 헤미아세탈을 생성한다. 수화반응처럼 이러한 과정은 가역 과정이고, 산과 염기가 촉매로 작용한다. 헤미아세탈은 산과 과량의 알코올에 의해 상대적으로 안정한 아세탈로 바뀐다. 아세탈은 중성이나 염기성 조건에서는 안정하지만, 산 수용액에 의해서는 가수분해된다.

아세트알데하이드는 산촉매에 의한 고리생성삼합체화 반응으로 파라알데하이드라는 아세탈을 생성한다. 파라알데하이드는 수면성 진정제이며, 가죽에 곰팡이가 자라는 것을 막아 주는 데에도 사용된다.

$$3\ CH_3CHO \xrightarrow{H^+} \text{Paraldehyde}$$

Paraldehyde

17-8 보호기로서의 아세탈

알데하이드 또는 아세탈로 전환하는데 있어서 반응성이 있는 카보닐기는 비교적 반응성이 적은 에터와 같은 부분으로 변형된다. 아세탈 생성은 가역반응이므로 이러한 과정은 카보닐기를 **가리거나** (*masking*) **보호** (*protecting*) 하게 된다. 한 분자내에서 두 개의 카보닐기가 존재할 때 선택적으로 한 가지 작용기 자리를 반응(예를 들면, 친핵체와의 반응)시키기 위해서, 같은 분자에서 보호되지 않는 다른 카보닐기는 반응에 방해되므로 이러한 보호는 필요하다. 이 절에서는 이러한 보호 전략에 대해 다룰 것이다.

고리 아세탈 생성은 친핵체의 공격으로부터 카보닐기를 보호한다

1,2-에탄다이올과 같은 다이올은 보통의 알코올에 비해 효과적인 아세탈화 시약이다. 다이올은 알데하이드나 케톤을 **비고리** 아세탈보다 더 안정한 **고리** 아세탈로 변화시킨다. 이에 대한 이유는 비교적 보다 우세한 생성 엔트로피(2-1절) 때문이다. 따라서 아래에서 보는 것처럼 이 과정에서는 두 분자의 출발물(카보닐 화합물과 다이올)이 두 분자의 생성물(아세탈과 물)로 전환된다. 그러나 보통 알코올과의 반응에서 아세탈의 생성(17-7절)은 세 분자의 반응물(카보닐 화합물과 두 분자의 알코올)에서 같은 수의 생성물이 생긴다.

고리 아세탈화반응

$$CH_3CHO + HOCH_2CH_2OH \xrightarrow[-H_2O]{H^+} \text{(2-methyl-1,3-dioxolane)}\ 73\%$$

비고리 아세탈

고리 아세탈은 과량의 산성 용액에서는 쉽게 가수분해되지만, 염기 시약, 유기금속 화합물 및 수소화물 시약의 공격에는 안정하다. 이러한 성질로 인해 알데하이드와 케톤에서 아세탈은 카보닐 작용기의 **보호기(protecting group)**로서 작용한다. 그 예가 알카인일 음이온과 3-아이오도프로판알 1,2-에탄다이올 아세탈과의 알킬화반응이다.

합성 중 보호된 알데하이드의 이용

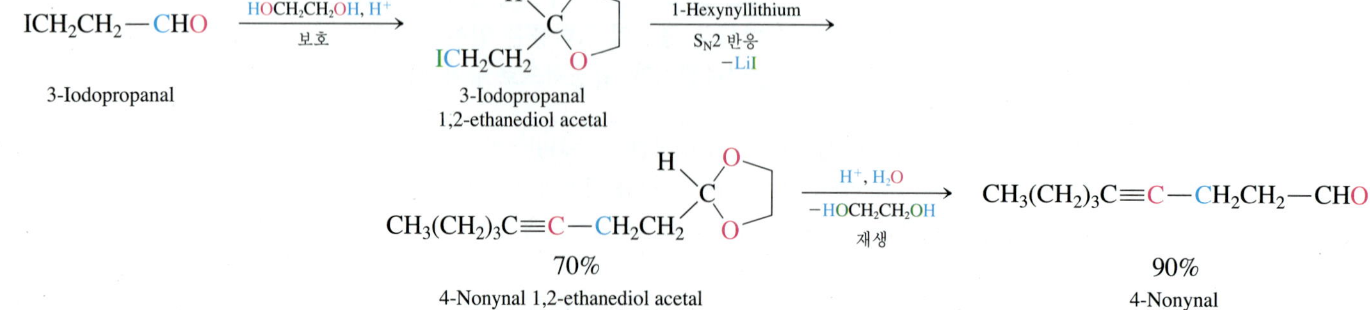

만약 똑같은 알킬화반응이 보호되지 않은 3-아이오도프로판알과 진행된다면, 알카인일 음이온이 카보닐기를 공격할 것이다.

연습 문제 17-8

개념문제: 합성에서 아세탈 보호기의 사용

화합물 A에서 B를 만드는 좋은 방법을 제시하시오(**주**: A와 B가 각각 가지고 있는 탄소 원자는 몇 개인가?).

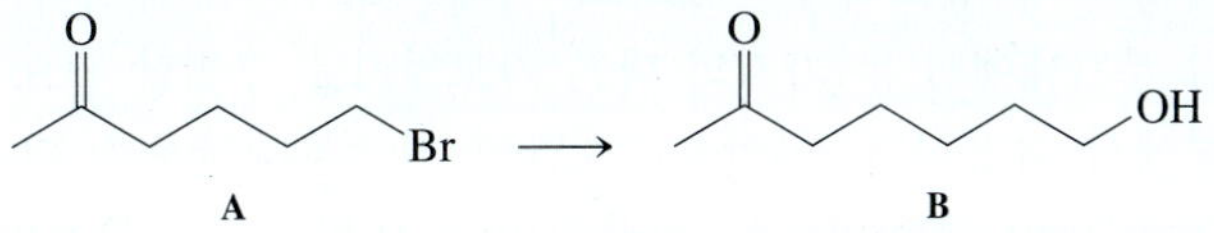

A (Br) → B (OH)

전략

문제가 묻는 것이 구조적 변화임을 확인하면서 시작하라. 목표로 하는 분자 B는 출발 화합물 A보다 한 개 이상의 탄소가 있음을 주목하라. 따라서 요구되는 변환은 RBr → RCH_2OH이다. 일차 알코올은 formaldehyde에 Grignard 시약을 가함으로써 얻을 수 있다(8-8절).

$$RMgBr \xrightarrow[2.\ H^+,\ H_2O]{1.\ H_2C{=}O,\ \text{에터}} RCH_2OH$$

출발물 A의 문제점은 이것이 카보닐기를 가지고 있다는 것이다. 이 작용기는 분자의 다른 쪽에서 만들어지는 Grignard 작용기를 만들고 사용하는데에 방해가 될 것이다. 카보닐기에 의한 방해를 어떻게 막아줄 수 있을까?

풀이

- 우선 카보닐기를 아세탈로 보호한다. 에터와 비슷한 성질의 아세탈은 Grignard 시약과 반응하지 않는다.
- 아세탈 생성 후에 합성을 완성하기 위해서 다음 반응을 수행한다. Bromoalkane 작용기를 Grignard 시약으로 만들어 준 후, formaldehyde와 반응시켜 필요한 탄소 원자를 첨가한 다음, 생성되는 알콕사이드를 산 수용액으로 양성자첨가한다.
- 마지막 단계인 산 수용액 처리는 아세탈기도 함께 가수분해하여 원래의 케톤기를 만들어 준다. 이 과정이 위의 본문에서 논의한 재생(deprotection) 단계이다.

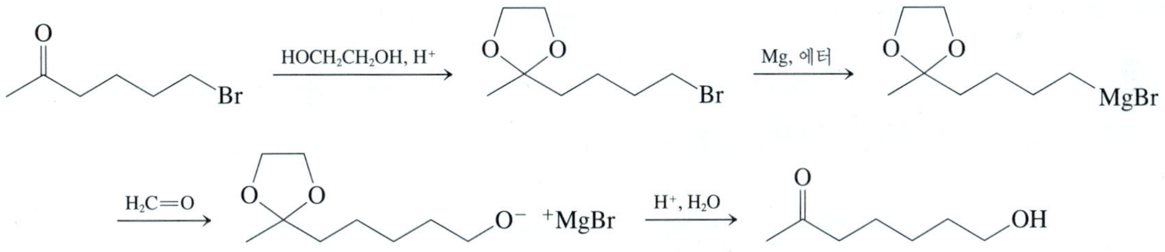

(Br 케톤) $\xrightarrow{HOCH_2CH_2OH,\ H^+}$ (아세탈, Br) $\xrightarrow{Mg,\ \text{에터}}$ (아세탈, MgBr) $\xrightarrow{H_2C{=}O}$ (아세탈, $O^-\ {}^+MgBr$) $\xrightarrow{H^+,\ H_2O}$ (케톤, OH)

연습 문제 17-9

자습 문제

Bromobenzene으로부터 $HOCH_2-C_6H_4-C(=O)CH_3$의 합성 방법을 제시하시오(**힌트**: 15-13절과 16-3절 참조).

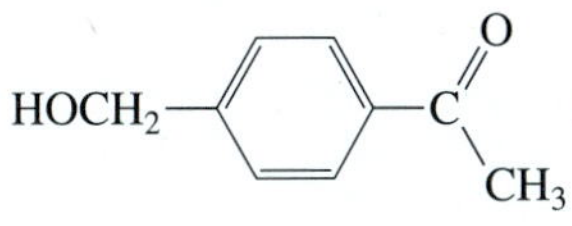

싸이올은 카보닐기와 반응하여 싸이오아세탈을 생성한다

알코올의 황 유사체(9-10절 참조)인 싸이올은 알코올과 같은 메커니즘으로 알데하이드 및 케톤과 반응한다. 양성자 촉매 대신 BF_3 또는 $ZnCl_2$와 같은 Lewis 산이 종종 사용된다. 이러한 반응은 아세탈의 황 유사체인 **싸이오아세탈(thioacetal)**을 생성한다.

RS SR

싸이오아세탈

케톤으로부터 고리 싸이오아세탈의 생성

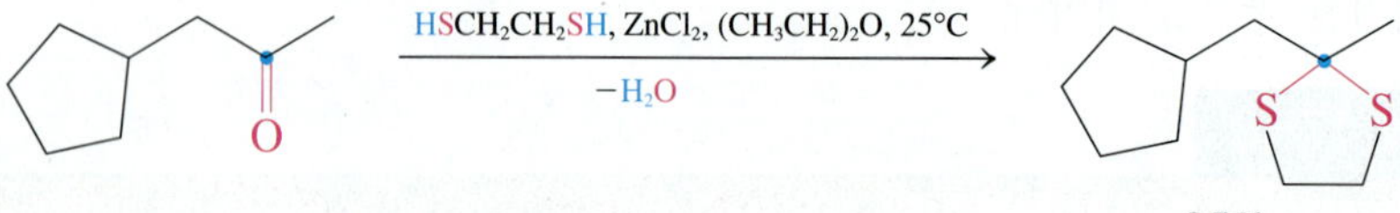

$\xrightarrow[-H_2O]{HSCH_2CH_2SH,\ ZnCl_2,\ (CH_3CH_2)_2O,\ 25°C}$

95%
고리 싸이오아세탈

이러한 황 유도체들은 보통의 아세탈을 가수분해시키는 산 수용액에서는 안정하다. 만약 동일 분자내에서 두 가지의 다른 카보닐기를 구별할 필요가 있다면, 이러한 반응성의 차이는 합성에서 유용하다. 싸이오아세탈의 가수분해반응은 아세토나이트릴 수용액에서 염화 수은(mercuric chloride)을 사용하여 수행된다. 그 추진력은 비용해성 황화 수은(mercuric sulfide)의 생성이다.

싸이오아세탈의 가수분해반응

$\xrightarrow{H_2O,\ HgCl_2,\ CaCO_3,\ CH_3CN}$

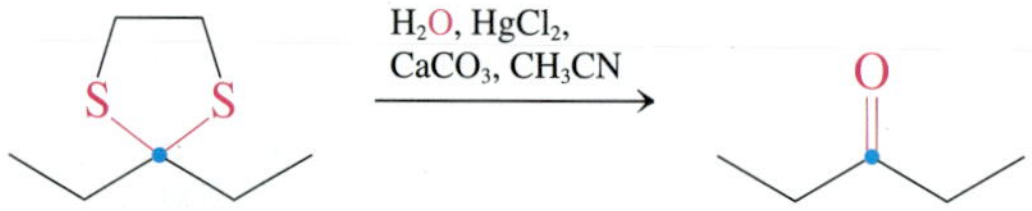

연습 문제 17-10

개념문제: 여러 카보닐기의 구별

다음의 변환은 어떻게 수행할 수 있겠는가? (**힌트**: 8-8절 참조.)

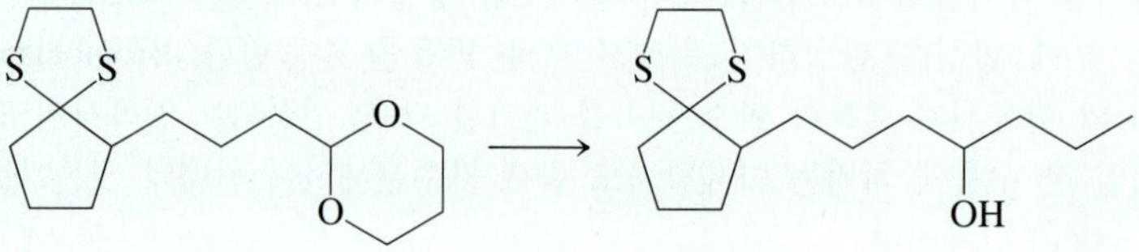

$\longrightarrow$ OH

전략

이차 알코올의 형성은 알데하이드에 Grignard 시약을 첨가하여 수행할 수 있다. 고리 케톤을 보호한 싸이오아세탈은 그대로 두고, 알데하이드만을 재생하는 카보닐 작용기 재생(deprotection)법을 선택하라.

풀이

- 산 수용액으로 아세탈을 가수분해한다.
- 생성된 알데하이드를 적절한 Grignard 시약과 반응하여 원하는 알코올을 얻는다.

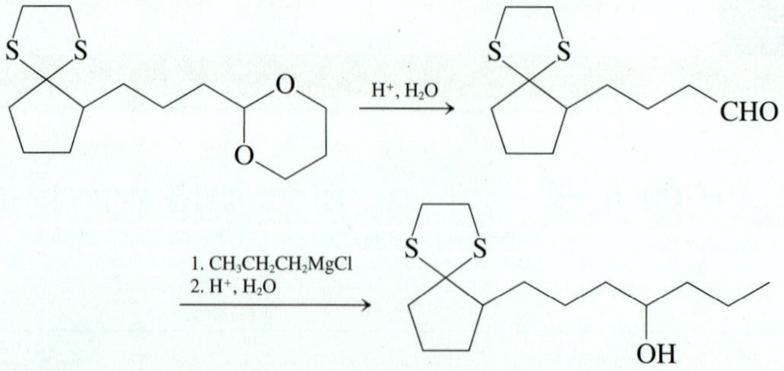

$\xrightarrow{H^+,\ H_2O}$ CHO

$\xrightarrow{1.\ CH_3CH_2CH_2MgCl \quad 2.\ H^+,\ H_2O}$ OH

이 두 단계 모두 싸이오아세탈기에 영향을 주지 않는다.

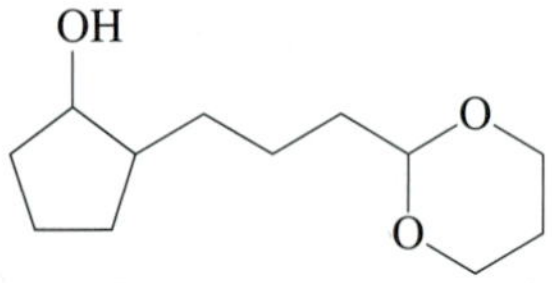

연습 문제 17-11

자습 문제

연습 문제 17-10에 있는 출발물을 왼쪽 여백에 있는 알코올로 바꾸는 방법을 제시하시오.

싸이오아세탈을 Raney 니켈로 처리함으로써 **황이 이탈되어(desulfurized)** 상응하는 탄화수소가 된다(12-2절). 싸이오아세탈 생성 후 황이탈반응(desulfurization)은 카보닐기를 메틸렌기로 바꾼다.

Raney Ni, H_2 → 65%

연습 문제 17-12

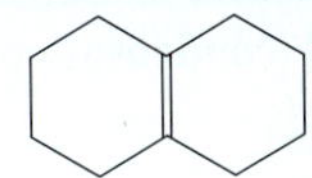

로부터 cyclodecane의 가능한 합성법을 제시하시오.

(주: 단순히 수소첨가반응으로는 불가능하다. **힌트**: 12-12절 참조.)

요약 아세탈과 싸이오아세탈은 알데하이드나 케톤에 대해 유용한 보호기이다. 아세탈은 산 수용액에서 형성되며, 염기 및 친핵체에 대해서는 안정하다. 아세탈은 산성 수용액에서 가수분해된다. 싸이오아세탈은 언제나 Lewis 산촉매를 이용하여 만들어지며, **산 및** 염기 수용액 **모두에서** 안정하다. 싸이오아세탈을 가수분해할 때에는 수은염이 필요하다. 싸이오아세탈은 Raney 니켈에 의해 황이 이탈되어 탄화수소로 환원된다.

17-9 암모니아와 그 유도체의 친핵성 첨가반응

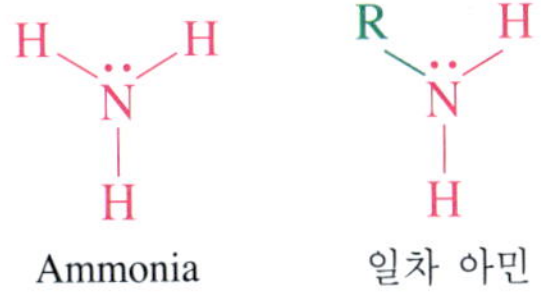

암모니아의 아민은 물과 알코올의 질소 유사체로 간주된다. 따라서 이들이 알데하이드와 케톤에 첨가된다고 예상할 수 있을 것이다. 그리고 실제로 그렇게 함으로써 앞에서 보았던 것과 유사한 생성물을 얻는다. 그러나 여기서 한 가지 중요한 차이점이 있다. 아민과 그 유도체의 첨가반응 생성물은 물을 잃어, 원래의 카보닐 화합물의 두 가지 새로운 유도체인 이민(imine)과 엔아민(enamine)을 만든다.

암모니아와 일차 아민은 이민을 생성한다

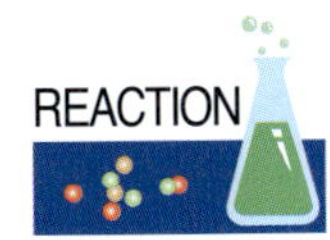

알데하이드와 케톤이 아민과 반응하면 헤미아세탈의 질소 유사체인 **헤미아민알(hemiaminal)**이 생성된다. 일차 아민의 헤미아민알은 물 분자를 쉽게 잃어 탄소-질소 이중 결합을 형성한다. 이 작용기를 **이민[imine**, 옛 이름은 **Schiff* 염기(Schiff base)]**이라고 하며, 이것은 카보닐기의 질소 유사체이다.

알데하이드 또는 케톤과 아민으로부터 이민의 생성

$R-\ddot{N}H_2$ + C=O ⇌(첨가) ⇌(N에서 양성자이탈, O에서 양성자재첨가) 헤미아민알 ⇌(물의 제거 $-H_2O$ / $+H_2O$) C=N–R 이민

헤미아민알로부터 물이 제거되는 반응 메커니즘은 헤미아세탈에서 카보닐 화합물과 알코올로 분해되는 반응과 유사하다. 이 반응은 하이드록시기의 양성자첨가부터 시작한다(염기성이 더 큰 질소에 양성자첨가반응이 일어나면 카보닐 화합물로 되돌아간다). 탈수반응이 일어나

*Hugo Schiff 교수(1834 ~ 1915), Florence 대학교, 이탈리아.

고, 다음에는 중간체인 **이미늄 이온(iminium ion)**의 양성자이탈반응이 진행된다.

헤미아미날 탈수반응의 메커니즘

헤미아미날 ⇌ ($+H^+$ / $-H^+$) ⇌ ($-H\ddot{O}H$ / $+H\ddot{O}H$) [이미늄 이온] ⇌ ($-H^+$ / $+H^+$) 이민

알데하이드 또는 케톤과 일차 아민으로부터 이민을 생성하는 반응을 **축합반응(condensation)**이라고 하며, 이것은 두 반응물이 결합하고 탈수가 되기 때문이다.

일차 아민과 케톤의 축합반응

$$RNH_2 + O{=}CR'R'' \rightleftharpoons RN{=}CR'R'' + H_2O$$

이민은 유용한 화합물이다. 예를 들면, 이민은 보다 복잡한 아민을(21-6절) 합성하는 출발물이 된다. 그러나 위의 축합반응은 가역 반응이므로 만들어진 이민은 쉽게 가수분해되어 순물질로 분리하기란 어렵다. 따라서 합성 과정이 이민을 중간체로 필요할 때, 적당한 아민과 카보닐 화합물은 이민을 가지고 그 다음 단계로 전환시키기 위해 필요로 하는 시약의 존재하에서 대부분 혼합된다. 따라서 이민은 생성되자마자 반응한다. 이와 같은 방법에서 평형은 언제나 이민이 더 많이 형성되는 방향으로 이동되며, 결국 반응이 종결될 때까지 반응은 계속된다.

가령 축합반응에서 형성된 물을 조심스럽게 제거하면(예를 들어, 반응 혼합물로부터 계속되는 증류) 높은 수득률로 이민을 분리할 수 있다. 예를 들면,

$$CH_3COCH_3 + \text{cyclohexylamine} \xrightarrow{H^+} (H_3C)_2C{=}N\text{–cyclohexyl} + H_2O$$

95%

연습 문제 17-13

분리와 구조 확인을 위한 목적으로 화합물 A를 알데하이드와 반응시키면 B와 같은 imidazolidine 결정성 유도체를 생성한다. B를 생성하는 메커니즘을 쓰시오 [**힌트**: 아세탈의 질소 유도체임을 유의하라. 두 알코올 분자 대신에 출발 다이아민의 두 아민기를 사용하여 아세탈 생성과 유사한 메커니즘을 제안하라].

A + H_3CCHO $\xrightarrow[-H_2O]{CH_3OH,\ H^+}$ B

A: *N,N'*-Diphenyl-1,2-ethanediamine

B: 2-Methyl-1,3-diphenyl-1,3-diazacyclopentane (2-Methyl-1,3-diphenylimidazolidine) (m.p. 102°C)

화학 이야기 17-1

생물학에서의 이민

이민은 단백질의 성분인 2-아미노카복실산(2-amino-carboxylic acid, 아미노산)의(26장) 생물학적 변형에서 중추적인 역할을 한다. 비타민 B_6 [**피리독신** (*pyridoxine*)]의 두 유도체인 피리독살(pyridoxal)과 피리독사민(pyridoxamine)은 아미노산과 2-옥소카복실산 [**케토산** (*ketoacid*)]의 상호변환을 가능케 해 준다. 이민은 아미노산이 생물학적으로 분해되는 과정인 [이 과정을 분해대사(*catabolism*)라고 한다] 이 변형에서 주요 중간체이다.

이 과정은 아미노산으로부터 이민의 형성과 비타민의 산화된

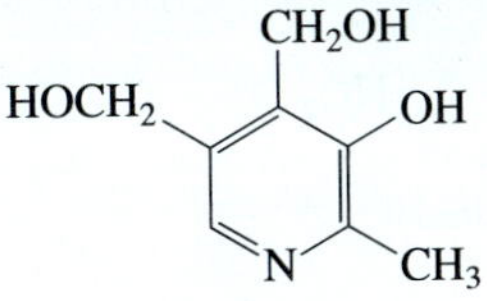

Pyridoxine
(비타민 B_6)

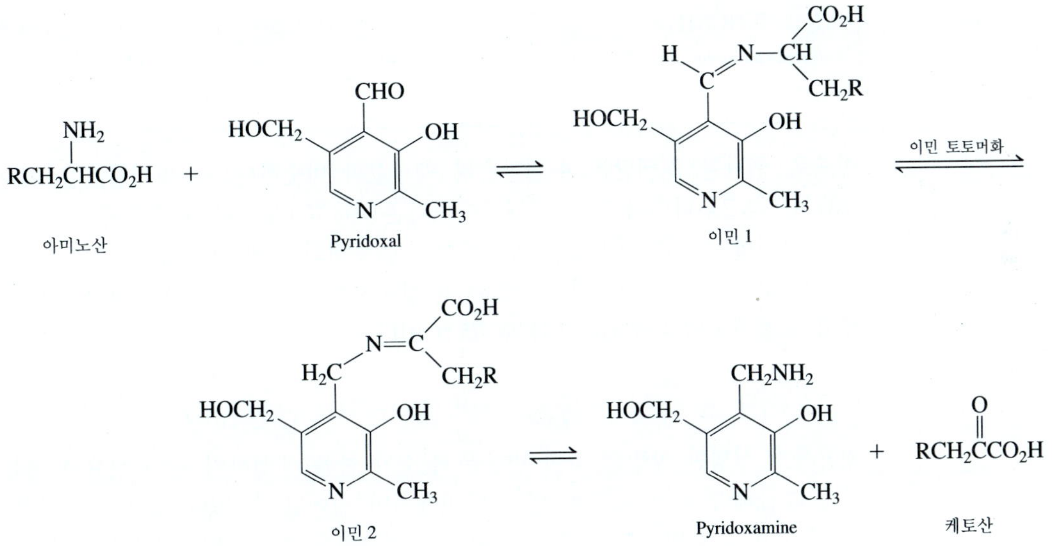

아미노산 · Pyridoxal · 이민 1 · 이민 토토머화 · 이민 2 · Pyridoxamine · 케토산

형태인 피리독살로부터 시작된다. 이 이민은 양성자와 이중 결합의 동시 이동인(13-7절과 13-8절 참조) 토토머화를 통해서 이성질체로 바뀐다. 새로 생성된 이민의 가수분해반응은 피리독사민과 케토산(ketoacid)을 형성한다. 몸에서 대사 과정의 필요에 따라 형성된 피리독사민은 다른 케토산과 반응하여 필요한 아미노산을 만들거나(위의 도식 과정의 역과정), 배출을 통해 궁극적으로 질소의 배출을 촉진시킨다.

특수한 이민은 알데하이드와 케톤을 확인하는 데 도움이 된다

몇 가지 아민 유도체는 알데하이드나 케톤과 축합하여 이민을 생성하며, 이들 이민은 결정성이 좋아 정확한 녹는점을 갖는다. 이러한 것들 중에는 **2,4-다이나이트로페닐하이드라진** (*2,4-dinitrophenylhydrazine*) 및 **세미카바자이드** (*semicarbazide*)와 같은 **하이드라진** (*hydrazine*, H_2NNH_2) 유도체들이 있다. 이러한 이민 생성물들은 각각 **옥심 (oxime)**, **하이드라존 (hydrazone)**, **세미카바존 (semicarbazone)**이라고 하며, 위에서 보여 준 단순한 이민들보다 더 안정하다. 오른쪽 여백 그림에 있는 옥심처럼 이들 유도체들은 이민 질소에 연결된 산소나 질소 원자의 고립 전자쌍의 공명 비편재화에 의해서 안정화된다. 표 17-5는 이러한 물질의 구조와 카보닐 화합물과의 반응 생성물을 나타내었다.

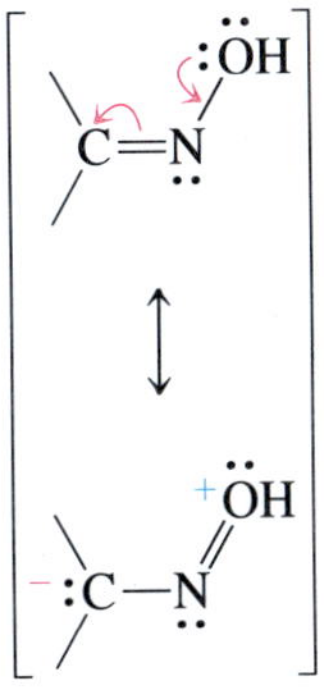

옥심의 공명 안정화

수천 종의 알데하이드와 케톤의 이민 유도체에 대한 녹는점이 표로 작성되어 있다. 분광학적인 방법이 정상적으로 이용되기 전에, 화학자들은 미지 구조의 알데하이드 또는 케톤이 이전에 확인된 화합물과 동일한 물질인지를 결정하기 위해 이들의 녹는점을 비교하였다. 예를 들어, 피마자유를 증류하면 화학식이 $C_7H_{14}O$인 화합물을 얻는다. 이것의 끓는점은 대략 150 °C

표 17-5 알데하이드 및 케톤의 이민 유도체

시약	>C=O와의 반응 생성물
H_2NOH Hydroxylamine	>C=NOH 옥심
$H_2N-NH-C_6H_3(NO_2)_2$ 2,4-Dinitrophenylhydrazine	>C=N-NH-$C_6H_3(NO_2)_2$ 2,4-Dinitrophenylhydrazone
$H_2N-NHCNH_2$ (C=O) Semicarbazide	>C=N-NHCNH₂ (C=O) Semicarbazone

정도로, 헵탄알, 2-헵탄온, 4-헵탄온의 측정값과 비슷하다. 이 미지물질은 이것의 세미카바존(109 °C)과 2,4-다이나이트로페닐하이드라존(108 °C)을 만들어 녹는점을 측정하여 쉽게 헵탄알을 확인할 수 있다. 이 값은 알데하이드 유도체의 표에 있는 값과 일치하고, 두 케톤에 대해 보고된 값과는 매우 다르다. 2-헵탄온에 상응하는 각 유도체는 127°와 89 °C의 녹는점을 보여주고, 4-헵탄온의 유도체는 133°와 75 °C이다.

이차 아민과 축합 반응을 하면 엔아민이 생성된다

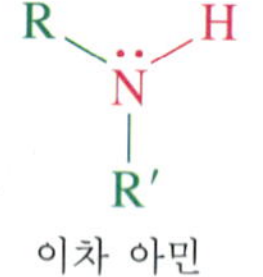

이차 아민

지금까지 설명한 아민의 축합 반응은 질소가 물을 생성하기 위해 필요로 하는 두 개의 양성자를 공급해야 하기 때문에, 일차 아민에서만 일어날 수 있다. 그러므로 이차 아민과의 반응은 다른 반응 과정으로 진행되고, 처음의 첨가반응 후에 **탄소** 원자에서 양성자가 이탈함으로써 물이 제거되고 **엔아민**(**enamine**)이 얻어진다. 이 작용기는 알켄의 *ene*기와 아민의 **아미노**기를 모두 포함한다.

엔아민 생성

$CH_3CH_2CCH_2CH_3$ (C=O) + Azacyclopentane (Pyrrolidine) $\xrightleftharpoons{\text{첨가}}$ $CH_3CH_2-C(OH)(N\text{-pyrrolidinyl})-CH_2CH_3$ 헤미아민알 $\xrightleftharpoons[+H_2O]{-HOH}$ $CH_3CH=C(N\text{-pyrrolidinyl})CH_2CH_3$ 90% 엔아민

엔아민 생성은 가역적이고, 산 수용액에서 가수분해가 쉽게 일어난다. 엔아민은 알킬화반응에서 많이 사용되는 출발물이다(18-4절).

연습 문제 17-14

개념 문제: 엔아민의 생성

위에서 보여 준 산촉매하의 엔아민 생성의 메커니즘을 그리시오.

전략

Ammonia와 일차 아민의 첨가반응으로 이민이 얻어지는 메커니즘과 정확히 같은 방법으로 시작

하자. 단계적으로 진행하면서 이차 아민으로부터의 구조가 이민 생성과 길을 달리하는 부분에 주목하라.

풀이

- 이 절의 앞부분에서 기술한 대로 친핵체인 아민 질소를 첨가하라. 음전하를 띤 산소는 양성자를 선택하고, 양전하를 띤 질소는 양전자를 내주어 헤미아미날 중간체를 만든다.

$$\text{:O:} \quad \text{N-H} \rightleftharpoons \ {}^{-}\text{:O:} \ \ \text{H-N}^{+} \ \overset{\text{H}^{+}}{\rightleftharpoons} \ \text{HO:} \ \ \text{H-N}^{+} \ \overset{-\text{H}^{+}}{\rightleftharpoons} \ \text{HO:} \ \ \text{N}$$

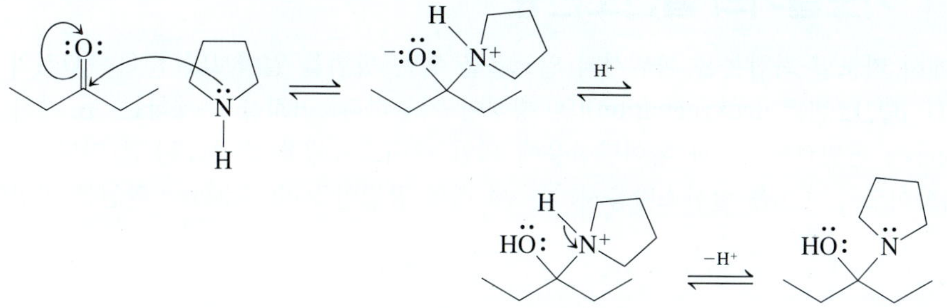

- 촉매인 산을 이용하면 산소를 양성자화하여 더 좋은 이탈기(물)로 만들어 준다. 이민 형성의 경우와 마찬가지로 물이 떨어지면서 이미늄 이온이 남게 된다.
- 이때 질소는 또 다른 수소를 내어 줄 수 없기 때문에 이민을 만들 수 없다. 결과적으로 이 시스템은 다른 경로를 따라가게 된다.
- 실제 엔아민 생성물(위)의 구조를 살펴보면 질소를 포함하는 탄소 바로 옆의 탄소 (α-탄소)에서 하나의 수소가 빠져 있다. 이 수소는 이미늄(iminium) 중간체로부터 양성자로 떨어져 나와 최종 생성물을 만들어 준다.

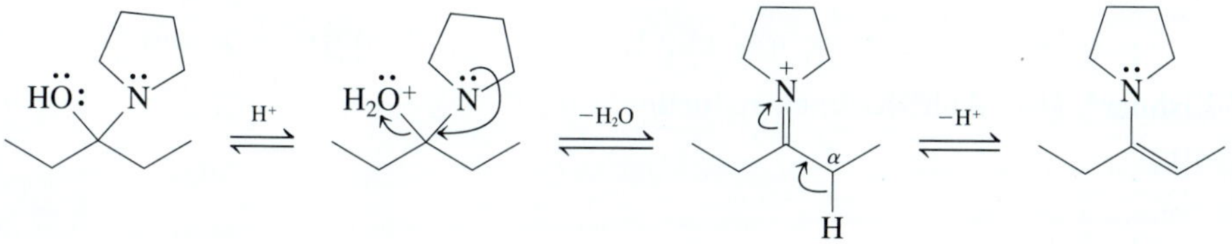

$$\text{HO:} \ \ \text{N} \ \overset{\text{H}^{+}}{\rightleftharpoons} \ \text{H}_2\text{O}^{+} \ \ \text{N} \ \overset{-\text{H}_2\text{O}}{\rightleftharpoons} \ \text{N}^{+} \ (\alpha\text{-H}) \ \overset{-\text{H}^{+}}{\rightleftharpoons} \ \text{N}$$

연습 문제 17-15

자습 문제

다음의 산촉매 반응의 생성물과 반응 메커니즘을 쓰시오.

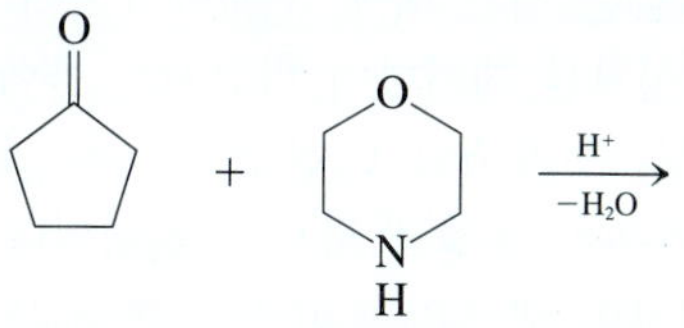

$$\text{O} \quad + \quad \text{O} \ \ \text{N-H} \ \xrightarrow[-\text{H}_2\text{O}]{\text{H}^{+}}$$

연습 문제 17-16

산촉매 조건하에서 다음 반응의 생성물을 쓰시오.

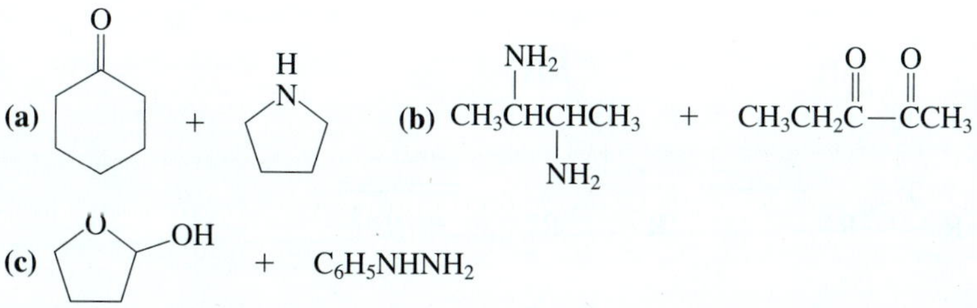

(a) O (cyclohexanone) + H-N (pyrrolidine)

(b) $\text{CH}_3\text{CH(NH}_2\text{)CH(NH}_2\text{)CH}_3$ + $\text{CH}_3\text{CH}_2\overset{\text{O}}{\overset{\|}{\text{C}}}-\overset{\text{O}}{\overset{\|}{\text{C}}}\text{CH}_3$

(c) O, OH (2-hydroxytetrahydrofuran) + $\text{C}_6\text{H}_5\text{NHNH}_2$

(**힌트**: 17-7절 참조.)

요약 일차 아민은 알데하이드와 케톤을 공격하여 축합함으로써 이민을 생성한다. 하이드록실아민은 옥심이 되고, 하이드라진은 하이드라존을, 세미카바자이드는 세미카바존을 생성한다. 이차 아민은 알데하이드 및 케톤과 반응하여 엔아민을 생성한다.

17-10 카보닐기의 탈산소반응

17-5절에서 카보닐 화합물을 환원시켜 알코올을 얻는 방법을 알아보았다. C=O기의 환원에 의해 CH_2 [**탈산소반응 (deoxygenation)**]의 생성이 가능하다. 이것을 수행하는 두 가지 방법이 Clemmensen 환원(16-5절)과 황이탈반응에 의한 싸이오아세탈 생성(17-8절)이다. 이 절에서는 알데하이드와 케톤을 탈산소반응시키는 세 번째 방법인 Wolff-Kishner 환원을 설명한다.

강염기는 단순한 하이드라존을 탄화수소로 바꾼다

하이드라진이 알데하이드나 케톤과 축합 반응을 함으로써 단순한 하이드라존을 생성한다.

하이드라존의 합성

$$CH_3\overset{O}{\overset{\|}{C}}CH_3 + \underset{\text{Hydrazine}}{H_2N{-}NH_2} \xrightarrow[-H_2O]{CH_3CH_2OH} \underset{\text{Acetone hydrazone}}{(H_3C)_2C{=}N{-}NH_2}$$

하이드라존은 높은 온도에서 염기와 반응함으로써 질소가 이탈되는 분해반응이 일어난다. **Wolff-Kishner* 환원 (Wolff-Kishner reduction)**이라고 하는 이 반응의 생성물은 상응하는 탄화수소이다.

Wolff-Kishner 환원

$$R\overset{N-NH_2}{\overset{\|}{C}}R' + NaOH \xrightarrow{(HOCH_2CH_2)_2O,\ 180\text{–}200°C} RCH_2R' + N_2$$

질소 제거반응에 대한 메커니즘은 염기 촉매 하에서의 수소 이동 단계들을 포함한다. 염기가 먼저 하이드라존으로부터 양성자를 제거하여 비편재된 음이온을 생성한다. 질소 원자에 양성자첨가가 다시 일어나면 출발물이 재생되고, 탄소 원자에 양성자가 첨가되면 물 중간체 아조 화합물(22-11절)을 만들어 반응이 생성물 쪽으로 진행된다. 염기 촉매가 새로운 중간체의 질소로부터 다른 양성자를 제거하면 새로운 음이온이 생성되는데, 이것은 비가역적으로 빠르게 질소 분자를 방출하면서 분해하여 이루어진다. 이렇게 생성된 알킬 음이온에 양성자첨가가 바로 일어나 탄화수소가 얻어진다.

Wolff-Kishner 환원에서 질소 제거반응 메커니즘

$$R_2C{=}N{-}NH_2 + HO^- \underset{+H_2O}{\overset{-HOH}{\rightleftharpoons}} \left[RR'C{=}N{-}\ddot{N}H^- \longleftrightarrow RR'\ddot{C}^-{-}N{=}NH \right] \underset{\text{재양성자화}}{\overset{H{-}OH}{\rightleftharpoons}}$$

양성자이탈

*Ludwig Wolff 교수(1857~1919), Jena 대학교, 독일. N. M. Kishner 교수(1867~1935), Moscow 대학교.

실제로 Wolff-Kishner 환원반응은 중간체인 하이드라존을 분리하지 않고 수행한다. 하이드라진의 85% 수용액(hydrazine hydrate)은 NaOH 또는 KOH가 포함된 다이에틸렌 글리콜($HOCH_2CH_2OCH_2CH_2OH$, 끓는점 245°C)이나 트라이에틸렌 글리콜($HOCH_2CH_2OCH_2CH_2OCH_2CH_2OH$, 끓는점 285°C)과 같은 끓는점이 높은 알코올 용매 속으로 카보닐 화합물에 첨가되고, 그 혼합물은 가열된다. 수용액을 이용한 반응마무리 수득률은 순수한 탄화수소를 생성한다.

1. H_2NNH_2, H_2O, diethylene glycol, NaOH, Δ
2. H_2O

69%

Wolff-Kishner 환원은 알데하이드와 케톤으로부터 산소를 떼어내는 Clemmensen과 싸이오아세탈 황이탈 방법을 보완한다. 즉, Clemmensen 환원은 산에 민감한 작용기를 포함하는 화합물에 대해서는 부적당하고, 또 다중 결합에 대한 수소첨가반응은 수소와 Raney 니켈에 의해 황이탈반응에 수반될 수 있다. 일반적으로 이러한 작용기는 Wolff-Kishner 반응 조건에서는 영향을 받지 않는다.

Wolff-Kishner 환원은 알킬벤젠 합성에 도움이 된다

우리들은 Friedel-Crafts 아실화반응에 의해 생성된 생성물이 Clemmensen 환원에 의해 알킬벤젠으로 변화하는 것을 보았다. Wolff-Kishner 탈산소반응이 이러한 목적으로 자주 이용되는데, 산에 민감하고 염기에 안정한 출발물에 대해서는 특히 유용하다.

Friedel Crafts 아실화반응 생성물의 Wolff-Kishner 환원

NH_2NH_2, H_2O, KOH, triethylene glycol, Δ

연습 문제 17-17

Hexanoic acid로부터 hexylbenzene의 합성을 제시하시오.

요약 Wolff-Kishner 환원은 염기에 의한 하이드라존의 분해반응이고, 알데하이드와 케톤으로부터 산소를 떼어내는 반응 두 번째 단계이다. 이것은 Clemmensen 환원과 싸이오아세탈의 황이탈반응 과정을 보완한다.

17-11 사이아노하이드린을 생성하는 사이안화 수소의 첨가반응

알코올과 아민뿐만 아니라 다른 몇 가지 친핵성 시약들도 카보닐기를 공격한다. 탄소 친핵체는 새로운 탄소-탄소 결합을 만들 수 있기 때문에 특히 중요하다. Grignard 시약 또는 알킬리튬 시약과 같은 유기금속 화합물이 알데하이드 또는 케톤에 첨가되어 알코올이 생성되는 것을 8-8절에서 설명하였다. 이 절과 17-12절에서는 유기금속 시약이 아닌 사이안화 이온과 일라이드(ylide)라고 하는 새로운 종류에 속하는 화합물의 첨가반응인 탄소 친핵체 시약의 작용을 알아본다.

사이안화 수소(hydrogen cyanide)는 가역적으로 카보닐기에 첨가되면 하이드록시알케인나이트릴(hydroxyalkanenitrile) 첨가 생성물을 만드는데, 일반적으로 **사이아노하이드린(cyanohydrin)**이라고 한다. 액체 HCN이 용매로 사용될 때 그 평형은 첨가 생성물 쪽으로 이동한다. 그러나 HCN은 휘발성이 크고, 매우 유독하기 때문에 많은 양을 사용하는 것은 위험하다. 그러므로 강염기인 NaCN 과량에 HCl을 서서히 넣어 주어 약염기성 혼합물로 HCN을 만드는 방법이 사용된다.

사이아노하이드린 생성

O (cyclohexanone) + $Na^{+}\,^{-}CN$ $\xrightarrow[-NaCl]{\text{Conc. HCl}}$ HO CN (cyclohexane)

60%

1-Hydroxycyclohexanecarbonitrile
(Cyclohexanone cyanohydrin)

사이아노하이드린의 생성은 사이안화 이온과 해리되지 않은 HCN을 동시에 필요로 한다. 이 조건은 약한 염기성의 pH를 유지하면 만족할 수 있다. 반응 메커니즘의 느리고 가역적인 첫 번째 단계에서 사이안화 이온은 카보닐 탄소에 첨가된다. 빠른 두 번째 단계에서는 생성된 음전하를 띤 산소가 HCN에 의해서 양성자화된다. 이 양성자화 단계는 전체 평형을 생성물 쪽으로 이동시켜주는 데 필요하다.

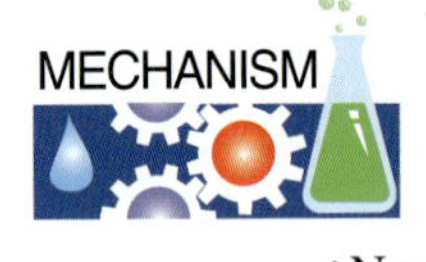

사이아노하이드린 생성의 메커니즘

$:N\equiv C:^{-}$ + $C=\ddot{O}:$ ⇌ NC–C–$\ddot{O}:^{-}$ + H–CN ⇌ NC–C–$\ddot{O}H$ + $^{-}:CN$

연습 문제 17-18

HCN 첨가반응에서 열역학적으로 유리한 카보닐 화합물의 순위를 나열하시오. Propanone (acetone), formaldehyde, 3,3-dimethyl-2-butanone, acetaldehyde (**힌트**: 17-6절 참조).

나이트릴기는 반응이 계속 진행하여 변형될 수 있기 때문에, 사이아노하이드린이 유용한 중간체임을 다음 장에서 (19-6절 및 26-2절) 알게 될 것이다.

요약 탄소를 바탕으로 하는 친핵체는 알데하이드와 케톤의 카보닐기를 공격할 수 있다. 유기금속 시약은 알코올을 생성하고, 사이안화 이온은 사이아노하이드린을 생성한다.

17-12 인 일라이드의 첨가반응: Wittig 반응

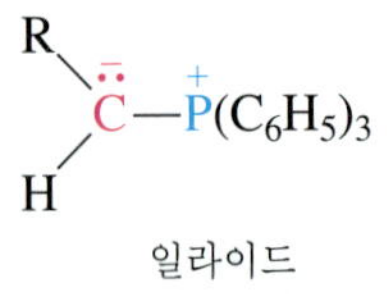

일라이드

친핵성 첨가반응에서 또 다른 유용한 시약은 인접해서 양전하를 띤 인에 의해 안정화되어 있는 탄소음이온이다. 이와 같은 화학종을 **인 일라이드(phosphorus ylide)**라 하고, 알데하이드 또는 케톤에 이것이 공격하는 반응을 **Wittig* 반응(Wittig reaction)**이다. Wittig 반응은 알데하이드나 케톤으로부터 알켄을 선택적으로 만드는 강력한 반응이다.

* Georg Wittig 교수(1897 ~ 1987), Heidelberg 대학교 독일, 1979년 노벨(화학)상 수상

포스포늄염의 양성자이탈반응이 인 일라이드를 생성한다

인 일라이드는 할로알케인으로부터 매우 편리하게 두 단계 반응으로 만들어진다. 첫 번째 단계에서 트라이페닐포스핀에 의한 할로젠화 친핵성 치환반응으로 알킬트라이페닐포스포늄염(alkyltriphenylphosphonium salt)이 만들어진다.

포스포늄염 합성

$$(C_6H_5)_3P: + RCH_2-\ddot{X}: \xrightarrow{C_6H_6} RCH_2\overset{+}{P}(C_6H_5)_3 \ :\ddot{X}:^-$$

Triphenylphosphine → Alkyltriphenylphosphonium halide

양전하를 띤 인 원자는 인접한 수소를 산성이 되도록 한다 두 번째 단계에서 알콕사이드, 수소화 소듐, 뷰틸리튬과 같은 염기에 의해 양성자가 제거되면 일라이드가 얻어진다. 일라이드는 분리될 수 있지만, 일반적으로 반응 용기 내에서 만들어 시약으로 바로 사용한다.

일라이드 생성

$$RCH_2-\overset{+}{P}(C_6H_5)_3\ X^- + CH_3CH_2CH_2CH_2-Li \xrightarrow{THF} \left[R\overset{-}{\ddot{C}}H-\overset{+}{P}(C_6H_5)_3 \longleftrightarrow RCH=P(C_6H_5)_3\right] + CH_3CH_2CH_2CH_2H + LiX$$

일라이드

인 원자에 음전하를 비편재화시킬 수 있으므로 일라이드에 대한 두 번째 공명 구조를 만들 수 있다는 것에 주목하라. 이러한 형태에서 인의 원자가 껍질은 확장되고, 탄소-인 이중 결합이 존재한다.

Wittig 반응은 탄소-탄소 이중 결합을 생성한다

일라이드가 알데하이드 또는 케톤과 만나면 일라이드 탄소와 카보닐 탄소 사이에서 짝지음 반응이 일어나 알켄을 생성한다. 이 반응의 다른 생성물은 산화 트라이페닐포스핀이다.

Wittig 반응

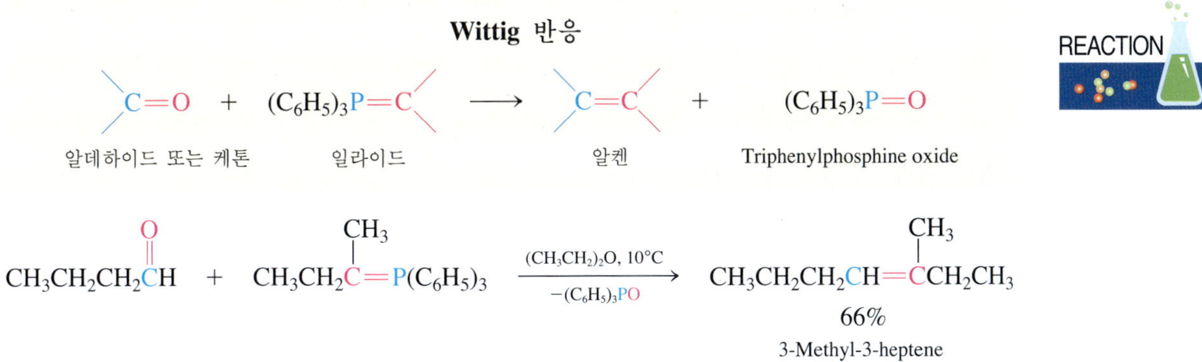

REACTION

Wittig 반응은 탄소-탄소 이중 결합을 생성하기 때문에 유기 합성에서 중요한 반응이다. 제거반응(11-6, 11-7절)과는 대조적으로 새로이 형성된 이중 결합의 위치가 명백한 알켄을 생성시킨다. 예를 들어, Wittig 반응과 제거반응을 이용한 2-에틸-1-뷰텐의 합성을 비교해 보자.

2-Ethyl-1-butene의 두 합성법의 비교

Wittig 반응에 의해

$$CH_3CH_2\overset{O}{\overset{\|}{C}}CH_2CH_3 + CH_2=P(C_6H_5)_3 \longrightarrow CH_3CH_2\overset{CH_2}{\overset{\|}{C}}CH_2CH_3 + (C_6H_5)_3P=O$$

(단 하나의 이성질체)

제거반응에 의해

$$CH_3CH_2C(CH_3)(Br)CH_2CH_3 \xrightarrow{\text{Base}} CH_3CH_2C(=CH_2)CH_2CH_3 + CH_3CH_2C(CH_3)=CHCH_3$$

(이성질체들의 혼합물)

Wittig 반응의 메커니즘은 무엇일까? 일라이드의 음으로 극성화된 탄소가 친핵체로 작용하여 카보닐기를 공격해, **쯔비터이온**(*zwitterion*: *Zwitter*, 독일어로 혼성을 의미)이라고 하는 일종의 쌍극성 물질인 **인 베타인*(phosphorus betaine)**이 생성된다. 베타인은 수명이 매우 짧으며, 인과 산소 원자를 포함하는 사원자 고리인 중성의 **옥사포스파사이클로뷰테인(oxaphosphacyclobutane, oxaphosphetane)**으로 전환된다. 이 화합물은 알켄과 산화 트라이페닐포스핀으로 분해된다. 마지막 반응 단계의 추진력은 매우 강한 인-산소 이중 결합이 형성된다.

Wittig 반응의 메커니즘

$$R\ddot{C}^{-}H-\overset{+}{P}(C_6H_5)_3 + R'R''C=\ddot{O} \longrightarrow RCH(-P^{+}(C_6H_5)_3)-C(R')(R'')-\ddot{O}:^{-} \longrightarrow$$

인 베타인

$$\text{(oxaphosphacyclobutane: } RCH-C(R')(R'')-O-P(C_6H_5)_3\text{ ring)} \longrightarrow RCH=C(R')(R'') + (C_6H_5)_3P=O$$

An oxaphosphacyclobutane
(Oxaphosphetane)

Wittig 반응은 에터, 에스터, 할로젠, 알켄, 알카인 작용기들의 존재하에서 수행될 수 있다. 많은 경우에 유용한 입체선택성을 보여 준다. 예를 들어, 콘쥬게이션이 되어 있지 않은 일라이드와 알데라이드의 반응은 시스(또는 Z) 알켄을 좋은 선택성으로 만든다.

시스 생성물을 주로 만드는 입체선택적 Wittig 반응

$$CH_3CH_2CH_2CH=P(C_6H_5)_3 \xrightarrow[-(C_6H_5)_3PO]{CH_3(CH_2)_4CHO,\ THF} (CH_3CH_2CH_2)HC=CH((CH_2)_4CH_3)$$

70%
(시스:트랜스 비 = 6:1)

반면에 일라이드가 콘쥬게이션이 되어 있으면 독일 화학 회사인 BSAF(Badische Anilin and Soda Fabriken)의 비타민 A_1의 상업적 합성에서 보여지는 예에서처럼 주로 트랜스 생성물이 얻어진다.

높은 트랜스 선택성의 Wittig 반응: BASF의 비타민 A_1 합성

$$\text{(ring)}-CH_2\overset{+}{P}(C_6H_5)_3X^- \xrightarrow{CH_3O^-,\ CH_3OH} \text{(ring)}=P(C_6H_5)_3 \xrightarrow{OHC-C(CH_3)=CH-CH_2-OCCH_3(=O)} \text{(ring)}-CH_2OCCH_3(=O) \xrightarrow[\text{에스터 가수분해반응}]{HO^-,\ H_2O} \text{(ring)}-OH$$

비타민 A_1

* Betaine은 벌꿀 속에서 발견되는 아미노산 $[(CH_3)_3\overset{+}{N}CH_2COO^-]$의 이름이고, 쯔비터이온으로 존재한다.

연습 문제 17-19

(a) 2-Cyclohexenone과 **(b)** 3-bromocyclohexene으로부터 Wittig 반응을 이용하여 3-methylene-cyclohexene 합성을 제시하시오.

연습 문제 17-20

아래에 나타낸 지시된 출발물로부터 다이엔온의 합성을 제안하시오[**힌트**: 작용기를 보호하는 방법(17-8절)을 이용하라].

$CH_3\overset{O}{\overset{\|}{C}}CH_2CH_2CH_2Br$ 와 $H\overset{O}{\overset{\|}{C}}CH{=}CH_2$ 로부터 $CH_3\overset{O}{\overset{\|}{C}}CH_2CH_2CH{=}CHCH{=}CH_2$

연습 문제 17-21

출발물에서부터 생성물을 얻는 간략한 합성 경로를 제시하시오. 주어진 화합물과 첨가반응에서 어떠한 물질도 사용할 수 있다(한 단계 이상의 단계가 요구된다).

(a) (cyclohexene) ---> $CH_2{=}CH(CH_2)_4CH{=}CH_2$ (**힌트**: 12-12절 참조.)

(b) (butadiene) ---> (cyclohexylidene methyl cyclohexene, H) (**힌트**: 14-8절 참조.)

요약 인 일라이드가 알데하이드와 케톤에 첨가되면 베타인을 생성한다. 이 베타인은 분해하여 탄소-탄소 이중 결합을 생성한다. Wittig 반응은 카보닐 화합물과 할로알케인으로부터 유사한 포스포늄염을 생성시키는 방법으로부터 알켄을 합성하는 것이다.

17-13 과산화카복실산에 의한 산화: Baeyer-Villiger 산화반응

케톤에 과산화카복실산(12-10절)을 처리하여 카보닐기가 산화되어 에스터가 형성되는 반응을 **Baeyer-Villiger* 산화반응(Baeyer-Villiger oxidation)**이라 한다. 이 반응의 메커니즘은 과산화카복실산의 과산화 하이드록시기가 카보닐기에 친핵성 첨가반응을 해서, 반응성이 큰 헤미아세탈의 과산화물 유사체를 생성하여 시작된다. 이 불안정한 첨가 생성물은 고리 전이 상태를 거쳐서 분해된다. 이때 알킬기는 원래의 카보닐 탄소로부터 산소로 이동하여 에스터를 만든다.

Baeyer-Villiger 산화반응

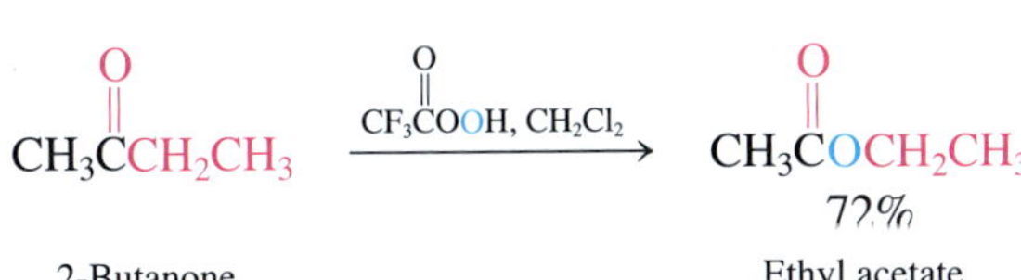

$$CH_3\overset{O}{\overset{\|}{C}}CH_2CH_3 \xrightarrow{CF_3\overset{O}{\overset{\|}{C}}OOH,\ CH_2Cl_2} CH_3\overset{O}{\overset{\|}{C}}OCH_2CH_3 \quad 72\%$$

2-Butanone Ethyl acetate

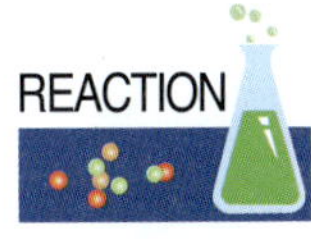

*Johann Friedrich Wilhelm Adolf von Baeyer 교수(1835~1917), Munich 대학교, 1905년 노벨(화학)상 수상. Victor Villiger (1868~1934), Ludwigshafen 소재, BASF 근무, 독일.

MECHANISM

$$R''\overset{O}{\overset{\|}{C}}R' + R\overset{O}{\overset{\|}{C}}OOH \longrightarrow [\text{고리형 전이 상태}] \longrightarrow R''\overset{O}{\overset{\|}{C}}OR' + H\ddot{O}\overset{O}{\overset{\|}{C}}R$$

케톤 Peroxycarboxylic acid 에스터

고리 케톤은 고리 에스터로 전환된다. 시약의 공격 위치는 탄소-탄소 이중 결합(12-10절)보다는 카보닐기에서 우선적으로 일어난다. 비대칭 케톤에서는 원칙적으로 두 개의 에스터가 얻어질 수 있다. 그런데 왜 오직 하나만 관찰되는가? 그 이유는 어떤 치환기들은 다른 것들보다 훨씬 쉽게 이동하기 때문이다. 실험을 통해 자리옮김의 상대적인 용이도 또는 **이동 용이도 (migratory aptitude)**가 알려져 있다.

$\xrightarrow{CH_3COOOH,\ CHCl_3}$ 56%

이 상태에서 탄소양이온의 특성을 가지고 있으므로 재배열 순서를 아래와 같이 나타낼 수 있다.

Baeyer-Villiger 반응에서 이동 용이도

메틸 < 일차 < 페닐~이차 < 삼차

연습 문제 17-22

다음을 peroxycarboxylic acid로 처리했을 때 얻어지는 생성물을 예측하시오.

(a) (b) CH_3, O (c)

요약 케톤은 과산화카복실산에 의해 산화되어 에스터를 생성할 수 있다. 비대칭 케톤의 경우는 오직 한 가지 치환기만이 이동하여 선택적으로 에스터를 생성할 수 있다.

Fehling 시험에서는 알데하이드기를 포함하는 분자를 푸른색의 copper(II) sulfate 용액(오른쪽)에 넣어 주면, 붉은색의 copper(I) oxide 침전을 형성한다(왼쪽).

17-14 산화성을 이용한 알데하이드의 화학적 검사법

NMR과 다른 분광법의 출현으로 인해 작용기에 대한 화학적 검사법은 거의 사용되지 않지만, 다른 분석 방법으로 불가능한 특별한 경우에는 아직도 여전히 사용되고 있다. 알데하이드류를 위한 두 가지의 특징적인 간단한 검사법은 24장의 당화학에서 다시 설명될 것이다. 이 방법은 알데하이드가 산화하여 카복실산으로 되는 것을 이용한다. 첫 번째 방법은 Cu^{2+} 이온이 산화제로 이용되는 **Fehling* 시험(Fehling's test)**이다. 염기 수용액에서 CuO의 붉은 침전이 생성되면 알데하이드가 존재한다는 것을 나타낸다.

Fehling 시험

$$R\overset{O}{\overset{\|}{C}}H + Cu^{2+} \xrightarrow{NaOH,\ tartrate(\text{화학 이야기 5-3 참조}),\ H_2O} \underset{\text{벽돌색}}{Cu_2O} + R\overset{O}{\overset{\|}{C}}OH$$

* Hermann C. von Fehling 교수(1812~1885), Polytechnic School of Stuttgart, 독일.

두 번째는 은 이온 용액에 알데하이드가 있을 때 은거울을 만드는 **Tollens 시험(Tollens's test)** 이다.

Tollens 시험

$$\mathrm{R\overset{O}{\overset{\|}{C}}H} + \mathrm{Ag^+} \xrightarrow{\mathrm{NH_3,\ H_2O}} \underset{\text{거울}}{\mathrm{Ag}} + \mathrm{R\overset{O}{\overset{\|}{C}}OH}$$

일반적으로 Fehling과 Tollens 시험법은 수득률이 낮아서 알데하이드로부터 카복실산의 대규모 합성에는 사용되지 않는다. 하지만 Tollens 반응은 보온병의 내부와 같은 유리 표면의 빛나는 은 거울을 만드는데 공업적으로 사용된다.

Tollens 시험은 유리벽에 쉽게 은 거울이 석출됨으로써 알데하이드와 같이 쉽게 산화될 수 있는 작용기의 존재를 알아낸다. Ammonia 수용액의 은(I) 용액(오른쪽)에 알데하이드를 첨가하면 유리관 벽에 은거울이 바로 생성된다(왼쪽).

요점

우리는 카보닐기를 포함하고 있는 화합물에 대하여 광범위하고도 체계적인 공부를 시작하였다. 이 책에는 아홉 개의 장이 남아 있는데, 카보닐 화학은 각각의 장에 대하여 매우 중요하며, 아홉 개 중 **여섯** 개의 장에서 주로 이에 대해 중점을 두고 다룰 것이다. 유기화학에 있어서 어떻게 이 화합물들이 그토록 중요한 역할을 담당하는가? 2장을 돌이켜 보면 친전자성과 친핵성의 특성에 대해 소개하였고, 어떻게 그들이 유기 화합물의 거의 모든 화학 반응의 기초가 되는가에 대해서 논의하였다. 방금 마친 장에서는 카보닐 탄소에 친핵체가 첨가반응하는 **친전자성**의 기능으로서 카보닐기를 공부하였다. 다음 장에서는 카보닐 화학의 다른 면을 보게 될 것이다. 카보닐 탄소에 **인접한** 탄소(α-탄소)는 **친핵성** 반응이 가능한 자리가 된다. 그것은 **같은 분자** 내에서 인접한 자리에서 친전자성과 친핵성 **양쪽** 능력을 지닌 것으로, 다른 종류의 유기 물질과는 구별된다. 자연에서 탄소-탄소 결합 형성이 대체로 카보닐 화학이 기본이 된다는 것은 의문의 여지가 없다.

다음 장에서는 알데하이드와 케톤의 α-탄소에서 친핵성 반응성을 어떻게 생성시키고, 다른 분자들의 탄소를 포함해서 친전자체와의 결합 형성에 어떻게 이용할 것인가를 알아 볼 것이다.

통합 문제

17-23. 4-Hydroxybutanal의 PCC ($\mathrm{pyH^+\ CrO_3Cl^-}$, 8-6절) 산화에서 예상되는 다이알데하이드가 생성되지 않고, 락톤이라고 하는 고리 화합물이 생성된다.

HO–CH₂CH₂CH₂–CHO $\xrightarrow{\mathrm{PCC,\ CH_2Cl_2}}$ (γ-butyrolactone) (No OHC–CH₂CH₂–CHO)

그 결과를 설명하시오.

풀이

우리가 다루고 있는 화합물에는 알코올과 알데하이드 작용기를 갖고 있다. 17-7절에서 알데하이드 또는 케톤에 알코올이 첨가되어 헤미아세탈이 되는 반응은 가역 반응이다. 게다가 오원자 또는 육원자 고리가 형성될 때 평형은 생성물 쪽으로 강하게 놓여진다. 예를 들면,

HOCH₂CH₂CH₂CHO + H⁺ ⇌ HOCH₂CH₂CH₂CH=O⁺H ⟶ (cyclic oxonium, OH) ⇌ (cyclic hemiacetal, OH)

만약 이러한 헤미아세탈과 실질적인 산화 반응에서 생성물을 비교하면, 산화 생성물은 **헤미아세탈**이 될

---

* Bernhard C. G. Tollens 교수(1841 ~ 1918), Göttingen 대학교, 독일.

것이다. 일반적으로 알데하이드 헤미아세탈은 산화되어 카보닐 화합물이 될 수 있는 보통의 알코올에서 존재하는 같은 구조적인 특징을 가질 것이다. —C(H)—O—H.

17-24. a. 경구 피임약(Enovid, 화학 이야기 4-3과 비교)을 만드는데 주된 성분인 norethynodrel을 합성하는 방법은? 출발물은 nortestosterone 유도체(왼쪽 구조)를 이용하라.

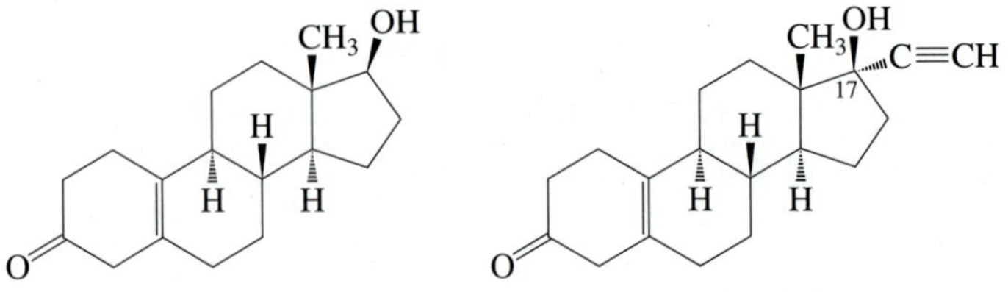

출발 화합물

Norethynodrel

풀이

역합성적으로 문제를 분석하면(8-9절), 목표 분자는 사이클로펜테인 고리에(C17) 치환기를 지니고 있다는 것만 제외하고는 출발물과 동일하다. 이차 알코올에 직접 작용기를 가하여 삼차 알코올로 만들 수 없다. 그러나 **케톤**에 유기금속 시약을 가하면 삼차 알코올이 된다(8-8절). 여기서 필요한 시약은 $Li^{+}\,{}^{-}C\equiv CH$ 알카인일 음이온이다(13-5절).

합성의 마지막 단계는 C17 케톤에 $LiC\equiv CH$의 첨가반응처럼 보이지만, 아래 반응식과 같이 여기에는 주된 문제점이 있다. 전구체 분자는 왼쪽 밑(C3) 육원자 고리에 **두 번째 카보닐기**를 가지고 있기 때문에, 알카인일 음이온은 C17뿐만 아니라 C3에도 첨가된다.

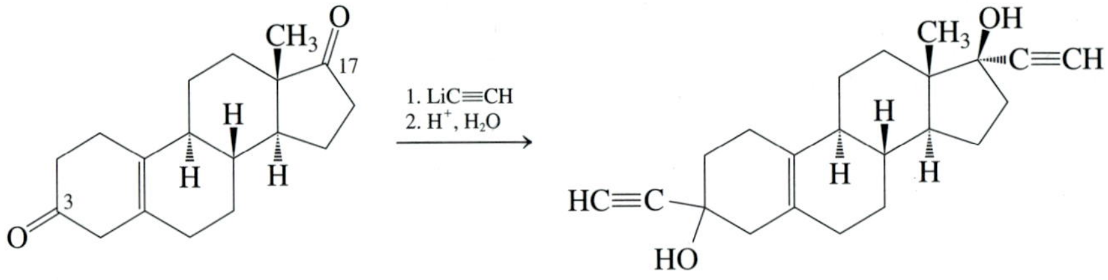

1. $LiC\equiv CH$
2. H^{+}, H_2O

유사한 문제가 화학 이야기 9-2에서 기술된 testosterone 합성에서 일어났다. 그것은 보호기를 이용하면 문제가 해결되었다. 여기서도 유사한 방법을 쓸 수 있다. 강조하고 있는 개념상의 문제는 **합성에서 C3와 C17 모두 동시에 분자내에서 카보닐기로서 존재하는 것을 피해야 한다는 것이다.** 그렇게 하는 것을 실패한다면 합성 계획은 그릇될 것이다. 이러한 개념을 명심하면 수정된 결말을 가지는 합성을 상상할 수 있다. 그 합성에서 전에 보여진 단계 동안 C3의 탄소-산소 이중 결합은 유기금속 시약에 대해 반응성이 없는 형태로 보호된다. 첨가반응이 끝난 후 보호기는 제거된다. 1,2-ethanediol로부터 생성된 아세탈은 이러한 역할을 멋있게 할 수 있다(17-8절).

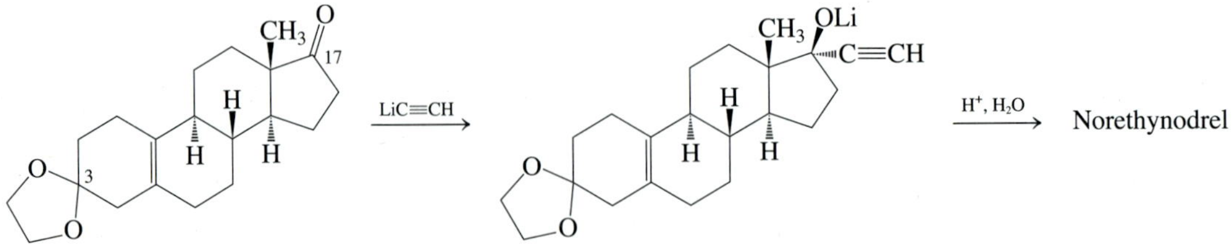

$LiC\equiv CH$ → ; H^{+}, H_2O → Norethynodrel

위 식에서 보면 산 수용액은 두 가지 역할을 한다. 알카인일 첨가에서 생성된 알콕시화 이온을 양성자첨가시키고, 아세탈을 케톤으로 가수분해시키는 것이다.

합성은 어떻게 시작하겠는가? 출발물에서 C17 hydroxy기를 카보닐기로 산화시켜야 한다. 그러나 C3에 카보닐기가 있으면 산화시킬 수 없다. 왜냐하면 앞서 언급한 원칙을 위배하는 것이기 때문이다. 동시에 분자내에 두 개의 카보닐기를 도입하고, 후에 그들을 구별할 수 없는 시약으로 하나를 선택적으로 반응시킬 수 없다. 따라서 C3의 카보닐기를 우선적으로 보호시키고, C17 hydroxy기를 산화시키면 된다.

출발 화합물 $\xrightarrow{H^+, HOCH_2CH_2OH}$ [steroid ketal with CH_3, OH, H] $\xrightarrow{PCC, CH_2Cl_2}$ [steroid ketal with CH_3, O, H]

b. 두 번째 단계인 CH_2Cl_2에서 pyridinium chlorochromate (PCC)가 $K_2Cr_2O_7$보다 왜 더 좋은 산화제인가?

풀이

$K_2Cr_2O_7$을 사용하는 조건은 전적으로 sulfuric acid 수용액에서 반응한다(8-6절). 따라서 이러한 산성 조건에서 이 시약은 아세탈기를 가수분해한다. PCC는 중성이며, 비수용성 시약이므로 산에 민감한 작용기를 포함한 기질에 이상적이다.

c. C17의 카보닐기에 알카인일리튬을 첨가시켜 삼차 알코올이 되는 반응은 입체선택적이다. 그 이유는? C3의 카보닐기에도 입체선택적으로 작용하겠는가?

풀이

이와 같은 반응에서 입체선택성의 근본적인 원인은 무엇인가? 일반적으로 반응이 일어나는 중심의 인접 부근에서 입체 장애가 그 원인이 된다. C17에 인접한 methyl 치환기는 육원자 고리에 대해 수직에 놓여 있으므로, C17 카보닐 탄소의 윗면(top face)으로 알카인일 시약이 접근하는데 입체적으로 방해를 주고 있다(4-7절 참조). 따라서 아래 면으로부터 접근이 용이하다. C3의 인접에서는 입체 장애에 영향을 줄만한 것이 없으므로 양면에서 첨가가 가능하다.

새로운 반응식

알데하이드와 케톤의 합성

1. 알코올의 산화(17-4절)

$$RCH(OH)R' \xrightarrow{CrO_3,\ H_2SO_4} RC(=O)R' \qquad RCH_2OH \xrightarrow{PCC,\ CH_2Cl_2} RC(=O)H$$

산화제에 안정

알릴 산화

$$>C{=}C<\!\!-CH(OH)- \xrightarrow{MnO_2,\ CHCl_3} >C{=}C<\!\!-C(=O)-$$

2. 알켄의 가오존분해반응(17-4절)

$$>C{=}C< \xrightarrow{1.\ O_3,\ CH_2Cl_2\ \ 2.\ Zn,\ CH_3CO_2H} >C{=}O + O{=}C<$$

3. 알카인의 수화반응(17-4절)

$$RC{\equiv}CH \xrightarrow{H_2O,\ Hg^{2+},\ H_2SO_4} RC(=O)CH_3$$

4. **Friedel-Crafts** 아실화반응(17-4절)

$$C_6H_6 + RC(=O)Cl \xrightarrow{1.\ AlCl_3\ \ 2.\ H^+,\ H_2O} C_6H_5C(=O)R + HCl$$

알데하이드와 케톤의 반응

5. 수소화물에 의한 환원 (17-5절)

$$\mathrm{RCH(=O)} \xrightarrow{\mathrm{NaBH_4,\ CH_3CH_2OH}} \mathrm{RCH_2OH} \qquad \mathrm{RCR'(=O)} \xrightarrow[\text{2. } \mathrm{H^+,\ H_2O}]{\text{1. } \mathrm{LiAlH_4,\ (CH_3CH_2)_2O}} \mathrm{RC(OH)(H)R'}$$

선택성

$$\mathrm{RCH{=}CHCR'(=O)} \xrightarrow[\text{2. } \mathrm{H^+,\ H_2O}]{\text{1. } \mathrm{LiAlH_4,\ (CH_3CH_2)_2O}} \mathrm{RCH{=}CHC(OH)(H)R'}$$

6. 유기금속 화합물의 첨가반응 (17-5절)

$$\mathrm{RLi}\ \text{또는}\ \mathrm{RMgX} + \underset{\text{폼알데하이드}}{\mathrm{CH_2{=}O}} \xrightarrow{\mathrm{THF}} \underset{\text{일차 알코올}}{\mathrm{RCH_2OH}}$$

$$\mathrm{RLi}\ \text{또는}\ \mathrm{RMgX} + \underset{\text{알데하이드}}{\mathrm{R'CH(=O)}} \xrightarrow{\mathrm{THF}} \underset{\text{이차 알코올}}{\mathrm{RC(OH)(H)R'}}$$

$$\mathrm{RLi}\ \text{또는}\ \mathrm{RMgX} + \underset{\text{케톤}}{\mathrm{R'CR''(=O)}} \xrightarrow{\mathrm{THF}} \underset{\text{삼차 알코올}}{\mathrm{RC(OH)(R'')R'}}$$

7. 물과 알코올의 첨가반응 — 헤미아세탈 (17-6절 및 17-7절)

$$\mathrm{RCR'(=O)} \xrightleftharpoons{\mathrm{H_2O,\ H^+}\ \text{또는}\ \mathrm{HO}} \underset{\text{Carbonyl hydrate (같은자리 다이올)}}{\mathrm{RC(OH)(OH)R'}} \qquad \mathrm{RCR'(=O)} \xrightleftharpoons{\mathrm{R''OH,\ H^+}\ \text{또는}\ \mathrm{HO^-}} \underset{\text{헤미아세탈}}{\mathrm{RC(OH)(OR'')R'}}$$

$$K_{eq}: \mathrm{R{-}C(=O){-}R} < \mathrm{R{-}C(=O){-}H} < \mathrm{H_2C{=}O}$$

분자내 첨가반응

$$\mathrm{HO(CH_2)_4C(=O)R} \xrightarrow{\mathrm{H^+}\ \text{또는}\ \mathrm{HO^-}} \text{(2-HO-2-R-oxane)}$$

고리 헤미아세탈

8. 산촉매에 의한 알코올의 첨가반응 — 아세탈 (17-7절 및 17-8절)

$$\mathrm{RCR'(=O)} + 2\,\mathrm{R''OH} \xrightleftharpoons{\mathrm{H^+}} \underset{\text{아세탈}}{\mathrm{RC(OR'')(OR'')R'}} + \mathrm{H_2O}$$

고리 아세탈

$$\underset{\text{케톤}}{\mathrm{RCR'(=O)}} + \mathrm{HOCH_2CH_2OH} \xrightleftharpoons{\mathrm{H^+}} \text{(1,3-dioxolane, C bearing R and R')} + \mathrm{H_2O}$$

고리 아세탈로 보호된 케톤
(염기, $LiAlH_4$, RMgX에 안정)

9. 싸이오아세탈 (17-8절)

생성

$$\mathrm{RCR'}\ (\mathrm{C{=}O}) + 2\,\mathrm{R''SH} \xrightarrow{\mathrm{BF_3}\text{ 또는 }\mathrm{ZnCl_2},\ (\mathrm{CH_3CH_2})_2\mathrm{O}} (\mathrm{R''S})(\mathrm{R''S})\mathrm{C}(\mathrm{R})(\mathrm{R'})$$

(산 수용액, 염기; $LiAlH_4$, RMgX에 안정)

가수분해

$$(\mathrm{R''S})_2\mathrm{C}(\mathrm{R})(\mathrm{R'}) \xrightarrow{\mathrm{H_2O,\ HgCl_2,\ CaCO_3,\ CH_3CN}} \mathrm{RCR'}\ (\mathrm{C{=}O})$$

10. Raney 니켈 황이탈반응 (17-8절)

$$\text{(1,3-dithiolane) } \mathrm{C}(\mathrm{R})(\mathrm{R'}) \xrightarrow{\text{Raney Ni, } \mathrm{H_2}} \mathrm{RCH_2R'}$$

11. 아민 유도체의 첨가반응 (17-9절)

$$\mathrm{RCR'}\ (\mathrm{C{=}O}) \xrightarrow{\mathrm{R''NH_2,\ H^+}} \mathrm{R(R')C{=}N{-}R''} + \mathrm{H_2O}$$

이민

12. 엔아민 (17-9절)

$$\mathrm{RCH_2CR'}\ (\mathrm{C{=}O}) + \mathrm{R''R'''NH} \rightleftharpoons \mathrm{RCH{=}C(R')N(R'')R'''} + \mathrm{H_2O}$$

이차 아민 엔아민

13. Wolff-Kishner 환원 (17-10절)

$$\mathrm{RCR'}\ (\mathrm{C{=}O}) \xrightarrow{\mathrm{H_2NNH_2,\ H_2O,\ HO^-},\ \Delta} \mathrm{RCH_2R'}$$

14. 사이아노하이드린 (17-11절)

$$\mathrm{RCR'}\ (\mathrm{C{=}O}) + \mathrm{HCN} \rightleftharpoons \mathrm{HO}(\mathrm{CN})\mathrm{C}(\mathrm{R})(\mathrm{R'})$$

Cyanohydrin

15. Wittig 반응 (17-12절)

$$\mathrm{R''CH_2X} + \mathrm{P(C_6H_5)_3} \xrightarrow{\mathrm{C_6H_6}} \mathrm{R''CH_2\overset{+}{P}(C_6H_5)_3\ X^-}$$

Triphenylphosphine Phosphonium halide

일차 또는 이차 할로알케인과 반응

$$\mathrm{R''CH_2\overset{+}{P}(C_6H_5)_3\ X^-} \xrightarrow{\text{염기}} \mathrm{R''CH{=}P(C_6H_5)_3}$$

일라이드

$$\mathrm{RC(=O)R'} + \mathrm{R''CH{=}P(C_6H_5)_3} \xrightarrow{\text{THF}} \mathrm{RR'C{=}CHR''} + \mathrm{(C_6H_5)_3P{=}O}$$

(항상 입체선택성인 것은 아니다)

16. Baeyer-Villiger 산화반응 (17-13절)

$$\underset{\text{케톤}}{\mathrm{RC(=O)R'}} + \mathrm{R''C(=O)OOH} \xrightarrow{\mathrm{CH_2Cl_2}} \underset{\text{에스터}}{\mathrm{RC(=O)OR'}} + \mathrm{R''C(=O)OH}$$

Baeyer-Villiger 산화에서 이동 용이도

메틸 < 일차 < 페닐~이차 < cyclohexyl < 삼차

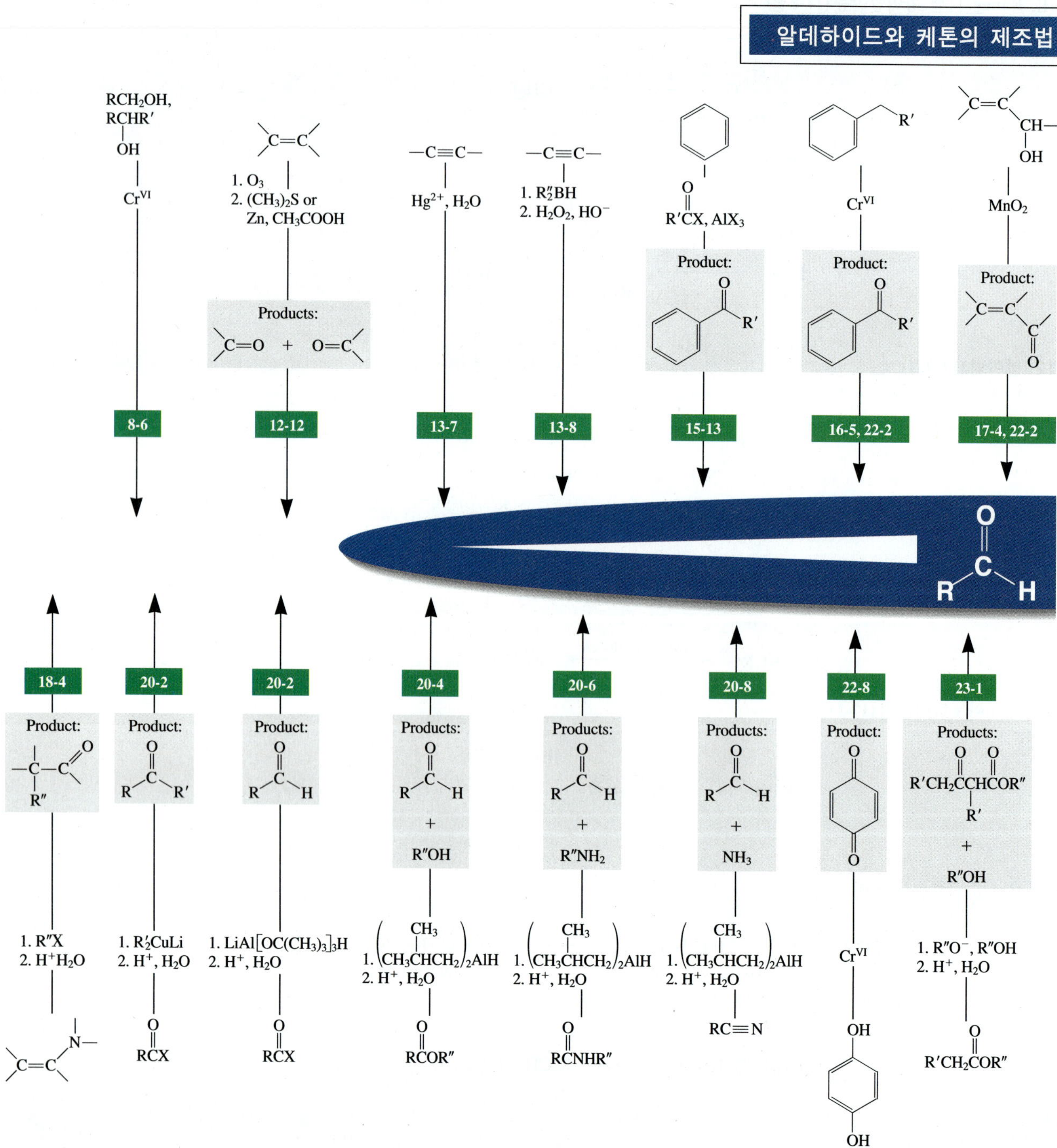

중요한 개념

1. **카보닐기**는 **알데하이드**(**알칸알**)와 **케톤**(**알칸온**)의 작용기이다. 이들은 유기 분자를 명명할 때 하이드록시, 알켄일, 알카인일보다 우선권을 가진다.

2. 알데하이드 및 케톤에서 탄소-산소 이중 결합과 이것에 결합되어 있는 두 원자핵은 같은 평면을 이룬다. C=O 결합은 산소에 부분 음전하를, 탄소에 부분 양전하를 띤 **극성**을 나타내고 있다.

3. ^{1}H NMR **스펙트럼**에서 알데하이드 수소는 $\delta \approx 9.8$ ppm에서 나타난다. 카보닐 탄소는 ~200 ppm 부근에서 봉우리를 보여 준다. 알데하이드와 케톤은 1690 ~ 1750 cm^{-1}의 강한 적외선 띠를 나타내는데, 이 흡수는 C=O 결합의 신축 작용에 의한 것이다. $n \rightarrow \pi^*$ 전이는 낮은 에너지에서도 일어나기 때문에, 알데하이드 및 케톤의 전자 스펙트럼은 비교적 긴 파장에서 봉우리를 보여 준다. 이 화합물들은 질량 스펙트럼에서 카보닐기 주변의 특징적인 토막을 보여 준다.

절 번호

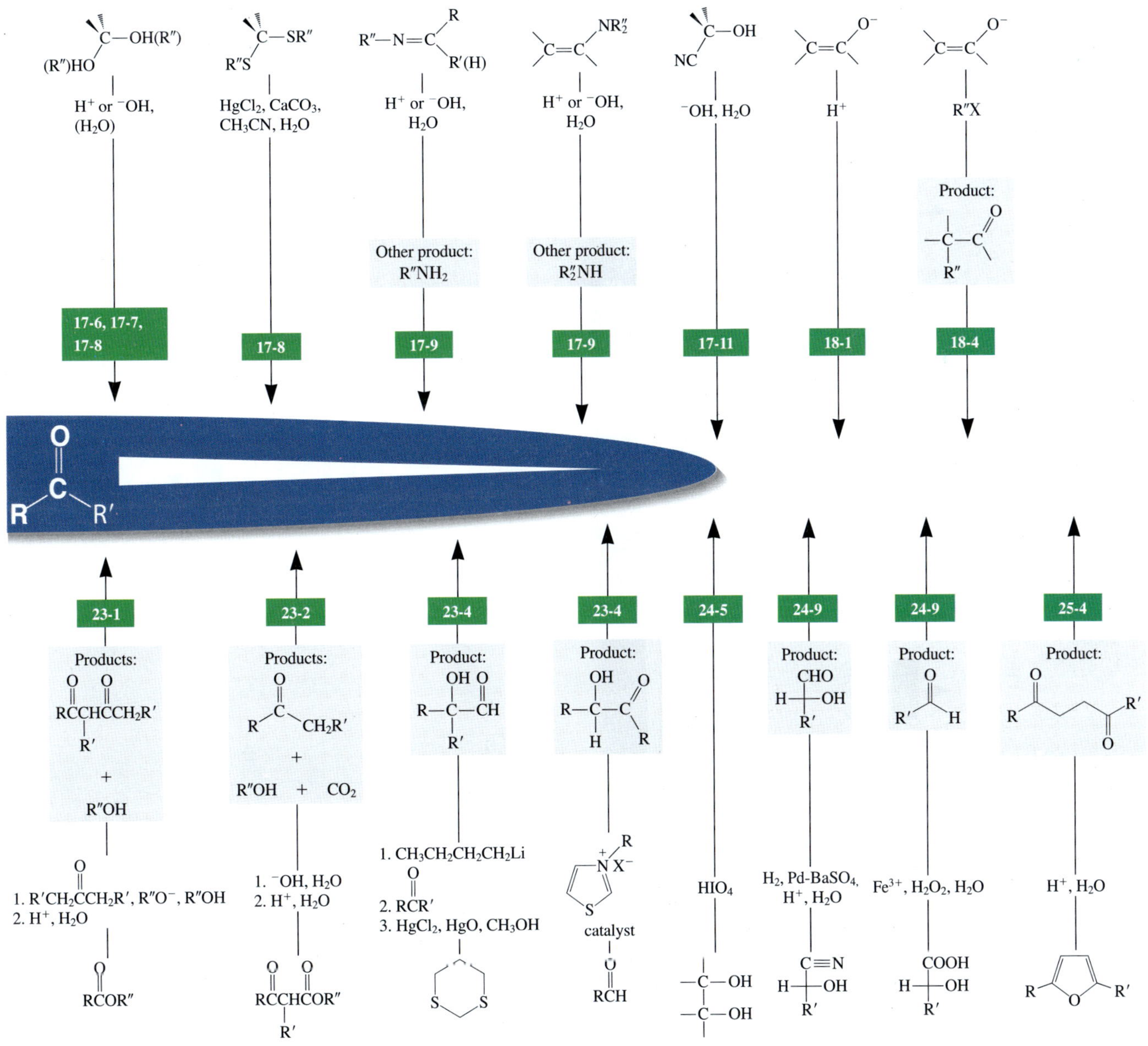

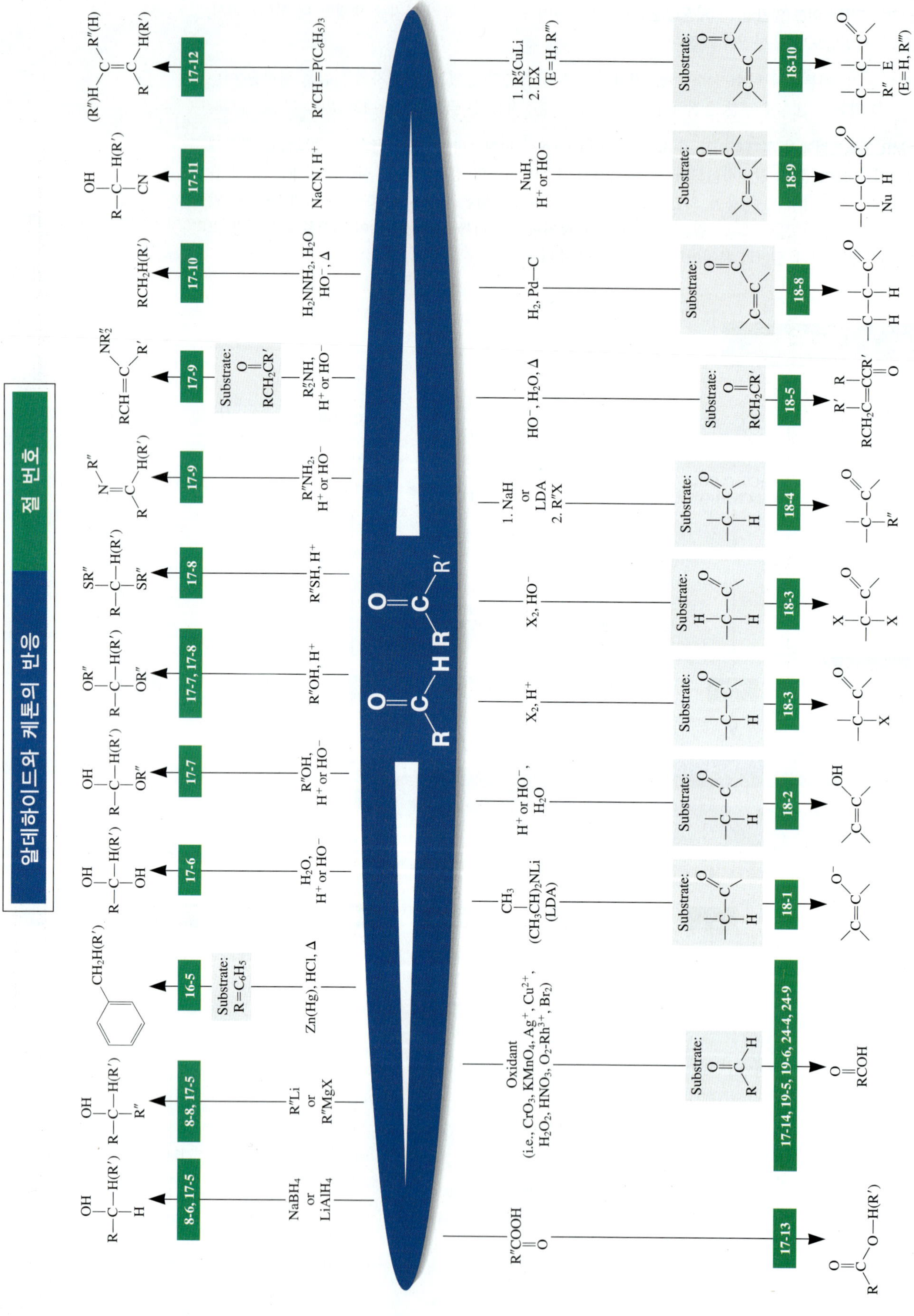

R–C(=O)–H R–C(=O)–R′

Reagent	Substrate	Section	Product
$NaBH_4$ or $LiAlH_4$		8-6, 17-5	R–C(OH)(H)–H(R′)
R″Li or R″MgX		8-8, 17-5	R–C(OH)(R″)–H(R′)
Zn(Hg), HCl, Δ	$R=C_6H_5$	16-5	C_6H_5–$CH_2H(R')$
H_2O, H^+ or HO^-		17-6	R–C(OH)(OH)–H(R′)
R″OH, H^+ or HO^-		17-7	R–C(OH)(OR″)–H(R′)
R″OH, H^+		17-7, 17-8	R–C(OR″)(OR″)–H(R′)
R″SH, H^+		17-8	R–C(SR″)(SR″)–H(R′)
$R''NH_2$, H^+ or HO^-		17-9	R–C(=N–R″)–H(R′)
R''_2NH, H^+ or HO^-	$RCH_2C(=O)R'$	17-9	$RCH=C(NR''_2)R'$
H_2NNH_2, H_2O, HO^-, Δ		17-10	$RCH_2H(R')$
NaCN, H^+		17-11	R–C(OH)(CN)–H(R′)
$R''CH=P(C_6H_5)_3$		17-12	(R″)H–C(R″(H))=C(R)–H(R′)

Reagent	Substrate	Section	Product
R″COOH (C=O)		17-13	R–C(=O)–O–H(R′)
Oxidant (i.e., CrO_3, $KMnO_4$, Ag^+, Cu^{2+}, H_2O_2, HNO_3, O_2-Rh^{3+}, Br_2)	R–C(=O)–H	17-14, 19-5, 19-6, 24-4, 24-9	RC(=O)OH
$(CH_3CH)_2NLi$ (with CH_3) (LDA)	–C(H)–C(=O)–	18-1	>C=C(O⁻)–
H^+ or HO^-, H_2O	–C(H)–C(=O)–	18-2	>C=C(OH)–
X_2, H^+	–C(H)–C(=O)–	18-3	–C(X)–C(=O)–
X_2, HO^-	–C(H)(H)–C(=O)–	18-3	–C(X)(X)–C(=O)–
1. NaH or LDA 2. R″X	–C(H)–C(=O)–	18-4	–C(R″)–C(=O)–
HO^-, H_2O, Δ	$RCH_2C(=O)R'$	18-5	$RCH_2C(R')=C(R)C(=O)R'$
H_2, Pd–C	>C=C–C(=O)–	18-8	–C(H)–C(H)–C(=O)–
NuH, H^+ or HO^-	>C=C–C(=O)–	18-9	–C(Nu)–C(H)–C(=O)–
1. R''_2CuLi 2. EX (E=H, R‴)	>C=C–C(=O)–	18-10	–C(R″)–C(E)–C(=O)– (E=H, R‴)

알데하이드와 케톤의 반응 (계속)

절 번호

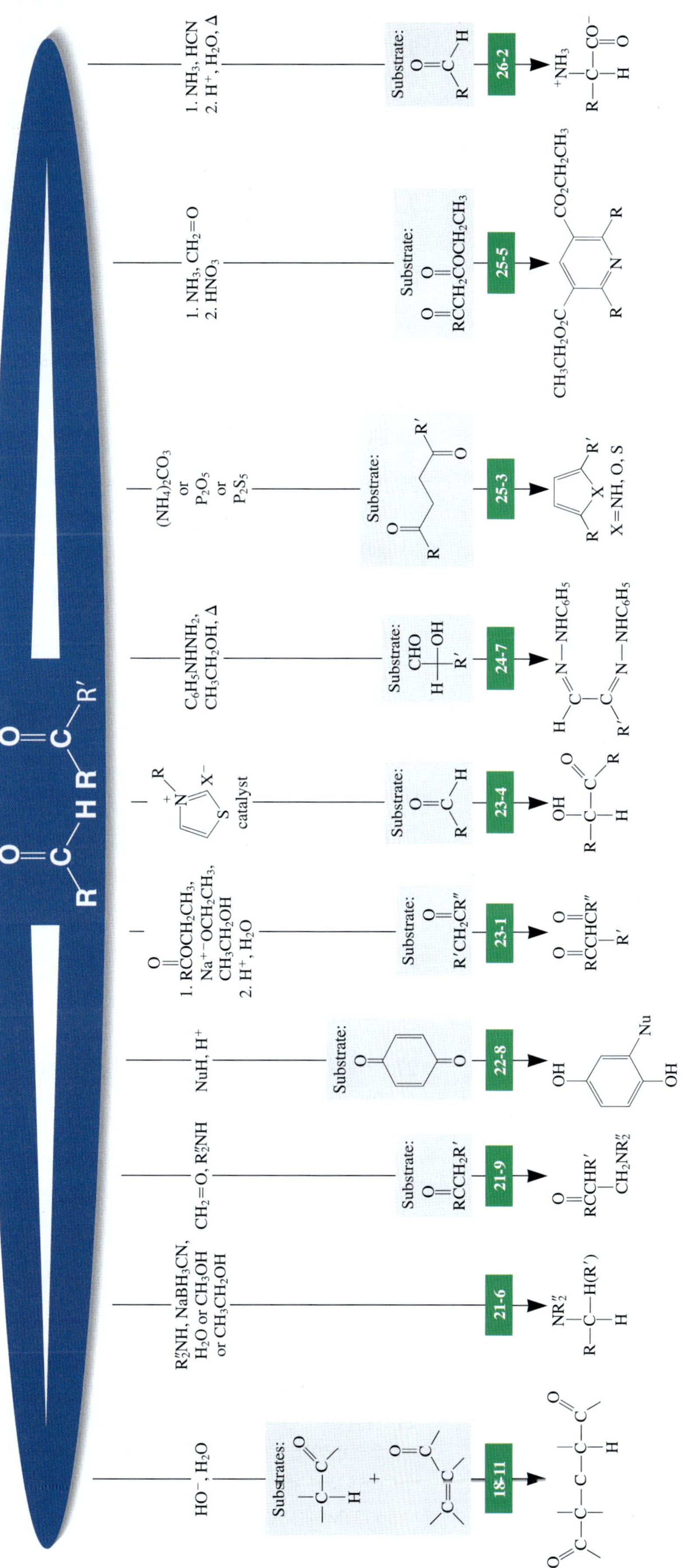

4. 탄소-산소 이중 결합에서는 **이온성 첨가반응**이 일어난다. 이 과정의 촉매는 산 또는 염기이다.

5. 카보닐기의 반응성은 카보닐 탄소의 **친전자성**이 커짐에 따라 증가된다. 따라서 알데하이드가 케톤보다 반응성이 크다.

6. 일차 아민은 알데하이드, 케톤과 함께 **축합 반응**을 일으켜서 이민을 만든다. 이차 이민은 축합 반응을 일으켜 엔아민을 생성한다.

7. Friedel-Crafts의 아실화반응과 Wolff-Kishner 또는 Clemmensen 환원의 조합은 알킬벤젠의 합성을 자유롭게 하므로 Friedel-Crafts 알킬화반응의 제약을 없애 준다.

8. **Wittig 반응**은 중요한 탄소-탄소 결합 생성 반응이며, 이 반응을 이용하면 알데하이드 또는 케톤으로부터 알켄을 직접 얻을 수 있다.

9. 케톤의 카보닐기와 **과산화카복실산**이 반응하면 **에스터**를 생성한다.

문제

25. 다음 각각의 화합물에 대해 IUPAC명과 구조식을 그리시오.

(a) Methyl ethyl ketone **(b)** ethyl isobutyl ketone **(c)** methyl *tert*-butyl ketone
(d) diisopropyl ketone **(e)** acetophenone **(f)** *m*-nitroacetophenone

26. 다음 각 화합물의 구조나 이름을 쓰시오.

(a) $(CH_3)_2CH\overset{O}{\overset{\|}{C}}CH(CH_3)_2$ **(b)** 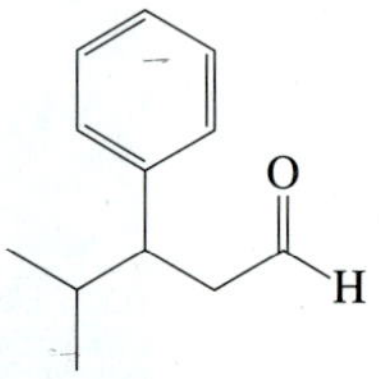 **(c)**

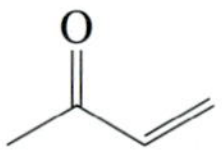

(d) 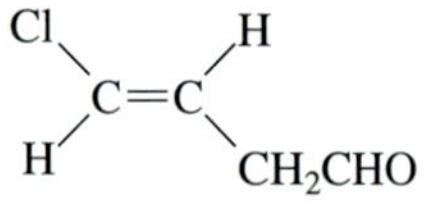 Cl(H)C=C(H)CH_2CHO **(e)** 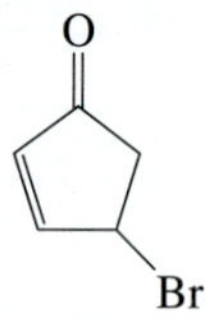 Br **(f)**

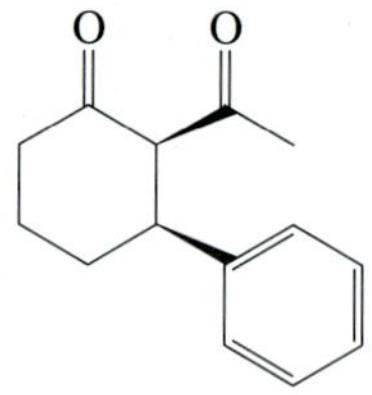

(g) (Z)-2-Acetyl-2-butenal **(h)** *trans*-3-Chlorocyclobutanecarbaldehyde

27. 아래에 $C_8H_{12}O$의 화학식을 가지는 두 개의 카보닐 화합물의 분광학적 자료가 있다. 각각의 구조를 제안하시오. "m"은 해석할 수 없는 다중선의 특정한 스펙트럼 부분을 나타낸 것이다.

(a) ^{1}H NMR : δ = 1.60 (m, 4 H), 2.15 (s, 3 H), 2.19 (m, 4 H), 6.78 (t, 1 H) ppm.
^{13}C NMR : δ = 21.8, 22.2, 23.2, 25.0, 26.2, 139.8, 140.7, 198.6 ppm.

(b) ^{1}H NMR : δ = 0.94 (t, 3 H), 1.48 (sex, 2 H), 2.21 (q, 2 H), 5.8 ~ 7.1 (m, 4 H), 9.56 (d, 1 H) ppm.
^{13}C NMR: δ = 13.6, 21.9, 35.2, 129.0, 135.2, 146.7, 152.5, 193.2 ppm.

28. 27번 문제의 화합물은 매우 다른 자외선 스펙트럼을 가진다. 하나는 $\lambda_{max}(\epsilon)$ = 232 (13,000), 308 (1450) nm를 가지고, 다른 하나는 $\lambda_{max}(\epsilon)$ = 272 (35,000), 320 nm 부근에서 약한 흡수를 가진다(이 값은 강한 흡수의 세기 때문에 정확하게 결정하기 어렵다). 문제 27에서 결정한 구조를 가지고 UV 스펙트럼 자료에 화합물을 적용시켜 보고, 그 구조에 대한 스펙트럼을 설명하시오.

29. 다음은 미지의 화합물에 대한 분광, 분석학 자료이다. 구조를 제시하시오. 화학식: $C_8H_{16}O$. ^{1}H NMR; δ = 0.90 (t, 3 H), 1.0 ~ 1.6 (m, 8 H), 2.05 (s, 3 H), 2.25 (t, 2 H) ppm. IR: 1715 cm^{-1}. UV: $\lambda_{max}(\epsilon)$ = 280 (15) nm. MS: m/z = 128 ($M^{+\cdot}$); $(M + 1)^+$ 봉우리의 세기는 $M^{+\cdot}$ 봉우리의 9%; 중요한 토막은 m/z = 113 $(M - 15)^+$ m/z = 85 $(M - 43)^+$ m/z = 71 $(M - 57)^+$ m/z = 58 $(M - 70)^+$ (두 번째로 큰 봉우리), m/z = 43 $(M - 85)^+$ (주봉우리).

30. 반응 복습. 798 ~ 799쪽의 반응 로드맵을 참조하지 말고 다음 각각의 출발물을 3-hexanone으로 만들어

주는 시약을 제시하시오.

(a) 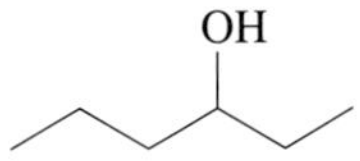 (b) 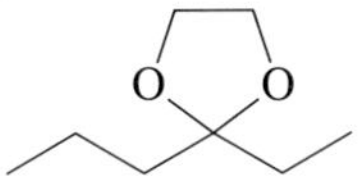 (c)

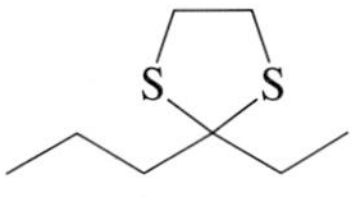

(d) 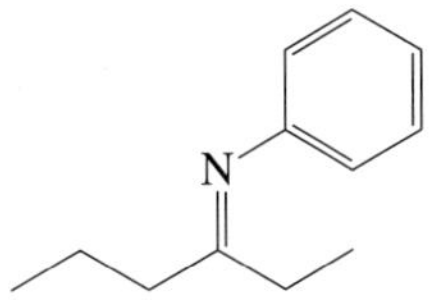 (e) 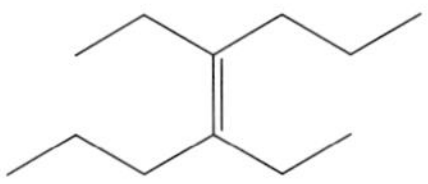 (f)

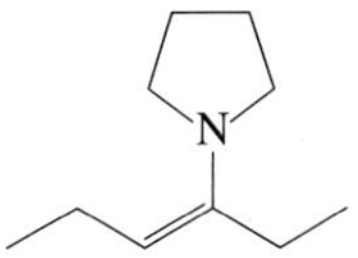

(g)  (h)

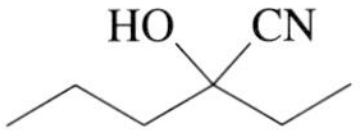

31. 다음 각 반응에 대한 적절한 시약을 쓰시오.

(a) 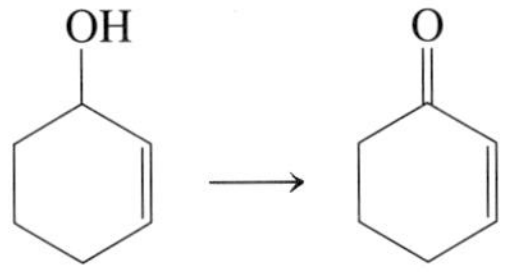 (b)

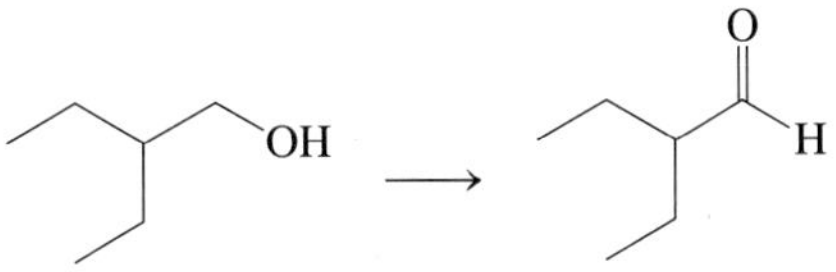

(c) 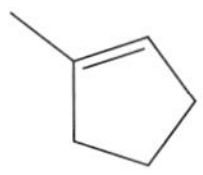 → $CH_3\overset{O}{\overset{\|}{C}}CH_2CH_2CH_2CHO$ (d)

(e) 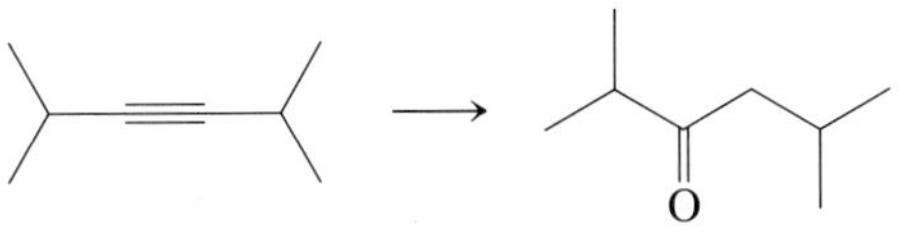 (f)

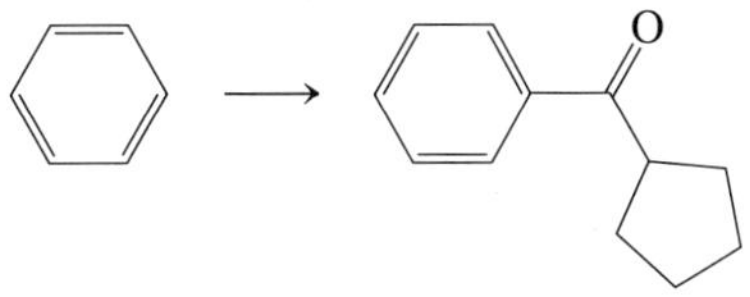

32. 다음 각 분자들의 가오존분해반응(Zn에 의한 온화한 조건의 환원)의 생성물을 예상하시오.

(a) $CH_3CH_2CH_2CH{=}CH_2$ **(b)** 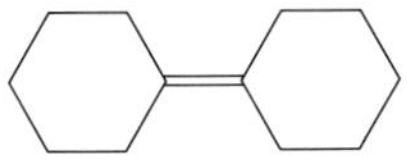 **(c)** 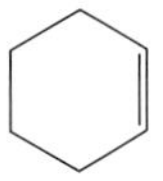 **(d)**

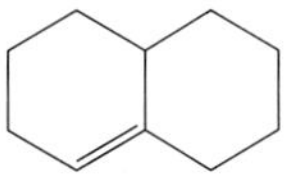

33. 다음 각 작용기에 대해 가장 친전자적인 sp^2 혼성화 탄소에 대한 친핵성 시약의 첨가 반응성이 감소하는 순서로 나열하시오.

(a) $(CH_3)_2C{=}O$, $(CH_3)_2C{=}NH$, $(CH_3)_2C{=}\overset{+}{O}H$ **(b)** $CH_3\overset{O}{\overset{\|}{C}}CH_3$, $CH_3\overset{O}{\overset{\|}{C}}\overset{O}{\overset{\|}{C}}CH_3$, $CH_3\overset{O}{\overset{\|}{C}}\overset{O}{\overset{\|}{C}}\overset{O}{\overset{\|}{C}}CH_3$

(c) $BrCH_2COCH_3$, CH_3COCH_3, CH_3CHO, $BrCH_2CHO$

34. Butanal과 다음 시약들과의 반응에서 생성물은?

(a) $LiAH_4$, $(CH_3CH_2)_2O$, then H^+, H_2O

(b) CH_3CH_2MgBr, $(CH_3CH_2)_2O$, then H^+, H_2O

(c) $HOCH_2CH_2OH$, H^+

35. 2-Pentanone과 문제 34에서 사용한 시약들과의 반응에서 생성물은?

36. 4-Acetylcyclohexene과 문제 34에서 사용한 시약들과의 반응에서 생성물은?

37. 다음 각 반응에서 생성물을 예상하시오.

(a) 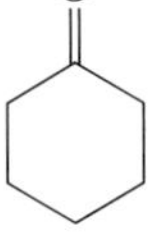 + 과량 CH_3OH $\xrightarrow{^-OH}$ **(b)** 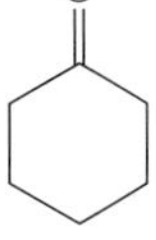 + 과량 CH_3OH $\xrightarrow{H^+}$

(c) [2-methylcyclopentanone] + H_3C–[p-phenylene]–SO_2–$NHNH_2$ $\xrightarrow{H^+}$

(d) $CH_3\overset{O}{\overset{\|}{C}}CH_3$ + $HOCH_2\overset{OH}{\overset{|}{C}}HCH_2CH_2CH_3$ $\xrightarrow{H^+}$

(e) [bicyclic enone, CH_3] + 2 CH_3CH_2SH $\xrightarrow{BF_3,\ (CH_3CH_2)_2O}$

(f) [cyclopentanone] + $(CH_3CH_2)_2NH$ $\longrightarrow$

38. **(a)** 산 및 염기 촉매에서 acetaldehyde와 methanol 간의 헤미아세탈 생성 반응과 **(b)** 산 및 염기 촉매에서 5-hydroxypentanal (17-7절) 의 분자내 헤미아세탈 생성 반응에 대한 메커니즘을 상세히 쓰시오.

39. BF_3 촉매에서 butanal과 CH_3SH와의 반응 메커니즘을 쓰시오 (17-8절).

40. **도전 문제** 일차 알코올을 과잉산화시킴으로써 카복실산이 되는 것은 일반적인 수용액 산성 Cr (VI) 시약에 존재하는 물에 의해서 일어난다. 물이 처음의 알데하이드 생성물에 첨가되어 수화물을 만들고, 이것은 계속 산화된다 (17-6절). 이러한 점에서 다음 두 가지의 관찰을 설명하시오. **(a)** 물이 케톤에 첨가되면 수화물을 생성하지만, 이차 알코올이 케톤으로 더 이상 과잉산화하지는 않는다. **(b)** 무수 PCC 시약에 의해 일차 알코올이 알데하이드로 되는 산화는 알코올을 서서히 Cr (VI) 시약에 첨가시키면 일어난다. 그 대신, 만약 PCC가 **알코올**에 첨가된다면 새로운 부반응 에스터가 생성될 것이다. 1-butanol에 대한 예가 아래에 있다.

$$CH_3CH_2CH_2CH_2OH \xrightarrow{PPC,\ CH_2Cl_2} CH_3CH_2CH_2\overset{O}{\overset{\|}{C}}OCH_2CH_2CH_2CH_3$$

(c) (1) 알코올이 산화 시약에 첨가될 때, (2) 산화제가 알코올에 첨가되었을 때 3-phenyl-1-propanol과 무수 CrO_3의 반응에서 예상되는 생성물을 쓰시오.

41. 아래 반응의 결과를 메커니즘에 의해 설명하시오.

(a) HÖ–[hydroxyethyl cyclopentanone, :O:] $\underset{}{\overset{H^+}{\rightleftharpoons}}$ [bicyclic hemiacetal, :ÖH]

(b) HO–[hydroxyethyl cyclopentanone ethylene acetal] $\xrightarrow{H^+}$ [bicyclic acetal]–O–CH₂CH₂–OH

(c) 헤미아세탈 생성은 산이나 염기의 촉매에 의해 가능하고, 아세탈 생성은 염기가 아닌 산에 의해서만 가능한 이유를 설명하시오.

42. 다음의 두 이성질체들은 자연에 존재하는 곤충 페로몬들이다. 왼쪽의 이성질체는 수컷 올리브 과일 파리를 유인하고, 오른쪽의 것은 암컷을 유인한다. **(a)** 이 두 구조의 화합물은 어떤 관계의 이성질체들인가? **(b)** 이 분자들에는 어떤 작용기들이 있는가? **(c)** 이 두 화합물은 모두 산 수용액 조건하에서 가수분해된다. 생성물의 구조를 그리시오. 이 두 출발물로부터 얻어지는 생성물은 동일한가? 아니면 서로 다른가?

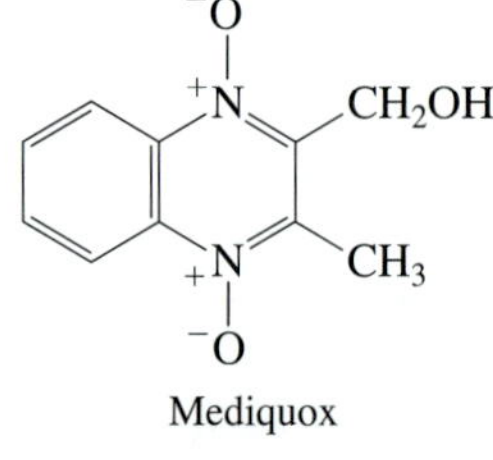

Mediquox

43. 아래 반응에서 타당한 메커니즘을 보이시오. 생성물은 *mediquox* (왼쪽 여백에 나타냄) 의 전구체이다. mediquox은 닭의 호흡기 질환에 사용한다.

Benzene-1,2-diamine + $H_3C\overset{O}{\overset{\|}{C}}\overset{O}{\overset{\|}{C}}CH_3$ $\xrightarrow{CH_3CH_2OH}$ 2,3-Dimethylquinoxaline

44. 카보닐 화합물로부터 이민, 옥심, 하이드라존과 연관된 유도체의 생성은 가역 과정이다. Cyclohexanone 세미카르바존의 산촉매 가수분해로부터 cyclohexanone과 semicarbazide를 얻는 상세한 메커니즘을 나타내시오.

(cyclohexanone semicarbazone: $=N-NHCNH_2$, C=O) + H_2O $\xrightarrow{H^+}$ cyclohexanone + NH_2NHCNH_2 (C=O)

45. 반응 복습 II. 800쪽의 반응 로드맵을 참조하지 말고 cyclohexanone을 다음 각각의 화합물로 바꿔 줄 수 있는 시약을 제시하시오.

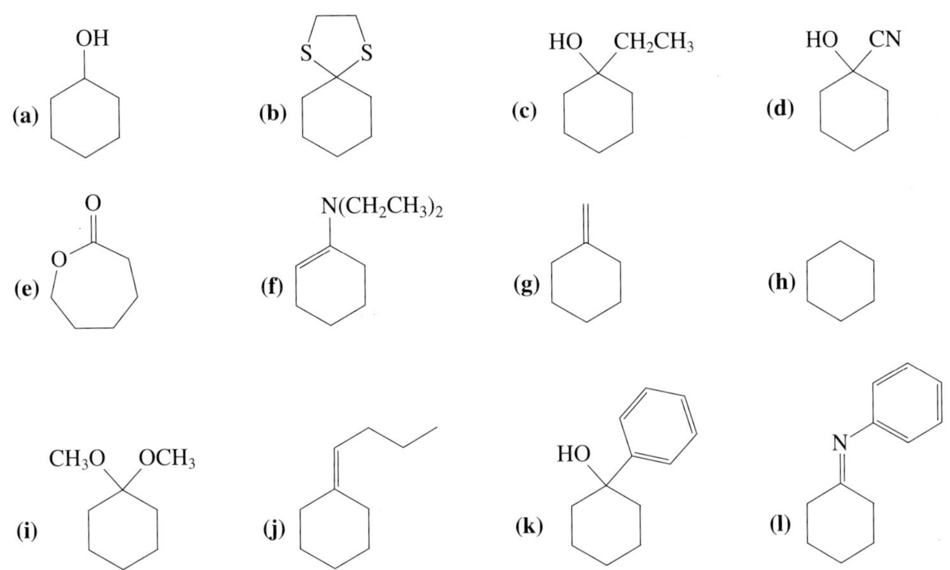

46. 지시한 출발물로 시작해서 다음의 각 분자의 가능한 합성을 제안하시오.

(a) (O, OH)로부터 (HO, OH)

(b) 3-Pentanol로부터 $C_6H_5N{=}C(CH_2CH_3)_2$

(c) 1,5-Pentanediol로부터 (HO, O, OH)

(d) (O)로부터 (O, OH)

47. 알데하이드와 케톤의 2,4-dinitrophenylhydrazone 유도체의 UV 흡수와 색깔은 카보닐 화합물의 구조에 의존한다. 표지가 떨어져나간 세 개의 시약병에 들어 있는 내용물을 확인한다고 가정하자. 각각의 병에는 butanal, *trans*-2-butenal 및 *trans*-3-phenyl-2-propenal이 들어 있다. 병의 내용물로부터 만들어진 2,4-dinitrophenylhydrazone은 각각 다음과 같은 특징들을 가지고 있다.

병 1 : m.p. 187 ~ 188 °C; λ_{max} = 377 nm; 오렌지색
병 2 : m.p. 121 ~ 122 °C; λ_{max} = 358 nm; 노란색
병 3 : m.p. 252 ~ 253 °C; λ_{max} = 394 nm; 붉은색

알데하이드와 하이드라존을 짝짓고(이들 유도체들의 녹는점을 먼저 조사하지 않고), 그 이유를 설명하시오(**힌트**: 14-11절 참조).

48. 다음 합성에 가장 적절한 시약을 보이시오.

(a) [구조식] ⟶ [구조식]

(b) $CH_3CH{=}CHCH_2CH_2\overset{O}{\overset{\|}{C}}H \longrightarrow CH_3CH_2CH_2CH_2CH_2\overset{O}{\overset{\|}{C}}H$

(c) $CH_3CH{=}CHCH_2CH_2\overset{O}{\overset{\|}{C}}H \longrightarrow CH_3CH{=}CHCH_2CH_2CH_2OH$

(d) [구조식] ⟶ [구조식]

49. 비단 나방의 암컷을 유인하는 강력한 곤충 페로몬인 bombykol의 구조는 아래 그림과 같다(12-17절 참조). 이 화합물은 2톤의 나방 번데기로부터 추출하여 12 mg을 얻을 수 있었다. Wittig 반응(이 경우에는 트랜스 이중 결합을 형성하는 것으로 알려져 있다)과 $BrCH_2(CH_2)_9OH$, $CH_3CH_2CH_2C{\equiv}CCHO$로부터 합성을 제시하시오.

$CH_3CH_2CH_2$ … $(CH_2)_9OH$

Bombykol

50. 다음 각 분자에 대해 지시된 다른 전구체로부터 합성의 **두 가지** 방법을 제안하시오.

(a) (1) 어떤 알데하이드 그리고 (2) 다른 알데하이드로부터 $CH_3CH{=}CHCH_2CH(CH_3)_2$

(b) (1) 다이알데하이드 및 (2) 다이케톤으로부터 [구조식: CH_3, CH_3]

51. $C_7H_{14}O$의 분자식을 가지는 세 가지의 이성질 케톤은 Clemmensen 환원으로 heptane이 된다. 화합물 A는 Baeyer-Villiger 산화로 한 가지 생성물을 만들고, 화합물 B는 다른 수득률로 두 가지의 다른 생성물을 생성한다. 화합물 C는 1 : 1의 비율로 두 가지의 다른 화합물을 얻었다. A, B, C 각각의 구조를 밝히시오.

52. 다음 각 시약과 hexanal을 반응시켰을 때의 생성물을 보이시오.

(a) $HOCH_2CH_2OH$, H^+ **(b)** $LiAlH_4$, then H^+, H_2O **(c)** NH_2OH, H^+

(d) NH_2NH_2, KOH, 가열 **(e)** $(CH_3)_2CHCH_2CH{=}P(C_6H_5)_3$ **(f)** [pyrrolidine 구조식], H^+

(g) Ag^+, NH_3, H_2O **(h)** CrO_3, H_2SO_4, H_2O **(i)** HCN

53. 문제 52번의 각 시약과 cycloheptanone과의 반응 생성물을 쓰시오.

54. 1-Phenylethanone (acetophenone)으로부터 Wulff-Kishner 환원반응을 통한 ethylbenzene의 합성의 상세한 메커니즘을 제시하시오(786 ~ 787쪽 참조).

55. Baeyer-Villiger 산화의 일반 평형(791쪽 참조)은 케톤과 과산화카복실산과의 반응에서 헤미아세탈과 유사한 과산화 형태가 됨으로써 반응이 시작된다. 메커니즘을 상세히 기술하시오.

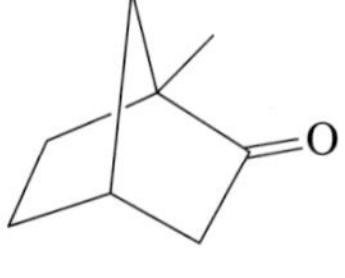

56. 왼쪽 여백에 주어진 케톤의 Baeyer-Villiger 산화의 상세한 메커니즘을 나타내시오(연습 문제 17-22 참조).

57. 다음 각 화합물로부터 이론적으로 가능한 두 가지의 Baeyer-Villiger 생성물을 나타내시오. 어느 것이 더 많이 얻어지는가?

(a) 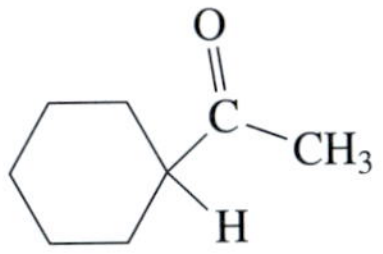 (b) 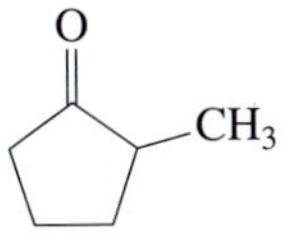 (c) 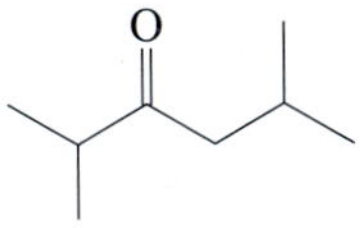 (d) 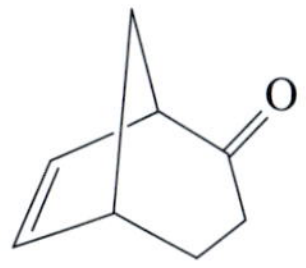 (e) $C_6H_5\overset{O}{\overset{\|}{C}}CH_3$

58. 지시한 출발물로부터 다음 각 분자의 효율적인 합성법을 제시하시오.

(a) 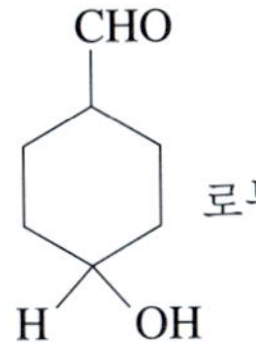 로부터

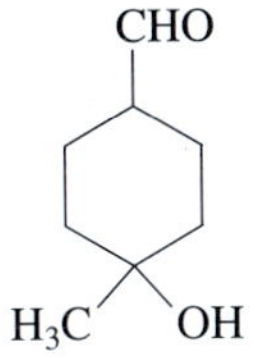

(b) 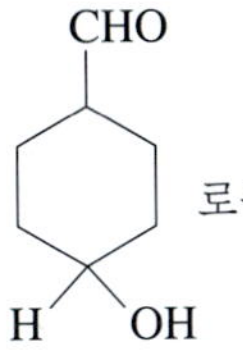 로부터

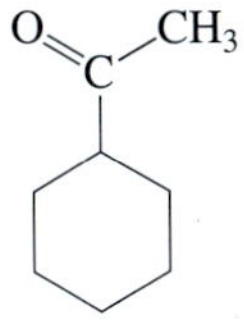

(c) $ClCH_2CH_2CH_2OH$로부터

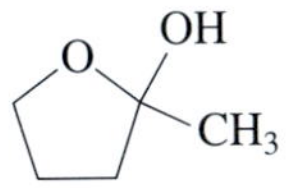

59. **도전 문제** Methanol과 cyclohexaone으로부터의 헤미아세탈 형성은 열역학적으로 불리한 반응인 반면에, methanol의 cyclopropanone에의 첨가반응은 근본적으로 완전하게 진행되는 현상을 설명하시오.

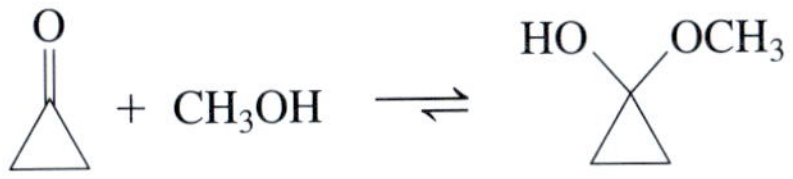

$+ CH_3OH \rightleftharpoons$

60. NH_2OH와 알데하이드 또는 케톤과의 반응 속도는 pH에 민감하다. 이 반응은 pH 2보다 더 산성 용액이거나, pH 7보다 더 염기성 용액에서는 느리다. 이 반응은 약산성 용액 (pH ~ 4)에서 가장 빠르다. 이 현상에 대한 설명을 제시하시오.

61. 화학식이 $C_8H_{14}O$인 화합물 D는 $CH_2{=}P(C_6H_5)_3$와 반응하여 C_9H_{16}의 화합물 E가 된다. 화합물 D를 $LiAlH_4$로 처리하면 $C_8H_{16}O$의 **두** 이성질체 F와 G가 같은 양으로 얻어진다. F 또는 G를 진한 H_2SO_4과 함께 열을 가해주면 C_8H_{14}의 화합물 H가 생성된다. H를 가오존분해반응을 시키고 $Zn—H^+$로 처리하면 케토알데하이드가 생성된다. 이 케토알데하이드를 Cr(VI) 수용액으로 산화하면 다음 화합물이 얻어진다.

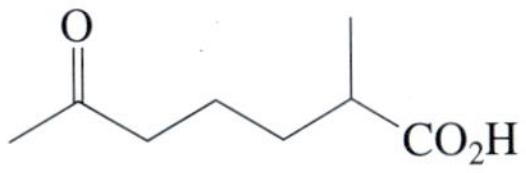

화합물 D—H의 구조를 그리시오. D의 경우에 입체화학 구조를 확실히 하시오.

62. Cholesterol (구조는 4-7절 참조)은 우리 소화기관에서 박테리아에 의해서 coprostanol이라는 새로운 화합물로 만들어진다. 다음의 정보를 이용하여 coprostanol의 구조와 화합물 J ~ M의 구조를 그리시오. (i) Coprostanol은 Cr (VI) 시약으로 처리하면 UV λ_{max} (ϵ) = 281 (22) nm, IR = 1710 cm^{-1}인 화합물 J가 얻어진다. (ii) Cholesterol을 Pt 존재하에서 H_2와 반응시키면 coprostanol의 입체이성질체인 K가 얻어진다. K를 Cr(VI) 시약으로 처리하면 UV 봉우리가 화합물 J의 것과 비슷한 λ_{max} (ϵ) = 258 (23) nm이며, J의 입체이성질체인 화합물 L이 얻어진다. (iii) Cholesterol을 조심스럽게 Cr (VI)로 처리하면 λ_{max} (ϵ) = 286 (109) nm인 화합물 M이 얻어진다. M을 Pt 촉매 수소첨가반응시키면 L이 얻어진다.

63. **도전 문제** 화합물 M (문제 62)으로부터 다음의 세 가지 반응으르 수행하였다. 다음 각각의 질문에 답하시오. **(a)** 화합물 M을 ethanol 용액에서 촉매량의 산으로 처리하면 이성질체화반응이 일어나 UV λ_{max} (ϵ) = 241 (17,500), 310 (72) nm인 화합물 N이 얻어졌다. N의 구조를 제시하시오. **(b)** 화합물 N을 수소첨가반응 (H_2—Pt, 에터 용매)시키면 화합물 J (문제 62)가 얻어진다. 이 결과는 예상했던 결과인가? 아니면 예상하지 못한 것이 있는가? **(c)** 화합물 N에 Wolff-Kishner 환원반응 (H_2NNH_2, H_2O, HO^-, Δ)을 시키면 3-cholestene이 얻어진다. 이 반응의 메커니즘을 제시하시오.

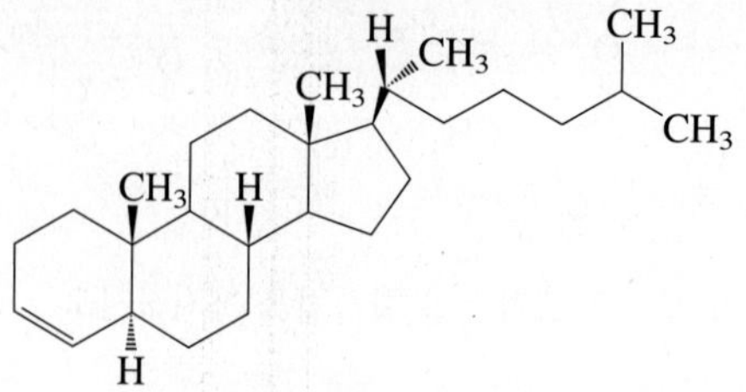

H CH3 CH3 CH3 CH3 CH3 H H

3-Cholestene

엔올, 엔올레이트 및 알돌 축합

α,β-불포화 알데하이드와 케톤

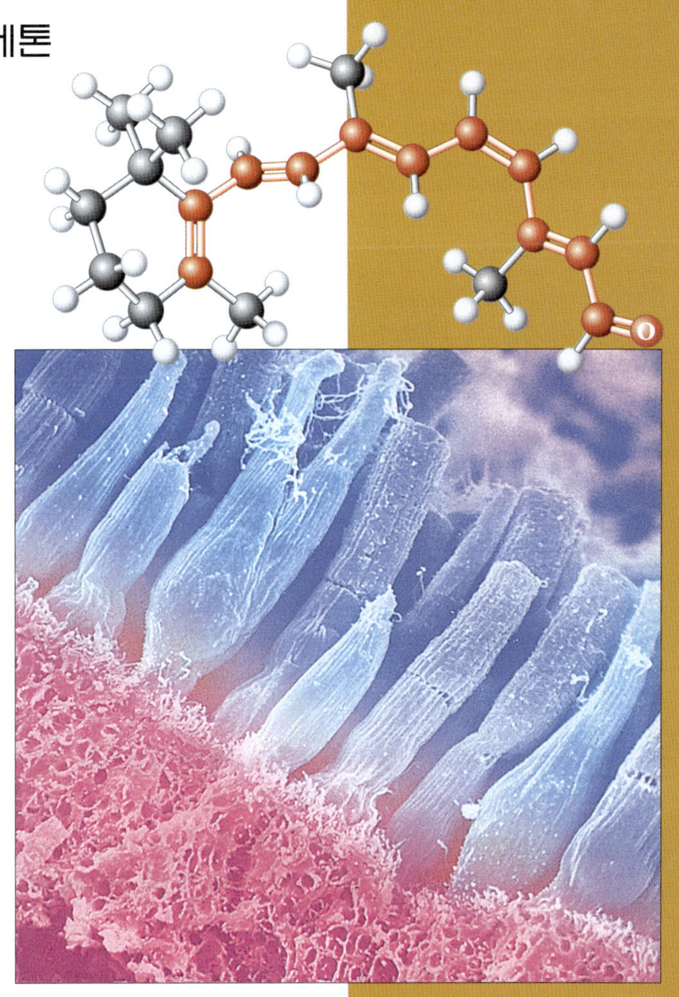

눈의 망막에서의 막대형과 원추형 세포들의 광현미경 사진. 모든 알려진 영상을 분해하는 눈들과 실제로 모든 알려진 자연에서의 시각적 계는 *cis*-retinal만을 빛의 탐지를 위해 사용한다. 광자의 흡수는 시스 이중 결합을 트랜스로 이성질화시키고, 동반되는 총괄 분자 기하학에서의 거대 변화는 시력으로 간지되는 신경의 자극을 일으키도록 한다.

각장 시작 부분에 대해서 또 다른 면을 생각해 보자. 우리가 볼 수 있다는 바로 그 사실이 해설에서 언급되는 화학에 의해 가능해질 수 있다. 광자들은 시스-트랜스 이성질화를 일으키기 위하여 단백질에 있는 시스-레티날 구역의 π계에 충돌한다(14-11절). 그 연관된 형태 변화는 두뇌에서 "시각"으로 전달되는 신경의 자극에 있어 피코초 안에 일어난다(화학 이야기 18-3). 이러한 과정이 가능하도록 하는 레티날의 결정적인 화학적 특징은 카보닐기와 인접한 π계 사이의(이러한 경우에 확장되어 있는) 콘쥬게이션을 통한 전달에 의한다. 이 장은 카보닐기(보통 탄소-탄소 이중 결합과 매우 똑같이, 14-1절)가 공명 때문에 훨씬 더 간단한 계에서도 인접한 C—H와 C=C 결합을 활성화시키는 사실을 볼 수 있을 것이다. 이제 공부할 내용을 이해하고 나면 여러분들은 아주 다른 시각으로 이 쪽을 다시 "보게" 될 것이다!

앞장에서 우리는 카보닐기의 구조—**매우 극성**인 다중 결합—가 작용기의 거동에 특징적인 결합을 일으키는 방법을 보았다. 그것은 Lewis 염기성 산소에 대한 친전자성 공격(일반적으로 양성자)과 탄소에 대한 친핵체에 의한 공격에 의해 조정되는 첨가반응이다. 우리는 알데하이드와 케톤에 있어서 세 번째 반응성 위치를 생각해 본다. 카보닐기에 인접한 탄소는 **α-탄소(α-carbon)**로 알려져 있다. 카보닐기는 α-탄소에 대한 수소의 산도를 증가시킨다. 이와 같은 **α-수소(α-hydrogen)**의 이탈은 두 가지의 전자가 풍부한 화학종을 만든다. 즉, 엔올이라고 하는 불포화 알코올과 이의 짝염기인 엔올 음이온을 만든다. 엔올과 엔올 음이온은 중요한 친핵체로 양성자, 할로젠, 할로알케인 그리고 다른 카보닐 화합물 같은 친핵체를 공격할 수 있다.

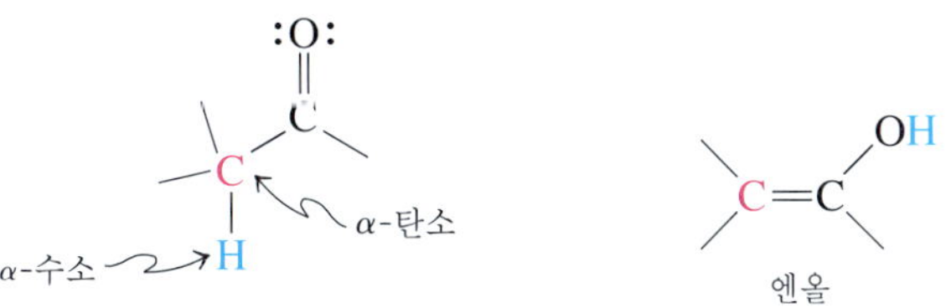

엔올 음이온과 엔올의 화학을 소개하면서 이 장을 시작할 것이다. 알돌 축합반응으로 알려진 엔올 음이온과 카보닐 화합물 사이의 반응은 특별히 중요하다. 이 과정은 실험실에서 뿐만 아니라, 자연에서도 탄소–탄소 결합을 생성하는데 널리 이용된다. 알돌 축합의 가능한 생성물 가운데 α,β-불포화 알데하이드 및 케톤이 있으며, 이것들은 콘쥬게이션 탄소–탄소, 탄소–산소 π 결합을 포함한다. 예상되는 바와 같이 친전자성 첨가반응은 두 개 π 결합의 어느 한쪽에서 일어난다. 더욱 중요한 것은 α,β-불포화 카보닐 화합물은 친핵성 공격에 의해 지배되고, 이것은 콘쥬게이션계 **전부**가 포함될 수도 있다는 것이다.

18-1 알데하이드와 케톤의 산도: 엔올 음이온

알데하이드 및 케톤에 존재하는 α-수소의 pK_a값은 16 ~ 21 범위에 있어 에텐(44) 또는 에타인(25)의 pK_a값보다 상당히 작지만, 알코올(15 ~ 18)의 값과는 비슷하다. 그러므로 강염기 작용에 의해 α-수소를 제거할 수 있다. 그 결과로 생성되는 음이온은 **엔올 음이온(enolate ion)** 또는 간단히 **엔올레이트(enolate)**로 알려져 있다.

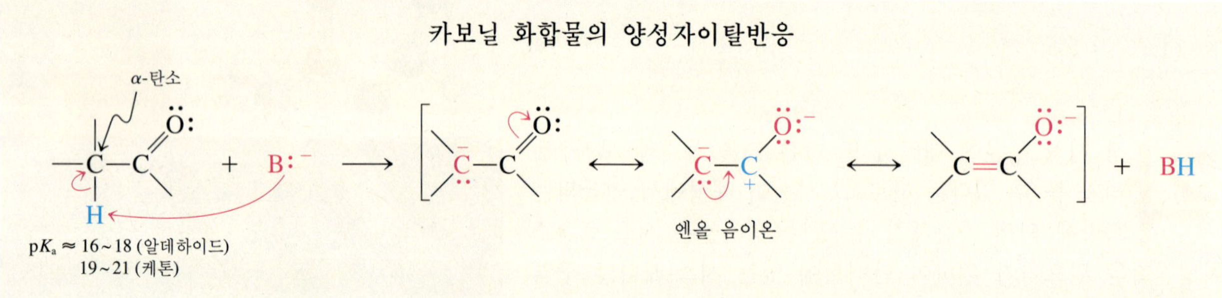

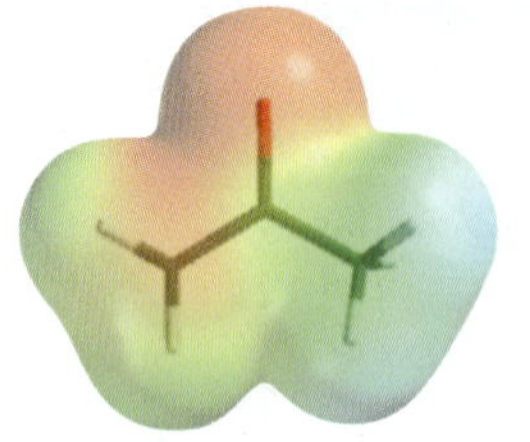
Acetone enolate

왜 알데하이드와 케톤은 상대적으로 산성인가? 우리는 산의 세기가 짝염기의 안정화에 의해 증가된다는 것을 알고 있다(2-2절). 엔올 음이온에서 양으로 극성화된 카보닐 탄소의 유발효과는 α-위치의 음전하를 안정화시킨다. 알데하이드는 카보닐 탄소가 더 큰 부분 양전하를 가지고 있어(17-6절) 케톤보다 강한 산이다. 더 강한 안정화는 그림에서 보여 주는 공명 형태로 기술된 것처럼 전기음성적인 산소에 대한 전하의 비편재화에 의해 제공된다. 비편재화의 효과는 왼쪽 여백에서 보는 것처럼 아세톤 엔올 음이온의 정전기 퍼텐셜 지도에 반영되어 있다(축약된 크기로). 그것은 α-탄소와 산소에 대해 음전하(붉은색)를 나타낸다. 엔올 음이온 생성의 한 예로 다이아이소프로필아마이드화 리튬(LDA, 7-8절)에 의한 사이클로헥산온의 양성자이탈반응(deprotonation)이 있다.

엔올 음이온 제조

$$\text{Cyclohexanone} + (CH_3CH)_2\ddot{N}^-Li^+ \text{ (LDA)} \xrightarrow{THF} \text{Cyclohexanone 엔올 음이온 } (:\ddot{O}:^-Li^+) + (CH_3CH)_2\ddot{N}H$$

(각 α-탄소에 H 두 개; $(CH_3CH)_2$의 CH 위에 CH_3)

LDA

Cyclohexanone
엔올 음이온

연습 문제 18-1

다음 각 분자들에서 산성이 가장 강한 수소를 찾으시오. 양성자이탈반응으로부터 생성되는 엔올 음이온의 구조를 그리시오.

(a) Acetaldehyde **(b)** Propanal **(c)** Acetone
(d) 4-Heptanone **(e)** Cyclopentanone

각 공명 구조는 엔올 음이온의 특징과 카보닐 화합물의 화학에 기여한다. 공명 혼성체는 탄소와 산소 모두에 부분 음전하를 가진다. 그 결과 그것은 친핵성이고 각 위치에 있는 친전자체를 공격한다. 다른 두 곳에서 반응이 일어나서 두 가지의 서로 다른 생성물을 얻는 화학종을 **양쪽자리성(ambident.** "두 개의 어금니에 연결된": *ambi*, 라틴어로 양쪽의를 의미. *dens*로 라틴어로 이빨을 의미)이라고 한다. 따라서 엔올 음이온은 양쪽자리성 음이온이다. 그것의 탄소 원자는 보통 반응 위치이고, 적당한 할로알케인 같은 S_N2 기질과 친핵성 치환반응을 한다. 이 반응은 알킬기를 반응하는 탄소에 붙여 주기 때문에 **알킬화반응(alkylation)**이라고 한다(더 정확히 C-알킬화반응). 18-4절에서 볼 수 있는 것처럼 알킬화반응은 케톤의 탄소-탄소 결합 형성을 위한 강력한 방법이다. 예를 들어, 사이클로헥산온 엔올 음이온과 3-클로로프로펜의 알킬화반응은 탄소에서 일어난다. 산소는 전형적으로 **양성자첨가반응**이 일어나는 곳이지만, 산소에서의 알킬화반응(O-알킬화반응)은 흔하지 않다. 양성자첨가반응의 생성물은 불포화 알코올, 줄여서 **알켄올(alkenol)** 또는 **엔올(enol)**이라고 한다. 엔올은 불안정해서 이성질화하여 빠르게 원래의 케톤으로 되돌아간다(13-7절 참조).

공명 혼성

Cyclohexanone 엔올 음이온의 양쪽자리성 작용

α-탄소: S_N2 반응에 의한 알킬화반응의 일반적인 자리

2-(2-Propenyl)cyclohexanone (62%) ←[$CH_2{=}CHCH_2Cl$, THF; C-알킬화반응; $-Cl^-$]— Cyclohexanone 엔올 음이온 —[H^+, H_2O; O-양성자화]→ Cyclohexanone enol → Cyclohexanone

연습 문제 18-2

Cyclohexanone 엔올 음이온과 **(a)** iodoethane(C-알킬화반응), **(b)** chlorotrimethylsilane $(CH_3)_3Si—Cl$ (O-실릴화반응)이 반응했을 때의 반응 생성물을 쓰시오.

요약 알데하이드 및 케톤에 있는 카보닐기에 인접한 탄소에 결합된 수소는 산성이며, 16~21 정도의 pK_a값을 가진다. 양성자가 제거되면 엔올 음이온이 되고, 이것은 산소 또는 탄소에서 친전자성 시약을 공격할 수 있다. 산소에 양성자첨가반응이 일어나면 엔올을 생성한다.

18-2 케토–엔올 평형

엔올 음이온이 산소에 양성자가 첨가되면 엔올이 되는 것을 보았다. 알데하이드와 케톤의 이성질체인 엔올은 불안정하여 빠르게 카보닐계로 되는데, 이것을 **토토머화(tautomerization)**라고 한다(13-7절). 이들 이성질체들은 **엔올 토토머(enol tautomer)**와 **케토 토토머(keto tautomer)**라고 한다. 이 절에서는 케토 형태가 지배적인 케토-엔올 평형에 영향을 미치는 인자와 토토머화 과정의 메커니즘과 화학적인 중요성에 대해서 설명한다.

엔올은 산성 또는 염기성 용액에서 케토 형태와 평형을 이룬다

엔올–케토 토토머화 현상은 산 또는 염기 촉매작용에 의해 진행된다. 염기는 간단히 엔올 산소에서 양성자를 제거하고, 그 양성자가 첨가됨으로써 역반응이 일어난다. 이어서 일어나는(그리고 더 느린) C-양성자첨가는 열역학적으로 보아 안정한 케토형을 만든다.

염기 촉매하의 엔올-케토 평형

케토형 + :B⁻ ⇌(양성자이탈) [엔올 음이온] + BH ⇌(재양성자첨가) 케토형 + :B⁻

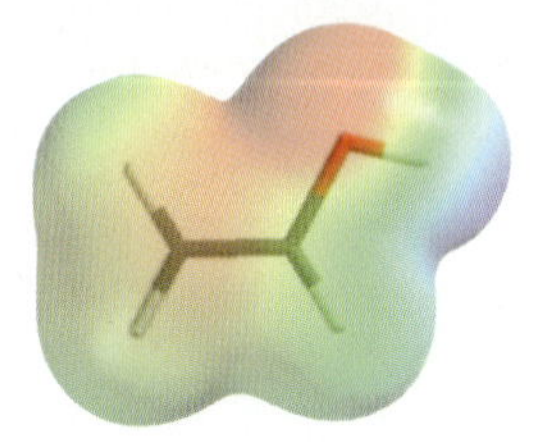
Ethenol

산촉매 과정에서는 엔올형이 산소를 포함하는 인근 원자로부터 멀리 떨어진 이중 결합 탄소에 양성자첨가가 일어난다. 왼쪽 여백의 에텐올의 정전기 퍼텐셜 지도는 이 탄소가 더 음전하(붉은색)를 포함하고 있음을 보여 준다. 더욱이 생성되는 양이온은 붙어 있는 하이드록시기에 의해 공명 안정화된다. 대응되는 공명 구조를 조사해 보면 그것이 양성자첨가된 카보닐 화합물이며, 양성자이탈이 일어나면 케토형이 된다.

산촉매 과정에서의 엔올-케토 평형

엔올형 + H^+ ⇌ [양성자첨가된 카보닐계] ⇌ 케토형 + H^+

산촉매 및 염기 촉매 반응에서 촉매가 극소량만 있어도 엔올-케토 상호변환은 용액에서 비교적 빠르게 일어난다. 케토형이(보통) 지배적이지만, 엔올에서 케토로의 변환은 가역적이며, 케토형이 그것의 엔올형 짝과 평형을 이루는 반응 메커니즘은 위의 두 가지 도식의 정확히 역반응이다.

치환기는 케토-엔올 평형을 이동시킬 수 있다

케토형에서 엔올형으로 전환될 때 일반적인 알데하이드와 케톤에 대해 평형 상수가 매우 작으므로, 소량의 엔올(약 8 ~ 12 kcal mol^{-1} 정도 더 불안정)만이 존재한다. 그러나 아세트알데하이드는 케토형에 비해 엔올형이 프로판온(아세톤)의 엔올형보다 대략 100배 정도 더 안정한데, 이것은 적은 수의 치환기를 가지는 알데하이드기가 더 많은 수의 치환기를 가지는 케톤기보다 더 불안정하기 때문이다.

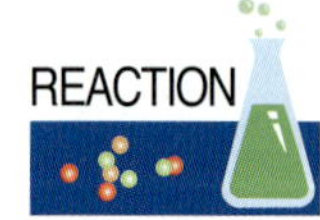

케토-엔올 평형

$$H{-}CH_2CH{=}O \underset{K\,=\,6\times10^{-7}}{\rightleftharpoons} H_2C{=}CH(OH) \qquad \Delta G^\circ \approx +8.5\ \text{kcal mol}^{-1}\ (+35.5\ \text{kJ mol}^{-1})$$

Acetaldehyde ⇌ Ethenol (Vinyl alcohol)

$$H{-}CH_2C(=O)CH_3 \underset{K\,=\,5\times10^{-9}}{\rightleftharpoons} H_2C{=}C(OH)CH_3 \qquad \Delta G^\circ \approx +11.3\ \text{kcal mol}^{-1}\ (+47.3\ \text{kJ mol}^{-1})$$

Acetone ⇌ 2-Propenol

엔올 형성은 중수소 교환 및 입체이성질체화를 초래한다

토토머화에 의한 엔올 형성의 결과는 무엇을 초래할 수 있을까? 한 가지는 D_2O 용매에서 산 또는 염기로 케톤을 처리하면 **모든** α-수소의 완전한 교환 반응이 일어난다는 것이다.

엔올화할 수 있는 수소에 있어서 수소-중수소 교환 반응

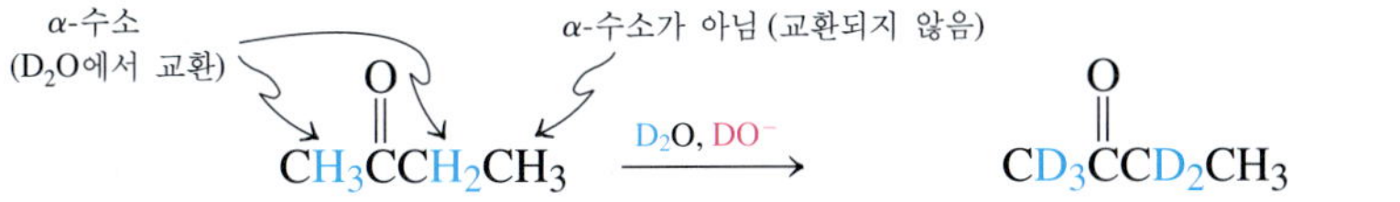

α-수소 (D_2O에서 교환)　　α-수소가 아님 (교환되지 않음)

$$CH_3CCH_2CH_3 \xrightarrow{D_2O,\ DO^-} CD_3CCD_2CH_3$$

2-Butanone　　1,1,1,3,3-Pentadeuterio-2-butanone

이 반응은 ^{1}H NMR에 의해 각각의 수소가 순차적으로 중수소로 치환될 때 이들 수소의 봉우리가 서서히 사라지기 때문에 편리하게 추적될 수 있다. 이와 같은 방법으로 한 분자내에 존재하는 α-수소의 개수는 쉽게 결정된다.

연습 문제 18-3

D_2O의 중수소에 의해 acetone의 한 개의 α-수소가 산과 염기 촉매하에서 치환되는 메커니즘을 제시하시오.

연습 문제 18-4

다음 화합물을 $D_2O-NaOD$로 처리했을 때 얻어지는 중수소가 결합된 생성물을 나타내시오.

(a) Cycloheptanone　**(b)** 2,2-Dimethylpropanal

(c) 3,3-Dimethyl-2-butanone　**(d)** O= (bicyclic ketone) CHO

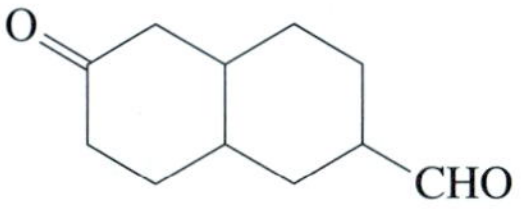

연습 문제 18-5

개념 문제: 고리 케톤에서 NMR 신호의 분석

Cyclobutanone의 ^{1}H NMR은 $\delta = 2.00$ ppm에서 오중선과 $\delta = 3.13$ ppm에서 삼중선을 보여 준다. 이 스펙트럼에서 보여 주는 신호를 분자에 있는 해당되는 수소와 연결시키시오.

전략

케톤의 화학적 이동값에 대한 17-3절에 있는 정보를 이용한다. 10장에서 배운 NMR 분석 도구를 적용하라.

풀이

- Cyclobutanone의 구조로부터 ^{1}H NMR이 두 가지의 화학적 이동값을 보여 줄 것이라는 것을 알수 있다. 네 개의 α-수소(C2와 C4에 있는)에 대해서 한 개, 두 개의 β-수소(C3에 있는)에 대해서 한 개.
- 17-3절에서 카보닐 화합물에서 α-수소는 β-수소보다 더 벗겨져(deshielded) 있는 것을 배웠다. 또 스핀-스핀 갈라짐에 대한 $N+1$ 규칙(10-7절)에 의하면 α-수소에 해당하는 신호는 인접한 두 개의 β-수소에 의해서 갈라져 삼중선으로 나타난다. 그러므로 $\delta = 3.13$ ppm에 나타나는 삼중선은 네 개의 α-수소에 해당되는 것을 알 수 있다.
- 역으로 인접한 네 개의 α-수소에 의한 갈라짐은 β-수소들이 오중선으로 나오게 하며, 이는 $\delta = 2.00$ ppm에서 보여 주는 신호와 일치한다.

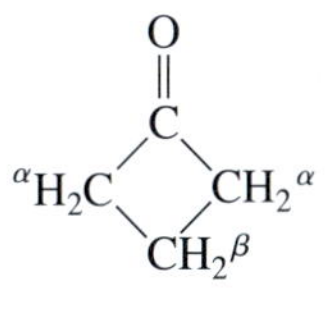

O, C, $^\alpha H_2C$, $CH_2{}^\alpha$, $CH_2{}^\beta$

연습 문제 18-6

자습 문제

Cyclobutanone을 $D_2O-NaOD$로 처리했을 때 ^{1}H NMR 스펙트럼에서 어떠한 변화를 관찰할 것으로 예상되는가? (**힌트**: 이 중수소는 ^{1}H NMR 스펙트럼에서 신호를 나타내지 않는다.)

엔올 생성이나 **엔올화반응(enolization)**의 다른 결과는 α-탄소에 결합된 입체이성질체들의 상호변환이 쉽게 된다는 것이다. 예를 들어, 시스-2,3-이치환된 사이클로펜탄온을 약한 염기로 처리하면 트랜스 이성질체로 변화된다. 입체 장애 때문에 트랜스 이성질체가 더 안정하다.

MODEL BUILDING

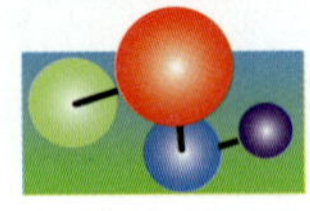

α-치환된 케톤의 염기 촉매하의 이성질체화

CH₂CH=CH₂ (cis) ⇌ [양성자이탈반응, 10% KOH, CH_3CH_2OH] O^-K^+ 엔올레이트 ⇌ [재양성자첨가반응] CH₂CH=CH₂ (trans) >95%

이 반응은 α-탄소가 평면이며, 더 이상 입체중심이 아닌 엔올 음이온을 거쳐 진행된다. 3-메틸기의 시스 쪽으로 다시 양성자첨가가 일어나면 트랜스 부분입체이성질체가 된다(4-1과 5-5절).

엔올화반응에 대한 다른 결과로는 입체중심이 α-탄소에 있는 화합물에서 광학 활성이 유지되기는 어렵다. 왜 그럴까? 그 이유는 (비카이랄성) 엔올이 케토형으로 되돌아가고, R과 S형의 거울상이성질체의 라세미 혼합물이 생성되기 때문이다. 예를 들어, 상온에서 광학 활성인 3-페닐-2-뷰탄온은 염기성 에탄올에 의해 수분 간의 반감기로 라세미화된다.

광학 활성인 3-phenyl-2-butanone의 라세미화반응

(S)-3-Phenyl-2-butanone ⇌ [$CH_3CH_2O^-$, CH_3CH_2OH] 엔올 음이온 (비카이랄) ⇌ [$CH_3CH_2O^-$, CH_3CH_2OH] (R)-3-Phenyl-2-butanone

연습 문제 18-7

두고리 케톤 A는 염기로 처리하면 입체이성질체와 재빨리 평형을 이루지만, 케톤 B는 그렇지 않다. 이것을 설명하시오.

A   B

요약 알데하이드와 케톤은 자신의 엔올형과 평형을 이루고 있는데, 엔올형은 케톤형보다 약 10 kcal mol^{-1} 정도 불안정하다. 케토-엔올 평형은 산 또는 염기의 촉매 반응으로 일어난다. 엔올화반응은 중수 D_2O 속에서 수소와 중수소의 교환과 카보닐기에 인접한 비대칭 중심에서의 입체이성질화를 일으킨다.

18-3 알데하이드와 케톤의 할로젠화반응

이 절에서는 엔올 또는 엔올 음이온의 중간체를 거쳐 진행하는 카보닐기의 반응, 즉 할로젠화반응을 알아보기로 한다. 알데하이드와 케톤은 α-탄소에서 할로젠과 반응한다. 중수소화반응(deuteration)과는 달리, 할로젠화반응의 정도는 산촉매와 염기 촉매 중 어느 것을 사용하는가에 달려 있다.

일반적으로 산촉매 존재하에서는, 처음 할로젠이 도입된 다음에는 다음 예에서 같이 두 번째 할로젠화반응이 진행되지 않는다.

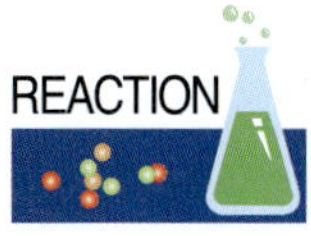

산촉매에 의한 케톤의 α-할로젠화반응

$$\mathrm{H{-}CH_2\overset{O}{\overset{\|}{C}}CH_3 \xrightarrow{\text{Br–Br, } CH_3CO_2H,\ H_2O,\ 70°C} BrCH_2\overset{O}{\overset{\|}{C}}CH_3 + HBr}$$

44%

Bromoacetone

산촉매하에서 할로젠화반응 속도는 **할로젠의 농도에 무관하고**, 카보닐 기질이 관여하는 첫 번째 단계가 속도 결정 단계로 추측된다. 이 단계가 엔올화반응이다. 할로젠은 바로 이중 결합을 공격해서 산소에 의해 안정화된 중간체인 할로탄소양이온이 생성된다. 순차적으로 이 화학종으로부터 양성자가 이탈되어 생성물이 얻어진다.

산촉매에 의한 acetone의 브로민화반응 메커니즘

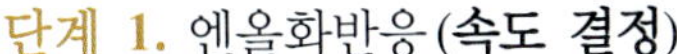
단계 1. 엔올화반응(**속도 결정**)

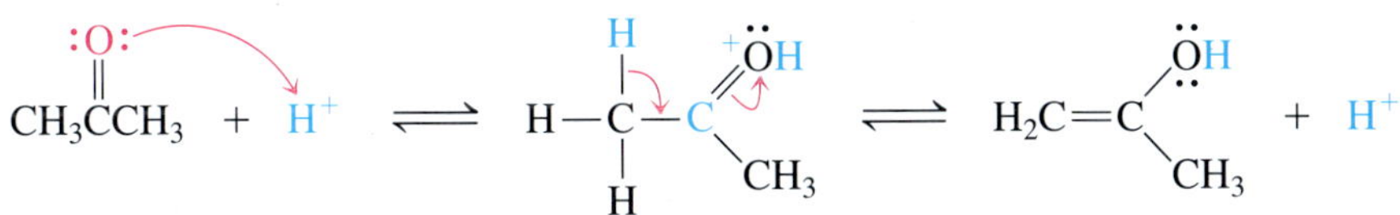

단계 2. 할로젠의 공격

$$\mathrm{H_2C{=}C(\ddot{O}H)CH_3 + Br{-}Br \longrightarrow \left[H_2C(Br){-}\overset{+}{C}(\ddot{O}H)CH_3 \longleftrightarrow H_2C(Br){-}C({=}\overset{+}{\ddot{O}}H)CH_3 \right] + Br^-}$$

단계 3. 양성자이탈반응

$$\mathrm{BrCH_2\overset{+\,:O{-}H}{\overset{\|}{C}}CH_3 \longrightarrow BrCH_2\overset{:O:}{\overset{\|}{C}}CH_3 + H^+}$$

첫 할로젠 원자가 도입된 후에 두 번째 할로젠화반응이 느려지는 이유는 무엇인가? 그 이유는 엔올화반응의 단계에서 찾을 수 있다. 할로젠화반응이 반복되기 위해서는 할로 카보닐 화합물이 일반적인 산촉매 메커니즘을 통해 다시 엔올화되어야만 한다. 그러나 할로젠의 전자를 강하게 끌어당기는 힘이 엔올화의 시작 단계에서 원래의 카보닐 화합물에서보다 양성자첨가가 **훨씬 어려워지게 한다**.

할로젠화반응 생성물은 엔올화반응을 느리게 한다.
양성자첨가는 유리하지 않다.

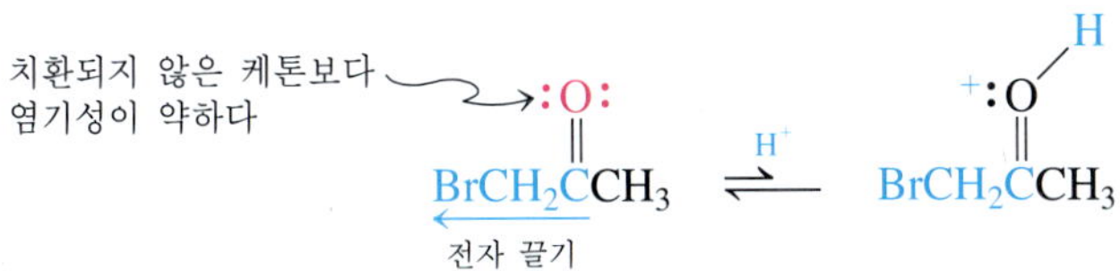

그러므로 처음의 알데하이드와 케톤이 모두 소모될 때까지 첫 번째 할로젠화된 생성물은 더 이상 할로젠에 의해 공격을 받지 않는다.

염기 촉매하에서의 할로젠화반응은 완전히 다르게 진행한다. 이것은 할로젠을 공격하는 엔

엔올 음이온의 할로젠화반응 메커니즘

$$\mathrm{R{-}C(\ddot{O}{:}^-){=}CH_2 + Br{-}Br \longrightarrow RC({=}O)CH_2Br + Br^-}$$

치환되지 않은 케톤보다 더 산성이다

올 음이온의 형성을 거쳐 진행한다. 이 반응은 미반응된 출발물을 남겨둔 채(불충분한 할로젠이 사용될 때) α-탄소가 **모두** 할로젠화될 때까지 계속된다. 왜 염기 촉매하의 할로젠화반응은 첫 번째 할로젠화반응 단계에서 중단시키기 어려운가? 할로젠의 전자를 끌어당기는 능력은 남아 있는 α-수소의 산도를 증가시켜 엔올 음이온 생성을 가속화시키고, 그 다음의 할로젠화반응을 훨씬 빠르게 한다.

연습 문제 18-8

Cyclohexanone은 산과 염기 촉매하에서 브로민화반응의 생성물을 적으시오.

요약 산촉매 존재하에서 할로젠화반응이 선택적으로 진행되어 할로카보닐 화합물이 얻어진다. 염기 촉매 존재하에서는 **모든** α-수소가 출발물의 또 다른 분자가 공격받기 전에 할로젠으로 대체된다.

18-4 알데하이드와 케톤의 알킬화반응

LDA와 같은 염기로 케톤과 알데하이드를 처리하면 엔올 음이온이 생성될 수 있음을 배웠다(7-8과 18-1절). 엔올 음이온의 친핵성 α-탄소는 S_N2 알킬화반응에 의해 적절한 할로알케인과 반응하여, 새로운 탄소-탄소 결합을 형성한다. 이 절에서는 이러한 과정의 예를 알아보고, **엔아민**(*enamine*)과 같은 다른 중간체의 알킬화반응과 비교해 보기로 한다.

엔올 음이온의 알킬화반응은 조절하기 어렵다

원칙적으로 알데하이드 또는 케톤 엔올 음이온의 알킬화반응은 친핵성 치환반응이다.

알데하이드 또는 케톤의 알킬화반응

그러나 실제적으로 이 반응은 몇 가지 요인들에 의해 복잡해진다. 엔올 음이온은 매우 강염기이다. 그러므로 알킬화반응은 보통 할로메테인이나 일차 할로알케인을 사용할 경우 가능하다. 그렇지 않으면 할로알케인을 알켄으로 전환시키는 E2 제거반응(7-8절)이 중요한 과정이 된다. 또 다른 부반응들이 어려움을 더해줄 수도 있다. 보통, 알데하이드의 알킬화반응은 그들의 엔올 음이온이 매우 선호하는 축합반응을 하기 때문에 일어나지 않는다. 이에 대한 것은 다음 절에서 설명될 것이다. 케톤의 알킬화반응조차도 문제가 많은데, 그 이유는 일알킬화반응의 생성물이 반응 조건화에서 또 다른 α-수소를 잃을 수도 있고, 두 번째로 알킬화될 수 있기 때문이다. 더 나아가 출발물인 케톤이 비대칭이라면 알킬화반응은 두 α-탄소의 어느 쪽에서도 일어나며, 두 개의 위치이성질체 생성물을 얻는다. 2-메틸사이클로헥산온과 아이오도메테인의 반응은 이러한 문제들을 모두 보여 준다.

2-Methylcyclohexanone의 알킬화반응의 생성물

폴리알킬화반응 생성물

몇몇 경우에 있어서 케톤은 성공적으로 알킬화될 수 있다. 아래의 아주 이상적인 예에서 케톤은 단지 하나의 α-수소를 가지며, 일차 알릴 할로젠화물은 훌륭한 S_N2 기질이다(14-3절). 이 예에서 염기는 수소화 소듐(NaH)이다(8-6절).

케톤의 성공적인 알킬화반응

$C_6H_5COCH(CH_3)_2$ → (1. NaH, THF; 2. $(CH_3)_2C{=}CHCH_2Br$; $-$ H–H, $-$ NaBr) → $C_6H_5COC(CH_3)_2CH_2CH{=}C(CH_3)_2$ 88%

분자내 단 하나의 α-수소

2-Methyl-1-phenyl-1-propanone

2,2,5-Trimethyl-1-phenyl-4-hexen-1-one

연습 문제 18-9

오른쪽 여백의 화합물을 염기와 반응시켰을 때 세 가지의 $C_8H_{12}O$ 이성질체 생성물이 얻어진다. 그것들은 무엇이겠는가? (**힌트**: 분자내의 알킬화반응을 참고하라. **주**: 18-1절에서 언급한 대로 엔올 음이온의 알킬화반응은 "정상"의 경우에서 일어난다. 여기에서의 예는 "정상"의 경우인가?)

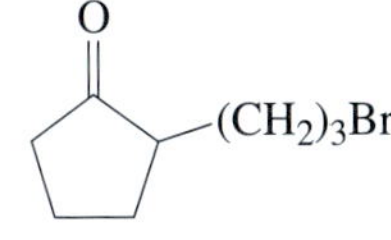

연습 문제 18-10

3-Chloropropene과 cyclohexanone 엔올 음이온의 C-알킬화반응(18-1절)은 1-chloropropane과 cyclohexanone 엔올 음이온의 C-알킬화반응보다 훨씬 빠르다. 그 이유를 설명하시오(**힌트**: 14-3절 참조). **(a)** 2-Bromopropane 및 **(b)** 2-bromo-2-methylpropane과 cyclohexanone 엔올 음이온의 반응에서 생성물은 무엇인가? (**힌트**: 7장 참조.)

엔아민의 알데하이드와 케톤의 알킬화반응에 대체 경로를 제공한다

17-9절에서 알데하이드 또는 케톤과 아자사이클로펜테인(피롤리딘)과 같은 이차 아민과의 반응으로부터 엔아민이 생성되는 것을 보았다. 아래에 나타낸 공명 구조처럼 질소 치환기는 엔아민의 탄소–탄소 이중 결합의 전자를 풍부하게 해 준다. 더욱이 엔아민이 중성일지라도 쌍극성 공명 기여는 α-탄소에서 중요한 친핵성을 가지게 한다. 결과적으로 친전자체는 이 위치를 공격할 것이다. 이러한 공격에 의해 알킬화된 알데하이드 및 케톤이 어떻게 합성되는지를 알아보자.

Azacyclopentane (Pyrrolidine)

엔아민의 공명

탄소는 친핵성이다

엔아민

엔아민이 할로알케인에 노출되면 탄소에 알킬화반응이 일어나 이미늄염이 생성된다. 수용액 상에서 이미늄염은 17-9절에 있는 이민 생성의 역반응 메커니즘으로 가수분해된다. 그 결과 생성된 생성물은 알킬화된 알데하이드 또는 케톤과 원래의 이차 아민이다.

엔아민의 알킬화반응

α-탄소에서 알킬화된다

$CH_3CH_2\overset{O}{\overset{\|}{C}}CH_2CH_3$ (3-Pentanone) $\xrightarrow[-H_2O]{\text{pyrrolidine, } H, H^+}$ 엔아민 $(CH_3CH_2)(C_4H_8N)C{=}CHCH_3$ $\xrightarrow[-I^-]{CH_3-I}$ 이미늄염 $(C_4H_8N^+){=}C(CH_2CH_3)-CH(CH_3)CH_3$ $\xrightarrow[-H^+,\ -\text{pyrrolidine}]{HOH}$ $CH_3CH_2\overset{O}{\overset{\|}{C}}CH(CH_3)_2$ (2-Methyl-3-pentanone)

연습 문제 18-11

위에 보여진 과정의 마지막 단계에 대한 메커니즘을 제시하시오. 이미늄염의 가수분해.

엔아민의 알킬화반응은 엔올 음이온의 알킬화반응과 어떻게 비교되는가? 엔아민의 알킬화반응은 이중 또는 다중의 알킬화반응을 최소화시키기 때문에 훨씬 좋은 과정이다. 이 과정의 반응 조건에서는, 첫 번째 알킬화반응에서 얻어진 이미늄염은 상대적으로 안정하여 또 다른 할로알케인과 반응하지 못한다. 엔아민은 다음의 예에서처럼 알킬화된 알데하이드를 제조에 사용될 수 있다(우리는 다음 절에서 알데하이드의 엔올 음이온은 **알돌 축합**이라고 하는 새로운 반응을 하여, 쉽게 알킬화반응을 할 수 없음을 보게 될 것이다).

$(CH_3)_2CH\overset{O}{\overset{\|}{C}}H$ (2-Methylpropanal) $\xrightarrow{\text{1. pyrrolidine (N–H)} \quad 2.\ CH_3CH_2Br \quad 3.\ H^+, H_2O}$ $(CH_3)_2C(CH_2CH_3)\overset{O}{\overset{\|}{C}}H$ 67% (2,2-Dimethylbutanal)

연습 문제 18-12

케톤 A의 엔올 음이온 알킬화반응은 이알킬화반응(dialkylation)이 일어나기 전에 반응을 중단시키기 어렵다. 일알킬화(monoalkylated)된 케톤 B를 제조하기 위해 엔아민을 어떻게 이용할 수 있는지를 보이시오.

A $\xrightarrow{1.\ LDA, THF \quad 2.\ BrCH_2CO_2C_2H_5}$ $C_2H_5O_2CCH_2$ $CH_2CO_2C_2H_5$ (dialkylated ketone) 94%

B: $CH_2CO_2C_2H_5$

요약 엔올 음이온은 할로알케인에 노출되어 알킬화된 유도체를 만든다. 이러한 반응에서는 선택이 가능하다면 알킬화반응의 정도와 위치를 조절하는 것이 문제가 될 것이다. 알데하이드와 케톤으로부터 유도되는 엔아민은 이미늄염으로 알킬화되고, 이것은 알킬화된 카보닐 화합물로 가수분해될 수 있다.

18-5 카보닐 작용기에 대한 엔올 음이온의 공격: 알돌 축합

우리는 카보닐 화합물의 작용기로서 두 가지 능력, 즉 카보닐 탄소에서의 친전자성과 인접한 α-탄소에서의 잠재적인 친핵성을 보았다. 이 절에서는 가장 흔히 이용되는 탄소–탄소 결합을 형성하는 방법 중 하나를 소개한다. 이 과정의 생성물은 β-하이드록시 카보닐 화합물이다. 계속된 물의 제거반응으로부터 α,β-불포화 알데하이드 및 케톤이 얻어진다. 다음의 세 절에서 이러한 반응들을 자세하게 설명하고, 화학 이야기 18-1과 18-2는 그들을 생물학적인 문맥으로 설명한다.

알데하이드는 염기 촉매하에서 축합반응을 한다

아세트알데하이드에 묽은 수산화 소듐 수용액 소량을 낮은 온도에서 첨가하면, 알데하이드가 이합체로 변환하여 3-하이드록시뷰탄알을 생성한다. 이것의 일반적인 이름은 **알돌**(*aldol*, 알데하이드의 *ald*와 알코올의 *ol*)이라 한다. 가열하면 이 하이드록시알데하이드는 최종 축합 생성물인 α,β-불포화 알데하이드 트랜스-2-뷰텐알을 형성한다. 이 반응이 **알돌 축합**(**aldol condensation**)의 예이다. 알돌 축합은 알데하이드에서는 보편적인 반응이고, 가끔은 케톤에서도 이러한 반응이 일어난다. 합성에서 그들의 용도를 알아보기 전에 먼저 반응 메커니즘을 알아보자.

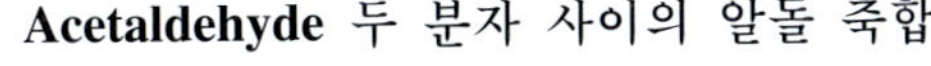

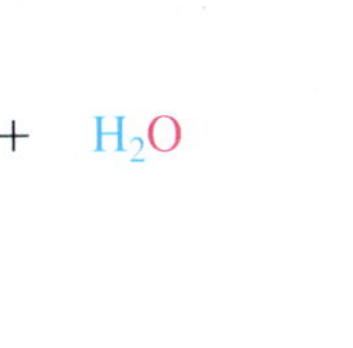

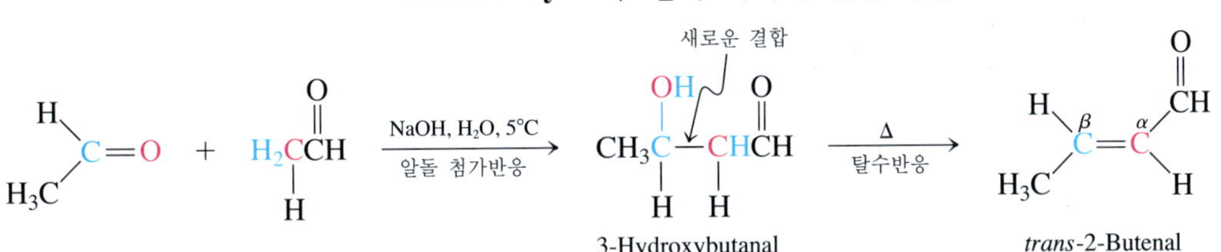

알돌 축합은 카보닐기의 반응성에서 두 가지의 가장 중요한 면을 갖는다. 엔올 음이온 생성과 카보닐기 탄소에 대한 친핵성 공격이다. 염기(하이드록사이드)는 모든 알데하이드를 엔올 음이온으로 변환시킬 만큼 충분히 강하지는 않지만, 알데하이드와 소량의 엔올 음이온 사이의 평형을 만든다. 이 이온은 과량의 알데하이드의 존재하에서 형성되었기 때문에, 그것의 친핵성 α-탄소는 다른 알데하이드 분자의 카보닐기를 공격할 수 있다. 결과적으로 생성되는 알콕사이드의 양성자첨가는 3-하이드록시뷰탄알을 만든다.

알돌 형성의 메커니즘

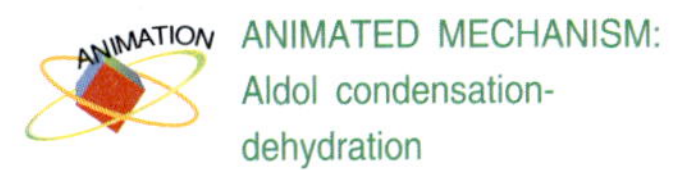

단계 1. 엔올 음이온 발생

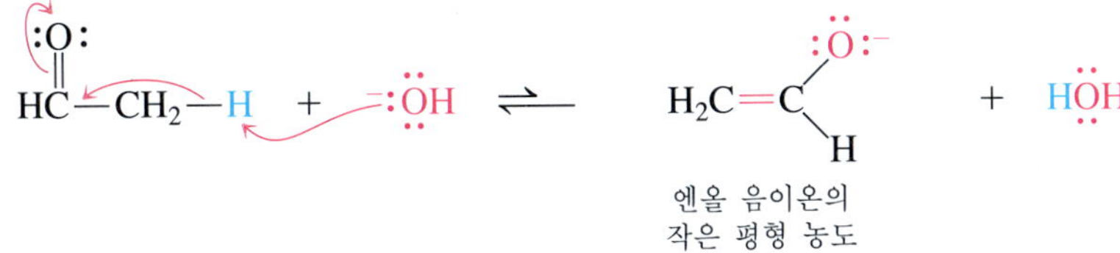

단계 2. 친핵성 공격

친전자성 카보닐 탄소

친핵성 α-탄소

새로운 탄소–탄소 결합

단계 3. 양성자첨가반응

$$CH_3\underset{H}{\overset{:\ddot{O}:^-}{C}}-CH_2\overset{:O:}{\overset{\|}{C}}H + H-\ddot{O}H \rightleftharpoons CH_3\underset{H}{\overset{:\ddot{O}H}{C}}-CH_2\overset{:O:}{\overset{\|}{C}}H + H\ddot{O}:^-$$

50 ~ 60%

3-Hydroxybutanal
(알돌)

이 반응에서 수산화 이온 작용기가 촉매로 사용되는 것에 주목하라. 연속 반응 중 마지막 두 단계에서의 평형이 반응 초기에는 생성물 쪽으로 바람직하지 않게 진행되지만, 전체 반응은 발열이 아니며, 일반적으로 50 ~ 60%의 수득률로 알돌이 생성되며, 낮은 온도(5°C)에서는 더 이상 반응하지 않는다.

연습 문제 18-13

다음 각 알데하이드를 5°C에서 알돌 축합시킬 때 hydroxyaldehyde 생성물의 구조를 밝히시오.
(a) Propanal **(b)** Butanal **(c)** 2-Phenylacetaldehyde **(d)** 3-Phenylpropanal

연습 문제 18-14

Benzaldehyde는 알돌 축합을 할 수 있는가, 또는 없는가? 그 이유를 밝히시오.

높은 온도에서 알돌은 엔올 음이온으로 전환되며, 보통 나쁜 이탈기인 수산화 이온의 제거 반응이 콘쥬게이션된 비교적 안정한 최종 생성물을 형성한다. 이 반응은 열역학적으로 지배되어 일어난다. 이 과정의 순수한 결과는 수산화 이온 촉매에 의한 알돌의 탈수반응이다. 알돌 반응을 거쳐 탈수반응에 이르는 과정을 **알돌 축합**이라고 한다. 축합은 두 분자가(통상적으로) 하나의 물 분자를 빼주면서 하나의 분자로 합쳐지는 반응(17-9절) 임을 기억하라.

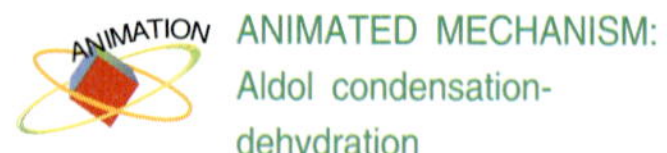

ANIMATED MECHANISM: Aldol condensation-dehydration

알돌 탈수반응 메커니즘

$$CH_3\underset{H}{\overset{:\ddot{O}H}{C}}-\underset{H}{\overset{H}{C}}-\overset{:O:}{\overset{\|}{C}}H + {}^-:\ddot{O}H \rightleftharpoons CH_3\underset{H}{\overset{:\ddot{O}H}{C}}-CH=C\begin{matrix}\ddot{O}:^-\\ H\end{matrix} + H\ddot{O}H$$

Enolate

이탈기로서 $H\ddot{O}:^-$는 특이한 경우이다

$$CH_3\underset{H}{\overset{:\ddot{O}H}{C}}-CH=C\begin{matrix}\ddot{O}:^-\\ H\end{matrix} \longrightarrow CH_3CH=CH\overset{:O:}{\overset{\|}{C}}H + H\ddot{O}:^-$$

무엇이 알돌 축합을 합성적으로 유용하게 하는가? 카보닐기와 알코올 또는 알켄기의 어느 한쪽을 가진 생성물을 만들기 위해, 탄소-탄소 결합을 가진 두 개의 카보닐 화합물은 짝을 짓는다. 예를 들어, 낮은 온도에서는 β-하이드록시카보닐 화합물이 얻어진다.

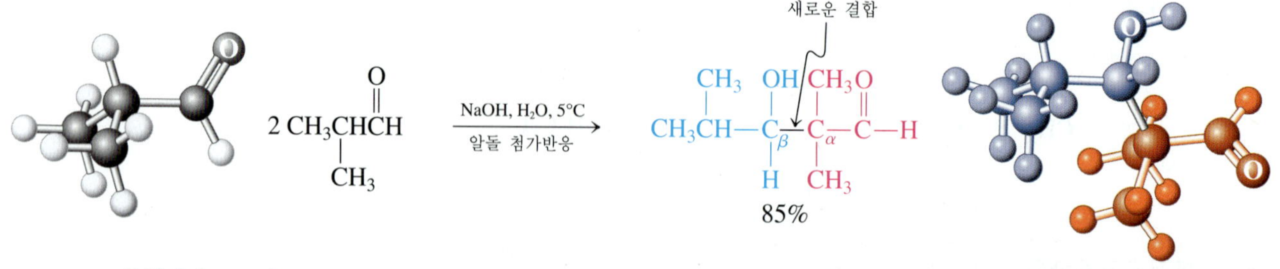

2-Methylpropanal

3-Hydroxy-2,2,4-trimethylpentanal

그러나 높은 온도에서는 합성적으로 유용성이 높은 (18-9절에서 11절) α,β-불포화 카보닐 화합물을 만든다.

2 Heptanal —(NaOH, H_2O, Δ / 알돌 첨가와 탈수반응)→ (Z)-2-Pentyl-2-nonenal 80%

새로운 이중 결합

연습 문제 18-15

연습 문제 18-13에서 각 알데하이드를 알돌 축합시켰을 때 α,β-불포화 알데하이드 생성물의 구조를 적으시오.

케톤도 알돌 축합을 할 수 있다

지금까지는 알데하이드만이 알돌 축합의 기질로써 논의되어 왔다. 케톤의 경우에는 어떠하겠는가? 아세톤(프로판온)을 염기로 처리하면 적은 양의 4-하이드록시-4-메틸-2-펜탄온이 실제로 얻어지지만, 출발물과의 평형에서 불리하기 때문에 이 반응은 잘 진행되지 않는다.

Acetone으로부터 알돌의 형성

$$CH_3\overset{O}{\overset{\|}{C}}CH_3 \underset{}{\overset{HO^-}{\rightleftharpoons}} CH_3\overset{OH}{\underset{CH_3}{C}}-CH_2\overset{O}{\overset{\|}{C}}CH_3$$

새로운 결합

94% 6%

4-Hydroxy-4-methyl-2-pentanone

케톤의 알돌 반응이 덜 일어나는 이유는 케톤에서 C=O 결합이 알데하이드에서보다 약간(약 3 kacl mol^{-1}) 더 안정하여, 케톤의 알돌 첨가는 흡열반응이다. 반응을 진행시키기 위해 반응 혼합물이 생성될 때 그것으로부터 생성물인 알코올을 계속해서 제거할 수 있다. 또는 더 격렬한 조건하에서의 탈수나 물의 제거는 α,β-불포화 케톤이 생성되는 쪽으로 평형을 이동시킨다(오른쪽 여백 참조).

$$CH_3\overset{OH}{\underset{CH_3}{C}}-CH_2\overset{O}{\overset{\|}{C}}CH_3 \xrightarrow{NaOH,\ H_2O,\ \Delta} (H_3C)_2C{=}CH\overset{O}{\overset{\|}{C}}CH_3 + H_2O\ (\text{제거})$$

80%

4-Methyl-3-penten-2-one

연습 문제 18-16

개념 문제: 알돌반응의 메커니즘 연습

Acetone의 알돌반응 메커니즘을 그리시오.

전략

문제를 풀 때 필요한 전략으로 이전에 추천했던 대로 책 내용이나 자신의 노트에서 따라할 수 있는 비슷한 유형을 찾는다. 이 경우에는 이 절 앞부분에 나온 acetaldehyde의 알돌 반응은 메커니즘이다. 단순히 기질만을 바꾸고 똑같은 과정을 따라 한다. 각 반응 화합물의 작용기에 대해서 결합 형성 부위와 결합 단절 부위를 확인하라.

풀이

- 순서대로 (1) 염기를 이용하여 엔올 음이온 형태의 한 개 acetone 분자 α-탄소에서 양성자이탈반응을 한다.
- (2) 음전하를 띤 엔올 음이온의 α-탄소를 두 번째 케톤 화합물의 카보닐 탄소에 넣는다.
- (3) 생성되는 알콕사이드 산소를 양성자첨가하여 최종적으로 하이드록시케톤 생성물을 얻는다.

$$CH_3\overset{O}{\overset{\|}{C}}-CH_2-H + {}^{-}:\ddot{O}H \underset{}{\overset{\text{단계 1}}{\rightleftharpoons}} H_2C=C(\ddot{O}:^{-})(CH_3) + H\ddot{O}H$$

$$CH_3\overset{O}{\overset{\|}{C}}CH_3 \quad CH_2=C(\ddot{O}:^{-})CH_3 \overset{\text{단계 2}}{\rightleftharpoons} CH_3C(\ddot{O}:^{-})(CH_3)-CH_2\overset{O}{\overset{\|}{C}}CH_3 + H-\ddot{O}H \overset{\text{단계 3}}{\rightleftharpoons} CH_3C(\ddot{O}H)(CH_3)-CH_2\overset{O}{\overset{\|}{C}}CH_3 + H\ddot{O}:^{-}$$

연습 문제 18-17

자습 문제

위의 알돌 반응은 가역 반응이다. 이 반응의 생성물 4-hydroxy-4-methyl-2-pentanone이 ^{-}OH의 존재하에 다시 두 분자의 아세톤으로 돌아가는 반응 메커니즘을 제시하시오.

화학 이야기 18-1

자연에서의 효소 촉매 입체선택성 알돌 축합

자연에서 가장 흔한 당류인 글루코스($C_6H_{12}O_6$, 24-1절)는 지구상의 모든 생명체에게 절대적으로 필요하다. 이것은 많은 생물종에서 중추신경계를 포함한 주요 장기의 유일한 에너지원으로 쓰인다. 모든 생물종들은 글루코스를 더 작은 화합물로부터 합성한다. 이 과정을 **포도당신합성**(*gluconeogenesis*)이라고 하며, 이 과정에서 두 개의 세 개짜리 탄소 화합물로부터 탄소-탄소 결합을 만들기 위해서[적절하게 명명된 **알돌레이스**(*aldolase*) 효소를 촉매로 하여] 교차 알돌 축합을 이용한다.

효소에 있는 일차 아민(정확하게는 아미노산 라이신의 치환기 부분, 26-1절)이 1,3-다이하이드록시아세톤 모노포스페이트 에스터(monophosphate ester of 1,3-dihydroxyacetone)의 카보닐기와 축합하여 이미늄염을 만든다. 효소를 촉매로 한 양성자이탈을 통하여 엔아민(17-9절)이 형성되고, 이것의 친핵성 탄소(붉은색)가 2,3-다이하이드록시프로판알(글리세르알데하이드)의 알데하이드 카보닐 탄소(푸른색)를 공격한다. 이 교차 알돌 반응의 질소 변형 반응은 100% 입체선택성으로 일어난다. 효소가 두 개의 기질 분자를 하나의 잘 정렬된 형태로 서로 접근하게 하여, 엔아민 탄소(붉은색)와 카보닐 탄소(푸른색) 모두 아래쪽 면에서만 화학 결합이 일어나서 생성물에서 보여지는 입체구조만이 얻어진다. 얻어지는 이미늄염의 가수분해반응은 탄소 여섯 개짜리 당류인 프럭토스(fructose) 포스페이트 에스터를 만들어 주고, 이것으로부터 글루코스가 만들어진다.

$$\text{효소}-NH_2 + O=C(CH_2OPO_3^{2-})-CH_2OH \xrightarrow{-H_2O} \text{효소}-\overset{+}{N}H=C(CH_2OPO_3^{2-})-CH_2OH \quad (H \leftarrow :\text{염기}) \rightleftharpoons$$

1,3-Dihydroxyacetone monophosphate

$$\text{효소}-\ddot{N}H-C(CH_2OPO_3^{2-})=CH(OH) + HC(=O)-CH(OH)CH_2OPO_3^{2-} \longrightarrow \text{효소}-\overset{+}{N}H=C(CH_2OPO_3^{2-})-CH(OH)-CH(OH)-CH(OH)-CH_2OPO_3^{2-} \xrightarrow{H_2O} O=C(CH_2OPO_3^{2-})-CH(OH)-CH(OH)-CH(OH)-CH_2OPO_3^{2-}$$

엔아민

(*R*)-Glyceraldehyde-3-phosphate

Fructose-1,6-diphosphate

요약 엔올화할 수 있는 알데하이드와 염기를 촉매로 작용시키면 낮은 온도에서 β-하이드록시알데하이드가 생성되고, 가열하면 α,β-불포화 알데하이드가 얻어진다. 이 반응은 카보닐 작용기에 엔올 음이온 공격으로 진행된다. 케톤 카보닐기에 대한 알돌 첨가반응은 에너지적으로 선호되지 않는다. 케톤의 알돌 축합으로 생성물을 얻기 위해서는, 반응 중에 생성되는 알돌이나 물의 제거와 같은 특별한 조건이 필요하다.

18-6 교차 알돌 축합

하나의 알데하이드의 엔올 음이온과 또 다른 카보닐 탄소 사이에 알돌 축합을 수행하면 무슨 일이 일어날까? 이러한 경우를 **교차 알돌 축합(crossed aldol condensation)**이라고 하며, 양쪽 알데하이드의 엔올 음이온이 모두 존재할 수 있으며, 출발물 모두의 카보닐기와 반응할 수 있다. 예를 들어, 아세트알데하이드와 프로판알의 1 : 1 혼합물은 비슷한 수득률로 네 가지의 가능한 알돌 첨가 생성물을 만든다.

Propanal과 acetaldehyde의 비선택적인 교차 알돌 반응

(네 가지 반응 모두 동시에 일어난다)

1. 프로판알 엔올 음이온이 아세트알데하이드에 첨가된다.

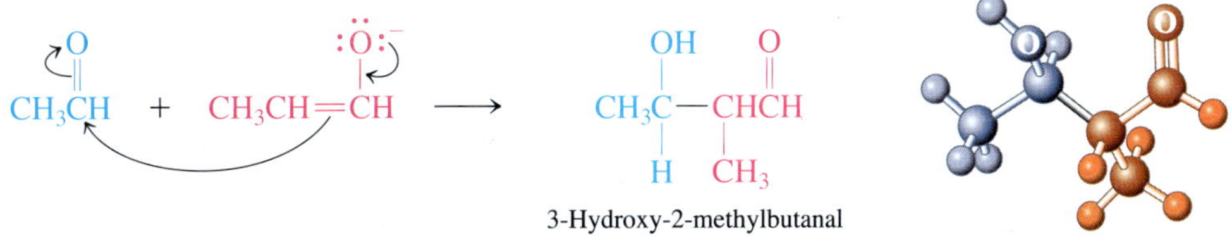

3-Hydroxy-2-methylbutanal

화학 이야기 18-2

효소를 이용한 유기 합성: 입체선택성 교차 알돌 축합

자연에서 알돌 축합의 촉매로 작용하는 효소를 실험실 합성에도 활용할 수 있다. 자연에서 2-데옥시라이보스-5-포스페이트 알돌레이스(2-deoxyribose-5-phosphate aldolase, DERA)는 아세트알데하이드와 글리세르알데하이드 3-포스페이트의 축합반응의 촉매로 작용하여, 모든 생명체에 존재하는 DNA(26장)의 당 부분인 2-데옥시라이보스의 포스페이트 에스터를 만든다.

$^{2-}O_3PO$ … OH … O, H + CH_3CHO —DERA→ $^{2-}O_3PO$ … OH … OH … O, H

(*R*)-Glyceraldehyde 3-phosphate   2-Deoxyribose 5-phosphate

DERA는 실험실에서 교차 알돌 생성물을 만드는데 사용되어, 100%의 입체선택성과 각 기질의 역할이 100%가 되게 반응이 진행되는 것이 보여졌다. 한 예로 프로판알과 (2*R*)-3-아지도-2-하이드록시프로판알과의 축합반응의 촉매로 사용되었다. 이 축합반응은 네 가지 가능한 경로 중에서 오직 한 경로만으로 진행되어, 프로판알의 α-탄소와 치환된 알데하이드의 카보닐기와 반응하였다. 생성되는 두 개의 입체중심은 C2에서는 *R* 배열과 C3에서는 *S* 배열의 하나만의 배열로 얻어졌다. 아지도(azido)기는 쉽게 환원되어 아미노(NH_2)기가 되고, 결과적으로 얻어지는 화합물은 **아미노당**(*amino sugar*)이라는 높은 생리 활성을 가지는 화합물군의 구성원이기 때문에, 이러한 응용은 큰 의미를 가진다. 이 화합물 군에는 고혈압 치료뿐 아니라 항생제와 항암제들이 포함되어 있다(24-12절).

N_3 … OH … O, H + CH_3CH_2CHO —DERA→ N_3 … OH, CH_3 … OH … O, H

(2*R*)-3-Azido-2-hydroxypropanal   (2*R*,3*S*,4*R*)-5-Azido-3,4-dihydroxypentanal

2. 아세트알데하이드 엔올 음이온이 프로판알에 첨가된다.

$$CH_3CH_2\overset{O}{\overset{\|}{C}}H + CH_2{=}\overset{:\ddot{O}:^-}{\overset{|}{C}}H \longrightarrow CH_3CH_2\overset{OH}{\underset{H}{C}}-CH_2\overset{O}{\overset{\|}{C}}H$$

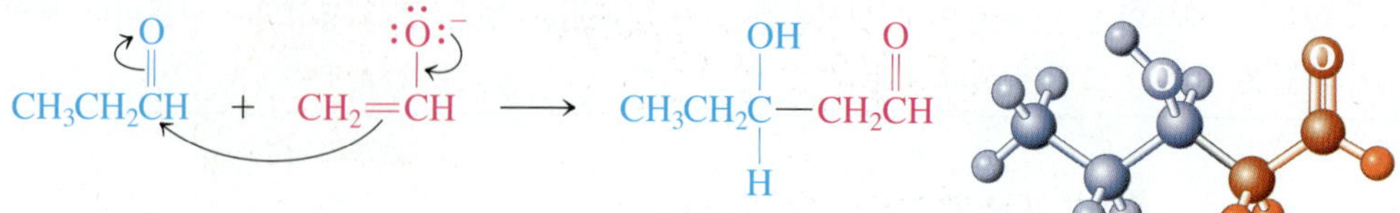

3-Hydroxypentanal

3. 아세트알데하이드 엔올 음이온이 아세트알데하이드에 첨가된다.

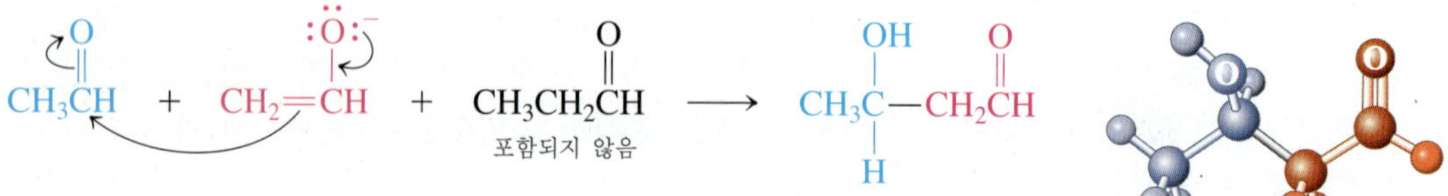

$$CH_3\overset{O}{\overset{\|}{C}}H + CH_2{=}\overset{:\ddot{O}:^-}{\overset{|}{C}}H + CH_3CH_2\overset{O}{\overset{\|}{C}}H \longrightarrow CH_3\overset{OH}{\underset{H}{C}}-CH_2\overset{O}{\overset{\|}{C}}H$$

(CH_3CH_2CHO: 포함되지 않음)

3-Hydroxybutanal

4. 프로판알 엔올 음이온이 프로판알에 첨가된다.

$$CH_3CH_2\overset{O}{\overset{\|}{C}}H + CH_3CH{=}\overset{:\ddot{O}:^-}{\overset{|}{C}}H + CH_3\overset{O}{\overset{\|}{C}}H \longrightarrow CH_3CH_2\overset{OH}{\underset{H}{C}}-\underset{CH_3}{C}H\overset{O}{\overset{\|}{C}}H$$

(CH_3CHO: 포함되지 않음)

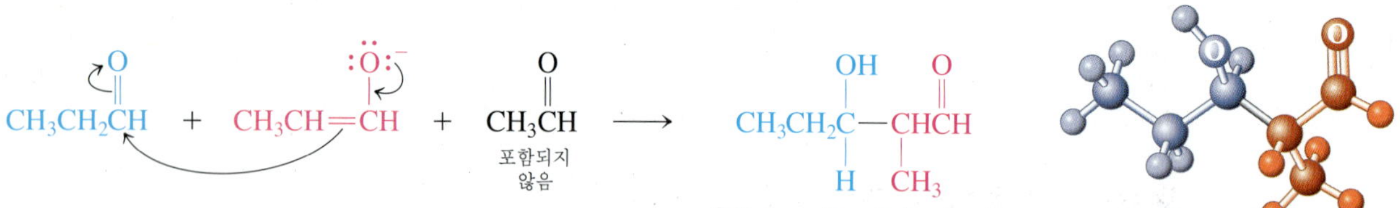

3-Hydroxy-2-methylpentanal

두 가지의 서로 다른 알데하이드의 반응으로부터 한 가지의 알돌 생성물을 효율적으로 합성할 수 있겠는가? 알데하이드 중 하나가 **엔올화할 수 있는 수소**를 가지고 있지 않을 때에는 가능하다. 그 이유는 네 가지의 가능한 축합 생성물 중 두 가지는 생성될 수 없기 때문이다. 염기의 존재하에서 엔올화할 수 없는 과량의 반응물에 엔올화할 수 있는 알데하이드를 서서히 가하면, 엔올 음이온이 생성되자마자 과량의 다른 알데하이드와 우선적으로 반응한다.

성공적인 교차 알돌 축합

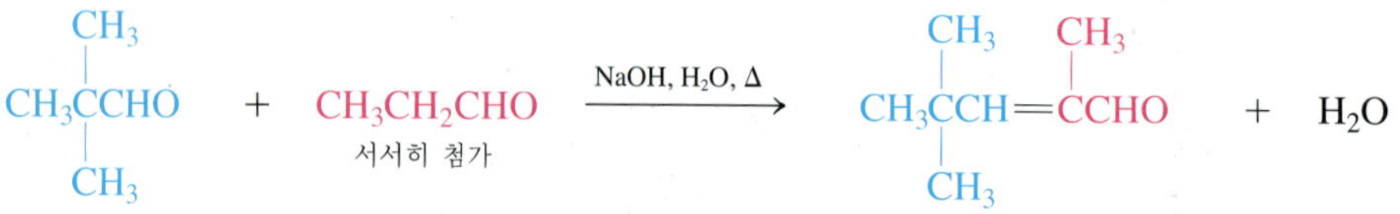

$$CH_3\overset{CH_3}{\underset{CH_3}{C}}CHO + CH_3CH_2CHO \xrightarrow{NaOH,\ H_2O,\ \Delta} CH_3\overset{CH_3}{\underset{CH_3}{C}}CH{=}\overset{CH_3}{C}CHO + H_2O$$

2,2-Dimethylpropanal (α-수소가 없음) + Propanal (서서히 첨가) → 2,4,4-Trimethyl-2-pentenal

연습 문제 18-18

다음 알돌 축합의 생성물을 나타내시오.

(a) 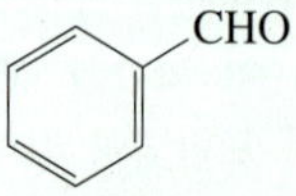 C_6H_5CHO (benzene ring with CHO) + CH_3CHO

(b) 2 (cyclohexane ring with CHO) (reacts with itself)

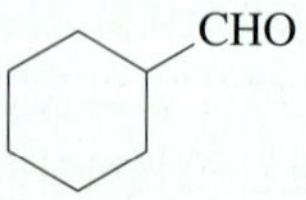

(c) $CH_2{=}CHCHO + CH_3CH_2CHO$

연습 문제 18-18 (a) 반응의 생성물의 관용명인 cinnamaldehyde는, 위의 맛있는 것들에 맛을 주는 향미료로부터 유래한다.

요약 교차 알돌 축합은 반응물 중 하나가 엔올화될 수 없는 경우를 제외하고는 혼합 생성물을 만든다.

18-7 분자내 알돌 축합

동일 분자내에서 엔올 음이온과 카보닐기 사이의 알돌 축합도 일어날 수 있다. 이러한 반응을 **분자내 알돌 축합(intramolecular aldol condensation)**이라고 하며, 이 반응은 고리 화합물, 특히 오원자 고리와 육원자 고리 화합물의 합성에서 중요하다.

묽은 헥산다이알 용액과 염기성 수용액을 가열하면 고리 생성물인 1-사이클로펜텐카브알데하이드를 생성한다. 이때 분자의 한쪽 끝은 친핵체 엔올 음이온(양성자이탈반응 후에)으로 작용하고, 다른 한쪽은 친전자체 카보닐로 작용한다. 알돌 첨가반응 후에 탈수반응으로 생성물이 얻어진다.

HCCH$_2$CH$_2$CH$_2$CH$_2$CH (Hexanedial; 엔올 음이온 생성 자리) $\xrightarrow[-H_2O \text{ 알돌 첨가반응}]{KOH,\ H_2O,\ \Delta}$ [새로운 결합] $\xrightarrow[\text{탈수반응}]{-H_2O}$ 1-Cyclopentenecarbaldehyde 62%

왜 분자내 알돌 축합은 **분자간**(*intermolecular*) 알돌 축합에 우선하여 일어나는가? 한 가지 이유는 다른 분자에 있는 카보닐에 대한 공격은 반응 혼합물에서의 다이알데하이드의 농도가 묽게 유지되어 최소화된다. 그것보다도 더 중요한 요인은 분자간 반응은 하이드록시알데하이드 생성물이 만들어질 때, 두 분자가 하나로 되는 과정에서 엔트로피가 감소되는 것을 극복하여야 한다. 반면에 분자내 반응은 단순히 비고리 기질이 고리 화합물로 되는 것으로, 엔트로피의 변화가 적으므로 분자내 반응이 속도론적으로(9-6절)도 열역학적으로(17-8절)도 선호된다.

이 분자내 반응의 엔트로피 면에서의 이점은 고리와 두고리 α,β-불포화 케톤을 만들어 주는 분자내 케톤 축합에서 잘 나타난다. 케톤은 일반적으로 두 개의 엔올화 가능 α-탄소를 가지고 있어 여러 개의 알돌 생성물이 가능하다. 그러나 반응의 가역성이 가장 변형성이 적은 고리, 일반적으로 오원자 또는 육원자 고리가 만들어지는 것을 보장해 준다. 결과적으로 2,5-헥세인다이온의 축합반응은 C1의 엔올 음이온과 C5의 카보닐 사이에서 일어난다. 변형 부담이 큰 삼원자 고리를 만드는 또 다른 가능한 경로인 C3 엔올 음이온의 C5에의 공격으로 얻어진 생성물은 얻어지지 않는다.

2,5-Hexanedione으로부터 변형 부담으로 분리한 고리의 형성

H$_3$C–CO–CH$_2$CH$_2$–CO–CH$_3$ ⇌ (H$_3$C, OH, H, 삼원자 고리, COCH$_3$) ⇌ (H$_3$C, 사이클로프로펜, COCH$_3$)

다이온의 분자내 알돌 축합

$CH_3\overset{5}{C}CH_2\overset{3}{C}H_2\overset{1}{C}CH_3$ (2,5-Hexanedione) $\xrightarrow{NaOH,\ H_2O,\ \Delta}$ 3-Methyl-2-cyclopentenone (새로운 결합) 42% + H_2O

MODEL BUILDING

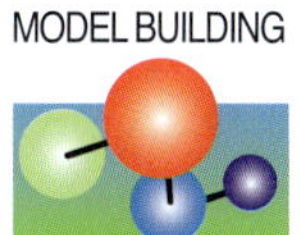

연습 문제 18-19

다음 화합물의 분자내 알돌 축합의 생성물을 예상하시오.

(a) Cyclodecane-1,5-dione

(b) $C_6H_5\overset{O}{\overset{\|}{C}}(CH_2)_2\overset{O}{\overset{\|}{C}}CH_3$

(c) 2-(CH$_2$C(=O)(CH$_2$)$_3$CH$_3$)사이클로펜탄온 구조: cyclopentanone–CH$_2$C(CH$_2$)$_3$CH$_3$ (C=O)

(d) 2,7-Octanedione

화학 이야기 18-3

자연에서 불포화된 알데하이드의 반응: 시각의 화학

트랜스-레틴알 →(레틴알 이성질화효소) 시스-레틴알

비타민 A(레틴올, 14-7절과 이 장의 시작 부분)는 시력에 중요한 영양 인자이다 효소 촉매 산화반응이 이것을 트랜스-레틴알로 바꾸어 준다. 트랜스-레틴알은 우리 눈의 빛 수용체 세포에 존재하며, 생리 활성을 나타내기 위해서는 **레틴알 이성질화효소**(*retinal isomerase*)라는 효소에 의해서 시스-레틴알로 이성질체화되어야 한다. 시스-레틴알은 시스 이중 결합에 존재하는 입체 장애에 의해서 "눌려 있는 스프링"처럼 작용한다. 이 분자는 **옵신**(*opsin*, 분자량이 38,000 정도됨)이라는 단백질의 활성 자리에 잘 맞아 들어간다. 다음 쪽의 그림에서 보는 것처럼 시스-레틴알은 옵신의 아민 치환기와 반응하여 눈에서 빛에 민감한 분자 부분인 **로돕신**(*rhodopsin*)이라는 이민을 만든다. 506 nm ($\epsilon = 40{,}000$)에서 λ_{max}를 가지는 로돕신의 전자 스펙트럼은 양성자첨가된 이민기가 존재함을 나타낸다.

광자가 로돕신에 부딪히면 시스-레틴알 부분이 피코초(10^{-12} s) 사이에 매우 빨리 트랜스 이성질체로 이성질체화한다. 이 이성질체화가 구조적인 변화를 가지고와 원래 분자가 단백질의 구멍에 딱 맞던 것에 막대한 지장을 초래한다. 나노초(10^{-9} s) 사이에 단백질 구조의 형태 변화와 함께 이 광생성물로부터 새로운 중간체들이 형성되면서, 궁극적으로는 잘 맞지 않던 레틴알 부분이 가수분해되어 나온다. 이 일련의 과정이 우리에게는 빛으로 인식되는 신경 자극을 시작한다. 트랜스-레틴알은 레틴알 이성질화효소에 의해 시스 형태로 다시 이성질체화하여, 광자를 다시 받아 들일 수 있는 로돕신을 재형성한다. 이 메커니즘의 가장 놀라운 부분은 눈이 오직 하나만의 광자가 레틴알에 영향을 주는 것을 인지할 수 있을 정도의 민감성을 가지고 있다는 것이다.

신경 세포를 이용한 연구를 통해서 로돕신에 붙어 있는 레틴알의 이성질체화에 의해서 유발된 구조적 변화가, 세포막에 자리하고 있는 이온 채널이라고 하는 특정한 단백질에 "구멍"을 물리적으로 열어 준다는 것을 알아냈다. 양전하를 띤 이온들이 이 구멍을 통해서 세포 안으로 흘러들어가 전류를 만들어 준다. 이 과정과 시각에서 과정의 차이점은, 시각 시스템 세포에서는 로돕신의 구조적 변화가 직접적으로 이온 채널의 구멍을 열어 주는 것은 아니라는 것이다. 대신 로돕신으로부터 떨어져 나온 트랜스-레틴알이 Gillman*과 Rodbell†에 의해서 발견된 G-단백질이라고 하는 물질을 활성화시켜 준다. G 단백질은 세포막의 안쪽 표면에 붙어 있어 활성화되면, 이온 채널을 열어 주어 신경 자극의 전기 신호를 유발한다.

*Alfred G. Gilman 교수(1941년생), Texas Southwest 대학교, Medical School, 1994년(노벨 생리의학상).

†Martin Rodbell 박사 (1925~1998), National Institutes of Health, 1994년 노벨 생리의학상.

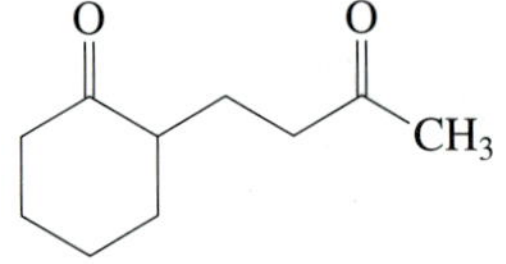

2-(3-Oxobutyl)cyclohexanone

연습 문제 18-20

2-(3-oxobutyl)cyclohexanone(왼쪽 여백 구조)의 분자내 알돌 축합이 원칙적으로는 네 가지의 서로 다른 화합물을 생성한다(입체화학을 무시할 때). 이 생성물의 구조를 그리고, 가장 생성되기 쉬운 것이 무엇인지 제안하시오(**힌트**: 모형을 그려보라!).

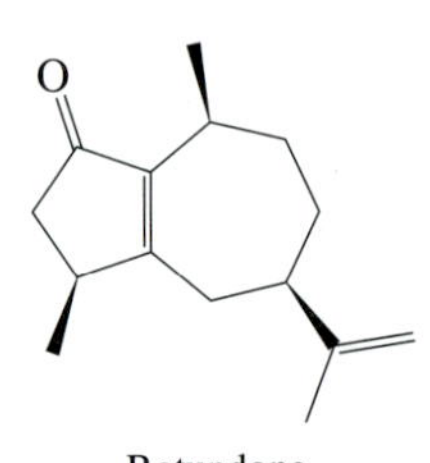

Rotundone

연습 문제 18-21

주단계에서 알돌 축합을 이용하여, 자유롭게 선택한 출발물로부터 다음 화합물을 합성하시오(**힌트**: 두 번째 합성은 이중 알돌 축합을 필요로 한다).

(a) (1-cyclopentenyl)–CH=CHCCH$_3$ (C=O)

(b) (OH, OH, =O 구조)

시스-레틴알 + 옵신 ($H_2\ddot{N}$-단백질) $\xrightarrow[-\,H_2O]{H^+,\ H_2O}$ 로돕신

광자 흡수 전 로돕신 —($h\nu$)→ 광자 흡수 후 로돕신

(시스-레틴알, 단백질 / 트랜스-레틴알, 단백질)

요약 분자내 알돌 축합은 알데하이드와 케톤을 반응시킬 때 좋은 결과를 가져온다. 이 과정은 매우 위치선택성으로 반응하여 변형 에너지(strain energy)가 가장 작은 사이클로알켄온이 얻어진다.

18-8 α,β-불포화 알데하이드 및 케톤의 특성

이제까지 알돌 축합반응의 생성물은 α,β-불포화 알데하이드 및 케톤임을 보았다. α,β-불포화 알데하이드와 케톤의 성질은 어떻게 각각 두 종류 이중 결합의 개별적인 특성과 비교될까? 어떤 상황에 있어서 그들의 화학은 두 가지 이중 결합의 특징적인 거동의 단순한 혼합이나, 다른 경우에는 하나의 작용기인 **엔온(enone)** 또는 α,β-불포화 카보닐로 작용한다는 것을 보게 될 것이다. 이 이후의 장에서는 이와 같은 복잡한 반응성이 **두 개의 작용기를 가지는 화합물(이작용기 화합물, difunctional compound)**의 전형적인 특성임을 알게 될 것이다.

후추(말리기 전 과일 모습의 사진)의 특징적인 향은 세스퀴터펜(4-7절)인 두고리 α,β-불포화 케톤 화합물 rotundone으로부터 나온다. rotundone은 바질, 오레가노, 타임에도 존재하며, 레드 와인의 후추향에도 일부 기여한다. 분자내 알돌 축합을 이용한 rotundone의 합성은 문제 46에서 다룬다.

콘쥬게이션된 불포화 알데하이드와 케톤은 콘쥬게이션 되지 않은 이성질체보다 더 안정하다

콘쥬게이션된 다이엔처럼(14-5절), α,β-불포화 알데하이드와 케톤은 공명에 의해서 안정화된다. 그 결과 카보닐 탄소에서의 부분적인 양전하의 비편재화가 일어난다. 결과적으로 왼쪽 여백 나타낸 2-뷰텐알의 정전기 퍼텐셜 지도에서 보는 것처럼, 이중 결합은 비교적 전자가 부족(초록색, 붉은색이 아님. 12-3절을 비교하라)하고, β-탄소는 친전자성(푸른색)이다.

2-Butenal

2-Butenal의 공명 구조

$$\left[CH_3CH{=}CH{-}CH{=}\ddot{O}: \longleftrightarrow CH_3CH{=}CH{-}\overset{+}{C}H{-}\ddot{O}:^- \longleftrightarrow CH_3\overset{+}{C}H{-}CH{=}CH{-}\ddot{O}:^-\right]$$

콘쥬게이션되지 않은 β,γ-불포화 카보닐 화합물은 콘쥬게이션된 이성질체로 쉽게 재배열을 한다. 탄소-탄소 이중 결합은 카보닐기와 "콘쥬게이션되는 위치로 이동"한다. 다음의 예를 보자.

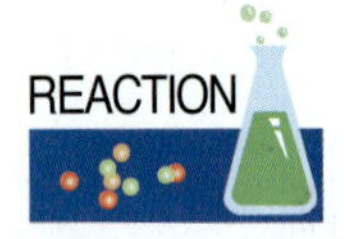

β,γ-불포화 카보닐 화합물의 콘쥬게이션계로의 이성질체화반응

$$\overset{\gamma}{C}H_2{=}\overset{\beta}{C}HCH_2CH{=}O \xrightarrow{H^+ \text{ 또는 } HO^-,\ H_2O} CH_3\overset{\beta}{C}H{=}\overset{\alpha}{C}HCH{=}O$$

3-Butenal → 2-Butenal: 콘쥬게이션으로 더 안정

이성질체화반응(isomerization)은 산 또는 염기 촉매에 의해 일어날 수 있다. 염기 촉매 반응에서 반응의 중간체는 말단 탄소에서 다시 양성자첨가되는 콘쥬게이션된 다이엔올 음이온이다.

β,γ-불포화 카보닐 화합물의 염기 촉매에 의한 이성질체화반응의 메커니즘

$$CH_2{=}CHCH_2{-}CH{=}\ddot{O}: + H\ddot{\underset{..}{O}}:^- \xrightleftharpoons{\text{양성자이탈반응}}$$

$$\left[CH_2{=}CH{-}\ddot{C}H^-{-}CH{=}\ddot{O}: \longleftrightarrow CH_2{=}CH{-}CH{=}CH{-}\ddot{O}:^- \longleftrightarrow :\overset{-}{C}H_2{-}CH{=}CH{-}CH{=}\ddot{O}:\right] + H{-}\ddot{O}H \xrightleftharpoons{\text{재양성자첨가반응}}$$

다이엔올 음이온

이곳에의 양성자첨가반응이 콘쥬게이션 알데하이드를 만들어 준다

$$CH_3CH{=}CHCH{=}\ddot{O}: + H\ddot{\underset{..}{O}}:^-$$

연습 문제 18-22

3-Butenal의 산촉매 이성질체화반응으로 2-butenal이 되는 메커니즘을 제시하시오(**힌트**: 중간체는 1,3-butadien-1-ol이다).

α,β-불포화 알데하이드 및 케톤은 그들 각각의 작용기의 전형적인 반응을 한다

α,β-불포화 알데하이드와 케톤은 탄소-탄소, 탄소-산소 이중 결합의 화학에서 완전히 예측가능한 많은 반응을 한다. 예를 들어, 탄소에 대해 팔라듐에 의한 수소첨가반응은 포화 카보닐 화합물을 만든다.

H_2, Pd–C, $CH_3CO_2CH_2CH_3$ (ethyl acetate 용매)

95%

탄소-탄소 π계는 또한 친전자성 첨가반응을 한다. 예를 들어, 브로민화반응은 다이브로모 카보닐 화합물을 생성한다(12-5절과 비교하라).

$CH_3CH{=}CHCCH_3$ (O) —Br–Br, CCl_4→ $CH_3CHCHCCH_3$ (Br, Br, O)

60%

3-Penten-2-one 3,4-Dibromo-2-pentanone

카보닐기는 일반적인 첨가반응을 일으킬 수 있다(17-5절). 즉, 하이드록실 아민의 친핵성 첨가반응(17-9절)에서는 예상되는 축합 생성물이 얻어진다(다음 절 참조).

$C_6H_5CH{=}CHCCH_3$ (O) —NH_2OH, H^+ / $-H_2O$→ $C_6H_5CH{=}CHCCH_3$ (=N–OH)

4-Phenyl-3-buten-2-one

옥심
(m.p. 115°C)

연습 문제 18-23

Propanal로부터 3-phenyl-2-methyl-1-propanol의 합성을 제안하시오.

요약 α,β-불포화 알데하이드와 케톤은 콘쥬게이션되지 않은 것보다 더 안정하며, 염기 또는 산이 이성질계의 상호변환을 위해 촉매작용을 한다. 알켄과 카보닐 화합물의 전형적인 반응은 α,β-불포화 알데하이드 및 케톤에서도 일어나는 반응이다.

18-9 α,β-불포화 알데하이드와 케톤에 대한 콘쥬게이션 첨가반응

우리는 α,β-불포화 알데하이드 및 케톤의 콘쥬게이션 카보닐기가, 어떻게 전체 작용계를 포함하는 반응을 하는지 알아본다. 이러한 반응은 1,3-뷰타다이엔과 반응하는 형태의 1,4-첨가반응(14-6절)이다. 시약에 따라 반응은 산촉매, 라디칼, 친핵성 첨가반응 메커니즘으로 진행한다.

모든 콘쥬게이션계는 1,4-첨가반응을 일으킨다

콘쥬게이션계의 단지 하나의 π 결합과 관련된 첨가반응은 1,2-첨가반응(14-6절과 비교)으로 분류된다. 예를 들면, α,β-불포화 알데하이드와 케톤의 탄소-산소 이중 결합에 대한 NH_2OH 첨가반응과 탄소-탄소 이중 결합에 대한 Br_2의 첨가반응이 있다(18-8절).

콘쥬게이션된 엔온에 극성 시약 A–B의 1,2-첨가반응

그러나 몇 가지 시약들은 콘쥬게이션 π계에 1,4-방식으로 첨가되는데, 이것을 **콘쥬게이션 첨가반응(conjugate addition)**이라고 한다. 이때 시약의 친핵성 부분은 β-탄소에 첨가되고, 친전자성 부분(일반적으로, 양성자)은 카보닐 산소에 결합된다. 아래쪽에 그려진 공명 구조나 공명 혼성체 구조와 같이 α,β-불포화 카보닐 화합물의 β-탄소는 부분 양전하를 가지고 있어, 이 화합물에서 카보닐 탄소에 이어서 두 번째의 친전자체 부분이다(17-2절을 기억하라). 그러므로 β-탄소에의 친핵체의 첨가반응은 놀라운 일은 아니다.

α,β-불포화 카보닐 화합물의 공명 구조들

처음 생성된 엔올은 케토형으로 전이된다. 최종 생성물은 탄소–탄소 이중 결합에 Nu—H의 1,2-첨가반응의 결과물이 된다.

콘쥬게이션된 엔온에 극성 시약 A–B의 1,4-첨가반응

산소와 질소 친핵체는 콘쥬게이션 첨가반응을 한다

다음의 예에서처럼(수화반응과 아민화반응), 물, 알코올, 아민은 유사한 친핵체 1,4-첨가반응을 일으킬 수 있다. 이 반응은 산 또는 염기 촉매에 의해 진행되지만, 염기 촉매에 의한 것이 생성물의 생성 속도가 더 빠르고, 수득률도 높다. 이 과정은 높은 온도에서 쉽게 가역적이 된다.

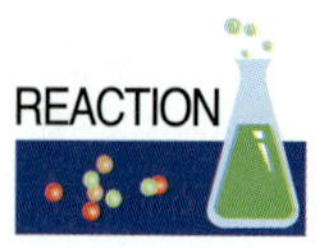

$$\mathrm{CH_2{=}CH\overset{O}{\overset{\|}{C}}CH_3 \xrightleftharpoons{HOH,\ Ca(OH)_2,\ -5°C} HOCH_2{-}\underset{H}{\underset{|}{C}}H\overset{O}{\overset{\|}{C}}CH_3}$$

β-탄소: 친핵성 공격 자리

3-Buten-2-one　　　4-Hydroxy-2-butanone

$$(CH_3)_2C{=}CHCCH_3 \xrightleftharpoons{CH_3NH_2,\ H_2O} (CH_3)_2C(NHCH_3){-}CH_2CCH_3$$

친핵성 공격 자리

4-Methyl-3-penten-2-one → 4-Methyl-4-(methylamino)-2-pentanone 75%

무엇이 1,2- 또는 1,4-첨가반응 중 어느 것이 일어날지를 결정하는가? 친핵체와의 반응에서처럼 두 과정은 가역적이다. 보통 1,4-생성물들이 카보닐 화합물이어서 1,2-첨가반응으로부터 생성된 화학종(수화물, 헤미아세탈 또는 헤미아미날, 17-6, 17-7, 17-9절)보다 안정하기 때문에 주로 생성된다. 예외로는 하이드록실아민, 세미카바자이드 또는 하이드라진과 같은 아민 유도체들이 포함된다. 궁극적으로 1,2-첨가반응은 용액에서 침전물을 형성하여 평형을 이민 생성물 쪽으로 보내 준다.

염기 촉매에 의한 콘쥬게이션 알데하이드 및 케톤에 대한 첨가반응 메커니즘은, 친핵체가 β-탄소를 직접 공격하여 엔올 음이온이 생성된 다음 양성자첨가된다.

α,β-불포화 알데하이드 및 케톤의 염기 촉매에 의한 수화반응 메커니즘

MECHANISM

$$HO:^- + C{=}C{-}C{=}O \rightleftharpoons HOC{-}C{=}C{-}O^- \xrightleftharpoons{H-OH} HOC{-}CH{-}C{=}O + {}^-:OH$$

연습 문제 18-24

Methanol 속에서 3-chloro-2-cyclohexenone을 sodium methoxide로 처리하여 3-methoxy-2-cyclohexenone을 얻었다. 이 반응의 메커니즘을 쓰시오(**힌트**: 콘쥬게이션 첨가반응으로 시작하라).

β-탄소에서 친핵체와의 새로운 결합을 형성하는 능력은, 합성에 있어 α,β-불포화 알데하이드와 케톤을 극히 유용하게 만든다. 이러한 능력은 탄소 친핵체로 확장되어 새로운 탄소-탄소 결합의 형성을 가능하게 한다. 이 장의 나머지 부분은 이러한 형태의 반응 과정을 보여 준다.

사이안화 수소는 콘쥬게이션 첨가반응을 한다

산 존재하에서 콘쥬게이션된 알데하이드 또는 케톤을 사이안화물로 처리하면, 사이아노하이드린 생성(17-11절)과는 대조적으로, 이 반응은 β-탄소에 사이안화물의 공격에 의한 생성물을 생성한다. 이와 같은 변환은 1,4-첨가반응의 경로를 따른다. 이 반응은 산소의 양성자첨가반응을 포함하고, 그런 다음 친핵성 β-공격, 결국에는 엔올-케토 토토머화반응을 포함한다.

$$C_6H_5CCH{=}CH_2$$ (C=O)

1-Phenylpropenone

↓ KCN, H^+

$$C_6H_5CCHCH_2CN$$ (C=O, H)

67%

4-Oxo-4-phenyl-butanenitrile

연습 문제 18-25

1-Phenylpropenone에 산촉매에 의한 사이안화물의 1,4-첨가반응 메커니즘을 쓰시오(왼쪽 여백을 참조).

요약 α,β-불포화 알데하이드 및 케톤은 1,4-첨가반응을 하기 때문에 유기 합성에 있어서 매우 유용한 합성 단위이다. 사이안화 수소 첨가반응에 의해 β-사이아노 카보닐 화합물이 얻어진다. 산소 및 질소 친핵체도 β-탄소에 첨가될 수 있다.

18-10 유기금속 시약의 1,2-와 1,4-첨가반응

유기금속 시약은 1,2- 또는 1,4- 형태의 어느 쪽으로도 α,β-불포화 카보닐에 첨가될 수 있다. 예를 들어, 유기리튬 시약은 카보닐 탄소에 직접 친핵성 공격을 하여 우선적으로 반응한다.

유기리튬의 1,2-첨가반응

$$(CH_3)_2C{=}CHCOCH_3 \xrightarrow[2.\ H^+,\ H_2O]{1.\ CH_3Li,\ (CH_3CH_2)_2O} (CH_3)_2C{=}CHC(OH)(CH_3)CH_3$$

4-Methyl-3-penten-2-one → 2,4-Dimethyl-3-penten-2-ol (81%)

α,β-불포화 알데하이드나 케톤과 Grignard 시약의 반응은 일반적으로 매우 유용하지는 않다. Grignard 시약은 1,2-첨가반응, 1,4-첨가반응을 줄 수 있지만, 반응하는 화학종의 구조나 반응 조건에 의존하기 때문이다. 다행히도, 유기금속 시약의 또 다른 형태인, 유기구리화합물은 콘쥬게이션 첨가에 의한 생성물만을 합성하는 데 매우 효과적이다. **유기구리화합물 (organocuprate)**은 R_2CuLi의 실험식을 가지며, CuI 1당량에 유기리튬 시약 2당량을 첨가하여 얻을 수 있다.

유기구리화합물 제조의 예

$$2\ CH_3Li + CuI \rightarrow (CH_3)_2CuLi + LiI$$

Lithium dimethylcuprate
(유기구리화합물 시약)

유기구리화합물은 매우 선택적 1,4-첨가반응을 한다.

유기구리화합물의 1,4-첨가반응

β-탄소: 친핵성 공격 자리

$$CH_3(CH_2)_5CH{=}C(CH_3)CHO \xrightarrow[2.\ H^+,\ H_2O]{1.\ (CH_3)_2CuLi,\ THF,\ -78°C,\ 4\ h} CH_3(CH_2)_5CH(CH_3)CH(CH_3)CHO$$

2-Methyl-2-nonenal → 2,3-Dimethylnonanal (40%)

유기구리화합물이 관여하는 1,4-첨가반응은 복잡한 전자 전달 메커니즘으로 진행되는 것으로 믿어진다. 처음에 생성되는 중간체는 엔올 음이온이며, 이것은 18-4절에서와 같은 알킬화 방법에 의해 반응하게 된다. 알킬화반응에 의한 콘쥬게이션 첨가는 불포화 알데하이드와 케톤의 α,β-이알킬화반응을 위한 유용한 결과를 준다.

불포화 카보닐 화합물의 α,β-이알킬화반응

$$>C{=}C<C(=O)- \xrightarrow[2.\ R'X]{1.\ R_2CuLi} -C(R)-C(R')-C(=O)-$$

다음 예는 이러한 반응을 설명한 것이다.

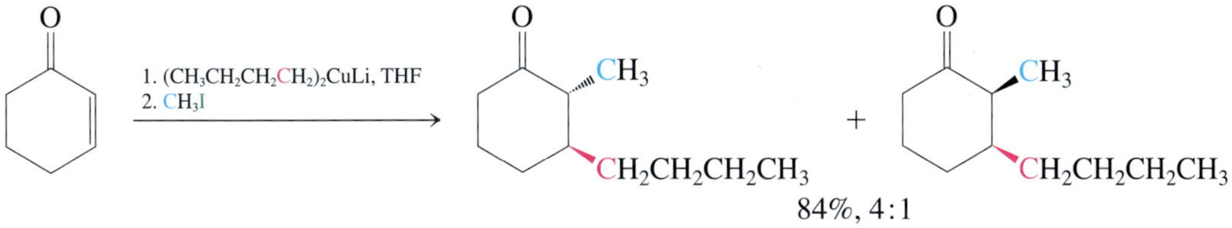

1. $(CH_3CH_2CH_2CH_2)_2CuLi$, THF
2. CH_3I

CH_3 / $CH_2CH_2CH_2CH_3$ + CH_3 / $CH_2CH_2CH_2CH_3$

84%, 4:1

trans- 와 *cis*-3-Butyl-2-methylcyclohexanone

연습 문제 18-26

개념 문제: 합성에서 콘쥬게이션 첨가반응

3-Methyl-2-cyclohexenone으로부터 (O, CH_3) 을 합성하여 보시오.

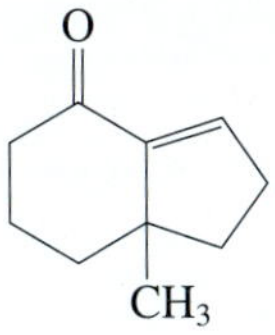

전략

출발물이 α,β 불포회 게톤이고, 생성물이 출발눌의 β-탄소로부터 추가적인 결합을 한 형태라는 것으로부터 콘쥬게이션 첨가반응을 생각할 수 있다. 그러나 이 문제에서는 역합성 분석(retrosynthetic analysis, 거꾸로 쫓아감) 이 특히 유용할 것이다. 추가적인 고리의 존재는 합성 가능성으로 분자내 알돌 축합을 제시하고 있다. 우선 역합성적으로 분석하고, 제대로된 합성 방향으로 가본다.

풀이

- 목표 분자 (아래, 왼쪽) 에서 화살표로 표시된 α,β-불포화 케톤의 C=C 이중 결합을 cyclohexanone의 α-탄소와 곁사슬 알데하이드 작용기와의 분자내 알돌 축합의 결과로 본다(가운데 구조).
- Cyclohexanone의 β-탄소에 곁사슬을 연결하는 것을 주어진 출발물인 3-methyl-2-cyclohexenone의 콘쥬게이션 첨가반응을 통해서 얻는 것을 생각해 본다(가운데, 화살표).

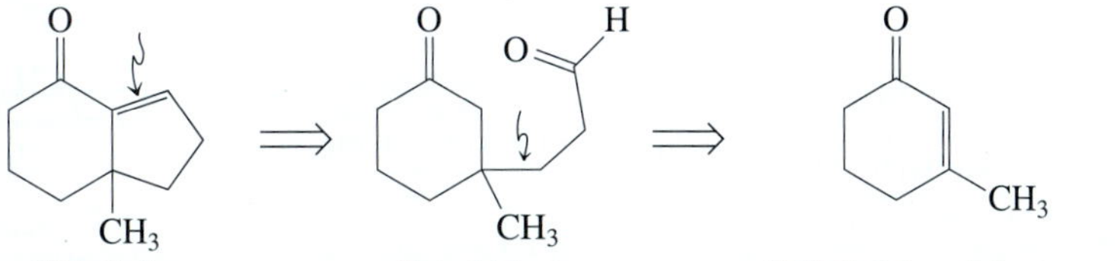

CH_3 ⟹ CH_3 ⟹ CH_3

목표 분자 Ketoaldehyde 3-Methyl-2-cyclohexenone

- 이 역합성 분석을 실제 합성 방향으로 바꾸어 주기 전에, 1,4-첨가반응의 친핵체로 사용하려는 곁사슬 부분은 유기구리화합물 시약으로 만들어져야 하고, 이것은 해당되는 할로젠화물로부터 유기리튬 시약을 거쳐서 만들어져야 한다. 그러나 해당되는 할로젠화물은 카보닐기를 가지고 있어, 이것을 보호하여야 이로부터 유기리튬 시약을 만들 수 있다(17-8절을 기억하라).

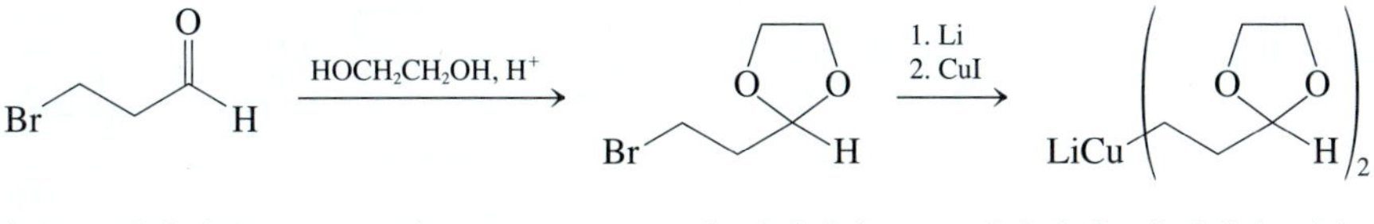

Br, H —$HOCH_2CH_2OH, H^+$→ Br, H —1. Li 2. CuI→ $LiCu(\ldots H)_2$

- 합성은 구리화합물(cuprate)을 cyclohexenone에 첨가반응으로 시작하여, 아세탈을 가수분해하여 알데하이드를 얻고, 분자내 알돌 축합을 거쳐서 완성된다.

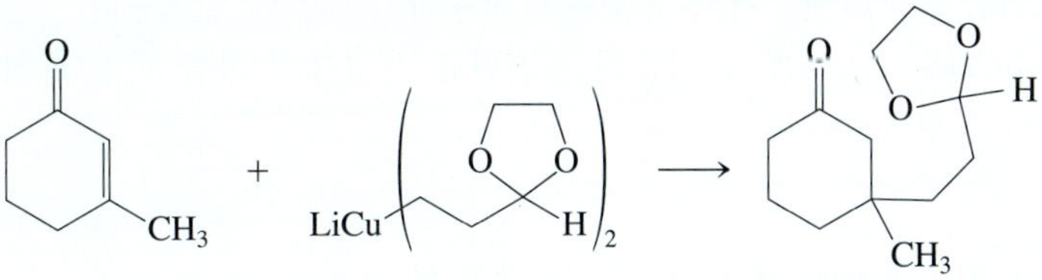

CH_3 + $LiCu(\ldots H)_2$ → H, CH_3

$\xrightarrow{H^+,\ H_2O}$ (3-methyl-3-(3-oxopropyl)cyclohexanone, CH_3) $\xrightarrow{^-OH,\ H_2O,\ \Delta}$ (bicyclic enone, CH_3)

연습 문제 18-27

자습 문제

3-Methyl-2-cyclohexenone으로부터 (2,3,3-trimethylcyclohexanone: O, CH_3, CH_3, CH_3)의 합성을 설계하시오.

요약 유기리튬 시약은 α,β-불포화 카보닐기에 1,2-첨가를 하고, 유기구리화합물 시약은 1,4-첨가를 한다. 1,4-첨가 과정은 처음에 β-치환된 엔올 음이온을 생성하고, 이것이 할로알케인에 노출되면 α,β-이알킬화된 알데하이드와 케톤이 얻어진다.

18-11 엔올 음이온의 콘쥬게이션 첨가반응: Michael 첨가반응 및 Robinson 고리짓기반응

다른 친핵체와 마찬가지로 엔올 음이온도 α,β-불포화 알데하이드 또는 케톤에 콘쥬게이션 첨가반응을 하며, 이 반응을 **Michael* 첨가반응(Michael addition)**이라고 한다.

Michael 첨가반응

$$\text{2-methylcyclohexanone} + CH_2{=}CH\overset{O}{\overset{\|}{C}}C_6H_5 \xrightarrow{CH_3CH_2O^-K^+,\ CH_3CH_2OH,\ (CH_3CH_2)_2O} \text{2-}CH_3\text{-2-}(CH_2CH_2\overset{O}{\overset{\|}{C}}C_6H_5)\text{cyclohexanone}\quad 64\%$$

Michael 첨가반응의 메커니즘은 불포화 카보닐 화합물(Michael "받개")의 β-탄소에 대한 엔올 음이온의 친핵성 공격과 그 다음의 양성자첨가반응의 단계로 되어 있다.

MECHANISM

Michael 첨가반응 메커니즘: 엔올 음이온의 1,4-첨가반응

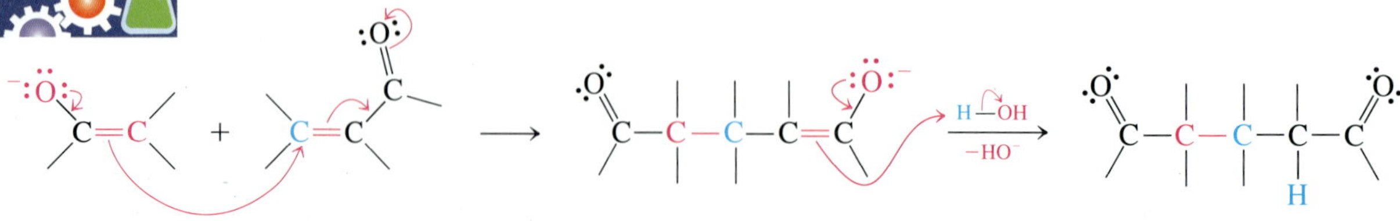

메커니즘에서 보는 것처럼 이 반응은 엔올 음이온의 α-탄소가 잠재적인 친핵체로서 작용하고, α,β-불포화 카보닐 화합물의 β-탄소가 친전자체로 작용하기 때문에 일어난다.

3-뷰텐-2-온과 같은 Michael 수용체에서 처음의 첨가반응 생성물이 다음 분자내 알돌 축합에 참여하면 새로운 고리가 형성된다.

*Arthur Michael 교수(1853~1942), Harvard 대학교 Cambridge 소재, MA.

화학 이야기 18-4

Alexander Borodin: 작곡가, 화학자, 그리고 선구적 교육자

Alexander Borodin (1833 ~ 1887)은 19세기 유명한 러시아 작곡가이다. 그는 단편적으로는 몇 개의 오케스트라와 하나의 오페라, *Prince Igor*로 알려져 있다. 이 오페라로부터 *Polovetsian Dances*와 1950년대 브로드웨이 뮤지컬 *Kismet* (1954년에 Borodin은 이 쇼의 음악으로 사후 토니상을 수상했다)에서 사용된 음악 등 기억에 남아 있는 인기를 얻은 부분이 발췌되기도 했다. 그러나 Borodin은 음악을 작곡하기 전에는 어린 시절부터 아파트에서 냄새를 풍기면서 화학 실험을 하고 있었다. 그는 St. Petersburg에서 학교를 다녔으며, 1856년에 의학학위를 받고 졸업하였다. 그의 화학자로서의 경력은 독일 Heidelberg의 Emil Erlenmeyer 교수(이 교수의 이름을 딴 플라스크는 누구에게나 친숙한 이름일 것이다) 실험실에서 박사후 과정으로 시작하였다.

그후 몇 년 동안 Borodin은 유기화학에 중요한 공헌을 했다. 그는 처음으로 유기플루오린 화합물을 합성하였고, 카복실산 화학의 개발에 기여하였으며, 소변에 들어 있는 요소의 양을 결정할 수 있게 해 주는 질소 농도 측정법을 개발하였다. 아마도 그는 알데하이드의 반응으로 가장 잘 알려져 있을 것이다. 역사적인 기록은 좀 혼동되지만, Borodin은 아마도 알돌 반응의 발견자일 것이다. 독일의 August Kekulé (벤젠으로 유명한)와 프랑스의 Adolph Wurtz도 같은 시기에 염기성 조건하에서의 알데하이드의 반응에 대해서 연구하고 있었으나, Borodin이 거의 확실히 먼저 연구를 시작하여 더 많은 연구를 하였다. 그는 1860대에 다양한 직선형 알데하이드 화합물의 알돌 반응과 축합을 기술하였다. 그의 가장 큰 잘못은 그가 한 일을 출판하기 위해 적절하게 논문작성하는 것에 게을리했다는 것이고, 이것이 현재까지도 발견의 우선순위에 대한 논란을 주고 있다.

Borodin의 과학에의 공헌은, 그가 교육에 더 신경을 쓰기 시작한 1870년대에 한 단계 진보한다. 그는 여성을 위한 최초의 고급 의학 과정을 시작하였으며, 과학과 의학을 추구하는 여성을 교육하는데 앞장섰다. 그는 또 가난한 학생들을 돕기 위한 기금 마련을 위해 그의 음악적 명성을 이용하여 자선 음악회를 조직하였다. 그의 음악적 업적은 당대의 차이코프스키나 림스키-코르사코프에는 못 미치지만, 예술과 과학에서의 평생 업적은 여전히 높게 존경받고 있다.

러시아 St. Petersburg에 있는 작곡가이자 화학자인 Alexander Borodin의 무덤.

Michael 첨가반응 후에 이루어지는 분자내 알돌 축합

2-Methylcyclohexanone (H_3C, O) + $CH_2{=}CHCCH_3$ (C=O) 3-Buten-2-one $\xrightarrow[\text{Michael 첨가반응}]{CH_3CH_2O^-Na^+,\ CH_3CH_2OH,\ (CH_3CH_2)_2O,\ -10°C}$ (Michael 부가물: CH_3, O, O, CH_3) $\xrightarrow{\text{분자내 알돌 축합}}$ (CH_3, O, OH) 54% $\xrightarrow[-\ HOH]{\Delta,\ HO^-}$ (CH_3, O) 86%

Michael 첨가반응에 이어서 분자내 알돌 축합의 합성 단계를 **Robinson* 고리짓기반응(Robinson annulation)**이라고 한다.

---

*Robert Robinson 경 (1886 ~ 1975), Oxford 대학교, 영국, 1947년 노벨화학상 수상.

Robinson 고리짓기반응

Robinson 고리짓기반응은 스테로이드와 육원자 고리를 가지는 다른 천연 생성물을 포함하는 여러 고리계의 합성에서 광범위하게 이용되었다.

연습 문제 18-28

개념 문제: 합성에서의 Michael 반응과 Robinson 반응의 이용

Michael 반응 또는 Robinson 반응을 이용하여 (4-phenyl-2-cyclohexenone: O, C_6H_5) 을 합성하시오.

전략

역합성 분석을 이용하여 적절한 출발물을 찾는다(**힌트**: 첫 번째 "결합절단" 부위는 **항상** α,β-불포화 케톤의 C=C 이중 결합으로 한다. 그러고 나서 이 절에서 공부한 단계를 따라서 합성을 진행한다).

풀이

- α,β-불포화 케톤의 C=C 이중 결합은 알돌 축합으로 만들 수 있다. 그러므로 원하는 최종 생성물로 만들어질 수 있는 화합물을 찾을 수 있는 "결합절단"을 한다. 결합을 끊고 원래 β-탄소 자리에 카보닐기("C=O")를 만들어 준다. 왜 그렇게 해야 할까? 실제 합성 방향에서 보면 알돌 축합은 출발물의 카보닐기를 생성물의 β-탄소로 만들어 주기 때문이다. 이 결합절단의 결과는 다음에 보여 주는 ketoaldehyde이다.

- 이 화합물은 "1,5-dicarbonyl" 화합물에 속한다. 두 카보닐기 어느 쪽에서 출발하여 번호를 매겨도 나머지 것은 다섯 번째 원자에 있게 된다. 이러한 구조는 엔올 음이온의 α-β-불포화 화합물에의 Michael 첨가반응으로 얻을 수 있다. 역합성적으로는 이 두 카보닐 탄소 중 하나의 α,β-결합에서 "결합절단"을 통해서 가능한 출발물을 발굴할 수 있다. 이때 두 가지의 가능한 결합절단이 가능하다.

첫 번째 가능한 결합절단

두 번째 가능한 결합절단

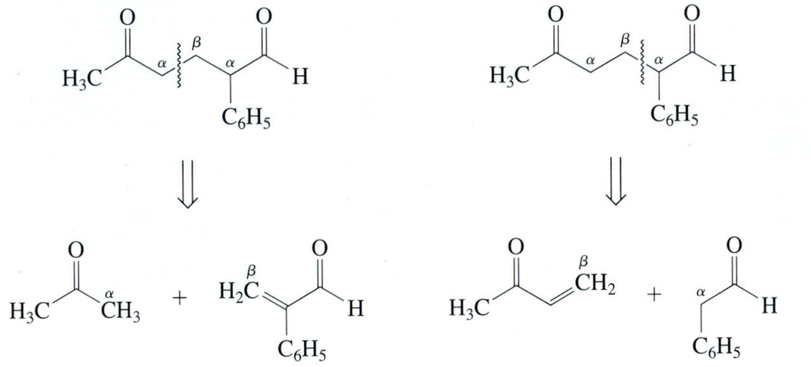

• 여기서 우리는 acetone의 엔올 음이온의 2-phenylpropenal에의 Michael 첨가반응(위 왼쪽)과 2-phenylacetaldehyde의 엔올 음이온의 3-buten-2-one에의 Michael 첨가반응(위 오른쪽)의 두 가지 경로 중 선택할 수 있다. 어느 것이 더 좋은 경로일까? Michael 첨가반응은 일반적으로 염기성 조건하에서 진행되며, 우리는 알데하이드는 염기성 조건에 케톤보다 훨씬 쉽게 알돌 반응을 하는 것을 알고 있다(18-5절). 그러므로 두 번째의 합성 경로는 2-phenylacetaldehyde 두 분자 간의 알돌 반응이 방해할 가능성을 안고 있다. 첫 번째 경로는 acetone의 엔올 음이온이 자체의 알돌 반응보다 알데하이드에의 Michael 첨가반응을 잘할 것이다. 이제 우리는 합성을 하는데 필요한 모든 것을 갖추었다. 이 합성을 Robinson 고리짓기반응이라고 한다.

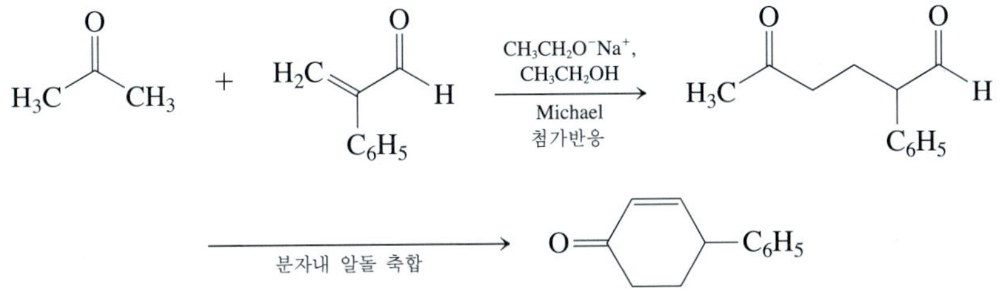

$CH_3CH_2O^-Na^+$, CH_3CH_2OH

Michael 첨가반응

분자내 알돌 축합

연습 문제 18-29

자습 문제

Michael 또는 Robinson 반응을 이용하여 다음 화합물들을 합성하시오.

(a)

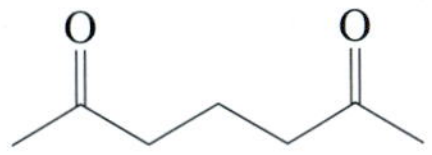

(b)

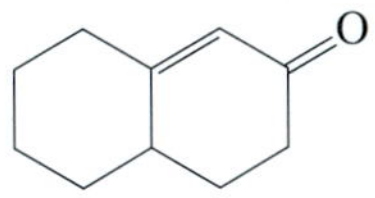

요약 Michael 첨가반응은 엔올 음이온의 콘쥬게이션 첨가반응에서 다이카보닐 화합물을 만든다. Robinson 고리짓기반응은 Michael 첨가반응과 분자내 알돌 축합을 이용해서 새로운 고리형 엔온을 얻는 반응이다.

요점

알돌 축합과 이를 이용하여 복잡한 유기 분자들을 합성하는 강력한 방법을 제공한다. 이러한 반응은 세 위치, α-, β-와 카보닐 탄소에 탄소-탄소 결합을 형성하는 방법을 제공한다. 우리는 이러한 과정을 이용하여 정교한 비고리 화합물을 만들 수 있고, 고리를 만들 수도 있다. 다음의 문제에서 카보닐기와 그것의 인접한 원자의 화학적 성질을 사용하여 생성될 수 있는 화합물의 괄목할 만한 다양성에 주목하라.

카보닐 화학의 연장선상에서 보면, 다음으로 카복실산에 대해서 우리들은 더 많이 산화되어 있는 시스템은 어떻게 비교되는지 관심을 가지게 된다. 카보닐 탄소에 **인접한** 원자에 붙어 있는 수소의 산도가 증가되는 원리는, 이 화합물에서 O—H 수소의 산도에 의해 설명될 수 있다. 더욱이 카복실산 작용기의 OH 부분은 잠재적인 이탈기이다. 다음 장은 카복실산류의 모든 화합물의 화학에 중심이 되는 치환반응이 일어날 수 있는 새로운 방법인, 첨가-제거반응 경로를 설명한다.

통합 문제

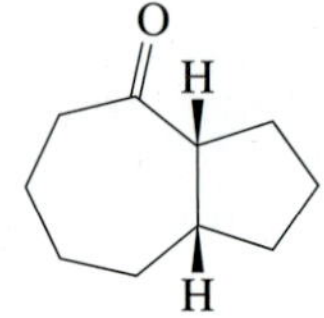

18-30. 왼쪽 여백에 있는 두고리 케톤을 합성할 수 있는 다양한 방법을 제안하시오. 각 경우 적어도 하나의 알돌 축합을 사용하라. 어떠한 출발물을 사용해도 좋다.

풀이

이 문제에 접근하기 위하여 우리가 이제까지 알고 있는 정보를 점검해 보는 것이 유용하다. 목표로 하는 화합물은 포화 케톤이다. 그러나 알돌 축합은 **α,β-불포화** 카보닐 화합물을 생성한다. 그러므로 우리들이 개발한 어떠한 합성도 카보닐기와 콘쥬게이션하여 C=C 이중 결합의 수소첨가로 반응을 종결해야 함을 알 수 있다. 목표로 하는 구조에 근거하여 세 가지 α,β-불포화 케톤은 가능한 전구체로 제시될 수 있다.

이러한 세 가지 구조들로부터 우리는 분자내 알돌 축합의 수행에 대해 각 구조를 생성할 수 있는 화합물들을 구상할 수 있다. 역합성 방법으로 C=C 이중 결합을 끊어라. 각 끊어진 β-탄소는 카보닐기로부터 생성된다. 그것은 위의 상응하는 알돌 엔온 생성물과 똑같은 왼쪽에서 오른쪽으로의 순서에서 보여지는 것처럼 다음의 구조들을 만든다.

이제 남은 것은 필요한 시약들을 포함하여 정방향으로 합성을 완결하는 것이다. 우리들은 첫 번째 출발물에 대해서 아래와 같이 합성을 할 수 있다. 다른 두 개도 정확히 같은 방법으로 합성될 수 있다.

$\xrightarrow{^{-}OH,\ H_2O,\ \Delta}$ $\xrightarrow{H_2,\ Pd\text{–}C}$

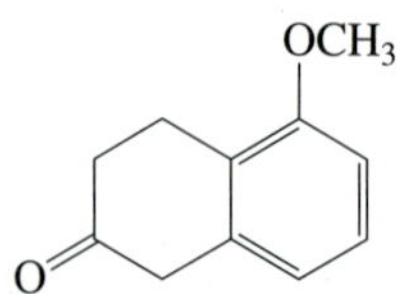

18-31. Robinson 고리짓기반응은 육원자 고리의 합성을 위한 강력한 방법이다. 그러므로 이러한 방법이 스테로이드 합성에 있어 널리 적용되어 온 것은 놀라운 사실이 아니다. 왼쪽 여백에 있는 두고리 케톤으로 시작하여, 다음의 스테로이드를 한 번 이상의 Robinson 고리짓기반응을 사용하여 합성하시오.

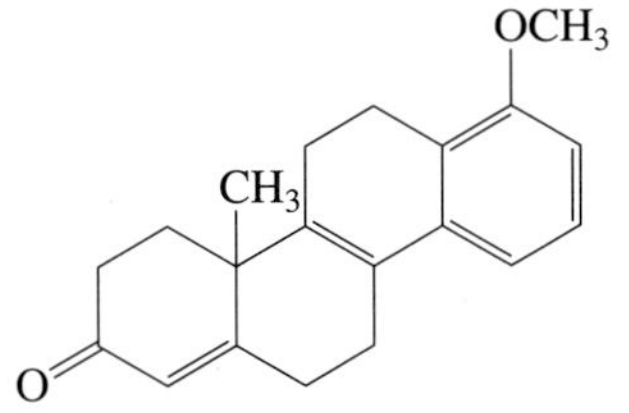

OCH$_3$ CH$_3$ O

풀이

Robinson 고리짓기반응은 분자내 알돌 축합(18-11절)과 α,β-불포화 케톤에 Michael 첨가반응의 조합을 통한 cyclohexenone의 합성법이다. 목표로 하는 분자의 역합성적 분석(8-9절)은 고리 A에서 두 개의 결합의 절단을 일으킨다. 역알돌 축합에 의한 탄소-탄소 이중 결합 그리고 역Michael 첨가반응에 의한 단일 결합. 고리 A의 구축을 위한 Robinson 고리짓기반응은 2-methylcyclohexanone을 3-buten-2-one으로 축합하는 18-11절에 있는 예와 밀접히 관계가 있다.

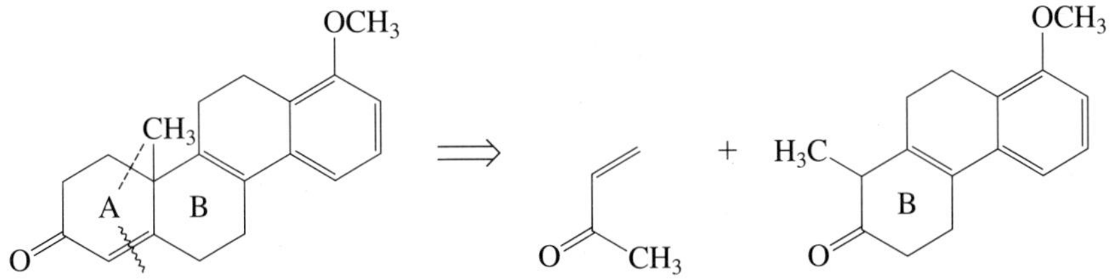

OCH$_3$ CH$_3$ A B O ⟹ O CH$_3$ + H$_3$C B O OCH$_3$

이제 우리는 목표 분자를 네고리에서 세고리 분자로 간단히 했다. 그러나 후자는 고리 B의 형성을 위한 Robinson 고리짓기반응의 명백한 생성물이 **아닌** β,γ-불포화 케톤이다. 잠시동안 이 문제에 대해 잊고, 우리는 주어진 마지막 반응 생성물과 **똑같은 분자 골격**을 가진, 세고리 생성물로 변형시키는 Robinson 고리짓기반응을 구상할 수 있겠는가? 우리는 할 수 있다. 실제로 우리는 필요한 세고리 중간체의 이중 결합 이성질체를 만들 수 있다.

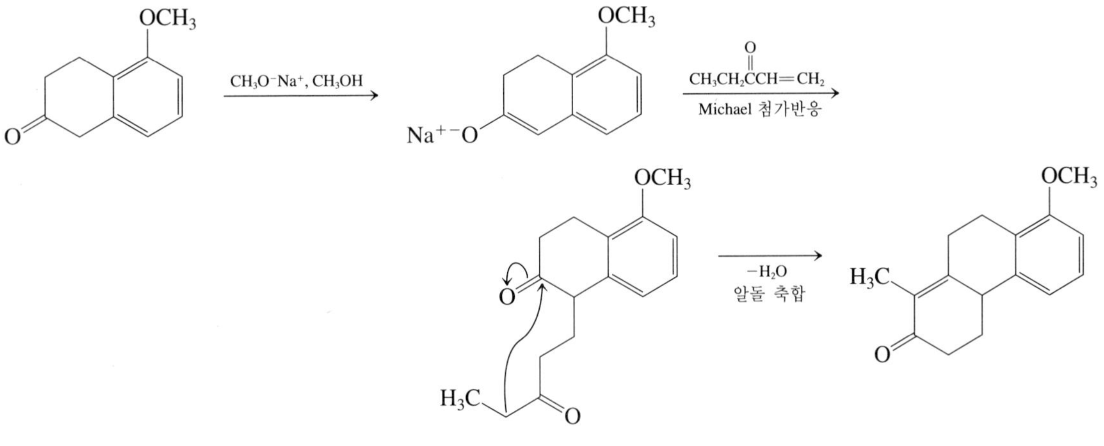

OCH$_3$ O $\xrightarrow{CH_3O^-Na^+,\ CH_3OH}$ OCH$_3$ $Na^{+-}O$ $\xrightarrow[\text{Michael 첨가반응}]{CH_3CH_2\overset{O}{\overset{\|}{C}}CH{=}CH_2}$

OCH$_3$ O H$_3$C O $\xrightarrow[\text{알돌 축합}]{-H_2O}$ OCH$_3$ H$_3$C O

우리는 해답에 아주 가까이 있다. 남아 있는 모든 것은 필요한 두 번째 Robinson 방법으로, 우리가 막 제조한 세고리 케톤을 연결하는 것이다. 그렇게 하기 위하여 우리는 **메커니즘 면에서 생각한다**. 우리 자신에게 이렇게 물어보자. "고리짓기반응을 시작하기 위해 필요되는 엔올 음이온의 구조는 무엇인가?" 그것은 다음 반응 오른쪽에 보여진다. 우리는 그것이 **알릴** 엔올 음이온(14-4절)이라는 것을 알 수 있으며, 이것의 또 다른 공명 구조를 쓸 수 있다. 이것은 알릴(γ) 위치에서 진행하는 반응에서 세고리 케톤의 양성자 이탈 반응에 의해 생성될 수 있음을 보여 주고 있다.

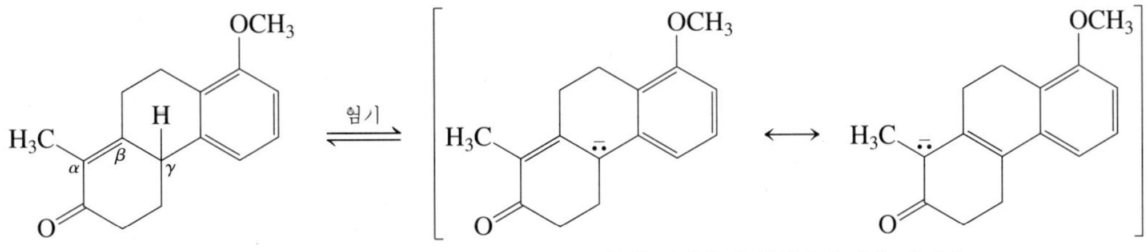

OCH$_3$ H H$_3$C α β γ O $\overset{\text{염기}}{\rightleftharpoons}$ [OCH$_3$ H$_3$C O ⟷ OCH$_3$ H$_3$C O]

공명 안정화된 알릴자리 엔올 음이온

이러한 상황은 무엇을 의미하는가? 우리는 α,β-불포화 케톤으로부터 직접 시작하여 필요한 두 번째 Robinson 고리짓기반응을 수행할 수 있다는 것이다. 우리들의 처음 역합성적 결합절단에서 제시된 β,γ-불포화 케톤을 합성하는 것이 필요하지 않게 되었다. 그들은 양성자이탈반응에 대해 똑같은 엔올 음이온을 생성하기 때문이다. 완성된 합성은 아래에 보여진다.

OCH_3 — $\xrightarrow[CH_3O^-Na^+,\ CH_3OH]{CH_3CH_2\overset{O}{\overset{\|}{C}}CH{=}CH_2}$ — OCH_3, H_3C, O — $\xrightarrow{-H_2O}$ — OCH_3, H_3C, O

$\xrightarrow[CH_3O^-Na^+,\ CH_3OH]{CH_3\overset{O}{\overset{\|}{C}}CH{=}CH_2}$ — OCH_3, CH_3, O, O, CH_3 — $\xrightarrow{-H_2O}$ — OCH_3, CH_3, O

마지막 주의: 여러분은 위에서 논의된 알릴 음이온이 또한 벤질 음이온이라는 사실을 인식하였을지도 모른다. 즉, 벤젠 고리와 콘쥬게이션에 의해 부가적인 공명 안정성을 얻었다는 사실이다. 벤질 공명은 22-1절에서 자세히 논의될 것이다. Robinson 고리짓기반응에 대한 더 많은 연습을 위해서는 문제 59, 63, 64를 보라.

새로운 반응식

엔올 음이온과 엔올의 합성과 반응

1. 엔올 음이온 (18-1절)

$$RCH_2\overset{O}{\overset{\|}{C}}R' \xrightarrow[\text{또는 기타 강염기, }-78°C]{LDA\text{ 또는 }KH\text{ 또는 }(CH_3)_3CO^-K^+} RCH{=}C\begin{matrix}O^-\\R'\end{matrix}$$

엔올 음이온

2. 케토-엔올 평형 (18-2절)

$$RCH_2\overset{O}{\overset{\|}{C}}R' \underset{\text{토토머화}}{\overset{\text{촉매 }H^+\text{ 또는 }HO^-}{\rightleftharpoons}} RCH{=}C\begin{matrix}OH\\R'\end{matrix}$$

3. 수소-중수소 교환 반응 (18-2절)

$$RCH_2\overset{O}{\overset{\|}{C}}R' \xrightarrow{D_2O,\ DO^-\text{ 또는 }D^+} RCD_2\overset{O}{\overset{\|}{C}}R'$$

4. 입체이성질체화반응 (18-2절)

$$R,\ H,\ R'\ C{-}\overset{O}{\overset{\|}{C}}R'' \overset{H^+\text{ 또는 }HO^-}{\rightleftharpoons} R,\ R',\ H\ C{-}\overset{O}{\overset{\|}{C}}R''$$

5. 할로젠화반응 (18-3절)

$$\mathrm{RCH_2\overset{O}{\overset{\|}{C}}R'} \xrightarrow[-\mathrm{HX}]{\mathrm{X_2,\ H^+}} \mathrm{R\underset{\underset{X}{|}}{C}H\overset{O}{\overset{\|}{C}}R'}$$

6. 엔올 음이온의 알킬화반응 (18-4절)

$$\mathrm{RCH{=}C(O^-)R'} \xrightarrow[-\mathrm{X^-}]{\mathrm{R''X}} \mathrm{R\underset{\underset{R''}{|}}{C}H\overset{O}{\overset{\|}{C}}R'}$$

S_N2 반응 : R″X는 메틸 또는 일차 할로젠화물이 되어야 한다.

7. 엔아민의 알킬화반응 (18-4절)

$$\mathrm{{>}C{=}C(NR_2){<}} \xrightarrow{\mathrm{R'X}} \mathrm{{-}\underset{\underset{R'}{|}}{C}{-}C({=}\overset{+}{N}R_2){<}}\ \ \mathrm{X^-} \xrightarrow{\mathrm{H^+,\ H_2O}} \mathrm{{-}\underset{\underset{R'}{|}}{C}{-}C({=}O){<}} + \mathrm{R_2NH}$$

S_N2 반응 : R″X는 메틸 일차 및 이차 할로젠화물이 되어야 한다.

8. 알돌 축합반응 (18-5절~18-7절)

$$\mathrm{2\ RCH_2\overset{O}{\overset{\|}{C}}H} \overset{\mathrm{HO^-}}{\rightleftharpoons} \mathrm{RCH_2\underset{\underset{H}{|}}{\overset{\overset{OH}{|}}{C}}{-}\underset{\underset{R}{|}}{C}H\overset{O}{\overset{\|}{C}}H} \overset{\mathrm{HO^-,\ \Delta}}{\rightleftharpoons} \mathrm{RCH_2CH{=}C(CHO)R} + \mathrm{H_2O}$$

알돌 첨가 생성물 축합 생성물

교차 알돌 축합(한 알데하이드는 엔올화되지 않는다)

$$\mathrm{R\overset{O}{\overset{\|}{C}}H} + \mathrm{R'CH_2\overset{O}{\overset{\|}{C}}H} \xrightarrow[-\mathrm{H_2O}]{\mathrm{HO^-,\ \Delta}} \mathrm{RCH{=}C(R')CHO}$$

케톤

$$\mathrm{R\overset{O}{\overset{\|}{C}}CH_2R'} \overset{\mathrm{HO^-}}{\rightleftharpoons} \mathrm{R\underset{\underset{CH_2R'}{|}}{\overset{\overset{OH}{|}}{C}}{-}\overset{\overset{R'}{|}}{C}H{-}\overset{O}{\overset{\|}{C}}R} \xrightarrow[\text{추진 평형}]{\Delta,\ -\mathrm{H_2O}} \mathrm{R\underset{\underset{CH_2R'}{|}}{C}{=}\overset{\overset{R'}{|}}{C}{-}\overset{O}{\overset{\|}{C}}R}$$

분자내 알돌 축합

$$\text{고리형 } \mathrm{(CH_2)_n}\text{ 다이케톤 } (\mathrm{C(=O)CH_2R},\ \mathrm{C(=O)R'}) \xrightarrow[-\mathrm{H_2O}]{\mathrm{HO^-}} \text{고리형 } \mathrm{(CH_2)_n}\text{ 엔온 } (\mathrm{C(=O){-}C(R){=}C(R')})$$

변형 에너지가 없는 고리가 유리

α,β-불포화 알데하이드와 케톤의 반응

9. 수소첨가반응 (18-8절)

$$\mathrm{{>}C{=}C{<}\overset{O}{\overset{\|}{C}}{-}} \xrightarrow{\mathrm{H_2,\ Pd,\ CH_3CH_2OH}} \mathrm{{-}\underset{\underset{H}{|}}{C}{-}\underset{\underset{H}{|}}{C}{-}C({=}O){-}}$$

10. 할로젠의 첨가반응 (18-8절)

$$\ce{>C=C<C(=O)-} \xrightarrow{X_2,\ CCl_4} \ce{-C(X)-C(X)-C(=O)-}$$

11. 아민 유도체와의 축합반응 (18-8절)

$$\ce{>C=C<C(=O)-} \xrightarrow{ZNH_2} \ce{>C=C<C(=N-Z)-}$$

Z = OH, RNH, etc.

α,β-불포화 알데하이드와 케톤에 대한 콘쥬게이션 첨가반응

12. 사이안화 수소의 첨가반응 (18-9절)

$$\ce{>C=C<C(=O)-} \xrightarrow{KCN,\ H^+} \ce{-C(CN)-C(H)-C(=O)-}$$

13. 물, 알코올, 아민 (18-9절)

$$\ce{>C=C<C(=O)-} \xrightarrow{H_2O} \ce{-C(OH)-C(H)-C(=O)-}$$

$$\ce{>C=C<C(=O)-} \xrightarrow{ROH} \ce{-C(OR)-C(H)-C(=O)-}$$

$$\ce{>C=C<C(=O)-} \xrightarrow{RNH_2} \ce{-C(RNH)-C(H)-C(=O)-}$$

14. 유기금속 시약 (18-10절)

$$\ce{>C=C<C(=O)-} \xrightarrow[2.\ H^+,\ H_2O]{1.\ RLi,\ (CH_3CH_2)_2O} \ce{>C=C<C(HO)(R)-}$$

1,2-첨가

$$\ce{>C=C<C(=O)-} \xrightarrow[2.\ H^+,\ H_2O]{1.\ R_2CuLi,\ THF} \ce{-C(R)-C(H)-C(=O)-}$$

1,4-첨가

RMgX의 첨가는 시약과 기질의 구조에 따라서 1,2- 또는 1,4-첨가가 될 수 있다.

구리화합물 첨가 후 엔올 음이온 알킬화반응

$$\ce{>C=C<C(=O)-} \xrightarrow[2.\ R'X]{1.\ R_2CuLi,\ THF} \ce{-C(R)-C(R')-C(=O)-}$$

15. **Michael 첨가반응(18-11절)**

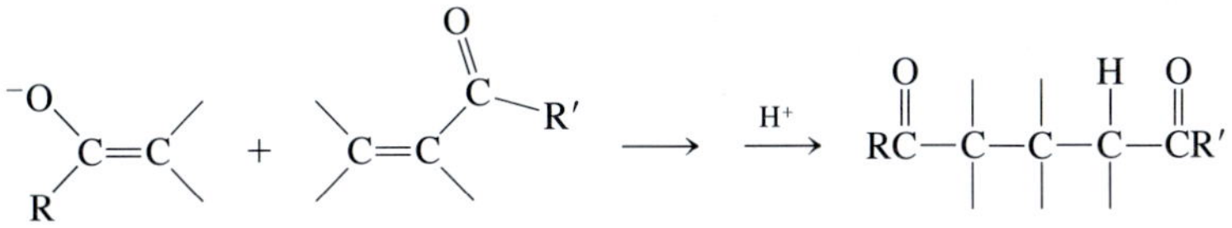

$$\text{R(}{}^{-}\text{O)C=C} + \text{C=C-C(=O)R'} \longrightarrow \xrightarrow{H^+} \text{RC(=O)-C-C-CH-C(=O)R'}$$

16. **Robinson 고리짓기반응(18-11절)**

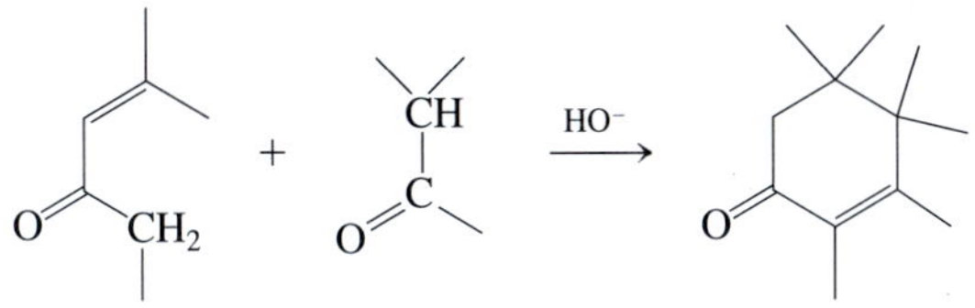

$$\xrightarrow{HO^-}$$

중요한 개념

1. 카보닐기의 전자를 끌어당기는 성질과 그 결과 생성되는 **엔올 음이온**은 공명 안정화되기 때문에 카보닐기에 인접한 수소(**α-수소**)는 산성이다.

2. 엔올 음이온에 대한 친전자성 공격은 α-탄소와 산소 모두에서 일어날 수 있다. 일반적으로 할로알케인은 α-탄소 쪽을 더 잘 공격한다. 산소 쪽은 양성자첨가반응으로 **엔올**을 생성한다.

3. **엔아민**은 엔올 음이온의 중성 유사체이다. 공명을 통한 질소의 공명 고립 전자쌍의 제공은 멀리 떨어진 이중 결합의 탄소 원자에 친핵성 성질을 주어, 알킬화반응을 하여 이미늄 양이온을 만들어 주고, 물로 반응마무리를 하면 가수분해되어 알데하이드 또는 케톤이 얻어진다.

4. 알데하이드 및 케톤은 토토머인 엔올형과 평형을 이루고 있다. 이 **엔올–케토 변환**은 산 또는 염기의 촉매작용을 받는다. 이와 같은 평형은 α-중수소화와 입체화학의 평형화가 되도록 한다.

5. 카보닐 화합물의 **α-할로젠화반응** 또한 산 또는 염기의 촉매작용을 받는다. 산촉매 존재하에서는 엔올의 이중 결합이 있는 위치에 공격을 받음으로써 할로젠화된다. 그 다음의 엔올화반응은 할로젠 치환기 때문에 느리게 진행된다. 염기 촉매 존재하에서는 엔올 음이온이 탄소에서 공격을 받으며, 다음의 엔올 음이온 생성은 도입된 할로젠에 의해 가속된다.

6. 엔올 음이온은 친핵체로 작용하고, **알돌 축합**에서는 알데하이드 또는 케톤의 카보닐 탄소를 가역적으로 공격한다. **Michael 첨가반응**에서는 α,β-불포화 카보닐 화합물의 β-탄소를 공격한다.

7. α,β-불포화 알데하이드 및 케톤은 각각의 이중 결합이 가지고 있는 정상적인 반응성을 보여 준다. 그러나 모든 콘쥬게이션계는 산 또는 염기 촉매에 의한 **1,4-첨가반응**을 이루는 이들 화합물의 성질로서 대부분 반응한다. 구리화합물은 1,4-첨가를 하며, 한편 알킬리튬은 보통 카보닐 작용기를 공격한다.

문제

32. 다음 구조의 각각에서 α-탄소에 밑줄 치고, α-수소에 동그라미를 그리시오.

(a) $CH_3CH_2\overset{\overset{O}{\|}}{C}CH_2CH_3$ **(b)** $CH_3\overset{\overset{O}{\|}}{C}CH(CH_3)_2$ **(c)**

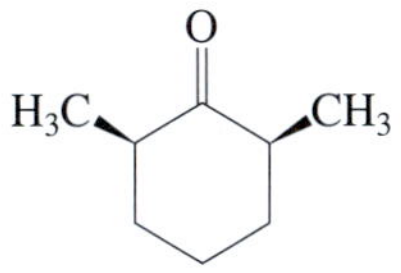

(d) 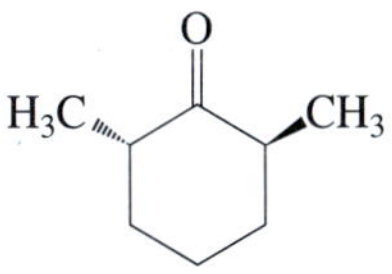 **(e)** 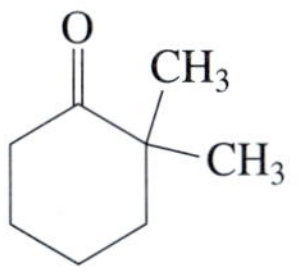 **(f)**

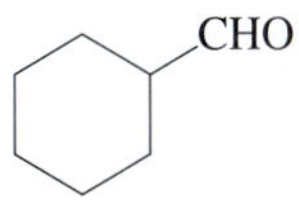

(g) $(CH_3)_3C\overset{\overset{O}{\|}}{C}H$ **(h)** $(CH_3)_3CCH_2\overset{\overset{O}{\|}}{C}H$

33. 문제 32의 각 카보닐 화합물로부터 생성할 수 있는 모든 엔올 및 엔올 음이온의 구조를 기술하시오.

34. 문제 32의 각 카보닐 화합물을 다음의 시약으로 처리했을 때 어떤 생성물이 얻어지겠는가?
(a) 염기성 D_2O **(b)** acetic acid 용매 속에 Br_2 1당량 **(c)** 염기성 수용액 속에 과량의 Cl_2

35. 대응하는 비할로젠화 케톤으로부터 다음 각 화합물을 효과적으로 합성하는데 가장 적합한 실험 조건을 제시하시오.

(a) $C_6H_5CH(Br)C(=O)CH_3$ **(b)** (Cl Cl Cl Cl, O) **(c)** (O, Cl)

36. 다음 반응에 대한 메커니즘을 제시하시오[**힌트**: 18-3절에서 본 propanone (acetone)의 산촉매 브로민화반응에 있어서의 메커니즘에 대해 당신 답변을 근거로 하고, 형성되는 모든 생성물에 대해 주목하라].

cyclohexanone + SO_2Cl_2 —촉매 HCl, CCl_4→ 2-chlorocyclohexanone + SO_2 + HCl

37. 3-Pentanone을 1당량의 LDA로 처리한 다음, 아래에 나타낸 각 시약을 1당량 가했을 때 기대되는 생성물을 제시하시오.

(a) CH_3CH_2Br **(b)** $(CH_3)_2CHCl$ **(c)** $(CH_3)_2CHCH_2OS(=O)_2$—C₆H₄—CH_3 **(d)** $(CH_3)_3CCl$

38. 다음 일련의 반응에서 기대되는 생성물은 무엇인가?

(a) CH_3CHO —1. pyrrolidine (N—H), H^+; 2. $(CH_3)_2C{=}CHCH_2Cl$; 3. H^+, H_2O→

(b) $C_6H_5CH_2CHO$ —1. pyrrolidine (N—H), H^+; 2. $C_6H_5CH_2Br$; 3. H^+, H_2O→

39. Iodomethane과 염기를 사용해 케톤을 단일 알킬화할 때와 비교하여 이알킬화되는 문제는 18-4절에서 언급하였다. 1당량의 아이오딘화물과 염기를 사용했을 때 이 알킬화반응이 어떻게 일어나는지를 나타내는 상세한 메커니즘을 설명하시오. 이와 같은 문제를 해결하는데 왜 엔아민의 알킬화반응 과정을 이용할 수 있는지를 설명하시오.

40. 엔올 음이온 대신에 엔아민을 사용하여 이차 할로알케인에 의한 케톤의 성공적인 알킬화반응의 가능성이 개선될 수 있는가?

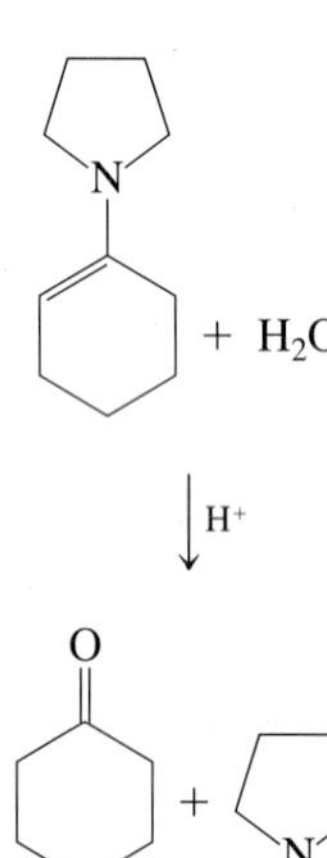

41. Cyclohexanone의 pyrrolidine 엔아민을 산촉매하에서 가수분해할 때의 메커니즘을 제시하시오(왼쪽 여백을 참조).

42. **(a)** Pentanal, **(b)** 3-methylbutanal, **(c)** cyclopentanone의 알돌 축합 생성물의 구조를 쓰시오.

43. 과량의 benzaldehyde와 **(a)** 1-phenylethanone (acetophenone—구조는 17-1절 참조), **(b)** propanone (acetone), **(c)** 2,2-dimethylcyclopentanone 사이의 높은 온도에서, 교차 알돌 축합반응에서 예상되는 주요 생성물의 구조를 쓰시오.

44. 문제 43의 (c)에 대해 기술한 반응에 대한 자세한 메커니즘을 제시하시오.

45. 다음 각 알돌 첨가반응에서 얻어질 수 있는 생성물을 나타내시오.

(a) 2 $C_6H_5CH_2CHO$ —NaOH, H_2O→

(b) C_6H_5–CHO + $(CH_3)_2CHCHO$ $\xrightarrow{NaOH,\ H_2O}$

(d) $\xrightarrow{NaOH,\ H_2O}$ (d) $\xrightarrow{NaOH,\ H_2O}$

46. Rotundone (오른쪽 여백 그림)은 후추, 약초, 레드 와인 등에서 후추향의 주성분인 천연물이다. 분자내 알돌 축합을 통해서 rotundone을 만들 수 있는 고리 다이케톤을 그리시오.

Rotundone

47. 아래에 주어진 각 반응물의 쌍 사이의 염기 촉매 교차 알돌 반응의 **모든** 가능한 생성물을 쓰시오(**힌트**: 다수의 생성물이 모든 경우에 가능하다. 열역학적으로 유리하거나 불리한 생성물을 포함시켜라).

(a) Butanal과 acetaldehyde

(b) 2,2-Dimethylpropanal과 acetophenone

(c) Benzaldehyde와 2-butanone

48. 문제 47에서 기술된 세 가지 교차 알돌 반응의 각각에 대하여, 다수의 가능한 생성물 중 하나가 반응 혼합물에서 지배적이라면 그 이유를 설명하시오.

49. 알돌 축합반응은 산촉매 작용을 받는다. 산촉매 존재하의 알돌 축합반응에서 H^+의 역할을 설명하시오(**힌트**: 엔올 음이온이 존재하지 **않는** 산성 용액에서 어떤 종류의 친핵체가 존재할 것인가를 생각하라).

50. 반응 복습. 800~801쪽의 반응 로드맵을 참조하지 말고, butanal을 다음 각각의 화합물로 바꾸어 줄 수 있는 시약을 제시하시오.

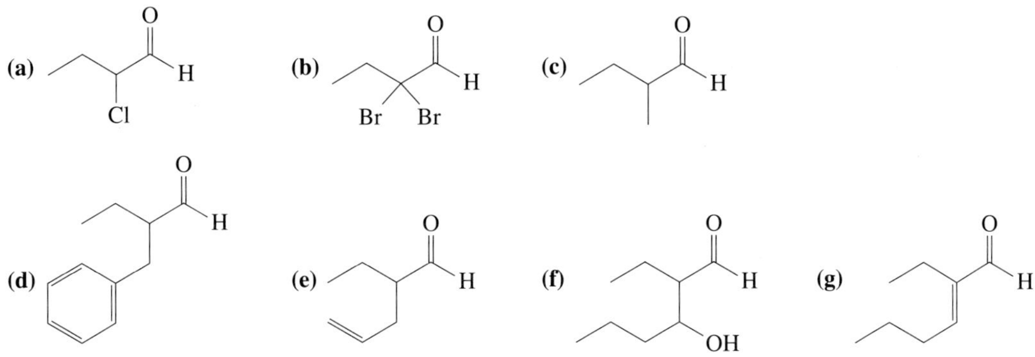

51. 반응 복습 II. 800~801쪽의 반응 로드맵을 참조하지 말고 acetophenone을 다음의 각각의 화합물로 바꾸어 줄 수 있는 시약을 제시하시오.

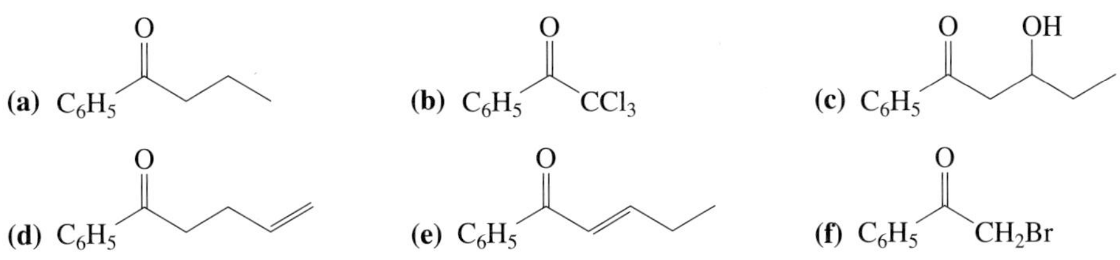

52. 반응 복습 III. 800~801쪽의 반응 로드맵을 참조하지 말고 3-buten-2-one을 다음 각각의 화합물로 바꾸어 줄 수 있는 시약을 제시하시오.

(a) (b) (c) (d)

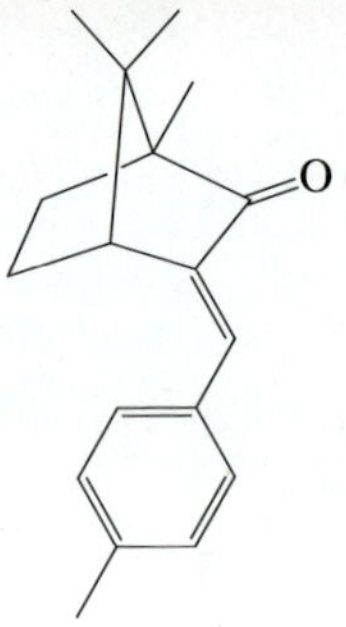

4-MBC

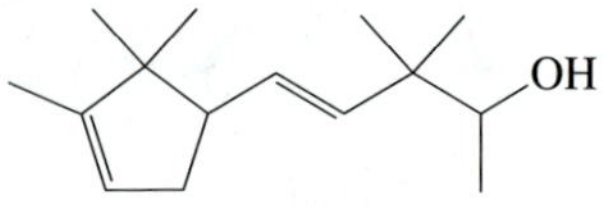

Polysantol®

(e) 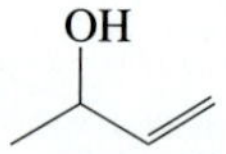 (f) 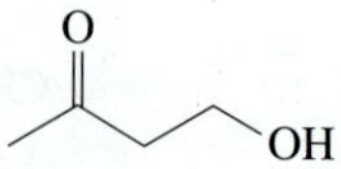 (g) 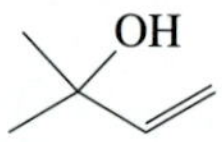 (h)

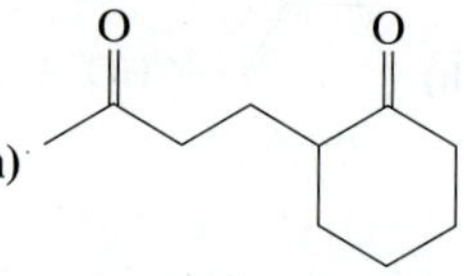

53. 4-methylbenzylidene camphor (4-MBC, 왼쪽 여백 그림)는 자외선 차단제로 사용되는 콘쥬게이션이 많이 되어 있는 유기 화합물 중 하나이다. 이 화합물은 UV-B (280 ~ 320 nm 사이의 파장으로 태양에 의한 화상의 주범)를 효과적으로 흡수한다. 교차 알돌 축합을 이용하여 이 화합물의 간단한 합성법을 제시하시오.

54. **도전 문제** 백단향 나무에서 채취한 기름은 향수계에서 가장 오래되고, 높은 가치를 가지는 향료 중 하나이다. 이 천연 기름은 공급이 제한적이며, 최근까지지도 합성 물질은 쉽게 얻을 수가 없었다. Polystanol® (왼쪽 여백 그림)은 이것을 대체하는 가장 성공적인 화합물이다. 이것의 합성 (1984년)은 다음과 같은 알돌 축합을 포함하고 있다.

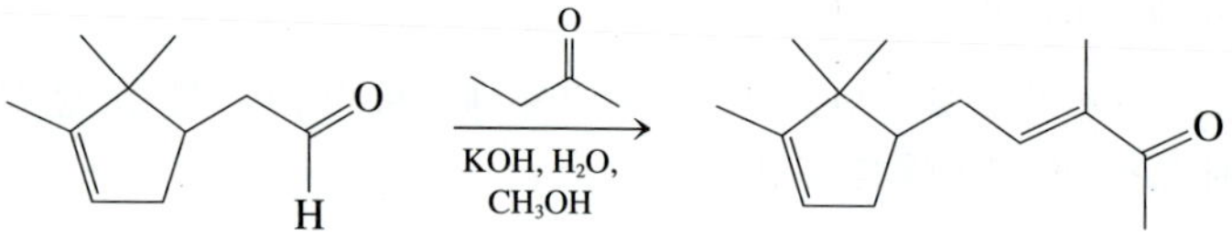

KOH, H_2O, CH_3OH

(a) 이 합성 단계는 유용하기는 하지만, 그다지 높지 않은 수득률 (60%)이 가장 큰 걸림돌이다. 무엇이 문제가 되는지 자세히 설명하시오.

(b) 통상적인 알돌 축합을 피하는 해법이 2004년에 발표되었다. Bromoketone을 먼저 만들고 Mg 금속과 반응시키면 마그네슘 엔올 음이온을 만든다. 이 엔올 음이온은 알데하이드와 선택적으로 반응하여, 원하는 화합물로 탈수반응이 될 수 있는 hydroxyketone을 만든다. 이 방법이 어떻게 (a)에서 일어나는 문제점을 해결하는지 설명하시오.

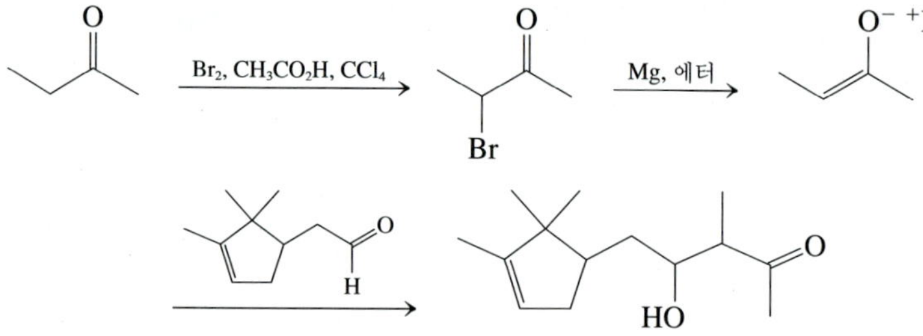

Br_2, CH_3CO_2H, CCl_4 → (Br) → Mg, 에테 → O^- ^+MgBr

→ HO

55. (i) ~ (iii)의 카보닐 화합물 각각과 (a) ~ (h)의 각 시약의 반응에서 예상되는 주요한 생성물을 쓰시오.

(i) 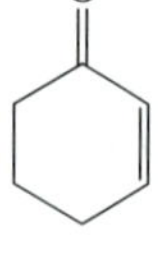 **(ii)** $CH_3CH{=}C(CH_2CH_2CH_3)CH{=}O$ **(iii)**

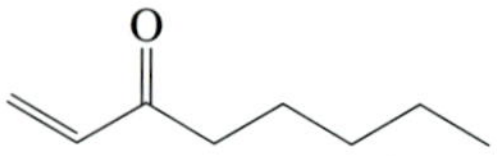

(a) H_2, Pd, CH_3CH_2OH
(b) $LiAlH_4$, $(CH_3CH_2)_2O$
(c) Cl_2, CCl_4
(d) KCN, H^+, H_2O
(e) CH_3Li, $(CH_3CH_2)_2O$
(f) $(CH_3CH_2CH_2CH_2)_2CuLi$, THF
(g) NH_2NHCNH_2 (C=O), CH_3CH_2OH
(h) $(CH_3CH_2CH_2CH_2)_2CuLi$, 다음에 THF에서 CH_2CHCH_2Cl로 처리

56. 다음 각 반응의 기대되는 생성물을 쓰시오.

(a) $C_6H_5\overset{O}{\overset{\|}{C}}CH_2CH_2CH_3$ —1. LDA, THF 2. CH_3CH_2Br, HMPA→

(b) 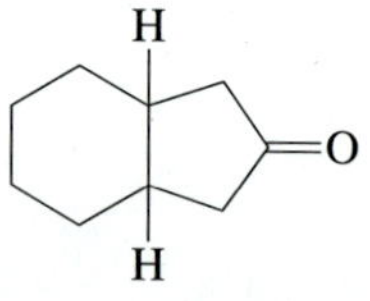 (H, H, =O) —1. LDA, THF 2. $BrCH_2\overset{O}{\overset{\|}{C}}CH_3$→

(c) 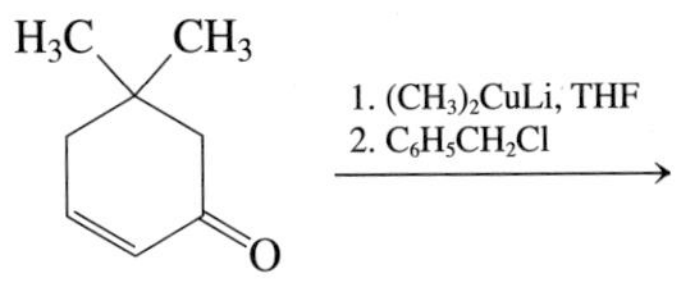 [structure: 5,5-dimethylcyclohex-2-enone, H_3C, CH_3, O] $\xrightarrow{\text{1. }(CH_3)_2CuLi\text{, THF; 2. }C_6H_5CH_2Cl}$

(d) 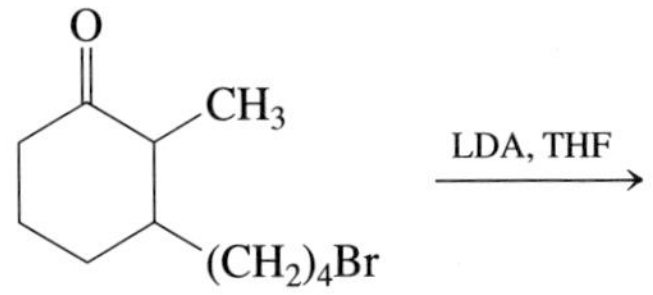 [structure: 2-methyl-3-(4-bromobutyl)cyclohexanone, O, CH_3, $(CH_2)_4Br$] $\xrightarrow{\text{LDA, THF}}$

57. 다음 각 반응의 생성물을 물로 처리했을 때의 반응식을 나타내시오.

(a) $C_6H_5\overset{O}{\overset{\|}{C}}CH_3 + CH_2{=}CH\overset{O}{\overset{\|}{C}}C_6H_5 \xrightarrow{\text{LDA, THF}}$

(b) 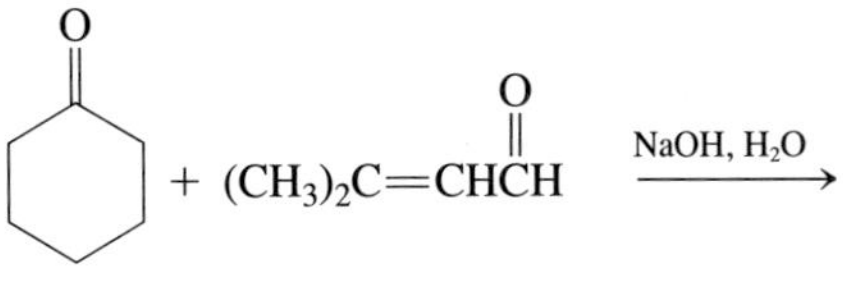 [cyclohexanone] $+ (CH_3)_2C{=}CH\overset{O}{\overset{\|}{C}}H \xrightarrow{\text{NaOH, }H_2O}$

(c) [cyclopent-2-enone] $\xrightarrow{\text{1. }(CH_2{=}CH)_2CuLi\text{, THF; 2. }CH_2{=}CH\overset{O}{\overset{\|}{C}}CH_3}$

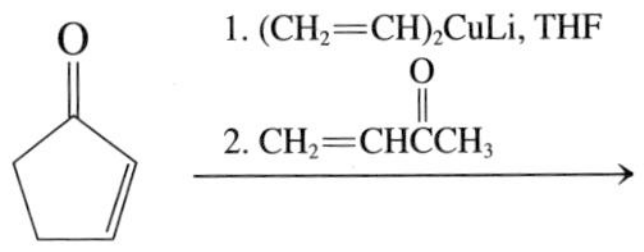

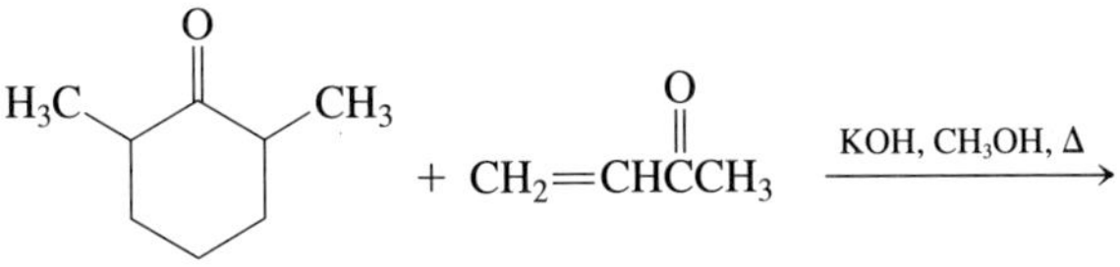

(d) 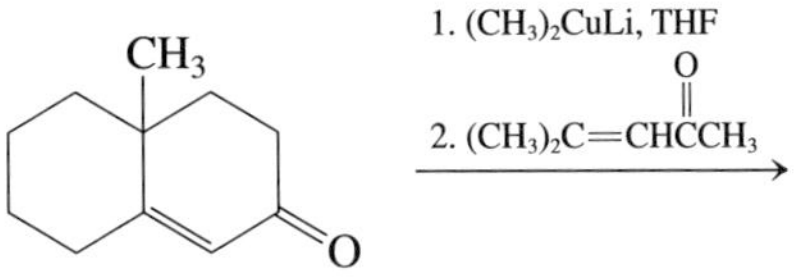 [structure: bicyclic enone with angular CH_3, O] $\xrightarrow{\text{1. }(CH_3)_2CuLi\text{, THF; 2. }(CH_3)_2C{=}CH\overset{O}{\overset{\|}{C}}CH_3}$

(e) 반응 (c)와 (d)의 생성물을 염기로 처리했을 때 기대할 수 있는 결과물을 쓰시오.

58. 다음 각 반응의 최종 생성물은 무엇인가?

(a) 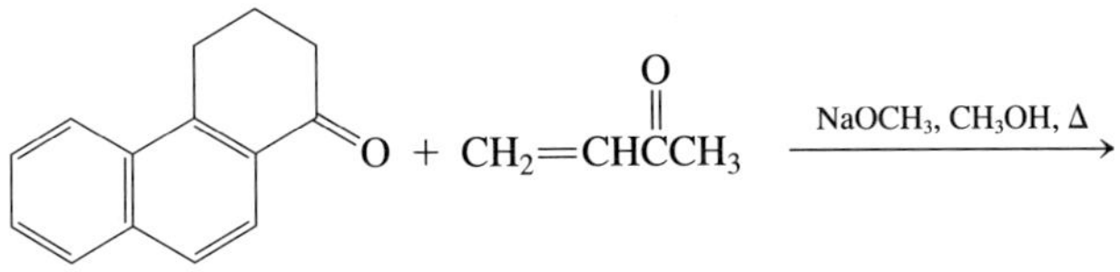 [structure: tricyclic aromatic ketone, O] $+ CH_2{=}CH\overset{O}{\overset{\|}{C}}CH_3 \xrightarrow{\text{NaOCH}_3\text{, CH}_3\text{OH, }\Delta}$

(b) [structure: 2,6-dimethylcyclohexanone, O, H_3C, CH_3] $+ CH_2{=}CH\overset{O}{\overset{\|}{C}}CH_3 \xrightarrow{\text{KOH, CH}_3\text{OH, }\Delta}$

(c) [cyclohexanone] $\xrightarrow{\text{1. LDA, THF; 2. }HC{\equiv}C\overset{\|}{\underset{O}{C}}CH_3}$

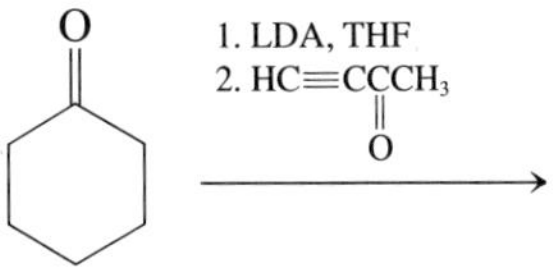

(d) (c)의 반응 결과에 대한 자세한 메커니즘을 쓰시오(**힌트**: 첫 번째 단계에서 Michael 수용체로써 3-butyn-2-one 시약으로 처리하라).

59. Michael 첨가반응에 이은 알돌 축합(Robinson 고리짓기반응)을 이용하여 다음 화합물들을 합성하시오. 이들 각 화합물들은 모두 스테로이드 호르몬의 전 합성에서 사용되는 중간체이다.

(a) 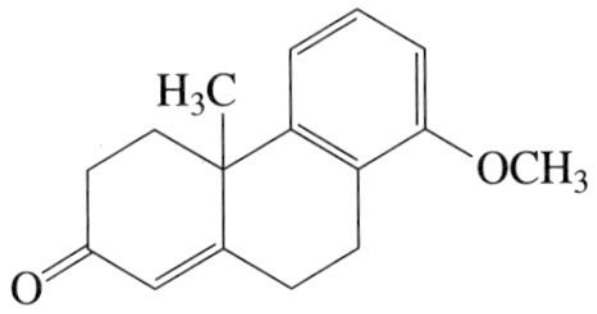 [structure: H_3C, OCH_3, O]

(b) 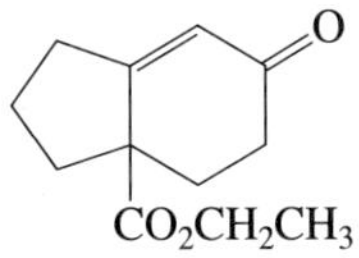 [structure: O, $CO_2CH_2CH_3$]

(c) 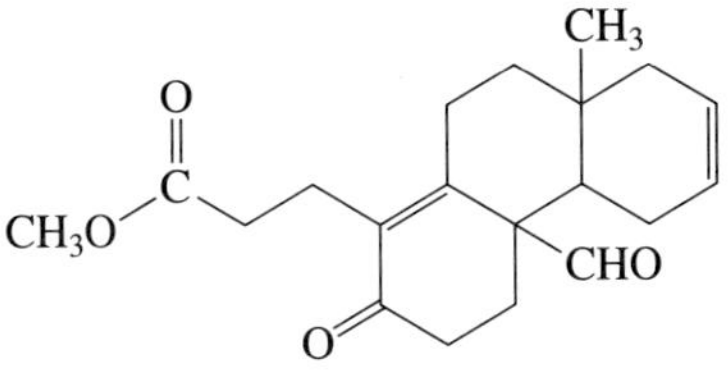 [structure: $CH_3O\overset{O}{\overset{\|}{C}}$–, CH_3, CHO, O]

(d) 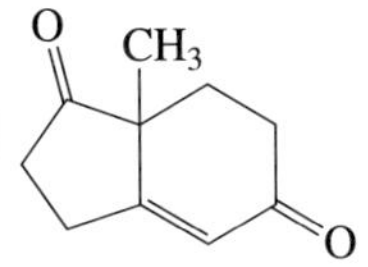 [structure: O, CH_3, O]

60. 3-Buten-2-one의(오른쪽 여백 그림) 이중 결합에 HCl이 첨가될 때 Markovnikov의 법칙을 따르겠는가? 메커니즘의 근거를 설명하시오.

$CH_3\overset{O}{\overset{\|}{C}}CH{=}CH_2$
3-Buten-2-one

61. 다음 분광학적 자료를 이용하여 각 화합물의 구조를 제시하시오.
(a) $C_5H_{10}O$, NMR 스펙트럼 A, UV $\lambda_{max}(\epsilon) = 280\ (18)$ nm, (b) C_5H_8O, NMR 스펙트럼 B, UV $\lambda_{max}(\epsilon) = 220\ (13{,}200)$, $310\ (40)$ nm, (c) C_6H_{12}, NMR 스펙트럼 C, UV $\lambda_{max}(\epsilon) = 189\ (8{,}000)$ nm, (d) $C_6H_{12}O$, NMR 스펙트럼 D, UV $\lambda_{max}(\epsilon) = 282\ (25)$ nm (스펙트럼 D를 위해 다음 쪽을 보라).

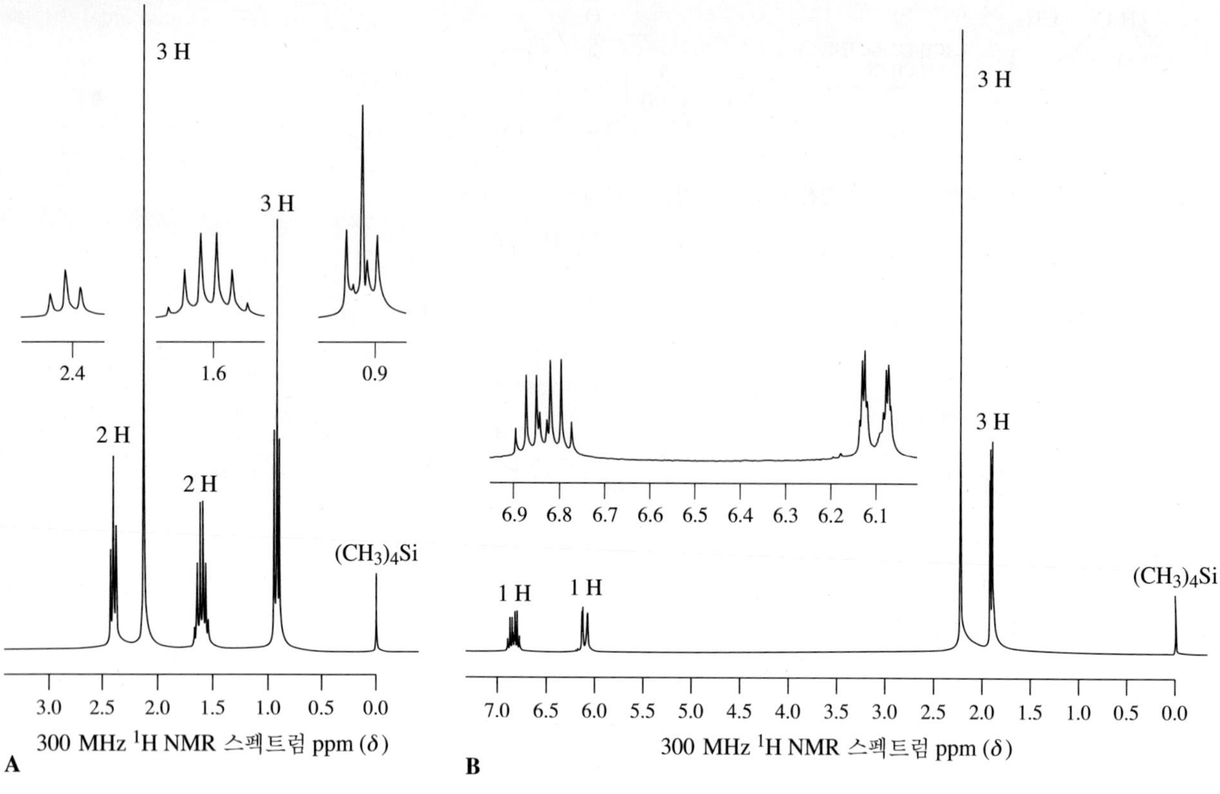
3 H
3 H
2.4
1.6
0.9
2 H
2 H
(CH3)4Si
3.0 2.5 2.0 1.5 1.0 0.5 0.0
300 MHz 1H NMR 스펙트럼 ppm (δ)
A
3 H
6.9 6.8 6.7 6.6 6.5 6.4 6.3 6.2 6.1
3 H
1 H
1 H
(CH3)4Si
7.0 6.5 6.0 5.5 5.0 4.5 4.0 3.5 3.0 2.5 2.0 1.5 1.0 0.5 0.0
300 MHz 1H NMR 스펙트럼 ppm (δ)
B

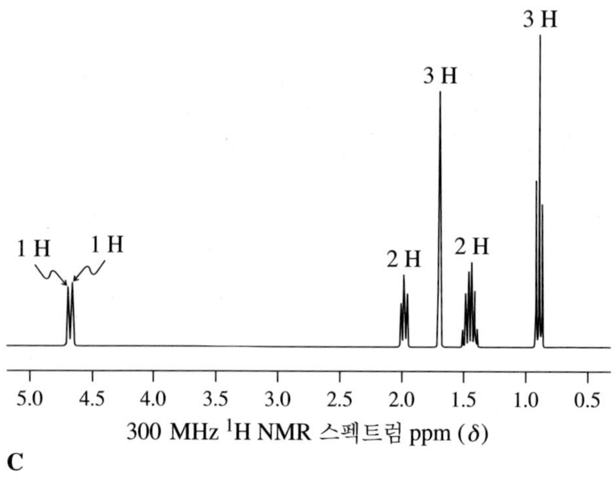
3 H
3 H
1 H
1 H
2 H
2 H
5.0 4.5 4.0 3.5 3.0 2.5 2.0 1.5 1.0 0.5
300 MHz 1H NMR 스펙트럼 ppm (δ)
C

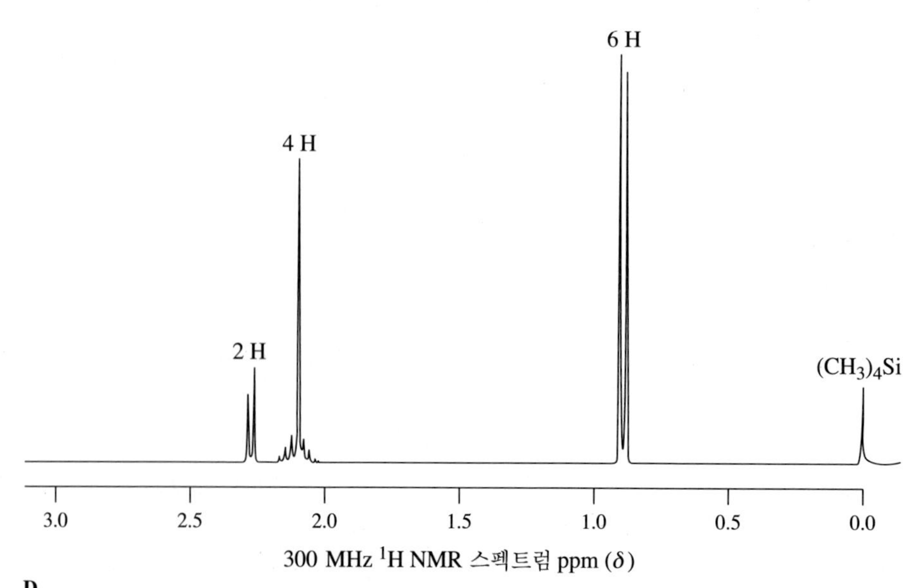
6 H
4 H
2 H
(CH3)4Si
3.0 2.5 2.0 1.5 1.0 0.5 0.0
300 MHz 1H NMR 스펙트럼 ppm (δ)
D

다음 각 반응에 대하여 지정된 상호변환을 위한 적절한 시약의 이름을 기술하시오(문자들은 NMR 스펙트라 A에서 D까지 생성되는 화합물을 언급한다). **(e)** A → C; **(f)** B → D; **(g)** B → A.

62. **도전 문제** 염기 촉매 존재하에서 iodomethane으로 cyclopentane-1,3-dione을 처리하면 대부분 다음 세 가지 생성물의 혼합물이 얻어진다.

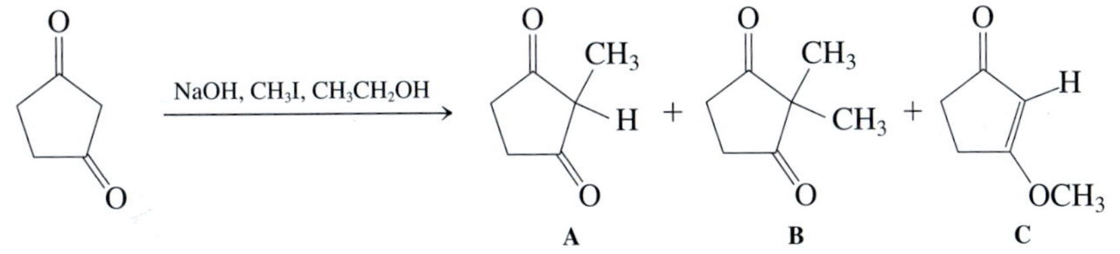

NaOH, CH_3I, CH_3CH_2OH

A B C

(a) 어떻게 이 세 가지 생성물이 형성되는지 메커니즘으로 설명하시오.

(b) 화합물 C를 구리화합물로 처리하면 다음과 같이 메톡시기가 제거된다. 예를 들어,

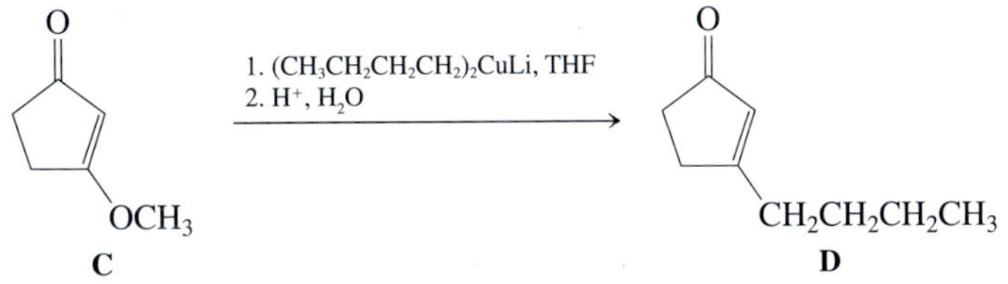

1. $(CH_3CH_2CH_2CH_2)_2CuLi$, THF
2. H^+, H_2O

OCH_3 C → $CH_2CH_2CH_2CH_3$ D

이 반응의 메커니즘을 제시하시오. 그것은 β-탄소에서 치환된 엔온을 만든 또 다른 합성 경로이다(**힌트**: 연습 문제 18-24 참조).

63. **도전 문제** 코티손과 관련된 스테로이드의 비전형적인 합성은 다음의 두 반응을 포함하고 있다.

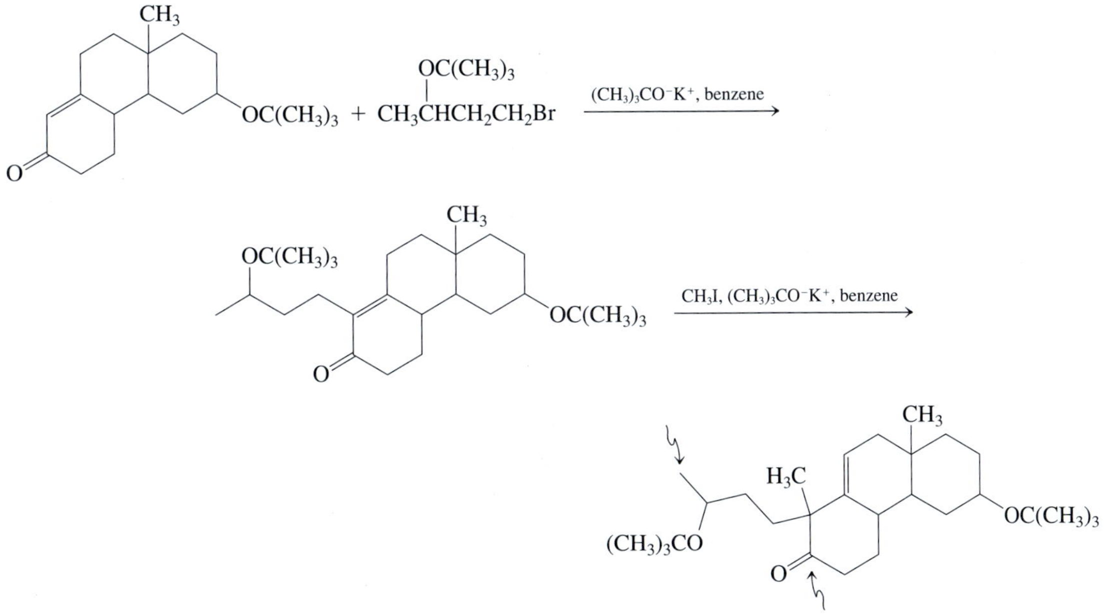

CH_3, $OC(CH_3)_3$ + $CH_3CHCH_2CH_2Br$ (with $OC(CH_3)_3$) —$(CH_3)_3CO^-K^+$, benzene→

—CH_3I, $(CH_3)_3CO^-K^+$, benzene→

(a) 위의 두 반응의 메커니즘을 제시하시오. 출발 엔온에서 양성자이탈반응을 하는 최초 위치 선정에 주의하라. 특히 알켄일 수소는 염기에 의해서 최초로 떨어져 나갈 만큼의 **산성을 가지고 있지 않다**.

(b) 세 번째 화합물에서 화살표로 표시된 탄소들을 연결하여, 또 하나의 육원자 고리를 형성할 수 있는 반응 순서를 제시하시오.

64. 다음의 스테로이드 합성은 이 장에서 보여 준 두 개의 주요한 형태의 반응을 변형시킨 것을 포함하고 있다. 이들 반응 형태를 찾고, 각각의 반응에 대해서 자세한 메커니즘을 제시하시오.

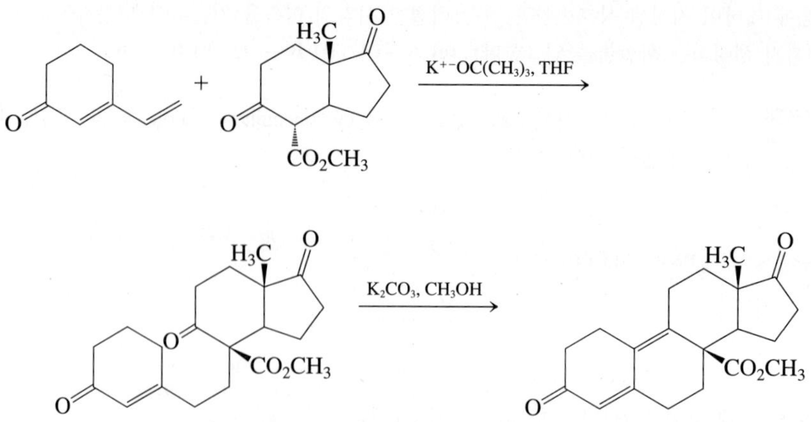

$K^{+-}OC(CH_3)_3$, THF

K_2CO_3, CH_3OH

65. 다음 합성을 진행할 타당한 계획을 만드시오. 합성전략에서 입체화학은 무시할 것.

(a) 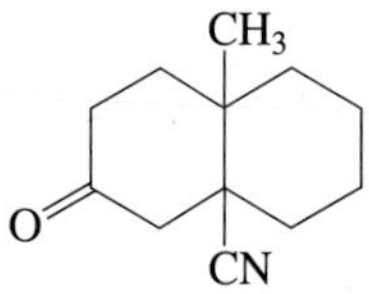 , cyclohexanone으로부터

(b) 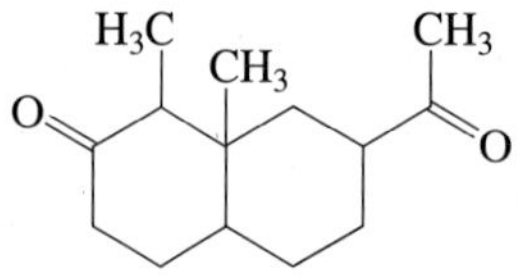 , 2-cyclohexenone으로부터 (**힌트**: 첫 단계에서 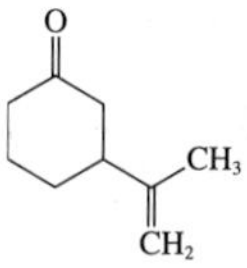 을 만들어라).

66. 다음의 합성 과정에 빠져 있는 시약(a, b, c, d, e)을 적으시오. 각각의 문자는 하나 이상의 단계를 가지고 있다. 이 과정은 천연 삼중터펜인 germanicol 합성의 시작 단계이다. (a)와 (b) 사이의 단계에서 사용된 다이올은 반응성이 더 높은 카보닐기를 선택적으로 보호하게 해 준다(**힌트**: (b) 단계에서는 문제 63을 참조하라).

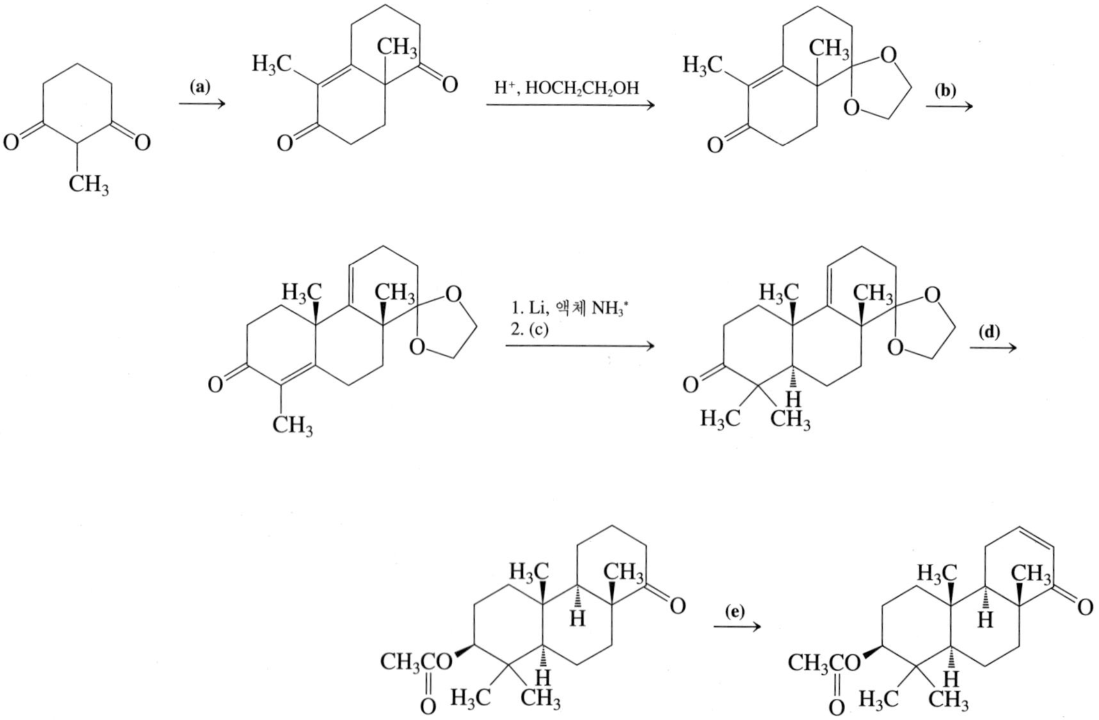

(a)

H^+, $HOCH_2CH_2OH$

(b)

1. Li, 액체 NH_3
2. (c)

(d)

(e)

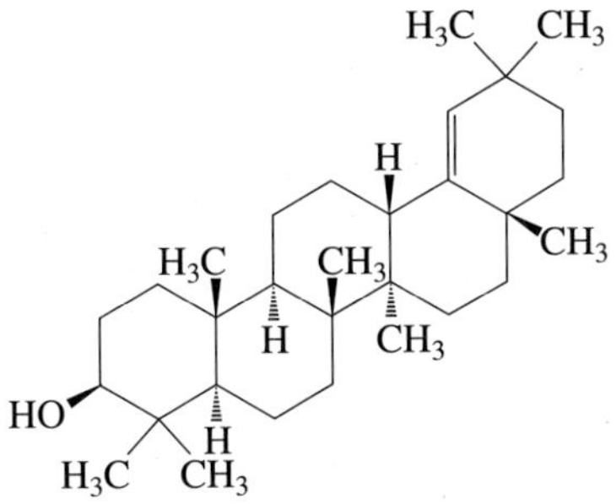

H$_3$C CH$_3$ H CH$_3$ H$_3$C CH$_3$ H CH$_3$ HO H H$_3$C CH$_3$

Germanicol

[카복실산]

화합물의 어떤 형태가 생물학적 대사의 최종 생성물인가? 우리는 산소를 흡입하고, 유기 화합물의 산화 생성물의 하나인(3장) 이산화 탄소를 방출한다. **카복실산(carboxylic acid)**은 산화 조건하에서 일어나는 생화학의 주생성물이며, 지구의 생명체계에 널리 퍼져 있다. 여러분들은 식초로 변한 포도주와 친숙한데, 그것은 에탄올이 효모 산화에 의해서 아세트산으로 변한 결과이다. 카복실산은 카보닐 탄소에 하이드록시기가 결합된 작용기, **카복시기(carboxy group)**의 존재에 의해서 알 수 있다. 이 카복시기는 일반적으로 COOH와 CO_2H로 쓰인다. 이들 두 표현이 이 장에서 사용될 것이다.

카복실산은 자연에 널리 분포되어 있다. 또한 이들은 중요한 공업적 화학약품이다. 예를 들어, 아세트산은 생물에서 복잡한 분자의 집합체를 이루는 중요한 기본 요소이며, 공업적으로도 대량 생산된다.

하이드록시 카보닐 유도체로서 볼 때, 카복실산의 다양한 반응성이 예상될 수 있다. 하이드록시기의 수소는 산성이고, 산소는 염기성이면서 친핵체이며, 카보닐 탄소는 친핵체의 공격을 받는다.

O
C
OH
Carboxy기

δ⁻
:O:
친전자성
염기성
C
δ⁺
R
O
H
산성

카복실산인 Fexofenadine (Allegra)은 알레르기를 치료하는 졸립지 않은 항히스타민제로, 가장 많이 판매되고 있다. 이것은 입체중심을 가지고 있는데, 두 입체이성질체 모두 효과를 가지고 있어 라세미체로 팔린다.

이 장에서는 카복실산의 명명법과 물리적, 분광학적 특성을 먼저 소개한다. 그런 다음 전자를 끌어당기는 카보닐기와 하이드록시기 사이의 상호작용에 의해 영향을 받는 산도와 염기도를 알아본다. 그 다음 카복시기를 만드는 방법에 대하여 알아보고, 반응성을 알아본다. 그 후에 할로젠화물, 알콕사이느, 아마이느와 같은 친핵체로 하이드록시기를 치환하는 새로운 치환 메커니즘인, **첨가-제거반응**을 주로 다룰 것이다. 이러한 변환으로부터 얻어지는 카복실산 유도체에 대한 화학이 20장의 주제이다.

19-1 카복실산의 명명법

다른 유기 화합물처럼 많은 카복실산은 문헌에서 자주 접할 수 있는 관용명을 가지고 있다. 이러한 이름은 산이 처음 분리되었던 자연에 존재하던 재료를 가리킨다(표 19-1). *Chemical abstracts*는 두 가지의 가장 간단한 **폼산(formic** acid)과 **아세트산(acetic** acid)에 대한 관용명을 가지고 있다. 카복시기와 그의 유도체의 작용기는 지금까지 논의된 다른 기들의 명명에도 우선한다.

가장 일반적인 작용기들의 전체적인 명명 우선순위를 아래에 나타냈다. 어떤 분자에 둘 이상의 작용기를 포함하고 있으면, 우선순위가 가장 큰 작용기의 이름을 접미사로 쓰고 다른 치환기들의 이름은 접두사로 쓴다. 예를 들어, 알코올, 케톤 및 알데하이드 작용기를 포함하고 있는 $HOCH_2CH_2COCH_2CHO$를 생각해 보자. 이 화합물의 이름에서 처음 두 작용기는 접두사(hydroxy-와 oxo-)로 나타내고, 알데하이드기는 우선순위가 가장 높으므로 접미사 -al로 나타내어, 5-hydroxy-3-oxopentanal로 명명한다. 알켄과 알카인은 제외하였다. 알켄과 알카인의 우선순위는 아민 아래에 해당하지만, 어떤 분자의 어미 사슬에 탄소–탄소 이중 결합 또는 삼중 결합이 있으면 작용기 명명 우선순위가 가장 높은 어미 사슬 이름의 접두사를 쓰기 전에 -en(e)- 또는 -yn(e)를 삽입한다. 다음 카복실산들의 이름에서 이런 원칙을 설명하고 있다.

작용기의 우선순위

$$\underset{\text{카복실산}}{\overset{\overset{\displaystyle O}{\|}}{RCOH}} > \underset{\text{무수물}}{RCOCR} > \underset{\text{에스터}}{RCOR'} > \underset{\text{할로젠화 아실}}{RCX} > \underset{\text{아마이드}}{RCNR'_2} > \underset{\text{나이트릴}}{RCN} > \underset{\text{알데하이드}}{RCH} > \underset{\text{케톤}}{RCR'} > \underset{\text{알코올}}{ROH} > \underset{\text{싸이올}}{RSH} > \underset{\text{아민}}{RNH_2}$$

(RCOCR의 두 C, RCOR′, RCX, RCNR′₂, RCH, RCR′의 C에는 각각 C=O가 있음)

← **명명 우선순위 증가**

IUPAC 체계에서는 알케인의 끝 *-e*를 **-산(-oic acid)**으로 바꾸어 카복실산을 명명한다. 카복시 탄소가 1번이 되도록 **알칸산(alkanoic acid)** 사슬에 번호를 붙이고, CO_2H기를 포함한 가장 긴 사슬을 따라 다른 치환기 번호를 붙인다.

표 19-1 카복실산의 이름과 천연 재료

구조	IUPAC명	관용명	천연 재료
$HCOOH$	Methanoic acid	Formic acid[a]	개미의 "분해 증류" (*formica*, 라틴어로 개미를 의미)
CH_3COOH	Ethanoic acid	Acetic acid[a]	식초 (*acetum*, 라틴어로 식초를 의미)
CH_3CH_2COOH	Propanoic acid	Propionic acid	유제품 (*pion*, 그리스어로 지방을 의미)
$CH_3CH_2CH_2COOH$	Butanoic acid	Butyric acid	버터(특히 썩는 냄새가 날 때) (*butyrum*, 라틴어로 버터를 의미)
$CH_3(CH_2)_3COOH$	Pentanoic acid	Valeric acid	쥐오줌풀뿌리
$CH_3(CH_2)_4COOH$	Hexanoic acid	Caproic acid	염소의 냄새 (*caper*, 라틴어로 염소를 의미)

[a]*Chemical Abstracts*에서 사용되는 이름.

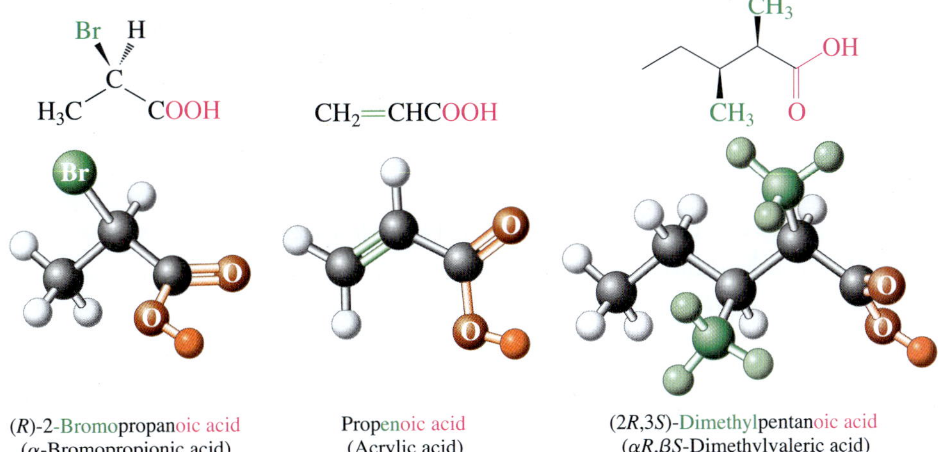

(*R*)-2-Bromopropanoic acid
(α-Bromopropionic acid)

Propenoic acid
(Acrylic acid)

(2*R*,3*S*)-Dimethylpentanoic acid
(α*R*,β*S*-Dimethylvaleric acid)

여러 가지 작용기를 가지는 카복실산에서 주사슬은 가능한 한 많은 작용기를 포함하도록 한다. 포화 고리 산은 **사이클로알케인카복실산(cycloalkanecarboxylic acid)**으로 명명한다. 그들의 대응되는 방향족 화합물은 **벤조산(benzoic acid)**이 된다. 이들 화합물에서 카복시 작용기에 붙어 있는 탄소가 1번 탄소가 된다.

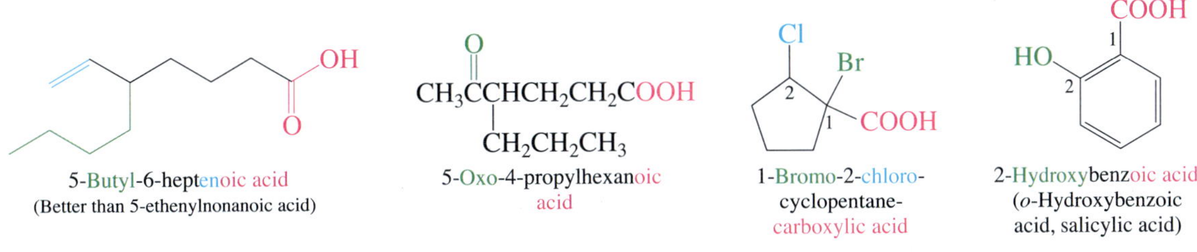

5-Butyl-6-heptenoic acid
(Better than 5-ethenylnonanoic acid)

5-Oxo-4-propylhexanoic acid

1-Bromo-2-chloro-cyclopentane-carboxylic acid

2-Hydroxybenzoic acid
(*o*-Hydroxybenzoic acid, salicylic acid)

2-하이드록시벤조(salicylic acid)산은 버드나무 껍질에서 얻을 수 있는 2000년 전부터 널리 알려진 진통제(*salix*, 라틴어로 버드나무를 의미)이다. 살리실산의 아세트산 에스터는 아스피린으로 잘 알려져 있다(화학 이야기 22-2).

다이카복실산은 **다이산(dioic acid)**으로 명명한다.

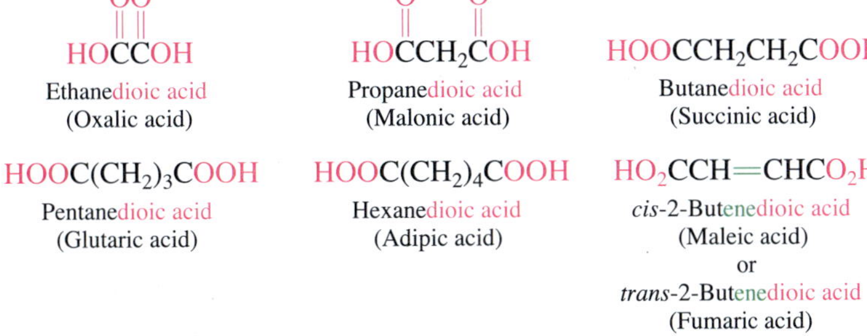

Ethanedioic acid
(Oxalic acid)

Propanedioic acid
(Malonic acid)

Butanedioic acid
(Succinic acid)

Pentanedioic acid
(Glutaric acid)

Hexanedioic acid
(Adipic acid)

cis-2-Butenedioic acid
(Maleic acid)
or
trans-2-Butenedioic acid
(Fumaric acid)

원시 시대 이래로 인류는 버드나무 껍질을 씹으면, 고통을 덜 수 있다는 사실을 알았다.

관용명은 그들이 자연에서 얻어진 재료로부터 유래된다. 예를 들어, 뷰테인다이(석신)산은 호박의 증류물에서 발견되었고(*succinum*, 라틴어로 호박을 의미), 트랜스-2-뷰텐다이(퓨마르)산은 악마를 막기 위해 고대부터 불태웠던 식물인 *Fumaria*에서 발견되었다(*fumus*, 라틴어로 연기를 의미).

연습 문제 19-1

다음 화합물의 적절한 체계명이나 구조를 쓰시오.

(a) Br Cl O OH (b) COOH O (c) COOH CH_3O NO_2

(d) 2,2-Dibromohexanedioic acid **(e)** 4-Hydroxypentanoic acid

(f) 4-(1,1-Dimethylethyl) benzoic acid

요약 카복실산의 체계적인 명명법은 알칸산(alkanoic acid)의 어간에 기초한다. 고리 유도체는 사이클로알케인카복실산으로 명명하고, 방향족은 벤조산, 다이카복실계는 알케인다이산(alkanedioic acid)이라고 붙여진다.

19-2 카복실산의 구조적, 물리적 성질

전형적인 카복실산의 구조는 무엇인가? 카복실산은 어떠한 물리적인 특성을 가지는가? 이 절에서는 폼산의 구조를 시작으로 해서 이 질문에 대한 답을 줄 것이다. 카복실산은 주로 수소 결합된 이합체로 존재한다.

폼산은 평면 구조이다

그림 19-1에 폼산의 분자 구조를 나타내었다. 이것은 하이드록시폼알데하이드에서 예상되듯이, 평면 삼각형 카보닐 탄소를 갖는다(그림 8-1의 메탄올과 그림 17-2의 아세트알데하이드의 구조 참조). 이러한 구조적인 특성들은 일반적인 카복실산에서도 발견된다.

카복시기는 극성이고, 수소 결합된 이합체를 생성한다

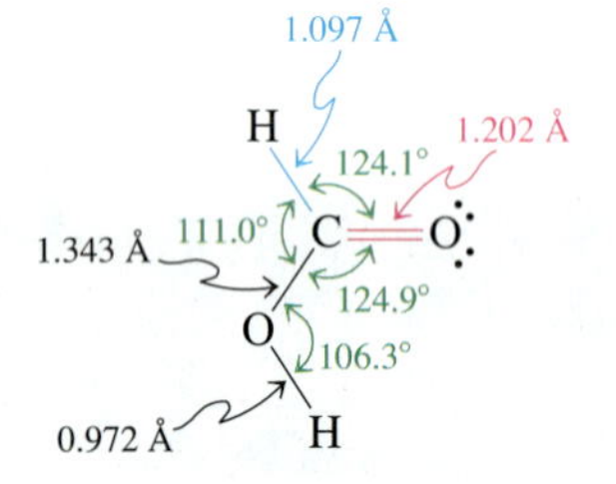

그림 19-1 Formic acid의 분자 구조. 카보닐 탄소에 대해 평면 구조이고, 삼각형 구조이다.

카복시 작용기는 카보닐 이중 결합과 하이드록시기 때문에 크게 편극되어 있다. 이 하이드록시기는 물, 알코올, 다른 카복실산과 같은 편극된 분자와 수소 결합을 한다. 그러므로 분자량이 작은 카복실산(뷰탄산)까지는 물에 완전히 녹는다. 순수한 액체이거나, 심지어는 매우 묽은 용액(비양성자성 용매)에서도 카복실산은 약 6~8 kcal mol^{-1}의 세기로, 각각 O—H···O 상호작용으로 수소 결합된 이합체로 존재한다.

카복실산은 이합체를 쉽게 형성한다

2 RCOOH ⟶ R—C(=O···H—O)(—O—H···O=)C—R

두 개의 수소 결합

표 19-2는 카복실산이 액체 상태뿐만 아니라, 고체에서도 수소 결합을 하기 때문에 상대적으로 높은 녹는점과 끓는점을 가지고 있다는 것을 보여 준다.

특히 상대적으로 낮은 분자량과 높은 휘발성을 가지는 카복실산은 특징적인 강한 냄새를 낸다. 예를 들어, 뷰탄산의 존재는 치즈의 강한 향을 내며, (*E*)-3-메틸-2-헥센산은 사람의 땀냄새를 내는 중요한 화합물 중의 하나이다.

O OH

(*E*)-3-Methyl-2-hexenoic acid

요약 카복시기는 평면이고, 극성화할 수 있는 카보닐기를 가진다. 카복실산은 수소 결합된 이합체로 존재하고, 일반적으로 높은 녹는점과 끓는점을 나타낸다.

표 19-2 다양한 사슬 길이와 작용기를 가지는 알케인 유도체의 녹는점과 끓는점

유도체	녹는점 (°C)	끓는점 (°C)
CH_4	−182.5	−161.7
CH_3Cl	−97.7	−24.2
CH_3OH	−97.8	65.0
HCHO	−92.0	−21.0
HCOOH	8.4	100.6
CH_3CH_3	−183.3	−88.6
CH_3CH_2Cl	−136.4	12.3
CH_3CH_2OH	−114.7	78.5
CH_3CHO	−121.0	20.8
CH_3COOH	16.7	118.2
$CH_3CH_2CH_3$	−187.7	−42.1
$CH_3CH_2CH_2Cl$	−122.8	46.6
$CH_3CH_2CH_2OH$	−126.5	97.4
CH_3COCH_3	−95.0	56.5
CH_3CH_2CHO	−81.0	48.8
CH_3CH_2COOH	−20.8	141.8

19-3 카복실산의 분광법 및 질량 분석법

편극성 이중 결합과 하이드록시기는 카복실산의 스펙트럼을 결정한다. 이 절에서는 NMR과 IR 방법이 카복시기를 규명하는데 어떻게 이용되는지를 알아본다. 또한 카복실산이 질량 분석계에 의하여 어떻게 쪼개어지는가를 알아본다.

카복시 수소와 탄소는 벗김 효과를 받는다

알데하이드와 케톤에서처럼 카보닐기에 인접한 탄소의 수소는 ^1H NMR 스펙트럼에서 약한 벗김 효과를 받는다. 작용기로부터 거리가 멀어질수록 이 영향은 급격히 감소한다. 하이드록시 양성자는 매우 낮은 자기장 ($\delta = 10 \sim 13$ ppm)에서 공명한다. 알코올의 NMR 스펙트럼에서처럼 OH기가 쉽게 수소 결합을 하기 때문에, 그것의 화학적 이동값은 농도, 용매, 온도에 따라 매우 다양하다. 펜탄산의 ^1H NMR 스펙트럼을 그림 19-2에 나타내었다.

알칸산의 ^1H NMR의 화학적 이동값

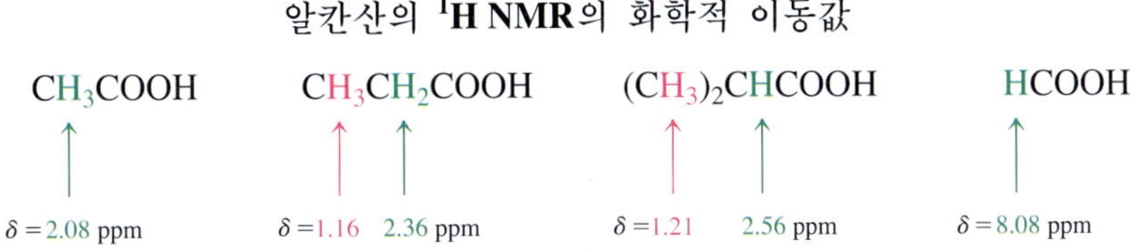

카복실산의 ^{13}C NMR 화학적 이동값은 알데하이드 및 케톤과 비슷하고, 카보닐기에 인접한 탄소는 적당한 정도의 벗김 효과를 받으며, 전형적으로 낮은장에서 카보닐기 흡수가 있다. 그러나 카복시 탄소의 경우, 양으로 극성을 띠는 정도는 OH기의 존재로 다소 감소하기 때문에 벗김 효과의 정도는 작아진다.

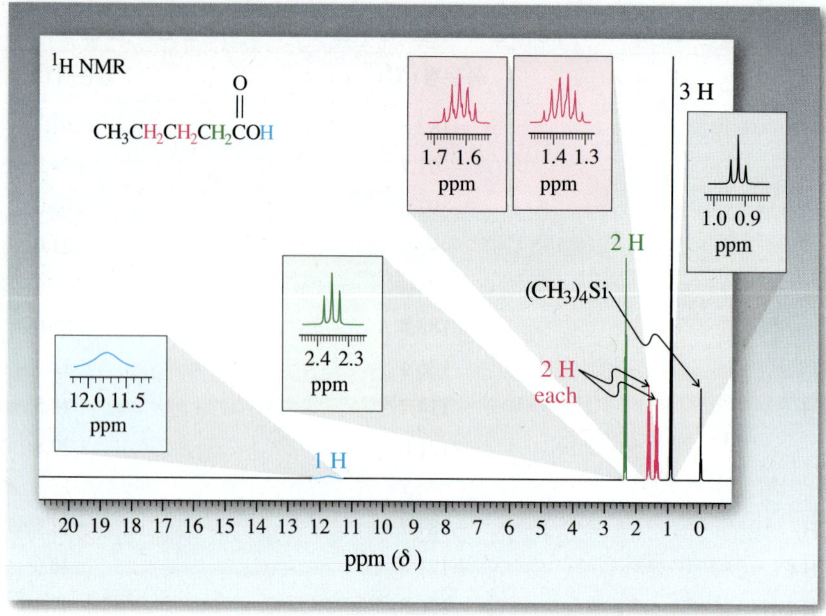

그림 19-2 Pentanoic acid의 300 MHz ^1H NMR 스펙트럼. 범위가 20 ppm까지 확장되었고, δ = 11.75 ppm에서 산의 양성자 신호가 보인다. C2의 methylene 수소는 그 다음 낮은장에서 삼중선(δ = 2.35 ppm, J = 7 Hz)으로 나타나고, methyl기 앞에 있는 두 종류의 methylene기는 각각 오중선과 육중선을 보인다. Methyl기는 높은장(δ = 0.92 ppm, J = 6 Hz)에서 찌그러진 삼중선으로 나타난다.

알칸산의 전형적인 ^{13}C NMR의 화학적 이동값

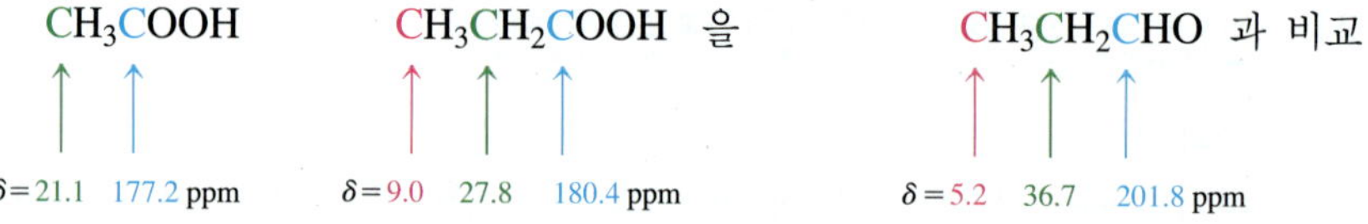

이러한 감소는 공명 구조를 그려보면 이해하기 쉽다. 알데하이드와 케톤이 두 개의 공명 구조로 나타남을 17-2절로부터 다시 한 번 알아보자. 쌍극성 구조는 C=O 결합의 편극화됨을 반영한다. 이러한 공명 구조가 약한 기여 구조(탄소가 팔전자계 구조를 갖지 않기 때문에)라 하더라도, 그것은 카보닐 탄소의 벗김 효과를 설명한다. 그러나 카복실산에서 그 구조는 공명 혼성에 덜 기여한다. 하이드록시 산소는 전자쌍을 줄 수 있으므로, 탄소와 두 개의 산소가 팔전자계를 가지는 제 3의 배열을 만든다. 그러므로 카보닐 탄소에 양전하를 띠는 정도와 벗김 효과 정도가 많이 감소한다. 아세톤에서 아세트산으로 될 때 카보닐 주위에 전자 밀도 기여의 변화를 정전기 퍼텐셜 지도로 보여 준다. 케톤에서 카보닐 탄소의 강한 양의 편극화(푸른색)가 산(초록색)에서 감소된다.

알데하이드와 케톤에서의 공명

$$\left[\underset{H_3C \quad\quad R}{\overset{:\ddot{O}:}{\overset{\|}{C}}} \longleftrightarrow \underset{H_3C \quad\quad R}{\overset{:\ddot{O}:^-}{\overset{|}{C^+}}} \right]$$

비록 작은 효과이지만, 두 번째 공명 구조의 기여를 통해 카보닐 및 인접한 탄소의 강한 벗김 효과가 설명된다.

Acetone

카복실산의 공명

$$\left[\underset{R \quad\quad \ddot{O}H}{\overset{:\ddot{O}:}{\overset{\|}{C}}} \longleftrightarrow \underset{R \quad\quad \ddot{O}H}{\overset{:\ddot{O}:^-}{\overset{|}{C^+}}} \longleftrightarrow \underset{R \quad\quad \overset{+}{O}H}{\overset{:\ddot{O}:^-}{\overset{|}{C}}} \right]$$

세 개의 공명 구조로부터 카보닐 탄소가 알데하이드 및 케톤보다 벗김 효과가 작음을 알 수 있다.

Acetic acid

연습 문제 19-2

개념문제: NMR 자료로부터 카복실산의 구조 추정

끓는점이 164°C이고, 악취가 나는 카복실산의 NMR 자료는 다음과 같다. ^{1}H NMR: δ = 1.00 (t, J = 7.4 Hz, 3 H), 1.65 (육중선, J = 7.5 Hz, 2 H), 2.31 (t, J = 7.4 Hz, 2 H), 및 11.68 (s, 1 H) ppm. ^{13}C NMR: ^{13}C NMR: δ = 13.4, 18.5, 36.3, 179.6 ppm. 이 화합물의 구조를 제시하시오.

전략

^{13}C NMR 스펙트럼으로부터 시작하는 것이 좋은데, 이는 카복시기의 존재를 확인할 수 있을 뿐만 아니라, 다른 탄소 원자의 수를 알 수 있기 때문이다. ^{1}H NMR 스펙트럼은 다음과 같은 정보를 준다. 신호의 수(다른 수소 숫자), 적분(다른 수소의 상대적인 수), 화학적 이동값(다른 작용기의 존재), 스핀-스핀 갈라짐(이웃에 있는 같은 수소의 수).

풀이

- ^{13}C NMR 스펙트럼은 네 개의 봉우리를 나타낸다. δ = 179.6 ppm에서 나타난 것은 카복시 탄소이다. 나머지 세 개의 봉우리는 모두 포화 탄화수소 영역(10-9절)에 있다. 그중에 δ = 36.3 ppm에 나타난 것은 카복시기 옆에 있는 탄소이다.
- ^{1}H NMR 스펙트럼에서 δ = 11.68 ppm에서 카복시 수소를 확인할 수 있으며, 그 외에 세 가지 신호를 확인할 수 있다. 이들은 모두 포화 탄화수소 영역(표 10-2)에 있으며, 그중의 δ = 2.31 ppm에 나타난 것은 카복시기 옆에 있는 탄소에 붙어 있는 수소이다.
- 그 다음 수소 신호의 적분값을 보면 카복시 수소(한 개)에 비하여 3 : 2 : 2임을 알 수 있다. δ = 1.00 ppm에 나타난 봉우리는 3 H를 나타내고, 이로부터 methyl기라고 짐작할 수 있다. δ = 2.31 ppm에서 나타난 카복시기에 의하여 벗김 효과를 어느 정도 받았으리라 생각되며, 적분값이 2 H로 —CH_2COOH가 존재함을 알 수 있다.
- 쪼개짐 형태로부터 methyl기(삼중선)는 두 개의 이웃 수소를 가지고 있음을 알 수 있다(**CH_3**—CH_2—). 더구나 δ = 2.31 ppm에서 나타난 봉우리도 삼중선으로, —CH_2**CH_2**$COOH$ 구조를 나타낸다.
- 모든 정보를 합치면 다음과 같은 답이 나온다. $CH_3CH_2CH_2COOH$ (butanoic 또는 “butyric” acid, 상한 버터의 냄새). 우리는 한쪽에 CH_3, 다른 한쪽에 CH_2가 붙어 있는 CH_2의 ^{1}H NMR 신호의 다중선을 살펴보면, 풀이가 옳다는 것을 알 수 있다. 두 짝지음 상수가 거의 같다면 (N+1) 규칙은 육중선을 예측할 것이며, 실제로 관측되었다.

연습 문제 19-3

자습 문제

다음에 주어진 NMR 자료를 이용하여 카복실산의 구조를 그리시오.
^{1}H NMR : δ = 1.20 (d, J = 7.5 Hz, 6 H), 2.58 (칠중선, J = 7.5 Hz, 1 H), 12.17 (s, 1 H) ppm; ^{13}C NMR : δ = 18.7, 33.8, 184.0 ppm (주: ^{13}C NMR은 단지 분자 내에 있는 각각의 다른 탄소수를 나타낸다. **힌트**: ^{1}H NMR 스펙트럼에서 적분값이 6 H를 나타내는 신호는 매우 의미있다. **한 개의 탄소에 여섯 개의 수소가 결합될 수 없다**).

카복시기는 두 개의 중요한 IR 흡수띠를 보인다

카복시기는 카보닐기와 하이드록시 치환기로 이루어져 있다 그 결과 두 개의 특징적인 신축 진동띠가 적외선 스펙트럼에서 나타난다. O—H 결합은 강한 수소 결합 때문에 알코올에서보다 낮은 파수(2500 ~ 3300 cm^{-1})에서 매우 넓은 띠로 나타난다. 프로판산의 IR 스펙트럼을 그림 19-3에 나타내었다.

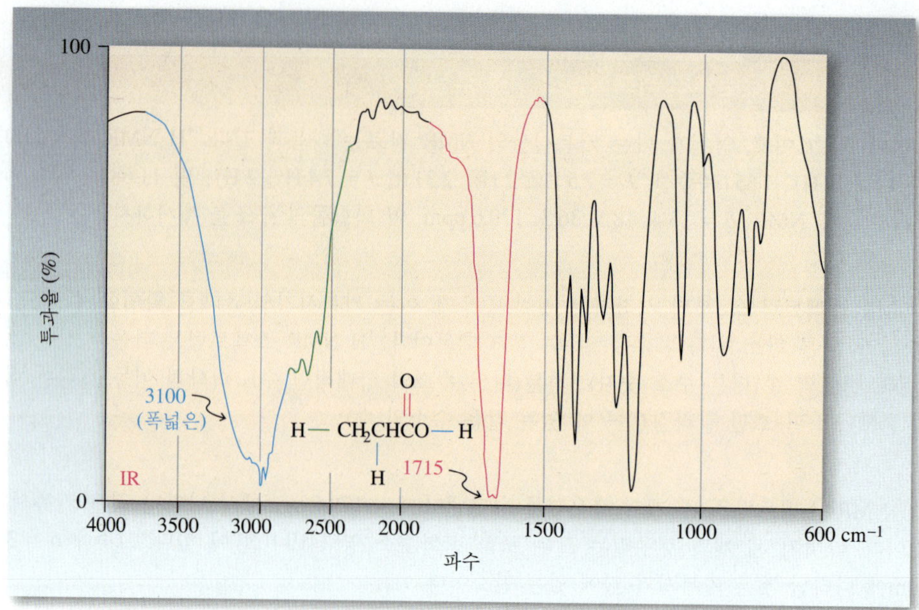

그림 19-3 Propanoic acid의 IR 스펙트럼. $\tilde{\nu}_{\text{O—H stretch}} = 3000\ \text{cm}^{-1}$, $\tilde{\nu}_{\text{C=O stretch}} = 1715\ \text{cm}^{-1}$. 이와 같은 신축 진동에 의한 봉우리는 수소 결합 때문에 넓다.

카복실산의 질량 스펙트럼은 세 가지 쪼개짐 형태를 보인다

카복실산은 여러 가지 방식으로 토막내기가 쉽게 일어나므로 이들의 질량 스펙트럼에서 분자 이온은 상당히 약하게 나타난다. 알데하이드나 케톤과 같이 α 분해 및 McLafferty 재배열이 관찰된다. 또한 C3–C4 결합의 α-수소가 산소로 이동하면서 끊어지는데, 이는 공명 안정화된 탄소양이온이 형성되기 때문이다.

카복실산의 질량 스펙트럼 토막내기

$$[RCH_2CH_2CH_2-C(=O)-OH]^{+\cdot} \xrightarrow[-RCH_2CH_2CH_2\cdot]{\alpha\ \text{분해}} [O=C=\overset{+}{O}-H \longleftrightarrow O=\overset{+}{C}-O-H \longleftrightarrow \overset{+}{O}\equiv C-O-H]$$

m/z =45
양성자첨가된 CO_2

$$[R-CH(H)-CH_2-CH_2-C(=O)-OH]^{+\cdot} \xrightarrow[-RCH=CH_2]{\text{McLafferty 재배열}} [H_2C=C(OH)-OH]^{+\cdot}$$

m/z =60
Acetic acid 엔올

$$[RCH_2-CH_2-CH(H)-C(=O)-OH]^{+\cdot} \xrightarrow[-RCH_2\cdot]{\text{C3–C4 분해 및 }\alpha\text{-H 이동}} CH_2=CH-\overset{+}{C}(OH)-OH$$

m/z =73
양성자첨가된 propenoic acid

그림 19-4에 뷰탄산의 질량 스펙트럼을 나타내었다.

연습 문제 19-4

그림 19-5에 pentanoic acid의 질량 스펙트럼을 나타내었다. 위에 보여 준 분해 형태로부터 나타나는 봉우리를 찾으시오.

요약 카복실산의 양성자와 카보닐 탄소의 NMR 신호는 매우 큰 벗김 효과를 받는 위치에 나타나고, 또 카보닐 탄소 옆의 적절히 벗겨진 핵은 산의 작용기보다 높은 자기장에서 나타난다. 산의 적외선 스펙트럼은 대략 2500 ~ 3300 (O—H)과 1710 (C=O) cm^{-1}에서 특징적인 띠를 보여 준다. 카복실산의 질량 스펙트럼은 세 가지 특징적인 토막내기 방식을 나타낸다.

19-4 카복실산의 산과 염기 특성

알코올처럼 (8-3절) 카복실산은 산과 염기의 특성을 모두 나타낸다. 카복실레이트 이온으로의 양성자이탈반응은 쉽지만 양성자첨가반응은 쉽지 않다.

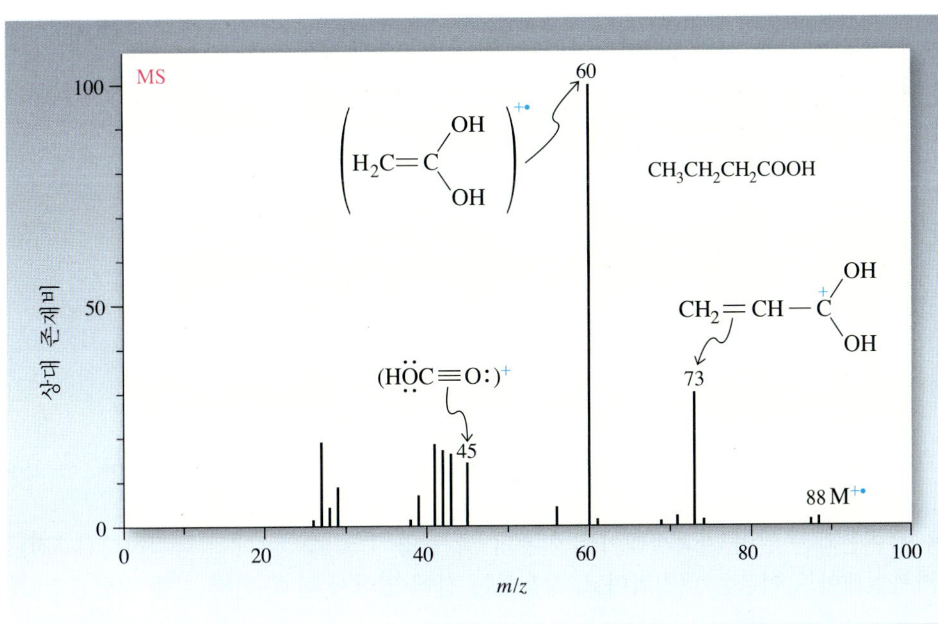

그림 19-4 Butanoic acid의 질량 스펙트럼. 본문에서 논의한 분해 형태에 의하여 나오는 분자 이온과 봉우리.

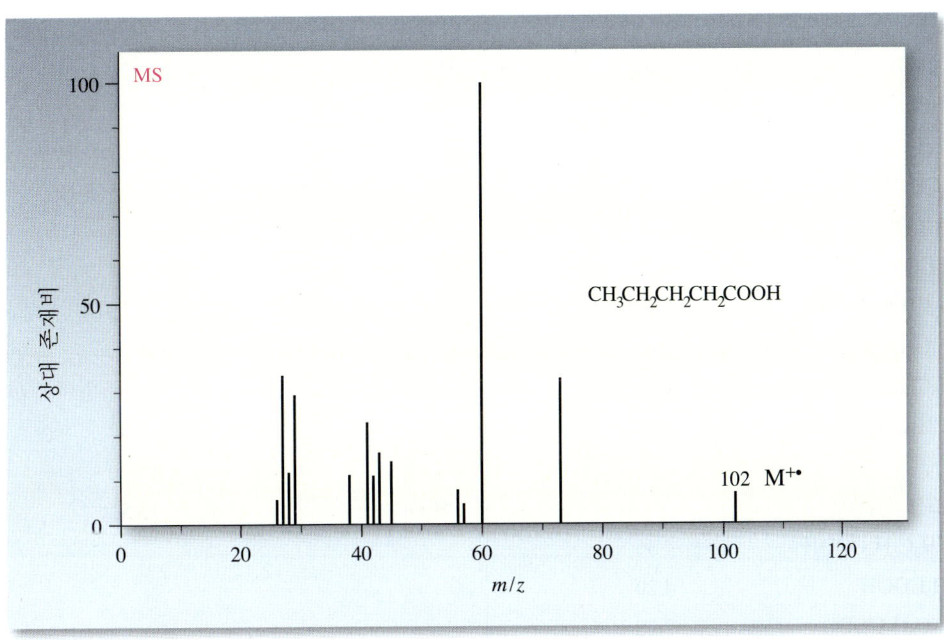

그림 19-5 Pentanoic acid의 질량 스펙트럼 (연습 문제 19-4 참조). 상대적으로 낮은 세기의 분자 이온 봉우리에 주목하라.

카복실산은 상대적으로 강산이다

카복실산은 알코올과 같이 수소가 각각의 하이드록시기에 붙어 있지만, 알코올보다 훨씬 낮은 pK_a값을 갖는다.

카복실산은 쉽게 해리한다

$$\mathrm{RCOH}\ (\text{C=O}) + \mathrm{H_2\ddot{O}} \rightleftharpoons \mathrm{RC\ddot{O}\!:^-}\ (\text{C=O}) + \mathrm{H\overset{+}{\ddot{O}}H_2}$$

$K_a \approx 10^{-4}$–10^{-5}
p$K_a \approx$ 4–5

카복실레이트 이온

왜 카복실산은 알코올보다 더 많이 해리하는가? 그 차이는 카복실산의 하이드록시 치환기가 카보닐기에 결합되어 있으면서, 양으로 편극화된 카보닐 탄소가 전자를 강하게 끌어당기도록 작용하기 때문이다. 또 카복실레이트 이온은 알데하이드와 케톤(18-1절)에 있는 α-탄소의 양성자이탈반응에 의해 생성되는 엔올 음이온과 같이 공명에 의해 크게 안정화되기 때문이다.

카복실레이트 이온 및 엔올 음이온의 공명

(B = 염기)

카복실레이트 이온

$$\mathrm{B\!:^-} + \mathrm{RCOH}\ (\text{C=O}) \rightleftharpoons \mathrm{BH} + \left[\mathrm{RC(=O)\!-\!\ddot{O}\!:^-} \longleftrightarrow \mathrm{R\overset{+}{C}(\!-\!O^-)\!-\!\ddot{O}\!:^-} \longleftrightarrow \mathrm{RC(\!-\!O^-)\!=\!\ddot{O}}\right] \qquad \text{p}K_a \approx 4\text{–}5$$

엔올 음이온

$$\mathrm{B\!:^-} + \mathrm{R'CCH_2R}\ (\text{C=O}) \rightleftharpoons \mathrm{BH} + \left[\mathrm{R'C(=O)\!-\!\ddot{C}^-HR} \longleftrightarrow \mathrm{R'\overset{+}{C}(\!-\!O^-)\!-\!\ddot{C}^-HR} \longleftrightarrow \mathrm{R'C(\!-\!O^-)\!=\!CHR}\right] \qquad \text{p}K_a \approx 19\text{–}21$$

엔올 음이온과는 달리 카복실레이트 이온의 세 공명 구조 중 두 개는 동등하다(1-5절). 그 결과 카복실레이트 이온은 대칭적이고, 상응하는 산에 있어서 탄소-산소 이중 결합(1.20 Å)과

표 19-3 여러 가지 카복실산 및 다른 산의 pK_a

화합물	pK_a	화합물	pK_a
알칸산		**다이산**	
HCOOH	3.55	HOOCCOOH	1.27, 4.19
CH_3COOH	4.76	$HOOCCH_2COOH$	2.83, 5.69
$ClCH_2COOH$	2.82	$HOOCCH_2CH_2COOH$	4.20, 5.61
$Cl_2CHCOOH$	1.26	$HOOC(CH_2)_4COOH$	4.35, 5.41
Cl_3CCOOH	0.63		
F_3CCOOH	0.23	**다른 산**	
$CH_3CH_2CH_2COOH$	4.82	H_3PO_4	2.15 (첫 번째 pK_a)
$CH_3CH_2CHClCOOH$	2.84	HNO_3	−1.4
$CH_3CHClCH_2COOH$	4.06	H_2SO_4	−3.0 (첫 번째 pK_a)
$ClCH_2CH_2CH_2COOH$	4.52	HCl	−8.0
		H_2O	15.7
벤조산		CH_3OH	15.5
4-$CH_3C_6H_4COOH$	4.36		
C_6H_5COOH	4.20		
4-ClC_6H_4COOH	3.98		

단일 결합(1.34 Å)의 전형적인 결합 길이 사이에 해당하는 탄소-산소 결합 길이(1.26 Å)를 가지고 있다(그림 19-1). 아세테이트 이온의 정전기 퍼텐셜 지도는 두 산소의 음전하에 동일한 기여를 보여 준다.

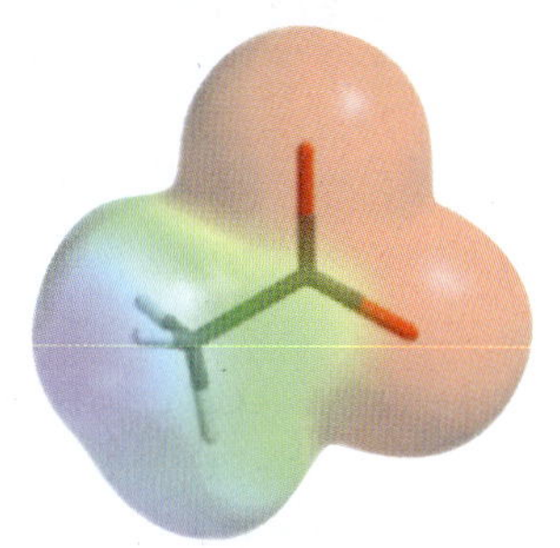
아세테이트 이온

전자를 끌어당기는 치환기는 카복실산의 산도를 증가시킨다

알코올에서 하이드록시 작용기에 전자를 끌어당기는 기가 인접해 있으면 알코올의 산도를 증가시킨다. 이와 유사한 현상이 카복실산에서도 관찰된다. 표 19-3에 몇 가지 카복실산의 pK_a 값을 나타내었다. α-탄소에 두 개 또는 세 개의 전자를 끌어당기는 치환기가 있으면 몇몇 무기산처럼 강한 카복실산이 됨을 주목하라.

연습 문제 19-5

다음 산들을 산도가 **감소하는** 순서로 나열하시오.

(a) CH_3CH_2COOH $\quad$ $CH_3CH(Br)COOH$ $\quad$ CH_3CBr_2COOH

(b) $CH_3CH(F)CH_2COOH$ $\quad$ $CH_3CH(Br)CH_2COOH$

(c) (cyclohexane-COOH) $\quad$ (1-F-cyclohexane-1-COOH) $\quad$ (4-F-cyclohexane-1-COOH)

다이산은 각 CO_2H기에 해당하는 두 개의 pK_a값을 갖는다. 에테인다이(oxalic)산와 프로페인다이(malonic)산에서는 두 번째 카보닐기가 서로 전자를 끌어당기는 효과 때문에, 처음의 pK_a값이 두 번째 pK_a값보다 훨씬 작다. 다이산의 중간 탄소수가 많아지면 두 pK_a값은 상당히 비슷해진다.

카복실산의 비교적 강한 산도는 NaOH, Na_2CO_3, $NaHCO_3$와 같은 염으로 산을 처리하면 쉽게 **카복실산염(carboxylate salt)**이 만들어진다는 것을 의미한다. 이러한 염의 명명은 금속의 이름을 쓰고, 어미 *-ic acid*를 **-ate**로 바꾸면 된다. 따라서 $HCOO^-Na^+$는 폼산 소듐(sodium formate)이고, $CH_3COO^-Li^+$는 아세트산 리튬(lithium acetate)이다. 극성 음이온성기는 쉽게 용매화되기 때문에 카복실산염은 물에 잘 녹는다.

카복실산염의 생성

$$(CH_3)_3CCH_2CH_2COOH \xrightarrow{NaOH,\ H_2O} (CH_3)_3CCH_2CH_2COO^-Na^+ + HOH$$

4,4-Dimethylpentanoic acid (물에 잘 녹지 않음) $\quad$ Sodium 4,4-dimethylpentanoate (물에 잘 녹는 염)

카복실산은 카보닐 산소에서 양성자첨가될 수 있다

카복시기에 있는 두 산소 원자의 고립 전자쌍은 원칙적으로 양성자첨가될 수 있으며, 이것은 알코올이 강한 산에 의해 알킬옥소늄 이온(8-3과 9-2절)으로 양성자첨가되는 것과 같다. 카보닐 산소가 더 염기성이라는 사실이 밝혀졌다. 왜 그럴까? 카보닐 산소에서의 양성자첨가반응은 양전하가 공명에 의해 비편재되는 화학종을 만든다. 하이드록시기에서 양성자첨가반응에 의해 만들어지는 것은 안정화에 그다지 이롭지 않다(연습 문제 2-9 참조).

카복실산의 양성자첨가반응

짝산은 산도 ($pK_a \approx -6$) 가 대단히 큰 사실로부터 양성자첨가반응이 매우 어렵다는 점에 주목하라. 그러나 이러한 양성자첨가반응이 카복실산과 그들 유도체의 많은 반응 가운데에서 중요하다는 것을 알게 될 것이다.

연습 문제 19-6

양성자첨가된 acetone의 pK_a가 -7.2이고, 양성자첨가된 acetic acid가 -6.1이다. 그 이유를 설명하시오.

요약 편극된 카보닐 탄소는 강하게 전자를 끌어당기는 치환기이고, 양성자가 이탈되면 공명 안정화되는 음이온을 생성하기 때문에 카복실산은 산성이다. 전자를 끌어당기는 치환기는 산도를 증가시키지만, 카복시기로부터 멀리 떨어져 있으면 이러한 효과는 크게 감소한다. 카보닐 산소에서 양성자첨가반응이 어렵기는 하지만, 공명 안정화된 양이온이 생성된다.

19-5 카복실산의 공업적 합성

카복실산은 유용한 시약이고, 합성 중간체이다. 가장 단순한 두 가지 산은 화학 공업에서 대량으로 생산된다. 폼산은 가죽을 검게 그을리는 공정과 라텍스 고무 제조에 사용된다. 폼산은 압력하에 분말 수산화 소듐과 일산화 탄소의 반응에 의해 합성된다. 이러한 반응의 진행은 양성자첨가반응을 이끄는 친핵성 첨가반응에 의해 이루어진다.

Formic acid 합성

$$\text{NaOH} + \text{CO} \xrightarrow{150°\text{C, 100 psi}} \text{HCOO}^-\text{Na}^+ \xrightarrow{\text{H}^+, \text{H}_2\text{O}} \text{HCOOH}$$

아세트산을 만드는 세 가지 중요한 공업적인 제법이 있다. 알데하이드를 거쳐 진행하는 에텐의 산화반응 (12-16절), 뷰테인의 공기 산화반응, 메탄올의 카보닐화반응 (carbonylation) 이 있으며, 이러한 반응들의 메커니즘은 복잡하다.

Ethene의 산화에 의한 acetic acid의 합성

$$\text{CH}_2\!=\!\text{CH}_2 \xrightarrow[\text{Wacker 공정}]{\text{O}_2, \text{H}_2\text{O, 촉매 PdCl}_2 \text{ 및 CuCl}_2} \text{CH}_3\text{CHO} \xrightarrow{\text{O}_2, \text{촉매 Co}^{3+}} \text{CH}_3\text{COOH}$$

Butane의 산화에 의한 acetic acid의 합성

$$\text{CH}_3\text{CH}_2\text{CH}_2\text{CH}_3 \xrightarrow{\text{O}_2, \text{촉매 Co}^{3+}, 15\sim20 \text{ atm}, 180°\text{C}} \text{CH}_3\text{COOH}$$

Methanol의 카보닐화반응에 의한 acetic acid의 합성

$$\text{CH}_3\text{OH} \xrightarrow[\text{Monsanto 공정}]{\text{CO, 촉매 Rh}^{3+}, \text{I}_2, 30\sim40 \text{ atm}, 180°\text{C}} \text{CH}_3\text{COOH}$$

아세트산은 세계적으로 연간 650만톤(6.5×10^9 kg)이 생산된다. 아세트산은 의약품, 염료, 살충제 뿐만 아니라, 2-메틸프로펜산 메틸(methyl methacrylate, 표 12-3)과 같은 중합반응의 단위체 제조에 사용된다. 대규모 화학 제품 생산에서 다이카복실산은 나일론 제조(화학 이야기 21-4 참조)에 사용되는 헥산다이(아디픽)산과 다이올과 반응하여 중합체 플라스틱 얇은 판과 필름 그리고 음료수 병의 재료가 되는 1,4-벤젠다이카복실산(terephthalic acid)이 있다.

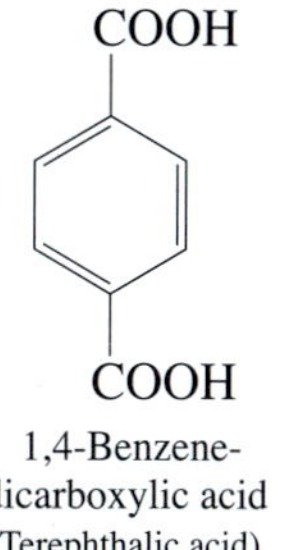

1,4-Benzene-dicarboxylic acid (Terephthalic acid)

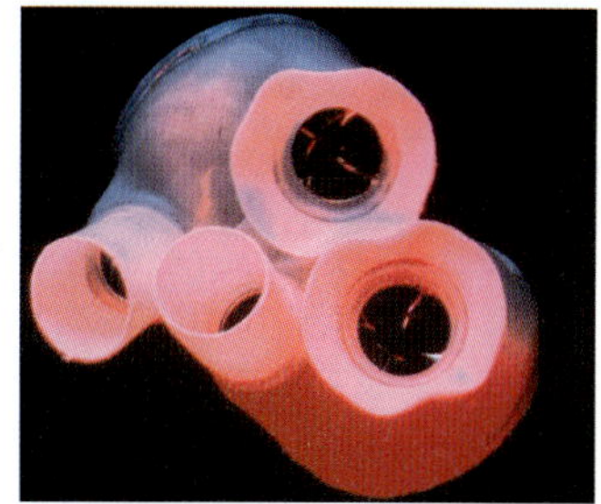
Polyethylene terephthalate은 다크론(Dacron)으로 Jarvik 인공심장으로 사용된다. 엷은 필름은 Mylar이다.

19-6 카복시 작용기를 도입하는 방법

일차 알코올과 알데하이드가 Cr(VI) 수용액에 의하여 산화하여 카복실산으로 되는 것은 앞에서 언급하였다(8-6절, 17-4절). 이 절에서는 이러한 반응에 대한 적절한 두 가지 다른 시약에 대해 더 알아보고자 한다. 할로알케인에 탄소 원자를 첨가해서 카복시 작용기를 도입하는 것 또한 가능하다. 이 과정은 다음 두 가지 경로 중 하나로 진행된다. 즉, 유기금속 시약의 탄산화반응 또는 나이트릴의 가수분해 반응이다.

일차 알코올과 알데하이드의 산화는 카복실산을 만든다

일차 알코올은 알데하이드로 산화되고, 산화가 빠르게 진행되어 상응하는 카복실산이 된다.

산화에 의한 카복실산

$$RCH_2OH \xrightarrow{\text{산화}} RCH{=}O \xrightarrow{\text{산화}} RC(=O)OH$$

첨가반응에서 CrO_3 수용액 이외에도 $KMnO_4$와 질산(HNO_3)도 자주 사용된다. 질산은 저렴하고, 강한 산화제이기 때문에 대량의 공업적인 목적에 자주 이용된다.

$$2\,HNO_3 + ClCH_2CH_2CH{=}O \xrightarrow{25°C} ClCH_2CH_2C(=O)OH + 2\,NO_2 + H_2O$$

3-Chloropropanal → 3-Chloropropanoic acid (79%)

연습 문제 19-7

(a) Pentanal, **(b)** 1,6-hexanediol, **(c)** 4-(hydroxymethyl)-cyclohexanecarbaldehyde의 nitric acid 산화의 생성물을 쓰시오.

유기금속 시약은 이산화 탄소와 반응해서 카복실산을 만든다

유기금속 시약은 알데하이드와 케톤을 공격하는 것과 같이 이산화 탄소("드라이 아이스"로 알려져 있는 고체)를 공격한다. 이와 같은 **탄산화반응(carbonation)**의 생성물은 카복실산염이고, 이것은 산 수용액에 의해 양성자첨가반응으로 카복실산이 된다.

유기금속 화합물의 탄산화반응

$$\overset{\delta^-}{R}-\overset{\delta^+}{MgX} + \overset{\delta^-}{O}{=}\overset{\delta^{2+}}{C}{=}\overset{\delta^-}{O} \xrightarrow{THF} R-C(=O)-\ddot{O}:^-\,{}^+MgX \xrightarrow[-XMgOH]{H^+,\ HOH} RCOOH$$

$$RLi + CO_2 \xrightarrow{THF} RCOO^-Li^+ \xrightarrow[-LiOH]{H^+,\ HOH} RCOOH$$

유기금속 시약은 상응하는 할로알케인으로부터 만들어진다는 것을 기억하라. RX + Mg → RMgX. 따라서 탄산화반응에서는 RX가 두 단계의 반응으로 한 개 이상의 탄소를 가지는 카복실산 RCOOH로 변한다. 예를 들면, 다음과 같다.

$$CH_3CH_2CH(Cl)CH_3 + Mg \xrightarrow{THF} CH_3CH_2CH(MgCl)CH_3 \xrightarrow[2.\ H^+,\ H_2O]{1.\ CO_2} CH_3CH_2CH(COOH)CH_3$$

2-Chlorobutane → 2-Methylbutanoic acid (86%)

나이트릴 화합물을 가수분해하면 카복실산이 된다

할로알케인을 한 개의 탄소 원자가 늘어난 카복실산으로 만드는 또 다른 방법은, 나이트릴 RC≡N의 제조와 가수분해반응을 거치는 것이다. 사이안화 이온 $^-$:C≡N:이 좋은 친핵체이고, S_N2 반응으로 나이트릴이 합성됨을 기억하라(6-2절). 고온의 산 또는 염기에서 나이트릴을 가수분해반응을 하면 카복실산(그리고 암모니아 또는 암모늄 이온)이 생성된다.

할로알케인으로부터 나이트릴을 거치는 카복실산의 합성

$$RX \xrightarrow[-X^-]{^-CN} RC\equiv N \xrightarrow[-NH_3\ 또는\ NH_4^+]{1.\ HO^-\ \ 2.\ H^+,\ H_2O} RCOOH$$

이 반응의 메커니즘은 20-8절에서 상세히 다룰 것이다.

나이트릴의 가수분해반응을 이용하는 카복실산 합성은 반응 물질이 유기금속 시약과 반응하는 하이드록시기, 카보닐기, 나이트로기와 같은 작용기를 포함할 경우, Grignard 시약에 의한 탄산화반응보다 더 좋은 결과를 얻을 수 있다.

$$4\text{-}O_2NC_6H_4CH_2CN \xrightarrow{H_2SO_4,\ H_2O,\ 15\ min,\ \Delta} 4\text{-}O_2NC_6H_4CH_2COOH\ (95\%)$$

(4-Nitrophenyl)-ethanenitrile → (4-Nitrophenyl)-acetic acid

연습 문제 19-8

개념 문제: 할로알케인으로부터 카복실산

다음 반응을 완성하는 방법을 제시하시오. 여러 단계가 필요할 수 있다.

$$(CH_3)_2C(Br)CH_2CH_2CH_2CHO \xrightarrow{?} HOOC\text{-}C(CH_3)_2CH_2CH_2CH_2CHO$$

전략

문제를 풀기 전에 두 물질의 구조를 보면, 목표 물질이 하나의 탄소를 더 가지고 있음을 알 수 있다. 위에서 언급한 두 방법은 가능한 방법이기는 하지만, 직접적으로 사용할 수는 없다. 알데하이드기는 유기금속 시약을 사용하는 과정의 시도에 방해가 될 것이며, 또한 cyanide 이온과 반응할 것이다. 이들 각 선택권을 살펴보자.

알데하이드와 케톤에 cyanide 이온의 첨가는 가역적이며, 염기 조건하에서 피할 수 있다(17-11절). 그러므로 우리는 cyanide에 의한 브로민화 치환반응과 염기 가수분해반응을 사용할 수 있을까? 기질을 잘 보면 Br이 **삼차** 탄소에 결합되어 있음을 알 수 있다. S_N2 치환은 일어나지 않을 것이다(대신 제거반응이 일어날 것이다, 7-8절). 그러나 유기금속 시약은 삼차 할로알케인을 포함하는 할로젠화된 화합물로부터 제조될 수 있는데, 이때 다른 작용기로부터의 방해를 받지 않아야 한다. 이런 실현성은 해답을 얻을 수 있는 뼈대를 제공한다.

풀이

- Grignard 시약을 만들어 쓸 수 있도록 알데하이드기를 보호하라. 1,2-Ethanediol과 산촉매를 이용하여 고리 아세탈을 형성한다.
- 위에서 공부한 방법에 따라 Grignard 시약을 만들어 CO_2에 첨가한다.
- 카복실레이트를 양성자첨가하여 산으로 전환하는 최종 산 수용액 처리는, 고리 아세탈을 가수분해하여 알데하이드기를 재생한다.

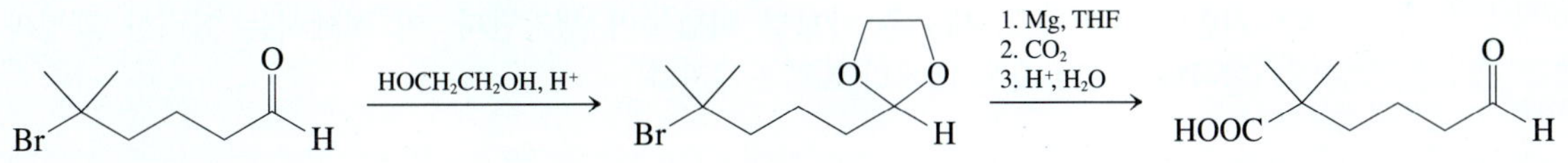

Br ... H (O) —[$HOCH_2CH_2OH, H^+$]→ Br ... (O, O) H —[1. Mg, THF; 2. CO_2; 3. H^+, H_2O]→ HOOC ... H (O)

연습 문제 19-9

자습 문제

화학식을 사용하여 다음 할로젠화된 화합물 각각을 탄소 원자 한 개가 첨가된 카복실산으로 전환하는 방법을 나타내시오. 한 가지 이상의 방법이 성공적으로 사용할 수 있다면 그 방법 모두를 나타내시오. 그렇지 않다면 여러분이 선택한 방법의 이유를 나타내시오. **(a)** 1-Chloropentane, **(b)** iodocyclopentane, **(c)** 4-bromobutanoic acid (**힌트**: 8-7과 8-9절 참조), **(d)** chloroethene (**힌트**: 13-9절 참조), **(e)** bromocyclopropane (**힌트**: 6장의 문제 60 참조).

알데하이드 또는 케톤에 HCN을 첨가하여 제조한 사이아노하이드린의 나이트릴기를 가수분해하면, 2-하이드록시카복실산으로 진행하는 것이 일반적인 경로이다(17-11절).

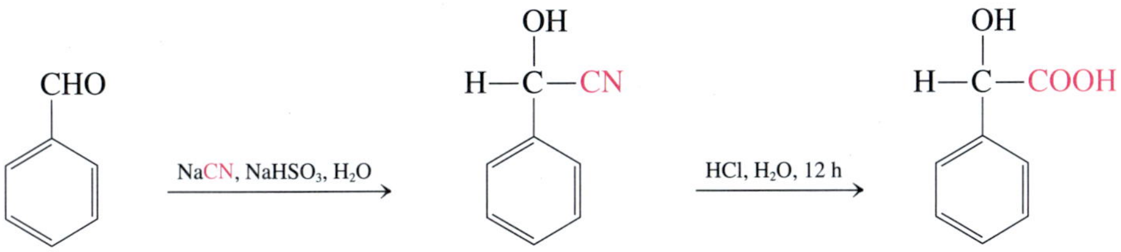

CHO (Benzaldehyde) —[NaCN, $NaHSO_3$, H_2O]→ OH, H—C—CN (2-Hydroxy-2-phenylethanenitrile (Mandelonitrile)) —[HCl, H_2O, 12 h]→ OH, H—C—COOH

46%

Benzaldehyde

2-Hydroxy-2-phenyl-ethanenitrile (Mandelonitrile)

2-Hydroxy-2-phenyl-acetic acid (Mandelic acid)

연습 문제 19-10

다음 반응을 효과적으로 일으킬 수 있는 방법을 제안하시오(한 단계 이상 필요할 것이다).

(a) CHO (cyclohexane) ---→ HOCHCOOH (cyclohexane)

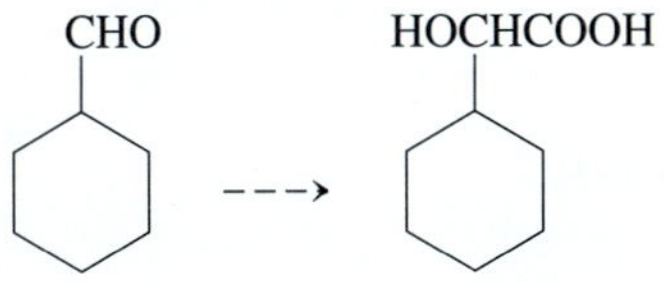

(b) methylenecyclohexane ---→ H_3C, COOH (cyclohexane)

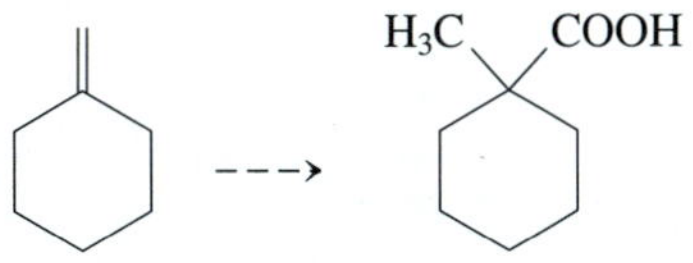

(c) Br, OCH_3 (cyclohexane) ---→ COOH, OCH_3 (cyclohexane) (**주**: 입체화학에 주목하라.)

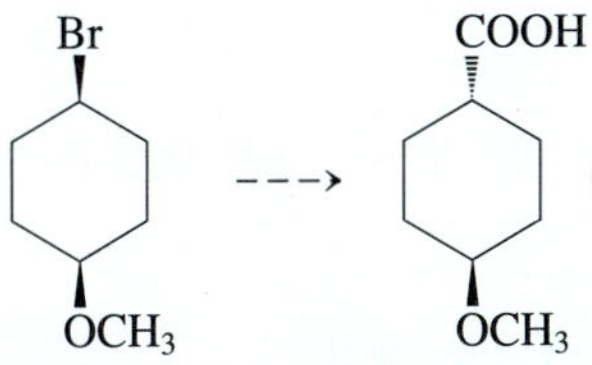

요약 몇 가지 시약들은 일차 알코올과 알데하이드를 산화시켜 카복실산을 만든다. 할로알케인은 탄소 원자가 하나 더 많은 카복실산으로 되는데, 이때 할로알케인이 유기금속 시약으로 바뀌었다가 탄산화반응이 일어나거나, 할로알케인의 할로젠화물이 사이안화물과 치환반응을 하여 나이트릴이 생성되고, 이것이 가수분해되어 산이 된다.

19-7 카복시 탄소에서의 치환반응: 첨가-제거반응 메커니즘

카복실산에 있는 카보닐기는 알데하이드나 케톤과 비슷한 반응성을 보인다. 카보닐 탄소는 친핵성 공격을 받으며, 산소는 친전자체의 목표물이 된다. 그러나 구조에 카복시 OH 작용기가 존재하면 카복실산의 화학 작용에 다른 기능이 추가된다. 알코올처럼 카복시 OH는 이탈기(9-2절)로 바뀐다. 따라서 카보닐 탄소에 친핵성 첨가반응이 일어난 후 이탈기는 분리되고, 알짜 치환이 일어나고, 새로운 카보닐 화합물이 생겨난다. 이 절에서는 이러한 과정과 그 과정이 일어나는 일반적인 메커니즘을 소개한다.

카보닐 탄소는 친핵체에 의해 공격을 받는다

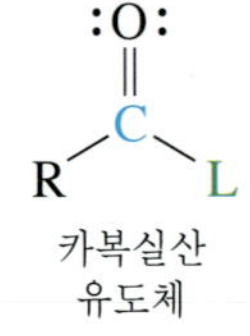

카복실산 유도체

카보닐 탄소는 친전자성이고, 친핵체의 공격을 받을 수 있다. 이러한 반응성은 카복실산과 **카복실산 유도체**[**carboxylic acid derivative**, 일반식 RCOL(L은 이탈기를 나타낸다)]에서도 관찰된다.

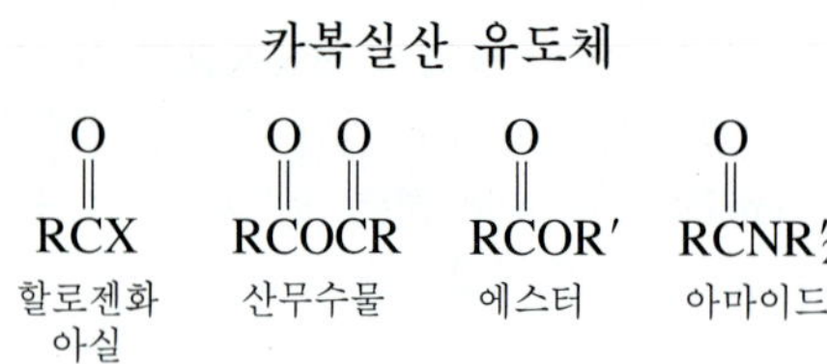

알데하이드와 케톤의 첨가 생성물과는 달리(17-5절에서 17-7절까지) 카복시 탄소에 친핵체가 공격하여 생성된 중간체는, **이탈기가 제거되어** 분해될 수 있다. 전체적인 결과는 **첨가-제거반응**(**addition–elimination**) 과정을 거치는 이탈기에 대한 친핵체의 치환반응이다.

카복시 탄소에서의 치환반응은 첨가-제거반응에 의하여 일어난다

카보닐 탄소는 sp^2 혼성화되어 있으며, 삼각형 구조를 이룬다. 알켄과 벤젠(12장, 15장)의 반응에서 보았듯이, 포화된 사면체 sp^3 혼성화된 탄소 원자에서 일어나는 치환반응은, 불포화된 평면 삼각형 체계에서는 일어나지 않는다. 이러한 평면성은 S_N2형의 후방으로부터의 공격을 어렵게 할 뿐만 아니라, sp^2 혼성화된 탄소는 불안정한 탄소양이온을 형성하여 S_N1 반응도 잘 일어나지 않는다.

첨가-제거반응에 대한 치환반응은 두 개의 간단한 과정을 합쳐 놓은 것이다. 카보닐 탄소에 대한 친핵체의 첨가반응은 이미 잘 알고 있는 반응이며, 제거반응은 단순히 첨가 과정의 **메커니즘적 역반응**(*mechanistic reverse*)이다. 메커니즘 유형 4(a)(2-2절)를 이용하여 다음과 같이 설명할 수 있다.

진행방향-첨가반응 : $X{:}^- \; + \; {}^{\delta^+}A{=}B^{\delta^-} \longrightarrow X{-}A{-}B{:}^-$

역방향-제거반응 : $X{-}A{-}B{:}^- \longrightarrow X{:}^- \; + \; A{=}B$

공격을 받는 자리(A 원자)가 이탈기(Y)를 이미 가지고 있다면, 위 두 단계 반응은 차례로 일어나 결과적으로 X에 의하여 Y가 치환된다.

첨가-제거반응 순서에 대한 일반적인 메커니즘 양상

$$X{:}^- + \underset{/}{\overset{Y\,\diagdown}{A}}{=}B \; \underset{}{\overset{X^-\text{ 첨가반응}}{\rightleftharpoons}} \; X{-}\overset{Y}{\underset{|}{A}}{-}B{:}^- \; \overset{Y^-\text{ 제거반응}}{\rightleftharpoons} \; \underset{/}{\overset{X\,\diagdown}{A}}{=}B + Y{:}^-$$

위에 보여 준 일반적인 도식이 보여 주듯이, 첨가-제거반응은 가역적이다. 아래에 보여 준 첨가-제거반응의 도식을 카복실산에 적용하였다. 이 과정에서 먼저 생성되는 화학종(출발물 및 생성물과는 다르게)은 사면체 탄소 중심을 가진다. 따라서 이것을 **사면체형 중간체(tetrahedral intermediate)** 라고 한다.

첨가-제거반응에 의한 친핵성 치환반응

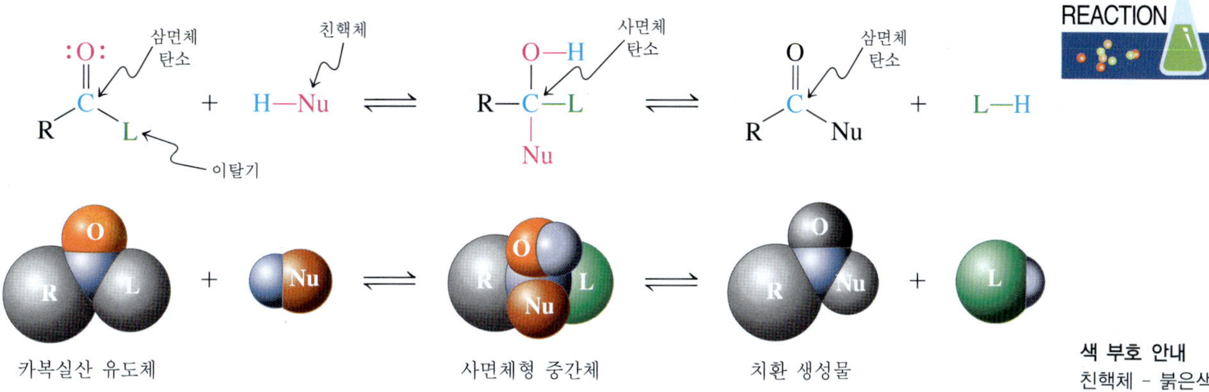

카복실산 유도체 사면체형 중간체 치환 생성물

REACTION

색 부호 안내
친핵체 - 붉은색
친전자체 - 푸른색
이탈기 - 초록색

첨가-제거반응에 의한 치환반응은 상호전환 뿐만 아니라 카복실산 유도체 생성을 위한 가장 중요한 경로이다. 즉, $\mathrm{R\overset{O}{\overset{\|}{C}}L \rightarrow R\overset{O}{\overset{\|}{C}}L'}$ 이나. 이 질의 나머지 부분에서 카복실산으로부터 이러한 유도체가 어떻게 제조되는지를 알아보고, 20장에서는 화학적 특성들을 알아볼 것이다.

첨가-제거반응에서 산 또는 염기가 촉매로 작용한다

첨가-제거반응은 염기나 산촉매하에서 모두 일어난다. 우리는 알데하이드나 케톤에 염기 또는 산촉매하에서 친핵체가 어떻게 첨가되는지를 보았다(17-5절부터 17-9절, 표 17-4). 마찬가지로 친핵체가 카복실산 유도체에 첨가된다. 사면체형 중간체로부터 제거반응도 비슷하게 일어난다. 이 과정은 첨가반응의 역으로 일어난다. 따라서 같은 촉매 효과가 관찰된다. 산과 염기의 역할에 대하여 자세히 알아보도록 하자.

모든 친핵체는 Lewis 염기이다. 하지만 제거 가능한 양성자(Nu—H)를 가진 친핵체는, 강염기에 의하여 양성자가 이탈되면 음전하를 띤 더욱 강력한 친핵체 $:\mathrm{Nu}^-$이 되는데, 이것이 공격하는 화학종이다(단계 1). 첨가-제거반응이 일어나고(단계 2), 염기가 재생된다(단계 3). 결과적으로 염기는 전체 반응의 촉매이다. 이러한 단계를 거치는 전형적인 친핵체는 양성자이탈반응으로, 수산화 이온과 알콕시화 이온을 생성하는 물이나 알코올이다.

염기 촉매에 의한 첨가-제거반응 메커니즘

단계 1. NuH의 양성자이탈반응

$$\mathrm{Nu{-}H} + {}^{-}\!:\!\mathrm{B} \rightleftharpoons {}^{-}\!:\!\mathrm{Nu} + \mathrm{BH}$$

단계 2. 첨가-제거반응

$$\mathrm{R\overset{:O:}{\overset{\|}{C}}L} + {}^{-}\!:\!\mathrm{Nu} \rightleftharpoons \mathrm{R{-}\underset{Nu}{\overset{:\ddot{O}:^{-}}{C}}{-}L} \rightleftharpoons \mathrm{R\overset{:O:}{\overset{\|}{C}}Nu} + {}^{-}\!:\!\mathrm{L}$$

단계 3. 촉매의 재생

$$ {}^{-}\!:\!\mathrm{L} + \mathrm{H{-}B} \rightleftharpoons \mathrm{LH} + {}^{-}\!:\!\mathrm{B}$$

(대안적으로, $^{-}$:L는 단계 1에서 염기로서 작용할 수 있다)

친핵체가 강한 경우에 염기 촉매는 필요하지 않다. 전체 메커니즘은 단계 2로 완결된다.

첨가-제거반응은 산을 촉매로 사용했을 때도 일어난다. 산은 두 가지로 작용한다. 첫 번째, 카보닐 산소를 양성자첨가시키고, 카보닐기를 활성화시켜서 친핵성 공격을 하도록 한다(17-5절). 두 번째, L의 양성자첨가반응은 더 좋은 이탈기를 만들어 제거를 쉽게 한다(6-7절과 9-2절을 기억하라).

산촉매에 의한 첨가-제거반응 메커니즘

단계 1. 양성자첨가반응

$$\text{RC(=O)L} + H^+ \rightleftharpoons \text{RC(=}\overset{+}{\text{O}}\text{H)L}$$

단계 2. 첨가-제거반응

$$\text{RC(=}\overset{+}{\text{O}}\text{H)L} + :\text{NuH} \rightleftharpoons \text{R–C(OH)(L)–}\overset{+}{\text{Nu}}\text{–H} \rightleftharpoons \text{R–C(OH)(Nu)–}\overset{+}{\text{L}}\text{H} \rightleftharpoons \text{RC(=}\overset{+}{\text{O}}\text{H)Nu} + :\text{LH}$$

단계 3. 양성자이탈반응: 촉매 양성자의 재생

$$\text{RC(=}\overset{+}{\text{O}}\text{H)Nu} \rightleftharpoons \text{RC(=O)Nu} + H^+$$

카복실산에서 치환반응은 나쁜 이탈기와 산성 양성자로 인해 복잡해진다

일반적인 첨가-제거 과정이 카복실산의 반응에 이용되어 유도체를 어떻게 생성하는지를 알아보자. 여기에는 두 가지 문제가 있다. 첫 번째, 수산화 이온은 나쁜 이탈기이다(6-7절). 두 번째, 카복시 양성자는 산성이고, 모든 친핵체는 염기이다(6-8절). 그러므로 친핵성 공격(다음 식에서 *a* 경로)은 산-염기 반응(*b* 경로)에 의하여 방해받을 수 있다. 만일 친핵체가 알콕사이드와 같은 강염기라면 카복실레이트 이온의 형성은 실제로 비가역적일 것이며, 카보닐 탄소에 친핵성 첨가는 매우 어렵게 된다.

친핵체와 카복실산의 경쟁 반응

$$\underset{\text{사면체형 중간체}}{\text{R–C(O}^-\text{)(Nu)–OH}} \xleftarrow[\substack{\text{가역적인}\\\text{친핵성 첨가}\\(\text{경로 } a)}]{\text{Nu}^-\ a} \text{RC(=O)OH} \xrightarrow[\substack{\text{가역적인}\\\text{산-염기 첨가}\\(\text{경로 } a)}]{b\ :\text{Nu}^-} \underset{\text{카복실레이트 이온}}{\text{RC(=O)O}^-} + \text{NuH}$$

에스터화반응

$$\text{RCOOH} + \text{R}'\text{OH} \xrightarrow{H^+} \text{RCOOR}' + H_2O$$

한편, 친핵체가 덜 염기성이라면 카복실레이트 이온 생성은 가역적이어서, 친핵성 첨가는 경쟁적인 반응이 될 것이고 궁극적으로는 첨가-제거반응 메커니즘을 거쳐 치환이 된다. 카복실산의 첨가-제거반응의 전형적인 예가 알코올과 카복실산의 축합으로, 물과 에스터를 생성하는 것으로 정의되는 **에스터화반응(esterification)**이다(9-4절). 친핵체인 알코올은 약염기이고, 산이 존재하면 카복시기에 있는 OH를 물로 전환하여 더 잘 이탈되도록 하며, 카보닐기의 첨가반응을 활성화시켜 준다.

에스터화반응에서 산촉매작용

단계 1. 카복시기의 양성자첨가반응은 알코올의 첨가반응을 용이하게 한다(R′OH).

$$RC(=O)OH + H^+ \rightleftharpoons RC(=\overset{+}{O}H)OH$$

출발 카복실산   양성자첨가된 카복실산

단계 2. R′OH의 첨가와 H^+의 이탈에 의하여 사면체형 중간체가 만들어진다.
단계 3. OH의 산소가 양성자가 첨가되면 좋은 이탈기가 되어 떨어져 나간다.

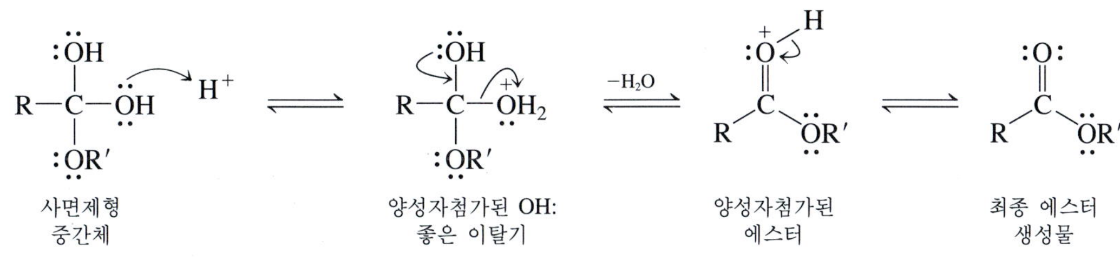

다음 절에서는 이러한 반응과 다른 카복시 치환반응을 자세히 알아보도록 할 것이다.

연습 문제 19-11

위 단계 2를 자세히 쓰시오.

요약 카복실산 유도체의 카보닐기에 대한 친핵성 공격은 첨가-제거반응에 의한 치환반응에서 중요한 단계이다. 산 또는 염기 촉매에 대한 반응이 관찰될 것이다. 카복실산의 경우에 그 과정은 나쁜 이탈기(수산화물)와 염기로 작용하는 친핵체에 의한 산의 경쟁적인 양성자이탈반응으로 복잡해진다. 염기성이 약한 친핵체의 경우는 첨가반응이 일어날 수 있다.

19-8 카복실산 유도체: 아실 할로젠화물과 무수물

이 절에서는 카복실산 유도체의 제법을 알아본다. RCOOH에서 할로젠화 이온에 의한 하이드록시기의 치환은 **아실 할로젠화물(acyl halides)**을 만든다. 알칸산 이온($RCOO^-$)에 의한 치환반응은 **카복실산 무수물(carboxylic anhydride)**을 생성한다. **두 과정 모두 처음에는 하이드록시 작용기가 좋은 이탈기가 되도록 변형되어야 한다.**

아실 할로젠화은 카복실산의 무기 유도체를 이용해서 합성된다

카복실산의 아실 할로젠화물로의 전환은 알코올로부터 할로알케인을 합성할 때 사용되는 것과 같은 시약을 사용한다(9-4절). 즉, $SOCl_2$와 PBr_3이다. 두 가지 경우에 해결해야 할 문제도 동일하다 — 즉, 나쁜 이탈기(OH)를 좋은 이탈기로 바꾸는 것이다.

$$\overset{O}{\overset{\|}{RCX}}$$

아실 할로젠화물

할로젠화 아실의 합성

$$\underset{\text{Butanoic acid}}{CH_3CH_2CH_2\overset{O}{\overset{\|}{C}}OH} \xrightarrow[-O=S=O,\ -HCl]{Cl\overset{O}{\overset{\|}{S}}Cl,\ \text{환류}} \underset{\text{Butanoyl chloride}}{\underset{85\%}{CH_3CH_2CH_2\overset{O}{\overset{\|}{C}}Cl}}$$

$$3\ C_6H_{11}\overset{O}{\overset{\|}{C}}OH \xrightarrow[-H_3PO_3]{PBr_3} 3\ C_6H_{11}\overset{O}{\overset{\|}{C}}Br$$

(이 반응에서 염화 포밀 HCOCl 및 브로민화 포밀 HCOBr 등이 불안정하기 때문에 폼산 HCOOH에는 적용되지 않는다. 연습 문제 15-33 참조)

이들 반응은 카복실산을 카보닐 탄소에 치환기가 좋은 이탈기인 무기 유도체로 전환되는 것으로 시작한다.

$$R\overset{O}{\overset{\|}{C}}\boxed{OH} + Cl\overset{O}{\overset{\|}{S}}Cl \xrightarrow{-HCl} R\overset{O}{\overset{\|}{C}}\boxed{O\overset{O}{\overset{\|}{S}}Cl}$$

$^-$:ÖH 는 나쁜 이탈기이다

$^-$:Ö–S(=O)–Cl: 는 좋은 이탈기이다

$$R\overset{O}{\overset{\|}{C}}\boxed{OH} + Br\overset{Br}{\overset{|}{P}}Br \xrightarrow{-HBr} R\overset{O}{\overset{\|}{C}}\boxed{O\overset{Br}{\overset{|}{P}}Br}$$

$^-$:ÖH 는 나쁜 이탈기이다

$^-$:Ö–P(Br:)–Br: 는 좋은 이탈기이다

연습 문제 19-12

개념 문제: 아실 클로로설파이트 형성

$SOCl_2$와 카복실산이 반응하여 무기 유도체(acyl chlorosulfite)를 생성하는 메커니즘을 제안하시오.

전략

이 문제를 푸는데 있어서 $SOCl_2$를 이용하여 알코올을 alkyl chlorosulfite ROSOCl로 전환하는 방법을 이용하고 싶을 것이다(9-4절, 알코올의 hydroxy기에 의한 염화 이온의 치환).

$$RCH_2\ddot{O}H + Cl\overset{O}{\overset{\|}{S}}Cl \longrightarrow RCH_2\ddot{O}\overset{O}{\overset{\|}{S}}Cl + H^+ + Cl^-$$

하지만 카복실산에 이 메커니즘을 직접 적용하는 것은 옳지 않다. 19-5절에서 보았듯이 카복실산의 양성자첨가반응은 hydroxy기의 산소에 일어나지 **않고, 카보닐** 산소에 일어난다. 그 이유는 명백하다. 카보닐 탄소의 양성자첨가반응은 공명에 의한 안정한 중간체를 형성하지만, OH의 경우는 그렇지 못하다. 같은 이유가 카복실산이 $SOCl_2$의 황이나 PBr_3의 인과 반응할 때도 적용된다.

풀이

• 문제에 주어진 반응은 다음과 같이 진행할 것이다.

• 이 반응 경로는 hydroxy 산소보다는 카보닐 산소를 이탈기로 전환한다.
• 우리가 아는 한, 이 반응 메커니즘은 실험적으로 확인된 바 없다. 우리는 다른 비슷한 화학종의 실험적인 관찰을 기초로 하여, 반응 화학종들에 대하여 메커니즘적 가정의 예로써 제시한다.

연습 문제 19-13

자습 문제

연습 문제 19-12에서와 같이 카복실산과 PBr_3와의 반응 메커니즘을 제시하시오.

산촉매의 첨가-제거반응은 다음과 같다.

Thionyl chloride에 의한 **acyl chloride**의 생성 메커니즘

단계 1. 첨가반응

사면체형 중간체

단계 2. 제거반응

트라이브로민화 인(PBr_3)을 이용한 브로민화 아실 생성 메커니즘도 비슷하다(9-4절 참조).

산은 아실 할로젠화물과 반응해서 산무수물을 생성한다

할로젠화 아실에서 할로젠의 전기음성도는 카보닐기가 약한 친핵체에 의해서도 공격받을 수 있도록 활성화시킨다(20장). 예를 들어, 카복실산과 아실 할로젠화물을 처리하면 **카복실산 무수물(carboxylic anhydride)**이 얻어진다.

RCOCR (O O)
Carboxylic anhydride

$$CH_3CH_2CH_2\overset{O}{\overset{\|}{C}}OH + Cl\overset{O}{\overset{\|}{C}}CH_2CH_2CH_3 \xrightarrow[-HCl]{\Delta,\ 8\ h}$$

Butanoic acid Butanoyl chloride

$$\mathrm{CH_3CH_2CH_2\overset{O}{\overset{\|}{C}}O\overset{O}{\overset{\|}{C}}CH_2CH_2CH_3}$$

85%

Butanoic anhydride

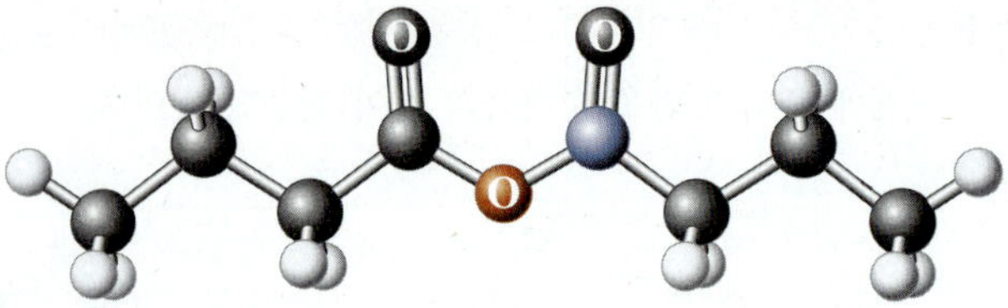

이름에서 알 수 있듯이 카복실산 무수물은 상응하는 산이 물을 잃음으로써 얻어진다. 산의 탈수가 무수물 합성을 위해 일반적이지는 않지만, 다이카복실산을 가열함으로써 고리가 생성될 수도 있다. 이러한 생성을 위한 좋은 조건은 고리가 닫혀서 오원자 또는 육원자 고리 생성물이 되도록 하는 것이다.

고리 무수물 형성

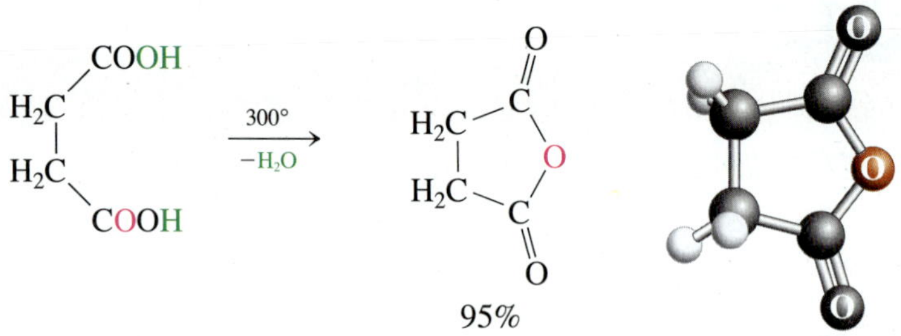

$$\mathrm{HOOC{-}CH_2{-}CH_2{-}COOH} \xrightarrow[-H_2O]{300^\circ} \text{(cyclic anhydride)}$$

Butanedioic acid (Succinic acid) → Butanedioic anhydride (Succinic anhydride) 95%

할로젠화 아실에 있는 할로젠과 산무수물에 있는 RCO_2 치환기가 좋은 이탈기이고, 그것들이 인접한 카보닐기를 활성화시키기 때문에, 이러한 카복실산 유도체는 다른 화합물의 제조를 위한 유용한 합성 중간체이다. 이러한 내용은 20-2절과 20-3절에서 논의될 것이다.

연습 문제 19-14

카복실산 또는 그 유도체를 출발물로 하여 다음 각 화합물의 합성법을 제안하시오.

(a) $\mathrm{CH_3\overset{O}{\overset{\|}{C}}O\overset{O}{\overset{\|}{C}}CH_2CH_3}$ **(b)** $\mathrm{CH_3\overset{H_3C}{\overset{|}{C}}H\overset{O}{\overset{\|}{C}}Cl}$

연습 문제 19-15

다이산으로부터 butanedioic anhydride의 열 생성에 대한 메커니즘을 제안하시오.

요약 COOH에서 하이드록시기는 알코올을 할로알케인으로 변환시키기 위해 사용하는 것과 같은 시약을 사용함으로써 할로젠으로 치환된다. 즉, $SOCl_2$와 PBr_3이다. 여기서 생성되는 아실 할로젠화물은 카복실산에 의해 공격을 받을 만큼 반응성이 충분히 크므로, 카복실산 무수물을 얻을 수 있다. 고리 카복실산 무수물은 다이카복실산의 열적 탈수반응에 의해 만들어질 수도 있다.

19-9 카복실산 유도체: 에스터

에스터 (ester) 는 $\mathrm{R\overset{O}{\overset{\|}{C}}OR'}$ 의 일반식을 가진다. 자연에서 널리 발생하고 있으며, 실생활에서 널리 사용되기 때문에 아마도 카복실산 유도체들 중 가장 중요하다. 이 절에서는 알코올과 카복실산이 무기산 촉매에 의하여 에스터를 형성하는 반응에 대하여 설명한다.

카복실산은 알코올과 반응해서 에스터를 생성한다

카복실산과 알코올이 서로 혼합되어 있을 때에는 어떤 반응도 일어나지 않는다. 하지만 황산 또는 HCl과 같은 무기산이 촉매량으로 첨가되면, 두 성분이 평형 과정에서 결합하여 에스터와 물을 만든다(9-4절). 이 에스터화반응은 독일의 전설적인 화학자 Emil Fischer와 그의 동료 Arthur Speir에 의하여 1895년 처음으로 발견되었다. 따라서 이 반응을 Fischer-Speir 또는 Fischer 에스터화반응이라 한다.

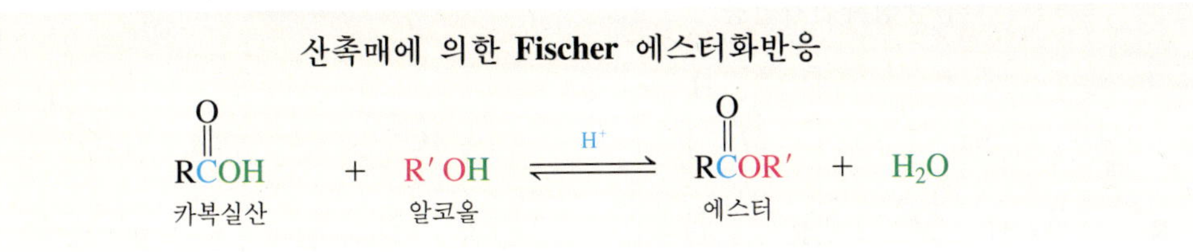

에스터화반응은 발열반응이 아니다. $\Delta H°$는 일반적으로 0에 가깝다. 관련된 엔트로피 변화 역시 적다. 따라서 $\Delta G° \approx 0$, 즉 $K \approx 1$이다. 그렇다면 그 평형은 어떻게 에스터 생성 쪽으로 이동하는가? 한 가지 방법은 두 출발물 중 하나를 과량으로 사용하는 것이고, 또 다른 방법은 반응 혼합물로부터 생성물인 에스터 또는 물을 제거하는 것이다. 실제로 에스터화반응은 용매로 알코올을 이용해서 가장 잘 이룰 수 있다.

$$CH_3COOH + CH_3OH \underset{-H_2O}{\overset{H_2SO_4,\ \Delta}{\rightleftharpoons}} CH_3COOCH_3$$

Acetic acid　　용매　　Methyl acetate 85%

연습 문제 19-16

다음 화합물의 각각에 대하여 산촉매 반응의 생성물을 나타내시오. **(a)** Methanol + pentanoic acid, **(b)** formic acid + 1-pentanol, **(c)** cyclohexanol + benzoic acid, **(d)** 2-bromoacetic acid + 3-methyl-2-butanol.

에스터화반응의 역반응은 **에스터 가수분해반응(ester hydrolysis)**이다. 이 반응은 에스터화와 같은 반응 조건하에서 수행되지만, 평형을 이동시키기 위해 물과 잘 섞이는 용매에서 과량의 물을 사용한다.

$$CH_3CH_2CH_2CH_2C(CH_3)_2COOCH_2CH_3 \xrightarrow{H_2SO_4,\ HOH,\ acetone,\ \Delta} CH_3CH_2CH_2CH_2C(CH_3)_2COOH + CH_3CH_2OH$$

Ethyl 2,2-dimethylhexanoate　　2,2-Dimethylhexanoic acid 85%

연습 문제 19-17

다음 에스터 화합물에 대하여 산촉매 가수분해반응의 생성물을 나타내시오.

(a) $CH_3(CH_2)_3C{\equiv}CCH_2CH_2COOCH(CH_3)_2$

(b) (골격 구조식)

(c) $CH_3CH_2CH(CH_3)CH_2OOC$–(cyclopentyl)

에스터화반응은 산촉매에 의해 첨가-제거반응을 거쳐 진행한다

에스터 생성 메커니즘에서 산촉매의 존재는 특징적이다. 카보닐기에 알코올이 친핵성 공격을 하고(단계 2), 하이드록시기는 물이 되어 떨어져 나간다(단계 3). 우리는 이 메커니즘을 앞절에서 보았다(19-7절). 메커니즘을 자세히 알아보도록 하자.

산촉매에 의한 에스터화반응 메커니즘

단계 1. 카복시기의 양성자첨가반응

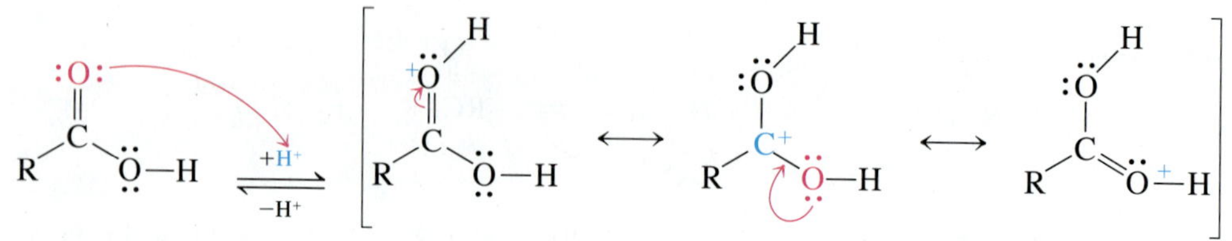

단계 2. 메탄올에 의한 공격

R−C(=O⁺H)−OH + $CH_3\ddot{O}H$ ⇌ R−C(OH)(OH)−O⁺(H)CH_3 ⇌ (−H⁺ / +H⁺) R−C(OH)(OH)−OCH_3

사면체형 중간체

분기점 :
← 출발물로 되돌아갈 수 있다.
생성물로 진행할 수 있다. →

단계 3. 물의 제거반응

R−C(OH)(OH)−OCH_3 ⇌ (+H⁺ / −H⁺) R−C(OH)(O⁺H_2)−OCH_3 ⇌ (−H_2O / +H_2O)

[R−C(=O⁺H)−OCH_3 ↔ R−C⁺(OH)−OCH_3 ↔ R−C(OH)=O⁺−CH_3] ⇌ (−H⁺ / +H⁺) R−C(=O)−OCH_3

처음에 카보닐 산소의 양성자첨가는 비편재된 탄소양이온을 생성한다(단계 1). 이렇게 되면 카보닐 탄소는 메탄올에 의한 친핵성 공격을 받기 쉽다. 초기 생성물에서 양성자가 제거되면 사면체형 중간체가 생성된다(단계 2). 이 중간체는 결정적인 분기점이 된다. 왜냐하면 그것은 무기산 촉매의 존재하에서 **두** 가지 경로로 반응할 수 있기 때문이다. 먼저, 단계 1과 단계 2의 역반응으로 인해 메탄올이 제거될 수 있다. 메톡시 산소의 양성자첨가반응이 먼저 일어나서 카복실산으로 되돌아가게 된다. 두 번째 가능성은 하이드록시 산소에 양성자첨가반응이 일어나서 얻어지는 물이 제거되어 에스터가 생성되는 방향으로 진행된다(단계 3). 모든 단계는 가역적이어서 과량의 알코올 첨가나 물의 제거는 단계 2와 단계 3에서 평형을 이동시키므로, 에스터화반응을 유리하게 한다. 에스터의 가수분해반응은 지금까지 진행된 일련의 과정의 역반응으로 진행하며, 수용액에서 더 잘 일어난다.

연습 문제 19-18

알코올의 산소가 ^{18}O 동위원소로 이루어진 methanol ($CH_3{}^{18}OH$)과 카복실산 RCOOH의 에스터화반응 메커니즘을 쓰시오. 동위원소 산소는 에스터와 물 중 어디에서 나타나는가?

하이드록시 산이 분자내 에스터화반응을 하면 락톤이 얻어진다

하이드록시 카복실산을 무기산의 촉매량과 처리했을 때 고리 에스터 또는 **락톤 (lactone)** 이 생성된다. 이 과정을 **분자내 에스터화반응 (intramolecular esterification)** 이라 하고, 이것은 오원자 또는 육원자 고리의 생성을 선호한다. 분자간 에스터화반응과 달리 엔트로피의 변화가 평형을 정반응 쪽으로 이동시켜 반응이 잘 일어나도록 한다. 출발물로부터 물이 제거된다.

락톤의 생성

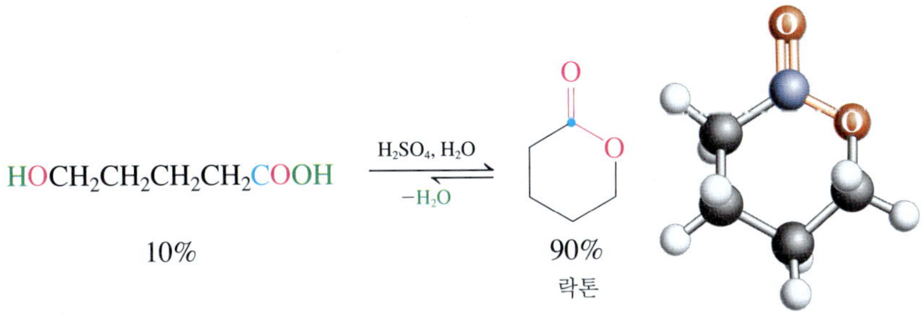

$HOCH_2CH_2CH_2CH_2COOH$ (10%) $\xrightleftharpoons[-H_2O]{H_2SO_4,\ H_2O}$ 락톤 (90%)

연습 문제 19-19

개념 문제: 다단계 메커니즘

메커니즘으로 다음 결과를 설명하시오.

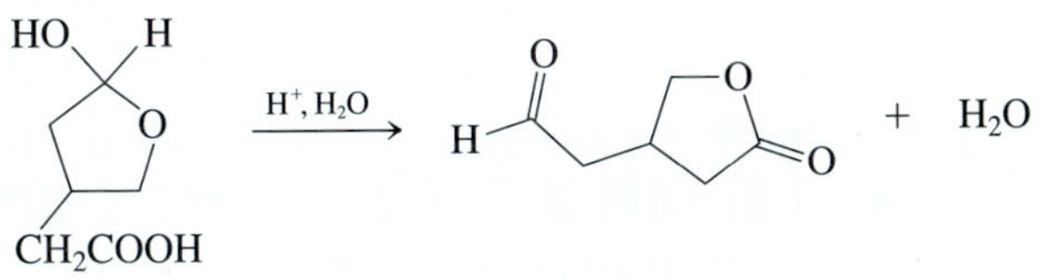

(HO, H가 결합된 오원자 고리 헤미아세탈, CH_2COOH 치환) $\xrightarrow{H^+,\ H_2O}$ (H–C(=O)–CH₂– 치환된 오원자 락톤) + H_2O

전략

17-7절에서 본 바와 같이 오원자 고리 헤미아세탈기를 가지고 있는 출발 화합물은 안정한 구조가 될 수 있다. 헤미아세탈은 수용성 산과 염기 존재하에서 열린 사슬 하이드록시카보닐 이성질체와 평형에 있다.

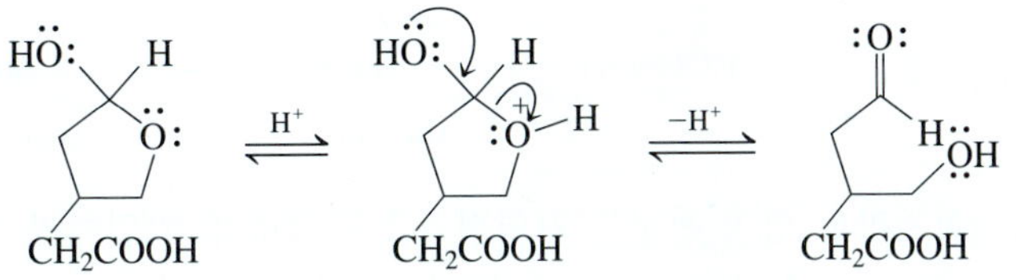

(헤미아세탈 $\xrightleftharpoons{H^+}$ 양성자 첨가된 헤미아세탈 $\xrightleftharpoons{-H^+}$ 열린 사슬 하이드록시알데하이드; 각각 CH_2COOH 치환)

그 구조는 세 가지 작용기를 가지고 있다. 알데하이드 카보닐, 알코올 하이드록시, 카복실산 카복시.

풀이

• 분자내 반응에 의하여 하이드록시기와 카복실산 작용기가 반응하여 고리 에스터 (락톤)를 생성한다.
• 메커니즘을 단계적으로 작성하여 문제를 해결한다.

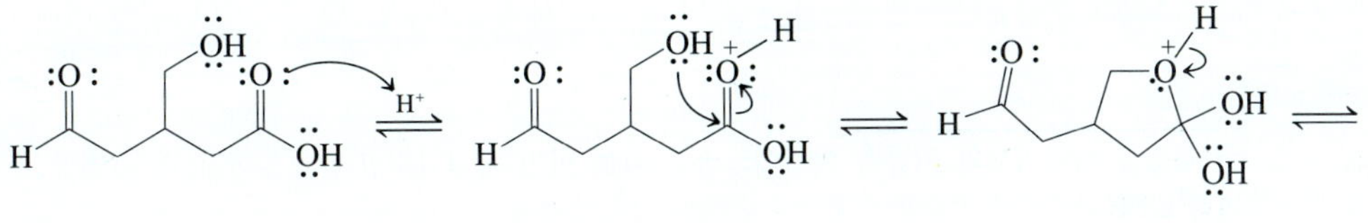

(메커니즘: $\xrightleftharpoons{H^+}$ … ⇌ … ⇌)

사면체형 중간체

생성물

연습 문제 19-20

자습 문제

연습 문제 19-19의 출발 화합물의 고리 산소 원자가 ^{18}O 동위원소로 치환되어 있으면 이 산소는 생성물의 어디에 나타나겠는가?

요약 카복실산은 무기산 촉매가 존재하는 한 알코올과 반응해서 에스터를 생성한다. 이 반응은 약간의 발열반응이고, 그 평형은 반응 조건의 선택에 의해 어느 한쪽으로 이동한다. 에스터 생성의 역반응이 에스터 가수분해반응이다. 에스터화반응의 메커니즘은 카보닐기에 산촉매에 의한 알코올이 첨가된 다음, 탈수가 일어나는 것이다. 분자내 에스터 생성은 락톤을 생성하고, 오원자 또는 육원자 고리가 생성될 때 효과적으로 진행한다.

19-10 카복실산 유도체: 아마이드

O ‖ RCNR′$_2$
Carboxylic amide

앞에서(17-9절) 본 것처럼 아민 또한 카보닐기를 공격할 수 있다. 카보닐이 카복실산에 있을 때 생성물은 카복실산 유도체의 최종 생성물인 **카복실산 아마이드(carboxylic amide)***이다. 메커니즘은 마찬가지로 첨가-제거반응이지만, 산-염기 화학에 의해서 복잡해진다.

아민은 염기로서 그리고 친핵체로서 카복실산과 반응한다

질소는 주기율표에서 산소의 왼쪽에 있다. 그러므로 아민(21장)은 알코올보다 더 좋은 염기이고, 더 좋은 친핵체이다(6-8절). 그러므로 카복실산 아마이드를 합성하기 위해서 19-7절에서 논의한 문제를 기억해야 한다. 즉, 산-염기 반응의 경쟁으로 방해받는 것이다. 실제로 아민에 카복실산의 노출은 음전하의 카복실레이트 이온이 친핵성 공격에 크게 저항하는 카복실산 암모늄염을 생성한다.

카복실산으로부터 암모늄염의 생성

$$\mathrm{RCO_2H} + :\mathrm{NH_3} \rightleftharpoons \mathrm{RCO_2^-}\ \mathrm{H\overset{+}{N}H_3}$$

Ammonia　　Ammonium carboxylate염

유리할지라도 염의 생성은 가역적임을 주목하라. 가열하면 속도는 느리지만 열역학적으로 산과 아민 사이에 반응이 유리하게 일어난다. 산과 아민은 평형으로부터 이동되어 결국 염의 형성이 역으로 이루어진다. 이 반응의 두 번째에서 질소는 친핵체로 작용하며, 카보닐 탄소를 공격한다. 첨가-제거반응의 완성은 아마이드 생성에 이른다. 이 방법이 편하기는 하지만 높은 온도를 필요로 하기 때문에 쉽지 않다. 따라서 아실 염화물과 같이 활성화된 카복실산 유도체를 이용하여 아마이드를 형성한다.

*카복실산 아미이드의 이름을 아마이드라고 하는 아민의 알칼리염과 혼동하지 마라(예를 들어, 아마이드화리튬 $LiNH_2$).

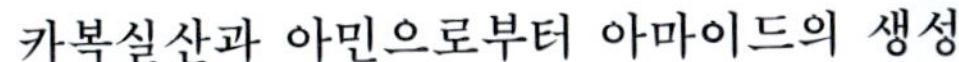

REACTION

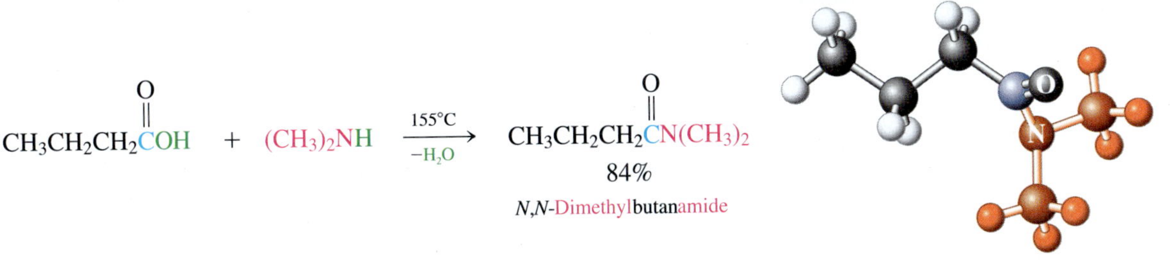

MECHANISM

아마이드 생성의 메커니즘

$$\mathrm{RC(=O)OH} + :\mathrm{NH_3} \rightleftharpoons \mathrm{R{-}C(O^-)(OH)({}^+NH_3)} \xrightarrow[\text{O에서 재양성자첨가반응}]{\text{단계적 양성자 이동: N에서 양성자이탈반응,}} \mathrm{R{-}C(O^-)({}^+OH_2)(NH_2)} \rightleftharpoons \mathrm{H_2O} + \mathrm{RC(=O)NH_2}$$

사면체형 중간체 　　　　　 아마이드

위 메커니즘에서 보듯이 제거 단계는 쯔비터이온성 사면체형 중간체로부터 일어난다. 이 중간체의 형성 정도는 pH에 의존한다. 따라서 다른 가능성은 최종 물질로부터 물을 제거하는 것이다(오른쪽 여백 그림 참조). 아마이드 생성은 가역적으로 일어난다. 따라서 뜨거운 수용성 산 또는 염기로부터 처리하면 카복실산과 아민 성분으로 다시 생성된다.

아마이드 생성의 대체 메커니즘

$$\mathrm{R{-}C(OH)(OH)(NH_2)} \xrightleftharpoons{H^+} \mathrm{R{-}C(OH)({}^+OH_2)(NH_2)} \xrightleftharpoons{-H_2O} \mathrm{RC(={}^+OH)NH_2} \xrightleftharpoons{-H^+} \mathrm{RC(=O)NH_2}$$

다이카복실산과 아민이 반응하면 이미드가 생성된다

다이카복실산은 암모니아의 아민 질소와 두 번 반응할 수 있다. 이 과정에 의해 고리 산무수물의 질소 유사체인 **이미드(imide)**가 생성된다.

$$\mathrm{HOOCCH_2CH_2COOH} \xrightarrow{NH_3} \mathrm{{}^+H_4N\,{}^-OOCCH_2CH_2COO^-\,NH_4^+} \xrightarrow[-2H_2O,\ -NH_3]{290^\circ C} \text{Butanimide}$$

Butanedioic acid 　　　　 83% Butanimide (Succinimide)

할로젠화반응에서 *N*-할로뷰탄이미드가 사용된 것을 기억하라(14-2절).

아미노산은 고리화되어 락탐이 된다

하이드록시카복실산 유사체와 마찬가지로, 몇몇 아미노산은 고리화하여 고리 아마이드인 **락탐(lactam)**이 된다(20-6절).

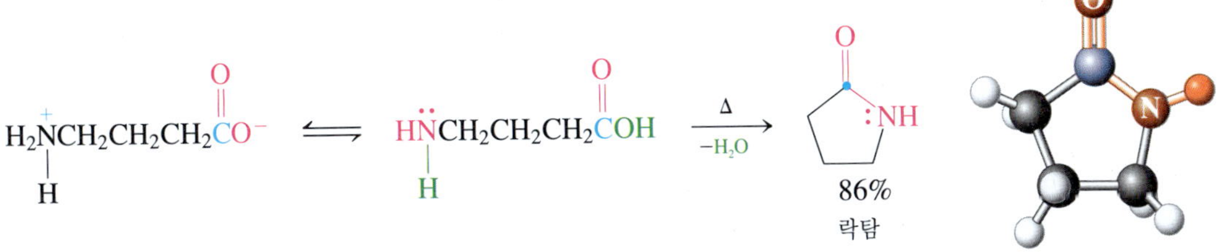

항생제인 페니실린(penicillin)류는 락탐 작용기의 존재로 그의 생물학적 활성을 나타낸다(화학 이야기 20-2 참조). 락탐은 락톤의 질소 유사체이다(19-9절).

연습 문제 19-21

Butanedioic acid와 ammonia로부터 butanimide가 생성되는 메커니즘을 상세히 제시하시오.

요약 아민은 카복실산과 반응하여 카복시 탄소에 아민의 친핵성 공격을 하는 첨가-제거반응에 의해 아마이드를 생성한다. 아마이드 생성은 염기성 아민에 의한 카복실산의 가역적인 양성자이탈반응으로 암모늄염을 생성하므로 복잡해진다.

19-11 수소화 알루미늄 리튬에 의한 카복실산의 환원

수소화 알루미늄 리튬($LiAlH_4$)은 카복실산을 일차 알코올로 환원할 수 있는데, 산으로 반응 마무리시켜 얻을 수 있다.

카복실산의 환원

$$RCOOH \xrightarrow[2.\ H^+,\ H_2O]{1.\ LiAlH_4,\ THF} RCH_2OH$$

예:

(bicyclo 화합물)-COOH $\xrightarrow[2.\ H^+,\ H_2O]{1.\ LiAlH_4,\ THF}$ (bicyclo 화합물)-CH_2OH 65%

카복실레이트 이온에 이중 수소화물의 첨가반응

$R-C(=O)-\ddot{O}:^-\ Li^+$ + $H_3\bar{A}l-H$ → $R-C(H)(O-AlH_3)-\ddot{O}:^-\ Li^+$ + $H-\bar{A}lH_3$ → ($-^-OAlH_2$) → $R-CH_2-\ddot{O}:^-\ Li^+$

이러한 과정의 정확한 메커니즘은 완전히 이해되지는 않지만, 수소화물 시약이 염기로 먼저 작용하여 산의 리튬염과 수소 기체를 형성시킨다는 것은 분명하다. 일반적으로 카복실산염은 친핵체 공격에 저항한다. 음전하임에도 불구하고, 알루미늄의 도움으로 (8-6절 참조) 수소화 알루미늄 리튬은 카복실레이트 이온의 카보닐기에 두 개의 수소음이온을 줄 수 있을 정도로 반응성이 크다. 이 과정에서 생성된 일련의 생성물은 단순한 알콕사이드이며, 양성자첨가되어 알코올이 된다.

연습 문제 19-22

화합물 A로부터 화합물 B를 만드는 합성 경로를 제시하시오.

(a) $CH_3CH_2CH_2CN$ (A) $CH_3CH_2CH_2CH_2OH$ (B) **(b)** (cyclopropyl)$-CH_2COOH$ (A) (cyclopropyl)$-CH_2CD_2OH$ (B)

요약 수소화 알루미늄 리튬의 친핵성 반응성은 카복실레이트 이온이 환원하여 일차 알코올이 될만큼 충분할 정도로 강하다.

19-12 카복시기 이웃 탄소에서의 브로민화반응: Hell-Volhard-Zelinsky 반응

알데하이드와 케톤처럼 알칸산이 브로민(Br_2)에 노출되어 α-탄소에 브로민화될 수 있다. 소량의 PBr_3의 첨가는 반응이 시작되는 데 꼭 필요한 것이다. 부식성이 상당히 큰 PBr_3는 다루기가 어렵기 때문에 때때로 반응 플라스크에서 생성시킨다. 이것은 출발물 혼합물에 원소 상태의 (붉은색) 인을 조금 첨가해서 반응시킨다. 브로민이 존재하면 즉시 PBr_3로 바뀐다.

Hell-Volhard-Zelinsky* 반응

$$CH_3CH_2CH_2CH_2COOH \xrightarrow{Br-Br,\ trace\ P} CH_3CH_2CH_2\underset{}{\overset{Br}{\overset{|}{C}}}HCOOH + HBr$$

80%

2-Bromopentanoic acid

PBr_3와 카복실산이 반응해서 (19-8절) 생성된 브로민화 아실(acyl bromide)은 산촉매에 의해 빠르게 엔올화 한다. 이 엔올은 브로민과 반응하여 2-브로모아실 브로마이드가 되고, 이 물질은 반응하지 않고 남아 있는 산과 교환반응을 일으켜, 생성물인 브로민산과 브로민화 아실로 전환된다. 브로민화 아실은 다시 반응에 사용된다.

Hell-Volhard-Zelinsky 반응의 메커니즘

단계 1. 브로민화 아실의 생성(연습 문제 19-12와 19-8절 참조)

$$3\ RCH_2\overset{O}{\overset{\|}{C}}OH + PBr_3 \longrightarrow 3\ RCH_2\overset{O}{\overset{\|}{C}}Br + H_3PO_3$$

Acyl bromide

단계 2. 엔올화반응

$$RCH_2\overset{O}{\overset{\|}{C}}Br \underset{}{\overset{H^+}{\rightleftharpoons}} RCH{=}C(OH)(Br)$$

엔올

단계 3. 브로민화반응

$$RCH{=}C(OH)(Br) \xrightarrow{Br-Br} R\underset{Br}{\underset{|}{C}}H\overset{O}{\overset{\|}{C}}Br + HBr$$

단계 4. 교환반응

$$R\underset{Br}{\underset{|}{C}}H\overset{O}{\overset{\|}{C}}Br + RCH_2\overset{O}{\overset{\|}{C}}OH \rightleftharpoons R\underset{Br}{\underset{|}{C}}H\overset{O}{\overset{\|}{C}}OH + RCH_2\overset{O}{\overset{\|}{C}}Br$$

단계 2
다시 들어감

연습 문제 19-23

Hell-Volhard-Zelinsky 반응의 단계 2, 3에 대한 상세한 메커니즘을 제시하시오(**힌트**: 단계 2에 대해서는 18-2절, 단계 3에 대해서는 18-3절을 검토하라).

Hell-Volhard-Zelinsky 반응에서 생성된 브로모카복실산은 2-위치에 치환된 다른 유도체로 전환될 수 있다. 예를 들어, 염기성 수용액으로 처리하면 2-하이드록시산이 되고, 아민으로 처리하면 α-아미노산(26장)이 된다. 아래에 α-아미노산의 합성 예로 라세미 상태의 2-아미노헥산산(노르류신, 자연적으로 생성되지만 희귀한 아미노산)의 합성을 나타내었다.

*Carl M Hell 교수(1849~1926), Stuttgart 대학교, 독일. Jacob Volhard 교수(1834~1910), Halle 대학교, 독일. Nicolai D. Zelinsky 교수(1861~1953), Moscow 대학교.

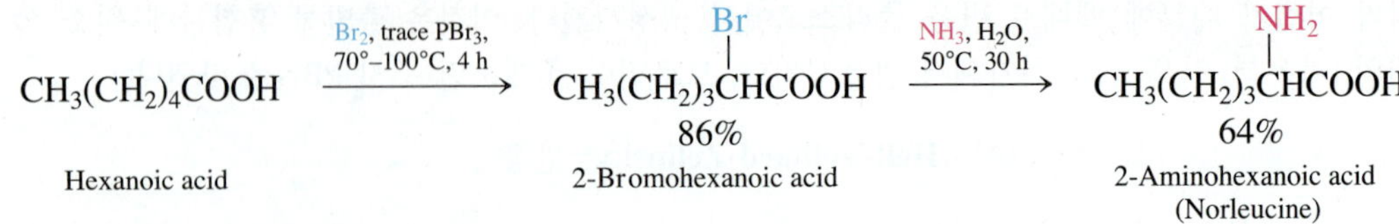

요약 소량의 인(또는 PBr_3)과 카복실산을 반응시키면 탄소 2번(C2) 위치에서 브로민화된다(Hell-Volhard-Zelinsky 반응). 이 과정은 2-브로모아실 브로아미드 중간체를 거쳐 진행한다.

19-13 카복실산의 생물학적 활성

카복실산의 여러 가지 반응을 살펴보면 실험실에서 합성 중간체로써 뿐만 아니라, 생물학계에서도 매우 중요하다는 것을 알게 된다. 이 절에서는 천연 카복실산의 다양한 구조와 작용을 대략적으로 알아보기로 한다. 아미노산에 대해서는 26장에서 언급할 것이다.

화학 이야기 19-1

긴 사슬 카복실레이트로부터의 비누

긴 사슬 카복실산의 소듐염과 포타슘염은 수용액에서 **마이셀**(*micelles*)이라고 하는 구형의 집합체를 형성하는 재미있는 성질을 가지고 있다. 이와 같은 집합체에서 소수성인 모든 알킬 사슬(8-2절)은 London 힘(2-6절)과 가능한 한 극성의 물과 섞이지 않으려는 성질 때문에, 공간 내에서 일정한 영역을 차지하려고 한다. 위에서 보여지듯이 극성이고 물에 용매화된 카복실레이트, 즉 '머리 부분'은 탄화수소와 같은 중심 둘레에 구형의 벽을 형성한다.

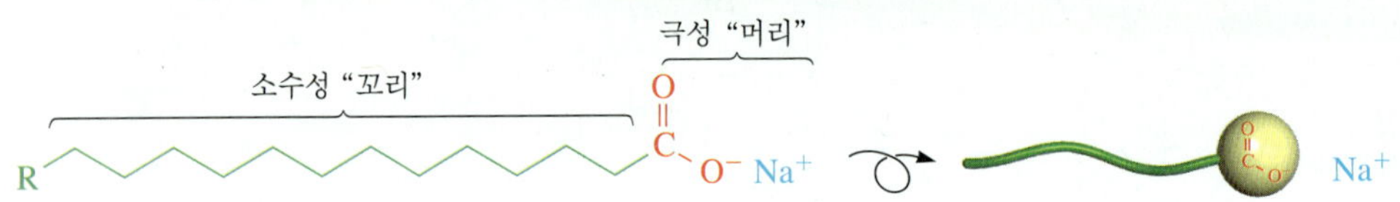

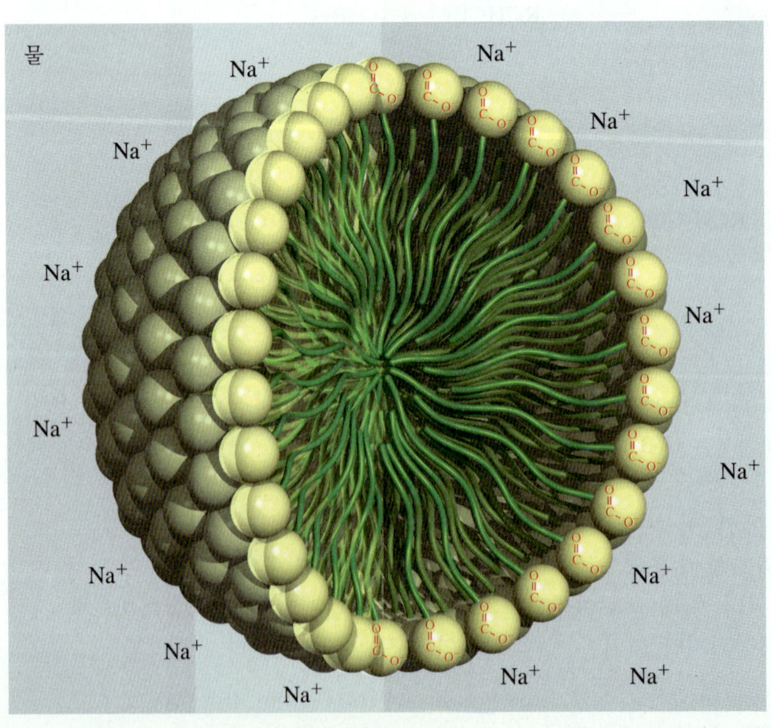

표 19-1에서 보듯이 가장 단순한 카복실산도 자연에 풍부하게 존재한다. 폼산(개미산)은 개미의 경보 페르몬으로 작용할 뿐만 아니라 식물에도 존재한다. 예를 들어, 쐐기풀에 접촉했을 때 사람의 피부에 상처가 생기는 이유는 폼산이 상처에 주입되기 때문이다.

아세트산은 발효에 의해 생성된 에탄올의 효소 산화로 얻어진다. 식초는 사이다, 와인, 맥아에서 생성된 묽은 수용액(약 4~12%)에 대한 이름이다. 1864년에 Louis Pasteur는 이러한 전통적인 과정의 산화 단계에서 박테리아의 연관성을 밝혔다.

지방산은 아세트산의 짝지음 반응으로 생성된다

아세트산은 개미와 전갈의 방어용 페르몬에서부터, 천연 유기 화합물의 생합성에 대한 기본적인 구성 요소까지 다양한 생물학적 작용을 가진다. 예를 들어, 터펜(14-10절)의 생성에 결정적인 전구체인 인산 3-메틸-3-뷰텐일은 CH_3COOH 세 분자가 효소 작용에 의해 **메발론산**이라고 하는 중간체가 되고, 계속적인 반응에 의해 5-탄소(isoprene) 단위의 생성물로 바뀌게 된다.

이러한 카복실레이트는 물 표면에서 얇은 막을 형성하기 때문에 그들이 비누로써 작용한다. 알킬 사슬이 소수성 층을 이루고 있는 동안 극성 부분은 물에 잠긴다. 이러한 과정은 물의 표면장력을 감소시켜, 옷이나 섬유 속으로 스며들게 하여 비누의 거품을 내도록 한다. 마이셀의 탄화수소 내부에서는 물에 난용성인 물질(기름, 지방)을 녹이므로 세탁이 이루어진다.

긴 사슬 카복실레이트 비누의 한 가지 문제점은 그들이 센물(경수) 속에 존재하는 이온(예를 들어, Mg^{2+}, Ca^{2+})과 반응하여 우유가 굳은 것과 같은 침전을 형성한다는 것이다. 알칸설포네이트(alkanesulfonate, $RSO_3^-Na^+$) 그리고 황산 알킬(alkyl sulfate), $ROSO_3^-\ Na^+$)을 기본으로 하는 세제는 이와 같은 단점은 없으나, 그들의 알킬 사슬에 붙어 있는 가지 때문에 **미생물을 쉽게 분해시킬 수 없으므로,** 하천과 호수에 심각한 오염을 초래한다. 일반적으로 하수처리 과정과 관련된 미생물은 단지 곧은 사슬계만 분해할 수 있다.

에너지와 물을 절약하는 앞으로 옷을 넣는 최신의 세탁기는 큰 용해도와 세척력을 가지나, 거품(비누 거품)이 적은 세제가 필요하게 되었다. 에터 결합을 가지는 새로운 설포네이트는 이러한 요구에 의해서 발전되었다.

콜산(*cholic acid*, 4-7절)과 같은 스테로이드 물질인 **담즙산**(*bile acid*)은 계면활성제 또는 세제와 같은 특성을 가지며, 담즙관에서 발견된다. 이러한 물질들은 마이셀 생성을 통해 물에 불용성인 지방을 유화시키는데 작은 창자관에서 방출된다. 가수분해 효소는 분산된 지방 분자를 소화시킬 수 있다.

Cholic acid

세탁 전(왼쪽)과 세탁 후(오른쪽)의 순면 셔츠 칼라의 주사 전자 현미경 사진. 세탁 전에 섬유는 때와 여러 조각으로 덮여 있다(70배로 확대함).

Mercapto기

$$HS-CH_2-CH_2-\overset{H}{N}-\overset{O}{\overset{\|}{C}}-CH_2-CH_2-\overset{H}{N}-\overset{O}{\overset{\|}{C}}-\underset{HO}{\overset{H}{C}}-\underset{CH_3}{\overset{CH_3}{C}}-CH_2-O-\underset{O}{\overset{O^-}{P}}-O-\underset{O}{\overset{O^-}{P}}-O-CH_2-\text{(adenosine 3'-phosphate)}$$

2-Aminoethanethiol 부분 | Pantothenic acid 부분 | Adenosine diphosphate (ADP) 부분

그림 19-6 조효소 A의 구조. 이 논의에서 중요한 것은 mercapto 작용기이다. 편리하게 분자는 HSCoA로 줄여서 쓴다.

$$3\ CH_3-COOH \xrightarrow{\text{효소}} CH_3-\underset{CH_2-CH_2OH}{\overset{CH_2-COOH}{COH}} \xrightarrow{\text{효소}} CH_3-\overset{CH_2}{\overset{\|}{C}}-CH_2-CH_2O-\underset{OH}{\overset{O}{\overset{\|}{P}}}-O-\underset{OH}{\overset{O}{\overset{\|}{P}}}-OH$$

Mevalonic acid　　　3-Methyl-3-butenyl pyrophosphate

다중 짝지음의 형태는 **지방산(fatty acid)** 의 생합성에서 발견되었다. 이러한 종류의 화합물은 천연 **지방(fat)** 에서부터 그 이름이 유래되었다. 지방은 긴 사슬 카복실산의 에스터이다(20-4절 참조). 가수분해 또는 **비누화반응(saponification**, 해당하는 염이 비누를 형성하기 때문에. 화학 이야기 19-1 참조: *sapo*, 라틴어로 비누를 의미)은 지방산을 만든다. 이러한 것 중 가장 중요한 것은 12~22개의 탄소를 가지는 것이고, 불포화된 것도 있다.

지방산

$$CH_3(CH_2)_{14}COOH$$

Hexadecanoic acid (Palmitic acid)

$$\underset{H}{\overset{CH_3(CH_2)_7}{C}}=\underset{H}{\overset{(CH_2)_7COOH}{C}}$$

cis-9-Octadecenoic acid (Oleic acid)

이들의 생합성의 유래에서처럼 지방산은 대부분 짝수개의 탄소 사슬로 이루어진다. 매우 정확한 실험은 선형 짝지음이 상당히 규칙적인 형태로 일어남을 보여 준다. 이 실험에서 몇몇 유기체에 방사성동위원소(^{14}C)로 표지된 아세트산을 공급하였다. 그 결과 지방산에는 하나 건너 하나씩 교대로 동위원소가 들어갔다.

$$CH_3{}^{14}COOH \xrightarrow{\text{유기체}} CH_3{}^{14}CH_2CH_2{}^{14}CH_2CH_2{}^{14}CH_2CH_2{}^{14}CH_2CH_2{}^{14}CH_2CH_2{}^{14}CH_2CH_2{}^{14}CH_2CH_2{}^{14}COOH$$

표지된 hexadecanoic (palmitic) acid

사슬 생성에 대한 메커니즘은 매우 복잡한데, 다음과 같은 도식이 이러한 과정에 대한 일반적인 생각을 가능하게 해 준다. 하나의 중요한 작용 물질은, 보조효소 A(줄여서 HSCoA, 그림 19-6)라고 하는 중요한 생물학적인 중계 역할을 하는 화합물인 머캅토 작용기이다. 이 작용기의 역할은 아세트산을 결합하여 아세틸 CoA라고 하는 **싸이올 에스터(thiol ester)** 를 생성하는 것이다. 카복시화반응은 싸이올 에스터를 말론일 CoA로 전환한다. 두 아실기는 **아실 수송 단백질(acyl carrier protein)** 의 두 가지 분자로 전달된다. 짝지음이 일어나면 CO_2가 이탈하면서 3-옥소뷰탄산 싸이올 에스터가 된다.

아세트산 단위체의 짝지음 메커니즘

단계 1. 싸이올 에스터 생성

$$\underset{\text{Acetic acid}}{CH_3COOH} + \underset{\text{보조효소 A}}{HSCoA} \longrightarrow \underset{\text{아세틸 보조효소 A}}{CH_3\overset{O}{\overset{\|}{C}}SCoA} + HOH$$

단계 2. 카복시화반응

$$CH_3\overset{O}{\overset{\|}{C}}SCoA + CO_2 \xrightarrow{\text{아세틸 CoA 카복시화효소}} \underset{\text{말론일 CoA}}{HO\overset{O}{\overset{\|}{C}}CH_2\overset{O}{\overset{\|}{C}}SCoA}$$

단계 3. 아세틸기 및 말론일기 전달

$$CH_3\overset{O}{\overset{\|}{C}}SCoA + \underset{\text{아실 수송 단백질}}{HS-\boxed{\text{단백질}}} \longrightarrow CH_3\overset{O}{\overset{\|}{C}}S-\boxed{\text{단백질}} + HSCoA$$

화학 이야기 19-2

트랜스 지방산과 건강

천연에서 생성되는 불포화 지방산 이중 결합의 90% 이상이 시스 배치를 가지는데, 이것이 포화 지방(11-3절)과 비교하여 식물성 기름의 녹는점을 감소시키는데 기여한다. 촉매 수소첨가반응 조건에서 식물성 기름을 처리하면 고체 마가린을 생성한다. 그러나 이러한 과정은 모든 이중 결합을 수소첨가시키는 것은 아니다. 시스 이중 결합의 상당한 비율이 촉매에 의해서 트랜스로 이성질화되며, 최종 고체 생성물에 남아 있다. 예를 들어, 합성된 단단한 마가린은 18%의 포화 지방산(SFAs)과 23% 트랜스 지방산(TFAs)을 포함한다. 촉매 수소첨가반응 조건으로 처리한 소프트 마가린은 5~10% TFAs를 함유하고 있다. 천연의 버터는 50~60% SFAs와 3~5% TFAs로 구성되어 있다.

식품에 있는 TFAs와 건강과의 연관은 무엇인가? 오랫동안 TFAs가 시스 대응물과 인체에서 같은 방법으로 대사가 되는가에 대해 의아하게 생각해 왔다. 1960년대와 1970년대에 식품 속의 TFAs가 지방대사에 크게 영향을 미친다는 연구에 의해 이러한 의심이 굳어졌다. 놀라운 발견은 다음과 같다. 즉, TFAs가 세포막에 쌓여서 혈액에서 **저밀도 리포프로테인(low denstity lipoprotein, LDLs**, "나쁜 콜레스테롤"로 알려진)의 준위를 증가시키고, 반면에 **고밀도 리포프로테인(high denstity lipoprotein**, HDLs, "좋은 콜레스테롤", 화학 이야기 4-2 참조)을 감소시킨다는 것이다.

1990년대의 연구는 TFAs의 식품을 유방암과 심장병의 위험을 증가시키는 것과 연관을 시켰다. TFAs의 건강에 대한 영향은 SFAs보다 훨씬 더 해롭다고 현재는 믿고 있다. TFAs는 일반적으로 건강식품에서는 소량 존재하지만, 감자튀김과 같은 패스트 푸드에 상당한 양이 존재하며, 많은 구운상품(케이크, 쿠키, 크래커 그리고 구운 것)에도 위험할 정도로 많이 있다.

2005년 미국 심장협회(AHA)는 지방 소모가 전제 열량의 30%를 넘기지 않아야 하며, 트랜스 지방과 포화 지방이 10%를 넘지 않도록 권고하였다. 대표적인 패스트푸드 식사는 이 양의 몇 배를 초과할 수 있다.

2006년 AHA는 트랜스 지방을 1% 이내로 수정하였다. 그 결과 2006년부터 미국 식품의약청(FDA)은 모든 식품에 TFA 양을 고시하도록 하였다. 그 이후로 뉴욕이나 필라델피아, 캘리포니아 전지역을 포함한 미국의 많은 지역에서 음식점에서 부분적으로 수소화된 높은 TFA를 포함한 기름을 쓰지 못하도록 법을 제정하였다. 이에 따라 2008년 말 대부분의 패스트푸드 체인점들은 TFA가 매우 적거나 없는 기름을 쓰게 되었다.

새로운 프랜치 프라이: 지금은 트랜스 지방산이 없다.

$$\text{HOCCH}_2\text{CSCoA} + \text{HS—[단백질]} \longrightarrow \text{HOCCH}_2\text{CS—[단백질]} + \text{HSCoA}$$

아실 수송 단백질

단계 4. 짝지음 반응

$$\text{HOCCH}_2\text{CS—[단백질]} \xrightarrow[-\text{CO}_2]{\text{CH}_3\text{CS—[단백질]}} \text{CH}_3\text{CCH}_2\text{CS—[단백질]}$$

3-Oxobutanoic thiol ester

다음에 케톤 작용기가 메틸기로 환원된다. 생성된 뷰탄산 싸이올 에스터는 항상 두 개의 탄소가 늘어나는 같은 반응이 반복되어 긴 사슬을 형성한다. 최종 생성물은 긴 사슬 아실기를 가지며, 가수분해하여 단백질로부터 분리할 수 있다.

$$\text{CH}_3\text{CH}_2\text{—(CH}_2\text{CH}_2)_n\text{—CH}_2\text{C—S—[단백질]} \xrightarrow{\text{H}_2\text{O}} \text{CH}_3\text{CH}_2\text{—(CH}_2\text{CH}_2)_n\text{—CH}_2\text{C—OH} + \text{HS—[단백질]}$$

지방산

아라키돈산은 생물학적으로 중요한 불포화 지방산이다

천연에서 얻어지는 **불포화**(*unsaturated*) 지방산은 더 많은 변화가 수반되어 다양한 구조로 바뀔 수 있다. 한 예가 생물학적인 전구체이고, 인체 내에서 중요한 화학물질인 프로스타글란딘(화학 이야기 11-1), 트롬복세인, 프로스타사이클린과 류코트라이엔 등과 같은 물질로 바뀌는 출발물인 아라키돈산이다.

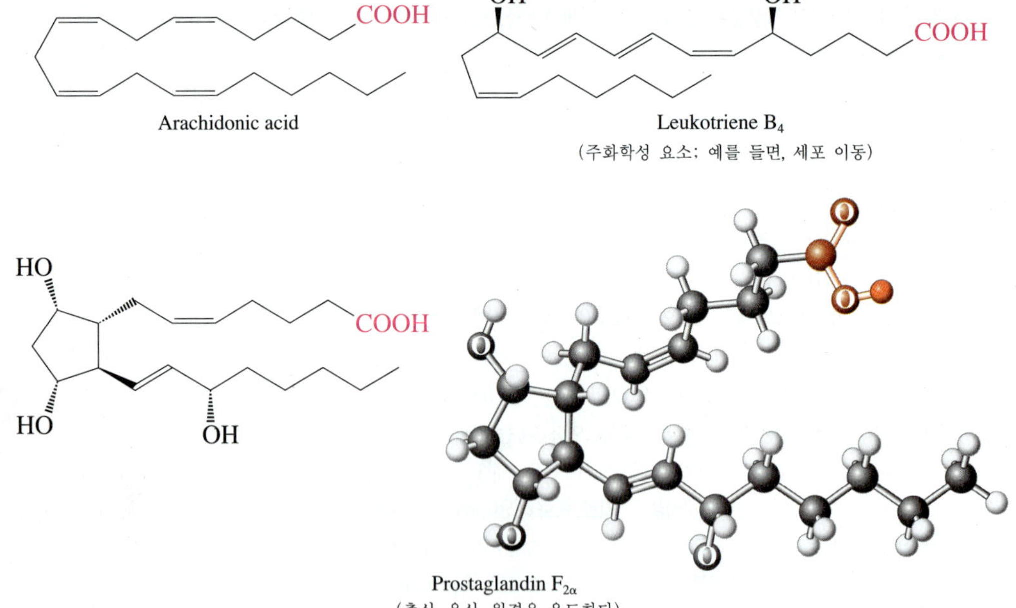

Arachidonic acid

Leukotriene B_4
(주화학성 요소: 예를 들면, 세포 이동)

Prostaglandin $F_{2\alpha}$
(출산, 유산, 월경을 유도한다)

Thromboxane A_2
(평활근을 수축시킨다;
혈소판을 모은다)

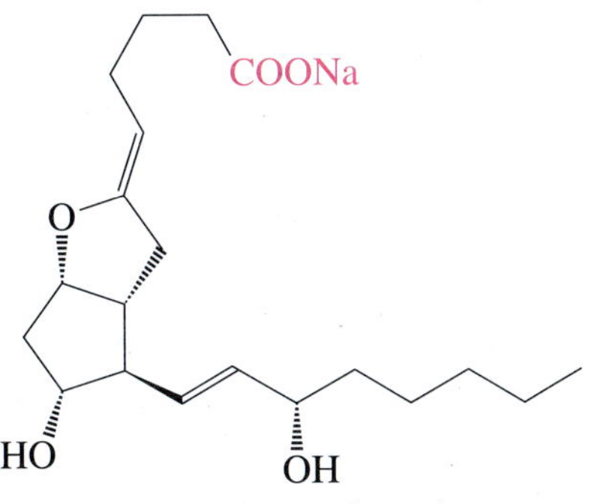

Prostacyclin I_2, sodium salt
(혈소판 집합체의 가장 효능 있는 자연 억제제;
혈관 확장제이고, 심장 바이패스 형성 수술,
신장병 환자에 사용한다)

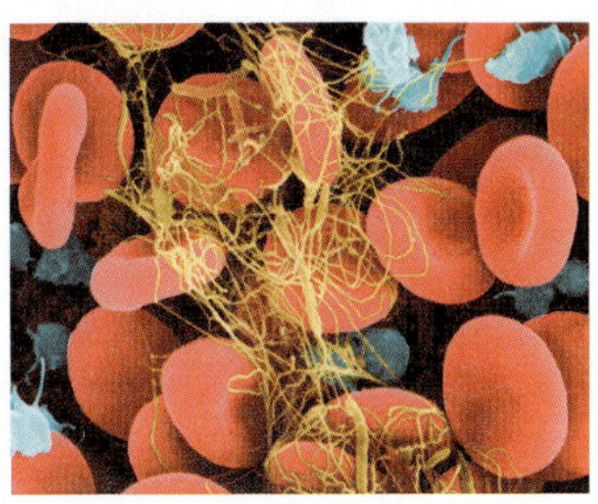

응혈의 섬유소 (노란색) 에 붙잡힌 적혈구와 혈소판 (푸른색).

화학 이야기 19-3

생물자원에서 만들어진 플라스틱, 실, 에너지

21세기의 처음 10년 동안 석유화학 물질로부터 얻어진 것이 아닌 자연 자원 이용의 괄목할 만한 발전을 보였다.

섬유 산업에 쓰이는 합성 실은 석유로부터 주로 얻는다. poly (lactic acid, Ingeo) 와 같은 대용 폴리에스터는 옥수수와 같은 식물성 물질로부터 얻어질 수 있는데, 궁극적으로 별로 쓸모가 없는 식물 찌꺼기로부터 추출한 전분으로 만들 수 있을 것이다. 이러한 폴리에스터의 제조는 화석 연료 사용을 2/3 정도 줄일 수 있으며, 온실 기체의 양도 80~90% 정도 줄일 수 있다.

많은 쓰레기 매립지가 분해 저항이 큰 물질로 용량이 초과되고 있음에 따라, 전통적인 플라스틱 쓰레기 문제가 심각해지고 있다 (12-15절). 생물 분해성의 고분자와 플라스틱은 플라스틱 백, 필름 그리고 병과 같은 비재생 품목에 적합하다. 최근에 발전되고 상업화된 예는 poly (β-hydroxybutyrate-*co*-β-hydroxyvalerate) (PHBV), 3-하이드록시뷰탄산과 3-하이드록시펜탄산의 공중합체이다.

오수수당 섬유로 만든 인지도 의류가 패션계를 강타했다.

PHBV 공중합체는 전통적인 방법으로 생산되는 것이 아니고 아세트산과 프로판산의 혼합물이 박테리아에 의한 발효에 의해서 생성된다. PHBV 공중합체의 성질은 단단한 고분자를 형성하는 3-하이드록시뷰탄산과 신축성을 정하는 3-하이드록시펜탄산의 비율에 따라서 변한다. PHBV는 약물 전달 속도를 조절하는 데 사용된다. 약효조절 응용에서 고분자 물질은 약품을 캡슐로 만드는데 사용되는데, 이것은 코팅한 고분자 물질이 충분히 분해된 뒤에 약효가 나타나게 된다. PHBV가 의학용으로 사용될 때는 에스터 가수분해에 의해서, 인체 대사과정에서의 자연적인 생성물인 3-하이드록시뷰탄산과 3-하이드록시펜탄산으로 분해한다.

오랫동안 관심을 가져온 것은 세포벽에 상당한 양의 폴리하이드록시알칸산에서 만들어진 폴리에스터 (PHAs) 를 생산하는, 유전적으로 변형된 목초의 개발에 대한 2008년도 발표였다. PHA 고분자는 생분해성 플라스틱 (Mirel) 의 제조에 직접 사용될 수 있을 뿐만 아니라, 나머지 식물 잔재는 생물자원 에너지의 원료로 쓸 수 있다.

생분해성 플라스틱 병은 이 쓰레기 더미를 퇴비로 바꿀 수 있을 것이다.

$\left(\mathrm{OCH_2\overset{O}{\overset{\|}{C}}}\right)_n$ PLA (Ingeo)

$\left(\mathrm{O\underset{R}{\underset{|}{C}}HCH_2\overset{O}{\overset{\|}{C}}}\right)_n$ PHBV ($R = -CH_3, -CH_2CH_3$)

$\left(\mathrm{O\underset{R}{\underset{|}{C}}H(CH_2)_x\overset{O}{\overset{\|}{C}}}\right)_n$ PHA (Mirel)

O
COOH
CH_3CO

아스피린

이러한 각 화합물들은 강력한 생물학적인 특성을 가진다. 예를 들어, 어떤 프로스타글란딘은 관절염과 관련된 조직 염증에 영향을 주게 된다. 살리실산 유도체인 아스피린(화학 이야기 22-2)은 아라키돈산이 프로스타글란딘으로 전환되는 것을 막아줌으로써 증세를 억제할 수 있다. 1990년 초에 1500만 미국인들을 괴롭힌 천식은 만성 염증을 가진 질병으로 인식되었다. 최근의 연구는 류코트라이엔이 기관지 염증을 조정하며, 트롬복세인은 기관지 수축을 일으키는 것을 밝혔다. **코티코스테로이드(corticosteroid**, 4-7절) 같은 염증을 억제하는 것들은 아라키돈산 자체의 생합성을 막는 작용을 한다.

연습 문제 19-24

위에 나타난 네 가지 유도체에서 arachidonic acid의 골격을 확인하시오.

자연에서는 복잡한 여러고리 카복실산이 생성된다

카복시 치환기를 가지는 많은 생물학적 활성 천연 생성물은, 분자내에 있는 다른 작용기들로부터 유도되는 생리학적 잠재력을 가진다. 이러한 화합물에서 카복시기의 작용은 물에 녹게 하고, 염의 형성, 이온 전달, 마이셀형의 집합체가 형성되도록 하는 것이다. 두 가지 예 중 기버렐산(gibberellic acid)은 발효에 의해 제조되는 식물 성장 촉진제이고, 리저직산(lysergic acid)은 호밀 등의 목초에 기생하는 곰팡이인 맥각의 가수분해 추출물에 있는 주요 성분이다. 많은 리저직산 유도체는 강한 환각작용을 보여 준다. 중세 때 맥각에 오염된 호밀빵을 먹었던 많은 사람들이 화합물의 특징적인 독성 효과인, 환각, 발작, 정신착란, 간질, 사망에 다다르게 되었다. 합성 리저직산 다이에틸아마이드(LSD)는 가장 강력한 환각제로 알려진 것 중의 하나이며, 인체에 있어서 경구를 통해 약 0.05 mg만 섭취해도 환각 효과가 나타난다.

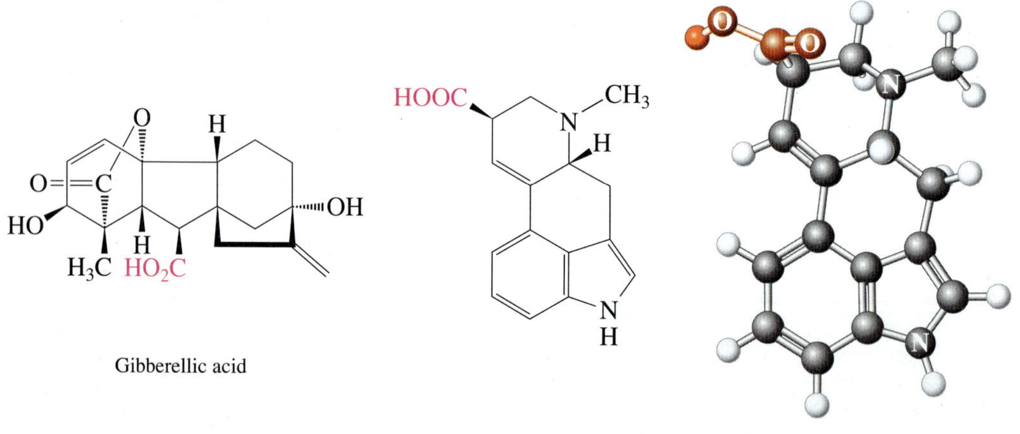

Gibberellic acid

Lysergic acid

요약 수많은 천연 카복실산은 구조와 작용이 다양하다. 아세틸기를 여러 개 축합시키면 곧은 사슬 지방산을 이룬다. 이 지방산들은 여러 가지 다양한 생물학적 성질을 나타내는데, 때때로 유용한 약효성을 보인다.

요점

카복실산의 작용기는 알데하이드나 케톤의 카보닐기와 알코올의 하이드록시기의 결합이다. 카보닐기는 하이드록시 수소의 산도를 증가시키며, 하이드록시기는 카보닐 탄소에 대한 치환반응에서 첨가-제거반응을 일으킨다. 그러한 치환반응은 할로젠화물, 무수물, 에스터 그리고 아마이드와 같은 카복실산 유도체를 생성한다. 이들 유도체들은 다양한 여러 가지 부류의 화합물을 합성하는데 중요한 출발점이다. 다음 장에서는 이들 유도체들을 실험실 화학의 중심 화합물로서 그리고 수없이 자연계에서 일어나는 생물학적 과정으로 만드는 다양한 화학적 다양성에 대하여 알아볼 것이다.

카보닐 화학에 대한 공부를 마친 후 논의에서 남아 있는 화합물의 부류는 아민이 될 것이다(21장). 남은 다섯 개의 장은 합성과 생화학적 중요성과 함께 다중 작용기가 결합되어 있는 화합물을 다룰 것이다.

통합 문제

19-25. Hell-Volhard-Zelinsky 반응의 4단계에서 일어나는 acyl bromide와 카복실산의 교환반응에 대한 메커니즘을 제시하시오.

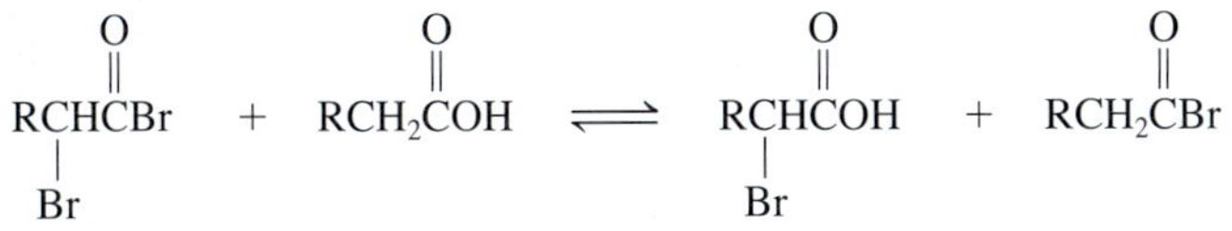

$$\mathrm{RCH(Br)C(=O)Br} + \mathrm{RCH_2COH(=O)} \rightleftharpoons \mathrm{RCH(Br)C(=O)OH} + \mathrm{RCH_2C(=O)Br}$$

풀이

먼저 이 반응에서 어떠한 변화가 일어났는지, 어떠한 경로를 통해 이러한 변화가 이루어졌는지를 생각해야 한다. 두 출발 화합물은 카보닐 탄소의 Br과 OH가 바뀌었다. 이 장의 주제인 카보닐 치환반응의 첨가-제거반응 경로를 참조하여 이 교환반응의 합리적인 방법을 찾아보자.

α-Bromoacyl bromide는 전자를 끄는 두 개의 브로민 때문에 매우 강한 친전자성 (δ^+) 카보닐 탄소를 가지고 있다. 이 acyl bromide는 따라서 두 화합물 중 가장 친핵성 원자인 카복실산의 카보닐 **산소**의 공격을 받는다. 카보닐 산소는 공명에 의하여 안정화되기 때문에 친전자체가 붙기에 가장 적합한 장소이다.

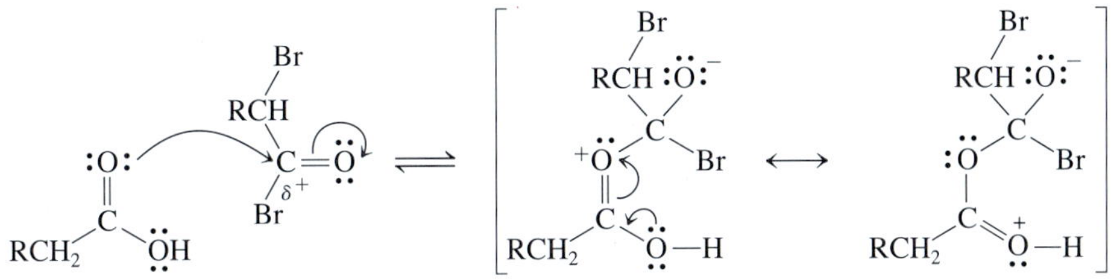

사면체형 중간체로부터 브로민화 이온이 제거되면 양성자첨가된 무수물이 얻어진다. 이 무수물에 브로민화 이온이 재첨가되면 새로운 사면체형 중간체가 만들어진다. 이 단계에서 카복실산이 떨어져 나가면 모든 교환반응이 완료된다. 이 과정에서 이미 몇 번 본 것과 유사하게 육원자 고리 전이 상태를 이용하여 하나의 산소에서 다른 산소로 양성자가 이동하는 것을 볼 수 있다. 이 단계에서 α-탄소에 치환되지 않은 acyl bromide와 α-bromocarboxylic acid의 교환 생성물이 형성된다.

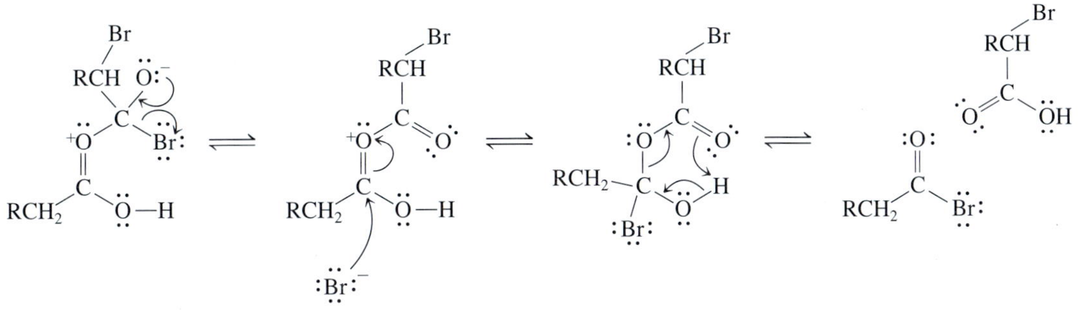

19-26. 육원자 고리 이상의 락톤은 고리 변형과 트랜스 상호작용이 최소화되면 합성될 수 있다(4-2에서 4-5절과 9-6절 참조). 가장 중요한 공업적 사항 중의 하나는 다이락톤인 ethylene brassylate이다. 여기에 설명한 합성은 1,2-ethanediol과 tridecanedioic acid의 산촉매 반응으로 시작하는데, 분자식이 $C_{15}H_{28}O_5$인 기질 A를 생성한다. 생성하는 조건에서 기질 A는 고분자(다음쪽에서 왼쪽 아래 구조)로 전환된다. 강력하게 가열하여 고분자의 가역반응에 의해 기질 A가 재생된다. 더 느린 과정에서는 A는 최종 거대고리 생성물(다음쪽에서 오른쪽 구조)로 전환되는데, 이것은 반응 혼합물로부터 증류되어 평형이 유리하게 이동된다.

거대고리 사향의 공업적 합성

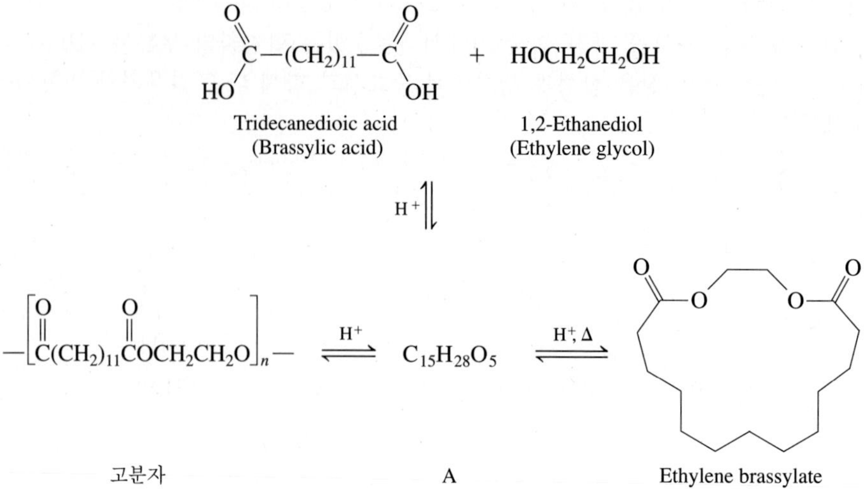

Tridecanedioic acid (Brassylic acid) + 1,2-Ethanediol (Ethylene glycol)

H^+

고분자 $\rightleftharpoons$ (H^+) A ($C_{15}H_{28}O_5$) $\rightleftharpoons$ (H^+, Δ) Ethylene brassylate

a. 화합물 A의 구조를 제안하시오.

풀이

이 화합물에 대해서 어떤 정보를 가지고 있는가? 우리는 분자식과 중간체 및 생성물의 구조를 가지고 있다. 이들 정보를 사용함으로써 풀이에 도달하는 것은 가능하다. 예를 들어, 고분자 생성물은 단위체 단위를 반복해서 만들어지는데, 그들 각각은 왼쪽에 있는 카복시기로부터 OH를 잃어버리고, 오른쪽에 있는 hydroxy기로부터 H를 잃어버린 brassylic acid의 ethylene glycol ester를 가지고 있다. 이 단위체의 식은 $C_{15}H_{26}O_4$이며, 구조 A보다 물 분자 하나가 작다. 그 구조를 쓰고 잃어버린 물 분자를 더하면 다음에 보인 모노에스터 A를 얻을 수 있다.

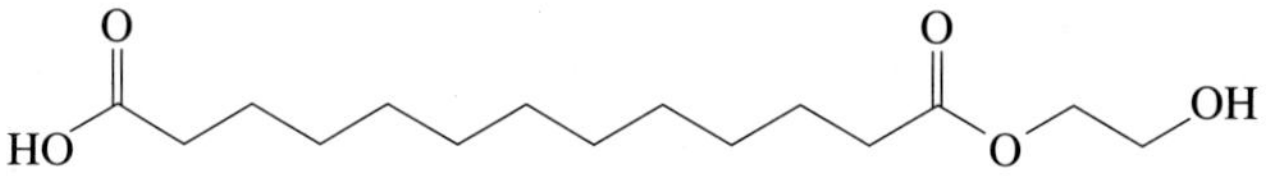

Brassylic acid (A)의
ethylene glycol monoester

또 다른 접근을 사용하기 위해서 두 출발물의 분자식을 $C_{15}H_{30}O_6$ 또는 A + H_2O를 더한다. 그러므로 A는 brassylic acid의 ethylene glycol을 결합시킨 반응의 생성물이며, 정확하게 에스터화반응에서 관찰된 과정에서 물 분자를 **방출**한다.

b. 구조 A를 고분자와 거대고리를 가지고 서로 전환시키는 반응에 대한 메커니즘을 제안하시오.

풀이

두 반응 모두 에스터화반응의 예이다. 고분자 생성은 구조 A 한 분자의 hydroxy기의 다른 분자의 카복시기 사이의 에스터 생성으로부터 시작한다. 우리는 **본래 반응식에 있던** 산촉매를 사용하는 첨가-제거반응(19-9절) 형태에 따른다. 기억하라. 메커니즘 문제에 대한 답은 반응에서 실제로 반응에 주어진 화학종들만 사용해야 한다. 단계별 메커니즘 순서는 책의 예로부터 직접 적용된다. (1) 공격받는 카보닐 탄소의 양성자첨가반응, (2) 사면체형 중간체를 형성하기 위한 하이드록시 산소의 친핵성 첨가, (3) 좋은 이탈기를 형성하기 위하여 중간체의 하나의 hydroxy기의 양성자첨가반응, (4) 물의 이탈, (5) 최종 생성물을 생성하기 위하여 산소로부터 양성자 잃음.

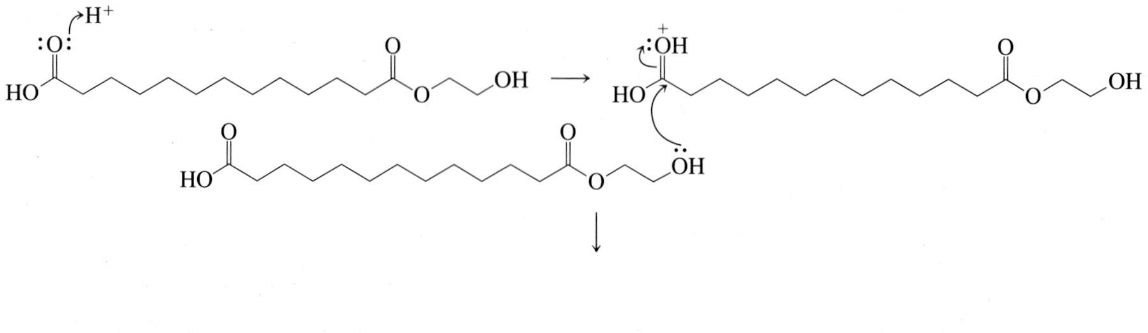

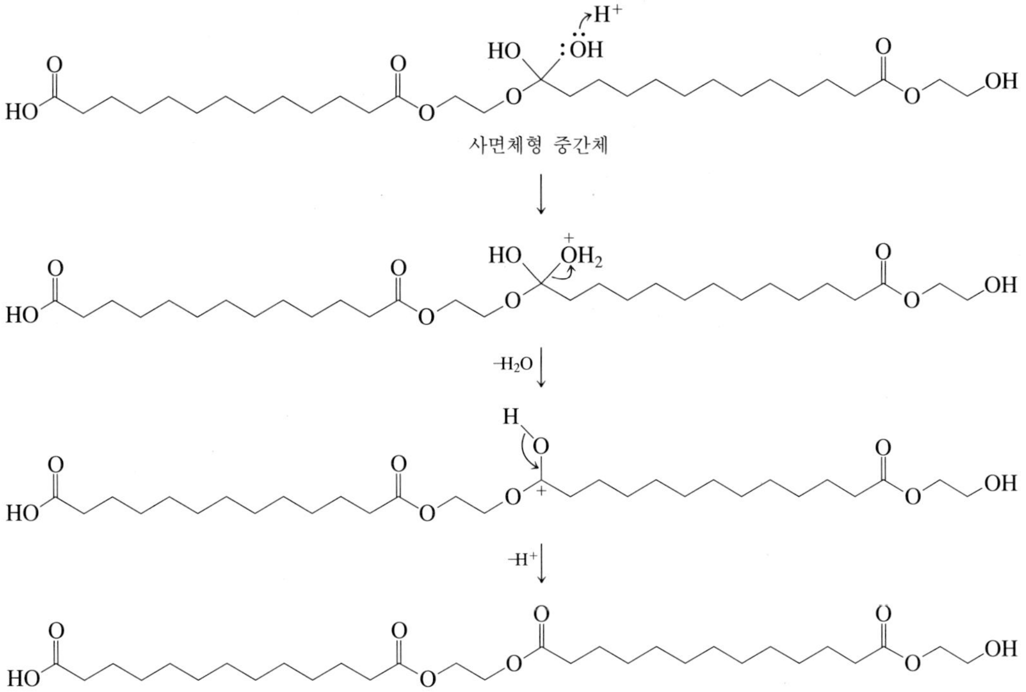

사면체형 중간체

$-H_2O$

$-H^+$

이 과정의 생성물은 이합체이다. 이 분자의 양 끝에서 연속적인 에스터 형성은 결국 반응에서 관찰된 폴리에스터를 생성한다. 동일한 단계가 고분자를 가열함으로써 모노에스터로 전환하기 위해서 역으로 일어난다.

거대고리 락톤의 생성에 대한 메커니즘은 어떻게 이루어지는가? 그 과정은 고리를 생성하기 위해 분자 내에서 일어나야 함을 인식해야 한다(9-6절과 17-7절을 비교하라). 에스터화반응에서 수행했던 대로 단계들의 동일한 순서를 정확하게 쓸 수 있으니, 다른 말단에 있는 카복시 탄소를 공격하기 위해 분자 A의 한쪽 말단에 있는 자유로운 hydroxy기를 사용한다.

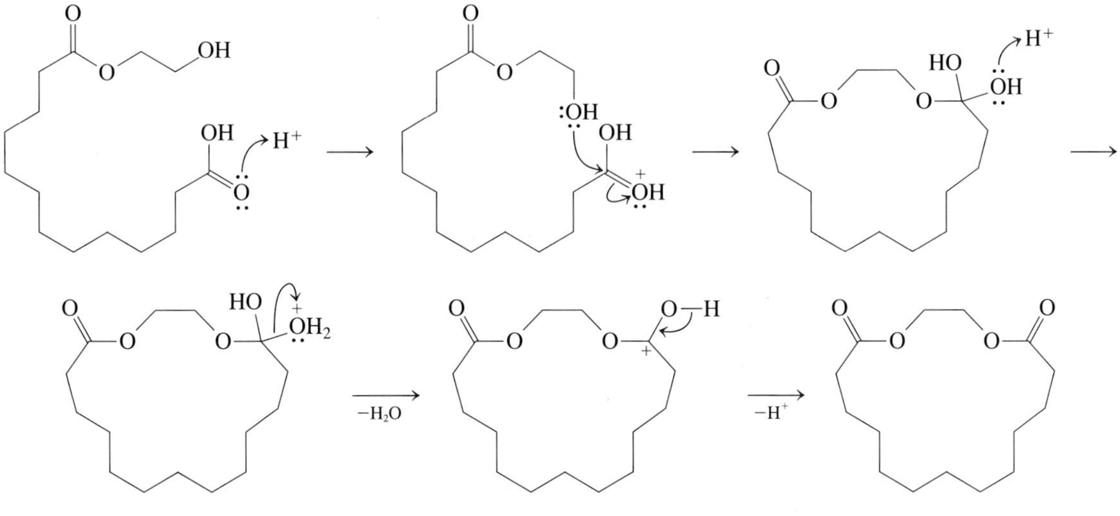

$-H_2O$

$-H^+$

거대고리 락톤 합성은 제약 산업에서 상당히 흥미로운 토픽이다. 이유는 이 작용기가 의학적으로 가치 있는 화합물의 기본적인 골격을 구성하기 때문이다. 예를 들어, **마크로라이드 항생제**(*macrolide antibiotic*)에 널리 사용된 에리트로마이신 A와(화학 이야기 20-2) 그리고 환자에게 장기를 이식하는데 대해 거부 반응을 제어하는데 큰 희망을 보이는 강력한 **면역억제제**(*immunosuppressant*)인 타크롤리무스(FK-506)가 있다.

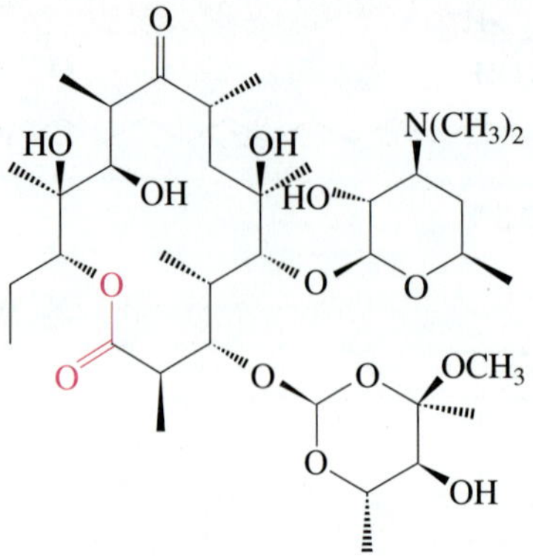

에리트로마이신 A

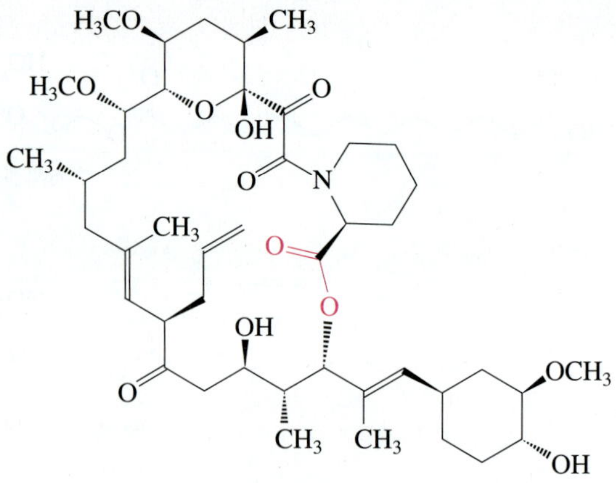

타크롤리무스
(FK-506)

새로운 반응식

1. 카복실산의 산도 (19-4절)

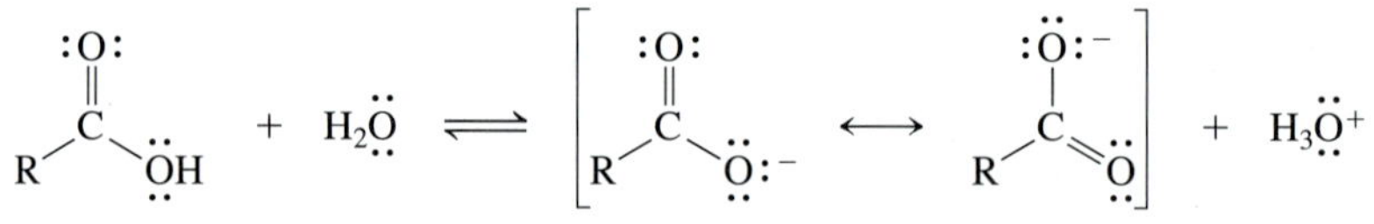

$$RCOOH + H_2O \rightleftharpoons [RCOO^- \longleftrightarrow RCOO^-] + H_3O^+$$

공명 안정화된
카복실레이트 이온

$K_a = 10^{-4}–10^{-5}$, $pK_a \approx 4–5$

염 생성

$$RCOOH + NaOH \longrightarrow RCOO^-Na^+ + H_2O$$

또한 Na_2CO_3, $NaHCO_3$도

2. 카복실산의 염기도 (19-4절)

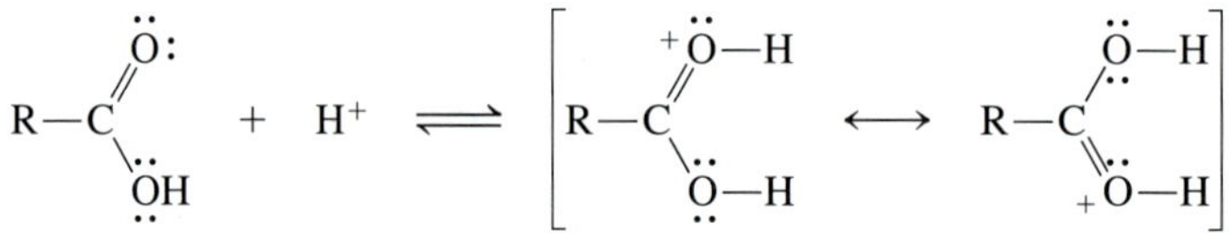

$$R-C(=O)OH + H^+ \rightleftharpoons [R-C(=\overset{+}{O}H)OH \longleftrightarrow R-C(OH)=\overset{+}{O}H]$$

공명 안정화된
양성자를 가지는 카복실산

카복실산의 제조

3. 일차 알코올과 알데하이드의 산화 (19-6절)

$$RCH_2OH \xrightarrow{\text{산화제}} RCOOH$$

산화제 : CrO_3, $KMnO_4$, HNO_3 수용액

$$RCHO \xrightarrow{\text{산화제}} RCOOH$$

산화제 : CrO_3, $KMnO_4$, Ag^+, H_2O_2, HNO_3 수용액

4. 유기금속 시약의 탄산화반응 (19-6절)

$$RMgX + CO_2 \xrightarrow{THF} RCOO^{-+}MgX \xrightarrow{H^+, H_2O} RCOOH$$

$$RLi + CO_2 \xrightarrow{THF} RCOO^-Li^+ \xrightarrow{H^+, H_2O} RCOOH$$

5. 나이트릴의 가수분해반응 (19-6절)

$$RC{\equiv}N \xrightarrow{H_2O,\ \Delta,\ H^+ \text{ 또는 } HO^-} RCOOH + NH_3 \text{ 또는 } NH_4^+$$

카복실산의 반응

6. 카보닐기에 대한 친핵성 공격 (19-7절)

염기 촉매 첨가-제거반응

$$\underset{L\,=\,\text{이탈기}}{\overset{O}{\overset{\|}{RCL}}} + :Nu^- \xrightarrow[\text{첨가}]{} \underset{\text{사면체형 중간체}}{R-\overset{O^-}{\overset{|}{\underset{Nu}{\underset{|}{C}}}}-L} \xrightarrow[\text{제거}]{} \overset{O}{\overset{\|}{RCNu}} + L^-$$

산촉매 첨가-제거반응

$$\overset{O}{\overset{\|}{RCL}} \underset{}{\overset{H^+}{\rightleftharpoons}} \overset{{}^+O-H}{\overset{\|}{RCL}} \underset{\text{첨가}}{\overset{:NuH}{\rightleftharpoons}} R-\overset{OH}{\overset{|}{\underset{{}^+NuH}{\underset{|}{C}}}}-L \overset{-H^+}{\rightleftharpoons}$$

$$\underset{\text{사면체형 중간체}}{R-\overset{OH}{\overset{|}{\underset{Nu}{\underset{|}{C}}}}-L} \overset{H^+}{\rightleftharpoons} R-\overset{OH}{\overset{|}{\underset{Nu}{\underset{|}{C}}}}-\overset{+}{L}-H \underset{\text{제거}}{\overset{-HL}{\rightleftharpoons}} \overset{{}^+O-H}{\overset{\|}{RCNu}} \overset{-H^+}{\rightleftharpoons} \overset{O}{\overset{\|}{RCNu}}$$

카복실산 유도체

7. 아실 할로젠화물 (19-8절)

$$RCOOH + SOCl_2 \longrightarrow \underset{\text{Acyl chloride}}{\overset{O}{\overset{\|}{RCCl}}} + SO_2 + HCl$$

$$3\,RCOOH + PBr_3 \longrightarrow 3\,\underset{\text{Acyl bromide}}{\overset{O}{\overset{\|}{RCBr}}} + H_3PO_3$$

8. 카복실산 무수물 (19-8절)

$$RCOOH + \overset{O}{\overset{\|}{RCCl}} \longrightarrow \underset{\text{무수물}}{\overset{O\ \ O}{\overset{\|\ \ \|}{RCOCR}}} + HCl$$

고리 산무수물

$$(CH_2)_n\begin{cases}COOH\\COOH\end{cases} \xrightarrow[-H_2O]{\Delta} (CH_2)_n\begin{cases}C(=O)\\ \quad\ \ O\\C(=O)\end{cases}$$

오원가 또는 육원가 고리가 가장 좋다

9. 에스터 (19-9절)

산촉매 에스터화반응

$$RCO_2H + R'OH \underset{K \approx 1}{\overset{H^+}{\rightleftharpoons}} RC(=O)OR' + H_2O$$

고리 에스터(락톤)

$$(CH_2)_n(CH_2OH)(COOH) \underset{K}{\overset{H^+}{\rightleftharpoons}} (CH_2)_n[CH_2-O-C(=O)] + H_2O$$

락톤

오원자 또는 육원자 고리에 대해 $K > 1$이다.

10. 카복실산 아마이드(19-10절)

$$RCOOH + R'NH_2 \longrightarrow RCOO^- + R'NH_3^+ \xrightarrow{\Delta} RC(=O)NHR' + H_2O$$

이미드

$$(CH_2)_n(COOH)_2 + R'NH_2 \xrightarrow{\Delta} (CH_2)_n[C(=O)-NR'-C(=O)] + 2\,H_2O$$

고리 아마이드(락탐)

$$(CH_2)_n(CH_2NH_2)(COOH) \xrightarrow{\Delta} (CH_2)_n[CH_2-NH-C(=O)] + H_2O$$

락탐

11. 수소화 알루미늄 리튬에 의한 환원(19-11절)

$$RCOOH \xrightarrow[2.\ H^+,\ H_2O]{1.\ LiAlH_4,\ (CH_3CH_2)_2O} RCH_2OH$$

12. 브로민화반응 : Hell-Volhard-Zelinsky 반응(19-12절)

$$RCH_2COOH \xrightarrow{Br_2,\ \text{흔적량 P}} RCH(Br)COOH$$

중요한 개념

1. **카복실산**은 **알칸산**으로 명명된다. 카복시기를 포함하는 가장 긴 사슬에서 번호를 매길 때 카보닐 탄소가 1번이 된다. 다이카복실산은 **알케인다이산**으로 명명된다. 고리 또는 방향족에서는 **사이클로알케인카복실산** 또는 **벤조산**으로 각각 명명한다. 여기서는 카복시기를 가지는 고리 탄소가 1번 탄소이다.

2. **카복시기**는 대략 **삼각 평면** 구조이다. 매우 묽은 용액에서만 제외하고 카복실산은 수소 결합으로 인해 이합체로 존재한다.

3. 카복실산 **양성자의 화학적 이동값**은 수소 결합 때문에 일정하지는 않지만 비교적 **높은** 값($\delta = 10 \sim 13$)에 나타난다. **카보닐 탄소**는 또한 **벗김 효과**를 받기는 하지만, 하이드록시기의 공명 구조 때문에 알데하이드와 케톤보다는 벗김 효과를 덜 받는다. 카복시기의 C=O 결합에 대해서는 약 $1710\ cm^{-1}$, O—H기에 대해서는 $2500 \sim 3300\ cm^{-1}$ 사이에서 매우 넓은 띠의 중요한 적외선 띠를 보인다. 카복실산의 질량 스

펙트럼은 세 가지 토막내기 방식을 보인다.

4. 카복실산의 카보닐기는 **첨가-제거반응**에 의한 친핵성 치환반응을 한다. 친핵체에 의한 첨가반응은 불안정한 **사면체형 중간체**를 형성한다. 이 중간체는 하이드록시기의 제거반응에 의해 분해시켜 **카복실산 유도체**가 된다.

5. **수소화 알루미늄 리튬**은 카복실레이트 이온의 카보닐기에 첨가를 할 수 있을만큼 충분히 강한 친핵체이다. 이 과정은 카복실산을 환원시켜 **일차 알코올**로 만든다.

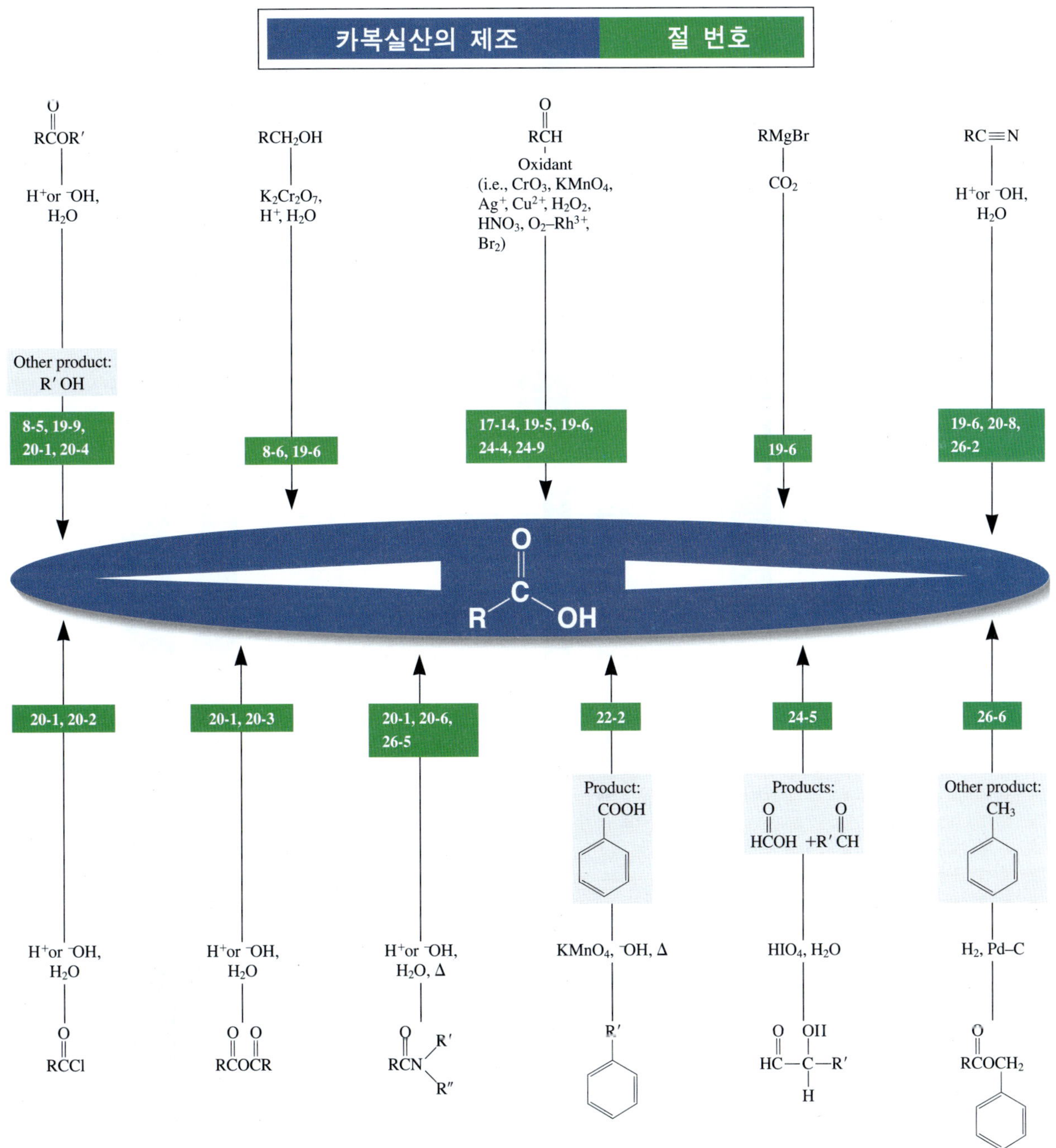

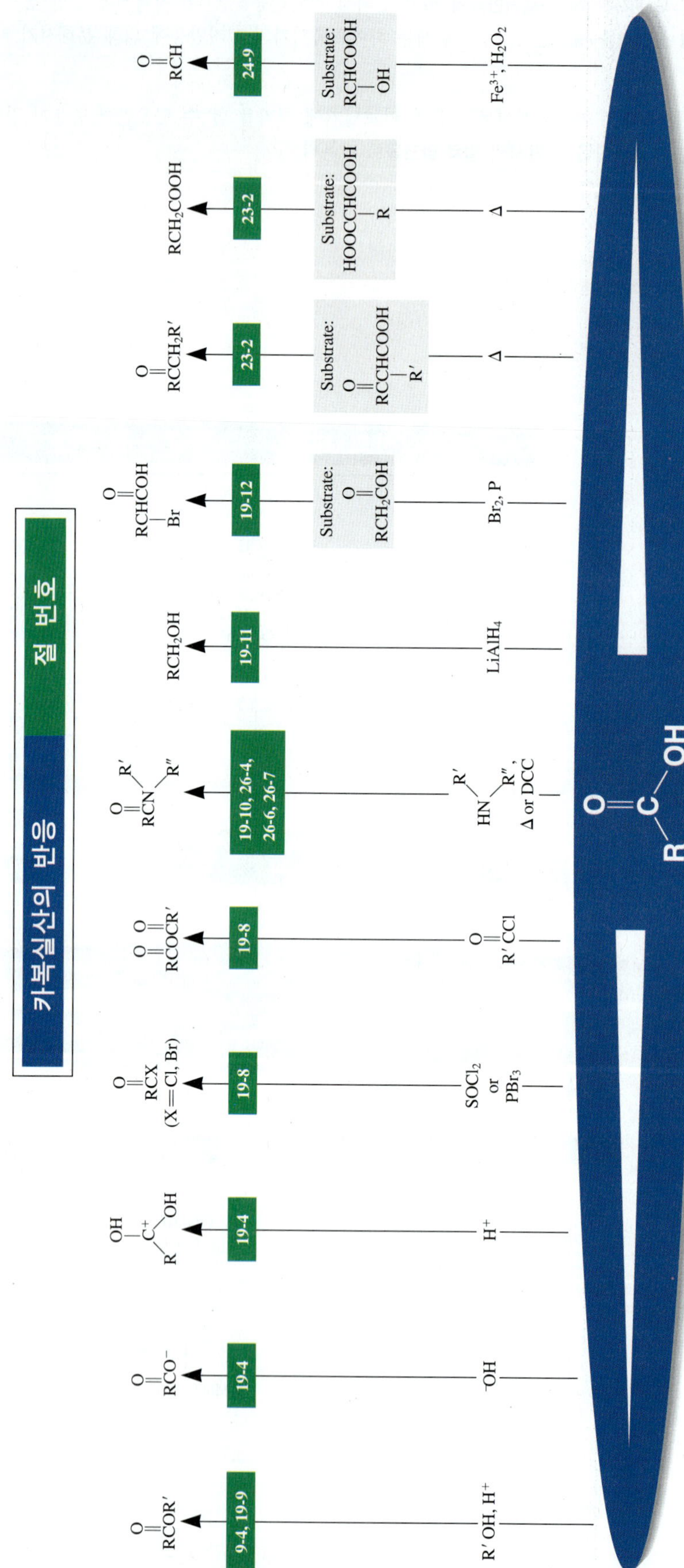
카복실산의 반응
절 번호
RCOOH
O
RCOR′
9-4, 19-9
R′OH, H+
O
RCO−
19-4
−OH
OH
R–C+–OH
19-4
H+
O
RCX
(X=Cl, Br)
19-8
SOCl2
or
PBr3
O O
RCOCR′
19-8
O
R′CCl
O
RCN(R′)R″
19-10, 26-4,
26-6, 26-7
HN(R′)R″,
Δ or DCC
RCH2OH
19-11
LiAlH4
O
RCHCOH
Br
19-12
Substrate:
O
RCH2COH
Br2, P
O
RCCH2R′
23-2
Substrate:
O
RCCHCOOH
R′
Δ
RCH2COOH
23-2
Substrate:
HOOCCHCOOH
R
Δ
O
RCH
24-9
Substrate:
RCHCOOH
OH
Fe3+, H2O2

문제

27. 다음 화합물의 구조를 그리거나 명명(IUPAC 체계 또는 *Chemical Abstracts* 체계)하시오.

(a) Cl, OH, O (b) O, OH (c) H_3C, Br, C=C, $(CH_3)_2CH$, CO_2H (d) CH_2CO_2H

(e) OH, CO_2H (f) Cl, H, C=C, HO_2C, CO_2H (g) COOH, HO, CH_3, OH

o-Orsellinic acid

(h) COOH, COOH

Phthalic acid

(i) 4-Aminobutanoic acid (also known as GABA, a critical participant in brain biochemistry), **(j)** *meso*-2,3-dimethylbutanedioic acid, **(k)** 2-oxopropanoic acid (pyruvic acid), **(l)** *trans*-2-formylcyclohexanecarboxylic acid, **(m)** (*Z*)-3-phenyl-2-butenoic acid, **(n)** 1,8-naphthalenedicarboxylic acid.

28. IUPAC이나 *Chemical Abstracts*에 따라 다음 화합물들을 명명하시오. 작용기들의 우선순위에 주의하라.

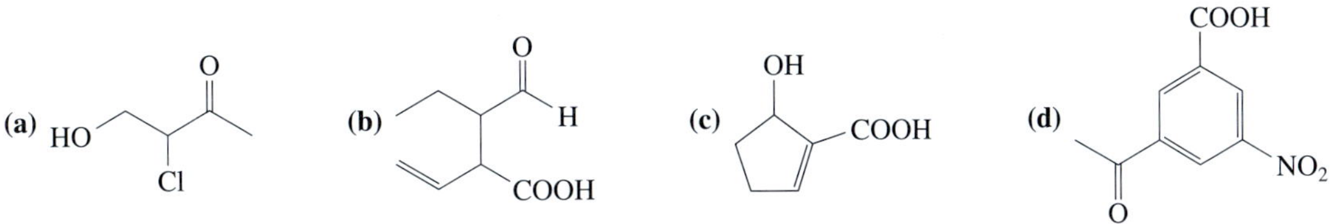

29. 다음 분자들을 물에 대한 용해도와 끓는점이 낮아지는 순서로 나열하고, 그 이유를 설명하시오.

COOH, CH_3, CHO, CH_2OH

30. 다음 유기 화합물의 각 집단에서 산도가 낮아지는 순서로 나열하시오.

(a) $CH_3CH_2CO_2H$, $CH_3\overset{O}{\overset{\|}{C}}CH_2OH$, $CH_3CH_2CH_2OH$ **(b)** $BrCH_2CO_2H$, $ClCH_2CO_2H$, FCH_2CO_2H

(c) $CH_3\overset{Cl}{\overset{|}{C}}HCH_2CO_2H$, $ClCH_2CH_2CH_2CO_2H$, $CH_3CH_2\overset{Cl}{\overset{|}{C}}HCO_2H$ **(d)** CF_3CO_2H, CBr_3CO_2H, $(CH_3)_3CCO_2H$

(e) C_6H_5—COOH, O_2N—C_6H_4—COOH, O_2N—$C_6H_3(NO_2)$—COOH, CH_3O—C_6H_4—COOH

31. 다음에 주어진 분광학적 자료에 해당하는 물질의 구조를 제시하시오. $m/z = 116$. IR $\tilde{\nu} = 1710$ (s) 및 3000 (s, broad) cm^{-1}. ^1H NMR: $\delta = 0.94$ (t, $J = 7.0$ Hz, 6 H), 1.59 (m, 4 H), 2.36 (quin, $J = 7.0$ Hz, 1 H), 및 12.04 (broad s, 1 H) ppm; ^{13}C NMR: $\delta = 11.7$, 24.7, 48.7, 183.0 ppm.

32. **(a)** 화학식이 $C_7H_{12}O_2$이고, 적외선 스펙트럼이 A (898쪽)인 미지의 화합물 A가 있다. 이 화합물은 어느 부류에 속하는가? **(b)** 화합물 A와 다른 미지의 물질 B에서 F까지의 구조를 결정하기 위해 일련의 반응에 의한 화학적이고, 분광학적인 자료와 다른 스펙트럼(NMR-B, 898쪽 및 F, 901쪽; IR-D, E, F, 900~901쪽)을 이용한다. 이전 장의 관련된 부분에 참조가 있지만, 다른 도움 없이 여러분이 스스로 문제를 풀기 위한 시도를 하기 전에는 보지 마라. **(c)** 다른 미지의 화합물은 화학식이 $C_8H_{14}O_4$이고, G로 표지된 NMR, IR 스펙트럼(902쪽)을 가진다. 미지의 화합물 G의 구조를 제시하시오. **(d)** 화합물 G는 B로부터 쉽게 합성될 수 있다. 이것을 효율적으로 합성하는 과정을 제시하시오. **(e)** C를 A로 전환

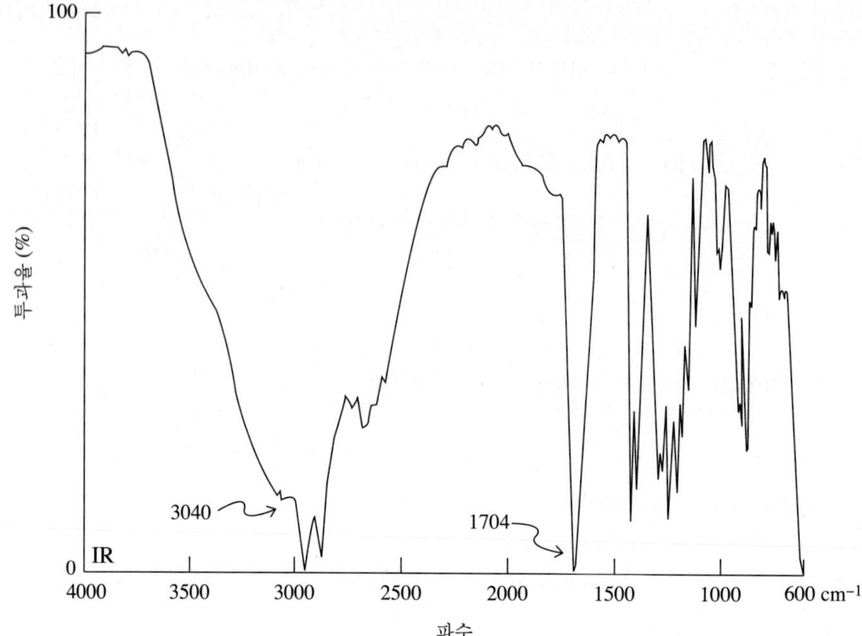

IR-A

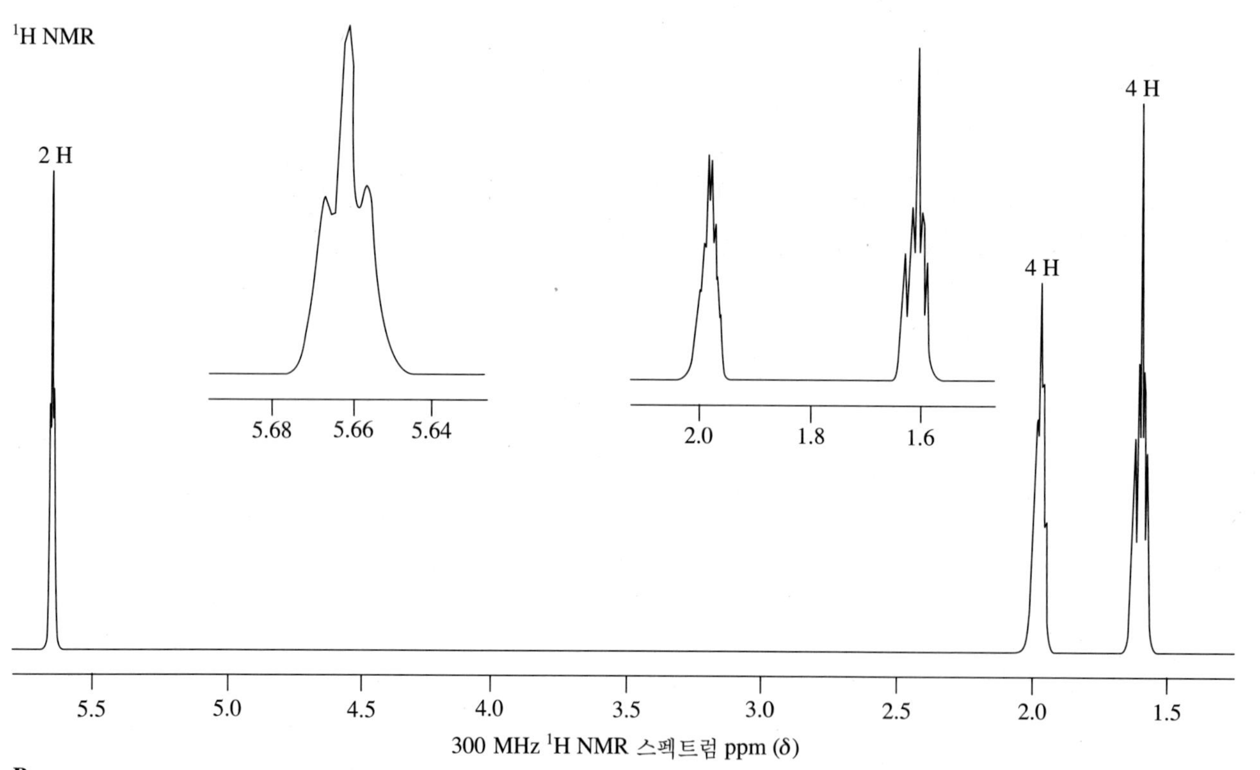

B

시키는데 대해 (b) 에서 보여진 것과는 완전히 다른 과정을 제시하시오. **(f)** 마지막으로, (b) 에 보여진 것과는 반대의 합성 과정을 구성하시오. 즉, A에서 B로의 전환.

C_6H_{10} B $\xrightarrow[\text{12-7절}]{\text{1. } Hg(OCCH_3)_2\text{ (C=O)}, H_2O \text{; 2. } NaBH_4}$ $C_6H_{12}O$ C $\xrightarrow[\text{8-6절}]{CrO_3, H_2SO_4, \text{ acetone, } 0°C}$

B: ^{13}C NMR: δ = 22.1, 24.5, 126.2 ppm; ^1H NMR-B

C: ^{13}C NMR: δ = 24.4, 25.9, 35.5, 69.5 ppm

$C_6H_{10}O$ D $\xrightarrow[\text{17-12절}]{CH_2{=}P(C_6H_5)_3}$ C_7H_{12} E $\xrightarrow[\text{12-8절}]{\text{1. } BH_3, THF\text{; 2. } HO^-, H_2O_2}$ $C_7H_{14}O$ F $\xrightarrow[\text{8-6절}]{Na_2Cr_2O_7, H_2O, H_2SO_4}$ A

D: ^{13}C NMR: δ = 23.8, 26.5, 40.4, 208.5 ppm; IR-D

E: IR-E

F: IR-F; ^1H NMR-F

33. 다음 각 반응의 생성물을 예상하시오.

(a) $(CH_3)_2CHCH_2CO_2H + SOCl_2 \longrightarrow$ **(b)** $(CH_3)_2CHCH_2CO_2H + CH_3COBr \longrightarrow$

(c) (cyclopentane)-COOH + $CH_3CH_2OH \xrightarrow{H^+}$ **(d)** CH_3O–(benzene)–COOH + $NH_3 \longrightarrow$

(e) (d) 의 생성물, 강하게 가열한다. **(f)** Phthalic [문제 27 (h)], 강하게 가열한다.

34. Diacyl halide를 합성하려고 butanedioic (succinic) acid (19-8절) 와 같은 1,4-와 1,5-dicarboxylic acid를, $SOCl_2$ 또는 PBr_3와 반응할 때 상응하는 고리 무수물이 얻어진다. 메커니즘을 설명하시오.

35. 반응 복습. 895쪽에 주어진 반응 로드맵을 보지 말고 다음에 주어진 화합물들을 헥산산으로 전환하는 데 필요한 시약들을 제시하시오. **(a)** Hexanal, **(b)** methyl hexanoate, **(c)** 1-bromopentane, **(d)** 1-hexanol, **(e)** hexanenitrile.

36. 반응 복습 II. 896쪽에 주어진 반응 로드맵을 보지 말고 hexanoic acid를 화합물들로 전환하는데 필요한 시약들을 제시하시오. **(a)** 1-Hxanol, **(b)** hexanoic 무수물, **(c)** hexanoyl chloride, **(d)** 2-bromohexanoic acid, **(e)** ethyl hexanoate, **(f)** hexanamide.

37. 다음을 생성하는데 적절한 시약을 제시하시오.

(a) $(CH_3)_2CHCH_2CHO \longrightarrow (CH_3)_2CHCH_2CO_2H$

(b) (cyclopentane)–CHO $\longrightarrow$ (cyclopentane)–CH(OH)CO_2H

(c) (decalin)–Br $\longrightarrow$ (decalin)–CO_2H

(d) $CH_3CH(OH)CH_2CH_2Cl \longrightarrow CH_3CH(OH)CH_2CH_2COOH$

(e) $CH_3CH_2CH(CH_3)COOH \longrightarrow [CH_3CH_2CH(CH_3)CO]_2O$

(f) $(CH_3)_3CCO_2H \longrightarrow (CH_3)_3CCO_2CH(CH_3)_2$

(g) $C_6H_5NHCH_3 \longrightarrow C_6H_5N(CH_3)C(=O)CH_3$

38. 탄소-탄소 결합을 형성하는 적어도 하나의 반응을 포함하는 다음 각 카르복실산의 합성을 제시하시오.

(a) $CH_3CH_2CH_2CH_2CH_2CH_2CO_2H$ **(b)** $CH_3CH(OH)CH_2CO_2H$ **(c)** $H_3C{-}C(CH_3)_2{-}CO_2H$

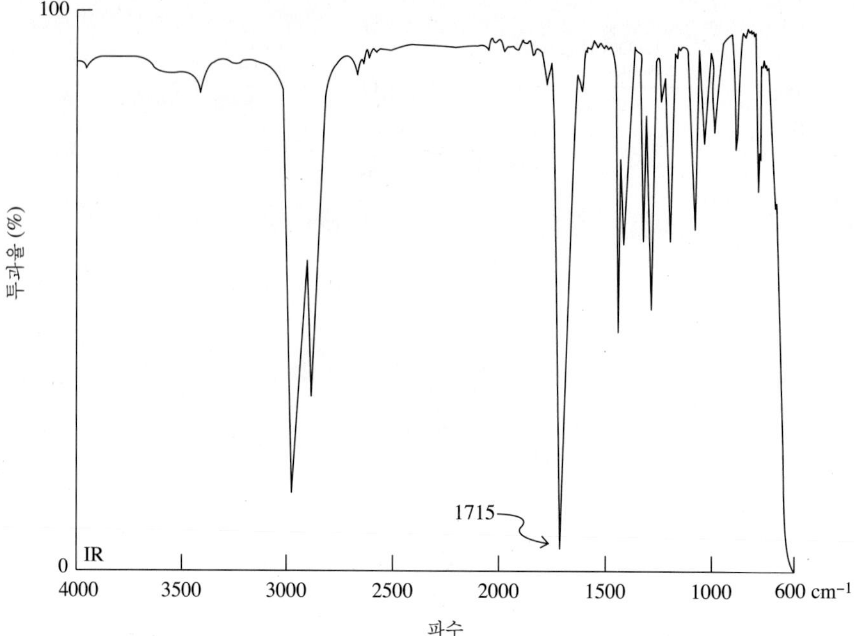

IR-D

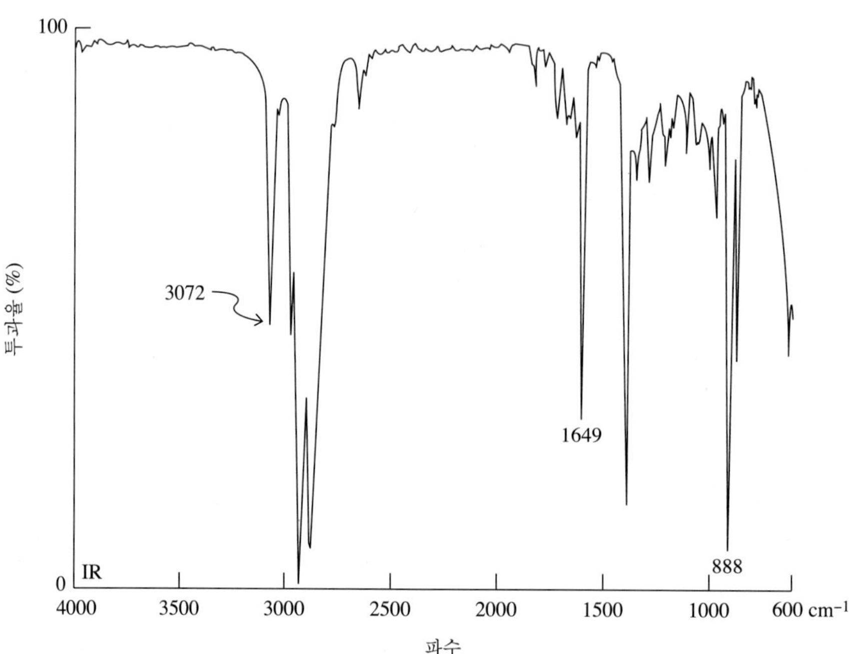

IR-E

39. **(a)** ^{18}O로 표지된 ethanol과 propanoic acid의 에스터화반응의 메커니즘을 쓰시오. 동위원소 ^{18}O의 경로를 분명히 나타내시오. **(b)** ^{18}O로 이루어진 물($H_2{}^{18}O$)을 사용하여 동위원소를 포함하지 않는 에스터를 산촉매 존재하에서 가수분해하면 ^{18}O이 카복실산 생성물의 **두** 산소에 모두 결합된다. 메커니즘을 설명하시오.(**힌트**: 메커니즘의 모든 단계는 가역적으로 진행된다).

40. Propanoic acid를 다음 각 시약으로 처리했을 때 얻어지는 생성물은 무엇인가?

(a) $SOCl_2$ **(b)** PBr_3 **(c)** CH_3CH_2COBr + pyridine **(d)** $(CH_3)_2CHOH + HCl$

(e) C_6H_5—CH_2NH_2 **(f)** (e)의 생성물, 강하게 가열한다 **(g)** $LiAlH_4$, 다음에 H^+, H_2O **(h)** Br_2, P

41. 문제 40에서의 각 시약과 cyclopentanecarboxylic acid와의 반응 생성물을 예상하시오.

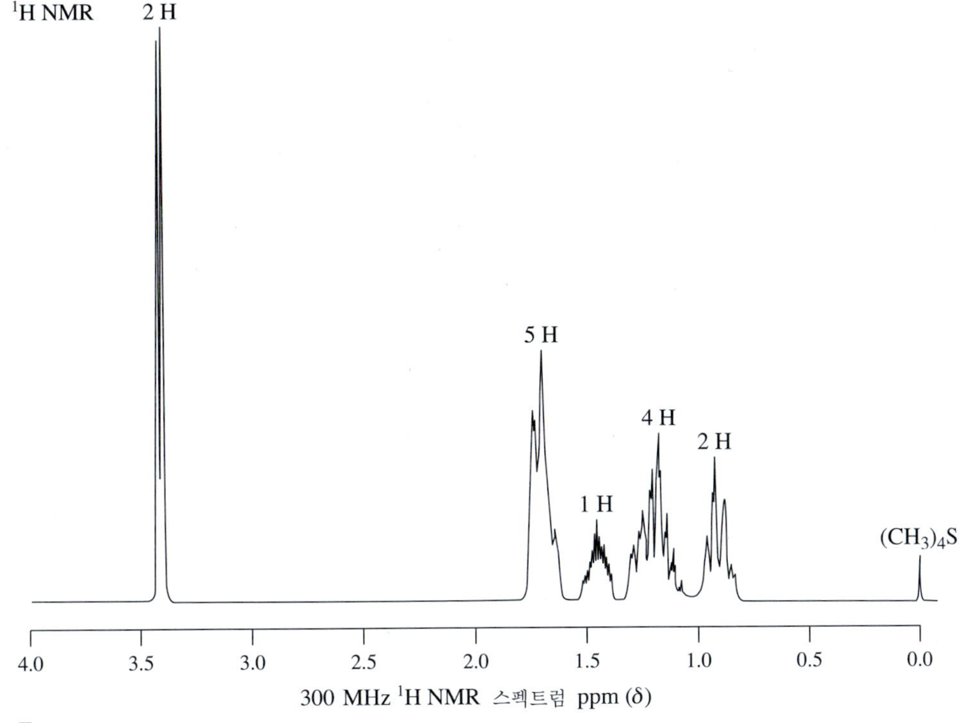

F

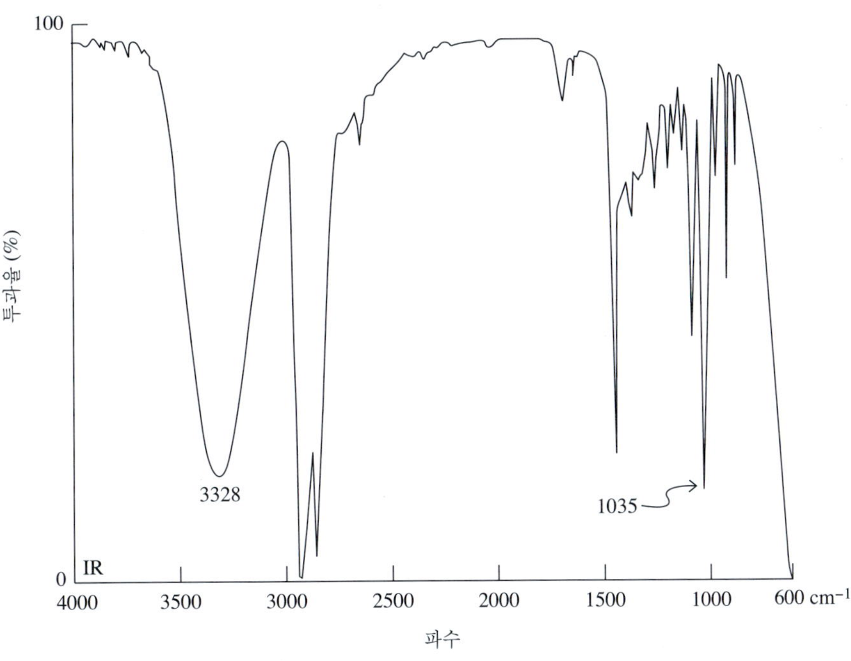

IR-F

42. 도전 문제 염기 존해하에 메틸 케톤을 할로젠 반응시키면 methyl기의 수소 원자들이 치환되어 CX_3가 치환된 메틸이 형성된다. 이 생성물은 염기 조건에서 불안정하여 수산화물과 반응하여 카복실산(짝염기 형태로)과 HCX_3로 되는데, 이를 **할로폼** (chloroform, bromoform, iodoform, X = Cl, Br, I 일 때)이라 한다. 예를 들면,

$$\mathrm{RC(=O)CBr_3} + {}^{-}\!:\!\ddot{\mathrm{O}}\mathrm{H} \longrightarrow \mathrm{RC(=O)\ddot{O}\!:^{-}} + \mathrm{HCBr_3}$$

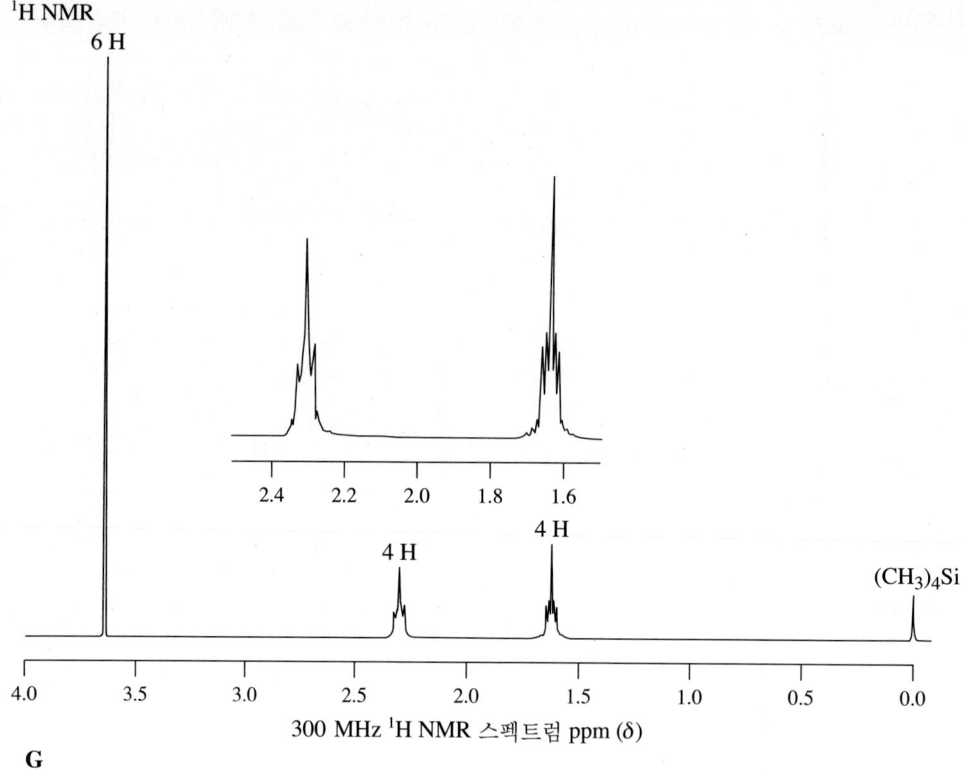

G

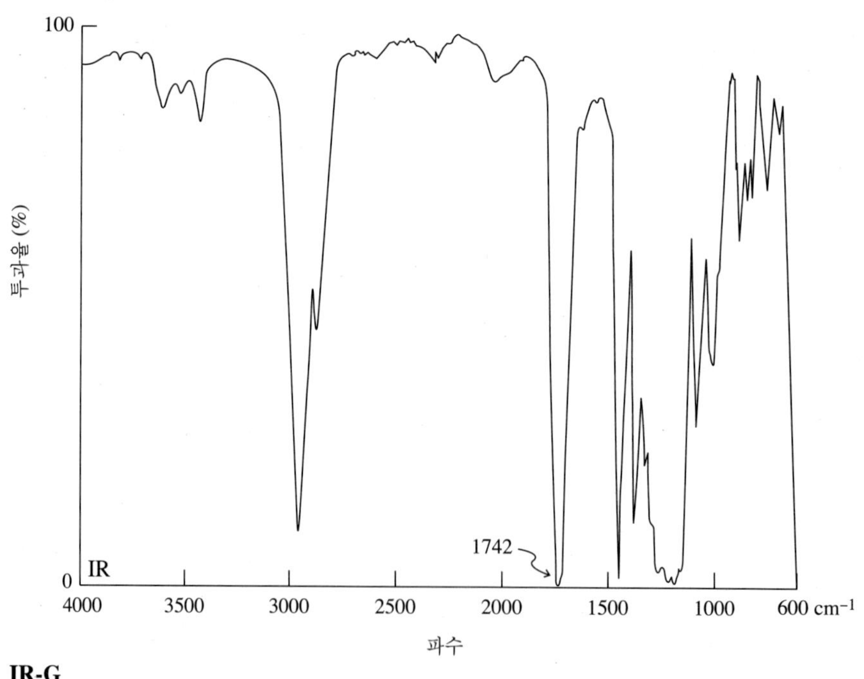

IR-G

tribromoketone을 카복실레이트로 전환하는 일련의 메커니즘 단계들을 제안하시오. 이탈기는 무엇인가? 왜 이 물질은 이탈기로 작동하는가?

43. 2-Methylhexanoic acid (MS-H) 의 질량 스펙트럼에 표지된 봉우리들을 해석하시오.

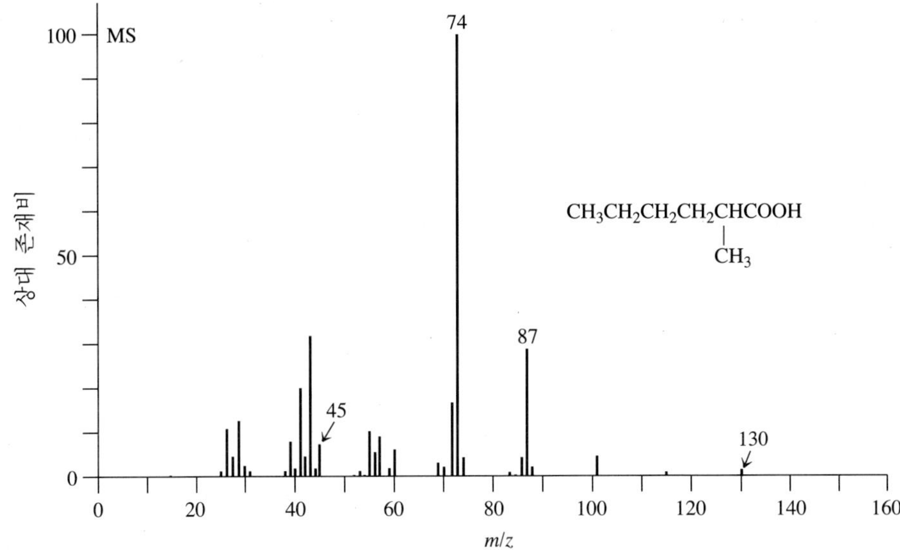

MS-H

44. Pentanoic acid로부터 hexanoic acid를 제조하는 방법을 제시하시오.

45. 2-Methylbutanoic acid를 다음 각 화합물로 전환시킬 수 있는 시약과 반응 조건을 제시하시오. **(a)** 상응하는 acyl chloride, **(b)** 상응하는 methyl ester, **(c)** 2-butanol과 함께 상응하는 에스터, **(d)** 무수물, **(e)** *N*-methylamide.

(f) $CH_3CH_2CH(CH_3)CH_2OH$ **(g)** $CH_3CH_2C(Br)(CH_3)CO_2H$

46. 묽은 염기 존재하에서 4-pentenoic acid(오른쪽 그림 참조)와 브로민이 반응하면 분자식 $C_5H_7BrO_2$인 비산성 화합물을 생성한다. **(a)** 이 화합물의 구조와 생성에 대한 메커니즘을 제시하시오. **(b)** 형성이 메커니즘적으로 합리적인 두 번째 이성질 생성물을 찾을 수 있는가? **(c)** 두 생성물 중 어느 것이 이 반응에서 주생성물이라고 결정하는데 기여하는 결과를 논의하시오(**힌트**: 12-6절 참조).

4-Pentenoic acid

47. Hell-Volhard-Zelinsky 반응이 단순한 일카복실산으로 출발해서 다음 각 화합물을 합성하는데 어떻게 이용되는지를 보이시오. 이 중 **하나**는 모든 반응에 대한 상세한 메커니즘을 쓰시오.

(a) $CH_3CH_2CH(NH_2)CO_2H$ **(b)** $C_6H_5CH(CO_2H)CO_2H$ **(c)** (구조식: 2-hydroxy-4-methylhexanoic acid, OH, OH)

(d) $HO_2CCH_2SSCH_2CO_2H$ **(e)** $(CH_3CH_2)_2NCH_2CO_2H$ **(f)** $(C_6H_5)_3\overset{+}{P}CH(CH_3)CO_2H\ Br^-$

48. Hell-Volhard-Zelinsky 반응은 bromocarboxylic acid의 합성에만 제한적이다. 하지만 *N*-chloro와 *N*-bromobutanimide(NCS와 NBS: 14-2절)를 이용한 수정된 방법을 쓰면 α-chloro 및 α-bromo 유도체로 각각 전환된다. I_2와 반응시키면 α-iodoacyl chloride 화합물을 생성한다($SOCl_2$가 acyl chloride의 작용기를 유지하기 위하여 용매로 쓰인다). 이 과정의 하나에 대한 메커니즘을 제안하시오.

$C_6H_5CH_2CH_2COCl \xrightarrow{NCS,\ HCl,\ SOCl_2,\ 70°C} C_6H_5CH_2CHClCOCl$ 84%

$C_6H_5CH_2CH_2COCl \xrightarrow{NBS,\ HBr,\ SOCl_2,\ 70°C} C_6H_5CH_2CHBrCOCl$ 71%

$C_6H_5CH_2CH_2COCl \xrightarrow{I_2,\ HI,\ SOCl_2,\ 85°C} C_6H_5CH_2CHICOCl$ 75%

$CH_3\overset{O}{\overset{\|}{C}}NH_2$
Acetamide

γ-Butyrolactone

49. Acetamide의 산도는 acetic acid와 비교할 때 어떻게 되는가? Acetone과 비교하시오. Acetamide의 어떤 양성자가 산성이 가장 크겠는가? 강한 산으로 처리했을 때 acetamide의 어떤 부분이 양성자첨가되겠는가?

50. 1,4-Butanediol의 CrO_3 산화는 butanedioic acid를 거쳐 상당한 수득률로 "γ-butyrolactone"을 생성한다. 이것을 메커니즘 측면에서 설명하시오.

51. 19-7절에 나타낸 일반적인 반응 메커니즘에 따라, 다음 치환반응의 각각에 대해서 상세한 메커니즘을 쓰시오(**주**: 이들 반응은 20장의 한 부분이다. 그렇지만 미리 보지 말고 문제를 풀도록 하라).

(a) $C_6H_5\overset{O}{\overset{\|}{C}}Cl + CH_3CH_2OH \xrightarrow[-HCl]{} C_6H_5\overset{O}{\overset{\|}{C}}OCH_2CH_3$

(b) $CH_3\overset{O}{\overset{\|}{C}}NH_2 + H_2O \xrightarrow{H^+} CH_3\overset{O}{\overset{\|}{C}}OH + \overset{+}{N}H_4$

52. 다음 합성 과정에서 각 반응의 생성물에 대한 구조를 제시하시오.

(bicyclic ketone, IR: 1745 cm^{-1}) $\xrightarrow[\text{3. } H^+, H_2O]{\text{1. pyrrolidine, } H^+ \text{ 2. } (CH_3)_2C{=}CHCH_2Br}$ $C_{14}H_{22}O$ **H** (IR: 1675와 1745 cm^{-1}) $\xrightarrow{HOCH_2CH_2OH, H^+}$ $C_{16}H_{26}O_2$ **I** (IR: 1670 cm^{-1}) $\xrightarrow[\text{3. } KMnO_4, NaHCO_3]{\text{1. } O_3, CH_2Cl_2 \text{ 2. Zn, } CH_3COOH}$

$C_{13}H_{20}O_4$ **J** (IR: 1715와 3000 (폭넓은) cm^{-1}) $\xrightarrow[\text{2. } NaBH_4]{\text{1. } H^+, H_2O}$ $C_{11}H_{18}O_3$ **K** (IR: 1715, 3000 (폭넓은)과 3350 cm^{-1}) $\xrightarrow{\text{Catalytic } H^+, \Delta}$ $C_{11}H_{16}O_2$ **L** (IR: 1770 cm^{-1})

53. 수용액에서 간단한 카복실레이트 이온과 할로알케인과의 S_N2 반응은 수득률이 좋지 않다. **(a)** 그 이유를 설명하시오. **(b)** 1-Iodobutane과 sodium acetate를 아래에 보인 것과 같이 acetic acid에서 반응시키면, 에스터화반응의 수득률이 좋아진다. 왜 이 반응에서 acetic acid가 물보다 더 좋은 용매인가?

$$\underset{\text{1-Iodobutane}}{CH_3CH_2CH_2CH_2I} + \underset{\text{Sodium acetate}}{CH_3\overset{O}{\overset{\|}{C}}O^-Na^+} \xrightarrow{CH_3CO_2H,\ 100°C} \underset{\text{Butyl acetate}}{\underset{95\%}{CH_3CH_2CH_2CH_2O\overset{O}{\overset{\|}{C}}CH_3}} + Na^+I^-$$

(c) 수용액에서 I-iodobutane과 sodium dodecanoate는 sodium acetate보다 훨씬 잘 반응한다. 그 이유를 설명하시오(**힌트**: sodium dodecanoate는 비누이며, 물에서 마이셀을 형성한다. 화학 이야기 19-1 참조).

$$CH_3CH_2CH_2CH_2I + CH_3(CH_2)_{10}CO_2^-Na^+ \xrightarrow{H_2O} CH_3(CH_2)_{10}\overset{O}{\overset{\|}{C}}OCH_2CH_2CH_2CH_3$$

54. **도전 문제** Iridoid(이리도이드)는 강력하고 다양한 생리학적 활성을 가진 monoterpene이다. 그들은 살충제로도 쓰이고, 동물 유인제로도 쓰인다. 다음 반응식은 개박하의 일차 구성 요소인 neonepetalactone의 합성 과정이다. 주어진 정보를 이용하여 빈 곳에 알맞은 물질의 구조를 유추하시오.

$C_{10}H_{16}O_2$
M
IR: 890, 1645, 1725 (매우 강함)와 1705 cm^{-1}

염기 → (CHO) → CrO_3, H_2SO_4, 0° C →

$C_{10}H_{14}O_2$
N
IR: 890, 1630, 1640, 1720과 3000 (매우 광범위) cm^{-1}

CH_3OH, H^+ →

$C_{11}H_{16}O_2$
O
IR: 890, 1630, 1640과 1720 cm^{-1}

1. Dicyclohexylborane, THF
2. HO^-, H_2O_2 →

$C_{11}H_{18}O_3$
P
IR: 1630, 1720과 3335 cm^{-1}

H^+, H_2O, Δ →

Neonepetalactone
IR: 1645와 1710 cm^{-1}
UV λ_{max} = 241 nm

55. **도전 문제** 다음 반응의 가능한 **두 가지** 메커니즘을 제안하시오(**힌트**: 분자의 어느 곳에 양성자첨가반응이 가능한지 생각하라). 두 반응 메커니즘을 구별하기 위한 동위원소 부착 실험을 고안하시오.

(CH, OH, COOH) —HCl, Δ→ (CH, O, C, O)

56. Propyne으로부터 2-butynoic acid $CH_3C{\equiv}CCO_2H$를 합성하는 방법을 제안하시오(**힌트**: 13-2절과 13-5절 참조).

57. 자연계의 많은 화합물들의 벤젠 고리는 지방산 합성과 같이 생합성 경로를 통하여 만들어진다. 아세틸 단위가 결합하지만 케톤기는 환원되지 않는다. 그 결과 polyketide thioester가 얻어지는데, 이것이 분자내 알돌 축합반응을 거쳐 고리를 형성한다.

$CH_3\overset{O}{\overset{\|}{C}}CH_2\overset{O}{\overset{\|}{C}}CH_2\overset{O}{\overset{\|}{C}}CH_2\overset{O}{\overset{\|}{C}}{-}S{-}$ 단백질

Polyketide thioester

o-Orsellinic acid(구조식은 문제 27(g) 참조)는 salicylic acid 유도체이며, 위에 보여 준 polyketide thioester로부터 생합성된다. 어떻게 이 반응이 일어나는지 설명하시오. Thioester를 가수분해하여 카복실산이 나오는 것이 마지막 단계이다.

카복실산 유도체

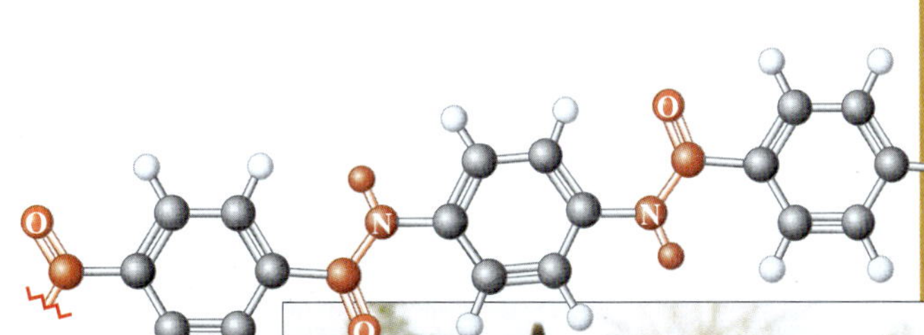

아마이드 결합이 강한 것은 방탄 조끼와 신체 방호복으로, 사용되는 Kevlar와 같이, 상업적으로 알려진 poly (*p*-phenylene terephthalamide) 의 특성에 의해 상세히 증명되었다. DuPhont 화학자 Stephanie Kwolek에 의해 개발된 Kevlar는 이전에 이와 같은 용도로 사용되는 나일론보다 16배나 딱딱하다. Kevlar의 이런 성질은 아마이드 결합의 제한된 회전 (20-6절 참조) 과 결합된 벤젠 고리의 평면성과 관련이 있다. 수천 명의 경관들이 초당 1200피트 속도로 나가는 9 mm 권총의 탄환을 멈출 수 있는 이 뛰어난 재료로 인해 목숨을 건졌다.

복잡한 유기계들은 자연적으로 생성될 때 카복시 카보닐기와 알코올, 아민, 싸이올 등의 헤테로원자 결합에 의해서 종종 이루어진다. 왜? 19장에서 소개한 첨가-제거 과정이 대부분이 생물학에서 중심적인 역할을 하는 (26장 참조) 여러 가지 치환된 카복실산 유도체의 상호변환이 비교적 낮은 활성화 에너지 메커니즘 경로로 진행된다는 것을 제시한다. 이 장에서 알게 되겠지만 화학자는 이런 화합물들이 마찬가지로 유용한 것을 발견하고, 할로젠화물, 무수물, 에스터, 아마이드의 네 가지 주된 카복실산 유도체의 화학을 다룬다. 이들 각 화합물은 치환반응에서 이탈기로서 작용할 수 있는 치환기 L을 갖고 있다. 예를 들면, 카복시기에 의해서 $\mathrm{R\overset{O}{\overset{\|}{C}}X}$ 의 할로젠화물이 치환되어 산 무수물이 된다.

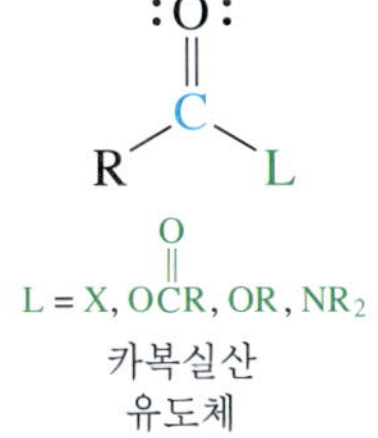

카복실산 유도체의 구조, 물성, 상대적 반응성을 비교해 보자. 그리고 화합물의 각 형태에 대한 화학 반응을 조사한다. 할로젠화물과 무수물은 다른 카보닐 화합물을 합성하는데 유용한 시약이고, 에스터와 아마이드는 자연에서 매우 중요하다. 예를 들면, 향료 물질, 왁스, 지방, 기름이 에스터에 포함되며, 요소와 페니실린은 둘 다 아마이드이다. 알케인나이트릴 RC≡N 역시 여기서 다루어진다. 왜냐하면 이들 또한 비슷한 반응을 진행하기 때문이다.

20-1 카복실산 유도체의 상대적인 반응성, 구조 및 스펙트럼

카복실산 유도체는 물, 유기금속 화합물, 수소음이온 환원제와 같은 친핵체와 치환반응을 한다. 이러한 변화는 이미 공부했던 가까운(종종 산 또는 염기 촉매화) 첨가-제거반응 순서로 진행된다(19-7절 참조).

카복실산 유도체의 첨가-제거반응

$$RC(=O)L + :NuH \longrightarrow R{-}C(O^-)(L)(^+NuH) \longrightarrow RC(=O)Nu + H^+ + :L^-$$

사면체형 중간체

카복실산 유도체의 상대적인 반응성은 아실 할로젠화물이 가장 크고, 그 다음이 무수물, 에스터 순이며, 아마이드가 가장 반응성이 낮다.

물과 친핵성 첨가-제거반응에서
카복실산 유도체의 상대적인 반응성

반응성 증가

$$\underset{\text{Acyl halide}}{RCX(=O)} + HOH \xrightarrow[\text{빠름}]{20°C} RCOOH + HX$$

$$\underset{\text{무수물}}{RC(=O)OC(=O)R} + HOH \xrightarrow[\text{느림}]{20°C} RCOOH + RCOOH$$

$$\underset{\text{에스터}}{RC(=O)OR'} + HOH \xrightarrow[\text{매우 느림: 촉매와 열이 필요함}]{} RCOOH + R'OH$$

$$\underset{\text{아마이드}}{RC(=O)NR'_2} + HOH \xrightarrow[\text{극히 느림: 촉매와 긴시간 가열 필요}]{} RCOOH + HNR'_2$$

반응성의 순서는 이탈기 L의 구조에 직접적으로 의존한다. 이탈기가 어느 정도 좋으냐(할로젠화물과 카복시염이 가장 좋다)와 인접 카보닐 작용기에 어떤 효과를 가지고 있느냐이다. 이 효과는 다양한 공명 구조 A—C가 카복실산 유도체의 구조에 기여하는 정도를 살펴봄으로써 이해할 수 있다. 이 그림에서 B는 매우 부기여하는데(minor contributor), 이것은 탄소의 전자가 육중선 구조이기 때문이다. 이런 구조는 단지 카보닐 작용기의 극성을 강조하기 위해 사용된다. 그래서 우리가 고려할 것은 A와 쌍극성 기여체인 C이다. A는 항상 주기여 구조(major contributor)이며, 이것은 전하 분리가 되어 있지 않기 때문이다(1-5절 참조). 문제는 치환기 L에 있는 고립 전자쌍이 카보닐 산소 쪽으로 비편재를 통해 작용기를 안정화하는데 구조 C가 어느 정도 도움을 주느냐이다.

카복실산 유도체에서의 공명

$$\left[\underset{\textbf{A}}{RC(=\ddot{O}:)\ddot{L}} \longleftrightarrow \underset{\textbf{B}}{R\overset{+}{C}(:\ddot{O}:^-)\ddot{L}} \longleftrightarrow \underset{\textbf{C}}{RC(:\ddot{O}:^-)=L^+}\right]$$

비팔전자계, 부기여도

이 문제의 답은 L의 전기음성도에 있다. 전기음성도가 감소할수록 C의 기여도는 증가한다. 6-7절에 보았듯이 전기음성도의 감소는 이탈기의 정도의 감소와 밀접한 연관성이 있으며, 짝산의 산도를 감소시키는 것과 같다.

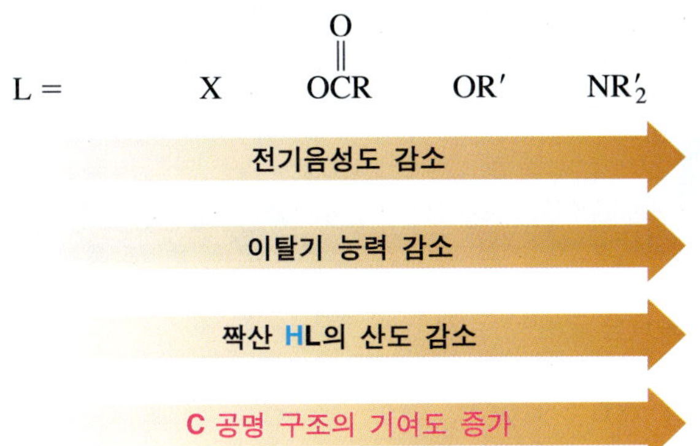

그러므로 쌍극성 공명 구조 C는 이 계열에서 질소가 가장 전기음성도가 작기 때문에, L이 NR_2일 때 가장 중요하다. 따라서 아마이드는 반응성이 가장 낮은 카복실산 유도체이다. 에스터의 경우 산소가 질소보다 전기음성도가 크기 때문에 C의 기여도가 어느 정도 감소된다. 그럼에도 공명 구조는 강하다(16-1절 또한 참조). 에스터가 아마이드보다 반응성이 뛰어나더라도 공명 기여도가 강하여 에스터는 친핵체의 공격에 여전히 방어적이다. 이에 반해 무수물(anhydride)의 경우 중간 산소의 고립 전자쌍을 두 개의 카보닐기에 의해 공유하기 때문에 공명 구조체 C의 기여도가 약하다. 이런 이유 때문에 에스터보다 반응성이 크다. 끝으로, 아실 할로젠화물에서는 두 가지 이유 때문에 공명의 중요성이 작다. 할로젠은 매우 전기음성적이고 (F, Cl, 표 1-2), 이들의 p 오비탈은 카보닐 탄소의 $2p$ 오비탈(Cl, Br, I, 1-6절 참조)과 상대적으로 약하게 겹친다. 오른쪽 여백의 정전기 퍼텐셜 지도는 두 가지(염화 아세틸과 아세트아마이드)의 극단적인 예를 도시하고 있다. 염소 내에서 카보닐 탄소가 아마이드(초록색)보다 더욱 더 양전하(푸른색)이다. 마찬가지로 L기(Cl 대 NH_2)에 의한 공여 정도는 아마이드가 가장 크고, 카보닐 산소(붉은색) 상에 음전하가 더 크다.

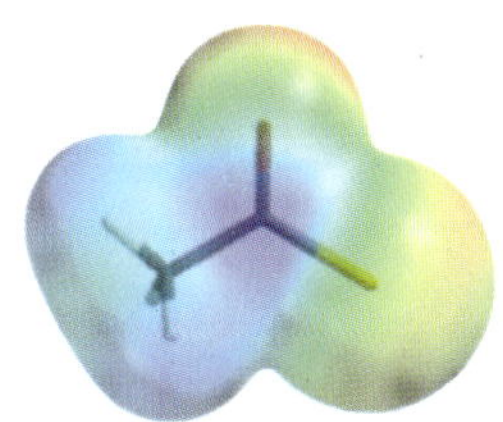
Acetyl chloride

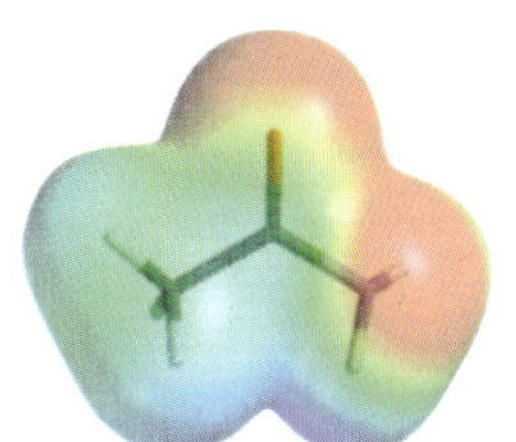
Acetamide

연습 문제 20-1

개념 문제: 카복실산 유도체의 상대적인 반응성

Phosgene, phenylmethyl, bis (1,1-dimethylethyl) dicarbonate, dimethyl carbonate와 urea는 carbonic acid H_2CO_3(물속에서 CO_2를 용해시켜서 만들어짐)이다. 친핵성 첨가-제거반응에서 반응성의 감소 순서를 분류하시오.

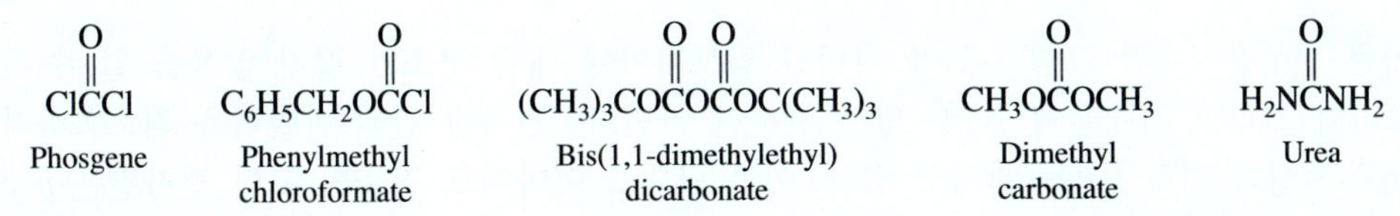

전략

이런 모든 화합물들은 헤테로원자(산소, 질소 또는 할로젠)를 가지고 있다. 헤테로원자는 카보닐 탄소의 **양쪽**에 치환기를 함유하며, 이는 carbonic acid, HOCOH(C=O) 도 마찬가지이다. 이 절에서 만들어진 카복실산 유도체 상대적인 반응성의 요지는 똑같은 방법으로 적용한다.

풀이

- 처음 근사값을 위해서 카보닐 탄소의 양쪽상의 치환기 효과는 부가적인 것으로 고려될 수 있다. 두 기가 C=O π 결합과 함께 공명에 대해 서로 경쟁적이어야 하기 때문에, 단지 그 차이는 카보닐상의 두 번째 치환 효과가 어느 정도 감소되는 것이다.

- 이리하여 양쪽에 할로젠을 가진 phosgene은 “이중 아실 할로젠화물”이라고 생각할 수 있고, 가장 반응성이 크다.
- 이들 화합물의 반응성 감소 순서는 다음과 같이 설명된다. Chloroformate는 “반할로젠화물/반에스터”이다. dicarbonate의 두 카보닐은 “반무수물/반에스터”이다. Carbonate는 “이중 에스터”이다. 그리고 urea는 “이중 아마이드”이고 반응성이 가장 낮다.

연습 문제 20-2

자습 문제

아래 화합물들은 연습 문제 20-1의 반응성 배열에서 어디에 위치하는가? (**힌트**: 입체 효과를 고려하라.)

$(CH_3)_3COC(=O)OC(CH_3)_3$	$(CH_3)_3COC(=O)Cl$	$CH_3OC(=O)OC(=O)OCH_3$
Bis(1,1-dimethylethyl) carbonate	1,1-Dimethylethyl chloroformate	Dimethyl dicarbonate

공명이 강해질수록 C—L 결합 길이가 짧아진다

공명의 정도는 카복실산 유도체의 구조에서 직접적으로 관찰할 수 있다. 특히 반응성이 가장 큰 카복실산 유도체로부터 반응성이 가장 작은 카복실산 유도체(에스터와 아마이드)로 갈수록 이중 결합 성격이 증가하는데, 이러한 영향을 받아서(표 20-1 참조) C—L 결합의 길이가 짧아진다. 아마이드의 NMR은 이 결합에 대한 회전이 제한되어있음을 보여 준다. 예를 들어, NMR 시간 단위에서 C—N 결합 주위의 회전이 매우 느리기 때문에, 상온에서 *N,N*-다이메틸폼아마이드의 메틸기가 **두 개**의 단일선으로 나타난다. 이러한 증거는 질소에 있는 고립 전자쌍과 카보닐 탄소 사이에서 상당한 π 겹침이 일어나는 것을 나타내며, 이로 인해 아마이드의 쌍극성 공명 구조의 중요성이 증가한다. 이러한 회전에서 측정된 장벽 에너지는 약 21 kcal mol^{-1}이다.

***N,N*-Dimethylformamide에서 느린 회전**

이런 현상은 1-8절 그림 1-20에 나타난 암모니아에 대한 구조와 같지 않음을 알 수 있다. 암모니아(그리고 21-2절에 볼 수 있는 단순한 아민)는 전자쌍 간의 반발력을 최소화하기 위해 sp^3 혼성의 기하구조를 가지고 있다. 이와 반대로 **아마이드** 질소의 고립 전자쌍은 p 오비탈에 남아 있어 카보닐 탄소 원자의 p 오비탈과 겹칠 수 있다. 결과적으로 아마이드 질소 원자는 평면 삼각형 구조이며, sp^2 혼성이다. 평면상의 π 전자 겹침으로 인한 안정성은 전자쌍의 사면체 배열로 진행되고자 하는 것보다 우위에 있다. 26-4절에서 아마이드 질소의 평면성은 펩타이드와 단백질의 구조에서 구조를 결정하는데 매우 중요함을 볼 수 있을 것이다.

연습 문제 20-3

$CH_3C(=O)NHNHC_6H_5$
1-Acetyl 2-phenylhydrazide

왼쪽 여백에 나타낸 1-acetyl 2-phenylhydrazide의 ^{1}H NMR 스펙트럼에서 methyl기는 상온에서 δ = 2.02와 2.10 ppm에서 두 개의 단일선으로 나타낸다. NMR 시험관을 100°C로 가열하면 같은 화합물이 그 영역에서 하나의 봉우리만을 나타낸다. 이 사실을 설명하시오.

표 20-1 $RC(=O)-L$에서의 C−L 결합 길이와 R−L 단일 결합 길이의 비교

L	R—L 결합 길이 (Å)	$RC(=O)-L$ 결합 길이 (Å)
Cl	1.78	1.79 (더 짧지 않다)
OCH_3	1.43	1.36 (0.07 Å만큼 짧다)
NH_2	1.47	1.36 (0.11 Å만큼 짧다)

카복실산 유도체의 공명 정도를 알아보는 다른 방법으로 적외선 분광법이 있다. 쌍극성 공명 구조의 기여도가 증가하면 C═O의 결합이 약해지고, 상응하는 카보닐 신축 진동수가 감소된다(표 20-2 참조). 19-3절에 나타낸 적외선 분광 자료에서 카복실산은 일반적인 이합체의 형태임을 알 수 있다. 여기서 수소 결합은 3000과 1700 cm^{-1}에서 각각 나타나는 O—H와 C═O의 신축 진동수를 감소시킨다. 특별한 기술—매우 낮은 온도에서 증착—은 카복실산 유도체(들 간의)의 분광을 직접적으로 비교하기 위해서, 카복실산을 단량체 형태로 적외선 분광을 측정할 수 있다. 단량체인 아세트산은 1780 cm^{-1}에서 $\tilde{\nu}_{C=O}$가 나타나는데 이것은 카복실산 무수물과 비슷하며, 에스터보다 크고, 할로젠화물보다는 작은데, 이것은 카복실산들에서 공명 비편재화의 정도와 일치한다.

그리고 아마이드의 N—H 결합의 신축으로 인해 아마이드가 나타내는 띠가 있다. 3100에서 3400 cm^{-1} 영역에서 두 개의 NH 결합은 두 개의 띠를, 하나의 NH 결합은 하나를 나타낸다(20-3절 참조).

카복실산 유도체의 카보닐 탄소의 ^{13}C NMR 신호는 편극성 차이에 덜 민감하고, 170 ppm 근처 좁은 영역에서 나타난다.

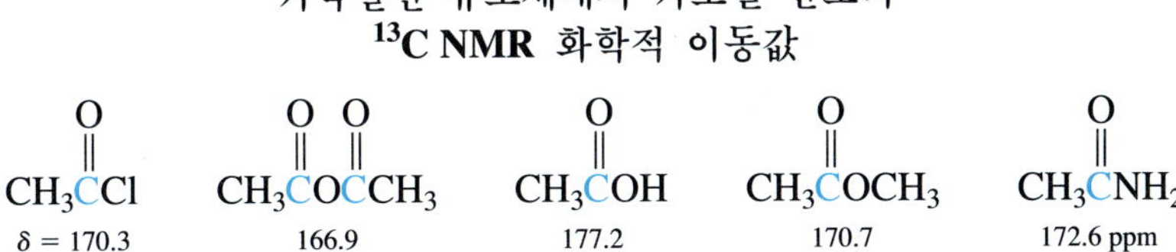

다른 카보닐 화합물과 공통적으로 카복실산 유도체의 질량 스펙트럼에는 α-분해와 McLafferty 재배열로 나타나는 봉우리가 전형적으로 나타난다.

연습 문제 20-4

Methyl pentanoate (분자량 = 116)의 질량 스펙트럼에는 m/z가 85, 74, 57에서 봉우리가 나타난다. 이들 봉우리를 해석하시오.

표 20-2 카복실산 유도체 $RC(=O)-L$의 카보닐 신축 진동수

L		$\tilde{\nu}_{C=O}$ (cm^{-1})	
Cl	↑ $\tilde{\nu}_{C=O}$ 증가	1790 ~ 1815	
$OC(=O)R$		1740 ~ 1790 1800 ~ 1850	비대칭과 대칭 신축 진동에 상응하는 두 가지 띠가 관측된다.
OR		1735 ~ 1750	
NR'_2		1650 ~ 1690	

카복실산 유도체는 염기성인 동시에 산성이다

카복실산 유도체의 공명 정도에 따라 염기도(카보닐 산소의 양성자첨가반응)와 산도(엔올 음이온 생성)를 나타낸다. 모든 경우 양성자첨가반응을 위해서는 강산이 필요하지만, L의 전자 주기 능력이 클수록 더 쉬워진다. 양성자첨가반응은 산촉매 친핵성 첨가-제거반응에서 중요하다.

카복실산 유도체의 양성자첨가반응

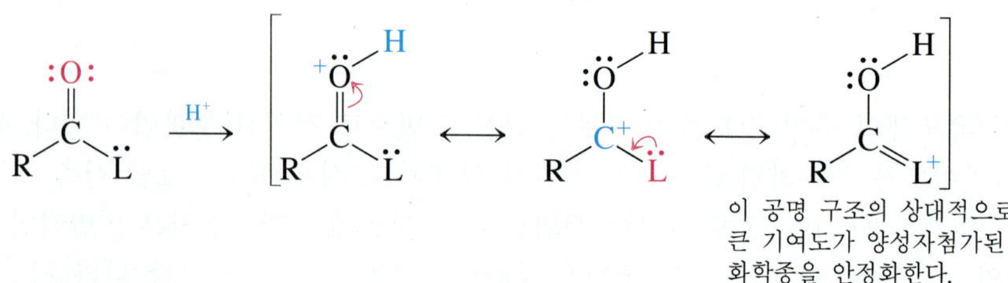

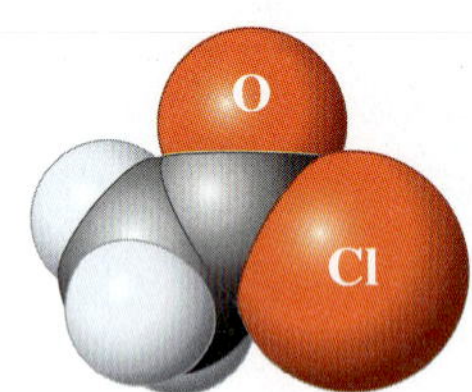

Acetyl chloride

연습 문제 20-5

Acetyl chloride는 acetamide보다 매우 약한 염기이다. 공명 구조를 이용하여 설명하시오.

비슷한 이유 때문에 카보닐기에 인접한 수소의 산도는 다음과 같이 증가한다. 케톤의 산도는 염화 아실과 에스터의 산도 사이에 있다.

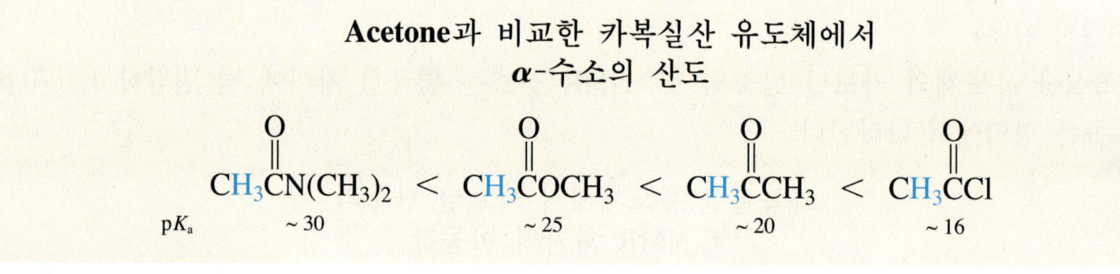

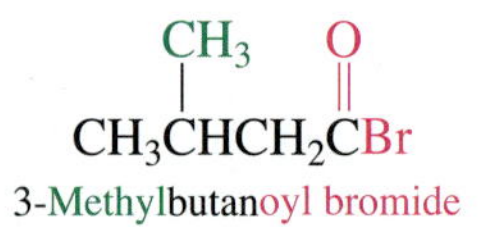

3-Methylbutanoyl bromide

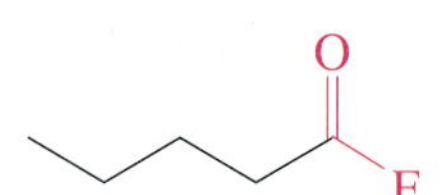

Pentanoyl fluoride

연습 문제 20-6

아실 할로젠화물에 있는 α-수소의 상대적으로 높은 산도를 이용하여 앞 장에 있는 반응을 설명할 수 있겠는가?

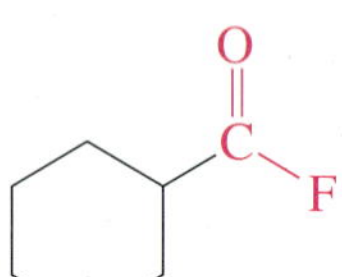

요약 $\mathrm{R}\overset{\mathrm{O}}{\overset{\|}{\mathrm{C}}}\mathrm{L}$에서 L의 상대적인 전기음성도와 할로젠의 크기가 고립 전자쌍의 공명 정도를 지배하며, 이로 인해 친핵성 첨가-제거반응에서 카복실산 유도체의 상대적인 반응성을 결정한다. 이와 같은 효과는 α-수소와 카보닐 산소의 상대적인 산도 및 염기도에서와 마찬가지로, 구조적, 분광학적인 자료에서 명백히 드러난다.

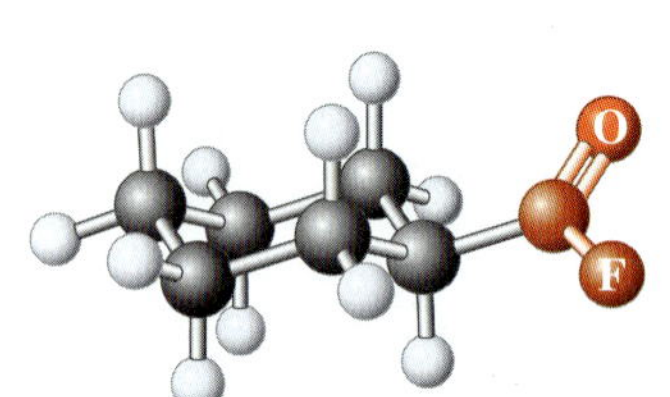

Cyclohexanecarbonyl fluoride

20-2 아실 할로젠화물의 화학

아실 할로젠화물(acyl halide, $\mathrm{R}\overset{\mathrm{O}}{\overset{\|}{\mathrm{C}}}\mathrm{X}$)은 그 유도체가 유래한 알칸**오익산**(alkano*ic acid*)으로부터 명명되었다. 사이클로알케인**카복실산**의 할로젠화물은 사이클로알케인 **카보닐 할로젠화물(carbonyl halide)**이라 한다.

아실 할로젠화물에서는 친핵체가 이탈기인 할로젠화물 자리에 치환되는 첨가-제거반응이 일어난다. 이 화합물들은 반응성이 높으며 촉매가 항상 필요한 것은 아니다.

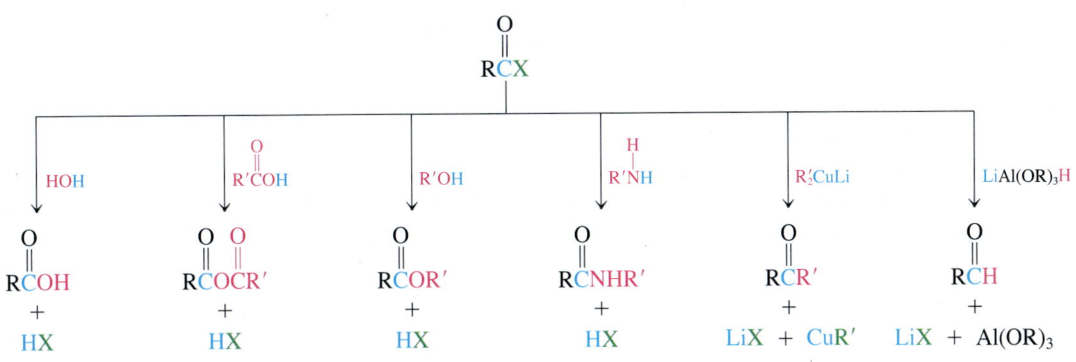

그림 20-1 아실 할로젠화물의 친핵성 첨가-제거반응.

아실 할로젠화물의 친핵성 첨가-제거반응

$$\mathrm{R\overset{\overset{\Large :O:}{\|}}{C}\ddot{X}:} + :\mathrm{Nu}^- \longrightarrow \mathrm{R-\underset{\underset{\Large Nu}{|}}{\overset{\overset{\Large :\ddot{O}:^-}{|}}{C}}-\ddot{X}:} \longrightarrow \mathrm{R\overset{\overset{\Large :O:}{\|}}{C}Nu} + :\ddot{X}:^-$$

사면체형 중간체

그림 20-1에는 친핵성 시약과 대응하는 생성물의 다양성을 나타내었다. 이러한 넓은 반응 범위 때문에 아실 할로젠화물은 유용한 합성 중간체가 된다.

이제 이들의 변환 반응을 자세히 알아보자(19-8절에서 언급한 무수물 형성에 대한 내용은 제외한다). 앞으로 주어질 예들은 쉽게 접근할 수 있는 아실 염화물로 제한하지만, 이러한 변환은 아실 할로젠화물에도 어느 정도 적용될 수 있다.

아실 염화물은 물에 의해 가수분해되어 카복실산이 된다

아실 염화물은 종종 물과 격렬하게 반응하여 상응하는 카복실산과 염화 수소(hydrogen chloride)를 생성한다. 이 반응은 첨가-제거반응의 한 가지 간단한 예이다.

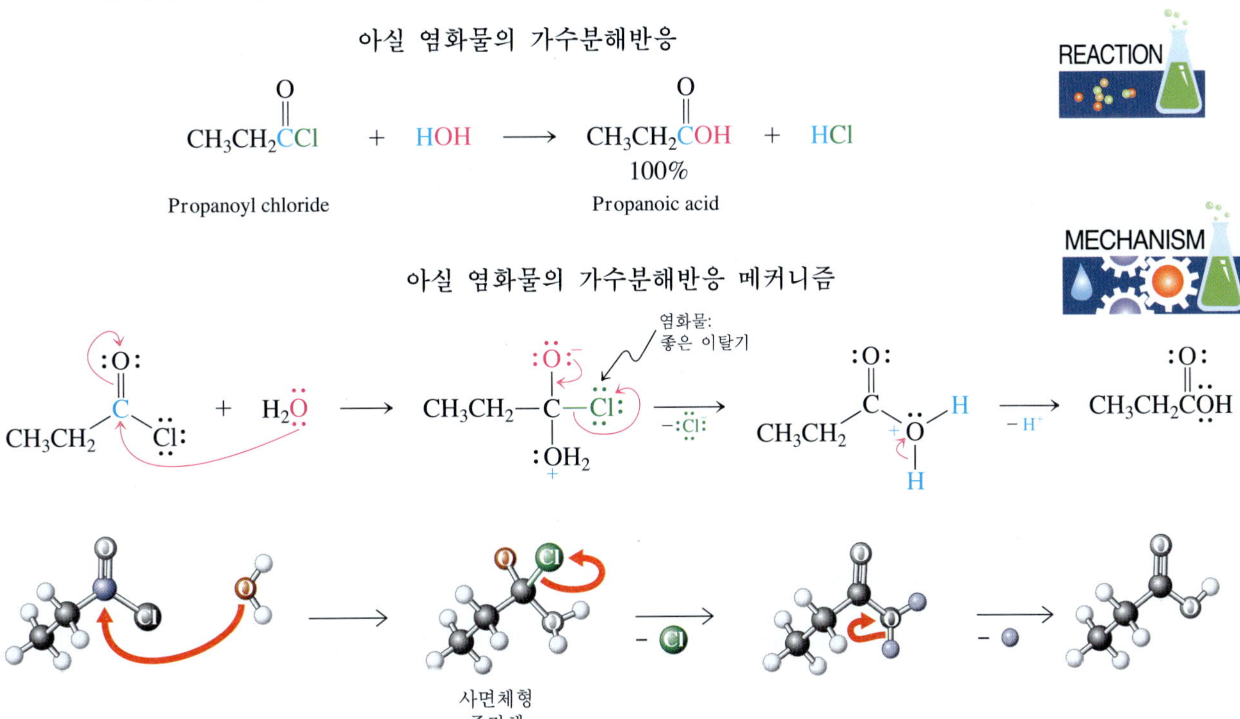

아실 염화물은 알코올에 의해 에스터로 전환된다

아실 염화물과 알코올의 반응은 에스터를 생성하는 매우 효과적인 방법이다. 알칼리 금속 수산화물, 피리딘, 삼차 아민과 같은 염기를 부생성물인 HCl을 중화시키기 위해 첨가한다. 아실 염화물이 상응하는 카복실산으로부터 쉽게 얻어질 수 있기 때문에(19-8절 참조), RCOOH → RCOCl → RCOOR′ 과정은 에스터화 방법으로서 좋은 방법이다. 중성 조건을 유지해 주면, 에스터화반응에서 산촉매 에스터 형성 반응의 평형 문제를 해결할 수 있다(Fische 에스터화 반응, 19-9절 참조).

아실 염화물를 거친 카복실산으로부터 에스터의 합성

$$\mathrm{RCOH}\ (\text{C=O}) \xrightarrow[-\mathrm{HCl}]{\mathrm{SOCl_2}} \mathrm{RCCl}\ (\text{C=O}) \xrightarrow[-\mathrm{HCl}]{\mathrm{R'OH},\ \text{염기}} \mathrm{RCOR'}\ (\text{C=O})$$

$$\underset{\text{Acetyl chloride}}{\mathrm{CH_3CCl}} + \underset{\text{1-Propanol}}{\mathrm{HOCH_2CH_2CH_3}} \xrightarrow[\text{(문제 35 참조)}]{\mathrm{N(CH_2CH_3)_3}} \underset{\text{Propyl acetate, 75\%}}{\mathrm{CH_3COCH_2CH_2CH_3}} + \underset{\text{Triethylammonium chloride}}{\mathrm{H\overset{+}{N}(CH_2CH_3)_3\ Cl^-}}$$

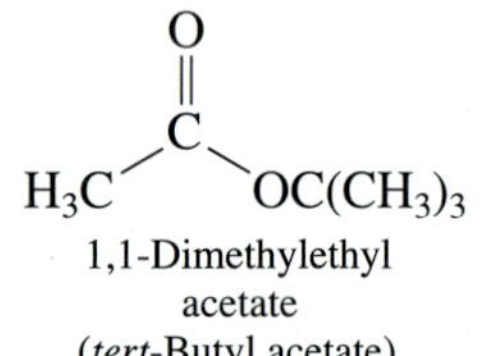

1,1-Dimethylethyl acetate (*tert*-Butyl acetate)

연습 문제 20-7

산존재하에서 2-methyl-2-propanol (*tert*-butyl alcohol)의 탈수반응을 이미(9-2절 참조) 공부하였다. Acetic acid로부터 1,1-dimethylethyl acetate (*tert*-butyl acetate, 왼쪽 여백에 나타낸)의 합성을 제안하시오. 알코올이 탈수되는 조건을 피하라.

아민이 아실 염화물에서 아마이드로 전환시킨다

암모니아와 마찬가지로 이차 아민과 일차 아민은 아실 염화물을 아마이드로 전환시킨다. 아래 첫 번째 예에서 보는 것처럼, 암모니아 수용액은 간단한 아마이드의 합성에 잘 작용된다. 물보다 훨씬 더 강한 친핵체인 NH_3는 카보닐 유도체와 잘 반응한다. 에스터 형성에서처럼 형성된 HCl은 첨가된 염기(과량의 아민일 수 있다)에 의해 중화된다.

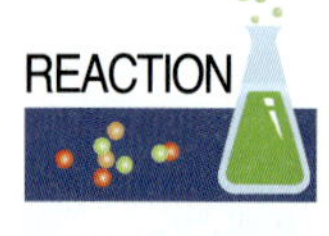

아실 할로젠화물로부터 아마이드

$$\underset{\text{Benzoyl chloride}}{\mathrm{C_6H_5CCl}} + \underset{\text{과량}}{\mathrm{NH_3}} \xrightarrow{\mathrm{H_2O}} \underset{\text{Benzamide, 86\%}}{\mathrm{C_6H_5CNH_2}} + \mathrm{\overset{+}{N}H_4\ Cl^-}$$

$$\underset{\text{Propenoyl chloride}}{\mathrm{CH_2{=}CHCCl}} + 2\ \mathrm{CH_3NH_2} \xrightarrow{\text{Benzene, 5°C}} \underset{N\text{-Methylpropenamide, 68\%}}{\mathrm{CH_2{=}CHCNHCH_3}} + \mathrm{CH_3\overset{+}{N}H_3\ Cl^-}$$

이 반응 메커니즘 역시 카보닐 탄소에 친핵성 아민의 질소가 공격하여 반응이 시작되는 첨가-제거반응이다.

아실 염화물로부터 아마이드 생성 반응 메커니즘

MECHANISM

사면체형 중간체

마지막 단계에서 질소로부터 양성자가 제거되어 아마이드가 생성되는 것을 주목하라. 결과적으로 (질소에 수소가 붙어 있지 않은) 삼차 아민은 아마이드를 생성할 수 없다. 대신에 아실 할로젠화물은 아실 암모늄염 (acyl ammonium salt) 으로 전환한다. 이들 종에서는 질소가 공명에 의한 카보닐 작용기를 안정화하는 고립 전자쌍을 가지고 있지 않다. 반대로 양전하는 친핵성 공격에 대해 카보닐 탄소를 활성화시킨다. 결과적으로 아실 암모늄염은 아실 할로젠화물과 비슷한 반응성을 나타낸다. 이런 경향성은 다른 작용기의 아실화반응을 삼차 아미노 치환기가 있는 존재하에서도 진행할 수 있게 한다.

***tert*-Amino Alcohol의 아세틸화반응**

반응성 중간체
아실 암모늄염

연습 문제 20-8

아실 할로젠화물로부터 아마이드 화합물을 합성할 때 일차 또는 이차 아민이 필요하다. 이들 아민은 할로젠화 수소를 중화시키는데 염기로 사용하기에는 너무 비싸다. 이러한 문제를 해결하는 방법을 제안하시오.

유기금속 시약은 아실 염화물을 케톤으로 전환시킨다

유기금속 시약 (RLi과 RMgX) 이 아실 염화물의 카보닐기를 공격하여 상응하는 케톤을 생성한다. 그러나 상대적으로 선택성이 없는 유기리튬 (RLi) 과 Grignard (RMgX) 시약은 생성된 케톤과 다시 반응하여 알코올을 생성한다 (8-8절 참조). 케톤 생성에 이중유기구리화합물 (18-10절 참조) 을 이용하는 것이 가장 좋은데, 그 이유는 RLi 또는 RMgX보다는 선택성이 있어 생성된 케톤과 반응하지 않기 때문이다.

아실 할로젠화물로부터 케톤의 생성

$$\text{C}_6\text{H}_{11}\text{COCl} + [(\text{CH}_3)_2\text{C{=}CH}]_2\text{CuLi} \longrightarrow \text{C}_6\text{H}_{11}\text{COCH{=}C(CH}_3)_2 + \text{LiCl} + (\text{CH}_3)_2\text{C{=}CHCu}$$

70%

아실 염화물을 환원시키면 알데하이드가 얻어진다

염화 아실을 수소음이온으로 환원시켜 알데하이드로 전환시킬 수 있다. 이 반응에서 선택성 문제에 다시 직면한다. $NaBH_4$와 $LiAlH_4$는 알데하이드를 알코올로 전환시킨다. 이러한 과잉환원(overreduction)을 방지하기 위해 $LiAlH_4$를 2-메틸-2-프로판올(*tert*-뷰틸 알코올, 8-6절 참조)의 세 분자와 반응시켜 변형시켜야 한다. 이러한 방법으로 반응성이 있는 세 개의 수소음이온 원자를 중화시키고, 남아 있는 하나의 수소음이온 원자가 염화 아실에 공격할 수 있는 친핵성을 가지게 되지만, 생성되는 알데하이드는 공격할 수 없다.

변형된 $LiAlH_4$를 이용한 환원

시약의 제조

$$LiAlH_4 + 3\,(CH_3)_3COH \longrightarrow LiAl[OC(CH_3)_3]_3H + 3\,H{-}H$$

Lithium tri(*tert*-butoxy)aluminum hydride

환원

$$\overset{O}{\overset{\|}{RCCl}} + LiAl[OC(CH_3)_3]_3H \xrightarrow[2.\ H^+,\ H_2O]{1.\ \text{에터 용매}} \overset{O}{\overset{\|}{RCH}} + LiCl + Al[OC(CH_3)_3]_3$$

아실 할로젠화물의 환원으로 알데하이드 생성

$$CH_3CH{=}CH\overset{O}{\overset{\|}{C}}Cl \xrightarrow[2.\ H^+,\ H_2O]{1.\ LiAl[OC(CH_3)_3]_3H,\ (CH_3OCH_2CH_2)_2O,\ -78^\circ C} CH_3CH{=}CH\overset{O}{\overset{\|}{C}}H$$

2-Butenoyl chloride → 48% 2-Butenal

연습 문제 20-9

다음에 주어진 화합물을 butanoyl chloride로부터 합성하시오.

(a) $CH_3CH_2CH_2COOH$ (OH) (b) $CH_3CH_2CH_2COO$-cyclohexyl (O) (c) $CH_3CH_2CH_2CON(CH_3)_2$ (d) $CH_3CH_2CH_2COCH_2CH_3$ (e) $CH_3CH_2CH_2CHO$ (H)

요약 아실 염화물은 여러 가지 친핵체의 공격을 받아서 첨가-제거 메커니즘에 의해 새로운 카복실산 유도체, 케톤, 알데하이드로 전환된다. 아실 할로젠화물의 반응성은 다른 카보닐 유도체를 만드는 방법에 유용한 합성 중간 연결점이 된다.

20-3 카복실산 무수물의 화학

카복실산 무수물 $R\overset{O}{\overset{\|}{C}}O\overset{O}{\overset{\|}{C}}R$은 산 이름에 단지 **무수물**(*anhydride*)이라는 이름을 붙여(혼합 무수물에 관해서도 동일하게) 명명한다. 이 방법은 고리 유도체에 또한 적용된다.

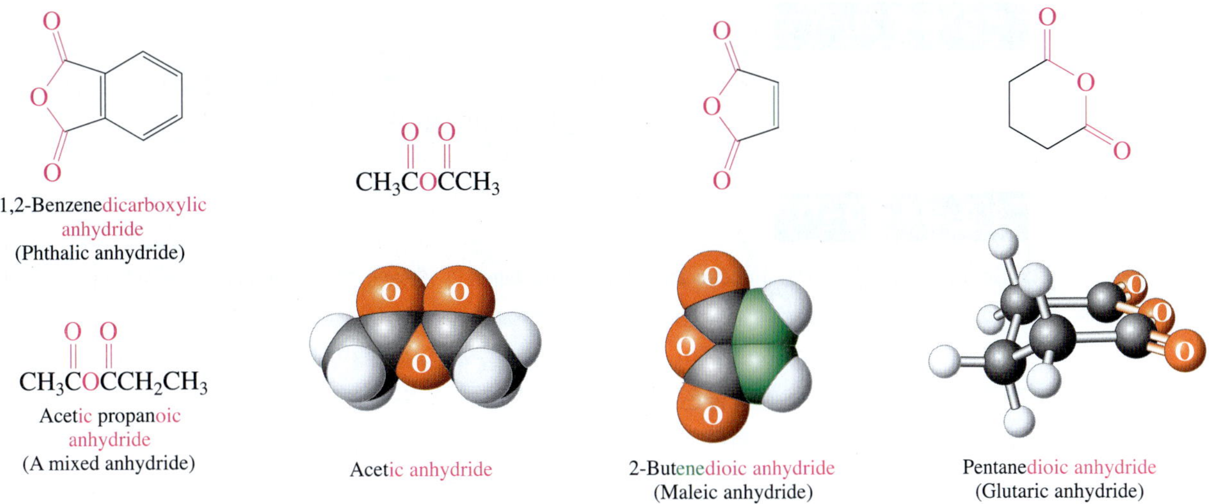

카복실산 무수물과 친핵체의 반응성은 다소 낮기는 하지만, 아실 할로젠화물의 반응과 매우 유사하다. 할로젠화 이온 대신 카복실레이트 이온이 이탈기로 작용한다.

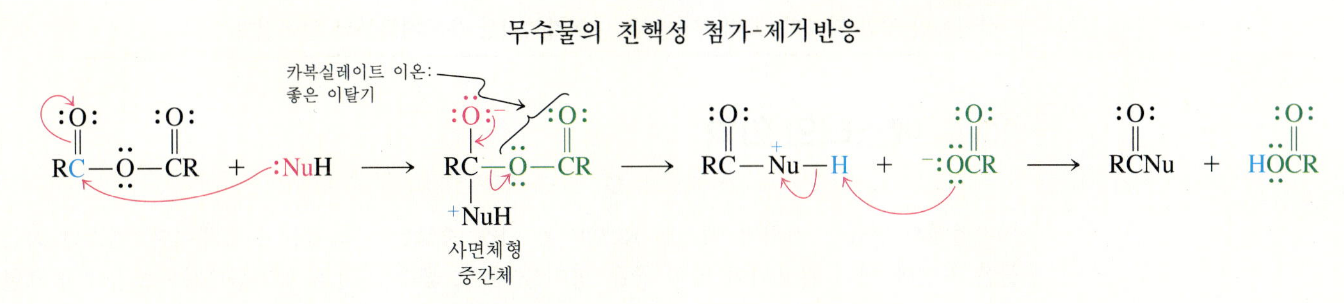

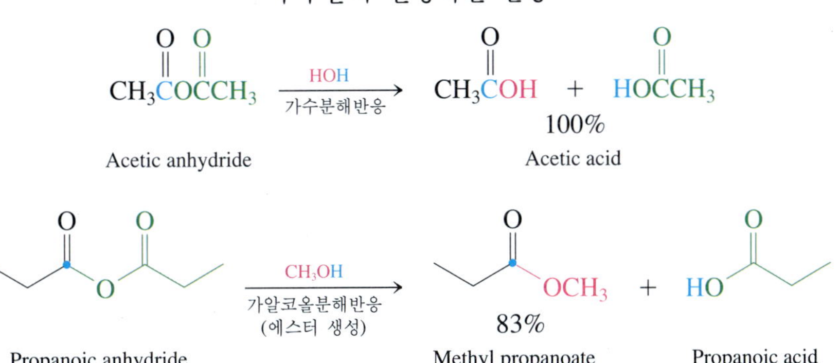

가수분해를 제외한 모든 첨가-제거반응에서 바람직하지 않은 카복실산 부생성물이 생성되는데, 이것은 염기성 수용액으로 처리하면 제거된다. 고리 무수물은 유사한 친핵성 첨가-제거반응에 의해 고리가 열린다.

고리 무수물의 친핵성 고리 열림

CH_3OH, 100°C (문제 38 참조) → $HOCCH_2CH_2COCH_3$ 96%

Butanedioic (succinic) anhydride

연습 문제 20-10

높은 온도에서 butanedioic (succinic) anhydride와 ammonia를 반응시키면 $C_4H_5NO_2$인 화합물이 생성된다. 이 화합물의 구조는 어떠한가? (**힌트**: 19-10절을 참조)

연습 문제 20-11

Sulfuric acid 존재하에서 acetic anhydride와 methanol의 반응에 대한 메커니즘을 제시하시오.

비록 카복실산 무수물 화학이 아실 할로젠화물과 유사하지만, 무수물은 실용적인 면에서 장점이 있다. 아실 할로젠화물은 반응성이 높아서 대기 중 수분에 의한 가수분해를 방지할 수 없어, 오래 보관하기가 어렵다. 그래서 아실 할로젠화물은 보통 사용하기 직전에 제조하여 바로 사용한다. 친핵체에 대해 다소 반응성이 낮은 무수물은 더 안정하고, 몇 가지 (이상에서 예를 든 것 모두를 포함해서) 상업적으로 유용하게 사용된다. 따라서 카복실산 무수물은 카복실산 유도체의 제조에 즐겨 사용되는 시약이다.

요약 무수물은 아실 할로젠화물에서와 같은 방법으로 친핵체와 반응하지만, 이탈기가 카복실산이온인 것만 다르다. 고리 무수물은 다이카복실산 유도체로부터 얻어진다.

20-4 에스터의 화학

19-9절에서 언급한 것처럼 에스터 $R\overset{O}{\overset{\|}{C}}OR'$는 가장 중요한 카복실산 유도체이다. 에스터 화합물은 자연에 널리 분포되어 있어 좋은 향미를 내며, 꽃과 과일의 향기를 내는 물질에 중요한 기여 물질이다. 에스터는 전형적인 카보닐 화학에 포함되지만, 아실 할로젠화물 또는 카복실산 무수물에 비해 반응성은 상대적으로 낮다. 이 절에서는 천연 에스터의 예를 포함해서 에스터의 명명법을 논의할 것이다. 이 절에서는 에스터와 여러 가지 친핵성 시약과 반응하는 전환에 대해 살펴보고자 한다.

에스터는 알칸산 알킬이다

에스터는 알칸산 알킬 (alkyl alkanoate) 로 명명된다. 치환기로서의 $-\overset{O}{\overset{\|}{C}}OR$ 은 **알콕시카보닐 (alkoxycarbonyl)** 이라고 명명한다. 고리 에스터를 **락톤 (lactone)** 이라 하고 (관용명, 19-9절 참조), 체계적인 이름은 **옥사-2-사이클로알칸온 (oxa-2-cycloalkanone)** 이다 (25-1절 참조). 그 관용명은 고리의 크기에 따라 에스터의 이름은 α-, β-, γ-, δ- 등의 접두사로 시작한다.

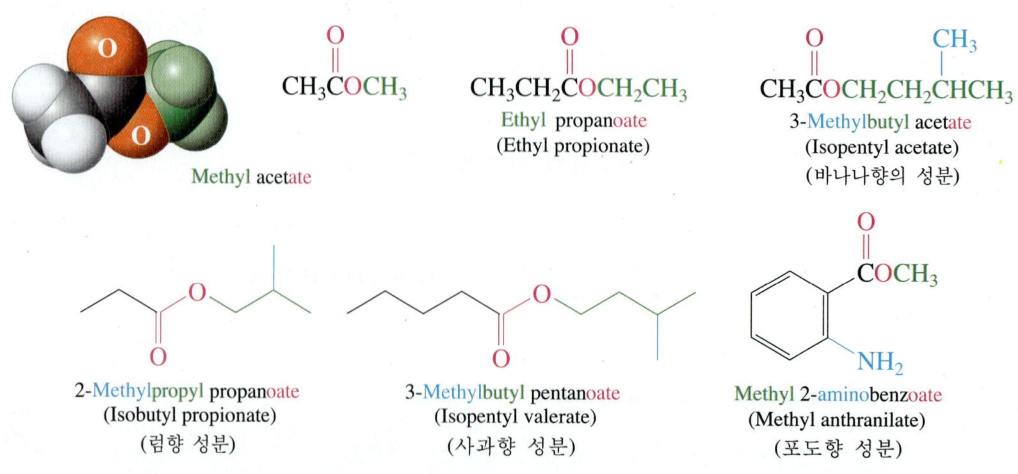

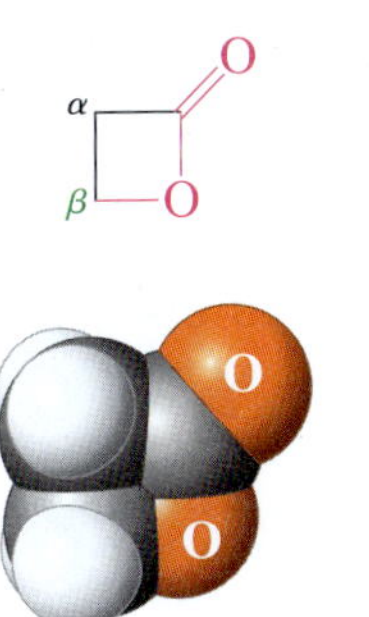

β-Propiolactone
(이 물질은 발암물질이며, 체계적으로 oxa-2-cyclobutanone이라 한다. 25-1절)

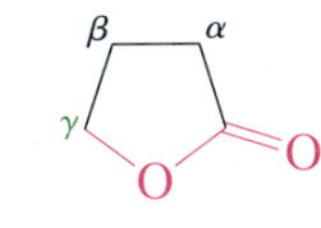

γ-Butyrolactone
(체계적: oxa-2-cyclopentanone)

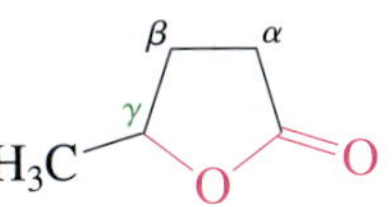

γ-Valerolactone
(체계적: 5-methyloxa-2-cyclopentanone)

락톤: 고리 에스터

에스터는 식물에서 널리 알려진 것 외에도 동물계에서 생물학적 역할을 한다. 12-17절에 곤충 페로몬으로 작용하는 몇 가지 예를 나타내었다. 이러한 에스터의 가장 기묘한 것은 몇 가지 나방류의 페로몬 혼합물의 성분인 아세트산 (*Z*)-7-도데센일이다. 이것과 똑같은 화합물이 최근에 코끼리 교미 페로몬에서 발견되었다(자연은 해학을 가지고 있지 않다고 누가 말했나?). 20-5절에서 에스터의 더 전통적인 생물학적 기능을 기술할 것이다.

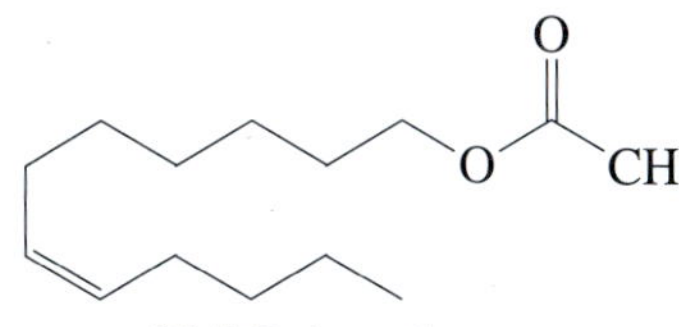

(*Z*)-7-Dodecenyl acetate

락톤(고리 에스터)은 자연계에서 흔히 존재한다. 재생가능한 식물에서 얻은 원료에서 γ-발레로락톤을 쉽게 얻을 수 있는 것이 잠재적 "친환경" 바이오연료로써 진지하게 고려되고 있다. 문제 46(d)에 이것에 대한 개발이 자세히 서술되어 있다.

연습 문제 20-12

다음에 주어진 에스터 화합물을 명명하시오.

(a) (구조식: O, O) (b) $CH_3O\overset{O}{\overset{\|}{C}}CH_2CH_2\overset{O}{\overset{\|}{C}}OCH_3$ (c) $CH_2{=}CHCO_2CH_3$

코끼리는 나방과 같은 에스터 페르몬에 의해 서로 이끌린다.

공업적으로 아세트산 에틸(끓는점 77°C)이나 아세트산 뷰틸(끓는점 127°C)과 같은 저분자량 에스터 화합물은 용매로서 사용된다. 예를 들면, 뷰탄산 뷰틸은 컴퓨터 칩과 같은 전자재료 공장에서 오존층을 파괴하는 용매로 알려진 트라이클로로에테인 대신, 세척제로 사용된다. 분자량이 큰 비휘발성 에스터는 부서지기 쉬운 고분자의 연화제(가소제라고 한다, 12-15절 참조)로서 사용된다—부드러운 관(예를 들어, Tygon 관), 고무 파이프 및 양탄자.

에스터를 가수분해하면 카복실산이 된다 : 이탈기 문제

에스터는 할로젠화물과 산무수물보다 상대적인 반응성은 낮지만, 첨가-제거반응 경로에 의한 친핵성 치환반응으로 진행된다. 이 때문에 산이나 염기에 의한 촉매반응이 종종 필요하다. 과량의 물과 강산 존재하에서 에스터를 가열하면 에스터가 가수분해되어, 카복실산과 알코올로 된다. 이 반응의 메커니즘은 산촉매 에스터화반응의 역반응이다(19-9절 참조). 에스터화반응에서 산은 두 가지를 제공한다. 카보닐 산소에 양성자첨가되어 에스터를 친핵성 공격에 대해 반응성을 증대시키고, 사면체형 중간체의 알콕시 산소에 양성자 반응을 해서 보다 더 좋은 이탈기로 만든다.

연습 문제 20-13

개념 문제: 산에서 에스터 가수분해반응

γ-Butyrolactone의 산촉매 가수분해반응에 대한 메커니즘을 나타내시오.

전략

γ-Butyrolactone의 구조를 찾아라(위쪽). 그것은 고리 에스터이다. 산성 조건하에서 첨가-제거반응에 대한 일반적인 메커니즘을 찾

아라(19-7절 참조). 그 메커니즘에서 일반적인 출발물에서 γ-butyrolactone으로 치환하고 진행하라.

풀이

- 단계적으로: 카보닐 산소의 양성자첨가반응을 시작하라.

- 첨가-제거반응을 계속하라. 물은 친핵체이다. 양성자첨가반응으로 **고리 산소**를 좋은 이탈기로 바꿔라. 사면체형 중간체에서 카보닐 탄소와 고리 산소 간의 결합을 끊어라.

- 카보닐 산소에서 양성자이탈반응을 하면 메커니즘은 완결된다.

또한 **강염기**는 첨가-제거반응 메커니즘을 통해 에스터 가수분해반응을 촉진시킨다(19-7절과 20-1절 참조). 염기(B)는 약한 친핵체인 물을 전기적으로 음성이고, 친핵성 이온인 수산화 이온으로 전환시킨다.

$$B:^- + H-OH \longrightarrow {}^-:OH + B-H$$

흔히 에스터의 가수분해반응은 염기와 같은 화학량적인 양만큼 수산화 이온 자체를 사용함으로써 얻어지도록 한다.

염기성 수용액을 이용한 에스터 가수분해반응 예

Methyl 3-methylbutanoate → (1. KOH, H_2O, CH_3OH, Δ; 2. H^+, H_2O) → 3-Methylbutanoic acid (100%) + CH_3OH

염기 매개로 인한 에스터의 가수분해반응 메커니즘

단계 1. 첨가-제거반응

$RCOOCH_3 + {}^-:OH \rightleftharpoons$ 사면체형 중간체 $\rightleftharpoons RCOOH + {}^-:OCH_3$

Methoxide: 나쁜 이탈기

단계 2. 양성자이탈반응

$$\text{RCO—H (카복실산)} + {}^{-}\text{:OCH}_3 \text{ (Methoxide (강염기))} \longrightarrow \text{RCO:}^{-} \text{ (카복실레이트 이온)} + \text{HOCH}_3$$

단계 2의 우호적인 산-염기 반응이 단계 1의 평형을 가능하게 한다

염기하에서 에스터 가수분해반응(비누화반응, 19-13절 참조)은 산촉매하에서의 것과 여러 면에서 차이가 있다. 첨가-제거반응(단계 1)을 우선 고려하라. 사면체형 중간체는 수산화 이온의 이탈로 출발물로 되돌아갈 수 있거나, 메톡사이드의 축출로 생성물로 갈 수가 있다. 어떤 쪽이든 그 과정은 **나쁜 이탈기**의 분리가 필요하다. 수산화물(hydroxide)과 메톡사이드(methoxide) 모두 강염기이고, **강염기는 나쁜 이탈기이다**(6-7절 참조). 어떻게 이들의 전환이 진행될 수 있게 하는가?

C═O 결합의 세기와 카보닐 화합물의 안정성에 부분적으로 답이 있다. 사면체형 중간체는 에너지가 매우 높으므로 카보닐 화합물로 전환되는 과정은 나쁜 이탈기가 이탈되는 경우이지만 발열 반응이다. 그리고 염기하에서 진행되는 과정은 단계 2에서 산-염기 반응 과정의 이득을 본다. 강염기인 메톡사이드는 첨가-제거반응 단계에서 이탈되고, 산을 양성자이탈시켜 카복실레이트 이온을 만든다. 이 단계는 매우 잘 진행되고 전체 가수분해 과정을 완결시킨다. 그리고 바로 산성 수용액으로 처리하면 카복실산 생성물을 얻을 수 있다.

연습 문제 20-14

자습 문제

γ-Butyrolactone 염기-매개 가수분해반응에 대한 메커니즘을 나타내시오.

알코올에 의한 에스터교환반응

산 또는 염기 촉매 전환반응에서 에스터와 알코올의 반응을 **에스터교환반응(transesterification)**이라고 한다. 이 반응은 산을 거치지 않고 하나의 에스터에서 다른 에스터로 직접 전환되는 반응이다. 에스터화반응과 같이 에스터교환반응은 가역 반응이다. 평형을 이동시키기 위해서는 과량의 알코올이 사용되며, 때로는 용매의 형태로 사용된다.

에스터교환반응

$$\text{RCOR}' \text{(C=O)} + \text{R}''\text{OH} \underset{}{\overset{\text{H}^+ \text{ 또는 } ^{-}\text{OR}''}{\rightleftharpoons}} \text{RCOR}'' \text{(C=O)} + \text{R}'\text{OH}$$

알콕시기의 교환 장소

Ethyl 에스터의 methyl 에스터로의 전환

$$\underset{\text{Ethyl octadecanoate}}{C_{17}H_{35}COCH_2CH_3} + \underset{\text{Methanol (용매)}}{CH_3OH} \xrightarrow{\text{H}^+ \text{ 또는 } ^{-}\text{OCH}_3} \underset{\substack{90\% \\ \text{Methyl octadecanoate}}}{C_{17}H_{35}COCH_3} + CH_3CH_2OH$$

락톤은 종종 에스터교환반응을 통해 하이드록시 에스터로 전환된다.

락톤의 열린 사슬 에스터로의 전환

$$\gamma\text{-Butyrolactone} + \text{3-Bromopropanol (Br}\sim\sim\sim\text{OH)} \xrightarrow{\text{H}^+} \text{3-Bromopropyl 4-hydroxybutanoate (HO}\sim\sim\sim\text{C(=O)O}\sim\sim\sim\text{Br)}\ \ 80\%$$

γ-Butyrolactone 3-Bromopropanol 3-Bromopropyl 4-hydroxybutanoate

산 또는 염기에 의한 에스터교환반응의 메커니즘은 카복실산으로 가수분해되는 메커니즘과 유사하다. 따라서 산촉매 에스터교환반응은 카보닐 산소의 양성자첨가반응으로 시작해서, 알코올에 의해 카보닐 탄소에 친핵성 공격이 일어난다. 이와는 대조적으로 염기 촉매반응에서는

먼저 양성자이탈반응이 일어나고, 여기서 생성된 알콕시화 이온이 에스터 카보닐기에 첨가된다.

연습 문제 20-15

3-Bromo-1-propanol과 γ-butyrolactone 산과 염기 촉매 에스터교환반응에 대한 메커니즘을 나타내시오(**주**: 염기성 조건하에서 실제적으로 반응은 기대했던 대로 진행되지 않는다. 왜? **힌트**: 9-6절을 참조하라).

아민은 에스터를 아마이드로 전환시킨다

알코올보다 친핵성이 더 큰 아민은 쉽게 에스터와 반응하여 아마이드를 생성한다. 이 반응에서 촉매는 필요 없겠지만, 가열해 주어야 한다.

Methyl 에스터로부터 아마이드 형성

$$RCOCH_3 \ (\text{C=O}) + R'NH \ (\text{H}) \xrightarrow{\Delta} RCNHR' \ (\text{C=O}) + CH_3OH$$

촉매 없는 조건에서 에스터의 아마이드로 전환

$$CH_3(CH_2)_7CH{=}CH(CH_2)_7COCH_3 \ (\text{C=O}) + CH_3(CH_2)_{11}NH \ (\text{H}) \xrightarrow[\text{(문제 43 참조)}]{230°C}$$

Methyl 9-octadecenoate　　1-Dodecanamine

$$CH_3(CH_2)_7CH{=}CH(CH_2)_7CNH(CH_2)_{11}CH_3 \ (\text{C=O}) + CH_3OH$$

69%

N-Dodecyl-9-octadecenamide

에스터는 Grignard 시약에 의해 알코올로 전환된다

에스터는 **2**당량의 Grignard 시약을 사용하면 알코올로 전환될 수 있다. 이러한 방법에 의해 일반적인 에스터는 삼차 알코올로 전환되는 반면, 폼산 에스터는 이차 알코올을 생성한다.

Grignard 시약과 에스터로부터 알코올의 생성

$$CH_3CH_2COCH_2CH_3 \ (\text{C=O}) + 2\ CH_3CH_2CH_2MgBr \xrightarrow[-CH_3CH_2OH]{1.\ (CH_3CH_2)_2O \quad 2.\ H^+,\ H_2O} CH_3CH_2C(OH)(CH_2CH_2CH_3)CH_2CH_2CH_3$$

Grignard 시약에서 도입된 두 개의 동일한 알킬기

69%

Ethyl propanoate　　Propylmagnesium bromide　　4-Ethyl-4-heptanol

$$HCOCH_3 \ (\text{C=O}) + 2\ CH_3CH_2CH_2CH_2MgBr \xrightarrow[-CH_3OH]{1.\ (CH_3CH_2)_2O \quad 2.\ H^+,\ H_2O} HC(OH)(CH_2CH_2CH_2CH_3)CH_2CH_2CH_2CH_3$$

85%

Methyl formate　　Butylmagnesium bromide　　5-Nonanol

헤미아세탈의 마그네슘염을 만드는 일반적인 방법은 카보닐기 작용에 유기금속을 첨가하면 시작된다(17-7절 참조). 상온에서 빠른 제거반응으로 중간체인 케톤(또는 알데하이드, 포메이

트로부터)이 생성된다. 여기서 얻어진 카보닐기에 Grignard 시약의 두 번째 당량이 빠르게 첨가된다(8-8절 참조). 그런 다음 산성 수용액으로 처리하면 알코올이 얻어진다.

에스터와 Grignard 시약으로부터 알코올 합성 메커니즘

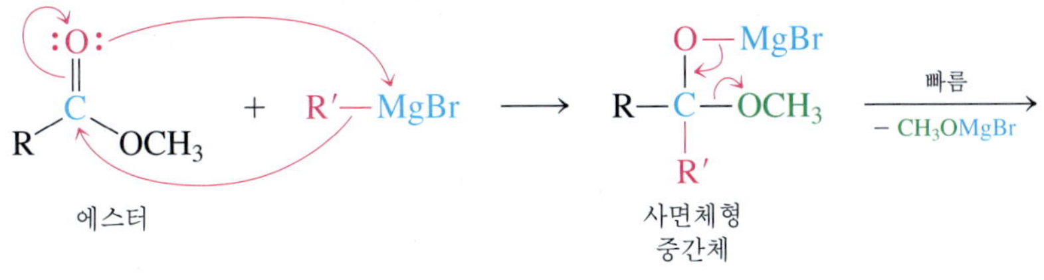

:O: ‖ C(R)(R′) —(R′—MgBr, 빠름)→ R—C(OMgBr)(R′)—R′ —(H^+, H_2O)→ R—C(OH)(R′)—R′

케톤 (이 단계에서 정지할 수 없다) · 알콕사이드 · 알코올 (최종 생성물)

연습 문제 20-16

Methyl benzoate(오른쪽 여백 참조)와 bormobenzene을 이용하여 triphenylmethanol $(C_6H_5)_3COH$를 합성하는 방법을 제안하시오.

$C_6H_5\overset{O}{\overset{\|}{C}}OCH_3$

Methyl benzoate

에스터는 수소화물 시약에 의해 알코올 또는 알데하이드로 환원된다

$LiAlH_4$에 의해 에스터를 알코올로 환원시킬 때 0.5당량의 수소화물 시약이 필요한데, 이는 하나의 에스터기에 두 개의 수소가 필요하기 때문이다.

에스터 환원에 의한 알코올 생성

$$\text{(pyrrolidinyl)NCH(CH}_3\text{)COCH}_2\text{CH}_3 \xrightarrow[-\text{CH}_3\text{CH}_2\text{OH}]{\text{1. LiAlH}_4\ (0.5\text{당량}),\ (\text{CH}_3\text{CH}_2)_2\text{O}\quad \text{2. H}^+,\ \text{H}_2\text{O}} \text{(pyrrolidinyl)NCH(CH}_3\text{)CH}_2\text{OH}\quad 90\%$$

온화한 환원제는 알데하이드 산화 단계에서 반응이 중단된다. 이와 같은 시약이 수소화 비스(2-메틸프로필)알루미늄(수소화 다이아이소뷰틸알루미늄)으로서, 낮은 온도와 톨루엔에서 사용한다.

에스터 환원에 의한 알데하이드 생성

$$CH_3CH(CH_3)COCH_2CH_3 + (CH_3CH(CH_3)CH_2)_2AlH \xrightarrow[-CH_3CH_2OH]{\text{1. Toluene, }-60°C\quad \text{2. }H^+,\ H_2O} CH_3CH(CH_3)CHO$$

Ethyl 2-methylpropanoate · Bis(2-methylpropyl)aluminum hydride (Diisobutylaluminum hydride, DIBAL) · 2-Methylpropanal

에스터는 알킬화될 수 있는 엔올레이트를 생성한다

에스터의 α-수소는 산도가 매우 크기 때문에 낮은 온도에서 강염기로 에스터를 처리하면 **에스터 엔올레이트(ester enolate)**가 생성된다. 에스터 엔올레이트는 케톤 엔올레이트처럼 반응하며, 알킬화반응을 한다.

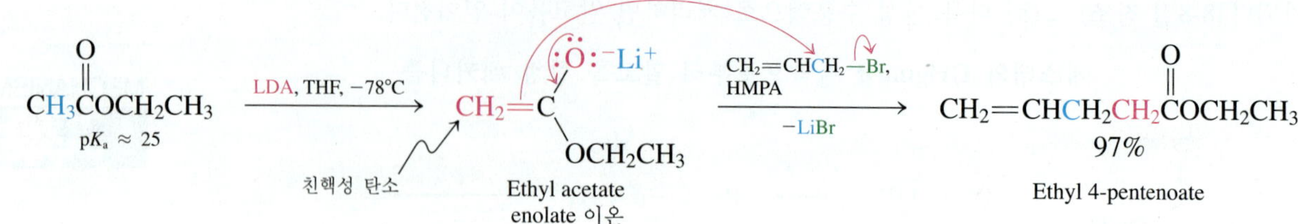

에스터의 pK_a값은 약 25이다. 따라서 에스터 엔올레이트는 강염기로 인한 전형적인 부반응이 일어난다. E2 반응 과정(특히 이차, 삼차와 β-가지 할로젠화물)과 양성자이탈반응. 가장 특징적인 에스터 엔올레이트 반응은 Claisen 축합반응으로, 엔올레이트가 다른 에스터의 카보닐 탄소를 공격한다. 이 반응 과정은 23장에서 다룰 것이다.

연습 문제 20-17

Ethyl cyclohexanecarboxylate와 다음에 주어진 화합물 또는 다음에 주어진 반응 조건(필요하다면 그 다음에 산성 수용액으로 처리한다)에서 얻어지는 생성물을 나타내시오. **(a)** H^+, H_2O; **(b)** HO^-, H_2O; **(c)** CH_3O^-, CH_3OH; **(d)** NH_3, Δ; **(e)** 2 CH_3MgBr; **(f)** $LiAlH_4$; **(g)** 1. LDA, 2. CH_3I.

요약 에스터는 알킬 알칸오에이트라 한다. 많은 것들이 향기를 가지고 자연계에 존재한다. 아실 할로젠화물이나 카복실산 무수화물보다 반응성이 낮기 때문에 다른 작용기로의 전환에는 산이나 염기를 필요로 한다. 물의 존재하에서는 에스터가 가수분해되어 카복실산이나 카복실레이트가 되고, 알코올의 존재하에서는 에스터교환반응이 진행되고 높은 온도에서 아민과 반응하여 아마이드를 생성한다. Grignard 시약을 2당량 첨가하면 삼차 알코올[또는 이차 알코올, 포메이트(formate)으로부터]이 얻어진다. 수소화 알루미늄 리튬은 에스터를 환원시켜 알코올로 전환시키면 반면에, 수소화 비스(2-메틸프로필)알루미늄(다이아이소뷰틸알루미늄)은 알데하이드 단계에서 반응이 중단된다. LDA로 처리하면 에스터 엔올레이트가 생성되고, 이것은 친전자체에 의해 알킬화될 수 있다.

20-5 천연에서 얻어지는 에스터: 왁스, 지방, 기름, 지질

에스터는 모든 생명체의 필수 성분이다. 이 절에서는 대표적이며, 가장 일반적인 천연의 에스터의 생물학적인 기능을 간략히 서술한다.

왁스는 간단한 에스터이고, 지방과 오일은 더 복잡한 에스터이다

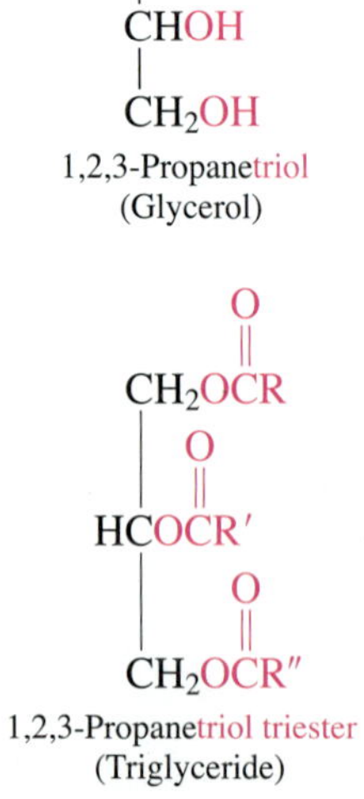

긴 사슬의 카복실산과 긴 사슬의 알코올로 이루어진 에스터는 동물과 식물에서 얻어지는 **왁스(wax)**의 주요 성분이다. 이 왁스는 소수성(8-2절 참조)을 가지며, 동물의 피부와 모피, 새의 깃털, 과일 많은 식물의 잎의 절연 도막을 형성한다. 경랍과 밀납은 상온에서 액체 또는 아주 연한 고상이고 윤활제로 사용된다. 양의 울에서 울왁스를 얻고 정제를 하면 라노린을 얻는데, 이는 화장품 기초 원료로 사용된다. 브라질 야자 잎은 카나우바 왁스의 원료이고, 몇 가지 에스터를 혼합하면 딱딱하고 방수성 혼합물이 된다. 카나우바 왁스는 고광택도를 유지하는 기능이 높고, 마루판과 자동차 왁스로 사용된다.

$$CH_3(CH_2)_{14}\overset{O}{\overset{\|}{C}}O(CH_2)_{15}CH_3$$

Hexadecyl hexadecanoate
(Cetyl palmitate)
(향유 고래 왁스)

$$CH_3(CH_2)_n\overset{O}{\overset{\|}{C}}O(CH_2)_mCH_3$$

$n = 24, 26$; $m = 29, 31$
밀랍

1,2,3-프로페인트라이올(글리세롤)의 트라이에스터는 식물과 동물에서 발견되는 **기름(oil)**과 **지방(fat)**의 성분(11-3절과 19-13절 참조)으로서, **트라이글리세라이드(triglyceride)**라고도 한다. 지방과 기름의 산[**지방산(fatty acid)**]은 일반적으로 가지가 없고, 탄소 원자가 짝수이다. 지방이 불포화이면 이중 결합은 보통 시스(cis)형이다. 지방은 생물학적으로 에너지원으로 사용되며, 대사 과정을 통해 궁극적으로 이산화 탄소와 물로 분해될 때까지 몸의 근육 안에 저장된다. 기름도 식물 종자와 비슷한 기능을 가지고 있다. 음식 성분인 지방과 기름은 음식향과 색소의 용매로 쓰이고, 식욕이 상대적으로 서서히 없어지기 때문에 식사 후 "충만감"을 준다. 포화 지방인 헥사데칸(팔미트), 테트라데칸(미리스트) 및 도데칸(라우르)산은 동맥경화증(동맥을 경화시키는 현상, 화학 이야기 4-2)에 있어서 식이요법의 요소로서 포함되어 있다. 다행하게도 초콜릿 애호가를 위해서 코코아 버터는 옥타데카(스테아르)산 두 분자와 한 분자의 (*Z*)-9-옥타데센(올레)산을 포함하고 있는 주로 낮은 녹는점을 가진 트라이글리세라이드이다. 전자는 포화 지방산인데도 불구하고 저밀도 지방단백질(LDL, lowdensity lipoprotein) 수준을 유지하여, 동맥경화증을 상승시키지 않는다. 후자는 올리브 기름의 주성분인 싼 지방산이고, 심장병 발생률이 아주 낮은 그리스인 음식 지방의 주원료이다.

초콜릿 중독자의 꿈.

지질은 비극성 용매 내에서 녹는 생체분자이다

비극성 용매로 생물 물질을 추출하면 터펜과 스테로이드(4-7절 참조), 지방과 기름 그리고 여러 가지 다른 낮은 극성 물질로 모인 **지질[lipid,**(*lipos*, 그리스어로 지방을 의미)]을 얻을 수 있다. 지질분은 **인산지방질(phospholipid)**을 포함하며, 이 인산지방질은 카복실산과 인산으로부터 유도된 세포막의 중요한 성분이다. **인산글리세라이드(phosphoglyceride)**에서 글리세롤은 두 개의 인접한 지방산과 포스페이트 단위로 에스터화되어 있는데, 콜린(choline) $[HOCH_2CH_2N(CH_3)_3]^+\ ^-OH$로부터 유도된 다른 에스터 치환기를 포함하고 있다. 여기서 나타낸 물질은 뇌와 신경계에 있는 지질인 **레시틴(lecithin)**의 예이다.

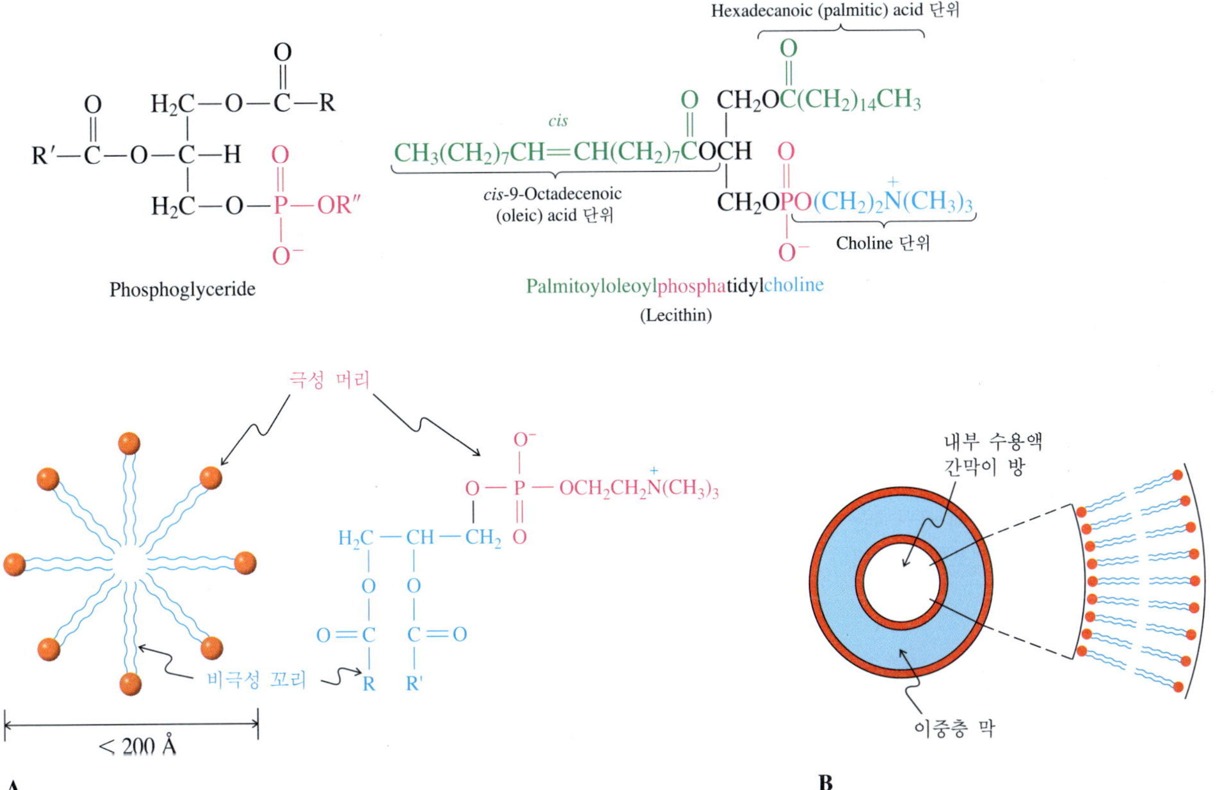

그림 20-2 인산지방질은 치환된 에스터이고, 세포막 구조의 필수 성분이다. 이 분자들은 (A) 마이셀 또는 (B) 지질 이중층을 형성하여 응집된다. (C) 인산지방질의 극성 머리와 비극성 꼬리가 응집된다(After *Biochemistry*, 6h ed., by Jeremy M. Berg, John L. Tymoczko, and Lubert stryer. W.H.Freeman and Copyright © 1975, 1981, 1988, 1995).

화학 이야기 20-1

석유의 친환경적 대체품: 식물성 오일로부터 얻은 연료

1900년 파리 박람회에서 Rudolph Diesel의 내연 엔진의 연료로, 세계에 소개된 것은 땅콩 기름이었다. 1세기가 지난 이후에 바이오디젤 연료는 디젤 엔진에 널리 사용되는, 원유에서 파생된 탄화수소 혼합물의 대체물이 되었다. Rudolph Diesel은 순수 식물성 오일은 실용면에서는 너무 점성이 크다는 것을 알았다. 이것은 짧은 시간에 엔진을 오염시키는 원인이었다. 그러나 간단한 에스터교환반응은 긴 사슬의 지방산을 낮은 분자량의 메틸에스터 혼합물로 전환시켜, 엔진을 아주 작게 수정하면 바로 연

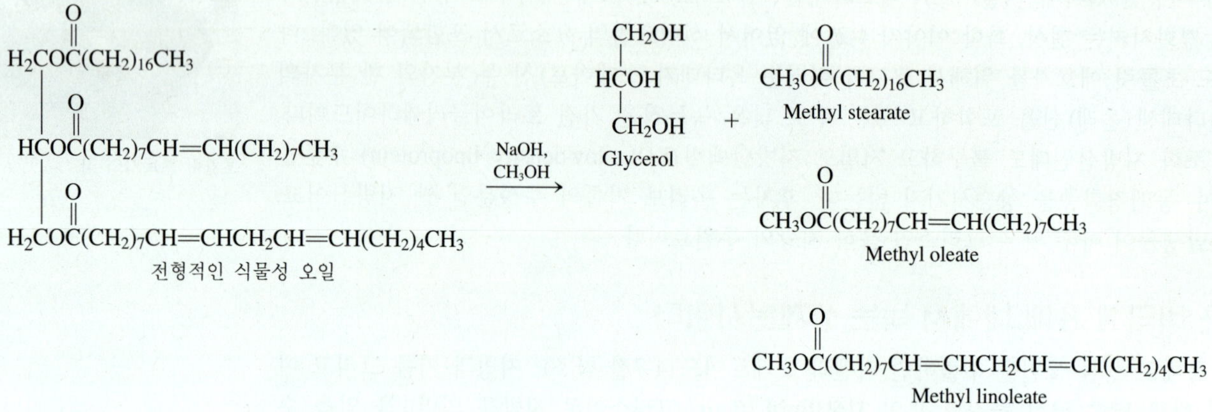

$$\begin{array}{l} H_2COC(=O)(CH_2)_{16}CH_3 \\ | \\ HCOC(=O)(CH_2)_7CH{=}CH(CH_2)_7CH_3 \\ | \\ H_2COC(=O)(CH_2)_7CH{=}CHCH_2CH{=}CH(CH_2)_4CH_3 \end{array} \xrightarrow[CH_3OH]{NaOH,} \begin{array}{c} CH_2OH \\ | \\ HCOH \\ | \\ CH_2OH \end{array} + CH_3OC(=O)(CH_2)_{16}CH_3 + CH_3OC(=O)(CH_2)_7CH{=}CH(CH_2)_7CH_3 + CH_3OC(=O)(CH_2)_7CH{=}CHCH_2CH{=}CH(CH_2)_4CH_3$$

전형적인 식물성 오일 → Glycerol, Methyl stearate, Methyl oleate, Methyl linoleate

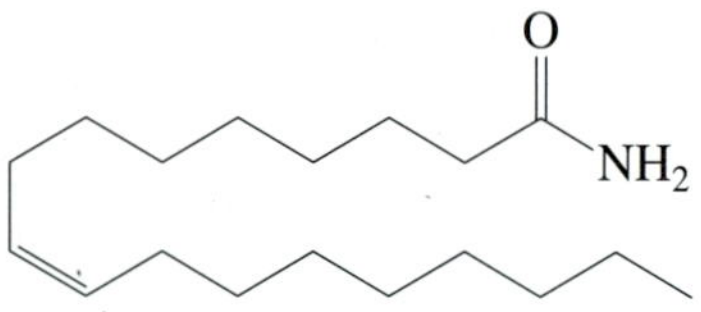

(Z)-9-Octadecenamide

이런 화합물은 신경전달의 역할을 하고, 다른 생물학적인 효과를 나타낸다. 예를 들어, 올레산의 아마이드 유사물 [(Z)-9-옥타데센아마이드] 을 함유하고 있는 지질은 뇌의 수면유발제로 최근에 확인되었고, 실제로 지질이 제한된 식이요법을 한 사람은 깊이 잠에 들기 힘들다.

이런 분자들은 두 개의 긴 소수성 지방산 사슬과 하나의 극성 머리기(포스페이트와 콜린 치환기)를 포함하고 있기 때문에, 수용액 내에서 마이셀(micelle)을 형성할 수 있다(화학 이야기 19-1 참조). 마이셀 내에서 포스페이트 단위는 물에 의해 용매화되고, 에스터 사슬은 소수성인 마이셀 구조 안쪽에 뭉쳐져 있다(그림 20-2A 참조).

인산글리세라이드는 다른 방법으로 회합할 수 있다. 인산글리세라이드는 **지질 이중층(lipid bilayer)**이라고 하는 일분자층을 형성할 수도 있다(그림 20-2B 참조). 마이셀은 크기가 제한되어 있지만 (< 200 Å의 직경), 이중층은 길이가 1 mm (10^7 Å)이기 때문에 인산글리세라이드의 기능은 매우 중요하다. 이러한 성질에 의해 세포막이 이상적인 구성 성분을 이루며, 세포 안팎으로 분자의 수송을 제어하는 투과벽으로 작용한다. 지질 이중층은 비교적 안정한 분자의 집합체이다. 이와 같은 구조를 형성하는 힘은 마이셀 내에서 작용과 유사하다. 두 개의 소수성인 알케인 사슬 간에는 London 인력(2-6절 참조)이 작용하고, 극성 머리기들 간에는 쿨롱력(정전기력)이, 극성기와 물과는 용매화력이 각각 작용한다.

요약 왁스, 기름, 지방은 자연에서 얻어지며, 생물학적으로 활성 에스터이다. 지질은 비극성 용매에 용해하는 광범위한 분류의 생물학적인 분자이다. 지질은 글리세롤-유도 트라이에스터이고, 세포막 성분이다.

20-6 아마이드: 반응성이 가장 낮은 카복실산 유도체

카복실산 유도체 중에서 아마이드 $RC(=O)NR'_2$는 친핵성 공격에 대해 반응성이 가장 낮다. 이 절에서는 아마이드의 명명법을 간단히 소개한 후에, 아마이드의 반응을 설명할 것이다.

료로 사용할 수 있다(글리세롤 부산물은 에스터 혼합물로부터 분리할 수 있고, 비누 제품과 같은 다양한 상업 용품으로도 사용될 수 있다).

콩 기름, 프렌치 프라이 기름 심지어 식당에 사용된 그리스는 바이오디젤의 원료로도 적합하다. 미국에서만 일 년에 30억 갤런의 폐식용 기름을 버린다. 바이오디젤은 전통적인 연료보다 보다 깨끗하게 연소되고, 황이나 휘발성의 유기 화합물도 배출하지 않는다. 이것은 1990년 U.S. Clean Air Act에 완벽히 응하는 유일한 연료이다. 또한 원유 디젤보다 생산에서 매우 적은 에너지가 필요하고, 재사용이 가능하다. 현재는 바이오디젤의 가격이 공급 재료의 가격과 연관되어 있어, 일반적인 연료의 가격보다는 비싸다. 바이오디젤은 일반적인 디젤과 바로 혼합하여 사용할 수 있다. 순수 바이오디젤은 낮은 온도에서는 "젤"과 같아 혼합물은 추운 기후에 적합하다. 5~20% 바이오디젤을 포함한 혼합물이 매우 많이 사용되고 있다. 2009년 수백 개의 바이오디젤 연료를 파는 소매점이 미국의 50개 주에 분포되어 있다. 1999년 50만 갤런과 2003년 2천만 갤런의 판매에서, 2007년에는 거의 5억 갤런에 달했다. 생산량은 이보다 적어도 다섯 배에 달할 것이다. 바이오디젤은 짧은 기간 안에 U.S. 디젤의 10%를 대체할 것이고, 이것이 새로운 연료 기술을 필요로 하는 시대의 "가교" 역할에 도움을 줄 것으로 예상한다.

미국 일반도로와 고속도로에 있는 9천만 대의 트럭과 버스는 연간 400억 갤런의 디젤 연료를 소비한다.

아마이드는 알칸아마이드로, 고리 아마이드는 락탐으로 명명한다

아마이드는 알케인의 어미 -에(*-e*)를 **-아마이드(-amide)**로 바꾸어 **알칸아마이드(alkanamide)**라 명명한다. 관용명에서는 산(acid) 이름의 -익(*-ic*) 이하 부분을 **-아마이드**로 바꾸어 명명한다. 고리계에서는 끝 부분인 **-카복실산**을 **-카복스아마이드(-carboxamide)**로 바꾼다. 질소에 치환되어 있는 치환기의 수에 따라 접두사 *N*- 또는 *N*,*N*-으로 표시한다. 아마이드에는 일차, 이차, 삼차 아마이드가 있다.

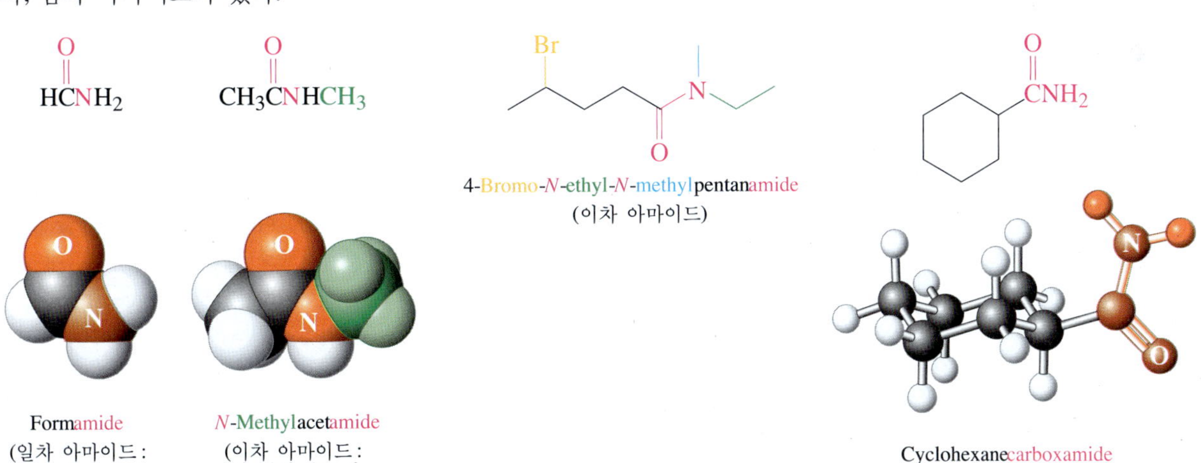

4-Bromo-*N*-ethyl-*N*-methylpentanamide (이차 아마이드)

Formamide (일차 아마이드: 두 개의 수소가 질소에 결합)

N-Methylacetamide (이차 아마이드: 한 개의 수소가 질소에 결합)

Cyclohexanecarboxamide (다른 일차 아마이드)

탄산(carbonic acid, H_2CO_3)의 유도체에는 여러 가지가 있다. 요소(urea), 카밤산(carbamic acid) 및 카밤산 에스터[carbamic ester, 우레탄(urethane)].

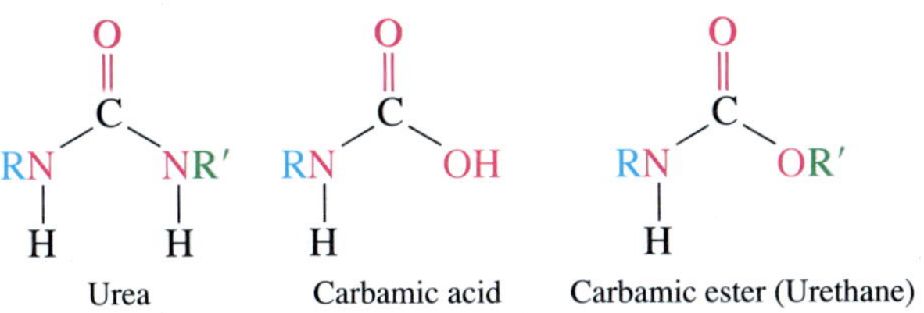

Urea Carbamic acid Carbamic ester (Urethane)

우레탄 결합을 한 고분자는 여러 가지 스포츠 제품에 사용되는 경량, 강인, 내마모성, 및 고성능 물질을 형성한다.

고리 아마이드를 **락탐**(**lactam**, 19-10절 참조)이라고 한다. 체계적인 이름은 아자-2-사이클로알칸온이다(25-1절 참조). 그리고 락탐을 명명하는 규칙은 락톤에서 사용한 규칙과 같다. 페니실린은 고리가 접합된 β-락탐이다.

Penicillin
(β-lactam 유도체)

화학 이야기 20-2

병원균과 전쟁: 항생물질의 전쟁

1928년 늦은 여름에, 스코틀랜드의 세균학자 Alexander Fleming은 휴가를 갔다. 그가 돌아왔을 때 인간의 역사가 바뀌었다. Fleming은 실험실 벤치 위에 있는 박테리아 **포도상구균**(*Staphylococcus aureus*)이 포함된 배양 접시를 그대로 두고 갔다. 그가 떠난 동안, 차가운 조건에서는 박테리아의 성장이 멈추었다. 동시에 배양 접시 안에 놓여 있는 *Penicillium notatum*의 곰팡이 포자는 마루 아래로부터 위로 올라온 일이 일어났다. 그때 Fleming이 되돌아왔고, 온화한 날씨에서 두 미생물은 다시 성장하고 있었다. 그는 접시를 청소하고 살균하려다 페니실륨이 박테리아 군체를 죽이고 있는 것을 처음으로 알았다. 이 항생효과의 원인인 물질이 1939년에 분리되었고, 페니실린이라고 명명되었다(위 구조 참조).

Fleming이 만든 최초의 곰팡이는 벤질페니실린(benzylpenicillin)인 페니실린 G($R = C_6H_5CH_2$)이다. **β-락탐 항생물질**(*β-lactam antibiotics*)이라는 종류로 이루어진 많은 유사체가 계속해서 합성되었고, 이 락탐 항생물질은 그 후에 구조적 뿐만 아니라 기능적으로 변형된 사원자 고리 락탐이라는 것이 확인되었다(7장 시작 부분도 참조). 고리 변형은 고리가 열리면서 감소하기 때문에, β-락탐은 원래의 아마이드와 비교하여 대단히 반응성이 크다. 효소 **펩타이드교환효소**(*transpeptidase*)는 박테리아 세포벽의 구조를 유지하는 고분자의 생합성에서, 반응하기 어려운 물질의 반응을 촉진시킨다. 효소의 친핵성 산소는 한 아미노산의 카복실산과 연결하고, 다른 아미노산의 아민기가 아마이드의 생성을 촉진시킨다. 이 과정이 반복되어 고분자가 생성된다. 페니실린의 β-락탐 카보닐기는 효소 산소와 쉽게 반응하고, 비가역적으로 반응하고, 효소가 비활성화되고, 세포벽 합성을 중지하고, 박테리아를 죽인다.

어떤 박테리아는 항생물질의 β-락탐을 파괴하는 효소인 페니실리네이스(*penicillinase*)를 생성하기 때문에 페니실린에 저항한다. 유사물의 합성은 이 문제를 일부분 해결해 준다. 그러나 궁극적으로 그것은 완전히 다른 작용 모드를 가진 항생물질이 필요하게 되었다. *Streptomyces* 박테리아의 변형에 의해서 만들어진 에리트로마이신(erythromycin)은, 1952년에 필리핀의 토양 시료에서 발견되었고, 독특한 거동의 기능을 한다. 그것은 세포벽 단백질 합성 공장인 박테리아 **라이보솜**(*ribosome*)을 방해하는 큰 고리 락톤이다. 비록 에리트로마이신이 페니실리네이스에 의한 효과는 없지만, 그것에 저항성인 박테리아는 항생물질 창고로 도입된 이래 수십 년 이상 개발되어 왔다.

Penicillin의 작용기

펩타이드교환효소

효소

비활성 효소

더욱 복잡한 항생물질인 반코마이신(vancomycin)은 1956년에 Borneo 정글의 토양에서 최초로 발견된 박테리아의 발효 작용에 의해 발명되었다. 사실상 모두 알려진 항생물질에 저항성을 가진 포도상구균의 위험한 변형이 공중 건강에 아주 위험할 때, "Vanco" ["vanquish(극복하다)"에서 따온]는 그러한 전염병의 경우에서 급속히 "최후의 수단의 항생물질"이 되었다. 그 효과는 완전히 화학적 상호작용으로부터 야기되었다. 그 형태와 구조는 성장하는 세포벽 고분자의 끝부분에서 아미노산과 수소 결합의 단단한 망목을 형성하도록 하고, 그 외의 다른 아미노산 단위와 결합하는 것을 방지한다. 그러나 10년 안에 포도상구균의 vanco-저항 변형인 고분자의 말단에 작은 구조적 개질이 항생물질이 결합하는 능력을 중단시키는 것이 나타났다. 이러한

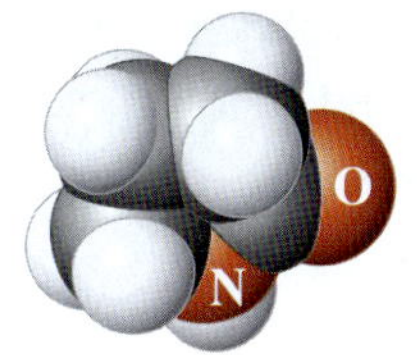

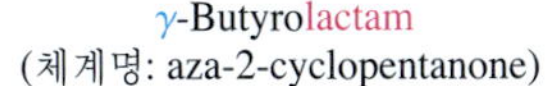
γ-Butyrolactam
(체계명: aza-2-cyclopentanone)

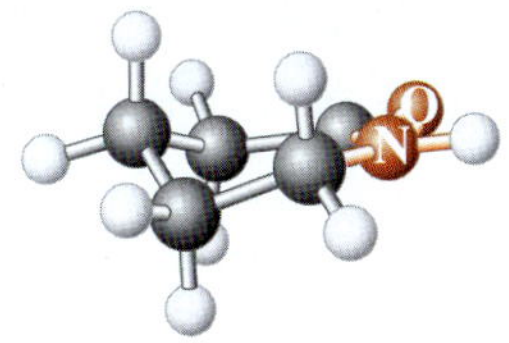

δ-Valerolactam
(체계명: aza-2-cyclohexanone)

아마이드는 생화학에서 절대 필요한 것이다. 아마이드기는 단백질이라는 생체고분자를 만드는 아미노산 소단위체 간의 결합의 구성요소가 된다(26장 참조). 여러 가지 단순 아마이드는 생물 활성을 변화시키는 형태를 가지고 있다. 예를 들면, 아라키돈산(19-13절 참조)과 2-아미노에탄올의 아마이드인 아난다마이드는, 테트라하이드로칸나비놀(tetrahydrocannabinol,

Erythromycin

Vancomycin

개질의 정교한 성질에 대한 지식은 붉은색으로 표시한 아마이드의 카보닐기를 메틸렌(CH_2)으로 치환된 새로운 반코마이신 유도체를 2006년에 개발할 수 있게 하였다. 이 유도체는 일반 박테리아에 대해서는 활성이 낮은 반면 반코마이신에 내성을 가진 종에는 치명적이다. 과학자와 박테리아 세계 사이의 이 전쟁은 계속된다. 새로운 항균성 물질이 성능을 위해 끊임없이 만들어지고 시험되고 있다. 2006년에 개발된 티게시클린(tigecycline)은 테트라시클린(tetracycline)과 관계된 최초의 새로운 항생물질 계열로써, 해충의 내성 문제를 극복하기 위해 설계되었다. 티게시클린은 페니실린 내성인 폐렴구균뿐 아니라 피부와 내부 장기에 약물 내성이 있는 전염병에도 효능이 있다. 진화하는 병원체의 생존 노력을 무너뜨리는 다른 전략이 2007년도에 밝혀졌다. 폴리아마이드의 합성이 진행되어 매년 거의 100,000여명이 감염되고, 20,000여명이 사망자를 내는 황색 포도구균의 내성에 대한 항체를 만드는 면역계를 만든다. 완전히 새로운 백신 접종 방법을 일으킬 수 있는 잠재력을 가진 이런 물질들은 수천 명의 생명을 살릴 수 있다. 동시에 세균은 항생작용을 방시하는 생화학적 조직에 끊임없이 적용하고, 개질을 발전시킨다. 20세기 중반에 시작된 "항생제의 시대"가 21세기까지 계속될지는 아직도 의문이다.

Tigecycline
(Tygacil)

9-11절 참조)과 마찬가지로 뇌에서 같은 수용체로서 결합되고, 마리화나의 활성 성분으로 발견되었다. 아난다마이드의 방출과 결합은 몸이 고통의 인지를 억제하는 메커니즘이다. 아난다마이드는 초콜릿으로부터 분리되고, “초콜릿에 중독되었다고” 주장하는 사람은 그들이 말하는 것을 정말 알 수도 있다.

Anandamide

아마이드 가수분해반응은 진한 산 또는 진한 염기하에서 높은 온도가 요구된다

ANIMATED MECHANISM: Amide hydrolysis

아마이드는 주로 질소의 고립 전자쌍이 가지고 있는 여분의 공명 능력 때문에, 카복실산 유도체 중에서 반응성이 가장 낮다(20-1절 참조). 따라서 아마이드의 친핵성 첨가-제거반응은 비교적 격렬한 조건을 필요로 한다. 예를 들면, 강한 산 또는 염기성 수용액 속에서 오랜 시간 동안 가열할 때 가수분해반응이 일어난다. 산촉매 가수분해반응에서는 상응하는 암모늄염 형태의 아민이 얻어진다.

아마이드의 산 가수분해반응

3-Methylpentanamide $\xrightarrow[\text{(문제 51 참조)}]{H_2SO_4,\ H_2O,\ \Delta,\ 3\ h}$ 3-Methylpentanoic acid + $(NH_4)_2SO_4$

염기 가수분해반응의 경우에는 이탈기로서는 좋지 않은 무기 아마이드 이온인 $^{-}:\ddot{N}H_2$의 이탈이 필요하다. 이 반응은 에스터의 가수분해에서처럼 사면체형 중간체가 공명 안정화된 반응물과 생성물에 비해 높은 에너지를 가지고 있기 때문에 진행된다. 그리고 카복실산에서 이탈된 강한 염기의 빠른 양성자첨가반응을 통해서 평형 과정이 정반응으로 진행되어 제거반응이 완결된다. 전체 과정으로 카복실레이트가 생성되고, 이것은 물 처리 과정을 통해 양성자가 첨가되어 산으로 된다.

아마이드의 염기 가수분해반응

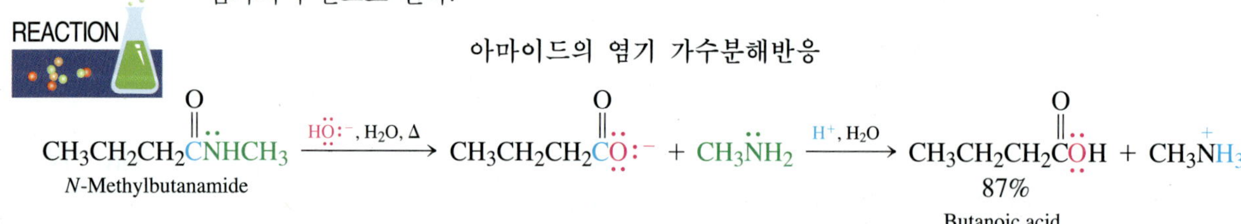

염기 수용액에 의한 아마이드의 가수분해반응 메커니즘

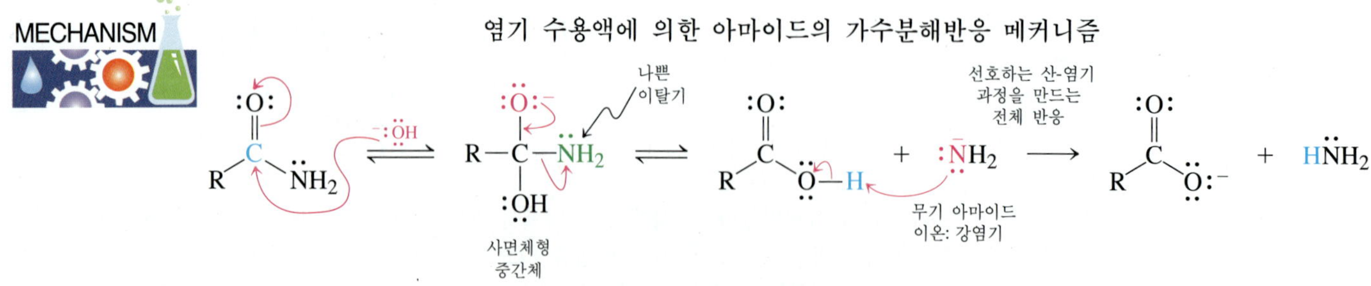

아마이드는 아민 또는 알데하이드로 환원될 수 있다

카복실산이나 에스터와는 대조적으로 아마이드는 수소화 알루미늄 리튬(lithium aluminum hydride)과 반응하여 알코올 대신 아민을 생성한다.

REACTION

아마이드의 환원에 의한 아민의 생성

1. $LiAlH_4$, $(CH_3CH_2)_2O$
2. H^+, H_2O

N,*N*-Diethyl-4-methylpentanamide → 85% *N*,*N*-Diethyl-4-methylpentanamine

수소음이온의 첨가로 시작되는 환원 메커니즘은 사면체형 중간체를 생성한다. 알콕시화 알루미늄(aluminum alkoxide)의 제거반응으로 **이미늄 이온(iminium ion)**이 생성되고, 두 번째의 수소음이온의 첨가로 아민 생성물이 얻어진다.

$LiAlH_4$에 의한 아마이드의 환원 메커니즘

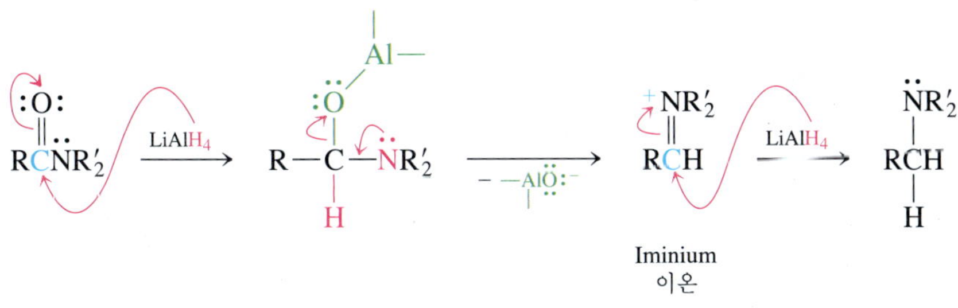

연습 문제 20-18

오른쪽 여백에 나타낸 화합물을 $LiAlH_4$로 환원시킬 때, 어떤 생성물이 얻어지겠는가?

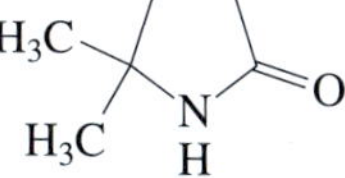

수소화 비스(2-메틸프로필)알루미늄 [bis(2-methylpropyl)aluminum: diisobutylaluminum hydride]으로 아마이드를 환원시키면 알데하이드가 생성된다. 또한 에스터는 이러한 시약에 의해 알데하이드로 전환된다는 것을 기억하라(20-4절 참조).

아마이드 환원에 의한 알데하이드 생성

1. $(CH_3CHCH_2)_2AlH$ (CH_3 치환), $(CH_3CH_2)_2O$
2. H^+, H_2O

N,*N*-Dimethylpentanamide → 92% Pentanal

연습 문제 20-19

개념 문제: 아마이드의 환원

아마이드 A와 $LiAlH_4$를 반응시킨 다음, 산성 수용액으로 반응마무리하면 화합물 B가 얻어진다. 이 반응을 설명하시오.

A —($LiAlH_4$, $(CH_3CH_2)_2O$)→ —(H^+, H_2O)→ B

전략

각 과정을 개별적으로 생각해 보라. 첫 번째 반응의 생성물을 나타내고, 이것이 어떻게 최종 생성물로 전환되는지를 고려하라.

풀이

- A를 $LiAlH_4$로 처리한 결과는 무엇인가? 이 절에서 나타낸 것과 같이 카복스아마이드 작용기는 일차 아민을 환원된다.
- 아세탈은 강염기 또는 강한 환원제 모두에 저항성이 있어서 아세탈은 변하지 않고 남아 있다(17-7절 참조). 그러나 아세탈은 반응마무리 산성 수용액에서 케톤으로 가수분해된다. 여기서 다음과 같은 aminoketone이 된다.

$$CH_3C(=O)CH_2CH_2CH_2NH_2$$

- 이 구조와 최종 생성물 B의 구조를 비교해 보면 아미노 질소는 카보닐 탄소에 결합되어서 고리 아민을 형성한다. 아미노기와 카보닐기와의 산촉매 축합(17-9절 참조)은 이 변환에 대한 합리적인 설명을 제공한다.

연습 문제 20-20

자습 문제

연습 문제 20-19의 아마이드 A를 diisobutylaluminum hydride와 반응시킨 후 산으로 처리하면, 연습 문제 20-19에서 기술한 결과와는 전혀 다른 물질을 얻는다. 이 반응의 생성물은 2-cyclo-

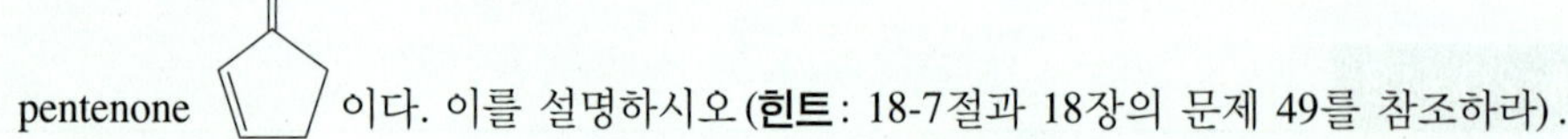

pentenone 이다. 이를 설명하시오(**힌트**: 18-7절과 18장의 문제 49를 참조하라).

요약 카복실산 아마이드는 알칸아마이드로 명명하고, 고리 화합물인 경우는 락탐으로 명명한다. 이러한 화합물은 산 또는 염기에 의해 카복실산으로 가수분해되고, 수소화 알루미늄 리튬에 의해 아민으로 환원된다. 수소화 비스(2-메틸프로필)알루미늄(수소화 다이아이소뷰틸알루미늄)에 의한 환원 반응은 알데하이드 단계에서 중단된다.

20-7 아미데이트와 이들의 할로젠화반응: Hofmann 재배열반응

아마이드에서 카보닐기에 인접한 탄소와 질소 원자에 있는 수소는 모두 산성이다. 수소의 pK_a 값이 약 22인 NH의 수소를 제거하면 염기가 **아미데이트 이온(amidate ion)**으로 변한다. pK_a 값이 약 30인 CH의 양성자는 덜 산성이다(20-1절 참조). 그러므로 α-탄소의 양성자이탈반응으로 **아마이드 엔올레이트(amide enolate)**가 생성되기에는 매우 어렵다.

$$\underset{\text{Amide enolate 이온}}{R\ddot{C}HC(=O)\ddot{N}H_2} + H^+ \underset{\text{매우 불리한}}{\overset{\text{염기}}{\rightleftharpoons}} \underset{pK_a \approx 30 \quad pK_a \approx 22}{RCH_2C(=O)\ddot{N}H_2} \overset{\text{염기}}{\rightleftharpoons} \underset{\text{Amidate 이온}}{RCH_2C(=O)\ddot{N}H^-} + H^+$$

이러한 이유 때문에 질소에 수소 원자가 없는 사차 아마이드를 가진 α-탄소에 있는 양성자를 제거할 수 있다.

일차 아마이드의 양성자이탈반응에 의해 생성된 아미데이트 이온은 합성적으로 유용한 친핵체이다. 여기서는 이들의 반응 중의 하나인 Hofmann 재배열 반응에 관해서만 설명하고자 한다.

연습 문제 20-21

1,2-Benzenedicarboxyimide (phthalimide, A) 의 pK_a값은 8.3으로서, benzamide (B) 의 pK_a값보다 낮다. 그 이유를 설명하시오.

A B

염기 존재하에서 일차 아마이드는 **Hofmann* 재배열반응 (Hofmann rearrangement)** 이라고 하는 특별한 할로젠화반응을 일으킨다. 이 반응에서는 카보닐기가 분자로부터 방출되어 사슬에 한 개의 탄소 원자가 부족한 일차 아민이 얻어진다.

Hofmann 재배열반응

$$RCONH_2 \xrightarrow{X_2,\ NaOH,\ H_2O} RNH_2 + O{=}C{=}O$$

$$\underset{\text{Nonanamide}}{CH_3(CH_2)_6CH_2CONH_2} \xrightarrow{Cl_2,\ NaOH} \underset{\substack{66\% \\ \text{Octanamine}}}{CH_3(CH_2)_6CH_2NH_2} + O{=}C{=}O$$

Hofmann 재배열반응은 질소에 결합되어 있는 수소의 양성자이탈반응으로 시작되어 아미데이트 이온을 생성한다 (단계 1). 알데하이드와 케톤 엔올레이트의 α-할로젠화반응 (단계 2, 18-3절 참조) 에서와 마찬가지로, 이 반응에서는 아미데이트 음이온이 형성된 다음에 질소에 할로젠화반응이 일어난다. 다음에 질소의 두 번째 양성자가 염기에 의해 제거되어 *N*-할로아미데이트 (*N*-haloamidate) 가 생성된다 (단계 3). 약한 질소-할로젠 결합과 잠재적으로 좋은 이탈기인 이 화학종은 R기가 카보닐 탄소에서 질소로 이동하는 과정을 통해서 할로젠화 이온이 이탈된다 (단계 4). 이 이동으로 생성된 화합물은 아이소사이아네이트 (isocyanate, R—N=C=O) 이며, 이산화 탄소 (O=C=O) 의 질소 유사물이다. 아이소사이아네이트에서 *sp* 혼성화된 카보닐 탄소는 매우 친전자성이며, 물에 의해 불안정한 **카밤산 (carbamic acid)** 을 생성한다. 마지막으로 카밤산은 이산화 탄소와 아민으로 분해된다 (단계 5).

Hofmann 재배열반응의 메커니즘

단계 1. 아미데이트 생성

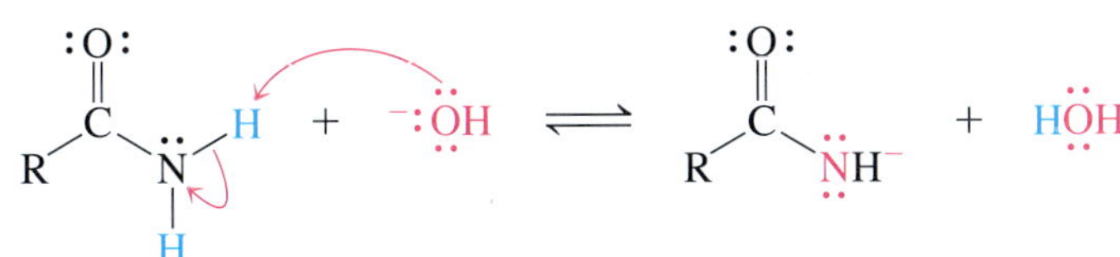

단계 2. 할로젠화반응

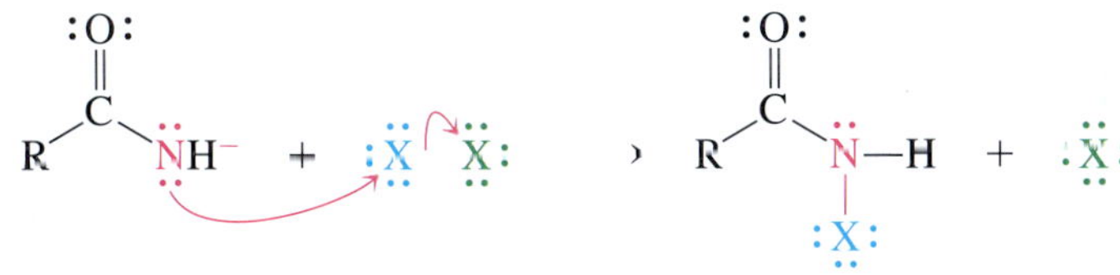

*E2 반응의 Hofmann 규칙의 그 Hofmann이다 (11-6절 참조).

단계 3. *N*-할로아미데이트 생성

$$RC(=O)\ddot{N}(X)-H + {}^{-}:\ddot{O}H \rightleftharpoons RC(=O)\ddot{N}^{-}-\ddot{X}: + H\ddot{O}H$$

N-Haloamidate

단계 4. 재배열반응과 할로젠화물 제거반응

$$RC(=O)\ddot{N}^{-}-\ddot{X}: \longrightarrow \ddot{O}=C=\ddot{N}-R + :\ddot{X}:^{-}$$

"밀고" "당기고"

Isocyanate

단계 5. 카밤산의 수화 및 분해

$$R\ddot{N}=C=\ddot{O} \xrightarrow{H_2O} R(H)N-C(=O)-\ddot{O}H \longrightarrow R\ddot{N}H_2 + CO_2$$

Carbamic acid

재배열반응 단계에서 알킬기는 카보닐 탄소를 넘어서 질소로 그대로 "미끄러져" 넘어가고, 그 전에 탄소에 결합되어진 질소 쪽의 동일 "면"을 유지한다. 그 결과로 이 알킬기가 카이랄일 때 원래의 입체화학은 재배열 과정 동안 유지된다. 이와 같은 전자의 "밀고-당기는" 과정, 즉 이탈기가 이웃의 알킬기를 옮기게 하는 과정은, 2,2-다이메틸-1-프로판올의 산촉매하의 재배열 과정(네오펜틸 알코올, 9-3절 참조), 알킬보레인의 산화(12-8절) 그리고 Baeyer-Villiger 산화반응(17-13절)과 유사하다.

"밀고-당기고" 전이 상태

$$(CH_3)_3C-CH_2-\overset{+}{\ddot{O}}H_2$$

"밀고" "당기고"

2,2-dimethyl-1-propanol (neopentyl alcohol)의 산촉매 재배열반응

$$R_3B^{-}-\ddot{O}-\ddot{O}H$$

"당기고" "밀고"

Alkylborane 산화반응

"당기고" "밀고"

Baeyer-Villiger 산화반응

연습 문제 20-22

Hofmann 재배열반응의 생성물을 쓰시오.

$$C_6H_5CH(CH_3)C(=O)NH_2 \xrightarrow{Cl_2,\ NaOH,\ H_2O}$$

연습 문제 20-23

염기 존재하에서 isocyanate에 물이 첨가되는 메커니즘과 여기서 얻어진 carbamic acid의 카복시기이탈반응의 메커니즘을 제시하시오.

연습 문제 20-24

다음에 주어진 반응에서 에스터 A를 아민 B로 전환할 수 있는 반응 순서를 제안하시오.

$COOCH_3$ ---> NH_2

A B

요약 일차와 이차 아마이드를 염기로 처리하면 질소의 양성자가 제거되어, 아미데이트 이온이 생성된다. 염기는 삼차 아마이드의 α-탄소에 있는 양성자를 제거한다. Hofmann 재배열반응에서 아마이드가 염기 속에서 할로젠과 반응하여 탄소수가 하나 적은 아민을 생성한다. 이 반응은 알킬기 이동을 포함하고 있는데, 알킬기 이동으로 아실 나이트렌에서 아이소사이아네이트로 전환된다.

화학 이야기 20-3

아이소사이안산 메틸, 카바메이트계 살충제 그리고 화학 산업에서의 안전

DDT(화학 이야기 3-2)와 다른 염소화된 유기 화합물을 살충제로부터의 제거하는 것은 작물에 피해를 주는 병충들의 조절에 대한 접근법에 있어서 변화를 필요로 한다. 기본적으로 각기 다른 형태에 대해 매년 바뀌는 살충제 적용 전략들은, 벌레들의 살충제에 대한 내성을 최소화하면서 떼지어 해를 끼치는 것을 조절하는 쪽으로 개발되었다. 피레트린(pyrethrin) 자연계의 살충제인 크리산테믹산(chrysanthemic acid, 4-7절 참조)은 일반적으로 많이 사용되는 것 중 하나이다. 알라타체 호르몬 유사체는 대체물을 제공한다(화학 이야기 12-1 참조). 매우 강력한 종의 수를 조절하는 살충제의 필요성은, 벌레의 신경 시스템을 표적으로 하는 여러 종류의 물질 개발을 이끌었다. 인산 유기 화합물 유도체(유기인화합물)는 이 범주의 화합물이다. 다이아지논(diazinon)과 말라티온(malathion)과 같은 익숙한 이름은 유기인화합물이다. 카바메이트는 벌레의 신경독성계를 구성한다. 대표적으로 카보푸란(푸라단)과 카바릴(세빈)이 있으며, 이들은 아이소사이안산 메틸에 페놀을 첨가함으로써 합성할 수 있다.

2,3-Dihydro-2,2-dimethyl-7-benzofuranol —($CH_3N{=}C{=}O$, Methyl isocyanate)→ 2,3-Dihydro-2,2-dimethyl-7-benzofuranyl *N*-methylcarbamate (Furadan)

1-Naphthalenol (1-Naphthol) —($CH_3N{=}C{=}O$)→ 1-Naphthyl *N*-methylcarbamate (Sevin)

카바메이트 살충제는 적합한 신경 자극의 전달에 필수적인 콜린분해효소(cholinesterase)를 억제한다. 카보푸란과 카바릴은 미국에서 콩 진디물과 같은 특정 해충의 방제에 중요성이 증가하고 있다. 이와 같은 물질을 사용할 때는 매우 조심해야 하는데, 이들의 신경독성은 벌레에만 한정된 것이 아니라 사람과 동물에게까지 작용되기 때문이다. 그들의 안전한 사용은 사용량과 생물학적 반응 간의 관계 이해를 바탕으로 한다. 효과를 낼 정도의 살포는 표적물의 몸무게에 대략 비례하므로 벌레를 죽이는데 필요한 살충제의 양은 매우 작다. 그들의 안전한 사용에 대한 자세한 규약은 인간에 한에서 유해를 일으키지 않는 매우 적은 양으로 제한되었다.

그럼에도 불구하고, 그런 물질을 다루는 위험은 1984년 12월 3일 아침 인도의 Bhopal에서 나타났다. 안전 규약은 세빈을 제조하는 인도에 있는 유니온 카바이드에 의해 제대로 작동되지 못했다. 안전 규약은 제조 시설로부터 제거되었다. 40톤의 아이소사이안산 메틸이 대기 중으로 방출되어 무서운 결과를 초래했다. 수십만 명이 노출되었으며, 몇 시간 만에 3000명이 사망하고, 수만 명이 쇠약한 상처를 입었다. 이 지역의 지하수는 오염이 되었고, 원상 복구에 대한 비용을 누가 댈 것인지 대한 논쟁이 계속되었다. 역사상 화학 산업의 최악의 사건인 이 재앙은, 독성 물질을 대량으로 다룰 때에 관련되는 안전의 측정을 완전히 재고하게 되었다. 1988년 미국 화학 이사회는 처음으로 Responsible Care를 도입하였다. 이것은 화학 산업계에 있는 모든 구성원들이 자발적으로 환경, 건강, 안전에 대한 엄격한 표준을 미국 정부에 의해 요구되는 것보다 강하게 실행하는 것이다. RC(주도적 관심) 프로그램은 요구되는 목표에 부합하는지에 대한 것을 독립적인 제 3자의 인증으로 확인하게 하였다. 지금까지 이 프로그램의 실행 동안 회원사는 미국 환경 보호청의 기준의 환경 오염물질의 배출을 80% 줄였으며, 전체 노동자의 안전이 미국 전체의 제조 부분보다 다섯 배 좋은 결과를 보였다.

20-8 알케인나이트릴: 특수한 부류의 카복실산 유도체

나이트릴 (nitrile) RC≡N은 나이트릴 탄소가 카복시 탄소와 동일한 산화 상태이기 때문에, 그리고 나이트릴 탄소가 다른 카복실산 유도체로 상호전환될 수 있기 때문에 카복실산의 유도체로 간주된다. 이 절에서는 나이트릴의 명명, 나이트릴기의 구조와 결합 및 몇 가지 나이트릴 화합물의 분광학적인 특징을 설명한다. 그 후에 나이트릴기의 화학과 다른 카복실산 유도체의 화학을 비교하고자 한다.

IUPAC 명명법에서 나이트릴은 알케인으로부터 명명한다

나이트릴 화합물의 체계적인 이름은 **알칸나이트릴 (alkanenitrile)** 이다. 관용명에서는 카복실산의 어미 -산(-ic acid)을 **-나이트릴 (-nitrile)** 로 바꾼다. 사슬은 카복실산과 같은 방법으로 번호를 매긴다. 다이카복실산으로부터 얻어진 다이나이트릴에도 비슷한 규칙이 적용된다. 치환기 CN은 **사이아노 (cyano)** 라 명명한다. 사이아노사이클로알케인은 **사이클로알칸카보나이트릴 (cycloalkanecarbonitrile)** 로 명명한다. 여기서는 체계적인 벤젠카보나이트릴을 사용하기보다는 관용명인 벤조나이트릴(벤조산으로부터 나오는)을 사용할 것이다.

$CH_3C{\equiv}N$

Ethanenitrile (Acetonitrile)

$CH_3CH_2C{\equiv}N$

Propanenitrile (Propionitrile)

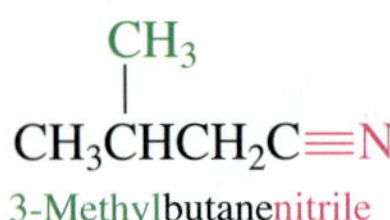

3-Methylbutanenitrile

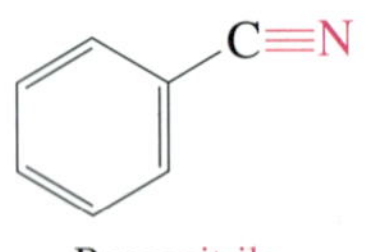

Benzonitrile

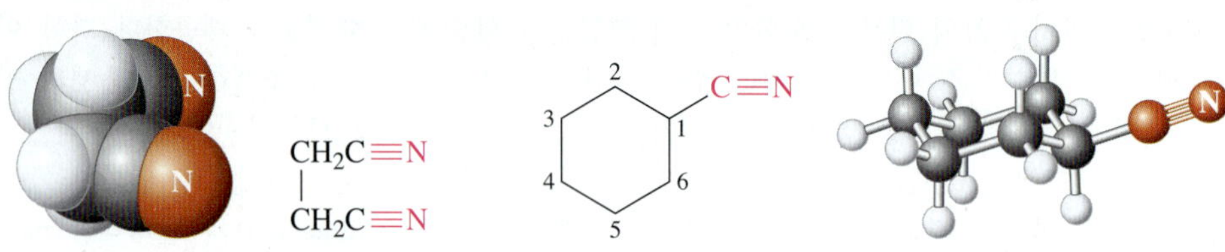

Butanedinitrile (Succinonitrile)   Cyclohexanecarbonitrile

나이트릴의 C≡N 결합은 알카인의 C≡C 결합과 유사하다

나이트릴에서 작용기의 두 원자는 모두 *sp* 혼성화이며, 질소의 고립 전자쌍은 C—N 축상의 분자로부터 반대 방향을 가리키는 *sp* 혼성 오비탈을 차지하고 있다. 나이트릴 작용기의 혼성화와 구조는 알카인과 매우 유사하다(그림 20-3, 또한 그림 13-1 및 13-2 참조).

적외선 스펙트럼에서 C≡N 신축 진동은 C≡C 흡수와 같은 영역이지만, 보다 강하게 약 2250 cm^{-1}에서 나타난다. 나이트릴의 ^1H NMR 스펙트럼에서는 나이트릴기에 인접한 양성자가 다른 카복실산과 알카인 유도체만큼 크게 벗어나 있는 것으로 관찰된다(표 20-3 참조).

^{13}C NMR에서 나이트릴 탄소의 흡수는 질소의 전기음성도가 탄소보다 크기 때문에 알카인 ($\delta \approx 65 \sim 85$ ppm) 보다 낮은 ($\delta \approx 112 \sim 126$ ppm) 에서 나타난다. 따라서 나이트릴은 그림 20-3C의 정전기 퍼텐셜 그림에서 보여준 것과 같이 편극된다.

표 20-3

치환된 methane, CH_3X의 ^1H NMR 화학적 이동값

X	δ_{CH_3} (ppm)
—H	0.23
—Cl	3.06
—OH	3.39
—CH(=O)	2.18
—COOH	2.08
—$CONH_2$	2.02
—C≡N	1.98
—C≡CH	1.80

연습 문제 20-25

1,3-Dibromopropane을 dimethyl sulfoxide-d_6 속에서 sodium cyanide와 반응시켜 얻어지는 혼합물을 ^{13}C NMR로 조사해 보자. 몇 분 후에 네 개의 새로운 봉우리가 나타나는데, 이들 봉우리 중의 하나는 다른 봉우리와는 달리 낮은장인 δ = 117.6 ppm에서 나타난다. 계속해서 출발물과 중간체의 봉우리가 없어지면서 세 개의 다른 봉우리가 δ = 119.1, 22.6, 17.6 ppm에서 나타나기 시작한다. 이러한 사실을 설명하시오.

나이트릴은 가수분해되어 카복실산이 된다

19-6절에서 언급한 것처럼 나이트릴이 산 또는 염기 수용액에서 가수분해되어 상응하는 카복실산이 얻어진다. 보통 높은 온도에서 진한 산이나 염기를 필요로 하는 격한 조건들이다.

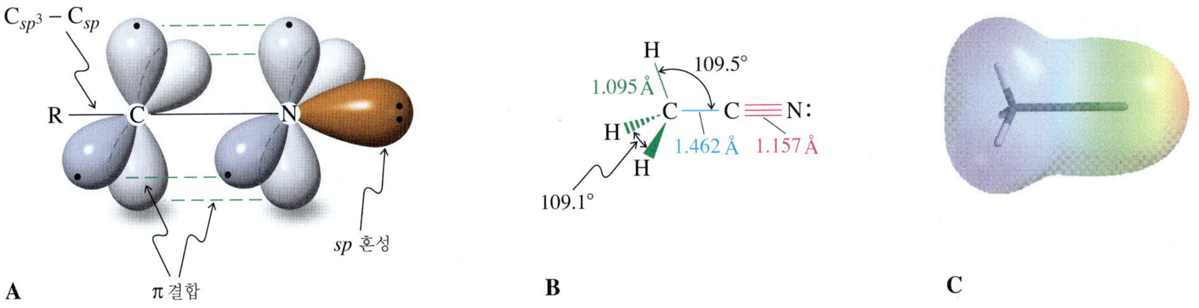

그림 20-3 (A) C≡N 작용기에서 두 원자의 *sp* 혼성화를 나타낸 나이트릴기의 분자 오비탈 그림. (B) ethanenitrile (acetonitrile) 의 분자 구조, 이것은 상응하는 알카인의 구조와 유사하다. (C) Ethanenitrile의 정전기 퍼텐셜 지도. 양으로 편극된 사이아노 탄소 (푸른색), 음으로 편극된 질소 (초록색), 고립 전자쌍 (붉은색).

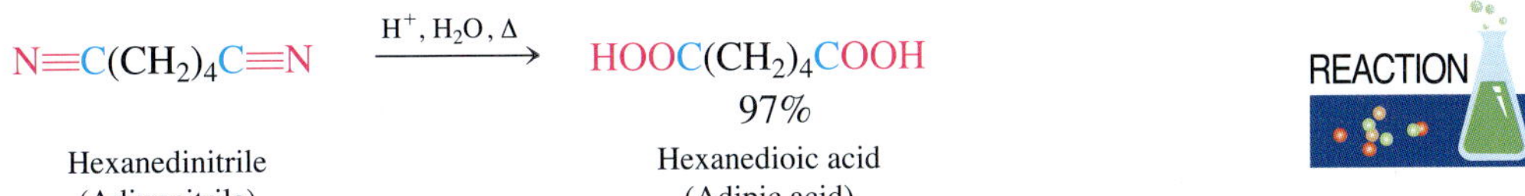

이런 반응들의 메커니즘은 아마이드 중간체를 통해 진행되며, 첨가-제거반응 단계를 포함한다.

산촉매에 의한 가수분해반응에서는 먼저 질소가 양성자첨가된 다음, 물 분자의 친핵성 공격이 일어난다. 산소로부터 양성자가 제거되어 중성의 중간체가 형성되는데, 이것은 아마이드의 토토머이다. 질소에 두 번째 양성자첨가가 일어나고 다시 산소에서 양성자가 떨어져 나가서 아마이드가 생성된다. 아마이드의 가수분해반응은 일반 첨가-제거반응 경로에 의해 진행된다.

나이트릴의 산촉매 가수분해반응의 메커니즘

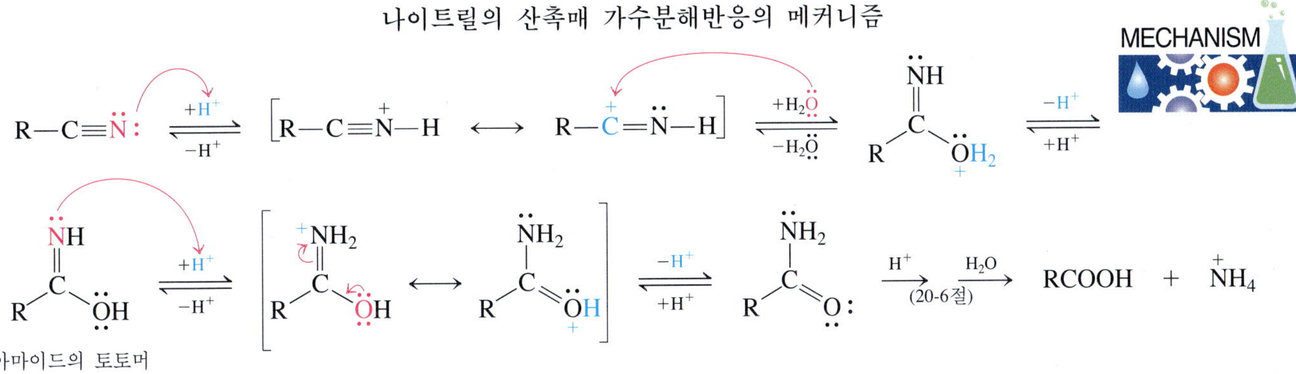

염기 촉매에 의한 나이트릴의 가수분해반응에서는 수산화 이온의 직접적인 공격으로 아마이드 토토머의 음이온이 생성되어, 질소에 양성자첨가가 일어난다. 그런 다음 산소에 남아 있는 양성자가 염기에 의해 제거되고, 두 번째 *N*-양성자첨가반응으로 아마이드가 생성된다. 20-6절에서 설명한 것과 같은 가수분해반응이 완결된다.

나이트릴의 염기 촉매 가수분해반응의 메커니즘

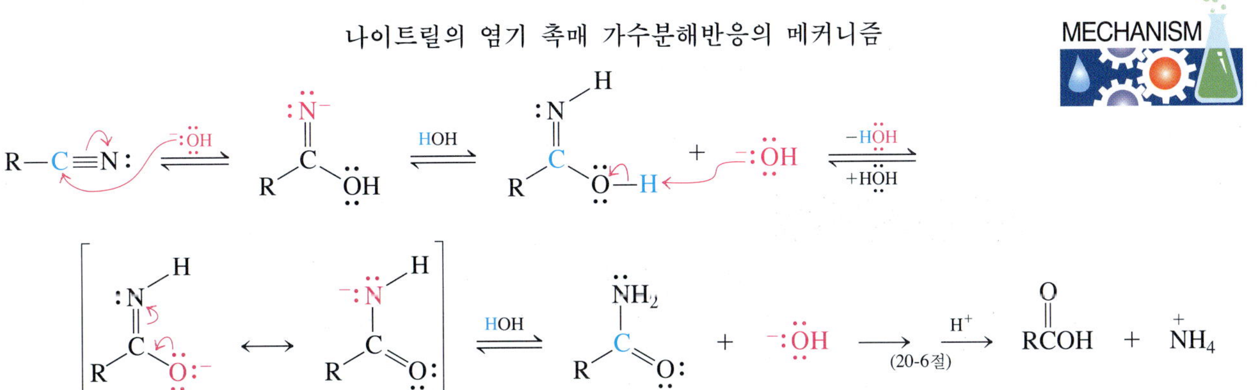

유기금속 시약이 나이트릴을 공격하여 케톤을 생성한다

유기금속 시약과 같은 강한 친핵체가 나이트릴에 첨가되면 음이온성 이민염(anionic imine salt)이 생성된다. 산 수용액으로 반응마무리하면 중성의 이민이 되며, 중성의 이민이 케톤으로 빠르게 가수분해된다(17-9절 참조).

나이트릴로부터 케톤의 합성

$$R{-}C{\equiv}N + R'M \;(M = \text{금속}) \longrightarrow R(R')C{=}\ddot{N}{:}^{-}M^{+} \xrightarrow[-\,MOH]{H^+,\,HOH} R(R')C{=}\ddot{N}H \xrightarrow{H^+,\,H_2O} R(R')C{=}O + \overset{+}{N}H_4$$

$$\underset{\substack{\text{Ethanenitrile}\\\text{(Acetonitrile)}}}{CH_3CN} \xrightarrow{\text{1. }CH_3(CH_2)_3CH_2MgBr,\ THF \quad \text{2. }H^+,\ H_2O} \underset{\substack{44\%\\\text{2-Heptanone}}}{CH_3\overset{O}{\overset{\|}{C}}(CH_2)_4CH_3}$$

수소화물 시약으로 나이트릴을 환원시키면 알데하이드와 아민이 얻어진다

에스터와 아마이드 반응에서와 마찬가지로, 수소화 비스(2-메틸프로필) 알루미늄(수소화 다이아이소뷰틸알루미늄, DIBAL)을 나이트릴에 첨가하면, 곧바로 이민 유도체가 생성된다. 그런 다음 수용액에서 가수분해하면 알데하이드가 생성된다.

나이트릴로부터 알데하이드의 합성

$$R{-}C{\equiv}N + R'_2AlH \longrightarrow R{-}C(H){=}N{-}AlR'_2 \xrightarrow{H^+,\,H_2O} R(H)C{=}O$$

$$\text{1-(1,3-benzodioxol-5-yl)cyclopropane-CN} \xrightarrow{\text{1. }(CH_3\overset{CH_3}{\overset{|}{C}}HCH_2)_2AlH \quad \text{2. }H^+,\ H_2O} \underset{85\%}{\text{1-(1,3-benzodioxol-5-yl)cyclopropane-CHO}}$$

나이트릴을 강한 수소화물 환원제로 처리하면 이중 수소화물 첨가반응이 일어나고, 수용액으로 처리하면 아민이 얻어진다. 이러한 목적에 가장 알맞은 시약은 수소화 알루미늄 리튬이다.

$$\underset{\text{Butanenitrile}}{CH_3CH_2CH_2C{\equiv}N} \xrightarrow{\text{1. }LiAlH_4 \quad \text{2. }H^+,\ H_2O} \underset{\substack{85\%\\\text{Butanamine}}}{CH_3CH_2CH_2CH_2NH_2}$$

연습 문제 20-26

$LiAlH_4$로 나이트릴을 환원시키면 C≡N 삼중 결합에 네 개의 수소 원자가 첨가된 아민이 얻어진다(환원제로부터 두 개의 수소와 수용액 반응마무리 과정에서 물로부터 두 개의 수소). 이 변환반응에 대한 메커니즘을 나타내시오.

알카인의 삼중 결합(13-6절 참조)과 마찬가지로, 나이트릴기도 촉매에 의해 활성화된 수소가 수소첨가반응을 진행한다. 수소화 알루미늄 리튬에 의해 환원되어 얻어지는 것처럼 아민이 생성된다. 이때 네 개의 수소는 모두 수소 기체로부터 제공된다.

$$CH_3CH_2CH_2C{\equiv}N \xrightarrow{H_2,\ PtO_2,\ CH_3CH_2OH,\ CHCl_3} CH_3CH_2CH_2CH_2NH_2$$

Butanenitrile → Butanamine 96%

연습 문제 20-27

다음에 주어진 화합물들을 pentanenitrile로부터 어떻게 제조할 것인지를 나타내시오.

(a) $CH_3(CH_2)_3COOH$ **(b)** $CH_3(CH_2)_3\overset{O}{\overset{\|}{C}}(CH_2)_3CH_3$

(c) $CH_3(CH_2)_3\overset{O}{\overset{\|}{C}}H$ **(d)** $CH_3(CH_2)_3CD_2ND_2$

요약 나이트릴은 알케인나이트릴로 명명한다. C—N 결합을 이루는 두 원자는 *sp* 혼성화이며, 질소의 고립 전자쌍은 *sp* 혼성 오비탈을 차지하고 있다. 나이트릴의 신축 진동은 2250 cm^{-1}에서 나타나며, ^{13}C NMR에서 나이트릴 탄소는 대략 120 ppm에서 공명한다. 나이트릴이 산 또는 염기 촉매 가수분해하여 카복실산이 되고, 유기금속 시약(RLi, RMgBr)을 가하면 케톤이 생성된다. 수소화 비스(2-메틸프로필) 알루미늄(수소화 다이아이소뷰틸 알루미늄 DIBAL)을 첨가반응시킨 다음 가수분해시키면 알데하이드가 얻어지지만, $LiAlH_4$ 또는 촉매로 활성화된 수소는 나이트릴기를 아민으로 전환시킨다.

요점

이전 네 개 장에 걸쳐 카보닐 작용기를 기반으로 하는 주요 화합물들을 소개하였다. 그들의 유사성과 차이점은 유기화학에서 구조가 작용을 결정짓는 것을 반영한다. 카보닐 화학을 지배하는 기본 원리는 1장과 2장에서 처음으로 도입된 개념에서 나타났던 것이다.

- 극성 결합의 세기와 반응성(1-3절과 2-3절)
- 구조와 안정성에서 공명 비편재화의 영향(1-5절)
- 산-염기 화학의 직, 간접적 응용(2-2절)

카보닐 화학은 매우 많은 유기화학의 기본 개념을 예시한다. 세심한 공부는 다른 모든 화합물의 보다 포괄적인 물성에 대한 이해를 발전시키는 시작점을 제시한다. 향후 어떤 목적으로든 유기화학에서 여러분의 과정을 검토할 필요가 있을 때, 카보닐 화학은 좋은 출발점이 될 것이다. 왜냐하면 다른 남은 주제를 좀 더 심도 있게 이해하는데 도움을 줄 것이기 때문이다.

21장에서 마지막 간단한 화합물 종인 아민을 배울 것이다. 다시 한 번 극성 결합과 산-염기 화학이 매우 중요한 역할을 할 것이다.

통합 문제

20-28. 다이올 형태의 화합물을 합성하는 유용한 합성에 "bisGrignard" 시약과 락톤의 반응이 포함된다.

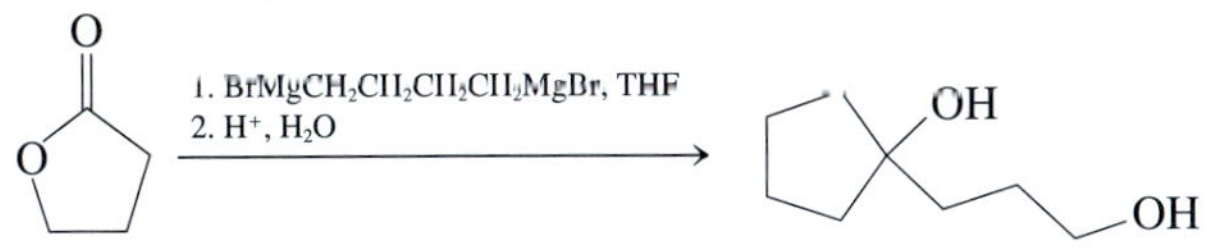

1. $BrMgCH_2CH_2CH_2CH_2MgBr$, THF
2. H^+, H_2O

(a) 이 전환반응에 대한 메커니즘을 나타내시오.

풀이

락톤이 단지 고리 에스터라는 것을 알기 시작하였고, 따라서 이 문제를 접근하는 지침으로 20-4절에서 언급한 Grignard 시약과 에스터의 반응으로 간주할 수 있다.

에스터는 Grignard 시약의 두 당량과 순차적으로 반응을 한다. 첫 번째 알콕사이드기가 이탈하여 새로운 탄소-탄소 결합을 형성하는 첨가-제거반응 순서를 거쳐 케톤을 생성한다. 두 번째는 Grignard 당량이 이 케톤의 카보닐에 첨가되어 최종 생성물인 삼차 알코올을 형성한다. 이 문제는 두 가지 방법으로 설명할 수 있다. 에스터는 고리이다. 그러므로 첫 번째 Grignard 첨가-제거반응 과정으로 고리가 열리고, 알콕사이드 이탈기는 중간체 케톤의 탄소 사슬에 결합되어 있다. Grignard 시약을 가진 두 **분리된** 분자가 되는 대신에, 여기서 한 분자가 **두 개의** Grignard 작용기를 포함하게 된다. 따라서 두 번째 Grignard 작용기가 처음과 같이 똑같은 카보닐 탄소에 첨가되면, 새로운 고리를 **형성한다**.

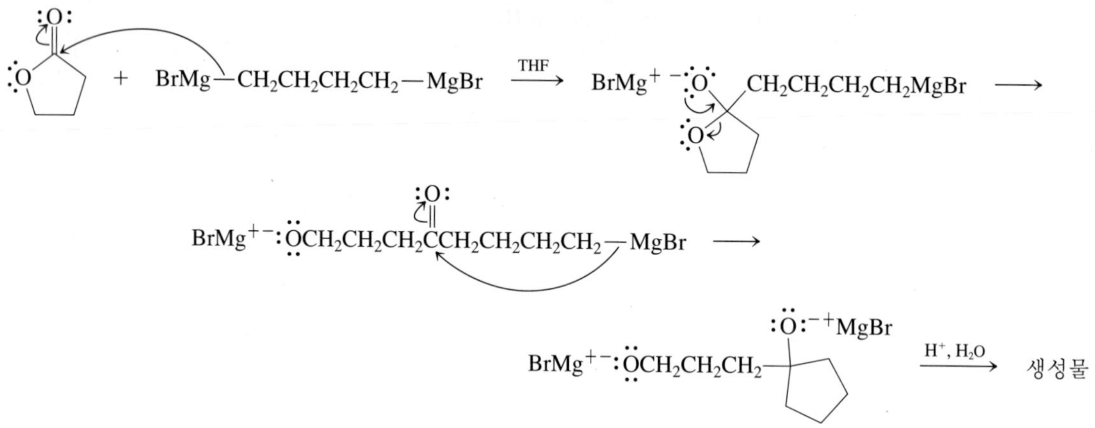

(락톤) + $BrMg{-}CH_2CH_2CH_2CH_2{-}MgBr$ $\xrightarrow{THF}$ $BrMg^+\ {}^-{:}\ddot{O}$ (사면체 중간체) $CH_2CH_2CH_2CH_2MgBr$ ⟶

$BrMg^{+-}{:}\ddot{O}CH_2CH_2CH_2\overset{\overset{:O:}{\|}}{C}CH_2CH_2CH_2CH_2{-}MgBr$ ⟶

$BrMg^{+-}{:}\ddot{O}CH_2CH_2CH_2{-}$(사이클로펜탄, ${:}\ddot{O}{:}^{-+}MgBr$) $\xrightarrow{H^+,\ H_2O}$ 생성물

(b) 다이올 A와 B를 합성하는데 위의 일반적인 방법을 어떻게 응용할 것인지를 나타내시오.

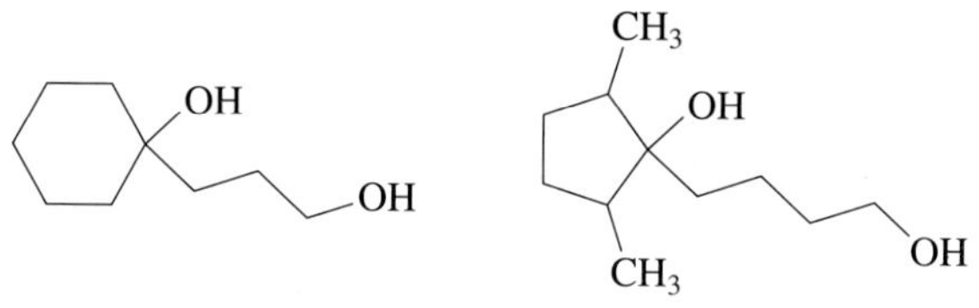

A: 1-(3-하이드록시프로필)사이클로헥산올 (OH, OH)

B: 2,5-다이메틸-1-(4-하이드록시뷰틸)사이클로펜탄올 (CH_3, OH, OH, CH_3)

풀이

(a)의 메커니즘을 참고하여 아래에 나타낸 변화에 의해서 다음과 같은 형식을 일반화할 수 있다.

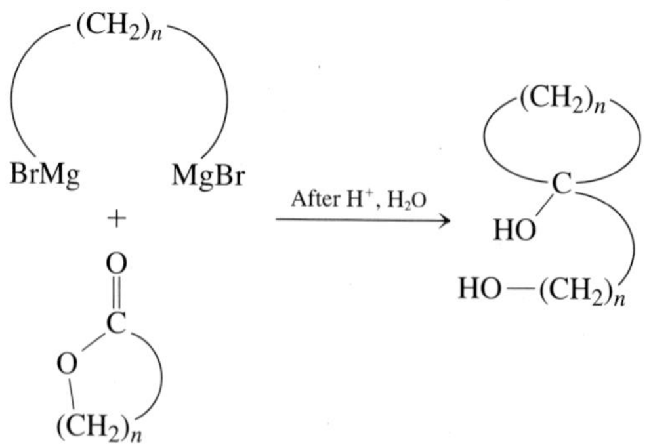

$BrMg{-}(CH_2)_n{-}MgBr$ + 락톤 $[O{-}C(=O){-}(CH_2)_n]$ $\xrightarrow{\text{After } H^+,\ H_2O}$ $(CH_2)_n$ 고리의 C(HO) $-(CH_2)_n-OH$

답은 다음과 같다.

(γ-뷰티로락톤) + $BrMgCH_2CH_2CH_2CH_2CH_2MgBr$, then H^+, H_2O ⟶ A

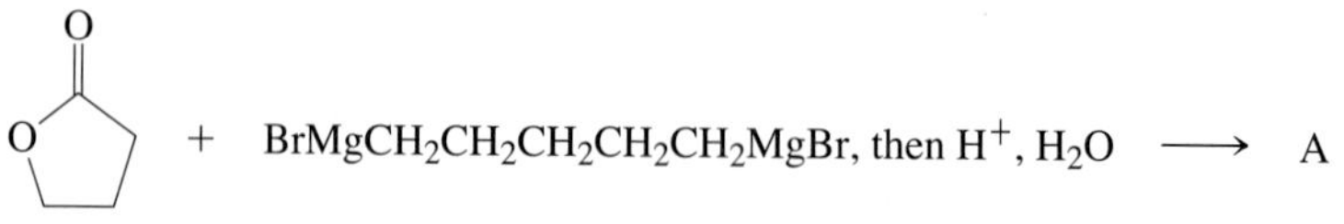

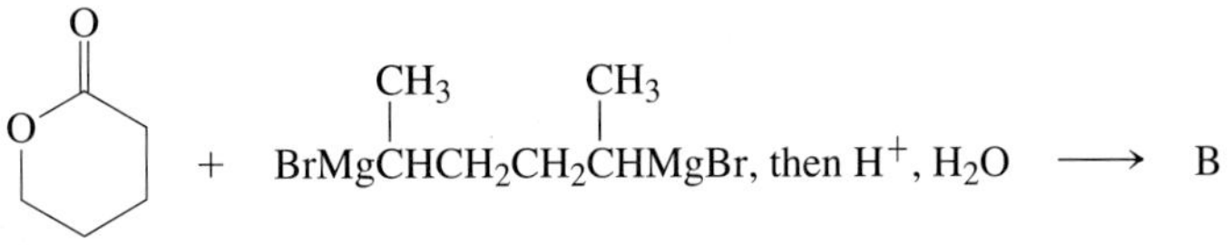

$$\text{(lactone)} + BrMgCH(CH_3)CH_2CH_2CH(CH_3)MgBr, \text{ then } H^+, H_2O \longrightarrow B$$

20-29. Clovene은 caryophyllene (12장의 문제 74 — 정향)의 산촉매 재배열로부터 생성되는 세스퀴터펜이다. 다음과 같은 일련의 변환은 글로벤 전합성의 일부분으로 이루어져 있으나, 그 시약은 빠져 있다. 합당한 시약과 각 변환에 대한 반응 조건을 나타내고, 어떤 변환은 한 단계 이상이 필요하다. 어떤 경우에 정보를 얻기 위하여 앞의 장, 특히 17~19장을 참고할 필요가 있을 것이다.

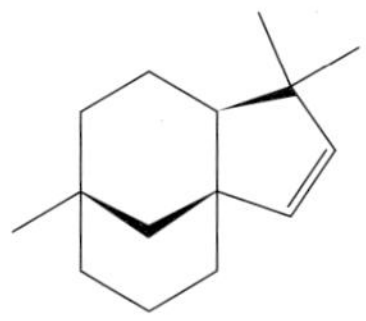

Clovene

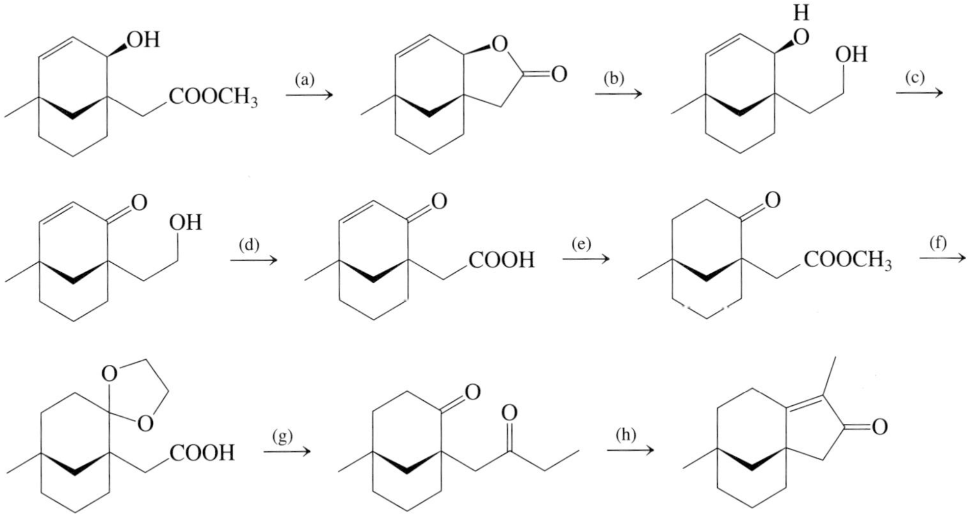

(a) → (b) → (c) → (d) → (e) → (f) → (g) → (h)

OH, $COOCH_3$, O, OH, COOH, $COOCH_3$, COOH, O

풀이

이런 종류의 합성 문제를 어떻게 분석할 것인가? 각 변환을 특성화함으로써 시작해 보자. 변화된 것이 무엇인지를 정확히 확인하라. 이 정보를 가질 때 한 단계 이상이 필요한지 또는 이 반응이 진행하는데 한 단계가 충분한지를 알고 결정할 수 있다. 위에서 나타낸 순서대로 진행해 보자.

a. Methoxycarbonyl을 가진 분자와 hydroxy기는 고리 에스터, 즉 락톤으로 변환된다. 한 에스터에서 다른 에스터로의 변화는 에스터교환반응(20-4절)이고, 산이나 염기에 의해서 촉진되는 가역 과정이다. 바람직한 방향으로 평형을 어떻게 이동시킬 것인가? Methanol은 이 과정에서 부생성물이라는 것을 주목하라. Methanol은 끓는점(65°C, 표 8-1 참조)이 낮아서, 반응 혼합물을 가열하면 증발된다. 따라서 (a)는 촉매인 양성자(H^+)이다.

b. 락톤은 다이올로 전환한다. 이 변환에는 두 단계가 필요하다. 가수분해반응은 락톤을 절단하여 hydroxy-carboxylic acid로 바꾼다(20-4절). 연속적인 $LiAlH_4$에 의한 환원은 다이올을 제공해 준다(19-11절). 더 용이한 것은 락톤의 $LiAlH_4$ 환원이고, 이 환원은 다이올로 직접 변화된다. 이들 환원 과정에서 알콕사이드는 초기 생성물이고, 이 생성물은 산 마무리가 필요하다는 것에 주의하라(20-4절). 따라서 (b)는 1. $LiAlH_4$ 에터(이러한 환원에 대한 전형적인 용매)이고, 2. H^+, H_2O이다.

c. 이 단계에서는 다소 생각이 필요하다. 시작하는데 두 개의 hydroxy기가 있으며, 이 중 하나만이 산화될 필요가 있다. 예를 들어, Cr(VI)와 같은 보통 방법에 의해서는 이들을 구별할 수 없기 때문에 사용할 수 없다. 그러나 두 개의 hydroxy 중 하나의 —OH(고리상에 하나)는 알릴(allylic, 17-4절)이므로, MnO_2에 의해 α,β-불포화 케톤으로 **선택적으로** 산화될 수 있고, 다른 OH기는 변하지 않고 남게 된다. 그래서 (c)는 MnO_2 acetone이다.

d. 이제 더 간단한 화학으로 되돌아가자. 일차 알코올의 카복실산으로 산화이다. 물속에서의 어떤 Cr(VI)는 산 수용액의 $K_2Cr_2O_7$와 같이 작용한다(8-6절과 19-6절). 따라서 (d)는 $K_2Cr_2O_7$, H_2SO_4, H_2O이다.

e. 두 작용기가 변화하는 것이 명백하다. 엔온의 C—C 이중 결합은 환원되고 카복시기는 에스터화된다. 엔온이 포화 케톤으로 환원되는 것을 우리는 알고 있다(18-8절). 촉매 수소첨가반응은 가장 간단한 응용방법이다(선택성이 적절하지 않기 때문에 금속—NH_3 환원은 필요하지 않다). Methyl 에스터 생성은 두 가지 방법 모두에서 이루어질 수 있다(19-8절, 19-9절, 20-2절): 아실 할로젠화물($SOCl_2$로 만들어진)와 CH_3OH를 거치거나, CH_3OH와 직접적인 산촉매화 반응을 거쳐 생성된다. 단계의 순서는 중요한가?

산과 에스터 둘 다 촉매 수소첨가반응에 의한 영향을 미치지 않고, 에스터화반응은 엔온이나 보통의 케톤의 존재하에서 이루어질 수 있다. 그래서 답은 아니다. (e) 에 대해서는 1. H_2, Pd—C, CH_3CH_2OH이고, 2. CH_3OH, H^+이다.

f. 여기서 몇 가지 흥미로운 변화들이 있다. 카보닐은 고리 아세탈에 의해서 보호되는 에스터 작용기는 가수분해되어 —COOH기로 돌아간다. 여기서 왜 후자는 전 단계에서 에스터화했는지 의문이 생긴다. 이런 과제를 다루는 화학자들은 유리 카복시 치환기를 가지는 분자의 고리 아세탈 형성을 시도하였으나, 어렵게 되었다. 카보닐의 보호는 산촉매화와 1,2-ethanediol (ethylene glycol, 17-8절) 이 필요하다. 아마 —COOH기와 에스터 생성의 복잡성이 관측되어졌다. 이 경우에 아세탈이 생성되기 전에 후자의 에스터화반응이 관측되었다. 따라서 (f) 에 대해서 1. $HOCH_2CH_2OH$, H^+와 2. ^-OH, H_2O (**염기와** 에스터 가수분해반응, 20-4절, 아세탈 단위의 가수분해반응 방지를 위해서).

g. 고리 카보닐기는 보호기가 제거되고, 케톤으로 전환된다. 이 합성에서 처음으로 새로운 탄소-탄소 결합이 카복시 탄소와 ethyl기 사이에 도입된다. 이 과정은 대부분 유기금속 시약의 사용이 필요하고, 고리 카보닐은 (f) 단계에서 보호된다. 어느 카복실산 유도체로부터 케톤이 만들어지는가? 아실 할로젠화물(20-2절)과 나이트릴(20-8절). 카복실산이 나이트릴로 전환되는 것을 알지 못하기 때문에 (g)에 대해서 다음과 같은 순서로 취한다. 1. $SOCl_2$ (할로젠화물을 생성한다). 2. $(CH_3CH_2)_2CuLi$ 에터 (halocarbonyl을 ethyl carbonyl로 전환시킨다), 3. H^+, H_2O (고리 카보닐의 재생, 17-8절).

알돌 축합반응의 분석 단계(**h**)

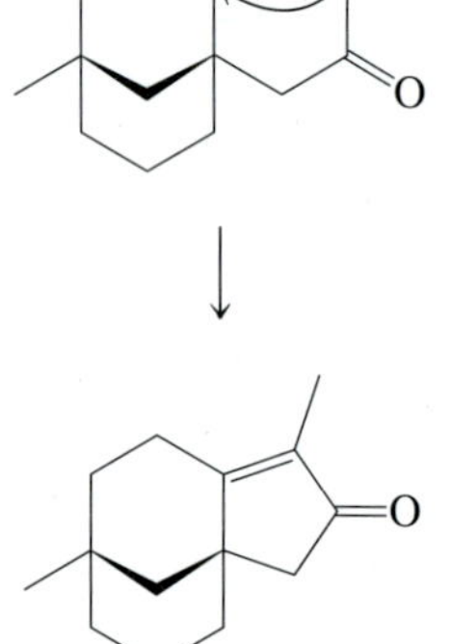

h. 고리가 형성하는 다른 탄소-탄소 결합이 형성된다. 이 단계를 전후로 해서 어느 탄소가 연결되었는가를 알아보기 위해 탄소 원자의 특성을 알아본다(왼쪽 여백 그림). 고리 카보닐과 곁사슬 카보닐의 α ethyl 기의 CH_2이다. 여기서 분자내 알돌 축합(18-7절)이 일어나고, 염기 수용액에서 쉽게 이루어진다. 마지막 단계 (h) 는 ^-OH, H_2O이다.

새로운 반응식

1. 카복실산 유도체의 반응성 순서 (20-1절)

$$\underset{\text{아마이드}}{\overset{\text{O}}{\overset{\|}{\text{RCNH}_2}}} < \underset{\text{에스터}}{\overset{\text{O}}{\overset{\|}{\text{RCOR}'}}} < \underset{\text{알데하이드}}{\overset{\text{O}\ \ \text{O}}{\overset{\|\ \ \ \|}{\text{RCOCR}}}} < \underset{\text{아실 할로젠화물}}{\overset{\text{O}}{\overset{\|}{\text{RCX}}}}$$

에스터, 아마이드가 약한 친핵체와 반응하려면 산 또는 염기 촉매가 필요하다.

2. 카보닐 산소의 염기도 (20-1절)

$$\text{R}\overset{:\ddot{O}:}{\overset{\|}{\text{C}}}\text{L:} \xrightleftharpoons{H^+} \left[\underset{\textbf{A}}{\text{R}\overset{^+:\ddot{O}-H}{\overset{\|}{\text{C}}}\text{L:}} \longleftrightarrow \underset{\textbf{B}}{\text{R}\overset{:\ddot{O}-H}{\overset{|}{\overset{+}{\text{C}}}}\text{L}} \longleftrightarrow \underset{\textbf{C}}{\text{R}\overset{:\ddot{O}-H}{\overset{|}{\text{C}}}{=}\overset{+}{\text{L}}} \right]$$

L = 이탈기
염기도는 공명 구조 C의 기여도가 증가함에 따라 증가한다.

3. 엔올레이트 형성 (20-1절)

$$\text{RCH}_2\overset{:\ddot{O}:}{\overset{\|}{\text{C}}}\text{L:} \xrightleftharpoons{\text{염기}} \left[\underset{\textbf{A}}{\text{RCH}{=}\overset{:\ddot{O}:^-}{\overset{|}{\text{C}}}\text{L:}} \longleftrightarrow \underset{\textbf{B}}{\text{R}\overset{-}{\ddot{\text{C}}}\text{H}-\overset{\ddot{O}:}{\overset{\|}{\text{C}}}\text{L:}} \longleftrightarrow \underset{\textbf{C}}{\text{R}\overset{-}{\ddot{\text{C}}}\text{H}-\overset{:\ddot{O}:^-}{\overset{|}{\text{C}}}{=}\text{L}^+} \right]$$

중성 유도체의 산도는 일반적으로 음이온에서 공명 구조 C의 기여를 줄일수록 증가한다.

아실 할로젠화물의 반응

4. 물 (20-2절)

$$\overset{\text{O}}{\overset{\|}{\text{RCX}}} + H_2O \longrightarrow \underset{\text{카복실산}}{\overset{\text{O}}{\overset{\|}{\text{RCOH}}}} + \text{HX}$$

5. 카복실산 (19-8절 및 20-2절)

$$\mathrm{RCX}(\text{C=O}) + \mathrm{R'CO_2H} \longrightarrow \mathrm{RCOCR'}(\text{C=O, C=O}) + \mathrm{HX}$$

카복실산 무수물

6. 알코올 (20-2절)

$$\mathrm{RCX}(\text{C=O}) + \mathrm{R'OH} \longrightarrow \mathrm{RCOR'}(\text{C=O}) + \mathrm{HX}$$

에스터 (Pyridine, triethylamine 및 기타 염기로 제거한다)

7. 아민 (20-2절)

$$\mathrm{RCX}(\text{C=O}) + \mathrm{R'NH_2} \longrightarrow \mathrm{RCNHR'}(\text{C=O}) + \mathrm{HX}$$

아마이드 (Pyridine, triethylamine 및 기타 염기로 제거한다)

8. 구리화합물 시약 (20-2절)

$$\mathrm{RCX}(\text{C=O}) \xrightarrow[\text{2. } H^+,\ H_2O]{\text{1. } R'_2CuLi,\ THF} \mathrm{RCR'}(\text{C=O}) + \mathrm{R'Cu} + \mathrm{LiX}$$

케톤

9. 수소화물 (20-2절)

$$\mathrm{RCX}(\text{C=O}) \xrightarrow[\text{2. } H^+,\ H_2O]{\text{1. } LiAl[OC(CH_3)_3]_3H,\ (CH_3CH_2)_2O} \mathrm{RCH}(\text{C=O}) + \mathrm{LiX} + \mathrm{Al[OC(CH_3)_3]_3}$$

알데하이드

카복실산 무수물의 반응

10. 물 (20-3절)

$$\mathrm{RCOCR}(\text{C=O, C=O}) + \mathrm{H_2O} \longrightarrow 2\ \mathrm{RCOH}(\text{C=O})$$

카복실산

11. 알코올 (20-3절)

$$\mathrm{RCOCR}(\text{C=O, C=O}) + \mathrm{R'OH} \longrightarrow \mathrm{RCOR'}(\text{C=O}) + \mathrm{RCOH}(\text{C=O})$$

에스터

12. 아민 (20-3절)

$$\mathrm{RCOCR}(\text{C=O, C=O}) + \mathrm{R'NH_2} \longrightarrow \mathrm{RCNHR'}(\text{C=O}) + \mathrm{RCOH}(\text{C=O})$$

아마이드

에스터의 반응

13. 물 (에스터 가수분해반응, 19-9, 20-4절)

산촉매

$$\mathrm{RCOR'}(\text{C=O}) + \mathrm{H_2O} \xrightarrow{\text{촉매 } H^+} \mathrm{RCOH}(\text{C=O}) + \mathrm{R'OH}$$

카복실산

염기 촉매

$$\underset{}{\overset{O}{\overset{\|}{RCOR'}}} + \underset{1당량}{^{-}OH} \xrightarrow{H_2O} \underset{카복실레이트\ 이온}{\overset{O}{\overset{\|}{RCO^-}}} + R'OH$$

14. 알코올(에스터교환반응)과 아민(20-4절)

$$\overset{O}{\overset{\|}{RCOR'}} + R''OH \xrightarrow{H^+ \text{ 또는 } ^{-}OR''} \underset{에스터}{\overset{O}{\overset{\|}{RCOR''}}} + R'OH$$

$$\overset{O}{\overset{\|}{RCOR'}} + R''NH_2 \xrightarrow{\Delta} \underset{아마이드}{\overset{O}{\overset{\|}{RCNHR''}}} + R'OH$$

15. 유기금속 시약(20-4절)

$$\overset{O}{\overset{\|}{RCOR''}} \xrightarrow[\text{2. } H^+, H_2O]{\text{1. 2 } R'MgX, (CH_3CH_2)_2O} \underset{삼차\ 알코올}{R-\underset{R'}{\overset{OH}{C}}-R'} + R''OH$$

Methyl formate

$$\overset{O}{\overset{\|}{HCOCH_3}} \xrightarrow[\text{2. } H^+, H_2O]{\text{1. 2 } R'MgX, (CH_3CH_2)_2O} \underset{이차\ 알코올}{H-\underset{R'}{\overset{OH}{C}}-R'} + CH_3OH$$

16. 수소화물(20-4절)

$$\overset{O}{\overset{\|}{RCOR'}} \xrightarrow[\text{2. } H^+, H_2O]{\text{1. } LiAlH_4, (CH_3CH_2)_2O} \underset{알코올}{RCH_2OH}$$

$$\overset{O}{\overset{\|}{RCOR'}} \xrightarrow[\text{2. } H^+, H_2O]{\text{1. } (CH_3\overset{CH_3}{CH}CH_2)_2AlH, \text{ toluene, } -60°C} \underset{알데하이드}{\overset{O}{\overset{\|}{RCH}}}$$

17. 엔올레이트(20-4절)

$$\overset{O}{\overset{\|}{RCH_2COR'}} \xrightarrow{\text{LDA, THF}} \underset{\text{Ester enolate 이온}}{\left[R\ddot{C}H^{-}-\overset{:O:}{\overset{\|}{C}}OR' \longleftrightarrow RCH=\overset{^{-}:\ddot{O}:}{\overset{|}{C}}OR' \right]} \xrightarrow{R''X} \overset{R''\ \ O}{\overset{|\ \ \ \|}{RCHCOR'}}$$

아마이드의 반응

18. 물(20-6절)

$$\overset{O}{\overset{\|}{RCNHR'}} + H_2O \xrightarrow{H^+, \Delta} \underset{카복실산}{\overset{O}{\overset{\|}{RCOH}}} + R'\overset{+}{N}H_3$$

$$\overset{O}{\overset{\|}{RCNHR'}} + H_2O \xrightarrow{HO^-, \Delta} \overset{O}{\overset{\|}{RCO^-}} + R'NH_2$$

19. 수소화물 (20-6절)

$$\underset{}{\mathrm{R\overset{O}{\overset{\|}{C}}NHR'}} \xrightarrow[\text{2. } H^+,\ H_2O]{\text{1. } LiAlH_4,\ (CH_3CH_2)_2O} \underset{\text{아민}}{RCH_2NHR'}$$

$$\mathrm{R\overset{O}{\overset{\|}{C}}NHR'} \xrightarrow[\text{2. } H^+,\ H_2O]{\text{1. } (CH_3\overset{CH_3}{\overset{|}{C}}HCH_2)_2AlH,\ (CH_3CH_2)_2O} \underset{\text{알데하이드}}{\mathrm{R\overset{O}{\overset{\|}{C}}H}}$$

20. 엔올레이트 및 아미데이트 (20-7절)

$$\underset{pK_a \approx 30}{\mathrm{RCH_2\overset{:O:}{\overset{\|}{C}}NR'_2}} \xrightarrow{\text{염기}} \underset{\text{Amide enolate 이온}}{\mathrm{RCH{=}C(\ddot{O}:^-)(NR'_2)}}$$

$$\underset{pK_a \approx 22}{\mathrm{RCH_2\overset{:O:}{\overset{\|}{C}}\ddot{N}HR'}} \xrightarrow{\text{염기}} \underset{\text{Amidate 이온}}{\mathrm{RCH_2\overset{:\ddot{O}:^-}{\overset{|}{C}}{=}\ddot{N}R'}}$$

21. **Hofmann** 재배열반응 (20-7절)

$$\mathrm{R\overset{O}{\overset{\|}{C}}NH_2} \xrightarrow{Br_2,\ NaOH,\ H_2O,\ 75°C} \underset{\text{아민}}{RNH_2} + CO_2$$

나이트릴의 반응

22. 물 (20-8절)

$$RC{\equiv}N + H_2O \xrightarrow{H^+ \text{ 또는 } HO^-,\ \Delta} \underset{\text{아마이드}}{\mathrm{R\overset{O}{\overset{\|}{C}}NH_2}} \xrightarrow{H^+ \text{ 또는 } HO^-,\ \Delta} \underset{\text{카복실산}}{\mathrm{R\overset{O}{\overset{\|}{C}}OH}}$$

23. 유기금속 시약 (20-8절)

$$RC{\equiv}N \xrightarrow[\text{2. } H^+,\ H_2O]{\text{1. } R'MgX \text{ 또는 } R'Li} \underset{\text{케톤}}{\mathrm{R\overset{O}{\overset{\|}{C}}R'}}$$

24. 수소화물 (20-8절)

$$RC{\equiv}N \xrightarrow[\text{2. } H^+,\ H_2O]{\text{1. } LiAlH_4} \underset{\text{아민}}{RCH_2NH_2}$$

$$RC{\equiv}N \xrightarrow[\text{2. } H^+,\ H_2O]{\text{1. } (CH_3\overset{CH_3}{\overset{|}{C}}HCH_2)_2AlH} \underset{\text{알데하이드}}{\mathrm{R\overset{O}{\overset{\|}{C}}H}}$$

25. 촉매 수소첨가반응 (20-8절)

$$RC{\equiv}N \xrightarrow{H_2,\ PtO_2,\ CH_3CH_2OH} \underset{\text{아민}}{RCH_2NH_2}$$

중요한 개념

1. **카복실산 유도체**에서 카보닐 탄소의 **친전자성 반응성**은 좋은 전자 주기 치환기에 의해 낮아진다. IR 분광학에 의해 측정할 수 있는 이러한 효과는 친핵체와 산과의 반응성을 감소시킬 뿐만 아니라, 다음과 같은 순위로 염기도를 증가시키는 원인이 된다. 아실 할로젠화물-무수물-에스터-아마이드. 아마이드에 존재하는 질소로부터의 공명에 의한 전자 주개 성질은 매우 강하고, 이로 인해 NMR 검출 시간 단위에서 아마이드 결합 주위의 **회전을 방해한다.**

2. **카복실산 유도체**는 작용기에 따라 **아실 할로젠화물, 카복실산 무수물, 알칸산 알킬, 알칸아마이드, 알케인나이트릴**로 명명한다.

3. IR 스펙트럼에서 **카보닐 신축 진동**은 카복실산 유도체의 특징이다. 아실 할로젠화물은 1790~1815 cm^{-1}에서 흡수되고, 무수물은 1740 ~ 1790과 1800 ~ 1850 cm^{-1}에서 흡수되며, 에스터는 1735 ~ 1750 cm^{-1}, 아마이드는 1650 ~ 1690 cm^{-1}에서 흡수된다.

4. 카복실산 유도체는 일반적으로 **물**(산, 염기 촉매하에서)과 반응하여 이에 상응하는 카복실산으로 가수분해된다. 카복실산은 **알코올**과 결합하여 에스터를 생성하고, **아민**과 반응하여 아마이드를 생성한다. **Grignard 시약**과 다른 **유기금속 시약**과 반응하여 케톤을 생성한다. 에스터는 반응을 더 진행하여 알코올을 생성한다. **수소화물**에 의한 환원으로 여러 가지 산화 상태의 생성물이 얻어진다. 알데하이드, 알코올 또는 아민.

5. 긴 사슬 에스터는 동물과 식물 **왁스**의 성분이다. 자연에서 얻어지는 **지방**과 **기름**에 글리세롤의 트라이에스터가 함유되어 있다. 이들을 가수분해하면 **비누**가 얻어진다. 인산 에스터 단위를 가지고 있는 **트라이글리세라이드**는 **인산지방질** 부류에 속한다. 인산지방질은 상당히 극성인 머리 부분과 소수성 꼬리를 가지고 있기 때문에, 그들은 **마이셀 구조**와 **지방 이중층**을 형성한다.

6. **에스터교환반응**을 하나의 에스터에서 다른 에스터로 전환시키는 데 이용할 수 있다.

7. **나이트릴** 작용기는 알카인의 작용기와 비슷한 성질을 가지고 있다. 두 가지 성분 원자는 *sp* 혼성화되어 있다. IR 신축 진동은 2250 cm^{-1}에서 나타난다. 사이아노기에 인접한 수소가 ^{1}H NMR에서 벗겨져 나타난다. 나이트릴 탄소에 대한 ^{13}C NMR 흡수는 상대적으로 낮은장($\delta \approx 112 \sim 126$ ppm)에서 나타나는데, 이것은 질소의 전기음성도 때문이다.

문제

30. 다음에 주어진 각각에 대해 명명(IUPAC 체계)하거나 구조를 그리시오.

(a) 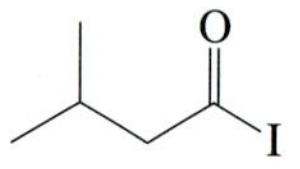 O, I (b) 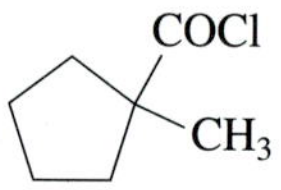 COCl, CH_3 (c) $CF_3\overset{O}{\overset{\|}{C}}O\overset{O}{\overset{\|}{C}}CF_3$

(d) 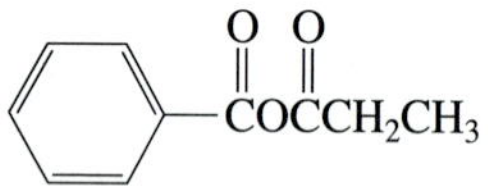 $-\overset{O}{\overset{\|}{C}}O\overset{O}{\overset{\|}{C}}CH_2CH_3$ (e) $(CH_3)_3C\overset{O}{\overset{\|}{C}}OCH_2CH_3$ (f) 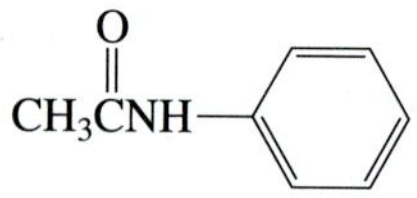 $CH_3\overset{O}{\overset{\|}{C}}NH-$

(g) Propyl butanoate (h) Butyl propanoate (i) 2-Choroethyl benzoate

(j) *N,N*-Dimethylbenzamide (k) 2-Methylhexanenitrile (l) Cyclopentanecarbonitrile

31. 다음 각 화합물을 IUPAC이나 *Chemical Abstracts* 규칙에 따라 이름을 명명하시오. 작용기의 우선순위에 주의하라.

(a) 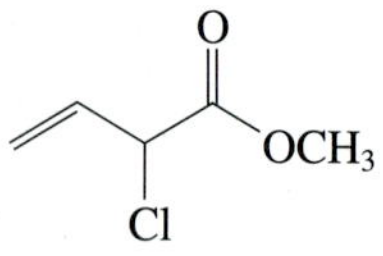 O, OCH_3, Cl (b) 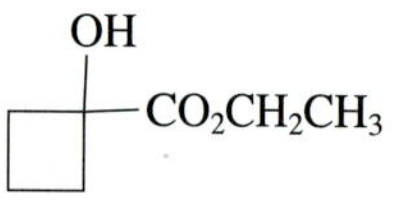 OH, $CO_2CH_2CH_3$ (c) 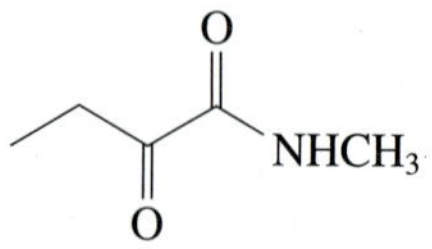 O, $NHCH_3$, O (d) 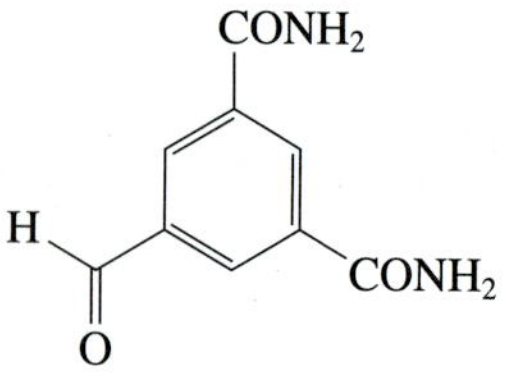 $CONH_2$, H, $CONH_2$, O

32. **(a)** 공명 구조를 사용하여 20-1절에 나타낸 카복실산 유도체의 상대적인 산도를 자세하게 설명하시오.

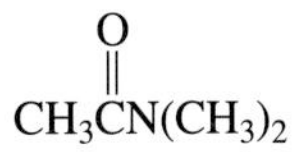

(b) 유발 효과를 근거로 해서 마찬가지로 설명하시오.

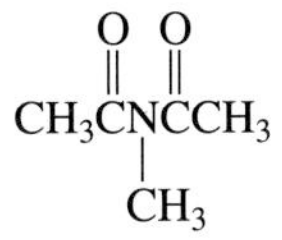

$$CH_3\overset{O}{\overset{\|}{C}}N(CH_3)_2$$
i

$$CH_3\overset{O}{\overset{\|}{C}}\underset{CH_3}{\underset{|}{N}}\overset{O}{\overset{\|}{C}}CH_3$$
ii

33. 다음에 주어진 각 쌍의 화합물에서 어느 것이 더 강한 성질을 나타내는지 결정하시오. **(a)** C — X 결합의 길이: acetyl fluoride 또는 acetyl chloride. **(b)** 볼드 수소(**H**)의 산도: $\mathbf{CH_2}(COCH_3)_2$ 또는 $\mathbf{CH_2}(COOCH_3)_2$. **(c)** 친핵체의 첨가에 대한 반응성: **(d)** 고에너지 적외선 카보닐 신축 진동수: ethyl acetate 또는 ethenyl acetate.

34. 다음에 주어진 각 반응에서 얻어지는 생성물(들)을 나타내시오.

(a) 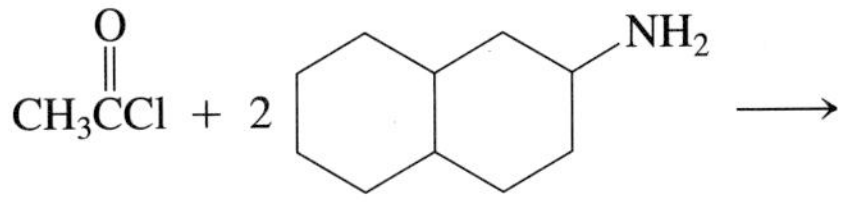 $CH_3\overset{O}{\overset{\|}{C}}Cl$ + 2 (decalin-2-yl)NH_2 ⟶

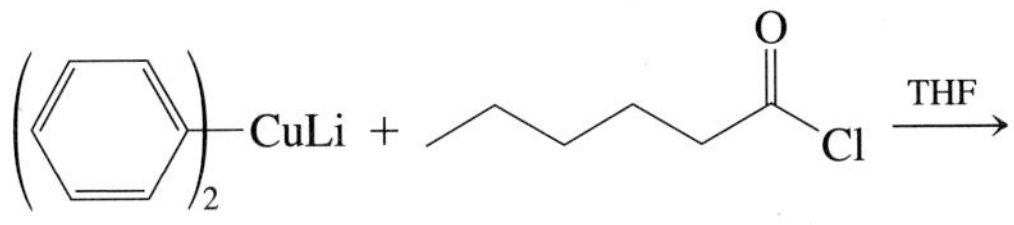

(b) $(C_6H_5)_2CuLi$ + $CH_3CH_2CH_2CH_2CH_2COCl$ $\xrightarrow{THF}$

(c) $(CH_3)_3C\overset{O}{\overset{\|}{C}}Cl$ $\xrightarrow{LiAl[OC(CH_3)_3]_3H,\ THF,\ -78°C}$

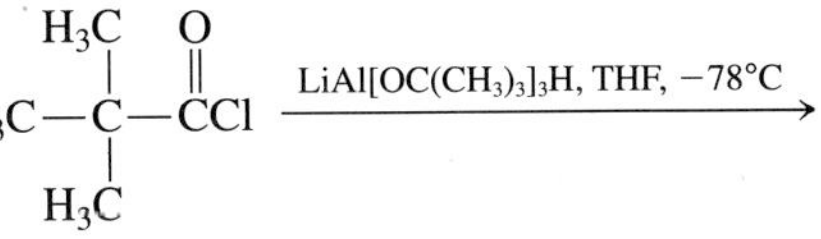

(d) 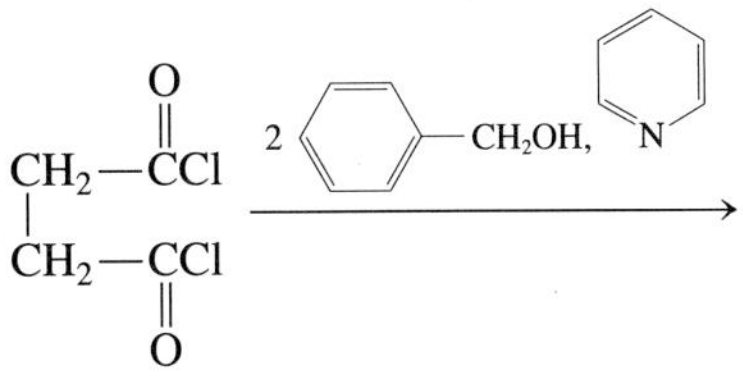 $ClOCCH_2CH_2COCl$ $\xrightarrow{2\ C_6H_5CH_2OH,\ \text{pyridine}}$

(e) 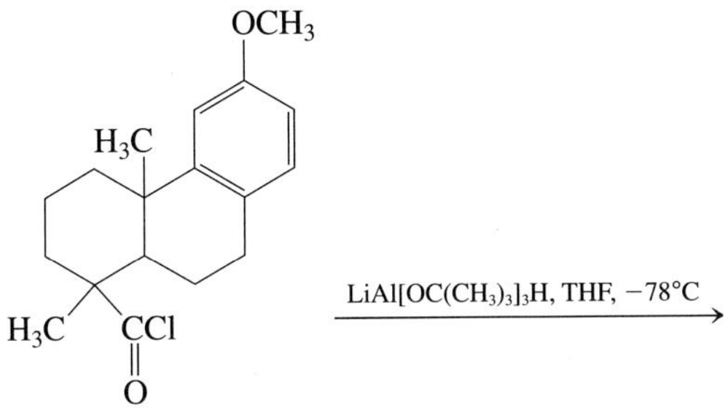 (OCH₃, H₃C 치환 삼환 화합물의 H_3C, $\overset{O}{\overset{\|}{C}}Cl$) $\xrightarrow{LiAl[OC(CH_3)_3]_3H,\ THF,\ -78°C}$

35. 914쪽에 나타낸 acetyl chloride와 1-propanol과의 반응 메커니즘을 나타내시오.

36. Acetic anhydride과 아래에 나타낸 각각의 시약과의 반응에서 얻어지는 생성물을 나타내시오. 모든 경우에서 시약이 과량으로 존재하는 것으로 가정하라.

(a) $(CH_3)_2CHOH$ **(b)** NH_3

(c) 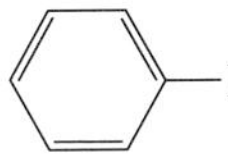 C_6H_5MgBr, THF; then H^+, H_2O **(d)** $LiAlH_4$, $(CH_3CH_2)_2O$; 다음에 H^+, H_2O

37. Butanedioic (succinic) anhydride와 문제 36에 있는 각각의 시약을 반응시킬 때 얻어지는 생성물을 나타내시오.

38. 917쪽에 나타낸 butanedioic (succinic) anhydride과 methanol과의 반응 메커니즘을 나타내시오.

39. Methyl pentanoate과 다음에 주어진 각각의 시약을 반응시킬 때 얻어지는 생성물들을 나타내시오.

(a) NaOH, H_2O, 가열, 다음에 H^+, H_2O **(b)** $(CH_3)_2CHCH_2CH_2OH$ (과잉), H^+

(c) $(CH_3CH_2)_2NH$, 가열 **(d)** CH_3MgI (과량), $(CH_3CH_2)_2O$; 다음에 H^+, H_2O

(e) $LiAlH_4$, $(CH_3CH_2)_2O$; 다음에 H^+, H_2O **(f)** $[(CH_3)_2CHCH_2]_2AlH$, toluene, 저온; 다음에 H^+, H_2O

40. γ-Valerolactone (5-methyloxa-2-cyclopentanone, 20-4절 참조)과 문제 39에 있는 각각의 시약을 반응시킬 때 얻어지는 생성물들을 나타내시오.

41. 다음에 주어진 각각의 구조를 그리시오. **(a)** β-Butyrolactone, **(b)** β-valerolactone, **(c)** δ-valerolactone, **(d)** β-propiolactam, **(e)** α-methyl-δ-valerolactam, **(f)** *N*-methyl-γ-butyrolactam.

42. Ethyl 2-methylpropanoate (ethyl isobutyrate)가 상응하는 메틸 에스터 화합물로 산촉매 에스터교환반응이 일어나는 메커니즘을 나타내시오. 메커니즘에서 양성자의 촉매 역할이 분명히 설명될 것이다.

43. 922쪽에 나타낸 1-dodecanamine과 9-octadecenoate와의 반응 메커니즘을 나타내시오.

44. 반응 복습. 다음 각 출발물을 해당 생성물로 전환시키기 위한 시약 물질을 제시하시오.

(a) Hexanoyl chloride를 acetic hexanoic anhydride **(b)** Methyl hexanoate를 *N*-methylhexanamide

(c) Hexanoyl chloride를 hexanal **(d)** Hexanenitrile을 hexanoic acid

(e) Hexanamide를 hexanamine **(f)** Hexanamide를 pentanamine

(g) Ethyl hexanoate를 3-ethyl-3-octanol **(h)** Hexanenitrile을 1-phenyl-1-hexanone

45. 각 반응에 대한 생성물을 나타내시오.

(a) $COOCH_3$, $COOCH_3$ — 1. KOH, H_2O 2. H^+, H_2O →

(b) H_3C, CH_3CH_2, O, O — $(CH_3)_2CHNH_2$, CH_3OH, Δ →

(c) $CH_3\overset{O}{\overset{\|}{C}}OCH_3$ + 과량 MgBr — 1. $(CH_3CH_2)_2O$, 20°C 2. H^+, H_2O →

(d) CH_3, CH, $COOCH_2CH_3$ — 1. LDA, THF, −78°C 2. CH_3I, HMPA 3. H^+, H_2O →

(e) $COOCH_3$ — 1. $(CH_3\overset{CH_3}{\overset{|}{C}}HCH_2)_2AlH$, toluene, −60°C 2. H^+, H_2O →

46. 자연계에 나타나는 다음 각 락톤을 염기 수용액을 이용한 가수분해로 얻어지는 구조를 그리시오.

(a) Sedanenolide, 셀러리 향의 주공명 기여 구조

(b) Nepetalactone, 개박하의 주성분
(**주**: 가수분해 이후 어떤 작용기에 대해 이상한 점을 발견했는가?)

(c) γ-Valerolactone, 바이오연료의 중요한 성분

(d) 새로운 “그린” 공정은 바이오연료의 쓰레기로부터 쉽게 얻을 수 있는 levulinic acid (4-oxopentanoic acid, $CH_3COCH_2CH_2COOH$)를 특별한 수소첨가반응 촉매 존재하에 수소 기체로 처리하면, γ-valerolactone으로 전환할 수 있다. 이 반응이 어떻게 일어나는지 추측하시오.

$(CH_3CH_2)_2N$, O, CH_3

DEET

47. DEET로 팔리는 *N*,*N*-Diethyl-3-methylbenzamide (*N*,*N*-diethyl-*m*-toluamide)는 세계에서 가장 널리 사용되는 살충제이고, 모기나 진드기에 의해 전염병을 막는데 매우 효과적이다. 적합한 카복실산과 시약을 이용하여 DEET의 제조법을 두 개 이상 제시하시오.

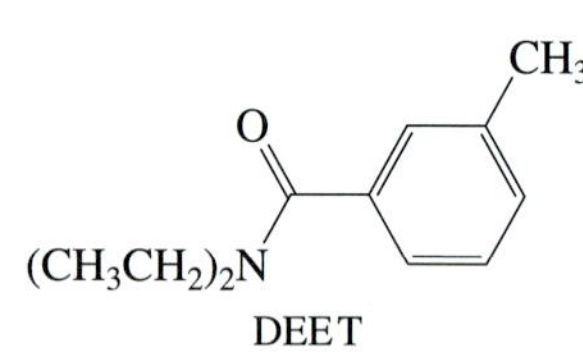

Ritalin
(활성 입체이성질체)

48. 많은 카이랄 의약물처럼 주의력 결여 장애 치료제로 널리 사용되는 Ritalin은, 합성되어 라세미 혼합물로 판매되었다. 2003년에 활성 거울상이성질체(왼쪽 여백 참조)를 합성하는 새로운 방법이 제시되었다. 첫 번째 단계는 아래에 나타낸 것과 같이 dimethyl sulfate와 육원자 고리 락탐의 반응이다. 이 반응 메커니즘을 제시하시오.

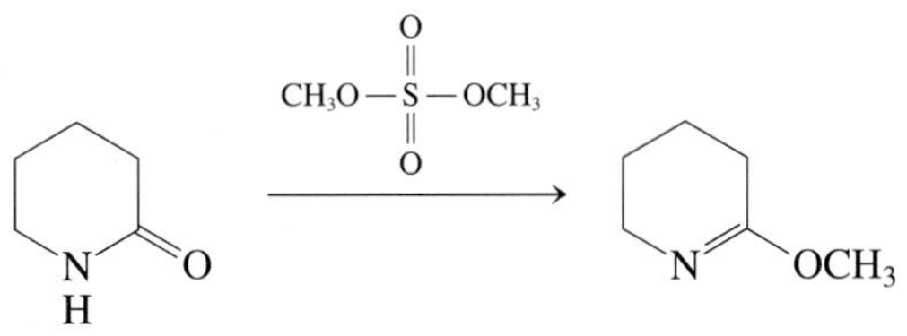

$$CH_3O-\overset{O}{\underset{O}{\overset{\|}{\underset{\|}{S}}}}-OCH_3$$

(Lactam with N–H and C=O → cyclic imidate with N= and OCH_3)

49. Methyl acetate와 ammonia로부터 acetamide $CH_3\overset{O}{\overset{\|}{C}}NH_2$를 생성하는 메커니즘을 나타내시오.

50. 문제 39 (a, e, f) 에 주어진 시약과 pentanamide의 반응에서 얻어지는 생성물들을 나타내시오. *N,N*-dimethylpentanamide에 대해서도 반복하시오.

51. 930쪽에 나타낸 3-methylpentanamide의 산촉매 가수분해반응 메커니즘을 나타내시오 (**힌트**: 19-7절에 설명한 일반 산촉매 첨가-제거반응에 대한 메커니즘을 모형으로 사용하라).

52. 다음에 주어진 전환 반응을 진행시키는 데에는 어떠한 시약들이 필요하겠는가?

(a) Cyclohexanecarbonyl chloride → pentanoylcyclohexane

(b) 2-Butenedioic (maleic) anhydride → (*Z*)-2-butene-1,4-diol

(c) 3-Methylbutanoyl bromide → 3-methylbutanal

(d) Benzamide → 1-phenylmethanamine

(e) Propanenitrile → 3-hexanone

(f) Methyl propanoate → 4-ethyl-4-heptanol.

53. Nylon-6,6은 1930년대 중반 듀폰사에서 처음 만들어진 처음으로 완전한 합성 섬유이다. 이것은 소단위가 아마이드 작용에 의해 결합을 한 1,6-hexanediamine과 hexanedioic (adipic) acid의 교대 분자로된 공중합체이다. **(a)** Nylon-6,6의 구조식을 나타내시오. **(b)** Hexanedinitrile (adiponitrile) 은 1,6-hexanediamine과 hexanedinitrile에 전구체로 사용될 수 있다 dinitrile이 diamine과 diacid 둘로 전환하는 필요 반응을 나타내시오. **(c)** **(b)** 에서 취한 반응 조건하에서 diacid로 전환하는 반응 메커니즘을 나타내시오.

54. 강염기와 반응시킨 후에 양성자첨가반응을 시키면, 화합물 A와 B에는 시스-트랜스 이성질체화반응이 일어나지만, C에는 시스-트랜스 이성질체반응이 일어나지 않는다. 설명하시오.

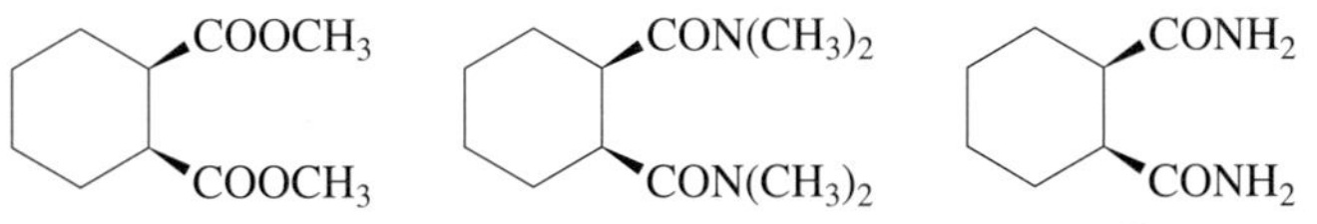

A: cyclohexane with $COOCH_3$, $COOCH_3$
B: cyclohexane with $CON(CH_3)_2$, $CON(CH_3)_2$
C: cyclohexane with $CONH_2$, $CONH_2$

55. 2-Aminobenzoic (anthranilic) acid는 아래에 나타낸 두 반응을 이용하여 1,2-benzenedicarboxylic anhydride (phthalic anhydride) 로부터 합성한다. 이러한 반응 과정을 메커니즘적으로 설명하시오.

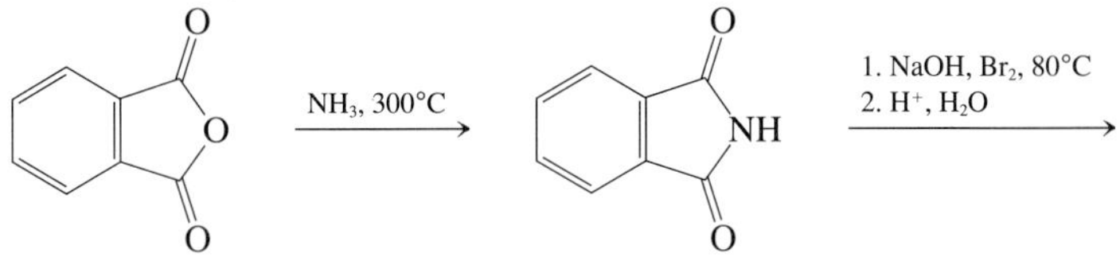

1,2-Benzenedicarboxylic anhydride (Phthalic anhydride) —(NH_3, 300°C)→ 1,2-Benzenedicarboximide (Phthalimide) —(1. NaOH, Br_2, 80°C; 2. H^+, H_2O)→ 2-Aminobenzoic acid (Anthranillic acid)

56. 이 장에서 제시된 반응을 기초로 하여 아실 할로젠화물의 도표 (그림 20-1 참조) 와 비슷한 에스터와 아마이드의 정리 도표를 쓰시오. 각 화합물 종에 대한 반응수를 비교하시오. 이 정보가 각 작용기의 상대적 반응성에 대한 여러분의 이해와 일치하는가?

57. 소염제로 사용되는 항히스타민제인 클로페니라민을 카복실산 A와 B로부터 합성하는 법을 보이시오. 각 반응에서 다른 카복실산 아마이드를 사용하라.

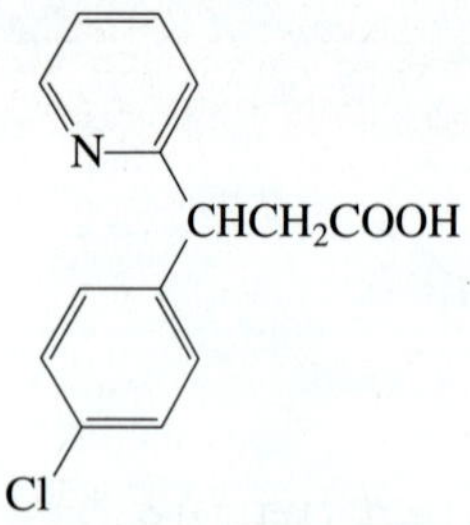

A 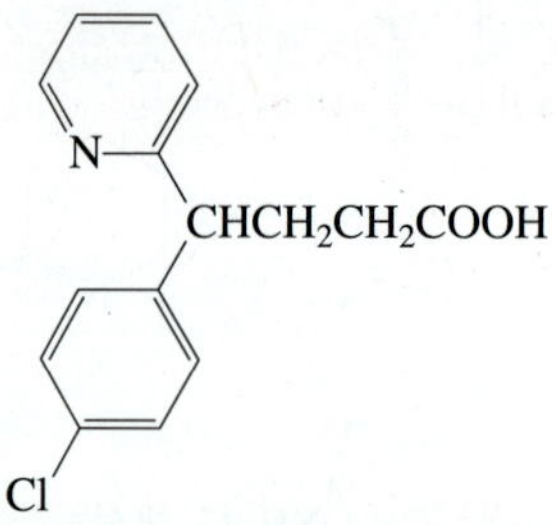 B 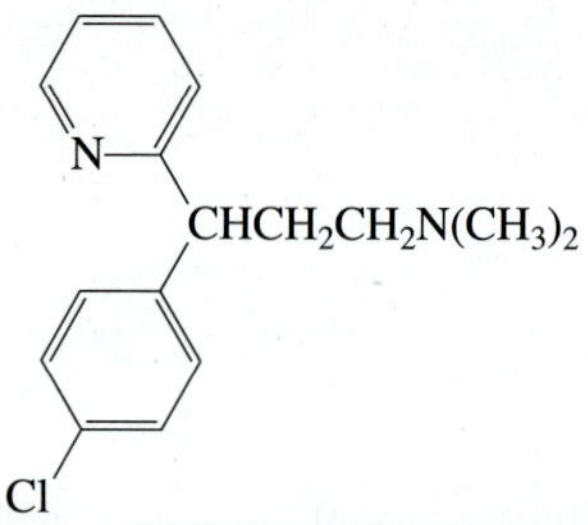 Chlorpheniramine

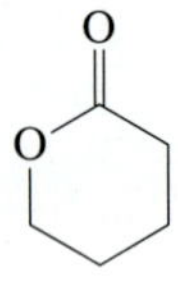

1735 cm^{-1} 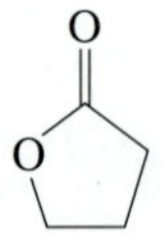 1770 cm^{-1}

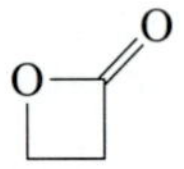

1840 cm^{-1}

58. 비록 에스터의 카보닐 신축 진동이 IR에서 1740 cm^{-1}에 나타나지만, 락톤의 경우는 고리 크기에 따라 다르다. 세 개의 예를 왼쪽 여백에 제시하였다. 락톤의 고리가 작아지는 것에 따라 IR띠가 변하는 것에 대한 해석을 제시하시오.

59. 합성 과정을 완료하면 모든 화학자는 유리기구를 세척하는 일을 해야 한다. 잔류하는 화합물이 어떤 경로로 위험하거나 불쾌한 성질 때문에 "세척을 하기" 전에 작은 화학적 처리가 매우 유용하다. Hexanoly chloride의 합성이 완료되었다고 가정했을 때, 즉 문제 34(b)의 반응을 시행한 것과 같을 때, 아실 할로젠화물로 오염된 유리기구를 세척해야 한다. **Hexanoly chloride와 hexanoic acid는 매우 좋지 않은 냄새를 낸다. (a)** 비누와 물로 세척하는 것이 좋은 생각인가? 설명하시오 **(b)** 할로젠화물의 화학과 카복실산 유도체의 물리적 성질을 기초로 해서 좀 더 좋은 방법을 제시하시오.

60. **도전 문제** 다음 분자의 왼쪽 아래에 있는 에스터 작용기가 hydroxy기로 전환되는데, 위쪽은 그대로 유지된다. 그 이유를 설명하시오(**힌트**: 에스터 가수분해반응은 시도하지 마라. 에스터기가 어떻게 스테로이드에 결합되어 있는지 유심히 보고 에스터교환반응을 기초로 하여 접근하라).

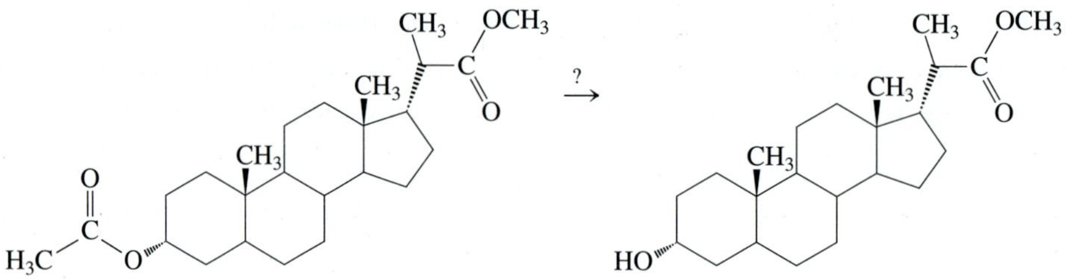

61. 비교적 쉽게 이용할 수 있는 pregnane 족의 스테로이드로부터 testosterone과 같은 많은 호르몬을 합성하는데 있어 C17 곁사슬의 제거는 중요한 요소이다.

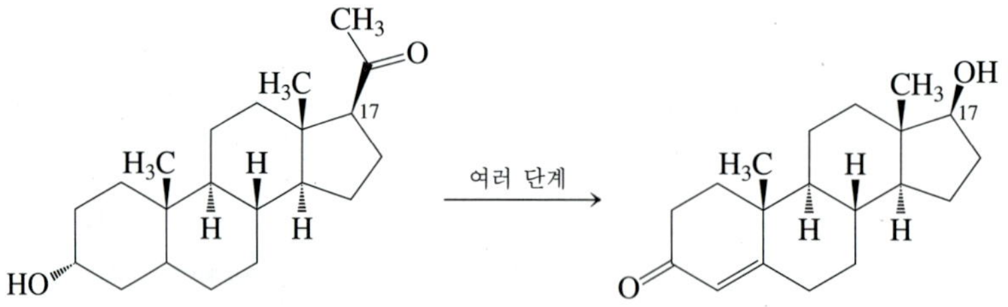

여러 단계

Pregnan-3α-ol-20-one Testosterone

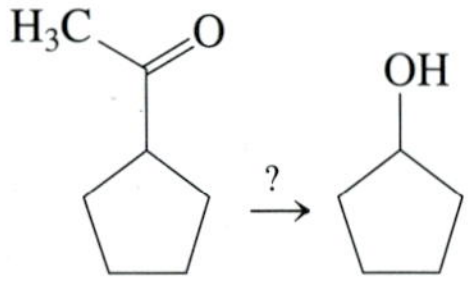

왼쪽 여백에 나타낸 것과 같이 acetylcyclopentane을 cyclopentanol로의 변환을 어떻게 하는가? (**주**: 이것 그리고 이와 유사한 합성 문제에서 17~20장에서 다룬 카보닐 화학의 다양한 반응을 이용할 수도 있다.)

62. 카복실산 A를 자연계에 존재하는 세스퀴터펜 α-curcumene으로 전환하는 합성법을 제시하시오.

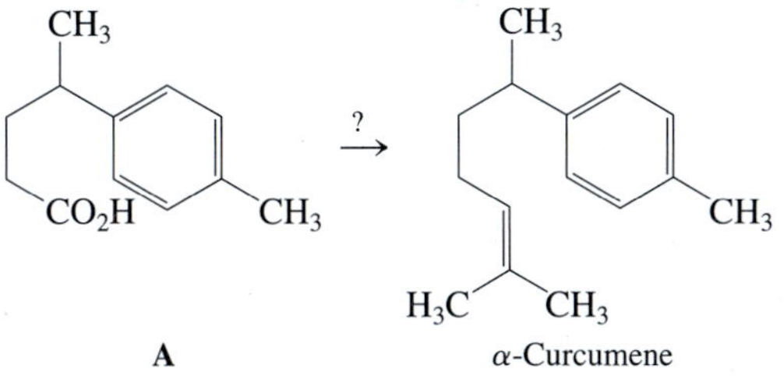

A $\xrightarrow{?}$ α-Curcumene

63. 락톤 A를 자연계에 존재하는 monoterpene C의 전구체인 아민 B로의 합성법을 제시하시오.

A $\xrightarrow{?}$ B $\longrightarrow$ C

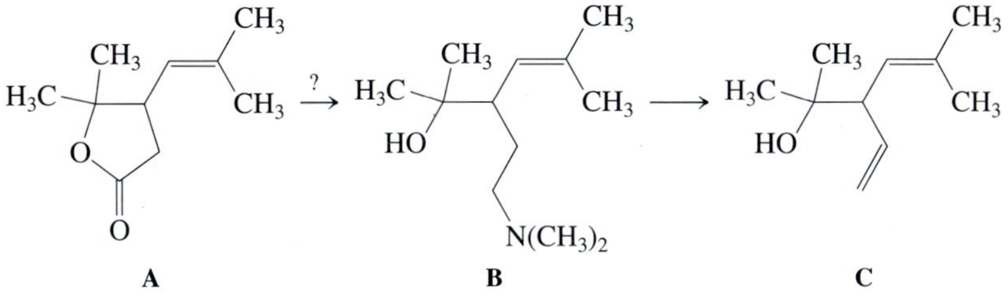

64. **도전 문제** 여기에 나타난 알코올로 시작하여 세스퀴터펜의 가장 일반적인 족의 하나인 β-selinene의 합성법을 제시하시오. 합성에서 나이트릴을 이용하라. 입체 모형을 참고하면 원하는 입체화학을 얻기 위한 방법을 선별하는데 도움이 될 것이다(1-methylethenyl기는 축방향인가 적도방향인가?).

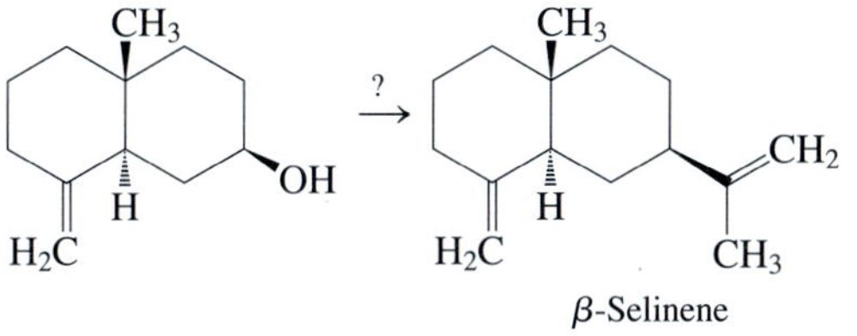

$\xrightarrow{?}$ β-Selinene

65. 다음 반응의 첫 번째 생성물의 구조를 제시하고, 그것을 methyl이 치환된 케톤으로 전환시키는 방법을 제시하시오. 이것은 합성한 스테로이드에 methyl기를 도입하는 일반적인 방법이다(**힌트**: 카보닐기를 보호할 필요가 있다).

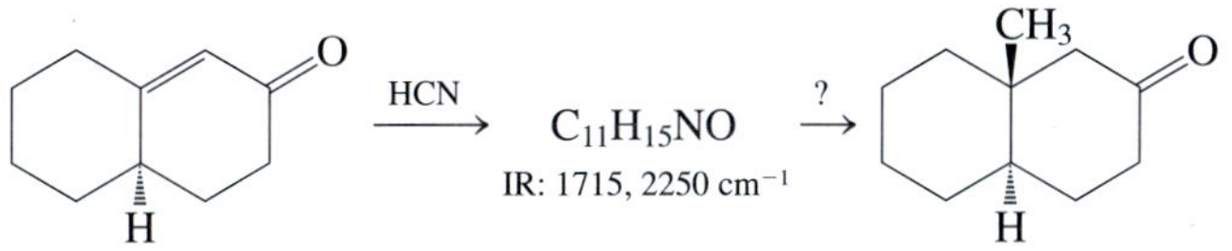

$\xrightarrow{HCN}$ $C_{11}H_{15}NO$ (IR: 1715, 2250 cm^{-1}) $\xrightarrow{?}$

66. **도전 문제** 두 개의 카복실산에 대한 분광 자료가 NMR-A와 NMR-B로 나타내었다. C, H, O, N, Cl, Br로 이루어졌고, 다른 원소는 없다. 이들 화합물을 식별하시오. **(a)** ^1H NMR: 스펙트럼 A(다중선의 전체 봉우리들을 나타내기 위해 하나의 신호는 확대하였다). IR: 1728 cm^{-1}. 고분별능 질량 스펙트럼: 분자 이온의 m/z값은 116.0837. 중요한 MS 조각들의 봉우리에 대해서 표를 참조하라. **(b)** ^1H NMR: 스펙트럼 B. IR: 1739 cm^{-1}. 고분별능 질량 스펙트럼: 완전한 분자 자체는 거의 동일한 세기의 두 개의 봉우리를 보여 준다. m/z = 179.9786과 181.9766. 중요한 MS 조각들의 봉우리에 대해서 표를 참조하라.

알려지지 않은 A의 질량 스펙트럼

m/z	주봉우리에서 상대적인 세기(%)
116	0.5
101	12
75	26
57	100
43	66
29	34

알려지지 않은 B의 질량 스펙트럼

m/z	주봉우리에서 상대적인 세기 (%)
182	13
180	13
109	78
107	77
101	3
29	100

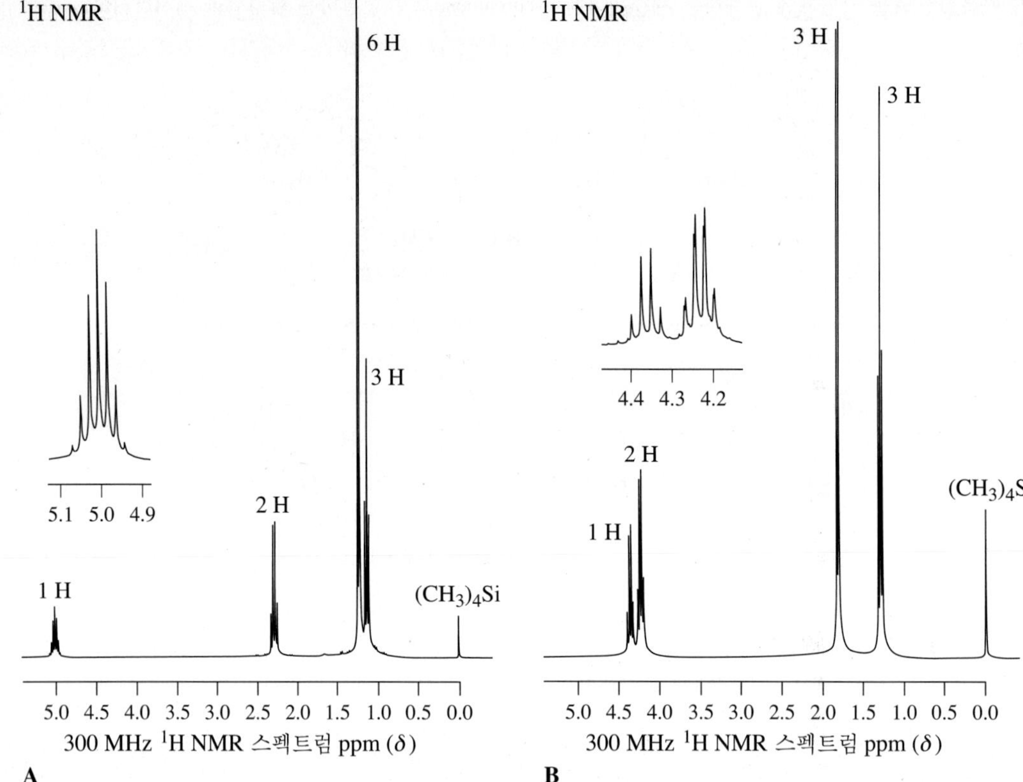

아민과 아민의 유도체

질소를 지닌 작용기

Anxiety, by Edvard Munch (1863 ~ 1944)

Effexor (venlafaxine, 1-[2-dimethylamino)-1-(4-methoxyphenyl) ethyl] cyclohexanol)은 2007년도 우울증과 불안감 치료제로 가장 많이 팔리는 약이었다. 분자 모형에서 보듯이 OH 양성자는 아민 질소의 고립 전자쌍과 수소 결합을 하고 있다.

대기는 대략 산소(O_2) 1/5과 질소(N_2) 4/5로 구성되어 있다. 우리는 산소의 중요성에 대하여는 잘 알고 있다. 산소는 호흡하는 데 필요하며, 자연계는 산소를 이용하여 물, 에터, 알코올 등을 비롯한 많은 유기물 및 무기물을 구성한다. 그러면 질소성분은 어떤가? 생물학적 산화 과정에서 최종 반응물질인 산소와는 달리 질소 자체는 활성이 거의 없다. 그러나 환원된 형태인 암모니아(NH_3) 및 질소의 유기물 유도체인 아민(amine) 등은 산소처럼 자연계에서 활발한 역할을 한다. 따라서 아민 및 질소를 함유한 화합물들은 가장 풍부한 유기 화합물들 중의 하나이며, 아미노산, 펩타이드, 단백질 및 알칼로이드(alkaloid) 등의 성분이므로 생화학에 필수적이다. 신경전달물질과 같은 아민 화합물은 강력한 생리학적 활성을 지닌다. 유사한 화합물들이 마취제, 소염제, 진정제 및 흥분제 등의 의약품으로 사용된다(화학 이야기 21-1). 비슷한 활성을 지닌 고리 구조의 아민 화합물도 있다(25장).

여러 가지 면에서 아민 화합물들의 화학적 성질은 알코올 및 에터(8장과 9장) 화합물들의 화학 성질과 유사하다. 예를 들어, 모든 아민 화합물들은 염기성이며(일차와 이차 아민 화합물들은 산으로도 작용한다), 수소 결합을 형성하고, 치환반응에서는 친핵체로 작용한다. 그러나 질소가 산소보다 전기음성도가 작기 때문에 반응성에 있어서 약간의 차이가 있다. 따라서 일차와 이차 아민 화합물들은 알코올 및 에터 화합물들보다 약한 산성이며, 수소 결합력도 약하나, 이들 화합물들보다는 염기성이며, 더 큰 친핵성이다. 이 장에서는 아민 화합물들의 물리·화학적 특성 및 이들을 합성할 수 있는 다양한 합성법을 설명할 것이다.

고등 유기체는 ammonia로의 환원에 의해 질소를 활성화할 수 없지만, 몇몇 미생물은 가능하다. 그러므로 콩 뿌리계의 소결절은 *Rhizobium* 박테리아에 의한 질소의 환원 부위이다.

21-1 아민 화합물의 명명법

아민(amine)은 암모니아의 유도체로서 암모니아 수소 중의 한 개, 두 개 또는 세 개(왼쪽 여백 그림 참조)가 알킬기 또는 아릴기로 치환되어 있다. 따라서 어떤 의미로는 에터와 알코올이 물과 관계가 있는 것처럼, 아민은 암모니아와 관계가 있다. 하지만 일차, 이차, 삼차를 정하는 법은 다르다(아래 참조). 알코올(ROH)은 R기의 성질에 의하여 일차, 이차, 삼차 알코올로 분류되나, 아민은 질소에 붙은 R 치환기의 수에 따라서 일차, 이차, 삼차 아민들로 분류된다.

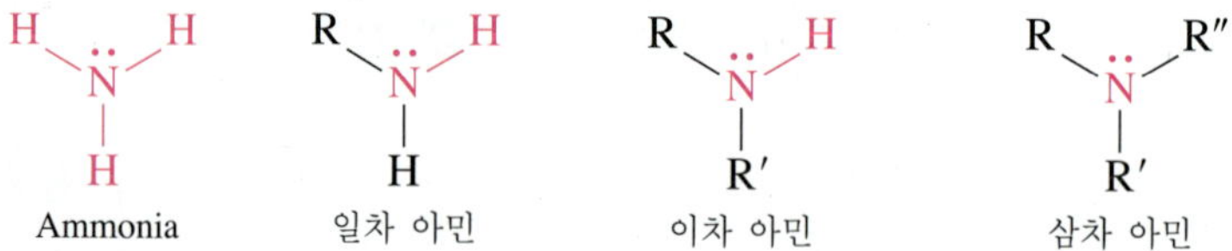

아민 화합물들에 대한 다양한 관용명들을 문헌에서 사용하기 때문에, 아민의 명명 체계가 매우 혼란스럽게 되어 있다. 아마도 지방족 아민(aliphatic amine)을 명명하는 가장 좋은 방법은 *Chemical Abstracts*에서 사용하는 방법처럼, **알칸아민(alkanamine)**으로 명명하는 것이다. 알칸아민 명명법은 알케인의 명명에서 끝에 있는 -에(*-e*)를 **-아민(-amine)**으로 바꾸는 것이다. 작용기의 위치는 알코올처럼(8-1절) 작용기가 붙어 있는 탄소 원자의 번호를 접두사로 표시하여 나타낸다.

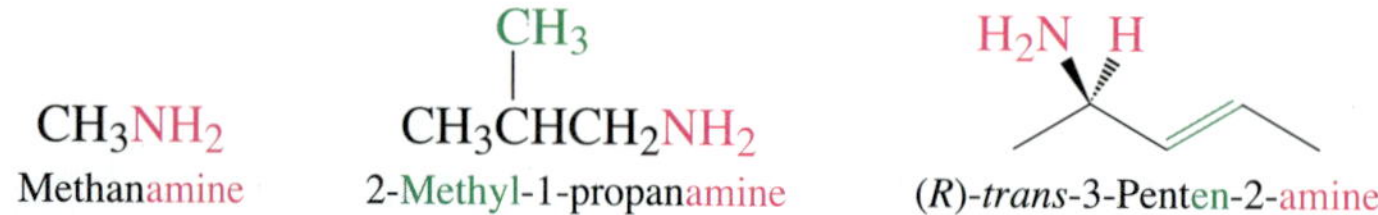

아민 작용기 두 개를 지닌 화합물을 **다이아민(diamine)**이라 하고, 예를 들면 1,4-뷰테인다이아민 또는 1,5-펜테인다이아민 등과 같이 명명한다. 죽은 생선 및 부패한 육류에서 나는 냄새들은 이 물질들 때문이며, 이들의 관용명을 각가 푸트레신과 카다베린이라 한다.

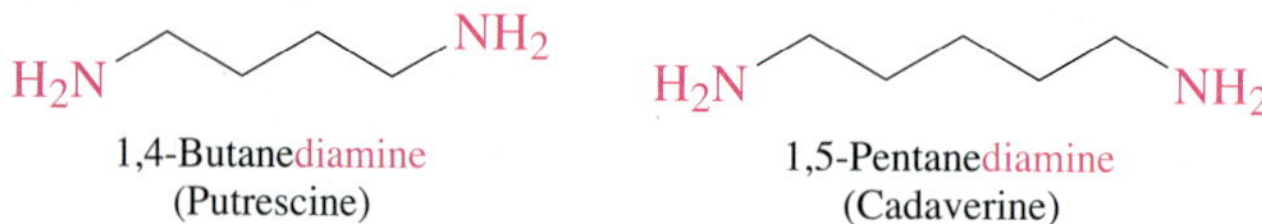

방향족 아민 또는 아닐린을 **벤젠아민(benzenamine)**이라 한다(15-1절). 이차와 삼차 아민 화합물들의 명명은 질소에 붙어 있는 가장 큰 알킬 치환기를 알칸아민 줄기로 선택하고, 다른 기들은 *N*-을 사용하여 명명하고, 부가적인 치환기가 뒤에 따라온다.

썩은 생선의 냄새는 putrescine 때문이다.

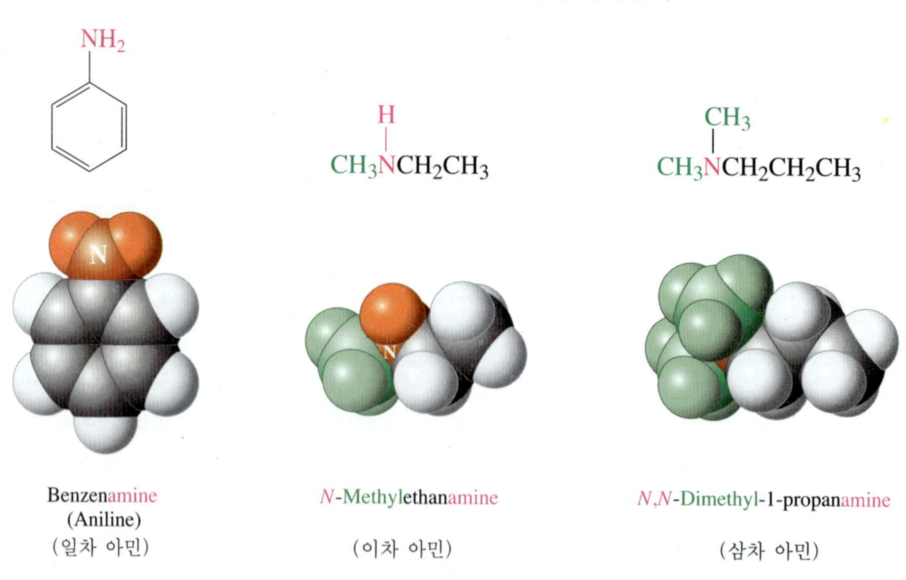

아민 화합물을 명명하는 다른 방법은 **아미노-(amino-)** 라는 아민 작용기를 알케인 줄기의 치환기로 간주하는 것이다. 이 방법은 알코올을 하이드록시알케인(hydroxyalkane)으로 명명하는 것과 비슷하다. 또한 이 방법은 다른 작용기들이 있을 때도 사용되는데, 이는 아민 작용기가 가장 낮은 우선순위를 갖기 때문이다.

$CH_3CH_2NH_2$ Aminoethane

$(CH_3)_2NCH_2CH_2CH_3$ *N*,*N*-Dimethylaminopropane

3-(*N*-Ethylamino)-1-butanol

CH_3NH_2 Methylamine

$(CH_3)_3N$ Trimethylamine

Benzylcyclohexylmethylamine

알킬 알코올을 메틸알코올, 에틸알코올처럼 관용명으로 부르듯이 많은 아민 화합물들도 **알킬아민(alkylamine**, 오른쪽 여백 그림 참조)이라 한다.

연습 문제 21-1

다음에 주어진 분자들을 첫 번째는 알칸아민으로, 그 다음에는 알킬아민으로 각각 명명하시오.

(a) $CH_3CH(NH_2)CH_2CH_3$ **(b)** $N(CH_3)_2$ 가 치환된 벤젠 **(c)** Br–$CH_2CH_2CH_2CH_2$–C(H_3C, H)–NH_2

연습 문제 21-2

다음에 주어진 화합물들의 구조를 그리시오.

(a) 2-Propynamine (propargylamine) **(b)** (*N*-2-propenyl) phenylmethanamine (*N*-allylbenzylamine)
(c) *N*,2-dimethyl-2-propanamine (*tert*-butylmethylamine).

요약 아민 화합물은 여러 가지 방법으로 명명할 수 있다. *Chemical Abstracts*는 알칸아민과 벤젠아민과 같이 명명하는 법을 사용하고, 알칸아민은 아미노알케인과 알킬아민으로 명명한다. 벤젠아민의 관용명은 아닐린이다.

21-2 아민의 구조와 물리적 성질

질소는 탄소처럼 사면체 기하구조를 가지나, 네 번째 결합은 고립 전자쌍으로 채워져 있다. 따라서 아민은 헤테로원자(heteroatom) 주위에 사면체 구조를 가지고 있지만, 이러한 배열은 반전(inversion)이라고 하는 빠른 이성질체화 과정 때문에 고정되지 않는다. 질소는 수소 결합을 형성하나 산소보다 전기음성도가 약하기 때문에, 알코올 등이 형성한 수소 결합보다 약한 수소 결합을 형성한다. 그 결과 아민들은 알코올보다 끓는점이 상대적으로 낮다.

알칸아민 질소는 사면체이다

아마이드와 달리(20-1절) 아민의 질소 오비탈은 거의 사면체 배열을 형성하는 sp^3 혼성화에 가까운 구조이다(1-8절 참조). 사면체의 세 꼭짓점은 각각 치환기들로 채워졌으며, 네 번째 꼭짓점에는 고립 전자쌍이 존재하며, 아민 화합물의 염기성 및 친핵성은 이와 같은 고립 전자쌍에 의한다. 치환기들로 채워진 질소의 기하학적 구조를 때로는 **피라미드(pyramidal)** 형이라 한다. 그림 21-1은 메탄아빈(메빌아빈)의 구소를 나타낸 것이나.

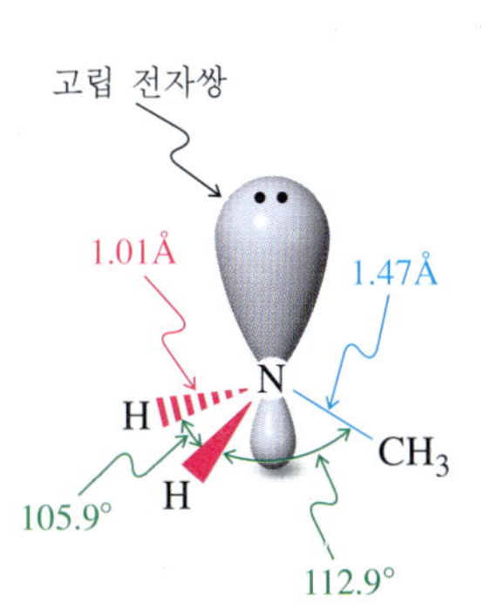

그림 21-1 Methanamine (methylamine)의 사면체 유사 구조.

화학 이야기 21-1

생리 활성을 지닌 아민류와 체중 조절

생리 활성을 나타내는 많은 화합물들의 활성은 그들이 지닌 아미노기에 기인한다. 이러한 예의 화합물로는 처방전을 필요로 하거나 또는 금지된 약으로 잘 알려진 아드레날린, 벤제드렉스, 우로트로핀, 암페타민, 메스칼린 및 에펙서(이 장 시작 부분 참조) 등이 있다. 이런 화합물 대부분들이 지닌 화학적 특징은 2-페닐에탄아민(β-펜에틸아민) 구조를 가지고 있다. 이 구조는 벤젠 고리를 중심으로 연결된 에틸기에 질소 원자가 붙은 형태이다(아래 주어진 화합물 상에서 초록색으로 표시하였다). 이런 화학적 구조의 특이성은 신경 말단에 존재하는 신경전달물질을 활성화시키는 뇌 수용체와 결합한다. 아민 화합물은 식욕 조절, 근육 활동 및 심지어 마약중독에 이르기까지 다양하게 인간 생활에 영향을 미친다.

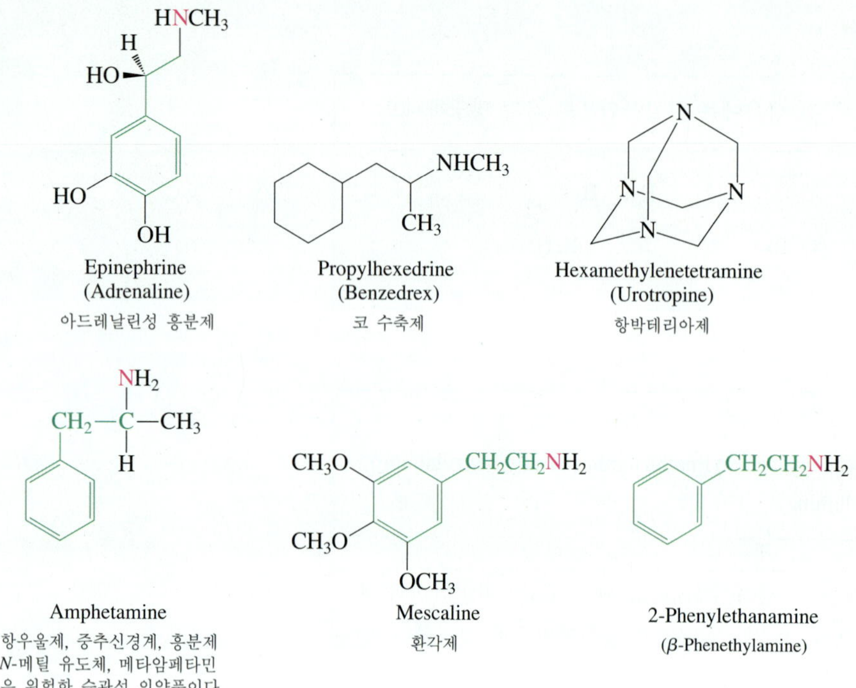

운동에 의한 체중 조절, 에어로빅 교실.

분자 설계 방법에 의하여 이런 화합물들을 특정한 부위에 결합시키려는 노력은 체중 조절 또는 비만을 치료할 수 있는 신약 개발에 중추적인 역할을 하며, 연구의 방향을 제시한다. 대부분의 다이어트 약들이 식욕을 억제하는 작용을 하지만, 최근에 개발된 약(예를 들면, sibutramine)들은 부작용 없이 포만감을 증가시킨다. 즉, 배가 고파서 식사를 하면 즉시 배부름을 느낀다. 최근에 개발된 rimonabant는 다른 원리로 작용하는데, 과학자들이 신약을 발견하기 위하여 접근하는 방법을 보여 준다. 마리화나를 피우면(마리화나, 9-11절, 20-6절) 매우 배가 고프다는 사실이 알려져 있다. 따라서 마리화나 수용체를 막으면 이러한 공복증을 막을 수 있으리라 가정되었으며, 이 효과를 이용해 체중 조절을 할 수 있으리라 생각하였다. 임상실험 결과 rimonabant가 매우 효과적임이 밝혀졌으며, 2006년 유럽시장에 나왔다. 하지만 미국 FDA에서는 우울증의 부작용 때문에 2007년 허가하지 않았다. 2008년 유럽시장에서 이 약은 퇴출되었으며, 몇몇 회사들은 이에 대한 연구를 잠정 중단하였다.

체중을 조절하는 또 다른 방법은 운동한 효과와 같이 대사율을 증가시키는 것이다. 대사를 증가시킨다 함은 체온을 올리는 효과가 있으며, 이와 같은 역할을 할 수 있는 물질에는 카페인이 있다. 그러나 카페인에 의한 대사율 증가 기간이 매우 짧으

연습 문제 21-3

Methanamine(methylamine, 그림 21-1 참조)의 탄소와 질소 사이의 결합 길이는 methanol(그림 8-1)의 탄소와 산소의 결합 길이보다 약간 길다. 그 이유를 설명하시오(**힌트**: 표 1-2 참조).

Sibutramine
(Meridia)

Rimonabant

Caffeine

며, 또한 그 효능이 점점 억제된다.

열을 발생하도록 하는 약은 축적된 "지방을 태워서" 체중을 조절하는 방법인데, 이 방법과는 정반대의 기능을 하는 새로운 약들이 개발 · 시도되었다. 이 방법은 대사를 방해하여 흡수를 원천적으로 억제하는 것이다. 예를 들면, 올리스타트(1999년 FDA에서 승인됨)는 장에서 지방이 효소에 의하여 분해되는 것을 저하시키는 약리 기능을 가진 물질이다. 그 결과 장에서 분해되지 못한 음식들은 배설된다. 처음에는 처방전이 있어야 했으나, 2007년 FDA는 시장에서 팔 수 있도록 허가하였다. Alli라는 이름으로 팔린 첫 번째 다이어트 약이다.

아민만이 체중 조절을 위한 물질로 연구되는 물질은 아니다. 예를 들면, 올레스트라는 전혀 소화되지 않는 지방인데, 질소를 포함하지 않고 있다. 이 물질들("일반적인" 지방은 트라이글리세라이드이다. 20-5절)은 인체의 효소에 의하여 대사되지 않는다는 사실에 기인한다. 올레스트라의 구조가 금지적으로 이상하게 보이지만, 사실상 일반 설탕의 옥타에스터이다. 올레스트라는 현재 감자칩, 치즈 뻥튀기 및 크래커 등에 이용된다.

이와 같은 형태의 약 개발의 타당성에 의문을 가질 수 있다. 왜냐하면 대식가를 위하여 완전한 몸매를 유지할 수 있는 음식을 만드는 것처럼 보이기 때문이다. 그러나 실상은 아니다. 비만은 건강의 제1의 적으로 동맥경화, 고혈압, 당뇨, 호흡장애 및 암과 같은 질병을 일으켜 수명을 단축시킨다. 비만은 대사가 제대로 조절되지 못하여(또는 몇몇 경우엔 유전자적인 문제로) 발생한 경우가 많다.

Orlistat
(Xenical)

Olestra

질소에 붙어 있는 세 개의 치환기들이 제각기 다르고, 고립 전자쌍을 네 번째 결합으로 간주하면 아민 질소 주위의 사면체 기하구조는 질소가 카이랄(chiral) 중심과 같다. 탄소를 카이랄 중심으로 한 입체이성질체들처럼 질소를 카이랄 중심으로 한 아민 화합물의 구조와 거울상 구조는 서로 포개지지 않는다(5-1절). 다음 그림은 카이랄 중심이 있는 간단한 알칸아민인 *N*-메틸에탄아민(ethylmetylamine)의 구조를 나타내었다.

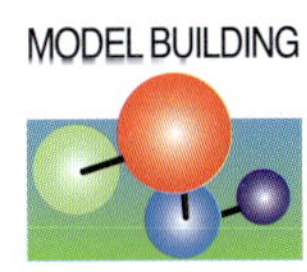

그림 21-2 *N*-Methylethanamine (ethylmethylamine) 의 거울상이성질체 각각은 질소 원자를 중심으로 빠르게 반전 (inversion) 현상이 일어난다. 그 결과 이 화합물은 광학 활성을 나타내지 않는다.

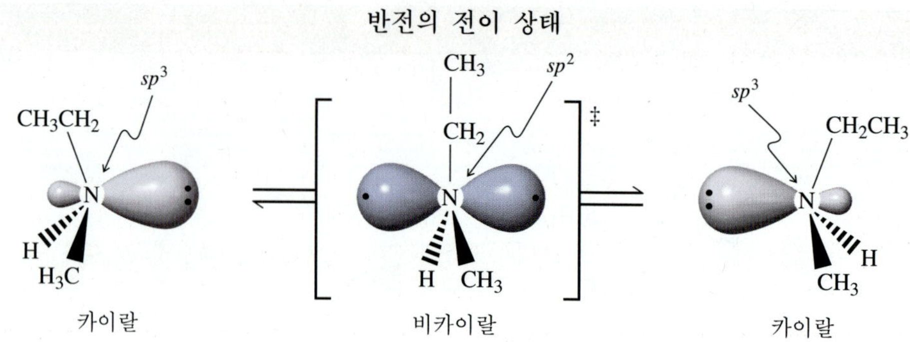

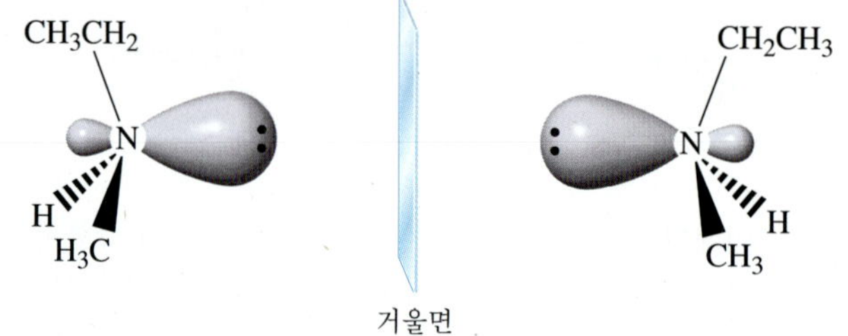

그러나 비대칭임에도 불구하고 아민 화합물은 광학 활성이 **없다**. 그 이유는 무엇인가? 아민은 질소에 **반전(inversion)**이라고 하는 과정에 의해 빠른 이성질체화가 일어나서 배열적으로 안정하지 못하기 때문이다. 그림 21-2에서 설명하는 것처럼 아민은 sp^2 혼성화된 질소 원자 전이 상태를 거치면서 이성질화된다. 이러한 전이 상태는 그림 6-4에 나타낸 S_N2 반응에서 관찰할 수 있는 반전과 비슷하다(6-5절 참조). 일반적으로 크기가 작은 아민 화합물이 가지는 이러한 운동에 대한 에너지 차이를 분광학적 기술로 측정할 수 있으며, 그 값은 약 5~7 kcal mol^{-1} (ca. 20~30 kJ mol^{-1}) 이다. 그러므로 질소 원자만이 입체중심인 단순한 다이알킬아민 또는 트라이알킬아민을 상온에서 순수한 거울상이성질체로 유지하는 것이 불가능하다. 왜냐하면 이들은 쉽게 라세미화되기 때문이다.

아민은 알코올보다 약한 수소 결합을 형성한다

알코올은 쉽게 수소 결합을 형성하기 때문에(8-2절 참조) 알코올의 끓는점은 매우 높다. 이론적으로 아민의 끓는점도 높을 것으로 기대되며, 이러한 예상은 표 21-1에 나타낸 화합물들의

표 21-1 아민, 알코올 및 알케인의 물리적 성질

화합물	녹는점 (°C)	끓는점 (°C)	화합물	녹는점 (°C)	끓는점 (°C)
CH_4	−182.5	−161.7	$(CH_3)_2NH$	−93	7.4
CH_3NH_2	−93.5	−6.3	$(CH_3)_3N$	−117.2	2.9
CH_3OH	−97.5	65.0			
			$(CH_3CH_2)_2NH$	−48	56.3
CH_3CH_3	−183.3	−88.6	$(CH_3CH_2)_3N$	−114.7	89.3
$CH_3CH_2NH_2$	−81	16.6			
CH_3CH_2OH	−114.1	78.5	$(CH_3CH_2CH_2)_2NH$	−40	110
			$(CH_3CH_2CH_2)_3N$	−94	155
$CH_3CH_2CH_3$	−187.7	−42.1			
$CH_3CH_2CH_2NH_2$	−83	47.8	NH_3	−77.7	−33.4
$CH_3CH_2CH_2OH$	−126.2	97.4	H_2O	0	100

끓는점들을 비교하면 확연하다. 그러나 아민은 알코올보다 수소 결합이* 약하기 때문에 알코올보다 끓는점이 낮으며 물에 대한 용해도도 작다. 일반적으로 아민의 끓는점은 상응하는 크기의 알케인과 알코올의 끓는점 사이에 위치한다. 아민의 크기가 작을수록 용매와 수소 결합을 형성할 수 있기 때문에 물과 알코올에 잘 녹는다. 아민의 소수성 부분인 탄소의 수가 여섯 개 이상이면 아민의 물에 대한 용해도는 급격히 감소하여, 거대한 크기의 아민은 결과적으로 물에 용해되지 않는다.

요약 아민은 고립 전자쌍이 사면체의 한 꼭짓점을 차지하고 있는 사면체 구조를 이루고 있다. 이론적으로 아민은 질소를 중심으로 비대칭 구조를 형성하나, 질소 원자를 중심으로 빠른 반전이 일어나기 때문에 순수한 형태의 거울상이성질체를 얻기가 어렵다. 아민의 끓는점은 비슷한 크기의 알케인보다는 높으나, 비슷한 크기의 알코올보다는 수소 결합이 약하기 때문에 낮다. 아민의 물에 대한 용해도는 상응하는 크기의 알케인과 알코올이 지닌 용해도의 중간 정도이다.

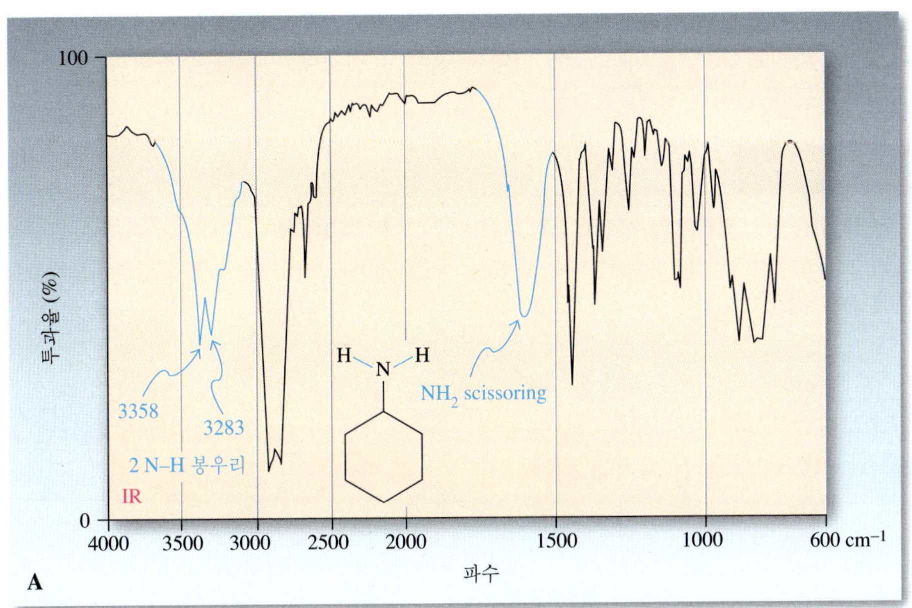

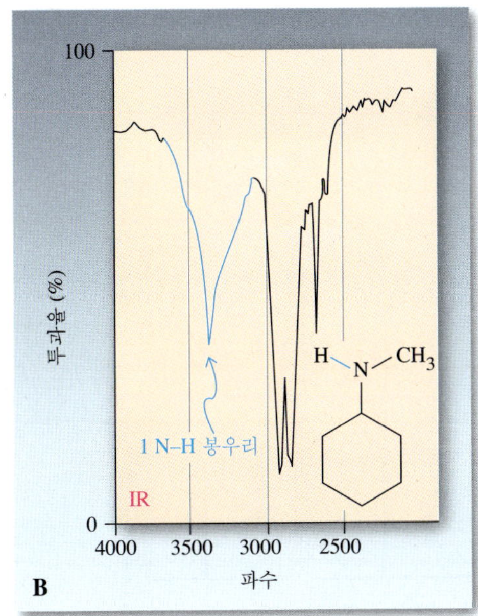

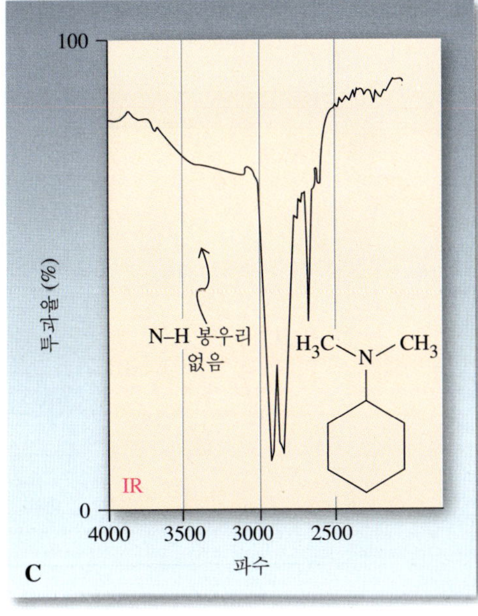

그림 21-3 (A) Cyclohexanamine의 IR 스펙트럼. 3250 ~ 3500 cm^{-1}에서 일차 아민의 특성인 N—H 신축 흡수에 의한 두 개의 강한 봉우리가 나타난다. 또한 1600 cm^{-1} 부근에 넓은 흡수띠가 존재하는데, 이것은 N—H 결합의 가위질 운동에 의한 것이다. (B) *N*-Methylcyclohexanamine은 3300 cm^{-1}에서 단지 한 개의 봉우리만 보인다. (C) *N,N*-Dimethylcyclohexanamine은 3250 ~ 3500 cm^{-1}에서 봉우리가 나타나지 않는다.

*여기서 **모든** 아민은 수소 결합에서 양성자 받개로 작용할 수 있고, 삼차 아민은 줄 수 있는 양성자가 없기 때문에 다만 일차와 이차 아민만이 양성자 주개로 작용할 수 있다.

21-3 아민 작용기의 분광법

$-NH_2$ 수소의 가위질 운동

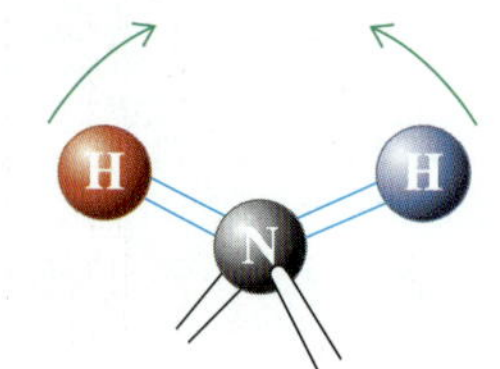

일차 아민과 이차 아민은 3250 ~ 3500 cm^{-1} 파장 범위에서 특징적인 넓은 N—H 신축 진동 흡수를 나타내기 때문에, 적외선 분광법으로 관측할 수 있다. 일차 아민은 이 영역에서 강한 두 개의 봉우리를 나타내는 반면에, 이차 아민은 단일선만을 나타낸다(아마이드의 IR 스펙트럼을 참조. 20-1절). 또한 일차 아민은 NH_2기의 가위질 운동으로 인해 1600 cm^{-1} 부근에서 흡수띠가 나타난다(11-8절, 그림 11-7, 왼쪽 여백 그림). 삼차 아민은 질소에 직접적으로 결합한 수소가 없기 때문에 이러한 단일띠를 나타내지 않는다. 그림 21-3은 사이클로헥산아민의 적외선 스펙트럼을 나타낸 것이다.

핵자기 공명(NMR) 분광법도 아미노기의 존재를 찾는데 유용하다. 아민의 수소는 NMR 스펙트럼에서 알코올의 OH기처럼 공명하여 넓게 퍼진 봉우리를 나타낸다. 아민 수소의 화학적 이동값은 주로 용매 속에서 물과의 양성자 교환 속도 및 수소 결합력에 따라 결정된다. 그림 21-4는 고리 이차 아민의 한 종류인 아자사이클로헥세인(piperidine)의 ^{1}H NMR 스펙트럼을 나타낸 것이다. 아민 수소는 δ = 1.22 ppm에서 나타나며, 다른 두 종류의 수소는 δ = 1.34와 2.61 ppm에서 나타난다. 낮은 자기장에 나타난 흡수는 질소에 인접한 수소이며, 이 수소는 질소의 전기음성도에 의하여 벗김 효과를 받고 있다.

연습 문제 21-4

아민 $RC\mathbf{H}_2NH_2$에서 헤테로원자에 인접한 수소는 알코올 $RC\mathbf{H}_2OH$에서 헤테로원자에 인접한 수소보다 벗김 효과가 클 것으로 예상하는지 또는 작을 것으로 예상하는지를 설명하시오(**힌트**: 연습 문제 21-3 참조).

아민 ^{13}C NMR 스펙트럼도 비슷한 경향을 보여 준다. 질소에 직접 결합된 탄소는 알케인에 있는 탄소보다 상당히 낮은 자기장에서 공명한다. 그러나 수소 스펙트럼에서처럼(연습 문제 21-4) 질소는 산소보다 벗김 효과를 적게 준다.

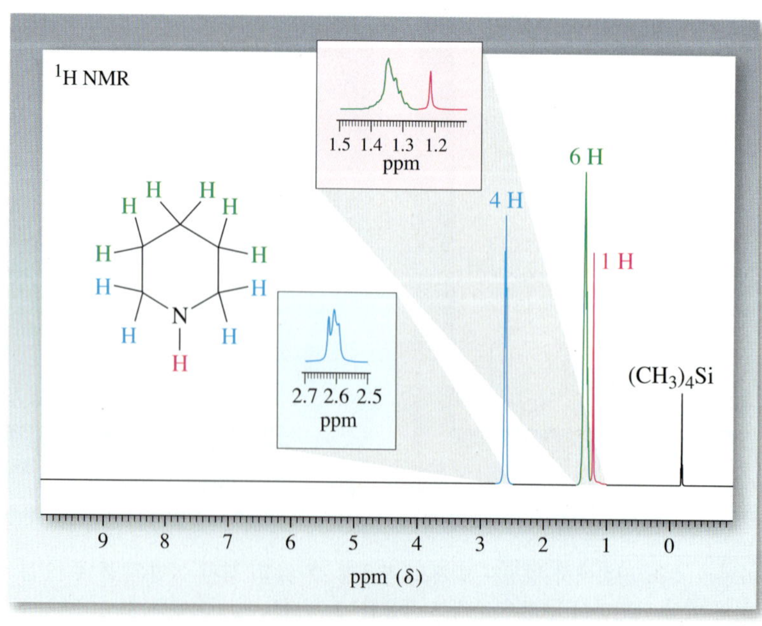

그림 21-4 Azacyclohexane (piperidine)의 300-MHz ^{1}H NMR 스펙트럼. 알코올 OH기의 수소 신호처럼, 아민의 NH 봉우리는 수소의 화학적 이동값 영역 거의 어느 곳에서나 나타날 수 있다. 이 그림에서 NH 흡수선은 건조한 용매를 사용하여 측정한 결과, δ = 1.22 ppm에서 매우 뾰족하게 나타났다.

여러 가지 아민의 ^{13}C의 화학적 이동값(ppm)

Piperidine (N–H): 25.5, 27.2, 47.5 를 Morpholine (O): 23.6, 26.6, 68.0 cyclohexylamine (NH_2): 25.1, 25.7, 36.7, 50.4 $(CH_3CH_2)_2NH$ (15.4, 44.2) $CH_3NCH(CH_3)_2$ (N–H; 33.6, 50.9, 22.6) 과 비교

질량 분석법은 유기 화합물에 질소의 존재를 쉽게 찾아낼 수 있다. 네 개의 결합을 하는 탄소와 달리 질소는 세 개의 결합을 한다. 이러한 결합의 숫자와 질소의 원자량이 짝수(14)이기 때문에, 한 개의 질소(또는 홀수의 질소 원자)를 가진 유기 화합물은 **홀수**의 분자량을 가진다(예제 11-21 참조). 이는 질소 화합물의 분자식 $C_nH_{2n+3}N$을 생각해 보면 쉽게 알 수 있다.

아민 질량 스펙트럼의 토막내기 형태는 화합물의 구조를 알아내는데 도움을 준다. 예를 들면, *N,N*-다이에틸에탄아민(트라이에틸아민)의 질량 스펙트럼은 $m/z = 101$에서 분자 이온의 봉우리를 나타낸다(그림 21-5). $m/z = 86$에서 나타나는 최대 봉우리를 α-분해에 의하여 메틸기를 잃어버린 결과이다(11-10절). 이와 같은 토막내기의 결과 공명 안정화된 **이미늄 이온(iminium ion)**이 형성되기 때문에 이 토막내기는 우호적인 과정이다.

***N,N*-Diethylethanamine의 질량 스펙트럼 토막내기**

$$(CH_3CH_2)_2\overset{+\cdot}{N}CH_2 \nmid CH_3 \longrightarrow CH_3\cdot + \left[(CH_3CH_2)_2\overset{+}{N}{=}CH_2 \longleftrightarrow (CH_3CH_2)_2\ddot{N}{-}\overset{+}{C}H_2\right]$$

$m/z = 101$ *N,N*-Diethylethanamine (Triethylamine) $m/z = 86$ Iminium 이온

질소 옆에 있는 C—C 결합은 쉽게 끊어지므로 분자 이온이 관측되지 않는다. 예를 들면, 1-헥산아민의 질량 스펙트럼에서는 분자 이온($m/z = 101$)을 겨우 볼 수 있다, 나타난 주봉우리는 메틸렌이미늄 토막 $[CH_2{=}NH_2]^+$ ($m/z = 30$)이다.

연습 문제 21-5

개념 문제: 아민의 구조 규명

분자식이 $C_8H_{11}N$인 화합물의 스펙트럼 자료가 다음과 같을 때 이 화합물은 무엇인가? 질량 스

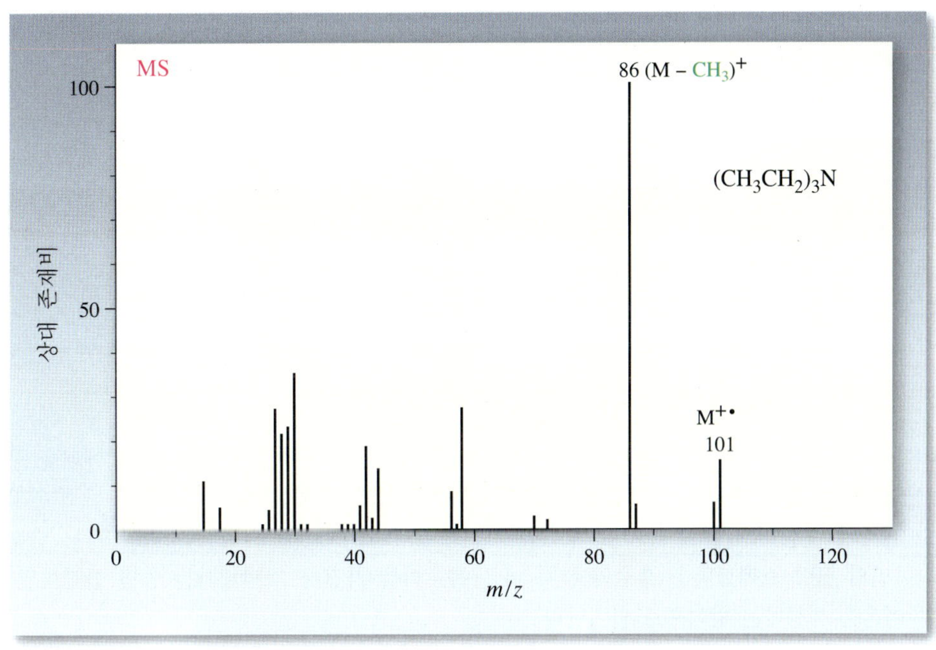

그림 21-5 $m/z = 101$에서 분자 이온 봉우리를 나타낸 *N,N*-diethylethanamine (triethylamine)의 질량 스펙트럼. 질소 원자 하나를 지닌 분자의 분자량은 일반적으로 홀수이다. 주봉우리는 methyl기를 잃어버서 생긴 것이며, 그 결과 형성된 iminium 이온은 $m/z = 86$에서 나타난다.

펙트럼 : m/z(상대적 세기) = 121 (M^+, 6), 91 (15), 30 (100). ^1H NMR: δ = 1.16 (s, 2 H), 2.73 (t, J = 7 Hz, 2 H), 2.93 (t, J = 7 Hz, 2 H), 7.20 (m, 5 H) ppm. ^{13}C NMR: δ 40.2 (CH_2), 4.36 (CH_2), 126.1 (CH), 128.4 (CH), 128.8 (CH), 139.9 ($C_{사차}$) ppm. IR (neat): 선별된 $\tilde{\nu}$ = 3366, 3284, 3062, 3026, 2932, 2850, 1603, 746, 700 cm^{-1}.

전략

스펙트럼 자료는 이 미지 시료의 구조를 밝히는 데 필요한 정보 이상을 제공한다. 아래에 문제에 주어진 차례대로 질량 스펙트럼 ^1H NMR 스펙트럼을 분석하여 임시 구조를 결정한다. 나머지 자료를 이용하여 구조를 확인한다. 하지만 이 문제와 같은 경우 주어진 모든 분광학적 자료 및 정보 조각들을 이용하여 풀도록 한다.

풀이

- 질량 스펙트럼은 분자식이 $C_8H_{11}N$인 분자 이온(m/z = 121) 값을 나타냈다.
- 의미있는 정보는 분절된 봉우리의 분자 이온값이다. m/z = 91값은 질량 = 30을 나타낼 수 있는 조각이 없어진 결과를 의미한다. 두 번째 토막의 분자 이온값과 일치한다. 즉, 미지 시료의 분자는 m/z = 91과 30인 조각으로 나뉘었다. $C_8H_{11}N$이 어떻게 두 개의 토막으로 잘려 관측된 분자 이온값을 나타낼 수 있는가? m/z = 30의 값은 $[CH_2{=}NH_2]^+$의 크기와 같음을 알 수 있다. 그 외의 가능한 값은 C_2H_6이나 이런 형태의 분자로 갈라질 확률은 거의 없다. 따라서 m/z = 91의 분자 조성은 C_7H_7이다.
- ^1H NMR 스펙트럼의 결과를 보면 수소는 4분류로 나누어져 있음을 알 수 있으며, 이들의 비는 2:2:2:5이다. 첫 번째 그룹은 단일선을 나타내므로, 이웃에 수소가 없거나, 질소와 직접 결합한 (예를 들면, NH_2) 한 쌍의 수소 원자에 의한 것이다. 다음 그룹에 속하는 2분류의 수소들은 삼중선으로 나타나므로, A—CH_2CH_2—B의 구조에서와 같이 서로 이웃하는 CH_2기에 의한 것이다.
- C_2H_4를 $C_8H_{11}N$의 조성식에서 빼면 C_6H_7N이 되며, 이 식은 A + B의 조성식에 해당한다.
- 최종적으로 phenyl기 C_6H_5에 해당하는 방향족 다중 수소선 다섯 개가 δ = 7.20 ppm에서 관측되었다. 만약 phenyl기가 A라면 B는 NH_2이고, 가능한 구조는 2-phenylethanamine, $C_6H_5CH_2CH_2NH_2$이다. 이 구조는 methyleneiminium과 benzyl 양이온 $[C_6H_5CH_2]^+$을 주토막으로 나타내는 질량 스펙트럼 결과와 일치한다[삽입구로서, benzyl 양이온은 질량 분광학적 조건에서 더 안정한, 방향족 아뉼렌 이성질체, cycloheptatrienyl 양이온(15-7절)으로 재배열한다].
- 그 외의 스펙트럼 결과가 위에 언급한 구조와 일치하는지를 살펴보자. ^{13}C NMR 스펙트럼은 예상대로 알맞은 화학적 이동값을 지닌 여섯 개의 선을 나타냈다(표 10-6 및 21-3절).
- IR 스펙트럼은 방향족 및 포화 C—H 흡수선 외에도(그림 15-7) NH_2기에 대한 띠를 $\tilde{\nu}$ = 3366, 3284, 1603에서 보이며, 이들은 그림 21-3(A)에 나타낸 값들과 비슷하다. 문제의 조건에 일치하는 미지 시료는 왼쪽 여백 그림과 같은 구조의 화합물이다.

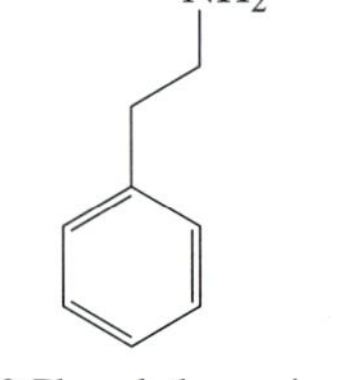
2-Phenylethanamine

연습 문제 21-6

자습 문제

왼쪽 여백에 나타낸 *N*-ethyl-2,2-dimethylpropanamine에 대해 예상되는 대략적인 스펙트럼 자료(IR, NMR, m/z)를 나타내시오.

H
N

N-Ethyl-2,2-dimethyl-propanamine

요약 N—H 결합의 IR 신축 흡수는 3250~3500 cm^{-1} 파장 범위에서 나타난다. 상응하는 ^1H NMR 봉우리는 간혹 넓게 퍼져 있어 여러 영역의 δ에서 관찰될 수 있다. 알코올과 에터를 구성한 산소보다는 벗김 효과가 적지만, 전자를 끌어당기는 성질이 있는 질소는 인접한 탄소 원자와 수소 원자에 벗김 효과를 준다. 질소의 원자가는 3이기 때문에, 질소 원자 하나만 지닌 단순한 알칸아민의 질량 스펙트럼은 홀수의 분자 이온 봉우리를 가진다. 토막내기는 공명 안정화된 이미늄 이온을 생성하는 방식으로 일어난다.

21-4 아민의 산도와 염기도

알코올처럼(8-3절) 아민은 염기성이면서 산성이기도 하다. 질소의 전기음성도가 산소보다 작기 때문에, 아민의 산도는 알코올의 산도보다 약 20 정도가 작다. 그 반면, 질소의 고립 전자쌍은 양성자첨가반응을 더 잘 일으키므로 아민은 좋은 염기가 된다.

아민의 산도 및 염기도

산으로 작용하는 아민: $R\ddot{N}H(-H) + {}^{-}{:}B \overset{K_a}{\rightleftharpoons} R\ddot{N}^{-}H + HB$

산 → 짝염기

염기로 작용하는 아민: $R\ddot{N}H_2 + HA \overset{K_b}{\rightleftharpoons} RN^{+}H_2(-H) + {}^{-}{:}A$

염기 → 짝산

아민은 매우 약한 산이다

아민이 알코올보다 산의 성질이 훨씬 약한 증거를 알아보았다. 아마이드 이온 R_2N^-는 알코올로부터 양성자를 이탈시키는 데 사용된다(9-1절). 이 양성자 이동이 일어나는 평형은 알콕시화 이온 형성 방향으로 치우친다. 평형 상수값(10^{20})이 높은 이유는 아마이드 이온의 강한 염기도 때문이며, 이것은 아민의 산도가 낮은 것과 일치한다. 암모니아와 알칸아민의 pK_a값은 35 정도이다.

아민의 산도

$$R\ddot{N}H(-H) + H_2\ddot{O} \overset{K_a}{\rightleftharpoons} R\ddot{N}^{-}H + H_2\overset{+}{O}H \qquad K_a = \frac{[R\ddot{N}^{-}H][H_2\overset{+}{\ddot{O}}H]}{[R\ddot{N}H(-H)]} \approx 10^{-35}$$

아민 (약산) 아마이드 이온 (강염기) p$K_a \approx 35$

아민의 양성자이탈반응은 알킬리튬(alkyllithium) 시약과 같은 매우 강한 염기를 필요로 한다. 예를 들면, 실험실에서 *N*-(1-메틸에틸)-2-프로판아민(다이아이소프로필아민)을 뷰틸리튬으로 처리하여 이분자 제거반응(7-8절)에서 사용되는 입체적으로 장애를 지닌 염기 리튬 다이이소프로필아마이드를 만든다.

LDA 제조

$$(CH_3)_2CH\ddot{N}HCH(CH_3)_2 \xrightarrow[-CH_3CH_2CH_2CH_2H]{CH_3CH_2CH_2CH_2Li} (CH_3)_2CH\ddot{N}^{-}Li^{+}CH(CH_3)_2$$

N-(1-Methylethyl)-2-propanamine (Diisopropylamine) → Lithium diisopropylamide, LDA

아마이드 이온을 합성할 수 있는 다른 방법은 아민을 알칼리 금속과 반응시키는 것이다. 알칼리 금속은 아민에 용해되면서(매우 느리게 용해됨) 수소를 발생시켜 아민염을 형성한다(알칼리 금속이 물 또는 알코올에 용해되어 수소 기체 및 알칼리 금속 수산화물 또는 알콕사이드를 형성하는 것처럼, 9-1절). 예를 들면, 촉매 Fe^{3+} 존재하에서 소듐 금속과 암모니아 용액으로부터 아마이드화 소듐(sodium amide)을 합성할 수 있다. 이 반응에서 촉매로 사용된

Sodium amide의 제조

$$2\,Na + 2\,NH_3 \xrightarrow{\text{촉매 } Fe^{3+}} 2\,NaNH_2 + H_2$$

Fe^{3+}는 아민으로의 전자 이동을 촉진시킨다. 촉매가 없을 경우에 소듐은 단순히 암모니아에 용해되어 강한 환원성 용액을 형성한다(13-6절).

아민은 다소 염기성이며, 암모늄 이온은 약한 산성이다

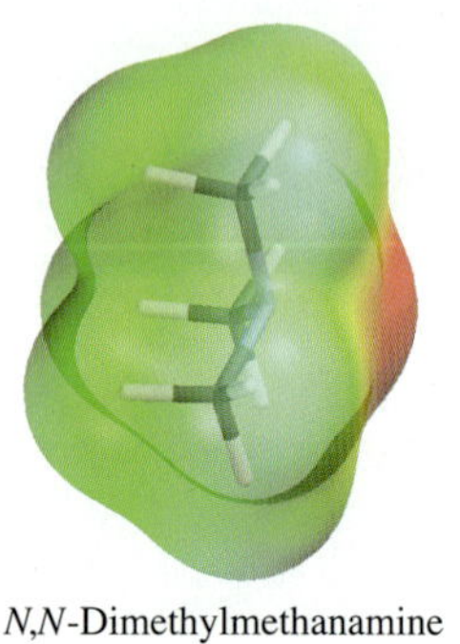

N,N-Dimethylmethanamine
(Trimethylamine)

아민은 물의 양성자를 이탈시켜 **소량**의 암모늄과 수산화 이온을 생성한다. 따라서 아민은 알코올보다 강한 염기성이지만, 알콕사이드만큼 염기성이지는 못하다. 아민의 양성자첨가반응은 왼쪽 여백 그림에 나타낸 *N,N*-다이메틸메탄아민(트라이메틸아민)의 정전기 퍼텐셜 지도처럼 자유 전자쌍 위치에서 일어난다.

아민의 염기도

$$R\ddot{N}H_2 + H-\ddot{O}H \underset{}{\overset{K_b}{\rightleftharpoons}} R\overset{+}{N}H_3 + H\ddot{O}:^-$$

아민 / Ammonium 이온

그 결과 질소에 있는 치환기의 수에 따라 일차, 이차, 삼차 암모늄염이 될 수 있다.

$R\overset{+}{N}H_3\ Cl^-$	$R_2\overset{+}{N}H_2\ Br^-$	$R_3\overset{+}{N}H\ I^-$
일차 ammonium chloride	이차 ammonium bromide	삼차 ammonium iodide

암모늄염은 치환기의 이름 끝에 **-암모늄**(*-ammonium*)을 붙여 명명한 다음, 음이온의 이름을 붙인다.

화학 이야기 21-2

추출법에 의하여 유기 화합물로부터 아민 분류

천연물 분리 또는 유기합성 과정에서 겪는 문제는 혼합물로부터 산성, 중성 및 염기성의 물질들을 제각기 분리하는 것이다. 아민이 지닌 염기성 성질을 이용하여 이러한 문제를 해결할 수 있다. 즉, 작용기들의 산-염기 성질을 이용한 추출법을 사용하여 물질을 분리할 수 있다. 이 실험 방법은, 염은 일반적으로 수용성이나 염의 짝산 또는 짝염기는 불용성인 특징을 이용한 것이다. 예를 들면, 유기 용매에 혼재되어 있는 염기성 아민을 **산성** 용액층에 암모늄염의 형태로 분리하여 추출할 수 있다. 역으로, 카복실산과 같은 산성 화합물을 추출법을 이용하여 **염기성** 용액층에서 분리할 수 있다. 이 염기성 용액층에서 카복실산은 카복실레이트의 상태로 존재한다. 이런 과정(산성화 및 염기성화에 의한 추출)을 여러번 반복하여 산성, 중성 및 염기성의 물질들을 혼합물로부터 제각기 분리할 수 있다.

분리 과정을 기술한 도표를 다음에 나타내었다.

유기 용매에 녹아 있는 혼합물을 우선 $NaHCO_3$와 같은 약염기로 처리하여 혼합물에 존재하는 카복실산을 소듐염의 상태로 변환시킨다. 염의 형태는 물에 녹으므로 유기 용매층에 존재하던 카복실산이 수용액층으로 이동한다. 수용액층을 유기 용매층으로부터 분리한 후, 수용액층에 HCl과 같은 강산을 첨가하면 카복실산을 물 분자와 분리할 수 있다. 남아 있는 유기 용매층을 산으로 처리하면 유기 용매에 녹아 있는 아민 화합물이 수

유기 용매로부터 수용액으로 용질의 추출(그 반대도)은 분별 깔때기에서 혼합물을 잘 흔들어 주어 이루어지고, 다음의 그림과 같이 방치하여 두 상을 분리한다. 층의 물리적 분리는 밑에 있는 마개를 열어 주의해서 빼내 이루어진다.

아민의 염기도는 짝산인 암모늄 이온의 산도를 측정하여 관찰하는 것이 유용하다(2-2절). 암모늄 이온은 물(pK_a = 15.7, 표 2-2)이나 알코올보다는 강산이지만, 카복실산(pK_a = 4~5, 19-4절)보다는 약산이다.

$CH_3\overset{+}{N}H_3\ Cl^-$
Methylammonium chloride

Cyclopentylethylmethylammonium iodide

Ammonium 이온의 산도

$$R\overset{+}{N}H_3 + H_2\ddot{O} \underset{}{\overset{K_a}{\rightleftharpoons}} R\ddot{N}H_2 + H_2\overset{+}{\ddot{O}}H \qquad K_a = \frac{[R\ddot{N}H_2][H_2\overset{+}{\ddot{O}}H]}{[R\overset{+}{N}H_3]} \approx 10^{-10}$$

짝산 염기

복습: 짝산이 약할수록 pK_a값이 크고, 그 짝염기는 강염기이다.

$pK_a \approx 10$

치환기나 혼성화와 같이 아민의 질소의 전자 밀도를 증가시키는 요인도 아민의 염기도를 증가시키며, 따라서 해당 암모늄염의 pK_a값도 증가시킨다. 달리 말하면, 아민 질소의 전자 밀도를 감소시키면 염기도도 감소되며, 그 암모늄염의 pK_a값도 작아진다. 예를 들면, 알킬암모늄염은 암모늄 이온 $\overset{+}{N}H_4$보다는 약간 약한 산이므로, 상응하는 아민은 조금 더 강한 염기이다. 그 이유는 알킬기는 전자를 제공하는 성질이 있기 때문이다(7-5절 및 16-1절). 그러나 다음에 나타내듯이 pK_a값은 치환된 알킬기의 수에 비례하여 증가하지 않는다. 실질적으로 삼차 아민은 이차 아민보다 특이하게도 염기성이 떨어진다. 이러한 이유는 용매화 때문이다. 즉, 아민의 질소와 결합한 알킬기의 수가 증가하면 용매층(8-3절)의 입체적 붕괴가 증가하며, 또한 질소와 결합한 수소수가 감소하여 수소 결합이 약해진다(21-2절). 이러한 현상들은 용액에서 알킬기가 지닌 전자 제공 능력을 방해한다. 그러나 기체상에서의 알킬암모늄의 pK_a값은 다음과 같

용성의 암모늄염으로 변한다. 수용액층과 유기 용매층을 각각 분리하면 유기 용매층에는 중성 물질이 존재하고, 수용액층에는 암모늄염이 존재한다. 수용액층을 NaOH와 같은 강염기로 처리하여 아민을 물 분자와 분리한다.

수용액 추출법에 의한 산성(카복실산), 염기성(아민) 및 중성(할로알케인) 유기 화합물의 분리

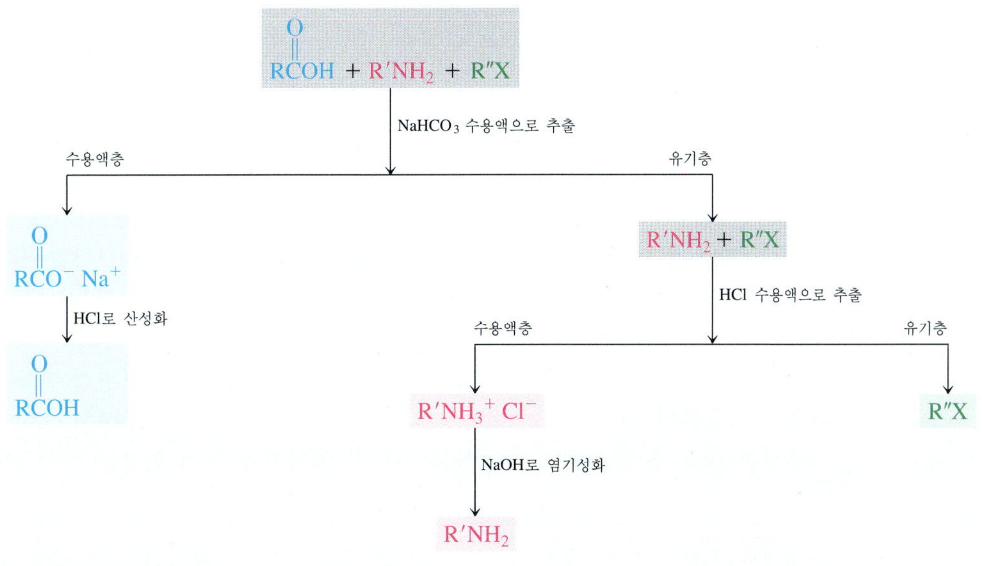

이 예상한 pK_a값 크기 순서이다. $(pK_a)\overset{+}{N}H_4 < CH_3\overset{+}{N}H_3 < (CH_3)_2\overset{+}{N}H_2 << (CH_3)_3\overset{+}{N}H$.

일련의 간단한 ammonium 이온들의 pK_a값*

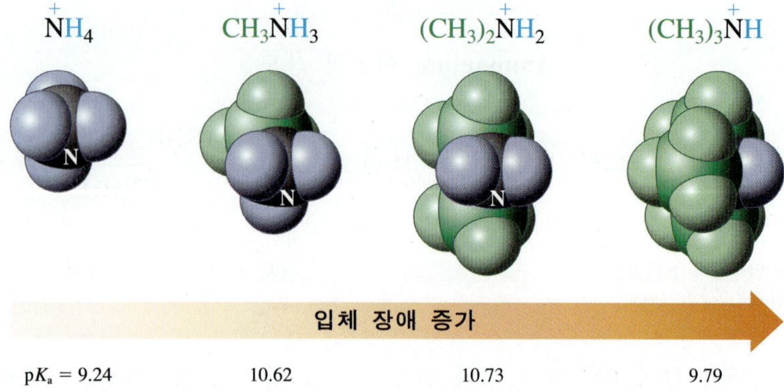

아렌아민, 카복스아마이드 및 이민의 질소에 있는 고립 전자쌍은 양성자첨가반응이 잘 일어나지 않는다

알킬기의 영향과는 달리 아민의 염기도는 질소 주위에 있는 전자를 끄는 치환기들에 의하여 크게 영향을 받는다. 예를 들어, 2-[비스(2-하이드록시에틸)아미노] 에탄올의 pK_a값은 7.75인데, 이는 전자를 끄는 산소가 세게 붙어 있기 때문이다. 이와 유사하게 벤젠아민(일명 아닐린)의 염기성은 탄소수가 동일한 사이클로헥산아민(다른 일차 아민들)의 염기성보다(pK_a = 10.66) 상대적으로 많이 약하다(pK_a = 4.63). 이와 같은 효과가 나타나는 원인이 두 가지 있다.

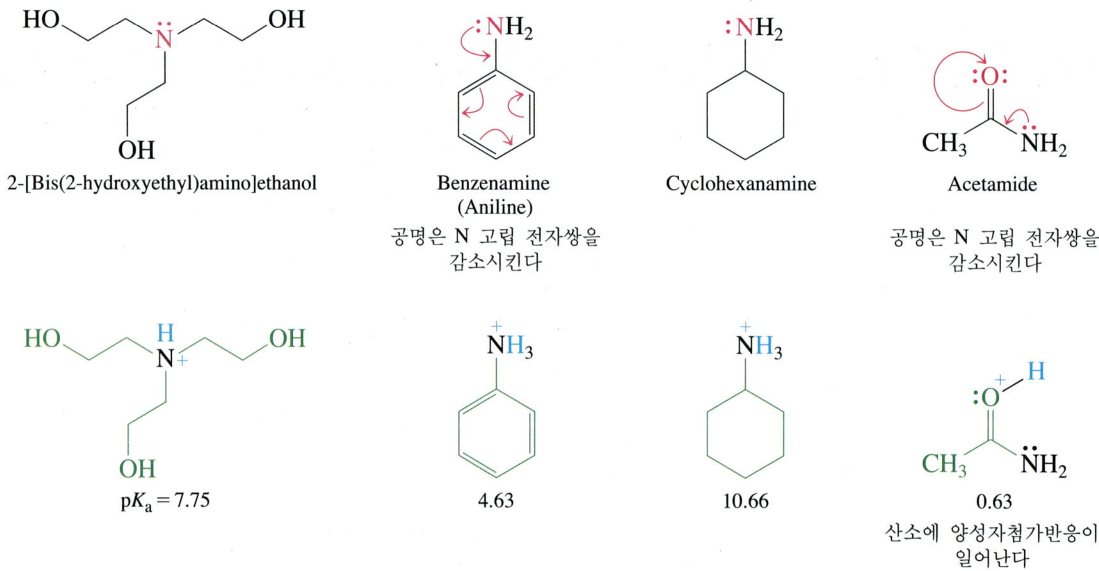

첫 번째는 벤젠아민의 질소에 연결된 방향족 탄소는 sp^2 혼성화를 이루고 있다. 이와 같은 혼성 궤도 때문에 탄소는 전자를 끌어당기려는 성질을 띠게 된다(11-3절 및 13-2절). 그 결과 질소의 고립 전자쌍은 양성자첨가되려는 경향이 작아진다. 두 번째 이유는 방향족 π계에 전자쌍이 고루 분포되는 공명 안정화 때문이다(16-1절). 이런 공명 구조는 양성자첨가반응이 일어나면 파괴된다. 아세트아마이드도 마찬가지인데, 아세틸기가 공명과 유도 효과로 전자를 끌어당기기 때문이다.

예상한 대로 질소 자체의 혼성화도 아민의 염기성에 크게 영향을 주어 다음과 같은 염기도

*문헌에서 pK_a값의 혼란은 중성 아민의 pK_a값으로 암모늄 이온의 pK_a값으로 나타냈기 때문이다. "메탄아민의 pK_a가 10.62"라고 하는 것은 메틸암모늄 이온의 pK_a를 의미한다. 실제로 메탄아민의 pK_a는 35이다.

표 21-2 아민 화합물의 pK_a값

화합물	짝산의 pK_a	화합물	짝산의 pK_a
$:NH_3$	9.24	아닐린 ($C_6H_5NH_2$)	4.63
$CH_3\ddot{N}H_2$	10.62		
$(CH_3)_2\ddot{N}H$	10.73		
$(CH_3)_3N:$	9.79		
$(HOCH_2CH_2)_3N:$	7.75	$CH_3C(=O)NH_2$	0.63
사이클로헥실아민 ($C_6H_{11}NH_2$)	10.66	$R_2C{=}\ddot{N}R$	7~9
		$R{-}C{\equiv}N:$	<−5

의 크기 순서로 표시된다. $:NH_3 > R_2C{=}\ddot{N}R' > RC{\equiv}N:$. 이와 같은 현상은 이미 알케인, 알켄, 알카인의 산도를 논할 때 언급하였다(13-2절). 따라서 이미늄 이온(17-9절)의 pK_a값은 7~9로 예상되고, 질소가 양성자첨가된 나이트릴(20-8절)은 훨씬 강한 산이다(p$K_a < -5$). 표 21-2에 대표적인 아민 화합물의 짝산의 pK_a값을 요약하였다.

연습 문제 21-7

양성자첨가된 다음 아민 화합물들의 pK_a값이 작아지는 이유를 설명하시오.

pK_a = 10.7 ($CH_3CH_2CH_2NH_2$), 9.5 ($CH_2{=}CHCH_2NH_2$), 8.2 ($HC{\equiv}CCH_2NH_2$)

요약 아민은 산의 성질이 매우 약하며, 알킬리튬 또는 알칼리 금속과 반응하여 아마이드 이온으로 된다. 반대로 아민은 적당히 좋은 염기이고, 비교적 약한 산성인 암모늄염을 생성한다.

21-5 알킬화반응에 의한 아민의 합성

질소 원자를 알킬화시켜 아민을 합성할 수 있다. 이러한 반응들은 많은 화합물에서 질소의 **친핵성**(*nucleophilic*) 특성을 이용한 것이다.

아민은 다른 아민으로부터 얻어질 수 있다

친핵체로서 아민은 할로알케인과 반응하여 암모늄염을 생성한다(6-2절). 불행하게도 이 반응에서 생성된 아민 생성물이 다음 단계의 알킬화반응을 일으키기 때문에, 이 반응은 정교하지 못하다. 어떻게 이와 같은 복잡한 문제가 발생하는가?

브로모메테인에 의한 암모니아의 알킬화반응을 살펴보자. 동량의 반응물로부터 이러한 반응이 진행될 때, 생성된 약산성의 생성물 브로민화 메틸암모늄(methylammonium bromide)은 생성되자마자 약염기인 반응물 암모니아에 양성자를 제공한다. 이런 방식에 의하여 생성된 소량의 메탄아민은 알킬화 시약인 브로모메테인에 대하여, 암모니아와 서로 경쟁하여 다이메틸암모늄염을 생성한다.

이 반응은 또한 여기서 멈추지 않고, 생성된 다이메틸암모늄염은 양성자를 암모니아 또는 메탄아민의 질소에 제공하여 *N*-메틸메탄아민(다이메틸아민)으로 된다. 이 화합물도 친핵체 질소를 지니고 있어 브로모메테인과 반응하여 *N*,*N*-다이메틸메탄아민(트라이메틸아민)으로 전환되고, 최종적으로는 **사차** 암모늄염인 브로민화 테트라메틸암모늄(tetramethylammonium bromide)으로 된다. 그 결과 최종 생성물은 알킬암모늄염 및 알칸아민의 혼합물이다.

Ammoina의 메틸화반응

일차 알킬화반응. 두 단계 일차 아민 생성

단계 1. 친핵성 치환반응 $H_3N\!: + CH_3{-}Br \longrightarrow CH_3\overset{+}{N}H_3\ Br^-$

Methylammonium bromide

단계 2. 양성자이탈반응 $CH_3\overset{+}{N}H_2(H)\ Br^- + :NH_3 \rightleftharpoons CH_3\ddot{N}H_2 + H\overset{+}{N}H_3\ Br^-$

Methanamine (Methylamine)

연속적인 알킬화반응. 각각 이차, 삼차 아민 및 사차 암모늄염 생성

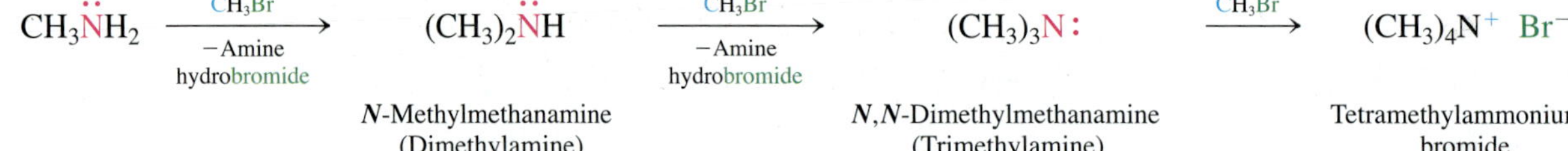

암모니아 또는 아민을 할로알케인과 반응시킬 때 혼합 생성물이 얻어지기 때문에, 합성 시 알킬화반응을 직접 이용하는 것에 많은 단점이 있다. 따라서 간접적인 알킬화 방법을 자주 사용하며, 특히 일차 아민의 경우 그러하다.

연습 문제 21-8

다른 아민들처럼 benzenamine (aniline)은 chloromethylbenzene (benzyl chloride) $C_6H_5CH_2Cl$과 벤질화 될 수 있다. 상온에서 반응이 진행되는 알칸아민과의 반응과는 달리 벤질화반응은 90~95°C 사이의 열을 필요로 한다. 그 이유를 설명하시오(**힌트**: 21-4절 참조).

간접적인 알킬화 방법을 이용한 일차 아민 합성

아민의 알킬화 반응을 조절하려면 친핵체인 질소에 반응이 **한 번**만 일어나게 하는 것이 필요하다. 예를 들면, 사이안화 이온 ^-CN은 일차 및 이차 할로알케인을 나이트릴로 전환하며, 생성된 나이트릴은 상응하는 아민으로 환원된다(20-8절). 이 반응 과정은 $RX \rightarrow RCH_2NH_2$로 전환하게 한다. 그렇지만 이 반응 방법은 할로알케인에 탄소를 부수적으로 추가하게 된다는 점에 주의하라.

Cyanide 치환-환원에 의해 할로알케인들을 동족 아민으로 변환

$$RX + {}^-CN \longrightarrow RC{\equiv}N + X^-$$

$$RC{\equiv}N \xrightarrow{LiAlH_4\ 또는\ H_2,\ 금속\ 촉매} RCH_2NH_2$$

$$\underset{\text{1-Bromononane}}{CH_3(CH_2)_8Br} + NaCN \xrightarrow[-NaBr]{DMSO} \underset{\text{Decanenitrile}}{\underset{93\%}{CH_3(CH_2)_8CN}} \xrightarrow{H_2,\ Raney\ Ni,\ 100\ atm} \underset{\text{1-Decanamine}}{\underset{92\%}{CH_3(CH_2)_8CH_2NH_2}}$$

$R{-}N_3$
Alkyl azide

할로알케인에 탄소를 첨가하지 않고, 할로알케인을 선택적으로 상응하는 아민으로 변환시키기 위해서는, 첫 번째 알킬화반응 후 반응이 진행되지 않는 변형된 질소 친핵체가 필요하다. 그러한 친핵체가 **아자이드화 이온(azide ion)** N_3^-이며, 할로알케인과 반응하여 **아자이드화**

알킬 (alkyl azide) 을 생성한다. 형성된 아자이드화 알킬은 촉매 수소첨가반응 (Pd—C) 이나 수소화 알루미늄 리튬에 의하여 상응하는 일차 아민으로 환원된다.

Azide 치환-환원

Br + Na^{+} $^{-}$N=$\overset{+}{N}$=N^{-} → (CH_3CH_2OH, $-Na^+Br^-$, S_N2 반응)

N=$\overset{+}{N}$=N^{-} → (1. $LiAlH_4$, $(CH_3CH_2)_2O$ 2. H^+, H_2O) NH_2

91%
3-Cyclopentylpropyl azide

89%
3-Cyclopentylpropanamine

일차 아민을 합성하는 비환원적인 방법은 1,2-벤젠다이카복실산 (phthalic acid) 의 이미드 화합물인 1,2-벤젠다이카복스이미드 (phthalimide) 의 음이온을 사용하는 것이다. 이러한 반응 과정을 **Gabriel* 합성 (Gabriel synthesis)** 이라 한다. 이미드를 형성한 질소는 두 개의 카보닐기와 인접해 있어 NH기의 산도 (pK_a = 8.3) 는 일반적인 아마이드의 산도 (pK_a = 22, 20-7절) 보다 훨씬 높다. 그러므로 양성자이탈반응이 탄산 이온 (carbonate ion) 과 같은 약한 염기에 의해 일어날 수 있으며, 결과적으로 형성된 음이온은 일알킬화된다. 알킬화된 화합물을 산으로 가수분해하여 아민을 우선 암모늄염 형태로 유리시킨 후, 염을 염기와 반응시키면 자유 아민이 생성된다.

일차 아민의 Gabriel 합성

OH, OH → (:NH_3, 300° C, $-H_2O$) :NH → (K_2CO_3, H_2O) :N:$^-$ K^+ → ($HC\equiv CCH_2$—Br, DMF, 100°C, −KBr)

상대적으로 산성

1,2-Benzenedicarboxylic acid (Phthalic acid)

97%
1,2-Benzenedicarboxinide (Phthalimide)

:$NCH_2C\equiv CH$ → (H_2SO_4, H_2O, 120°C) $HC\equiv CCH_2\overset{+}{N}H_3$ HSO_4^- + (OH, OH) → (NaOH, H_2O) $HC\equiv CCH_2\ddot{N}H_2$ + (O^-Na^+, O^-Na^+)

93%
N-2-Propynyl-1,2-benzenedicarboximide (*N*-Propargylphthalimide)

73%
2-Propynamine (Propargylamine)

수용액으로 마무리하여 제거

*Siegmund Gabriel 교수 (1851 ~ 1924) , Berlin 대학교.

연습 문제 21-9

N-Alkyl-1,2-benzenedicarboximide (*N*-alkyl phthalimide)를 분해하기 위하여 주로 염기 또는 hydrazine H_2NNH_2을 사용한다. 이러한 두 가지 처리 방법에 의해 얻어지는 생성물들은 각각 1,2-benzenedicarboxylate A 또는 hydrazide B이다. 이런 두 가지 변환 반응에 대한 메커니즘을 쓰시오(**힌트**: 20-6절 참조).

A ($C_6H_4(COO^-)_2$) ← (^-OH, $-RNH_2$) — *N*-alkyl phthalimide (NR) — (H_2NNH_2, $-RNH_2$) → B (phthalhydrazide, NH–NH)

연습 문제 21-10

다음에 주어진 각각의 아민들을 합성하는데 Gabriel 방법을 어떻게 적용할 것인지를 나타내시오. **(a)** 1-Hexanamine, **(b)** 3-methylpentanamine, **(c)** cyclohexanamine, **(d)** $H_2NCH_2CO_2H$, amino acid glycine (**주**: 이 합성 과정의 마지막 단계에서 카복실기는 에스터로 보호되어야 한다. 그 이유를 설명할 수 있는가?). azide 치환-환원 방법은 네 가지 합성물 각각에 대해 비슷한가 또는 더 좋은가, 아니면 더 나쁜가?

요약 암모니아나 다른 형태의 아민을 알킬화하여 아민을 합성할 수 있지만, 이 방법으로는 혼합물이 생성되며, 또한 생성물의 양도 매우 적다. 나이트릴기, 아자이드기 또는 Gabriel 합성으로 알려진 1,2-벤젠다이카복실 이미드(phthalimide)를 이용한 간접적인 방법이 보다 유용하다.

21-6 환원성 아민화반응에 의한 아민의 합성

아민을 합성할 수 있는 또 다른 방법은 알데하이드 또는 케톤의 **환원성 아민화반응(reductive amination)**이며, 일차, 이차, 삼차 아민을 만들 수 있다. 이 반응에서 카보닐 화합물은 적어도 하나의 N—H 결합(NH_3, 일차, 이차 아민)을 가진 아민과 반응한 후 환원되어 알킬화된 아민(일차, 이차, 삼차)이 된다. 알데하이드와 케톤에 새로운 C—N 결합이 형성된다.

일반적인 환원성 아민화반응

$$R(R')C^{\delta+}{=}O + \ddot{N}{-}H \xrightarrow{\text{환원반응}} H{-}C(R)(R'){-}\ddot{N}$$

이 방법은 아민과 카보닐 성분을 축합하여 먼저 이민(NH_3와 일차 아민에 대하여) 또는 이미늄 이온(이차 아민)을 만든다(17-9절). 알데하이드와 케톤의 탄소-산소 이중 결합처럼, 이 중간체의 탄소-질소 이중 결합은 촉매 수소첨가반응 또는 수소화(hydride) 시약에 의해 환원될 수 있다.

일차 아민에 케톤의 환원성 아민화반응

$$R(R')C{=}O + H_2NR'' \underset{\text{축합반응}}{\rightleftharpoons} R(R')C{=}NR'' + H_2O$$

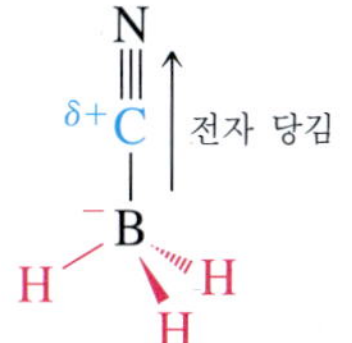

$$R(R')C{=}NR'' \xrightarrow{\text{환원반응}} R'{-}CH(R){-}NHR''$$

위의 반응은 환원제[촉매(12-2절)로 활성화된 수소 또는 소듐 사이아노보로하이드라이드 $Na^{+-}BH_3CN$]의 선택성 때문에 잘 진행된다. 이 두 환원제는 카보닐기와의 반응보다 이민 이중 결합과 빠르게 반응한다. $Na^{+-}BH_3CN$와의 반응은 산성 상태(pH = 2~3)에서 진행되므로 이민 이중 결합의 질소를 양성자를 첨가하여 활성화시킨다. 그 결과 수소음이온이 탄소를 용이하게 공격한다. 이와 같이 낮은 pH에서와 같이 $NaBH_4$는 가수분해되지만(8-6절), $Na^{+-}BH_3CN$는 사이아노기(^-CN)가 전자를 끌어당기기 때문에 낮은 pH에서도 안정하다. 사이아노기는 수소가 H^-와 같은 염기성을 띠는 것을 방해한다. 일반적으로 반응 과정에서 카보닐 성분과 아민은 환원제 존재하에서 이민 및 물과 평형을 이룬다. 이와 같이 암모니아는 일차 아민을 형성하고, 일차 아민은 이차 아민을 형성한다.

환원성 아민화에 의한 아민의 합성

Benzaldehyde + NH_3 $\underset{+H_2O}{\overset{-H_2O}{\rightleftharpoons}}$ $C_6H_5CH{=}NH$ (분리되지 않는다) $\xrightarrow{H_2,\ Ni,\ CH_3CH_2OH,\ 70°C,\ 90\ atm}$ $C_6H_5CH_2NH_2$ 89%

Phenylmethanamine (Benzylamine)

Cyclohexanone + CH_3NH_2 $\underset{+H_2O}{\overset{-H_2O}{\rightleftharpoons}}$ N-메틸이민 (분리되지 않는다) $\xrightarrow{NaBH_3CN,\ CH_3CH_2OH,\ pH = 2\sim3}$ 78% *N*-Methylcyclohexanamine

이차 아민과의 환원성 아민화반응은 상응하는 삼차 아민 유도체들을 생성한다.

$\xrightarrow{(CH_3)_2NH,\ NaBH_3CN,\ CH_3OH}$ 89%

이차 아민은 알데하이드나 케톤과 이민을 형성하지는 못하지만, 상응하는 *N,N*-다이알킬이미늄 이온 중간체를 거쳐서 반응이 진행되며, 이 중간체는 사이아노보로하이드라이드로부터 H^-가 첨가되어 환원된다.

$CH_2{=}O$ + $C_5H_9NHCH_2C_6H_5$ ⟶ $C_5H_9\overset{+}{N}(=CH_2)CH_2C_6H_5$ $\xrightarrow{NaBH_3CN,\ CH_3OH}$ $C_5H_9N(CH_3)CH_2C_6H_5$ 100%

N-(Phenylmethyl)-cyclopentanamine (Benzylcyclopentylamine) — 이미늄 이온 — *N*-Methyl-*N*-(phenylmethyl)-cyclopentanamine (Benzylcyclopentylmethylamine)

연습 문제 21-11

앞서 예를 든 이차 아민과의 환원성 아민화반응의 메커니즘을 제시하시오.

연습 문제 21-12

개념 문제: 환원성 아민화반응 응용하기

다음 변환 과정의 메커니즘을 설명하시오.

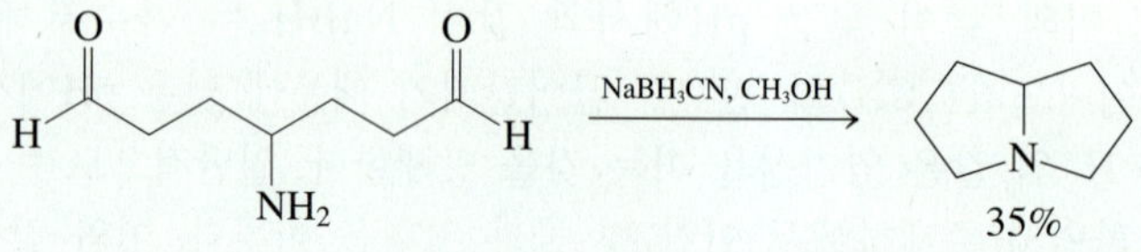

$NaBH_3CN$, CH_3OH

NH_2

35%

전략

반응물과 생성물(아민)의 작용기를 분석한 결과, 현재 우리가 다루고 있는 반응은 환원성 아민화반응이 분자내에서 일어나는 변형된 형태임을 알 수 있으며, 이 사실로부터 역방향 분석을 할 수 있다.

풀이

• 먼저 일반적인 반응 과정을 다음과 같이 합성의 역반응으로 표시한다.

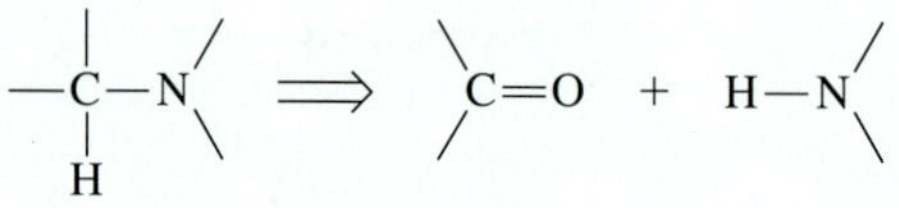

• 따라서 다음과 같이 합성된 생성물을 합성의 역방향으로 표시하여 결합을 끊을 수 있다.

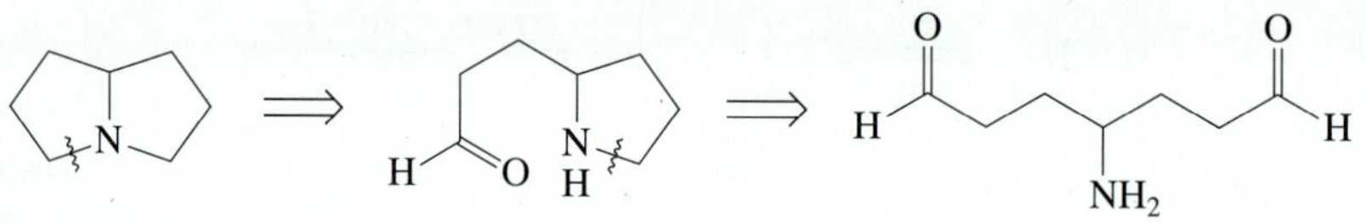

• 위 물질의 합성 메커니즘은 다음과 같다(모든 중간체를 다 나타내지는 않았다).

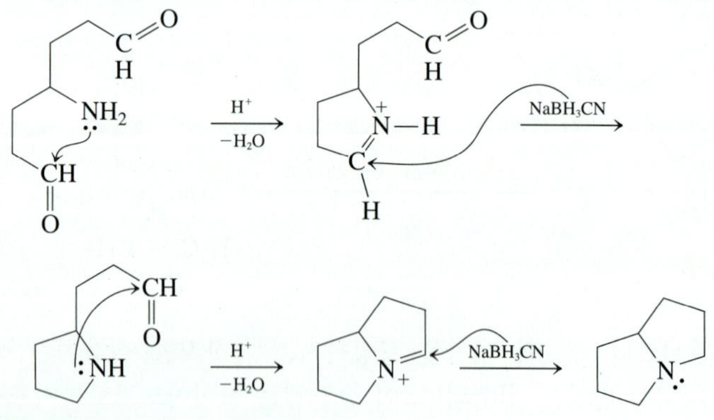

H^+, $-H_2O$; $NaBH_3CN$

연습 문제 21-13

자습 문제

알데하이드 A를 변형된 sodium cyanoborohydride로 반응시키면 남아프리카의 *Boophane flava*에서 얻는 천연 물질 buflavine을 형성한다. 이 물질의 분자 이온은 $m/z = 283$이다. 구조를 제안하시오.

$$\text{A (3,4-dimethoxy-6-[2-(2-(methylamino)ethyl)phenyl]benzaldehyde)} \xrightarrow[35\%]{NaBH(OCCH_3)_3} \text{Buflavine}$$

Boophane 나무.

요약 환원성 아민화반응은 알데하이드 및 케톤이 아민과의 환원성 축합반응에 의해 알킬아민을 생성한다.

21-7 카복실산 아마이드로부터 아민의 합성

카복실산 아마이드는 카보닐 단위의 환원에 의한 아민류의 다양한 전구체가 될 수 있다(20-6절). 아마이드 화합물은 아민과 아실 할로젠화물과의 반응에 의해 쉽게 생성되기 때문에, 아실화-환원반응에 의하여 아민을 모노알킬화시킬 수 있다.

아민 합성에서 아마이드의 이용

$$RCCl(=O) + H_2\ddot{N}R' \xrightarrow[-HCl]{\text{염기}} RC(=O)\ddot{N}HR' \xrightarrow{LiAlH_4,\ (CH_3CH_2)_2O} RCH_2\ddot{N}HR'$$

일차 아마이드를 NaOH 존재하에서 브로민 또는 염소와 산화반응시켜, 즉 Hofmann 재배열반응(20-7절)에 의해 아민으로 변화시킬 수 있다. 이러한 변환 반응에서 카보닐기는 이산화탄소로 배출되므로 반응물보다 탄소수가 한 개 감소한 아민이 형성된다.

Hofmann 재배열반응에 의한 아민의 합성

$$RC(=O)NH_2 \xrightarrow{Br_2,\ NaOH,\ H_2O} RNH_2 + O{=}C{=}O$$

연습 문제 21-14

Hexanamine(두 가지 합성) 그리고 *N*-hexylmethanamide(*N*-hexylformamide)로부터 *N*-hexanamine을 합성하는 방법을 각각 제시하시오.

요약 아마이드는 환원제 수소화 알루미늄 리튬으로 처리하면 아민으로 환원될 수 있다. 또한 아마이드는 Hofmann 재배열반응에 의해 카보닐기 탄소 원자가 감소한 아민으로 전환된다.

21-8 사차 암모늄염의 반응: Hofmann 제거반응

알코올의 —OH기가 양성자첨가되면 $-^{+}OH_2$로 되어 이탈하기 좋은 기로 변하는 것과 같이(9-2절), 아민이 양성자첨가되면 암모늄염으로 되어 친핵성 공격을 받는다. 그러나 실질적으로 아민은 치환반응을 할 수 있을 만큼 좋은 이탈기가 아니지만(물보다 염기성이다), **Hofmann***

*E2 반응(11-6절)에 대한 Hofmann 규칙과 Hofmann 재배열반응(20-7절)의 그 Hofmann이다.

제거반응(Hofmann elimination)에서와 같이 이탈기로 작용할 수 있다. Hofmann 제거반응에서 테트라알킬암모늄염은 강염기에 의해 알켄으로 전환된다.

아민이 완전히 알킬화되면 사차 알킬암모늄염으로 된다(21-5절). 강염기하에서 사차 알킬암모늄염은 불안정한데, 이것은 이분자 제거반응에 의해 알켄을 생성하기 때문이다(7-7절). 염기가 질소의 β-위치에 있는 수소를 공격하여 트라이알킬아민이 중성 이탈기로 떨어져 나간다.

사차 암모늄 이온의 이분자 제거반응

$$\text{H–C–C–}\overset{+}{N}R_3 \;+\; {}^-\!:\!\ddot{O}H \longrightarrow \text{C=C} + HOH + :NR_3$$

알켄

Hofmann 제거반응 과정에서 아민을 먼저 과량의 아이오도메테인[**완전 메틸화반응(exhaustive methylation)**]으로 완전히 메틸화시킨 후, 산화 은(silver oxide, HO^-의 원천)으로 처리하면 수산화 암모늄(ammonium hydroxide)이 생성된다. 열을 가하면 수산화 암모늄이 알켄으로 분해된다. Hofmann 제거반응은 대부분의 E2 반응 방식과는 대조적으로, 덜 치환된 알켄이 주생성물로 만들어지는 경향이 있다. 이 결과는 Hofmann의 규칙과 부합됨을 기억하라. 이는 부피가 큰 암모늄기가 염기를 분자의 입체 장애가 적은 양성자를 제거하도록 유도하기 때문이다.

1-Butanamine의 Hofmann 제거반응

$$CH_3CH_2CH_2CH_2NH_2 \xrightarrow{\text{과량 } CH_3I,\ K_2CO_3,\ H_2O} CH_3CH_2CH_2CH_2\overset{+}{N}(CH_3)_3\ I^- \xrightarrow[-AgI]{Ag_2O,\ H_2O}$$

1-Butanamine　　1-Butyltrimethylammonium iodide

$$\text{(H)(H)(CH}_3\text{CH}_2\text{)C–CH}_2\text{–}\overset{+}{N}(CH_3)_3 \;+\; HO^- \xrightarrow{\Delta} CH_3CH_2CH{=}CH_2 + HOH + N(CH_3)_3$$

1-Butyltrimethylammonium hydroxide　　1-Butene

연습 문제 21-15

(a) *N*-Ethylpropanamine(ethylpropylamine) 및 **(b)** 2-butanamine에 대하여 Hofmann 제거반응을 시킬 때 얻어질 수 있는 알켄 생성물의 구조를 나타내시오(**주**: 2-butanamine의 Hofmann 제거반응에서 여러분은 여러 가지 생성물을 고려해야 한다. **힌트**: 11-6절 참조).

아민의 Hofmann 제거반응은 알칼로이드(25-8절)와 같이 질소를 지닌 천연물의 구조를 규명하는 데 이용되었다. 완전 메틸화반응 후 Hofmann 제거반응은 C—N 결합을 끊는다. 특히 질소 원자가 고리의 한 부분인 경우, Hofmann 제거반응을 계속하면 헤테로원자의 위치를 정확하게 알 수 있다. 이 경우에 첫 번째 탄소–질소 결합을 분해하여 고리를 열 수 있다.

$$\text{N-Methylazacycloheptane} \xrightarrow{1.\ CH_3I\quad 2.\ Ag_2O,\ H_2O\quad 3.\ \Delta} \text{N,N-Dimethyl-5-hexenamine} \xrightarrow{1.\ CH_3I\quad 2.\ Ag_2O,\ H_2O\quad 3.\ \Delta} \text{1,5-Hexadiene} + N(CH_3)_3$$

N-Methylazacycloheptane　　*N*,*N*-Dimethyl-5-hexenamine　　1,5-Hexadiene

연습 문제 21-16

구조 결정을 위한 Hofmann 제거반응에서 왜 에틸화반응이라 하지 않고, **메틸화**반응이라 하는가? (**힌트**: 제거반응의 가능한 경로를 살펴보라.)

연습 문제 21-17

분자식이 $C_7H_{13}N$인 미지의 아민 화합물에 대하여 ^{13}C NMR 스펙트럼을 조사한 결과, $\delta = 21.0$, 26.8 및 47.8 ppm의 세 개의 선만이 나타났다. Hofmann 제거반응을 세 번 순환시킨 결과 3-ethenyl-1,4-pentadiene (trivinylmethane, 오른쪽 여백 그림)과 이 화합물의 이중 결합 이성질체(염기를 촉매로 한 이성질화반응에서 얻어지는 부생성물)가 생성되었다. 미지 화합물 아민의 구조를 제안하시오.

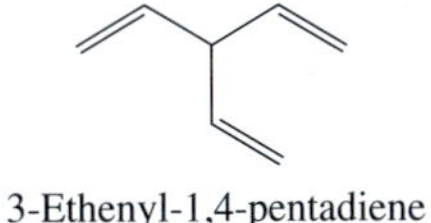

3-Ethenyl-1,4-pentadiene

요약 사차 메틸 암모늄염은 아민의 메틸화반응에 의해 합성되며, 염기성 반응 조건에서 이분자(bimolecular)가 제거되어 알켄으로 전환된다.

21-9 Mannich 반응: 이미늄 이온에 의한 엔올의 알킬화반응

알돌 반응에서 엔올 음이온은 알데하이드 또는 케톤의 카보닐기를 공격하여(18-5절) β-하이드록시카보닐 생성물을 생성한다. 이와 유사한 반응이 **Mannich* 반응(Mannich reaction)**이다. 그런데 이 반응에서 엔올은 친핵체로 작용하며, 카보닐 화합물과 아민과의 축합반응으로 형성된 이미늄 이온이 기질로 작용한다. 반응 결과 β-아미노카보닐 생성물이 생성된다.

Mannich 반응의 세 요소들의 반응성을 구별하기 위해서, (1) 케톤 또는 알데하이드 및 (2) 상대적으로 더욱 반응성이 좋은 알데하이드(종종 폼알데하이드, $CH_2{=}O$, 17-6절 참조), (3) 아민, HCl을 함유한 알코올 용매 속에 모든 것을 함께 반응시킨다. 이런 조건들은 생성물의 염화수소염을 생성한다. **Mannich 염기(Mannich base)**라고 하는 자유 아민은 염기와 반응시켜 얻을 수 있다.

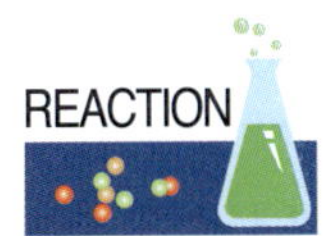

Mannich 반응

Cyclohexanone (케톤) + $CH_2{=}O$ (반응성이 좋은 알데하이드) + $(CH_3)_2NH$ (아민) $\xrightarrow{HCl,\ CH_3CH_2OH,\ \Delta}$ 2-[$CH_2\overset{+}{N}H(CH_3)_2$ Cl^-]cyclohexanone

85%
Mannich 염기의 염

$CH_3CH(CH_3)CH{=}O$ (2-Methylpropanal, 알데하이드) + $CH_2{=}O$ (반응성이 좋은 알데하이드) + CH_3NH_2 (아민) $\xrightarrow{1.\ HCl,\ CH_3CH_2OH,\ \Delta;\ 2.\ HO^-,\ H_2O}$ $CH_3C(CH_3)(CH_2NHCH_3){-}CH{=}O$

70%
2-Methyl-2-(*N*-methyl-aminomethyl)propanal
Mannich 염기

이 반응의 메커니즘은 알데하이드(폼알데하이드)와 아민이 반응하여 이미늄 이온을 형성하고, 다른 한편에서는 케톤의 엔올화반응이 일어난다. 정전위를 정전기 퍼텐셜 시노도 나타낸 결과(다음 쪽 왼쪽 여백 그림 참조) 이미늄 이온(푸른색)은 전자가 부족하고, 엔올은 전자

*Carl U. F. Mannich 교수(1877~1947), Berlin 대학교.

가 상대적으로 풍부하다(붉은색과 노란색). 이 그림에서 알 수 있는 것 중의 하나는 OH기를 지닌 탄소(초록색) 옆의 α-탄소(노란색)는 전자 밀도가 크다. 이미늄 이온과 엔올 형태가 형성되면 친핵성 엔올이 친전자성 이미늄 탄소를 공격하여 Mannich염을 형성한다. 이 경우 카보닐 산소에 있던 양성자는 아미노기로 이동한다.

Mannich 반응의 메커니즘

단계 1. 이미늄 이온 형성

$$CH_2{=}O \;+\; (CH_3)_2\overset{+}{N}H_2\,Cl^- \longrightarrow CH_2{=}\overset{+}{N}(CH_3)_2\,Cl^- \;+\; H_2O$$

단계 2. 엔올화반응

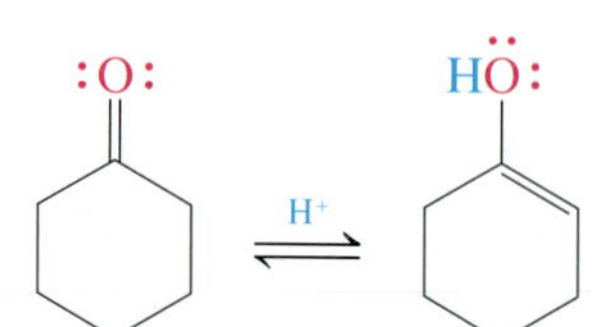

이미늄 이온

단계 3. 탄소-탄소 결합 형성

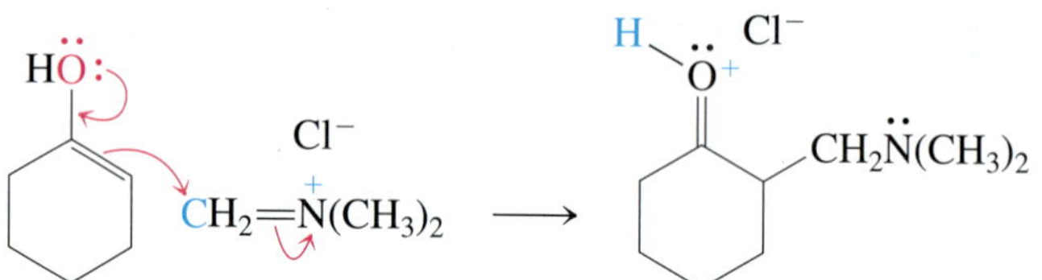

엔올

단계 4. 양성자 이동

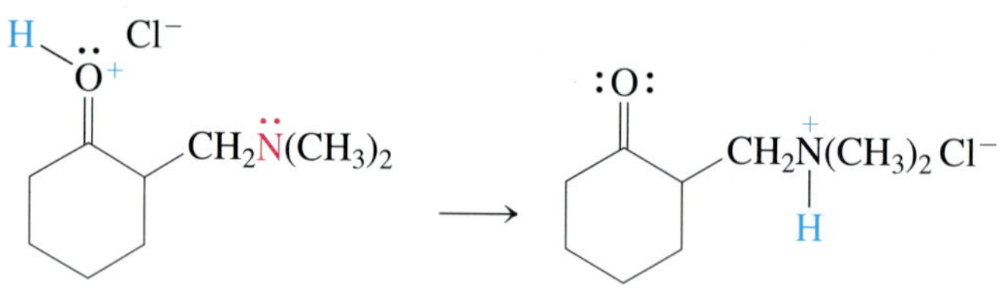

Mannich 염기의 염

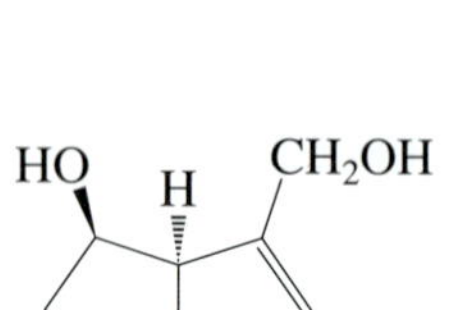

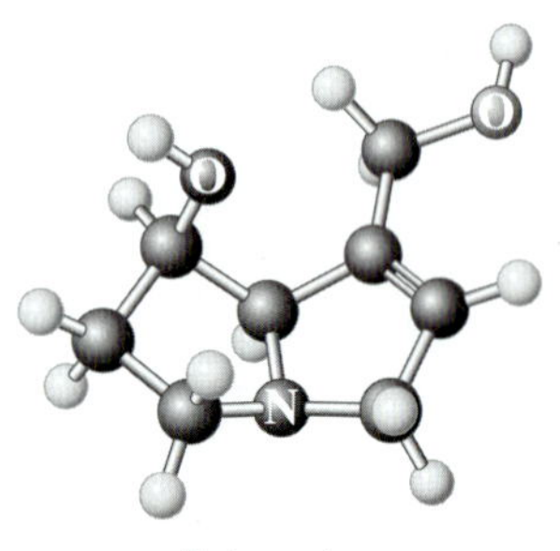

Retronecine

천연물 합성에서 볼 수 있는 Mannich 반응의 한 가지 예를 아래에 나타내었다. 이 예는 두 개의 카보닐기 중 하나의 카보닐기가 아민과 축합반응하여 고리를 생성하는 것이다. 반응의 첫 단계에서 형성된 이미늄염과 반응에 관여하지 않고 남은 카보닐기의 엔올 형태와 두 번째 반응이 진행되어 고리가 형성되는 Mannich 반응이다. 생성물은 관목(shrub)에 많이 산재되어 있는 알칼로이드 계통의 레트로네신(왼쪽 여백 그림 참조)으로 방목하여 기르는 가축들에게 간손상을 유발한다.

합성에서 Mannich 반응

연습 문제 21-18

개념문제: Mannich 반응 연습

Ammonia, formaldehyde, cyclopentanone의 Mannich 반응 생성물을 쓰시오.

전략

Mannich 반응은 아민과 더 반응성이 좋은 카보닐 화합물과의 축합반응으로 시작한다. 여러분은 이 성분들을 확인하여 이미늄 이온으로 변환시켜야 한다. 그 다음 이미늄 이온과 반응성이 적은 카보닐 화합물의 엔올과 결합시킨다.

풀이

- 반응성이 좋은 것은 formaldehyde 이다.
- Formaldehyde ($H_2C{=}N^+H_2$) 와 ammonia가 축합한다.
- Cyclopentanone의 엔올 토토머(:ÖH 가 붙은 cyclopentene)
- 두 화학종의 반응은 전자가 풍부한 엔올이 양으로 편극된 이미늄 이온을 공격하면서 시작된다. 염기로 반응마무리 작업을 하면 양성자가 이탈되어 반응이 완결된다.

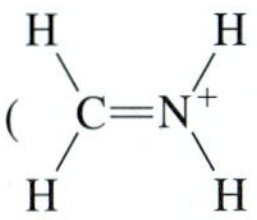

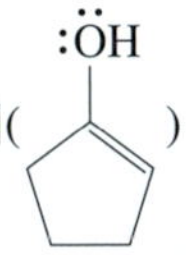

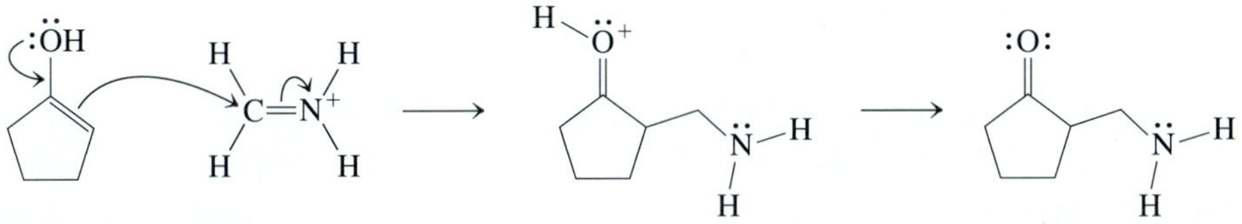

연습 문제 21-19

자습 문제

다음에 주어진 각각의 Mannich 반응에 대한 생성물을 쓰시오. **(a)** 1-Hexanamine + formaldehyde + 2-methylpropanal, **(b)** *N*-methylmethanamine + formaldehyde + acetone, **(c)** cyclohexanamine + formaldehyde + cyclohexanone .

연습 문제 21-20

β-Dialkylamino alcohol들과 이들의 에스터 화합물들은 국부 마취제로 사용된다. 2-Butanone 화합물로부터 아래 구조식을 지닌 마취제 Tutocaine hydrochloride의 합성 과정을 제시하시오.

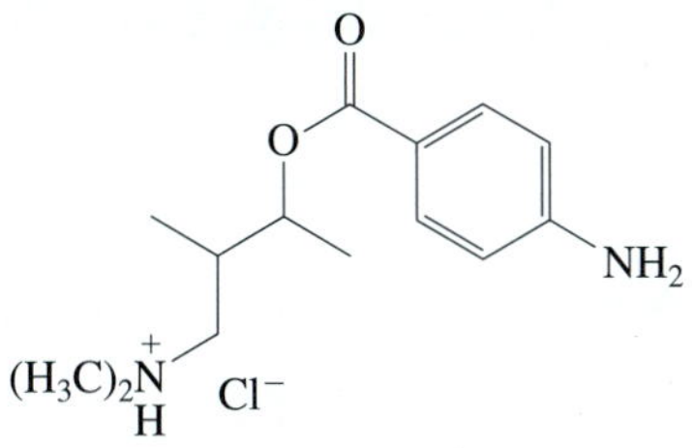

O, O, NH_2, $(H_3C)_2\overset{+}{N}H$, Cl^-

Tutocaine hydrochloride

요약 알데하이드(예, 폼알데하이드)와 아민의 축합반응에 의해 생성되는 이미늄 이온은 친전자성이며, 케톤(또는 다른 알데하이드)의 엔올 형태와 반응한다(Mannich 반응). 반응 생성물로 *β*-아미노카보닐 화합물이 형성된다.

21-10 아민의 나이트로소화반응

아민과 아질산은 서로 반응하는데 이때의 반응은 아민이 친핵체로 작용하여 **나이트로실 양이온 (nitrosyl cation)** NO^+를 공격한다. 반응물이 알칸아민 또는 벤젠아민(aniline) 인가에 따라서, 그리고 반응물이 일차, 이차, 삼차인가에 따라서 생성물이 달라진다. 이 절에서는 알칸아민의 반응을 다루고, 다음 장에서 방향족 아민의 반응을 살펴볼 것이다.

NO^+를 생성하려면 먼저 HCl 수용액과 아질산 소듐(sodium nitrite)을 반응시켜 불안정한 아질산을 만든다. 이러한 산성 용액에서 반응은 나이트로실 양이온과 평형을 이룬다(질산으로부터 나이트로늄 양이온의 형성 과정과 비교하라. 15-10절).

Nitrous acid로부터 nitrosyl 양이온의 생성

$$Na^{+}\,{}^{-}:\ddot{O}-\ddot{N}=\ddot{O} \xrightarrow[-NaCl]{HCl} H\ddot{O}-\ddot{N}=\ddot{O} \underset{}{\overset{H^+}{\rightleftharpoons}} H_2\overset{+}{O}-\ddot{N}=\ddot{O} \rightleftharpoons \left[:\overset{+}{N}=\ddot{O} \longleftrightarrow :N\equiv\overset{+}{O}:\right] + H_2\ddot{O}$$

Sodium nitrite Nitrous acid Nitrosyl 양이온

나이트로실 양이온은 친전자성이고, 아민의 공격을 받아 *N*-나이트로스암모늄염을 생성한다.

$$-\ddot{N}< + \overset{+}{\ddot{N}}=\ddot{O} \longrightarrow -\overset{+}{N}-\ddot{N}=\ddot{O}$$

N-Nitrosammonium 염

$R_2N-N=O$

N-Nitrosamine

아민의 질소에 수소가 없거나, 한 개 또는 두 개가 있느냐에 따라서 반응의 경로가 다르다. **삼차** *N*-나이트로스암모늄염은 낮은 온도에서는 안정하지만, 열을 가하면 분해되어 혼합물을 생성한다. **이차** *N*-나이트로스암모늄염은 간단하게 양성자가 이탈되어 상대적으로 안정한 주 생성물인 ***N*-나이트로스아민 (*N*-nitrosamine)** 을 생성한다.

$$(CH_3)_2NH \xrightarrow{NaNO_2,\ HCl,\ H_2O,\ 0^\circ C} (CH_3)_2\overset{H}{\overset{|}{N^+}}-N=O\ Cl^- \xrightarrow{-HCl} (H_3C)_2N-N=O$$

88~90%

N-Nitrosodimethylamine

일차 아민을 이와 유사한 방법으로 반응시키면, 처음에는 일알킬-*N*-나이트로스아민을 생성한다. 그러나 이 생성물은 질소에 남아 있는 수소 때문에 불안정하다. 일련의 수소 이동 현상에 의해 이들 화합물은 먼저 상응하는 다이아조하이드록사이드로 변하고, 연이어 양성자첨가 반응 및 물 분자 이탈이 일어나 **다이아조늄 이온 (diazonium ion**, $R-N_2^+$)으로 변한다. R이 이차 또는 삼차 알킬기이면, 이 이온은 질소 분자 N_2가 이탈되어 상응하는 탄소양이온이 형성된다. 이 탄소양이온에 재배열, 양성자이탈 또는 친핵성 반응(9-3절) 등이 일어나 여러 가지 혼합물이 생성된다.

일차 *N*-nitrosamine의 반응 메커니즘

단계 1. 재배열에 의한 다이아조하이드록사이드 형성

$$\overset{R}{\underset{H}{>}}\ddot{N}-\ddot{N}=\ddot{O} \underset{-H^+}{\overset{+H^+}{\rightleftharpoons}} \left[\overset{R}{\underset{H}{>}}\ddot{N}-\ddot{N}=\overset{+}{\ddot{O}}H \longleftrightarrow \overset{R}{\underset{H}{>}}\overset{+}{N}=\ddot{N}-\ddot{O}H\right] \underset{+H^+}{\overset{-H^+}{\rightleftharpoons}} R-\ddot{N}=\ddot{N}-\ddot{O}H$$

Diazohydroxide

화학 이야기 21-3

N-나이트로소다이알칸아민과 암

N-나이트로소다이알칸아민은 여러 동물에서 강력한 발암물질로 알려져 있다. 직접적인 증거는 없지만, 이 물질은 사람에서도 암을 유발시키는 것으로 추측된다. 대부분의 나이트로스아민은 간암을 유발하는 것으로 나타나 있지만, 그들 중의 어떤 물질은 매우 특정한 기관(방광, 폐, 식도, 구강 등)에서 암을 유발시킬 가능성이 높다.

이 물질이 발암을 일으키는 작용 방식(17-9절)은 여기서 *N*-나이트로소다이에틸아민에 대해 보여 준 것처럼, 이 물질의 α-탄소 중의 하나가 우선 효소에 의하여 산화되어 헤미아세탈로 바뀐 후, 다시 불안정한 일알킬-*N*-나이트로스아민으로 전환된다.

효소에 의한 산화: $(CH_3CH_2)_2N{-}NO \longrightarrow CH_3CH(OH){-}N(NO){-}CH_2CH_3 \longrightarrow CH_3CHO + HN(NO){-}CH_2CH_3$

이 절에서 설명한 것처럼 일알킬-*N*-나이트로스아민은 탄소양이온의 공급원이다. 그런 다음, 이 화합물은 강한 친전자체 탄소양이온으로 분해된다. 형성된 탄소양이온은 DNA의 염기 중의 하나를 공격하여 유전자에 상처를 입혀 암세포 형성을 유도하는 것으로 여겨진다.

1970년대 초 많은 양의 아질산 소듐으로 처리한 청어 사료를 먹은 가축들에서, 암을 포함한 간에 관련한 병들이 발견되었다. 오래지 않아 생선에 들어 있는 아민(예를 들면 냄새의 원인인 트라이메틸아민)이 첨가한 나이트라이트와(nitrite) 반응하여 나이트로소아민이 형성된다는 것을 알았다. 이 발견은 당혹스러웠는데, 고기에도 아민이 있으며, 고기를 절일 때 아질산 소듐을 첨가하기 때문이다. 아질산 소듐은 보튤리스 중독을 일으키는 박테리아의 증식을 방해하고, 부패를 늦추며, 아질산 소듐을 첨가한 양념과 스모크의 향을 오래가도록 한다. 뿐만 아니라 육류의 색깔과 맛을 유지시킨다. 색깔은 나이트라이트부터 나온 산화 질소 때문인데, 마이오글로빈의 철과 붉은 착물을 형성한다(마이오글로빈의 산소 착물이 혈액의 색깔을 나타낸다. 26-8절 참조).

육류를 염장하면 나이토로소아민이 나오는가? 그것은 사실이다. 나이트로소아민은 염장된 육류, 훈제된 생선, 소시지(*N*-나이트로소다이메틸아민), 튀긴 베이컨[*N*-나이트로소아자사이클로펜테인(*N*-나이트로소피롤리딘), 연습 문제 25-7 참조]. 이 발견으로 딜레마에 빠지게 되었다. 아질산 소듐을 첨가제로 쓰지 않으면 나이트로소아민의 원천을 없앨 수 있지만, 보튤리스 중독이 많이 생길 것이다. 더욱이 사람들이 나이트로소아민에 노출되는 것은 육류를 통해서만이 아니다, 나이트로소아민은 맥주, 무지방 우유, 담배, 고무, 화장품 그리고 위액 속에도 존재한다. 위 속에서 발견되는 것은 "자연적인" 것이다. 이는 입속에 있는 박테리아가 나이트레이트(nitrate 시금치, 무, 셀러리, 양배추 등에 많이 있음)를 나이트라이트로 환원시키기 때문인데, 이것이 우리가 먹은 음식에 있는 아민과 반응하기 때문이다.

나이트로소아민이 인간에게 암을 유발시킬 가능성 때문에 음식물에 첨가하는 아질산 염의 양은 철저히 통제된다($<$ 200 ppm). 지난 20년 동안 염장할 때 나이트로소아민의 형성을 방해하는 첨가제의 사용(예를 들면, 비타민 C, 22-9절) 또는 제조 방법의 변경(예를 들면, 맥주 제조) 등은 인간의 나이트로소아민에 대한 노출을 하루 0.1 μg까지 줄였다. 이와 같이 매우 적은 양까지 줄였지만 절대적인 자료는 아직 알 수 없다(화학 이야기 25-4 참조).

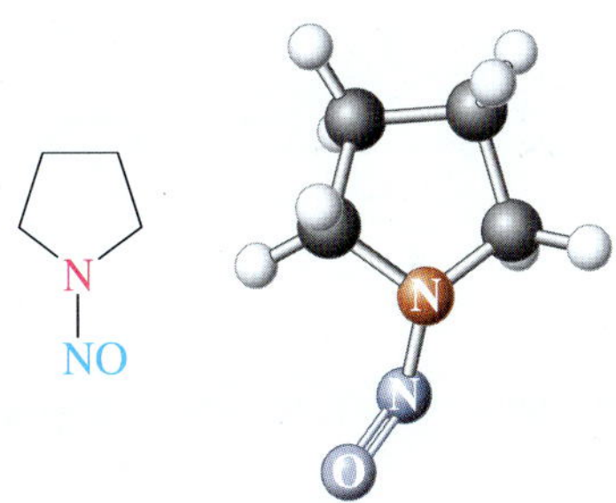

N-Nitrosoazacyclopentane
(*N*-Nitrosopyrrolidine)

Nitrosamine은 튀긴 베이컨에서 발견된다.

단계 2. 물 분자 이탈에 의한 다이아조늄 이온 형성

$$R{-}\ddot{N}{=}\ddot{N}{-}\ddot{O}H \underset{-H^+}{\overset{+H^+}{\rightleftharpoons}} R{-}\ddot{N}{=}\ddot{N}{-}\overset{+}{\ddot{O}}H_2 \underset{+H_2O}{\overset{-H_2O}{\rightleftharpoons}} R{-}\overset{+}{N}{\equiv}N:$$

다이아조늄 양이온

화학 이야기 21-4

공업용 아민: 나일론

아민은 의약에서도 매우 중요하지만(화학 이야기 21-1 참조) 공업적인 면에서 활용할 부분이 엄청나게 많다. 다음에 기술한 물질은 나일론 제조에 필요한 1,6-헥산다이아민(헥사메틸렌다이아민, HMDA)이다. 이 아민 화합물과 헥산다이이산(adipic acid)이 다중으로 중합하여 나일론 6,6이 생성된다. 이 생성물로부터 양말, 속옷용 장식물 및 수십억 톤의 직물이 만들어진다.

Adipic acid와 HMDA의 다중합

Hexanedioic acid (Adipic acid) + 1,6-Hexanediamine (Hexamethylenediamine) ⟶ 겹염(Double salt) $\xrightarrow[-H_2O,\ 중합]{270°C,\ 250\ psi}$

Nylon 6,6

나일론에 대한 폭발적인 수요에 의하여 전구체인 다이아민을 합성할 수 있는 다양하고, 값싼 좋은 합성법이 개발되었다. 헥산다이산은 현재 벤젠으로부터 세 가지 방법으로 다단계 합성을 통하여 생산되는데, 마지막 단계에서는 사이클로헥산올(또는 사이클로헥산올/사이클로헥산온)을 염촉매하에서 질산으로 산화시킨다. 2006년 프랑스의 Rhodia Chimie사의 화학자들은 유독한 질산 대신 공기를 이용한 "환경친화적인" 방법을 발견하였다.

Adipic acid 생성

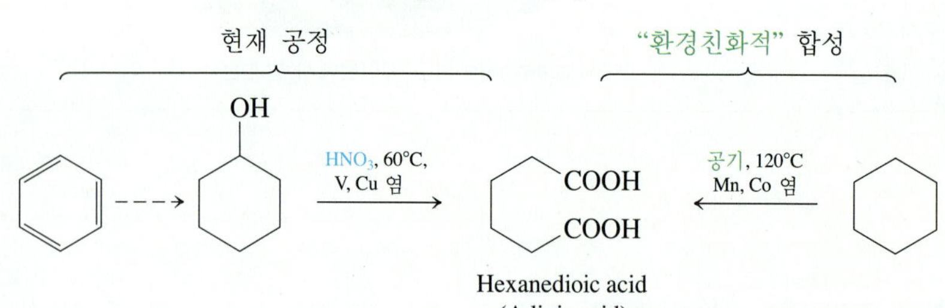

나일론 스타킹을 선전하는 영화배우 Marie Wilson의 왼쪽 다리 (크레인에 매달려 있음, Hollywood, 1949)

헥산다이아민은 du Pont사에 근무하는 Wallace Carothers*에 의하여 처음으로 헥세인다이산으로부터 합성되었다. 즉, 헥세인다인산을 암모니아와 반응시켜 헥세인다이나이트릴(아디포나이트릴)산으로 만든 후, 최종적으로 촉매 수소첨가반응에 의하여 다이아민을 합성하였다.

Adipic acid으로 hexanediamine

$$\underset{\text{Hexanedioic acid (Adipic acid)}}{HO\overset{O}{\overset{\|}{C}}(CH_2)_4\overset{O}{\overset{\|}{C}}OH} \xrightarrow[-4\,H_2O]{NH_3,\,\Delta} \underset{\text{Hexanedinitrile (Adiponitrile)}}{N{\equiv}C(CH_2)_4C{\equiv}N} \xrightarrow{H_2,\,Ni,\,130°C,\,2000\,psi} \underset{\text{1,6-Hexanediamine (Hexamethylenediamine)}}{H_2N(CH_2)_6NH_2}$$

그 후에 1,3-뷰타다이엔으로부터 헥세인다이나이트릴을 합성하는 법이 개발되었다. 뷰타다이엔을 염소화반응시켜 1,2-와 1,4-다이클로로뷰텐(14-6절)으로 만든 후, CuCN (cuprous cyanide) 존재하에서 NaCN (sodium cyanide)으로 처리하면 3-헥센다이나이트릴만이 합성된다. 이와 같이 형성된 알케인 이중 결합 화합물에 수소첨가반응이 선택적으로 일어나면 원하는 생성물이 합성된다.

1,3-Butadiene으로 hexanedinitrile(adiponitrile)

$$CH_2{=}CH{-}CH{=}CH_2 \xrightarrow{Cl-Cl} ClCH_2CH{=}CHCH_2Cl + ClCH_2\overset{Cl}{\overset{|}{C}}HCH{=}CH_2 \xrightarrow[-NaCl]{CuCN,\,NaCN}$$

$$\underset{\text{3-Hexenedinitrile}}{NCCH_2CH{=}CHCH_2CN} \xrightarrow{H_2,\,촉매} \underset{\text{Hexanedinitrile}}{NC(CH_2)_4CN}$$

1960년대 중반에 Monsanto사는 비용이 비싸게 들지만, 한 단계로 반응을 시킬 수 있는 합성법을 개발하였다. 즉, 프로펜나이트릴(acrylonitrile)에 전해 수소이합체화반응을 시킨다.

Propenenitrile (acrylonitrile)의 전해 수소이합체화반응

$$2\,\underset{\text{Propenenitrile (Acrylonitrile)}}{CH_2{=}CHC{\equiv}N} + 2\,e + 2\,H^+ \longrightarrow N{\equiv}C\underset{H}{\underset{|}{C}}HCH_2{-}CH_2\underset{H}{\underset{|}{C}}HC{\equiv}N$$

Monsanto사의 도전에 대항하여 du Pont사는 앞서 사용한 1,3-뷰타다이엔으로부터 다이아민을 합성할 수 있는 또 다른 방법을 고안하였다. 이 회사가 고안한 방법은 기존 합성법에서 사용하였던 염소화반응을 생략하였으며, 또한 NaCN 대신에 값싼 HCN을 사용하였다. 이 합성법을 사용하면 특히 염소화반응에서 부산물로 생성되던 구리염과 같은 독성 폐기물 문제가 발생하지 않는다. 이 합성법은 개념적으로 매우 단순하다. 철, 코발트, 니켈 등과 같은 전이 금속을 촉매로 사용하여, 뷰타다이엔에 두 분자의 HCN을 위치선택성인 안티 Markovnikov 첨가반응으로 직접 첨가시키는 것이다.

1,3-Butadiene에 대한 hydrogen cyanide의 첨가반응

$$CH_2{=}CHCH{=}CH_2 + 2\,HCN \xrightarrow{촉매} NCCH_2\underset{H}{\underset{|}{C}}H\underset{H}{\underset{|}{C}}HCH_2CN$$

*Wallace H. Carothers 박사(1896~1937), E. I. du Pont de Nemours and Company, Wilmington, Delaware.

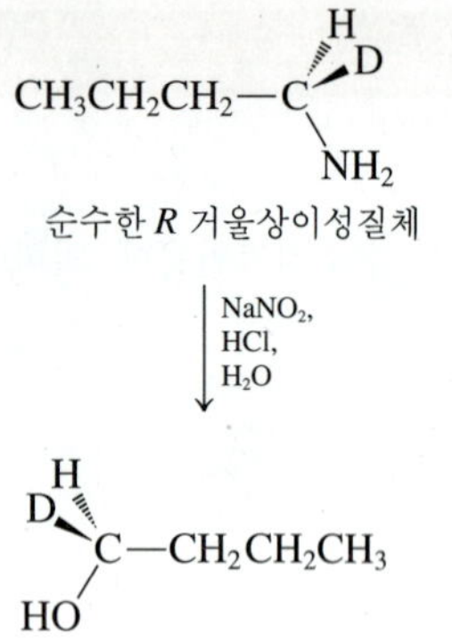

$CH_3CH_2CH_2-C(H)(D)NH_2$

순수한 *R* 거울상이성질체

$\xrightarrow{NaNO_2,\ HCl,\ H_2O}$

$HO-C(H)(D)-CH_2CH_2CH_3$

100%

순수한 *S* 거울상이성질체

단계 3. 질소 분자 이탈에 의한 탄소양이온 형성

$$R-\overset{+}{N}\equiv N: \xrightarrow[-N_2]{} R^+ \longrightarrow \text{생성물의 혼합물}$$

연습 문제 21-21

앞에 보여 준 메커니즘은 알킬기 R이 이차나 삼차일 경우에 적합하다. 왼쪽 여백에 주어진 반응의 결과는 1991년에 보고되었으며, 이 반응은 앞서 나타낸 일차 R기를 지닌 다이아조늄 이온의 분해 메커니즘을 적용할 수 있다. 동일한 메커니즘을 적용할 수 있는지 보이시오.

나이트로실 양이온은 *N*-메틸아마이드의 질소와 반응하여, *N*-메틸-*N*-나이트로스아마이드를 생성한다. 이 화합물은 유용한 합성 중간체의 전구체로 쓰인다.

N-Methylamide의 나이트로소화반응

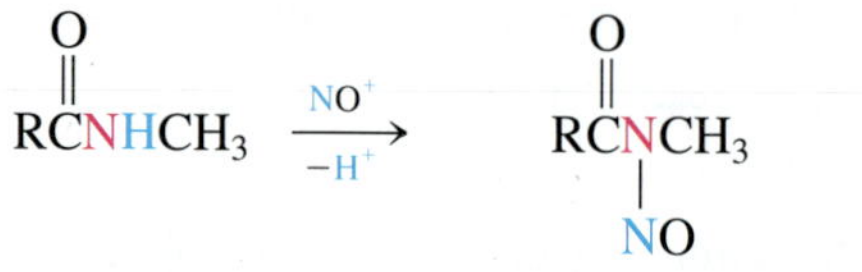

$$\underset{\textit{N}\text{-Methylamide}}{RC(=O)NHCH_3} \xrightarrow[-H^+]{NO^+} \underset{\textit{N}\text{-Methyl-}\textit{N}\text{-nitrosamide}}{RC(=O)N(NO)CH_3}$$

연습 문제 21-22

개념문제: 기본 원리의 적용: NO⁺의 새로운 반응

아래에 보여 준 케톤은 나이트로소화반응을 통하여 옥심으로 전환된다(17-9절 참조). 메커니즘으로 설명하시오.

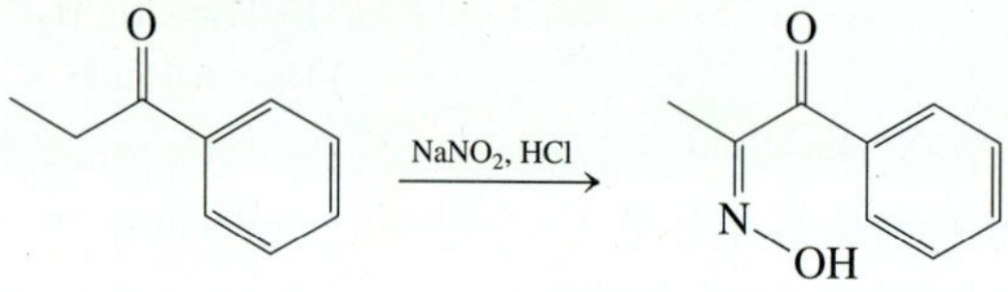

$$\xrightarrow{NaNO_2,\ HCl}$$

전략

이 반응은 본론에서 논의하지 않은 새로운 반응이다. 이 반응을 이해하기 위해서는 출발물에서 생성물로 갈 때 어떠한 변화가 일어났는가를 알아야 하며, 반응 시약의 역할을 기억해야 한다.

풀이

- 위치적으로 케톤 출발물의 α-위치에 NO가 결합하였다. 이 반응은 생성물의 토토머를 생각해 보면 명백해진다.

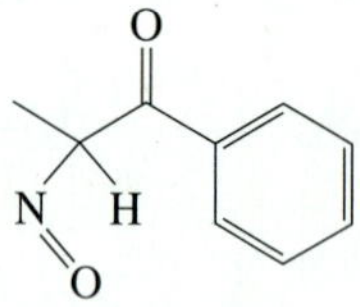

- 반응 시약을 생각해 보면, 산 존재하의 sodium nitrite는 나이트로실 양이온을 생성한다. 문제에서 반응은 카보닐기의 α-위치에서 일어났다. 친전자체는 어떻게 케톤의 α 위치를 공격하는가? 달리 말하면 우리는 어떻게 α-카보닐 탄소를 친핵체로 만들겠는가?
- 18장에서 산 존재하에서 케톤은 그 토토머와 평형 상태에 있음을 배웠다. 이 엔올은 이미늄 이온(Mannich 반응, 21-9절), 할로젠(18-3절)과 같은 친전자체에 의하여 쉽게 공격받는다. NO^+에 의한 공격도 마찬가지로 일어난다.

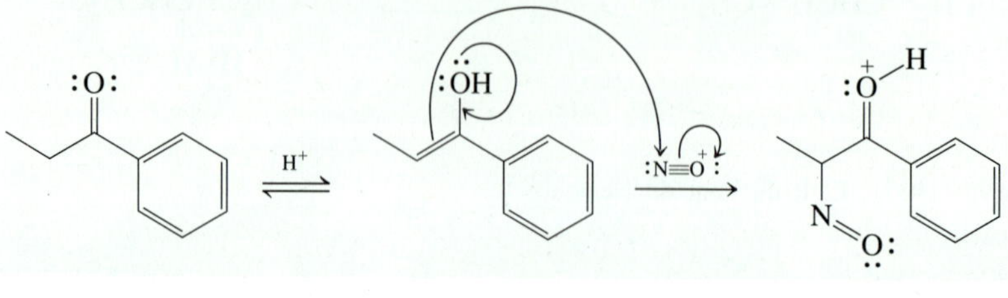

$$\xrightleftharpoons{H^+} \qquad \xrightarrow{:N\equiv\overset{+}{O}:}$$

• 이제 우리는 마지막 생성물과의 연관성을 알 수 있다. 생성물을 형성하기 위해서는 카보닐기로부터 양성자를 이탈시킨 후, 나이트로실 부분을 옥심으로 토토머화시키면 된다.

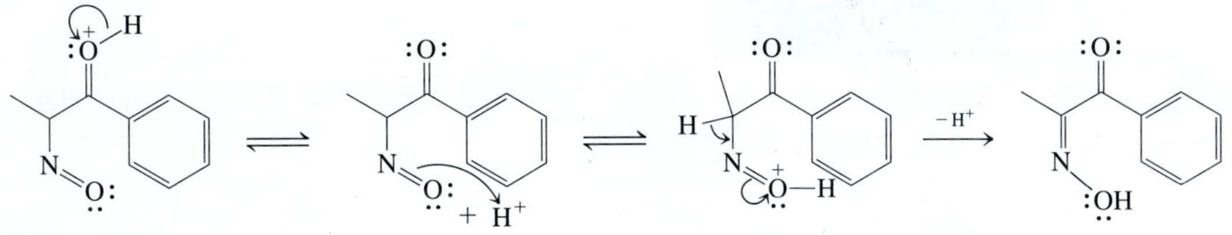

연습 문제 21-23

자습 문제

다음 반응은 acetaminophen (16장) 제조의 첫 단계 반응으로 개발되었다. 이 반응의 메커니즘을 제시하시오. 연습 문제 21-22에 보여 준 반응의 메커니즘과 어떤 관계가 있는가?

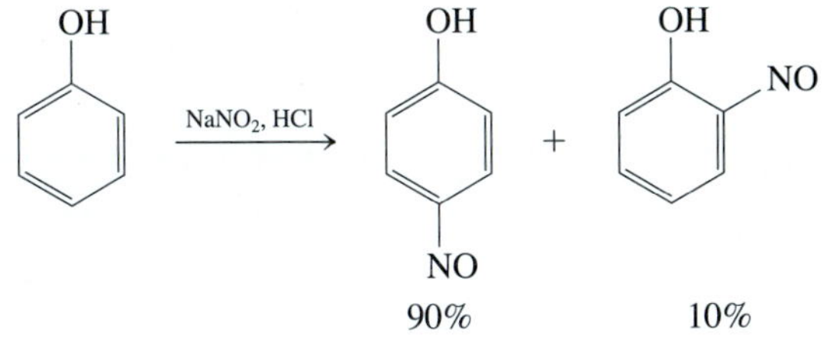

$NaNO_2$, HCl

90% 10%

N-메틸-N-나이트로스아마이드 염기와 반응시키면 다이아조메테인이 생성된다

N-메틸-*N*-나이트로스아마이드를 염기성 수용액으로 처리하면 **다이아조메테인 (diazomethane)** CH_2N_2로 전환된다.

Diazomethane의 제조

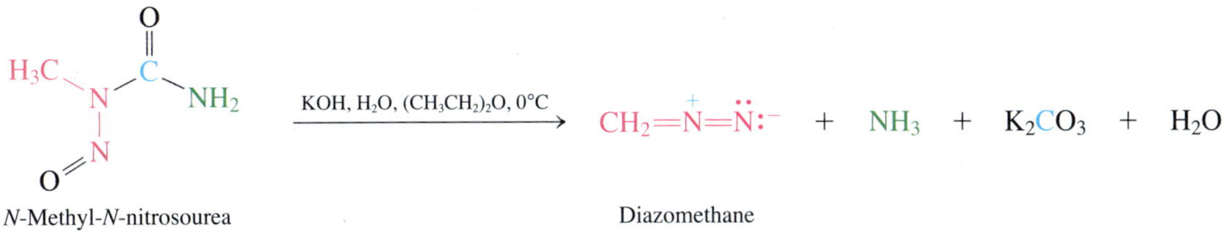

$$\text{N-Methyl-N-nitrosourea} \xrightarrow{KOH,\ H_2O,\ (CH_3CH_2)_2O,\ 0°C} CH_2{=}\overset{+}{N}{=}\ddot{N}{:}^- + NH_3 + K_2CO_3 + H_2O$$

N-Methyl-*N*-nitrosourea Diazomethane

다이아조메테인은 카복실산으로부터 메틸 에스터를 합성하는 데 사용된다. 그러나 다이아조메테인은 기체 상태(끓는점 −24°C) 및 농축 용액에서는 매우 유독하고, 폭발성이 강하다. 따라서 희석 에터 용매에서 제조한 후에 곧바로 산과 반응시킨다. 아래 나타낸 예처럼 이 방법은 조건 이온화하고, 산과 염기에 민감한 작용기를 가지고 있는 분자들을 에스터화하는데 이용된다.

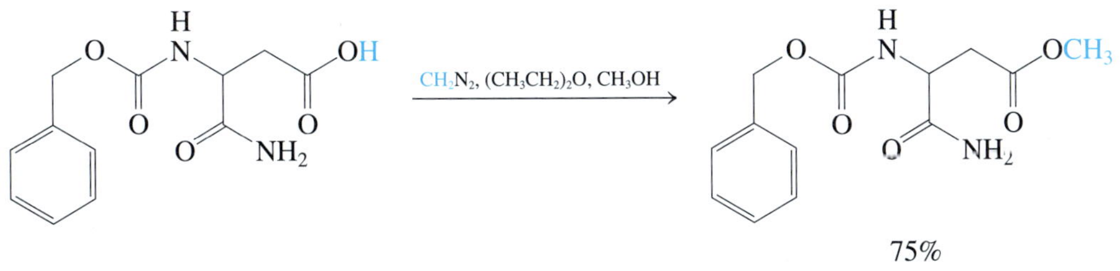

CH_2N_2, $(CH_3CH_2)_2O$, CH_3OH

75%

다이아조메테인은 빛 또는 촉매인 구리에 노출되면 질소가 이탈되어 반응성이 큰 카벤인 메틸렌($H_2C:$) 으로 된다. 메틸렌은 이중 결합 화합물 알켄과 입체특이성 첨가반응을 하여 사이클로프로페인을 형성한다(12-9절).

연습 문제 21-24

Diazomethane에 의한 메틸 에스터화에 대한 반응 메커니즘을 제시하시오(**힌트**: 1-5절에 있는 CH_2N_2에 대한 공명 구조를 참조).

요약 아질산은 아민을 공격하여 *N*-나이트로소화반응을 일으킨다. 이차 아민은 이 반응에서 발암물질인 *N*-나이트로스아민으로 된다. 일차 아민에서 유도된 *N*-나이트로스아민은 탄소양이온을 거쳐서 여러 가지 생성물로 분해된다. *N*-메틸아마이드는 *N*-나이트로소화반응에 의하여 *N*-나이트로스아마이드로 된다. 생성된 *N*-나이트로스아마이드가 수산화물과 반응하면 다이아조메테인으로 된다. 다이아조메테인은 카복실산을 메틸에스터화시키는데 사용되는 반응 물질이며, 알켄과 반응하여 사이클로프로페인을 형성할 수 있는 메틸렌 제공물질이다.

요점

아민이 염기 또는 친핵체로 작용하는 것을 보았다. 앞서 1-3과 1-8절에서 NH_3를 예를 들어 질소의 원자가전자수 및 혼성화에 대하여 배웠다. 2-2절에서는 아민이 염기 또는 친핵체로 사용되는 것을 보았고, 이 성질을 실제로 적용하여 입체이성질체 타타르산 암모늄(ammonium tartrate)을 분리하는 데 응용하였다(5-8절). 아민의 친핵성에 관한 내용은 6장 및 7장에서 다루었으며, 17-9, 18-4, 18-9, 19-10, 20-6, 20-7절에서는 합성의 관점에서 아민의 친핵성을 언급하였다.

이 장은 아민에 대한 내용을 정리하고, 좀 더 깊게 내용을 다루었다. 실례로 아민과 알코올의 유사성 및 차이점을 언급하였다. 질소 원자는 주기율표에서 산소 원자 바로 왼쪽에 있다. 따라서 질소는 산소보다 원자가전자가 하나 적으며, 양성자의 전하도 약하다. 또한 질소는 삼가이며, 산소보다 전기음성도가 약하다. 그러나 화학적으로 질소와 산소는 많은 유사성이 있다. 아민–이민의 성질은 산소를 작용기로 지닌 알코올–카보닐의 성질과 매우 비슷하다. 이 두 원소는 자연계 및 실험실에서 서로 보완 관계를 형성한다. 이들 원소로 구성된 화합물들의 기능이 유사하거나 또 차이가 나는 이유는, 이 두 원소의 전자 구조가 유사하거나 차이가 나는 이유와 같다.

작용기의 종류에 따라서 분류한 유기 화합물들의 모든 예를 살펴보았다. 이 책은 앞으로 여러 작용기들이 혼합된 화합물들을 다룰 것이다. 헤테로고리 화합물, 단백질 및 핵산들을 앞으로 다룰 것인데, 이들은 아미노 또는 아민의 유도체들이다. 또한 아미노기와 카보닐기가 생명체를 형성하는 분자 구조임을 공부할 것이다.

통합 문제

21-25. 이 장에서 배운 아민 화합물 합성 방법을 적용하여, 아래 주어진 아민 화합물 Prozac을 4-trifluoromethylphenol과 benzene 반응물로부터 합성하시오.

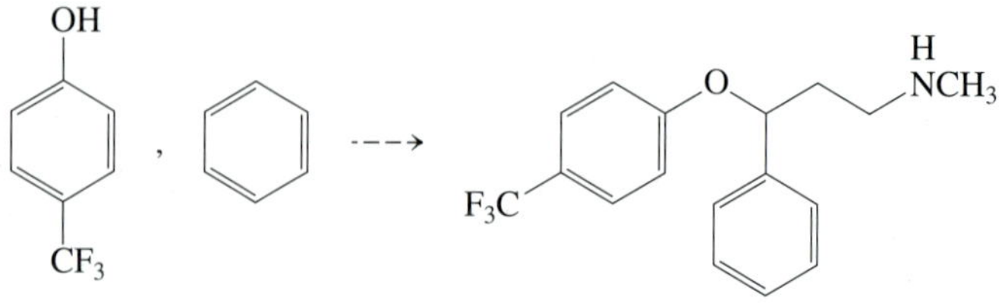

OH, CF_3 , ---→ O, H, NCH_3, F_3C

Prozac
[*R*,*S*-*N*-Methyl-3-(4-trifluorophenoxy)-3-phenyl-1-propanamine]

풀이

물질을 합성할 수 있는 가능한 방법은 많을 수 있다. 그러나 주어진 반응물, 반응 조건 및 반응상의 문제점들 때문에 많은 가능한 방법들이 제외된다. 주어진 문제의 생성물은 4-trifluoromethylphenol기를 가지고 있다. 이 작용기는 Williamson이 고안한 에터 합성(9-6절)에서 소개되었다. 따라서 생성물은 크게 4-trifluoromethylphenol과 화합물 A(22-1절)가 반응한 결과이다.

A에 대한 역합성 단계

F_3C ... O ... $\overset{H}{N}CH_3$ ⟹ F_3C ... O^- + X ... $\overset{H}{N}CH_3$

A

반응 출발물인 benzene으로부터 화합물 A를 합성할 수 있는 방법을 고안하면, 위 문제의 생성물을 합성할 수 있다. 알킬기를 벤젠 고리에 첨가시킬 수 있는 제일 좋은 방법은 Friedel-Crafts 아실화반응이다(15-13절). 이 반응은 화합물 B처럼 카보닐 작용기를 제공한다. 카보닐기는 알코올로 환원되어 (8-6절) 화합물 A처럼 이탈하기 좋은 할로젠 X로 변환된다(9장). 화합물 A(또는 비슷한 물질)를 생성하는 반응에 알맞은 아실화 시약은 $Cl\overset{O}{\overset{\|}{C}}CH_2CH_2NHCH_3$이다. 그러나 이 시약은 두 개의 작용기를 지니고 있어 분자들끼리 서로 반응하여 polyamide를 형성하거나 (화학 이야기 21-4) 분자내에 존재하는 작용기들이 서로 반응하여 β-락탐을 형성한다(20-6절). 아미노 작용기 대신에 이탈하기 좋은 할로젠 X(이러한 문제는 21-5절에서 방법 중 하나로 소개된)를 사용하면 해결된다.

A의 역합성

A ⟹ ⟹ (O, X) ⟹ + Cl (O) X

B

Cyanide를 구성 단위로 생각하면(21-5절) 화합물 C를 거치는 화합물 B(그러므로 화합물 A)의 역합성 분해의 다른 방법을 마련해 준다.

B의 역합성

B ⟹ (O, CN) ⟹ (O, X) + ^-CN

C D

반응에 필요한 화합물 D는 acetylbenzene(benzene에 Friedel-Crafts 아실화반응을 일으켜 합성한다)이 산촉매하에서 할로젠화반응이 일어나 형성되었다(18-3절). 화합물 C의 나이트릴기는 카보닐기로 전환된 후 환원되면 화합물 A의 일차 아민 형태인 화합물 E가 된다. 22장에서 논의할 것처럼 비록 벤질 위치는 환원반응에 민감하지만, *N*-메틸화반응은 환원성 아미노화반응에 의하여 쉽게 일어난다.

E의 역합성

(O, CN) ⟸ (OH, NH_2) ⟹ ⟹ (O) + ^-CN

C E Phenyloxacyclo-propane

중간체 E를 다른 방법으로도 만들 수 있다. 즉, 친핵성 cyanide가 phenyloxacyclopropane을 공격하여 중간체 E를 형성한다. Phenyloxacyclopropane은 phenylethene을 옥사사이클로프로페인화하여 합성하고(12-10절), phenylethene은 acetylbenzene을 환원-탈수반응시켜 만든다.

21-5절에서부터 21-8절에 걸쳐 기술된 합성법을 고찰하면 어떻게 Prozac을 합성할지 생각할 수 있다. 그러나 그들은 지금까지 도식으로 설명한 모든 변화이다. 이 중에서 Mannich(21-9절) 반응만은 더 본질적인 선택성과 매력을 가지게 된다. 왜냐하면 적절한 자리에 아미노 작용기를 가진 화합물 B 유도체에 대한 고도의 수렴성을 가지기 때문이다. 실제로 이 방법은 최종 약품을 얻기 위하여 Eli Lilly에 의해 사용된 공업적 경로이다.

B의 역Mannich 합성(X ═ CH_3NH)

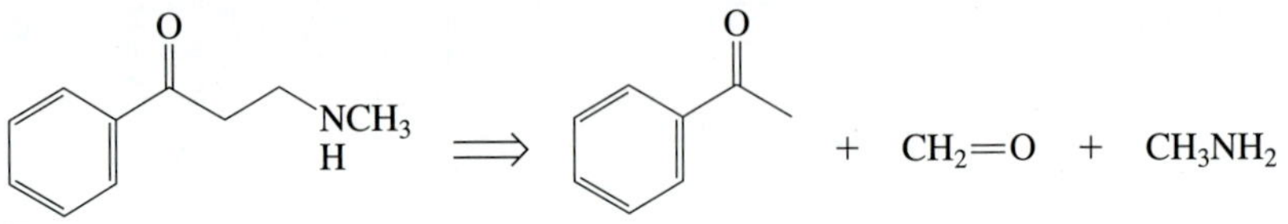

O, NCH_3, H, ⟹, O, + CH_2═O + CH_3NH_2

B

21-26. 아래 주어진 반응에 대한 메커니즘을 제시하시오.

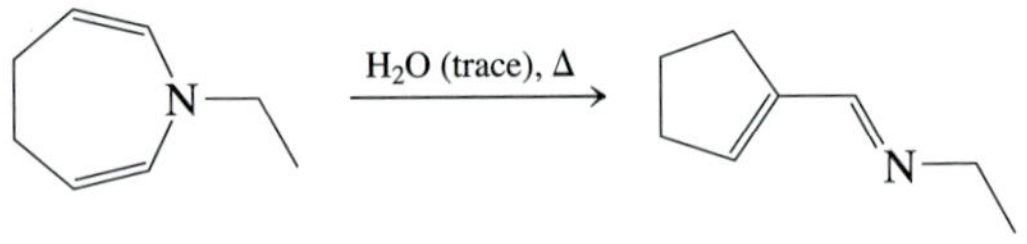

N, H_2O (trace), Δ, N

A B

풀이

문제를 풀기 전에 우선 주어진 조건을 분석하자. 반응 왼쪽에 있는 $H_8H_{13}N$의 조성이 오른쪽에 있는 화합물의 조성과 동일하다. 즉, 이성질화반응을 다루는 문제이다. 반응에 관여하는 다른 반응물 없이 단지 물(양성자 공급원)을 촉매로 하여 반응이 일어났다. 칠원자 고리 화합물이 반응 후 오원자 고리 화합물로 전환되었고, 왼쪽의 (다이) 엔아민 작용기(17-9절)는 반응 후 생성물에서는 α,β-불포화 이민 구조(18-8절)로 전환되었다. 물 분자가 칠원자 고리 구조를 여는 방법과 사슬 구조로 된 중간체를 다시 오원자 고리 구조로 닫는 방법을 알면 이 문제를 풀 수 있다.

물 분자 존재하에서 엔아민은 무엇을 하는가? **답은** 가수분해이다(17-9절).

가수분해 메커니즘

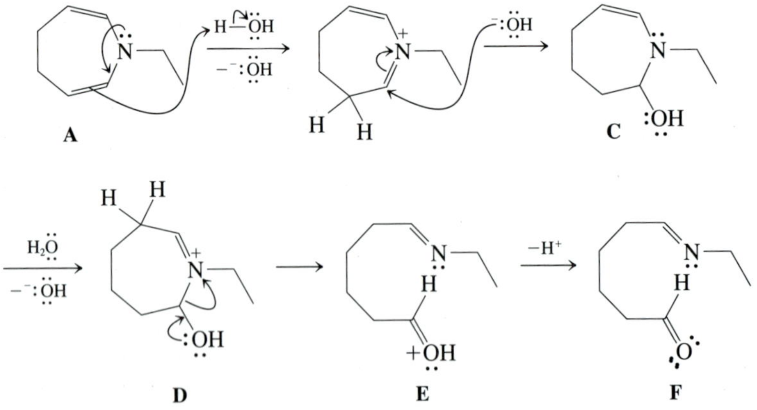

N, H—ÖH, $-^{-}$:ÖH, N+, H H, :ÖH, N, :ÖH

A C

H H, $H_2\ddot{O}$, $-^{-}$:ÖH, N+, :ÖH, N, H, +ÖH, $-H^+$, N, H, O

D E F

위 과정의 메커니즘을 반응 출발물 A에 적용하여 보자. 엔아민의 특징은 β-탄소의 친핵성이 커서 양성자첨가반응(17-9절) 또는 알킬화반응(18-4절)을 선호한다. 따라서 반응물질 A가 양성자첨가되어 다음 단계의 물질로 되고, 이 물질은 수산화물에 의해 공격받아 C가 된다. 결과적으로 엔아민의 첫 번째 가수분해 과정이 완결되었다(17-9절). 다음 단계는 C—N의 결합이 "끊어지는" 것이다. 질소는 일반적으로 직접 양성자를 받아 활성화될 수 있으나, 이 경우 질소는 엔아민 구조의 일부분이라서 탄소가 양성자를 받아들여 D와 같은 구조가 형성된다. 이 화합물은 이미늄 이탈기를 지니고 있어 고리 구조가 E에서 F 과정을 거쳐 끊어진다.

고리 구조가 끊어지는 과정이 완결되었다. 다음 과정은 무엇인가? 화합물 F와 원하는 생성물 B의 구조를 보면, 이민의 β-탄소와 카보닐 탄소 사이에 이중 결합이 형성된 것을 알 수 있다. 이민이 케톤이면 이 반응은 분자내의 알돌 축합반응에 의하여 일어난다(18-7절). 화합물 F의 엔아민이 친핵체로 작용하여 G 형태로 된다. 그 다음 반응 단계들의 과정도 유사하다.

분자내 알돌 축합에 의한 "이민화"

F G

B

이민 구조 F가 엔아민 구조 G로 빠르게 전환되는 과정은 분자내에서 일어날 수 있는 다른 반응 경로인 Mannich 반응(21-9절)을 회피하게 된다. 이 대체 반응을 기억하라.

새로운 반응식

1. 아민의 산도와 아마이드 생성 (21-4절)

$$RNH_2 + H_2O \overset{K}{\rightleftharpoons} R\bar{N}H + H_3O^+ \qquad K_a \approx 10^{-35}$$

$$R_2NH + CH_3CH_2CH_2CH_2Li \rightleftharpoons \underset{\text{Lithium dialkylamide}}{R_2N^-Li^+} + CH_3CH_2CH_2CH_3$$

$$2\,NH_3 + 2\,Na \xrightarrow{\text{촉매 } Fe^{3+}} 2\,NaNH_2 + H_2$$

2. 아민의 염기도 (21-4절)

$$RNH_2 + H_2O \rightleftharpoons R\overset{+}{N}H_3 + HO^-$$

$$R\overset{+}{N}H_3 + H_2O \overset{K}{\rightleftharpoons} RNH_2 + H_3O^+ \qquad K_a \approx 10^{-10}$$

염의 형성

$$RNH_2 + HCl \longrightarrow \underset{\text{Alkylammonium chloride}}{R\overset{+}{N}H_3\,Cl^-}$$

일차, 이차, 삼차 아민에 대해 일반적이다.

아민의 제조

3. 알킬화반응에 의한 아민 합성 (21-5절)

$$R\ddot{N}H_2 + R'X \longrightarrow R\overset{R'}{\overset{|}{N}}{}^{+}H_2\ X^-$$

일차, 이차, 삼차 아민에 대해 일반적이다.

결함: 다중 알킬화반응

$$R\overset{R'}{\overset{|}{N}}{}^{+}H_2\ X^- + R'X \longrightarrow \longrightarrow \longrightarrow R\overset{+}{N}R'_3\ X^-$$

4. 나이트릴로부터 일차 아민 합성 (21-5절)

$$RX + {}^-CN \xrightarrow[-X^-]{\text{DMSO, } S_N2} RCN \xrightarrow{LiAlH_4 \text{ 또는 } H_2\text{, 촉매}} RCH_2NH_2$$

R은 메틸, 일차, 이차 알킬기에 제한된다.

5. 아자이드로부터의 일차 아민 합성 (21-5절)

$$RX + N_3^- \xrightarrow[-X^-]{CH_3CH_2OH,\ S_N2} RN_3 \xrightarrow{1.\ LiAlH_4,\ (CH_3CH_2)_2O;\ 2.\ H_2O} RNH_2$$

R은 메틸, 일차, 이차 알킬기에 제한된다.

6. Gabriel 합성법에 의한 일차 아민 합성 (21-5절)

$$\text{프탈이미드(NH)} \xrightarrow{1.\ K_2CO_3,\ H_2O;\ 2.\ RX,\ DMF} \text{N—R 프탈이미드} \xrightarrow{1.\ H_2SO_4,\ H_2O,\ 120°C;\ 2.\ NaOH,\ H_2O} RNH_2$$

R은 메틸, 일차, 이차 알킬기에 제한된다.

7. 환원성 아민화반응에 의한 아민 합성 (21-6절)

$$R\overset{O}{\overset{\|}{C}}R' \xrightarrow{NH_3,\ NaBH_3CN,\ H_2O \text{ 또는 알코올}} R-\underset{H}{\underset{|}{\overset{NH_2}{\overset{|}{C}}}}-R'$$

폼알데하이드에 의한 환원성 메틸화반응

$$R_2NH + CH_2{=}O \xrightarrow{NaBH_3CN,\ CH_3OH} R_2NCH_3$$

8. 카복실 아마이드로부터의 아민 합성 (21-7절)

$$R\overset{O}{\overset{\|}{C}}NR'R'' \xrightarrow{1.\ LiAlH_4,\ (CH_3CH_2)_2O;\ 2.\ H_2O} RCH_2NR'R''$$

9. Hofmann 재배열반응에 의한 아민 생성 (21-7절)

$$R\overset{O}{\overset{\|}{C}}NH_2 \xrightarrow{Br_2,\ NaOH,\ H_2O} RNH_2 + CO_2$$

아민에서 일어나는 반응

10. Hofmann 제거반응 (21-8절)

$$RCH_2CH_2NH_2 \xrightarrow{\text{과량 } CH_3I,\ K_2CO_3} RCH_2CH_2\overset{+}{N}(CH_3)_3\ I^- \xrightarrow[-AgI]{Ag_2O,\ H_2O}$$

$$RCH_2CH_2\overset{+}{N}(CH_3)_3\ {}^-OH \xrightarrow{\Delta} RCH{=}CH_2 + N(CH_3)_3 + H_2O$$

11. Mannich 반응 (21-9절)

$$RC(=O)CH_2R' + CH_2{=}O + (CH_3)_2NH \xrightarrow[2.\ HO^-]{1.\ HCl} RC(=O)CHR'(CH_2N(CH_3)_2)$$

12. 아민의 나이트로소화반응 (21-10절)

삼차 아민

$$R_3N \xrightarrow{NaNO_2,\ H^-X^-} R_3\overset{+}{N}{-}NO\ X^-$$

삼차 *N*-nitrosammonium염

이차 아민

$$RR'NH \xrightarrow{NaNO_2,\ H^+} RR'N{-}N{=}O$$

N-Nitrosamine

일차 아민

$$RNH_2 \xrightarrow{NaNO_2,\ H^+} RN{=}NOH \xrightarrow[-H_2O]{H^+} RN_2^+ \xrightarrow[-N_2]{} R^+ \longrightarrow \text{생성물의 혼합}$$

13. 다이아조메테인 (21-10절)

$$CH_3N(N{=}O)C(=O)R \xrightarrow{KOH} CH_2{=}\overset{+}{N}{=}\ddot{N}{:}^-$$

다이아조메테인에 의한 에스터화반응

$$RC(=O)OH + CH_2N_2 \longrightarrow RC(=O)OCH_3 + N_2$$

중요한 개념

1. 에터와 알코올이 물의 유도체로 간주될 수 있는 것처럼, **아민**은 **암모니아**의 유도체로 간주될 수 있다.

2. *Chemical Abstracts*에서는 아민을 **알칸아민** (또는 **벤젠아민**) 으로 명명하며, 질소에 있는 알킬 치환기는 *N*-알킬로 나타낸다. 다른 명명법은 아미노알케인으로 부르는 것이다. 관용명은 알킬아민 명명 방식을 따른다.

3. 아민의 **질소**는 고립 전자쌍이 마치 치환기로 작용한 ***sp*^{3} 혼성화** 구조이다. 이 사면체 배열은 평면 전이 상태를 거쳐 **빠르게 반전된다**.

4. 아민에 있는 **고립 전자쌍**은 알코올과 에터에 있는 고립 전자쌍보다 덜 단단하게 연결되어 있는데, 이것은 질소가 산소보다 **전기음성도가 낮기 때문**이다. 이러한 결과로 수소 결합력 및 산도는 낮아지고, 염기도 및 친핵성은 커진다.

5. **적외선 분광법**을 이용하여 일차와 이차 아민을 구분할 수 있다. **핵자기 공명** 분광법에 의해 질소에 붙어 있는 수소의 존재를 알 수 있다. 질소와 인접한 곳에 있는 수소와 탄소 원자는 모두가 **벗겨진다**. **질량 스펙트럼**은 형성되는 **이미늄 이온** 토막을 관찰한다.

6. 아자이드, 사이안화물 또는 환원성 아미노화반응 등을 이용하여 아민을 제조하는 간접적인 방법이 암모니아를 직접 알킬화하여 아민을 **합성**하는 방법보다 우수하다.

7. 사차 아민 $R'{-}\overset{+}{N}R_3$에서 **NR_3**기는 E2 반응에서 **떨어져 나가기 좋은 이탈기**이다. 이러한 성질 때문에

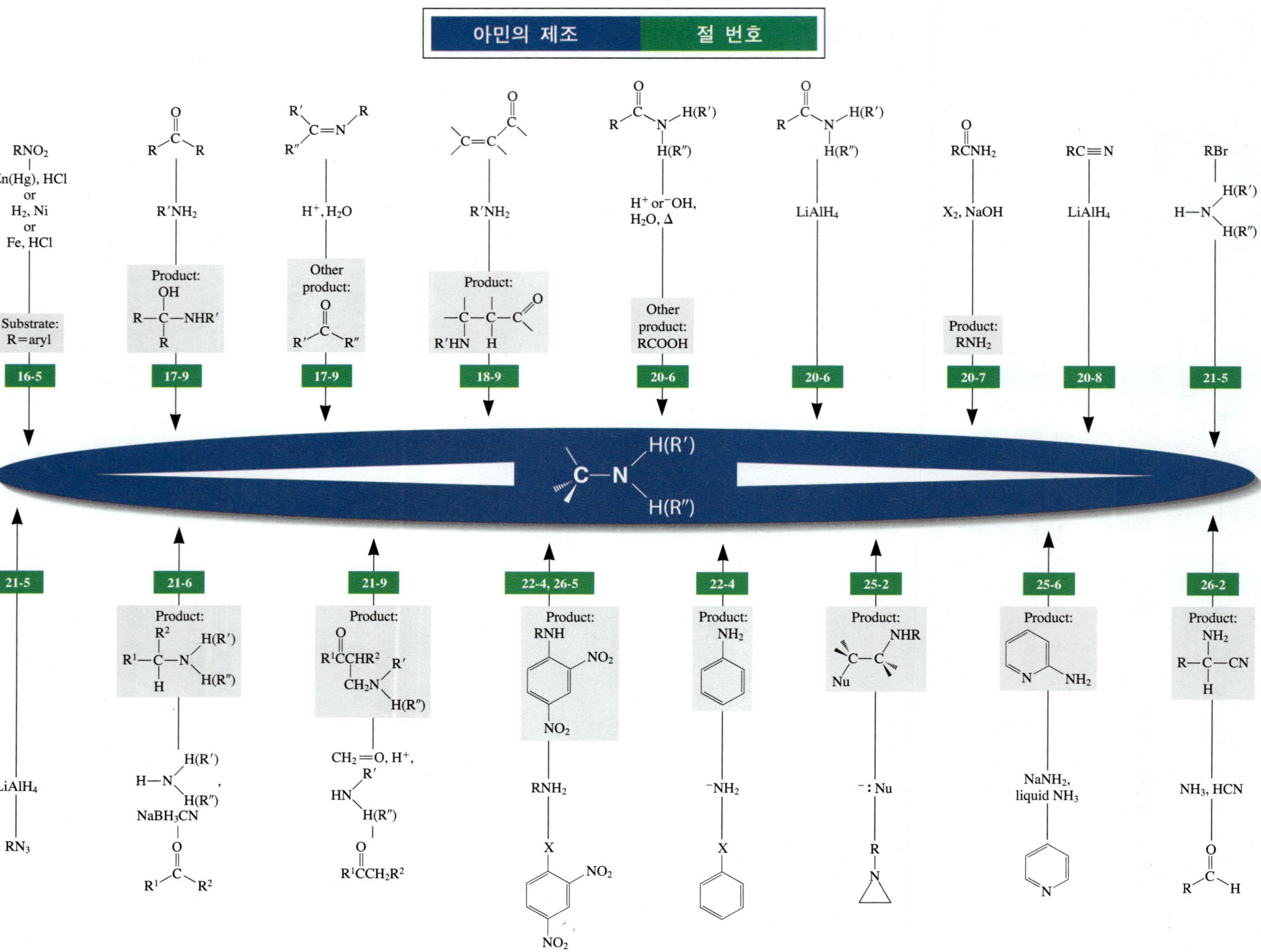
아민의 제조
절 번호
RNO$_2$
Zn(Hg), HCl or H$_2$, Ni or Fe, HCl
Substrate: R=aryl
16-5
R'NH$_2$
Product:
17-9
H$^+$, H$_2$O
Other product:
17-9
R'NH$_2$
Product:
18-9
H$^+$ or $^-$OH, H$_2$O, Δ
Other product: RCOOH
20-6
LiAlH$_4$
20-6
RCNH$_2$
X$_2$, NaOH
Product: RNH$_2$
20-7
RC≡N
LiAlH$_4$
20-8
RBr
21-5
RN$_3$
LiAlH$_4$
21-5
NaBH$_3$CN
Product:
21-6
CH$_2$=O, H$^+$,
R^{1}CCH$_2$R^2
Product:
21-9
RNH$_2$
Product:
22-4, 26-5
$^-$NH$_2$
Product:
22-4
$^-$:Nu
Product:
25-2
NaNH$_2$, liquid NH$_3$
Product:
25-6
NH$_3$, HCN
Product:
26-2

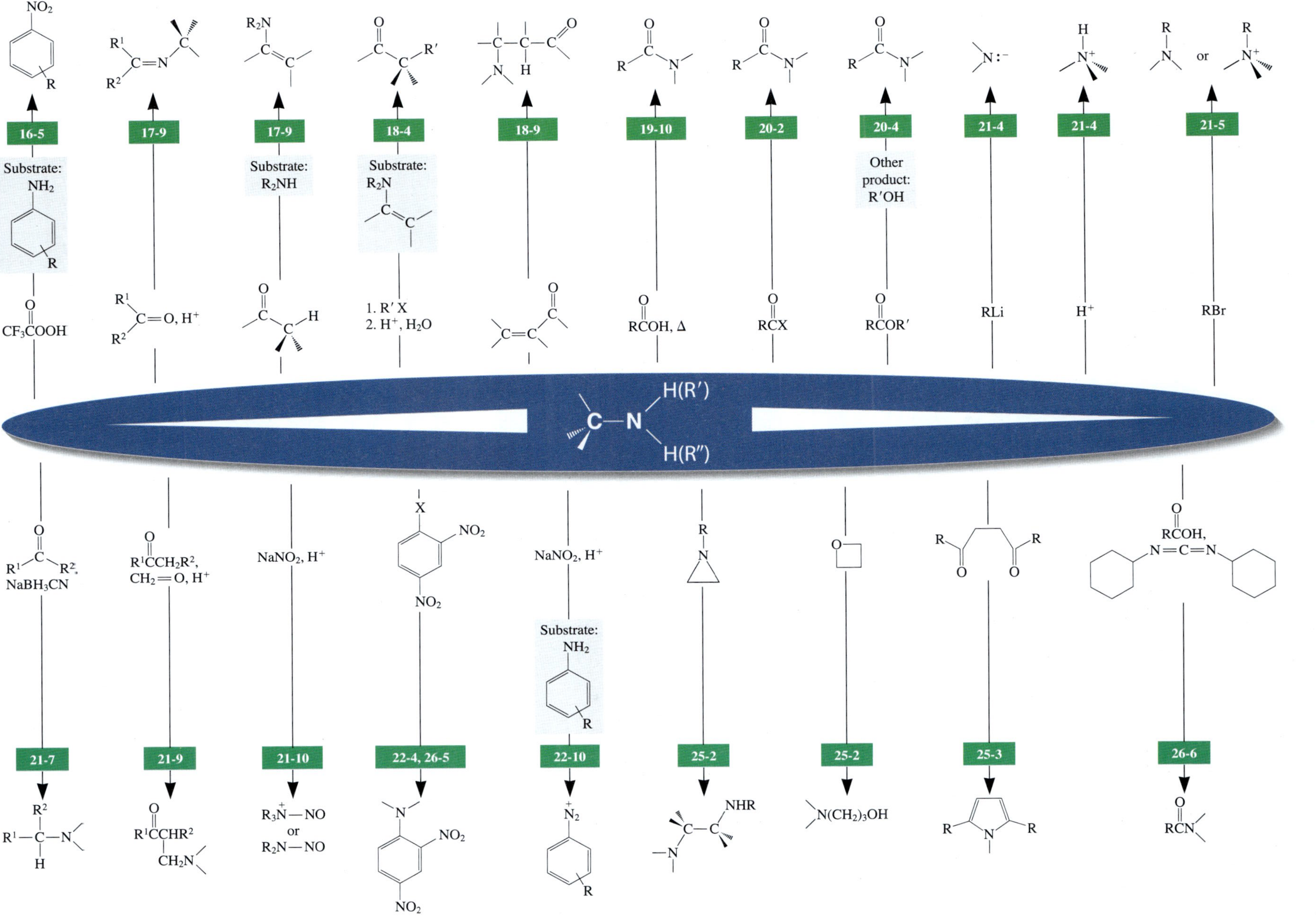
아민의 반응
절 번호
16-5
Substrate: NH2
CF3COOH
17-9
R1C=O, H+
17-9
Substrate: R2NH
18-4
Substrate: R2N
1. R′X
2. H+, H2O
18-9
19-10
RCOH, Δ
20-2
RCX
20-4
Other product: R′OH
RCOR′
21-4
RLi
21-4
H+
21-5
RBr
or
H(R′)
H(R″)
R1CR2, NaBH3CN
21-7
R1CCH2R2, CH2=O, H+
21-9
R1CCHR2
CH2N
NaNO2, H+
21-10
R3N—NO
or
R2N—NO
X
NO2
NO2
22-4, 26-5
NaNO2, H+
Substrate: NH2
22-10
N2
25-2
NHR
25-2
N(CH2)3OH
25-3
RCOH, N=C=N
26-6
RCN

Hofmann 제거반응이 일어날 수 있다.

8. 아민은 할로알케인, 알데하이드, 케톤, 카복실산 및 카복실산 유도체 등의 친전자성 탄소와 **친핵성 반응**을 한다.

문제

27. 아래에 구조식으로 나타낸 각각의 아민을 두 가지 방법으로 명명하시오.

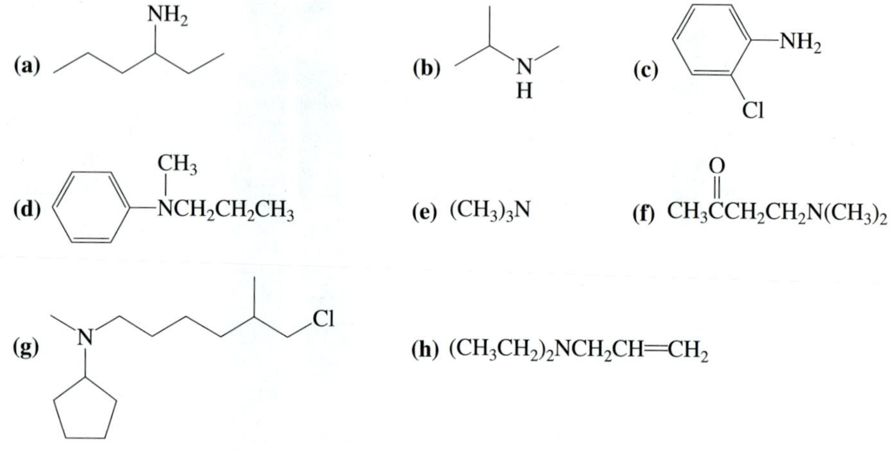

28. 아래에 명명된 화합물의 구조를 제시하시오.

(a) *N,N*-Dimethyl-3-cyclohexenamine **(b)** *N*-Ethyl-2-phenylethylamine

(c) 2-Aminoethanol **(d)** *m*-Chloroaniline

29. 화학 이야기 21-1에 보여 준 다음 화합물들을 IUPAC 또는 *Chemical Abstracts*에 따라 명명하시오. 작용기들의 우선순위에 주의하시오.

(a) Propylhexedrine **(b)** amphetamine **(c)** mescaline **(d)** epinephrine

30. 21-2절에서 언급한 것처럼 질소의 반전에는 혼성화의 변화가 수반된다.

(a) Ammonia와 간단한 아민에서 피라미드 형태의 질소(sp^3 혼성화 구조)와 삼각 평면 질소(sp^2 혼성화 구조) 사이의 대략의 에너지 차이는 얼마나 되겠는가? (**힌트**: 반전의 E_a를 참고) **(b)** Ammonia에 있는 질소 원자와 다음에 주어진 각각의 탄소 원자를 비교하시오. Methyl 양이온, methyl 라디칼, methyl 음이온. 이들 화학종 각각에 대해 가장 안정한 기하구조와 혼성화를 비교하시오. 오비탈 에너지와 결합 세기의 기본적인 개념을 이용하여 methyl 양이온, methyl 라디칼, methyl 음이온 사이의 유사성과 차이를 설명하시오.

31. 다음에 주어진 NMR과 질량 스펙트럼 자료를 이용하여 두 미지 물질 A와 B의 구조를 확인하시오.

A : ^{1}H NMR : $\delta = 0.92$ (t, $J = 6$ Hz, 3 H), 1.32 (넓은 s, 12 H), 2.28 (넓은 s, 2 H), 및 2.69 (t, $J = 7$ Hz, 2 H) ppm. 질량 스펙트럼 *m/z* (상대적 강도) = 129 (0.6) 및 30 (100).

B : ^{1}H NMR : $\delta = 1.00$ (s, 9 H), 1.17 (s, 6 H), 1.28 (s, 2 H), 및 1.42 (s, 2 H) ppm. 질량 스펙트럼 *m/z* (상대적 강도) = 129 (0.05), 114 (3), 72 (4) 및 58 (100).

32. 분자식이 $C_6H_{15}N$인 여러 가지의 아민 이성질체에 대한 분광학적인 자료(^{13}C NMR 및 IR)를 아래에 나타내었다. 각 화합물에 대한 구조를 제안하시오. **(a)** ^{13}C NMR: $\delta = 23.7$ (CH_3) 및 45.3 (CH) ppm. IR: 3300 cm^{-1}. **(b)** ^{13}C NMR: $\delta = 12.6$ (CH_3) 및 46.9 (CH_2) ppm. IR: 3250 ~ 3500 cm^{-1} 범위 내에는 띠가 존재하지 않는다. **(c)** ^{13}C NMR: $\delta = 12.0$ (CH_3), 23.9 (CH_2) 및 52.3 (CH_2) ppm. IR: 3280 cm^{-1}. **(d)** ^{13}C NMR: $\delta = 14.2$ (CH_3), 23.2 (CH_2), 27.1 (CH_2), 32.3 (CH_2), 34.6 (CH_2) 및 42.7 (CH_2) ppm. IR: 1600 (넓음), 3280 및 3365 cm^{-1}. **(e)** ^{13}C NMR: $\delta = 25.6$ (CH_3), 38.7 (CH_3) 및 53.2 ($C_{사차}$) ppm. IR: 3250 ~ 3500 cm^{-1} 범위 내에는 띠가 존재하지 않는다.

33. 문제 32번에 주어진 두 화합물에 대한 질량 스펙트럼 자료를 아래에 나타내었다. 이와 같은 질량 스펙트럼 결과를 나타낼 수 있는 화합물을 찾으시오. **(a)** *m/z* (상대적 세기) = 101 (8), 86 (11), 58 (10), 44 (40), 30 (100). **(b)** *m/z* (상대적 세기) = 101 (3), 86 (30), 58 (14), 44 (100).

34. 짝산의 pK_a값이 큰 화합물은 짝산의 pK_a값이 낮은 화합물보다 더 강한 염기인가 또는 약한 염기인가? 일반적인 평형 반응식을 이용하여 설명하시오.

35. 아래 주어진 각각의 반응은 어느 방향으로 반응의 평형이 일어나는가?

(a) $NH_3 + {}^-OH \rightleftharpoons NH_2^- + H_2O$

(b) $CH_3NH_2 + H_2O \rightleftharpoons CH_3NH_3^+ + {}^-OH$

(c) $CH_3NH_2 + (CH_3)_3NH^+ \rightleftharpoons CH_3NH_3^+ + (CH_3)_3N$

36. 다음에 주어진 화합물들을 간단한 일차 아민과 비교할 때 산 또는 염기 중 어느 것으로 작용하겠는가?

(a) Carboxylic amide : 예를 들어, CH_3CONH_2 **(b)** Imide : 예를 들어, $CH_3CONHCOCH_3$

(c) 엔아민 : 예를 들어, $CH_2 = CHN(CH_3)_2$ **(d)** Benzenamine : 예를 들어, 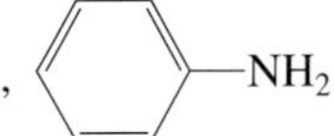

37. 질소 원자를 지닌 여러 가지 작용기들은 일반적인 아민보다 강한 염기이다. 그중 하나가 DBN과 DBU에서 알려진 amidine기로서, 두 가지 모두 다양한 유기 반응에서 염기로 널리 이용된다.

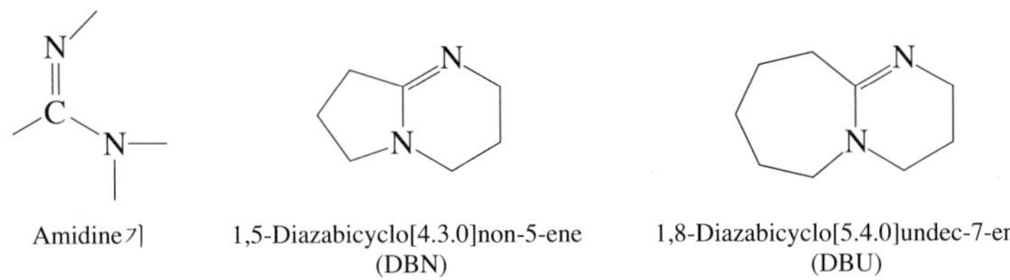

또 다른 강한 유기 염기는 guanidine $H_2NC(=NH)NH_2$이다. 이들 염기 각각에 있는 질소 중에서 가장 양성자가 되기 쉬운 질소를 표시하고, 간단한 아민과 비교하여 이들의 염기성이 증가한 이유를 설명하시오.

38. 반응 복습 : 앞에 있는 반응 도표를 보지 말고 다음에 주어진 출발물들이 생성물로 변환하는데 필요한 반응 시약들을 제시하시오. **(a)** (chloromethyl) benzene (benzyl chloride) 를 phenylmethanamine (benzylamine) 으로, **(b)** benzaldehyde를 phenylmethanamine (benzylamine) 으로, **(c)** benzaldehyde를 *N*-ethylphenylmethanamine (benzylethylamine) 으로, **(d)** (chloromethyl) benzene (benzyl chloride) 를 2-phenylethanamine (phenethylamine) 으로, **(e)** benzaldehyde를 *N*,*N*-dimethylphenylmethanamine (benzyldimethylamine) 으로, **(f)** 1-phenylethanone (acetophenone) 을 3-amino-1-phenyl-1-propanone으로, **(g)** benzonitrile을 phenylmethanamine (benzylamine) 으로, **(h)** 2-phenylacetamide를 phenylmethanamine (benzylamine) 으로.

39. 아래 주어진 반응들은 아민 합성법을 나타낸 것이다. 각 반응에서 합성이 활발히, 조금 또는 전혀 일어나지 않은 것을 표시하시오. 만약 합성이 잘 진행되지 않는다면 그 이유를 설명하시오.

(a) $CH_3CH_2CH_2CH_2Cl \xrightarrow[\text{2. LiAlH}_4\text{, (CH}_3\text{CH}_2)_2\text{O}]{\text{1. KCN, CH}_3\text{CH}_2\text{OH}} CH_3CH_2CH_2CH_2NH_2$

(b) $(CH_3)_3CCl \xrightarrow[\text{2. LiAlH}_4\text{, (CH}_3\text{CH}_2)_2\text{O}]{\text{1. NaN}_3\text{, DMSO}} (CH_3)_3CNH_2$

(c) $CONH_2$ (cyclohexane) $\xrightarrow{\text{Br}_2\text{, NaOH, H}_2\text{O}}$ NH_2 (cyclohexane)

(d) (cyclopentyl)–Br $\xrightarrow{\text{CH}_3\text{NH}_2}$ (cyclopentyl)–$NHCH_3$

(e) H, H, CH_2Br, CH_3 — 1. (phthalimide) N^-K^+, DMF; 2. H^+, H_2O, Δ → H, H, CH_2NH_2, CH_3

(f) C_6H_5COCl $\xrightarrow[\text{2. LiAlH}_4\text{, (CH}_3\text{CH}_2)_2\text{O}]{\text{1. C}_6\text{H}_5\text{CH}_2\text{NH}_2\text{, HO}^-}$ $(C_6H_5CH_2)_2NH$

(g) cyclopentyl–CHO $\xrightarrow[\text{2. NaBH}_3\text{CN, CH}_3\text{CH}_2\text{OH}]{\text{1. (CH}_3)_3\text{CNH}_2}$ cyclopentyl–$CH_2NHC(CH_3)_3$

(h) $H_2NCH_2CH_2CHO$ $\xrightarrow{\text{NaBH}_3\text{CN, CH}_3\text{CH}_2\text{OH}}$ azetidine (NH)

(i) Bromocyclohexane (Br) $\xrightarrow[\text{2. Fe, H}^+]{\text{1. HNO}_3\text{, H}_2\text{SO}_4}$ 4-aminobromocyclohexane (Br, NH_2)

(j) azetidin-2-one (NH, O) $\xrightarrow{\text{1. NaH, THF; 2. CH}_3\text{I; 3. LiAlH}_4\text{, (CH}_3\text{CH}_2)_2\text{O}}$ N-methylazetidine (N–CH_3)

40. 문제 39에서 합성이 잘 진행되지 않는 반응에 대하여 최종 생성물인 아민을 합성할 수 있는 다른 방법을 제안하시오(동일한 반응물을 사용하거나 또는 비슷한 구조와 작용성을 가지는 반응물을 사용하여 합성을 시작하라).

41. Ammonia와 chloroethane과의 반응에서 형성될 것으로 예상되는 질소 원자를 지닌 가능한 모든 유기 화합물의 구조를 그리시오(**힌트**: 알킬화반응이 반복하여 일어남).

42. Phenylpropanolamine (PPA)은 오랫동안 감기 치료제 및 식욕 억제제의 성분으로 사용되었다. 2000년도에 미국 식약청은 이 성분은 뇌출혈을 일으킬 확률이 높으므로, 이 성분이 들어간 모든 약들의 판매를 금지하였다. 그 결과 제약회사들은 PPA 대신에 안정성이 있는 pseudoephedrine으로 대체하였다.

C_6H_5–CH(OH)–CH(NH_2)–CH_3 Phenylpropanolamine

C_6H_5–CH(OH)–CH($NHCH_3$)–CH_3 Pseudoephedrine

여러분은 많은 양의 PPA을 비축하고 있는 제약 실험실의 소장이고, 회사 사장이 "이제부터는 pseudoephedrine!"이라고 명령한다고 가정하자. 여러분의 의견을 검토해 보고, 문제를 해결할 수 있는 가장 좋은 방법을 제안하시오.

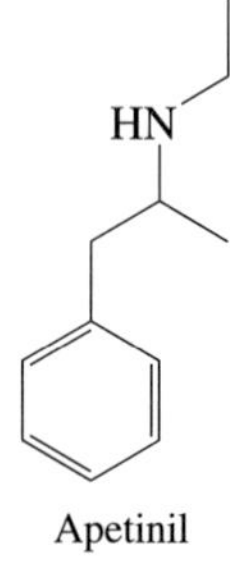

Apetinil

43. 식욕 억제제(살 빼는 약, 화학 이야기 21-1)인 apetinil의 구조를 왼쪽 여백에 표시하였다. 이 약은 일차, 이차, 삼차 중 몇 차의 아민인가? 다음의 출발물로부터 apetinil을 합성할 수 있는 효율적인 방법을 제안하시오. 여러 가지 방법을 시도하여 보시오.

(a) $C_6H_5CH_2COCH_3$ **(b)** $C_6H_5CH_2CHBrCH_3$ **(c)** $C_6H_5CH_2CH(CH_3)COOH$

44. 질소를 함유하지 않은 유기 화합물을 사용하여 다음의 아민들을 합성할 수 있는 최상의 방법을 제시하시오.

(a) Butanamine **(b)** *N*-methylbutanamine **(c)** *N,N*-dimethylbutanamine

45. 다음에 주어진 아민 화합물에 Hofmann 제거반응이 일어날 때 생성되는 알켄의 구조를 그리시오. 만약 화합물이 다중의 제거반응에 의해 고리화된다면, 각 단계에서의 생성물의 구조를 나타내시오.

(a) C_6H_5–CH(NH_2)CH_2CH_3 **(b)** 1-methylcyclohexylamine (H_3C, NH_2) **(c)** 1,2-dimethylpyrrolidine (H_3C, N–CH_3)

(d) 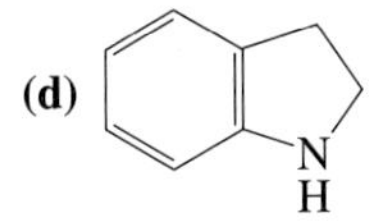

(e) N

46. 어떤 일차 아민 화합물들이 Hofmann 제거반응에 의하여 다음에 주어진 알켄 또는 알켄 혼합물을 형성하겠는가? **(a)** 3-Heptene, **(b)** 2-와 3-heptene의 혼합물, **(c)** 1-heptene, **(d)** 1-과 2-heptene의 혼합물

47. 2-Methylpropanal, formaldehyde 및 methanamine 사이의 Mannich 반응에 대한 자세한 반응 메커니즘을 제시하시오.

48. 삼차 아민 tropinone과 (bromomethyl) benzene (benzyl bromide) 과의 반응은 한 가지 생성물이 아닌 두 가지의 사차 암모늄염인 A와 B를 생성한다.

H_3C, N, O; Tropinone ($C_8H_{13}NO$) + C_6H_5–CH_2Br ⟶ A + B $[C_{15}H_{20}NO]^+ Br^-$

Tropinone
($C_8H_{13}NO$)

생성물 A와 B는 염기에 의해 상호전환되는 입체이성질체이다. 즉, 생성물 A와 B의 순수한 이성질체 중의 한 가지를 염기로 처리하면 두 가지 이성질체의 평형 혼합물이 된다. **(a)** A와 B에 대한 구조를 제안하시오. **(b)** A와 B는 어떤 종류의 입체이성질체인가? **(c)** 염기에 의해 A와 B가 평형을 이루는 메커니즘을 제안하시오 (**힌트**: "가역 Homann 제거반응"을 고려).

49. Hydroxy기를 β-탄소에 지닌 아민에 Hofmann 제거반응이 일어나면 알켄 대신에 oxacyclopropane이 생성된다.

$$HO-H_2C-CH_2-NH_2 \xrightarrow[3.\ \Delta]{1.\ \text{과량 } CH_3I;\ 2.\ Ag_2O,\ H_2O} H_2C\overset{O}{-}CH_2 + (CH_3)_3N$$

(a) 이러한 변환에 대한 가능한 메커니즘을 제안하시오. **(b)** Pseudoephedrine (문제 35 참조) 과 ephedrine은 자연에서 얻어지는 화합물로써 이름이 비슷한 것처럼 밀접한 관계가 있다. 실제로 두 물질은 입체이성질체이다. 다음에 주어진 반응의 결과로부터 ephedrine과 pseudoephedrine의 정확한 입체구조를 추론하시오.

Ephedrine —(1. CH_3I, 2. Ag_2O, H_2O, 3. Δ)⟶ (O, H, H, CH_3)

Pseudoephedrine —(1. CH_3I, 2. Ag_2O, H_2O, 3. Δ)⟶ (O, H, H, CH_3)

50. 다음에 주어진 화합물들이 Mannich 반응 또는 Mannich 반응과 유사한 반응에 의하여 어떻게 합성될 수 있는지 보이시오 (**힌트**: 반대 방향으로 생각하여 Mannich 반응에 의하여 형성된 결합을 찾아라).

(a) O, N

(b) $N(CH_3)_2$, O

(c) H_3CCHCN with NH_2 on the middle carbon

(d) **(e)**

51. Tropinone (문제 48)은 1917년 Sir Robert Robinson (Robinson 고리짓기 반응으로 유명하다, 18-11절)

$$OHC-CH_2-CH_2-CHO + CH_3NH_2 + (CH_3)_2C{=}O \longrightarrow$$

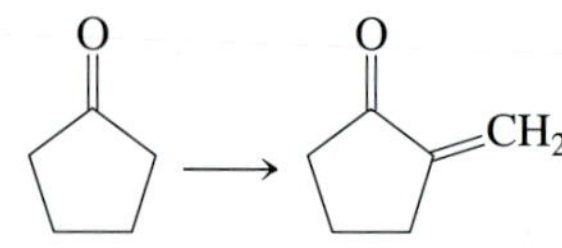

52. 21-8절과 21-9절에 주어진 반응들을 이용하여 왼쪽 여백의 반응을 수행할 수 있는 방법을 제시하시오.

53. 다음 반응의 예상되는 생성물을 제시하시오.

(a) $\xrightarrow{NaNO_2,\ HCl,\ H_2O}$ **(b)** $\xrightarrow{NaNO_2,\ HCl,\ 0°C}$

54. 삼차 아민은 카보닐 화합물에 친핵체로 쉽게 첨가되지만, 질소에 수소가 없어 양성자이탈반응이 일어나지 않기 때문에 안정한 생성물을 이루지 못한다. 대신 다른 친핵체에 대해 반응성이 좋은 중간체를 형성한다. 따라서 삼차 아민은 약한 친핵체가 카복실산 유도체에 첨가되는 반응의 촉매로 이용되기도 한다.

(a) 아래 도식에 빠진 구조를 채워 넣으시오.

$$(CH_3)_3N + CH_3COCl \rightleftharpoons \underset{C_5H_9ClNO}{\text{중간체 A}} \overset{-Cl^-}{\rightleftharpoons} \underset{(C_5H_9NO)^+}{\text{중간체 B}}$$

(b) 중간체 B는 phenol과 같은 약한 친핵체와 쉽게 반응한다(왼쪽 여백). 이 과정에 대한 메커니즘을 제시하고, 생성물의 구조를 보이시오.

Phenol

55. **도전 문제** 삼차 아민은 α,β-불포화 케톤에 가역적으로 첨가된다(18장 참조). 이 과정은 Baylis-Hillman 반응의 기초가 되는데, 여기에서 삼차 아민은 촉매로 작용하여 이종간 알돌 반응과 유사하다. 아래에 예를 보여 주었다.

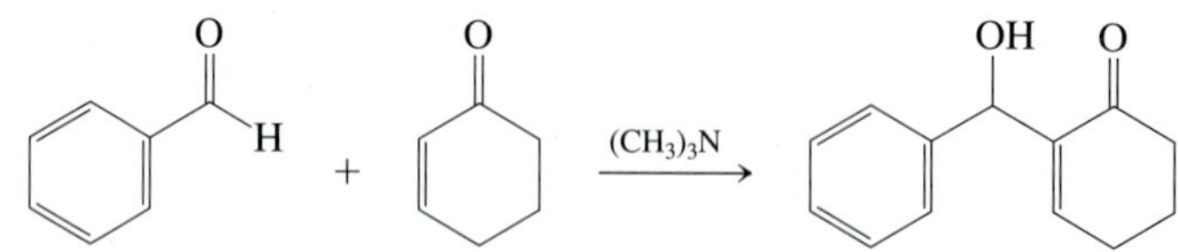

(a) 이 과정의 메커니즘을 제시하시오. 엔온에 아민의 콘쥬게이션 첨가반응으로 시작하시오.
다음에 주어진 Baylis-Hillman 반응의 생성물을 제시하시오.

(b) CH_3CHO + $\xrightarrow{(CH_3)_3N}$

(c) + $\xrightarrow{(CH_3)_3N}$

56. **도전 문제** **과량**의 폼알데하이드와 알차 아민의 환원성 아미노화반응은 생성물로 두 개의 methyl기가 들어간 삼차 아민이 생성된다(다음 예를 참조). 이를 설명하시오.

$$(CH_3)_3CCH_2NH_2 + 2\,CH_2{=}O \xrightarrow{NaBH_3CN,\ CH_3OH} (CH_3)_3CCH_2N(CH_3)_2\ \ 84\%$$

2,2-Dimethylpropanamine → *N*,*N*,2,2-Tetramethylpropanamine

57. 여러 가지 천연 아미노산은 피리독사민이라는 효소에 의하여 2-oxocarboxylic acid로부터 합성된다. 전자 밀기 화살표를 이용하여 phenylpyruvic acid로부터 phenylalanine을 합성하는 각 단계를 나타내시오.

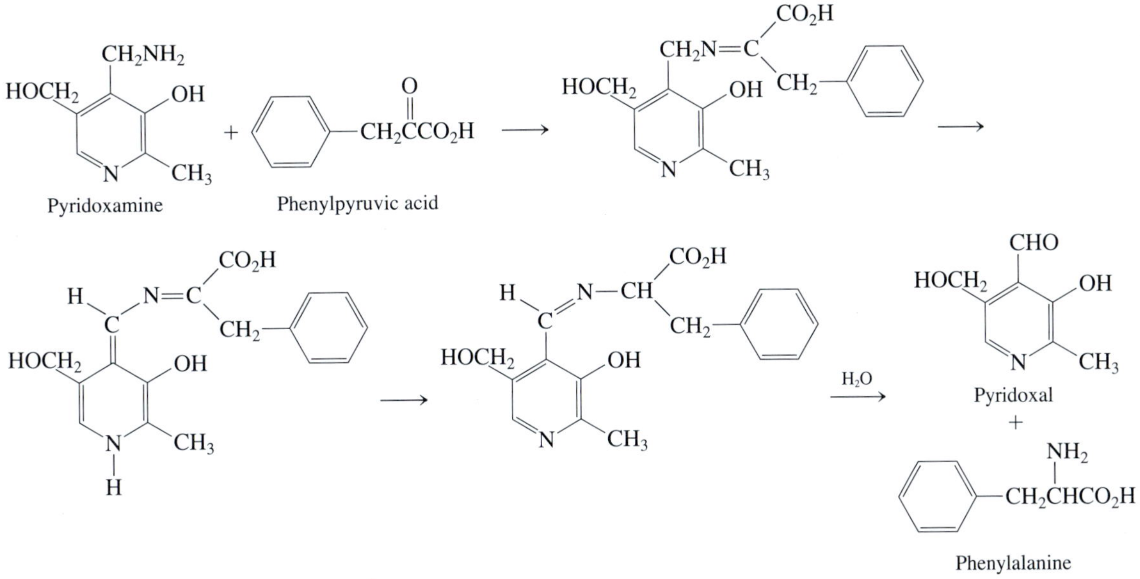

Pyridoxamine + Phenylpyruvic acid → ... $\xrightarrow{H_2O}$ Pyridoxal + Phenylalanine

58. **도전 문제** 다음에 주어진 정보로부터 독당근으로부터 추출한 coniine이라 하는 유독한 아민의 구조를 추론하시오. IR: 3330 cm^{-1}. ^{1}H NMR: δ = 0.91 (t. J = 7 Hz, 3 H), 1.33 (s. 1 H), 1.52 (m, 10 H), 2.70 (t. J = 6 Hz, 2 H), 및 3.0 (m, 1 H) ppm. 질량 스펙트럼: m/z (상대적 세기) = 127 (M$^+$, 43), 84 (100), 및 56 (20).

Coniine $\xrightarrow{1.\ CH_3I;\ 2.\ Ag_2O,\ H_2O;\ 3.\ \Delta}$ 세 가지 물질의 혼합물 $\xrightarrow{1.\ CH_3I;\ 2.\ Ag_2O,\ H_2O;\ 3.\ \Delta}$ $(CH_3)_3N$ + 1,4-octadiene과 1,5-octadiene의 혼합물

59. 중독성의 진통제, Demerol의 활성 성분인 pethidine을 완전 메틸화반응을 시켜 두 번의 연속적인 Hofmann 제거반응을 시킨 다음, 가오존분해반응을 하여 다음 결과를 얻었다.

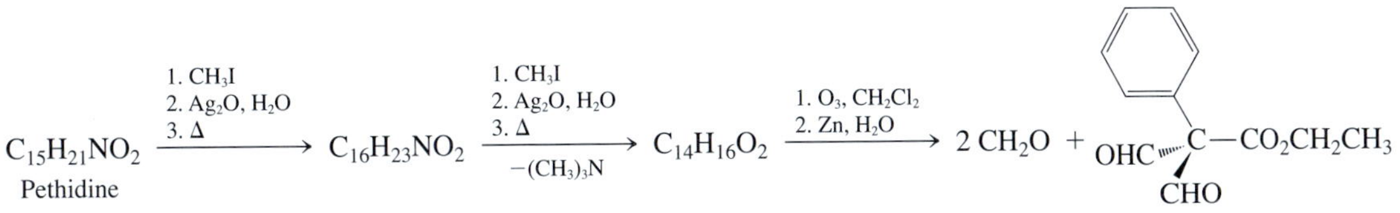

$C_{15}H_{21}NO_2$ (Pethidine) $\xrightarrow{1.\ CH_3I;\ 2.\ Ag_2O,\ H_2O;\ 3.\ \Delta}$ $C_{16}H_{23}NO_2$ $\xrightarrow[-(CH_3)_3N]{1.\ CH_3I;\ 2.\ Ag_2O,\ H_2O;\ 3.\ \Delta}$ $C_{14}H_{16}O_2$ $\xrightarrow{1.\ O_3,\ CH_2Cl_2;\ 2.\ Zn,\ H_2O}$ $2\,CH_2O$ + OHC–C(C$_6$H$_5$)(CHO)–CO$_2$CH$_2$CH$_3$

(a) 이 정보에 기초하여 pethidine의 구조를 제안하시오.

(b) Ethyl phenylacetate와 *cis*-1,4-dibromo-2-butene으로부터 pethidine을 합성하는 방법을 제안하시오 (**힌트**: 오른쪽 여백에 주어진 dialdehyde ester를 만든 후 이것을 변환시켜라).

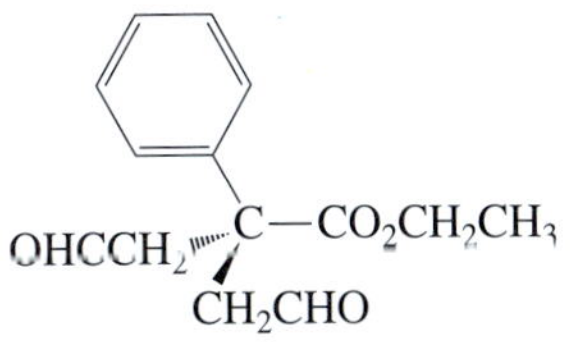

OHCCH$_2$–C(C$_6$H$_5$)(CH$_2$CHO)–CO$_2$CH$_2$CH$_3$

60. Skytanthine은 다음과 같은 성질을 가진 모노테펜 알칼로이드이다. 분석 : $C_{11}H_{21}N$. ^{1}H NMR: 2 CH$_3$ 이중선 (J = 7 Hz), δ = 1.20 및 1.33 ppm, (1 CH$_3$ 단일선 δ = 2.32 ppm, 다른 수소들은 다음 위치에서 넓은 봉우리를 준다, δ = 1.3~2.7 ppm. IR: ≥3100 cm^{-1}. 주어진 정보들로부터 skytanthine과 분해된 생성물 A, B, C의 구조를 추론하시오.

Skytanthine $\xrightarrow{\text{1. } CH_3I \text{, 2. } Ag_2O, H_2O \text{, 3. } \Delta}$ $C_{12}H_{23}N$ **A** (IR: $\tilde{\nu} = 1646\ cm^{-1}$) $\xrightarrow{\text{1. } O_3, CH_2Cl_2 \text{, 2. } Zn, H_2O}$ $CH_2{=}O$ + $C_{11}H_{21}NO$ **B** (IR: $\tilde{\nu} = 1715\ cm^{-1}$) $\xrightarrow{\text{1. } m\text{-}ClC_6H_4CO_3H, CH_2Cl_2 \text{, 2. KOH, } H_2O}$

1. (Cl-substituted benzene ring)–CO_3H, CH_2Cl_2
2. KOH, H_2O

CH_3COOH + $C_9H_{19}NO$ **C** (IR: $\tilde{\nu} = 3620\ cm^{-1}$) $\xrightarrow{\text{Careful oxidation}}$ 2-[$CH_2N(CH_3)_2$]-3-CH_3-cyclopentanone (IR: $\tilde{\nu} = 1745\ cm^{-1}$)

61. 자연계에서는 많은 알칼로이드가 아민 A와 알데하이드 B의 축합반응으로부터 만들어진 norlaudanosoline이라 하는 전구체로부터 합성된다. 이 반응의 메커니즘을 쓰시오. 이 과정에서 탄소–탄소 결합이 형성되었음을 주목하라. 이 탄소–탄소 결합 형성과 관련된 이 장에서 언급한 반응의 이름을 말하시오.

A (3,4-(HO)$_2C_6H_3CH_2CH_2NH_2$) + **B** (3,4-(HO)$_2C_6H_3CH_2CHO$) ⟶ Norlaudanosoline ⟶ 알칼로이드

치환된 벤젠의 화학

알킬벤젠, 페놀, 벤젠아민

Ciprofloxacin ("Cipro")은 합성된 사치환 벤젠 유도체로서 박테리아 치료에 널리 사용되며, 특히 요로 감염에 이용된다. 사진은 실험실에서 연구원이 정제를 생산하는 것이다.

15장에서 배운 벤젠은 OSHA(미국의 노동안전위생국)에서 암 유발물질로 분류될 때까지 일반 실험실에서 용매로 사용되어 왔다. 그러나 지금 화학자들은 아주 비슷한 용해도를 가지면서 암 유발물질이 **아닌** 메틸벤젠(톨루엔)을 벤젠 대신 사용한다. 톨루엔은 왜 암 유발물질이 아닌가? 벤젠이 지방이나 다른 조직 속에서 며칠 동안 머물 수 있는 것과는 달리, 메틸벤젠은 반응성이 큰 벤질자리의 수소를 내어줌으로써 빨리 대사 분해되어 신체로부터 추출되기 때문이다. 벤젠 자체는 방향족으로 인하여 아주 반응성이 낮지만, 이웃한 결합을 활성화하거나 좀 더 일반적으로 그 치환기의 화학에 영향을 준다. 이러한 사실을 알고 나서 너무 놀라야 할 필요는 없다. 왜냐하면 그러한 사실이 제 16장의 결론에 보충되기 때문이다. 지금까지 벤젠의 치환기가 벤젠의 반응성에 영향을 주는 것을 보았다. 그러나 여기에서는 그 반대의 반응을 보게 될 것이다.

어떻게 벤젠이 이웃하는 반응 중심의 반응성을 조절하는가? 이 장에서는 알킬 치환기 뿐만 아니라 하이드록시기와 아미노기의 반응성에 벤젠 고리에 의해 가해지는 효과를 자세하게 다룰 것이다. 3장과 8장, 21장에서 소개한 이들 작용기의 반응성이 공명이 일어남으로써 바뀌는 것을 배우게 될 것이다. 아릴 치환된(벤질) 탄소 원자의 특별한 반응성을 공부한 다음, 관심을 페놀과 벤젠아민(아닐린)의 제법과 반응에 대하여 배우게 될 것이다. 이러한 화합물들은 자연에서 널리 발견되며, 아스피린이나 염료, 비타민과 같은 물질의 합성 과정에서 원료로 많이 사용된다.

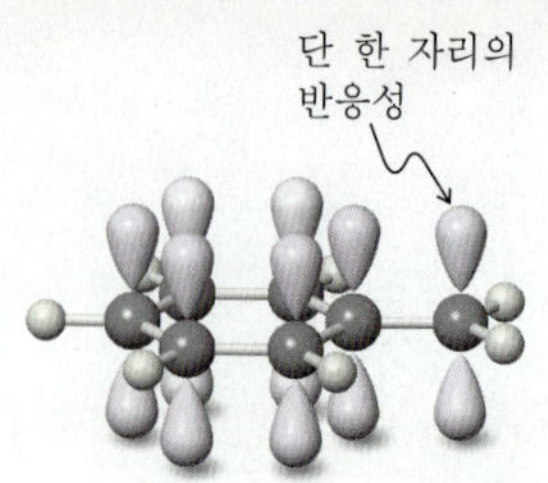

Phenylmethyl (benzyl) 계

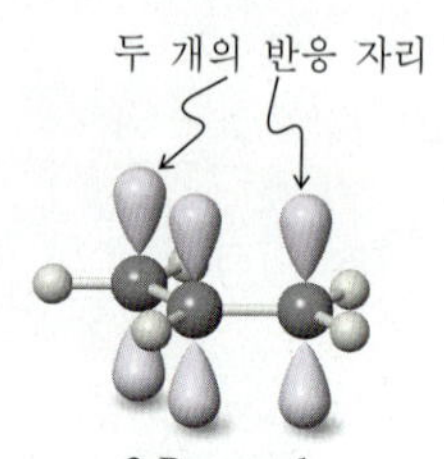

2-Propenyl (allyl) 계

22-1 페닐메틸 (벤질) 탄소의 반응성: 벤질자리 공명 안정화

메틸벤젠은 메틸에 결합된 C—H 결합이 균일 및 불균일 분해반응에 대하여 비교적 약하므로, 쉽게 변형된다. 이때 만들어지는 **페닐메틸 (벤질) [phenylmethyl (benzyl)]** 기, 즉 $C_6H_5CH_2$ (왼쪽 여백 그림 참조)는 벤젠 고리 위의 π계가 치환된 알킬 탄소 위에 놓인 또 다른 p 오비탈과 겹쳐져서 벤젠 고리와 같은 형태로 보인다. 이러한 상호작용을 일반적으로 **벤질자리 공명 (benzylic resonance)** 이라고 하며, 이와 같은 계는 2-프로페닐 (알릴) 중간체 (14-1절)가 π 결합과 세 번째의 p 오비탈의 겹침으로 안정화되는 것과 마찬가지로, 이웃하는 라디칼이나 양이온 및 음이온을 안정화시킨다. 그러나 양 끝에 반응성이 있어서 혼합물은 생성하는 (비대칭의 알킬) 알킬계와는 달리, 벤질은 위치선택적 반응을 하며, 벤질자리 탄소에서만 반응이 일어난다. 이러한 선택성을 가지는 이유는 벤젠 고리 위에서의 반응은 방향족성이 깨어지기 때문이다.

벤질 라디칼은 알킬벤젠의 할로젠화반응에서 반응성이 좋은 중간체이다

Lewis 산이 없을 경우 벤젠은 염소나 브로민과 반응하지 않는다는 것을 보았다. 산은 벤젠 고리의 할로젠화반응을 촉매화한다 (15-9절).

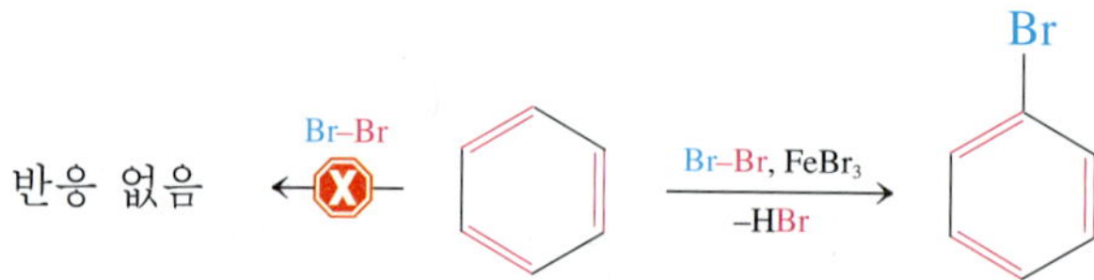

한편 촉매가 없는 경우에도 열과 빛이 있으면 메틸벤젠 (톨루엔)은 염소와 브로민에 의해 공격이 가능하다. 생성물의 분석 결과 벤젠 고리 위에서 반응이 일어난 것이 아니라 메틸기 위헤서 반응이 일어났다는 것을 알 수 있으며, 할로젠이 다중 치환된 생성물을 얻는다.

$$C_6H_5CH_2H + Br_2 \xrightarrow{\Delta} C_6H_5CH_2Br + HBr$$

(Bromomethyl)-benzene

$$C_6H_5CH_3 \xrightarrow[-HCl]{Cl_2,\ h\nu} C_6H_5CH_2Cl \xrightarrow[-HCl]{Cl_2,\ h\nu} C_6H_5CHCl_2 \xrightarrow[-HCl]{Cl_2,\ h\nu} C_6H_5CCl_3$$

(Chloromethyl)-benzene (Dichloromethyl)-benzene (Trichloromethyl)-benzene

치환이 일어나는 각 단계의 반응에서 한 분자의 할로젠화 수소가 부생성물로 얻어진다.

알케인 (3-4절부터 3-6절까지)의 할로젠화반응 및 알켄 (14-2절)의 알릴자리 할로젠화반응과 마찬가지로 벤질자리의 할로젠화반응의 메커니즘은 라디칼 중간체를 거쳐서 진행된다. 할로젠 분자를 원자로 분해하기 위해서는 열이나 빛이 필요하다. 벤질자리의 수소 하나를 탈취하면 HX와 페닐메틸 (벤질) 라디칼이 생성된다. 중간체인 페닐메틸 라디칼은 다른 할로젠 분자와 반응하여 생성물인 (할로메틸) 벤젠과 또 다른 한 분자의 할로젠 원자를 생성하게 되는데 할로젠 원자는 계속하여 연쇄 과정으로 전파된다.

벤질자리 할로젠화반응의 메커니즘

개시:

$$:\ddot{X}-\ddot{X}: \xrightarrow{\Delta\ \text{또는}\ h\nu} 2\ :\ddot{X}\cdot$$

또는

A B

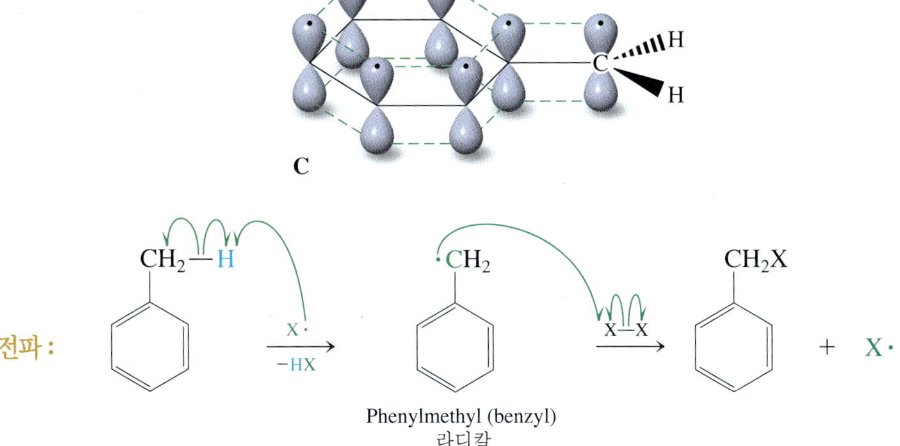

그림 22-1 Phenylmethyl (benzyl) 라디칼의 벤젠 고리의 π 전자가 인접한 라디칼 중심과 공명 혼성화된다. 비편재화된 상태를 (A) 공명 구조, (B) 점선, (C) 오비탈로서 나타내었다.

기억하기 : 단일머리 화살표는 한 개의 전자가 이동함.

벤질자리 할로젠화반응을 어떻게 쉽게 설명할 수 있을까? 그 대답은 벤질 공명 혼성(그림 22-1)이라고 하는 현상에 의한 페닐메틸(벤질) 라디칼의 안정도로 설명된다. 결론적으로 벤질자리의 C—H 결합은 상대적으로 약하므로($DH° = 87\ \text{kcal mol}^{-1}$) 상대적으로 쉽게 분해되며, 낮은 활성화 에너지로서 진행된다.

그림 22-1에 나타낸 공명 구조를 관찰해 보면 왜 방향족 탄소가 아닌 벤질자리에만 할로젠이 공격하는지를 알 수 있다. 벤질자리 탄소뿐만 아니라 어느 위치에서든 반응이 일어나면 벤젠 고리의 방향족성은 파괴된다.

연습 문제 22-1

다음의 각 화합물의 구조를 그리고, Br_2의 존재하에서 가열하게 되면 라디칼 할로젠화반응이 가장 잘 일어날 것으로 판단되는 곳을 나타내시오. 그리고 브로민화반응 조건에서 반응성이 감소하는 순서대로 나열하시오. **(a)** Ethylbenzene **(b)** 1,2-diphenylethane **(c)** 1,3-diphenylpropane **(d)** diphenylmethane **(e)** (1-methylethyl) benzene.

벤질자리의 양이온에서는 양전하가 비편재화된다

유사한 알릴 계열(14-3절)에서 설명했던 효과를 되돌아보면 벤질의 공명 혼성은 친핵성 치환에서 벤질자리 할로젠화물이나 설포네이트의 반응성에 큰 영향을 미칠 수 있다. 예를 들면, 4-메톡시페닐메탄올(4-메톡시벤질 알코올)의 4-메틸벤젠설포네이트(토실레이트)는 S_N1 메커니즘을 경유하여 빠르게 에탄올 분해반응을 수행한다. 이 반응은 가용매분해 과정의 한 예로서 7장에서 에탄올 분해 과정을 논의하였다.

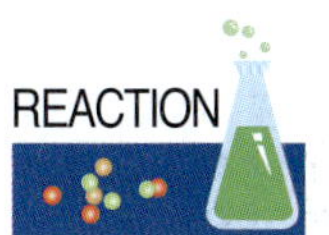

CH_3O—C₆H₄—CH_2OSO_2—C₆H₄—CH_3 + CH_3CH_2OH $\xrightarrow[\text{가에탄올분해}]{S_N1}$

(4-Methoxyphenyl)methyl
4-methylbenzenesulfonate
(일차 benzylic tosylate)

CH_3O—(C₆H₄)—$CH_2OCH_2CH_3$ + HO_3S—(C₆H₄)—CH_3

1-(Ethoxymethyl)-4-methoxybenzene

이러한 반응 메커니즘으로 진행되는 이유는 출발물인 설포네이트가 비교적 쉽게 분해되어 생성된 벤질자리 양이온이 그 양전하를 벤젠 고리를 통하여 비편재화시키기 때문이다.

MECHANISM

벤질자리 일분자 친핵성 치환반응의 메커니즘

$CH_3\ddot{O}$—(C₆H₄)—CH_2—L $\xrightarrow{-L^-}$

[$\overset{+}{C}H_2$ ⟷ CH_2 ⟷ CH_2 ⟷ CH_2 ⟷ CH_2] $\xrightarrow{CH_3CH_2OH}$ 생성물

CH_3O: ... CH_3O: ... CH_3O: ... CH_3O^+ ... CH_3O:

팔전자형

벤질자리 양이온

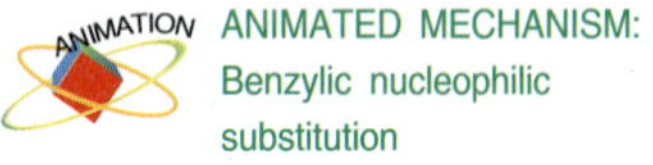

ANIMATED MECHANISM: Benzylic nucleophilic substitution

여러 종류의 벤질자리 양이온은 분리가 가능할 정도로 충분히 안정하다. 예를 들면, 2-페닐-2-프로필 양이온(SbF_6^-의 염)의 X선 구조가 1997년에 얻어졌으며 페닐과 탄소 사이의 거리(Ph–C)는 1.41 Å으로서 순수한 단일 결합의 길이인 1.54 Å과 이중 결합의 길이인 1.33 Å의 중간 길이를 나타낸다. 그리고 비편재화된 벤질 구조에서 예측한 대로 평면 구조와 모든 sp^2 탄소(그림 22-2)는 삼각 평면 배열을 하고 있는 것으로 나타났다.

연습 문제 22-2

(1-Chloroethyl) benzene $C_6H_5CHClCH_3$과 chloro (diphenyl) methane $(C_6H_5)_2CHCl$ 중에서 어느 것이 더 빨리 용매화되겠는가? 그 이유를 설명하시오.

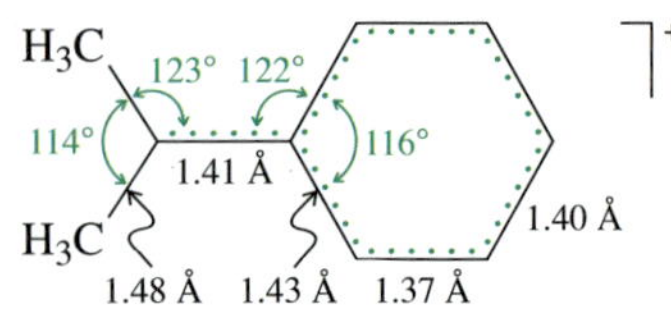

그림 22-2 2-Phenyl-2-propyl 양이온의 구조.

위의 S_N1 반응의 치환기인 파라 메톡시가 존재함으로써 더욱 더 잘 일어나는데, 그 이유는 파라 메톡시로 인한 부가적인 양전하의 안정도가 있기 때문이다. 파라 메톡시 치환기가 없다면 이 반응은 S_N2 과정이 지배적일 것이다. 그러므로 원래의 페닐메틸(벤질) 할로젠화물이나 설포네이트는 용매화반응 조건에서도 특히 좋은 친핵체가 존재하면, S_N2 치환이 우선적이면서 비정상적으로 빠른 속도로 진행된다. 알릴의 S_N2 반응(14-3 참조)에서처럼 이 반응에는 두 가지 요인이 반응의 가속화에 기여한다. 그 한 가지 이유는 벤질자리 탄소는 이웃한 sp^2 혼성화된 페닐 탄소에(sp^3 혼성화는 반대, 13-2절 참조) 의해 상대적으로 좀 더 친전자성이 된다. 그 이유는 벤젠 π계와 겹침으로써 입체 장애가 없어지고, S_N2 전이 상태가 안정화되기 때문이다(그림 22-3).

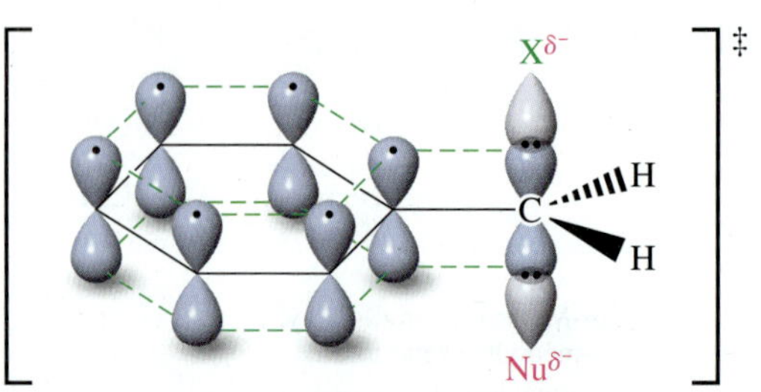

그림 22-3 Benzene의 π 전자계와 벤질의 탄소 중심에 있는 S_N2 전이 상태의 오비탈이 겹쳐진다. 결과적으로 전이 상태는 안정화되며, 그럼으로써 (halomethyl) benzene의 S_N2 반응에 대한 활성화 에너지 장벽을 낮춘다.

ANIMATED MECHANISM: Benzylic nucleophilic subsitution

(Bromomethyl)benzene (Benzyl bromide) + ^-CN $\xrightarrow{S_N2}$ Phenylethanenitrile (Phenylacetonitrile) 81% + Br^-

(일차 브로모알케인 S_N2 반응보다 약 100배 정도 빠르다)

Phenylmethyl (benzyl) 양이온

연습 문제 22-3

Phenylmethanol (benzyl alcohol)은 hydrogen chloride의 존재 시 ethanol이 chloroethane으로 전환되는 것보다 훨씬 빠르게 (chloromethyl) benzene으로 전환된다. 그 이유를 설명하시오.

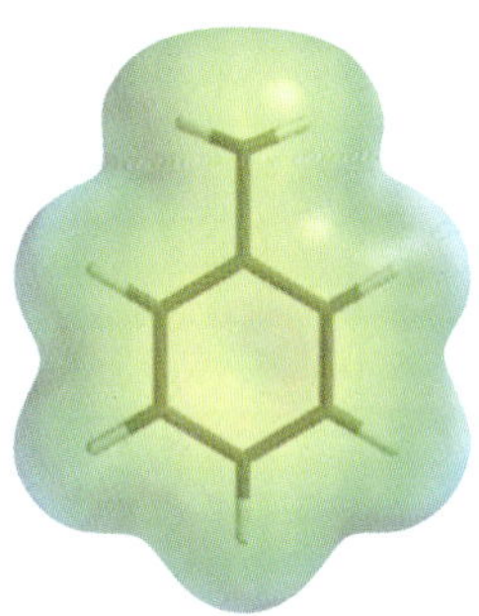
Phenylmethyl (benzyl) 라디칼

벤질자리 음이온에서의 공명 혼성화는 벤질자리의 수소를 상대적으로 산성으로 만든다

페닐메틸(벤질) 음이온과 같이 벤젠 고리에 이웃한 탄소가 음전하를 가지면, 벤질 라디칼과 벤질 양이온이 안정화를 가지는 것과 똑같은 방법의 콘쥬게이션에 의하여 안정화된다. 세 종류의 정전기 퍼텐셜 지도(오른쪽 여백에 있는 세 지도의 색상의 강약을 비교하라)에서 양이온의 비편재된 양전하(푸른색), 음이온의 비편재된 음전하(붉은색)와 중성 라디칼의 비편재된 전자(오렌지색)를 각각 나타내었다.

벤질자리 음이온에서의 공명 혼성

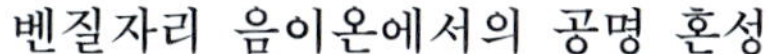

Methylbenzene ($pK_a \approx 41$) ⇌ [공명 구조] + H^+

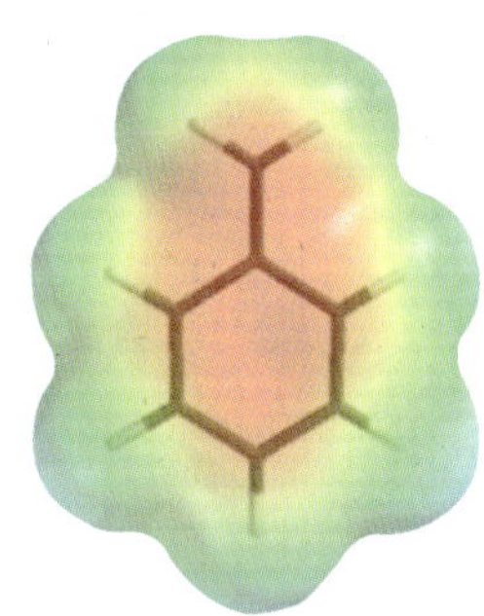
Phenylmethyl (benzyl) 음이온

이와 같은 이유 때문에 메틸벤젠(톨루엔, $pK_a \approx 41$)의 산도는 에테인($pK_a \approx 50$)의 산도보다 훨씬 크며, 양성자이탈시키면 공명 안정화된 2-프로페닐(알릴) 음이온(14-4절)을 생성시키는 프로펜($pK_a \approx 40$)의 산도와 비슷하다. 결론적으로 메틸벤젠(톨루엔)은 뷰틸리튬으로 양성자이탈이 가능하며, 페닐메틸리튬이 생성된다.

Methylbenzene의 양성자이탈반응

Methylbenzene (Toluene) + $CH_3CH_2CH_2CH_2Li$ $\xrightarrow{(CH_3)_2NCH_2CH_2N(CH_3)_2,\ THF,\ \Delta}$ Phenylmethyllithium (Benzyllithium) + $CH_3CH_2CH_2CH_2H$

연습 문제 22-4

다음의 각 짝지어진 분자 중에서 주어진 시약과 더 반응성이 큰 것은 어느 것인지 나타내고, 그 이유를 설명하시오.

(a) $(C_6H_5)_2CH_2$ 또는 $C_6H_5CH_3$와 $CH_3CH_2CH_2CH_2Li$

(b) CH_2Br (4-OCH_3 벤젠) 또는 CH_2Cl (4-OCH_3 벤젠), CH_3OH에서 $NaOCH_3$

(c) CH_3CHOH (벤젠) 또는 CH_3CHOH (4-NO_2 벤젠), HCl와

요약 벤질 라디칼, 벤질 양이온 및 벤질 음이온은 벤젠 고리와 공명 혼성화되어 안정화된다. 이러한 효과는 라디칼 할로젠화반응, S_N1 반응, S_N2 반응이 잘 일어나게 하며, 벤질 음이온이 잘 형성되게 한다.

22-2 벤질자리 산화와 환원

벤젠 고리는 방향족이기 때문에 아주 반응성이 낮다. 벤젠은 친전자성 방향족 치환반응(15장, 16장)을 수행하며, 산화와 환원과 같이 방향족 육전자계를 파괴하는 반응을 성공적으로 수행하기는 매우 어렵다. 그러나 **벤질** 위치에 산화와 환원을 일으키기는 상대적으로 쉽다. 여기에서는 벤젠 고리 위의 알킬 치환기가 어떠한 시약에 의하여 산화와 환원을 일으키는지를 기술하였다.

알킬 치환된 벤젠이 산화되면 방향족 케톤과 산이 된다

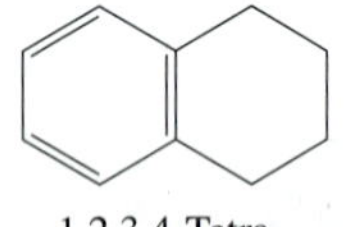

1,2,3,4-Tetra-hydronaphthalene (Tetralin)

CrO_3, CH_3COOH, H_2O, 21°C

OH

분리 안 됨

O

71%

1-Oxo-1,2,3,4-tetrahydro-naphthalene (1-Tetralone)

뜨거운 $KMnO_4$와 $Na_2Cr_2O_7$과 같은 시약은 알킬벤젠을 산화시켜 항상 벤조산으로 만든다. 이 과정에서 벤질자리의 탄소-탄소 결합은 끊어지며, 이 반응이 일어나기 위해서는 출발물인 알킬벤젠에 적어도 하나의 벤질자리의 C—H 결합이 있어야 한다(즉, 삼차의 알킬벤젠은 반응이 안 된다).

알킬 사슬의 완벽한 벤질자리의 산화

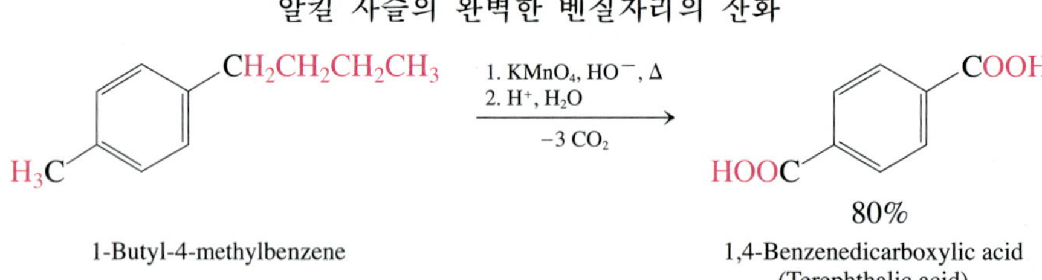

1-Butyl-4-methylbenzene 1,4-Benzenedicarboxylic acid (Terephthalic acid)

반응 과정에서 첫 번째 생성물로 벤질자리 알코올을 생성하여 경유하며, 그 다음 케톤이 되는데, 온화한 조건을 사용하면 케톤 형성 단계에서 반응을 멈출 수 있다(왼쪽 여백 그림과 16-5절 참조).

벤질자리의 특수한 반응성은 벤질 알코올을 상응하는 카보닐 화합물로 산화시키는 반응에서도 요구되는 온화한 조건에서도 볼 수 있다. 예를 들면, 이와 같은 산화반응을 벤질자리의 하이드록시기가 아닌 다른 하이드록시기가 있을 때 이산화 망가니즈(MnO_2)를 이용하면 벤질자리의 하이드록시기만 선택적으로 산화시킬 수 있다(MnO_2를 이용하여 알릴자리 알코올을 α,β-불포화 알데하이드와 케톤으로 전환하였다는 사실을 상기하라. 17-4절).

Manganese dioxide에 의한 벤질자리 알코올의 선택적인 산화반응

CH_3O, CH_3O, H, OH, OH $\xrightarrow{MnO_2,\ acetone,\ 25°C,\ 5\ h}$ CH_3O, CH_3O, O, OH 94%

가수소분해반응에 의하여 벤질자리 에테르는 분해된다

벤질자리 알코올이나 에테르를 금속의 촉매가 있는 가운데 수소와 반응시키면 반응성이 있는 벤질자리의 탄소-산소 결합이 분해된다. 이러한 전환은 **가수소분해반응(hydrogenolysis)**의 한 예가 되며, 촉매에 의해서 활성화된 수소에 의하여 σ 결합이 끊어진다.

가수소분해반응에 의한 벤질자리 에테르의 분해

$C_6H_5CH_2-OR \xrightarrow{H_2,\ Pd\text{-}C,\ 25°C} C_6H_5CH_2H + HOR$

연습 문제 22-5

다음의 출발물로부터 해당하는 생성물을 얻기 위한 합성 방법을 제시하시오.

(a) $C_6H_5CH_2CH_3$ ---> $C_6H_5CH_3$

(b) 1,2,4,5-tetramethylbenzene (H_3C, CH_3, H_3C, CH_3) ---> pyromellitic dianhydride (O, O, O, O, O, O)

가수소분해반응은 일반적인 알코올이나 에테르에는 적용되지 않는다. 그러므로 페닐메틸(벤질) 치환기는 하이드록시기의 보호기로서 아주 중요하다. 다음 합성 그림은 의약과 향료에서 중요한 중간체 물질로 이용되는 eudesmane 계열의 필수 오일인, 화합물 합성의 한 부분에서 벤질기를 하이드록시기의 보호기로서 사용한 예를 보여 주고 있다.

복잡한 합성에서 phenylmethyl 보호

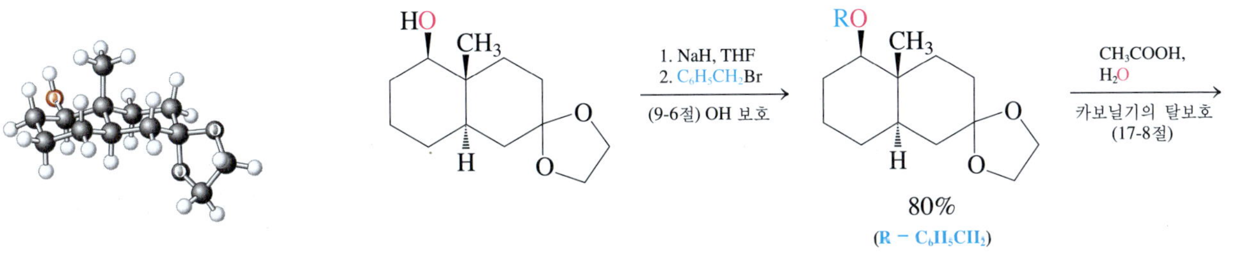

$CH_3CH{=}P(C_6H_5)_3$, DMSO
Wittig 반응 (17-12절)

1. BH_3, THF
2. 산화(알코올로)
3. 산화(케톤으로)
수소붕소첨가–산화반응* (12-8절)
산화 (8-6절)

93% 94% (E와 Z 이성질체의 혼합) 99%

1. CH_3Li, $(CH_3CH_2)_2O$
2. H^+, H_2O
(8-8절)

H_2, Pd–C, CH_3CH_2OH
OR의 탈보호

98% 98%

*제 2단계인 산화 단계에서 특별한 산화제의 사용을 보고하였다. 단계 2. H_2O_2, ^-OH, 단계 3. CrO_3을 사용하여 성공적으로 수행하였다.

마지막 단계인 페닐메틸(벤질) 에터를 가수소분해하는 반응은 중성 조건의 마지막 단계에서 일어나기 때문에 삼차의 알코올기는 영향을 받지 않고 남아 있게 된다. 보호기로서 삼차의 뷰틸 에터를 도입하였다면 아주 나쁜 선택이 되는데, 그 이유는 이 경우에는 탄소–산소의 결합을 분해하기 위하여 산이 필요하며(9-8절), 산을 쓰게 되면 탈수반응이 일어날 수 있기 때문이다(9-2절).

요약 벤질자리에 있는 알킬기의 산화반응은 퍼망가네이트이나 크로메이트에 의해서 일어나며, 벤질 알코올은 이산화 망가니즈에 의해서 해당하는 케톤으로 전환된다. 벤질자리 에터 작용기는 가수소분해반응으로 결합이 분해되며, 이러한 반응성 때문에 알코올의 하이드록시 작용기의 보호기로서 페닐메틸(벤질) 치환기가 활용될 수 있다.

22-3 페놀의 명명과 성질

하이드록시기가 치환된 아렌을 **페놀(phenol**, IUPAC 이름: 벤젠올, 15-1절)이라고 한다. 벤젠 고리의 π 전자계는 산소 원자 위에 채워져 있는 오비탈과 겹쳐 있으며, 그러므로 벤질자리 음이온(22-1절)에서와 비슷하게 비편재화가 일어난다. 이와 같이 연결된 콘쥬게이션의 결과 페놀은 보통의 화합물과는 달리 엔올형의 구조를 가진다. 페놀은 일반적으로 불안정하다는 것을 명심하라. 페놀은 강력한 카보닐 결합을 할 수 있기 때문에, 해당하는 케톤으로 쉽게 토토머화된다(18-2절). 그러나 페놀은 벤젠의 방향족성을 보전할 수 있는 엔올형이 케토형보다 더 우세하다.

Phenol과 acetone의 케토와 엔올 형태

Acetone $\rightleftharpoons$ ($K \sim 10^{-9}$) 2-Propenol

2,4-Cyclohexadienone $\rightleftharpoons$ ($K \sim 10^{13}$) Phenol

페놀과 페놀의 에터 결합 화합물들은 자연에 널리 존재하는 화합물들이다. 이들 화합물 중에서 여러 가지 화합물들이 산업적으로 매우 중요하게 활용되며, 몇 가지 유도체는 의약품과 제초제 합성에 이용되기도 한다. 먼저 이들 화합물들의 명명법부터 알아보기로 한다. 그리고 페놀이 하이드록시기와 이웃한 방향족 고리를 가지고 있음으로 인하여 알코올보다는 강산성을 보이는데, 알코올과 페놀의 이러한 차이점을 배우도록 한다.

페놀은 하이드록시아렌이다

페놀은 오래전에 카복실산으로 알려진 화합물이다. 무색의 바늘 모양의 결정(녹는점 41°C)을 가지고 있다. 특이한 향기를 가지며, 물에는 소량 녹는다. 벤젠의 수용액이나 메틸 치환된 화합물은 소독약으로 사용되지만, 주로 고분자(페놀 수지, 22-6절)의 합성에 이용된다. 순수한 페놀은 피부에 화상을 일으키며, 독성이 있어서 1 g 이하의 양을 섭취하여도 죽음에 이른다고 알려져 있다. 피부를 통해서 흡수가 될 경우에도 치명적인 중독이 야기될 수 있다.

치환된 페놀은 15-1절에서 기술된 체계에 따라서 페놀류, 벤젠다이올류, 벤젠트라이올류로 명명된다. 몇 가지 물질은 IUPAC에서 일반명으로 인정되기도 한다(22-8절 참조). 이들 화합물들은 사진, 염료, 피혁 등의 산업에서 많이 사용된다. 비스페놀 A로 알려진 화합물(화학 이야기 22-1 참조)은 이중 플라스틱 물질, 음식물 보관용기, 치과 봉합제 및 음료수 캔의 내부 피막제 등의 제조에서 널리 사용되는 에폭시레진, 폴리카보네이트의 합성에서 사용되는 아주 중요한 단위체이다.

Bisphenol A

페놀이 더 높은 순위의 카복실산 작용기를 포함하고 있으면 **하이드록시벤조산(hydroxybenzoic acid)**으로 명명된다. 이들 대부분은 관용명을 가진다. 페닐 에터는 **알콕시벤젠(alkoxybenzene)**으로 명명되며, C_6H_5O가 치환기가 되면 **페녹시(phenoxy)**라는 이름을 가진다.

4-Methylphenol (*p*-Cresol)

4-Chloro-3-nitrophenol

3-Hydroxybenzoic acid (*m*-Hydroxybenzoic acid)

1,4-Benzenediol (Hydroquinone)

1,2,3-Benzenetriol (Pyrogallol)

특별히 생리학적 활성을 나타내는 많은 화합물들이 이 책에서 선정하여 예를 들었다(화학 이야기 5-4, 9-1, 21-1, 22-1, 22-2 및 4-7, 9-11, 15-1, 22-9, 24-12, 25-8, 26-1절 참조). 아래의 그림에 나타낸 페놀의 세 가지 유도체 화합물들은 생리 활성을 가지는 화합물들인데, 이러한 지식이 없이도 알아두는 것은 많은 도움이 된다.

Resveratrol
(포도에서 얻어지는 암 예방제, 화학 이야기 22-1 참조)

Capsaicin
(고추나 고춧가루 속의 매운 맛의 활성 성분)

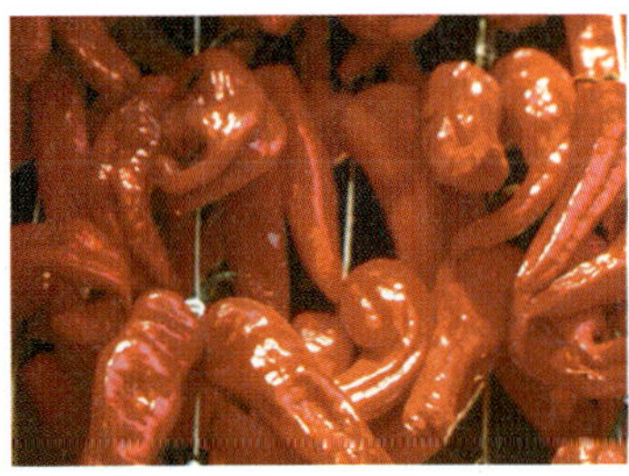
고추.

산딸기.

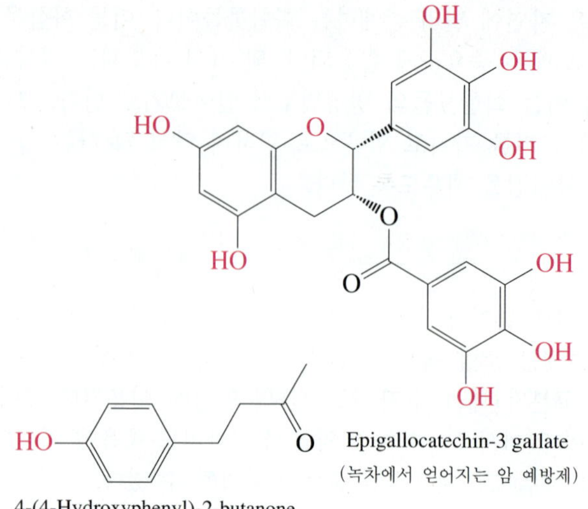

4-(4-Hydroxyphenyl)-2-butanone
(산딸기의 풍미)

Epigallocatechin-3 gallate
(녹차에서 얻어지는 암 예방제)

녹차.

페놀은 예상과는 달리 산성이다

페놀은 8 ~ 10 정도의 pK_a값을 가진다. 페놀 계열은 카복실산(pK_a = 3 ~ 5) 보다는 약산성이지만 알칸올(pK_a = 16 ~ 18) 보다는 강한 산이다. 그 이유는 공명 혼성에 있으며, **페녹시화 이온(phenoxide ion)** 이라는 짝염기의 음전하는 벤젠 고리 내로 비편재화되어 안정화된다.

Phenol의 산도

pK_a≈10

Phenoxide 이온

페놀의 산도는 공명 혼성이 가능한 치환기에 의해서 크게 영향을 받는다. 예를 들면, 4-나이트로페놀(*p*-나이트로페놀)의 pK_a값은 7.15이다.

pK_a = 7.15

etc.

음전하가
나이트로기로
비편재된다

2-나이트로페놀의 산도(pK_a = 7.22)는 비슷한 반면, 3-나이트로페놀의 pK_a값은 8.39를 가진다. 여러 개의 나이트로기를 가진 페놀은 산도가 증가되어 카복실산 또는 경우에 따라서 무기산 정도의 산도를 가진다. 그러나 전자 주는 치환기들은 반대의 효과를 가져오게 되어 pK_a값을 증가시킨다.

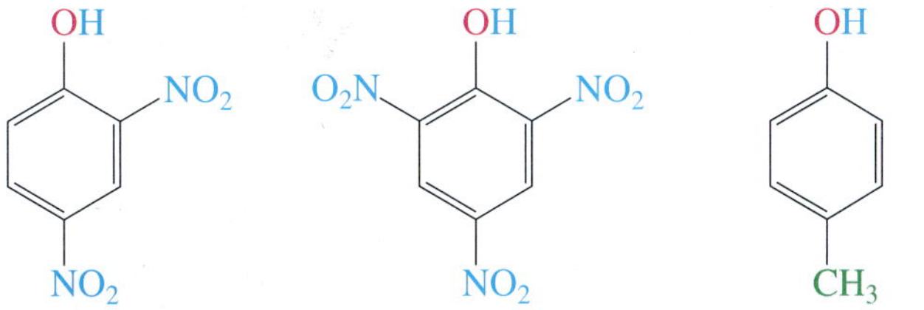

OH, NO_2, NO_2
2,4-Dinitrophenol
$pK_a = 4.09$

OH, O_2N, NO_2, NO_2
2,4,6-Trinitrophenol
(Picric acid)
$pK_a = 0.25$

OH, CH_3
4-Methylphenol
(*p*-Cresol)
$pK_a = 10.26$

페놀과 페놀로부터 만들어진 에터의 산소가 약한 염기성을 나타내며, 에터는 산촉매 조건에서 결합이 분해되는데 이러한 내용은 22-5절에서 배우게 될 것이다.

연습 문제 22-6

3-Nitrophenol (*m*-nitrophenol)이 2- 또는 4-nitrophenol보다 산성이 약하며, 페놀보다는 산성이 강한 이유는 무엇인가?

연습 문제 22-7

다음 화합물을 산도가 증가되는 순서대로 나열하시오. A: phenol, B: 3,4-dimethylphenol, C: 3-hydroxybenzoic (*m*-hydroxybenzoic) acid, D: 4-(fluoromethyl) phenol [*p*-(fluoromethyl) phenol].

요약 페놀은 방향족의 안정화 때문에 엔올형으로 존재한다. 페놀의 이름은 15-1절에서 설명한 방향족 화합물들의 명명법에 따라서 불려진다. 페놀의 고리 위에 카복시기를 가지는 유도체들은 하이드록시벤조산으로 명명한다. 페놀은 그 음이온이 공명 혼성화되어 안정하므로 산성이다.

22-4 페놀의 제조: 친핵성 방향족 치환반응

페놀은 보통의 치환된 벤젠을 합성하는 방법과는 아주 다르게 합성된다. 친전자성 하이드록시기인 HO^+를 생성시키는 시약이 없기 때문에, OH의 직접적인 **친전자성** 첨가는 아주 어렵다. 그 대신에 수산화물인 HO^-에 의해서 벤젠 고리 위의 이탈기가 떨어져 나가는 **친핵성** 치환에 의하여 만들어진다. 이 반응은 할로알케인으로부터 알코올이 만들어지는 반응과 연관지을 수 있지만, 반응 메커니즘은 완전히 다르다. 이 절에서는 이러한 전환이 성공적으로 진행되는 방법을 다루게 된다.

친핵성 방향족 치환반응은 첨가-제거반응 과정을 따라서 진행된다

1-클로로-2,4-다이나이트로벤젠을 수산화물로 처리하면 수산화물 친핵체가 할로젠과 치환하여 해당하는 치환된 페놀을 얻게 된다. 알콕사이드나 암모니아와 같은 다른 친핵체를 사용하면 알콕시아렌이나 방향족 아민 화합물이 얻어진다. 방향족 고리 위에서 수소가 아닌 다른 치환기가 이탈되는 이러한 반응을 **입소 치환반응**(**ipso substitution**, *ipso*, 라틴어로 자체적이라는 의미)이라고 한다. 이 반응에서의 생성물은 유용한 염료 제조의 중간체 물질이다.

화학 이야기 22-1

뉴스 속의 두 가지 페놀: 비스페놀 A와 레스베라트롤

우리들의 주위에서 흔히 노출되어 있는 두 가지 화합물인 비스페놀 A (1007쪽)와 레스베라트롤(1007쪽)에 대한 이야기이다. 비스페놀 A는 생활하는 주변에 널리 사용되는 폴리카보네이트계 플라스틱 물질인 아기 우유병, 일회용 캔, 치과 봉합제, 음식물과 음료수용 용기, 재활용 플라스틱 용기 등의 제조에 이용되는 필수 원료이다. 이 물질은 미국에서만 20억 파운드 이상이 제조되며, 전 세계적으로는 60억 파운드 정도가 만들어진다. 과학적인 자료의 해석으로 이 단위체가 사람에게 위험하다는 판단을 내릴 수 있는 증거를 찾기가 어렵기 때문에, 사람의 건강을 위협한다는 논쟁은 1891년 처음 만들어진 이후부터 지금도 계속되고 있다.

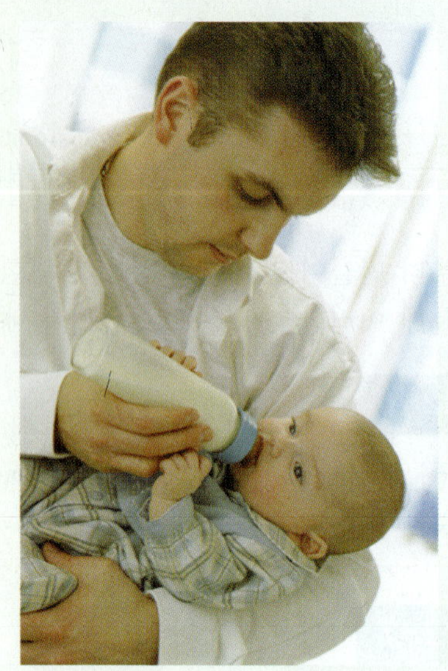

폴리카보네이트 성분의 플라스틱 병을 사용하고 있다.

$$\left[-O-C_6H_4-C(CH_3)_2-C_6H_4-O-C(=O)-O- \right]_n$$

Carbonate 단위체

Bisphenol A 단위체

Polycarbonate계의 플라스틱

문제는 비스페놀 A가 동물의 에스트로젠과 유사한 역할을 한다는 것이다. 이 단위체는 플라스틱을 물에 우려내면 녹아나오며, 특히 전기오븐에서 가열하면 더 많이 녹아나온다. 2003년 수행된 실험에서는 미량인 20 ppb의 비스페놀 A가 성숙되고 있는 쥐의 난자의 염색체 배열에 이상 현상을 일으키는 것이 확인되었다. 이 정도의 양은 사람의 혈액과 소변 속에 함유되어 있다. 수정하기 위해 만들어지는 사람과 쥐의 난자의 형성 과정은 아주 유사하므로, 이 연구는 사람들에게도 해가 된다는 증거로 채택되지는 못하지만, 관련된 이유는 된다. 그리고 어미 쥐를 대상으로 한 또 다른 연구에서는 난자 생성과 성장에 해로운 영향이 없다고 나타났다. 그러나 2008년의 연구 조사에서 포유동물의 태아와 뼈의 생성 시 비스페놀 A에 노출되면 해독에 필요한 간의 효소가 부족하다는 자료가 나타나서 비판이 일어나게 되었으며, 그것으로 인해 어린이들에 해로운 영향을 미친다는 주장이 제기되었다. 이러한 연구 결과의 불일치가 나타나는 이유는 서로 다른 혈통의 동물을 실험하며, 노출되는 양이 다르며, 서로 다른 배경을 가진 에스트로젠 오염원, 투약 처방의 양, 동물의 관리 상황(한 마리인지? 집단인지?) 등이 다르므로 인해 나타난다고 미국 국가 환경 보건 과학 연구소에서 보고하였다. 우리는 단지 생물 활성이 있는 화합물이 아주 적은

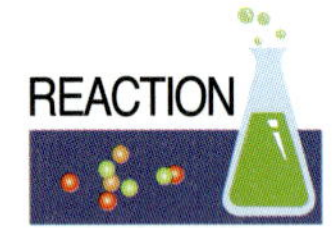

친핵성 방향족 입소 치환반응

$$\text{2,4-}(NO_2)_2C_6H_3Cl + :Nu^- \longrightarrow \text{2,4-}(NO_2)_2C_6H_3Nu + Cl^-$$

입소 위치 (Cl이 결합한 탄소), 전자 끌개 (NO_2)

$$\text{1-Chloro-2,4-dinitrobenzene} \xrightarrow{Na_2CO_3,\ HOH,\ 100°C} \text{2,4-Dinitrophenol (90\%)} + NaCl$$

1-Chloro-2,4-dinitrobenzene

2,4-Dinitrophenol 90%

양(ppm)의 농도로 사용되었을 때 동물에게 몇 퍼센트 정도의 영향을 주며, 영향을 받는 정도가 다르게 나타나는가를 논의하고 있다. 한편 이러한 동물을 대상으로 한 연구가 어느 정도 인간에 대해서도 관련이 있다는 것은 큰 숙제가 되며, 그리고 인간은 발전된 자연적 해독 메커니즘이 있기 때문에 노출된 한계 수치에 이를 때까지 견뎌낸다는 것이다. 2007년과 2008년에 정부유관 기관 두 곳에서 인간의 노출량은 태아기와 어린 시절에 노출된 양과 관련이 있으며, 반대의 효과를 일으키는 수준이라고 발표하였다. 그 결과 미국과 캐나다 의회는 어린이 제품과 Wal-Mart 등에서 판매되는 물질과 장난감에서 비스페놀 A가 포함된 제품들을 점차 판매금지하도록 하였다. 결국에는 산업물질에서 폴리카보네이트를 포함하는 플라스틱을 다른 고분자로 대체하게 하였다.

잠재적으로 인간에게 해로운 효과를 가져오는 주변의 화합물에 대한 문제는, 유익한 효과를 가져오는 화합물과도 관련이 있다. 그 예가 레스베라트롤이다. 이 화합물은 심장, 간의 상태를 조절하는 전통 의약품으로 사용되었으며, 최근에 과학자들은 이 화합물의 생리학적인 성질에 많은 관심을 가지게 되었다. 레스베라트롤은 유칼립투스, 백합, 뽕나무, 땅콩 등에 함유되어 있으며, 특별하게 많은 양이 백포도와 적포도의 껍질에 함유되어 있는데, 무려 1 g당 50 ~ 100 μg이 들어 있다. 레스베라트롤은 곰팡이와 같은 것이 생물체에 침입하는 경우 방어물질이 된다. 포도를 이용하여 포도주를 만들기 때문에 적포도주 1온스당 약 160 μg 가량의 레스베라트롤이 함유된다. 연구에 따르면 정기적으로 적포도주를 마실 경우 관상동맥 질환이 발생되는 것을 줄일 수 있으며, 이는 "French paradox", 즉 프랑스인들이 비교적 높은 지방을 섭취함에도 불구하고, 관상동맥 질환 발생율이 낮은 이유가 된다고 한다. 최근의 연구에 의하면 레스베라트롤은 심혈관에 유익한 효과를 발생시키는 활성 종이라고 추정한다. 예를 들면, 지방의 과산화를 저해하는 산화저해제로서의 역할을 한다든지(22-9절), 동맥경화증이 발생되지 않도록 혈소판의 응집을 저해하는 역할을 한다(화학 이야기 22-2). 또 다른 조사에서 레스베라트롤은 아주 낮은 독성을 가지고 있어서 특정한 암의 개시, 전파, 확산을 지연시키는 역할을 하는 항암제로서의 역할을 하는 것으로 나타났다. 여기서 흥미로운 사실은 레스베라트롤의 발견으로 인해서 특정 효모류, 벌레, 과일나방, 어류의 수명이 현저히 늘어날 수 있다는 것이다. 유사한 맥락으로 고지방 쥐들의 수명이 짧아지는 일도 없어지게 될 것이다. 이렇게 유익한 발견의 영향으로 레스베라트롤은 "병 속에 갇혀 있던 French paradox"를 산업화시키고, 소비를 확산시켰다. 그러나 전문가의 조언도 주의를 기울여야 한다. 예를 들면, 레스베라트롤의 대사에 대사와 간에 어떤 영향을 미치는지? 거의 알려진 바가 없으며, 위에서 언급한 대부분의 효과는 비스페놀 A의 실험 결과와 마찬가지로 생체 외의 실험에서 얻어졌다는 사실이다. 비스페놀 A는 에스트로젠 유사 생리 효과를 가지며, 유방암 세포의 성장을 촉진한다고 알려져 있다. 어떠한 경우든 가끔씩 한 잔의 적포도주를 마시는 것은 건강한 생활을 하도록 하는 계기가 된다.

레스베라트롤은 곰팡이로부터 포도를 보호한다.

$$\text{1-chloro-2,4-dinitrobenzene (Cl, NO}_2\text{, NO}_2) \xrightarrow{:NH_3,\ \Delta} \text{(NH}_2\text{, NO}_2\text{, NO}_2) + NH_4Cl$$

85%

2,4-Dinitrobenzenamine
(2,4-Dinitroaniline)

이러한 전환을 **친핵성 방향족 치환반응(nucleophilic aromatic substitution)**이라고 한다. 이 반응의 성공에 대한 열쇠는 방향족의 고리 위에 이탈기의 위치로부터 오쏘 또는 파라 위치에 하나 이상의 강한 전자 끄는 작용기의 존재이다. 이러한 전자 끄는 작용기는 공명 혼성으로 중간체 음이온을 안정화시킨다. 할로알케인의 S_N2 반응과는 달리 친핵성 방향족 치환반응은 **두 단계 메커니즘, 즉 첨가-제거반응의 연속적인** 메커니즘으로 진행되며, 카복실산 유도체의 치환반응 메커니즘과 유사하게 일어난다(19-7, 20-2절 참조).

친핵성 방향족 치환반응의 메커니즘

MECHANISM

단계 1. 첨가반응(공명 혼성 안정화에 의해서 용이하다)

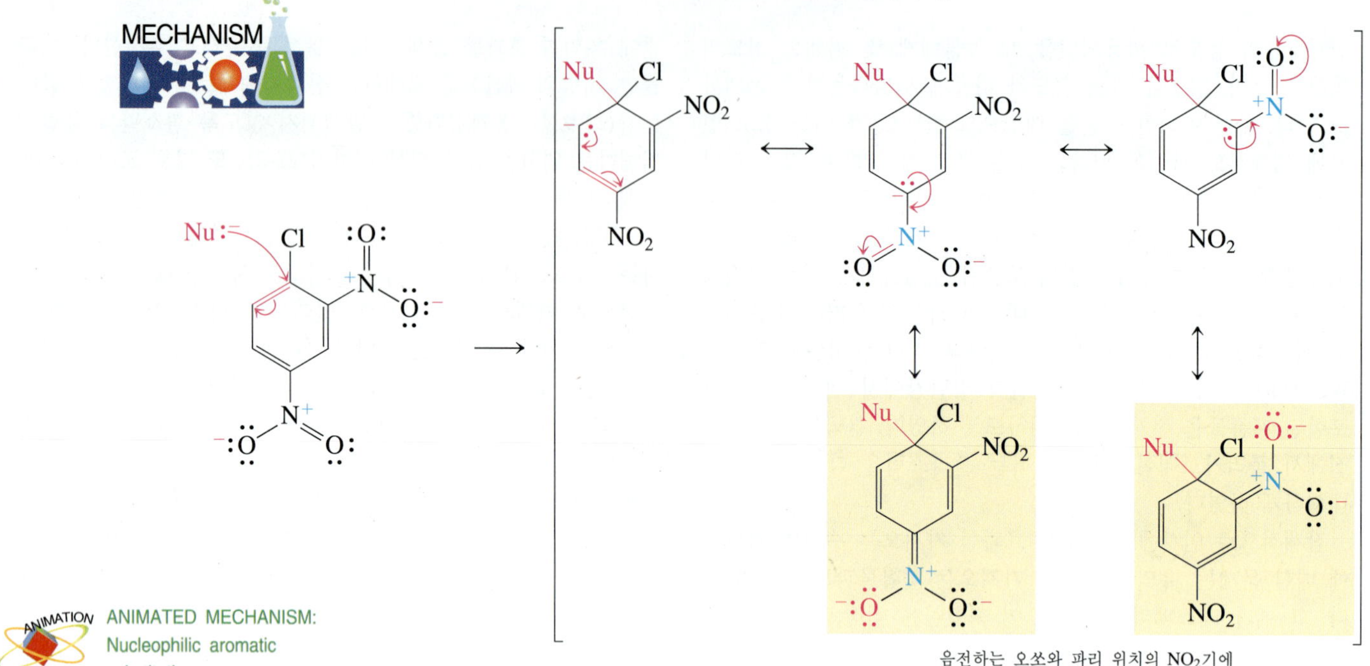

음전하는 오쏘와 파리 위치의 NO_2기에 의하여 아주 안정화된다.

ANIMATED MECHANISM: Nucleophilic aromatic substitution

단계 2. 제거반응(단지 하나의 공명 혼성 구조만 나타내었다)

첫 단계와 속도 결정 단계에서 친핵체에 의한 입소 공격으로 대단히 비편재된 전하를 가지는 음이온이 생성되며, 이 음이온은 위의 그림에 나타낸 것처럼 여러 형태의 공명 혼성 구조를 가지게 된다. 음전하의 안정도는 전자 끄는기의 내부로 비편재된다는 사실을 주지하라. 대조적으로 1-클로로-3,5-다이나이트로벤젠은 그와 같은 비편재화가 **불가능한데** 그 이유는 전자 끄는기가 메타 위치에 있기 때문이다. 그러므로 1-클로로-3,5-다이나이트로벤젠은 비슷한 방법에 의해서 입소 치환반응이 수행되지 않는다.

메타 NO_2기는 음전하를 공명 안정화시키지 못한다

두 번째 단계에서 이탈기가 빠지면서 방향족 고리가 다시 형성된다. 친핵성 치환반응에서 할로아렌의 반응성은 친핵성 시약의 친핵성도가 크고, 고리 위에 전자 끄는기가 있으며, 이들이 특히 오쏘와 파라 위치에 있으면 증가된다.

연습 문제 22-8

1-Chloro-2,4-dinitrobenzene과 $NaOCH_3$를 끓는 CH_3OH 속에서 반응하였을 때 생성물은 무엇인지 적으시오.

연습 문제 22-9

개념 문제: 합성에서 친핵성 방향족 치환반응의 이용

퀴놀론 계열의 항생제인 ofloxacin (25-7절)은 호흡기, 요도, 눈 및 피부의 감염시 치료제로 사용된다. 퀴놀론 계열의 항생제는 페니실린 및 다른 항생물질에 저항하는 박테리아를 궤멸하기 위하여 또 다른 대체물질의 항생제이다. Ofloxacin의 합성 마지막 세 단계를 아래의 그림에 나타냈으며, 마지막 단계는 단지 에스터의 가수분해반응이다(20-4절). 화합물 A로부터 B와 C로 전환하는 두 단계를 메커니즘으로 나타내시오.

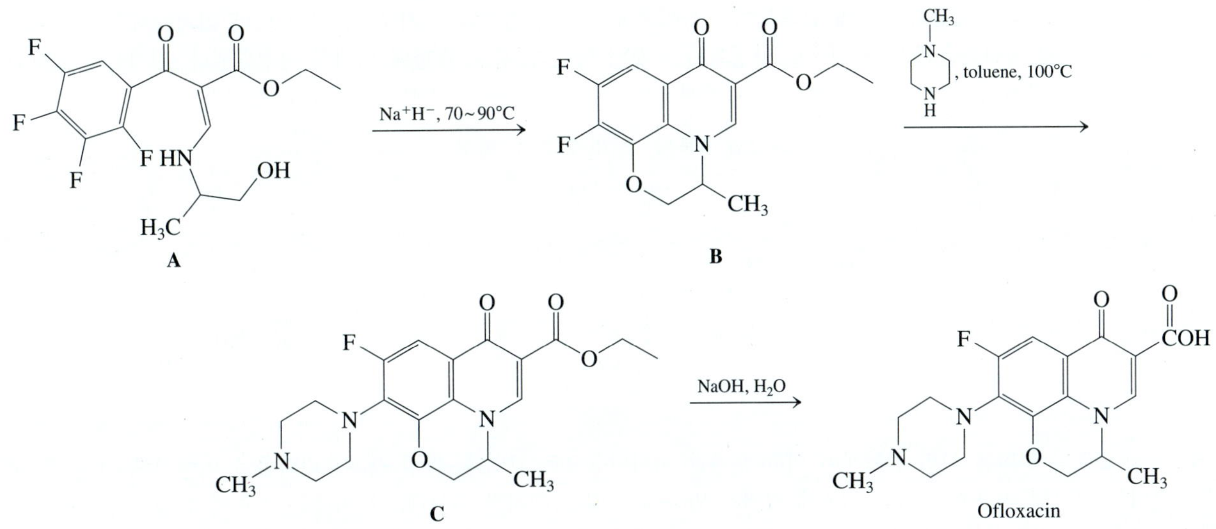

전략

반응 진행에서 나타낸 화합물의 결합 형성과 결합 분해의 변화와 성질에 대한 것을 살펴보면, 화합물 B와 C는 분자내 친핵성 방향족 치환반응과 분자간의 친핵성 방향족 치환반응의 두 단계가 연속적으로 수행된 결과이다. 첫 단계는 고리 닫힘 반응으로서 엔트로피적 및 엔탈피적 측면에서 반드시 우선적인 반응이다(육원자 고리의 형성 반응은 우선적인 반응임. 9-6과 17-7절 참조). 화합물 A의 방향족 고리는 유도 효과로 인해 전자를 끄는 네 개의 플루오린 치환기를 가졌으며, 더불어 공명 혼성에 기초한 전자 끄는 카보닐 작용기를 가졌기 때문에, 친핵성 공격에 대하여 대단히 활성화되어 있다. 메커니즘을 제안하기 위해서 각 단계별 반응을 살펴보자.

풀이

- 화합물 A로부터 B의 전환에는 강염기인 Na^+H^-가 사용되었다. 화합물 A의 산성 위치는 어디인가? 분명히 하이드록시 작용기 ($pK_a \sim 15 \sim 16$, 8-3절, 표 8-2)로서 이곳에 양성자이탈이 일어날 것이다.
- 아미노기의 역할은 무엇인가? 화합물 A의 구조를 자세히 살펴보면 질소는 이중 결합을 경유하여 두 카보닐기에 연결이 된다는 것을 알 수 있다. 그러므로 아미노 작용기는 일반적인 아마이드와 비슷한 방법으로 공명 혼성화되어 안정화된다.

화합물 A의 공명 혼성

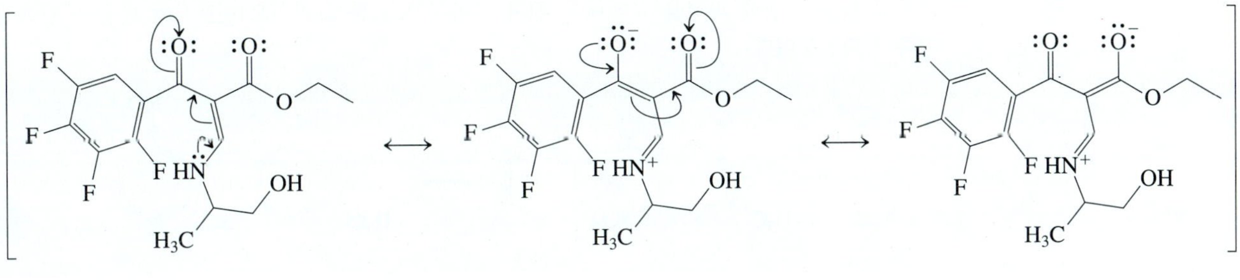

결론적으로 아민은 어느 정도 산성을 띠며, 이 경우 아마이드($pK_a \approx 22$, 20-7절)보다 더 강한 산성이 된다. 그러므로 화합물 A는 벤젠 고리의 공격을 받기 전에 이중으로 양성자이탈이 된다. 비닐과 유사한 아마이드 음이온을 가진 친핵성 방향족 치환반응이 일어나 쉽게 첫 번째 고리를 형성하게 된다. 아래 그림에서는 단지 한 가지 공명 구조, 즉 방향족 위에 친핵성 공격이 일어나 형성된 음이온의 공명 구조(기여 구조)를 나타냈다. 이 구조는 카보닐의 산소 위에 음전하가 비편재되어 있다.

첫 번째 고리 형성

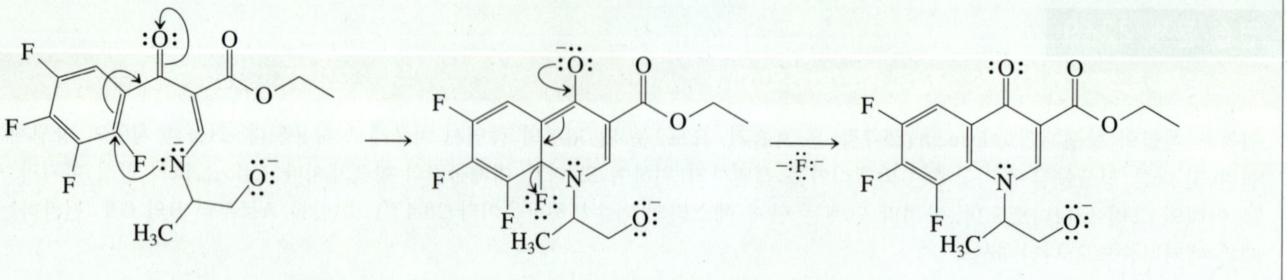

$-:\ddot{F}:^-$

두 번째의 친핵성 치환반응은 예상과는 달리 알콕사이드 음이온에 의해서 진행되며, 카보닐로부터 메타 위치에서 반응이 일어난다. 여기서 생성되는 중간체 음이온은 공명 혼성으로 안정화되는 것이 아니라, 유도 효과에 의해서 안정화된다. 위치선택성은 입체 변형에 의해 조절된다. 알콕시화 음이온은 반응성이 좋은 카보닐의 파라 위치까지는 반응이 "미치지" 못한다.

화합물 B로의 두 번째 고리 형성

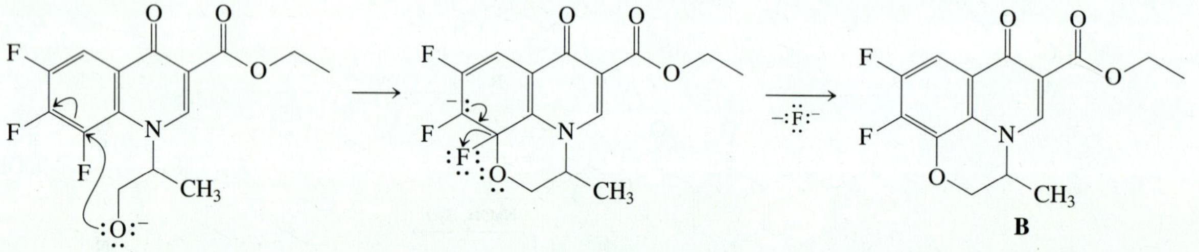

$-:\ddot{F}:^-$

B

화합물 B로부터 C로의 전환은 아민 친핵체에 의한 분자간 치환반응으로 보인다. 활성 플루오린화물을 이탈기로 가진 두 개의 탄소 중에서 하나는 카보닐 작용기의 파라 위치에 있어서 반응성이 있는 위치가 되는데, 그 이유는 반응에서 생성되는 중간체 음이온이 공명 혼성으로 안정화되기 때문이다. 먼저 암모늄염의 형태로 생성물이 형성되고, 염기를 이용하여 반응을 종결하면 염기성을 가지는 화합물 C가 생성된다(화학 이야기 21-2).

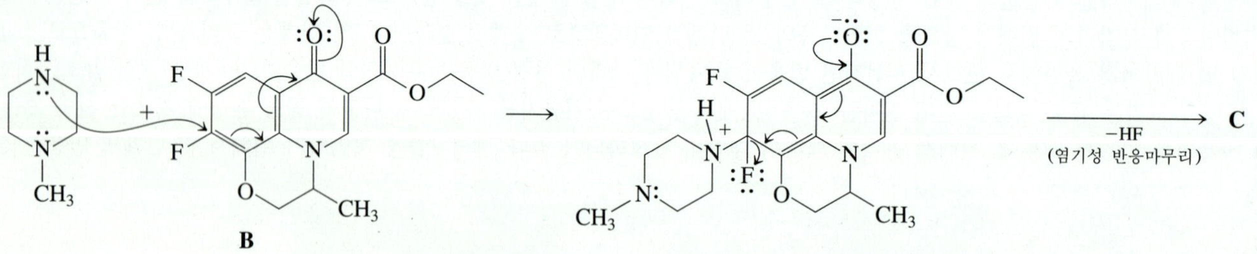

B

$-HF$ (염기성 반응마무리) C

연습 문제 22-10

자습 문제

다음 반응의 전환에서 일어나는 메커니즘을 제안하시오. 첫 단계가 반응 속도 결정 단계라고 생각하고 반응의 진행 과정을 나타내는 위치 에너지 도표를 그리시오(**힌트**: 이 반응은 친핵성 방향족 치환반응이다).

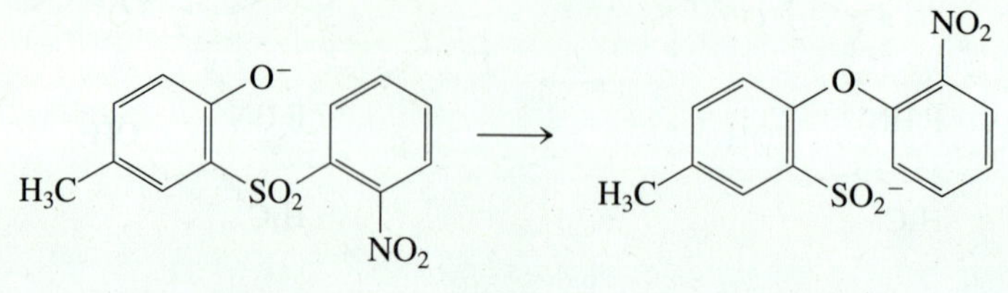

O^-, H_3C, SO_2, NO_2 → NO_2, O, H_3C, SO_2^-

할로아렌은 벤자인 중간체를 경유하여 반응한다

전자 끄는 치환기가 없는 할로아렌은 간단한 입소 치환반응을 수행하지 않는다. 그러나 할로아렌을 높은 온도에서 강염기인 친핵체와 반응시키면 할로젠이 친핵체에 의해서 치환된 생성물이 얻어진다. 예를 들면, 할로아렌을 뜨거운 수산화 소듐으로 처리하고, 중성 조건으로 반응을 종결하면 클로로벤젠으로부터 페놀이 생성된다.

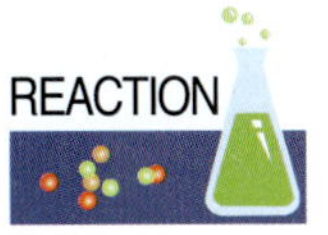

Chlorobenzene (Cl) —— 1. NaOH, H_2O, 340°C, 150 atm; 2. H^+, H_2O ——→ Phenol (OH) + NaCl

비슷한 방법으로 클로로벤젠을 아마이드화 포타슘으로 처리하면 벤젠아민(아닐린)이 생성된다.

(Cl) —— 1. KNH_2, 액체 NH_3; 2. H^+, H_2O ——→ Benzenamine (Aniline) (NH_2) + KCl

이러한 치환반응은 이 절의 앞에서 언급한 친핵성 방향족 입소 치환반응의 형식과 유사한 반응 메커니즘을 따라서 진행될 것으로 예측하게 한다. 그러나 클로로벤젠과 아마이드화 포타슘과의 반응에서 동위원소로 처리된 클로로벤젠을 이용(C1 위치에 ^{14}C이 있음)하여 반응을 수행하면 아주 흥미로운 생성물이 얻어진다. 얻어진 생성물의 반은 동위원소 처리된 탄소 위치에 치환기가 있으며, 나머지 반은 치환되는 아미노기가 동위원소 처리된 탄소의 **이웃에** 위치한다.

Chlorobenzene-1-^{14}C (^{14}C label, Cl) —— KNH_2, 액체 NH_3; $-KCl$ ——→ Benzenamine-1-^{14}C (NH_2) 50% + Benzenamine-2-^{14}C (NH_2) 50%

이러한 반응에서 예측되는 메커니즘은 직접적인 치환반응이 아닌 것으로 여겨진다. 그러면 이러한 의문에 대한 답은 무엇일까? 그 열쇠는 들어오는 친핵체가 **오직** 입소 위치 또는 이탈기에 대하여 오쏘 위치에만 결합한다는 것이다. 이러한 관찰은 염기에 의해서 벤젠 고리로부터 HX가 제거된다는 사실에 의해서 설명을 할 수 있다. 할로알켄의 할로젠화수소이탈반응으로 알카인이 생성된다는 것을 상기해 보라(13-4절). 이러한 반응의 경우 제거반응은 동시 과정이 아니라 순차적으로 일어나며, 양성자이탈반응 과정이 이탈기를 떨어져 나가게 한다(메커니즘에서 나타낸 단계 1). 단계 1의 두 과정은 모두 어려운 과정이며, 특히 두 번째가 첫 번째보다 더 어렵다. 왜 그럴까? 최초로 형성되는 음이온과 관련지어 C_{sp^2}—H의 산도가 아주 낮다($pK_a \approx 44$)는 것을 고려해 보면(11-3절), 페닐의 수소도 거의 같은 정도일 것이라고 판단하면 된다. 페닐 음이온의 음전하는 π계에 수직인 sp^2 오비탈 내에 위치하므로, 육원자 고리 내의 이중 결합과 공명 혼성을 이룰 수 없기 때문에, 이웃하는 벤젠의 π계도 도움이 되지 못한다. 따라서 할로아렌의 양성자이탈반응은 강염기를 필요로 한다. 할로젠이 전자 끄는 유도 효과에 의하여 오쏘의 위치가 다른 위치보다 산성화되므로, 할로젠의 오쏘 위치의 수소가 탈취된다.

비록 수소의 양성자이탈반응이 쉽지는 않지만, 단계 1의 두 번째 과정인 X^-의 제거 과정은 생성물로 얻어지는 반응성이 큰 화학종인 **1,2-탈수소벤젠(1,2-dehydrobenzene)** 또는 **벤자인(benzyne)**이라고 하는 화합물이 구조적으로 아주 큰 변형을 가지는 물질이므로 더욱 어렵다.

간단한 할로아렌의 친핵성 치환반응에 대한 메커니즘

단계 1. 단계별 제거반응

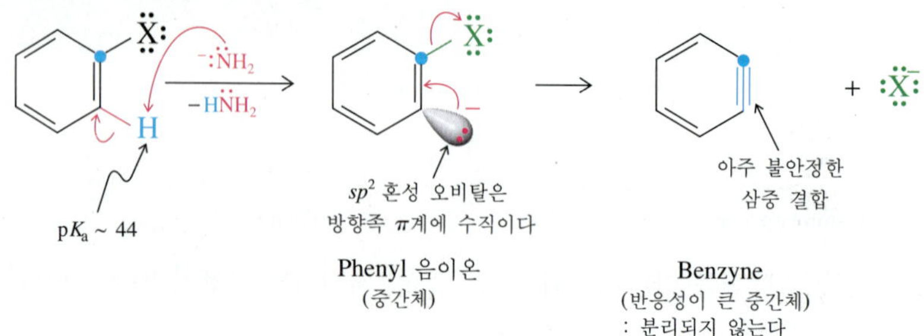

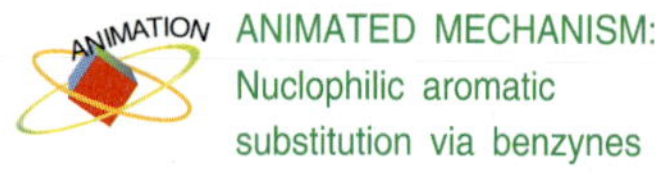

ANIMATED MECHANISM: Nuclophilic aromatic substitution via benzynes

단계 2. 두 탄소에서 일어나는 첨가반응

왜 벤자인은 큰 변형(strain)을 가지는가? 알카인은 선형 구조를 가지며, 그 결과 탄소의 *sp* 혼성화는 삼중 결합을 형성한다는 사실을 상기하라(13-2절). 벤자인의 고리 구조 때문에 삼중 결합은 억지로 구부러져야 하며, 벤자인은 예상 밖의 높은 반응성을 가진다. 그러므로 벤자인은 이러한 조건 속에서 반응성이 큰 중간체로서만 존재하며, 친핵체가 있으면 빠르게 반응하게 된다. 예를 들면(단계 2), 아마이드 이온이나 또는 암모니아 용매도 첨가반응을 하여 벤젠아민(아닐린)을 생성한다. 벤자인에서 삼중 결합의 양쪽 끝은 동일한 조건이므로 두 탄소 모두에서 일어날 수 있으며, ^{14}C 동위원소 처리된 클로로벤젠으로부터 얻어지는 두 벤젠아민에서 동위원소 처리된 위치가 각각 반씩 분포된다.

벤자인은 반응성이 너무 커서 분리가 불가능하며 반응 용기 속에 보관되지만, 특별한 조건 아래에서만 분광학적으로 관찰이 가능하다. 얼어 있는 아르곤(m.p. = −189°C)으로 77 K (−196°C)의 벤조사이클로뷰텐다이온을 광분해시키면 한 가지 화학종이 생성되는데, 이 화합물은 IR과 UV 스펙트럼에서 두 분자의 CO를 방출하고, 형성되는 벤자인임을 확인할 수 있었다.

반응성이 좋은 중간체 benzyne의 생성

$h\nu$, 77 K → + 2 CO

Benzocyclobutene-1,2-dione

비록 벤자인이 사이클로알카인(그림 22-4A)으로서 표현되기는 하지만, 삼중 결합에 대하여 IR 신축 진동수 1846 cm^{-1}에서 흡수 봉우리를 보이는데, 이 값은 보통의 이중 결합 신축 진동수(사이클로헥센, 1652 cm^{-1})와 삼중 결합 신축 진동수(3-헥사인, 2207 cm^{-1})의 중간값이다. 이들 탄소에 대한 ^{13}C NMR의 값(δ = 182.7 ppm)은 전형적인 순수한 삼중 결합(13-3절)의 값을 나타내는데, 이것은 축적된 삼중 결합(14-5절)의 공명 혼성(그림 22-4B)이 기여하고 있음을 나타내는 것이다. 이 결합은 고리의 평면에서 약한 *p* 오비탈의 겹침을 하고 있으므로

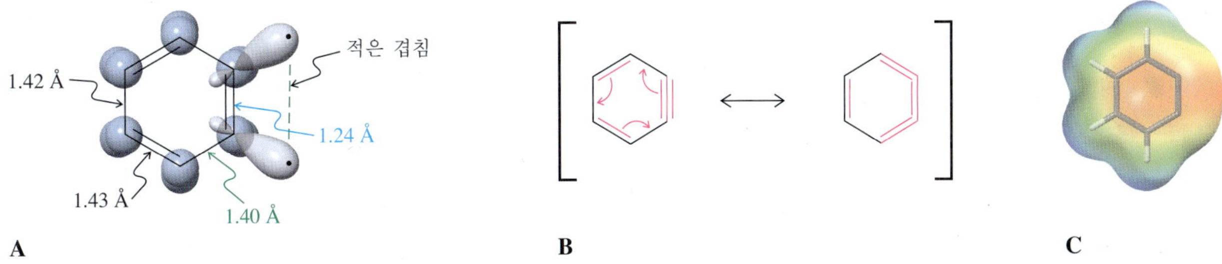

그림 22-4 (A) Benzyne의 오비탈 그림에서 여섯 개의 방향족 π 전자들이 일그러진 삼중 결합을 만들고 있는 두 개의 부가적이 혼성 오비탈에 수직으로 형성되어 있음을 나타내고 있다. 수직으로 형성된 오비탈의 겹침은 아주 적으며, 그러므로 benzyne은 반응성이 크다. (B) Benzyne의 공명 혼성. (C) Benzyne의 정전기 퍼텐셜 지도에서 육원자 고리의 평면 내에서 *sp* 혼성화된 탄소 위치에서의 전자 밀도가 붉은색으로 나타나고 있다.

상당히 약하다.

연습 문제 22-11

1-Chloro-4-methylbenzene (*p*-chlorotoluene) 은 뜨거운 NaOH와 직접 반응시켜 4-methylphenol (*p*-cresol) 을 제조하는 출발물로는 적당하지 못하다. 왜냐하면 두 가지 생성물이 얻어지기 때문이다. 왜 그러한 반응이 일어나는지를 설명하고, 생성물의 구조를 적으시오.

연습 문제 22-12

다음 반응에서 관찰되는 위치선택성을 설명하시오 (**힌트**: 중간체 benzyne에 아마이드 이온이 공격할 때 메톡시기의 효과를 고려하라).

Br, OCH_3 —(KNH_2, 액체 NH_3 / $-KBr$)→ H_2N, OCH_3 (주) + NH_2, OCH_3 (부)

페놀은 아렌다이아조늄염으로부터 생성된다

실험실에서 페놀을 만드는 가장 일반적인 방법은 **아렌다이아조늄염 (arenediazonium salt)** 인 $ArN_2{}^+X^-$를 거치는 과정이다. 일차의 알칸아민은 *N*-나이트로소화되지만 불안정하기 때문에 재배열을 하여 다이아조늄 이온으로 만들어지며, 다이아조늄 이온은 질소를 잃고 탄소양이온을 생성한다 (21-10절). 그러나 일차의 벤젠아민 (아닐린) 은 차가운 질산과 반응하면 **다이아조화반응 (diazotization)** 을 수행하여 비교적 안정한 아렌다이아조늄염을 생성한다. 알케인다이아조늄과 비교할 때 아렌다이아조늄은 공명 안정화되어 있으므로 N_2를 즉각 잃어버리지 않으며 높은 에너지 상태의 **아릴 양이온 (aryl cation**, 22-10절에 자세한 내용 소개) 이 생성된다.

다이아조화반응

NH_2, R —($NaNO_2$, H^+, H_2O, 0°C)→ $N^+ \equiv N$:, R

Arenediazonium 이온

아렌다이아조늄 이온을 물속에서 천천히 가열하거나, 0°C에서 Cu^{2+} 수용액으로 처리하면 질소가 이탈되고, 그 결과 아릴 양이온을 거쳐 재빨리 페놀이 생성된다.

수용액 중에서 arenediazonium 염의 분해로 phenol 생성

Δ 또는 Cu_2O, $Cu(NO_3)_2$, 0°C, $-N_2$; HOH, $-H^+$

Aryl 양이온

이들 반응에서 성공적으로 "우수한" 이탈기인 N_2가 이탈되려면 매우 전자가 부족한 벤젠 핵에 할로젠이 결합되어 있거나(친핵성 방향족 치환반응) 또는 수산화물에 의한 치환은 특별한 조건(벤자인 중간체 경유)이 있어야 한다. 세 가지 반응의 메커니즘은 완전히 다르다. 친핵성 방향족 치환반응에서는 친핵체가 먼저 이탈기를 이탈시키기 위해서 공격한다. 벤자인의 메커니즘에서 친핵체는 처음에 염기로서 작용하며, 이탈기가 이탈한 다음 변형(strain)이 커진 삼중 결합에서 친핵성 공격이 일어난다. 아렌다이아조늄 이온의 분해 시 이탈기가 먼저 이탈되고 물이 도입된다.

이러한 방법에 의한 페놀 합성은 친전자성 방향족 치환반응(15 ~ 16장)으로 나이트로아렌을 얻고, 환원에 의해서 아렌아민이 얻어지면 이용될 수 있다. 따라서 역합성적으로는(8-9절) 벤젠 고리 위에 하이드록시기가 어디에 있던지 무관하게 친전자성 나이트로화반응으로부터 도입된다.

아렌과 phenol의 역합성적 관계

주개 활성화된 또는 할로젠이 있는 아렌

반개 활성화된 아렌

두 가지 예를 아래에 나타내었다.

HNO_3, H_2SO_4, 20°C; H_2, Ni; $NaNO_2$, HCl, H_2O, 0°C; Cu_2O, $Cu(NO_3)_2$, H_2O, 0°C

70% (결정화로 오쏘 이성질체와 분리됨) · 98% · 80% · 87%

4-Bromophenol (*p*-Bromophenol)

$\xrightarrow{HNO_3, H_2SO_4}$ 70% $\xrightarrow{CH_3COOH, Fe}$ 85% $\xrightarrow{NaNO_2, H_2SO_4, H_2O, 0°C}$ $N_2^+ HSO_4^-$ $\xrightarrow{80°C}$ 82%

1-(3-Hydroxyphenyl)ethanone
(*m*-Hydoxyacetophenone)

연습 문제 22-13

ortho-Benzenediazoniumcarboxylate A (2-aminobenzoic acid의 다이아조화반응으로 만들어짐. 문제 20-59)는 폭발성이 있다. *trans*, *trans*-2,4-Hexadiene 용액 속에서 A를 가열하면 화합물 B가 얻어진다. 메커니즘을 설명하시오(**힌트**: 두 가지의 다른 생성물이 형성되며, 이들은 모두 기체이다).

A → B

연습 문제 22-14

Benzene으로부터 4-(phenylmethyl) phenol (*p*-benzylphenol)의 합성을 제안하시오(주: Friedel-Crafts 반응은 치환된 아렌은 일어나지 않는다).

페놀은 Pd 촉매에 의한 할로아렌으로 만들 수 있다

일반적인 할로벤젠은 수산화물과는 반응하지 않지만, Pd 촉매가 존재하고 PR_3가 있으면 친핵성 치환반응이 일어난다.

Pd 촉매를 이용한 할로아렌으로부터 phenol의 합성

X → OH ($\xrightarrow{KOH, Pd 촉매, PR_3, 100°C}$)

이러한 반응은 일반적으로 치환된 벤젠으로부터 하이드록시 벤젠을 얻는 방법으로서 앞서 설명한 다이아조늄 방법과 동일한 생성물을 얻는다.

$\xrightarrow{KOH, Pd 촉매, PR_3, 100°C}$ 90%
4-Methoxyphenol
(*p*-Methoxyphenol)

$\xrightarrow{KOH, Pd 촉매, PR_3, 100°C}$ 98%
1-(3-Hydroxyphenyl)ethanone
(*m*-Hydoxyacetophenone)

반응의 메커니즘은 Heck 반응과 다른 Pd 촉매를 이용한 반응과 유사하다(13-9절, 화학 이야기 13-1). 아래에 간략하게 방법을 나타내었다. 할로젠화 아릴 결합에 금속이 삽입되고, 할로젠화물은 수산화물에 의해 교환되며, 촉매의 재생성으로 최종 생성물이 얻어진다.

Pd 촉매를 이용한 할로아렌으로부터 phenol의 합성 메커니즘

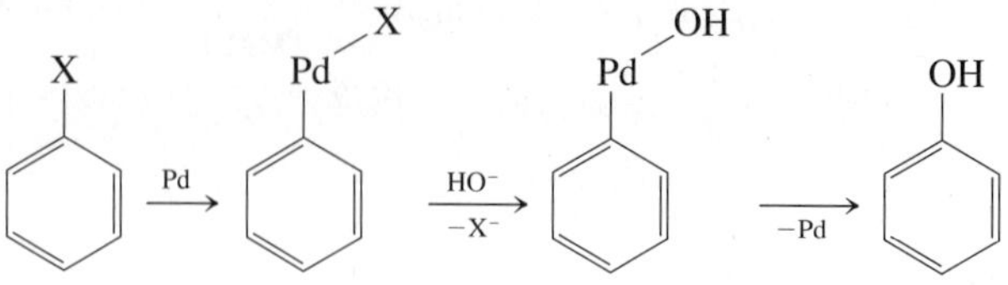
X
Pd
X
Pd
OH
Pd
OH
Pd
HO^-
$-X^-$
$-Pd$

유사한 치환반응을 알콕사이드와 아민이 수행하게 되면 페놀 에터를 얻을 수 있으며, 암모니아와 반응하면 벤젠아민을 얻는다.

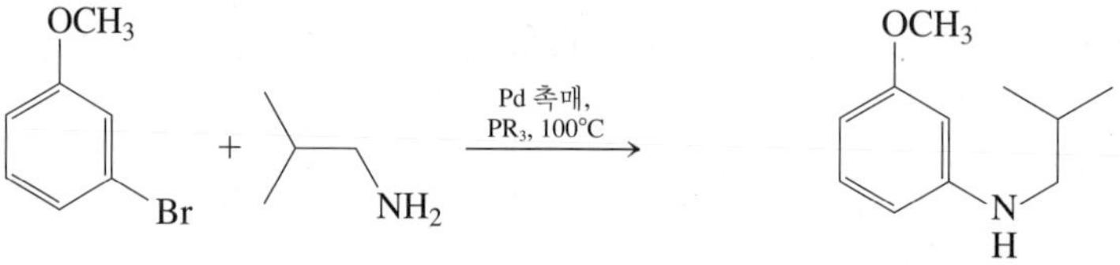
OCH_3
Br
NH_2
Pd 촉매,
PR_3, 100°C
OCH_3
N
H

98%

3-Methoxy-*N*-(2-methylpropyl)benzenamine
3-Methoxy-*N*-(2-methylpropyl)aniline

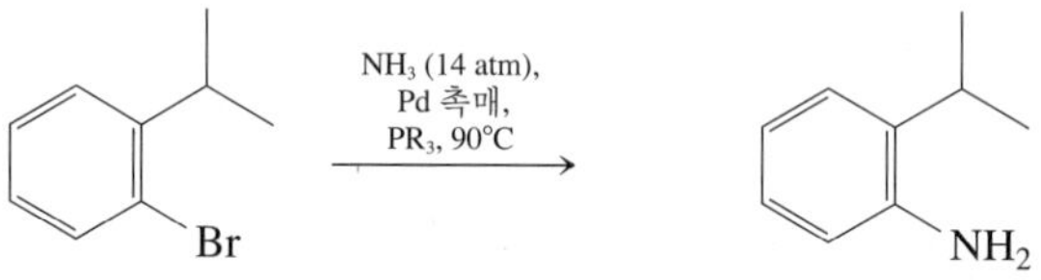
Br
NH_3 (14 atm),
Pd 촉매,
PR_3, 90°C
NH_2

89%

2-(1-Methylethyl)benzenamine
(*o*-Isopropylaniline)

지금까지 언급한 방법들이 특별히 치환된 페놀을 얻을 수 있는 가치 있는 방법이긴 하지만, 어미 화합물은 (1-메틸에틸)-벤젠(아이소프로필벤젠 또는 cumene: 연습 문제 15-27 참조)을 공기 중에서 산화시켜 벤질자리 과산화수소(benzylic hydroperoxide)로 만들고, 그 다음 산으로 처리하여 얻는다(왼쪽 여백 그림 참조). "부산물"인 아세톤은 그 자체로 중요한 화합물이므로 이 과정은 가격적으로 아주 효과적인 반응이 되며, 산화제로서 공기를 쓰므로 친환경적인 반응이 된다.

"녹색" 산업을 이용한 phenol 합성법

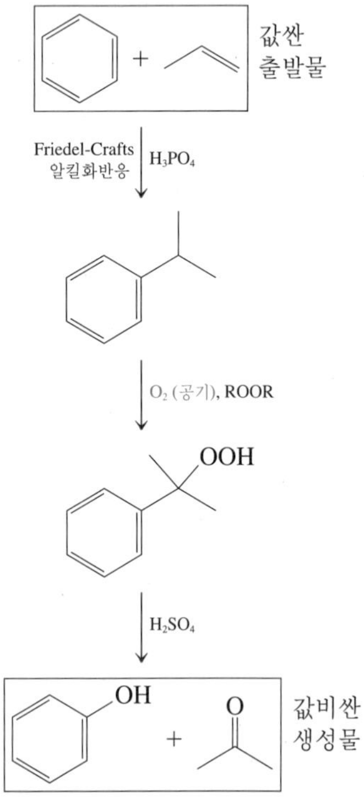
값싼
출발물
Friedel-Crafts
알킬화반응
H_3PO_4
O_2 (공기), ROOR
OOH
H_2SO_4
OH
O
값비싼
생성물

연습 문제 22-15

주어진 출발물로부터 다음의 phenol을 합성하는 방법을 제시하시오(15장, 16장 참조).

(a) 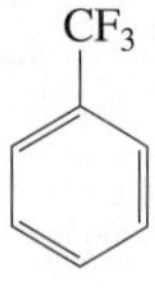
CF_3
로부터 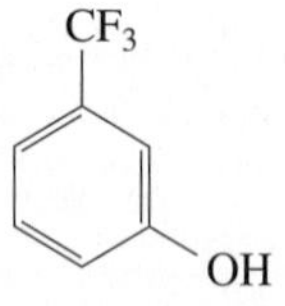
CF_3
OH

(b) 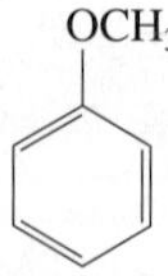
OCH_3
로부터 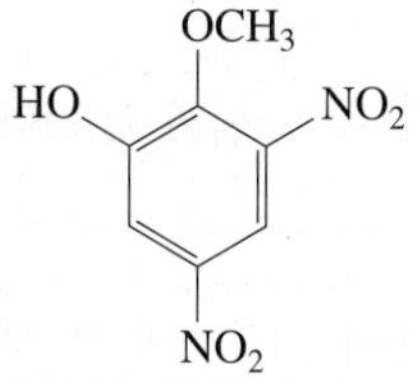
OCH_3
HO
NO_2
NO_2

(e) 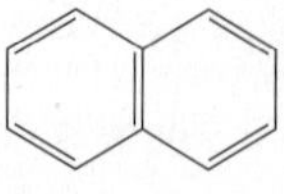
로부터 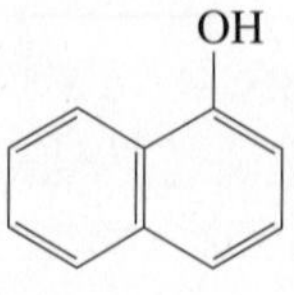
OH

요약 벤젠 고리가 충분히 강한 전자 끄는 치환기를 가지고 있으면 친핵성 첨가반응에서 비편재된 중간체 음이온을 만들며, 그 다음 이탈기가 제거되는(친핵성 방향족 입소 치환반응) 반응이 진행된다. 이때 친핵체가 수산화 이온이면 페놀이, 암모니아이면 아렌아민(아닐린), 알콕사이드이면 알콕시아렌이 만들어진다. 할로아렌으로부터 HX를 제거할 수 있는 강염기가 있으면 반응성이 큰 중간체 벤자인이 만들어지며, 여기에 친핵체를 첨가하면 치환된 생성물이 얻어진다. 아렌다이아조늄염에 물을 가하면 아렌다이아조늄염이 Cu^{2+} 촉매에 분해되면서 페놀이 만들어진다. 할로아렌의 Pd 촉매 수산화반응에서도 페놀이 얻어진다.

22-5 페놀의 알코올 화학

페놀의 하이드록시 작용기는 양성자첨가반응, Williamson 에터 합성, 에스터화반응과 같이 알코올이 수행하는 여러 가지 반응(9장)을 수행한다.

페놀에 있는 산소는 단지 약한 염기성이다

페놀은 산성일 뿐만 아니라 약한 염기성이기도 하다. 페놀과 페놀의 에터는 강산에 의하여 양성자첨가가 가능하며, 해당하는 **페닐옥소늄 이온(phenyloxonium ion)**을 생성한다. 그러므로 알칸올과 같이 하이드록시 작용기는 양쪽성을 가지게 된다(8-3절). 그러나 페놀의 염기도는 산소 위에 있는 고립 전자쌍이 벤젠 고리와 비편재되므로 알칸올의 염기도보다 낮다(16-1과 16-3절). 페닐옥소늄 이온의 pK_a값은 알킬옥소늄 이온보다 더 낮다.

Methyl과 phenyloxonium 이온의 pK_a값

$$CH_3\overset{+}{O}H_2 \rightleftharpoons CH_3OH + H^+ \qquad pK_a = -2.2$$

$$C_6H_5\overset{+}{O}H_2 \rightleftharpoons C_6H_5OH + H^+ \qquad pK_a = -6.7$$

알코올로부터 만들어진 이차나 삼차의 알킬옥소늄 이온과는 달리 페닐옥소늄 유도체는 너무 높은 에너지 양을 가지므로, 페닐 양이온으로 해리되지 않는다(22-10절 참조). 페놀에서 페닐과 산소 사이의 결합은 끊기가 매우 어렵다. 그러나 알콕시벤젠의 양성자첨가반응 이후에는, **알킬**기와 산소 사이의 결합은 Br^- 또는 I^-(HBr이나 HI로부터)와 같은 친핵체의 존재 속에서 쉽게 분해되어 페놀과 해당하는 할로알케인이 생성된다.

3-Methoxybenzoic acid (*m*-Methoxybenzoic acid) $\xrightarrow{HBr,\ \Delta}$ 3-Hydroxybenzoic acid (*m*-Hydroxybenzoic acid) 90% + CH_3Br

연습 문제 22-16

Alkoxybenzene이 산에 의하여 분해되어 halobenzene과 alkanol로 되지 않는 이유는 무엇인가?

알콕시벤젠은 Williamson 에터 합성에 의하여 제조된다

Williamson 에터 합성(9-6절)에 의하여 여러 가지 알콕시벤젠을 쉽게 합성할 수 있다. 페녹시화 이온은 페놀의 양성자이탈반응(22-3절)으로 얻어지며, 좋은 친핵체이다. 페녹시화 이온은 할로알케인과 알킬 설포네이트의 이탈기와 치환된다.

$$\text{3-Chlorophenol} + CH_3CH_2CH_2Br \xrightarrow[-NaBr,\ -HOH]{NaOH,\ H_2O} \text{1-Chloro-3-propoxybenzene (63\%)}$$

3-Chlorophenol
(*m*-Chlorophenol)

$OCH_2CH_2CH_3$, Cl

63%

1-Chloro-3-propoxybenzene
(*m*-Chlorophenyl propyl ether)

에스터화반응으로 페닐 알카노에이트를 만든다

카복실산과 페놀의 반응(19-9절)으로 페닐 에스터를 만드는 반응은 흡열반응이다. 그러므로 에스터를 얻기 위해서는 활성화된 카복실산 유도체인 산 할로젠화물이나 무수물이 필요하다.

$$\text{4-Methylphenol} + CH_3CH_2\overset{O}{\overset{\|}{C}}Cl \xrightarrow[-NaCl,\ -HOH]{NaOH,\ H_2O} \text{4-Methylphenyl propanoate}$$

4-Methylphenol
(*p*-Cresol)

Propanoyl chloride

$O\overset{O}{\overset{\|}{C}}CH_2CH_3$, CH_3

4-Methylphenyl propanoate
(*p*-Methylphenyl propanoate)

연습 문제 22-17

Acetaminophen(화학 이야기 22-2)의 합성에서 에스터보다는 아마이드를 형성한 이유를 설명하시오(**힌트**: 6-8절 참조).

요약 페놀과 알콕시벤젠의 산소는 비록 알칸올과 알콕시알케인에 있는 산소보다 염기성이 작지만, 양성자첨가는 가능하다. 양성자첨가된 페놀과 그들의 유도체는 페닐 양이온으로 이온화되지 않지만, 에터는 HX에 의하여 분해되어 페놀과 할로알케인이 된다. 알콕시벤젠은 Williamson 에터 합성으로 만들어지며, 아릴 알카노에이트는 아실화반응으로 만들어진다.

22-6 페놀의 친전자성 치환반응

페놀의 방향족 고리는 반응의 중심이다. 고리와 OH 작용기 사이의 상호작용은 친전자성 치환반응(16-1과 16-3절)에 대하여 오쏘와 파라 위치를 강력하게 활성화시킨다. 예를 들면, 낮은 농도의 질산에 의해서도 나이트로화반응이 일어나게 한다.

화학 이야기 22-2

아스피린: 페닐알카노에이트 화합물의 의약품

2-Hydroxybenzoic acid (*o*-Hydroxybenzoic acid, salicylic acid) $\xrightarrow[-CH_3COOH]{CH_3COCCH_3,\ H^+,\ \Delta}$ 2-Acetyloxybenzoic acid (*o*-Acetoxybenzoic acid, acetylsalicylic acid, aspirin)

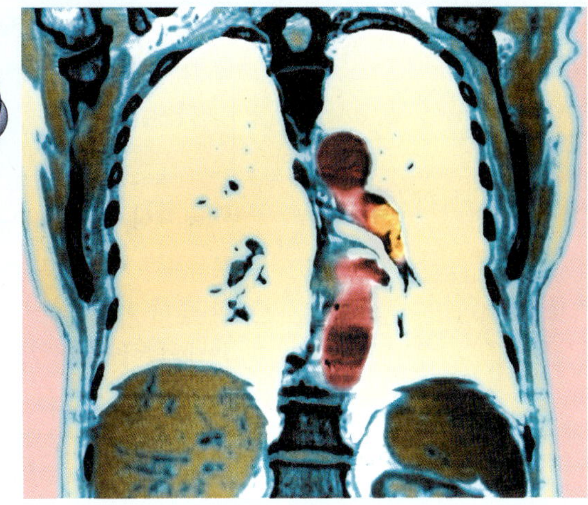

아스피린은 동맥 내에서 혈전의 형성을 최소화함으로써 심장마비를 예방한다. 사진은 환자의 왼쪽 주요 폐동맥 속의 혈전(오랜지색)을 보여주고 있다.

1997년은 **아스피린**(*aspirin*, 19-13절 참조)으로 널리 알려진 화합물인 2-하이드록시벤조산(살리실산), 이름하여 2-아세틸옥시벤조산(아세틸살리실산)의 합성 100주년을 맞이하는 해였다. 아스피린은 1899년 시장에 팔리기 전부터 치료용으로 사용되었던 첫 약품이었다. 아스피린은 해열제로서, 통풍 제거제로서, 관절염 치료제로서 그리고 두통과 류마티스 치료제로서 무려 일천억 개 이상의 알약이 처방되었다. 한 해 동안 미국에서 생성되는 양만 해도 일만 톤에 달한다.

살리실산(아스피린의 "a"는 아세틸을 뜻하므로, 스피릭산으로 부르기도 한다)은 기원전에 버드나무와 톱니꼬리조팝나무로부터 추출되어, 통증과 열과 부종 등의 증상에 사용되었다. 살리실산은 1829년 순수한 화합물로 분리되어 실험실에서 합성되었으며, 진통제, 해열제, 항염증성 약품으로 규정되어 마침내 19세기에는 대량생산을 하게 되었다. 살리실산은 쓴맛이 있으며, 구강을 자극하고, 위장출혈을 유발하는 부작용이 있어서 신속하게 유도체화가 시도되었으며, 그 결과 아스피린이 만들어지게 되었다.

몸속에서 살리실산의 전구체로서의 아스피린의 기능은 고리산소화효소(cyclooxygenase)를 비가역적으로 저해한다. 고리산소화효소는 염증을 일으키고, 고통을 유발하는 분자인 프로스타글란딘(화학 이야기 11-1과 19-13절 참조)을 생성하도록 한다. 그리고 프로스타글란딘의 한 종류인 트롬복세인 A_2는 상처가 났을 때 피를 멈추게 하는데, 필요한 혈소판을 응집시킨다. 아무튼 이와 같은 과정은 동맥의 내부에는 바람직한 것이 아니며, 피가 응긴 위치에 따라서 심장병을 유발하거나, 뇌에 손상을 가하게 된다. 실제 1980년대에 이루어진 많은 연구들 중에서 아스피린이 남자들의 심장병을 약 50% 정도 줄일 수 있으며, 실제 심장병이 발병되었을 경우에도 사망률을 23% 정도 낮추는 것으로 나타났다.

임신과 관련된 복합적인 치료, 에이즈 환자의 바이러스 염증, 치매, 알츠하이머 질병 및 암과 같은 질병을 치료하기 위하여, 아스피린을 이용한 여러 가지 다른 많은 연구들이 수행되고 있다. 아스피린의 인기가 대단함에도 몇 가지 심각한 부작용은 있다. 아스피린은 간에 독성이 있으며, 호흡을 늦추며, 위의 자극을 유발시킨다. 그리고 치명적인 두뇌의 손상을 가져오게 하는 Reye의 징후를 유발하는 것으로 추측되고 있다. 이와 같은 몇 가지 약점 때문에 아스피린은 다른 약물들과 경쟁을 하고 있으며, 특히 나프록센, 이부프로펜, 아세트아미노펜(16장의 시작 부분 참조) 등과 같은 진통제에서 더 경쟁이 심하다. 아세트아미노펜은 타이레놀로 잘 알려져, 있으며 4-아미노페놀의 아세틸화 반응으로 만들어진다.

4-Aminophenol (*p*-Aminophenol) $\xrightarrow[-CH_3COOH]{CH_3COCCH_3,\ CH_3COOH}$ *N*-(4-Hydroxyphenyl)acetamide [*N*-(*p*-Hydroxyphenyl)acetamide, acetaminophen, Tylenol]

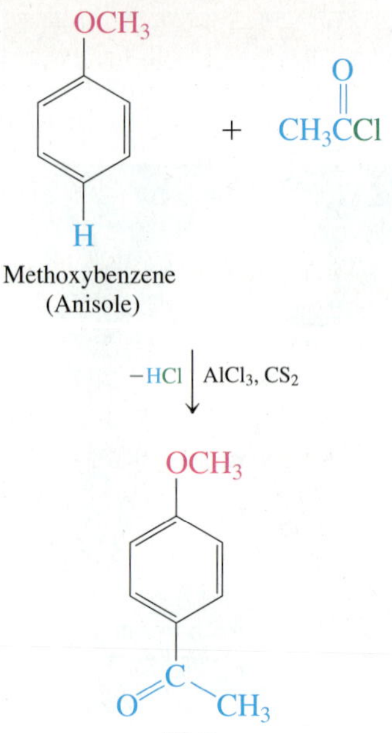

OCH_3 + CH_3CCl (O)

Methoxybenzene
(Anisole)

$-HCl$ | $AlCl_3$, CS_2

70%
1-(4-Methoxyphenyl)ethanone
(*p*-Methoxyacetophenone)

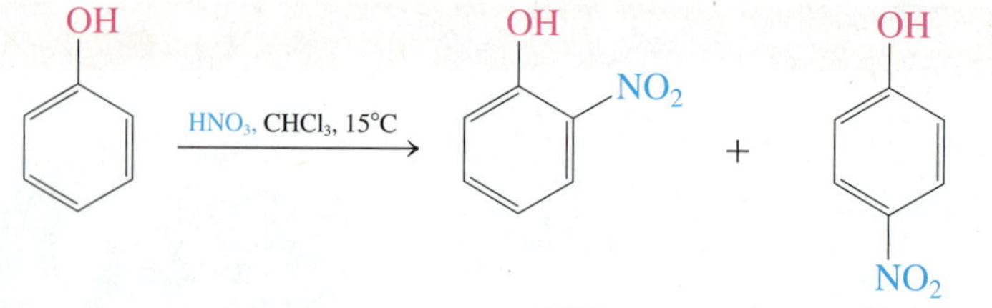

OH → (HNO_3, $CHCl_3$, 15°C)

26%
2-Nitrophenol
(*o*-Nitrophenol)

61%
4-Nitrophenol
(*p*-Nitrophenol)

페놀의 Friedel-Crafts 알칸오일화반응(아실화반응)은 에스터 형성반응으로 복잡하게 되므로, 왼쪽 여백 그림에서 나타낸 것처럼 페놀의 에터 유도체(16-5절)를 이용하여 수행하는 것이 좋다.

페놀은 쉽게 할로젠화반응이 일어나므로 촉매가 필요하지 않으며, 흔히 여러 개의 할로젠이 치환된 생성물이 얻어진다(16-3절). 다음의 반응에 나타난 것처럼 20°C의 물속에서 세 개의 브로민이 치환된 화합물이 얻어지기도 한다. 그러나 이러한 반응은 낮은 온도와 극성이 작은 용매를 사용하여 조절하면 하나의 할로젠이 치환된 생성물을 얻을 수 있다.

Phenol의 할로젠화반응

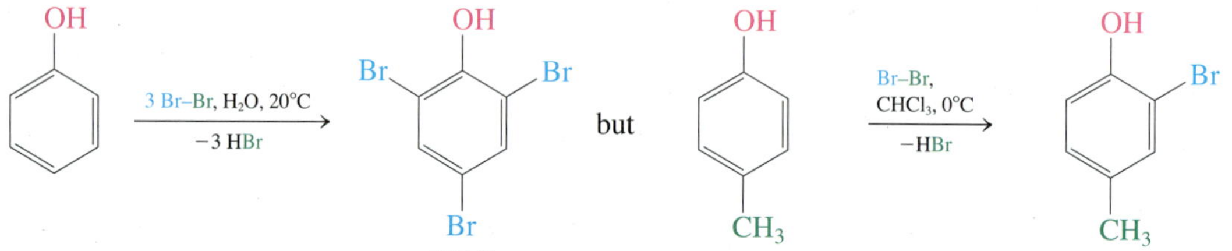

Phenol → (3 Br–Br, H_2O, 20°C; −3 HBr) 2,4,6-Tribromophenol 100%

but

4-Methylphenol (*p*-Cresol) → (Br–Br, $CHCl_3$, 0°C; −HBr) 2-Bromo-4-methylphenol 80%

파라 위치에서 친전자성 공격은 흔히 입체적 효과에 의해서 지배된다. 그러나 오쏘와 파라의 두 치환기의 화합물이 혼합물로 얻어지는 것이 일반적이며, 이들의 비율은 사용하는 시약과 반응 조건에 따라서 크게 좌우된다.

연습 문제 22-18

$AlCl_3$ 존재하에서 methoxybenzene(anisole)과 chloromethane의 Friedel-Crafts 메틸화반응에서 오쏘와 파라 생성물이 2:1로 얻어졌다. 그러나 같은 조건에서 methoxybenzene과 2-chloro-2-methylpro-pane의(*tert*-butyl chloride) 반응에서는 단지 1-methoxy-4-(1,1-dimethylethyl)benzene (*p*-*tert*-butyl-anisole)만이 얻어졌다. 설명하시오(**힌트**: 16-5절을 참조).

연습 문제 22-19

개념 문제: 치환된 벤젠을 출발물로 사용한 합성 전략의 고안

Proparacaine은 조직을 제거하거나 꿰매는 것과 같은 작은 수술 과정 전에, 눈의 감각을 마비시키기 위해 일차로 사용하는 국부 마취제이다. 4-Hydroxybenzenecarboxylic acid로부터 proparacaine을 합성하는 방법을 제안하시오.

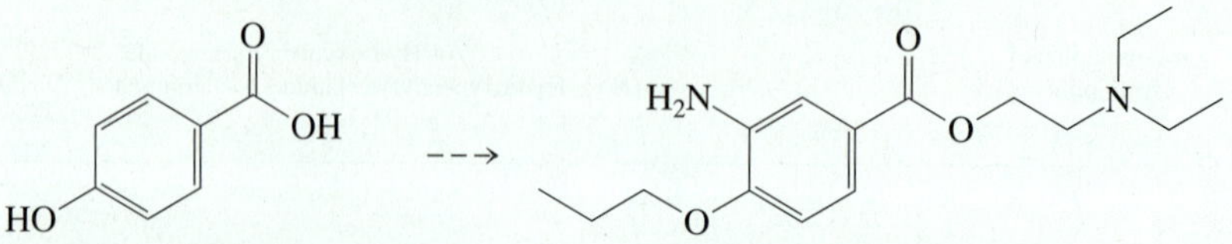

4-Hydroxybenzenecarboxylic acid --→ Proparacaine

전략

출발물과 생성물의 구조를 조사해 보면 세 가지 구조적 변환이 있다. (1) 아미노기가 벤젠 핵에 도입되었으며, 이는 치환된 hydroxy기의 오쏘 지향 효과를 통해 나이트로화-환원반응의 연속 반응(16-5절)으로 가능하다. (2) Phenol은 Williamson 합성으로 에터화하면 된다(22-5절). (3) 카복시기는 적당한 아미노 알코올로 에스터화한다(20-2절). 이러한 과정을 수행하기 위한 가장 좋은 순서는 무엇인가? 이 질문에 대한 대답을 위해 제안된 반응 단계를 다양한 작용기의 가능한 전환을 생각해 보자.

풀이

- 단계 1의 전환은 출발물을 상응하는 아미노산으로 만드는 것이다. 그러나 아미노기(나이트로기가 전구체임)는 알코올보다 더 좋은 친핵체이므로 단계 2와 3의 반응을 어렵게 하므로, 보호기를 도입하도록 한다. 그러므로 아민의 알킬화반응 전에 phenol을 먼저 에터화반응을 한다(21-5절). 아민기의 존재하에서 에스터화반응의 시도는 아마이드를 생성하게 될 것이다(19-10절). 따라서 처음에 도입된 나이트로기의 도입과 그것을 유지하는 것이 다른 작용기들을 보호하는데 훨씬 유리하다.
- 단계 2의 전환은 카복시기가 있어도 Williamson 에터 합성은 무방하다. 왜냐하면 phenoxide 이온은 카복실레이트 이온보다 약한 친핵체이기 때문이다(6-8절).
- 단계 3의 전환을 성공하기 위해서 페놀성 작용기에 보호기를 도입하는 것은 중요하다. 카복시기를 acyl chloride로 전환한 다음 아미노 알코올과 반응하여 에스터화반응을 한다.
- 모두 정리하면 proparacaine의 가능한 합성(문헌에 따른 사실)은 다음과 같다.

HO–C₆H₄–COOH $\xrightarrow{HNO_3}$ (3-O_2N, 4-HO)C₆H₃–COOH $\xrightarrow{NaOH,\ CH_3CH_2CH_2Cl}$ (3-O_2N, 4-$CH_3CH_2CH_2O$)C₆H₃–COOH

$\xrightarrow{1.\ SOCl_2;\ 2.\ HOCH_2CH_2N(CH_2CH_3)_2}$ (3-O_2N, 4-$CH_3CH_2CH_2O$)C₆H₃–COOCH₂CH₂N(CH₂CH₃)₂ $\xrightarrow{H_2,\ Pd\text{-}C}$ proparacaine

- 마지막 단계에서 아미노 알코올은 왜 acyl chloride와 반응하지 않는가? 그 이유는 아민이 알코올보다 더 좋은 친핵체이기 때문이다. 정리해 보면, 아민 작용기는 삼차이므로 acyl ammonium염만 만들 수 있다. 이 작용기는 acyl chloride의 반응성과 비슷하다. 따라서 acyl ammonium 카보닐 탄소에 hydroxy기의 공격이 열역학적으로 우선이므로 결국에는 에스터가 생성된다(20-2절).

$$RC(=O)\ddot{C}l: + :NR'_3 \longrightarrow RC(=O)\overset{+}{N}R''_3\ :\ddot{C}l:^- \xrightarrow[-:NR'_3]{R'''\ddot{O}H} RC(=O)OR'''$$

연습 문제 22-20

자습 문제

Pd 촉매를 이용하여 4-hydroxybenzenecarboxylic acid로부터 proparacaine을 합성하는 다른 방법을 고안하시오.

염기 조건에서 페놀은 중간체 페녹시화 이온을 거쳐서 아주 온화한 친전자체와도 친전자성 치환반응을 일으킨다. 이러한 반응을 산업적으로 이용하는 중요한 예는 페놀과 폼알데하이드를 반응시켜 오쏘 및 파라 하이드록시메틸화반응을 수행하는 것이다. 메커니즘적으로 이 반응 과정은 알돌 반응(18-5절)처럼 엔올 음이온 축합반응으로 생각된다.

Phenol의 하이드록시메틸화반응

:ÖH (phenol) $\xrightleftharpoons{HO^-}$ [phenoxide :Ö:⁻ ⟷ :O: (ortho carbanion) ⟷ :O: (para carbanion)] + HÖH $\xrightarrow{CH_2=\ddot{O}}$

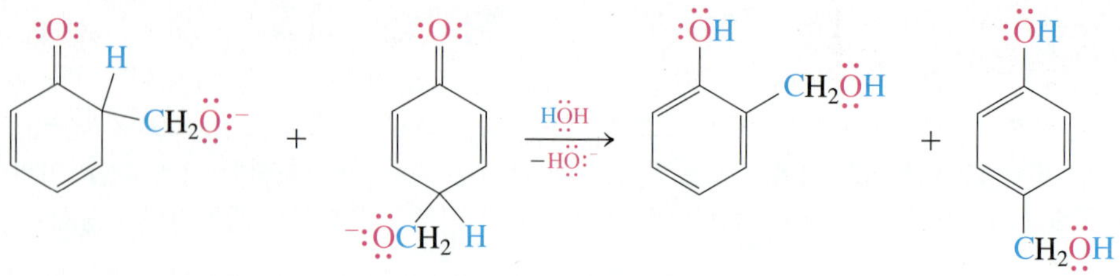

최초 생성되는 알돌 생성물은 불안정하며, 열을 가하면 탈수되고, 반응성이 큰 **퀴노메테인 (quinomethane)** 이라고 하는 화합물이 생성된다.

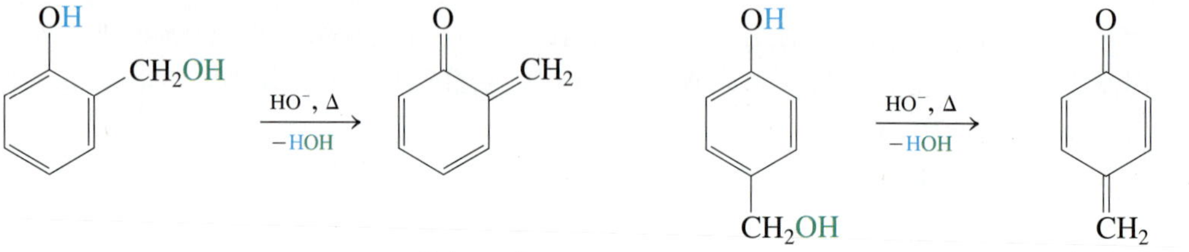

o-Quinomethane

p-Quinomethane

퀴노메테인은 α,β-불포화 카보닐 화합물이므로 과량의 페녹시화 이온과 Michael 첨가반응(18-11절)을 수행하게 된다. 여기서 생성된 페놀은 다시 하이드록시메틸화되며, 전체적으로 반응은 반복된다. 결과적으로 페놀-폼알데하이드 공중합체형의 복합체가 만들어지며, 그러므로 **페놀성 수지(phenolic resin**, 예를 들면, 베이크라이트) 라고 한다. 이런 화합물들은 합판의 제조(45%), 절연체(14%), 주조물(9%), 섬유와 성형용 섬유(9%) 및 플라스틱의 재료(8%) 등으로 이용된다.

페놀성 수지의 합성

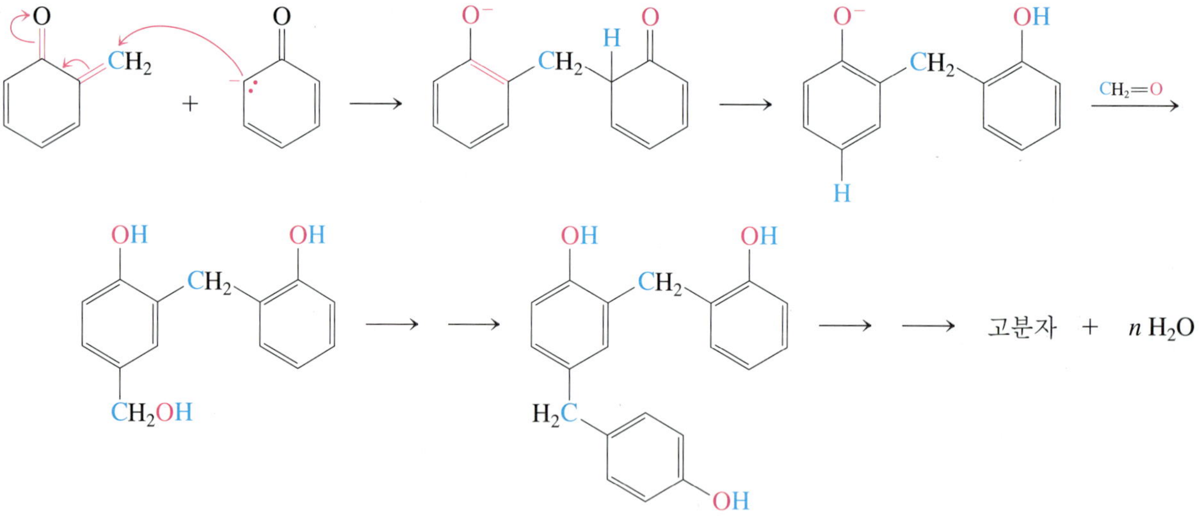

고분자 + $n\,H_2O$

Kolbe[*]-Schmitt[†] 반응(Kolbe-Schmitt reaction) 에서 페녹사이드는 이산화 탄소와 반응하여 2-하이드록시벤조산(*o*-하이드록시벤조산, 살리실산, 아스피린의 전구체) 의 염을 만든다(화학 이야기 22-2).

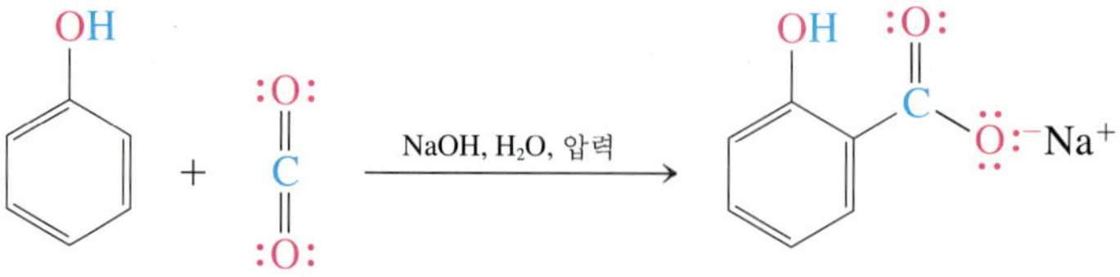

NaOH, H_2O, 압력

*Adolph Wilhelm Hermann Kolbe 교수(1818 ~ 1884), Leipzig 대학교, 독일.

†Rudolf Schmitt 교수(1830 ~ 1898), Dresden 대학교, 독일.

연습 문제 22-21

개념 문제: 엔올로써의 phenol

Kolbe-Schmitt 반응의 메커니즘을 적으시오.

전략

항상 모든 반응에서 성분물질을 조사하라. 출발물, 반응에 참여하는 다른 시약들, 반응 조건과 생성물 등. Phenol은 전자가 풍부한 아렌(16-3절 참조)이며, 산성이다. Carbon dioxide는 친전자체로서 Grignard 시약(19-6절)과 같은 친핵체에 의해 공격을 받는다. 반응 조건은 강한 염기성이다. 끝으로 반응 생성물은 친전자성 오쏘 치환반응의 생성물과 같다.

풀이

- 염기 조건에서 phenol은 phenoxide로 존재할 것이며, 엔올 음이온(18-1절)처럼 두 가지 공명 혼성체로 나타낼 수 있다(오른쪽 여백 그림 참조).
- 엔올레이트의 알킬화반응은 탄소 위에서 일어난다(18-10절 참조). 유사하게 carbon dioxide의 친전자성 탄소 위에 phenoxide가 공격할 수 있다. 또 다른 방법으로 아주 잘 활성화된 벤젠 고리 위에 있는 CO_2의 친전자성 반응으로도 생각할 수 있다.
- 마지막으로 양성자이탈반응이 일어나 방향족성 아렌이 재생된다.

이미 알고 있는 것처럼 이 과정에서 CO_2에 의한 오쏘 공격의 위치선택성은 또 다른 문제이다. 완벽하게 이해되지 않겠지만, phenoxide 음전하와 이웃한 Na^+ 이온이 친전자체의 방향성과 관련이 있다.

다양한 베이크라이트 수지로부터 만들어진 나무들이 건축에 사용되었다.

Phenoxide 이온

연습 문제 22-22

자습 문제

Phentolamine(물에 녹는 methanesulfonic acid 염)이 고혈압을 낮추는 역할을 하는 화합물로서 치과의사에 의해 최근 소개되었다. 이 화합물은 국부 마취로부터 깨어나는데 걸리는 시간을 반으로 단축하였다. 1886년부터 개발된 이 화합물이 만들어지는 주과정은 다음과 같다. 메커니즘을 적으시오(주: 친핵성 방향족 치환반응이 아님. **힌트**: 케토-엔올 토토머화반응을 활용하라).

160°C, 70%

Phentolamine

연습 문제 22-23

Hexachlorophene(오른쪽 여백 그림)은 sulfuric acid의 존재하에서 2,4,5-trichlorophenol과 formaldehyde와의 반응으로 합성된다. 이 반응의 진행 과정을 적으시오(**힌트**: 첫 단계의 과정은 산촉매 중에서 일어나는 하이드록시메틸화반응이다).

Hexachlorophene

> **요약** 페놀에서 벤젠 고리는 특히 염기가 존재하면 친전자성 방향족 치환반응이 일어난다. 페녹시화 이온에 의해 하이드록시메틸화반응과 탄산화반응이 일어난다.

22-7 벤젠 고리의 전자고리화반응: Claisen 재배열반응

2-프로페닐옥시벤젠(알릴 페닐 에터)을 200°C에서 가열하면 알릴 에터 결합이 깨어지는 비정상적인 반응이 진행된다. 출발물은 재배열한 2-(2-프로페닐)페놀(*o*-알릴페놀)로 생성물로 된다.

$O-CH_2CH=CH_2$, H $\xrightarrow{\Delta}$ OH, $CH_2CH=CH_2$

75%

2-Propenyloxybenzene (Allyl phenyl ether) → 2-(2-Propenyl)phenol (*o*-Allylphenol)

이러한 전환을 **Claisen*** **재배열반응(Claisen rearrangement)**이라고 하며, 여섯 개의 전자 이동이 동시에 일어나는 전이 상태(14-8과 15-3절 참조)를 가지는 또 다른 형태의 협동 반응이다. 첫 번째의 중간체는 높은 에너지를 가지는 이성질체인 6-(2-프로페닐)-2,4-사이클로헥사다이엔온으로서 이것이 엔올화되어 최종 생성물을 만든다.

Claisen 재배열반응의 메커니즘

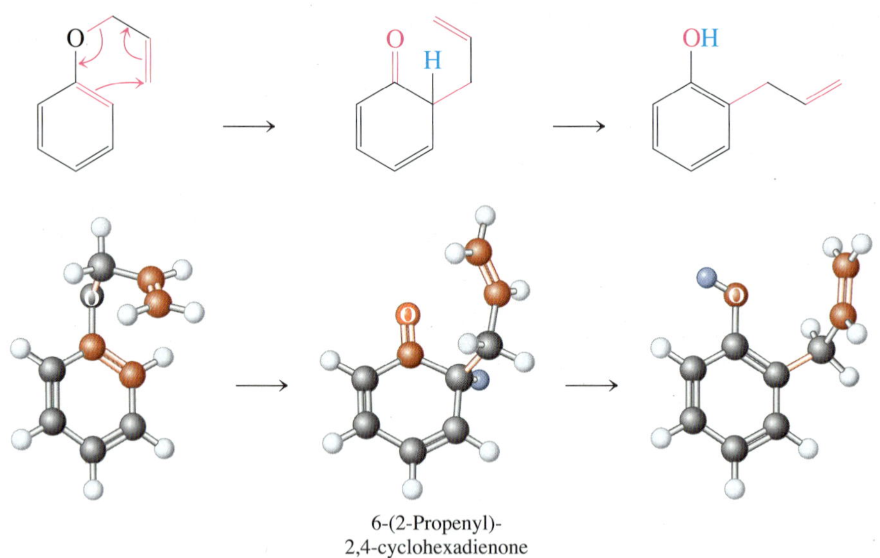

6-(2-Propenyl)-2,4-cyclohexadienone

Claisen 재배열반응은 다른 시스템에서도 일반적이다. 방향족이 아닌 1-에텐일옥시-2-프로펜(알릴 비닐 에터)을 같은 조건으로 반응시키면 엔올화를 촉진시키는 힘이 없기 때문에 카보닐 단계에서 중단된다. 이러한 반응을 **지방족 Claisen 재배열반응(aliphatic Claisen rearrangement)**이라고 한다.

*Ludwig Claisen 교수(1851~1930), Berlin 대학교, 독일.

지방족 Claisen 재배열반응

$H_2C=CH-CH_2-O-CH=CH_2$ $\xrightarrow{255°C}$ $H_2C=CH-CH_2-CH_2-CHO$

50%

1-Ethenyloxy-2-propene (Allyl vinyl ether) → 4-Pentenal

Claisen 재배열반응과 유사한 탄소의 재배열반응을 **Cope*** **재배열반응(Cope rearrangement)**이라고 하며, 이 반응은 1,5-다이엔 단위를 포함하는 화합물에서 일어난다.

Cope 재배열반응

178°C

72%

3-Phenyl-1,5-hexadiene → *trans*-1-Phenyl-1,5-hexadiene

이런 종류의 모든 재배열반응은 시스-1,3,5-헥사트라이엔이 1,3-사이클로헥사다이엔으로 상호변환되는 전자고리화반응(오른쪽 여백 그림과 14-9절 참조)과 관련이 있다. 단지 이들의 차이점은 연결되는 마지막 π 결합에서 이중 결합이 없다는 것이다.

***cis*-1,3,5-Hexatriene의 전자고리화반응**

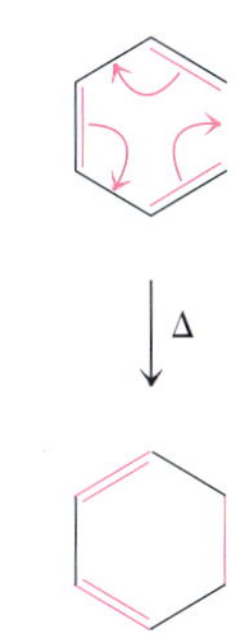

연습 문제 22-24

다음의 전환을 메커니즘으로 설명하시오(**힌트**: Cope 재배열반응은 전하의 비편재화가 가능하다면 더욱 잘 진행될 수 있다).

HO … $\xrightarrow{NaOH,\ H_2O}$ OHC …

연습 문제 22-25

개념 문제: Claisen 재배열반응과 Cope 재배열반응 응용

Citral B는 레몬 풀의 성분으로서 향료 물질(레몬향과 버베나향)로 사용된다. 또한 citral은 비타민 A의 BASF 합성에서 중요한 중간체 화합물이기도 하다(14-7절, 화학 이야기 18-3). Citral 합성의 마지막 단계에서 간단히 엔올 에터 A를 합성하는 과정이 필요하다. 화합물 A로부터 B를 어떻게 얻는지 설명하시오.

A $\xrightarrow{\Delta}$ **B** (Citral)

*Arthur C. Cope 교수(1909 ~ 1966), Cambridge 소재, Massachusetts 공과대학.

전략

항상 반응의 성분 물질을 나열해 보라. 출발물, 다른 시약들, 반응 조건, 생성물 등. 잘 살펴보면 다른 시약은 없으며, 단지 열만 가하면 반응이 진행되므로 이성질화반응임을 알 수 있다. 이러한 느낌은 A와 B의 두 분자식이 $C_{10}H_{16}O$라는 사실로부터 확인하라. 화합물 A가 열 반응에서 어떻게 될 것인지 상상해 보라.

풀이

- 떨어져 있는 이중 결합에 연결된 다이엔이 있다는 사실을 주지하라. 그러므로 분자내 Diels-Alder 반응이 가능하다(14-8절, 연습 문제 14-24).

화합물 A로부터 가능한 Diels-Alder 반응

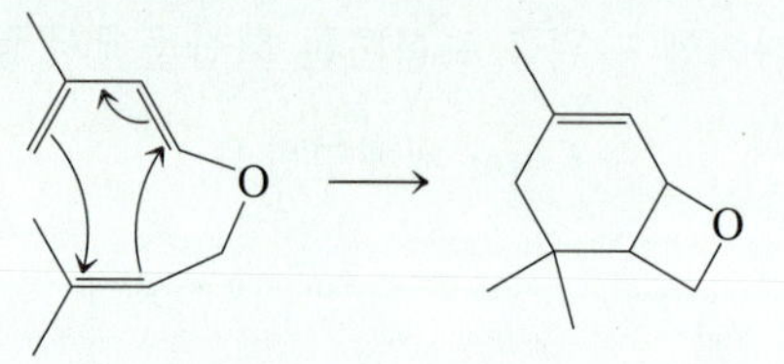

A C

- 그러나 이 경로는 두 가지 이유 때문에 바람직하지 못한 것으로 판단된다. (1) 두 개의 다이엔과 친다이엔체는 모두 전자가 풍부하므로 고리화첨가반응의 좋은 파트너가 아니다(14-8절). (2) 화합물의 C에서 장애가 큰 고리가 생성된다.
- 다른 방법은 Cope 재배열반응에 필수적인 1,5-hexadiene 단위를 알고 있는 것을 기본으로 한 것이다. 화합물 A에서 다이엔 단위는 산소를 포함하고 있으며, 따라서 Claisen 재배열반응으로 적어보면 어떤 생성물이 얻어지는지 알 수 있다.

화합물 A의 Claisen 재배열반응

O Δ H O

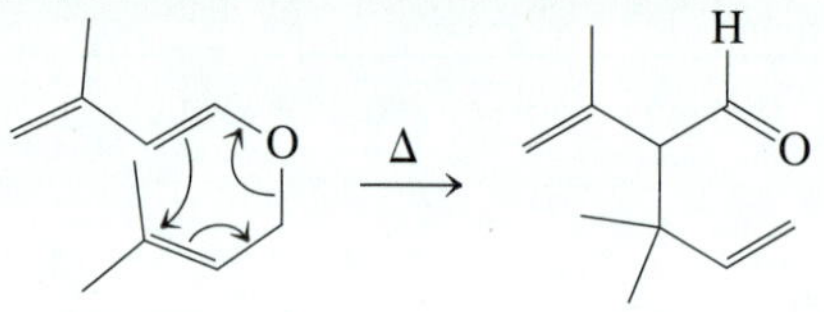

A D

- 화합물 D는 1,5-다이엔 구조를 포함하고 있으며, Cope 재배열반응을 수행하게 되면 citral B로 전환된다.

화합물 D의 Cope 재배열반응

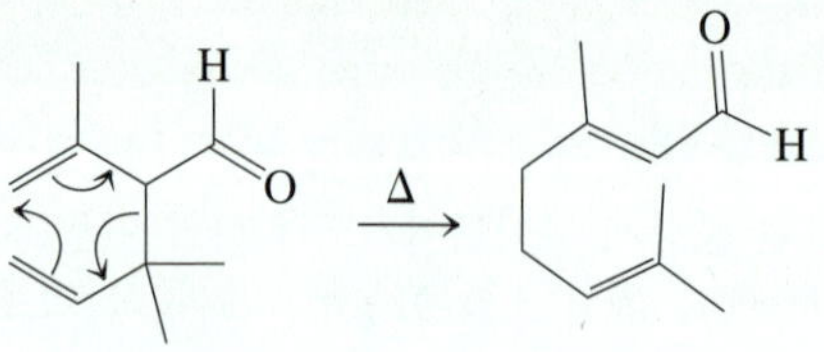

H O Δ O H

연습 문제 22-26

자습 문제

에터 A를 200°C로 가열하면 B가 생성된다. 메커니즘을 제시하시오(**주**: 말단의 알케일 탄소는 벤젠 고리의 파라 위치에는 도달할 수 없다. **힌트**: 첫 단계는 Claisen 재배열반응으로 시작한다).

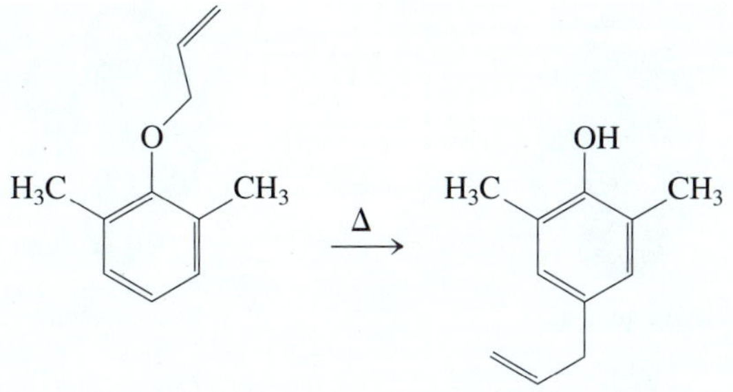
H3C
CH3
O
Δ
OH
H3C
CH3

A B

요약 2-프로펜일옥시벤젠은 여섯 개의 전자가 움직이는 전자고리화반응(Claisen 재배열반응) 메커니즘으로 재배열반응을 하여 2-(2-프로펜일)페놀(o-알릴페놀)이 된다. 유사한 협동 반응이 지방족이 불포화 에터(지방족 Claisen 재배열반응)와 1,5-다이엔을 포함하는 탄화수소 화합물(Cope 재배열반응)에서도 일어난다.

22-8 페놀의 산화: 벤조퀴논

페놀은 일전자 전이 메커니즘에 의하여 카보닐 유도체로 산화될 수 있으며, 그 결과 **벤조퀴논(benzoquinone)**이라고 하는 새로운 계열의 고리 다이케톤이 얻어진다.

벤조퀴논과 벤젠다이올은 산화환원 쌍이다

1,2-와 1,4-벤젠다이올(카테콜과 하이드로퀴논)이 다이크로뮴산 소듐(sodium dichromate)이나 산화 은(silver oxide)과 같은 여러 가지 다양한 산화제에 의하여 상응하는 다이케톤인 *o*-벤조퀴논과 *p*-벤조퀴논으로 산화된다. 생성물인 다이온의 반응성에 따라서 수득률은 변화될 수 있다. 예를 들면, *o*-벤조퀴논의 형성 조건에서 이 화합물은 일부가 분해된다.

Benzenediol의 산화로부터 benzoquinone

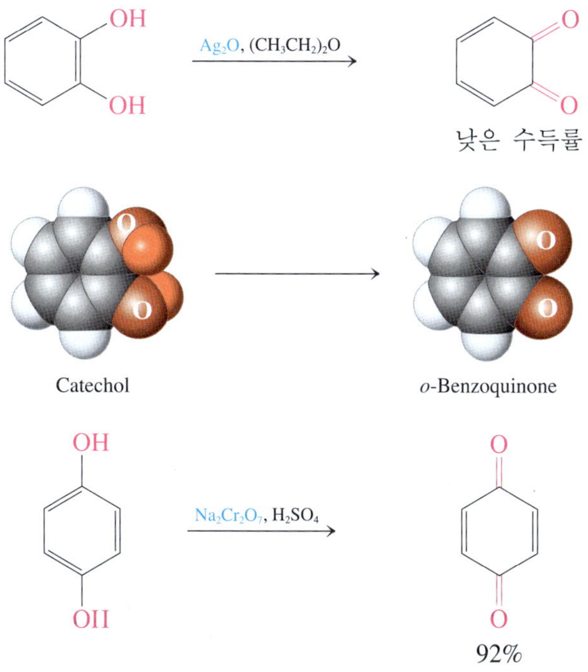
OH
OH
Ag2O, (CH3CH2)2O
O
O
낮은 수득률
O
O
O
O
Catechol
o-Benzoquinone
OH
OH
Na2Cr2O7, H2SO4
O
O
92%

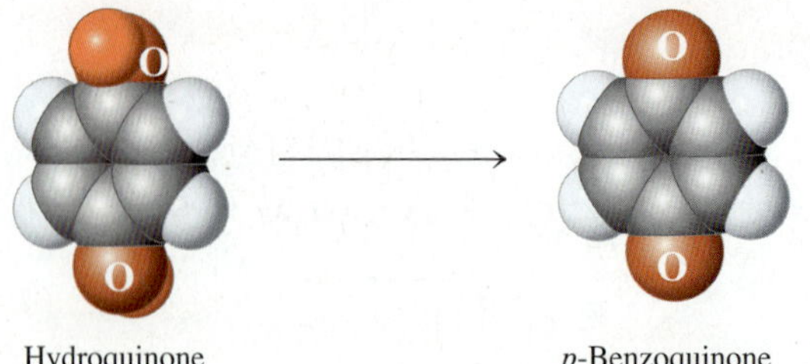

Hydroquinone p-Benzoquinone

하이드로퀴논과 p-벤조퀴논이 상호변환하는 산화환원 과정은 양성자와 전자의 연속적인 전이로 생각할 수 있다. 먼저 양성자이탈반응으로 페녹시화 이온이 생성되며, 이 이온은 일전자 산화반응에 의해서 **페녹시 라디칼(phenoxy radical)**로 전환된다. 남아 있는 OH 작용기로부터 양성자의 해리는 **세미퀴논 라디칼 음이온(semiquinone radical anion)**을 생성하며, 두 번째의 일전자 산화반응 과정이 일어나면서 벤조퀴논으로 된다. 이 과정에서 생성되는 모든 중간체 화학종은 상당한 공명 안정화(세미퀴논에 대하여 두 가지 형태를 나타냈음)에 의한 효과를 보게 된다. 22-9절에서 여기서 언급하고 있는 산화환원 과정과 유사한 과정이 자연에서 널리 일어나고 있음을 보게 될 것이다.

p-Benzoquinone과 hydroquinone 사이의 산화환원 관계

$-H^+$ $-e^-$ $-H^+$ $-e^-$

Phenoxide 이온 Phenoxy 라디칼 Semiquinone 라디칼 음이온

연습 문제 22-27

위의 그림에서 나타난 phenoxide 이온, phenoxy 라디칼 및 semiquinone 라디칼 음이온 각각에 대하여 최소 두 가지 공명 구조를 나타내시오.

p-벤조퀴논의 엔온 단위는 콘쥬케이트 반응과 Diels-Alder 반응을 한다

p-벤조퀴논은 콘쥬게이션 첨가반응(18-9절)에서 반응성이 좋은 α,β-불포화 케톤으로서의 작용을 가진다. 예를 들면, 염화 수소가 첨가되어 중간체인 하이드록시 다이엔온이 생성된 다음 엔올화되어 방향족성 2-클로로-1,4-벤젠다이올이 된다.

p-Benzoquinone + HCl → 6-Chloro-4-hydroxy-2,4-cyclohexadienone → 2-Chloro-1,4-benzenediol

이중 결합은 또한 다이엔과 고리화첨가반응(14-8절)을 수행한다. 1,3-뷰타다이엔과 처음에 생성되는 고리화첨가물은 산과 토토머화되어 방향족계가 된다.

화학 이야기 22-3

자연계에서의 화학 무기: 폭격수 딱정벌레

p-벤조퀴논의 산화력은 지네, 딱정벌레, 흰개미와 같은 절지 동물들이 화학 방어 시약으로 사용한다. 이러한 절지 동물 중에서 가장 주목을 끄는 것은 폭격수 딱정벌레이다. 딱정벌레는 일반적으로 개미와 같은 침략자들에 대한 방어 메커니즘의 기술을 가지고 있다. 그것은 엉덩이 쪽의 분비샘에서 뜨거운 부식성이 있는 화합물을 분출하는 것으로서 놀랄만한 정도로 명중률이 높다. 공격을 받게 되면(딱정벌레가 가진 끝이 정밀한 겸자가 있는 주머니를 꼭 쥐어서 실험실 내를 자극한다. 그림 참조) 딱정벌레의 복부의 끝 가까이에 있는 두 개의 분비샘에서 하이드로퀴논과 과산화 수소를 반응실로 분비한다. 반응실 내에는 다이올을 산화시켜 폭발하기 쉬운 퀴논으로 만들고, 과산화 수소를 산소 기체와 물로 분해시켜 폭발하도록 하는 효소가 들어있다. 이 혼합물은 온도가 100°C에 이르며, 딱정벌레의 복부 끝으로부터 들릴 수 있을 정도의 소리와 함께 보소기구의 도움으로 270° 회전각도로 적을 향하여 분출된다. 몇몇 딱정벌레는 기관총처럼 초당 500 펄스 정도의 발사가 일어난다.

폭격수 딱정벌레가 행동을 취하는 장면.

***p*-Benzoquinone의 Diels–Alder 반응**

$\xrightarrow{C_6H_6,\ 20°C,\ 48\ h}$ $\xrightarrow{HCl,\ \Delta}$

O O H H O O OH OH

전체 88%

연습 문제 22-28

다음 반응을 메커니즘으로 설명하시오(**힌트**: 18-9절을 참조하라).

H_3C, CH_3, CH_3O, OCH_3 $\xrightarrow{CH_3CH_2O^-Na^+,\ CH_3CH_2OH}$ H_3C, CH_3, CH_3CH_2O, OCH_2CH_3

요약 페놀은 상응하는 벤조퀴논으로 산화된다. 다이온은 가역적인 산화환원 반응에 참여하며, 상응하는 다이올로 된다. 다이온은 콘쥬게이션 첨가반응을 수행하며, 이중 결합과 Diels-Alder 첨가반응을 수행한다.

22-9 자연에서의 산화-환원 과정

자연에서 일어나는 화학 반응 중 하이드로퀴논과 *p*-벤조퀴논이 포함된 몇 가지 화학적 과정을 기술하였다. 먼저 O_2의 생화학적 환원의 소개부터 시작해 보자. 산소는 생체반응에 참여할 수 있으므로 생체분자에 손상을 일으킨다. 자연적으로 발생하는 **항산화제(antioxidant)**는 이러한 전환을 저해한다. 이 절의 결론 부분에서 합성 방부제의 성질에 관한 논의를 하고 마무리를 하게 된다.

유비퀴논은 산소를 물로 만드는 생화학적 환원을 중재한다

자연은 가역적인 산화 반응에서 벤조퀴논–하이드로퀴논 산화환원 짝지음을 사용한다. 이들 과정은 산소가 생화학적인 분해 과정에서 사용됨으로써 진행되는 일련의 복잡한 연속적인 반응의 한 부분이다. 이러한 목적으로 중요한 여러 가지 계열의 화합물들이 사용되는데, 이들 화합물이 **유비퀴논(ubiquinone**, 자연의 도처에 존재하며, 이를 통합적으로 나타낸 이름임)이며, 이들을 통틀어 **보조효소 Q(coenzyme, CoQ**, 또는 **Q**)라고 한다. 이들 유비퀴논들은 2-메틸뷰타다이엔 단위체(아이소프렌, 4-7절, 14-10절)들로 만들어진 곁사슬을 가지고 있는 치환된 *p*-벤조퀴논 유도체들이다. 효소계에서는 NADH(화학 이야기 8-1, 25-2절)를 사용하여 CoQ를 그것의 환원된 형태(QH_2)로 환원시킨다.

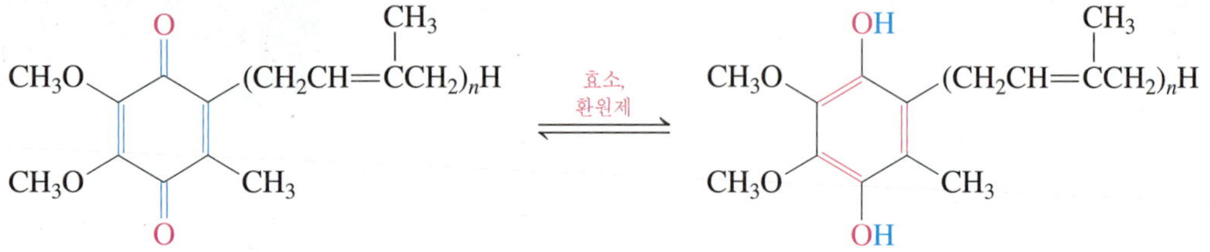

CH_3O, CH_3O, O, O, $(CH_2CH{=}\overset{CH_3}{C}CH_2)_nH$, CH_3 ⇌ (효소, 환원제) CH_3O, CH_3O, OH, OH, $(CH_2CH{=}\overset{CH_3}{C}CH_2)_nH$, CH_3

유비퀴논 (n = 6, 8, 10)
(보조효소 Q)

보조효소 Q의 환원된 형태
(환원된 Q, 또는 QH_2)

QH_2는 **사이토크롬(cytochrome**, 화학 이야기 8-1)이라는 전자–전이체인 철을 포함하는 단백질에 의한 산화환원 반응계에 참여한다. 사이토크롬 *b*에서 QH_2에 의한 Fe^{3+}로부터 Fe^{2+}로의 환원은 여섯 가지의 서로 다른 단백질이 포함된 연속적인 전자 전이의 시작이다. 이 연속 반응의 마지막은 O_2에 네 개의 전자와 네 개의 양성자가 첨가되어 물로 환원되는 것이다.

$$O_2 + 4\,H^+ + 4\,e^- \longrightarrow 2\,H_2O$$

페놀 유도체는 산화성 손상으로부터 세포막을 보호한다

산소가 물로 전환되는 생화학적인 과정에서는 일전자 환원의 생성물인 **초과산화물(superoxide**, $O_2^{\cdot-}$), 과산화 수소(H_2O_2)의 분해로부터 생성되는 **하이드록시 라디칼(hydroxy rdical**, ·OH)이 생성된다. 두 화학종은 모두 아주 반응성이 커서 생물학적으로 중요한 유기 분자에 손상을 끼치는 개시 반응을 수행할 수 있다. 한 예로서 불포화 지방산인 *cis,cis*-옥타데카-9,12-다이엔산(리놀레산)으로부터 유도된 세포막 성분이 포스포글리세라이드의 분해를 나타냈다.

개시 단계

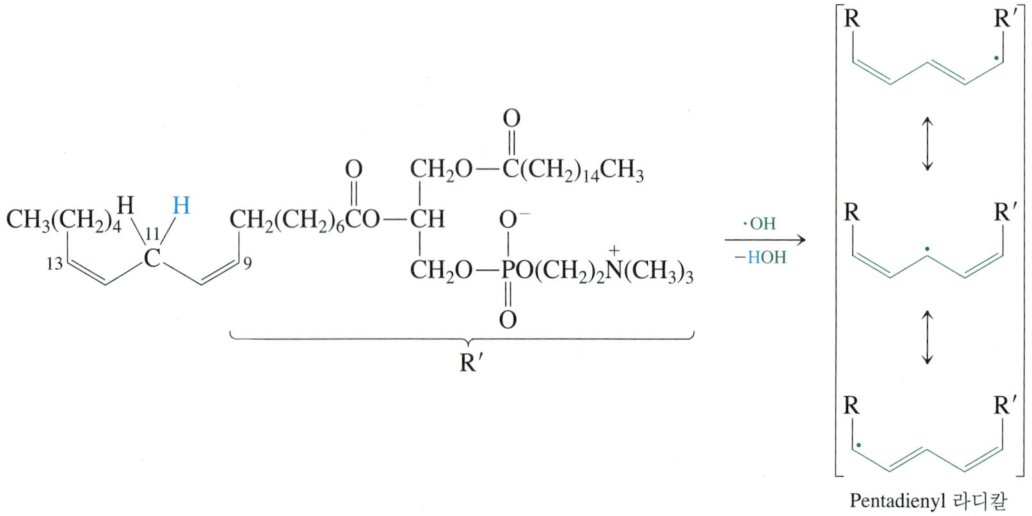

$CH_3(CH_2)_4$–(13)CH=CH–C(11)(H)(H)–CH=CH(9)–$CH_2(CH_2)_6\overset{O}{\overset{\|}{C}}O$–CH($CH_2O\overset{O}{\overset{\|}{C}}(CH_2)_{14}CH_3$)($CH_2O$–$\overset{O^-}{P}(=O)O(CH_2)_2\overset{+}{N}(CH_3)_3$) [R′] $\xrightarrow[-HOH]{\cdot OH}$ [R–CH=CH–CH=CH–ĊH–R′ ⟷ R–CH=CH–ĊH–CH=CH–R′ ⟷ R–ĊH–CH=CH–CH=CH–R′]

Pentadienyl 라디칼

C11 위치의 수소는 양쪽으로 알릴자리 수소가 되며 ·OH와 같은 라디칼에 의해서 쉽게 탈취된다(14-2절).

공명 안정화된 펜타다이엔일 라디칼은 두 전파 단계의 첫 단계에서 산소와 쉽게 결합한다. 반응은 C9 또는 C13의 위치에서 일어나며, 콘쥬게이션 다이엔 단위를 포함하는 두 가지의 퍼옥시 라디칼을 생성한다.

전파 단계 1

O_2

퍼옥시 라디칼

두 번째의 전파 단계에서 퍼옥시 라디칼은 또 다른 포스포글리세라이드 분자 또는 더 일반적으로 지방(20-5절)의 C11 위치에 있는 수소 원자를 제거한다. 이 과정에서 새로운 다이엔일 라디칼과 **지방 과산화수소화물(lipid hydroperoxide)**이 생성된다. 예측하기로 다이엔일 라디칼은 전파 단계 1로 다시 들어가게 된다. 이 반응의 진행에서 여러 가지의 지방 분자가 단순히 개시 단계의 반응을 일으키듯 산화가 될 것이다.

전파 단계 2

지방 과산화수소화물

여러 가지의 연구 결과 지방 과산화수소화물은 독성이 있으며, 그들의 분해 생성물은 더 독성이 크다는 사실이 밝혀졌다. 예를 들면, 비교적 약한 산소-산소 결합이 분해되어 ·OH를 잃게 되면 알콕시 라디칼을 생성하게 되며, 이것은 이웃하고 있는 탄소-탄소 결합(β-절단)을 끊어서 불포화 알데하이드를 생성한다.

지방 alkoxy 라디칼의 β-절단

$-\cdot OH$ $-\cdot R'$

Alkoxy 라디칼

관련된 좀 더 복잡한 메커니즘을 통하여 어떤 지방과 과산화수소화물은 분해되어 *trans*-4-하이드록시-2-노넨알, 다이알데하이드인 프로판다이알(말론다이알데하이드) 등과 같은 불포화된 하이드록시알데하이드를 생성한다. 일반적으로 이러한 형태의 분자들은 어느 정도 부패한 지방의 냄새와 관련이 있다.

프로판다이알과 α,β-불포화 알데하이드 두 화합물 모두 아주 독성이 크다. 왜냐하면 이들은 세포막에 있는 지방과 아주 가까이 있는 단백질에 대한 반응성이 대단히 크기 때문이다. 예를 들면, 다이알과 엔알 모두 한 가지 단백질의 서로 다른 부분에 있거나 또는 두 가지 서로 다른 단백질 각각의 친핵성 아미노기나 머캅토기와 반응이 가능하며, 이들이 반응하게 되면 다리 결합된 화합물이 생성된다(14-10절). 다리 결합은 단백질 분자가 생물학적인 작용을 수행하는데 있어서 심각한 저해작용을 하게 된다(26장).

$CH_3(CH_2)_4$

trans-4-Hydroxy-2-nonenal

Propanedial
(Malondialdehyde)

단백질과 불포화된 알데하이드와의 반응에 의한 단백질의 다리 결합

단백질$_1$—SH ; 단백질$_2$—NH_2

단백질$_1$—S ; N—단백질$_2$

비타민 E
(α-Tocopherol)
R = 가지 $C_{16}H_{33}$ 사슬

단백질의 다리 결합이 진행되면 폐기종, 아테롬성 동맥경화증(여러 형태의 심장질환을 일으키며, 심장에 타격을 줌), 만성적 염증발현 및 자가면역질병, 암 등이 발전되도록 만드는 데 기여하는 것으로 생각되며, 다리 결합된 단백질 자체의 노화로 진행될 가능성도 있다.

자연계의 생물학적 체계에서 이러한 질병을 보호하기 위한 수단이 제공되고 있는가? 자연적으로는 다양한 항산화성 체계가 세포막 내부의 산화적인 파괴를 보호하여 지방을 보호한다. 가장 중요한 물질로서 **비타민 E (vitanin E)** 가 있으며, 여덟 종류의 아주 유사한 구조를 가지며, 대표적으로 α-토코페롤이 있다(왼쪽 여백 그림 참조). 비타민 E는 긴 탄화수소 사슬을 가진 환원체로서(2장의 문제 46 참조), 나중에는 수용성 지방을 만든다. 비타민 E는 하이드로퀴논의 구조와 유사한 구조를 포함하고 있다(22-8절). 비타민 E의 페녹시화 이온은 좋은 전자 주개이다. 비타민 E의 보호 능력은 라디칼 화학종의 환원에 의한 지방 산화의 전파 단계의 사슬을 끊어줄 수 있는 능력을 가지고 있다는 것이다.

비타민 E와 지방 Hydroperoxy와 알콕시 라디칼 간의 반응

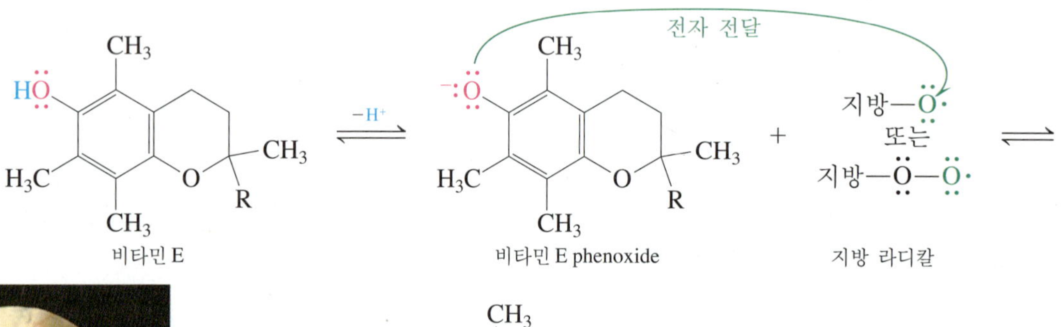

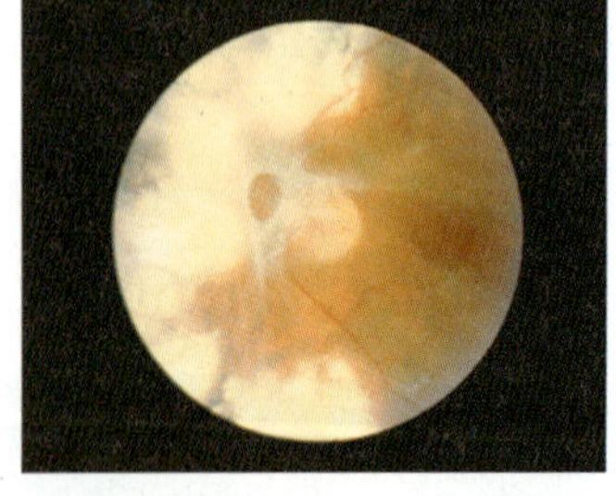

지방 과산화는 망막의 질병과 관련이 있으며, 의사는 당뇨로 인한 망막증의 경우 항산화제를 처방한다. 망막에서 지방 과산화가 일어나면 혈액 공급의 장애가 나타나며, 지방 유출과 홍체 위의 조직이 섬유화된다(노란 부분이 눈의 사진).

지방—O:⁻ 또는 지방—O—O:⁻ ⇌ (+H⁺) 지방—OH 또는 지방—O—OH

α-Tocopheroxy 라디칼

이 과정에서 지방 라디칼은 환원되고 양성자가 첨가된다. 비타민 E는 α-토코펠옥시 라디칼로 산화된다. α-토코펠옥시 라디칼은 아주 비편재화되어 있고, 메틸 치환기의 입체적인 장애가 있기 때문에 비교적 반응성이 낮다. 비타민 E는 세포막 표면에서 **비타민 C (vitanin C)** 와 같은 물에 녹을 수 있는 환원제와 반응하여 재생된다.

비타민 C에 의한 비타민 E의 재생

비타민 C

Semidehydroascorbic acid

비타민 C는 산화되어 결국에는 몸에서 배설되는 물에 녹을 수 있는 저분자량의 물질로 분해된다.

연습 문제 22-29

비타민 C는 효과적인 항산화제이다. 왜냐하면 비타민 C는 산화되어 공명으로 안정화되는 semidehydroascorbic acid로 되기 때문이다. semidehydroascorbic acid의 다른 공명 구조를 나타내시오.

벤조퀴논은 세포내 환원제인 글루타싸이온을 소모한다

실질적으로 모든 살아 있는 세포는 머캅토 작용기(9-10절과 26-4절 참조)가 포함된 단백질인 **글루타싸이온(glutathione)**을 포함하고 있다. 머캅토 작용기는 단백질 내에 있는 다이설파이드 결합을 SH 작용기로 환원시키는 역할을 하며, 헤모글로빈 내에 있는 철의 산화 상태를 2^+로 유지시킨다(26-8절). 글루타싸이온은 또한 세포의 내부에 존재할 것으로 생각되는 산화제인 과산화 수소(H_2O_2)의 환원에도 참여한다.

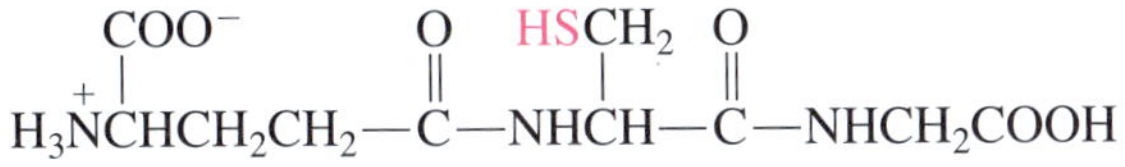

$$\overset{+}{H_3N}\underset{\displaystyle}{\overset{COO^-}{C}}HCH_2CH_2-\overset{O}{\overset{\|}{C}}-NH\overset{HSCH_2}{\overset{|}{C}}H-\overset{O}{\overset{\|}{C}}-NHCH_2COOH$$

Glutathione

이 과정에서 글루타싸이온은 다이설파이드(9-10절) 형태의 화합물로 전환되지만 효소가 중재하는 환원반응으로 재생된다.

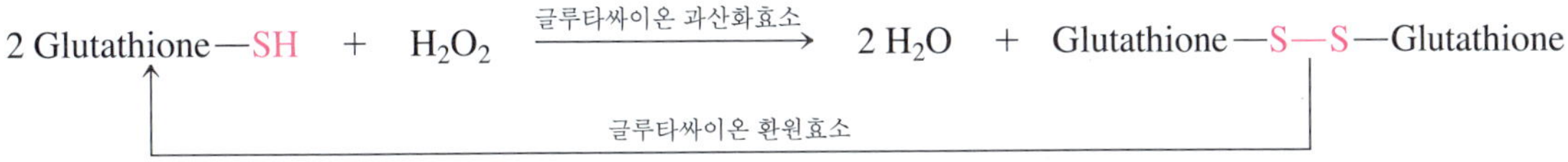

$$2\ \text{Glutathione}-SH + H_2O_2 \xrightarrow{\text{글루타싸이온 과산화효소}} 2\ H_2O + \text{Glutathione}-S-S-\text{Glutathione}$$

(글루타싸이온 환원효소: Glutathione—S—S—Glutathione → 2 Glutathione—SH)

벤조퀴논과 관련된 화합물들은 간 속에서 콘쥬게이션 첨가반응으로 글루타싸이온과 비가역적인 반응을 한다. 글루타싸이온의 소모가 심하면 세포는 죽게 된다. 타이레놀을 많이 섭취하게 되면 그와 같은 간 독성이 나타난다. 간에서 산화환원 효소계의 화합물로 알려진 사이토크롬 P-450은 타이레놀을 사이클로헥사다이엔다이온의 이민 유도체로 산화시키며, 이 물질이 그 다음 차례에서 글루타싸이온을 소모한다. 비타민 C는 산화를 역으로 진행시킬 수 있다.

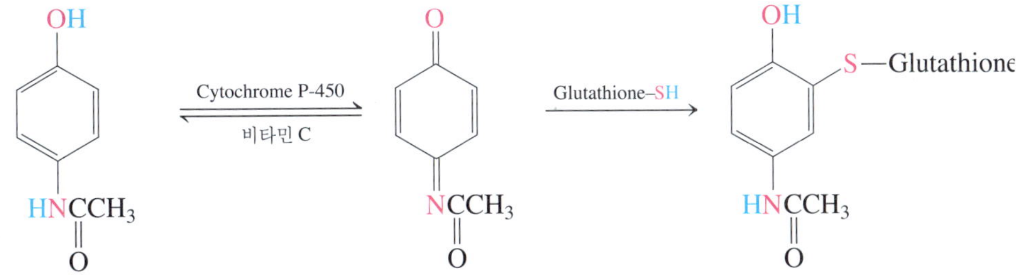

Acetaminophen (OH, $HNCCH_3$, O) $\underset{\text{비타민 C}}{\overset{\text{Cytochrome P-450}}{\rightleftharpoons}}$ (O, $NCCH_3$, O) $\xrightarrow{\text{Glutathione–SH}}$ (OH, S—Glutathione, $HNCCH_3$, O)

Acetaminophen

비타민 E의 합성 유사체는 방부제이다

합성된 페놀 유도체들은 식품 산업에서 항산화제와 방부제로 널리 사용된다. 이들 중에서 가장 친숙한 화합물로는 아마도 2-(1,1-다이메틸에틸)-4-메톡시페놀(뷰틸화된 하이드록시아니솔, 또는 **BHA**)와 2,6-비스(1,1-다이메틸에틸)-4-메틸페놀(뷰틸화된 하이드록시톨루엔, 또는 **BHT**, 연습 문제 16-14 참조)이다. 예를 들면, 버터에 BHA를 첨가하면 저장 기간이 몇 개월에서 몇 년으로 증가된다. BHA와 BHT 모두 비타민 E와 같은 기능을 가지며, 산소 라디칼을 환원시키고 산화 과정의 선파 단계를 방해하게 된다.

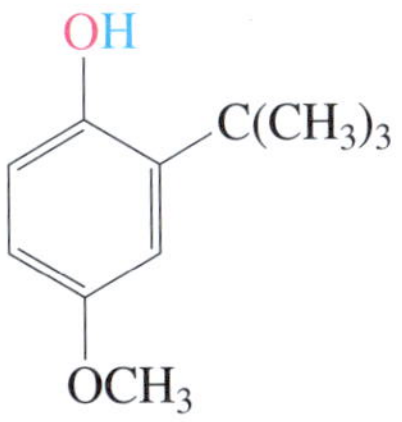

OH, $C(CH_3)_3$, OCH_3

2-(1,1-Dimethylethyl)-4-methoxyphenol (BHA)

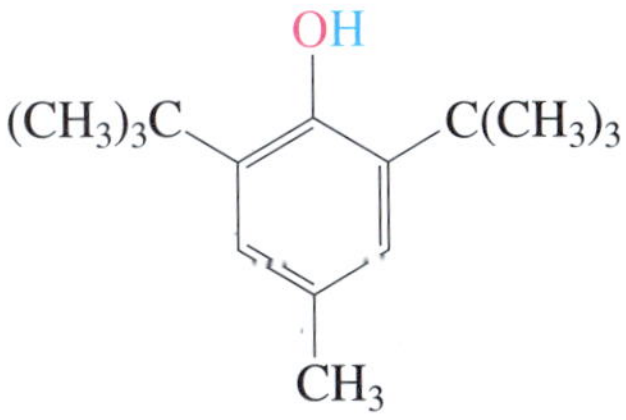

OH, $(CH_3)_3C$, $C(CH_3)_3$, CH_3

2,6-Bis(1,1-dimethylethyl)-4-methylphenol (BHT)

요약 산소로부터 만들어진 라디칼은 지방의 라디칼 사슬 반응이 일어나도록 개시하며, 이로 인해 독성이 있는 분해 생성물을 만들어낸다. 비타민 E는 자연에서 만들어지는 페놀의 유도체로서 항산화제의 기능을 가지고 있어서 세포막 내의 지방들이 산화되는 과정을 저해한다. 비타민 C와 글루타싸이온은 세포내 또는 세포외의 수용성 환경에 존재하는 생물학적인 환원제이다. 벤조퀴논의 농도가 높으면 글루타싸이온을 소모함으로써 세포가 죽을 수 있다. 비타민 C는 벤조퀴논을 환원하여 세포를 보호할 수 있다. 합성된 식품의 방부제는 항산화제인 비타민 E와 유사한 행동을 하도록 구조적으로 고안되었다.

22-10 아렌다이아조늄염

22-4절에서 언급된 것처럼 일차의 벤젠아민(아닐린)을 *N*-나이트로소화반응시키면 아렌 다이아조늄염이 만들어지며, 이 염은 페놀의 합성에 이용될 수 있다. 아렌다이아조늄염은 다이아조 작용기의 π 전자와 방향족 고리의 π 전자의 공명에 의하여 안정화된다. 아렌다이아조늄염은 적당한 친핵체에 의한 질소를 제거하는 반응으로, 할로아렌, 아렌카보나이트릴 등과 같은 다른 방향족 유도체로 전환된다.

아렌다이아조늄염은 공명에 의해서 안정화된다

아렌다이아조늄염이 알케인의 다이아조늄염에 비하여 안정화되는 이유는 공명과 질소를 잃고, 형성되는 아릴 양이온의 높은 에너지 때문이다. 방향족 π계를 이루고 있는 전자쌍 중의 한 쌍은 다이아조 작용기와 비편재화를 이룰 수 있으며, 벤젠 고리와 여기에 결합된 질소 사이의 이중 결합을 포함하는 전하가 분리된 공명 구조를 만들 수 있다.

Benzenediazonium 양이온의 공명

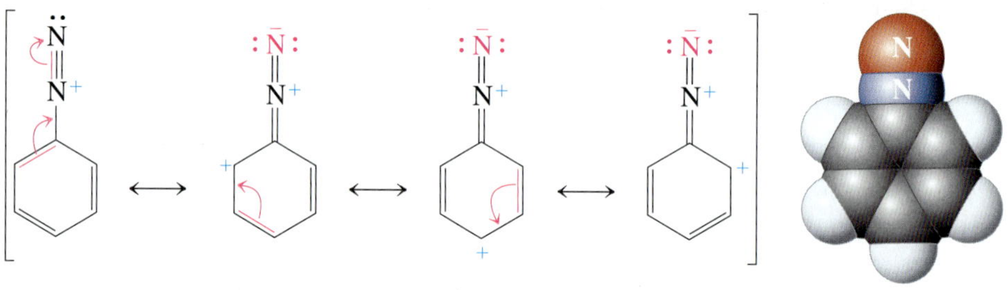

온도가 높아지면(> 50°C) 질소의 이탈이 일어나서 아주 반응성이 큰 페닐 양이온을 생성한다. 이 반응이 수용액 속에서 진행되면 페놀이 생성된다(22-4절).

왜 페닐 양이온은 반응성이 큰가? 결론적으로 페닐 양이온은 벤젠 고리의 한 부분 위에 있는 탄소양이온이다. 페닐 양이온은 페닐메틸(벤질) 양이온처럼 공명 안정화되지 않는가? 그림 22-5의 페닐 양이온의 분자 오비탈 그림에서 볼 수 있는 것처럼 답은 “아니다”이다. 양이온과 관련된 비어 있는 오비탈은 sp^2 혼성화되어 있으며, 일반적으로 방향족 공명 안정화에 기여하는 π 전자들에 대하여 **수직**(*perpendicular*) 방향으로 나열해 있다. 그러므로 비어 있는 오비

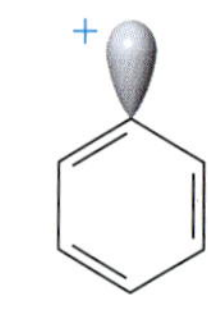

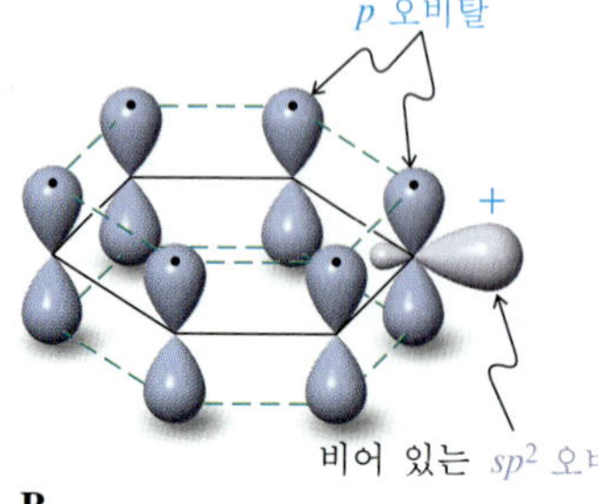

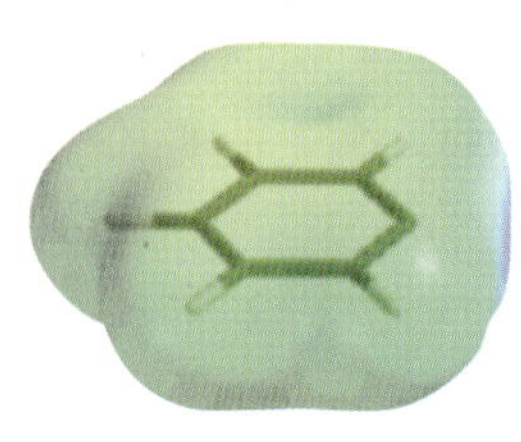

그림 22-5 (A) Phenyl 양이온의 선 구조. (B) Phenyl 양이온의 오비탈 그림. 비어 있는 sp^2 오비탈의 배열은 방향족 고리의 여섯 개의 π 전자 배치에 수직으로 놓여 있다. 그 결과 양 전하는 공명에 의한 안정화가 없다. (c) Phenyl 양이온의 정전기 퍼텐셜 지도에서 육원자 고리의 평면 내에서 양전하 부분에 전자가 소량으로 존재함(오른쪽 푸른색 부분)을 더욱 부각되도록 약하게 나타냈다.

탈은 π 결합의 전자들과 겹침이 불가능하며 양전하는 비편재될 수 없다. 더구나 양이온의 탄소는 벤젠 고리의 고정된 골격에 의해서 방해를 받는, 배열을 하고 있는 *sp* 혼성화를 더 선호한다. 여기에 유사한 그림을 사용하여 벤젠을 양성자이탈반응하여 상응하는 페닐 음이온을 생성하는 것이 어렵다는 것을 설명하였다(22-4절).

아렌다이아조늄염은 다른 치환된 벤젠으로 전환될 수 있다

아렌다이아조늄염이 물이 아닌 다른 친핵체가 존재하는 가운데 분해되면, 상응하는 친핵체가 치환된 벤젠이 생성된다. 예를 들면, 아렌아민(아닐린 계열)을 아이오딘화 수소(hydrogen iodide)의 존재하에서 다이아조화반응을 수행하면 해당하는 아이오도아렌 화합물이 얻어진다.

CHO, NH_2 $\xrightarrow{CH_3COOH,\ HI,\ NaNO_2}$ CHO, I (53%) + N_2

이와 같은 방법에 의한 다른 할로아렌을 얻기 위한 시도에서는 종종 부반응에 의해서 복잡한 생성물이 얻어진다. 이 문제를 해결하기 위하여 질소를 치환기인 할로젠으로 교환하는데에는 구리염[Cu(I)]이 존재하면 대단히 편리하다는 사실을 활용하였는데, 이것은 **Sandmeyer*** **반응(Sandmeyer reaction)**이다. 이 반응의 자세한 메커니즘은 복잡하며, 라디칼이 참여한다. 과량의 사이안화 포타슘(potassium cyanide)이 존재하는 가운데 다이아조늄염에 사이안화 구리(cuprous cyanide, CuCN)를 첨가하면 방향족 나이트릴 화합물이 얻어진다.

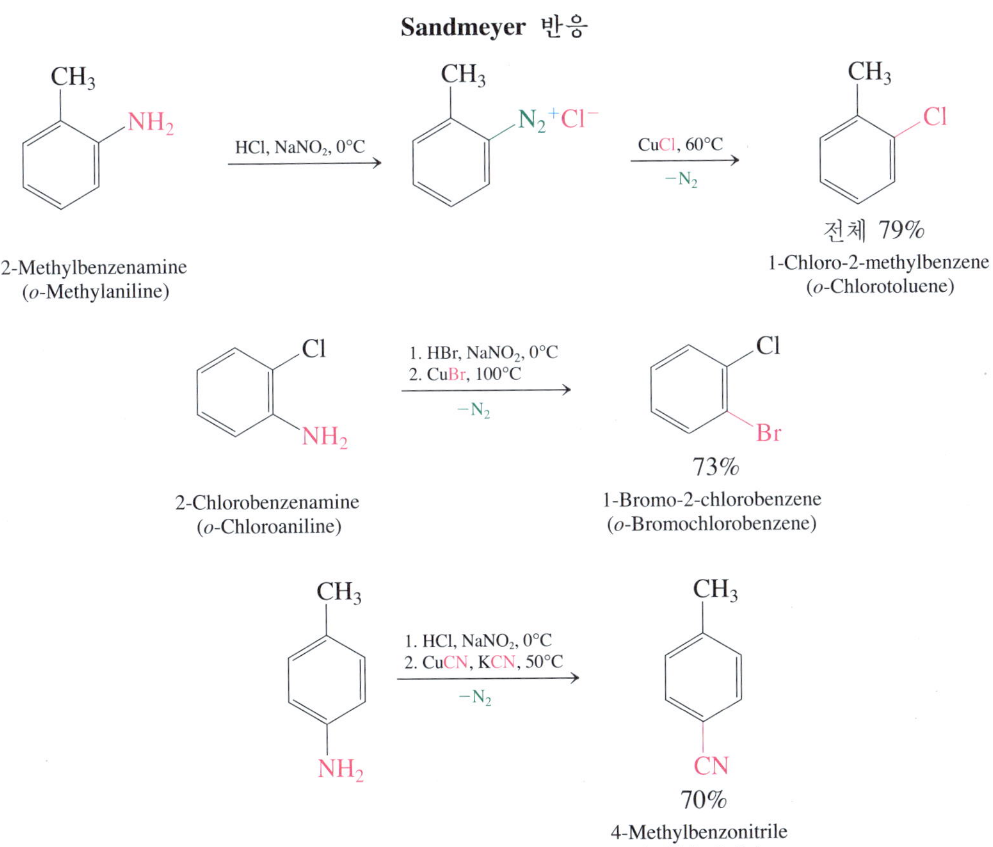

*Dr.Traugott Sandmeyer(1854~1922), Geigy Company, Basel, 스위스.

연습 문제 22-30

다음 화합물을 benzene으로부터 합성하는 방법을 제시하시오.

(a) (b) (c)

CN OH I CN SO_3H

다아아조늄기는 환원제에 의하여 제거될 수 있다. 다이아조화-환원으로 이어지는 반응은 아렌아민(아닐린)의 아미노기를 수소로 치환하는 방법이다. 이 반응에서 사용되는 환원제로는 수용액 하이포인산(hypophosphorous acid, H_3PO_2)이다. 이 방법은 특히 친전자성 방향족 치환반응(16-5절)에서 아미노기가 제거가 필요한 지향성 치환기로 사용되는 합성 반응에서 유용하다.

Diazonium기의 환원성 제거

CH_3 CH_3 CH_3

$NaNO_2, H^+, H_2O$ → $H_3PO_2, H_2O, 25°C$ / $-N_2$ →

Br Br Br

NH_2 N_2^+ H

85%

1-Bromo-3-methylbenzene
(*m*-Bromotoluene)

합성 전략에서 다이아조화반응을 이용하는 또 다른 예를 1,3-다이브로모벤젠(*m*-다이브로모벤젠)의 합성에서 나타냈다. 벤젠으로부터 직접 친전자성 브로민화반응에 의한 1,3-다이브로모벤젠의 합성은 바람직하지 못하다. 먼저 첫 번째 브로민화반응 후에 두 번째의 브로민화반응은 오쏘나 파라 위치로 공격하게 된다. 이 경우 필요한 것은 마지막에는 브로민으로 전환이 가능한 메타 지향성 치환기이다. 나이트로기는 이 목적에 알맞은 치환기이다. 벤젠에 두 번의 나이트로화반응을 수행하면 1,3-다이나이트로벤젠(*m*-다이나이트로벤젠)이 얻어진다. 이것을 환원(16-5절)하면 벤젠다이아아민이 되며, 얻어진 벤젠다이아아민은 다이할로 유도체로 전환할 수 있다.

다이아조화반응 전략을 이용한 1,3-dibromobenzene의 합성

NO_2 NH_2 Br

HNO_3, H_2SO_4, Δ → H_2, Pd → 1. $NaNO_2, H^+, H_2O$ 2. CuBr, 100°C →

NO_2 NH_2 Br

연습 문제 22-31

Benzene으로부터 1,3,5-tribromobenzene을 합성하는 방법을 제시하시오.

요약 아렌다이아조늄염은 공명 구조를 가지기 때문에 알칸다이아조늄염보다 안정하며, 페놀을 합성하는데 이용될 뿐만 아니라 할로아렌, 아렌카보나이트릴과 질소 기체를 내놓고, 방향족으로 환원되는 반응의 출발물로도 사용된다. 이들 반응에서의 몇 가지 중간체는 아릴 양이온으로 전자적으로 어떠한 안정도를 가지지 않기 때문에, 대단히 반응성이 크며, 복잡한 반응 메커니즘으로 진행된다. 이 방법으로 아렌다이아조늄염을 전환하여 위치선택성으로 치환된 벤젠을 합성하는 대단히 중요한 의미를 가지고 있다.

22-11 아렌다이아조늄염의 친전자성 치환반응: 다이아조 짝지음

양전하를 띤 아렌다이아조늄 이온은 친전자성이다. 비록 친전자체로서의 반응성은 크지 않지만, 기질이 페놀이나 벤젠아민(아닐린)과 같이 활성화된 아렌 치환기일 경우 친전자성 방향족 치환반응을 수행한다. 이 반응을 **다이아조 짝지음(diazo coupling)** 반응이라고 하며, 생성물로서 대단히 강한 색을 나타내는 화합물을 주게 되는데, 이를 **아조 염료(azo dye)**라고 한다. 예를 들면, *N,N*-다이메틸벤젠아민(*N,N*-다이메틸아닐린)과 벤젠다이아조늄을 반응시키면 밝은 오렌지색의 염료인 노란 버터색이 생성된다. 이 화합물은 한때 식품 착색체로 사용된 적이 있으나, 지금은 암을 일으키는 화합물로 판단되어 미국 식품의약국에 의해서 사용이 금지되었다.

염료는 섬유 산업에서 중요한 첨가 물질이다. 아조 염료는 여전히 널리 쓰이고 있는 물질이기는 하지만, 점차 그 흥미를 잃어 가고 있다. 그 이유는 몇 가지 아조 염료는 분해되어 암 발생물질인 benzenamine으로 된다는 사실이 알려졌기 때문이다.

다이아조 짝지음

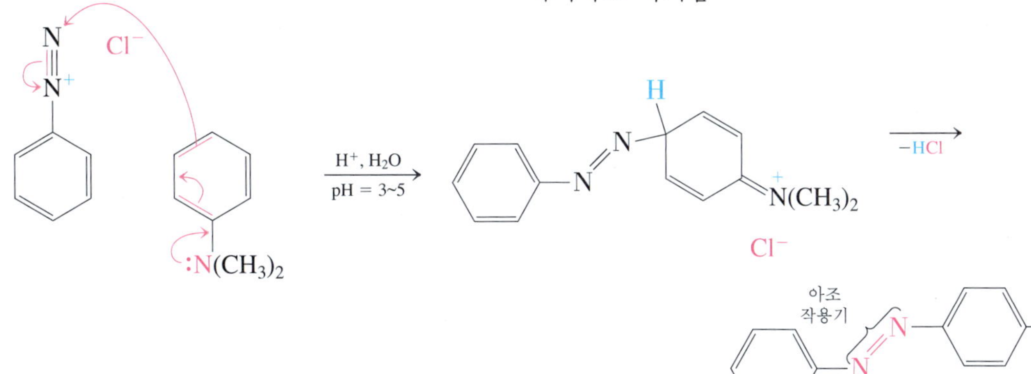

4-Dimethylaminoazobenzene
(*p*-Dimethylaminoazobenzene, 노란 버터색)

섬유 산업에서 사용되는 염료는 물에 용해가 가능한 설폰산기를 포함하고 있다. 염료의 설폰산기는 섬유가 가진 고분자 골격 위의 전하를 띤 부분과 이온 결합을 하여 염료 분자가 섬유에 달라붙게 한다.

공업적 염료

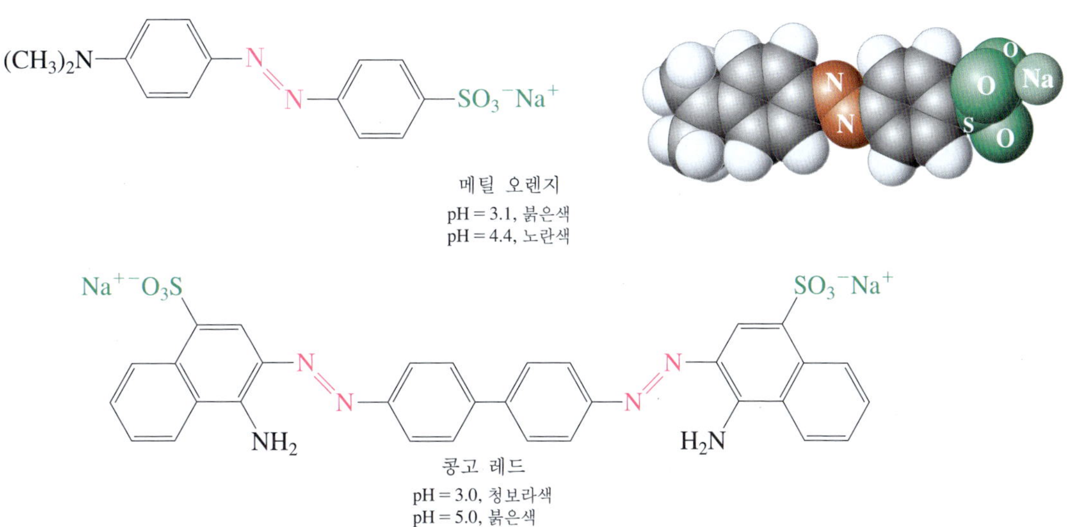

메틸 오렌지
pH = 3.1, 붉은색
pH = 4.4, 노란색

콩고 레드
pH = 3.0, 청보라색
pH = 5.0, 붉은색

연습 문제 22-32

Benzenediazonium chloride와 다음의 분자가 다이아조 짝지음 반응을 하여 생성되는 화합물의 구조식을 쓰시오. **(a)** Methoxybenzene, **(b)** 1-chloro-3-methoxybenzene, **(c)** 1-(dimethylamino)-4-(1,1-dimethylethyl) benzene (**힌트**: 다이아조 짝지음 반응은 입체 효과에 대단히 민감하다).

화학 이야기 22-4

William Perkin과 공업화학과 의약화학의 기원

William Perkin*은 1851년 London 학교의 13세 학생이었다. 그의 스승인 Thomas Hill은 Perkin이 과학에 흥미를 가지며, 소질이 있다는 것을 알게 되었으며, 한편 그를 가르치는 것에 대하여 자신에 대한 능력의 한계를 깨달았다. 따라서 Hall은 Perkin을 Royal 공과대학의 강의에 참여하여 전설적인 과학자인 Michael Faraday†의 강연을 듣도록 독려하였다. 불과 몇 년 전에 Faraday와 다른 연구자들은 Liebig††가 영국의 화학 연구에 대한 지원이 한심하다는 냉혹한 비판을 한 덕택에 Royal 화학대학으로부터 자금을 지원받게 되었다. Liebig의 훌륭한 수제자인 August von Hofmann‡‡이 이 학교의 첫 번째 책임자로 임용되었다.

1850년대의 영국은 세계에서 가장 더럽고, 가장 오염된 도시였을 것이다. London은 석탄 추출물로부터 만들어진 가스불을 사용하고 있었다. 추출 후 남은 찌꺼기는 엄청난 양의 콜타르였으며, 이들 대부분은 London 시내의 개울과 강에 버려졌다. 하지만 Hofmann은 요청하기만 하면 한통 가득 얻을 수 있는 이 콜타르 속에, 아주 훌륭한 화합물인 방향족 아민이 포함되어 있음을 발견하였다.

1956년 Perkin은 Hofmann의 실험실에서 연구를 시작하였다. 그 시절에 영국은 말라리아가 만연하고 있었으며(실제 전 세계적으로 만연함), 치료제는 오직 남아메리카의 기나피 나무에서 추출되는 퀴닌밖에 없었다. Perkin은 퀴닌의 분자식이 $C_{20}H_{24}N_2O_2$라는 사실을 알고 있었으며, 한편 Hofmann은 나프탈렌아민 $C_{10}H_9N$을 포함한 몇 가지 탄소 열 개를 가진 아민을 콜타르에서 추출하였다. 분자 구조에 대한 아무런 지식도 없이 Perkin은 콜타르로부터 얻어진 열 개의 탄소로 이루어진 방향족 아민을, 산화성 이합체화반응으로 퀴닌의 합성을 시도하였다. 환경 오염의 주범인 물질을 절대적으로 필요한 의약품으로 전환시키는 일이 얼마나 유익한 것인지 말할 필요도 없을 것이다. Perkin은 실험으로부터 검은색의 혼합물을 얻었으며, 이를 추출하여 밝은색의 가루를 얻었다. 더 많은 아민을 이용하여 실험을 계속 진행하였고, 결국에는 아민의 혼합물로 실험을 하였다. Perkin은 실험 과정에서 우연히 반짝이는 자주색의 물질을 얻을 수 있었으며, 이름을 "mauve"라고 지었다.

처음에 Perkin이 원했던 화합물이 아니긴 하였지만, 그 물질은 그를 부자로 만들었다. 왜냐하면 아주 단기간에 Perkin의 mauve를 기본으로 한 염료가 전 세계의 패션으로 전환되었기 때문이다. 그 이전에는 자주색 염료로는 오직 지중해의 두 곳에서 발견되는 연체동물류의 껍질에서 얻어졌으며, 이것은 사용료를 지불해 왔기 때문에 "Royal purple"이라고 불렀다. 이렇게 하여 합성 염료가 탄생하였으며, 처음으로 과학적으로 화학을 기본으로 한 대량생산이 이루어지게 되었다.

특이하게도 영국 Sunderland 대학교의 Otto Meth-Cohn 교수와 학부생인 Mandy Smith가 발표한 논문이 나오기까지는, Perkin의 mauve는 그 구조가 밝혀지지 않았다. 반응에서 형성되는 염료의 주 성분물질은 다음과 같다.

$$2\ \text{(aniline)} + \text{(4-methylaniline)} + \text{(2-methylaniline)} \xrightarrow{K_2Cr_2O_7,\ H_2SO_4,\ H_2O} \text{mauve}$$

* William Henry Perkin 경(1838 ~ 1907), Royal 대학 화학과, London, 영국

† 벤젠을 발견한 Faraday와 동일 인물임(15장 시작 부분).

†† Baron Justus von Liebig(1803 ~ 1873), Munich 대학교, 독일

‡‡ Hofmann 규칙(11-6절)과 Hofmann 재배열반응(20-7절)의 연구자와 동일 인물임.

요약 아렌다이아조늄 양이온은 다이아조 짝지음 반응에 의해서 활성화된 벤젠과 반응하여, 대부분 아주 짙은 색상을 나타내는 아조벤젠 화합물을 생성한다.

요점

이 장은 벤젠 고리와 벤젠에 알킬, 하이드록시, 아미노, 다양한 치환된 아미노기를 가지는 화합물 사이의 역할을 완전히 이해하도록 하였다. 치환기의 관점에서 이들 치환기들이 고리를 활성화시키는가 비활성화시키는가 하는 전자적 성격(16장: 22-4절, 22-6절)과 아울러 위치한 치환기들이 친전자체 및 친핵체와의 반응이 있을 때의 위치를 조절하는 방법을 기술하고 있

이 반응의 과정에는 몇 가지 아민 출발물이 C_6H_5NO와 같은 나이트로소벤젠으로 산화된 다음, 나이트로소 화합물과 다른 아민 사이의 산촉매에 의한 친전자성 방향족 치환반응이 포함되어 있다.

모델인 Linda Evangelista가 Christian Dior의 가을 패션쇼에서 레이스가 달린 mauve (엷은 자주색 염료) 드레스를 입고 있다. λ_{max} = 550 nm

Perkin의 발견은 말라리아의 치료에는 도움을 주지 못했지만, 의학에는 큰 영향을 미쳤다. 1860년경 박테리아학 창시자 중의 한명인 Robert Koch*는 감염된 양의 피 속에서 발견된 현미경의 그림으로 보면, 둥근 모양인 탄저병을 일으키는 균에 대한

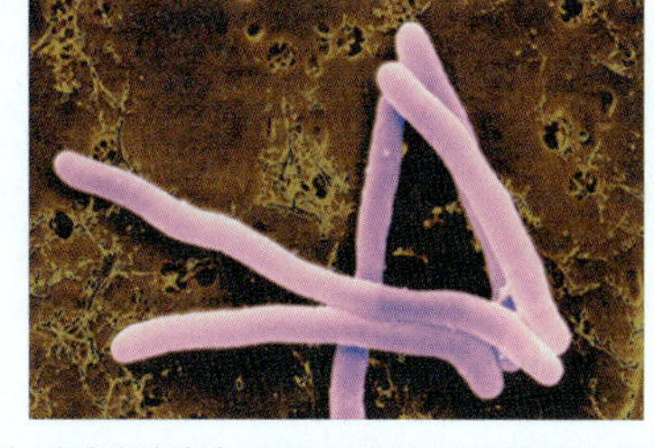

흙 속에서 발견된 미세박테리아 피지 부분의 전자현미경 사진. 이 박테리아는 미세 박테리아 결핵균에 의해 발생되는 결핵 연구의 모형으로 이용된다. 사진 폭: 8.38×10^{-6} m.

연구를 시작하고, 보고서를 내었다. Robert Koch는 박테리아 군체를 기르고 자라게 하는 실질적인 기술을 개발하였다. 이 기술은 일찍이 Pasteur에 의해서 도입된 개념으로 한 번도 증명된 적이 없이 전해져 내려온 것이다. Koch는 결핵, 결막염, 아메바성 아질 그리고 콜레라를 일으키는 미생물을 발견하고자 노력하였으며, 그의 결과를 뒷받침하는 훌륭한 현미경 사진을 출판물에 게재하였다. 19세기의 지난 수십 년이 지나면서 Paul Ehrlich†는 Perkin의 염료가 세포의 염색에 사용될 수 있으며, 이것을 적용하여 Koch의 결핵 병원균을 더 선명하게 볼 수 있다는 것을 보고하였다. Ehrlich는 염색 현상은 화학적인 반응으로서 염료가 다른 미생물을 염색시키면 전혀 다르게 나타난다는 것을 알게 되었다. Ehrlich는 몇몇 염료의 경우 박테리아에게 독의 효과를 나타내어 싸우는 치료제로서 사용될 수 있음을 발견하게 되었고, 이로 인하여 화학요법 분야의 선구자로서 그리고 면역학이 크게 발전할 수 있도록 기여하였다. 1910년 Ehrlich는 세계적으로 골치 아픈 질병인 매독균에 대항하는 효과적인 약물을 처음으로 개발하였다. Ehrlich의 연구는 생화학, 세포 생물학 그리고 의약화학의 분야가 탄생하는 계기를 만들었다. 따라서 일찍이 반세기 전에 개발된 Perkin의 연구가 세계의 유행을 변화시키는 그 이상의 결과를 가져오게 되었다. 연구의 결과는 세계를 변화시킨다.

* H. H. Robert Koch 교수 (1843 ~ 1910) Göttingen 대학교, 독일, 1905년 노벨상 수상 (생리학 또는 의약)

† Paul Ehrlich (1854 ~ 1915) 실험 요법 연구소, Frankfurt, 독일, 1908년 노벨상 수상 (생리학 또는 의약)

다. 이러한 반응에서 벤젠 고리는 그것의 감응 능력으로 인하여 결합된 핵 위의 특별한 반응성을 가지는 한 부분이 된다. 책의 중요한 주제를 반복하여 다른 말로 표현하면 치환된 방향족 화합물의 구조가 그 화합물의 기능을 결정한다. 여러 관점에서 이러한 경향성은 비편재된 계의 화학 (14장) 에 방향족의 특징 (15장) 이 더해진 화학의 간단한 연장이다.

다음 장에서는 같은 분자 내에 각기 다른 두 개의 작용기를 가진 화합물에 대한 공부를 계속할 것인데, 그중의 하나가 카보닐기이다. 24장에서는 카보닐기와 여러 개의 하이드록시기를 포함하는 화합물과 그들의 생물학적인 역할에 관한 공부를 하게 될 것이다. 그리고 나서 25장과 26장에서 여러 작용기를 가지는 화합물의 생물학적인 중요성을 결론지을 것이다.

통합 문제

22-33. 5-Amino-2,4-dihydroxybenzoic acid A는 의학적인 가치가 있는 천연물의 합성에서 중요한 중간체이다(22-3절). Methylbenzene (toluene)으로부터 합성하는 방법을 제시하시오.

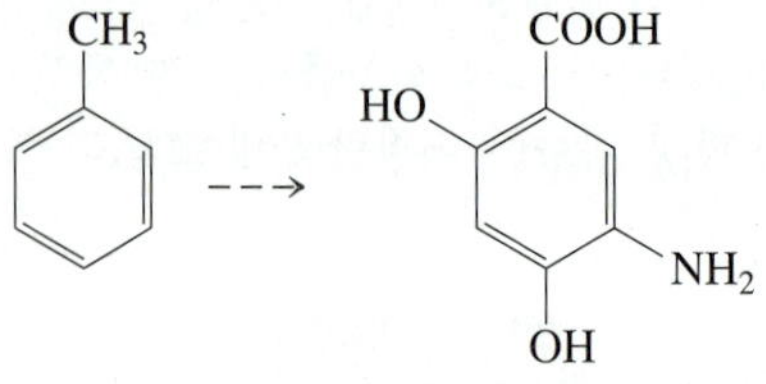

CH_3 COOH HO NH_2 OH

A

풀이

이 문제는 목표 화합물인 벤젠 유도체의 치환 형태를 조절하는 것에 관하여 여러분이 배운 16장의 내용을 전문가적인 수준에서 검토하는 것으로, 반응의 범위를 많이 확장한 것이다. 중요한 점은 치환기의 오쏘, 파라, 메타에 대한 위치지향성을 정확히 인지하는 것(16-2절)과 상호변환이다(16-5절).

화합물 A의 역합성적인 분석에서 하나의 탄소를 가진 카복시기는 출발물의 methyl기로부터 전이될 수 있다(22-2절의 산화)는 것이 쉽게 파악된다. 하나의 탄소를 가진 치환기에서 오쏘, 파라 위치에 두 개의 하이드록시 작용기를 도입(화합물 B는 나이트로화반응–환원반응–다이아조화반응–가수분해반응으로 얻어진다. 22-4절, 22-10절)하기 위해서는 출발물을 사용해야 함을 알 수 있다(역합성 1). 화합물 A에서 C3 위치의 아미노화반응(화합물 C는 나이트로화반응–환원반응으로 얻어진다)은 메타 지향성이며, 위치적으로 활용이 가능하다(역합성 2).

역합성 1

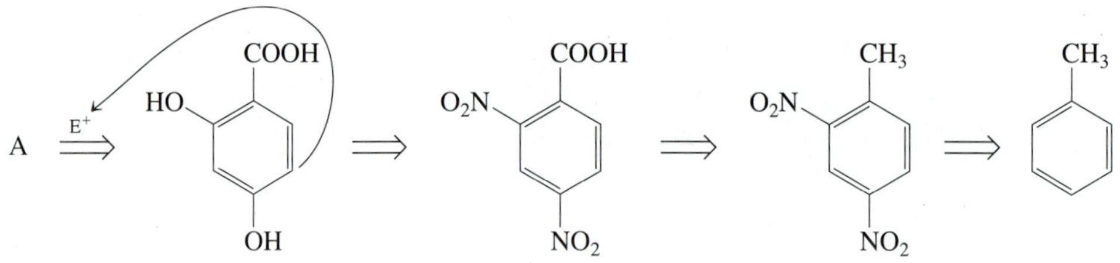

A $\overset{E^+}{\Longrightarrow}$ COOH HO OH **B** $\Longrightarrow$ COOH O_2N NO_2 $\Longrightarrow$ CH_3 O_2N NO_2 $\Longrightarrow$ CH_3

역합성 2

A $\overset{E^+}{\Longrightarrow}$ COOH NH_2 **C** $\Longrightarrow$ COOH NO_2 $\Longrightarrow$ COOH $\Longrightarrow$ CH_3

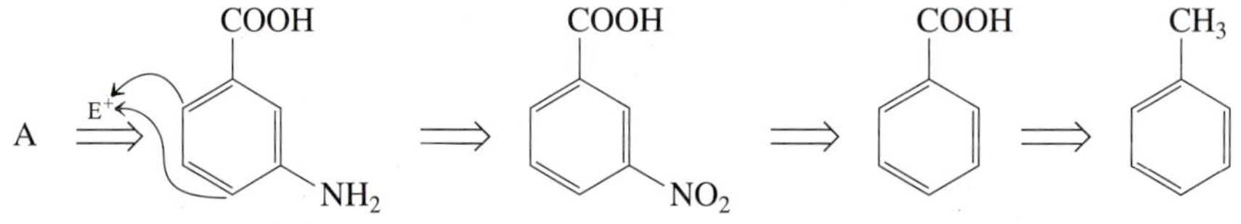

여기서 문제는 화합물 B와 C가 화합물 A의 합성에 효과적인 전구체가 되는가? 하는 것이다. 답은 "그렇다"이다. 화합물 B의 나이트로화반응은 두 개의 하이드록시 작용기에 대하여 오쏘, 파라 위치인 원하는 위치(목표 화합물의 C3 위치)에서 일어나며, 이 위치는 화합물 A에서 질소가 있어야 되는 위치이다. 두 OH기 사이의 친전자체의 공격은 입체적으로 장애가 있으므로 어렵다(16-5절). 다른 방법으로서 화합물 C의 아미노기는 보호기로서 아마이드를 도입하고, 친전자성 치환반응을 수행하면 입체 장애가 적은 오쏘와 파라 위치에 원하는 치환기가 도입된 화합물이 얻어진다. 제안된 실질적인 합성 과정을 다음에 나타내었다.

합성 1

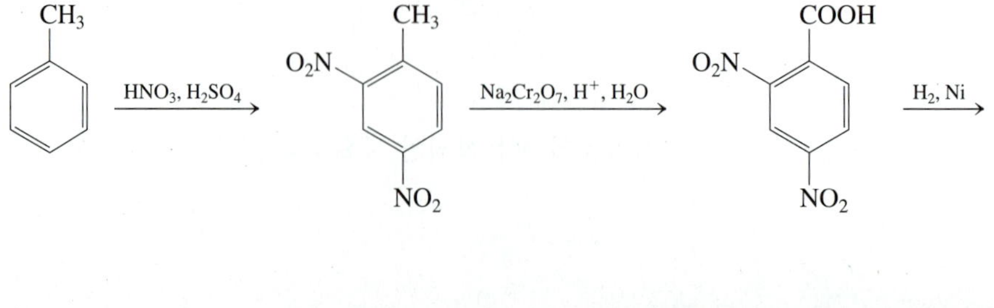

CH_3 $\xrightarrow{HNO_3,\ H_2SO_4}$ CH_3 O_2N NO_2 $\xrightarrow{Na_2Cr_2O_7,\ H^+,\ H_2O}$ COOH O_2N NO_2 $\xrightarrow{H_2,\ Ni}$

합성 2

22-34. 일찍이 개발된 정제(4-7절, 화학 이야기 4-3)의 주요 반응은 아래에 나타낸 "다이엔온-페놀" 재배열반응이다. 메커니즘을 제시하시오.

풀이

이 문제는 산촉매화된 재배열반응에서 알킬(methyl)기의 이동 형태를 포함하는 메커니즘에 관한 것이다. 친숙하게 느껴지는 문제인가? 9-3절의 탄소양이온 재배열반응을 돌아보라. 출발물로부터 어떻게 적당한 탄소양이온을 얻을 수 있을까? 답: 카보닐기를 양성자첨가반응하여 공명 안정화된 hydroxypentadienyl 탄소양이온을 만들어라(14-6절, 14-7절, 연습 문제 18-22).

다이엔온 작용기의 양성자첨가반응

두 공명 구조(모두 그려보라)에서 methyl기의 인접한 위치에 양전하가 위치한다. 이 경우 A형의 구조만이 방향족화에 의한 생성물을 얻을 수 있으므로, 전체적인 반응을 지배하는 주요한 힘이 되어서 화합물 A만이 "생성"된다.

Methyl의 재배열과 **phenol** 형성

새로운 반응식

벤질자리 공명

1. 라디칼 할로젠화반응 (22-1절)

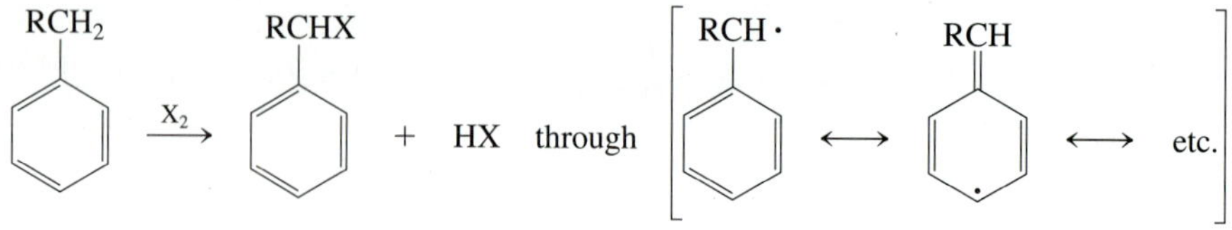

RCH_2 $RCHX$ X_2 + HX through $RCH\cdot$ ⟷ RCH ⟷ etc.

열, 빛, 라디칼 개시제가 필요함

벤질자리 라디칼

2. 가용매분해반응 (22-1절)

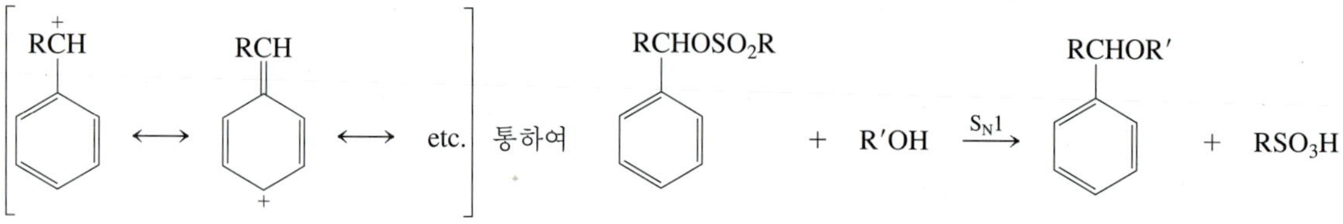

$R\overset{+}{C}H$ ⟷ RCH ⟷ etc. 통하여 $RCHOSO_2R$ + R′OH $\xrightarrow{S_N1}$ RCHOR′ + RSO_3H

벤질자리 양이온

3. (할로메틸) 벤젠의 S_N2 반응 (22-1절)

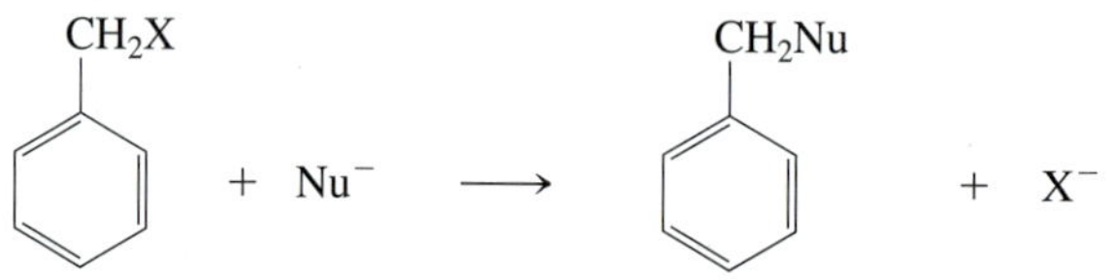

CH_2X + Nu^- ⟶ CH_2Nu + X^-

비편재를 통한 전이 상태

4. 벤질자리 양성자이탈반응 (22-1절)

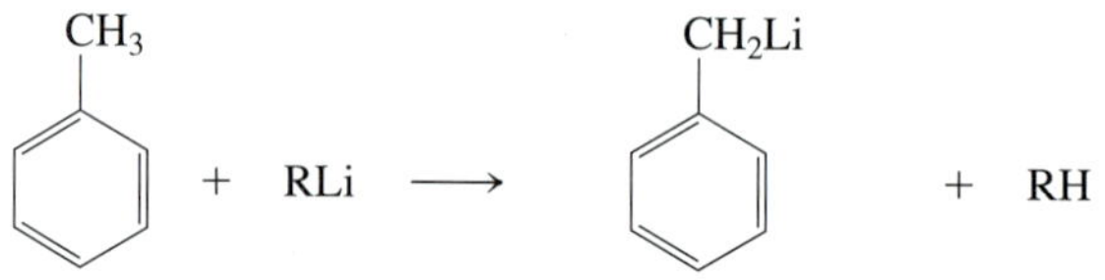

CH_3 + RLi ⟶ CH_2Li + RH

$pK_a \approx 41$

Phenylmethyllithium (Benzyllithium)

방향족 곁사슬의 산화반응과 환원반응

5. 산화반응 (22-2절)

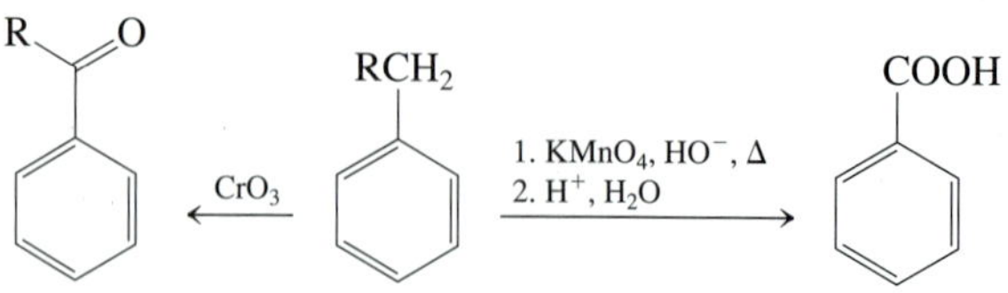

R, O $\xleftarrow{CrO_3}$ RCH_2 $\xrightarrow{1.\ KMnO_4,\ HO^-,\ \Delta;\ 2.\ H^+,\ H_2O}$ COOH

벤질자리 알코올

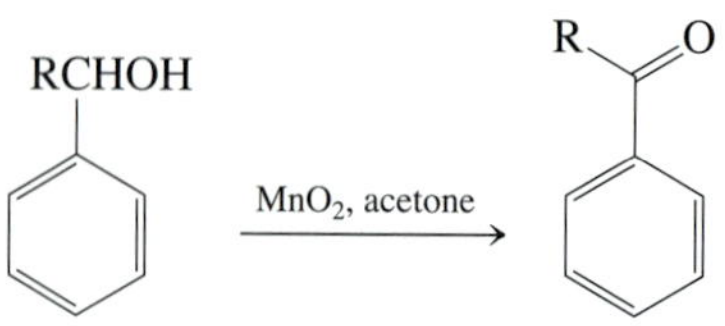

RCHOH $\xrightarrow{MnO_2,\ acetone}$ R, O

6. 가수소분해반응에 의한 환원반응 (22-2절)

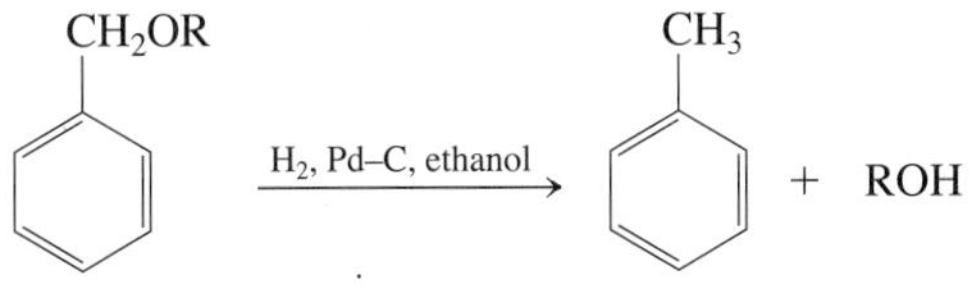

CH_2OR →(H₂, Pd–C, ethanol) CH_3 + ROH

$C_6H_5CH_2$는 ROH에 대한 보호기이다

페놀과 입소 치환반응

7. 산도 (22-3절)

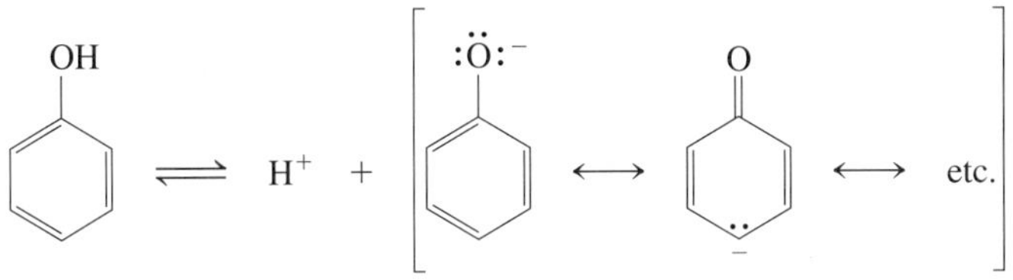

OH ⇌ H^+ + [$:\ddot{O}:^-$ ⟷ O ⟷ etc.]

$pK_a \approx 10$

보통의 알칸올보다 훨씬 강한 산이다.

Phenoxide 이온

8. 친핵성 방향족 치환반응 (22-4절)

Cl, NO_2, NO_2 →(Nu:⁻) Cl, Nu, NO_2, NO_2 → Nu, NO_2, NO_2 + Cl^-

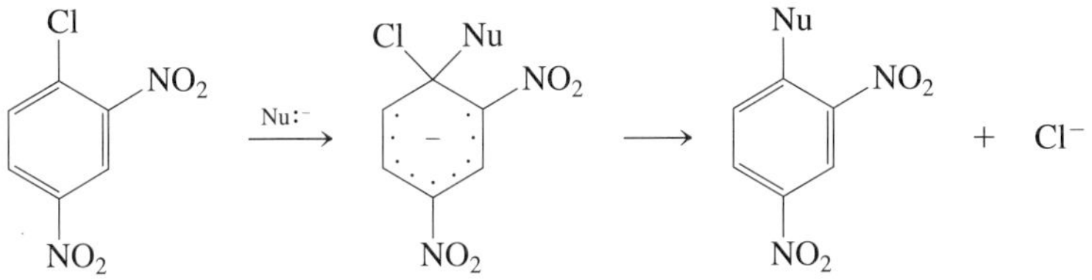

입소 위치에서의 친핵성 공격

9. 벤자인 중간체를 통한 방향족 치환반응 (22-4절)

Cl →($NaNH_2$, 액체 NH_3; − NaCl) [ ] →(NH_3) NH_2

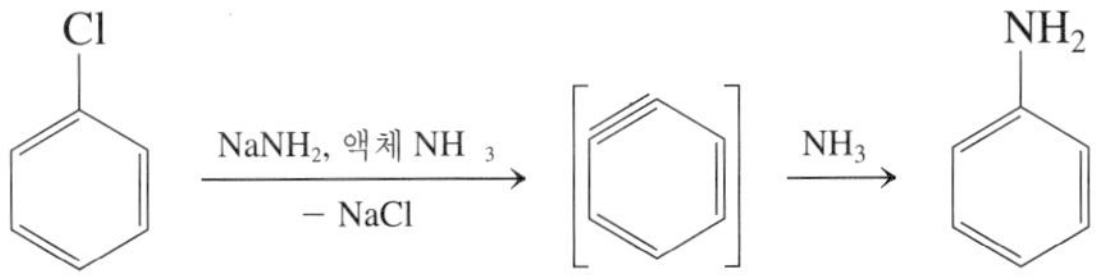

입소와 오쏘 두 위치에서의 친핵성 공격

X →(1. NaOH, Δ; 2. H^+, H_2O) OH

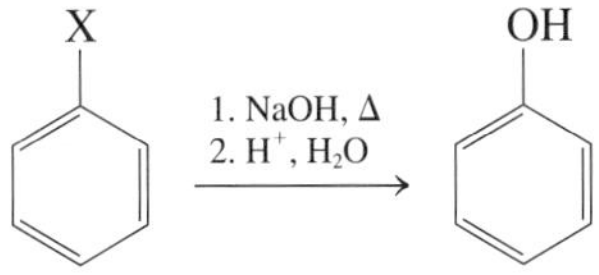

10. 아렌다이아조늄염의 가수분해반응 (22-4절)

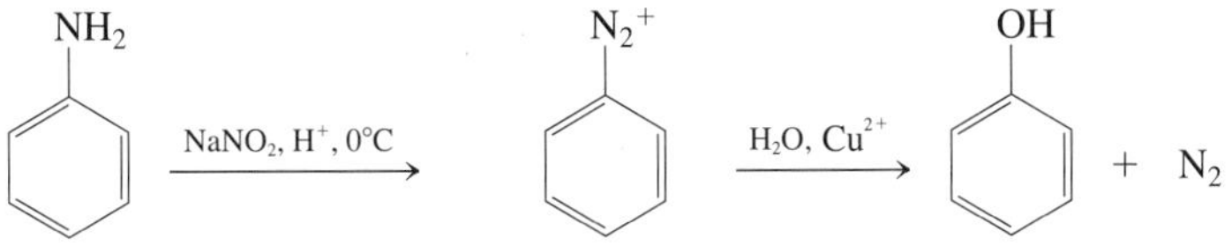

NH_2 →($NaNO_2$, H^+, 0°C) N_2^+ →(H_2O, Cu^{2+}) OH + N_2

Benzenediazonium 양이온

11. Pd 촉매를 이용한 치환반응

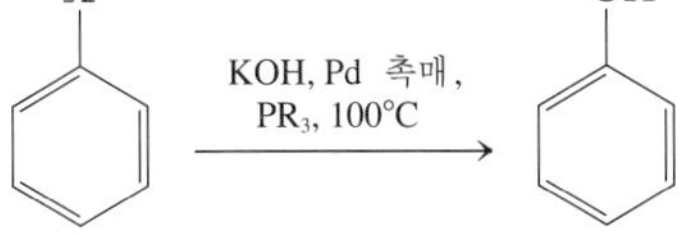

X →(KOH, Pd 촉매, PR_3, 100°C) OH

페놀과 알콕시벤젠의 반응

12. 에터 분해 (22-5절)

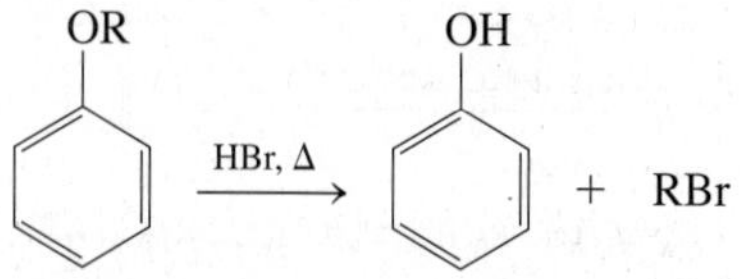

OR, HBr, Δ → OH + RBr

아릴의 C–O 결합은 끊어지지 않음

13. 에터 형성 (22-5절)

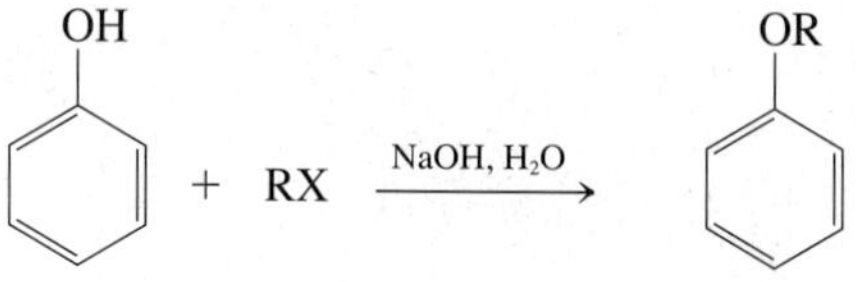

OH + RX, NaOH, H_2O → OR

Alkoxybenzene

Williamson 방법 (9-6절)

14. 에스터화반응 (22-5절)

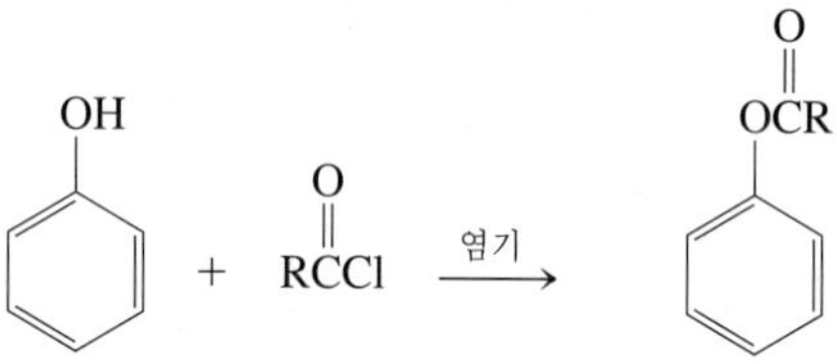

OH + RCCl (O), 염기 → OCR (O)

Phenyl alkanoate

15. 친전자성 방향족 치환반응 (22-6절)

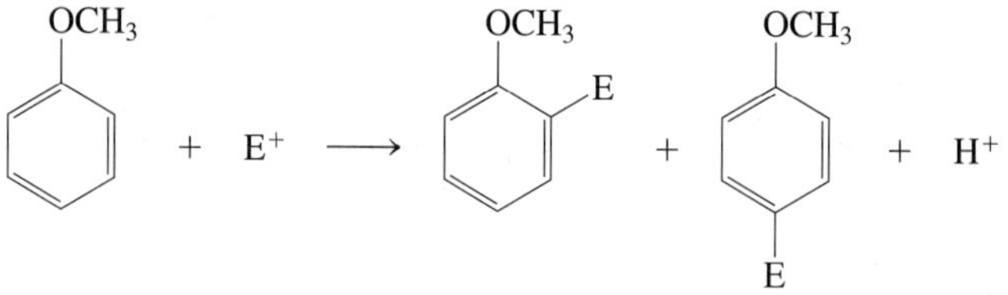

OCH_3 + E^+ → OCH_3, E + OCH_3, E + H^+

16. 페놀성 수지 (22-6절)

OH + $CH_2{=}O$, NaOH → OH, CH_2OH, HO^-, $-H_2O$ →

O, CH_2 — OH, NaOH → OH, OH → → 고분자

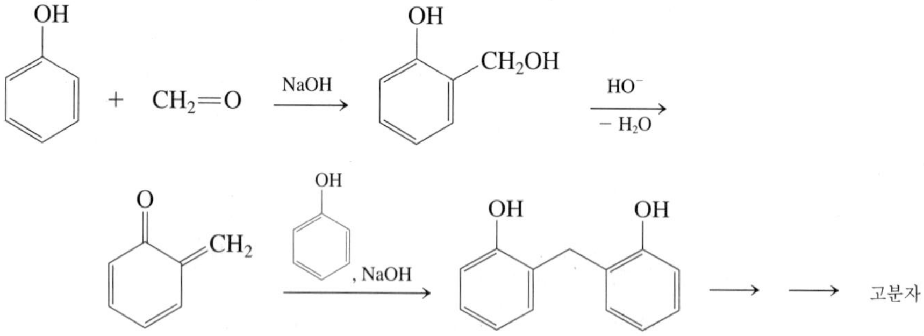

17. Kolbe 반응 (22-6절)

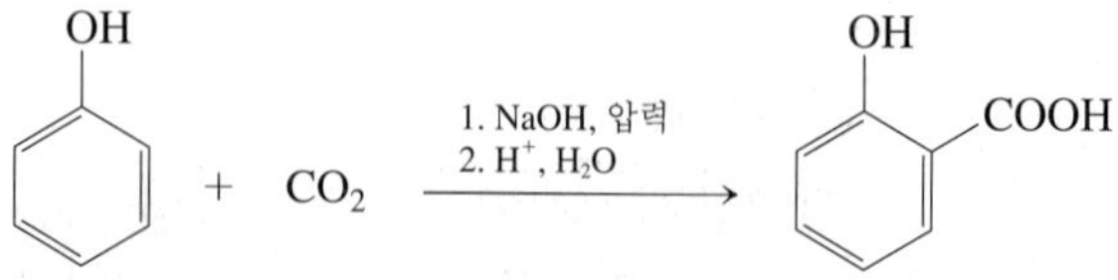

OH + CO_2, 1. NaOH, 압력 2. H^+, H_2O → OH, COOH

18. Claisen 재배열반응 (22-7절)

방향족 Claisen 재배열반응

$\xrightarrow{\Delta}$ H $\longrightarrow$ OH

지방족 Claisen 재배열반응

O $\longrightarrow$ O H

19. Cope 재배열반응 (22-7절)

R $\longrightarrow$ R

20. 산화반응 (22-8절)

OH OH $\xrightarrow{Na_2Cr_2O_7,\ H^+}$ O O

2,5-Cyclohexadiene-1,4-dione
(*p*-Benzoquinone)

21. 2,5-사이클로헥사다이엔-1,4-다이온 (*p*-벤조퀴논) 의 콘쥬게이션 첨가반응 (22-8절)

O O + HCl $\longrightarrow$ OH Cl OH

22. 2,5-사이클로헥사다이엔-1,4-다이온 (*p*-벤조퀴논) 의 Diels-Alder 고리화첨가반응 (22-8절)

O O + $\longrightarrow$ O H H O

23. 지방의 퍼옥시화반응 (22-9절)

H H C R R′ $\xrightarrow{O_2,\ \text{라디칼 사슬 반응}}$ H OOH C R R′ $\xrightarrow{\text{알콕시 라디칼로 토막내기 한 다음 } \beta\text{-절단}}$ 4--hydroxy-2-alkenal 같은 독성 물질

24. 항산화제에 의한 저해 (22-9절)

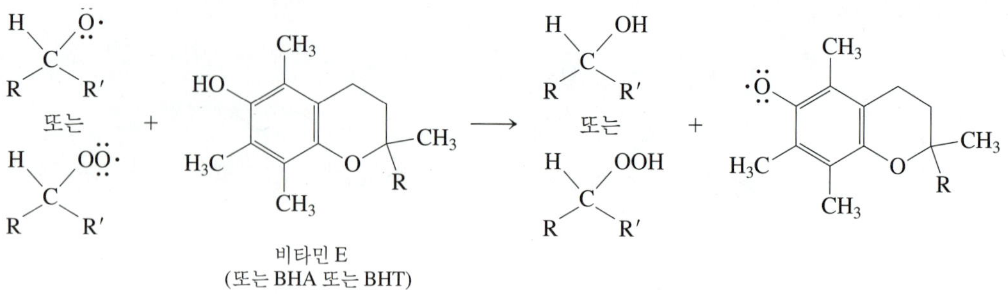

비타민 E
(또는 BHA 또는 BHT)

25. 항산화제로서의 비타민 C (22-9절)

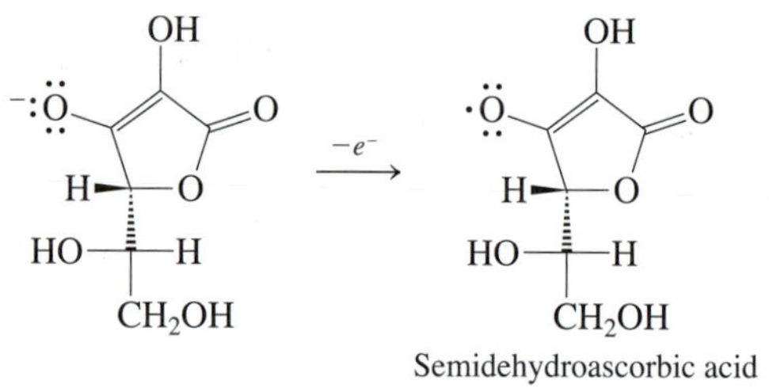

Semidehydroascorbic acid

아렌다이아조늄염

26. Sandmeyer 반응 (22-10절)

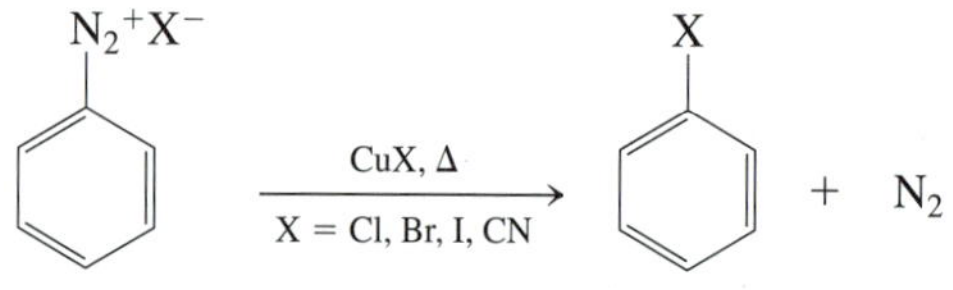

CuX, Δ
X = Cl, Br, I, CN

27. 환원반응 (22-10절)

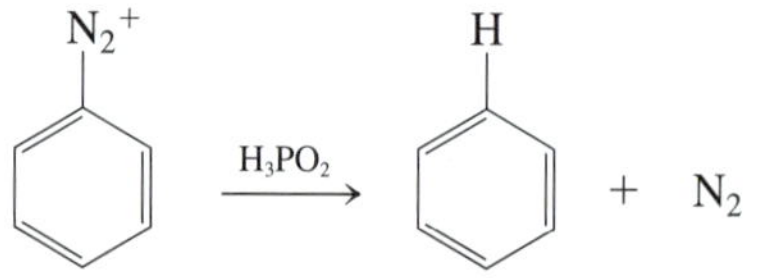

H_3PO_2

28. 다이아조 짝지음 (22-11절)

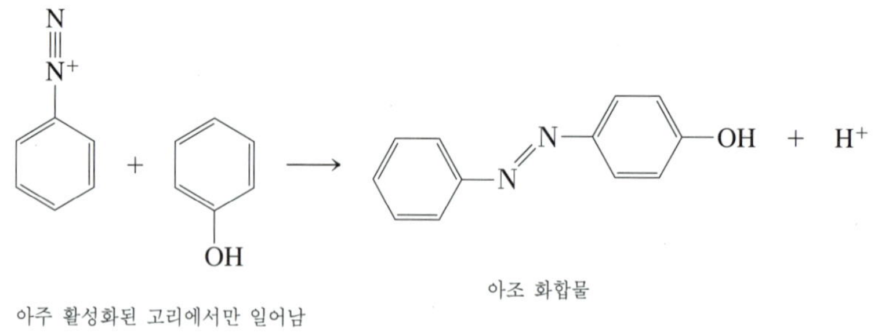

아주 활성화된 고리에서만 일어남

아조 화합물

중요한 개념

1. 페닐메틸과 다른 **벤질자리 라디칼, 양이온** 및 **음이온**은 이들의 중심과 벤젠의 π계가 **공명**에 의하여 안정화된 반응성이 큰 중간체이다.
2. **친핵성 방향족 입소 치환반응**은 공격하는 화학종의 친핵성도가 크고, 고리 위에 전자 끄는기가 많이 있을 때 잘 일어난다. 특히 전자 끄는기가 공격하는 위치의 오쏘와 파라 위치에 있을 때 더 잘 일어난다.
3. **벤자인**은 삼중 결합을 형성하는 *sp* 혼성화된 탄소의 변형으로 불안정하다.
4. **페놀**은 방향족의 엔올로서 하이드록시기의 반응과 방향족 반응을 모두 수행한다.

5. **벤조퀴논**과 벤젠다이올은 실험실과 자연에서 산화환원 짝으로서의 기능을 가진다.

6. 비타민 E와 여러 치환기를 가진 BHA와 BHT는 **지방의 라디칼 연쇄 산화반응**의 저해제로서의 기능을 가진다. 비타민 C도 역시 항산화제이며, 세포막의 표면에서 비타민 E를 재생하는 능력을 가지고 있다.

7. **아렌다이아조늄 이온**은 방향족 고리 내에 비편재화가 불가능한 양전하를 가지는 **아릴 양이온**을 생성한다.

8. 아미노기는 직접적인 친전자성 방향족 치환반응에 사용할 수 있으며, 반응 후에 다이아조화반응과 치환반응 및 환원반응에 의해서 교체된다.

문제

35. 다음의 각 반응에서 주생성물을 적으시오.

(a) CH_2CH_3 (benzene ring) $\xrightarrow{Cl_2(1당량),\ h\nu}$ **(b)** (tetralin) $\xrightarrow{NBS\ (1당량),\ h\nu}$

36. 문제 35 (b) 의 반응 메커니즘을 적으시오.

37. 다음의 화합물을 ethylbenzene으로부터 합성하는 방법을 적으시오. **(a)** (1-Chloroethyl) benzene, **(b)** 2-phenylpropanoic acid, **(c)** 2-phenylethanol, **(d)** 2-phenyloxacyclopropane.

38. Chloromethyl benzene (benzyl chloride) , 1- (choloromethyl) -4-methoxybenzene (4-methoxybenzyl chloride) , 1- (chloromethyl) -4-nitrobenzene (4-nitrobenzyl chloride) 으로부터 만들어진 세 가지의 벤질 자리 탄소양이온의 상대적인 안정도를 예상하여 큰 순서대로 적으시오. 공명 구조를 활용하라.

39. 적당한 공명 구조를 그려서 할로젠 원자가 phenylmethyl (benzyl) 라디칼의 파라 위치에 결합되었을 경우가 벤질 위치에 결합되었을 경우보다 더 불안정한 이유를 설명하시오.

40. Triphenylmethyl 라디칼 $(C_6H_5)_3C\cdot$ 은 상온의 비활성 용매 속의 묽은 용액 상태에서 안정하다. 그리고 triphenylmethyl 양이온 $(C_6H_5)_3C^+$은 안정한 고체 결정으로 분리가 가능하다. 이들 화학종들의 비정상적인 안정화 이유를 설명하시오.

41. 다음 반응의 생성물을 적으시오.

(a) $BrCH_2CH_2CH_2$–(benzene ring)–CH_2Br $\xrightarrow{H_2O,\ \Delta}$ **(b)** CH_2Cl (benzene ring) $\xrightarrow{1.\ KCN,\ DMSO\quad 2.\ H^+,\ H_2O,\ \Delta}$

(c) (indane) $\xrightarrow{1.\ CH_3CH_2CH_2CH_2Li,\ (CH_3)_2NCH_2CH_2N(CH_3)_2,\ THF\quad 2.\ C_6H_5CHO\quad 3.\ H^+,\ H_2O,\ \Delta}$ $C_{16}H_{14}$

42. 관용명으로 fluorene (플루오렌) 이라는 탄화수소 화합물은 산성이 큰 화합물로써 양성자이탈반응에서 지시약으로 쓸 수 있을 정도로 충분한 산성이다 (p$K_a \approx 23$) . Fluorene에서 가장 산성이 큰 수소는 어느 것인지 나타내시오. Fluorene의 짝염기를 설명할 수 있도록 공명 구조를 그리시오.

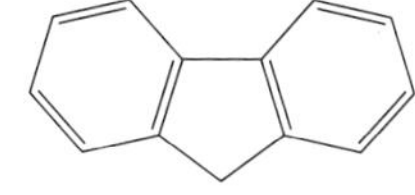
Fluorene

43. Benzene이나 methylbenzene을 출발물로 사용하여 각각의 다음 화합물들을 실질적이면서 효과적이고, 순서에 준해서 합성할 수 있는 방법을 나타내시오. 파라 이성질체 (오쏘 이성질체는 **아님**) 는 오쏘와 파라 치환된 생성물의 혼합물로부터 효과적으로 분리가 가능하다고 가정하라.

(a) CH_2CH_2Br (benzene ring) **(b)** $CONH_2$, Cl (para-substituted benzene) **(c)** (benzophenone with para $COOCH_3$) **(d)** COOH, Br, Br (2,6-dibromobenzoic acid)

44. 다음 화합물들과 수산화 이온과의 반응에서 반응성이 감소하는 순서대로 나열하시오.

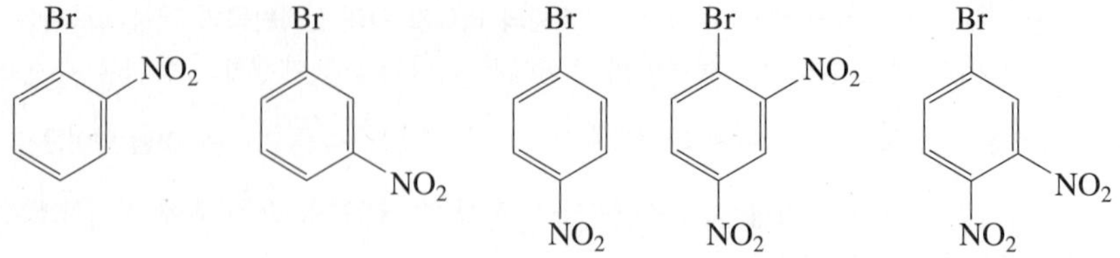

45. 다음 반응의 주생성물들을 예측하시오. 각 경우에 작용 메커니즘을 그리시오.

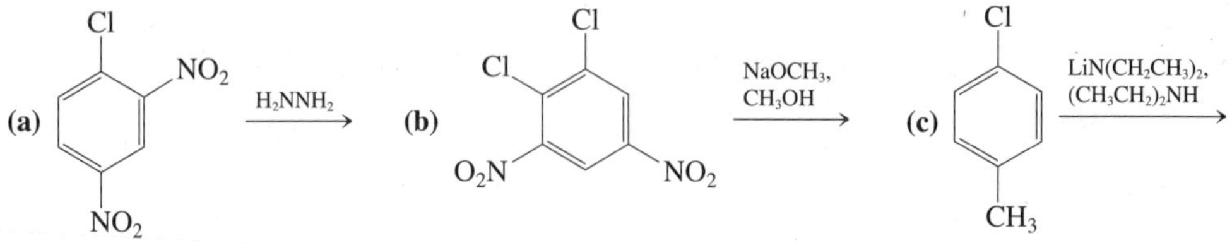

(a) $\xrightarrow{H_2NNH_2}$ (b) $\xrightarrow{NaOCH_3,\ CH_3OH}$ (c) $\xrightarrow{LiN(CH_2CH_3)_2,\ (CH_3CH_2)_2NH}$

46. Benzenamine을 출발물로 사용하여 수의학에서 외부의 세균 감염과 원생동물의 감염을 치료하는데 사용하는 약품인 아클로마이드(aklomide)의 합성 방법을 제안하시오. 일반적인 반응 과정에서 다음의 중간체가 이용된다. 비어 있는 괄호를 채우시오. 괄호 안에는 최대 세 단계 연속 반응이 들어갈 수 있다(**힌트**: 16-5절에 있는 aminoarene을 nitroarene으로 산화시키는 부분을 참고하라).

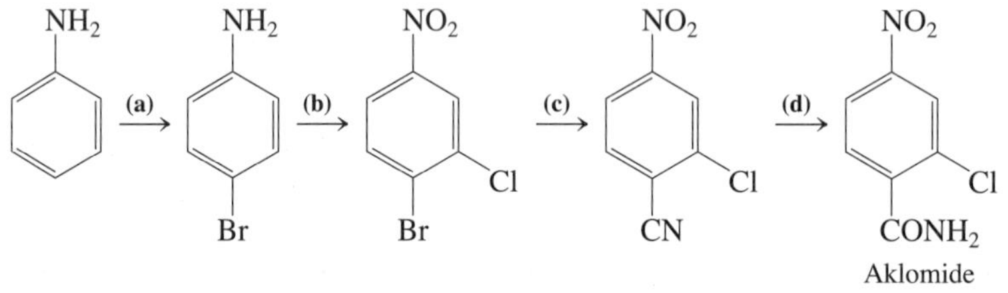

Aklomide

47. 다음의 합성이 이루어지는 메커니즘을 설명하시오(**힌트**: 2당량의 butyllithium이 사용되었다).

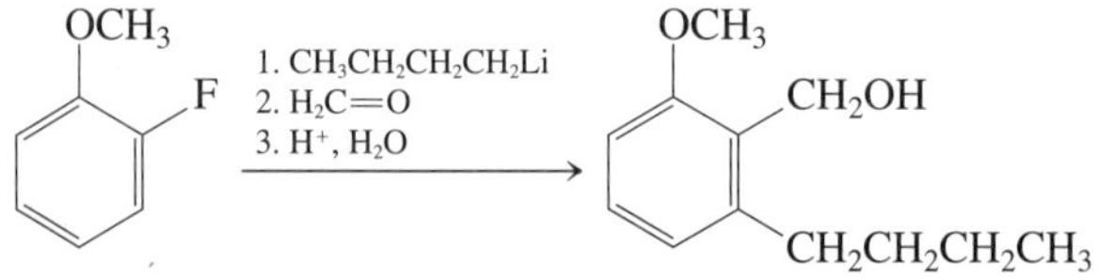

1. $CH_3CH_2CH_2CH_2Li$
2. $H_2C{=}O$
3. H^+, H_2O

48. 친핵성 방향족 치환반응은 첨가-제거반응 메커니즘으로 진행된다. F^- 이온이 할로젠화 이온 중에 가장 나쁜 이탈기임에도 불구하고, 플루오린이 가장 쉽게 치환된다. 예를 들면, 1-fluoro-2,4-dinitrobenzene은 1-chloro-2,4-dinitrobenzene보다 훨씬 빨리 아민과 반응한다. 그 이유를 설명하시오(**힌트**: 반응 속도 결정 단계에서 할로젠이 가지는 고유의 효과를 고려하라).

49. Halobenzene과 수산화 이온의 Pd 촉매 반응에서 제시된 메커니즘을 기초로, 22-4절에 나타낸 1-bromo-3-methoxybenzene과의 Pd 촉매 반응에 대한 가능한 메커니즘을 제시하시오.

50. 다음 반응의 주생성물을 적으시오. 각각의 반응은 Pd 촉매 존재하에서 인을 가하고, 가열하여 수행하였다.

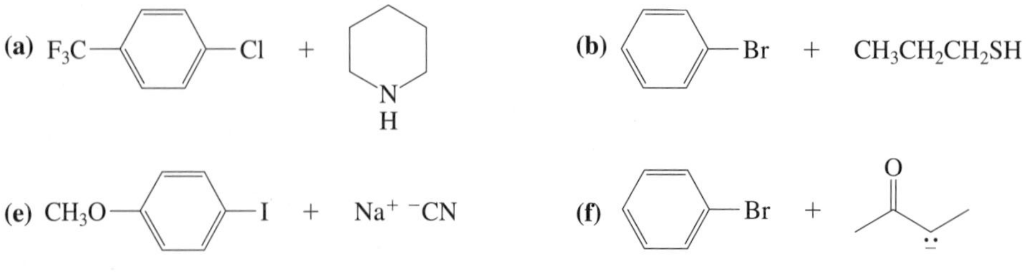

(a) $F_3C-C_6H_4-Cl$ + piperidine (N–H)

(b) C_6H_5-Br + $CH_3CH_2CH_2SH$

(e) $CH_3O-C_6H_4-I$ + $Na^+\ ^-CN$

(f) C_6H_5-Br +

51. Revertrol의 간단하고, 효과적인 합성법이 2006년에 보고되었다(화학 이야기 22-1). 반응 단계의 (a)부터 (d)까지의 적절한 시약을 제시하시오. 필요하면 책의 참고문헌을 활용하라.

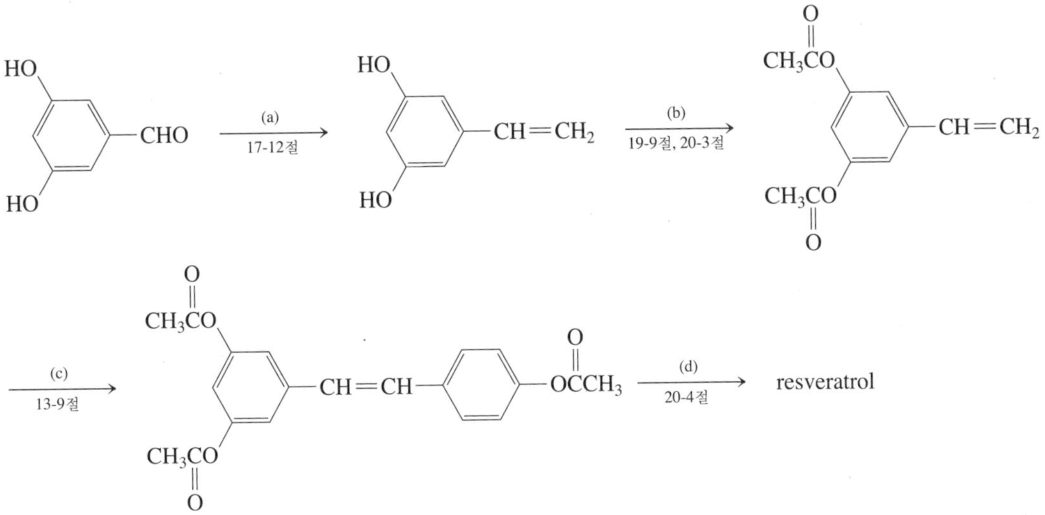

HO, HO-substituted benzaldehyde: CHO $\xrightarrow[\text{17-12절}]{(a)}$ CH=CH$_2$ $\xrightarrow[\text{19-9절, 20-3절}]{(b)}$ CH_3CO (O) ... CH=CH$_2$

$\xrightarrow[\text{13-9절}]{(c)}$ CH_3CO ... CH=CH ... $OCCH_3$ $\xrightarrow[\text{20-4절}]{(d)}$ resveratrol

52. 아래 그림에서 나타낸 반응 단계는 강력한 제초제인 2,4,5-trichlorophenoxyacetic acid (2,4,5-T)의 합성 예이다. 베트남 전쟁 중 "Agent Orange"라는 작전명으로 1965년부터 1970년까지 고엽제로서, 2,4,5-T의 butyl ester와 그것의 다이클로로화된 화합물인 2,4-D를 1 : 1로 섞어서 사용하였다. 다음 반응의 메커니즘을 제시하시오. 합성된 화합물이 사람에게 노출되면 건강에 해롭다는 논쟁이 지금도 남아 있다.

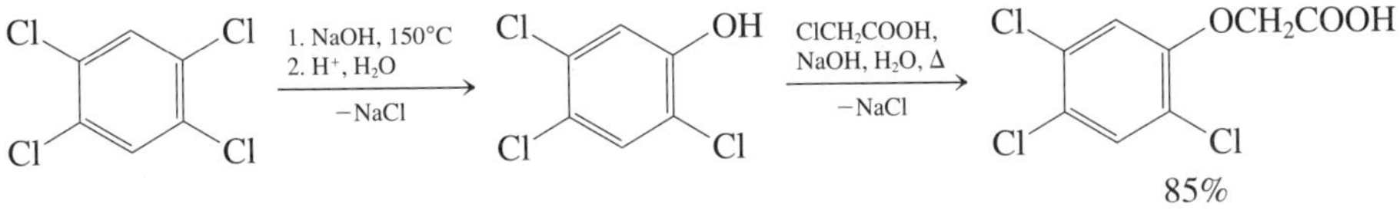

Cl, Cl, Cl, Cl $\xrightarrow[-NaCl]{\text{1. NaOH, 150°C; 2. } H^+, H_2O}$ Cl, OH, Cl, Cl $\xrightarrow[-NaCl]{ClCH_2COOH,\ NaOH,\ H_2O,\ \Delta}$ Cl, OCH_2COOH, Cl, Cl 85%

2,4,5-Trichlorophenol (2,4,5-TCP)

2,4,5-Trichlorophenoxyacetic acid (2,4,5-T)

53. 다음 반응의 주생성물과 반응 순서를 적으시오.

(a) 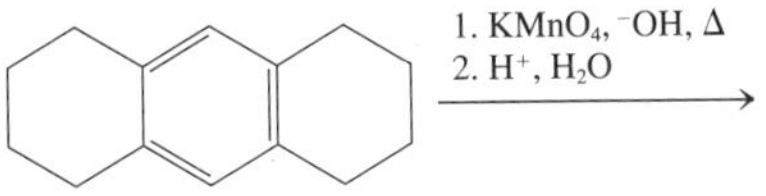 $\xrightarrow{\text{1. } KMnO_4,\ ^-OH,\ \Delta;\ \text{2. } H^+, H_2O}$

(b) 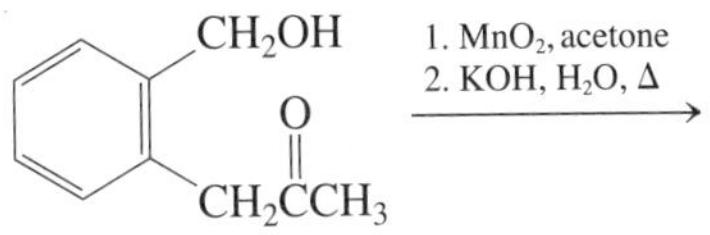 CH_2OH, CH_2CCH_3 (O) $\xrightarrow{\text{1. } MnO_2\text{, acetone; 2. } KOH, H_2O, \Delta}$

(c) 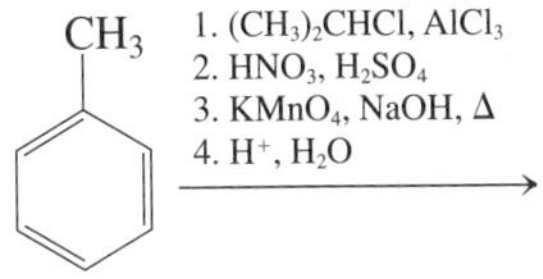 CH_3 $\xrightarrow{\text{1. } (CH_3)_2CHCl, AlCl_3;\ \text{2. } HNO_3, H_2SO_4;\ \text{3. } KMnO_4, NaOH, \Delta;\ \text{4. } H^+, H_2O}$

54. 다음 화합물을 산도가 감소하는 순서대로 나열하시오.

(a) CH_3OH (b) CH_3COOH (c) OH, SO_3H (d) OH, OCH_3 (e) OH, CF_3 (f) OH

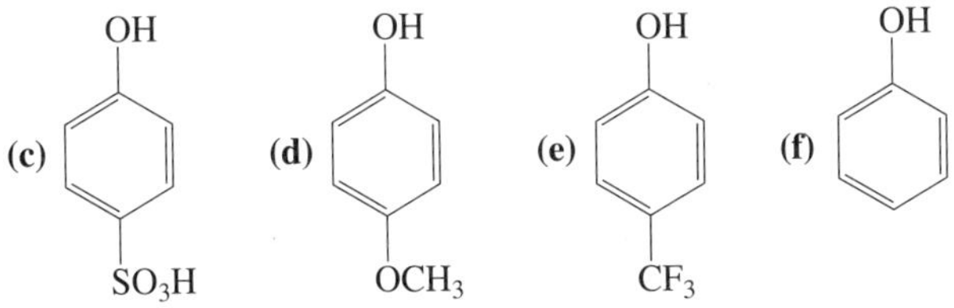

55. Benzene이나 일치환된 벤젠 유도체로부터 다음 페놀 유도체를 합성하는 방법을 제시하시오.

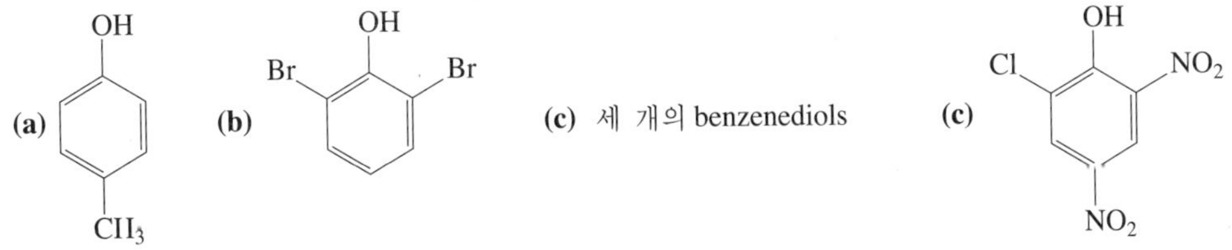

(a) OH, CH_3 (b) OH, Br, Br (c) 세 개의 benzenediols (c) OH, Cl, NO_2, NO_2

56. Benzene을 출발물로 사용하여 다음의 페놀 유도체를 합성하는 방법을 제시하시오.

(a) 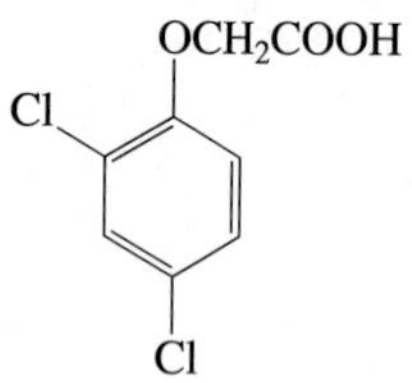 OCH_2COOH, Cl, Cl
제초제 2,4-D

(b) 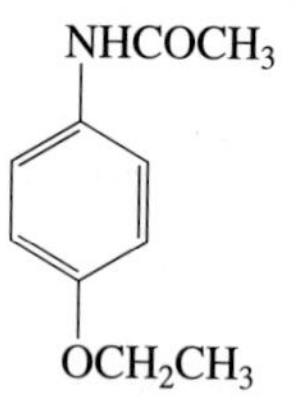 $NHCOCH_3$, OCH_2CH_3
Phenacetin
(Midol의 활성 성분)

(c) 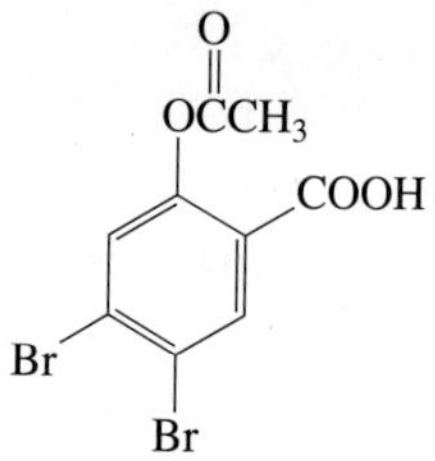 $OCCH_3$ (O), COOH, Br, Br
Dibromoaspirin
(겸상 적혈구성 빈혈 치료를 위한 실험적인 약)

57. 다음 화합물을 명명하시오.

(a) 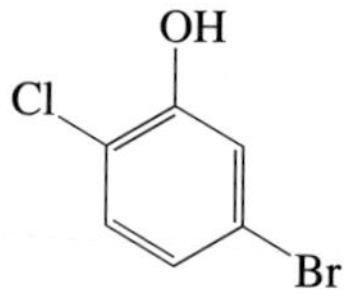 OH, Cl, Br (b) 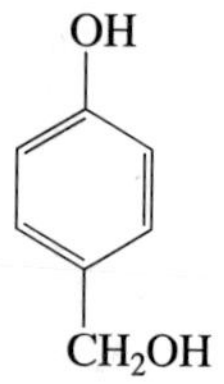 OH, CH_2OH (c) 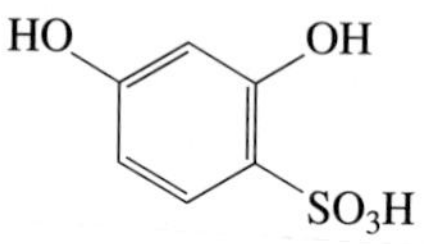 HO, OH, SO_3H (d) 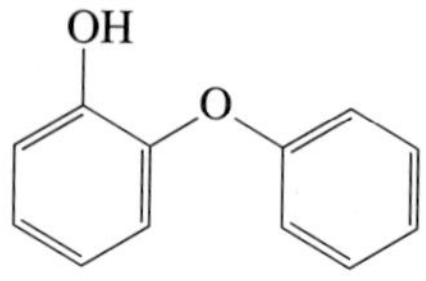 OH, O (e) 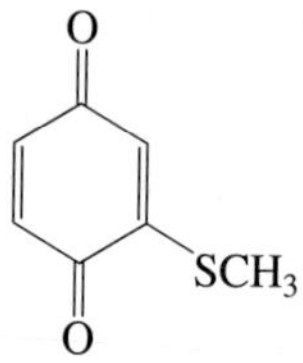 O, O, SCH_3

58. 다음의 연속적인 반응에서 생성물을 적으시오.

(a) 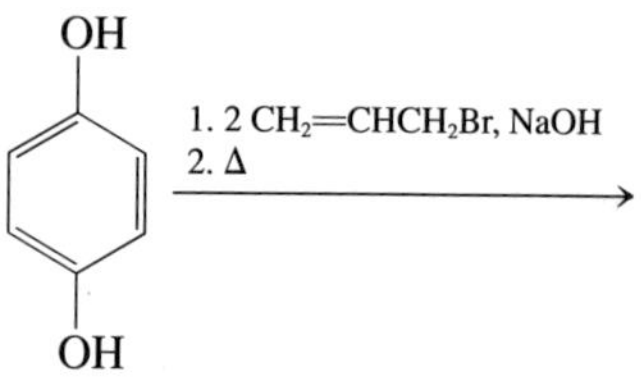 OH, OH —1. 2 $CH_2{=}CHCH_2Br$, NaOH 2. Δ→ (b) 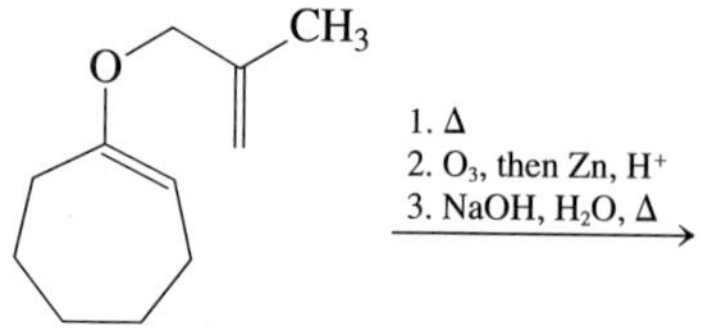 O, CH_3 —1. Δ 2. O_3, then Zn, H^+ 3. NaOH, H_2O, Δ→ (c) 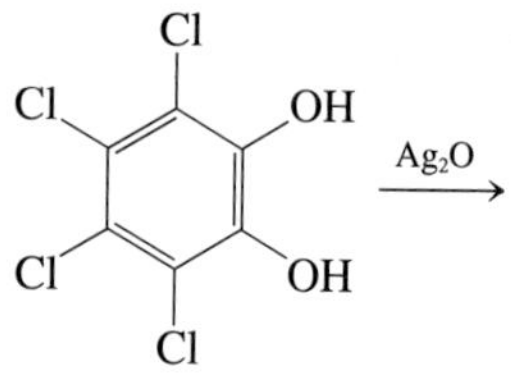 Cl, Cl, OH, Cl, OH, Cl —Ag_2O→

(d) 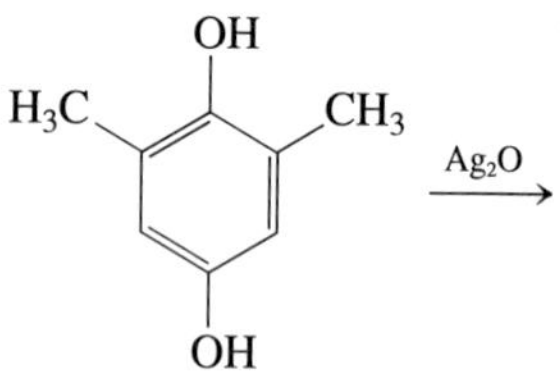 OH, H_3C, CH_3, OH —Ag_2O→ (e) 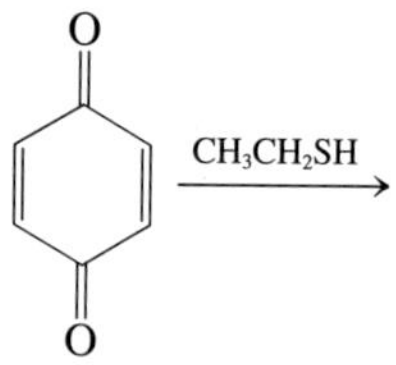 O, O —CH_3CH_2SH→ (two possibilities) (f) 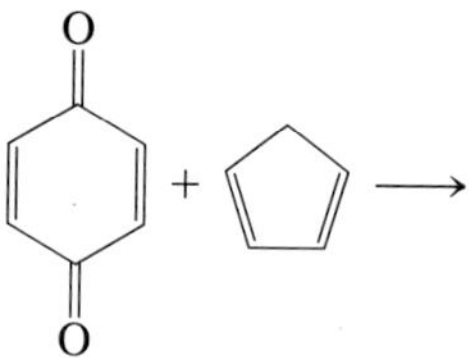 O, O + →

59. 어린이용 의약품인 acetaminophen (타이레놀)은 아스피린보다는 비교적 판매에 유익한 점이 있다. 그 이유는 타이레놀 수용액은 향이 있는 물에 녹여서 만들어지면 안정하지만, 아스피린은 녹지 않는다. 이유를 설명하시오.

60. 매운 고추는 다량의 비타민 A, C, E와 folic aicd 및 포타슘을 함유하고 있다. 그 외에 적은 양의 capsaicin을 함유하고 있으며, 이것이 매운 고추의 "매운맛"의 근원이다. 실제로 순수한 capsaicin은 위험한 물질로서 이 분야에 종사하는 화학자들은 공기가 특별히 울타리를 통해 거름장치를 거치도록 하고, 모든 신체는 방호복으로 보호되어야 한다. 1밀리그램이 피부에 닿으면 화상을 입게 된다. capsaicin은 냄새와 향을 가지지 않았지만, 입안의 점액이 나오는 막에 있는 신경 자극으로 감지가 되며, 비록 capsaicin이 1,700만 분의 1로 물속에 희석되어 있어도 얼얼함이 감지가 된다. 가장 매운 고추는 이 얼얼함의 정도가 20분의 1밀리그램 정도 된다.

1007쪽에 capsaicin의 구조가 있다. 이 구조의 해석에 사용되는 몇 가지 자료가 아래에 나타나 있다. 자료의 많은 부분들을 가능한 해석해 보시오.

MS : m/z = 122, 137 (base peak), 195 (tricky!), 305.

IR : $\tilde{\nu}$ = 972, 1660, 3016, 3445, 3541 cm^{-1}.

^{1}H NMR: δ = 0.93 (6H, d, J = 8 Hz), 1.35 (2H, quin, J = 7 Hz), 1.62 (2H, quin, J = 7 Hz), 1.97 (2H, q, J = 7 Hz), 2.18 (2H, t, J = 7 Hz), 2.20 (1H, m), 3.85 (3H, s), 4.33 (2H, d, J = 6 Hz), 5.33 (2H, m), 5.82 (2H, broad s), 6.73 (1H, d, J = 9 Hz), 6.78 (1H, s), 6.85 (1H, d, J = 9 Hz) ppm.

61. **도전 문제** 방향족 고리의 생화학적인 산화는 간에 있는 아릴 하이드록실화효소에 의해서 촉매화된다. 이러한 화학적인 과정은 독성 물질인 탄화수소, 즉 benzene이 물에 녹을 수 있는 phenol로 전환되어 배설이 되도록 하는 과정에 포함되어 있다.

실제 이 효소의 일차적인 목적은 아미노산인 tyrosine과 같은 생물학적으로 유용한 화합물을 합성하는 데 있다.

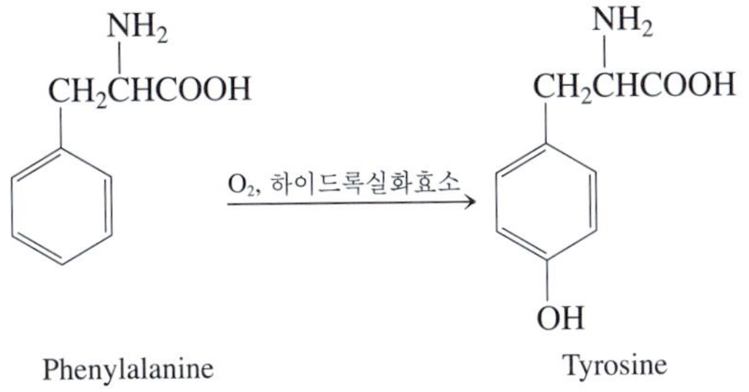

NH_2 | $CH_2CHCOOH$ — O_2, 하이드록실화효소 → NH_2 | $CH_2CHCOOH$ … OH

Phenylalanine Tyrosine

(a) Benzene의 화학에 대하여 알고 있는 지식으로부터 추정해 볼 때, 고리 위에 친전자성 공격으로 산소를 도입하는 것, 고리 위에 자유 라디칼 공격으로 산소를 도입하는 것, 고리 위에 친핵성 공격으로 산소를 도입하는 세 가지 방법 중에서 가장 가능성이 있는 무엇인가? **(b)** 아렌 수산화반응에서 oxacyclopropane이 어떤 역할을 한다는 것은 이미 널리 아는 사실이다. 그중의 한 증거로서 중수소 표시된 아렌의 수산화반응에서 수화되는 위치가 원래 중수소가 있던 자리라는 관찰이다. 생성물의 상당량이 여전히 중수소를 가지고 있으며, 중수소의 위치는 수산화되는 위치의 오쏘 위치로 이동되어 있다는 것이다.

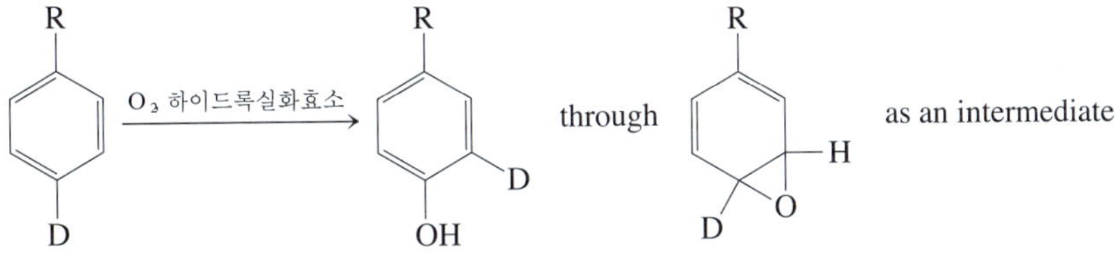

R … D — O_2 하이드록실화효소 → R … D, OH through R … H, O, D as an intermediate

Oxacyclopropane 중간체인 가능한 생성 메커니즘과 관찰된 생성물로 전환되는 메커니즘을 제안하시오(**힌트**: 하이드록실화효소는 O_2를 hydrogen peroxide HO—OH로 전환시킨다). 필요하다면 활용하는 산과 염기의 촉매량을 추정해 보라).

주: 유전적 배열의 잘못으로 인한 환자를 페닐케톤요중(PKU) 환자라고 하며, 여기에서 기술된 하이드록실화효소계는 적절한 기능을 하지 않는다. 대신에 뇌에 있는 phenylalanine은 2-phenyl-2-oxopropanoic (phenylpyruvic) acid로 전환되며, 21장의 문제 57에 가역 과정이 나타나 있다. 뇌 속에서 이 물질이 증가되면 심각한 신체적 박약으로 이어진다. 그러므로 PKU가 있는 사람(뇌를 진단하여 알 수 있음)은 페닐알라닌을 낮출 수 있는 엄격한 다이어트를 해야만 한다.

62. Cope 재배열반응의 일반적인 응용은 단계별 고리 확장의 경우이다. 다음의 십원자 고리를 만드는 그림에서 나타내지 않는 시약과 생성물을 적으시오.

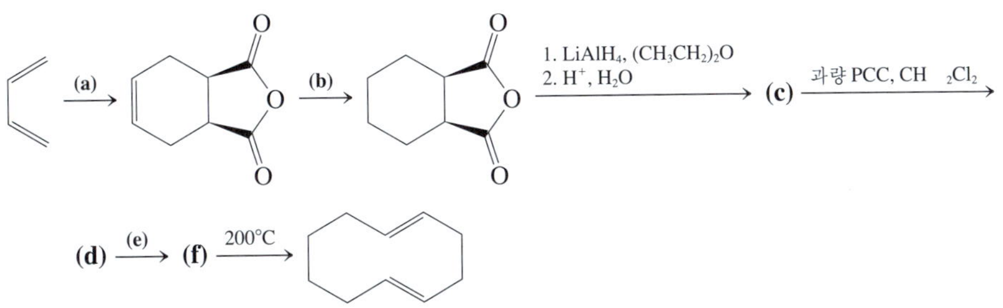

→ **(a)** → O, O, O → **(b)** → O, O, O — 1. $LiAlH_4$, $(CH_3CH_2)_2O$ 2. H^+, H_2O → **(c)** — 과량 PCC, CH_2Cl_2 →

(d) —(e)→ **(f)** —200°C→

63. 22-10절에 언급한 것처럼 Sandmeyer 반응은 구리(I) 이온을 촉매로 하여 Cl, Br, CN에 의해 arenediazonium의 나이트로젠 치환반응으로 라디칼을 포함하는 복잡한 메커니즘으로 진행한다. 왜 이 치환반응에서 S_N1 또는 S_N2 반응 과정으로 일어나지 않는가? 설명하시오.

64. Benzenamine (aniline) 이 HCl과 $NaNO_2$의 존재하에서 다이아조화반응 메커니즘을 자세한 메커니즘으로 나타내시오. 그리고 iodobenzene을 아이오딘화 이온 수용액(K^+I^-)으로 처리하여 다음의 전환이 일어나는 가능한 메커니즘도 제시하시오. 답은 문제 63을 고려하면 된다.

65. 3-Methylbenzenamine을 다음의 화합물로 전환하는 방법을 제시하시오. **(a)** Methylbenzene, **(b)** 1-bromo-3-methylbenzene, **(c)** 3-methylphenol, **(d)** 3-methylbenzonitrile, **(e)** *N*-ethyl-3-methylbenzenamine

66. Benzene으로부터 출발하여 다음의 각 화합물들을 합성하는 방법을 제시하시오.

(a) 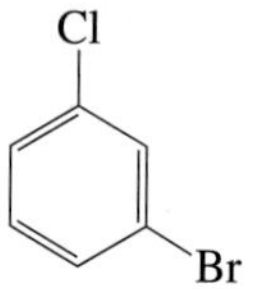 Cl, Br **(b)** 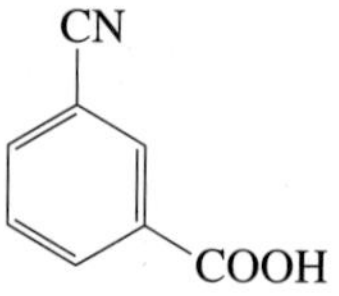 CN, COOH **(c)** 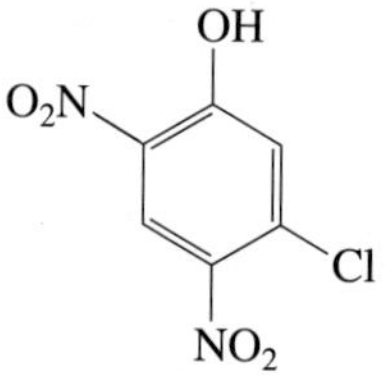 OH, O_2N, Cl, NO_2 **(d)**  OH, CN

(e)  COOH, I **(f)** 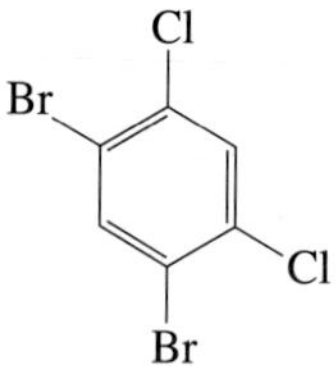 Cl, Br, Cl, Br **(g)** 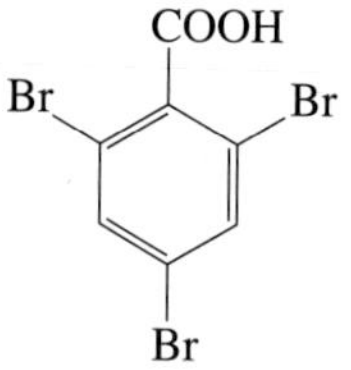 COOH, Br, Br, Br

67. 다음에 이어지는 반응식에서 가장 적당한 생성물로 생각되는 화합물의 구조를 적으시오.

(a) 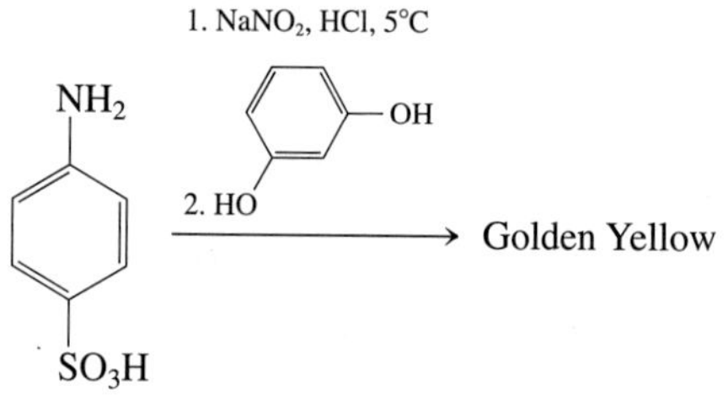 NH_2, SO_3H —1. $NaNO_2$, HCl, 5°C; 2. HO, OH→ Golden Yellow

(b) 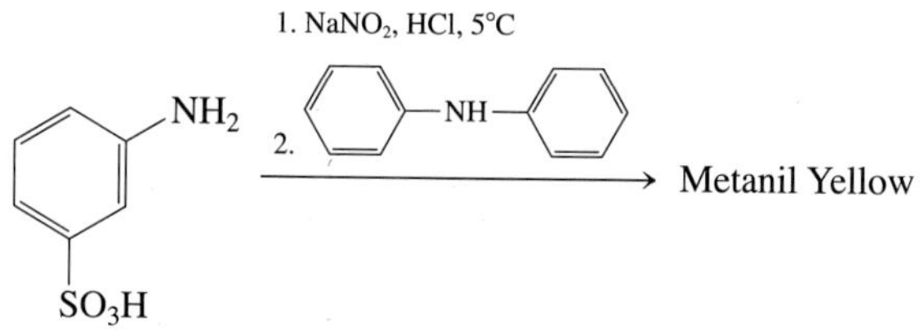 NH_2, SO_3H —1. $NaNO_2$, HCl, 5°C; 2. NH→ Metanil Yellow

다음의 반응에서 가장 활성화된 고리 위에 우선적으로 친전자성 치환반응이 일어난다고 했을 때의 생성물의 구조식을 적으시오.

(c) 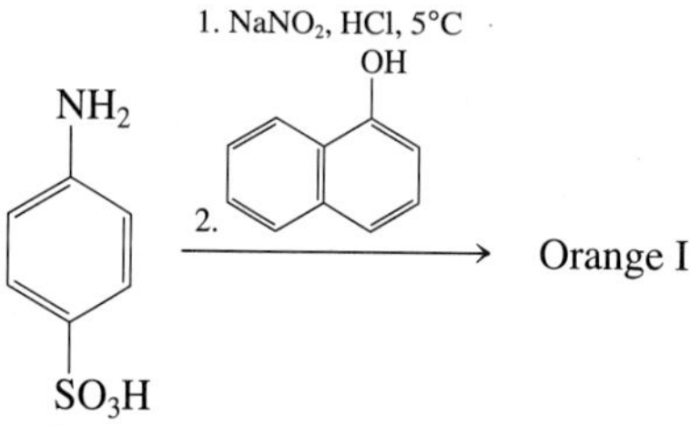 NH_2, SO_3H —1. $NaNO_2$, HCl, 5°C; 2. OH→ Orange I

68. 다음의 세 가지 화합물을 다이아조화반응으로 합성하고자 할 때 필요한 시약을 제시하시오. 22-11절에서 그 구조를 참조하시오.

(a) 메틸 오렌지 **(b)** 콩고 레드

(c) Prontosil, H_2N—N=N—SO_2NH_2 (NH_2), 이것은

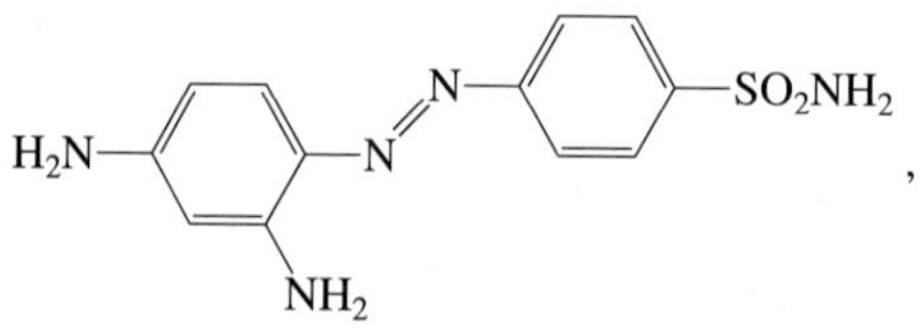

미생물에 의해 sulfanilamide, H_2N—SO_2NH_2

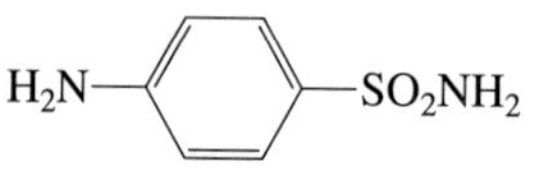

(1930년대 prontosil의 항박테리아성의 우연한 발견은 1940년대 항생제와 같이 설파제의 개발에 간접적인 영향을 주었다.)

69. 도전 문제 **(a)** 방부제 BHT에 의한 지방 산화의 저해에 대한 예를 들고, 주요 반응이 무엇인지 나타내시오. **(b)** 지방이 몸속에서 산화된 정도는 호흡 시 내뿜는 공기에 포함된 pentane의 양을 측정함으로써 결정할 수 있다. 다이어트를 하면서 비타민 E의 양이 증가하면 내쉬는 pentane의 양은 감소한다. 22-9절에서 기술된 과정을 조사하여 pentane을 생성하는 물질이 무엇인지 찾으시오. 22-9절에서 나타낸 특별한 반응으로부터 몇 가지 추정을 할 수 있을 것이다.

70. 도전 문제 Urushiol은 독 담쟁이넝쿨과 독 참나무에 있는 자극성 물질로서, 인체가 노출되면 뾰루지가 나고 가렵게 된다. 다음의 정보를 이용하여 이 계열의 불쾌함을 주는 두 가지 주 화합물인 urushiol I ($C_{21}H_{36}O_2$) 과 II ($C_{21}H_{34}O_2$) 의 구조를 결정하시오.

$$\text{Urushiol II} \xrightarrow{H_2,\ Pd\text{–}C,\ CH_3CH_2OH} \text{urushiol I}$$

$$\text{Urushiol II} \xrightarrow{\text{과량 } CH_3I,\ NaOH} \underset{\text{Dimethylurushiol II}}{C_{23}H_{38}O_2} \xrightarrow[\text{2. Zn, } H_2O]{\text{1. } O_3,\ CH_2Cl_2} CH_3CH_2CH_2CH_2CH_2CH_2CHO + \underset{\text{알데하이드 A}}{C_{16}H_{24}O_3}$$

알데하이드 A의 합성

OCH$_3$ (anisole)

$$\xrightarrow[\text{2. } HNO_3,\ H_2SO_4]{\text{1. } SO_3,\ H_2SO_4} \underset{\mathbf{B}}{C_7H_7NSO_6} \xrightarrow{H^+,\ H_2O,\ \Delta} \underset{\mathbf{C}}{C_7H_7NO_3} \xrightarrow[\text{3. } H_2O,\ Cu^{2+}]{\text{1. } H_2,\ Pd,\ CH_3CH_2OH;\ \text{2. } NaNO_2,\ H^+, H_2O}$$

$$\underset{\mathbf{D}}{C_7H_8O_2} \xrightarrow[\text{3. } H^+,\ H_2O]{\text{1. } CO_2,\ \text{pressure},\ KHCO_3,\ H_2O;\ \text{2. } NaOH,\ CH_3I} \underset{\mathbf{E}}{C_9H_{10}O_4} \xrightarrow[\text{3. } MnO_2,\ \text{acetone}]{\text{1. } LiAlH_4,\ (CH_3CH_2)_2O;\ \text{2. } H^+,\ H_2O}$$

$$\underset{\mathbf{F}}{C_9H_{10}O_3} \xrightarrow[\text{3. PCC, } CH_2Cl_2]{\text{1. } C_6H_5CH_2O(CH_2)_6CH{=}P(C_6H_5)_3;\ \text{2. 과량 } H_2,\ Pd\text{–}C,\ CH_3CH_2OH} \text{알데하이드 A}$$

71. Dopamine (5장 문제 65 참조) 으로부터 norepinephrine의 생합성 반응 자리는 이 장에서 요약된 원리와 일치하는가? 이 반응을 비효소 메커니즘으로 전환하면 쉬운지 또는 더 어려운지 예측하여 설명하시오.

에스터 엔올레이트와 Claisen 축합반응

β-다이카보닐 화합물 합성: 아실 음이온 동등체

18장에서 카보닐 화학을 익히는 중에 합성 유기화학자에 의해 개발된 여러 기술들이, 실제 생물계에서 탄소-탄소 결합을 이루기 위한 자연적 과정에 바탕을 두고 있음을 배웠다. 알돌 축합반응(18-5절에서 18-7절까지)은 알데하이드 및 케톤을 β-하이드록시카보닐 화합물로 변환하기 위한 강력한 방법, 그런 하나의 과정이었다. 이 장에서는 먼저 에스터 엔올레이트가 카보닐기를 공격하여 새로운 탄소-탄소 결합을 이루는 관련 **Claisen 축합반응(Claisen condensation)**을 검토할 것이다. 긴 사슬 카복실산의 생합성에서 이 반응이 이용되는 것을 이미 보았다(19-13절). Claisen 축합 생성물들은 1,3-다이카보닐 화합물, 더 일반적으로는 β-다이카보닐 화합물로 알려져 있으며, 이 화합물들은 다양하게 합성하는 데 중요하다.

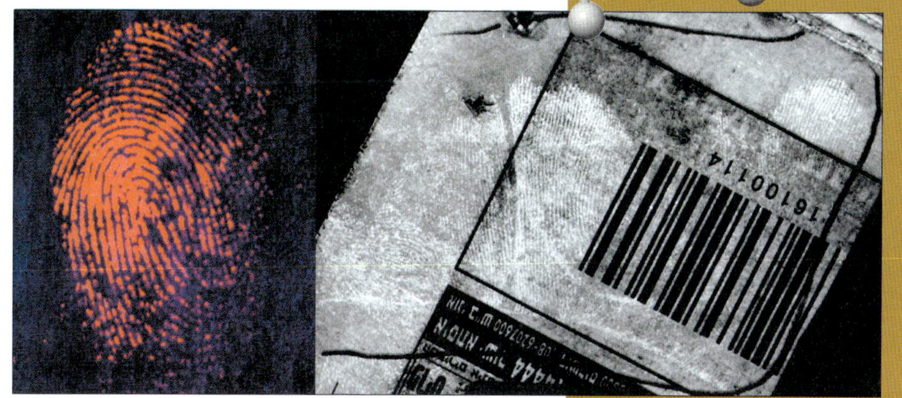

Diketone 1,2-indanedione은 종이 같은 다공성 표면에 감춰진 지문을 검출하는 물질로서, pennsylvania 대학의 Madeleine Joullié 교수에 의해 개발되었다. 이 물질의 반응성이 큰 카보닐기는 사람의 접촉으로 생긴 미량의 아미노산들과 축합을 일으키고, 이 부가 생성물을 빛에 노출시키면 형광을 나타낸다(사진의 왼쪽). 이러한 과학수사의 발전으로 2001년 Jerusalem Hyatt 호텔에서 일어난 이스라엘 관광부 장관의 피살사건에서 범인을 정확하게 색출하는데 멋지게 성공하였다. 초기 수사 과정에서 방 안에 있던 신문에서 뚜렷한 지문을 찾아냈고(사진의 오른쪽), 이를 AFIS(자동 지문 확인 시스템)과 비교하여 범인을 찾아냈다.

β-다이카보닐 화합물의 예

$CH_3\overset{O}{\overset{\|}{C}}CH_2\overset{O}{\overset{\|}{C}}CH_3$

2,4-Pentanedione
(Acetylacetone)
(β-diketone)

$CH_3\overset{O}{\overset{\|}{C}}CH_2\overset{O}{\overset{\|}{C}}OCH_3$

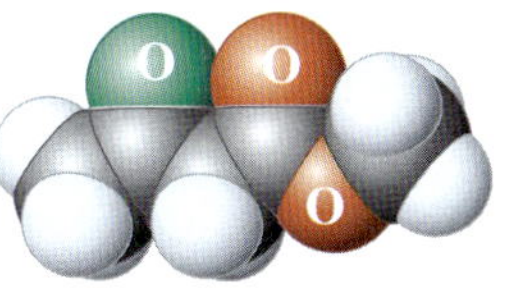

Methyl 3-oxobutanoate (Methyl acetoacetate)
(β-ketoester)

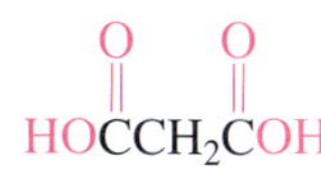

$HO\overset{O}{\overset{\|}{C}}CH_2\overset{O}{\overset{\|}{C}}OH$

Propanedioic acid
(Malonic acid)
(β-dicarboxylic acid)

합성 화학자들에 의해 채택되어 온 또 다른 자연적 탄소-탄소 결합 생성 과정은 싸이아민 또는 비타민 B1을 포함하고 있으며, 파이로인산 생성에서 소개하고 있다. 싸이아민은 24장에서 보게 될 당의 생합성을 포함하는 여러 가지 생화학적 과정에서 중요한 역할을 한다. 화학 이야기 23-2는 싸이아민이 당 대사 물질 피루브산을 아세틸 CoA(19-13절)로 전환함으로써, 역시 당 대사를 어떻게 조정하는지를 서술하고 있다. 관련된 탄소-탄소 결합 생성 과정은 알데하이드 및 케톤에서 유도된 새로운 종류의 친핵체, **아실 음이온 동등체(acyl anion equivalent)**를 이용한다. 이런 화학종들은 어떻게 정상적 친전자성 카보닐 탄소 원자가 일시적인 친핵성으로 만들 수 있고, 또 다른 알데하이드 또는 케톤 분자의 카보닐 탄소와 새로운 탄소-탄소 결합을 형성할 수 있으며, 최종 생성물로서 α-하이드록시케톤이 되는지를 설명해 준다.

23-1 β-다이카보닐 화합물: Claisen 축합반응

에스터 엔올레이트는 에스터 작용기와 첨가-제거반응을 지속하여 β-케토에스터를 제공한다. 이런 변환들은 **Claisen* 축합반응**으로 알려져 있고, 알돌 반응의 에스터 유사체이다(18-5절).

Claisen 축합반응은 β-다이카보닐 화합물을 형성한다

아세트산 에틸(ethyl acetate)은 화학량적인 양의 에톡시화 소듐과 반응하여 3-옥소뷰테인산 에틸(아세토아세트산 에틸)이 된다.

Ethyl acetate Claisen 축합반응

$$CH_3\overset{O}{\overset{\|}{C}}OCH_2CH_3 + CH_3\overset{O}{\overset{\|}{C}}OCH_2CH_3 \xrightarrow[-CH_3CH_2OH]{Na^+\,^-OCH_2CH_3,\ CH_3CH_2OH} CH_3\overset{O}{\overset{\|}{C}}CH_2\overset{O}{\overset{\|}{C}}OCH_2CH_3$$

Ethyl acetate — 75% Ethyl 3-oxobutanoate (Ethyl acetoacetate)

이민 형성(17-9절)이나 알돌 축합반응(18-5절)은 두 분자가 합쳐지면서 물이 제거되지만, Claisen 축합반응은 한 분자의 알코올이 제거되면서 진행된다.

Claisen 축합반응은 에스터 엔올 음이온 형성으로 시작한다(단계 1). 이 화학종이 또 다른 에스터 분자 카보닐기에 첨가-제거하여 3-케토에스터를 제공한다(단계 2와 3). 이 단계들은 가역적이다. 전체 과정이 이 단계를 통해 **흡열**이 된다. 실제로는 에톡사이드에 의해 초기에 에스터가 양성자이탈반응을($pK_a \approx 25$) 하는 것은 특히 유리하지 않다(에탄올의 $pK_a = 15.9$).

Claisen 축합반응 메커니즘

단계 1. 에스터 엔올레이트 형성

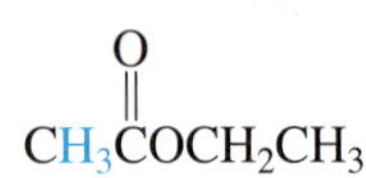
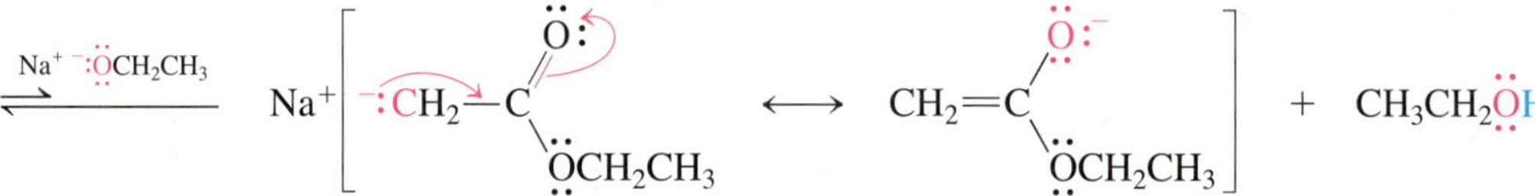

단계 2. 친핵성 첨가반응

$$CH_3\overset{:O:}{\overset{\|}{C}}OCH_2CH_3 + \ ^-:CH_2\overset{O}{\overset{\|}{C}}OCH_2CH_3 \rightleftharpoons CH_3-\overset{:\ddot{O}:^-}{\underset{CH_2\overset{}{C}(=O)OCH_2CH_3}{C}}-OCH_2CH_3$$

새로운 탄소-탄소 결합

단계 3. 제거반응

$$CH_3\overset{:\ddot{O}:^-}{\underset{CH_2C(=O)OCH_2CH_3}{C}}-\ddot{O}CH_2CH_3 \rightleftharpoons CH_3\overset{O}{\overset{\|}{C}}CH_2\overset{O}{\overset{\|}{C}}OCH_2CH_3 + \ ^-:\ddot{O}CH_2CH_3$$

3-Ketoester

*이 사람은 Claisen 재배열반응의 그 Claisen이다(22-7절).

단계 3의 생성물인 3-케토에스터(또는 β-케토에스터)는 중심 탄소에 유난히 산성인 수소($pK_a \approx 11$)를 갖고 있는데, 이는 탄소 **양쪽**에 카보닐기가 존재하기 때문이다. 결과적으로 이 케토에스터는 에톡사이드에게 양성자를 잃고, 염기를 에탄올로 변환시킨다(단계 4). Claisen 축합반응을 잘 일어나게 하려면 에톡사이드가 촉매량이 아닌 화학량론적 양이 필요한 이유이다. 즉, 형성된 3-케토에스터가 한 분자마다 에톡사이드 한 분자를 양성자첨가시켜서 결국 **단계 1에서 단계 3 과정을 촉매화하는데 필요한 염기를 제거하게 된다.** 화학량적 양의 에톡사이드를 사용하면 이들이 완전히 없어질 때 출발물 에스터가 전부 생성물로 변환될 것이다. 더구나 단계 4의 유리한 양성자이탈반응은 단계 1에서 단계 3 과정의 평형을 정반응으로 진행시킨다. 수용성 산 처리(단계 5)로 케토에스터의 중심 탄소에 양성자를 다시 제공하여 최종 생성물을 만들고, 반응 과정은 종결된다.

단계 4. 케토에스터의 양성자이탈반응은 평형에 이르게 한다.

$$CH_3\overset{O}{\overset{\|}{C}}CH_2\overset{O}{\overset{\|}{C}}OCH_2CH_3 + {}^-:\ddot{\underset{..}{O}}CH_2CH_3 \longrightarrow$$

산성, $pK_a \approx 11$

$$\left[CH_3\overset{O}{\overset{\|}{C}}-\overset{..}{\underset{-}{C}}H-\overset{O}{\overset{\|}{C}}OCH_2CH_3 \longleftrightarrow CH_3\overset{:\ddot{O}:^-}{\overset{|}{C}}=CH-\overset{O}{\overset{\|}{C}}OCH_2CH_3 \longleftrightarrow CH_3\overset{O}{\overset{\|}{C}}-CH=\overset{:\ddot{O}:^-}{\overset{|}{C}}OCH_2CH_3 \right] + CH_3CH_2\ddot{\underset{..}{O}}H$$

단계 5. 수용액 반응마무리에서 양성자첨가반응

$$CH_3\overset{O}{\overset{\|}{C}}\overset{..}{\underset{-}{C}}H\overset{O}{\overset{\|}{C}}OCH_2CH_3 \xrightarrow{H^+,\ H_2O} CH_3\overset{O}{\overset{\|}{C}}CH_2\overset{O}{\overset{\|}{C}}OCH_2CH_3$$

에스터교환반응을 막기 위해 알콕사이드와 에스터 모두 같은 알코올에서 보통 유도된다.

연습 문제 23-1

(a) Ethyl propanoate, **(b)** ethyl 3-methylbutanoate, **(c)** ethyl pentanoate의 Claisen 축합반응 생성물들을 보이시오. 각 번호마다 염기는 sodium ethoxide, 용매는 ethanol이다.

두 카보닐기 옆에 붙은 양성자는 산성이다

3-케토에스터의 구조가 양성자이탈이 되기 위해 어떻게 하면 매우 바람직한가? 두 카보닐기 사이에 있는 수소들의 산도는 해당 음이온의 공명 안정화에 의해 훨씬 증가한다. 몇 가지 β-다이카보닐 화합물과 사이아노아세트산 메틸과 프로페인다이나이트릴(말로노다이나이트릴)과 같은 관련 화합물들의 pK_a값들이 표 23-1에 있다.

축합이 단 한 개의 α-수소를 지닌 에스터로 시도될 때 Claisen 축합에서 마지막 양성자이탈반응의 중요성이 분명해진다. 이런 에스터와 반응해서 생긴 생성물은 평형에 이를 필요가 있는 산성 수소가 결여된 2,2-이치환된 3-케토에스터이다. 그러므로 Claisen 축합 생성물이 관찰되지 않는다.

REACTION

Claisen 축합반응의 실패

$$2\ (CH_3)_2CH\overset{O}{\overset{\|}{C}}OCH_2CH_3 \underset{\text{평형은 왼쪽으로 치우친다}}{\overset{Na^{+}\ {}^-OCH_2CH_3,\ CH_3CH_2OH}{\rightleftharpoons}} (CH_3)_2CH\overset{O}{\overset{\|}{C}}-\overset{CH_3}{\underset{CH_3}{C}}-\overset{O}{\overset{\|}{C}}OCH_2CH_3 + CH_3CH_2OH$$

산성인 수소가 없다

Ethyl 2-methylpropanoate

Ethyl 2,2,4-trimethyl-3-oxopentanoate (관찰되지 않는다)

표 23-1 β-다이카보닐과 관련 화합물들의 pK_a값

이름	구조	pK_a
2,4-Pentanedione (Acetylacetone)	$CH_3COCH_2COCH_3$	9
Methyl 2-cyanoacctate	$NCCH_2COOCH_3$	9
Ethyl 3-oxobutanoate (Ethyl acetoacetate)	$CH_3COCH_2COOCH_2CH_3$	11
Propanedinitrile (Malonodinitrile)	$NCCH_2CN$	13
Diethyl propanedioate (Diethyl malonate)	$CH_3CH_2OCOCH_2COOCH_2CH_3$	13

(더 산성: 화살표 위쪽 방향)

2,2-이치환된 3-케토에스터를 염기 처리하면 이 결과는 바람직하지 못한 평형 때문임이 입증될 수 있다. 즉, Claisen 축합 과정의 **완전 역전**[**역 Claisen 축합**(**retro Claisen conensation**)] 반응이 수반되어, 정반응의 완전 역반응 메커니즘을 통해 간단한 에스터 두 분자가 생긴다.

MECHANISM

Claisen 축합반응의 가역(역 Claisen 축합반응)

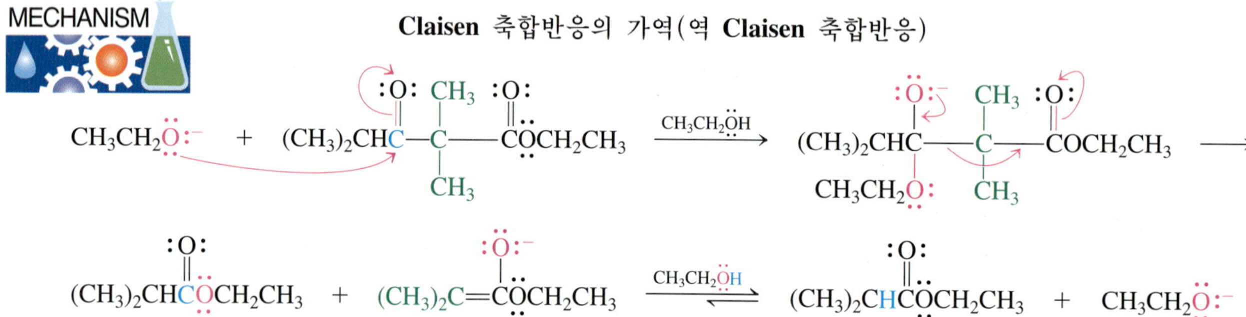

연습 문제 23-2

다음 반응식을 보고 설명하시오.

$$2\,CH_3C(=O)C(CH_3)_2COOCH_3 \xrightarrow[2.\ H^+,\ H_2O]{1.\ CH_3O^-Na^+,\ CH_3OH} CH_3C(=O)CH_2COOCH_3 + 2\,(CH_3)_2CHCOOCH_3$$

Claisen 축합반응은 반응물로서 두 가지 다른 에스터를 가질 수 있다

혼합 Claisen 축합반응(**mixed Clasien condensation**)들은 두 가지 다른 에스터로부터 출발한다. 교차 알돌 축합반응처럼(18-6절) 에스터들은 기본적으로 선택적이지 않으며, 혼합 생성물들이 공급된다. 그러나 반응물 중의 하나가 벤조산 에틸처럼 α-수소가 없을 때 선택적인 혼합 축합이 가능하다.

선택적 혼합 Claisen 축합반응

$$C_6H_5COOCH_2CH_3 + CH_3CH_2COOCH_2CH_3 \xrightarrow[2.\ H^+,\ H_2O]{1.\ CH_3CH_2O^-Na^+,\ CH_3CH_2OH} C_6H_5C(=O)CH(CH_3)COOCH_2CH_3$$

Ethyl benzoate

71%

Ethyl 2-methyl-3-oxo-3-phenylpropanoate

연습 문제 23-3

Ethanol에서 ethyl acetate와 ethyl propanoate 혼합물을 sodium ethoxide로 처리한 결과, 생긴 Claisen 축합 생성물들 모두를 나타내시오.

연습 문제 23-4

Ethyl formate와 ethyl acetate 사이의 혼합 Claisen 축합반응에서 주요 생성물이 있을 것 같은가? 설명하고 기대되는 생성물의 구조를 제시하시오.

분자내 Claisen 축합반응은 결과적으로 고리 화합물을 만든다

Claisen 반응을 분자내에 적용하면 **Dieckmann* 축합반응(Dieckmann condensation)**이라 하는데, 고리 3-케토에스터가 생긴다. 기대한 것처럼(9-6절) 오원자 고리와 육원자 고리 형태로 가장 잘 진행된다.

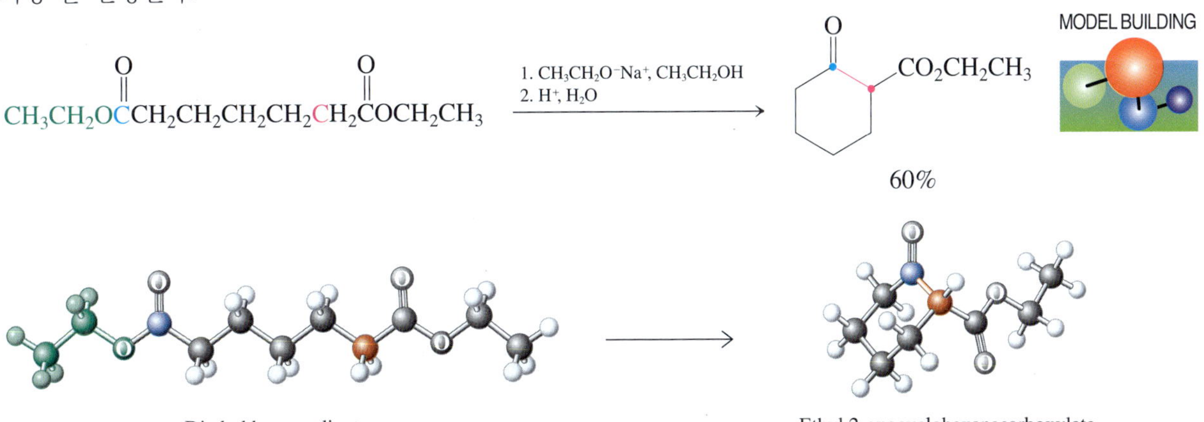

Diethyl heptanedioate

Ethyl 2-oxocyclohexanecarboxylate

연습 문제 23-5

개념 문제: 성공적인 Claisen 축합반응의 예측

아래에 보여진 Dieckmann 분자내(laisen) 축합반응에서 두 가지 고리 생성물들이 가능하지만, 실제로는 한 가지만 생긴다. 이 반응의 결과를 기술하고 설명하시오.

$$CH_3CH_2O\overset{O}{\overset{\|}{C}}CH_2CH_2CH_2CH_2\underset{CH_3}{\underset{|}{C}}H\overset{O}{\overset{\|}{C}}OCH_2CH_3 \xrightarrow[\text{2. } H^+,\ H_2O]{\text{1. } CH_3CH_2O^-Na^+,\ CH_3CH_2OH}$$

전략

가능한 생성물들을 그리기 위해 이 절을 통해 기술된 메커니즘의 방식을 이용하라.

풀이

- 에스터 카보닐기들 중 하나의 α-탄소 원자와 나머지 에스터 카보닐 탄소 원자 사이에 새로운 탄소-탄소 결합을 만들어라. 두 가지 가능한 선택 생성물들을 아래에 보였다.

$$CH_3CH_2O\overset{O}{\overset{\|}{C}}CH_2CH_2CH_2CH_2\underset{CH_3}{\underset{|}{\overset{\alpha}{C}}}H\overset{O}{\overset{\|}{C}}OCH_2CH_3 \xrightarrow[\text{2. } H^+,\ H_2O]{\text{1. } CH_3CH_2O^-Na^+,\ CH_3CH_2OH} \text{(2-oxocyclohexane, } \alpha\text{-}CH_3,\ \alpha\text{-}CO_2CH_2CH_3)$$

*Walter Dieckmann 교수(1869~1925), Munich 대학교, 독일.

$$CH_3CH_2O\overset{O}{\overset{\|}{C}}\underset{\alpha}{C}H_2CH_2CH_2CH_2\underset{CH_3}{\underset{|}{C}}H\overset{O}{\overset{\|}{C}}OCH_2CH_3 \xrightarrow[\text{2. } H^+, H_2O]{\text{1. } CH_3CH_2O^-Na^+, CH_3CH_2OH} CH_3CH_2O_2C\text{–(2-methyl-6-oxocyclohexyl, H at } \alpha)$$

- 첫 축합 생성물은 두 카보닐기 사이에 산성 α-수소가 결여되어 있음을 유의하라. 이 분자는 Claisen 축합반응 조건하에서 분리되지 않는다. 왜냐하면 이 분자와 연결되어 있는 평형이 양성자이탈반응에 의해 완성될 수 없기 때문이다(메커니즘의 단계 4를 이 절의 앞부분에 소개하였다. 또한 "Claisen 축합반응의 실패"를 참조하라). 두 번째 축합 과정의 생성물만이 얻어진다.

연습 문제 23-6

자습 문제

다음 반응을 위한 메커니즘을 쓰시오.

$$\text{Diethyl 1,2-benzenedicarboxylate (Diethyl phthalate)} + CH_3CO_2CH_2CH_3 \xrightarrow[\text{2. } H^+, H_2O]{\text{1. } CH_3CH_2O^-Na^+,\ CH_3CH_2OH} \text{1,3-dioxoindan-2-}CO_2CH_2CH_3 \quad 60\text{~}80\%$$

화학 이야기 23-1

생화학에서 Claisen 축합반응

$$\underset{\text{아세틸 보조효소 A}}{CH_3\overset{O}{\overset{\|}{C}}SCoA} + CO_2 \xrightarrow{\text{아세틸 CoA 카복시화효소}} \underset{\text{말론일 CoA}}{HO\overset{O}{\overset{\|}{C}}CH_2\overset{O}{\overset{\|}{C}}SCoA}$$

보조효소 A(19-13절)의 싸이오에스터에서 얻어지는 지방산 사슬을 만드는 결합 과정들은 Claisen 축합반응들이다. 아세틸 CoA가 위에서 보여진 말론일 CoA로 카복실화되는 것은 에스터 카보닐기의 탄소보다 CO_2 탄소가 오히려 친핵성 공격 자리인 것이 이채롭다.

카복실화된 화학종의 메틸렌기는 아세틸 사이오에스터에 있는 메틸기보다 훨씬 더 반응성이 커서, 다양한 유사 Claisen 축합반응에 참여한다. 이런 과정들은 효소 촉매를 요하지만 아래에 보여진 것처럼 간단한 형태로 쓰인다.

$$H_3C\overset{:O:}{\overset{\|}{C}}\ddot{S}R + RS\overset{O}{\overset{\|}{C}}CH_2\overset{O}{\overset{\|}{C}}OH \xrightarrow{-CO_2} H_3C-\overset{:\ddot{O}:^-}{\overset{|}{C}}(CH_2\overset{O}{\overset{\|}{C}}SR)-\overset{+}{S}(R)H \xrightarrow{-R\ddot{S}H} RS\overset{O}{\overset{\|}{C}}CH_2\overset{O}{\overset{\|}{C}}CH_3$$

(RSH = 아실 운반 단백질, 19-13절 참조)

위 반응의 생성물인 아실 운반 단백질의 아세토아세틸 유도체는 지방산 외에 다른 화합물의 생합성에서 출발점이 된다. 스테로이드는 효소 촉매로 유사 Claisen 축합반응에서 유도되며, 이 반응은 가지친 다섯 탄소 골격 2-메틸-1,3-뷰타다이엔(아이소프렌)과 터펜(4-7절)의 골격을 만든다. 이 변환에서 아세틸 CoA의 엔올레이트는 아세토아세틸 CoA의 케토카보닐에 첨가

(c) 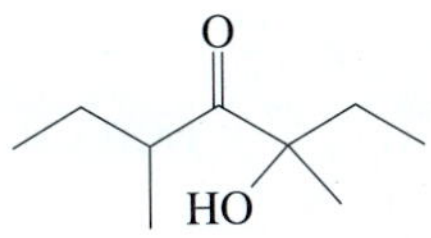 (d) 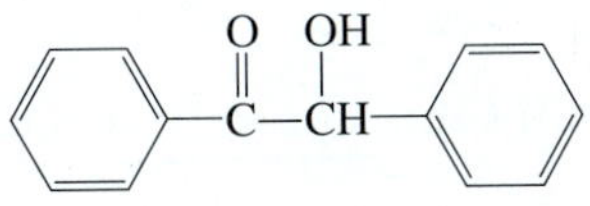 (e)

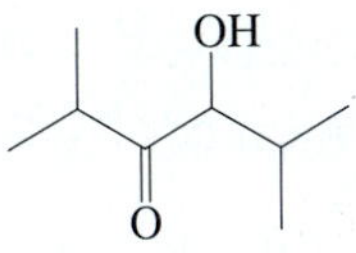

요약 α-하이드록시케톤들은 가려진 아실 음이온들이 알데하이드와 케톤에 첨가되어 생성될 수 있다. 알데하이드가 해당 1,3-다이싸이아사이클로헥세인(1,3-다이싸이에인)으로 변환하는 것은 역전 편극화 방법을 설명하는 것이다. 친전자성 탄소는 친핵성 중심으로 바뀌어서, 알데하이드나 케톤의 카보닐기에 첨가되도록 해 준다. 싸이아졸륨 이온들은 다시 카보닐 탄소의 친핵성 원자로의 변환을 통해, 알데하이드의 이합체화를 촉진한다.

요점

C=O 작용기 화학으로 돌아가서, 우리는 카보닐 화합물들이 합성에 있어 실험실과 자연에서 모두 중심 역할을 하고 있는 더 많은 증거들을 보았다. 이 장에서는 새로이 나타나는 여러 가지 반응들이 소개되었으며, 그 반응들은 전에 다룬 과정들과 거의 유사한 반응들이다. 이들 중 가장 돋보이는 것은 Claisen 축합반응인데, 이 반응은 알데하이드와 케톤의 알돌 축합에 대응하는 에스터반응이며, 다중 작용기를 갖는 생성물이 생성된다. 이 과제가 어떻게 다시 산-염기 화학 개념으로 되돌리는가를 주목하라. 두 이웃 C=O 작용기(α-카보닐 화합물의 경우에서) 또는 한 카보닐기에 의한 산성인 α-탄소의 수소 양성자이탈반응이 일어난다. 22-7절에서 바로 논의된 재배열 반응뿐만 아니라 15장에서 기술한 몇 가지 반응을 포함해서, 카복시기 이탈반응은 방향족성 전이 상태를 갖는 다른 반응들을 연상시키는 제거반응이다. 끝으로 두 가지 형태의 아실 음이온 대등체는 음전하를 가지며, 친핵체로 작용할 수 있는 카보닐기를 변형시키는 두 가지 다른 방법으로 설명할 수 있다. 이것은 작용기를 변형시킬 수 있는 더 정교한 형태이며, 개념적으로 2장의 초반에서 다룬 원리의 응용에서 크게 벗어나지 않는다. 수소가 산성이면 그 짝염기에 의해 음이온은 안정화된다. 이 화학에서 흥미로운 점은 합성이 끝나면 C=O기의 **가역적인** 변환이 이루어진다는 점이다. 친핵체로 변환하여 반응에 참여한 후 다시 카보닐기로 재생된다.

24장은 유기화학 개론 과정의 마지막 장을 시작하는 것인데, 여기서 천연 유기 화합물 몇 가지를 더 가까이 보게 된다. 알코올과 카보닐 화합물과 비슷한 양상을 갖는 화합물들, 탄수화물들로 시작한다.

통합 문제

23-25. a. 다음에 나타낸 과정을 고려해 보자. 이 반응은 혼합 Claisen 축합반응이지만, 80% 수득률로 분자식 $C_{11}H_{14}O_6$인 단일 생성물이 생성된다. 이 생성물의 구조를 제시하고, 생성되는 경로와 합리화하시오. 첫 구성물질, diethyl ethanedioate (diethyl oxalate)가 과량 사용된다.

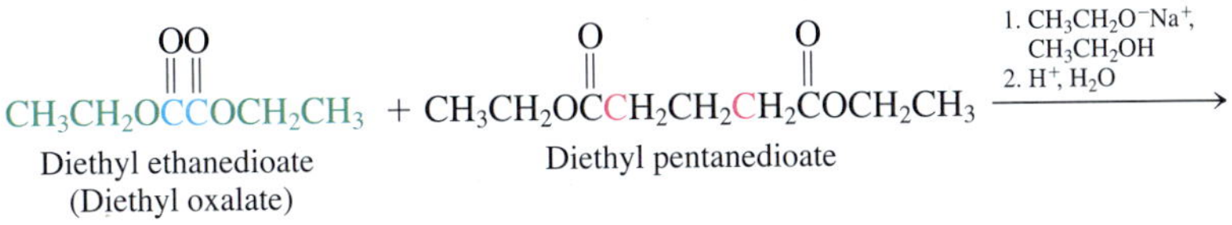

$$CH_3CH_2O\overset{O}{\overset{\|}{C}}\overset{O}{\overset{\|}{C}}OCH_2CH_3 + CH_3CH_2O\overset{O}{\overset{\|}{C}}CH_2CH_2CH_2\overset{O}{\overset{\|}{C}}OCH_2CH_3 \xrightarrow[2.\ H^+,\ H_2O]{1.\ CH_3CH_2O^-Na^+,\ CH_3CH_2OH}$$

Diethyl ethanedioate (Diethyl oxalate) Diethyl pentanedioate

풀이

Diethyl oxalate는 α-수소를 가지고 있지 않기 때문에 자체 내에서 Claisen 축합반응이 이루어지지 않는다. 그 생성물의 화학식은 두 출발물($C_{15}H_{26}O_8$)에서 ethanol **두** 분자($C_4H_{12}O_2$)를 뺀 화학식들의 합과 같다. 두 Claisen 축합반응을 내포하고 있는 과정의 생성물로 기대되는 변화이다. Oxalate가 과량 존재하기 때문에, 첫 반응은 에스터 카보닐기 중의 하나와 pentanedioate ester에서 유도된 엔올 음이온 사이의 Claisen 축합반응임을 가정하는 것이 논리에 맞다.

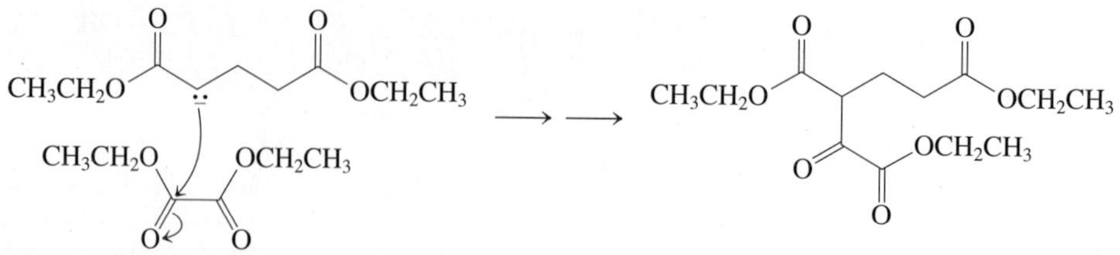

이 중간 생성물의 화학식은 $C_{13}H_{20}O_7$인데, ethanol 한 분자가 아주 제거되어 버렸다. 두 번째 축합반응이 계속 일어나야 하지만, 또 다른 분자에 첨가될 필요는 없다. 우리가 목표로 하고 있는 생성물이 그 화학식에 충분한 원자들을 포함하고 있기 때문이다. 이 중간 생성물이 oxalate에서 유도된 잔여 에스터기와 pentanedioate에서 유도된 부분의 나머지 α-탄소 사이에서, 유일한 선택은 **두 번째 분자 내** Claisen 축합반응이다.

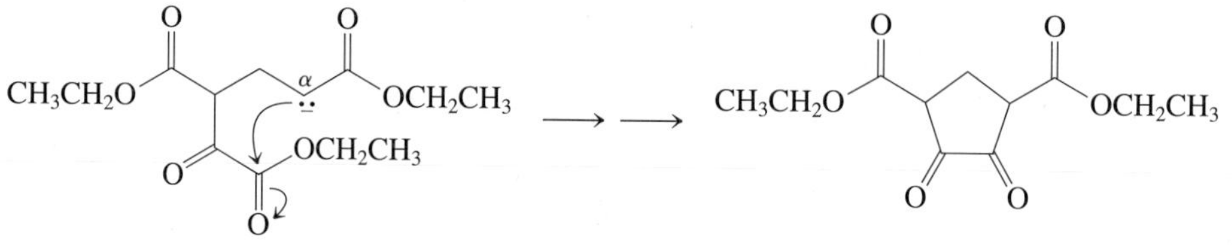

b. 다음 화합물 합성을 제시하시오.

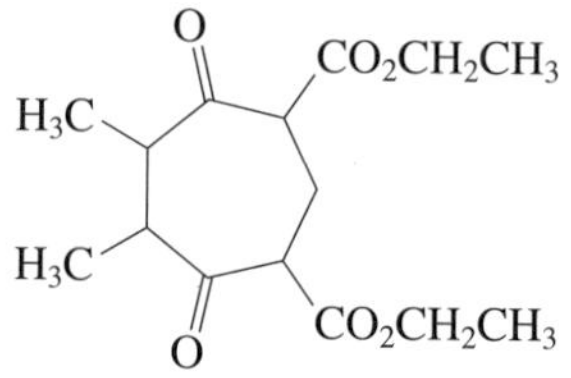

풀이

(a)에서 설명된 접근법을 이용해서 이중 Claisen 축합반응에 의한 고리 형성을 할 수 있도록 이 목표물을 역합성으로 분석하라.

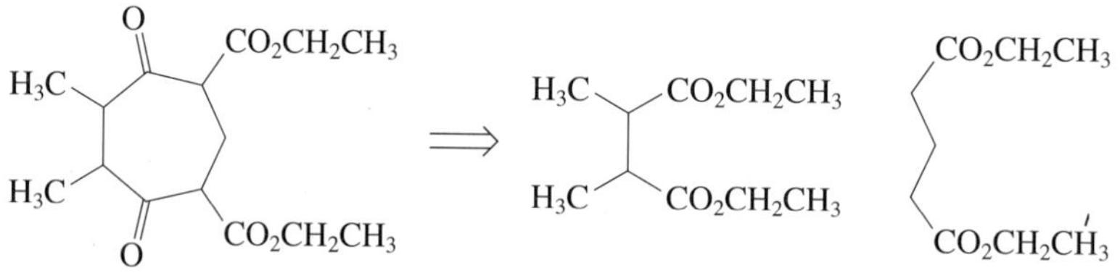

이 혼합 Claisen 축합반응을 어떻게 실행할 수 있는가? 두 다이에스터들은 α-수소를 소유하고, 염기 처리하면 엔올 음이온으로 될 수 있다 하더라도, 첫 (다이메틸 치환) 에스터가 두 번째 동일 분자와 성공적 축합반응을 일으킬 수는 없다. 왜냐하면 그 생성물과 정방향으로 평형을 이룰 수 있는 필수적인 여분의 α-수소가 없기 때문이다. 그래서 이 다이에스터가 과량 사용되어 pentanedioate로부터 유도된 엔올 음이온과의 반응에서 오로지 카보닐 파트너로서만 참여할 수 있다. Ethanol에서 에스터 혼합물이 과량의 ethoxide와 반응한 후, 산 수용액으로 처리하면 바라던 생성물로 된다.

23-26. 이 장에서 소개된 합성법을 이용하여 (a)와 (b)와 있는 두 케톤들을 합성하시오. 이런 문제들을 위해 다음 규칙들에 바탕을 둬라. **각기 여섯 개 탄소 이하만을 포함하는** 유기 화합물을 사용해도 좋다. 몇 가지 무기 시약들을 사용할 수 있다.

a. 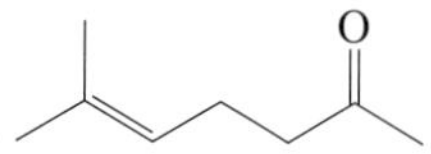 (널리 사용된 향료 성분 linalood의 합성 중간 생성물—13장 문제 52 참조)

풀이

어디서 출발할 것인가? 목표 분자는 2-alkanone-methyl ketone임을 유의한다. 결과적으로 23-2절에서 소개된 메틸 케톤 제조에 특별한 acetoacetic ester 화학을 우리가 이용할 수 있을 것이다. Acetoacetic ester 합성은 일반식 RCH_2COCH_3와 $RR'CHCOCH_3$의 케톤을 이용할 수 있음을 상기하라. 이 일반식은 출발 에스터가 한 번 또는 두 번 알킬화하느냐에 달려 있다. 원하는 생성물이 이런 일반식들 중 첫 번째에 맞춰서 이들 노선을 따라 역합성 분석을 검토해 보자. 전략상의 결합(8-9절)이 케톤의 R기에 있는 C3 α-탄소 사이의 결합이다.

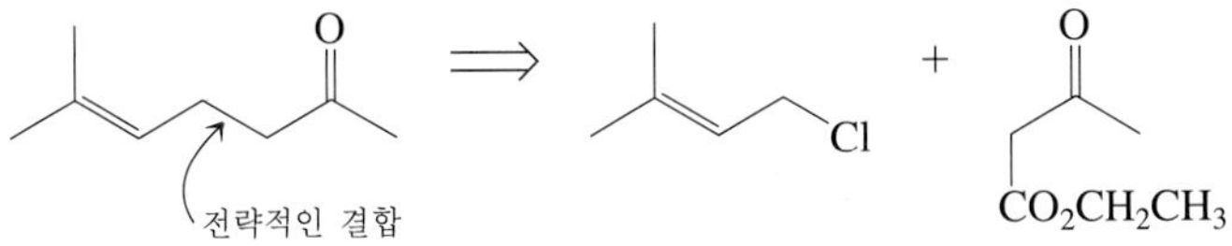

전략적인 결합

$CO_2CH_2CH_3$

진행 중인 일반적 계획을 갖고 자세히 보자. β-ketoester 알킬화가 필요하며, S_N2 메커니즘을 따르는 일반적으로 enolate의 알킬화임을 알고 있다(18-4절). 제시된 기질이 이 과정에 적합한가? 이탈기 Cl이 일차이고, 알릴기의 탄소에 위치하고 있다. 그러므로 이 물질이 우수한 S_N2 기질(6-9, 7-9, 14-3절)이 될 수 있다. 그러므로 최종 합성은 1069쪽에 있는 2-heptanone의 방법과 실제로 동일한 방식으로 전개될 수 있어서, 1-bromobutane을 allylic chloride로 대치하는 것이다.

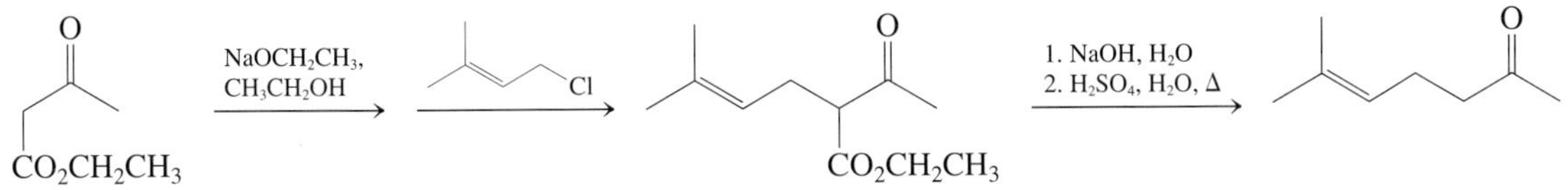

$CO_2CH_2CH_3$ —($NaOCH_2CH_3$, CH_3CH_2OH)→ —(Cl)→ $CO_2CH_2CH_3$ —(1. NaOH, H_2O 2. H_2SO_4, H_2O, Δ)→

b. 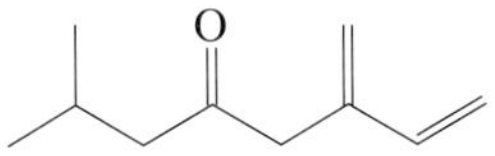 (나무 딱정벌레 *Ips confusus*의 성 유인물 합성 중간체)

풀이

이 목표 분자가 메틸 케톤이 아니므로, acetoacetic ester 합성이 편리하게 적용될 수 없음을 곧 유의하게 된다. 유기금속 시약이 알데하이드에 첨가되면 이차 알코올이 되고, 산화(8-9절)가 수반되어 전에 간단한 케톤을 만들었다. 이런 과정으로 전략적 결합들은 해당 알코올 탄소에 대한 결합이며, 여기에 보여 준 것처럼 두 가지 가능한 역합성 절단 과정들을 우리에게 제시해 준다.

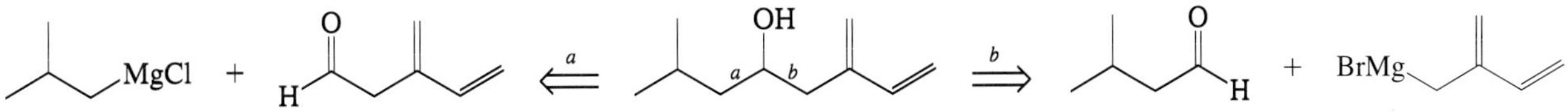

MgCl + H (a ⟸) OH (a, b) (b ⟹) H + BrMg

그 절차는 완벽하게 훌륭한 해결들을 제공하는 반면, 그 문제는 이 장에서 주어진 합성법을 적용하도록 우리에게 요구한다. acetoacetic ester 화학을 제외해버리면, 아실 음이온 대등체들을 이용하는데 있어 대책을 가지고 있으며, α-hydroxyketone(23-4절) 합성에 적용될 수 있는 예들을 보았다. 간단한 알데하이드와 케톤들이 마찬가지로 이런 대등체들로 제조될 수 있는가? 그 답은 예이고, RX로 간단하게 알킬화하고, 가수분해한다. 이렇게 하여,

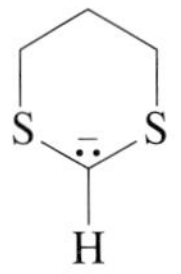

S S (H) 은 "O" H 의 합성 대등체이고,

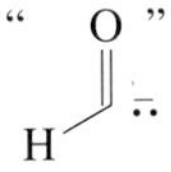

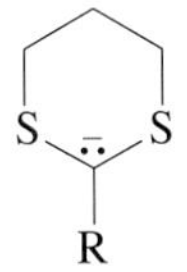

S S (R) 은 "O" R 의 합성 대등체이다.

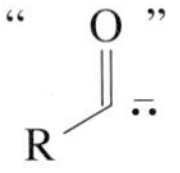

그 문제에 가깝게 돌아가서 역합성 분석하고, 우리의 목표에 해당하는 이치환 1,3-dithiacyclohexane에서 두 가지 가능한 전략적 결합들을 검토한다. 결과의 일치환 다이싸이에안들은 싸이오아세탈화하여 해당 알데하이드들로부터 즉시 유도된다(17-8절).

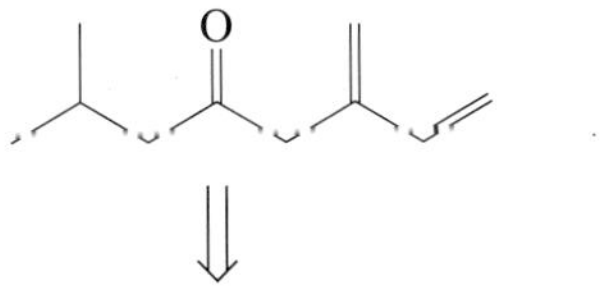

⇓

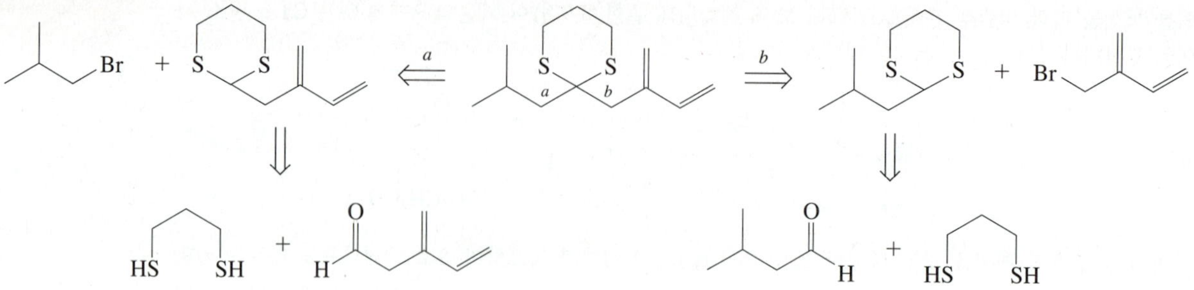

최종 답을 계획하기 전에 전략적 결합 구성, *a* 또는 *b* 중 어느 것이 더 좋은지를 우리가 지금 결정해야 한다. 이 결정에 있어 두 가지 고려가 중요하다. (1) 결합 형성이 쉽고, (2) 출발물의 크기와 구조적이고, 기능적 복잡성이 그것이다. 결합 *a*는 가지 일차 할로알케인의 S_N2 치환반응으로 형성되며, — 특별히 강한 염기성 친핵체들(7-9절)과 적용할 때는 최선의 경우는 아니고, dithiacyclohexane들은 30대의 pK_a값들을 가진다. 결합 *b*는 일차, 알릴 기질을 이용하므로 — 훨씬 더 좋은 대안이다. 우리의 두 번째 고려에 근거하면 접근 방법 *b*가 역시 바람직하다. 즉, 분리된 작용기를 갖는 두 개의 같은 크기(다섯 개 탄소 단위)의 조각들이다. 아래에 문제를 풀기 위한 합성 개요를 볼 수 있다.

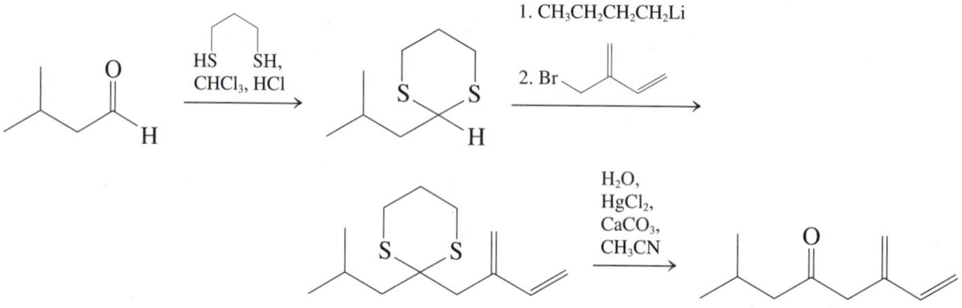

1. $CH_3CH_2CH_2CH_2Li$
2. Br

HS SH, $CHCl_3$, HCl

H_2O, $HgCl_2$, $CaCO_3$, CH_3CN

새로운 반응식

β-다이카보닐 화합물 합성

1. Claisen 축합반응(23-1절)

$$2\,CH_3\overset{O}{\overset{\|}{C}}OR \xrightleftharpoons[2.\ H^+,\ H_2O]{1.\ Na^{+-}OR,\ ROH} CH_3\overset{O}{\overset{\|}{C}}CH_2\overset{O}{\overset{\|}{C}}OR + ROH$$

산성

흡열반응 : 과량 염기에 의해 생성물의 음이온으로 평형 이동

2. Dieckmann 축합반응(23-1절)

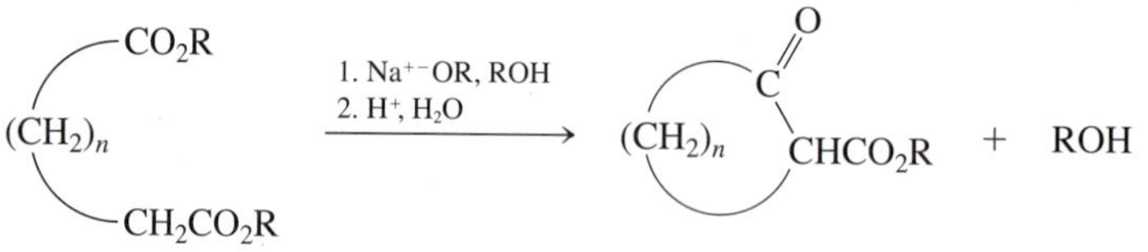

$$(CH_2)_n(CO_2R)(CH_2CO_2R) \xrightarrow[2.\ H^+,\ H_2O]{1.\ Na^{+-}OR,\ ROH} (CH_2)_n\text{-}C(=O)\text{-}CHCO_2R\ (\text{ring}) + ROH$$

3. β-다이케톤 합성(23-1절)

$$R\overset{O}{\overset{\|}{C}}OR' + CH_3\overset{O}{\overset{\|}{C}}CH_3 \xrightarrow[2.\ H^+,\ H_2O]{1.\ Na^{+-}OR',\ R'OH} R\overset{O}{\overset{\|}{C}}CH_2\overset{O}{\overset{\|}{C}}CH_3 + R'OH$$

분자내

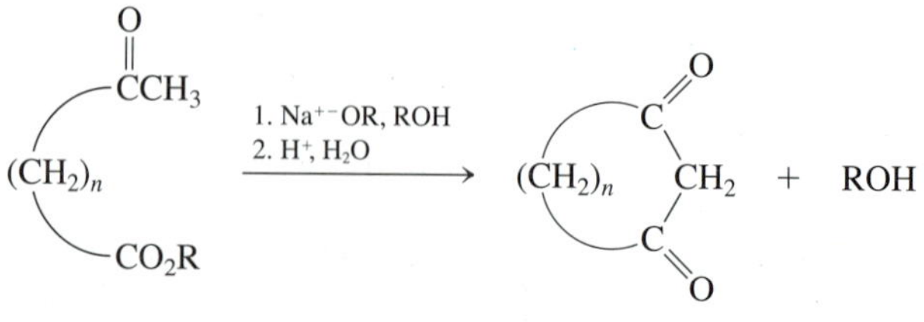

$$(CH_2)_n(\overset{O}{\overset{\|}{C}}CH_3)(CO_2R) \xrightarrow[2.\ H^+,\ H_2O]{1.\ Na^{+-}OR,\ ROH} (CH_2)_n\text{-}C(=O)\text{-}CH_2\text{-}C(=O)\ (\text{ring}) + ROH$$

합성 구성단위로서의 3-케토에스터

4. 엔올레이트 알킬화반응 (23-2절)

$$RCCH_2CO_2R' \xrightarrow[\text{2. } R''X]{\text{1. } Na^{+-}OR',\ R'OH} RCCHCO_2R'$$

(C=O 케톤; 생성물의 CH에 R″ 결합)

5. 3-케토산 카복시기이탈반응 (23-2절)

$$RCCH_2COR' \xrightarrow[-R'O^-]{HO^-} RCCH_2CO^- \xrightarrow{H^+} RCCH_2COH \xrightarrow[-CO_2]{\Delta} RCCH_3$$

6. 아세토아세트산 에스터를 이용한 메틸 케톤의 합성 (23-2절)

$$CH_3CCH_2COR \xrightarrow{\text{1. NaOR, ROH; 2. } R'X\text{; 3. } HO^-\text{; 4. } H^+,\ \Delta} CH_3CCH_2R'$$

R' = alkyl, acyl, CH_2COR'', CH_2CR''
$R'X$ = oxacyclopropane

7. 말론산 에스터를 이용한 카복실산 합성 (23-2절)

$$ROCCH_2COR \xrightarrow{\text{1. NaOR, ROH; 2. } R'X\text{; 3. } HO^-\text{; 4. } H^+,\ \Delta} R'CH_2COH$$

R' = alkyl, acyl, CH_2COR'', CH_2CR''
$R'X$ = oxacyclopropane

8. Michael 첨가반응 (23-3절)

$$CH_2{=}CHCR + H_2C(CO_2CH_3)_2 \xrightarrow{Na^{+-}OCH_3,\ CH_3OH} RCCH_2CH_2CH(CO_2CH_3)_2$$

Michael 받개

아실 음이온 대등체

9. 아실 음이온 대등체로서의 1,3-다이싸이아사이클로헥세인 (1,3-다이싸이에인) 음이온 (23-4절)

$R{-}C(A)(A')\!:^-$ 는 $RC(=O)\!:^-$ 의 합성 대등체

A = 전자 끌기, 콘쥬게이션 또는 편극화 작용기

$$\text{1,3-dithiane} \xrightarrow[\text{2. } RCR']{\text{1. } CH_3CH_2CH_2CH_2Li,\ THF} \text{2-[HO-C(R)(R')]-1,3-dithiane (2-H)} \xrightarrow{HgCl_2,\ H_2O} RC(OH)(R')-CH{=}O$$

$$\text{2-R-1,3-dithiane} \xrightarrow{\text{1. } CH_3CH_2CH_2CH_2Li,\ THF\text{; 2. } R'X\text{; 3. } HgCl_2,\ H_2O} RC(=O)R'$$

10. 알데하이드 짝지음 반응에서의 싸이아졸륨염 (23-4절)

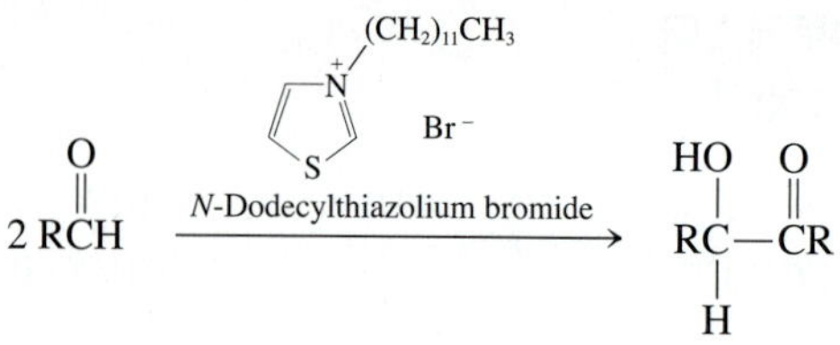

$$2\,RCH{=}O \xrightarrow[\text{N-Dodecylthiazolium bromide}]{\text{thiazolium}^{+}\text{-}(CH_2)_{11}CH_3\ Br^-} RCH(OH){-}C(=O)R$$

중요한 개념

1. 과량의 염기 존재하에 안정한 **β-다이카보닐 음이온**의 화학량론적 생성으로 **Claisen 축합반응**이 작동된다.
2. **β-다이카보닐 화합물**들은 두 이웃 카보닐기의 전자 끄는 유도 효과 때문에, 양성자이탈반응의 결과로 생긴 음이온들이 공명 안정화되기 때문에, 두 카보닐기들 사이에 있는 탄소에 산성 수소들을 포함한다.
3. 에스터들 사이의 **혼합 Claisen 축합반응**이 보통 선택성이 없지만, 어떤 물질들(엔올화될 수 없는 에스터, 분자내로 변형, 케톤)과는 선택성이 있다.
4. 3-케토산들은 불안정하다. 방향족 전이 상태를 통해 협동 과정에서 **카복시기이탈반응**이 일어난다. 이 성질은 3-케토에스터 음이온들의 친핵성 반응성과 연관지으면, 치환된 케톤과 산들의 합성을 허용한다.
5. **아실 음이온**들은 직접 알데하이드의 양성자이탈반응으로 쓰일 수 없기 때문에, 가려진 반응성 있는 중간체들로 만들거나, 작용기들을 변환시켜 화학론적 시약들로 만들어야 한다.

문제

27. 다음 화합물을 산도가 증가하는 순서대로 배열하시오. 각 화합물의 pK_a값도 예측해 보시오.

(a) 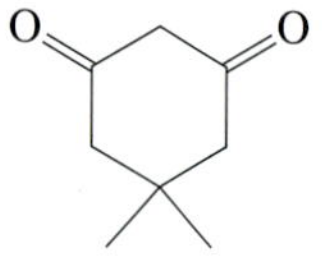 5,5-dimethylcyclohexane-1,3-dione (structure) **(b)** CH_3CO_2H **(c)** CH_3OH **(d)** 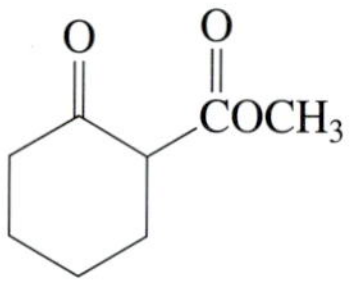 2-($COCH_3$ with C=O)cyclohexanone (structure)

(e) CH_3CHO **(f)** 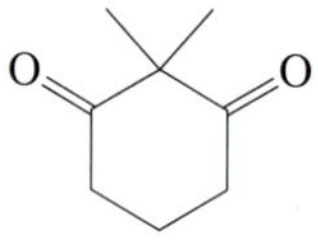 2,2-dimethylcyclohexane-1,3-dione (structure) **(g)** $CH_3O_2CCH_2CO_2CH_3$ **(h)** $CH_3O_2CCO_2CH_3$

28. CH_3CH_2OH에서 과량의 $NaOCH_2CH_3$로 다음 분자들(또는 조합된 분자들) 각각에 대한 기대된 반응 결과들을 보이시오. 결과는 수용성 산 처리가 수반된다.

(a) $CH_3CH_2CH_2COOCH_2CH_3$

(b) $C_6H_5CH(CH_3)CH_2COOCH_2CH_3$

(c) $C_6H_5CH_2CH(CH_3)COOCH_2CH_3$

(d) $CH_3CH_2OC(=O)(CH_2)_4C(=O)OCH_2CH_3$

(e) $CH_3CH_2OC(=O)CH(CH_3)(CH_2)_4C(=O)OCH_2CH_3$

(f) $C_6H_5CH_2CO_2CH_2CH_3 + HCO_2CH_2CH_3$

(g) $C_6H_5CO_2CH_2CH_3 + CH_3CH_2CH_2CO_2CH_2CH_3$

(h) 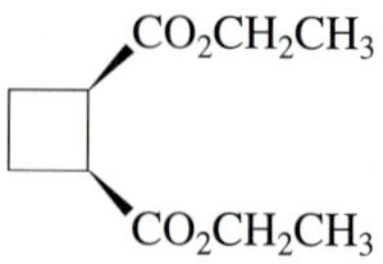 cyclobutane-1,2-di($CO_2CH_2CH_3$) (structure) $+ CH_3CH_2OC(=O)CH_2CH_2C(=O)OCH_2CH_3$

(i) 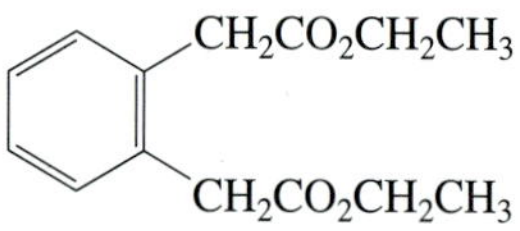 1,2-benzene-di($CH_2CO_2CH_2CH_3$) (structure) $+ CH_3CH_2OC(=O){-}C(=O)OCH_2CH_3$

29. 다음 혼합 Claisen 축합반응은 출발물 중 하나가 상당히 과량 존재할 때 가장 잘 일어난다. 두 출발물 중 어느 쪽이 과량으로 존재해야 할까? 왜? 시약들이 비교될 정도의 양으로 존재하면, 어느 쪽의 반응이 경쟁적일까?

$$CH_3CH_2\overset{O}{\overset{\|}{C}}OCH_3 + (CH_3)_2CH\overset{O}{\overset{\|}{C}}OCH_3 \xrightarrow{NaOCH_3,\ CH_3OH} (CH_3)_2CH\overset{O}{\overset{\|}{C}}\underset{CH_3}{\underset{|}{C}H}\overset{O}{\overset{\|}{C}}OCH_3$$

30. Claisen 또는 Dieckmann 축합반응에 의해 다음 β-다이카보닐 화합물들의 각 합성을 제시하시오.

(a) (cyclopentyl)$-CH_2\overset{O}{\overset{\|}{C}}\underset{\text{cyclopentyl}}{\underset{|}{C}H}\overset{O}{\overset{\|}{C}}OCH_2CH_3$

(b) $C_6H_5\overset{O}{\overset{\|}{C}}\underset{C_6H_5}{\underset{|}{C}H}\overset{O}{\overset{\|}{C}}OCH_2CH_3$

(c) H_3C, O, $CO_2CH_2CH_3$ (cyclohexanone ring)

(d) $H\overset{O}{\overset{\|}{C}}\overset{O}{\overset{\|}{C}}CH_2\overset{O}{\overset{\|}{C}}OCH_2CH_3$

(e) $C_6H_5\overset{O}{\overset{\|}{C}}CH_2\overset{O}{\overset{\|}{C}}C_6H_5$

(f) $CH_3CH_2O\overset{O}{\overset{\|}{C}}CH_2\overset{O}{\overset{\|}{C}}OCH_2CH_3$

(g) (cyclopropyl)$-\overset{O}{\overset{\|}{C}}CH_2\overset{O}{\overset{\|}{C}}CH_3$

31. 오른쪽 여백에 보여진 propanedial이 간단한 Claisen 축합반응에 의해 쉽게 제조될 수 있다고 생각하는가? 왜 그런가?

$H\overset{O}{\overset{\|}{C}}CH_2\overset{O}{\overset{\|}{C}}H$

Propanedial

32. Acetoacetic ester 합성을 이용하여 다음 케톤들의 각 제조법을 고안하시오.

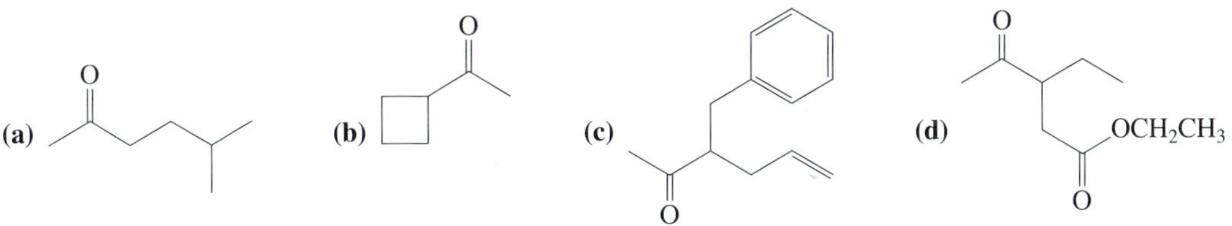

33. 말론산 에스터 합성을 사용하여 다음 네 가지 화합물들 각각을 위한 합성을 고안하시오.

(a) O, OH **(b)** OH, O **(c)** H_2CCOOH / H_2CCOOH **(d)** COOH

34. 23-3절에서 기술된 방법들과 함께, 필요하면 다른 반응들도 이용하여 아래의 화합물 각각을 합성하시오. 각 경우에 출발물들은 하나의 알데하이드 또는 케톤과 하나의 β-다이카보닐 화합물을 포함해야 한다.

(a) O, O, O **(b)** O, $CH(CO_2CH_2CH_3)_2$ **(c)** O, O

(**힌트:** 카복시기이탈반응은 필연적이다)

35. **도전 문제** Carbonic acid $\left(\overset{O}{\overset{\|}{\underset{HO\quad OH}{C}}}\right)$는 물과 carbon dioxide 분자로 분해되기 쉬운 불안정한 화합물이다. $H_2CO_3 \rightarrow H_2O + CO_2\uparrow$. 정말, 어떤 탄산 음료 용기를 열 때 우리 자신이 경험한 명확성

은 이런 분명한 생각을 지지해 준다. 그러나 2000년에 이 가정이 아주 옳지 않음이 발견되었다. Carbonic acid는 완전 무수에서 실제로 완벽하게 안정한 분리 가능한 화합물이다. 분해, 이것은 카복시기이탈반응인데, 물에 의해 강하게 **촉매**된다. 특별한 기술 없이 물을 완전히 제외하기란 너무 어려운데, 이것은 왜 carbonic acid가 순수한 형태로 얻기가 이렇게 어려운 화학종인지를 설명해 준다.

23-2절에서 3-ketocarboxylic acid의 카복시기이탈반응 메커니즘을 논의하는데 근거하여, carbonic acid의 카복시기이탈반응 촉매에 물 분자의 역할을 제시하시오(**힌트**: 수소 결합에 의해 육원자 고리가 되도록 한 분자의 물과 한 분자의 carbonic acid를 배열해 보라. 이때 카복시기이탈반응에 대해 고리형 방향족 전이 상태가 존재하는지 보라).

36. 문제 35에 대한 답에 근거하여 다음 화합물들 각각 카복시기이탈반응을 물이 촉매하는지 안하는지를 예상하시오. 답이 그렇다인 각각의 경우, 전이 상태와 최종 생성물들을 그리시오.

(a) 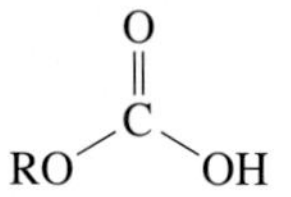 $RO-C(=O)-OH$ (Carbonic acid의 모노에스터)

(b) 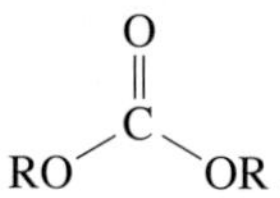 $RO-C(=O)-OR$ (Carbonic acid의 다이에스터)

(c) 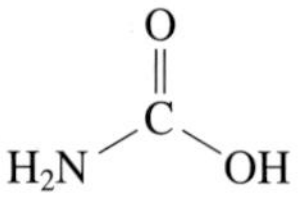 $H_2N-C(=O)-OH$ (Carbamic acid)

(d) 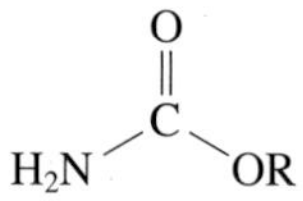 $H_2N-C(=O)-OR$ (Carbamate ester)

37. Ethoxide 이온 존재하에 3-butene-one에 말론산 에스터가 Michael 첨가반응하는 메커니즘을 상세히 쓰시오. 모든 단계들이 가역으로 보임을 확인하라. 전체 반응이 발열인가 흡열인가? 왜 염기 촉매량만이 필요한지 설명하시오.

38. 다음 반응의 가능한 생성물을 적으시오. 모든 반응은 Pd 촉매와 인 같은 금속 리간드의 존재하에서 가열하여 진행시킨다(**힌트**: 22-4절에 있는 Pd 촉매 할로벤젠과 친핵체의 반응을 참조하라).

(a) 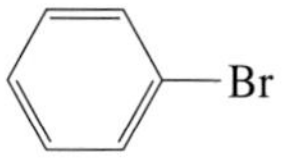 C_6H_5Br + $^{-}\!:CH(CO_2CH_2CH_3)_2$

(b) 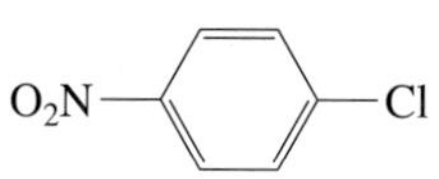 $O_2N-C_6H_4-Cl$ (para) + 5,5-dimethylcyclohexane-1,3-dione carbanion (C-2)

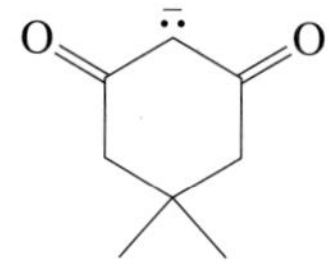

39. Pd 촉매 할로벤젠과 수산화 이온의 반응에서 나타나는 메커니즘을 바탕으로 (22-4절) 문제 38(a)의 Pd 촉매 반응에 대한 합당한 메커니즘을 적으시오.

40. 이 장에서 기술된 방법을 이용해서 다음 분자들마다 다단계 합성을 설계하시오. 최종 생성물에 있는 모든 탄소 원자들의 원천으로서 지정된 설정 구획물들을 이용하라.

(a) $CH_3CO_2CH_2CH_3$ 와 $CH_3\overset{O}{\overset{\|}{C}}CH{=}CH_2$ 으로부터 3-methylcyclohex-2-en-1-one

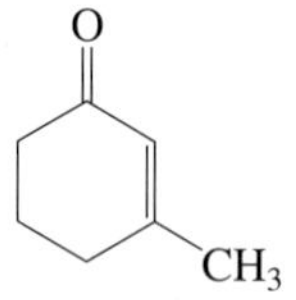

(b) CH_3I, $CH_2(CO_2CH_2CH_3)_2$ 와 $CH_3\overset{O}{\overset{\|}{C}}CH{=}CH_2$ 으로부터 bicyclic enedione (Wieland–Miescher ketone) (**힌트:** 먼저 cyclohexane-1,3-dione 을 만들라)

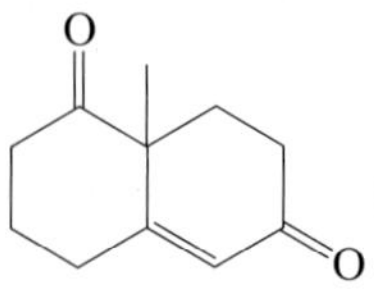

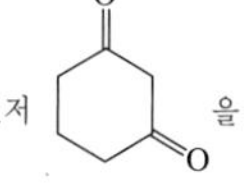

(c) CH_3I, $CH_2(CO_2CH_2CH_3)_2$ 와 $BrCH_2\overset{O}{\overset{\|}{C}}CH_3$ 으로부터 bicyclic enedione (**힌트:** 먼저 cyclopentane-1,3-dione 을 만들라)

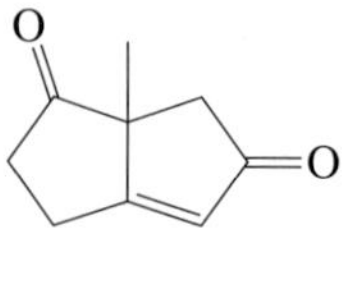

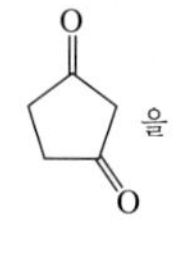

41. 다음 알데하이드들이 촉매성 *N*-dodecylthiazolium bromide와 반응할 때 생성물들을 제시하시오.

(a) $(CH_3)_2CHCHO$ **(b)** C_6H_5CHO **(c)** cyclohexanecarbaldehyde **(d)** $C_6H_5CH_2CHO$

42. 다음 반응들의 생성물들을 제시하시오.

(a) $C_6H_5CHO + HS(CH_2)_3SH \xrightarrow{BF_3}$ **(b)** (a)의 생성물 + $CH_3CH_2CH_2CH_2Li \xrightarrow{THF}$

문제 41의 각 알데하이드와 (b)에서 형성된 물질과의 반응에서 $HgCl_2$ 존재하에서 가수분해를 수행한 결과들은 무엇인가?

43. **(a)** 다음 자료들에 근거하여 교유 전에 신선한 크림에서 발견되는 미지물질 A와 독특한 노란색을 띠고, 버터 냄새를 갖는 B를 확인하시오.

A : MS: m/z (상대적 존재비) = 88(M^+, 약한), 45(100) 및 43(80).
^{1}H NMR : δ = 1.36 (d, J = 7 Hz, 3 H), 2.18 (s, 3 H), 3.73 (넓은 s, 1 H), 4.22 (q, J = 7 Hz, 1 H) ppm.
IR: $\tilde{\nu}$ = 1718 및 3430 cm^{-1}

B : MS: m/z (상대적 존재비) = 86 (17) 및 43 (100).
^{1}H NMR : δ = 2.29 (s) ppm.
IR: $\tilde{\nu}$ = 1708 cm^{-1}

(b) 어떤 종류의 반응이 화합물 A를 화합물 B로 변환시키는가? 버터를 만들기 위해 크림을 교유할 때 이것이 발생한다는 것이 이치에 맞는가? 설명하시오.

(c) 두 개 탄소를 포함한 화합물로만 시작해서 화합물 A와 B의 실험실 합성들을 약술하시오.

(d) 화합물 A의 UV 스펙트럼은 271 nm의 λ_{max}을 가지며, 화합물 B는 290 nm의 λ_{max}을 가진다(후자의 흡수띠가 가시광선 스펙트럼의 자외선 영역으로 확장되는 것은 화합물 B의 노란색 때문이다). λ_{max}의 차이를 설명하시오.

44. Ethoxide와 같은 염기와 acetaldehyde와 같은 카보닐 화합물 사이에 일어날 수 있는 모든 초기 반응 단계들을 설명하도록 화학 반응식을 쓰시오. 카보닐 탄소가 이 계에서 어느 상당한 정도까지 양성자가 이탈되는지 그 이유를 설명하시오.

45. Nootkatone은 포도의 향을 내는 두고리 케톤이다. Nootkatone은 또한 흰개미를 퇴치하므로 흰개미 침입을 막아 나무 조직을 보호하는데 상업적으로 이용되기도 한다. 아래에 나타난 isonootkatone 합성 과정에서 빠진 시약들을 채워 넣으시오. 각 변환 단계에 필요한 합성 단계가 하나 이상일 수도 있다.

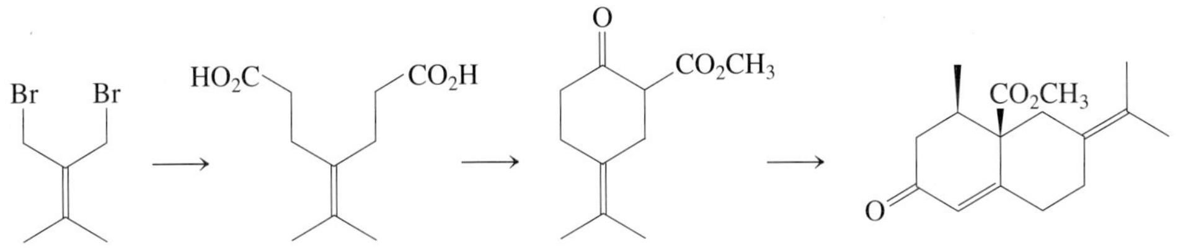

Br Br → HO_2C CO_2H → O CO_2CH_3 → CO_2CH_3 O

O Nootkatone

O Isonootkatone

46. β-다이카보닐 화합물은 자체 알돌 반응을 하지 않는 알데하이드나 케톤과 축합된다. 생성물은 α,β-불포화 다이카보닐 화합물이며, 그 과정은 **Knoevenagel 축합반응**이라 한다. **(a)** Knoevenagel 축합의 한 예가 아래에 있다. 메커니즘을 제시하시오.

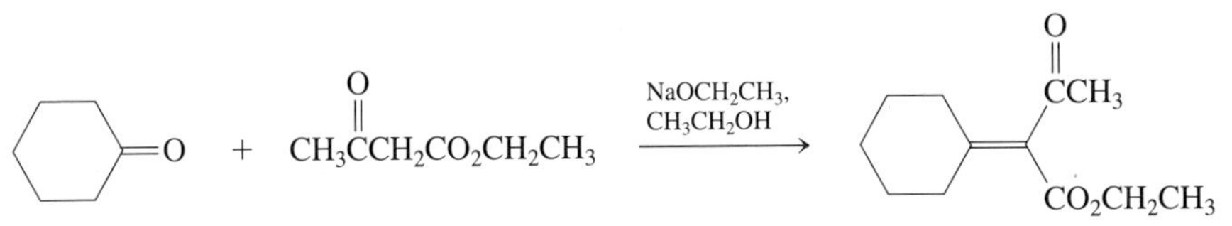

=O + $CH_3\overset{O}{\overset{\|}{C}}CH_2CO_2CH_2CH_3$ $\xrightarrow[CH_3CH_2OH]{NaOCH_2CH_3,}$ $\overset{O}{\overset{\|}{C}}CH_3$ / $CO_2CH_2CH_3$

(b) 아래의 Knoevenagel 축합반응에 대한 생성물을 적으시오.

—CHO + $CH_2(CO_2CH_2CH_3)_2$ $\xrightarrow[CH_3CH_2OH]{NaOCH_2CH_3,}$

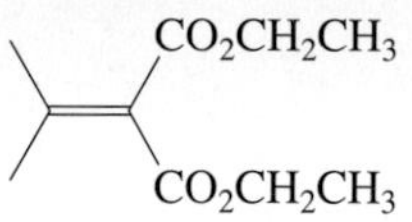

$CO_2CH_2CH_3$

$CO_2CH_2CH_3$

(c) 왼쪽 여백에 그려진 다이에스터는 isonootkatone (문제 45) 의 합성에서 사용되는 다이브로민화물의 출발물이다. Knoevenagel 축합을 이용하여 이 다이에스터의 합성을 제시하시오. 또한 다이에스터가 문제 45의 다이브로민화물로 변환되는 과정을 제안하시오.

47. 다음 케톤들은 acetoacetic ester 방법에 의해 합성될 수 없지만(그 이유?), 그 방법을 수정 보완하여 만들 수 있다. 그 수정은(Claisen 축합반응에 의한) 제법과 마지막 생성물에서 나타나는 R기를 포함한 적절한 3-ketoester, $RCCH_2COCH_2CH_3$ (O, O)의 이용을 내포하고 있다. 다음 각 케톤들을 합성하시오. 각각의 경우 필요한 3-ketoester의 구조와 합성도 보이시오.

(a) O

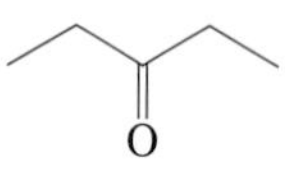

(b) O

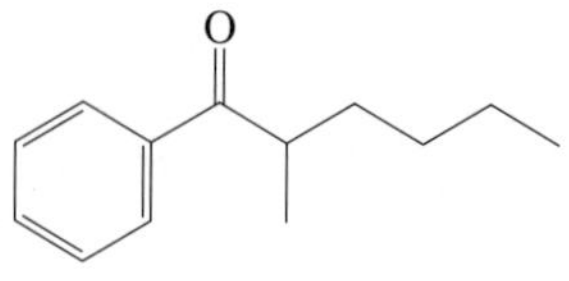

(c) O

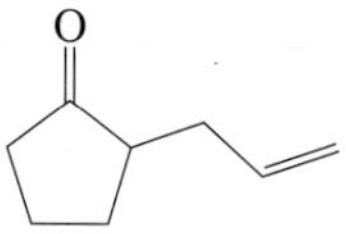

(**힌트:** Dieckmann 축합반응을 사용하라)

(d) $C_6H_5CH_2$ O O $C_6H_5CH_2$

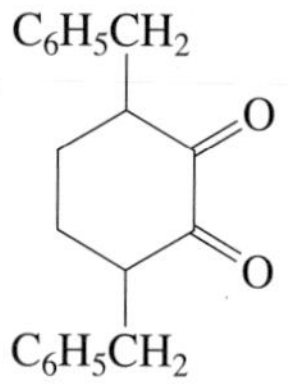

(**힌트:** 이중 Claisen 축합반응을 사용하라)

48. 합성을 위한 가장 중요한 설계 구획 물질들 몇몇은 매우 간단한 분자들이다. Cyclopentanone과 cyclohexanone이 즉시 상업적으로 사용될 수 있지만, 더 간단한 분자들로부터 어떻게 만들어질 수 있는지 그 방법을 이해하는 것은 배워야 된다. 다음은 이들 케톤 둘 모두에 대한 가능성 있는 역합성 분석들(8-9절)이다. 이들을 지침으로 해서 지정된 출발물로부터 각 케톤의 합성을 쓰시오.

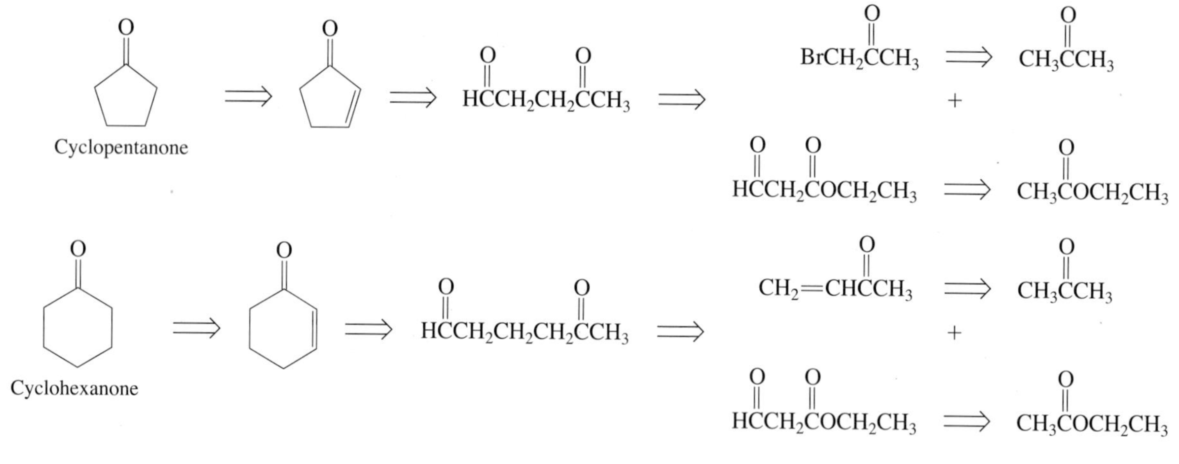

Cyclopentanone $\Longrightarrow$ (cyclopentenone) $\Longrightarrow$ $HCCH_2CH_2CCH_3$ (O, O) $\Longrightarrow$ $BrCH_2CCH_3$ (O) $\Longrightarrow$ CH_3CCH_3 (O)
+
$HCCH_2COCH_2CH_3$ (O, O) $\Longrightarrow$ $CH_3COCH_2CH_3$ (O)

Cyclohexanone $\Longrightarrow$ (cyclohexenone) $\Longrightarrow$ $HCCH_2CH_2CH_2CCH_3$ (O, O) $\Longrightarrow$ $CH_2{=}CHCCH_3$ (O) $\Longrightarrow$ CH_3CCH_3 (O)
+
$HCCH_2COCH_2CH_3$ (O, O) $\Longrightarrow$ $CH_3COCH_2CH_3$ (O)

49. 스테로이드 골격(호르몬인 estrone의 전합성 일부)의 짧은 과정을 여기에 나타내었다. 그 단계들 각각에 대한 메커니즘들을 보이시오(**힌트**: 두 번째 단계에서 일어나는 것과 비슷한 과정이 18장 문제 48에 표시되어 있다).

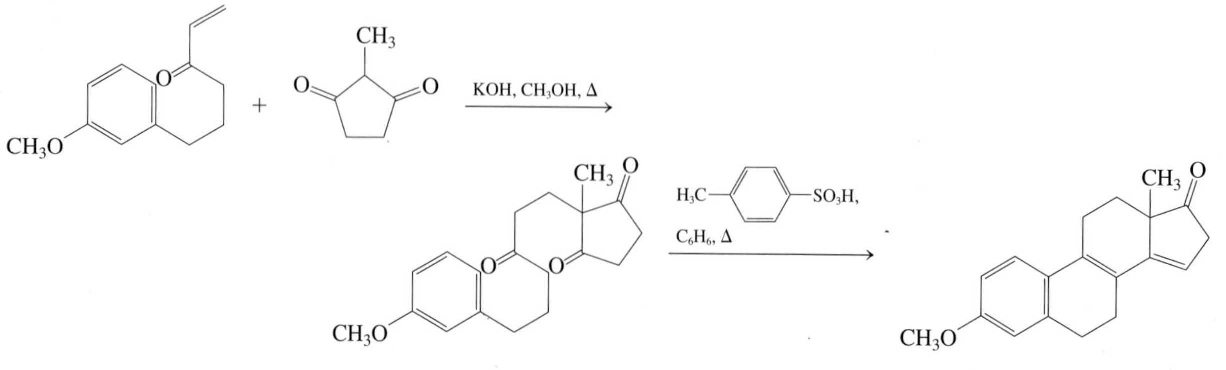

CH_3O + (CH_3, O, O) $\xrightarrow{KOH,\ CH_3OH,\ \Delta}$

(CH_3, O, O, O, CH_3O) $\xrightarrow{H_3C-C_6H_4-SO_3H,\ C_6H_6,\ \Delta}$ (CH_3, O, CH_3O)

50. **도전 문제** 23-4절(즉, 역전 편극화)에서 기술한 방법들을 이용해서, 다음 분자들 각각에 대해 간단한 합성법을 제시하시오.

(a) $CH_2{=}CHCH(OH)C(=O)CH_2C_6H_5$ **(b)** **(c)** $CH_3CH(OH)CH(CH_3)CHO$

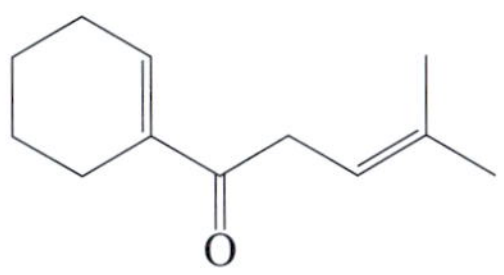

51. **도전 문제** 몇 가지 항종양제를 합성하는데 중심에 있던 케톤 C의 합성을 제시하시오. 알데하이드 A, 락톤 B, 그 외 필요한 것들로 출발하시오.

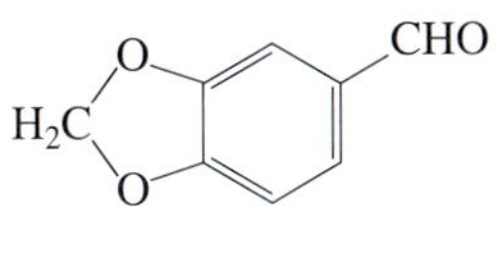

CHO H$_2$C O O O O H$_2$C O O O O O O

A 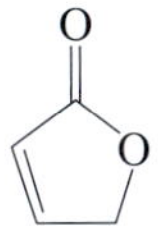 **B** 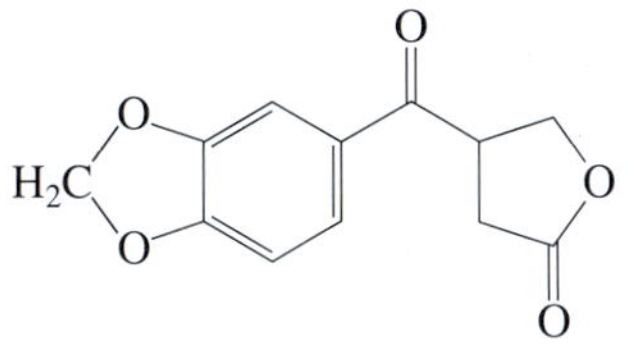 **C**

탄수화물

자연에 있는 다작용기 화합물

일상생활에서 우리가 이야기하는 "설탕"은 자연에서 가장 많은 존재하고 있는 이당류 sucrose를 의미한다. Sucrose는 사탕무나 사탕 수수(여기에 나타냄)에서 얻어지는데, 다른 어느 화합물보다 많은 양이 순수한 형태로 상업적으로 제조되고 있다. 그리고 사탕수수 식물의 "폐섬유" 물질은 (더욱 복잡한 탄수화물로 구성됨) 지금은 "녹색" 생연료로서 널리 개발되고 있다.

빵 한 조각을 떼어서 입속에 넣어 보라. 몇 분이 지나면 마치 설탕을 빵에 첨가한 것처럼 분명히 단맛이 날 것이다. 사실 어떤 면에서 이런 일이 일어난 것이다. 침 속에 있는 산과 효소가 빵 속의 녹말을 구성 단위인 포도당 분자로 분해하였다. 글루코스는 덱스트로스 또는 포도당으로 잘 알려져 있으며, 고분자인 녹말과 이의 단위체인 글루코스는 모두 탄수화물에 속한다.

탄수화물은 우리가 매일 섭취하는 빵, 쌀밥, 감자와 같은 음식물의 주성분인 당, 섬유질, 녹말 형태의 영양 성분으로써 가장 흔한 것이다. 탄수화물은 대사되어 물 이산화탄소, 열 또는 다른 형태의 에너지가 됨으로써 화학 에너지 저장 시스템 역할을 한다. 탄수화물은 식물, 꽃, 야채, 나무의 형태를 유지하게 하고, 지방(19-13절, 20-5절)과 핵산(26-9절)의 구성 단위가 된다. 탄수화물은 여러 개의 작용기를 가지므로 **다작용기(polyfunctional)**이라 한다. 글루코스 $C_6(H_2O)_6$와 이와 관련된 간단한 계열 화합물들이 단위체가 되어 좀 더 복잡한 탄수화물을 구성한다. 물이 결합된 탄소를 의미하는 탄수화물은 $C_n(H_2O)_n$의 실험식을 갖는다.

이 장에서는 가장 간단한 탄수화물(당)의 구조와 명명법에 대하여 살펴보고, 다양한 길이의 탄소 사슬에 있는 카보닐기와 하이드록시기에 의하여 나타나는 당의 화학에 대하여 알아보도록 한다. 24-1절에서 24-3절까지 탄수화물의 물성과 화학적 거동에 대해서 공부한다. 탄수화물의 구조를 결정하고, 또 탄수화물을 다른 화합물로 변화시키는데 유용하게 사용되는 탄수화물의 반응을 24-4절부터 시작해서 논의한다. 탄수화물 생합성의 하나의 예를 이미 배운 바 있다(화학 이야기 18-1). 마지막으로 자연계에서 발견되는 여러 가지 형태의 탄수화물에 대하여 설명하고자 한다.

24-1 탄수화물의 이름과 구조

가장 간단한 탄수화물은 당 또는 **당류(saccharide)**이다. 사슬 길이가 증가함에 따라 입체중심의 수가 증가하여 더 많은 부분입체이성질체를 갖는다. 화학자들에게는 다행스럽게도 자연계에는 가능성이 있는 수많은 거울상이성질체 계열에서 단지 한 종류만이 존재한다. 당은 폴리하드록시카보닐 화합물이기 때문에 안정한 고리 형태의 헤미아세탈을 만들어 다양한 구조와 화학을 가지게 된다.

CHO
H—C—OH
CH_2OH

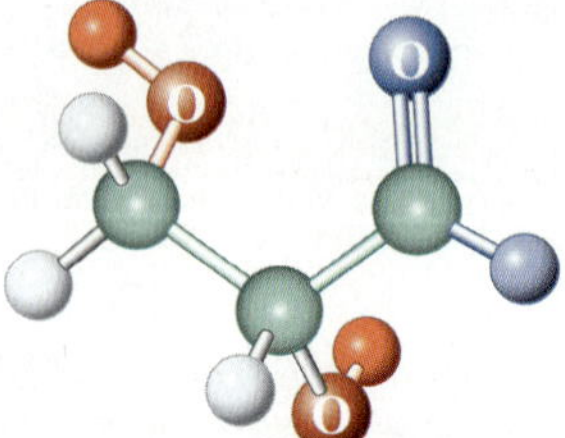

2,3-Dihydroxypropanal
(Glyceraldehyde)
(Aldotriose)

CH_2OH
C=O
CH_2OH

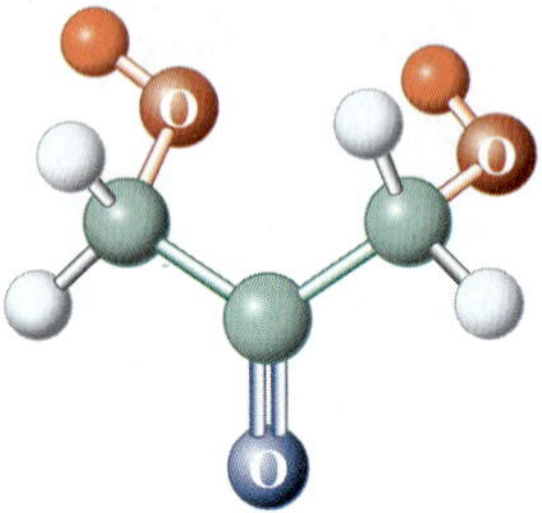

1,3-Dihydroxyacetone
(Ketotriose)

당은 알도스와 케토스로 분류된다

탄수화물(carbohydrate)은 단당류(모노사카라이드), 이당류(다이사카라이드), 삼당류(트라이사카라이드), 소당류(올리고사카라이드) 및 복합당(폴리사카라이드) 등 당(sugar: *saccharum*, 라틴어로 당을 의미)의 형태에 대한 일반적인 이름이다. **단당류(monosaccharide** 또는 **simple sugar)**는 적어도 두 개의 하이드록시기를 가지는 알데하이드나 케톤이다. 따라서 각각에서 가장 간단한 구조를 가지는 화합물은 2,3-다이하이드록시프로판알(글리세르알데하이드)과 1,3-다이하이드록시아세톤이다(왼쪽 여백 그림). **복합당(complex sugar**, 24-11절 참조)은 단당류들이 에터 결합으로 연결된 것이다.

알데하이드기를 가지는 당은 **알도스(aldose)**, 케톤기를 가지는 당은 **케토스(ketose)**로 분류된다. 사슬 길이에 따라서는 **트라이오스(triose**, 세 개의 탄소), **테트로스(tetrose**, 네 개의 탄소), **펜토스(pentose**, 다섯 개의 탄소), **헥소스(hexose**, 여섯 개의 탄소) 등으로 명명한다. 따라서 2,3-다이하이드록시프로판알은 알도트라이오스이고, 1,3-다이하이드록시아세톤은 케토트라이오스이다.

덱스트로스(dextrose), 혈당 또는 포도당으로 알려진 **글루코스(glucose**: *glykys*, 그리스어로 달다는 의미)는 펜타하이드록시헥산알이므로 알도헥소스(aldohexose)류에 해당한다. 글루코스는 여러 종류의 과일과 식물에 자연히 존재하며, 사람의 혈중에는 0.08~0.1%의 농도로 존재한다. 글루코스의 이성질체에 해당하는 케토헥소스(ketohexose)는 **프럭토스(fructose)**로서, 자연계에 존재하는 당 중에서 단맛이 가장 강하며(인공적으로 합성한 것 중에는 단맛이 더 강한 것도 있다), 많은 과일(fruit: *fructus*, 라틴어로 과일을 의미)과 벌꿀에도 존재한다. 또 다른 중요한 천연당은 알도펜토스(aldopentose)인 **라이보스(ribose)**로서, 라이보핵산의 성분 중의 하나이다(26-9절 참조)

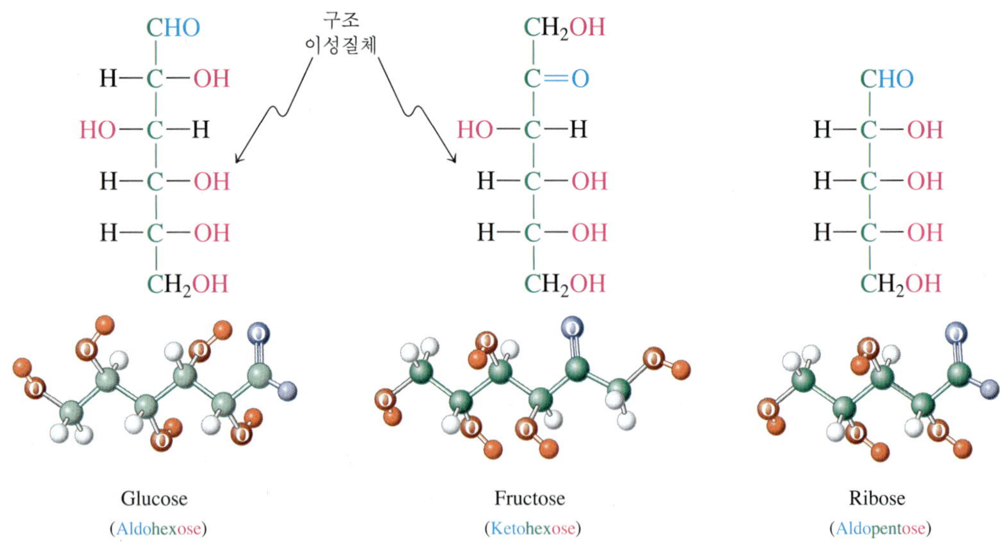

Glucose
(Aldohexose)

Fructose
(Ketohexose)

Ribose
(Aldopentose)

연습 문제 24-1

다음의 단당류는 어떤 종류의 당에 해당하는가?

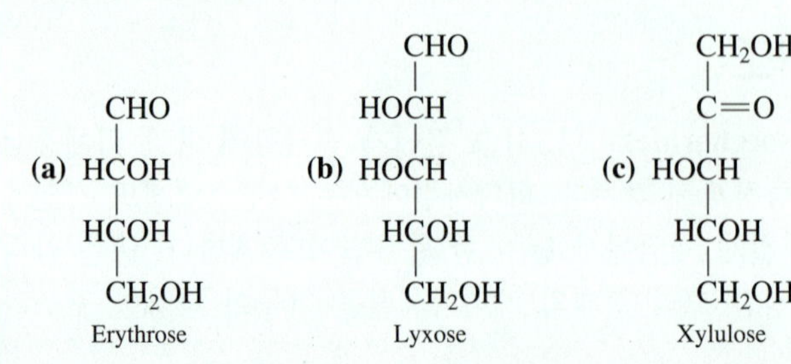

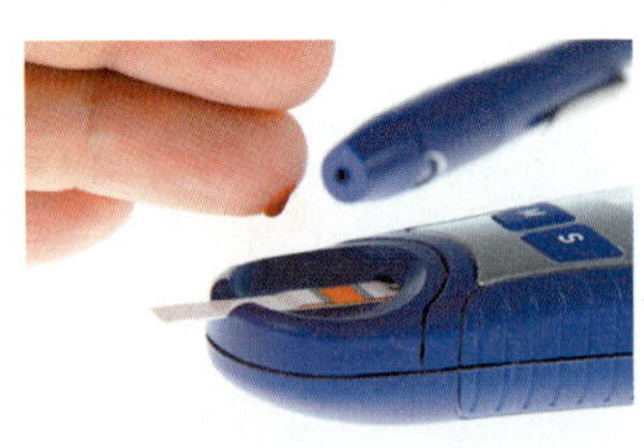

당뇨 환자들은 혈중 포도당 수치를 주의 깊게 모니터해야 한다(간단한 도구를 이용하는 예).

이당류(disaccharide)는 두 개의 단당류가 에터(일반적으로 아세탈) 결합을 하면서 만들어진다(17-7절과 24-11절 참조). 이당류를 가수분해하면 단당류로 된다. 삼당류는 이당류와 단당류 사이에 에터 결합이 형성되면서 만들어지며, 이러한 과정이 같은 방식으로 반복되면서 천연 고분자(다당류)가 만들어진다. 이러한 다당류(polysaccharide)가 섬유소(cellulose)와 녹말의 기본 골격을 형성한다(24-12절 참조).

대부분의 당은 카이랄성이고, 광학적으로 활성이 있다.

1,3-다이하이드록시아세톤을 제외한 지금까지 언급한 모든 당은, 적어도 한 개의 입체중심을 가지고 있다. 가장 간단한 카이랄성 당은 2,3-다이하이드록시프로판알로서, 한 개의 비대칭 탄소를 가지고 있다. 분자를 Fischer 투영식으로 나타낸 것처럼, 우회전성(dextrorotatory)인 분자는 *R* 배열이고, 좌회전성(levorotatory) 거울상이성질체는 *S* 배열인 것이 밝혀졌다. 관용적으로 Fischer 투영식에서 수평선은 **종이 평면의 위에 있는** 원자에 연결되는 화학 결합을 나타낸다는 사실을 기억해야 한다(5-4절).

2,3-Dihydroxypropanal (Glyceraldehyde) 의 두 거울상이성질체 Fischer 투영식

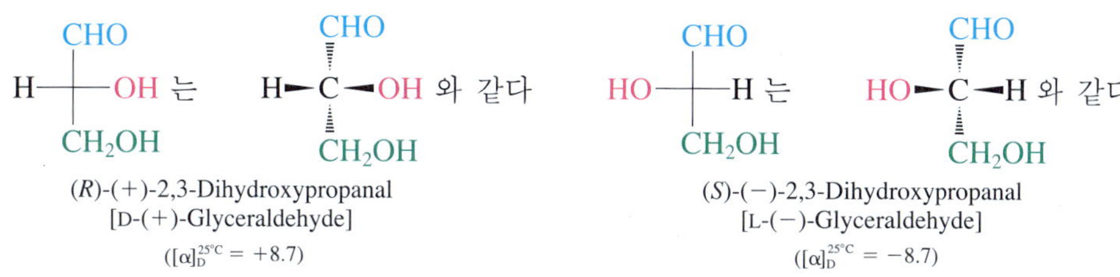

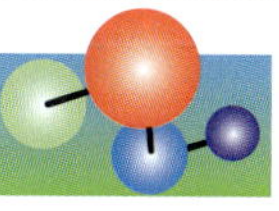

비록 *R*과 *S* 명명법이 당을 명명하는 데 아무런 문제점 없이 이용되고 있지만, 옛 명명법이 아직까지 통용되고 있다. 당의 절대 배열이 확정되기 이전에 개발된 옛 명명법은 모든 당을 2,3-다이하이드록시프로판알을 표준으로 하여 비교하게 된다. 이 방법은 *R*과 *S* 대신에 글리세르알데하이드의 (+) 거울상이성질체에는 D, (−) 거울상이성질체에는 L의 접두사를 붙여 구분한다(화학 이야기 5-2 참조). **가장 높은 번호를 가지는 입체중심**(즉 알데하이드기나 케토기로부터 가장 멀리 있는)이 D-(+)-2,3-다이하이드록시프로판알[D-(+)-글리세알데하이드]과 같은 배열을 가지면 D 계열, 반대인 경우에는 L 계열이라고 한다. **오직 하나의 입체중심에서만** 배열이 다른 부분입체이성질체를 **에피머(epimer)**라 한다.

D와 L 당의 지정

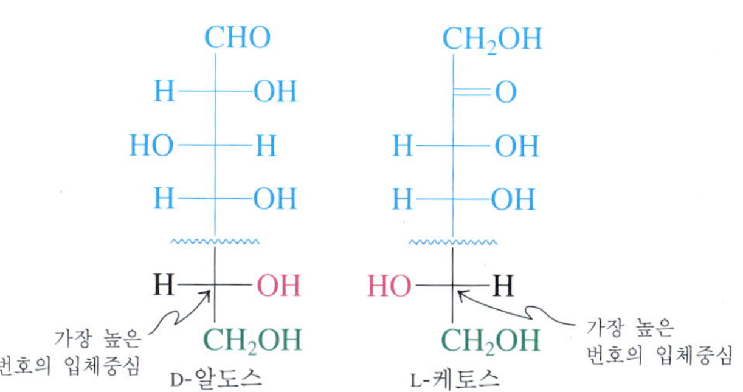

D,L 명명법은 당류를 두 부류로 구분한다. 입체중심의 수가 증가할수록 입체이성질체의 수도 증가한다. 예를 들어, 알도테트로스(aldotetrose)인 2,3,4-트라이하이드록시뷰탄알은 두 개의 입체중심을 가지고 있어 전체적으로 네 개의 입체이성질체를 만든다. 각각 거울상이성질체들의 짝으로 구성된 두 종류의 부분입체이성질체들이다. 이것보다 바로 한 단계 높은 동족체는 2,3,4,5-테트라하이드록시펜탄알인데, 세 개의 입체중심이 있어서 여덟 개의 입체이성질체가 가능하다. 각각 거울상이성질체로 이루어진 네 종류의 부분입체이성질체들이다. 마찬가

지로, 위와 비슷한 펜타하이드록시헥산알은 16개의 입체이성질체(여덟 개의 거울상이성질 쌍으로 된)가 있음을 알 수 있다.

많은 천연물과 마찬가지로 이러한 부분입체이성질체들은 구조의 복잡성으로 인한 긴 체계적 이름 때문에 흔히 사용하는 관용명을 가지고 있다. 이 장에서도 구조적인 이름으로 모든 물질을 명명하지는 않을 것이다. 2*R*,3*R*의 배열을 가지는 2,3,4-트라이하이드록시뷰탄알의 이성질체는 에리트로스(erythrose), 그리고 이것의 부분입체이성질체는 트레오스(threose)라고 한다. 이것들의 각각은 두 개의 거울상이성질체를 가지고 있는데, 하나는 D 당의 부류에 속하고, 이것의 거울상은 L 당에 속한다는 사실을 유념하기 바란다. 광회전의 부호는 D나 L과 전혀 연관성이 없다(*R*,*S* 표시법에서와 마찬가지로 (−)가 반드시 *S*에 해당하는 것이 아니며, (+)가 반드시 *R*에 해당하지 않는다. 5-3절 참조). 예를 들어, D-글리세르알데하이드는 우회전성이지만, D-에리트로스는 좌회전성이다.

MODEL BUILDING

2,3,4-Trihydroxybutanal의 입체이성질체:
Erythrose(2 거울상이성질체)와 threose(2 거울상이성질체)

부분입체이성질체들

거울상이성질체들 | 거울상이성질체들

CHO, H–(*R*)–OH, H–(*R*)–OH, CH_2OH — 2*R*,3*R*

CHO, HO–(*S*)–H, HO–(*S*)–H, CH_2OH — 2*S*,3*S*

CHO, HO–(*S*)–H, H–(*R*)–OH, CH_2OH — 2*S*,3*R*

CHO, H–(*R*)–OH, HO–(*S*)–H, CH_2OH — 2*R*,3*S*

D-(−)-Erythrose　　L-(+)-Erythrose　　D-(−)-Threose　　L-(+)-Threose

거울면　　거울면

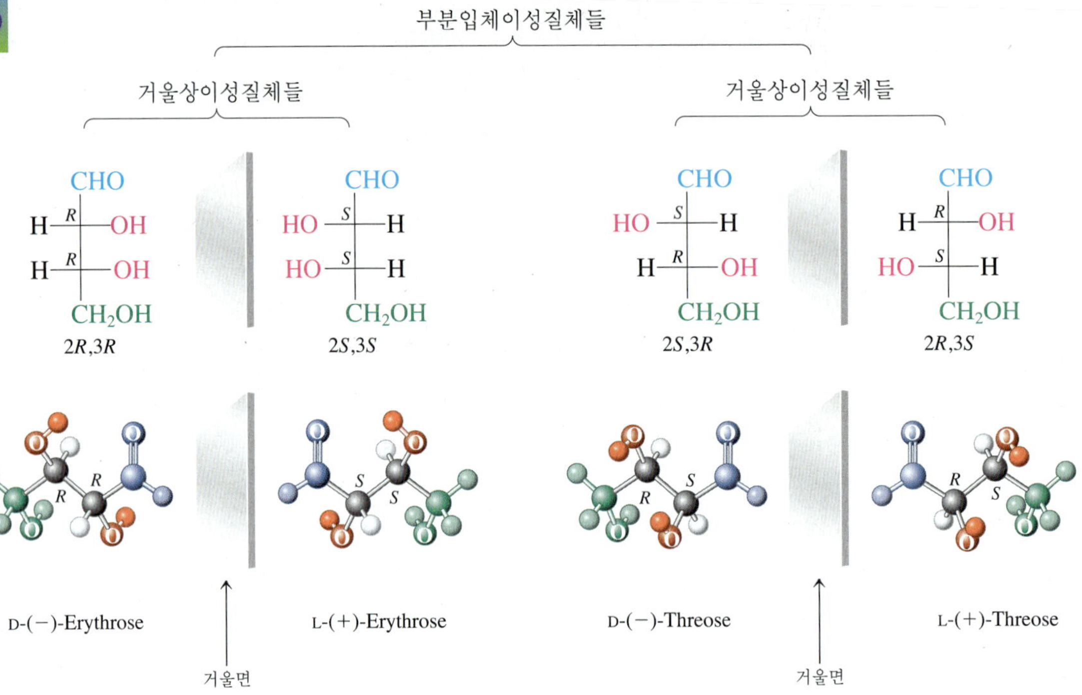

앞에 언급한 것처럼 알도펜토스는 세 개의 입체중심을 가지고 있어 $2^3 = 8$개의 입체이성질체를 갖는다. 알도헥소스 계열은 $2^4 = 16$개의 입체이성질체를 갖는다. D,L 명명법이 단지 하나의 입체중심의 절대 배치만 나타냄에도 불구하고 왜 이 방법이 사용되는가? 아마도 **거의 모든 천연당이 D 배치를 가지고 있기** 때문일 것이다. 당 분자의 구조적 진화 과정에서 자연계는 사슬의 한 끝에 오직 하나의 배치만 "선택했음"이 분명하다. 아미노산에 있어서도 이러한 선택성을 또 다른 예로 보여 주고 있다(26장).

그림 24-1은 Fischer 투영식을 이용한 알도헥소스까지의 D-알도스 계열을 나타낸다. 혼돈을 피하기 위해 화학자들은 탄소 사슬을 수직으로 증가시키며, 알데하이드 끝을 맨 위에 위치시키는 표준 방법을 선택하게 되었다. 이 방식에서 가장 높은 번호를 가지는 입체중심(맨 아래에 위치해 있는)에 있는 하이드록시기는 모든 D 당에서 오른쪽에 위치하게 된다. 그림 24-2는 케토스의 이러한 계열을 나타내고 있다.

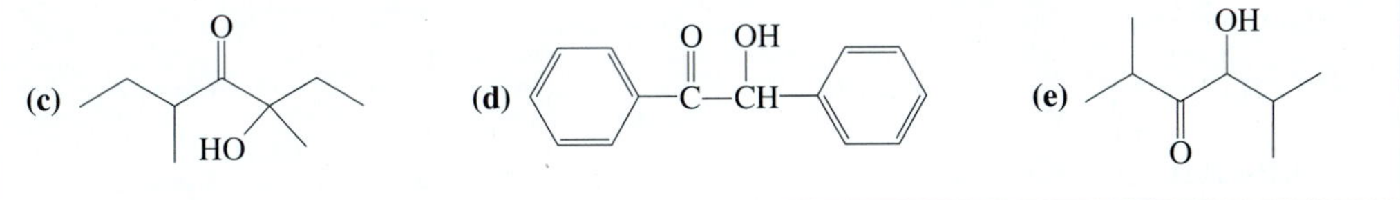

(c) O, HO (d) O OH, C—CH (e) OH, O

요약 α-하이드록시케톤들은 가려진 아실 음이온들이 알데하이드와 케톤에 첨가되어 생성될 수 있다. 알데하이드가 해당 1,3-다이싸이아사이클로헥세인(1,3-다이싸이에인)으로 변환하는 것은 역전 편극화 방법을 설명하는 것이다. 친전자성 탄소는 친핵성 중심으로 바뀌어서, 알데하이드나 케톤의 카보닐기에 첨가되도록 해 준다. 싸이아졸륨 이온들은 다시 카보닐 탄소의 친핵성 원자로의 변환을 통해, 알데하이드의 이합체화를 촉진한다.

요점

C=O 작용기 화학으로 돌아가서, 우리는 카보닐 화합물들이 합성에 있어 실험실과 자연에서 모두 중심 역할을 하고 있는 더 많은 증거들을 보았다. 이 장에서는 새로이 나타나는 여러 가지 반응들이 소개되었으며, 그 반응들은 전에 다룬 과정들과 거의 유사한 반응들이다. 이들 중 가장 돋보이는 것은 Claisen 축합반응인데, 이 반응은 알데하이드와 케톤의 알돌 축합에 대응하는 에스터반응이며, 다중 작용기를 갖는 생성물이 생성된다. 이 과제가 어떻게 다시 산-염기 화학 개념으로 되돌리는가를 주목하라. 두 이웃 C=O 작용기(α-카보닐 화합물의 경우에서) 또는 한 카보닐기에 의한 산성인 α-탄소의 수소 양성자이탈반응이 일어난다. 22-7절에서 바로 논의된 재배열 반응뿐만 아니라 15장에서 기술한 몇 가지 반응을 포함해서, 카복시기 이탈반응은 방향족성 전이 상태를 갖는 다른 반응들을 연상시키는 제거반응이다. 끝으로 두 가지 형태의 아실 음이온 대등체는 음전하를 가지며, 친핵체로 작용할 수 있는 카보닐기를 변형시키는 두 가지 다른 방법으로 설명할 수 있다. 이것은 작용기를 변형시킬 수 있는 더 정교한 형태이며, 개념적으로 2장의 초반에서 다룬 원리의 응용에서 크게 벗어나지 않는다. 수소가 산성이면 그 짝염기에 의해 음이온은 안정화된다. 이 화학에서 흥미로운 점은 합성이 끝나면 C=O기의 **가역적인** 변환이 이루어진다는 점이다. 친핵체로 변환하여 반응에 참여한 후 다시 카보닐기로 재생된다.

24장은 유기화학 개론 과정의 마지막 장을 시작하는 것인데, 여기서 천연 유기 화합물 몇 가지를 더 가까이 보게 된다. 알코올과 카보닐 화합물과 비슷한 양상을 갖는 화합물들, 탄수화물들로 시작한다.

통합 문제

23-25. **a.** 다음에 나타낸 과정을 고려해 보자. 이 반응은 혼합 Claisen 축합반응이지만, 80% 수득률로 분자식 $C_{11}H_{14}O_6$인 단일 생성물이 생성된다. 이 생성물의 구조를 제시하고, 생성되는 경로와 합리화하시오. 첫 구성물질, diethyl ethanedioate (diethyl oxalate)가 과량 사용된다.

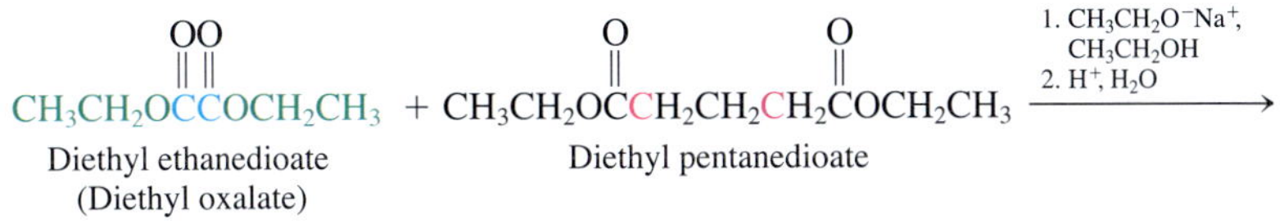

$$CH_3CH_2OC(=O)C(=O)OCH_2CH_3 + CH_3CH_2OC(=O)CH_2CH_2CH_2C(=O)OCH_2CH_3 \xrightarrow[\text{2. } H^+,\ H_2O]{\text{1. } CH_3CH_2O^-Na^+,\ CH_3CH_2OH}$$

Diethyl ethanedioate (Diethyl oxalate)   Diethyl pentanedioate

풀이

Diethyl oxalate는 α-수소를 가지고 있지 않기 때문에 자체 내에서 Claisen 축합반응이 이루어지지 않는다. 그 생성물의 화학식은 두 출발물($C_{15}H_{26}O_8$)에서 ethanol 두 분자($C_4H_{12}O_2$)를 뺀 화학식들의 합과 같다. 두 Claisen 축합반응을 내포하고 있는 과정의 생성물로 기대되는 변화이다. Oxalate가 과량 존재하기 때문에, 첫 반응은 에스터 카보닐기 중의 하나와 pentanedioate ester에서 유도된 엔올 음이온 사이의 Claisen 축합반응임을 가정하는 것이 논리에 맞다.

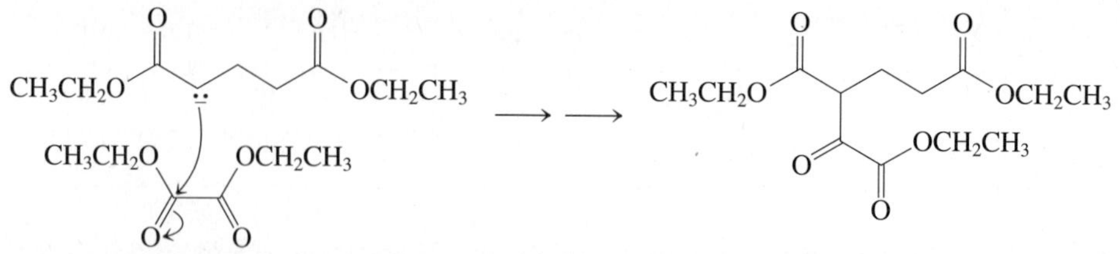

이 중간 생성물의 화학식은 $C_{13}H_{20}O_7$인데, ethanol 한 분자가 아주 제거되어 버렸다. 두 번째 축합반응이 계속 일어나야 하지만, 또 다른 분자에 첨가될 필요는 없다. 우리가 목표로 하고 있는 생성물이 그 화학식에 충분한 원자들을 포함하고 있기 때문이다. 이 중간 생성물이 oxalate에서 유도된 잔여 에스터기와 pentanedioate에서 유도된 부분의 나머지 α-탄소 사이에서, 유일한 선택은 **두 번째 분자 내** Claisen 축합반응이다.

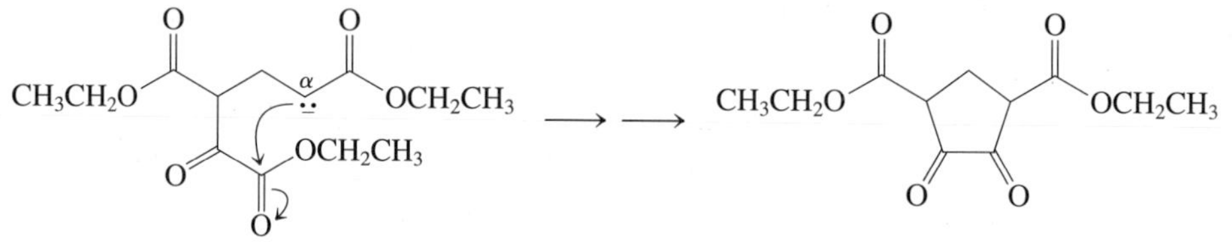

b. 다음 화합물 합성을 제시하시오.

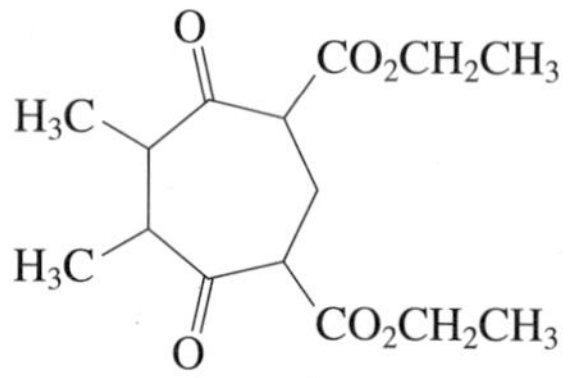

풀이

(a)에서 설명된 접근법을 이용해서 이중 Claisen 축합반응에 의한 고리 형성을 할 수 있도록 이 목표물을 역합성으로 분석하라.

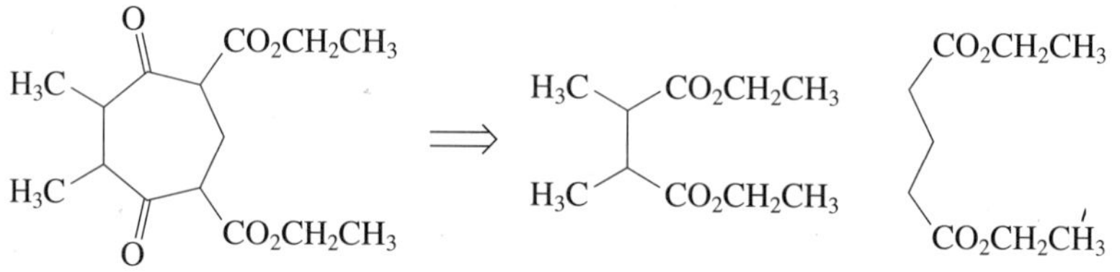

이 혼합 Claisen 축합반응을 어떻게 실행할 수 있는가? 두 다이에스터들은 α-수소를 소유하고, 염기 처리하면 엔올 음이온으로 될 수 있다 하더라도, 첫 (다이메틸 치환) 에스터가 두 번째 동일 분자와 성공적 축합반응을 일으킬 수는 없다. 왜냐하면 그 생성물과 정방향으로 평형을 이룰 수 있는 필수적인 여분의 α-수소가 없기 때문이다. 그래서 이 다이에스터가 과량 사용되어 pentanedioate로부터 유도된 엔올 음이온과의 반응에서 오로지 카보닐 파트너로서만 참여할 수 있다. Ethanol에서 에스터 혼합물이 과량의 ethoxide와 반응한 후, 산 수용액으로 처리하면 바라던 생성물로 된다.

23-26. 이 장에서 소개된 합성법을 이용하여 (a)와 (b)와 있는 두 케톤들을 합성하시오. 이런 문제들을 위해 다음 규칙들에 바탕을 둬라. **각기 여섯 개 탄소 이하만을 포함하는** 유기 화합물을 사용해도 좋다. 몇 가지 무기 시약들을 사용할 수 있다.

a. 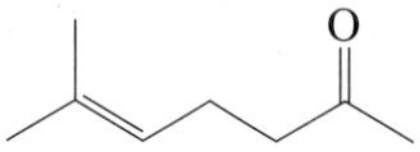 (널리 사용된 향료 성분 linalood의 합성 중간 생성물—13장 문제 52 참조)

풀이

어디서 출발할 것인가? 목표 분자는 2-alkanone-methyl ketone임을 유의한다. 결과적으로 23-2절에서 소개된 메틸 케톤 제조에 특별한 acetoacetic ester 화학을 우리가 이용할 수 있을 것이다. Acetoacetic ester 합성은 일반식 RCH_2COCH_3와 $RR'CHCOCH_3$의 케톤을 이용할 수 있음을 상기하라. 이 일반식은 출발 에스터가 한 번 또는 두 번 알킬화하느냐에 달려 있다. 원하는 생성물이 이런 일반식들 중 첫 번째에 맞춰서 이들 노선을 따라 역합성 분석을 검토해 보자. 전략상의 결합(8-9절)이 케톤의 R기에 있는 C3 α-탄소 사이의 결합이다.

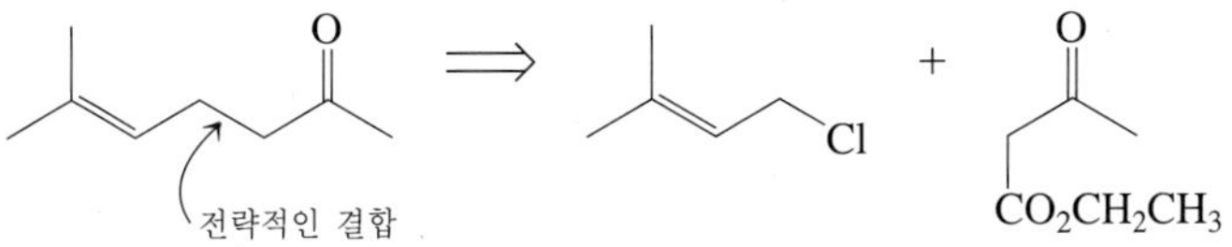

전략적인 결합

$CO_2CH_2CH_3$

진행 중인 일반적 계획을 갖고 자세히 보자. β-ketoester 알킬화가 필요하며, S_N2 메커니즘을 따르는 일반적으로 enolate의 알킬화임을 알고 있다(18-4절). 제시된 기질이 이 과정에 적합한가? 이탈기 Cl이 일차이고, 알릴기의 탄소에 위치하고 있다. 그러므로 이 물질이 우수한 S_N2 기질(6-9, 7-9, 14-3절)이 될 수 있다. 그러므로 최종 합성은 1069쪽에 있는 2-heptanone의 방법과 실제로 동일한 방식으로 전개될 수 있어서, 1-bromobutane을 allylic chloride로 대치하는 것이다.

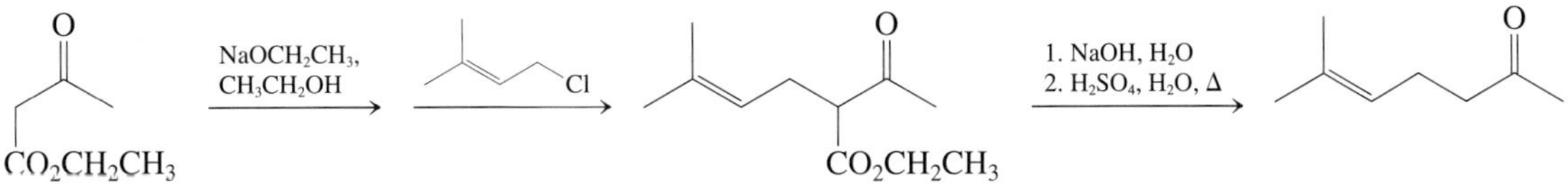

$NaOCH_2CH_3$, CH_3CH_2OH

1. NaOH, H_2O
2. H_2SO_4, H_2O, Δ

b. 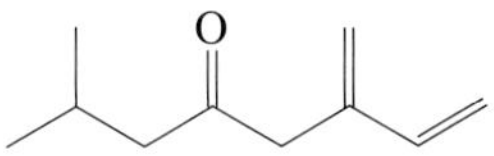 (나무 딱정벌레 *Ips confusus*의 성 유인물 합성 중간체)

풀이

이 목표 분자가 메틸 케톤이 아니므로, acetoacetic ester 합성이 편리하게 적용될 수 없음을 곧 유의하게 된다. 유기금속 시약이 알데하이드에 첨가되면 이차 알코올이 되고, 산화(8-9절)가 수반되어 전에 간단한 케톤을 만들었다. 이런 과정으로 전략적 결합들은 해당 알코올 탄소에 대한 결합이며, 여기에 보여 준 것처럼 두 가지 가능한 역합성 절단 과정들을 우리에게 제시해 준다.

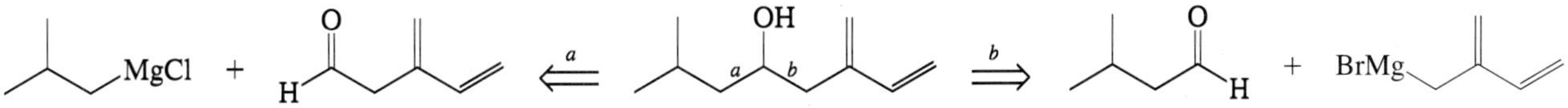

MgCl + H ⟸ a ... b ⟹ H + BrMg

그 절차는 완벽하게 훌륭한 해결들을 제공하는 반면, 그 문제는 이 장에서 주어진 합성법을 적용하도록 우리에게 요구한다. acetoacetic ester 화학을 제외해버리면, 아실 음이온 대등체들을 이용하는데 있어 대책을 가지고 있으며, α-hydroxyketone(23-4절) 합성에 적용될 수 있는 예들을 보았다. 간단한 알데하이드와 케톤들이 마찬가지로 이런 대등체들로 제조될 수 있는가? 그 답은 예이고, RX로 간단하게 알킬화하고, 가수분해한다. 이렇게 하여,

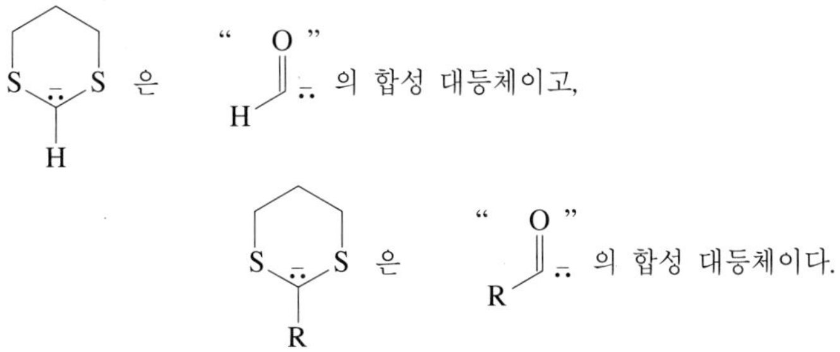

은 의 합성 대등체이고,

은 의 합성 대등체이다.

그 문제에 가깝게 돌아가서 역합성 분석하고, 우리의 목표에 해당하는 이치환 1,3-dithiacyclohexane에서 두 가지 가능한 전략적 결합들을 검토한다. 결과의 일치환 다이싸이에인들은 싸이오아세탈화하여 해당 알데하이드들로부터 즉시 유도된다(17-8절).

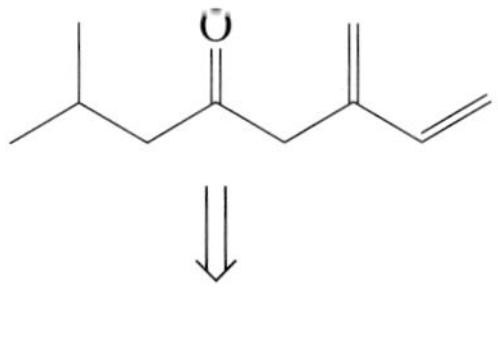

⇓

최종 답을 계획하기 전에 전략적 결합 구성, *a* 또는 *b* 중 어느 것이 더 좋은지를 우리가 지금 결정해야 한다. 이 결정에 있어 두 가지 고려가 중요하다. (1) 결합 형성이 쉽고, (2) 출발물의 크기와 구조적이고, 기능적 복잡성이 그것이다. 결합 *a*는 가지 일차 할로알케인의 S_N2 치환반응으로 형성되며, — 특별히 강한 염기성 친핵체들(7-9절)과 적용할 때는 최선의 경우는 아니고, dithiacyclohexane들은 30대의 pK_a값들을 가진다. 결합 *b*는 일차, 알릴 기질을 이용하므로 — 훨씬 더 좋은 대안이다. 우리의 두 번째 고려에 근거하면 접근 방법 *b*가 역시 바람직하다. 즉, 분리된 작용기를 갖는 두 개의 같은 크기(다섯 개 탄소 단위)의 조각들이다. 아래에 문제를 풀기 위한 합성 개요를 볼 수 있다.

1. $CH_3CH_2CH_2CH_2Li$
2. Br

H_2O, $HgCl_2$, $CaCO_3$, CH_3CN

새로운 반응식

β-다이카보닐 화합물 합성

1. Claisen 축합반응 (23-1절)

$$2\,CH_3\overset{O}{\overset{\|}{C}}OR \xrightleftharpoons[2.\ H^+,\ H_2O]{1.\ Na^{+-}OR,\ ROH} CH_3\overset{O}{\overset{\|}{C}}CH_2\overset{O}{\overset{\|}{C}}OR + ROH$$

산성

흡열반응 : 과량 염기에 의해 생성물의 음이온으로 평형 이동

2. Dieckmann 축합반응 (23-1절)

$$(CH_2)_n(CO_2R)(CH_2CO_2R) \xrightarrow[2.\ H^+,\ H_2O]{1.\ Na^{+-}OR,\ ROH} (CH_2)_n\text{-}C(=O)\text{-}CHCO_2R + ROH$$

3. β-다이케톤 합성 (23-1절)

$$R\overset{O}{\overset{\|}{C}}OR' + CH_3\overset{O}{\overset{\|}{C}}CH_3 \xrightarrow[2.\ H^+,\ H_2O]{1.\ Na^{+-}OR',\ R'OH} R\overset{O}{\overset{\|}{C}}CH_2\overset{O}{\overset{\|}{C}}CH_3 + R'OH$$

분자내

$$(CH_2)_n(\overset{O}{\overset{\|}{C}}CH_3)(CO_2R) \xrightarrow[2.\ H^+,\ H_2O]{1.\ Na^{+-}OR,\ ROH} (CH_2)_n\text{-}C(=O)\text{-}CH_2\text{-}C(=O) + ROH$$

합성 구성단위로서의 3-케토에스터

4. 엔올레이트 알킬화반응 (23-2절)

$$\mathrm{RCCH_2CO_2R'}\ (\text{C}{=}\text{O}) \xrightarrow[\text{2. } R''X]{\text{1. } Na^{+-}OR',\ R'OH} \mathrm{RCCHCO_2R'}\ (\text{C}{=}\text{O},\ \text{CH–}R'')$$

5. 3-케토산 카복시기이탈반응 (23-2절)

$$\mathrm{RCCH_2COR'} \xrightarrow[-R'O^-]{HO^-} \mathrm{RCCH_2CO^-} \xrightarrow{H^+} \mathrm{RCCH_2COH} \xrightarrow[-CO_2]{\Delta} \mathrm{RCCH_3}$$

6. 아세토아세트산 에스터를 이용한 메틸 케톤의 합성 (23-2절)

$$\mathrm{CH_3CCH_2COR} \xrightarrow{\text{1. NaOR, ROH; 2. } R'X\text{; 3. } HO^-\text{; 4. } H^+, \Delta} \mathrm{CH_3CCH_2R'}$$

R′ = alkyl, acyl, CH_2COR'', CH_2CR'' (C=O)
R′X = oxacyclopropane

7. 말론산 에스터를 이용한 카복실산 합성 (23-2절)

$$\mathrm{ROCCH_2COR} \xrightarrow{\text{1. NaOR, ROH; 2. } R'X\text{; 3. } HO^-\text{; 4. } H^+, \Delta} \mathrm{R'\,CH_2COH}$$

R′ = alkyl, acyl, CH_2COR'', CH_2CR'' (C=O)
R′X = oxacyclopropane

8. Michael 첨가반응 (23-3절)

$$\mathrm{CH_2{=}CHCR} + \mathrm{H_2C(CO_2CH_3)_2} \xrightarrow{Na^{+-}OCH_3,\ CH_3OH} \mathrm{RCCH_2CH_2CH(CO_2CH_3)_2}$$

Michael 받개

아실 음이온 대등체

9. 아실 음이온 대등체로서의 1,3-다이싸이아사이클로헥세인 (1,3-다이싸이에인) 음이온 (23-4절)

$\mathrm{R{-}C{:}^-(A)(A')}$ 는 $\mathrm{RC({=}O){:}^-}$ 의 합성 대등체

A = 전자 끌기, 콘쥬게이션 또는 편극화 작용기

$$\text{1,3-dithiane} \xrightarrow{\text{1. } CH_3CH_2CH_2CH_2Li,\ THF\text{; 2. } RCR'\ (\text{C=O})} \text{2-(HO–C(R)(R′))-1,3-dithiane (S, S, H)} \xrightarrow{HgCl_2,\ H_2O} \mathrm{RC(OH)(R')\!-\!CH{=}O}$$

$$\text{2-R-1,3-dithiane} \xrightarrow{\text{1. } CH_3CH_2CH_2CH_2Li,\ THF\text{; 2. } R'X\text{; 3. } HgCl_2,\ H_2O} \mathrm{RC({=}O)R'}$$

10. 알데하이드 짝지음 반응에서의 싸이아졸륨염 (23-4절)

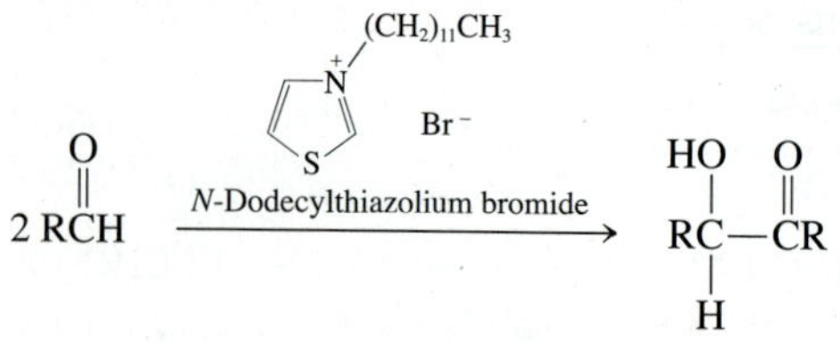

$$2\,\mathrm{RCH{=}O} \xrightarrow[\text{N-Dodecylthiazolium bromide}]{\text{thiazolium}^{+}\text{-N-}(CH_2)_{11}CH_3\ Br^-} \mathrm{RCH(OH){-}C(=O)R}$$

중요한 개념

1. 과량의 염기 존재하에 안정한 **β-다이카보닐 음이온**의 화학량론적 생성으로 **Claisen 축합반응**이 작동된다.

2. **β-다이카보닐 화합물**들은 두 이웃 카보닐기의 전자 끄는 유도 효과 때문에, 양성자이탈반응의 결과로 생긴 음이온들이 공명 안정화되기 때문에, 두 카보닐기들 사이에 있는 탄소에 산성 수소들을 포함한다.

3. 에스터들 사이의 **혼합 Claisen 축합반응**이 보통 선택성이 없지만, 어떤 물질들(엔올화될 수 없는 에스터, 분자내로 변형, 케톤)과는 선택성이 있다.

4. 3-케토산들은 불안정하다. 방향족 전이 상태를 통해 협동 과정에서 **카복시기이탈반응**이 일어난다. 이 성질은 3-케토에스터 음이온들의 친핵성 반응성과 연관지으면, 치환된 케톤과 산들의 합성을 허용한다.

5. **아실 음이온**들은 직접 알데하이드의 양성자이탈반응으로 쓰일 수 없기 때문에, 가려진 반응성 있는 중간체들로 만들거나, 작용기들을 변환시켜 화학론적 시약들로 만들어야 한다.

문제

27. 다음 화합물을 산도가 증가하는 순서대로 배열하시오. 각 화합물의 pK_a값도 예측해 보시오.

(a) 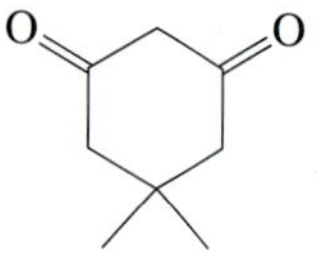 5,5-dimethylcyclohexane-1,3-dione (cyclohexane ring with two C=O at 1,3 and $(CH_3)_2$ at 5)
(b) CH_3CO_2H
(c) CH_3OH
(d) 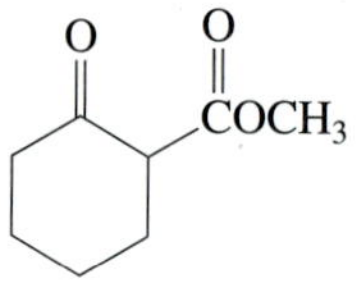 cyclohexanone with $\overset{O}{\overset{\|}{C}}OCH_3$ at the 2-position
(e) CH_3CHO
(f) 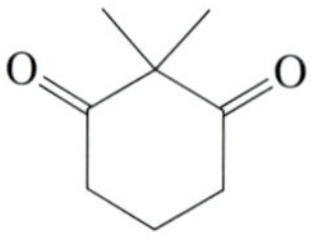 2,2-dimethylcyclohexane-1,3-dione
(g) $CH_3O_2CCH_2CO_2CH_3$
(h) $CH_3O_2CCO_2CH_3$

28. CH_3CH_2OH에서 과량의 $NaOCH_2CH_3$로 다음 분자들(또는 조합된 분자들) 각각에 대한 기대된 반응 결과들을 보이시오. 결과는 수용성 산 처리가 수반된다.

(a) $CH_3CH_2CH_2COOCH_2CH_3$
(b) $C_6H_5CH(CH_3)CH_2COOCH_2CH_3$
(c) $C_6H_5CH_2CH(CH_3)COOCH_2CH_3$
(d) $CH_3CH_2O\overset{O}{\overset{\|}{C}}(CH_2)_4\overset{O}{\overset{\|}{C}}OCH_2CH_3$
(e) $CH_3CH_2O\overset{O}{\overset{\|}{C}}CH(CH_3)(CH_2)_4\overset{O}{\overset{\|}{C}}OCH_2CH_3$
(f) $C_6H_5CH_2CO_2CH_2CH_3 + HCO_2CH_2CH_3$
(g) $C_6H_5CO_2CH_2CH_3 + CH_3CH_2CH_2CO_2CH_2CH_3$
(h) 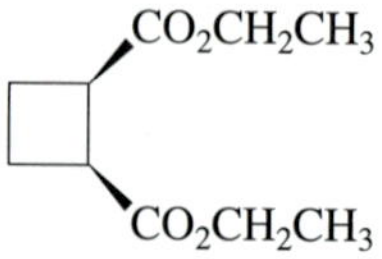 cyclobutane-1,2-di($CO_2CH_2CH_3$) $+ CH_3CH_2O\overset{O}{\overset{\|}{C}}CH_2CH_2\overset{O}{\overset{\|}{C}}OCH_2CH_3$
(i) 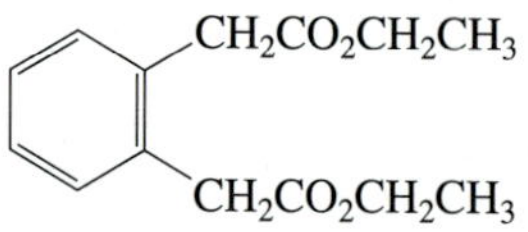 1,2-benzene-di($CH_2CO_2CH_2CH_3$) $+ CH_3CH_2O\overset{O}{\overset{\|}{C}}-\overset{O}{\overset{\|}{C}}OCH_2CH_3$

29. 다음 혼합 Claisen 축합반응은 출발물 중 하나가 상당히 과량 존재할 때 가장 잘 일어난다. 두 출발물 중 어느 쪽이 과량으로 존재해야 할까? 왜? 시약들이 비교될 정도의 양으로 존재하면, 어느 쪽의 반응이 경쟁적일까?

$$CH_3CH_2\overset{O}{\overset{\|}{C}}OCH_3 + (CH_3)_2CH\overset{O}{\overset{\|}{C}}OCH_3 \xrightarrow{NaOCH_3,\ CH_3OH} (CH_3)_2CH\overset{O}{\overset{\|}{C}}\underset{\underset{CH_3}{|}}{C}H\overset{O}{\overset{\|}{C}}OCH_3$$

30. Claisen 또는 Dieckmann 축합반응에 의해 다음 β-다이카보닐 화합물들의 각 합성을 제시하시오.

(a) (cyclopentyl)$-CH_2\overset{O}{\overset{\|}{C}}\underset{\underset{\text{(cyclopentyl)}}{|}}{C}H\overset{O}{\overset{\|}{C}}OCH_2CH_3$ **(b)** $C_6H_5\overset{O}{\overset{\|}{C}}\underset{\underset{C_6H_5}{|}}{C}H\overset{O}{\overset{\|}{C}}OCH_2CH_3$

(c) H_3C (2-methyl-6-oxocyclohexyl) $CO_2CH_2CH_3$ **(d)** $H\overset{O}{\overset{\|}{C}}\overset{O}{\overset{\|}{C}}CH_2\overset{O}{\overset{\|}{C}}OCH_2CH_3$ **(e)** $C_6H_5\overset{O}{\overset{\|}{C}}CH_2\overset{O}{\overset{\|}{C}}C_6H_5$

(f) $CH_3CH_2O\overset{O}{\overset{\|}{C}}CH_2\overset{O}{\overset{\|}{C}}OCH_2CH_3$ **(g)** (cyclopropyl)$-\overset{O}{\overset{\|}{C}}CH_2\overset{O}{\overset{\|}{C}}CH_3$

31. 오른쪽 여백에 보여진 propanedial이 간단한 Claisen 축합반응에 의해 쉽게 제조될 수 있다고 생각하는가? 왜 그런가?

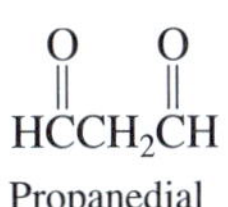

Propanedial

32. Acetoacetic ester 합성을 이용하여 다음 케톤들의 각 제조법을 고안하시오.

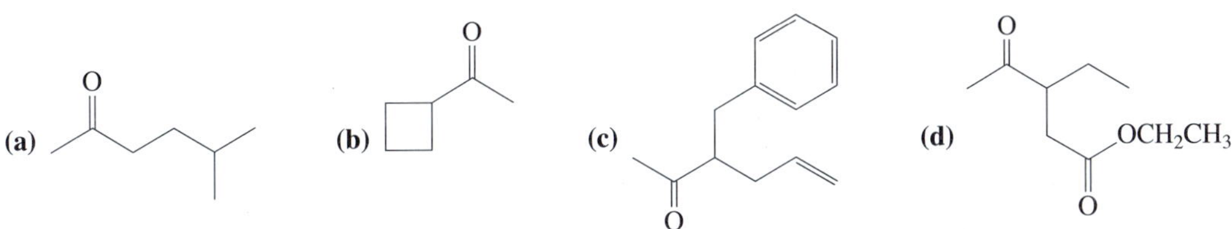

33. 말론산 에스터 합성을 사용하여 다음 네 가지 화합물들 각각을 위한 합성을 고안하시오.

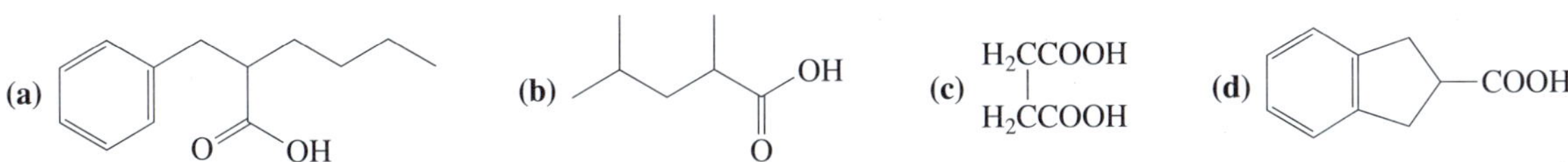

34. 23-3절에서 기술된 방법들과 함께, 필요하면 다른 반응들도 이용하여 아래의 화합물 각각을 합성하시오. 각 경우에 출발물들은 하나의 알데하이드 또는 케톤과 하나의 β-다이카보닐 화합물을 포함해야 한다.

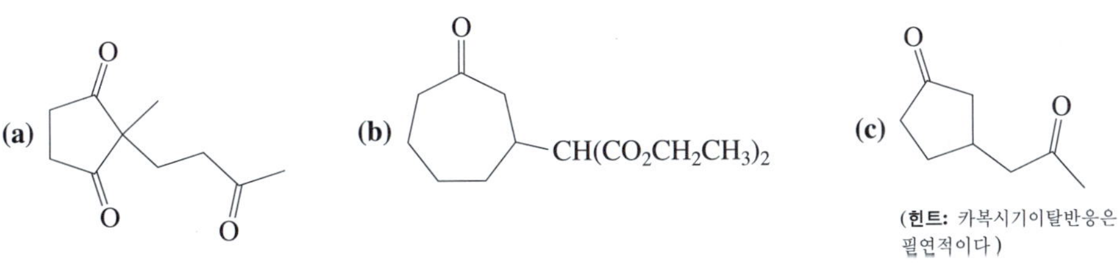

(**힌트:** 카복시기이탈반응은 필연적이다)

35. **도전 문제** Carbonic acid $\left(\text{HO}-\overset{O}{\overset{\|}{C}}-\text{OH}\right)$는 물과 carbon dioxide 분자로 분해되기 쉬운 불안정한 화합물이다. $H_2CO_3 \rightarrow H_2O + CO_2\uparrow$. 정말, 어떤 탄산 음료 용기를 열 때 우리 자신이 경험한 명확성

은 이런 분명한 생각을 지지해 준다. 그러나 2000년에 이 가정이 아주 옳지 않음이 발견되었다. Carbonic acid는 완전 무수에서 실제로 완벽하게 안정한 분리 가능한 화합물이다. 분해, 이것은 카복시기이탈반응인데, 물에 의해 강하게 **촉매**된다. 특별한 기술 없이 물을 완전히 제외하기란 너무 어려운데, 이것은 왜 carbonic acid가 순수한 형태로 얻기가 이렇게 어려운 화학종인지를 설명해 준다.

23-2절에서 3-ketocarboxylic acid의 카복시기이탈반응 메커니즘을 논의하는데 근거하여, carbonic acid의 카복시기이탈반응 촉매에 물 분자의 역할을 제시하시오(**힌트**: 수소 결합에 의해 육원자 고리가 되도록 한 분자의 물과 한 분자의 carbonic acid를 배열해 보라. 이때 카복시기이탈반응에 대해 고리형 방향족 전이 상태가 존재하는지 보라).

36. 문제 35에 대한 답에 근거하여 다음 화합물들 각각 카복시기이탈반응을 물이 촉매하는지 안하는지를 예상하시오. 답이 그렇다인 각각의 경우, 전이 상태와 최종 생성물들을 그리시오.

(a) 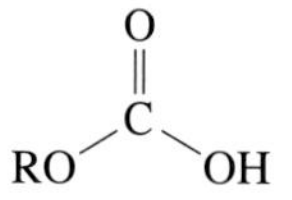 RO–C(=O)–OH (Carbonic acid의 모노에스터) **(b)** 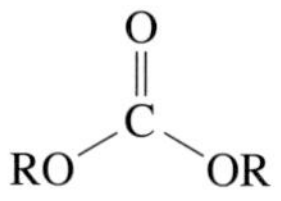 RO–C(=O)–OR (Carbonic acid의 다이에스터)

(c) 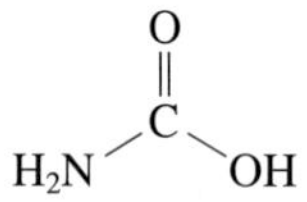 H_2N–C(=O)–OH (Carbamic acid) **(d)** 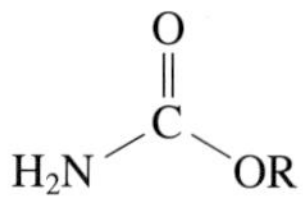 H_2N–C(=O)–OR (Carbamate ester)

37. Ethoxide 이온 존재하에 3-butene-one에 말론산 에스터가 Michael 첨가반응하는 메커니즘을 상세히 쓰시오. 모든 단계들이 가역으로 보임을 확인하라. 전체 반응이 발열인가 흡열인가? 왜 염기 촉매량만이 필요한지 설명하시오.

38. 다음 반응의 가능한 생성물을 적으시오. 모든 반응은 Pd 촉매와 인 같은 금속 리간드의 존재하에서 가열하여 진행시킨다(**힌트**: 22-4절에 있는 Pd 촉매 할로벤젠과 친핵체의 반응을 참조하라).

(a) 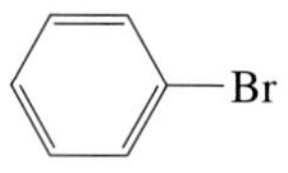 C_6H_5–Br + $^{-}$:$CH(CO_2CH_2CH_3)_2$ **(b)** 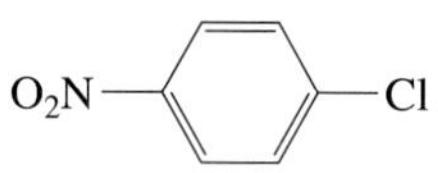 O_2N–C_6H_4–Cl + 5,5-dimethylcyclohexane-1,3-dione carbanion (C-2)

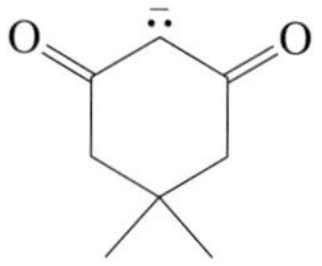

39. Pd 촉매 할로벤젠과 수산화 이온의 반응에서 나타나는 메커니즘을 바탕으로 (22-4절) 문제 38(a)의 Pd 촉매 반응에 대한 합당한 메커니즘을 적으시오.

40. 이 장에서 기술된 방법을 이용해서 다음 분자들마다 다단계 합성을 설계하시오. 최종 생성물에 있는 모든 탄소 원자들의 원천으로서 지정된 설정 구획물들을 이용하라.

(a) $CH_3CO_2CH_2CH_3$ 와 $CH_3\overset{O}{\overset{\|}{C}}CH{=}CH_2$ 으로부터 3-methylcyclohex-2-enone (CH_3)

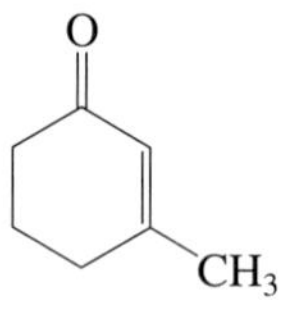

(b) CH_3I, $CH_2(CO_2CH_2CH_3)_2$ 와 $CH_3\overset{O}{\overset{\|}{C}}CH{=}CH_2$ 으로부터 bicyclic enedione (angular methyl) (**힌트:** 먼저 cyclohexane-1,3-dione 을 만들라)

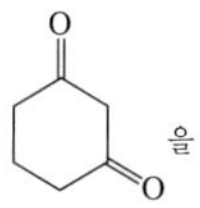

(c) CH_3I, $CH_2(CO_2CH_2CH_3)_2$ 와 $BrCH_2\overset{O}{\overset{\|}{C}}CH_3$ 으로부터 bicyclic enedione (angular methyl) (**힌트:** 먼저 cyclopentane-1,3-dione 을 만들라)

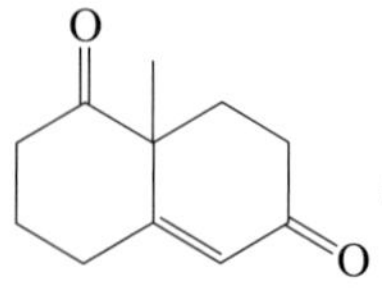

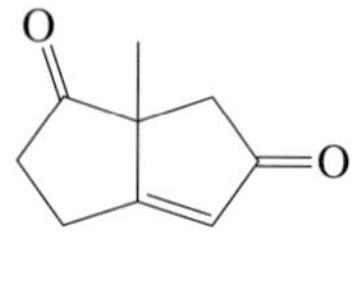

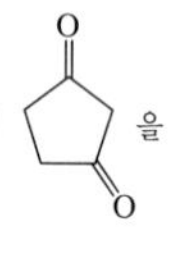

41. 다음 알데하이드들이 촉매성 *N*-dodecylthiazolium bromide와 반응할 때 생성물들을 제시하시오.
(a) $(CH_3)_2CHCHO$ **(b)** C_6H_5CHO **(c)** cyclohexanecarbaldehyde **(d)** $C_6H_5CH_2CHO$

42. 다음 반응들의 생성물들을 제시하시오.

(a) $C_6H_5CHO + HS(CH_2)_3SH \xrightarrow{BF_3}$ **(b)** (a)의 생성물 + $CH_3CH_2CH_2CH_2Li \xrightarrow{THF}$

문제 41의 각 알데하이드와 (b)에서 형성된 물질과의 반응에서 $HgCl_2$ 존재하에서 가수분해를 수행한 결과들은 무엇인가?

43. **(a)** 다음 자료들에 근거하여 교유 전에 신선한 크림에서 발견되는 미지물질 A와 독특한 노란색을 띠고, 버터 냄새를 갖는 B를 확인하시오.

A : MS: m/z (상대적 존재비) = 88(M^+, 약한), 45(100) 및 43(80).

^1H NMR : $\delta = 1.36$ (d, $J = 7$ Hz, 3 H), 2.18 (s, 3 H), 3.73 (넓은 s, 1 H), 4.22 (q, $J = 7$ Hz, 1 H) ppm.

IR: $\tilde{\nu} = 1718$ 및 3430 cm^{-1}

B : MS: m/z (상대적 존재비) = 86 (17) 및 43 (100).

^1H NMR : $\delta = 2.29$ (s) ppm.

IR: $\tilde{\nu} = 1708\ cm^{-1}$

(b) 어떤 종류의 반응이 화합물 A를 화합물 B로 변환시키는가? 버터를 만들기 위해 크림을 교유할 때 이것이 발생한다는 것이 이치에 맞는가? 설명하시오.

(c) 두 개 탄소를 포함한 화합물로만 시작해서 화합물 A와 B의 실험실 합성들을 약술하시오.

(d) 화합물 A의 UV 스펙트럼은 271 nm의 λ_{max}을 가지며, 화합물 B는 290 nm의 λ_{max}을 가진다(후자의 흡수띠가 가시광선 스펙트럼의 자외선 영역으로 확장되는 것은 화합물 B의 노란색 때문이다). λ_{max}의 차이를 설명하시오.

44. Ethoxide와 같은 염기와 acetaldehyde와 같은 카보닐 화합물 사이에 일어날 수 있는 모든 초기 반응 단계들을 설명하도록 화학 반응식을 쓰시오. 카보닐 탄소가 이 계에서 어느 상당한 정도까지 양성자가 이탈되는지 그 이유를 설명하시오.

45. Nootkatone은 포도의 향을 내는 두고리 케톤이다. Nootkatone은 또한 흰개미를 퇴치하므로 흰개미 침입을 막아 나무 조직을 보호하는데 상업적으로 이용되기도 한다. 아래에 나타난 isonootkatone 합성 과정에서 빠진 시약들을 채워 넣으시오. 각 변환 단계에 필요한 합성 단계가 하나 이상일 수도 있다.

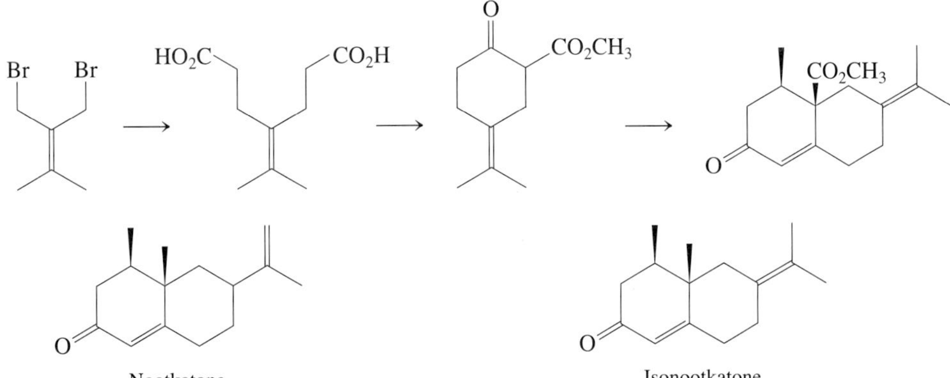

46. β-다이카보닐 화합물은 자체 알돌 반응을 하지 않는 알데하이드나 케톤과 축합된다. 생성물은 α,β-불포화 다이카보닐 화합물이며, 그 과정은 **Knoevenagel 축합반응**이라 한다. **(a)** Knoevenagel 축합의 한 예가 아래에 있다. 메커니즘을 제시하시오.

$$\text{(cyclohexanone)}{=}O + CH_3\overset{O}{\overset{\|}{C}}CH_2CO_2CH_2CH_3 \xrightarrow[CH_3CH_2OH]{NaOCH_2CH_3,} \text{(cyclohexylidene)}{=}C(\overset{O}{\overset{\|}{C}}CH_3)(CO_2CH_2CH_3)$$

(b) 아래의 Knoevenagel 축합반응에 대한 생성물을 적으시오.

$$C_6H_5{-}CHO + CH_2(CO_2CH_2CH_3)_2 \xrightarrow[CH_3CH_2OH]{NaOCH_2CH_3,}$$

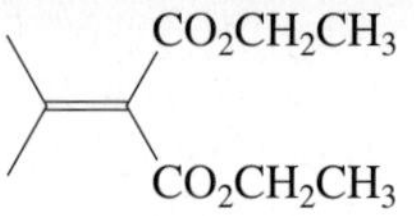

$CO_2CH_2CH_3$ / $CO_2CH_2CH_3$

(c) 왼쪽 여백에 그려진 다이에스터는 isonootkatone (문제 45) 의 합성에서 사용되는 다이브로민화물의 출발물이다. Knoevenagel 축합을 이용하여 이 다이에스터의 합성을 제시하시오. 또한 다이에스터가 문제 45의 다이브로민화물로 변환되는 과정을 제안하시오.

47. 다음 케톤들은 acetoacetic ester 방법에 의해 합성될 수 없지만(그 이유?), 그 방법을 수정 보완하여 만들 수 있다. 그 수정은(Claisen 축합반응에 의한) 제법과 마지막 생성물에서 나타나는 R기를 포함한 적절한 3-ketoester, $RCCH_2COCH_2CH_3$ (두 C=O)의 이용을 내포하고 있다. 다음 각 케톤들을 합성하시오. 각각의 경우 필요한 3-ketoester의 구조와 합성도 보이시오.

(a) O

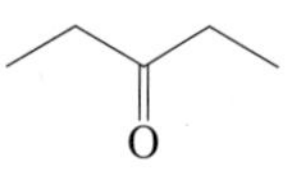

(b) O

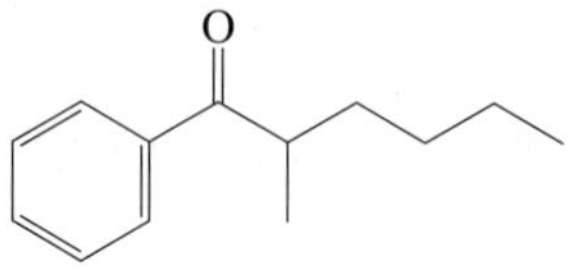

(c) O (**힌트:** Dieckmann 축합반응을 사용하라)

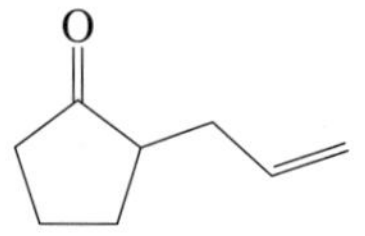

(d) $C_6H_5CH_2$, O, O, $C_6H_5CH_2$ (**힌트:** 이중 Claisen 축합반응을 사용하라)

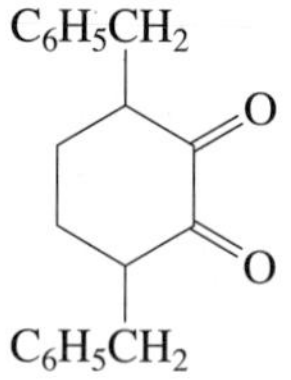

48. 합성을 위한 가장 중요한 설계 구획 물질들 몇몇은 매우 간단한 분자들이다. Cyclopentanone과 cyclohexanone이 즉시 상업적으로 사용될 수 있지만, 더 간단한 분자들로부터 어떻게 만들어질 수 있는지 그 방법을 이해하는 것은 배워야 된다. 다음은 이들 케톤 둘 모두에 대한 가능성 있는 역합성 분석들(8-9절)이다. 이들을 지침으로 해서 지정된 출발물로부터 각 케톤의 합성을 쓰시오.

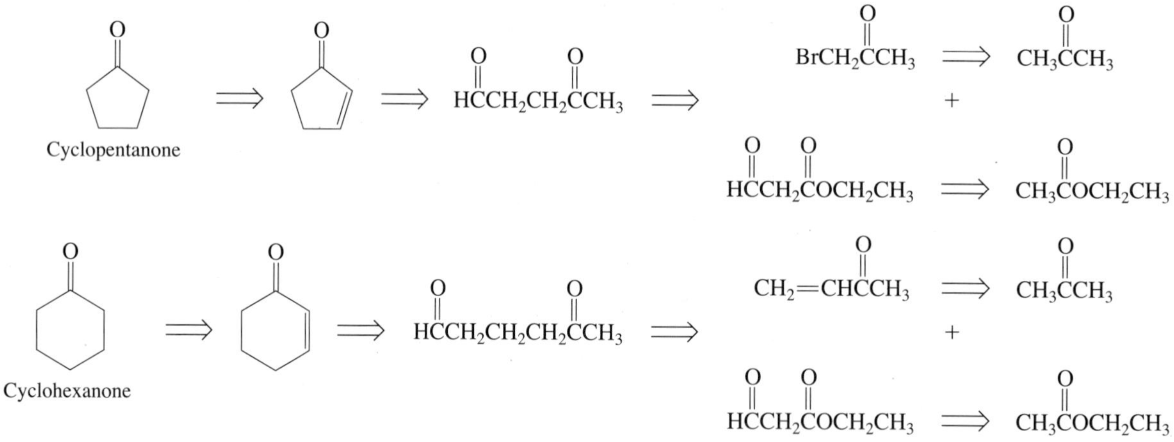

Cyclopentanone $\Longrightarrow$ (cyclopentenone) $\Longrightarrow$ $HCCH_2CH_2CCH_3$ (O, O) $\Longrightarrow$ $BrCH_2CCH_3$ (O) $\Longrightarrow$ CH_3CCH_3 (O) + $HCCH_2COCH_2CH_3$ (O, O) $\Longrightarrow$ $CH_3COCH_2CH_3$ (O)

Cyclohexanone $\Longrightarrow$ (cyclohexenone) $\Longrightarrow$ $HCCH_2CH_2CH_2CCH_3$ (O, O) $\Longrightarrow$ $CH_2{=}CHCCH_3$ (O) $\Longrightarrow$ CH_3CCH_3 (O) + $HCCH_2COCH_2CH_3$ (O, O) $\Longrightarrow$ $CH_3COCH_2CH_3$ (O)

49. 스테로이드 골격(호르몬인 estrone의 전합성 일부)의 짧은 과정을 여기에 나타내었다. 그 단계들 각각에 대한 메커니즘들을 보이시오(**힌트**: 두 번째 단계에서 일어나는 것과 비슷한 과정이 18장 문제 48에 표시되어 있다).

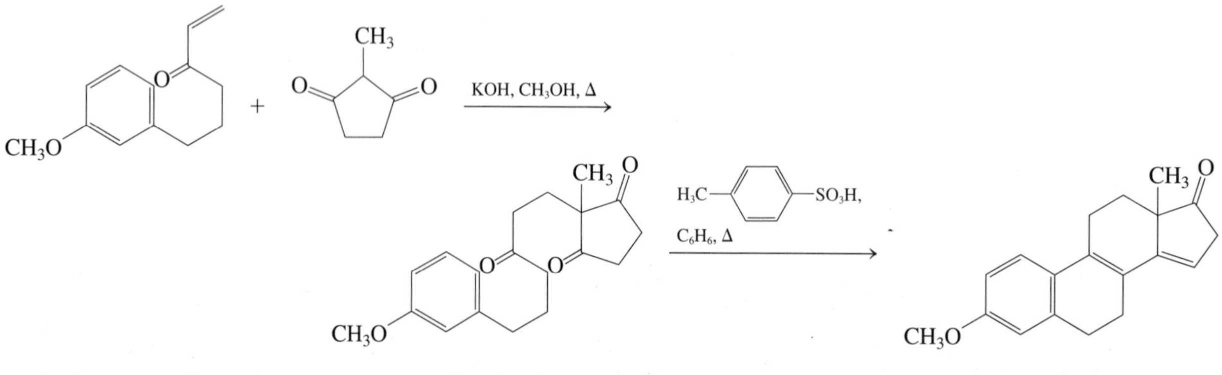

CH_3O, O + CH_3, O, O $\xrightarrow{KOH,\ CH_3OH,\ \Delta}$ CH_3, O, O, O, CH_3O $\xrightarrow[C_6H_6,\ \Delta]{H_3C-C_6H_4-SO_3H,}$ CH_3, O, CH_3O

50. **도전 문제** 23-4절(즉, 역전 편극화)에서 기술한 방법들을 이용해서, 다음 분자들 각각에 대해 간단한 합성법을 제시하시오.

(a) $CH_2{=}CHCH(OH)C(=O)CH_2C_6H_5$

(b)

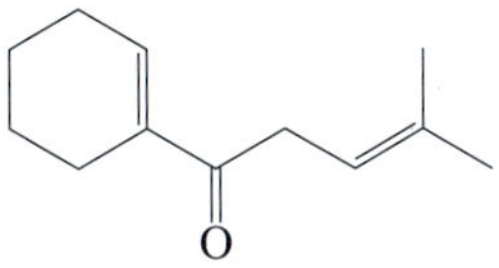

(c) $CH_3CH(OH)CH(CH_3)CHO$

51. **도전 문제** 몇 가지 항종양제를 합성하는데 중심에 있던 케톤 C의 합성을 제시하시오. 알데하이드 A, 락톤 B, 그 외 필요한 것들로 출발하시오.

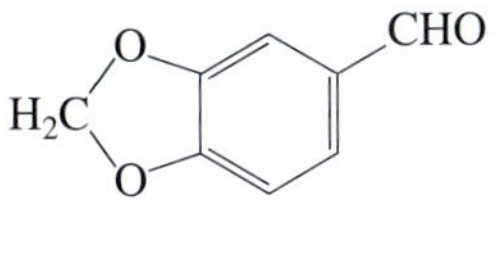

CHO H₂C O O

A 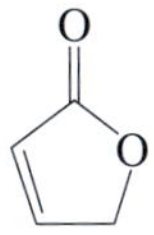 **B** 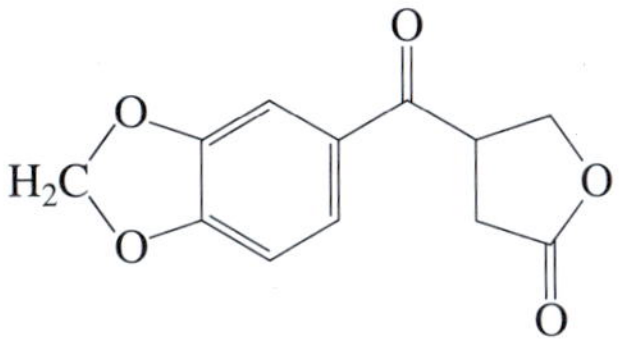 **C**

탄수화물

자연에 있는 다작용기 화합물

빵 한 조각을 떼어서 입속에 넣어 보라. 몇 분이 지나면 마치 설탕을 빵에 첨가한 것처럼 분명히 단맛이 날 것이다. 사실 어떤 면에서 이런 일이 일어난 것이다. 침 속에 있는 산과 효소가 빵 속의 녹말을 구성 단위인 포도당 분자로 분해하였다. 글루코스는 덱스트로스 또는 포도당으로 잘 알려져 있으며, 고분자인 녹말과 이의 단위체인 글루코스는 모두 탄수화물에 속한다.

탄수화물은 우리가 매일 섭취하는 빵, 쌀밥, 감자와 같은 음식물의 주성분인 당, 섬유질, 녹말 형태의 영양 성분으로써 가장 흔한 것이다. 탄수화물은 대사되어 물 이산화탄소, 열 또는 다른 형태의 에너지가 됨으로써 화학 에너지 저장 시스템 역할을 한다. 탄수화물은 식물, 꽃, 야채, 나무의 형태를 유지하게 하고, 지방(19-13절, 20-5절)과 핵산(26-9절)의 구성 단위가 된다. 탄수화물은 여러 개의 작용기를 가지므로 **다작용기 (polyfunctional)** 이라 한다. 글루코스 $C_6(H_2O)_6$와 이와 관련된 간단한 계열 화합물들이 단위체가 되어 좀 더 복잡한 탄수화물을 구성한다. 물이 결합된 탄소를 의미하는 탄수화물은 $C_n(H_2O)_n$의 실험식을 갖는다.

이 장에서는 가장 간단한 탄수화물(당)의 구조와 명명법에 대하여 살펴보고, 다양한 길이의 탄소 사슬에 있는 카보닐기와 하이드록시기에 의하여 나타나는 당의 화학에 대하여 알아보도록 한다. 24-1절에서 24-3절까지 탄수화물의 물성과 화학적 거동에 대해서 공부한다. 탄수화물의 구조를 결정하고, 또 탄수화물을 다른 화합물로 변화시키는데 유용하게 사용되는 탄수화물의 반응을 24-4절부터 시작해서 논의한다. 탄수화물 생합성의 하나의 예를 이미 배운 바 있다(화학 이야기 18-1). 마지막으로 자연계에서 발견되는 여러 가지 형태의 탄수화물에 대하여 설명하고자 한다.

일상생활에서 우리가 이야기하는 "설탕"은 자연에서 가장 많은 존재하고 있는 이당류 sucrose를 의미한다. Sucrose는 사탕무나 사탕 수수(여기에 나타냄)에서 얻어지는데, 다른 어느 화합물보다 많은 양이 순수한 형태로 상업적으로 제조되고 있다. 그리고 사탕수수 식물의 "폐섬유" 물질은(더욱 복잡한 탄수화물로 구성됨) 지금은 "녹색" 생연료로서 널리 개발되고 있다.

24-1 탄수화물의 이름과 구조

가장 간단한 탄수화물은 당 또는 **당류 (saccharide)** 이다. 사슬 길이가 증가함에 따라 입체중심의 수가 증가하여 더 많은 부분입체이성질체를 갖는다. 화학자들에게는 다행스럽게도 자연계에는 가능성이 있는 수많은 거울상이성질체 계열에서 단지 한 종류만이 존재한다. 당은 폴리하드록시카보닐 화합물이기 때문에 안정한 고리 형태의 헤미아세탈을 만들어 다양한 구조와 화학을 가지게 된다.

CHO
H—C—OH
CH_2OH

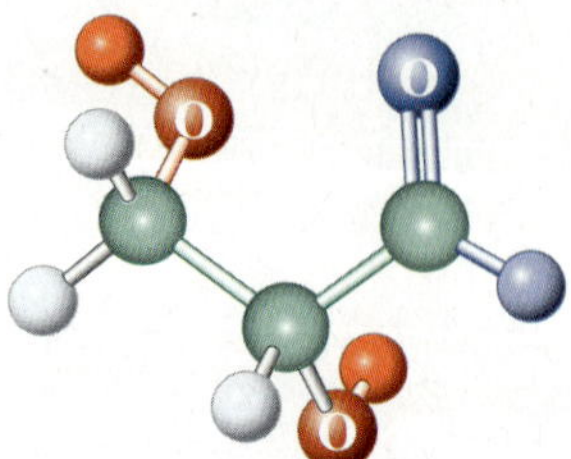

2,3-Dihydroxypropanal
(Glyceraldehyde)
(Aldotriose)

CH_2OH
C=O
CH_2OH

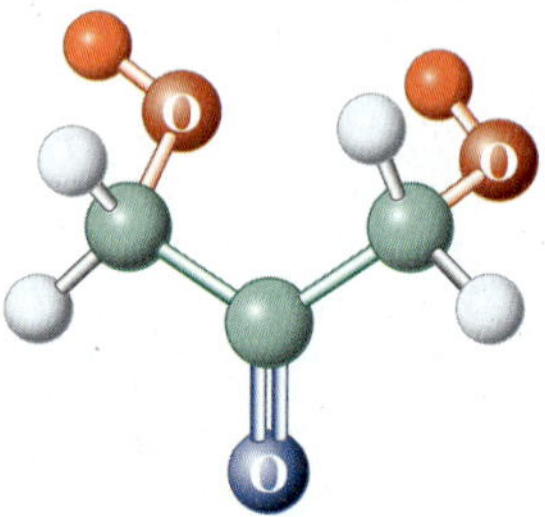

1,3-Dihydroxyacetone
(Ketotriose)

당은 알도스와 케토스로 분류된다

탄수화물(carbohydrate)은 단당류(모노사카라이드), 이당류(다이사카라이드), 삼당류(트라이사카라이드), 소당류(올리고사카라이드) 및 복합당(폴리사카라이드) 등 당(sugar: *saccharum*, 라틴어로 당을 의미)의 형태에 대한 일반적인 이름이다. **단당류(monosaccharide** 또는 **simple sugar)**는 적어도 두 개의 하이드록시기를 가지는 알데하이드나 케톤이다. 따라서 각각에서 가장 간단한 구조를 가지는 화합물은 2,3-다이하이드록시프로판알(글리세르알데하이드)과 1,3-다이하이드록시아세톤이다(왼쪽 여백 그림). **복합당(complex sugar**, 24-11절 참조)은 단당류들이 에터 결합으로 연결된 것이다.

알데하이드기를 가지는 당은 **알도스(aldose)**, 케톤기를 가지는 당은 **케토스(ketose)**로 분류된다. 사슬 길이에 따라서는 **트라이오스(triose**, 세 개의 탄소), **테트로스(tetrose**, 네 개의 탄소), **펜토스(pentose**, 다섯 개의 탄소), **헥소스(hexose**, 여섯 개의 탄소) 등으로 명명한다. 따라서 2,3-다이하이드록시프로판알은 알도트라이오스이고, 1,3-다이하이드록시아세톤은 케토트라이오스이다.

덱스트로스(dextrose), 혈당 또는 포도당으로 알려진 **글루코스(glucose**: *glykys*, 그리스어로 달다는 의미)는 펜타하이드록시헥산알이므로 알도헥소스(aldohexose)류에 해당한다. 글루코스는 여러 종류의 과일과 식물에 자연히 존재하며, 사람의 혈중에는 0.08~0.1%의 농도로 존재한다. 글루코스의 이성질체에 해당하는 케토헥소스(ketohexose)는 **프럭토스(fructose)**로서, 자연계에 존재하는 당 중에서 단맛이 가장 강하며(인공적으로 합성한 것 중에는 단맛이 더 강한 것도 있다), 많은 과일(fruit: *fructus*, 라틴어로 과일을 의미)과 벌꿀에도 존재한다. 또 다른 중요한 천연당은 알도펜토스(aldopentose)인 **라이보스(ribose)**로서, 라이보핵산의 성분 중의 하나이다(26-9절 참조)

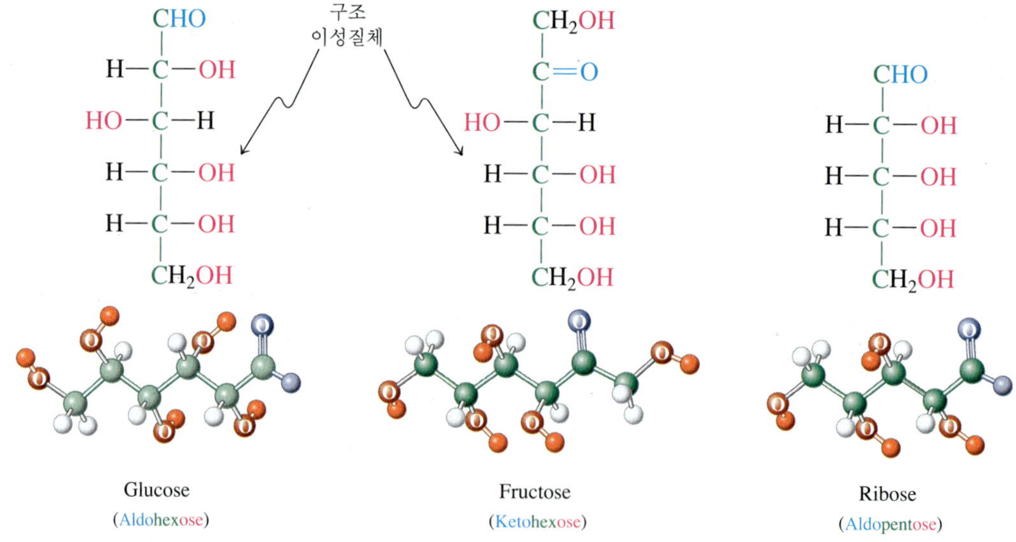

Glucose (Aldohexose)　Fructose (Ketohexose)　Ribose (Aldopentose)

연습 문제 24-1

다음의 단당류는 어떤 종류의 당에 해당하는가?

(a) CHO / HCOH / HCOH / CH_2OH — Erythrose

(b) CHO / HOCH / HOCH / HCOH / CH_2OH — Lyxose

(c) CH_2OH / C=O / HOCH / HCOH / CH_2OH — Xylulose

당뇨 환자들은 혈중 포도당 수치를 주의 깊게 모니터해야 한다(간단한 도구를 이용하는 예).

이당류(disaccharide)는 두 개의 단당류가 에터(일반적으로 아세탈) 결합을 하면서 만들어진다(17-7절과 24-11절 참조). 이당류를 가수분해하면 단당류로 된다. 삼당류는 이당류와 단당류 사이에 에터 결합이 형성되면서 만들어지며, 이러한 과정이 같은 방식으로 반복되면서 천연 고분자(다당류)가 만들어진다. 이러한 다당류(polysaccharide)가 섬유소(cellulose)와 녹말의 기본 골격을 형성한다(24-12절 참조).

대부분의 당은 카이랄성이고, 광학적으로 활성이 있다.

1,3-다이하이드록시아세톤을 제외한 지금까지 언급한 모든 당은, 적어도 한 개의 입체중심을 가지고 있다. 가장 간단한 카이랄성 당은 2,3-다이하이드록시프로판알로서, 한 개의 비대칭 탄소를 가지고 있다. 분자를 Fischer 투영식으로 나타낸 것처럼, 우회전성(dextrorotatory)인 분자는 *R* 배열이고, 좌회전성(levorotatory) 거울상이성질체는 *S* 배열인 것이 밝혀졌다. 관용적으로 Fischer 투영식에서 수평선은 **종이 평면의 위에 있는** 원자에 연결되는 화학 결합을 나타낸다는 사실을 기억해야 한다(5-4절).

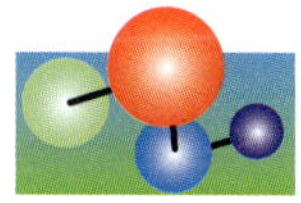

2,3-Dihydroxypropanal (Glyceraldehyde)의 두 거울상이성질체 Fischer 투영식

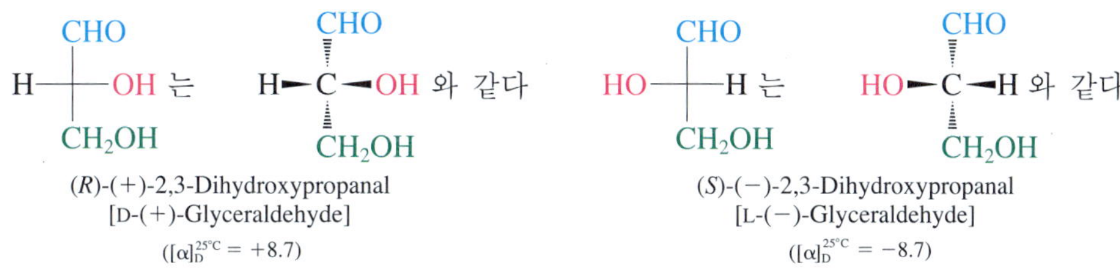

비록 *R*과 *S* 명명법이 당을 명명하는 데 아무런 문제점 없이 이용되고 있지만, 옛 명명법이 아직까지 통용되고 있다. 당의 절대 배열이 확정되기 이전에 개발된 옛 명명법은 모든 당을 2,3-다이하이드록시프로판알을 표준으로 하여 비교하게 된다. 이 방법은 *R*과 *S* 대신에 글리세르알데하이드의 (+) 거울상이성질체에는 D, (−) 거울상이성질체에는 L의 접두사를 붙여 구분한다(화학 이야기 5-2 참조). **가장 높은 번호를 가지는 입체중심**(즉 알데하이드기나 케토기로부터 가장 멀리 있는)이 D-(+)-2,3-다이하이드록시프로판알[D-(+)-글리세알데하이드]과 같은 배열을 가지면 D 계열, 반대인 경우에는 L 계열이라고 한다. **오직 하나의 입체중심에서만** 배열이 다른 부분입체이성질체를 **에피머(epimer)**라 한다.

D와 L 당의 지정

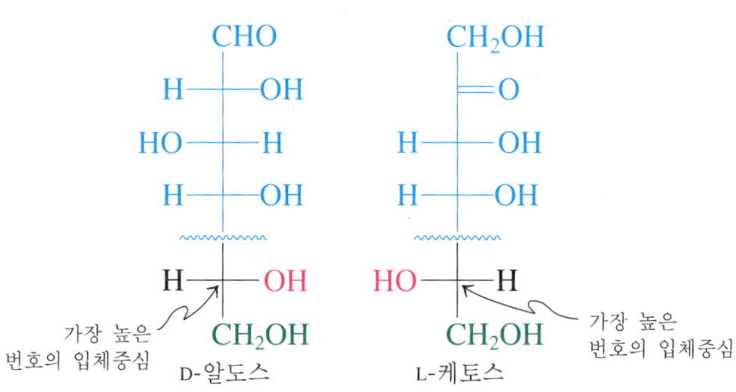

D,L 명명법은 당류를 두 부류로 구분한다. 입체중심의 수가 증가할수록 입체이성질체의 수도 증가한다. 예를 들어, 알도테트로스(aldotetrose)인 2,3,4-트라이하이드록시뷰탄알은 두 개의 입체중심을 가지고 있어 전체적으로 네 개의 입체이성질체를 만든다. 각각 거울상이성질체들의 짝으로 구성된 두 종류의 부분입체이성질체들이다. 이것보다 바로 한 단계 높은 동족체는 2,3,4,5-테트라하이드록시펜탄알인데, 세 개의 입체중심이 있어서 여덟 개의 입체이성질체가 가능하다. 각각 거울상이성질체로 이루어진 네 종류의 부분입체이성질체들이다. 마찬가

지로, 위와 비슷한 펜타하이드록시헥산알은 16개의 입체이성질체(여덟 개의 거울상이성질 쌍으로 된)가 있음을 알 수 있다.

많은 천연물과 마찬가지로 이러한 부분입체이성질체들은 구조의 복잡성으로 인한 긴 체계적 이름 때문에 흔히 사용하는 관용명을 가지고 있다. 이 장에서도 구조적인 이름으로 모든 물질을 명명하지는 않을 것이다. 2*R*,3*R*의 배열을 가지는 2,3,4-트라이하이드록시뷰탄알의 이성질체는 에리트로스(erythrose), 그리고 이것의 부분입체이성질체는 트레오스(threose)라고 한다. 이것들의 각각은 두 개의 거울상이성질체를 가지고 있는데, 하나는 D 당의 부류에 속하고, 이것의 거울상은 L 당에 속한다는 사실을 유념하기 바란다. 광회전의 부호는 D나 L과 전혀 연관성이 없다(*R*,*S* 표시법에서와 마찬가지로 (−)가 반드시 *S*에 해당하는 것이 아니며, (+)가 반드시 *R*에 해당하지 않는다. 5-3절 참조). 예를 들어, D-글리세르알데하이드는 우회전성이지만, D-에리트로스는 좌회전성이다.

MODEL BUILDING

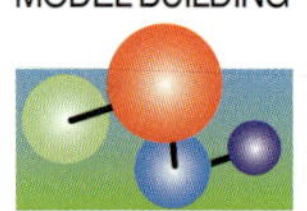

2,3,4-Trihydroxybutanal의 입체이성질체:
Erythrose(2 거울상이성질체)와 threose(2 거울상이성질체)

부분입체이성질체들

거울상이성질체들 | 거울상이성질체들

2*R*,3*R*	2*S*,3*S*	2*S*,3*R*	2*R*,3*S*
D-(−)-Erythrose	L-(+)-Erythrose	D-(−)-Threose	L-(+)-Threose

거울면 거울면

앞에 언급한 것처럼 알도펜토스는 세 개의 입체중심을 가지고 있어 $2^3 = 8$개의 입체이성질체를 갖는다. 알도헥소스 계열은 $2^4 = 16$개의 입체이성질체를 갖는다. D,L 명명법이 단지 하나의 입체중심의 절대 배치만 나타냄에도 불구하고 왜 이 방법이 사용되는가? 아마도 **거의 모든 천연당이 D 배치를 가지고 있기** 때문일 것이다. 당 분자의 구조적 진화 과정에서 자연계는 사슬의 한 끝에 오직 하나의 배치만 "선택했음"이 분명하다. 아미노산에 있어서도 이러한 선택성을 또 다른 예로 보여 주고 있다(26장).

그림 24-1은 Fischer 투영식을 이용한 알도헥소스까지의 D-알도스 계열을 나타낸다. 혼돈을 피하기 위해 화학자들은 탄소 사슬을 수직으로 증가시키며, 알데하이드 끝을 맨 위에 위치시키는 표준 방법을 선택하게 되었다. 이 방식에서 가장 높은 번호를 가지는 입체중심(맨 아래에 위치해 있는)에 있는 하이드록시기는 모든 D 당에서 오른쪽에 위치하게 된다. 그림 24-2는 케토스의 이러한 계열을 나타내고 있다.

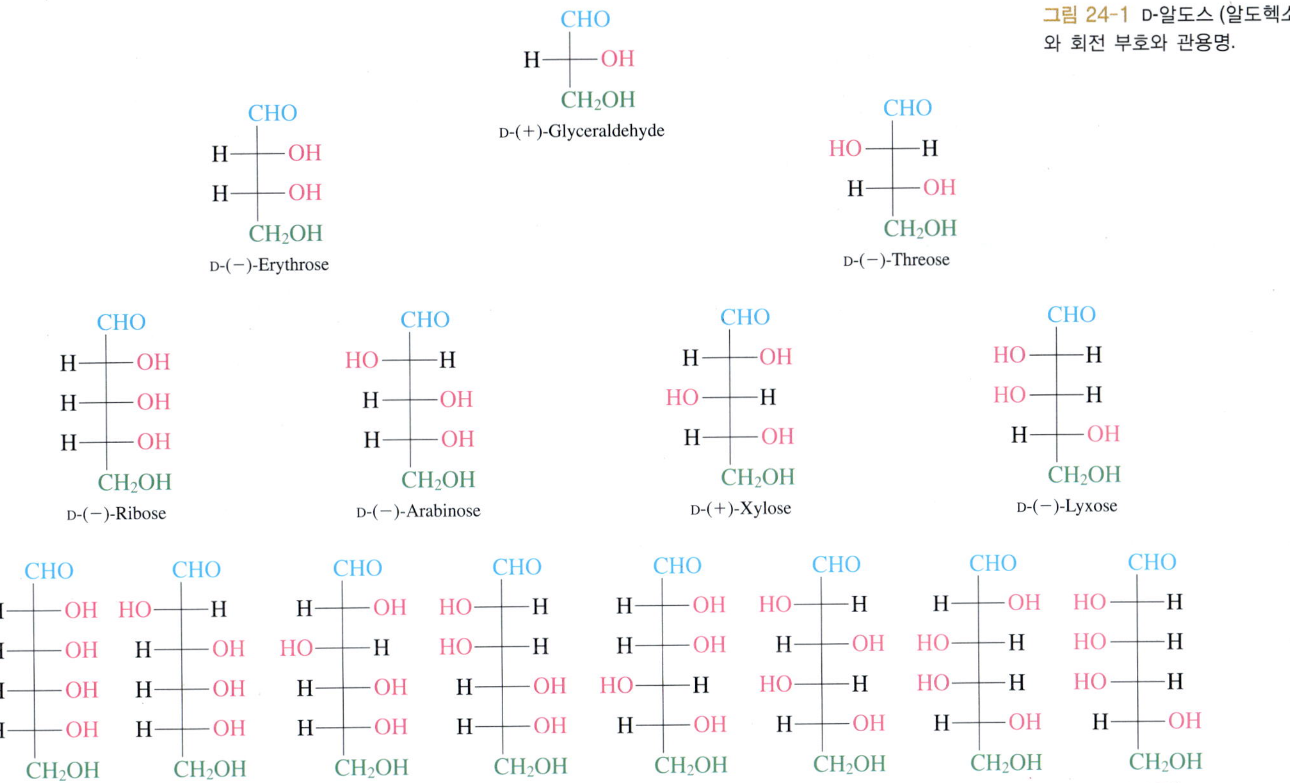

그림 24-1 D-알도스 (알도헥소스까지)와 회전 부호와 관용명.

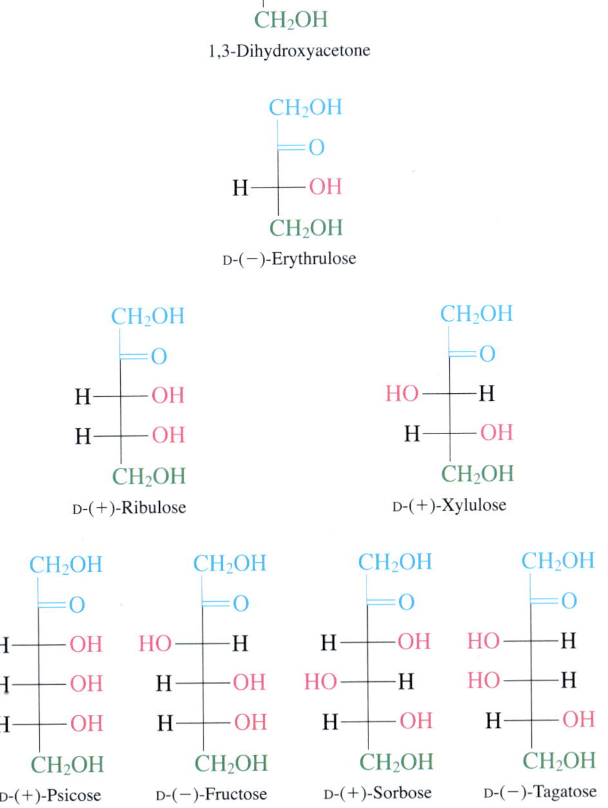

그림 24-2 D-케토스 (케토헥소스까지) 회전 부호와 관용명.

연습 문제 24-2

(a) D-(−)-Ribose와 **(b)** D-(+)-glucose의 체계적인 이름을 쓰시오. 각각의 입체중심에서 *R* 또는 *S* 배열을 표시하시오.

연습 문제 24-3

점선-쐐기선으로 그려진 당 A(왼쪽 여백 그림 참조)를 Fischer 투영식으로 다시 그리고, 그림 24-1에서 이 구조에 맞는 관용명을 찾으시오.

A

요약 가장 간단한 탄수화물은 당으로, 여러 개의 하이드록시기를 가지는 알데하이드(알도스)와 케톤(케토스)이다. 그들은 가장 높은 번호를 가지는 입체중심이 *R*이면 D 계열이고, *S*이면 L 계열로 분류된다. 한 개의 입체중심이 반전된 두 개의 당들을 에피머라고 한다. 자연에 존재하는 대부분의 당은 D 계열에 속한다.

24-2 당의 형태와 고리형

당은 다수의 작용기와 다수의 입체중심을 가진다. 이와 같은 구조적 복잡성 때문에 다양한 화학적 성질을 나타낸다. 화학 반응에 관여하는 당 분자의 특정 부분에 대하여, 화학자들이 효율적으로 살펴볼 수 있도록 당 분자를 그리는 방법들이 몇 가지 제안되었다. 여기에서는 24-1절에서 배웠던 Fischer 투영식을 점선-쐐기선 구조로 상호변환시키는 방법을 배운다. 덧붙여서 용액 상에서 존재하는 간단한 당의 고리 이성질체에 대하여 배우고자 한다.

Fischer 투영식은 모두 가려진 형태로 묘사한다

MODEL BUILDING

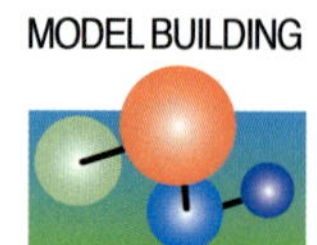

Fischer 투영식은 **모두 가려진 배열**(*all eclipsed arrangement*)을 하고 있는 분자를 나타낸다(5-4절 참조). 이것 모두 가려진 점선-쐐기선 그림으로 바꿀 수 있다.

D-(+)-Glucose에 대한 Fischer 투영식과 점선-쐐기선 구조

Fischer 투영식

C3와 C5을 180°C 회전

모두 가려진 점선-쐐기선 구조

모두 엇갈린 점선-쐐기선 구조

분자 모형을 살펴보면 모두 가려진 형태는 대략적인 반원 구조임을 알 수 있다. 위에 "말려진" 그림으로 나타낸 것처럼(가운데 그림). 그 다음에 있는 모두 가려진 점선-쐐기선 구조에서 원래의 Fischer 투영식에서 탄소 사슬의 **오른쪽**에 있던 원자단들은 **위로** 뻗어 있다는 것을 주목하기 바란다(쐐기 결합). 이런 형태에서 C3과 C5를 180° 돌리면 모두 엇갈린 형태를 만들 수 있다.

당은 분자내 헤미아세탈을 만든다

당은 분자내 헤미아세탈을 형성할 수 있는 하이드록시카보닐 화합물이다(17-7절 참조). 실제로 글루코스와 펜토스뿐 아니라 다른 헥소스들도 이것들의 고리 헤미아세탈 이성질체와 함께 평형 혼합물로 존재하는데, 그 안에서 헤미아세탈이 매우 우세하다. 원칙적으로 다섯 개의 하이드록시기 모두 알데하이드의 카보닐기와 반응할 수 있다. 하지만 삼원자나 사원자 고리들은 고리 변형이 너무 크고, 주로 오원자 고리와 육원자 고리가 형성되는데, 일반적으로 육원자가 우세하다. 단당류의 육원자 고리는 **피라노스(pyranose)**라고 하며, 육원자 고리 구조의 에터인 *pyran*에서 유래되었다(9-6절과 25-1절 참조). 오원자 고리 형태의 당은 **퓨라노스(furanose)**라고 하며, 이 이름은 *furan*에서 유래되었다(25-3절).

오원자 고리와 육원자 고리 헤미아세탈 형성

새로운 입체 중심

H_2C_4(OH) + $H-C_1=O$ ($H_2C_3-C_2H_2$) $\underset{}{\overset{H^+}{\rightleftharpoons}}$ 퓨라노스 고리 (1C: H, OH)

퓨라노스 고리 Furan

새로운 입체 중심

H_2C_5(OH), H_2C_4, $H_2C_3-C_2H_2$, $H-C_1=O$ $\overset{H^+}{\rightleftharpoons}$ 피라노스 고리 (1C: H, OH)

피라노스 고리 Pyran

D 계열의 당을 고리 형태로 바르게 나타내기 위해, 아래 그림처럼 앞쪽에 있는 모두 가려진 구조의 점선-쐐기선 구조식을 그려서 위아래로 뒤집어라. C5를 회전시켜 그 탄소에 있는 하이드록시기가 C1 알데하이드에 첨가되어, 육원자 고리 헤미아세탈을 형성하게 한다. 비슷한 방

MODEL BUILDING

Glucose에 의한 고리 헤미아세탈 형성

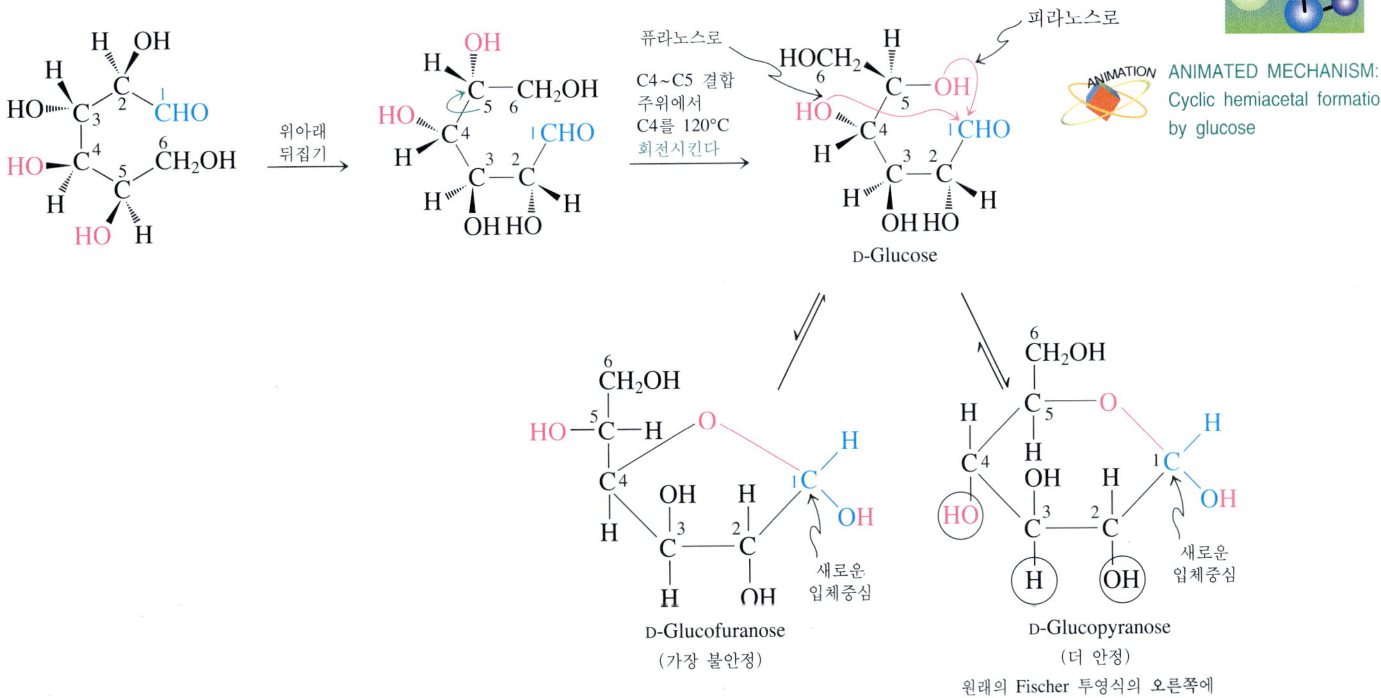

법으로 오원자 고리가 만들어진다. C4를 회전시켜 그 탄소에 있는 OH기가 C1과 결합할 수 있는 위치에 있게 한다. 그렇게 그려진 그림은 고리를 어느 정도 보기 좋게 나타낸다. 구조식은 평면인 것처럼 그리고 고리 결합 가운데 가장 아래 있는 결합(앞쪽 그림에서 C2와 C3 사이의 결합)이 종이 **평면의 앞으로** 나오는 것으로 여겨지는 원근 도법을 이용하는 것처럼 보인다. 조금 뒤에 배우게 되겠지만, 이런 형태의 그림을 조금 수정하여 고리 형태의 당을 그리는 데 매우 자주 사용한다.

연습 문제 24-4

L-(−)-Glucose의 Fischer 투영식을 그리고, 이것에 해당하는 육원자 고리 헤미아세탈로의 변환을 나타내시오.

주로 피라노스로 존재하는 글루코스와는 대조적으로, 프럭토스는 프럭토피라노스와 프럭토퓨라노스의 두 가지 형태가 68 : 32의 비율로 평형 상태의 혼합물을 이룬다.

MODEL BUILDING

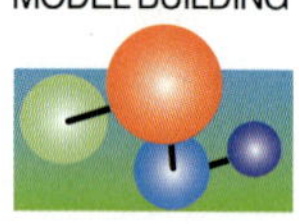

Fructose에 의한 고리 헤미아세탈 형성

D-Fructose

32%
D-Fructofuranose
(Furanose = 오원자 고리의 당)

68%
D-Fructopyranose
(Pyranose = 육원자 고리의 당)

새로운 입체중심 (아노머 탄소)

고리화할 때 카보닐 탄소는 새로운 입체중심으로 변화된다는 사실에 주목하라. 결과적으로 헤미아세탈의 형성으로 헤미아세탈의 배열이 서로 다른 두 개의 부분입체이성질체, 즉 두 개의 새로운 화합물이 생긴다. D 계열의 당에서 이 배열이 *S*라면 α가 붙여지고, *R*이면 β가 붙여진다. 그러므로 D-글루코스는 α- 또는 β-D-글루코피라노스나 글루코퓨라노스를 만들 수 있다. 부분입체이성질체의 이러한 형성은 당에서만 있는 고유한 형태이므로 이러한 형태의 부분입체이성질체를 **아노머(anomer)**라고 하며, 새로운 입체중심을 **아노머 탄소(anomeric carbon)**라고 한다.

연습 문제 24-5

개념 문제: 당 입체이성질체 사이의 관계

아노머 관계에 있는 α- 및 β-glucopyranose는 거울상이성질체이기 때문에 동일한 비율로 존재해야 한다. 옳은지 틀린지를 말하고, 그 이유를 설명하시오.

전략

아노머에 대한 이 문제에 답하기에 앞서, 거울상이성질체와 부분입체이성질체의 의미를 이해하고 있는지, 분자의 물리적 성질과 입체이성질체는 어떤 관계가 있는지 확인하라.

풀이

틀림! 아노머는 아노머 탄소(C1)에서**만** 배열이 다르다. 나머지 입체중심(C2에서 C5까지)은 α-glucopyranose에서와 β-glucopyranose에서 똑같다. 아노머들은 따라서 부분입체이성질체들이다. 거울상이성질체가 아니다. 그래서 같은 양이 형성되지 않는다. 거울상이성질체들은 **모든** 입체중심에서 배열이 서로 다르다.

연습 문제 24-6

자습 문제

α-L-Glucopyranose와 α-D-glucopyranose는 어떤 관계인가? α-L-glucopyranose의 아노머 탄소의 배열은 무엇인가, *R* 또는 *S*? β-L-Glucopyranose와 β-D-glucopyranose에 대해서도 같은 문제에 답을 하시오.

Fischer, Haworth 및 의자 형태 사이클로헥세인의 투영식은 고리 모양 당 구조를 나타내는 데 유용하다

고리 모양 당의 입체화학을 어떻게 하면 가장 잘 나타낼 수 있겠는가? 한 가지 접근 방법은 Fischer 투영식을 사용하는 것으로, 본래 구조의 기본 골격을 유지하면서 고리화할 때 형성된 새로운 결합을 그냥 단순하게 연장된 선으로 그려 나타낸다.

Glucopyranoses의 변형된 Fischer 투영식

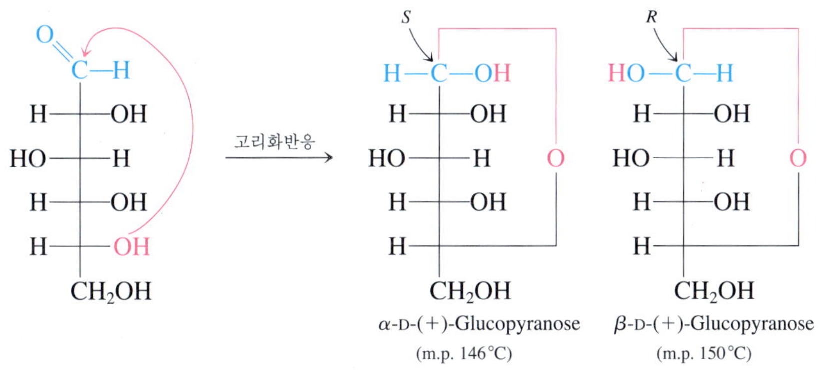

Fischer 투영식에서 D 계열 당의 α 형태는 아노머 탄소에 있는 OH기가 **오른쪽**에 위치한다. β 형태에서는 OH기가 **왼쪽**에 있다.

Haworth* 투영식(Haworth projection)은 당 분자의 삼차원 구조를 더 잘 나타낼 수 있다. 고리 에터는 아노머 탄소가 오른쪽에 놓이고, 에터 산소가 위쪽에 놓이는 오각형이나 육각형으로 그려진다(D 계열 당에서). 고리의 아래나 위에 위치하는 치환기는 수직선으로 연결된다. 삼차원 구조의 Haworth 투영식에서 아래쪽에 있는 고리 결합(C2와 C3 사이)은 종이면의 **앞에** 위치한 것으로 그리고, 산소를 포함한 고리 결합은 뒤쪽에 위치한 것을 의미한다.

Haworth 투영식

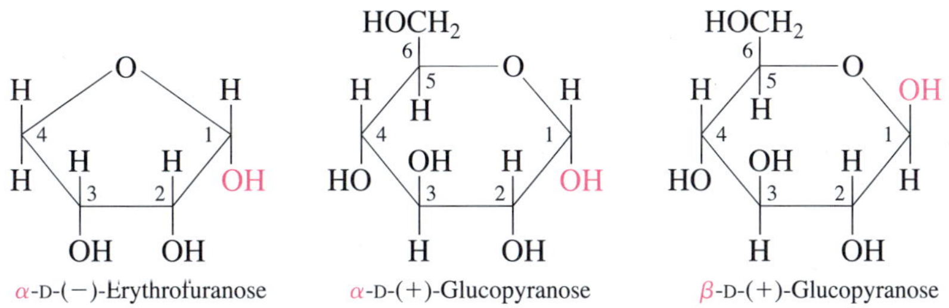

Fischer 투영식의 오른쪽 치환기는 Haworth 투영식에서 **아래로** 위치한다.

Haworth 투영식에서 α 아노머는 아노머 탄소에서 하이드록시기가 아래로 향하며, β 아노머

*W.Norman Haworth 경(1883~1950), 영국 Birmingham 대학교, 1937년 노벨화학상 수상.

는 하이드록시기가 위로 향한다.

연습 문제 24-7

다음의 Haworth 투영식을 그리시오. **(a)** α-D-Fructofuranose, **(b)** β-D-glucofuranose, **(c)** β-D-arabinopyranose.

Haworth 투영식은 문헌에서 광범위하게 사용된다. 그러나 여기서는 형태(4-3절, 4-4절 참조)에 관한 지식을 고려하여 고리 모양의 당은 봉투(퓨라노스의 경우) 또는 의자(피라노스의 경우) 형태를 사용할 것이다(그림 4-4와 4-6). Haworth 표현에서처럼 에터 산소가 윗부분의 오른쪽에 위치하고, 봉투 형태나 의자 형태의 오른쪽 정점에 아노머 탄소가 위치한다.

Glucofuranose와 Glucopyranose의 형태 그림

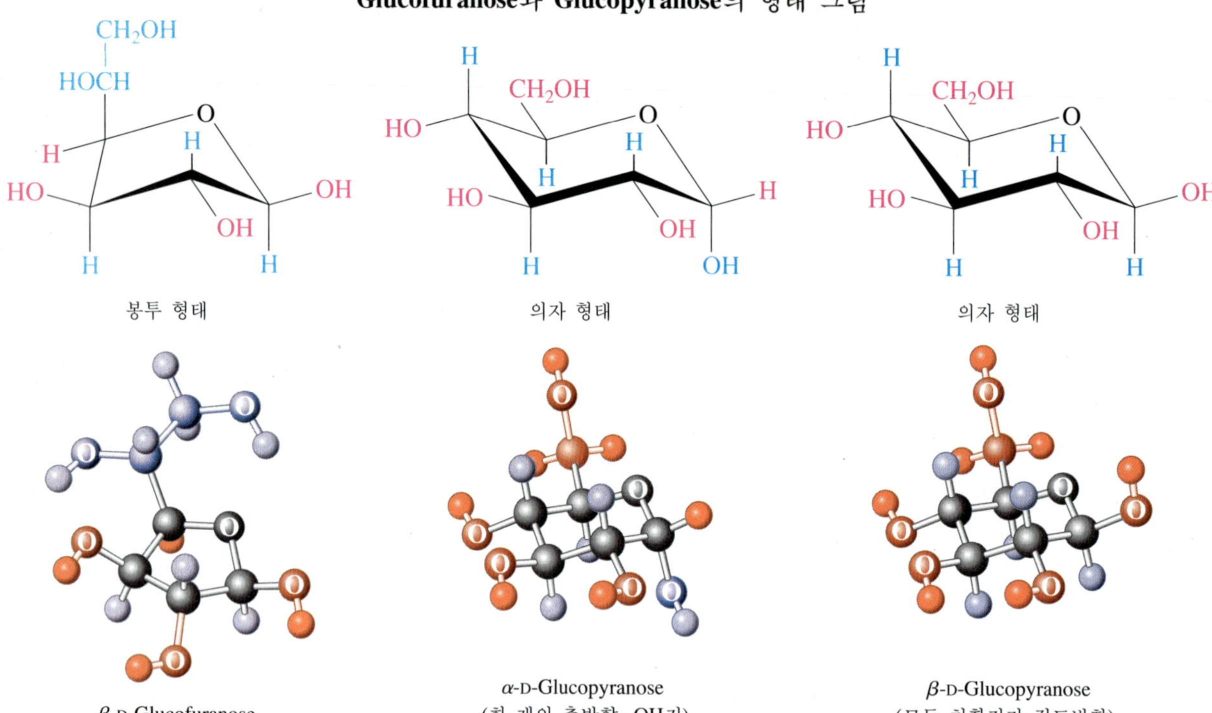

β-D-Glucofuranose

α-D-Glucopyranose
(한 개의 축방향 –OH기)

β-D-Glucopyranose
(모든 치환기가 적도방향)

이 법칙에 예외는 있지만, **대부분의 알도헥소스**는 C5에 있는 상대적으로 부피가 큰 하이드록시메틸기가 **적도방향 위치**(*equatorial position*)에 놓이는 **의자 형태**(*chair conformation*)를 갖는다. 이러한 경향에 따라 α 형태 글루코스의 경우, 다섯 개의 치환기 중 네 개가 적도방향 위치에 있으며, 하나만이 축방향을 따라 수직으로 놓여 있다. 반면 β 형태에서는 **모든** 치환기가 적도방향 상태에 놓여 있다. 이러한 상황은 독특하게 글루코스에만 일어난다. 나머지 다른 일곱 개의 D 계열 알도헥소스(그림 24-1 참조)는 하나 이상의 치환기가 축방향을 따라 수직으로 위치한다.

연습 문제 24-8

표 4-3에 나타낸 값을 이용하여 모두 적도방향 형태인 β-D-glucopyranose의 고리 뒤집기($\Delta G^{\circ}_{CH_2OH} = \Delta G^{\circ}_{CH_3} = 1.7$ kcal mol^{-1}이며, 고리의 산소는 CH_2기를 닮는다)에 의해 얻어진 이성질체 사이의 자유 에너지 변화를 계산하시오.

요약 헥소스나 펜토스는 오원자나 육원자 고리 형태의 헤미아세탈 형태를 가진다. 이들 구조는 열린 사슬 구조의 다하이드록시알데하이드나 케톤을 거쳐 빠르게 상호변환하는데, 평형 상태에서 육원자 고리 구조(피라노스)가 우세하다.

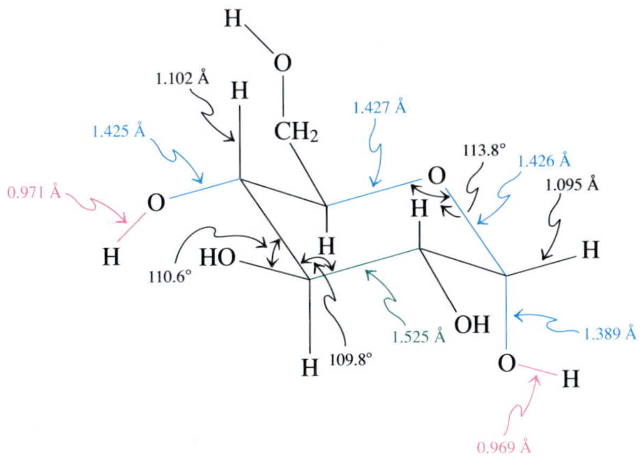

그림 24-3 α-D-(+)-Glucopyranose의 구조 결합 길이와 각도를 선택적으로 표시하였다.

24-3 간단한 당의 아노머: 글루코스의 변광회전

글루코스는 상온에서 농축된 용액으로부터 침전되어 146°C에서 녹는 결정을 형성한다. X선 회절에 의한 구조 분석에 의하면, 이러한 결정들은 α-D-(+)-글루코피라노스 아노머(그림 24-3)만으로 이루어져 있다. 결정성인 α-D-(+)-글루코피라노스를 물에 용해시킨 다음, 즉시 고유 광회전도를 측정하면 $[\alpha]_D^{25°C} = +112$이다. 이상하게도 이 값은 +52.7에 이를 때까지 시간이 지남에 따라 계속 감소한다. 이러한 변화를 일으키는 과정은 α와 β 아노머들의 **상호변환**(*interconversion*)이다.

용액에서 α-피라노스는 적은 양의 열린 사슬 알데하이드 이성질체와 재빨리 평형을 이루며(이 과정은 산이나 염기 촉매 존재 하에서 진행된다; 17-7절 참조), 다시 가역적 고리의 형성 반응으로 β 아노머로 진행된다.

D-Glucose의 열린 사슬과 피라노스 형태의 상호변환

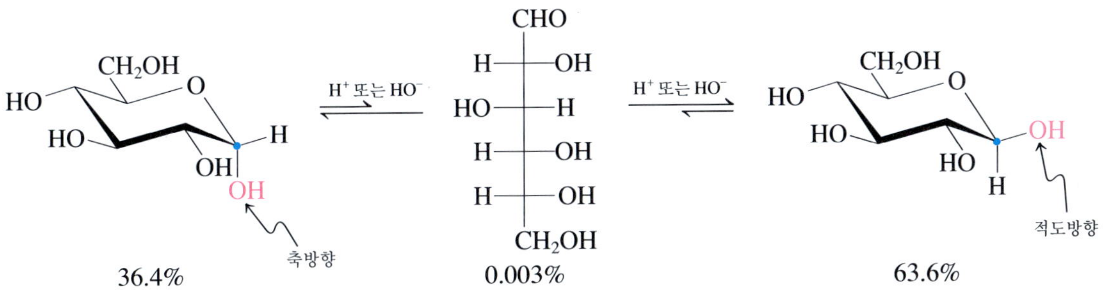

H^+ 또는 HO^-

36.4%	0.003%	63.6%
α-D-(+)-Glucopyranose ($[\alpha]_D^{25°C} = +112$)	알데하이드 형성	β-D-(+)-Glucopyranose ($[\alpha]_D^{25°C} = +18.7$)

축방향 / 적도방향

β 형태는 α 형태보다 상당히 낮은 고유 광회전도값(+18.7)을 가지고 있어 관찰된 용액에서의 고유 광회전도 α값은 감소한다. 이와 유사하게, 순수한 β 아노머(아세트산에서 글루코스를 결정화할 때 얻어지며, 녹는점은 150°C이다)로 이루어진 용액의 고유 광회전도값은 +18.7에서 +52.7로 증가한다. 이 시점에서 마지막 평형이 이루어지며, α 아노머가 36.4%, β 아노머가 63.6%를 차지한다. 당의 아노머 사이의 평형에서 일어나는 광학적 회전에서의 변화를 **변광회전(mutarotation**: *mutare*, 라틴어로 변화를 의미)이라고 한다. α와 β 아노머들의 상호변환은 당의 일반적인 성질이다. 이러한 과정은 고리 형태의 헤미아세탈로 존재하는 모든 단당류에 해당된다.

연습 문제 24-9

변광회전에 대한 대체 메커니즘은 알데하이드 중간체 과정을 무시하면서 옥소늄 이온을 거쳐서 얻어진다. 이 과정을 나타내시오.

연습 문제 24-10

개념 문제: 부분입체이성질체 당 혼합물의 고유 광회전도 계산

본문에 있는 순수한 아노머의 고유 광회전도와 변광회전적 평형에서 관찰된 고유 광회전도로부터 α- 및 β-glucopyranose의 평형비를 계산하시오.

전략

평형 혼합물의 고유 광회전도는 각 이성질체의 회전의 평균값이다. 하지만 혼합물 각각 몰분율의 가중 평균이다. 필요한 모든 원자료 (raw data)는 문제에 주어졌다.

풀이

- α 몰분율을 x_α라 하고 β 형태의 몰분율을 x_β라 한다. 순수한 α 형태의 고유 광회전도는 $+112°$이고, 순수한 β 형태는 $+18.7°$이고, 평형 혼합물은 $+52.7°$이다. 혼합물의 고유 광회전도는 혼합물에 있는 각 몰분율이 가중된 기여이성질체의 평균 회전값이다:

$$+52.7 = (+112)(x_\alpha) + (+18.7)(x_\beta)$$

- 몰분율의 정의에 따라 $x_\alpha + x_\beta = 1$이고, 그러므로 위 방정식에서 하나를 다른 것으로 치환할 수 있다. 문제를 풀면 $x_\alpha = 0.364$이고, $x_\beta = 0.636$이다. 따라서 평형의 $x_\alpha/x_\beta = (0.636)/(0.364) = 1.75$이다.

연습 문제 24-11

자습 문제

순수한 D-galactose의 α, β형의 $[\alpha]_D$값은 각각 $+150.7$, $+52.8$이다. 수용액에서 변광회전이 진행된 후 평형 상태에서의 고유 광회전도값이 $+80.2$일 때, 평형 혼합물에서 성분의 상대적 양을 계산하시오.

연습 문제 24-12

표 4-3을 이용하여 상온(25℃)에서 α- 및 β-glucopyranose 사이의 에너지 차이를 구하시오. 그 다음 평형 백분율을 이용하여 에너지 차이를 구하시오.

요약 헤미아세탈 탄소(아노머 탄소)는 α와 β의 두 가지 형태를 가질 수 있다. 용액에서 당의 α 및 β 형태는 서로 평형 관계에 있다. 하나의 순수한 아노머로부터 시작하여 고유 광회전도의 변화를 관찰함으로써 평형을 관찰할 수 있으며, 이러한 현상을 변광회전이라고 한다.

24-4 당의 다작용기 화학: 카복실산으로의 산화

간단한 당은 열린 사슬 카보닐 화합물과 여러 고리 모양의 α 및 β 아노머 등의 여러 가지의 이성질체로 존재한다. 모든 이성질체는 빠른 속도로 평형에 이르기 때문에, 특정 시약과의 개별 반응 상대 속도가 특정한 반응에서의 생성물의 분포를 결정짓는다. 선형과 고리형 당 **두 부류에 있는 작용기가 서로 다르므로,** 당의 반응은 선형 그리고 고리형 당 두 종류의 반응으로 나눌 수 있다. 각각의 반응이 종종 서로 경쟁적으로 반응하지만, 이 절에서는 고리 이성질체의 헤미아세탈이 아니고, 열린 사슬 형태의 알데하이드에서 진행되는 알도스의 산화제 반응을 공부할 것이다.

Fehling 및 Tollens 시험은 환원당을 확인한다

열린 사슬 단당류들은 여러 종류의 작용기를 가지고 있어 각각의 작용기에 대한 전형적인 반응들이 일어난다. 예를 들면, 알도스는 산화될 수 있는 알데하이드를 가지고 있어, Fehling이나 Tollens 시험 용액을 환원시킬 수 있다(17-14절 참조.). 케토스에 있는 α-하이드록시 치환기도 비슷하게 산화된다.

알도스와 케토스의 Fehling과 Tollens 실험 결과

D-Glucose (CHO, H—OH, HO—H, H—OH, H—OH, CH_2OH) $\xrightarrow[\text{(Fehling 용액)}]{\text{푸른색 } Cu^{2+} \text{ 착물, } HO^-, H_2O}$ Cu_2O (붉은 벽돌색 침전) + D-Gluconic acid (알돈산) (COOH, H—OH, HO—H, H—OH, H—OH, CH_2OH)

$RC(=O)CH(OH)R$ (케토스) $\xrightarrow[\text{(Tollens 용액)}]{Ag^+, NH_4^{+-}OH, H_2O}$ Ag (은거울) + $RC(=O)C(=O)R$ α-Dicarbonyl (화합물)

이러한 반응들에서 알도스는 **알돈산(aldonic acid)**으로 전환되며, 케토스는 α-다이카보닐 화합물로 바뀐다. 이와 같은 시험에서 양성적으로 반응하는 당을 **환원당(reducing sugar)**이라고 한다. 대부분의 단당류는 모두 환원당이다.

알도스의 산화는 모노- 또는 다이카복실산을 만든다

알돈산은 완충 용액(pH = 5~6) 속의 브로민과의 산화반응에 의해 대량으로 만들어진다. 예를 들어, D-만논산은 같은 방법으로 D-만노스로부터 만들어진다. 반응이 끝난 후, 알돈산 수용액으로부터 용액을 증발시키면 γ-락톤(20-4절 참조)이 자발적으로 만들어진다.

알돈산 제조와 탈수로 aldonolactone을 생성한다

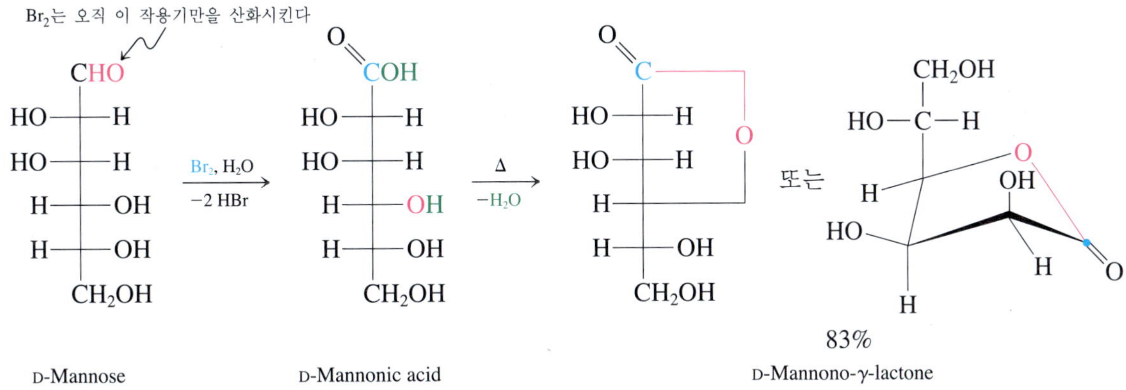

연습 문제 24-13

D-Mannose의 열린 사슬 이성질체의 카보닐기 대신에 고리 피라노스 구조에서 헤미아세탈 hydroxy기가 산화되면 무엇이 생성되는가?(위 구조식을 참조.)

알도스를 격렬하게 산화시키면 알데하이드뿐만 아니라, 일차 알코올기도 산화된다. 그 결과 생성되는 다이카복실산을 **알다르산** 또는 **사카르산(aldaric acid** 또는 **saccharic acid)**이라고 한다. 이런한 산화는 따뜻하고 묽은 질산 용액을 사용하면 얻어진다(19-6절 참조). 예를 들어, D-만노스는 이러한 조건하에서 D-만나산으로 전환된다.

Aldaric acid의 제조

HNO$_3$가 여기만 산화시킨다

	CHO	
HO	—	H
HO	—	H
H	—	OH
H	—	OH
	CH_2OH	

D-Mannose

$\xrightarrow{HNO_3,\ H_2O,\ 60°C}$

	COOH	
HO	—	H
HO	—	H
H	—	OH
H	—	OH
	COOH	

44%

D-Mannaric acid

연습 문제 24-14

두 당인 D-allose와 D-glucose (그림 24-1) 는 C3에서의 배열만 다르다. 두 가지 시료의 실체를 모른다고 가정하고, 두 가지의 당과 편광계, nitric acid가 주어진다면 어떻게 두 화합물을 구분할 수 있겠는가? (**힌트**: 산화의 생성물을 써라.)

요약 당의 화학은 몇 가지 하이드록시기 치환기를 가지는 카보닐기 화합물 범주에 속한다. 알도스의 알데하이드기의 산화 (Br_2에 의한) 반응은 알돈산을 만든다. 반면에 격렬한 산화 (HNO_3에 의한) 는 당을 알다르산으로 바꾼다.

24-5 당의 산화성 분해

지금까지 언급한 당의 산화반응에서 기본적인 당의 골격은 그대로 남아 있다. 이에 반하여 과아이오딘산 (HIO_4) 은 C—C 결합을 깨는 시약으로서 이웃자리 다이올을 산화, 분해시켜 카보닐 화합물을 만든다.

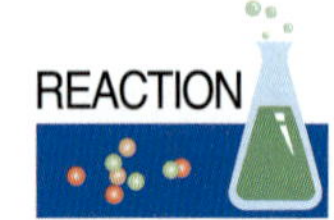

Periodic acid에 의한 이웃자리 다이올의 산성 분해

cis-1,2-Cyclohexanediol $\xrightarrow{HIO_4,\ H_2O}$ Hexanedial (77%)

이 반응의 메커니즘을 보면 먼저 고리 **과아이오딘산 에스터 (periodate ester)** 가 만들어지고, 분해되어 두 개의 카보닐기를 생성한다.

이웃자리 다이올의 periodic acid 분해의 메커니즘

$$\text{—C—OH, —C—OH} + HIO_4 \xrightarrow[-H_2O]{} \text{고리 periodate ester} \longrightarrow 2\ \text{C=O} + HIO_3$$

고리 periodate ester

대부분의 당은 여러 군데에 이웃자리 다이올을 가지고 있어, HIO_4와 산화반응을 하게 되면 복잡한 혼합물을 만들게 된다. 과량의 산화제를 사용하면 사슬의 완전 분해를 유발시켜 한 개의 탄소를 포함하는 혼합물이 만들어지는데, 이러한 기술은 당의 구조 분석에 이용된다. 예를 들어, 글루코스를 5당량의 HIO_4와 반응시키면 5당량의 폼산과 1당량의 폼알데하이드가 만들어진다. 이성질체 프럭토스의 경우 유사한 분해반응에서 3당량의 산과 2당량의 알데하이드, 1당량의 CO_2가 만들어진다.

Periodic acid에 의한 당의 분해

D-Glucose (1 CHO, 2 H—C—OH, 3 HO—C—H, 4 H—C—OH, 5 H—C—OH, 6 CH_2OH) $\xrightarrow{5\ HIO_4}$ 5 HCOOH (C1–C5로부터) + HCHO (C6으로부터)

D-Fructose (1 CH_2OH, 2 C=O, 3 HO—C—H, 4 H—C—OH, 5 H—C—OH, 6 CH_2OH) $\xrightarrow{5\ HIO_4}$ 3 HCOOH (C3–C5로부터) + 2 HCHO (C1 및 C6으로부터) + CO_2 (C2로부터)

이러한 상황을 종합해 보면 (1) 당에 있는 각 C—C 결합의 절단에는 1몰의 HIO_4가 필요하며, (2) 각 알데하이드와 이차 알코올 단위체는 같은 당량의 폼산을 만들며, (3) 일차 하이드록시 작용기는 폼알데하이드를, 그리고 케토스의 카보닐기는 CO_2를 생성한다. 소모된 HIO_4의 당량수로부터 당 분자의 크기를 알 수 있으며, 산화 생성물의 비율은 하이드록시 및 카보닐 작용기에 대한 수와 배열을 알아내는 데 중용한 단서가 된다. 특히 분해 이후 각 탄소 원자는 본래 당 내에 존재할 때 결합하고 있던 수소의 수와 같은 개수의 수소와 결합한 채 남아 있다는 것을 주목하라.

연습 문제 24-15

다음 화합물을 HIO_4로 처리했을 때 기대되는 생성물들(비율 포함)을 쓰시오.
(a) 1,2-Ethanediol (ethylene glycol), **(b)** 1,2-propanediol, **(c)** 1,2,3-propanetriol, **(d)** 1,3-propanediol, **(e)** 2,4-dihydroxy-3,3-dimethylcyclobutanone, **(f)** D-threose.

연습 문제 24-16

다음의 당류를 HIO_4에 의한 분해반응으로 구별할 수 있는가? 그 이유를 설명하시오(그림 24-1과 24-2 참조). **(a)** D-Arabinose 및 D-glucose, **(b)** D-erythrose 및 D-erythrulose, **(c)** D-glucose 및 D-mannose.

요약 과아이오딘산을 이용하는 당의 산화성 분해반응은 당의 골격을 폼산, 폼알데하이드, CO_2로 분해한다. 이 화합물의 비는 당의 구조와 관계있다.

24-6 단당류의 알디톨로의 환원

알도스와 케토스는 알데하이드와 케톤을 알코올로 만드는 환원제에 의해 환원된다. 이때 생성된 폴리하이드록시 화합물을 **알디톨(alditol)**이라고 한다. 예를 들어, D-글루코스는 $NaBH_4$와 반응하여 D-글루시톨(옛 이름, D-소비톨)이라고 한다. 수소음이온 환원제는 소량의 열린 사슬 형태의 당을 빼내어 반응시켜 반응성이 없는 고리 헤미아세탈로부터의 평형을 생성물로 이동시키는 역할을 한다.

붉은색 해초에는 비교적 많은 양의 D-glucitol이 있다.

알디톨의 제조

D-Glucose ⇌ CHO / H—OH / HO—H / H—OH / H—OH / CH_2OH —($NaBH_4$, CH_3OH)→ HCHOH / H—OH / HO—H / H—OH / H—OH / CH_2OH

D-Glucitol (D-Sorbitol)

알디톨은 자연계에 많이 존재한다. D-글루시톨은 붉은 해초에서 14%까지 존재하며, 딸기(포도는 아님), 살구, 자두, 배, 사과에서도 존재한다. 알디톨은 D-글루코스의 고압 수소첨가반응이나 전기화학적 환원에 의해서도 상업적으로 만들어진다. 글루시톨은 감미료로 박하사탕, 진해정(cough drops), 구강세척제, 씹는 껌 등의 제품에 널리 사용되는데, 소비톨이라는 다른 이름으로 표시되는 경우도 많다. 글루시톨은 칼로리 열량은 글루코스와 비슷하다. 하지만 입속에 존재하면서 충치를 일으키는 여러 종류의 박테리아들이 글루코스보다 글루시톨을 대사하는 능력이 떨어진다.

연습 문제 24-17

(a) $NaBH_4$로 D-ribose를 환원시키면 광학 활성이 없어진다. 그 이유를 설명하시오.

(b) D-Fructose를 같은 방식으로 환원시키면 두 개의 광학 활성 물질을 만든다. 그 이유를 설명하시오.

요약 알도스와 케토스의 카보닐 작용기를 환원($NaBH_4$에 의해)시키면 알디톨을 만든다.

24-7 아민 유도체와의 카보닐 축합

우리가 예상하는 바대로 알도스와 케토스의 카보닐기는 아민 유도체와 축합반응을 한다(17-9절 참조). 예를 들어, D-만노스는 페닐하이드라진과 반응하여 **하이드라존(hydrazone)**인 D-만노스 페닐하이드라존을 만든다. 놀랍게도 이 반응은 이 단계에서 멈추지 않고, 2당량의 페닐하이드라진과 계속 반응한다. 최종 생성물은 **오사존(osazone**, 여기서는 페닐오사존)이라고 하는 이중 페닐하이드라존이다. 이외에 1당량의 벤젠아민(아닐린), 암모니아 및 물이 생성된다.

Phenylhydrazone과 phenylosazone이 형성

D-Mannose: H—C=O / HO—H / HO—H / H—OH / H—OH / CH_2OH

—($C_6H_5NHNH_2$, CH_3CH_2OH, Δ, 30 min, $-H_2O$)→

D-Mannose phenylhydrazone (75%): H—C=N—NHC_6H_5 / HO—H / HO—H / H—OH / H—OH / CH_2OH

—(2 $C_6H_5NHNH_2$, CH_3CH_2OH, Δ, $-C_6H_5NH_2$, $-NH_3$, $-H_2O$)→

Phenylosazone (95%): H—C=N—NHC_6H_5 / C=N—NHC_6H_5 / HO—H / H—OH / H—OH / CH_2OH

오사존 합성의 메커니즘은 2-케토아민으로의 토토머화 반응을 거치고, 이후 복잡한 일련의 제거반응과 축합반응이 일어나는 것으로 생각된다. 오사존은 한 번 생성되면 과량의 페닐하이드라진과 반응하지 않고, 그 반응 조건하에서 안정한 상태로 존재한다.

역사적으로, 오사존 형성의 발견은 당화학의 실질적인 측면에서 커다란 발전을 기록했다. 많은 다른 다이하이드록시 화합물처럼 당은 시럽 상태로부터 쉽게 결정화되지 않는다. 그러나 당의 오사존 유도체는 명확한 녹는점을 가지는 노란색의 결정으로 쉽게 분리되는데, 이러한 점을 이용하면 시료가 많은 당으로 이루어져 있다거나 순수하지 못할 경우 당의 분리나 기능 분석을 단순화시킬 수 있다.

연습 문제 24-18

D-Glucose, D-mannose 및 D-fructose의 phenylosazones의 구조를 비교하시오. 어떠한 관계가 있는가?

요약 1당량의 페닐하이드라진은 당을 상응하는 페닐하이드라존으로 바꾼다. 더욱이 하이드라진 시약은 하이드라존 작용기 이웃 탄소의 산화로 오사존을 생성한다.

24-8 에스터와 에터 형성: 글라이코사이드

당은 다하이드록시 화합물이므로 여러 가지 알코올 유도체로 전환될 수 있다. 이 절에서는 단당류의 간단한 에스터와 에터 화합물의 형성뿐만 아니라, 고리 화합물 아노머 탄소에서 선택적으로 일어나는 반응에 대해 살펴보겠다.

당은 에스터화 및 메틸화될 수 있다

표준 방법(19-9, 20-2, 20-3절 참조)에 의해 단당류로부터 에스터 화합물을 만들 수 있다. 과량의 시약을 사용하여 헤미아세틸 작용기를 포함한 모든 하이드록시기를 완전히 전환시킬 수 있다. 예를 들어, 아세트산 무수물과 β-D-글루코피라노스를 반응시키면 펜타아세테이트가 만들어진다.

Glucose의 완전한 에스터화반응

$$\beta\text{-D-Glucopyranose} \xrightarrow[-5\,CH_3COOH]{5\,CH_3COCCH_3 \text{ (O, O)},\ \text{pyridine, } 0^\circ C,\ 24\ h} \beta\text{-D-Glucopyranose pentaacetate}\ (91\%)$$

β-D-Glucopyranose (HO, HO, HO, CH_2OH, OH, H) → β-D-Glucopyranose pentaacetate (CH_2OCCH_3, CH_3CO, CH_3CO, CH_3CO, $OCCH_3$, H), 91%

Williamson 에터 합성법(9-6절)의 조건하에서 완전한 메틸화반응이 이루어진다.

Pyranose의 완전한 메틸화반응

$$\beta\text{-D-Ribopyranose} \xrightarrow[-4\,CH_3OSO_3Na,\ -4\,HOH]{4\,CH_3OSOCH_3 \text{ (O, O)},\ NaOH} \beta\text{-D-Ribopyranose tetramethyl ether}\ (70\%)$$

β-D-Ribopyranose (HO, HO, OH, OH, H) → β-D-Ribopyranose tetramethyl ether (CH_3O, CH_3O, OCH_3, OCH_3, H), 70%

C1의 헤미아세탈 작용기는 아세탈기로 바뀜에 주목할 필요가 있다. 이 아세탈기는 선택적으

로 가수분해되어 헤미아세탈로 될 수 있다(17-7절 참조).

당 아세탈의 선택적 가수분해

8% HCl, HOH, Δ → + CH_3OH

67%

D-Ribopyranose trimethyl ether

(α와 β 형태의 혼합물)

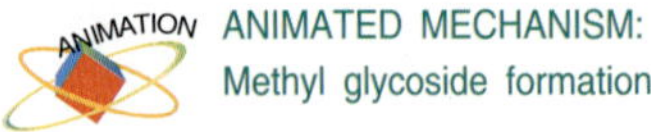

ANIMATED MECHANISM: Methyl glycoside formation

이것의 반대도 가능하여 헤미아세탈 부분이 선택적으로 아세탈로 전환될 수도 있다. 예를 들어, 산성 메탄올과 D-글루코스를 반응시키면 두 개의 메틸 아세탈을 형성한다. 당의 아세탈을 **글리코사이드(glycoside)** 라고 하며, 글루코스의 경우 **글루코사이드(glucoside)** 가 만들어진다.

글리코사이드(당 아세탈)의 선택적 제조

CH_3OH, 0.25% HCl, H_2O → −HOH

α- 또한 β-D-Glucopyranose

Methyl α-D-glucopyranoside (m.p. 166°C, $[\alpha]_D^{25°C} = +158$)

Methyl β-D-glucopyranoside (m.p. 105°C, $[\alpha]_D^{25°C} = -33$)

글리코사이드는 막힌 아노머 탄소를 포함하고 있어 산이 없으면 변광회전을 하지 못한다. 때문에 Fehling이나 Tollens 시약에 음성적이며(**비**환원당을 나타냄) 카보닐기를 공격하는 시약과 반응하지 않는다. 이러한 보호는 합성이나 구조 분석에 유용하게 이용된다(연습 24-19 참조).

연습 문제 24-19

D-Glucose의 α 또는 β 아노머를 산성 methanol과 반응시키면 메틸화되어 둘 다 동일한 글루코사이드 혼합물이 만들어진다. 그 이유는 무엇인가?

연습 문제 24-20

Methyl α-D-arabinofuranoside의 구조를 그리시오.

연습 문제 24-21

Methyl α-D-glucopyranoside는 2당량의 HIO_4와 반응하여 1당량의 formic acid와 dialdehyde A(왼쪽 여백 그림)를 만든다. 어떤 미지의 aldopentose methyl furanose가 1당량의 HIO_4와 반응하여 formic acid의 생성없이 화합물 A만을 만들 때 미지 시료의 구조를 그리시오. 이 문제에 대하여 다른 답이 있는가?

A

당의 이웃한 하이드록시기는 고리 에터로서 연결될 수 있다

당에서 이웃하는 하이드록시기 쌍들이 있을 때는 고리 에터 유도체를 만들 수 있다. 예를 들어, 이웃자리(β-다이올 포함) 하이드록시기를 카보닐 화합물과 반응시키면 오원자 또는 육원자의 고리 당 아세탈을 형성한다(17-8절 참조).

화학 이야기 24-1

비타민 C의 합성에서 보호기

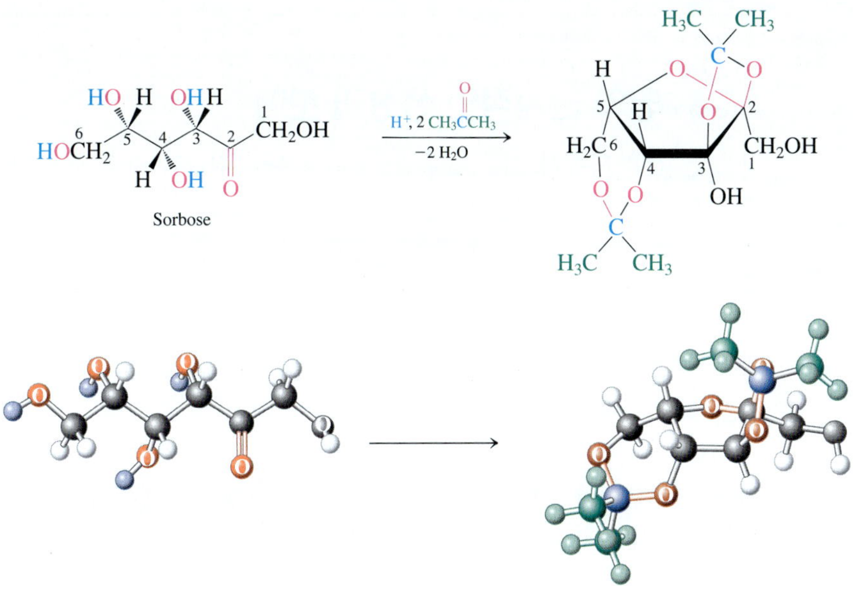

Sorbose

H^+, 2 CH_3CCH_3 (=O)
$-2\ H_2O$

판매되고 있는 모든 비타민 C는 실질적으로 합성된 물질이다. 소보오스(sorbose)에서 시작되는 합성의 초기 단계에서 소보오스의 C1에 있는 일차 알코올은 선택적으로 카보닐 작용기로 산화된다. 이때 3번 탄소에서 6번 탄소까지에 존재하는 OH 작용기는 영향을 받지않는다. 소보오스는 C5에 있는 하이드록시기가 C2 카보닐에 첨가되어 만들어지는 고리 헤미아세탈로 대부분 존재한다. 과량의 아세톤을 이용하는 산촉매 반응에서 C2와 C3의 하이드록시기가 오원자 고리 아세탈로 보호되고, C4와 C6에 있는 하이드록시기는 육원자 고리 아세탈로 보호된다. $KMnO_4$는 보호되지 않은 CH_2OH(C1)를 CO_2H로 산화시킨다. 보호기를 떼어내는 반응이 뒤따르게 된다(더 자세한 과정은 문제 63을 참조).

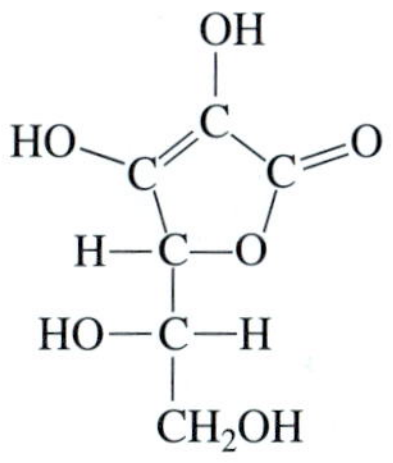

비타민 C

이웃자리 다이올로부터 고리 아세탈의 형성

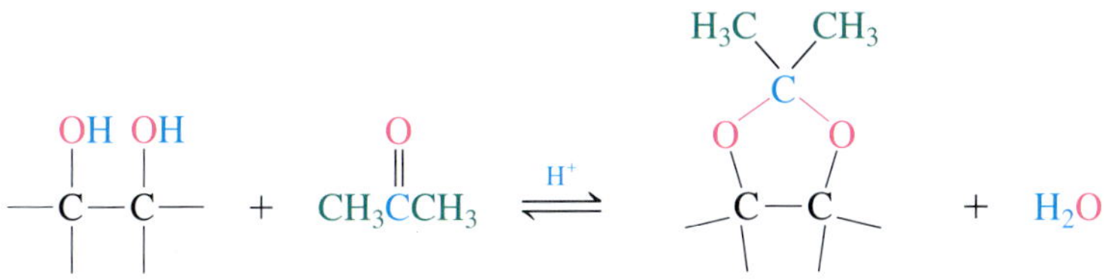

$$\text{diol} + CH_3CCH_3 \xrightleftharpoons{H^+} \text{Acetone acetal} + H_2O$$

Acetone acetal

이러한 반응은 두 개의 하이드록시기가 시스 형태로 위치하여 비교적 변형이 없는 고리가 만들어질 경우 가장 잘 일어난다. 고리 아세탈과 에터의 형성은 알코올을 선택적으로 보호하는데 자주 사용된다. 남아 있는 하이드록시기는 카보닐 화합물로 산화, 이탈기로의 전환 및 제거 등의 반응에 이용되는데, 그 예를 비타민 C의 상업적 생산에서 볼 수 있다(화학 이야기 24-1).

연습 문제 24-22

D-Galactose로부터의 화합물의 타당한 합성법을 제시하시오(**주**: 보호기가 필요하다. **힌트**: 보호기를 포함하는 방법을 고려하라).

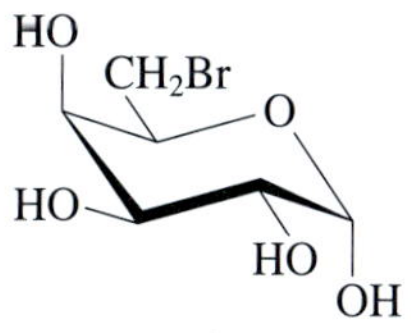

요약 여러 종류의 하이드록시기들은 에스터화되거나 에터로 전환될 수 있다. 헤미아세탈 단위체는 글리코사이드라고 하는 아세탈로 전환되어 선택적으로 보호될 수 있다. 마지막으로 당의 기본 골격에 있는 여러 다이올 단위체들은 입체적 요구에 따라 고리 아세탈로 연결될 수 있다.

24-9 당의 단계적인 생성과 분해

큰 당은 작은 당에서, 작은 당은 큰 당에서 사슬 확장과 사슬 축소 반응을 이용하여 만들어질 수 있다. 이러한 반응은 그림 24-1에 나타낸 알도스의 모든 입체중심들의 상대적인 배열을 증명하기 위해 Fischer에 의해 응용된 방법으로, 여러 당들을 구조적으로 서로 연관짓기 위해 사용될 수 있다.

사이아노하이드린의 합성과 환원반응은 사슬을 확장시킨다

당의 사슬을 확장하기 위하여 처음에 알도스를 HCN과 반응하여 사이아노하이드린을 만든다(17-11절). 이러한 전환은 새로운 입체중심을 만들기 때문에 두 개의 부분입체이성질체가 생긴다. 부분입체이성질체를 분리하고 산성 수용액에서 촉매 수소첨가반응으로 나이트릴기를 부분 환원시켜 사슬이 확장된 당에 알데하이드기를 만든다.

사이아노하이드린을 통한 당 사슬의 확장

단계 1. 사이아노하이드린 형성

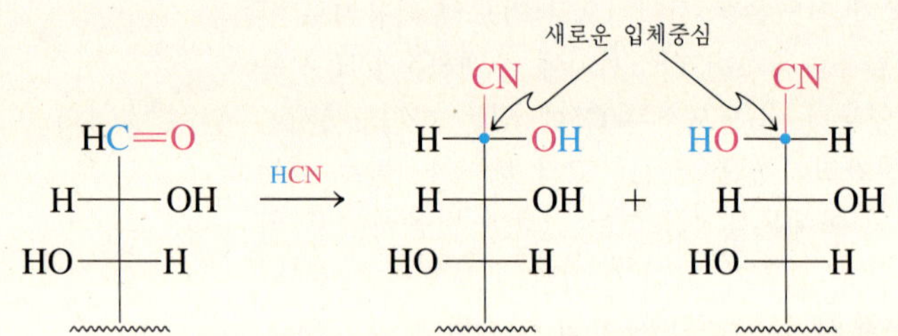

단계 2. 환원과 가수분해 반응(한 부분입체이성질체만 나타냈다)

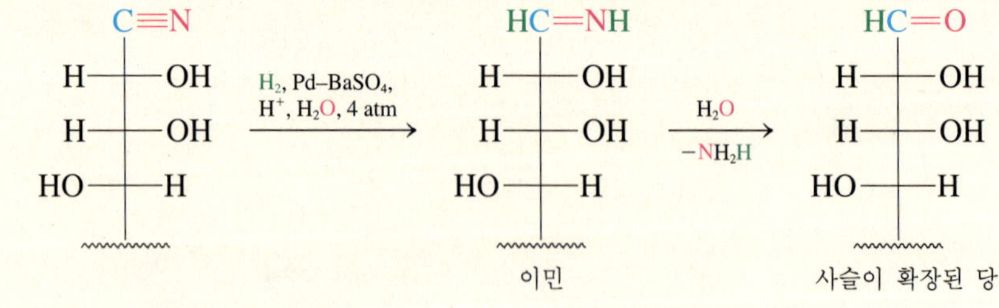

수소첨가반응에서 팔라듐 촉매의 반응 조건(Lindlar 촉매와 유사하다, 13-6절 참조)은 나이트릴만을 선택적으로 환원시켜 이민으로 만드는데, 생성된 이민은 반응 조건에서 가수분해된다. 위 반응에서 특수한 반응 조건의 팔라듐 촉매가 필요한 이유는 수소첨가반응이 계속 진행되어 아민(20-8절)으로 변하는 것을 막기 위해서이다. 위의 사슬 확장 반응 과정은 **Kiliani-Fischer***가 최초로 제시한 사슬이 확장된 당의 합성 방법을 개선한 것으로 종전보다 간단하다. 1800년대 말에 Kiliani는 알도스와 사이아노기를 반응시켜 사이아노하이드린을 만든 후, 이를 가수분해(19-6, 20-8절)시켜 사슬이 확장된 알돈산을 합성하였다. Fischer는 이를 락톤

*Heinrich Kiliani 교수(1855 ~ 1945), 독일 Freiburg 대학교. Emil Fischer 교수(5-4절 참조).

(19-9, 24-4절)으로 변환시킨 후 환원반응(20-4절; Fischer의 환원법, 문제 62 참조)을 이용하여 최종적으로 알도스를 얻었다.

연습 문제 24-23

개념 문제: 당 합성

D-Erythrose의 사슬 확장 생성물은 무엇인가?

전략

앞의 본문에 나타낸 바와 같이 Kiliani-Fischer 사슬 확장은 알도스의 C1에 새로운 알데하이드 작용기를 도입하게 해 준다. 원래의 알데하이드 작용기는 이차 알코올 작용기로 변화된다. 그림 24-2에서 D-erythrose의 구조를 확인하고, Kiliani-Fischer 방법으로 합성할 수 있는 당(들)의 구조를 찾아보라.

풀이

- D-Erythrose는 탄소 네 개를 가진 알도스이다. C2, C3, C4는 변화시키지 않고 그대로 두고, 알데하이드 치환기를 C1에 도입하여 원래의 알데하이드를 이차 알코올로 만든다. 새로 생성되는 입체중심의 배열은 *R*이나 *S*가 된다.
- 그림 24-2에 의하면 D-ribose와 D-arabinose가 다섯 개의 탄소를 가진다. 두 당 모두 "아래"의 세 개의 탄소 (C3, C4, C5) 모두 구조와 입체화학이 그에 상응하는 D-erythrose의 세 개의 탄소 (C2, C3, C4)와 똑같다. D-ribose와 D-arabinose는 C2의 새로운 입체중심만 다르다. 이 두 화합물은 D-erythrose의 사슬 확장 생성물이다.

연습 문제 24-24

자습 문제

D-Arabinose의 사슬 확장 생성물은 무엇인가?

Ruff 분해는 사슬을 축소시킨다

지금까지 보여 준 방법은 더 큰 당을 합성하는 반면, **Ruff 분해(Ruff* degradation)**는 큰 당으로부터 한 번에 한 개씩 탄소를 떼어내어 더 작은 당으로 분해한다. 이 방법은 알도스의 카보닐기를 제거시킴과 동시에 이웃 탄소를 새로운 당의 알데하이드기로 전환시킨다.

Ruff 분해는 산화성 카복시기이탈반응으로 당이 먼저 브로민 수용액에 의해 알돈산으로 산화되며, 철 이온의 존재하에서 과산화 수소에 노출되면 카복시기를 잃고, 새로운 끝은 산화되어 더 작은 알도스의 알데하이드기로 된다.

당의 Ruff 분해

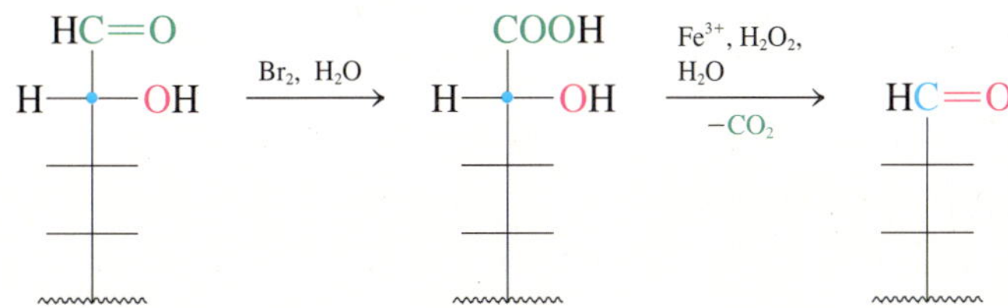

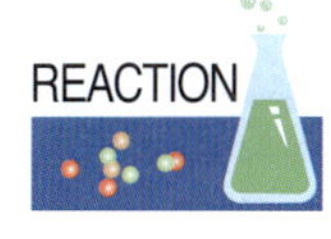

산화성 카복시기이탈반응 두 번의 일전자(one electron) 산화반응에 의하여 진행된다. 첫 단계에서 불안정한 카복시기 라디칼을 형성하면 이는 바로 CO_2를 잃어버려 하이드록시가 치환된 라디칼을 생성한다. 마지막으로 이는 전자를 잃고 알데하이드로 산화된다.

---

*Otto Ruff 교수(1871 ~ 1939), Danzig 대학교, 독일.

화학 이야기 24-2

당의 생화학

자연계의 탄수화물은 주로 **광합성**(*photosynthesis*)에 의해 만들어지는데(9-11절 참조), 이 과정에서 녹색 식물의 엽록소에 빛이 흡수되며, 흡수된 광화학 에너지는 이산화 탄소와 물로부터 탄수화물과 산소나 탄수화물의 다작용기 구조를 만드는 데 이용된다.

많은 반응 단계를 가지고 있는 광합성의 상세한 메커니즘은 매우 복잡한데, 첫 번째 단계는 **엽록소**(*chlorophyll*)의 확장된 π계(14-11절)가 한 개의 광자를 흡수하는 과정이다(chloros, 그리스어로 초록을, *phillon*, 그리스어로 잎을 의미).

녹색 식물에서 **Glucose**의 광합성

$$6\,CO_2 \quad 6\,H_2O \underset{\substack{\text{방출된}\\ \text{신진대사}\\ \text{에너지}\\ (670\ \text{kcal mol}^{-1})}}{\overset{\text{햇빛,}\ \text{엽록소}}{\rightleftharpoons}} C_6(H_2O)_6 + 6\,O_2$$

Glucose

Chlorophyll a

알돌 반응을 이용한 탄수화물의 생합성을 화학 이야기 18-1에 그리고 싸이아민 파이로포스페이트(TPP)가 관여하여 생화학 에너지를 방출하는 글루코스의 분해반응을 화학 이야기 23-2에 소개하였다. 여기에서는 싸이아민 촉매를 이용하여 케토스를 변환시키는 생화학 반응을 소개하고자 한다.

케토스의 변환반응에서는 **케토전달효소**(*transketolase*)가 관여하여 자일룰로스의 (하이드록시메틸)카보닐기를 에리트로스에 전달하여 프럭토스를 생성한다.

반응 메커니즘의 첫 단계는 수소가 떨어져나간 싸이아졸륨 이온이 당 자일룰로스의(하이드록시메틸)카보닐기를 에리트로스에 전달하여 프럭토스를 생성한다.

반응 메커니즘의 첫 단계는 수소가 떨어져나간 싸이아졸륨 이온이 당 자일룰로스의 카보닐기를 공격하여 첨가 화합물을 중간체로 만든다. 이 과정은 23-4절에 소개된 알데하이드로의 첨가 반응과 완전히 같은 반응이다. 당 자일룰로스에서 반응이 일어나는 옆 탄소에 하이드록시기가 있어, 중간체는 첨가반응의 역반응을 일으키면서 알데하이드(글리세르알데하이드)와 새로운 싸이아민 중간체가 다른 알데하이드(에리트로스)를 공격하여 새로운 첨가 화합물을 생성한다. 마지막으로 촉매는 분해되어 TPP로 돌아가면서 새로운 당 프럭토스를 생성한다.

광합성, 탄수화물의 상호변환과 탄수화물 대사의 순환은 자연계가 그 자원을 어떻게 사용하는가에 대한 하나의 훌륭한 보기라고 할 수 있다. 첫 번째, 이산화 탄소와 물은 태양 에너지를 화학적 에너지와 산소로 전환시키는 데 소모된다. 유기체에 저장 에너지와 산소로 전환시키는 데 소모된다. 유기체에 저장 에너지의 일부가 필요할 때, 이 에너지는 광합성에서 생성 방출된 거의 같은 양의 산소를 이용하여, 탄수화물을 이산화 탄소와 물로 전환시킴으로써 얻어진다.

산화성 카복시기이탈반응 메커니즘

$$\text{HOOC–CH(OH)–CH(OH)–} \xrightarrow[Fe^{3+} \rightarrow Fe^{2+}]{-e^-,\ -H^+} \text{(carboxyl radical)} \xrightarrow{-CO_2} \text{H–}\dot{C}\text{(OH)–CH(OH)–} \xrightarrow[Fe^{3+} \rightarrow Fe^{2+}]{-e^-,\ -H^+} \text{CHO–CH(OH)–}$$

Ruff 분해 방법은 반응 조건에 대한 생성물의 민감성 때문에 수득률이 다소 낮지만, 구조 분석에 유용하게 사용된다(연습 문제 24-25). 이러한 연구는 단당류의 상대적 배치를 확립하기 위해 Fischer에 의해 이루어졌다[**Fischer 증명(Fisgher proof)**]. 다음 절에서 Fischer의 접근 방법의 근본 원리에 대해 약간 언급할 것이다.

Thiamine pyrophosphate를 사용한 erythrose로부터 fructose의 케토전달효소 촉매 생합성

(Hydroxymethyl)-카보닐기

Xylulose (주개 당) + Erythrose → (TPP의 Thiazolium 이온), 케토전달효소 → Glyceraldehyde + Fructose (새로운 당)

당의 합성

양성자이탈된 thiamine pyrophosphate + 주개 당 ⇌ (H^+) 첨가 화합물

구 알데하이드의 제거

첨가 화합물 ⇌ ($-H^+$) + $R''CH=O$

새로운 알데하이드의 도입

$R'''CH=O$ + ⇌ (H^+) ⇌ $R'''-CH(OH)-C(=O)-CH_2OH$ + TPP

새로운 당

연습 문제 24-25

두 개의 D-pentose A와 B를 Ruff 분해를 시켰더니 새로운 당인 C와 D가 만들어졌다. C를 HNO_3로 산화시켰더니 *meso*-2,3-dihydroxybutanedioic (tartaric) acid를, 그리고 D를 동일하게 산화시켰더니 광학 활성인 산이 만들어졌다. A와 B를 HNO_3로 산화시켰더니 광학 활성인 aldaric acid가 생성되었다. A, B, C, D는 어떤 화합물인가?

요약 당은 탄소 한 개의 단계적인 사슬 확장(사이아노하이드린 생성과 환원) 또는 사슬 축소(Ruff 분해)로부터 만들어질 수 있다.

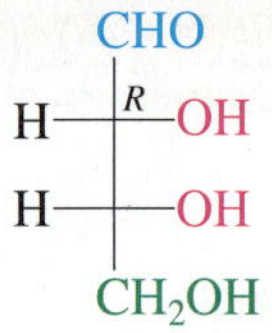

24-10 알도스의 상대적 배열: 구조 결정 연습

14개의 항아리 각각에 그림 24-1에 나타낸 알도스(테트로스, 펜토스, 헥소스 중의 하나)가 들어 있다. 겉에 이름이 적혀 있지만 **구조가 없이** 여러분에게 주어졌다면, **분광법을 이용하지 않고** 각 화합물의 구조를 어떻게 밝힐 수 있겠는가?

이것은 한 세기 이전에 Fischer가 직면했던 문제였으며, 과학적 논리 전개의 위대한 발휘의 하나인데, Fischer는 조심스럽게 생각해낸 합성적 처리의 조합의 결과를 해석함으로써 이 문제를 풀었다. 그가 취할 수 있었던 알도스를 각각 상호변환시켜 보고, 관련된 다른 화합물로 변환시키는 것을 고안하였던 것이다. Fischer는 한 가지 가정을 설정하였다. 우회전성의 2,3-다이하이드록시프로판알(글리세르알데하이드)이 D 배열을 가진다(L 배열이 아님). 이 가정은 실제 Fischer 시대가 지난지 오랜 뒤인 1950년대에 특수한 X선 구조 분석에 의해서 증명될 수 있었다. Fischer는 이 절대 배열을 추측했으며, 운좋게도 옳았다. 그렇지 않았더라면 그림 24-1에 있는 모든 화합물 각각은 거울상으로 바뀌어져야 했을 것이다. 그러나 그 당시 Fischer에게는 기본 골격에 있는 입체중심의 독특한 순서와 각각의 독특한 당을 연관짓기 위해서, 모든 입체중심의 **상대적인** 배열을 확립하는 것이 더 중요했다.

알도테트로스와 알도펜토스의 구조는 대응한 알다르산의 광학 활성으로부터 결정할 수 있다

D-글리세르알데하이드의 구조에서 시작하여 더 큰 D-알도스의 구조를 정확히 유추할 수 있다. 우리는 Fischer의 논리를 이용할 것이다. 그가 했던 처리 과정은 아니다. 왜냐하면 이런 알도스들의 대부분은 Fischer 시대에는 구할 수 없었다(그의 논리를 따라서 진행하는 과정에서 필요하면 그림 24-1을 참고하기 바란다). 먼저 D-글리세르알데하이드에 사슬 확장을 하여 혼합물 D-에리트로스와 D-트레오스를 만든다. D-에리트로스를 질산으로 산화시키며, **광학 비활성인 메조**-타타르산이 얻어지므로 D-에리트로스는 두 개의 —OH기가 **같은 쪽**에 위치하는 Fischer 구조 1이어야 한다. 반면 D-트레오스의 산화반응은 **광학 활성** 산을 생성한다. 따라서 D-트레오스는 C2에서 반대의 입체구조를 갖는 구조 2가 된다. 두 화합물에서 C3에서의 배열은 출발물 D-글리세르알데하이드에서의 C2 배치에서 유래되었기 때문에 모두 똑같은(*R*) 배열을 가진다. C2에서는 서로 달라 D-에리트로스는 2*R*, D-트레오스는 2*S*이다.

D-에리트로스와 D-트레오스의 구조를 알았으므로 D-에리트로스의 사슬 확장 반응(연습 문제 24-22)을 계속하면 두 개의 펜토스, D-라이보스와 D-아라비노스를 얻는다. 두 화합물과 C3와 C4에서의 배치는 D-에리트로스의 C2 그리고 C3와 같고 새로 만들어진 입체중심 C2에서는 서로 다르다. D-라이보스를 질산으로 산화시키면 광학 비활성 물질 (메조)산이 만들어지므로 D-라이보스는 구조 3이 된다. 산화되어서 광학 활성 물질을 만드는 D-아라비노스의 구조는 4가 되어야 한다.

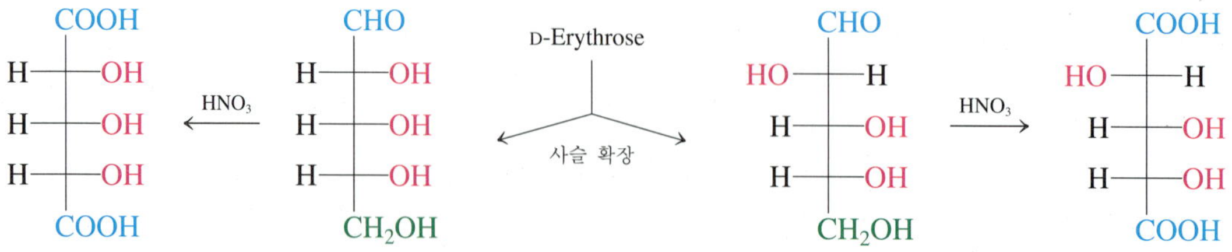

Meso (광학 활성 없음) ← HNO_3 — 구조 3 (D-Ribose) ← 사슬 확장 — D-Erythrose — 사슬 확장 → 구조 4 (D-Arabinose) — HNO_3 → 광학 활성

마찬가지 방법으로 D-트레오스의 사슬 확장으로부터 혼합물 D-자일로스와 D-라이조스가 얻어지고, 산화반응으로 메조 화합물을 생성하는 D-자일로스는 구조 5이고, 광학 활성 물질을 생성하는 D-라이보스의 구조는 6이 된다.

구조 1 (D-Erythrose) — HNO_3 → *meso*-Tartaric acid (광학 활성 없음)

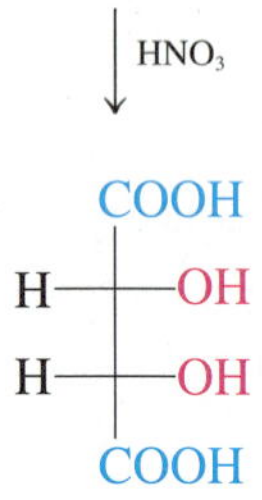

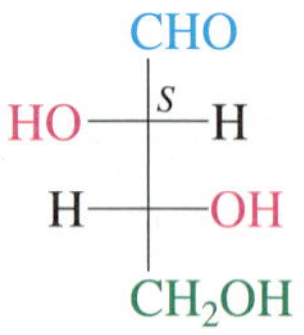

구조 2 (D-Threose) — HNO_3 → (−)-Tartaric acid (광학 활성)

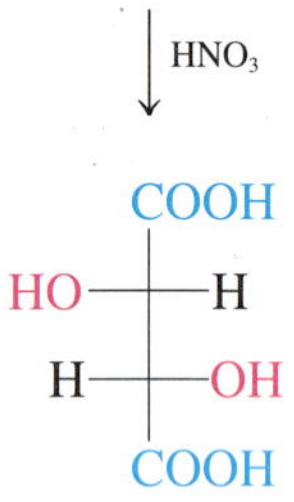

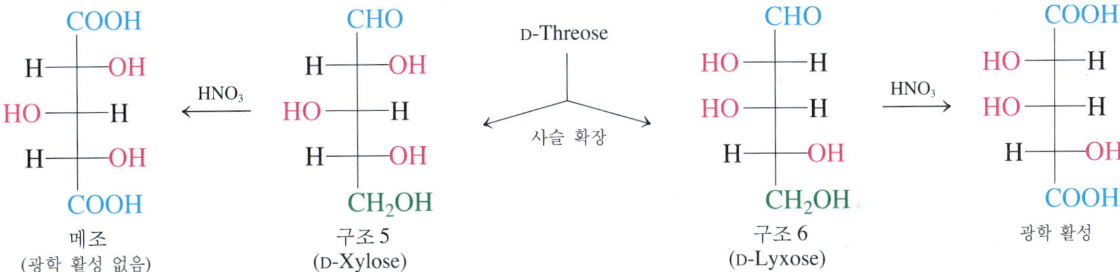

대칭 성질은 알도헥소스의 구조를 정의한다

이제 우리는 네 개의 알도펜토스의 구조를 알게 되었으며, 각각의 사슬을 확장 방법에 의해 늘릴 수 있다. 이렇게 하면 네 쌍의 알도헥소스를 얻게 되는데, 각 쌍은 C3, C4, C5에서 입체 중심의 독특한 순서에 의해 다른 쌍으로부터 구분될 수 있다. 각 쌍에서의 이성질체는 C2에서의 배치만 다르다.

D-라이보스와 D-라이조스에서 유도된 네 가지 당의 구조 분석은 각각을 알다르산으로 산화시킴으로써 이루어질 수 있다. D-알트로스와 D-탈로스는 산화되면 광학적으로 활성인 다이카복실산을 만들지만, 이것들에 상응하는 물질인 D-알로스와 D-갈락토스는 광학적으로 비활성인 산화 생성물을 만든다.

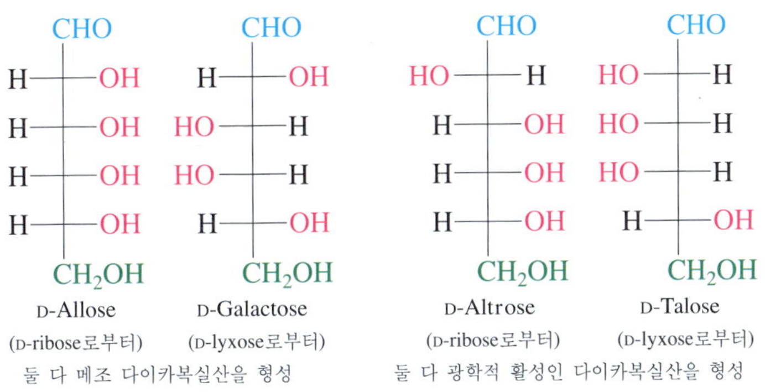

나머지 네 개의 당(구조 7~10)의 구조 분석은 지금까지 알아본 방법으로 풀 수 없는데, 그 이유는 네 개의 당이 산화되어 광학 활성인 다이카복실산을 만들기 때문이다. 좀 더 복잡하였던 문제를 Fischer가 어떻게 풀었는가를 살펴보도록 하자. D-아라비노스의 사슬 확장 반응으로 구조 7 또는 8에 해당하는 D-글루코스와 D-만노스를 그는 시대보다 수십년을 앞선 합성의 창의성을 발휘하여, 헥소스의 C1/C6 작용기를 **교환하는** 방법을 개발하여 C1을 일차 알코올로 C6를 알데하이드로 바꾸었다. 이 반응을 D-글루코스와 D-만노스에 적용하여 D-글루코스에서 C1/C6의 작용기가 교환 전 자연계에 존재하지 않는 **새로운 당** 굴로스를 합성하였다. 한편 만노스에서의 C1/C6의 교환은 아무런 변화없이 그대로 만노스를 재생성하였다. 구조 7, 8을 확인하는 과정에서 우리는 Fischer의 천재성을 엿볼 수 있다. 구조 8에서 C1/C6 교환반응 이후 Fischer 투영식을 180° 회전하면 처음과 나중의 구조가 일치한다(교환반응에 의하여 **처음의 당**으로 되돌아간다). 따라서 구조 8이 D-만노스이고, 구조 7은 C1/C6 교환에 의하여 새로운 당을 생성하는 D-글루코스임을 알 수 있다.

7 (D-Glucose) → C1/C6 교환 → 새로운 당 (Gulose)

8 (D-Mannose) → C1/C6 교환 → 180° 회전 → 8과 같다

CHO
H—OH
H—OH
HO—H
H—OH
CH_2OH
9

CHO
HO—H
H—OH
HO—H
H—OH
CH_2OH
10

연습 문제 24-26

Fischer가 D-glucose로부터 만든 gulose는 D-당인가, L-당인가?(주: 아주 사소한 부주의로 Fischer 자신도 처음에는 틀렸고, 모든 사람들이 몇 년 동안 혼동하였음.)

연습 문제 24-27

Fischer는 D-glucose의 nitric acid 산화반응 생성물과 합성한 gulose의 산화 생성물을 서로 비교하여 자신의 생각이 옳다고 증명하였다. 두 반응에서의 생성물은 무엇인가?

굴로스를 합성함으로써 남아 있는 두 개의 헥소스에서(D-자일로스의 사슬 확장) 하나는 구조 9임이 밝혀졌다. 따라서 남아 있는 하나는 D-아이도스로 구조 10이어야 한다. 이로써 구조 확인 게임은 끝나게 된다.

연습 문제 24-28

앞의 토론에서 산화할 때 D-ribose는 메조 다이산을, 그리고 D-arabinose는 광학 활성 이성질체를 만든다는 사실에 근거하여 이들의 구조를 밝혔다. ^{13}C NMR 분광법에 의해 동일한 결과를 얻을 수 있겠는가?

요약 여러 알다르산의 대칭적 성질과 당은 한 개의 탄소를 확장 또는 축소시킴으로써, 다른 당으로부터 단계적으로 만들어질 수 있다는 사실에서 알도스의 입체화학이 확립된다.

24-11 자연에 존재하는 복합당: 이당류

천연에서 발견되는 당의 주요 성분은 이합체, 삼합체, 고차 소중합체(단위체의 수가 2~10개 이내), 그리고 중합체의 형태로 존재한다. 우리에게 가장 흔한, 식탁 위에 있는 설탕이라고 하는 것은 이합체이다.

수크로스는 글루코스와 프럭토스로부터 얻어지는 이당류이다

Sucrose (설탕)는 순수 화합물이고, 포화 수용액에서 큰 결정을 형성한다.

우리 식탁에서 사용하는 설탕인 수크로스는(이 장의 시작 부분 참조) 구조를 변화시키지 않고 소비되는 소수의 천연 화합물 중 하나이다(물과 소금도 다른 예이다). 미국에서 연간소모되는 수크로스의 평균량은 개인당 약 70 kg 정도이다. 설탕은 무게비로 14 ~ 20%의 당을 함유하고 있는 사탕수수와 사탕무에서 분리되고, 더 작은 농도로 많은 식물에도 존재한다. 연간 세계 생산량은 약 1억 5천만 톤이다.

수크로스는 단당류가 아니라, 글루코스와 프럭토스로 이루어진 이당류이기 때문에, 지금까지 이 장에서는 다루지 않았다. 수크로스의 구조는 화학적 반응으로부터 추측될 수 있다. 수크로스는 비환원당이며, 산 가수분해 반응에 의해 글루코스와 프럭토스로 분리된다. 수크로스는 오사존을 만들지 않으며, 변광회전하지 않는다. 이러한 결과들로부터 두 개의 단당류는 아노머 탄소를 연결하는 아세탈 결합에(17-7절) 의해 연결되어 있음을 알 수 있고, 이와 같이하여 두 개의 고리 헤미아세탈 작용기는 서로 보호된다. X선 구조 분석은 이러한 가설을 뒷받침 해 준다. 즉, 수크로스는 글루코스의 α-D-글루코피라노스 형태가 β-D-프럭토퓨라노스에 연결되어 있는 이당류이다.

Sucrose에 있는 아노머 탄소는 모두 **아세탈** 작용기의 부분이다.

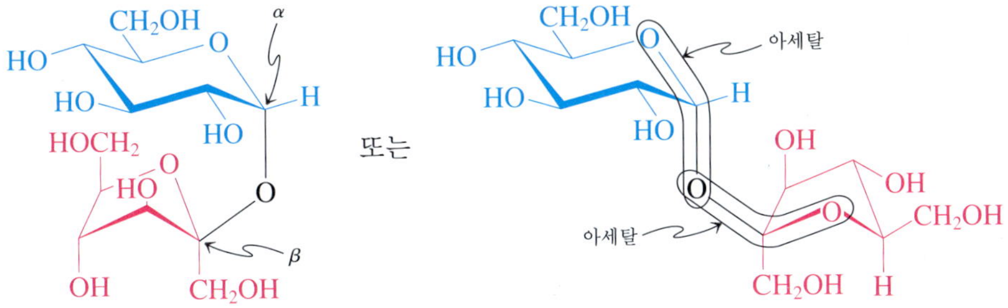

Sucrose, a β-D-fructofuranosyl-α-D-glucopyranoside

수크로스는 +66.5의 고유 광회전도값을 가지고 있다. 산 수용액으로 수크로스를 처리하면 −20에 도달할 때까지 회전이 감소되는데, 전화효소(invertase)를 사용하더라도 같은 결과를 얻게 된다. 이러한 현상을 **수크로스의 반전(inversion of sucrose)**이라고 하며, 이것의 메커니즘은 단당류의 변광회전과 관련이 있다. 반응 메커니즘은 세 개의 분리된 단계로 이루어져 있다. 단당류인 α-D-글루코피라노스와 β-D-프럭토퓨라노스로의 이당류의 가수분해, α-D-글루코피라노스의 변광회전으로 β 형태와의 평형 혼합물 형성, 그리고 β-D-프럭토퓨라노스의 변광회전으로 약간 더 안정한 β-D-프럭토피라노스의 형성. 프럭토스의 고유 광회전도(−92)가 글루코스의 고유 광회전도(+52.7)보다 더 큰 음의 값을 가지기 때문에, 결과적으로 혼합물은 **반전당(invert sugar)**이라고 하는데, 본래의 수크로스 용액의 고유 광회전도값과는 **반전된** 음의 회전값을 가지게 된다.

Sucrose의 반전

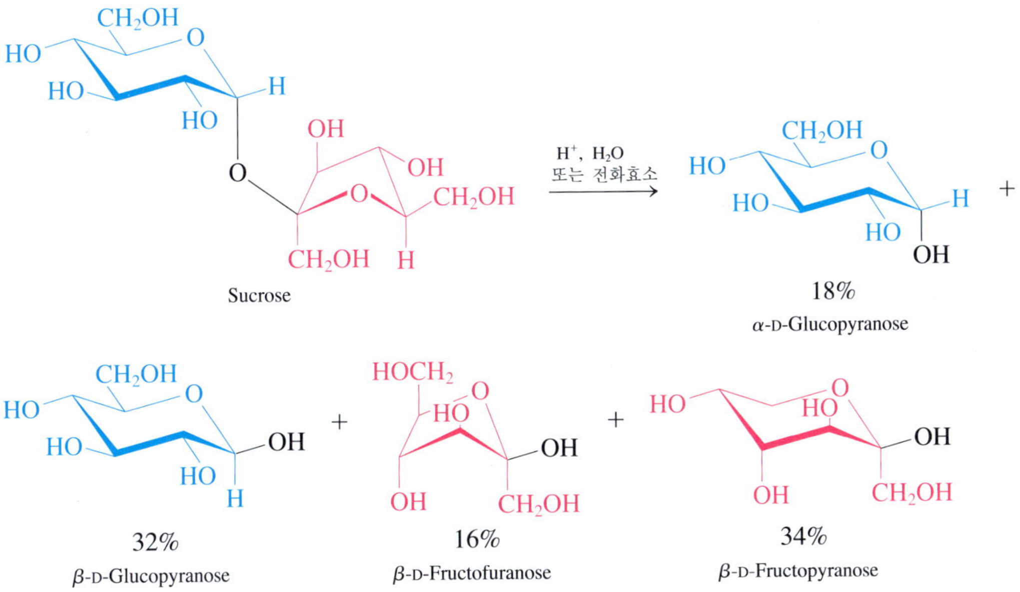

칼로리가 없는 식용지방 대체제 올레스트라(화학 이야기 21-1)는 식용유 등에서 얻어지는 지방산[헥사테카노익(팔미트)산과 같은] 일곱 개 또는 여덟 개가 에스터 결합을 한 수크로스의 혼합물이다. 지방산들이 올레스트라의 중심부에 있는 수크로스를 감싸고 있어 소화효소가 접근하지 못하게 하고, 결과적으로 분해되지 않은 상태에서 소화관을 지나도록 도와 준다.

연습 문제 24-29

개념 문제: 당화학의 연습

Sucrose가 과량의 $(CH_3)_2SO_4$, NaOH와 반응해서 만드는 생성물(있다면)의 구조를 그리시오.

전략

이당류와 더 복잡한 다른 탄수화물의 화학은 단당류의 화학과 대체로 같다. 존재하는 작용기를

화학 이야기 24-3

탄수화물에서 만들어지는 설탕 대체 물질

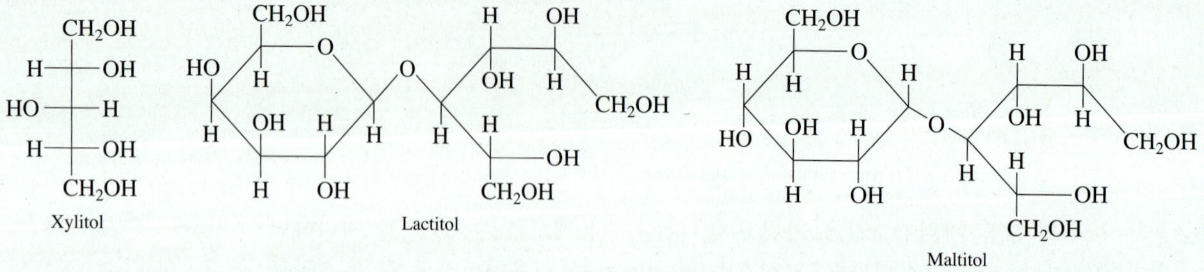

Xylitol Lactitol Maltitol

인공합성 감미료인 사카린과 아스파탐(26-4절)의 상법적인 성공에도 불구하고, 이런 화합물들이 초콜릿과 같은 제품에서 설탕을 완전히 대체할 수는 없다. 이런 화합물들의 물성이 수크로스의 물성과 매우 다르기 때문이다. 결과적으로 이런 감미료를 포함하는 과자류는 소비자들의 마음에 드는 미각적 특성을 보충하는 다른 물질들과 함께 사용해야 한다.

저칼로리 초콜릿을 제조하는 것은 특별한 도전이다, 왜냐하면 열량 성분의 많은 부분과 "입속에서 녹는" 초콜릿의 매혹적인 특성은 지방 성분에서 나타나기 때문이다. 초콜릿에 있는 지방을 저칼로리 감미료로 대체하는 시도를 하였다. 자일리톨이나 락티톨과 같은 알디톨의 여러 가지 혼합물을 저칼로리의 합성 글루코피라노스 중합체와 함께 성공적으로 사용한 사례가 과거에 있다. 아주 최근에, 말디톨이 매우 성공적으로 이용되었다. 이 이당류 알디톨은 거의 수크로스만큼 달지만, 설탕의 2/3만큼만 열량을 갖는다. 게다가 말디톨은 초콜릿을 진한 크림 같은 질감을 내게 한다, 지방의 효과를 모방하는 것이다.

저칼로리와 무칼로리 감미료를 찾는 것과 관련하여 가장 격렬하게 토론되는 논쟁은 파라구아이 향료식물(Paraguayan herb *Stevia rebaudiana*)에서 발견된 스테비오사이드(stevioside)이다. 이는 수크로스보다 300나 단맛이 있고, 터펜-탄수화물 혼성 구조 때문에 소화 과정에서 비교적 안정하여 실질적으로 칼로리가 없다. 비록 스테비오사이드가 중국, 일본, 브라질에서 널리 사용되고 불구하고, 암이나 불임을 유발시킬 수 있는 어떤 대사 분해 생성물에 대한 우려 때문에 미국, 캐나다, 유럽 연합에서는 식품 첨가물로 사용이 금지되었다.

가장 새로운 저칼로리 감미료 후보들 가운데 하나는 천연물로 존재하는 케토스인 D-타가토스(D-tagatose)이다(그림 24-2). 이 물질은 사실상 맛에서 수크로스와 구분할 수 없다(타가토스와 프럭토스의 구조적 유사성을 주목하라). 하지만 이 물질은 훨씬 낮은 칼로리를 내며, 혈당 수준에 최소한의 영향을 주고, 그리고 충치의 원인이 되는 박테리아를 부양하지 않는다. 또한 이 물질을 제조 생산하는 방법이 "친환경적"이다. 일반적으로 버려지는 락토스가 많은 유제품의 폐기물(유장, whey)을 간단히 염기로 처리하면 된다. 잼과 초콜릿에 사용되는 감미료로 타가토스의 판매는 2007년 말에 유럽에서 시작되었다.

찾아내고, 간단한 당에 대해 앞에서 기술했던 가정과 동등한 과정을 고려한다.

풀이

- Dimethyl sulfate 시약은 Williamson 에터 합성법에 (9-6절과 22-8절) 의하여 알코올을 메틸 에터로 변환시키는데 흔히 사용된다(Iodomethane도 똑같은 효과를 주지만 비용이 더 많이 든다).
- 24-8절에 예로서 나타낸 바와 같이, dimethyl sulfate 시약은 분자에 있는 보호되지 않은 모든 —OH기들을 메틸화시킨다. S_N2 과정으로 모든 —OH가 $—OCH_3$로 변화된다. 이 반응을 sucrose에 시키면 아래 구조식과 같은 생성물을 얻는다.

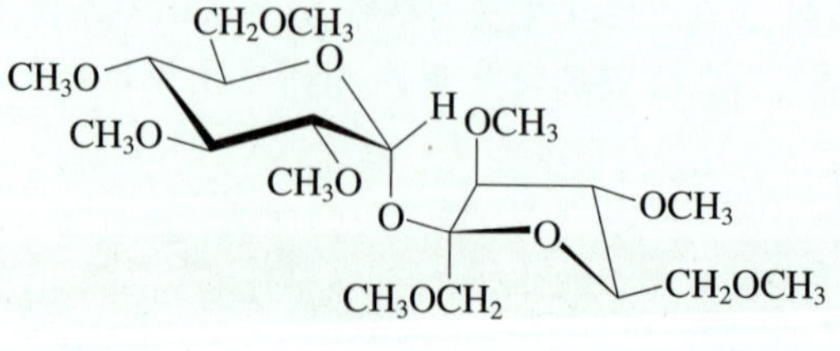

뒤따르는 연습 문제 24-30 참조.

파라과이 식물.
Stevia rebaudiana의 잎.

Stevioside

가장 최근에 인공 감미료 시장에 성공적으로 진입한 것은 수크랄로스이다(sucralose, 미국 시장에서는 Splenda®로 팔림). 트라이클로린화된 수크로스인 수크랄로스는 수크로스보다 600 배나 달다. 이 물질은 조리하고 구울 때 사용할 수 있게 충분한 열 안정성을 가진 장점이 있고, 다양한 잠재적 사용에 여러 가지 적당한 형태로 공급할 수 있다. 수크랄로스는 소화관에서 최소한으로 흡수된다. 그렇지만 인간에게 어떤 악영향을 주는 증거가 없다. 수크랄로스는 미국과 캐나다를 포함한 십여 개국에서 안전 소비에 대한 인가를 받았다.

Sucralose

연습 문제 24-30

자습 문제

Sucrose가 다음 반응에서 만드는 생성물(있다면)의 구조를 그리시오.
(a) 1. H^+, H_2O_2, 2. $NaBH_4$ **(b)** NH_2OH

아세탈 결합이 복합당의 성분을 연결한다

수크로스는 성분 당의 아노머 탄소 사이에 아세탈 결합을 가지고 있다. 여러 하이드록시기와 반응하며, 또 다른 아세탈 결합을 고려할 수도 있다. 실제로 **말토스(maltose**, 맥아당)는 녹말의 효소(아밀레이스 이용) 분해에 의해 80%의 수득률로 얻어지는데(다음 절에서 배울 것임), 글루코스 분자의 헤미아세탈 산소(α 아노머 형태)가 다른 글루코스의 C4에 연결된 글루코스의 이합체이다.

β-Maltose, an α-D-glucopyranosyl-β-D-glucopyranose

이러한 배열에서 한 글루코스 단위체는 비보호된 헤미아세탈 구조를 가지고 있어 헤미아세탈 고유의 화학 반응성을 유지한다. 예를 들면, 말토스는 환원당이다. 따라서 오사존을 형성하며, 그리고 변광회전을 일으킨다. 묽은 산이나 효소 말테이스에 의해 두 분자의 글루코스로 가수분해된다. 말토스의 단맛은 수크로스의 약 1/3 정도이다.

연습 문제 24-31

β-Maltose가 다음과 같은 반응을 일으킬 때 초기 생성물의 구조를 쓰시오. **(a)** Br_2 산화반응, **(b)** phenylhydrazine, **(c)** 변광회전에 성질을 미치는 조건.

또 다른 흔한 이당류는 셀룰로스(이 절 뒷부분에서 논의될 것이다)의 가수분해에 의해 얻어지는 **셀로비오스(cellobiose)**이다. 이것의 화학적 성질은 말토스와 거의 같으며, 구조도 마찬가지이다. α 대신 β 아세탈 결합을 가지는 것 외에는 차이가 없다.

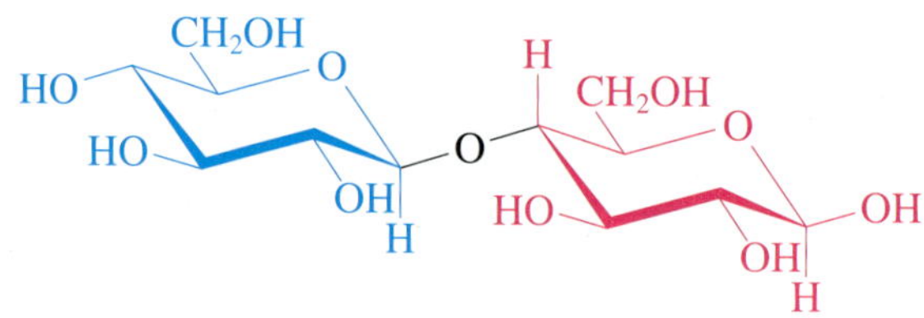

β-Cellobiose, a β-D-glucopyranosyl-β-D-glucopyranose

산 수용액에서 말토스가 효과적으로 가수분해 되는 것처럼 셀로비오스도 두 분자 글루코스로 분해된다. 그러나 효소적 분해에서는 β-아세탈 결합만을 공격하는 β-글루코시데이스가 필요하다. 이와는 대조적으로 말토스를 분해시키는 말테이스는 α-아세탈 결합만을 가수분해한다.

수크로스 다음으로 흔한 천연 이당류는 **락토스(lactose,** 젖당)이다. 인간과 대부분의 동물 모유(약 5% 용액)에서 발견되는데, 모유의 모든 휘발성 물질을 증발시키고 남는 고체 잔유물의 1/3 정도 차지한다. 구조는 글루코스와 갈락토스 단위로 구성되어 있으며, β-D-갈락토피라노실-α-D-글루코피라노스 형태를 가진다. 물에서 재결정시키면 α 아노머만을 생성한다.

락토스는 보호되지 않은 헤미아세탈 단위를 가지고 있다. 따라서 변광회전을 하는 환원당이다. 체내에서 분해되는 첫 단계는 효소 **락테이스**에 의해 글리코실 결합이 가수분해되어 갈락토스와 글루코스로 되는 것이다. 이 효소가 결핍되면 락토스 과민성이 나타난다. 우유나 유제품을 섭취하면 복통과 설사를 일으키는 현상이다.

Lactose가 얻어진다?

결정 α-lactose, a β-D-galactopyranosyl-α-D-glucopyranose

요약 수크로스는 아노머 중심에서 일어나는 α-D-글루코피라노스와 β-D-프럭토퓨라노스의 연결로부터 유도되는 이합체이다. 수크로스는 가수분해 되어 변광회전 당 성분을 만들어 광학 회전도를 반전시킨다. 이당류 말토스는 글루코스 분자의 α 아노머 탄소와 두 번째 당의 C4 사이의 탄소-산소 결합에 의해 연결된 글루코스 이합체이다. 셀로비오스는 말토스와 구조적으로 거의 동일하지만, 아세탈 탄소에서 α β 배치를 가진다. 락토스는 셀로비오스에서와 같은 방법으로 글루코스에 연결된 β-D-갈락토스를 가지고 있다.

24-12 자연에 존재하는 복합당과 그 밖의 당

복합당(polysaccharides)는 단당류의 중합체인데, 이들의 구조는 사슬 길이와 가지의 변화에서 알켄 중합체(12-14 및 12-15절 참조)와 비교되지 않을 정도로 다양하다. 그러나 자연계는 이러한 중합체를 만드는 데 상당히 보수적인 면을 가지고 있다. 천연에서 가장 풍부한 3대 복합당 셀룰로스(cellulose), 녹말(starch), 글리코젠(glycogen) 모두 같은 단위체 글루코스로부터 유도되었다.

셀룰로스와 녹말은 가지가 없는 중합체이다

셀룰로스(cellulose)는 C4에 연결된 폴리-β-글루코피라노사이드이며, 약 3000여 개의 글루코스 단위체를 가지고 있다. 분자량은 500,000 정도이며, 대개 선형 모양을 하고 있다.

Cellulose

셀룰로스의 개별 가닥들은 서로 나란히 배열하고, 많은 수소 결합에 의해 연결되어 있다. 이러한 복잡한 수소 결합으로 말미암아 셀룰로스가 매우 단단한 구조를 가지며, 유기체의 세포벽 성분을 이룬다. 따라서 셀룰로스는 나무나 식물에 풍부하다. 목화 섬유질은 거의 수수한 셀룰로스이며, 여과지도 만찬가지이다. 나무와 짚은 약 50%의 복합당을 포함한다.

셀룰로스처럼 **녹말(statch)**도 폴리글루코스지만, 이것의 기본체는 α-아세탈 결합으로 되어 있다. 식물 내에서 음식 저장고로 작용하며, 셀룰로스처럼 산 수용액에 의해 쉽게 분해 되어 글루코스로 된다. 녹말의 주요 공급원은 옥수수, 감자, 밀, 쌀 등이다. 뜨거운 물에서 전분 입자는 팽창되어 두 개의 주요 성분으로 분리된다. 즉, **아밀로스(amylose**, ~20%)와 **아밀로펙틴(amylopectin**, ~80%)으로 분리된다. 이 두 가지는 뜨거운 물에 녹지만, 아밀로스는 찬물에 덜 녹는다. 아밀로스는 한 분자당(분자량 150,000 ~ 600,000) 수백 개의 글루코스를 포함한다. 아밀로스와 셀룰로스는 비록 둘 다 가지가 없는 구조를 가지지만, 이것의 구조는 셀룰로스의 구조와 다르다. 아노머 탄소에서의 입체화학이 다름으로 해서 아밀로스는 나선형의 고분자 배열을 하는 경향이 강하다(식에서 나타난 직선 사슬이 아니다). 아밀로스에서의 이당류 단위체는 말토스와 동일함에 주의하라.

흔히 cellulose는 식물을 연상시키지만, 멍게도 외벽에 cellulose를 생성한다. 극히 일부 동물에서도 발견된다.

세포벽(위에 나타낸 이끼의 잎에 있는 것과 같은)은 cellulose로 인해 견고성이 유지된다.

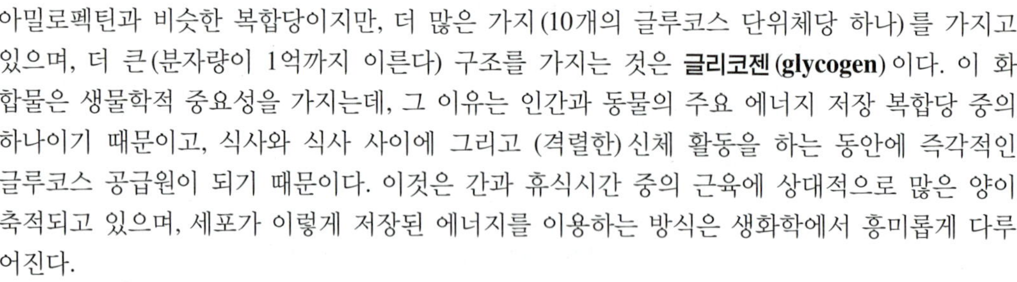

아밀로스와는 대조적으로 아밀로펙틴은 주로 C6에서 약 20~25 글루코스 단위체에 하나씩 가지가 나 있으며, 이것의 분량은 수백만에 이른다.

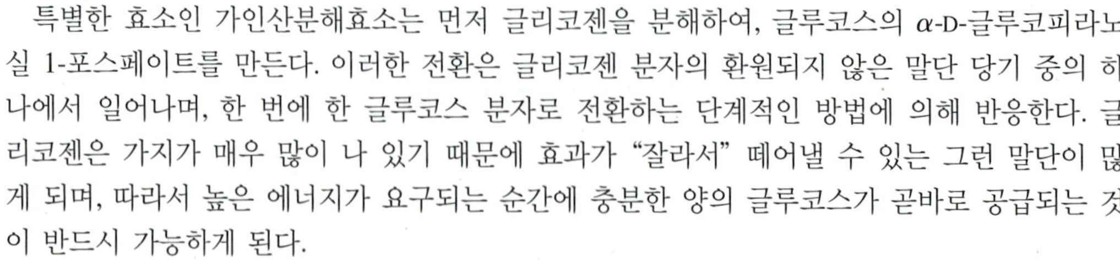

글리코젠은 에너지원이다

Glycogen을 분해하고 있는 Michael Phelps.

아밀로펙틴과 비슷한 복합당이지만, 더 많은 가지(10개의 글루코스 단위체당 하나)를 가지고 있으며, 더 큰(분자량이 1억까지 이른다) 구조를 가지는 것은 **글리코젠(glycogen)**이다. 이 화합물은 생물학적 중요성을 가지는데, 그 이유는 인간과 동물의 주요 에너지 저장 복합당 중의 하나이기 때문이고, 식사와 식사 사이에 그리고 (격렬한) 신체 활동을 하는 동안에 즉각적인 글루코스 공급원이 되기 때문이다. 이것은 간과 휴식시간 중의 근육에 상대적으로 많은 양이 축적되고 있으며, 세포가 이렇게 저장된 에너지를 이용하는 방식은 생화학에서 흥미롭게 다루어진다.

특별한 효소인 가인산분해효소는 먼저 글리코젠을 분해하여, 글루코스의 α-D-글루코피라노실 1-포스페이트를 만든다. 이러한 전환은 글리코젠 분자의 환원되지 않은 말단 당기 중의 하나에서 일어나며, 한 번에 한 글루코스 분자로 전환하는 단계적인 방법에 의해 반응한다. 글리코젠은 가지가 매우 많이 나 있기 때문에 효과가 "잘라서" 떼어낼 수 있는 그런 말단이 많게 되며, 따라서 높은 에너지가 요구되는 순간에 충분한 양의 글루코스가 곧바로 공급되는 것이 반드시 가능하게 된다.

가인산분해효소는 α-1,6-글리코사이드 결합을 떼어내지 못한다. 이 효소는 가지 난 부분에 가까이 가자마자(가지난 곳으로부터 마지막 네 번째 단위체) 진행이 중단된다(그림 24-4). 이 단계에서 전달효소라는 새로운 효소가 작용하는데, 이 효소는 하나의 가지에서 다른 가지로 세 개의 말단 글루코실 잔기를 이동시킬 수 있다. 하나의 글루코스가 가지가 갈리는 점에 남

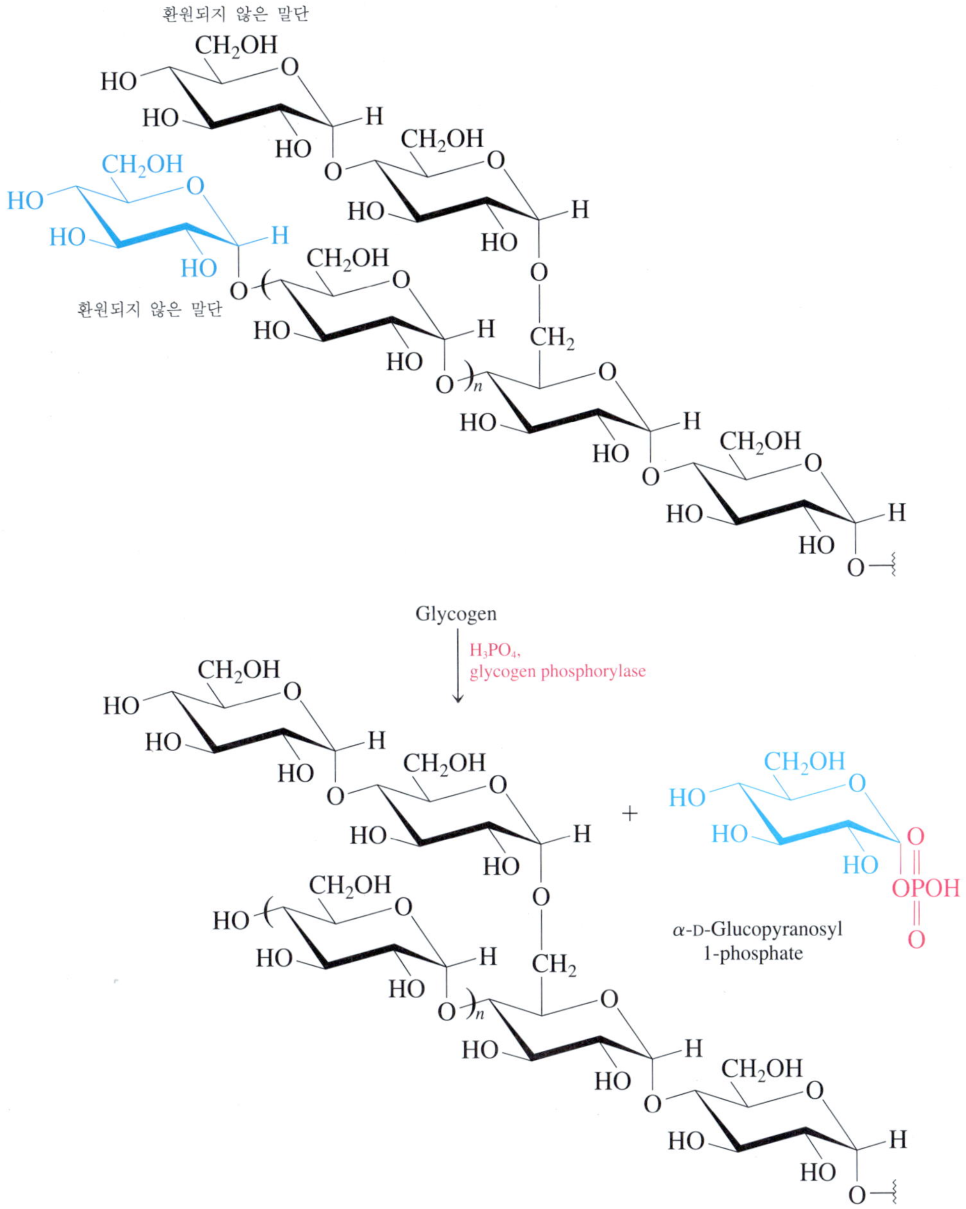

환원되지 않은 말단

환원되지 않은 말단

Glycogen

H_3PO_4, glycogen phosphorylase

α-D-Glucopyranosyl 1-phosphate

게 된다. 이제 세 번째 효소가 새로운 직선 사슬을 얻기 위해 마지막 방해물을 제거하게 된다. 이 효소는 α-1,6-글루코시데이스로서, 가지 제거 효소로 알려져 있으며, 절단을 필요로 하는 결합에 대해서 특이성을 가진다. 일단 이 효소가 임무를 완수하면, 가인산분해효소는 다른 가지에 도달할 때까지 계속해서 글루코스 연결 결합을 하나씩 감소시킬 수 있다.

세포 표면의 탄수화물이 세포 인식 작용을 중재한다

다세포 조직이 제대로 역할을 수행하기 위해서는 각각의 다양한 세포들이 다른 세포 그리고 여러 화학 물질과 특정하게 상호작용하고 서로 인식해야 한다. 이러한 특정한 상호작용을 **세포 인식(cell recognition)** 과정이라 한다. 세포 인식 작용은 일반적으로 비공유 결합 과정이고, 보통 세포 외부 표면에 있는 분자들과의 수소 결합에 의하여 진행된다. 비공유 결합성 흡착이 일어나면 세포 밖 외부의 물질이 세포 안으로 이동할 수 있다.

세포 인식은 실질적으로 모든 세포 작용에 중요하다. 박테리아나 바이러스에 의한 감염, "외부"의 낯선 세포가 침입할 때 면역체계의 작동 과정, 정자에 의한 난자의 수정 과정이 세포-세포 상호작용에 나타나는 인식의 예가 된다. 콜레라, 백일해("whooping cough")를 일으키는 박테리아처럼 어떤 박테리아들은 세포 속으로 직접 침범하지 아니하고, 그들이 배출하는

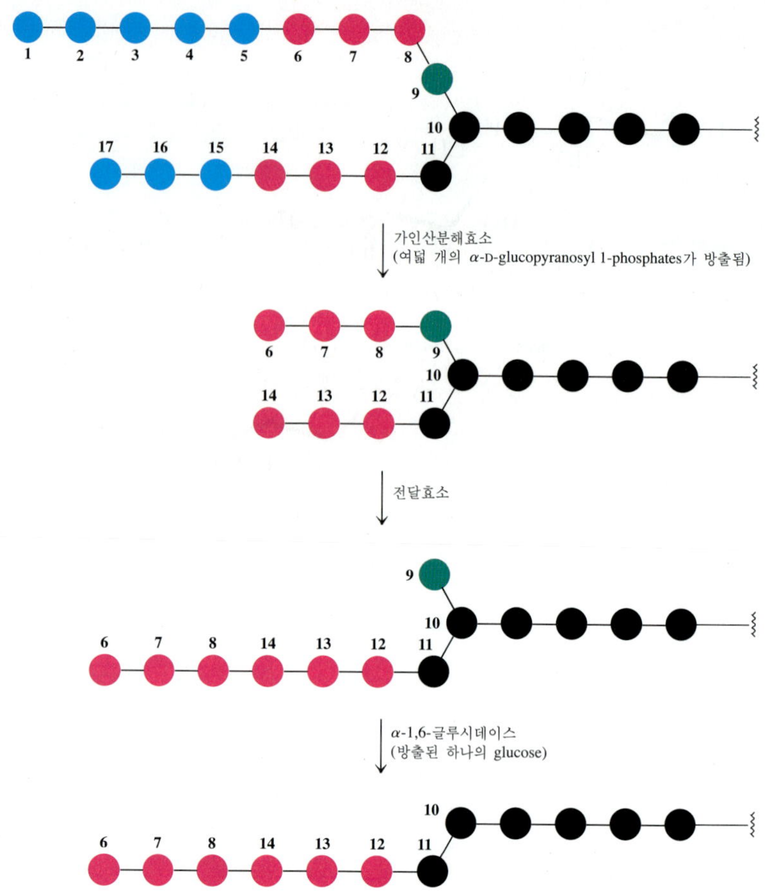

그림 24-4 Glycogen 곁사슬의 분해 단계, 초기에 가인산분해효소에 의해 1~5 단위의 glucose와 15~17 단위의 glucose가 단계적으로 제거된다. 효소는 (10) 에서 네 개의 당 단위가 떨어져 있다. 전달효소는 한쪽 가지에서 6~8 단위를 떼어내어 14 단위에 결합시킨다. 제3의 효소인 α-1,6-글루코데이스는 glucose 단위 10에서 glucose 9를 제거한다. 곧은 사슬이 형성되고, 가인산분해효소는 분해를 계속한다.

독소를 세포 표면에 결합시킨 후 곧바로 내부로 "안내되어" 들어가도록 한다.

이러한 세포 인식 과정은 세포 표면의 탄수화물에 의하여 시작되는데 탄수화물은 세포벽 안으로 걸쳐 있는 지질 [**당지질 (glycolipid)**, 20-5절] 또는 단백질 [**당단백질 (glycoprotein)**, 26장] 과 결합되어 있다. 세레브로실화 글루코실 (glucosyl cerebroside) 은 가장 간단한 당지질이고, 이런 계열 화합물의 대표적인 특성을 다음과 같이 보여 준다. 극성 탄수화물 "머리"는 세포 표면에 위치하고 있는데, 세포막에 깊이 끼워져 있는 두 개의 비극성 "꼬리"에 연결되어 있다. "머리"에 있는 탄수화물 성분이 달라지면 이들의 작용도 서로 다르게 된다. 예를 들면, 콜레라 독소는 GM1이라는 5당류 당지질에 선택적으로 결합한다. GM1 당지질은 소화기관의 표면에 존재하며, 수분 흡수에 관여하고 있으므로, 결과적으로 독소에 의하여 수분을 흡수하지 못하고, 심한 설사를 유발하게 된다.

Glucosyl cerebroside

사람의 혈액형은 적혈구의 표면에 있는 올리고당의 종류에 따라 O, A, B, AB로 분류된다. 서로 맞지 않은 피가 수혈되면 체내의 면역 시스템에서 외부의 적혈구 표면에 있는 올리고당과 결합하는 항체가 만들어지고, 이로 인해 외부 적혈구들이 서로 엉겨 붙는다. 결과적으로 혈관 막힘이 널리 퍼져서 목숨을 잃게 된다. 혈액형 O형의 경우 세포 면에 있는 6당류의 구

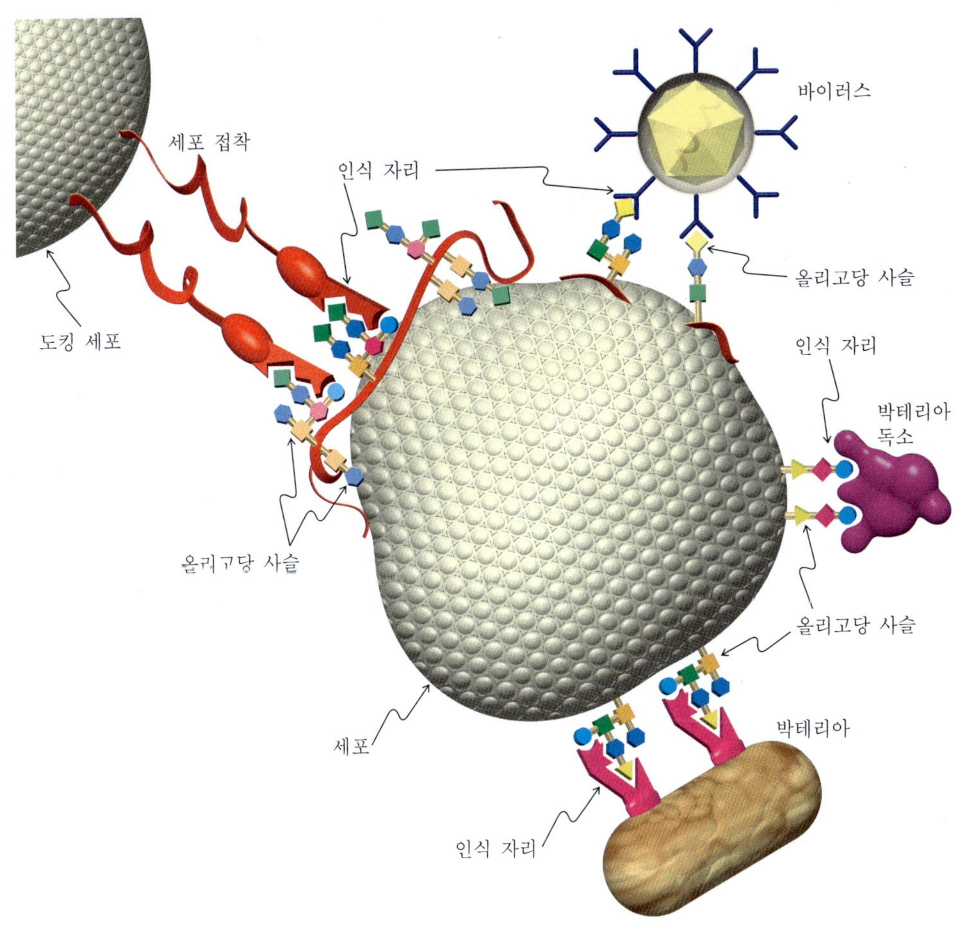

그림 24-5 세포 표면에서 탄수화물인지를 나타내는 도식적인 그림, 세포-세포 결합을 가능하게 하고, 세균(박테리아, 바이러스, 박테리아 독소)과 같은 다른 종이 접착하는 것을 나나낸다. 당 사슬은 단백질에 연결될 수 도 있다(붉은색 리본).

조가 모든 혈액형에 공통으로 존재하므로, 혈액 O형 수혈을 받는 모두에게 "낯설게" 인식되지 않는다. 혈액형 A, B의 경우 서로 다른 각각의 당이 O형의 6당류에 결합하고 있는데, 이 "일곱 번째" 당이 면역 반응을 일으킨다. 따라서 A, B형은 서로 수혈할 수 없고, O형에게도 피를 나눌 수 없다. 반대로 AB형 세포는 A형 B형 복합당을 모두 포함하고 있어, 모든 혈액형의 피를 면역체계 위험 없이 수혈받을 수 있다.

매우 이상하게, 혈액 세포 표면의 올리고당의 생물학적 목적(있다손 치더라도)은 불가사의이다. 다른 혈액형(그리고 관련된 항체들)이 존재하기 때문에 바이러스 감염이 방해받을지도 모른다고 추측하는 과학자들도 있다. 다른 혈액형을 가진 사람들 사이에 전염된 바이러스들은 "외부인자"로 인지되어 혈액 세포의 면역 체계에 의해 파괴될 가능성이 매우 높다. 그럼에도 불구하고, 혈액 세포가 어떤 표면 올리고당도 만들지 못하게 하는 희귀한 유전적 비정상성을 가진 사람들도 정상적이고 건강한 삶을 살고 있다.

변형된 당들은 질소를 포함한다

많은 종류의 천연당은 변형된 구조를 가지고 있거나 다른 유기 분자에 결합되어 있다. 적어도 한 개의 하이드록시기가 아민기에 의해 치환된 당이 하나의 큰 계열을 이루고 있을 정도로 많다. 이때 질소가 아노머 탄소에 연결되어 있으면 **글리코실아민(glycosylamine)**, 다른 부위에 연결되어 있으면 **아미노데옥시당(amino deoxy sugar)**이라고 한다.

CH_2OH, HO, HO, O, NH_2, OH

β-D-Glucopyranosylamine
(글리코실아민)

CH_2OH, HO, HO, O, OH, NH_2

2-Amino-2-deoxy-D-glucopyranose
(아미노데옥시당)

화학 이야기 24-4

시알릭산, "조류독감", 그리고 합리적 약품 설계

1918년에 전례 없는 독성을 가진 독감 변종이 정상적인 조류 숙주에서 인간에게 갑자기 옮아왔다. 1년 뒤 이 유행병의 발발이 잠잠해졌을 때 이 독감 때문에 세계 인구의 5%에 해당하는 1억 명이나 되는 사람들이 목숨을 잃었다. 그나마 이 숫자도 너무 많은 수여서 단지 추정할 뿐이다. 독감 바이러스는 간단한 존재이다. 이것의 생화학은 약간의 단백질을 합성하는 것을 통제하는 RNA (26장) 의 예닐곱 개의 조각에 의해 조절된다. 특별히 세포에 결합하여 감염시키고 그리고 감염된 세포에서 새로운 바이러스 입자를 방출하면서 번식하는 바이러스의 능력은, 헤마글루티닌(HA) 과 뉴라미니데이스(NA) 라 하는 두 개의 단백질이 각각 결정한다.

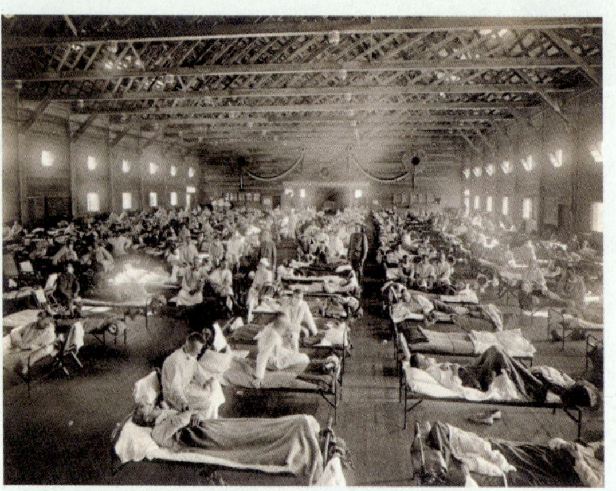

1918년 스페인 독감이 세계적으로 유행할 때 미국 Kansas 주에 있는 미육군 펀스톤 캠프에 설치된 응급 병동.

독감 바이러스는 빠르게 돌연변이 해서 HA와 NA의 변화된 형태를 생산하는 변종이 나타난다. 1918 ~ 1919년 세계적인 유행을 일으킨 독감은 H1N1이라 명명되었다. HA의 16개 형태와 NA의 아홉 개 형태 모두 확인되었다. H5N1 변종은 현재 가장 큰 관심의 대상이다. 이것은 막대한 수의 조류를 전 세계적으로 감염시킨다. 특별히 동남아시아에서. 현재 H5N1은 사람에게 거의 전염되지 않는다, 그렇지만 H1N1처럼 만일 사람에게 전염되면 매우 치명적이 된다. H5N1의 돌연변이 신종 바이러스가 사람에서 사람으로 전염시키는 능력을 갖게 될 수 있다는 두려움 때문에 전염을 방지시키는 백신의 대한 상당한 연구가 갑자기 진행되었다. 일단 감염이 되었을 때 NA와 같은 바이러스 단백질의 기능을 방해하는 항바이러스제에 대한 연구도 마찬가지이다. 백신 방법은 거의 모든 번식 주기에서 돌연변이하는 경향을 바이러스가 가지기 때문에 더욱 어려움을 겪게 된다. 항바이러스 전략은 모든 척추 동물의 피와 조직에서 자연적으로 나타나는 어떤 한 탄수화물의 잘 알려진 생화학에 의존한다. **시알릭산 (sialic acid)**.

시알릭산은 하나의 화합물을 뜻하지 않고 하나의 계열의 화합물을 뜻한다. 아홉 개의 탄소를 골격으로 가지는 모노사카라이드인 뉴라믹산(neuramic acid) 의 *N*- 또는 *O*-에 치환된 유도체들이다. 이런 화합물들은 혈액 속에서, 뇌에서 (특별히 배우고 기억하는데), 그리고 다른데에서 중요한 생물학적 기능을 한다. "시알릭산"이라는 용어는 이 계열에서 가장 흔한 화합물인 *N*-아세틸뉴라민산 (*N*-acetylneuraminic acid, Neu5Ac) 을 가리킬 때 자주 사용된다. 시알릭산은 또한 생물체 (organisms) 를 공격하는 병원균으로부터 방어한다. 그렇지만 모순적으로 시알릭산이 세포의 표면에 존재하면 독감 바이러스의 HA가 쉽게 결합하게 되고 결국 감염이 되게 된다.

1970년대에 NA에 결합하여 바이러스 번식을 방해하는 어떤 시알릭산 유도체 DANA를 여러 연구를 통하여 찾아냈다. DANA-NA 착물의 X선 결정 구조에 의하면 결합된 유도체의 C4에 있는 하이드록시기는 음전하를 띠는 카복실레이트 이온(NA의 활성에 매우 중요함)에 가깝게 위치하고 있다. 카복실산의 pH는 4 정도 된다 (19-4절). 따라서 거의 중성적인 체액의 pK_a에서 카복실산은 짝염기 형태로 존재할 것이다. 이 결합을

하나의 당이 다른 복잡한 구조식의 하이드록시기에 아노머 탄소를 통해 결합되어 있다면, 이것을 **글리코실기 (glycosyl group)** 라 한다. 나머지 부분 (또는 가수분해에 의하여 당이 제거되고 난 뒤의 생성물) 을 **아글리콘 (aglycon)** 이라고 한다. 예를 들어, 안트라사이클린 (anthracycline) 계열의 항생제인 아드리아마이신이 있는데, 이 화합물과 이의 데옥시 유도체 다우노마이신은 사람의 여러 종류의 암치료에 매우 효과적으로 이용되어 왔다. 이 물질들은 화학적 암치료 방법에 있어서 하나의 초석이 되었다. 이들의 아글리콘 부분은 안트라퀴논 (anthraquinone) 잔기 (안트라센에서 유도됨. 15-5절 참조) 를 가지고 있는 직선형의 네 고리 골격이다. 아미노당은 다우노스아민 (daunosamine) 이라 한다.

더 강하게 만들기 위한 노력으로 호주 화학자들이 C4 하이드록시기를 아미노기로 바꾸었다. 아미노기는 pH≈7에서 대부분 양성자가 첨가되어 있다(21-4절). 아민 유사체는 100배 더 강하게 NA에 결합하여 방해하는 것이 밝혀졌다. 최종 수정으로 이 치환기는 구아니디노 작용기 $-NH-\overset{\overset{NH}{\|}}{C}-NH_2$으로 변화되었다. 구아니딘의 짝산의 양전하가 공명에 의해 비편재되기 때문에 구아니딘은 단순한 아민보다 훨씬 더 강한 염기이다(21-6절). 이 화합물은 의약품 자나미비르(zanamivir)로 되었고, GlaxoSmithKline 제약회사에 의해 Relenza라는 이름으로 팔리고 있다. 조류 독감 발발에 대비하는 전 세계적인 노력에서 Relenza는 최전선의 항바이러스 화합물이 될 가능성이 아주 높다.

Relenza는 제약회사들이 현재 흔히 따라가는 소위 **합리적 약물 설계**(**rational drug design**) 과정의 결과이다. 세련된 소프트웨어 패키지가 NA와 같은 목표 분자들의 삼차원 모양과 표면 전하 분산의 모형을 만든다. 이 모형들은 이어서 약품 "후보"를 "설계하는" 데 이용된다. 이 후보물질들 보완적인 모양과 전하 분포를 가지고, 그래서 기능을 방해하는 방식으로 목표에 "결합(도킹)한다." 이런 전략으로 화학자들은 실험실에 가서 실질적으로 분자를 합성하기 **전에** 잠재적 약품 후보의 최적의 구조적 특징을 알아낸다. 아래의 그림에 시알릭산에서 약품 Relenza까지 가는 과정을 도식적으로 나타낸다. 뉴라미데이스(NA) 목표 분자의 중대한 지역의 카복실레이트 이온과 다른 작용기에 대한 약품-후보 각각 구조의 인력을 실험적으로 그리고 계산적으로 평가한 것을 기초로 한다.

뉴라미데이스(NA) 방해인자 잔나미비르(Relenza)의 합리적 설계 $\left(\mathbf{R = CH_3\overset{\overset{O}{\|}}{C}}\right)$

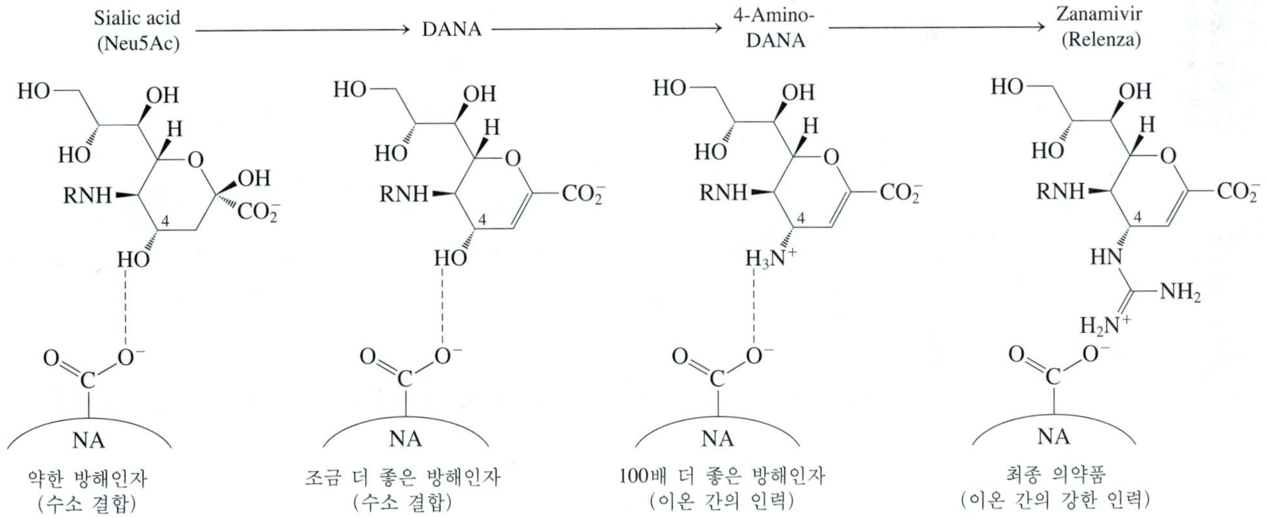

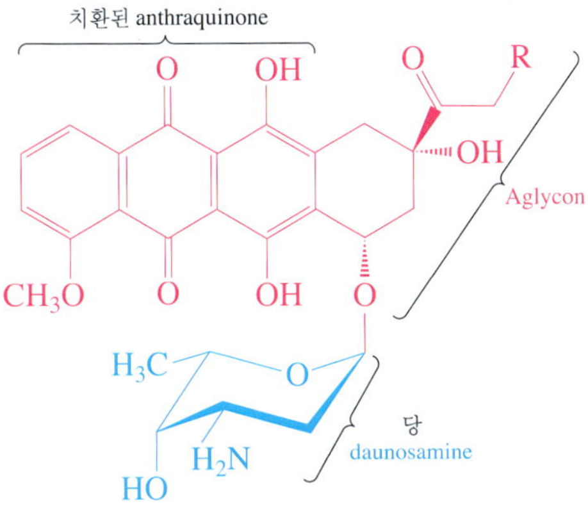

Adriamycin (R = OH)
Daunomycin (R = H)

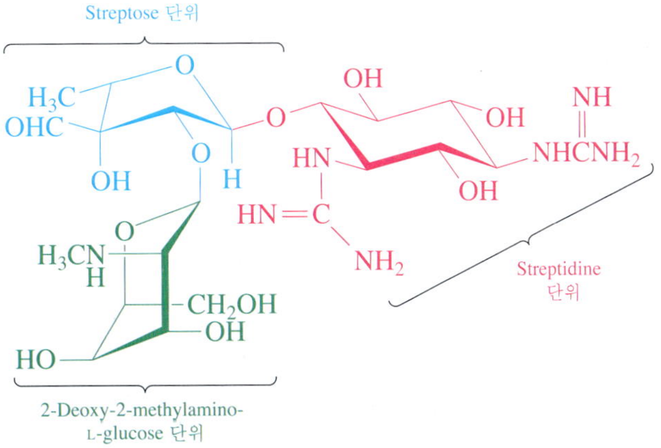

Streptomycin

항생제의 특이한 종류인 아미노글리코사이드는 거의 전적으로 올리고사카라이드 구조에 그 기초를 둔다. 이 중 치료제로서 특별히 주목받았던 스트렙토마이신(결핵치료제)은 *Streptomycers griseus*로부터 1944년대에 분리되었다. 이 물질은 세 개의 단위체로 구성되어 있는데, 이 중 두 개는 퓨라노스 스트렙토스와 글루코스 유도체인 2-데옥시-2-메틸아미노-L-글루코스(아주 희귀한 L 형태)이고, 세 번째 단위체는 치환기 여섯 개가 붙어 있는 사이클로헥세인인 스트렙티딘이다.

요약 복합당인 셀룰로스, 녹말, 글리코젠은 모두 폴리글루코사이드들이다. 셀룰로스는 이합체 셀로비오스 단위체의 반복으로 구성된다. 녹말은 폴리말토스의 유도체로 간주한다. 이것의 가지는 글리코젠처럼 효소에 의해 분해되기도 한다. 이러한 중합체들의 대사를 보면 먼저 단당류인 글리코스를 만들며, 나중에 더 분해된다. 마지막으로 많은 천연당이 변화된 형태나 다른 구조에 붙은 부착물로 존재하는데, 아미노당과 세포 표면의 탄수화물이 그 예이다. 아미노글루코사이드 항생제는 변형되거나, 변형되지 않은 당분자가 구성 성분의 대부분을 이룬다.

요점

탄수화물은 생화학에서 수없이 많은 작용을 진행하고 있는 폭넓고 다양한 계열의 화합물이다. 그렇지만, 탄수화물들의 화학적 거동과 **생리 활성**은 명확한 모양을 가진 다작용기 분자의 구조로부터 직접적으로 유래된다. 그리고 이 모양은 입체화학 특성으로부터 정해진다. 탄수화물들을 공부하면 카보닐기와 알코올기의 성질을 복습하는 좋은 기회를 가지게 되고, 나아가 그와 같이 간단한 구조적 성분이 어떻게 풍부하고, 다양한 분자적 성질을 일으키는지를 탐구하는 좋은 기회가 된다.

우리는 계속하여 25장에서 생리 작용에 매우 중요한 역할을 하는 고리 주위에 형성된 구조를 가진, 헤테로고리 화합물을 배운다. 탄소 원자 이외에도 산소, 황, 질소 원자를 포함하고 있다. 26장에서는 핵산에 대하여 학습하면서 탄수화물이 중요한 역할을 수행하는 계열의 화합물을 다시 공부하게 된다.

통합 문제

24-32. Rutinose는 당으로서 여러 bioflavonoid들의 한 부분인데, bioflavonoid들은 일반적으로 심혈관의 건강을 유지하는 치료 효과와 특히 혈관 벽을 강화시키는 효능이 있는 식물에서 얻어진다. 루틴은 메밀과 유칼리나무(상록거목)에서 발견되는 rutinose를 포함하는 하나의 bioflavonoid이고, 헤스페리딘은 레몬과 오렌지 껍질에서 발견되는 rutinose를 함유하고 있는, 또 다른 bioflavonoid이다. 각각의 화합물은 삼중고리 아글리콘에 결합된 rutinose를 포함하고 있다(24-12절).

감귤류의 껍질에는 bioflavonoid가 많이 들어 있다.

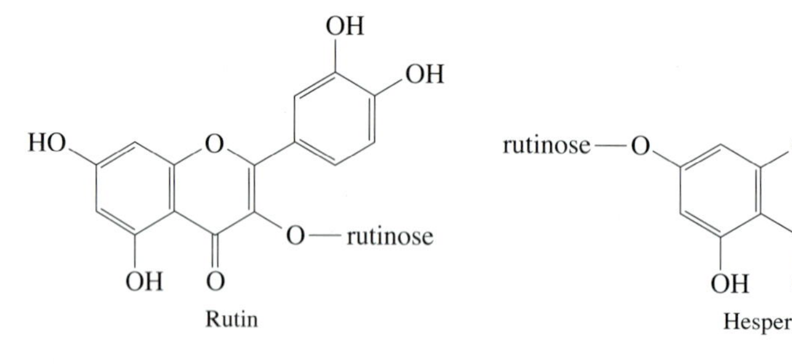

다음을 이용하여 당 rutinose의 구조를 유추하시오.

a. Rutinose는 환원당이고, 산성 조건의 가수분해에 의하여 D-glucose와 $C_6H_{12}O_5$의 화학식을 가지는 당 A를 각각 1당량씩 생성한다. 당 A가 4당량의 HIO_4와 반응하여 4당량의 formic acid와 1당량의 acetaldehyde를 만든다. 이 단계에서 당 A의 구조에 대해 어떤 결론을 내릴 수 있는가?

풀이

HIO_4 분해반응은 우리에게 어떤 결과를 알려주는가? 각각의 HIO_4는 산소를 포함하는 탄소 원자 사이의

결합을 절단한다. 24-5절에서와 같이 formic acid는 당의 끝에 있는 formyl기나 또는 중간의 이차 hydroxy 기로부터 만들어진다. Acetaldehyde는 예상치 못한 생성물인데, 이는 이차 알코올의 탄소에 치환된 끝에 있는 methyl 치환기를 의미한다. 이러한 정보로부터 당 A의 구조를 논리적으로 재구성하면 다음과 같다.

HCOOH		CHO
HCOOH		CHOH
HCOOH	⟹	CHOH
HCOOH		CHOH
CHO		CHOH
CH_3		CH_3

제시한 구조가 분자식 $C_6H_{12}O_5$임을 확인할 수 있다.

b. 당 A는 오른쪽 여백에 나타낸 대로 L-(−)mannose로부터 합성할 수 있다. 단계 3 (*로 표시함)은 당의 끝에 있는 일차 알코올을 카복실산기로 변환시키는 반응이다. 이러한 결과로부터 당 A의 입체구조가 어떤지를 말하시오.

L-(−)-Mannose

1. $HSCH_2CH_2SH$, $ZnCl_2$
2. Raney Ni (17-8절)
3. O_2, Pt*
4. Δ ($-H_2O$) (24-4절)
5. $[(CH_3)_2CHCH_2]_2AlH$ (20-4절)

당 A

풀이

아래의 각각의 반응을 따라 열린 사슬 구조의 당 A를 얻었다.

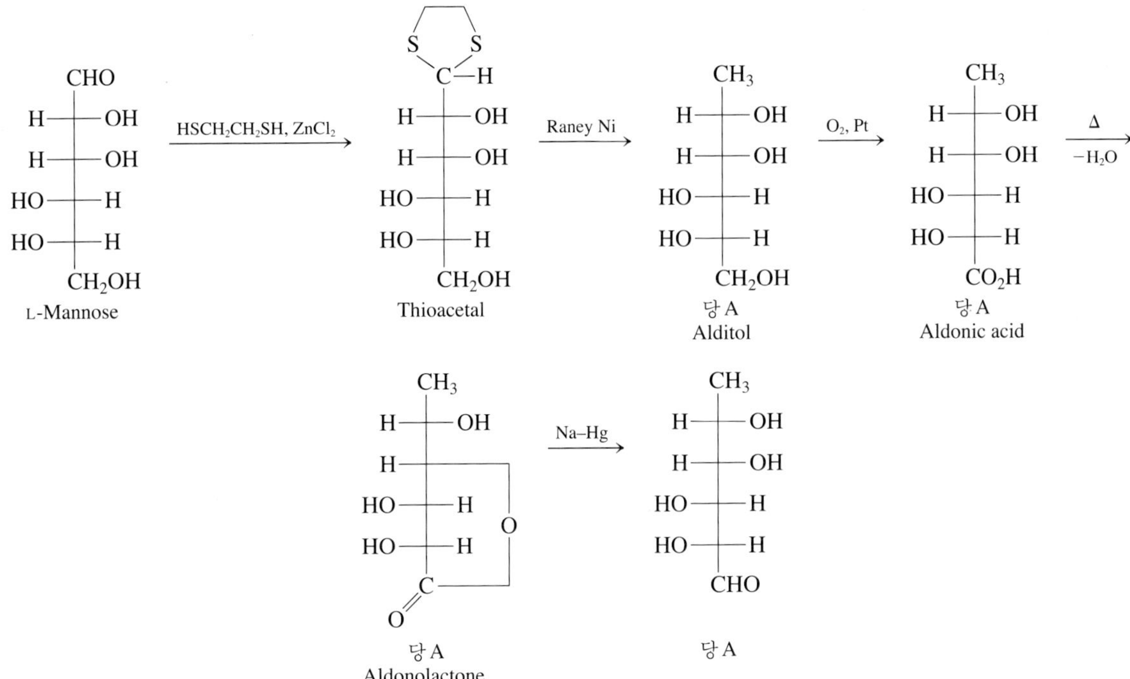

당 A의 명명법은 6-deoxy-L-mannose이다.

c. 과량 dimethyl sulfate를 이용하여 rutinose를 완전 메틸화시키면 헵타메틸화된 유도체를 얻었다(24-8절). 계속하여 약산의 가수분해반응으로 1당량의 2,3,4-*tri-O*-methyl-D-glucose와 1당량의 당 A의 2,3,4-tri-*O*-methyl 유도체를 얻었을 때 가능한 rutinose의 구조들을 제안하시오.

풀이

Dimethyl sulfate 반응은 모든 −OH기를 $-OCH_3$기로 바꾼다(24-8절). 따라서 rutinose가 일곱 개의 OH기를 가지고 있으며, 최소한 하나는 고리 헤미아세탈 작용기에 들어있어야 한다. Rutinose가 환원당임을 고려하라(24-4절). 또 rutinose를 이루는 **두 개**의 단당류는 모두 고리형이라는 결론을 낼 수 있을지도 모른다. 왜? Glucose와 당 A의 열린 사슬 형태에서 모두 아홉 개의 −OH기가 있기 때문이다. Rutinose가 단지 일곱 개의 −OH기를 가지려면 아홉 개 중 두 개는 당들을 연결하는 고리 글리코사이드 아세탈기에 포함되어야 한다(24-11절의 이당류 maltose, cellobiose, lactose와 비슷함).

헵타메틸화된 rutinose의 산성 조건 가수분해 반응은 두 개의 **트라이메틸화**된 단당류를 생성한다. 산은 두 당사이의 글리코사이드 결합을 분해한다(24-11절). 하지만 일곱 번째 methyl기는 어디로 갔는가? 이는 헤미아세탈 산소에서 아세탈 구조로 methyl 글리코사이드 결합을 이루고 있어야 한다. 우리는 아세탈에 있는 methyl기가 산성 조건에서 보통의 methyl ether보다 더 잘 가수분해된다는 것을 안다(24-8절). 여섯 개의 methyl기(그 두 개의 단당류에서 2, 3, 4번에 있는)는 당과 당을 연결하는 글리코사이드 결합과 또 고리에 포함된 산소에 결합하고 있지 않아야 한다. Dimethyl sulfate와 반응하지 않은 산소만이 rutinose의 이런 부분을 이룰 수 있다. 따라서 메틸화된 단당류 생성물 두 개 모두에서(5의 산소) 피라노스(육원자) 고리에 포함된다는 결론을 낼 수 있을지 모른다. 왜냐하면(오원자 고리의 경우에서 C4 위치의 산소가 고리에 포함되기 때문이다) 거의 다 줄었다. 이제 세 개의 OH기가 당을 연결하는 가능성을 가지고 있다. 당 A에 있는 CI의 헤미아세탈 −OH 그리고 glucose의 C1 헤미아세탈 또는 C6의 일차 −OH기. 요약하면

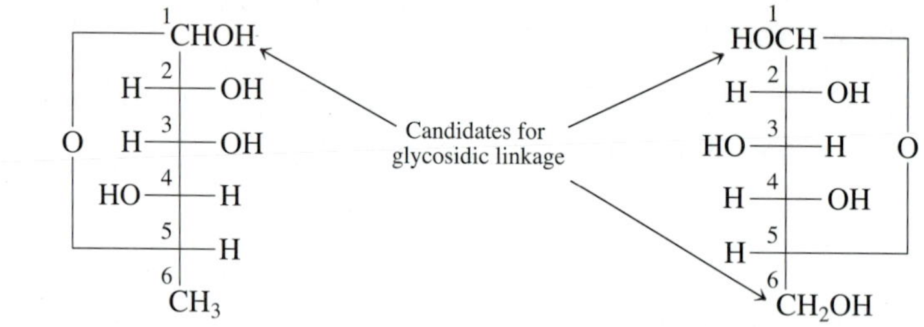

6-Deoxy-L-mannopyranose
당 A

Candidates for glycosidic linkage

D-Glucopyranose

사실은 답은 이미 나왔다. Rutinose는 **환원당**이므로 **최소한 하나 이상의 헤미아세탈 작용기**를 가져야 한다. 따라서 후자를 glucose에 배당하고, 당 A의(C6-OH와 C1을 글리코사이드 결합에 배당하는 것이 유일한 선택이다). 이해하기 쉬운 Haworth 투영식과 의자 형태의(당 A의 C1 자리의 입체화학은 결정되지 않음) 그림을 24-2절에의 과정을 따라 다시 그려 결론을 내릴 수 있다. 아래의 세 개의 그림에서 글루코피라노스 부분은 당 A보다 아래에 위치한다. 당 A는 L 당이므로 타당한 절대 입체구조를 표시하려면 주의를 요구한다. D 당에서와 마찬가지로 에터 결합을 뒤에 놓고, Fischer 투영식을 90° 시계 방향으로 돌린다. 이때 Fischer 투영식에서 오른쪽으로 있었던 치환기는 아래로 향하고, 왼쪽에 있었던 치환기는 위로 향하게 된다. D와 L의 표시는 C5의 배치를 나타낸다. 지금은 D 당에서는 치환기(C6)가 위로 향하지만, C5가 발전되면 6번 탄소는 아래로 위치한다. 두 개의 구조 I과 II가 아래에 얻어졌다. 똑같은 구조를 가지는 제3의 구조는 L 당의 Fischer 투영식을 반대 방향, 즉 반시계 방향으로 회전에서 얻어지는데, 그 결과가 구조 III이 된다. C6 Methyl기가 **위로** 향하고 아노머 탄소(Cl)가 **왼쪽에**, 그리고 당 A의 구조는 오른쪽 그림에 비해서 지면의 수직축 주위를 180° 회전한 형태를 나타냄을 주목하라. 모형을 만들어 보라.

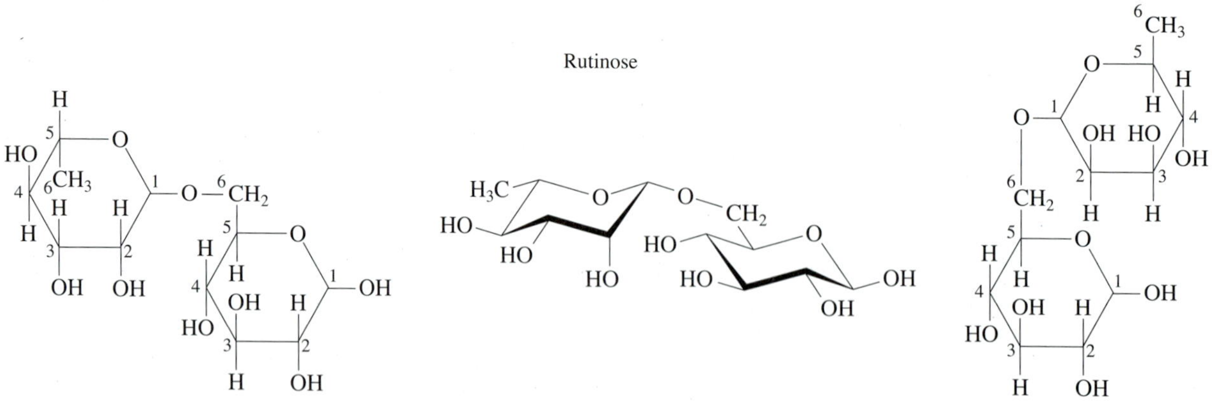

Rutinose

I II III

새로운 반응식

1. 당에서 고리 헤미아세탈 형성(24-2절)

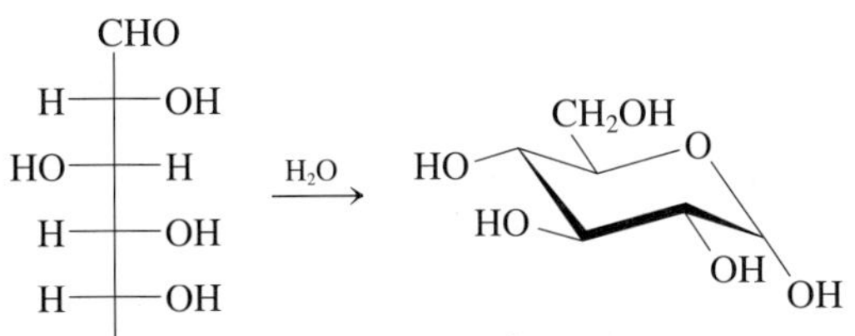

CHO / H—OH / HO—H / H—OH / H—OH / CH_2OH $\xrightarrow{H_2O}$ α-와 β-Glucopyranoses

2. 변광회전 (24-3절)

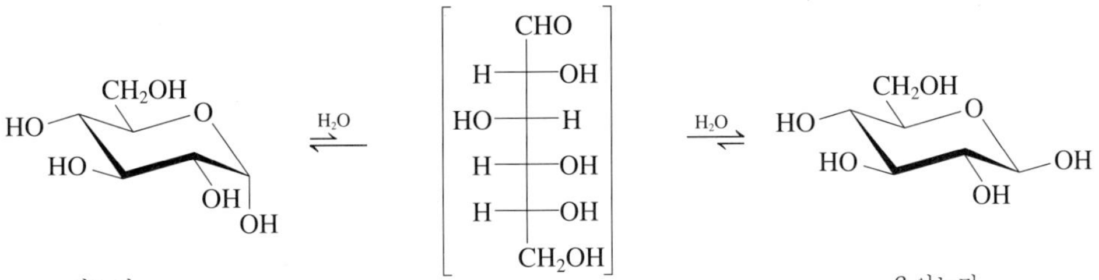

α 아노머 ($[\alpha]_D^{25°C} = +112$) $\underset{}{\overset{H_2O}{\rightleftharpoons}}$ [CHO / H—OH / HO—H / H—OH / H—OH / CH_2OH] (평형 $[\alpha]_D^{25°C} = +52.7$) $\underset{}{\overset{H_2O}{\rightleftharpoons}}$ β 아노머 ($[\alpha]_D^{25°C} = +18.7$)

3. 산화 (24-4절, 대부분의 불필요한 H와 OH 치환기는 삭제하였다)

환원당에 대한 시험

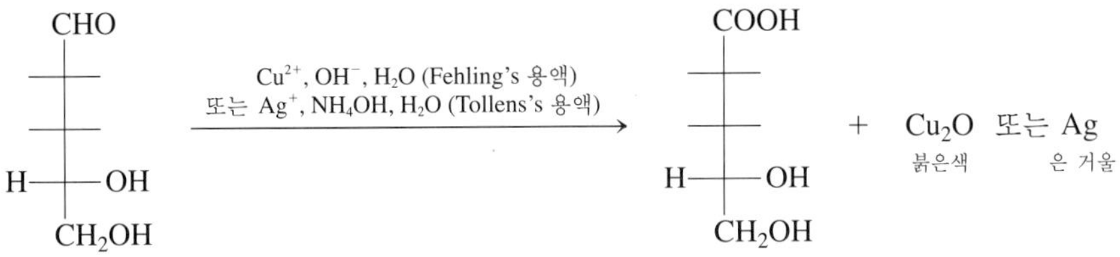

CHO / — / — / H—OH / CH_2OH $\xrightarrow[\text{또는 } Ag^+,\ NH_4OH,\ H_2O \text{ (Tollens's 용액)}]{Cu^{2+},\ OH^-,\ H_2O \text{ (Fehling's 용액)}}$ COOH / — / — / H—OH / CH_2OH + Cu_2O 또는 Ag

붉은색 은 거울

알돈산 합성

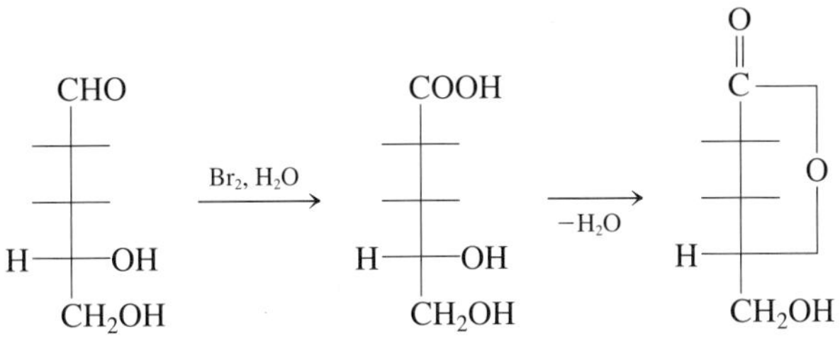

CHO / — / — / H—OH / CH_2OH $\xrightarrow{Br_2,\ H_2O}$ COOH / — / — / H—OH / CH_2OH (알돈산) $\xrightarrow{-H_2O}$ γ-Lactone

알다르산 합성

CHO / HO—H / — / H—OH / CH_2OH $\xrightarrow{HNO_3,\ H_2O}$ COOH / HO—H / — / H—OH / COOH

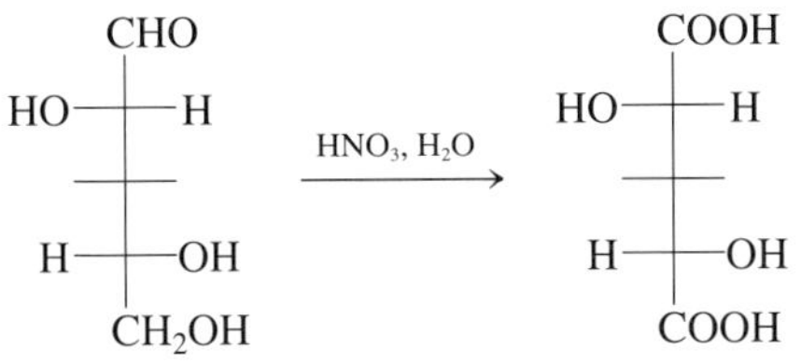

Aldaric acid

4. 당 분해 (24-5절)

$$\text{R—CH(OH)—CH(OH)—R} \xrightarrow{HIO_4,\ H_2O} 2\ \text{RCH=O}$$

$$\text{R—CH(OH)—CH=O} \xrightarrow{HIO_4,\ H_2O} \text{RCH=O} + \text{HCOOH}$$

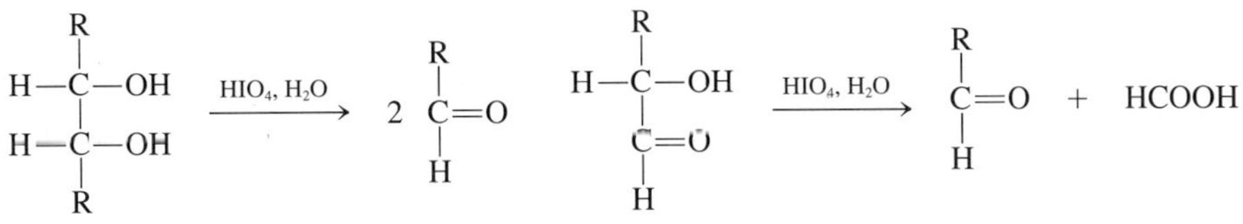

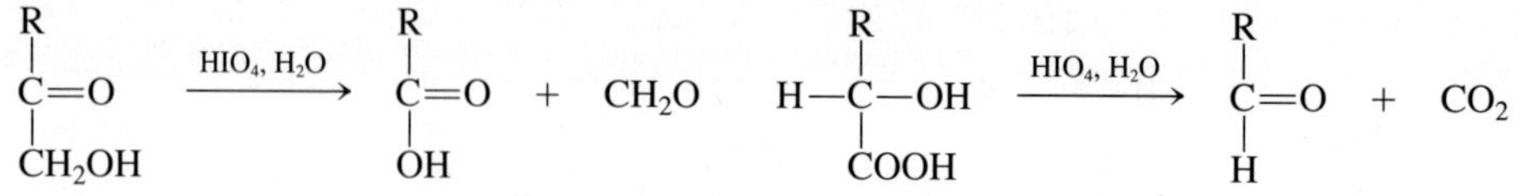

$$\mathrm{RC(=O)CH_2OH} \xrightarrow{HIO_4,\ H_2O} \mathrm{RC(=O)OH} + CH_2O \qquad \mathrm{RCH(OH)COOH} \xrightarrow{HIO_4,\ H_2O} \mathrm{RCHO} + CO_2$$

5. 환원 (24-6절)

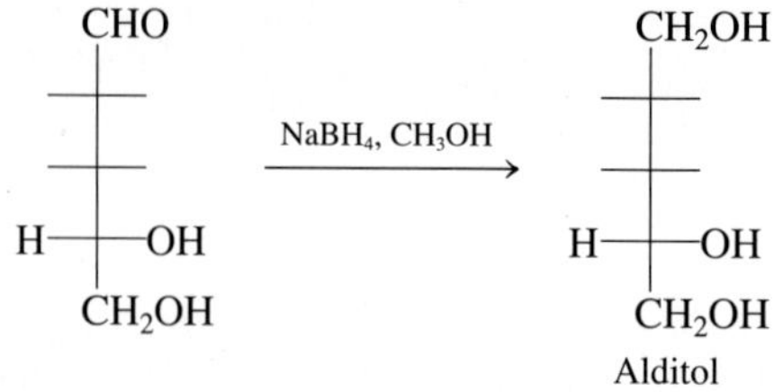

$$\text{Aldose} \xrightarrow{NaBH_4,\ CH_3OH} \text{Alditol}$$

Alditol

6. 하이드라존 및 오사존 (24-7절)

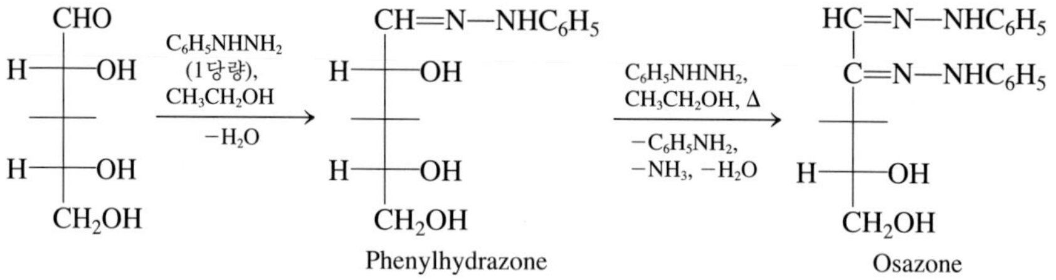

$$\text{Aldose} \xrightarrow[-H_2O]{C_6H_5NHNH_2\ (1\text{당량}),\ CH_3CH_2OH} \mathrm{CH{=}N{-}NHC_6H_5} \xrightarrow[-C_6H_5NH_2,\ -NH_3,\ -H_2O]{C_6H_5NHNH_2,\ CH_3CH_2OH,\ \Delta} \mathrm{HC{=}N{-}NHC_6H_5 / C{=}N{-}NHC_6H_5}$$

Phenylhydrazone　　Osazone

7. 에스터 (24-8절)

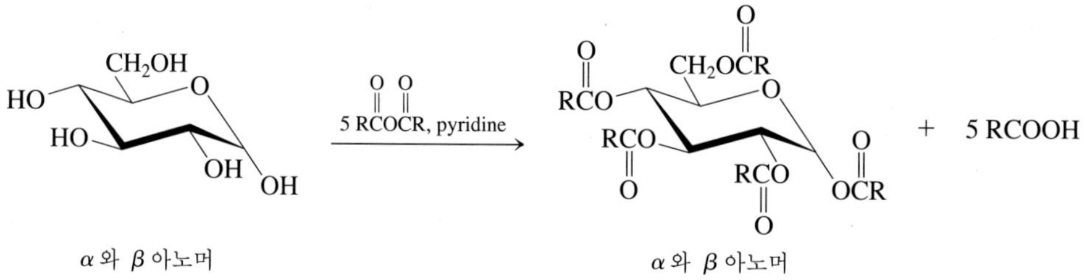

$$\text{Glucopyranose} \xrightarrow{5\ \mathrm{RCOCR\ (O\ O)},\ \text{pyridine}} \text{Penta-}O\text{-acyl glucopyranose} + 5\ \mathrm{RCOOH}$$

α와 β 아노머　　α와 β 아노머

8. 글리코사이드 (24-8절)

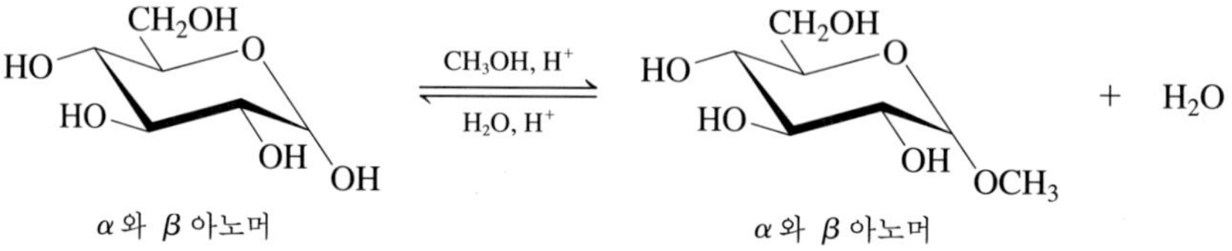

$$\text{Glucopyranose} \underset{H_2O,\ H^+}{\overset{CH_3OH,\ H^+}{\rightleftharpoons}} \text{Methyl glycoside } (\mathrm{OCH_3}) + H_2O$$

α와 β 아노머　　α와 β 아노머

9. 에터 (24-8절)

$$\text{Glucopyranose} \xrightarrow[-Na_2SO_4]{5\ (CH_3)_2SO_4,\ Na^{+\,-}OH} \text{Penta-}O\text{-methyl glucopyranose}$$

α와 β 아노머　　α와 β 아노머

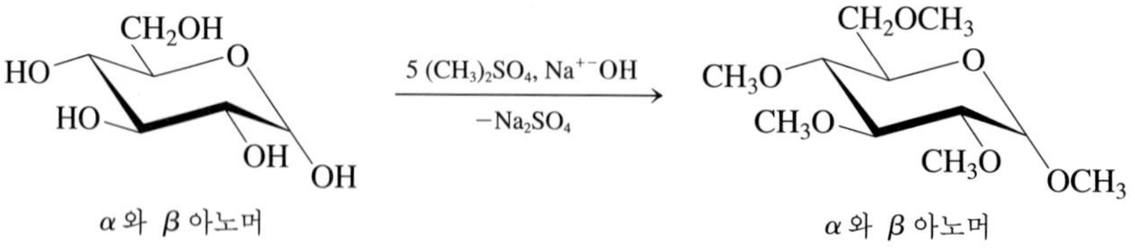

10. 고리 아세탈 (24-8절)

$$\text{Pyranose (R, R}'\text{)} \xrightarrow[-H_2O]{CH_3CCH_3\ (O),\ H^+} \text{Cyclic acetal } (\mathrm{H_3C,\ CH_3})$$

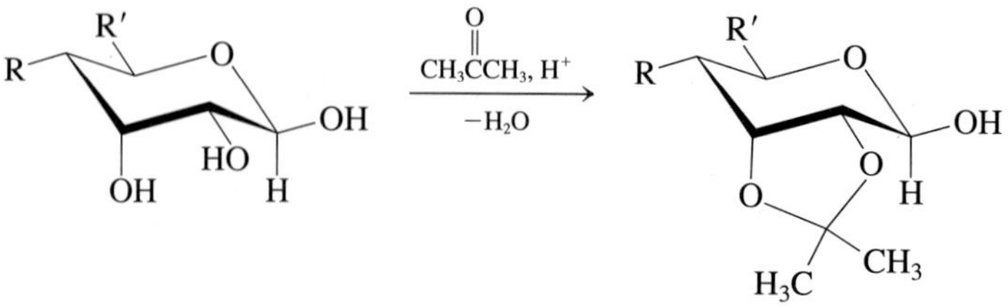

11. 사이아노하이드린을 통한 사슬 확장 (24-9절)

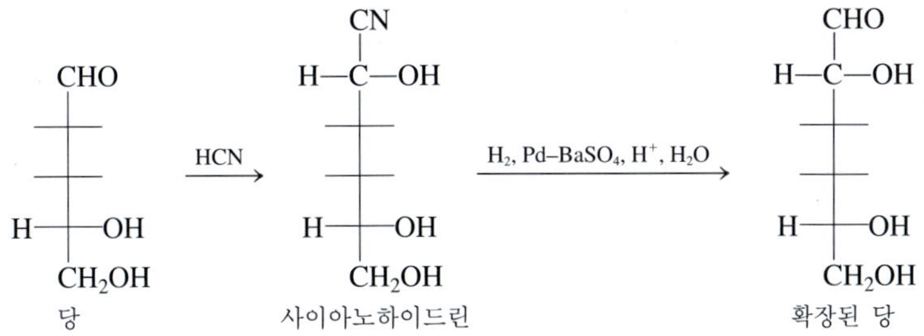

CHO, H—OH, CH_2OH (당) $\xrightarrow{HCN}$ CN, H—C—OH, H—OH, CH_2OH (사이아노하이드린) $\xrightarrow{H_2,\ Pd\text{–}BaSO_4,\ H^+,\ H_2O}$ CHO, H—C—OH, H—OH, CH_2OH (확장된 당)

12. **Ruff 분해 (24-9절)**

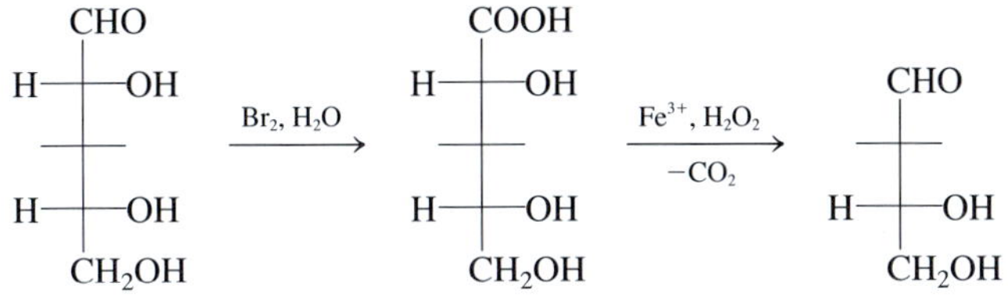

CHO, H—OH, H—OH, CH_2OH $\xrightarrow{Br_2,\ H_2O}$ COOH, H—OH, H—OH, CH_2OH $\xrightarrow[-CO_2]{Fe^{3+},\ H_2O_2}$ CHO, H—OH, CH_2OH

중요한 개념

1. **탄소화물**은 천연의 **폴리하이드록시카보닐** 화합물이며, 단당류, 이당류, 올리고당류 및 복합당으로 존재한다.
2. **단당류**는 알데하이드의 경우에는 **알도스**, 케톤의 경우에는 **케토스**라고 한다. 사슬 길이는 트라이-, 테트라-, 펜타-, 헥사- 등을 붙여 표시한다.
3. 대부분의 천연 탄수화물은 **D 계열**에 속한다. 즉 카보닐기로부터 가장 멀리 떨어진 입체중심이 (*R*)-(+)-2,3-다이하이드록시프로판알 [D-(+)-글리세르알데하이드]와 같은 배치를 가진다.
4. 케토 형태의 탄수화물은 오원자 고리 (**퓨라노스**)나 육원자 고리 (**피라노스**) 고리형과 평형 관계에 있다. 고리화에 의해 생성된 새로운 입체중심을 **아노머 탄소**라고 하며, 두 개의 **아노머**는 $\boldsymbol{\alpha}$, $\boldsymbol{\beta}$로 표시한다.
5. D 당들의 **Haworth 투영식**은 고리 에터를 오각형 또는 육각형, 오른쪽에 위치한 아노머 탄소, 위쪽에 위치한 에터 산소로써 선표기법에서 나타낸다. 고리의 위 또는 아래에 위치한 치환기는 수직선으로 나타낸다. C2, C3 사이의 아래쪽 고리 결합은 종이 앞면에 있고, 산소를 포함한 고리 결합들은 종이 뒤쪽에 있다고 생각해야 한다. α 아노머는 아노머 탄소 아래에 OH기를 가지고, β 아노머는 아노머 탄소 위에 OH기를 가진다.
6. 용액에서 아노머 사이의 평형은 광회전값이 변하는 **변광회전**을 일으킨다.
7. 당류의 반응에서 특이적인 것은 카보닐, 알코올 및 헤미아세탈기에서 일어난다. **알돈산**으로의 알데하이드의 산화 **알다르산**으로의 이중 산화, 이웃자리 다이올의 산화성 분해, **알디톨**으로의 환원, 축합, 에스터화 및 아세탈 생성 등이 그 예이다.
8. 헤미아세탈 작용기들을 포함하는 당들을 **환원당**이라고 하는데, 그것들은 Tollens와 Fehling 용액을 빠르게 환원시키기 때문이다. 아노머 탄소가 아세탈화된 당들은 환원성이 없다.
9. 더 큰 당의 합성은 **사슬 확장 반응**에 기초를 둔다. 이때 새로운 탄소는 사이안화 이온에 의해 도입된다. 탄소수가 적은 당의 합성은 **Ruff 사슬 축소**에 의해 일어나는데, 마지막 탄소는 CO_2로 떨어져 나간다.
10. **Fischer 증명**은 알도스들의 구조를 결정하기 위해 알다르산의 대칭 성질과 함께 사슬을 늘이고 줄이는 기술을 사용한다.
11. **이당류** 또는 더 큰 당류들은 두 당의 헤미아세탈과 알코올 하이드록시 작용기의 조합에 의해 아세탈 결합이 만들어지면서 형성된다.
12. 산성 수용액에서 관찰되는 수크로스 광학 회전에서의 변화를 **당의 반전**이라고 하는데, 이러한 현상은 수크로스 각 성분의 여러 고리 및 아노머 형태와 초기 당과의 평형 때문에 일어난다.

13. 많은 천연당은 변형된 골격 구조를 가지고 있다. 하이드록시기는 아미노기로 치환될 수 있다. 여러 가지 복합적인 치환기(**아글리콘**)가 있을 수 있다. 당의 골격의 탄소에 산소가 결핍되든지, L 배치를 가지는 당이 있을 수도 있다(드물지만).

문제

33. D 및 L 표시는 가장 높은 번호의 입체중심의 배치 상태에 따라 붙여진다. D-Ribose의 가장 높은 번호의 배치(그림 24-1)가 D에서 L로 바뀌면 L-ribose가 되는가? 아니라면 이 물질은 무엇인가? D-Ribose와 어떤 관계가 있는가? (즉, 어떤 종류의 이성질체인가?)

34. 다음의 단당류는 어떤 종류의 당에 속하는가? 그리고 어느 것이 D 당이고, 어느 것이 L 당인지를 밝히시오.

CHO; H—OH; $HOCH_2$—OH; CH_2OH
(+)-Apiose

CHO; H—OH; H—OH; HO—H; HO—H; CH_3
(−)-Rhamnose

CH_2OH; =O; HO—H; HO—H; H—OH; H—OH; CH_2OH
(+)-Mannoheptulose

35. L-(+)-Ribose와 L-(−)-glucose의 열린 사슬(Fischer 투영식) 구조를 그리시오(연습 문제 24-2 참조). 이러한 당의 체계적인 이름은 무엇인가?

36. 변화된 Fischer 투영식으로 그려진 아래의 당이 무엇인지 밝히시오(**힌트**: 입체중심의 어느 것도 반전하지 **않고서** 일반적으로 사용하는 Fischer 투영식으로 그리는 것이 필요할지도 모른다).

(a) H; $HOCH_2$—CHO; OH

(b) CH_2OH; =O; $HOCH_2$—H; OH

(c) CH_2OH; HO—H; HO—H; H—OH; HO—H; CHO

(d) H; OHC—OH; H—OH; $HOCH_2$—OH; H

(e) HO; H—CHO; $HOCH_2$—H; OH

37. 다음 각 당들을 열린 사슬 형태로 Fischer 투영식으로 그리고, 다음 당들의 관용명을 쓰시오.

(a) H OH H OH; OHC C C C C CH_2OH; H OH HO H

(b) $HOCH_2$, O, H, H, H, OH, OH, HO, CH_2OH

(c) CH_2OH, O, HO, H, H, H, H, HO, OH, OH, H

(d) HO, O, OH, HO, CH_2OH, OH

38. 다음의 당에 대해서 Haworth 또는 형태 구조식을 사용하여 가능한 모든 고리 구조 형태를 그리고, 각 구조가 피라노스인지 또는 퓨라노스인지를 밝히시오. 각각에 α와 β 아노머를 표시하시오.
(a) (−)-Threose, **(b)** (−)-allose, **(c)** (−)-ribulose, **(d)** (+)-sorbose,
(e) (+)-mannoheptulose (문제 34)

39. 문제 38의 당들 중 변광회전을 할 수 없는 것은 어느 것인가? 그 이유는 무엇인가?

40. 다음 각각의 당들의 형태로써 가장 안정한 피라노스 형태를 그리시오.
(a) α-D-Arabinose, **(b)** β-D-galactose, **(c)** β-D-mannose, **(d)** α-D-idose.

41. 케토스는 Fehling 시험과 Tollens 시험에 양성 반응을 나타낸다. α-다이카보닐 화합물로 산화되는 것뿐만 아니라 두 번째 과정을 통해서 반응을 보인다. 케토스는 염기가 있으면 알도스 이성질체로 변화된다. 이 알도스들이 Fehling이나 Tollens 용액에서 산화된다. 그림 24-2에 있는 케토스 하나를 이용하여 그에 상응하는 알도스로 가는 염기 촉매반응 메커니즘을 그리시오(**힌트**: 18-2절을 복습하라).

42. 아래 각 화합물을 periodic acid (HIO_4)로 산화성 분해를 시킬 때 만들어지는 생성물(과 그 비율)은 무엇인가?
(a) 1,3-Dihydroxyacetone, **(b)** rhamnose (문제 34), **(c)** glucitol

43. 다음의 당들을 (i) Br_2, H_2O, (ii) HNO_3, H_2O, 60°C, (iii) $NaBH_4$, CH_3OH, and (iv) 과량의 $C_6H_5NHNH_2$, CH_3CH_2OH, Δ와 각각 반응시켰을 때 얻어지는 생성물을 쓰고, 각 생성물의 관용명을 쓰시오. **(a)** D-(−)-Threose, **(b)** D-(+)-xylose, **(c)** D-(+)-galactose.

44. **(a)** D-(−)-idose 및 **(b)** L-(−)-altrose와 동일한 오사존을 가지게 되는 알도헥소스의 Fischer 투영식을 그리시오.

45. **(a)** 그림 24-1의 알도펜토스 중 $NaBH_4$와 반응하여 광학 활성인 알디톨을 만드는 것은 어느 것인가? **(b)** D-Fructose를 사용하여 케토스의 $NaBH_4$ 환원 결과를 나타내시오. 이 과정이 알도스의 환원보다 더 복잡한가? 설명하시오.

46. 다음의 glucose와 glucose 유도체 중 변광회전을 할 수 있는 것은 어느 것인가? **(a)** α-D-Glucopyranose, **(b)** methyl α-D-glucopyranoside, **(c)** methyl α-2,3,4,6-tetra-*O*-methyl-D-glucopyranoside (예를 들어, 탄소 2, 3, 4, 6에 tetramethyl ether가 있다), **(d)** α-2,3,4,6-tetra-*O*-methyl-D-glucopyranose, **(e)** α-D-glucopyranose 1,2-acetone acetal.

47. **(a)** 알도피라노스의 C1에 있는 산소가 분자내의 다른 산소보다 더 쉽게 메틸화되는 이유를 밝히시오. **(b)** 완전히 메틸화된 알도피라노스의 C1에서의 methyl ether의 가수분해가 분자내의 다른 methyl ether보다 더 쉽게 일어나는 이유는 무엇인가? **(c)** 다음 반응의 생성물은 무엇인가?

$$\text{D-Fructose} \xrightarrow{CH_3OH,\ 0.25\%\ HCl,\ H_2O}$$

48. 네 개의 알도펜토스 중에서 두 개는 과량의 산성 acetone과 반응하여 이중 아세탈을 쉽게 만들지만, 나머지 두 개는 단일 아세탈만을 만든다. 그 이유를 설명하시오.

49. D-Sedoheptulose는 glucose를 궁극적으로 2,3-dihydroxypropanal (glyceraldehyde)과 3당량의 CO_2로 변화시키는 대사회로(펜토스 **산화 회로**)에 있는 하나의 당 중간 물질이다. 다음의 정보로부터 D-sedoheptulose의 구조를 밝히시오.

$$\text{D-Sedoheptulose} \xrightarrow{6\ HIO_4} 4\ \overset{O}{\overset{\|}{H C}}OH + 2\ H\overset{O}{\overset{\|}{C}}H + CO_2$$

$$\text{D-Sedoheptulose} \xrightarrow{C_6H_5NHNH_2} \text{다른 당, 알도헵토스 A에 의해 형성되는 오사존과 동일하다.}$$

$$\text{알도헵토스 A} \xrightarrow{\text{Ruff 분해}} \text{알도헥소스 B}$$

$$\text{알도헥소스 B} \xrightarrow{HNO_3,\ H_2O,\ \Delta} \text{광학적으로 활성인 생성물}$$

$$\text{알도헥소스 B} \xrightarrow{\text{Ruff 분해}} \text{D-ribose}$$

50. 두 개의 다른 부분입체이성질체성 알도스가 Kiliani-Fischer 사슬 확장 반응에서 같은 생성물을 만드는 것이 가능한가? 왜 가능한가 또는 왜 가능하지 않는가?

51. 세 개의 D 알도스로 된 다음 그룹의 각각에서 Ruff 분해에 의해 동일한 생성물을 주는 두 개를 찾으시오. **(a)** Galactose, gulose, talose, **(b)** glucose, gulose, idose, **(c)** allose, altrose, mannose.

52. D-Talose의 사이아노하이드린 사슬 확장의 결과를 도시하시오. 몇 개의 생성물이 만들어지는가? 그들의 구조를 그리시오. 따뜻한 HNO_3와 반응할 때 생성물인 다이카복실산(들)은 광학 활성인가 또는 광학 비활성인가?

53. **도전 문제** **(a)** Sucrose의 가수분해에서 생기는 β-D-fructofuranose가 β-pyranose와 β-퓨라노스의 평형 혼합물로 이성질화하는 데 대한 구체적인 메커니즘을 제시하시오. **(b)** Fructose가 복합당의 일부분일 때에는 퓨라노스로 보통 존재하지만, 순수한 결정 상태로는 β-피라노스 구조를 갖는다. 가장 안전한 형태를 가지는 β-D-fructopyranose의 구조를 그리시오. 20 °C의 물에서 평형 혼합물은 약 68%의 피라노스와 32%의 β-D-furanose를 갖는다. **(c)** 이 온도에서 생성되는 피라노스와 퓨라노스 간의 자유에너지의 차는 얼마인가? **(d)** 순수한 β-D-fructopyranose는 $[\alpha]_D^{20°C} = -132$ 값을 가진다. 평형의 피라노스-퓨라노스 혼합물은 $[\alpha]_D^{20°C} = -92$ 값을 가진다. 순수한 β-D-fructofuranose의 $[\alpha]_D^{20°C}$를 계산하시오.

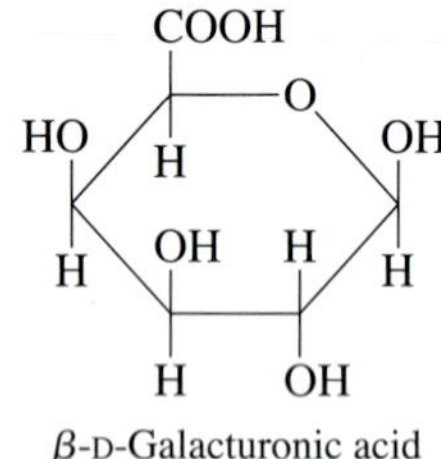

β-D-Galacturonic acid

54. 다음의 당과 당유도체들을 환원당과 비환원당으로 구분하시오. **(a)** D-Glyceraldehyde, **(b)** D-arabinose, **(c)** β-D-arabinopyranose 3,4-acetone acetal, **(d)** β-D-arabinopyranose acetone diacetal, **(e)** D-ribulose, **(f)** D-galactose, **(g)** methyl β-D-galactopyranoside, **(h)** β-D-galacturonic acid(왼쪽 여백 그림 참조); **(i)** β-cellobiose, **(j)** α-lactose

55. α-Lactose는 변광회전을 할 수 있는가? 이 과정을 나타낼 수 있는 방정식을 쓰시오.

56. Trehalose, sophorose, turanose는 이당류이다. Trehalose는 몇몇 곤충의 번데기에서 발견된다. Sophorose는 몇몇 콩의 품종에 나타난다. Turanose는 소나무 즙을 섭취하고 소화불량에 걸린 벌이 만들어낸 저품질 꿀의 구성 성분의 하나이다. 다음 정보에 기초하여 trehalose, sophorose, turanose에 해당하는 구조를 다음 구조식들 사이에서 찾아내시오. (i) Turanose와 sophorose는 환원당이다. Trehalose는 비환원당이다. (ii) 가수분해하면 sophorose와 trehalose는 알도스를 각각 두 분자를 생성한다. 가수분해했을 때 turanose는 알도스 한 분자와 케토스 한 분자를 생성한다. (iii) Sophorose를 구성하는 두 개의 알도스는 각각의 아노머이다.

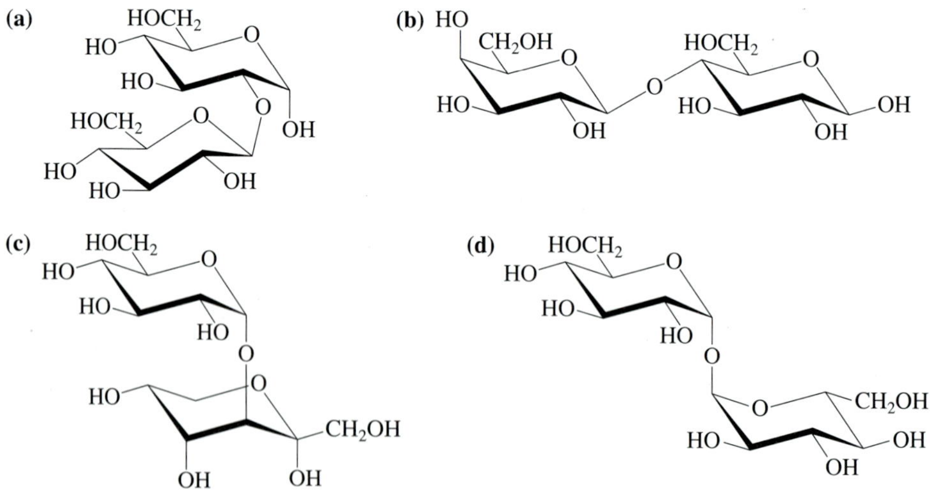

57. 24-1과 24-11절에 있는 정보를 이용하여 스테비오사이드(화학 이야기 24-3)의 구조에 포함되는 탄수화물들을 찾아내고, 그 이름을 쓰시오.

58. B형 적혈구 세포의 표면에 결합된 올리고당의 말단에 있는 이당류(다이사카라이드)는 α-D-galactopyranosyl-β-D-galactopyranose이다. 첫 번째 galactose의 C1과 두 번째 galactose의 C3의 hydroxy기가 아세탈로 연결된다. 다시 말하면, 정식 명명법은 3-(α-D-galactopyranose-1-yl)-β-D-galactopyranose이다. 이 이당류의 구조를 그리시오(육원자 고리들은 정확한 의자 형태를 그려라).

59. Glucose는 미량의 산 존재하에서 ammonia와 반응하여 β-D-glucopyranosylamine을 주로 생성한다(24-12절). 이 반응의 타당한 메커니즘을 제시하시오. 어째서 단지 C1에 있는 hydroxy기만 바뀌어지는가?

60. **(a)** (*R*)-2,3-dihydroxypropanal (D-glyceraldehyde)과 1,3-dihydroxyacetone의 혼합물을 NaOH 수용액과 반응시키면, D-fructose, D-sorbose 및 라세미 dendroketose (여기에는 거울상이성질체 하나만을 나타냄)의 세 가지 당의 화합물이 생성된다. 구체적인 메커니즘에 의해 이 결과를 설명하시오. **(b)** 알데하이드 또는 케톤 둘 중 하나만을 염기와 반응시키더라도 위와 같이 동일한 생성물이 만들어진다. 그 이유는 무엇인가? (**힌트**: (a)를 설명하는 메커니즘에서 중간체를 자세히 보라).

CH_2OH, $=O$, H—C—OH, $HOCH_2$—C—OH, CH_2OH

Dendroketose

61. 다음 (a)에서 (g)까지 반응에서 빠진 시약이나 구조를 쓰거나 그리시오. 생성물의 (g)의 관용명은 무엇인가?

D-(+)-Xylose $\xrightarrow{\text{(a)}}$ **(b)** D-Xylonic acid $\xrightarrow{\text{(c)}}$ **(d)** Methyl D-xylonate $\xrightarrow{NH_3,\ \Delta}$ $C_5H_{11}NO_5$ (e) $\xrightarrow{Br_2,\ NaOH}$

CO_2 + $C_4H_{11}NO_4$ **(f)** $\xrightarrow{\Delta}$ NH_3 + $C_4H_8O_4$ **(g)**

위의 과정에서 (**Weerman 분해**라고 한다)와 같은 최종 생성물을 만드는 것은 이 장에서 기술한 과정 중 어느 것인가?

62. **도전 문제** 당 구조 문제에 대한 Fischer의 풀이를 실험적으로 완성시키는 것은, 사실상 24-10절에 나타낸 것보다 훨씬 더 어려웠다. 하나의 예를 들면, Fischer가 자연계에서 취할 수 있는 유일한 당들은 glucose, mannose, arabinose였다 (Erythrose와 threose는 사실 그 당시에 전혀 구할 수 없는 것들이었다, 자연계에서나 합성적으로). 그의 천재적인 해답을 실현시키려면 그 절의 마지막 부분에 설명된 중대한 구분을 하기 위해 glucose와 mannose의 C1과 C6의 작용기들을 교환하는 방법을 알아내야 했다(물론, 자연계에 gulose가 존재하였었다면, 이 모든 노력들이 불필요했었을 것이다. 하지만 Fischer는 그렇게 운이 좋은 것은 아니었다). 아주 중요한 단계에서 생성물들이 다루기 힘든 혼합물이었기 때문에 Fischer의 계획은 예측하지 않았던 어려움들에 직면하게 되었다. 현재에는 우리는 그 문제를 아래에 나타낸 방법으로 푼다. (a)에서 (g)까지 생략된 시약과 구조식들을 채우시오. 모든 구조식은 Fischer 투영식을 이용하시오. 괄호 안에 있는 지시와 힌트를 따르기 바란다.

D-(+)-Glucose $\xrightarrow{\text{(a)}}$ (b) Methyl D-glucoside (이성질체 모두: 하나만 그려라) $\xrightarrow{O_2,\ Pt}$ (C6에 있는 일차 하이드록시만 카복실 작용기로 산화시키는 특별한 반응) (c) Methyl D-glucuronoside $\xrightarrow{H^+,\ H_2O}$

(d) D-Glucuronic acid (열린 사슬 구조만 그려라) $\xrightarrow{NaBH_4}$ (e) Gulonic acid $\xrightarrow{\Delta}$ H_2O + (f) Gulonolactone $\xrightarrow{\text{Na–Hg}}$ (락톤을 알데하이드로 환원시킨다) (g) Gulose (열린 사슬 구조만 그려라)

63. **도전 문제** 비타민 C (ascorbic acid, 22-9절)는 거의 모든 식물계와 동물계에 전반적으로 존재한다 (Linus Pauling에 따르면 야생 염소는 하루에 12 g에서 14 g까지 비타민 C를 생합성한다). 동물들은 간에서 D-glucose로부터 네 단계 과정을 따라서 비타민 C를 생산한다, D-glucose → D-glucuronic acid (문제 62 참고) → D-glucuronic acid γ-lactone → 1-gulonic acid γ-lactone → 비타민 C.

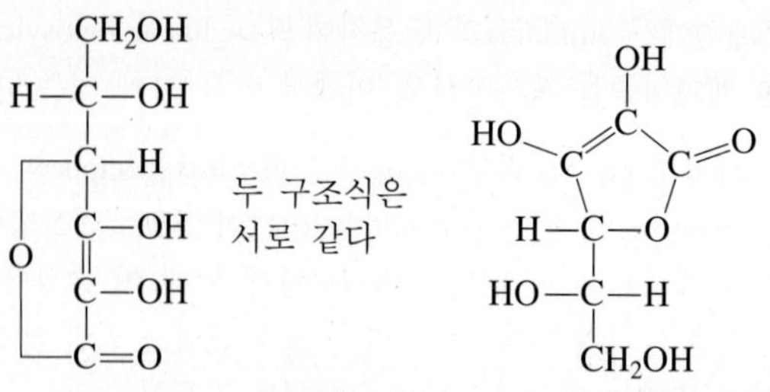

$$\begin{array}{c} CH_2OH \\ H-C-OH \\ C-H \\ C-OH \\ \| \\ C-OH \\ C=O \end{array}$$

두 구조식은 서로 같다

$$\begin{array}{c} OH \\ HO-C{=}C-C{=}O \\ H-C-O \\ HO-C-H \\ CH_2OH \end{array}$$

비타민 C

아마도 약 6천 만 년 전에 일어난 돌연변이에 기인된 유전자 결핍 때문에, 마지막 반응을 촉매하는 효소(L-gulonolactone 산화제)는 사람, 몇몇 원숭이 종류, 기니아 돼지들, 조류들에게는 없다. 그 결과로 우리는 비타민 C를 음식물로 섭취하거나 실험실에서 만들어 섭취해야 한다. 사실 거의 모든 비타민 보충제에 들어 있는 ascorbic acid은 합성된 것이다. 주요 상업 합성의 하나의 개요가 다음과 같다. (a)에서 (f)까지 보이지 않는 시약들과 구조식들을 그리시오(**힌트**: 화학 이야기 24-1 참조).

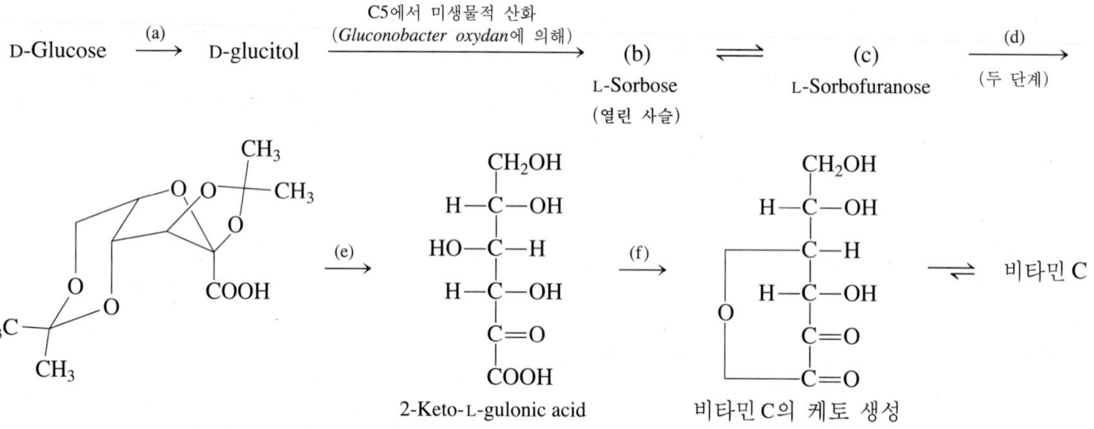

D-Glucose $\xrightarrow{(a)}$ D-glucitol $\xrightarrow{\text{C5에서 미생물적 산화 (}\textit{Gluconobacter oxydan}\text{에 의해)}}$ (b) L-Sorbose (열린 사슬) $\rightleftharpoons$ (c) L-Sorbofuranose $\xrightarrow[\text{(두 단계)}]{(d)}$

CH_3, CH_3, O, O, O, COOH, O, O, H_3C, CH_3 $\xrightarrow{(e)}$

$$\begin{array}{c} CH_2OH \\ H-C-OH \\ HO-C-H \\ H-C-OH \\ C=O \\ COOH \end{array}$$

2-Keto-L-gulonic acid $\xrightarrow{(f)}$

$$\begin{array}{c} CH_2OH \\ H-C-OH \\ C-H \\ H-C-OH \\ C=O \\ C=O \end{array}$$

비타민 C의 케토 생성 $\rightleftharpoons$ 비타민 C

헤테로고리

고리형 유기 화합물의 헤테로원자들

한 잔의 모닝 커피 없이 당신이 할 수 있는 것이 얼마나 되는가? 커피의 흥분 성분은 헤테로고리 caffeine으로, 정상적인 8온스 커피에는 135 mg의 caffeine이 들어 있다. 물론 1온스의 액체보다 적은 양의로만 에스프레소에는 100 mg의 caffeine이 들어 있다.

세계 10대 의약품 목록을 보라(표 25-1). 그들이 가지는 공통적인 구조는 무엇인가? 산소, 질소, 황과 같은 헤테로원자의 존재와는 별개로, 이들의 구조에는 모두 최소한 두 개의 고리를 가지고 있다. 나아가서 두 경우 모두 이들 고리는 탄소로만 구성된 **탄소고리(carbocycle**, 4장)이거나, 또는 헤테로원자로 구성된 **헤테로고리(heterocycle)** 이다.

이 장에서는 헤테로사이클프로페인에서 시작하여 고리의 크기 순서대로 포화 및 방향족 헤테로고리 화합물들의 명명, 합성 및 반응들에 대해 취급하고자 한다. 이들의 몇몇 화학 반응은 이미 설명한 탄소고리 화합물에 대한 단순한 확장 및 변환이다. 그러나 헤테로고리 화합물의 헤테로원자는 종종 특별한 화학적 반응을 나타내는 원인이 된다.

대부분의 생리학적 활성 화합물은 헤테로고리 형태의 주 원자인 헤테로원자에 존재하는 생물학적 특성에 기인한다. 지금까지 알려진 대부분의 천연 화합물은 헤테로고리이다. 그러므로 발표된 화학 문헌의 반 이상이 헤테로고리 화합물의 합성법, 분리, 내부변환 등을 다루었다는 것이 놀라운 일이 아니다. 참으로 우리는 이미 많은 예를 접하였다. 고리 에터(9-6절), 아세탈(17-8, 23-4, 24-8절), 카복실산 유도체(19 및 20장) 그리고 아민(21장) 등. 유전정보를 연속적으로 저장하고 있는 DNA 염기는 헤테로고리(26-9절)이며, 다수의 많은 비타민 B_1(싸이아민, 화학 이야기 23-2), B_2(라이보플라빈, 화학 이야기 25-3), B_6(피리독신), 매우 복잡한 B_{12}, 비타민 C 및 E(22-9절) 또한 헤테로고리가 포함되어 있다. 비타민 B_6과 B_{12}의 구조 또한 부가적인 헤테로고리 시스템의 예이고, 그들의 다양한 사용 방법을 이 장에서 설명하였다.

표 25-1 일반명 (괄호 안에 선택된 상품명을 표기) 으로 판매되는 미국에서 상위 10위 이내의 처방 의약품 (2007년에 판매된 순위)[a]

1. Atorvastatin (Lipitor)

Cholesterol reducer

2. Esomeprazole (Nexium)

Stomach acid reducer

3. Lansoprazole (Prevacid)

(Racemate)
Antiulcerative and stomach acid reducer

4. Fluticasone and salmeterol mixture (Advair Diskus)

Fluticasone

Salmeterol
(Racemate)

Antiasthmatic

5. Montelucast (Singulair)

Antiasthmatic

6. Venlafaxine (Effexcor)

(Racemate)
Antidepressant

7. Clopidogrel (Plavix)

Antiplatelet agent

8. Simvastatin (Sivastin, Zocor)

Antihypercholesterolemic

9. Amlodipine (Norvasc)

Antihypertensive

10. Escitalopram (Lexapro)

Antidepressant

[a]2007년 미국 조제의약품 총 판매액은 2,950억 달러이며, 그중 리피터(Lipitor)는 620억 달러로 최고 판매를 기록했다.

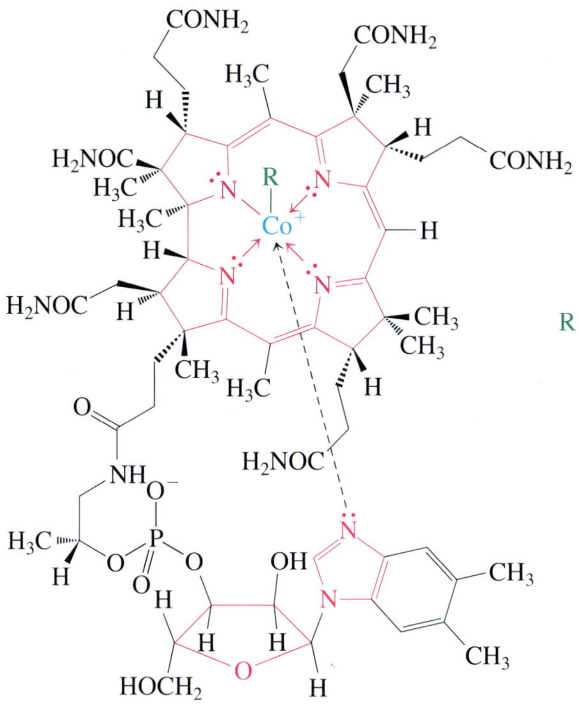

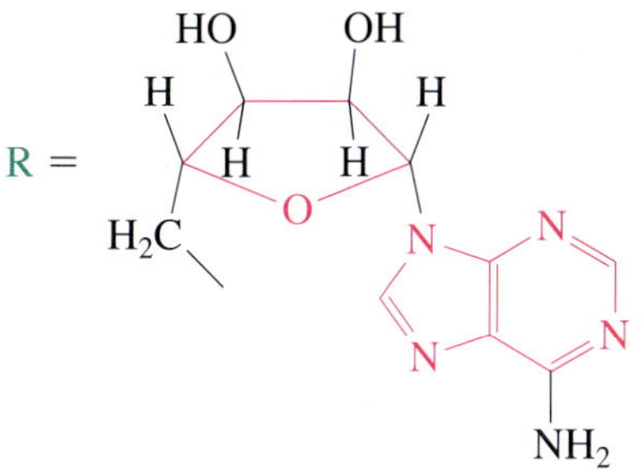

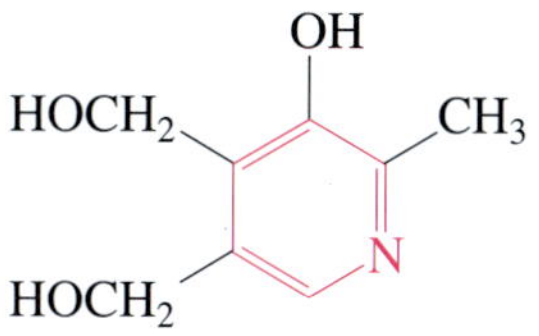

Pyridoxine, 비타민 B_6
(다중 작용기와
효소 보조인자 비타민)

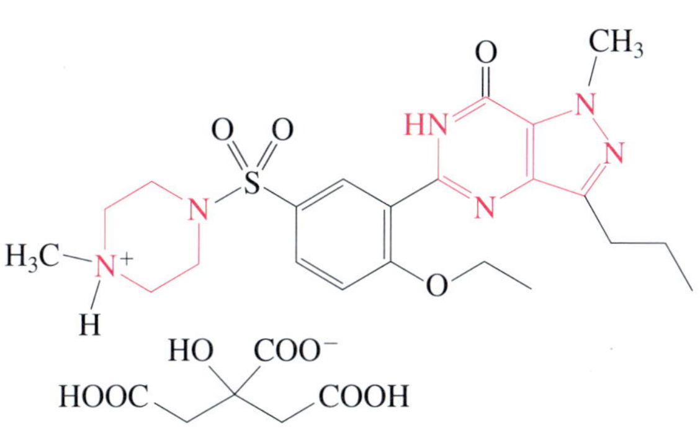

비타민 B_{12}
(Cobalamin)
(촉매 생물학적 재배열반응과 메틸화반응)

Viagra
(Sildenafil citrate)
(발기부전 치료,
통합 문제
25-29도 참조)

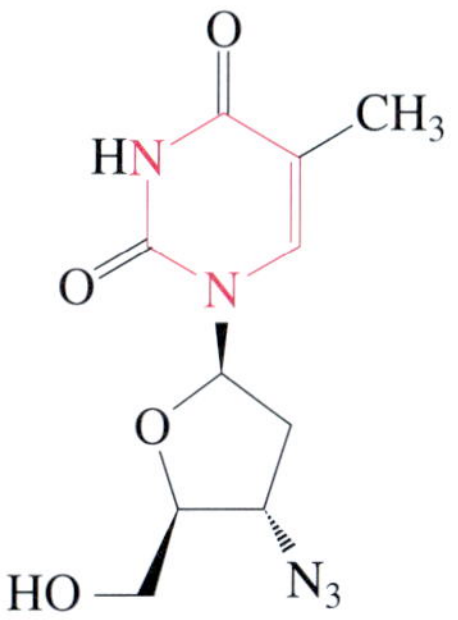

Zidovudine
(AZT)
(항바이러스 AIDS 약,
화학이야기 26-3 참조)

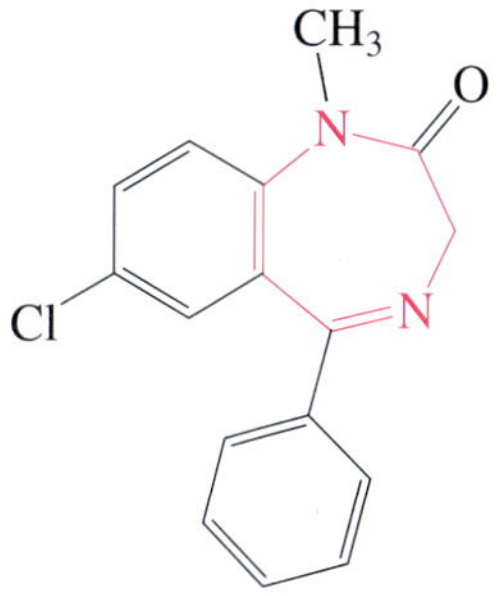

Diazepam
(Valium)
(신경안정제)

25-1 헤테로고리 명명

우리가 접하는 모든 다른 종류의 화합물들과 마찬가지로, 헤테로고리도 많은 관용명들을 가지고 있다. 더욱이 고리 화합물에 대한 여러 개의 경쟁적인 시스템이 존재하여 때때로 혼동된다. 이 장에서는 가장 간단한 시스템을 취급하고자 한다. 연관된 탄소고리 유도체로서 포화 헤테로고리를 다루고, 헤테로원자의 존재에 따른 접두어를 사용한다. 질소 화합물은 **아자-(aza-)**, 산소는 **옥사-(oxa-)**, 황은 **싸이아-(thia-)**, 인은 **포스파-(phospha-)** 등으로 쓴다. 널리 사용되어 관용명들은 괄호 속에 나타내기로 하였다. 치환기의 위치는 헤테로원자로부터 시작하여 고리 원자들에 차례로 번호를 매겨나간다. 다음 예에서와 같이 삼원자 고리에서부터 육원자 고리까지의 고리 크기를 공간 채움으로 나타내는 경우에는, 그들의 실제 모양에 대한 투시도로 나타낼 것이다.

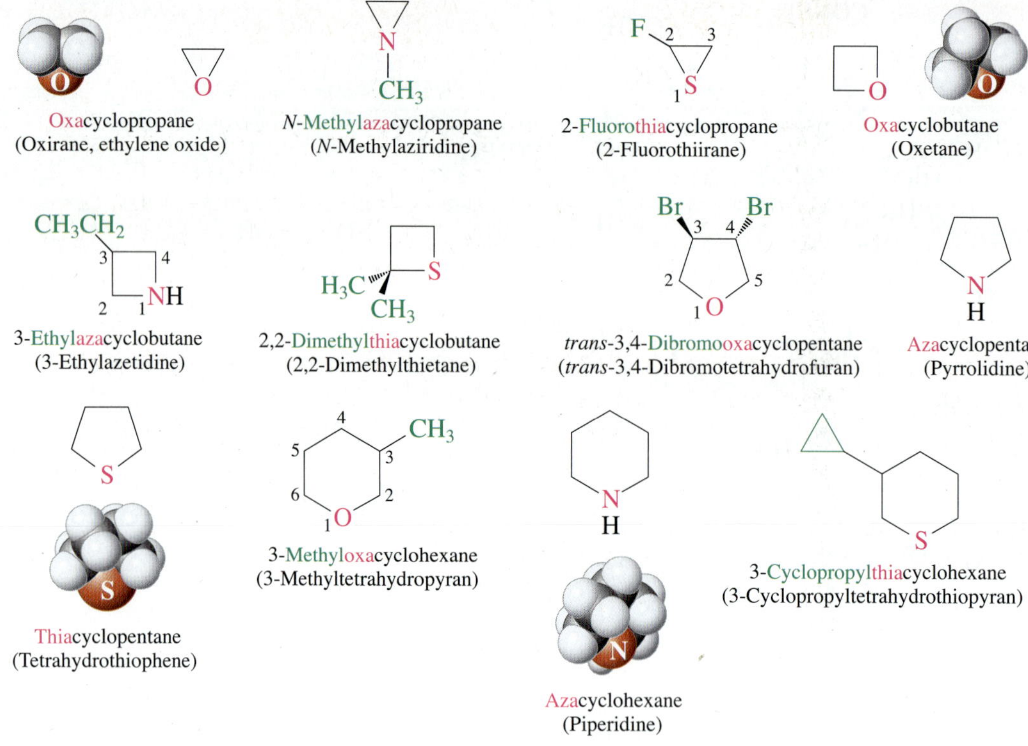

화학 문헌에서 확고하게 이용되고 있는 불포화 헤테로고리 화합물의 관용명은 이 책에서도 그대로 사용하기로 한다.

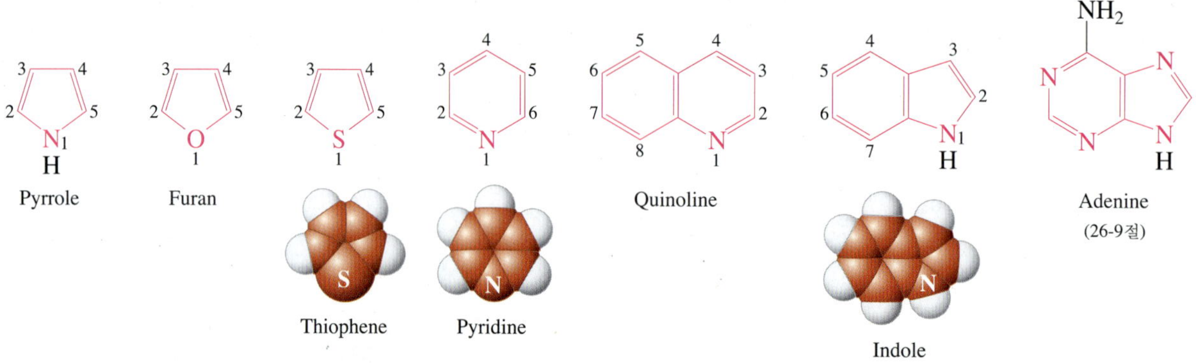

연습 문제 25-1

다음 화합물들의 구조 또는 이름을 쓰시오. **(a)** *trans*-2,4-Dimethyloxacyclopentane (*trans*-2,4-dimethyltetrahydrofurane), **(b)** *N*-ethylazacyclopropane;

(a) O_2N N NO_2 **(b)** Br N H

25-2 방향족성이 아닌 헤테로고리

옥사사이클로프로페인에서 설명한 것과 같이(9-9절), 고리 변형 때문에 삼원자 및 사원자 헤테로고리 화합물은 친핵성 고리 열림 반응이 쉽게 일어난다. 이와는 대조적으로 변형이 없는 더 큰 고리계는 친핵성 공격에 비교적 비활성이다.

고리 변형은 헤테로사이클로프로페인과 헤테로사이클로뷰테인의 반응성을 크게 한다

헤테로사이클로프로페인은 친핵성 고리 열림으로 고리 변형이 해소되기 때문에 비교적 반응성이 크다. 염기 조건하에서 이 과정은 덜 치환된 중심에서 반전이 일어난다(9-9절).

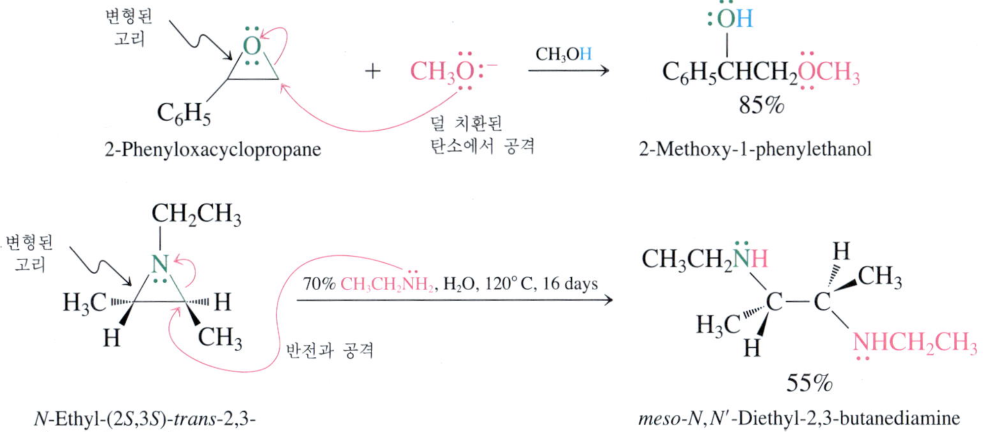

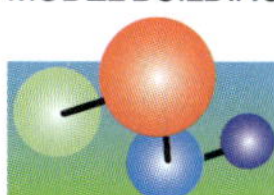

연습 문제 25-2

다음 결과를 메커니즘으로 설명하시오(주: 이 반응은 산화 과정이 아니다. **힌트**: 출발물과 생성물의 분자식을 생각하라. Lewis 산에 의한 촉매 고리 열림을 시도하고 결과적으로 얻어질 수 있는 중간체를 고려하라, 9-3절 참조).

$MgBr_2$, $(CH_3CH_2)_2O$

100%

연습 문제 25-3

2-(Chloromethyl)oxacyclopropane hydrogen sulfide 이온(HS^-)과 반응하여 thiacyclobutan-3-ol을 만든다. 이 반응의 메커니즘을 나타내시오.

연습 문제 25-4

개념 문제: 헤테로고리를 가진 화합물의 메커니즘 연습

이성질체 cylindricine A와 B는 1993년에 오스트리아 해양식물 *Clavelina cylindrica*로부터 추출되어 분리된 두 개의 중요한 알칼로이드(25-8절)이다. 이 두 화합물은 3 : 2 혼합물로 평형을 이룬다. 이 진행 과정의 메커니즘을 설명하시오(**힌트**: 연습 문제 9-25 참조).

Cylindricine A ⇌ Cylindricine B

화학 이야기 25-1

흡연, 니코틴, 암 및 의학화학

니코틴은 담배 연기에서 중독성 특징을 나타내는 물질로 아자사이클로펜테인(aza-cyclopentane) 유도체이다. 다른 의약품의 남용에서와 같이 신경전달물질인 도파민의 방출을 촉진하여 뇌의 기쁨을 활성화시키는 반면, 신체 스트레스 체계의 활성을 제거한다. 흡연과 암 사이의 대략적인 연관성이 잘 확립되어 있고, 담배 연기에 포함된 수천 개의 화합물 중 40개 이상의 발암물질이 알려졌다. 그들 중 하나가 벤조[*a*]피렌(benz[*a*]pyrene)이다(16-7절). 니코틴은 종양 발병의 두 가지 역할을 나타낸다. 니코틴의 대사 물질은 암을 유발시키는 원인 물질이 아니고, 완전한 발암물질 자체이기 때문에 종양 촉진이다.

대사 과정은 초기 단계에서 아자사이클로펜테인(피롤리딘) 질소의 *N*-나이트로소화반응(*N*-nitrosation)이다. 산화와 고리 열림 반응(화학 이야기 21-3과 비교)으로 두 *N*-나이트로소다이알킬아민(*N*-나이트로아민)의 혼합물이 얻어지며, 각각 화합물은 강력한 발암성 물질이다.

Nicotine —NO^+ (21-10절)→ [N-nitroso ammonium] —고리 열림과 산화 (화학 이야기 21-3)→ 4-(*N*-Methyl-*N*-nitrosamino)-1-(3-pyridyl)-1-butanone + 4-(*N*-Methyl-*N*-nitrosamino)-4-(3-pyridyl)butanal

이 물질의 나이트로소기의 산소에 양성자첨가반응하면 반응성이 큰 알킬화 시약으로 변화되어, 아래에 보여 준 DNA와 같은 생화학적 분자 내의 친핵성 자리에 메틸기가 이동할 수 있게 된다. 남아 있는 다이아조하이드로사이드(diazohydroxide)는 다이아조늄 이온을 거쳐 추가적인 분자의 손상을 초래할 수 있는 탄소양이온으로 분해된다(21-10절).

$R-N(CH_3)-N=O$ ⇌(H^+) [$R-N(CH_3)-N=\overset{+}{O}H$ ⟷ $R-\overset{+}{N}(CH_3)=N-OH$] —Nu:(DNA에서)→ $R-N=N-OH$ + Nu^+-CH_3

니코틴의 종양 촉진제로서의 능력은 다수의 연구에서 표면화되었다. 예를 들면, 인간의 폐암 세포는 배지에 니코틴을 가하면 암세포의 분열 속도가 50%나 가속되는 것을 보였다. 니코틴은 또한 악성 세포의 "자살"을 방해하기도 하고, 세포가 손상된

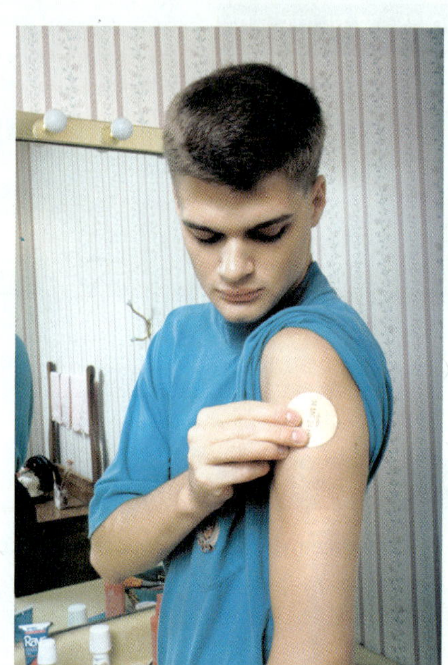

니코틴 패치(반찬고)는 담배 연기의 오염으로부터 개개인을 보호하는 데 이용된다.

전략

아래의 힌트에서 연습 문제 9-25에서 지적한 바와 같이, 2-chloroethylsulfide는 분자내 S_N2 반응으로 외부의 친핵성 공격에 의해 고리 열림이 되기 쉬운 설포늄 이온 중간체로 된다. Cylindricine A의 "반응" 부분이 2-chloroethylamine의 하부구조로 인식하고 있기 때문에, 여기서 같은 원리를 적용할 수 있다.

풀이

- 아미노 질소가 염소 원자가 결합된 탄소를 분자내 공격함으로써 반응성이 큰 암모늄 이온 중간체 A가 형성된다(다음 쪽).
- 활성화된 azacyclopropane 고리는 첫 번째 단계에서 떨어져 나간 염화 이온에 의해 두 개의 탄소가 모두 다 공격받을 수 있게 된다.
- 일차 탄소를 통한 고리 열림은 출발물을 재생성한다(*a*).
- 그러나 인접한 위치의 탄소를 공격할 때 (*b*)에는 A가 cylindricine B로 전환된다.

경우 신체의 치료 및 정화의 기능도 가진다. 그러므로 니코틴은 실제적으로 유전학적으로 손상을 입은 세포의 생존을 돕기도 하고, 또한 빠르게 확산시키기도 한다. 이러한 발견은 니코틴은 다수의 기능성 껌, 패치, 정재 및 흡입기 등을 이용한 금연치료에서의 결정적인 성분이기 때문인 것으로 생각되었다. 전 세계에는 약 13억의 흡연자가 있는데, 미국에서만 6천만 명이나 되는 엄청난 수의 흡연자가 있다. 그들 중 대다수는 금연을 원하고 또 금연을 시도하고 있다. 흡연에 연관된 질병은 이차적인 죽음(심장병)의 원인을 제공하기 때문에, 엄청나게 많은 새로운 치료법이 필요하다. 새로운 개념의 정맥 주사는 2006년 시장에 도입된 "varenicline"이라는 새로운 의약품이다. 이 약품은 "부분적 경쟁" 니코틴 수용체인데, 다시 말해서 이 분자의 목표 물질은 니코틴으로 중추신경계의 동일한 수용체이지만, 단지 부분적인 효험이 있다. 엄밀히 말해서 흡연을 줄이고자 하는 욕망 및 흡연에 연관된 쾌락을 줄이고자 하는 두 가지를 완전히 하는 것은 어렵고, 그러므로 단지 기회를 줄이는 것으로 대치해야 한다.

Varenicline의 합성은 의약화학자에 의한 연습으로서 이 책에서 여러분들이 만날 수 있는 한 보기가 되는 반응이다.

Varenicline의 합성

Br, Br; butyllithium, 22-4절; Br, Li; −LiBr; 14-8절; 1. O_3 2. H_2, Pt, 12-12절; CHO, CHO; $C_6H_5CH_2NH_2$, H^+, H_2, Pt, 21-6절; $NCH_2C_6H_5$; H_2, Pd, 22-2절; NH; CF_3COCCF_3 (O O), 20-3절; $NCCF_3$ (O); HNO_3, H^+, 16-4절; O_2N, O_2N; H_2, Pd, 16-5절; H_2N, H_2N; HCCH (OO), 17-9절; N, N; Na_2CO_3, H_2O, 20-6절; NH

Varenicline

• 모형을 만들어보라!

O; N; R; H; Cl; a; $^+$N; Cl^-; b; Cl; H

Cylindricine A

A

Cylindricine B

연습 문제 25-5

자습 문제

$-70°C$의 $CHCl_3$에서 염소와 thiacyclobutane의 반응으로 30%의 $ClCH_2CH_2CH_2SCl$을 얻을 수 있다. 이 반응에 대한 메커니즘을 나타내시오 [**힌트**: 설파이드의 황은 친핵성이다(9-10절)].

사원자 헤테로고리알케인의 반응성은 고리 변형을 기초로 하여 예측할 수 있다. 삼원자 헤테로고리알케인과 같이, 사원자 헤테로고리알케인도 고리 열림 반응을 한다. 그러나 더 강력한 반응 조건이 요구된다. CH_3NH_2와 옥사사이클로뷰테인의 반응이 전형적인 예이다.

$$\text{(oxacyclobutane)} + CH_3\ddot{N}H_2 \xrightarrow{150°C} CH_3\ddot{N}H(CH_2)_3\ddot{O}H$$

45%

N-Methyl-3-amino-1-propanol

β-락탐 항생제인 페니실린은 고리 열림 과정(화학 이야기 20-2 참조)을 거쳐 작용한다.

연습 문제 25-6

2-Methyloxacyclobutane은 HCl과 반응하여 두 가지의 생성물을 만든다. 그들의 구조식을 쓰시오.

헤테로사이클로펜테인과 헤테로사이클로헥세인은 비교적 반응성이 없다

변형이 없는 헤테로사이클로펜테인과 헤테로사이클로헥세인은 비교적 비활성이다. 옥사사이클로펜테인(테트라하이드로퓨란, THF)은 용매로 사용됨을 생각하라. 그러나 오원자 및 육원자의 아자사이클로알케인 및 싸이아사이클로알케인에 있는 헤테로원자는 이들 종류가 그들 자신의 특징적인 반응을 일으키게 한다(9-10, 17-8, 18-4절 및 21장). 일반적으로 헤테로원자의 결합의 분해에 의한 고리 열림은 후자의 경우 좋은 이탈기로 바뀌지 않으면 일어나지 않는다.

연습 문제 25-7

Acetic acid에서 $NaNO_2$와 azacyclopentane (pyrrolidine)의 반응은 끓는점이 99~100°C (15 mm Hg)인 $C_4H_8N_2O$의 액체를 얻는다. 이 화합물의 구조를 제안하시오 (**힌트**: 21-10절).

요약 헤테로사이클로프로페인과 헤테로사이클로뷰테인의 반응성은 고리 열림에 의한 변형의 감소 결과이다. 오원자 및 육원자의 헤테로사이클로알케인은 그들의 작은 고리보다 반응성이 더 작다.

방향족 헤테로고리펜타다이엔들

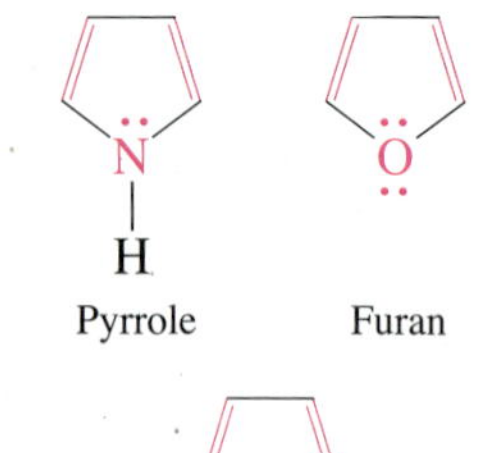

Pyrrole Furan

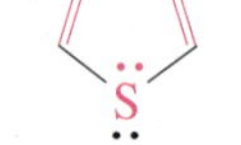

Thiophene

25-3 방향족 헤테로사이클로펜타다이엔의 구조와 성질

피롤(pyrrole), **퓨란(furan)** 및 **싸이오펜(thiophene)**은 1-헤테로-2,4-사이클로펜타다이엔이다. 각각은 고립 전자쌍을 가지는 sp^2 혼성화된 헤테로원자로 연결된 뷰타다이엔을 포함하고 있다. 이 절에서는 이들의 구조와 이들 화합물의 합성 방법을 다룰 것이다.

피롤, 퓨란, 싸이오펜은 비편재된 고립 전자쌍을 포함한다

헤테로고리인 피롤, 퓨란, 싸이오펜의 전자적 구조는 사이클로펜타다이엔일 음이온과 비슷하다(15-7절). 사이클로펜타다이엔일 음이온은 전자쌍이 다른 네 개의 탄소에 의해 비편재된 음전하를 띠고 있는 탄소로 연결된 뷰타다이엔을 볼 수 있다. 헤테로고리 화합물은 고립 전자쌍

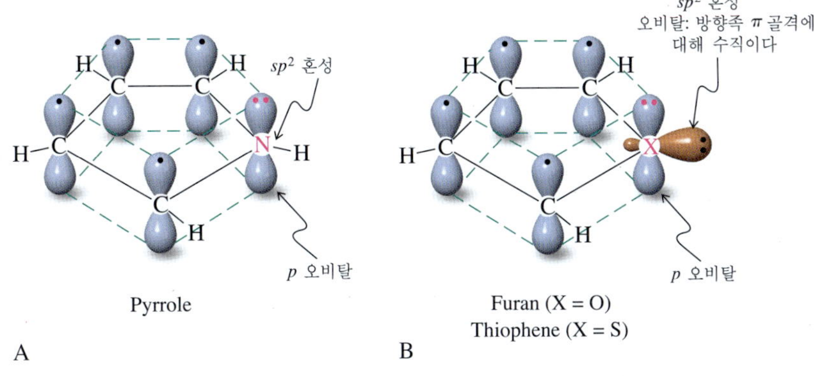

그림 25-1 (A) Pyrrole 및 (B) furan (X = O), thiophene (X = S) 의 분자 오비탈 모양. 각각에서 헤테로원자는 sp^2 혼성화를 이루고, 한 개의 비편재된 고립 전자쌍을 가진다.

을 가지며, 그곳에 중성 원자를 포함한다. 이 전자쌍은 거의 비편재되어 있고, $4n + 2$ 규칙을 만족시키기 위해 필요한 두 개의 전자를 공급한다(15-7절). 겹침을 극대화하기 위해 헤테로원자는 sp^2 혼성화 구조(그림 25-1)를 가지며, p 오비탈에 남아 있는 전자쌍이 비편재된다. 피롤에서 sp^2 혼성화된 질소 원자는 분자 평면에 수소가 치환되어 있다. 퓨란과 싸이오펜에 대한 두 번째 고립 전자쌍은 평면 내의 sp^2 혼성 오비탈에 놓여 있으므로, 전자쌍은 겹칠 수 있는 기회가 없다. 이 배열은 페닐 음이온과 유사하다(22-4절). 피롤, 퓨란, 싸이오펜은 비편재화의 결과로 매우 안정한 방향족 화합물의 특성을 나타내며, 고리 전류의 존재에 의해 ^{1}H NMR 스펙트럼에서 수소 양이온이 벗김 효과를 받으며, 친전자성 방향족 치환반응이 일어날 수 있는 능력을 지닌다(25-4절).

Cyclopentadienyl 음이온

1-헤테로-2,4-사이클로펜타다이엔의 고립 전자쌍의 비편재화는 피롤에서 보여 주듯이, 전하가 분리된 공명 구조로 묘사된다.

Pyrrole의 공명 형태

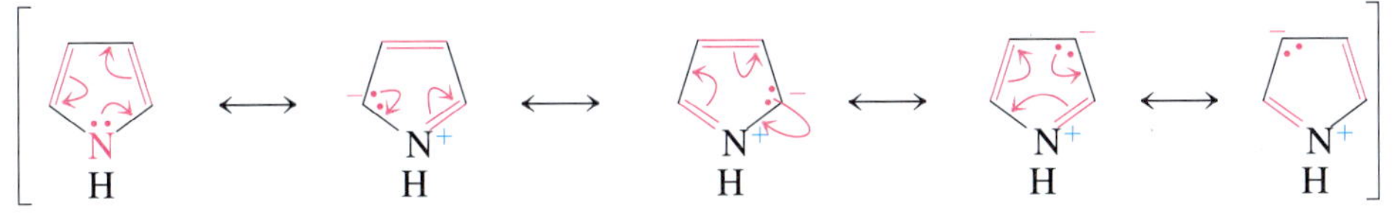

MODEL BUILDING

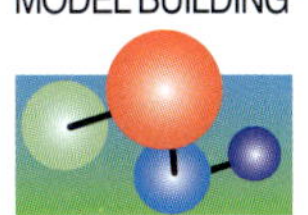

피롤에서 양전하는 헤테로원자에 놓여 있고, 네 개의 쌍극성 형태로 존재하며, 각 탄소에 음전하가 연속적으로 놓여 있음을 주목하라. 이 그림은 헤테로원자는 상대적으로 전자가 부족하고, 탄소들은 전자가 풍부하다는 것을 보여 준다. 다음의 정전기 퍼텐셜 지도는 이 기대를 확신시켜 준다. 그러므로 피롤에 있는 질소는 그 포화 대응물인 아자사이클로펜테인(붉은색)보다 전자가 더 적고(오렌지색), 피롤의 다이엔 부분은 1,3-사이클로펜타다이엔(노란색)보다 더 전자가 많다(붉은색).

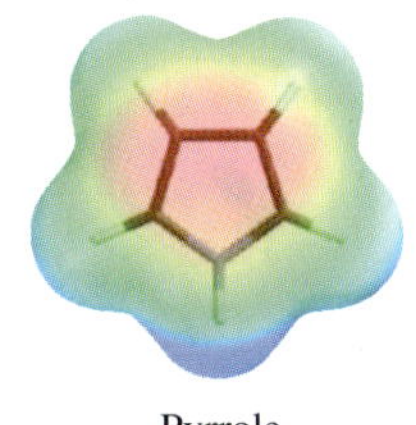

Pyrrole

Azacyclopentane

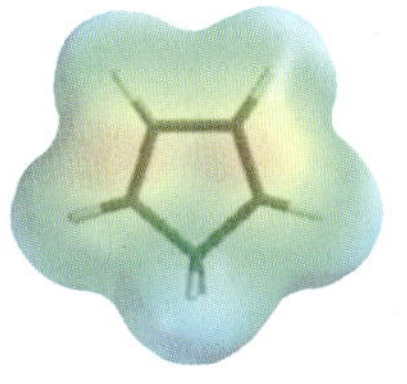

1,3-Cyclopentadiene

지금까지의 설명에 따라 이러한 계의 방향족성은 헤테로원자가 고립 전자쌍을 제공할 수 있는 능력에 의존된다. 다시 말하면, 각 헤테로원자의 전기음성도로 설명된다(표 1-2). 결과적으로 방향족성 특징은 퓨란 < 피롤 < 싸이오펜 순서로 증가하는데, 이 경향성은 상대적인 반응성 및 안정성과 연관이 된다.

Heterocyclopentadiene의 방향족성

Furan < Pyrrole < Thiophene

방향족성의 증가

연습 문제 25-8

Azacyclopentane과 pyrrole은 극성 분자이다. 그러나 두 분자의 쌍극자 벡터는 반대 방향이다. 각각의 구조에서 이 벡터의 방향은 무엇인가? 설명하시오.

피롤, 퓨란, 싸이오펜은 γ-다이카보닐 화합물에서 합성된다

헤테로사이클로펜타다이엔의 합성은 다양한 고리화 전략을 이용한다. 일반적인 접근은 **Paal-Knorr*** **합성(Paal-Knorr synthesis**, 피롤에 대해)과 변형된 방법들(다른 헤테로고리 화합물에 대해)이다. 이들 헤테로사이클로펜타다이엔을 엔올화할 수 있는 γ-다이카보닐 화합물을 아민 유도체(피롤에 대해), P_2O_5(퓨란에 대해) 또는 P_2S_5(싸이오펜에 대해)와 함께 처리하면 만들어진다.

1-Hetero-2,4-cyclopentadiene에서
γ-다이카보닐 화합물의 고리화반응

R–CO–CH₂CH₂–CO–R $\xrightarrow[-H_2O]{R'NH_2,\ 또는\ P_2O,\ 또는\ P_2S_5}$ 2,5-R₂-heterocyclopentadiene

X = NR′, O, S

$CH_3CCH_2CH_2CCH_3$ (:O: :O:) + $(CH_3)_2CH\ddot{N}H_2$ $\xrightarrow{CH_3COOH,\ \Delta,\ 17\ h}$ H_3C–pyrrole–CH_3, N–$(CH_3)_2CH$

70%

N-(1-Methylethyl)-2,5-dimethylpyrrole

1,2-Dibenzoylcyclohexane (C_6H_5, :O:) $\xrightarrow{P_2O_5,\ 150°\ C}$ 1,3-di(C_6H_5)-tetrahydroisobenzofuran (:O:)

62%

2,5-Dimethylthiophene

*Karl Paal 교수(1860~1935), Erlangen 대학교, 독일. Ludwig Knorr 교수(1859~1921), Jena 대학교, 독일.

연습 문제 25-9

2,5-Hexanedione에서 2,5-dimethylfurane으로 가는 산촉매 탈수반응의 가능한 반응식을 서술하시오(**힌트**: 중요한 고리 생성은 다른 쪽에 있는 카보닐기의 탄소를 공격하는 카보닐기의 산소에 의해 이루어진다. 또한 18-2절 참조).

연습 문제 25-10

4-Methylpyrrole-2-carboxylic acid(화합물 B)는 *Atta texana*종 개미의 흔적 페로몬이다. 단지 1/3 mg은 지구 한 바퀴를 표시할 수 있는 양이며, 한 마리의 개미는 3.3 ng (10^{-9} g)을 가지고 있다. 3-Methylcyclobutene-1-carboxylic acid(화합물 A)로부터 출발물로 하는 합성법을 밝히시오(**힌트**: 화합물 B로 가는 역합성 전구체는 어떤 다이온인가? 그리고 화합물 A로부터 어떻게 전구체를 만들 수 있는가?).

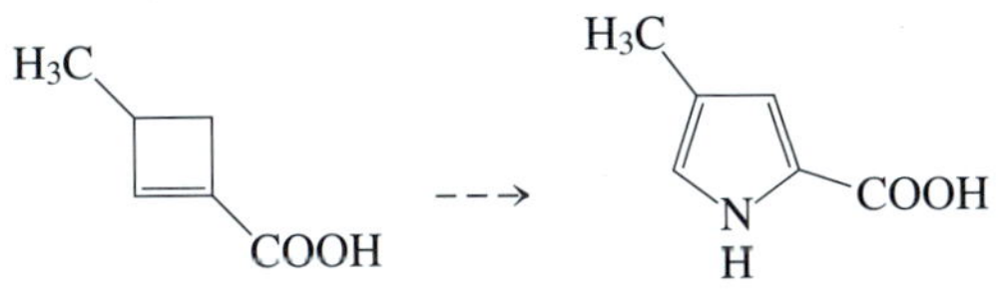

H_3C, COOH, **A** - - → H_3C, N, H, COOH, **B**

연습 문제 25-11

다음 반응은 pyrrole의 합성법의 예이다. 이 변환에 대한 메커니즘을 쓰시오(**힌트**: 17-9절을 참조하라).

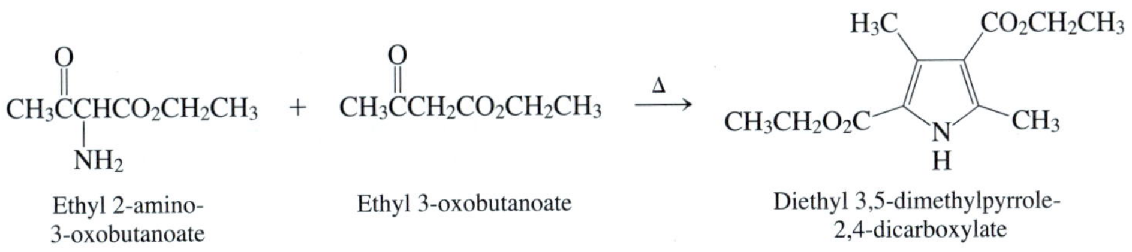

$CH_3C(=O)CH(NH_2)CO_2CH_2CH_3$ + $CH_3C(=O)CH_2CO_2CH_2CH_3$ $\xrightarrow{\Delta}$ Diethyl 3,5-dimethylpyrrole-2,4-dicarboxylate (H_3C, $CO_2CH_2CH_3$, $CH_3CH_2O_2C$, N, H, CH_3)

Ethyl 2-amino-3-oxobutanoate   Ethyl 3-oxobutanoate   Diethyl 3,5-dimethylpyrrole-2,4-dicarboxylate

요약 피롤, 퓨란, 싸이오펜은 사이클로펜타다이엔일 음이온과 유사한 비편재된 방향족 π계를 갖는다. 1-헤테로-2,4-사이클로펜타다이엔의 합성에 대한 일반적인 방법은 엔올화할 수 있는 γ-다이카보닐 화합물의 고리화반응을 기초로 한다.

25-4 방향성 헤테로사이클로펜타다이엔의 반응

피롤, 퓨란, 싸이오펜의 반응성과 이들의 유도체는 주로 방향족성에 의해 지배되며, 벤젠 화학에 기초를 둔다. 이 절에서는 몇 가지 반응 및 특히 친전자성 방향족 치환반응 및 피롤과 유사한 인돌을 소개한다.

피롤, 퓨란, 싸이오펜은 친전자성 방향족 치환반응을 한다

방향족계에서 예측된 것과 같이 1-헤테로-2,4-사이클로펜타다이엔은 친전자성 치환반응을 한다. 이것은 C2 및 C3의 두 개의 가능한 공격 방향을 갖는다. 이들 중 어느 것이 더 활성적인가? 이 질문에 대한 대답은 치환된 벤젠의 친전자성 방향족 치환반응(16장)의 위치선택성에 대한 설명과 동일한 과정으로 알 수 있다. 즉, 두 반응에 있어 가능한 공명 구조를 생각함으로써 알 수 있다.

방향족 heterocyclopentadiene의
C2 및 C3에의 친전자성 공격의 결과

C2에서 공격

모두 팔전자 구조여서 기여도가 크다

세 개 공명 구조

C3에서 공격

모두 팔전자 구조여서 기여도가 크다

두 개 공명 구조

두 경우 모두 공명에 기여하는 헤테로원자를 가지고 있는 이점을 가지지만, C2 위치 공격에서 추가적인 공명 구조가 한 개 더 많이 얻어지므로, C2 위치의 공격이 더 바람직하다는 것을 의미한다. 실제로 이와 같은 선택성이 일반적으로 관측된다. 그러나 C3도 친전자성 공격 때 활성화되어 있기 때문에, 반응 조건이나 기질, 친전자체의 종류에 따라 혼합물이 얻어진다.

Pyrrole, furan, thiophene의 친전자성 방향족 치환반응

CH_3CONO_2, −10° C, $-CH_3COOH$

50% 2-Nitropyrrole + 13% 3-Nitropyrrole

Cl−Cl, CH_2Cl_2, −HCl

64% 2-Chlorofuran

CH_3CCl, $SnCl_4$, −HCl

64% 2-Acetyl-5-methylthiophene

친전자성 치환반응에서 벤젠과 세 개의 헤테로고리 화합물의 상대적인 반응성 순서는, 각 고리의 방향족성으로부터 오는 기여도와 중간체 양이온의 안정화의 결과로 결정된다. 이들의 반응성 순서는 벤젠 $\ll$ 싸이오펜 < 퓨란 < 피롤이다.

연습 문제 25-12

개념 문제: 치환된 싸이오펜의 친전자성 방향족 치환반응의 위치 예측

Thiophene-3-carboxylic acid의 일브로민화반응은 한 개의 생성물만 생성한다. 구조는 무엇이며, 왜 한 개의 생성물만 생성하겠는가?

전략

두 선택적인 반응 자리는 황 다음의 탄소 원자가 되어야만 하는데, 이 자리는 비대칭적인 thiophene의 C2와 C5이다. 이 자리들 중 더 반응성인 위치를 보기 위해서는, 각 위치에 친전자성 공격으로부터 얻어진 중간체 양이온의 각 공명 형태를 비교해야만 한다.

풀이

• C2에서 공격

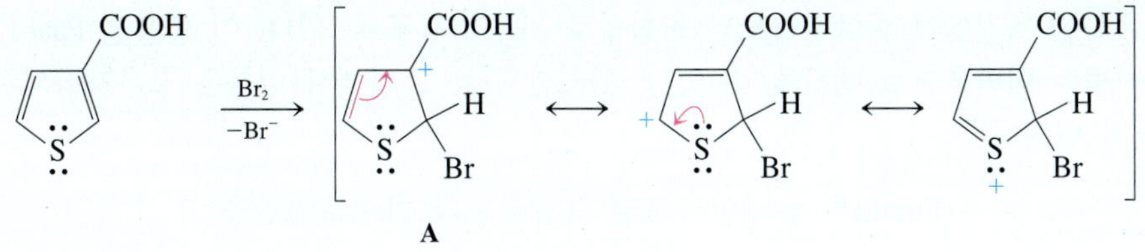

COOH $\xrightarrow[-Br^-]{Br_2}$ [COOH, H, Br ⟷ COOH, H, Br ⟷ COOH, H, Br]

A

• C5에서 공격

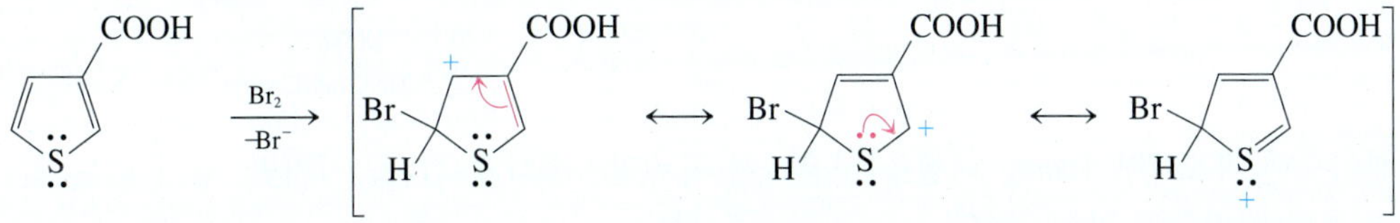

COOH $\xrightarrow[-Br^-]{Br_2}$ [Br, H, COOH ⟷ Br, H, COOH ⟷ Br, H, COOH]

• 결과: A에서와 같이 전자 끄는 카복시 작용기 때문에 C5에서의 공격에서 양전하는 C3에 놓일 수 없다. 그러므로 5-bromo-3-thiophenecarboxylic acid만 생성된다.

연습 문제 25-13

자습 문제

3-Methylfuran의 일브로민화반응은 한 가지 생성물만 얻어진다. 이 화합물의 구조는 무엇이고, 왜 한 가지 생성물만 얻어지는지 설명하시오.

질소의 고립 전자쌍은 콘쥬게이션되어 있기 때문에 피롤은 일반적인 아민과 비교해서 극도로 비염기성이다(21-4절). 매우 강한 산이 양성자첨가반응에 요구되며, 이 반응은 질소가 아닌 C2에서 일어난다.

탄소에 일어나는 Pyrrole의 양성자첨가반응

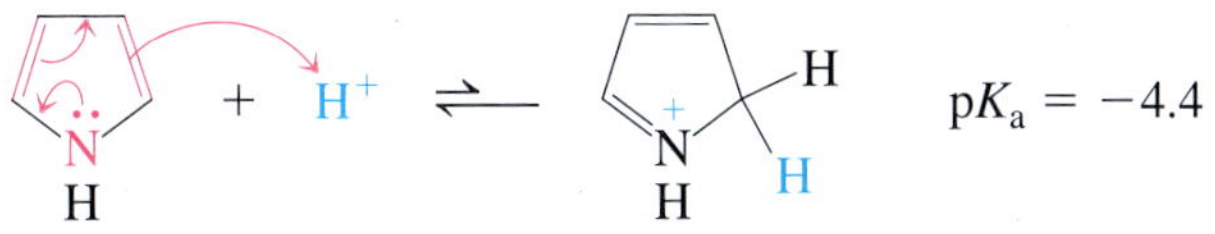

$+\ H^+ \rightleftharpoons$ $pK_a = -4.4$

피롤은 염기가 아니라 차라리 산성이다. 그런 이유로 아자사이클로펜테인은 $pK_a = 35$ (일반적 아민, 21-4절 참조)인 반면에, 피롤의 $pK_a = 16.5$이다. 산도가 증가하는 이유는 sp^3에서 sp^2(11-3절 참조)로의 혼성 변화와 음전하의 비편재화(사이클로펜타다이엔일 음이온, 15-7절 참조) 때문이다.

Pyrrole은 상대적으로 산성이다

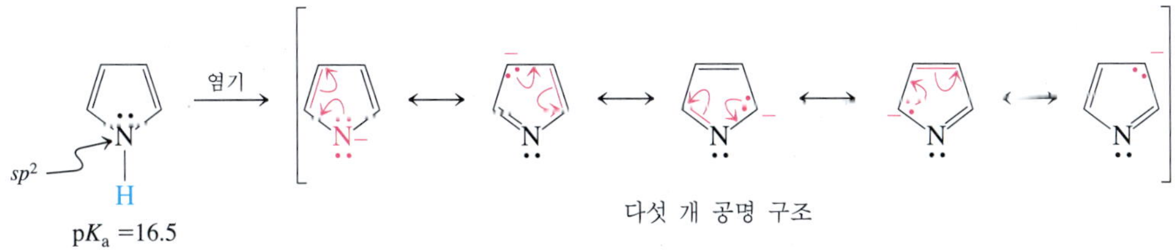

sp^2, $pK_a = 16.5$ $\xrightarrow{\text{염기}}$ [다섯 개 공명 구조]

다섯 개 공명 구조

sp^3, $pK_a = 35$
Azacyclopentane

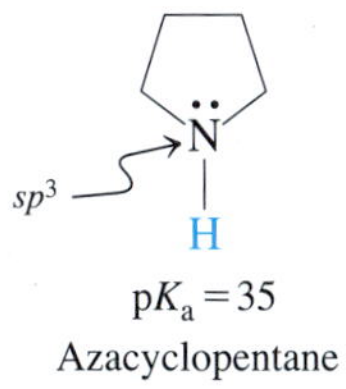

연습 문제 25-14

왜 pyrrole은 질소보다 오히려 C2에서 양성자첨가되는지 설명하시오.

1-헤테로-2,4-사이클로펜타다이엔은 고리 열림 반응과 고리화첨가반응을 한다

퓨란은 온화한 조건에서 γ-다이카보닐 화합물로 가수분해될 수 있다. 이 반응은 Paal-Knorr형 퓨란 합성법의 역반응으로 생각될 수 있다. 이러한 반응 조건에서 피롤은 고분자화되는 반면, 싸이오펜은 안정하다.

Furan의 γ-다이카보닐 화합물로의 가수분해반응

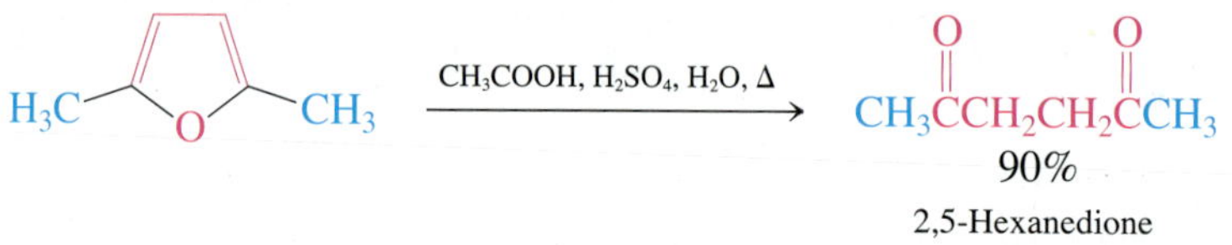

$$\text{2,5-dimethylfuran} \xrightarrow{CH_3COOH,\ H_2SO_4,\ H_2O,\ \Delta} CH_3\overset{O}{\overset{\|}{C}}CH_2CH_2\overset{O}{\overset{\|}{C}}CH_3$$

90%

2,5-Hexanedione

싸이오펜 유도체에 Raney 니켈을 사용하여 황이탈반응(17-8절)을 시키면, 황이 없는 열린 고리 포화 화합물이 만들어진다.

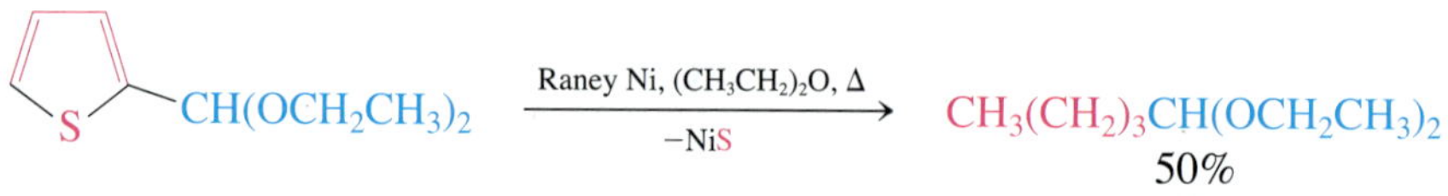

$$\text{2-thienyl}-CH(OCH_2CH_3)_2 \xrightarrow[-NiS]{\text{Raney Ni},\ (CH_3CH_2)_2O,\ \Delta} CH_3(CH_2)_3CH(OCH_2CH_3)_2$$

50%

퓨란(피롤이나 싸이오펜은 아님)의 π계는 Diels-Alder 고리화첨가를 일으키기에 충분한 다이엔 성질을 포함하고 있다(14-8절).

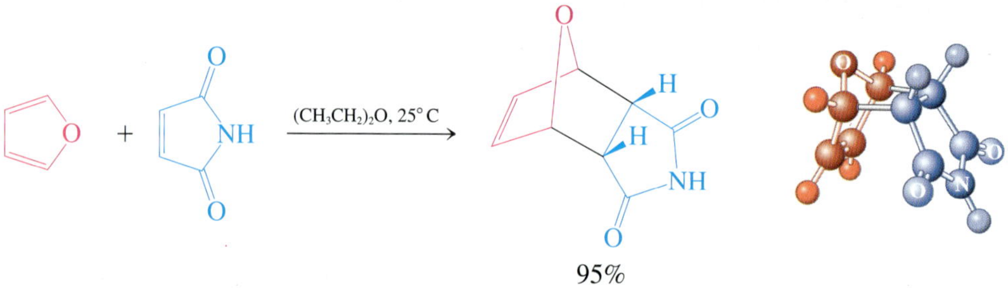

$$\text{furan} + \text{maleimide} \xrightarrow{(CH_3CH_2)_2O,\ 25°C} \text{adduct}$$

95%

인돌은 벤조피롤이다

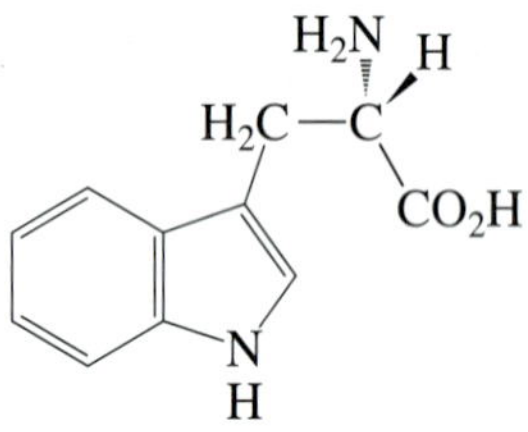

Tryptophan

인돌은 1-헤테로-2,4-사이클로펜타다이엔에 벤젠이 접합된 유도체 중 가장 중요한 화합물이다. 이것은 많은 천연물을 구성하는 성분으로, 아미노산 트립토판에 포함되어 있다(26-1절).

인돌은 나프탈렌이 벤젠과 서로 비교되는 것처럼 피롤과 서로 비교된다. 인돌의 전자 배치는 여러 개의 공명 기여 구조로 나타낼 수 있다. 벤젠 고리의 6π 전자계를 방해하는 공명 구조는 덜 중요하지만, 그 공명 구조는 헤테로원자의 전자 주개 효과를 나타낸다.

Indole의 공명 구조

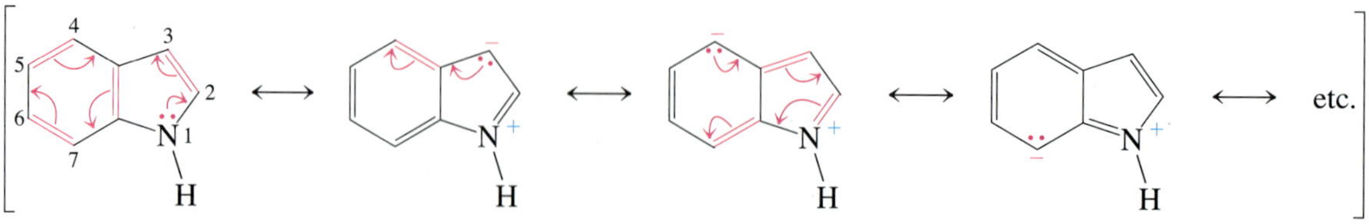

etc.

연습 문제 25-15

Indole의 친전자성 방향족 치환반응에서 선호되는 반응을 표시하시오. 그 이유를 설명하시오.

연습 문제 25-16

Ethoxyethane (diethyl ether)에 녹인 화합물 A를 $-100°C$에서 빛을 쪼이면 acetylbenzene의 엔올 형태인 B와 상온까지 가열하면 indole로 이성질화되는 새로운 화합물 C가 얻어진다.

A $\xrightarrow{h\nu,\ -100°C}$ $H_2C{=}C(OH)C_6H_5$ (B) + C

화합물 C의 ^1H NMR 스펙트럼은 네 개의 방향족 흡수 외에 $\delta = 3.79$ (d, 2 H)와 8.40 (t, 1 H) ppm에서 나타난다. Indole은 $\delta = 6.34$ (d, 1 H), 6.54 (broad d, 1 H), 7.00 (broad s, ^1H) ppm의 봉우리가 있다. 화합물 C는 무엇인가? (**힌트**: 이 광분해는 McLafferty 재배열(17-3절) 질량 스펙트럼과 유사한 메커니즘으로 진행된다.)

요약 피롤, 퓨란, 싸이오펜에서 헤테로원자의 고립 전자쌍 주개는 이 계의 탄소 원자에 전자가 풍부하게 만들므로, 벤젠에서보다 친전자성 방향족 치환반응이 더 잘 일어난다. 친전자성 공격은 C2에서 더 잘 일어나지만, 반응 조건, 기질, 친전자체에 따라 C3에서도 관찰된다. 어떤 고리는 가수분해반응, 황이탈반응(싸이오펜에 대해)에 의해 열릴 수 있다. 퓨란의 다이엔은 Diels-Alder 고리화첨가를 할 만큼 반응성이 크다. 인돌은 비편재된 π 전자계가 있는 벤조피롤이다.

25-5 피리딘의 구조와 제조: 아자벤젠

피리딘 (pyridine)은 벤젠에서 한 개의 CH 단위 대신 sp^2 혼성화된 질소 원자로 대치된 것이므로, 벤젠 유도체—**아자벤젠 (azabenzene)**—으로 간주될 수 있다. 그러므로 피리딘 고리는 방향족이지만, 전기음성적인 질소 원자의 방해로 인해 전자 구조가 불안해진다. 이 절에서는 간단한 azabenzene의 구조, 분광학, 합성 방법에 대해 언급하고자 한다.

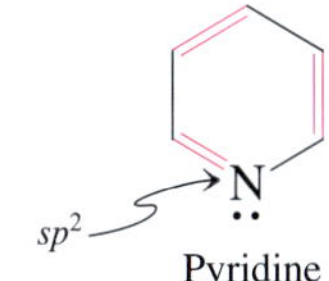

피리딘은 방향족이다

피리딘은 이민과 같이 sp^2 혼성화된 질소 원자를 포함하고 있다(17-9절). 피롤과 대조적으로 단지 한 개의 전자가 p 오비탈에 존재하며, 이것은 방향족 π 전자계를 완성하는데 이용되고, 페닐 음이온의 경우와 마찬가지로, 고립 전자쌍의 sp^2 혼성 원자 오비탈은 분자 평면과 동일

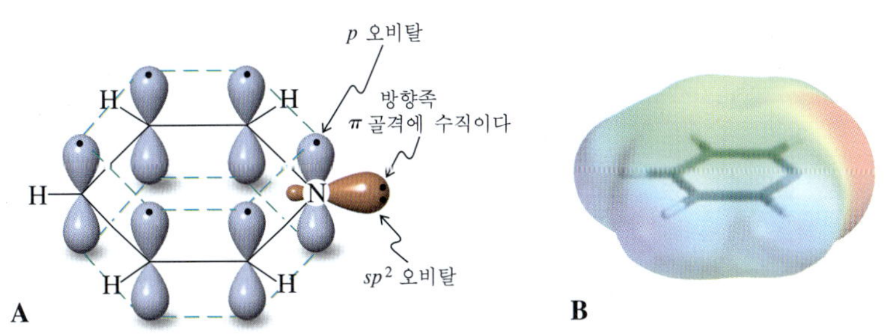

그림 25-2 (A) Pyridine의 분자 오비탈 그림. 질소 원자에 있는 고립 전자쌍은 sp^2 혼성 오비탈에 존재하며, 방향족 π계의 일부분이 **아니다**. (B) Pyridine의 정전기 피텐셜 지도는 분자 평면의 질소(붉은색)에 고립 전자쌍과 방향족 π계(초록색: 25-3절의 pyrrole의 정전기 퍼텐셜 지도와 비교)의 전기음성 질소의 전자 끄는 효과를 나타낸다.

평면상에 놓이게 된다(그림 25-2). 그러므로 피리딘의 질소 원자는 과량의 전자 밀도를 나머지 분자에게 나누어주지 못하게 된다. 매우 대조적인 것은 질소의 전기음성도가 탄소보다 크기 때문에(표 1-2), 유도 효과 및 공명 효과로 인해 전자 밀도를 오히려 고리로부터 자기 쪽으로 끌어당긴다는 것이다.

Pyridine의 공명

연습 문제 25-17

Azacyclohexane (piperidine)은 비교적 전기음성적인 질소 원자가 존재하기 때문에 극성 분자이다. Pyridine의 극성은 두 배만큼 더 크다. 그 이유를 설명하시오.

피리딘에 대한 방향족 비편재화는 고리 전류가 존재하고 있다는 것을 알려 주는 ^{1}H NMR 스펙트럼이 증거가 된다. 공명 구조 그림에서 기대되는 것처럼, 질소의 전자 받개 능력은 C2와 C4에서 명백히 더 큰 화학적 이동(더 큰 벗김 효과)값을 갖는다.

Pyridine과 Benzene에서의 ^{1}H NMR 화학적 이동값 (ppm)

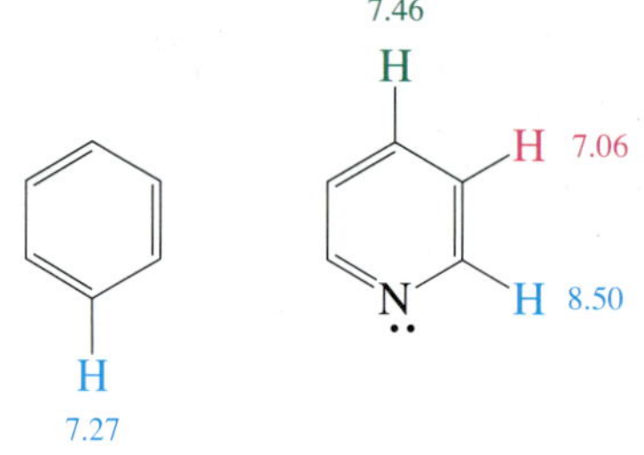

Pyridine은 약염기이다

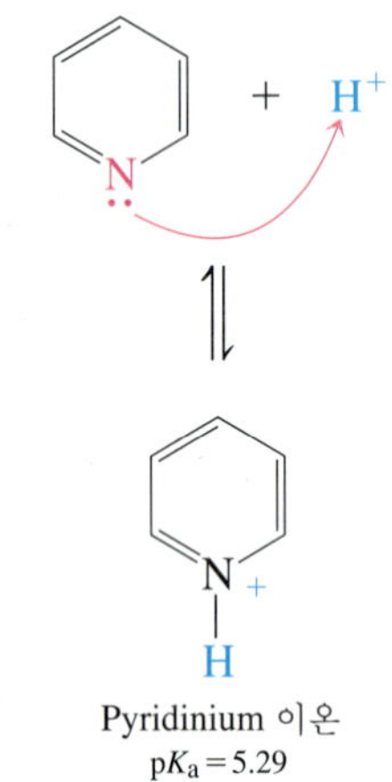

Pyridinium 이온
$pK_a = 5.29$

질소 원자에 있는 고립 전자쌍은 피롤에서와 같이 콘쥬게이션으로 묶여 있지 않기 때문에(연습 문제 25-14) 피리딘은 약염기이다(피리딘은 많은 유기 반응에서 염기로 사용된다). 알칸아민과 비교해 보면(암모늄염의 pK_a는 10, 21-4절) 피리디늄 이온은 낮은 pK_a값을 가지는데, 이것은 질소가 sp^3 혼성화가 아니라 sp^2 혼성화를 가지기 때문이다(산도에 대한 혼성화 효과는 11-3절 참조).

피리딘은 가장 간단한 아자벤젠이다. 몇 가지 높은 아자 유사체들을 다음에 나타내었다. 그들은 피리딘과 비슷하게 행동하지만, 아자 치환 효과가 증가하면 특별히 전자 결핍이 증가한다. 몇몇 적은 양의 1,4-다이아자벤젠(피라진) 유도체들은 많은 야채에서 독특한 향을 내는 특징적인 화합물이다. 한 방울의 2-메톡시-3-(1-메틸에틸)-1,4-다이아자벤젠(2-아이소프로필-3-메톡시피라진)은 큰 수영장 전체에 감자 향을 내기에 충분하고도 남는 양이다.

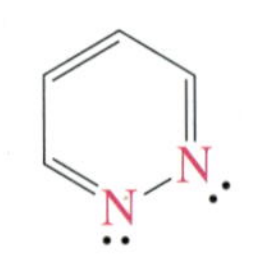
1,2-Diazabenzene (Pyridazine)

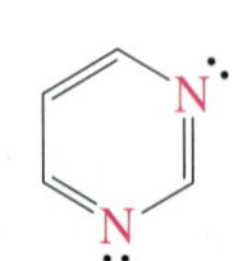
1,3-Diazabenzene (Pyrimidine)

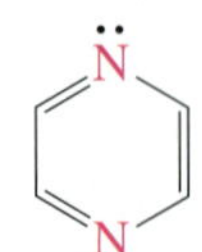
1,4-Diazabenzene (Pyrazine)

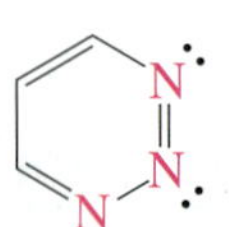
1,2,3-Triazabenzene (1,2,3-Triazine)

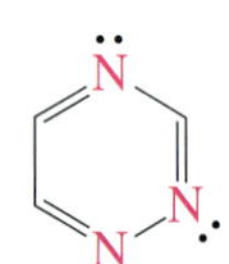
1,2,4-Triazabenzene (1,2,4-Triazine)

1,3,5-Triazabenzene (1,3,5-Triazine)

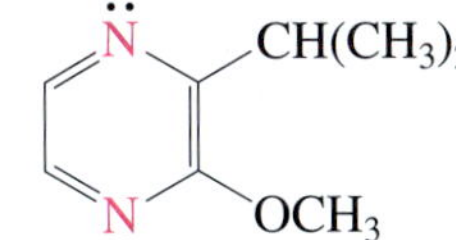

1,2,4,5-Tetraazabenzene (1,2,4,5-Tetrazine)

$CH(CH_3)_2$, OCH_3

2-Methoxy-3-(1-methylethyl)-1,4-diazabenzene (감자)

$CH_2CH(CH_3)_2$, OCH_3

2-Methoxy-3-(2-methylpropyl)-1,4-diazabenzene (초록 후추가루)

피리딘은 축합반응으로 만들어진다

피리딘과 간단한 알킬피리딘은 콜타르에서 얻어진다. 다수의 다중 치환 피리딘은 보다 간단한 피리딘 유도체의 친전자성 치환반응 및 친핵성 치환반응을 차례로 사용하여 제조할 수 있다.

피리딘은 카보닐 화합물과 같은 비고리 출발물과 암모니아의 축합반응으로 만들어진다. 가장 일반적인 방법으로 **Hantzsch* 피리딘 합성법(Hantzsch pyridine synthesis)**이 있다. 이 반응에서는 두 분자의 β-다이카보닐 화합물, 알데하이드, 암모니아가 몇몇 단계를 거쳐 결합하여 다이하이드로피리딘 치환기를 만든 후, 곧 질산에 의해 산화되어 방향족계를 형성한다. 만약 β-다이카보닐 화합물이 이 3-케토 에스터이면 생성되는 물질은 3,5-피리딘다이카복실산 에스터가 된다. 이를 가수분해한 후 산의 칼슘염으로 열분해하면 카복시기이탈반응을 한다.

2,6-Dimethylpyridine의 Hantzsch 합성법

$CH_2{=}O$, $CH_3CH_2O_2CCH_2COCH_3$ + $CH_3COCH_2CO_2CH_2CH_3$ + $:NH_3$ $\xrightarrow[-3\,H_2O]{\Delta}$

89%

Diethyl 1,4-dihydro-2,6-dimethyl-3,5-pyridinedicarboxylate

$\xrightarrow{HNO_3,\ H_2SO_4}$

65%

Diethyl 2,6-dimethyl-3,5-pyridinedicarboxylate

1. KOH, H_2O
2. CaO, Δ
$-2\ CH_3CH_2OH$, $-2\ CaCO_3$

65%

2,6-Dimethylpyridine

Hantzsch 피리딘 합성법의 첫 번째 단계는 4-성분 반응의 한 예가 된다. 특이한 방식으로 네 분자를 결합하면 한 개의 생성물이 얻어진다. 이러한 놀라운 일은 여러 단계의 가능한 축합 과정 경로를 고려함으로써 이루어진다. 이 반응의 성공 여부는 다이하이드로피리딘이 직접 얻어질 수 없는 가역 과정 경로이므로, 반응에 참여하는 분자들[즉, 암모니아(또는 아세트산 암모늄), 비교적 반응성인 알데하이드, 및 β-다이카보닐 구성 성분은 두 번 사용하는 등]의 반응성을 조심스럽게 조율해야 한다(각 단계의 반응 메커니즘은 통합 문제 25-28 참조). 이러한 형태의 다중성분 반응은 분명히 아주 경제적인 자연 원자 및 "그린(green)" 화합물인 물이 유일한 부산물이다(화학 이야기 3-1). 더 친환경적인 것은 용매로서 물을 이용하는 것이고, 치환된 피리딘은 방향족화 단계에서 활성화된 탄소 존재하에서 간단히 산소가 반응한다.

*Arthur R. Hantzsch 교수(1857 ~ 1935), Leipzig 대학교, 독일.

"Super Green" Hantzsch Pyridine 합성

CH_3CHO + 2 $CH_3\overset{O}{\overset{\|}{C}}CH_2\overset{O}{\overset{\|}{C}}OCH_2CH_3$ + $^{+}NH_4{}^{-}O\overset{O}{\overset{\|}{C}}CH_3$ →(H_2O, 80%) 1,4-dihydropyridine (CH₃, H₃C, CH₃, N–H) →(O_2, C, 93%) pyridine (CH₃, H₃C, N, CH₃)

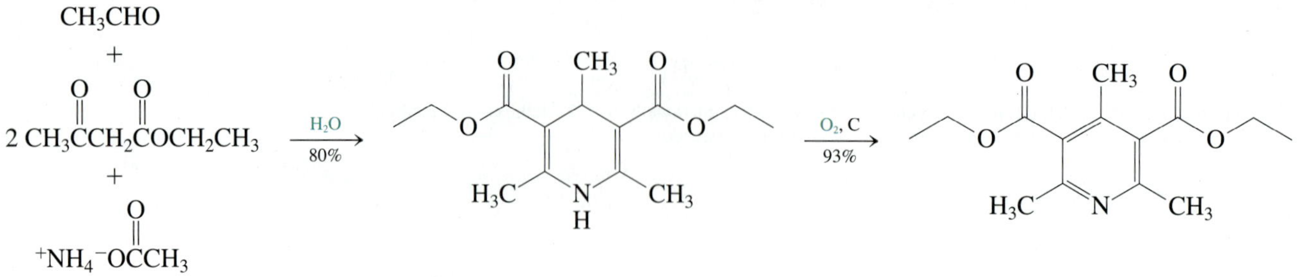

연습 문제 25-18

Hantzsch 합성법으로 다음 pyridine들을 합성할 때 어떤 시약을 출발물로 하는 것이 좋겠는가?

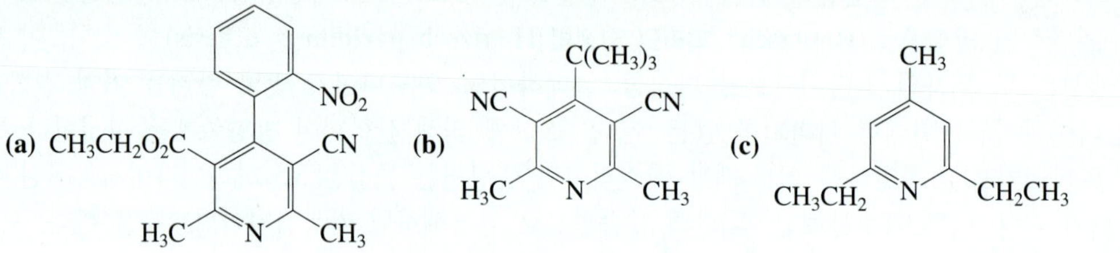

(a) $CH_3CH_2O_2C$, CN, NO_2, H_3C, N, CH_3 **(b)** $C(CH_3)_3$, NC, CN, H_3C, N, CH_3 **(c)** CH_3, CH_3CH_2, N, CH_2CH_3

연습 문제 25-19

개념 문제: Pyridine 합성에서 통용되는 메커니즘

Pyridine의 Hantzsh 합성의 첫 번째 단계에서 1,4-dihydropyridine을 특별히 생각해 보자. Hydroxylamine을 이용하는 변형 방법(표 17-5)은 ammonia의 산화 형태를 고려할 수 있다. Pyridine은 α,β-불포화 알데하이드 및 케톤(18-11절)에 엔올레이트에 의한 Michael 첨가반응으로 쉽게 얻어지는 1,5-다이카보닐 화합물로부터 직접 얻어진다. Pyridine 합성에서 보여 준 두 단계의 메커니즘을 고안해 보시오.

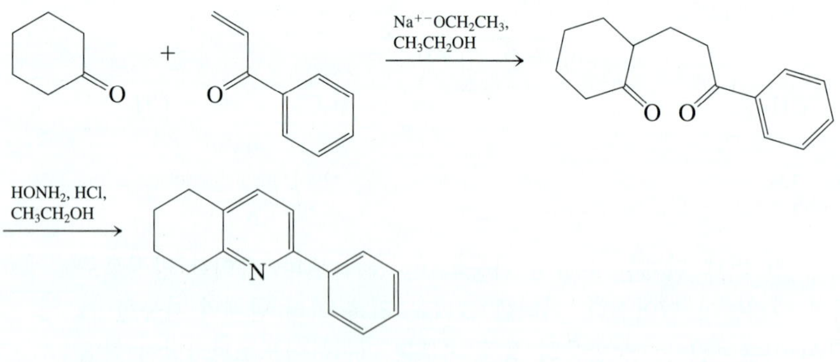

Cyclohexanone + phenyl vinyl ketone →($Na^{+-}OCH_2CH_3$, CH_3CH_2OH) 1,5-diketone →($HONH_2$, HCl, CH_3CH_2OH) tetrahydroquinoline derivative (N)

전략

이 반응의 첫 번째 단계를 보면 cyclohexanone이 불포화 케톤에 Michael 첨가반응이 일어나고 있음을 알 수 있다(18-11절의 반응을 복습해 보라). 두 번째 단계의 변환은 육원자(오원자 고리가 아님) 고리가 만들어지는 결과를 제외하고는 pyrrole의 Paal-Knorr 합성과 유사하게 보인다. 이제 찾고자 하는 메커니즘은 이들 두 반응의 메커니즘을 기초로 해야 한다.

풀이

- 첫 번째 단계에서 생성물은 cyclohexanone에 있는 다음 카보닐의 탄소와 엔온의 말단 위치 간의 반응으로 C—C 결합이 구성된다. 다시 말하면 cyclohexanone은 α-위치에서 알킬화가 일어났다. 케톤은 그들의 엔올레이트(18-4절)를 통해서 알킬화되고, 이 경우 알킬화반응은 다음에 스케치한 것처럼 cyclohexanone enolate가 양으로 극성화된 엔온 β-탄소를 공격하여 일어난다.

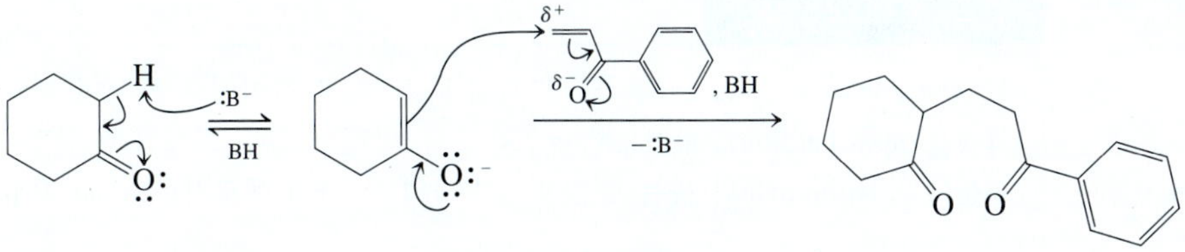

:B⁻ BH , BH −:B⁻ δ+ δ− $\ddot{O}$:

• 두 번째 단계에서는 일차 아민이 케톤과 반응하여 가역적으로 물을 잃으면서 이민이 얻어지는 것을 상기하고(17-9절), 실제로 hydroxylamine은 옥심을 만든다(표 17-5). 이들 축합반응은 아민의 질소 원자가 카보닐 탄소를 친핵성 공격을 하여 헤미아민알 중간체를 거쳐서 진행된다.

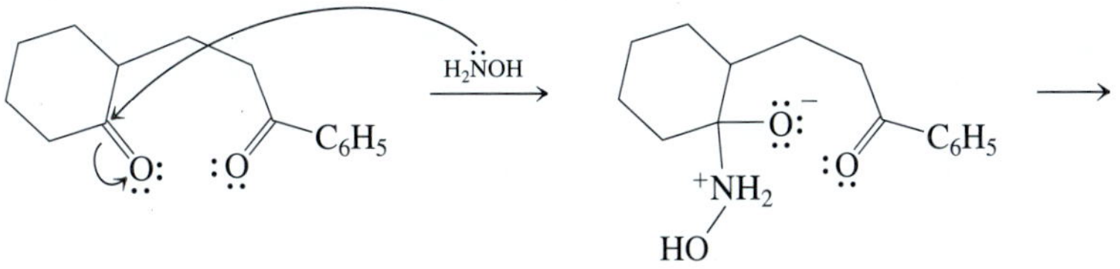

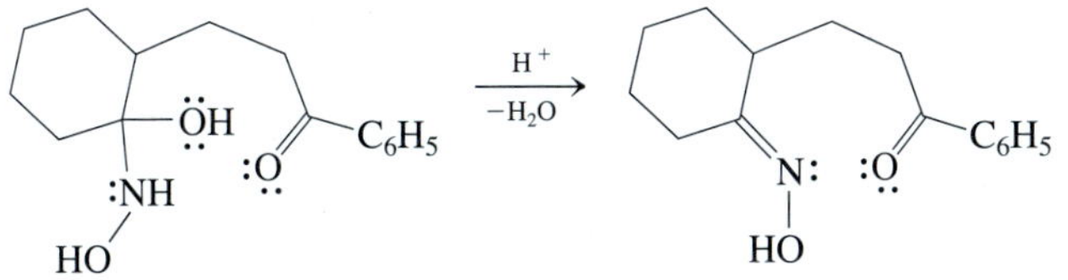

$H_2\ddot{N}OH$ C_6H_5 $^+NH_2$ HO

H^+, $-H_2O$:NH HO C_6H_5 N: HO

헤미아민알 옥심

• 이민(엔올형과 같은 카보닐 화합물)은 그들의 토토머형인 엔아민과 평형을 이룬다(19-7절). 만일 옥심에 대한 이 형태를 쓴다면, 다른 헤미아민알의 빠른 분자내 반응으로 형성될 준비가 된 아미노카보닐 화합물에 이르게 된다. 탈수반응에 의해 새로운 고리형 엔아민이 생성되고, 오직 수화된 pyridine만 검토하면 된다. 마지막으로 빠르게 물을 잃으면서 pyridine 생성물이 얻어진다.

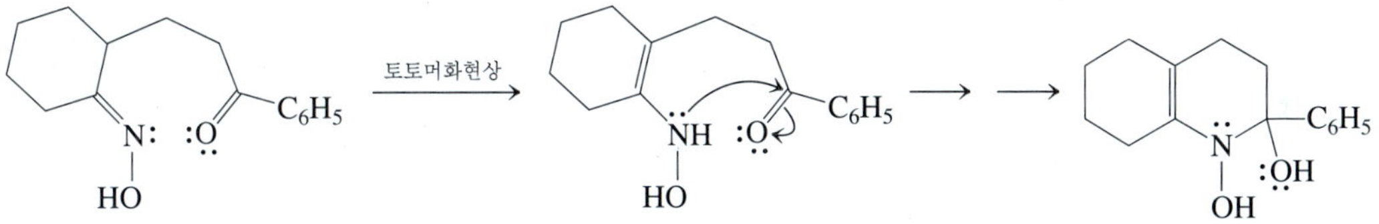

토토머화현상 C_6H_5 N: HO NH HO :OH OH

옥심 엔아민 분자내 헤미아민알

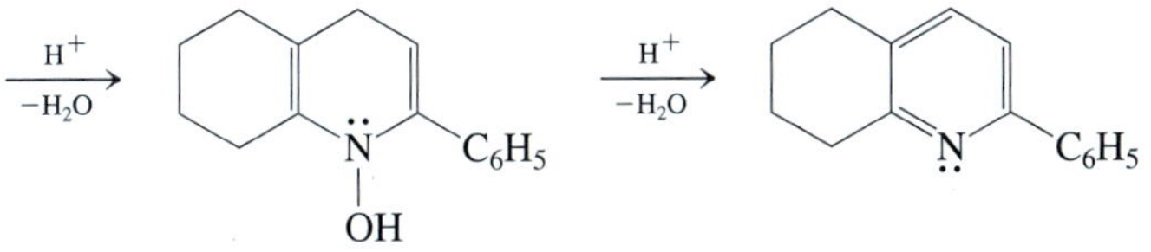

H^+, $-H_2O$ N OH C_6H_5 H^+, $-H_2O$ N C_6H_5

연습 문제 25-20

자습 문제

다음 축합반응이 일어나는 가능한 메커니즘을 그리시오[**힌트**: 알데하이드와 엔아민의 알돌 축합반응을 시작하라(18-4절의 엔아민 알킬화반응을 다시 보라). 그런 다음 이때 얻어지는 생성물은 두 번째 엔아민의 Michael 받개로 이용된다].

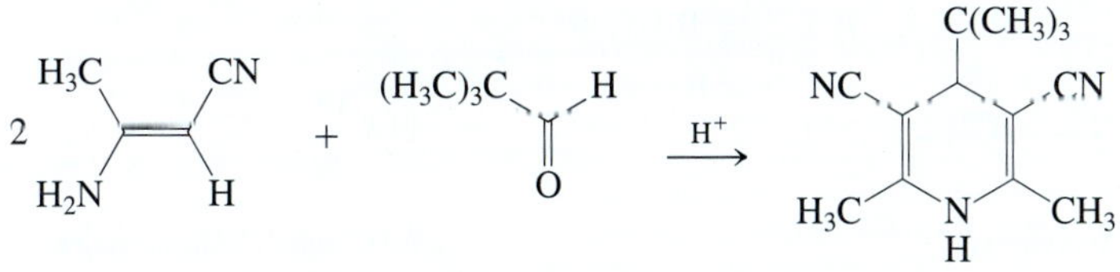

2 H_3C, CN, H_2N, H + $(H_3C)_3C$–CHO $\xrightarrow{H^+}$ $C(CH_3)_3$, NC, CN, H_3C, N–H, CH_3

Veronal

Phenobarbital

연습 문제 25-21

1,3-Diazabenzene-2,4,6-triol은 약 29 kcal mol^{-1}인 트라이케토 토토머 형태(23-3절)를 선호한다. 그것은 보통 barbituric acid ($pK_a = 7.4$)로서, 알려져 있는 화합물은 진정제의 기본 골격의 구성 성분이고, barbiturate라 하는 좋음 유도체들의 두 가지 예로서 veronal 및 phenobarbital이 있다.

토토머화현상

Barbituric acid

Diethyl propanedioate (말론산 에스터, 23-2절)와 urea (20-6절)로부터 veronal의 합성을 제안하시오(**힌트**: 알콕사이드와 같은 염기 존재하에서 아마이드는 이에 대응하는 amidate와 평형을 이룬다, 20-7절).

요약 피리딘은 방향족이지만 전자가 부족하다. 질소 원자에 있는 고립 전자쌍이 헤테로고리 약염기성으로 만든다. 피리딘 화합물은 β-다이카보닐 화합물에 암모니아와 알데하이드를 축합시켜 제조된다.

25-6 피리딘의 반응

피리딘의 반응성은 방향족 분자와 고리형 이민의 두 가지 성질로부터 기인된다, 친핵성 및 친전자성 치환반응이 모두 일어나므로 여러 가지 치환 유도체들이 생성될 수 있다.

피리딘은 극한 조건에서만 친전자성 방향족 치환반응을 한다

피리딘 고리는 전자가 부족한 상태이므로 C3 위치에서 벤젠보다도 수백 또는 수천 배 더 느리므로, 친전자성 방향족 치환반응이 일어나기 어렵다(15-8절 참조).

Pyridine의 친전자성 방향족 치환반응

$NaNO_3$, 발연 H_2SO_4, 300°C, $-H_2O$ → 4.5% 3-Nitropyridine

Br–Br, H_2SO_4, SO_3, −HBr → 86% 3-Bromopyridine

연습 문제 25-22

Pyridine의 친전자성 방향족 치환반응이 왜 C3 위치에서 일어나는지를 설명하시오.

활성화 치환기들은 온화한 조건에서 반응이 일어날 수 있게 하거나 수득률을 개선시킨다.

2,6-Dimethylpyridine —KNO_3, 발연 H_2SO_4, 100°C, $-H_2O$→ 2,6-Dimethyl-3-nitropyridine 81%

Br–Br, CH_3COOH, 20° C
−HBr

2-Aminopyridine → 2-Amino-5-bromopyridine 90%

피리딘은 친핵성 치환반응이 비교적 쉽게 일어난다

피리딘 고리는 비교적 전자가 결핍되어 있기 때문에, 친핵성 치환반응이 벤젠보다 더 쉽게 진행된다(22-4절). 음전하가 질소에 위치하는 반응 중간체를 생성하기 때문에 C2와 C4 위치의 공격이 선호된다. 피리딘의 친핵성 치환반응의 예로는 **Chichibabin* 반응(Chichibabin reaction)**이 있다. 이 반응은 먼저 액체 암모니아에 아마이드화 소듐을 가하면 헤테로고리가 2-아미노피리딘으로 바뀐다.

Chichibabin 반응의 메커니즘

$:\bar{N}H_2$ → 첨가 → $-:H^-$ 제거 → $\ddot{N}H_2$

Chichibabin 반응

1. $NaNH_2$, 액체 NH_3
2. H^+, H_2O

→ 2-Aminopyridine 70% + H—H

이 반응은 첨가-제거반응 메커니즘으로 진행된다. 첫 번째 단계는 $^-:\ddot{N}H_2$가 C2를 공격하는 것으로, 이것은 아민 작용기의 1,2-첨가반응과 유사하다. C2에서 수소음이온($H:^-$)이 떨어져 나가고, 아민의 질소 원자로부터 양성자가 떨어짐으로써 H_2가 생성된다. 이로써 2-피리딘아마이드 이온이 공명 안정화된 구조를 이룬다. 수용액 처리 단계에서 양성자가 공급됨으로써 최종 생성물이 얻어진다. **친전자성** 치환반응에서 **양성자**를 잃는 과정이 있는 것과 대조적으로, 이 반응에서는 이탈기로서 수소음이온을 잃는 것은 아니다.

피리딘이 Grignard 시약 또는 유기리튬 시약을 처리하면 Chichibabin 반응과 연관된 변환이 일어난다.

Methylbenzene (toluene), 110° C, 8 h
−LiH

→ 2-Phenylpyridine 49%

대부분의 피리딘의 친핵성 치환반응에서 할로젠화물은 이탈기가 되며, 특히 2- 및 4-할로피리딘은 특히 반응성이 크다.

$Na^+ \ ^-OCH_3$, CH_3OH
−NaCl

→ 4-Methoxypyridine 75%

*Alexei E. Chichibabin 교수(1871 ~ 1945), Moscow 대학교, 러시아.

화학 이야기 25-2

자연에서의 피리디늄염: 니코틴아마이드 아데닌 다이뉴클레오타이드, 다이하이드로피리딘 및 유기촉매

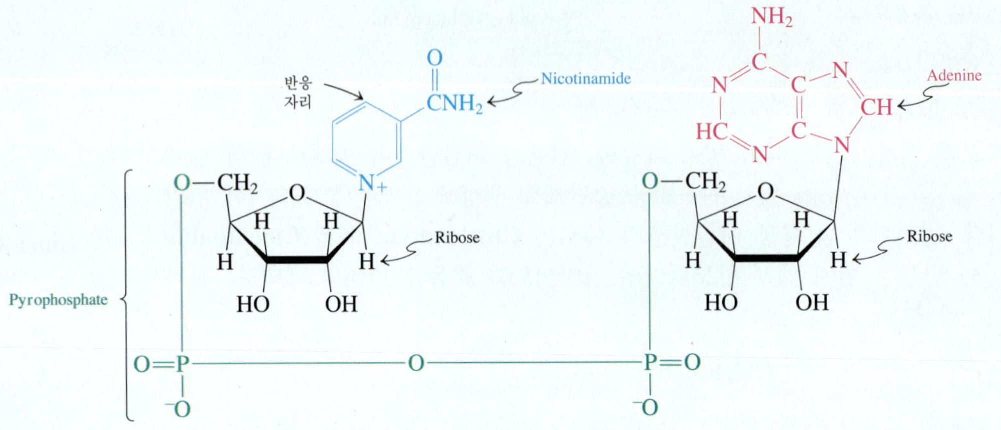

반응 자리
Nicotinamide
Adenine
Ribose
Ribose
Pyrophosphate

Nicotinamide adenine dinucleotide

피리딘 유도체의 복합체인 **니코틴아마이드 아데닌 다이뉴클리오타이드**(Nicotinamide aedenine dinucleotide, NAD^+)는 중요한 생물학적 산화제이다. 구조는 피리딘 고리[3-피리딘카복실(니코틴)산으로부터 유도됨]에 두 개의 라이보스 분자가(24-1절) 파이로포스페이트 염다리와 헤테로고리 아데닌(26-9절)으로 연결되어 있다.

대부분의 생체기관은 글루코스나 지방산과 같은 연료 분자의 산화(전자의 제거)로부터 에너지를 얻는다. 궁극적으로 산화제(전자 받개)는 산소이며, 물이 얻어진다. 이러한 생물학적 산화반응은 특이한 산화-환원 시약의 중개에서 필요한 전자 전이반응을 통해서 일어난다. NAD^+가 이러한 분자 중의 하나이다. 기질의 산화반응에 있어서 NAD^+의 피리디늄 고리에 양성자첨가반응은 두 개의 전자 환원이 동시에 일어나게 된다.

NAD^+는 알코올이 알데하이드(비타민 A 레틴알로 전환되는 것도 포함, 화학 이야기 18-3, 또한 화학 이야기 8-1 참조)로 되는 많은 효소 산화반응에서 전자 받개이다. 이 반응은 알코올의 C1으로부터 수소음이온이 피리디늄 핵에 전달되고, 동시에 양성자이탈반응이 일어나 알데하이드 및 다이하이드로피리딘 및

NAD^+의 환원

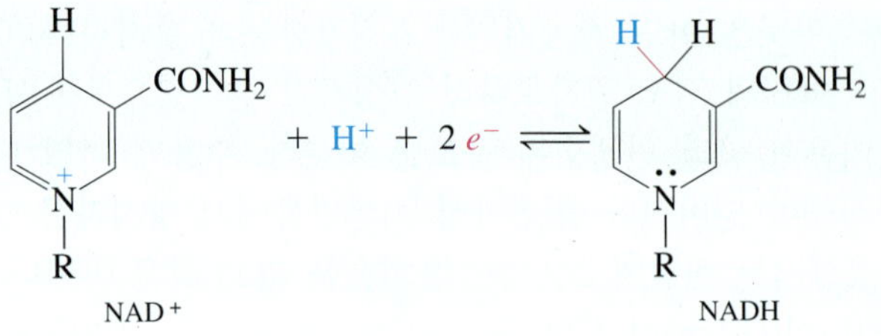

NAD^+ + H^+ + $2e^-$ ⇌ NADH

NADH가 얻어진다. 다른 효소는 그 역으로 일어나는데, 즉 알데하이드 및 케톤이 NADH를 포함한 알코올로 환원된다(8장 문제 58 및 59, 및 22-9절 참조).

NADH의 부분적인 "행동"은 첫 번째 단계의 Hantzsch 피리딘 합성(25-5절)에서 쉽게 접근되는 형태로 단순한 다이하이드로피리딘을 구성한다. 그러므로 화학자들은 카보닐 환원 또는 수소첨가반응에서 촉매 활성화된(예, Pd 또는 Pt) 수소 대용으로 $LiAlH_4$와 같은 수소음이온을 금속 없는(metal free) 대체 물

연습 문제 25-23

4-Chloropyridine과 methoxide의 반응 메커니즘을 제시하시오[**힌트**: Pyridine 고리가 α,β-불포화 이민기를 포함하고 있는 것을 생각하라(17-9절과 18-9절 참조)].

연습 문제 25-24

Methanol 용액에서의 2-, 3- 및 4-chloropyridine과 sodium methoxide 반응의 상대적인 속도는 3000 : 1 : 81,000이다. 이러한 사실을 설명하시오.

질로 이용될 수 있는 화합물인지를 탐색한다. 실제로 소위 그러한 **생체모방**(*biomimetic*) 반응(그들은 자연에 적용되는 원리를 모방하기 때문에)은 2-옥소에스터를 해당하는 알코올로 환원은 "Hantzsch 에스터"를 써서 완성한다. 유사하게 콘쥬게이션 수소음이온을 α,β-불포화 알데하이드에 첨가시킬 때, 양성자첨가반응을 시킨 다음 포화된 알데하이드를 제공한다.

환원반응에서 Hantzsch 에스터

$$C_6H_5COCO_2CH_3 + \text{Hantzsch ester} \xrightarrow[90\%]{Cu^{2+}} C_6H_5CH(OH)CO_2CH_3$$

$$C_6H_5C(CH_3){=}CHCHO + \text{Hantzsch ester} \xrightarrow[77\%]{\text{cat. } R_2\overset{+}{N}H_2} C_6H_5CH(CH_3)CH_2CHO$$

첫 번째 과정은 카보닐 작용기를 활성화시키기 위해서 Lewis 산성 Cu^{2+}가 촉매량만큼 필요하기 때문에 금속 없는 과정이 아니다. 이 과정은 Cu^{2+}에 대해 카이랄 리간드(화학 이야기 5-4 및 12-2절 참조)가 존재하에서 수행하는 이점이 있다. 자연에서 일어나는 많은 반응과 같이, 수소음이온이 분자의 한쪽 방향으로만 거울상이성질 선택적 첨가반응이 일어나 알코올 한 개의 거울상이성질체만을 생성하게 한다. 두 번째 과정은 암모늄염을 촉매량을 사용하여 활성화시킨 다음, 해당되는 이미늄 이온이 간헐적으로 알데하이드 작용기로 전환된다. 이 과정에서 양전하는 β-탄소에 위치하여 더 좋은 수소음이온 받개가 되게 한다. 전통적으로 알켄의 수소첨가반응에서 보통 사용하는 불균일 촉매와 같이 활성화는 H^+ 또는 Lewis 산을 이용한다(12-2절). 이와 대조적으로 "유기촉매"라는 그들의 금속 촉매의 변종을 써서 관련 반응을 변환시킬 수도 있다. 그러한 촉매는 큰 선택성을 제공하고, 잠재적인 독성 금속 성분이 없기 때문에, 이러한 촉매를 이용하는 반응은 녹색(green)"화학의 범주에 속한다.

NAD^+–NADH 산화–환원 쌍

$$RCH_2OH + NAD^+ \underset{}{\overset{\text{효소}}{\rightleftharpoons}} RCHO + NADH + H^+$$

NAD$^+$ NADH

요약 피리딘은 C3 위치에서 느린 친전자성 방향족 치환반응을 선호하는 반응이 일어난다. C2 나 C4 위치에서는 수소음이온 또는 다른 이탈기가 이탈되어 보다 쉽게 친핵성 치환반응이 일어난다.

25-7 퀴놀린과 아이소퀴놀린: 벤조피리딘

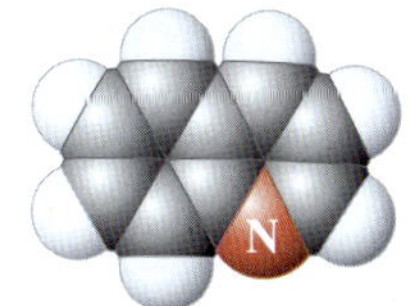
Quinoline

벤젠 고리가 피리딘에 접합되는 두 가지 방법을 생각할 수 있는데, 이에 따라 **퀴놀린**(**quinoline**)과 **아이소퀴놀린**(**isoquinoline**, 체계적인 명명법에 의하면 1- 및 2-아자나프탈렌이다)이 생성된다. 두 물질 모두 액체로, 높은 끓는점을 갖는다. 이들의 유도체들은 자연에서 얻거나, 생리학적 활성의 연구를 위해 합성되기도 한다. 피리딘과 마찬가지로 퀴놀린과 아이소퀴놀린도 콜타

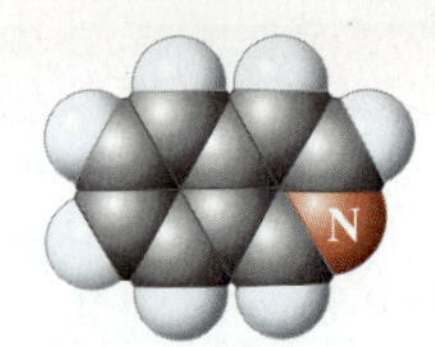

Isoquinoline

르에서 얻어진다.

예상되는 바와 같이 피리딘은 벤젠에 비해 전자가 부족하므로 퀴놀린이나 아이소퀴놀린의 친전자성 치환반응은 **벤젠** 고리에서 일어나게 된다. 나프탈렌에서도 접합 고리와 인접해 있는 탄소에서 치환반응이 지배적으로 일어난다.

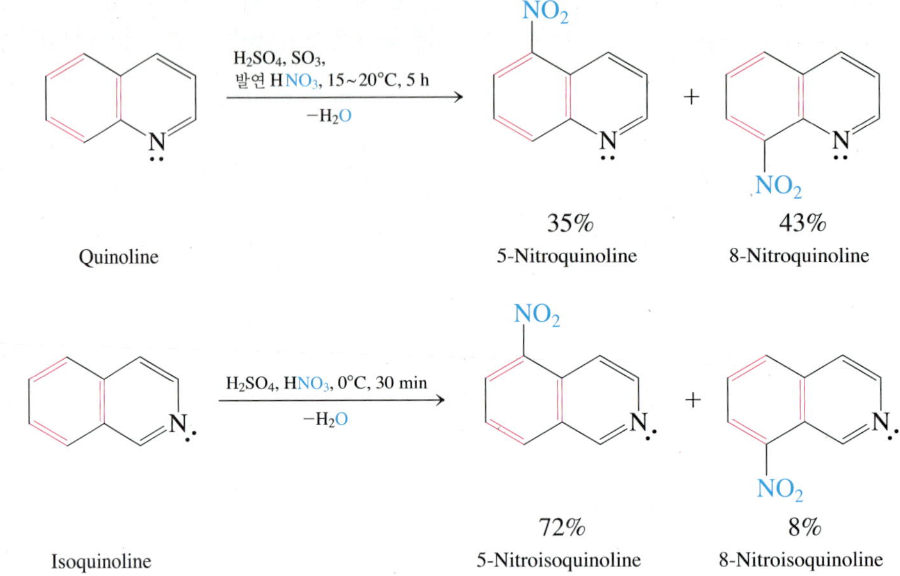

페루의 fire stick은 개구리, 진딧물, 거미 및 개미들과 같은 침입자를 방어하기 위해서 머리 뒤쪽에 있는 샘에서 quinoline이라는 화학물질을 분비한다.

화학 이야기 25-3

엽산, 비타민 D, 콜레스테롤 및 피부의 색깔

엽산(folic acid)은 인간 생활에 필수적이다. 그 구조는 1,3,5,8-테트라아자나프탈렌(프레리딘: 피리미딘과 피라진 고리가 접합된 구조) 고리와 4-아미노벤조산(15-4절) 그리고 (*S*)-아미노펜탄다이(글루탐)산(26-1절)이 함께 포함되어 있다. 엽산은 임신 초기 단계에서 신경계의 적절한 성장을 위해서 필요한 물질이다. 엽산의 기능 중의 하나는 한 개 탄소 조각들과 생체분자 간의 전달이다(9장 문제 69 및 70). 반드시 음식물로부터 섭취해야만 하는 이 물질이 결핍되면 종종 불구 및 척추파열("척추 양분"), 무뇌증(뇌가 정상적으로 성장하지 못함)과 같은 선척적인 장애가 나타난다. 미국의 보건 당국은 모든 임산부에게 매일 400 μg (0.4 mg)의 엽산을 섭취할 것을 권고하고 있다.

또한 비타민 D는 좋은 건강을 위한 필수 영양소이다. 비타민

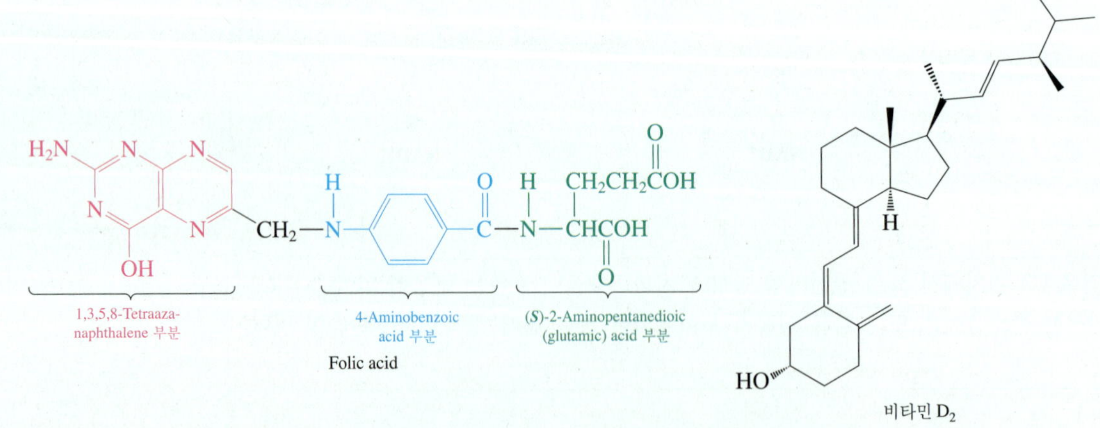

Folic acid

비타민 D_2

D는 어린이들을 건강한 뼈로 자라게 하는 것을 돕고, 이 물질이 결핍되면 **구루병(ricket)**으로 변형시키는 것으로 알려져 있다. 우리의 일생을 통하여 비타민 D는 몸속의 칼슘과 인의 적절한 수준을 유지하게 하는 결정적인 역할을 한다. 엽산과는 다르게 인간의 신체는 비타민 D를 만들 수 있다. 그 출발물은 콜레스테롤이고(화학 이야기 4-2), 다른 필수 성분은 높은 하늘에 있는 태양으로부터 지구 표면에 도달하는 자외선 B 복사선(280~315 nm 범위)과 같은 태양광선이다. 이러한 사실로부터 진짜 놀라운 이야기를 끌어내게 된다.

친전자체와는 대조적으로 친핵체는 전자가 부족한 **피리딘** 핵과 우선적으로 반응한다. 이 반응은 피리딘의 반응과 유사하다.

Quinoline과 Isoquinoline의 Chichibabin 반응

Quinoline —(1. $NaNH_2$, 액체 NH_3, 20° C, 20 days; 2. H^+, H_2O)→ 2-Aminoquinoline (80%)

4-COOH isoquinoline —(1. KNH_2, 액체 NH_3; 2. CH_3COOH)→ 1-Aminoisoquinoline-4-carboxylic acid (71%)

인간 피부색의 범위를 보면 열대 지방 주민들은 거의 칠흑 같은 피부색을 가지는데 비해, 북 유럽 주민(특히 영국)들은 빨간 머리에 창백한 피부색을 가지고 있다. 어떻게, 왜 이러한 경우가 나타났는가?

엽산의 테트라아자나프탈렌 고리의 확장된 방향족 π계는 자외선을 강하게 흡수(15-5절)하고, 구조적인 변화가 일어난다, 요컨대, 이것은 신체에 저장된 엽산을 파괴하여 비타민 D의 생성을 위해 필요한 태양광선이다. 전체 지구 인간의 피부 색깔의 다양화는 인간이 UV 빛에 노출되는 양의 변화에 따른 점진적인 변화를 뜻한다. 인류의 시작에서부터 신체의 덮은 보호용 털이 점차적으로 감소되었다. 건강한 아기로 태어난 다수의 사람들이 피부를 검게 하는 색소의 양을 많이 가지고 있을 가능성이 크다. 그들의 약간 검은 피부는 그들의 몸에 있는 엽산에 대한 몇 가지 보호 기능을 제공하고, 반면에 적절한 양의 비타민 D의 합성을 허용한다.

밝은 피부를 가진 사람은 어떠한가? 정확하게 "아프리카 이외의 지역"을 가설로 세워 추정해 보면, 직접적인 햇빛을 덜 받는 북쪽 위도를 향하여 이주하여 생활하는 사람들은, 그들의 피부를 검게 하는 기능을 가진 비타민 D의 결핍에 직면하게 된다. 이 상황에서 약간 더 밝은 스킨을 가진 사람은 비타민 D의 생성이 증가되어, 임신의 가능성이 커지는 이점을 가진다. 밝은 피부를 가진 북쪽의 이주민의 전 세대 인류는 필요한 엽산의 양을 보존하고, 적절한 양의 비타민 D를 합성을 허용하기 위한 균형에 이르게 한다.

검은 피부를 가진 사람들은 그들의 피부에 아주 작은 양의 UV 빛의 침투를 허용했을 때, 어떻게 충분한 비타민 D를 합성할 수 있는가? 그들의 혈액에 비타민 D가 전구체인 콜레스테롤을 높은 수준으로 생성하게 하는 개개인을 선호하게 한다. 우리는 이 집단에서 콜레스테롤 연관 심장병의 높은 발병 및 타격 방법의 개선을 위한 수정의 결과를 보게 된다.

Folic acid와 비타민 D 생성 간의 상호작용의 다양성. 1988년 월드컵 우승 중의 프랑스 국가 대표 축구팀의 Thuram(위쪽), Henry, Lama 및 Petit.

연습 문제 25-25

Quinoline과 isoquinoline은 pyridine처럼 유기금속 시약과 반응한다(25-6절). 2-propenylmagnesium bromide (allylmagnesium bromide)의 반응 생성물들을 나열하시오.

아래의 구조들은 나프탈렌의 다른 아자 유사체를 나타낸다.

1,2-Diazanaphthalene (Cinnoline)

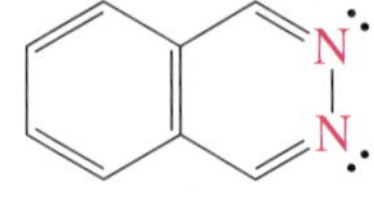

2,3-Diazanaphthalene (Phthalazine)

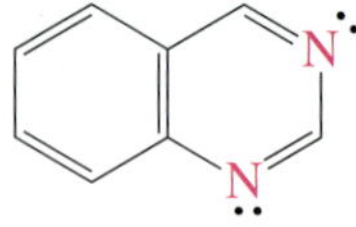

1,3-Diazanaphthalene (Quinazoline)

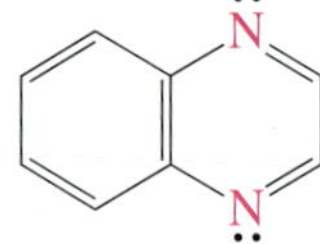

1,4-Diazanaphthalene (Quinoxaline)

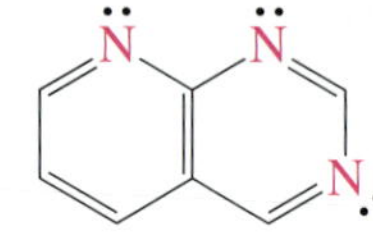

1,3,8-Triazanaphthalene (Pyrido[2,3- *d*]pyrimidine)

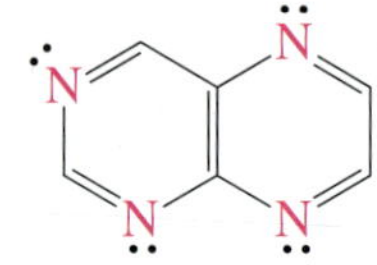

1,3,5,8-Tetraazanaphthalene (Pteridine)

연습 문제 25-26

개념 문제: Azanaphthalene에서 역합성 분절을 인식하기

25-5절에서 설명한 것처럼 몇 가지 pyridine 합성은 전형적인 알돌(18-5절) 및 이민 축합(17-9절)과 같은 다양한 축합반응을 기초로 하고 있다. 목표 물질을 구성하기 위한 두 개의 적절한 출발물을 찾기 위해서 역합성법을 이용하여 quinoline A의 pyridine 고리를 어떻게 나누어야 하는지를 생각해야만 한다.

A

전략

가장 분명한 결합의 절단은 이민 결합이다. 이 이민은 상응하고 아민과 카보닐 화합물로부터 만든다. 알돌 축합에 의해 얻어진 카보닐은 α,β-불포화 케톤으로 알려져 있다.

풀이

- 먼저 이민 이중 결합을 절단해야 한다(단계 1). 이 과정은 한쪽에서 benzenamine을, 다른쪽에서 카보닐기를 생성한다.
- 두 번째 단계에서 남아 있는 이중 결합에 역알돌 축합반응을 적용하면(단계 2) 2-acetylbenzeneamine과 2,4-pentanedione이 얻어진다.
- 이들 두 물질들은 A를 합성하기 위한 적절한 출발물인가? 이 답은 예이다. 이 반응은 소위 Friedländer의 quinoline 합성법의 예인데, 이 반응 과정은 산 또는 염기 촉매가 모두 이용된다. 반면 출발물의 몇 가지 경쟁 축합반응이 예상되는데, 또 이 반응은 가역반응이고, 방향족 고리화 생성물이 생성되는 방향으로의 상당한 추진력이 존재한다. 더욱이 아미노케톤 성분은 콘쥬게이션된 두 개의 작용기를 포함하므로, 자체 축합반응이 방지된다(쌍극성 ammonium enolate의 공명 구조를 그려라).

단계 1 ⟹ 단계 2 ⟹ +

연습 문제 25-27

자습 문제

다음 분자들에 대한 타당한 역합성 분절을 그리시오[**힌트**: (b) 17-10절 참조, (c) 문제 17-43 참조].

(a) 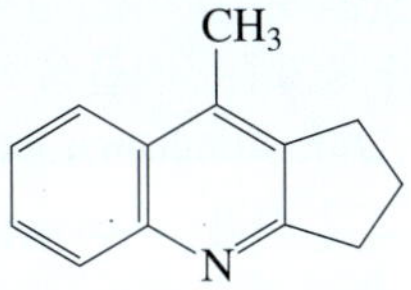 CH_3 N (b) 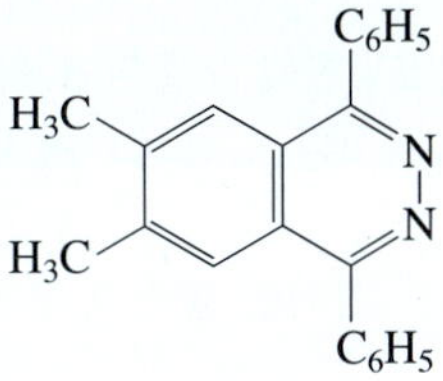 C_6H_5 H_3C N N H_3C C_6H_5 (c) N N

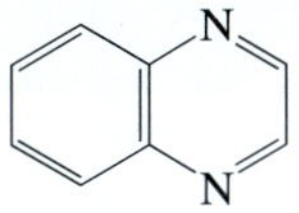

요약 아자나프탈렌인 퀴놀린과 아이소퀴놀린은 벤조피리딘으로 간주될 수 있다. 친전자체는 아자나프탈렌의 벤젠 고리를 공격하고, 친핵체는 피리딘 고리를 공격한다.

25-8 알칼로이드: 자연에 존재하는 생리 활성인 질소 헤테로고리

알칼로이드(alkaloid)는 쓴맛이 나는 천연 질소를 함유한 화합물로서, 식물에서 많이 발견된다. 이러한 명칭은 이들이 질소의 고립 전자쌍에 의해 야기된 염기성 성질을 가지는 데서 비롯되었다.

비고리 아민과 같이(21장), 알칼로이드의 Lewis 염기 성질은 그들의 특정한 삼차원 구조와 함께 종종 생리 활성 효능이 나타나게 한다. 우리는 이미 이 작용의 몇몇 예로 마취성의 모르핀과 헤로인(9-11절), 정신에 영향을 미치는 리세르그산(lysergic acid) 및 LSD(19-13절) 그리고 항생물질인 페니실린을 들 수 있다(화학 이야기 20-2)

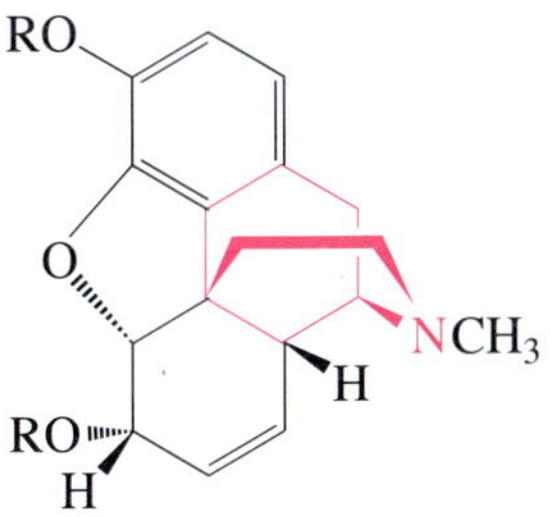

RO O RO H NCH_3 H

Morphine (R = H)

Heroin (R = $CH_3\overset{O}{\overset{\|}{C}}$)

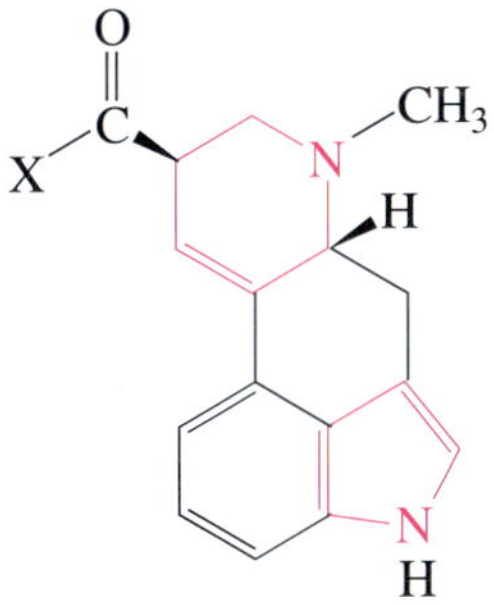

O X C N CH_3 H N H

Lysergic acid (X = OH)

Lysergic acid diethylamide, LSD

[X = $(CH_3CH_2)_2N$]

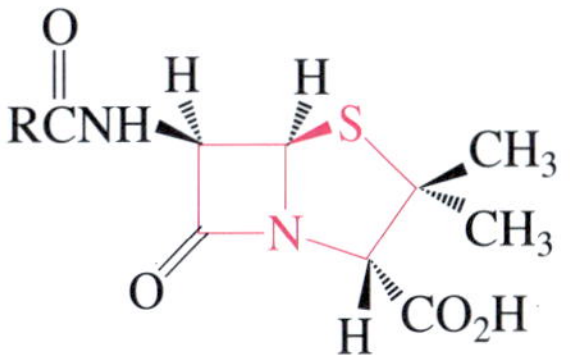

O RCNH H H S CH_3 CH_3 O N H CO_2H

Penicillin

마른 담뱃잎에 2~8%의 농도로 존재하는 니코틴(화학 이야기 25-1 참조)은 담배 및 다른 담배 제품에서의 자극적인 성분이다.

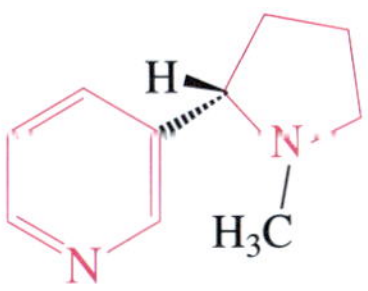

H N N H_3C

Nicotine

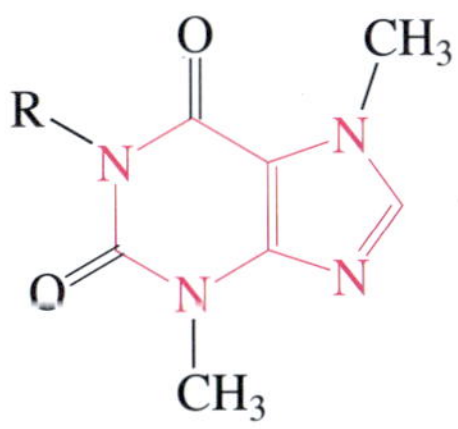

O CH_3 R N N O N N CH_3

Caffeine (R = CH_3)

Theobromine (R = H)

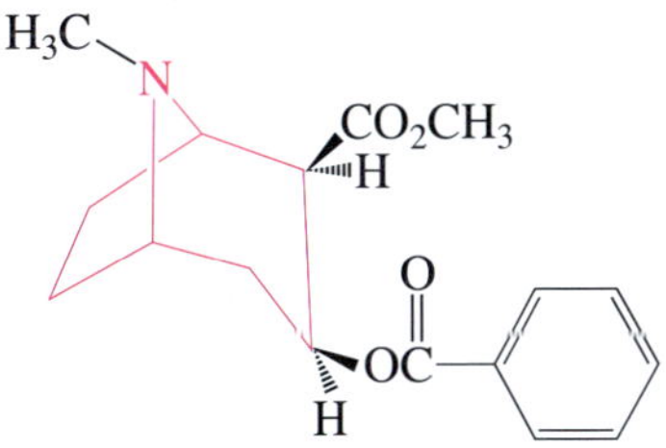

H_3C N CO_2CH_3 H O OC H

Cocaine

화학 이야기 25-4

자연은 항상 푸른 것은 아니다: 자연 살충제

많은 사람들은 합성된 것들은 어쨌든 의심하고, "나쁘다"고 믿고, 합성된 것 전체가 자연적 화학에서 시작되었다고 생각하지 않는다. Ames*와 다른 사람들이 지적한 것처럼 이것은 잘못된 오해이다. 우리는 환경에 역효과를 나타내고 독성이 있는 많은 화합물을 제조하였으며, 천연 화합물 또한 합성된 화합물과 전혀 다르지 않다는 것을 알고 있다. 자연은 수백만 종을 통해 화합물을 생성하는 고도로 활성화된 실험실이며, 매우 독성이 강한 많은 화합물을 생성한다. 독성이 강한 것 중의 하나인 알칼로이드는 식물들에서 매우 적은 양을 찾을 수 있다. 그러므로 우연한 식물의 섭취로 인해 많은 종류의 중독(때때로 치명적인)의 경우가 있다(특히 어린이의 경우). 예를 들면, 푸른 감자의 섭취(태양광선에 노출되어 독성의 정도가 증가됨), 식물성 차의 섭취, 독버섯의 섭취, 그 이외의 것들이 있다. Abraham Lincoln의 어머니는 뱀 물린 데 좋다는 각종 식물의 뿌리(snakeroot)라는 독초를 섭취한 젖소의 우유를 마시고 죽었다.

녹색 감자는 solanine이라는 알칼로이드가 있어서 독성을 나타낸다.

Solanine
(R = 당)

식물이 살아가는데 있어서 이 화합물의 용도는 무엇인가? 식물들은 육식동물이나 인간, 동물, 곤충, 균과 같은 유기체의 침입으로부터 달아날 수 없고, 그들 스스로를 보호할 기관을 가지고 있지 않다. 실제로 그들은 효과적인 방어 전략을 높일 수 있는 화학적 무기인 "자연적인 살충제"를 발전시켰다. 이 화합물들은 이미 수천 년 전에 알려졌다. 자연적 살충제는 현존하는 식물들에서는 이미 존재하가나, 초생식물에서는 모충이나 초식곤충에 대한 외부 공격에 대해 "면역 체계"를 형성하였다. 예를 들면, 토마토 식물에서는 18개의 아미노산을 포함하는 작은 폴리펩타이드 시스테민(systemin)은, 외부로부터의 공격에 대해 화학적 알림 신호를 하는 물질이다. 그 물질은 식물을 통해 신속히 이동하여, 직접적으로 화학적 독소를 만드는 반응을 시작하게 한다. 이 효과는 공격자를 완전히 물리치거나, 다른 육식동물이 충분히 잡아먹을 수 있도록 느리게 만든다. 흥미 있는 내용은 이러한 화합물 중 하나는 상처난 부위가 감염되는 것을 예방해 주는 아스피린(화학 이야기 22-2)의 주성분인 살리실산이다. 모진 시련 속에서 식물들은 알림 페로몬(12-17절)과 같은 화합물의 사용법을 배우게 된다. 공기 또는 수인성 분자의 알림 신호에 의해 손상을 입지 않은 이웃한 식물과 합쳐져서 화학적 무기를 활성화시킨다. 그들 역시 화학적 경로를 통하여 면역 체계를 발달시켰을 것이다.

Bergamottin

Hypericin
(Hypericum의 활성 성분)

미국인들은 일인당 하루에 1.5 g의 자연적 살충제를 야채, 과일, 차, 커피 및 그 밖의 형태로 섭취한다. 그 양은 잔류 농약의 10,000배 이상이다. 이러한 자연적 화합물의 성분 측정 단위는 ppm(100만분의 1)을 사용하고, 물의 오염(예를 들면, 세제, 화학 이야기 19-1)의 측정 단위는 한 단계 위인 ppb(10억분의 1)를 사용한다. 이러한 식물들의 몇 가지 독성에 대해서 발암 실험(설치류를 통한)을 한 결과, 대략 절반 정도가 발암 물질이었으며, 합성된 화합물 또한 같은 비율로 나타났다. 많은 물질이

*Bruce N. Ames (1928년 출생), Berkeley의 California 대학교.

자연적인 식물 살충제

화합물	식물 식품 (농도 ppm)
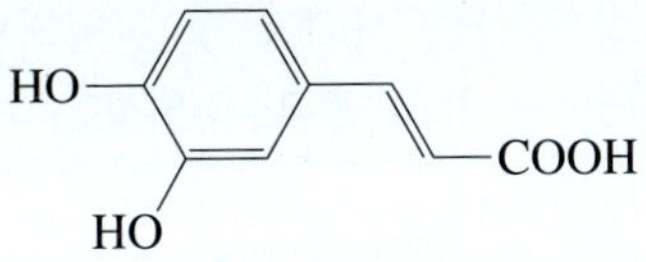 Caffeic acid (Carcinogen)	Apple, carrot, celery, grapes, lettuce, potato (50–200); basil, dill, sage, thyme, and other herbs (>1000); coffee (roasted beans, 1800)
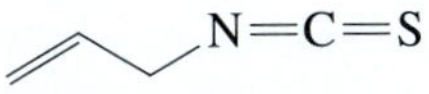 Allyl isothiocyanate (Carcinogen)	Cabbage (35–590); cauliflower (12–66), Brussels sprouts (110–1560); brown mustard) (16,000–72,000); horseradish (4500)
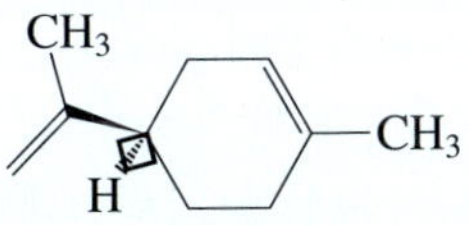 (*R*)-Limonene (Carcinogen)	Orange juice (31); black pepper (8000)
 Carotatoxin (Neurotoxin)	Carrot (10–20)
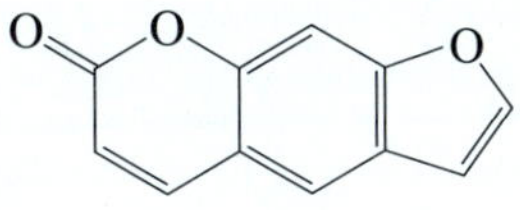 Psoralen (Carcinogen)	Parsley (11,000–112,000); celery (1,300–46,000)
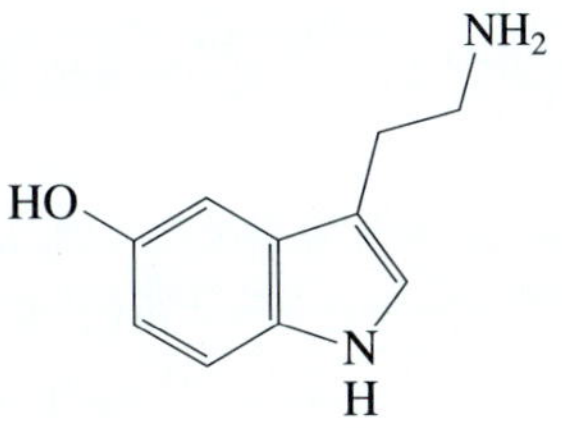 Serotonin (Neurotransmitter, vasoconstrictor)	Banana (15,000)

독성이 있다고 입증되었다. 표는 보통 음식물에 들어 있는 몇 가지 독성 살충 성분에 대한 예를 들었다.

그러면 우리는 왜 이러한 독성들을 제거시키지 않는 것일까? 하나의 이유는 이러한 자연적 살충 성분을 접하는 수준이 매우 적기 때문이다. 더욱 중요한 것은 우리의 몸은 이러한 식물들에 의한 다량의 화학적 공격에 대항할 수 있는 방어기전을 가지고 있기 때문이다. 그러한 까닭으로 우리의 첫 번째 방어 체계인 구강, 식도, 위, 장, 피부, 폐는 며칠에 한 번씩 "총알받이(cannon fodder)" 형태로 배출한다. 추가적으로 설명하면 우리의 몸은 독성을 중화시키는 다양한 해독 메커니즘을 가지고 있다. 우리는 어떤 독성에 대한 피해를 입기 전에 대부분의 물질들을 배설한다. 우리의 DNA는 손상을 복구하는 많은 방법들을 가지고 있다. 최종적으로 우리가 "비위에 거슬리는" 물질(쓴맛 알칼로이드, 부패한 음식과 우유, "황" 냄새가 나는 계란)을 냄새 맡거나 맛을 보는 것으로써 섭취하지 않도록 유도한다 마지마 분서을 통해서 우리는 각각 무엇을 섭취해야 하는지 판단할 수 있다. 그러나 예로부터 명언 '어떤 음식이든 과식을 금하고, 다양한 음식을 섭취하라'는 말은 여전히 정설로 남아 있다.

니코틴보다 더 자극적인 것은 커피 및 코코아(초콜릿)에 각각 존재하는 카페인 및 데오브로민(이뇨제)이다. 아마도 가장 위험한 흥분제는 코카나무의 잎에서 추출되는 코카인이다. 코카인은 불법적인 마약 밀매의 목적으로 남아메리카에서 주로 재배된다. 코카인은 물에 녹을 수 있는 염화수소염("거리의 코카인") 형태로 선적되고 팔린다. 코카인 염화수소염은 콧구멍으로 흡입하거나 또는 입 및 정맥 주사를 통해 흡입한다. 실제로 "순화코카인" 또는 "크랙(코카인 일종의 마약)"으로 알려진 알칼로이드는 흡연으로 흡입된다. 이들 알칼로이드는 뇌 발작, 호흡 붕괴, 심장 마비, 편집증 및 우울증 등의 심각한 신체적 및 심리적인 약물의 부작용이 나타난다. 그럼에도 불구하고 이 화합물에 대한 몇 가지 좋은 유용성을 가진다. 예를 들면, 눈 수술에서 효과적인 국부 마취제로서 기능을 나타낸다.

Anopheles라고 하는 말라리아 모기는 뾰쪽한 수유관을 통해서 인간을 숙주로 이용한다. 충혈은 곤충의 복부로부터 내뿜는 작은 피 방울로부터 기인된다.

기나 나무껍질(8%만큼의 농도)로부터 추출하는 퀴닌(quinine)은 가장 오래된 가장 효과적인 항말라리아 물질로 알려져 있다. 말라리아에 감염되면 한기가 동반하고, 열이 발생하고, 땀을 흘리는 단계가 끝난다. "말라리아"라는 이름은 이탈리아어의 *malo*(나쁜) 및 *aria*(공기)로 이루어진 말로, 늪지로부터 분출되는 유해한 독가스에 의해 발생된다는 사실에서 유래되었다. 실제 주범은 학질 모기류의 암컷 모기에 물려 전달되는 원생 기생동물(*Plasmodium species*)에 감염된다(화학 이야기 3-2 참조). 3억에서 5억 명이 이 질병에 감염되는 것으로 추정되는데, 이들 중 매년 2백만 명 이상이 사망하고, 그들 중 어린애가 반 이상이다.

스트리크닌(극소량이 약품으로 이용되는 독성 물질)은 독성이 강력한데(포유동물의 치사량은 5~8 mg kg^{-1}), 이 물질은 많은 탐정 추리소설에서 자주 나타나는 치명적인 독극물질의 주성분이다.

Quinine

Strychnine (R = H)
Brucine (R = CH_3O)

1,2,3,4-Tetrahydroisoquinoline

아이소퀴놀린과 1,2,3,4-테트라하이드로아이소퀴놀린 핵은 알칼로이드에서 많이 볼 수 있으며, 그 치환기들은 생리학적으로 활성이 있어 환각제, 중추신경자극제(진정제, 흥분제), 수면제 등으로 널리 사용된다. 2-페닐에탄아민 단위(화학 이야기 21-1 참조)에 나오는 다른 알칼로이드의 대부분에 존재한다는 것을 주목해야 한다(2-페닐에탄아민은 모르핀, 리세르그산, 퀴닌과 스트리키닌에서 찾아보아라).

요약 천연의 질소 함유 화합물들은 알칼로이드로서, 이들은 여러 면에서 생리학적 활성체이다.

요점

포화된 헤테로고리나 방향족 헤테로고리의 연구는 이 책에서 여러 가지 개념과 응용에 있어서로 연관되어 있다. 자세히 말하면, 변형이 있는 헤테로고리 화합물의 고리 열림, 친전자성, 친핵성 방향족 치환반응을 포함하는 헤테로방향족계에서 방향족성 원리의 확장, 헤테로방향족계를 만드는데 있어서 축합반응 방법론의 이용 그리고 자연 상태에서 구조적 다양성과 합성된 의약품의 구조적 다양성을 이해하게 된다. 헤테로고리 화학의 분야는 방대하다. 이 장에서는 그들 중 아주 일부의 범위만 강조한다. 다음 마지막 장에서 헤테로고리 화합물이 DNA

핵산과 RNA 핵산의 필수적인 부분이라는 것을 알 수 있다.

통합 문제

25-28. 우리가 heterocyclopentadiene (25-3절)과 pyridine (25-5절)에서 본 것과 같이, 헤테로방향족 화합물들은 거의 변화가 없이 적절한 헤테로작용과 카보닐 기질의 축합반응에 의해 만들어진다.

a. 여기에 나타난 것과 같은 2,6-dimethylpyridine (25-5절)의 Hantzsch 합성의 처음 단계에 대한 적절한 메커니즘을 쓰시오.

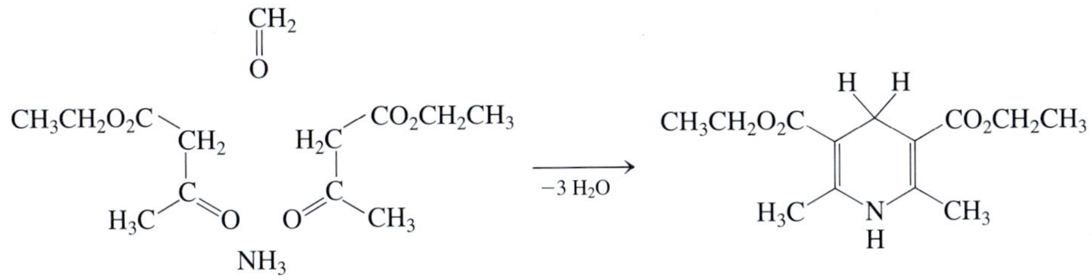

$CH_2{=}O$, $CH_3CH_2O_2C{-}CH_2{-}C({=}O){-}CH_3$, $CH_3CH_2O_2C{-}CH_2{-}C({=}O){-}CH_3$, NH_3 $\xrightarrow{-3\,H_2O}$ 1,4-dihydropyridine (4-H, H; 3,5-$CO_2CH_2CH_3$; 2,6-CH_3; N–H)

풀이

출발물의 네 가지 구성요소의 결과에 의해 ammonia가 두 개의 케토 카보닐 탄소와 반응해서, 이민을 거쳐 엔아민이 형성 (17-9절) 되고, 여기에서 알돌 유사 축합반응 과정 (18-5절)에 의해 formaldehyde 성분은 3-oxobutanoate의 산성 methylene과 반응하여 결합을 만든다 (23-2절). 이러한 단계에 대한 분자식을 동시에 만들어 보자.

단계 1. formaldehyde와 ethyl 3-oxobutanoate의 알돌 유사 축합

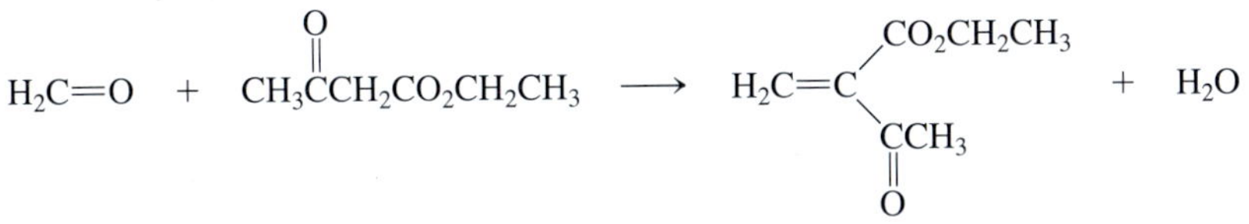

$$H_2C{=}O + CH_3\overset{O}{\overset{\|}{C}}CH_2CO_2CH_2CH_3 \longrightarrow H_2C{=}C(CO_2CH_2CH_3)(\overset{O}{\overset{\|}{C}}CH_3) + H_2O$$

Michael 받개

단계 2. Ethyl 3-oxobutanoate와 ammonia의 엔아민 형성

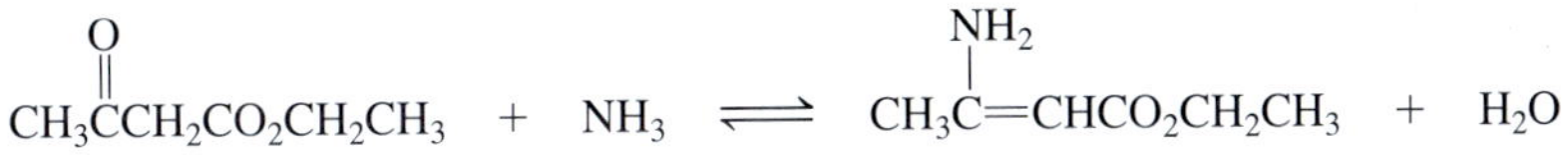

$$CH_3\overset{O}{\overset{\|}{C}}CH_2CO_2CH_2CH_3 + NH_3 \rightleftharpoons CH_3\overset{NH_2}{\overset{|}{C}}{=}CHCO_2CH_2CH_3 + H_2O$$

엔아민

단계 1에서 Michael의 받개가 만들어지고, 단계 2에서 엔아민이 생성된다. 엔올레이트 반응과 유사하게 Michael 첨가반응에 의해 엔아민이 Michael의 받개와 반응해서 중성의 oxoenamine을 생성한다.

단계 3. 엔아민의 Michael 첨가반응

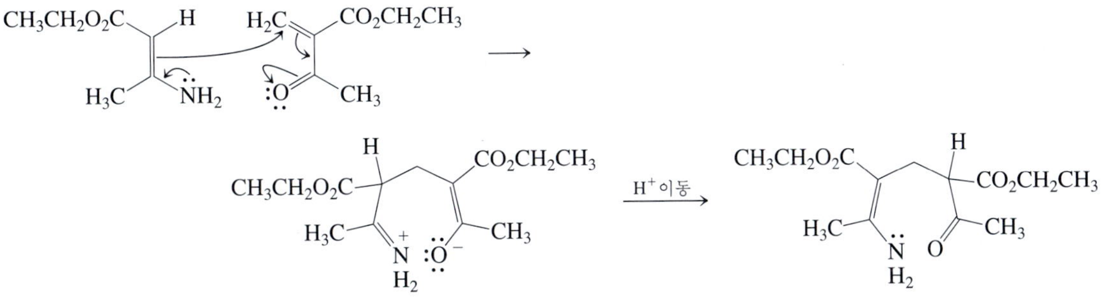

$CH_3CH_2O_2C(H)C{=}C(CH_3)\ddot{N}H_2$ + $H_2C{=}C(CO_2CH_2CH_3)C({=}\ddot{O}:)CH_3$ $\longrightarrow$ $CH_3CH_2O_2C{-}CH(H){-}CH_2{-}C(CO_2CH_2CH_3){=}C(:\ddot{O}:^-)CH_3$ with $H_3C{-}C{=}\overset{+}{N}H_2$ $\xrightarrow{H^+\text{ 이동}}$ $CH_3CH_2O_2C{-}C(=C(H_3C)\ddot{N}H_2){-}CH_2{-}CH(H)(CO_2CH_2CH_3){-}C({=}O)CH_3$

Oxoenamine

이러한 종류의 화합물은 보다 안정한 1,4-다이하이드로 생성물이 토토머화되어 (13-7절, 18-2절), 3,4-dihydropyridine에 분자내 이민 축합반응을 진행되게 한다.

단계 4. 분자내 이민 생성과 토토머화반응

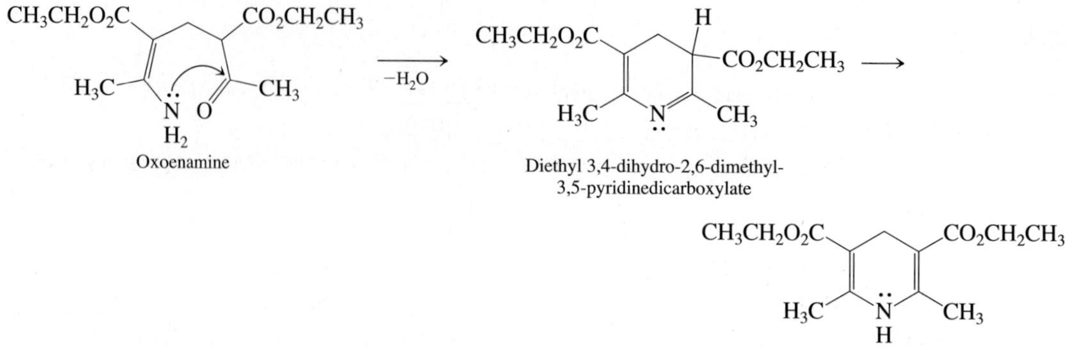

Oxoenamine $\xrightarrow{-H_2O}$ Diethyl 3,4-dihydro-2,6-dimethyl-3,5-pyridinedicarboxylate ⟶ Diethyl 1,4-dihydro-2,6-dimethyl-3,5-pyridinedicarboxylate

b. (a)의 설명과 연습 문제 25-11, 25-14를 기초로 하여 오쏘 위치에 두 개의 치환기를 가진 benzene으로부터 indole, quinoline, 1,4-diazanaphthalene (quinoxaline)의 간단한 역합성(역축합) 반응을 제안하시오.

풀이

여기서 우리는 benzene이 접합된 엔아민인 indole을 볼 수 있다. 엔아민 부분은 역합성되어 이에 해당되는 엔올화될 수 있는 카보닐과 아미노기(17-9절)를 만들어낸다.

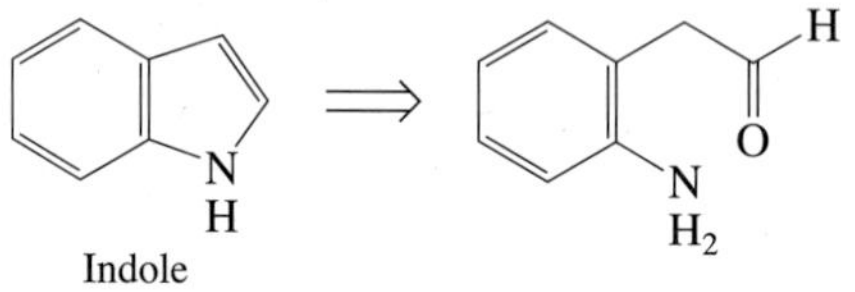

Indole

Quinoline은 benzene이 접합된 α,β-불포화된 이민으로 볼 수 있다. 그 이민 핵은 역합성으로 고리를 열면 상응하는 아민과 α,β-불포화된 카보닐 토막으로 된다(17-9절). 이 α,β-불포화된 카보닐 조각은 사용하는 acetaldehyde의 알돌 축합반응(18-5절)에 의해 만들 수 있다.

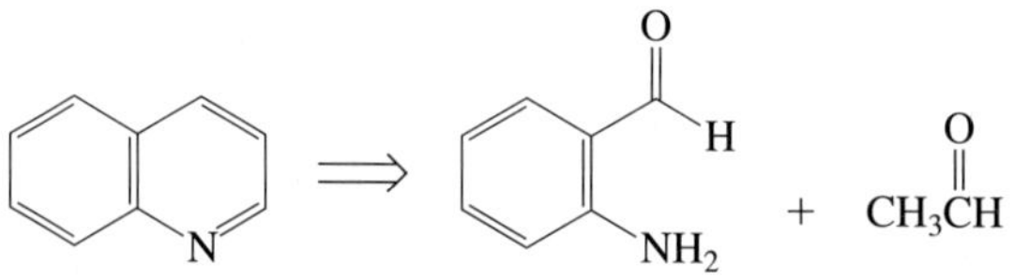

Quinoline $\Rightarrow$ + $CH_3CH(=O)$

1,4-Diazanaphthalene은 두 개의 이민 작용기(17-9절)의 역가수분해에 의해 분해되어 1,2-benzenediamine과 ethanedione (glyoxal)이 된다.

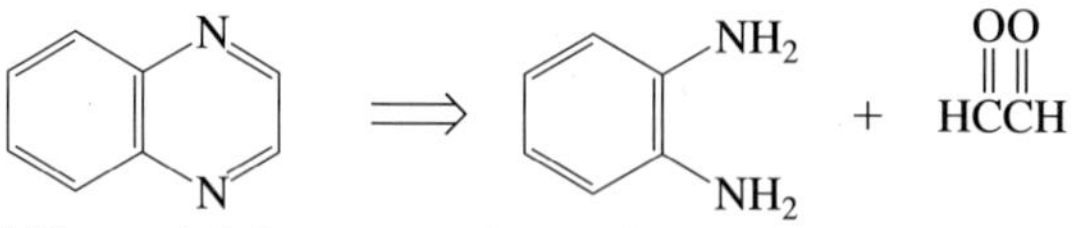

1,4-Diazanaphthalene (Quinoxaline) $\Rightarrow$ + HC(=O)C(=O)H

25-29. 비아그라(sildenafil citrate)는 1998년에 남성 발기성 기능장애(MED) 치료에 효과적인 방법으로 소개되었다. 그것은 관상 동맥 심장질환을 위한 치료 물질의 임상실험과 최종적으로 혈관 확장에 이르게 하는 발기된 조직 안에 nitric oxide (NO)의 생산량을 증진시키기 위한 연구 중에 우연히 발견되었다(화학 이야기 26-1 참조). 비아그라가 처음으로 실험실에서 만들어진 경로는 다음과 같다.

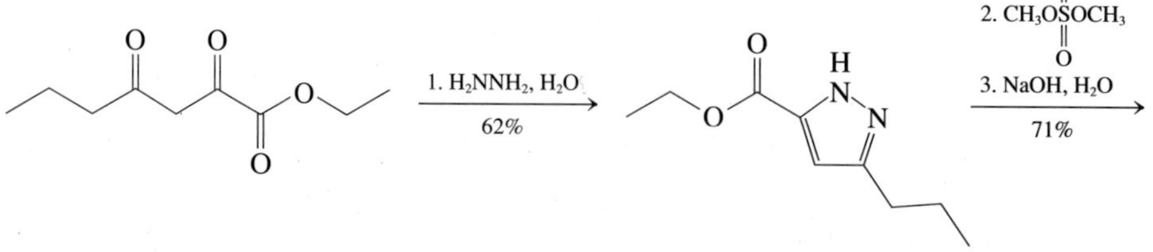

$\xrightarrow[62\%]{1.\ H_2NNH_2,\ H_2O}$ $\xrightarrow[71\%]{2.\ CH_3OSO_2OCH_3,\ 3.\ NaOH,\ H_2O}$

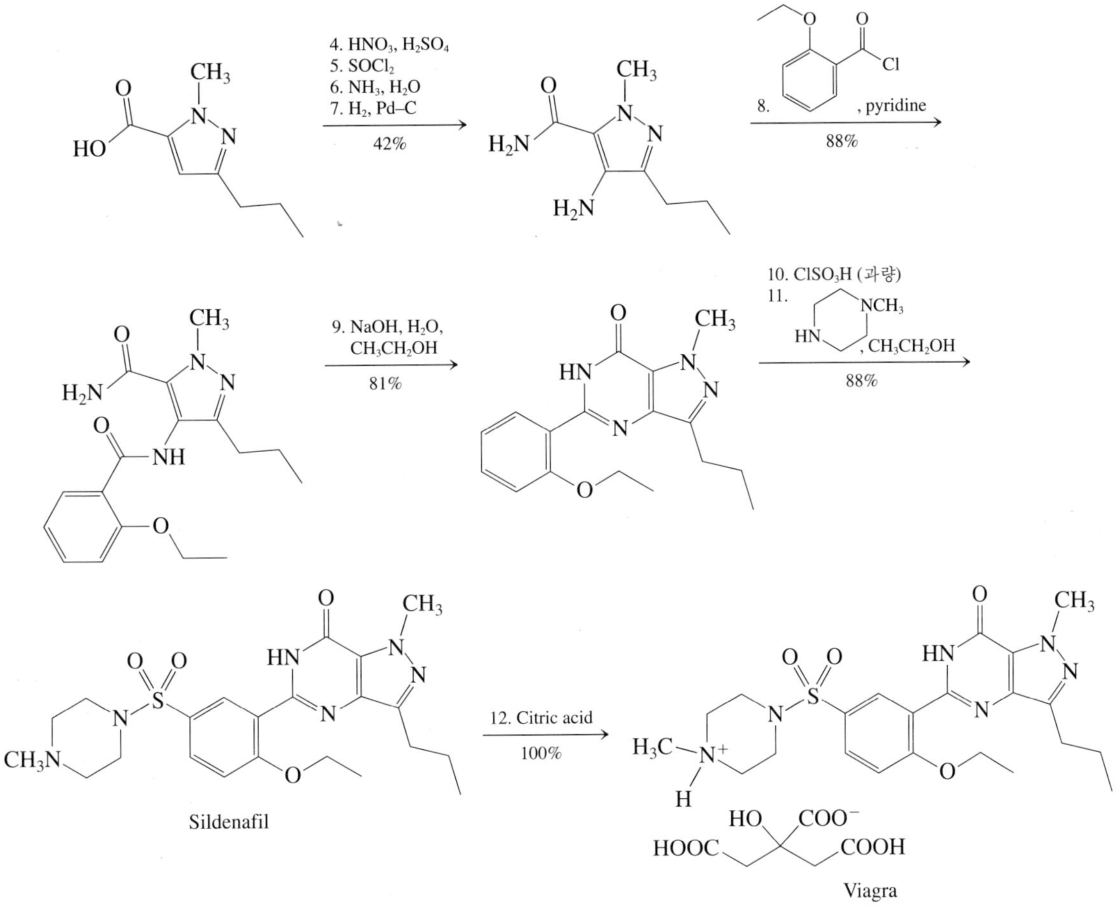

4. HNO_3, H_2SO_4
5. $SOCl_2$
6. NH_3, H_2O
7. H_2, Pd–C
42%

8. , pyridine
88%

9. NaOH, H_2O, CH_3CH_2OH
81%

10. $ClSO_3H$ (과량)
11. , CH_3CH_2OH
88%

Sildenafil

12. Citric acid
100%

Viagra
(Sildenafil citrate)

여러분들에게 어떤 작용기 단위는 새로운 것일지도 모르지만, 합성화학의 현대적 지식으로 이 합성의 12단계 각각을 이해할 수 있을 것이다. 각 단계의 본질적인 중요한 것을 확인하고, 그것의 결과를 설명하시오.

풀이

유기화학 일에 종사하는 사람이 논문을 읽으면서 종종 만나는 전형적인 문제이다. 언급된 특별한 종류의 화합물에 대한 조예가 깊지 않더라도, 기본적인 원리로부터 다음을 이해할 수 있을 것이다.

단계 1. Hydrazine 시약인 H_2NNH_2에 있는 N_2 단위에 β-다이카보닐기(23장)를 첨가한다. 각 분자식을 비교해 보면 두 개의 물 분자가 출발물에서부터 생성물로 가는 동안 없어지는 것을 볼 수 있다. 이것은 두 번의 축합반응이 일어나는 것을 암시한다. 치환된 hydrazine은 케톤(17-10절, 연습 문제 25-27b 참조)과 보통 한 번 일어나지만 여기서는 두 번 일어난다. 1,3-다이온에 적용시키면 diazacyclopentadiene이 만들어지는데, 이것은 양성자이탈반응(방향족 음이온, 15-7절 참조)과 재양성자첨가반응에 의해 방향족이 된다. 이 결과로 생긴 2-azapyrrole(25-4절)은 pyrazole을 만드는 하나의 방법이다.

일반적인 pyrazole 합성

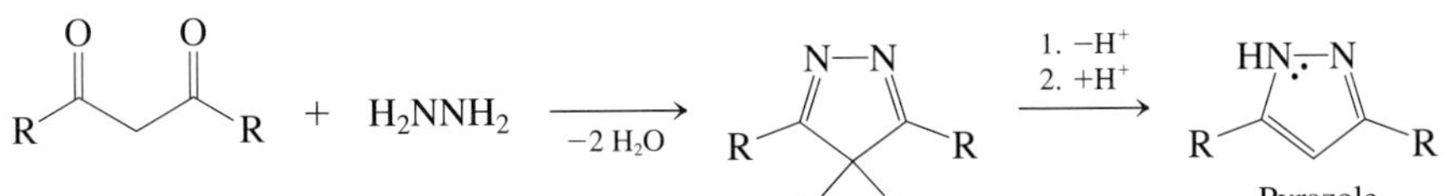

H_2NNH_2, $-2\,H_2O$; 1. $-H^+$ 2. $+H^+$

Pyrazole
유도체

단계 2. Dimethylsulfate $(CH_3O)_2SO_2$는 메틸화 시약(6-7절)이고, pyrazole의 질소는 알킬화시킨다.

단계 3. 이 단계는 단순 염기 촉매에 의한 에스터 가수분해반응이다(20-4절).

단계 4. 순서 4 ~ 7의 생성물은 pyrazole 고리에 또 다른 아미노 치환기가 붙는다. 필요한 질소는 친전자성 나이트로화반응(15-10절, 25-4절)에 의해 들어온다.

단계 5. 및 6. 이 순서에서 카복실산이 산 염화물을 거쳐 카복실 아마이드로 전환된다(19-8절 및 20-2절).

단계 7. 단계 4에서 들어온 나이트로 치환기를 촉매 수소첨가반응에 의해 아미노기로 전환한다(16-5절).

단계 8. 그 다음 우리는 아마이드 형성에 의해 2-ethoxybenzoyl 토막을 도입한다(20-2절).

단계 9. 이 축합반응은 비활성 아미노기와 카보닐기를 포함하는 보기 드문 반응이다. 고리 이마이드 형성(19-10절)에서처럼 축합반응은 분자내 성질에 의해 용이하게 된다. 그리고 생성물의 쌍극성(20-1절) 방향족 공명 안정화는 아래의 일반적인 방법으로 나타낸다.

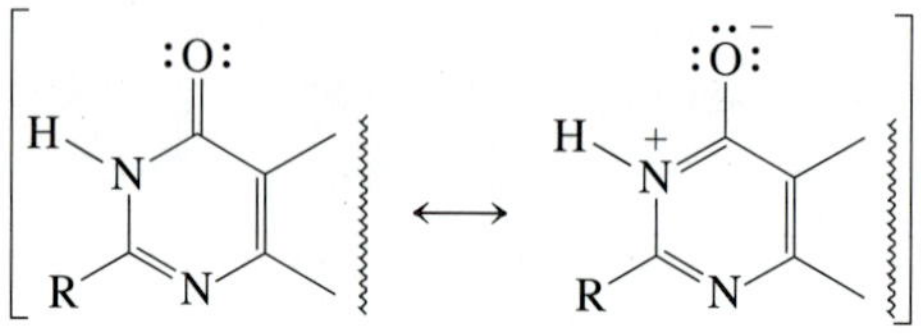

:O: H N R N ⟷ :Ö:⁻ H N⁺ R N

단계 10. 이 단계는 여러 가지의 방향족 설폰화반응(15-10절)과 sulfuric acid의 산 염화물인 $ClSO_3H$ (chlorosulfonic acid)를 이용한 sulfonyl chloride 생성이 동시에 일어난다.

단계 11. 설폰아마이드 생성에 의해 비아그라의 활성 성분인 sildenafil이 만들어진다(15-10절).

단계 12. 물에 대한 용해도를 높이기 위해 sildenafil에 citric acid의 암모늄염의 양성자화된 형태를 도입하면 비아그라가 된다.

새로운 반응식

1. 헤테로사이클로프로페인의 반응(25-2절)

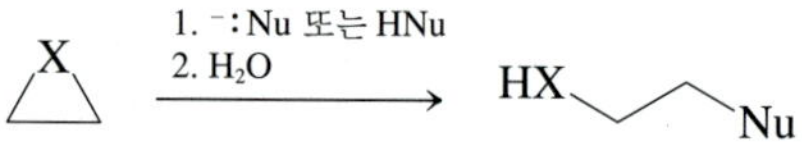

X → (1. ⁻:Nu 또는 HNu 2. H_2O) HX Nu

2. 헤테로사이클로뷰테인의 고리 열림 반응(25-2절)

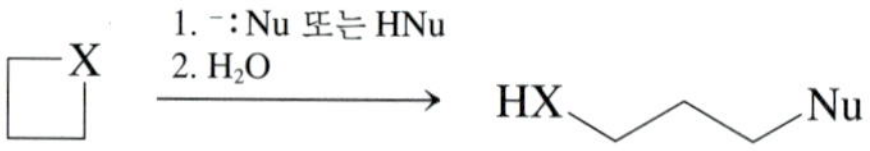

X → (1. ⁻:Nu 또는 HNu 2. H_2O) HX Nu

Heterocyclopropane보다 덜 반응성임

3. 1-헤테로-2,4-사이클로펜타다이엔의 Paal-Knorr 합성(25-3절)

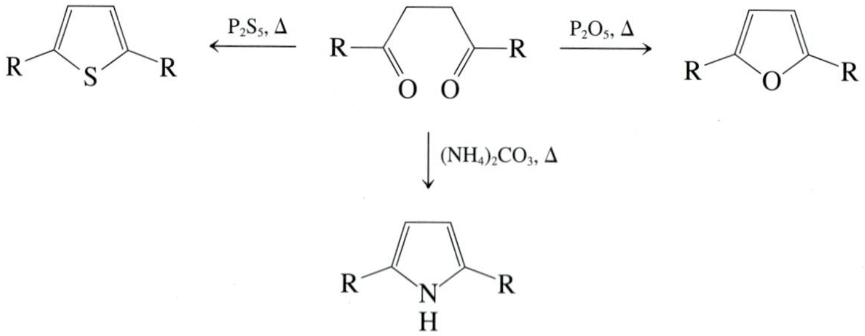

R S R ← (P_2S_5, Δ) R O O R → (P_2O_5, Δ) R O R

↓ ($(NH_4)_2CO_3$, Δ)

R N H R

4. 1-Hetero-2,4-사이클로펜타다이엔의 반응(25-4절)

친전자성 치환반응

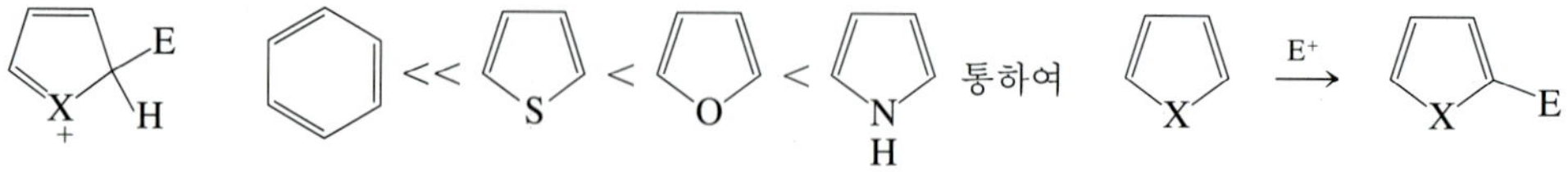

X⁺ E H 통하여

(벤젠) << S < O < N H

상대적인 반응성

X → (E^+) X E

주생성물

고리 열림 반응

$$H_3C\text{-(2,5-dimethylfuran)-}CH_3 \xrightarrow{H^+,\ H_2O} H_3C\text{-CO-CH}_2\text{CH}_2\text{-CO-}CH_3$$

고리화첨가반응

$$\text{furan} + \text{maleimide (NH)} \xrightarrow{(CH_3CH_2)_2O,\ 25°C} \text{oxabicyclic adduct (H, H, NH, O, O)}$$

5. 피리딘의 **Hantzsch** 합성 (25-5절)

$$ROC(=O)CH_2C(=O)R'' + R'CHO + NH_3 + R''C(=O)CH_2C(=O)OR \longrightarrow \text{1,4-dihydropyridine } (RO_2C,\ CO_2R,\ R',\ R'',\ R'',\ NH) \xrightarrow{HNO_3}$$

$$\text{pyridine } (RO_2C,\ CO_2R,\ R',\ R'',\ R'') \xrightarrow{1.\ KOH\quad 2.\ CaO,\ \Delta} \text{2,6-}R''\text{-4-}R'\text{-pyridine}$$

6. 피리딘의 반응 (25-5절 및 25-6절)

양성자첨가반응 (25-5절)

$$\text{pyridine} \underset{}{\overset{H^+}{\rightleftharpoons}} \text{pyridinium } (N^+\text{-}H)$$

Pyridinium 이온
($pK_a = 5.29$)

친전자성 치환반응 (25-6절)

$$\text{pyridine} \xrightarrow{E^+} \text{cation (H, E)} \xrightarrow{-H^+} \text{3-E-pyridine}$$

고리는 benzene에 상대적으로 비활성화한다

친핵성 치환반응 (25-6절)

$$\text{pyridine} \xrightarrow[\text{Chichibabin 반응}]{NaNH_2,\ \text{액체 } NH_3} \text{adduct } (NH_2,\ H,\ \ddot{N}^-) \xrightarrow{-H^-} \xrightarrow{H^+,\ H_2O} \text{2-}NH_2\text{-pyridine}$$

$$\text{pyridine} \xrightarrow[\text{유기금속 시약}]{RLi} \text{2-R-pyridine}$$

$$\text{4-X-pyridine} \xrightarrow{:Nu^-} \text{4-Nu-pyridine} + X^-$$

Halopyridine
($X = Br,\ Cl$)

7. 퀴놀린과 아이소퀴놀린의 반응 (25-7절)

친전자성 치환반응

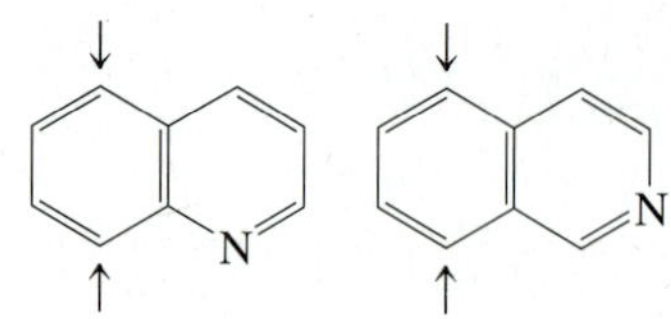

친핵성 치환반응

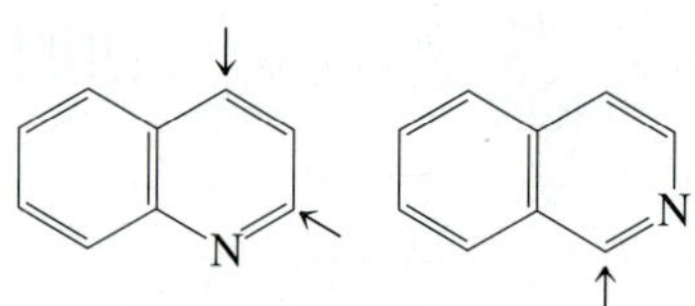

중요한 개념

1. **헤테로사이클로알케인**은 사이클로알케인의 명명법을 사용하여 명명할 수 있다. 질소의 경우 아자-(aza-), 산소는 옥사-(oxa-), 황은 싸이아-(thia-) 등의 접두사로 헤테로원자를 나타낸다. 다른 계통명들과 관용명들도 문헌에 많이 사용되는데, 그중에서도 방향족 헤테로고리에 대해 사용된다.

2. **삼원자** 또는 **사원자 변형 헤테로사이클로알케인들**은 친핵체와 쉽게 반응하여 **고리 열림반응**을 한다.

3. **1-헤테로-2,4-사이클로펜타다이엔**류는 **방향족**이며, 여섯 개의 π전자 배열이 사이클로펜타다이엔일 음이온과 비슷하다. 헤테로원자는 sp^2 혼성이며, p 오비탈의 두 전자는 π계를 만드는데 기여한다. 결과적으로 다이엔 단위는 전자가 풍부해지며, 친전자성 방향족 치환반응이 쉽게 일어난다.

4. 벤젠에서 한 개의 CH 대신에 sp^2 혼성 질소 원자로 대치하면 **피리딘**이 되고, 두 개 이상이 대치되면 아자벤젠이 된다. 헤테로원자의 p 오비탈 전자들은 π계를 만드는데 기여한다. 즉, 고립 전자쌍은 sp^2 혼성 원자를 이루어 분자 평면에 있게 된다. 아자벤젠류는 대체로 **전자가 부족**한데, 그 이유는 전기음성도가 큰 질소가 전자 밀도를 고리로부터 유도 효과 및 공명 효과에 의해 끌어당기기 때문이다. 아자벤젠의 친전자성 방향족 치환반응에서 보듯이 유기금속 시약이 주로 질소 원자 바로 다음에 위치한 탄소를 공격하게 되며, 친핵성 공격체가 할로피리딘을 공격하여 할로젠화 이온의 치환반응이 일어나게 된다.

5. 아자나프탈렌(벤조피리딘), **퀴놀린** 및 **아이소퀴놀린**은 전자가 결핍된 피리딘 고리를 가지고 있기 때문에 친핵성 공격이 일어나기 쉽고, 상대적으로 전자가 풍부한 벤젠 고리에는 친전자성 치환반응이 일어나게 된다. 이때 치환의 위치는 주로 헤테로고리에서 가까운 쪽으로 일어난다.

문제

30. 다음 화합물들의 명칭이나 구조를 그리시오. **(a)** *cis*-2,3-Diphenyloxacyclopropane, **(b)** 3-azacyclobutanone, **(c)** 1,3-oxathiacyclopentane, **(d)** 2-butanoyl-1,3-dithiacyclohexane

(e) O, CHO **(f)** N, CH_3 **(g)** COOH, N **(h)** CH_3, S, CH_3

31. 표 25-1에 보여 준 구조에 들어 있는 많은 헤테로고리 이름(IUPAC 또는 관용명)을 확인하시오.

32. 다음 일련의 반응에 대한 생성물을 쓰시오.

(a) H, O, H $\xrightarrow{\text{1. LiAlH}_4\text{, (CH}_3\text{CH}_2\text{)}_2\text{O; 2. H}^+\text{, H}_2\text{O}}$

(b) N, CH_3 $\xrightarrow{\text{NaOCH}_2\text{CH}_3\text{, CH}_3\text{CH}_2\text{OH, }\Delta}$

(c) OCH_2CH_3, H_3C, O, CH_3, CH_3 $\xrightarrow{\text{묽은 HCl, H}_2\text{O}}$

33. Penicillin은 두 개의 헤테로고리로 되어 있는 항생제로서 세포벽에 박테리아의 형성을 방해한다(화학 이야기 20-2). 이러한 방해는 penicillin 단백질이 아미노기와 작용함으로써 이루어지는데, 세포벽 형성 과정 중에 생기는 틈새를 막아 세포 내부로 누출이 생기게 되고, 조직은 죽게 된다. **(a)** penicillin G가 단백질의 아미노산과 반응하여 생기는 생성물을 제시하시오(단백질 —NH_2, **힌트**: 먼저 penicillin 분자 중 반응성이 가장 강한 친전자성 위치를 알아보아라).

$C_6H_5CH_2C(=O)NH$–(penicillin core, S, CH_3, CH_3, CO_2H) $\xrightarrow{\text{단백질–}NH_2}$ "Penicilloyl" 단백질 유도체

Penicillin G

(b) 항-penicillin 박테리아는 penicillinase라는 효소를 분비하여 단백질 세포벽에 항생제가 공격하는 것보다 더 빨리 항생제를 촉매 가수분해시킨다. 아래의 가수분해반응으로 생성되는 생성물의 구조를 제시하고, 왜 가수분해가 penicillin의 항생제 성질을 파괴하는지 설명하시오.

Penicillin G $\xrightarrow{H_2O\ \text{penicillinase}}$ Penicilloic acid
(가수분해 생성물, 항생제 활성이 사라짐)

34. 다음 변환에 대하여 합리적인 메커니즘을 제시하시오.

(a) 1. $SnCl_4$ (a Lewis acid), CH_2Cl_2 2. H^+, H_2O → CH_2OH

(b) H_5C_6, O, C_6H_5 1. $CH_3CH_2CH_2CH_2Li$, BF_3–$O(CH_2CH_3)_2$, THF 2. H^+, H_2O → C_6H_5, OH

(c) H_3C, H, O, H, CH_3 $\xrightarrow{MgBr_2,\ CH_3COCCH_3}$ (**힌트**: 15-13절 참조) CH_3CO(=O)O, H CH_3, Br, H_3C H

35. 다음 화합물들을 염기도가 증가하는 순서대로 나열하시오. 물, 수산화물, pyridine, pyrrole, ammonia.

36. 다음 heterocyclopentadiene은 한 개 이상의 헤테로원자를 포함한다. 각각에 대하여 헤테로원자에 있는 고립 전자쌍에 의해 점유된 오비탈을 구별하고, 방향족인지 아닌지를 결정하시오. 이들 중에서 pyrrole보다 더 강한 염기가 있겠는가?

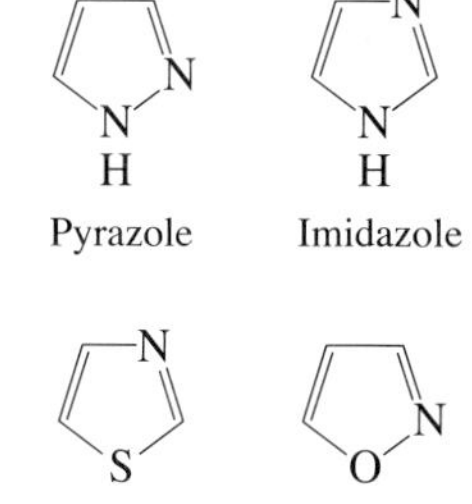

37. 다음 반응의 생성물을 쓰시오.

(a) $\xrightarrow{CH_3NH_2}$ **(b)** $\xrightarrow{P_2O_5,\ \Delta}$

38. 1-Hetero-2,4-cyclopentadiene은 α-다이카보닐 화합물과 헤테로원자를 포함하고 있는 다이에스터의 축합반응에 의해 만들어진다. 아래 pyrrole 합성의 메커니즘을 설명하시오.

$C_6H_5COCOC_6H_5 + CH_3OCOCH_2N(COCH_3)CH_2COOCH_3 \xrightarrow{NaOCH_3,\ CH_3OH,\ \Delta}$ H_5C_6, C_6H_5, CH_3OOC, $COOCH_3$, N–H

유사한 합성법을 이용하여 2,5-thiophenedicarboxylic acid를 어떻게 만들 수 있을까?

39. 다음 반응들의 주생성물을 쓰고, 각각의 경우 치환 위치를 선택한 이유를 설명하시오.

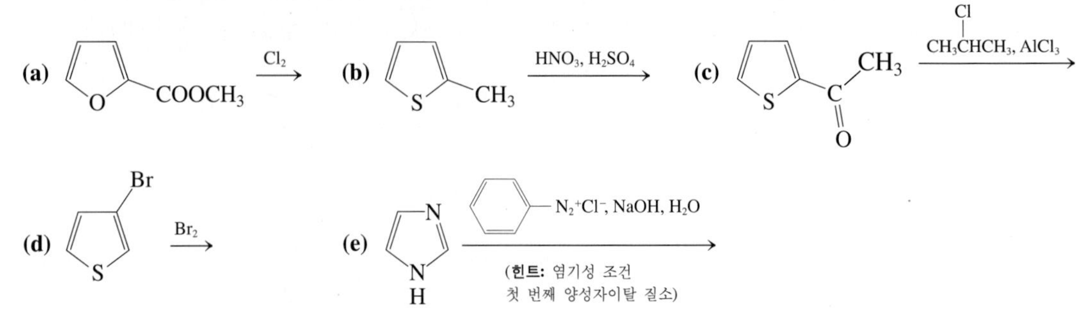

(a) (furan-2-COOCH$_3$) $\xrightarrow{Cl_2}$ (b) (2-methylthiophene) $\xrightarrow{HNO_3,\ H_2SO_4}$ (c) (2-acetylthiophene, C(=O)CH$_3$) $\xrightarrow{CH_3CHClCH_3,\ AlCl_3}$

(d) (3-bromothiophene) $\xrightarrow{Br_2}$ (e) (imidazole, N–H) $\xrightarrow{C_6H_5N_2^+Cl^-,\ NaOH,\ H_2O}$

(힌트: 염기성 조건
첫 번째 양성자이탈 질소)

40. 다음 반응에서 기대되는 생성물을 쓰시오.

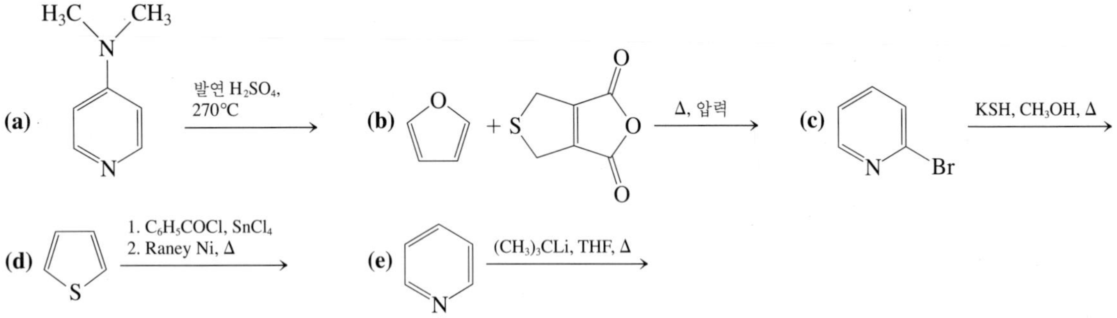

(a) (4-(dimethylamino)pyridine, $(H_3C)_2N$–) $\xrightarrow{발연\ H_2SO_4,\ 270°C}$ (b) (furan) + (S-bicyclic anhydride) $\xrightarrow{\Delta,\ 압력}$ (c) (2-bromopyridine) $\xrightarrow{KSH,\ CH_3OH,\ \Delta}$

(d) (thiophene) $\xrightarrow{1.\ C_6H_5COCl,\ SnCl_4\quad 2.\ Raney\ Ni,\ \Delta}$ (e) (pyridine) $\xrightarrow{(CH_3)_3CLi,\ THF,\ \Delta}$

41. 이 장에서 제시된 일련의 합성 방법을 이용해 다음 각각의 치환된 헤테로고리 화합물의 합성을 제안하시오.

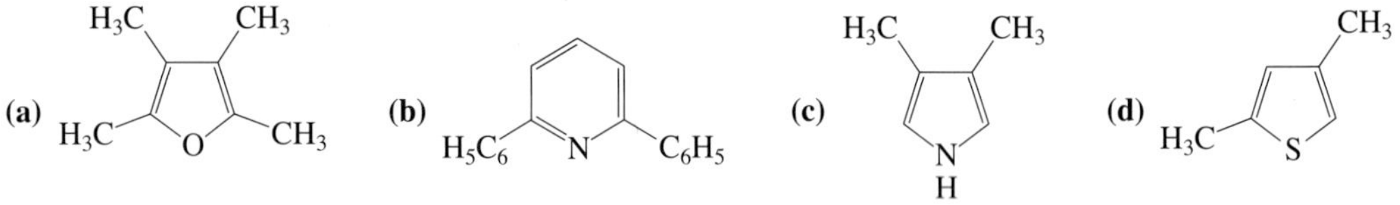

(a) (2,3,4,5-tetramethylfuran; H_3C, CH_3, H_3C, CH_3) (b) (2,6-diphenylpyridine; H_5C_6, C_6H_5) (c) (3,4-dimethylpyrrole; H_3C, CH_3, N–H) (d) (2,4-dimethylthiophene; H_3C, CH_3)

42. 25-8절에서 주어진 것과 같이 커피의 주 흥분제 성분인 caffeine과 theobromine (이뇨제) 의 구조는 초릿과 밀접한 관계를 보인다. Theobromine을 caffeine으로 전환시키는 효율적인 합성 방법을 제시하시오.

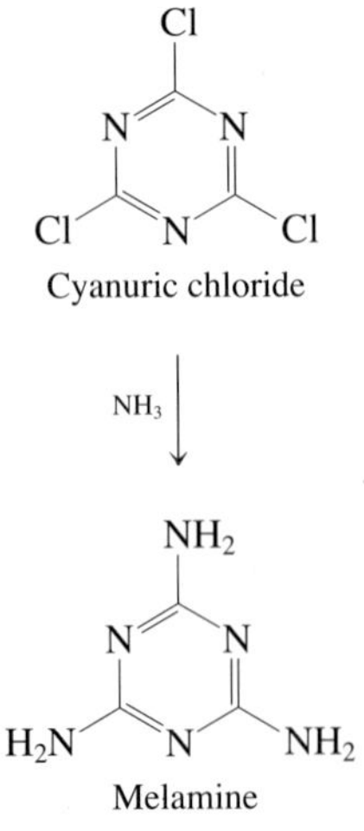

(Cyanuric chloride: triazine with three Cl) $\xrightarrow{NH_3}$ (Melamine: triazine with three NH_2; H_2N, NH_2)

Cyanuric chloride

Melamine

43. Melamine 또는 2,4,6-triaminotriazine에 오염된 음식을 섭취한 애완동물 및 인간이, 모두 질병 및 죽음에 연류되는 것으로 알려진 유독한 헤테로고리 화합물이다. 그 구조에서 보는 것처럼 melamine은 매우 높은 질소를 포함하고 있다. 단백질(26장)은 음식물에서 주 천연 질소 근원인데, 질소 원자의 분석은 보통 음식에 포함된 단백질의 양을 결정하여 알아낸다. 포장된 음식물에 melamine의 불법적인 첨가를 하여 음식물의 질소 함량을 증가시키고, 단백질이 더 많이 함유된 것처럼 보이려고 한다. 실로 이것은 생명을 앗아가는 치명적인 일이다. **(a)** 전형적인 단백질에는 약 15%의 질소를 포함한다. melamine에 존재하는 질소는 몇 %인가? 이 결과를 보고 포장된 음식물에 melamine을 불법으로 "도핑"하는 동기를 설명할 수 있는가? **(b)** melamine은 cyanuric chloride (2,4,6-trichlorotriazine, 왼쪽 여백식 참조) 에 ammonia를 첨가하여 합성한다. 이 반응은 어떤 종류의 반응인가? 메커니즘을 쓰고, cyanuric chloride가 왜 이 형태의 화학 반응을 나타내는지 설명하라.

44. 4-Oxacyclohexanone (일반명 γ-pyrone) 인 chelidonic acid는 수많은 식물에서 발견되며, acetone과 diethyl ethanedioate로부터 합성된다. 이 변환에 대해 메커니즘을 쓰시오.

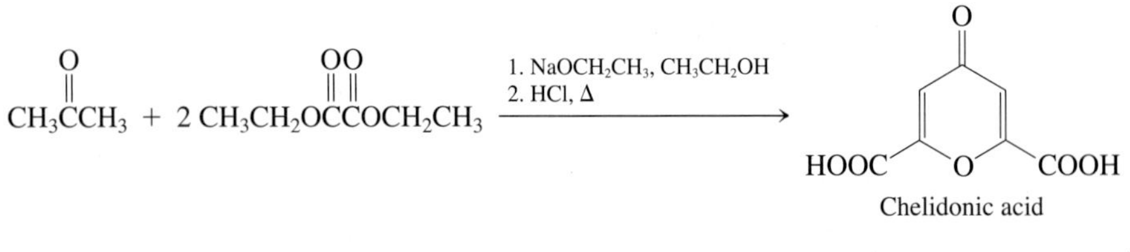

$$CH_3\overset{O}{\overset{\|}{C}}CH_3 + 2\ CH_3CH_2O\overset{O}{\overset{\|}{C}}\overset{O}{\overset{\|}{C}}OCH_2CH_3 \xrightarrow{1.\ NaOCH_2CH_3,\ CH_3CH_2OH\quad 2.\ HCl,\ \Delta}$$ (4-pyrone with HOOC and COOH)

Chelidonic acid

45. Porphyrin은 생명체 안에서 산소를 운반하는 hemoglobin과 myoglobin (26-8절), 생물학적 산화환원 과정에서 중요한 역할을 하는 사이토크롬(22-9절), 그리고 녹색 식물에서 광합성을 조절하는 클로로필(화학 이야기 23-4)의 다중헤테로고리의 구성요소이다.

Porphyrin은 산의 존재하에서 pyrrole과 알데하이드를 넣어 반응시키면 높은 수득률로 얻어진다.

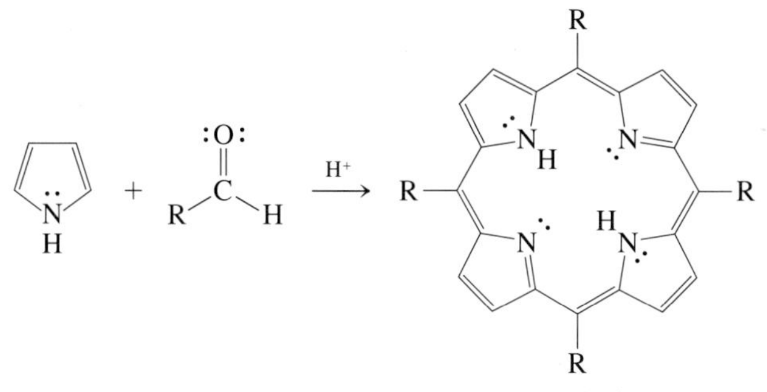

H⁺

Porphyrin

이 반응은 복잡하고 여러 단계를 거친다. Benzaldehyde 한 분자와 pyrrole 두 분자의 단순 축합반응에 의해 아래와 같은 dipyrrylmethane이 생기고, 이것은 포피린 형성에서 첫 단계이다. 이 과정을 위한 단계적인 메커니즘을 제안하시오.

Dipyrrylmethane

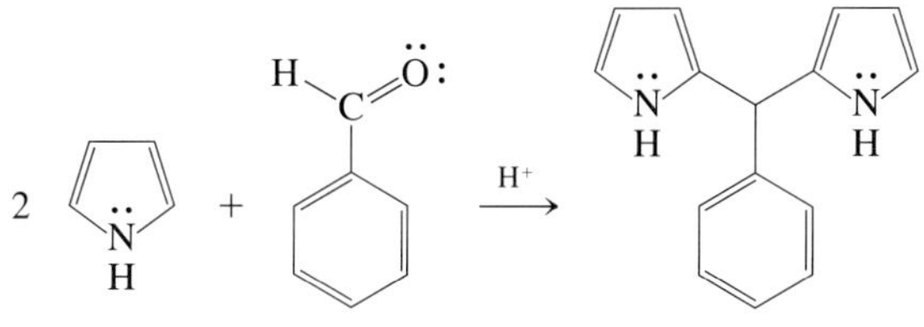

46. Isoxazole (문제 36)은 합성 목표물로서 중요성이 늘어나고 있다. 왜냐하면 isoxazole은 항생물질(화학 이야기 20-2 참조)로서 가능성이 있는 최근에 발견된 자연 발생적인 구조이기 때문이다. isoxazole은 알카인과 예외적인 nitrile oxide (NO) 작용기를 포함하는 화합물의 반응에 의해 만들어진다.

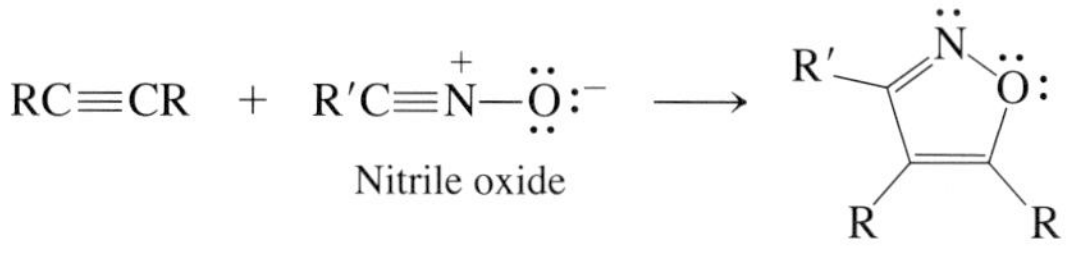

$$RC{\equiv}CR + R'C{\equiv}\overset{+}{N}-\ddot{O}:^- \longrightarrow$$

Nitrile oxide

Isoxazole

이 과정의 메커니즘을 제안하시오.

47. Reserpine은 천연산 indole 알칼로이드로서, 강력한 진정제 및 고혈압 치료제로 사용된다. 이 화합물의 구조는 한 개의 질소가 융합된 고리와 이들로부터 두 개의 탄소 건너 다른 질소 원자가 결합된 고리 구조를 갖는다.

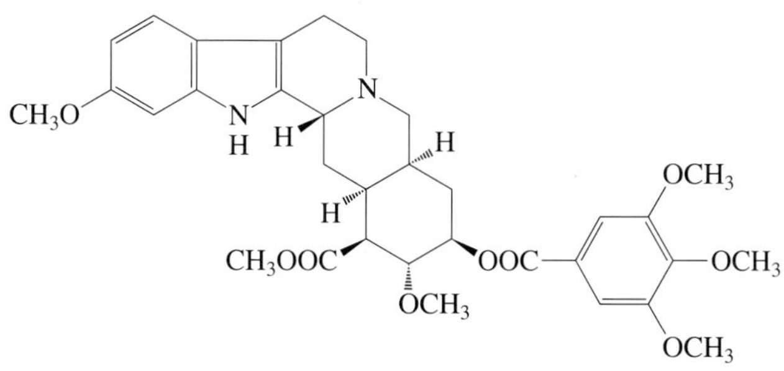

Reserpine

이들의 구조적 특징을 변형시킨 일련의 화합물들이 합성되었고, 이것들 역시 심근경색 및 고혈압 치료에 효과가 있는 것으로 알려졌다. 그중의 일부가 다음에 언급되어 있다. 필요한 시약과 생성물의 구조 및 이름을 (a)~(c)에 쓰시오.

$$\text{(2-pyridyl)}CO_2CH_2CH_3 \xrightarrow{\text{(a)}} \text{(2-piperidyl, NH)}CO_2CH_2CH_3 \xrightarrow[-CH_3CH_2OH]{\text{aziridine } (H_2C{-}CH_2,\ NH),\ \Delta} \underset{\textbf{(b)}}{C_8H_{14}N_2O} \xrightarrow{LiAlH_4} \underset{\textbf{(c)}}{C_8H_{16}N_2}$$

48. Benzenamine (aniline)과 pyridine으로부터 시작하여 항균성 설파제 sulfapyridine을 합성하는 방법을 제시하시오.

$$\text{(2-pyridyl)}{-}NH{-}\overset{O}{\underset{O}{S}}{-}C_6H_4{-}NH_2$$

Sulfapyridine

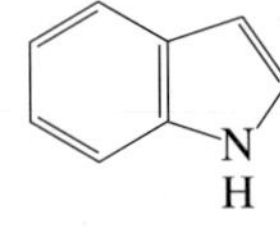

Indole

Benzimidazole

Purine

49. Benzimidazole 유도체들은 indole이나 purine과 같은 생물학적 활성을 가지고 있다 (adenine은 25-1절 참조). 일반적으로 benzimidazole은 benzene-1,2-diamine으로부터 합성된다. benzene-1,2-diamine으로부터 2-methylbenzimidazole을 제조하는 간단한 합성 경로를 제시하시오.

$$\underset{\text{Benzene-1,2-diamine}}{C_6H_4(NH_2)_2} \xrightarrow{?} \underset{\text{2-Methylbenzimidazole}}{\text{(benzimidazole)}{-}CH_3}$$

50. 예전에는 Darzens 축합반응으로 삼원자 헤테로고리를 합성해 왔다 (1904년). 이 반응은 보통 2-할로에스터를 염기 존재하에 카보닐 유도체와 반응시킨다. 다음의 Darzens 축합반응들은 oxacyclopropane과 azacyclopropane 합성에 어떻게 적용되는지를 보이는 예이다. 다음 반응들에 대한 메커니즘을 설명하시오.

(a) $C_6H_5CHO + C_6H_5\overset{Cl}{C}HCOOCH_2CH_3 \xrightarrow[(CH_3)_3COH]{KOC(CH_3)_3,} H_5C_6{-}\overset{H}{C}{-}\overset{O}{}{-}C(C_6H_5)(COOCH_2CH_3)$ (epoxide)

(b) $C_6H_5CH{=}NC_6H_5 + ClCH_2COOCH_2CH_3 \xrightarrow[CH_3OCH_2CH_2OCH_3]{KOC(CH_3)_3,} C_6H_5CH{-}CHCOOCH_2CH_3$ (aziridine, $N{-}C_6H_5$)

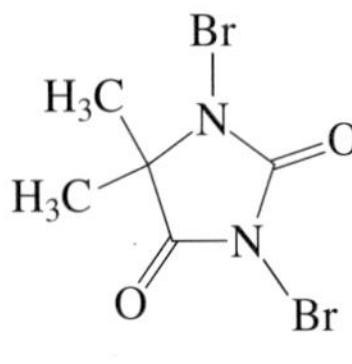

51. **(a)** 왼쪽 여백에 보여 준 관용명이 1,3-dibromo-5,5-dimethylhydantoin인 화합물은 첨가반응으로 사용되는 친전자성 브로민 (Br^+)의 공급원으로 유용하다. 이 헤테로고리 화합물에 대한 더 체계적인 이름을 제시하시오. **(b)** 예상외로 이 놀라운 헤테로고리 화합물은 (ii)는 다음의 일련의 반응에 의해 만들어진다. 주어진 정보를 이용하여 화합물 i 및 ii에 대한 구조를 제안하고, ii를 명명하시오.

$$(H_3C)_2C{=}C(CH_3)_2 \xrightarrow{\text{1,3-Dibromo-5,5-dimethylhydantoin, 98\% } H_2O_2} \underset{\textbf{i}}{C_6H_{13}BrO_2} \xrightarrow[-AgBr,\ -CH_3COOH]{Ag^{+\ -}O\overset{O}{C}CH_3} \underset{\textbf{ii}}{C_6H_{12}O_2}$$

헤테로고리 ii는 노란색 결정인 향기로운 냄새를 내는 화합물로, 서서히 가열하면 두 개의 acetone 분자로 분해되어 그들 중 한 개는 직접 $n \rightarrow \pi^*$ 들뜬 상태가 된다 (14-11절 및 17-3절). 이러한 전자적으로 들뜬 생성물을 화학발광체라 한다.

$$\text{ii} \longrightarrow CH_3\overset{O}{C}CH_3 + \left[CH_3\overset{O}{C}CH_3\right]^{n\rightarrow\pi^*} \longrightarrow h\nu + 2\,CH_3\overset{O}{C}CH_3$$

헤테로고리와 비슷한 화합물 ii는 몇 개의 화학종 [예, 반딧불이 (화학 이야기 9-1 참조) 및 몇 종류의 심해어류]에 의해 화학발광을 나타낸다. 그들은 또한 상업적인 화학발광 생성물에서의 에너지원을 제공해 줄 수 있다.

52. Azacyclohexane (piperidine)은 ammonia와 **교차 콘쥬게이션**(양쪽의 이중 결합과 콘쥬게이션 케톤)**된 다이엔온**과의 반응으로 합성될 수 있다. 다음 2,2,6,6-tetramethylaza-4-cyclohexane의 합성에 대한 메커니즘을 제안하시오.

$$(CH_3)_2C{=}CH\overset{O}{\overset{\|}{C}}CH{=}C(CH_3)_2 \xrightarrow{NH_3}$$

O, H_3C, CH_3, H_3C, N, H, CH_3

53. Quinoline (25-7절)은 그들의 유도체가 나타내는 항암제로서의 유용성을 포함한, 다양한 생화학적 활성을 나타내기 때문에 의약화학에서 널리 이용된다. 3-Acyldihydroquinoline (온화한 산화에 의해 3-acylquinoline으로 변환될 수도 있음)의 간단한 합성법을 아래에 나타내었다. 이 과정의 메커니즘을 제안하시오 (**힌트**: 18-10절을 복습하라).

O, H, NH_2 + CH_3, O $\xrightarrow{\text{염기 촉매}}$ O, CH_3, N, H

54. **도전 문제** Sulfuric acid와 nitric acid의 혼합물 존재하에서 나이트로화반응시키면 3-acetylquinoline (오른쪽 여백 그림)의 어느 위치에 치환되는가? 이 반응은 quinoline 자체의 나이트로화반응보다 빠른가 또는 느린가?

O, CH_3, N

3-Acetylquinoline

55. 화합물 A C_8H_8O의 ^1H NMR 스펙트럼은 A와 같다. 진한 HCl 수용액을 처리하면 스펙트럼 B와 같은 화합물로 거의 순간적으로 변화된다 (다음 쪽). 화합물 A는 무엇이고, 이 화합물에 산 수용액을 처리한 후의 생성물은 무엇인가?

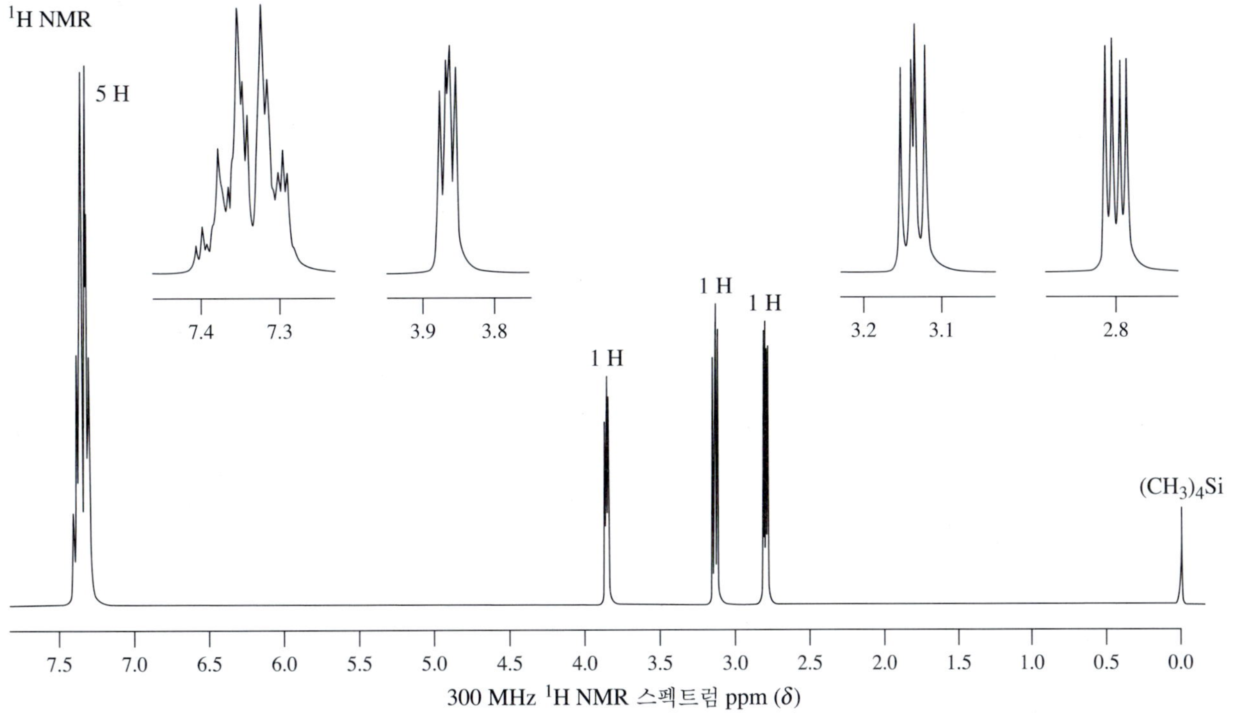

A

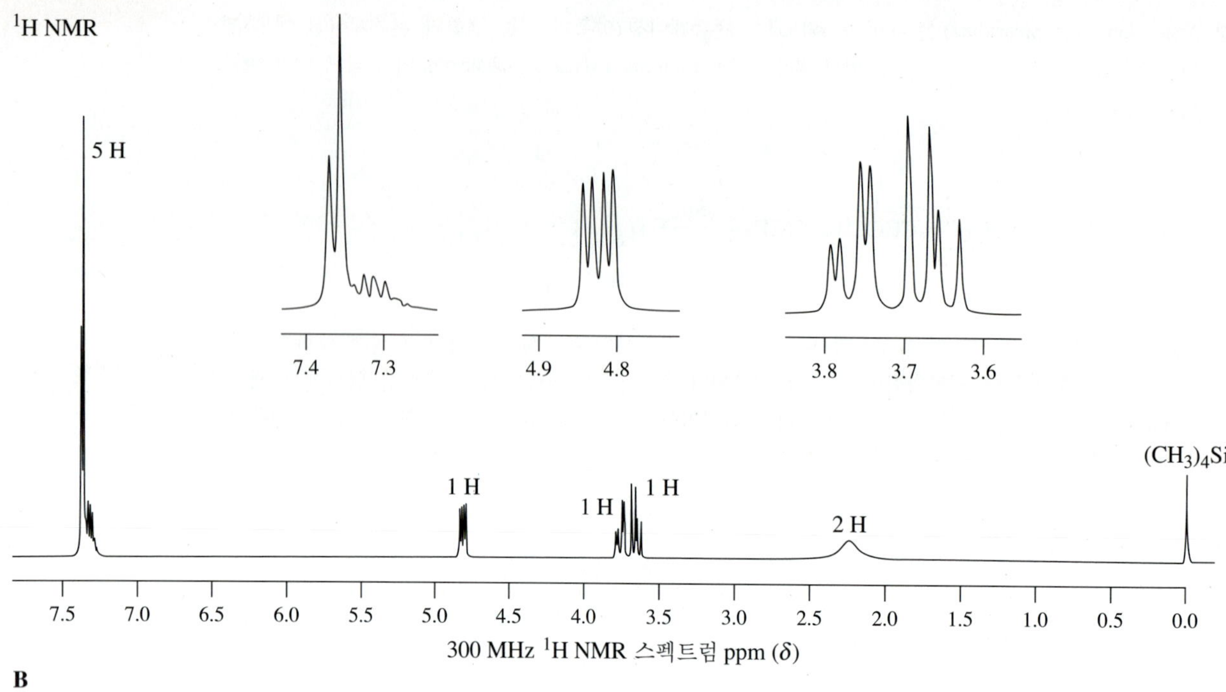

B

56. 헤테로고리 C C_5H_6O는 C와 같은 ^{1}H NMR 스펙트럼을 나타내며, H_2 및 Raney Ni 촉매에 의해 스펙트럼 D를 가진 화합물 D $C_5H_{10}O$로 변화된다(다음 쪽). 화합물 C 및 D를 확인하시오(주: 두 화합물의 짝지음 상수는 비교적 작다. 그러므로 벤젠 고리와 같이 구조 해석에는 거의 이용하지 않는다).

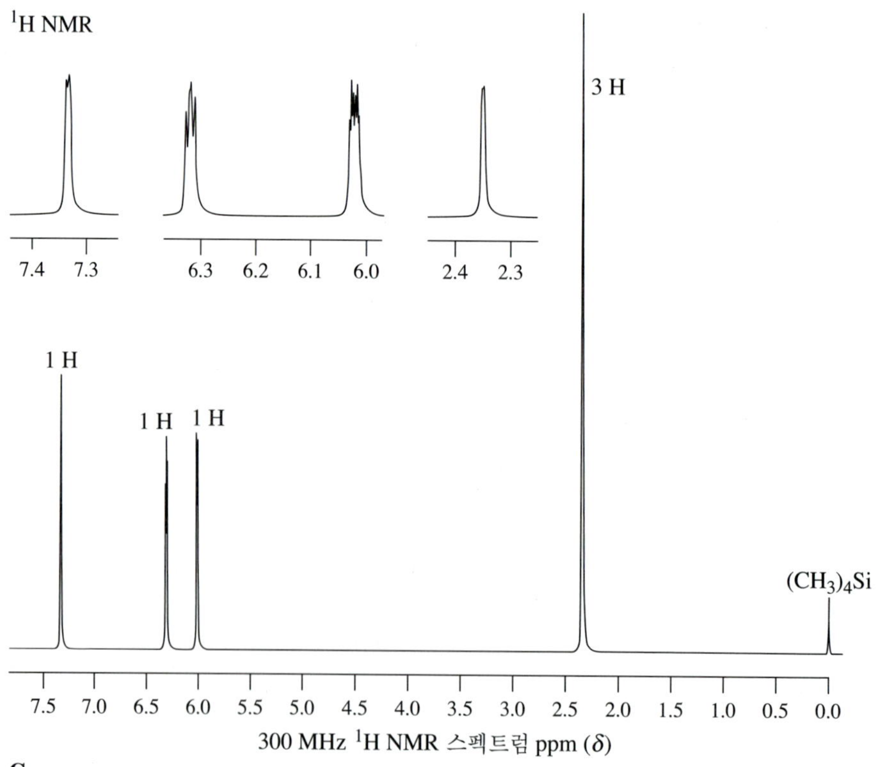

C

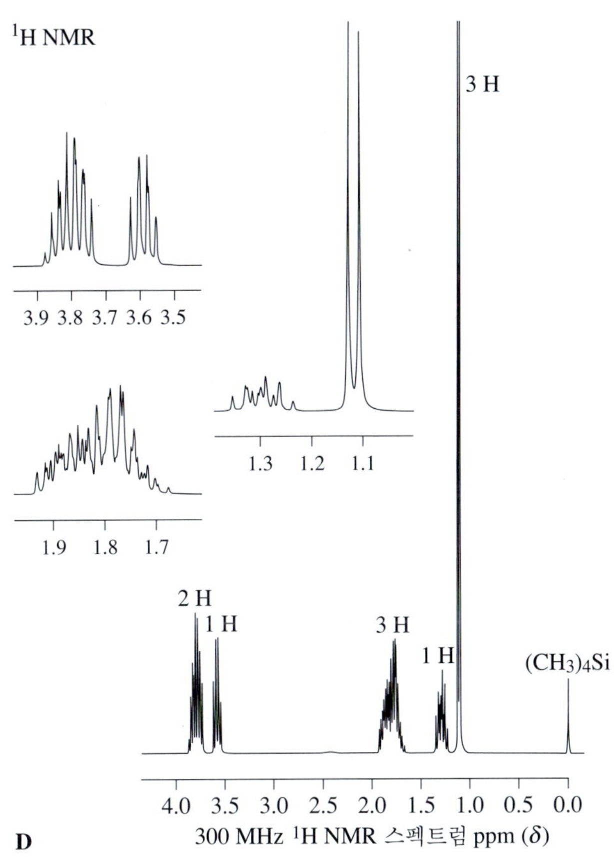

57. **도전 문제** 몇 가지 유용한 헤테로고리 유도체들의 상업적 합성은 aldopentose (옥수숫대, 지푸라기 등에서 얻어짐) 의 혼합물을 뜨거운 산을 이용하여 탈수시켜 만든다. 생성물 E는 ^{1}H NMR 스펙트럼 E와 같고, 1670 cm^{-1}에서 강한 IR 흡수띠를 나타내고, 거의 정량적인 수득률로 생성된다. 화합물 E를 확인하고, 이 화합물의 생성 과정에 대한 메커니즘을 쓰시오.

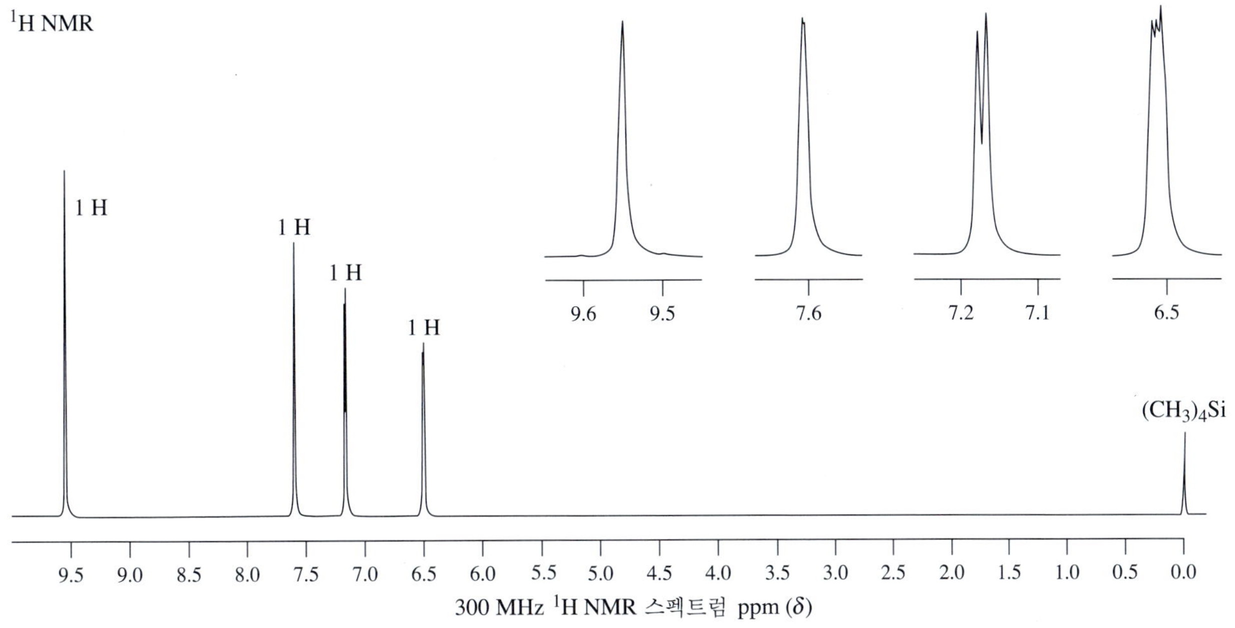

$$\text{알도펜토스} \xrightarrow{H^+,\ \Delta} C_5H_4O_2$$

E

화합물 E는 합성 출발물로 가치가 있다. 다음 일련의 반응은 glaucoma를 처리하여 furethonium으로 전환시키는 유용한 방법이다. Furethonium의 구조는 무엇인가?

$$\text{E} \xrightarrow[\text{2. 과량의 } CH_3I,\ (CH_3CH_2)_2O]{\text{1. } NH_3,\ NaBH_3CN} \text{furethonium}$$

58. **도전 문제** $(CH_3CH_2)_2O$ 용매 속에서 3-acylindole을 $LiALH_4$로 처리하면 카보닐기는 모두 CH_2기로 환원된다. 타당한 메커니즘을 제안하고 설명하시오(**힌트**: 수소음이온에 의한 직접적인 알콕사이드의 S_N2 치환은 일어나지 **않는다**).

3-acylindole (C(=O)R at C3, N–H) $\xrightarrow[(CH_3CH_2)_2O,\ \Delta]{\text{과량 } LiAlH_4}$ 3-(CH_2R)indole (N–H)

(Compare C_6H_5–C(=O)R $\xrightarrow{LiAlH_4}$ C_6H_5–CH(OH)–R)

Indene $\xrightarrow[\text{3. } NH_3]{\text{1. } O_3,\ CH_2Cl_2 \quad \text{2. } (CH_3)_2S}$

59. 왼쪽 여백의 반응은 이 장에서 다룬 헤테로고리의 신속한 합성 중의 하나이다. 이 화합물이 F와 같은 ^1H NMR 스펙트럼을 가질 때 이 생성물의 구조를 그리시오.

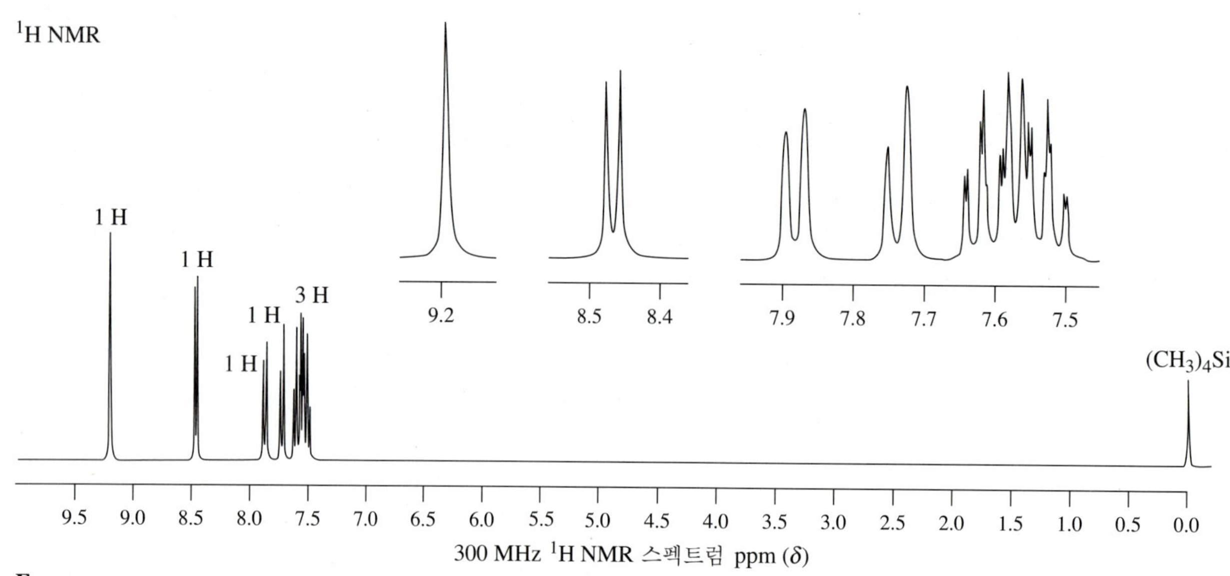

F

[아미노산, 펩타이드, 단백질 및 핵산]

자연에 있는 질소를 포함하는 고분자

이 책의 1쪽에 유기화학은 탄소를 포함하는 화합물의 화학으로 정의했다. 그리고 유기물은 생명체의 화학적 조성으로 이루어졌음을 지적했다. 참으로 유기화학의 역사적 정의는 생명체로 제한된다. 무엇이 생명체이고, 어떻게 유기화학자는 생명체 연구를 하였는가? 생명체의 기능적 정의는 성장, 물질대사, 증식, 진화를 하는 물질로 언급된다. 기본 과정들을 뒷받침하는 것은 화학이고, 연구자는 특정 반응이나 일련의 반응을 연구함으로써 그 과정의 복잡함을 알아보고자 했다. 그러나 전체 반응은 이들 개개의 반응보다는 더 복잡하다. 왜냐하면 그것들은 다중 되먹임 고리에 의해 얽혀 있어서, 각각의 결과에 간단한 원인이 있음을 보이기는 불가능하기 때문이다. 이 마지막 장에서는 아미노산으로부터 그들의 고분자 물질인 펩타이드, 특히 **단백질(protein)**이라 부르는 큰 천연 펩타이드와 그들의 생물학적 기원인 **DNA**까지 다룸으로써 이 복잡성에 대해 살펴볼 것이다.

단백질은 생체 내에서 놀라운 다양한 기능을 한다. **효소(enzyme)**는 이산화 탄소의 수화 반응과 같은 간단한 반응에서부터, 생체 세포 내에 있는 유전 물질인 DNA의 크게 꼬인 가닥 즉 전 염색체의 복사에 이르는 복잡한 변환을 촉진시킨다. 효소는 특정 반응을 수백만 배나 가속시킬 수 있다.

우리는 이미 망막 세포에서 신경 자극을 생성하고 전달하는 광 수용체인 로돕신에 대해 언급한 적이 있다(화학 이야기 18-3). 다른 단백질들은 운반과 저장을 한다. 헤모글로빈은 산소를 운반하고, 철은 트랜스페린에 의해 혈액으로 운반되어 페리틴에 의해 간에 저장된다. 단백질은 근육의 수축과 같은 조화 운동에 결정적인 역할을 한다. 단백질은 뼈와 피부에 기계적인 지원을 하며, 면역을 일으키는 항체의 기능을 한다. 또한 DNA에 저장되어 있는 유전 정보 중에서 언제, 어떤 부분을 사용할 것인지를 결정하여 성장과 분화를 조절한다.

Pregabalin [Lyrica (*S*)-3-(aminomethyl)-5-methylhexanoic acid] 은 만성 통증에 효과적인 비자연적 아미노산이다. 분자는 쯔비터이온인 ammonium carboxylate 이온 형태로 그려졌다.

우리는 단백질을 이루는 20개의 일반적인 아미노산들의 구조와 제조로부터 시작하려고 한다. 그 다음 헤모글로빈이나 다른 폴리펩타이드(polypeptide)의 삼차 구조에서 아미노산들이 어떻게 펩타이드 결합으로 연결되는지 보여 준다. 어떤 단백질은 수천 개의 아미노산으로 이루어져 있지만, 우리는 어떻게 실험실에서 많은 폴리펩타이드의 아미노산 서열을 결정하고 합성하는지를 보여 줄 것이다. 끝으로 어떻게 다른 고분자 물질인 DNA나 RNA가 자연에서 단백질의 합성을 조절하는지를 다룰 것이다.

α-탄소
COOH
H_2N—C—H 산성
R
염기성 S
α-아미노산

26-1 아미노산의 구조와 성질

아미노산(amino acid)은 아민기를 포함하는 카복실산이다. 천연 아미노산 중 가장 일반적인 것은 일반식이 $RCH(NH_2)COOH$로 아미노기가 C2, 즉 α-탄소에 위치해 있는 **2-아미노산** 또는 **α-아미노산**이다. R기는 알킬기 또는 아릴기이고, 또한 수산화기, 아미노기, 머캅토기, 황, 카복시, 구아니디노 또는 이미다졸릴기도 포함될 수 있다. 아미노산은 아미노기와 카복시기가 같이 존재하므로 산성과 염기성을 모두 나타낸다.

일반적인 2-아미노산의 입체중심은 *S* 배열이다

천연 아미노산은 500종 이상 존재하지만 박테리아에서 인간에 이르기까지, 모든 종에서 단백질은 주로 20개의 아미노산으로 구성되어 있다. 성인은 여덟 개를 제외한 모든 아미노산을 합성하고, 두 개는 부족한 양의 생산이 가능하다. 이들 여덟 개 아미노산은 **필수 아미노산(essential amino acid)**이라 하며 이들은 음식을 통해 공급되어야 한다. 비록 계통명이 가능하다 할지라도 잘 사용하지 않으므로, 여기서도 관용명을 사용하기로 한다. 표 26-1에 가장 일반적인 20개의 아미노산과 이들의 구조, pK_a값 그리고 그들의 이름을 단축한 3문자 기호 그

표 26-1 천연 (2*S*)-아미노산

COOH
H_2N—C—H
R

R	이름	3문자 기호	1문자 기호	α-COOH의 pK_a	α-$^+NH_3$의 pK_a	R 속의 산성기의 pK_a	등전점 p*I*
H	Glycine	Gly	G	2.3	9.6	—	6.0
알킬기							
CH_3	Alanine	Ala	A	2.3	9.7	—	6.0
$CH(CH_3)_2$	Valine[a]	Val	V	2.3	9.6	—	6.0
$CH_2CH(CH_3)_2$	Leucine[a]	Leu	L	2.4	9.6	—	6.0
$CHCH_2CH_3$ (*S*) / CH_3	Isoleucine[a]	Ile	I	2.4	9.6	—	6.0
H_2C—C_6H_5	Phenylalanine[a]	Phe	F	2.3	9.1	—	5.5
COOH[b] / HN—C—H / CH_2 (고리)	Proline	Pro	P	2.0	10.6	—	6.3
하이드록실기 포함							
CH_2OH	Serine	Ser	S	2.2	9.2	—	5.7
CHOH (*R*) / CH_3	Threonine[a]	Thr	T	2.1	9.1	—	5.6
H_2C—C_6H_4—OH	Tyrosine	Tyr	Y	2.2	9.1	10.1	5.7
아미노기 포함							
$CH_2C(=O)NH_2$	Asparagine	Asn	N	2.0	8.8	—	5.4

계속

표 26-1 천연 (2*S*)-아미노산 (계속)

R	이름	3문자 기호	1문자 기호	α-COOH의 pK_a	α-$^+NH_3$의 pK_a	R 속의 산성기의 pK_a	등전점 p*I*
아미노기 포함							
$CH_2CH_2C(=O)NH_2$	Glutamine	Gln	Q	2.2	9.1	—	5.7
$(CH_2)_4NH_2$	Lysine[a]	Lys	K	2.2	9.0	10.5[c]	9.7
$(CH_2)_3NHC(=NH)NH_2$	Arginine[a]	Arg	R	2.2	9.0	12.5[c]	10.8
H_2C (N, H)	Tryptophan[a]	Trp	W	2.8	9.4	—	5.9
H_2C (NH, N)	Histidine[a]	His	H	1.8	9.2	6.1[c]	7.6
머캅토 또는 설파이드 포함							
CH_2SH	Cysteine[a]	Cys	C	2.0	10.3	8.2	5.1
$CH_2CH_2SCH_3$	Methionine[a]	Met	M	2.3	9.2	—	5.7
카복시기 포함							
CH_2COOH	Aspartic acid	Asp	D	1.9	9.6	3.7	2.8
CH_2CH_2COOH	Glutamic acid	Glu	E	2.2	9.7	4.3	3.2

[a]필수 아미노산, [b]전체 구조, [c]짝산의 pK_a. [d]입체중심은 *R*이다. CH_2SH 치환기는 COOH기보다 우선순위가 더 높기 때문이다.

리고 1문자 기호를 나타내었다. 나중에 설명하겠지만 이 기호들은 펩타이드를 나타내는 데 매우 편리하다.

아미노산은 점선 쐐기선 모양으로 나타낼 수 있고, Fischer 투영식으로 나타낼 수도 있다.

MODEL BUILDING

L-아미노산을 그리는 방법과 L-당과의 관계

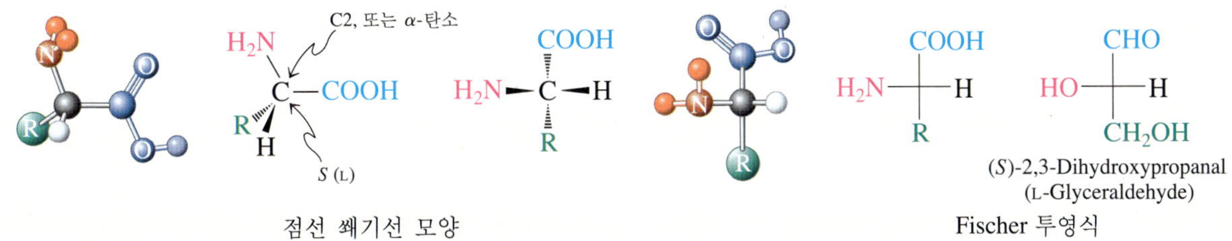

점선 쐐기선 모양 Fischer 투영식

가장 단순한 아미노산인 글리신(glycine)을 제외한 모든 아미노산은 C2 위치에 입체중심이 있으며, *S* 배열을 나타낸다. 치환기 *R*에 위치한 다른 입체중심은 트레오닌(threonine)과 같이 *R* 배열이거나 아이소류신(isoleucine)과 같이 *S* 배열일 수 있다.

당에서와 마찬가지로 (24-1절) 예로부터 아미노산의 명명법에서도 D와 L의 접두사를 사용해 왔는데, L-아미노산을 (*S*)-2,3-다이하이드록시프로판알 (L-글리세르알데하이드)로 관계지어 명명한다. 천연 D-당에서 이미 설명한 바와 같이 L 분자들이 반드시 좌회전성이 된다는 의미는 아니다. 예를 들어, 발린 (valine, $[\alpha]_D^{25°C} = +13.9$)과 아이소류신 ($[\alpha]_D^{25°C} = +11.9$)은 둘 다 우회전성이다.

연습 문제 26-1

Alanine, valine, leucine, isoleucine, phenylalanine, serine, tyrosine, lysine, cysteine, methionine, aspartic acid 및 glutamic acid의 계통명을 쓰시오.

연습 문제 26-2

(*S*)-alanine, (*S*)-phenylalanine, (*R*)-phenylalanine, 및 (*S*)-proline을 점선 쐐기선 모양으로 나타내시오.

연습 문제 26-3

R = 알킬(표 26-1)인 아미노산들 중에 proline은 IR 분광학에서 쉽게 구별되는 이유는 무엇인가? (**힌트**: 21-3절 검토.)

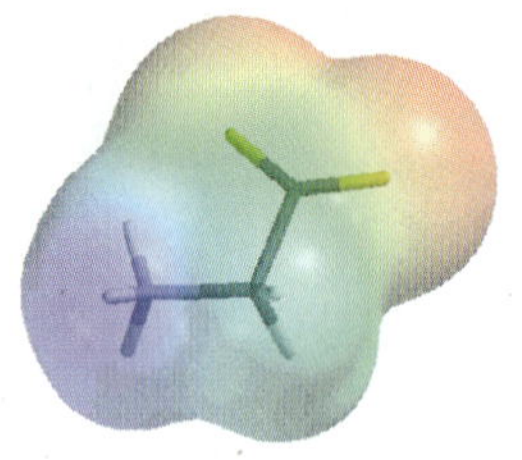

Glycine
쯔비터이온

아미노산은 산성과 염기성이다: 쯔비터이온

아미노산은 두 개의 작용기를 가지고 있기 때문에 산성과 염기성을 동시에 나타낸다. 즉, **양쪽성(amphoteric**, 8-3절)이다. 카복실산기가 아민기에 양성자를 첨가하여 **쯔비터이온(zwitterion)**을 형성한다. 카복실산 암모늄(ammouium carboxylate) 형성은 카복실산($pK_a \approx 2 \sim 5$)보다 암모늄 이온($pK_a \approx 10 \sim 11$)의 산도가 훨씬 작으므로 우호적이다. 이 분자의 강한 극성 구조는 아미노산들이 특히 강한 결정 격자를 형성하게 한다. 따라서 대부분 유기 용매에 잘 녹지 않으며, 가열하면 녹지 않고 분해된다. 왼쪽 여백에 그려진 글리신의 정전기 퍼텐셜 지도는 전자가 풍부한(붉은) 카복실산기와 전자가 부족한(푸른) 암모늄기의 병치로부터 기원된 높은 쌍극성을 보여 준다.

수용액 상에서 아미노산의 구조는 pH에 의존한다. 예를 들어, 가장 간단한 글리신을 생각해 보자. 중성 용액에서의 주요 형태는 쯔비터이온이다. 그러나 강한 산성($pH < 1$) 수용액에서 글리신은 주로 카복실산 암모늄 양이온으로 존재하며, 강한 염기성($pH > 13$) 수용액에서는 주로 양성자가 이탈된 2-아미노카복실산 이온을 갖는다. 이러한 형태들은 산-염기 평형에 따라 상호변환된다(2-2절).

$$\underset{\substack{\text{암모늄 양이온} \\ pH < 1\text{에서 우세}}}{H_2\overset{+}{N}(H)CH_2COOH} \underset{H^+}{\overset{HO^-}{\rightleftharpoons}} \underset{\substack{\text{중성 쯔비터이온} \\ pH \approx 6\text{에서 우세}}}{H_2\overset{+}{N}(H)CH_2COO^-} \underset{H^+}{\overset{HO^-}{\rightleftharpoons}} \underset{\substack{\text{카복실레이트 이온} \\ pH > 13\text{에서 우세}}}{H_2NCH_2COO^-}$$

pH 증가

표 26-1은 아미노산의 각 작용기에 대한 pK_a값을 나타내고 있다. 글리신의 경우 첫 번째 평형 상수값(2.3)은 다음 평형을 나타낸다.

$$\underset{pK_a = 2.3}{H_3\overset{+}{N}CH_2COOH} + H_2O \rightleftharpoons H_3\overset{+}{N}CH_2COO^- + H_2\overset{+}{O}H$$

$$K_1 = \frac{[H_3\overset{+}{N}CH_2COO^-][H_2\overset{+}{O}H]}{[H_3\overset{+}{N}CH_2COOH]} = 10^{-2.3}$$

이 경우 pK_a값이 일반적인 카복실산(pK_a $CH_3COOH = 4.74$)에 비해 두 단위 이상 낮다는 것에 주의하라. 이는 표 26-1의 다른 모든 α-아미노카복시기들도 마찬가지이다. 이러한 차이는 양성자첨가된 아미노기의 전자 끌기 효과 때문에 일어난다. 두 번째 pK_a값(9.6)은 두 단계 양성자이탈 단계로 설명할 수 있다.

$$\overset{+}{H_3N}CH_2COO^- + H_2O \rightleftharpoons H_2NCH_2COO^- + H_2\overset{+}{O}H$$

$pK_a = 9.6$

$$K_2 = \frac{[H_2NCH_2COO^-][H_2\overset{+}{O}H]}{[\overset{+}{H_3N}CH_2COO^-]} = 10^{-9.6}$$

등전점에서는 알짜 전하가 중성으로 된다

양성자첨가와 양성자이탈의 정도가 같은 pH값을 **등전 pH (isoelectic pH)** 또는 **등전점 [isoelectric point, p*I*** (표 26-1)] 이라고 한다. 이 pH에서는 양전하와 음전하의 수가 같고, 중성으로 된 쯔비터이온의 농도가 가장 높다. 글리신과 같은 다른 부가적인 산성 또는 염기성기가 없는 아미노산들에 대하여 p*I*값은 두 pK_a값의 평균에 해당한다.

$$pI = \frac{pK_{a\text{-COOH}} + pK_{a\text{-}\overset{+}{N}H_3}}{2} = (\text{글리신에 대한})\ \frac{2.3 + 9.6}{2} = 6.0$$

쯔비터이온을 가질 수 있는 최대 농도에서의 pH

산의 곁사슬이 추가적인 산성이나 염기성을 가진 작용기를 포함하면, p*I*값은 예상대로 감소하거나 증가한다. 표 26-1은 이런 경우에 해당하는 일곱 가지의 아미노산을 보여 주고 있다. 특히 네 개의 산성 곁사슬을 갖는 네 개의 아미노산 p*I*값은 가장 낮은 두 pK_a값의 평균이다. 반대로 염기성 곁사슬을 갖는 세 개의 아미노산 p*I*값은 가장 큰 두 pK_a값의 평균이다.

선택된 아미노산들의 pK_a값 배정

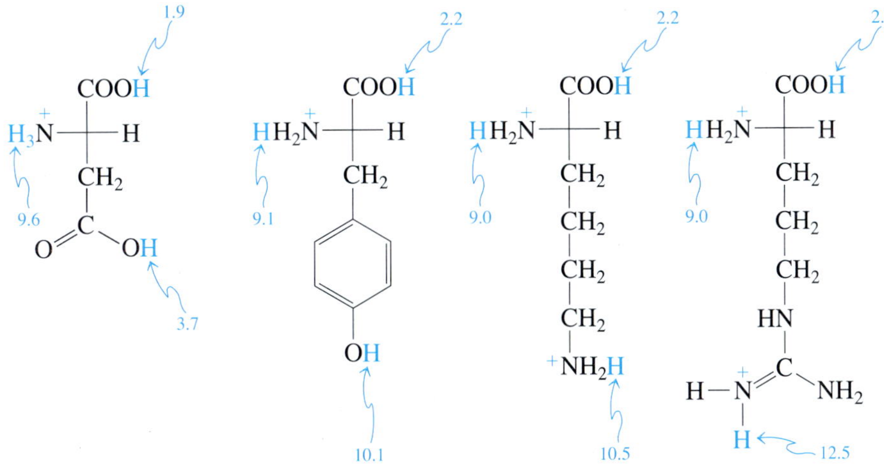

Aspartic acid: COOH (1.9), $\overset{+}{H_3N}$ (9.6), side-chain OH (3.7)

Tyrosine: COOH (2.2), $H\overset{+}{H_2N}$ (9.1), phenol OH (10.1)

Lysine: COOH (2.2), $H\overset{+}{H_2N}$ (9.0), $\overset{+}{N}H_2H$ (10.5)

Arginine: COOH (2.2), $H\overset{+}{H_2N}$ (9.0), guanidinium N–H (12.5)

Aspartic acid Tyrosine Lysine Arginine

왜 그렇게 되는 것일까? 그림의 아미노산들은 완전히 양성자첨가된 형태이며, pH를 높였을 때(염기를 첨가했을 때) 알짜 전하의 변화를 살펴보자. 두 개의 카복실기를 가진 아미노산인 아스파트산을 살펴보면 낮은 pH에서 암모늄 치환기 때문에 전하는 양극을 띤다. 전하가 중성을 띠기 위해 평균적으로 카복시기 중 하나는 양성자가 이탈되어야 한다. 이는 두 카복실산 pK_a(1.9와 3,7)의 중간값(p*I* = 2.81)에서 일어날 것이다. 비슷한 구조인 글루탐산에서는 pH가 3.2에 해당한다. 생리학적 pH에서 두 카복시기 모두 양성자가 이탈되어 있고, 분자들은 양쪽성 음이온인 아스파테이트와 글루타메이트로 존재한다 [글루탐산 모노소듐(monosodium glutamate, MSG)는 많은 음식에 조미료로 사용된다]. 타이로신은 상대적으로 비산성인 중성 페놀 치환기를 가지고 있어 p*I*는 5.7이다. 이 값은 다른 두 개의 더 산성기의 pK_a값 간의 중간값이다.

화학 이야기 26-1

생화학과 의학에서 아르지닌과 산화 질소

$$^{-}OOC-\underset{H}{\overset{\overset{+}{N}H_3}{C}}-(CH_2)_3NH-\overset{\overset{+}{N}H_2}{\overset{\|}{C}}-NH_2 \xrightarrow[\text{합성}]{O_2,\ \text{nitric oxide}} {}^{-}OOC-\underset{H}{\overset{\overset{+}{N}H_3}{C}}-(CH_2)_3NH-\overset{N-OH}{\overset{\|}{C}}-NH_2 \xrightarrow[H_2O]{O_2}$$

L-Arginine $\qquad$ N^G-Hydroxy-L-arginine

$$^{-}OOC-\underset{H}{\overset{\overset{+}{N}H_3}{C}}-(CH_2)_3NH-\overset{N-O\cdot}{\overset{\|}{C}}-NH_2 \xrightarrow{O_2,\ H^+} \left[{}^{-}OOC-\underset{H}{\overset{\overset{+}{N}H_3}{C}}-(CH_2)_3NH-\overset{\overset{+}{N}=O}{\underset{O-H}{C}}-NH_2\right] \xrightarrow{-H^+}$$

N^G-Oxo-L-arginine

$$^{-}OOC-\underset{H}{\overset{\overset{+}{N}H_3}{C}}-(CH_2)_3NH-\overset{O}{\overset{\|}{C}}-NH_2 + \cdot N=O$$

L-Citrulline $\qquad$ Nitric oxide

1980년대 후반과 1990년대 초반의 과학자들 중 1998년 노벨상(의학) 수상자인 Furchgott, Ignarro 그리고 Murad 등은 연속적으로 매우 놀라운 발견을 하였다.* 간단하지만 반응성이 매우 크고, 독성이 매우 강한 분자인 산화 질소(:$\dot{N}$=$\ddot{O}$:)를 사람을 포함한 포유류의 다양한 세포에서 합성하였다.

산화 질소는 혈압의 조절, 혈소판 형성의 억제, 세포의 구분, 신경전달 그리고 음경의 발기 등 여러 중요한 생물학적 역할을 한다. 또한 이 분자는 면역 체계에서도 중요한 역할을 한다. 예를 들어, 대식세포(인체의 면역 작용과 관련된 세포)가 박테리아와 종양 세포를 산화 질소에 노출시킴으로써 이들을 파괴한다.

위에서 보인 바와 같이, 산화 질소는 arginine이 효소 촉매하에 산화하여 합성된다. 산화 질소 생성에 관여된 효소는 세포의 생존에 매우 중요하다. 최근 연구에서 과실 파리를 유전적인 변형을 통해 이 효소를 생성하지 못하게 변형함으로써 태아 상태에서 죽는 것을 발견했다.

*Robert F. Furchgott 교수(1916년 출생), New York 대학교. Brooklyn. Louis J. Ignarro 교수(1941년 출생), California 대학교, Los Angeles.
Ferid Murad 교수(1936년 출생), Texas 대학교, Dallas.

산화 질소는 혈관 내벽의 세포에서 방출되고, 주위의 근섬유를 완화시킨다. 1987년의 이러한 발견은 나이트로글리세린(nitroglycerin)의 유용성과 심장마비와 협심증의 치료제로써 다른 유기 나이트레이트(nitrate)의 유용성을 설명해 주었다. 이러한 성분들은 물질대사적으로 NO로 변화되어 혈관을 넓히는 작용을 한다(통합 문제 25-29 참조).

NO의 필수적인 이점을 고려하더라도 그것의 과량 생산은 패혈성 충격을 일으킨다. 무절제적인 사용은 알츠하이머나 헌팅턴병과 같은 뇌의 이상과 충격을 일으킨다. 류머티스 관절염을 앓고 있는 사람들에게 염좌로 인해 생긴 NO의 과다 생산 신호는 NO_2^-(NO가 산화한 형태)의 높은 농도를 보면 알 수 있다. 비슷한 현상은 정신분열증, 비뇨기의 이상 그리고 여러 경화증을 통해서도 확인할 수 있다. 이렇게 빠르게 진화하는 NO에 관한 연구를 통해, 신체의 기능에 대해 아직 모르는 사실이 많다는 것을 알 수 있을 뿐만 아니라, 이러한 발견이 연구 분야를 빠르게 진화시키고 있다는 것을 알 수 있다.

위와는 대조적으로 라이신은 부가적인 아미노기가 하나 더 존재하여 강한 산성 용액에서 양성자화되어 2가 양이온이 된다. 용액의 pH를 높이면 먼저 카복실기에서 양성자이탈이 일어나고, 이어서 C2 질소에서 양성자를 상실하며, 마지막으로 멀리 있는 암모늄 작용기에서 양성자이탈이 일어난다. 등전점은 마지막 pK_a값의 평균이므로 $pI = 9.7$이다. 아르지닌의 치환기는 기는 지금까지와 다르다. 구아니딘에서 유도된 상대적으로 염기인 구아니디노기($-NH\overset{NH}{\overset{\|}{C}}NH_2$, guanodino)를 가지고 있다. 짝산의 pK_a는 12.5이고, 이 값은 암모늄 이온(21-4절)의 pK_a보다 세 단위 크다. 아르지닌의 pI값은 구아니디늄(guanidinium) 기와 암모늄기의 중간인 10.8이다.

$$H_2\ddot{N}-\overset{\overset{\ddot{N}H}{\|}}{C}-\ddot{N}H_2$$

Guanidine

연습 문제 26-4

Guanidine은 무즙, 버섯, 옥수수균, 쌀 외피, 피조개 및 지렁이 등에서 발견된다. 이 물질의 염기성은 매우 공명 안정화된 짝산의 형성 때문으로 생각된다. 이 공명 구조를 그리시오(**힌트**: 20-1절 참조).

히스티딘(오른쪽 여백 그림)은 또 다른 새로운 치환기이며, 염기인 **이미다졸(imidazole)** 고리를 가지고 있다(25장 문제 6 참조). 이러한 방향족 헤테로원자고리의 질소 원자 중 하나는 피리딘처럼 혼성화되며, 다른 질소 원자는 피롤처럼 혼성화된다.

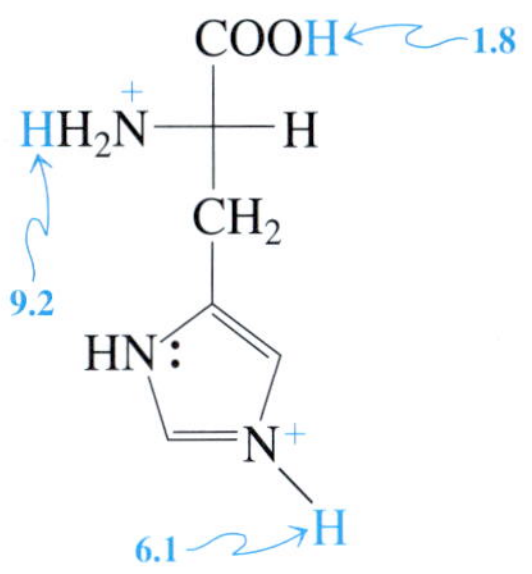

COOH 1.8; HH$_2$N$^+$ 9.2; CH$_2$; HN:; N$^+$—H 6.1

Histidine

Imidazole

연습 문제 26-5

Imidazole의 오비탈 모양을 그리시오(**힌트**: 그림 25-1 참조).

이미다졸 고리는 양성자첨가된 형태가 공명에 안정화되기 때문에 상대적으로 염기성이다.

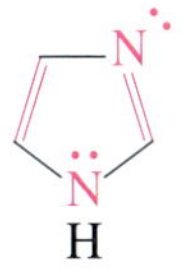

양성자첨가된 Imidazole에서의 공명

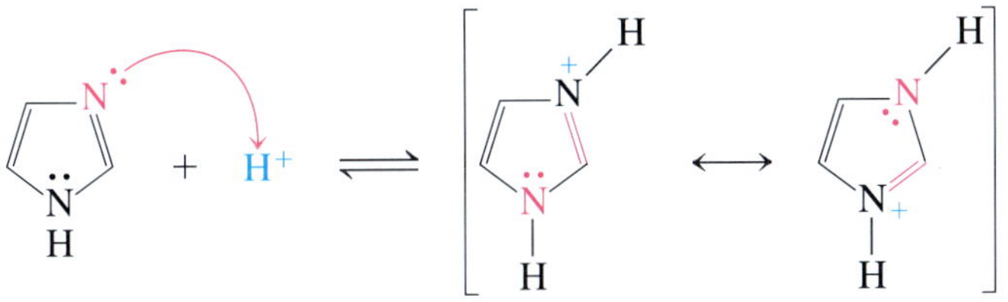

$+ H^+ \rightleftharpoons$ [⟷]

pK_a = 7.0

이 공명 안정화는 아마이드와 관계가 있다(20-1절과 26-4절). 이미다졸은 생리학적 pH (pI = 7.6) 범위 내에서 상당량 양성자화된다. 따라서 이것은 다양한 효소의 활성 자리에 양성자 주개 또는 양성자 받개의 역할을 하게 된다(26-4절 키모트립신 참조).

아미노산 시스테인은 산성 머캅토(—SH) 치환기를 갖는다(pK_a = 8.2, pI = 5.1). 분자내의 산성 성질로부터 멀어지면 싸이올은 온화한 조건하에서 산화하여 이황화물이 되는 것을 상기하라(9-10절). 다양한 천연 효소들은 단백질이나 펩타이드 내 시스테인 머캅토기의 산화적 짝지음과 환원적 짝풀림을 할 수 있기 때문에, 가역적인 펩타이드 사슬의 연결을 이루게 할 수 있다(9-10절).

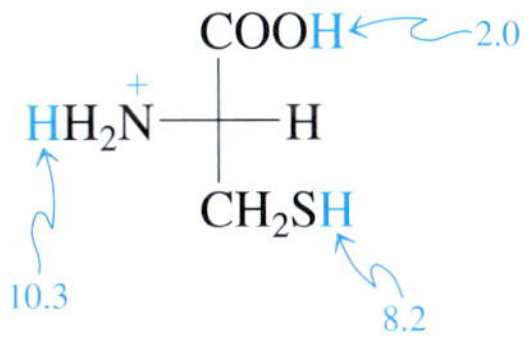

COOH 2.0; HH$_2$N$^+$ 10.3; H; CH$_2$SH 8.2

Cysteine

요약 기본적인 20개의 L-아미노산이 있으며, 모두 관용명을 가지고 있다. 결사슬에 추가적인 산-염기 기능이 있지 않는 한 그들의 산-염기 행동은 두 개의 pK_a값에 의존하며, 더 낮은 pK_a값은 카복실기의 양성자이탈을 의미한다. 등전점에서 알짜 전하값이 0이 되는 아미노산 분자수가 가장 많다. 어떤 아미노산들은 산-염기 기능을 할 수 있는 하이드록시기, 아미노, 구아니디노, 이미다졸릴, 머캅토와 카복시기 등을 추가로 가지고 있다.

26-2 아미노산의 합성: 아민의 조합과 카복실산 화학

아민에 대해서는 21장에서 다루었고, 카복실산과 그 유도체는 19장 및 20장에서 다루었다. 두 가지 모두 2-아미노산의 합성을 위한 준비 과정이었다.

Hell-Volhard-Zelinsky 브로민화 후의 아민화반응은 카복실산을 2-아미노산으로 전환시킨다

2-아미노 치환기를 카복실산에 도입할 수 있는 가장 빠른 방법은 무엇일까? 19-12절에서 이미 Hell-Volhard-Zelinsky 브로민화반응에 의해 산의 2번 위치에 작용기 도입이 가능함을 설명

하였다. 게다가 브로민화된 생성물은 암모니아와 같은 친핵성 공격체에 의해 쉽게 치환될 수 있다. 이러한 두 가지의 방법으로 프로판산은 라세미 알라닌으로 변환될 수 있다.

$$CH_3CH_2COOH \xrightarrow[-HBr]{Br-Br,\ 미량\ PBr_3} CH_3CH(Br)COOH\ (80\%) \xrightarrow[-HBr]{:NH_3,\ H_2O,\ 25°C,\ 4일} CH_3CH(\overset{+}{N}H_3)COO^-\ (56\%)$$

Propanoic acid — 2-Bromopropanoic acid — Alanine

불행히도 이 방법은 수득률이 대체로 낮다. 더 좋은 방법은 일차 아민의 제조 방법인 Gabriel 합성법을 이용하는 것이다(21-5절).

Gabriel 합성법은 아미노산 제조에 사용될 수 있다

1,2-벤젠다이카복실산 이미드(phthalimide) 음이온을 *N*-알킬화한 후 산 가수분해하는 과정을 통해 아민을 만드는 것을 상기하라(21-5절). 아미노산을 준비하기 위해 위의 방법 대신에 반응 첫 단계에서 다이에틸 2-브로모프로페인다이오에이트(diethyl 2-bromomalonate)을 사용할 수 있다. 이 알킬화 시약은 다이에틸 프로페인 다이오에이트(malonate)의 브로민화반응으로 쉽게 만들 수 있다. 이제 알킬화된 생성물은 가수분해되고 카복시기이탈반응이 진행된다(23-2절). 그리고 이미드기의 가수분해에 의해 아미노산을 얻는다.

Glycine의 Gabriel 합성

Potassium 1,2-benzenedicarboxylic imide (Potassium phthalimide) + $HC(Br)(COOCH_2CH_3)_2$ Diethyl 2-bromopropanedioate (Diethyl 2-bromomalonate) $\xrightarrow{-KBr}$ N-phthalimido-$CH(COOCH_2CH_3)_2$ (85%) $\xrightarrow[-2\ CH_3CH_2OH]{H^+,\ H_2O,\ \Delta}$

N-phthalimido-$CH(COOH)_2$ $\xrightarrow{-CO_2}$ $\xrightarrow[-\ C_6H_4(COOH)_2]{H^+,\ H_2O}$ $H_3\overset{+}{N}CH_2COO^-$ (85%) Glycine

이 방법의 장점 중 하나는 초기에 형성되는 이치환된 프로페인다이오에이트(propanedioate)의 유용성에 있다. 이것은 알킬화될 수 있고, 여러 가지로 치환된 아미노산을 제조할 수 있다.

N-phthalimido-$CH(CO_2CH_2CH_3)_2$ $\xrightarrow{1.\ CH_3CH_2O^-Na^+,\ CH_3CH_2OH\quad 2.\ RX\quad 3.\ H^+,\ H_2O,\ \Delta}$ $RCH(\overset{+}{N}H_3)COO^-$

연습 문제 26-6

Methionine, aspatic acid 및 glutamic acid를 제조하는 Gabriel 합성법을 제안하시오.

연습 문제 26-7

개념 문제: 다양한 Gabriel 아미노산 합성의 연습

Gabriel 합성의 한 변형 방법으로 diethyl *N*-acetyl-2-aminopropanedioate (acetamidomalonic ester) A를 사용하기도 한다. 이 시약으로부터 라세미 serine의 합성을 제안하시오.

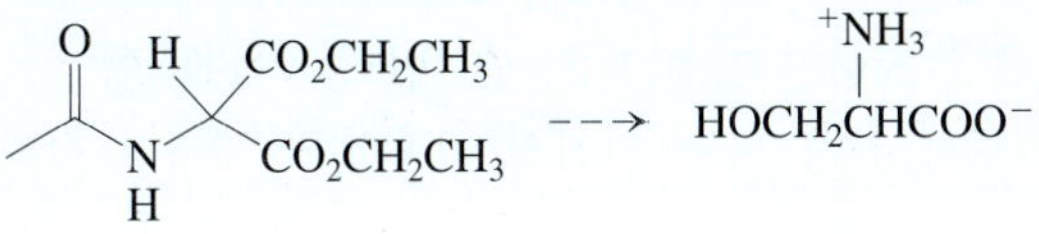

A --→ $HOCH_2CH(^+NH_3)COO^-$

A Serine

전략

치환된 말론산 에스터로부터 시작한다. 다음과 같은 질문을 스스로 해봐야 한다. 어떤 합성 방법을 찾아봐야 할까? 어떤 치환기가 필요한가? 어떻게 하면 치환을 성공할 수 있을까?

풀이

- 치환된 카복실산으로 말론산 에스터 합성의 원리를 적용한다(23-2절).
- 도입된 치환기는 하이드록시메틸이다.
- 하이드록시메틸화는 malonic ester enolate와 formaldehyde의 혼합된 알돌 첨가 반응의 변형이다(18-6절).
- 산수용액을 처리하여 카복실기이탈 반응(23-2절)과 아마이드 가수분해 반응(20-6절)을 할 수 있다.

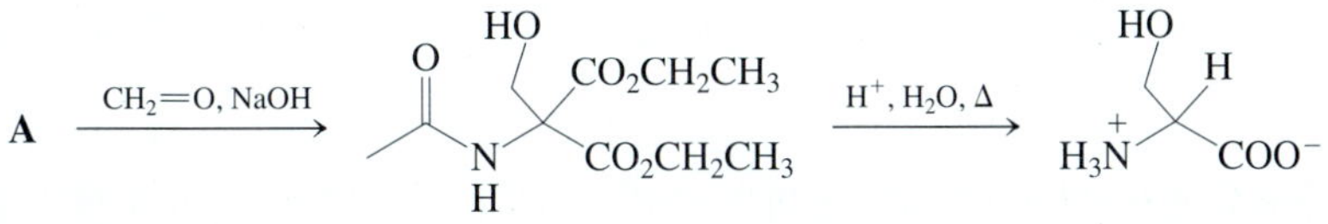

A $\xrightarrow{CH_2{=}O,\ NaOH}$ $CH_3CONH{-}C(CH_2OH)(CO_2CH_2CH_3)_2$ $\xrightarrow{H^+,\ H_2O,\ \Delta}$ $H_3\overset{+}{N}CH(CH_2OH)COO^-$

연습 문제 26-8

자습 문제

어떤 Neurodegenerative disorder를 치료하기 위한 화합물 연구를 하는 의학 화학자들은, diethyl *N*-acetyl-2-aminopropanedioate (acetamidomalonic ester, 연습 문제 26-7의 화합물 A)를 헤테로고리 아미노산인 B를 A로부터 합성할 때 사용한다. 합성 경로를 제안하시오[**주**: A에 이탈기를 도입해야 한다. **힌트**: 헤테로고리는 방향족(25-3절)이기 때문에 붙어 있는 탄소는 반응성이 크다(22-1절)].

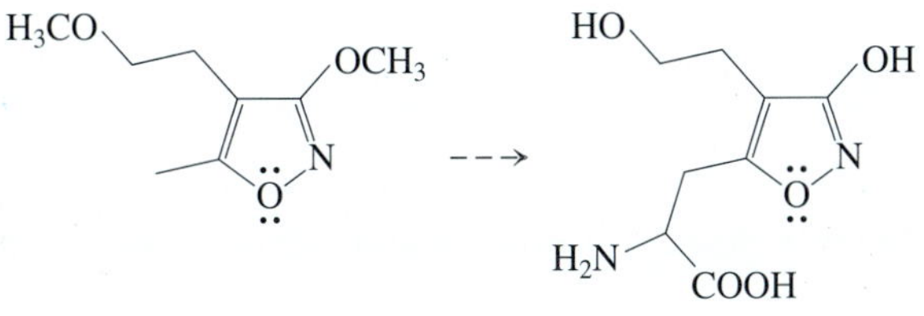

A --→ B

Strecker 합성을 이용한 알데하이드로부터의 아미노산 제조

Strecker* 합성(Strecker synthesis)의 주요 단계는 알데하이드와 사이안화 수소(hydrogen cyanide)로부터 사이아노하이드린을 형성하는 것의 변형이다(17-11절).

*Adolf Strecker (1822~1871) 교수, 독일 Würzburg 대학교.

$$RCHO + HCN \rightleftharpoons R-CH(OH)-CN$$

Cyanohydrin

동일한 반응이 암모니아 또는 사이안화 암모늄(ammonium cyanide, $H_4N^+CN^-$)의 존재하에서 진행되면 중간체로 이민이 만들어지고, 이것은 사이안화 수소의 첨가로 대응되는 2-아미노 나이트릴이 얻어진다. 계속해서 산성 또는 염기성 가수분해(20-8절) 시키면 원하는 아미노산이 생성된다.

ANIMATED MECHANISM: The Strecker synthesis

Alanine의 Strecker 합성

$$CH_3CHO \xrightarrow[-H_2O]{NH_3} CH_3CH{=}NH \xrightarrow{HCN} H_3C-CH(NH_2)-CN \xrightarrow{H^+, H_2O, \Delta} CH_3CH(\overset{+}{N}H_3)COO^-$$

Acetaldehyde → 아민 중간체 → 2-Aminopropanenitrile → Alanine 55%

연습 문제 26-9

Glycine (formaldehyde로부터), methionine (2-propenal로부터)의 Strecker 합성을 제안하시오(**힌트**: 18-9절 참조).

요약 라세미 아미노산은 2-브로모카복실산의 아민화반응, 아민의 Gabriel 합성의 응용과 Strecker 합성으로 만들어진다. 마지막 방법은 사이아노하이드린 제조의 이민 변형을 거쳐 가수분해에 의해 진행된다.

26-3 순수한 거울상 아미노산의 합성

지금까지 설명한 제조 방법으로는 라세미형의 아미노산이 만들어진다. 그러나 대부분의 천연 폴리펩타이드의 아미노산은 *S* 배열을 가지고 있다. 그러므로 많은 합성의 경우, 특히 펩타이드나 단백질 합성에 있어서 순수한 거울상 화합물이 요구된다. 이러한 문제에 대처하기 위해 라세미 아미노산을 분리하거나(5-8절), 거울상선택성 반응을 통해 하나의 거울상 화합물을 합성해야 한다.

아미노산의 순수한 거울상이성질체를 얻는 개념적으로 직접적인 방법은, 부분입체이성질체 염으로부터의 분리이다. 전형적으로 아민을 아마이드로 보호하고, 이것을 알칼로이드 부루신과 같은 광학적으로 활성인 아민으로 처리하면 된다(25-8절과 아래 그림). 두 개의 부분입체이성질체는 분별 결정에 의해 분리될 수 있다. 불행하게도 이 방법은 시간이 많이 걸리고, 수득률도 매우 낮다.

Brucine

라세미 valine의 분할

$$(CH_3)_2CHCH(NH_3^+)COO^- + HCOOH \xrightarrow{\text{보호}} (CH_3)_2CHCH(NHCHO)COOH + HOH$$

라세미체 (*R*,*S*)-Valine → 라세미체 80% (*R*,*S*)-*N*-Formyl valine

Brucine (abbreviated B*), CH_3OH, 0°C

(*S*): $HCNH$(=O)—C(H)($COO^{-}\ {}^{+}B^*H$)($CH(CH_3)_2$) (*R*): $HB^{*+}\ {}^{-}OOC$—C(H)($NHCHO$)($(CH_3)_2HC$)

부분입체이성질체
분별 재결정에 의한 분리

NaOH, H_2O, 0°C
Brucine을 제거하여
amide의 가수분해

NaOH, H_2O, 0°C

(*S*): $H_3\overset{+}{N}$—C(H)(COO^-)($CH(CH_3)_2$) 70% 거울상이성질체 (*S*)-Valine

(*R*): ^{-}OOC—C(H)($\overset{+}{N}H_3$)($(CH_3)_2HC$) 70% 거울상이성질체 (*R*)-Valine

대안으로는 α,β-불포화 아미노산의 입체선택적 수소화와 같이 C2 위치의 입체중심을 입체선택적으로 만든다(12-2절). 자연은 아미노산의 생합성에 이러한 방법을 사용한다. 즉, 글루타메이트 탈수소효소는 2-옥소펜탄다이산 내의 카보닐기를 생물학적 환원성 아민화반응에 의해 (*S*)-글루탐산의 아민 치환기로 변화시킨다(화학적인 환원성 아민화반응은 21-6절 참조). 환원제는 NADH이다(화학 이야기 25-2).

$$HOOCCH_2CH_2\overset{O}{\overset{\|}{C}}COOH + NH_3 + H^+ \xrightarrow[-NAD^+]{\text{NADH, 글루타메이트 탈수소효소}} HOOCCH_2CH_2\overset{{}^{+}NH_3}{\overset{|}{C}H}COO^- + H_2O$$

2-Oxopentanedioic acid → (*S*)-Glutamic acid

(*S*)-글루탐산은 글루타민, 프롤린, 아르지닌의 생합성 전구체이다. 더욱이 이 물질은 다른 2-옥소산에 대한 아미네이트(aminate) 물질로 작용하는데, 아미노기 전달효소와 같은 효소의 도움으로 다른 아미노산의 생성도 가능하다.

$$H-\underset{R}{\overset{{}^{+}NH_3}{C}}-COO^- + R'\overset{O}{\overset{\|}{C}}COO^- \underset{}{\overset{\text{아미노기 교환효소}}{\rightleftharpoons}} R\overset{O}{\overset{\|}{C}}COO^- + H-\underset{R'}{\overset{{}^{+}NH_3}{C}}-COO^-$$

요약 광학적으로 순수한 아미노산은 라세미 혼합물의 분리 또는 거울상선택성 반응을 통한 C2 입체중심의 형성으로부터 얻을 수 있다.

화학 이야기 26-2

광학적으로 순수한 아미노산의 거울상선택성 합성: 상이동 촉매작용

α-아미노산의 라세미체의 분할을 통해서 순수한 거울상이성질체를 얻는 것에 대한 더 나은 대안으로는 비카이랄성 전구체로부터 직접 만들어 내는 것이 있다. 이런 목적으로 C2에 카이랄성을 유발시키는 합성 단계에서 순수한 거울상성 카이랄 촉매를 이용할 수 있다. 그 예로는 α-엔아미노산(α-enamino acid)의 촉매 비대칭 ("거울상선택성") 수소첨가반응을 들 수 있다 (화학 이야기 5-4와 12-2절). 또 다른 방법은 광학 활성을 띠는 암모늄염 존재하에 적절한 글리신 유도체에 대한 알킬화반응이다. 예를 들어, 오른쪽 페이지에서 보듯이 0.1당량의 신코닌(cinchonine)의 암모늄염과 다이클로로메테인 (dichloromethane)과 물의 혼합용액을 사용하여 글리신의 이민-에스터 유도체는 벤질화되어 *R* 생성물이 66%의 거울상 초과량을 나타내었다 (5-2절). 신코닌은 남아메리카의 신코나 나무로부터 저렴하게 얻을 수 있는 알칼로이드이다. 생성물의 이민과 에스터 작용기의 결정화와 가수분해로 광학적으로 순수한 페닐알라닌(phenylalanine)을 합성한다.

아마존 다우림에 있는 신코나 나무.

이 반응의 첫 번째 단계는 유기 출발물이 들어 있는 다이클로로메테인과 염기성 물의 혼합물을 빠르게 저어 주면서 진행된다. 양전하를 띠는 질소 주변에 소수성 치환기로 구성된 암모늄염은 양쪽 상에 다 녹을 수 있으며, 그 둘 사이를 왔다갔다하면서 염화 이온이나 수산화 이온을 반대이온으로 하여 운반한다. 유기상의 수산화 이온은 보호된 글리신의 α-양성자이탈에 중요하게 작용한다. 생성되는 엔올레이트(enolate)는 자유로운 상태가 아니지만, 카이랄성 암모늄 이온과 이온쌍을 형성한다. 그 결과, S_N2에 의해서 한쪽 면으로부터 알킬화반응이 일어나 (부분입체이성질체 전이 상태에 관해서는 5-7절을 참조) 보호된 알라닌의 한쪽 거울상이성질체가 과량으로 만들어진다. 즉, 광학적으로 순수한 촉매의 손잡이가 한쪽 거울상이성질체(여기서

26-4 펩타이드와 단백질: 아미노산 소중합체와 중합체

아미노산은 중합될 수 있기 때문에 생물학적으로 매우 유용하다. 이 절에서는 이러한 **폴리펩타이드(polypeptide)** 사슬의 구조와 성질에 대해 설명할 것이다. 긴 폴리펩타이드 사슬은 단백질이라 하고(보통 50개 이상의 아미노산으로 정의되며 임의적이다). 생물학적 구조의 주요 성분 중의 하나이다. 단백질은 아주 다양한 생물학적 기능을 수행하는데, 이러한 기능들은 종종 구성물 사슬들의 꼬임과 접힘에 의해 쉽게 된다.

아미노산은 펩타이드 결합을 형성한다

2-아미노산은 폴리펩타이드 구조에서 단위체이다. 중합체는 아마이드 사슬을 만드는 하나의 아미노산 카복실산기와 또 다른 아미노산의 아민기 간의 반복된 반응에 의해 형성된다(20-6절). 아미노산을 연결하는 아마이드 결합을 **펩타이드 결합(peptide bond)**이라고도 한다.

$$2n\,\mathrm{H_2N{-}CHR{-}COOH} \longrightarrow \mathrm{{-}(NH{-}CHR{-}CO{-}NH{-}CHR{-}CO)_n{-}} + 2n\,\mathrm{H_2O}$$

2-아미노산 (α-아미노산) → 폴리아미노산 (폴리펩타이드); 펩타이드 결합

이처럼 아미노산의 연결에 의해 형성된 소중합체들을 **펩타이드(peptide)**라고 한다. 예를 들면, 두 개의 아미노산은 **다이펩타이드(dipeptide)**, 세 개는 **트라이펩타이드(tripeptide)** 등을 형성한다. 펩타이드를 형성하는 각각의 아미노산 단위를 **잔기(residue)**라고 한다. 어떤 단백질에서는 둘 이상의 폴리펩타이드 사슬이 이황화 다리에 의해 결합되어 있다(9-10절, 26-1절).

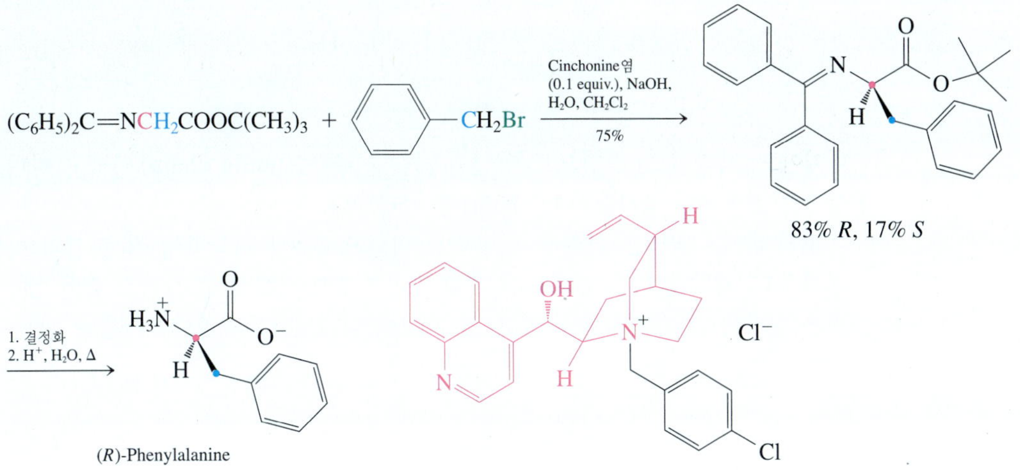

$(C_6H_5)_2C{=}NCH_2COOC(CH_3)_3$ + $C_6H_5CH_2Br$ —Cinchonine염 (0.1 equiv.), NaOH, H_2O, CH_2Cl_2; 75%→ 83% *R*, 17% *S*

1. 결정화 2. H^+, H_2O, Δ → (*R*)-Phenylalanine

N-4-Chlorobenzylcinchonium chloride
(Cinchonine은 붉은색 부분이다)

는 *R*)의 선호적 생성을 보장하며, 결정화로부터 정제할 수 있다.

테트라뷰틸암모늄(tetrabutylammonium)과 같은 사차 암모늄염이 그런 이중상 시스템에 일반적으로 사용되어 왔으며, 정상적으로는 녹지 않는 반대이온을 유기상으로 녹아 들어가게 만들어 유기 반응물과 반응하도록 한다. 이러한 관측된 반응성은 **상이동 촉매작용(phase transter catalysis)**이라고 하며 위에 설명된 것이 좋은 예이다. 다른 적용들은 S_N2 반응, MnO_4^- 산화(12-11절), 다이클로로벤젠(dichlorobenzene) 첨가들(12-9절), 그리고 수소화물 환원들(8-6절)이 있다. 물과 함께 최소량의 유기 용매를 사용하는 것, 반응 단계의 단순성, 과정의 촉매적 환경, 그리고 그것의 선택성은 상이동 촉매작용을 많은 균일 변환에 비해 "친환경적" 대안으로 만든다.

폴리펩타이드 구조의 가장 중요한 점 중에 하나는 펩타이드 결합이 상온에서 견고하고, 평면이라는 사실이며, 이는 아마이드 질소의 고립 전자쌍을 카보닐기와 콘쥬게이션한 결과이다(20-1절). N—H 수소는 거의 항상 카보닐 산소에 트랜스로 있고, C—N 결합은 부분적인 이중 결합 성격을 가지므로 C—N 결합 주위로의 회전은 느리다. 결과는 C—N 단일 결합 길이(1.47 Å, 그림 21-1)와 C—N 이중 결합 길이(1.27 Å) 사이의 상대적으로 짧은 결합(1.32 Å)이다. 다른 한편 아마이드 옆의 결합은 자유롭게 회전한다. 그러므로 폴리펩타이드는 상대적으로 경직되어 있지만, 다양한 구조를 가질 수 있을 만큼 충분히 움직일 수 있다. 그러므로 많은 다른 방법으로 접힐 수 있다. 대부분의 생물학적 활성도는 그러한 접힌 배열 때문이다. 쭉 펴진 사슬은 보통 비활성(inactive)이다.

펩타이드 결합의 공명 구조에 의해 만들어진 평면성

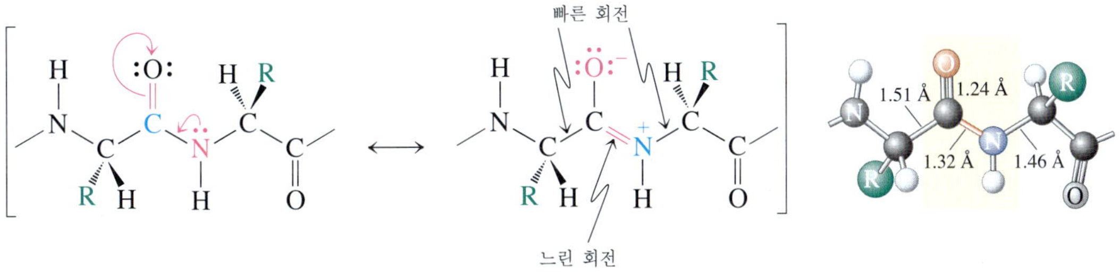

빠른 회전
느린 회전
1.51 Å 1.24 Å 1.32 Å 1.46 Å

폴리펩타이드는 아미노산 잔기의 순서에 의해 특성이 정해진다

폴리펩타이드 사슬을 그릴 때 **아미노 말단(amio end)** 또는 ***N*-말단 아미노산(*N*-terminal amio acid)**은 왼쪽에, **카복시 말단(carboxy end)** 또는 ***C*-말단(*C*-terminal)** 아미노산은 오른쪽에 그린다. C2 입체중심의 배치는 보통 *S*로 가정한다.

트라이펩타이드 구조를 그리는 방법

아마이드(펩타이드) 결합으로 연결된 사슬을 **주사슬(main chain)**이라고 하며, 치환기를 R, R' 등으로 표시하여 **곁사슬(side chain)**을 나타낸다.

펩타이드의 명명은 단순하다. 아미노 말단으로부터 시작하여 각 잔기의 이름들을 순서대로 연결하되, 각각을 다음 아미노산 치환기로 간주하여 *C* 말단 잔기로 끝을 맺는다. 그러나 이와 같은 절차는 곧 성가시게 되었고, 표 26-1에 나타난 3문자 약자가 더 큰 펩타이드에 사용된다.

Glycylalanine
Gly-Ala

Alanylglycine
Ala-Gly

Phenylalanylleucylthreonine
Phe-Leu-Thr

이제 펩타이드와 그 구조 다양성의 예를 살펴보도록 하자. 다이펩타이드 에스터인 아스파탐은 저칼로리 인위적인 감미료이다(NutraSweet: 이 장의 통합 문제 26-28 참조). 3문자 표기에서 에스터 말단은 OCH_3로 맺는다. 트라이펩타이드인 글루타싸이온은 모든 살아 있는 세포에서 많이 발견되며, 특히 눈의 수정체에 고농도로 존재한다. 색다른 것은 글루탐산 잔기가 나머지 펩타이드 부분에 있는 γ-카복시기(γ-Glu로 표시한다)에 연결되어 있는 것이다. 이것은 시스테인 머캅토기에서 효소 산화로 이황화 다리 결합 이합체를 형성하여 생물학적 환원제 역할을 한다.

MODEL BUILDING

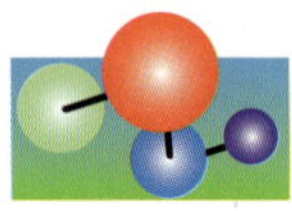

Aspartylphenylalanine methyl ester
Asp-Phe-OCH_3
(Aspartame)

γ-Glutamylcysteinylglycine
γ-Glu-Cys-Gly
(Gluathione)

그라미시딘 *S*는 항생제로서, 두 개의 동일한 펜타펩타이드의 머리와 꼬리 부분이 서로 연결되어 고리를 이룬 펩타이드이다. 이것은 *R* 배열의 페닐알라닌과 보기 힘든 배열의 아미노산인 오니틴[ornithine(Orn), 라이신에서 CH_2기가 하나 적은 동족계열)을 포함하고 있다. 오른쪽 여백에 있는 그림에서 그라미시딘 *S*에 있는 화살표는 아미노기에서 카복시기 쪽으로 연결되어 있음을 나타낸다.

Orn → Leu → (*R*)-Phe → Pro → Val → Orn → Leu → (*R*)-Phe → Pro → Val → Orn

Gramicidin S

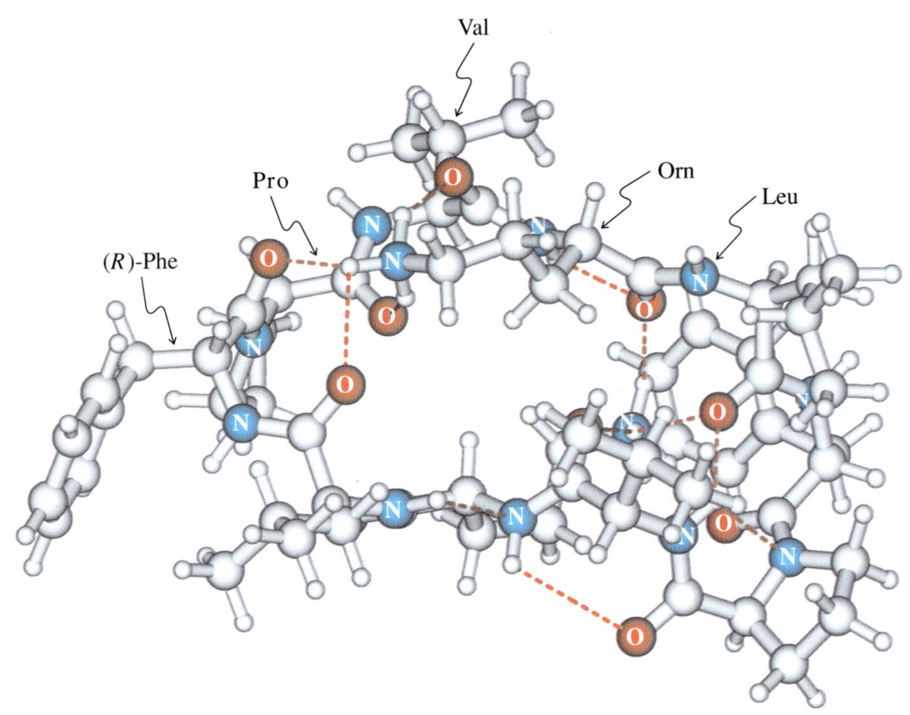

Gramicidin S (컴퓨터 생성 모형. UC Berkeley의 Evan R. Williams 교수와 Dr. Richard L. Wong 제공, 붉은 점선은 수소 결합을 나타냄).

인슐린은 아미노산의 복잡한 순서를 선택한 삼차원적 구조의 좋은 예가 된다(그림 26-1). 이 단백질 호르몬은 글루코스 대사를 조절하는 능력이 있기 때문에 당뇨병 치료에 중요하다. 인슐린은 A와 B 두 개의 사슬에 있는 51개의 아미노산 잔기를 가진다. 사슬은 두 개의 이황화 다리 결합으로 연결되며, 부가적인 이황화 연결이 A 사슬의 6번과 11번 위치의 시스테인 간에 존재하여 루프를 만든다. 두 사슬은 입체적 장애가 최소가 되도록 하고, 정전기적인 인력, London 힘 및 수소 결합 인력이 최대가 되도록 접혀진다. 이러한 힘들이 모여 상당히 밀집된 삼차원 구조를 만들게 된다(그림 26-2).

합성법은 수득률이 낮기 때문에 최근까지 인슐린은 죽은 소나 돼지의 췌장에서 분리 정제되었다. 1980년대 유전 공학의 발달(26-11절)은 사람 인슐린 유전자의 분리 복제를 가능케 하였다. 박테리아에 삽입된 유전자는 약을 계속해서 생산하도록 조작되었다. 이 방법으로 전 세계적으로 많은 당뇨병 환자를 치료하는 데 충분한 물질이 만들어진다.

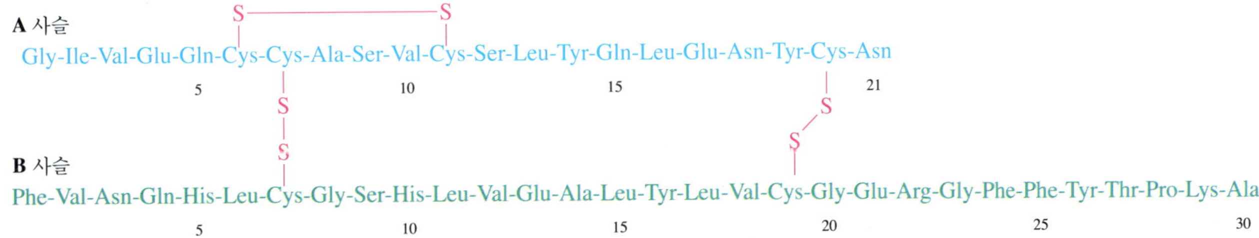

그림 26-1 소의 insulin은 다이설파이드 결합으로 연결된 두 개의 아미노산 사슬로 이루어져 있다. 아미노(*N* 말단) 말단은 양 사슬의 왼쪽에 있다.

그림 26-2 Insulin의 삼차원 구조. 사슬 A의 잔기는 푸른색, B 사슬은 초록색이고 다이설파이드 결합은 붉은색이다. (*Biochemistry*, 6th ed., Jeremy M. Berg, John L. Tymoczko, Lubert Stryer 저, W. H. Freeman and Company. Copyright ©1975, 1981, 1988, 1995, 2002, 2007.)

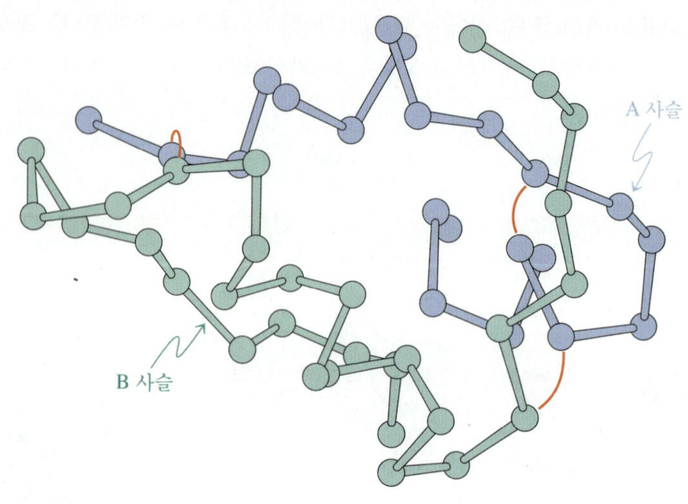

연습 문제 26-10

이뇨 방지 호르몬으로 알려진 vasopressin은 체내에서 수분 방출을 조절한다. 이 분자의 전체 구조를 그리시오(주: 분자내 두 개의 cysteine 사이에 이황화 다리 결합이 있다).

S———————S
Cys-Tyr-Phe-Gln-Asn-Cys-Pro-Arg-Gly-NH_2
Vasopressin

단백질은 병풍 구조와 나선 모양으로 접힌다: 이차와 삼차 구조

두 폴리펩타이드 가닥 사이에서의 수소 결합

수소 결합

인슐린과 다른 폴리펩타이드 사슬들은 잘 짜여진 삼차원 구조를 갖는다. 한편 사슬에 있는 아미노산의 순서에 따라 **일차 구조(primary structure)**가 결정되는데, 가까이 놓여 있는 아미노산 잔기의 공간적인 배열에 의해 만들어진 사슬의 접힘 형태는 폴리펩타이드의 **이차 구조(secondary structure)**를 만든다. 이차 구조는 주로 아마이드 결합의 경직성과 수소 결합을 포함하는 사슬의 비공유성 결합들로 결정된다(왼쪽 여백의 그림). 두 가지의 중요한 배열은 병풍 구조 또는 β 배치와 α 나선이다.

병풍 구조(pleated sheet, β 시트라고도 함. 그림 26-3)에서 두 개의 사슬은 아미노기와 카보닐기가 서로 나란히 배열하여 상호 수소 결합이 이루어지도록 되어 있다. 이러한 결합은 자신만의 고리를 이루면 단일 사슬에서도 만들어질 수 있다. 여러 겹의 이러한 수소 결합들은 구조의 경직성을 줄 수 있다. 인접한 아마이드 연결의 면들은 특별한 각도를 이루면서 관찰된 병풍 구조를 만들게 되며, 꺾이는 부위의 아래위에서 R 작용기가 빠져나오게 된다.

α 나선 구조(α helix, 그림 26-4)는 인접한 아미노산 사이의 분자내 수소 결합을 허락한다. 각 아미노산의 카보닐 산소는 네 잔기 앞의 아마이드 수소와 연결된다. 나선 구조를 한 바퀴 도는 데 3.6개의 아미노산이 요구되며, 같은 지점이 한 바퀴 돌아 제자리로 돌아오는 데 필요한 직선 거리는 5.4 Å이다. C$=$O와 N—H 결합은 반대 방향을 가리키며, 나선축을 기준으로 대략적으로 정렬된다. 한편 (소수성) R기는 나선으로부터 멀리 바깥쪽으로 있다.

모든 폴리펩타이드의 구조가 이들과 같은 이상적인 구조를 가지는 것은 아니다. 만약 같은 전하가 사슬을 따라 발생하면 반발력이 생겨서 더 무질서한 배열을 하게 된다. 또한 아미노기의 질소가 치환기 고리의 일부를 형성하여 경직된 프롤린은, α 나선 구조를 꼬이거나 구부러지게 한다.

더 나아가 폴리펩타이드의 접힘과 꼬임 그리고 집합은 멀리 있는 잔기에서도 일어나는데 이는 **삼차 구조(tertiary structure)**를 만든다. 서로 다른 R기에서 발생하는 다양한 힘은 분자를 안정화시키는데, 이러한 것들에는 이황화 결합, 수소 결합, London 힘, 전자기 인력 및 반발력 등이 있다.

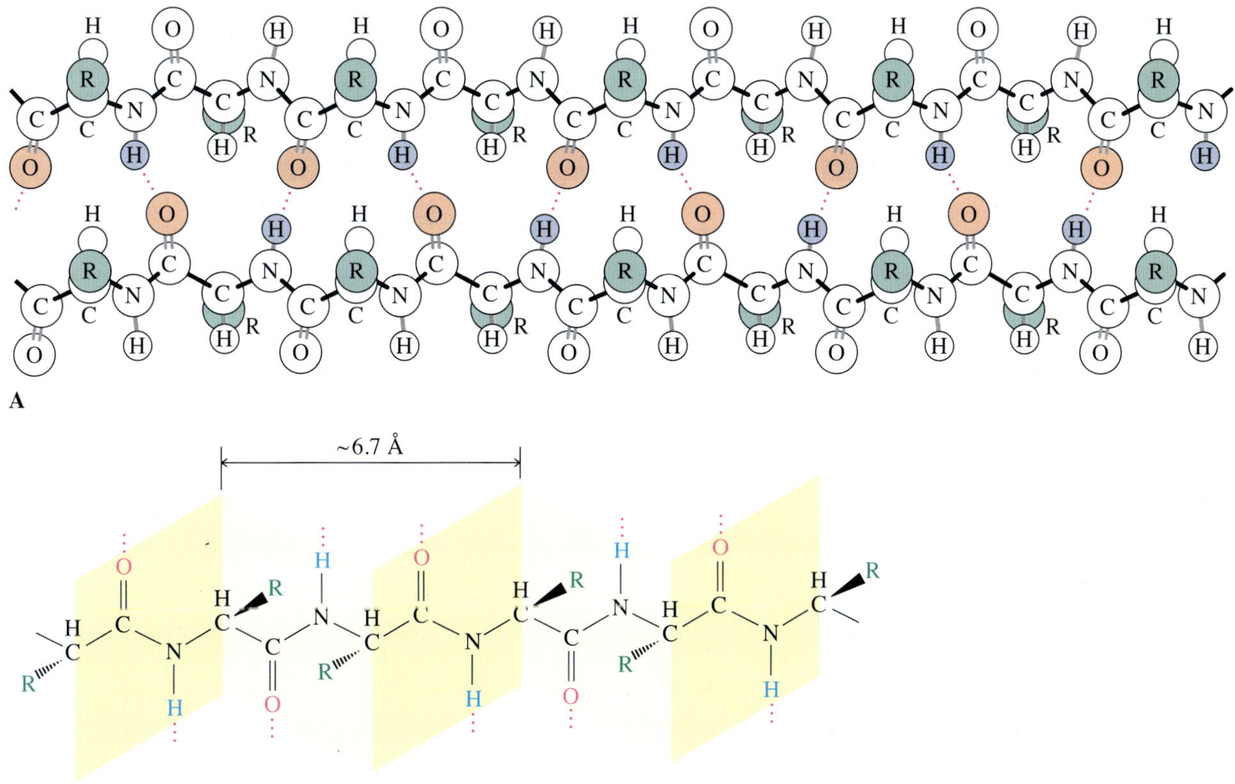

그림 26-3 (A) 두 개의 폴리펩타이드 줄기 사이에 점선으로 표시된, 수소 결합으로 만들어진 병풍 구조 또는 β 배치 (After "Protein," by Paul Poty, *Scientific American*, September 1957. Copyright © 1957, Scintific American, Inc.). (B) 펩타이드 결합은 개개의 병풍면(노란색 음영)을 나타낸다. 곁사슬 R의 위치는 하나 건너씩 위아래로 위치한다. 점선은 인접 사슬이나 물과의 수소 결합을 나타낸다.

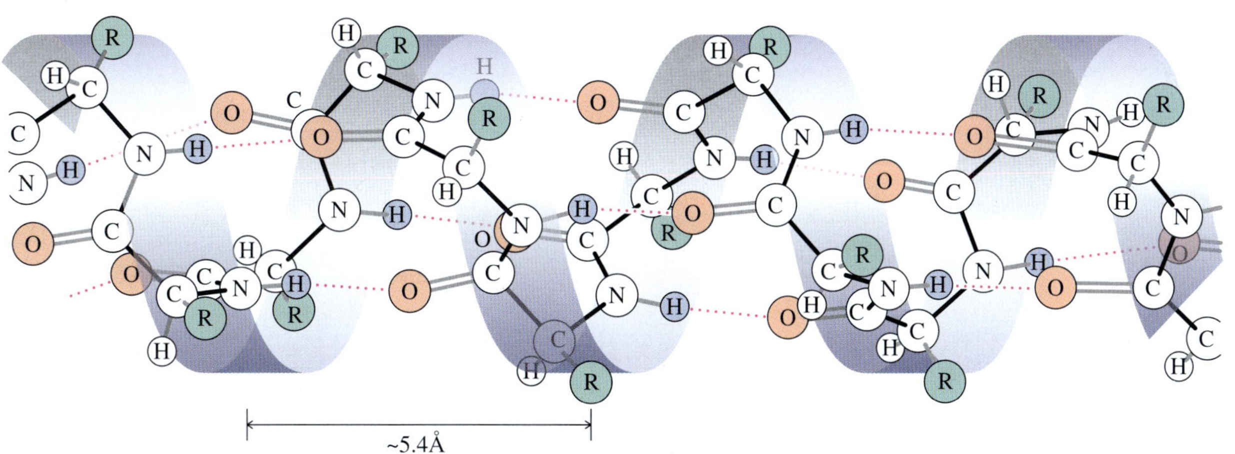

그림 26-4 α 나선 구조에서 고분자 사슬은 분자내 수소 결합에 의해서 오른쪽으로 도는 축으로 단단히 배열된다(붉은색 점선, After "Protein," by Paul Poty, *Scientific American*, September 1957. Copyright © 1957, Scientific American, Inc.).

마이셀 효과(micellar effect, 화학 이야기 19-1와 20-5절) 역시 이러한 것들에 포함된다. 고분자의 극성기는 수용액에 최대한 노출되도록 하고, 소수성기(알킬기, 페닐기 등)는 최소한 노출되게 하는 것이 "소수성 효과"이다(8-2절, 화학 이야기 19-1). **구형 단백질(globular protein)** 에서는 상당한 정도의 접힘이 발견되는데, 대부분이 화학적 운반체와 촉매 역할을 담당한다(예, 마이오글로빈과 헤모글로빈, 26-8절, 그림 26-8). 마이오신(근육), 피브린(혈액 응고)과 α-케라틴(털, 손톱, 모 등)과 같은 **섬유상 단백질(fibrous protein)** 에서는 몇 개의 α 나선 구조가 **초나선 구조(superhelix)** 를 이루기 위해 꼬인다(그림 26-5).

효소와 이동 단백질(분자를 한 장소에서 다른 장소로 이동시키는 단백질)의 삼차 구조는 대개 **활성 자리**(**active site**) 또는 **결합 자리**(**binding site**)라고 하는 삼차원적인 주머니를 만든다. 활성 자리의 크기와 모양은 단백질의 의도된 기능을 전달하는 분자인 **기질**(**substrate**) 또는 **리간드**(**ligand**)에 대해 매우 특이적인 "적합성"을 제공한다. 주머니의 내부 표면은 전형적으로 특이적인 극성 아미노산의 배열을 가지고 있으며, 이것이 수소 결합 또는 이온 상호작용에 의해 기질에 있는 작용기를 끌어당긴다. 효소에서 활성 자리는 작용기와 부가적인 분자들을 기질과의 반응이 촉진되도록 정돈시킨다.

한 예가 음식 속의 단백질을 분해하는 포유류의 소화 효소인 키모트립신(chymotrypsin)의 활성 자리이다. 키모트립신은 체온과 생리학적 pH에서 펩타이드 결합의 가수분해를 일으킨다. 일반적인 아마이드 가수분해는 훨씬 더 심한 조건이 필요함을 상기하시오(20-6절). 게다가 효소는 페닐알라닌 잔기의 카복시 말단 같은 선택적인 잘림을 목표로 하는 특정 펩타이드 결합을 인식한다(26-5절, 표 26-2 참조). 어떻게 이루어질까?

이 과정에서 이 큰 분자의(51 × 40 × 40 Å) 행동에 관한 단순한 그림을 다음 도식에 나타내었다.

Chymotrypsin의 활성 자리에서의 펩타이드 가수분해

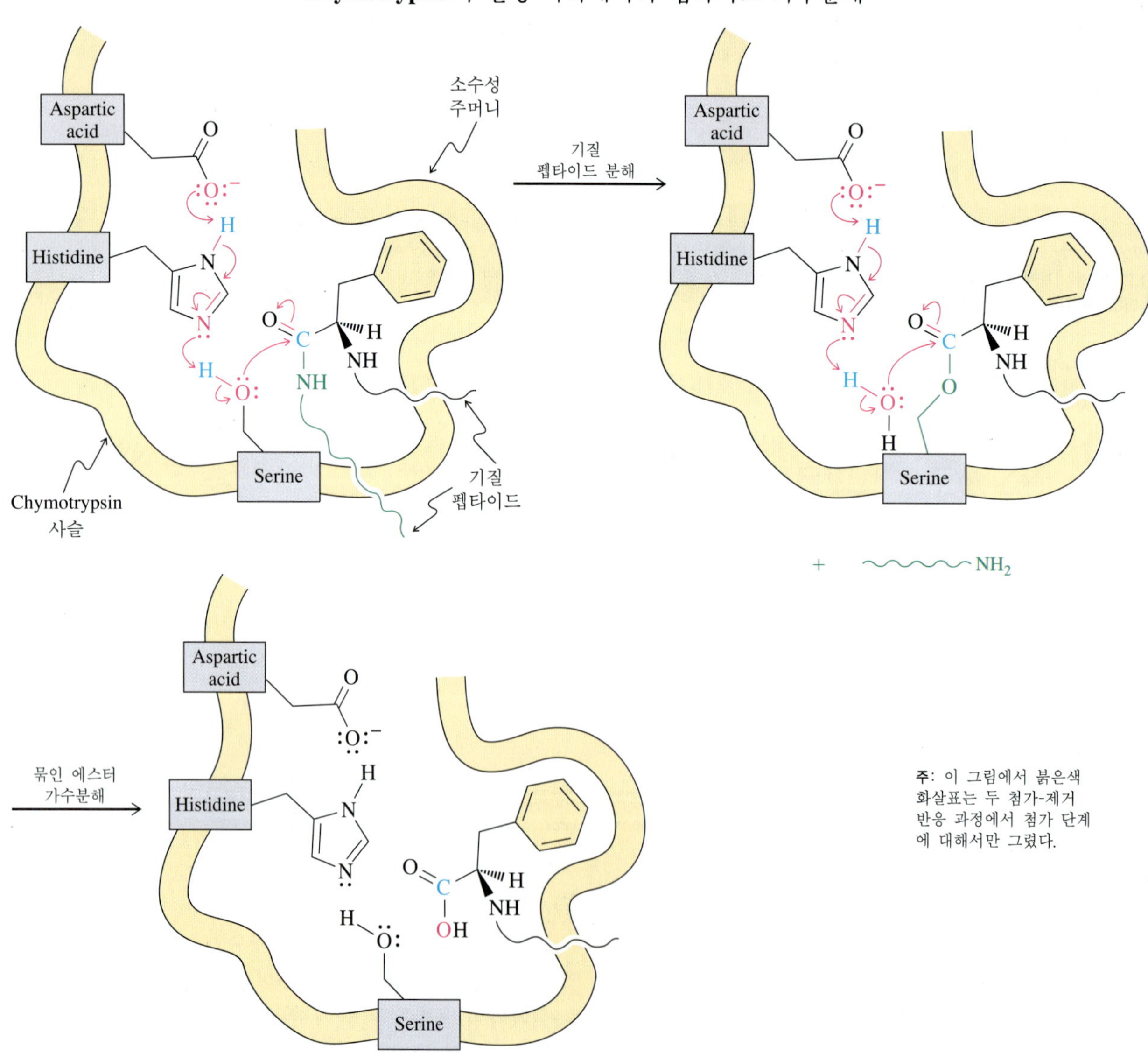

이 효소에는 가까이 놓여져 있는 네 개의 중요한 부분이 존재한다. 소수성 주머니, 아스파트산, 히스티딘과 세린은 모두 가수분해 반응이 잘 일어나도록 협조한다. 소수성 주머니(8-2절

참조)는 폴리펩타이드를 구성하고 있는 페닐알라닌 잔기의 소수성 페닐 부분을 끌어당겨 "잘려질" 폴리펩타이드가 잘 결합하도록 돕는다. 페닐기가 주머니에 잡혀 있는 가운데, 세 아미노산은 phe의 카보닐기로 세린의 OH기가 하게 되는 친핵성 첨가-제거(19-7절, 20-6절)에 영향을 주는 양성자 전이 릴레이 배열에 협조하게 되고, 그 결과 잘려진 폴리펩타이드의 아민 부분은 방출된다. 기질의 남은 부분은 에스터 결합으로 효소에 고정되고, 물 분자에 의해 에스터 가수분해가 진행된다. 이 반응은 펩타이드 결합의 가수분해에 사용된 것과 유사한 연결된 일련의 양성자 전이에 의해 도움을 받는다. 이제 효소와 연결이 끊어진 원래 기질의 카복시 부분은 원래 상태로 온전히 남아 있는 키모트립신의 활성 자리에서 떠날 수 있으며, 이 자리는 다른 폴리펩타이드가 채우게 된다.

연습 문제 26-11

앞의 도식은 두 개의 친핵성 첨가-제거 반응에서 각각의 제거 단계를 생략하고 있다. 어떻게 효소가 각 과정을 촉진시키도록 돕는지 보이시오[**힌트**: 도식의 첫 번째 (또는 두 번째) 그림에서 묘사하고 있는 "전자 밀기"의 결과를 그리고, 어떻게 역전된 전자와 양성자 흐름이 도움을 주는지 생각해 보라].

변성(denaturation) 또는 단백질 삼차 구조의 붕괴는 대개 단백질의 침전을 야기시키고, 촉매 작용을 소실시킨다. 과도한 열 또는 극단적인 pH 환경에의 노출은 변성을 유발한다. 예를 들어, 계란의 흰자위가 뜨거운 프라이팬에 쏟아지거나 우유를 레몬차에 넣을 때를 생각해 보면 쉽게 이해할 수 있다.

헤모글로빈(26-8절)과 같은 분자들은 두 개 이상의 폴리펩타이드 사슬이 각기 그 자신의 삼차 구조와 결합하여 더 큰 집합체를 이루는 **사차 구조(quaternary structure**, 그림 26-9 참조)도 갖는다. 일차 구조부터 사차 구조까지의 진행에 관한 간략한 그림이 아래에 나와 있다.

그림 26-5 초나선 구조의 꼬인 코일 구조의 이상화된 그림.

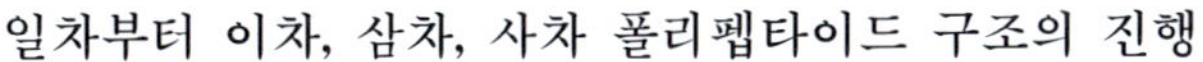
일차부터 이차, 삼차, 사차 폴리펩타이드 구조의 진행

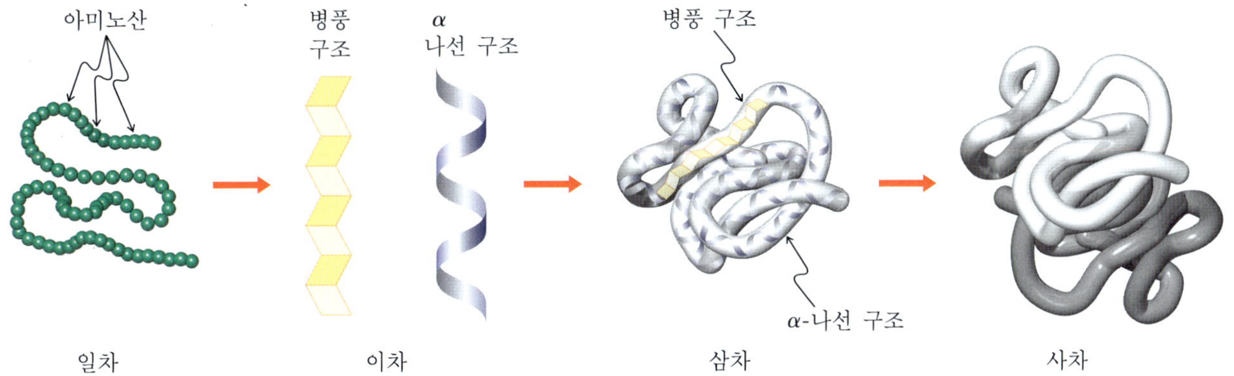

폴리펩타이드의 삼차원적인 모임은 일차 구조의 직접적인 결과이다. 즉, 아미노산 배열 순서는 사슬이 꼬이고, 집합하고, 아니면 안과 밖의 분자 단위와 상호작용하는 것을 결정한다. 그러므로 이 순서에 대한 지식은 단백질의 구조와 기능을 이해하는 데 있어 굉장히 중요하다. 어떻게 이와 같은 지식을 얻는지가 다음 절의 주제이다.

요약 폴리펩타이드는 아마이드 결합으로 연결된 아미노산의 고분자 물질이다. 이들의 아미노산 배열 순서는 표 26-1에 수록되어 있는 3문자 또는 1문자의 약자로 표기된다. 말단 아미노기는 왼쪽에, 말단 카복시기는 오른쪽에 위치한다. 폴리펩타이드는 고리형이 될 수도 있고, 이황화 결합이나 수소 결합에 의해 연결될 수도 있다. 아미노산의 배열 순서는 폴리펩타이드의 일차 구조를 결정하며, 접힘은 이차 구조, 더 나아가 접힘과 꼬임은 삼차 구조를 제공한다. 그리고 여러 폴리펩타이드의 집합은 사차 구조를 결정한다.

26-5 일차 구조의 결정: 아미노산 서열

폴리펩타이드나 단백질의 생물학적 기능은 특이적인 삼차원적 모양이나 작용기의 배열, 다시 말해서 명확한 아미노산 서열을 필요로 한다. 정상적인 단백질에 존재하는 한 "장애물"잔기가 이 단백질의 행동을 완전히 변화시킬 수 있다. 예를 들어, 겸상 적혈구 빈혈증은 치명적인 병으로, 헤모글로빈에 있는 **한 개**의 아미노산이 치환되어 일어난다(26-8절). 단백질의 일차 구조는 아미노산 또는 폴리펩타이드 **서열(sequencing)**이라고 하는데, 이것은 단백질의 행동 메커니즘을 이해하는 데 도움이 된다.

1950년대 후반과 1960년대 초반에 이르러 아미노산 순서가 유전 정보를 포함하는 분자인 DNA에 의해 미리 결정되는 것이 발견되었다(26-9절). 따라서 우리는 단백질 일차 구조에 대한 지식을 통해 어떻게 유전 물질이 스스로 발현되는지 학습할 수 있다. 서로 연관된 종에서 기능적으로 유사한 단백질은 유사한 일차 구조를 가져야 하며 실제로 가지고 있다. 아미노산 서열이 더 비슷할수록 두 종은 더 밀접하게 연관되어 있다. 그러므로 폴리펩타이드 서열은 생명체의 진화에 대한 문제에 있어서 매우 중요한 역할을 한다. 이 절에서는 분석 기술과 더불어 이 정보를 얻기 위해 어떻게 화학적 수단을 사용하는가를 보일 것이다.

Polyacrylamide에서의 단백질 전기이동. 각 열의 푸른색 띠는 단백질 혼합물을 각각의 성분으로 분리한 것을 보여 준다.

첫 번째, 폴리펩타이드의 정제

폴리펩타이드의 정제 문제는 매우 심각한 것으로 이를 해결하기 위해서 많은 시도를 해야 하고, 실험실에서 많은 시간을 소비하게 된다. 크기, 특수 용매에 대한 용해도, 전하, 지지 물질에 대한 결합력 등에 기반한 몇 가지 기술로 폴리펩타이드를 정제할 수 있다. 비록 자세한 논의는 이 책의 범위를 넘어서지만, 널리 사용되는 방법 몇 가지에 대해 간략하게 소개하고자 한다.

투석(dialysis)에서는 반투막을 통한 필터로 폴리펩타이드를 더 작은 파편으로부터 분리한다. **젤 거르기 크로마토그래피(gell filtration chromatography)**는 지지체로써 탄수화물 고분자를 구슬 형태로 칼럼에 채워서 사용한다. 작은 분자는 칼럼의 구슬에 더 쉽게 확산될 것이고, 큰 분자들에 비해 칼럼에서 더 오랜 시간을 보내게 된다. 즉, 작은 분자는 큰 분자에 비해 더 늦게 칼럼으로부터 나온다. **이온 교환 크로마토그래피(ion exchange chromatography)**에서는 전하를 띤 지지 물질이 분자가 가지고 있는 전하에 따라 분자를 분리한다. 전하량에 기초한 또 다른 방법은 **전기이동(electrophoresis)** 방법이다. 분리될 혼합물 시료를 두 개의 전극이 부착된(폴리아크릴아마이드와 같은) 크로마토그래피 물질을 얇은층으로 덮힌 플레이트 위에 놓는다. 전압이 걸리면 양전하를 띤 물질(예, 양성자첨가된 아민기가 많은 폴리펩타이드)은 음극으로, 음전하 물질(예, 카복시가 많은 펩타이드)은 양극으로 움직이게 된다. 이 방법의 분리능은 매우 훌륭하다. 박테리아 한 종에 존재하는 천 개 이상의 단백질이 한 번의 실험을 통해 분리된다.

마지막으로 **친화 크로마토그래피(affinity chromatography)**는 폴리펩타이드가 수소 결합이나 다른 다양한 종류의 인력에 의해 특정 지지체에 매우 특이적으로 결합하는 경향성을 이용해서 분리하는 방법이다. 다른 크기와 모양의 폴리펩타이드는 지지체로 구성된 칼럼에서 머무르는 시간이 다르다.

둘째, 어떤 아미노산이 존재하는지 결정

일단 각각의 폴리펩타이드 가닥이 정제되면, 구조 분석의 다음 단계는 그것의 성분비를 결정하는 것이다. 폴리펩타이드에 어떤 아미노산이 얼마나 존재하는지를 결정하기 위해 110°C의 6 N HCl에서 24시간 동안 가수분해해서 전체 사슬을 분해시켜 자유로운 아미노산 혼합물을 얻는다. 자동화된 **아미노산 분석기(amino acid analyzer)**가 혼합물들을 분석하고 그 성분비를 기록한다.

이 기기는 보통 카복실레이트 이온(carboxylate ion) 또는 설폰산 이온(sulfonate ion)과 같은 음전하를 띤 지지체를 포함하는 칼럼으로 구성되어 있다. 아미노산은 약한 산성 용액 상태

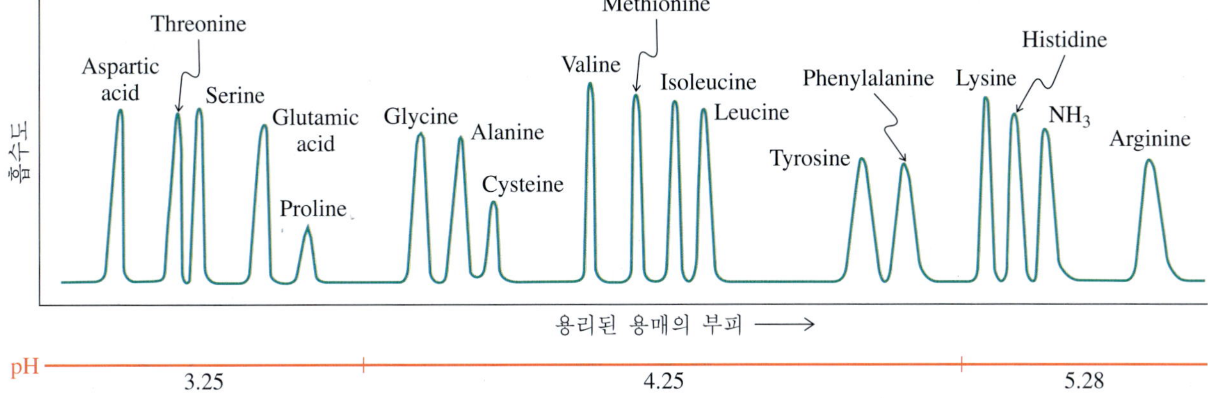

그림 26-6 Polysulfonate 이온 교환 수지를 이용한 아미노산 분석기로 다양한 아미노산이 분리된 것을 보여 주는 크로마토그램. 산성이 더 강한 물질 (예, aspartic acid) 은 일반적으로 처음에 용리된다. Ammonia는 비교를 위해 첨가되었다.

에서 칼럼을 통과한다. 아미노산은 그 구조에 따라 양성자화된다. 따라서 칼럼에서 더 또는 덜 머무르게 된다. 이 머무름 시간의 차이가 아미노산을 분리하고, 가장 산성인 것이 처음으로, 가장 염기성인 것이 마지막으로 되는 특이적인 순서에 의해 칼럼을 빠져나오게 된다. 칼럼 끝은 특별한 지시약을 가진 저장소가 있다. 각 아미노산은 보라색을 내는데(통합 문제 26-29 참조) 그 세기는 존재하는 산의 양에 비례하고, 크로마토그램으로 기록된다(그림 26-6). 각 봉우리 아래의 면적을 통해 혼합물에 존재하는 특이적인 아미노산의 상대적인 양을 측정한다.

아미노산 분석기는 폴리펩타이드의 성분비를 쉽게 측정할 수 있다. 예를 들면, 가수분해된 글루타싸이온(26-4절)의 크로마토그램은 Glu, Gly, Cys를 나타내는 세 개의 동일한 크기의 봉우리를 보여 준다.

연습 문제 26-12

Insulin (그림 26-1) 의 A 사슬을 가수분해하면 아미노산 혼합물을 얻는다. 그 혼합물은 무엇이며, 그 혼합물에서 상대적으로 가장 많은 것은 무엇인가?

아미노 말단 (*N* terminal) 으로부터 펩타이드의 서열

일단 폴리펩타이드의 대략적인 조성을 알면, 개개의 아미노산이 서로 결합되어 있는 서열을 결정할 수 있고, 이를 아미노산 서열(amino acid sequence) 라 한다.

여러 가지 다른 방법이 말단 아미노 부분의 잔기를 결정하기 위해 이용된다. 대부분은 *N* 말단 아미노산에 “표지”를 달 수 있는 특이적인 화학 반응을 겪는 자유로운 아미노 치환기의 독특한 성질을 활용한다. 이러한 방법 중 하나가 **Edman* 분해(Edman degradation)** 로, 페닐아이소싸이오사이아네이트, $C_6H_5N{=}C{=}S$ (phenyl isothiocyanate, 아이소사이아네이트의 황 유사체: 20-7절) 를 시약으로 사용한다.

아이소사이아네이트는 친핵체의 공격에 대해 매우 반응성이 좋으며, 이것은 황 유사체도 마찬가지이다. Edman 분해에서 말단 아미노기에 아이소싸이오사이아네이트 시약을 더해 주면 싸이오요소(thiourea) 유도체를 생성한다(요소의 기능은 20-6절에 언급). 약한 산을 처리하면 페닐싸이오하이단토인(phenylthiohydantoin) 으로 표지된 아미노산이 나오고, 변화하지 않는 폴리펩타이드의 나머지 부분이 떨어져나오게 된다(연습 문제 26-13 참조). 모든 아미노산에서 생성되는 페닐싸이오하이단토인은 잘 알려져 있기 때문에 본래의 폴리펩타이드 *N* 말단 끝의 아미노산을 쉽게 확인할 수 있다. 새로운 말단 아미노산을 갖는 새로운 사슬은 또 다시 Edman 분해에 의해 다음 잔기에 표지를 달게 될 준비를 하게 되고, 이 과정이 반복된다. 전체적인 과정은 50개 이상의 아미노산을 포함하는 폴리펩타이드의 서열을 기계적인 절차를 통해 확인할 수 있도록 자동화되어 있다.

*Pehr V. Edman 교수(1916~1977), 독일. Martinsried 소재. Max Planck Institute for Biochemistry.

그 이상의 폴리펩타이드에서는 싸여진 불순물이 심각한 방해를 일으킨다. 각각의 분해 단계에서 비록 높은 수득률을 얻는다 하더라도, 반응이 완전히 정량적으로 일어나지 않기 때문에 불완전하게 반응한 미량의 펩타이드가 새로운 펩타이드와 섞여 이러한 한계의 원인이 된다. 각각의 단계를 거칠 때 이 문제에 의한 오차가 혼합물이 더 이상 다루기 힘들 정도까지 증가한다는 것은 쉽게 상상할 수 있을 것이다.

A 사슬의 Edman 분해

$C_6H_5N{=}C{=}S$ + $H_2NCH_2C(=O)-NH-CH(CH(CH_3)CH_2CH_3)-C(=O)-NH-CH(CH(CH_3)CH_3)-C(=O)-NH$ ~~~ insulin A 사슬

↓ H_2O

Thiourea

$C_6H_5NHC(=S)NHCH_2C(=O)-NH-CH(CH(CH_3)CH_2CH_3)-C(=O)-NH-CH(CH(CH_3)CH_3)-C(=O)-NH$ ~~~ insulin A 사슬

↓ H^+, H_2O

Glycine으로부터 유도된 phenylthiohydantoin + $H_2NCH(CH(CH_3)CH_2CH_3)-C(=O)-NH-CH(CH(CH_3)CH_3)-C(=O)-NH$ ~~~ insulin A 사슬

↓ 1. $C_6H_5N{=}C{=}S$ 2. H^+, H_2O

Isoleucine으로 유도된 phenylthiohydantoin + $H_2NCH(CH(CH_3)CH_3)-C(=O)-NH$ ~~~ insulin A 사슬

↓

etc.

연습 문제 26-13

Phenylthiohydantoin의 형성 경로는 앞선 도식의 단계 2의 붉은 화살표가 나타내는 것만큼 간단하지 않으며, 오히려 이성질성 thiazolinone (왼쪽 여백 참조) 의 중간체를 통해 진행되고, 산성 조건에서 더 안정화된 phenylthiohydantoin으로 전위 반응을 거친다. Glycine 아마이드의 phenylthiourea, $C_6H_5NHC(=S)NHCH_2C(=O)NH_2$의 phenylthiourea에 산 처리를 할 때 이 화합물 (R = H) 이 형성되는 메커니즘을 쓰시오.

연습 문제 26-14

폴리펩타이드는 무수 hydrazine을 처리하면 구성요소인 아미노산 조각으로 잘려진다. 이 방법은 카복시 말단을 결정한다. 이를 설명하시오.

표 26-2 폴리펩타이드를 자르는 가수분해효소의 특이성

효소	분해 자리
Trypsin	Lys, Arg, carboxy end
Clostripain	Arg, carboxy end
Chymotrypsin	Phe, Trp, Tyr, carboxy end
Pepsin	Asp, Glu, Leu, Phe, Trp, Tyr, carboxy end
Thermolysin	Leu, Ile, Val, amino end

긴 사슬의 잘림은 효소로 얻어진다

Edman 방법은 상대적으로 짧은 폴리펩타이드의 서열에 대해서는 쉽게 결정할 수 있다. 더 긴 폴리펩타이드(예를 들면, 50개 이상의 아미노산으로 이루어진 폴리펩타이드)에 대해서는 긴 사슬은 선택적이고 예측할 수 있는 방법을 통해 짧은 단편으로 자르는 것이 필요하다. 이와 같은 절단 방법에는 대부분 가수분해효소를 사용한다.

예를 들면, 장의 소화 효소 중의 하나인 트립신은 폴리펩타이드에서 아르지닌과 라이신의 카복시 말단만을 절단한다.

Trypsin에 의한 insulin B 사슬의 선택적 가수분해

Phe-Val-Asn-Gln-His-Leu-Cys-Gly-Ser-His-Leu-Val-Glu-Ala-Leu-Tyr-Leu-Val-Cys-Gly-Glu-Arg-Gly-Phe-Phe-Tyr-Thr-Pro-Lys-Ala

5 10 15 20 25 30

↓ Trypsin, H_2O

Phe-Val-Asn-Gln-His-Leu-Cys-Gly-Ser-His-Leu-Val-Glu-Ala-Leu-Tyr-Leu-Val-Cys-Gly-Glu-Arg + Gly-Phe-Phe-Tyr-Thr-Pro-Lys + Ala

더욱 선택적인 효소로는 글로스트리파인(clostripain)이 있는데, 이 효소는 아르지닌의 카복시 말단만을 절단한다. 이와는 대조적으로 트립신과 비슷한 키모트립신은 포유류의 장기 내에서 발견되는데, 이 효소는 선택성이 약간 떨어져 페닐알라닌(26-4절), 트립토판(tryptophan), 그리고 타이로신의 카복시 말단을 절단한다. 기타 효소들도 비슷한 정도의 선택성을 보인다(표 26-2). 이와 같은 방법으로 긴 폴리펩타이드는 Edman 방법으로 그 순서를 결정할 수 있을 만한 크기의 여러 개의 짧은 펩타이드로 절단된다.

처음 효소 절단 후 연구 중인 폴리펩타이드 분절의 서열이 결정된다. 그러나 그 분절들이 어떤 순서로 연결되는지는 모른다. 이를 알기 위해 선택적 가수분해가 소위 **겹쳐진 펩타이드**(*coverlap peptide*)를 만드는 다른 효소를 이용하여 행해진다. 해법은 이제 퍼즐같이 이용 가능한 정보와 함께 말 그대로 "끼어 맞춤"이다.

연습 문제 26-15

개념 문제: 아미노산 서열 결정

21개의 아미노산을 가지는 폴리펩타이드가 thermolysin에 의해 가수분해되었다. 생성물은 Gly, Ile, Val-Cys-Ser, Leu-Tyr-Gln. Val-Glu-Gln-Cys-Cys-Ala-Ser 그리고 Leu-Glu-Asn-Tyr-Cys-Asn이다. 똑같은 폴리펩타이드가 chymotrypsin에 의해 가수분해되면 그 생성물들은 Cys-Asn, Gln-Leu-Glu-Asn-Tyr 그리고 Gly-Ile-Val-Glu-Gln-Cys-Cys-Ala-Ser-Val-Cys-Ser-Leu-Tyr이다. 이 분자의 아미노산 서열을 쓰시오.

전략

이 유형의 퍼즐을 푸는 것은 눈으로 봄으로써 제일 잘 해결된다. 먼저 각각의 효소에 의해 잘린 생성물을 크기가 줄어드는 순서로 배열한다. 그중 하나의 효소를 이용하여 가수분해 반응을 진행하고, 이로 인해 잘린 가장 큰 조각을 찾는다. 이를 다른 효소를 이용하여 가수분해 반응을 진행하여 얻은 잘린 조각들과 비교하여 부분적인 아미노산 순서를 찾아본다. 남아 있는 다른 올리고펩타이드들 중 하나는 출발한 큰 조각의 끝부분들과 비교했을 때 겹치는 순서를 제공할 것이다. 이는 분해된 물질들이 원래의 폴리펩타이드로 다시 모이기 전까지 점차적으로 그것의 길이를 늘릴 것이다.

풀이

Thermolysin 가수분해	Chymotrypsin 가수분해
Val-Glu-Gln-Cys-Cys-Ala-Ser (a)	Gly-Ile-Val-Glu-Gln-Cys-Cys-Ala-Ser
Leu-Glu-Asn-Tyr-Cys-Asn (b)	Val-Cys-Ser-Len-Tyr (g)
Leu-Tyr-Gln (c)	Gln-Leu-Glu-Asn-Tyr (h)
Val-Cys-Ser (d)	Cys-Asn (i)
Gly (e)	
Ile (f)	

- 가장 큰 조각은 chymotrypsin 가수분해로 나온 (g) 이고, 이것으로 thermolysin 처리된 여러 조각을 배열할 수 있다.

Gly-Ile-Val-Glu-Gln-Cys-Cys-Ala-Ser-Val-Cys-Ser-Len-Tyr- (g)

(e) (f) (a) (d) Len-Tyr-Gln (c)

- 이 과정으로 더 큰 (g) + (h) 구조를 주는 (g) 과 (h) 를 연결하는 겹친 펩타이드 (c) 를 확립한다:

Gly-Ile-Val-Glu-Gln-Cys-Cys-Ala-Ser-Val-Cys-Ser-Len-Tyr-Gln-Len-Glu-Asn-Tyr-

(g) (h)

Len-Gln-Asn-Tyr-Cys-Asn (b)

(i)

- (g) + (h) 의 오른쪽 말단을 보면 (b) 가 나머지 사슬과 (i) 의 겹치는 펩타이드가 (b) 임을 알 수 있다. 그러므로 폴리펩타이드 서열은

Gly-Ile-Val-Glu-Gln-Cys-Cys-Ala-Ser-Val-Cys-Ser-Len-Tyr-Gln-Len-Glu-Asn-Tyr-Cys-Asn

- 그림 26-1을 보면 insulin의 A 사슬을 인식할 것이다.

연습 문제 26-16

자습 문제

Pepsin에 의해 insulin의 A 사슬이 가수분해될 때 얻는 폴리펩타이드는 무엇인가?

단백질 서열은 재조합 DNA 기술에 의해 가능하다

지금까지 묘사된 폴리펩타이드 서열을 위한 기술의 발달이 수백 개의 단백질 구조를 해명했음에도 불구하고, 더 큰 단백질(예. 1000개 이상의 아미노산으로 이루어진)에 대한 적용은 비싸고, 힘들고, 시간을 소비하는 일이다. 이 분야의 발전은 재조합 DNA의 기술의 출현 전까지 매우 지연되었다(26-11절). 앞으로 보겠지만(26-10절, 표 26-3) DNA의 네 염기 — 아데닌, 타이민, 구아닌 및 사이토신 — 순서는 유전자나 대응되는 전령 RNA에 의해 암호된 단백질의 아미노산 순서와 직접적으로 연계되어 있다. 현대의 발전은 DNA의 빠른 자동 분석을 이끌었고, 여기서 얻은 지식은 바로 단백질의 일차 구조로 번역될 수 있다. 이러한 방법으로 지난 몇 년 동안 수만 개의 단백질 순서가 결정되었다.

요약 폴리펩타이드의 구조는 다양한 분해 도식으로 알아낼 수 있다. 첫 번째, 고분자 물질이 정제된다. 그 다음 성분 아미노산의 종류와 양이 가수분해 및 아미노산 분석에 의해 결정된다.

N 말단 잔기는 Edman 분해에 의해 인식될 수 있다. 연속적인 Edman 분해로 짧은 폴리펩타이드의 순서가 결정되는데, 이는 더 큰 폴리펩타이드의 특이 효소의 가수분해에 의해 만들어진다. 끝으로 재조합 DNA 기술은 단백질의 일차 구조 분석을 비교적 쉽게 만들었다.

26-6 폴리펩타이드의 합성: 보호기의 응용과 도전

어떤 점에서는 펩타이드 합성이 그다지 어렵지 않은 것처럼 생각되는데, 그 이유는 단지 한 가지 결합, 즉 아마이드 결합만을 만들면 되기 때문이다. 이들 결합에 대해서는 이미 19-10절에서 언급한 바 있다. 왜 이에 대하여 더 논의하는가? 이 절에서는 아마이드 결합 형성에 있어서의 선택성이 큰 문제로서, 특별한 해결책이 마련되어야 한다는 것을 알려 준다.

매우 간단한 것으로 다이펩타이드 글리실알라닌을 고려해 보자. 탈수로 펩타이드 결합을 형성시키기 위해 글리신과 알라닌을 가열하면, 다이-, 트라이-, 또는 그 이상의 펩타이드가 무질서하게 생성된다. 이렇게 되는 이유는 두 출발물이 그들 자신과 또 다른 것들과 결합할 수 있어서, 여러 형태의 소중합체들의 형성을 막을 수 없기 때문이다.

가열 탈수 반응을 통한 glycylalanine의 합성 시도

$$\text{Gly} + \text{Ala} \xrightarrow[-H_2O]{\Delta} \text{Gly-Gly} + \text{Ala-Gly} + \underset{\text{Desired product}}{\text{Gly-Ala}} + \text{Ala-Ala} + \text{Gly-Gly-Ala} + \text{Ala-Gly-Ala} \text{ etc.}$$

선택적인 펩타이드 합성은 보호기를 필요로 한다

선택적으로 펩타이드 결합을 형성하기 위해서는 아미노산 작용기들이 보호되어야 한다. 아미노기와 카복시기를 보호하는 방법은 여러 가지가 있는데 이어지는 페이지에서 이에 대해 설명할 것이다(문제 26-55 참조).

일반적으로 아미노기는 **페닐메톡시카보닐기** [**phenylmethoxycarbonyl group** 간단히 **카보벤족시**(**carbobenzoxy**) 또는 **Cbz**]로 보호되며, 이 물질은 아미노산과 클로로폼산 페닐메틸(클로로폼산 벤질)의 반응으로 만들어진다.

Glycine에 있는 아미노기의 보호

$$\underset{\text{Glycine}}{H_3\overset{+}{N}CH_2COO^-} + \underset{\substack{\text{Phenylmethyl chloroformate}\\\text{(Benzyl chloroformate)}}}{C_6H_5CH_2O\overset{O}{\overset{\|}{C}}Cl} \xrightarrow[\substack{-NaCl\\-HOH}]{NaOH} \underset{\substack{80\%\\\text{Phenylmethoxycarbonylglycine}\\\text{(Carbobenzoxyglycine, Cbz-Gly)}}}{C_6H_5CH_2O\overset{O}{\overset{\|}{C}}NHCH_2COOH}$$

아미노 작용기는 가수소분해(22-2절)로 떨어져 나가는데, 이때 반응하는 중간체로 먼저 카밤산이 만들어진다(20-7절). 카복시이기탈반응은 아미노기의 기능을 다시 원상 복귀시키기 위해 즉시 일어난다.

Glycine에 있는 아미노기의 보호기이탈

$$C_6H_5CH_2O\overset{O}{\overset{\|}{C}}NHCH_2COOH \xrightarrow{H_2,\ Pd\text{–}C} C_6H_5CH_2H + \underset{\substack{\text{Carbamic acid}\\\text{(카밤)}}}{\underbrace{HO\overset{O}{\overset{\|}{C}}}NHCH_2COOH} \longrightarrow CO_2 + \underset{95\%}{H_3\overset{+}{N}CH_2COO^-}$$

또 다른 아미노 보호기는 **1,1-다이메틸에톡시카보닐기** [**1,1-dimethylethoxycarbonyl group**, ***tert*-뷰톡시카보닐**(***tert*-butoxycarbonyl**), Boc]로서, 아미노산과 비스(1,1-다이메틸에틸) 다이카보네이트(다이-*tert*-뷰틸 다이카보네이트)의 반응으로 만들어진다

Boc 유도체로서의 아미노산에 있는 아미노기의 보호

$$H_3\overset{+}{N}CH(R)COO^- + (CH_3)_3COC(=O)OC(=O)OC(CH_3)_3 \xrightarrow[-CO_2,\ -(CH_3)_3COH]{(CH_3CH_2)_3N} (CH_3)_3COC(=O)NHCH(R)COOH$$

Bis(1,1-dimethylethyl) dicarbonate (Di-*tert*-butyl dicarbonate)

70–100%

1,1-Dimethylethoxycarbonylamino acid (*tert*-Butoxycarbonylamino acid, Boc-amino acid)

이 경우 펩타이드 결합에는 변화를 주지 않는 온화한 조건에서 산으로 처리하여 보호기이탈 반응을 일으킨다.

Boc-아미노산의 보호기이탈

$$(CH_3)_3COC(=O)NHCH(R)COOH \xrightarrow{\text{HCl 또는 } CF_3COOH,\ 25°C} H_3\overset{+}{N}CH(R)COO^- + CO_2 + CH_2{=}C(CH_3)_2$$

연습 문제 26-17

Boc-아미노산의 보호기이탈반응 메커니즘은 정상적인 에스터의 가수분해와는 다르다(20-4절). 즉, 중간체 1,1-dimethylethyl (*ter*-butyl) 양이온을 거쳐서 진행된다. 이 메커니즘을 쓰시오.

아미노산의 카복시 말단은 메틸이나 에틸과 같은 간단한 에스터를 만들어 보호된다. 염기로 처리하면 보호기이탈 반응이 일어난다. 페닐메틸(벤질) 에스터는 중성 조건에서 가수소분해에 의해 절단될 수 있다.

카복시 활성화에 의해 펩타이드 결합이 형성된다

아미노산의 양쪽 말단은 선별적으로 보호될 수 있기 때문에, 아미노-보호 아미노산과 카복시-보호 아미노산을 짝지음 반응시키면 선택적 펩타이드 합성이 가능하다. 보호기들은 산과 염기에 민감하므로, 펩타이드 결합은 가능한 가장 온화한 조건에서 형성되어야 한다. 특별한 카복시-활성화 시약도 필요하다

일반적으로 가장 많이 사용되는 시약은 **다이사이클로헥실카보다이이미드(dicyclohexylcarbodiimide, DCC)**이다. DCC의 친전자성 반응성은 아이소사이아네이트와 유사하며, 마지막 단계에서 수화되어 *N,N′*-다이사이클로헥실유레아가 된다.

Dicyclohexylcarbodiimide와의 펩타이드 결합 형성

$$RCOOH + R'NH_2 + C_6H_{11}N{=}C{=}NC_6H_{11} \longrightarrow RC(=O)NHR' + O{=}C(NHC_6H_{11})_2$$

Dicyclohexylcarbodiimide (DCC)

N,N′-Dicyclohexylurea

$$RC(=O)OC(=NC_6H_{11})NHC_6H_{11}$$

O-acyl isourea

DCC의 역할은 아민에 의한 친핵성 공격을 위해 산의 카보닐기를 활성화시키는 것이다. 이와 같은 활성화는 ***O*-아실 아이소유레아**(*O*-acyl isourea)의 형성에 의해 야기되며, 이 분자에 있는 카보닐기는 산 무수물과 비슷한 반응성을 가진다(20-3절).

이러한 지식을 가지고 글리실알라닌 합성 문제를 풀어보자. DCC 존재하에 아미노기가 보호된 글리신을 알라닐 에스터에 첨가시킨다. 생성물에서 보호기를 제거하면 다이펩타이드가 된다.

Gly-Ala의 준비

$$(CH_3)_3COC(=O)NHCH_2COOH \text{ (Boc-Gly)} + H_2NCH(CH_3)C(=O)OCH_2C_6H_5 \text{ (Ala-OCH}_2\text{C}_6\text{H}_5) \xrightarrow{DCC} (CH_3)_3COC(=O)NHCH_2C(=O)NHCH(CH_3)C(=O)OCH_2C_6H_5 \text{ (Boc-Gly-Ala-OCH}_2\text{C}_6\text{H}_5)$$

$$\xrightarrow[\text{2. } H_2,\ Pd\text{–}C]{\text{1. } H^+,\ H_2O} H_3\overset{+}{N}CH_2C(=O)NHCH(CH_3)COO^- \text{ (Gly-Ala)} + C_6H_5CH_3 + CO_2 + CH_2{=}C(CH_3)_2$$

더 긴 펩타이드를 합성하기 위해서는 단지 한쪽 끝의 보호기만을 제거하고, 새로운 짝지음 반응을 연속으로 일으키면 된다.

연습 문제 26-18

개념 문제: DCC 짝지음 반응의 메커니즘 쓰기

이번 절에서 본 바와 같이 DCC를 이용한 펩타이드 결합의 반응 메커니즘은 *O*-acyl isourea의 형성에 의해 진행된다. 그렇다면 그 다음에는 반응 조건에 따라 어떻게 진행될까. 경우에 따라서는 아민의 직접적인 공격으로 인해 바로 아마이드 결합이 생성된다. 또 다른 경우에는 카복실 무수물이 중간체로 생성되고, 이는 아민의 공격으로 아마이드 결합을 생성할 수 있다. 두 가지 경쟁적인 반응 경로를 명확히 표시하시오.

전략

O-acyl isourea는 무수물의 유사체이기 때문에, 이와 같은 작용기에 대한 친핵성 공격 메커니즘을 상기해 보라(20-3절). 아민 또는 카복실산을 각각의 친핵체로 사용하여 *O*-acyl isourea에 적용하여 유추할 수 있다.

풀이

- *O*-acyl isourea는 이민 질소에서 양성자첨가가 일어나면 활성화된다. 이 아민은 특이하게 염기성을 갖고 있는데 이는 구아니디노 작용기에서 볼 수 있는 상황과 비슷하다(26-1절). 결과적으로 양성자첨가가 일어난 urea 치환기는 매우 좋은 이탈기이다. 최종적으로 아마이드 결합을 형성하기 위해 카보닐 탄소에 아민이 공격하는 첨가-제거 순서를 생각할 수 있다.

$$C_6H_{11}N{=}C(NHC_6H_{11})OC(=O)R \xrightarrow{H^+} C_6H_{11}\overset{+}{N}H{=}C(NHC_6H_{11})OC(=O)R \xrightarrow{R\ddot{N}H_2} C_6H_{11}\overset{+}{N}H{=}C(NHC_6H_{11})OC(O^-)(R)\overset{+}{N}RH_2$$

$$\xrightarrow{-N,N'\text{-dicyclohexylurea}} RC(=O)\overset{+}{N}RH_2 \xrightarrow{-H^+} RC(=O)\ddot{N}HR$$

- 위에서 언급한 양성자가 첨가된 *O*-acyl isourea는 또한 카복실산 이온에 의해 공격받을 수 있다. 첨가-제거는 결과적으로 카복실 무수물을 생성한다.

$$C_6H_{11}\overset{+}{N}H{=}C(NHC_6H_{11})OC(=O)R + {}^-OC(=O)R \longrightarrow C_6H_{11}\overset{+}{N}H{=}C(NHC_6H_{11})OC(O^-)(R)OC(=O)R \xrightarrow{-N,N'\text{-dicyclohexylurea}} RC(=O)OC(=O)R$$

- 카복실산 무수물은 아민에 의해 공격받고 첨가-제거 메커니즘을 통해 아마이드 결합을 생성하게 된다(20-3절).

연습 문제 26-19

자습 문제

DCC는 또한 카복실산과 알코올로부터 에스터 합성에도 이용된다. 메커니즘을 쓰시오.

연습 문제 26-20

성분 아미노산들로부터 Leu-Ala-Val의 합성을 제안하시오.

요약 폴리펩타이드들은 아미노-보호 아미노산과 카복시 말단-보호 아미노산 사이의 짝지음으로 만들어진다. 전형적인 보호기들은 절단이 쉬운 에스터와 관련된 작용기들이다. 짝지음은 탈수제인 다이사이클로헥실카보다이이미드와 온화한 조건하에서 진행된다.

26-7 Merrifield의 고체상 펩타이드 합성

폴리펩타이드의 합성이 자동화되었다. **Merrifield* 고체상 펩타이드의 합성(Merrifield solid phase peptide synthesis)**으로 알려진 이 천재적인 방법은 펩타이드 사슬을 고정하기 위해 폴리스타이렌의 고체 지지체를 사용한다.

폴리스타이렌(polystyrene)은 소단위체가 에텐일벤젠(스타이렌)으로부터 유도된 고분자 물질이다(12-15절). 비록 구슬은 건조시켰을 때 용해되지 않고 단단하지만, 다이클로로메테인과 같은 유기 용매에는 상당히 부푼다. 폴리스타이렌이 부풀어지면 시약들은 고분자 기질의 안과 밖을 쉽게 이동한다. 따라서 페닐 고리들은 친전자성 방향족 치환 반응으로 작용기화된다. 펩타이드 합성을 위해 Friedel-Crafts 알킬화의 형태가 고분자에 있는 약간의 페닐 고리를 클로로메틸화시키기 위해 사용된다.

Polystyrene의 친전자성 클로로메틸화반응

$—CH_2—CH—CH_2—CH—$ (폴리스타이렌) $\xrightarrow[-CH_3CH_2OH]{ClCH_2OCH_2CH_3,\ SnCl_4}$ $—CH_2—CH—CH_2—CH—$ (한 페닐 고리에 CH_2Cl)

폴리스타이렌 작용기화된 폴리스타이렌

연습 문제 26-21

폴리스타이렌 벤젠 고리의 클로로메틸화반응에 대한 가능성 있는 메커니즘을 구성하시오(**힌트:** 15-11절 참조).

클로로메틸화된 폴리스타이렌에서 다이펩타이드를 합성하는 방법은 다음과 같이 진행된다.

고체상 다이펩타이드의 합성

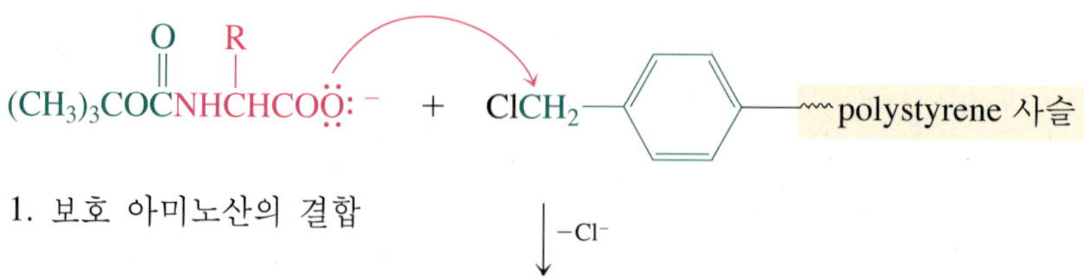

*Robert B. Merrifield 교수(1921 ~ 2006), Rockefeller 대학교, New York, 1984년 노벨화학상 수상.

$(CH_3)_3COC(=O)NHCH(R)C(=O)OCH_2-C_6H_4-$ polystyrene 사슬

2. 아미노 말단의 보호기이탈 ↓ CF_3CO_2H, CH_2Cl_2

$H_2NCH(R)C(=O)OCH_2-C_6H_4-$ polystyrene 사슬

3. 보호된 제 2 아미노산과의 짝지음 ↓ $(CH_3)_3COC(=O)NHCH(R')COOH$, DCC

$(CH_3)_3COC(=O)NHCH(R')C(=O)NHCH(R)C(=O)OCH_2-C_6H_4-$ polystyrene 사슬

4. 아미노 말단의 보호기이탈 ↓ CF_3CO_2H, CH_2Cl_2

$H_2NCH(R')C(=O)NHCH(R)C(=O)OCH_2-C_6H_4-$ polystyrene 사슬

5. 고분자로부터 다이펩타이드 절단 ↓ HF

$H_3\overset{+}{N}CH(R')C(=O)NHCH(R)COO^-$ + $FCH_2-C_6H_4-$ polystyrene 사슬

다이펩타이드

먼저 아미노기가 보호된 아미노산이 카복실레이트의 벤질 염화물(benzylic chloride)의 친핵성 치환에 의하여 연결된다. 아미노 보호기를 떼어낸 후 역시 아미노기가 보호된 두 번째 아미노산과 짝지음을 하게 된다. 이어서 아미노 보호기를 제거하고, 마지막으로 플루오린화 수소(HF)를 처리하여 다이펩타이드를 떼어내면 합성이 완료된다.

이와 같은 고체상 합성의 장점은 생성물의 분리가 쉽다는 것이다. 거의 모든 중간체들은 고분자 상에 부동화되어 있으므로, 생성물은 간단한 여과 및 세척으로 정제될 수 있다.

물론, 다이펩타이드 상태에서 끝날 필요는 없다. 보호기 이탈-짝지음 반응의 순서를 반복하면 점점 더 큰 펩타이드를 만들 수 있다. Merrifield는 이러한 일련의 반응을 연속적으로 자동 처리하여 한 주기를 몇 시간 내에 수행할 수 있는 기계를 고안하였다. 이 방법으로 인슐린을 처음으로 전합성할 수 있었다. 두 개의 사슬에 51개의 아미노산을 조합하기 위해 5000번 이상의 분리 조작을 시행해야 했지만, 자동화 과정으로는 단지 며칠이면 충분했다.

자동화 단백질 합성은 새로운 가능성을 열어 놓았다. 첫 번째, 사슬의 분리와 순서 결정으로 분석된 폴리펩타이드 구조를 확인하는 데 쓸 수 있다. 두 번째, 천연 단백질보다 활성이 더 크며, 특이성을 갖는 비천연 단백질을 합성하는 데 이용될 수 있다. 이러한 단백질들은 질병 치료나 생물학적 기능과 활성을 이해하는 데 있어 큰 가치가 있을 수 있다.

요약 고체상 합성은 자동화된 과정이며, 이 과정에서 카복시기가 고정된 펩타이드 사슬이, 아미노기가 보호된 단위체로부터 연속적인 짝지음-보호기이탈 반응의 반복을 통해 만들어진다.

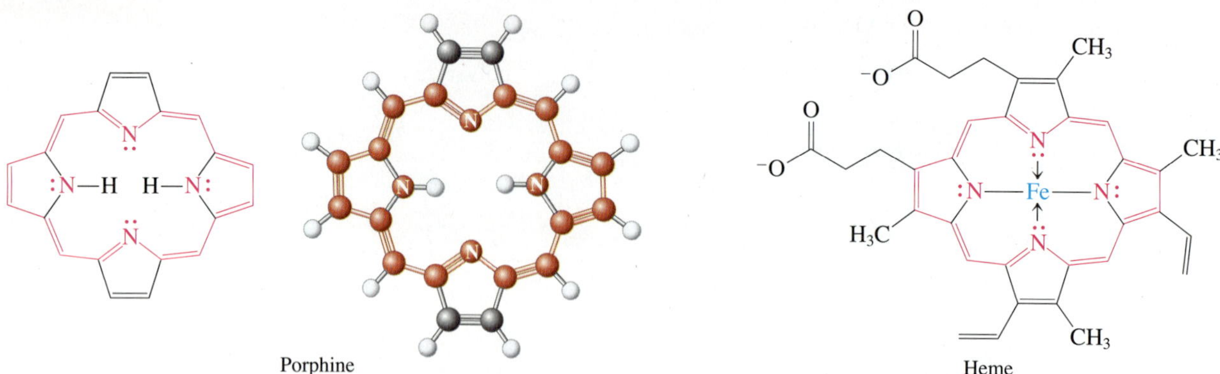

그림 26-7 Porphine은 가장 간단한 porphyrin이다. 18개의 비편재되어 있는 π 전자들 (붉은색으로 표시) 이 방향족 고리를 형성함을 유의하라. 생물학적으로 중요한 포피린은 산소와 결합하는 헴기이다. 철에 있는 결합들 중 화살표로 표시된 두 결합은 2배위의 배위 결합이다.

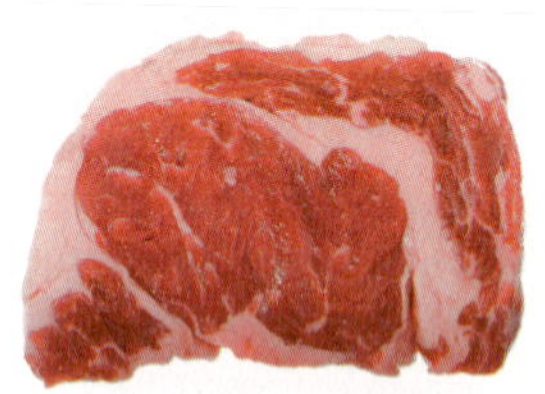

신선한 고기는 공기 중에서 쉽게 색깔이 어두워지며, 심지어는 회색에 가까운 색을 띠기도 한다. 그러나 carbon monoxide를 처리하게 되면 고기가 거의 처음과 같은 붉은색을 유지하게 되며, 좀 더 많은 소비자들을 끌어들일 수 있다. 이러한 현상의 원리는 헤모글로빈 안에서 heme의 철과 carbon monoxide의 착물이 형성되기 때문이다.

26-8 자연에 존재하는 폴리펩타이드: 단백질 마이오글로빈과 헤모글로빈에 의한 산소 운반

두 개의 천연 폴리펩타이드, 단백질 미아오글로빈 (myoglobin) 과 헤모글로빈 (hemoglobin) 은 척추동물에서 산소 운반체 역할을 한다. 마이오글로빈은 근육에서 활동하며 산소를 저장하고, 필요시 이를 공급한다. 헤모글로빈은 혈액의 적혈구 안에 포함되어 산소를 운반한다. 헤모글로빈이 없다면 혈액은 인체에 필요한 산소의 약 2%만을 흡수할 수 있다.

산소는 이들 단백질에 어떻게 결합하는 것일까? 마이오글로빈과 헤모글로빈의 산소 운반 능력의 비결은 **헴기 (heme group)** 라고 하는 특수한 비폴리펩타이드 단위체가 단백질에 연결되어 있는 것에 있다. 헴은 중앙의 철 원자와 이를 둘러싼 치환된 피롤 (pyrrole) 단위체 네 개가 서로 연결되어 있는 고리형 유기 분자 [**포피린 (porphyrin)** 이라 한다] 로 이루어져 있다 (그림 26-7). 이 착물은 붉은색으로 혈액의 고유한 색을 띠게 한다.

햄에서 철은 네 개의 질소와 연결되어 있으나, 포피린 고리면의 상하에 두 개의 기를 더 연결할 수 있다. 마이오글로빈에서 이들 기 중 하나는 단백질의 α 나선형 분절에 붙어 있는 히스티딘의 이미다졸 고리이다 (그림 26-8A). 나머지 한 기가 바로 이 단백질의 가장 중요한 요소인 결합된 산소 부분이다. 산소 결합 자리 바로 곁에는 또 다른 히스티딘의 두 번째 이미다졸이 있어 입체 장애로서 햄의 옆면을 보호한다. 예를 들어, 일산화 탄소도 역시 헴의 철과 결합

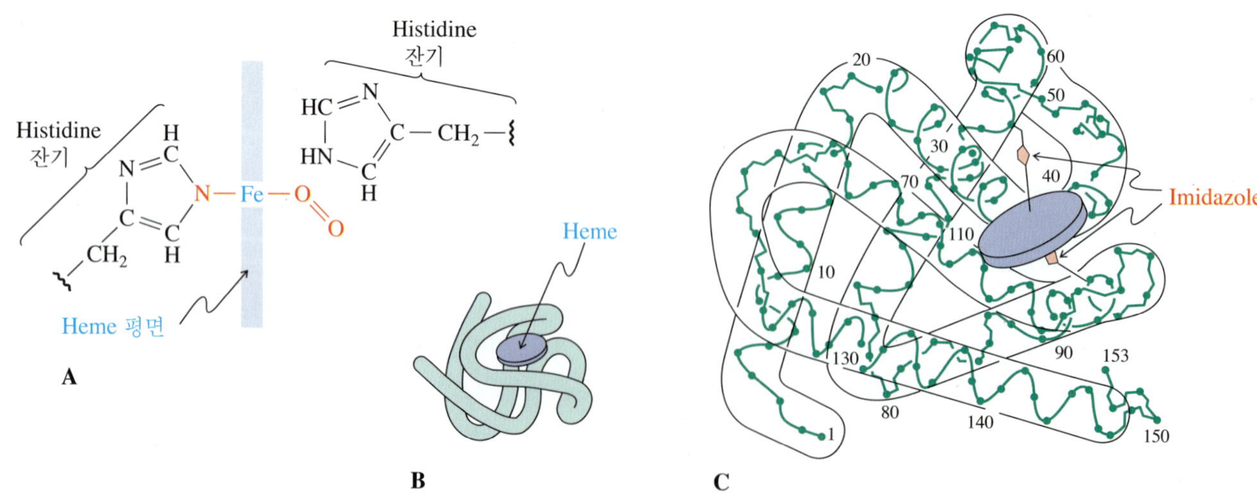

그림 26-8 (A) Myoglobin 활성 장소의 도식적 표현. Heme 평면에 있는 철 원자가 한 histidin 잔기의 imidazole 질소 원자 그리고 한 산소 분자와 결합되어 있음을 보여 준다. (B) Myoglobin의 삼차 구조와 Heme의 도식적 표현. (C) Myoglobin의 이차 구조와 삼차 구조 (After "Hemoglobin Molecule", by M. F. Perutz, *Scientific American*, November 1964. Copyright © 1964. Scientific American, Inc.).

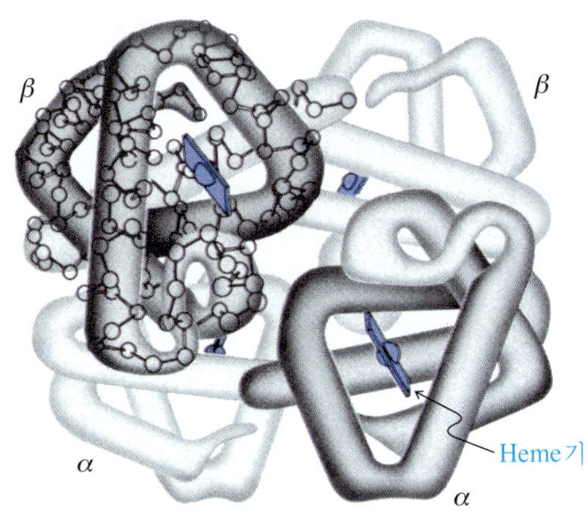

그림 26-9 Hemoglobin의 사차 구조. α와 β 사슬은 각각 그 자신의 헴기를 갖는다 (After R. E. Dickerson and I. Geis, 1969 *The Structure and Action of Proteins*, Benjamin-Cummings, p. 56. Copyright © 1969 by Irving Geis).

하여 산소 운반을 방해할 수 있는데, 이 경우 두 번째 이미다졸에 의하여 강한 결합은 방지된다. 따라서 일산화 탄소 중독 환자에게 산소를 공급함으로써 일산화 탄소를 다시 유리시킬 수 있다. 헴기에서 철의 인접한 두 개의 이미다졸 치환기는 단백질의 고유한 접힘에 의하여 상당히 가까이 접근한다. 폴리펩타이드 사슬의 나머지 부분은 덮개 역할을 하는데, 원하지 않는 침입체로부터 활성 자리를 보호하며, 반응속도를 조절하는 역할을 담당한다 (그림 26-8B와 C).

마이오글로빈과 헤모글로빈은 단백질 구성의 네 가지 단계를 잘 보여 주고 있다. 마이오글로빈의 일차 구조는 알려져 있는 153개의 아미노산 서열로 이루어져 있다. 마이오글로빈은 여덟 개의 α-나선형 분절로 이루어진 이차 구조를 가지며, 그중 제일 긴 것은 23개의 잔기로 이루어져 있다. 삼차 구조의 접힘은 마이오글로빈의 입체 구조를 이룬다.

헤모글로빈은 네 개의 단백질 사슬을 포함하며, 이 중 α 사슬 두 개는 141개의 잔기로, β 사슬 두 개는 146개의 잔기로 각각 이루어져 있다. 각각의 사슬은 각자가 스스로의 헴기를 가지고 있으며, 마이오글로빈과 비슷한 삼차 구조를 이룬다. 비록 이 사슬들은 많은 부분에서 서로 접촉하고 있으며, 특히 α_1은 β_1과, α_2는 β_2와 밀접하게 붙어 있다. 이 상호작용들은 헤모글로빈의 사차 구조를 이룬다 (그림 26-9).

몇몇 종들을 비교해 볼 때 이들 내에서의 헤모글로빈과 마이오글로빈의 접힘은, 비록 아미노산 서열이 다를지라도 거의 유사하다. 이것은 삼차 구조가 헴기 주위에서 최적의 배치를 하고 있음을 의미한다. 이 구조는 헴으로 하여금 산소를 폐에서 흡수하여 운반할 때 최대한으로 붙잡아 두었다가, 필요할 때 쉽게 떼어낼 수 있게 한다.

26-9 단백질의 생합성: 핵산

자연계는 단백질을 어떻게 만드는가? 이 질문에 대한 답은 과학의 가장 흥미 있는 발견들 중의 하나인 유전 암호의 성질과 기능에서 찾을 수 있다. 모든 유전 정보는 **데옥시라이보핵산 (deoxyribonucleic acid, DNA)** 에 내장되어 있다. 세포 기능에 필요한 많은 효소의 합성 정보의 표현은 **라이보핵산 (ribonucleic acid, RNA)** 에 의해 수행된다. 핵산은 탄수화물과 폴리펩타이드 다음으로 많은 생체 고분자 물질이다. 이 절에서는 핵산의 구조와 기능을 설명한다.

네 개의 헤테로원자 고리들은 핵산의 구조를 정의한다

천연 화합물들의 구조적인 다양성들을 고려해 보면, DNA와 RNA의 구조는 꽤나 단순하다. 핵산이 기본 단위는 매우 다양한 화학작용을 할 수 있는 **뉴클레오타이드 (nucleotide)** 이며, 몇몇 소수의 특별한 조합만이 존재하는데 이는 자연의 신비로운 사실 중 하나이다. 핵산은 고분자 물질로서, 여러 가지 헤테로원자고리의 질소 **염기 (base)** 를 포함하는 당들이, 인산기를 포함하는 연결을 통하여 구성된다 (그림 26-10).

DNA에서 당 부분은 2-데옥시라이보스이며 오직 네 개의 염기만이 존재한다. 즉, **사이토신**

그림 26-10 DNA 사슬의 일부. 염기는 질소 헤테로원자고리이다. 당은 2-데옥시라이보스이다.

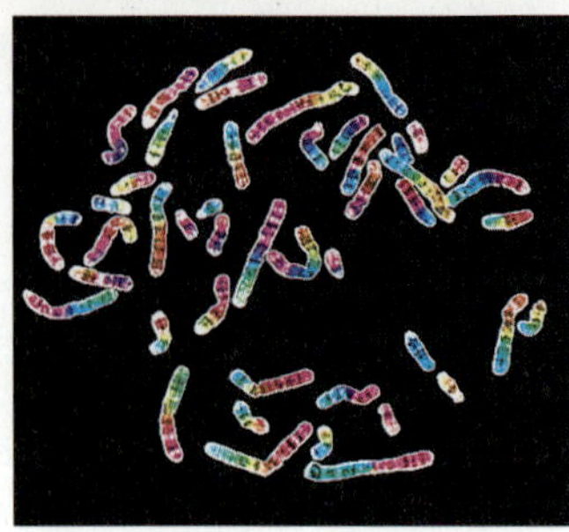

인간 남성 세포의 염색체. 유전 정보를 암호화한 DNA를 포함하고 있다.

(cytosine, C), **타이민(thymine, T)**, **아데닌(adenine, A)**, **구아닌(guanine, G)** 이다. RNA에 있는 당의 특성은 라이보스이며, 역시 네 개의 염기로 구성되어 있으나, RNA는 타이민 대신에 **유라실(uracil, U)** 을 사용한다.

핵산의 당과 염기

2-데옥시라이보스 Ribose

Cytosine (C) Thymine (T) Adenine (A) Guanine (G) Uracil (U)

연습 문제 26-22

(Adenine을 제외하고) 비록 앞의 구조에서는 표시하지 않았지만, cytosine, thymine, guanine 그리고 uracil은 그 대응하는 azapyridine보다 그 정도가 약할지라도 방향족 화합물이다. 이를 설명하시오(**힌트**: 20-1과 26-4절 그리고 통합 문제 25-9에서 아마이드 공명에 대한 설명을 상기하라).

뉴클레오타이드는 세 개의 성분으로 이루어진다. 첫 번째, 당의 C1 위치에 있는 하이드록시기를 염기로 치환한다. 이러한 당과 염기의 조합을 **뉴클레오사이드(nucleoside)** 라 한다. 두 번째, 인산기를 당의 C5에 치환한다. 이러한 방법으로 DNA와 RNA 각각 총 네 개씩의 뉴클레오타이드를 얻는다. 뉴클레오사이드와 뉴클레오타이드에 있는 당의 치환기 위치는 각각 1′, 2′ 등으로 매기며, 이는 염기의 헤테로원자고리들의 그것과 구분하기 위함이다.

Adenosine
(뉴클레오사이드 중 하나)

DNA 뉴클레오타이드

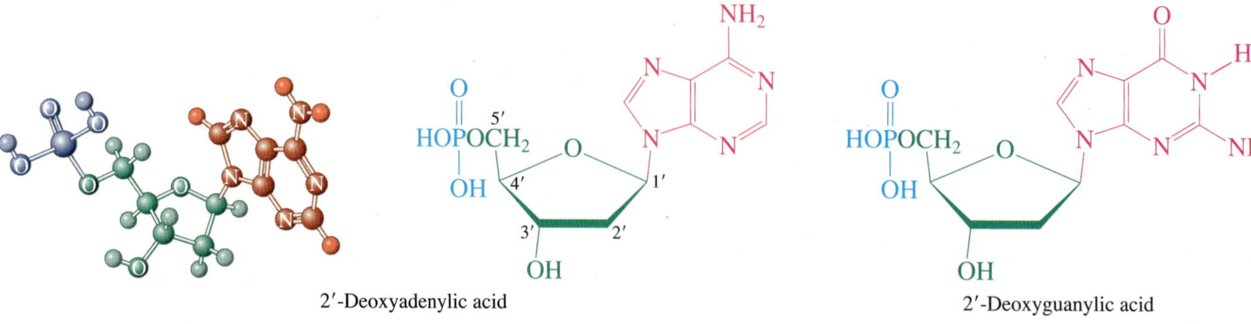

2′-Deoxyadenylic acid 2′-Deoxyguanylic acid

화학 이야기 26-3

의약 개발에 있어 합성 핵산 염기 및 뉴클레오사이드

5-Fluorouracil
(Fluracil)

9-[(2-Hydroxyethoxy)methyl]guanine
(Acyclovir)

3′-Azido-3′-deoxythymidine
(Zidovudine, 또는 AZT)

1-β-D-Ribofuranosyl-1,2,4,-triazole-3-carboxamide
(Ribavirin)

생물학에서 핵산 복제의 기능은 의약 개발에서 이용되어 왔다. 합성적으로 변형된 수백 개의 염기와 뉴클레오사이드가 만들어졌으며, 핵산 합성에 있어서의 효과가 조사되었다. 이들 중 항암제인 5-플루오로유라실 (*fluracil*), 저항성을 지니는 단순 포진 세균에 효과적인 9-[(2-하이드록시에톡시)메틸] 구아닌 (*acyclovir*), 가장 먼저 승인된 (1987년) AIDS 치료제인 3′-아지도-3′-데옥시타이미딘 (*zidovudine*, or *AZT*) 그리고 C형 간염 및 순환계 바이러스 감염 치료제인 1-β-D-라이보퓨라노실-1,2,4-트라이아졸-3-카복스아마이드 (*ribavirin*) 등은 임상적으로 사용되고 있다.

이와 같은 물질들은 마치 원래의 핵산의 구성 단위처럼 가장하여 핵산 복제를 방해하게 된다. 이 물질들은 복제에 관련된 효소들을 속임으로써 생체 고분자 합성을 막아 준다.

2′-Deoxycytidylic acid

Thymidylic acid

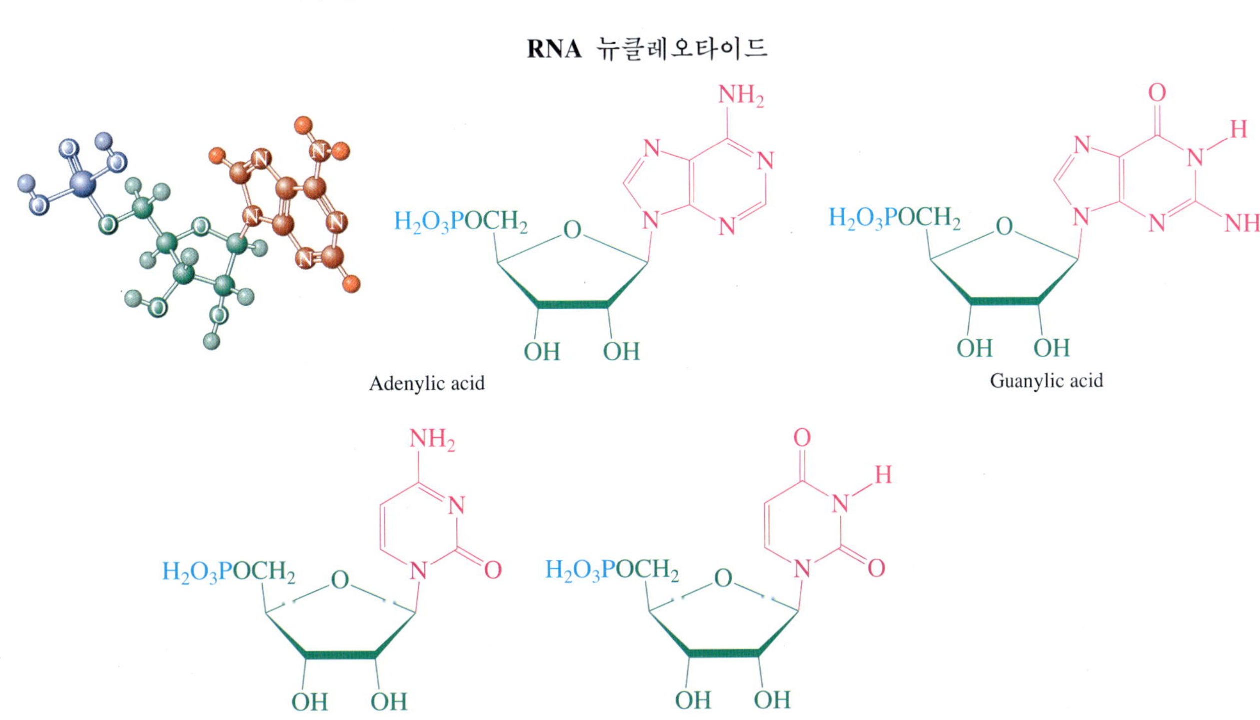

RNA 뉴클레오타이드

Adenylic acid

Guanylic acid

Cytidylic acid

Uridylic acid

그림 26-10의 고분자 사슬은 한쪽 당의 C5′(**5′ 말단**) 위치와 다른 당의 C3′(**3′ 말단**) 위치에 있는 인산 에스터 다리의 연결을 계속해서 형성함으로써 유도된다(그림 26-10).

이 고분자에서 염기들은 폴리펩타이드를 구성하는 아미노산들의 이치환기와 같은 역할을 한다. 즉, 그들의 서열은 핵산에 따라 변하며 개체의 생물학적인 중요 특질을 결정한다. 정보를 저장한다는 관점에서 볼 때, 폴리펩타이드는 아마이드 고분자 뼈대에 서로 다른 곁사슬들을 붙여 놓음으로써 그 일을 수행한다. 이는 글에 있어 알파벳의 역할과 비슷하다. 폴리펩타이드의 경우에는 20개의 알파벳, 즉 20개의 아미노산이 있는 것이다(표 26-1). 이는 핵산에서도 비슷하게, 당-인산 고분자 사슬에 아민 염기 서열들이 포함됨으로써 이루어지며, 다른 점이 있다면 핵산의 경우에는 오직 네 개의 알파벳, 즉 DNA의 경우 C, T, A, G, RNA의 경우 C, U, A, G만을 사용한다는 것이다.

폴리펩타이드와 핵산의 정보 저장

폴리펩타이드

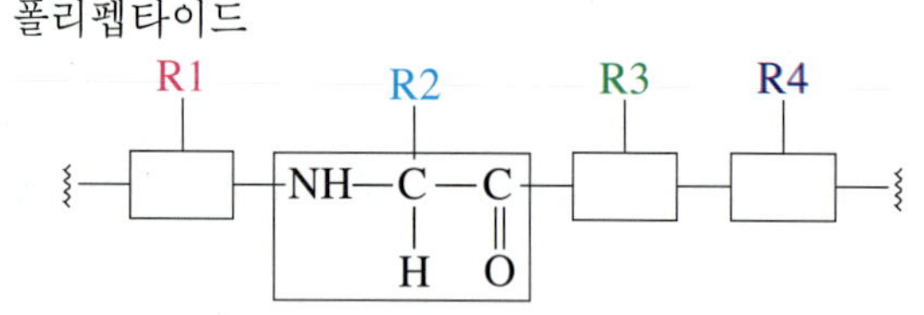

핵산

염기 1
염기 2
염기 3
염기 4
H(DNA)
OH(RNA)

핵산은 이중 나선 구조를 형성한다

핵산, 특히 DNA는 1,500억 이상의 분자량을 갖는(수 센티미터에 이르는) 거대한 분자 사슬을 형성한다. 단백질과 마찬가지로 이들은 이차 및 삼차 구조를 이룬다. 1953년에 Watson과 Crick*은 DNA가 상보적인 염기쌍을 갖는, 두 가닥의 이중 나선으로 이루어져 있다는 획기적

*James D. Watson 교수(1928년 출생), Harvard 대학교, Cambridge, Massachusetts, 1962년 노벨상(의학).
Sir Francis H. C. Crick 교수(1916~2004), Cambridge 대학교, 영국, 1962년 노벨상(의학).

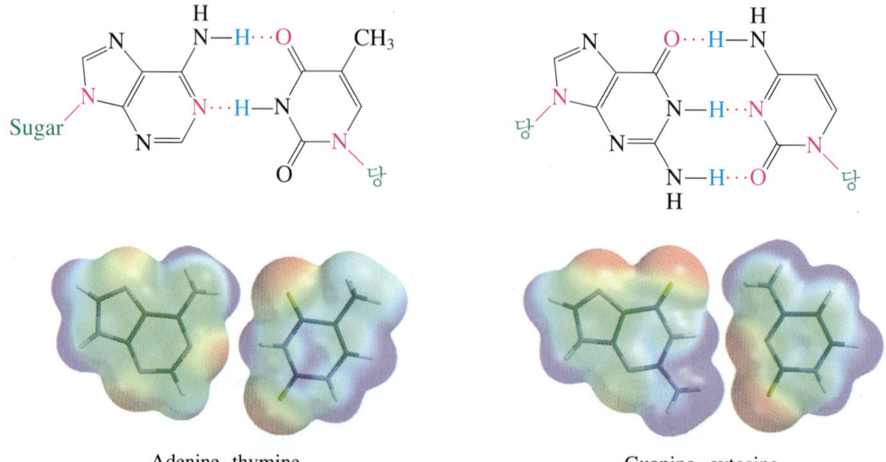

그림 26-11 Adenine–thymine, guanine–cytosine 염기쌍 사이의 수소 결합. 각 쌍에서 두 염기는 항상 같은 양 만큼 존재한다. Adenine-thymine, guanine–cytosine 각 쌍의 정전기 퍼텐셜 지도를 볼 때, 서로 반대의 전하(붉은색과 푸른색)가 서로 마주보고 있는 것을 알 수 있다.

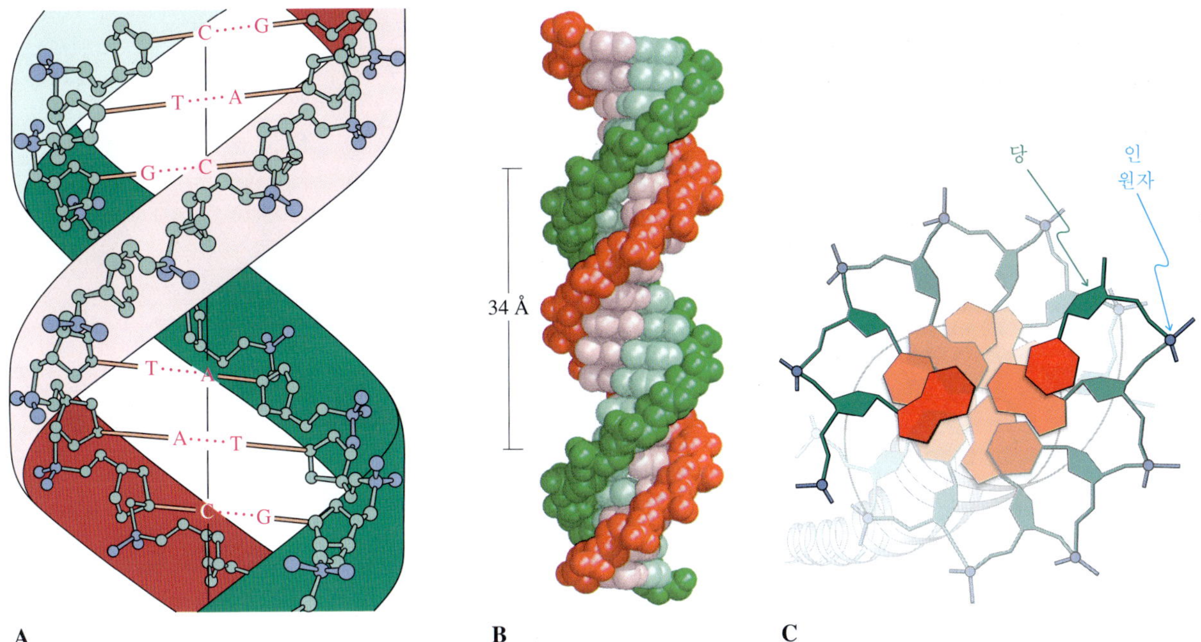

그림 26-12 (A) DNA 이중 나선을 이루는 두 핵산 가닥은 상보적인 염기들 간의 수소 결합에 의하여 묶여 있다. 주: 두 개의 사슬은 서로 반대 방향이며, 모든 염기는 이중 나선 구조의 안쪽에 위치한다. 나선의 지름은 20 Å, 가닥에서 염기까지의 거리는 ~3.4 Å, 나선의 회전은 10개의 잔기마다 반복되며, 그 길이는 34 Å이다. (B) DNA 이중 나선의 공간채움 모형. 이 그림에서 염기는 당-인산 뼈대보다 옅은색으로 표시되었다. (C) 분자의 축 방향에서 바라본 DNA 이중 나선 구조. (A)와 (C)에서의 색깔 도식은 그림 26-10과 일치한다 (After *Biochemistry*, 6th ed., by Jeremy M. Berg, John L. Tymoczko, and Lubert Stryer, W.H. Freeman and Company. Copyright © 1975, 1981, 1988, 1995, 2002, 2007.)

인 주장을 제안하였다. 이를 뒷받침하는 하나의 중요한 정보는 여러 종의 DNA에 있어 아데닌과 타이민, 또는 구아닌과 사이토신의 비율은 항상 1:1을 유지한다는 것이었다. Watson과 Crick은 만약 사슬들 중 아데닌과 구아닌이 한 사슬에 있다면, 다른 한쪽의 사슬에는 타이민과 사이토신이 각각 위치하여 서로 수소 결합을 하고 있다고 결론지었다(그림 26-11). 그러므로 한 가닥에 있는 DNA의 순서가 -A-G-C-T-A-C-G-A-T-C-라면 반대 방향을 향하는 상보적인 가닥은 -T-C-G-A-T-G-C-T-A-G-의 순서를 가지며, 그림처럼 서로 상보적으로 수소 결합을 이룬다.

~~~—A—G—C—T—A—C—G—A—T—C—~~~
~~~—T—C—G—A—T—G—C—T—A—G—~~~

다른 구조적인 제약 때문에 이중 나선은 수소 결합을 최대한으로, 입체 반발을 최소한으로 하는 구조가 된다(그림 26-12). 그림 26-11에서의 각 염기쌍의 에너지는 각각 G—C의 경우 5.8 kcal mol^{-1} (24 kJ mol^{-1}), A—T의 경우 4.3 kcal mol^{-1} (18 kJ mol^{-1})으로 전체 에너지는 이들 결합의 총 누적된 에너지가 된다.

DNA의 복제는 풀림 그리고 새로운 상보적 가닥의 조립으로 이루어진다

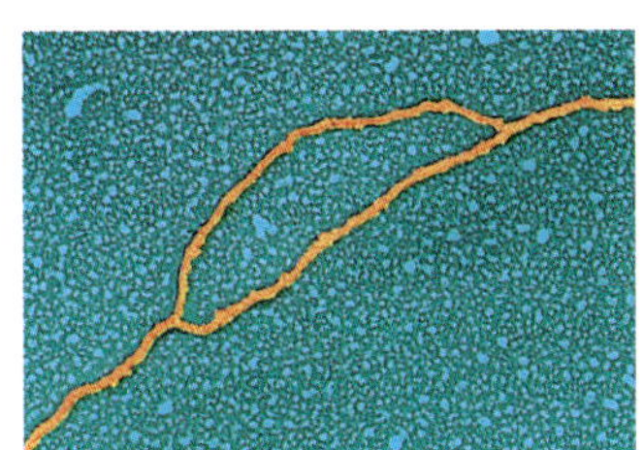

DNA 복제 과정의 투과 전자 현미경 사진. 풀려 있는 두 상보 가닥이 Y-형 모양의 복사 포크를 형성하며, 이것이 "방울"을 이룬다.

핵산들의 염기 순서에는 제한이 없다. Watson과 Crick은 특정한 DNA의 염기 순서가 세포 복제에 필요한 모든 유전 정보뿐만 아니라, 세포의 분열과 성장 등 모든 정보가 내장되어 있다고 주장하였다. 더 나아가 이중 나선 구조는 DNA가 자기 자신을 정확하게 **복제(replicate)**라 하며, 이를 통해 유전 암호를 전달할 수 있다고 주장하였다. 이 메커니즘에 의하면 DNA의 두 가닥은 각각이 서로 주형의 역할을 한다. 이중 나선 구조가 부분적으로 풀리면 DNA 중합효소라 하는 효소가 조립을 시작하는데, 이때 주형의 맞은편에 뉴클레오타이드들을 연결한다. 이때 C와 G, 그리고 A와 T가 서로 대칭이 되어 상보적인 염기 서열을 이루도록 한다(그림

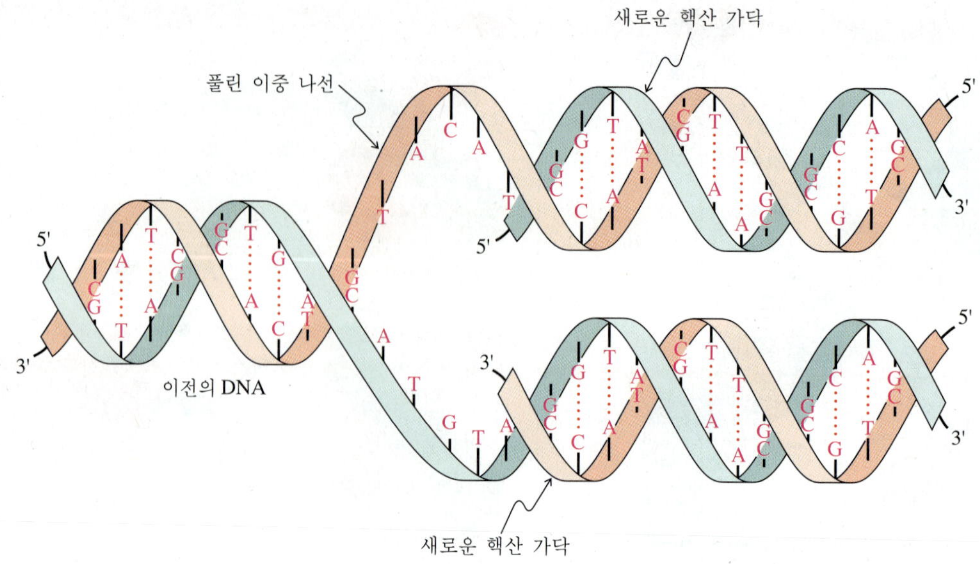

그림 26-13 DNA 복제의 단순화 모형. 이중 나선은 우선 두 개의 단일 가닥으로 풀린 후, 각각의 가닥이 주형으로써 사용되어 상보적인 새로운 핵산 서열을 재구성하게 된다.

26-13). 결국 원래의 이중 나선 구조 하나로부터 두 개의 완전한 이중 나선 구조가 만들어진다. 이 과정은 약 29억 염기쌍에 이르는 인간의 유전 물질, 즉 **게놈(genome)** 전체에 걸쳐 일어나며, 이 과정은 100억 개 중의 1개보다도 적은 오차율을 지닌다.

> **요약** 핵산, 즉 DNA와 RNA는 뉴클레오타이드라고 하는 단위체로 구성된 고분자 물질이다. DNA에는 서로 다른 염기를 지닌 네 종류의 뉴클레오타이드, 즉 사이토신(C), 타이민(T), 아데닌(A), 구아닌(G)이 있고, RNA에는 사이토신, 유라실(U), 아데닌, 구아닌이 있다. 이 두 핵산은 당 부분이 서로 다른데, DNA는 데옥시라이보스가, RNA는 라이보스가 사용된다. DNA 복제와 DNA로부터 RNA의 합성은 염기쌍 A—T, G—C, A—U의 상보성 때문에 쉽게 이루어진다. 이중 나선 구조는 부분적으로 풀리면서 복제 과정에서 주형으로써의 역할을 한다.

26-10 RNA를 통한 단백질의 합성

DNA 복제 과정에서 전체 뉴클레오타이드 순서를 복제하는 메커니즘은, 자연계에서 또는 화학자들이 인공적으로 특정 목적의 유전 암호를 복제하기 위하여 사용한다. 자연계에서 가장 중요한 뉴클레오타이드의 복제 과정은 **전사(transcription)**라는 RNA의 조립 과정이며, 이는 세포에서 단백질을 만드는데 필요한 정보를 가진 DNA 부분, 즉 **유전자(gene)**를 복사하는 것을 의미한다. 이 복사된 정보가 해석된 후 단백질을 만드는 과정을 **번역(translation)**이라 한다. 단백질 합성의 세 가지 중요한 요소는 바로 "DNA 전사물"인 **전령 RNA (messenger RNA, mRNA)**, 펩타이드 결합을 이어나가기 위해 필요한 "전달 단위"인 **전달 RNA (transfer RNA, tRNA)** 그리고 아마이드 결합을 촉매화하는 부분인 **라이보솜(ribosome)**이다.

단백질 합성은 부분적으로 풀린 DNA 가닥으로부터 전사되어 만들어진 mRNA로부터 시작된다(그림 26-14). 이 사슬은 DNA보다 훨씬 짧고, DNA에 직접적으로 결합되어 있지 않으므로 합성이 끝나면 바로 떨어진다. 이 mRNA는 단백질에서 아미노산의 올바른 순서를 매겨주는 주형의 역할을 한다. mRNA는 어떻게 그러한 역할을 할 수 있을까? 이는 특정한 아미노산을 지정해 주는 mRNA의 연속된 세 염기의 순서쌍, 즉 **코돈(codon)**에 의하여 이루어진다(표

그림 26-14 DNA 단일 가닥으로부터 전령 RNA가 합성되는 과정을 단순화한 그림.

표 26-3 단백질 합성에 사용된 공통 아미노산에 대응하는 코돈(codon)

아미노산	염기 서열	아미노산	염기 서열	아미노산	염기 서열
Ala (A)	GCA	His (H)	CAC	Ser (S)	AGC
	GCC		CAU		AGU
	GCG				UCA
	GCU	Ile (I)	AUA		UCG
			AUC		UCC
Arg (R)	AGA		AUU		UCU
	AGG				
	CGA	Leu (L)	CUA	Thr (T)	ACA
	CGC		CUC		ACC
	CGG		CUG		ACG
	CGU		CUU		ACU
			UUA		
Asn (N)	AAC		UUG	Trp (W)	UGG
	AAU				
		Lys (K)	AAA	Tyr (Y)	UAC
Asp (D)	GAC		AAG		UAU
	GAU				
		Met (M)	AUG	Val (V)	GUA
Cys (C)	UGC				GUG
	UGU	Phe (F)	CCA		GUC
			UUC		GUU
Gln (Q)	CAA				
	CAG	Pro (P)	CCA	사슬 개시	AUG
			CCC		
Glu (E)	GAA		CCG	사슬 종결	UGA
	GAG		CCU		UAA
					UAG
Gly (G)	GGA				
	GGC				
	GGG				
	GGU				

26-3). 네 개의 염기로부터 가능한 3쌍의 순서쌍은 총 $4^3 = 64$이기 때문에, 64개의 서로 다른 순서가 가능하다. 이는 상당히 많은 수인데, 단백질 합성에 오직 20개의 서로 다른 아미노산만이 필요하기 때문이다. 이것은 너무 많은 수인 것 같이 보일 수 있지만, 한 단계 적은 두 개 염기 암호를 생각해 보면, 두 개 염기 암호는 단지 $4^2 = 16$개의 천연 단백질에서 발견되는 아미노산의 숫자보다 너무 작은 수의 조합만이 가능하다.

코돈은 겹치지 않는다. 다시 말하면, 한 아미노산을 지정하는 코돈들은 앞선 또는 뒤이은 코돈의 일부분이 아니다. 더욱이 염기 서열의 "판독"은 연속적이다. 각각의 코돈은 유전적인 "쉼표"나 "하이픈"에 의한 중단 없이 다음으로 계속된다. 자연 또한 몇몇 코돈들을 같은 아미노산 지정에 사용함으로써 64개의 코돈 전부를 사용한다(표 26-3). 오직 트립토판과 메싸이오닌만이 한 가지 코돈에 의해 지정된다. 몇몇 코돈들은 폴리펩타이드 사슬 생성을 시작 또는 종결하는 신호로 작용한다. 개시 코돈(AUG)이 메싸이오닌을 지정하는 코돈이라는 것을 주의하시오. 그러므로 만약 AUG 코돈이 사슬이 개시된 **후에** 나타난다면 메싸이오닌이 만들어질 것이다. 세포의 DNA의 완전한 염기 순서는 그것의 **유전 암호(genetic code)**를 규정하게 된다.

DNA 염기 서열의 돌연변이는 물리적(방사선) 또는 화학적(발암물질: 예를 들어, 16-7절 참조) 방해에 의해 야기된다. 돌연변이는 하나의 염기가 바뀐 것일 수도 있고, 하나 이상의 염기들이 더해지거나 없어지는 것이 될 수도 있다. 여기에서 중복되는 코돈들의 잠재적 가치가 있다. 예를 들어, 만약 RNA 서열 CCG(프롤린)는 DNA 돌연변이의 결과로써 RNA의 서열이 CCC로 바뀌지만, 여전히 프롤린은 정확하게 합성될 것이다.

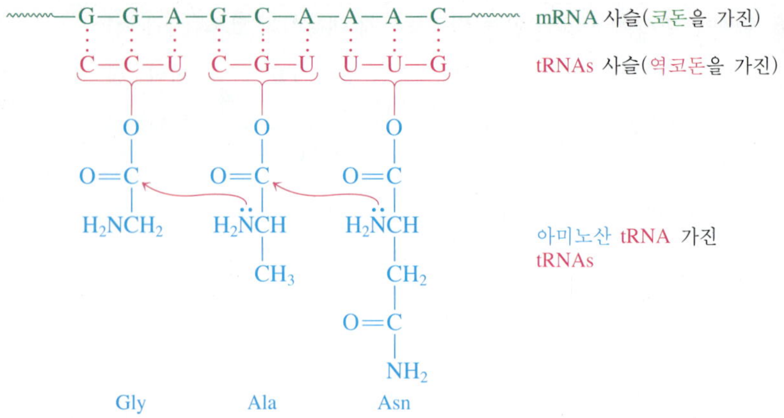

그림 26-15 트라이펩타이드 Gly-Ala-Asn의 생합성 표현. 라이보솜 효소가 아마이드 결합을 완성하기 전에, 특정 아미노산을 가지고 온 tRNA가 mRNA의 코돈에 그들의 역코돈 (anticodon)을 따라 배열한다.

연습 문제 26-23

다음 DNA 주형 가닥으로부터 만들어지는 mRNA 분자의 순서는 무엇인가?

5′-ATTGCTCAGCTA-3′

연습 문제 26-24

(a) 다음 mRNA 염기 서열로부터 암호화되는 아미노산 서열은 무엇인가? (왼쪽부터 시작)

A-A-G-U-A-U-G-C-A-U-C-A-U-G-C-U-U-A-A-G-C

(b) 그 결과로 만들어지는 펩타이드에서 tryptophan (Trp) 이 생기기 위해서 일어나야 하는 돌연변이는 무엇인가?

필요한 코돈의 복사물을 가지고, 단백질은 또 다른 중요한 핵산 tRNA의 도움으로 mRNA 주형에 따라 합성된다. tRNA는 비교적 분자량이 작으며, 70에서 약 90개 정도의 뉴클레오타이드로 구성된다. 각 tRNA는 단백질 합성 과정에서 20개의 아미노산들 중 하나를 선택하여 mRNA에 전달하도록 특별하게 설계되어 있다. mRNA에 암호화된 아미노산 서열은 **역코돈 (anticodon)** 이라는 tRNA상의 상보적인 세 개의 염기 서열에 의해 읽혀지게 된다. 다시 말하면, 특정 아미노산을 가진 개별의 tRNA들은 올바른 순서로 mRNA 가닥을 따라 배열한다. 이 단계에서 그들 자신의 고유한 RNA를 가지고 있는 촉매 라이보솜(아주 큰 효소들)들이 펩타이드 결합 형성을 촉진한다(그림 26-15). 폴리펩타이드 사슬이 길어짐에 따라 필요한 이황화물 다리를 만들어 주는 효소의 도움으로, 특징적인 이차 구조와 삼차 구조(α 나선, 병풍 구조, 기타 등등)를 만들기 시작한다. 이 모든 것이 놀랄만한 속도로 일어난다. 보호기(26-6절) 없이 약 150 아미노산 잔기들로 이루어진 단백질이 1분 안에 생합성된다(26-6절)! 적어도 이 영역에서는 확실히 자연은 유기합성 화학자보다 훨씬 뛰어나다.

요약 RNA는 단백질 생합성을 책임진다. 각각 세 개의 염기 서열 또는 코돈은 특정 아미노산을 지정한다. 코돈들은 겹치지 않고 둘 이상의 코돈이 같은 아미노산을 지정할 수 있다.

세계 최초의 성체 포유 세포의 클론인 복제양 돌리는 2003년 7살의 나이로 죽었다.

26-11 DNA 서열 결정과 합성: 유전자 기술의 초석

생물체의 유전 암호를 해독하고, 복제하고, 개조하는 능력 때문에 분자 생물학은 혁명적인 과정을 거치고 있다. 게놈으로부터 온 각각의 유전자나 다른 DNA는 종종 대량으로 **복제** (*cloned*) 될 수 있다. 고등 생명체의 유전자들은 하등 생명체에서 발현되거나(예를 들어, 단백질 합성을 시작하게 만들어질 수 있다) 또는 "비자연적인" 단백질을 만들도록 변형될 수도 있다. 변형된 유전자들은 "초기" 숙주의 생리 기능과 생화학적인 현상에 변화를 야기하면서 그들의 원래 생물체에 성공적으로 삽입되어 왔다. 이러한 발전의 많은 부분들은 DNA와 RNA의 선택적인 절단, 결합 또는 복제가 가능한 효소들의 발견 등과 같은 생화학적인 진보 덕분이다. 예를 들어, **제한 효소**(*restriction enzyme*)는 긴 분자들을 **DNA 연결효소들**(*DNA ligases*)에 의해 다른 DNA와 결합할 수 있는 작은 조각들로 잘라 준다[**재조합 DNA 기술**(*recombinant DNA technology*)]. **중합효소**(*polymerase*)는 DNA 복제를 촉진하고, 특정 DNA 서열들은 **중합효소 사슬 반응**(*polymerase chain reaction*, 이 절 후반부에 기술되는)에 의해서 대량으로 만들어진다. 진보는 계속되고 있고, 그 내용들은 유기화학의 범위를 벗어나는 것이다.

이러한 발견들의 본질적인 토대는 핵산의 일차적인 구조와 그것의 합성법의 개발에 대한 지식이었다.

신속한 DNA 서열 결정은 인간 게놈을 해독했다

DNA 서열 결정은 화학적 방법(Gilbert*와 그의 학생 Maxam에 의해 도입된)과 특별히 Sanger의 다이데옥시뉴클레오타이드법(Sanger† dideoxynucleotide protocol)에 의한 효소적인 방법을 모두 사용해서 이루어질 수 있다. 이 두 가지 방법과 단백질 분석과 유사한 방법에서(26-5절), 부피가 큰 DNA 사슬은 먼저 **제한 핵산내부분해효소**(**restriction endonuclease**)라는 효소에 의해 특정 부분에서 잘리게 된다.

200개 이상의 제한 효소가 겹쳐지는 DNA 서열을 제공한다. 여기에서 간단하게 소개되는 Maxam-Gilbert 방법에서는 얻어진 DNA 조각들을 다음 단계에서의 분석 검출을 위해 5′-인산 말단(출발 말단)에 방사성 인(^{32}P) 표지를 한다(올리고뉴클레오타이드는 원래 색이 없어서 시각적으로 확인할 수 없다). 이 단계에서는 방사성 표지된 다수의 조각들을 특정 염기들 다음을 잘라 주는(예를 들어, 오직 각각의 A, G, T, C에서) 화학물질이 들어 있는 네 개의 분리된 실험으로 나눈다. 절단 조건은 기본적으로 각각의 조각에서 한 번씩 일어나도록 조절되지만, 특정 염기가 있는 모든 곳에서 일어난다. 각각의 실험의 생성물들은 말단을 알고 있는 올리고뉴클레오타이드의 혼합물이다. 그것들의 절반은 시작되는 말단에 방사성 표지를 가지고 있는 반면, 나머지 절반은 어떠한 표지도 가지고 있지 않다. 원래 DNA에서의 이 말단 뉴클레오타이드의 위치는 올리고뉴클레오타이드(oligonucleotide) 혼합물을 크기별로 분리하는 전기이동 방법(26-5절)에 의해 측정된 방사성 조각의 길이로부터 추론된다. 이러한 방법으로 확인된 생성물의 형태가 염기 서열을 밝힌다.

간단한 비유를 하자면 네 가지의 서로 다른 무색의 표지가 된 점들로 무작위적으로 표시가 된 줄자를 생각해 보라. 당신은 이 줄자의 여러 복사본을 만들 수 있고, 당신은 오직 하나의 특정 표지를 자르는 네 가지의 특별한 자동 가위를 가지고 있다. 당신은 줄자들을 네 개의 용기에 나누고 각각의 가위가 작동하게 한다. 각각의 실험으로부터의 결과물은 원래의 특정 표지가 있던 곳을 알려 주는 각각 다른 길이의 줄자들의 모음일 것이다.

Sanger 방법에서 염기 서열이 결정되어야 하는 **주형 가닥**(*template strand*) DNA 조각은 한쪽 말단부터(3′ 말단) 시작해서 여러 번 복제해 주는(26-9절에서의 상보적인 가닥) DNA 중합효소에 넣어지게 된다. 복제는 사슬 형성을 위해서 A, G, T, C [그것들의 반응성이 좋은 삼인산 형태(TP)] 네 가지 성분의 뉴클레오타이드들(앞으로 N으로 축약)을 필요로 한다. 이 방법에서의 특징은 아주 적은 양의 변형된 뉴클레오타이드를 혼합물에 넣어주는 것인데, 이는 보통 뉴클레오타이드가 들어갈 자리에 들어가서 사슬 성장을 종결시킨다. 변형은 간단하다. 2′-데옥시라이보스(d) 대신에 2′,3′-다이데옥시라이보스(dd)를 이용하는 것이다. 거기에다 결과를 시각적으로 보기 위해서 다이데옥시라이보스에 붙은 염기는 적절한 파장의 빛에 노출되면 감출할 수 있는 형광 분자로 표지되어 있다.

---

*Walter Gilbert 교수 (1932년 출생), Harvard 대학교, 1980년 노벨상 (화학).

†Frederick Sanger 교수 (1918년 출생), Cambridge 대학교, 영국, 1958년 (화학; 인슐린 구조에 대한)과 1980년 (화학; 뉴클레오타이드 염기 서열 결정에 대한) 노벨상.

Sanger DNA 염기 서열 결정 방법에서의 뉴클레오타이드 원료들

염기

"일반적인" 2′-deoxyribonucleoside triphosphate (dNTP)

염기 — 형광 분자

형광-염료-표지된 2′,3′-dideoxyribonucleoside triphosphate (dNTP)

단계적인 방법은 다음과 같다(그림 26-16). 첫 번째 단계에서는 3′-말단에 서열을 알고 있는 짧은 뉴클레오타이드를 첨가함으로써, 다수의 주형 가닥 복사본들이 만들어진다. 이 보조물은 DNA 중합효소의 시발체로 작용하는 짧은 이중 가닥을 만들어줌으로써 주형의 상보적인 부분을 만드는데 필요하다. 다시 말하면 효소에게 복제를 시작해야 하는 곳을 말해주는 것이다(즉, 알려진 이중 가닥 말단과 알려진 단일 가닥 시작). 그런 다음 주형 가닥들의 서열 결정을 위해서 네 가지 단백질에 나누어 처리하고, 각각 중합 반응이 행해진다. 우선, 1%의 ddATP를 첨가한 dATP, dTTP, dGTP, dCTP를 사용해서 중합 반응을 수행한다. 중합효소가 주형에 상보적인 가닥을 합성하기 시작할 것이다. 즉, T와 만나게 되면 A를 첨가하고, C와 만나게 되면 G를 첨가하고, 반대 경우도 마찬가지이다. 이때 1%의 경우가 중요한 역할을 하게 되는데, 계속해서 사슬을 연장하기 위해서 필요한 OH기가 없어 효력을 잃은 ddA를 첨가한다. 복제는 중단되고, 불완전한 가닥은 주형에서 떨어져 나온다.

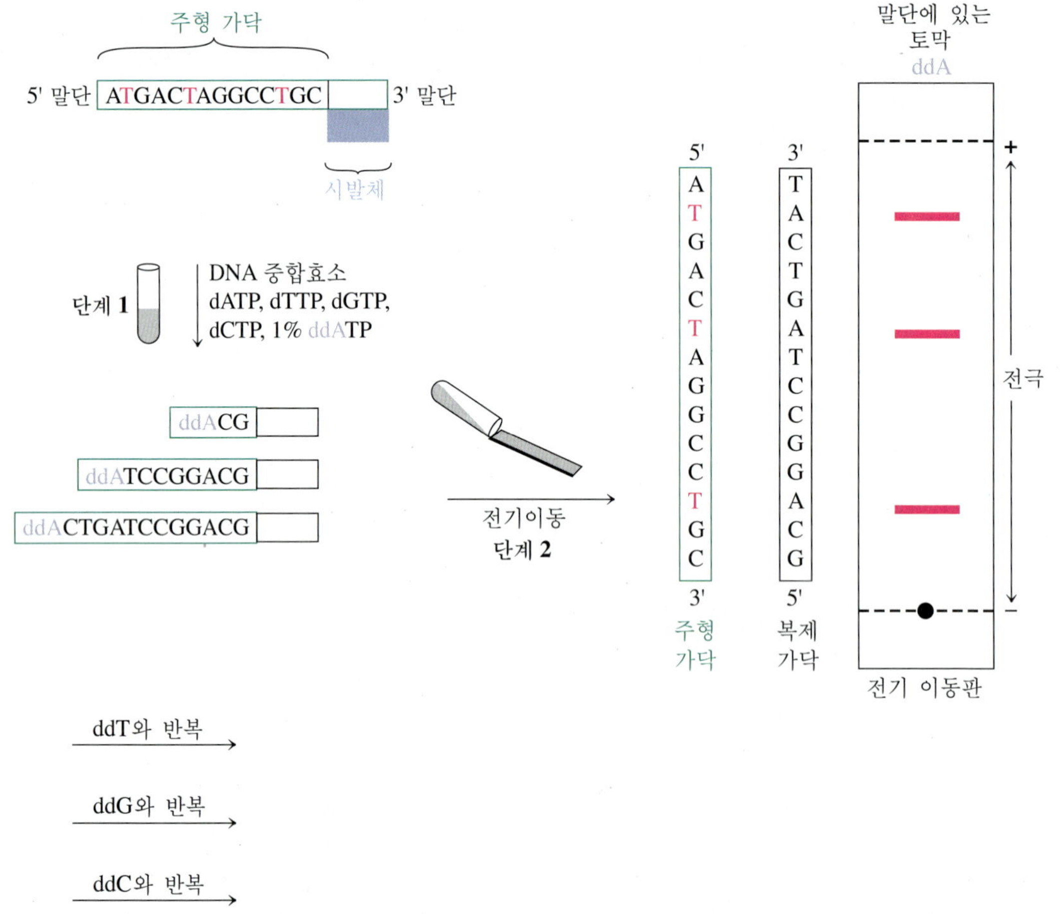

그림 26-16 주형 가닥이라고 하는 표본 올리고뉴클레오타이드의 Sanger dideoxynucleotide 서열 결정. 부착된 알려진 시발체 서열이 DNA 중합효소에게 복제 시작 위치를 알려 준다. 2′,3′-dideoxyribounucleotide (나타낸 실험에서는 ddA)가 자라나는 사슬에 첨가되면 복제가 멈춘다. 이 혼합물의 전기이동은 대응하는 말단 뉴클레오타이드를 가진 조각들의 길이를 알려주고, 이를 통해 복제 가닥과 상보적인 주형 가닥에서 이 뉴클레오타이드의 위치를 알 수 있다.

99%의 경우에는 T가 dA와 조합되어서 복제가 계속된다는 것을 주목하라. 서열을 따라서 모든 T는 ddA와 조합될 가능성이 기본적으로 모두 같다. 이러한 방법으로 모든 T는 말단이 ddA로 끝나게 표지되어서 서로 다른 길이로 조합된 올리고뉴클레오타이드들의 집합체가 된다. 단계 2에서 혼합물은 전기이동법으로 분리하고 띠의 위치는 ddA의 일부인 염료의 발광으로 구분한다. 띠들의 위치는 조각 가닥들의 길이를 알려 주고, 이로 인해 복제되는 가닥에서의 뉴클레오타이드 A와 주형 가닥에서의 T 위치를 알 수 있다.

주형 가닥에서 모든 T들의 위치를 알아내고 나서 ddT, ddG, ddC를 가지고서 같은 실험을 세 번 더 반복하면, 사슬을 종결시키는 첨가물들이 나머지 세 가지 뉴클레오타이드들의 위치를 알려 준다.

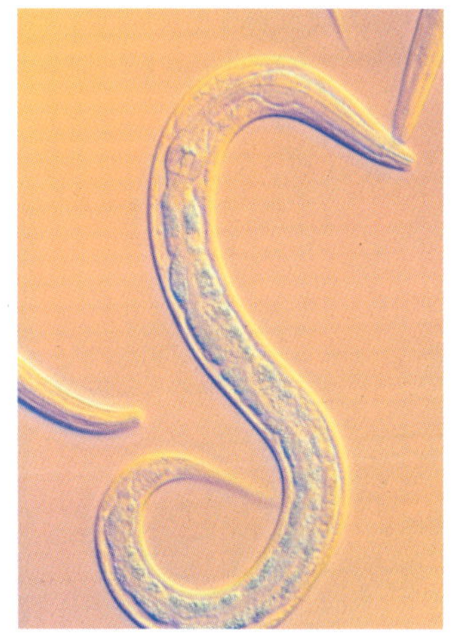

보통 토양에 서식하는 *Caenorhabditis elegans* 벌레가 우리와 비슷한 숫자의 유전자를 가지고 있다. 놀라운가?

Sanger 방법은 자동화되어서 3백만 개의 염기로 되어 있는 올리고뉴클레오타이드들은 하루나 더 적은 시간 안에 신뢰할만한 서열 결정이 가능하다. 자동화의 열쇠는 ddNTP 쌓는 토막에 서로 다른 염료를 부착하는 것이다. 예를 들어, 평행 분석에서 레이저 검출을 위해 T에는 붉은색, A에는 초록색, G에는 노란색, C에는 푸른색처럼. 서열 분석 기계는 간단한 서열 분석을 통해서 크로마토그래피 출력물을 제공한다(그림 26-17). 이 기술은 매우 편리하게 발전되어서 암호화된 단백질의 구조 규명에 있어서 펩타이드 서열 결정보다도 DNA 서열 결정을 많이 사용한다(26-5절과 26-10절). 더욱이 이 방법은 인간을 포함해서 수십억 염기로 된 완전한 게놈 서열의 결정을 가능하게 한다.

최초로 서열 결정이 이루어진 살아 있는 생물체의 게놈은 180만 염기쌍(Mb)으로 이루어진 *Haemophilus influenzae Rd.* 박테리아(뇌수막염과 같은 귀의 염증을 유발)이다(1995년). 이 중요 사건 이후로 효모(12 Mb, 1996년), *Caenorhabditis elegans* 벌레(97 Mb, 1998년) 과일파리(160 Mb, 1999년) 등이 "진짜" 인간의 유전 정보의 청사진에 앞서 서열이 결정되었다.

1990년에 29억 개의 사람 DNA 순서 결정을 위한 국제적인 노력으로 Human Genome Project가 시작되었고, 관련된 유전자들이 확인되었다. 이 제안은 처음에는 약 15년이 걸릴 것으로 여겨졌으나, 뉴클레오타이드 서열 결정에서의 진보 덕분에 2003년 4월에 완성되었다. 단지 약 1%의 DNA 서열이 우리가 무엇이고 어떻게 기능하는지를 책임지는 단백질(26-10절)을 암호화한다. 대부분의 우리 게놈(95%)은 아미노산을 암호화하지 않는 자주 반복되는 작은 조각들로 이루어져 있는데, 이것들은 근처의 유전자들을 읽는 과정과 단백질 합성 과정에서 세포 기계들에 영향을 주고, 염색체 구조의 "접착제" 역할을 함으로써 유전자 발현을 조절하는 데 활성을 나타내는 것으로 생각된다. 놀라운 일은 우리는 단지 27,000개의 유전자를 가지고 있는데, 이것은 예상했던 100,000개보다 훨씬 적은 수이고, *Caenorhabditis elegans* (19,500 유전자) 나 29,000개의 유전자를 가지고 있다고 게놈이 밝혀진 다른 두 포유동물인 생쥐(mouse, 2002년) 와 쥐(rat, 2004년)를 고려한다면 오히려 절제된 수이다. 최근에는 유전자의 양만큼이나 질도 중요하다고 여겨지고 있다. 사람의 복잡성은 우리의 유전자가 단순히 더 많은 수의 단백질을 만들 수 있는 것뿐만 아니라, 하나의 기능 이상을 수행하는 보다 복잡한 단백질을 만들 수 있다는 것에 기인하는 듯하다. 게다가 복잡성은 사람에게서 명백하게 다양한 단백질 간의 상호작용에 의존한다.

콩의 유전 암호는 2008년에 결정되었다. 66,000개로 사람 게놈의 두 배가 넘는 유전자를 가지고 있다. 다시 한 번 놀라운가?

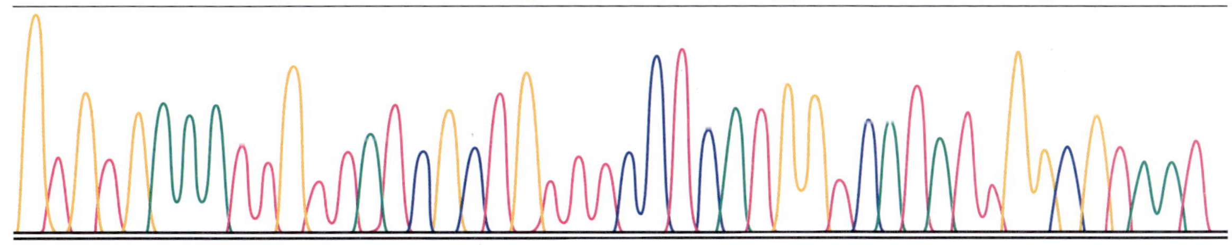

그림 26-17 자동화된 DNA 서열 결정으로부터의 인쇄물에서 색을 띠는 봉우리는 올리고뉴클레오타이드의 서열을 알려 준다.

복잡한 컴퓨터 분석을 포함한 여러 가지 창의적이고, 시간을 절약하게 해 주는 전략들과의 결합을 통해서, 자동화된 DNA 서열 결정의 개발은 게놈 해석에 소비되는 시간을 극적으로 줄여오고 있다. 2008년에는 최초의 여성들(두 명) 의 유전자 서열 분석이 불과 몇 달 만에 이루어졌다. 기증자 중 한 명은 암으로 고통받고 있었으며, 이 연구는 질병 발병에 연관이 있을 법한 모든 돌연변이의 검출을 가능하게 했다. 이러한 정보는 새로운 치료법 개발이나 의사들이 치료법 선택에 도움을 줄 수 있을 것이다.

사람의 게놈을 밝히는 일은 날마다 유용해지는 거대한 양의 정보를 파악하려고 하는 여러 개의 새로운 연구 분야를 만들어냈다. 예를 들어, **기능 유전학**(*functional genomics*)은 유전자가 특히 사람의 건강에 관련해서 무엇을 하는지 알아내고자 한다. **비교 유전학**(*Comparative genomics*) 은 돼지로부터 일본 복어 같은 다양한 종의 게놈에서의 유사성을 확립한다.

비슷하게 또는 논란이 되게 더 중요한 분야는, 유전자 지식의 결과로 발견된 많은 새로운 단백질들의 기능 연구와 확인을 하는 **단백체학**(*proteomics*)이다. 게놈과 비교하여 해당되는 **단백체**(*proteome*)는 훨씬 복잡할 수 있는데, 이는 단백질들이 인, 당, 황이 붙어 있거나 하는 다양한 치환적으로 "장식된" 형태로 존재하기 때문이다. 몇몇 평가들에서는 그것들의 숫자를 100만이라고 예상한다. Protein Structure Initiative은 이러한 분자들의 삼차원적인 모양을 밝히기 위한 미국의 국가적인 프로그램이다. 로봇 기술의 큰 도움으로 2000년에 시작한 이래로 2008년 중반까지 식물, 쥐, 효모, 박테리아의 3200개가 넘는 단백질의 구조가 밝혀졌다.

끝으로, **생물정보학**(*bioinformatics*)은 컴퓨터 기술을 더욱 깊은 생물학적 정보에 대한 지식의 발견에 적용한다. 언어에 비유하면, 게놈은 단어들을 제공해왔다. 이제 문장과 의미를 이해할 때이다. 유전자의 수와 정확한 위치, 유전자들의 조절과 기능을 밝히는 것이 수십 년간 과학자들의 주목을 받을 일이다. 이러한 유전학적 측면을 규명하는 것은 질병에 대한 생명체의 취약성을 이해하는데 도움을 줄 것이다. 유전자 발현의 세부 사항과 단백질 합성, 복잡한 기능을 유도해내는 단백질 간의 상호작용, 우리 행성의 종들 간의 진화적 관계, 질병에 대한 점 돌연변이들의 관계 그리고 복잡한 유전 형질의 발달을 위한 여러 유전자 발현의 세부 사항.

서열 결정처럼 DNA 합성은 자동화되어 있다

당신은 회사에 올리고뉴클레오타이드를 오늘 주문해서 내일 받을 수 있다. 이러한 효용성은 Merrifield 폴리펩타이드 합성(26-7절)의 원리와 비슷한 원리에서 작용하는 소위 DNA 합성기에 의해 자동화된 뉴클레오타이드 연결이 이루어지기 때문이다. 자라나는 사슬의 고체상 고정과 보호된 뉴클레오타이드 집짓기 토막의 사용. 염기 사이토신, 아데닌 및 구아닌의 보호는 아마이드의 형태로 아미노 작용을 할 수 있도록 한다(타이민은 보호가 필요 없음).

보호된 DNA 염기들(타이민 제외)

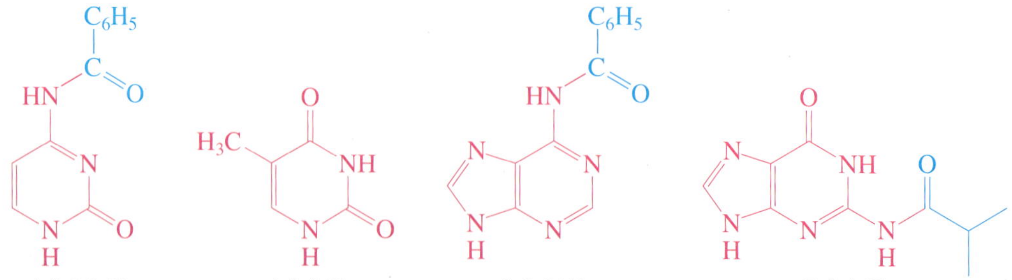

당 부분은 C5′에 다이메톡시트라이틸[다이(4-메톡시페닐)페닐메틸, DMT] 에터로 막혀 있고, 이는 1,1-다이메틸에틸(*tert*-뷰틸) 에터(9-8절, 화학 이야기 9-2)와 같이 S_N1 메커니즘(22-1절과 22장의 문제 40)을 통해 약산에 의해 쉽게 잘린다. 제일 처음 보호된 뉴클레오타이드를 고

체 지지체에 고정하기 위해, C3′-OH가 다이에스터인 활성화된 연결자에 부착된다. 폴리스타이렌의 Merrifield 물질과 달리 올리고뉴클레오타이드 합성에 사용된 고체는 "고리"로 아미노 치환기를 가진 표면 작용기화된 규소(SiO_2)이다. 고정된 뉴클레오사이드에의 연결은 아마이드 형성에 의한다.

SiO_2에 보호된 뉴클레오사이드를 고정하기

DMT—O—$\overset{5'}{C}H_2$ (보호된 염기 1) + $H_2\ddot{N}CH_2CH_2CH_2—SiO_2$ ⟶ DMT—O—CH_2 (보호된 염기 1) … $CH_2CH_2CNH(CH_2)_3—SiO_2$

실리카 고정된 첫 번째 뉴클레오사이드

DMT = $CH_3O—C_6H_4—C(C_6H_5)—C_6H_4—OCH_3$

Dimethoxytrityl
[Di(4-methoxyphenyl)phenylmethyl]

Phosphoramidite: $R'O—P(OR)—NR''_2$

Phosphite: $R'O—P(OR)—OR''$

Tetrazole

처음 뉴클레오사이드가 제자리에 놓이면, 두 번째를 붙일 준비가 된다. 이를 위해 부착점 5′-OH는 산으로 보호된다. 이어진 3′-OH 활성화된 뉴클레오사이드의 첨가로 이어진다. 활성화기는 비정상적인 포스포아미다이트 [P(III)을 포함한]이고, 이는 또 끝의 다이뉴클레오타이드를 위한 가려진 포스페이트 [P(V)]로 역할을 하고, PBr_3 (9-4와 19-8절)와 같이 친핵성 치환을 한다. 치환 반응은 염기 촉매이고, 아인산 유도체를 생성한다. 염기는 피롤(25-3절)과 이미다졸(26-1절)과 관여된 방향족 헤테로고리인 테트라졸, 테트라아자사이클로펜타다이엔이다. 마지막으로 인이 아이오딘에 의해 포스페이트 산화 상태로 산화된다.

다이뉴클레오타이드의 합성: 보호, 짝지음 산화

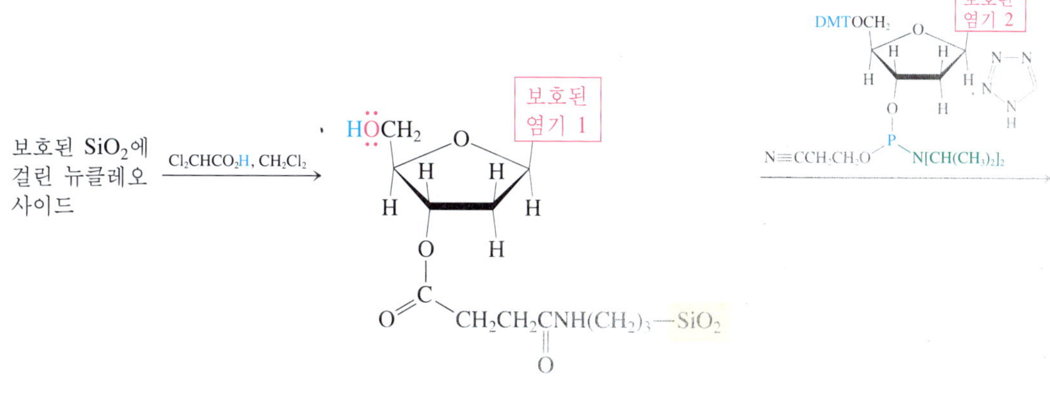

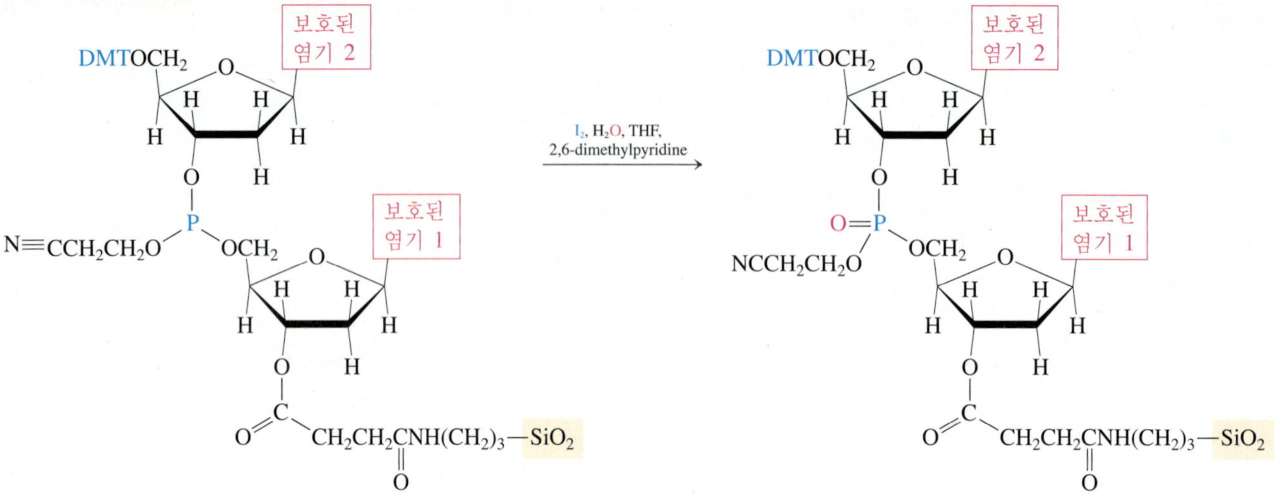

순서 (1) DMT 가수분해, (2) 짝지음, (3) 산화는 원하는 올리고뉴클레오타이드가 보호되고, 부동의 상태에서 만들어질 때까지 합성기에서 여러 차례 반복된다. 마지막 과제는 실리카로부터 생성물의 분리와 DMT를 가진 말단의 당, 모든 염기와 인산기에서 다른 결합의 잘림 없이 보호기를 제거하는 일이다. 놀랍게도 이는 앞 그림에서 다이뉴클레오타이드를 만들 때 나타낸 것과 같이, 암모니아 수용액으로 즉시 이룰 수 있다.

고체상에 지지된 보호된 다이뉴클레오타이드의 방출

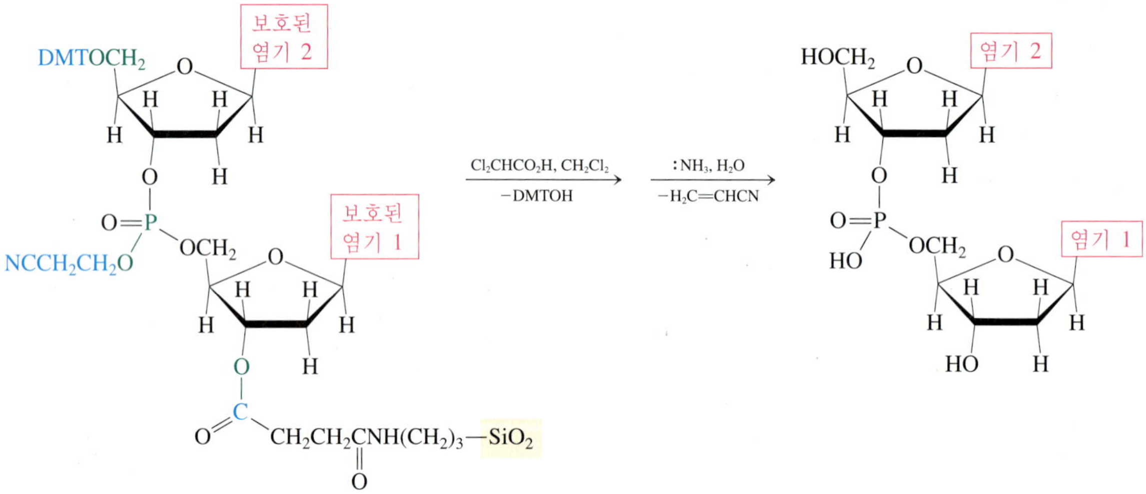

연습 문제 26-25

개념 문제: 고체상 다이뉴클레오타이드 합성의 메커니즘적인 특징 탐구

이번 절에서 보여진 것과 같이 올리고뉴클레오타이드 합성은 알코올(첫 번째 뉴클레오타이드)과 phosphoramidite(두 번째 뉴클레오타이드)의 테트라졸-촉매 짝지음 중요 단계를 특징으로 한다. 처음에는(모든 질소의 고립 전자쌍에 초점을 맞춰서), tetrazole의 기능이 염기인 것 같았지만(알코올의 양성자이탈), 이 헤테로고리는 사실 acetic acid만큼이나(19-4절) 상당히 산성이다 (pK_a = 4.8). 더욱이 반응속도론적 실험들은 tetrazole과 phosphoramidite를 모두 포함하는 속도 결정 단계를 나타낸다. 이러한 관찰 결과를 설명하고, 짝지음 과정의 타당한 메커니즘을 제시하시오(**힌트**: 25-3절과 25-4절의 pyrrole을 다시 보라).

ROH + $NC(CH_2)_2O$–P(OR')–$N[CH(CH_3)_2]_2$ $\xrightarrow[-HN[CH(CH_3)_2]_2]{\text{tetrazole}}$ $NC(CH_2)_2O$–P(OR')–OR

전략

우리는 pyrrole과 tetrazole의 화학을 추측하기 위해서 이들의 산도 그리고 이들의 가장 주요한 친핵성 자리인 헤테로고리에 대한 phosphoramidite의 공격의 동역학적인 증거에 대한 생각들을 힌트로 삼았다.

풀이

- 왜 tetrazolyl은 꽤 산성을 띠는가? 이 분자는 보통 약 35 정도의 pK_a값을 갖는 평범한 아민이 아님이 분명하다(21-4절). 이에 대한 실마리는 16.5의 pK_a값을 갖는 pyrrole의 경우 관찰을 통해 얻을 수 있다(25-4절). 이는 음이온의 전하의 비편재화와 치환된 탄소들의 sp^2 혼성의 결과라고 설명할 수 있다. 고리 안에 존재하는 추가적인 세 개의 전자 끄는 질소 원자의 존재는 위의 이유들과 함께 우리의 결론을 더욱 강조한다.
- 이 짝지음 반응의 메커니즘과 tetrazole의 산도에 대한 생각으로 돌아가 볼 때, phosphoramidite에 있는 염기성이 가장 큰 아민의 질소 원자들이 빠르게 양성자첨가되고 치환기를 뛰어난 이탈기로 변화시킨다고 가정하는 것은 타당하다(밑의 반응 도식의 첫 번째 단계).
- 이 양성자화된 종의 생성은 속도결정 단계인 두 번째 단계의 성격을 제시한다: 양성자첨가된 아민의 인으로부터 친핵성 치환.
- Tetrazole의 어떤 질소가 공격할 것인가? 피롤의 화학에서의 친전자성 방향족 치환(25-4절)을 상기해 보면 우리는 N2 질소가 존재하는 경우 끝 쪽의 다이엔의 양과 연관되어 있는 결과적인 양이온의 최적의 공명 안정화에 주목할 필요가 있다.
- 빠른 양성자 잃음(단계 3)은 새로운 중간체—원래의 인 시약에 tetrazolyl에 의한 아미노 치환기의 교환이 일어나는—를 형성한다.

$NC(CH_2)_2\ddot{O}$–P(R'Ö:)–$\ddot{N}[CH(CH_3)_2]_2$ $\underset{-H^+}{\overset{+H^+}{\rightleftharpoons}}$ $NC(CH_2)_2\ddot{O}$–P(R'Ö:)–$\overset{+}{N}H[CH(CH_3)_2]_2$ $\xrightarrow[-HN[CH(CH_3)_2]_2]{\text{tetrazole (N1–N4)}}$

$NC(CH_2)_2\ddot{O}$–P(R'Ö:)–(N-tetrazolium, $\overset{+}{H}N$) $\underset{+H^+}{\overset{-H^+}{\rightleftharpoons}}$ $NC(CH_2)_2\ddot{O}$–P(R'Ö:)–(N-tetrazolyl)

- Tetrazolyl 음이온은 원래의 아마이드보다 더 좋은 이탈기이다. 왜냐하면 이것은 좀 더 약한 염기이기 때문이다. 그러므로 알코올과의 실제 짝지음은 다음에 묘사되는 친핵성 치환에 의해 생성되는 이 중간체를 통해 일어나게 된다.

$R\ddot{O}H$ + $NC(CH_2)_2\ddot{O}$–P(R'Ö:)–(N-tetrazolyl) $\xrightarrow{-\text{tetrazole}}$ $NC(CH_2)_2\ddot{O}$–P(R'Ö:)–$\ddot{O}R$

화학 이야기 26-4

DNA 지문법 (fingerprinting)

인간의 유전체는 유일무이하고 각각의 정보는 불변이다. 그리고 그 또는 그녀의 몸속의 모든 세포 속에 있는 모든 유전체는 동일하다. 그러므로 원론적으로 본다면 종래의 DNA 지문법과 같은 것으로도 유용하고, 모호하지 않게 확인할 수 있다. 하지만 한 사람당 30억 개인 염기쌍의 분석은 실용화하기에는 여전히 많은 시간과 비용을 소모한다. 대신 **DNA 지문법 (DNA *fingerprinting*)** 은 축약되고 좀 더 빠른 방법을 적용하게 되었다.

좀 오래되었지만 유익한 접근이었던 Southern 흡입법(이것의 발명자인 E. M. Southern으로부터)은 아마도 이것의 1980년대 말과 90년대 초의 범죄 연구소와 친부 확인 소송에서의 사용으로부터 잘 알려져 있을 것이다. 이것은 **다양한 수의 텐덤 반복** (*variable-number tandem repeats* 또는 VNTR)이라고 하는 반복 서열을 지니고 있는, 암호화 기능을 가지고 있지 않은 것처럼 보이는 DNA 조각들을 발견함에 기반을 두고 있다. 이것의 핵심은 특정 영역(유전자좌 *loci*라고 하는)에서 각 개인별로 1에서 30까지 순서대로 차이를 갖는 반복되는 횟수이다. 그에 상응하는 DNA 영역의 크기는 그 반복 횟수에 맞춰 다를 것이다. 그러므로 DNA 지문분석은 각 유전자좌에서의 VNTR의 횟수의 시각화라고 이해할 수 있다.

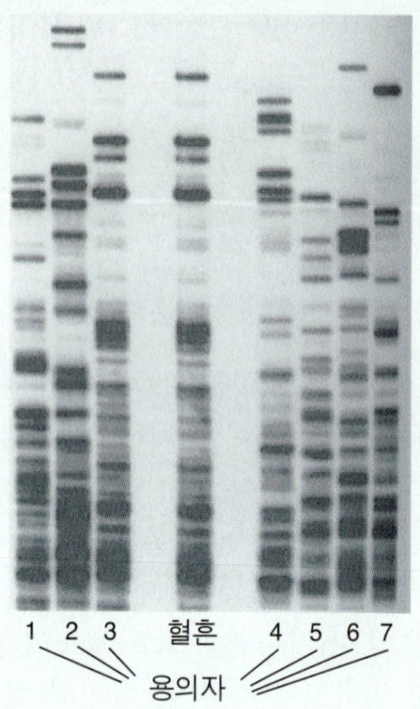

살인 사건 희생자에서 나온 혈흔이 가해자의 것으로 추정되고 있다. 이 용의자들의 것들 중 어느 것이 가해자의 것일까? (Image credited to Cellmark Diagnostics, Abingdon, England.)

실제, DNA 샘플(예를 들어, 범죄 현장에서 발견된 또는 아이의 아버지라고 추정되는 사람의 혈액)은 제한 효소를 통해 작은 조각으로 잘린다. 그리고 그 작은 조각들은 아가로스 젤 판에서의 전기이동을 통해 크기별로 분류된다. 이 전기이동 패턴을 좀 더 안정한 표면에서 보관하기 위해 이것은 문자 그대로 나일론 막에 얼룩(blotted)을 남긴다(그러므로 "Southern blot"). DNA 조각들 중 하나에 있는 특정 VNTR 서열의 위치를 찾아내기 위해, 방사성이나 화학발광성을 지니는 DNA 서열이 그것의 VNTR 위치와 상보적으로 만들어져야 한다. 이 탐침은 막에 있는 상보적인 DNA 서열과 결합하도록 유도된다. 그러면 VNTR의 패턴이 사진용 필름에 시각화되게 된다(사진 참조). 표준 법의학 분석법은 3 그리고 5 유전자좌를 이용한다. 그리고 합쳐진 자료의 분석은 각각의 두 개인이 생물학적으로 연관이 없는 경우, 1천만~1억분의 1의 확률로 같은 패턴처럼 보이게 될 것이다.

비슷한 과정이 가계도를 확립하는 것에도 적용될 수 있다. 비록 몇 세대를 거치는 것이라 고해도 말이다. 즉, 당신의 VNTR은 아마 당신 부모님 각각 또는 전부의 DNA에서부터 내려온 것이겠지만, 당신에겐 당신의 어머니나 아버지가 갖고 있지 않은 VNTR가 존재할 수가 없다. 서던 흡입의 패턴을 간단하게 한 하나의 가상의 상황이 다음 페이지에 나와 있다. 당신은 부모의 서열들이 그들의 생물학적인 자손들(붉은과 푸른)의 서열들에서 부분적으로 나타나는 것을 볼 수 있다. 그러나 다른 결혼으로부터 탄생한 아들은 현재의 아버지의 어떠한 특성(푸른색이 없다)도 나타내지 않고, 그의 생물학적인 아버지의 특성들(초록색)을 나타낸다. 좀 더 눈에 띄는 점은 입양된 딸은 완전히 일치하지 않는 패턴(오렌지색)을 나타낸다는 것이다. 친부 논쟁에서 십만 분의 일의 정확도로 아버지를 확인할 수 있다.

현재 법의학 DNA 분석법은 13 특히 DNA 유전자좌를 증폭시키기 위해 중합효소 연쇄 반응(polymerase chain reaction)을 이용한다. 이 유전자좌 부분의 VNTR은 **짧은 탠덤 반복** (*short tandem repeats*)이라 하는 네 쌍의 염기만을 갖고 있다. 증폭 시발체(primer)는 PCR 생성물이 측정될 수 있는 경로, 가는 관이나 판 형태의 아크릴아마이드 중합체 젤을 통해 전기이동되면서 동시에 그들의 형광이 측정되도록, 화학적으로 다양한 색의 형광 염료로 표지되어 있다. 경과된 전기이동 검출 시간은 PCR 생성물의 분자량 측정에 이용되고, 이를 통해 SRT의 수를 어느 loci에 위치해 있든 상관없이 판별 가능하다. 이러한 방법을 통해서 "거짓 양성 반응"이 나올 확률은 1천억 분의 1보다도 작다.

러시아의 Tsar Nicholas II의 유해와 그의 가족들 몇몇의 확인에 DNA 지문분석을 적용시킨 사건은 역사적인 충격을 주었다. Tsar의 모든 가족들은 물론 왕가의 의사와 세 명의 하인들까지 Bolshevik revolutionaries에 의해 1918년 7월 16일 밤 처형당한 채, 그들의 유해는 급하게 임시 변통의 무덤에 묻혔다고 믿어지

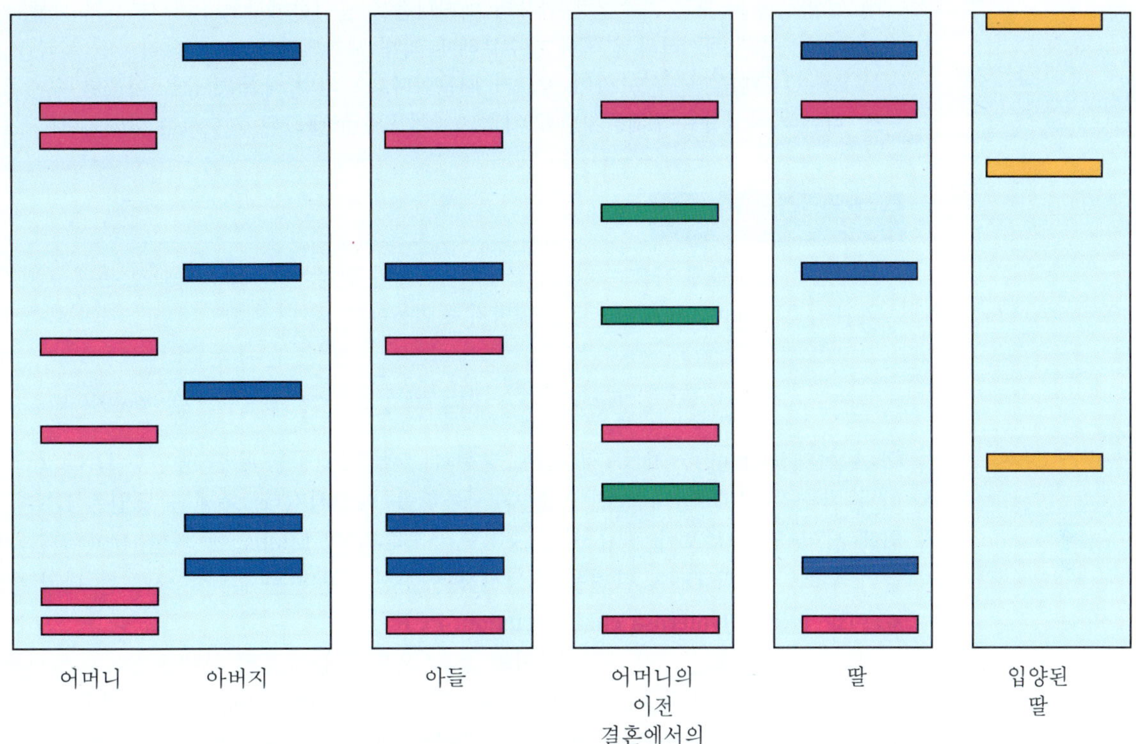

고 있었다. 이러한 이야기는 1991년 아홉 구의 유해가 묻혀 있는 무덤이 발견되기까지는 확실하지 않은 이야기였다. 뼈 샘플을 이용한 미토콘드리아 DNA (mtDNA) 서열 분석 방법은 Tsar와 그의 아내(the Tsarina), 그들의 세 딸 그리고 이 가족의 구성원이 아닌 네 개의 유해를 확인했다. 세 명의 딸들이라고 주장되는 각각의 mtDNA 서열은 부모라고 주장되는 mtDNA의 서열과 일치함을 보이며, 그들이 가족 관계에 있음을 확실히 했다. 게다가 Tsarina로부터 그 세 딸들과 연관이 있는 서열들이 Tsarina의 모계 쪽 먼 친척인 Edinburgh의 공작, Prince Philip에서도 발견되었다. Tsar의 유해 역시 비슷하게 Tsar의 살아 있는 두 명의 친척들과의 DNA 지문분석 비교를 통해 분석되었다. Tsar의 가장 어린 네 번째 딸과 혈우병 걸린 아들(Crown Prince)의 운명은 그들의 태워지고 산산이 부서진 뼈들이 다른 가족들이 묻혀 있는 묘지 근처 숲에서 발견된 2008년까지 불명으로 남아있었다. 회수된 뼛조각들의 좋지 않은 상태에도 불구하고, 그들의 신원을 확인하기에 충분한 양의 DNA가 추출될 수 있었다.

1918년 러시아 혁명 중에 처형당한 러시아의 Tsar Nicholas II와 그의 가족들은 1991년과 2008년에 DNA 지문분석을 통해 확인되었다.

연습 문제 26-26

자습 문제

1228쪽의 반응식에 나오는 고체상 지지체 다이뉴클레오타이드(dinucleotide)의 보호기이탈 효과에 영향을 주는 모든 가수분해 반응의 메커니즘을 공식화하시오. [**주**: 사이아노에틸(cyanoehtyl) 보호기는 인산 에스터의 친핵성 가수분해에 의해 제거되지 않는다, 왜냐하면 이러한 과정은 모든 P—O 결합들을 구분 없이 자르기 때문이다. 그 외의 다른 반응을 떠올릴 수 있겠는가? **힌트**: 다른 카복실산 유도체들처럼(20-1절), 나이트릴(nitrile)의 α 수소는 산성이다].

연습 문제 26-27

1227쪽과 1228쪽에 나오는 다이뉴클레오타이드의 합성에서, 실리카에 첫 번째 뉴클레오사이드의 부착은 4-nitrophenyl 에스터를 이탈기로 이용한다. 왜 이 치환기의 사용이 이로운가?

중합효소 연쇄 반응(PCR)은 DNA의 다수의 복사물을 만든다

DNA 복제(cloning)—DNA의 순서, 발현과 조절의 연구를 위한 동일한 DNA 분자의 많은 양의 준비—는 1970년대 중반에 분자 생물학을 혁신시켰다. 복제는 도입된 DNA를 증폭하기 위해 살아 있는 세포가 필요하다. 그러므로 1984년에 Mullis*에 의한 살아 있는 세포의 도움 없이 수백만 개의 DNA 단편을 재생산하는 순서의 발견은 놀라운 진보를 나타내었다. **중합효소 연쇄 반응(polymerase chain reaction, PCR)**.

이 반응의 주요한 점은 95 ℃까지의 높은 온도에서 안정된 상태로 DNA 복제를 하는 몇몇의 효소들의 능력이다. 원래 PCR에 사용된 효소는 Yellowstone 국립공원의 뜨거운 온천에서 사는 *Thermus aquaticus*라는 세균에서 발견된 **Taq DNA 중합효소**(*Taq DNA polymerase*)이다(지금은 다른 향상된 효소를 이용한다). 이전에 Sanger 다이데옥시라이보스 DNA 분석 방법에서 설명된 것처럼, 중합효소는 그들의 일을 시작하기 위해 짧은 시발체와 네 종류의 뉴클레오타이드들이 필요하다. 자연에서는 **시발효소**(primase)가 시작을 담당하고, 시발체 뒤로 전체 DNA 서열이 재생산된다. PCR에서 시발체는 복제될 DNA의 짧은 조각에 상보적인 20개의 염기로 이루어진 짧은 올리고뉴클레오타이드이다.

실제로 PCR은 그림 26-18에 도식되어 보이는 대로 일어난다. 반응 플라스크는 복제될(이중 가닥) DNA, 네 종류의 뉴클레오타이드, 시발체와 Taq 중합효소가 채워진다. 첫 단계에서 혼합물은 DNA를 두 줄기로 분리하기 위해 90~95℃까지 가열된다. 54℃까지의 냉각은 시발체가 각각의 DNA 분자에 결합하게 한다. 72℃까지 온도 올림은 Taq 중합효소가 주형의 상보적인 복제가 될 때까지 DNA에 부착된 시발체에 뉴클레오타이드를 첨가하는 데 가장 좋은 조건(사실상 "자연적인")을 제공한다. 이 모든 일은 몇 분 만에 일어나고 자동적으로 온도가 조절되는 용기에서 여러 번 반복될 수 있다. 각 반복의 생성물이 다시 나누어져 다음 반복에서의 추가적인 주형으로 역할을 하기 때문에, 시간이 지남에 따라 생성되는 DNA 양은 기하급수적으로 증가한다. n회 회전 후 DNA 양은 2^{n-1}이다. 예를 들면, 20회 반복 후에는(3시간 안에), 백만 개가 될 수 있다, 32회 반복 후에는 10억 개가 될 수 있다.

이 기술의 많은 실질적인 응용이 있다. 의약 진단에서 세균과 HIV를 포함한 바이러스들은 쉽게 특정 시발체를 사용하여 검출된다. 초기 암 진단은 성장 조절 유전자의 돌연변이를 인식함으로써 가능하다. 태어나지 않은 아기에서부터 죽은 사체까지 유전된 질병들을 정확히 찾아내는 것도 가능하다. 그 예로 Abraham Lincoln의 옷에 묻어 있던 혈흔을 분석하여 그가 Marfan's syndrome이라는, 결합 조직의 구조에 영향을 주는 유전 질병을 가지고 있었다는 것을 밝혔다. 법의학에서 PCR은 범죄자에 의해 남겨진 혈액, 침 그리고 다른 종류의 생물학적

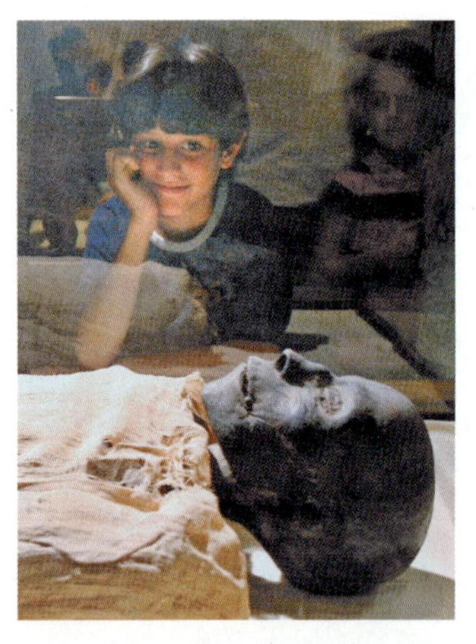

이것이 Hatshepsut 여왕인가?

*Kary B. Mullis 박사(1945년 출생), California 주, La Jolla. 1993년 노벨 화학상 수상.

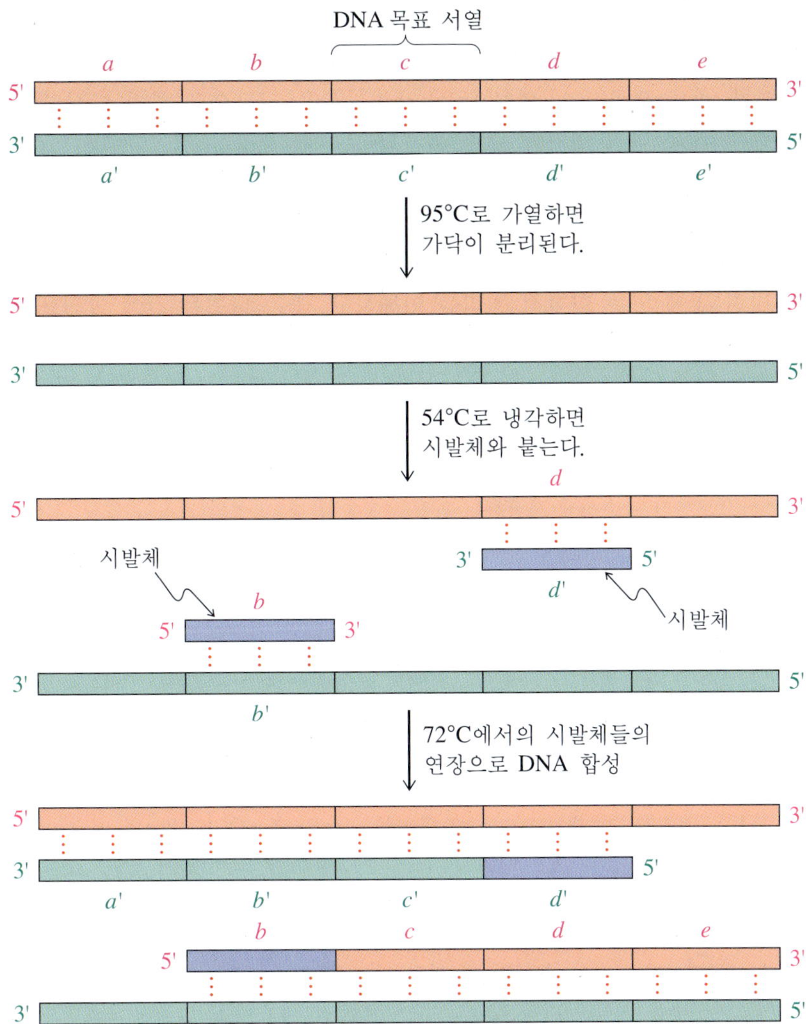

그림 26-18 중합효소 연쇄 반응(PCR). 한 반복은 세 단계로 구성된다. 가닥 분리, 시발체 부착과 DNA 합성에 의한 시발체의 연장. 반응은 밀폐된 용기 안에서 일어난다. 반복은 온도 변화로 유도된다. 원래 DNA의 한 가닥의 순서는 abcde로 표시되고, 상보적 가닥의 순서는 a'b'c'd'e'로 표시된다. 시발체로부터의 새 DNA의 연장은 예전 가닥에 상보적인 색으로 나타나 있다 (붉은색과 초록색). (After *Biochemistry*, 6th ed., by Jeremy M. Berg, John L. Tymoczko, Lubert Stryer, W. H. Freeman and Company. Copyright © 1975, 1981, 1988, 1995, 2002, 2007.)

단서들의 기원을 알아내는 데 사용되어 왔다. 특히 친부 확인과 혈통 확인은 명확히 증명될 수 있다. 분자 유전학에서는 고대의 DNA가 증폭되거나 심지어 분리된 단편의 증폭에 의해 재구조화 될 수도 있다(화학 이야기 26-4). 이러한 방법으로 1590년에서 1722년까지 프랑스 공동 묘지에 묻힌 희생자의 치아로부터 분리된 세균 *Yersinia pestis*가 흑사병의 원인임을 성공적으로 알아냈다. 이와 비슷하게 2400년 전의 이집트 미라로부터 몇 개의 유전자가 밝혀졌는데, 이는 이 기술을 이용하여 고대의 이집트 무덤에서 발견된 다른 미라들과의 혈연 관계를 밝히는데 커다란 노력을 이끌어내게 되었다. 그 예로 DNA 분석을 통해 이집트 왕들의 계곡에서 발견된 무덤에서 발굴된 미라가 여성 통치자였던 Hatshepsut의 것이라고 2007년에 확인되었다. 또한 Tutankhamun 왕의 무덤에서 발견된 두 방부 처리된 태아들은 그의 딸들이었음이 확인되었다. 다음에는 어떤 것이 가능할까?

요점

이 마지막 장은 우리가 많은 곳에서 표현한 메시지들을 집으로 가져가게 하는 장이다. 생명은 유기 분자에 근거를 두고 있다. 화학적 관점에서 보면, 아미노산과 핵산 수준에서 생명은 놀랄만큼 간단하다. 생명체에 전형적인 더 복잡한 차원의 기능을 더해주는 것은 중합체 배열의 구조와 성질이다. 유사한 예를 사용하여 현내의 네스크탑 컴퓨터를 생각해 보자. 각각의 칩 수준에서 상호작용은 잘 정의되고 이해되며, 불규칙적인 펄스 전류의 관점에서 분석될 수 있다. 그러나 조화롭게 작용하는 미세회로를 이끄는 몇 개의 조절용 소프트웨어가 더해졌을 때, 컴퓨터로부터 요구되는 복잡한 문제를 푸는 능력을 얻게 된다. 비슷하게 생물학적 수준의 분자에서 아무리 복잡해도 모든 분자가 우리가 이 책에서 배운 것 같은 화학 원리에 따라 반응한다. 그러나 분자와 세포가 조화로이 행동할 때, 생명에서 예기치 못한 행동이 일어난다.

생화학자, 분자 세포 생물학자, 의사 등등 생명과학을 전문으로 하려는 사람에게 이 장은 더한 흥미를 줄 것이고, 미래 연구에 대한 분자적 토대를 제공할 것이다. 다른 사람에게는 핵산에서 단백질 합성, 작용 및 생물학적 원천을 포함한 모든 생명에 관련된 생화학적 과정에 대해 분자적 근거를 제공해 준다. 유전공학, 병과 싸우는 의약품의 개발, 환경 위험, 에너지 자원 등의 과제들, 즉 과학과 기술을 포함한 모든 범위의 과제들을 극복해야 할 오늘날 사회에서, 이러한 발전 밑에 있는 화학적 원리를 이해하고, 좋든 나쁘든 간에 발전을 가능하게 한다는 것은 유용한 일이다.

통합 문제

26-28. Aspartame (NuTraSweet), Asp-Phe-OCH_3는 합성의 간단한 목표가 된다. Aspartic acid (Asp) 와 phenylalanine (Phe) 으로부터 단순하게 시작하는 과정을 고안할 때, 합성의 과정이 쉽게 명백해지지는 않는다. 문제를 분석하고 이 화합물의 합성을 위한 다양한 접근 방법을 만들어 내시오.

O H_2N H H O
HO N OCH$_3$
O H $CH_2C_6H_5$

Aspartame

풀이

단순한 역합성 분석은 분자를 두 개의 아미노산 구성물, Asp와 Phe-OCH_3 (Phe의 메틸 에스터화에 의해 만들어진) 로 나누고, 이는 DCC와의 연결로 파악될 수 있다 (26-6절). 그러나 여기에는 문제점이 있다. Asp는 서로 간섭하는 추가적인 β-카복시기를 가진다. 그러므로 선택적으로 카복시기를 보호한 Asp를 만들어야 하는 일에 직면하게 된다. 이것을 이루기 위해 두 가지 전략을 생각할 수 있다. (A) Asp 핵의 직접적 보호나 전략 A가 성공적이지 못하면, (B) Asp가 전혀 없는 더 단순한 출발물로부터의 적절히 유도된 Asp의 전체 합성법이 있다. 다음 전략은 비록 더 좋은 대체 전략을 세울 수도 있을지 모르나, 문헌에 있는 우리 문제의 실제적 해답에 초점을 맞춘다.

A. Asp 핵의 선택적인 보호

두 개의 카복시기가 Asp에서 하나만의 선택적 보호를 보장할 만큼 화학적으로 충분히 다른가? 답은 아마도 그렇다 일 것이다. 그러므로 α-아미노기가 약 2 pK 단위 (26-1절) 만큼 카복실산의 산도를 증가시킴을 배웠다. Asp는 pK_a (α-COOH) = 1.9이고, 반면에 pK_a (β-COOH) = 3.7이다 (표 26-1). 그러므로 주의 깊게 조절된 pH에서 α-카복실레이트의 기능과 선택적 암모늄염을 형성하고, 열분해가 (19-10절) 뒤따른다. 문제는 상대적으로 느린 아마이드 형성의 온도 조건에서 빠른 양성자 교환이 일어난다는 것이다. 적절한 유도체의 첨가–제거 반응에서 두 개의 카보닐기의 다른 반응성을 희망하는 것이 더 좋다. α-아미노기의 전자 끌기 효과는 근접한 카보닐 탄소 (17-6, 19-4 그리고 20-1절) 의 더 증가된 친전자성에서 명백하고, 이는 대응하는 에스터 기능이 염기 가수분해에 더 쉽게 되게 한다. 실제로 이 시도는 밑에 보이는 대로 Asp의 *N*-Cbz 보호된 (페닐메틸) 다이에스터로 (표준 과정으로 준비된 26-6절) 실현되었다.

O H NHCbz
H_5C_6 O O C_6H_5
O
$\xrightarrow{H_2O,\ acetone,\ LiOH,\ 0°C}$
O H NCbz
H_5C_6 O OH
O
67%

Cbz-Asp-($OCH_2C_6H_5$)2

생성물은 Phe-OCH_3와 DCC로 연결되고, 촉매가 가수소분해 (26-6절) 에 의해 보호기가 떨어져 나가면서 aspartame이 생성된다.

단순화된 합성은 고리 유도체로써 이 작용기 화합물을 보호하는 잠재력에 기인한다. 예를 들면, 1,2-다이올은 고리 아세탈로 "가려진"다 (24-8절). 하이드록시산은 락톤으로 (19-9절), 아미노산은 락탐으로 (19-

10절), 다이카복실산은 무수물로 가려진다(19-8절). 마지막 두 가능성은 Asp에 적용되는 장점이 있다. 그러나 직접적인 락탐 형성은 고리 변형의 복잡성 때문에 곧 제외될 수 있다(비록 β-락탐은 aspartame의 준비에 사용되지만). 이 문제는 5원자 고리 무수물에 대한 탈수 반응과는 무관하다. 무수물은 활성화된 카복실산 유도물이기 때문에(20-3절) Asp 무수물은 첨가된 DCC의 도움 없이 Phe-OCH_3와 직접적으로 연결될 수 있다. Phe-OCH_3 아미노 말단의 친핵적 공격은 비록 완전하진 않지만, 원하는 위치에 우선적으로 일어난다. 생성물의 19%는 Asp의 β-카복시기의 펩타이드 결합 형성으로부터 나온다.

H^+, CH_3COCCH_3 (O O), $-CH_3COOH$ → Phe–OCH_3 → aspartame

93% Asp anhydride 61%

B. 구별된 카복시 Asp 유도체들의 전체 합성

접근 방법 A의 대안은 마지막 생성물로 선택적으로 단일 보호된 카복시 유도체를 제공하는 방법으로, 26-2절의 방법을 사용하여 Asp 골격을 작은 것으로부터 만드는 것이다. 이 문제에 대한 해법으로 많은 다양한 전략이 있다. 생각해 봄에 따라 α-아미노산 부분이 반응 중에 적절히 가려진 β-카복시기를 발견하는 것이 어렵다는 것을 알게 된다. 다음의 Gabriel 합성에서 재시도가 상대적으로 위험하지 않은 2-propenyl 치환기를 만드는데, 이것은 산화성 절단(12-12 그리고 24-5절)에 의해 결국 자유로운 β-카복시 부분이 만들어 지게 된다.

N$-CH(CO_2CH_2CH_3)_2$ → 1. $CH_3CH_2O^-$, CH_3CH_2OH 2. Br → N$-C(CO_2CH_2CH_3)_2$ ($CH_2CH{=}CH_2$) → H^+, H_2O, Δ →

H_2N H, OH, O → 1. Cbz 보호 2. Phe–OCH_3, DCC 3. 산화성 절단 → aspartame

29-29. 아미노산 분석기(26-5절)는 진한 보라색으로 변하는 지시약으로 아미노산의 존재를 "검출한다". 이 지시약은 ninhydrin A이고, 이는 아미노산과 반응하여 부생성물로 알데하이드와 CO_2를 만드는 보라색 화합물 B ("Ruhemann의 보라색")를 만든다.

2 A (OH, OH) + $H_2NCHCOOH$ (R) →(NaOH, $-H_2O$) B ($Na^{+-}O$) + RCH (O) + CO_2

A Ninhydrin 아미노산 B Ruhemann's purple

이 과정의 적절한 반응식을 쓰시오.

풀이

저장 목록을 만들어보자. (1) ninhydrin은 중심 카보닐기가 두 이웃에 의해 활성화된 대응하는 트라이온의 카보닐 수화물(17-6절)이다. (2) 지시약의 두 분자는 아미노산 한 분자를 B(아미노 질소를 가진), 알데하이드(RCH 부분에 해당하는)와 CO_2(카복시기로부터 나온)로 분해한다. (3) 카복실산의 카복시기이탈반응은 3-옥소(또는 비슷한) 기능의(23-2절) 존재하에 자발적으로 일어난다. (4) 매우 비편재된(그래서 색을 띤, 14-11절) B는 이민(17-9절)의 엔올레이트(18-1절)이다.

B가 탈수된 A와 대응하는 아민 C의 축합으로 유도된다는 마지막 요점의 인식은 문제를 단순화시킨다.

B를 단순화하기

B ⟹ (ninhydrin의 트라이온 형태) + H_2N–(2-amino-1,3-indandione) **C**

이것과 요점 1의 연결은 메커니즘의 첫 단계가 ninhydrin의 트라이온 형태로의 염기 촉매 탈수반응(17-6절)임을 제안한다. 이는 아미노산과 축합하여 대응하는 이민 D가 된다.

단계 1과 2

$$\mathbf{A} \xrightarrow[-H_2O]{^{-}OH} \text{(indan-1,2,3-trione)} \xrightarrow[-H_2O]{H_2NCH(R)COOH} \text{(2-imino, }=N\text{–CH(R)COOH)}\ \mathbf{D}$$

요점 3은 방향족 전이 상태(23-2절)를 통해 자발적으로 CO_2를 잃는 3-oxocarboxylic acid 유형의 중간물질을 찾아보게 한다. 실제로 D는 이에 잘 들어맞는다. 이것은 전기적으로 잘 평준화된 이민 유도체로 E를 생성한다.

단계 3

$$\mathbf{D} \xrightarrow{-CO_2} \text{(2-H, 2-}N{=}CHR\text{ indan-1,3-dione)}\ \mathbf{E}$$

이제 C와 알데하이드 생성물을 연결하는 단계를 보자. E의 단순 가수분해.

단계 4

$$\mathbf{E} \xrightarrow{H_2O,\ HO^-} \mathbf{C} + \overset{O}{\overset{\|}{\text{RCH}}}$$

이미 논의한 대로, 그 다음 C는 B염을 만들기 위해 염기 조건에서 ninhydrin과 축합된다.

새로운 반응식

1. 아미노산의 산도 (26-1절)

$$H_3\overset{+}{N}CH(R)COOH \qquad H_3\overset{+}{N}CH(R)COO^-$$

$pK_a \approx 2$–3 $\qquad$ $pK_a \approx 9$–10

$$\text{등전점 } pI = \frac{pK_{COOH} + pK_{NH_3^+}}{2}$$

2. 아르지닌(arginine)의 강한 염기인 구아니디노(guanidino)기 (26-1절)

$$RHN\ddot{}{-}C(={\ddot{N}H}){-}\ddot{N}H_2 + H^+ \rightleftharpoons \left[RH\ddot{N}{-}C(=\overset{+}{N}H_2){-}\ddot{N}H_2 \longleftrightarrow RH\ddot{N}{-}C(-\ddot{N}H_2)={\overset{+}{N}H_2} \longleftrightarrow RH\overset{+}{N}{=}C(-\ddot{N}H_2){-}\ddot{N}H_2 \right]$$

$pK_a \approx 13$

3. 히스티딘 (histidine) 에서 이미다졸 (imidazole) 의 염기도 (26-1절)

$p K_a = 7.0$

아미노산의 제조

4. **Hell-Volhard-Zelinsky** 브로민화 후 아민화반응 (26-2절)

$$RCH_2COOH \xrightarrow[2.\ NH_3,\ H_2O]{1.\ Br_2,\ trace\ PBr_3} RCH(\overset{+}{N}H_3)COO^-$$

5. **Gabriel** 합성 (26-2절)

$$\text{Potassium phthalimide } (N^-K^+) + BrCH(CO_2CH_3)_2 \xrightarrow{-KBr} \text{Phthalimido-}NCH(CO_2CH_3)_2 \xrightarrow[3.\ H^+,\ H_2O,\ \Delta]{1.\ RO^-Na^+;\ 2.\ R'X} R'CH(\overset{+}{N}H_3)COO^-$$

6. **Strecker** 합성 (26-2절)

$$RCHO \xrightarrow{HCN,\ NH_3} RCH(NH_2)CN \xrightarrow{H^+,\ H_2O,\ \Delta} RCH(\overset{+}{N}H_3)COO^-$$

폴리펩타이드 서열 결정법

7. 가수분해 (26-5절)

$$\text{Peptide} \xrightarrow{6\ N\ HCl,\ 110°C,\ 24\ h} \text{amino acids}$$

8. **Edman** 분해 (26-5절)

$$C_6H_5-N{=}C{=}S + H_2NCH(R)C(O)-NH-\sim \xrightarrow{H_2O} \xrightarrow{H^+,\ H_2O} \text{Phenylthiohydantoin} + H_2N-\sim$$

Phenylthiohydantoin　　Lower polypeptide

폴리펩타이드의 준비

9. 보호기 (26-6절)

$$RCH(\overset{+}{N}H_3)COO^- + C_6H_5CH_2OC(O)Cl \xrightarrow[-NaCl]{NaOH} C_6H_5CH_2OC(O)NHCH(R)COOH \xrightarrow[\text{보호기이탈};\ -C_6H_5CH_3;\ -CO_2]{H_2,\ Pd\text{–}C} RCH(\overset{+}{N}H_3)COO^-$$

Phenylmethyl chloroformate (Benzyl chloroformate)　　Cbz-protected amino acid

$$RCH(\overset{+}{N}H_3)COO^- + (CH_3)_3COC(O)OC(O)OC(CH_3)_3 \xrightarrow{(CH_3CH_2)_3N} (CH_3)_3COC(O)NHCH(R)COOH \xrightarrow[\text{보호기이탈};\ -CO_2;\ -CH_2{=}C(CH_3)_2]{H^+,\ H_2O} RCH(\overset{+}{N}H_3)COO^-$$

Bis(1,1-Dimethylethyl) dicarbonate (Di-*tert*-butyl dicarbonate)　　Boc-protected amino acid

10. Dicyclohexylcarbodiimide에 의한 펩타이드 결합 형성(DCC, 26-6절)

$$\text{Cbz-Gly} + \text{Ala-OCH}_2\text{C}_6\text{H}_5 + \underset{\text{DCC}}{\text{C}_6\text{H}_{11}\text{N{=}C{=}NC}_6\text{H}_{11}} \longrightarrow$$

$$\text{Cbz-Gly-Ala-OCH}_2\text{C}_6\text{H}_5 + \text{C}_6\text{H}_{11}\text{NH}\overset{\text{O}}{\overset{\|}{\text{C}}}\text{NHC}_6\text{H}_{11}$$

11. Merrifield 고체상 합성(26-7절)

$$\text{Ⓟ} \xrightarrow[-\text{CH}_3\text{CH}_2\text{OH}]{\text{ClCH}_2\text{OCH}_2\text{CH}_3,\ \text{SnCl}_4} \text{Ⓟ—CH}_2\text{Cl} \xrightarrow[2.\ \text{H}^+,\ \text{H}_2\text{O}]{1.\ (\text{CH}_3)_3\text{CO}\overset{\text{O}}{\overset{\|}{\text{C}}}\text{NH}\overset{\text{R}}{\overset{|}{\text{C}}}\text{HCOO}^-} \text{Ⓟ—CH}_2\text{O}\overset{\text{O}}{\overset{\|}{\text{C}}}\text{—}\overset{\text{R}}{\overset{|}{\text{C}}}\text{HNH}_2 \xrightarrow[2.\ \text{H}^+,\ \text{H}_2\text{O}]{1.\ (\text{CH}_3)_3\text{CO}\overset{\text{O}}{\overset{\|}{\text{C}}}\text{NH}\overset{\text{R}'}{\overset{|}{\text{C}}}\text{HCOOH},\ \text{DCC}}$$

Ⓟ = polystyrene

$$\text{Ⓟ—CH}_2\text{O}\overset{\text{O}}{\overset{\|}{\text{C}}}\text{—}\overset{\text{R}}{\overset{|}{\text{C}}}\text{HNH}\overset{\text{O}}{\overset{\|}{\text{C}}}\text{—}\overset{\text{R}'}{\overset{|}{\text{C}}}\text{HNH}_2 \xrightarrow{\text{HF}} \text{Ⓟ—CH}_2\text{F} + \text{H}_3\overset{+}{\text{N}}\overset{\text{R}'}{\overset{|}{\text{C}}}\text{H}\overset{\text{O}}{\overset{\|}{\text{C}}}\text{NH}\overset{\text{R}}{\overset{|}{\text{C}}}\text{HCOO}^-$$

중요한 개념

1. **폴리펩타이드**는 **아마이드 결합**으로 연결된 폴리(아미노산)이다. 대부분의 천연 폴리펩타이드들은 단지 19개의 서로 다른 L-아미노산과 글리신으로부터 만들어지며, 그 모두는 일반명과 3문자, 1문자로 된 약자를 가지고 있다.

2. 아미노산들은 **양쪽성**이다. 즉, pH에 따라 양성자화되기도 하고, 양성자가 이탈될 수도 있다.

3. **거울상 이성질적으로 순수한** 아미노산은 부분입체이성질체의 고전적인 분별 결정법이나 적절한 전구 물질의 선택적 반응에 의해 만들어진다.

4. **폴리펩타이드**의 **구조**는 다양하다. 그들은 크기, 조성, 수소 결합, 정전기적 힘 및 London 힘에 의해 선형, 고리형, 이황화 다리놓인 구조, 병풍형, α 나선형, 초나선형 구조 또는 무질서한 구조가 될 수 있다.

5. **아미노산**과 **핵산**은 주로 크기나 전하에 기초한 고체 지지체와 결합하는 능력의 차이에 의해 **분리**된다.

6. **폴리펩타이드**의 **서열 결정**은 선택적인 사슬 절단과 그 결과 생성되는 더 짧은 폴리펩타이드 조각에 대한 아미노산 분석으로 가능하다.

7. **폴리펩타이드 합성**에는 다이사이클로헥실카보다이이미드로 끝이 보호된 아미노산이 필요하다. 생성물은 사슬의 연장을 위해 양쪽 어느 쪽이든 선택적으로 보호기를 떼어낼 수 있다. Merrifield 합성에서처럼 **고체 지지체**의 사용은 자동화될 수 있다.

8. 단백질 마이오글로빈과 헤모글로빈은 폴리펩타이드로써 아미노산 사슬은 활성 자리인 **헴**을 둘러싼다. 헴은 가역적으로 산소와 결합하는 철을 포함하며, 이는 산소의 획득, 운반, 인도를 가능케한다.

9. **핵산**은 생체 고분자 물질로써 인산기와 염이 당에 연결된 구조이다. DNA와 RNA 각각에는 단지 네 개의 서로 다른 염기와 한 개의 당이 존재한다. 염기들은 아데닌-타이민(RNA의 경우에는 유라실), 구아닌-사이토신 짝지음이 특히 **수소 결합**에 의해 선호되며, 핵산은 **상보적인 염기 서열**을 가지는 이합체 나선 구조를 가지게 된다. DNA에서 이 배열은 풀려서 **DNA 복제**와 **RNA 합성**을 위한 주형 역할을 한다. **단백질 합성**에서 각각의 아미노산은 **코돈**이라고 하는 세 개의 연속적인 RNA 염기 서열에 의해 특징지워진다. 따라서 RNA 가닥에서의 염기 서열(**유전 암호**)은 단백질에서 특정 아미노산 서열로 번역된다.

10. **DNA 서열 결정**은 제한 효소, 방사능 표지, 화학적 절단 반응을 이용한 작은 조각 형성과 이의 전기이동을 통한 분석을 거쳐서 이루어진다.

11. **DNA 합성**은 실리카 지지체를 통하여 이루어지는데, 여기서 자라나는 올리고뉴클레오타이드 서열은 염기, 알코올과 포스파이트-포스페이트 **보호기**의 도움으로 만들어진다.

12. **중합효소 연쇄 반응(PCR)**은 많은 DNA 복사물을 만들어낸다.

문제

30. Isoleucine과 threonine (표 26-1) 에 대한 올바른 입체화학적 구조를 그리시오. Threonine의 계통명은 무엇인가?

31. 약어 *allo*는 아미노산의 **부분입체이성질체**를 나타낼 때 사용하는 말이다. 모든 allo-L-isoleucine의 구조를 그리고 그 계통명을 쓰시오.

32. 다음 아미노산이 수용액에서 제시된 pH값에 나타내는 구조를 그리시오.
(a) Alanine pH = 1, 7, 12 **(b)** serine pH = 1, 7, 12 **(c)** lysine pH = 1, 7, 9.5, 12
(d) histidine pH = 1, 5, 7, 12 **(e)** cysteine pH = 1, 7, 9, 12 **(f)** aspartic acid pH = 1, 3, 7, 12
(g) arginine pH = 1, 7, 12, 14 **(h)** tyrosine pH = 1, 7, 9.5, 12

33. 문제 32에서 어떤 아미노산들이 pH = 7에서 **(a)** 양전하, **(b)** 중성, **(c)** 음전하를 띠는지 각각의 집단으로 분류하시오.

34. 문제 32에 있는 아미노산들의 p*I*가 어떻게 유도되는지 보이시오 (표 26-1 참조). 특히 두 가지 이상의 pK_a값을 가지는 아미노산에 대해서 주어진 p*I*값이 계산된 이유를 자세히 설명하시오

35. 어떻게 Hell-Volhard-Zelinsky 브로민화 후 아민화반응을 이용하여 다음 아미노산들을 라세미형으로 합성할 수 있는지 설명하시오. **(a)** Gly, **(b)** Phe, **(c)** Ala.

36. 어떻게 Strecker 합성을 이용하여 다음 아미노산들을 라세미형으로 합성할 수 있는지 설명하시오. **(a)** Gly, **(b)** Ile, **(c)** Ala.

37. 주어진 다음 화합물에 제시된 반응을 진행시키면 어떤 아미노산이 만들어지는가?

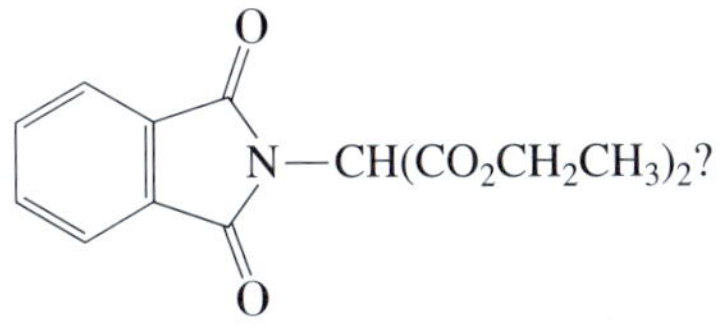

N—$CH(CO_2CH_2CH_3)_2$?

1. $CH_3CH_2O^-Na^+$, CH_3CH_2OH. 2. $Br(CH_2)_4NHCOCH_3$. 3. H^+, H_2O, Δ.

38. 26-2절의 방법 중 한 가지를 선택하든지, 또는 자신이 고안한 방법을 선택하여 라세미형의 다음 아미노산들의 이성적인 합성 방법을 제안하시오. **(a)** Val, **(b)** Leu, **(c)** Pro, **(d)** Thr, **(e)** Lys

39. **(a)** Strecker의 phenylalanine 합성 방법을 쓰시오. 생성물은 카이랄성을 보이는가? 또 광학 활성이 있는가? **(b)** Strecker의 phenylalanine 합성에 있어서 NH_3를 광학 활성이 있는 아민으로 바꾸면 한쪽 거울상이성질체가 더 많이 생긴다는 사실이 알려졌다. 다음 구조에서 보이는 각각의 입체중심을 *R* 또는 *S*로 표시하고, 왜 카이랄 아민의 사용이 마지막 입체이성질체 중 한 형태만 우세하게 만들어주는지 설명하시오.

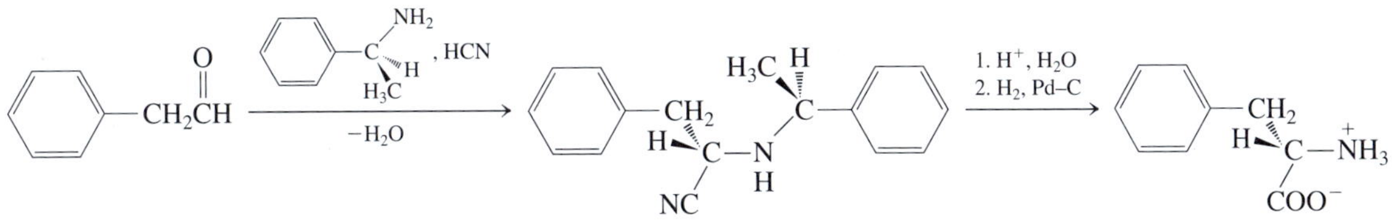

CH_2CH(=O) —[NH_2, H_3C, H, HCN; $-H_2O$]→ CH_2, H, C, N, H, NC, H_3C, H, C (주생성물) —[1. H^+, H_2O; 2. H_2, Pd–C]→ CH_2, H, C—$\overset{+}{N}H_3$, COO^- (주생성물)

40. 마늘에 존재하는 항박테리아성 물질은 알리신(화학 이야기 9-4, 9장 문제 73) 은 흔하지 않은 아미노산인 알리인으로부터 효소 알리나아제의 작용에 의해 합성된다. 알리나아제는 세포외 효소이기 때문에 이 과정은 마늘의 세포가 부서질 때에만 일어난다. 아미노산 알린의 합성 과정을 제시하시오 (**힌트**: 표 26-1에 제시된 아미노산 중에서 알린과 구조적으로 관계되어 있는 것을 선택하고 그 합성 방법을 먼저 생각해 보라).

$$H_2C{=}CHCH_2\overset{O}{\overset{\|}{S}}CH_2\overset{\overset{+}{N}H_3}{\overset{|}{C}}HCOO^-$$

Alliin

41. Isoleucine의 네 개의 광학이성질체인 (+)-isoleucine, (−)-isoleucine, (+)-alloisoleucine, (−)-alloisoleucine 혼합물을 분리하는 방법을 제안하시오(문제 31). (주: Alloisoleucine은 isoleucine보다 모든 온도 범위에 있어서 80% ethanol에 훨씬 더 잘 녹는다는 사실을 이용하라.)

42. 다음 각 화합물의 구조를 다이펩타이드, 트라이펩타이드 등으로 구분하고 이 화합물에 들어 있는 모든 펩타이드 결합을 찾아보시오.

(a) $H_3\overset{+}{N}-CH[(CH_3)_2CH]-C(=O)-NH-CH(CH_3)-C(=O)-NH-CH(HSCH_2)-COO^-$

(b) $H_3\overset{+}{N}-CH(HOCH_2)-C(=O)-NH-CH(CH_2COO^-)-COO^-$

(c) $H_3\overset{+}{N}-CH(CH_2\text{-imidazolyl})-C(=O)-NH-CH(CH_3CHOH)-C(=O)-N-CH(\text{pyrrolidine ring})-C(=O)-NH-CH[CH_2(CH_2)_3\overset{+}{N}H_3]-COO^-$

(d) $H_3\overset{+}{N}-CH(CH_2C_6H_4OH)-C(=O)-NH-CH_2-C(=O)-NH-CH_2-C(=O)-NH-CH(CH_2C_6H_5)-C(=O)-NH-CH[CH_2CH(CH_3)_2]-COO^-$

43. 아미노산의 3문자 약자를 사용하여 문제 42의 펩타이드 구조를 짧게 쓰시오.

44. 문제 32의 아미노산과 문제 42의 펩타이드 중에서 어느 것이 pH = 7의 전기이동 조건에서 **(a)** 양극 쪽으로 또는 **(b)** 음극 쪽으로 이동할지 나타내시오.

45. 비단은 β 병풍 구조로 이루어져 있는데, 그 폴리펩타이드 사슬은 반복되는 Gly-Ser-Gly-Ala-Gly-Ala으로 구성되어 있다. 아미노산 곁사슬의 어떤 성질들이 β 병풍 구조를 선호하도록 만들어 주는가? β 병풍 구조의 그림으로(그림 26-3) 이런 선호도에 대한 설명을 할 수 있는가?

46. 그림 26-8C의 마이오글로빈 구조 중에서 α 나선 구조가 얼마나 있는지 알아보시오. Proline은 마이오글로빈의 37, 88, 100, 120번 위치에 존재한다. 이 proline들은 마이오글로빈의 삼차 구조에 어떠한 영향을 미치는가?

47. 마이오글로빈의 153개의 아미노산 중 78개가 극성인 곁사슬을 가지고 있다(Arg, Asn, Asp, Gln, Glu, His, Lys, Ser, Thr, Trp, Tyr). 마이오글로빈이 자연스로운 접힙 구조를 가질 때 78개 중 76개의 곁사슬은 표면으로부터 바깥쪽을 향하고 있다(histidine 두 개 제외). 한편 마이오글로빈의 내부는 두 histidine과 Gly, Val, Leu, Ala, Ile, Phe, Pro, Met만을 포함하고 있다. 그 이유를 설명하시오.

48. 다음 관찰 결과에 대해 그 이유를 설명하시오. **(a)** 판상 구조를 가지는 대부분의 다른 폴리펩타이드처럼 비단은 물에 녹지 않는다. **(b)** 마이오글로빈과 같은 구형 단백질은 일반적으로 물에 잘 녹는다. **(c)** 구형 단백질의 삼차 구조가 깨어지면(변성) 이들은 수용액으로부터 침전된다.

49. 여러분 자신의 말로, 바소프레신(연습문제 26-10)에 존재하는 아미노산의 종류를 알아낸 연구자가 그 후 행할 다음 실험 단계의 윤곽을 그리시오.

50. 문제 42의 펩타이드들에 대한 단일 Edman 분해 생성물을 쓰시오.

51. 그라미시딘 S와 phenyl isothiocyanate와의 반응(Edman 분해) 결과는 무엇인가? (**힌트**: 어느 기능기가 이 물질과 반응하는가?)

52. 폴리펩타이드 뷰라디키닌(bradykinin)은 조직 호르몬으로써, 통증을 유발시키는 기능을 하는 것으로 알려져 있다. Edman 시약으로 한 번 처리하여 뷰라디키닌의 *N*-말단 아미노산이 Arg로 밝혀졌다. 불완전한 산 가수분해를 시키면 뷰라디키닌의 무질서한 절단이 일어나 Arg-Pro-Pro-Gly, Phe-Arg, Ser-Pro-Phe, Gly-Phe-Ser이 만들어진다. 완전한 가수분해 후 아미노산을 분석하면 아미노산의 비율이 각각 3 Pro, 2 Phe, 2 Arg, 1 Gly, 1 Ser로 나타난다. 뷰라디키닌의 아미노산 순서를 유추하시오.

53. 강력한 생물학적 마취 작용을 하는 뇌 펩타이드의 일정인 메트-엔케팔린의 아미노산 순서는 Tyr-Gly-Gly-Phe-Met이다. 메트-엔케팔린을 단계별 Edman 분해 반응으로 처리하면 만약 어떤 생성물이 만들어지는가?

문제 42(d)에 제시된 펩타이드는 메트-엔케팔린과 관계가 있으며, 또 비슷한 성질을 나타내는 류-엔케팔린이다. 만약 류-엔케팔린을 Edman 분해 반응으로 처리하면 그 결과가 메트-엔케팔린과 어떻게 다른가?

54. 뇌하수체에서 분비되는 코티코트로핀은 부신피질을 자극하는 호르몬이다. 다음 정보로부터 일차 구조를 결정하시오. (i) 키모트립신에 의한 가수분해는 여섯 개의 펩타이드를 생성한다. Arg-Trp, Ser-Tyr, Pro-Leu-Glu-Phe, Ser-Met-Glu-His-Phe, Pro-Asp-Ala-Gly-Glu-Asp-Gln-Ser-Ala-Glu-Ala-Phe, Gly-Lys-Pro-Val-Gly-Lys-Lys-Arg-Arg-Pro-Val-Lys-Val-Tyr. (ii) 트립신에 의한 가수분해는 자유 lysine, 자유 arginine, 그리고 다음 다섯 개의 펩타이드를 형성한다. Trp-Gly-Lys, Pro-Val-Lys, Pro-Val-Gly-Lys, Ser-Tyr-Ser-Met-Glu-His-Phe-Arg, Val-Tyr-Pro-Asp-Ala-Gly-Glu-Asp-Gln-Ser-Ala-Glu-Ala-Phe-Pro-Leu-Glu-Phe.

55. 성분 아미노산으로부터 류-엔케팔린[문제 42(d)]을 합성하는 방법을 제시하시오.

56. 다음 분자는 갑상선 자극 호르몬 방출 호르몬이다(TRH). 이 호르몬은 시상하부에서 분비되어 뇌하수체를 자극함으로써 갑상선 자극 호르몬을 분비되게 만든다. 그리고 이것은 갑상선을 자극한다. 갑상선은 일반적인 물질대사를 조절하는 티록신 같은 호르몬을 생성한다.

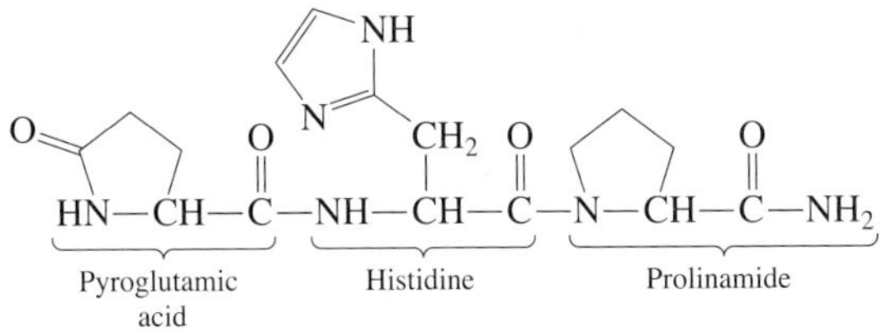

NH
N
O   O CH_2 O   O
HN—CH—C—NH—CH—C—N—CH—C—NH_2
Pyroglutamic acid   Histidine   Prolinamide

처음 TRH를 분리해 낼 때에는 4톤의 시상하부 조직을 처리해야 했고, 이를 통해 1 mg의 호르몬만을 얻을 수 있었다. 따라서 당연하게도 TRH를 조직에서 추출해내는 것보다 실험실에서 합성하는 것이 더 편리하다. Glu, His, Pro으로부터 TRH를 합성하는 방법을 고안하시오. 여기서 pyroglutamic acid는 Glu의 락탐 형태로써 Glu를 140 ℃로 가열하면 쉽게 얻을 수 있다는 사실을 이용하라.

57. **(a)** 26-9절에 표현된 DNA 염기의 구조는 가장 안정한 토토머만을 보여 주고 있다. 이 각각의 헤테로고리에 대하여 가능한 하나 이상의 또 다른 토토머를 그리시오(토토머화에 대해서는 13-7, 18-2절 참조). **(b)** 어떤 경우에는 덜 안정한 토토머가 적은 양 존재하는 것이 잘못된 염기 짝지음을 일으켜 DNA 복제나 mRNA 합성에 오류를 가져올 수 있다. 그 예로 아데닌의 이민 토토머가 있는데, 이것은 thymine 대신에 cytosine과 짝지음을 한다. 이 경우에 수소 결합으로 연결된 염기쌍의 구조를 그리시오(그림 26-11 참조). **(c)** 표 26-3을 이용하여 메트-엔케팔린에 있는 다섯 개의 아미노산을 암호전달하는 mRNA의 가능한 서열을 제시하시오(문제 53 참조). 만약에 (b)에서 이야기한 잘못된 짝지음이 mRNA를 합성하는 데 있어서 가능한 첫 번째 위치에서 일어난다면, 만들어지는 펩타이드의 아미노산 서열은 어떻게 변할 것인가? (초기 코돈은 무시하라).

58. 팩터 Ⅷ은 혈전의 형성에 관여하는 단백질의 하나이다. 팩터 Ⅷ를 암호화하는 유전자에 결함이 생기면 고전적 혈우병이 발생할 수 있다. 팩터 Ⅷ는 2332개의 아미노산을 포함한다. 이 단백질을 합성하기 위해서는 얼마나 많은 뉴클레오타이드가 필요한가?

59. 표 26-1과 26-3에 제시된 일반적인 아미노산 20개뿐 아니라, 셀레노시스테인(Sec)과 피롤라이신(Pyl), 이렇게 두 가지 아미노산이 26-10절에 제시된 핵산 기반 세포 기구에 의해 단백질에 포함될 수 있다.

Sec와 Pyl에 대한 3염기 암호는 각각 UGA와 UAG이다. 이 암호는 일반적으로 단백질 합성을 종결시키는 데 사용된다. 하지만 만약 어떤 특정한 염기 서열과 함께 있으면, 이 암호는 드문 아미노산을 단백질에 포함시키며, 펩타이드 사슬의 성장을 지속시킨다.

Pyl은 드물게 존재하며, 일부 고대 박테리아에만 존재한다. CH_2SeH의 곁사슬을 가지고 있는 Sec는 널리 존재한다. 사실 Sec는 그 기능을 위해 필수 희귀 원소인 셀레늄의 반응성을 필요로 하는 최소 24개 이상의 인간 단백질에 존재한다. Sec 안에 있는 SeH기의 pK_a는 5.2이다(Cys에 있는 SH기의 pK_a는 8.2이다). **(a)** pH 7에서 Sec의 구조를 그리시오. 이 구조를 같은 pH에서의 Cys의 구조와 비교하시오. **(b)** Sec의 p*I*값을 구하시오. **(c)** 주기율표에서 황과 셀레늄의 관계를 찾아보고 SH와 SeH 사이의 pK_a값의 차이를 고려했을 때, Sec의 화학적 반응성은 Cys와 비교했을 때 어떠할 것으로 예상되는가?

60. **도전 문제** Hydroxyproline (Hyp)은 다른 많은 아미노산들처럼 필수라고 "공식적"으로 인정되지는 않지만, 그럼에도 생물학적으로 필수적인 물질이다. 그것은 단백질 콜라젠의 아미노산 함량의 대략 14%를 차지한다. 콜라젠은 피부와 결합 조직의 주요 성분이다. 이것은 또한 손톱, 뼈, 치아 등에도 다른 무기물질과 함께 존재한다. **(a)** Hydroxyproline의 계통명은 (2*S*,4*R*)-4-hydroxyazacyclo-pentane-2-carboxylic acid이다. 이 아미노산에 대해 입체화학적으로 정확한 구조를 그리시오. **(b)** Hyp는 몸에서 펩타이드가 결합된 proline과 산소를 이용하여, 펩타이드가 결합된 형태로 합성된다. 이 과정은 효소 촉매 작용에 의해 일어나며, 비타민 C를 필요로 한다. 비타민 C가 없다면 결합이 있는 Hyp-부족 콜라젠만이 형성된다. 비타민 C의 부족은 피부의 출혈, 잇몸의 팽창과 출혈을 특징으로 하는 괴혈병을 일으킨다.

다음에 제시된 효율적인 hydroxyproline의 실험실 합성 반응 단계에서 필요한 시약인 (i)과 (ii)를 채우고, 별표로 표시된 반응 단계에 대한 자세한 메커니즘을 제시하시오.

$ClCH_2$–(epoxide) $\xrightarrow{\text{i}}$ (phthalimide)N–CH_2–(epoxide) $\xrightarrow{Na^{+}\,{}^{-}CH(COOCH_2CH_3)_2{}^{*}}$

(phthalimide)NCH_2–(lactone)–$COOCH_2CH_3$ $\xrightarrow{SO_2Cl_2}$ (phthalimide)NCH_2–(lactone)–C(Cl)$COOCH_2CH_3$ $\xrightarrow{\text{ii*}}$ hydroxyproline

(c) 콜라젠이 부분적으로 가수분해된 물질인 젤라틴은 hydroxyproline을 많이 포함하고, 따라서 갈라지거나 부러진 손톱을 치료하기 위해 사용될 수 있다. 하지만 다른 대부분의 단백질처럼 젤라틴도 흡수가 되기 전에 위와 소장에서 거의 완벽하게 아미노산으로 분해된다. 이 과정을 통하여 혈류로 흡수된 자유 hydroxyproline이 몸에서 콜라젠을 합성하는 데 도움이 될 수 있을까? (**힌트**: 표 26-3에 있는 3염기 암호 중 hydroxyproline을 암호화하는 것이 있는가?)

61. **도전 문제** 올리고삭카라이드(24장)의 생합성 과정에서는 탄수화물 뿐만 아니라 단백질과 핵산의 화학적 성분 또한 이용된다. 다음의 예에서는 galactose 분자와 *N*-아세틸갈락토사민 사이에 이당 결합이 형성되었다. galactose("주개" 당)는 유리딘 이인산 에스터의 형태로 이 연결 과정에 이용되며, "받개"인 갈락토사민은 단백질의 세린 잔기에 있는 hydroxyl기와의 글리코사이드 결합으로 인해 적정 장소에 놓여지게 된다. 갈락토실 전달효소는 특별하게 주개의 C1과 받개의 C3 사이에 이당 결합을 형성한다.

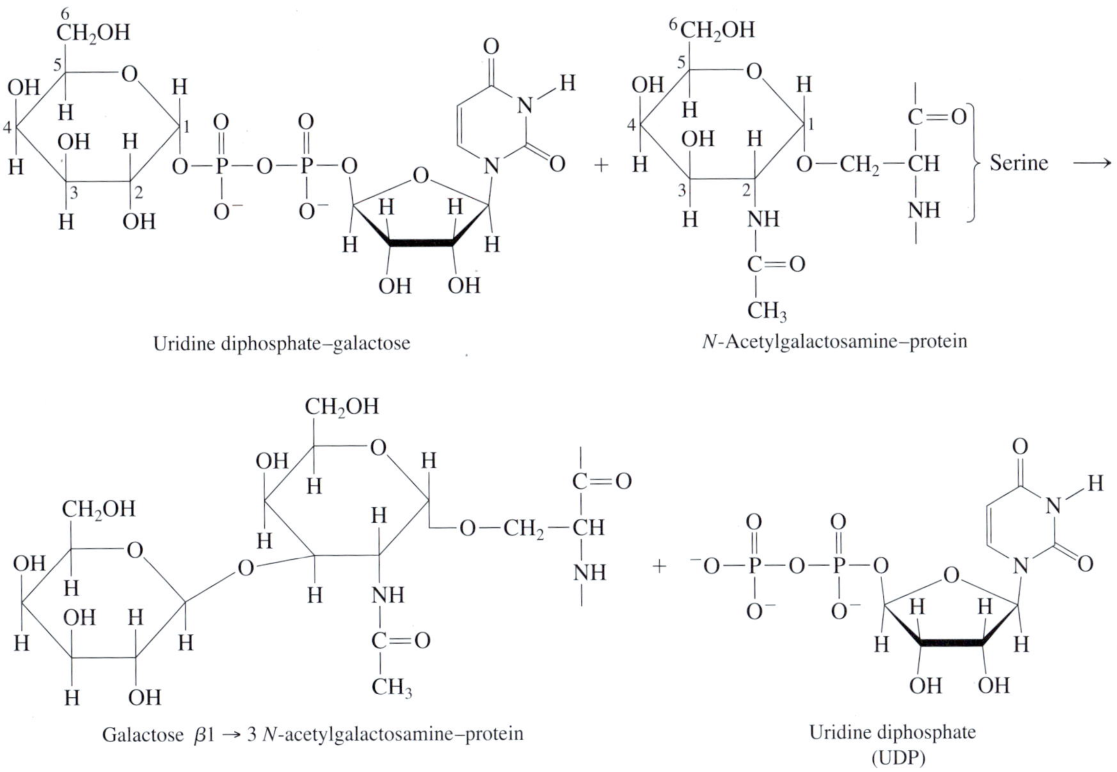

Uridine diphosphate–galactose + *N*-Acetylgalactosamine–protein (Serine) ⟶

Galactose $\beta 1 \rightarrow 3$ *N*-acetylgalactosamine–protein + Uridine diphosphate (UDP)

이 반응의 메커니즘은 어떤 다른 기본 반응의 메커니즘과 유사한가? 반응에 참여하는 다양한 물질들의 역할을 서술하시오.

62. **도전 문제** 겸상 적혈구 빈혈증은 헤모글로빈의 β 사슬을 암호화하는 DNA 유전자에서 단 하나의 염기 서열의 오류로 발생하는데, 이는 종종 치명적인 유전적 결함이 될 수 있다. 정확한 핵산 서열은 (mRNA 주형을 읽었을 때) AUGGUGCACCUGACUCCUGAGGAGAAG…로 시작된다. **(a)** 이 염기 서열에 해당하는 단백질 아미노산 서열로 번역하시오. **(b)** 겸상 적혈구 조건을 만드는 돌연변이는 앞서 제시된 서열에서 굵은 글자체의 A를 U로 바꾸는 것이다. 이러한 오류가 만들어지는 아미노산 서열에 어떠한 결과를 초래하는가? **(c)** 이러한 아미노산의 변화는 헤모글로빈 분자의 성질을 바꾸게 된다. 특히 분자의 극성과 모양을 변화시킨다. 이러한 영향이 생기는 이유를 제시하시오(표 26-1에 제시된 아미노산 구조와 그림 26-8C에 제시된 마이오글로빈의 구조를 참고하시오. 마이오글로빈의 구조는 헤모글로빈의 구조와 유사하다. 단백질 삼차 구조에서 돌연변이에 의해 치환되는 아미노산의 위치에 유의하라).

[MCAT® Questions]

The section that follows includes material from previously administered MCAT® items and is reprinted with permission of the Association of American Medical Colleges (AAMC).

Passage Number I

The addition of hydrogen halides to double or triple carbon-carbon bonds can result in more than 1 product, as illustrated in Reactions 1 and 2.

$$C_5H_{11}\text{–}CH_2CH{=}CH_2 \xrightarrow{HX} C_5H_{11}\text{–}CH_2CH(X)CH_3 + C_5H_{11}\text{–}CH_2CH_2CH_2X$$

Product A Product B

Reaction 1

$$C_6H_5\text{—}C{\equiv}C\text{—}CH_3 \xrightarrow{HX} (X)(C_6H_5)C{=}C(H)(CH_3) + (H)(C_6H_5)C{=}C(X)(CH_3)$$

Product C Product D

Reaction 2

A chemist postulated that the formation of Products A and C involves a carbocation intermediate, whereas Products B and D result from a competing radical-chain addition.

It was discovered that the results of these additions were strongly affected by the reaction conditions. For example, when Reactions 1 and 2 were carried out in the presence of silica gel (SiO_2) or alumina (Al_2O_3) surfaces, the yields and product distributions were dramatically altered. Tables 1 and 2 summarize the effects of the reaction conditions on the results of Reactions 1 and 2.

1. From Tables 1 and 2 it can be concluded that the reaction of HCl with 1-octene or 1-phenylpropyne in the *absence* of silica or alumina:
   (a) results in a mixture of products.
   (b) results in a 100% yield of the products.
   (c) requires 3 hr of reaction time.
   (d) does not occur within 1 hr.

2. Which of the following is most likely the predominant *competing* reaction in Reaction 2?
   (a) Rearrangement of carbocationic intermediates
   (b) Migration of the double bond in the product alkenes

TABLE 1 Experimental Results of Reaction 1 under Various Conditions

Unsaturated compound	Reaction conditions	Product A (%)	Product B (%)	Starting material left over (%)
1-Octene	HCl, 1 hr	0	0	100
1-Octene	HCl, Al_2O_3, 1 hr	60	0	11
1-Octene	HBr, 0.3 hr	11	83	6
1-Octene	HBr, SiO_2, 0.7 hr	96	0	trace

TABLE 2 Experimental Results of Reaction 1 under Various Conditions

Unsaturated compound	Reaction conditions	Product C (%)	Product D (%)	Starting material left over (%)
$C_6H_5C{\equiv}CCH_3$	HCl, 1 hr	0	0	100
$C_6H_5C{\equiv}CCH_3$	HCl, SiO_2,	*E*: 39		
	1 hr	*Z*: 11	0	44
$C_6H_5C{\equiv}CCH_3$	HBr, 3 hr	*E*: 29	*E*: 18	
		Z: 8	*Z*: 29	0
$C_6H_5C{\equiv}CCH_3$	HBr, Al_2O_3,	*E*: 14		
	0.3 hr	*Z*: 79	0	0

Table adapted from P. J. Kropp, K. A. Daus, S. D. Crawford, M. W. Tubergen, K. D. Kepler, S. L. Craig, and V. P. Wilson, "Surface-Mediated Reactions. 1. Hydrohalogenation of Alkenes and Alkynes." ©1990 by the American Chemical Society.

(c) Reduction of the product alkenes with H_2
(d) Addition of HX to the product alkenes

3. Which of the following is the structure of the carbocation intermediate that will result in the formation of Product C?
(a) $C_6H_5{-}\overset{+}{C}{\equiv}C{-}CH_3$
(b) $C_6H_5{-}\overset{+}{C}{=}CH{-}CH_3$
(c) $C_6H_5{-}C{\equiv}\overset{+}{C}{-}CH_3$
(d) $C_6H_5{-}CH{=}\overset{+}{C}{-}CH_3$

4. The transformation of 1-octene to Product A involves the conversion of:
(a) sp^2 hybrid orbitals to sp hybrid orbitals.
(b) sp^2 hybrid orbitals to sp^3 hybrid orbitals.
(c) sp hybrid orbitals to sp^2 hybrid orbitals.
(d) sp hybrid orbitals to sp^3 hybrid orbitals.

5. According to the results of Table 1, which of the following should be the major product of the reaction of 1-butene with HBr/SiO_2 after 0.7 hr?
(a) 1-Bromo-1-butene
(b) 2-Bromo-2-butene
(c) 2-Bromobutane
(d) 1-Bromobutane

For further information, see Chapters 12 ansd 13.

Passage Number II

A variety of highly functionalized compounds (Compounds 1–4) were recently isolated from marine sources in British Columbia.

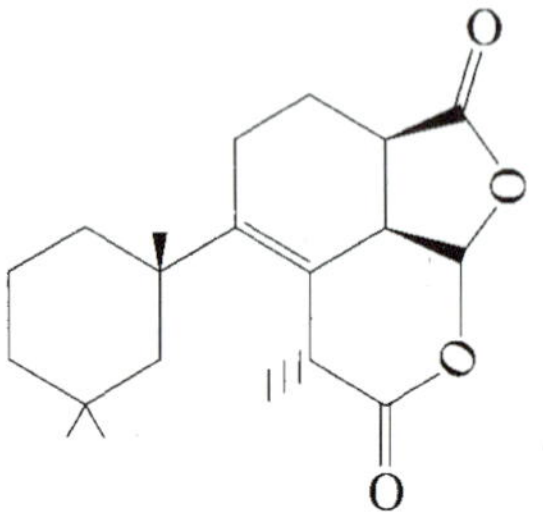

Compound 1 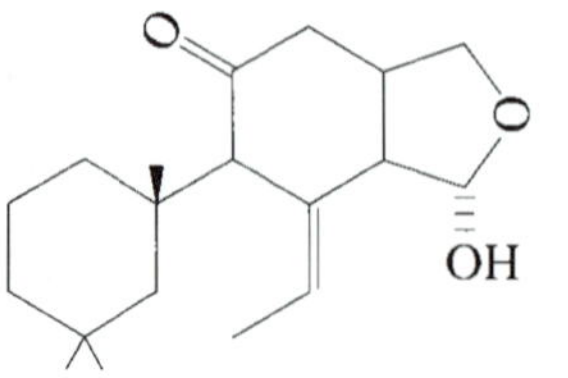 **Compound 2** 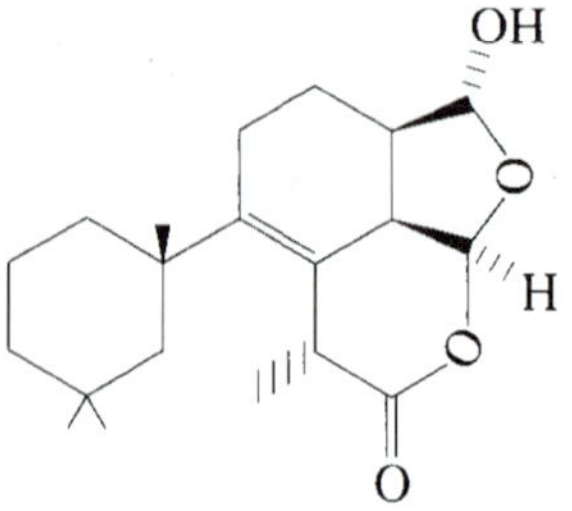 **Compound 3** 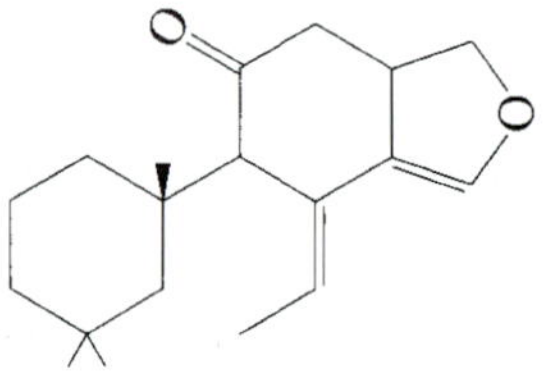 **Compound 4**

The marine material was extracted with methanol, and the methanol was removed from the resulting organic material by evaporation. The residue was subsequently extracted from a saturated NaCl solution with ethyl acetate. The ethyl acetate fractions were combined, and the ethyl acetate was removed by evaporation. The remaining material contained Compounds 1–4, which were separated and purified by chromatography.

The structures of the four compounds were determined by NMR and IR spectroscopy. Furthermore, the structure of Compound 3 was confirmed by treatment with acetic anhydride to give a previously known ester, Compound 5 (Reaction 1).

$$\textbf{Compound 3} \xrightarrow{(CH_3\overset{O}{\overset{\|}{C}})_2O} \textbf{Compound 5}$$

Acetic anhydride

Reaction 1

1. Compounds 1 and 3 can be distinguished from each other by their IR spectra because the spectrum of:
   (a) Compound 1 will exhibit a C—O stretch, and that of Compound 3 will not.
   (b) Compound 1 will exhibit an O—O stretch, and that of Compound 3 will not.
   (c) Compound 3 will exhibit a C—H stretch, and that of Compound 1 will not.
   (d) Compound 3 will exhibit an O—H stretch, and that of Compound 1 will not.

2. Conjugated double bonds can be found in which of the compounds described in the passage?
   (a) Compounds 1 and 2 only
   (b) Compound 4 only
   (c) Compounds 1, 2, and 3 only
   (d) Compounds 1, 2, 3, and 4

3. Compound 6 is shown below. What is the stereochemical relationship between Compound 6 and Compound 3?

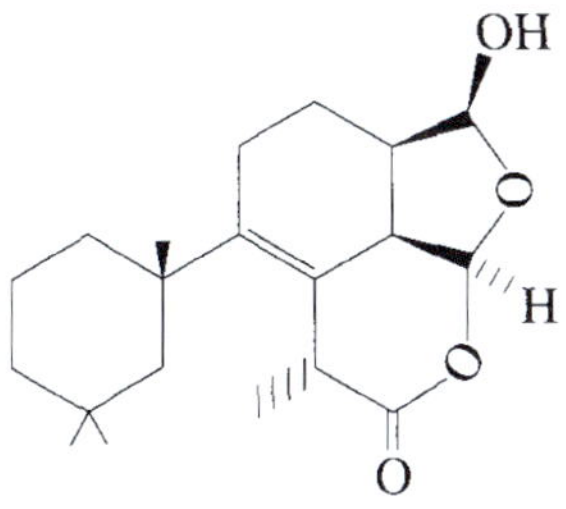

   (a) They are identical.
   (b) They are structural isomers.
   (c) They are nonsuperimposable and are mirror images of each other.
   (d) They are nonsuperimposable and are *not* mirror images of each other.

4. Which of the following reaction conditions can be used to convert Compound 2 into Compound 4?
   (a) H_2SO_4/H_2O
   (b) $NaOH/CH_3CH_2OH$
   (c) $H_2/Pd/C$
   (d) $Cr_2O_7^{2-}/H^+$

For further information, see Chapters 11.

Passage Number III

A forensic chemist was given a liquid sample and was asked to identify its components. A small portion of the liquid was subjected to gas chromatographic (GC) analysis, and it was observed that the sample contained two volatile compounds, one of which was diethylamine.

The sample was dissolved in methylene chloride (CH_2Cl_2), and the diethylamine was removed by extraction. The methylene chloride was subsequently removed by evaporation, leaving the other volatile component, Compound A.

Compound A was neutral to litmus but dissolved in refluxing sulfuric acid. Workup of the sulfuric acid solution yielded a solid, Compound B (melting point [MP] = 133°C), and a liquid, Compound C. Possible structures for Compound B are listed in Table 1. The identity of Compound B was then determined from its neutralization equivalent, which is equal to the molecular weight of the acid divided by the number of carboxy groups in the molecule.

The IR spectrum of Compound C indicated that it was an alcohol, and the proton NMR data allowed the chemist to assign its structure.

Ultimately, the structure of Compound A was deduced from the identities of Compounds B and C. The structure of Compound A was confirmed by comparison with an authentic reference sample.

TABLE 1 Possible Structures of Compound B

Compound	Structure	MP	Molecular weight (g/mole)
Cinnamic acid	C_6H_5—CH=CHCOOH	133°C	148
Furoic acid	(furan ring)—COOH	133°C	112
Malonic acid	HOOC—CH_2—COOH	133°C	104
Mandelic acid	C_6H_5—CH(OH)COOH	133°C	152
Sebacic acid	HOOC$(CH_2)_8$—COOH	133°C	202

1. Which of the following solutions would be suitable for the extraction of diethylamine from the methylene chloride solution?
   (a) Benzene
   (b) Ethyl alcohol
   (c) 10% aqueous HCl
   (d) 10% aqueous $NaHCO_3$

2. Based on the observation that Compound A was determined to be a neutral substance, which of the following types of compounds should have been considered as possible structures?
   (a) RC(O)H and RC(O)OH
   (b) RC(O)OR and R—O—R
   (c) R—NH_2 and RC(O)OR
   (d) RC(O)OH and R—O—R

3. Which absorption band from the IR spectrum of Compound C is most characteristic of an alcohol?
   (a) A broad absorption band at approximately 3,300 cm^{-1}
   (b) A broad absorption band at approximately 2,000 cm^{-1}
   (c) A strong, sharp absorption band at approximately 1,600 cm^{-1}
   (d) A strong, sharp absorption band at approximately 800 cm^{-1}

4. Under the proper conditions, any of the compounds in Table 1 could react with diethylamine to form the corresponding:
   (a) nitrile
   (b) amine
   (c) imine
   (d) amide

For further information, see Chapters 11.

Passage Number IV

Two chemists proposed methods to synthesize esters.

CHEMIST A Chemist A suggested that the best method for preparing an ester involves the reaction of a carboxylic acid with an alcohol, as shown in Reaction A.

$$CH_3\overset{\overset{O}{\|}}{C}OH + HOCH_2CH_3 \underset{}{\overset{H_2SO_4}{\rightleftharpoons}} CH_3\overset{\overset{O}{\|}}{C}OCH_2CH_3 + H_2O$$

Reaction A

Chemist A proposed the following mechanism for Reaction A.

$$CH_3\overset{\overset{O}{\|}}{C}OH \overset{H^+}{\rightleftharpoons} CH_3\overset{\overset{^+OH}{\|}}{C}OH \overset{CH_3CH_2OH}{\rightleftharpoons} CH_3\overset{\overset{OH}{|}}{\underset{\underset{H\overset{+}{O}CH_2CH_3}{|}}{C}}OH$$

$$\rightleftharpoons CH_3\overset{\overset{OH}{|}}{\underset{\underset{OCH_2CH_3}{|}}{C}}OH + H^+ \rightleftharpoons CH_3\overset{\overset{OH}{|}}{\underset{\underset{OCH_2CH_3}{|}}{C}}\overset{+}{O}H_2 \rightleftharpoons H_2O + CH_3\overset{\overset{^+OH}{\|}}{C}OCH_2CH_3$$

$$\rightleftharpoons CH_3\overset{\overset{O}{\|}}{C}OCH_2CH_3 + H^+$$

CHEMIST B Chemist B pointed out that Reaction A often gives low yields because the equilibrium constant is relatively low. As an alternative, Chemist B suggested that a higher yielding method to synthesize esters involves the reaction of an acid chloride (such as acetyl chloride) with an alcohol, as shown in Reaction B.

$$CH_3\overset{\overset{O}{\|}}{C}OH \xrightarrow{SOCl_2} CH_3\overset{\overset{O}{\|}}{C}Cl \xrightarrow[HOCH_2CH_3]{Et_3N} CH_3\overset{\overset{O}{\|}}{C}OCH_2CH_3 + HCl$$

Reaction B

1. According to Chemist A, the role of the sulfuric acid in Reaction A is to:
   (a) provide energy for the nucleophilic attack of the alcohol.
   (b) act as a solvating medium.
   (c) make the hydroxy group of the alcohol more nucleophilic.
   (d) make the carbonyl group of the carboxylic acid more electrophilic.

2. Chemist A separated the three organic compounds in Reaction A on a thin-layer chromatography plate that separated the compounds according to polarity. If the least polar compound traveled the farthest up the plate, what was the order of the distances traveled by the three compounds?
   (a) Carboxylic acid $<$ alcohol $<$ ester
   (b) Ester $<$ alcohol $<$ carboxylic acid
   (c) Alcohol $<$ carboxylic acid $<$ ester
   (d) Ester $<$ carboxylic acid $<$ alcohol

3. Which of the following is most likely a role of the weak base Et_3N in Reaction B?
   (a) It neutralizes the acetic acid.
3. (b) It neutralizes the HCl by-product.
   (c) It protonates the acid chloride.
   (d) It protonates the ethanol.

4. If (*R*)-2-phenylpropanoic acid is substituted for acetic acid in Reaction A, what will Chemist A predict about the stereochemistry of the product ester?
   (a) The ester will have an *R* configuration.
   (b) The ester will have an *S* configuration.
   (c) The product will be a mixture of the *R* and *S* esters.
   (d) The product will not contain a chiral center.

For further information, see Chapters 20.

Passage Number V

The preparation, isolation, and characterization of highly unstable compounds remain a challenge for synthetic organic chemists. To circumvent these problems, chemists have developed the method of *matrix isolation,* which typically involves trapping an unstable compound by freezing it in a solid matrix. Two high-energy compounds that have been successfully isolated by this technique are *benzyne* and a *propellane*.

Benzyne

Benzyne is a highly unstable intermediate that is thought to be formed from the base-promoted elimination of a halide and a hydrogen from adjacent carbon atoms in an aryl halide. It has been proposed that the structure of benzyne is highly strained and contains a very reactive triple bond. Although benzyne cannot be routinely isolated, evidence for the existence of this intermediate has been provided by the isolation of its decomposition by-product, triphenylene, which is presumably formed from a reaction between three molecules of benzyne. In addition, benzyne can now be trapped (and detected spectroscopically) by the photochemical decomposition of a high-energy reactant in a frozen argon matrix (see Reaction 1).

$h\nu$, Ar, 8 K → Benzyne

Reaction 1

Propellanes

Propellanes are extremely reactive compounds in which two carbons that are directly connected are also connected by three other bridges. The propellane shown in Reaction 2 readily reacts with itself to form the corresponding dimer.

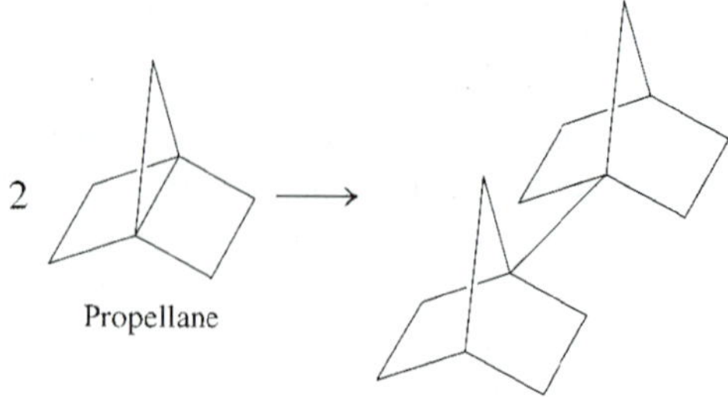

Reaction 2

Under controlled reaction conditions, however, this propellane can be isolated. As shown in Reaction 3, when the diiodo compound is treated with potassium at relatively high temperatures, the resulting propellane may be trapped by rapidly freezing the vapor into a nitrogen matrix.

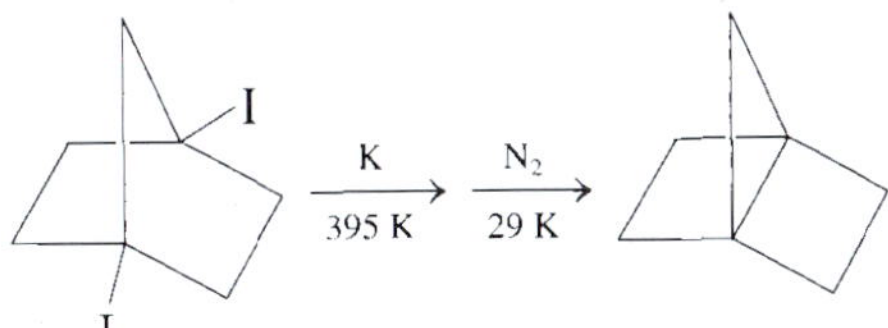

Reaction 3

1. The high reactivity of the propellane described in the passage is most likely a result of:
   (a) its bent shape. **(b)** forced planarity.
   (c) ring strain. **(d)** steric repulsion between substituents.

2. Which of the following represents a resonance structure of benzyne?

   (a) 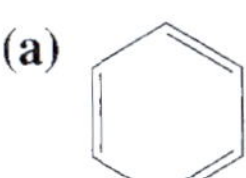 **(b)** 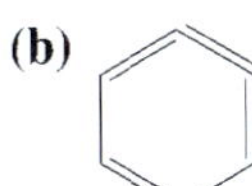 **(c)** 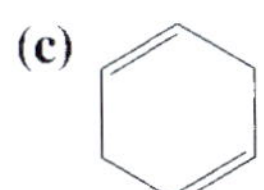 **(d)** 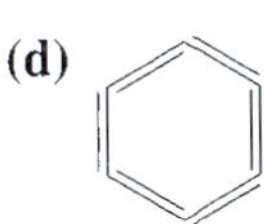

3. On the basis of the information in the passage, what is the temperature at which the product of Reaction 3 is frozen in a matrix?
   (a) −273°C **(b)** −244°C
   (c) 120°C **(d)** 151°C

4. According to the passage, the solid matrix in which an unstable compound is to be trapped should:
   (a) be composed of a substance with a high freezing point.
   (b) be composed of a substance with a low freezing point.
   (c) react with the starting material to give the unstable product.
   (d) react with the unstable product to give a new, stable product.

5. In addition to benzyne, which of the following compounds will most likely be formed in Reaction 1?
   (a) 4 O_2
   (b) 2 CO
   (c) 2 CO_2
   (d) H_2CO_3

For further information, see Chapters 22.

Passage Number VI

Recently, it has been reported that the mushroom tyrosinase enzyme catalyzes an oxidative coupling reaction of 2,6-disubstituted phenols (Compounds 1a–f) to the corresponding diphenoquinones (Compounds 2a–f) and bisphenols (Compounds 3a–f), as shown below.

It was discovered that the outcome of the reaction was affected by the presence of acetonitrile, as well as the substituents on the phenol starting materials (see Table 1). It was also observed that the reaction did not proceed under an argon atmosphere.

TABLE 1 Results of Oxidative Coupling Reactions

Compound	Structure	Rxn. time (hr)	Product yield (%) 2a–f (diphenoquinones)	Product yield (%) 3a–f (bisphenols)
1a	OH	9	96 (70*)	0 (20*)
1b	OH, H_3CO, OCH_3	9	98 (72*)	0 (20*)
1c	OH	55	0 (50*)	0 (24*)
1d	OH	58	0 (46*)	0 (24*)
1e	OH	60	0 (40*)	0 (20*)
1f	OH, Cl, Cl	72	0	0

*Reaction carried out in acetonitrile solvent.

1. The reaction of Compound 1f is most likely *unsuccessful* because the chloride substituent:
   (a) is too sterically bulky.
   (b) contains lone electron pairs.
   (c) is electron donating.
   (d) is electron withdrawing.

2. From the data in Table 1, what can be determined about the effect of reaction time on the product distribution?
   (a) Longer reaction times result in lower yields.
   (b) Longer reaction times result in higher yields.
   (c) Longer reaction times result in increased bisphenol formation.
   (d) Nothing can be determined without further data.

3. Which of the following compounds from the passage can be most obviously distinguished from each other by their IR spectra?
   (a) Compounds 1a and 1d
   (b) Compounds 2d and 2e
   (c) Compounds 3b and 3e
   (d) Compounds 3d and 3e

4. Which of the phenols in Table 1 has the most acidic hydrogen?
   (a) Compound 1a
   (b) Compound 1b
   (c) Compound 1e
   (d) Compound 1f

For further information, see Chapters 22.

Passage Number VII

Six unlabeled vials were discovered in a laboratory and were each thought to contain one of the following sweeteners.

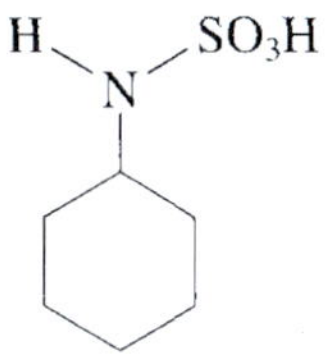

Compound A

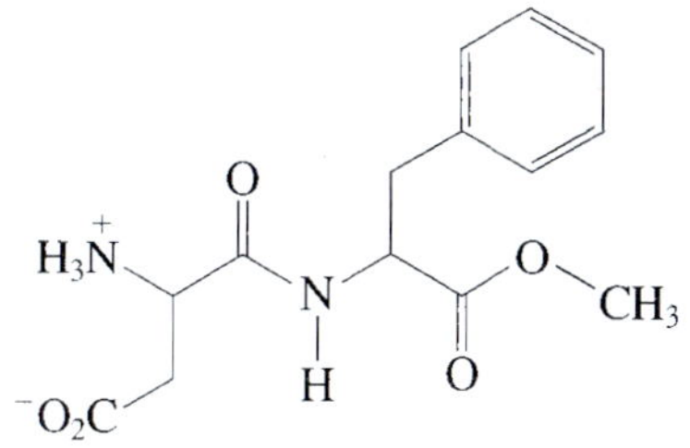

Compound B

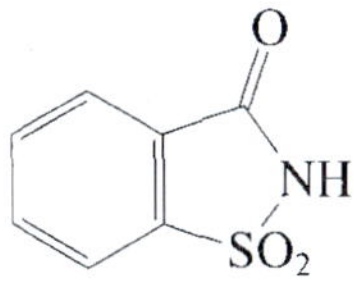

Compound C

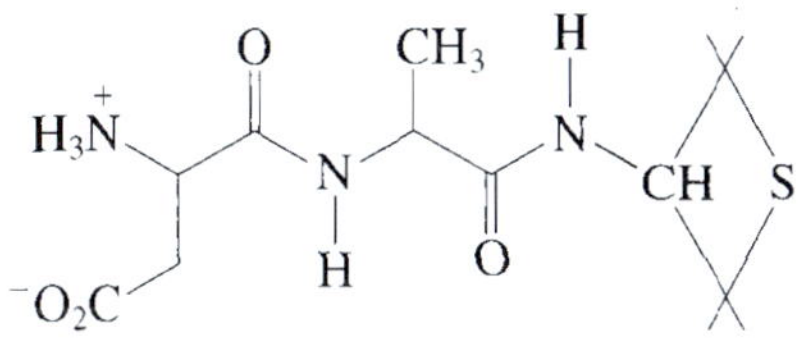

Compound D

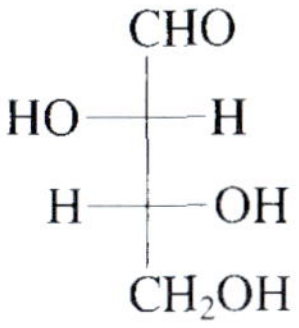

Compound E

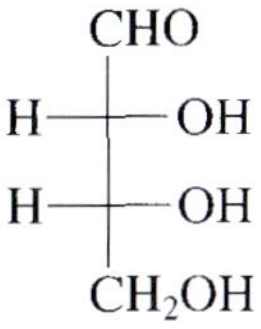

Compound F

A chemist performed a variety of experiments in order to determine the identity of the unknown compounds.

1. HNO_3 oxidizes primary alcohols and aldehydes to the corresponding carboxylic acid. One of the sweeteners was found to be optically active; however, its optical activity vanished upon treatment with HNO_3. Which of the following compounds could it be?
   (a) Compound B
   (b) Compound C
   (c) Compound E
   (d) Compound F

2. Phenylketonuria (PKU) is a genetic disease, the victims of which are unable to metabolize phenylalanine $[C_6H_5CH_2CH(CO_2^-)(NH_3^+)]$. Which of the sweeteners in the passage should someone with PKU avoid ingesting?
   (a) Compound A
   (b) Compound B
   (c) Compound C
   (d) Compound D

3. The trade name of one stereoisomer of Compound B is Aspartame. How many total stereoisomers of Compound B exist?
   (a) 2
   (b) 4
   (c) 6
   (d) 8

4. Which of the following observations best supports the argument that the physiological sensation of taste involves a receptor site that is chiral?
   (a) Compound A is 2 times as sweet as Compound B.
   (b) Compound A is 1/10 as sweet as Compound C.
   (c) Two stereoisomers of Compound E are sweet.
   (d) One stereoisomer of Compound C is sweet and another is tasteless.

For further information, see Chapters 24.

Passage Number VIII

A chemist tested the proteins in a snake venom for hemorrhagenic activity (the ability to cause bleeding). To separate the proteins, the chemist used two methods. The first method was *gel-filtration chromatography*, which separates proteins according to size. In this technique, a column is filled with porous beads, and a mixture of proteins is allowed to pass through the beads. Proteins that are too large to enter the beads pass through the column at a faster rate than do smaller proteins; therefore, the larger proteins emerge from the column earlier.

In the second method, *ion-exchange chromatography*, proteins are separated on the basis of their net charge. If a column is loaded with positively charged beads, negatively charged proteins bind to the beads, and positively charged proteins pass through the column. The negatively charged proteins are subsequently released from the beads after the addition of a sodium chloride solution.

EXPERIMENT 1 The snake venom was subjected to gel-filtration chromatography, and Fractions 1, 2, 3, and 4 were collected in order as they passed out of the column (each fraction contains either a single protein or a group of proteins). The chemist discovered that only the material in the last fraction (Fraction 4) showed hemorrhagenic activity.

EXPERIMENT 2 When the material in Fraction 4 was subjected to ion-exchange chromatography, Fraction A passed out of the column. Addition of a sodium chloride solution resulted in the elution of Fractions B and C. None of the three materials exhibited hemorrhagenic activity; however, activity was restored when Fractions A, B, and C were recombined.

EXPERIMENT 3 The chemist subsequently determined that Fractions B and C each contained a single, pure protein (Proteins B and C, respectively), whereas Fraction A contained two different proteins (Proteins A1 and A2).

1. Which of the following modifications to Experiment 1 might result in a better separation of *only* the materials found in Fraction 4?
   (a) Using beads with smaller pores
   (b) Using beads with larger pores
   (c) Using a shorter column
   (d) Filling the column with fewer beads

2. In Experiment 2, which of the following is the most reasonable explanation for the effect of the sodium chloride solution?
   (a) Sodium and chloride ions increase the charge interactions between the proteins and the charged beads.
   (b) Sodium and chloride ions clean out the column by passing through the column immediately.
   (c) Sodium and chloride ions bind to the charged proteins, and the resulting complex is retained in the column.
   (d) Sodium and chloride ions competitively bind to the beads, and the charged proteins are released from the column.

3. The beads in a gel-filtration chromatography column should have which of the following characteristics?
   (a) Neutral and inert
   (b) Neutral and reactive
   (c) Charged and inert
   (d) Charged and reactive

4. Which of the following statements accurately describes the relative size and charge of Proteins A1 and A2?
   (a) They are approximately the same size and have the same charge.
   (b) They are approximately the same size and have opposite charges.
   (c) They are very different in size and have the same charges.
   (d) They are very different in size and have opposite charges.

For further information, see Chapters 26.

Passage Number IX

Cyclophosphamide (Compound 1) is an anticancer drug that is effective against a broad range of human tumors. The metabolic pathway of cyclophosphamide has been the subject of much research. The metabolism as it was understood in 1990 is shown in Scheme A.

Scheme A

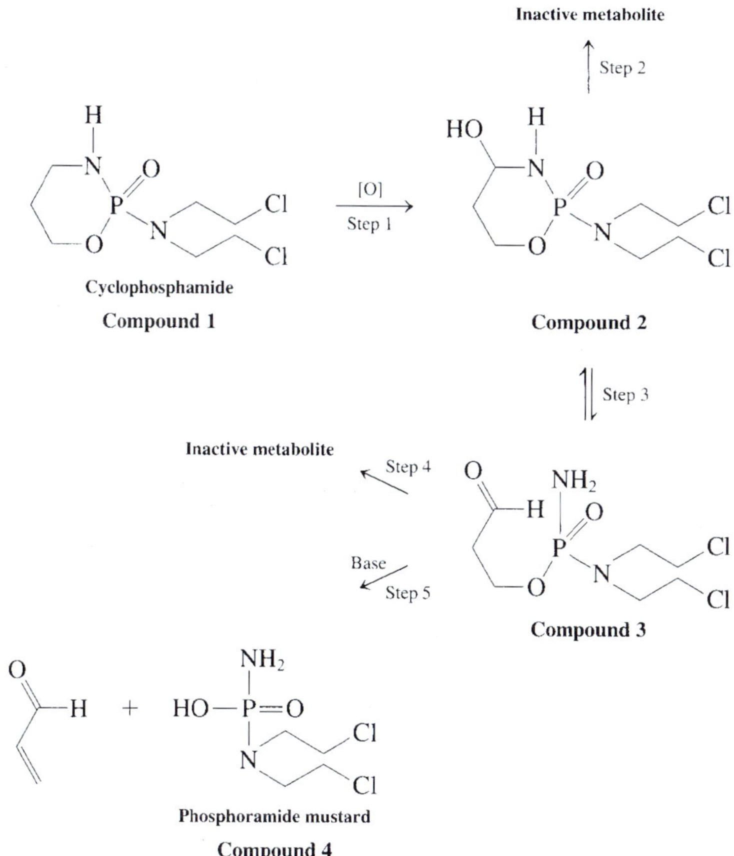

Cyclophosphamide (Compound 1) is enzymatically oxidized in the liver to Compound 2 (Step 1). Oxidation of Compound 2 to an inactive carbonyl-containing metabolite can occur. This is also an enzyme-catalyzed reaction, but the enzyme is different from the enzyme causing the oxidation in Step 1. If this second oxidation does not occur, an equilibrium between Compound 2 and Compound 3 is established, favoring Compound 3.

At this point, the pathway splits into two irreversible reactions. In Step 4, oxidation by a third enzyme forms another inactive metabolite. Alternatively, a base can remove an α–proton from Compound 3. Loss of the leaving group followed by neutralization of all charges produces propenal or acrolein and phosphoramide mustard (Compound 4), the anticancer active metabolite.

1. Which of the following functional groups best describes the portion of cyclophosphamide shown below? (R represents an alkyl group.)

   RO—P=O

   (a) Carboxylic acid derivative
   (b) Phosphate ester
   (c) Phosphate ether
   (d) Alkyl phosphorylase

2. The aldehyde, (*E*)-2-butenal, is an analog of propenal, the by-product produced in Step 5.

   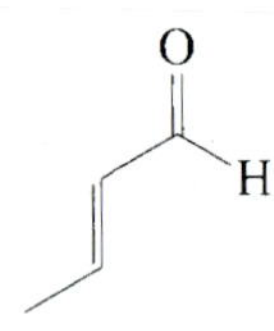

   (*E*)-2-Butenal

   If (*E*)-2-butenal were treated with bromine in carbon tetrachloride, the dibromide product would be the result of:
   (a) anti addition.
   (b) *cis* addition.
   (c) syn addition.
   (d) cycloaddition.

3. Enzymes are naturally occurring proteins which catalyze biological reactions. Because they are catalysts, enzymes:
   (a) change the energy of the reactants.
   (b) change the energy of the products.
   (c) change the energy difference (ΔH) between products and reactants.
   (d) change the reaction pathway.

4. What is the notation for the reaction mechanism for Step 5?
   (a) E1
   (b) E2
   (c) S_N1
   (d) S_N2

5. Step 1 produces only one of the two possible isomeric secondary alcohols next to the N atom. The enzymatic reaction which produces the single isomer is called:
   (a) regioselective.
   (b) regiospecific.
   (c) stereoselective.
   (d) stereospecific.

For further information, see Chapters 8, 12, and 20.

Passage Number X

Many organic compounds contain two functional groups, both of which may react with certain reagents. When attempting to react only one of the groups, it is often necessary to protect the other group by temporarily changing it into a functional group that is inert to the reagent to be used. This temporary group is known as a *protecting group* and it is removed at the end of the reaction.

ALCOHOLS Alcohols can be protected by treatment with acetic anhydride, an enol ether, or an alkyl halide (see Reactions 1–3).

Reaction 1

HO–(cyclohexane)–CH_2COCH_3 (C=O) $\xrightarrow[\text{Pyridine}]{CH_3C(O)OC(O)CH_3}$

Compound I

CH_3CO(C=O)–(cyclohexane)–CH_2COCH_3 (C=O)

Compound II

Reaction 2

Br–CH₂CH₂–OH + (dihydropyran) ⟶ Br–CH₂CH₂–O–(tetrahydropyranyl)

Compound III **Compound IV** **Compound V**

Reaction 3

$CH_2{=}CHCH_2CH_2OH + CH_3I \xrightarrow{\text{Base}} CH_2{=}CHCH_2CH_2OCH_3$

AMINES As with alcohols, amines can be protected with acetic anhydride (see Reaction 4).

Reaction 4

$H_3CC(O)CH_2NH_2 + H_3CC(O)OC(O)CH_3 \xrightarrow{\text{Pyridine}} H_3CC(O)CH_2NHC(O)CH_3$

ACIDS Carboxylic acids can be protected by treatment with thionyl chloride and potassium *t*-butoxide, as illustrated in Reaction 5.

Reaction 5

$BrCH_2CH_2\overset{O}{\overset{\|}{C}}OH \xrightarrow[2)\ K^{+\ -}OC(CH_3)_3]{1)\ SOCl_2} BrCH_2CH_2\overset{O}{\overset{\|}{C}}OC(CH_3)_3 + KCl$

Compound VI **Compound VII**

1. Which of the following functional groups are present in the product shown for Reaction 4?
(a) Two ketones and an amide
(b) A ketone and an amide
(c) A ketone and an ester
(d) An ester and an amide

2. What is the product of the first step of Reaction 5?

(a) $ClOSCH_2CH_2C(=O)OH$

(b) $ClCH_2CH_2C(=O)OH$

(c) $BrCH_2CH_2C(=O)Cl$

(d) $BrCH_2CH_2C(=O)OSOCl$

3. If an ester, an ether, and an acid are contained in the same molecule, in what order will they react with aqueous base?
   (a) The ether, the acid, then the ester
   (b) The acid, the ester, then the ether
   (c) The acid, the ether, then the ester
   (d) The ester, the acid, then the ether

4. When Compound VII is subjected to acid hydrolysis, Compound VI is regenerated and 2-methylpropene is formed. Which of the following transformations accounts for the formation of 2-methylpropene?
   (a) Dehydration of an alcohol
   (b) Nucleophilic displacement of a halide
   (c) Cleavage of an ether
   (d) Oxidation of an acid

5. An important characteristic of a protecting group is that it must be:
   (a) small, to prevent steric hindrance of other reactions.
   (b) very reactive toward most reagents.
   (c) very inert to all reagents.
   (d) easy to remove at the end of a reaction.

For further information, see Chapters 9 and 20.

Passage Number XI

A chemist conducted a series of experiments in which styrene and para-substituted styrenes were allowed to react with anhydrous nitric acid in dichloromethane. Figure 1 shows the structures of some of the reactants the chemist used and the products obtained in the study.

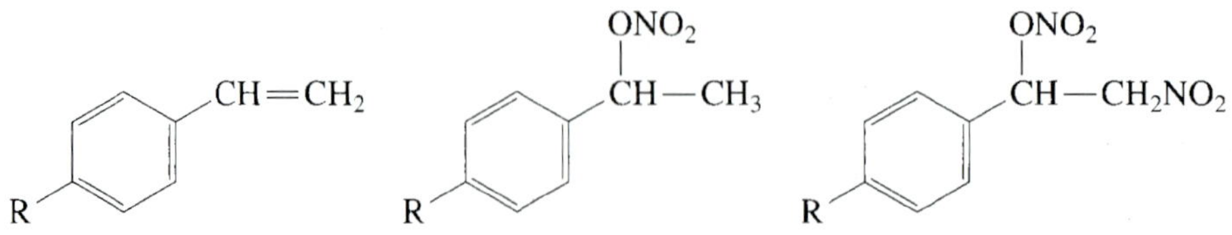

Compound 1: $R-C_6H_4-CH=CH_2$

Compound 2: $R-C_6H_4-CH(ONO_2)-CH_3$

Compound 3: $R-C_6H_4-CH(ONO_2)-CH_2NO_2$

Figure 1 Reactants and products.

Table 1 shows the results of five experiments in the study.

TABLE 1 Experimental Results

Experiment	Organic substrate (Compound 1)	Major product	Minor product(s)
1	Styrene (R = H)	Compound 2 (R = H)	Yes
2	4-Methylstyrene (R = $-CH_3$)	Compound 2 (R = $-CH_3$)	No
3	4-Nitrostyrene (R = $-NO_2$)	Compound 3 (R = $-NO_2$)	No
4	4-Trifluoromethylstyrene (R = $-CF_3$)	Compound 3 (R = $-CF_3$)	No
5	4-Chlorostyrene (R = Cl)	Compound 2 and Compound 3 (R = Cl)	Yes

Yes in the last column of Table 1 means that minor products do form during the experiment, and *no* means that minor products do not form.

1. In Experiment 1, the major product results from what type of reaction?
   (a) An addition reaction
   (b) A substitution reaction
   (c) An elimination reaction
   (d) A cleavage reaction

2. The minor products of Experiment 1 result from mononitration of the aromatic ring. These by-products are related structurally in that they are
   (a) diastereomers.
   (b) resonance forms.
   (c) constitutional isomers.
   (d) enantiomers.

3. Is the hypothetical explanation that Compound 3 (R = $-NO_2$) arises from an S_N2 reaction between Compound 2 and HNO_3 a plausible explanation?
   (a) Yes, because the nitro group bonds to a primary carbon atom, which favors an S_N2 reaction
   (b) Yes, because the $-ONO_2$ group activates the site of substitution
   (c) No, because S_N2 reactions do not occur on aromatic substrates
   (d) No, because hydride ion cannot serve as a leaving group

4. Which of the following structures shows the major product of a reaction between 4-ethylstyrene and anhydrous nitric acid in dichloromethane?

   (a)
   NO_2
   CH—CH_3
   CH_3CH_2

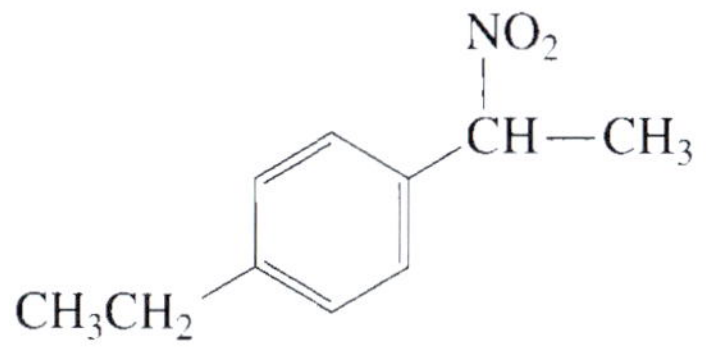

   (b)
   ONO_2
   CH—CH_3
   CH_3CH_2

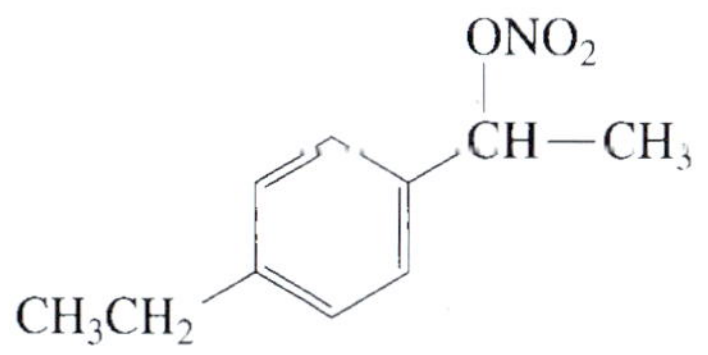

(c) [structure: 4-ethylphenyl–CH(ONO$_2$)–CH$_2$NO$_2$]

CH_3CH_2 ... $CH(ONO_2)-CH_2NO_2$

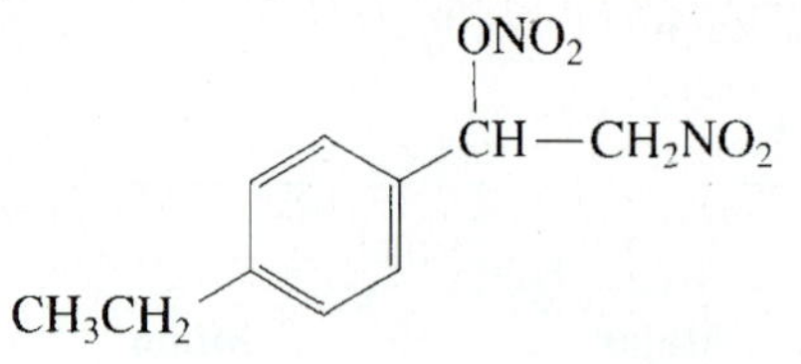

(d) CH_3CH_2 ... $CH_2-CH_2NO_2$

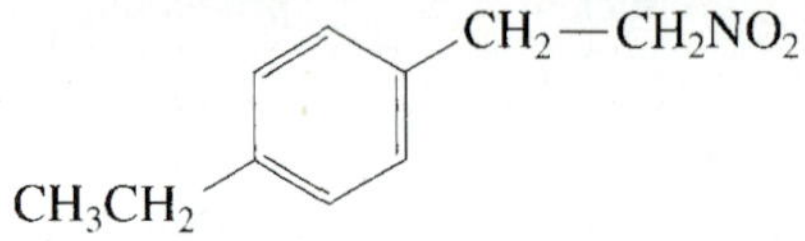

5. A reaction between Compound 1, where R is an acetyl group ($-COCH_3$), and nitric acid would most closely mimic which experiment shown in Table 1?
   (a) Experiment 1
   (b) Experiment 2
   (c) Experiment 3
   (d) Experiment 5

For further information, see Chapters 5, 12, and 22.

Passage Number XII

Two chlorinated compounds, Compound 1 and Compound 2, have been isolated from a culture medium of the fungal strain *Bjerkandera fumosa.* The structures of these compounds (Figure 1) were proven by synthesis. The synthesis of Compound 1 is shown in Figure 2.

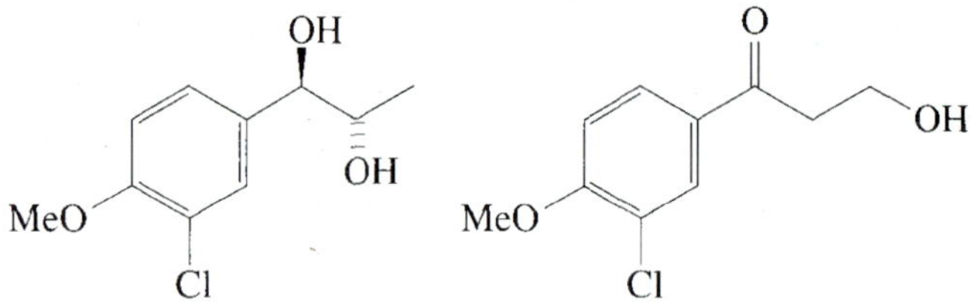

OH OH MeO Cl **Compound 1**

O OH MeO Cl **Compound 2**

Figure 1 Structures of Compounds 1 and 2.

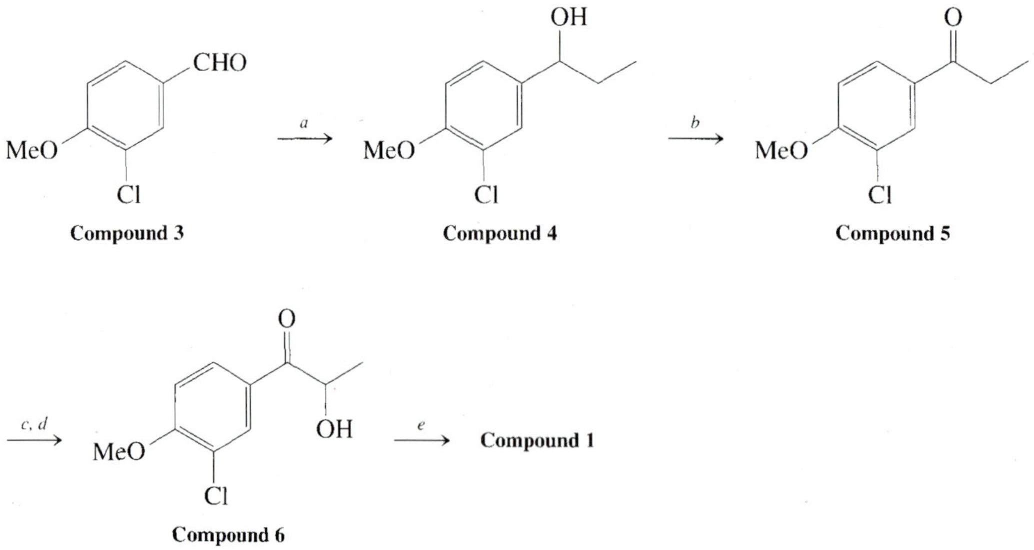

CHO MeO Cl **Compound 3** $\xrightarrow{a}$ OH MeO Cl **Compound 4** $\xrightarrow{b}$ O MeO Cl **Compound 5**

$\xrightarrow{c,\ d}$ O OH MeO Cl **Compound 6** $\xrightarrow{e}$ **Compound 1**

Figure 2 Synthesis of Compound 1; key: (*a*) standard procedure; (*b*) PDC, CH_2Cl_2, rt.; (*c*) TMSCl, Et_3N, rt.; (*d*) cat. OsO_4, NMMO, acetone, 0°C; (*e*) $Zn(BH_4)_2$, ether, 0°C.

A common procedure converted Compound 3 into Compound 4, which was allowed to react with PDC to produce Compound 5. The latter compound was converted into its trimethylsilyl enol ether and treated with OsO_4 in the presence of N-methylmorpholine N-oxide (NMMO) to produce Compound 6, an α-ketol. When treated with $NaBH_4$, Compound 6 gave a mixture of erythro and threo diols but yielded the desired erythro product exclusively on treatment with $Zn(BH_4)_2$.

The synthetic Compound 1 was shown to be identical to the natural compound by gas chromatography (GC) and mass spectroscopy (MS). Compound 2 was synthesized by a known procedure, starting with Compound 7. The structure of the synthetic Compound 2 was also shown to be identical to the natural compound by GC/MS.

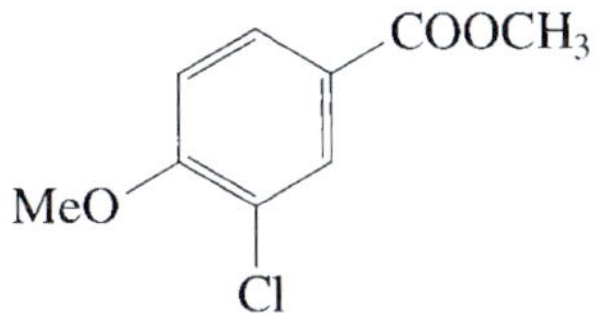

$COOCH_3$

MeO

Cl

Compound 7

1. If the chemists wished to cleave the methyl-oxygen bond of the methoxy ether in Compound 2, which of the following reagents would accomplish the task?
   (a) HI
   (b) I_2/NaOH
   (c) NaI
   (d) CH_3I

2. Step *a* of Figure 2 was accomplished by reacting Compound 3 with:
   (a) ethyl iodide in dry ether.
   (b) ethylmagnesium iodide in dry ether.
   (c) ethanol and a catalytic amount of HCl.
   (d) sodium borohydride in ethanol.

3. PDC functioned as what type of reagent in the synthetic scheme of Figure 2?
   (a) A reducing agent, because a carbonyl group was converted into a secondary alcohol
   (b) A reducing agent, because a secondary alcohol was converted into a ketone
   (c) An oxidizing agent, because a carbonyl group was converted into a secondary alcohol
   (d) An oxidizing agent, because a secondary alcohol was converted into a ketone

4. Compound 5 can be named as an aryl-substituted:
   (a) propan-1-one.
   (b) propan-1-ol.
   (c) propan-2-one.
   (d) propan-3-one.

5. What difference did the researchers use to distinguish the erythro and threo isomers by gas chromatography?
   (a) Retention times
   (b) Peak heights
   (c) Peak areas
   (d) Injection times

For further information, see Chapters 8 and 22.

Passage Number XII

A research group conducted two experiments, summarized below, in which a substrate underwent elimination by an E2 mechanism. The factors that influence the orientation of the carbon carbon double bond in the product were evaluated. The orientation was either Hofmann or Zaitsev, depending on the location of the double bond.

EXPERIMENT 1 Several 2-halohexanes were subjected to elimination. Either methoxide or *tert*-butoxide was the base and the corresponding alcohol was the solvent. The general reaction is shown in Equation 1, and the results are recorded in Table 1.

Equation 1

$$CH_3CH_2CH_2CH_2\underset{\displaystyle X}{\underset{|}{C}}HCH_3 \xrightarrow[\text{Solvent}]{\text{Base}} \underset{\textbf{Hofmann}}{CH_3CH_2CH_2CH_2CH{=}CH_2}$$

$$+$$

$$\underset{\textbf{Zaitsev}}{(E)\text{- and }(Z)\text{-}CH_3CH_2CH_2CH{=}CHCH_3}$$

TABLE 1 Results of Experiment 1

			2-Hexenes	
Halogen X	**Base/solvent**	**1-Hexene (%)**	**E (%)**	**Z (%)**
I	CH_3O^-/CH_3OH	19	63	18
Cl	CH_3O^-/CH_3OH	33	50	17
F	CH_3O^-/CH_3OH	70	21	9
I	*tert*-BuO⁻/*tert*-BuOH	78	15	7
Cl	*tert*-BuO⁻/*tert*-BuOH	91	5	4
F	*tert*-BuO⁻/*tert*-BuOH	97	2	1

EXPERIMENT 2 A single substrate, 2-iodobutane, was subjected to elimination by a variety of bases in the solvent dimethyl sulfoxide (DMSO). The general reaction is shown in Equation 2, and the results are recorded in Table 2.

Equation 2

$$CH_3CH_2\underset{\displaystyle I}{\underset{|}{C}}HCH_3 \xrightarrow[\text{DMSO}]{K^+\ \text{Base}^-}$$

$$\underset{\textbf{Hofmann}}{CH_3CH_2CH{=}CH_2} \quad + \quad \underset{\textbf{Zaitsev}}{(E)\text{- and }(Z)\text{-}CH_3CH{=}CHCH_3}$$

TABLE 2 Results of Experiment 2

Base	pK_a (Base-H)	1-Butene (%)
p-Nitrobenzoate	8.9	5.8
Benzoate	11.0	7.2
Phenoxide	16.4	11.4
Methoxide	29.0	17.0
tert-Butoxide	32.2	20.7

1. How does the nature of the leaving group correlate with the orientation of the product produced in Experiment 1?
   (a) The poorer the leaving group, the higher the proportion of Hofmann orientation.
   (b) The poorer the leaving group, the higher the proportion of Zaitsev orientation.
   (c) The nature of the leaving group has little effect on orientation.
   (d) The poorer the leaving group, the higher the proportion of (*E*)-2-hexene formed.

2. A by-product was observed in the reaction shown by Equation 1 when the base/solvent pair was CH_3O^-/CH_3OH. What is the most likely byproduct?
(a) $CH_3CH_2CH_2CH_2CH_2CH_2OCH_3$
(b) $CH_3CH_2CH_2CH_2CH(OCH_3)CH_3$
(c) $CH_3CH_2CH_2CH_2CH(OH)CH_3$
(d) $CH_3CH_2CH_2CH_2CH_2CH_2OH$

3. If the leaving group in Experiment 1 were Br^-, approximately what percentage of 1-hexene would be expected from the reaction when the base/solvent pair is CH_3O^-/CH_3OH?
(a) 15%
(b) 25%
(c) 50%
(d) 70%

4. A student wished to prepare Compound 2.

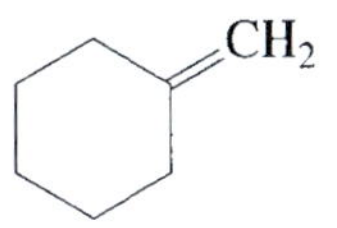

CH_2

Compound 2

Which of the following alkyl halides and base/solvent pairs would produce the highest yield of the desired product?
(a) 2-Fluoro-1-methylcyclohexane and CH_3O^-/CH_3OH
(b) 2-Fluoro-1-methylcyclohexane and *tert*-BuO⁻/*tert*-BuOH
(c) 1-Chloro-1-methylcyclohexane and CH_3O^-/CH_3OH
(d) 1-Fluoro-1-methylcyclohexane and *tert*-BuO⁻/*tert*-BuOH

For further information, see Chapters 6 and 7.

Passage Number XIV

The three-step reaction sequence shown in Figure 1 is a proven method for the synthesis of Compound 3, a very useful reagent for the asymmetric synthesis of medicinally important organic compounds.

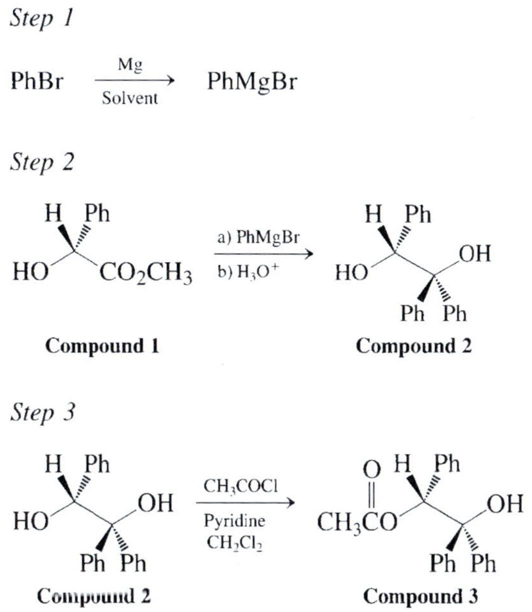

Step 1

PhBr $\xrightarrow[\text{Solvent}]{\text{Mg}}$ PhMgBr

Step 2

H Ph HO CO_2CH_3 $\xrightarrow[\text{b) } H_3O^+]{\text{a) PhMgBr}}$ H Ph HO OH Ph Ph

Compound 1 **Compound 2**

Step 3

H Ph HO OH Ph Ph $\xrightarrow[\text{Pyridine, } CH_2Cl_2]{CH_3COCl}$ O H Ph CH_3CO OH Ph Ph

Compound 2 **Compound 3**

Figure 1 Synthesis of Compound 3 (Ph = phenyl, C_6H_5-).

The following facts relate to the first two steps shown in Figure 1.

Fact 1: The reaction shown in Step 1 does not occur if methanol is the solvent.

Fact 2: The transformation shown in Step 2 requires a minimum of three moles of phenylmagnesium bromide per mole of Compound 1 to effectively produce Compound 2.

Fact 3: If the reaction shown in Step 2a is conducted with one equivalent of PhMgBr and followed by a workup (Step 2b) in aqueous acid, there is no net consumption of Compound 1.

1. If only one equivalent of PhMgBr is added in Step 2a, the PhMgBr is converted into what organic product?
   (a) Phenol
   (b) Benzene
   (c) Bromobenzene
   (d) Benzoic acid

2. What is the function of pyridine in Step 3?
   (a) To serve as the principal solvent
   (b) To capture HCl as the hydrochloride
   (c) To remove a proton from CH_3COCl
   (d) To neutralize acetic acid as it forms

3. Which of the following compounds can replace PhMgBr in Step 2a?
   (a) PhOMgBr (b) PhI
   (c) Ph_2Cu (d) PhLi

4. What functional groups are present in Compound 3?
   (a) Ether and ester (b) Alcohol and ether
   (c) Alcohol and ester (d) Alcohol, ether, and ketone

5. What product is obtained from a reaction between methyl benzoate and an excess of PhMgBr?
   (a) Triphenylmethanol (b) Diphenylmethanol
   (c) Diphenyl ketone (d) Phenyl benzoate

For further information, see Chapters 8 and 20.

Passage Number XV

Scientists have proposed three different mechanisms for the Diels-Alder reaction between a diene and a dienophile. Mechanism 1 involves a cyclic 6-centered transition state in which no intermediate is formed. Mechanism 2 results in a dipolar intermediate from the stepwise attack of a pair of electrons from the diene on the dienophile. Mechanism 3 is a stepwise process in which the intermediate is a diradical.

Mechanism 1

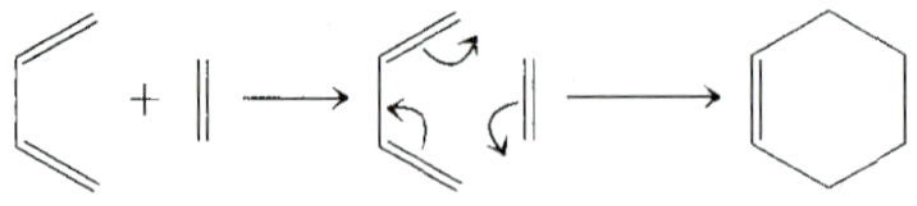

Mechanism 2

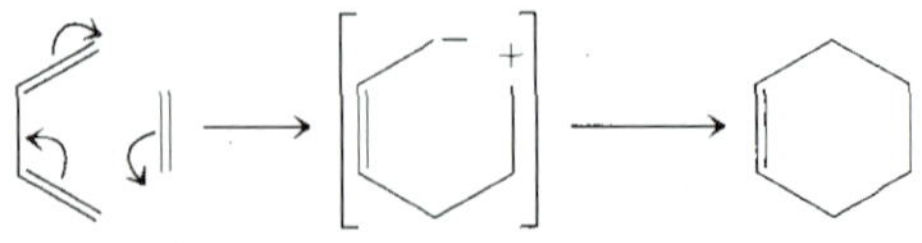

Mechanism 3

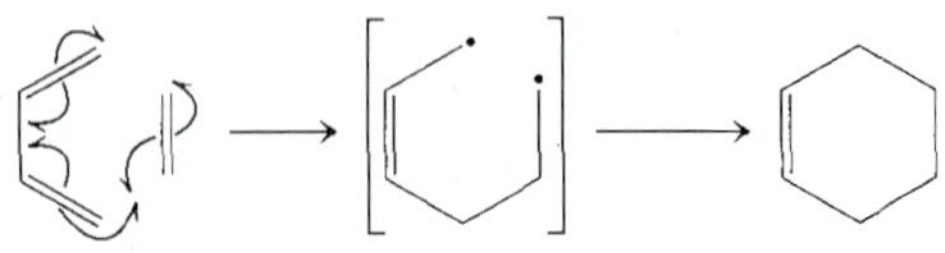

Observations 1–6 have been compiled from experimental data.

OBSERVATIONS

1. The reaction is facilitated by electron-withdrawing groups on the dienophile.
2. If more than one product is possible, the substituents in the favored products are 1,2 or 1,4 to each other, rather than 1,3.
3. If two stereoisomers are possible, the addition is predominantly endo; that is, the larger substituents of the dienophile are under the ring.
4. Only the *s-cis* conformation of the diene undergoes Diels-Alder reactions.
5. Both the diene and the dienophile retain their stereochemistry in the product.
6. The rates of reaction depend very little on the nature of the solvent.

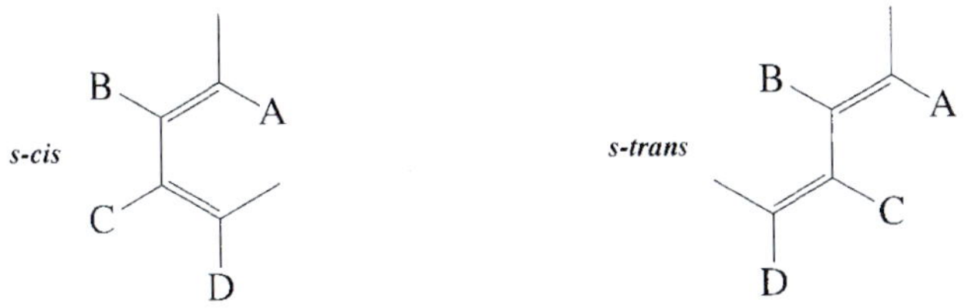

s-cis (B, A, C, D) *s-trans* (B, A, C, D)

1. Observation 6 supports Mechanism 1 over Mechanism 2 because if a charged intermediate were formed:
   (a) nonpolar solvents would increase the rate of reaction.
   (b) nonpolar solvents would not affect the rate of reaction.
   (c) polar solvents would increase the rate of reaction.
   (d) polar solvents would not affect the rate of reaction.

2. Which of the following dienophiles would best facilitate a Diels-Alder reaction?
   (a) 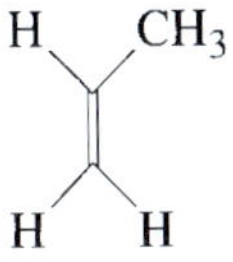 H, CH_3 / H, H
   (b) 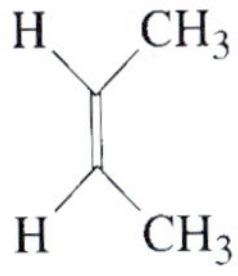 H, CH_3 / H, CH_3
   (c) 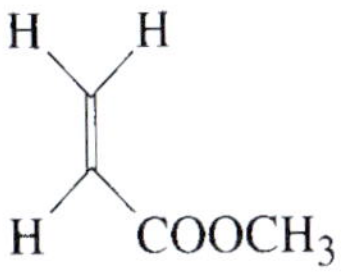 H, H / H, $COOCH_3$
   (d) 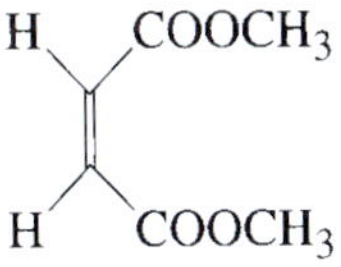 H, $COOCH_3$ / H, $COOCH_3$

3. The progress of the following Diels-Alder reaction was monitored by IR spectroscopy.

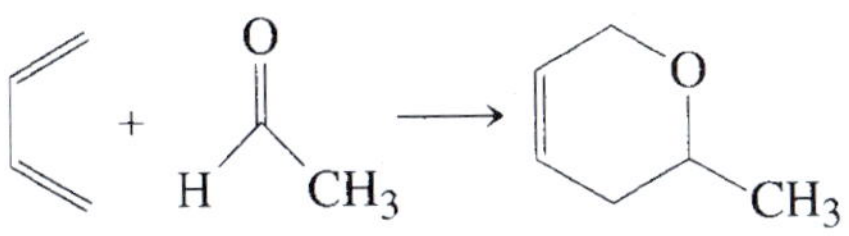

   + O, H, CH_3 → O, CH_3

   Which of the following spectroscopic features would be the most useful in determining when the reaction is complete?
   (a) The appearance of the product C–C stretch
   (b) The appearance of the product alkene C–H stretch

(c) The disappearance of the dienophile C=O stretch
(d) The disappearance of the diene C=C stretch

4. What is the name of the Diels-Alder product of the reaction shown below?

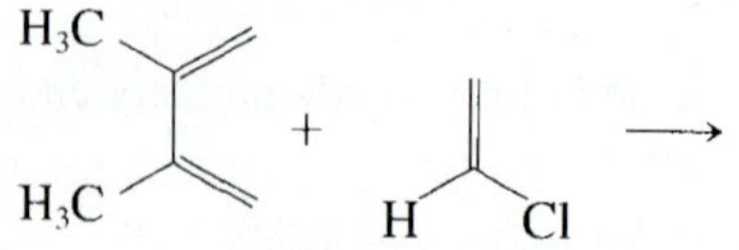

H_3C, H_3C + H, Cl →

(a) 4-Chloro-1,2-dimethylcyclohexene
(b) 1-Chloro-3,4-dimethylcyclohexene
(c) 3-Chloro-1,6-dimethylcyclohexene
(d) 5-Chloro-1,2-dimethylcyclohexene

5. According to Observations 3 and 5, what should be the major product of the following reaction?

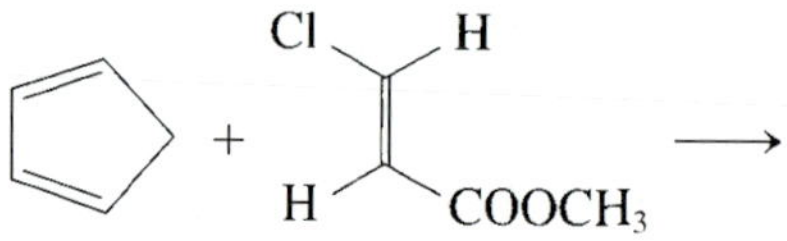

+ Cl, H, H, $COOCH_3$ →

(a) Cl, H, H, $COCH_3$, O
(b) H, Cl, O, $COCH_3$, H
(c) Cl, H, O, $COCH_3$, H
(d) H, Cl, H, $COCH_3$, O

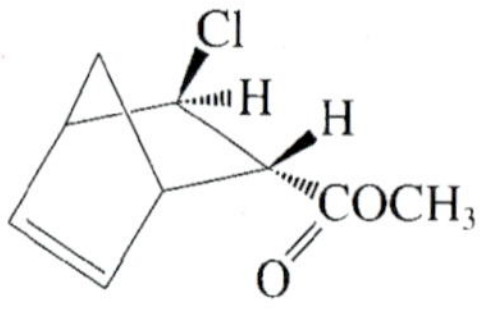

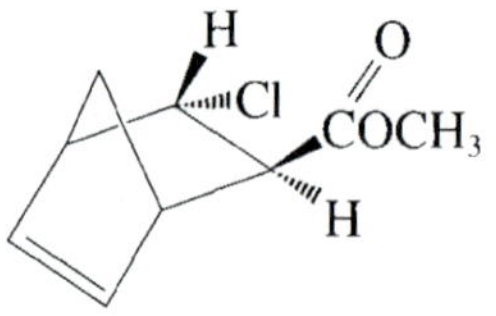

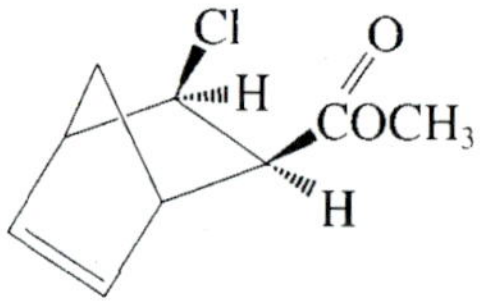

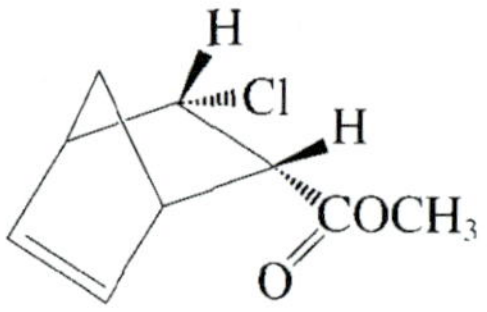

For further information, see Chapters 14.

Passage Number XVI

A research study of a soft coral of the genus *Lobophytum* collected in the Philippines revealed a new diterpene Compound 3 and two related but previously known compounds, Compounds 1 and 2.

The compounds (Figure 1) were isolated from a freeze-dried aqueous extract of the invertebrate by successive fractionations. Fractions that displayed HIV-inhibitory activity were purified by HPLC by elutions with increasing concentrations of acetonitrile in water to yield Compounds 1–3.

Compounds 1 and 2 were identified as the known cembranolides, lobohedleolide and its isomer (7E)-lobohedleolide, respectively. High-resolution FABMS of Compound 3 gave a $(MH)^+$ at m/z 376.2496 ($C_{22}H_{33}NO_4$). The IR spectrum of Compound 3 displayed significant bands at 3400–3100, 1760, and 1674 cm^{-1}. The ^1H and ^{13}C NMR spectra of Compound 3 were similar to those of Compound 1 except that the resonances due to the *exo*-methylene group at C-17 in Compound 1 were replaced by dimethylaminomethyl ($-CH_2NMe_2$) resonances. The methylene protons of the dimethylaminomethyl group gave ^1H NMR signals at 3.36 and 3.45 ppm. These signals were coupled to each other and to that of the proton at C-15.

Compound 3 was isolated as a white gum with a specific rotation of $+13.1°$ when measured in chloroform at a concentration of 0.25 g/100 mL. The UV spectrum of Compound 3 was taken in ethanol and showed absorptions at λ_{max} 222 ($\log \varepsilon = 3.56$) and 218 ($\log \varepsilon = 3.60$) nm. All three compounds exhibited moderate HIV-inhibitory activity in a standard anti-HIV assay.

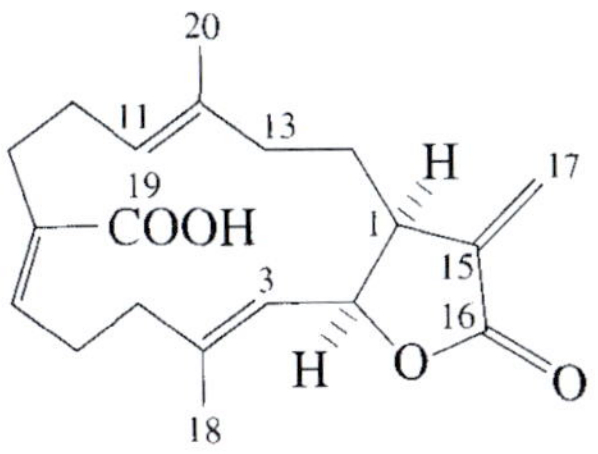

Compound 1

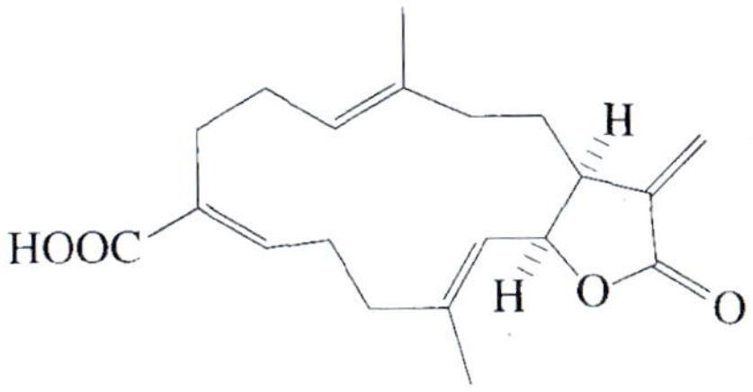

Compound 2

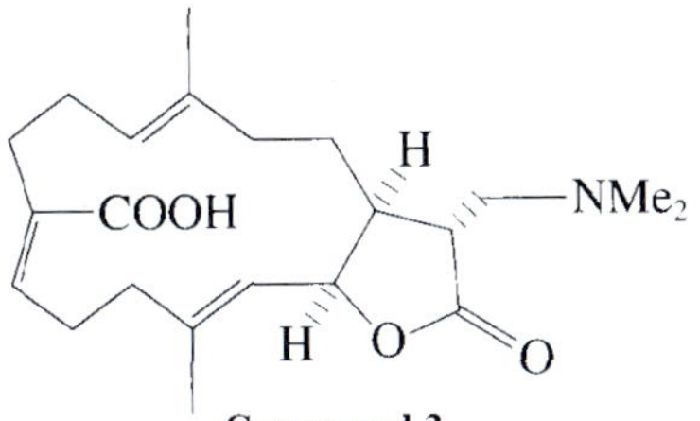

Compound 3

Figure 1 Naturally occurring diterpenes.

1. What kind of isomers are Compounds 1 and 2?
   (a) Constitutional
   (b) Enantiomers
   (c) Diastereomers
   (d) Anomers

2. Excluding carbon-carbon double bonds, what functional groups are present in Compound 2?
   (a) Acid and lactone
   (b) Acid, ketone, and ether
   (c) Peroxide and lactone
   (d) Acid and hemiacetal

3. If Compound 1 were to react with dimethylamine to form Compound 3, the reaction would be described as what type of addition?
   (a) 1,2
   (b) 1,4
   (c) 2,3
   (d) 3,4

4. Which carbon atoms in Compound 3 are stereogenic? (The numbering system used for carbon atoms in Compound 3 is analogous to that used in Compound 1.)
   (a) 1, 2, and 15
   (b) 1, 2, and 17
   (c) 3, 7, and 11
   (d) 1, 2, 3, 7, 11, and 15

5. How many degrees of unsaturation are present in Compound 3?
   (a) 2
   (b) 3
   (c) 6
   (d) 7

For further information, see Chapters 5, 11, and 20.

Passage Number XVII

Albuterol (α'-[*tert*-butylamino)methyl]-4-hydroxy-*m*-xylene-α,α'-diol), a drug used for the treatment of asthma, is synthesized according to the following pathway.

CH_3COCH_2(C=O), CH_3CO(C=O) substituted benzene–$CCH_2N(CH_2C_6H_5)(C_4H_9)$ (C=O)

Step 1 H^+, H_2O

$HOCH_2$, HO substituted benzene–CCH_2–$N(CH_2C_6H_5)(C_4H_9)$ (C=O)

Step 2 $NaBH_4$, CH_3CH_2OH

$HOCH_2$, HO substituted benzene–$CH(OH)CH_2N(CH_2C_6H_5)(C_4H_9)$

Step 3 H_2, Pd/C

$HOCH_2$, HO substituted benzene–$CH(OH)CH_2NHC_4H_9$

Albuterol

Sodium borohydride ($NaBH_4$) is utilized in Step 2 because it is much less reactive than $LiAlH_4$ and is consequently more selective. Typically, only aldehydes and ketones react with $NaBH_4$.

Albuterol is water-soluble and is a long-acting bronchodilator.

1. Which of the following shows the correct structure of the C_4H_9 group that is bonded to the nitrogen of albuterol (α'-[*tert*-butylamino)methyl]-4-hydroxy-*m*-xylene-α,α'-diol)?
   (a) $(CH_3)_2CH$—
   (b) $CH_3CH_2CH(CH_3)$—

(c) 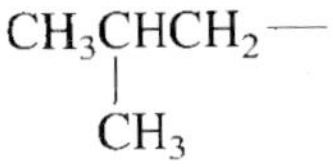 $CH_3CH(CH_3)CH_2-$

(d) 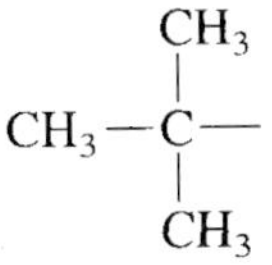 $CH_3-C(CH_3)_2-$

2. When albuterol is dissolved in water, which of the following hydrogen-bonded structures does NOT contribute to its water solubility?

(a) 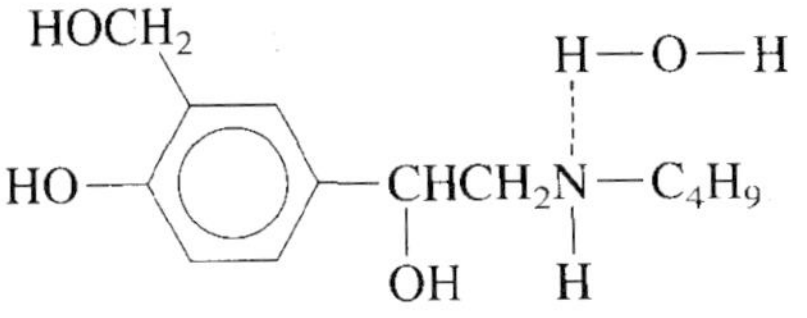 HOCH₂/HO-ring $-CHCH_2N(H)-C_4H_9$ with OH on CH; N···H–O–H (N accepts hydrogen bond from water)

(b) HOCH₂/HO-ring $-CHCH_2N-C_4H_9$ with OH on CH; N–H···O(H)–H (N–H donates to water)

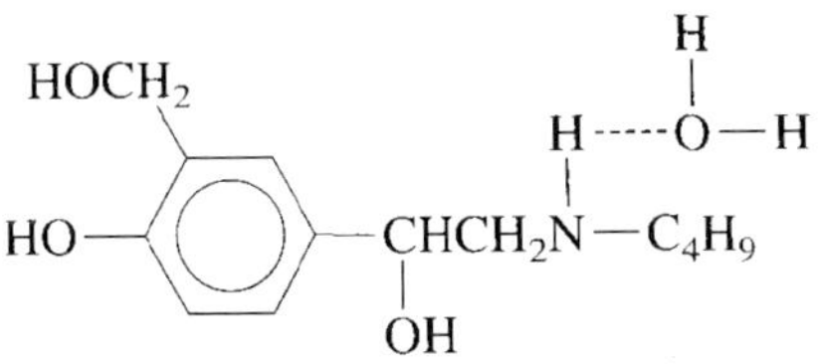

(c) HOCH₂/HO-ring $-C(H)(OH)-CH_2NHC_4H_9$; C–H···O(H)–H

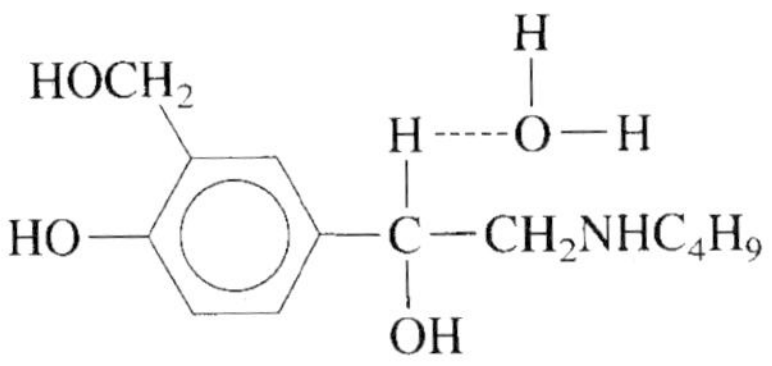

(d) 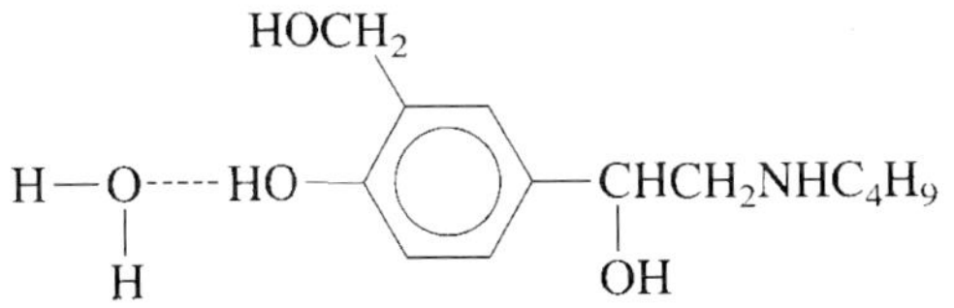 H–O(H)···HO–ring(HOCH₂) $-CHCH_2NHC_4H_9$ with OH on CH

3. In the synthesis of albuterol, Step 2 is which of the following types of reactions?
(a) An oxidation reaction
(b) A reduction reaction
(c) A hydrolysis reaction
(d) A substitution reaction

4. Which of the following structures is formed first when albuterol is dissolved in a dilute aqueous solution of NaOH?

(a) 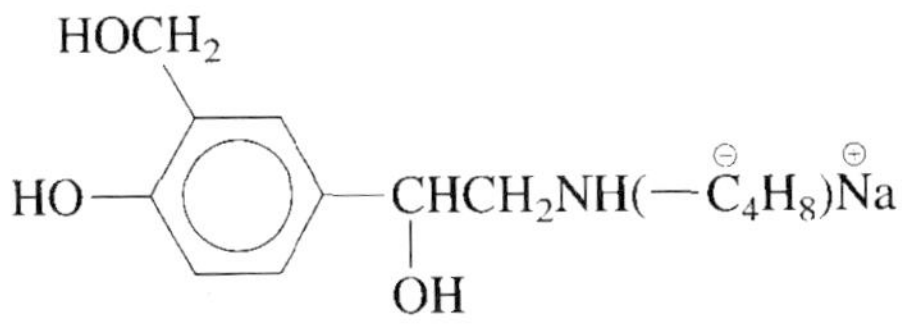 HOCH₂/HO-ring $-CHCH_2NH(-\overset{\ominus}{C}_4H_8)\overset{\oplus}{Na}$ with OH on CH

(b) 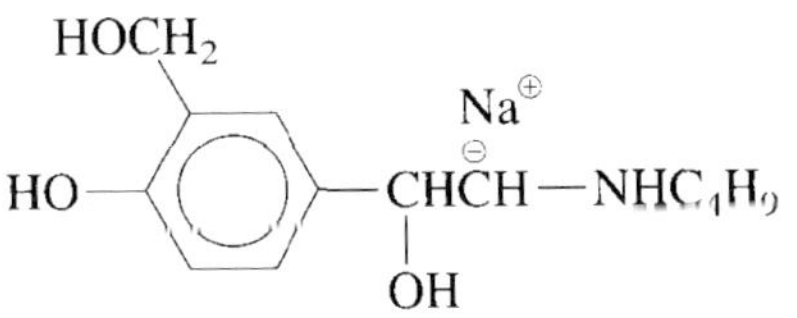 HOCH₂/HO-ring $-CH\overset{\ominus}{C}H(Na^{\oplus})-NHC_4H_9$ with OH on CH

(c) $HOCH_2$ / HO–[benzene ring]–$CHCH_2\overset{\ominus}{N}C_4H_9$ $Na^{\oplus}$, with OH on the CH

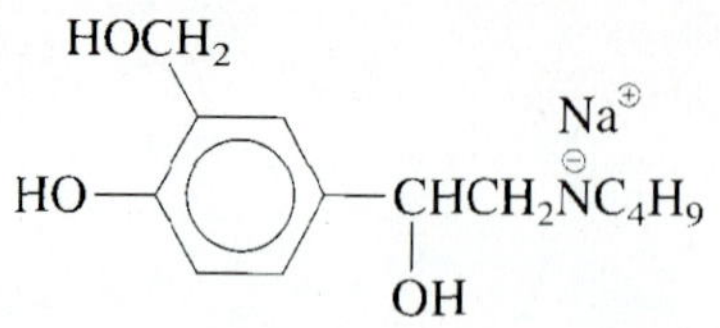

(d) $HOCH_2$ / $^{\oplus}Na\overset{\ominus}{O}$–[benzene ring]–$CHCH_2NHC_4H_9$, with OH on the CH

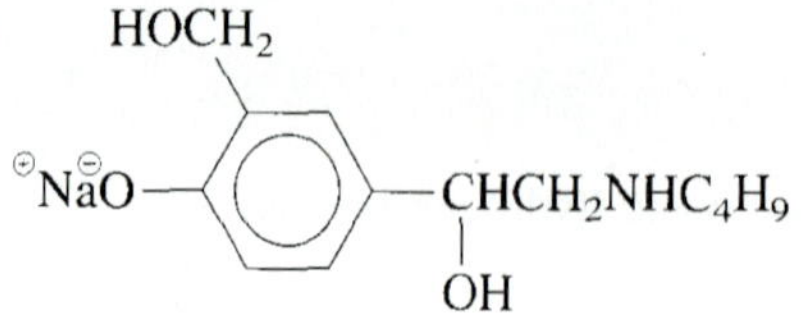

5. What type of reaction is illustrated by Step 3?
   (a) Heterogeneous catalysis
   (b) Homogeneous catalysis
   (c) Halophilic substitution
   (d) Bimolecular elimination

6. What is the product of the following reaction?

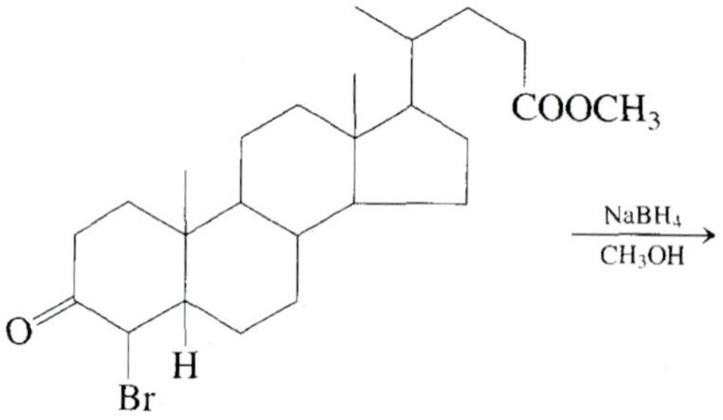

Starting material: steroid with C=O at C-3, Br at C-4, H at C-5, and a side chain ending in $COOCH_3$; reagents over the arrow: $NaBH_4$, CH_3OH

(a) Steroid with C=O at C-3, Br at C-4, H at C-5, and a side chain ending in COOH

(b) Steroid with C=O at C-3, Br at C-4, H at C-5, and a side chain ending in CH_2OH

(c) Steroid with HO at C-3 (hashed bond), Br at C-4, H at C-5, and a side chain ending in CH_2OH

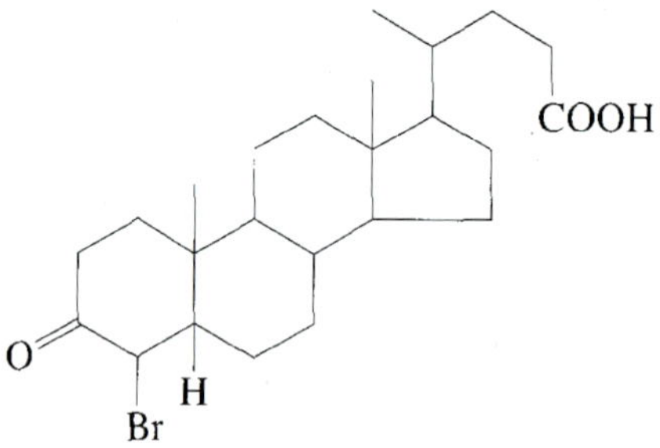

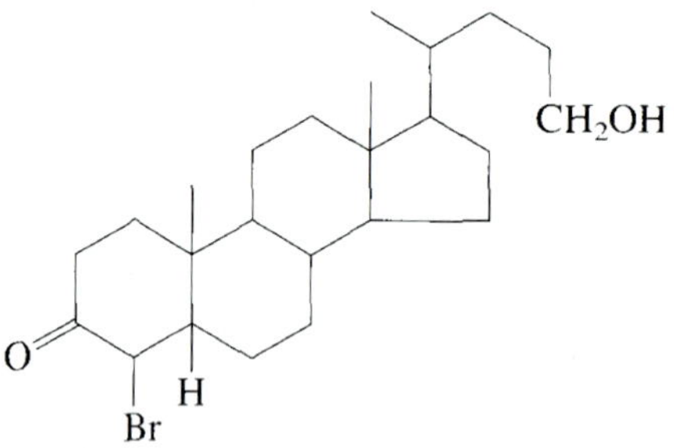

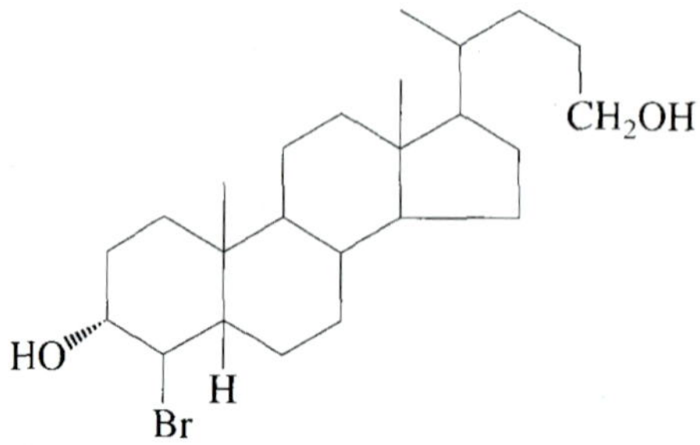

(d)

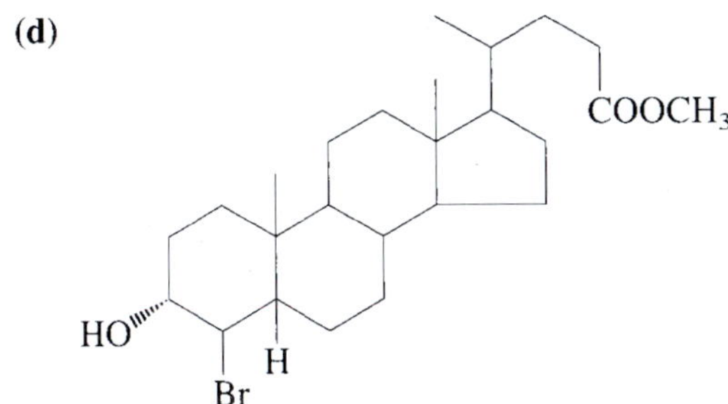

7. Step 3 represents the conversion of a tertiary amine to:
   (a) a primary amine.
   (b) a secondary amine.
   (c) an amide.
   (d) an imine.

8. How many chiral carbons exist in synthetic albuterol?
   (a) 0
   (b) 1
   (c) 2
   (d) 3

9. Which of the following by-products is formed in Step 1?
   (a) $CH_3C(=O)-CH_3$
   (b) CH_3OH
   (c) $CH_3C(=O)-OH$
   (d) CH_3-CH_3

For further information, see Chapters 8, 21, and 22.

Passage Number XVIII

An organic chemistry class was assigned to prepare a variety of alkyl halides from the corresponding alcohols. The students carried out several experiments, 3 of which are summarized below.

EXPERIMENT 1 Sodium bromide was refluxed with ethanol for 8 hours. No reaction occurred.

$$C_2H_5OH + NaBr \longrightarrow \text{no reaction}$$

EXPERIMENT 2 Hydrogen bromide was refluxed with ethanol for 8 hours to produce ethyl bromide and water.

$$C_2H_5OH + HBr \longrightarrow C_2H_5Br + H_2O$$

EXPERIMENT 3 3-Methyl-2-butanol was treated with hydrogen bromide to produce only 2-bromo-2-methylbutane.

$$(CH_3)_2CHCH(OH)CH_3 + HBr \longrightarrow (CH_3)_2CBrCH_2CH_3$$

CONCLUSIONS The students ultimately deduced that Experiment 2 proceeded via protonation of the hydroxy group followed by displacement of water by bromide. In contrast, the class concluded that Experiment 3 involved the rearrangement of an intermediate carbocation followed by reaction with bromide.

1. What type of reaction mechanism is exemplified by Experiment 2?
   (a) E_1
   (b) E_2
   (c) S_N1
   (d) S_N2

2. Why is Experiment 2 much more efficient than Experiment 1?
   (a) OH^- is a better leaving group than water is.
   (b) Water is a better leaving group than OH^- is.
   (c) NaBr is more soluble in ethanol than HBr is.
   (d) NaBr is more volatile than HBr is.

3. According to the results in the passage, which of the following reactions should produce the highest yield of CH_3CH_2Br?
   (a) $CH_3CH_2OH + Br_2$
   (b) $CH_3CH_2OH + NaBr + Br_2$
   (c) $CH_3CH_2OH + NaBr + H_2SO_4$
   (d) $CH_3CH_2OH + KBr$

4. Which of the following carbocations is the most stable?
   (a) $CH_3CH_2CH_2\overset{+}{C}H_2$
   (b) $CH_3CH_2CH_2\overset{+}{C}HCH_3$
   (c) $(CH_3)_3\overset{+}{C}$
   (d) $\overset{+}{C}H_3$

5. If the proposed mechanism for the reaction in Experiment 3 is correct, which of the following assumptions can be made?
   (a) The rate of rearrangement is less than the rate of reaction of the carbocation with bromide.
   (b) The rate of rearrangement is greater than the rate of reaction of the carbocation with bromide.
   (c) The rate of rearrangement is equal to the rate of reaction of the carbocation with bromide.
   (d) The rate of rearrangement is directly proportional to the rate of reaction of the carbocation with bromide.

6. To synthesize a pure secondary alkyl halide, which of the following alcohols should the students treat with HBr?
   (a) CH_3CH_2OH
   (b) $(CH_3)_2CHCH(OH)CH(CH_3)_2$
   (c) $(CH_3)_3COH$
   (d) $(CH_3)_2CHOH$

7. In a further experiment, some students heated 2-methyl-2-butanol with concentrated sulfuric acid instead of hydrogen bromide. Which of the following products was most likely formed in the greatest amount?
   (a) $CH_3-\underset{\displaystyle CH_3}{\underset{|}{C}}=CH-CH_3$
   (b) $CH_2=\underset{\displaystyle CH_3}{\underset{|}{C}}-CH_2-CH_3$

(c)

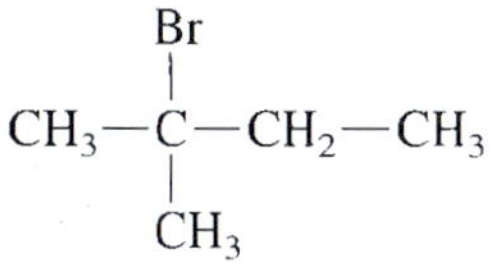

$$CH_3-\underset{\underset{CH_3}{|}}{\overset{\overset{Br}{|}}{C}}-CH_2-CH_3$$

(d)

$$CH_3-\underset{\underset{CH_3}{|}}{CH}-\overset{\overset{Br}{|}}{CH}-CH_3$$

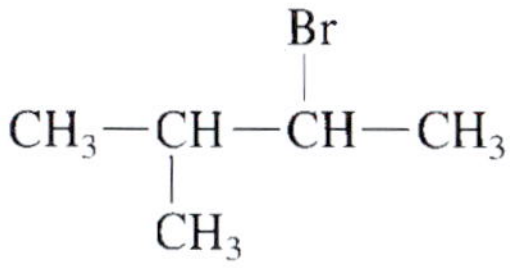

8. During the course of the experiments, the students were surprised to discover that 2-methyl-2-propanol had a significantly lower boiling point than 1-butanol. What is the reason for this difference?
   (a) 2-Methyl-2-propanol has a lower molecular weight than 1-butanol.
   (b) 2-Methyl-2-propanol has a higher density than 1-butanol.
   (c) The branched carbon chain in 2-methyl-2-propanol interferes with hydrogen bonding.
   (d) The branched carbon chain in 2-methyl-2-propanol destabilizes the carbocation intermediate.

9. The students tried to synthesize an alkyl chloride by substituting HCl for HBr in the procedure described in Experiment 2, but the reaction was sluggish. What is the reason for this decreased reactivity?
   (a) Chloride is a weaker nucleophile than bromide is.
   (b) Chloride is a weaker electrophile than bromide is.
   (c) Chloride stabilizes the intermediate carbocation that is produced.
   (d) Chloride destabilizes the intermediate carbocation that is produced.

For further information, see Chapters 9 and 11.

Passage Number XIX

A new carbon-carbon bond can be created by alkylating a carbanion with an alkyl bromide (RBr). Typically the carbanion is formed by the abstraction of an acidic proton by butyllithium (BuLi). One of the groups that has been utilized to activate the proton toward abstraction is the sulfone substituent that is illustrated in methyl phenyl sulfone, Compound I, in the following reaction.

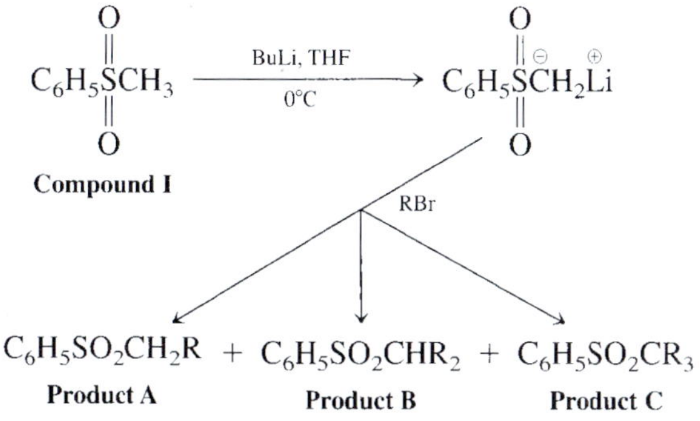

$$C_6H_5\overset{\overset{O}{\|}}{\underset{\underset{O}{\|}}{S}}CH_3 \xrightarrow[0°C]{BuLi,\ THF} C_6H_5\overset{\overset{O}{\|}}{\underset{\underset{O}{\|}}{S}}\overset{\ominus}{C}H_2\overset{\oplus}{Li}$$

Compound I

RBr

$$C_6H_5SO_2CH_2R + C_6H_5SO_2CHR_2 + C_6H_5SO_2CR_3$$

Product A **Product B** **Product C**

Monoalkylations, dialkylations, and trialkylations are possible, as indicated by Products A–C. The products were distinguished by gas chromatography because the retention times increased in the following order: Compound I < Product A < Product B < Product C. Table 1 shows the distribution of Products A, B, and C and Compound I obtained when methyl phenyl sulfone was alkylated with a variety of alkyl halides.

TABLE 1

Trial	RBr	Products (%) A	B	C	Compound I (%)
1	$CH_3CH_2CH_2Br$	71	19	0	11
2	$CH_3CH_2CH_2CH_2Br$	66	19	0	16
3	$CH_2{=}CHCH_2Br$	40	25	2.5	33
4	$C_6H_5CH_2Br$	36	43	0	21

In another experiment, the reactions were repeated using potassium hydride (KH) instead of butyllithium to determine the effect on monoalkylation versus dialkylation. The results of the comparison between BuLi and KH are compiled in Table 2.

TABLE 2

RBr	Ratio of monoalkylation to dialkylation BuLi	KH
$CH_3CH_2CH_2Br$	3.7:1	29:1
$CH_3CH_2CH_2CH_2Br$	3.5:1	21:1
$CH_2{=}CHCH_2Br$	1.6:1	2.5:1
$C_6H_5CH_2Br$	0.8:1	1.3:1

1. The sulfone group activates the hydrogen toward abstraction by BuLi or KH because the resulting:
   (a) carbocation is stabilized by resonance.
   (b) carbocation is destabilized by resonance.
   (c) carbanion is stabilized by resonance.
   (d) carbanion is destabilized by resonance.

2. Which of the following gas chromatograms most accurately represents the mixture of products and Compound I obtained from Trial 4 in Table 1?

(a)

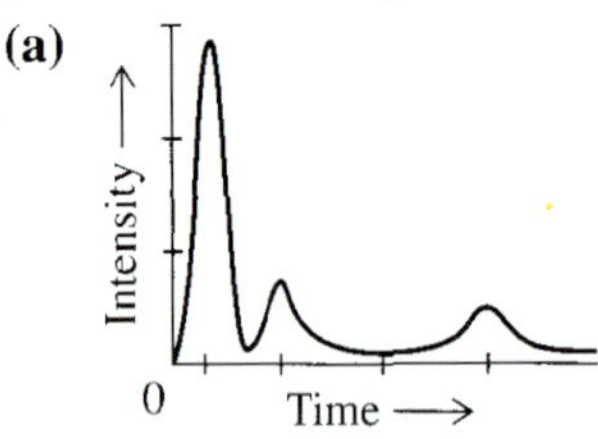

(b)

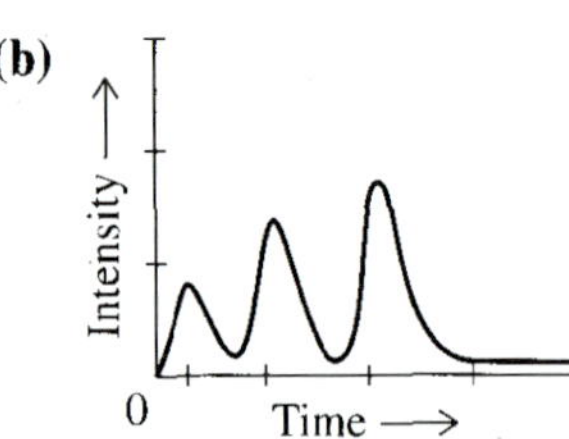

(c)

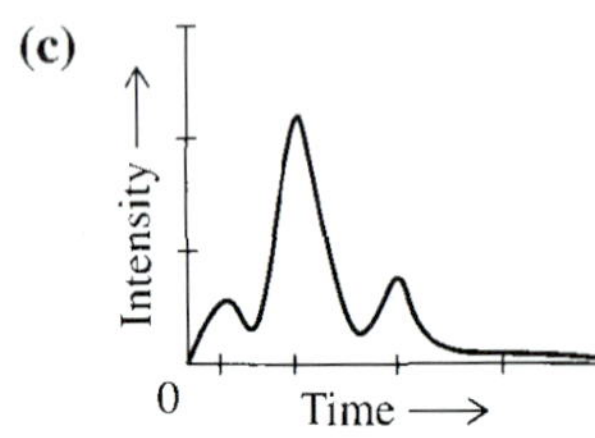

(d)

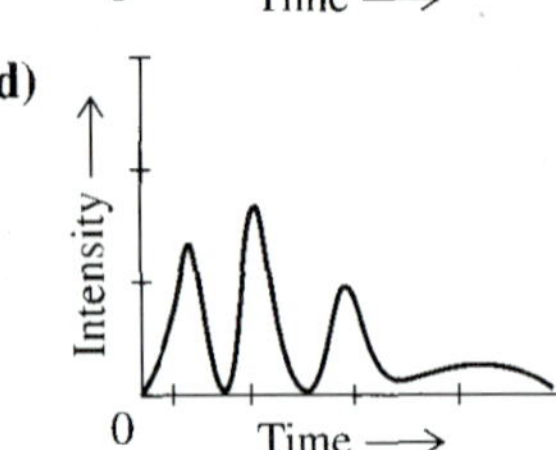

3. According to Table 1, which of the following compounds represents the monoalkylated Product A that was formed with the LEAST amount of contamination by the dialkylated Product B?
   (a) $C_6H_5SO_2CH_2C_6H_4Br$
   (b) $C_6H_5SO_2CH_2CH_2C_6H_5$
   (c) $C_6H_5SO_2CH_2CH_2CH_2CH_2Br$
   (d) $C_6H_5SO_2CH_2CH_2CH_2CH_3$

4. Product B is most likely formed by which of the following reaction mechanisms?

(a) 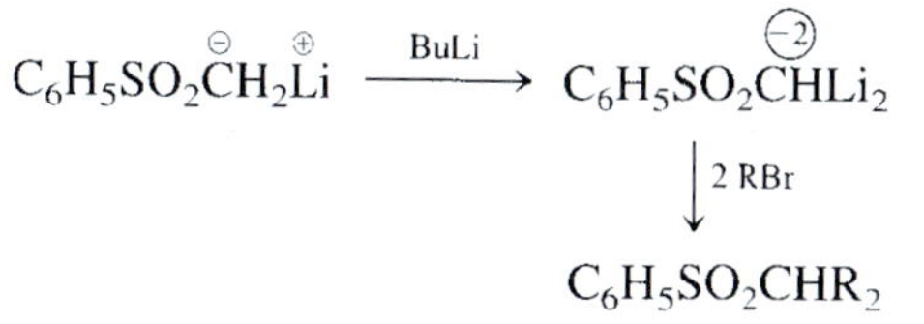 $C_6H_5SO_2\overset{\ominus}{C}H_2\overset{\oplus}{Li} \xrightarrow{BuLi} C_6H_5SO_2\overset{(-2)}{C}HLi_2 \xrightarrow{2\ RBr} C_6H_5SO_2CHR_2$

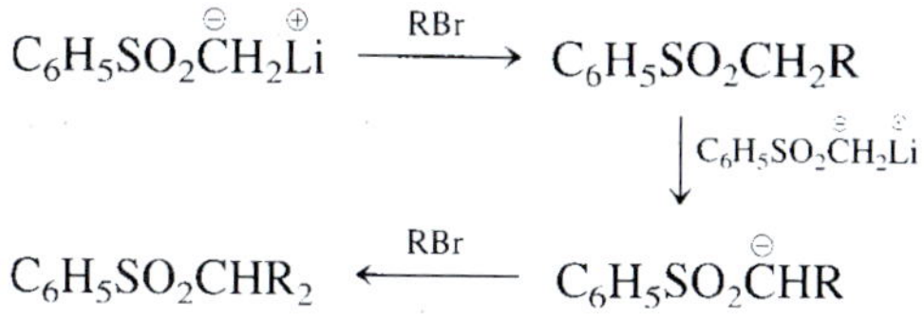

(b) $C_6H_5SO_2\overset{\ominus}{C}H_2\overset{\oplus}{Li} \xrightarrow{RBr} C_6H_5SO_2CH_2R \xrightarrow{C_6H_5SO_2\overset{\ominus}{C}H_2\overset{\oplus}{Li}} C_6H_5SO_2\overset{\ominus}{C}HR \xrightarrow{RBr} C_6H_5SO_2CHR_2$

(c) $C_6H_5SO_2\overset{\ominus}{C}H_2\overset{\oplus}{Li} \xrightarrow{RBr} C_6H_5SO_2CH_2R \xrightarrow{Br^{-}} C_6H_5SO_2CHRBr \xrightarrow{R^{\ominus}} C_6H_5SO_2CHR_2$

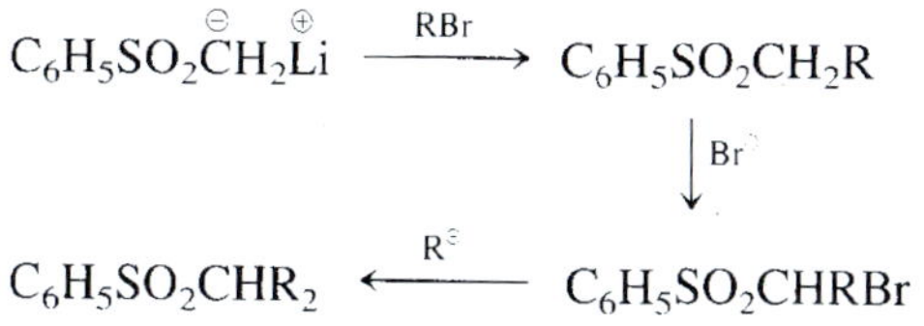

(d) 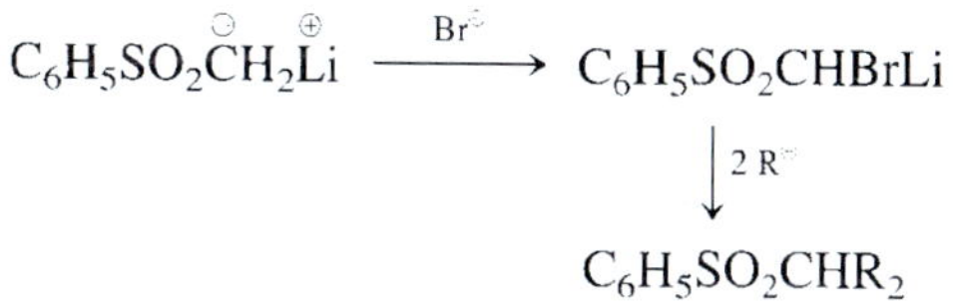 $C_6H_5SO_2\overset{\ominus}{C}H_2\overset{\oplus}{Li} \xrightarrow{Br^{\ominus}} C_6H_5SO_2CHBrLi \xrightarrow{2\ R^{-}} C_6H_5SO_2CHR_2$

5. According to Table 2, if chemists want to obtain the highest ratio of a dialkylated product, they should use:
(a) an unsaturated alkyl halide and BuLi.
(b) an unsaturated alkyl halide and KH.
(c) a saturated alkyl halide and BuLi.
(d) a saturated alkyl halide and KH.

6. Which of the following structures corresponds to the major product of Trial 4 in Table 1?

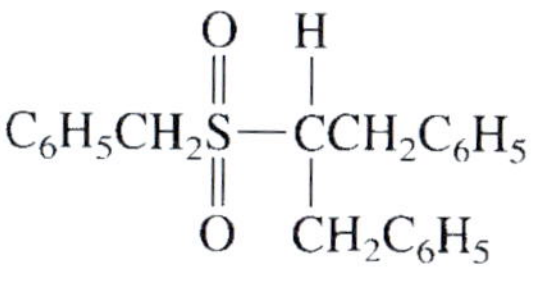

(a) 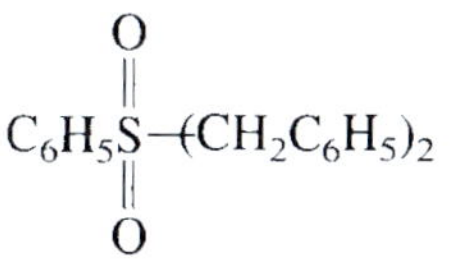 $C_6H_5S(=O)_2{-}(CH_2C_6H_5)_2$

(b) $C_6H_5CH_2S(=O)_2{-}CH(CH_2C_6H_5)(CH_2C_6H_5)$

(c) $C_6H_5S(=O)_2{-}CH(C_6H_5)(CH_2C_6H_5)$

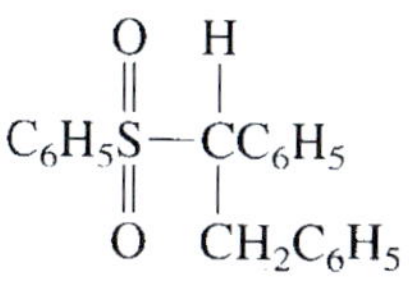

(d) 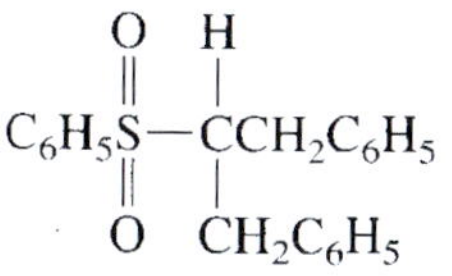 $C_6H_5S(=O)_2{-}CH(CH_2C_6H_5)(CH_2C_6H_5)$

7. If methyl ethyl sulfone were utilized in the alkylation reaction instead of Compound I, which of the following problems would occur with the alkylation reaction?
(a) A greater number of products could be formed.
(b) The methyl hydrogen would no longer be acidic.

(c) The products would not be volatile enough to analyze by gas chromatography.
(d) The carbanion would be too sterically hindered to undergo alkylation.

For further information, see Chapters 18.

Passage Number XX

The most common glyceryl trialkanoates (commonly known as fats or glycerides) are triesters of glycerol and long-chain carboxylic acids. Compound 1 and Compound 2 are two naturally occurring glyceryl trialkanoates. (*Note:* In Compound 1, R = oleic acid; in Compound 2, R = stearic acid.)

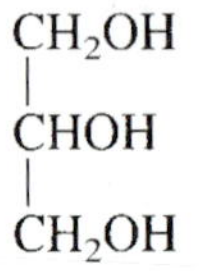

CH_2OH | $CHOH$ | CH_2OH

Glycerol

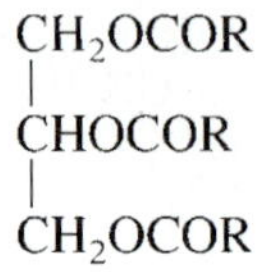

CH_2OCOR | $CHOCOR$ | CH_2OCOR

Glyceryl trialkanoate

$CH_3(CH_2)_7(H)C{=}C(H)(CH_2)_7COOH$

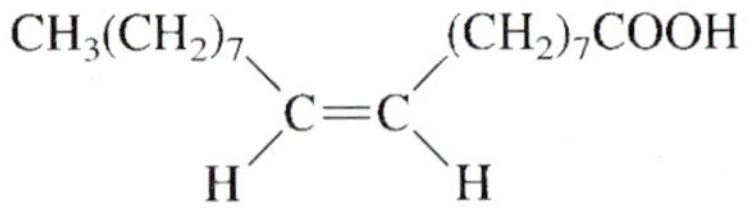

Oleic acid

$CH_3(CH_2)_{16}COOH$

Stearic acid

The long-chain carboxylic acids, called fatty acids, may be saturated or unsaturated. Oils are fats that are made up of predominantly cis unsaturated fatty acids; they are liquid at room temperature. Fats with little unsaturation are solid at room temperature.

Fats undergo the typical reactions of esters. An important commercial reaction of fats is alkaline hydrolysis, or saponification. The products of saponification are glycerol and the salts of the corresponding fatty acids, which are often used as soaps.

Phosphoglycerides are fats in which glycerol is esterified with 2 different fatty acids and phosphoric acid. These monophosphate esters are called phosphatidic acids. Naturally occurring free phosphatidic acids are rare. Usually the phosphoric acid substituent is esterified to a second alcohol such as choline, as exemplified by phosphatidylcholine.

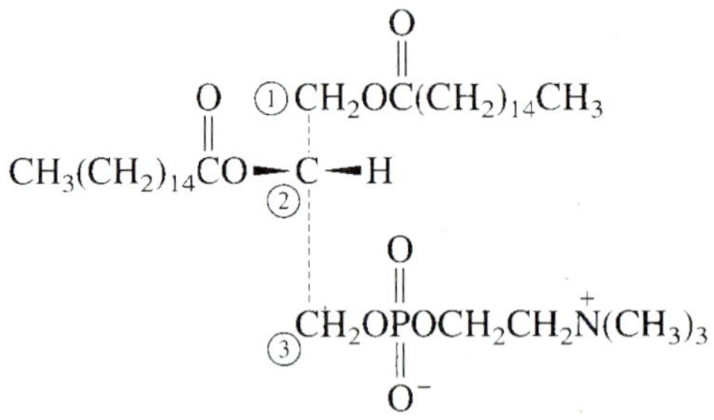

① $CH_2OC(=O)(CH_2)_{14}CH_3$

$CH_3(CH_2)_{14}C(=O)O$—② C—H

③ $CH_2OP(=O)(O^-)OCH_2CH_2\overset{+}{N}(CH_3)_3$

Phosphatidylcholine

1. The reduction of Compound 1 to Compound 2 represents the conversion of:
   (a) a solid to an oil.
   (b) an oil to a solid.
   (c) a fatty acid to a triglyceride.
   (d) a triglyceride to a fatty acid.

2. What is the product when Compound 2 undergoes saponification with NaOH?
   (a) $CH_3(CH_2)_{16}CH_2OH$
   (b) $CH_3(CH_2)_{16}CH_2O^-Na^+$
   (c) $CH_3(CH_2)_{16}COOH$
   (d) $CH_3(CH_2)_{16}COO^-Na^+$

3. Based on the structure of phosphatidylcholine, which of the following structures accurately represents choline?
   (a) $(CH_3)_3N^+CH_2CH_2OH$
   (b) $(CH_3)_3N^+CH_2CH_2OPO_3^-$
   (c) $(CH_3)_3N^+CH_2CH_2COO^-$
   (d) $(CH_3)_3N^+CH_2CH_2OPO_4CH_2OH$

4. The salts of fatty acids are used as soaps because the salts:
   (a) have a polar region and a nonpolar region and are thus insoluble in water.
   (b) have a polar region and a nonpolar region and thus help organic materials become water-soluble.
   (c) are exclusively polar and thus dissolve in aqueous solutions.
   (d) are exclusively nonpolar and thus dissolve organic materials.

5. Which of the following properties is characteristic of the phosphorus-containing substituent on Carbon 3 of phosphatidylcholine?
   (a) It is a primary amine.
   (b) It is hydrophobic.
   (c) It is polar.
   (d) It is nonpolar.

6. What is the most likely explanation for the observation that unsaturated glyceryl alkanoates are liquids?
   (a) The cis double bonds do not allow the carbon chain to fit into an orderly crystal structure.
   (b) The unsaturated glyceryl alkanoates are more susceptible to the effects of hydrogen bonding than the corresponding saturated compounds are.
   (c) The molecular weights of unsaturated glyceryl alkanoates are much higher than those of the corresponding saturated compounds.
   (d) Unsaturated glyceryl alkanoates have higher densities than the corresponding saturated compounds.

7. Which of the following methods can be used to increase the melting point of a natural fat?
   (a) Heating the fat
   (b) Cooling the fat
   (c) Esterifying the fat
   (d) Hydrogenating the fat

8. How many chiral carbons does phosphatidylcholine have?
   (a) 0
   (b) 1
   (c) 2
   (d) 3

9. A chemist wants to monitor the conversion of glycerol to a glyceryl trialkanoate by infrared spectroscopy. Which one of the following glycerol stretches will NOT be present in the infrared spectrum of a glyceryl trialkanoate?
   (a) The C—C stretch
   (b) The C—H stretch
   (c) The O—H stretch
   (d) The C—O stretch

10. What functional group is formed when a saponification product (fatty acid salt) is treated with HCl?
   (a) An alcohol group
   (b) An aldehyde group
   (c) An ester group
   (d) A carboxylic acid group

For further information, see Chapters 19 and 20.

Answer Key to MCAT® Questions

Complete solutions available online at www.whfreeman.com/vollhardtschore6E

Passage Number I
1. d
2. d
3. b
4. b
5. c

Passage Number II
1. d
2. b
3. d
4. a

Passage Number III
1. c
2. b
3. a
4. d

Passage Number IV
1. d
2. a
3. b
4. a

Passage Number V
1. c
2. b
3. b
4. b
5. c

Passage Number VI
1. d
2. d
3. c
4. d

Passage Number VII
1. d
2. b
3. b
4. d

Passage Number VIII
1. a
2. d
3. a
4. a

Passage Number IX
1. b
2. a
3. d
4. b
5. d

Passage Number X
1. b
2. c
3. b
4. a
5. d

Passage Number XI
1. a
2. c
3. d
4. b
5. c

Passage Number XII
1. a
2. b
3. d
4. a
5. a

Passage Number XIII
1. c
2. b
3. b
4. d

Passage Number XIV
1. b
2. b
3. d
4. c
5. a

Passage Number XV
1. c
2. d
3. c
4. a
5. a

Passage Number XVI
1. c
2. a
3. b
4. a
5. d

Passage Number XVII
1. d
2. c
3. b
4. d
5. a
6. d
7. b
8. b
9. c

Passage Number XVIII
1. d
2. b
3. c
4. c
5. b
6. d
7. a
8. c
9. a

Passage Number XIX
1. c
2. b
3. d
4. b
5. a
6. d
7. a

Passage Number XX
1. b
2. d
3. a
4. b
5. c
6. a
7. d
8. b
9. c
10. d

연습 문제 해답

1장

1-1

(a)

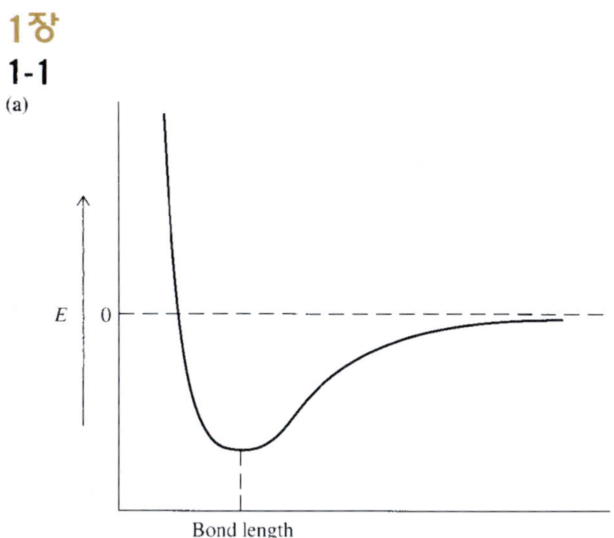

(b) Self-explanatory.

1-2

$Li^+:\ddot{Br}:^-$ $[Na]_2{}^+:\ddot{O}:^{2-}$ $Be^{2+}[:\ddot{F}:]_2{}^-$

$Al^{3+}[:\ddot{Cl}:]_3{}^-$ $Mg^{2+}:\ddot{S}:^{2-}$

1-3

:F:F: F:C:F (with :F: above and below)   H:C:H (with :Cl: above and below)   H:P:H (with H below)

:Br:I: $^-$:O:H   H:N:H (with $-$ above) $^-$:C:H (with H above and below)

1-4

H↔O↔H   SC↔O   S↔O   I↔Br   H↔C↔H (with H above and below)

Cl↔C↔Cl (H above, Cl below)   H↔C↔Cl (H above, Cl below)   H↔C↔H (H above, Cl below)

1-5

You can view NH_3 as being isoelectronic with H_3C^-, H_2O with H_2C^{2-}. Electron repulsion by the free electron pairs causes the bonding electrons to "bend away," giving rise to the respective pyramidal and bent structures.

1-6

H:I: H:C:C:C:H (H H H above and below)   H:C:O:H (H above and below C)   H:S:S:H

O::Si::O   O::O   S::C::S

1-7

Worked out in chapter.

1-8

S::O   :F:O:F: :F:B:N:H (:F:H above, :F:H below, $-$ on B, $+$ on N)   H:C:O:H (H above C, $+$ on O; H H below)

:Cl:C::O (:Cl: above and below C) $^-$:C:::N: $^-$:C:::C:$^-$

1-9

(a) The geometry should be close to trigonal (counting the lone electron pair), with equal N–O bond lengths and 1/2 of a negative charge on each oxygen atom.

[:O=N–O:$^-$ ⟷ $^-$:O–N=O:]

(b) From Exercise 1-8: S=O; bond length 1.48 Å.

For SO_2:

[:O:S::O ($-$ on O, $+$ on S) ⟷ O::S::O ⟷ O::S:O: ($+$ on S, $-$ on O) ⟷ :O:S:O: ($-$, 2+, $-$)]

A (under O::S::O)

bond length of 1.43 Å fits structure A best, as one would expect all other forms to exhibit a value >1.48 Å.

1-10

Worked out in chapter.

1-11

(a) [$^-$:C≡N–O:$^-$ ($+$ on N) ⟷ $^{2-}$C=N=O ($+$ on N)]

The left-hand structure is preferred because the charges are more evenly distributed and the negative charge resides on the relatively electronegative oxygen.

(b) [$^-$N=O ⟷ N–O:$^-$]

The left-hand structure is preferred because the right-hand structure has no octet on nitrogen.

1-12

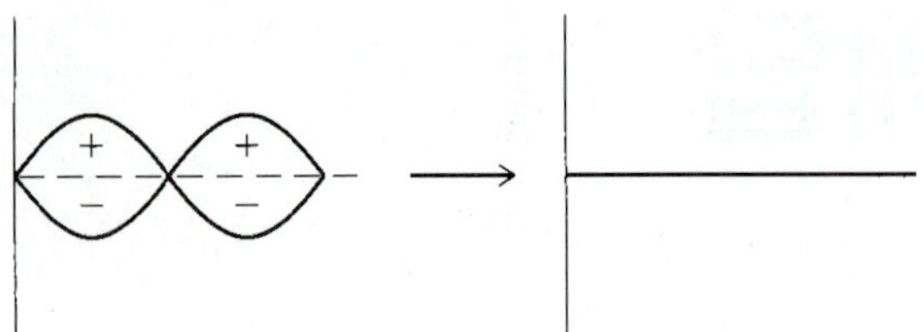

1-13

Draw according to the following electronic configurations:
S $(1s)^2(2s)^2(2p)^6(3s)^2(3p)^4$; P $(1s)^2(2s)^2(2p)^6(3s)^2(3p)^3$

1-14

Worked out in chapter.

1-15

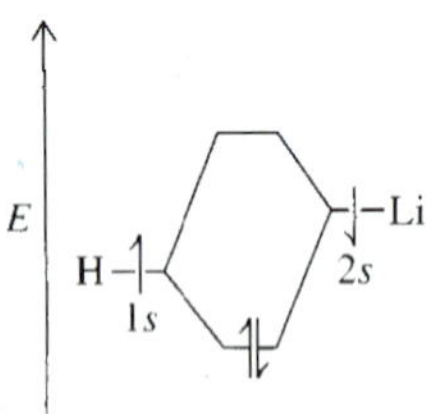

1-16

CH_3^+ or H:C̈:H (+ on C, H below) **No octet**

CH_3^- or H:C̈:H (lone pair on C, H below)

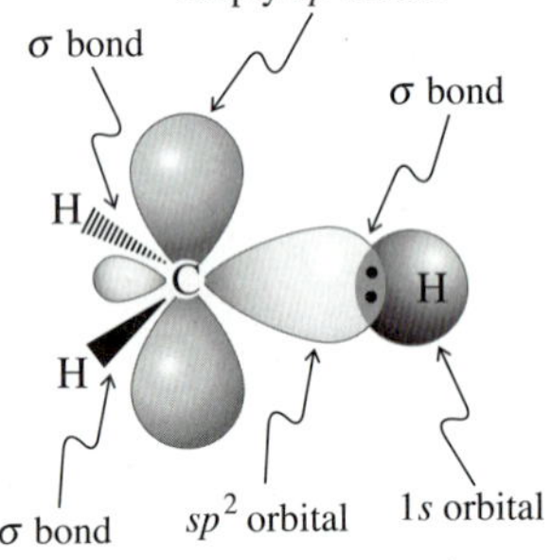

Trigonal, sp^2 hybridized, electron deficient like BH_3

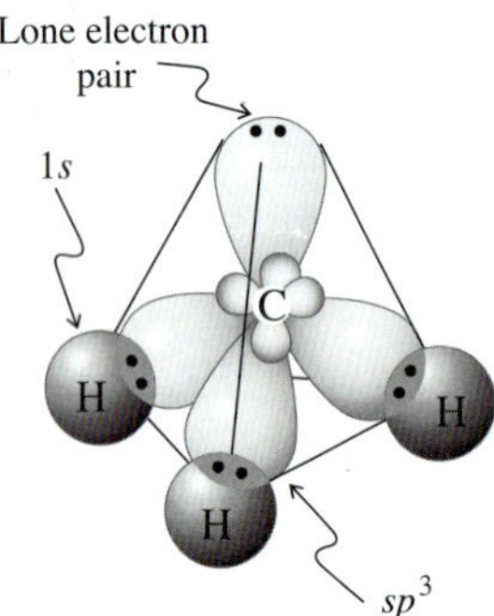

Tetrahedral, sp^3 hybridized, closed shell

1-17

Worked out in chapter.

1-18

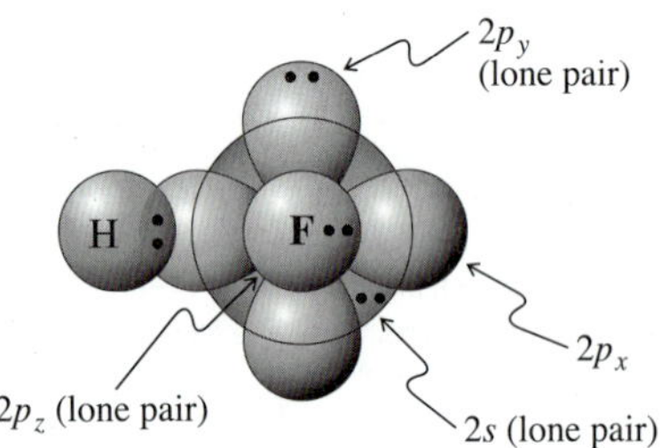

Hydrogen fluoride

1-19

```
  H  H  H  H              H
  |  |  |  |              |
H-C--C--C--C-H      H  H--C--H
  |  |  |  |        |     |
  H  H  H  H      H-C-----C--H
                    |     |
                    H  H--C--H
                          |
                          H
```

Butane **Isobutane**

1-20

Self-explanatory. Note that the molecules are flexible and can adopt a variety of arrangements in space.

1-21

$CH_3CH_2CH_2CH_3$ $CH_3CH(CH_3)CH_3$

1-22

(Wedge–hash drawings of butane and isobutane: H, H H, H / H C C C C H / H H H H; H CH$_3$ / H C C C H / H H H H)

2장

2-1

$$\Delta G^\circ = \Delta H^\circ - T\Delta S^\circ$$
$$= 22.4 \text{ kcal mol}^{-1} - (298 \text{ K} \times 33.3 \text{ cal K}^{-1} \text{ mol}^{-1})$$
$$= 12.5 \text{ kcal mol}^{-1}$$

The reaction is unfavorable at 25°C. At higher temperatures, ΔG° is less positive, eventually becoming negative. The crossover point, $\Delta G^\circ = 0$, is reached at 400°C, when $\Delta H^\circ = T\Delta S^\circ$.

2-2

$$\Delta G^\circ = \Delta H^\circ - T\Delta S^\circ$$
$$= -15.5 \text{ kcal mol}^{-1} - (298 \text{ K} \times -31.3 \text{ cal K}^{-1} \text{ mol}^{-1})$$
$$= -6.17 \text{ kcal mol}^{-1}$$

The entropy is negative because two molecules are converted into one in this reaction.

2-3

Worked out in chapter.

2-4

We are given the stoichiometry of the reaction in the chemical equation: The two starting materials react in a 1:1 ratio. Consumption of one-half of the CH_3Cl reduces its concentration from 0.2 to 0.1 M. At this point an equal amount of NaOH must have been consumed. Therefore its concentration drops from 1.0 to 0.9 M, 90% of the initial value. The new rate is thus found by the following equation, in which $[CH_3Cl]$ and [NaOH] refer to the initial concentrations of these materials.

$$\text{New rate} = k(0.5[CH_3Cl])\,(0.9[NaOH]) = (0.45)\,k[CH_3Cl][NaOH]$$
$$= 0.45 \text{ (initial rate)}$$
$$= 0.45\,(1 \times 10^{-4})$$
$$= 4.5 \times 10^{-5} \text{ mol L}^{-1} \text{ s}^{-1}$$

It is equally valid (although not necessary in this particular case) to calculate the value of the rate constant from the given information and use it to arrive at the final answer:

$k = (1 \times 10^{-4}\ \text{mol L}^{-1}\text{s}^{-1}) / (0.2\ \text{M})\ (1.0\ \text{M}) = 5 \times 10^{-4}\ \text{L mol}^{-1}\ \text{s}^{-1}$

New rate $= k(0.5[CH_3Cl])\ (0.9[NaOH]) = (5 \times 10^{-4})\ (0.1)\ (0.9)$
$= 4.5 \times 10^{-5}\ \text{mol L}^{-1}\ \text{s}^{-1}$

2-5

(a) $+6.17$ kcal mol^{-1}
(b) $\Delta G° = 15.5 - (0.773 \times 31.3)$
$= -8.69$ kcal mol^{-1}

Hence, the dissociation equilibrium lies on the side of ethene and HCl at this high temperature, where the entropy factor overrides the $\Delta H°$ term.

2-6

$k = 10^{14}e^{-58.4/1.53} = 3.03 \times 10^{-3}\ \text{s}^{-1}$

2-7

(a) $H-\ddot{O}:^- + H^+ \longrightarrow H-\ddot{O}-H$ (Compare to Example 2)

(b) $H^+ + H_2C{=}CH_2 \longrightarrow H_2C(H)-\overset{+}{C}H_2$ (Compare to Example 4b)

(c) $(CH_3)_2\ddot{N}:^- + H-\ddot{Cl}: \longrightarrow (CH_3)_2\ddot{N}-H + :\ddot{Cl}:^-$ (Compare to Example 3)

(d) $CH_3-\ddot{O}:^- + H_2C{=}\ddot{O} \longrightarrow CH_3-\ddot{O}-CH_2-\ddot{O}:^-$ (Compare to Example 4a)

2-8

(a) HSO_3^- **(b)** ClO_3^- **(c)** HS^- **(d)** $(CH_3)_2O$ **(e)** SO_4^{2-}

2-9

(a) $(CH_3)_2NH$ **(b)** HS^- **(c)** $^+NH_4$ **(d)** $(CH_3)_2C{=}\overset{+}{O}H$
(e) CF_3CH_2OH

2-10

Phosphorous acid is stronger. It has the smaller pK_a value, which corresponds to a larger acid dissociation constant, K_a. $K_a(HNO_2) = 10^{-3.3}$; $K_a(H_3PO_3) = 10^{-1.3}$.

2-11

Protonation of the oxygen at the end of the double bond gives a structure with three contributing resonance forms:

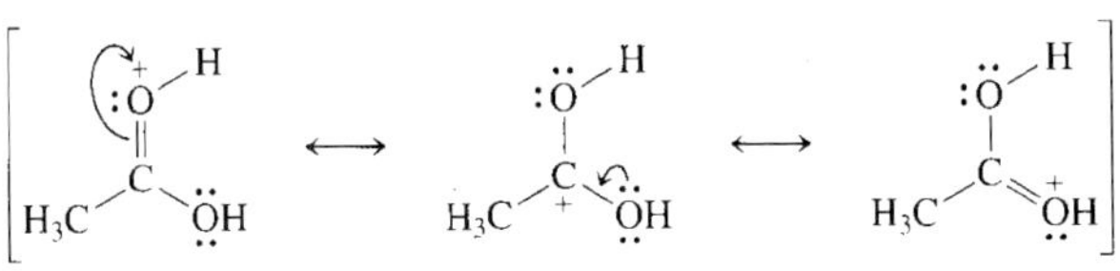

$[H_3C-C(=\overset{+}{O}H)-\ddot{O}H \longleftrightarrow H_3C-\overset{+}{C}(-\ddot{O}H)-\ddot{O}H \longleftrightarrow H_3C-C(-\ddot{O}H)=\overset{+}{O}H]$

Protonation of the oxygen atom of the OH group gives a structure with only two contributing forms, the second of which is poor because of the two adjacent positively charged atoms:

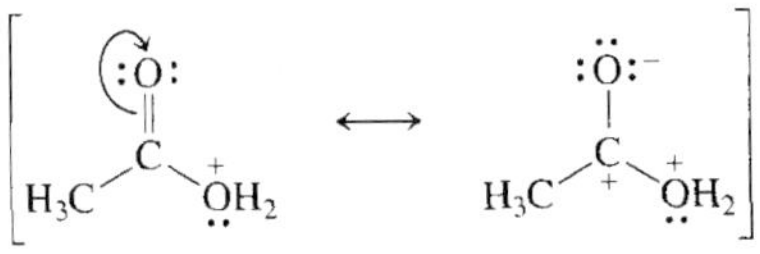

$[H_3C-C(=\ddot{O}:)-\overset{+}{O}H_2 \longleftrightarrow H_3C-\overset{+}{C}(-\ddot{O}:^-)-\overset{+}{O}H_2]$

Protonation at the double-bonded oxygen is preferred.

2-12

Worked out in chapter.

2-13

Either take the difference in pK_a values and convert to the antilog, or convert each pK_a value individually to the antilog and take the ratio. In this case the first method is more straightforward: Acetic acid has a pK_a value 9 units *less* than that of water. Therefore, acetic acid is 9 orders of magnitude (10^9 times) *stronger* an acid than water.

2-14

Worked out in chapter.

2-15

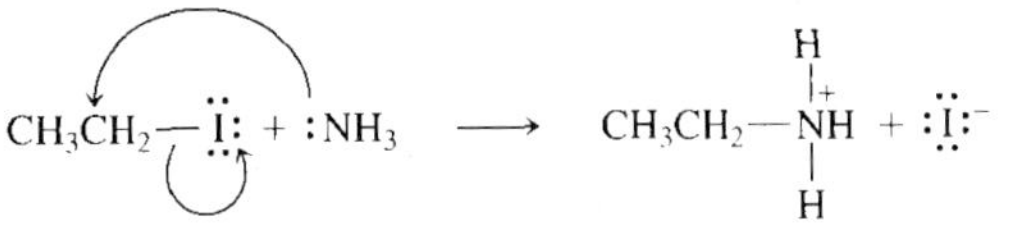

$CH_3CH_2-\ddot{I}: + :NH_3 \longrightarrow CH_3CH_2-\overset{+}{N}H_3 + :\ddot{I}:^-$

2-16

(a)

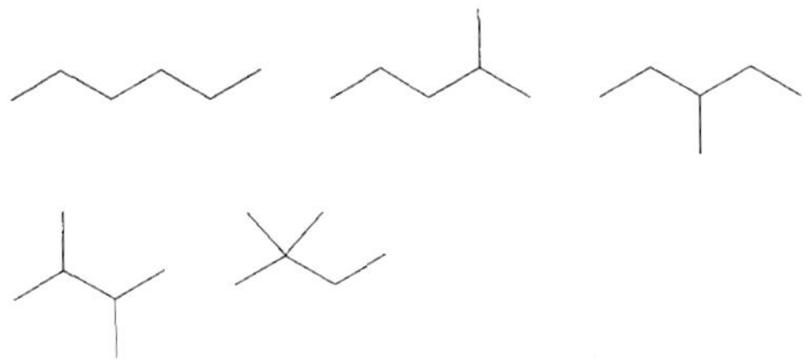

(b) Higher homologs: $CH_3CH(CH_3)-CH(CH_3)CH_3$

$CH_3CH_2CH_2CH(CH_3)CH_3$ $\quad CH_3CH_2CH(CH_3)CH_2CH_3$ $\quad CH_3CH_2C(CH_3)_2CH_3$

Lower homologs: $CH_3CH(CH_3)CH_3$ $\quad CH_3CH_2CH_2CH_3$

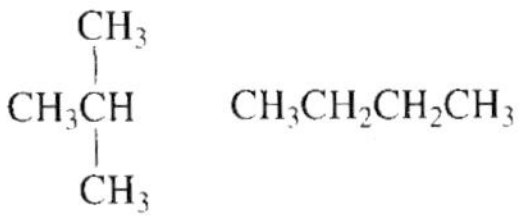

2-17

$CH_3CH(CH_3)CH_2CH_2CH_3$ — **Isohexane**

$CH_3C(CH_3)_2CH_3$ — **Neopentane**

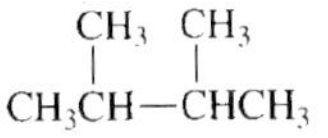

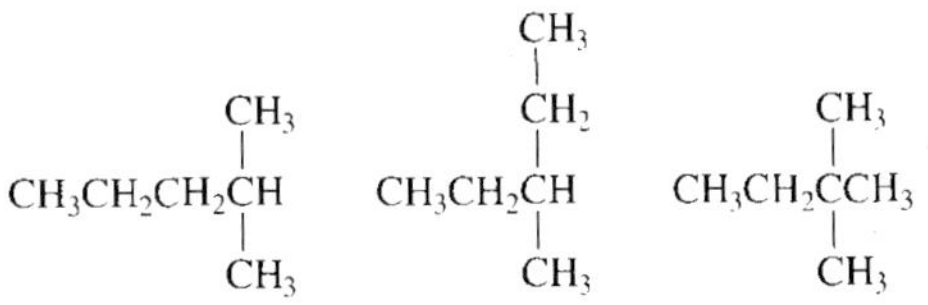

2-18

$CH_3C(CH_3)(H)CH_2CH_2CH_3$ — Prim, Sec, Tert

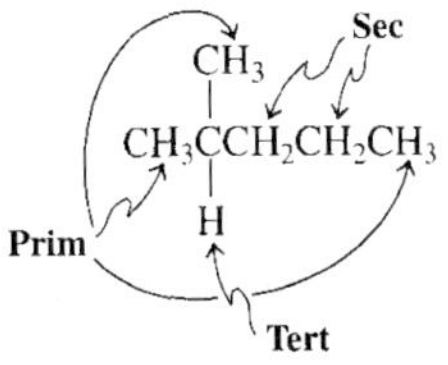

2-19

Self-explanatory.

2-20

H$_3$C Cl

2-21

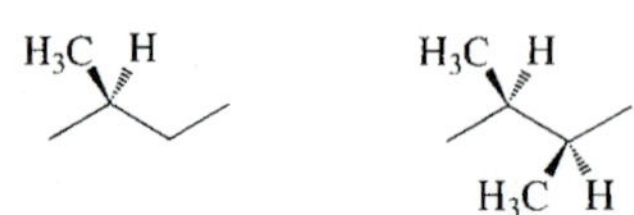

2-Methylbutane **2,3-Dimethylbutane**

2-22

Worked out in chapter.

2-23

In this example (graphed below), the energy difference between the two staggered conformers turns out to be quite small.

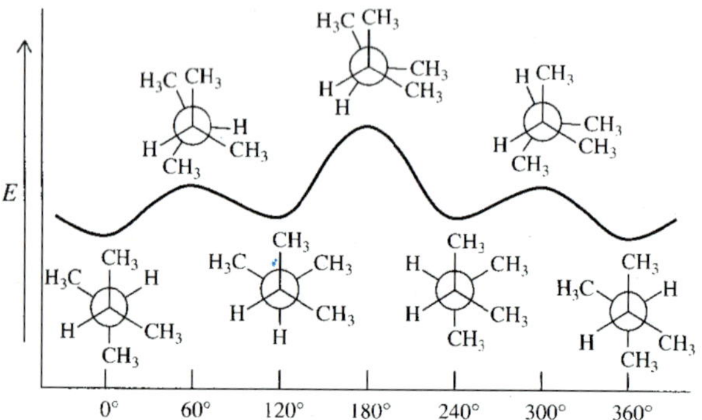

3장

3-1

Worked out in chapter.

3-2

$$\mathrm{H_3C{-}CH_3} \qquad \mathrm{H_2\ddot{N}{-}\ddot{N}H_2} \qquad \mathrm{H{-}\ddot{O}{-}\ddot{O}{-}H}$$

On the basis of orbital size and energy match, and therefore covalent overlap, the C–C, N–N, and O–O bonds should be quite similar. Furthermore, each bond is between two identical atoms, so all three will be nonpolar and lack Coulombic attraction. However, each N in the N–N bond contains one lone pair, and each O in hydrogen peroxide bears two. Lone pair–lone pair repulsion will weaken the N–N bond in hydrazine relative to the C–C bond in ethane, and the effect will be even more severe in hydrogen peroxide.

3-3

First: CH_3-ξ-$C(CH_3)_3$ $\quad DH° = 87$ kcal mol^{-1}

Second: CH_3-ξ-CH_3 $\quad DH° = 90$ kcal mol^{-1}

3-4

Worked out in chapter.

3-5

$$CH_3Cl + Cl_2 \xrightarrow{h\nu} CH_2Cl_2 + HCl$$

Initiation $\quad :\ddot{Cl}{-}\ddot{Cl}: \xrightarrow{h\nu} 2\ :\ddot{Cl}\cdot$

Propagation 1 $\quad ClCH_2{-}H + \cdot\ddot{Cl}: \longrightarrow ClCH_2\cdot + H{-}\ddot{Cl}:$

Propagation 2 $\quad ClCH_2\cdot + :\ddot{Cl}{-}\ddot{Cl}: \longrightarrow ClCH_2{-}\ddot{Cl}: + \cdot\ddot{Cl}:$

3-6

The answer is found by inspection of Figure 3-7 and Table 3-5. The chlorine atom is much more reactive than the bromine atom, as indicated by the ΔH values by the hydrogen abstraction step: +2 kcal mol^{-1} versus +18 kcal mol^{-1}. Since the transition states of atom abstraction reflect the relative stabilities of the products, it is evident that it is much easier to get to (CH_3 + HCl) than to (CH_3 + HBr).

3-7

$$CH_3CH_2CH_2CH_3 + Cl_2 \xrightarrow{h\nu}$$

$$CH_3CH_2CH_2CH_2Cl + CH_3CH_2\underset{}{\overset{Cl}{\overset{|}{C}}}HCH_3 + HCl$$

The ratio of primary to secondary product is calculated by multiplying the number of respective hydrogens in the starting material by their relative reactivity:

$(6 \times 1):(4 \times 4) = 6:16 = 3:8$

In other words, 2-chlorobutane : 1-chlorobutane = 8 : 3.

3-8

Worked out in chapter.

3-9

The starting compound has four distinct groups of hydrogens:

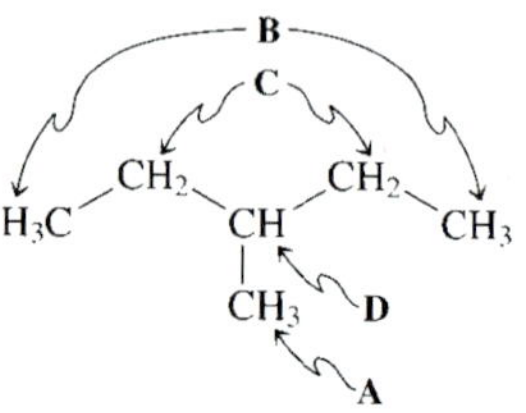

Four possible monochlorination products are therefore possible, corresponding to replacement of a hydrogen atom in each of these four groups by chlorine:

Cl Cl

A **B**

Cl Cl

C **D**

The table summarizes the determination of the relative amounts of each product that would be expected to form.

Position (group)	Number of hydrogens	Relative reactivity	Relative yield	Percentage yield
A	3	1	3	10%
B	6	1	6	20%
C	4	4	16	53%
D	1	5	5	17%

3-10
Worked out in chapter.

3-11
2,3-Dimethylbutane, $(CH_3)_2CH—CH(CH_3)_2$, contains 12 identical primary and 2 identical tertiary hydrogen atoms, a 6 : 1 ratio. However, the tertiary : primary selectivity for monochlorination is only 5 : 1. Therefore, monochlorination will give roughly equal amounts of the two possible monochlorination products, $(ClCH_2)(CH_3)CH—CH(CH_3)_2$ and $(CH_3)_2CCl—CH(CH_3)_2$, and will not be useful synthetically. In contrast, the tertiary : primary selectivity for monobromination is about 1800 : 1. Monobromination will produce $(CH_3)_2CBr—CH(CH_3)_2$ with high selectivity, (1800/6) or 300 : 1, and will be an excellent synthetic procedure.

3-12
In this isomerization, a secondary hydrogen and a terminal methyl group in butane switch positions:

$CH_3\overset{H}{C}HCH_2—CH_3$

Hence,

$$\begin{aligned}\Delta H^\circ &= (\text{sum of the strengths of the bonds broken})\\ &\quad - (\text{sum of the strengths of the bonds made})\\ &= (98.5 + 89) - (88 + 101)\\ &= -1.5\ \text{kcal mol}^{-1}\end{aligned}$$

4-1
Aspects of ring strain and conformational analysis are discussed in Sections 4-2 through 4-5.

Note that the cycloalkanes are much less flexible than the straight-chain alkanes and thus have less conformational freedom. Cyclopropane must be flat and all hydrogens eclipsed. The higher cycloalkanes have increasing flexibility, more hydrogens attaining staggered positions and the carbon atoms of the ring eventually being able to adopt *anti* conformations.

4-2
Worked out in chapter.

4-3

trans-1-Bromo-2-methylcyclohexane

cis-1-Bromo-3-methylcyclohexane

trans-1-Bromo-3-methylcyclohexane

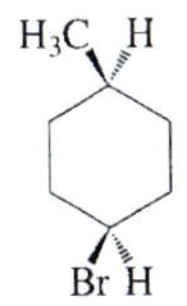

cis-1-Bromo-4-methylcyclohexane

trans-1-Bromo-4-methylcyclohexane

4-4

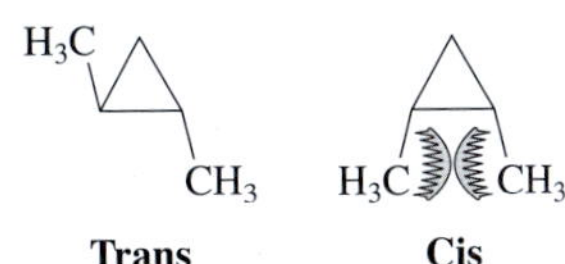

Trans **Cis**

The cis isomer suffers from steric hindrance and has a larger heat of combustion (by about 1 kcal mol^{-1}).

4-5
Worked out in chapter.

4-6
This problem is a variant of Exercise 4-5, except that x is now given and the ΔH° of the reaction is the unknown. Since the product cyclohexane is strain free, the heat of the reaction of A with H_2 will equal the strain of the shared bond. With the central bond in 2,3-dimethylbutane, DH° = 85.5 kcal mol^{-1} (Table 3-2) as a reference, the strength of this bond will be 85.5 − 50.7 = 34.8 kcal mol^{-1}. The formation of cyclohexane from A will therefore be exothermic by $\Delta H^\circ = (104 + 34.8) - 197 = -58.2$ kcal mol^{-1}.

4-7

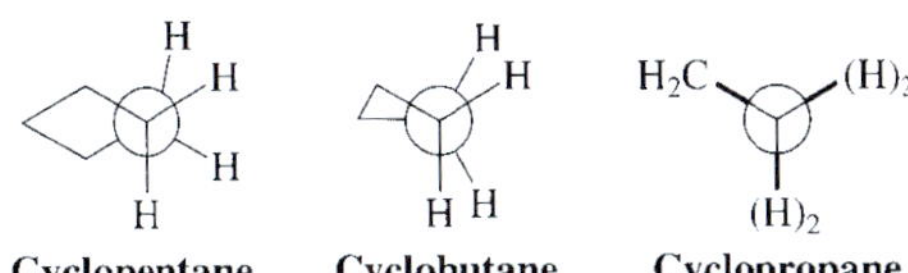

Cyclopentane **Cyclobutane** **Cyclopropane**

The respective C–H torsional angles are roughly 40°, 20°, and 0°.

4-8
$\log K = -1.7/1.36 = -1.25$

$K = 10^{-1.25} = 0.056$. Compare $K = 5/95 = 0.053$

4-9
Worked out in chapter.

4-10

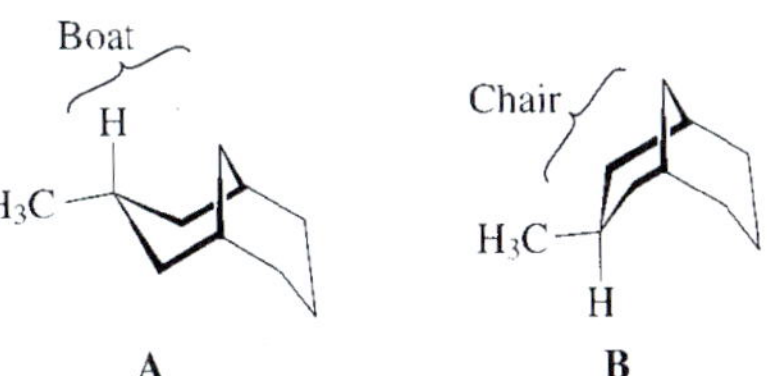

A **B**

4-11
(a) ΔG° = energy difference between an axial methyl and axial ethyl group: 1.75 − 1.70 = about 0.05 kcal mol^{-1}, that is, very small.

(b) Same as (a).

(c) 1.75 + 1.70 = 3.45 kcal mol^{-1}

4-12

(a)

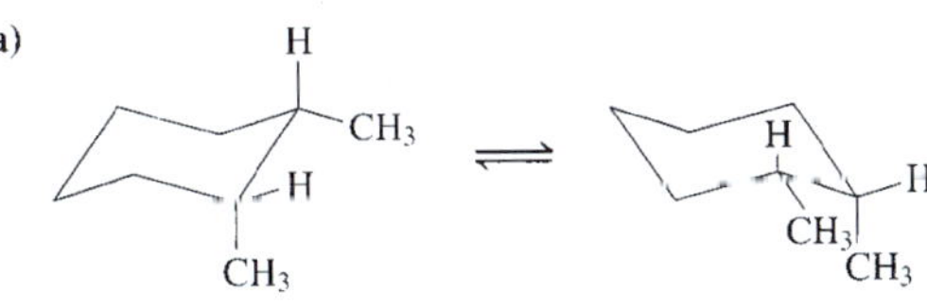

Both axial–equatorial

(b)

Diequatorial ⇌ Diaxial

(c)

Diequatorial ⇌ Diaxial

(d)

Both axial–equatorial

4-13
Worked out in chapter.

4-14
In the molecular model for *trans*-1,2-dimethylcyclohexane, perform the equatorial-to-axial ring flip and compare the respective methyl environments with those in methylcyclohexane. Clearly, in the diaxial form, the two methyls are completely out of each other's way, each encountering the same two 1,3-diaxial hydrogens across the respective faces of the molecule as in the monomethyl derivative. Hence, additivity applies. In the diequatorial structure, the two substituents appear to be very close. To visualize this, recall Figure 4-12, focus on the ring bond connecting the two methyl-bearing carbons, and ignore the remainder: We are looking at a *gauche* butane interaction (Section 2-8, Figures 2-12 and 2-13), destabilizing this conformer by ~0.9 kcal mol^{-1}. Hence, the $\Delta G°$ for ring flip is less than 3.4 kcal mol^{-1}.

Gauche

0.9 kcal mol^{-1}

4-15
trans-Decalin is fairly rigid. Full chair–chair conformational "flipping" is not possible. In contrast, the axial and equatorial positions in the cis isomer can be interchanged by conformational isomerization of both rings. The barrier to this exchange is small (E_a = 14 kcal mol^{-1}). Because one of the appended bonds is always axial, the cis isomer is less stable than the trans isomer by 2 kcal mol^{-1} (as measured by combustion experiments).

Ring flip in *cis*-decalin

4-16

All equatorial

4-17

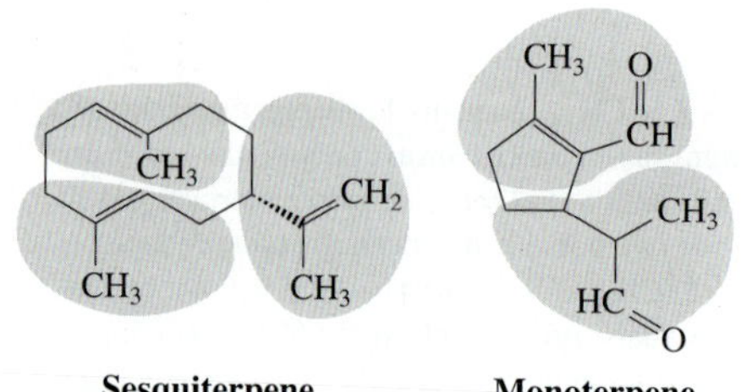

Sesquiterpene **Monoterpene**

4-18
Chrysanthemic acid: C=C, —COOH, —COOR

Grandisol: C=C, —OH

Menthol: —OH

Camphor: C=O

β-Cadinene: C=C

Taxol: —OH, —O—, aromatic benzene rings, C=O, —COOR, —CONHR

5장

5-1

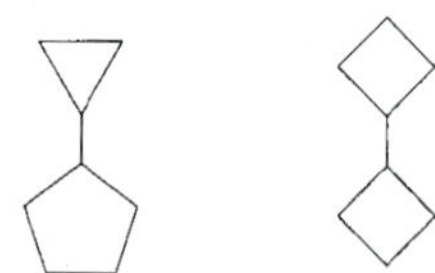

Cyclopropyl-cyclopentane **Cyclobutyl-cyclobutane**

Both hydrocarbons have the same molecular formula: C_8H_{14}. Therefore, they are (constitutional) isomers.

5-2
There are several boat and twist-boat forms of methylcyclohexane, some of which are shown:

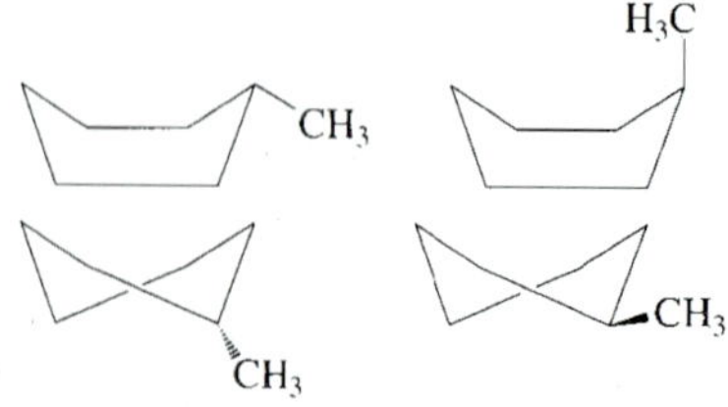

5-3
All are chiral. Note, however, that 2-methylbutadiene (isoprene) itself is achiral. Number of stereocenters: chrysanthemic acid, 2; grandisol, 2; menthol, 3; camphor, 2; β-cadinene, 3; taxol, 11; epiandrosterone, 7; cholesterol, 8; cholic acid, 11; cortisone, 6; testosterone, 6; estradiol, 5; progesterone, 6; norethindrone, 6; ethynylestradiol, 5; RU-486, 5.

5-4
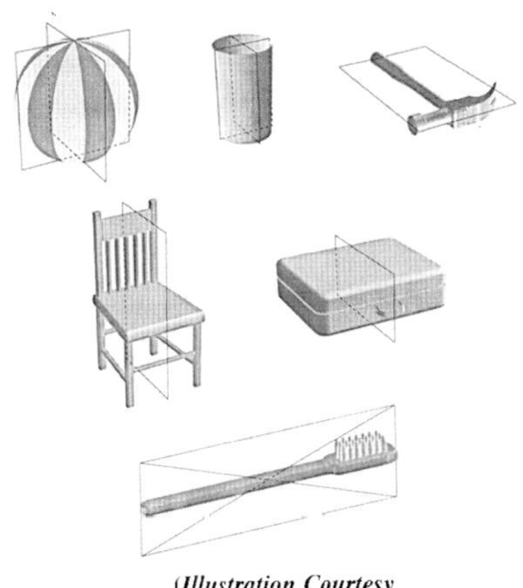

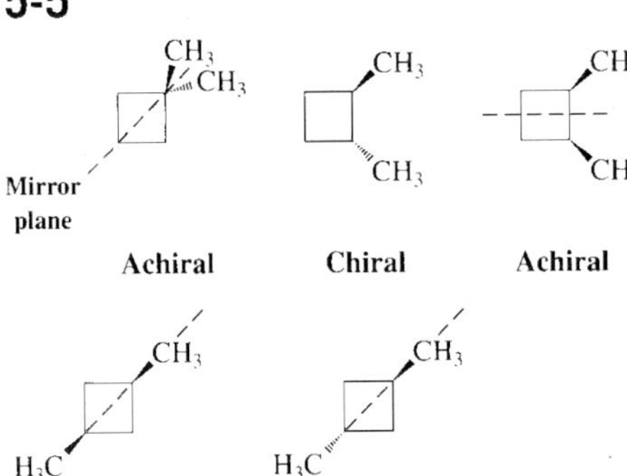

(Illustration Courtesy of Marie Sat.)

5-5
CH_3, CH_3 — Mirror plane — **Achiral**

CH_3, CH_3 — **Chiral**

CH_3, CH_3 — **Achiral**

CH_3, H_3C — **Achiral**

CH_3, H_3C — **Achiral**

5-6
$$[\alpha] = \frac{6.65}{1 \times 0.1} = 66.5$$

The enantiomer of natural sucrose has $[\alpha] = -66.5$.

5-7
Worked out in chapter.

5-8

Optical purity (%)	Ratio (+/−)	$[\alpha]_{obs.}$
75	87.5/12.5	+17.3°
50	75/25	+11.6°
25	62.5/37.5	+5.8°

5-9
(a) $-CH_2Br > -CCl_3 > -CH_2CH_3 > -CH_3$

(b) $-$cyclohexyl $>$ $-CH(CH_3)CH_3$ $>$ $-CH_2CH(CH_3)CH_3$

(c) $-C(CH_3)_3 > -CH(CH_3)CH_2CH_3 > -CH_2CH(CH_3)CH_3 > -CH_2CH_2CH_2CH_3$

(d) $-CH(Br)CH_3 > -CH(Cl)CH_3 > -CH_2CH_2Br > -CH_2CH_3$

5-10
Worked out in chapter.

5-11
(+)-2-Bromobutane: *S*

(+)-2-Aminopropanoic acid: *S*

(−)-2-Hydroxypropanoic acid: *R*

5-12
H, Cl, CH_2CH_3, CH_3 — ***S***

CH_3, F, Cl, CH_2CH_3 — ***R***

Br, HC≡C, CH_3, $CH{=}CH_2$ — ***S***

5-13
CH_2CH_3 / H—Br / CH_3

CH_2CH_3 / Br—H / CH_3

H / H_2N—CH_3 / COOH

H / HO—COOH / CH_3

H / H_3C—CH_2CH_3 / Cl

CH_3 / CH_3CH_2—Cl / F

Br / $CH_2{=}CH$—CH_3 / $C{\equiv}CH$

5-14
H, CH_3, Cl — 120° — H_3C, Cl, H

5-15
Worked out in chapter.

5-16
c Cl / d F—Br b / a H → c—a, d above, b below: ***R***

c CH_3 / a H_2N—COOH b / H d → b—a, d above, c below: ***S***

5-17

CH_3 *b*, Br *a*, H—C (*d*), D *c*

CH_3 *b*, Br *a*, H—C (*d*), D *c*

Cl *c*, Br *b*, F—C (*d*), I *a*

a NH_2, COOH *b*, H—C (*d*), CH_3 *c*

Placing the lowest-priority substituent *d* at the top of a Fischer projection means that it is located behind the plane of the page, the place required for the correct assignment of absolute configuration by visual inspection.

5-18

Isoleucine			Alloisoleucine		
	CO_2H			CO_2H	
H_2N	+	H	H_2N	+	H
H_3C	+	H	H	+	CH_3
	CH_2CH_3			CH_2CH_3	

They are diastereomers.

5-19

1: (2*S*,3*S*)-2-Fluoro-3-methylpentane.
2: (2*R*,3*S*)-2-Fluoro-3-methylpentane.
3: (2*R*,3*R*)-2-Fluoro-3-methylpentane.
4: (2*S*,3*S*)-2-Fluoro-3-methylpentane.
1 and 2 are diastereomers; 1 and 3 are enantiomers; 1 and 4 are identical; 2 and 3 and 2 and 4 are diastereomers; 3 and 4 are enantiomers. With the inclusion of the mirror image of 2, there are four stereoisomers.

5-20

	CH_3			CH_3			CH_3			CH_3	
H	+	Br	Br	+	H	Br	+	H	Br	+	H
H	+	Cl	H	+	Cl	Cl	+	H	H	+	Cl
H	+	F	H	+	F	H	+	F	F	+	H
	CH_3			CH_3			CH_3			CH_3	

With the inclusion of the four mirror images, there are four enantiomeric pairs of diastereomers.

5-21

	CH_3			CH_3			CH_3			CH_3	
H	+	Br	Br	+	H	H	+	Br	Br	+	H
H	+	Cl	H	+	Cl	Cl	+	H	H	+	Cl
H	+	Br	H	+	Br	Br	+	H	Br	+	H
	CH_3			CH_3			CH_3			CH_3	
	Meso			**Enantiomers**						**Meso**	

5-22

Mirror plane

(a) Cl Cl **Meso** (b) Cl Cl **Chiral**

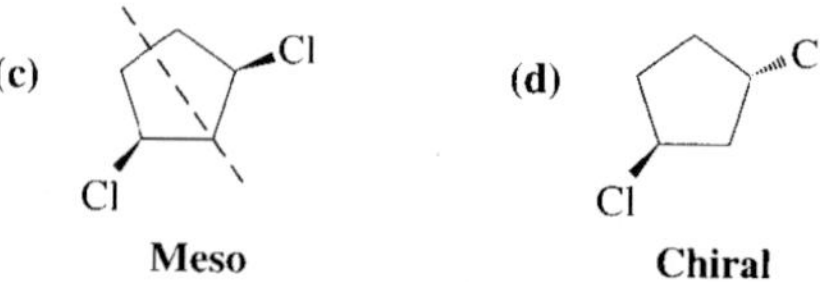

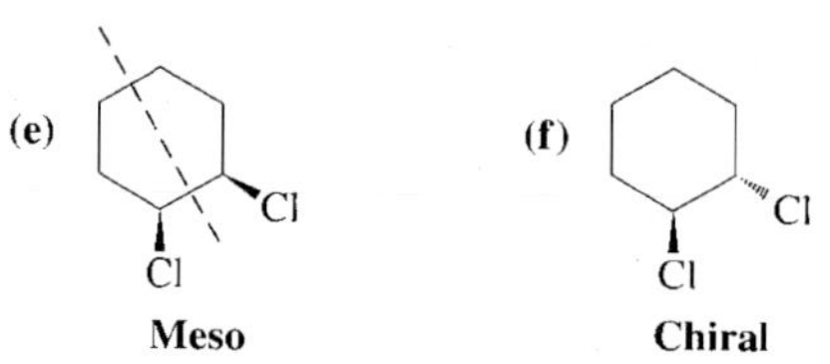

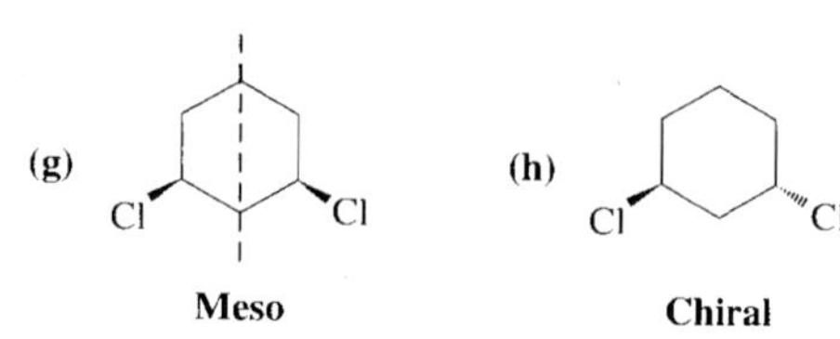

5-23

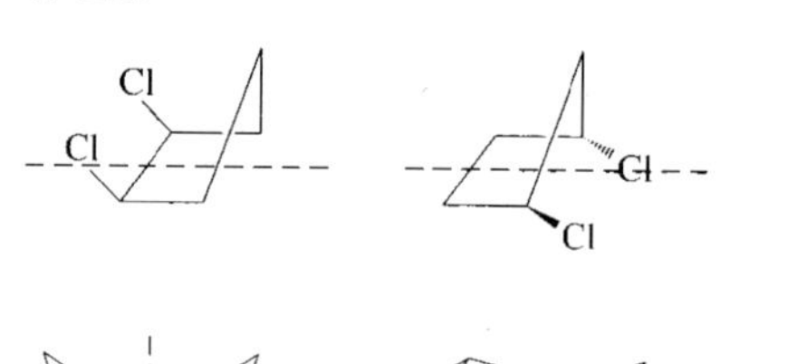

Cl Cl Cl Cl

5-24

Almost any halogenation at C2 gives a racemate; the exception is bromination, which results in achiral 2,2-dibromobutane. In addition, bromination at C3 gives the two 2,3-dibromobutane diastereomers, one of which, 2*R*,3*S*, is meso.

5-25

Worked out in chapter.

5-26

Attack at C1:

	CH_2Br	
H	+	Br
H	+	H
H	+	H
	CH_3	

(*R*)-1,2-Dibromopentane
Chiral, optically active

Attack at C2:

CH_3
Br—|—Br
H—|—H
H—|—H
CH_3

2,2-Dibromopentane
Achiral

Attack at C3:

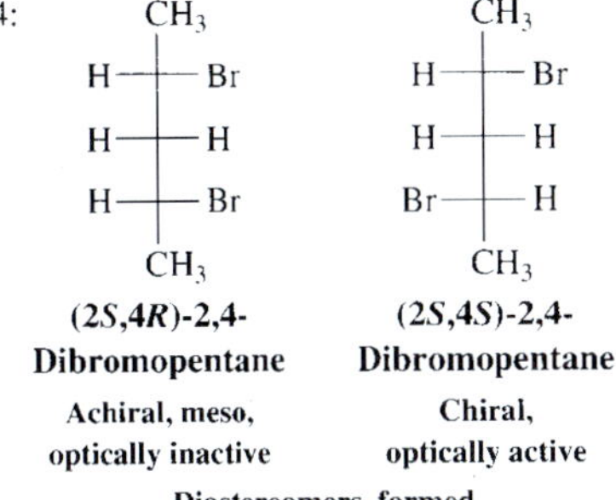

(2S,3R)-2,3-Dibromopentane
Chiral, optically active

(2S,3S)-2,3-Dibromopentane
Chiral, optically active

Diastereomers, formed in unequal amounts

Attack at C4:

CH_3
H—|—Br
H—|—H
H—|—Br
CH_3

CH_3
H—|—Br
H—|—H
Br—|—H
CH_3

(2S,4R)-2,4-Dibromopentane
Achiral, meso, optically inactive

(2S,4S)-2,4-Dibromopentane
Chiral, optically active

Diastereomers, formed in unequal amounts

Attack at C5:

CH_3
H—|—Br
H—|—H
H—|—H
CH_2Br

(S)-1,4-Dibromopentane
Chiral, optically active

5-27

Bromocyclohexane has a mirror plane and is therefore achiral. Chlorination at C2 should give the diastereomers *cis*- and *trans*-1-bromo-2-chlorocyclohexane in unequal ratios. In practice, the less hindered trans product dominates. Since we are starting with achiral material, the products are racemic. Indeed, attack from the left (a) gives the set of enantiomers shown, whereas the equally likely attack from the right (b) gives the mirror images (not shown).

Br H, a, b —(Cl_2, $h\nu$; a)→ Cl, H, Br H + Br H, H, Cl

Mirror plane: achiral | **Cis** | **Trans**

6장

6-1

(a) $CH_3CH_2CH_2CH_2\ddot{I}:$

(b) $CH_3CH_2CH_2CH_2\ddot{O}CH_2CH_3$

(c) $CH_3CH_2CH_2CH_2\ddot{N}=\overset{+}{N}=\ddot{N}:^-$

(d) $[CH_3CH_2CH_2CH_2As(CH_3)_3]^+$ $:\ddot{Br}:^-$

(e) $[CH_3CH_2CH_2CH_2\ddot{Se}(CH_3)_2]^+$ $:\ddot{Br}:^-$

6-2

Worked out in chapter.

6-3

Delete C—N bond

$H_3C-\overset{+}{N}(CH_3)_2-CH_3\ I^-$ ⇒ $H_3C-N(CH_3)_2:$ + H_3C-I

Connect I to C of CH_3

6-4

(a) H^+ $^-:\ddot{O}H$ ⟶ $H_2\ddot{O}$

(b) $:\ddot{F}:^-$ BF_3 ⟶ $^-BF_4$

(c) $H_3N:$ $H-\ddot{Cl}:$ ⟶ $^+NH_4$ $:\ddot{Cl}:^-$

(d) Na^+ $^-:\ddot{O}CH_3$ $H-\ddot{S}-H$ ⟶ $CH_3\ddot{O}H$ Na^+ $^-:\ddot{S}H$

(e) $(CH_3)_2\overset{+}{\ddot{O}}-H$ $H_2\ddot{O}:$ ⟶ $(CH_3)_2\ddot{O}$ $H_3O:^+$

(f) $H_2O:$ $H-\ddot{O}H$ ⟶ $H_3O:^+$ $^-:\ddot{O}H$

6-5

In mechanisms 1 and 3, oxygen is the nucleophile and carbon is the electrophile. In mechanism 4, the carbon–carbon double bond is the nucleophile and the proton is the electrophile. In mechanism 2, the dissociation, no external nucleophiles or electrophiles are pictured, but the carbon atom is electrophilic at the start and becomes more so after the chloride leaves.

6-6

(a) $(CH_3)_3N:$ $CH_3-\ddot{I}:$

(b) Only the first approach is shown.

$CH_3\ddot{S}:^-$ $\ddot{I}:$

6-7

Only two examples are shown.

4. $:N\equiv C:^-$ $\ddot{I}:$

7. $(CH_3)_3P:$ $CH_3-\ddot{Br}:$

6-8

(a) $-\overset{|}{\underset{|}{C}}^{+} + :\ddot{Cl}:^- \longrightarrow -\overset{|}{\underset{|}{C}}-\ddot{Cl}:$

(b) $H\ddot{O}:^- + \overset{+}{C}-\overset{H}{C} \longrightarrow H_2\ddot{O} + C{=}C$

6-9

Worked out in chapter.

6-10

(a) 9×10^{-10} mol L^{-1} s^{-1}
(b) 1.2×10^{-9} mol L^{-1} s^{-1}
(c) 2.7×10^{-9} mol L^{-1} s^{-1}

6-11

Frontside displacement

$(H_3C)(H)(CH_2CH_3)C{-}Br: + :\ddot{I}:^- \longrightarrow (H_3C)(H)(CH_2CH_3)C{-}\ddot{I}: + :\ddot{Br}:^-$

Backside displacement

$:\ddot{I}:^- + (H_3C)(H)(CH_2CH_3)C{-}\ddot{Br}: \longrightarrow :\ddot{I}{-}C(CH_3)(H)(CH_3CH_2) + :\ddot{Br}:^-$

6-12

(a) $Cl{-}C(H)(CH_2CH_3)(CH_2CH_2CH_2CH_3) + Na^+\ {}^-SH \longrightarrow H{-}C(SH)(CH_2CH_3)(CH_2CH_2CH_2CH_3) + Na^+Cl^-$

(b) (H, Br) $+ :N(CH_3)_3 \longrightarrow$ $(CH_3)_3\overset{+}{N}$, H $+ Br^-$

(c) (H, I; H, CH_3) $+ K^+\ {}^-SeCH_3 \longrightarrow$ (CH_3Se, H; H, CH_3) $+ K^+I^-$

6-13

CH_3 / H–Br / H–H / H–Br / CH_3 (Meso) $\xrightarrow[-Br^-]{^-CN}$ CH_3 / NC–H / H–H / NC–H / CH_3 (Meso)

CH_3, I (Trans) $\xrightarrow[-I^-]{^-CN}$ CH_3, CN (Cis)

6-14

$H\overset{S}{-}C(I)(CH_2CH_3)((CH_2)_4CH_3) + CH_3\overset{O}{\overset{\|}{C}}O^- \longrightarrow CH_3\overset{O}{\overset{\|}{C}}O\overset{R}{-}C(H)(CH_2CH_3)((CH_2)_4CH_3) + I^-$

$\downarrow Br^-$

$Br\overset{R}{-}C(H)(CH_2CH_3)((CH_2)_4CH_3) + CH_3\overset{O}{\overset{\|}{C}}O^- \longrightarrow H\overset{S}{-}C(O\overset{O}{\overset{\|}{C}}CH_3)(CH_3CH_2)((CH_2)_4CH_3)$

6-15

Worked out in chapter.

6-16

The structure of *S*-alanine follows from the priority rules presented in Chapter 5: $-NH_3^+ > -COO^- > -CH_3 > -H$, giving as the answer

H_3C, H, COO^-, H_3N^+

Because S_N2 displacement inverts the stereochemistry at the site of reaction, the stereoisomer of 2-bromopropanoic acid necessary for the synthesis of *S*-alanine is

H_3C, Br, COOH, H

the *R* enantiomer.

6-17

CH_3 / Br–H / H–H / H–Cl / CH_3 (**2*R*,4*R***) $+ {}^-CN$ (**Excess**) $\xrightarrow{\text{Ethanol}}$ CH_3 / H–CN / H–H / NC–H / CH_3 (**2*S*,4*S***) $+ Br^- + Cl^-$

1 CH_3 / Br–2–H / H–3–CH_3 / CH_2CH_3 (**2*R*,3*R***) $+ I^-$ $\xrightarrow{\text{Acetone}}$ 1 CH_3 / H–2–I / H–3–CH_3 / CH_2CH_3 (**2*S*,3*R***) $+ Br^-$

All four components are diastereomers of their counterparts on p. 230.

6-18

I^- is a better leaving group than Cl^-. Hence the product is $Cl(CH_2)_6SeCH_3$.

6-19

The relative acidities of the acids are listed first, then the relative basicities of their conjugate bases. In each case, the weaker of the two bases (the last compound listed) is the better leaving group.

(a) $H_2Se > H_2S$, $HS^- > HSe^-$
(b) $H_2S > PH_3$, $PH_2^- > HS^-$
(c) $HClO_3 > HClO_2$, $ClO_2^- > ClO_3^-$
(d) $HBr > H_2Se$, $HSe^- > Br^-$
(e) $H_3O^+ > {}^+NH_4$, $NH_3 > H_2O$

6-20

(a) $^-OH > {}^-SH$ **(b)** $^-PH_2 > {}^-SH$

(c) $^-SeH > I^-$ **(d)** $HOS(=O)O^- > HOS(=O)_2O^-$

The relative acidities of the respective conjugate acids follow the inverse order.

6-21

(a) $HS^- > H_2S$ **(b)** $CH_3S^- > CH_3SH$
(c) $CH_3NH^- > CH_3NH_2$ **(d)** $HSe^- > H_2Se$

6-22

(a) $CH_3S^- > Cl^-$ **(b)** $P(CH_3)_3 > S(CH_3)_2$
(c) $CH_3CH_2Se^- > Br^-$ **(d)** $H_2O > HF$

6-23

(a) $CH_3SeH > CH_3SH$ **(b)** $(CH_3)_2PH > (CH_3)_2NH$

6-24

(a) CH_3S^- **(b)** $(CH_3)_2NH$

6-25

Worked out in chapter.

6-26

The substrate contains a nucleophilic nitrogen atom that is well positioned to react in an intramolecular manner with a carbon bearing a good leaving group at the other terminus. Following the model reaction 6 in Table 6-3, we can write the following mechanism:

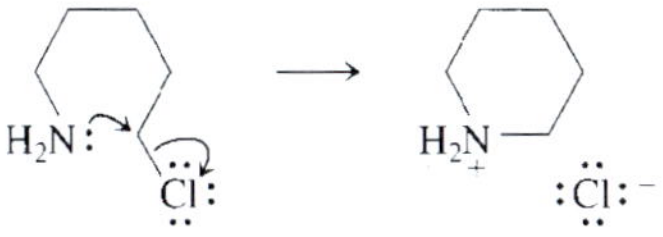

H_2N: ... Cl → H_2N^+ (ring) $:\ddot{Cl}:^-$

The product is a salt, which is only poorly soluble in the weakly polar ether solvent and precipitates as a white solid.

6-27

The more reactive substrates are **(a)**  bromocyclohexane and **(b)** $CH_3CH_2CH_2Br$.

6-28

(cyclohexyl)CH_2CH_2Br > (1-methylcyclohexyl)CH_2Br

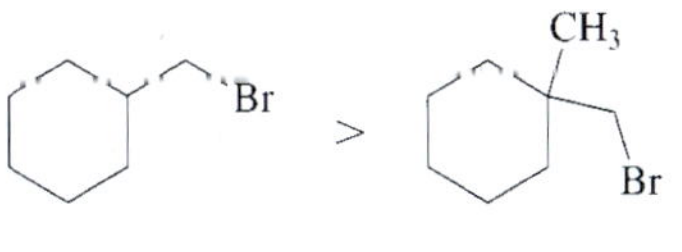

7장

7-1

Compound A is a 2,2-dialkyl-1-halopropane (neopentyl halide) derivative. The carbon bearing the potential leaving group is primary but very hindered and therefore very unreactive with respect to any substitution reactions. Compound B is a 1,1-dialkyl-1-haloethane (*tert*-alkyl halide) derivative and undergoes solvolysis.

7-2

Bonds broken [R = $(CH_3)_3C$]: 71 (R–Br) + 119 (H–OH) = 190 kcal mol^{-1}
Bonds made: 96 (R–OH) + 87 (H–Br) = 183 kcal mol^{-1}

$$\Delta H° = +7 \text{ kcal mol}^{-1}$$

By this calculation, the reaction should be endothermic. It still proceeds because of the excess water employed and the favorable solvation energies of the products.

7-3

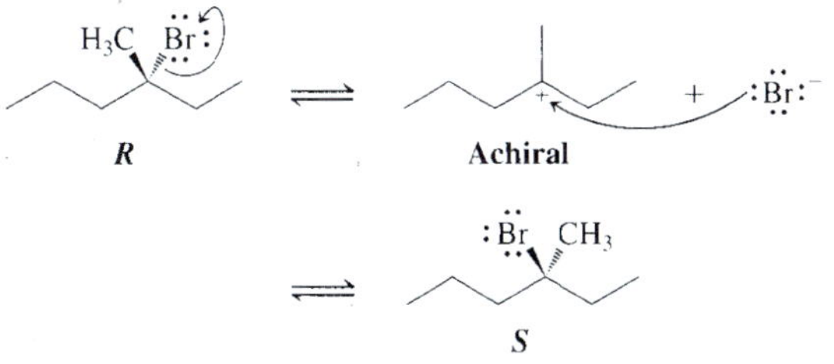

R ⇌ **Achiral** + $:\ddot{Br}:^-$ ⇌ *S*

The molecule dissociates to the achiral tertiary carbocation. Recombination gives a 1 : 1 mixture of *R* and *S* product.

7-4

Worked out in chapter.

7-5

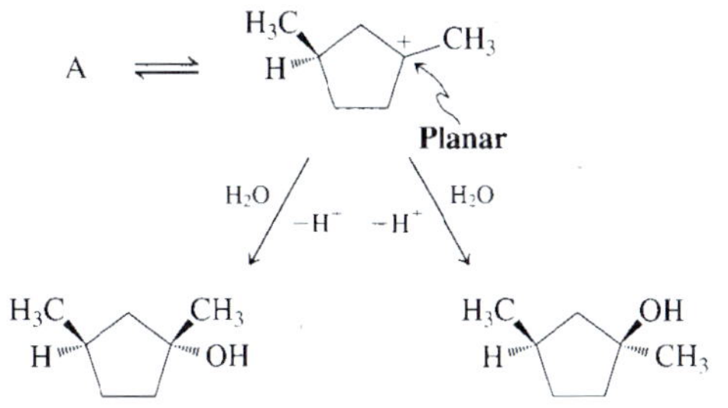

A ⇌ (planar cation) **Planar**; H_2O, $-H^+$ → two products (CH_3/OH stereoisomers)

7-6

Worked out in chapter.

7-7

Concentrated aqueous ammonia contains three potential nucleophiles: water, ammonia, and hydroxide ion. The **caution** indicates that the concentration of hydroxide is very low, suggesting that the major S_N1 product is not likely to result from reaction of the intermediate carbocation with hydroxide. Both water and ammonia are present in sizable concentrations, however, and ammonia is the superior nucleophile (Table 6-7). Thus the major product should be the amine, $(CH_3)_3CNH_2$.

7-8

Worked out in chapter.

7-9

It is true that the reaction described will yield *some* (*R*)-2-butanamine. Ammonia is a good nucleophile, so both S_N1 and S_N2 mechanisms may occur to give both the *R* and *S* enantiomers of the product. It would be incorrect, however, to describe this as a "synthetically useful" preparation of the *R* enantiomer. The outcome will be a mixture of enantiomers with the *S* predominating, and they will require a somewhat laborious separation (Section 5-8). A more efficient method, one that makes better use of the enantiomeric purity of the starting chloro compound, would employ exclusively stereospecific reactions. We know that the S_N2 process is stereospecific and proceeds with inversion. If we choose to react the starting material with a good S_N2 nucleophile such as I^-, *which can also function as a good leaving group,* we may cleanly obtain a product with an *S* stereocenter:

$$R\text{-}CH_3CH_2CHClCH_3 + NaI \longrightarrow S\text{-}CH_3CH_2CHICH_3 + NaCl$$

Carried out in acetone with stoichiometric NaI, this process is driven to completion by the precipitation of NaCl, which is insoluble in that solvent (Section 6-8).

Having prepared S-$CH_3CH_2CHICH_3$ with high enantiomeric purity, one can subsequently perform a second, clean S_N2 inversion using ammonia as the nucleophile in, preferably, a polar aprotic solvent such as an ether to arrive at the desired product.

7-10

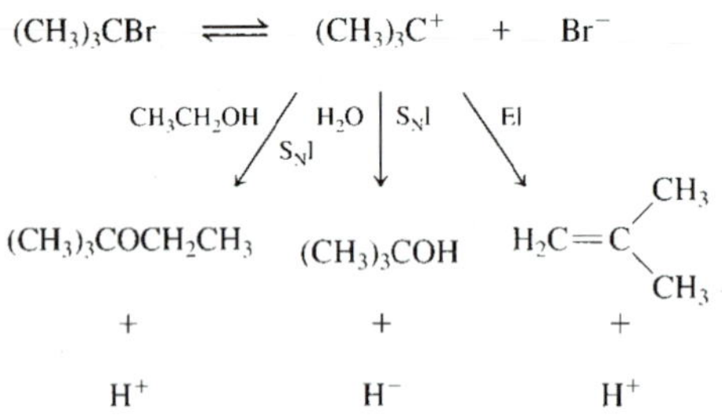

$$(CH_3)_3CBr \rightleftharpoons (CH_3)_3C^+ + Br^-$$

CH_3CH_2OH / S_N1 → $(CH_3)_3COCH_2CH_3$ + H^+

H_2O | S_N1 → $(CH_3)_3COH$ + H^-

E1 → $H_2C{=}C(CH_3)_2$ + H^+

7-11

Br (cyclohexyl bromide) $\xrightarrow{HO^-}$ OH (cyclohexanol) + cyclohexene

S_N2 E2

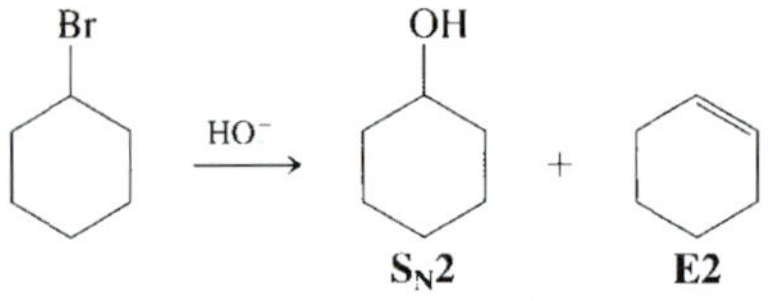

7-12

$CH_2{=}CH_2$: no E2 possible; $CH_2{=}C(CH_3)_2$: no E2 possible.

7-13

I^- is a better leaving group, thus allowing for selective elimination of HI by E2.

7-14

Worked out in chapter.

7-15

All chlorines are equatorial, lacking *anti* hydrogens.

7-16

(a) $N(CH_3)_3$, stronger base, worse nucleophile

(b) $(CH_3CH)_2N^-$ (each CH bearing CH_3), more hindered base

(c) Cl^-, stronger base, worse nucleophile (in protic solvent)

7-17

Thermodynamically, eliminations are usually favored by entropy, and the entropy term in $\Delta G° = \Delta H° - T\Delta S°$ is temperature dependent. Kinetically, eliminations have higher activation energies than do substitutions, so their rates rise more rapidly with increasing temperature (see Problem 47, Chapter 2).

7-18

(a) $CH_3CH_2CH_2CN$
(b) $CH_3CH_2CH_2OCH_3$
(c) $CH_3CH{=}CH_2$

7-19

(a) $(CH_3)_2CHCH_2I$
(b) $(CH_3)_2C{=}CH_2$

7-20

(a) $(CH_3)_2CHOCH_2CH_3$
(b) $(CH_3)_2CHSCH_3$
(c) $CH_3CH{=}CH_2$

7-21

(a) 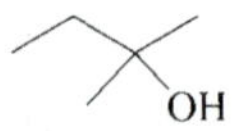 (skeletal structure) OH **(b)** 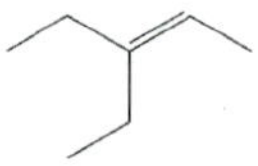 (skeletal structure)

7-22

(a) The second reaction will give more E2 product, because a stronger base is present.
(b) The first reaction will give E2 product, mainly because of the presence of a strong, hindered base, which is absent in the second reaction.

8장

8-1

(a) 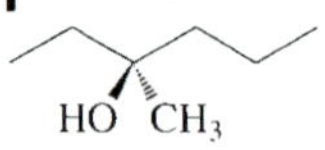 (skeletal structure) HO CH$_3$ **(b)** 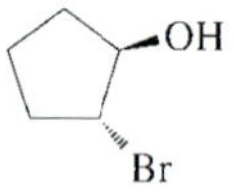 (cyclopentane) OH, Br

(c) $(CH_3)_3CCH_2OH$

8-2

(a) 4-Methyl-2-pentanol
(b) *cis*-4-Ethylcyclohexanol
(c) 3-Bromo-2-chloro-1-butanol

8-3

Worked out in chapter.

8-4

All the bases whose conjugate acids have pK_a values $\gg$ 15.5—i.e., $CH_3CH_2CH_2CH_2Li$, LDA, and KH.

8-5

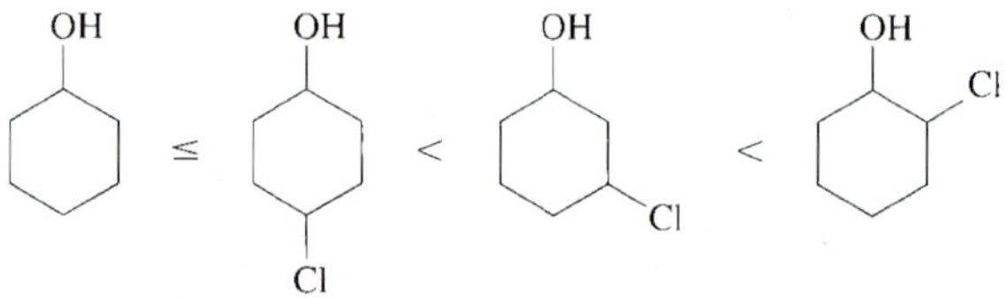

cyclohexanol $\leq$ 4-chlorocyclohexanol $<$ 3-chlorocyclohexanol $<$ 2-chlorocyclohexanol

8-6

In condensed phase, $(CH_3)_3COH$ is a weaker acid than CH_3OH. The equilibrium lies to the right.

8-7

(a) NaOH, H_2O
(b) 1. CH_3CO_2Na, 2. NaOH, H_2O
(c) H_2O

8-8

(a)  (skeletal structure) HO H + (skeletal structure) H OH

(b) $CH_3CH_2CH(OH)CH_2CH_3$ **(c)** 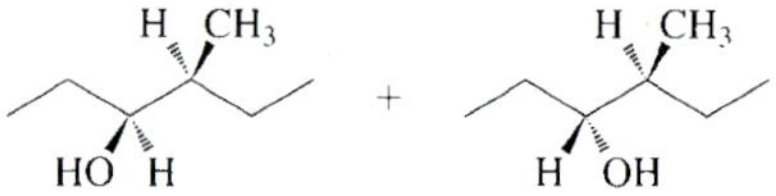 (skeletal structure) H CH$_3$, HO H + (skeletal structure) H CH$_3$, H OH

8-9

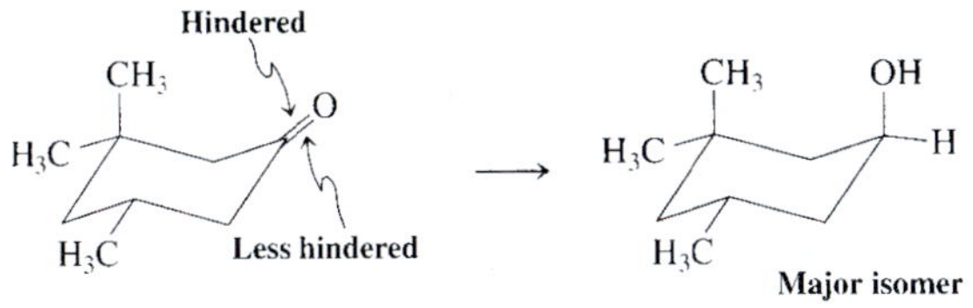

Hindered

CH_3, H_3C, H_3C → CH_3, OH, H, H_3C, H_3C

Less hindered

Major isomer

8-10

(a) $CH_3(CH_2)_8CHO + NaBH_4$ (b) 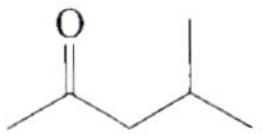 + $NaBH_4$

(c) 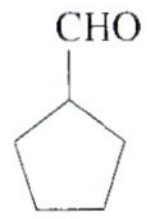 CHO + $NaBH_4$ (d) 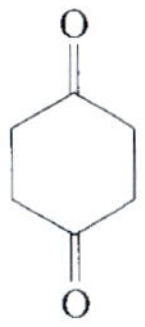 + $NaBH_4$

8-11

(a)

OH, CH_3 —$Na_2Cr_2O_7$, H_2SO_4, H_2O→ O, CH_3 —$NaBH_4$→ OH, CH_3 + OH, CH_3

cis — No stereochemistry — cis + trans

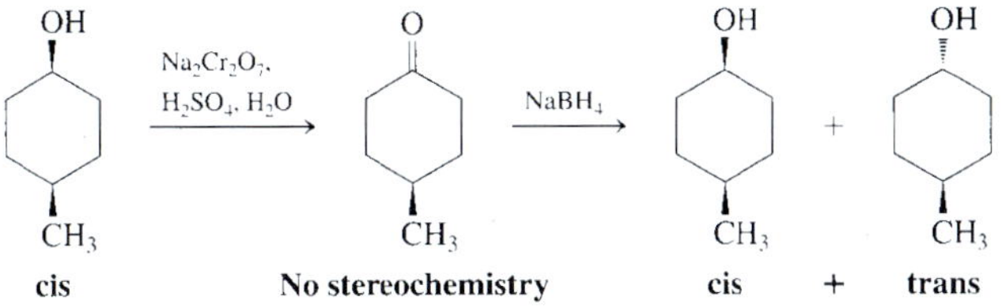

The lesson is that oxidation of an alcohol will remove any stereochemistry associated with the hydroxy-bearing carbon. Reduction may generate two stereoisomers, unless there is strong stereoselectivity (see Exercise 8-9).

(b)  HO H HO H — HO H H OH + Mirror image

Meso

(c)  O, H, O, H

Achiral

8-12

(a) $CH_3CH_2\underset{OH}{C}HCH(CH_3)_2$ + $Na_2Cr_2O_7$

(b)  CH_2OH (cyclobutyl) + PCC

(c) 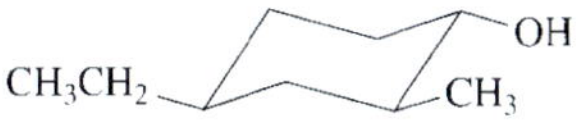 CH_3CH_2, OH, CH_3 + $Na_2Cr_2O_7$

8-13

Worked out in chapter.

8-14

$$CD_3OH \xrightarrow[2.\ D_2O]{1.\ CH_3Li} CD_3OD$$

8-15

$$(CH_3)_2CHBr \xrightarrow{Mg} (CH_3)_2CHMgBr \xrightarrow{CH_2{=}O} (CH_3)_2CHCH_2OH$$

8-16

(a) $CH_3CH_2CH_2CH_2Li + CH_2{=}O$

(b) $CH_3CH_2CH_2MgBr + CH_3CH_2CH_2CHO$

(c) $(CH_3)_3CLi$ + (cyclobutanone) O

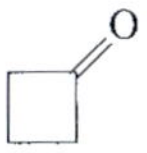

(d) $CH_3CH_2CH_2MgBr$ + $CH_3\overset{O}{\overset{\|}{C}}CH_2CH_3$

8-17

Worked out in chapter.

8-18

(a) Product:

$ClCH_2CH_2CH_2\underset{OCH_2CH_3}{C}(CH_3)_2$ By S_N1

(b) Product:

$(CH_3)_2\overset{OH}{C}CH_2CH_2CHO$

The second hydroxy function is tertiary.

8-19

The desired alcohol is tertiary and is therefore readily made from 4-ethylnonane by 1. Br_2, $h\nu$; 2. hydrolysis (S_N1). However, the starting hydrocarbon is itself complex and would require an elaborate synthesis. Thus, the retrosynthetic analysis by C–O disconnection is poor.

8-20

Worked out in chapter.

8-21

$$CH_4 \xrightarrow{Br_2,\ h\nu} CH_3Br \xrightarrow{Mg} CH_3MgBr$$

CH_3Br ↓ 1. NaOH 2. PCC → $H_2C{=}O$

CH_3MgBr ↓ 1. $H_2C{=}O$ 2. PCC → CH_3CHO

$$CH_3CHO \xrightarrow[2.\ Na_2Cr_2O_7]{1.\ CH_3MgBr} CH_3\overset{O}{\overset{\|}{C}}CH_3 \xrightarrow{CH_3MgBr} (CH_3)_3COH$$

9장

9-1

$$\underset{pK_a = 15.5}{CH_3OH} + HO^- \overset{K}{\rightleftharpoons} CH_3O^- + \underset{pK_a = 15.7}{H_2O}$$

$$K = \frac{[CH_3O^-][H_2O]}{[CH_3OH][HO^-]}$$

The pK_a values for CH_3OH and H_2O are essentially the same, hence we can simplify $K = 1$. Remember, however, that this K refers to *equimolar concentrations of starting materials*. Since CH_3OH is the solvent, its concentration is its molarity: 1000/32 ≅ 31, a 3100-fold excess over the starting concentration of HO^-. Hence the equilibrium will be shifted strongly to the right, and essentially all of the added HO^- will be converted to CH_3O^-.

9-2

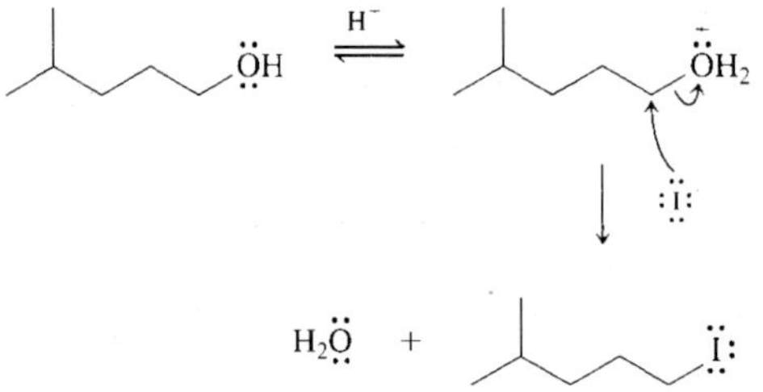

H^+, :Ï:, $H_2\ddot{O}$ +

9-3

HO CH$_3$ $\xrightleftharpoons{H^+}$ $H_2\overset{+}{O}$ CH$_3$ $\xrightleftharpoons{-H_2O}$ CH$_3$; Cl^-; $-H^+$

Cl CH$_3$

(Major) (Minor)

(a) (b)

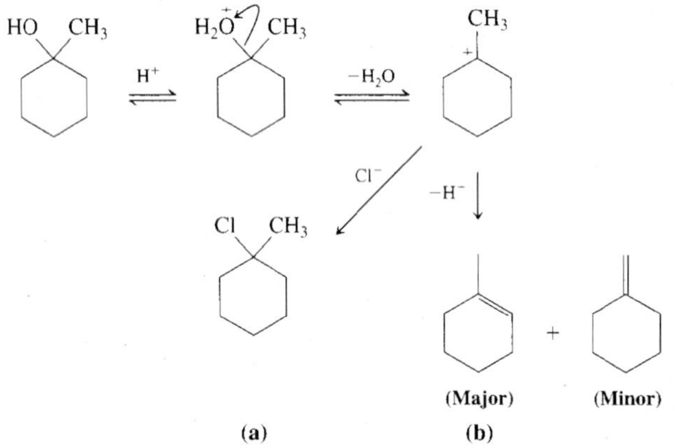

The tertiary carbocation is either trapped by the nucleophile (Cl^-) or undergoes E1. (HSO_4^- is a poor nucleophile.)

9-4

Worked out in chapter.

9-5

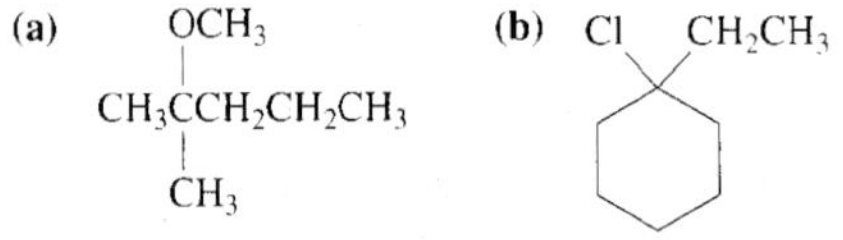

(a) $CH_3C(OCH_3)(CH_3)CH_2CH_2CH_3$ (b) Cl CH$_2$CH$_3$

9-6

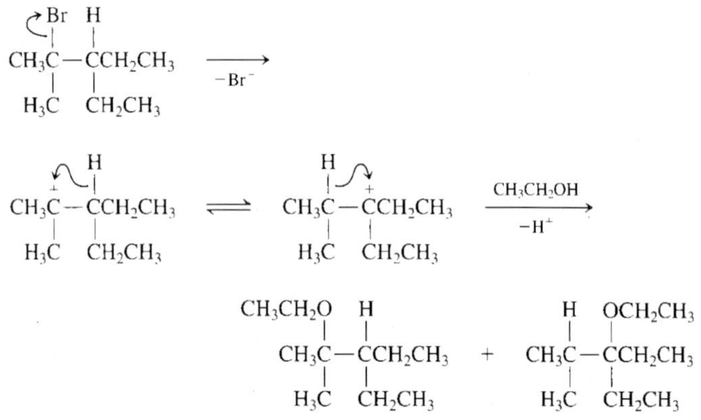

$CH_3C(Br)(H_3C)-CH(H)CH_2CH_3$ $\xrightarrow{-Br^-}$

$CH_3\overset{+}{C}(H_3C)-C(H)(CH_2CH_3)CH_2CH_3$ ⇌ $CH_3C(H)(H_3C)-\overset{+}{C}(CH_2CH_3)CH_2CH_3$ $\xrightarrow[-H^+]{CH_3CH_2OH}$

$CH_3C(CH_3CH_2O)(H_3C)-C(H)(CH_2CH_3)CH_2CH_3$ + $CH_3C(H)(H_3C)-C(OCH_2CH_3)(CH_2CH_3)CH_2CH_3$

Similarly,

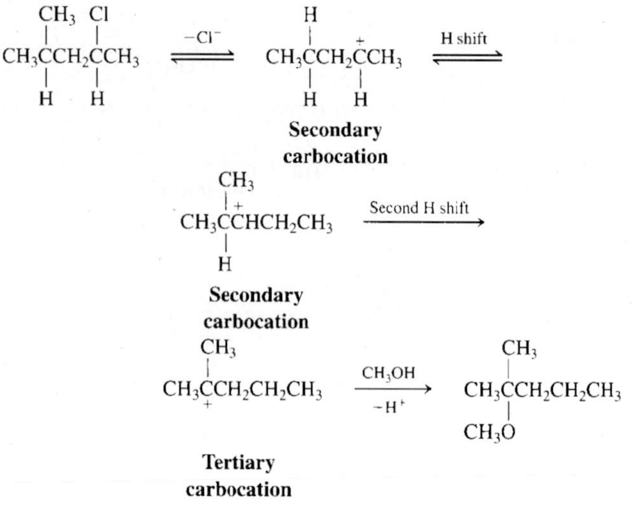

$CH_3C(CH_3)(H)CH_2C(Cl)(H)CH_3$ $\xrightleftharpoons{-Cl^-}$ $CH_3C(H)(H)CH_2\overset{+}{C}(H)CH_3$ $\xrightleftharpoons{\text{H shift}}$

Secondary carbocation

$CH_3\overset{+}{C}(CH_3)CHCH_2CH_3$ (H) $\xrightarrow{\text{Second H shift}}$

Secondary carbocation

$CH_3\overset{+}{C}(CH_3)CH_2CH_2CH_3$ $\xrightarrow[-H^+]{CH_3OH}$ $CH_3C(CH_3)(CH_3O)CH_2CH_2CH_3$

Tertiary carbocation

9-7

(a) $CH_3C(OH)(CH_3)CH_2CH_2CH_3$ $\xrightarrow[-H_2O]{\text{Straight E1}}$ $(H_3C)_2C{=}C(H)CH_2CH_3$

$CH_3C(CH_3)(H)CH(OH)CH_3$... $CH_3C(CH_3)(H)C(OH)(H)CH_3$ + H^+ $\xrightleftharpoons[+H_2O]{-H_2O}$ $CH_3C(H_3C)(H)-\overset{+}{C}H(H)CCH_3$ $\xrightleftharpoons{\text{H shift}}$

$CH_3\overset{+}{C}(H_3C)-CH(H)CCH_3$ ⇌ $(H_3C)_2C{=}C(H)CH_2CH_3$ + H^+

(b) CH$_3$, OH $\xrightarrow[-H_2O]{H^+}$ CH$_3$ (+) $\xrightarrow{\text{H shift}}$ CH$_3$ (+) $\xrightarrow{\text{H shift}}$

CH$_3$ (+) $\xrightarrow{\text{H shift}}$ CH$_3$ (+) $\xrightarrow{-H^+}$ CH$_3$

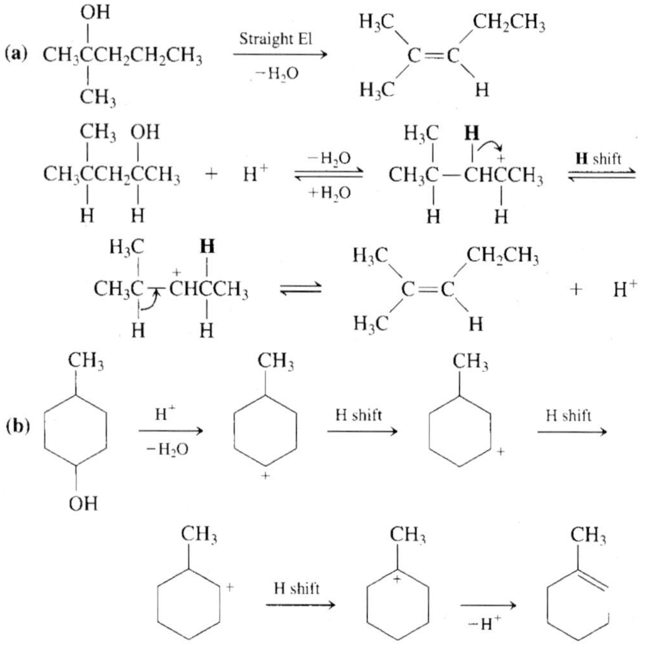

9-8

Worked out in chapter.

9-9

$(CH_3)_3CCH{=}CH_2$, $CH_2{=}C(CH_3)CH(CH_3)_2$, and $(CH_3)_2C{=}C(CH_3)_2$

9-10

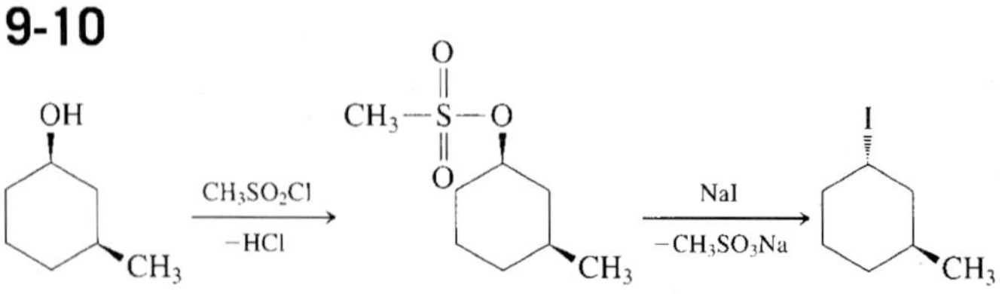

OH, CH$_3$ $\xrightarrow[-HCl]{CH_3SO_2Cl}$ $CH_3-S(=O)_2-O$, CH$_3$ $\xrightarrow[-CH_3SO_3Na]{NaI}$ I, CH$_3$

9-11

(a) 1. CH_3SO_2Cl, 2. NaI **(b)** HCl **(c)** PBr_3

9-12

(a) 1. $CH_3CH_2CH_2CH_2O^-Na^+ + CH_3CH_2I$,
2. $CH_3CH_2O^-Na^+ + CH_3CH_2CH_2CH_2I$

(b) Best is [structure] + CH_3I

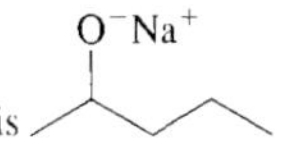

The alternative, $CH_3O^-Na^+$ + [structure], suffers from competing E2.

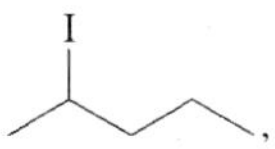

(c) Best is [structure] + $CH_3CH_2CH_2Br$

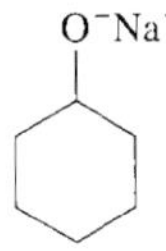

The alternative, [structure] + $CH_3CH_2CH_2O^-Na^+$, suffers from competing E2.

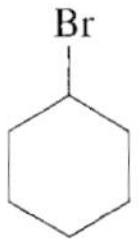

(d) 1. 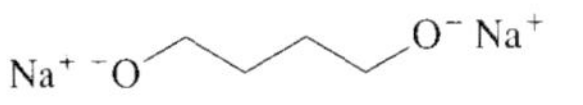 $Na^{+}\,{}^{-}O$ [structure] $O^-\,Na^+$ + $CH_3CH_2OSO_2CH_3$

2. 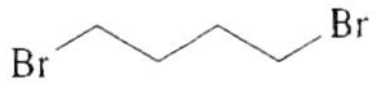 Br [structure] Br + 2 $CH_3CH_2O^-\,Na^+$

The problem with HO [structure] Br as a starting material is that it will cyclize to [structure].

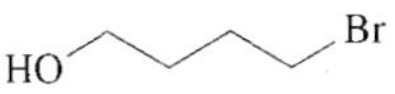

9-13

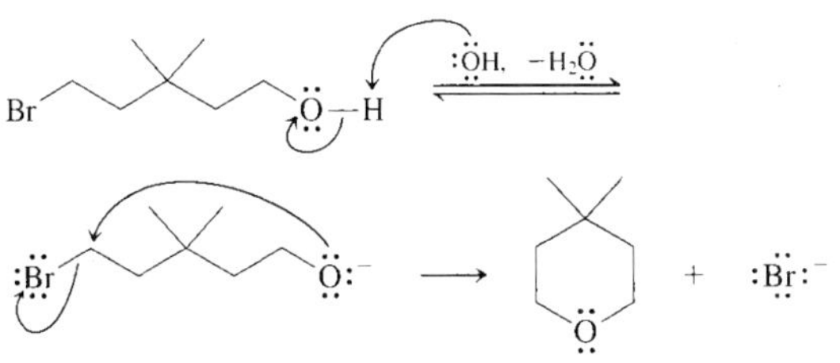

9-14

Worked out in chapter.

9-15

The *tert*-butyl group "locks" the conformations of the cyclohexane rings (Table 4-3). For A, this means a trans-diaxial arrangement of the alkoxide function and the leaving bromide, allowing for a relatively unconstrained S_N2 reaction. For B, the alkoxide function and the leaving bromide are forced into a trans-diequatorial arrangement, making the S_N2 reaction much more difficult.

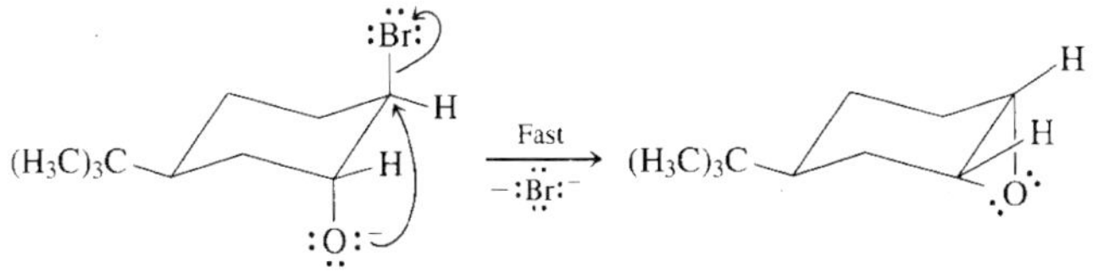

A: Good alignment for backside displacement

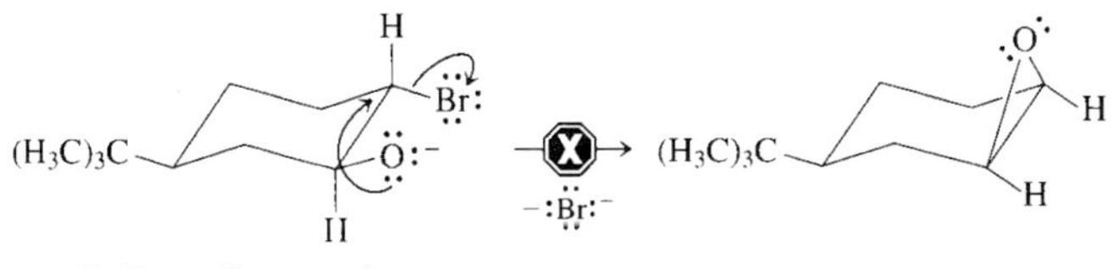

B: Poor alignment for backside displacement

9-16

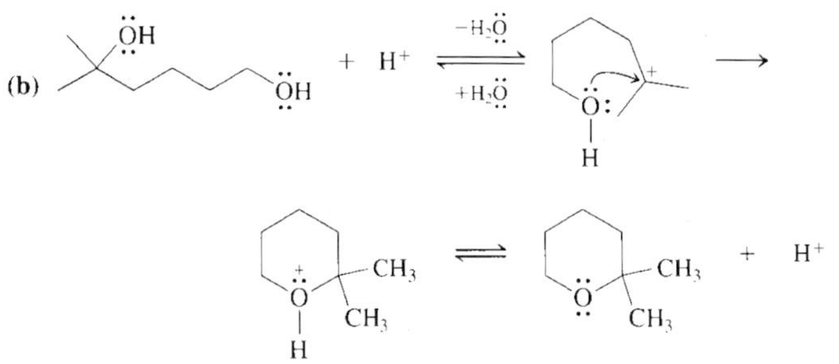

9-17

(a) This ether is best synthesized by solvolysis:

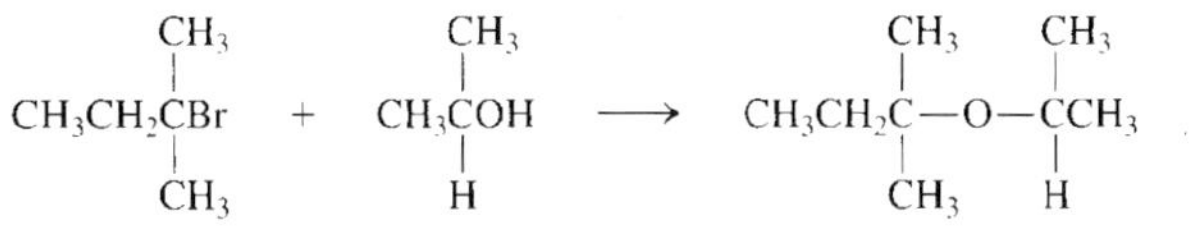

$CH_3CH_2C(CH_3)_2Br$ + $(CH_3)_2CHOH$ (**Solvent**) ⟶ $CH_3CH_2C(CH_3)_2{-}O{-}CH(CH_3)_2$

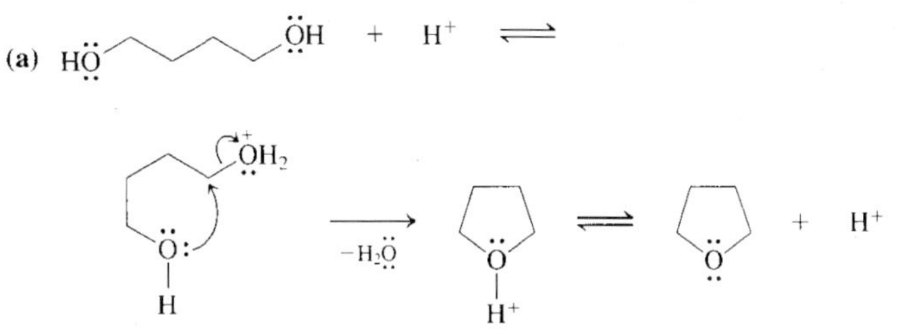

2-Methyl-2-(1-methylethoxy)butane

The alternative, an S_N2 reaction, would give elimination:

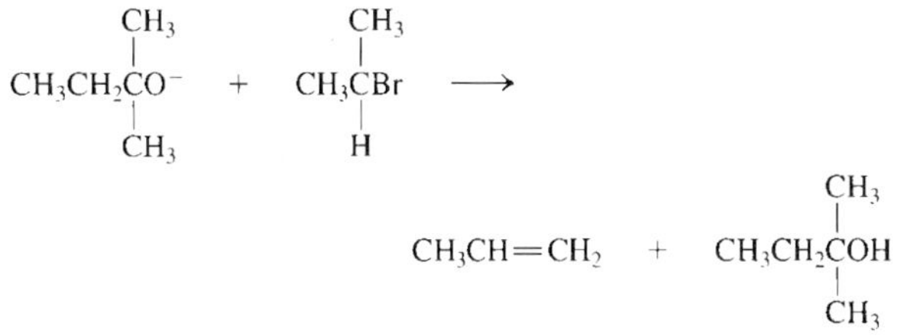

$CH_3CH_2C(CH_3)_2O^-$ + $(CH_3)_2CHBr$ ⟶ $CH_3CH{=}CH_2$ + $CH_3CH_2C(CH_3)_2OH$

(b) This target is best prepared by an S_N2 reaction with a halomethane, because such an alkylating agent cannot undergo elimination. The alternative would be nucleophilic substitution of a 1-halo-2,2-dimethylpropane, a reaction that is normally too slow.

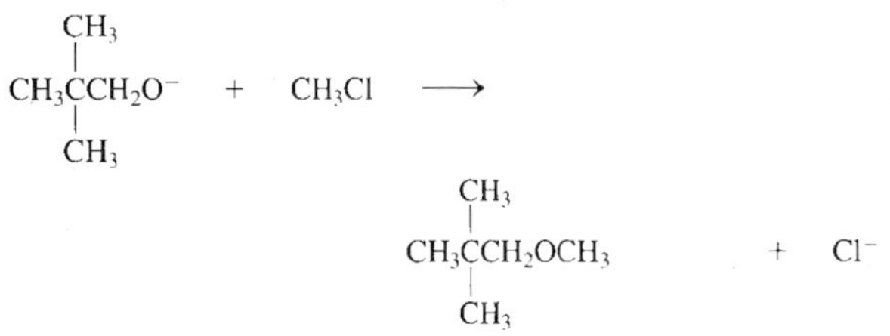

$CH_3C(CH_3)_2CH_2O^-$ + CH_3Cl ⟶ $CH_3C(CH_3)_2CH_2OCH_3$ + Cl^-

1-Methoxy-2,2-dimethylpropane

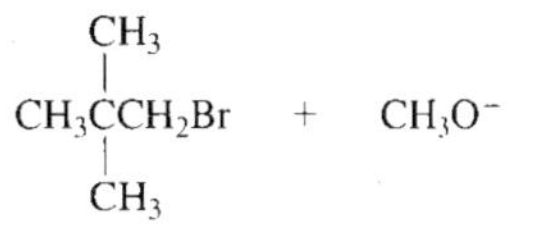

$CH_3C(CH_3)_2CH_2Br$ + CH_3O^- ⟶ slow reaction, impractical

9-18

$CH_3OCH_3 + 2\ HI \xrightarrow{\Delta} 2\ CH_3I + H_2O$

Mechanism

$CH_3\ddot{O}CH_3 + H\ddot{I}: \rightleftharpoons CH_3\overset{+}{O}(H)CH_3 + :\ddot{I}:^-$

$:\ddot{I}:^- + CH_3-\overset{+}{O}(H)-CH_3 \longrightarrow CH_3\ddot{I}: + H\ddot{O}CH_3$

$CH_3\ddot{O}H + H\ddot{I}: \rightleftharpoons CH_3\overset{+}{O}H_2 + :\ddot{I}:^-$

$:\ddot{I}:^- + CH_3-\overset{+}{O}(H)-H \longrightarrow CH_3\ddot{I}: + H_2\ddot{O}$

9-19

Oxacyclohexane + H^+ ⟶ protonated oxacyclohexane (attacked by $:\ddot{I}:^-$) ⟶ $HO(CH_2)_5I$ $\xrightarrow{H^+}$ $H_2\overset{+}{O}(CH_2)_5I$ (attacked by $:\ddot{I}:^-$) ⟶ H_2O + $I(CH_2)_5I$

9-20

(a)

$BrCH_2CH_2CH_2OH \xrightarrow{1.\ (CH_3)_3COH,\ H^+;\ 2.\ Mg;\ 3.\ D_2O;\ 4.\ H^+,\ H_2O} DCH_2CH_2CH_2OH$

(b)

4-Hydroxycyclohexanecarbaldehyde $\xrightarrow{1.\ (CH_3)_3COH,\ H^+;\ 2.\ CH_3MgBr;\ 3.\ H^+,\ H_2O}$ 4-(1-hydroxyethyl)cyclohexanol (HO, CH_3 / OH)

9-21

Worked out in chapter.

9-22

H_3C (R) (R) CH_3 oxacyclopropane $\xrightarrow{LiAlH_4}$ HO, H, R, H_3C (2-butanol)

Attack at either end of the oxacyclopropane will give the same product. Note that *cis*-dimethylcyclopropane is not suitable as a precursor, because it is achiral and therefore gives racemic alcohol.

9-23

$(CH_3)_3CLi$ + oxacyclopropane ⟶ $(CH_3)_3CCH_2CH_2OH$

9-24

(a) $(CH_3)_3COH$ **(b)** $CH_3CH_2CH_2CH_2C(CH_3)_2OH$
(c) $CH_3SCH_2C(CH_3)_2OH$ **(d)** $HOCH_2C(CH_3)_2OCH_2CH_3$
(e) $HOCH_2C(CH_3)_2Br$

9-25

(a) oxacyclopropane + HS^- ⟶ $HOCH_2CH_2S^-$ $\xrightarrow{\text{oxacyclopropane}}$ $\xrightarrow{H^+,\ H_2O}$ $HOCH_2CH_2SCH_2CH_2OH$ $\xrightarrow{SOCl_2}$ $ClCH_2CH_2SCH_2CH_2Cl$

(b) Intramolecular sulfonium salt formation

$ClCH_2CH_2\ddot{S}CH_2CH_2Cl \longrightarrow ClCH_2CH_2-\overset{+}{S}(CH_2CH_2)$ (three-membered ring) Cl^-

Nucleophiles attack by ring opening

$ClCH_2CH_2\overset{+}{S}(CH_2CH_2) + :Nu \longrightarrow ClCH_2CH_2\ddot{S}CH_2CH_2Nu^+$

10장

10-1

There are quite a number of isomers, e.g., several butanols, pentanols, hexanols, and heptanols. Examples include

$CH_3C(CH_3)_2-C(CH_3)OH$ — **2,3,3-Trimethyl-2-butanol**

$CH_3CH(CH_3)CH(CH_3)CH_2CH_2OH$ — **3,4-Dimethyl-1-pentanol**

$CH_3(CH_2)_4CH(CH_3)OH$ — **2-Heptanol**

10-2

$DH^\circ_{Cl_2} = 58\ \text{kcal mol}^{-1} = \Delta E$
$\Delta E = 28{,}600/\lambda$
$\lambda = 28{,}600/58 = 493$ nm, in the ultraviolet-visible range

10-3

$\delta = 80/90 = 0.89$ ppm; $\delta = 162/90 = 1.80$ ppm; $\delta = 293/90 = 3.26$ ppm; identical with the δ values measured at 300 MHz.

10-4

The methyl group resonates at higher field; the methylene hydrogens are relatively deshielded because of the cumulative electron-withdrawing effect of the two heteroatoms.

10-5

Indicated below are the actually measured chemical shifts δ (ppm).

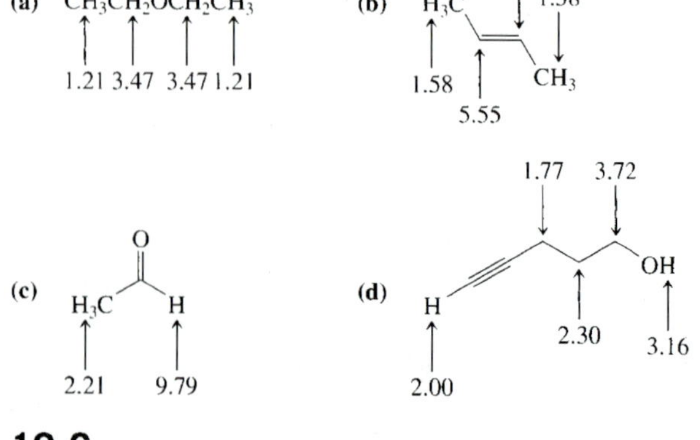

10-6

Worked out in chapter.

10-7

(a) $(CH_3)_3C-C(CH_3)_3$ ($CH_3C(H_3C)(H_3C)-C(CH_3)(CH_3)CH_3$) One peak

(b) H_2C-CH_2 (bridged by O) One peak

10-8

The answer to the **caution** is "No." The substituent divides the originally all-equivalent hydrogens into seven new sets! First (as shown below), C1, C2, C3, and C4 are now different, and, second, all the hydrogens located on the same side of bromine are different from those located on the other side. In practice, this gives rise to a pretty messy spectrum, because the chemical shifts of all the hydrogens, except that at C1, are quite similar. See Chemical Highlight 10-3 for the actual ¹H NMR spectrum of bromocyclohexane.

Br H; H_c H_c; H_t H_t; H_t H_t; H_c H_c; H_c H_t (positions 1, 2, 3, 4)

10-9

Worked out in chapter.

10-10

Br H (2), CH_3 (4), H_3C (1), Cl H (3); Br H (6), CH_3 (8), H_3C (5), H Cl (7)

There is no symmetry, and both molecules will give rise to their distinct sets of four different signals, respectively.

10-11

Chlorocyclopropane $\xrightarrow{Cl_2,\ h\nu}$ 1,1-dichlorocyclopropane + **Cis** + **Trans**

1,1-Dichlorocyclopropane shows only one signal for the four equivalent hydrogens. *Cis*-1,2-Dichlorocyclopropane exhibits three in the ratio 2 : 1 : 1. The lowest-field absorption is due to the two equivalent hydrogens next to the chlorine atoms at C1 and C2. The two hydrogens at C3 are not equivalent: One lies cis to the chlorine atoms, the other trans. In contrast, the trans isomer reveals only two signals (integration ratio, 1 : 1). Now the hydrogens at C3 *are* equivalent, as shown by a 180° rotational symmetry operation:

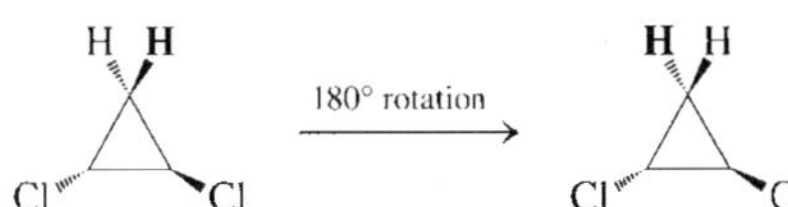

10-12

The following δ values were recorded in CCl_4 solution. You could not have predicted them exactly, but how close did you get?

(a) $\delta = 3.38$ (q, $J = 7.1$ Hz, 4 H) and 1.12 (t, $J = 7.1$ Hz, 6 H) ppm
(b) $\delta = 3.53$ (t, $J = 6.2$ Hz, 4 H) and 2.34 (quin, $J = 6.2$ Hz, 2 H) ppm
(c) $\delta = 3.19$ (s, 1 H), 1.48 (q, $J = 6.7$ Hz, 2 H), 1.14 (s, 6 H), and 0.90 (t, $J = 6.7$ Hz, 3 H) ppm
(d) $\delta = 5.58$ (t, $J = 7$ Hz, 1 H) and 3.71 (d, $J = 7$ Hz, 2 H) ppm

10-13

Worked out in chapter.

10-14

$H_3C-C(CH_3)(OH)-CH_2-CH_3$

H_3C: 1.20; CH_2: 1.49; CH_3: 0.92; OH: 1.85

The ¹H NMR δ values (ppm) are given next to the corresponding hydrogens.

10-15

Worked out in chapter.

10-16

(a) Quintet (quin); triplet of triplets (tt); **(b)** quintet (quin); doublet of quartets (dq, or quartet of doublets, qd, which is the same); **(c)** triplet (t); doublet of doublets (dd); **(d)** sextet (sex); doublet of doublet of quartets (ddq).

10-17

$CH_3-CH_2-CHCl_2$: t (7.0), dq, t (6.0)

$CH_3-\overset{*}{C}HCl-CHClH$: d (6.4), ddq, dd (10.8, 9.1), dd (10.8, 4.7)

$ClCH_2CH_2CH_2Cl$: t, quin (6.0)

The hydrogens at Cl are not equivalent, because of the presence of the adjacent stereocenter (see Chemical Highlight 10-3)

The experimental *J* values (Hz) are given in parentheses.

10-18

$H_3C-CH_2-CH_2-Br$: qt, ttq, tt

10-19

(a) 3; **(b)** 3; **(c)** 7; **(d)** 2

10-20

Worked out in chapter.

10-21

$Na^{+}\ {}^{-}BH_4$ reduction of ribose gives ribitol, which is a pentol with a plane of symmetry and therefore only three ¹³C peaks. On the other hand, reduction of arabinose gives the unsymmetrical compound arabitol, with five peaks. We shall learn more about sugars in Chapter 24.

Ribitol: CH_2OH; H–OH; H–OH (Mirror plane); H–OH; CH_2OH

Arabitol: CH_2OH; HO–H; H–OH; H–OH; CH_2OH

Ribitol — Meso: three ¹³C signals

Arabitol — Chiral: five ¹³C signals

10-22

For compound A, three lines, one of them at relatively high field (CH_3); DEPT would confirm CH_3 and two CH units. For compound B, three lines, no CH_3 absorption; DEPT would confirm the absence of CH_3 and the presence of two CH_2 units and one CH unit.

11장

11-1

(a) 2,3-Dimethyl-2-heptene **(b)** 3-Bromocyclopentene

11-2

(a) *cis*-1,2-Dichloroethene
(b) *trans*-3-Heptene
(c) *cis*-1-Bromo-4-methyl-1-pentene

11-3

(a) (*E*)-1,2-Dideuterio-1-propene
(b) (*Z*)-2-Fluoro-3-methoxy-2-pentene
(c) (*E*)-2-Chloro-2-pentene

11-4

(a) OH **(b)** OH

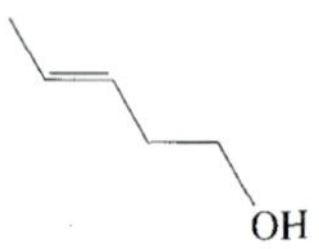

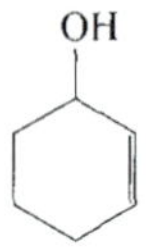

11-5

(a) OH

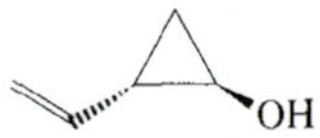

(b) (1-Methylethenyl)cyclopentene [(1-methylvinyl)cyclopentene]

11-6

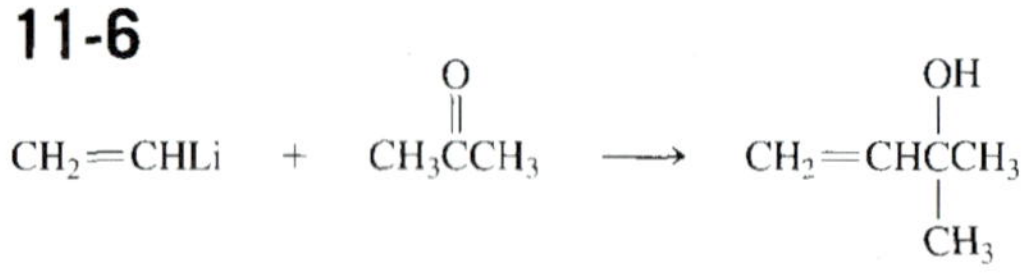

$$CH_2{=}CHLi \;+\; CH_3\overset{O}{\overset{\|}{C}}CH_3 \longrightarrow CH_2{=}CH\underset{CH_3}{\overset{OH}{C}}CH_3$$

The reaction of ethenyllithium (vinyllithium) with carbonyl compounds is like that of other alkyllithium organometallics.

11-7

The induced local magnetic field strengthens H_0 in the region occupied by the methyl hydrogens.

11-8

Worked out in chapter.

11-9

Only the signal at $\delta = 7.23$ ppm shows two larger J values, 14.4 and 6.8 Hz, for trans and cis vicinal coupling, respectively. This signal must therefore correspond to the lone hydrogen of the CH group. By process of elimination we thus have the assignments shown below (δ values in ppm).

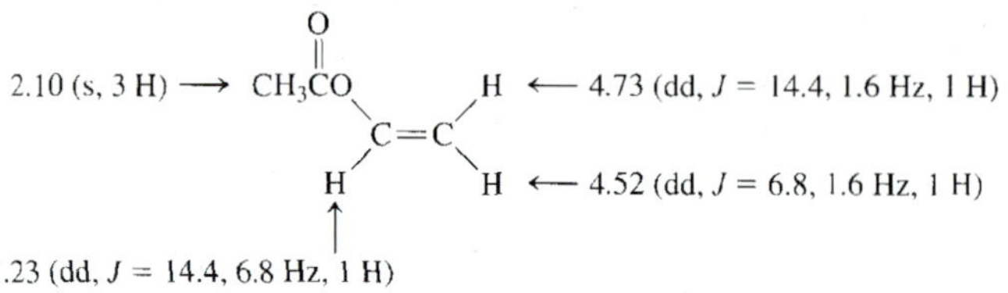

2.10 (s, 3 H) ⟶ $CH_3\overset{O}{\overset{\|}{C}}O$–CH=$CH_2$
H ⟵ 4.73 (dd, J = 14.4, 1.6 Hz, 1 H)
H ⟵ 4.52 (dd, J = 6.8, 1.6 Hz, 1 H)
7.23 (dd, J = 14.4, 6.8 Hz, 1 H)

11-10

1-Hexene < *cis*-3-hexene < *trans*-4-octene < 2,3-dimethyl-2-butene.

11-11

If you can make a model of alkene A (without breaking your plastic sticks), you will notice its extremely strained nature, much of which is released on hydrogenation. You can estimate the excess strain in A (relative to B) by subtracting the $\Delta H°$ of the hydrogenation of a "normal" tetrasubstituted double bond (≈ -27 kcal mol^{-1}) from the $\Delta H°$ of the A-to-B transformation: 38 kcal mol^{-1}.

11-12

Worked out in chapter.

11-13

(a) We expect the less hindered base ethoxide to give predominantly the Saytzev rule product, while *tert*-butoxide should give the Hofmann rule product:

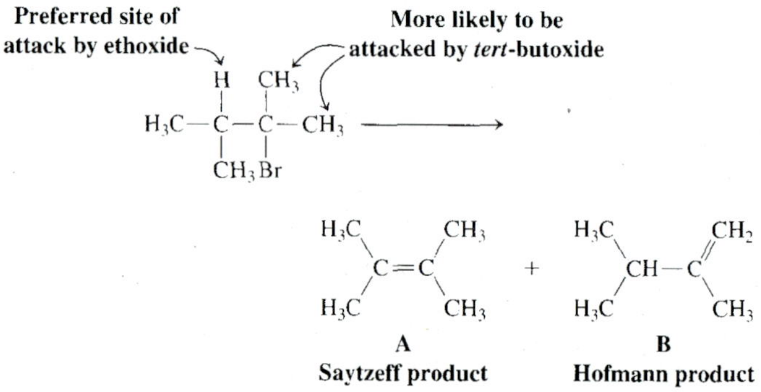

Preferred site of attack by ethoxide (H on C bearing CH_3) — **More likely to be attacked by *tert*-butoxide** (CH_3 on C bearing Br)

H_3C–CH(CH_3)–C(CH_3)(Br)–CH_3 ⟶

A $(H_3C)_2C{=}C(CH_3)_2$ **Saytzeff product** + **B** $(H_3C)_2CH{-}C(CH_3){=}CH_2$ **Hofmann product**

(b) The base is even more bulky than *tert*-butoxide and thus gives a larger proportion of Hofmann product B.

11-14

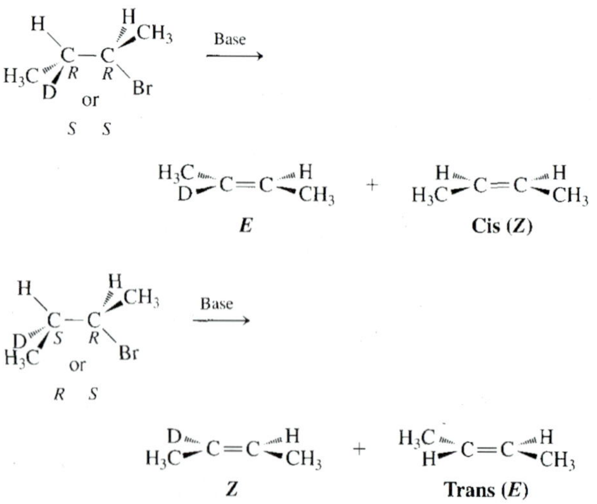

H(D)(H_3C)C–C(H)(CH_3)Br (*R R* or *S S*) —Base⟶ H_3C(D)C=C(H)CH_3 **E** + H(H_3C)C=C(H)CH_3 **Cis (Z)**

H(D)(H_3C)C–C(H)(CH_3)Br (*S R* or *R S*) —Base⟶ D(H_3C)C=C(H)CH_3 **Z** + H_3C(H)C=C(H)CH_3 **Trans (E)**

Note that, in the first case, a pair of isomers is formed with the configuration *opposite* that generated in the second. The *E* and *Z* isomers of 2-deuterio-2-butene are isotopically pure in each case; none of the protic 2-butene with the same configuration is generated. The protio-2-butenes are also pure, devoid of any deuterium.

11-15

$$CH_3\overset{H_3C}{\underset{H}{C}}-\overset{H}{\underset{H}{C}}-\overset{OH}{\underset{H}{C}}CH_3 \xrightarrow[-H_2O]{H^+}$$

$$CH_3\overset{H_3C}{\underset{H}{C}}-\overset{H}{\underset{H}{C}}-\overset{+}{C}(CH_3)(H) \longrightarrow CH_3\overset{H_3C}{\underset{H}{C}}-\overset{+}{\underset{H}{C}}-\overset{H}{\underset{H}{C}}CH_3$$

$-H^+\downarrow$ $\qquad$ $-H^+\downarrow$

$(CH_3)_2CHCH{=}CHCH_3$ $\qquad$ $(H_3C)_2C{=}C(H)CH_2CH_3$

11-16

(a) $CH_3CH_2CH_2\ddot{O}H \underset{-H^+}{\overset{+H^+}{\rightleftharpoons}}$

$$CH_3\underset{H}{C}HCH_2\overset{+}{O}H_2 \xrightarrow[-H_2SO_4]{+HOSO_3^-} CH_3CH{=}CH_2 + H_2\ddot{O}$$

(b) $CH_3CH_2CH_2OCH_2CH_2CH_3 \overset{H^+}{\rightleftharpoons} CH_3CH{=}CH_2 + CH_3CH_2CH_2OH$
in analogy to (a). The propanol may then be dehydrated as in (a).

11-17

Alkene A: $(H_3C)(H)C{=}C(H)(CH_3)$

B: $CH_3CH_2CH{=}CH_2$

C: $CH_2{=}C(CH_3)_2$

11-18

(a) CH_3OCH_3, CH_3CH_2OH, O—O (ring with CH_2), $H\overset{O}{\overset{\|}{C}}OH$

(b) $H_2C{=}O$

(c) oxetene, methyl-oxirene (CH_3), $CH_2{=}CH\overset{O}{\overset{\|}{C}}H$,

$HC{\equiv}CCH_2OH$, $CH_3C{\equiv}COH$, $HC{\equiv}COCH_3$,

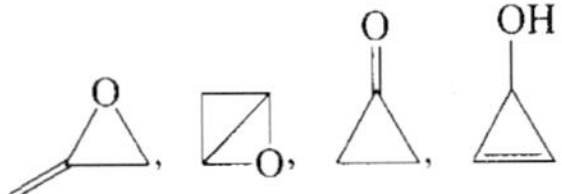

11-19

(a) $C_7H_{12}O$ **(b)** C_6H_{14}

11-20

CH_2Br_2: m/z = 176, 174, 172; intensity ratio 1:2:1

11-21

For most elements in organic compounds, such as C, H, O, S, P, and the halogens, the mass (of the most abundant isotopes) and valence are either both even or both odd, so even molecular weights always result. Nitrogen is a major exception: the atomic weight is 14, but the valence is 3. This phenomenon has led to the **nitrogen rule** in mass spectrometry, as expressed in this exercise.

11-22

Mass spectrum of 3-methyl-3-heptanol

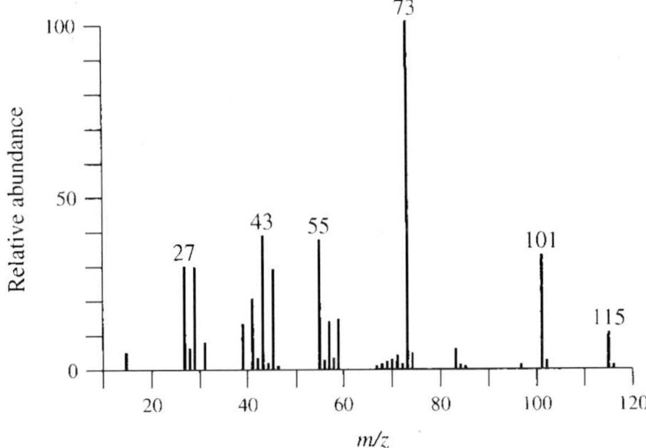

The major primary fragments are due to cleavage of the bonds α to the hydroxy group. Why? Consider their strength and the electronic structure of the resulting radical cations. (Draw resonance forms.) Do these cations fragment by loss of water?

11-23

$$H_3C-CH{=}CH-\overset{CH_3}{\underset{H}{C}}-CH_2CH_3$$

The observed peaks are due to the molecular ion and two fragmentations (as indicated in the drawing) leading to the respective resonance stabilized allylic cations: m/z = 98 M^+, 83 $(M-CH_3)^+$, 69 $(M-CH_2CH_3)^+$.

11-24

(a) H_{sat} = 12; degree of unsaturation = 1
(b) H_{sat} = 20; degree of unsaturation = 4
(c) H_{sat} = 17; degree of unsaturation = 5
(d) H_{sat} = 19; degree of unsaturation = 2
(e) H_{sat} = 8; degree of unsaturation = 0

11-25

Worked out in chapter.

11-26

Based on the information in Table 11-4 (no absorption from 1620 to 1680 cm^{-1} for a carbon–carbon double bond and none between 2100 and 2260 cm^{-1} for a triple bond), this particular compound lacks π bonds. The degrees of unsaturation (still two) leave us no alternative: It must contain two rings. There are only two options:

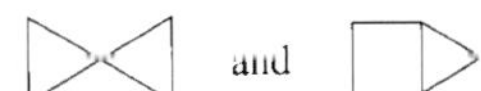

Both molecules are known, but they are quite reactive (recall Exercise 4-5).

12장

12-1

Estimating the strengths of the bonds broken and the bonds made

$$CH_2{=}CH_2 + HO{-}OH \longrightarrow H{-}\underset{H}{\overset{HO}{C}}{-}\underset{H}{\overset{OH}{C}}{-}H$$

65 **49** **2 × (~94) kcal mol⁻¹**

gives $\Delta H^\circ = -74$ kcal mol^{-1}. Even though it is very exothermic, this reaction requires a catalyst.

12-2

Worked out in chapter.

12-3

Following the mechanism shown for Exercise 12-2, we envision complexation of the substrate to the catalyst surface and transfer of one hydrogen to an alkene carbon:

Single-hydrogen transfer intermediate

The problem states that 2-methyl-2-butene forms—a molecule with a double bond between C2 and C3. This can arise from transfer of the hydrogen at C3 to the catalyst surface. A reasonable scenario is shown here.

Rotate 120°

12-4

H_2, catalyst

CH_3CH_2, CH_3, CH_2, H, *S*, CH_3 → CH_3CH_2–C–$CH(CH_3)_2$, H, *S*, CH_3

Not a stereocenter

12-5

Using H^+:

Using H—I:

12-6

(a) Both enantiomers

(b) Both enantiomers

(c) $(CH_3)_2CBrCH_2CH_3$

(d) Both cis and trans

12-7

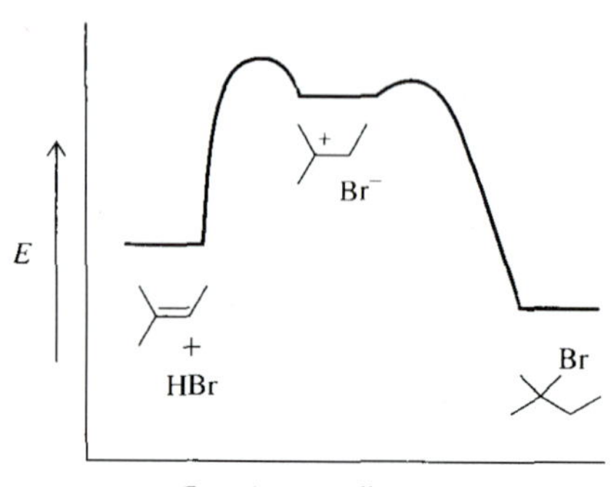

12-8

$\xrightarrow{H^+}$ $\longrightarrow$

$CF_3CO_2H \downarrow -H^+$ $CF_3CO_2H \downarrow -H^+$

$OCCF_3$ (C=O) $OCCF_3$ (C=O)

12-9

Protonation to the 1,1-dimethylethyl (*tert*-butyl) cation is reversible. With D^+, fast exchange of all hydrogens for deuterium will take place.

$$CH_2{=}C(CH_3)_2 \underset{-D^+}{\overset{+D^+}{\rightleftharpoons}} DCH_2\overset{+}{C}(CH_3)_2 \underset{+H^+}{\overset{-H^+}{\rightleftharpoons}}$$

$$DCH{=}C(CH_3)_2 \underset{-D^+}{\overset{+D^+}{\rightleftharpoons}} D_2CH\overset{+}{C}(CH_3)_2 \underset{+H^+}{\overset{-H^+}{\rightleftharpoons}}$$

$$D_2C{=}C(CH_3)_2 \underset{-D^+}{\overset{+D^+}{\rightleftharpoons}} D_3C\overset{+}{C}(CH_3)_2 \underset{+H^+}{\overset{-H^+}{\rightleftharpoons}}$$

$$(D_3C)(H_3C)C{=}CH_2 \underset{-D^+}{\overset{+D^+}{\rightleftharpoons}} \text{and so on} \dashrightarrow$$

$$(CD_3)_3C^+ \underset{-D_2O}{\overset{D_2O}{\rightleftharpoons}} (CD_3)_3COD + D^+$$

12-10

H_3C $\underset{-H^+}{\overset{+H^+}{\rightleftharpoons}}$ H_3C, CH_3 $\xrightarrow{\text{H shift}}$

CH_2CH_3, H_3C $\underset{+H^+}{\overset{-H^+}{\rightleftharpoons}}$ CH_2CH_3, H_3C

Tetrasubstituted alkene, most stable

12-11

$$\underset{65}{CH_2{=}CH_2} + \underset{38}{F{-}F} \longrightarrow \underset{\substack{2 \times (\approx 111)\ \text{kcal mol}^{-1} \\ \Delta H^\circ = -119\ \text{kcal mol}^{-1}}}{FCH_2{-}CH_2F}$$

$$\underset{65}{CH_2{=}CH_2} + \underset{36}{I{-}I} \longrightarrow \underset{\substack{2 \times (\approx 56)\ \text{kcal mol}^{-1} \\ \Delta H^\circ = -11\ \text{kcal mol}^{-1}}}{ICH_2{-}CH_2I}$$

12-12

$\xrightarrow{Br_2}$ Br^+, Br^-

$\longrightarrow$ Br, H, Br $\rightleftharpoons$ Br, H, Br

(1*S*,2*S*)-*trans*-1,2-Dibromocyclohexane

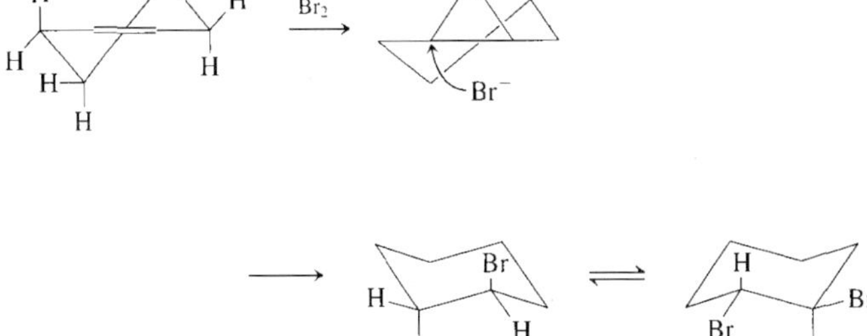

$\longrightarrow$ Br, H, Br $\rightleftharpoons$ H, Br, Br, H

(1*R*,2*R*)-*trans*-1,2-Dibromocyclohexane

Anti addition to either conformation gives the trans-diaxial conformer initially.

12-13

(a) Only one diastereomer is formed (as a racemate):

$(H_3C)(H)C{=}C(H)(CH_3) \xrightarrow{Cl_2,\ H_2O}$ $Cl(H_3C)(H)C{-}C(H)(CH_3)OH$ + enantiomer

(b) Two isomers are formed, but only one diastereomer of each (as racemates):

$(H_3C)(H)C{=}C(CH_2CH_3)(H) \xrightarrow{Cl_2,\ H_2O}$ $Cl(H_3C)(H)C{-}C(CH_2CH_3)(H)OH$ +

$(H_3C)(H)(HO)C{-}C(Cl)(H)CH_2CH_3$ + the two respective enantiomers

12-14

(a) $CH_3CH(OCH_3)CH_2Cl$ (both enantiomers)

(b) [structures: H$_3$C-cyclohexane Br/OH isomers] + all enantiomers

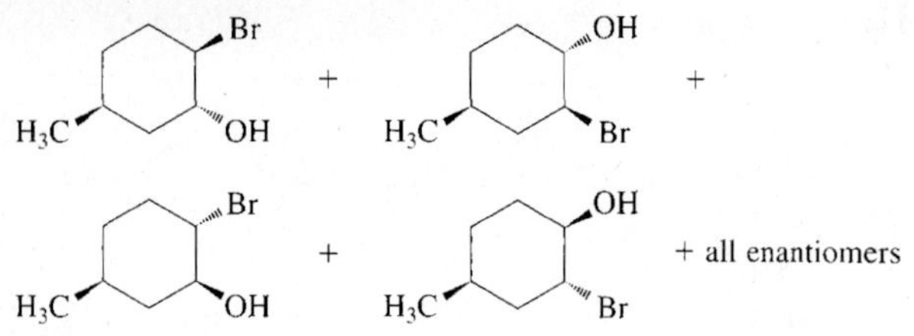

12-15

Worked out in chapter.

12-16

The first step in the mechanism is attack by Br_2 on the alkene double bond. It can occur from the same ("top" face in the drawing below) or the opposite face ("bottom") of the ring that contains the methyl group. Although it is relatively remote, the methyl group exerts some steric hindrance. Thus, while both isomeric bromonium ions will be formed, the trans isomer will be the major one. In accord with convention (Section 5-7), all steps are illustrated for only one of the two enantiomers of the (racemic) starting compound.

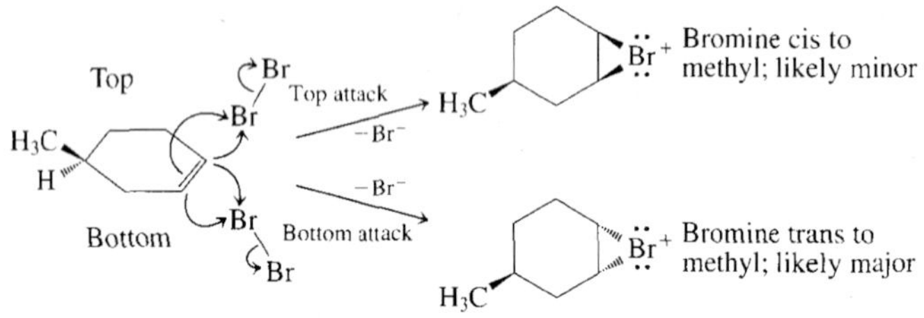

Top — Top attack, $-Br^-$ → Bromine cis to methyl; likely minor

Bottom — Bottom attack, $-Br^-$ → Bromine trans to methyl; likely major

Anti-attack by the oxygen of a molecule of water follows. The two carbons of the bromonium ion rings are similar but not identical: One is closer to the methyl group than the other. Therefore, both positions will be reactive, but not equally so, producing two regioisomers. After proton loss, the ultimate result is four isomeric products (each formed as a racemate):

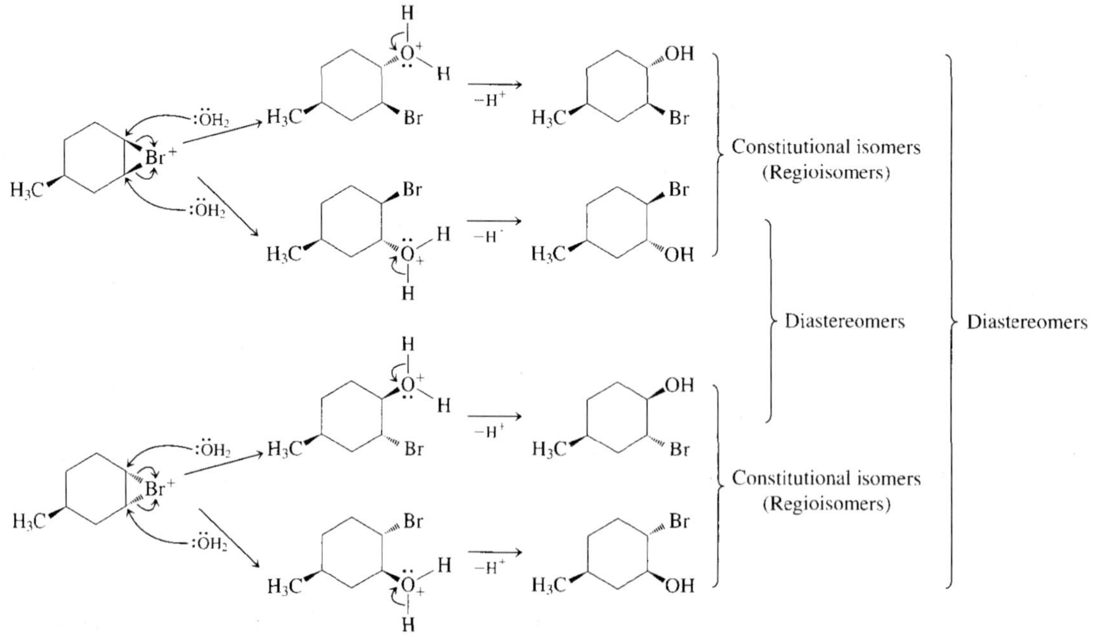

[$:\ddot{O}H_2$ attack, $-H^+$]

Constitutional isomers (Regioisomers)

Diastereomers

Diastereomers

Constitutional isomers (Regioisomers)

Since we are starting with racemic material, all intermediates and products are racemic, that is, they are generated as an equimolar mixture of enantiomers.

12-17

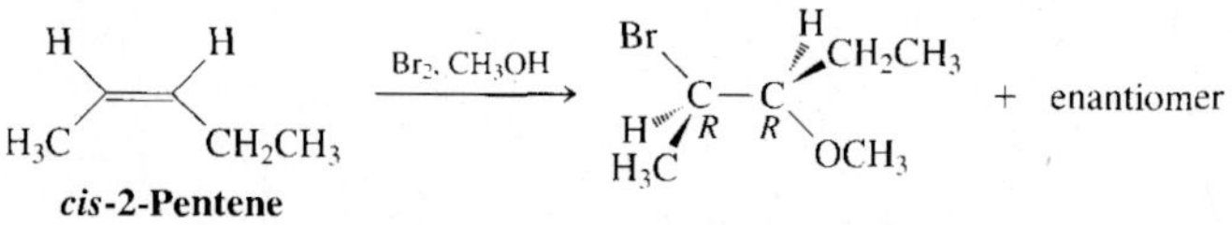

cis-2-Pentene $\xrightarrow{Br_2,\ CH_3OH}$ (R,R) product + enantiomer

Opening of the bromonium ion can also give (3*R*,2*R*)- and (3*S*,2*S*)-3-bromo-2-methoxypentane.

12-18

Worked out in chapter.

12-19

For the acetate group, $H_3C—\overset{O}{\overset{\|}{C}}—O—$, the common abbreviation AcO— is used below. Dissociation of mercuric acetate gives the electrophile, which attacks the double bond to result in the mercurinium ion.

$$AcO—Hg—OAc \rightleftharpoons AcO—Hg^+ + AcO^-$$

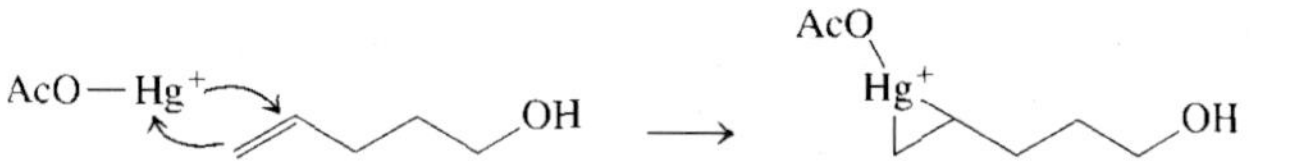

Intramolecular nucleophilic attack by the remote hydroxy oxygen follows. The regiochemical issue arises at this point. Either a five-membered ring (pathway *a*) or a six-membered ring (pathway *b*) can form:

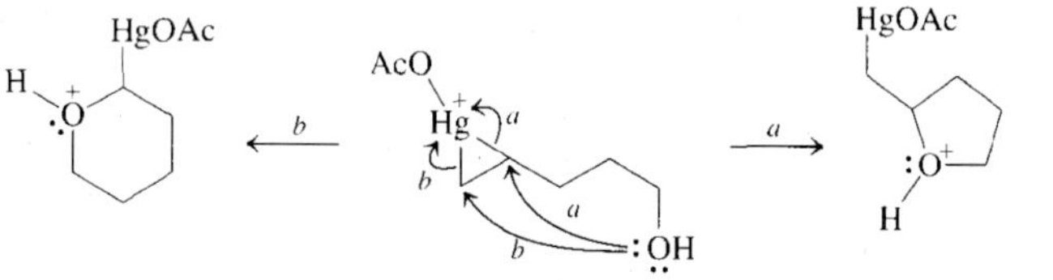

In general, we know that six-membered rings are more stable. However, we also know that five-membered rings form more quickly (Section 9-6). In addition, formation of the five-membered ring in this situation follows Markovnikov's rule: The oxygen attacks the more substituted carbon of the mercurinium ion, where greater partial positive charge resides. This pathway gives the observed product:

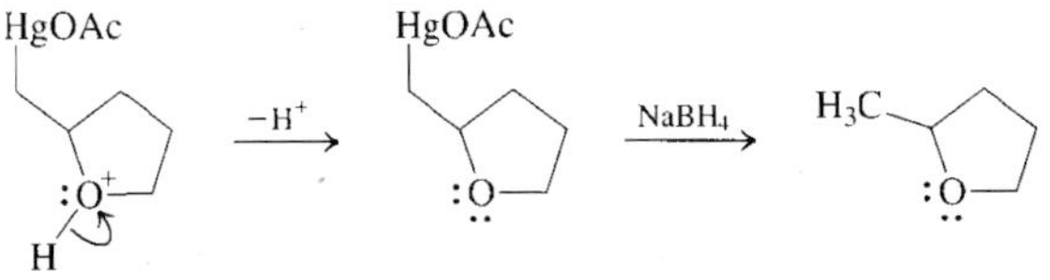

HgOAc → $-H^+$ → HgOAc → $NaBH_4$ → H_3C

Both starting material and product have the formula $C_5H_{10}O$; they are isomers.

12-20

(a) $CH_3CH_2CH_2OH$ (b) 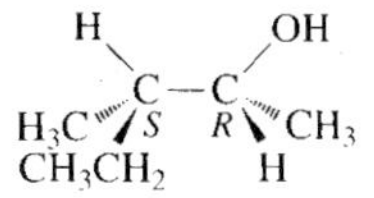 + enantiomer

12-21

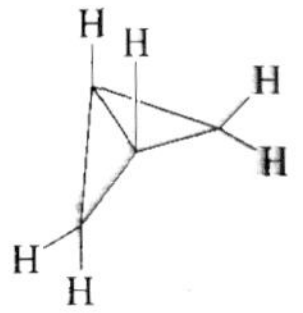

Bicyclo[1.1.0]butane

12-22

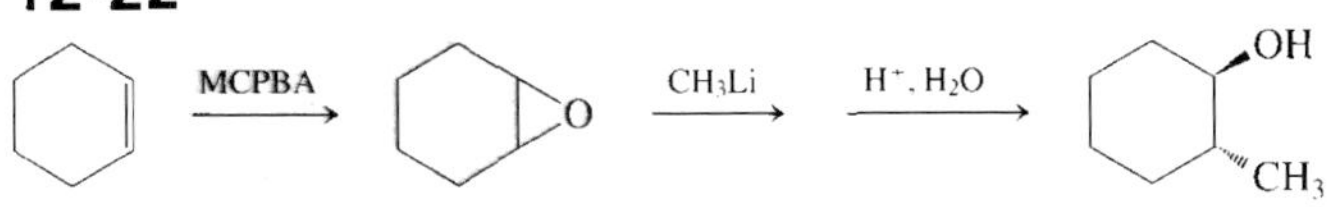

MCPBA → CH_3Li → H^+, H_2O

12-23

(a) 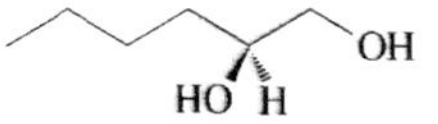 + enantiomer

(b) 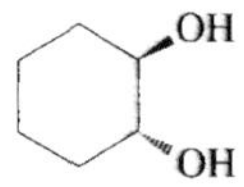 + enantiomer

70%

(c) 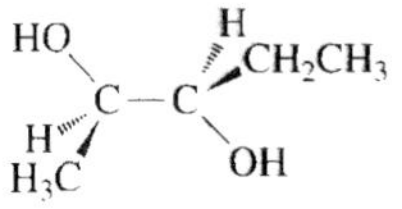 + enantiomer

(d) 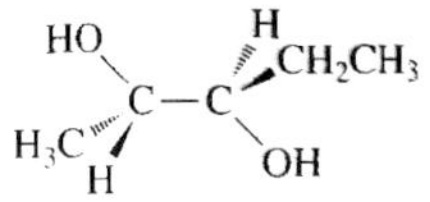 + enantiomer

12-24

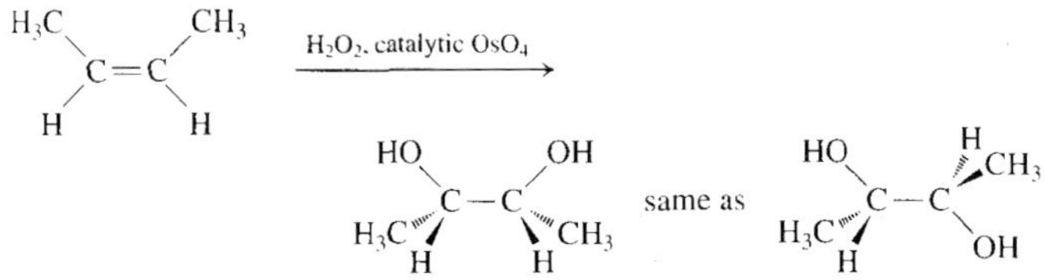

H_2O_2, catalytic OsO_4

same as

Eclipsed Staggered

Meso

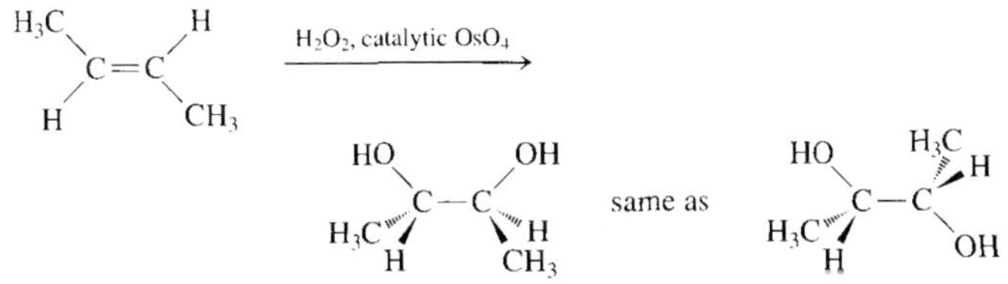

H_2O_2, catalytic OsO_4

same as

Eclipsed Staggered

(*R*,*R*), (*S*,*S*)

12-25

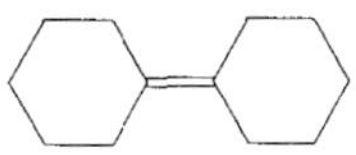

$C_{12}H_{20}$

12-26

(a) 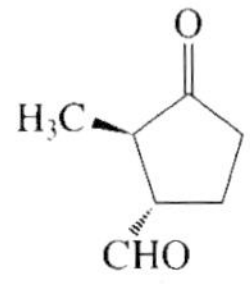 + $H_2C{=}O$ (b) 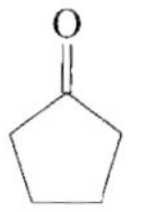 + $H_2C{=}O$

(c)

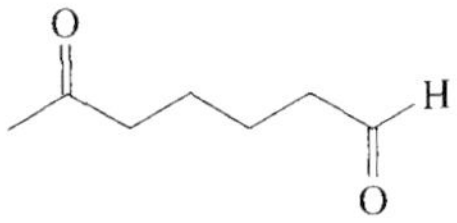

12-27

Worked out in chapter.

12-28

The product, drawn out, is [structure]. Carbons atoms 1 and 6 are each double bonded to an oxygen atom. Therefore, prior to ozonolysis they must have been double bonded to each other. We (1) remove the oxygens and (2) rewrite the chain to allow carbons 1 and 6 to be in position (3) to be connected with a double bond, giving the starting material, the solution to the problem:

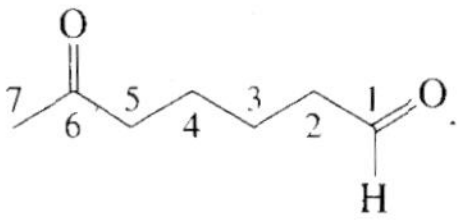

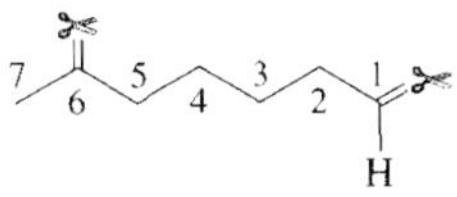

(1) Oxygen atoms removed from carbons atoms 1 and 6

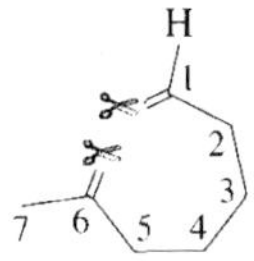

(2) Chain rewritten to bring carbons 1 and 6 into proximity

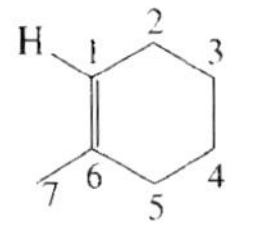

(3) Carbons 1 and 6 joined by a double bond

Hint: Keep numbering the carbon atoms as you go from one structure to the next, to avoid losing or gaining a carbon atom.

12-29

Initiation

$(C_6H_5)_2PH \xrightarrow{h\nu} (C_6H_5)_2P\cdot + H\cdot$

Chain carrier

Propagation

$CH_3(CH_2)_5CH{=}CH_2 + (C_6H_5)_2P\cdot \longrightarrow CH_3(CH_2)_5\dot{C}HCH_2P(C_6H_5)_2$

More stable radical

$CH_3(CH_2)_5\dot{C}HCH_2P(C_6H_5)_2 + (C_6H_5)_2PH \longrightarrow CH_3(CH_2)_5CH_2CH_2P(C_6H_5)_2 + (C_6H_5)_2P\cdot$

Product

12-30

This is an irregular copolymer with both monomers incorporated in random numbers but regioselectively along the chain. Write a mechanism for its formation.

$$\left[(-\mathrm{CH_2CCl_2})_m(-\mathrm{CH_2CHCl})_n- \right]$$

13장

13-1

(a)

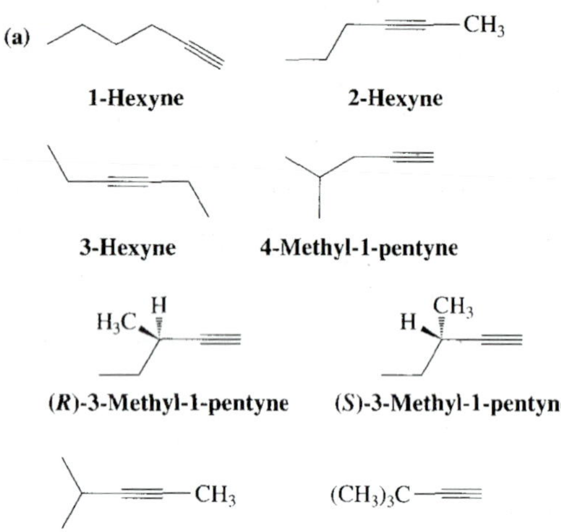

(b) (*R*)-3-Methyl-1-penten-4-yne

(c)

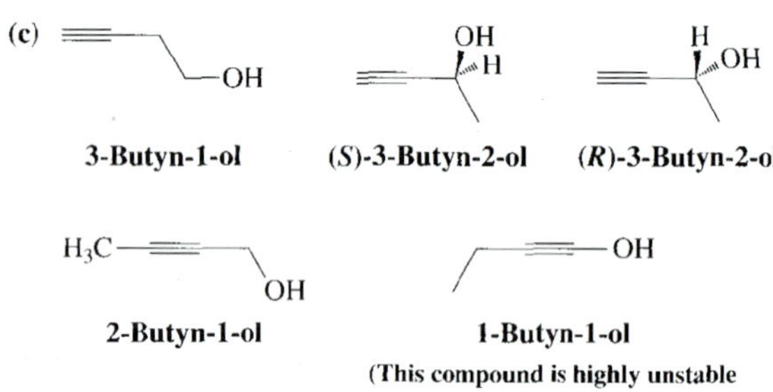

13-2

From the data in Section 11-5, we can calculate the heat of hydrogenation of the first π bond in the butynes.

$CH_3CH_2C{\equiv}CH + H_2 \longrightarrow CH_3CH_2CH{=}CH_2$

$\Delta H^\circ = -(69.9 - 30.3) = -39.6\ \mathrm{kcal\ mol^{-1}}$

$CH_3C{\equiv}CCH_3 + H_2 \longrightarrow$ (*cis*) $H(H_3C)C{=}C(H)CH_3$

$\Delta H^\circ = -(65.1 - 28.6) = -36.5\ \mathrm{kcal\ mol^{-1}}$

In both cases, more heat is released than expected for a simple C–C double bond.

13-3

Worked out in chapter.

13-4

Only those bases whose conjugate acids have a pK_a higher than that of ethyne (pK_a = 25) will deprotonate it: $(CH_3)_3COH$ has a p$K_a \approx 18$, so $(CH_3)_3CO^-$ is too weak; but $[(CH_3)_2CH]_2NH$ has a p$K_a \approx 40$, and therefore LDA is a suitable base.

13-5

Worked out in chapter.

13-6

$H_3C{-}C{\equiv}C{-}CH_2{-}CH_3$
(s, q, t)

13-7

The starting materials in each case can be

(a) 2-pentene (b) $CH_2{=}CH(CH_2)_5CH_3$ (c) 4-methyl-2-hexene (skeletal structures)

13-8

cis-2-Butene $\xrightarrow{Br_2}$ (2*S*,3*S*) [and (2*R*,3*R*)]–2,3-Dibromobutane $\xrightarrow{\text{Rotation}}$ B: $\xrightarrow{-HBr}$ (*Z*)-2-Bromo-2-butene

trans-2-Butene $\xrightarrow{\text{1. Br}_2\text{ 2. Base}}$ (*E*)-2-Bromo-2-butene

13-9

(a) $CH_3(CH_2)_3C{\equiv}CH \xrightarrow{\text{1. }CH_3CH_2MgBr\text{ 2. }H_2C{=}O\text{ 3. PCC, }CH_2Cl_2\text{ 4. }CH_3(CH_2)_3C{\equiv}CMgBr} CH_3(CH_2)_3C{\equiv}CC(OH)(H)C{\equiv}C(CH_2)_3CH_3$

(b) $HC{\equiv}CLi \xrightarrow{CH_3CH_2CH_2Br} HC{\equiv}CCH_2CH_2CH_3 \xrightarrow{\text{1. }CH_3CH_2CH_2CH_2Li\text{ 2. }CH_3CH_2CHO} CH_3CH_2CH(OH)C{\equiv}CCH_2CH_2CH_3$

13-10

$HC{\equiv}C{-}Li + CH_3CHO$

13-11

CH_3, O, O, O

13-12

$$CH_3CH_2C{\equiv}CH \xrightarrow[3.\ H_2,\ \text{Lindlar cat.}]{1.\ CH_3CH_2CH_2CH_2Li;\ 2.\ \text{ethylene oxide}} \text{HO}$$

13-13

Worked out in chapter.

13-14

In contrast to the diyne in Exercise 13-13, 2,7-undecadiyne has only internal triple bonds.

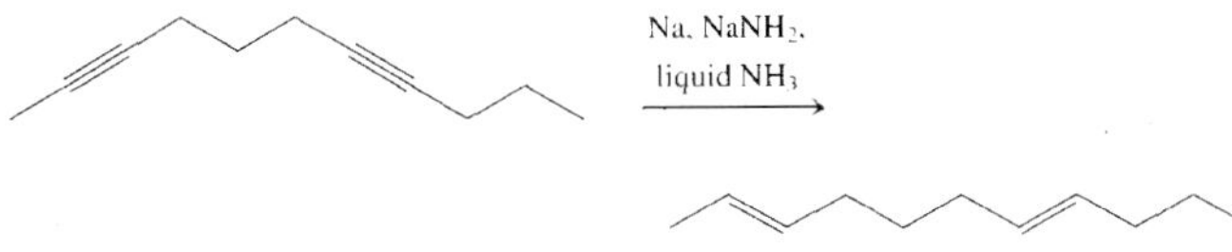

13-15

$$CH_3C{\equiv}CCH_3 \xrightarrow{H^+} CH_3CH{=}\overset{+}{C}CH_3 \xrightarrow{:\ddot{Br}:^-} CH_3CH{=}C(Br)CH_3 \xrightarrow{H^+}$$

$$\left[CH_3CH_2\overset{+}{C}(\ddot{Br}:)CH_3 \longleftrightarrow CH_3CH_2C(={}^{+}\ddot{Br}:)CH_3 \right] \xrightarrow{Br^-} CH_3CH_2CBr_2CH_3$$

13-16

$$CH_3CH_2C{\equiv}CH \xrightarrow{Cl_2} (CH_3CH_2)(Cl)C{=}C(H)(Cl) \xrightarrow{Cl_2} CH_3CH_2CCl_2{-}CHCl_2$$

13-17

OH, OH

13-18

(a) CH_3CHO (b) $CH_3\overset{O}{\overset{\|}{C}}CH_3$ (c) $CH_3CH_2\overset{O}{\overset{\|}{C}}CH_3$

(d) $CH_3CH_2\overset{O}{\overset{\|}{C}}CH_3$

(e) O + O

13-19

Worked out in chapter.

13-20

As in the previous exercise, first construct the necessary carbon–carbon bond by deprotonation of the terminal alkynyl hydrogen, followed by S_N2 reaction, and then modify the triple bond to the desired new functional group.

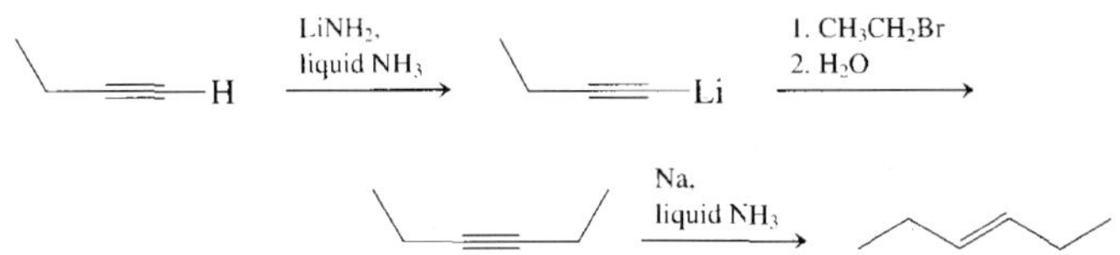

Na, liquid NH_3

13-21

2 (cyclohexene) + BH_3

13-22

(a) CH_3CHO (b) CH_3CH_2CHO

(c) $CH_3CH_2CH_2CHO$

13-23

$$(CH_3)_3CC{\equiv}CH \xrightarrow[2.\ H_2O_2,\ HO^-]{1.\ \text{Dicyclohexylborane}} (CH_3)_3CCH_2\overset{O}{\overset{\|}{C}}H$$

13-24

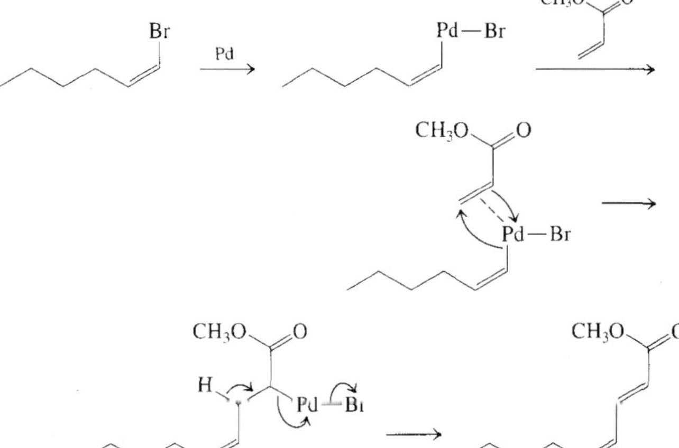

14장

14-1

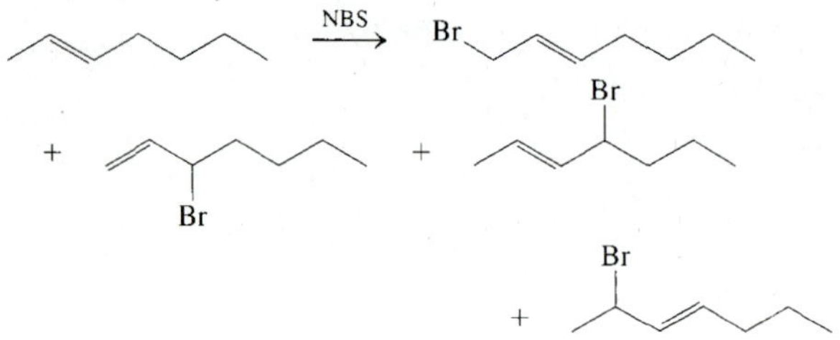

NBS

14-2

(a) (b) (c)

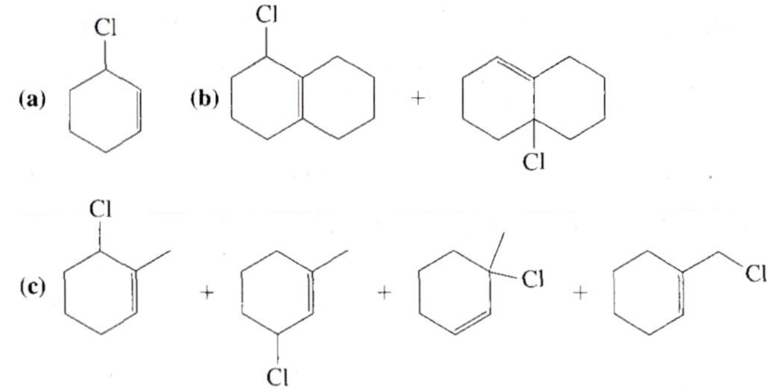

14-3

The intermediate allylic cation is achiral.

14-4

Worked out in chapter.

14-5

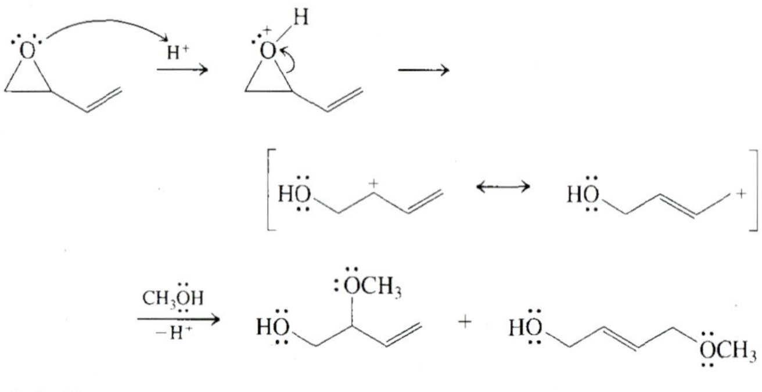

$CH_3\ddot{O}H$, $-H^+$

14-6

Upon ionization, chloride ion does not immediately diffuse away from the intermediate allylic cation. Reattachment to give either starting material or its allylic isomer occurs—recall the reversibility of S_N1 reactions (Exercise 7-3). However, chloride continues to dissociate, allowing acetate, a good nucleophile *but a poor leaving group* (Table 6-4), to win out ultimately.

14-7

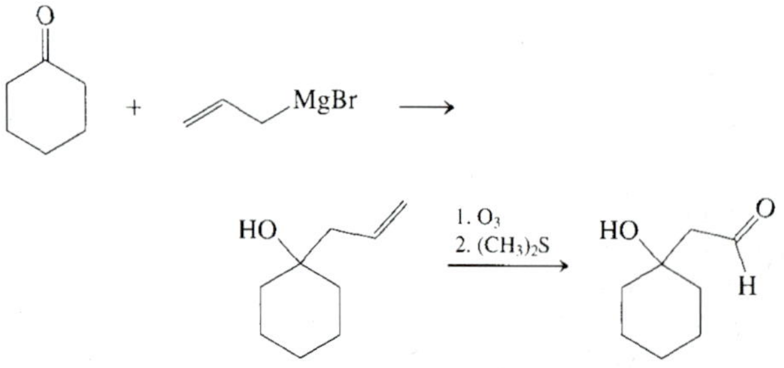

1. O_3 2. $(CH_3)_2S$

14-8

(a) 5-Bromo-1,3-cycloheptadiene
(b) (*E*)-2,3-Dimethyl-1,3-pentadiene

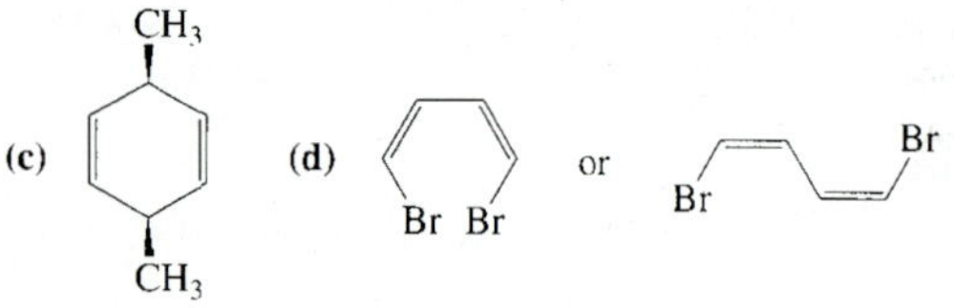

(c) (d) or

14-9

An internal trans double bond is more stable than a terminal double bond by about 2.7 kcal mol^{-1} (see Figure 11-12). This difference plus the expected stabilization energy of 3.5 kcal mol^{-1} add up to 6.2 kcal mol^{-1}, pretty close to the observed value.

14-10

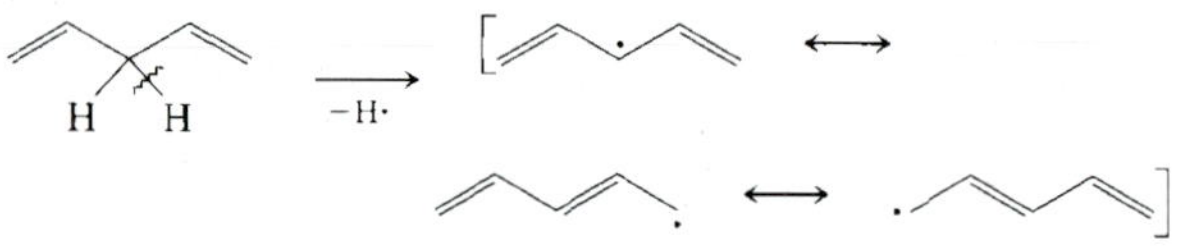

$-H\cdot$

The product is the delocalized pentadienyl radical.

14-11

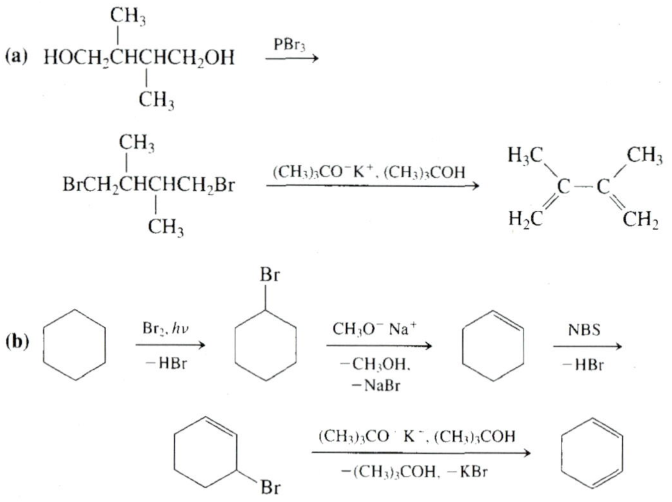

(a) $HOCH_2CH(CH_3)CH(CH_3)CH_2OH \xrightarrow{PBr_3}$

$BrCH_2CH(CH_3)CH(CH_3)CH_2Br \xrightarrow{(CH_3)_3CO^-K^+,\ (CH_3)_3COH} H_2C{=}C(CH_3){-}C(CH_3){=}CH_2$

(b) $Br_2, h\nu$, $-HBr$; $CH_3O^-Na^+$, $-CH_3OH$, $-NaBr$; NBS, $-HBr$; $(CH_3)_3CO^-K^+$, $(CH_3)_3COH$, $-(CH_3)_3COH$, $-KBr$

14-12

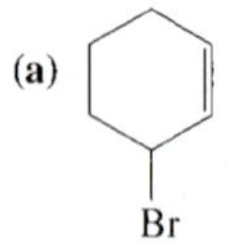

(a) Same product for both modes of addition

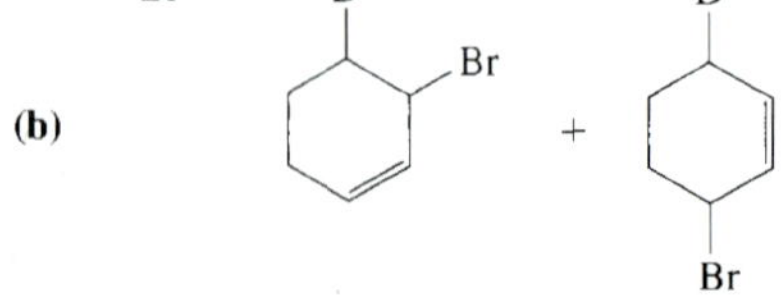

(b) Both cis and trans

Addition of HX to unsubstituted cycloalka-1,3-dienes in either 1,2- or 1,4-manner gives the same product because of symmetry.

14-13

Worked out in chapter.

14-14

A is a 1,2-adduct and the kinetic product.
B is a 1,4-adduct and the thermodynamic product.

14-15

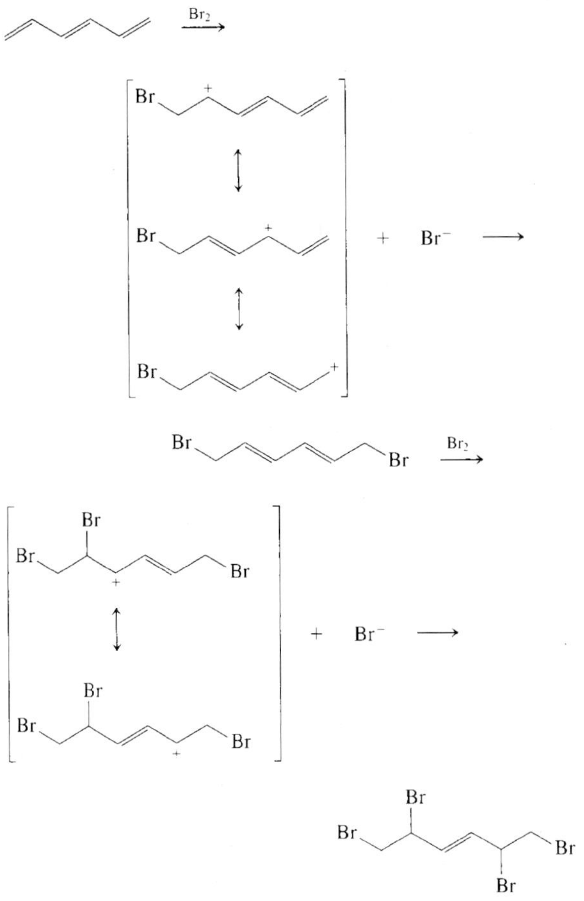

Br₂ → [Br, +, Br, +, Br, +] + Br⁻ → Br, Br, Br₂ → [Br, Br, Br, +, Br, Br, Br, +] + Br⁻ → Br, Br, Br, Br

14-16

(a), (b) Electron rich, because alkyl groups are electron donors.
(c), (d) Electron poor, because the carbonyl group is electron withdrawing by induction and resonance and the fluoroalkyl group is so by induction only.

14-17

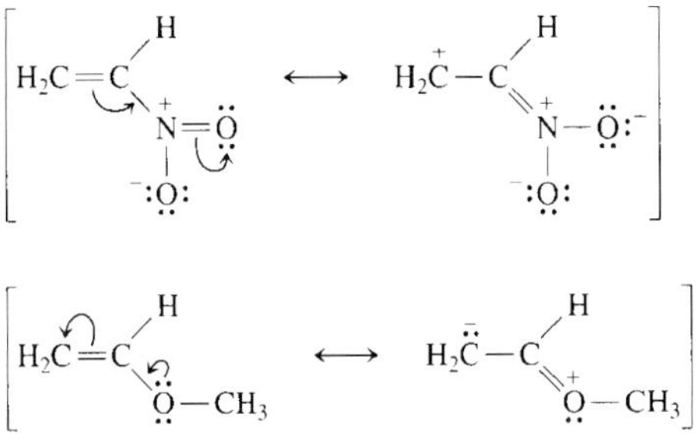

[$H_2C{=}C(H)-\overset{+}{N}(=O)-O^-$ ⟷ $H_2\overset{+}{C}-C(H)=\overset{+}{N}(-O^-)-O^-$]

[$H_2C{=}C(H)-O-CH_3$ ⟷ $H_2\overset{-}{C}-C(H)=\overset{+}{O}-CH_3$]

14-18

(a) + NC, CN, NC, CN → CN, CN, CN, CN

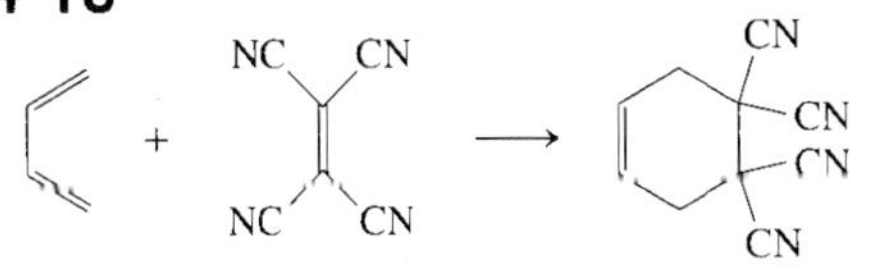

(b) + NC, CN, NC, CN → CN, CN, CN, CN

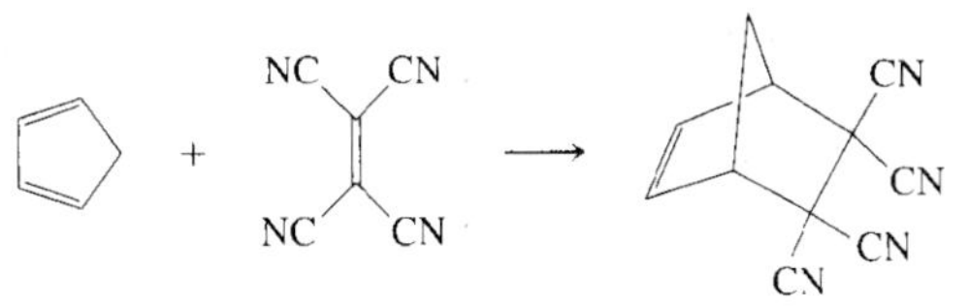

(Make a model of this product)

(c) + NC, CN, NC, CN → CN, CN, CN, CN

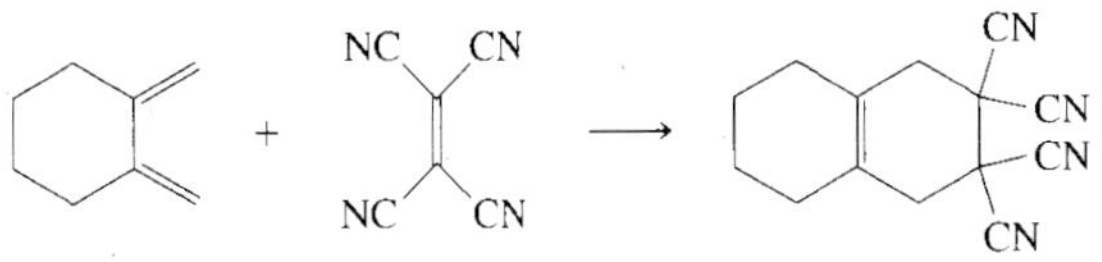

14-19

Worked out in chapter.

14-20

(a) CN, CN

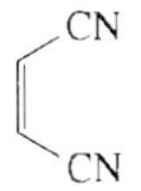

(b) H_3C, CH_3, CH_3 or H_3C, CH_3, CH_3 + F, F, F, F

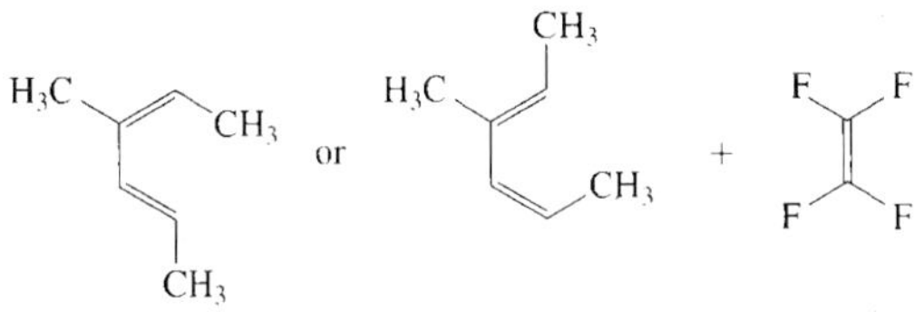

14-21

The cis,trans isomer cannot readily reach the *s*-cis conformation because of steric hindrance.

H_3C, CH_3 ⇌ CH_3, H, CH_3

Sterically hindered

14-22

Worked out in chapter.

14-23

(a) CH_3 + O, O, O → CH_3, O, O, O

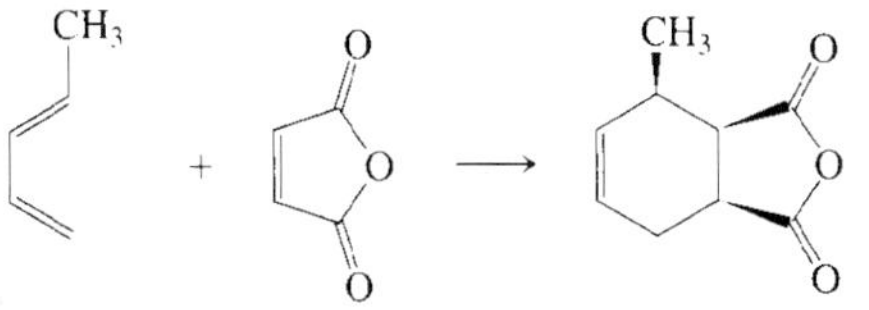

(b) + CO_2CH_3, CH_3O_2C → CO_2CH_3, H, H, CO_2CH_3

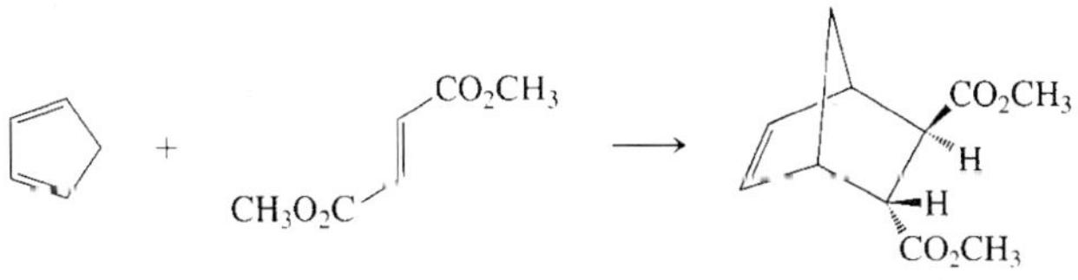

14-24
The first product is the result of exo addition; the second product, the outcome of endo addition.

14-25
(a) (b)

14-26
A $\xrightarrow{h\nu}$ B
Two conrotatory ring closures

A $\xrightarrow{\Delta}$ C
Two disrotatory ring closures

14-27
Worked out in chapter.

14-28
Conrotatory. Make a model.

14-29
(b), (c), (a), (f), (d), (e)

15장

15-1
(a) 1-Chloro-4-nitrobenzene (*p*-chloronitrobenzene)
(b) 1-Deuterio-2-methylbenzene (*o*-deuteriotoluene)
(c) 2,4-Dinitrophenol

15-2
(a) (b) (c)

15-3
(a) 1,3-Dichlorobenzene (*m*-dichlorobenzene)
(b) 2-Fluorobenzenamine (*o*-fluoroaniline)
(c) 1-Bromo-4-fluorobenzene (*p*-bromofluorobenzene)

15-4
1,2-Dichlorobenzene

and

1,2,4-Trichlorobenzene

and

15-5
Compound B has lost its cyclic arrangement of six π electrons and therefore its aromaticity. Thus, ring opening is endothermic.

15-6
The unsymmetrically substituted 1,2,4-trimethylbenzene exhibits the maximum number, nine, of ^{13}C NMR lines. Symmetry reduces this count to six in 1,2,3- and three in 1,3,5-trimethylbenzene.

15-7
Worked out in chapter.

15-8

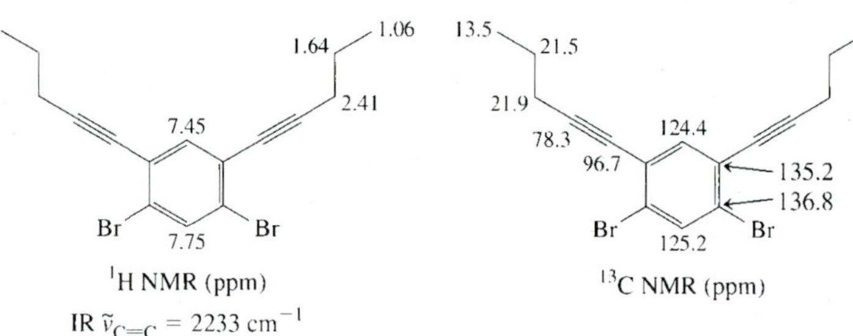

^1H NMR (ppm) ^{13}C NMR (ppm)

IR $\tilde{\nu}_{C\equiv C}$ = 2233 cm^{-1}

15-9
(a) (b) (c)

(d) 9-Bromophenanthrene
(e) 5-Nitro-2-naphthalenesulfonic acid

15-10

15-11

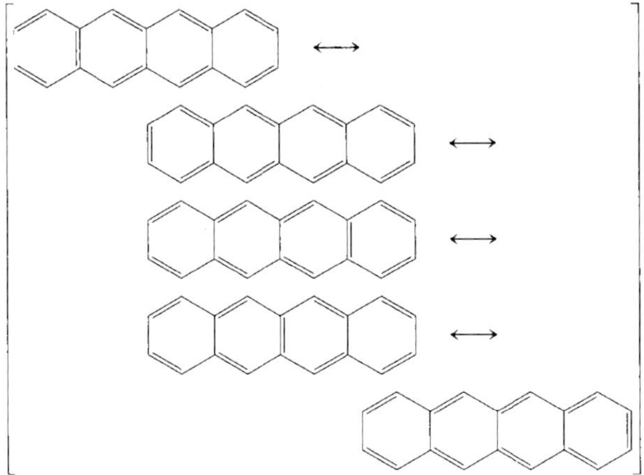

The maximum number of aromatic benzene Kekulé rings is two, in three of the resonance forms (the first, third, and fourth).

15-12

This is an unusual Diels-Alder reaction in which one molecule acts as a diene, the other as a dienophile. Make models.

H H H H

H H H H

Endo product **Exo product**

Note the surprising result of applying the general stereochemical scheme on p. 638 here (replace the i's in starting material and product by a bond).

15-13

No. Cyclooctatetraene has localized double bonds. Double-bond shift results in geometrical isomerization and not in a resonance form, as shown for 1,2-dimethylcyclooctatetraene.

CH_3 H_3C ⇌ H_3C H_3C

15-14

A ⇌ (Disrotatory thermal 1,3,5-hexatriene closure) B → (Endo-Diels-Alder cycloaddition) C

15-15

They are all nonplanar because of bond angle (e.g., a flat all-*cis*-[10]annulene requires C_{sp^2} bond angles of 144°, a considerable distortion from the normal value), eclipsing, and transannular strain (e.g., the two inside hydrogens of *trans,cis,trans,cis,cis*-[10]annulene occupy the same region in space).

15-16

(a), **(c)**, **(d)** Aromatic; **(b)**, **(e)** antiaromatic

15-17

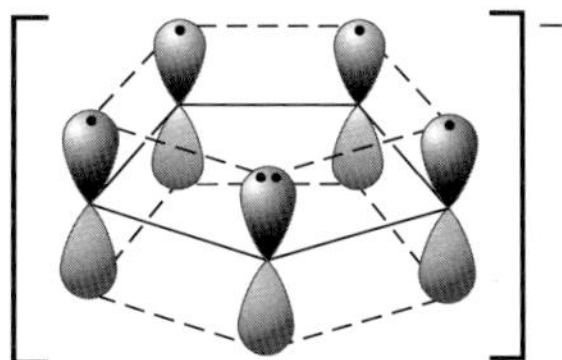

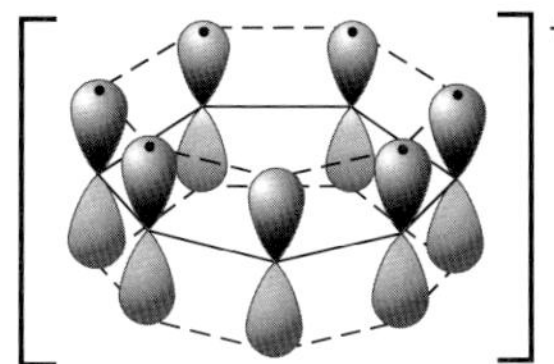

15-18

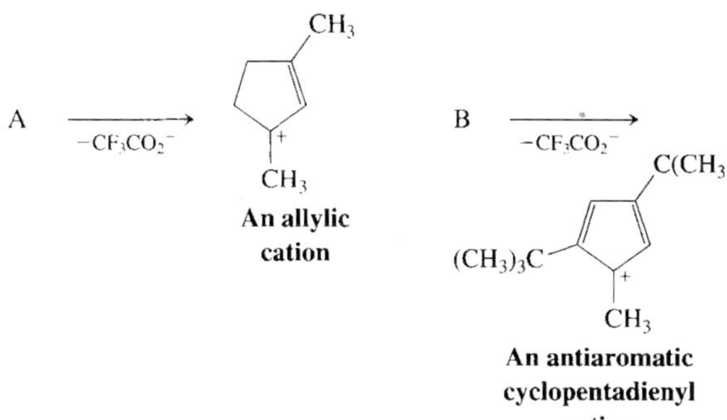

15-19

(a), **(b)** Aromatic; **(c)** antiaromatic

15-20

Worked out in chapter.

15-21

The dianion is an aromatic system of 10 π electrons, but pentalene has $4n$ π electrons.

15-22

The difference is that the dihydrogenation of benzene involves the energetic cost of losing its aromaticity, ~30 kcal mol^{-1}. This value more than offsets the heat of hydrogenation contribution, making the reaction endothermic. You can also arrive at this conclusion by inspection of Figure 15-3: The heat of hydrogenation of benzene to 1,3-cyclohexadiene is endothermic by 54.9 − 49.3 = 5.6 kcal mol^{-1}.

15-23

+ D^+ ⇌ (H, D) ⇌

(D) + H^+ $\overset{D^+}{\rightleftharpoons}$ etc. ⇌ (D, D, D, D, D, D)

Molecular weight = 84

15-24

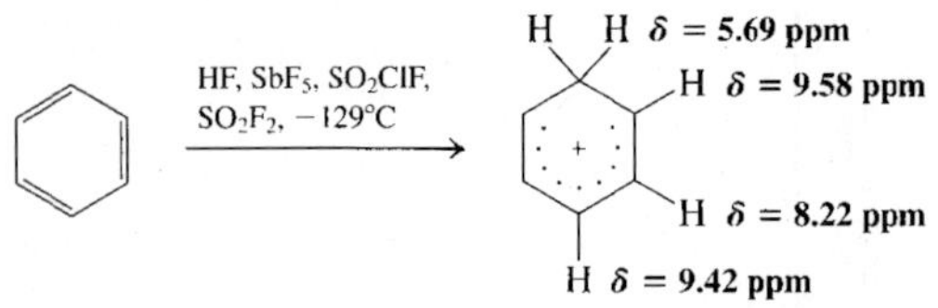

HF, SbF_5, SO_2ClF, SO_2F_2, −129°C

H δ = 5.69 ppm
H δ = 9.58 ppm
H δ = 8.22 ppm
H δ = 9.42 ppm

The NMR assignments correspond to the amount of charge expected at the various hexadienyl cation carbons on the basis of resonance.

15-25

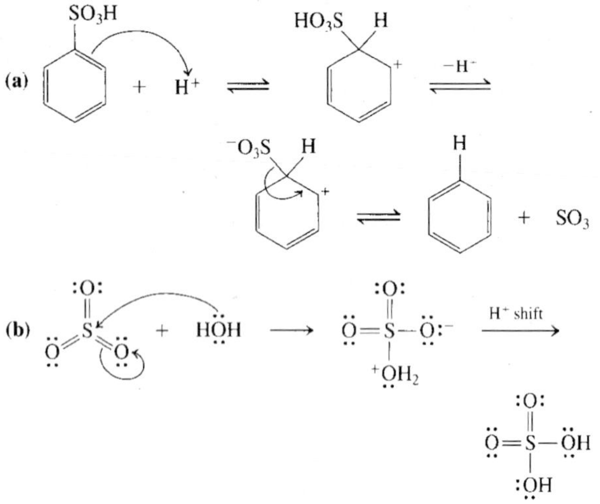

(a) SO_3H + H^+ ⇌ HO_3S H ⇌ (−H⁻) ^-O_3S H ⇌ H + SO_3

(b) :O: ‖ O=S=O + HOH ⟶ O=S(=O)−O:⁻ with ⁺OH_2 —H⁺ shift⟶ O=S(=O)(−OH)−OH

15-26

$(CH_3)_3CCl$ + $AlCl_3$ ⟶ $(CH_3)_3C^+$ + $AlCl_4^-$

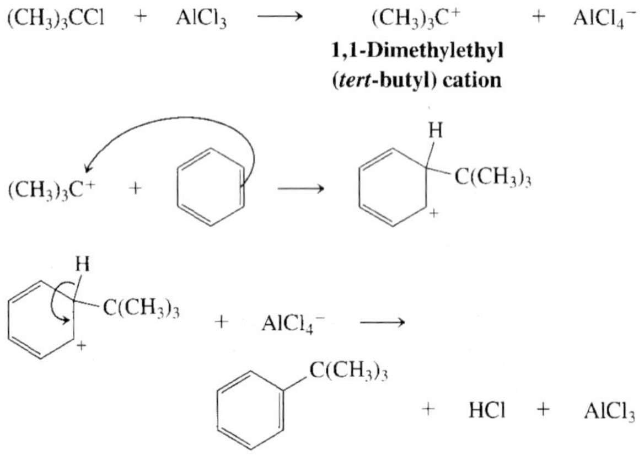

1,1-Dimethylethyl (*tert*-butyl) cation

$(CH_3)_3C^+$ + benzene ⟶ H, $C(CH_3)_3$ cation

H, $C(CH_3)_3$ cation + $AlCl_4^-$ ⟶ $C(CH_3)_3$-benzene + HCl + $AlCl_3$

15-27

$CH_3CH{=}CH_2$ + H^+ —Markovnikov addition⟶

$CH_3\overset{+}{C}HCH_3$ —C_6H_6⟶ H, $CH(CH_3)_2$ cation ⟶

$CH(CH_3)_2$-benzene + H^+

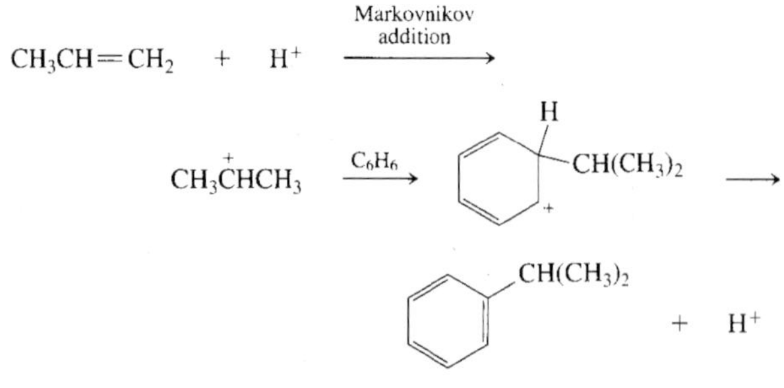

15-28

Worked out in chapter.

15-29

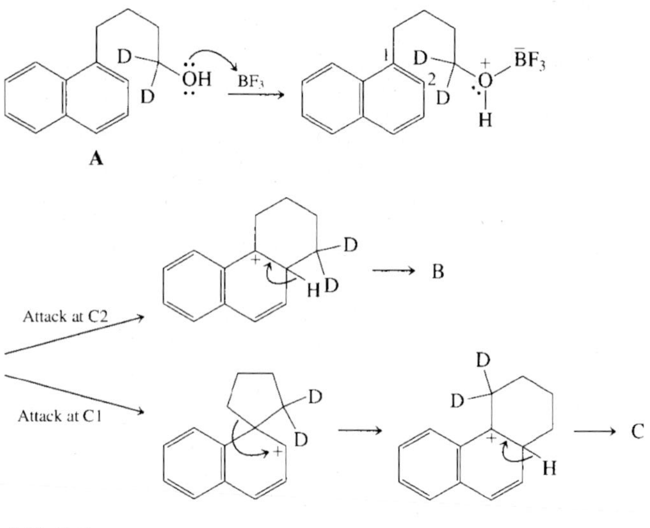

A: D, D, ÖH —BF_3⟶ 1, 2, D, D, $\overset{+}{O}$($\bar{B}F_3$)−H

Attack at C2 ⟶ D, HD ⟶ B

Attack at C1 ⟶ D, D ⟶ D, D, H ⟶ C

15-30

H_3C, CH_3, H_3C, CH_3

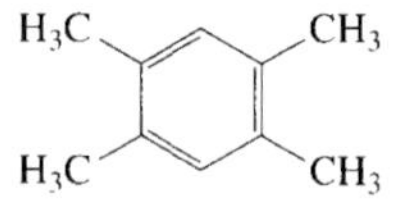

1,2,4,5-Tetramethylbenzene (Durene)

15-31

Worked out in chapter.

15-32

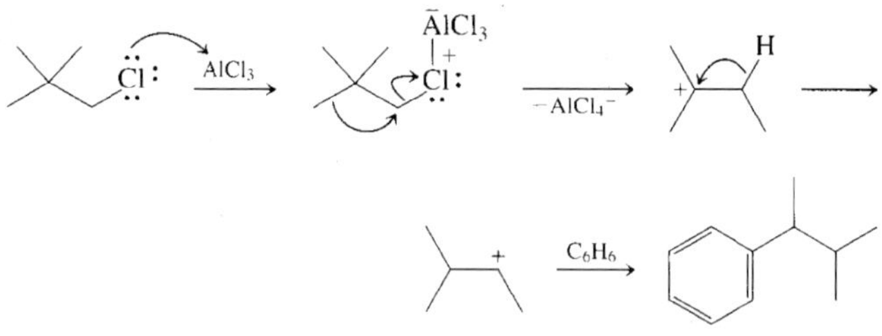

Cl: —$AlCl_3$⟶ $\bar{A}lCl_3$ $\overset{+}{Cl}$: —$-AlCl_4^-$⟶ H ⟶

—C_6H_6⟶

15-33

$:\bar{C}{\equiv}\overset{+}{O}:$ + H^+ ⇌ $[H{-}C{\equiv}\overset{+}{O}: \longleftrightarrow H{-}\overset{+}{C}{=}\ddot{O}:]$

Formyl cation

H_3C-benzene + $H{-}\overset{+}{C}{=}\ddot{O}$ ⟶

H_3C, H, CH=O cation ⟶ H_3C-benzene-CH=O + H^+

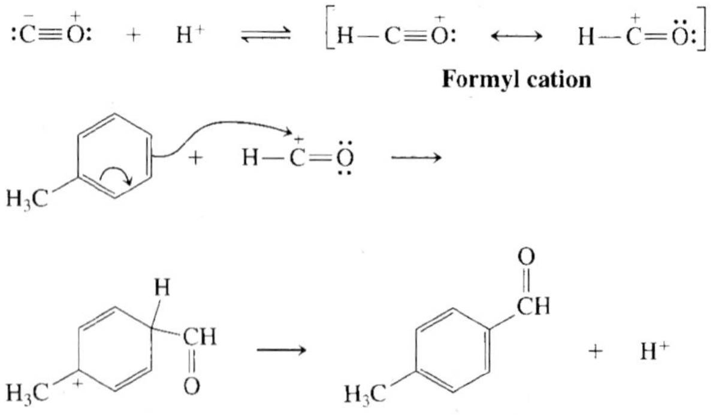

The spectral data for the formyl cation indicate the dominant contribution of $[H{-}C{\equiv}O{:}^+]$ in its resonance-structural description. This species can be viewed as a positively charged oxygen analog of ethyne ($\delta_{^{13}C}$ = 71.9 ppm.; $\tilde{\nu}_{C\equiv C}$ = 1974 cm^{-1}), the oxygen and the charge causing the observed relatively deshielded carbon resonance, in addition to the strengthening of the triple bond and the associated relatively high wavenumber band in the IR spectrum.

16장

16-1

4-(*N,N*-Dimethylamino)benzaldehyde: Formulation of dipolar resonance forms involving the electron-withdrawing carbonyl group reveals the presence of partial positive charges at its ortho (but not meta) carbons, reflected in the relative deshielding of the associated two (green) hydrogens. Conversely, formulation of dipolar resonance forms involving the electron-donating amino substituent indicates the presence of partial negative charges at its ortho (but not meta) carbons, causing relative shielding of the corresponding (red) hydrogens.

1-Methoxy-2,4-dinitrobenzene: By a similar argument, the relatively deshielded hydrogens (blue and green) are those located ortho and para to the electron-withdrawing nitro functions, the third hydrogen (red) is placed ortho to the electron-donating methoxy substituent. The "extra" deshielding of the hydrogen (blue) at C3 may be ascribed to its relative proximity to the two nitro groups, maximizing their inductive effect on their common neighbor.

16-2

Relative to benzene, C1 is deshielded by the strong inductive withdrawing effect of the oxygen, C2 and C4 are shielded because resonance of the benzene π system with the oxygen lone electron pairs places partial negative charges at these positions, and C3 is essentially unaffected.

16-3

(a), (d) Activated; **(b), (c)** deactivated

16-4

(d) > (b) > (a) > (c)

16-5

Methylbenzene (toluene) is activated and will consume all of the electrophile before the latter has a chance to attack the deactivated ring of (trifluoromethyl)-benzene.

16-6

Worked out in chapter.

16-7

Benzenamine (aniline) is basic and therefore becomes increasingly protonated at decreasing pH. The resulting decreasing concentration of aniline in the solution causes the rate of ortho,para substitution to decrease. The anilinium ion resulting from protonation no longer has a lone electron pair available for resonance with the ring and is fully positively charged. As such, the ammonium substituent is an inductive deactivator and meta director, causing the relative proportion of meta products to increase.

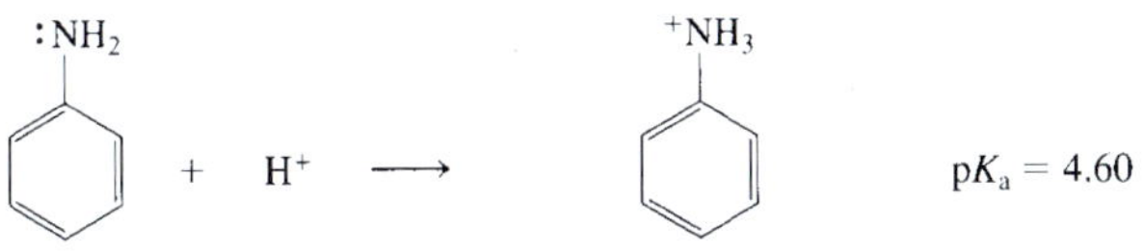

:NH_2 + H^+ ⟶ $^+NH_3$ $\quad pK_a = 4.60$

Benzenammonium ion
(Anilinium ion)

Note, however, that the amino group is such a powerful activator (see also Table 16-2) that ortho,para substitution still dominates even in strong acid, in which the concentration of free amine is very low.

16-8

Ortho attack:

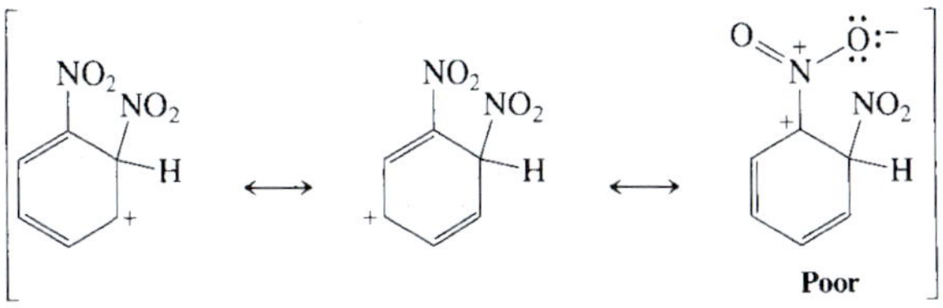

NO_2, NO_2, H ⟷ NO_2, NO_2, H ⟷ $O{=}\overset{+}{N}{-}\ddot{O}{:}^-$, NO_2, H

Poor

Para attack:

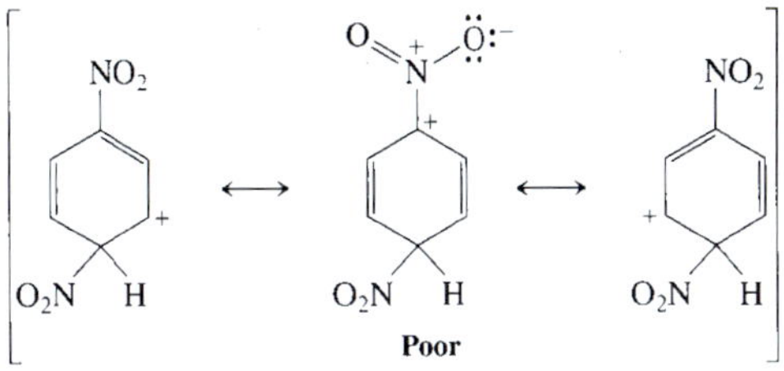

NO_2, O_2N, H ⟷ $O{=}\overset{+}{N}{-}\ddot{O}{:}^-$, O_2N, H ⟷ NO_2, O_2N, H

Poor

16-9

(a), (c) Electron withdrawing by resonance and induction.
(b) Electron withdrawing by induction.
(d) The phenyl substituent acts as a resonance donor.

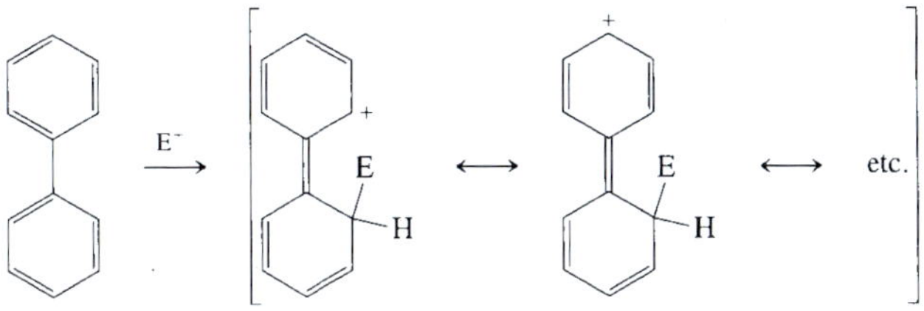

$\xrightarrow{E^+}$ E, H ⟷ E, H ⟷ etc.

Total of six resonance structures

16-10

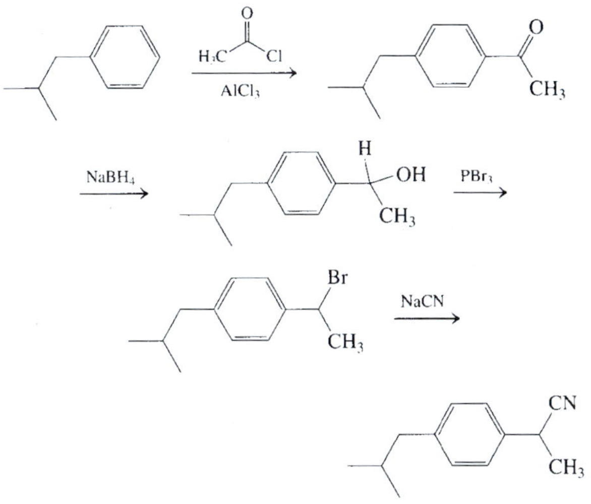

$\xrightarrow[AlCl_3]{H_3CCOCl}$ CH_3 $\xrightarrow{NaBH_4}$ H, OH, CH_3 $\xrightarrow{PBr_3}$ Br, CH_3 $\xrightarrow{NaCN}$ CN, CH_3

A

16-11

Worked out in chapter.

16-12

(a) CHO, NO_2

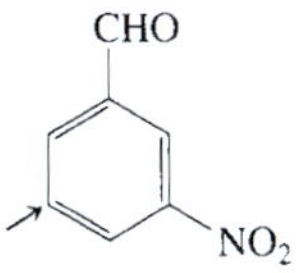

(b) 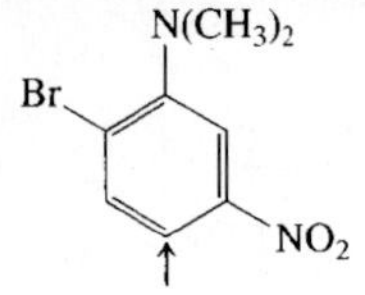 (c)

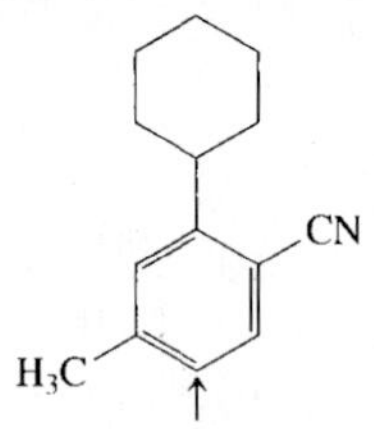

16-13

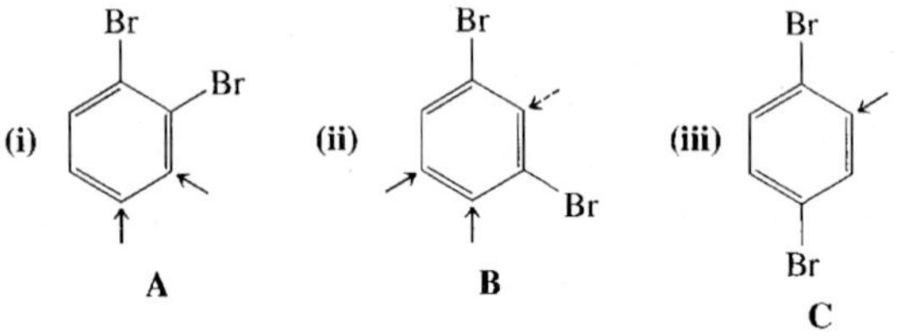

(i) A (ii) B (iii) C

16-14

1. H^+, $(CH_3)_3COH$
2. H_2O (to hydrolyze the tert-butyl ether group; Section 9-8)

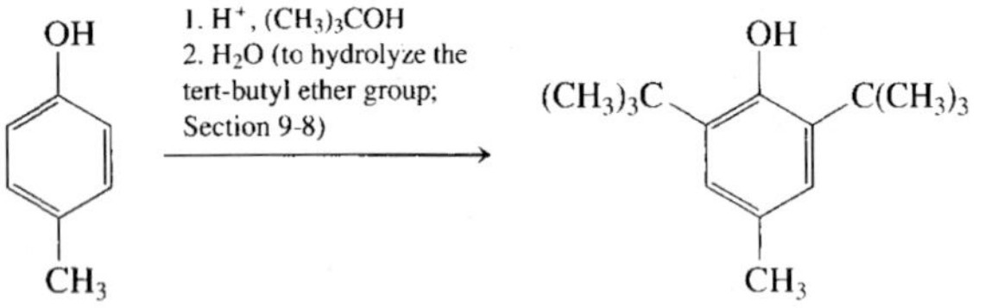

16-15

No, because the nitrogen is introduced ortho and para to bromine only.

16-16

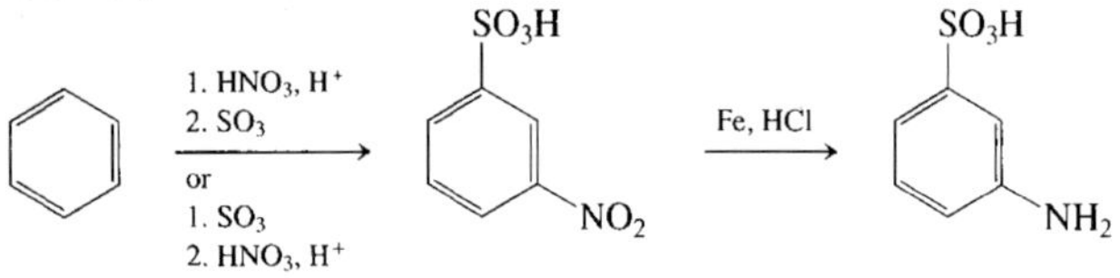

1. HNO_3, H^+
2. SO_3

or

1. SO_3
2. HNO_3, H^+

Fe, HCl

16-17

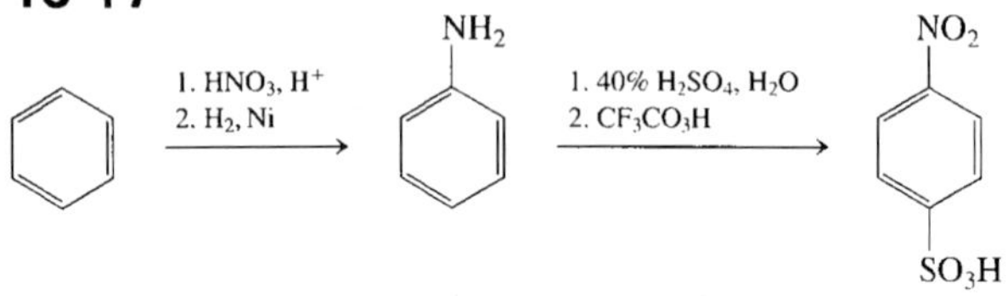

1. HNO_3, H^+
2. H_2, Ni

1. 40% H_2SO_4, H_2O
2. CF_3CO_3H

16-18

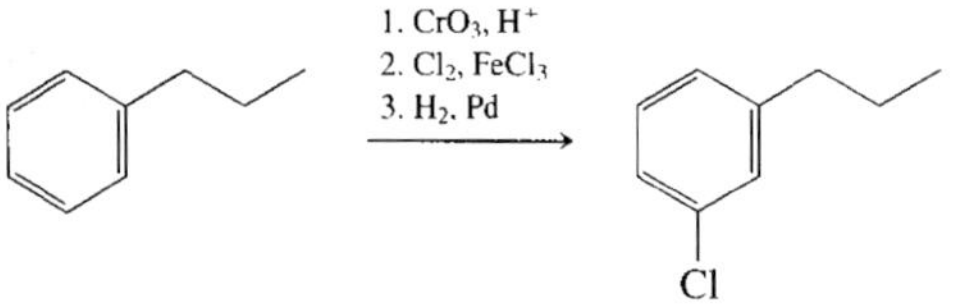

1. CrO_3, H^+
2. Cl_2, $FeCl_3$
3. H_2, Pd

16-19

$AlCl_3$

HCl, Zn(Hg), Δ

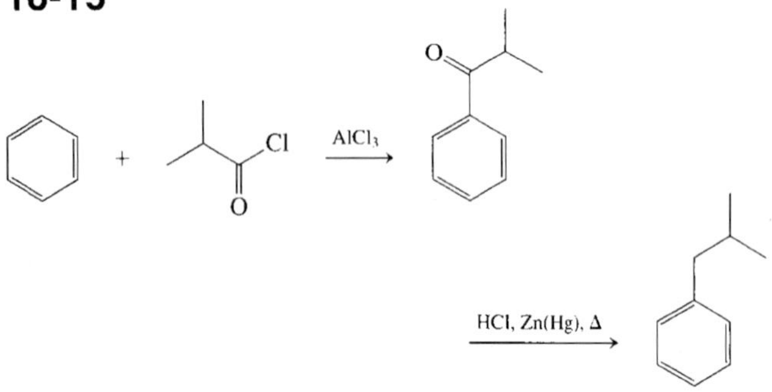

Direct Friedel-Crafts alkylation of benzene with 1-chloro-2-methylpropane gives (1,1-dimethylethyl)benzene (*tert*-butylbenzene) by rearrangement of the carbon electrophile (see Section 15-12).

16-20

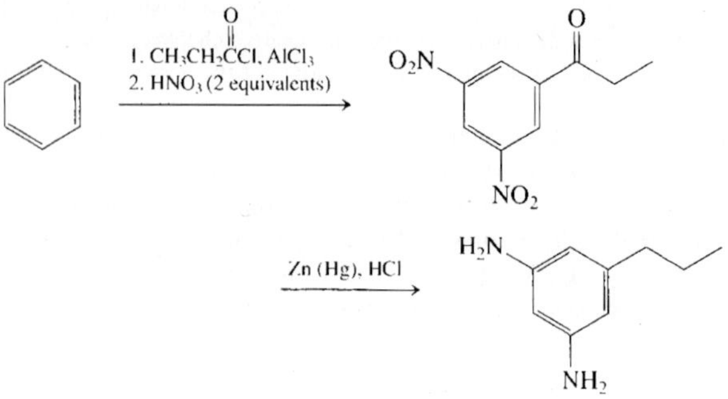

1. $CH_3CH_2\overset{O}{\overset{\|}{C}}Cl$, $AlCl_3$
2. HNO_3 (2 equivalents)

Zn (Hg), HCl

16-21

(from Exercise 16-17) $\xrightarrow{Br_2}$

1. H^+, H_2O
2. CF_3CO_3H

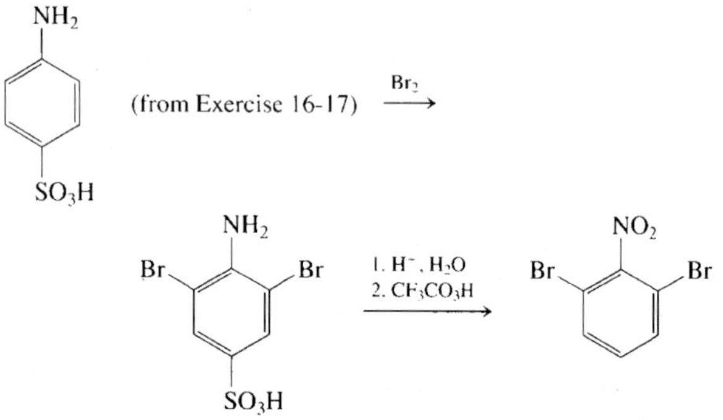

16-22

Worked out in chapter.

16-23

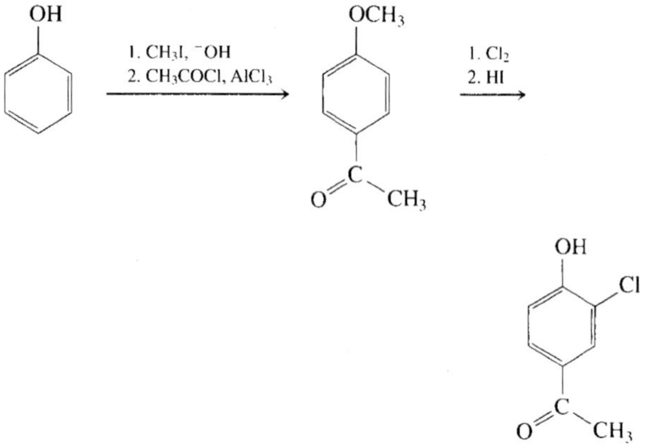

1. CH_3I, ^-OH
2. CH_3COCl, $AlCl_3$

1. Cl_2
2. HI

16-24

Worked out in chapter.

16-25

(a) At C5 and C8; **(b)** at C6 and C8; **(c)** at C4.

16-26

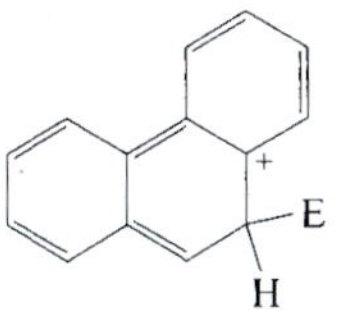
E
H

16-27

The answer is derived by inspection of the respective sets of resonance forms of the cations generated by protonation at the given positions; only the crucial ones are depicted here, although we recommend that you write all possible forms as an additional exercise.

At C9:

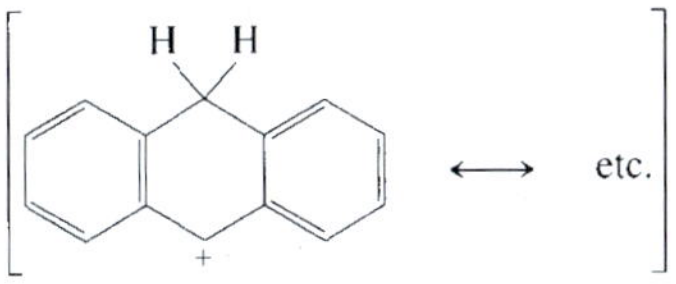
H H
etc.

The essence of the analysis is, then, in each case, to count up the number of resonance contributors that contain intact benzene rings. You will recognize the important difference between protonation at C9 (which generates two separate benzene nuclei) and that at C1 and C2, which furnishes naphthalene fragments ("less aromatic" than two benzene rings, see Section 15-5). The $[C9-H]^+$ structure shown here already has four benzenoid resonance forms, even without moving the positive charge into one of the adjacent benzene rings. Moving the positive charge still leaves one benzene ring untouched (allowing for the formulation of its two contributing resonance forms every time the charge is moved around the other benzene ring). Attack at C1 and C2 has considerably fewer such benzenoid substructures. The preferred protonation at C1 over C2 has the same explanation as that given in this section for the same preference observed for naphthalene (i.e., regard anthracene as a benzo[*b*]naphthalene).

At C1:

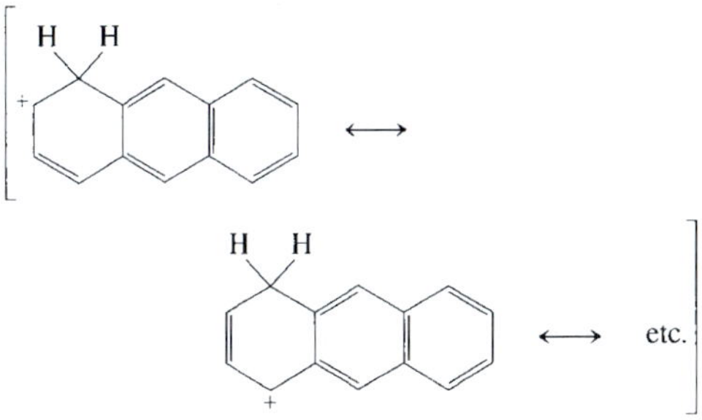
H H
H H
etc.

At C2:

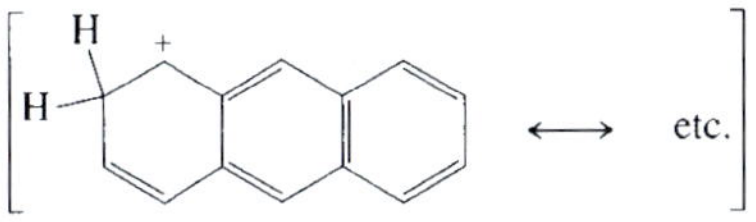
H
H
etc.

17장

17-1

(a) 2-Cyclohexenone
(b) (*E*)-4-Methyl-4-hexenal

(c) 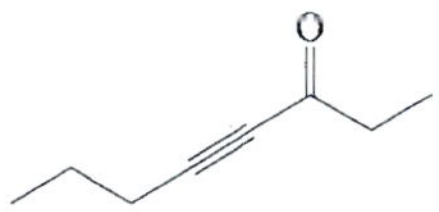 **(d)** 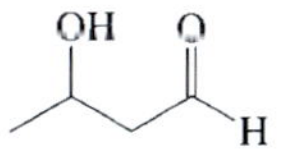
OH O
H
(e) 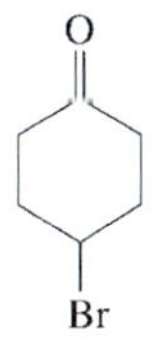
O
Br

17-2

Worked out in chapter.

17-3

(a) ^{1}H NMR: absence versus presence of aldehyde resonance; three signals versus four signals; multiplicity differences are dramatic—i.e., the ketone exhibits a singlet (CH_3), triplet (CH_3), and quartet (CH_2), whereas the aldehyde shows a triplet (CH_3), sextet (CH_2 of C3), doublet of triplets (α-CH_2), and triplet (CHO).

(b) UV: $\lambda_{max} \approx 280$ (unconjugated carbonyl) versus 325 nm (conjugated carbonyl). ^{1}H NMR: most drastic differences would be the spin–spin splitting patterns, e.g., CH_3 doublet versus triplet, CHO triplet versus doublet, etc.

(c) The lack of symmetry in 2-pentanone versus 3-pentanone is evident in ^{1}H NMR: s (CH_3), t (CH_3), sex (CH_2), t (CH_2) versus t (2 CH_3s), q (2 CH_2s), and in ^{13}C NMR: five lines versus three lines.

17-4

^{1}H NMR:

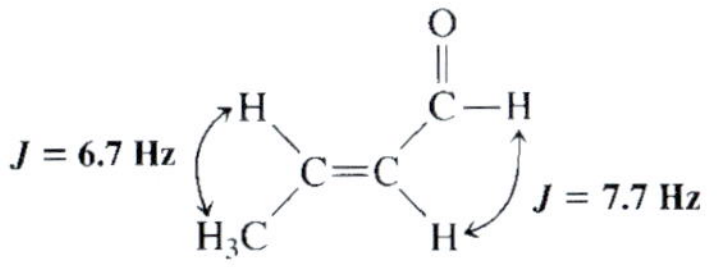
J = 6.7 Hz
H
O
C—H
C=C
H₃C
H
J = 7.7 Hz

J_{trans} = 16.1 Hz
$J(CH_3$–H2) = 1.6 Hz (allylic coupling; Table 11-2)

^{13}C NMR:

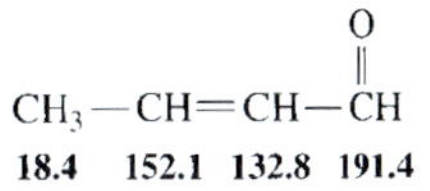
O
CH₃—CH=CH—CH
18.4 152.1 132.8 191.4

UV: Absorptions are typical for a conjugated enone.

17-5

(a) Both show the same α cleavage patterns but different McLafferty rearrangements.

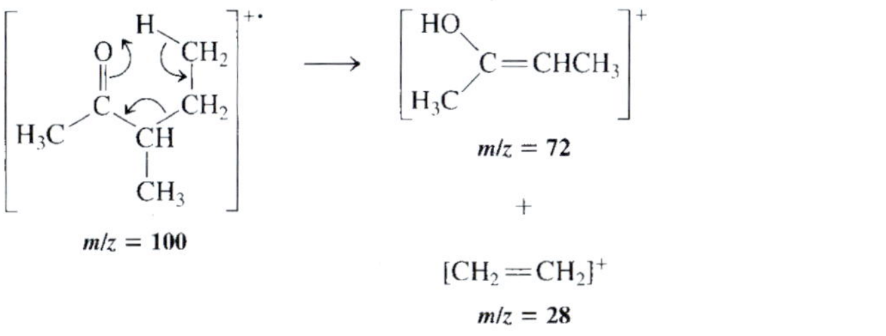
H
O
CH₂
C
CH₂
H₃C
CH
CH₃
m/z = 100
HO
C=CHCH₃
H₃C
m/z = 72
+
[CH₂=CH₂]⁺
m/z = 28

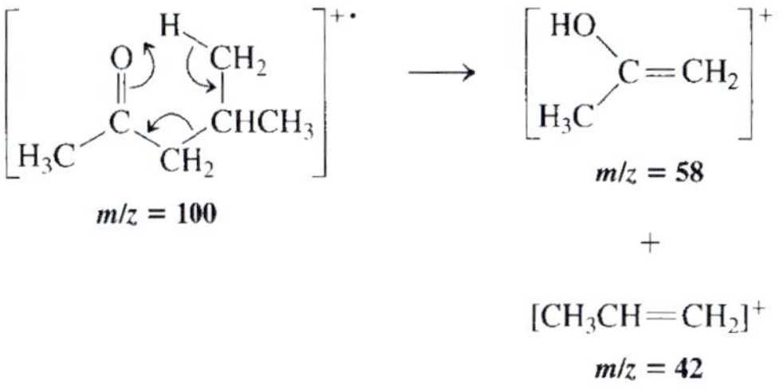
H
O
CH₂
C
CHCH₃
H₃C
CH₂
m/z = 100
HO
C=CH₂
H₃C
m/z = 58
+
[CH₃CH=CH₂]⁺
m/z = 42

(b) Both show the same α cleavage patterns, but only 2-ethylcyclohexanone has an accessible γ-hydrogen for the McLafferty rearrangement.

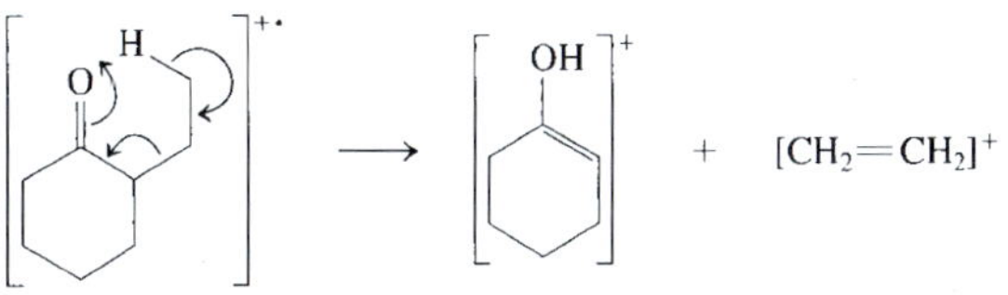
H
O
OH
+
[CH₂=CH₂]⁺

17-6

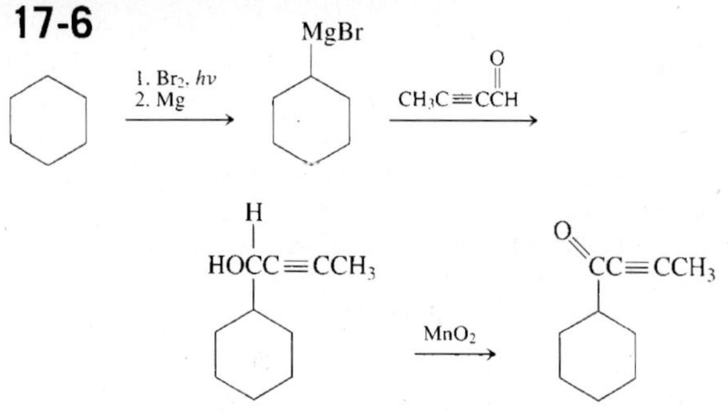

1. Br_2, $h\nu$ 2. Mg; $CH_3C{\equiv}CCH$(=O); MnO_2

1-Cyclohexyl-2-butyn-1-one

17-7

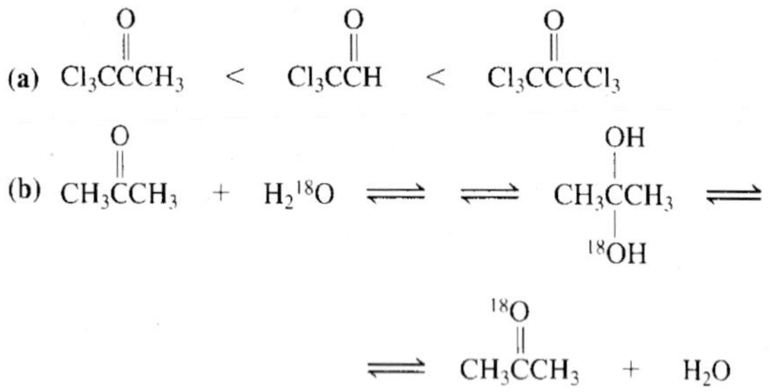

(a) Cl_3CCCH_3 < Cl_3CCH < Cl_3CCCCl_3

(b) CH_3CCH_3 + $H_2{}^{18}O$ ⇌ ⇌ $CH_3C(OH)(^{18}OH)CH_3$ ⇌ $CH_3C(={}^{18}O)CH_3$ + H_2O

17-8

Worked out in chapter.

17-9

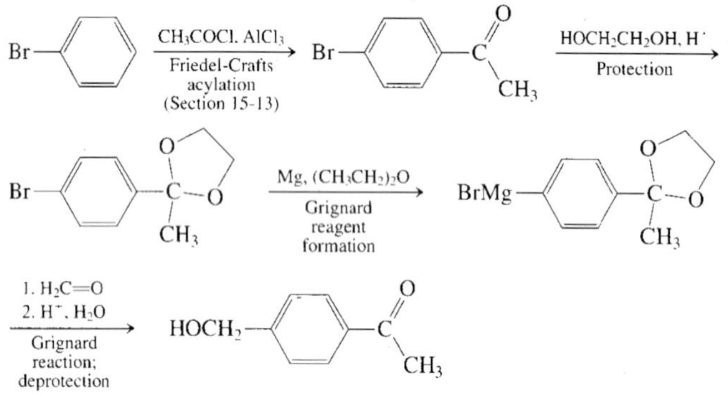

CH_3COCl, $AlCl_3$ Friedel-Crafts acylation (Section 15-13); $HOCH_2CH_2OH$, H^+ Protection; Mg, $(CH_3CH_2)_2O$ Grignard reagent formation; 1. $H_2C{=}O$ 2. H^+, H_2O Grignard reaction; deprotection

17-10

Worked out in chapter.

17-11

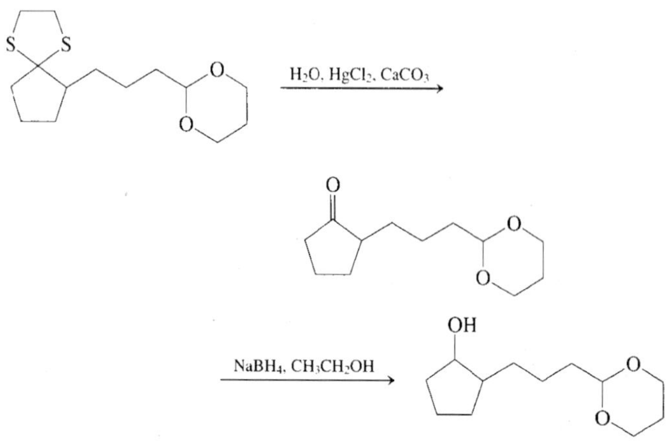

H_2O, $HgCl_2$, $CaCO_3$; $NaBH_4$, CH_3CH_2OH

17-12

1. O_3 2. CH_3SCH_3; 1. $HSCH_2CH_2SH$ 2. Raney Ni

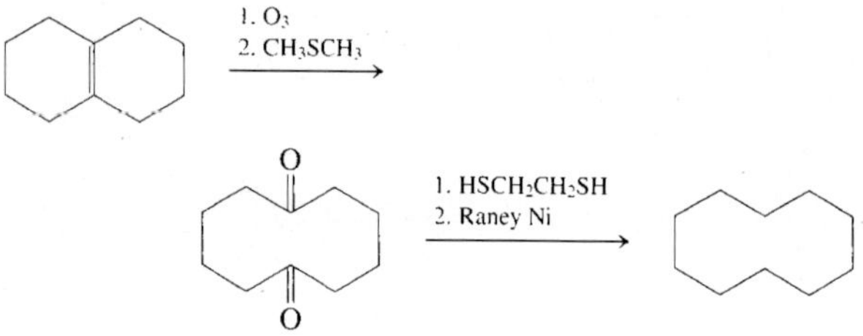

17-13

The mechanism of imidazolidine formation is similar to that formulated for cyclic acetal synthesis.

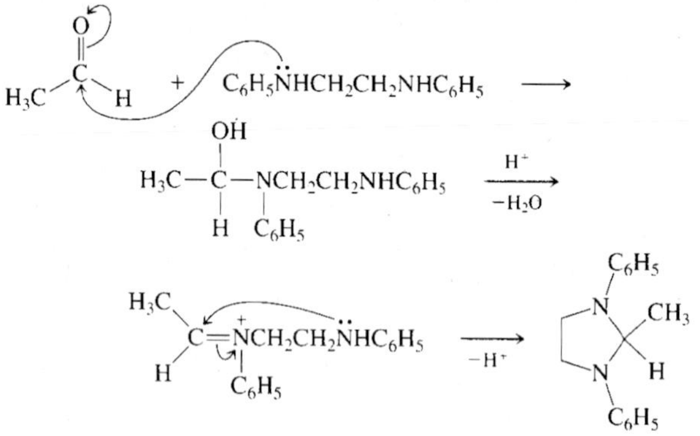

H_3C–CHO + $C_6H_5NHCH_2CH_2NHC_6H_5$ ⟶ H_3C–C(OH)(H)–$N(C_6H_5)CH_2CH_2NHC_6H_5$ $\xrightarrow[-H_2O]{H^+}$ H_3C(H)C=$\overset{+}{N}(C_6H_5)CH_2CH_2NHC_6H_5$ $\xrightarrow{-H^+}$ imidazolidine (C_6H_5, CH_3, H, C_6H_5)

17-14

Worked out in chapter.

17-15

The amine is called morpholine; it is secondary. Enamine formation will be the result.

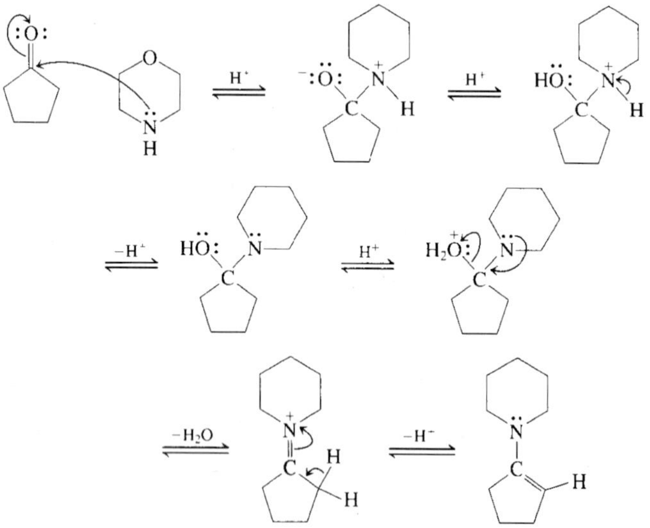

H^+, H^+, $-H^+$, H^+, $-H_2O$, $-H^+$

17-16

(a) (b) (c) HO ... H, N, NHC_6H_5

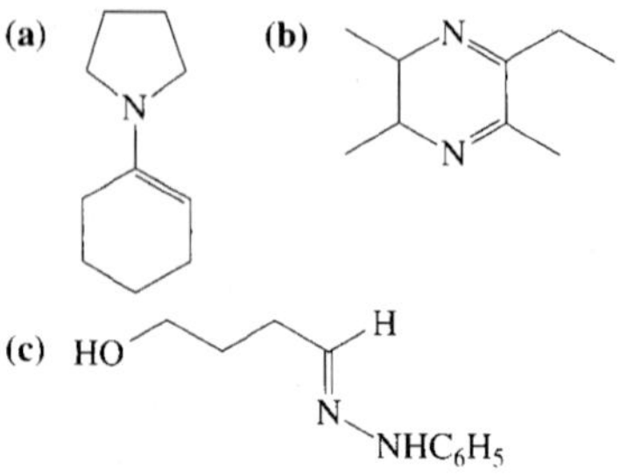

17-17

$CH_3(CH_2)_4COOH \xrightarrow[\text{2. } C_6H_6,\ AlCl_3]{\text{1. } SOCl_2}$ (hexanophenone) $\xrightarrow{H_2NNH_2,\ KOH,\ \Delta}$ (hexylbenzene)

17-18

Formaldehyde > acetaldehyde > acetone > 3,3-dimethyl-2-butanone

17-19

(a) (2-cyclohexenone) + $CH_2{=}P(C_6H_5)_3$

(b) (3-bromocyclohexene) treated successively with 1. $P(C_6H_5)_3$, 2. $CH_3CH_2CH_2CH_2Li$, 3. $H_2C{=}O$ or 1. H_2O, 2. MnO_2, 3. $CH_2{=}P(C_6H_5)_3$.

17-20

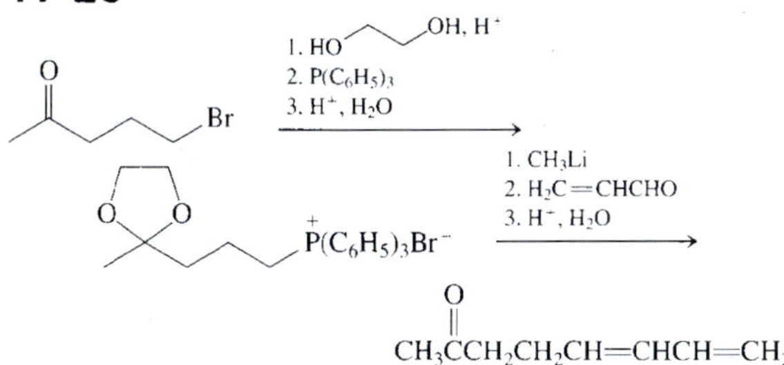

$CH_3\overset{O}{\overset{\|}{C}}CH_2CH_2CH{=}CHCH{=}CH_2$

17-21

(a) (cyclohexene) $\xrightarrow[\text{2. } (CH_3)_2S]{\text{1. } O_3}$ $H\overset{O}{\overset{\|}{C}}(CH_2)_4\overset{O}{\overset{\|}{C}}H$ $\xrightarrow{CH_2{=}P(C_6H_5)_3}$ $CH_2{=}CH(CH_2)_4CH{=}CH_2$

(b) (1,3-butadiene) + (acrolein, CHO) ⟶ (3-cyclohexenecarbaldehyde, CH=O) $\xrightarrow{\text{cyclohexylidene}{=}P(C_6H_5)_3}$ (product, H)

17-22

(a) $CH_2{=}CHCH_2CH_2O\overset{O}{\overset{\|}{C}}CH_3$

(b) (bicyclic lactone, O, O)   (c) $(CH_3)_3CO\overset{O}{\overset{\|}{C}}CH_2CH_3$

18장

18-1

(a) $CH_2{=}C(O^-)H$ (b) $CH_3CH{=}C(O^-)H$

(c) $CH_2{=}C(O^-)CH_3$ (d) $CH_3CH_2CH{=}C(O^-)CH_2CH_2CH_3$

(e) (cyclopentenolate, O^-)

18-2

(a) (2-ethylcyclohexanone, O)   (b) (1-cyclohexenyl, $OSi(CH_3)_3$)

18-3

Base catalysis

$CH_3\overset{:O:}{\overset{\|}{C}}-CH_2-H \xrightarrow[-DOH]{:\ddot{O}D^-} CH_3\overset{:\ddot{O}:^-}{\overset{|}{C}}{=}CH_2 \xrightarrow{D\ddot{O}-D} CH_3\overset{:O:}{\overset{\|}{C}}CH_2D + D\ddot{O}:^-$

Acid catalysis

$CH_3\overset{:O:}{\overset{\|}{C}}CH_3 \xrightarrow{D^+} CH_3\overset{:\overset{+}{O}-D}{\overset{\|}{C}}-CH_2-H \xrightarrow{-H^+} CH_3\overset{:\ddot{O}D}{\overset{|}{C}}{=}CH_2 \xrightarrow{D^+} CH_3\overset{:\overset{+}{O}-D}{\overset{\|}{C}}CH_2D \xrightarrow{-D^+} CH_3\overset{:O:}{\overset{\|}{C}}CH_2D$

18-4

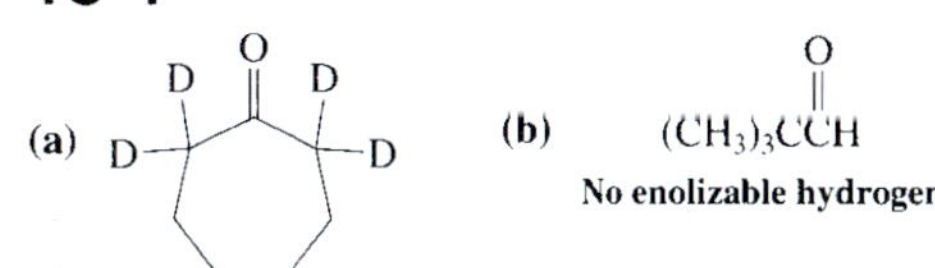

No enolizable hydrogen

(c) $(CH_3)_3C\overset{O}{\overset{\|}{C}}CD_3$ (d) [structure: D, D, O, D, D, D, CHO]

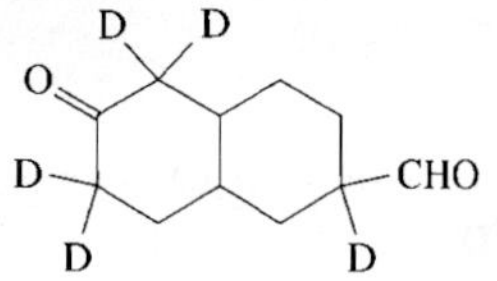

18-5

Worked out in chapter.

18-6

NaOD in D_2O, a solution containing the strongly basic ^-OD, causes removal of α-hydrogens to give enolate ions. These react with D_2O, eventually replacing all of the original α-hydrogen atoms with deuterium. Thus, in the NMR spectrum, the signal for the α-hydrogens will disappear and only the signal for the β-hydrogens at $\delta = 2.00$ ppm will remain as a somewhat broadened singlet.

18-7

Ketone A undergoes cis-to-trans isomerization by inversion (*R* to *S*) at the tertiary α-position. In ketone B, this position is not enolizable, because it is quaternary.

18-8

Acid-catalyzed: [2-bromocyclohexanone]

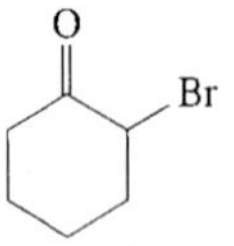

Base-catalyzed: [2,2,6,6-tetrabromocyclohexanone]

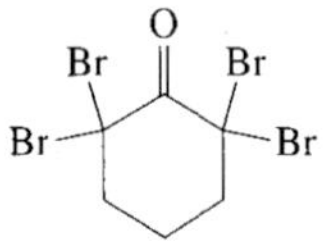

18-9

The two possible C-alkylations are retarded, because they lead to strained products. As a result, O-alkylation, which constructs a relatively unstrained six-membered ring, becomes competitive.

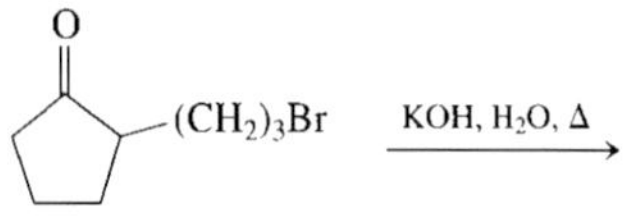

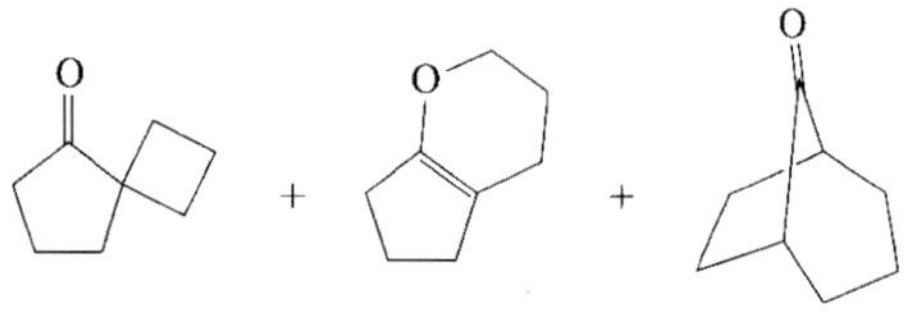

$(CH_2)_3Br$ $\xrightarrow{KOH,\ H_2O,\ \Delta}$

Strained	**Unstrained**	**Strained**
13%	15%	6%

18-10

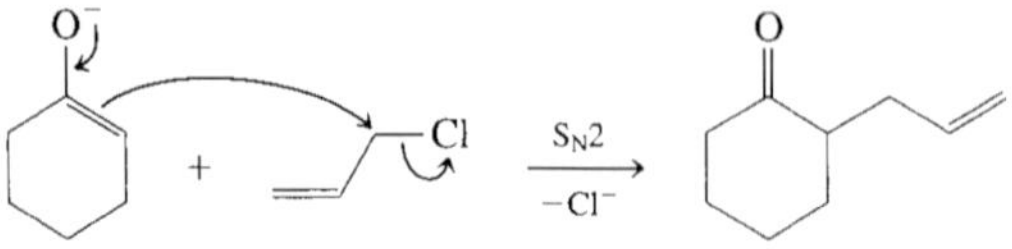

$\xrightarrow[-Cl^-]{S_N2}$

The transition state is stabilized by overlap of the inverting C_{sp^3} orbital with the π system.

(a) + (b) only

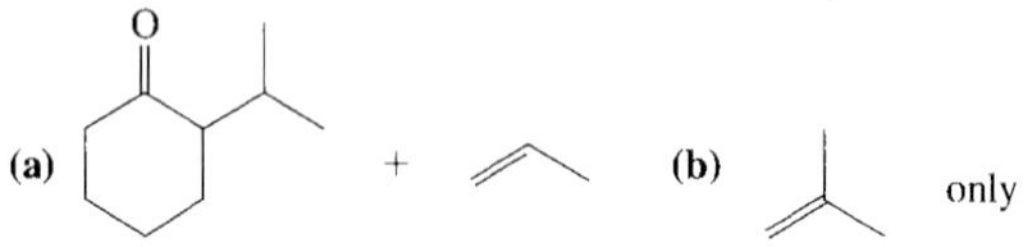

S_N2 E2 E2

18-11

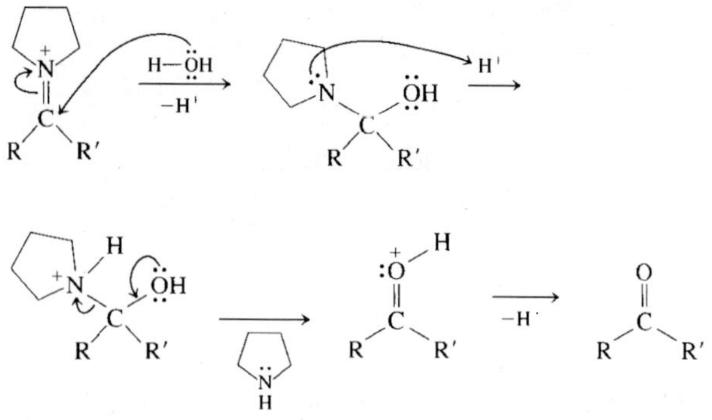

H—ÖH, $-H^+$ $\longrightarrow$ H^+ $\longrightarrow$ $-H^+$

18-12

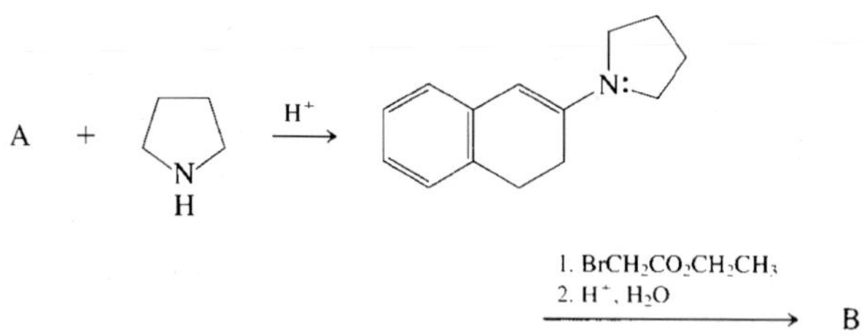

A + [pyrrolidine] $\xrightarrow{H^+}$

1. $BrCH_2CO_2CH_2CH_3$
2. H^+, H_2O $\longrightarrow$ B

18-13

(a) $CH_3CH_2C(OH)(H)CH(CH_3)CHO$ (b) $CH_3CH_2CH_2C(OH)(H)CH(CH_2CH_3)CHO$

(c) $C_6H_5CH_2C(OH)(H)CH(C_6H_5)CHO$ (d) $C_6H_5CH_2CH_2C(OH)(H)CH(CH_2C_6H_5)CHO$

18-14

It cannot with itself, because it does not contain any enolizable hydrogens. It can, however, undergo crossed aldol condensations (Section 18-6) with enolizable carbonyl compounds.

18-15

(a) $CH_3CH_2CH{=}C(CH_3)CHO$

(b) $CH_3CH_2CH_2CH{=}C(CH_2CH_3)CHO$

(c) $C_6H_5CH_2CH{=}C(C_6H_5)CHO$

(d) $C_6H_5CH_2CH_2CH{=}C(CH_2C_6H_5)CHO$

18-16

Worked out in chapter.

18-17

The reverse, "retro-aldol" process follows the same pathway, each step run in reverse:

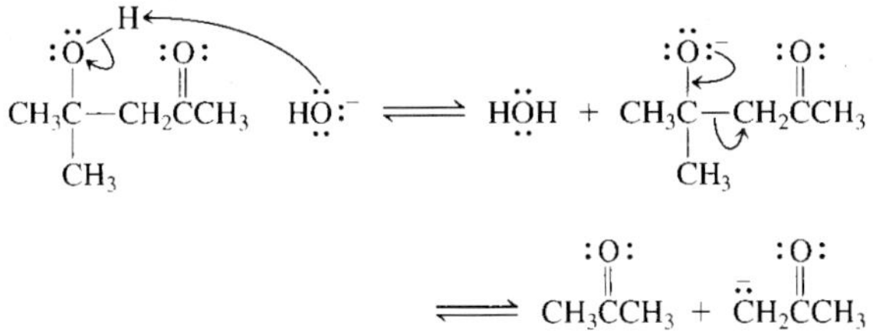

$$CH_3C(OH)(CH_3)CH_2CCH_3(=O) + HO^- \rightleftharpoons HOH + CH_3C(O^-)(CH_3)CH_2CCH_3(=O) \rightleftharpoons CH_3CCH_3(=O) + {}^-CH_2CCH_3(=O)$$

18-18

(a) (b) HO, HC=O

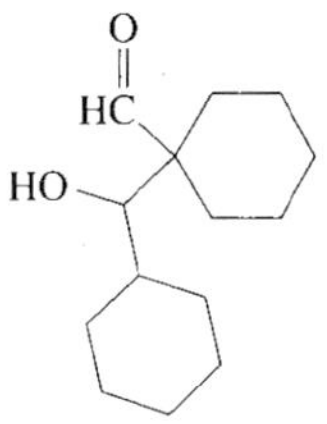

(c) $CH_2{=}CHCH{=}C(CH_3)CHO$

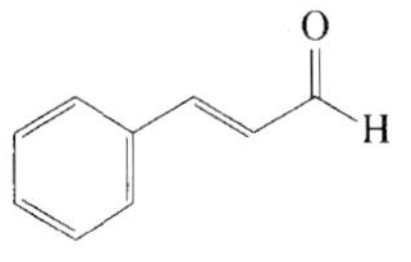

18-19

(a) $\xrightarrow{Na_2CO_3,\ 100°C}$

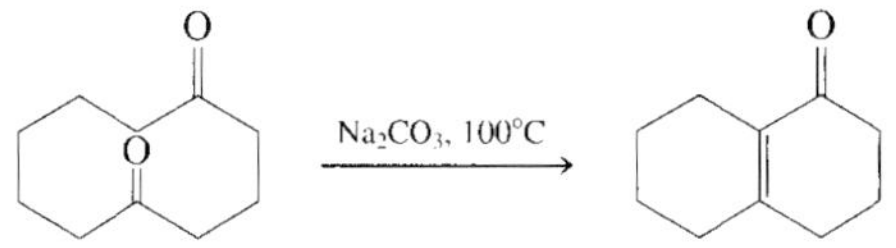

(b) C_6H_5 (c) (d) CH_3, $CCH_3(=O)$

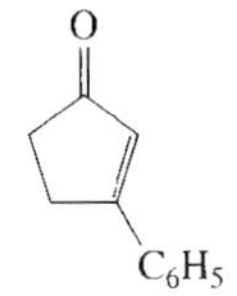

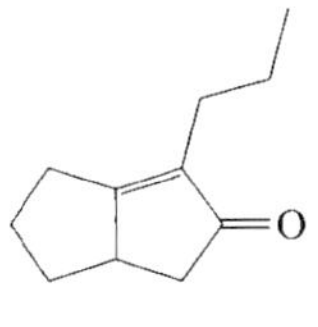

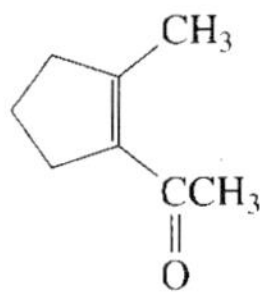

18-20

O, OH, CH_3; HO, O; O, OH, CH_3

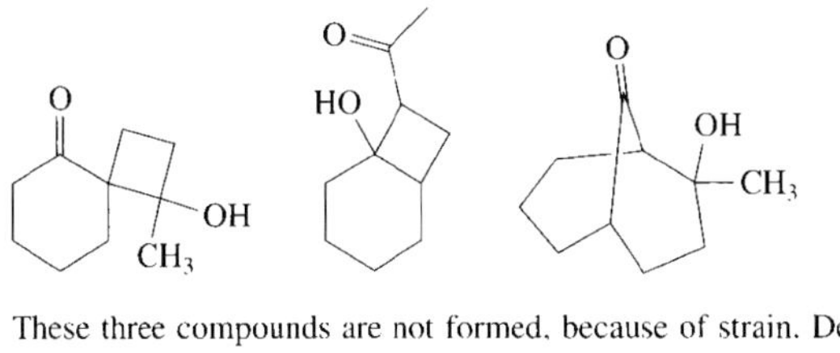

These three compounds are not formed, because of strain. Dehydration is, in addition, prohibited, again because of strain (or, in the first structure, because there is no proton available). The fourth possibility is most facile.

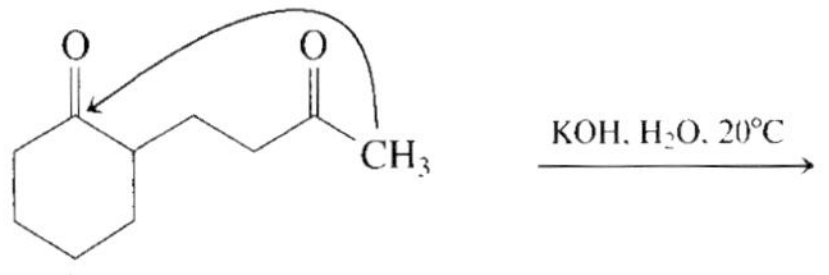

$\xrightarrow{KOH,\ H_2O,\ 20°C}$ CH_3

2-(3-Oxobutyl)cyclohexanone

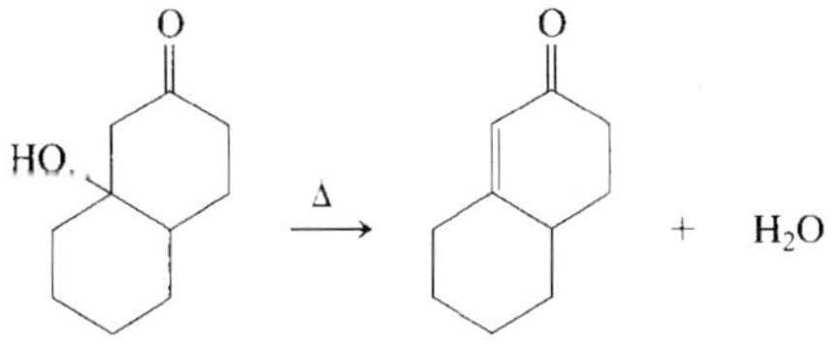

HO $\xrightarrow{\Delta}$ + H_2O

90%

18-21

(a) CHO + $CH_3CCH_3(=O)$

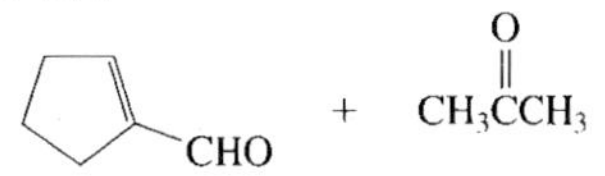

(b) CH=O, CH=O + O=(cyclooctane)

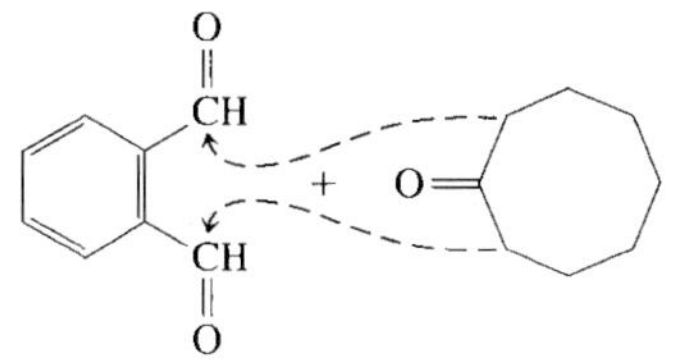

18-22

Mechanism of acid-mediated isomerization of β,γ-unsaturated carbonyl compounds:

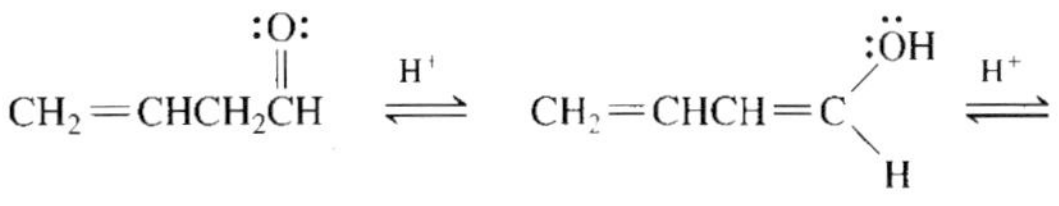

$$CH_2{=}CHCH_2CH{=}O \overset{H^+}{\rightleftharpoons} CH_2{=}CHCH{=}C(OH)H \overset{H^+}{\rightleftharpoons}$$

Dienol

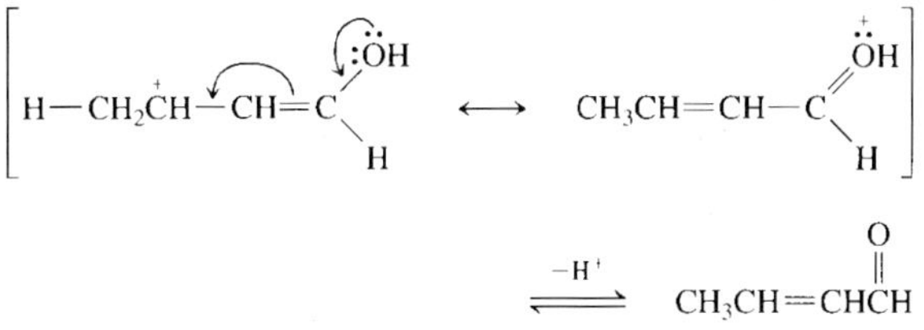

$$\left[H{-}CH_2\overset{+}{C}H{-}CH{=}C(OH)H \longleftrightarrow CH_3CH{=}CH{-}C({=}\overset{+}{O}H)H\right]$$

$$\overset{-H^+}{\rightleftharpoons} CH_3CH{=}CHCH{=}O$$

18-23

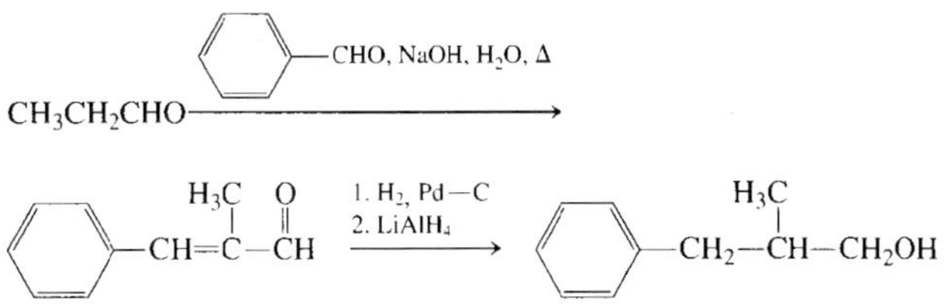

$$CH_3CH_2CHO \xrightarrow{C_6H_5CHO,\ NaOH,\ H_2O,\ \Delta} C_6H_5{-}CH{=}C(CH_3){-}CH{=}O \xrightarrow{1.\ H_2,\ Pd{-}C\quad 2.\ LiAlH_4} C_6H_5{-}CH_2{-}CH(CH_3){-}CH_2OH$$

18-24

:O:, :Cl: $\xrightarrow{CH_3O^-}$:O:⁻, :Cl:, :OCH₃ $\longrightarrow$

:O:, OCH₃ + :Cl:⁻

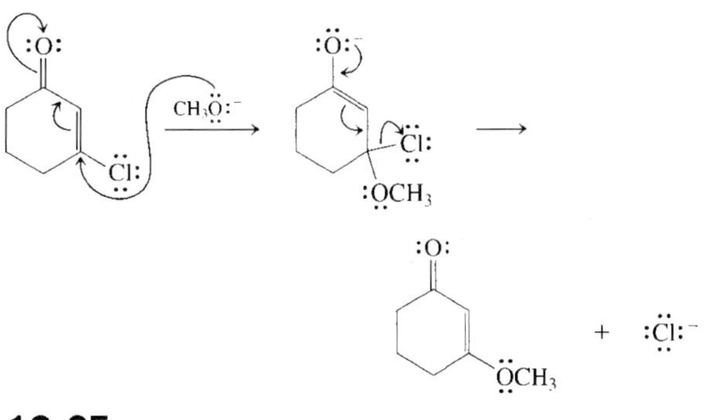

18-25

1. Protonation

$$C_6H_5CCH{=}CH_2(=O) \overset{H^+}{\rightleftharpoons} \left[C_6H_5C({=}\overset{+}{O}H){-}CH{=}CH_2 \longleftrightarrow C_6H_5\overset{+}{C}(OH){-}CH{=}CH_2 \longleftrightarrow C_6H_5C(OH){=}CH{-}\overset{+}{C}H_2\right]$$

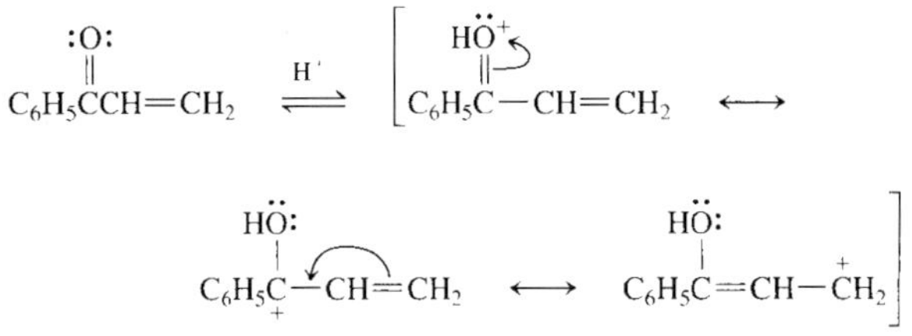

2. Cyanide attack

$C_6H_5C(=\ddot{O}H^+)-CH=CH_2 + :\bar{C}\equiv N: \rightleftharpoons C_6H_5C(-\ddot{O}H:)=CH-CH_2CN$

3. Enol–keto tautomerization

$C_6H_5C(-\ddot{O}H:)=CHCH_2CN \rightleftharpoons C_6H_5C(=\ddot{O}:)CH(H)CH_2CN$

18-26

Worked out in chapter.

18-27

3-Methylcyclohex-2-enone $\xrightarrow{\text{1. }(CH_3)_2CuLi\text{, 2. }CH_3I}$ 2,3,3-trimethylcyclohexanone (CH_3, CH_3, CH_3)

18-28

Worked out in chapter.

18-29

(a) $CH_3C(-\ddot{O}:^-)=CH_2 + CH_2=CHCCH_3$ (C=O)

(b) $:\ddot{O}:^-$ (cyclohexenolate) $+ CH_2=CHCCH_3$ (C=O)

19장

19-1

(a) 5-Bromo-3-chloroheptanoic acid
(b) 4-Oxocyclohexanecarboxylic acid
(c) 3-Methoxy-4-nitrobenzoic acid

(d) $HOOCCH_2CH_2CH_2CBr_2COOH$

(e) $CH_3CH(OH)CH_2CH_2COH$ (C=O) **(f)** 4-$C(CH_3)_3$-benzoic acid (COOH, $C(CH_3)_3$)

19-2

Worked out in chapter.

19-3

2-Methylpropanoic acid. Spectral assignments (ppm):

^{1}H NMR: $\delta = 1.20 \rightarrow H_3C$; H, $\delta = 2.58$; CH_3, $\delta = 1.20$; OH, $\delta = 12.17$

^{13}C NMR: $\delta = 33.8$ (CH); $\delta = 184.0$ (C=O); H_3C, $\delta = 18.7$; CH_3, $\delta = 18.7$

19-4

Applying the example of pentanoic acid to the three generic cleavage modes presented immediately preceding the exercise means replacing R by CH_3. As you can see, this change is inconsequential with respect to the identity of the fragment ions formed: $m/z = 45$, 60, and 73, all visible in Figure 19-4.

19-5

(a) $CH_3CBr_2COOH > CH_3CHBrCOOH > CH_3CH_2COOH$

(b) $CH_3CH(F)CH_2COOH > CH_3CH(Br)CH_2COOH$

(c) 1-Fluorocyclohexanecarboxylic acid > 4-fluorocyclohexanecarboxylic acid ≥ cyclohexanecarboxylic acid

19-6

Protonated acetone has fewer resonance forms.

$CH_3CCH_3(=O) + H^+ \rightleftharpoons [CH_3CCH_3(=\overset{+}{O}H) \longleftrightarrow CH_3\overset{+}{C}CH_3(-OH)]$

$CH_3COH(=O) + H^+ \rightleftharpoons$

$[CH_3C(=\overset{+}{O}H)-OH \longleftrightarrow CH_3\overset{+}{C}(-OH)-OH \longleftrightarrow CH_3C(-OH)=\overset{+}{O}H]$

19-7

(a) $CH_3(CH_2)_3COOH$ **(b)** $HOOC(CH_2)_4COOH$

(c) Cyclohexane-1,4-dicarboxylic acid (COOH, COOH)

19-8

Worked out in chapter.

19-9

(a) 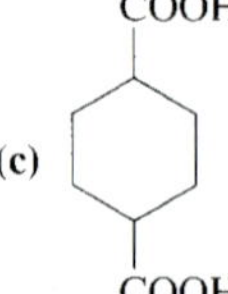

1. Mg, 2. CO_2, 3. H^+, H_2O
or 1. ^-CN, 2. H^+, H_2O

(b) 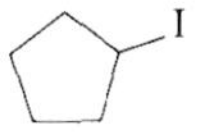 Same conditions as in (a)

(c) 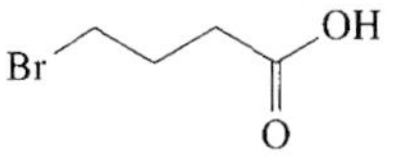 1. ^-CN, 2. H^+, H_2O

The alternative (1. Mg, 2. CO_2, 3. H^+, H_2O) fails because Grignard formation is not possible in the presence of a carboxy group.

(d) 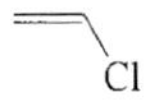 1. Mg, 2. CO_2, 3. H^+, H_2O

The alternative (1. ^-CN, 2. H^+, H_2O) fails because S_N2 reactions are not possible on sp^2-hybridized carbons.

(e) 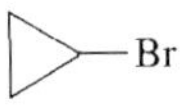 1. Mg, 2. CO_2, 3. H^+, H_2O

The alternative (1. ^-CN, 2. H^+, H_2O) fails because S_N2 reactions of strained halocycloalkanes are very slow.

19-10

(a) 1. HCN, 2. H^+, H_2O

(b) 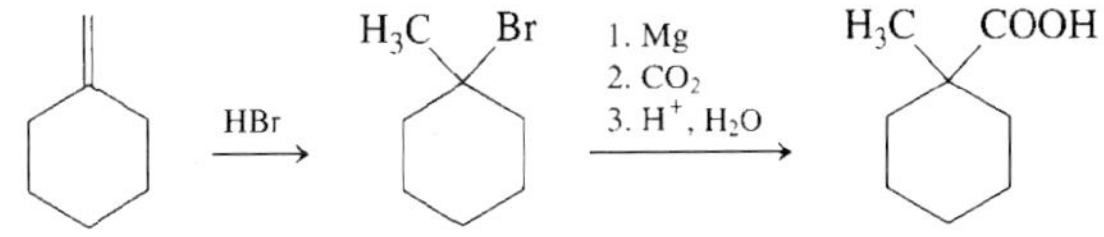 HBr; 1. Mg 2. CO_2 3. H^+, H_2O

(c) 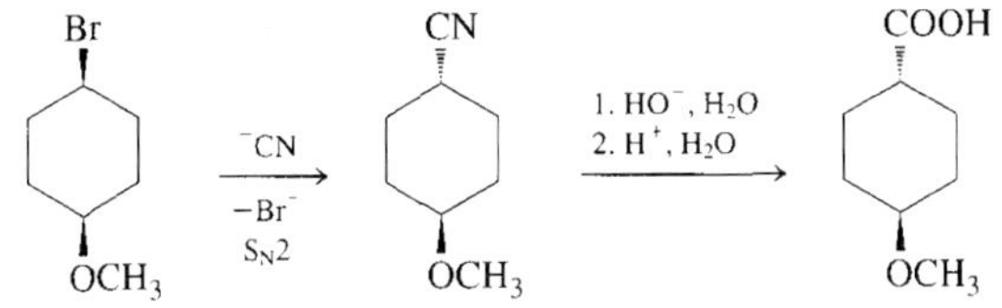 ^-CN, $-Br^-$, S_N2; 1. HO^-, H_2O 2. H^+, H_2O

19-11

$-H^+$

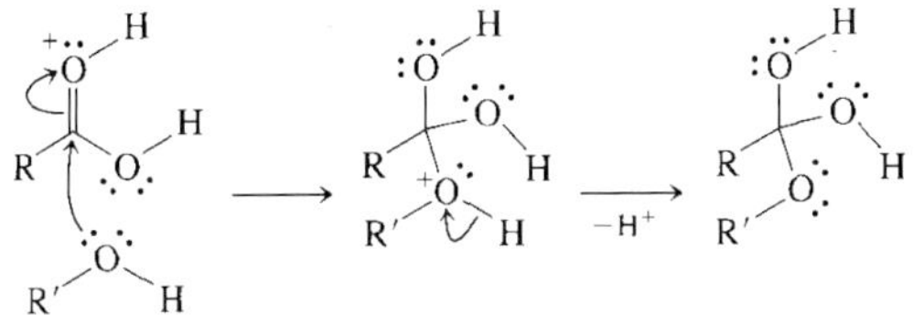

19-12

Worked out in chapter.

19-13

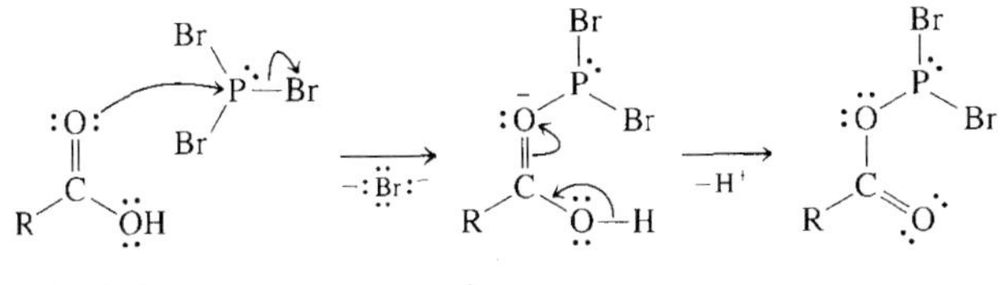

$-:\ddot{Br}:^-$ $-H^+$

19-14

(a) 1. $CH_3\overset{O}{\overset{\|}{C}}Cl$ + $Na^{+-}O\overset{O}{\overset{\|}{C}}CH_2CH_3$

2. $CH_3\overset{O}{\overset{\|}{C}}O^-Na^+$ + $Cl\overset{O}{\overset{\|}{C}}CH_2CH_3$

(b) $CH_3\overset{H_3C}{\overset{|}{C}}H\overset{O}{\overset{\|}{C}}OH$ + $SOCl_2$

19-15

The reaction is self-catalyzed by acid.

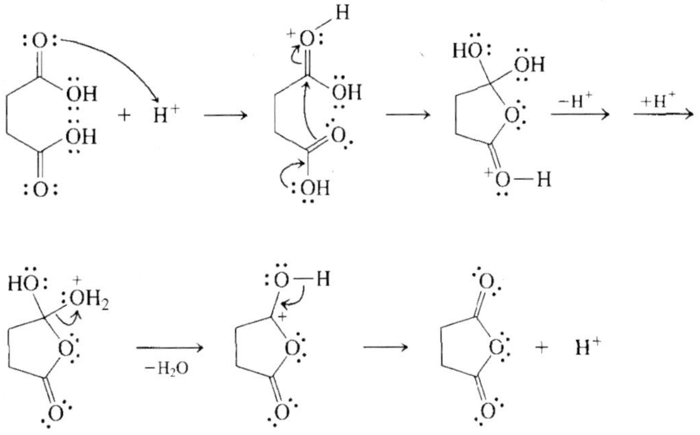

$-H^+$ $+H^+$ $-H_2O$ $+ H^+$

19-16

(a) 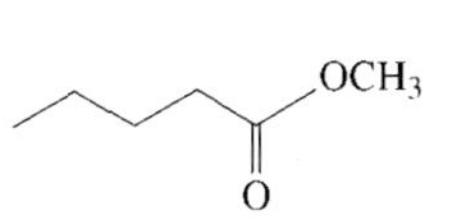 (b) 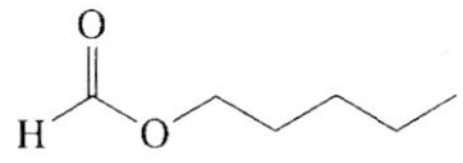 (c) 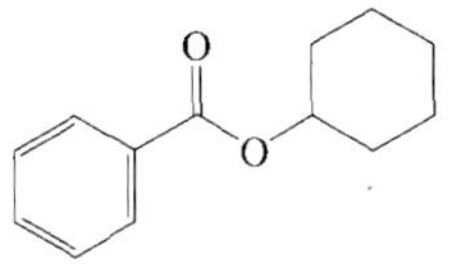 (d)

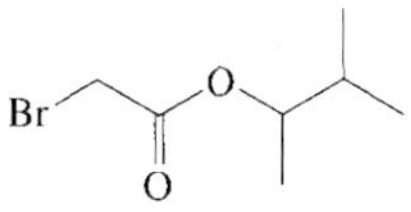

19-17

(a) $CH_3(CH_2)_3C{\equiv}CCH_2CH_2CO_2H$ + $(CH_3)_2CHOH$ (or $CH_3CH{=}CH_2$)

(b) $CH_3\overset{O}{\overset{\|}{C}}(CH_2)_5OH$ + CH_3COOH

(c) 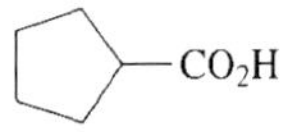 cyclopentyl–CO_2H + $CH_3CH_2\underset{CH_3}{\underset{|}{C}}HCH_2OH$

19-18

Label appears in the ester.

$R\overset{O}{\overset{\|}{C}}OH + H^{18}OCH_3 \overset{H^+}{\rightleftharpoons} R\overset{O}{\overset{\|}{C}}{}^{18}OCH_3 + H_2O$

19-19

Worked out in chapter.

19-20

Follow that oxygen through each step of the mechanism. It becomes the oxygen of the hydroxy group in the intermediate alcohol and then the ring oxygen in the final product.

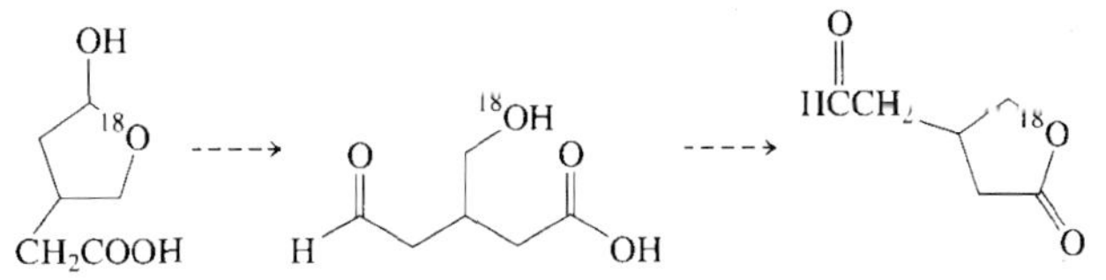

19-21

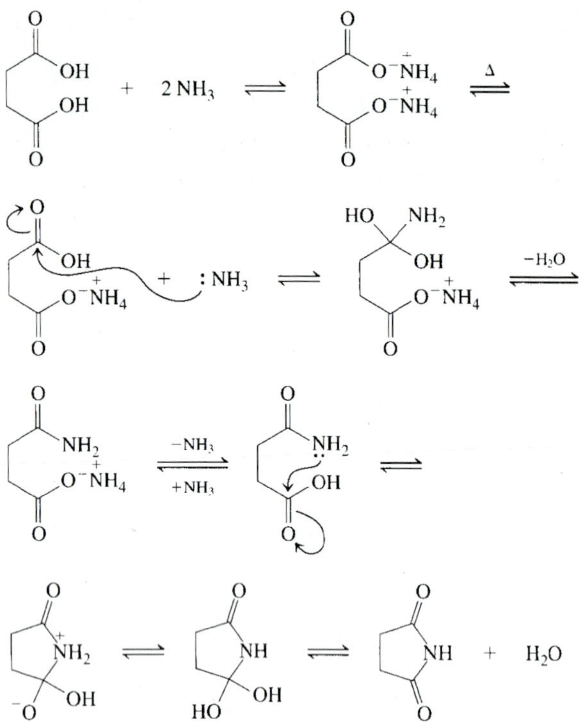

(reaction scheme: succinic acid + 2 NH_3 ⇌ diammonium succinate; ⇌ Δ; attack of :NH_3 on carbonyl, − H_2O; amide ammonium salt, −NH_3 / +NH_3; cyclization; ⇌ succinimide + H_2O)

19-22

(a) 1. H^+, H_2O, 2. $LiAlH_4$, 3. H^+, H_2O
(b) 1. $LiAlD_4$, 2. H^+, H_2O

19-23

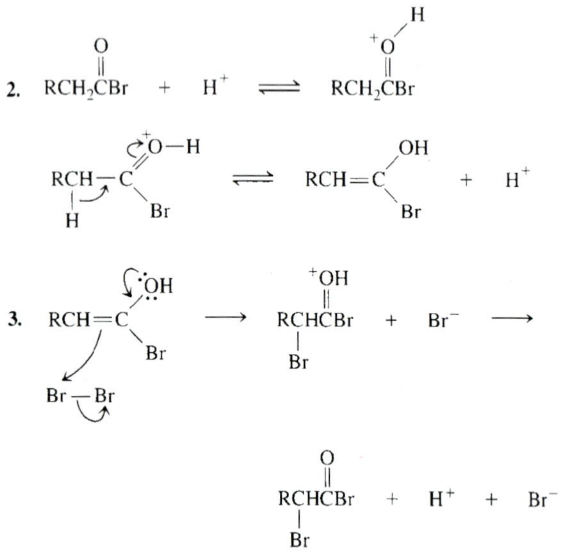

2. RCH_2CBr (C=O) + H^+ ⇌ RCH_2CBr (C=O^+H)

$RCH(H)-C(=O^+-H)Br$ ⇌ $RCH=C(OH)Br$ + H^+

3. $RCH=C(OH)Br$ + Br—Br ⟶ $RCHBrC(=^+OH)Br$ + Br^- ⟶ $RCHBrC(=O)Br$ + H^+ + Br^-

19-24

Self-explanatory.

20장

20-1

Worked out in chapter.

20-2

$(CH_3)_3COCCl$ < $C_6H_5CH_2OCCl$ < $(CH_3)_3COCOCOC(CH_3)_3$ < $CH_3OCOCOCH_3$ < $(CH_3)_3COCOC(CH_3)_3$ < CH_3OCOCH_3

20-3

At room temperature, rotation around the amide bond is slow on the NMR time scale and two distinct conformers can be observed.

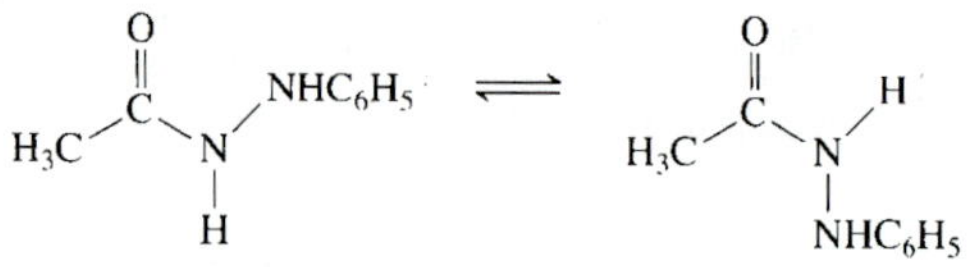

$H_3C-C(=O)-N(H)NHC_6H_5$ ⇌ $H_3C-C(=O)-N(H)(NHC_6H_5)$ (conformers)

Heating makes the equilibration so fast that the NMR technique can no longer distinguish between the two species.

20-4

m/z = 85, $[CH_3CH_2CH_2CH_2C{=}O]^+$
(α cleavage)

m/z = 74, $[H_2C{=}C(OH)(OCH_3)]^+$
(McLafferty rearrangement)

m/z = 57, $[CH_3CH_2CH_2CH_2]^+$
(α cleavage)

20-5

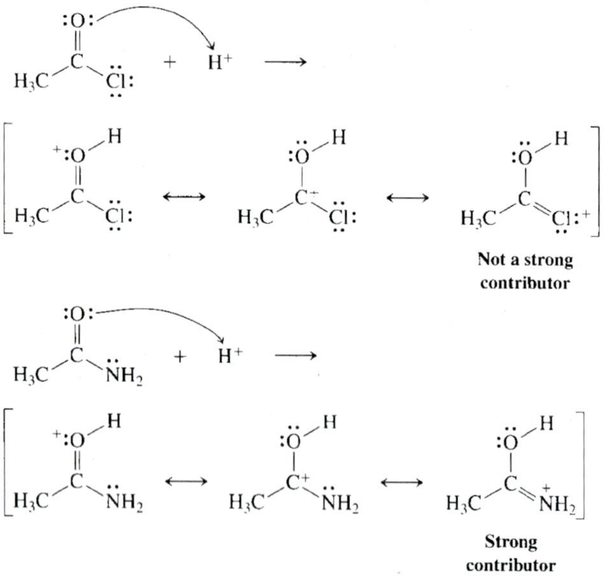

$H_3C-C(=\ddot{O}:)-\ddot{Cl}:$ + H^+ ⟶

$[H_3C-C(={}^+O-H)-\ddot{Cl}: \longleftrightarrow H_3C-C^+(-\ddot{O}-H)-\ddot{Cl}: \longleftrightarrow H_3C-C(-\ddot{O}-H)={Cl}:^+]$

Not a strong contributor

$H_3C-C(=\ddot{O}:)-\ddot{N}H_2$ + H^+ ⟶

$[H_3C-C(={}^+O-H)-\ddot{N}H_2 \longleftrightarrow H_3C-C^+(-\ddot{O}-H)-\ddot{N}H_2 \longleftrightarrow H_3C-C(-\ddot{O}-H)={}^+NH_2]$

Strong contributor

20-6

Section 19-12, step 2 of the Hell-Volhard-Zelinsky reaction.

20-7

$CH_3COOH \xrightarrow{SOCl_2} CH_3CCl$ (C=O) $\xrightarrow{(CH_3)_3COH,\ (CH_3CH_2)_3N}$ $CH_3COC(CH_3)_3$ (C=O) + $(CH_3CH_2)_3\overset{+}{N}HCl^-$

20-8

Use *N*,*N*-diethylethanamine (triethylamine) to generate the acyl triethylammonium salt; then add the expensive amine.

20-9

Use the following reagents.

(a) H_2O (b) 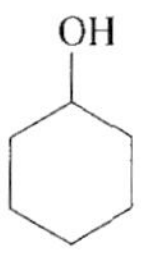 cyclohexanol (c) $(CH_3)_2NH$

(d) $(CH_3CH_2)_2CuLi$ (e) $LiAl[OC(CH_3)_3]_3H$

20-10

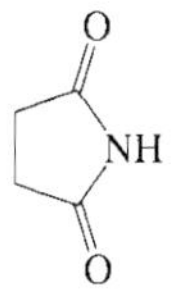

Butanimide (succinimide)

(See Section 19-10)

20-11

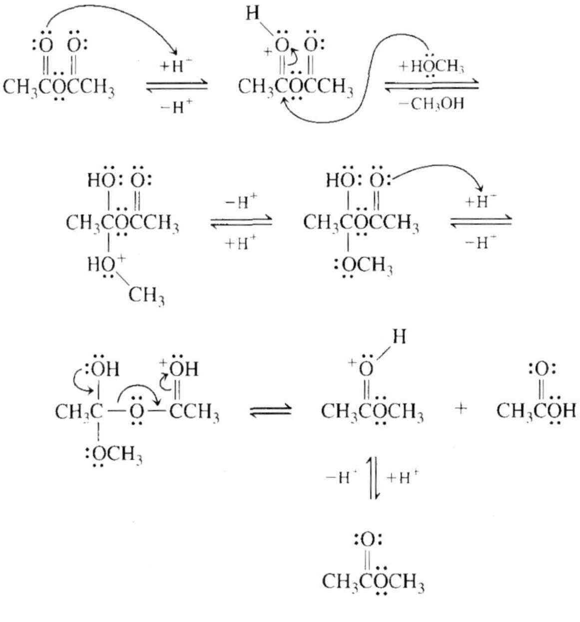

CH_3COCCH_3 (acetic anhydride) $\underset{-H^+}{\overset{+H^+}{\rightleftharpoons}}$ protonated anhydride $\underset{-CH_3OH}{\overset{+HOCH_3}{\rightleftharpoons}}$ tetrahedral intermediate $\underset{+H^+}{\overset{-H^+}{\rightleftharpoons}}$ $CH_3C(OH)(OCH_3)OCCH_3$ $\underset{-H^+}{\overset{+H^+}{\rightleftharpoons}}$ $\rightleftharpoons$ $CH_3C(=\overset{+}{O}H)OCH_3$ + CH_3COH

$-H^+ \updownarrow +H^+$

CH_3COCH_3 (methyl acetate)

20-12

(a) Propyl propanoate
(b) Dimethyl butanedioate
(c) Methyl 2-propenoate (methyl acrylate)

20-13

Worked out in chapter.

20-14

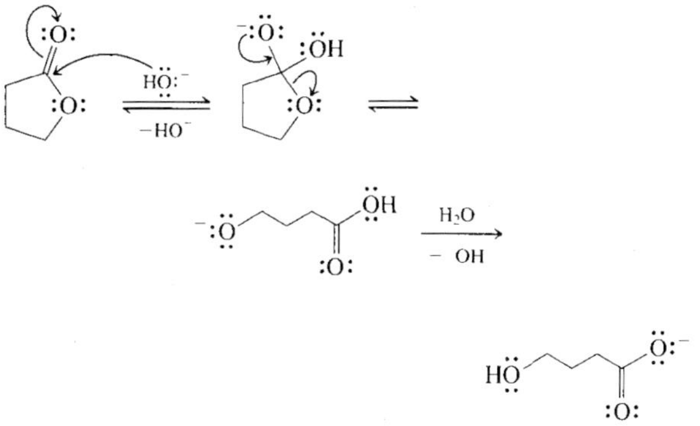

Butyrolactone $\underset{-HO^-}{\overset{HO^-}{\rightleftharpoons}}$ tetrahedral intermediate $\rightleftharpoons$ $^-O(CH_2)_3COOH$ $\xrightarrow[-OH]{H_2O}$ $HO(CH_2)_3CO_2^-$

20-15

Acid catalysis: As in Exercise 20-13, but use $BrCH_2CH_2CH_2OH$ instead of H_2O as the nucleophile in the second step.
Base catalysis: In principle as in Exercise 20-14, but use $BrCH_2CH_2CH_2O^-$ instead of HO^- as the nucleophile in the first step. However, in practice, the bromoalkoxide will undergo intramolecular Williamson ether formation to oxacyclobutane (see Section 9-6).

20-16

$$C_6H_5Br \xrightarrow{Mg} C_6H_5MgBr$$

$$C_6H_5COCH_3 + 2\,C_6H_5MgBr \longrightarrow \xrightarrow{H^+,\,H_2O} (C_6H_5)_3COH$$

20-17

(a) cyclohexane–CO_2H (b) cyclohexane–CO_2^- (c) cyclohexane–CO_2CH_3 (d) cyclohexane–CNH_2 (C=O)

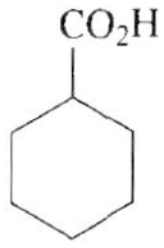

(e) cyclohexane–$C(CH_3)_2OH$ (CH_3COH with CH_3) (f) cyclohexane–CH_2OH (g) 1-H_3C-1-$CO_2CH_2CH_3$-cyclohexane

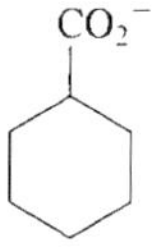

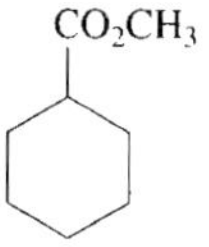

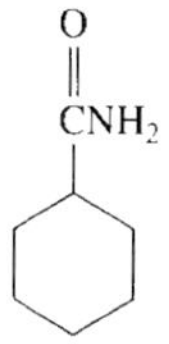

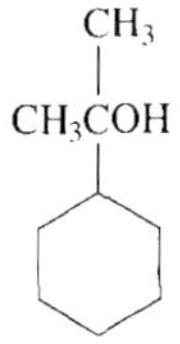

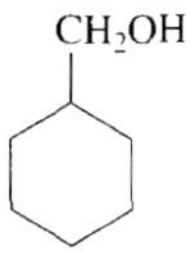

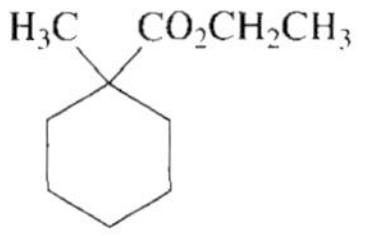

20-18

2,2-Dimethylpyrrolidine (H_3C, H_3C, N–H)

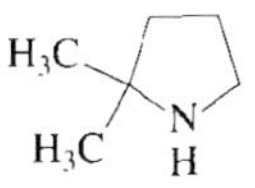

20-19

Worked out in chapter.

20-20

Diisobutylaluminum hydride converts the amide into an aldehyde. Acidic hydrolysis releases the carbonyl group from the acetal. The product is an oxoalkanal capable of intramolecular aldol condensation under the acidic conditions to give the observed product:

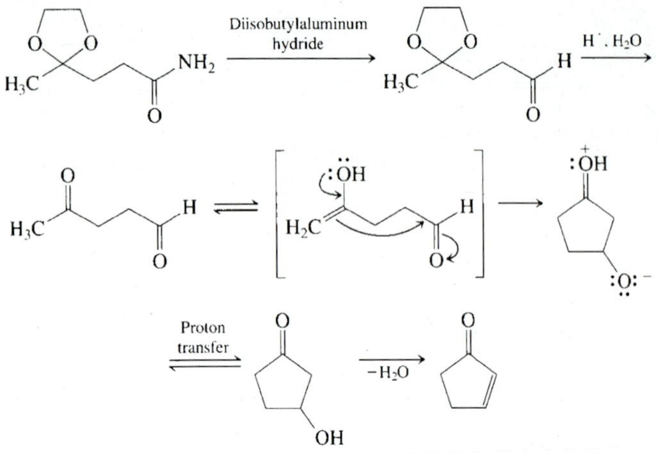

Diisobutylaluminum hydride; H^+, H_2O; Proton transfer; $-H_2O$

20-21

In A, the negative charge can be delocalized over two carbonyl groups; not possible for B.

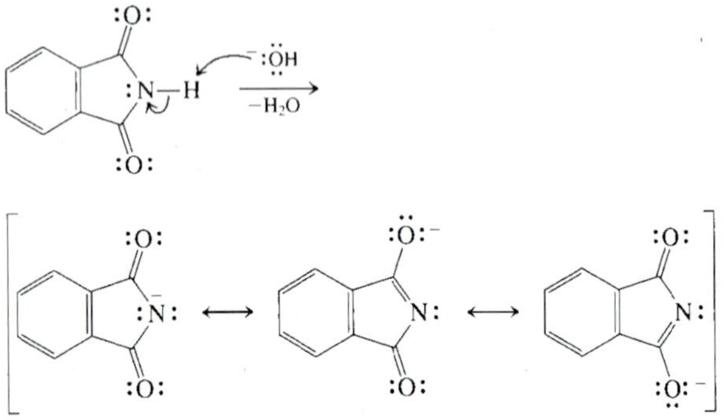

$-H_2O$

20-22

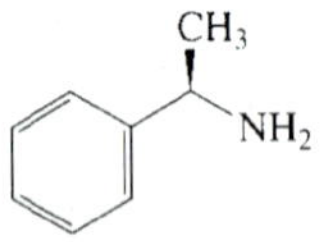

CH_3, NH_2

20-23

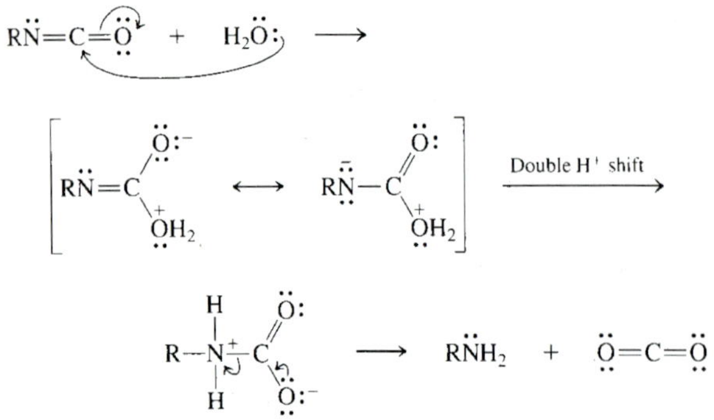

$R\ddot{N}=C=\ddot{O} + H_2\ddot{O}: \longrightarrow$

Double H^+ shift

$\longrightarrow R\ddot{N}H_2 + \ddot{O}=C=\ddot{O}$

20-24

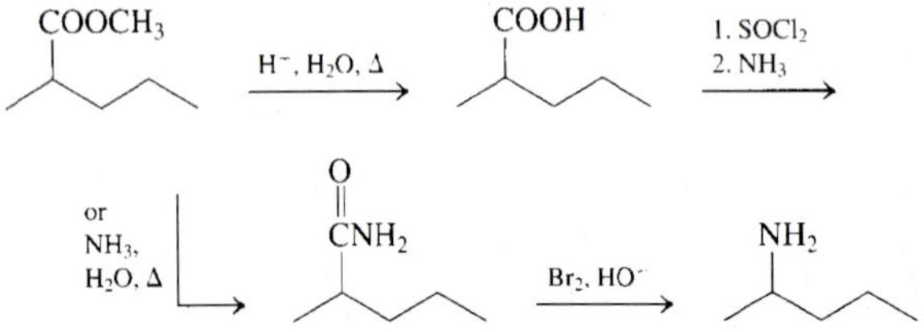

$COOCH_3$ —H^+, H_2O, Δ→ COOH —1. $SOCl_2$ 2. NH_3→

or NH_3, H_2O, Δ → CNH_2 —Br_2, HO^-→ NH_2

20-25

$BrCH_2CH_2CH_2Br \xrightarrow[-Br^-]{^-CN}$

$BrCH_2CH_2CH_2C{\equiv}N \xrightarrow[-Br^-]{^-CN} NCCH_2CH_2CH_2CN$

$\delta = 117.6$ and 3 other signals; 119.1 22.6 17.6 ppm

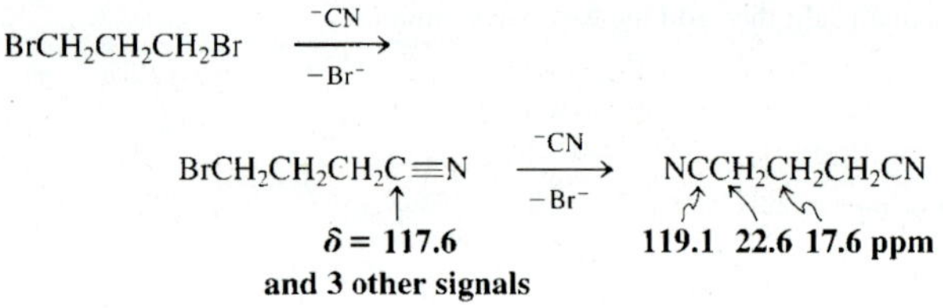

20-26

The exact details of this reduction are not known. A possible mechanism is

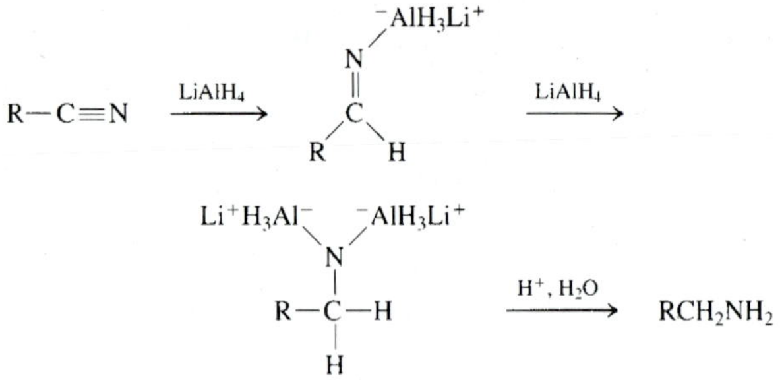

$R-C{\equiv}N \xrightarrow{LiAlH_4}$ $RCH=N-{}^-AlH_3Li^+$ $\xrightarrow{LiAlH_4}$ $RCH_2N(^-AlH_3Li^+)_2$ $\xrightarrow{H^+, H_2O} RCH_2NH_2$

20-27

(a) 1. H_2O, HO^-, 2. H^+, H_2O

(b) 1. $CH_3CH_2CH_2CH_2MgBr$, 2. H^+, H_2O

(c) 1. $(CH_3CHCH_2)_2AlH$ (with CH_3 on the CH), 2. H^+, H_2O

(d) D_2, Pt

21장

21-1

(a) 2-Butanamine, *sec*-butylamine

(b) *N,N*-Dimethylbenzenamine, *N,N*-dimethylaniline

(c) (*R*)-6-Bromo-2-hexanamine, (*R*)-(5-bromo-1-methyl)pentylamine

21-2

(a) $HC{\equiv}CCH_2NH_2$ **(b)** $C_6H_5CH_2NHCH_2CH=CH_2$

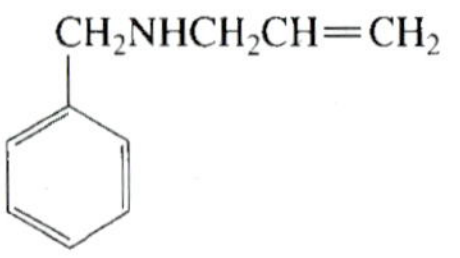

(c) $(CH_3)_3CNHCH_3$

21-3

The lesser electronegativity of nitrogen, compared with oxygen, allows for slightly more diffuse orbitals and hence longer bonds to other nuclei.

21-4

Less, because, again, nitrogen is less electronegative than oxygen. See Tables 10-2 and 10-3 for the effect of the electronegativity of substituent atoms on chemical shifts.

21-5

Worked out in chapter.

21-6

IR: Secondary amine, hence a weak band at $\approx 3400\ cm^{-1}$.

^1H NMR: s for the 1,1-dimethylethyl (*tert*-butyl) group at high field; s for the attached methylene group at $\delta \approx 2.7$; q for the second methylene unit close to the first; t for the unique methyl group at high field, closest to the 1,1-dimethylethyl (*tert*-butyl) signal.

^{13}C NMR: Five signals, two at low field, $\delta \approx 45–50$ ppm.

Mass: $m/z = 115\ (M^+)$, 100 $[(CH_3)_3CCH_2NH{=}CH_2]^+$, and 58 $(CH_2{=}NHCH_2CH_3)^+$. In this case, two different iminium ions can be formed by fragmentation.

21-7

The answer lies in the hybridization at C2 of all compounds, which changes from sp^3 to sp^2 to sp. Remember that the inductive electron withdrawing power of carbon increases in that sequence (Section 13-2). Therefore, along the series of amines in this problem, the electron density at nitrogen decreases, hence its basicity, or, conversely, the pK_a value of the conjugate acid.

21-8

As discussed in Section 21-4 (and Sections 16-1 and 16-3), the nitrogen lone electron pair in benzenamine is tied up by resonance with the benzene ring. Therefore, the nitrogen is less nucleophilic than the one in an alkanamine.

21-9

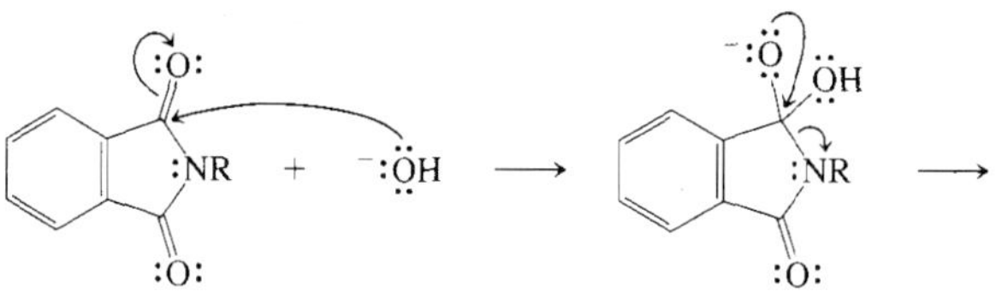

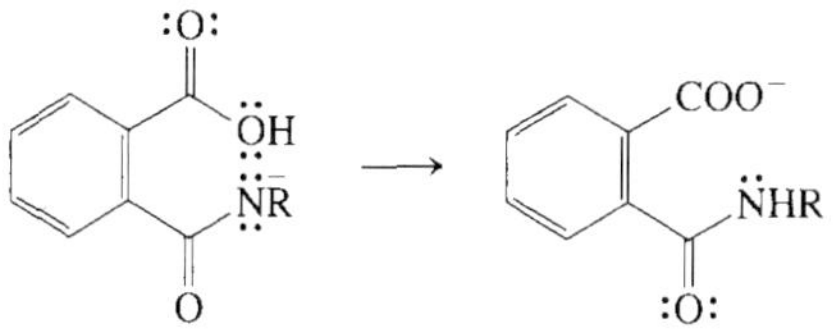

:O: :NR :O: + $^-$:ÖH ⟶ $^-$:Ö: ÖH :NR :O: ⟶

:O: ÖH N̈R O ⟶ COO^- N̈HR :O:

Continue as in the normal amide hydrolysis by base (Section 20-6).

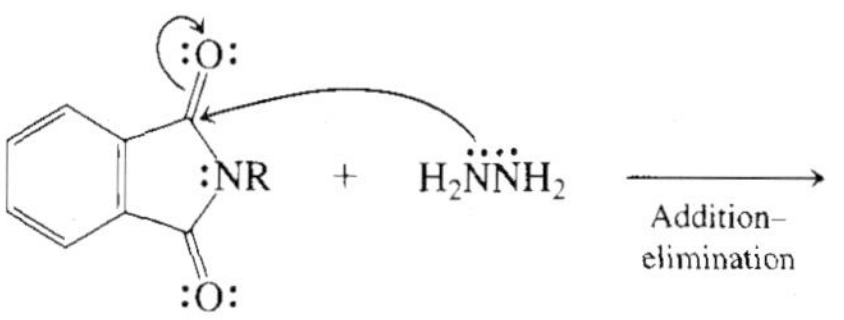

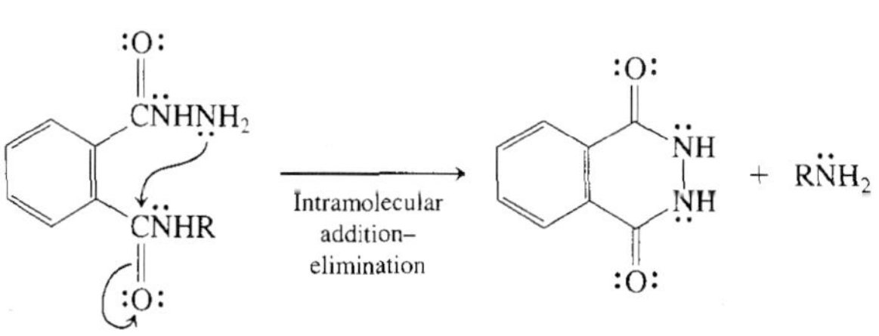

:O: :NR :O: + $H_2\ddot{N}\ddot{N}H_2$ ⟶ (Addition–elimination)

:O: C̈NHNH$_2$ C̈NHR :O: ⟶ (Intramolecular addition–elimination) :O: N̈H N̈H :O: + $R\ddot{N}H_2$

21-10

:N:$^-$ K^+ (phthalimide anion)

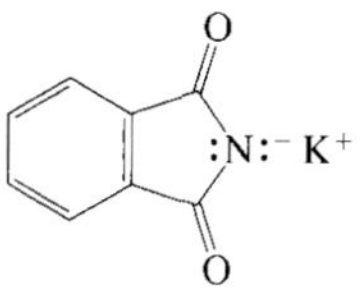

A

(a) 1. A + $CH_3(CH_2)_5Br$; 2. H^+, H_2O; 3. HO^-, H_2O

(b) 1. A + (branched alkyl)Br; 2. H^+, H_2O 3. HO^-, H_2O

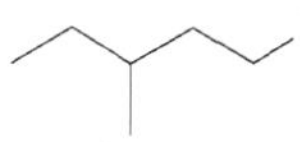

(c) 1. A + Br(cyclohexane); 2. H^+, H_2O; 3. HO^-, H_2O

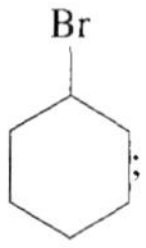

(d) 1. A + $BrCH_2CO_2CH_2CH_3$; 2. H^+, H_2O

Protection of the carboxy group is necessary to prevent the acidic proton from reacting with A (see also Section 26-2). The azide method should work well for (a)–(c). For (d), the reduction step requires catalytic hydrogenation because $LiAlH_4$ would also attack the ester function.

21-11

In abbreviated form:

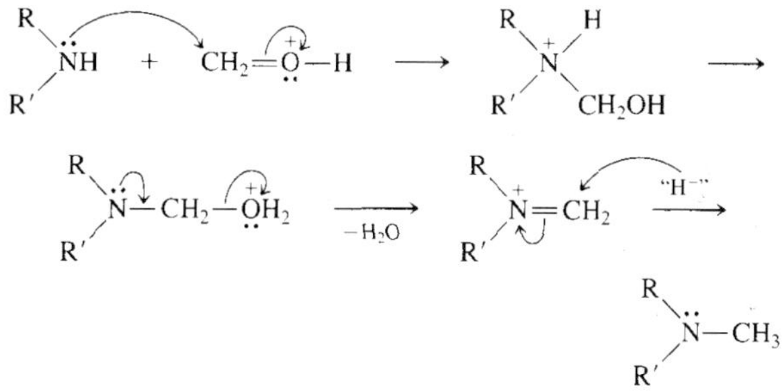

$RR'\ddot{N}H + CH_2{=}\overset{+}{\ddot{O}}{-}H \longrightarrow RR'\overset{+}{N}(H)CH_2OH \longrightarrow$

$RR'\ddot{N}{-}CH_2{-}\overset{+}{\ddot{O}}H_2 \xrightarrow{-H_2O} RR'\overset{+}{N}{=}CH_2 \xrightarrow{\text{"}H^-\text{"}} RR'\ddot{N}{-}CH_3$

21-12

Worked out in chapter.

21-13

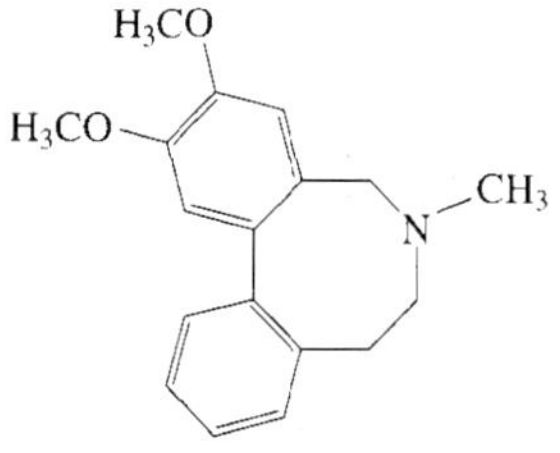

H_3CO, H_3CO, N, CH_3

Buflavine

21-14

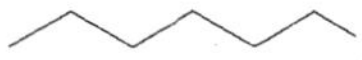

(hexyl)NH_2 + CH_3I

Excess

(hexyl)NH_2 + $H_2C{=}O$ + $NaBH_3CN$

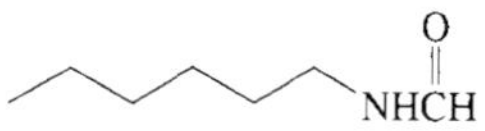

(hexyl)NHCH(=O) + $LiAlH_4$

21-15

(a) $CH_3CH{=}CH_2$ and $CH_2{=}CH_2$
(b) $CH_3CH_2CH{=}CH_2$ and $CH_3CH{=}CHCH_3$ (cis and trans). The terminal alkene predominates. This reaction is kinetically controlled according to the Hofmann rule (Section 11-1). Thus, the base prefers attack at the less bulky end of the sterically encumbered quaternary ammonium ion.

21-16

The ethyl group can be extruded as ethene by Hofmann elimination [see Exercise 21-15(a)], thus giving product mixtures. Generally, any alkyl substituent with hydrogens located β to the quaternary nitrogen is capable of such elimination, an option absent for methyl.

21-17

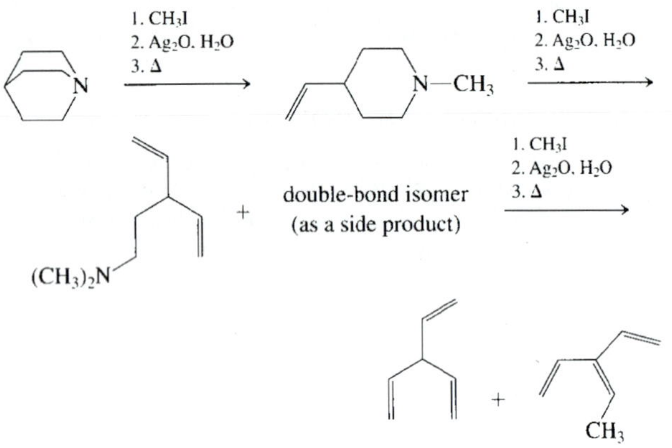

1. CH_3I 2. Ag_2O, H_2O 3. Δ → N—CH_3 → 1. CH_3I 2. Ag_2O, H_2O 3. Δ → $(CH_3)_2N$ + double-bond isomer (as a side product) → 1. CH_3I 2. Ag_2O, H_2O 3. Δ → + CH_3

21-18

Worked out in chapter.

21-19

(a) CH_3CCHO with CH_3 and $CH_2NH(CH_2)_5CH_3$ substituents **(b)** O, $N(CH_3)_2$

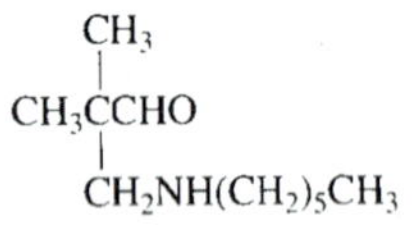

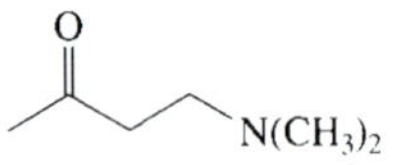

(c) O, N, H

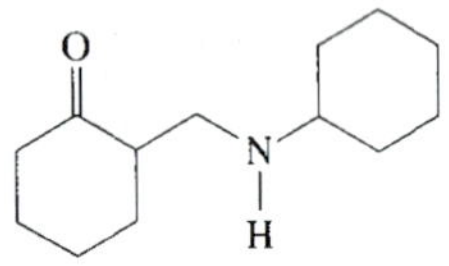

21-20

O + $CH_2{=}O$ + $(CH_3)_2NH$ → 1. H^- 2. HO^-

O, $N(CH_3)_2$ → 1. $NaBH_4$ 2. O_2N—C(=O)Cl (Section 20-2)

O, O, NO_2, $(CH_3)_2N$ → Sn, HCl → tutocaine hydrochloride

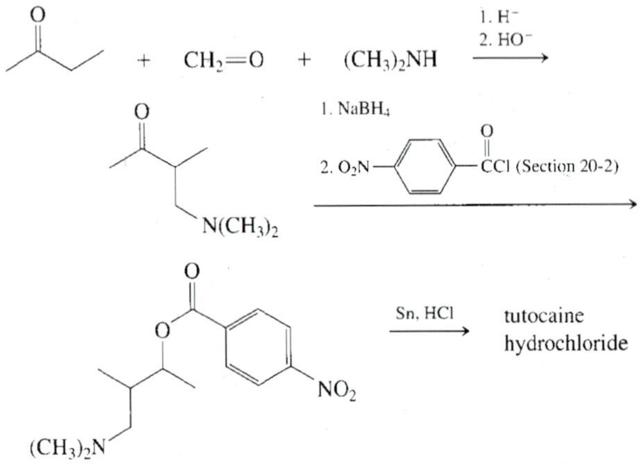

21-21

Nucleophilic displacement of N_2 in RN_2^+ by water occurs by an S_N2 mechanism with inversion.

21-22

Worked out in chapter.

21-23

The reaction is a straightforward electrophilic aromatic substitution (the first stage of which, for ortho attack, is sketched in the structure below), similar to nitration (Section 15-10), except that the attacking electrophile is the nitrosyl, $:N{\equiv}O:^+$ (and not nitronium, NO_2^+) cation. The relationship to Problem 21-22 becomes evident when you recognize phenol as an enol (hence the name; Section 22-3).

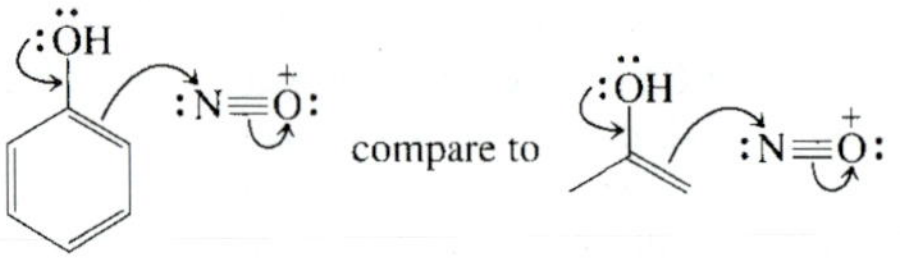

:ÖH, $:N{\equiv}\overset{+}{O}:$ compare to :ÖH, $:N{\equiv}\overset{+}{O}:$

21-24

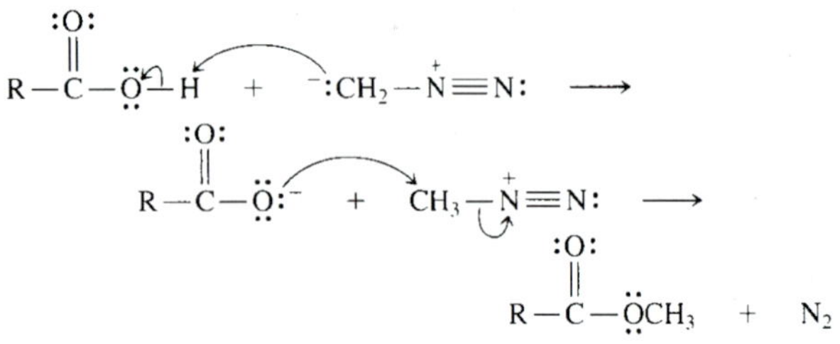

$R{-}\overset{O}{\overset{\|}{C}}{-}\ddot{O}{-}H + {}^-:CH_2{-}\overset{+}{N}{\equiv}N: \longrightarrow$

$R{-}\overset{O}{\overset{\|}{C}}{-}\ddot{O}:^- + CH_3{-}\overset{+}{N}{\equiv}N: \longrightarrow$

$R{-}\overset{O}{\overset{\|}{C}}{-}\ddot{O}CH_3 + N_2$

22장

22-1

(a) (b)

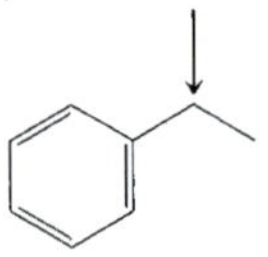

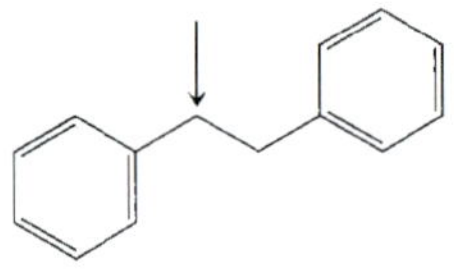

(c)

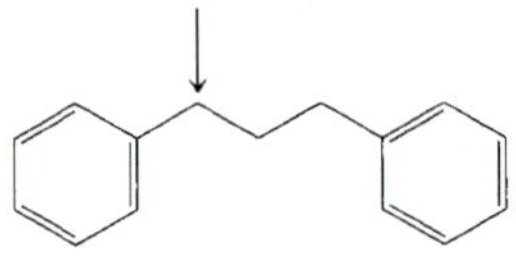

(d) 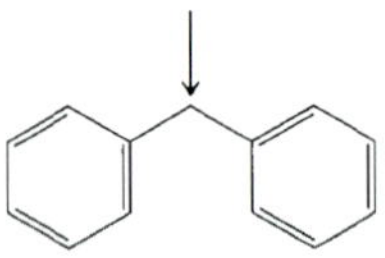 (e)

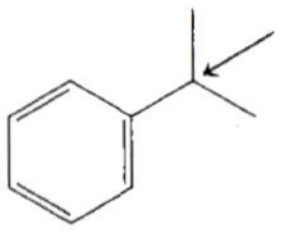

Order of reactivity: (d) > (e) > (a), (b), (c)

22-2

$(C_6H_5)_2CHCl$ solvolyzes faster because the additional phenyl group causes extra resonance stabilization of the intermediate carbocation.

22-3

Both react through an S_N2 mechanism that includes chloride attack on the protonated hydroxy group. The conversion of phenylmethanol is accelerated relative to that of ethanol because of a delocalized transition state.

22-4

(a) $(C_6H_5)_2CH_2$, because the corresponding anion is better resonance stabilized.
(b) $4\text{-}CH_3OC_6H_4CH_2Br$, because it contains a better leaving group.
(c) $C_6H_5CH(CH_3)OH$, because the corresponding benzylic cation is not destabilized by the extra nitro group (draw resonance structures).

22-5

(a) 1. $KMnO_4$, 2. $LiAlH_4$, 3. H_2, Pd–C
(b) 1. $KMnO_4$, 2. H^+, H_2O, 3. Δ ($-2\ H_2O$)

22-6

The nitro group is inductively electron withdrawing in all positions but can stabilize the negative charge by resonance only when at C2 or C4.

22-7

B, A, D, C

22-8

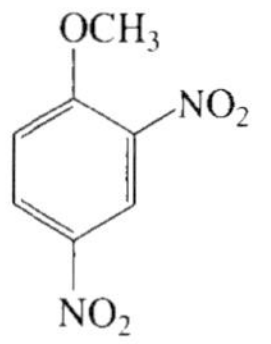

OCH_3, NO_2, NO_2

22-9

Worked out in chapter.

22-10

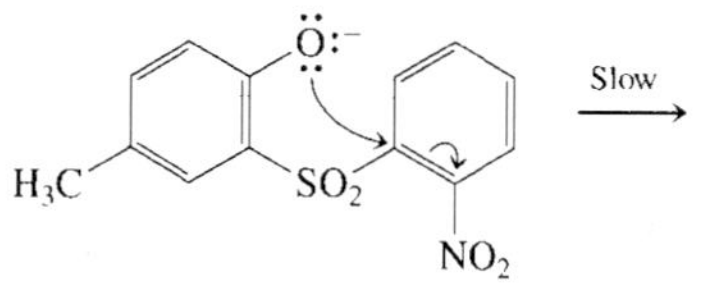

Slow

A

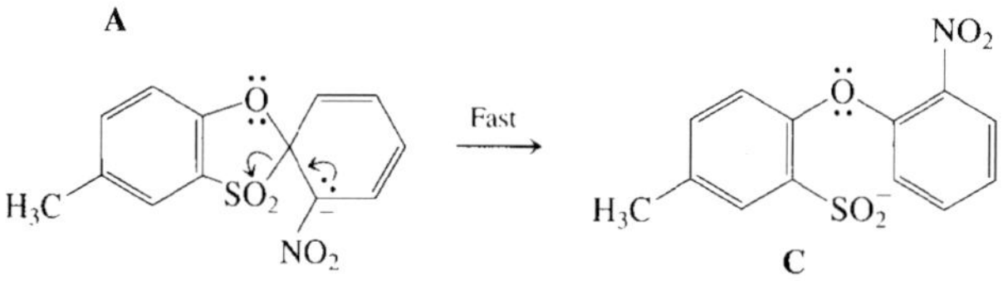

Fast

Intermediate B

C

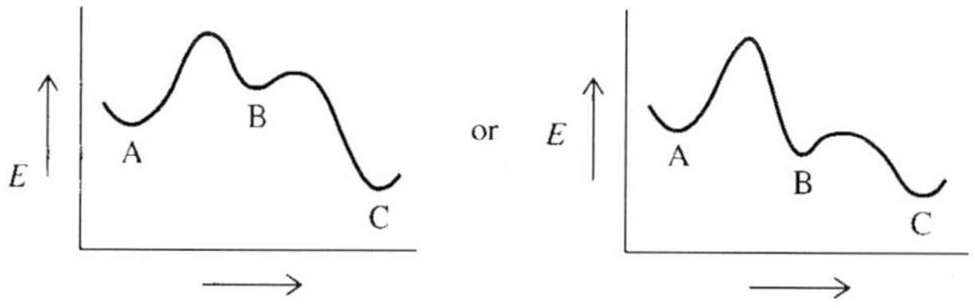

or

22-11

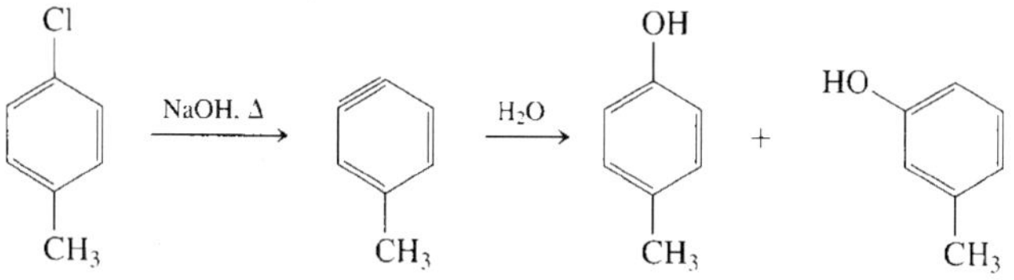

NaOH, Δ

H_2O

22-12

$^-:NH_2$

$-NH_3$, $-Br^-$

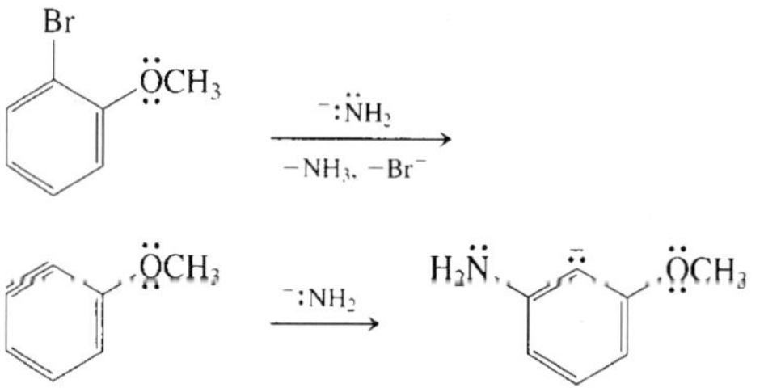

A

The product A of amide addition to the intermediate benzyne is stabilized by the inductively electron-withdrawing effect of the methoxy oxygen; therefore, it is formed regioselectively. Protonation gives the major final product. Note that there is no possibility for delocalization of the negative charge in A because the reactive electron pair is located in an sp^2 orbital that lies perpendicular to the aromatic π system.

22-13

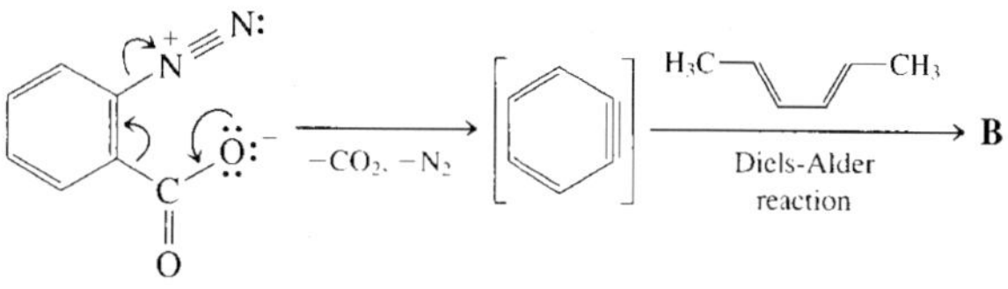

$-CO_2$, $-N_2$

Diels-Alder reaction

A

Benzyne

B

22-14

1. $C_6H_5\overset{O}{\overset{\|}{C}}Cl$, $AlCl_3$
2. Zn(Hg), HCl

1. HNO_3, H_2SO_4 (you will have to separate the minor ortho product from the mixture)
2. H_2, Ni

1. $NaNO_2$, H^+, H_2O
2. Δ

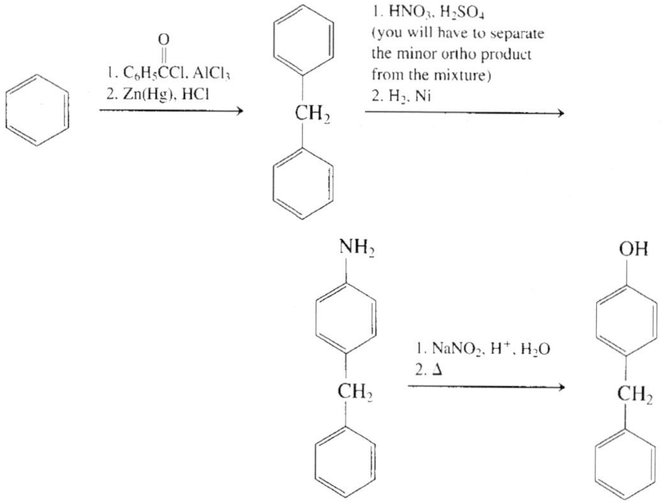

22-15

(a) 1. Br_2, 2. Pd catalyst, KOH
(b) 1. HNO_3, H_2SO_4, 2. Br_2, 3. Pd catalyst, KOH
(c) 1. Br_2, 2. Pd catalyst, KOH

22-16

Such a process would require nucleophilic attack by halide ion on a benzene ring, a transformation that is not competitive.

22-17

Amines are more nucleophilic than alcohols; this rule also holds for benzenamines (anilines) relative to phenols.

22-18

The 1,1-dimethylethyl (*tert*-butyl) group is considerably larger than methyl, attacking preferentially at C4.

22-19

Worked out in chapter.

22-20

1. Br_2, 2. $CH_3CH_2CH_2Cl$, NaOH, 3. $SOCl_2$, $HOCH_2CH_2N(CH_2CH_3)_2$, 4. Pd catalyst, NH_3

22-21

Worked out in chapter.

22-22

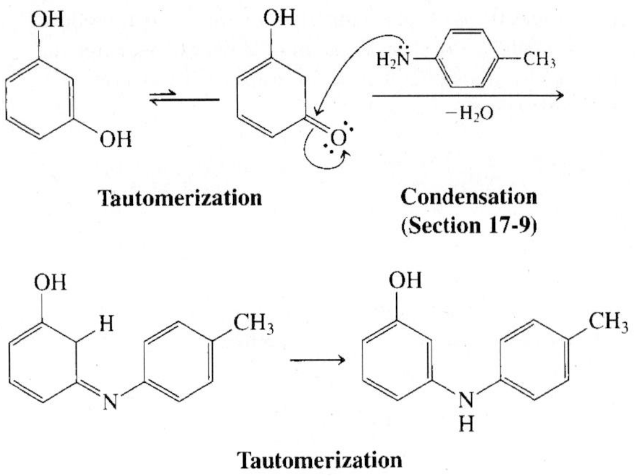

OH OH $H_2\ddot{N}$ CH_3 OH :O: $-H_2O$

Tautomerization **Condensation (Section 17-9)**

OH H CH_3 N OH CH_3 N H

Tautomerization

22-23

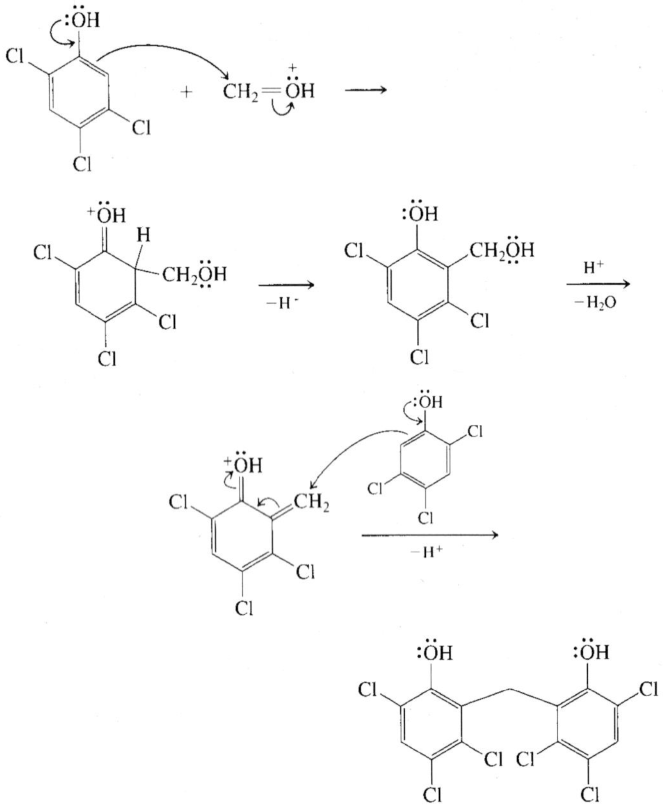

:ÖH Cl + $CH_2=\overset{+}{\ddot{O}}H$ → Cl Cl

$^+$ÖH H Cl $CH_2\ddot{O}H$ Cl Cl $-H^+$:ÖH Cl $CH_2\ddot{O}H$ Cl Cl H^+ $-H_2O$

:ÖH Cl Cl Cl $^+$ÖH Cl CH_2 Cl Cl $-H^+$

:ÖH :ÖH Cl Cl Cl Cl Cl Cl

Hexachlorophene

22-24

HO NaOH $-H_2O$ $^-$O →

O$^-$ H_2O $-HO^-$ HO → OHC

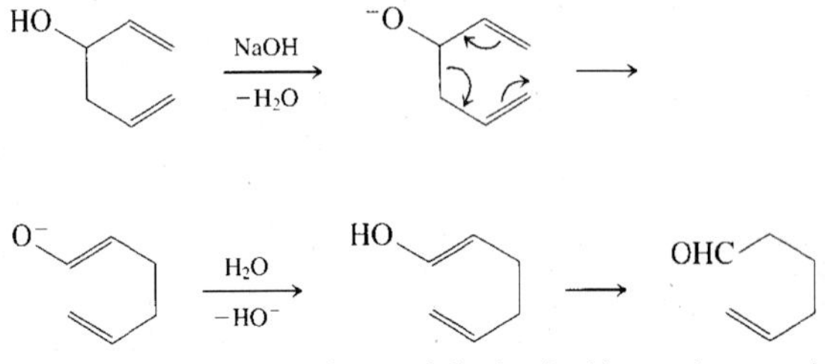

The Cope rearrangement is especially fast in this case because the negative charge in the initial enolate ion is delocalized.

22-25

Worked out in chapter.

22-26

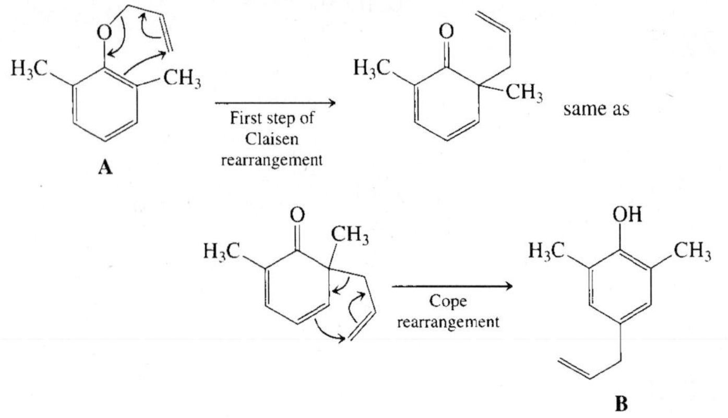

O H_3C CH_3 **A** First step of Claisen rearrangement O H_3C CH_3 same as

O H_3C CH_3 Cope rearrangement OH H_3C CH_3 **B**

22-27

:Ö:$^-$:ÖH ⟷ :O: :ÖH ⟷ :O: :ÖH ⟷ :O: :ÖH

:Ö· :ÖH ⟷ :O: :ÖH ⟷ :O: :ÖH ⟷ :O: :ÖH

:Ö· :O:$^-$ ⟷ :O: :O:$^-$ ⟷ :O: :O:$^-$ ⟷ :O: :O:$^-$ ⟷

:Ö· :O: ⟷ :Ö· :O: ⟷ :Ö:$^-$:O: ⟷ etc.

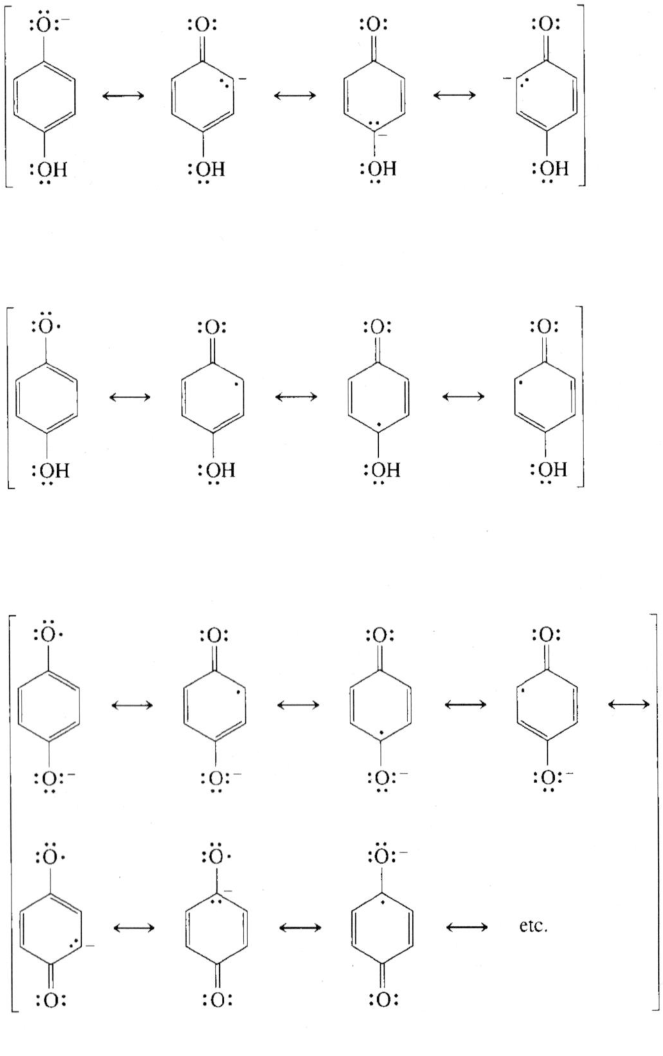

22-28

This exchange goes through two conjugate addition–elimination cycles.

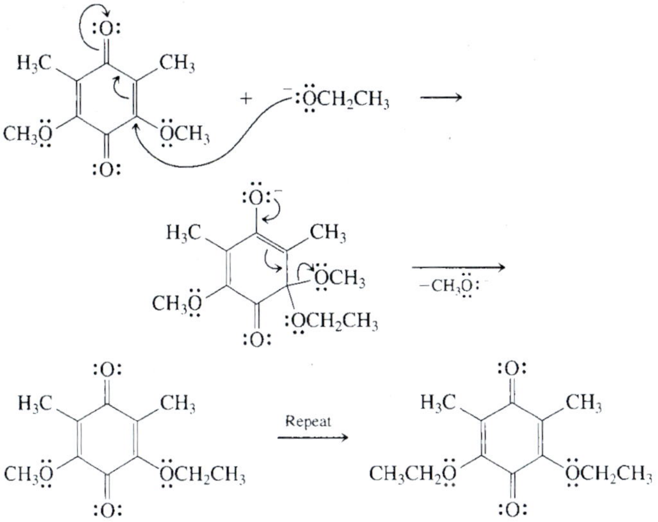

H_3C, CH_3, $CH_3\ddot{O}$, $\ddot{O}CH_3$ quinone + $^-:\ddot{O}CH_2CH_3$ ⟶

$\xrightarrow{-CH_3\ddot{O}:^-}$

Repeat ⟶ $CH_3CH_2\ddot{O}$, $\ddot{O}CH_2CH_3$

22-29

[resonance structures]

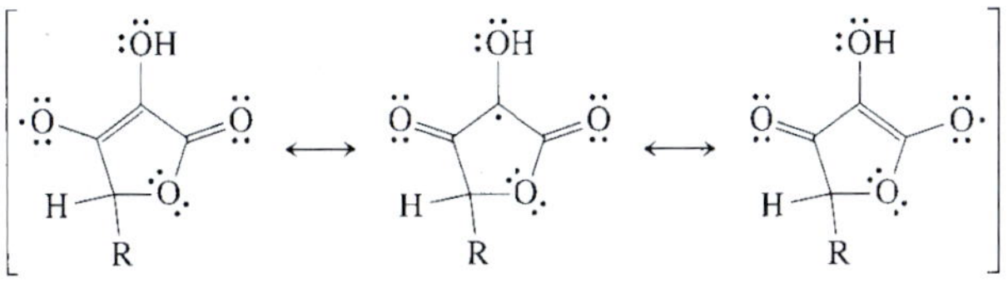

22-30

(a) 1. $CH_3\overset{O}{\overset{\|}{C}}Cl$, $AlCl_3$, 2. HNO_3, H_2SO_4, 3. H_2, Pd, 4. $NaNO_2$, HI

(b) 1. HNO_3 (2 equivalents), H_2SO_4, 2. H_2, Ni, 3. $NaNO_2$, HCl, 4. CuCN, KCN

(c) 1. HNO_3, H_2SO_4, 2. SO_3, H_2SO_4, 3. H_2, Ni, 4. $NaNO_2$, HCl, 5. H_2O

22-31

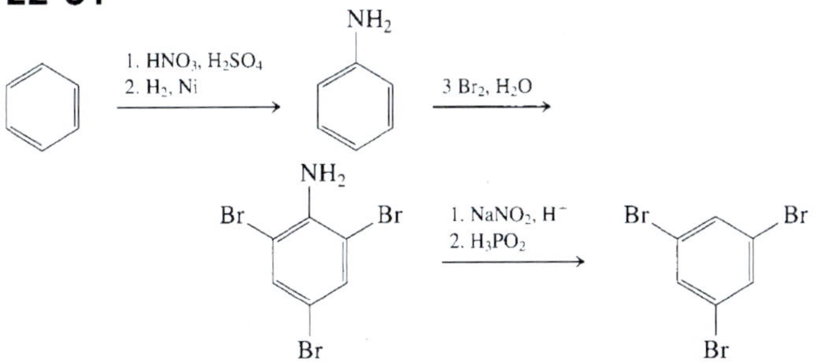

Benzene $\xrightarrow{\text{1. } HNO_3,\ H_2SO_4 \text{ 2. } H_2,\ Ni}$ aniline (NH_2) $\xrightarrow{3\ Br_2,\ H_2O}$ 2,4,6-tribromoaniline $\xrightarrow{\text{1. } NaNO_2,\ H^+ \text{ 2. } H_3PO_2}$ 1,3,5-tribromobenzene

22-32

(a) OCH_3, N=N

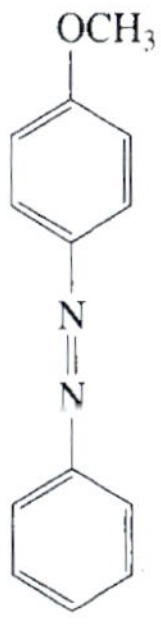

(b) OCH_3, Cl, N=N + Cl, OCH_3, N=N

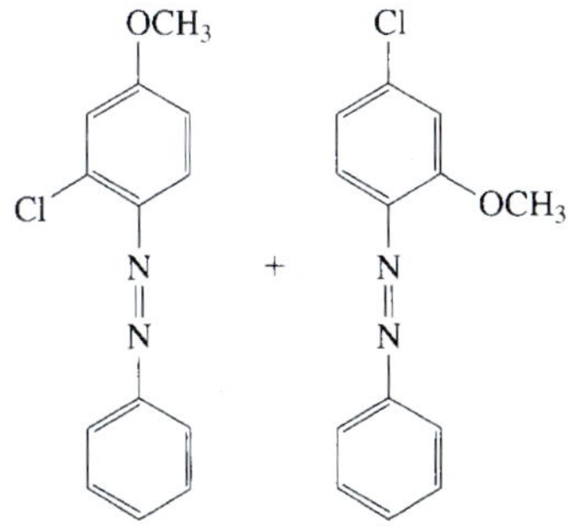

(c) $(CH_3)_3C$, $N(CH_3)_2$, N=N

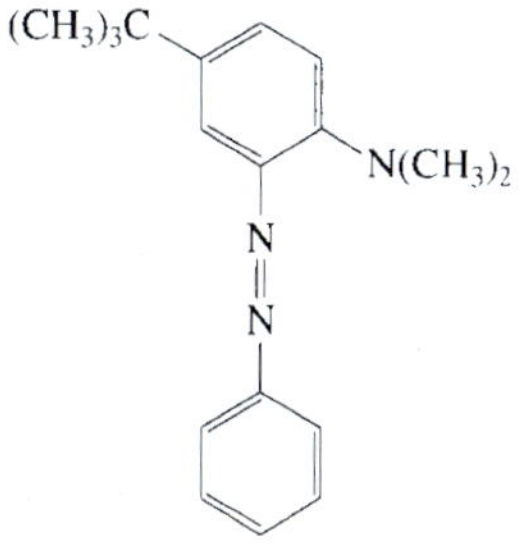

23장

23-1

(a) $CH_3CH_2\overset{O}{\overset{\|}{C}}\underset{CH_3}{\underset{|}{C}H}\overset{O}{\overset{\|}{C}}OCH_2CH_3$

(b) $\overset{CH_3}{\overset{|}{CH_3CH}}CH_2\overset{O}{\overset{\|}{C}}\underset{(CH_3)_2CH}{\underset{|}{C}H}\overset{O}{\overset{\|}{C}}OCH_2CH_3$

(c) $CH_3(CH_2)_3\overset{O}{\overset{\|}{C}}\underset{(CH_2)_2CH_3}{\underset{|}{C}H}\overset{O}{\overset{\|}{C}}OCH_2CH_3$

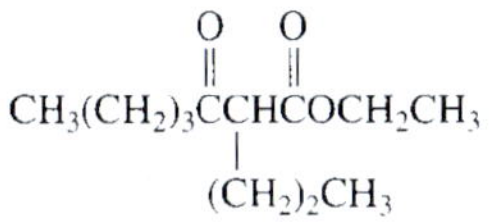

23-2

Retro-Claisen condensation

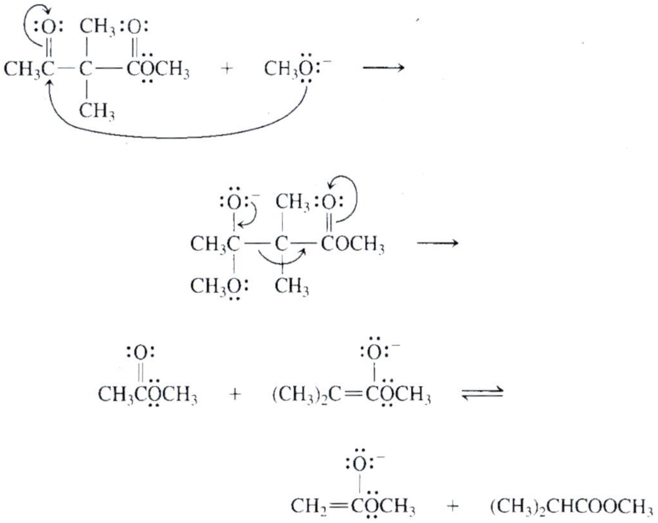

$CH_3\overset{:O:}{\overset{\|}{C}}-\underset{CH_3}{\underset{|}{\overset{CH_3}{\overset{|}{C}}}}-\overset{:O:}{\overset{\|}{C}}\ddot{O}CH_3 + CH_3\ddot{O}:^- \longrightarrow$

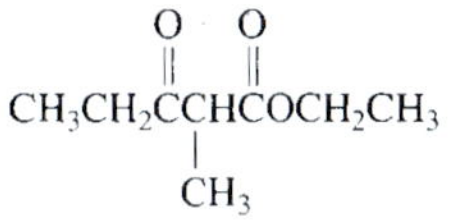

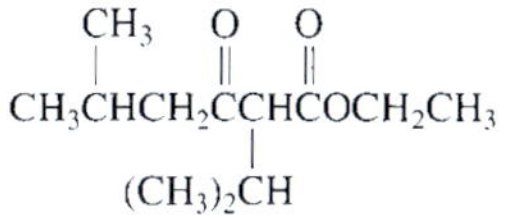

$CH_3\overset{:\ddot{O}:^-}{\overset{|}{C}}(\underset{CH_3\ddot{O}:}{})-\overset{CH_3}{\underset{CH_3}{C}}-\overset{:O:}{\overset{\|}{C}}OCH_3 \longrightarrow$

$CH_3\overset{:O:}{\overset{\|}{C}}\ddot{O}CH_3 + (CH_3)_2C=\overset{:\ddot{O}:^-}{\overset{|}{C}}\ddot{O}CH_3 \rightleftharpoons$

$CH_2=\overset{:\ddot{O}:^-}{\overset{|}{C}}\ddot{O}CH_3 + (CH_3)_2CHCOOCH_3$

Forward Claisen condensation

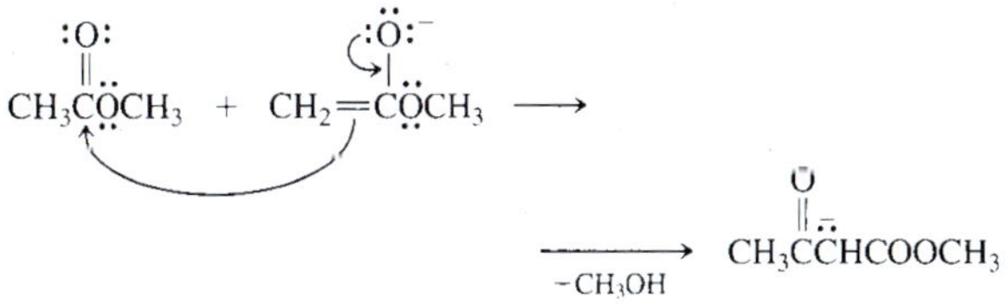

$CH_3\overset{:O:}{\overset{\|}{C}}\ddot{O}CH_3 + CH_2=\overset{:\ddot{O}:^-}{\overset{|}{C}}\ddot{O}CH_3 \longrightarrow$

$\xrightarrow[-CH_3OH]{} CH_3\overset{O}{\overset{\|}{C}}\bar{C}HCOOCH_3$

23-3

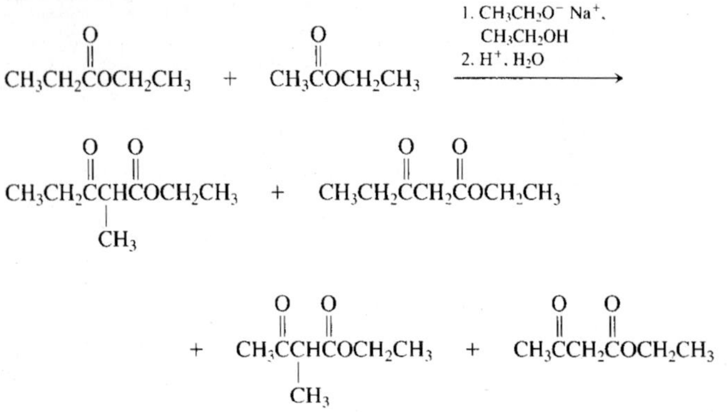

$$CH_3CH_2\overset{O}{\overset{\|}{C}}OCH_2CH_3 + CH_3\overset{O}{\overset{\|}{C}}OCH_2CH_3 \xrightarrow[2.\ H^+,\ H_2O]{1.\ CH_3CH_2O^-Na^+,\ CH_3CH_2OH}$$

$$CH_3CH_2\overset{O}{\overset{\|}{C}}\underset{CH_3}{\underset{|}{C}}H\overset{O}{\overset{\|}{C}}OCH_2CH_3 + CH_3CH_2\overset{O}{\overset{\|}{C}}CH_2\overset{O}{\overset{\|}{C}}OCH_2CH_3$$

$$+ CH_3\overset{O}{\overset{\|}{C}}\underset{CH_3}{\underset{|}{C}}H\overset{O}{\overset{\|}{C}}OCH_2CH_3 + CH_3\overset{O}{\overset{\|}{C}}CH_2\overset{O}{\overset{\|}{C}}OCH_2CH_3$$

23-4

$$H\overset{O}{\overset{\|}{C}}OCH_2CH_3 + CH_3\overset{O}{\overset{\|}{C}}OCH_2CH_3 \xrightarrow[2.\ H^+,\ H_2O]{1.\ CH_3CH_2O^-Na^+,\ CH_3CH_2OH} H\overset{O}{\overset{\|}{C}}CH_2\overset{O}{\overset{\|}{C}}OCH_2CH_3$$

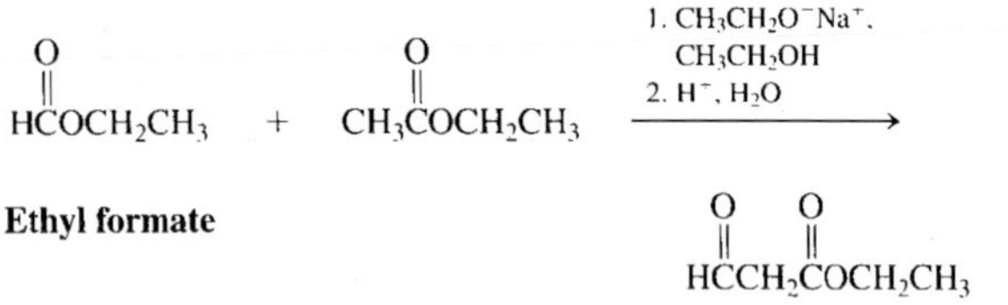

Ethyl formate

80%
Ethyl 3-oxopropanoate

Ethyl formate is not enolizable and the carbonyl group is more electrophilic than that of the "methyl substituted" analog ethyl acetate.

23-5

Worked out in chapter.

23-6

This mechanism is abbreviated.

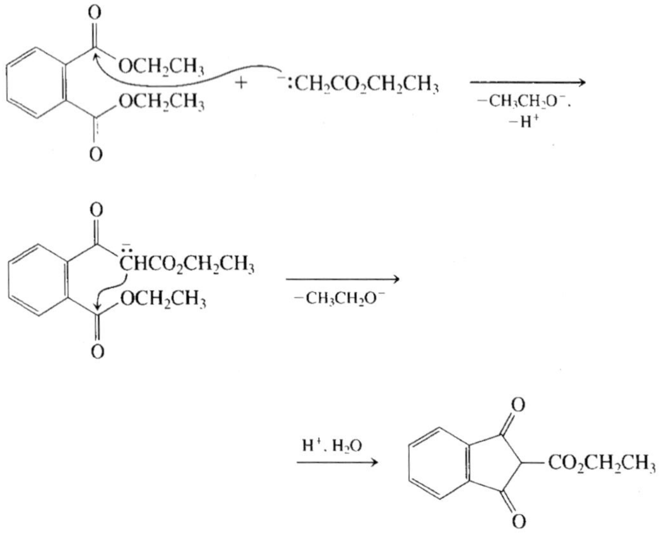

Diethyl phthalate $+ \ ^-{:}CH_2CO_2CH_2CH_3 \xrightarrow[-CH_3CH_2O^-,\ -H^+]{}$ (keto ester with $\ddot{C}HCO_2CH_2CH_3$ and OCH_2CH_3) $\xrightarrow{-CH_3CH_2O^-}$ $\xrightarrow{H^+,\ H_2O}$ 1,3-indandione-2-$CO_2CH_2CH_3$

23-7

$$\text{Methyl 5-oxohexanoate} \xrightarrow[2.\ H^+,\ H_2O]{1.\ CH_3O^-Na^+,\ CH_3OH} \text{1,3-Cyclohexanedione}$$

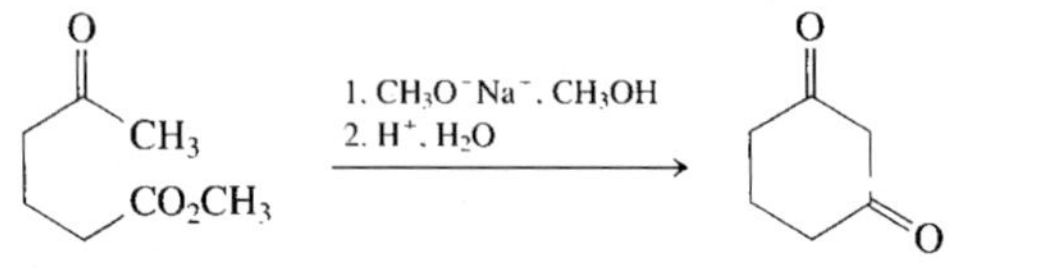

Methyl 5-oxohexanoate **1,3-Cyclohexanedione**

23-8

Worked out in chapter.

23-9

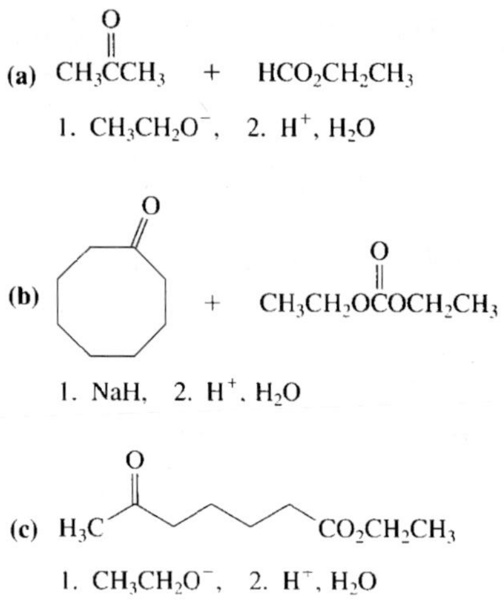

(a) $CH_3\overset{O}{\overset{\|}{C}}CH_3 + HCO_2CH_2CH_3$

1. $CH_3CH_2O^-$, 2. H^+, H_2O

(b) Cyclooctanone $+ CH_3CH_2O\overset{O}{\overset{\|}{C}}OCH_2CH_3$

1. NaH, 2. H^+, H_2O

(c) $H_3C\overset{O}{\overset{\|}{C}}CH_2CH_2CH_2CH_2CO_2CH_2CH_3$

1. $CH_3CH_2O^-$, 2. H^+, H_2O

23-10

$$CH_3\overset{O}{\overset{\|}{C}}CH_2CH_2CH_2CO_2CH_3 \xrightarrow{\text{Exercise 23-7}} \text{1,3-cyclohexanedione (100\%)} \xrightarrow{2\ NaOCH_3,\ CH_3I,\ CH_3OH}$$

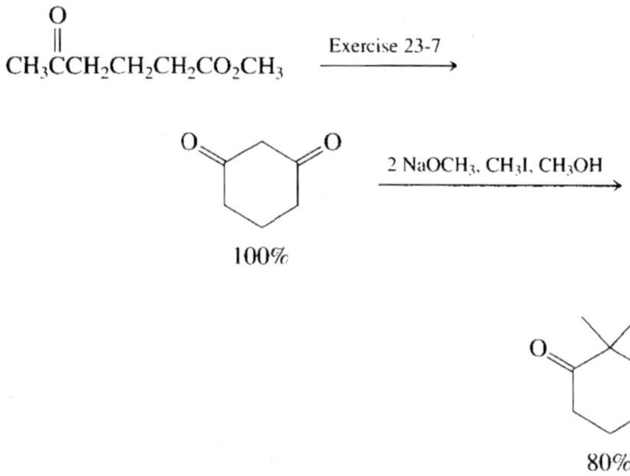

80%
2,2-Dimethyl-1,3-cyclohexanedione

23-11

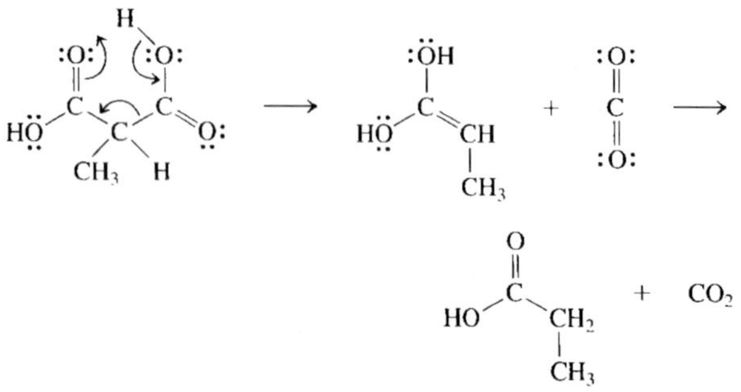

$$HO\overset{O}{\overset{\|}{C}}\underset{CH_3\ \ H}{C}\overset{O}{\overset{\|}{C}}{-}O{-}H \longrightarrow HOC(OH){=}CHCH_3 + O{=}C{=}O \longrightarrow$$

$$HO\overset{O}{\overset{\|}{C}}CH_2CH_3 + CO_2$$

23-12

(a) 1. $NaOCH_2CH_3$, 2. $CH_3CH_2CH_2Br$, 3. NaOH, 4. H^+, H_2O, Δ; **(b)** 1. $NaOCH_2CH_3$, 2. $CH_3(CH_2)_4Br$, 3. NaOH, 4. H^+, H_2O, Δ; **(c)** 1. 2 $NaOCH_2CH_3$, 2. 2 CH_3CH_2Br, 3. NaOH, 4. H^+, H_2O, Δ; **(d)** 1. $NaOCH_2CH_3$, 2. $C_6H_5CH_2Cl$, 3. NaOH, 4. H^+, H_2O, Δ

23-13

(a) 1. $CH_3CH_2OOC\ddot{C}HCOOCH_2CH_3$, with CH_3 on the central carbon

2. $CH_3CH_2OOCC(CH_3)((CH_2)_9CH_3)COOCH_2CH_3$

3. $K^{+\,-}OOCC(CH_3)((CH_2)_9CH_3)COO^-K^+$

(b) $CH_3CH_2OOCCH_2COOCH_2CH_3 \xrightarrow[2.\ CH_3Br]{1.\ NaOCH_2CH_3} CH_3CH_2OOCCH(CH_3)COOCH_2CH_3$

23-14

(a) 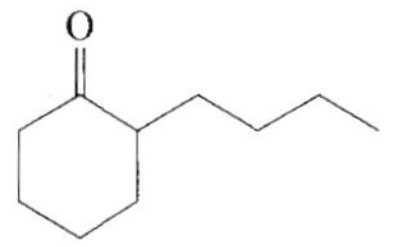 **2-Butylcyclohexanone**

(b) $CH_3CH_2CO_2H$
Propanoic acid

(c) 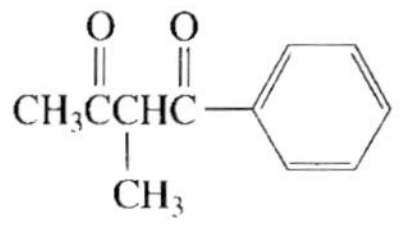 $CH_3COCH(CH_3)CO{-}C_6H_5$
2-Methyl-1-phenyl-1,3-butanedione

(d) This sequence is general for 2-halo esters.

$CH_3COCH_2COOCH_2CH_3 \xrightarrow[2.\ BrCH_2CO_2CH_2CH_3]{1.\ CH_3CH_2O^-Na^+}$

$CH_3COCH(CH_2COOCH_2CH_3)COOCH_2CH_3 \xrightarrow[2.\ H^+,\ H_2O,\ \Delta]{1.\ NaOH} CH_3COCH_2CH_2COOH$
4-Oxopentanoic acid

Note that only the carboxy group attached to the α-carbonyl carbon can undergo decarboxylation.

(e) $HOOCCH(CH_2CH_3)CH_2COOH$
2-Ethylbutanedioic acid

Excessive heating may dehydrate this product to the anhydride (Section 19-8).

(f) $CH_3COCH_2CH_2COCH_3$
2,5-Hexanedione

23-15

Worked out in chapter.

23-16

$CH_2(CO_2CH_2CH_3)_2 \xrightarrow[CH_3CH_2OH]{CH_3CH_2O^-Na^+} Na^{+\,-}\!:CH(CO_2CH_2CH_3)_2$

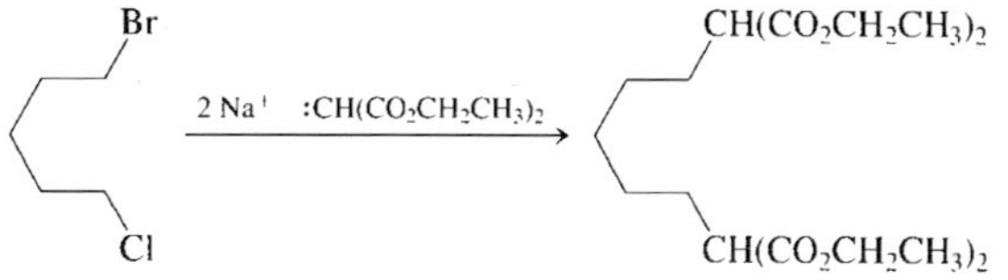

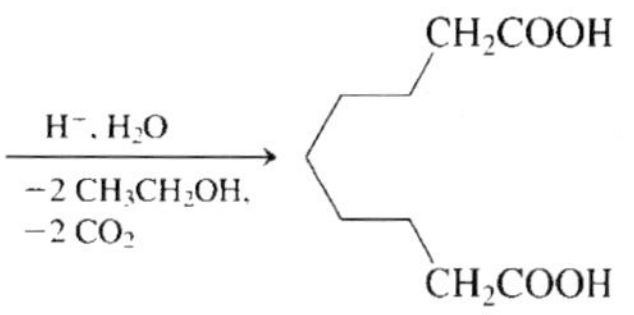

$Br(CH_2)_3Cl \xrightarrow{2\ Na^+\ ^-:CH(CO_2CH_2CH_3)_2} (CH_3CH_2O_2C)_2CH(CH_2)_3CH(CO_2CH_2CH_3)_2$

$\xrightarrow[-2\ CH_3CH_2OH,\ -2\ CO_2]{H^+,\ H_2O} HOOCCH_2(CH_2)_3CH_2COOH$
Heptanedioic acid

23-17

$^-\!:CH(CO_2CH_2CH_3)_2 + CH_2{=}CH{-}CCH_3$ (C=O) $\longrightarrow$

$(CH_3CH_2O_2C)_2CHCH_2CH{=}C(O^-)CH_3 \xrightarrow{CH_2(CO_2CH_2CH_3)_2}$

$(CH_3CH_2O_2C)_2CHCH_2CH_2COCH_3 + {}^-\!:CH(CO_2CH_2CH_3)_2$

The enolate of the product regenerates the enolate of the starting malonic ester.

23-18

(a) $(CH_3CH_2O_2C)_2C(CH_2CH_3)CH_2CH_2CHO$, 40%

(b) 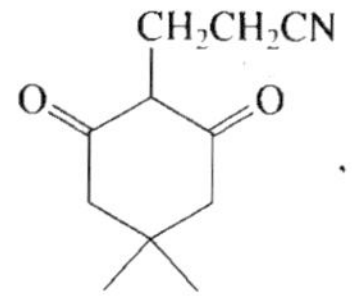 2-(CH_2CH_2CN)-5,5-dimethyl-1,3-cyclohexanedione, 56%

(c) 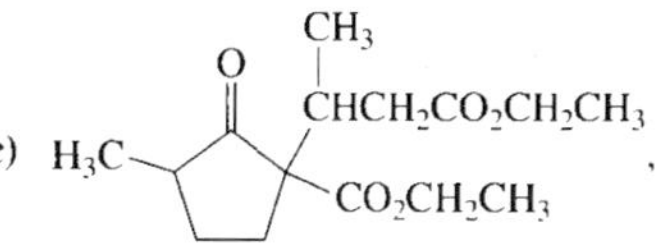 2-methyl-1-oxocyclopentane bearing $CHCH_2CO_2CH_2CH_3$ (with CH_3) and $CO_2CH_2CH_3$ at C-2 (H_3C on ring), 66%

23-19

5,5-Dimethyl-1,3-cyclohexanedione enolate + $CH_2{=}CHCN$ $\longrightarrow$

NC–$\ddot{C}H^-$–CH_2 adduct (ring C–H: Acidic) $\longrightarrow$

2-(CH_2CH_2CN) enolate $\xrightarrow[\text{Second Michael addition}]{CH_2=CHCN}$ $\longrightarrow$ 2,2-bis(CH_2CH_2CN)-5,5-dimethyl-1,3-cyclohexanedione (NC, CN)

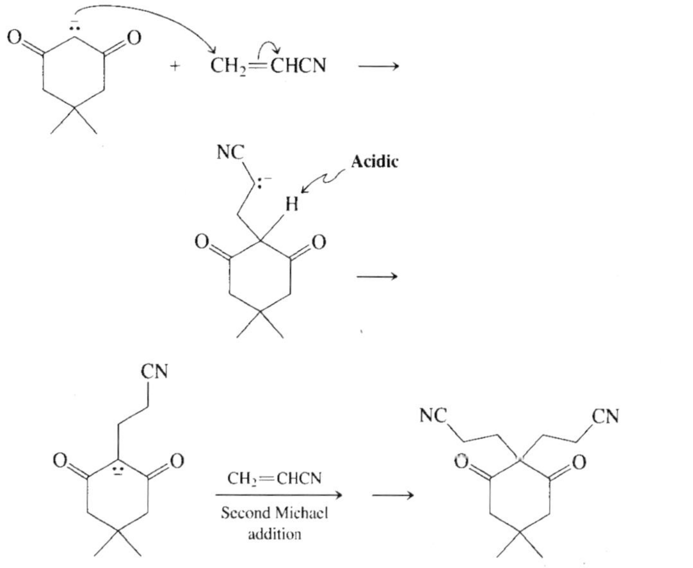

23-20
Worked out in chapter.

23-21

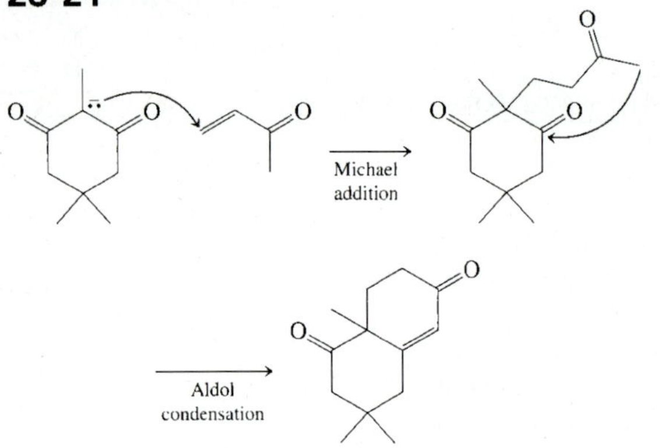

Michael addition

Aldol condensation

23-22
Nucleophiles add to the carbonyl group; bases deprotonate next to it.

23-23

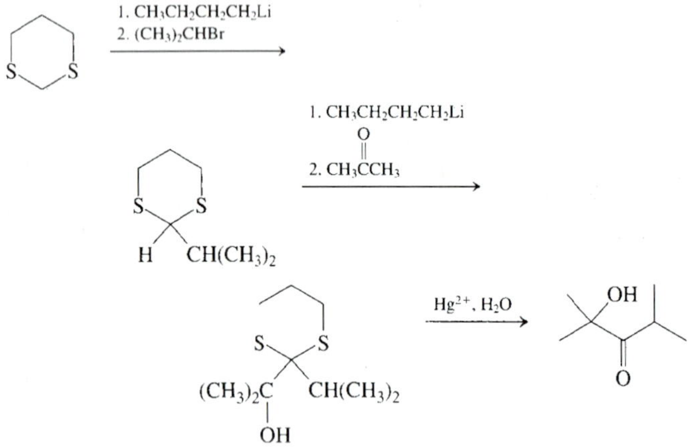

1. $CH_3CH_2CH_2CH_2Li$ 2. $(CH_3)_2CHBr$

1. $CH_3CH_2CH_2CH_2Li$ 2. $CH_3\overset{O}{\overset{\|}{C}}CH_3$

Hg^{2+}, H_2O

23-24
(a) CH_3CH_2CHO + thiazolium ion catalyst or 1,3-dithiacyclohexane and 1. $CH_3CH_2CH_2CH_2Li$, 2. CH_3CH_2Br, 3. $CH_3CH_2CH_2CH_2Li$, 4. CH_3CH_2CHO, 5. Hg^{2+}, H_2O

(b) 1,3-Dithiacyclohexane and 1. $CH_3CH_2CH_2CH_2Li$, 2. $CH_3(CH_2)_3Br$, 3. $CH_3CH_2CH_2CH_2Li$, 4. CH_3CH_2CHO, 5. Hg^{2+}, H_2O

(c) 1,3-Dithiacyclohexane and 1. $CH_3CH_2CH_2CH_2Li$, 2. $CH_3CH_2\underset{Br}{\underset{|}{C}}HCH_3$, 3. $CH_3CH_2CH_2CH_2Li$, 4. $CH_3\overset{O}{\overset{\|}{C}}CH_2CH_3$, 5. Hg^{2+}, H_2O

(d) C_6H_5CHO + thiazolium ion catalyst

(e) $(CH_3)_2CHCHO$ + thiazolium ion catalyst or 1,3-dithiacyclohexane and 1. $CH_3CH_2CH_2CH_2Li$, 2. $(CH_3)_2CHBr$, 3. $CH_3CH_2CH_2CH_2Li$, 4. $(CH_3)_2CHCHO$, 5. Hg^{2+}, H_2O

24장

24-1
(a) Aldotetrose
(b) Aldopentose
(c) Ketopentose

24-2
(a) (2*R*,3*R*,4*R*)-2,3,4,5-Tetrahydroxypentanal
(b) (2*R*,3*S*,4*R*,5*R*)-2,3,4,5,6-Pentahydroxyhexanal

24-3

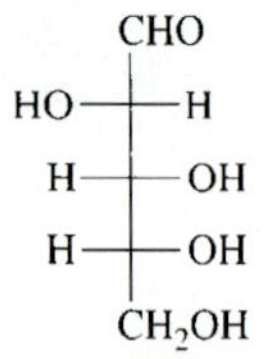

D-(−)-Arabinose

24-4

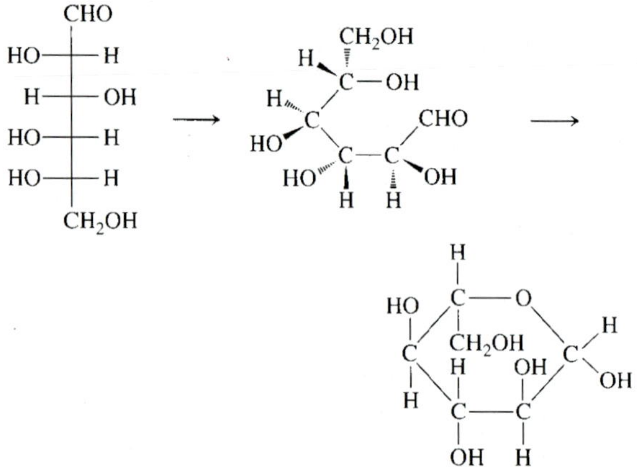

L-(−)-Glucose

24-5
Worked out in chapter.

24-6
α-L-Glucopyranose and α-D-glucopyranose are enantiomers. As for the configurations, the text above Exercise 24-5 provides the answer (although of course you may—and probably should—draw the structures for yourself to confirm): The α diastereomer in a D-series aldohexose is *S* at the anomeric (hemiacetal) carbon. Everything else follows. If α-D-glucopyranose has the *S* configuration at that carbon, then its enantiomer α-L-glucopyranose is correspondingly *R*. In the β anomers the stereochemistry at that position is inverted. Therefore, β-L-glucopyranose has the *S* configuration and β-D-glucopyranose the *R* at their anomeric carbons, respectively.

24-7

(a) (b) 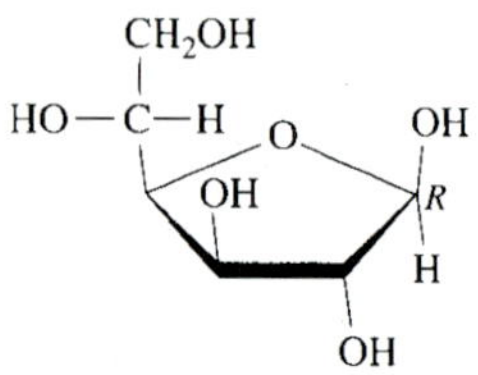 (c)

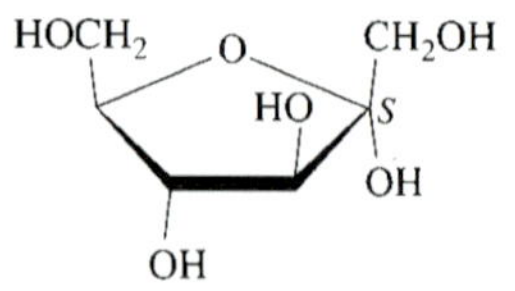

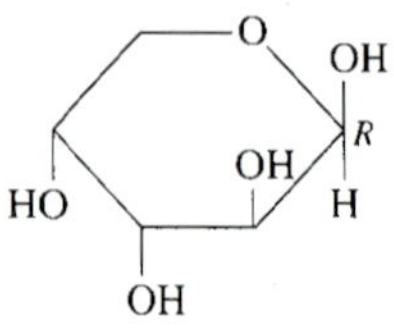

24-8
Four axial OH groups, $4 \times 0.94 = 3.76$ kcal mol^{-1}; one axial CH_2OH, 1.70 kcal mol^{-1}; $\Delta G = 5.46$ kcal mol^{-1}. The concentration of this conformer in solution is therefore negligible by this estimate.

24-9

Only the anomeric carbon and its vicinity are shown.

H^+, $-H^+$, $-H_2\ddot{O}$, $+H_2O$, $+H_2O$, $-H_2O$, $-H^+$, $+H^+$

:OH, :OH, $\overset{+}{O}H_2$, Planar, OH, H

24-10

Worked out in chapter.

24-11

Following the procedure outlined in Exercise 24-10 results in $x_\alpha = 0.28$ and $x_\beta = 0.72$.

24-12

$\Delta G^\circ_{\text{estimated}} = -0.94\ \text{kcal mol}^{-1}$ (one axial OH); $\Delta G^\circ = -RT \ln K = -1.36 \log 63.6/36.4 = -0.33\ \text{kcal mol}^{-1}$. The difference between the two values is due to the fact that the six-membered ring is a cyclic ether (not a cyclohexane).

24-13

O=C, HO—H, HO—H, O, H—OH, H—, CH_2OH

24-14

Oxidation of D-glucose should give an optically active aldaric acid, whereas that of D-allose leads to loss of optical activity. This result is a consequence of turning the two end groups along the sugar chain into the same substituent.

COOH	COOH
H—OH	H—OH
HO—H	H—OH
H—OH	H—OH
H—OH	H—OH
COOH	COOH
D-Glucaric acid	**D-Allaric acid**
Optically active	**Meso, not optically active**

This operation may cause important changes in the symmetry of the molecule. Thus, D-allaric acid has a mirror plane. It is therefore a meso compound and not optically active. (This also means that D-allaric acid is identical with L-allaric acid.) On the other hand, D-glucaric acid is still optically active.

Other simple aldoses that turn into meso-aldaric acids are D-erythrose, D-ribose, D-xylose, and D-galactose (see Figure 24-1).

24-15

(a) $2\ H_2C{=}O$ **(b)** $CH_3CH{=}O + H_2C{=}O$

(c) $2\ H_2C{=}O + HCOOH$ **(d)** No reaction

(e) $OHCC(CH_3)_2CHO + CO_2$

(f) $3\ HCOOH + H_2C{=}O$

24-16

(a) D-Arabinose $\longrightarrow$ $4\ HCO_2H + CH_2O$

D-Glucose $\longrightarrow$ $5\ HCO_2H + CH_2O$

(b) D-Erythrose $\longrightarrow$ $3\ HCO_2H + CH_2O$

D-Erythrulose $\longrightarrow$ $HCO_2H + 2\ CH_2O + CO_2$

(c) D-Glucose or D-mannose $\longrightarrow$ $5\ HCO_2H + CH_2O$

24-17

(a) Ribitol is a meso compound.

(b) Two diastereomers, D-mannitol (major) and D-glucitol

24-18

All of them are the same.

24-19

The mechanism of acetal formation proceeds through the same intermediate cation in both cases.

CH_2OH, HO, HO, OH, H $\longleftrightarrow$ CH_2OH, O^+, HO, HO, OH, H

24-20

$HOCH_2$, O, HO, H, H, H, H, OH, OCH_3

24-21

Same structure as that in Exercise 24-20 or its diastereomers with respect to C2 and C3.

24-22

HO, CH_2OH, O, HO, HO, H, OH $\xrightarrow{H^+,\ CH_3COCH_3}$

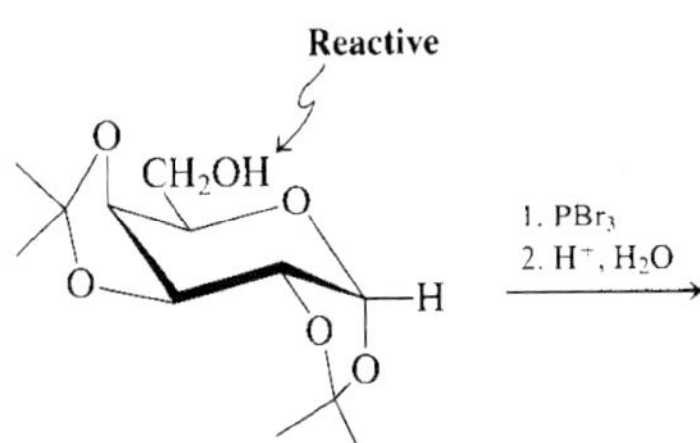

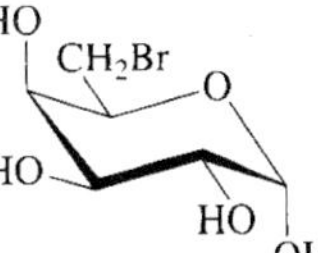

24-23

Worked out in chapter.

24-24

D-Glucose and D-mannose

24-25

A, D-arabinose; B, D-lyxose; C, D-erythrose; D, D-threose.

24-26

The answer is obtained by rotating the Fischer projection shown by 180° and comparing it with that of D-gulose in Figure 24-1: It is L-gulose.

24-27

Both oxidations produce the same molecule: glucaric acid.

24-28

^{13}C NMR would show only three lines for ribaric acid, but five for arabinaric acid.

24-29

Worked out in chapter.

24-30

(a) As shown earlier in this section, aqueous acid (step 1) converts sucrose into the invert sugar mixture of four major monosaccharide isomers, two each of D-glucose and of D-fructose. Sodium borohydride reduces the aldehyde or ketone function of the *open-chain* form of a sugar to a hydroxy group (Section 24-6). Reduction of the carbonyl group of D-glucose gives D-glucitol; reduction of the C2 keto group of D-fructose generates a new stereocenter at C2, giving the two epimeric polyalcohols D-glucitol (again) and D-mannitol.

			+			
	CH_2OH				CH_2OH	
H	—	OH		HO	—	H
HO	—	H	+	HO	—	H
H	—	OH		H	—	OH
H	—	OH		H	—	OH
	CH_2OH				CH_2OH	

(b) Hydroxylamine reacts with the carbonyl groups of the open chain forms of aldoses and ketoses to give oximes (Sections 17-9 and 24-7). Sucrose, however, contains acetal but *not* hemiacetal functions and does not equilibrate with any structure having a free carbonyl group. As a result, sucrose does not react with hydroxylamine.

24-31

(a) CH_2OH, O, HO, HO, H, OH, O, H, CH_2OH, OH, HO, COOH, OH

(b) CH_2OH, O, HO, HO, H, OH, O, H, CH_2OH, OH, H, $C{=}NNHC_6H_5$, C, HO, $NNHC_6H_5$

(c) CH_2OH, O, HO, HO, H, OH, O, H, CH_2OH, O, 4, HO, 3, 2, HO, 1, H, OH

α-Maltose

25장

25-1

(a) H_3C, O, CH_3 (b) N, CH_2CH_3

(c) 2,6-Dinitropyridine (d) 4-Bromoindole

25-2

H, O, H + $MgBr_2$ ⟶

+, H, O, $MgBr_2$ ⟶

O + $MgBr_2$

25-3

:O:, CH_2Cl + $^-$:SH ⟶ $\xrightarrow{H^+ \text{ transfer from S to O}}$

OH, :S:$^-$, Cl ⟶ OH, :S + Cl^-

25-4

Worked out in chapter.

25-5

S: + Cl—Cl ⟶ S^+, Cl + Cl^- ⟶ Cl, SCl

25-6

CH_3, O: + HCl ⟶ CH_3, O^+, H + Cl^- ⟶

Cl, OH + OH, Cl

25-7

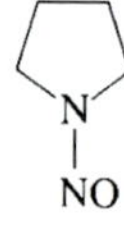

25-8

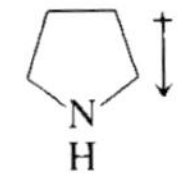

Nitrogen is more electronegative than carbon

Because of resonance, the molecule is now polarized in the opposite direction

25-9

25-10

A

1. O_3
2. H_2, Pd

NH_3, Δ → B

25-11

β-Keto amine + **β-Keto ester** $\xrightarrow{-H_2O}$

25-12

Worked out in chapter.

25-13

25-14

Protonation at the α-carbon generates a cation described by three resonance forms. Protonation of the nitrogen produces an ammonium ion devoid of resonance stabilization.

25-15

Only attack at C3 produces the iminium resonance form without disrupting the benzene ring

25-16

A $\xrightarrow{h\nu}$ C + B

δ = 3.79 ppm

δ = 8.40 ppm

25-17

Because of the electronegativity of nitrogen, the dipole vector in both compounds points toward the heteroatom. The dipole moment of pyridine is larger than that of azacyclohexane (piperidine), because it is enhanced by the dipolar resonance forms in pyridine. In addition, the nitrogen is sp^2 hybridized. (See Sections 11-3 and 13-2 for the effects of hybridization on electron-withdrawing power.)

25-18

(a) $CH_3\overset{O}{\overset{\|}{C}}CH_2CO_2CH_2CH_3$, NH_3, (2-nitrobenzaldehyde: CHO, NO_2), $CH_3\overset{O}{\overset{\|}{C}}CH_2CN$

(b) $CH_3\overset{O}{\overset{\|}{C}}CH_2CN$, NH_3, $(CH_3)_3CCHO$

(c) $CH_3CH_2\overset{O}{\overset{\|}{C}}CH_2CO_2CH_2CH_3$, NH_3, CH_3CHO

25-19

Worked out in chapter.

25-20

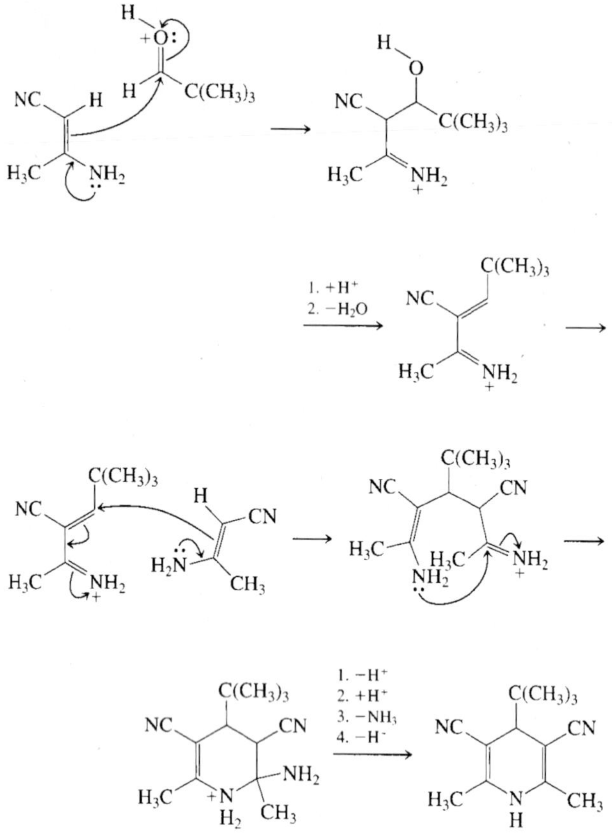

1. $+H^+$
2. $-H_2O$

1. $-H^+$
2. $+H^+$
3. $-NH_3$
4. $-H^+$

25-21

$CH_3CH_2O_2CCH_2CO_2CH_2CH_3 + CH_3CH_2I \xrightarrow[CH_3CH_2OH]{Na^{+\,-}OCH_2CH_3,}$

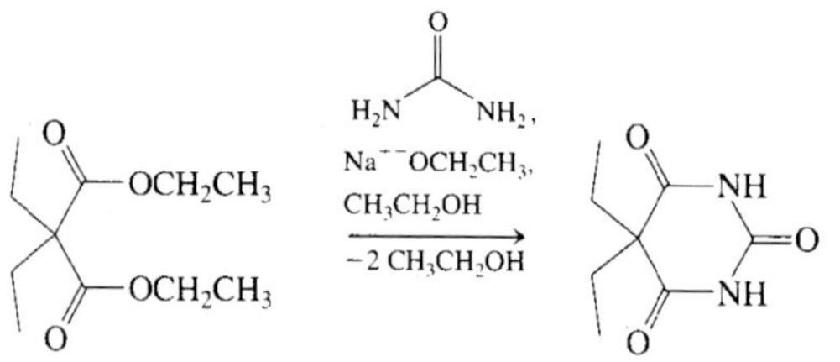

H_2NCONH_2, $Na^{+\,-}OCH_2CH_3$, CH_3CH_2OH, $-2\ CH_3CH_2OH$

25-22

C3 is the least deactivated position in the ring. Attack at C2 or C4 generates intermediate cations with resonance forms that place the positive charge on the electronegative nitrogen.

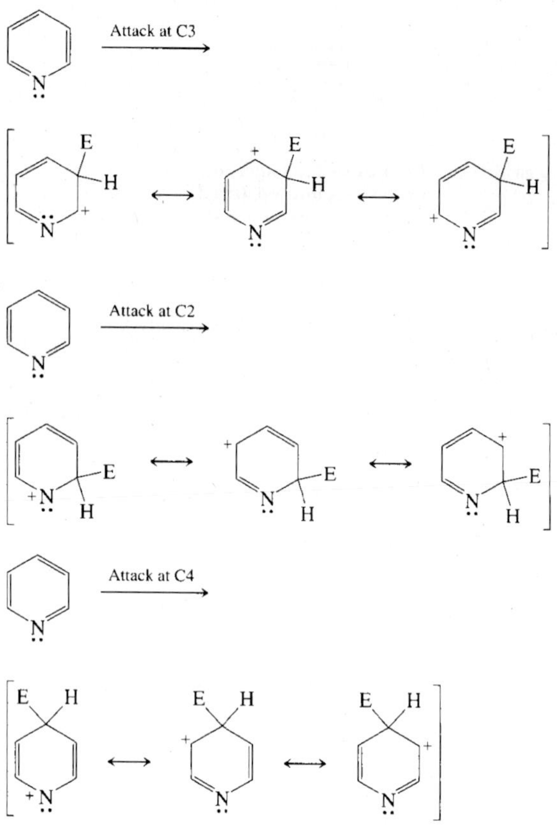

Attack at C3

Attack at C2

Attack at C4

25-23

$+ \ ^-:\ddot{O}CH_3 \longrightarrow$

$\longrightarrow$ + Cl^-

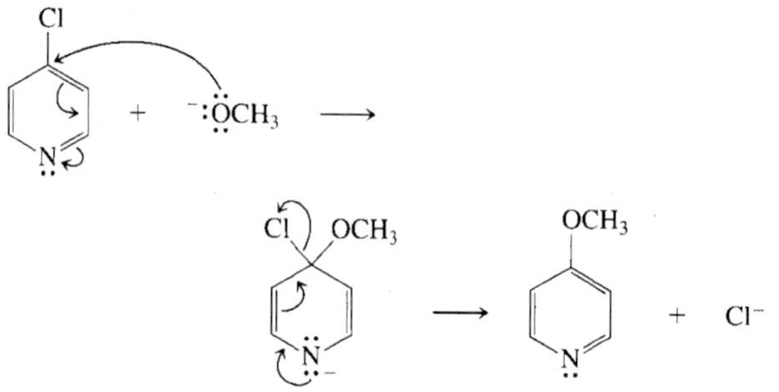

25-24

Attack at C2 and C4 produces the more highly resonance stabilized anions (only the most important resonance forms are shown).

2-Chloropyridine ⟶

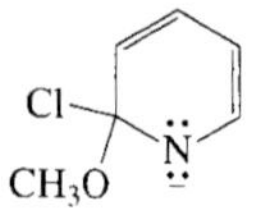

3-Chloropyridine ⟶

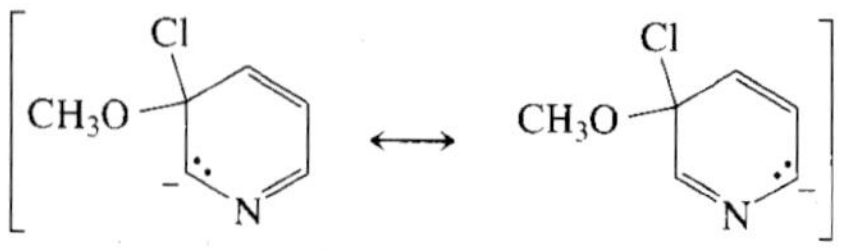

4-Chloropyridine ⟶

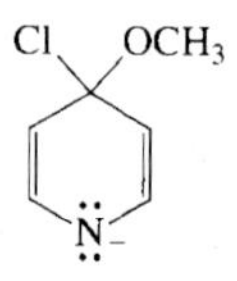

25-25

Quinoline + $CH_2=CHCH_2MgBr$ $\xrightarrow{\text{1. }(CH_3CH_2)_2O,\ 18\text{ h},\ \Delta;\ \text{2. }NH_4Cl}$

56%

2-(2-Propenyl)quinoline

Isoquinoline + $CH_2=CHCH_2MgBr$ $\xrightarrow{\text{1. }(CH_3CH_2)_2O,\ 18\text{ h},\ \Delta;\ \text{2. }NH_4Cl}$

57%

1-(2-Propenyl)isoquinoline

25-26

Worked out in chapter.

25-27

(a) 2-aminophenyl methyl ketone (CH_3, O, NH_2) + cyclopentanone (O)

(b) 4,5-dimethyl-1,2-phenylene bis(phenyl ketone) (H_3C, H_3C, C_6H_5, O, O, C_6H_5) + NH_2–NH_2

(c) 1,2-diaminobenzene (NH_2, NH_2) + glyoxal (O=CH–CH=O)

26장

26-1

(2*S*)-Aminopropanoic acid; (2*S*)-amino-3-methylbutanoic acid; (2*S*)-amino-4-methylpentanoic acid; (2*S*)-amino-3-methylpentanoic acid; (2*S*)-amino-3-phenylpropanoic acid; (2*S*)-amino-3-hydroxypropanoic acid; (2*S*)-amino-3-(4-hydroxyphenyl)propanoic acid; (2*S*),6-diaminohexanoic acid; (2*R*)-amino-3-mercaptopropanoic acid; (2*S*)-amino-4-(methylthio)butanoic acid; (2*S*)-aminobutanedioic acid; (2*S*)-aminopentanedioic acid

26-2

H_2N, H_3C, H, C–COOH — **(*S*)-Alanine**

H_2N, $C_6H_5H_2C$, H, C–COOH — **(*S*)-Phenylalanine**

H_2N, H, $CH_2C_6H_5$, C–COOH — **(*R*)-Phenylalanine**

H–N, H, C–COOH (ring) — **(*S*)-Proline**

26-3

All natural amino acids shown in Table 26-1 contain a primary amino group, except proline, where it is secondary. In their respective carboxylates, this group exists as $-NH_2$, displaying *two* (symmetric and asymmetric stretching) $\tilde{\nu}_{NH_2}$ bands at $\approx 3400\ cm^{-1}$, whereas proline carboxylate shows only one.

26-4

$$\left[(H_2\ddot{N})_2C=\overset{+}{N}H_2 \longleftrightarrow H_2\overset{+}{N}=C(\ddot{N}H_2)(:NH_2) \longleftrightarrow (H_2\ddot{N})(:NH_2)C=\overset{+}{N}H_2 \right]$$

p$K_a \approx 13$

26-5

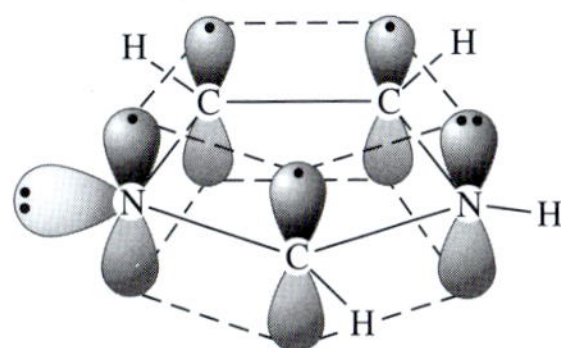

26-6

The yields given are those found in the literature.

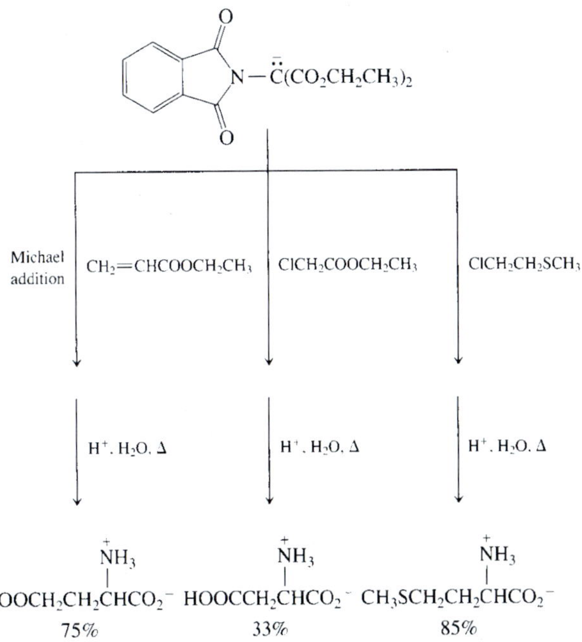

26-7

Worked out in chapter.

26-8

H_3CO … OCH_3 (A) $\xrightarrow{Br_2}$ (Br) $\xrightarrow{CH_3CONHCH(CO_2CH_2CH_3)_2}$ … $N(H)$–$C(CO_2CH_2CH_3)_2$ $\xrightarrow[\text{Hydrolysis of ester and ether functions, and decarboxylation}]{H^+,\ H_2O}$ HO … OH, H_2N–CH–COOH (B)

26-9

These syntheses are found in the literature.

$$CH_2{=}O \xrightarrow{NH_4^+\ {}^-CN,\ H_2SO_4} \underset{\textbf{2-Aminoethanenitrile}}{H_2NCH_2CN} \xrightarrow{BaO,\ H_2O,\ \Delta} \underset{\underset{\textbf{Glycine}}{42\%}}{H_3\overset{+}{N}CH_2COO^-}$$

$$CH_3SH + CH_2{=}CHCH{=}O \xrightarrow[\text{addition}]{\text{Michael}} \underset{\underset{\textbf{3-(Methylthio)propanal}}{84\%}}{CH_3SCH_2CH_2CH{=}O} \xrightarrow{\text{1. Na}^+\ {}^-\text{CN, (NH}_4)_2\text{CO}_3\ \ \text{2. NaOH}} \underset{\underset{\textbf{Methionine}}{58\%}}{CH_3SCH_2CH_2CH(^+NH_3)COO^-}$$

26-10

$H_3\overset{+}{N}CH(CH_2S)C(O)$–NHCH($CH_2C_6H_4OH$)C(O)–NHCH($CH_2C_6H_5$)C(O)–NHCH($CH_2CH_2C(O)NH_2$)C(O)–NHCH($CH_2C(O)NH_2$)C(O)–NHCH($CH_2S$)C(O)–N(pyrrolidine)CH–C(O)–NHCH($(CH_2)_3NHC(=NH)NH_2$)C(O)–NHCH$_2$CNH$_2$ (O)

H_2C—S—S—CH_2

26-11

Elimination of the amino end of the cleaved polypeptide:

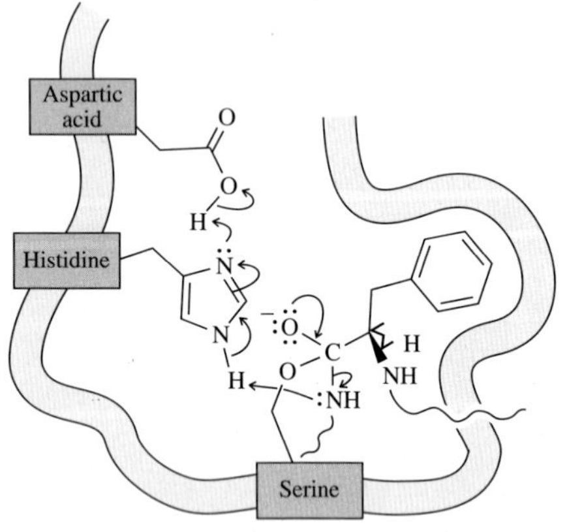

Release of the carboxy end of the cleaved polypeptide:

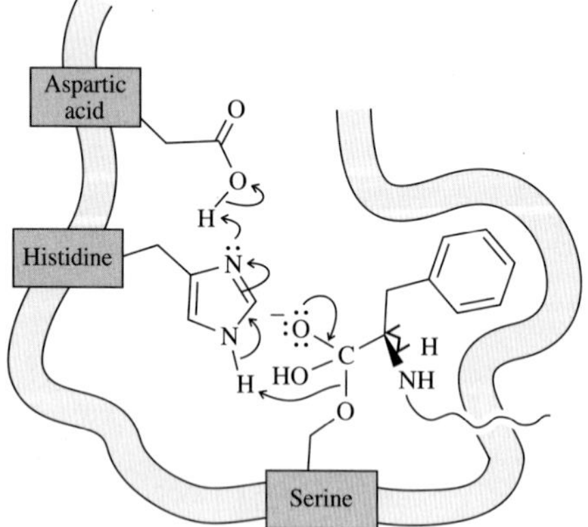

26-12

Hydrolysis of the A chain in insulin produces one equivalent each of Gly, Ile, and Ala, two each of Val, Glu, Gln, Ser, Leu, Tyr, and Asn, and four of Cys.

26-13

$C_6H_5NHC(=S)NHCH_2C(=O)NH_2 \underset{}{\overset{H^+}{\rightleftharpoons}}$ … $\overset{-H^+}{\rightleftharpoons}$ $C_6H_5N{=}$(S-ring)–C(H_2N)(OH) $\underset{\text{Section 17-7}}{\overset{H^+}{\rightleftharpoons}}$ $C_6H_5N{=}$(thiazolidinone, N–H, C=O) + $^+NH_4$

26-14

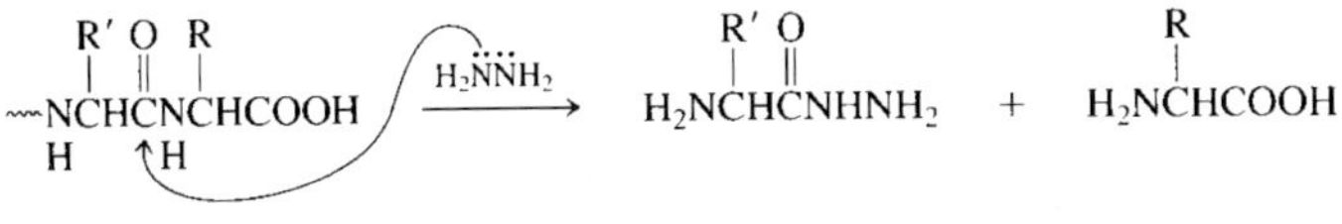

$$\sim\!\text{NHCH(R')C(=O)NHCH(R)COOH} \xrightarrow{H_2\ddot{N}NH_2} H_2NCH(R')CNHNH_2 + H_2NCH(R)COOH$$

All peptide bonds are cleaved by "transamidation" to give all component amino acids as their corresponding hydrazides. Only the carboxy end retains its free carboxy function.

26-15

Worked out in chapter.

26-16

The applicable sites of cleavage are at the carboxy ends of

1. Glu: Gly-Ile-Val-Glu, Gln-Cys-Cys-Ala-Ser-Val-Cys-Ser-Leu-Tyr-Gln-Leu-Glu, Asn-Tyr-Cys-Asn;
2. Leu: Gly-Ile-Val-Glu-Gln-Cys-Cys-Ala-Ser-Val-Cys-Ser-Leu, Tyr-Gln-Leu, Glu-Asn-Tyr-Cys-Asn;
3. Tyr: Gly-Ile-Val-Glu-Gln-Cys-Cys-Ala-Ser-Val-Cys-Ser-Leu-Tyr, Gln-Leu-Glu-Asn-Tyr, Cys-Asn

26-17

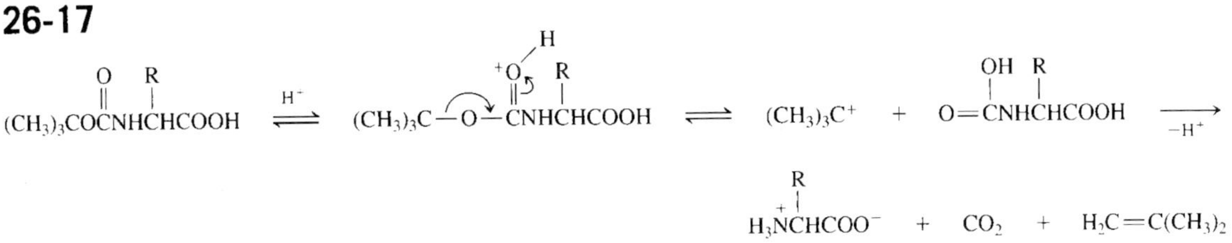

$$(CH_3)_3COC(=O)NHCH(R)COOH \underset{}{\overset{H^+}{\rightleftharpoons}} (CH_3)_3C-O-C(=\overset{+}{O}H)NHCH(R)COOH \rightleftharpoons (CH_3)_3C^+ + O=C(OH)NHCH(R)COOH \xrightarrow[-H^+]{}$$

$$H_3\overset{+}{N}CH(R)COO^- + CO_2 + H_2C=C(CH_3)_2$$

26-18

Worked out in chapter.

26-19

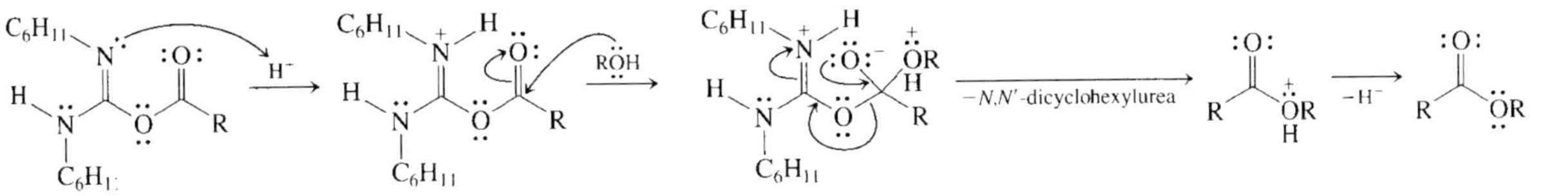

$$C_6H_{11}N=C(NHC_6H_{11})-\ddot{O}-C(=O)R \xrightarrow{H^+} C_6H_{11}\overset{+}{N}H=C(NHC_6H_{11})-\ddot{O}-C(=\ddot{O})R \xrightarrow{R\ddot{O}H} C_6H_{11}\overset{+}{N}H=C(NHC_6H_{11})-\ddot{O}-C(\ddot{O}^-)(\overset{+}{O}HR)R \xrightarrow{-N,N'\text{-dicyclohexylurea}} RC(=\ddot{O})\overset{+}{\ddot{O}}HR \xrightarrow{-H^+} RC(=\ddot{O})\ddot{O}R$$

26-20

1. Ala + $(CH_3)_3COC(=O)OC(=O)OC(CH_3)_3$ ⟶ Boc-Ala + CO_2 + $(CH_3)_3COH$
2. Val + CH_3OH $\xrightarrow{H^+}$ Val-OCH_3 + H_2O
3. Boc-Ala + Val-OCH_3 $\xrightarrow{DCC}$ Boc-Ala-Val-OCH_3
4. Boc-Ala-Val-OCH_3 $\xrightarrow{H^+}$ Ala-Val-OCH_3 + CO_2 + $CH_2=C(CH_3)_2$
5. Leu + $(CH_3)_3COC(=O)OC(=O)OC(CH_3)_3$ ⟶ Boc-Leu + CO_2 + $(CH_3)_3COH$
6. Boc-Leu + Ala-Val-OCH_3 $\xrightarrow{DCC}$ Boc-Leu-Ala-Val-OCH_3
7. Boc-Leu-Ala-Val-OCH_3 $\xrightarrow{1.\ H^+,\ H_2O\quad 2.\ HO^-,\ H_2O}$ Leu-Ala-Val

26-21

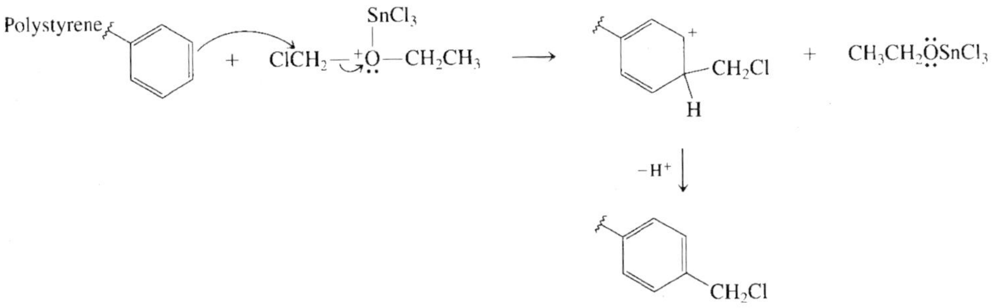

$$\text{Polystyrene-}C_6H_5 + ClCH_2-\overset{+}{O}(SnCl_3^-)-CH_2CH_3 \longrightarrow \text{Polystyrene-}C_6H_5^+(H)(CH_2Cl) + CH_3CH_2\ddot{O}SnCl_3$$

$$\xrightarrow{-H^+} \text{Polystyrene-}C_6H_4-CH_2Cl$$

26-22

The various dipolar amide resonance forms provide cyclic aromatic electron sextets.

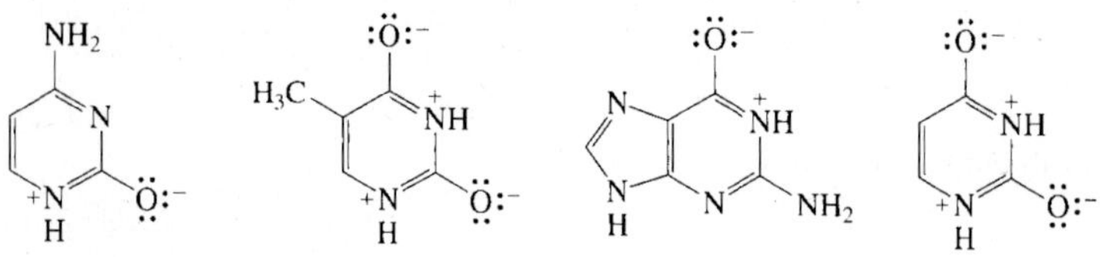

Cytosine Thymine Guanine Uracil

26-23

5′-UAGCUGAGCAAU-3′

26-24

(a) Lys-Tyr-Ala-Ser-Cys-Leu-Ser

(b) Mutation of C to G in UGC (Cys) to become UGG (Trp).

26-25

Worked out in chapter.

26-26

1. DMT–OR deprotection (R = sugar of nucleotide): hydrolysis by S_N1

$$\text{DMT–OR} \xrightarrow[-\text{ROH}]{\text{H}^+} \text{DMT}^+ \xrightarrow{^+\text{NH}_4{}^-\text{OH}} \text{DMT–OH}$$

2. Nucleic acid base deprotection (RNH_2 = base, $R'CO_2H$ = carboxylic acid): amide hydrolysis

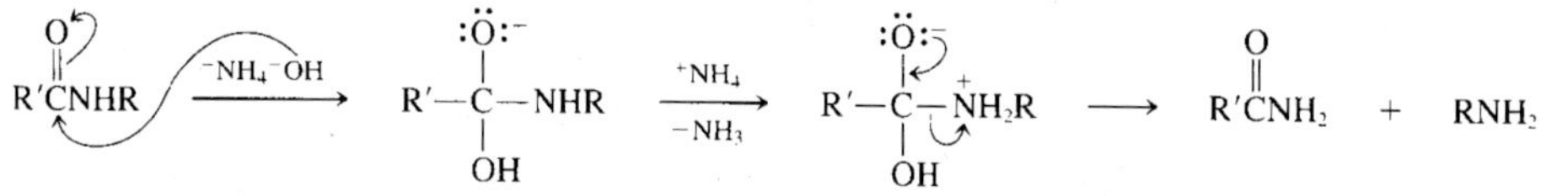

$$\text{R'CNHR} \xrightarrow{^-\text{NH}_4{}^-\text{OH}} \text{R'–C(O}^-\text{)(OH)–NHR} \xrightarrow[-\text{NH}_3]{^+\text{NH}_4} \text{R'–C(O}^-\text{)(OH)–}\overset{+}{\text{N}}\text{H}_2\text{R} \longrightarrow \text{R'CNH}_2 + \text{RNH}_2$$

3. Phosphate deprotection (R and R′ = sugars of nucleotides): E_2

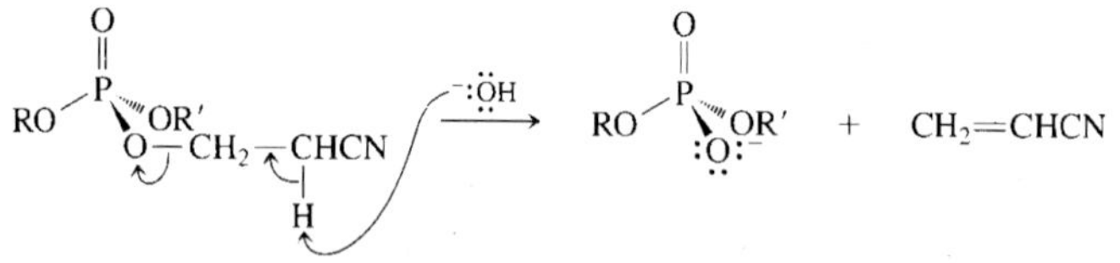

$$\text{RO–P(=O)(OR')–O–CH}_2\text{–CH(H)CN} \xrightarrow{^-:\ddot{\text{O}}\text{H}} \text{RO–P(=O)(OR')–O}^- + \text{CH}_2\text{=CHCN}$$

4. Disconnection from the solid support (ROH = sugar of nucleotide): ester hydrolysis

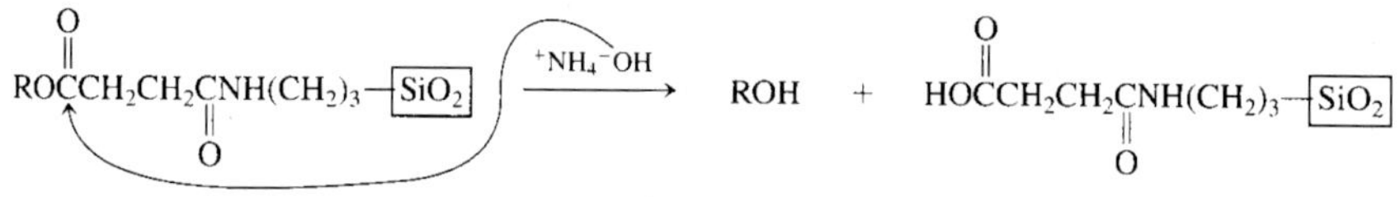

$$\text{ROCCH}_2\text{CH}_2\text{CNH(CH}_2)_3\text{–}\boxed{\text{SiO}_2} \xrightarrow{^+\text{NH}_4{}^-\text{OH}} \text{ROH} + \text{HOCCH}_2\text{CH}_2\text{CNH(CH}_2)_3\text{–}\boxed{\text{SiO}_2}$$

26-27

The para nitro group is electron withdrawing by resonance, thus activating the carbonyl carbon with respect to nucleophilic attack, relative to a simple benzoate:

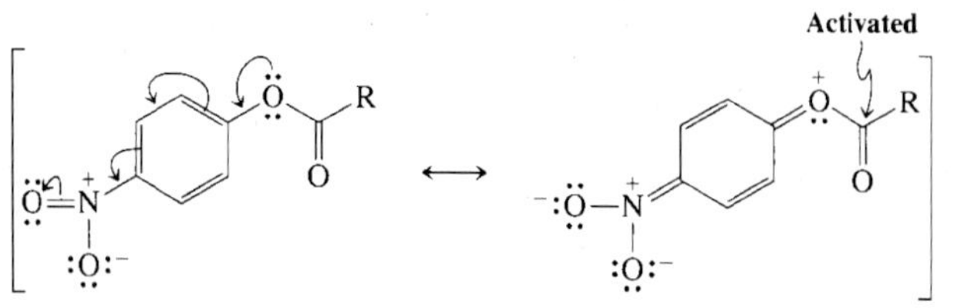

Activated

영문

[N]아뉼렌 685
1,1-다이메틸에톡시카보닐기 1209
1,2-탈수소벤젠 1016
1,3-이축방향 상호작용 140
2-아미노산 1186
2-프로파인일 560
α 나선 구조 1200
α 분해 471
α-수소 809
α-아미노산 1186
α-탄소 809
Baeyer-Villiger 산화반응 791
Boltzmann 분포 곡선 52
Chichibabin 반응 1161
Claisen 재배열반응 1028
Claisen 축합반응 1060
Clemmensen 환원 736
Cope 재배열반응 1029
Coulomb의 법칙 5
DEPT ^{13}C NMR 421
Dieckmann 축합반응 1063
Diels-Alder 반응 618
DNA 1185
E,Z 명명법 440
E1 261
Edman 분해 1205
Fischer 증명 1114
Fisher 투영식 178
Fourier 변환 384
Friedel-Crafts 반응 697
Friedel-Crafts 알칸오일화반응 702
Friedel-Crafts 알킬화 697
Gabriel 합성 969
Gibbs 표준 자유 에너지 변화 48
Grignard 시약 299
Hükel 규칙 683
Hantzsch 피리딘 합성법 1157
Haworth 투영식 1101
Heck 반응 580
Hofmann 규칙 455
Hofmann 재배열반응 933
Hofmann 제거반응 973
Hund 규칙 26
Kekulé 구조 17
Krebs 회로 1078
Lewis 구조 10
Lewis 산 61
Lewis 염기 61
Lindlar 촉매 572
London 힘 75
Mannich 염기 975
Mannich 반응 975
Markovnikov 규칙 506
McLafferty 재배열 768
Merrifield 고체상 펩타이드의 합성 1212
Michael 받개 1073
Michael 첨가반응 834, 1073
N-나이트로스아민 978
Newman 투영식 78
NMR 분광법 382
O-아실 아이소유레아 1210
π 결합 442
Paal-Knorr 합성 1150
Pauli 배타 원리 26
Robinson 고리짓기반응 835, 1074
Ruff 분해 1113
s-시스 609
s-트랜스 609
Sandmeyer 반응 1039
Saytzev 규칙 454
Schiff 염기 781
Simmons-Smith 시약 524
Strecker 합성 1193
tert-뷰톡시카보닐 1209
van der Waals 힘 74
Williamson 에터 합성 345
Wittig 반응 788
Wolff-Kishner 환원 786
Woodward-Hoffmann 규칙 633

ㄱ

가려막기 389
가려진 형태 77
가림 133
가수분해반응 247
가수소분해반응 1005
가시광선 분광법 641
가오존분해반응 530
가용매분해반응 247
가지 알케인 68
가황 638
각 접합 677
같은 자리 짝지음 403
같은자리 다이올 774
같은자리 이할로알케인 575
같은자리 짝지음 446
개시 101
거울면 170
거울상 입체이성질현상 166
거울상 초과량 173
거울상이성질체 168
게놈 1220
결합 길이 6
결합 분자 오비탈 29
결합 세기 5, 92
결합 자리 1202
결합 해리 에너지 92
결합 해리 91
결합각 변형 133
결합-선 표기식 38
곁사슬 1198
고리 변형 131
고리 알케인 127
고리 전류 674
고리접합 치환기 145
고리접합 탄소 145
고리형 콘쥬게이션계 617
고리형협동 반응 630
고리화첨가반응 618
고리화첨가생성물 618
고리횡단 변형 137
고립 전자쌍 14
고립쌍 14
고분해능 질량 분석계 466
고분해능 NMR 분광법 389
고우시 82
고유 광회전도 171
곤충 페로몬 541
곧은 사슬 알케인 68
공명 구조 18
공명 에너지 668

공명 혼성체 18
공명 효과 718
공명 385
공유 결합 7, 9
공유 단일 결합 9
과아이오딘산 에스터 1106
관용명 69
광고리화 632
광학 이성질체 171
광학 활성 171
광학 활성도 171
광학적 순도 173
광화학 조건 630
광회전 171
교차 알돌 축합 823
구아닌 1216
구조 이성질체 37
구조 이성질현상 165
구형 단백질 1201
국부 자기장 389
균열 98
균일 분해 92
글루코사이드 1110
글루코스 1094
글루타싸이온 1037
글리코사이드 1110
글리코실기 1128
글리코실아민 1127
글리코젠 1124
금속-촉매 중합반응 539
기름 925
기질 4, 214, 1202
기하 이성질체 439
꼬인보트 형태 137

ㄴ

나이트로늄 이온 694
나이트로실 양이온 978
낮은장 390
내부 알카인 560
내부 알켄 439
내향 규칙 627
내향 첨가생성물 626
넓은띠 수소 짝풀림 418
녹말 1123
높은장 390
뉴클레오사이드 1216
뉴클레오타이드 1215
늦은 전이 상태 106

ㄷ

다리 결합 고분자 638
다리놓인 두고리 146
다리목 146
다이사이클로헥실카보다이이미드 1210
다이산 855
다이설파이드 361
다이아조 짝지음 1041
다이아조늄 이온 978
다이아조메테인 523, 983
다이아조화반응 1017
다이펩타이드 1196
다작용기 1093
다중선 402
단당류 1094
단백질 1185
단일 단계 263
단일선 401
닫힌 전자 껍질 배치 26
당단백질 1126
당류 1093
당지질 1126
대칭 에터 67
대칭면 170
대항제 586
데옥시라이보핵산 1215
동일방향회전 631
동족 계열 68
동족체 68
들뜬 전자 상태 642
들뜸 383
등전 pH 1189
등전자성 33
등전점 1189

ㄹ

라디칼 92
라디칼 반응 91
라디칼 연쇄 메커니즘 104
라디칼 연쇄 반응 533
라세미 혼합물 172
라세미체 172
라세미화반응 172
라이보솜 1220
라이보스 1094
라이보핵산 1215
락탐 879, 928
락토스 1122
락톤 918
레시틴 925
리간드 1202

ㅁ

마디 23
마이셀 효과 1201
말단 1197
말단 아미노산 1197
말단 알카인 560
말단 알켄 439
말론산 에스터 합성 1070
말토스 1121
머캅토 359
메조 화합물 188
메커니즘 91, 101
메타 718
메타 지향성 723
메틸렌 523
몰오존화물 530
몰흡광 계수 644
몰흡수 계수 644
무기 에스터 338

ㅂ

바닥 상태 642
바탕선 383
반결합 분자 오비탈 29
반대방향회전 632
반방향족성 683
반응 메커니즘 4
반응 속도 상수 52
반응 좌표 51
반응 중간체 4
반응물 4
반전 958
반전당 1119
반쪽 반응 315
반쪽의자 134
발암성 364
발열 50
방향족 65
방향족성 664, 668
방향족 화합물 665
배치 반전 222
배치의 보존 225

번역 1220
벗김 389
벤자인 1016
벤젠 65
벤젠아민 954
벤조산 855
벤조퀴논 1031
벤질 666
벤질자리 공명 1000
변광회전 1103
변성 1203
병풍 구조 1200
보조효소 Q 1034
보트형 137
보호기 352, 778
복제 1219
복합당 1094, 1123
봉우리 383
봉투 134
부분입체이성질체 185
분광기 383
분광학 382
분자 이온 464
분자간힘 74
분자내 알돌 축합 825
분자내 에스터화반응 877
분할 198
불균일 분해 92
불포화 화합물 438
불포화도 474
브로모늄 이온 512
비 399
비누화반응 884
비대칭 에터 67
비대칭 원자 168
비방향족성 683
비양성자성 232
비일차 409
비카이랄성 168
비콘쥬게이션 607
비타민 C 1036
비타민 E 1036
비틀린 형태 77
비틀림 133
비틀림 각 79
비틀림 무리 79
비틀림 에너지 79
비편재화 599
빠른 양성자 교환 415

ㅅ

사면체 12
사면체형 중간체 869
사이아노 936
사이아노하이드린 788
사이클로알칸온 761
사이클로알칸올 282
사이클로알칸카보나이트릴 936
사이클로알케인 64, 68, 127
사이클로알케인카복실산 855
사이클로알킬 라디칼 128
사이토신 1215
사이토크롬 1034
사중선 402
사차 70
사차 구조 1203
사카르산 1105
산 56
산 해리 상수 57
산화 291
산화환원반응 291
삼각형 12
삼중선 402
삼차 70
삼차 구조 1200
상이동 촉매작용 1197
생성물 4
서열 1204
선택성 109
선형 합성 311
설파이드 359
설포늄 이온 360
설폭사이드 362
설폰 362
설폰아마이드 696
섬유상 단백질 1201
세미카바존 783
세미퀴논 라디칼 음이온 1032
세포 인식 1125
셀로비오스 1122
셀룰로스 1123
소수성 285
소중합반응 535
소중합체 534
속도 결정 단계 249
속도 법칙 219
속도론적 지배 48, 613
수렴형 합성 311
수소 결합 232
수소음이온 9
수소음이온 이동 333
수소첨가 반응열 451
수소첨가반응 451
수소화붕소첨가반응 520
수소화붕소첨가반응-산화반응 521
수은이탈반응 517
수은첨가반응 517
수평방향 138
스테로이드 150
스펙트럼 384
스핀 상태 385
스핀 26
스핀-스핀 갈라짐 402
스핀-스핀 짝지음 402
시그마(σ) 결합 30
시스-트랜스 이성질체 439
시트르산 1078
신 첨가 503
실험식 36
싸이아졸륨염 1077
싸이오아세탈 779
싸이오펜 1148
싸이올 에스터 884
싸이올 67, 359
쌍극자 11
쌓음 원리 26

ㅇ

아글리콘 1128
아노머 1100
아노머 탄소 1100
아데노신 삼인산 1078
아데닌 1216
아렌 65, 666
아렌다이아조늄염 1017
아릴기 666
아릴 양이온 1017
아마이드 엔올레이트 932
아미노 955
아미노 말단 1197
아미노데옥시당 1127
아미노산 분석기 1204
아미데이트 이온 932
아민 67, 954

아밀로스 1123
아밀로펙틴 1123
아세탈 776
아세탈 가수분해반응 777
아세토아세트산 에스터 합성 1070
아세톤 760
아세트산 854
아세틸 761
아센 677
아실 761
아실 수송 단백질 884
아실 음이온 1075
아실 음이온 대등체 1075
아실 할로젠화물 871, 912
아실륨 양이온 702, 766
아실화반응 702
아이소퀴놀린 1163
아이소프렌 단위 149
아자벤젠 1155
아자이드화 알킬 968
아자이드화 이온 968
아조 염료 1041
아크릴 섬유 584
안티 다이하이드록시화반응 526
안티 첨가 511
안티-Markovnikov 첨가반응 521
알다르산 1105
알데하이드 67
알도스 1094
알돈산 1105
알돌 축합 819
알디톨 1107
알렌 607
알릴 601
알릴 라디칼 치환 602
알릴자리 446
알릴자리 탄소 601
알카노에이트 에스터 338
알카인 65, 560
알카인올 560
알카인일 음이온 563
알카인일기 560
알칸나이트릴 936
알칸산 854
알칸아마이드 927
알칸아민 954
알칸알 760
알칸오일 761
알칸온 761
알칸올 282
알케인 2, 64, 67
알케인싸이올레이트 359
알켄 65, 437
알켄아인 560
알켄올 440, 811
알켄일 441
알켄일 할로젠화물 569
알코올 66, 282
알콕시벤젠 1007
알콕시카보닐 918
알킬 이동 336
알킬기 67, 70
알킬기 이동 336
알킬싸이오 359
알킬아민 955
알킬옥소늄 이온 250
알킬화반응 811
양성자 9, 418
양자 383
양자 역학 23
양자화 24
양쪽성 289, 1188
양쪽자리성 811
어미 이온 464
엇갈린 형태 77
에너지 갈라짐 30
에스터 874
에스터 가수분해반응 875
에스터 엔올레이트 923
에스터교환반응 921
에스터화반응 338, 870
에타인일 560
에터 66, 282
에폭시화반응 525
에피머 1095
엔온 827
엔올 576, 811
엔올 음이온 810
엔올 토토머 811
엔올레이트 810
엔올화반응 814
엔탈피 49
엔탈피 변화 49
엔트로피 49
엔트로피 변화 50
여러고리 방향족 탄화수소 677
여러고리 벤젠류 677
역 Claisen 축합 1062
역코돈 1222
역편극화 300
역합성 분석 216, 308
연결성 37
연소 118
연소열 118
열린 전자 껍질 배치 26
열분해 97
열역학적 지배 48, 613
열이성질체화 443
염기 56, 1215
염소화반응 100
오비탈 혼성화 32
오사존 1108
오쏘 718
오존층 115
오존화물 530
옥사-2-사이클로알칸온 918
옥사사이클로알케인 342
옥사포스파사이클로뷰테인 790
옥소 761
옥시수은첨가반응 517
옥심 783
완전 메틸화반응 974
외향 첨가생성물 626
용해 금속 환원반응 573
우회전성 171
원소 분석 36
원자 오비탈 23
원자가 껍질 확장 16
원자가전자 8
위치선택성 354, 453
유기 분자 1
유기 에스터 338
유기구리화합물 832
유기금속 시약 299
유도 효과 288, 718
유라실 1216
유비퀴논 1034
유전 암호 1221
유전자 1220
음이온 중합반응 538
의자 형태 136
이당류 1095
이동 용이도 792
이른 전이 상태 106

이미늄 이온 782, 931, 961
이미다졸 1191
이미드 879
이민 781
이분자 제거반응 263
이분자 친핵성 치환반응 220
이분자 220
이온 92
이온 결합 7
이온 교환 크로마토그래피 1204
이온 운반 시약 344
이온운반체 344
이온화 퍼텐셜 8
이웃자리 짝지음 403
이웃자리 짝지음 상수 446
이작용기 화합물 827
이중 결합 이성질체 439
이중선 402
이차 70
이차 구조 1200
이차 반응 53
이탈기 214
이형태체 77
인 베타인 790
인 일라이드 788
인산글리세라이드 925
인산지방질 925
일분자 친핵성 치환반응 250
일차 70
일차 구조 1200
일차 반응 53
입소 치환반응 1009
입체 장애 80
입체이성질체 129
입체이성질현상 2, 166
입체중심 168
입체특이성 222, 259

ㅈ

자외선 분광법 641
작용기 2, 64
잔기 1196
장거리 446
적도방향 138
적분 399
적외선 분광법(IR) 459
전기양성 11
전기음성 11
전기이동 1204
전달 RNA 1220
전략적 절단 308
전령 RNA 1220
전방 치환 221
전사 1220
전이 상태 51
전자 상관관계 75
전자 스펙트럼 642
전자 전이 383
전자 친화도 8
전자고리화 반응 630
전체 질량 465
전파 101
전합성 304
절대 배열 174
점선/쐐기선 표기법 38
접합 두고리 145
제거반응 2, 260
제한 핵산내부분해효소 1223
젤 거르기 크로마토그래피 1204
종결 103
좌회전성 171
주공명 기여 구조 20
주봉우리 467
주사슬 71, 1198
중간 적외선 459
중합체 534
지문 영역 461
지방 884, 925
지방 과산화수소화물 1035
지방산 884, 925
지방족 Claisen 재배열반응 1028
지질 925
지질 이중층 926
진동 들뜸 459
질량 분석법(MS) 459, 464
질량 스펙트럼 464
질량 스펙트럼 토막내기 방식 467
짝산 58
짝염기 58
짝지음 상수 403
짝진 전자 26
짝풀림 415
쯔비터이온 1188

ㅊ

천연물 148
첨가반응 500
첨가-제거반응 868
체계적 명명법 69
초과산화물 1034
초나선 구조 1201
촉매 97
추진력 48
축소 구조식 38
축퇴 26
축합반응 782
치환기 38, 71
치환반응 2
친다이엔체 618
친수성 285
친전자성 63
친전자성 방향족 치환 664, 691
친전자성 수화반응 508
친전자성 첨가반응 504
친핵성 63, 229
친핵성 방향족 치환반응 1011
친핵성 치환 214
친핵성 치환반응 63
친화 크로마토그래피 1204

ㅋ

카밤산 933
카벤 523
카벤류 524
카보닐 67
카보닐 수화물 774
카보닐 할로젠화물 912
카보벤족시 1209
카복시기 853
카복시 말단 1197
카복실레이트 에스터 338
카복실산 67, 853
카복실산 무수물 871, 873
카복실산 아마이드 878
카복실산염 863
카복실산 유도체 868
카브알데하이드 760
카이랄 167
카이랄 크로마토그래피법 200
케탈 776
케토 토토머 811
케토스 1094
케톤 67
코돈 1220

코티코스테로이드 888
콘쥬게이션 다이엔 599, 607
콘쥬게이션 첨가반응 830
퀴노메테인 1026
퀴놀린 1163
크라운 에터 342
크래킹 98
크로뮴산 에스터 298
크립탠 343
클로로크로뮴산 피리디늄 297
클로로플루오로탄소 116

ㅌ

타이민 1216
탁솔 149
탄성 638
탄소고리 127, 1141
탄소양이온 250, 300
탄수화물 1094
탈산소반응 786
탈수반응 331, 458
터펜 149
테트로스 1094
토토머 576
토토머화 576, 811
통계적 생성물비 108
투석 1204
트라이글리세라이드 925
트라이오스 1094
트라이카복실산(TCA) 회로 1078
트라이펩타이 1196

ㅍ

파동 방정식 24
파동 함수 24
파라 718
파이(π) 결합 30
팔전자 규칙 14
팔전자계 7
퍼텐셜 에너지 도표 51
페녹시 1007
페녹시 라디칼 1032
페녹시화 이온 1008
페놀 1006
페놀성 수지 1026
페닐 666
페닐메톡시카보닐기 1209
페닐메틸 666, 1000
페닐옥소늄 이온 1021
펜토스 1094
펩타이드 1196
펩타이드 결합 1196
편광계 171
편극성 213
편극화 11
평면 편광 171
평형 상수 48
평형 상태 48
포밀 761
포피린 1214
포화 438
폴리스타이렌 1212
폴리아크릴레이트 583
폴리에텐 538
폴리클로로에텐 538
폴리펩타이드 1196
폴리프로펜나이트릴 538
폼산 854
퓨라노스 1099
퓨란 1148
프럭토스 1094
프레온 116
피라노스 1099
피라미드 955
피롤 1148
피리딘 1155
필수 아미노산 1186

ㅎ

하이드라존 783, 1108
하이드록시 66, 282
하이드록시 라디칼 1034
하이드록시벤조산 1007
하이퍼콘쥬게이션 96
할로알케인 63, 66
할로젠화반응 91
할로젠화-이중 할로젠화수소이탈반응 569
합성 3
합성 기체 289
항산화제 1033
핵스핀 385
핵심부 전자 배치 9
헤미아민알 781
헤미아세탈 776
헤테로고리 1141
헤테로원자 342
헤테로원자고리 342
헥소스 1094
헴기 1214
협동 221
협동 과정 264
형태 77
형태 분석 77
호르몬 150
혼성 오비탈 32
혼합 Claisen 축합반응 1062
화학반응속도론 48
화학 열역학 48
화학적 이동값 389
화학적 이동값 δ 391
확장된 π계 616
환원 291
환원당 1105
환원성 아민화반응 970
활성 자리 1202
활성감소기 718
활성화 에너지 51
활성화기 718
회전 79
효소 1185
후방 치환 221
흡열 50

유기화학교재연구회

경상대학교: 구인선·윤용진·이상경
고려대학교: 정낙철
계명대학교: 이진호
목원대학교: 송양헌
부산대학교: 이종건
서울대학교: 김병문·박승범·홍종인
수원대학교: 박승기
아주대학교: 고광윤
연세대학교: 장우동·전철호·태진성
전남대학교: 김재녕·남계춘·오종훈·이선우
충북대학교: 강한영·이효원·정용석
한국과학기술원: 이희윤

편수자: 윤용진

First published in the United States
by
W.H.FREEMAN AND COMPANY, New York

유기화학 제6판

| 저 자 | Vollhardt·Schore
| 역 자 | 유기화학교재연구회
| 펴 낸 이 | 주 정 희
| 펴 낸 곳 | 자유아카데미
| 주 소 | 경기도 파주시 교하읍 문발리 527-2
파주출판문화정보산업단지
| 전 화 | 031-955-1321
| 팩 스 | 031-955-1322
| 전자우편 | main@freeaca.com(대표)
editor@freeaca.com(편집)
| 홈페이지 | www.freeaca.com
| 등 록 | 제406-2003-017호, 1980. 7. 12
| 제6판1쇄 | 2011년 2월 28일 발행
| 정 가 | 48,000원

역자와의
협의하에
인지생략

Printed in Korea
ISBN 978-89-7338-863-9 93430

Text References for Compound Classes and Functional Groups

Compound Class	Functional Group	Properties	Preparations	Reactions
Alkanes	—C—C—H	2-6 to 2-8, 3-1, 3-10, 4-2 to 4-6	8-7, 11-5, 12-2, 13-6, 17-10, 18-8, 21-10	3-3 to 3-10, 8-6, 19-5
Haloalkanes	—C—X	6-1	3-4 to 3-8, 9-2, 9-4, 12-3, 12-5, 12-6, 12-13, 13-7, 14-2, 19-12	6-2, 6-4 to 7-8, 8-5, 8-7, 11-6, 13-9, 14-3, 15-11, 17-12, 19-6, 21-5
Alcohols	—C—O—H	8-2, 8-3	8-4 to 8-6, 8-8, 9-8, 9-9, 12-4, 12-6 to 12-8, 12-11, 13-5, 17-6, 17-7, 17-9, 17-11, 18-5, 18-9, 19-11, 20-4, 23-4, 24-6	8-3, 8-6, 9-1 to 9-4, 9-6, 9-7, 9-9, 11-7, 12-6, 15-11, 17-4, 17-7, 17-11, 18-9, 20-2 to 20-4, 22-2, 24-2, 24-5, 24-8
Ethers	—C—O—C—	9-5	9-6, 9-7, 12-6, 12-7, 12-10, 12-13, 17-7, 17-8, 18-9, 22-5	9-8, 9-9, 23-4, 25-2
Thiols	—C—S—H	9-10	9-10, 26-5	9-10, 26-5
Alkenes	C=C	11-2 to 11-5, 11-8 to 11-11 14-5, 14-11	7-6 to 7-9, 9-2, 9-3, 9-7, 11-6, 11-7, 12-14, 12-16, 13-4, 13-6 to 13-10, 17-12, 18-5 to 18-7, 21-8	8-4, 11-5, 12-2 to 12-16, 13-4, 14-2 to 14-4, 14-6 to 14-10, 15-7, 15-11, 16-4, 18-8 to 18-11, 21-10
Alkynes	—C≡C—H	13-2, 13-3	13-4, 13-5	13-2, 13-3, 13-5 to 13-10, 17-4
Aromatics		15-2 to 15-7	15-8 to 16-6, 22-4 to 22-11, 25-5, 26-7	14-7, 15-2, 15-9 to 16-6, 22-1 to 22-8, 22-10, 22-11, 25-4, 25-6, 26-7
Aldehydes and ketones	H—C—C(=O)—H; H—C—C(=O)—C	17-2, 17-3, 18-1, 23-1	8-6, 12-12, 13-7, 13-8, 15-13, 16-5, 17-4, 17-6 to 17-9, 17-11, 18-1, 18-4, 20-2, 20-4, 20-6, 20-8, 22-2, 22-8, 23-1, 23-2, 23-4, 24-5, 24-9, 25-4	8-6, 8-8, 16-5, 17-5 to 17-14, 18-1 to 18-11, 19-5, 19-6, 21-6, 21-9, 22-8, 23-1 to 23-4, 24-4 to 24-7, 24-9, 25-3 to 25-5, 26-2
Carboxylic acids	—C(=O)—O—H	19-2 to 19-4, 26-1	8-5, 8-6, 17-14, 19-5, 19-6, 19-9, 20-1 to 20-3, 20-5, 20-6, 20-8, 22-2, 23-2, 24-4 to 24-6, 24-9, 26-2, 26-5, 26-6	9-4, 19-4, 19-7 to 19-12, 21-10, 23-2, 24-9, 26-4, 26-6, 26-7
Alkanoyl halides	—C(=O)—X	20-1	19-8	15-13, 20-2
Anhydrides	—C(=O)—O—C(=O)—	20-1	19-8	15-13, 20-3
Esters	H—C—C(=O)—O—C	20-1, 20-4, 20-5	7-8, 9-4, 17-13, 19-9, 20-2, 22-5	20-4, 23-1 to 23-3, 26-6
Amides	—C(=O)—N(—H)—	20-1, 20-6	19-10, 20-2, 20-4, 26-6	20-6, 20-7, 26-5
Nitriles	—C≡N	20-8	17-11, 18-9, 20-8, 21-10, 22-10, 24-9	17-11, 19-6, 20-8, 21-12, 24-9, 26-2
Amines	—C—N(—H)—	21-2 to 21-4, 26-1	16-5, 17-9, 18-9, 20-6 to 20-8, 21-5 to 21-7, 21-9, 22-4, 25-2, 25-6, 26-2, 26-5	16-5, 17-9, 18-4, 18-9, 19-10, 20-2 to 20-4, 21-4, 21-5, 21-7 to 21-10, 22-4, 22-10, 22-11, 25-2, 25-3, 26-1, 26-5, 26-6

Red = nucleophilic or basic atom; blue = electrophilic or acidic atom; green = potential leaving group.